科技创新 共建焦化未来

第三届中国焦化行业科技大会论文集

Science and Technology Innovation Creating the Future of Coking Industry

Proceedings of the 3rd Science and Technology Conference of China Coking Industry

◎ 中国炼焦行业协会　主编

北　京
冶 金 工 业 出 版 社
2024

图书在版编目（CIP）数据

科技创新　共建焦化未来：第三届中国焦化行业科技大会论文集 / 中国炼焦行业协会主编. -- 北京：冶金工业出版社，2024. 10. -- ISBN 978-7-5240-0012-9

Ⅰ. F426. 7-53

中国国家版本馆 CIP 数据核字第 20242MD355 号

科技创新　共建焦化未来——第三届中国焦化行业科技大会论文集

出版发行　冶金工业出版社　　**电　　话**　(010)64027926
地　　址　北京市东城区嵩祝院北巷 39 号　　**邮　　编**　100009
网　　址　www. mip1953. com　　**电子信箱**　service@ mip1953. com

责任编辑　曾　媛　王恬君　美术编辑　吕欣童　版式设计　郑小利
责任校对　石　静　责任印制　禹　蕊
三河市双峰印刷装订有限公司印刷
2024 年 10 月第 1 版，2024 年 10 月第 1 次印刷
880mm×1230mm　1/16；70. 5 印张；2323 千字；1107 页
定价 350. 00 元

投稿电话　**(010)64027932**　**投稿信箱**　**tougao@ cnmip. com. cn**
营销中心电话　**(010)64044283**
冶金工业出版社天猫旗舰店　**yjgycbs. tmall. com**
(本书如有印装质量问题，本社营销中心负责退换)

《科技创新　共建焦化未来》
编辑委员会

序

焦化行业与钢铁工业高度关联，是重要的基础性原材料行业。经过多年的发展，我国焦化行业已经构建起集设计研发、装备制造、建设施工、生产运营等功能于一体，产业链较为完整、具有中国特色的完整工业体系，对国民经济健康稳定发展发挥着不可或缺的重要作用。

焦化行业大力推进科技进步，自主创新能力持续提高，取得了一大批科技创新成果并转化为现实生产力。中冶焦耐工程技术有限公司研发的“清洁高效炼焦技术与装备的开发及应用”荣获2018年度国家科技进步奖一等奖，另有一批科技成果分别荣获冶金科学技术奖及省部级科学技术奖，推动焦化行业安全、绿色、高质量发展。

技术力量雄厚的研发基础正在形成。中冶焦耐、中钢热能院、金能科技等一批国家级企业技术中心和研发中心，煤科院国家煤炭高效利用与节能减排技术装备重点实验室等一大批科技创新领军团队，形成了焦化产业全产业链较为完整的科研体系，为我国焦化行业科技创新提供了强有力支撑。

新一代节能降耗工艺技术广泛应用。焦炉自动加热控制与单孔炭化室压力调节技术、常规焦炉上升管余热回收利用技术、初冷器余热回收利用技术、循环氨水余热回收利用技术、干熄焦大型化技术等一大批节能减排技术研发成功并广泛应用，为焦化乃至钢铁工业的节能减排提供了技术支撑。

绿色低碳技术研发应用取得积极进展。焦化废水深度处理技术，焦炉装煤、出焦、干熄焦脱硫除尘技术，焦炉烟囱烟气脱硫脱硝技术已被企业广泛应用；焦炉煤气脱硫废液制酸和提盐、二氧化碳制甲醇新技术等焦化生产废弃物资源化利用技术大力推广；超低排放改造有序推进，钢焦联合企业约5000万吨焦炭产能已按照《关于推进实施钢铁行业超低排放的意见》完成超低排放改造并公示，独立焦化企业已有约1.3亿吨产能基本完成有组织和无组织排放改造，3700万吨产能基本完成清洁运输改造。

焦炉装备大型化技术广泛用于企业装备改造升级。7 米至 7.65 米顶装焦炉，6.25 米、6.78 米捣固焦炉等大型焦炉工艺装备技术研发成功并得到应用，推动了焦化行业装备大型化进程，使焦化行业的安全、环保、节能、信息化、自动化、智能化水平等得到大幅提升；结合装备改造升级实施企业整合与产能集中的集约式发展战略，产业集中度和竞争能力大幅提高。

推进供给侧结构性改革产业结构不断优化。在焦炉煤气制甲醇、合成氨、天然气等焦炉煤气资源化高效利用稳定增长的同时，产业链逐步延伸，多个焦炉煤气制氢项目相继建成投产，高性能碳负极材料等煤基新材料及生物可降解材料研发取得积极进展，精细煤化工新材料、新产品开发取得新突破，一批重点企业形成了煤焦化多元发展新格局。

《科技创新　共建焦化未来》全面系统地介绍了第三届焦化行业科技大会评选出的 74 项焦化技术创新成果、30 家技术创新型焦化企业推进技术创新的做法和取得的成绩、以及 73 名科技创新领军人才的先进事迹，收集了包括配煤、焦炉、煤气净化、废水处理、干熄焦等焦化生产各工序的 204 篇科技论文，充分展现了焦化行业广大科技工作者开拓进取、辛勤耕耘取得的丰硕成果，对促进以创新推进焦化行业绿色低碳转型、实现高质量发展意义重大。

习近平总书记在 2024 年全国科技大会、国家科学技术奖励大会和两院院士大会的重要讲话中强调，中国式现代化要靠科技现代化作支撑，实现高质量发展要靠科技创新培育新动能。广大焦化行业科技工作者，必须充分认识科技的战略先导地位和根本支撑作用，汇聚科技力量，以科技创新为战略基点，进一步加大科技创新力度，推动焦化行业绿色低碳高质量发展。

一是围绕实现低碳绿色发展目标，研发先进适用技术，加快推进焦化行业协同减污降碳。要认真贯彻国家发展改革委等五部门印发的《钢铁行业节能降碳专项行动计划》，推广自动加热控制技术、焦化余热发电技术、焦炉煤气制氢等高附加值利用等技术应用。

二是认真贯彻工信部等八部门联合印发的《关于加快传统制造业转型升级的指导意见》，围绕推进煤、焦、钢、化产业耦合发展，加大科技创新力度并开展跨产业合作攻关，推广钢化联产、炼化集成、资源协同利用等模式，推动行业间首尾相连、互为供需和生产装置互联互通，实现能源资源梯级利用和产业循环衔接。

三是深入推进供给侧结构性改革，着力实现焦化行业高质量发展。主动跟踪钢铁行业加快推进氢基直接还原、富氢熔融还原等非高炉炼铁技术攻关进展，利用现有高炉开展富氢碳循环氧气高炉低碳冶金等重大技术变革，推进焦化行业和钢铁行业融合发展；落实国家煤炭高效清洁利用战略，充分发挥焦化工艺流程煤炭资源洁净化转换效率高的优势，深入推进焦炉煤气综合利用、高性能碳负极材料等煤基新材料、精细煤化工新材料研发攻关，打造煤焦化多元化发展新格局，推进焦化行业转型升级实现新突破。

百舸争流，奋楫者先；中流击水，勇进者胜。展望未来，焦化行业高质量发展任重道远。希望焦化行业广大工作者立足新发展阶段，完整、准确、全面贯彻新发展理念，加快构建焦化行业新发展格局，以科技创新推动产业创新，加快绿色低碳发展，着力提高发展质量，为实现我国建设科技强国目标作出焦化行业的积极贡献！

2024 年 10 月

前　言

春华秋实，岁物丰成。第二届中国焦化行业科技大会以来，我国开启全面建设社会主义现代化国家新征程，进入高质量发展新时代。党中央深入推动实施创新驱动发展战略，提出加快建设创新型国家的战略任务，确立了2035年建成科技强国的奋斗目标，不断深化科技体制改革，我国科技事业取得历史性成就、发生历史性变革。焦化行业认真贯彻党中央、国务院的决策部署，在深入推进供给侧结构性改革、不断优化产业结构中，大力推进科技进步，自主创新能力持续提高，取得了一大批科技创新成果并转化为现实生产力。

值此，中国炼焦行业协会组织筹备召开第三届中国焦化行业科技大会，旨在通过全面总结近年来焦化行业深入贯彻落实《国家创新驱动发展战略纲要》《国家中长期科学和技术发展规划纲要（2006—2020年）》和《“十三五”国家科技创新规划》，在技术创新方面取得的成功经验和丰硕成果，表彰为焦化行业科技进步做出突出贡献的先进单位、先进个人，推进焦化行业认真贯彻党的二十大提出的深入实施科教兴国战略、人才强国战略、创新驱动发展战略，进一步健全完善技术创新体制机制，加大技术创新力度，推动产业高端化、智能化、绿色化发展。

第三届中国焦化行业科技大会的筹备工作历时近一年，在大会组委会的组织领导下，广大会员及科技人员企业积极参与，工作组做了大量细致的协调准备工作，经评审组对技术创新型焦化企业、焦化技术创新成果及科技创新领军人才的申报材料进行认真评审，并面向全行业及社会公示征求意见，评选出“技术创新型焦化企业”30家；“焦化技术创新成果”74项，其中：特殊贡献奖2项、一等13奖项、二等奖共21项、三等奖38项；“科技创新领军人才”73名。同时，在广大科技人员提交的各类科技论文中遴选出204篇，包括：配煤、炼焦（含烟道气脱硫脱硝）、煤气净化、废水处理、干熄焦、新产品研发等方面，涵盖了焦化生产全流程。

——30家技术创新型焦化企业，推进科技进步成效显著，科技创新能力和科技实力明显提升，在科技体制建设、科技人才队伍培养等方面取得突出成绩，为焦化行业创新发展提供了宝贵的经验借鉴，具有较强的示范、带动、辐射作用，必将引领行业创新发展迈向新高度。

——74 项焦化技术创新成果，全面展示了产学研各方面的科技工作者，紧密围绕焦化行业高质量发展，刻苦攻关、大胆创新、深入合作取得的成就，有效地解决了焦化行业发展中的热点、难点和关键技术问题，尤其是在低碳绿色焦化技术上取得重大突破，在推动焦化行业深化供给侧结构性改革、产业结构优化升级中发挥了重要作用。

——73 名科技领军人才，是焦化行业科技工作者的优秀代表，在技术理论研究、关键技术攻关、新产品研发、重点课题组织实施等方面，作出了重要贡献，起到了积极的引领作用。

——204 篇科技论文，充分展现了焦化行业广大科技工作者加强基础理论学习、刻苦钻研技术、大胆探索实践的成果，将为焦化行业今后在推进企业节能降耗、减污降碳、新产品研发、新项目建设等方面提供很好的理论依据和实践经验。

当前，新一轮科技革命和产业变革深入发展，焦化行业低碳绿色发展任重道远。希望《科技创新　共建焦化未来》的出版，能为提升焦化行业广大科技工作者的理论水平，为推进焦化行业的转型升级、绿色发展提供有益的帮助和参考借鉴。值此，向所有为做精做强中国焦化产业的奋进者表示崇高的敬意！向为此书出版给予帮助的单位和同志们表示由衷的感谢！

目　　录

大会表彰

创 新 论 文

大会表彰

DAHUI BIAOZHANG

会议表彰清单

技术创新型焦化企业名录

"技术创新型焦化企业"获奖单位

序号	单位名称	序号	单位名称
1	鞍钢化学科技有限公司	16	福建三钢闽光股份有限公司焦化厂
2	马鞍山钢铁股份有限公司煤焦化公司	17	山西沁新能源集团股份有限公司特种焦制备分公司
3	中冶焦耐工程技术有限公司	18	铜陵泰富特种材料有限公司
4	宝武碳业科技股份有限公司	19	河南利源新能科技有限公司
5	山西焦化集团有限公司	20	贵州盘江电投天能焦化有限公司
6	内蒙古包钢钢联股份有限公司煤焦化工分公司	21	华泰永创（北京）科技股份有限公司
7	山东钢铁股份有限公司莱芜分公司焦化厂	22	河北中煤旭阳能源有限公司
8	江苏沙钢钢铁有限公司焦化厂	23	山西东义煤电铝集团煤化工有限公司
9	山西阳光焦化集团股份有限公司	24	内蒙古包钢庆华煤化工有限公司
10	国家能源集团煤焦化有限责任公司	25	陕西陕焦化工有限公司
11	唐山首钢京唐西山焦化有限责任公司	26	河南中鸿集团煤化有限公司
12	陕西龙门煤化工有限责任公司	27	山西中鑫洁净焦技术研究设计有限公司
13	沂州科技有限公司	28	江苏龙冶节能科技有限公司
14	宝钢化工湛江有限公司	29	山东钢铁集团日照有限公司焦化厂
15	建龙西林钢铁有限公司焦化厂	30	中冶焦耐自动化有限公司

焦化创新技术成果展示

“焦化技术创新成果”获奖项目明细

特殊贡献奖（2项）

（1）中冶焦耐工程技术有限公司完成的“清洁高效炼焦技术与装备的开发及应用”。

（2）中冶焦耐工程技术有限公司完成的“焦炉烟道气脱硫脱硝工艺与装备技术的开发应用”。

一等奖（13项）

一等奖项目及完成单位

序号	项目名称	完成单位
1	吉氏流动度与煤岩+新型配煤技术	鞍钢集团钢铁研究院/鞍钢股份炼焦总厂/煤炭科学技术研究院有限公司
2	干熄焦炉体新型材料研发与高效修复技术创新与实践	马鞍山钢铁股份有限公司煤焦化公司
3	高效节能的焦炉煤气净化大型化技术	中冶焦耐工程技术有限公司
4	大型焦炉智能正压烘炉技术及装备的开发与应用	中冶焦耐工程技术有限公司
5	氨法PDS脱硫离线专家系统	中冶焦耐工程技术有限公司/北京中电华劳科技有限公司/吉林宝利科贸有限公司/河南利源集团燃气有限公司
6	基于高炉低碳冶炼需求的煤焦评价技术开发与应用	中钢集团鞍山热能研究院有限公司
7	不同炼焦工艺全要素智能化精细配煤控制技术	山西太钢不锈钢股份有限公司焦化厂
8	新型绿色高效智能大容积焦炉装备技术研制及应用	山东省冶金设计院股份有限公司
9	5G+智能工厂	河南利源新能科技有限公司
10	超大型干熄焦技术集成创新与应用	华泰永创（北京）科技股份有限公司
11	高效节能换热立式热回收焦炉成套技术开发与工程应用	黑龙江建龙化工有限公司/华泰永创（北京）科技股份有限公司
12	智能环保焦炉机械设备研发与应用	大连华锐重工焦炉车辆设备有限公司
13	CHS系列清洁低碳节能智能捣固热回收焦炉	中钢设备有限公司/山西中鑫洁净焦技术研究设计有限公司

二等奖（21项）（按申报顺序排序）

二等奖项目及完成单位

序号	项目名称	完成单位
1	低成本冶金焦配煤技术	宝武集团广东中南钢铁股份有限公司
2	焦化行业初冷工段节能工艺包	冰山松洋制冷（大连）有限公司
3	焦化生产全流程废液资源化综合利用技术研究与应用	河南中鸿集团煤化有限公司
4	基于HPF法焦炉煤气脱硫节能环保及资源化利用技术研究与应用	山钢股份有限公司莱芜分公司焦化厂
5	煤质智能质检技术	山西阳光焦化集团股份有限公司
6	智慧焦化生产管理体系技术	国家能源集团煤焦化有限责任公司
7	干熄焦集群高效协同管控创新与实践	唐山首钢京唐西山焦化有限责任公司

续表 3

序号	项 目 名 称	完 成 单 位
8	7.63 m 焦炉四大机车无人驾驶技术	唐山首钢京唐西山焦化有限责任公司
9	焦电联产智能系统研发与应用	吉林建龙钢铁有限责任公司
10	基于5G、机器视觉、深度学习多技术融合的焦炉五大机车智能化技术研发与应用	北京同创信通科技有限公司/建龙西林钢铁有限公司/北京建龙重工集团有限公司
11	基于煤焦数值化衍生关系的 7 m 顶装焦炉 AI 智慧配煤技术	中钢集团鞍山热能研究院有限公司/铜陵泰富特种材料有限公司
12	炼焦工序安全高效除尘及其自动操作关键技术开发与集成	马鞍山钢铁股份有限公司煤焦化公司
13	炼焦煤性质与粒度分布对焦炭性质影响的研究与应用	马鞍山钢铁股份有限公司煤焦化公司
14	特大型焦炉关键装备及其无人操作智能化系统研发与应用	马鞍山钢铁股份有限公司煤焦化公司
15	干熄焦一次旋风除尘器技术开发与应用	华泰永创（北京）科技股份有限公司
16	燃气轮机技术转化示范与多燃料开发集成	河南利源集团燃气有限公司
17	高比例贫瘦煤制备高强度特种焦炭技术研究与应用	山西沁新能源集团股份有限公司/中钢集团鞍山热能研究院有限公司
18	焦炉煤气脱硫废液及硫磺制酸技术	中冶焦耐工程技术有限公司
19	炉烟气污染物超低排放协同控制技术的研究及应用	中冶焦耐工程技术有限公司
20	焦炉煤气标准化密闭取样装置	煤炭科学技术研究院有限公司
21	焦罐耐高温密封结构及长寿技术研究	武汉平煤武钢联合焦化有限责任公司

三等奖（38 项）

三等奖项目及完成单位

序号	项 目 名 称	完 成 单 位
1	一种利用焦炉煤气制备 LNG 联产合成氨的方法及系统	陕西龙门煤化工有限公司
2	一种采用一元及二元协同催化的焦炉煤气脱硫脱氰方法	柳州钢铁股份有限公司焦化厂
3	改质沥青工艺技术提升	山西焦化集团有限公司
4	焦化行业 EDMB 膜处理浓盐水资源化利用技术	山西焦化集团有限公司
5	焦炉交换机、烟道、地下室智能巡检及安全隐患排查研究与应用	山西焦化集团有限公司
6	炼焦共炭化协同处理工业及城市废弃物实现资源综合利用	邢台旭阳科技有限公司
7	焦化企业机网协调供电控制系统的研究与应用	河南中鸿集团煤化有限公司
8	焦炉煤气醇氨联产高效生产技术	河南中鸿集团煤化有限公司
9	安全高效焦炉烟气系统关键技术研究与应用	山钢股份有限公司莱芜分公司焦化厂
10	干熄焦高参数（单超/双超+一次中间再热）锅炉发电技术	北京中日联节能环保工程技术有限公司
11	焦炉煤气分级利用技术研究与应用	陕西陕焦化工有限公司
12	EP-凯森电催化氧化技术	福建三钢闽光股份有限公司焦化厂
13	焦炉超低排放环保技术研究	攀钢集团攀枝花钢钒公司炼铁厂
14	捣固焦炉稳定顺行关键技术研究	攀钢集团攀枝花钢钒公司炼铁厂
15	适配富 CO_2 合成气源的高选择性 MC17 甲醇合成催化剂技术	国能蒙西煤化工股份有限公司
16	剩余氨水中焦油渣无害化全处理系统	国家能源集团煤焦化有限责任公司西来峰分公司
17	西来峰焦油厂洗涤装置自动化升级应用	国家能源集团煤焦化有限责任公司西来峰分公司

续表 4

序号	项 目 名 称	完 成 单 位
18	煤基中间相沥青研究	国家能源集团煤焦化有限责任公司西来峰分公司
19	制备煤系针状焦原料和煤系针状焦的系统和方法	国家能源集团煤焦化有限责任公司西来峰分公司
20	5G+工业互联网融合应用技术	国家能源集团煤焦化有限责任公司
21	改良 AS 脱硫工艺	唐山首钢京唐西山焦化有限责任公司
22	减少干熄焦焦罐转运系统故障技术	黑龙江建龙化工有限公司
23	一种捣固配煤炼焦方法，其产品及炼焦配合煤	郓城旭阳能源有限公司
24	硫铵饱和器低温结晶技术	江苏沙钢钢铁有限公司焦化厂
25	焦化行业全工序管控中心建设及高效运行实践	江苏沙钢钢铁有限公司焦化厂
26	超高温超高压中间一次再热干熄焦余热发电技术	华泰永创（北京）科技股份有限公司
27	包钢 6 m 大容积焦炉全流程系统优化研究	包钢钢联股份有限公司煤焦化工分公司
28	采用炼焦煤量化评价体系实现精准配煤技术研究	包钢钢联股份有限公司煤焦化工分公司
29	焦炉煤气制甲醇驰放气回收利用	内蒙古包钢庆华煤化工有限公司
30	焦化智能制造管控系统	中冶焦耐工程技术有限公司
31	热回收试验小焦炉	煤炭科学技术研究院有限公司/重庆市科尔科克新材料有限公司/山西中鑫洁净焦技术研究设计有限公司
32	试验焦炉新型尾气净化系统	煤炭科学技术研究院有限公司
33	BIM 技术在煤气净化总承包工程中的综合应用	山东省冶金设计院股份有限公司
34	焦化初冷器余热-循环氨水余热-上升管余热耦合技术研究与应用	山东省冶金设计院股份有限公司/河南利源新能科技有限公司
35	张骞®陶瓷无动力焦炭筛研发与应用	河南新乡市辉扬科技有限公司
36	低成本优质捣固焦配煤新技术	河北中煤旭阳能源有限公司/河北旭阳能源有限公司
37	大型焦炉炉门刀边加工工艺改进	无锡甘露焦化设备有限公司
38	立式热回收焦炉炉门炉框密封方式改进	无锡甘露焦化设备有限公司

科技创新领军人才表彰

“科技创新领军人才”获奖人员名单

（以姓氏拼音排序）

陈　淼　戴孝佩　董军辉　杜汉双　方亮青　冯　强　甘秀石　甘恢玉

高和平　高拥军　高占先　郭　涛　韩克明　韩学祥　韩永吉　何谋龙

贾兴宏　李宝利　李光辉　李浩伟　李昊阳　李庆生　李文峰　李晓炅

李志刚　李振宇　刘克辉　刘文凯　孟晓东　穆春丰　彭晓霞　钱虎林

任华伟　单春华　邵振强　史建才　司少龙　宋　冬　宋庆峰　孙占龙

谭　啸　王彩凤　王根选　王富平　王贺红　王文斌　王晓峻　王秀彪

王　岩　魏　巍　吴恒奎　徐　列　许　明　许　为　徐秀丽　杨俊峰

杨庆彬　杨小伟　姚　田　于守立　袁本雄　袁　平　张大奎　张建平

张利杰　张　曼　张绍军　张素利　张晓峰　张　熠　张增贵　赵恒林

郑亚杰

技术创新型焦化企业简介

鞍钢化学科技有限公司

鞍钢化学科技有限公司是鞍钢股份有限公司全资子公司。主要从事煤化工资源的综合利用与开发，以及相关的化工业务研发、技术咨询、技术输出和化工产品委托加工。

公司年生产煤化工产品 75 万吨，产品包括有煤焦油、硫酸铵、针状焦、苯系列、萘系列、酚系列、吡啶系列、沥青系列等 40 多种。广泛用于电极、树脂、皮革、染料、医药、化肥等行业。

鞍钢化学科技公司依法经营，规范运作，建立了全方位的 QEO 体系，通过了质量体系、环境管理体系、能源管理体系、职业健康安全管理体系认证。

鞍钢化学科技公司要以客户为中心，不断拓展现有业务，持续研发高品质产品，提升质量水平和降低成本，积极为客户提供最优质的服务。并利用自身优势，开拓新领域，形成以针状焦、碳微球、活性炭为核心，沥青基碳纤维、高端负极材料为前沿的碳材料产业布局。加强安全生产，加快结构调整，强化企业管理，为建设最具国内竞争力的煤化工企业而努力。

1 公司发展历程及 2023 年经营业绩

鞍钢化学科技有限公司前身为 1949 年成立的鞍钢化工总厂，2013 年成立鞍钢集团化工事业部，2018 年 4 月 26 日注册成立鞍钢化学科技有限公司，注册资本为 250000 万元。公司作为鞍钢股份有限公司全资子公司，是鞍钢股份有限公司重要的利润增长点。

2023 年实现营业收入 41.2 亿元，利润 0.64 亿元。处理苯 18.2 万吨，生产产品纯苯 13.36 万吨、甲苯 2.1 万吨、二甲苯 0.74 万吨、非芳 0.28 万吨、重苯 1.36 万吨，C9 馏分 0.46 万吨；处理焦油 46.2 万吨，生产产品中温 6.77 万吨、改质沥青 13.75 万吨、软沥青 1.94 万吨、炭黑油 1.32 万吨；煤气净化系统生产焦油 26.2 万吨、硫铵 7.6 万吨、轻苯 7.58 万吨、硫酸 3.3 万吨。

2 主要装备

公司现有煤气净化产线四条（40 万立方米/小时）、焦油加工产线两套（一套 30 万吨/年，一套 24 万吨/年）、粗苯加工线一条（15 万吨/年）、新产品中试装置 1 套及 4 万吨/年针状焦装置。主要工艺流程见图 1。

2.1 煤气净化产线

净化处理炼焦过程产生的荒煤气，处理能力 40 万立方米/小时，包括鼓风冷凝工段、脱硫工段、硫铵工段、粗苯工段、精脱硫工段，脱除荒煤气中的焦油、氨、萘、苯以及硫化氢。经过净化后的洁净煤气供公司作为能源使用。主要产品有煤焦油、轻苯、硫酸铵、硫磺、硫酸。

2.2 焦油加工生产线

两条焦油加工生产线年处理 54 万吨焦油。主要分为蒸馏、改质沥青、精萘、酚精制、喹啉精制等工序。主要产品有：焦油前馏分、酚油、洗油、一蒽油、二蒽油、中温沥青、改质沥青、软沥青、工业萘、精萘、工业喹啉、焦化苯酚、炭黑油等煤化工产品，产品广泛用于碳素电极、炭黑、减水剂、染料、制药等诸多行业。

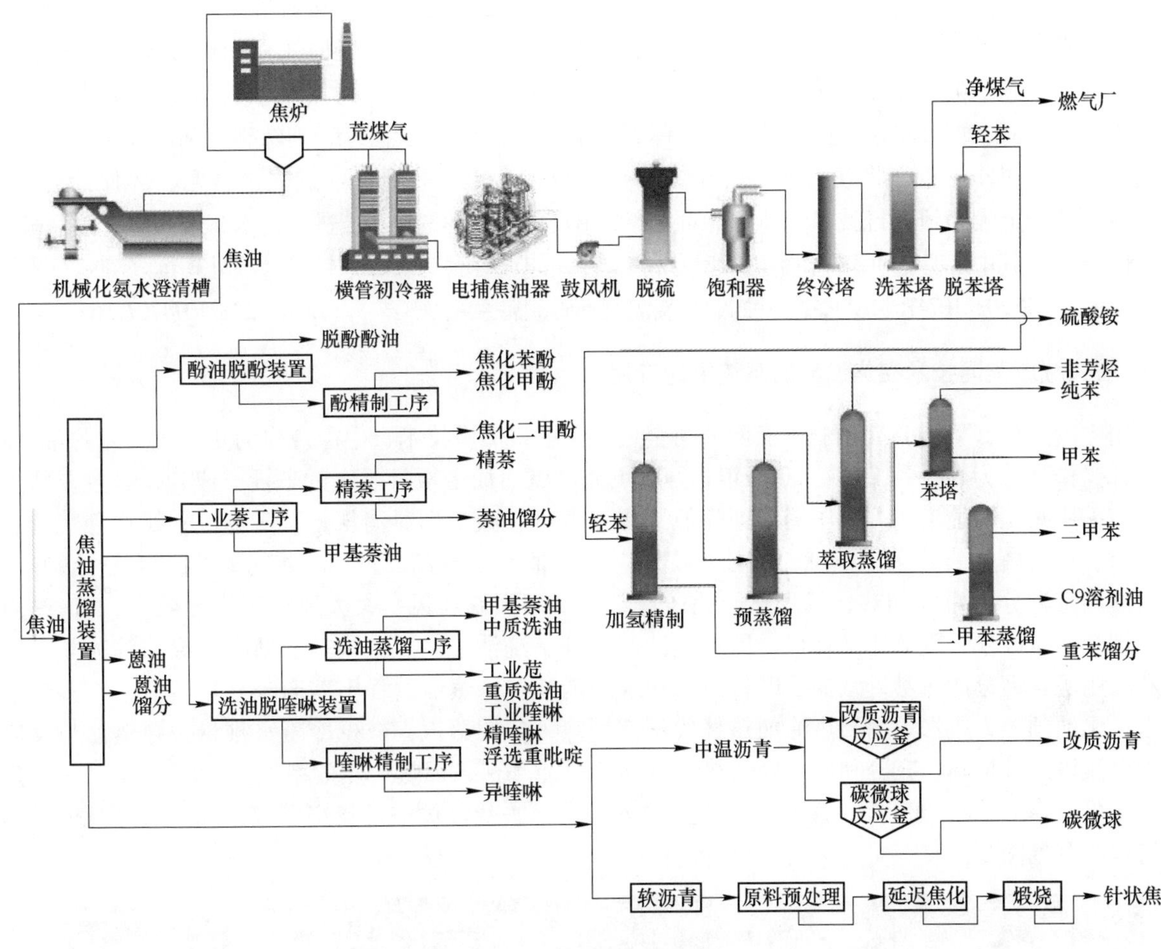

图 1　化学科技整体工艺流程图

2.3　苯加氢生产线

年粗苯加工能力 15 万吨，是目前国内单套生产能力最大、技术最先进的苯加氢工艺装置。通过高温加氢技术，生产纯苯、甲苯、二甲苯以及重苯产品。苯加氢作业区年处理量 15 万吨，是目前国内单套生产能力最大、技术最先进的苯加氢工艺装置。

2.4　针状焦加工产线

针状焦项目主要分为预处理、延迟焦化和煅烧三个工序，整体设计采用中钢集团鞍山热能研究有限公司技术，工艺装备属国内一流水平。针状焦项目设计软沥青处理能力为 12 万吨/年，生产针状焦产品产量为 4 万吨/年。煤系针状焦产品，是制造炼钢用超高功率石墨电极及锂离子电池负极材料的主要原料。标志鞍钢正式进军碳材料领域。

3　企业技术进步、减污降碳、高质量发展的主要经验

化学科技公司是雷锋曾经工作过的地方，雷锋精神形成了独具特色的雷锋文化，为企业文化注入活力，形成了“员工爱岗敬业、管理规范有序、工作务实创新”的良好风气。

化学科技公司有着一套完备的产、销、研专业团队，现有在岗员工 1098 人，管理和技术岗位人员 156 人，生产服务岗位人员 942 人，其中本科以上学历占比 21.4%。拥有 1 套 500 t 中间相炭微球中试基地和 1 套新产品中试基地，供炭材研发中心研发团队使用。在洗油加工方面取得了重大进展，通过连续精馏将洗油分成重质洗油、中质洗油、轻质洗油、工业甲基萘、苊馏分及工业苊，此成果通过省级科研鉴

定，并实现工业化生产。以喹啉残液为原料生产异喹啉工艺也通过了省级科研鉴定，并实现了小吨位生产。研究成果贡献显著并积累了较为完善的技术储备体系。目前的研究方向侧重于煤焦油的大宗产品如沥青类、萘类、和苯类的深加工研究方面，紧紧围绕相关领域科学研究的热点难点问题，特别是对于沥青类的深加工产品，如针状焦、中间相沥青、锂离子电池负极材料-炭微球、泡沫碳等前沿技术的研究。

化学科技公司非常重视将技术成果转化为知识产权，多年来公司在引进先进技术、环保综合利用、节能降耗等领域上大胆地进行技术创新，针对生产中出现的各种问题也积极进行技术革新。2023 年公司获得授权专利 18 件，其中发明专利 3 件，实用新型专利 15 件。如《一种延长煤系针状焦预处理沉降罐运行周期的系统及方法》（CN202210747674.2），《一种低 QI 浸渍剂沥青制备系统及工艺》（ZL CN202210747677.6）。

3.1　一塔式减压蒸馏技术在焦油蒸馏系统中的应用

采用中冶焦耐（大连）工程技术有限公司全负压一塔式蒸馏技术，生产规模为年处理无水焦油 24 万吨，设计操作弹性为 60%~120%，2019 年 2 月新焦油煤焦油加工项目一次试车投产成功，其主要特点为焦油蒸馏采用减压蒸馏工艺，减压蒸馏即降低了操作温度，减少燃料消耗量，又可改善操作环境，有利于环境保护；一塔式直接采出酚油、萘油、洗油、一蒽油和二蒽油，采用窄馏分切割，馏分分割较细，减少后续加工馏分的重复加热，减少总能耗；管式炉采用强制通风，大大地提高了热效率，节省燃料，并减少烟气的排放量，既节能又环保；原料焦油与萘油、洗油和一蒽油换热、沥青与导热油换热，充分回收和利用了各馏分的热量，减少了燃料和冷却水的消耗量；蒸馏过程不需通入直接蒸汽，不多产生含酚废水；焦油预热、脱水等用导热油加热替代蒸汽加热，节约蒸汽，减少冷凝水排量，导热油与反应釜加热炉对流段烟气换热，充分利用烟气余热，有利于节能环保，加热炉热效率达到 85%以上，每吨焦油加工成本可以降低 200~300 元；蒸馏系统产生的废气全部去焚烧炉进行焚烧实现达标排放。具体新焦油工艺流程示意见图 2。

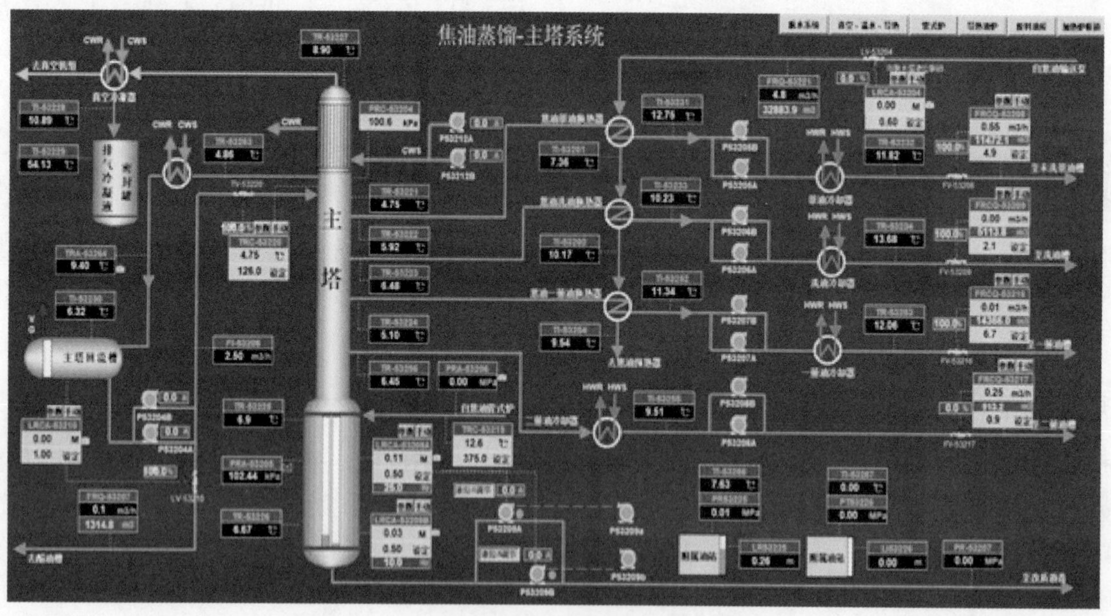

图 2　一塔式减压蒸馏工艺流程 DCS 画面示意图

3.2　煤系针状焦技术在公司鞍钢中的应用

煤系针状焦产品，是制造炼钢用超高功率石墨电极及锂离子电池负极材料的主要原料，标志鞍钢正式进军碳材料领域，摸索出一套适合于鞍钢生产模式的针状焦生产参数并形成工艺技术规程和操作规程，掌握了煤系针状焦生产的核心技术并有所创新，现已经形成多项专利，如《一种粘结剂沥青取样装置》（CN202020945321.X），该专利已获授权；《一种延长煤系针状焦预处理沉降罐运行周期的系统及方法》（CN202210747674.2），生产出的针状焦在下游碳素企业制成电极并应用。煤系针状焦延迟焦化夜间鸟瞰图见图 3，针状焦质量指标见表 1。

图 3　煤系针状焦延迟焦化夜间鸟瞰图

表 1　煤系针状焦质量指标

名　称	项　目	质量指标			
		优级	一级	二级	实际
煤系针状焦	真密度/g · cm^{-3}	≥2.13	≥2.13	≥2.12	2.13
	硫（质量分数）/%	≤0.40	≤0.40	≤0.50	0.40
	氮（质量分数）/%	≤0.50	≤0.60	≤0.70	0.52
	挥发分（质量分数）/%	≤0.30	≤0.40	≤0.40	0.29
	灰分（质量分数）/%	≤0.20	≤0.30	≤0.40	0.02
	水分（质量分数）/%	≤0.15			0.10
	热膨胀系数（室温至 600 ℃）CTE/10^{-6}℃$^{-1}$	≤1.0	≤1.3	≤1.5	1.1
	电阻率 ρ/μΩ · m	≤600	≤600	≤600	469
	振实密度（1~2 mm）/g · cm^{-3}	≥0.90	≥0.88	≥0.85	0.89

3.3　采用低品质硫膏和脱硫废液焚烧制酸新工艺

脱硫废液制酸新工艺在消化、吸收、总结、完善国外先进技术的基础上，结合国内氨法湿式氧化脱硫工艺的特点，采用液固混合相进料焚烧，与固相进料相比，工艺流程短，投资占地少，生产操作安全稳定和环保，年可生产浓硫酸 3.3 万吨，以实现对脱硫废液的无害化处理及焦炉煤气脱硫后硫资源的有效循环利用，每年可为公司节省大量硫酸原料及采购运输成本，保持煤气净化中的硫完全转化为硫酸的可持续稳定循环，彻底解决了 ZL 法脱硫工艺中硫渣固废难处理问题。焚烧炉通过两段富氧空气控制焚烧，将原料硫浆中单质硫和含硫副盐中的硫元素转化为二氧化硫，采用两转两吸二氧化硫转化工艺，SO_2转化率高，总转化率超过 99.9%，即提高了硫的利用率又可满足越来越高的环保要求，从根本上解决了氨法湿式氧化脱硫工艺中产生大量低品质硫磺以及脱硫废液提盐工艺存在的二次污染问题，保证了两套 ZL 法脱硫脱氰工艺脱硫后的煤气 H_2S 含量稳定达到不大于 20 mg/Nm^3的国际先进水平。图 4 为脱硫废液制酸焚烧炉生产现场。

图4　脱硫废液制酸焚烧炉生产现场

3.4　粗苯低温低压加氢萃取工艺技术

苯加氢装置位于鞍钢厂区西北部，占地面积4.5万平方米，装置设计可年处理粗苯15万吨。2007年10月破土动工，2009年8月投产运行。该装置采用德国伍德公司专利加氢技术，低温低压加氢萃取工艺法，该装置具有工艺先进、环境友好、安全可靠、经济效益好等优点。该装置是国内焦化企业中单套生产能力最大、技术最先进的苯加氢工艺装置之一，属重大危险源、省甲级要害部位。

苯加氢装置由100单元加氢精制工段、200单元预蒸馏工段、300单元萃取蒸馏工段、400单元二甲苯蒸馏工段、油库、两苯塔、汽车/火车装卸车站台以及公辅组成，其中的加氢工段、萃取蒸馏工段则是该装置的技术核心部分。产品为纯苯、甲苯、二甲苯、非芳烃、C9馏分及重苯馏分，纯苯质量可以达到99.99%以上并且优于国标。图5为苯加氢100单元装置总貌图。

图5　苯加氢100单元装置总貌图

苯加氢装置自从2009投产运行以来已经安全稳定生产15年，已经并熟练掌握装置的日常运行、维护、停产、检修、开工等操作。对主、预反应器催化剂拆卸、再生、装填、硫化等操作也组织进行过多次，相关操作经验较为丰富，具备指导其他苯加甲氢开工等技术服务能力。

3.5　高效斜孔塔盘在蒸氨塔上的应用实现节能降耗

在原蒸氨塔工艺基础上，利用天津大学热力学技术，应用系统工艺设计热力学方程采用修正NRTL方程的基础上，运用美 SIMSCI 公司 PRO-Ⅱ软件进行对蒸氨塔塔盘层数和结构、进料位置、打碱比重和进料方式及位置、进汽量和塔顶温度等相关参数系统进行模拟优化，确定最佳的工艺运行参数，保证蒸氨塔用能节约及蒸氨废水指标最佳。

蒸氨塔每层塔板均采用若干个斜孔（∠56°20×15×5），每行斜孔方向相反，蒸汽通过斜孔时具有一定的喷射作用，向不同方向喷射的蒸汽与剩余氨水能够进行气液两相相互搅动进行传热传质，接触更充分高效，塔板效率更高；每行蒸汽不同方向喷射沉淀物无法沉积在塔板上，在溢流堰边缘上两排斜孔向降液管内喷吹作用，可以防止溢流堰堵塞沉积，随液体进入到下一层塔板，进而排到蒸氨废水槽中，蒸氨塔塔板防堵起到了作用。该塔盘适用于剩余氨水带有油少量的焦油和焦粉，能够大大延长蒸氨塔的使用寿命延长检修周期，是一种新型结构塔盘。

首先在对应 210 万吨焦炭产能的煤气净化回收蒸氨中进行了应用，蒸氨塔重新设计为 16 块理论塔板，实际塔板 31 层，精馏段为 4 层塔板，提馏段为 27 层塔板，进料位置在 27 层塔板上，采用塔壁加碱，加碱比重为 1.19~1.20。塔顶温度为 103 ℃，剩余氨水处理量为 70 m^3/h，进汽量为 10.5 t 时，蒸氨废水指标达到最佳，每吨氨水用蒸汽 0.15 t，由于剩余氨水处理量的增加，实现单塔蒸氨塔代替两台蒸氨塔同时运行，降低能源消耗，提高脱硫效率，蒸氨废水氨氮平均在 70 mg/L，满足了环保要求小于 150 mg/L，为公司每年节省蒸汽费用 460 万元，蒸氨塔高效斜孔塔盘见图 6。

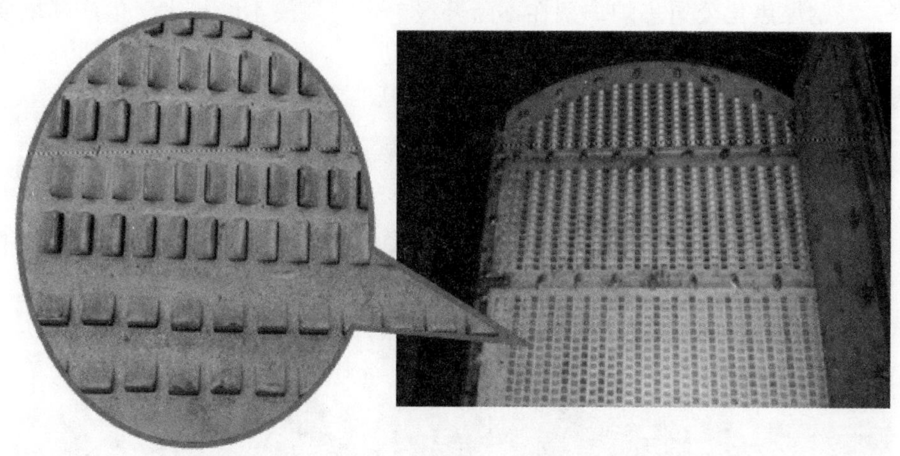

图 6　蒸氨塔高效斜孔塔盘

高效斜板塔盘在蒸氨工艺中首次应用，节能效果显著并且一次性投资少，特别备是在原有塔盘不变的基础上基本能够实现处理量翻番的目标，先后在鞍钢集团内部和其他钢铁公司 10 多家企业进行了推广，鞍钢股份鲅鱼圈焦化和朝阳钢铁公司焦化也利用此技术对蒸氨塔进行了改造，效果也非常好。盛盟焦化利用此技术对蒸氨塔进行了改造也取得了成功。

马鞍山钢铁股份有限公司煤焦化公司

马鞍山钢铁股份有限公司煤焦化公司（简称“马钢煤焦化公司”）始建于1958年，于1960年6月6日正式建成投产，距今已有60多年的发展历程。该公司位于安徽省马鞍山市雨山区人头矶南侧。该公司主要承担着马钢高炉生产所需冶金焦以及钢轧系统生产所需焦炉煤气等生产保供任务，产品包括焦炭、煤气、焦油、轻苯、硫磺等。

马钢煤焦化公司现拥有46个储配一体化筒仓，8座大型现代化焦炉并配置了8套干熄焦装置及6套发电系统，拥有3套煤气净化系统，分布在南、北两个生产区域内。其中，南区建有2座JN60-82型50孔6 m焦炉和两座JNX2-70-22型50孔7 m焦炉，北区建有2座70孔7.63 m焦炉和两座JNX2-70-2型50孔7 m焦炉。该公司目前年设计焦炭产能达到了530万吨。

“十四五”期间，马钢煤焦化公司相继淘汰了4.3 m、5.0 m焦炉4座，根据马钢南北区高炉冶金焦需求，在与高炉配套布局方面做了优化，更新建设了JNX3-70-2型7 m焦炉，实现马钢北区高炉自产焦保供平衡。多年来，马钢煤焦化公司焦炉炉型在不断升级，生产规模不断扩大，生产环境变化翻天覆地，专业技术队伍逐渐壮大，智能化生产水平和产品质量得到进一步提升，在国内同行业中具有一定的实力，是全国重要的焦化工业生产基地。图1为马钢煤焦化公司基地全貌。

图1 马钢煤焦化公司基地

马钢煤焦化公司曾获得过中国炼焦行业“技术创新型企业”等荣誉称号，累计获得国家科学技术奖二等奖1项，省部级科学技术奖一等奖4项、二等奖10项、三等奖7项，市级二等奖4项、三等奖4项，并且已经获得国家专利局授权专利197项，其中发明专利56项、实用新型专利141项。

中冶焦耐工程技术有限公司

中冶焦耐工程技术有限公司（简称“中冶焦耐”，ACRE）创建于1953年，业务涵盖炼焦化学、耐火材料、石灰、自动控制、市政工程与环境工程等领域，致力于为广大客户提供项目规划、咨询、设计、工程监理、设备成套供货、工程总承包、远程技术服务、运维服务等工程建设、生产全过程解决方案和全生命周期服务。

中冶焦耐拥有国家级企业技术中心，是“国家级技术创新示范企业”“制造业单项冠军示范企业”“科改示范标杆企业”“知识产权领域最具影响力企业十强”，是中国焦化技术创新的“引领者”、技术标准的“制定者”和重大工程的“建设者”，肩负着引领中国焦化工程技术向更高水平发展的国家责任。公司现有员工1000余人，汇集了中国焦化、耐火材料与石灰领域大部分技术专家。

利用技术高地优势，中冶焦耐建立了焦化工程技术基础理论研究和工业化试验研究的研发平台，深度应用由流体、机械结构、工业流程等模拟仿真分析软件组成的模拟仿真系统，开发出“大容积焦炉”“干熄焦”“大型煤气净化”“大型石灰回转窑及石灰竖窑煅烧技术”“焦化烟气脱硫脱硝”等具有我国独立自主知识产权、达到国际先进水平的焦化、耐火材料及石灰领域的核心工程技术与装备，创造了诸多“世界第一”和“中国第一”。

中冶焦耐获得国家级、省部级优秀工程项目奖、科技进步奖、技术发明奖、专利奖等200余项。在业内首次牵头实施“863”项目并获国家科学技术进步奖一等奖1项，获国家科学技术进步奖二等奖2项、中国专利金奖1项、中国专利优秀奖7项、冶金科学技术进步奖特等奖1项、冶金科学技术进步奖一等奖6项。“十三五”期间，承担国家重点研发课题“焦炉烟气多污染物协同控制技术及示范”并通过验收；承担国家发改委科研创新项目1项，省、市、集团内科研项目数十项。先后主持和参与2项国际标准，60余项国家、行业和地方标准，140余项团体和企业标准编制。拥有有效专利2000余件，其中国际专利22件，中国有效发明专利600余件，拥有100余项专有技术。2023年，公司5项技术入选中国钢铁工业协会“极致能效能力清单”。

中冶焦耐项目业绩遍布全国29个省、自治区、直辖市等地区及印度、土耳其、俄罗斯、日本、巴西等多个国家和地区，赢得了宝武、鞍钢、山西美锦、金鼎集团等国内大型钢铁联合企业、独立焦化企业和安赛洛·米塔尔、住友金属、塔塔钢铁、Oyak集团等国际客户的信任与尊重。

近年来，中冶焦耐坚持战略引领，确定了“巩固主业、内延外伸、创新模式”的发展战略，调整优化业务结构，明确企业发展定位，以环保、减碳固碳、新材料、运维等技术做好内延外伸，以开展BOT运营、工程技术产品化、产业化等工程技术+的新模式，开创新的发展空间，致力于“打造最具价值创造力的工程公司”，竭诚与客户、合作伙伴携手共赢。

宝武碳业科技股份有限公司

宝武碳业科技股份有限公司是中国宝武集团的一级子公司（管理），总部位于上海市宝山区，其前身是上海宝山钢铁总厂焦化厂，1978 年与宝钢一期工程同步开工建设，1997 年成立上海宝钢化工有限公司（简称“宝钢化工”）。2016 年宝钢和武钢重组为中国宝武钢铁集团有限公司（简称“中国宝武”）后，提出“一基五元”战略，即以钢铁制造业为基础，新材料产业、智慧服务业、资源环境业、产业园区业、产业金融业协同发展。2018 年 9 月，作为集团“一基五元”战略中新材料业务的核心组成部分，宝钢化工更名为宝武炭材料科技有限公司。2021 年 6 月，根据集团战略需要，更名为“宝武碳业科技股份有限公司”。经过 30 多年的建设和发展，宝武碳业拥有遍及全国的 16 大生产基地 24 家分子公司。

多年来宝武碳业深耕焦化行业，并积极响应习近平总书记以科技创新为引领，加快发展新质生产力的号召，提出了保持国内冶金煤化工行业领跑者地位，探索从传统煤化工到新型煤化工的发展，开展新型炭材料产品研发，促进煤化工与炭材料产业的融合发展的目标。并以“成为中国新型炭材料行业领先者”为愿景，以“驱动新型炭材料生态圈高质量发展”为使命，以“诚信、创新、绿色、共享”为价值观，致力于通过技术引领、效益引领、规模引领，打造绿色精品智慧的新型炭材料产业，努力成长为百亿级营收、十亿级利润的优秀企业。目前公司主要从事焦油精制产品、苯类精制产品与碳基新材料的研发、生产和销售，产品广泛应用于新能源、汽车、冶金、医药等领域。宝武碳业正在推进智能制造和数字化转型，并坚持体系化推进碳资产管理实践“双碳”战略落地，进一步推动宝武碳业高端化、智能化、绿色化。

目前宝武碳业已成为全球最大的焦油加工企业，拥有 241 万吨加工能力。同时，借助中国宝武的钢焦联产的资源禀赋优势，宝武碳业具备控制国内最大焦油资源市场份额的能力，可为下游沥青深加工、焦炭副产品深加工和碳基新材料的发展提供充足、稳定的原料，充分发挥规模经济效应，为企业可持续发展提供有力保障。通过加大技术创新引领、加快多种形式的资本投资和机制体制创新、协同钢铁生态圈发展等方式，稳步做大冶金煤化工产业、强化资源优势，快速构建石墨材料、锂离子电池负极材料、碳纤维材料等新型炭材料产业链，成为具有核心竞争力和品牌影响力的优秀企业。

宝武碳业主要从事焦油精制产品、苯类精制产品与碳基新材料的研发、生产和销售，以及焦炉煤气净化服务等业务。宝武碳业的主要产品为焦油精制产品，包括炭黑、沥青、针状焦及其他油类副产品等；苯类精制产品，包括纯苯、甲苯、二甲苯等；碳基新材料，包括碳纤维及其复合材料、负极材料、石墨电极等。宝武碳业的产品被广泛应用于新能源、航空、汽车、冶金、有色、建筑、医药、农药、塑料及染料、轨道交通、建筑补强、体育用品等领域。宝武碳业在深耕焦油精制产品、苯类精制产品的同时，积极开拓碳基新材料业务，逐步形成以碳纤维及其复合材料、石墨电极、锂离子电池负极材料等产品为核心的产业布局。

2023 年主要生产指标完成情况：煤气处理量 2263757 km^3、粗苯 25.29 万吨、焦油加工 188.37 万吨、炭黑产量 25.24 万吨、改质沥青 54.25 万吨。

山西焦化集团有限公司

山西焦化集团有限公司是对煤进行干馏，生产焦炭并对炼焦副产品进行回收和深加工的煤炭资源综合利用企业，是全国首批82户循环经济试点企业和山西省重点发展的优势企业。核心子公司山西焦化股份有限公司是全国焦化行业第1家上市公司，于1996年8月8日在上海证券交易所挂牌交易。

1 主要工艺装备

公司作为焦化行业的领军企业，拥有先进的工艺装备。其焦炉设备采用了国际先进的技术，具有高效、环保、节能等特点，能够实现焦炭、煤气、煤焦油等多元化产品的生产。同时，公司还配备了先进的化工生产设备，用于生产甲醇、纯苯等化工产品，实现了产业链的延伸和产品的多元化。

2 2023年主要技术经济指标

2023年山西焦化集团有限公司的技术经济指标表现出色。其中，焦炭产量达到290.86万吨，虽然同比下降17.79%，但仍然是公司的主要收入来源。甲醇产量24.59万吨，同比下降10.68%，纯苯产量7.06万吨，均保持了一定的生产规模。在经济效益方面，公司实现营业收入87.49亿元，同比下降27.54%；净利润12.75亿元，同比下降50.61%。公司位列“2023中国石油和化工企业500强”（独立生产经营）榜单第52位，公司在行业内仍然保持了较高的竞争力。

3 企业落实焦化行业相关产业政策

公司积极落实焦化行业相关产业政策，在生产经营管理过程中注重技术进步、减污降碳和高质量发展。公司加强了技术研发和创新，引进了一批先进技术和设备，提高了产品质量和附加值。同时，公司还加大了环保投入，实施了多项环保措施，减少了污染物排放，提高了资源利用效率。

4 在构建循环经济产业链、拓展发展领域等的创新成果

在构建循环经济产业链方面，山西焦化集团有限公司取得了显著的创新成果。公司充分利用焦化过程中产生的煤气、煤焦油等副产品，通过深加工和综合利用，实现了资源的最大化利用。同时，公司还积极拓展发展领域，开发了一系列高附加值产品，如甲醇、纯苯等化工产品，进一步延伸了产业链。2023年公司完成的《微液态凝并捕集技术在酸汽安全输送中的研究与应用》科技成果获“中国安全生产协会”科技进步奖三等奖；申报国家专利7件，授权专利5件；与中国节能协会和山西省化工学会合作完成3项团体标准的制定；“焦炉烟气非甲烷总烃催化脱除技术研究”“焦炉交换机、烟道、地下室智能巡检及安全隐患排查研究与应用”“焦化高盐废水强化絮凝关键技术研究与应用”3项技术成果通过山西省化学工业协会科技成果鉴定，2项技术水平达到国内领先水平。

5 展望未来

未来，山西焦化集团有限公司将继续秉承高质量发展理念，加强技术创新和产品研发，推动型，全力推进144焦化项目及配套焦炉煤气综合利用项目建设。同时，公司将进一步加大环保投入，实施更加严格的环保措施，减少污染物排放，提高资源利用效率，为焦化行业转型升级、减污降碳和高质量发展提供强力技术支撑。

内蒙古包钢钢联股份有限公司煤焦化工分公司

内蒙古包钢钢联股份有限公司煤焦化工分公司（包钢庆华）原包钢焦化厂。1958 年建厂，是包钢的主体生产单位，承担着为包钢高炉提供优质冶金焦炭、为轧钢系统供给焦炉煤气的生产任务，也曾连续 43 年为包头市供应 18 亿立方米的城市煤气。经过 65 年的风雨洗炼，生产规模不断扩大、科技创新水平不断提升、市场竞争能力由弱到强。目前已经形成较为完整煤焦化工产业布局和产业链条，现有 14 座焦炉及备煤、干熄焦、煤气净化、甲醇联产合成氨等生产工艺设备，并配套焦炉烟气脱硫脱硝、除尘、酚氰废水处理等环保设施，焦炭产能达近 800 万吨，主要产品有焦炭、焦炉煤气、焦油、粗苯、硫铵、甲醇、合成氨等，焦副产品销售覆盖我国华东及三北地区各省市，是我国西北地区最大的冶金焦及煤化工副产品专业生产基地。

多年来，煤焦化工分公司（包钢庆华）始终坚持创新为驱动，健全完善企业创新体系机制，促进企业技术进步，大力推动超低排放改造，实现减污降碳，走好高端化、多元化、低碳化的高质量发展道路，积累了丰富的技术创新经验。

运用先进方法，培育创新人才。工欲善其事，必先利其器，率先引入先进创新理论方法，培养创新型人才，打造创新能力一流的技术技能人才队伍，为解决生产技术难题提供坚实技术保障。采用线上与线下相结合的方式开展学习培训，提升专业技术人员方法运用和创新实践能力。专业技术人员通过熟练运用 TRIZ 等创新方法理论，将工艺、机械、电气、仪表等专业技术知识与超低排放改造、节约集约能源介质等企业发展重点难点课题深度耦合，解决了众多技术难题。近年来，选送 15 个创新项目参加内蒙古自治区创新方法大赛，其中 4 项获内蒙古创新方法大赛优胜奖，5 项获内蒙古创新方法大赛三等奖，5 项获内蒙古创新方法大赛二等奖。值得一提的是，《基于 TRIZ 理论解决煤气鼓风机轴封泄漏的重新设计和现场处理》获中国创新方法大赛总决赛三等奖，《基于 TRIZ 理论对焦化厂干熄焦工艺水冷套管设备的创新设计与应用》获全国机械冶金建筑行业“互助保障”职工技术成果创新二等奖。

依托平台优势，打造创新飞地。充分利用人才资源优势开展技术创新，以技术技能人才队伍为主体，不断健全完善协同创新机制，充分发挥“劳模工匠效应”及创新工作室职能，围绕企业生产经营开展工艺技术革新与设备改造，解决制约生产经营稳定的关键技术问题。其中，全国劳动模范、国家首席技师、包钢首席技能大师邢岗的大师工作室科研项目《2 套 ADA 系统达成上位机人机交互界面双机互备》，降低使用成本 17. 2 万元，保证生产稳定顺行；《脱硫自动加药装置设计实施》项目自主设计安装，软件编程，降低外委工程费用 20 万元；《备煤老系统人机交互界面升级改造》，降低成本 27. 2 万元。动力供应部创新工作室通过调整酚氰废水处理系统指标参数，提升微生物繁殖性能，进一步提升生化系统稳定运行能力。研究室创新工作室科研项目《煤质参数重要表征指标——吉氏流动度在包钢配煤炼焦生产中的应用研究》，通过吉氏流动度反映出煤在干馏热解过程中形成胶质体的流动性质和黏度，进一步研究煤的流变性和热分解性，为准确评价炼焦煤质提供更为科学的数据参考。

聚焦节能低碳，赋能绿色发展。严格落实国家及地方环境保护的有关规定，坚持源头预防、过程控制、末端治理有机结合，大力开展节能减排降碳技术创新及迭代升级，努力提升环保管理“精准治污、精细管理、精确管控”水平，为全面打赢污染防治攻坚战和推进超低排放奠定坚实基础。集中实施完成 11 项超低排放改造项目，通过对环保设施运行过程的管控，确保有组织、无组织排放稳定达标。焦炉脱硫脱硝装置在全年焦炉烟气外排指标 100%达到特排标准的基础上，通过精细化管理和系统优化实现高效低耗运行，系统全年检修频次和检修时长同比降低 48%。开展深度水处理系统优化研究及除盐水废水回用研究，自酚氰废水深度处理回用系统 2022 年投用以后，产水全部回用于回收和干熄焦循环水补水系统，极大地改善循环水水质，减少循环水系统外排水量，2023 年降低新水消耗 256. 94 万吨。生化系统创新试用高效生物菌种，末端氧化处理系统通过臭氧氧化处理酚氰废水，进一步节约药剂成本，出水 COD、氨氮等指标稳定达标，实现了废水、废气、废固“零排放”和“循环再利用”，真正做到了变废为宝，深化了资源综合利用。

未来，该公司将坚持完整准确全面贯彻新发展理念，从提升主业发展质量和创建绿色发展示范两方面着手，为主体装备配套完善的环保设施，全面满足环保超低排放要求，使焦化工序能耗达到行业领先水平，实现绿色节能低碳发展。以煤焦化工产业“五大工程”为落脚点，延伸焦炉煤气、粗苯、焦油深加工为主的产业链条，配套建设焦炉煤气制 LGN 联产合成氨、焦炉煤气耦合 CO_2 等项目，制取高附加值焦副产品，实现焦副产品资源的清洁高效利用，构建焦化副产品全产业链体系。

山东钢铁股份有限公司莱芜分公司焦化厂

山东钢铁股份有限公司莱芜分公司焦化厂始建于1970年3月。目前，焦化厂共有JN60-6型焦炉6座，焦炭年设计生产能力达到350万吨，并建有配套干熄焦装置3套，3套煤气净化系统。为提升余热利用效率，降低焦化工序能耗，增设3套荒煤气余热回收利用装置；为实现环保达标排放，每座焦炉各增设机焦侧除尘1套，脱硫脱硝装置1套，每套干熄焦增设脱硫脱硝装置1套。目前我厂的主要产品有焦炭、工业用焦炉煤气、蒸气、煤焦油、轻苯、硫酸铵等。

1 2023年主要经济技术指标完成情况

2023年焦化厂紧跟公司“争上游、走在前”的目标定位，紧紧围绕构建“四转四突八极”工作格局，守正创新，踔厉奋发，积极构建“一人一表”“赛马机制”业绩管理体系，为实现焦化厂“四个走在前列”，不断开创焦化厂绿色智能发展新局面奠定了坚实的基础。

1.1 加强工艺技术管理，提升工艺管控水平

强化焦炉基础管理，为生产稳定运行保驾护航。每月对焦炉横排温度进行抽测，对重点炉号进行调整并跟踪验证处理效果，横排系数提升至0.93、$K_{均}$达到0.95、$K_{安}$平均达到0.92，较2022年提升3%。加强炉体维护的检查督导，重点对蓄热室封墙密封、砖煤气道的治理，炉体严密性得到明显改善。加强工艺纪律检查，提高了工艺技术执行力，工艺管控水平显著提高；加强基础管理，完成工艺技术规程的定期修订，为职工标准化操作提供技术支撑。完善技术管理服务流程，搭建桥梁纽带作用。及时对上报专利、成果、论文组织保密审批，共组织上报发明、实用新型专利40项，论文28篇。获得专利授权19项，发表论文28篇。组织7项科技成果参加2023年公司成果鉴定，其中3项成果达到国内领先水平，组织1项科技成果参加2023年山东钢铁行业协会成果评价，评价水平为国内领先。

1.2 质量支撑，企业可持续发展得到保障

强化“五位一体”运行，提升协同效益，紧盯优质长协兑现情况，长协累计进厂量227.1万吨，兑现率98.78%。加大新资源的考察开拓，2023年检验新资源129家，检验合格供户72家，进厂试供25家；建立统购统销资源亏吨反馈找回机制，每月挽回损失近80万元。

强化源头质量把关，稳定原料质量。坚持做好进厂煤日常质量反馈及周监督检查机制，2023年累计向采购中心反馈炼焦煤质量问题143项，下达质量整改通知单10份，开展进厂煤监督检查35次。丰富进厂煤检验指标，科学评价各供户质量情况，为炼焦煤采购计划制定及配煤结构调整提供指导。

2023年，实现焦炭热态强度合格率100%、极稳质量合格率达到99.6%以上、化产品出厂质量合格率100%。

1.3 加快推进节能减排、循环经济，实现能效奋斗目标

夯实能源基础管理，提升能源供应能力完成新区复线分支疏水阀门、老区循环水管道和采暖泵房处高炉煤气管道等重大泄漏隐患治理，2023年完成跑冒滴漏治理104处，有效消除能源介质供应隐患。

系统分析能耗数据，精益管控用能过程。建立“八大消耗，五大产出”能耗数据模型，从重点用能工序到耗能设备设施，由面到点，每周进行全面评价分析，强化过程管控，确保月度工序能耗可控。

狠抓节能措施落地，促进能源绩效增长。通过开展节能诊断、现场观察等管理工具实施“短、平、快”自主节能项目，提高用能效率。优化输煤、输焦线避峰填谷、实施5号、6号管带机溜槽改造、循环水系统优化排污操作、2号干熄焦投用发电机组冷凝水等项目降低能耗。

紧盯能耗指标不放松，实现能源效益稳增长。科学分解吨焦能耗攻坚目标，督促车间能源指标挖潜工作做严做实，做好日常能源介质消耗管控，完善能耗指标考核机制，促进自主节能项目开展，较去年挖潜 10.9 元/吨焦。

1.4 全面推进环保工作，打造焦化行业绿色发展新标杆

科学谋划，强力推进污染物总量减排工作。根据环保管理体系要求，健全考核机制，与各车间签订了《环境保护目标责任书》，将责任逐级分解，把指标完成情况纳入对各单位负责人的目标考核中，实行减排“一票否决”，确保我厂污染物总量减排工作有力、有序、有效开展。2023 年厂污染物综合排放合格率 100%，主要污染物二氧化硫、氮氧化物、烟（粉）尘同比减排 34.7 t、100.3 t、4.3 t，全面完成公司下达的总量控制目标。

环保设施升级，助力环保绩效提升。为确保焦化行业超低排放工作顺利通过验收，委托第三方机构对公司的有组织排放、无组织排放、清洁运输、环境管理等进行全面评估诊断，立项实施了超低排放达标改造、厂区非甲烷总烃监测达标改造、管控治一体化平台升级改造等项目，于 2023 年 9 月 9 日顺利通过现场验收，10 月 27 日市局挂网公示通过验收。完成了 7 号、8 号焦炉装煤出焦备用除尘设施、7 号、8 号焦炉脱硫脱硝备用除尘、1 号干熄焦装入装置升级改造等环境提升项目，为污染物达标排放、减量排放提供了重要支撑。苯加氢装车尾气治理、回收车间新区 VOCs 治理升级改造项目先后投用，有效降低了挥发性有机物无组织排放的环保风险。立项实施了焦化废水深度处理、炼焦四车间低水熄焦项目，对下一步公司废水平衡、我厂干熄焦率提升有明显促进作用。

严格按照“标准不能降、要求不能松、检查不能停、考核不能断”的总体要求，持续完善在线监督和日常督查机制，按照横向到边、纵向到底的要求，构建无盲区监管工程。2023 年共督察问题项 565 项，责任单位均进行了整改复命，对问题整改情况进行了逐一落实，我厂现场环境管理水平进一步提升。

1.5 精细管控，设备基础管理进一步夯实

巩固和深化精益 TnPM 设备管理体系前期成果，不断强化基础管理、提升职工素养，进一步提高了设备管理水平，推动焦化厂设备管理工作由被动型向主动型转变，由粗放型向精益型转变，实现焦化厂设备管理系统化、规范化和常态化运作，向打造冶金行业设备精益管理标杆示范企业持续迈进。

每月全面评价点检管理绩效，在确保设备状态可控的基础上，优化点检周期及频次，提高点检效率。2023 年平均点检执行率为 99.87%，其中全厂平均点检执行率 4 次达到 100%，完成任务目标。每月对设备运行情况进行检查督导，完成夏季四防、冬季四防及节假日等专项隐患排查。2023 年全年共计消除设备隐患 6490 项，较大隐患 23 项，其中 3 号干熄焦装入装置水封盖、2 号干熄焦一次除尘挡墙耐火砖部分脱落等较大隐患及时申请定修处理，消除隐患。

深化全厂设备故障统计，并按照故障类别进行梳理分析，根据全厂系统故障次数与故障影响时间确定设备运行的趋势，进行针对性的专项排查，分析故障表象与实际原因，提出有效的预防性措施。2023 年共排查问题项 151 项，完成整改 138 项，整改率 91%。有效降低了故障率。2023 年，发生厂控设备故障 21 起、故障率 0.83%，相比 2022 年同期故障 29 起、故障率 0.90%，分别下降 27%、0.07%。

2 未来规划

2.1 以平稳运行为基调，筑牢稳产高效基础

树立“平稳就是效益”的理念，努力在系统优化与持续改进上下功夫，不片面追求极限负荷，重在增强生产保障能力。

抓好精准生产控制，保证系统稳定顺行，极致提高各工序生产效率。全面梳理制约生产的难点、瓶颈问题，综合考虑各种影响因素，持续优化稳产条件下的生产组织和创效模型，稳定炼焦煤供应，优化配煤结构，加强炉况分析研究，提高焦炉综合管理水平，为焦炉高效生产创造最佳条件。系统抓好干熄焦稳定运行，努力实现干熄率的再提升。加强化产系统研究，深入推进现场诊断，重视工序边界管理，

不断提高标准化操作水平和系统控制能力。完善生产应急预案，建立现场处置快速响应机制，提高生产系统保障能力。

实施设备全寿命周期管理，保障设备稳定。完善主体设备、关键设备信息系统建设，推进模块功能优化，有效掌握设备劣化趋势，提高预知预控水平，筑牢设备管理基础。大力推进设备智能化升级，实现电气系统、工业建筑、特种设备等本质化安全。实施备品备件集中管理，严格备件计划审核，科学优化储备定额。坚持“自修为主、外修为辅、强化内协”的原则，用好用活激励机制，充分挖掘自主维修潜力。狠抓设备精益管理，加强设备特性研判，加大设备事故考核与责任追究，确保关键设备可靠稳定运行、一般设备经济受控运行。

2.2 以深挖内潜为核心，全面提升经营质效

问题是精益改善的导向，挖潜是绩效提升的良方。要杜绝“指标到顶、潜力挖尽”的思想，树立极致思维，想方设法抠出“真金白银”。

极致挖潜降本增效。树立极致降费理念，学会“算账”经营，按照“非必要不支出”的原则强化各项费用控制，切实把“过紧日子”的思想贯穿生产经营全过程。发挥“五位一体”协同效应，以性价比模型为指导，抢占优势资源，力争采购成本挖潜900万元。合理调控炼焦煤库存，实现采购与配煤结构同步优化，努力扩大配煤成本行业领先优势。完善备品备件、原材辅料等市场化定价机制，加强漏损控制和验收把关，降低库存资金占用。以预算控制目标为切入点，强化资金预算管理，深化自营替代、借工管理等创新举措，持续降低外委费用。完善产销一体化运营机制，深入研究化产品市场规律，提高竞价活跃度，持续增强创效能力。

极致优化节能降耗。严格能效约束，聚焦能源消耗占比高、条件成熟、成效明显的重点流程、单元，推动能耗全流程融合创效。开展重点用能设备节能改造和运行控制优化，快速推进上升管余热利用、粗苯回收加热改造及电制冷机、盘式干燥机、节能水温机等节能改善项目，持续拓展能源创效空间。完善能源管理体系，对标行业先进水平，从管理、技术、操作以及系统匹配性等方面深入研究，实现能效全面提升。紧跟政策导向，有序推进用能低碳转型，探索清洁能源替代技术，实现用能供需双向互补，推动节能降耗取得新突破。

3 以精益管理为抓手，营造干事创业氛围

深入践行“全员参与、协同高效、消除浪费、持续改善”的精益理念，积极营造倡导精益、学习精益、践行精益的浓厚氛围，促进精益理念与“和焦化”文化融合，打造企业发展软实力。

深化对标找差，强优补短。坚持以问题为导向，真正“走出去找差距，走下去找问题”，对标管理与现场诊断有机结合，努力把问题变成项目，把项目变成实实在在的效益。要坚持全要素分析、全流程改善、全方位提升，着力培养运营诊断人才，充分挖掘现场创效潜力。持续完善业绩对话机制，提高专业协同运作效率，确保改善质量与攻关成效。

推动全员改善，创新创效。全员改善是推进精益管理向基层深化落地、实现学习型组织和精益管理深度融合的重要手段，必须抓好、用好。要树立系统思维，从全流程、全要素、全工序的视角去发掘改善，结合改善项目、现场观察、精益培训等措施，形成协同效应，实现创新改善“量、质、效”的全面提升。要发挥“达人”效应，挖掘典型案例，完善激励机制，让想创新、能创新、会创新的职工得实惠、有发展，真正把全员改善打造成提质创效的法宝。

落实绩效赛马，激发活力。坚持效益优先原则，持续深化“赛马”机制、“一人一表”等全员绩效管理，做到工作有标准、管理全覆盖、考核无盲区、奖惩有依据，激发广大职工的创效潜能。着力构建以价值创造和价值共享为核心的绩效观，逐步形成思想同心、目标同向、管理同步、责任同担、价值同创、成果同享的浓厚企业文化氛围，凝聚起“知重负重、创新超越”的强大合力。

4 以绿色智能为导向，厚植企业发展沃土

坚持“行业绿色智能发展新标杆”目标，提升环保A级绩效保障能力，加快数智升级改造布局，持续提升企业核心竞争力。

推动环保治理再加力。积极适应环保新常态，准确把握法律法规、政策文件，提升专业管理能力。强化环保设施日常管理，加快备用环保设施建设，积极开展技术攻关、内部改善，提升风险管控能力。围绕预防、预警、应急三大环节，提高突发环境事件快速响应和处置能力。加大现场专项检查和考核力度，狠抓厂区无组织排放治理，确保在线监测数据稳定达标。严格落实排污许可制度，如期投用废水深度处理项目，实现废水治理与循环利用新突破，为公司废水平衡创造条件。实施“扩绿补绿，见缝插绿”工程，注重绿植规划管理和专业养护，逐步提升厂区绿化水平，着力打造花园式工厂。

加快数智转型再突破。数智化是推动企业转型升级、实现高质量发展的重要抓手，也是公司建设钢铁强企的战略选择。要加快推进集控中心、焦炉自动测温、焦炉地下室巡检机器人等改造项目，实现智能管控水平有效提升。协调推进设备管理信息系统建设，实现备品备件全流程跟踪管理，提高设备运行保障能力。以数据贯通化、业务协同化、管理智慧化为目标，积极开展“5G+四大机车远控”“5G+AR智能巡检”“AI+赋能”等新技术研究，形成智慧制造能力持续迭代、动态优化，为管理效率和生产效能提升提供智慧保障。

5 以深化改革为契机，激发企业发展活力

改革是企业实现自我提升、适应市场发展的必然选择。全厂干部职工要增强紧迫感、使命感，以改革促管理，以改革激活力。

持续提升劳动产率。围绕政策托底、改革配套与稳定保障，建立完善制度机制，为职工解除后顾之忧。系统思考谋划，科学优化配置，加快“数智焦化”建设进度，拓展共享用工渠道，为劳产率提升提供有力支撑。积极探索人事效率提升新路径，结合岗位分析，合理设岗定员，优化劳动组织模式，确保完成全年劳产率提升任务目标。

大力推进人才强企。以复合型人才培养为目标，建立一支与企业高质量发展相匹配的高素质人才队伍。按照人岗相适、人尽其才的要求，完善干部考核和竞争上岗机制，加大年轻干部培养选拔。持续深化优秀人才、关键岗位轮岗交流，大力培养管理、技术、操作各层级多面手，为职工成长成才铺路搭台。以管理人员素质提升、专业技术人员知识更新、职工“操检维调”一体化提升为重点，有针对性地开展多层次、多渠道的岗位培训，为企业创新发展提供人才支撑。

面对严峻的市场形势和空前的竞争压力，只有不断加强和改进技术、环保和设备管理工作，不断提高科技进步水平，才能担当起推动我厂持续健康发展的历史重任。以党的二十大精神为指导，系统思考、精益求精、凝心聚力、创新进取，全力以赴做好今年及以后的各项科技工作，为“打造焦化行业绿色智能发展新标杆”做出新的更大贡献！

江苏沙钢集团有限公司焦化厂

江苏沙钢集团有限公司焦化厂总投资48亿元，现有职工800余名。现有6×55孔6 m焦炉，2×70孔7.63 m焦炉，配套64个贮配一体的煤筒仓，6×140 t/h干熄焦及余热发电系统，三套煤气净化系统和化产品回收系统等工艺装备。具备年产焦炭540万吨，发电6.5亿千瓦时，焦油19.5万吨、粗苯6万吨、硫酸铵5.4万吨的生产能力。

2023年生产焦炭520.78万吨、发电7.13亿千瓦时、外供蒸汽126591 t、煤焦油18.86万吨、粗苯5.78万吨、硫铵5.53万吨、焦炭单位产品能耗102.6 kgce/t。

近5年是焦化行业高速发展的五年，沙钢焦化厂紧跟行业发展方向，密切关注技术发展的新动态，紧紧围绕公司“打造精品基地，建设绿色沙钢”的企业宗旨，重视“产、学、研”结合，坚持技术创新，实现资源综合利用。特别是近两年，面对市场经济下行、焦炭产能过剩、环保要求日趋加严等严峻形势，沙钢焦化厂突破传统观念，引进、吸收先进节能技术和装备，积极探索落实节能减排工作，在降低公司铁水成本方面取得了较好成绩。

下一步，沙钢焦化厂将在总结以往经验的基础上，借鉴学习同行先进经验和做法，深入开展自主创新、引进创新、集成创新，继续转型发展，闯出一条沙钢特色的可持续科学发展之路，构建节能、环保、效益型焦化厂，努力打造“工艺技术装备先进、技术经济指标一流、节能环保国内领先”的创新型焦化厂。

山西阳光焦化集团股份有限公司

山西阳光焦化集团股份有限公司于1992年成立，总部位于山西省运城市。历经三十余年的发展，公司现已成为一家集煤矿开采、原煤洗选、焦炭冶炼、煤焦油精深加工、精细化工、炭新材料生产、新能源等业务于一体的大型循环经济与资源综合利用产业集团，是山西省政府确立的“焦化行业兼并重组主体企业”，是山西“千万吨级焦化循环工业园区”之一，是全国独立焦化行业的“旗舰企业”，2022年度，阳光集团位列“中国制造业民营企业500强”第427位，2023年“中国制造业民营企业500强”第395位。

公司主营业务为煤化工产品和精细化工产品的生产与销售。其中，煤化工产品主要为焦炭产品，附属产品主要包括煤焦油、粗苯、硫、焦炉煤气等；精细化工产品主要包括炭黑、工业萘、改质沥青、咔唑、蒽醌、精萘等。公司主要产品的生产能力为焦炭509万吨/年、焦炉煤气15.18亿立方米/年、中间产品煤焦油30.68万吨/年、粗苯6.92万吨/年、炭黑38.50万吨/年、工业萘10.80万吨/年、改质沥青15.60万吨/年、液化天然气7.80万吨/年、合成氨6.0万吨年及相关副产品的生产能力。

阳光集团目前共有六座焦炉，分别为安昆新能源：4×70孔JNDX3-6.78-19型单热式捣固焦炉，配套3×230 t/h干法熄焦装置，18×1200 t+5×300 t配煤仓及备煤储运系统，煤气净化系统，装机容量2×35 MW的干熄焦余热发电系统。2×65孔JN60-6型单热式顶装焦炉，配套2×170 t/h干法熄焦装置，6×4000 t+6×500 t配煤仓及备煤储运系统，煤气净化系统。目前公司主要产品焦炭产能规模已达509万吨/年。

阳光集团煤焦油总加工能力108万吨，子公司安仑化工煤焦油深加工装置包括焦油蒸馏36万吨生产线2条、工业萘蒸馏生产线1条，同步配套馏分洗涤分解、炭黑油调配储运等设备240套。炭黑产业目前拥有11条炭黑生产线，年产能力38.5万吨，是全国最大的炭黑单体生产基地，炭黑综合实力排名全国前五、山西省第一。子公司豪仑科化工煤焦油深加工装置设计年加工能力为36万吨/年，包括焦油蒸馏生产线2条、洗涤生产线1条、工业萘蒸馏生产线1条、洗油蒸馏生产线1条、热聚反应生产线2条，10万吨/年精蒽装置一套、4万吨/年炭微球装置一套、3万吨/年的2-萘酚装置一套，豪仑科化工是高新技术企业，荣获山西省专精特新“小巨人”企业称号。

LNG装备：子公司华源燃气拥有丰富的焦炉煤气变压吸附提取99%以上高纯氢气的装置和成熟工艺技术，包括产能7.8万吨/年甲烷化合成LNG装置一套、产能6万吨/年合成氨装置一套。

2023年公司主要经营指标完成情况：焦炭535.8万吨、焦炉煤气11.9万吨、粗苯5.74万吨、炭黑36.35万吨、工业萘5.32万吨、改质沥青10.9万吨、LNG7.2万吨、合成氨6万吨、煤焦油加工89.4万吨。

国家能源集团煤焦化有限责任公司

国家能源集团煤焦化有限责任公司（简称“煤焦化公司”）是国家能源集团为进一步加强专业化管理，加快推进国有资本投资公司改革，于2016年12月16日正式宣布组建的煤焦化板块公司。

目前，煤焦化公司设置10个职能部门、4个直属中心，6家直属单位，16个生产厂。下设神华巴彦淖尔能源有限责任公司（属中国神华控股，位于巴彦淖尔市金泉加工园区，有洗煤厂、焦化厂、甲醇厂、水务公司、港务公司等5家生产单位）、国能蒙西煤化工股份有限公司（位于鄂尔多斯市蒙西工业园区，有棋盘井煤矿、棋盘井煤矿东区、棋盘井洗煤厂、焦化一厂、焦化二厂、甲醇厂、华瑞公司等7家生产单位）、西来峰公司（位于乌海市海南区西来峰工业园区，有焦化厂、甲醇厂、焦油厂、硝铵公司等4家生产单位）、铁路公司、巴图塔洗配煤公司、国能甘其毛都国际能源有限责任公司。

煤焦化公司涉及煤炭、煤焦化工、铁路、口岸仓储、供水等五大业务板块，生产能力为420万吨/年原煤、910万吨/年洗煤、610万吨/年焦炭、52万吨/年甲醇、18万吨/年硝铵、30万吨/年焦油加工、8万吨/年粗苯加工，仓储能力1500万吨/年，专用铁路和铁路专运线计118 km。主要产品有Ⅰ、Ⅱ、Ⅲ级冶金焦。混煤，甲醇，硫铵，硫磺，煤沥青，工业萘，轻油，蒽油，甲苯，二甲苯，非芳烃，C8，硝铵等20余种。截至2022年5月底，公司资产总额184.18亿元。

公司发展的基本思路是：深入学习宣传贯彻党的二十大精神，增强“四个意识”，坚定“四个自信”，做到“两个维护”，坚持党的领导，加强党的建设，认真落实“四个革命、一个合作”能源安全新战略，持续开展“社会主义是干出来的”岗位建功行动，认真落实集团党组决策部署，全面贯彻落实集团公司“一个目标、三个作用、六个担当”发展战略和“41663”总体工作方针，确立“以焦为基、以化为主”发展思路，按照高端化、多元化、低碳化发展要求，积极推进集团公司六大化工基地之一的内蒙古焦化化工基地建设，以更加奋发有为的精神状态和一往无前的奋斗姿态，团结拼搏、担当实干、锐意进取、奋勇争先，不断提升党委领导力、支部战斗力、干部执行力，推动煤焦化产业升级质提量增、经营业绩稳健增长、改革创新走深走实、党的建设全面加强，努力开创以高质量党建引领保障企业高质量发展新局面。围绕国家煤焦化工产业发展政策和发展方向，充分发挥市场话语权、集团大物流、循环经济产业链三大优势，深入推进资产重组和产业结构调整，加大安全环保投入力度，打造煤焦化公司特色的“聚”文化，依托煤焦化循环经济产业链规模聚集、产业聚集、优势聚合的“聚”文化背景，初步构建了理念统一、行为规范和视觉识别的三大企业“聚”文化体系。充分发挥文化的生产力和凝聚力，深入推进公司的改革发展，推动企业走上持续稳定健康发展的道路，以党建领航企业发展，为企业发展强根铸魂，团结拼搏、艰苦奋斗，书写煤焦化公司更加辉煌的奋斗诗篇，向着世界一流煤焦化企业全速前进！

唐山首钢京唐西山焦化有限责任公司

唐山首钢京唐西山焦化有限责任公司位于河北省唐山市曹妃甸工业区，由首钢京唐钢铁联合有限责任公司和山西焦煤能源集团股份有限公司共同出资经营，2009 年 11 月正式注册成立。发展目标是依托股东双方在原料煤供应和焦炭产品需求方面的优势，共同打造具有国内外先进水平的焦化生产装备，具备核心竞争力和国际影响力的一流焦化企业。近年来，公司相继建成了唐山市煤焦化工程技术研究中心、煤焦化产业研究院、河北省煤焦化技术创新中心、河北省工业企业研发机构，辽宁科技大学煤焦化技术创新重点实验室。先后被授予“国家安全标准化二级企业”“中国焦化行业技术创新型焦化企业”“河北省安全文化示范企业”“全国焦化行业示范企业”“省级绿色工厂”等称号。

1 主要工艺装备

西山焦化公司建有 4 座 7. 63m 焦炉，是目前亚洲单孔炭化室容积最大的焦炉之一，采用 Uhde 公司先进的 COKEMASTER® 自动化控制系统。系统包括自动测温系统、炉温控制系统等，实现了焦炉自动加热和自动控制。

7. 63 m 特大型焦炉配套机车。焦炉机械所有操作均采用一次对位，在驾驶室中通过屏幕用键盘程序控制。焦炉操作机械的定位由 AUTOPOSI 自动定位系统进行。可以实现无人操作。

车载推焦除尘系统实现推焦除烟尘。炉顶、炉台、炉门、炉框清扫均为机械密封与清扫。控制室与推焦杆上配置由德国引进的 autotherm 炉墙自动测温系统与 RamForce 推焦力测定系统实现对炉温和炉墙的高精度监测和控制。

熄焦全部采用干熄焦方式。拥有目前世界最大单台处理能力的 260 t/h 干熄焦装置，首次设计、施工、生产运行。具有大型化、自动化程度高、节能环保效果好等优点。配套有 2×25 MW 双抽凝汽式汽轮发电机组、循环水泵站、除盐水站等设施。

化产煤气净化回收系统与 4×70 孔 7. 63 m 复热式焦炉生产能力相配套，分为两步。主要产品包括焦炉煤气、焦油、硫铵、粗苯、硫酸等。系统主要由冷凝鼓风、喷淋式饱和器法脱氨、终冷洗苯、负压脱苯、真空碳酸钾法脱硫制酸等工艺单元组成。此外，化工作业区还包括油库、循环水泵站、制冷站、酚氰废水处理站、减温减压站、除油凝结水泵站等公辅设施。

2 2023 年主要技术经济指标

2023 年西山焦化公司年产焦炉煤气 15. 56 亿立方米，蒸汽 224. 8 万吨，焦油 12. 2 万吨，粗苯 4. 4 万吨；焦炭 *CSR* 完成 70. 21%、*CRI* 完成 20. 15%，M_{40}完成 90. 91%，灰分完成 12. 20%，硫分完成 0. 83%。

3 企业落实焦化行业相关产业政策，在生产经营管理过程中促进企业技术进步、减污降碳、高质量发展的主要做法

公司高度重视创新工作，通过技术创新提供高质量供给，打造高效制造、高品质制造、智能制造和绿色制造的比较竞争优势。依托智能化、信息化、自动化手段，积极推动自主技术广泛应用，打造智能制造生产基地。以极低成本生产、极稳质量制造为核心，持续优化生产工艺技术，为高品质制造奠定坚实基础。

西山焦化公司严格对照《河北省重点行业环保绩效 A 级标准》，从装备水平、生产工艺、污染治理技术、排放限值、无组织、监测监控水平、环境管理水平、运输方式、运输监管等九大方面，逐项落实整

改提升，顺利通过 A 级企业评估。

西山焦化公司建立健全管控治一体化平台。平台以无组织排放源清单为设计主线，对厂内无组织排放源清单，主要环保实施运行、生产过程进行集中管控，并记录各无组织排放点相关生产设施的运行状况，收尘、抑尘等设施治理设施的运行数据，实现对空气质量微站、TSP 监测设备，高清视频等采集的数据信息，集中管控，实现精准治污。

干熄焦锅炉系统运行过程中为保障炉水品质需要定期和连续排污，因排污水温较高，具有一定的回收利用价值，可采用闪蒸工艺回收蒸汽并利用排水对锅炉给水进行加热，以回收排污水余热及除盐水。此外热力除氧器因工艺要求需要有少量蒸汽外排，可通过对锅炉给水加热回收其中余热及冷凝水。现西山焦化公司已完成三座干熄焦除氧器和锅炉定联排的余热回收，避免了蒸汽外溢，每套回收工业水约 1.5 t/h，回收纯水 1.2 t/h，节约低压蒸汽约 0.9 t/h。

2022 年西山焦化公司经过自评价，第三方机构评价，区、市级工信部门推荐，专家论证等多个环节的层层筛选，顺利通过“绿色工厂”认定。一直以来，西山焦化公司着力生态焦化建设，坚持以绿色、循环、低碳经济为发展方向，打造资源节约型企业，不断提升精细化管理水平，优化生产工艺，提高能源利用效率。公司积极主动贯彻落实绿色工厂运行要求，不断探索减排新途径，持续开展超低排放改造、固废综合利用、余热余能综合利用、VOCs 治理等活动，推动公司能源、环保提档升级。

西山焦化公司结合唐山市推行的《企业环境管理自律体系建设试点》工作要求，对标提升，成为唐山焦化行业唯一一家自律体系试点单位。

西山焦化公司追求极致能效，完成上升管余热回收项目，实现余热蒸汽的梯级利用，节约干熄焦高压蒸汽消耗，提高焦化热力系统运行效率。项目实施后分别产生 2.1 MPa 饱和蒸汽，1.3 MPa、350 ℃过热蒸汽和 0.6 MPa、350 ℃过热蒸汽，蒸汽发生量大于 80 kg/t 焦，降低焦化工序能耗约 7 kgce/t 焦，提高吨焦发电约 10 kW · h/t 焦。2024 年西山焦化公司作为京唐公司焦化工序共同参与并顺利通过中国钢铁工业协会“双碳最佳实践能效标杆示范工厂”验收。

西山焦化公司在炼焦配煤、干熄焦技术、煤气净化、节能环保等领域不断开展科技创新，形成多项技术创新成果。

“260 t/h 超大型干熄焦高效稳定运行技术开发与应用”项目达到国际领先水平并获得冶金科学技术二等奖、河北省科学技术进步奖三等奖。该项目建立了三维 260 t/h 大型干熄槽内部流动与传热模型，分析了干熄焦装置的排焦控制、循环气体成分、气焦比、中心/环缝比等因素对干熄槽内温度与流速分布规律的影响；确定了 260 t/h 干熄焦装置的最佳排焦控制速度和最佳气焦比。降低了焦炭烧损率，改善了焦炭质量，实现了干熄焦装置的长期稳定高效运行；指出干熄焦装置的循环气体成分控制以能保证循环气体安全为宜，同时建立了 260 t/h 干熄焦装置的循环气体成分控制标准。

“7.63 m 焦炉四大机车无人驾驶关键技术及应用”项目达到国际先进水平并获冶金科学技术奖三等奖、河北省科学技术进步奖三等奖。该项目研发了高度冗余安全保障技术及远程智能管控平台，增强了四大机车无人驾驶的安全性。发明了一种焦炉的自动装煤方法及装置，解决了在装煤过程中装煤量不准确，容易出现装煤量不足或者过多的技术问题；通过机车单体各机构间动态联锁控制技术及四车协调同步联动控制方法，提高了四大机车的运行效率，显著降低了焦炉的单孔操作时间；研发了机车除尘环保及辅助机构与全自动运行时序同步自适应的控制装置，实现了机车全自动稳定运行。

“基于特大型高炉风口焦溶损机理研究的焦炭质量调控技术”项目达到国内领先水平并获得冶金科学技术二等奖。该项目形成大深度、可移动、多点式风口焦取样设备制造技术。实现风口焦最大取样深度不低于 7.6 m，且可实现单次休风期间从多个风口取样，大幅度提高取样效率；提出“风口焦稳定粒度”和“焦炭异同比指数”的概念，发现风口焦中的小粒度焦。

“低碳绿色焦炉煤气脱硫工艺开发与应用”项目针对焦炉煤气脱硫工艺流程长、占地大，配套的制酸烟囱有含 SO_2、NO_x 的尾气排放，配套的制酸和硫铵系统设备容易腐蚀泄漏，设备维护检修成本高的问题，开发了新型焦炉煤，AS 脱硫工艺技术。开发了一种一塔式脱酸蒸氨装置，可充分利用热量，提高脱酸分离效率，能有效降低能源消耗；开发了一种挥发铵段和固定铵段分段加碱系统调节，通过优化汽提水和蒸氨废液指标，提高脱硫洗氨效果，降低对生化系统冲击；开发了一种洗氨塔顶加酸洗涤装置，通过优化酸的配加量，确保外送煤气含氨达标。该工艺实施后，实现了煤气硫化氢含量小于 200 mg/m^3，煤气氨含量小于 100 mg/m^{3}的目标。实现了焦炉煤气脱硫工艺长期高效稳定运行。

“焦炉四大机车智能视觉安全识别与联锁技术应用”项目获全国机械冶金建材职工技术创新成果三等奖。该项目采用了智能视觉安全识别系统，该系统主要由传感器模块、视觉智能识别模块、视觉 PLC 模块、远端监控软件等组成。其中传感器模块主要包括红外监控摄像头、激光雷达及毫米波雷达，在车辆的东西两侧各装一组，以实现车辆双向行驶均可使用。该系统还能够根据现场实际情况自动识别障碍物的类别，检测距离为 60 m，并根据车辆的运行速度、障碍物类别、障碍物距离等因素迅速做出联锁判断，从而实现机车限速或停车的目的。保证了机车行驶过程中的安全，消除有计划安全检修，实现企业全负荷生产，有效避免因特危工艺环节导致的被动停产检修，可为企业带来巨大经济效益。

“一种自动放余煤的控制方法”项目获唐山市职工技术创新成果优秀奖、全国机械冶金建材职工技术创新成果三等奖。该项目采用动态目标炉号设定功能，实现自动模式下放余煤操作与正常生产操作的无缝衔接；余煤斗增加称重系统，实时监测余煤斗内料位情况，当达到上限设定值时自动启动放余煤操作流程；当余煤斗放空后，自动关闭放煤闸板；实现推焦机与余煤回收系统连锁控制，当余煤卸放到余煤坑内时，余煤提升机将自动启动，将坑内余煤自动返送回煤塔，供装煤车使用，避免浪费。目前西山公司炉组共计 5 台推焦机全部应用此项技术，采用自动放余煤控制方法后，每个炉组每次放余煤比手动操作节省约 90 s 操作时间。

“特危工艺环境巡检机器人技术研发与应用推广”项目以钢铁焦化地下室特危环境为背景平台，整合当今国内外最新创新成果，通过企研合作协同攻关的形式，积极开展特危工艺环境巡检机器人产品的研发和应用，具有十分重要的研究价值和应用意义。一是提高巡检效率，保障作业安全：巡检机器人系统作为代替人工进行巡检的智能自动化产品，可以避免人工巡检漏检误检等失误带来的损失，降低人员在高温高危环境的健康伤害，提高巡检效率，在推进无人值守作业自动化进程中将发挥重要作用；二是适应发展趋势，引领产业发展：该项技术研发，可以大大推动光机电等技术以及人工智能等新科技在特危工艺环境应用水平，扩大机器人产品的推广应用领域，可为我国传统产业改造升级提供高端技术支撑；三是提升示范效应，推动技术创新。该项研究取得成果后，可为其他各领域特危工艺机器人研发提供科学范例，其关键共性技术问题解决方案将有力推进特危工艺环境巡检机器人产品的开发。

西山焦化公司重视研发工作，建有河北省省级技术创新中心：河北省煤焦化技术创新中心，负责公司技术研发、人才培养、成果推广、项目开发以及知识产权管理等相关工作，以制造能力提升和高效低成本生产为重点持续改进体系，逐步建立完善以工程项目为载体的生产、研发、设计和装备四位一体的成果转化集成体系，实现高效协同，强化重大工艺技术研究。技术创新中心整合内部资源以及外部技术力量设有专家委员会，充分利用首钢集团、华北理工大学等多个合作单位的研究成果，为公司经营管理和未来的发展决策、产业转型升级提供技术支持和战略指导。公司近年来与北京科技大学就《焦炭块度在京唐高炉内演变过程及其影响因素》、与辽宁科技大学就《微型模拟 5500 m^3 高炉中焦炭热态行为研究》开展了产学研合作，致力于提升产品的技术水平和附加值。

西山焦化公司拥有与主导产品相关的有效自主知识产权 106 项，其中发明专利 13 项、实用新型 91 项、软件著作权 2 项；企业长期专注并深耕于焦化行业的高效制造、高品质制造、智能制造和绿色制造，在焦炉装煤量、大型干熄焦长寿化方面进行攻关，以极低成本生产、极稳质量制造为核心，持续优化工艺技术，多年保持环保绩效 A 级企业。焦炉上升管开盖自动点火装置在大型焦化厂应用实施，得到环保部门高度认可，在焦化行业发挥“补短板”“锻长板”“填空白”等重要作用。

4 未来发展规划

今后，西山焦化公司将继续围绕炼焦配煤、煤气净化、干熄焦等工艺技术，节能降耗、绿色低碳等环保技术，通过试验研究、项目攻关，实现焦化工艺技术优化、降本增效、绿色低碳提升。计划优化配煤结构，降低配煤成本；对大型焦炉上升管余热回收利用及热力系统进行优化；开展 AS 脱硫工艺技术研究及焦炉烟气脱硫脱硝干法脱硫系统稳定经济运行研究。

陕西龙门煤化工有限责任公司

陕西龙门煤化工有限责任公司是由陕西黑猫焦化股份有限公司（出资占比55%）和陕西陕焦化工有限公司（出资占比45%）共同成立的现代化煤化工企业。公司占地133.33万平方米，员工3500人，注册资本38.5亿元，总资产82.46亿元。陕西龙门煤化工有限责任公司建设有8×65孔5.5 m捣固焦炉，设计年产400万吨冶金焦、20万吨甲醇、25万吨LNG、28万吨液氨或者48万吨尿素。

公司工艺流程首先以洗精煤为原料，采用国内先进的宽炭化室5.5 m捣固焦炉，实现年产400万吨优质冶金焦炭，副产焦油、粗苯等产品。进一步通过对煤焦化产业链的延伸，以焦炉煤气为原料，经过压缩净化工序处理后，进入深冷液化分离装置生产LNG产品，富余的H_2和CO气体及纯氧造气生产的水煤气作为原料气去生产合成氨和甲醇产品。空分分离出的氮气和焦炉煤气中富余的氢气进入合成氨装置生产合成氨。液氨和从煤气中分离出的CO_2进入尿素装置生产尿素。

公司2023年实现工业总产值1011286.00万元、销售收入946397.60万元、上缴利税4903.19万元。

2023年以来，国内经济增速换挡持续疲软，冶金行业运行艰难。面对诸多困难与挑战，我们始终坚持以安全和效益为导向，优化生产组织，大力开拓市场，狠抓产运销衔接，强化资金管控，全面开展挖潜增效活动，保持了稳健的发展势头。未来几年要以“再出发、再奋进、再超越”的姿态，砥砺“无惧风雨”的实干之志，凝聚“众志成城”的团结之力，迎难而上。

为实现高质量发展，公司采取了一系列措施，包括推进绿色转型、加强环保管理、技术创新和研发以及加强人才培养和引进。在绿色转型方面，公司采用先进的焦炉控制系统和节能设备，降低能源消耗和减少排放。同时，实施焦炭质量提升计划，确保产品质量和降低炼焦成本。在环保管理方面，公司建立和完善了环保管理体系和责任制，并定期进行自查自纠。此外，公司还注重技术创新和研发，投入专项资金支持新技术和新工艺的研发，并鼓励员工提出创新建议。最后，公司加强人才培养和引进，定期组织培训，设立人才引进机制和培养计划，以提升员工的技能和职业发展。通过这些具体做法，陕西龙门煤化工有限责任公司不仅能够有效落实焦化行业的相关产业政策，还能够在环保、技术创新、人才培养等多个方面提升自身的竞争力，实现企业的长期可持续发展。

公司未来几年将全面提升科学化、规范化、标准化管理水平，提高可持续发展能力。通过加强研发力度、优化产业布局、推进绿色发展、提升产品质量等措施，推动焦化行业向高端化、智能化、绿色化方向发展，为国民经济的持续稳定增长和全球能源化工市场的竞争力提升做出积极贡献。

沂州科技有限公司

沂州科技有限公司成立于2007年，隶属中国企业500强——沂州集团，注册资本35000万元，位于江苏省邳州市经济开发区化工园区。

由中冶焦耐工程技术有限公司设计，公司建有4×65孔5.5 m捣固焦炉，焦炉型号为JNDK55-05，年产冶金焦260万吨，两条焦炉煤气净化生产线。净化后的焦炉煤气用于制造甲醇并联产合成氨，甲醇及合成氨装置均由赛鼎工程有限公司设计，甲醇产能为30万吨/年，液氨产能10万吨/年。熄焦工艺采用干法熄焦，干熄焦设计能力为2×180 t/h，干熄焦所产蒸汽用于发电，配套发电机组为2×30 MW。

沂州科技是全国首家焦化示范企业、第一批生态环境部环保绩效A级企业，是中国炼焦行业协会副会长单位、徐州市低碳科技学会副理事长单位、徐州市节能协会理事单位，是国家二级安全标准化认证单位，通过了清洁生产审核及能源、质量、环境、职业健康安全管理体系认证，获“江苏省能源计量示范单位”“节水型企业”“焦化行业统计工作先进单位”“江苏省制造业100强”“徐州市工业企业50强”“徐州市节水先进单位”等荣誉称号。

2023年，公司生产干全焦244.86万吨，精甲醇27.43万吨，液氨10.71万吨，焦油10.55万吨，粗苯3.56万吨、硫铵3.95万吨，其他副产品也保持平稳生产。

2023年，沂州科技实现工业产值84.81亿元，销售收入79.48亿元，工业增加值9.94亿元，利润总额4.40亿元，入库税金3.12亿元。

公司持续保持“中国焦化标杆企业领先地位”作为公司的发展目标，始终追求安全管理领先、工艺技术领先、环保绩效领先、节能减碳领先。努力开展技术创新，提升企业竞争力，专注于现有装置优化、产品升级、高附加值产业链延伸。

公司注重企业本质安全管理，以二级安全标准化为抓手，主动对标一级安全标准化，建立健全并有效运行HSE管理体系，近几年在安全投入达1亿元以上，高标准完成了智能二道门建设及信息化平台建设升级；每年安全投入资金约5000万元，保证了安全工作的开展。公司重视安全人才培养，重视安全专家在企业安全管理中的关键作用，定期选派骨干人员到同行业先进企业学习培训，鼓励员工考取注册安全工程师、消防工程师、环评工程师等职业资格证书，目前公司注册安全工程师20人，注册消防工程师2人，专职安全员共29人。

大力开展节能减排，坚持科技研发和创新驱动，发展循环经济，用先进制造的标准改造提升传统行业，主动以严于国家的标准开展环保建设与治理，实施了一系列深度治理项目，实现了超低排放，实施了国家《产业结构指导目录》有关焦化行业全部鼓励类项目，包括焦炉自动测温系统、焦炉烟气脱硫脱硝副产物资源化利用、脱硫废液资源化利用、焦化废水深度处理回用、焦炉煤气高附加值利用、荒煤气和循环氨水等余热回收等，各工序及公司整体资源利用效率处于行业内领先的水平。

公司高度重视通过创新实现工艺引领、技术进步。通过积极开展创新，强化标准建设，密切与科研院所、先进的节能设备供应商合作，持续开展与焦化同行间的广泛交流，充分识别企业节能空间。截至目前，公司先后参与了国家标准制定2件，行业团体标准7件，取得专利50余项，软件著作权证书2项。2023年公司提起并通过内部审批的创新申请30件，合理建议1500余条，实施了干熄焦导入污氮气降低烧损、杂醇精馏深度回收利用项目、外排水净化回收利用、粗苯余热深度回收利用项目等创新项目，技术创新项目投资超过1亿元，当年为企业降本增效超过5000万元。

尽管面临市场规模下降、环保压力增大等挑战，但沂州科技有限公司凭借多年的技术积累和转型升级经验，以及良好的营商环境和政商关系，仍具备较大的发展潜力。

一是着眼于继续发展产业链，在目前已建成的煤焦油产业链基础上，研究和发展粗苯产业链、甲醇产业链、液氨产业链，实现产业链带动、企业持续发展；

二是紧抓碳中和绿色发展机遇，研究和发展绿醇、绿氢、新能源等与企业和行业有关的产业项目，推动企业高质量发展；

三是发挥园区龙头企业的地位和作用，构建绿色平台型企业，推动周边企业共同发展。

展望未来，沂州科技将继续秉持绿色发展理念，加大技术创新和研发投入，继续深化技术创新和产业升级，不断提升产品质量和附加值。同时，公司将积极响应国家产业发展政策，积极参与开发区的新项目、好项目，谋划和培育新产业，加强与上下游企业的合作，推动产业链协同发展。此外，公司还将加强内部管理，提升运营效率，为实现可持续发展奠定坚实基础。公司将继续努力，为推动我国煤化工行业的健康发展做出更大贡献。

宝钢化工湛江有限公司

宝钢化工湛江有限公司是中国宝武旗下宝武碳业科技股份有限公司的全资子公司，公司2013年9月注册成立，注册资本为人民币2.9亿元，是宝武碳业在华南地区最大的煤焦油加工基地，已发展成为营收超十七亿的高新技术企业，具备40万吨/年的煤焦油加工和10万吨/年改质沥青加工处理能力以及4万吨/年苯酐加工处理能力，主要产品有改质沥青、苯酐、炭黑油、工业萘等十五种，广泛应用于铝业、汽车、房地产等行业，远销德国吕特格、日本昭电、俄罗斯铝业等企业。

公司现有煤焦油加工装置2套，年处理能力40万吨；改质沥青生产装置，年产能10万吨；苯酐生产装置，年产能4万吨。

宝钢化工湛江有限公司2023年工业产值145728万元，人均产值1204万元，营收146665万元，研发费用5117万元，R&D研发经费投入强度3.5%，高新技术产品收入92747万元，高新技术产品收入占比63%。

宝化湛江发展紧跟国家焦化行业相关产业政策，比如从产业结构调整的角度，国家发改委、工信部等部门联合发布了《关于推进焦化行业结构调整的意见》，明确提出要优化焦化产业布局，严格控制新增产能，加快淘汰落后产能；在科技创新政策方面，科技部等部门联合发布了《关于加强焦化行业科技创新工作的通知》，明确提出要加强焦油深加工行业的科技创新能力。

宝化湛江自成立之初就已经创建数字化平台以智能工厂为中心，现已拓展为智慧集成、智慧安全、智慧物流、智能装备、智能生产、智慧人才培养六大模块。

坚持创新，推动行业核心技术突破，实现企业社会价值。

构建循环经济产业链、拓展发展领域等的创新成果建成4万吨/年苯酐零碳生产线、建成焦化行业首个微藻固碳项目（利用微藻作为固碳生物固碳）、持续优化改质沥青装置，推动行业绿色低碳和循环经济的发展。

建龙西林钢铁有限公司焦化厂

建龙西林钢铁有限公司位于黑龙江省伊春市金林区，公司始建于1966年，为北京建龙集团子公司。企业为黑龙江省最大钢铁联合企业，东北地区重要的建筑钢材生产基地，首批45家获得工信部《钢铁行业生产经营规范条件》准入资格的全国重点钢铁企业之一。目前具备年产焦炭140万吨、生铁370万吨、粗钢420万吨、钢材435万吨的规模。建龙西钢拥有从矿山开采到钢材轧制完整配套的生产体系，工艺装备处于国内同类企业先进水平。装备有2×72孔5.5 m捣固焦炉、1260 m^3高炉、120 t转炉及LF精炼炉、六机六流小方坯连铸机、双线高速线材生产线、双高棒热机轧制生产线。主导产品天鹅牌钢筋混凝土用热轧带肋钢筋，1999年来连续保持中国冶金产品实物质量金杯奖，2001年获得首批国家级产品质量免检证书。公司为建筑钢材质量品牌示范基地，热轧带肋钢筋为国家级绿色设计产品，“天鹅”商标为黑龙江省著名商标。企业通过质量、环境、职业健康安全和能源综合管理体系联合认证，以及工信部两化融合管理体系认定。被认定为省级企业技术中心、黑龙江省建筑用高强度钢工程技术研究中心、黑龙江省建龙西钢智能制造工程技术研究中心，公司是国家高新技术企业、黑龙江省智能工厂。企业先后获得“全国精神文明建设工作先进单位”“全国五一劳动奖状”“中华慈善突出贡献奖”“全国脱贫攻坚先进集体”等殊荣。

建龙西林钢铁有限公司焦化厂成立于2020年4月24日，是以炼焦煤为主要原料的钢铁联合企业附属焦化厂，140万吨/年5.5 m捣固焦炉于2019年5月完成初步设计及审批，6月开始施工建设，2021年1月10日2号焦炉投产，2月25日1号焦炉投产，2月28日干熄焦投红焦。

2023年通过强化生产过程窄指标管控，工程技改等工作，焦炭产量实际完成126.93万吨，焦油产量5.37万吨，粗苯产量1.81万吨，煤气回收5.84亿立方米，超额完成产量计划。另外，干熄率98.3%，吨焦煤耗1.377 t/t，冶金焦率90.6%，工序能耗112.9 kgce/t，焦炭质量指标及化产质量指标达到行业平均或领先水平。

福建三钢闽光股份有限公司焦化厂

福建三钢闽光股份有限公司焦化厂创建于 1958 年，历经几十年的发展变革，目前拥有焦炭年产能 205 万吨，其中炭化室高 6. 25 m 捣固焦炉 2 座共 92 孔，年产能 102 万吨；热回收焦炉 12 座共 168 孔，年产能 103 万吨。

为减少污染物的排放，三钢焦化厂在 2019 年率先在国内国有钢铁联合企业建成清洁环保型热回收焦炉 168 孔生产冶金焦，并配套干熄焦、脱硫脱硝、余热锅炉发电等设施。热回收焦炉无废水、无化产品、无 VOCs 产生，余热蒸汽发电，实现了清洁环保生产。生产冶金焦供三钢 2000 m^3左右高炉使用，使用效果良好。

为落实《焦化行业“十三五”发展规划纲要》要求淘汰落后产能，三钢焦化厂分两期关停 4. 3 m 捣固焦炉，全面升级改造为 6. 25 m 捣固焦炉。6. 25 m 捣固焦炉的设计建设，全面按照节能、环保、智能化要求进行。节能方面，焦炉本体采用了高导热硅砖及纳米隔热材料，上升管余热回收，焦炉烟道气余热回收，初冷器热水回收，全干熄以及电机变频技术等，实现资源综合利用，助力我司钢铁产业 2030 年前碳达峰、2035 年减碳 30%。环保方面，全面按照超低排放要求设计建设，采用了 CPS 炭化室单孔调压，活性炭脱硫脱硝，化产 VOCs 回收进负压系统，真空碳酸钾脱硫制酸，EP 电解处理脱酚废水等先进技术。智能化方面，全面实现了岗位集中远程智能控制，采用“焦炉自动测温、自动加热系统”，提高焦炉自动化加热水平，采用“焦炉机械智能化控制及管理系统”，基本可实现熄焦车、导烟车无人驾驶，SCP 机、拦焦车“自动操作、有人监视”，与焦耐院、中钢热能院配合开发“智能配煤、粗苯优化控制”等。同时，利用三钢集团数字化转型的契机，与宝信、赛迪合作，进一步提升焦化厂智能化水平。

在企业的发展过程中，三钢焦化厂工程技术人员始终保持锐意进取、技术创新的动力，在行业内率先开展无烟煤炼焦技术的研究与应用，荒煤气上升管余热研究与利用，干熄焦炉大砌块技术的研究与利用，这些技术目前在行业内都得到了大量的使用；同时成功研究弱黏结性煤大配比应用的炼焦技术，大大节约了强黏结性煤的使用；首次研究与利用 EP 电解技术处理焦化脱酚废水，达到节能减员的目标。近几年，三钢焦化厂在技术创新上共取得发明专利 2 项，实用新型专利 26 项，发表论文 40 篇。

沁新集团特种焦制备分公司

沁新集团特种焦制备分公司是山西沁新能源集团股份有限公司全资子公司，一期工程于2005年投产，后经多次扩建现年可生产优质特种铸造焦60万吨。建厂初期集团根据自有煤矿优势和炉型特性确定了“优质铸造焦”的产品定位。并先后成立了“研发中心”“特种焦研究院”和北京煤科院、中钢鞍山热能研究院长期建立合作关系，致力于优质铸造焦的研究工作。经多年深耕主要取得如下成绩。

2007年焦炭产品被评为“山西省名优产品”，2009年率先获得了全国焦化行业准入资格，2010年被评为“山西省十佳深加工企业”，2011年至今，被中国铸造协会连续三次授予“中国铸造用焦生产基地”，2013年被国家工商总局商标局授予“中国驰名商标”，沁新牌焦炭被评为“山西省名优产品”。2020年被中国绝热节能材料协会授予“中国岩棉用焦生产基地”，同年被中国铸造协会授予“全国铸造材料金鼎奖”，被省科技厅授予“高新技术企业”荣誉称号。

特别是在2020年底，由工信部发布的第五批制造业单项冠军企业（产品）名单，“沁新牌”铸造焦斩获国家制造业单项冠军产品，成为山西省首家、长治市唯一一家入选国家制造业单项冠军产品的企业。

特种焦制备分公司主要产品为优质铸造焦和岩棉焦、电力，所产焦炭具有“六低、三高”的特性，即低水、低灰、低硫、低磷、低显气孔、低反应性；固定碳高、发热量高、冷热强度高，特别适用于10 t以上冲天炉及精密铸造。

“沁新牌”铸造焦、“火山牌”岩棉焦作为中国驰名商标，销售区域遍布全国21个省市区，远销欧洲、日本，成为丹麦洛科威、德国宝马、日本丰田、马自达等驰名企业的优秀供货商。

2023年公司生产焦炭49. 66万吨，实现销售收入156221. 88万元，上缴利税912. 43万元，实现利润1251. 62万元。

近年来，山西沁新能源集团股份有限公司特种焦制备分公司持续践行绿色发展理念，加快推行绿色、生态转型，大力提升装备水平和竞争水平。根据《山西省焦化行业超低排放改造实施方案》（晋环发〔2021〕17号）文件要求，投资1. 34亿元进行超低排放改造，于2023年度顺利完成且通过验收。具体改造内容为焦炉烟气脱硫、脱硝以及湿式静电除尘，生产工艺环节完善原料库全封闭、皮带通廊全封闭以及装煤、推焦作业工序无组织烟气治理等。同时开展厂区环境美化，打造生态环境保护、提质增效、经营发展协同共进的新局面。

通过实施超低排放改造实现了减排目标，即二氧化硫减排约10 t/a、氮氧化物减排约20 t/a、颗粒物减排约10 t/a。

公司围绕节能降耗目标，依托热回收焦炉的工艺特点与优势，主要实施的节能提效工作包括加大绿色电力使用率；推进可再生能源使用量；加快开展工艺与装备革新实施热回收焦炉智能配煤系统、DCS焦炉精准加热自动控制系统的绿色工艺应用；在余热回收利用上大胆尝试新工艺、新技术，确保了余热回收利用率；扎实开展智慧能源管理与节能诊断；依托能源管理体系、测量管理体系精益求精开展各项工作。实现了节能降碳效果显著、绿色低碳发展能力大幅提高的目标。2023年焦炭单位产品能耗达到在103. 5 kgce/t。

铜陵泰富特种材料有限公司

铜陵泰富特种材料有限公司成立于2008年4月，由中国中信集团旗下中信泰富特钢集团股份有限公司全资控股。公司位于安徽铜陵经济技术开发区循环园内，占地面积约762667 m^2。

公司建有220万吨炼焦化工、800万吨港口物流、90 MW热电能源三大业务板块，主要产品有冶金焦炭、煤焦油、粗苯、硫铵、硫氰酸钠，以及焦炉煤气、蒸汽、电力等。

公司采用清洁生产工艺，积极发展循环经济，通过以焦化副产品为基础的循环利用和产品转化，满足园区循环经济发展需要，建成了以供应焦炉煤气、蒸汽为主的园区清洁能源供应中心。

公司是全国模范劳动关系和谐企业、安徽省诚信企业、安徽省“两化融合”示范企业、铜陵市循环经济示范单位，名列2018年铜陵地方企业50强第4位，安徽省百强企业第80位，安徽省制造业百强第45位。

主要设施设备配置：

炼焦：有总贮量18万吨，操作容量14.5万吨备煤系统一套。4×60孔7 m复热式顶装焦炉，年生产能力260万吨；配套190 t/h干熄焦炉2座；并与4座焦炉配套储运及筛分系统2套；1套煤气净化回收系统，处理能力128700 m^3/h。焦炭合计年产能220万吨。

码头港口：有4个5000 t兼10000 t级泊位；2台500 t/h门式起重机；1台800 t/h的装船机；1套运煤1000 t/h，运焦600 t/h的管式皮带机。当前主要满足230万吨焦炭进出需求。

2023年公司主要产品产量：干全焦275万吨、煤焦油加工量12万吨、粗苯3.6万吨。

河南利源新能科技有限公司

河南利源集团位于安阳市殷都区，属股份制民营企业，河南省煤化工骨干企业，中国制造业企业500强。企业占地3000多亩，员工3500余名，集团总资产达100亿元，2023年产值突破190亿元。公司先后获得“国家级绿色制造 绿色工厂”“生态环境部绩效分级管控A级企业（河南省焦化行业唯一一家）”“全国企业信用评价AAA级信用企业”“中国建设工程鲁班奖”“IDC中国未来数字工业领航者”“河南省制造业头雁企业”等多项省部级以上荣誉。

近年来，利源集团围绕绿色低碳转型，坚持以科技创新为引领，加快结构调整，推进产业升级，形成了较为完整的循环经济产业链和精细化工生产模式。公司拥有国内外不同型号燃气轮机9台，并配套余热汽轮机组形成联合循环发电，与中国航发合作首套国产航空燃气轮机联合循环发电，填补了国内空白，已成为国内燃气轮机发电机组型号最全、示范性最强的企业，对国产燃气轮机民用以及军民融合起到积极推动作用；20万吨/年焦炉煤气制无水乙醇项目，为国家能源安全和粮食安全做出了贡献，同时，乙醇生产过程中实现了CO_2的减排及综合利用；建成8万吨/年焦炉煤气制LNG示范装置，与华润燃气共建安阳民用应急气源基地；在行业内率先建立变压吸附工艺制备燃料电池用高纯氢示范装置，建成投用安阳市首座加氢站并开展氢能重卡零碳物流实践，已成为安阳及中原地区重要的氢能源供应基地；年产优质硅锰合金6万吨、中低碳锰铁6万吨；其他一苄胺和二苄胺等精细化工产品30余种；配套自动化铁路专用线及翻车机和功能齐全的现代物流园区，运输服务能力700万吨/年，清洁运输能力占比达到80%。公司致力于打造行业首家全流程5G+智慧工厂，通过数字转型、数字赋能，实现低碳节能、减废降耗、集约高效的智能化管理模式。

河南利源新能科技有限公司是河南利源集团的全资子公司，是集团所属的两家焦化厂之一。该项目来源于2019年河南省焦化行业资源整合、取消4.3 m焦炉产能减量置换后建设的一个焦化项目，于2021年建成投产。项目总投资40多亿元，焦化部分主要由2×60孔6.25 m PW捣固焦炉以及配套的煤气净化、干熄焦、上出料系统、深度水处理组成；煤气利用部分主要由2×42 MW重型燃气轮机以及国产燃气轮机示范平台、20万吨/年焦炉煤气制乙醇以及联产高纯氢、乙酸甲酯、二氧化碳消纳等，项目投产后陆续耦合了风光发电等可再生能源项目。项目从立项之初就锚定世界一流工厂的规格，主要的设计、装备、制造、安装、监理公司全部选用头部企业进行合作，聘请多名国内知名专家进行方案论证与驻场指导；建设过程中克服了新冠疫情以及2021年7月河南豫北地区特大水灾的冲击，同时也得到了社会各界的支持，该项目得以高质量完成、投产。该项目荣获“中国建设工程鲁班奖”。

2023年公司产品实物量：干全焦129万吨、乙醇11.7万吨、乙酸乙酯19万吨。

贵州盘江电投天能焦化有限公司

贵州盘江电投天能焦化有限公司（简称“天能公司”）由贵州盘江电投发电有限公司、贵州乌江能源投资有限公司共同出资组建的“煤—电—焦—气—化”一体化循环经济型国有企业。成立于2002年4月，2005年建成70万吨/年的焦化及化工产品回收系统，配套建有120万吨/年选煤装置。为充分发挥区域煤炭资源优势，发展循环经济产业，2013年天能公司在70万吨/年煤焦化产业基础上扩建130万吨/年循环经济型煤焦化工程，配套建有240万吨/年选煤装置、260吨/时干熄焦及2×20 MW余热发电、5万吨/年苯加氢、12万吨/年焦炉煤气制液化天然气、1100标方/小时氢气提纯装置。主要产品有焦炭、煤焦油、纯苯、甲苯、液化天然气、氢气等20余种。产品销售覆盖云贵川、两广、两湖及江西等8省的钢铁和化工企业。

2023年公司生产焦炭192.28万吨、煤焦油6.53万吨、粗苯1.81万吨；粗苯加工量4.92万吨；LNG产量8.42万吨；工业总产值56.40亿元；炼焦工序能耗119.04 kg/t。

天能公司依托贵州省丰富的煤炭资源，按照“减量化—再利用—资源化”的循环经济发展理念，做足煤炭资源的利益，延长煤炭产业，持续推动公司绿色低碳转型升级。在致力于自身发展的同时，天能公司积极主动地履行社会责任，广泛参与地方脱贫攻坚、教育、养老、抢险救援等各项工作，在造福社会、拉动经济增长、促进就业、员工发展、环境保护、支持公益等方面做出了积极的贡献。

天能公司积极践行循环经济发展理念，不断延伸煤炭产业链，提升环保技术、生产工艺、装备水平，实现天能公司绿色低碳发展。

1 做足煤炭资源，推动绿色低碳循环发展

历年来，天能公司结合区域内煤炭资源优势，不断采取有力措施推进煤炭清洁高效利用，延长产品产业链，提升产品价值，实现了煤炭洗选、焦化和化工产品的精深加工以及废水、废气、废渣、废热回收等综合利用9条循环经济产业链，推动天能公司绿色低碳循环发展。

1.1 煤炭分级分质高效利用

天能公司建成360万吨/年选煤装置，对原煤实现分质分级利用，洗选分级后得到的精煤通过皮带输送至200万吨/年炼焦装置生产焦炭及化工产品，中泥煤等低热值煤通过皮带输送至盘江电投发电分公司2×660 MW超临界燃煤机组燃烧发电。

1.2 焦炭热量回收综合利用

天能公司200万吨/年炼焦装置配套建设干熄焦装置，主要利用空气中惰性气体氮气回收焦炭显热，产生蒸汽，用于2×20 MW余热发电机组发电，全年可发电量约3.2亿度，可基本满足公司生产用电需要。

1.3 焦炉煤气综合利用

天能公司200万吨/年焦化装置产生的焦炉煤气约4.7亿标方/年。焦炉煤气的综合利用主要有两条路径：正常情况下，焦炉煤气送到公司焦炉煤气制液化天然气装置，经净化、甲烷化、深冷液化后生产液化天然气，年产液化天然气12万吨。在盘江电投发电分公司2×660 MW超临界燃煤机组锅炉点火或煤质较差锅炉燃烧不稳定时，可输送部分或全部焦炉煤气代替燃油用于锅炉点火、稳燃、助燃，每年可节约点火及助燃燃油约600 t。

1.4 焦炉烟气脱硫脱硝及余热回收综合利用

天能公司2016年投资1.48亿元，建成投运两套焦炉烟气脱硫脱硝及余热回收装置，采用“脱硫+脱硝+余热回收”一体化工艺，净化后的洁净烟气经过余热锅炉回收余热，每小时产生17.4 t低压蒸汽。该装置为全国第三套、西南第一套焦炉烟气脱硫脱硝装置，公司焦炉烟气在全国焦化行业率先实现稳定达标排放，对焦化行业确定科学合理的改造技术路线起到了积极的促进作用，也为焦化行业可持续绿色发展提供了经验借鉴。

1.5 粗苯集中精深加工

通过整合区域内煤焦化企业的粗苯，送入5万吨/年苯加氢装置，年生产纯苯3.5万吨、甲苯6800 t、二甲苯2000 t。该装置采用脱重、加氢、预精馏、萃取蒸馏、二甲苯蒸馏工艺，纯氢采用焦炉煤气制液化天然气后副产富氮氢气体经PSA提纯后用于加氢单元使用。

1.6 焦化废水中水回用

天能公司200万吨/年焦化装置年产生废水约84万立方米，采用预处理、生化处理、深度处理、超滤、反渗透、电渗析工艺后，指标达到循环水补水指标要求，全部用作生产补充用水，既解决了废水的用途，又节约了补充水用量，创造了良好的经济和社会效益。

1.7 焦炉煤气制液化天然气后剩余富氢气体（替代燃油）综合利用

天能公司4.7亿标方/年焦炉煤气制液化天然气后，剩余富氢气体量约1.3亿标方/年，可折换成标煤约4万吨。为进一步延伸产业链，提升产品附加值，公司先期投资1200余万元建成投运1100标方/时制氢装置，氢气纯度大于99.999%，达到氢燃料电池用氢气质量指标要求。剩余富氢气体通过管道输送至盘江电投发电分公司2×660 MW超临界燃煤机组用于锅炉点火、稳燃、助燃。

1.8 焦炉煤气中有害杂质氨回收利用

天能公司200万吨/年焦化装置煤气发生量约10万标方/时，氨含量约6克/标方。因盘江电投发电分公司2×660 MW超临界燃煤机组脱硝装置需要用无水氨，天能公司采用吸收、解析及精馏工艺回收焦炉煤气中的氨生产无水氨，年产无水氨约3000 t，输送至盘江电投发电分公司2×660 MW超临界燃煤机组脱硝及200万吨/年焦炉烟气脱硫脱硝装置使用。

1.9 氢能源综合利用

结合贵州省及六盘水市氢能源产业发展规划，2021年，天能公司投资1200余万元建成氢气提纯装置，对焦炉煤气制液化天然气副产氮氢气资源（H_2含量80%左右）进行提纯，日产氢气600 kg，经上海市计量测试技术研究院（华东国家计量测试中心、中国上海测试中心）检测，氢气纯度大于99.999%，其他指标均优于氢燃料电池用氢气质量指标要求。项目每天产出的氢气可供50余辆氢能公交车使用，真正实现了公交车“零排放、零污染”，进一步延长了公司循环经济产业链，增加产品附加值，提高经济效益，为六盘水市打造成“西部新能源示范城市”和“贵州省氢能产业示范城市”发挥了积极作用。

2 实施清洁技术改造，提升绿色低碳循环发展

天能公司深入学习宣传贯彻习近平新时代中国特色社会主义思想，始终践行绿水青山就是金山银山的发展理念，坚持精准治污、科学治污、依法治污，充分利用清洁生产技术，持续深入打好蓝天、碧水、净土保卫战，提升绿色低碳循环发展。完成了储煤场煤棚、烟道气回配、焦炉无组织排放治理改造等工程，提高清洁生产水平。

3 强化科技创新，巩固绿色低碳循环发展

天能公司在实施绿色低碳循环发展同时，始终坚持把创新作为第一驱动力，不断实施低碳技术工艺，优化生产工艺，巩固绿色低碳循环发展成果。重点开展制氢工艺流程改造、回收 LNG BOG 气体冷量工程，推动实施碳中和项目建设。

华泰永创（北京）科技股份有限公司

华泰永创（北京）科技股份有限公司是科技创新型民营企业，是中国炼焦行业协会常务理事单位，是集焦化和耐材等技术研发、设计、工程建设与咨询、设备成套、智慧制造、远程运维服务于一体的股份制高科技公司。拥有行业首发技术20余项，专利370余项。干熄焦EPC国内市场占有率连续多年行业领先，海外市场不断扩大，已有多个焦化项目在海外建设投产。

华泰永创始终把“科技创新”作为企业发展的核心驱动力，把引领行业发展作为企业责任，不断开发应用新技术，推进焦化行业绿色低碳发展。在持续改进、突破创新、战略性重大创新三个层面同时布局和推进技术发展。研发内容主要聚焦在干熄焦大型化、智能化与极致能效水平的提升，清洁低碳炼焦新技术开发和近零排放的新型焦化产业链和新型焦化产品结构的构建。

在干熄焦技术集成创新方面，成功开发出世界处理能力最大的270 t/h干熄焦技术和全球首台套超高温超高压一次再热干熄焦余热发电技术；不断提高智慧制造开发及应用水平，结合干熄焦工艺特点开发完成干熄焦智能管理系统，建成落成华泰智维数智中心，实现焦化行业干熄焦智慧化运行和远程运维。

在新型清洁低碳炼焦技术开发方面，成功开发出“新型清洁高效换热立式热回收焦炉”，该焦炉无VOCs等污染物外逸，无焦化废水、废渣产生，实现了炼焦洁净生产，由中国金属学会组织的科技成果评价，被认定为达到“国际领先”水平；自主开发的“高效节能环保换热式两段焦炉”被列入国家“十三五”节能环保产业重点项目；正布局开发的重大战略创新技术“全氧立式热回收焦炉耦合烟气资源化利用关键技术与系统装备”，聚焦全氧立式热回收焦炉炉体结构和工艺控制技术，减少烟气排放量和吨焦能耗，结合烟气资源化，最终实现污染物和CO_2近零排放的重大突破，从源头彻底解决焦化行业高污染、高能耗和高碳排放的问题。

未来，华泰将继续秉承“以技术创新推动焦化行业的节能减排与可持续发展”的理念，持续对干熄焦各个工艺环节进行优化改进，提升干熄焦综合能效，助力焦化行业的绿色低碳转型。同时加快新型清洁低碳炼焦技术的开发进程，打造一条炼焦与煤气化联产、适应未来发展的清洁低碳新产业链，为低碳炼焦、低碳冶金的发展提供支撑。

河北中煤旭阳能源有限公司

河北中煤旭阳能源有限公司（简称“中煤旭阳”），成立于2003年11月，是中煤焦化控股有限责任公司、邢台旭阳贸易有限公司和德龙钢铁有限公司三方股东共同出资设立的工业能源企业，是焦化行业第一批准入企业，是业内规模较大、技术领先、环保标杆的焦化企业，自成立以来，中煤旭阳坚持走自主创新、节能环保之路，在焦化产业拥有丰富的生产经验、雄厚的产品研发和技术创新实力，在河北省内焦化领域保持领先地位，并且是国家高新技术企业，现已发展成为国内最具竞争力、环保领先、绿色发展的现代煤化工企业。

中煤旭阳位于河北省邢台市襄都区旭阳经济开发区内，现有员工1500余人，占地面积1066666多平方米，经过二十余年发展，企业现已建成4座现代化焦炉、2套化产系统、2套干熄焦及50 MW发电装置，形成了年产焦炭252万吨，并配套有独立的专用铁路，主要产品有冶金焦、焦油、粗苯、硫酸铵、合成氨、天然气等产品。2023年实现销售收入67.4亿元，税金0.392亿元，为邢台市发展奠定坚实基础。

中煤旭阳与邢台旭阳煤化工、河北金牛旭阳化工、邢台旭阳化工、卡博特旭阳等企业相邻，公司内作为旭阳邢台园区产业链上游，年产252万吨的焦化产能，副产品为煤焦油、粗苯、焦炉煤气等产品，为旭阳邢台园区下游公司提供丰富煤化产品，并提供了充足的生产原料及蒸汽热力等能源动力。旭阳邢台园区产业链下游，邢台旭阳煤化工煤焦油深加工能力45万吨/年、粗苯加氢精制加工能力20万吨/年、粗酚精制8千吨/年、环己烷10万吨/年，卡博特旭阳化工30万吨/年优质炭黑、旭阳化工8万吨/年苯酐的生产原料分别来自公司焦油深加工产品炭黑油和苯加氢精制产品纯苯。

近年来，公司坚持安全发展、绿色发展、创新发展、高质量发展，坚持调整、挖潜、转型、升级总策略，与多所高等院校和科研机构开展合作，现已取得专利39项，其中发明专利14件，实用新型专利25件，公司自有专利32项。利用先进技术改造提升传统行业，通过智能制造实现优质、高效、低耗、清洁生产，形成了工序合理配套、资源综合利用、节能减排领先、盈利水平不断提高的循环经济的邢台园区。

公司被认定为国家高新技术企业、国家级绿色工厂、国家水效领跑者、河北省单项冠军、河北省技术创新示范企业、河北工业企业研发机构等，建立了创新研发平台体系，与邢台旭阳煤化工共建并通过了CNAS实验室认可，被评为信息化与工业化融合示范企业。目前已实现多项专有技术的转化应用，创造了良好的经济效益。

山西东义煤电铝集团煤化工有限公司

山西东义煤电铝集团煤化工有限公司是山西东义集团的全资子公司，位于孝义经济开发区。注册资本6000万元。

主要工艺装备：

（1）年产120万吨/年，2×60孔JNDK55-05型焦炉配套处理湿煤184.05万吨的备煤设施一套；炭化室高5.5 m单热式捣固焦炉，年产干全焦120.5万吨的炼焦设施；年净化煤气64940 m^3/h的鼓风冷凝、真空碳酸钾脱硫及制酸、硫铵、终冷洗苯、粗苯蒸馏和油库工段等组成；还配套有生产辅助设施配电所、空压站、污水处理站、制冷站、试验室、环境监测站等设施。

（2）年产144万吨/年，2×65孔JNDX3-6.25-16型炭化室高6.25 m多段加热单热式捣固焦炉，同时配套焦炉烟气脱硫脱硝净化装置及处理能力为90000 Nm^3/h的煤气净化装置。

（3）170 t/h和230 t/h两套干熄焦设施装置，包括干熄焦本体、运焦系统、干熄焦锅炉、锅炉给水泵站、汽轮发电站、除尘地面站、综合电气室、循环水泵房、区域管廊和电信等生产设施。

（4）25万吨/年甲醇和8万吨/年液氨装置各一套，配套有焦炉气压缩、精脱硫、转化、空分等设施的煤气综合利用装置。

为了减少运输过程中对环境造成污染，降低焦炭的运输成本、装卸费用及装运过程中的损耗，该公司计划在焦化厂区新建一条铁路专用线，专门负责120万吨焦炭的外运任务。该专用线国家铁道部于2012年3月以铁许准字〔2012〕48号文批准建设。

2023年主要经济指标：年产焦炭277万吨、煤焦油105479 t、粗苯33720 t、硫酸铵32664 t、甲醇270826 t、液氨4136 t，年产值68.09亿元。

公司落实国务院《打赢蓝天保卫战三年行动计划的通知》（国发〔2018〕22号）、生态环境部《关于京津冀大气污染传输通道城市执行大气污染物特别排放限值的公告》（公告2018年第9号）的焦化政策，首批采用干熄焦工艺、集装煤、推焦、捣固为一体的SCP一体车可实现“有人值守无人操作”的智能化设备，建成了2×65孔JNDX3-6.25-16型炭化室高6.25 m多段加热单热式捣固焦炉，成为了工艺设备选型高端化、生产过程智能化、工艺流程绿色化、装备系统集成化的现代化煤化工企业。

落实山西省《山西省焦化行业超低排放改造实施方案的通知》（晋环发〔2021〕17号）的焦化政策，我公司利用焦化厂富余煤气为原料制甲醇，甲醇装置的弛放气用于生产液氨，这样就最大限度地利用了焦化厂多余的焦炉煤气，大大减少了废气排放量，既有利于环境保护，又能节约资源。建成了生产甲醇25万吨/年，联产合成氨8万吨/年，CO_2减排34.5万吨/年的装置，推动了煤化工深度加工，扭转了“只焦不化”的格局，真正意义上实现“吃干榨尽”，为加快健全绿色低碳循环发展模式和为焦化行业绿色低碳发展树立了新典范，在煤基化工产业循环发展征途中迈出了坚实的一步。

公司将立足原料煤特性，在技术和工艺选择方面要以低能耗、低排放作为衡量标准，满足物耗和能耗最低、排放最少，以及园区实现循环绿色多联产。我们将计划不断延伸产业链、开发高性能产品，充分发挥差异化发展优势、实现产品多元化，打造“零碳排放”煤化工产业。研发新型高效催化剂、工艺和过程节能技术，实现煤化工过程源头减碳；突破可再生能源制氢制氧与煤化工合成耦合技术，应用绿氢绿氧，降低工艺过程碳排放；应用可再生能源绿电开展煤化工碳捕捉、封存和利用技术攻关，突破二氧化碳低成本捕集、化工和矿化利用、驱油地质封存技术，开发二氧化碳制芳烃、乙醇、乙二醇等化学品。

陕西陕焦化工有限公司

陕西陕焦化工有限公司（简称“陕焦公司”）地处八百里秦川北部的富平县梅家坪镇，南临咸铜铁路梅家坪中心站，北接铜川市耀州区，毗邻药王山、黄帝陵、玉华宫等风景名胜区，并与包茂高速（西延段）贯通，地理位置优越，交通十分便利。

陕焦公司是在1970年建成的陕西省焦化厂的基础上，于2002年11月用优质资产组建的，原隶属于陕西省国资委管辖的国家大二型企业，是陕西省最早兴建的焦化专业生产企业，以生产优质冶金焦及化工产品而著称。2006年6月，在陕西省委省政府大型企业资产战略重组中，加入陕西煤业化工集团有限责任公司，成为其下属的全资子公司。2017年6月9日，根据陕煤集团战略调整，将陕煤集团黄陵矿业公司所持有的黄陵煤化工股权划归陕西陕焦化工有限公司，并实行大股东管理，2020年4月，集团公司又将韩城龙门煤化工45%股权划归陕焦公司，2023年1月，完成甘肃酒泉浩海煤化的并购重组。至此，陕焦参控股公司产能已经接近1000万吨，占陕西省焦炭产能2/3左右。

企业目前注册资本13.64亿元，分子公司注册资本23.6亿元，总资产130.09亿元，营业收入200亿元，参控股公司已拥有960 t冶金焦、50万吨甲醇、17万吨液氨及25万吨化工产品的综合生产能力。

陕焦公司技术力量雄厚，工艺先进、管理科学、产品质量稳定可靠，主要产品冶金焦达到国家准一级焦标准，是基础的有机化工原料和优质燃料，被广泛应用于高炉炼铁、有色金属冶炼、铸造等生产，公司生产的“陕焦牌”冶金焦被陕西省政府授予“陕西省名牌产品”；其余甲醇、液氨、焦油、粗苯等化工产品也获得省优质产品荣誉称号，畅销全国各地。企业顺利通过ISO 9001质量管理体系认证和二级危险化学品安全标准化验收。

近年来，陕焦公司紧跟时代大潮，聚焦创新驱动，积极改革转型，坚持“稳中求进、创新改革、转型升级、精细管理”主基调，紧扣“焦炭做精、化工做优、贸易做大、企业做强”发展战略，以“21555”高质量目标为抓手，内挖潜力强管理，外拓市场扩贸易，企业发展动力不断增强。公司先后获得陕西省国资委文明单位标兵、陕西省“五一劳动奖状”等荣誉称号，切实以品牌优势提升对外影响力，为企业健康快速发展塑造软实力，提供硬支撑。

按照“项目是发展的基础、转型的支撑，更是追赶的关键”工作思路，陕焦公司围绕产业发展、重大基础设施、环保改造等领域，计划投资4.2亿余元，重点推进建设焦炉煤气综合利用技改项目、100万吨/年钙基新材料项目、20万吨/年清洁型焦生产项目、150 t/h干熄焦项目等一批转型升级项目，通过项目建设加速企业动能转换，为陕焦全力打造绿色低碳清洁高效的一流焦化企业拥有更多新引擎，奋力开创陕焦高质量发展新局面。

陕焦公司2023年营业收入301亿元，主要产品为冶金焦1092706 t、液氨31646.39 t、甲醇4148.6 t、焦油37413.72 t、粗苯13128 t、硫酸铵13675 t等。

河南中鸿集团煤化有限公司

河南中鸿集团煤化有限公司位于平顶山石龙高新技术产业开发区，是由中国平煤神马集团、河南中鸿实业集团有限公司、联峰钢铁（张家港）有限公司三方股东，于2009年10月通过增资扩股成立的混合所有制企业。2010年，公司建成投产了我国自行研发设计、具有完全自主知识产权的2×60孔固定站式6 m炭化室捣固焦炉，围绕资源综合利用及节能减排，经过不断地创新发展，形成了布局完整的“煤—焦—化—电”循环经济产业链，其装备水平、技术水平在全国均处于领先地位。公司注册资本5亿元人民币，生产占地总面积637333 m^2。公司率先通过了质量、环境、职业健康安全、能源管理体系认证，相继荣获了国家能效领跑者、国家绿色工厂、国家高新技术企业、全国模范职工之家、河南省专精特新中小企业、河南省智能工厂、绿色环保引领企业、知识产权优势强企、平顶山市十强工业企业、平顶山市创新争先奖、中国平煤神马集团先进基层党组织等荣誉称号。公司先后被批准成立了省级企业技术中心、河南省捣固炼焦工程技术研究中心、煤热解过程清洁生产与循环经济技术中试基地、国家能源高效清洁炼焦技术重点实验室等研发平台，依托平台荣获了国家科技进步奖二等奖、中国炼焦行业协会技术创新型焦化成果一等奖、中国煤炭工业科学技术二等奖。

公司秉承“科技引领、人才支撑、创新驱动”的发展战略，围绕循环经济产业链，精准布局创新链，聚焦行业技术尖端、紧贴生产实际需求、直击企业发展瓶颈，不断加大工艺技术创新投入，强化关键技术难题的科研攻关，通过持续优化创新机制，完善科研项目管理体系，推动技术成果应用与转化，强化知识产权保护，促进科研项目成果落地见效，截至目前获得国家发明专利7项，实用新型专利45项，软件著作权1项，为企业的可持续发展奠定了坚实的基础。

山西中鑫洁净焦技术研究设计有限公司

2013年7月山西中鑫洁净焦技术研究设计有限公司在山西森特洁净煤技术研究设计院有限公司基础上建立，位于山西省太原市，是中国唯一专业从事热回收焦炉技术的研发、工程设计、技术服务（采购技术支持、施工指导监督、烘炉、试生产等）和生产运营的科研设计单位。专业有总图、工艺、炼焦、热机、设备、土建、电气、仪表、自控、通信、通风、空调、采暖、给排水、消防和概预算等专业。山西中鑫秉承绿色、低碳、环保、节能、安全、高效可持续发展理念。山西中鑫的核心技术和工程技术人员已经在中国、印度、越南、巴西、伊朗、印尼等国家设计和建设超过50多家的热回收焦炉。工程技术人员大都从事炼焦方面的设计工作达10~38年，有着丰富的工程设计和现场技术服务实践经验，并且拥有最新的多项专利技术，处于中国和世界的领先水平。山西中鑫致力于给业主提供领先的清洁低碳节能智能型热回收炼焦技术服务、工程设计、可靠的性能参数和细致专业的技术服务，与业主共同发展。

2022年5月中钢设备在山西中鑫基础上成立了中钢设备有限公司太原分公司，凭总公司授权开展经营活动。山西中鑫和中钢太原分公司专业从事热回收炼焦项目的技术研发、技术咨询、工程设计和工程总承包等工作。

山西中鑫作为中钢设备太原分公司的一部分，今后将严格贯彻执行我国相关的产业政策和相关规定，执行宝武集团和中钢设备的有关规章制度，进一步加大科技投入和员工培训，将进一步加强热回收技术的研发和应用，继续完成好工程咨询、工程设计、工程总承包等工作，继续为提升和发展我国热回收炼焦技术的发展做出应有的贡献。

江苏龙冶节能科技有限公司

江苏龙冶节能科技有限公司，位于经济发达、工业制造能力强大的江苏省常州市，是一家承载生态文明应运而生的企业，专业从事焦炉荒煤气余热回收利用技术的节能环保高新技术企业、国家专精特新“小巨人”企业。龙冶科技集研发、设计、制造、工程总承包及运营服务于一体，是专业制造上升管换热设备和石油、化工、医药等行业各种压力容器及非标设备的优质供货商。公司主要产品推动上升管技术行业应用，市场占有率连续四年占据细分领域内第一，达 60%以上。

江苏龙冶节能科技有限公司及常州焦环工程有限公司注册资金 23173. 0068 万元，拥有 3500 多平方米的现代化办公区域，厂区占地面积 4 万多平方米，其中生产车间面积 2 万多平方米。公司建有核心技术纳米涂层加工区、恒温室等基础设施，并配备了先进的实验设备。建有完善的质量保证体系，拥有机电工程施工总承包三级、环保工程专业承包三级资质、压力容器设计、制造许可证资质及 GC2 级压力管道设计、安装许可资质。

焦炉荒煤气余热回收技术是近年来国内新兴的一项节能技术，2016 年入选国家发改委《国家重点节能低碳技术推广目录》。2017 年 7 月，江苏龙冶节能科技有限公司和中冶焦耐工程技术有限公司签订技术合作，强强联手，结合各自的技术优势，推动焦炉荒煤气上升管余热回收技术优化提升，迈上新台阶；2018 年 9 月，公司“新型纳米涂层上升管换热技术”被列入《国家工业节能技术装备目录》，同时被中冶集团鉴定为“国内领先”水平。2020 年 11 月，公司“具有纳米自洁涂层换热装备的焦炉上升管余热回收系统技术”通过了中国金属学会组织的由殷瑞钰院士领衔的专家组科技成果鉴定，达到“国际领先”水平。2022 年获中国钢铁工业协会、中国金属学会冶金科学技术一等奖；同时公司技术入选了工信部《国家清洁生产先进技术目录（2022）》和《国家工业节能技术推荐目录（2022）》。

公司拥有一支较强的技术研发、设计团队，共拥有硕士 8 名，高级工程师 10 名，工程师 15 名；公司拥有 21 项有效发明专利、54 项实用新型技术专利；建立并通过知识产权贯标体系、两化融合贯标体系、质量管理体系及环境管理体系的认证，产品从“学、研、用、产”多维角度保障产品质量及自身知识产权。

公司在技术研发上不断地进取和发展，在深耕细作上升管余热回收技术的同时，把研发成功推广扩大到焦化节能其他领域，如新一代焦炉炭化室压力单调系统、焦炉隔热保温、耐腐蚀材料开发与应用、耐高温闸板、焦炉上升管自动点火装置等；同时，公司在干熄焦、焦化废水处理、烟气脱硫脱硝等项目上积累了大量丰富的技术及工程建设经验。图 1 和图 2 分别为某 6. 25 m 捣固焦化项目配套上升管余热回收工程现场图和某 5. 5 m 焦炉 140 t/h 干熄焦余热回收项目现场图。

图 1　某 6. 25 m 捣固焦化项目配套上升管余热回收工程现场图

图 2　某 5.5 m 焦炉 140 t/h 干熄焦余热回收项目现场图

江苏龙冶始终将“科技创新”作为企业发展的第一动力，利用“科技强企”策略，提升企业的市场竞争力。为促进公司技术与产品的迭代更新，江苏龙冶与武汉科技大学、江苏理工学院、浙江大学携手合作，建立了“产学研”合作平台。通过与高校广泛、深入的沟通交流，有效促进了高校科研成果转化与公司的技术创新。未来，江苏龙冶力求通过技术的更新迭代，为焦化企业提供可观的经济、社会效益，为企业实现节能减排、国家实现“双碳”目标不断奋力前行。

山东钢铁集团日照有限公司焦化厂

山东钢铁集团日照有限公司焦化厂坐落于日照市岚山区疏港大道，滨海而建，为满足两座 5100 m^3 高炉需求投建，配套建设 4 座意大利 PW7. 2 m 顶装焦炉，采用焦炭全干熄生产模式，无湿熄焦装置，为山东省首家实现焦炭全干熄企业。煤气净化新型组合工艺技术，大量采用负压净化技术，不仅减少了污染物排放，而且降低了能耗，并使低品质热源的有效利用成为可能。焦化废水处理系统两套，可实现废水零排放。公司主要化产品有粗苯、无水氨、硫磺、焦油、LNG、液氨。

2017 年 12 月一期工程陆续投产，年产焦炭 290 万吨，主要采用以下主要设备设施及工艺技术。

（1）备煤筒仓储、配一体化技术。

（2）焦炉低碳燃烧技术：建设 4×58 孔单烟道复热式 7. 2 m 焦炉，采用“空气两段助燃+大废气循环量控硝燃烧”技术。

（3）焦炉自动加热控温技术。

（4）焦炉结构高效改良转换技术。

（5）SOPRECO 单孔调压技术。

（6）上升管余热利用技术。

（7）焦炉机车智能作业管理系统等一系列先进技术。

（8）全方位污染物管控技术。

煤气净化装置两套，处理能力共 19 万标方/时，四台豪顿鼓风机（单机处理能力 11. 4 万标方/时），两用两备。工艺技术路线：无水氨吸氨、真空碳酸钾脱硫、负压蒸馏脱苯、克劳斯炉制硫磺等新技术。其中节能环保型单炉负压粗苯蒸馏工艺技术，采用全国最大单体管式炉，燃料为高焦混合燃气，采用低氮燃烧器，达到节省一台管式炉、减少占地的目的，同时优化排放烟气达标。

焦化废水处理系统：配置两套设计处理量 70 t/h，废水实现零排放。焦化废水处理采用“AAO+AO 两级生化+HOK 生物流化床+臭氧紫外催化氧化+超滤反渗透”新型工艺，按国家最严厉的排放标准设计，设计技术指标达到国内领先水平，实现焦化废水零排放。

2023 年主要产品实物量：干全焦 290. 57 万吨、焦炉煤气 12. 8 亿立方米、吨焦产蒸汽 576. 69 kg、LNG 20. 26 万吨、液氨 8. 7 万吨。

中冶焦耐自动化有限公司

2010年注册成立，年收入2亿元规模，近2年主营业务收入平均增长率5%以上。公司主营产品处于“工业软件”产业链。通过质量、环境、职业健康安全管理体系认证。作为国家高新技术企业、辽宁省瞪羚企业、专精特新中小企业，公司是涵盖咨询、设计研发、交付和运维全流程的解决方案供应商，在国内焦化耐火行业基础自动化、信息化、智能化领域持续保持技术引领、服务高端的“产业升级创新者”地位，承担着引领中国焦化数智化建设向更高水平发展的国家责任。

公司自建研发中心，持续保持研发费用和研发人员投入。承担辽宁省、大连市的科技攻关项目各1项，参与辽宁省典型实质性产学研联盟，与科研院所签订产学研合作协议，持续完善企业为主体、市场为导向、产学研用深度融合的科技创新机制，提高科技成果转化和产业化水平。

公司技术和产品处于国内先进水平。拥有专利25项，国外授权专利2项，获得软著40项。以第一起草单位主编行业标准2项；专利获中国专利优秀奖2项；技术产品获辽宁省科学技术奖二等奖1项，入选工信部《国家工业节能技术装备推荐目录》2项。企业品牌享有较高影响力。

公司正式员工32人，其中入选辽宁省百千万人才工程2人；大连市各类人才认定10人。

公司积极贯彻国家发改委《钢铁行业节能降碳专项行动计划》，加快节能降碳改造和用能设备更新，推广焦炉单孔炭化室压力调节和自动加热控制等技术。抓住焦化企业高端化、智能化、绿色化转型带来的机遇与挑战，根据现有的研发资源，通过工艺更新、技术升级、数字赋能等与业主共同实现产业链的价值共创。

公司主导产品“新一代焦炉炭化室压力稳定系统（CPS-NG系统）”，采用独特的“集气管压力优化控制+高压氨水喷射+炭化室压力自动调节”的技术路线来实现焦炉无烟装煤以及结焦过程中各炭化室的压力稳定。该技术路线辅助以公司自主研发的专有调节装置、桥管自动测压及自动测压吹扫装置、设备集成化开发技术，实现了炼焦技术的集成创新。

该系统实现对炭化室底部压力的精确控制及集气管微正压操作，比国外技术更符合国内焦炉的生产特点，可完全替代国外技术且技术更先进、性价比更高，极大程度上推动了焦化这一传统制造产业高端化、智能化、绿色化转型，提升产业链供应链的安全和韧性，使我公司成为“关键软件”领域上的重要产业链节点。

截至2023年，CPS-NG系统现已被国内外29个高端用户（4300多套）采用，系统覆盖顶装焦炉、捣固焦炉的全炉型新建和改造项目，取得显著的社会、经济、环境效益。

公司主要产品“焦炉加热管理控制系统”积极落实《焦化行业节能降碳改造升级实施指南》中“推广应用绿色工艺”的要求，加快推进焦炉精准加热智能控制技术的普及，减少焦炉加热煤气消耗，从源头上节碳。该产品入选工信部国家工业节能技术装备推荐目录。

公司主要产品“正压烘炉过程控制和优化控制技术”通过建立合理的正压烘炉升温控制框架和燃烧室温度的控制模型，制定能解决温度大滞后问题的控制策略，保证烘炉全过程的实际升温曲线严格跟随烘炉标准曲线，确保烘炉质量，解决了该领域关键性、共性的技术难题，填补国内空白，已应用于几十家客户，入选工信部国家工业节能技术装备推荐目录。

公司期望经过自身不懈的努力，肩负起冶金建设国家队的使命，与合作伙伴携手共赢，为焦化行业高端化、智能化、绿色化整体技术水平的发展做出贡献。

焦化创新技术项目成果简介

清洁高效炼焦技术与装备的开发及应用

1 核心技术及实施效果

炼焦是将煤炭转化为冶金燃料和化工原料的流程工业，是钢铁、有色、化工和机械制造等行业的支柱产业。炼焦工艺复杂，资源、能源消耗量大，污染物排放量大。我国已成为世界焦炭的生产、消费和供应中心。2013 年以来，每年焦炭产量超过 4.5 亿吨，约占全球总产量的 70%，全国原煤产量的 1/3 用于炼焦。但长期以来，我国炼焦工业存在着环保水平低、大型焦炉占比小、能耗高、优质炼焦煤资源短缺、关键装备及控制技术薄弱等突出问题。

在项目研发前，国内焦炉 NO_x 控制技术尚属空白，捣固炼焦装煤烟尘治理技术水平低，炼焦生产污染严重，已成为容易导致环境恶化的重点行业之一。我国焦炉单元规模最大产能仅 110 万吨/年，全国平均每家焦化企业的生产规模仅 25 万吨/年，不足日本、德国的 1/8。产业集中度低导致吨焦污染物排放强度比国际先进水平高 10%以上、炼焦能耗高于国际先进水平 2%~4%。由于缺乏适用高效炼焦技术，国内企业不得不从国外引进。但引进技术存在着优质炼焦煤消耗量大、与我国煤炭资源严重不匹配等突出问题。在我国炼焦煤资源储量中，优质炼焦煤仅能承载未来 30 年的工业需求。优质炼焦煤短缺已成为限制中国钢铁工业发展的资源瓶颈，也给我国资源安全带来重大隐患。炼焦行业自身的工艺装备落后，自动控制水平低，操作效率低、安全性差，岗位环境恶劣，从业人员流失严重，已危及行业生存。

研发团队以解决实现清洁高效炼焦所面临的世界性技术难题为导向，依托 863 计划资源环境技术领域重点项目，通过 10 余年产学研联合攻关，研发出降低优质炼焦煤资源消耗和能源消耗相协同的新一代绿色炼焦技术，形成清洁高效炼焦技术体系和技术规范，并实现以下主要技术创新：

（1）开发清洁炼焦关键技术，实现大气污染物减量排放。研究焦炉狭长火道内弥散燃烧过程 NO_x 生成机理，开发复杂结构内传热传质、燃烧、流动与煤高温干馏过程的耦合模拟分析方法，提出低氮燃烧控制理论，发明可控梯级供给均匀加热技术，源头减排 NO_x 50%，以应用该技术的 9800 万吨产能计，每年减排 NO_x 4.5 万吨；研发烟尘输导、密封技术，发明烟气双通道转换技术，彻底解决捣固炼焦装煤烟尘治理的世界性技术难题。

（2）研发符合中国炼焦煤资源特征的高效炼焦技术，突破资源瓶颈制约。研发炉顶空间温度综合控制技术、炉底气流协调分配技术，解决影响大型焦炉生产顺行的关键技术难题，结合配煤优化系统，与引进技术相比，降低优质炼焦煤用量 7.5%（顶装焦炉）或 15%（捣固焦炉）；焦炉长向和高向加热均匀，焦饼各向温差变小，不仅改善焦炭质量，而且降低炼焦耗热量。结合焦炉加热优化控制系统，综合降低炼焦能耗 4%。同时，提升单元规模产能 50%。

（3）自主研发高效关键装备。开发燃气远程切换、集气设备远程操作等系列无人化关键装备，研发自适应免维护密封设备，实现减员（30%）增效、清洁生产。

（4）研发炼焦生产智能化管理系统。创建炼焦生产模拟仿真平台，建立焦炉智能化多层管理系统，对炼焦生产进行预判、控制和诊断，对炼焦过程污染物排放进行综合管理，实现清洁炼焦智能化生产。

2 与国内外同类技术对比

该项目成果主要技术指标与当前国内外先进值对比，如表 1 所示。

表 1　项目成果主要技术指标与当前国内外先进值对比

指　标		国外先进值	传统技术先进值	该项目	结　论
废气中 NO_x 浓度 /mg·m^{-3}	焦炉煤气	900~1010	1000~1200	480~500	环保指标最优
	低热值煤气	290~350	450~650	300~340	
炉顶空间温度/℃		902~937	>830	820	生产顺行性好 炼焦成本最低
优质炼焦煤配比（顶装）/%		60~65	55~60	55~60	
焦饼高向温差/℃		70	70	60	温度均匀性最好 焦炭质量更优
焦饼长向温差/℃		60	60	50	
炼焦耗热量/kJ·kg^{-1}		2505	2570	2447	能耗最低
炼焦定员/人		104	150	104	劳动生产率高
炉体耐材	耐材种类/种	11	6	7	工程投资最低
	砖型数量/个	1000	600	700	

项目研发的核心技术与装备完全具有自主知识产权，并推广至海外。项目成果与国际先进技术相比，部分指标相当，关键指标优异：焦炉煤气加热时 NO_x 降低 50%，炉顶空间温度降低 80 ℃、优质炼焦煤配比降低 5%~10%，焦饼高向、长向温差降低 10 ℃，炼焦能耗减少 2.3%，耐材种类及砖型数量下降 30% 以上，在清洁生产、炼焦成本、产品质量、能源资源消耗、建设投资等方面优势明显，整体技术居国际领先水平。

3　推广前景

项目成果已在鞍钢、宝钢、台塑越南河静、印度 TATA 和 JSW 等 103 个海内外项目中实现系列化应用，国内大型焦炉市场占有率达 96%。在该技术引领下，我国大型焦炉占比提高 37%，产业集中度提升 3.8 倍，吨焦污染物排放强度下降 12%，每年可节约优质炼焦煤 2300 万吨以上，解决了我国优质炼焦煤资源占比少、炼焦行业“三低一小”等关键难题，对国家战略能源安全、资源高效利用和可持续发展、钢铁及有色工业绿色升级、大气环境保护具有重大的战略意义。

继“清洁高效炼焦技术”之后，中冶焦耐在坚持钢铁行业绿色低碳发展主题的引领下，联合国内一流科研院所及大型钢铁公司，依托国家重点研发计划和大连市科技重大专项，致力于“减污降碳协同治理炼焦技术”的研发，针对我国焦化行业焦炉烟气多污染物实现超低排放、炼焦过程节能降耗、焦炉全生命周期减污降碳等重大技术需求，采用源头削减、过程优化和末端治理相结合的技术路线，通过基础理论研究引领关键技术创新，形成系列减污降碳协同治理的炼焦新技术、新材料、新工艺和新装备，构建了绿色低碳炼焦技术体系和技术规范，实现了“清洁高效炼焦技术”的迭代升级。

技术获得授权发明专利 27 件，形成 5 部行业及团体标准，发表学术论文 27 篇，经成果评价达到国际领先水平，并荣获冶金科学技术奖一等奖、中国专利优秀奖、大连市科学技术进步奖一等奖，应用成果的工程设计多次获行业优秀设计一等奖，项目研发团队获得中冶集团科技创新优秀团队称号。2019 年以来，该技术已在首钢京唐、山西美锦、唐山佳华、宝武钢铁、哈萨克斯坦和印度等海内外多个焦化项目得到成功应用，取得了显著的经济、社会和环境效益，为我国钢铁行业的绿色低碳转型和高质量发展提供了有力支撑。

设备预测性维护：新型配煤技术结合物联网和人工智能，实现生产装备的预测性维护，提高装备收益。通过实时监测设备的运行状态，运用人工智能技术预测可能出现的故障，降低设备维护成本。

综上，新型配煤技术具有显著的经济、环境和管理优势，其推广前景十分广阔。随着技术的不断发展和完善，新型配煤技术将在煤炭行业中发挥越来越重要的作用。

焦炉烟道气脱硫脱硝工艺与装备技术的开发应用

1　项目完成单位简介

中冶焦耐工程技术有限公司（简称中冶焦耐，ACRE）创建于 1953 年，是世界 500 强企业——中国五矿集团有限公司（MINMETALS）和中国冶金科工集团有限公司（MCC）的控股子公司，是技术集成、装备集成一体化的功能完善的国际化工程公司。

中冶焦耐业务领域涵盖炼焦化学、耐火材料、石灰、市政建筑与环境工程、自动控制等，是为用户提供项目规划、咨询、设计、工程监理、设备成套、工程总承包、技术服务等工程建设和运行维护的项目全过程解决方案和服务的科技型企业，是国家级企业技术中心。在中国勘察设计行业“百强”企业排名中，多年位列前二十名，在国内焦化、耐火材料领域持续保持技术引领、高端服务的“产业升级创新者”地位。

作为中国焦化工程技术的“国家队”与“排头兵”，中冶焦耐承接的工程项目遍布全国 29 个省、自治区、直辖市及伊朗、印度、缅甸、南非、土耳其、哈萨克斯坦、巴西、日本、越南、马来西亚等多个国家和地区，在全球焦化行业市场份额超过 60%。

2　技术成果简介

焦炉烟气存在明显的行业特征，具有烟气温度低、组分复杂、氮氧化物含量高等特点，且焦炉安全生产条件限制脱硫脱硝工艺的选择。在该技术成果之前，国内外针对焦炉烟气脱硫脱硝末端治理技术尚属空白。面对日益严峻的环境危机及日趋严格的环保政策要求，中冶焦耐研发团队历经 6 年产学研合作攻关、自主创新、产业化应用，在世界范围内首创焦炉烟气脱硫脱硝工艺及装备技术。

针对焦炉烟气低温、高氮、含黏性杂质排放特征，以硫、硝、尘高效综合治理为核心，研究了焦炉烟气脱硫脱硝关键工艺技术，发明了低温域 SCR 脱硝催化剂，研制了脱硫脱硝核心装备，经过中试试验验证、产业化应用，实现焦炉烟气末端治理技术零的突破。

该技术成果以低温域脱硝为核心，采用先低温降脱硫后低温域 SCR 脱硝的工艺路线，形成了“干法/半干法脱硫+颗粒物回收+低温 SCR 脱硝”的工艺流程。通过研究焦炉烟气排放特征，揭示出脱硫脱硝工艺与炼焦生产的关联性，确定了脱硫脱硝关键参数；研究低温域 SCR 脱硝催化剂性能影响因素，以低温域脱硝为核心，提出先低温降脱硫后低温域 SCR 脱硝工艺路线。该技术成果通过研究烟气脱硫机理，提出高效低温降脱硫解决方案。发明符合焦炉烟气特征的高效低温降脱硫低温域 SCR 脱硝关键工艺技术，实现 SO_2、NO_x、颗粒物排放浓度优于国家特排标准 30%以上，达到超低排放。

该技术成果研发了 180 ℃低温域脱硝催化剂，突破了低温、含硫条件下高效脱硝技术瓶颈，研究过渡族金属元素和阴离子基团对低温域脱硝催化剂活性和 SO_2 氧化性能的影响，研发阴阳离子体相掺杂、表面修饰、元素复配、结构调控等技术，开发低温活性及抗硫性能优良的低温域 SCR 脱硝催化剂，实现 180 ℃、含硫条件下脱硝效率大于 90%。研究 SCR 脱硝反应中硫酸氢铵在低温域 SCR 催化剂表面上的生成机制、生成条件及迁移规律，发明稀土元素添加技术，降低硫酸氢铵分解温度，解决低温 SCR 脱硝催化剂原位热解再生技术难题。

该技术成果开发了低温域脱硝催化剂成型技术，在国内首次实现低温域催化剂工业化生产。针对低温域蜂窝催化剂成型技术难题，研发无机纳米粉体材料，采用原料级配技术，获得高强度低温域脱硝催化剂成型技术。研究催化剂生产工艺过程控制质量控制方法，创建生产全流程质量管理体系，在国内首次实现低温域 SCR 蜂窝脱硝催化剂大规模工业化生产。

该技术成果研发了除尘-脱硝-原位再生一体化装置，实现与焦炉同步年运行率100%。研究过滤吸附耦合脱硝气流均布技术，开发除尘-脱硝-原位再生一体化装置，实现烟气在脱硝结构层速度场、温度场均布。研究有限空间内大差异流量-浓度烟气与氨气均匀混合技术，研发内置式喷氨结构体，实现烟气与氨气速度场、浓度场均布。研究有限空间内大差异流量-温度烟气与热风均匀混合技术，研发内置式热风结构体，实现烟气与热风速度场、温度场均布，脱硝催化剂原位在线热解再生，通过模块化单元离线，实现装置与焦炉同步年运行率100%。

2015年11月，采用该技术成果，世界首套焦炉烟气脱硫脱硝示范工程在宝钢湛江钢铁基地建成投产，目前已连续稳定运行9年，SO_2、NO_x、颗粒物排放浓度优于特排指标30%以上，达到超低排放水平。

该技术成果在焦炉烟气脱硫脱硝工艺方面取得重大突破，达到世界先进水平，填补中国焦化领域焦炉烟气脱硫脱硝工艺与装备的空白。该技术成果已获授权专利27件，其中发明专利14件，发表学术论文15篇，其中SCI论文7篇。该技术成果荣获国家科技进步奖二等奖1项、中国钢铁工业协会、中国金属学会冶金科学技术奖一等奖1项、中国环境保护学会科学技术奖一等奖1项、中国五矿专利发明奖一等奖1项、中冶集团技术发明奖一等奖1项。

该技术成果在研发过程中产学研用单位协同结合，研发团队合作攻关、自主创新，经历了理论研究、实验室研究、小试及中试工业试验和示范工程验证，最终实现了项目成果的大范围产业化应用，形成了理论与实验研究—工业试验验证—工程示范—产业化推广的技术路径，在此过程中也培养了一批焦化行业烟气治理创新型工程技术人才和科研管理人才，在企业中营造了浓厚的创新氛围和创业热情，有力推动了企业的创新发展。

3 同类技术对比

在该技术成果之前，国内外尚无焦炉烟气脱硫脱硝工程实例，与目前焦化领域应用的其他跟进工艺技术，如活性炭法脱硫脱硝除尘相比，该技术成果在投资成本、运行成本、排放指标等方面具有明显优势。相比于焦炉烟气活性炭法脱硫脱硝除尘工艺，该技术成果一次投资节省30%左右，运行成本节省15%左右，除尘及脱硝性能尤为突出，颗粒物可实现小于5 mg/Nm^3 排放，原烟气 NO_x 浓度为1000 mg/Nm^3 条件下可实现小于100 mg/Nm^3 排放。

经过多年工程验证，该技术成果相比于其他同类技术具有运行成熟可靠、适应性强，提标潜力大，操作维护方便等优点，能更好地满足日益严格的国家排放要求，被国家生态环境部推荐为焦炉烟道废气治理的典型工艺技术。

4 推广应用前景

自2015年11月成功投运宝钢湛江焦炉烟气脱硫脱硝示范工程以来，该技术成果从工艺装备技术、投资成本和运营成本上进一步优化，发挥缩短建设周期、降低投资成本和运营成本优势，应用该技术成果建设的焦炉烟气脱硫脱硝装置超过70余套，累计实现产品销售超18亿元，投产项目每年可减少 NO_x 排放约12.5万吨，减少 SO_2 排放约4.1万吨，产业化应用效益显著，正引领焦化行业烟气脱硫脱硝市场主流技术。

该项目符合当前国家的产业政策，对提升炼焦产业清洁生产水平、促进焦化企业环保治理升级起到了积极作用，为焦化烟气治理提供了低成本绿色生产技术支撑，有力推动了焦化烟气环保治理水平的提升，为钢铁工业全流程超低排放提供了技术支撑。在全国乃至全球的大气污染治理工程中具有重要的示范作用和推广价值，可广泛应用钢铁行业焦化工序烟气综合治理，同时适用于新建或改造项目，在全球绿色、低碳的发展趋势下具有更加广阔的应用前景。

吉氏流动度与煤岩+新型配煤技术

该项目由鞍钢集团钢铁研究院、鞍钢股份炼焦总厂和煤炭科学技术研究院有限公司联合完成。

1　研发背景

煤炭焦化是传统的煤炭转换工业，炼焦产品在钢铁、有色冶炼、机械锻造等其他支柱产业中均被广泛应用，是我国以煤炭为基础的重要能源转化工业。中国是世界上最大的焦炭生产和使用国，据国家统计局和中国炼焦行业协会统计数据，2023 年全国焦炭产量 4. 926 亿吨，同比增长 3. 6%。然而，在我国面向世界宣布 2030 年达到碳排放顶峰和 2060 年达到碳中和的新时代背景下，全球最大的煤炭焦化产业除了面临节能减排和产能化解等亟待解决的现实问题，同样地，还承担产业升级、提高转化率等艰巨任务，这些都已成为焦化行业的新课题。

原料煤是焦化生产的源头，其成本占生产总成本的 80%以上，因此科学合理的配煤结构对于节约优质炼焦煤资源、稳定提高焦炭质量至关重要。通过研究炼焦煤的煤质特性和配煤结构优化方法是焦化行业“双碳”背景下做好提质增效、节能降碳工作行之有效的突破口。由于不同成煤时期、不同区域、不同变质程度炼焦煤化学组成的复杂性和物理性能不均一性，增加了炼焦煤煤质和焦化研究工作的难度。近年来，随着煤岩图像分析仪、吉氏流动度等先进表征方法的使用，在煤质方面的研究取得了较大的进步。但是，在炼焦煤关键特性的认识、炼焦煤受热产生胶质体的数量和流动性、显微活性组分与惰性组分在成焦过程中的交互作用等方面仍然存在尚未解决的科学问题，导致在炼焦煤综合评价方法建设、配煤结构优化、成焦机制等方面的研究仍然存在较多不确定性。

近年来，鞍钢钢铁研究院和鞍钢股份炼焦总厂一直在为满足高炉大型化对焦炭质量提出的更高要求而进行焦炭提质工作。在炼焦配煤技术领域不断总结经验，形成了独有的煤岩反射率配煤体系和系列谱图库，走在了炼焦配煤技术的前沿。但是，鞍钢焦炭产能大，用煤量大，配煤结构复杂，对焦炭的质量也存在一些不稳定性。随着国内外炼焦煤价格高涨，给钢铁企业的生产运营造成极大压力。我国钢铁企业经营成本主要在“铁前”工序，而炼焦煤采购成本是鞍钢的最主要支出项，在保证焦炭质量稳定前提下，研发新型的炼焦煤评价方法和配煤方法对配煤结构进行优化，是进一步降低炼焦配煤成本的有效手段。为此，鞍钢股份有限公司于 2021 年与煤科院签订了“基于‘吉氏流动度与煤岩+’新型配煤理论与方法构建的研究与应用”合作研发项目。该项目在对鞍钢炼焦生产用煤及成焦特性进行综合分析的基础上，吸收国内外研究机构以及煤科院在吉氏流动度和煤岩学应用最新成果，建立了基于煤岩和胶质体指标的炼焦煤质量综合评价方法，形成了吉氏流动度与煤岩+新型配煤技术，并在鞍钢炼焦总厂使用新型配煤技术开展了连续数月的工业生产，在保证焦炭质量的前提下大幅降低主焦煤及肥煤的配入量，对指导鞍钢炼焦总厂配煤炼焦生产和降低成本具有重要的理论和现实意义。

2　技术原理

吉氏流动度与煤岩+新型配煤技术的基本原理是利用常规的吉氏流动度测定仪对炼焦用各单一煤种进行分析，采用新的表征方法分析胶质体的数量和平均流动性，以此揭示相同变质程度的炼焦煤在成焦过程中所产生胶质体流变特性的真实差异，从而筛选出可替代焦煤或肥煤的煤样。然后，利用煤岩图像分析仪对炼焦用煤热转化过程中所形成的热解产物进行显微组分分析，从而量化地表征炼焦煤真实成焦特性。基于上述分析，指导配煤结构的优化以制备满足冶炼需求的焦炭产品。

3 工艺路线

吉氏流动度与煤岩+新型配煤技术的工艺路线如图 1 所示。

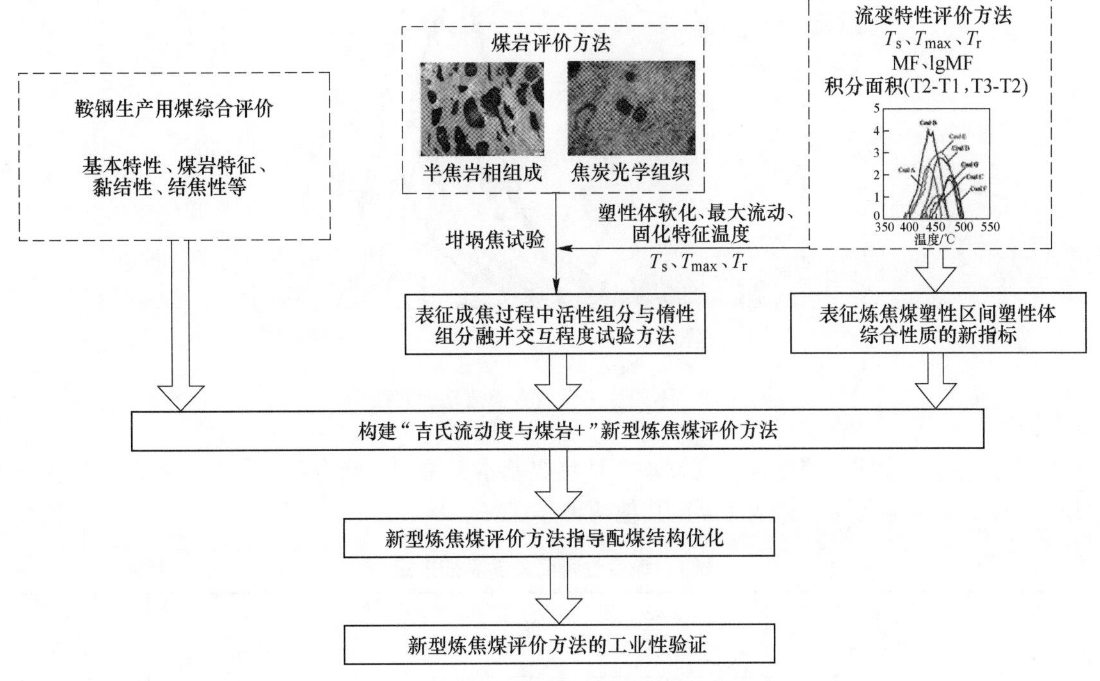

图 1 吉氏流动度与煤岩+新型配煤技术工艺路线

3.1 炼焦用煤综合评价

对炼焦用各单种煤的基础煤质特性（水分、灰分、挥发分等）、黏结特性（黏结指数、胶质层、吉氏流动度等）、成焦特性（40 kg 炼焦实验、反应性和反应后强度、机械强度、焦炭光学组织等）进行综合评价。

3.2 炼焦用煤胶质体塑性特征量化分析

在常规分析的基础上，对吉氏流动度曲线分布规律、塑性区间分布特征、积分面积物理意义等进行系统研究，综合利用数学统计分析方法，建立可表征炼焦煤胶质体数量和流动性大小的新型指标，优选塑性特征较好的煤种替代焦煤或肥煤。

3.3 炼焦用煤显微组分成焦转化定量分析

针对优选出的煤样，以及骨架煤种中的焦煤或肥煤等，分别利用坩埚焦实验获得单种煤关键特征温度下的热解半焦产物。利用煤岩分析设备，深入分析各热解产物的显微组成，通过对炼焦煤成焦过程中岩相组分和组成的定量表征来揭示炼焦煤显微组分在热解转化过程中的变化规律。

4 技术核心及运行效果

炼焦用煤的吉氏流动度分布曲线如图 2 所示。

利用塑性体流变特性评价新指标对上述炼焦煤进行计算和分析，得到各煤样的平均流动度和流动度指数，相关参数如表 1 所示。由表 1 可以看出，3 种焦煤的塑性体的平均流动度分别为 0. 486、0. 527 和 0. 495。从 1/3 焦煤的平均流动度可以看出，1/3jm-1 和 1/3jm-2 的塑性体流动性要比 3 种焦煤的高。分析焦煤的塑性体数量表征指标可以看出 3 种焦煤的塑性体含量基本一致，而 1/3jm-1 和 1/3jm-2 的塑性体数

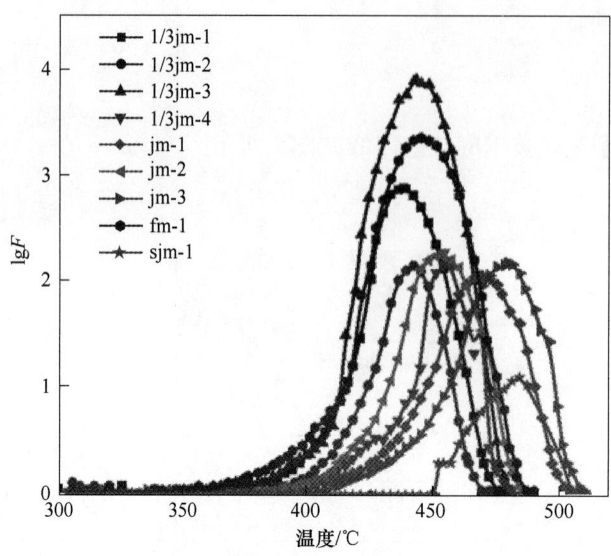

图 2　不同炼焦煤的吉氏流动度曲线

量要高于焦煤。通过塑性体的流变性特征发现 3 种焦煤基本无差别，结合黏结指数和胶质层最大厚度指标可知 1/3jm-2 的塑性体流变性和黏结性要比其他两种焦煤好。

表 1　流变性特征关键表征指标

名　称	jm-1	jm-2	jm-3	1/3jm-1	1/3jm-2
lg*MF*	2.07	2.27	2.19	2.89	3.92
平均流动度	0.486	0.527	0.495	0.643	0.836
流动度指数	96.56	97.01	97.52	127.19	190.46
G	58	69	76	74	98
Y	15.0	13.0	15.8	15.0	25.0

利用坩埚焦试验研究特定热解温度时的热解试验，获得了上述煤样的热解固体样品。利用全自动煤岩显微图像分析仪对固体样品进行了分析，热解半焦的显微图像如图 3 所示。

由图 3 可以看出，上述煤样的显微组成和结构在热转化过程中发生了显著的变化，镜质组等活性组分的边缘或是中间等部分发生软化熔融，并与周围的惰性组分发生融并结合，形成特殊结构和气孔等结构，部分煤岩图像显示显微成分已经出现焦炭特征。利用煤炭显微组成定量分析方法对上述煤样的显微图像进行分析，获得了对应的显微组分和矿物质定量数据见表 2。

表 2　煤热解产物显微组分

样品	显微组分/%					
	镜质组	惰质组	特殊结构	气孔	矿物	壳质组
jm-1	3.3	36.8	42.1	12.1	5.7	0
1/3jm-2	24.6	16.6	46.0	8.6	4.2	0

由表 2 可知，焦煤热解产物的显微组分含量与原煤有明显的差异，镜质组基本消失，形成的特殊结构和气孔含量比较高。对于 1/3 焦煤可知，在该温度下热解产物中的镜质组含量仍然较高，从特殊结构的含量可知 1/3jm-2 相对较高，且高于焦煤所形成的结构组成含量。结合上述煤样的流变性平均流动度和流动度指数可知，在配煤结构中应确保骨架煤种保持一定的比例，然后可以适当地提高 1/3jm-2 的配比，然后同比降低 jm−1 的配入。

在小焦炉实验研究基础上，选择了一组大焦炉试验配比结构，见表 3。如表 3 所示，肥煤的占比为 16.0%，焦煤的总占比为 59.0%，1/3 焦煤的配比为 13.0%，瘦焦煤占比为 12.0%。根据新建立的基于“吉氏流动度与煤岩+”的新型炼焦煤评价方法，对大焦炉的配煤结构进行了优化，将古交焦煤从 6.0%降

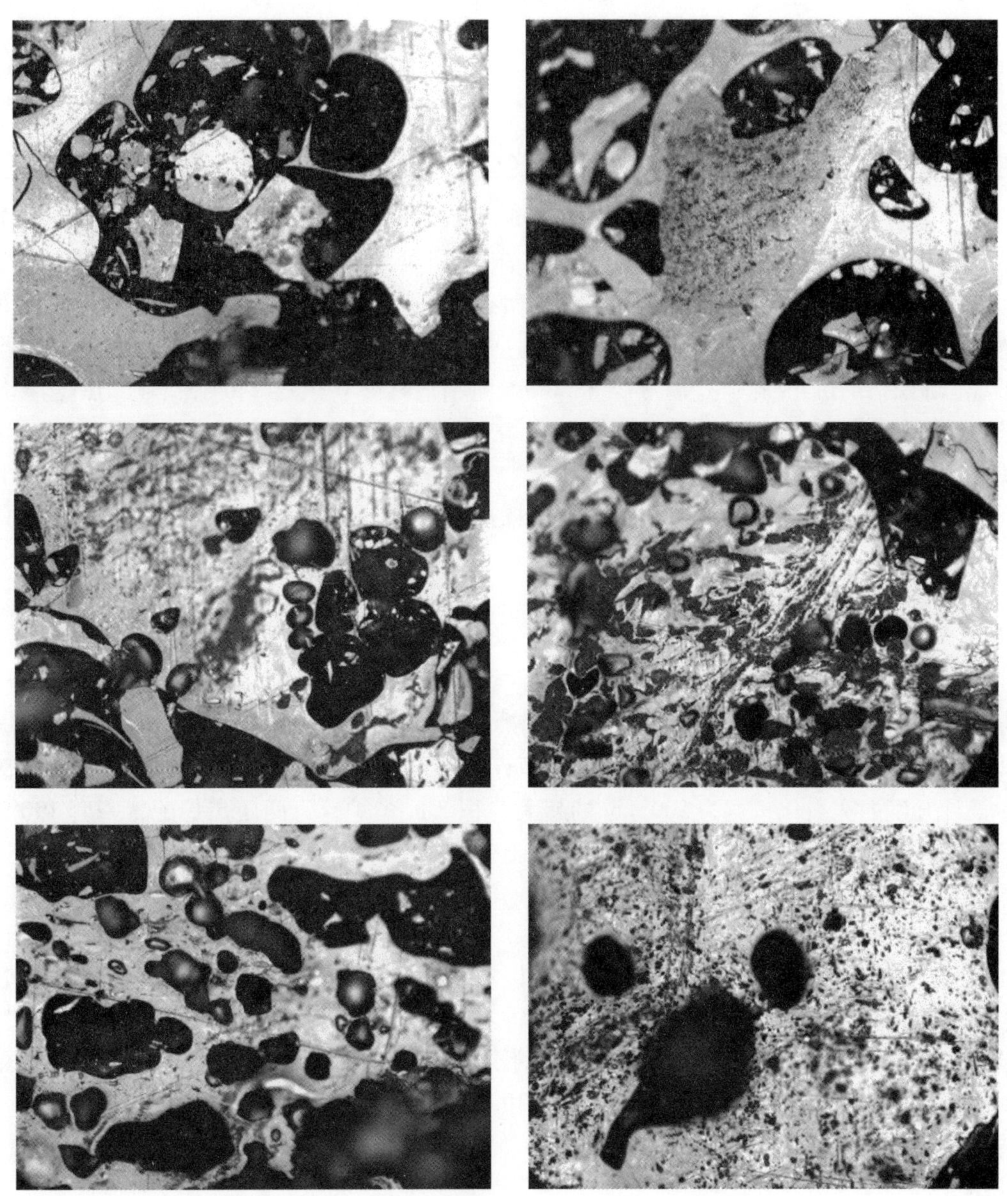

图 3　热解产物显微图像

低到 0，将艾尔加 1/3 焦煤从 0 增加到 6.0%，同时将肥煤的配比从 16.0%降低到 13.0%。调增后，肥煤的占比为 13.0%，焦煤的总占比为 58.0%，1/3 焦煤的配比为 15.0%，瘦焦煤占比为 14.0%。该配煤结构中焦煤和肥煤的配比降低至 71%，其中高硫焦煤提高了 4%。

表 3　顶装焦炉配煤结构和组成优化　（%）

煤种	肥煤	1/3 焦煤		焦煤						瘦焦
	钱家营	淮南	艾尔加	蓝湾	期货	艺林	七台河	西曲	古交	义棠
基准	16.0	13.0	0	12.0	14.0	6.0	8.0	13.0	6.0	12.0
试验	13.0	9.0	6.0	12.0	16.0	10.0	8.0	12.0	0	14.0

根据调整前后的配煤结构和组成，在 6 m 顶装焦炉上开展了工业验证试验，除了上述配煤结构发生变化以外，其他炼焦工艺条件等均保持一致。炼焦后对焦炭的质量进行了分析，实验数据见表 4。由表 4 可知，新配比所得焦炭的灰分和硫分基本一致，机械强度也基本没有差别，反应后强度 CSR 达到 65.8%，满足焦炭的质量要求。

表 4　焦炭质量分析

煤种	灰分/%	硫分/%	M_{40}/%	CSR/%
基准	12.52	0.8	89.9	66.2
试验	12.47	0.8	89.6	65.8

由此可见，通过对配煤结构的优化，在保持焦炭质量的前提下，焦煤和肥煤的配入量降低了 4 个百分点；扣除非研发工作的因素，本课题在配煤降本增效中的贡献率为 0.6。因焦煤和肥煤配入总量减小造成配煤成本由 2472 元/吨降低至 2412 元/吨，配煤成本降低约 60 元/吨，验证了所提炼焦煤评价方法的适用性和经济性（备注：为避免因炼焦煤市场价格波动造成的影响，配煤成本计算以 2022 年各煤种的市场单价为准：钱家营肥煤 2416 元/吨、蓝湾焦煤 3820 元/吨、艺林 2.0 焦煤 2404 元/吨、焦煤期货 2328 元/吨、西曲焦煤 2045 元/吨、七台河焦煤 2178 元/吨、物产古交 2760 元/吨、淮南 1/3 焦 2277 元/吨、艾尔加 1/3 焦 1740 元/吨、义棠瘦焦煤 2123 元/吨）。

炼焦总厂二炼焦作业区和西部作业区月洗煤消耗量约为 22 万吨，2023 年 7—9 月应用此项技术成果共创效 1320 万元。

5　推广应用前景

鞍钢鞍山本部共建设高炉 8 座，包括 3200 m^3高炉 4 座和 2600 m^3高炉 4 座。鞍钢钢铁本部焦化设计产能 730 万吨，建有 8 座 6 m 顶装焦炉，每两座焦炉配置一套 140 t/h 干熄焦装置；2012 年鞍山区域投产 4 座我国自主设计开发的宽炭化室宽为 500 mm 的超大容积 7 m 焦炉，每两座焦炉配置一套 190 t/h 干熄焦装置。鲅鱼圈钢铁分公司焦化设计产能 255 万吨，建有 4 座 7 m 焦炉。2010 年，鲅鱼圈区域投用我国自主设计开发的宽炭化室宽为 450 mm 的超大容积 7 m 焦炉，配套 160 t/h 干熄焦。朝阳钢铁焦化设计产能 100 万吨，建有 2 座 6 m 焦炉。近年来，鞍钢炼焦总厂一直在为满足高炉大型化对焦炭质量提出的更高要求而进行焦炭提质工作。基于该项目创新成果，可以在鞍钢鞍山本部、鲅鱼圈钢铁分公司、朝阳钢铁等推广应用，对炼焦用单一炼焦煤进行综合的评价，将对鞍钢集团实现降本增效起到巨大的推动作用。在鞍钢大规模、长时间应用该技术，并对该技术进行不断的优化和迭代，可借助焦协平台在全国进行推广应用，将对中国焦化行业整体降本增效起到积极作用。

与国内外同类技术对比，新型配煤技术在经济、环境、管理等方面的推广前景十分广阔，以下是对其前景的详细分析：

（1）经济方面：

1）降本增效：新型配煤技术，可以实现从源头上把控煤炭质量，真正做到优化配煤结构，可以确保焦炭质量，同时合理利用煤炭资源，节约高价值的炼焦煤，从而扩大炼焦煤资源，实现焦炭生产的保质降本。此外，可以根据不同煤的流变特性、显微组分成焦特性、价格和性能特点进行合理搭配，降低企业的原料采购成本，并减少煤的使用量，从而降低生产成本，提高企业的竞争力。

2）丰富产品品种：新型配煤技术可以根据产品的特性和市场需求，合理搭配不同性能的煤，从而生产出适合不同需求的产品，满足市场多样化的需求，提高企业的市场竞争力。

（2）环境方面：

1）节能减排：新型配煤技术，可以提高优质炼焦煤的利用效率，减少煤炭直接燃烧所产生的污染物的排放。

2）环保监控：新型配煤技术还可结合物联网及云计算技术，实现智能环保监控，及时识别环保风险，降低企业的环保投入。

（3）管理方面：

1）精细化管理：新型配煤技术结合企业原料煤管理系统、焦炭质量预测系统、原料煤性价比评价规则等，可提高配煤炼焦信息化水平。通过信息集成与大数据技术相结合，将生产过程数据进行关联分析和可视化呈现，为企业经营决策提供数据支撑，实现企业的精细化管理。

2）设备预测性维护：新型配煤技术结合物联网和人工智能，实现生产装备的预测性维护，提高装备收益。通过实时监测设备的运行状态，运用人工智能技术预测可能出现的故障，降低设备维护成本。

综上，新型配煤技术具有显著的经济、环境和管理优势，其推广前景十分广阔。随着技术的不断发展和完善，新型配煤技术将在煤炭行业中发挥越来越重要的作用。

干熄焦炉体新型材料研发与高效修复技术创新与实践

该项目由马鞍山钢铁股份有限公司煤焦化公司完成。

1　项目主要内容

针对影响干熄焦炉体寿命的关键因素，从机理分析、新材料研发、结构优化设计及高效修复等方面系统分析了影响干熄炉长寿命的关键问题，并提出整套解决方案和标准。主要技成果内容包括：

1.1　新型关键耐火材料研发

自主开发了新型红柱石系材料用于斜道支柱，具有抗炉内复杂气氛侵蚀、高强度、高热震稳定性等特点，填补了斜道区用耐火材料空白，连续使用寿命超过 5 年；配套研发了斜道抗氧化、抗冲刷喷涂材料，增加斜道支柱寿命 1~2 年，有效地解决了斜道区制约炉体寿命的瓶颈。针对冷却室磨损严重的难题，自主开发应用了复合相抗剥落耐磨型新材料，使用寿命达 10 年以上。

1.2　耐火砌体结构技术进步

发明斜道支柱多砖咬合结构，大幅提高斜道支柱结构的稳定性；采用嵌入式砖槽的发明设计，避免钢质水封槽与高温直接接触，设计新型浇筑预制水封槽装置并创新性地采用运行中喷补结合维护方法，有效延长炉口砌体的使用寿命；发明大勾舌砖型环形气道砌体，增加垂直方向咬合设计，设计应用链式结构组合型耐火砖，嵌合性好、连接牢固，配套支撑约束装置技术的应用，解决了环形气道鼓肚和倒塌的问题；高温烟气通道砌体整体设计，解决浇注料脱落的问题，使用寿命达 6 年以上。

1.3　多段立体式吊顶维修技术

独创性地开发出炉体系列修复技术，形成多段立体式中修和年修悬挂吊顶技术，炉体中修工期由 50 天缩短到 25 天，实现复杂炉型安全、高效检修。

1.4　成果特点

在深入研究干熄炉砌体损坏机理的基础上，从新材料研发、砌体结构优化、施工改进等方面系统创新，形成完整的高效修复技术。成果包括基础研究、应用开发及实践改进等环节，并得到确切的工程验证。

1.5　应用及推广情况

成果经过近 10 年的实践与探索，系统解决了影响干熄焦炉体长寿命共性问题，斜道支柱寿命由设计 1~1.5 年延长至 5 年以上，中修寿命周期达 10 年左右，到为国内同行做出了示范样板。取得 10 个关键技术的发明与实用新型专利，并有 2 个发明专利网上受理公示。项目技术还通过技术输出、合作单位技术支持等方式应用于国内数十家干熄焦系统。

2　技术基本原理、工艺路线、技术核心、运行效果

干熄焦技术是国家重大节能减排技术，作为 21 世纪初引进消化一条龙项目，马钢是“干熄焦技术国产化”主要成员单位，于 2003 年成功建设投用 3 号干熄焦装置，该项目因关键设备国产化达到 85%以上而成为国家干熄焦国产化示范项目。目前马钢共建设 6 套干熄焦装置，国内干熄焦装置已达 340 余套。

引进该技术时，干熄炉设计每年须要停炉检修 1 次，以保证系统安全运行。后期我国改进设计年修周期 1.5 年，干熄焦的广泛应用促进技术不断进步、管理不断创新，现行业新建干熄炉基本达到 2 年 1 次年修的技术水平。尽管如此，1.5~2 年的干熄炉检修周期，已不能满足当今高炉大型化对优质干熄焦连续保供的要求。实践证明，影响干熄炉运行周期的关键问题在于炉体的材料性能及砌体结构不能满足更长寿命要求，已成为冶金行业的共性难题。

第一，干熄焦以几乎没有水分，焦炭强度好，支撑了大型高炉高效运行。数据表明在钢铁联合企业，使用自产干熄焦的高炉，因为一次干熄炉检修，而改用湿法焦炭的过程，会因高炉失常退负荷增加燃料消耗、减少铁前综合效益 5000 万元，所以国内很多企业都在努力延长干熄炉年修周期。

第二，干熄炉需承受 1000 ℃左右的高温、高速气流冲刷、生产装焦操作的不连续性而导致的间断频繁的热冲击等，复杂的氧化与还原气氛交替的恶劣操作环境造成了装入炉口的频繁损坏和斜道支柱的断裂剥落。干熄炉工艺运行原理决定了干熄炉复杂的炉体结构设计存在重大技术瓶颈：斜道区悬臂结构和环形气道内墙的独立筒体结构极易损坏；快速翻滚流动的焦炭对冷却室高强度的磨损；连接干熄炉与锅炉的高温烟气通道既要考虑耐热，又要考虑自由膨胀。如何结合损坏原因的分析，开展耐火砌体结构优化设计及高性能耐火材料的研发，从而实现干熄炉长寿化，是同行共同面对的课题。

第三，干熄焦炉体检修工期涉及干熄焦系统运行率。按处理能力 140 t/h 干熄焦测算，检修任务每提前一天投入运行所带来的直接经济效益约 60 万元，对大型高炉稳定顺行起到至关重要作用；降低单独解体修复斜道区倒塌风险是安全难题。为此，国内同行都在摸索干熄炉立体空间的安全检修技术，在确保检修安全与质量的前提下，缩短干熄焦大修工期。

基于此，马钢比较早且系统地开始研究干熄焦炉体结构及耐火材料性能缺陷问题，立项开展了一系列有效的技术创新工作，并成功应用于实际生产中，解决了影响炉体寿命的若干关键问题。

2.1 新型关键耐火材料研发

2.1.1 新型斜道支柱红柱石系材料研发

2.1.1.1 总体思路

斜道区的砖逐层悬挑，承托上部砌体的荷重，并逐层改变气体流通通道的尺寸。因该区域温度频繁波动（斜道支撑梁下部温度约为 300 ℃，上部温度约为 1000 ℃，支撑梁耐火材料由下到上存在近 700 ℃的温度梯度），冷却气流和焦炭尘粒激烈冲刷，砖体容易损坏且损坏后极难更换。斜道区（俗称干熄炉牛腿）损坏表现在两个方面：一是牛腿砖发生放射状崩溃性损坏和单方向折断；二是在拱顶部位高温段砖体烧熔现象，损坏情况见图 1。

(a)

(b)

图 1 牛腿砖现场损坏图片

A　定型耐材主要指标设计问题

a　耐火砖高温性能问题

原设计斜道区为莫来石-碳化硅砖（表1），该材料热震稳定性低、拱顶部位的荷重软化温度低。焦粉的燃烧反应让局部环境温度达到1350 ℃，在斜道出口至锅炉尾部的负压腔，会因严密性不够造成局部的空气漏入，并在此部位产生局部的剧烈燃烧，局部温度可达1550 ℃，甚至更高，由此导致烧熔砌体（图1（a））。

表1　莫来石-碳化硅砖理化指标

常温耐压强度/MPa	热震稳定性（1100 ℃水冷）/次	高温抗折强度（1400 ℃×0.5 h）/MPa	显气孔率/%	体积密度/g·cm^{-3}
≥80	≥45	≥20	≤20	≥2.6
Al_2O_3/%	SiC/%	Fe_2O_3/%	荷软$T_{0.6}$/℃	
≥35	≥30	≤1	≥1550	

b　耐火砖抗折强度和抗氧化性不足

干熄炉循环气路的严密性一直是干熄焦系统运行过程中难以保证的难题。在斜道出口至锅炉尾部的负压腔，在斜道和锅炉入口段高温段，会因严密性不够造成局部的空气漏入，从而导致气体中氧含量难于控制，在氧化气氛中，传统设计使用的碳化硅砖（国外引进消化技术）会发生氧化反应（表2），致使支柱砖强度严重降低（图1（b））。

表2　SiC在氧化性气氛中发生的氧化反应

氧化反应	质量变化/%	体积变化/%
$SiC(s) + 3CO_2(g) = SiO_2(s) + 4CO(g)$	+49.9	+109
$SiC(s) + 2O_2(g) = SiO_2(s) + CO_2(g)$（过氧）	+45.0	+25
$Si_3N_4(s) + 6CO_2(g) = 3SiO_2(s) + 6CO(g) + 2N_2(g)$	+28.5	+78.2
$Si_2N_2O(s) + 3CO_2(g) = 2SiO_2(s) + 3CO(g) + N_2(g)$	+19.9	+46.5

c　耐火砖耐磨性能不足

干熄焦斜道支柱（俗称“牛腿砖”），运行一段时间后，在高温复杂气氛（服役中期主要是氧化性侵蚀），同时受到高温焦粉和高速气流的不断冲刷，牛腿砖表面会出现较大的剥蚀、开裂、破损，严重地造成牛腿支柱破损、坍塌，造成干熄焦不得不因为干熄炉牛腿耐材问题而停炉检修。

B　耐火泥料的问题

耐火泥高低温性能是保证砌体严密性和强度的重要因素。在重力作用下，砖与砖间产生不同程度的微量偏移，耐火泥浆受挤压应力，黏接面遭到破坏。环形气道和牛腿砖的损坏多为从砖缝剥落开始（图2），必须要研究耐火泥烧结后强度、火泥热膨胀和重烧线变化与定型砖匹配的要求，以保证砌体结构性的牢固（表3）。设计院也非常重视这一问题，并多次在国内干熄焦技术研讨会上发布了研究方向。

图2　牛腿砖垂直、水平砖缝剥落

表 3　斜道区耐火泥主要物理与化学性能

莫来石碳化硅火泥		单　位	指　标
抗折黏结强度	110 ℃×24 h	MPa	≥6.0
	400 ℃×3 h	MPa	—
	800 ℃×3 h	MPa	≥5.0
	1100 ℃×3 h	MPa	≥8.0a
耐火度		℃	—
荷软 $T_{2.0}$		℃	≥

C　解决问题思路

a　研究开发一种复相抗氧化抗急冷斜道支柱砖

研究开发一种复相抗氧化抗急冷斜道支柱砖，具有抗氧化、抗急冷、易切割维修等优越性能。高温复相结合抗氧化原料配方解决干熄炉斜道区砌体抗氧化性问题；超微粉的配加工艺保证充分液相烧结，提高材料骨架结构强度；独特的外加活性剂配方，提高发明产品的抗急冷高韧性能。

b　研究开发一种斜道支柱抗冲刷喷涂材料

针对干熄炉斜道牛腿砖表面易被焦粉磨损，研究设计一种抗氧化、耐磨喷涂材料，在每 2 年间隔期的锅炉强检停炉使用，让牛腿砖披上一件“保护套”，有效提高热态运行中的斜道支柱抵抗焦炭与高速气流的冲刷磨损、抵抗烟气氧化侵蚀，延长斜道支柱的使用周期。

c　耐火泥性能指标优化

设计改进与斜道支柱砖性能相匹配的火泥使用标准，根据斜道支撑梁耐火砖的结构及砌筑特点，开发研制出了新型、大型干熄炉斜道支撑梁耐火砖砌筑专用耐火泥浆。在研制过程中，增加常温抗折、黏结强度。

2.1.1.2　技术方案

A　新型干熄炉斜道支柱红柱石砖设计开发

a　红柱石材料新产品配料方案设计思路

(1) 主要原料选择——红柱石性能介绍。红柱石为无水硅酸盐，属于蓝晶石族。红柱石在加热经过煅烧转化成莫来石的过程中，可以形成良好的莫来石网络，体积膨胀约 4%。这是一种不可逆的晶体转化，一经转化，则具有更高的耐火性能，耐火度可达 1800 ℃以上，且耐骤冷骤热，机械强度大，抗热冲击力强，抗渣性强，荷重转化点高，并具有极高的化学稳定性（甚至不溶于氢氟酸）和极强的抗化学腐蚀性。

(2) 性能目标设计见表 4。

表 4　红柱石牛腿砖理化性能设计表

常温耐压强度/MPa	热震稳定性（1100 ℃水冷）/次	高温抗折强度（1400 ℃×0.5 h）/MPa	显气孔率/%	耐磨性（CC）
≥70	≥80~100	≥25	≤23	≤6
Al_2O_3/%	Fe_2O_3/%	导热系数（1000 ℃）/W·(m·K)$^{-1}$	荷软 $T_{0.6}$/℃	
≥60	≤1.2	≥10	≥1550	

(3) 配料方案。

1) 红柱石（铝含量：Al_2O_3≥57%）。

设计功能：增强骨架强度作用，有效提高热震性能。

原料产地：南非、新疆、河南。

主要理化性能见表 5。

表5　红柱石原料主要性能指标

项　目	指　标
Al_2O_3/%	≥57
Fe_2O_3/%	≤0.8
TiO_2/%	≤0.4
(Na_2O+K_2O)/%	≤0.5
耐火度（CN）	≥180
线膨胀率/%	1.28~1.32
灼减/%	≤1.5

2）高纯电熔莫来石。

设计功能：吸收红柱石转化阶段膨胀；针状晶体结构，提高热震与抗折强度。

原料产地：湖南靖州、江苏晶鑫。

主要理化性能见表6。

表6　高纯电熔莫来石主要理化性能指标

牌号	化学成分（质量分数）/%			体积密度/g·cm^{-3}	显气孔率/%	耐火度（CN）
	Al_2O_3	TiO_2	Fe_2O_3			
FM70	69~73	≤2.0	≤0.6	≥3.0	≤4	180

3）板状刚玉。

设计功能：提高耐磨性，替代原碳化硅粉的组分，有效提高抗氧化性能。

原料产地：陕西汉中、山东淄博。

主要理化性能见表7。

表7　板状刚玉主要理化性能指标

项目名称	指　标
体积密度/g·cm^{-3}	≥3.6
显气孔率/%	≤5
吸水率/%	≤1.5
Al_2O_3/%	≥99.3
Fe_2O_3/%	≤0.07
Na_2O+K_2O/%	<0.4
颗粒料/mm	>0.1

4）纳米级 α-Al_2O_3 材料高温液相组成。

设计功能：有效提高高温液相烧结机理，促进稳定晶格生成。

原料产地：无锡。

主要理化性能见表8。

表8　纳米级 α-Al_2O_3 主要理化性能指标

项目名称	指　标
中位粒径（D_{50}）/μm	3~6
+25 μm 颗含量	≤2
Al_2O_3/%	≥99.7
α-Al_2O_3/%	≥96.8

（4）配方优选。配料对比方案（小样试验：规格：230×114×65），烧结温度及主要指标对比如表 9（初试）所示。

表 9　不同配料、烧结温度及检验指标对比表

配　料	组成及处理情况					主要检验指标
配料一	红柱石/%	莫来石/%	高岭土塑性结合细粉/%	纳米级 α-Al_2O_3 微粉添加剂/%	特级高铝矾土/%	热震稳定性（1100 ℃水冷）/次
	45	30	10	2	13	76
	浆液成分				烧成温度/℃	常温耐压强度/MPa
	纸浆液				1500	88.5
配料二	红柱石/%	莫来石/%	高岭土塑性结合细粉/%	纳米级 α-Al_2O_3 微粉添加剂/%	特级高铝矾土/%	热震稳定性（1100 ℃水冷）/次
	45	30	5	5	7	86
	板状刚玉/%	浆液成分			烧成温度/℃	常温耐压强度/MPa
	8	偏磷酸铝复合液			1360	73
配料三	红柱石/%	莫来石/%	高岭土塑性结合细粉/%	纳米级 α-Al_2O_3 微粉添加剂/%	特级矾土/%	热震稳定性（1100 ℃水冷）/次
	45	30	5	5	7	结果未出
	板状刚玉/%	浆液成分	碳化硅/%		烧成温度/℃	常温耐压强度/MPa
	8	偏磷酸铝复合液	外加 5		1360	结果未出

注：45%红柱石的成分中，颗粒（2~5 mm）占 25%，粉料（200 目：13%；325 目：7%）。

（5）不同配料说明。按照配料一制作的砖型，其主要指标（热震）与预期有一定差距，其余指标都基本达到预期设想指标。

为提高（1100 ℃水冷）热震次数，且保证新型牛腿砖必须要有足够的常温强度与高温抗折强度，在配料二中将原纸浆液改为偏磷酸铝复合液，并采用低温烧结，烧成温度为 1360 ℃左右，保温 5 h。经检测，各项指标基本上达到了预期要求。

为提高耐火砖的耐磨性，配料三在配料二的基础上，外加了 5%的碳化硅（SiC），但经检测，耐磨性增加不明显。

（6）最优配料设计。经过前期配料试验，得出配料二为最优配料设计，如表 10 所示。

表 10　最优配料设计方案

配料二	红柱石/%	莫来石/%	高岭土塑性结合细粉/%	纳米级 α-Al_2O_3 微粉添加剂/%	特级高铝矾土/%	热震稳定性（1100 ℃水冷）/次
	45	30	5	5	7	86
	板状刚玉/%	浆液成分			烧成温度/℃	常温耐压强度/MPa
	8	偏磷酸铝复合液			1360	73

（7）成型工艺制度设计。将配方中各类细粉及复合添加剂先预混均匀，按每机配比包装备用（简称：预混粉 A）；按照既定配方称取所用耐材原料颗粒，各颗粒逐次倒入配料桶中，升至强制行星式混料机中搅拌混合均匀（简称：预混粉 B）；将备用的预混粉 A 按配比相应加倒入此强制行星式混料机中继续搅拌混合，并加入浆液 3%进行湿辗（一般 15 min 左右）均匀；将混合好的料放入周转箱中，运至高吨位摩擦压力机边，按各种成型模具压制成型。

（8）烧成工艺制度设计。砖坯自然放置 24 h 后入窑干燥，缓慢升温至 300 ℃，恒温 2 h；待砖坯中自然水排尽后烧成速率提速 5 ℃/h，继续升温至 800 ℃，恒温 3 h；各矿物中游离水及低熔物烧出，后快速升温至烧成温度，恒温 4~5 h（1500 ℃恒温 4 h，1360 ℃恒温 5 h）；自然冷却至 700 ℃时开窑，将砖样冷却至室温。

b 新型干熄炉斜道支柱红柱石砖设计开发

（受理发明专利：一种复相抗氧化抗急冷斜道支柱砖制备方法（申请号：2020106670464））

（1）红柱石斜道支柱砖性能设计指标：根据使用要求，配料设计主控热震稳定性及耐压强度两个指标，性能设计指标如表 11 所示。

表 11 红柱石斜道支柱砖理化性能设计表

常温耐压强度/MPa	热震稳定性（1100 ℃水冷）/次	高温抗折强度（1400 ℃×0.5 h）/MPa	显气孔率/%	耐磨性（CC）
≥70	≥80~100	≥25	≤23	≤6
Al_2O_3/%	Fe_2O_3/%	导热系数（1000 ℃）/W·(m·K)$^{-1}$	荷软 $T_{0.6}$/℃	
≥60	≤1.2	≥0.9	≥1550	

（2）本发明材料主要配料及其功能说明（表 12）。

红柱石（铝含量：Al_2O_3≥57%）：增强骨架强度作用，有效提高热震性能。

高纯电熔莫来石：针状晶体结构，能吸收红柱石转化阶段膨胀，提高热震与抗折强度。

板状刚玉：提高耐磨性，替代原碳化硅粉的组分，有效提高抗氧化性能。

纳米级 α-Al_2O_3材料高温液相组成：有效提高高温液相烧结机理，促进稳定晶格生成。

表 12 最优配比设计及对应指标

红柱石/%	莫来石/%	高岭土塑性结合细粉/%	纳米级 α-Al_2O_3微粉添加剂/%	特级高铝矾土/%
45	30	5	5	7
板状刚玉/%	浆液成分	烧成温度/℃	热震（1100 ℃水冷）/次	常温耐压强度/MPa
8	偏磷酸铝复合液	1360	86	73

注：45%红柱石的成分中，颗粒（2~5 mm）占 25%，粉料（200 目：13%；325 目：7%）。

通过小样试验，采用此成型、烧成工艺制度耐火砖性能达到预期设计目标（表 13）。

表 13 设计耐火砖性能指标

指标项目	常温耐压强度/MPa	热震稳定性（1100 ℃水冷）/次	高温抗折强度（1100 ℃×0.5 h）/MPa	显气孔率/%	耐磨性（CC）	Al_2O_3/%	Fe_2O_3/%	导热系数（1000 ℃）/W·(m·K)$^{-1}$	荷软 $T_{0.6}$/℃
设计	≥70	≥80~100	≥20	≤23	≤6	≥60	≤1.2	≥0.9	≥1550
实际	104	95	21		5.9	69	0.8	1.0	1700

（3）本发明红柱石砖微观结构分析如图 3 所示。

从 SEM 照片中可以看出，红柱石砖基质中生成了大量柱状莫来石晶体，形成了网状结构，像网一样将骨料进行连接，增强了耐材的韧性和强度，提高了材料的耐磨性能和抗热震稳定性。基质中的主晶相为莫来石，少量玻璃相，微量刚玉相。

二次莫来石化是红柱石分解后原位生成莫来石和游离 SiO_2，游离 SiO_2与骨料中的 Al_2O_3和基质中 α-Al_2O_3微粉反应形成二次莫来石，从而形成网络结构（图 4）。

B 新型干熄炉斜道支柱抗冲刷喷涂材料开发设计

（受理发明专利：一种干熄炉斜道牛腿支柱抗冲刷喷涂材料及喷涂方法（201610971049.0））

a 抗冲刷喷涂材料性能设计指标

抗冲刷喷涂材料性能设计指标见表 14。

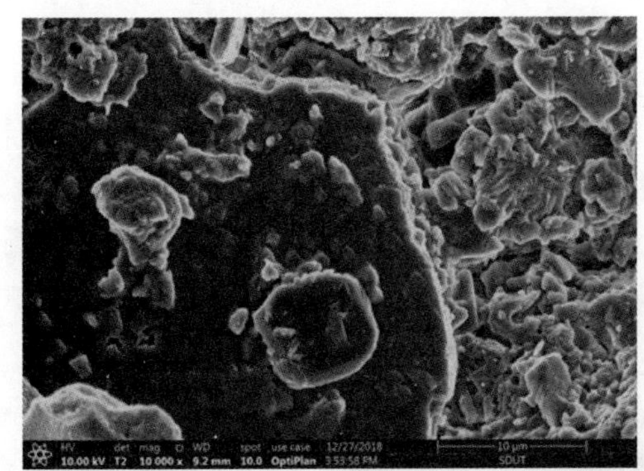
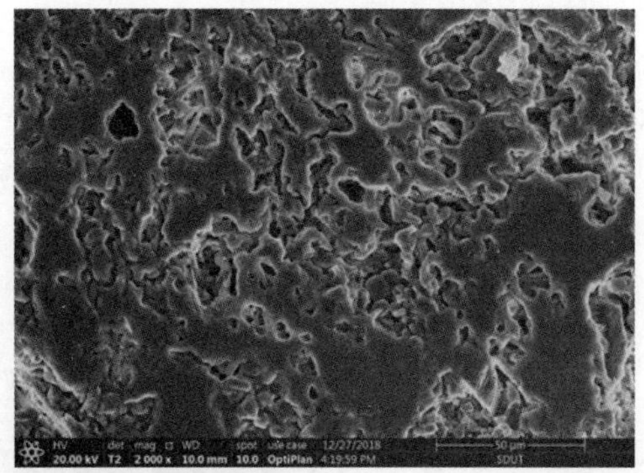
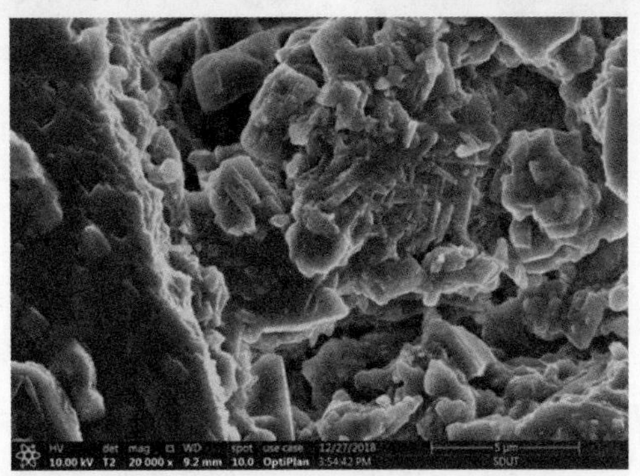

图3　新型红柱石砖微观结构

图4　新型红柱石斜道支柱砖试用情况

表14　斜道支柱抗冲刷喷涂材料设计指标

体积密度 /g·cm^{-3}	常温耐压强度 (110 ℃×24 h)/MPa	抗折强度（1400 ℃×3 h，烧后）/MPa	Al_2O_3/%
≥2.5	≥45	≥7	≥55
线变化率 (1400 ℃×2 h)/%	耐磨性 (CC，1400 ℃×3 h)	常温黏结强度 (110 ℃×24 h)/MPa	SiC/%
+0.2~-0.4	≤8	≥7	≥10

b　本发明材料配方设计

基本配料仿效砖配料，只是成型方式有所区别，多增添 SiC 细粉，结合剂也相应增添 20%~25%，使之更能黏附于施工衬体部位。其中保护涂抹料 A 料（主成分 $Al_2O_3 \cdot 2SiO_2$，按质量比配方为：刚玉红柱石颗粒：20%，刚玉红柱石细粉：35%，结合黏土（含细粉）：45%）与 B 料（主成分 Al_2O_3，少量的 SiC，按质量比配方为：刚玉红柱石颗粒：35%，刚玉红柱石细粉：40%，结合黏土（含超细粉）：25%），黏结剂的化学成分主要为 H_3PO_4、$Al(H_2PO_4)_3$。

c　本发明材料使用要点

A 料为底料，施工中便于拉毛黏结砖牢固上铺，B 料为工作面料时为表面衬里，主要功能目的是长期抵抗焦炭的挤压冲刷与抗氧化作用。首先对斜风道支柱砖部分进行清扫除尘处理，并涂刷黏合剂。混合搅拌 A 料，加入黏合剂 22%~25%，搅拌混合均匀成浆糊状，然后涂刷在需保护区域的表面，涂刷均匀，大约 1~2 mm 厚。然后在其表面均匀缓缓地有序进行烘烤（一般采用烘灯或热气焰），等 A 料起硬牢固后，再进行涂抹 B 料，其黏合剂的加入量在 15%左右，清水的加入量为 5%左右。在烘炉后，实际生产中，该保护层与红焦接触时产生釉层，提高耐冲刷、耐磨损性（图 5）。

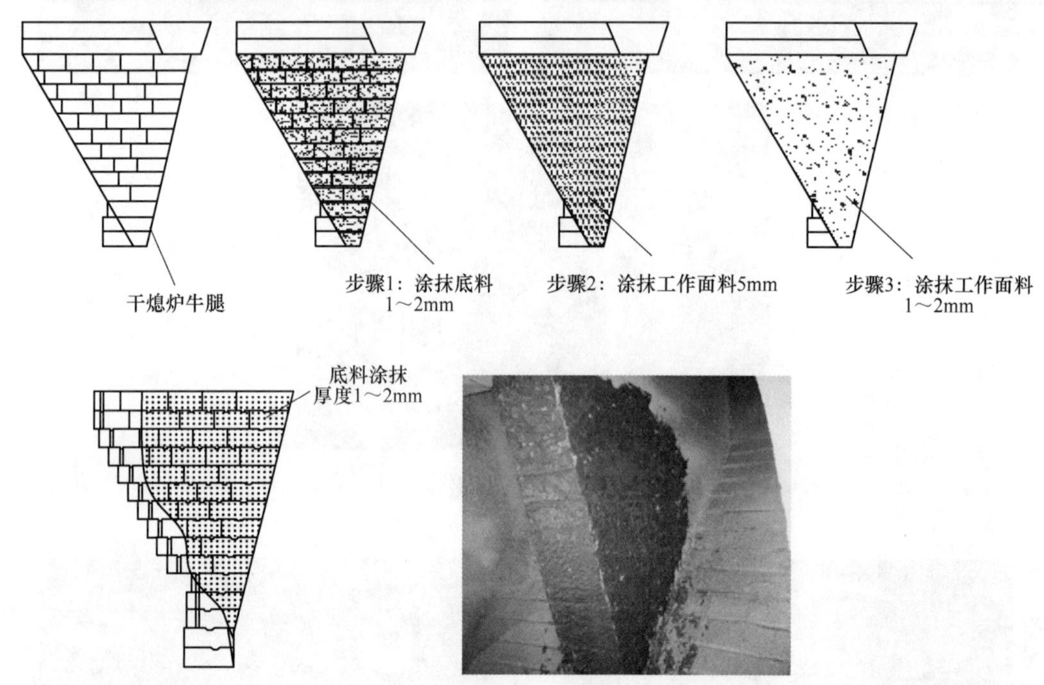

图 5　耐磨涂抹料设计示意图及试用情况

C　耐火泥性能优化

设计出的耐火砖砖性能相匹配的火泥使用标准见表 15。

表 15　红柱石砖匹配火泥标准

红柱石匹配火泥		单　位	指　标
抗折黏结强度	110 ℃×24 h	MPa	≥9.5
	400 ℃×3 h	MPa	≥9.5
	800 ℃×3 h	MPa	≥8.0
	1100 ℃×3 h	MPa	≥12.5
耐火度		℃	>1790
荷软 $T_{2.0}$		℃	≥1600

在对耐火砖及耐火泥浆的材质及理化指标进行改进的基础上，严格控制耐火材料的施工质量也是重要措施之一。严格控制砌筑过程施工进度及砌筑质量，对斜道支撑梁部位的耐火砖砌筑制定了严格的质量保证措施，规定斜道支撑梁一天只能砌筑 3 层砖（在具有强度后才能砌筑上一层砖），并将灰缝严格控制在 3±1 mm 的范围，不允许以灰缝来调节各层耐火砖的标高。

2.1.1.3　实施效果

新型抗氧化、高强度干熄炉斜道支柱红柱石砖，具有抗氧化、抗急冷、增韧增强等优越性能，有效提高斜道支柱砖对斜道区复杂气氛与工况的适应性，一次使用寿命达 5 年以上。2015 年 1 月在 4 号干熄焦中修时，新型复相抗氧化抗急冷斜道支柱砖分别用于 1 号、7 号和 25 号牛腿，2018 年和 2019 年在 1 号、2 号和 4 号干熄炉斜道区牛腿砖全部采用了新型红柱石砖（图 6、图 7）。

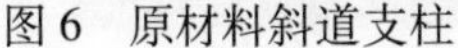
图6 原材料斜道支柱

图7 本发明材料斜道支柱侧面和正面

备注：2020年4月6日5号干熄炉降温中修，运行5年零1个月，新型红柱石材料与原材料牛腿运行情况对比见图8。

图8 马钢干熄焦斜道支柱砖全部应用新型红柱石

设计的一种耐磨喷涂材料，配料及成型简单、方便、有效，耐磨性好；施工周期短，劳动强度少。有效提高了斜道支柱抗冲刷磨损能力，增加斜道支柱使用寿命1~2年以上。该新型材料既可以配套用于新型红柱石砖，也可以应用于传统碳化硅砖表面，持久抵抗氧化侵蚀（图9）。

图9 斜道支柱抗冲刷喷涂材料应用

2.1.2 冷却室新型耐磨材料开发与应用

2.1.2.1 总体思路

干熄焦炭连续不断地排出，冷却室径向磨损达到30~70 mm/a。若不及时修补，会影响排焦的均匀性，从而影响排焦温度。以马钢5号干熄焦为例，如图10所示。干熄炉冷却段工作面砖原设计是B级莫来石黏土砖，因干熄焦炭连续不断地排出，B级莫来石黏土砖磨损达到约50 mm/a（表16）。

图10　冷却室径向磨损情况

表16　B级莫来石黏土砖主要理化指标

体积密度 /g·cm^{-3}	耐压强度 /MPa	显气孔率 /%	荷软 $T_{0.2}$ /℃	热震（1100 ℃水冷）/次	耐磨性 (CC)	Al_2O_3 /%	Fe_2O_3 /%
≥2.4	≥80	≤20	≥1600	≥20	≤9	≥40	≤1.2

为了保证冷却室下部筒体的圆心度，干熄焦同行曾经采用莫来石碳化硅浇注料，对磨损量大的部位进行浇筑。但存在问题：5号干熄焦采用该技术，4年时间里磨损不大，但是浇注料存在浇注不均，很难施工成一个同心圆柱体，而且浇注面也不够光滑，造成下焦不均，排焦温度过高（表17、图11）。

表17　冷却段工作面 BX-AS-1 碳化硅浇筑料理化指标

实验条件	体积密度 /g·cm^{-3}	耐压强度 /MPa	抗折强度 /MPa	耐火度 /℃	线率变化 /%	Al_2O_3 /%	SiC /%
110 ℃×24 h	≥2.60	≥40.0	≥4.0	≥1780	—	≥55	≥16
1400 ℃×3 h	—	≥80.0	≥10.0		±0.5		

图11　浇筑料使用2年左右后的情况

分析认为，干熄焦炉冷却段主要经受高速氮气流冷却造成的热破坏以及高温焦炭的冲击与磨损。因此研制冷却段耐火材料，除了抗热破坏性能外，还要着重考虑耐火材料的耐磨损性能。450 ℃×15 min实验条件下B级莫来石砖的磨损量为8.03 cm^3，黏土砖的磨损量11.65 cm^3。通过破损调查同样发现，黏土砖磨损程度比莫来石砖严重，冷却段呈现出凹凸不平的情况。

2.1.2.2 技术方案

A 研发思路

冷却段耐火材料的改进，以莫来石为基础较好，其抗热破坏性能强，研究方向应着重于提高耐火材料的耐磨损性能，提高耐火材料耐磨损性能的途径包括：加入耐磨材料，如刚玉、碳化硅、氧化锆等；提高烧结性以提高强度；设计致密化结构。

按照研究思路，配制了6种不同组成的耐火材料，分析了其基本性能，进行了耐磨损性能实验，结果见表18。

表18 研制的冷却段耐火材料的性能

耐火材料种类	体积密度 /g·cm^{-3}	气孔率/%	抗压强度/MPa	磨损量 /cm^3·(15 min)$^{-1}$
含SiC砖A	2.87	12.83	110.43	3.48
含SiC砖B	2.72	15.97	59.80	3.68
莫来石-红柱石砖	2.50	6.19	83.47	4.58
含尖晶石砖	2.42	17.85	78.86	5.90
含氧化锆砖	2.67	18.01	74.46	10.48
刚玉莫来石砖	2.64	15.32	112.83	7.80
B级莫来石砖	2.43	18.12	69.55	8.03

含SiC砖A的基质致密，烧结好，气孔少，磨损量小；其破坏是先基质后骨料，破损速率最低。含SiC砖B的基质比较致密，但烧结后气孔相对增加，抗压强度最低。莫来石-红柱石砖的结构致密，骨料与基质的磨损几乎同步，但是烧结太致密，存在裂纹，需要考虑抗热破坏性能。含尖晶石砖的基质中存在莫来石相，但氧化镁结构不致密，孔洞多，基质先于骨料磨损，磨损量较大。含氧化锆砖的基质氧化铝低、氧化硅高，含有弥散状的氧化锆，同样是基质先于骨料磨损，磨损量大。刚玉莫来石砖的基质成分为莫来石相，结构不致密，孔洞多，基质先磨损，骨料后磨损，磨损量大。

这说明基质的耐磨损性能对砖整体耐磨性的影响很大。从6组耐火材料的性能与结构研究发现：B级莫来石砖的磨损量分别是两种含碳化硅砖的2.3倍、2.18倍，是红柱石砖的1.75倍，可以预期：采用含碳化硅砖或者莫来石-红柱石砖作为冷却段材料，寿命可得到较大幅度的提高。

B 实施方案

研究复合相抗剥落耐磨型新材料，解决冷却室的磨损问题（授权发明专利：塑性复合相抗剥落耐磨型莫来石砖及其制备方法（201210160404.8））。

本发明的塑性复合相抗剥落耐磨型莫来石砖是对干熄焦炉冷却室用耐火砖性能的改进，可提升砖指标性能，提高其耐磨性能、延长干熄焦炉冷却室工作面层耐材砖的使用寿命。

a 配方设计

按质量分数计包括以下组分：转窑矾土细粉5%~25%、高岭土粉5%~25%、红柱石精矿粉1%~10%、转窑矾土颗粒15%~35%、莫来石颗粒10%~30%和棕刚玉颗粒10%~30%，SiC超细粉（碳化硅超细粉）的用量为干混料总质量的3%~7%，黏结剂的用量为干混料总质量的2%~5%。干混料的配方中，转窑矾土颗粒、莫来石颗粒和棕刚玉颗粒为骨料，黏结剂为硅溶胶。

b 各组分的细度或粒径

转窑矾土细粉200~400目，高岭土粉100~300目，红柱石精矿粉350~600目，转窑矾土颗粒粒径3~5 mm，莫来石颗粒粒径1~3 mm，棕刚玉颗粒粒径≤1 mm，SiC超细粉粒径≤1 μm。

c 原料主要化学成分的质量分数

转窑矾土细粉或转窑矾土颗粒：Al_2O_3含量≥86%，Fe_2O_3含量≤1.3%；高岭土粉：Al_2O_3含量≥45%，Fe_2O_3含量≤2.0%；红柱石精矿粉：Al_2O_3含量≥57%，Fe_2O_3含量≤1.5%；莫来石颗粒：$3Al_2O_3 \cdot SiO_2$含量68%~72%；棕刚玉颗粒：Al_2O_3含量≥93%，Fe_2O_3含量≤0.8%。

d 复合相抗剥落耐磨型新材料技术指标设计

复合相抗剥落耐磨型新材料技术指标设计见表19。

表 19　塑性复合相抗剥落耐磨型新材料条件

体积密度 /g·cm^{-3}	耐压强度 /MPa	显气孔率 /%	荷软 $T_{0.2}$/℃	耐火度 /℃	热震 (1100 ℃水冷)/次	耐磨性 (CC)	Al_2O_3 /%	Fe_2O_3 /%	高温抗折强度 (1100 ℃×0.5 h) /MPa
≥2.65	≥110	≤15	≥1600	≥1770	≥20	≤4	≥55	≤1.3	≥15

2.1.2.3　实施效果

复合相抗剥落耐磨砖耐磨性高，表面光滑，使用效果证明：解决了 B 级莫来石黏土砖快速磨损问题（约 50 mm/a），同时也解决了碳化硅浇筑料浇注不均造成下焦不均问题（图 12）。根据马钢 3 号干熄炉 2009 年初次应用本发明材料效果验证情况，有效延长冷却室工作面砖的使用寿命达 10 年以上。

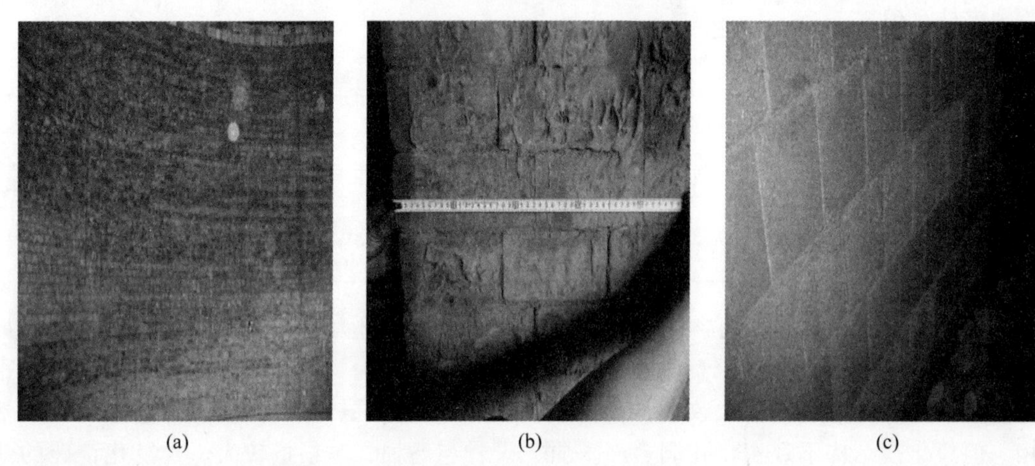
(a)　(b)　(c)

图 12　新砌体(a)及其使用 10 年左右(b、c)的图片

2.2　耐火砌体结构技术进步

2.2.1　斜道支柱砖型多项咬合设计

2.2.1.1　总体思路

干熄炉处理能力 125 t 以下采用单斜道结构；单斜道结构又分为单块砖支撑和双侧砖砌筑结构。马钢 3 号干熄炉，处理能力 125 t，设计为双侧砖支撑；1 号、2 号、4 号、5 号干熄焦均为单斜道单块砖支撑结构。从实际使用情况来看，双侧砖支撑稳定性更好，承受应力分散，不易折断，但存在双侧砖之间咬合设计方面不够问题（图 13）。

(a) 单砖结构

(b) 双砖结构

图 13　单砖结构和双砖结构

基于此，单斜道单砖结构改双砖结构设计；针对双砖结构的单斜道斜道支柱开裂问题，采用一种左右相邻砖设有纵向舌槽咬合，上下相邻砖设置凹凸槽咬合，上下前后错缝搭扣式组合结构。通过改进砖型，提高砌体砖与砖间的咬合强度，提高牛腿结构的稳定性。

2.2.1.2 技术方案

斜道区支柱耐火砌体稳定性研究与技术开发（授权专利：一种干熄炉斜道牛腿支柱砌筑结构（201621202490.4））。

A 砖型设计改进

为提高斜道支柱的结构强度，主要改进有以下三个方面：

（1）双砖垂直缝设置沟槽，增加垂直方向砖与砖之间的咬合（图 14（a））；

（2）增加上下双砖间的咬合，提高砌体的稳定性（图 14（b））；

（3）考虑支柱（61~73 层）的整体咬合结构，提高支柱的整体稳定性（图 14（c））

B 砖型制造图设计

（1）砖型部位：140 吨干熄焦炉斜道支柱 61~75 层，以 74 层两块主要砖型为例，以下简称 74-1 号，74-2 号。

（2）砖型总图：根据设计思路，设计砖型 74 层两块砖型总图如图 15 所示。

（3）鼻槽设计：根据不同鼻槽的功能，在牛腿砖上设置不同的鼻槽（图 16）。

（4）总装图：根据砖型及设计要求，砌筑时对改进的砖型进行总装（图 17）。

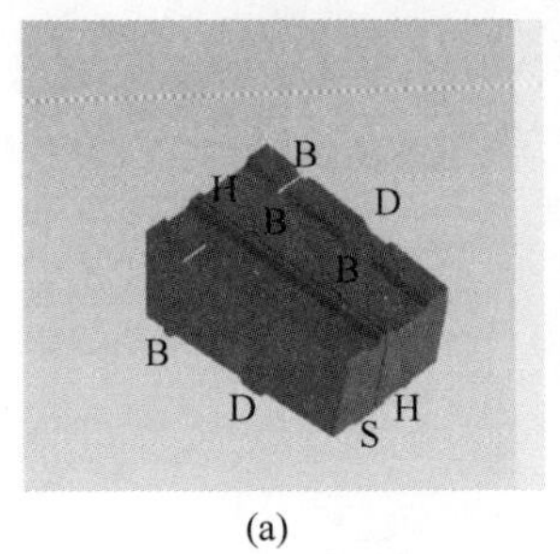

(a)

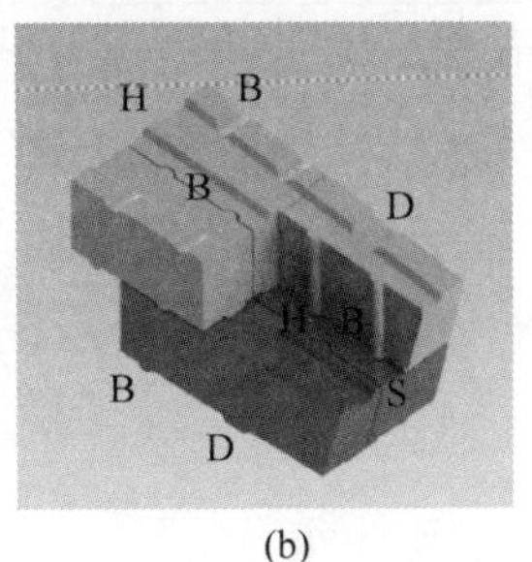

(b)

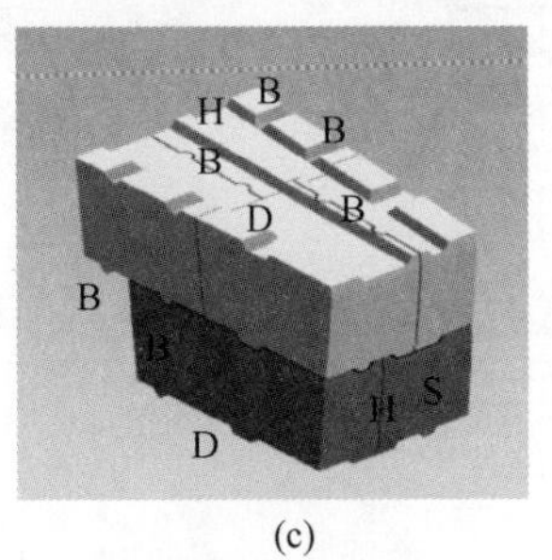

(c)

(d)

图 14 双砖垂直缝咬合效果图

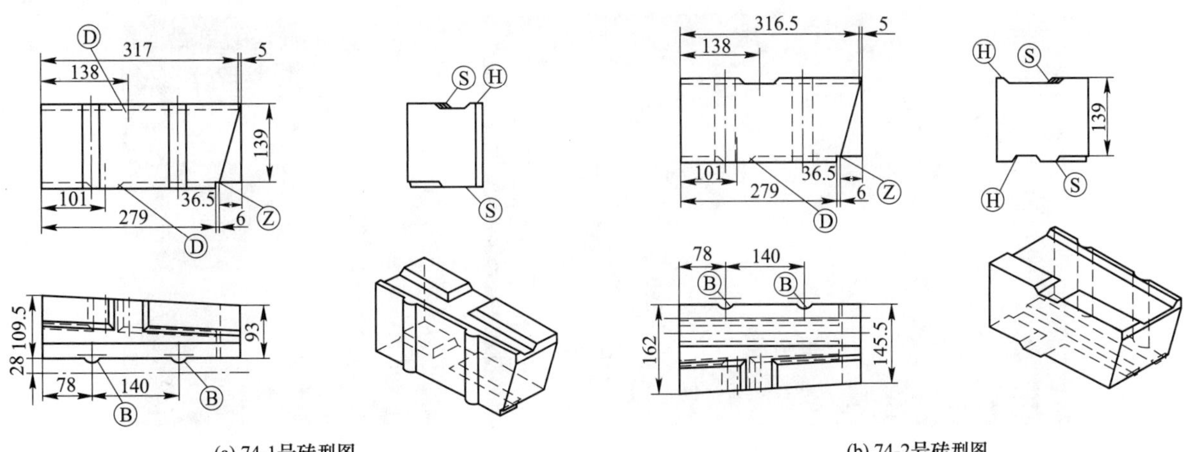

(a) 74-1号砖型图 (b) 74-2号砖型图

图 15 74-1 号和 74-2 号的砖型图

C 实施效果

通过将单砖结构改为双砖结构，且相邻砖增设舌槽、凹凸槽错缝搭扣式咬合，整个牛腿支柱砖与砖之间的咬合充分、合理，减少了牛腿支柱迎面砖炸开的可能，大幅提高了牛腿结构的稳定性。原砖型的整体尺寸不变，已陆续在马钢及行业内干熄焦中修时使用（图 18）。

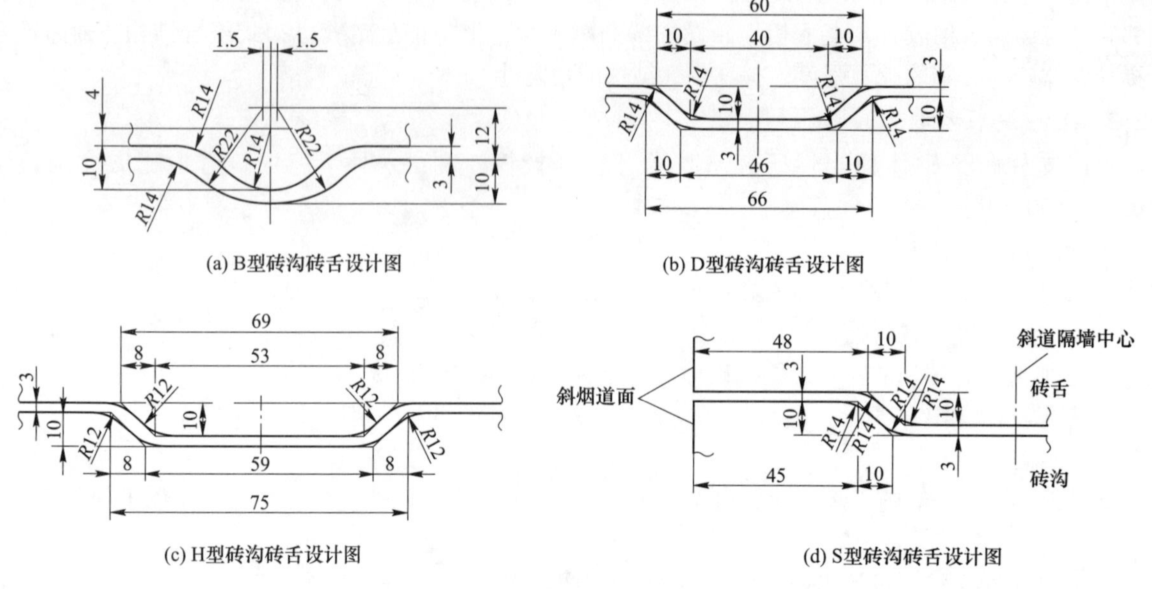

(a) B型砖沟砖舌设计图 (b) D型砖沟砖舌设计图

(c) H型砖沟砖舌设计图 (d) S型砖沟砖舌设计图

图 16 砖沟砖舌设计图

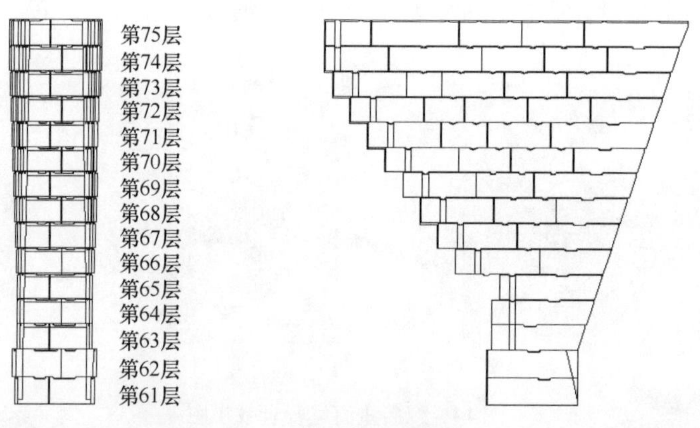

图 17 斜道支柱总装图

图 18 斜道支柱双砖咬合结构应用

2.2.2 炉口水封砖槽及浇筑技术发明

2.2.2.1 总体思路

干熄炉炉口水封槽起到密封作用，在运行中，需要频繁开启装焦，由此带来的 1000 ℃左右的高温灼烧和冲刷磨损，易将裸露于该环境下的不锈钢材质水封槽损坏，使得工业用水漏入干熄槽，干熄炉炉衬会崩溃性地损坏，并发生水煤气反应，导致可燃组分（CO 和 H_2）急剧上升造成严重的安全隐患，而导致停产检修（图 19）。

图 19　干熄炉炉口水封槽损坏及炉口砖损坏情况

2.2.2.2　技术方案

A　嵌入式砖槽技术

嵌入式砖槽发明并使用（授权发明专利：一种干熄炉炉口水封槽保护装置及其制造方法(201410647584.1)）。

（1）特异砖型：将原炉口三层砖改为四层砖，取消原砌体与水封槽 41 mm 间隙，但总标高不变，最上层异型砖设计为“L”形（图 20），在原炉口耐火砖砌体上，按照炉口尺寸环砌而成，形成水封座槽口，并在其上粘贴 10 mm 耐火纤维板（图 21）。不锈钢水封安装其内，不直接接触高温烟气和灼热焦炭。

（2）材料设计：采用热震稳定性能好、耐磨性高、耐压强度大的莫来石-碳化硅制品。

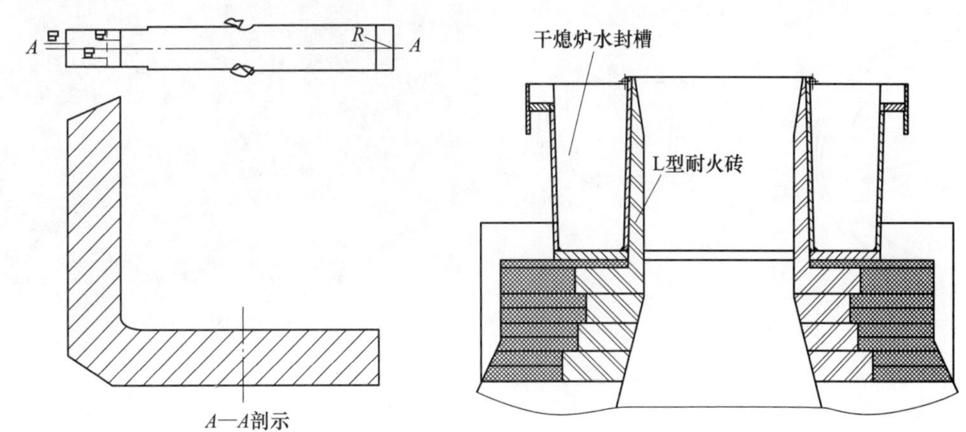

图 20　“L”形特异砖型

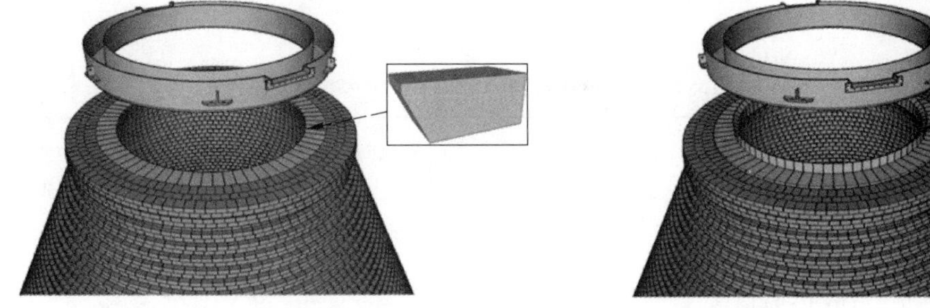

图 21　砌筑模型

本装置包括设在炉口上的环形保护座，环形保护座内壁和炉口内壁构成装红焦入口，环形保护座外壁底端为环形凸台；水封槽安装在该环形凸台上，在干熄炉开启装红焦过程中，环形保护座为水封槽提供可靠保护，防止水封槽受高温灼烧和冲刷磨损，有效延长水封槽的使用寿命，提高了干熄焦的生产效率，降低了检修成本。不锈钢水封安装其内，不直接接触高温烟气和灼热焦炭（图 22）。

图 22　嵌入式砖槽现场实物图

B　新型炉口水封槽结构

新型炉口水封槽结构采用更换前浇筑预制与运行中喷补相结合的制造与施工方法（授权专利：一种干熄炉炉口水封槽结构（201721906200. 9））。

工作面预制：在水封槽工作面内侧焊不锈钢爪钉，并预制耐热、耐磨浇注料，厚度约 50 mm（图 23）。

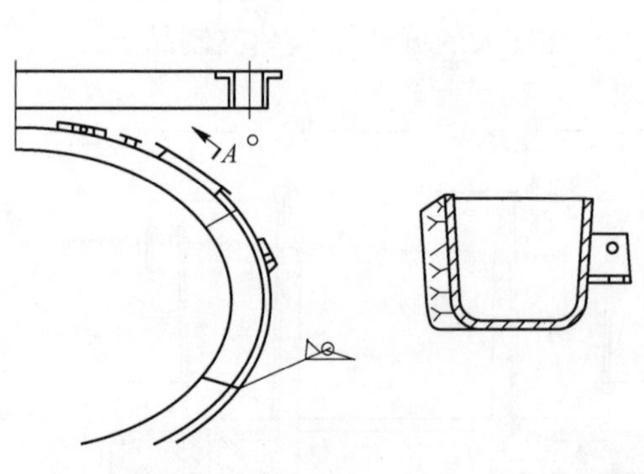

(a) 预制浇注料

(b) 耐热不锈钢爪钉

图 23　预制浇注料和耐热不锈钢爪钉

热态运行中，喷补预制件与炉口连接部位。在干熄炉升温至正常生产状态下，采用半干法喷补工艺对间隙进行填充，从而有效解决水封槽与炉口安装间隙。

浇筑材料选型：选用抗热冲击能力强的莫来石-碳化硅浇注料，理化指标确定如表 20 所示，半干法喷补材料理化性质如表 21 所示。

表 20　选用的莫来石-碳化硅浇注料理化指标

<table>
<tr><th>体积密度
/g · cm^{-3}</th><th>耐压强度/MPa</th><th>抗折强度/MPa</th><th>线变化率
/%</th><th>耐火度/℃</th><th>Al_2O_3
/%</th><th>SiC
/%</th><th>热震稳定性
(1100 ℃水冷)/次</th></tr>
<tr><td>≥2. 65</td><td>≥40
(110 ℃×24 h)</td><td>≥4
(110 ℃×24 h)</td><td>—</td><td rowspan="2">≥1780</td><td rowspan="2">≥55</td><td rowspan="2">≥16</td><td rowspan="2">30</td></tr>
<tr><td>—</td><td>≥80
(1000 ℃×3 h)</td><td>≥10
(1000 ℃×3 h)</td><td>±0. 5</td></tr>
</table>

表 21 半干法喷补材料理化指标

体积密度 /g·cm^{-3}	抗折强度/MPa	线变化率 /%	导热系数 /W·(m·K)$^{-1}$	Al_2O_3 /%	SiO_2 /%	热膨胀系数 /℃$^{-1}$
≥2.65 (110 ℃×24 h)	≥7 (110 ℃×24 h)	-0.1 (110 ℃×24 h)	0.744 (500 ℃)	≥54	≥38	6.0
—	≥4.5 (1000 ℃×3 h)	-0.25 (1000 ℃×3 h)	0.930 (1000 ℃)			
—	≥6.5 (1300 ℃×3 h)	+0.1 (1300 ℃×3 h)	—			
—	≥10 (1500 ℃×3 h)	—	—			

2.2.2.3 实施效果

嵌入式砖槽的改进设计，使不锈钢水封槽安置其内，避免与高温直接接触。预制耐热、耐磨浇注料的方式，可以在不改变原炉口砖体设计的情况下，解决水封槽耐高温的问题；同时在连接处进行在线半干法喷补的方法，可以解决运行中浇注料脱落的问题。合理设计一种干熄炉水封槽结构，装焦时焦粉无法进入水封槽内沉积，避免了水封槽内侧局部温度不均匀导致的腐蚀或焊缝开焊。

多座干熄焦炉年修中实践，水封槽寿命能够安全稳定运行 3 年以上，解决了水封槽寿命运行短的问题（图 24）。

图 24 浇筑预制的炉口水封槽实际运行 2.5 年后状况

2.2.3 环形气道砖体咬合设计

2.2.3.1 总体思路

干熄炉炉内衬为竖窑结构圆桶形直立砌体，环形风道位于干熄炉的中部，在预存区下部，斜道区的上面，环形风道墙体分内墙和外墙，由内墙和外墙组合形成环形腔体，主要作用是汇集经斜道自下而上的热循环气体，内墙内侧与赤热焦炭接触，受焦炭的摩擦和挤压，外侧受到夹带焦粉的高温循环气体的冲刷。

干熄炉炉体环形气道部分是干熄炉非常关键的高温烟气通道，具有砌体结构复杂、运行环境恶劣，易受高温、冲刷、热应力的破坏等特点，对炉体结构的强度要求相当高。140 t/h 以上的干熄炉，多数在使用两年后环形气道变形严重，甚至倒塌（图 25），造成严重的安全隐患，而导致停产检修。

焦炭在装焦下落和排焦下降运动的过程中，均对内墙体产生的侧压力；而隔墙在圆周的四个方向中，(东、西) 方向在结构上是固定的，所以出现炉内径向南北方向扩大变形，俗称"鼓肚子"，且位置变化逐年增加。料位下移时焦炭与环形风道内墙内侧壁产生的摩擦力。由于环形风道长期经受这几种力的作用，所以环形风道内环墙难免鼓包变形，甚至出洞掉砖（图 26）。

2.2.3.2 技术方案

A 环形气道砖体咬合设计技术

（授权专利：一种干熄炉环形气道砌体（201420683293.3））

图 25　环形气道鼓肚及倒塌

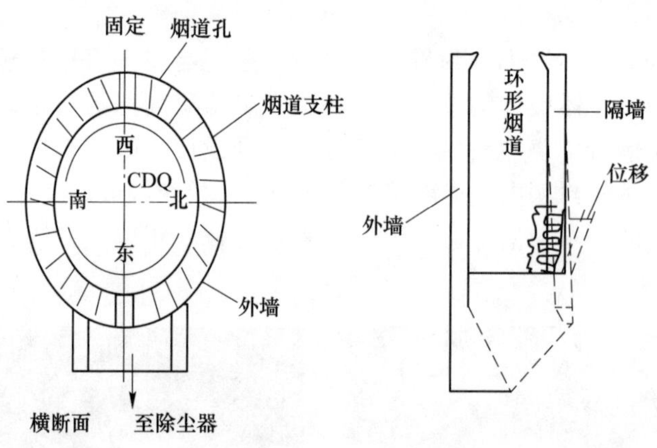

图 26　环形气道隔墙变化示意图

设计出的一种特异砖型的耐火材料，解决环形气道原结构设计缺陷问题（图 27）。主要是增加环形气道砖，垂直方向咬合设计，采用大勾舌砖型设计，从而提高径向应力的承受力，有效抵抗预存室储焦张力和低料位时装焦热冲击能力，同时提高循环风道严密性。

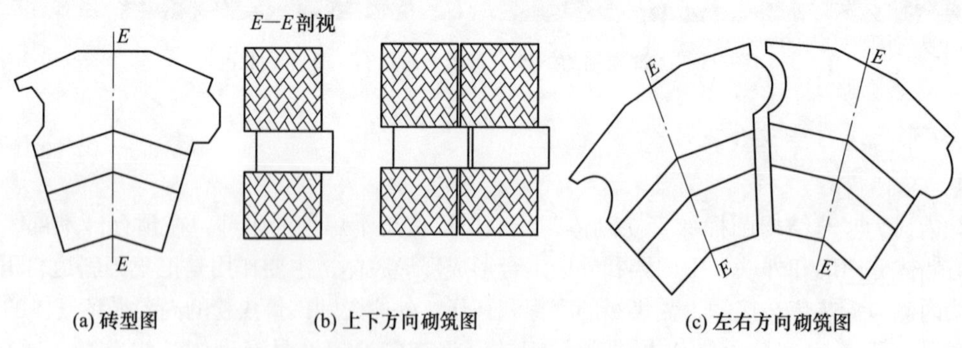

图 27　干熄炉环形气道砖型设计方案图

B　链式结构组合型耐火砖设计

（授权专利：干熄焦炉环形风道链式结构组合型耐火砖（201220188636. X））

为了解决上述“涨肚”技术问题，提供一种嵌合性好，连接牢固，使用寿命长，不易塌方的干熄焦炉环形风道链式结构组合型耐火砖（图 28）。砖体包括上连接面、下连接面、左连接面、右连接面、前连接面和后连接面，连接面上设有凹槽、凸榫匹配嵌合。莫来石砖体互相连接形成筒体；后连接面上设有耐热不锈钢槽，耐热不锈钢槽内设有耐热不锈钢筋，耐热不锈钢筋通过耐热钢连接件固定在耐热不锈钢槽内，连接处用铁丝捆扎固定；在所述耐热不锈钢槽内注入高强磷酸铝捣打料，高强磷酸铝捣打料以结合剂和它的施工方法两者结合起来命名的，其中结合剂为磷酸铝，施工方法为捣打成型。

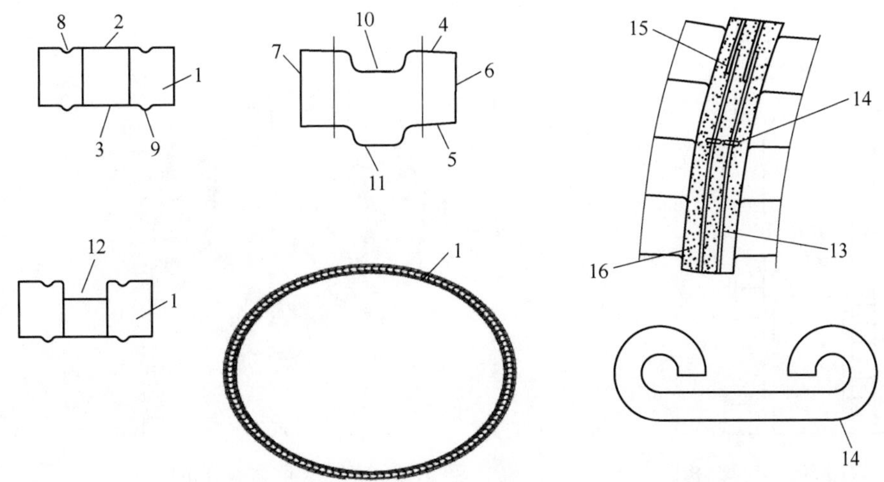

图 28　环形风道链式结构组合型耐火砖设计连接图

1—砖体；2—上连接面；3—下连接面；4—左连接面；5—右连接面；6—前连接面；7—后连接面；8—小凹槽；9—小凸榫；10—大凹槽；11—大凸榫；12—不锈钢槽；13—耐热不锈钢筋；14—耐热钢连接件；15—铁丝；16—高强磷酸铝捣打料

C　新型干熄炉环形气道支撑装置

（授权发明专利：一种新型的干熄炉环形气道（201110325511.7））

设计一种新型的干熄炉环形气道，其特点是：在环形气道的出口部位设有若干个斜支撑，在环形气道的内外环之间设有若干个水平支撑。斜支撑包括支撑板、耐热钢筋笼，支撑板两侧板的端部向外凸起，分别伸入到内环和环形气道出口底部的耐火砖内，底板与侧板之间的耐热钢筋笼内的耐热钢筋插入耐火砖内；水平支撑包括外包耐热板、耐热钢筋笼，耐热钢筋笼内的耐热钢筋插入内、外环的耐火砖内。这样当干熄炉环形气道内环发生变形时，斜支撑和水平支撑均限制了其沿周向的凸起，大大改善了环行风道和斜烟道隔墙的强度，避免在生产过程中环形气道内环发生倒塌，延长了干熄炉的使用寿命及使用周期。

技术方案要点：如图 29 所示，在环形气道的出口部位设有两个环形气道出口约束装置 1，在干熄炉环形气道内环与外环之间设置有若干个水平约束机构 2。环形气道出口约束装置 1 基本形状为三角形，通过楔块和膨胀螺栓定位。水平约束机构 2 通过耐热钢筋编制成笼，其上若干钢筋插入砖体，钢笼填充耐热材料，耐热材料外表安设耐热钢保护套，同时增设若干支座固定（图 30、图 31）。通过上述两种约束机构的组合，可达到限制环形气道内环向外膨胀变形，使其膨胀量在设计膨胀缝范围内变化（外环依托干熄炉壳体，内环热膨胀力传至水平约束机构，最终由干熄炉钢制壳体平衡）。

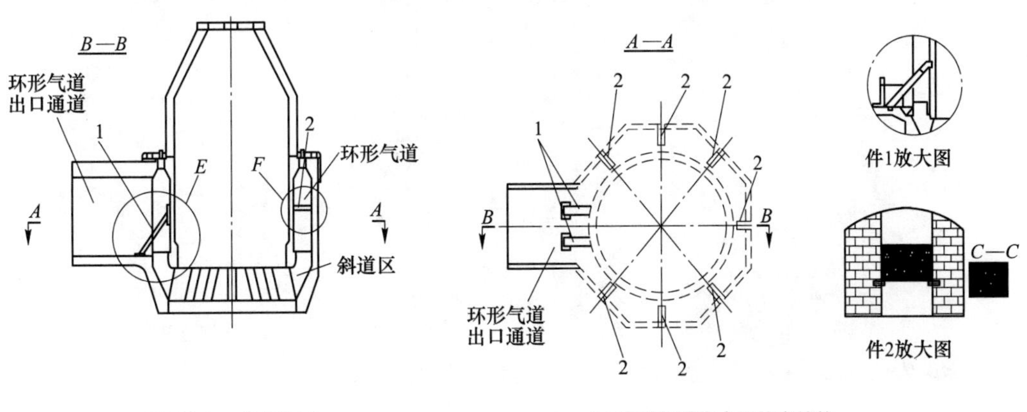

(a) 环形气道出口约束装置　　(b) 环形气道内水平约束结构

图 29　环形气道变形约束装置方案图

1—环形气道出口约束装置；2—水平约束机构

2.2.3.3　实施效果

环形气道砖通过采用大勾舌砖型设计，增加垂直方向咬合，提高了径向应力的承受力。链式结构组

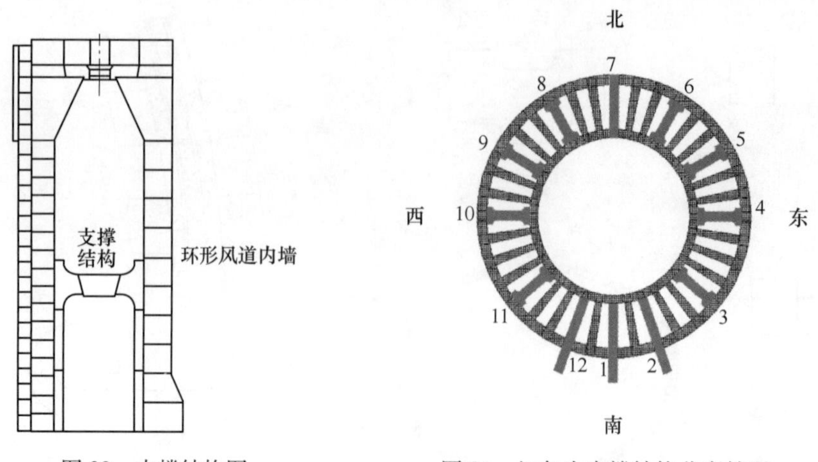

图 30　支撑结构图　　图 31　红色为支撑结构分布情况

合型耐火砖的使用，在上、下、左、右连接面上设有凹槽或凸榫，使得砖体彼此之间连接可靠牢固。而新型干熄炉环形气道支撑装置技术的应用，通过约束机构的组合，达到限制环形气道内环向外膨胀变形。

通过近几年的应用，环形气道变形得到了有效控制，延长了干熄焦中修周期，减少了中修费用，进而提升了干熄焦作业率（图 32、图 33）。

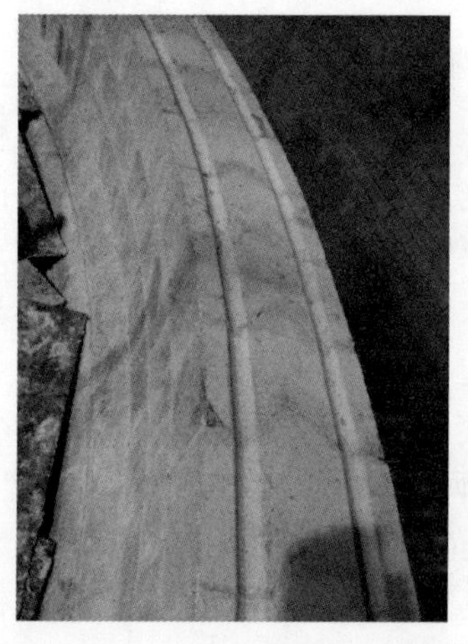

图 32　环形气道咬合结构砖型应用

图 33　支撑约束装置应用及运行 4 年后的环形气道状况

2.2.4　高温烟气通道砌体整体设计

2.2.4.1　总体思路

干熄炉至一次除尘器之间高温膨胀节和一次除尘器至锅炉之间高温膨胀节原设计均采用高温浇注料，分两层浇注，内层为重质、外层为轻质。工况温度约 950 ℃，且承受高速气流（夹带焦粉）的冲刷，耐材易出现开裂和脱落，运行寿命周期仅为 1.5 年左右，损坏现象为开裂、粉化、掉料等结构性的破坏（图 34）。

图 34 浇注料烧坏、脱落情况

浇注料作为耐火材料，有其施工方便、成本低廉、保温性能好等优点，但浇注料的热震稳定性、耐磨性能以及耐火体的稳定性是无法与特种定型砖体相比的。针对干熄焦锅炉入口高温通道浇注料结构强度低、易脱落、寿命短短的问题，发明设计一种拱形组合耐火砖砌体，其结构牢固、具有耐高温、耐磨损等特点，可以有效延长高温通道的使用寿命。

2.2.4.2 技术方案

高温膨胀节内衬浇注料设计改为耐火砖体结构（授权专利：一种干熄焦炉高温烟气通道砌体结构（201820656658.1））。

根据高温通道的几何形状、耐磨、耐高温要求，设计两侧、及底部采用耐火砖锚固砌筑、顶部采用拱形砌体，耐火砌体与外部不锈钢膨胀节壳体之间采用重质浇注料浇筑密实（图 35）。

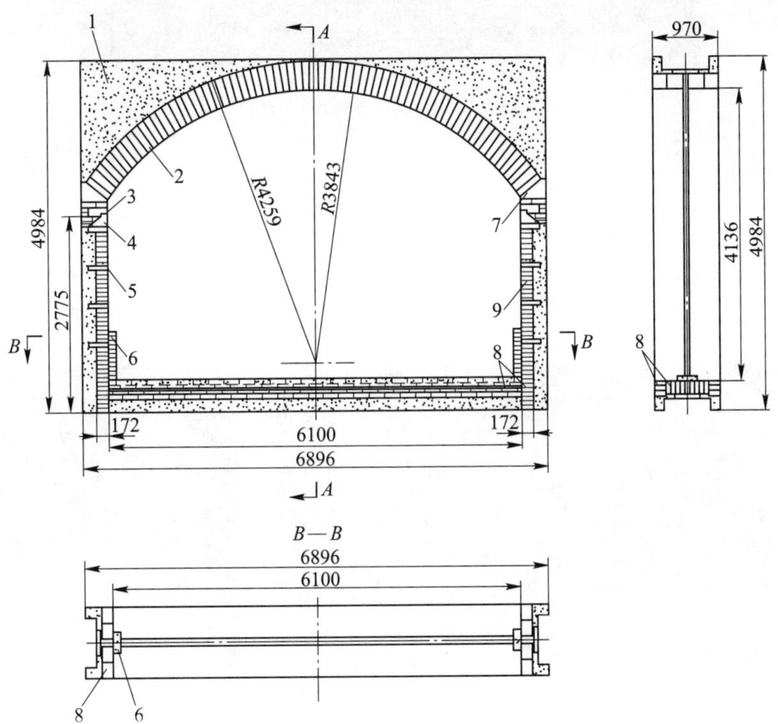

图 35 干熄焦锅炉入口高温通道耐火砌体结构设计

1—ZCH；2—GAM-1579（异性斧头砖）；3—GAM-1571；4—GAM-1569；5—GAM-1568；6—GAM-1573；7—GAM-1575；8—QN53-S101；9—GAM-S101

取消膨胀节和排灰口部位浇注办法，改成砌筑体——保温砖+莫来石砖+膨胀缝。膨胀节部位重新选材并对砖型和结构进行设计，解决浇注料的脱落问题。锅炉入口部位改为定形组合砖设计（图 36、图 37），使用寿命大大延长。

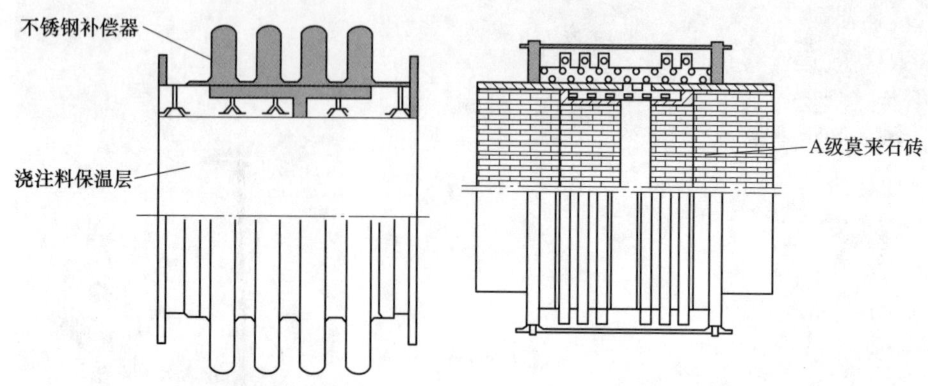

图 36　改进的膨胀节砌筑结构的设计与实施

图 37　干熄炉出口组合砖设计组装实例

2.2.4.3　实施效果

干熄焦锅炉入口高温通道改型于 2016 年 1 月在 4 号干熄焦中修期间实施，通过将膨胀节部位浇注料改成砌筑体（保温砖+莫来石砖+膨胀缝），解决了浇注料的脱落问题，预计使用寿命在 10 年以上（图 38）。

图 38　干熄炉出口高温通道砌体

2.3　多段立体式吊顶维修技术

2.3.1　多段立体式中修技术

2.3.1.1　总体思路

随着大型高炉高效运行水平的提高，对干熄焦的依赖性越来越高，要求干熄焦物流稳定连续保供。如何快速、安全并高质量完成系统检修工作成为干熄焦重要课题。干熄炉检修的难点关键在于炉衬安全检修技术。干熄焦炉斜道区损坏或环形气道发生严重变形等情况后，干熄焦炉需要及时停炉年修或中修。一般情况下，按照传统的自下而上分步检修方式，中修工期需要60天以上。

如何在保证施工安全的前提下，将干熄炉立体空间隔离成若干施工区域同时作业，这样就可实现干熄炉大修工期的大幅压缩。同时，要研究隔离工装的模块化设计，实现快速安装和拆卸，以及材料的便捷倒运设施。通过以上的总体思路，马钢在国内第一次开发了干熄炉立体模块检修工装。

2.3.1.2　技术方案

（授权发明专利：一种干熄炉立体模块化检修工装（201510862847.5））

分四段同时开展网络化施工。其中，上段预存室检修（上托砖板以上）——采用吊盘分隔；中段斜道和与环形气道的检修（中托砖板以上）——安装保护性平台；下段冷却室检修（下托砖板以上）——以风帽为基础安装承重平台；末端排出部位检修——中央风帽以下检修。

A　上段预存室吊盘安装

上料保护棚架制作安装主要用于施工防雨措施和上段施工吊盘吊装承重钢构措施（图39（a））。预存段上吊盘制作、安装（图39（b）），上托砖板以上至炉口空间形成单独安全施工空间。

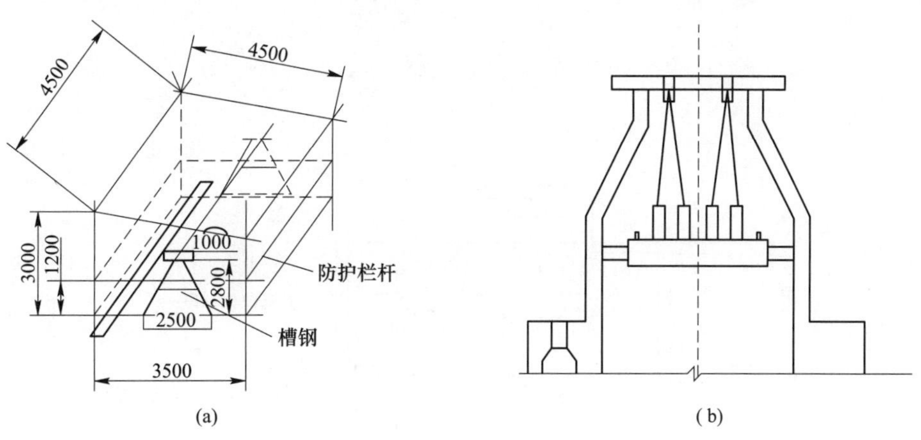

图39　中栓部位托砖板处保护示意图

B　中段斜道（中托砖板以上）安装保护平台

（1）安装位置：在斜风道托砖板处制作、安装。

（2）功能设计：为了保证在斜道支柱砖和环形气道施工时，同时进行冷却段施工，在斜风道托砖板上部搭设保护平台。采用钢管脚手架搭设，在钢管脚手架上沿炉墙四周铺设3 mm钢板，并进行焊接，钢板总重约2 t，钢管总重约1.8 t，如图40所示。

C　下托砖板以上承重平台安装

（1）安装位置：下锥部位托砖板处，以风帽为基础安装承重平台（图40）。

（2）功能设计：为了保证在进行冷却段浇注料浇注施工时，同时进行下锥部位铸石板砌筑，在下锥部位托砖板处搭设保护平台。采用36号工字钢、24号槽钢及5 mm钢板制作。36号工字钢9 m 4根，24号槽钢100 m，5 mm钢板60 m^2。

D　干熄炉立体检修工装

结合图41、干熄炉立体检修工装主要由模块化基础平台1、冷却段与斜道区隔离平台2、斜道区操作平台3、预存段安全防护装置4、模块型立柱5和6、卷扬升降机构安装架7、卷扬升降机构8、运输箱9、运载车跑道10、运载车11、井架式升降机12、通用叉车13等组成。

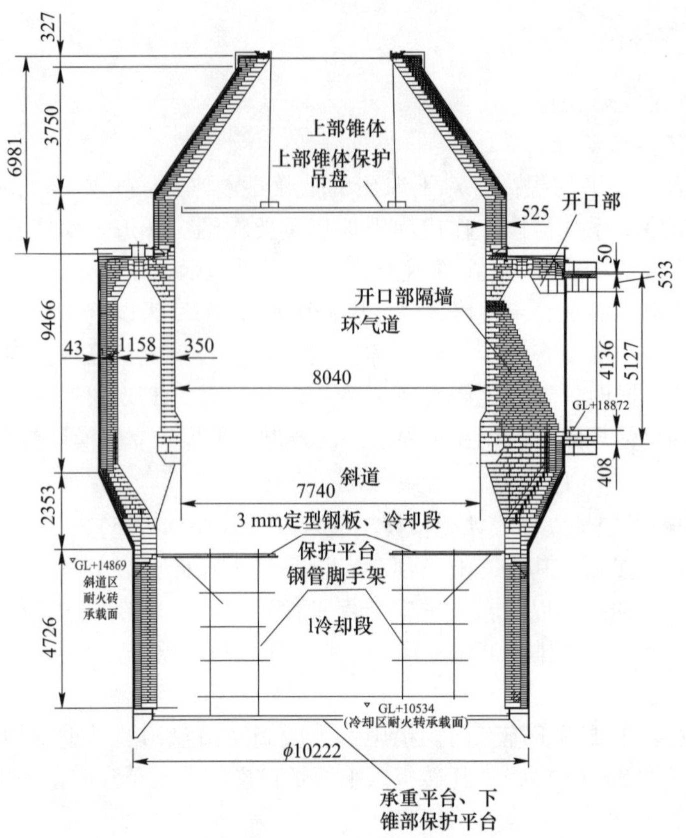

图 40　斜风道托砖板处保护

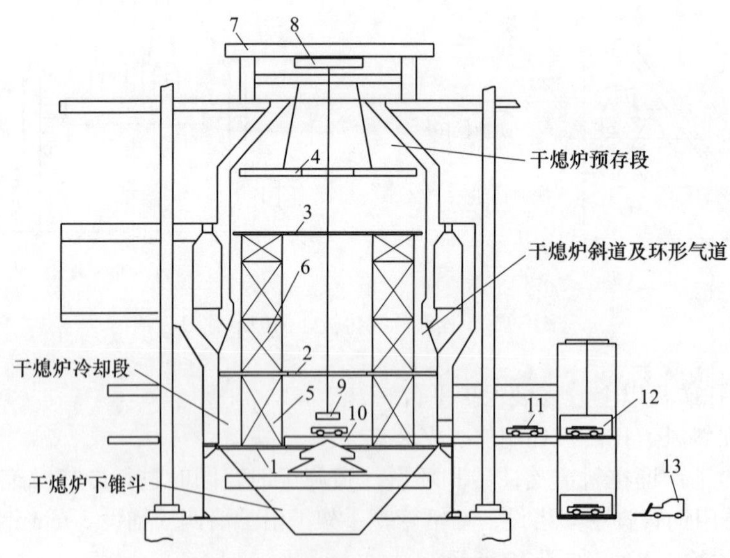

图 41　三层立体检修工装方案图

1—模块化基础平台；2—冷却段与斜道区隔离平台；3—斜道区操作平台；4—预存段安全防护装置；5—模块型立柱 1；6—模块型立柱 2；7—卷扬升降机构安装架；8—卷扬升降机构；9—运输箱；10—运载车跑道；11—运载车；12—井架式升降机；13—通用叉车

通过模块化基础平台 1、冷却段与斜道区隔离平台 2 和预存段安全防护装置 4 将干熄炉隔离成下锥斗作业区、冷却段作业区、斜道及环形气道作业区。

模块化基础平台 1 位于冷却段底部，为整个工装的安装基础，按干熄炉冷却段直径兼顾下锥斗检修进出通道。为了安装拆卸便捷，基础平台采用模块化设计，通过高强度螺栓拼接。

冷却段与斜道区隔离平台 2 位于斜道区的下部，将冷却段与斜道区隔离并预留材料运输通道。设计成若干块，通过高强度螺栓拼接成形。其上和其下设计有与模块型立柱 5 和 6 连接机构，便于快速安装和拆卸。

预存段安全防护装置 4 基本形状为圆盘，通过其上四根链条悬挂在卷扬升降机构安装架 7 上，其功能是预防干熄炉顶部锥面在施工过程中倒塌时的防护作用（尽管原设计设有托转板，本装置起到二次防护）。

模块型立柱 5 和 6 分别用于冷却段与斜道区隔离平台 2 和斜道区操作平台 3 的固定。结构为不同长度管状件通过联接件形成多种长方体桁架构件。该构件相互之间，以及冷却段与斜道区隔离平台 2 和斜道区操作平台 3 均设计有插入式联接机构，便于快速安装和拆卸。

炉内材料输送采用卷扬升降机构 8，炉外材料输送采用井架式升降机 12 和通用叉车 13。

2.3.1.3　实施效果

马钢 2012 年开始研发了干熄炉中修立体检修工装，立体工装的基础上设计为若干个模块单元和若干个模块机构，通过高强度螺栓和插入组件实现了快速安装和拆卸，并将干熄焦中修工期 50 天进一步压缩为 25 天，创造了国内干熄焦中修工期的最新纪录。从干熄焦中修工期 50 天压缩到 25 天直接经济效益约 840 万元，更为重要的是为马钢大型高炉生产顺行起到了重要作用（图 42）。

图 42　5 号干熄焦炉炉体多段立体检修

2.3.2　悬挂吊顶年修技术

2.3.2.1　总体思路

公称处理能力为 125～140 t/h 的干熄炉，预存室有近 300 t 左右的重力倾压在斜道 36 个牛腿之上，在停产降温后，施工人员须入炉内进行检修作业。斜道牛腿发生开裂和断裂后，干熄炉环形气道有坍塌的巨大风险。年修工作中，因为斜道区结构复杂原因，局部维修斜道支柱，存在很大的安全施工风险。

2.3.2.2　技术方案

采用吊顶和支撑的办法，卸去所修牛腿负荷，分别进行换砖。

在一对斜道支柱之上的环形气道圈梁部位，对损伤的牛腿两侧分别用千斤顶打上支撑，分配环形气道 200 t 左右负荷；同时自对应的预存室看火孔和炉口加固梁位置，分别引钢绳锁进行吊顶，分担 100 t 左右的负荷，对单个斜道进行维修。

A　悬吊工装设备安装（以 125 t/h 处理能力干熄炉为例）

（1）由于斜风道支撑砌体已严重损坏，采用环状吊具对环形气道圈梁砌体整体提升，防止牛腿拆除解体时，上部砌体下沉，破坏环形气道，或酿成崩塌事故。

（2）用成对千斤顶对维修牛腿两侧气道以上过顶砖下部进行保护性措施支撑。

（3）对经过支撑和悬吊保护性措施后，在干熄炉径向对称方向上，对斜道支柱砖进行更换维修，如图 43 所示。

B　过顶砖支撑工装

（1）环气道的吊棒和炉内的吊棒收缩到位后，进行过顶砖下面的千斤顶安装。

（2）千斤顶就位后，用 10 号槽钢焊接成圆弧状，支撑环气道的内侧、外侧。过顶砖支撑加固如图 44 所示。

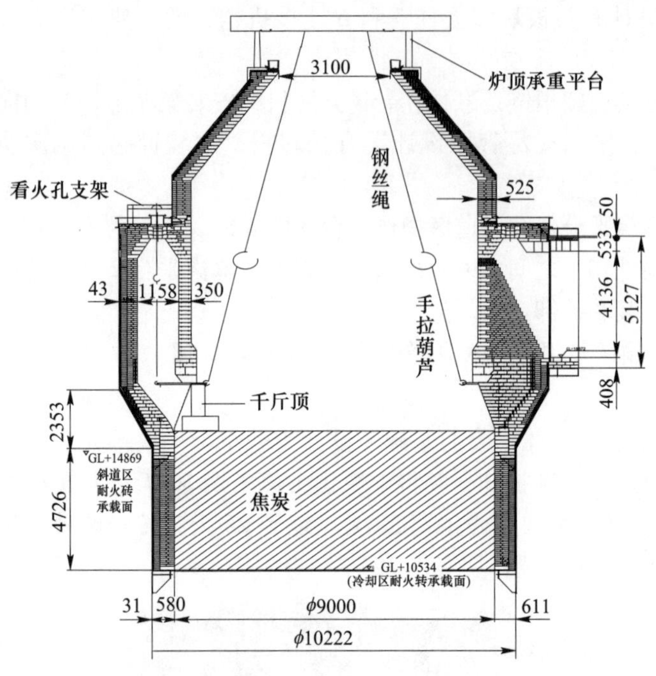

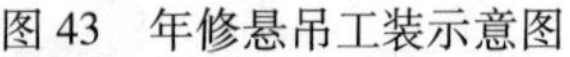
图 43　年修悬吊工装示意图

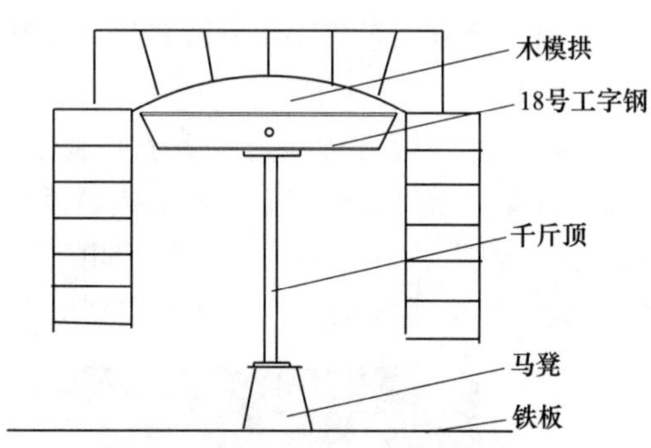

图 44　过顶砖支撑加固示意图

2.3.2.3　实施效果

干熄焦国产化示范项目在马钢建成以来，马钢在干熄焦炉炉体多段立体式中修技术和单斜道吊顶年修技术方面进行了持续研究、实践与改进，已经实现安全高效检修 35 次，取得良好的效益，支撑了高炉的高效运行（图 45）。

图 45　斜道悬挂吊顶检修现场

3　同类技术比较

（1）该项目通过对斜道支柱砖耐材指标的深入研究以及新型高强度、高热震稳定性红柱石材料的研发与应用，大幅提高制品的高温使用性质，解决了斜道支柱砖寿命缺陷问题。同时新型干熄炉斜道支柱抗冲刷喷涂材料的设计应用，年修周期由 1.5 年左右延长到了 5 年以上，与国内现有技术相比取得突破性提升，聚焦了国内外同行对红柱石系材料的研究，并引领了行业该方面的技术进步。

（2）装入炉口结构与材料的技术改进，设计“L”形砖型保护装入水封槽和浇筑预制耐高温水封槽两种新型水封槽。该种发明装置能够与原砌筑体有效结合，持久抵抗高温、冲刷恶劣环境，并长寿命使用，从而保证干熄焦系统安全稳定运行。

（3）干熄炉环形气道结构研究与设计，解决了环形气道承受近 1000 ℃高温、高速气流冲刷而带来的鼓肚变形和倒塌问题。本项技术创建一种干熄炉环形气道结构，解决设计重大缺陷问题，环形气道使用寿命提高约3倍。

（4）研发了高强度抗剥落新型材料，解决了冷却室的磨损问题，并获得国家发明专利授权。

（5）干熄炉至一次除尘器之间高温膨胀节及锅炉入口部位的结构研究与设计，解决了浇注料结构寿命短的技术问题。

（6）立体检修工装技术为国内首创，干熄炉立体空间炉体三层同时作业和检修工装的快速安装和拆除，解决了干熄炉立体空间安全高效检修问题，效率提升约50%。

（7）马钢6套干熄焦运行技术指标见表22。

表22 马钢6套干熄焦运行技术指标

干熄焦	投产日期	第一次	第二次	第三次	第四次	第五次	第六次	第七次
1号	2007年4月	1年3月 （年修）	2年2月 （中修）	1年11月 （年修）	2年7月 （中修）	3年2月 2018年年修		
2号	2007年8月	1年6月 （年修）	1年11月 （中修）	1年10月 （年修）	2年8月 （中修）	3年4月 2019年年修		
3号	2004年3月	1年 （年修）	2年1月 （中修）	1年5月 （年修）	2年1月 （中修）	1年11月 （年修）	2.5年 （中修）	3年6月 2018年年修
4号	2007年6月	1.5年 （年修）	2年2月 （中修）	1年10月 （年修）	3年2月 （中修）	3年4月 2019年年修		
5号	2007年8月	2年6月 （年修）	2年8月 （年修）	2年6月 （中修）	5年1月 2020年年修			
6号	2015年10月	3年 （年修）						

注：2015年在5号干熄焦斜道区开始工业试用新型红柱石材料，2018年和2019年在1号、2号和4号干熄炉斜道区牛腿砖全部采用红柱石材料。

（8）国内外同类技术综合比较情况见表23。

表23 国内、外同类技术综合比较

关键技术	耐火砌体结构技术进步	新型关键耐火材料研发	多段立体式吊顶维修技术	备 注
马钢	斜道支柱双砖咬合设计 炉口嵌入式砖槽开发 环形气道砖体咬合设计 烟气通道新型砌体设计	复相抗氧化抗急冷斜道支柱砖； 斜道抗氧化、抗冲刷喷涂材料； 复合相抗剥落耐磨型材料	多段立体式、悬挂吊顶维修技术，安全、高效、优质，中修总工期40日以内，其中炉体检修控制在25日内	1. 多项技术弥补设计缺陷、填补技术空白，技术达到国际先进水平； 2. 在国内首创性地开发一种红柱石系新型斜道支柱材料，其高强度、高热震稳定性能填补斜道区耐火材料技术难题空白； 3. 国内创新性地开发并应用了立体、吊顶检修工装技术，已被行业推广应用
国内	设计上存在缺陷，诸多问题正在改进，仍有一些问题存在于新建的炉体中	国内设计院已经接受马钢的设计改进技术	基本采用分段式，或浇注维修，或直接拆除大修，中修总工期60日以上，炉体检修在40日以上	
国际	国际上因干熄焦装置的应用大幅减少，炉体结构技术上基本停滞不前	国际尚未见类似报道	未见准确报道	

（9）技术改进方向。随着国内7 m、7.63 m特大型焦炉的投用，小时处理能力达到160 t、190 t，甚至260 t的干熄炉相继成功投用，此类大型干熄炉均采用了新型分隔式斜道结构（也称双斜道结构）。马钢北区新建的6号干熄焦以及正在建设的7 m焦炉配套干熄焦也采用了此类新型技术。马钢正在开展分隔式斜道与单斜道的稳定性对比研究和新型分隔式斜道检修技术探究工作。由于现有发明的吊顶年修技术不适用于双斜道结构干熄炉，目前实践的思路是新型分隔式斜道采用新型抗氧化红柱石浇筑耐磨材料，

不实施年修，待运行 6~8 年后直接中修，大幅延长了干熄炉运行周期。

此外，鉴于新型抗氧化红柱石材料的优越性能，马钢正在将红柱石砖推广应用于干熄炉环形气道圈梁及炉口部位；同时尝试在北区新建 7 米焦炉工程焦炉炭化室顶部过顶砖、装煤炉口以及炭化室炉头部位开展应用研究实践。

4　应用情况

（1）技术改进的牛腿耐材砖型及新型高热震、高强度“牛腿砖”于 2016 年分别在 4 号和 5 号干熄焦试用，并对牛腿进行了耐磨材料喷涂试验。新型材料的应用，未出现明显放射状崩溃性损坏和单方向折断，也未发生拱顶部位砖体烧熔现象。2018 年和 2019 年陆续在 1 号、2 号和 4 号干熄炉斜道区牛腿砖全部采用红柱石材料。目前判断：炉体结构稳定、关键部位耐火材料寿命长，与现有技术相比提升约 2 倍，而牛腿耐磨材料的喷涂进一步延长了斜道牛腿的维修周期。

（2）装入炉口采用“L”形耐火砖作为保护层和浇注料喷补相结合的方法在马钢干熄焦已有应用实践，解决了水封槽寿命短的问题。

（3）一种干熄炉环形气道结构和异型结构砖已应用于马钢干熄炉，目前砌体未发生明显变形，同时改善了风道严密性，系统运行参数稳定（温度、压力等），预计比现有技术使用寿命提升约 3 倍。

（4）抗剥落新型材料—莫来石刚玉砖在马钢干熄焦的开发与应用，冷却段排焦顺畅，冷却室磨损问题大大改善，已被设计院吸收消化并在行业内推广。

（5）锅炉入口部位采用砌筑结构于 2016 年 6 月在 4 号干熄焦应用，并陆续应用于马钢其他干熄焦，使用寿命较之前大大延长，已被设计院引进。

（6）立体检修工装技术 2012 年首次成功应用于马钢，解决了干熄炉立体空间安全高效检修问题，中修周期由传统 39 天缩短到 25 天，创造了国内干熄焦大修工期的最新纪录。

项目技术还通过技术输出、合作单位技术支持等方式应用于国内数十家干熄焦系统。

（1）通过北京华泰焦化工程技术有限公司，在与马钢后续工程设计中，采纳了马钢提出的部分设计改进建议，并在行业内做了推广。

（2）作为行业技术共享合作方，武汉平煤武钢联合焦化有限责任公司吸取了马钢该方面的改进技术，取得了很好的使用效果。

（3）山东盛隆化工有限公司对上述改进技术在生产线上进行了应用，取得了很好的使用效果。

（4）安徽淮北临涣焦化有限公司在后续工程设计建设中采纳了该项目部分技术创新成果，并正在运行的干熄焦生产线上推广应用，检修期间采用了部分技术成果，取得了很好的使用效果。

（5）2017 年，在山东铁雄新沙能源有限公司干熄焦技术服务项目中，将上述关键技术在生产线上进行了应用推广，取得了较好使用效果。

（6）2019 年，在越南和发榕橘钢铁股份有限公司干熄焦技术服务项目中，项目成果成功应用于干熄焦建设及生产过程中。

高效节能的焦炉煤气净化大型化技术开发与应用

本技术由中冶焦耐工程技术有限公司开发完成。

1 核心技术及实施效果

项目研发团队以单系高效处理16万立方米/时以上的焦炉煤气为目标，重点研究“化工放大效应”现象的应对方法。历经7年的努力，在国内首创了高效节能的焦炉煤气净化大型化技术，取得了重大科技创新：

（1）研究大型焦炉煤气设备内气流分布规律，研制具有自主知识产权的高效净化关键装备。设备内气液分布的均匀度是气体净化效果的核心，以流体力学模型为基础，从煤气进入设备逐段模拟分析其流场分布情况，进而研究各种内件对气流分布的影响，从中总结规律。针对不同构型的气体、液体分布器，进行流场分布及压力降研究；结合焦炉煤气净化工艺过程特点，优选出性能高效，整体压降低，结构可靠的方案进行工程化设计，突破了大型单体设备的“化工放大效应”，解决了大煤气流量状态下高效净化的核心问题。

（2）建立焦炉煤气净化大型化技术水力学试验平台。专门研制了一套1∶1比例焦炉煤气塔器试验平台，用于验证各种液体分布装置的实际效果；研制了专用的液体分布流量测量装置，可准确获得液体分布数据；开发的专用控制系统可在线对试验数据进行分析比选。

（3）研发了复杂工况下焦炉煤气净化生产全过程多参数联动耦合模拟、调整和优化技术。针对焦炉煤气成分复杂，待净化杂质类别多样的特点，基于化工过程仿真技术，实现大煤气量净化工艺过程多参数诊断、操作趋势预判和参数调整，完成了节能降耗等目标，为后续实现智能化工厂生产打下了坚实的理论基础。经过大量的多参数工艺过程联动耦合计算，优选出了工程应用取值，整体运行能耗比同规模双系处理方案降低约12%。

项目成果于2015年成功地应用在宝钢湛江工程中，装置处理能力17万立方米/时焦炉煤气，其净化效果得到了业主肯定，后续采用此技术的马钢项目（国内最大，处理量18万立方米/时）也已经顺利投产。

2 与国内外同类技术对比

项目成果获得授权专利19项，其中发明专利6项；发表学术论文6篇；形成国家标准2项；焦炉煤气净化设施大型化技术经中冶集团组织的科技成果鉴定会鉴定为国际领先水平。

3 推广前景

项目通过高效节能的焦炉煤气净化大型化技术的研发，实现了工艺技术与工程的早期结合，直接面向市场，有利于推动科技成果快速转化。研发成果有效解决了焦炉煤气净化大型化、高效率和清洁生产过程中的关键问题，主要技术经济指标达到国际先进水平，为促进焦化行业技术进步，实现产业结构优化，资源综合高效利用提供了最新技术，对我国焦化行业淘汰落后产能和提高全行业节能减排水平具有重要意义。

大型焦炉智能正压烘炉技术及装备的开发与应用

本技术由中冶焦耐工程技术有限公司开发完成。

1　工艺原理与技术研发路线

焦炉正压烘炉技术是利用专门的燃气及空气供给装置，主要通过风机作为助燃空气和燃烧后热烟气的动力，推动热气流经炭化室、燃烧室、蓄热室、烟道等部位后从烟囱排出，使焦炉升温至转正常加热温度。

技术研发路线和总体方案见图 1。

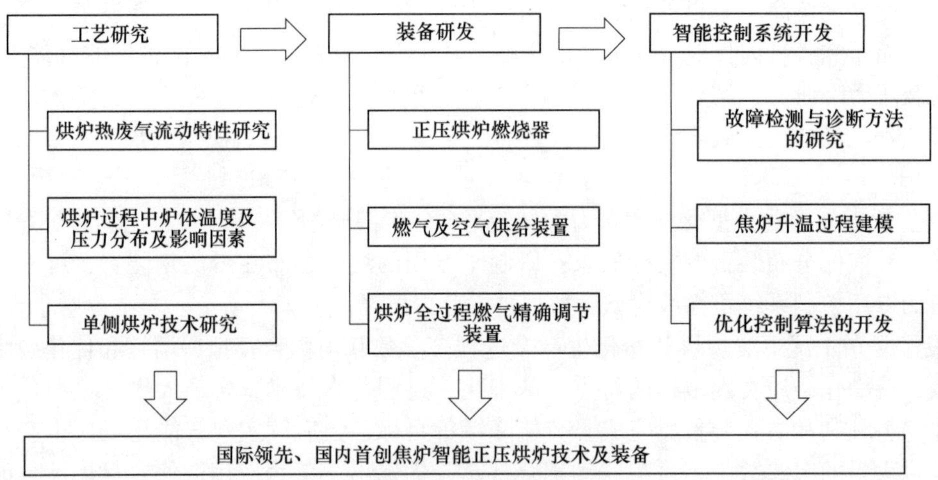

图 1　技术研发路线和总体方案

2　技术核心

（1）发明了以“一拖二、单侧烘炉、不砌火床、自动升温”为特点的正压烘炉工艺，填补了国内的技术空白。解决了负压烘炉过程中炉体易吸入冷空气的工艺缺陷，大幅提高了烘炉温度均匀性，极大缩短了投产准备时间，显著降低了焦炉漏气率。单侧烘炉在避免影响另一侧施工作业的同时，降低了采用正压烘炉的设备和维护成本，推动了正压烘炉技术的应用。

（2）研发了正压烘炉专用燃烧器和机电一体化的燃气、空气集成供给装置。实现了燃气在燃烧器内预混燃烧，无需再在炭化室内砌筑火床；无需进行更换孔板操作，配备灭火检测、故障警报、自动紧急停车等安全联锁功能，极大地提高了烘炉的安全性和自动化程度，降低了劳动强度。

（3）研发了高可靠性的烘炉智能优化控制系统。实现了烘炉的自动升温、自动调节，解决了烘炉只能手动控制的难题，大幅提高了焦炉烘炉升温的均匀性。

3　运行效果

（1）本工艺升温均匀，可保证炉体严密，焦炉漏气率由负压烘炉的 5%左右降低到 3%左右，为企业增产大量煤气，显著降低了焦炉 CO_2、SO_2、NO_x 排放。节省烘炉工艺管道材料 50%以上，节省工期 10%以上。相比国外技术，节约设备使用及技术服务费用 50%以上。

（2）实现了炭化室内无需砌筑火床，避免了低温长时间打开炉门对焦炉炉体的损害，杜绝了烘炉过程中固体废物的产生。使用电动阀门代替孔板，烘炉期间无需中断加热。使用 DCS 控制系统实现了远程集中监控及快速故障报警，降低烘炉人员的劳动强度并最大限度地避免安全事故的发生。

（3）焦炉全炉平均温度同计划温度偏差：炉温≤200 ℃，±1 ℃；炉温 200~500 ℃，±2 ℃；炉温≥500 ℃，±3 ℃；各燃烧室温度同全炉平均温度偏差：±3 ℃以内达到 95%；显著改善了烘炉过程的控温精度。

4 与国内外同类技术比较及推广前景

与国内、外烘炉技术相比，该项目研发的正压烘炉工艺，技术、经济性能及安全、环保等指标最优，具体比较见表 1。

表 1 主要性能指标

序号	主要性能指标		本正压烘炉工艺	国外正压烘炉工艺	负压烘炉工艺
1	火床砌筑拆除		无	无	有
2	管道占地及设备安装拆除		单侧一拖二	双侧一对一	双侧一对一
3	自动升温		有	无	无
4	直行均匀性	炉温≤300 ℃	±5 ℃	±8 ℃	±12 ℃
		炉温>300 ℃	±10 ℃	±15 ℃	±25 ℃
5	横排均匀性		较负压工艺更高	较负压工艺更高	一般
6	炉体严密程度		漏气率 3%左右	漏气率 3%左右	漏气率 5%左右
7	过程安全性		集中监控、自动切断	人工巡检、半自动	人工巡检、手动操作
8	故障报警		远程及本地	本地	无
9	炉墙受损风险		较负压工艺更低	较负压工艺更低	低
10	低温晾炉时长		少于 20 min	少于 20 min	多于 30 min
11	使用费用		2.8 倍负压工艺	8 倍负压工艺	1
12	节约煤气能力		高	高	一般
13	节能减排能力		大幅减排	大幅减排	一般

2018 年以来，项目成果在行业内获得快速推广应用，打破了国外的技术垄断，降低国内焦炉正压烘炉装置的使用成本，已在业界树立了良好的口碑，得到行业内普遍认可，为市场推广奠定了有力的保障，应用前景广阔。目前已经完成焦炉烘炉 94 座，累计为企业增产焦炭超过 158 万吨，每年多回收煤气超过 18000 万立方米/年，减少二氧化硫排放超过 6400 万立方米/年，解决了长期制约国内焦炉烘炉工艺存在的技术难题，为国内焦化行业技术升级做出了突出贡献。

氨法 PDS 脱硫离线专家系统的开发及应用

该项目由中冶焦耐工程技术有限公司、北京中电华劳科技有限公司、吉林宝利科贸有限公司和河南利源集团燃气有限公司联合完成。

1 技术成果产生背景

氨法 PDS 工艺利用焦炉煤气自带碱源，具有脱硫效率高、操作弹性大、运行费用低、减少终冷和粗苯腐蚀等特点，脱硫工艺选择占比高，H_2S 脱除率可以达到 99%以上，HCN 脱除率 80%，能脱除 30%～50%有机硫，可采用二级或三级串联，在氨源足够的前提下能够实现稳定有效的煤气脱硫。

生产调研过程中发现如下问题：

（1）进脱硫装置煤气温度过高，脱硫液温度高，副盐产生量大，脱硫液质量变差，脱硫效率低。

（2）装置运行存在“涨液”问题，即必须定期排出脱硫液，需要考虑脱硫液的处理。

（3）多级脱硫温度制度混乱，助长了“涨液”问题。

（4）外排的脱硫废液量加大，处理成本增加的同时，造成了催化剂的浪费流失，进而提高了脱硫运行成本。

（5）塔后煤气硫化氢高且波动频繁。

（6）脱硫装置运行能耗成本高，未达到经济模式运行。

针对以上问题，在中国炼焦行业协会指导下，由中冶焦耐牵头并集成、中电华劳做系统软件开发、吉林宝利科技负责生产数据识别及分析、首套系统在河南利源落地，多方联合完成该系统的开发。

2 系统的技术核心及组成

本系统以氨法 PDS 工艺机理及水平衡计算为基础模型，见图 1。

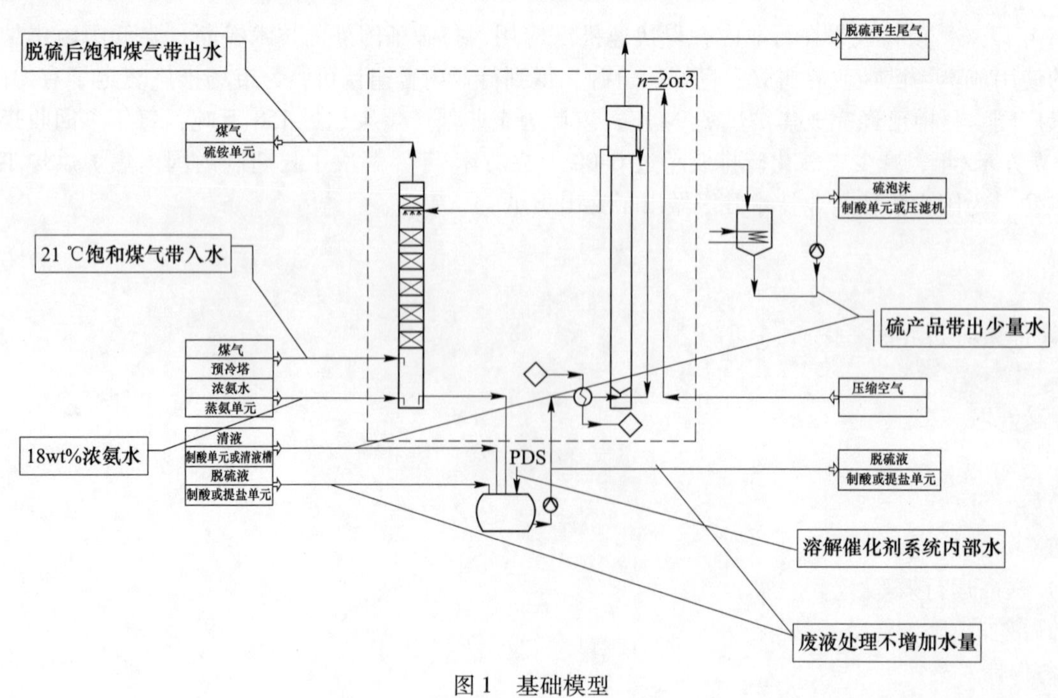

图 1 基础模型

包括数据收集模块、数据清洗及数据分析模块、专家指导意见及调整建议模块、持续监控模块。

（1）数据归集界面见图 2。

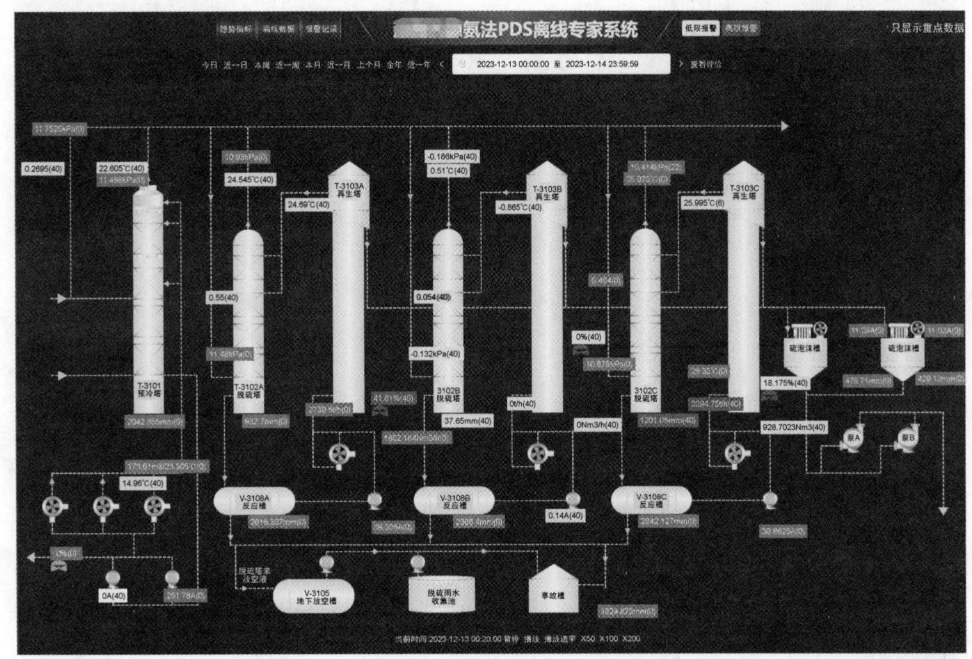

图 2　数据归集界面

（2）持续监控界面见图 3。

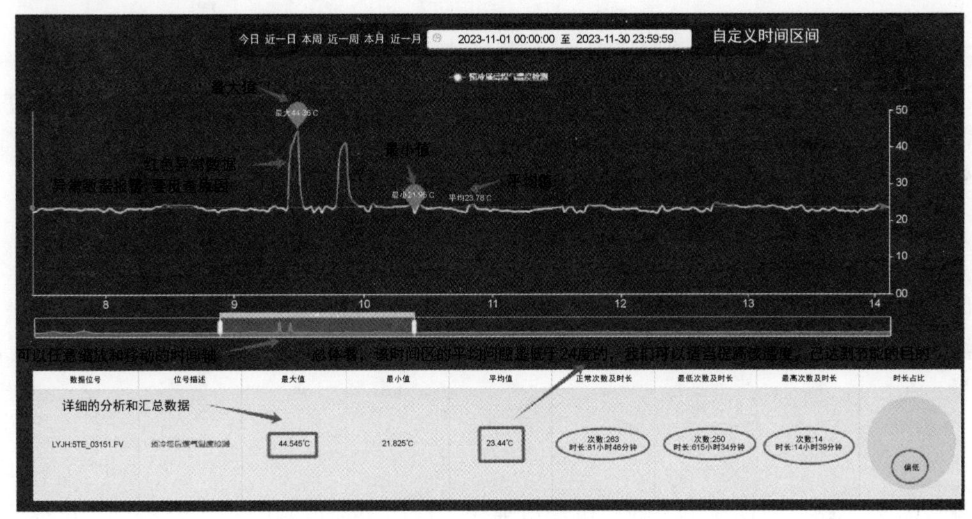

图 3　持续监控界面

（3）能效分析界面见图 4。

3　运行效果

（1）节能降耗：通过专家系统对设备进行精细化管理，可以使设备始终保持在最佳运行状态，从而达到节能降耗的效果。

（2）提高运行效率：专家系统可以提供专业的运行建议，帮助设备更高效地运行。

（3）减少故障：专家系统通过实时监控和预警，及时发现设备可能出现的问题，从而避免设备故障，延长设备寿命。

（4）提高生产质量：通过专家系统的精细化管理，可以提高生产过程的稳定性，从而提高产品质量。

（5）实现脱硫系统亏水模式运行：与水量平衡计算相结合，在对生产实际参数回归计算后，给出合

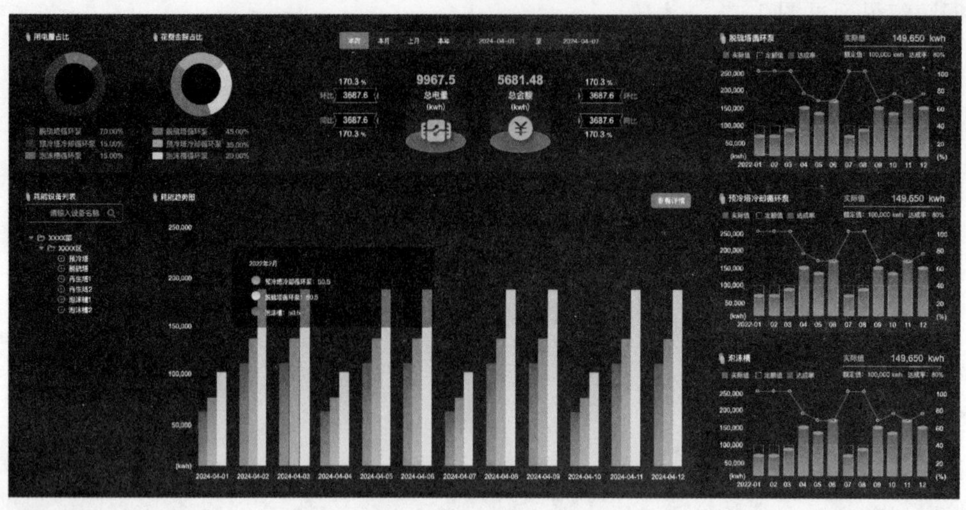

图 4 能效分析界面

理的操作参数指导意见，实现亏水运行模式，避免“涨液”问题产生。

（6）本系统的主要特点是外挂式运维指导服务，只从 DCS 读取数据，不参与 DCS 的控制、调节，不会扰乱现有生产控制。

4 该系统应用前后在经济、环境、管理等方面比较及推广前景

4.1 经济

经初步测算，以 200 万吨焦化产能为例，经专家系统指导调整后，保证脱硫系统稳定运行为前提，在脱硫催化剂使用量、脱硫液循环泵耗电量、再生用压缩空气使用量、再生尾气处理成本等方面均可得到有效降低，年减少生产成本约 300 万元。

4.2 环境

该系统的应用能够实现氨法 PDS 工艺的亏水模式运行，最大程度地减少脱硫废液的产生，使后续废液制酸、废液提盐、水处理等单元的生产压力得到有效缓解。将再生尾气量精准控制到合理范围内，减少废气处理量。

4.3 管理

在本系统及专家指导，能够使生产管理更为精细化，取得更为可观的经济效益。

4.4 推广前景

不完全统计，在数据调查的 360 余家焦化企业中，采用氨法 PDS 工艺的约 190 家，占比达到 50%以上，且大部分企业的生产均存在粗放型管理、达不到亏水模式运行的生产状态。在焦化行业整体不景气的大环境下，成本控制成为企业生存的关键手段，本系统恰好迎合了各企业降本增效、精细化管理的需求。同时，为提升行业脱硫装置生产工艺水平将起到更大的作用。

5 数字化赋能传统行业，促进焦化工业数字化转型发展

专家系统初步实现了脱硫装置数字化生产，可以使更广范围的专家为企业生产提供支撑帮助。该系统的应用作为焦化各生产单元的工业数字化发展底层逻辑代表，经充分验证后，可向其他生产单元复制延伸，最终为实现焦化全流程的工业数字化转型迈出先导的一步。

基于高炉低碳冶炼需求的煤焦评价技术开发与应用

该项目由中钢集团鞍山热能研究院有限公司开发完成。

1 技术详细内容

1.1 技术思路

通过调研分析国内中大型高炉用焦指标要求以及不同容积高炉冶炼参数，开展不同焦炭冶金特性研究，建立中大型高炉用焦质量体系和应用新理论；开发形成低成本优质捣固焦生产方案，将优质捣固焦应用到大中型高炉中。对炼焦原料开展成焦机理研究及其热解产物冶金性能研究，从不同层面解析煤的成焦特性以及在高炉中发挥的作用。通过以上基础理论研究、关键技术开发以及成果应用总结，形成基于高炉低碳冶炼需求的煤焦评价技术开发与应用技术。

1.2 技术方案

（1）研究明晰捣固焦与顶装焦的冶金特性差异，制定中大型高炉用焦炭的质量指标及控制要求，构建焦炭在不同容积高炉中应用理论。

1）以不同容积高炉用捣固焦和顶装焦为研究对象，从宏观指标（机械强度、热强度、块度）、微观结构（气孔结构、光学组织、微晶结构）等多角度分析对比两者的差异，发现小型高炉用捣固焦主要存在热强度低、块度小、堆密度小、气孔分布不均匀等“先天”不足，影响了在高炉中的溶损反应过程，降低了骨架作用的发挥。通过构建新型模拟高炉冶炼的高温热性能试验（反应试验条件：反应温度为700~1500 ℃，其中700~900 ℃升温速率为5~15 ℃/min，900~1100 ℃升温速率为1~5 ℃/min，1100~1500 ℃升温速率为5~15 ℃/min，并在1500 ℃停留0~30 min，反应气氛含有CO_2、N_2、CO、H_2、H_2O，体积百分比且随温度变化而变化），装置及实验曲线见图1。研究揭示了在模拟大中型高炉气氛和温度条件下，捣固焦与顶装焦在高温溶损反应速率*CRR*、高温溶损反应后强度CSR_{ht}、高温粒度稳定性ST_{ht}的差异，明晰了捣固焦在大中型高炉作用行为和劣化差异。

(a) 焦炭高温反应性能试验装置

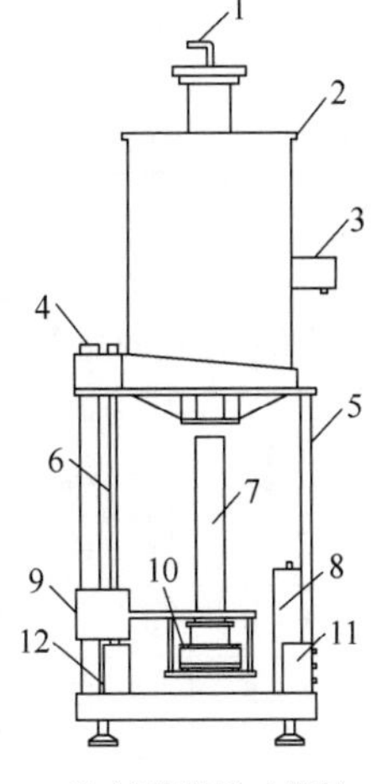

(b) 试验装置示意图

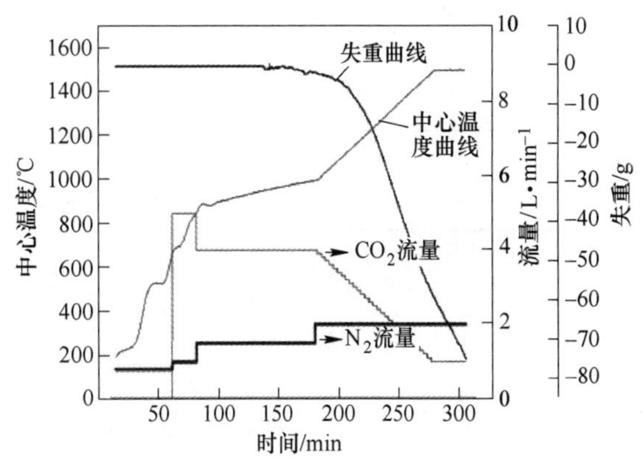

(c) 程序升温-配气反应实验曲线

图1 焦炭高温热性能试验装置及实验曲线

1—出气管；2—加热炉；3—接线盒；4，9—升降结构；5—炉体支撑柱；6—升降螺杆；7—刚玉管；8—冷却水箱；10—电子天平；11—接线盒；12—升降电机

2）根据解析焦炭在高炉中的作用，从不同层次研究焦炭质量，形成焦炭性能分析体系，焦炭性能分析方法如图 2 所示。

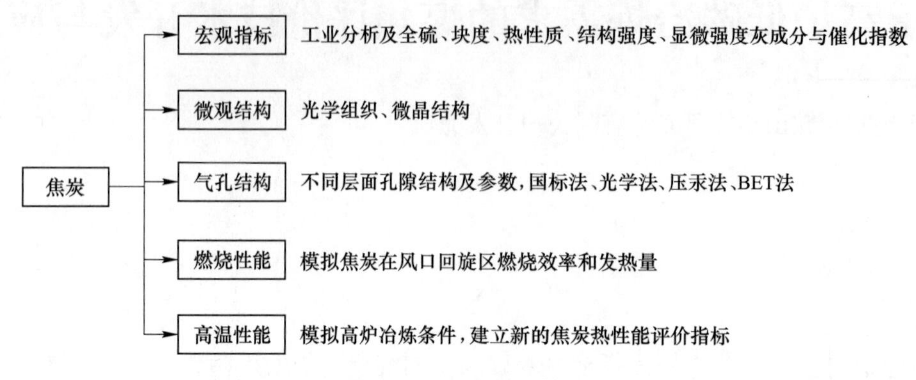

图 2　焦炭性能分析体系

利用焦炭性能分析方法，对某钢铁企业用的黑龙江地区焦炭进行了性能分析，焦炭宏观指标如表 1 所示，焦炭高温性能指标如表 2 所示。焦炭的粒度稳定性和粉化率是焦炭在高炉中高温反应过程的重要指标，粒度稳定性表示焦炭在高温状态下，其保持大块状的能力，数值越高，焦炭在高温中越能较长时间保持一定粒度。粉化率代表焦炭反应后的粉化情况，数值越高，其性能越差。尽管 BTL 焦国标法测定的焦炭热性质较好，但其影响高炉冶炼的重要指标高温性能较差。实践证明，当使用性能优异的 140J 时，高炉焦比降低 15 kg/$t_{铁}$（表 3）。

表 1　不同焦炭的工业分析和热性质数据

样品	水分 M_{ad}/%	灰分 A_d/%	挥发分 V_{daf}/%	固定碳 FC_d/%	反应性 CRI/%	反应后强度 CSR/%
140J	0.15	13.24	0.55	86.29	24.3	62.5
FY	0.23	13.38	1.13	85.65	28.2	57.6
JW	0.38	12.79	0.73	86.58	27.2	58.3
BTL	0.44	12.61	0.84	86.66	20.9	67.2

表 2　高温反应后焦炭指标

样　品	粉化率/%	粒度保持能力/%
140J	36.70	28.01
FY	38.85	22.57
JW	38.61	24.96
BTL	43.81	22.26

表 3　不同容积高炉用焦炭质量对比

高炉容积 /m^3	焦炭名称	M_{40}/%	M_{10}/%	CRI/%	CSR/%	平均块度 /mm	CSR_{ht}/%	ST_{ht}/%	CRR /%·min^{-1}
1000	焦炭 1	86.5	7.5	27.5	62.5	43.0	54.5	22.68	0.319
1200	焦炭 2	86.7	7.3	25.4	64.6	44.5	60.8	23.12	0.306
2000	焦炭 3	88.2	6.5	23.5	65.5	46.6	67.8	28.84	0.243
2200	焦炭 4	88.5	6.3	24.5	63.2	46.0	70.9	27.12	0.265
2500	焦炭 5	89.0	6.2	23.0	66.0	47.5	69.7	28.25	0.232
3200	焦炭 6	89.0	5.0	22.0	68.7	49.0	73.9	29.95	0.228

3）建立不同容积高炉用顶装焦评价体系。项目选取了 1800 m^3、2200 m^3、3000 m^3、4150 m^3、4350 m^3

高炉所用焦炭，利用上述焦炭性能分析体系对近 20 种顶装焦进行了全面分析，根据各指标在高炉冶炼中发挥的作用以及行业目前检测设备能力，建立了以主要指标和辅助指标为框架的顶装焦炭指标控制体系，详见表 4。

表 4　不同容积高炉用顶装焦炭指标体系

指　标	高炉容积		1800 m^3	2200 m^3	3000 m^3	4000 m^3 以上
主要指标	工业分析及全硫		焦化和炼铁协商确定			
	机械强度与热性质	M_{40}/%	86.0~88.0	≥88.0	≥88.5	≥89.0
		M_{10}/%	≤7.5	≤6.5	≤6.5	≤6.0
		CRI/%	≤25.0	≤25.0	≤25.0	≤22.0
		CSR/%	≥65.0	≥65.0	≥67.0	≥69.0
	粒度	平均粒度/mm	47.5~49.0	47.5~49.0	47.5~49.0	≥50.0
	高温反应性能	CSR_{ht}/%	≥59.0	≥60.0	≥61.0	≥62.0
		粒度稳定性/%		≥33.0		≥36.0
		粉化率/%	≤41.0	≤40.0	≤39.0	≤38.0
辅助指标	基质强度	结构强度/%		≥79.0		≥83.0
		显微强度/%		≥48.0		≥53.0
	光学各向异性指数	OTI		≥130		

4）根据差异研究，提出了满足 2000~3000 m^3 中大型高炉用捣固焦炭的质量指标及控制要求，包括，宏观指标：M_{40}≥88%，M_{10}<6.5%，CRI≤24%，CSR≥66.0%，平均块度>47 mm；焦炭高温热性能指标：溶损反应速率 CRR<0.25%/min、粒度稳定性 ST_{ht}>27.0%，溶损反应后强度 CSR_{ht}>68%。

5）构建捣固焦在大高炉中的应用理论。以宏观指标为基础，以高温热稳定性指标为核心，克服捣固焦应用中碳融损反应激烈、粒度保持能力弱、还原反应速率不均衡等弊端，提升骨架作用，满足大中型高炉富氧、大喷煤等操作，使高炉顺行。

（2）满足大中型高炉质量要求的低成本优质捣固焦配煤方法。

1）捣固焦块度提升技术。

① 在配煤优化上，通过对 40 个单种煤及 70 余个配煤方案的 40 kg 小焦炉炼焦后的焦炭平均块度与其性能指标做关联性统计分析，发现了不同单种煤单独炼焦块度上有较大区别，与平均块度关联性较强的关键指标是煤的挥发分 V、收缩度 X 和焦炭 M_{40}，如图 3 所示。围绕关键指标提出了新的配煤指标要求及构建了最佳的配煤结构，将炼焦煤分为高挥发分高收缩煤 $H_{煤}$、中挥发分中收缩煤 $M_{煤}$和低挥发分不收缩煤 $L_{煤}$三大类，配煤结构为 $H_{煤}$20%~30%+$M_{煤}$48%~60%+$L_{煤}$17%~22%，配合煤指标控制为 V_{daf}≥26.5%~28.5%，G≥75~80，Y≥14~16 mm，X≥30~40 mm，R_{max}在 1.1%~1.3%。本配煤方法所得捣固焦块度大而均匀，也不会造成推焦电流大而增加推焦困难风险。

② 在炼焦工艺优化上，在分析明晰了捣固焦炭裂纹形成机理基础上，针对性确定了不同焦炉炉型下合理的捣固堆密度、结焦时间和加热速率，将堆密度控制在 0.95~1.05 t/m^3，比正常生产下降 0.05 t/m^3；要求炭化室平均宽度≤500 mm 时，炼焦速率大于 3.2 min/mm，炭化室平均宽度>500 mm 的，炼焦速率大于 3.3 min/mm，通过结焦时间调整确定炼焦速率。还对运焦转运站进行技改，采用新型缓冲溜槽，并对干熄焦及焦仓采取高料位控制，减少焦炭摔打破裂。

据此研究成果，捣固焦平均块度由 42~45 mm 提升至 47 mm 以上，较常规捣固焦炭提高 2~3 mm，改变了捣固焦工艺不能生产大块度焦的历史。

2）捣固焦高温热性能提升技术。研究得到了不同单种煤的高温热性能三个指标（溶损反应速率 CRR、粒度稳定性 ST_{ht}、溶损反应后强度 CSR_{ht}）数据，见表 5。以高温热性能三个指标为参考进行煤种分类，建立了适用大高炉应用的新炼焦煤评价和分类方法，见表 6。按照新的煤种分类，减少高温热性能低

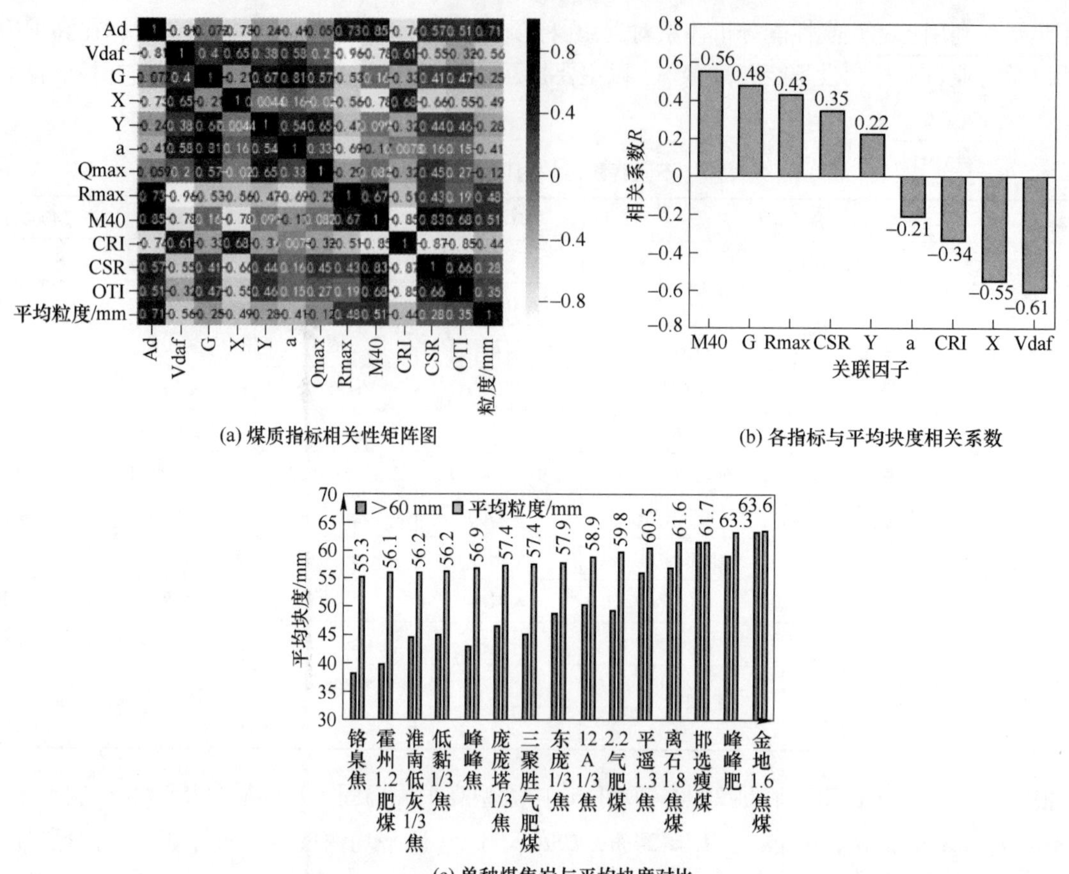

图 3　影响焦炭平均块度的关键因素

的淮矿 1/3 焦煤、枣矿 1/3 焦煤，增加高温热性能好的 JM2、FM5 和 1/3JM6 的比例，提高了配合煤焦炭高温热性能。

表 5　不同单种煤国标发热强度和高温性能指标对比表

煤种	矿点	国际法		高温热性能			CSR_{ht}/%
		CRI/%	*CSR*/%	ST_{ht}/%	CSR_{ht}/%	*CRR*/% · min^{-1}	
焦煤	JM1	29.5	58.9	31.6	51.6	0.329	−7.30
	JM2	19.1	67.2	20.8	70.8	0.186	3.60
	JM3	25.9	67.9	25.5	65.3	0.248	−2.60
	JM4	25.2	68.2	27.3	63.5	0.265	−4.70
	JM5	18.4	73.7	17.5	72.4	0.192	−1.30
	JM6	19.7	70.5	23.2	59.5	0.298	−11.00
	JM7	37.2	46.6	29.3	51.5	0.349	4.90
	JM8	26.5	64.8	28.6	60.3	0.235	−4.50
	JM9	27.5	63.8	31.2	56.8	0.236	−7.00
	JM10	29.5	56.2	31.0	63.1	0.213	6.90
	JM11	36.5	44.2	39.8	55.4	0.315	11.20
肥煤	FM1	24.9	64.8	21.9	66.5	0.232	1.70
	FM2	35.1	48.0	32.6	51.7	0.298	3.70
	FM3	21.4	59.4	25.4	62.0	0.349	2.60
	FM4	27.4	60.4	34.4	54.0	0.296	−6.40
	FM5	33.1	57.7	22.2	63.9	0.265	6.20

续表 5

煤种	矿点	国际法		高温热性能			$CSR_{ht}/\%$
		$CRI/\%$	$CSR/\%$	$ST_{ht}/\%$	$CSR_{ht}/\%$	$CRR/\% \cdot min^{-1}$	
1/3 焦煤	1/3JM1	54.7	24.3	40.0	59.4	0.236	35.10
	1/3JM2	40.6	46.0	34.4	58.3	0.315	12.30
	1/3JM3	45.9	42.0	29.2	64.8	0.232	22.80
	1/3JM4	44.5	40.9	32.5	51.9	0.298	11.00
	1/3JM5	40.2	39.2	37.3	59.8	0.326	20.60
	1/3JM6	33.2	52.9	28.9	61.2	0.248	8.30

表 6　新炼焦煤评价和分类方法

煤种	类别	国际法分类		高温法分类			
焦煤	一类	1/3JMSR≥70%	JM5、JM6	CSR_{ht}≥70%	ST_{ht}<25%	CRR<0.25%/min	JM5、JM2
	二类	60%≤1/3JMSR<70%	JM2、JM3、JM4、JM8、JM9	60%≤CSR_{ht}<70%	25%≤ST_{ht}<30%	0.25%/min≤CRR<0.30%/min	JM3、JM8
	三类	1/3JMSR<60%	JM1、JM7、JM10、JM11	CSR_{ht}<60%	30%≤ST_{ht}	CRR≥0.30%/min	JM1、JM4、JM6、JM7、JM9、JM10、JM11
肥煤	一类	1/3JMSR≥60%	FM1、FM4	CSR_{ht}≥65%	ST_{ht}<30%	CRR<0.30%/min	FM1、FM5
	二类	1/3JMSR<60%	FM2、FM3、FM5	CSR_{ht}<65%	ST_{ht}≥30%	CRR≥0.30%/min	FM2、FM3、FM4
1/3 焦煤	一类	1/3JMSR≥50%	1/3M6	CSR_{ht}≥60%	ST_{ht}<30%	CRR<0.30%/min	1/3JM6、1/3JM3
	二类	1/3JMSR<50%	1/3JM1、1/3JM2、1/3JM3、1/3JM4	CSR_{ht}<60%	ST_{ht}≥30%	CRR≥0.30%/min	1/3JM1、1/3JM2、1/3JM4、1/3JM5

3）捣固焦热态强度提升技术。引进煤灰成分控制手段，检测分析了各单种煤煤灰成分催化指数 MCI，建立数据库。用低 MCI 煤替代高 MCI 煤，如，用 MCI=5.56%的麻黄梁弱黏煤替代 MCI=13.21%神树畔弱黏煤，用 MCI=2.35%长春兴气煤替代 MCI=6.78%黄陵气煤等，停止使用催化指数异常高的煤种，如 MCI=17.8%新疆气煤、MCI=6.24%俄罗斯气肥煤，控制配合煤灰催化指数 MCI≤4%、K_2O+Na_2O≤1.5%、$MgO+CaO+Fe_2O_3$≤9%，降低灰成分对热态强度的影响，提升了焦炭热态强度 1%~3%。

（3）获取了不同地区炼焦煤煤镜质组和惰质组富集物，首次利用傅里叶红外、核磁共振、拉曼、X 射线衍射仪等分析手段，构建了典型煤种的分子结构模型，揭示了分子特征参数与煤炼焦特性的关系。提出惰质组反射率分布呈现规则的正态分布是影响结焦过程中焦炭界面结合的关键因素。

1）我国典型地区炼焦煤及其镜质组、惰质组分子结构特征参数。根据传统煤质指标和 40 kg 炼焦试验，可以看出与东北地区 1/3 焦煤（SYS、JD）相比，淮南矿区 H1 1/3 焦煤具有较好的炼焦特性，尤其焦炭热性能贡献较大。但从传统煤质指标上很难发现上述三个煤种的差异性。因此，项目从分子结构、微观结构和宏观煤岩三个方面探索影响上述 1/3 焦煤质量差异的本质原因。利用傅里叶红外、核磁共振、拉曼、X 射线衍射仪等分析仪器 H1、SYS、JD 及其镜质组、惰质组进行的检测分析，并利用数据处理软件对重叠的峰进行了剥离拟合，得到了各试验煤样的分子及微观结构参数，如表 7 所示。

由表 7 可以看出，H1 具有脂肪氢含量高（Hal/Hall）、芳香碳含量（fa′）多，支链化程度低（CH_3/CH_2），交联结构相对含量高（D4/G）、较大芳环相对含量高（D/G），微晶结构规整度（g）高的特点，芳香氢含量（Har/Hall）较少，则苯环以多取代为主，从这些结构参数可以构建 H1 分子结构示意图，其是由聚合在一起的大稠环和较长的脂肪链构成。而 SYS 和 JD 煤支链化程度高，说明其脂肪链较短，甲基含量较多，较大芳环结构相对较少，微晶结构规整度较差，芳香氢含量较多，苯环以单取代、二取代为主。H1 较多的大芳环结构和较低的支链化程度是其微晶结构参数含量相对较高的原因，也是其焦炭光学各向异性结构含量较高的原因。同时，与 SYS 煤镜质组和惰质组比，H1 镜质组和惰质组结构差异较小，在形成焦炭时界面结合较好，形成了均一的气孔结构和气孔壁厚度，H1 分子结构、微观结构和煤岩反射率分布特征可能是其焦炭基质强度较高，热性能好的原因。

表 7 不同样品结构参数

样品	CH_3/CH_2	Hal/Hall	Har/Hall	fa	D4/G	D/G	fa′	d_{002}/nm	L_c/Å	L_a/Å	g/%
H1 煤	0. 60	0. 65	0. 38	0. 73	1. 005	1. 785	0. 61	0. 3580	0. 9848	2. 8073	63. 58
SYS 煤	0. 68	0. 55	0. 45	0. 75	1. 002	1. 521	0. 594	0. 3692	0. 8983	2. 2832	45. 58
JD 煤	0. 67	0. 62	0. 38	0. 74	0. 891	1. 520	0. 593	0. 3685	0. 8796	2. 6193	46. 62
H1 镜质组	0. 76	0. 62	0. 38	0. 71	1. 008	1. 685	0. 561	0. 3620	0. 9618	2. 6275	59. 54
H1 惰质组	0. 53	0. 52	0. 48	0. 79	0. 986	1. 846	0. 626	0. 3550	1. 1248	2. 9273	68. 25
SYS 镜质组	0. 67	0. 33	0. 67	0. 67	1. 028	1. 488	0. 502	0. 3692	0. 8763	2. 1802	40. 52
SYS 惰质组	0. 33	0. 67	0. 33	0. 89	0. 879	1. 568	0. 767	0. 3692	0. 9886	2. 5830	56. 54

注：CH_3/CH_2 为支链化程度指标；D/G 为较大芳环相对含量；D4/G 为交联结构相对含量；Hal/Hall 为脂肪氢含量；Har/Hall 为芳香氢含量；fa′为芳香碳含量；fa 为芳香度；d_{002}为微晶结构层间距；L_c 为层片堆垛高度；L_a 为微晶尺寸；g 为结构规整度。

H1 和 SYS 煤分子模型示意图如图 4、图 5 所示（暂未考虑杂原子分布）。

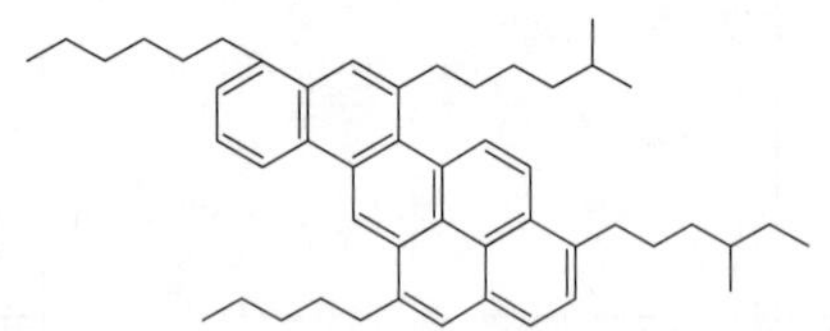

图 4 H1 煤分子模型示意图

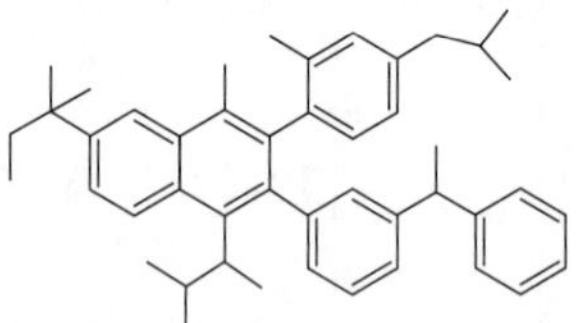

图 5 SYS 煤分子模型示意图

2）不同地区炼焦煤镜质组和惰质组反射率分布对比。如图 6 所示，H1、SYS、JD 和 PT 四个 1/3 焦煤镜质组反射率均呈标准的正态分布，是单一煤层煤，平均最大反射率接近，分别为 0. 933、0. 967、0. 89 和 0. 98。H1 和 PT 炼焦特性较好，而东北地区的 SYS 和 JD1/3 焦煤炼焦特性较差，从反射率分布看，H1 和 PT 惰质组反射率也呈正态分布，但 PT 煤分布范围较宽，H1 是比较标准的正态分布，SYS 和 JD 惰质组反射率呈不规则形态，由此可以得出，惰质组反射率也呈正态分布会对炼焦特性产生较好的影响。

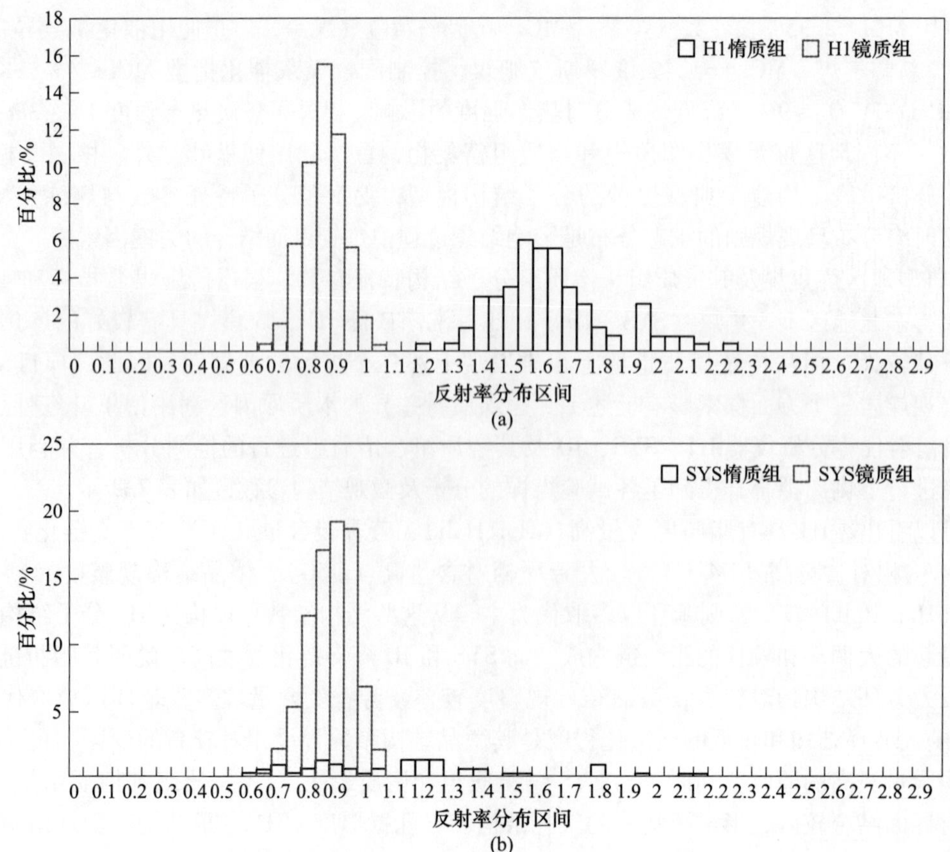

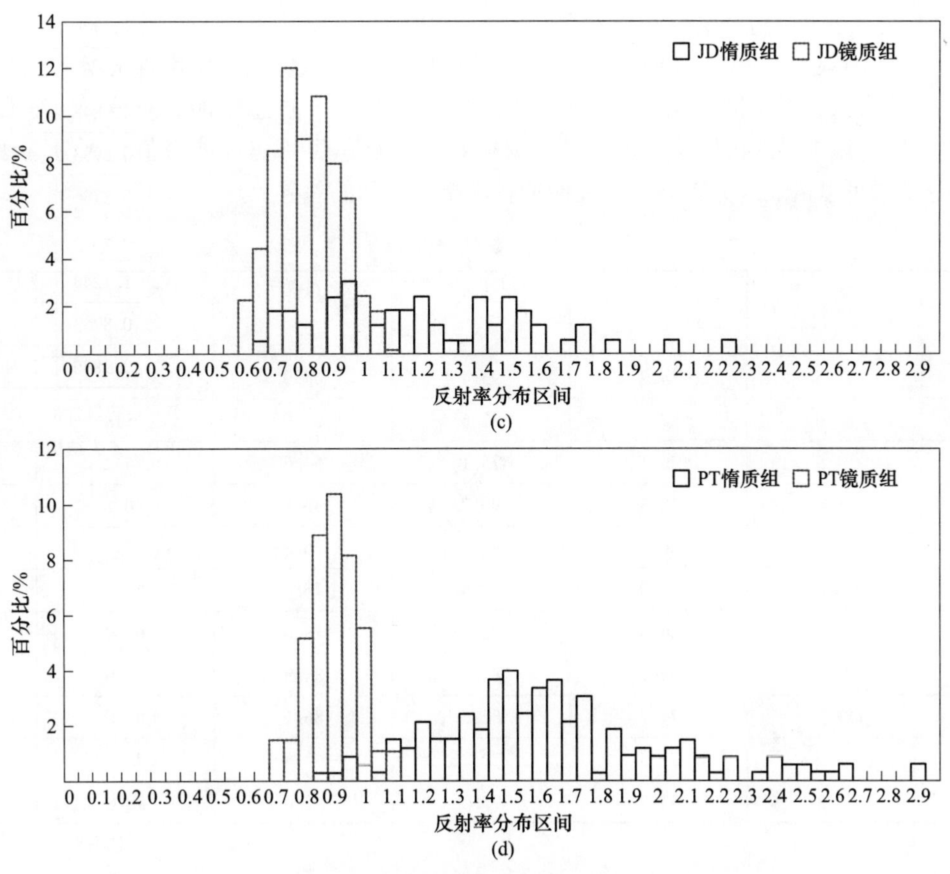

图 6　不同地区 1/3 焦煤镜质组和惰质组反射率分布图比较

（4）开发了利用热解中间固体产物光学各向异性组织结构形成率 P 作为炼焦煤结焦性能评价新指标。提出当 P 大于 85%时，则炼焦煤结焦性能好，当 $70\%<P\leqslant 85\%$ 时，炼焦煤结焦性能一般，当 P 小于 70%时，炼焦煤结焦性能较差。

项目利用坩埚焦试验获得热解中间固体产物并进行光学组织结构分析，与 40 kg 炼焦试验焦炭光学组织进行对比，将炼焦煤热解中间固体产物光学各向异性含量与炼焦煤 40 kg 炼焦试验焦炭光学各向异性含量的比值作为衡量炼焦煤结焦性能高低的评价指标，将该比值定义为光学异性组织结构形成率 P。

光学组织的形成与煤的大分子结构息息相关，对于中等变质程度的炼焦煤，当煤分子结构中芳环较大，支链化程度较小时，对炼焦性能较好。对于具有上述结构特征的煤，热解时易形成光学各向异性结构。光学各向异性结构的形成率大，即光学各向异性形成的速率快，代表体系活性适当，黏度较大，胶质体性能较好，有利于生成质量好的焦炭。如表 8 所示，炼焦性能较好的 H1 和 XQ，在胶质体形成末期 500 ℃时，半焦光学异性结构形成率达 90%以上，是结焦性能好的煤种。

表 8　热解中间固体产物（半焦）光学组织与 40 kg 焦炭光学组织对比

样品名称	各向同性	细粒镶嵌	中粒镶嵌	粗粒镶嵌	不完全纤维	完全纤维	片状	丝质及破片	基础各向异性	热解碳	$P/\%$
SYS 焦炭	12.07	7.87	60.37	0.26	0	0	0.26	19.16	0	0	52.6
SYS 半焦	45.54	10.27	25.89	0	0	0	0	18.30	0	0	
JD 焦炭	1.14	4.09	77.50	0.23	0.23	0	0	16.82	0	0	65.3
JD 半焦	28.13	15.63	37.98	0	0	0	0	18.27	0	0	
H1 焦炭	0	0	83.29	0.49	0.49	0	0	15.72	0	0	91.9
H1 半焦	0.20	1.58	74.90	0.40	0.40	0	0.2	22.33	0	0	
XQ 焦炭	0.20	0.20	48.20	4.00	3.10	0.40	0.90	43.10	0	0	97.9
XQ 半焦	0.30	0.10	47.50	4.00	3.10	0.40	0.50	44.10	0	0	

（5）首次形成基于显微特征的炼焦煤炼焦性能数值化评分。将热解中间固体产物光学各向异性组织结构形成率 P 加入中钢集团鞍山热能研究院有限公司专利技术“炼焦原料应用性分类和综合质量评价及其指导配煤方法”方法，对不同炼焦煤进行黏结性能、结焦性能、热态性能、灰分、硫分及综合性能对比分析和评价，完善炼焦煤评价体系，形成基于显微特征的炼焦煤炼焦性能数值化评分。评分结果见表9，数值化评分结果可以精准区分影响焦炭性能的各向指标之间的差异。

表 9　数值化评分

样品名称	灰分 A_i	硫分 S_i	黏结能力 NN_i	结焦能力 JN_i	热态性能 RN_i	综合能力 CN_i
H1	77.5	84.2	93.4	68.9	84.7	81.0
SYS	84.0	87.2	82.6	61.0	78.8	75.6
JD	81.5	89.1	75.1	64.6	75.2	74.0
QJY	76.4	78.8	90.7	80.5	80.1	81.8
QD	77.1	80.9	89.9	76.8	83.9	82.0
YL	76.4	72.0	77.3	76.0	74.7	75.5
TS	79.3	86.5	82.7	78.6	69.0	77.4
YL2.0	81.9	65.9	82.7	84.9	77.9	80.1
XQ	82.7	71.9	82.5	86.1	83.6	82.9
BL	83.0	71.5	70.8	82.8	78.5	78.0
YT	85.3	61.7	75.0	92.0	78.8	80.9

2　技术核心

（1）明晰了捣固焦与顶装焦的冶金特性差异，制定了中大型高炉用焦炭的质量指标及控制要求，构建焦炭在不同容积高炉中应用理论。

（2）开发了满足大中型高炉质量要求的低成本优质捣固焦的配煤方法。

（3）获取了不同地区炼焦煤煤镜质组和惰质组富集物，首次利用傅里叶红外、核磁共振、拉曼、X射线衍射仪等分析手段，构建了典型煤种的分子结构模型，揭示了分子特征参数与煤炼焦特性的关系。提出惰质组反射率分布呈现规则的正态分布是影响结焦过程中焦炭界面结合的关键因素。

（4）开发了利用热解中间固体产物光学各向异性组织结构形成率 P 作为炼焦煤结焦性能评价新指标。提出当 P 大于 85%时，则炼焦煤结焦性能好，当 $70\%<P\leqslant85\%$时，炼焦煤结焦性能一般，当 P 小于 70%时，炼焦煤结焦性能较差。

3　运行效果

研究成果“基于高炉低碳冶炼需求的煤焦评价技术开发与应用”在我国先进钢铁、焦化、煤炭企业得到了推广应用，太钢、包钢、本钢、建龙、山西焦煤、淮南矿业、河北旭阳、山西安泰等单位，该技术为钢铁企业低碳冶炼、焦化企业提高配煤技术降低配煤成本、煤炭企业煤资源定位提供了强大的技术支撑，并取得了显著经济效益。

在包钢应用：为包钢 2500 m^3 高炉和 3000 m^3 高炉用焦炭建立了质量控制体系，提出了主要控制指标和辅助指标，并为其 6 m 焦炉建立了配煤方法，通过优化热解中间固体产物光学各向异性组织结构形成率高的山西煤种和外蒙煤，焦炭质量满足高炉需求，并大幅降低生产成本。

在建龙西钢应用：为建龙西钢建立了 1250 m^3 高炉焦炭控制指标体系，对其日常使用的多种黑龙江地区捣固焦进行评价，得出焦炭高温溶损特性好的 140 焦炭和吉伟焦更适合高炉应用，而高温反应后粒度保持能力差的泛亚焦炭，不宜在 1250 m^3 高炉使用，经生产验证，当使用 140 焦炭和吉伟焦炭时，高炉焦比降低 15 kg/$t_{铁}$。

在旭阳应用：围绕关键指标提出了新的配煤指标要求及构建了最佳的配煤结构，将炼焦煤分为高挥发分高收缩煤$H_{煤}$、中挥发分中收缩煤$M_{煤}$和低挥发分不收缩煤$L_{煤}$三大类，配煤结构为$H_{煤}$20%~30%+$M_{煤}$48%~60%+$L_{煤}$17%~22%，配合煤指标控制为V_{daf}≥26.5%~28.5%，G≥75~80，Y≥14~16 mm，X≥30~40 mm，R_{max}在1.1%~1.3%。捣固焦平均块度由42~45 mm提升至47 mm以上，较常规捣固焦炭提高2~3 mm，改变了捣固焦工艺不能生产大块度焦的历史。

在太钢应用：为太钢1800 m^3高炉和4350 m^3高炉用焦炭建立了质量控制体系，提出了主要控制指标和辅助指标，并为其7.63 m焦炉建立了配煤方法，通过优化热解中间固体产物光学各向异性组织结构形成率高的山西煤种，使生产的焦炭质量稳定，焦炭块度大，高温反应后粒度稳定性高，粉化率低，高炉炉况顺行持续时间增加。

4 技术应用情况

4.1 与国内外同类技术比较

与国内外同类技术比较见表10。

表10 国内外同类技术对比及优势

该技术	国内外同类技术	对比及优势
制定了中大型高炉用的新指标及控制要求	《高炉炼铁工艺设计技术规范》(YB 9057—1993）提出不同炉型高炉使用顶装焦质量要求，仅包含机械强度、热态强度、块度等指标	该技术提出大中型高炉使用顶装焦、捣固焦炭质量要求，以宏观指标为基础，以高温热稳定性指标为核心。指标符合高炉应用实际，更具有指导意义，填补行业空白
低成本优质捣固焦配煤方法及生产方法	行业内生产和销售的捣固焦块度小、热强度低，未有高温热性能指标表征；部分热强度高的捣固焦生产成本高，与顶装焦接近，生产中推焦电流大，炉体损坏严重	该技术所得捣固焦平均块度达到47 mm以上，较常规捣固焦炭提高2~3 mm，*CSR*达到66%以上，最高可达71%，且有高温热性能指标表征；配煤成本较顶装焦低100~150元/吨，生产中推焦电流无明显变化，运行稳定
大中高炉配用捣固焦冶炼操作制度	未形成专门的操作制度，缺乏经验	从装料制度、送风制度及排碱制度3个方面优化建立了大中高炉配用捣固焦冶炼操作制度，形成固定的指导文件，具有示范意义。配用比例达到50%以上，最高达到70%，较常规高炉提高了30%~40%
结焦性能评价新指标	国内外采用的结焦性能评价指标有Y、奥亚膨胀度、吉氏流动度、小焦炉炼焦后焦炭机械强度和热性质。但评价指标众多，经常出现评价不一致的情况	开发了利用热解中间固体产物光学各向异性组织结构形成率P作为炼焦煤结焦性能评价新指标。提出当P大于85%时，则炼焦煤结焦性能好，当70%<P≤85%时，炼焦煤结焦性能一般，当P小于70%时，炼焦煤结焦性能较差
炼焦煤评价指标体系	国内外主要采用国家标准划分评价炼焦煤，例如我国将指标满足干燥无灰基挥发分V_{daf}>28%~37%，黏结指数G>65，胶质层最大厚度Y≤25 mm的煤划分为1/3焦煤，指标区间范围较宽，部分研究单位和企业利用传统煤质指标对1/3焦煤进行了细化分类，但尚不能解释其质量差异的根本原因	该项目在分析传统煤质指标的基础上，系统研究了炼焦煤化学结构特征和煤岩显微组分结构，得出煤结构中支链化程度CH_3/CH_2低和镜质组不饱和度fa高是影响焦炭质量的重要因素

4.2 技术推广前景

中国能源消费导致的CO_2排放约为100亿吨，其中钢铁行业CO_2排放量约占全国碳排放总量的15%左右，是目前国内碳排放量最高的制造行业。钢铁冶炼的主要工艺仍采用焦炭作为原料，使用该原料工艺的产能占比高达90%以上。钢铁企业碳排放主要来源于燃料的燃烧产生的CO_2，而燃料中焦炭是主要来源。为高炉定制适宜的焦炭，降低燃料比，是高炉高效炼铁、低碳生产的关键所在。不同高炉容积对焦炭质量的要求不同，开发适用高炉低碳冶炼用焦及其评价方法是带动钢铁行业绿色、长效发展的当务之急。焦炭满足高炉炼铁需求，保证高炉稳定顺行是高炉降低燃料比即低碳冶炼的关键。因此高炉冶炼用焦炭如何评价就尤为重要。目前，高炉冶炼用焦炭评价指标体系主要涵括冷态强度、热态强度、灰分、硫分等，钢铁厂尤其以焦炭热态强度为主要考核指标。评价焦炭的热态强度主要指焦炭的反应性和反应后强度，该指标已被国内钢铁、焦化企业直接用作高炉原料焦炭质量的评价指标以及焦炭交易过程中的主要技术指标，但该指标的检测方法与高炉炼铁工艺中焦炭的实际反应行为差距较大。

该技术提供了满足大中型高炉质量要求的低成本优质捣固焦配煤方法，并在煤焦评价技术方面，在原有的评价方法基础上，结合煤岩的分析、微观结构分析，开发了利用热解中间固体产物光学各向异性组织结构形成率 P 作为炼焦煤结焦性能评价新指标，首次形成基于显微特征的炼焦煤炼焦性能数值化评分，评价体系满足高炉低碳冶炼的需求，并且在太钢、包钢、本钢、建龙、山西焦煤、淮南矿业、河北旭阳、山西安泰等单位推广应用中取得了显著的经济效益，实践证明，该技术的推广前景广泛，是适用于现在钢铁、炼焦企业发展的先进技术。

不同炼焦工艺全要素智能化精细配煤控制技术

该技术由山西太钢不锈钢股份有限公司焦化厂完成。

1　成果技术内容

以解决不同炼焦工艺对配煤技术的差异化需求为目标，开发了不同炼焦工艺全要素智能化精细配煤控制技术，具体内容如下：

（1）首次引入了成煤期、灰成分等煤质指标，建立了覆盖国内1700多个矿点的全要素炼焦煤资源数据库，获得了炼焦煤成煤期指标参数与焦炭质量的数学关系。

（2）借助同步辐射技术获得了煤中不同形态硫的热变迁规律，实现了焦炭中硫分的精准预测，指导了中高硫炼焦煤的大规模工业应用。

（3）采用低温灰化和原位反应技术，揭示了煤中矿物质形态及其在成焦过程中的演化行为，建立了以灰化学为基础的焦炭热态性能预测模型，可指导不同灰成分煤的合理使用，保证焦炭质量。

（4）创造性提出了全要素配煤理论，构建了国内首套全要素智能配煤系统，形成了不同炼焦工艺全要素智能化精细配煤控制技术。

该技术以全要素智能配煤系统的形式转化为可推广产品，成功应用于国内20余家焦化和钢铁联合企业，覆盖焦化产能6000万吨，焦炭指标预测准确率整体达到95%以上，并拥有自主知识产权，获得授权发明专利4项，软件著作权3项，发表10篇科技论文。通过该技术实施，在不同类型焦炉上均实现了传统非炼焦煤配用炼焦，顶装焦炉比例在10%以上，捣固焦炉比例在20%以上 。

2　成果比较和推广前景

该项目所用参数多，技术新，预测项目全面而且能够提供最优配煤方案指导用户使用，预测准确率高，降本效果明显。项目中所包含的成煤期、灰成分、硫迁移等技术角度大部分为首次应用于广谱性的商业化智能配煤系统中，具有开创性和引领性。

该项目作为广谱性的商业化智能配煤系统，具有诸多优势，技术主要参数均优于国内外同类型技术或系统，在研发中呈现阶段性成果时，即已在2016年开始在山西太钢不锈钢股份有限公司应用，全面完成后率先在三家示范基地（岚县丰达焦化公司、正泰煤气化公司和旺庄公司）开始推广示范，覆盖焦化产能640万吨。2017以来已经推广至国内20余家独立焦化企业和钢铁联合企业焦化厂，合计覆盖焦化产能6000多万吨，对推动国内配煤技术进步和成本控制起到了很好的示范作用。山西省经济和信息化委员会将该项目成果列为《山西省焦化产业2017年行动计划》（晋经信能源字〔2017〕207号），并于2017年6月28日组织了推介会。

综上所述，本成果具有在焦化行业推广的广阔前景。

新型绿色高效智能大容积焦炉装备技术研制及应用

该技术由山东省冶金设计院股份有限公司（SDM）开发完成。

1　与该技术相关的能耗及碳排放现状

煤焦化工产业是重要的煤炭资源加工利用及能源转换的流程产业，以生产冶金焦炭及焦炉煤气和相关化工联产品为特征，是冶金、化工行业的支柱产业，2023 年我国焦炭产量达到 4.926 亿吨，占世界焦炭产量近 70%，对钢铁工业及国民经济发展有着重要的不可替代的支撑作用。

煤焦化行业作为煤炭“资源”高效洁净转化的流程加工利用产业，近年来在钢铁等市场需求拉动下，在技术进步和科技创新的推动下及政府环保政策引导下，实现了跨越式高效发展，装备大型化、过程清洁化、产品高质高值化促进了煤炭资源的转化价值提升与清洁化、高效利用。

但是，由于历史的、技术的原因焦化行业又是较为突出的存在着高污染、高能耗状态的产业。创新能力差、发展粗放，缺乏系统优化流程及开发意识，致使焦化技术存在生产效率低、能源消耗大、污染问题突出、环保和装备水平不高等问题，这些问题在中小型焦化企业尤其突出。随着近年来我国对工业排放及环保监管要求的不断提高，大型焦炉及焦化流程洁净高效智能化、绿色化支撑技术的集成创新研究与应用显得十分必要和紧迫。

焦化行业清洁、高效、智能、绿色化发展是国家节能减排的政策需要，大型化、智能化、绿色化已成为焦化产业发展的必然趋势。

2　工艺技术基本原理、工艺路线及核心技术

2.1　工艺技术基本原理及路线

山东省冶金设计院股份有限公司充分借鉴国内外优秀企业生产技术实践，进行工序功能集的解析优化、工序关系集的协同优化及流程内工序集的重构优化，凝练技术集成创新，并与意大利保尔沃特公司等进行合作，联合设计陆续开发了 7 m、7.3 m 和 7.6 m 顶装焦炉、6.25 m、6.73 m 及 7.15 m 捣固焦炉等一系列新型绿色高效智能大容积焦炉及装备技术。

主要技术原理及路线：基于焦炉长寿和减少无组织排放，借助于结构力学和材料力学理论及结构设计原理，进行新型炉体结构、耐火材料和护炉铁件开发和优化；基于炼焦生产超低排放和节能低耗，从煤焦转化、加热煤气、烟道废气及高温荒煤气的物质流和能源流角度，借助于流体力学、传热学、燃烧学、炼焦化学等理论和先进的过程仿真软件平台及火焰分析模型进行三维立体优化设计，进行炉体结构优化、空气分段助燃控硝燃烧、焦炉非对称式烟道、单炭化室压力调节技术研究，完成多个工程项目的设计与建设，并在工程中实现全套技术集成。

该系列焦炉采用世界一流工艺和技术，实现焦炉流程功能重构优化，使焦炉氮氧化物排放浓度达到国家及地方超低排放标准，焦炉炼焦耗热量达到特级炉标准，在焦炉炉体、节能、减排及自动化水平等方面达到国际先进水平。

2.2　技术核心

2.2.1　源头控硝、过程控硝和低耗炼焦技术

新型绿色高效智能大容积焦炉采用多段空气助燃、双联火道、大废气循环、薄炉墙、蓄热室分格及非对称式烟道等技术，采用 FAN 火焰分析系统分析焦炉燃烧室燃烧状况，优化焦炉炉体及加热系统设计，

保证炉体高向加热均匀性，减少氮氧化物和上升管根部石墨的产生。同时采用炉顶隔热浇筑层、节能型装煤孔盖等节能措施，减少炉体散热，降低炼焦耗热量。

（1）FAN火焰分析模型及仿真燃烧技术。采用FAN火焰分析模型技术模拟焦炉燃烧室燃烧状况，优化焦炉炉体及加热系统设计，保证炉体高向加热均匀性，降低炼焦耗热量，减少氮氧化物和上升管根部石墨的产生。

（2）空气多段助燃+大废气循环量控硝燃烧技术。新型绿色高效智能大容积焦炉采用空气多段助燃，同时均采用大废气循环量控硝燃烧技术，对燃烧室立火道空气进行分段助燃，优化的空气供给分段数量、位置及煤气出口的布置，拉长立火道火焰，分散燃烧，降低燃烧强度，增加高向加热均匀性，从而降低燃烧温度，有效降低 NO_x 的产生。

（3）非对称式烟道技术。焦炉采用非对称式烟道技术，机侧布置空气进口以及混合煤气进口，焦侧只排废气，该技术便于调节从机侧到焦侧各立火道煤气流和空气流，且便于废气流的排出，符合炭化室锥度要求，有利于焦炉长向加热的均匀性；废气开闭器减少了一半且结构简单，节省设备投资、明显改善烟道走廊操作环境。

（4）分格蓄热室技术。焦炉采用分格蓄热室技术，蓄热室沿焦炉机焦侧方向分格，每一格蓄热室下部设可调节孔口尺寸的调节板来控制单格蓄热室的气流分布，使加热混合煤气和空气在蓄热室长向分配更加合理，燃烧室长向的气流分布更加均匀，有利于焦炉长向加热的均匀性。

（5）薄炉墙技术。焦炉炭化室炉墙厚度设计为90 mm，导热性好，热效率高，降低了焦炉加热的能耗及立火道温度，从源头上减少氮氧化物产生。

（6）节能型装煤孔盖，降低炉体散热。装煤孔盖采用节能型设计，降低炉体散热，提高炉体隔热保温性能。

2.2.2 炉体结构严密、长寿技术

（1）焦炉炉体VAP全仿真组装模型技术。通过3D仿真模拟，精准设计，实现对焦炉炉体结构的最优化设计，炉体结构严密合理，避免炉体窜漏；综合模拟分析炭化室中心距、炭化室宽度、炉顶厚度、墙体厚度等影响因素，设计炉墙极限侧负荷达到12 kPa左右，炉体强度高，焦炉使用寿命长。

（2）焦炉砌体设计砖型相互咬合，结合紧密，且显著减少水平砖缝数量，提高炉体严密性，避免炉体窜漏，又有效提高炉体强度，延长炉体寿命。

（3）蓄热室下部低温区使用黏土砖砌筑，上部高温区使用硅砖砌筑，两者之间设置石墨滑动层，有效避免蓄热室因上下温差膨胀不均衡而可能产生的局部拉裂，保障了炉体的严密性。

（4）燃烧室采用宽立火道结构设计并且提高焦炉炭化室中心距，提高炉墙极限侧负荷，炉体强度高，焦炉使用寿命长；炭化室炉墙底部和上部采用加厚设计，提高炉墙强度和稳定性，延长炉体使用寿命；炭化室锥度的合理设计，减少推焦过程对炉墙的磨损，延长炉体使用寿命。

（5）炉顶区下部高温区使用硅砖砌筑，上部低温区使用黏土砖砌筑，两者之间设置石墨滑动层，并用保护板在烘炉前压紧黏土砖，烘炉过程中炉顶耐材有保护板压力保护，黏土砖不随硅砖的膨胀而大幅度移动，避免烘炉结束后在炉顶区出现大量裂缝，基本不需要灌浆且更加严密不窜漏，保证了炉体的严密性。

2.2.3 稳定可靠的护炉铁件技术

（1）BAN护炉铁件优化技术。采用BAN护炉铁件分析技术，分析炉体和护炉铁件在热负荷、机械负荷下的受力状况，以提高耐材使用寿命，提高炉体严密性，降低耐材残余应力为目标，优化护炉铁件系统设计。

（2）抗形变多段式保护板技术。保护板采用抗形变多段式结构，有效消除机械应力和保护板的弯曲，最大限度避免保护板的变形，使保护板始终与炉体紧密贴合，有效延长炉体寿命，杜绝炉体冒烟冒火。同时，保护板内衬浇注料、陶瓷纤维材料均在铁件安装阶段完成，无须在烘炉过程中灌浆，降低工人的劳动强度，有利于提高施工质量，且燃烧室炉头隔热、密封效果好。

（3）纵拉条技术。采用10~13根纵拉条结构（国内常规7 m焦炉为8根），纵拉条弹簧采用碟簧，使炉体受力更均匀，有效保护焦炉炉体，避免炉体出现不均匀膨胀；同时，弹簧吨位的增加，有效降低炉

体的残余膨胀，保证炉体的严密性，延长炉体使用寿命。

（4）炉柱技术。炉柱安装位置即为热态时的位置，炉柱与保护板不再刚性接触，而是依靠弹簧顶丝将保护板顶在炉肩上，烘炉过程中通过调整小弹簧压力控制炉体的膨胀。由于没有炉柱直接压在保护板上的刚性力，该种方式可准确定位给炉体各部位的保护性压力，实现炉体膨胀的精准控制，炉柱曲度保持在 5 mm 以内，避免刚性力可能对炉体及相关设备的损害，有效延长焦炉寿命。

2.2.4 SOPRECO®单孔调压技术

通过单调阀、单炭化室压力测量及控制系统组成单炭化室压力闭环控制系统，实现对单个炭化室压力的实时自动调节，保证炭化室压力稳定，在结焦初期及中期，自动调节单个炭化室内压力，使炭化室内压力不致过大，确保荒煤气不外泄，避免焦炉冒烟冒火，降低焦炉无组织排放。在结焦末期，保证炭化室底部微正压；避免炭化室负压吸入空气，降低焦炭烧损，提高焦炉寿命。装煤过程中，取消装煤除尘地面站，解决装煤烟尘逸散问题，真正实现无烟装煤。同时，焦炉生产期间，SOPRECO®单孔调压系统能够控制装煤期间荒煤气在煤气风机处含氧量<0.5%，保证电捕焦油器安全稳定运行。

SOPRECO®单孔调压系统为半球型回转阀结构，与其他形式单孔调压系统相比，结构简单、带自清洗结构，设备耐高温、不需要高压氨水、对氨水质量无要求、调节精度高、故障率低、设备免维护，运行稳定可靠。

2.2.5 无烟装煤技术

新型绿色高效智能大容积焦炉通过 SOPRECO®单孔调压技术配合新型除尘设施，实现真正意义上的无烟装煤。

（1）顶装焦炉无烟装煤技术。山冶设计 SWJ 系列顶装焦炉装煤除尘采用新型装煤孔密封式装煤车+侧导烟装置+SOPRECO®单孔调压技术，实现顶装焦炉无烟装煤，不设装煤除尘地面站。

装煤孔密封式装煤车设密封可靠的装煤导套，装煤时下导套采用球面密封技术+辅助密封技术，装煤过程上下导套、导套与装煤孔座之间强力密封，使装煤期间烟尘不会从装煤孔逸出。

山冶设计 SWJ76 型顶装焦炉同时采用侧导烟技术，装煤车带有导烟装置，用于辅助收集装煤烟尘。当第 N 孔炭化室装煤时，部分装煤烟气通过导烟管导至第 $N-1$ 孔炭化室，经上升管、桥管、单孔调压装置等使装煤时产生的大量烟气快速导入集气系统，避免了装煤时烟尘逸散。

（2）捣固焦炉无烟装煤技术。针对捣固焦炉烟尘产生的特点，山冶设计 SWDJ 系列捣固焦炉集气系统设置在焦侧，炉顶采用双 M 型（或双 U 型）导烟车，配合 SOPRECO®单孔调压技术及机侧炉头烟除尘技术，实现对装煤烟尘的综合治理和清洁化生产。

机侧炉头烟除尘系统采用两种方式：一是在焦炉机侧炉头上方设置吸尘罩、下压式风量阀及除尘管道去除尘地面站，装煤车上仅设置大型罩的形式，装煤时仅通过导烟车控制炉头上方的风量阀对炉头烟尘进行收集；二是在焦炉机侧炉头上方设置吸尘罩、下压式风量阀及除尘管道去除尘地面站，同时在 SCP 机上设置集尘罩、除尘管道等尾部接除尘干管去地面站的形式，装煤时同时操作对烟尘进行收集。装煤时对机侧炉头烟收集处理。

炉顶采用导烟车，通常采用 2-1 串序，双 M 型导烟车将第 N 孔炭化室顶部装煤时部分烟气导入到结焦末期的第 $N+2$、$N+4$ 孔炭化室，在 SOPRECO®单调阀自动调节下，保证集气系统对炭化室具有足够的吸力，使装煤时产生的大量烟气快速导入集气系统，减少烟尘逸散，实现对炉顶烟尘的综合治理。同时 5-2 和 9-2 串序操作时，焦炉也可采用双 U 型导烟车，按照 $N+2$、$N-1$ 导烟顺序进行操作。

2.2.6 焦炉先进智能化技术

近年来焦炉智能化技术创新发展，通过新智能技术的应用，对焦炉减员增效、本质安全以及智能化操作等效果显著。焦炉智能化技术以稳定可靠的计量、检测、控制为基础，通过人工智能软件模型实现生产过程的优化控制，达到“三全（环保全达标、能效全优化、生产全受控），两低（污染实现超低排放、生产过程能耗大幅降低），一高（企业经济效益高）”的目标。

（1）焦炉加热智能控制系统。焦炉采用焦炉自动测温和优化加热系统，具有焦炉自动加热调节与控制、结焦过程监控、装煤和推焦作业计划编制及协调，与一级自动化系统和其他计算机系统的数据通信等功能。达到效果如下：

1）提高焦炉操作稳定性、安全性和生产率；

2）减少加热燃气消耗，炼焦耗热量降低，减少碳排放；

3）减少氮氧化合物生成，保证达到环保要求；

4）提高和稳定焦炭质量。

（2）荒煤气系统智能调节系统。焦炉上升管水封盖、隔离阀采用全自动控制系统，配合车辆管理系统，完成自动装煤、推焦操作，显著减轻炉顶工人劳动强度，与焦炉机械配合，可以实现炉顶无人操作。

上升管“晾炉”自动点火系统：每个上升管设置“晾炉”自动点火系统，降低可视烟尘排放及污染物排放。

（3）焦炉车辆智能管理系统。焦炉车辆智能管理系统主要包含焦炉机车联锁控制系统及焦炉机车防碰撞系统。

焦炉机车联锁控制系统采用编码器+码牌定位技术，各车辆通过配置无线通信系统，接收中控室地面协调系统发出的作业计划，借助各车辆配置的炉号识别定位系统自动运行并准确定位于计划炉号，完成装煤、推焦、拦焦、接焦、导烟、熄焦任务，实现焦炉各车辆全自动操作，实时检测、记录车辆的运行状态，并对出现的故障通过上位机画面显示、记录。实现“有人值守，无人操作”或“无人值守，无人操作”控制水平。

焦炉装煤车、推焦车、拦焦车、自驱焦罐运载车配置防碰撞系统，通过与焦炉车辆的车载控制系统联锁，实现防撞对象间距的实时监控，以及紧急情况下的自动减速和停车，从而避免车辆碰撞事故的发生，消除安全隐患。

（4）智能巡检及故障检测分析系统。焦炉可配套地下室智能巡检设施，实现交换及废气系统故障监测与异常分析。

3 应用现状

该系列新型绿色高效智能大容积焦炉及装备技术已经在国内多个项目成功应用，并得到业主的普遍认可，已经投产的焦炉有山钢日照4座7.3 m顶装焦炉、华菱集团湘潭钢铁2座7.3 m焦炉、河南利源2座6.25 m捣固焦炉、河北新兴铸管2座6.73 m捣固焦炉、昆钢云煤能源2座7.6 m顶装焦炉、山西盛隆泰达2座7.6 m顶装焦炉、河北新彭楠4座6.73 m捣固焦炉及山西闽光焦化2座6.73 m捣固焦炉。同时，正在设计及建设的有凌源钢铁2座7.6 m顶装焦炉、永锋临港焦化2座7.6 m顶装焦炉、印度AMNS焦化项目4座6.25 m捣固焦炉、山西晋鑫新能源焦化4座6.73 m捣固焦炉。

4 应用前景

新型绿色高效智能大容积焦炉装备技术在绿色减排、节能低耗、智能化等方面具有突出优势和显著效果，有效降低优质炼焦煤资源消耗、降低污染物排放和能源综合利用，具有大幅降低焦化生产成本、显著提升劳动生产率、环境污染总量少等优点，可大幅降低焦化企业投资成本和运行成本，真正从技术上实现低成本运行，为促进我国焦化行业技术进步和绿色持续发展提供了技术支撑，在国内外焦化行业中具有巨大的推广应用前景，对推进钢铁工业新旧动能转换和国际合作提供了全新的实践案例，有助于我国钢铁工业的供给侧结构性改革和“一带一路”倡议的实施，为国家青山绿水、蓝天碧海环保攻坚伟大工程奉献力量。

“5G+”智能工厂

该项目由河南利源新能科技有限公司完成。

1　技术水平及行业优势

公司总体由三大板块构成：高端煤化工板块、新型化工板块、循环发电板块。

高端煤化工是公司的龙头板块，主要由国际领先、国内首座，采用意大利 PW 公司技术设计的 SWDJ625-1 型 6.25 m 捣固焦炉，配套的煤气净化系统、贮配合一的原料系统、水处理系统、铁路转运站五个子系统组成。

新型化工板块，以副产品焦炉煤气和甲醇为原料制无水乙醇项目。是利源集团引用中科院大连化物所最新开发的“二甲醚经羰基化制乙酸甲酯，乙酸甲酯再加氢制乙醇”这一重大科技攻关成果，并联合采用西南化工设计研究院的焦炉煤气净化、转化、脱碳、分离等成熟工艺开发建设。生产过程产生的富余氢气用于下游煤焦油加氢和氢气提纯，氢气经过多级净化、提纯生产出 99.999 V %纯氢，提供绿色环保氢能源。该项目技术创新性强、成熟度高，达到国际先进水平。

循环发电板块，是与 128 万吨/年焦化相配套的节能环保工程。采用日本干熄焦余热发电工艺技术，由中日联和首钢国际总承包，利用干熄焦余热生成蒸汽，带动蒸汽轮机发电；将富余煤气、解析气和检修尾气，利用 GE 公司 6B 燃机和蒸汽发电机组联合循环发电。公司与中航发燃气轮机有限公司合作建立具有自主知识产权 AGT25 国产燃气轮机联合循环示范电站，为打破欧美国家在高端直燃机技术领域的垄断地位贡献“利源”力量，打造国产燃气轮机示范运行基地。

作为河南省煤化工产业龙头企业之一，利源集团立足自身流程制造业现状，以科技创新为引领，以 5G 智慧工厂为契机，秉承科技引领、环境友好的绿色发展理念建成工艺技术先进、绿色环保、信息化、智能化于一体的世界一流工厂，把利源打造成为绿色能源基地、氢能供给基地、燃气轮机示范基地，为地区高质量发展做出积极贡献。

2　智能工厂情况概述

2.1　企业建设智能工厂的目的和意义

公司总投资 40 亿元新建年 128 万吨焦化及煤气综合项目，以科技创新为引领，以集团公司 5G+智慧工厂为契机，积极拓展“智能+”，打造自动化、智能车间，为企业全面实现绿色化、数字化、智能化转型赋能。主要有以下几点建设目标：

（1）提高装置生产平稳率，克服干扰的影响，通过优化控制提升产品质量；装置自动化水平大幅提高，减少工序人工干预，达到“黑屏”控制标准；大幅降低操作人员劳动强度。

（2）解决企业控制系统信息孤岛问题：利用网络和通信技术，实现企业生产控制层的数据互联互通，不仅可以自动获取和存储生产实时数据，同时也是企业实现管控一体化的基础。

（3）消除企业数据断层现象：通过标准的系统集成方式，将各信息系统进行业务集成，打通企业业务流和信息流。

（4）提高企业管理效率：利用信息化系统，除去大量人工计算和分析工作，提升员工的劳动价值；通过横向跨部门的协同办公，改进部门之间信息传递效率。

（5）实现企业管理思想的落实：通过标准化的操作管理、规范化的业务流程，实现企业管理思想的纵向贯通。最终实现以过程管控为基础、精益生产为目标、质量管理为保障的管控一体化管理思想的充分落实。

（6）通过自动化、信息化、物联网等先进技术，如信息的自动采集、智能手持终端、RFID 等，使传统的人工低效作业，向智能化高效作业转变，从而提高劳动生产效率，降低人员成本，提升企业效率。

（7）构建企业核心业务场景的核心数字化能力，建立集团高效率的运作流程，通过数据和客户价值挖掘和场景化应用，持续产生商业价值，推动集团建立持续发展，驱动创新发展。

2.2 企业建设智能工厂的目标和任务

根据利源实际需求情况，推进信息化与公司未来业务全面融合，基于工业互联网、5G 网络等先进技术，打造“5G+智慧工厂”，应用覆盖计划、调度、操作、工艺、能源、质量、安全、设备等生产管理业务，包括先进控制系统 APC、生产执行系统、能源管理系统、化验室管理系统、设备管理与预测、安全管理与应急指挥、工业互联网平台、工厂生产指挥调度中心、5G 应用等，通过厂区内生产、调度、能源、安全、环保等全业务打通企业数据流、业务流、管理流，实现整个利源生产数据的一致性和共享，实现生产信息的可视化展示，为生产经营提供科学的决策依据，规范企业生产业务管理流程，为实现企业优化资源利用、降低物耗和能耗、高效生产组织等提供可靠保证，实现具有利源集团煤焦特色的智慧工厂建设目标，提升工厂数字化、精细化、高效化和现代化生产水平，增强企业盈利能力和核心竞争力，将利源打造成“煤焦智慧工厂”的行业应用新样板，促进煤焦产业提质增效，形成产业示范效应。

2.3 智能工厂建设的意义

2.3.1 智能工厂建设实施的先进性

该项目围绕能源化工行业智能制造展开，树立能源化工行业数字化转型标杆。将形成相关的数字化建设标准及规范，为其他煤焦企业乃至整个流程行业进行数字化建设提供宝贵的建设经验。推动煤焦行业向技术密集型转变，提高煤焦行业制造过程及管理的智能化水平和产品的智能化水平及核心竞争力，进一步增强中国煤焦行业的整体竞争力。

通过项目建立能源化工企业“1+1+1+1+N+N”能力体系，解决工厂计划、制造、销售、服务、财务、管理等方面的难题，为煤化工企业管理与决策平台互联互通建设提供范本。该范本可形成行业标准和规范，为同行业提供宝贵经验。

2.3.2 智能工厂建设前后社会、经济、环境效益对比，在提升智能制造水平、提高产品质量、促进安全生产、实现绿色发展等方面取得的经济和社会效益分析

2.3.2.1 社会效益分析

智能工厂建设围绕全工序的智能化建设展开，显著提高生产效率和良品率，降低生产成本。将形成相关的数字化建设标准及规范，为其他煤焦企业乃至整个流程行业进行数字化建设提供宝贵的建设经验，并为煤焦行业未来进行数字化改造树立良好的示范带头作用。推动煤焦行业向技术密集型转变，提高煤焦行业制造过程及管理的智能化水平和产品的智能化水平及核心竞争力，进一步增强中国煤焦行业的整体竞争力，具体体现为以下几个方面：

（1）煤化工行业推广示范价值。“1+1+1+1+N+N”能力体系，解决工厂计划、制造、销售、服务、财务、管理等方面的难题，为煤化工企业管理与决策平台互联互通建设提供范本。该范本可形成行业标准和规范，为同行业提供宝贵经验。

（2）带动核心技术发展，塑造高端人才。企业大量采购国产智能核心制造装备，包括焦炉装置以及相关工艺装备等；以及国产化网络通信设备、智能传感器及相关软件。此举为国内相关技术革新增添动力，提升企业的配套设备供应能力。对打破国外部分核心装备和软件的垄断局面起到推动作用。同时，项目建设过程将培养一批具有丰富智能制造经验的高素质科研技术人才。

（3）充分解放劳动力，推动劳动密集型产业转型升级。在诸多环节机器人技术和诸多专家系统，实现精细化管理，生产技术水平显著提高，并不断精益求精。一系列应用的投产对于带动更多的煤化工企业进行数字化制造转型升级具有积极的示范作用，将推动煤化工企业向技术密集型转变，形成经济发展的新动力。

2.3.2.2　经济效益分析

智能工厂建设完成后预期总生产效率可提升30%以上；通过建立严格质量监控检测以及追溯体系，使产品品质提高到15%~20%以上；通过生产效率的大幅改善以及坚持市场拉动式生产，降低生产、库存等成本，预期综合运营成本将降低20%以上，能源利用率提高10%以上，供货周期缩短40%以上，加快企业长远利润增长和增快市场响应速度。总体而言，该项目创造的直接价值和间接价值超过5亿元。

2.3.2.3　环境效益分析

能耗、排放和工艺流程等数据由隐形变为显形，将帮助企业完成“碳中和”目标，推进环境友好型生产方式，带来良好的环境效益。

机器代人、机器减员将改变传统工业企业“傻大笨粗”的固有印象，改善从业人员工作环境，达到增强员工自信心和工作满意度的人文效益。

同时，智慧工厂将带动上下游产业联动创新，提升各级企业自主核心竞争力，促使企业不断推出新产品，促进其销售额、利润、专利、标准等方面的增加，显性创新效益明显。

2.3.3　智能工厂建设是引领行业转型升级的示范点、创新点

河南利源新能科技有限公司新建128万吨/年焦化及煤气综合利用项目智能化生产系统在稳定可靠的计量、检测、传动与控制基础上，通过配备大量实用的智能优化控制系统和智能管理系统，提高生产、质量、安全、管理等方面控制水平，减少操作运维人员，降低劳动强度，提高生产效率和产品质量。

集团公司聚焦高质量转型发展、绿色发展、智能发展，采用世界上最先进的炼焦、备煤、煤气净化、熄焦、筛焦工序等环保技术和设施，实现低于原污染物排放总量的超低排放标准，使利源精细化工循环经济源头项目真正步入“无人操作，有人值守”的新时代，为打造精细化工循环经济全产业链奠定坚实基础，为焦化企业高质量转型发展蹚出一条新路。

3　智能工厂具体情况介绍

利源集团在建设智能车间的基础上，综合运用生产过程数据采集和分析、制造执行、企业资源计划、产品全生命周期管理、智能平行生产管控等先进技术手段，实现研发、设计、工艺、生产、检测、物流、销售、服务等环节的集成优化，以及企业智能管理和决策，打造数据驱动的智能工厂。

3.1　信息基础设施

建有覆盖工厂的工业通信网络，构建互联互通的基础环境；建有工业信息安全管理制度和技术防护体系，具备网络防护、应急响应等信息安全保障能力。

3.1.1　建设车间级工业通信网络

炼焦车间运用当代先进计算机技术和网络技术，部署独立的生产过程控制网，以生产管理网络为核心，过程控制级网络为基础，建立车间生产控制和管理一体化的生产过程控制网络系统；在车间同时部署独立于过程控制网的办公应用网络体系，生产控制网络的数据通过数采单向网闸、工业网闸后向办公网络传输，保证生产控制网络的安全。

在生产过程控制网络体系中，部署现场冗余控制总线层、系统网络层；现场冗余控制总线，实现现场仪表及信号传输，完成信号的采集和控制信号的发送；系统网络层实现工程师站、操作站、现场控制站的连接。同时在系统网络层通过单向网闸、工业网闸向办公网络提供装置运行数据，确保在生产网络安全的前提下进行设备物联。

控制系统与HMI监控站之间以及各控制系统之间100 Mbps工业以太网、TCP/IP协议通信；现场生产控制类（DCS/PLC、HMI网）、设备诊断采集类、生产控制一体设备分别接入生产控制网汇聚层交换机。部分场景融入5G技术接入。

在办公应用网络体系中，设置生产（数据采集）接入区、视频接入区、办公接入区、服务器集群接入区、互联网接入区、运维管理区等独立的网络管控区，在实现安全隔离防护的前提下，为内外部提供整体网络服务。

现场控制网与信息网高度融合，集成工业互联网平台的制造执行系（MES）、EMS、ERP、PMS、LIMS、HSE 和分布式控制系统（DCS）等信息与自动化系统，车间实现管控一体化。

3.1.2 建有工业信息安全技术防护体系

根据网络安全法和公司信息安全治理的相关建设要求，遵循“主动防御、综合防范、强化管理、安全第一”的原则，以保障公司关键信息系统持续、稳定、健壮运行为目标，通过整体安全规划工程搭建了完善的信息安全保障框架，包括防护、检测、处治、恢复的安全能力建设，工业网和办公网物理隔离，工业网络安装防火墙及网闸实现上层管理系统和下层控制系统的数据隔离，数据存储采用华为虚拟服务器支持快照恢复和数据及时备份，网络安全采用成套深信服安全等保系统，保障信息安全。

建设了“以风险管理为基础的安全技术支撑体系、安全运营管理体系”，为公司提供全面的信息安全保障和安全运营支撑。通过安全态势感知平台的实施，建设了公司层面统一的安全监测预警与处置体，实现对数据中心、办公网、分支机构的统一安全监管，并提供安全预警服务和网络安全事件的应急响应支撑。

3.2 研发设计

建有产品数据管理系统（PDM），实现产品配方、产品工艺数据的集成管理，焦煤数据管理系统主要由单种煤参数功能模块、配合煤参数功能模块、罐号煤参数功能模块、焦炭抽样参数功能模块、配合煤粒级参数功能模块和报表模块组成，达到对煤、焦质量指标的完整和实时跟踪控制的目的。

建有试验数据管理系统（LIMS），实现产品测试、检测数据的集成管理；在关键工序、原料、产品检测上全面应用智能化质量检测设备，原料灰分、水分实现在线检测，关键原料指标、产品指标通过全自动检测设备和设备数据采集构建检验闭环。相关指标实现自动报警、分析。

通过 LIMS 系统对仪器、设备、计量器具等进行全过程的动态管理，并且与相关的样品、检测进行动态关联。将具备工作站、RS232/485、打印口仪器、USB/网口、CDS 系统仪器连接起来，实现仪器数据自动采集。LIMS 系统自动分析，结果自动生成，异常自动报警推送 Web、App 端。排除人为因素，追溯工艺过程，原料指标质量追溯。

建立从“精煤质量—配合煤质量—焦炭生产过程—焦炭质量”溯源体系。为质量改善提供翔实的数据支撑和支持产品溯源。通过 LIMS、MES、计质量系统、ERP 等系统的深度整合，建立焦炭全过程的质量追溯平台，实现焦炭使用了什么供应商的精煤、采用了什么配方、配合煤指标、炼焦核心工艺措施、焦炭产品质量的全程跟踪和溯源。通过海量的数据分析，助力利源全面了解、分析、改善、提升焦炭的质量，为客户提供高质量产品。

建有工厂总体设计、工艺流程及布局数字化模型，并进行模拟仿真，实现生产工艺优化。数字孪生系统通过三维建模，建立厂区模型，实现与数据的实时分析，并基于数据变化反馈，预警风险及时调整，实现数据采集、建模仿真一体化。通过三维建模能够高度还原设备的外形、材质、纹理细节等精密显示细节以及复杂内部结构，实现高精度、超精细的可视化漫游；支持设备数据显示，对设备位置分布、区域划分、运行数据进行真实展现，可以看到产品外部变化，并伴随数据实时反馈，辅助管理者直观掌握设备运行状态，及时发现设备安全隐患。

基于三维可视化场景，对厂区环境、建筑、产业分布、具体管线运行情况进行精准复现，通过整合焦炉管线，五车，熄焦塔现有数据资源，对厂区管线流量、五车动态的关键指标进行综合监测。

3.3 生产制造

互联互通方面在生产过程控制网络体系中，部署现场冗余控制总线层、系统网络层；现场冗余控制总线，实现现场仪表及信号传输，完成信号的采集和控制信号的发送；系统网络层实现工程师站、操作站、现场控制站的连接。同时在系统网络层通过单向网闸、工业网闸向办公网络提供装置运行数据，确保在生产网络安全的前提下进行设备物联。

依托工业互联网平台、MES 和其他信息系统实现车间的智能化运营，数据采集率达到 100%，把企业供需产业链和车间产线生产的每个业务环节串联起来，建立了企业和车间互联互通网络架构和信息模型，实现信息的实时传递和能源的高效调度，实现企业内部不同层面系统集成及设备互联、数据采集、过程管控等可视化的生产协同管理的新场景，实现车间的数字化、智能化生产运营。

生产线智能化运行：

（1）实现全量全要素数据采集。依托大规模智能仪表和 DCS 构建工业互联网平台（IIOT 平台），实现现场数据采集、监控、记录，实现系统替代人工作业和监控的目标。

（2）实施集气管先进控制系统。在焦炉集部署先进控制系统稳定集气管压力（集气管 APC）。APC 通过对集气管四个翻板阀和供风机入口导叶控制实现降低集气管四个翻板阀前吸力波动范围，稳定翻板前吸力，为单调系统提供良好工作环境。采用机器学习+模型预测的技术路线，控制过程采用 AOM+AIC(风机+翻板）协同控制。其中，AOM 模块负责学习、预测、优化和调度翻板控制器与风机入口导叶控制器，使得整个系统控制配合精准有序。AIC 模块 1～4 号翻板阀控制器和风机控制器，降低集气管压力波动 70%。

根据装置实际情况，对过程进行详细分析，制定出切实可行的控制策略，选定智控系统控制器的操作变量、干扰（前馈）变量和被控变量。建立较准确的控制器动态模型和适于控制较精确的计算模型。

（3）生产过程实时调度。应用生产过程数据采集和监控系统，实现现场操作、设备状态、生产进度、质量检验等生产现场数据的实时监控、自动报警和诊断分析；应用制造执行系统（MES），实现车间作业计划、设备维修维护计划自动生成，生产任务、维修维护任务指挥调度可视化，并可根据产品生产计划实时调整；生产过程数据采集和监控系统、制造执行系统（MES）和企业资源计划系统（ERP）实现集成，优化生产运营管理流程。

1）实现生产过程监控、报警、分析。将分布式控制系统和 IIOT 平台、MES 系统深度融合，实现生产过程的实时监控、自动报警和诊断分析。具备显示全部的过程变量及有关参数，操作所有控制回路的参数，如改变设定点、工作方式、调整 PID 参数，报警显示，过程流程图显示，趋势显示，报表，系统诊断，显示操作指导等功能。同时实现互联网平台在指挥大厅大屏，办公网，手机 APP 上对生产设备运行情况、生产工艺、安全、环保、能源数据实时监控、历史趋势、报警联锁、报表推送，同时下达调度指令，生产过程透明、闭环管理。

2）应用制造执行系统（MES）构建计划体系的闭环。通过计划管理系统实现装煤/出焦计划、生产计划、定检修计划、原料单耗计划、原料使用等计划的制订与发布，在各计划执行界面显示计划信息。

生产计划管理系统面向公司的计划编制业务，为公司的年度、季度、月度和日生产计划的制订提供支撑，能帮助计划人员制订不同粒度的生产计划并管理和维护生产计划相关信息。在制订生产计划时，考虑原料供应、产品需求、装置加工能力、加工时各种消耗等因素，对计划进行填报、审批、下发、变更、跟踪，从而指导企业有效生产，并对计划执行情况、完成情况进行实时跟踪与监控。生产计划管理包括生产计划编制、计划发布、计划跟踪、查询与统计等业务。

3）物料配送自动化。生产过程广泛采用条码、二维码、电子标签、移动扫描终端等自动识别技术设施，实现对物品流动的定位、跟踪、控制等功能；车间物流根据生产需要实现自动出库、实时配送和自动输送。

建立全厂的物料自动配送输送系统，主要包括：火车来煤受卸系统、汽车来煤受卸系统、贮配一体筒仓、全自动配煤皮带秤、预粉碎室、二次粉碎室、煤塔顶层、输煤管带、输煤皮带通廊及转运站、自动卸料机、焦炉机车系统、干熄焦、筛焦系统、无人值守地磅系统、进厂煤智能采制样系统等。覆盖原料进厂、配煤、上煤、装煤、焦炭运输等环节。

汽车来煤经煤棚受煤坑卸车，通过皮带运至贮配一体筒仓。火车来煤受卸采用贯通式翻车机系统，炼焦煤进厂卸车后，经除杂、除铁处理由输煤管带运至贮配一体筒仓。全自动皮带秤按配比自动称重配比，将煤从筒仓运至煤塔。煤塔通过自动卸料机将煤输送至焦炉装煤车，焦炉装煤车通过自动定位并完成装煤作业。煤干馏成焦炭，成熟的焦炭（红焦）经推焦车，拦焦车在地面协同系统自动调度下，用罐车运至干熄焦提升机送入熄焦罐完成熄焦过程，冷却的焦炭经带式运输机运至装料口，装车后经无人称重计量系统过磅出厂。

4）建设安全管理与应急指挥系统，实时了解各生产单位的安全情况，实现“纵深防御、关口前移、源头治理”，提高企业风险管控能力，完善隐患治理机制，减少安全事故，确保安全生产。

安全管理和应急指挥 HSE 系统是集指挥调度、视频、数据传输、融合通信为一体的可视化指挥系统，为企业安全生产应急救援指挥中心实现在任意时间、指定范围内提供高质量、智能化的语音、数据、视频图像、会议电视等决策信息，实现通信保障。结合应急预案形成一个多位一体、快速反应、信息共享的智能化应急处理系统。基于安全基础资料数据库、融合通信、视频监控三个基础支撑，与设备管理结合，建立统一协同的应急指挥系统，实现“监测预警、联动处置、培训演练、辅助决策”四个核心业务应用，提高处置突发事件的风险预知、实时感知、快速响应三项关键能力，实现从被动接受到主动响应转变，满足园区、企业和现场应急指挥三个层次的业务需要。

安全管理和应急指挥 HSE 系统实施覆盖利源新能科技，实现安全基础信息管理、安全综合监督、日常安全管理、应急指挥管理、应急演练管理。集成第三方系统，包括企业视频监控平台、火灾报警数据、有毒有害气体等。

5）建设超低排放智能管控环保平台，主要分无组织排放源清单、监测数据统计与展示、数据分析、视频系统、车辆管理、物流门禁管理、外部接口八个部分，利用信息化、数字化手段管理全厂排放数据，利用智能化手段分析污染扩散趋势和污染溯源，总体上在无组织排放、有组织排放、厂区车辆、物流门禁、视频监控、大数据算法方面，做到全厂整体超低排放管控。

3.4 经营管理

利源集团 ERP 覆盖了几乎所有的经营业务，充分发挥出“物流、资金流、信息流三流合一，规范业务、促进管理”的作用。通过 ERP 系统，财务管理实现了全面控制，资金集中收付，盘活了企业资金，降低了财务费用，未来所有的银行账户实现与银行的银企直连、与财务公司的财企直连，实现在线资金支付。物资管理实现了物资从需求到采购、质检、入库、出库、安装、修理、使用状态直至报废全生命周期的信息跟踪，节约采购资金，减少了库存物资储备规模。未来可实现设备故障信息自动触发设备维修通知单，保证设备维修的及时性、准确性，大大提高工作效率，节约大量修理费用。

MES 系统集成了工艺、设备、计量、调度、统计等多个生产层面业务，能实现自动记录装置生产的物料移动、能源数据关系以及生产统计的平衡差异。MES 系统的成功应用，填补了过程控制层和经营管理层之间的生产执行层的空缺，实现了上下层信息系统之间的紧密集成，MES 系统的实施，使公司率先实现了“日平衡、日封账、日进 ERP”。通过 MES 系统与 ERP 系统数据的整合集成，促进了企业月结提速，实现月结日当天出具统计报表，次月首日出具主要财务报表。MES 系统实施后，统一了平台、口径、时点，生产数据实现了“数出一门，量出一家”，确保了生产数据的真实性、完整性，提高了经营决策的科学性和有效性。

生产经营分析平台服务经营决策，充分利用 ERP、MES、统计系统等主要数据来源，围绕采购、生产、库存、销售和财务等五个主题，用各种图形方式展示企业生产经营的综合情况，以灵活报表的形式展示企业经营活动中的明细数据，归纳和汇总了企业生产经营活动中的主要指标。系统提供了对比、趋势、构成、因素、关联等多种分析方法，能据此分析出实际与计划的差异，现状与历史最好的差异，自己与标杆数据的差异，找出问题点，找出改进方向。同时也为公司经济活动分析提供数据支撑，辅助决策。

建立集能源运行管理、能源统计管理、能耗分析、重点用能设备能效监控、能源产耗预测为一体的能源管控体系，保证生产与能源系统的稳定性和经济性，并最终实现提高整体能源利用效率的目的。实现能源运行功能、能源统计功能，能源分析功能，进行能源介质的实时监控、管网模拟、能效分析与优化调度，保证能源系统安全、经济与合理运行，降低公司综合能耗。

3.5 系统集成

基于数据的运营优化体系，生产过程数据采集和监控系统、制造执行系统（MES）和企业资源计划系统（ERP）实现深度集成，提供给面向管理的多种类报表、驾驶舱、综合展示页面，支撑管理层优化生产运营管理。

3.6　人工智能技术应用

AI 智能装备广泛应用焦炉五大车（装煤车、推焦车、拦焦车、熄焦车、导烟车）通过地面协调系统、5G 网络系统和车辆智能控制系统，实现了精准定位、联锁控制、视频监控、数据管理、安全防护、健康管理、故障诊断、应急处理、人机交互等功能，司机一人就能在集控中心监控四大车，高效、自动、安全地完成推焦、接焦、熄焦、装煤等操作工序。

3.6.1　配电室巡检机器人

通过高度智能的机器人技术和图像识别等技术，代替人工完成高压环境下设备运行状态的检测诊断，可以实现配电室电压表、电流表的表计读取、状态灯识别、断路器开关状态、测温、气体检测、环境监测等功能，并根据现场需要进行设备智能分析、告警、生成报表提升配电室运行维护管理水平，降低运维成本，提高工作效率，保证配电系统安全稳定运行。

3.6.2　户外巡检机器人

布置在室外非防爆区域，按设定线路进行周期性巡检，检测环境温度、湿度、有毒有害气体（硫化氢、一氧化碳、一氧化氮）及 PM2.5 浓度，支持视频直播。利用图像识别功能对设备时行测温、跑冒滴漏识别、开关状态识别。利用机器人移动特性，可对巡检范围内火灾危害进行动态观测识别并告警。

集成手持智能巡检仪和 5G，基于设备管理统一平台实现设备智能点巡检。

3.6.3　基于视频监控的 AI 监测

AI 视频监测平台集视频监测系统、图片监测系统、状态监测系统等各系统于一体。平台以人工智能、大数据、云计算等技术为依托，实现工地施工可视化、精细化、智能化管理，提高施工现场管理效率。AI 视频监测平台显示现场实时信息，涵盖安全事件报警、人员管理、视频监控等功能，多维度进行综合管理，通过系统数据辅助决策分析，及时预警，掌握事件现场，保障施工人员安全。

3.6.4　建立智能配煤专家系统，配煤专家系统

根据不同炉组对焦炭的质量要求，结合煤质情况，不同煤的采购限制条件，焦化副产品的市场价格，进行非线性运算，得出焦炭单位成本最低的配煤方案。

超大型干熄焦技术集成创新与应用

该技术由华泰永创（北京）科技股份有限公司开发完成。

1 工艺技术原理及路线

1.1 技术背景

干熄焦，是相对于湿熄焦而言，采用惰性气体熄灭赤热焦炭的一种熄焦方法，具有节能、环保、提高焦炭质量的三重效益。干熄焦技术从20世纪80年代引入我国，经焦化行业对此项技术的攻关及多年不懈努力的研究，已实现了该项技术的国产化、设备的国产化、干熄焦装置的系列化及大型化等，目前此项技术已经在我国得到了广泛应用。近几年来，随着焦化行业淘汰落后产能、产业结构调整和企业兼并重组步伐的加快，国内建设大型化焦炉的焦化厂逐渐增多，因此配套建设超大型干熄焦的需求显著增加。此外，随着国家节能减排及智能制造的政策导向，未来干熄焦将向着超大型化、高效化、智能化等方向发展。

结合干熄焦市场需求及国家政策，华泰永创（北京）科技股份有限公司组织研发团队开展“超大型干熄焦技术集成创新与应用”科研项目的研发，此项目的研发以超大型干熄焦技术为主线任务，通过运用数值模拟技术和试验研究，研发出处理能力为250~270 t/h的系列超大型干熄焦装置。同时集成了一系列华泰永创独创的单元技术，包括排焦烟气导入环形气道技术、干熄焦焦炭烧损在线检测技术、干熄焦除尘风量优化技术、稳定排焦控制技术及基于安全生产监控的吊钩识别技术等。

1.2 技术原理

1.2.1 超大型干熄炉关键结构与装置开发

要实现干熄炉的超大型化，就必须进一步加大干熄炉直径，就必须解决干熄炉均匀布风、气固换热、炉体结构强度及其长寿化等方面的技术难题。

干熄炉的换热原理为在干熄炉冷却区，向下运动的焦炭与向上流动的惰性循环气体进行逆流换热，从而达到冷却焦炭的目的。干熄炉冷却区的传热效率主要取决于干熄炉内布风均匀性和焦炭布料的均匀性。随着干熄焦系统大型化，干熄炉直径增加，干熄炉内同一水平面上布料的不均匀性增加。超大型干熄焦布料采用旋转焦罐配合带料钟形式的装入装置，选择合适的料钟直径，最终达到干熄炉内料位呈“M”形布置。

对于干熄炉内布风均匀性的研究，取循环气体入干熄炉至循环出干熄炉斜道出口段做研究，分别对布风装置风量分配、干熄炉内气固流动及传热优化、环形风道气流分配做优化设计，采用数值模拟技术，确定干熄炉冷却段尺寸及斜道出口调节砖的排布。

干熄炉斜道区的设计是超大型干熄炉设计的重点，斜道区焦炭浮起问题是制约超大型干熄炉处理能力的难题之一，为避免焦炭浮起现象的发生，该项目开发出耐火材料分隔的多斜道技术。通过耐火材料，将干熄炉斜道区的流通断面沿高向分割成若干个小的通道，使循环气体在斜道区的流速分布更加均匀化，降低其最大流速，从而有效避免焦炭浮起，为实现超大型干熄焦的预期处理能力奠定坚实的基础。

干熄炉砌体的使用寿命是决定干熄焦停产年修的重要因素之一，在实际生产中发现，干熄炉斜道损坏较为严重，此处由于干熄炉砌体尺寸在径向和高向不均匀，干熄炉砌体在径向的温度分布也不均匀，因此会导致干熄炉砌体内部因膨胀不一致产生热应力，造成干熄炉砌体的热疲劳破坏，干熄炉大型化后上述问题更加突出。从改进干熄炉砌体结构入手，在斜道牛腿后部增加膨胀缝，以消除斜道区牛腿砖内外温度差造成的膨胀不一致而产生的热应力；在环形风道内墙与外墙中间增加滑动层，以消除环形风道内、外墙温差造成的膨胀不一致而产生的热应力；由此实现干熄炉长寿化。

1.2.2　一次除尘器结构开发

一次除尘器结构决定了其除尘效率以及循环气体对锅炉的冲刷程度。该项目通过比较分析一次除尘器形式、尺寸、有无挡墙、挡墙位置以及挡墙尺寸等多种一次除尘器的结构形式，运用数值模拟技术，对一次除尘器至锅炉内气体压力场、流场、温度场和颗粒轨迹进行仿真模拟，综合确定一次除尘器结构，实现其最优化——提高除尘效率和减少对锅炉的冲刷。

1.2.3　排焦烟气导入环形气道技术

该项目依据气固相换热原理，将干熄焦本体地下室的空气与排焦设备内下落的焦炭（温度≤200 ℃）进行逆向换热，吸收焦炭显热，利用烟气自身的热浮力及干熄炉环形气道的负压将原来进入环境除尘的排焦烟气导入干熄炉内，对排焦烟气的热量进行回收的同时减少 SO_2 排放污染源。此项技术的工艺流程如图 1 所示。

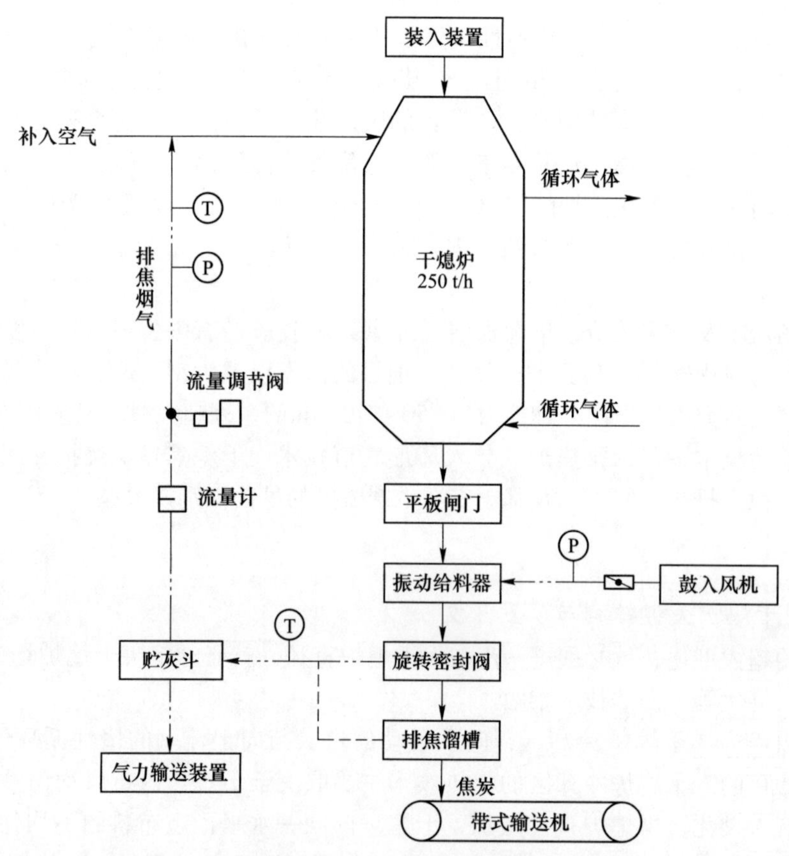

图 1　排焦烟气导入环形气道技术工艺流程图

1.2.4　焦炭烧损在线检测技术

为了实时掌握干熄炉的全焦烧损状况，以便采取相应地降低焦炭烧损措施，该项目通过对比焦炭干熄过程前后 CO、CO_2 浓度变化，即采用碳平衡的方法计算干熄炉的全焦烧损率，实现焦炭烧损的在线检测。

1.2.5　除尘风量优化技术

该项目运用吸气罩工作原理，对自由吸气口和受限吸气口进行了理论分析和比较，明确现有装入装置集尘管道吸尘口属于自由吸气口，为达到烟尘控制效果，需要较大的风量。因此，该项目从将装入装置集尘管道吸尘口由自由吸气口改变为受限吸气口入手，即加强装入装置上部料斗密封性，从而减少装焦时烟尘外逸，实现除尘风量最优化。

1.2.6　稳定排焦控制技术

尽可能减少排焦量波动是实现干熄焦系统运行稳定、延长干熄炉寿命的最重要措施。该项目充分利用干熄炉预存室容积，运用控制算法，尽可能减少因焦炉 检修不能向干熄焦提供焦炭、而干熄焦又需要连续排焦造成的排焦量波动：即控制排焦量使干熄炉内预存室料位在焦炉检修前处于高料位、在焦炉检修结束时处于低料位，实现稳定排焦——排焦量波动最小。

1.2.7　基于安全生产监控的吊钩识别技术

该技术运用模式识别技术，通过对提升机吊钩的图像数据进行学习和分类，与干熄焦控制系统连锁，实现对提升机吊钩的自动识别和监控。

1.3　工艺路线

干熄焦是采用惰性气体将红焦冷却的一种方法。在干熄焦过程中，红焦从干熄炉顶部装入，低温惰性气体由循环风机鼓入干熄炉冷却室内，焦炭与循环气体在干熄炉冷却室内进行逆流换热，冷却后的焦炭从干熄炉底部排出。从干熄炉环形气道出来的高温惰性气体经一次除尘器除去大颗粒粉尘后，进入干熄焦锅炉进行热交换，锅炉产生蒸汽。冷却后的循环气体经二次除尘器后再次除尘，由循环风机加压，经热管换热器冷却至 130 ℃后进入干熄炉循环使用。

一次、二次旋风除尘器分离出的焦粉，由专门输送设备将其收集在贮槽内，以备外运。干熄焦装置的装料、排料、预存室放散及风机后放散等处的烟尘收集处理合格后外排（图 2）。

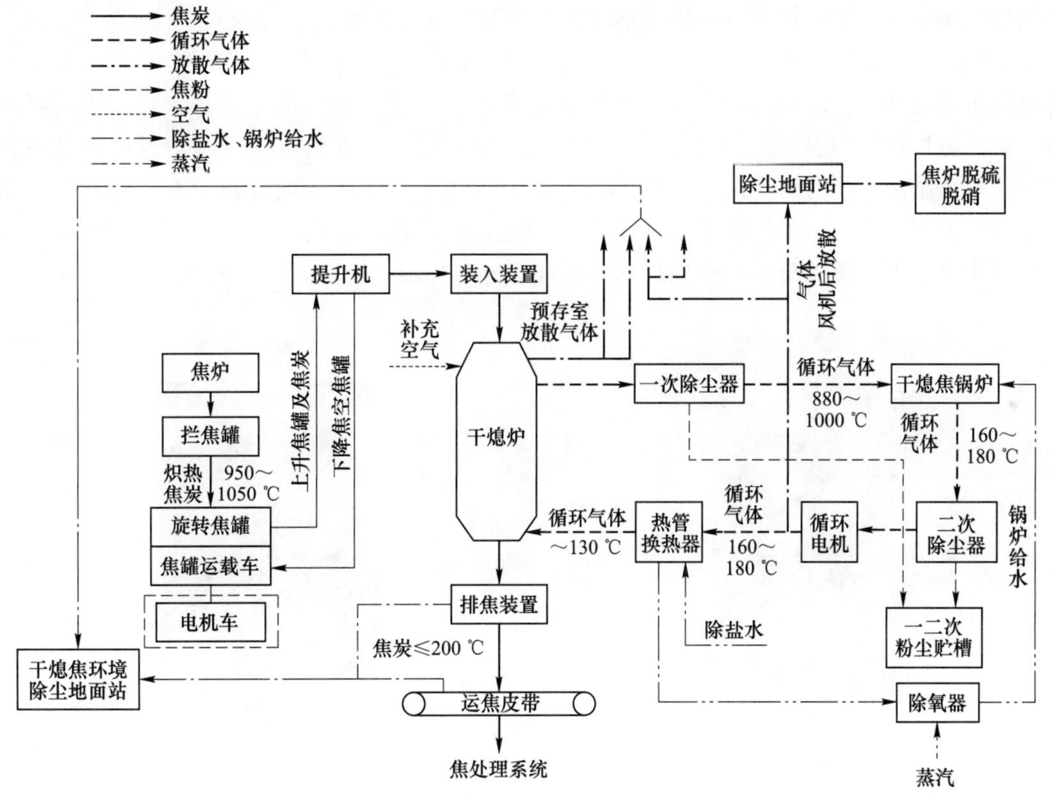

图 2　干熄焦装置工艺流程图

2　技术核心

该项目适应国内焦化市场对超大型干熄焦的迫切需求，以干熄焦高效化、长寿化、绿色化的发展方向为引领，集成开发出超大型干熄炉及其装置技术、排焦烟气导入环形气道技术、焦炭烧损在线检测技术、除尘风量最优化技术、稳定排焦控制技术及基于安全生产监控的吊钩识别技术等多项技术，其技术核心如下所述。

2.1　超大型干熄焦技术

超大型干熄炉及其装置技术的核心在于干熄炉直径加大后，如何保证焦炭冷却均匀、如何避免斜道区焦炭浮起以及如何延长斜道区耐材使用寿命等。作为超大型干熄焦炉及其装置技术的核心，该项目开发的下述技术回答和解决了这些问题，其技术核心：布风装置及风量分配最优化技术、炉内气固流动和传热最优化技术、多斜道技术、环形风道气流分配最优化技术、干熄炉长寿化技术以及一次除尘器结构最优化技术等。

2.1.1　布风装置及风量分配技术开发

干熄炉内部的气流分布状态一方面受到干熄炉内焦炭床层的影响，另一方面与其下部的布风装置有关。因干熄炉内部气体流动受到内部焦炭床层影响很大，外部因素过多，为简化布风装置的设计思路，我们通过调整周边风环与中央风帽的结构尺寸，来调节中央风帽与周边风环的气流分配比例，并结合干熄炉内部气固流动模型及其模拟得到超大型干熄炉的合理布风结构，干熄炉内部的气流流动模拟结果见图 3。此外，由于布风装置设备尺寸变大，料斗承载加大，因此，该项目对布风装置的受力进行重点分析核算，设备的结构强度得到保证。

2.1.2　炉内气固流动和传热优化技术开发

干熄炉内焦炭大小形状不均匀具有多孔性，气流在焦炭床层内流动分布不均匀，且在干熄炉内部进行非稳态传热并且发生一些化学反应影响干熄炉内部温度场的分布情况。使用常规计算方法无法对干熄炉内部的循环气体和焦炭之间的传热与流动情况进行合理的分析判断。

超大型干熄炉的开发不是简单地提升干熄炉冷却室的高度，需要综合考虑生产建设的成本以及干熄炉内部压力分布的合理性，即更大的干熄炉处理能力必须匹配更大直径的干熄炉。而更大直径的干熄炉开发则需要对干熄炉内部的温度压力状态及内部传热情况有深入的理解，该项目以原有的北京科技大学建立的数学模型为基础，同时引入体积热源的温度导数描述干熄炉内的温度场分布，分析多版不同结构的干熄炉温度压力分布情况，最终确定了满足干熄炉超大型建设的结构尺寸，实现了干熄炉炉内气固流动和传热的最优化。理论模拟分析的干熄炉内部温度场分布如图 4 所示。

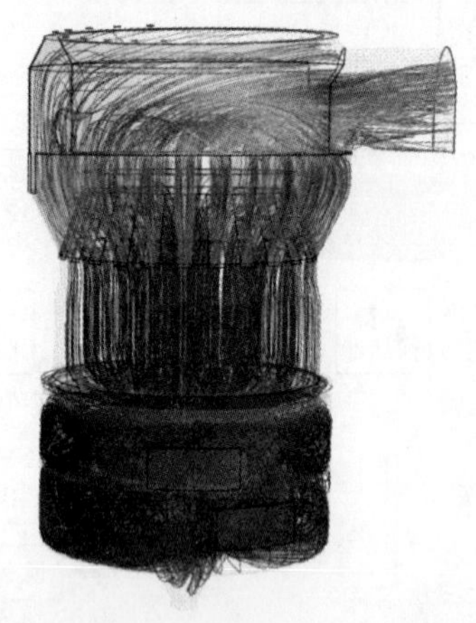

图 3　干熄炉内部速度分布流线图

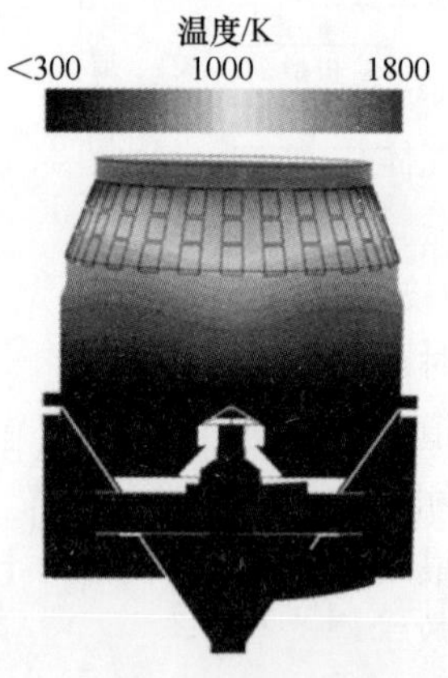

图 4　干熄炉内温度场分布图

2.1.3　多斜道技术开发

我们知道，限制干熄炉处理能力的主要因素便是干熄炉在斜道区的焦炭浮起。如果干熄炉内焦炭浮起，就会导致干熄焦系统阻力增加，风机风量在同等转速下就会减小，排焦温度就会升高，最终就会导致干熄炉达不到预计的处理能力。对于超大型干熄焦如果不采取新的技术措施，要么大幅增加投资成本，要么干熄炉达不到预计的处理能力。为此，我们开展了相关理论研究，并运用这些理论成果最终设计出首套砖结构分隔形式的三斜道超大型干熄炉。

气体流经料层的流速是导致焦炭浮起现象的主要因素。日本学者中岛龙一在对双斜道的结构研究中利用 FRUGUN 公式分析气流速度与阻力的关系，在干熄炉斜道这种大型模型应用，简化其流速分步得：$\Delta P = KhV^2$。结合图 5 得到斜道各位置流速与斜道区平均流速的关系：

$$V = \frac{V_0\sqrt{a}}{2\sqrt{x}} \tag{1}$$

式中 V——任意位置的气流速度，m/s；

V_0——气体的平均速度，m/s；

a——焦炭表面的长度，m；

x——焦炭表面的任意点相对遮挡区的距离。

根据所确定的焦炭浮起与最大流速的关系，进一步验证三斜道结构在超大型干熄炉中使用的重要性。结合式（1）进行分析，为抑制焦炭浮起现象的发生，降低斜道区的最大流速的最有效途径便是改变式（1）中的 a 值，即通过改变焦炭层的表面长度降低流经斜道区的最大流速。三斜道结构通过砖体结构将斜道面进行分割，减短了焦炭表面长度，保证最大流速下循环气体对焦炭产生的升力小于焦炭自重，便可抑制焦炭浮起，同等结构下允许通过风量变为原来的 1.7 倍，大大提高了干熄炉的潜在处理能力。图 6 为同等规模条件下单斜道、双斜道与三斜道结构的流速变化趋势。对比单斜道和双斜道结构而言，在同等斜道面积情况下，三斜道结构气流分配更均匀，避免了斜道区出现局部流速过高的情况。同时斜道牛腿受力分布更均匀，进一步提高结构稳定性，整个系统平衡更易调节，保证生产正常平稳运行。

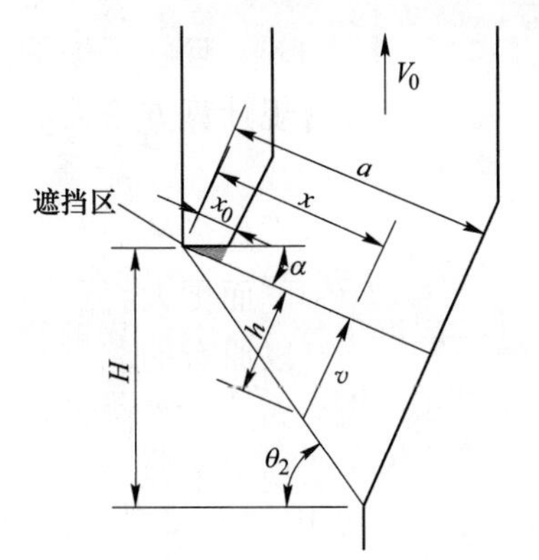

图 5 斜道区流速与平均流速关系图

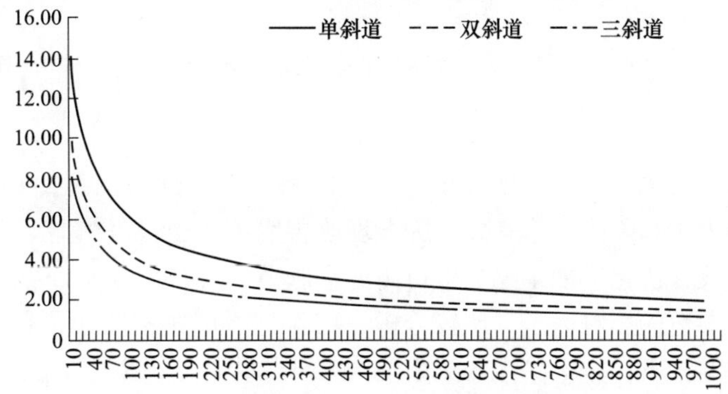

图 6 斜道区流速与斜道结构关系图

2.1.4 环形风道气流分配技术开发

干熄炉内循环气体从冷却室通过斜道区进入环形风道区域后进入一次除尘器，为保证干熄炉冷却室内气流分布均匀，需要保证通过各个斜道区的气量相等。在干熄焦技术从国外引进的过程中，主要参考了新日铁与 NKK 的技术，但是这两种技术在斜道区调节砖的布置中存在着一定的差别，为了进一步消化吸收外来技术，同时在其基础上优化改进。我们根据数值模拟技术，分析不同斜道出口位置的循环气体质量流量分配与斜道区调节转布置的相关关系，并结合已有干熄焦的生产状态，将实际数据与理论模拟相结合不断优化斜道区调节砖布置的分配模型，最终建立了一个可以优化斜道出口气流分布的数学模型。运用这个数学模型，通过不断改变调节砖的分布形式，得到各个斜道出口气流分布最优化——斜道出口气流均匀分布。超大型干熄炉开发过程中模拟出的斜道出口气流流线如图 7 所示。

图 7 斜道区流速与斜道结构关系图

2.1.5 干熄炉长寿化技术开发

由于干熄炉砌体尺寸在径向和高向不均匀，干熄炉砌体在径向的温度分布也不均匀，因此会导致干熄炉砌体内部因膨胀不一致产生热应力，会造成干熄炉砌体的热疲劳破坏，进而降低干熄炉的使用寿命，超大型干熄炉尤其严重。在干熄焦生产过程中，斜道区的耐材损坏问题尤为突出。斜道区位置温度波动大，且牛腿位置承受了上部环形风道的全部质量，受到多种形式的破坏作用。

干熄炉斜道区牛腿砖内外温度分布存在差别，靠近干熄炉中心线位置的牛腿砖温度高，靠近干熄炉壳体一侧的温度偏低，两个位置的高向膨胀存在区别，为了避免干熄炉牛腿区域受到这种热应力作用而导致热疲劳破坏，该项目从改进干熄炉砌体结构入手，在斜道牛腿后增加膨胀缝（图 8、图 9），以解决消除斜道区牛腿砖内外温度差造成的膨胀不一致而产生的热应力，避免这种破坏作用的发生。

此外，环形风道内墙倒塌也是干熄炉使用过程中经常出现的问题之一，在干熄炉环形风道分为内墙和外墙结构，环形风道外墙两侧分别为高温烟气和干熄炉壳体，内墙两侧分别为红热焦炭和高温烟气。内外墙受到的温度不同，膨胀量也存在差异，为了减少环形风道内墙受到外墙施加的应力，该项目从改进干熄炉砌体结构入手，在环形风道内墙与外墙中间增加滑动层（图 8、图 9），使二者相对独立，减少相互影响，即消除环形风道内、外墙温差造成的膨胀不一致问题而产生的热应力。

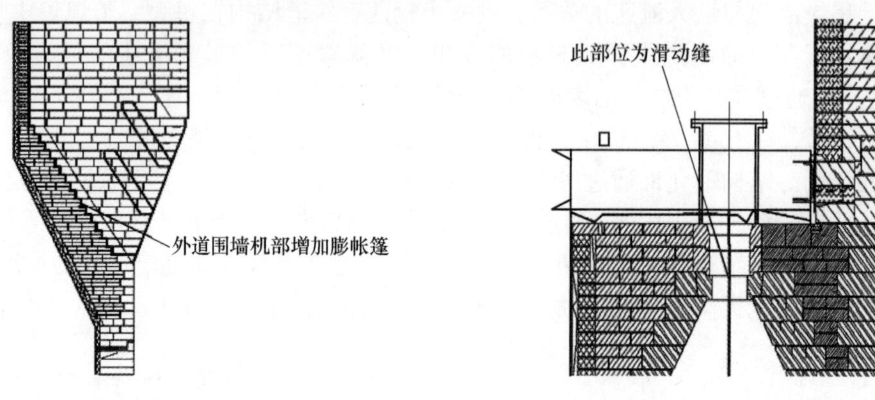

图 8　三斜道结构膨胀缝设计示意图　　　图 9　环形风道过顶砖滑动缝示意图

2.1.6　一次除尘器结构开发

干熄焦生产常出现锅炉入口浇注料、水冷壁磨损和锅炉爆管等问题，分析与一次除尘器流场分布、流速大小和除尘效率有关。为合理改善锅炉入口循环气体环境，通过数值模拟技术，对一次除尘器结构进行设计优化。取干熄炉出口高温膨胀节、一次除尘器、锅炉为计算单元，根据其工作原理深入分析各尺寸参数的影响因子，比较分析一次除尘器形式、尺寸、有无挡墙、挡墙位置不同以及挡墙尺寸不同等多种结构下，一次除尘器至锅炉内气体压力场、流场、温度场和颗粒轨迹（图 10、图 11），综合确定最优的一次除尘器结构形式，实现其最优化——提高除尘效率和减少对锅炉的冲刷。

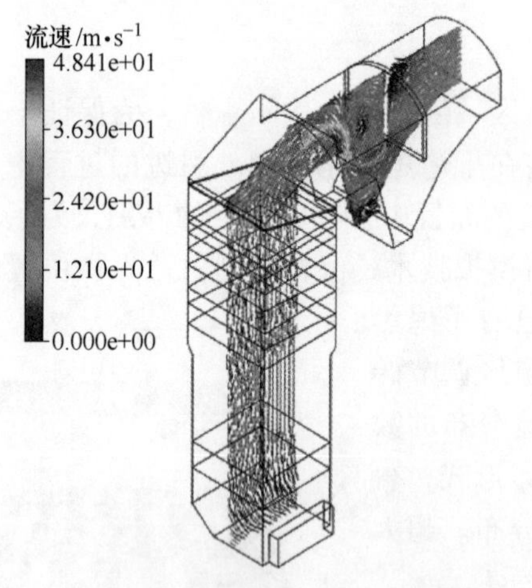

图 10　一次除尘器烟道中心截面速度矢量分布

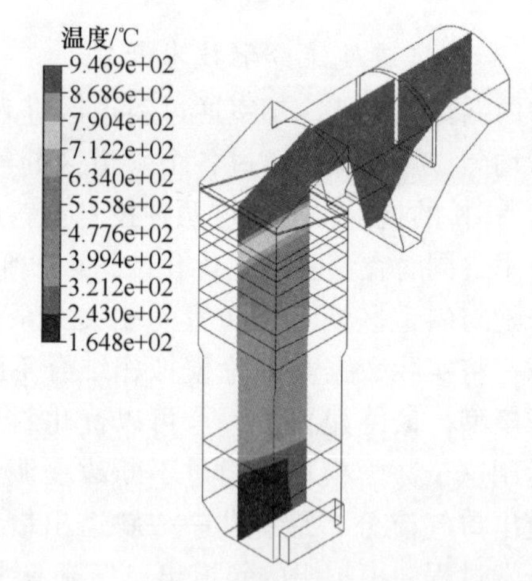

图 11　一次除尘器烟道中心截面温度分布

2.2　排焦烟气导入环形气道技术

通过设置鼓风机向振动给料器中间溜槽处鼓入空气，以隔绝或减少干熄炉内循环气体随焦炭下落进入排焦烟气，同时鼓入的空气与排焦设备内下落的焦炭进行顺向换热；干熄焦本体地下室的空气与排焦设备内下落的焦炭进行逆向换热，吸收焦炭显热，提高排焦烟气温度，利用干熄炉环形气道自身负压及排焦烟气的热浮力，将排焦烟气导入干熄炉环形气道。

2.3　焦炭烧损在线检测技术

该技术运用碳平衡法，通过结合测量的计算方法，分别实现对干熄焦炉内焦炭烧损及干熄焦系统烧损进行在线检测。

2.3.1　干熄焦焦炭烧损的计算方法

干熄炉内冷却段，炽热的焦炭和循环气体中 CO_2 发生的碳溶反应，其化学反应方程式如下，通过测量干熄炉冷却段入口与干熄炉斜道出口 CO_2 的变化量，从而确定干熄炉内参与反应的焦炭量。

$$C + CO_2 = 2CO \qquad \Delta H = +162\ \text{kJ/mol}$$

2.2.2　干熄焦全焦烧损的计算方法

干熄焦全焦烧损的计算依据干熄焦系统中，碳元素守恒的原理，利用循环气体放散量中 CO 和 CO_2 的量计算出干熄焦系统的全焦烧损。

干熄焦焦炭烧损在线检测系统基于干熄炉的化学反应机理以及碳平衡的计算方法，实现了对干熄焦烧损率的实时计算。现场操作人员可以通过焦炭烧损在线监测系统实时获取干熄炉内炉内烧损与全焦烧损情况，针对不同生产情况的分析判断，采取相应的调节手段，降低干熄焦的焦炭烧损率，使得干熄焦尽可能达到最低的烧损情况，最大限度避免焦炭烧损，减少资源浪费（图 12、图 13）。

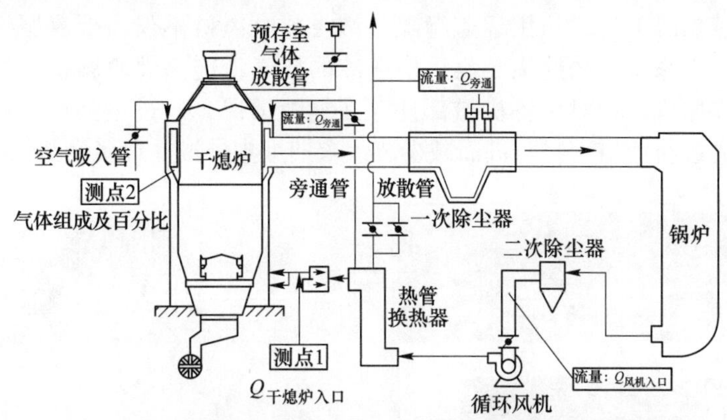

图 12　焦炭烧损在线检测系统测点布置图

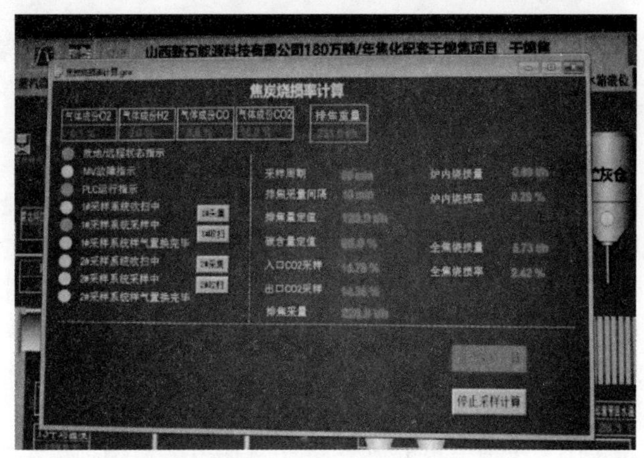

图 13　焦炭烧损在线检测系统操作界面

2.4　除尘风量优化技术

现有装入装置集尘管道吸尘口属于自由吸气口，为达到烟尘控制效果，相比于受限吸气口需要较大的风量。下面从吸气罩工作原理角度分析如何采取密封措施，达到除尘风量优化的目的。

2.4.1　自由吸气口

装入装置集尘干管吸尘口属于自由吸尘口，在吸尘口附近形成负压，周围空气从四面八方流向吸气口，形成吸入气流或汇流。当吸气口面积较小时，可视为“点汇”。形成以吸气口为中心的径向线，和以吸气口为球心的等速球面。假定点汇的吸气量为 Q，等速面的半径分别是为 r_1 和 r_2，相应的气流速度为 v_1 和 v_2，则有：

$$Q = 4\pi r_1^2 v_1 = 4\pi r_2^2 v_2 \tag{2}$$

$$\frac{v_1}{v_2} = \left(\frac{r_2}{r_1}\right)^2 \tag{3}$$

点汇外某一点的流速与改点至吸气口距离的平方成反比。因此设计集气吸尘罩时，应尽量减少罩口到污染源的距离，以提高捕集效率。

2.4.2　受限吸气口

若吸气口的四周加上挡板，吸气范围减少 1/2，其等速面为半球面，则吸气口的吸气量为：

$$Q = 2\pi r_1^2 v_1 = 2\pi r_2^2 v_2 \tag{4}$$

比较式（2）和式（4）可以看出，在同样距离上造成同样的吸气速度时，吸气口不设挡板的吸气量比加设挡板时大 1 倍。因此可以得出在装入装置设计时，做好密封效果、尽量减少罩口到污染源的距离是除尘风量优化的关键所在。现阶段设计的装入装置防尘盖板间及防尘盖板与料斗内壁存在较大间隙，间隙最大值约为 50 mm，间隙的存在使得料斗下部腔体密封性变低，装焦末期高温烟气在热浮力作用下向上流动，透过此缝隙向大气逸散，导致烟气逸散。经现场实际调研确实存在装焦末期红焦已完全落入到干熄炉内后，高温烟气沿着焦罐上升，从焦罐盖缝隙逸散。此时风机不仅需要克服管网阻力，还需要克服高温烟气热浮力作用，除尘系统无法捕集装焦后期逸散的烟气，这一现象属于干熄焦领域普遍面临的技术难题。基于吸气罩工作原理，针对设备机械部件存在缝隙情况，通过增强设备严密性，采用对装入装置上部料斗防尘盖板四周进行严格密封，进而减少装焦末期烟尘外逸。设备密封结构形式如图 14 所示。

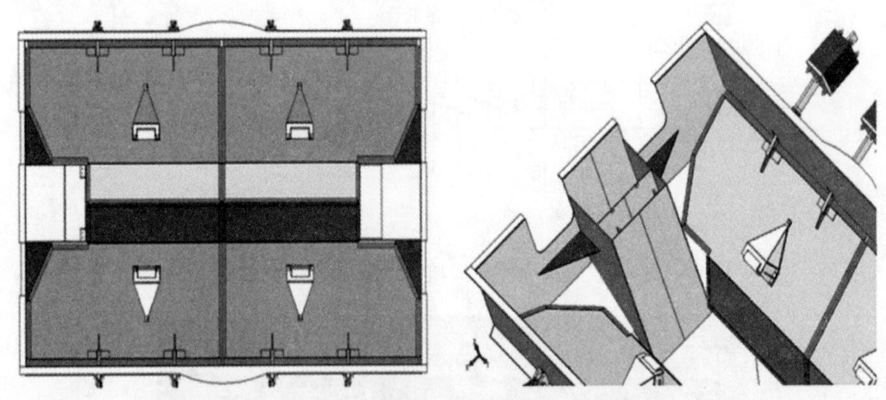

图 14　干熄焦装入装置上部料斗密封结构图

此外，在保证除尘效果的前提下，对除尘风机运行控制进行了优化。从现场生产发现装焦初期时除尘风机处于升速阶段，吸力明显不足，装焦末期，烟尘未除净，除尘风机已进入降速过程，这两种情况都会导致烟尘外逸。优化除尘风机升速、降速的连锁信号，以确保装焦过程中除尘风机均处于高速阶段，达到最大化的抽吸效果。负载红焦罐的提升机开始下降，并发出反馈信号，除尘风机进入升速模式，从低速开始逐步升速，升速过程伴随焦罐落在干熄炉装入装置处，在开始装焦前完成整个升速过程。装焦结束，提升机开始横移，发出反馈信号，除尘风机进入降速模式，从高速开始逐步降速。采用本文的连锁调试方式后，干熄炉装焦过程中，尤其是装焦初、末期时烟尘外逸的现象得到明显改善。

2.5　稳定排焦控制技术

稳定排焦控制技术通过对焦炉出焦计划进行划分，利用干熄炉预存室的容积优势，将划分后的工况进行重新组合以达到均衡排焦量的目的。通过工艺模型，结合专家经验，构建了稳定排焦自动控制系统，即每班操作人员将当班焦炉出焦计划输入到程序中，程序自动计算当班排焦量并控制排焦设备根据计算结果进行生产调节，从而减少人工操作，解放劳动力。

根据每班生产焦炉提供的出焦计划，首先进行当班排焦量平均值的计算（采用式（5）进行计算）及料位超限验算，分析料位超限情况，如果有料位超限的情况，则根据分析后的料位超限情况对工况进行分段划分，进入到第 2 次的排焦量计算（利用式（6）进行计算），用新计算的排焦量再次进行料位超限验算，如果有料位超限的情况，则根据分析后的料位超限情况对工况进行分段 2 次划分，进入到第 3 次的排焦量计算（利用式（6）、式（7）进行计算），依次类推，经过 N 次的循环计算（利用式（6）~式（N）进行计算）后，直到料位无超限即为计算结束。以上所述内容形成的逻辑框图如图 15 所示。

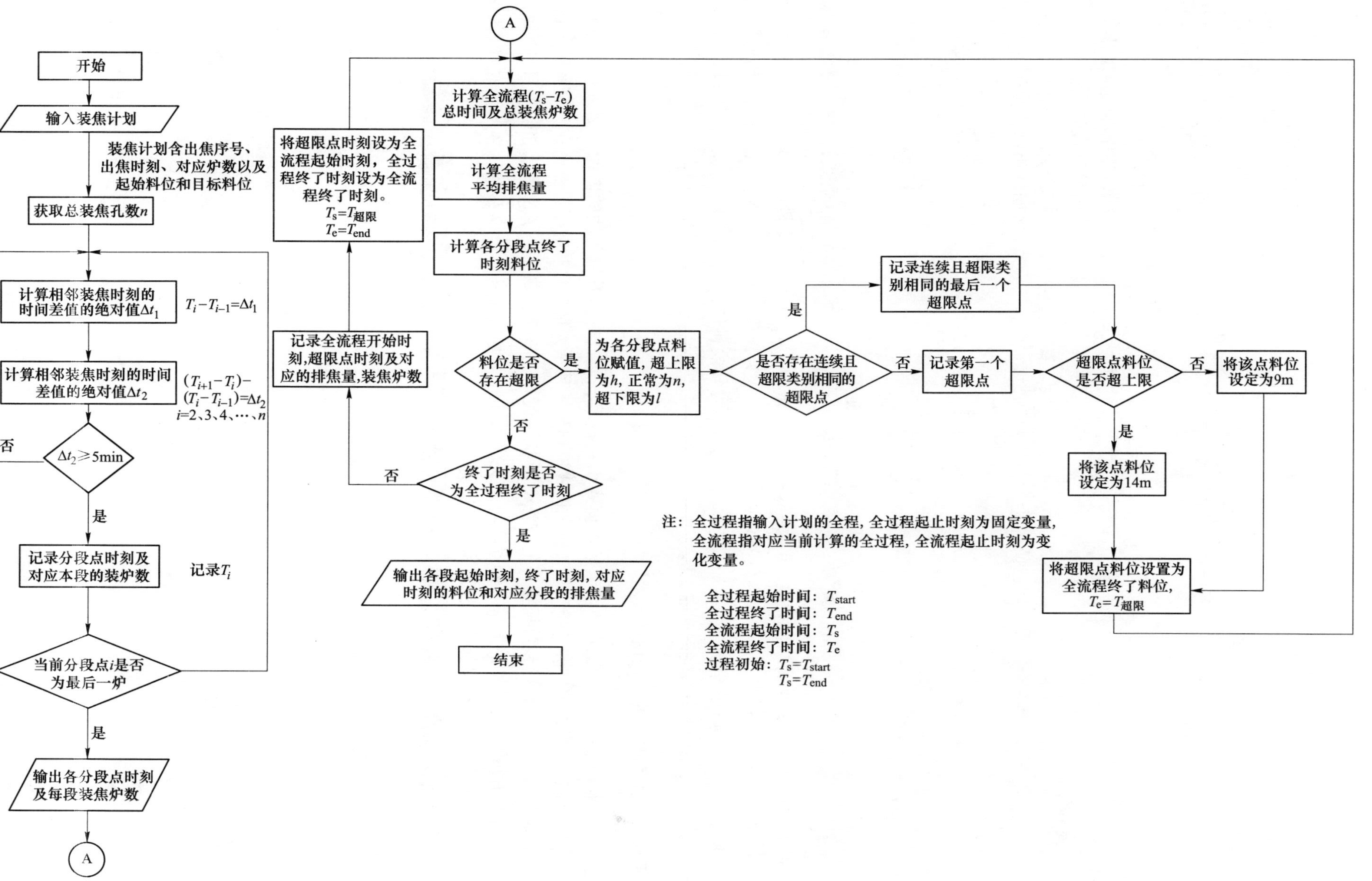

图 15 稳定排焦控制技术理论模型逻辑框图

$$W = \frac{NW_0 + (L_{st} - L_{sp}) \times S \times \rho}{t_{sp} - t_{st}} \tag{5}$$

$$W_1 = \frac{N_1 W_0 + (L_{st} - L_1) \times S \times \rho}{t_1 - t_{st}} \tag{6}$$

$$W_2 = \frac{N_2 W_0 + (L_1 - L_{sp}) \times S \times \rho}{t_{sp} - t_1} \tag{7}$$

$$\vdots$$

$$W_n = \frac{N_n W_0 + (L_{n-1} - L_{sp}) \times S \times \rho}{t_{sp} - t_n} \tag{N}$$

料位验算公式：

$$L_1 = L_{st} + \frac{n_1 W_0 - W(\text{或 } W_1)\Delta t_1}{S \times \rho}$$

$$L_2 = L_1 + \frac{n_2 W_0 - W(\text{或 } W_1\text{、}W_2)\Delta t_2}{S \times \rho}$$

第 N 段料位验算公式：

$$L_n = L_{n-1} + \frac{n_n W_0 - W(\text{或 } W_n)\Delta t_n}{S \times \rho}$$

式中，W 为排焦量，t/h；N 为当班炉数；W_0 为单罐焦炭质量，t；L_{sp} 为当班终止料位，m；L_{st} 为当班起始料位，m；S 为干熄炉截面积，m^2；ρ 为焦炭堆密度，t/m^3；t_{sp} 为当班终止时间，h；t_{st} 为当班起始时间，h；W_1，W_2，…，W_n 为分段排焦量，t/h；L_1，L_2，…，L_n 为分段料位，m；t_1，t_2，…，t_n 为分段时间，h；Δt_1，Δt_2，…，Δt_n 为分段时间间隔，h。

2.6　基于安全生产监控的吊钩识别技术

基于安全生产监控的吊钩识别技术，运用模式识别技术，通过对提升机吊钩的图像数据进行学习和分类，实现对吊钩的自动识别和监控（图 16）。模式识别是一种从大量信息和数据出发，在专家经验和已有认识的基础上，利用计算机和数据推理的方法对形状、模式、曲线、数字、字符格式和图形自动完成识别的、评价的过程，是信息科学和人工智能的重要组成部分。通过计算机模仿人脑对现实世界各种事物进行描述、分类、判断和识别的过程即为模式识别。

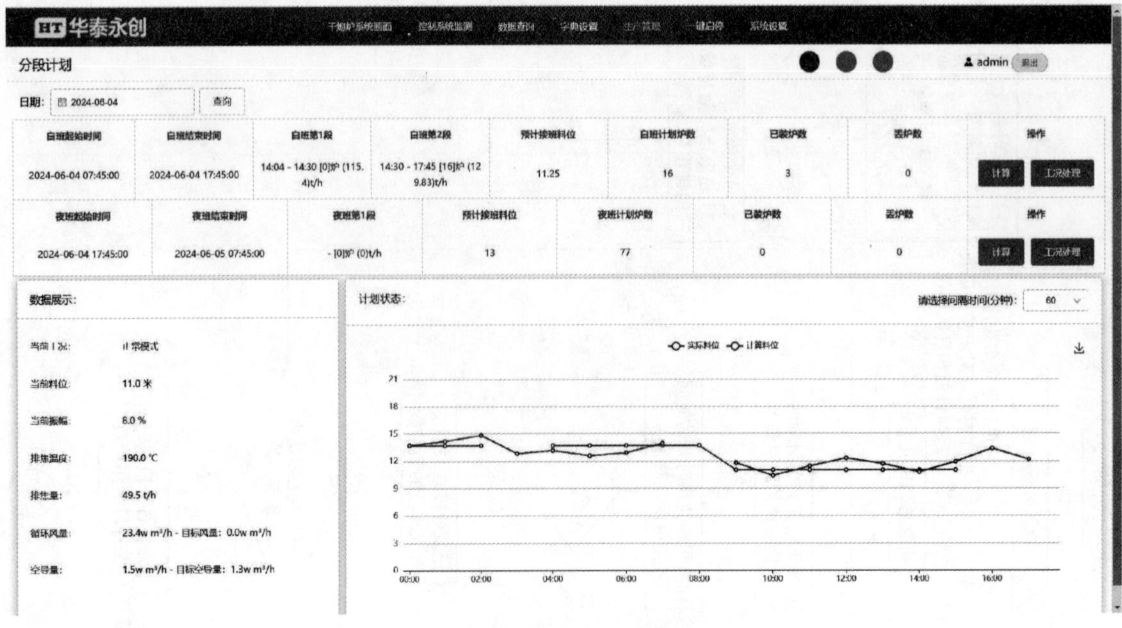

图 16　稳定排焦控制技术软件界面

该技术路线主要包括以下几个步骤：数据采集、预处理、特征提取、模型构建、模型训练和优化、实时监控和预警。首先，通过布置在提升机周围的摄像头等设备采集吊钩的图像数据；然后，对采集到的数据进行预处理，如去噪、增强等操作；接着，提取出与吊钩相关的特征信息；再利用机器学习算法构建吊钩识别模型；最后，将训练好的模型应用于实时图像和视频数据的识别和分类，实现对提升机吊钩的自动监控和预警。

3 运行效果

通过对超大型焦技术难点的攻克，华泰永创成功研发出处理能力为250~270 t/h 系列干熄炉，在山西新石、山西金烨及与禹门口项目上得到应用。其中该系列干熄炉的首次研发依托于“山西新石能源科技有限公司的干熄焦项目”开展。山西新石已有 2 组 2×41 孔 6. 25 m 捣固焦炉，可配置 2×125 t/h 干熄焦装置，为降低投资、降低能耗、节约用地，为其配置 1×250 t/h 干熄焦。此套超大型干熄焦装置于 2022 年 11 月投产，稳定生产运行 1 年后，为了解此套干熄焦装置的运行参数，于 2023 年 11 月由华泰永创及山西新石双方共同成立标定小组，对此套装置进行了额定处理量（223. 5 t/h）和处理能力（250 t/h）工况下的标定工作，标定的相关数据见表 1。

表 1 山西新石 250 t/h 干熄焦装置标定主要参数表

序号	项 目	单位	参 数
1	排焦量	t/h	约 250
2	入炉气料比	m^3/t 焦	1249
3	排焦温度	℃	<150（水当量法）
4	冷却室上段（下段）圆周温度差	℃	<50
5	干熄炉出口循环气体平均流量（工况）	m/s	6. 1（5. 3~6. 8）
6	干熄炉热效率	%	90. 14
7	排焦烟气导入环形气道技术	kW · h/t 焦	增加发电量 0. 31
8	环境系统除尘风量	%	比常规设计降低 20

通过对山西新石能源 250 t/h 超大型干熄焦装置技术标定表明，华泰永创设计建设的超大型三斜道干熄焦装置及其集成技术运行良好，达到预期并超过了设计目标。

2023 年 9 月，华泰永创设计开发出世界最大规模 270 t/h 干熄焦装备在山西金烨成功投运，投运至今，此套干熄焦装置平稳运行，各项指标达到设计目标。

4 与国内外同类技术比较

与其他规模的干熄焦装置相比，超大型干熄焦技术与集成创新技术具有以下技术优势，见表 2。

表 2 超大型干熄焦装置与同类技术对比技术优势表

名 称	技术优势描述
超大型干熄焦技术	所开发的布风装置及风量分配最优化技术、炉内气固流动和传热最优化技术、多斜道技术、环形风道气流分配最优化技术、干熄炉长寿化技术和一次除尘器结构最优化技术，有效解决了干熄炉均匀布风、气固均匀换热、炉体结构安全及其长寿化等方面的技术难题，使得干熄炉超大型化得以实现，成功研发出处理能力为 250~270 t/h 系列干熄炉，实现了超大型干熄焦技术国产化的成果转化
	所开发的多斜道技术、斜道区牛腿、环形风道内外墙间设置滑动缝和膨胀缝等干熄炉长寿化技术，大幅提高了干熄炉斜道区的使用寿命，采用砖结构分格的多斜道使用寿命是悬挂式金属板分隔斜道的使用寿命的 3 倍
	所开发的布风装置及风量分配最优化技术、炉内气固流动和传热最优化技术及环形风道气流分配最优化技术，实现了焦炭在干熄炉内的高效均匀冷却。其中干熄炉冷却室上、下段圆周温度差<50 ℃，干熄炉入炉气料比<1250 m^3/t 焦，排焦温度<150 ℃（水当量法）
	所开发的一次除尘器结构最优化技术，提高了一次除尘器除尘效率和减少了对锅炉的冲刷

续表 2

名　称	技术优势描述
集成创新技术	所开发的排焦烟气导入环形气道技术，对排焦烟气处的热量进行了回收，回收的热量增加了高温高压蒸汽产量 0.744 kg/t 焦，同时减少了 SO_2 排放源
	所开发的焦炭烧损在线检测技术，可实时掌握干熄炉的全焦烧损状况，以便指导生产采取相应措施，降低焦炭烧损
	所开发的装焦除尘最优化技术，最终解决了装焦过程的烟尘外逸问题，同时可减少除尘风机风量约 20%，年节约电量 0.044 kW · h/t 焦
	所开发的稳定排焦控制技术，有效保证了超大型干熄焦系统的生产稳定，延长了干熄炉使用寿命。此外，该项技术可自动运行，避免了人工操作的随意性，大大减少了工人劳动强度
	所开发的基于安全生产监控的吊钩识别技术，替代了传统人工监视的方式，保证了提升机安全稳定运行

该项目技术成果与国内外先进技术相比，部分指标相当，关键指标优异，具体对比见表 3。该项目开发的超大型干熄焦技术，干熄焦处理能力提高 3.8%，达到目前世界上干熄焦最大处理能力。此外，干熄焦热效率提高 1.35%，斜道使用寿命提高 3 倍，在干熄焦节能、减排及干熄炉长寿化等方面优势明显，整体技术达到国际领先水平。

表 3　超大型干熄焦装置与同类技术对比表

序号	项　目	单位	国外先进技术	国内先进技术	该项目	结论
1	干熄焦处理能力	t/h	260	260（国内外联合开发）	270（自主开发）	提高 3.8%
2	入炉气料比	m^3/t 焦	1150~1200	<1300	<1250	比国内先进值减少 3.8%
3	排焦温度	℃	<150（水当量法）	<150（水当量法）	<150（水当量法）	相当
4	冷却室上段（下段）圆周温度差	℃	<50	<50	<50	相当
5	干熄炉热效率	%	—	88.94	90.14	提高 1.35%
6	斜道使用寿命		约 2 年（悬挂式金属板分隔斜道）	约 2 年（悬挂式金属板分隔斜道）	6 年以上（砖结构分格斜道）	提高 3 倍

5　推广应用前景

超大型干熄焦技术，作为钢铁生产领域的一项重要创新技术，其推广应用前景十分广阔。近年来，随着国内钢铁产业的迅猛发展，对环保、高效的生产技术需求日益增长。根据焦化行业统计数据，2023 年我国焦炭产量为 49260 万吨（含兰炭 7500 万吨），其中，钢铁联合企业 90%的焦炉已配置了干熄焦装置，而独立焦化企业配置干熄焦装置的占比约为 60%，仍有 40%的市场空间。

干法熄焦工艺是焦化企业改善焦炭强度、回收余热、降低炼焦工序能耗的重要手段。目前超大型干熄焦技术，以其独特的优势，占地面积小、投资少、运行成本低、热效率高等成为了焦化行业转型升级的重要选择。

未来，随着国内钢铁产量的持续增长和环保政策的不断收紧，超大型干熄焦技术将在焦化行业中发挥越来越重要的作用。它将帮助焦化企业实现更高效、更环保的生产目标，为焦化行业的可持续发展注入新的动力。

高效节能换热立式热回收焦炉成套技术开发与工程应用

该技术由黑龙江建龙化工有限公司和华泰永创（北京）科技股份有限公司联合开发完成。

1　工艺原理及技术路线

1.1　技术背景

钢铁工业作为国民经济的基础产业，是衡量一个国家综合国力和工业化程度的重要标志，是最硬核的制造业之一。焦炭是钢铁工业重要的燃料和还原剂，在国民经济的发展中起着重要的作用。2023 年我国焦炭产量达到 4.93 亿吨，在未来很长一段时期内，长流程的钢铁生产仍将以高炉炼铁工艺为主，这就决定了对焦炭的持续需求。

现代焦炉发展已有一百多年历史，主要有化产回收焦炉与无化产回收焦炉（热回收焦炉），化产回收包括顶装焦炉和捣固焦炉。化产回收焦炉虽然在大型化、高效化、智能化以及绿色化方向有了长足的发展，但是没有从根本上解决焦化行业面临的环境污染问题。

热回收焦炉负压操作，环境清洁，生产过程没有无组织排放，没有废水、废渣产生，以其显著的清洁环保优势越来越受到人们青睐，但目前国内外多为卧式热回收焦炉，由于“宽而矮”的炭化室结构，存在着效率低、能耗高等不适应绿色及“双碳”经济发展的突出问题。

1.2　技术原理

（1）换热立式热回收焦炉集成了常规焦炉高效节能的炉体结构与卧式热回收焦炉清洁环保的炼焦工艺，炭化室-燃烧室间隔排列。

（2）生产系统为负压操作，炼焦过程产生的高温荒煤气直接在焦炉燃烧室内燃烧炼焦，出焦炉的高温烟气进行余热回收脱硫除尘达标后排放。从源头消除了焦化废水、废渣和 VOCs 等有害污染物的产生及逸散，实现了炼焦过程清洁。

（3）采用“窄而高”的立式炭化室结构，占地少，结焦时间短，炉体散热损失小；首创的炉顶荒煤气平衡道连通各炭化室，使焦炉系统的荒煤气在压差作用下平衡分配到各燃烧室进行多段连续燃烧，解决了荒煤气发生过程不均衡对结焦过程的影响，结焦时间比化产回收焦炉更短；荒煤气通过炭化室顶部跨越孔直接进入相邻燃烧室燃烧，不需要预留较大的荒煤气流通道，装煤高度可以增加。

（4）通过炉体不同部位的气体垫层或隔热层回收炉体散失热量回用焦炉加热系统，加上炉体表面散热损失小，吨焦能耗大幅下降。

1.3　工艺路线

由备煤车间送来的能满足炼焦要求的煤装入煤塔。通过摇动给料器将煤装入装煤车的煤箱内，并将煤捣固成煤饼，装煤车按作业计划将煤饼从机侧送入炭化室内。煤饼在炭化室内经过一个结焦周期的高温干馏炼制成焦炭（焦饼中心温度（1000±50）℃）。炭化室内的焦炭成熟后，由推焦机推出。

采用湿法熄焦，焦炭经拦焦机卸入熄焦车内。由电机车牵引至熄焦塔内进行喷水熄焦。熄焦后的焦炭卸至晾焦台上，晾置一定时间后送往筛贮焦工段。

煤在炭化室干馏过程中产生的荒煤气经顶部跨越孔进入燃烧室立火道，处于不同结焦时间炭化室之间的荒煤气通过煤气平衡道分配，使各炭化室的荒煤气量均匀分配。空气经换热室预热后，进入燃烧室与荒煤气分段混合燃烧。所产生的高温烟气下降进入换热室，与空气间接换热，换热后的烟气经烟道进入废气余热锅炉回收烟气余热。当废气余热锅炉计划检修或故障时，焦炉烟气经烟道通过烟囱排放（图 1）。

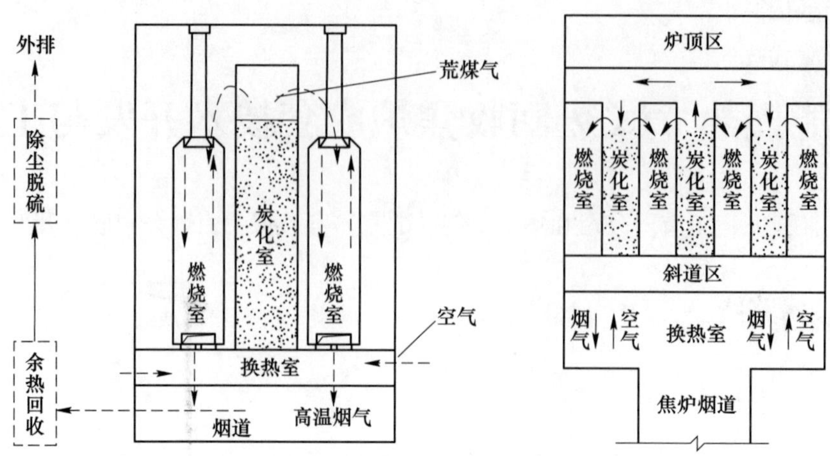

图 1　换热立式热回收焦炉工艺流程图

2　技术核心

2.1　研究内容

项目开发出国内外首套集清洁高效低碳节能于一体的换热立式热回收捣固焦炉炼焦技术。集成常规机焦炉和热回收焦炉的优势技术，突破诸多技术难点，生产效率更高，从源头解决了炼焦生产的环境污染问题，生产过程不产生有毒有害污染物，成功实现了炼焦生产洁净高效节能低碳和工业生产应用。

2.2　技术路线

项目开发充分发挥华泰永创在新型焦炉开发、设计、工程建设和黑龙江建龙炼焦生产的优势，构建一种从上到下由炉顶-煤气平衡道、炭化室-燃烧室、换热室和高温焦炉烟道组成的立体式热回收焦炉结构；采用机焦炉的炭化室-燃烧室结构、捣固煤炼焦、换热室预热空气技术；开发多炭化室荒煤气连通平衡道和相邻炭化室荒煤气共一燃烧室的荒煤气均衡分配均匀燃烧供热的焦炉结构；开发荒煤气、空气和烟气多维度可协同调节的焦炉加热均匀性调节控制技术；开发低温入炉气体流动经过的垫层和隔热层结构技术，回收炉体散失热量的同时保障焦炉长寿；为了新型焦炉顺利投产和长期稳定运行，系统研究创建新型焦炉烘炉、开工及生产操作技术和相关技术规程。形成国内外首套完整系统的换热立式热回收焦炉结构和捣固炼焦技术，开创一条炼焦生产绿色可持续发展的道路。

2.3　技术特点

（1）项目采用热回收焦炉炼焦工艺，荒煤气在焦炉内燃烧提供炼焦用热。燃烧主要生成高温的水蒸气和二氧化碳，避免了荒煤气到焦炉外冷却净化和回收化产品过程中产生的有毒有害焦化废水和废渣。

（2）焦炉负压操作条件下环境清洁，不会产生阵发性 VOCs 的无组织排放。

（3）焦炉分段多点燃烧，可提高焦炉加热均匀性，又可降低最高燃烧温度；同时回炉废气可携带部分显热回焦炉，减少烟气带走的热量损失，同时降低炉内燃烧温度，进而降低氮氧化物产生。

（4）形成荒煤气、空气、高温烟气和回炉废气多气体多维度协同灵活调节技术：荒煤气通过煤气平衡道和炭化室与燃烧室之间跨越孔进行调节分配；空气通过进口风门粗调、中间分配结构和出口细调相结合进行调节；高温烟气通过气道调节砖和焦炉吸力调节；回炉废气通过管道阀门和气道调节板进行调节。

（5）由于热回收焦炉不需要机焦炉炭化室顶部荒煤气流通通道，因此可以提高装煤高度，从而提高单孔装煤量。结焦时间的缩短和装煤量的增加会使新型焦炉生产效率大幅提升。

（6）采用机焦炉的立式炉体结构，表面积大幅降低，散热损失降低。利用入炉气体流过的炉底垫层和隔热层回收焦炉炉体散失的热量，同时可以预热空气。解决了卧式热回收焦炉炉底垫层自然对流带来的散热损失问题；立式热回收焦炉的散热损失量是卧式热回收焦炉的 15%~20%。

（7）控制炉内荒煤气燃烧程度，降低炉内烟气量，从而降低炉内气体流动阻力，降低风机能耗。

（8）吨焦投资：换热立式热回收焦炉吨焦投资 1000~1100 元，比卧式热回收焦炉减少 10%~20%。

（9）吨焦能耗：换热立式热回收焦炉吨焦能耗<85 kgce，同一计算条件下，吨焦能耗比卧式热回收低 45 kgce 以上。

（10）吨焦煤耗：配煤干基挥发分约 24%条件下，换热立式热回收焦炉的吨焦煤耗为 1.28，而卧式热回收焦炉的吨焦煤耗在 1.35~1.42，即立式热回收焦炉吨焦配煤成本远低于卧式热回收焦炉。

3 运行效果

该项目焦炉设计周转时间 22.5 h，装煤高度 4.1 m，中温中压蒸汽产量 14 t/h。自装煤投产以来，焦炉运行稳定，焦炉周转时间为 21 h，装煤高度达 4.25 m，分别比设计值提高了 6.7%和 3.6%，生产效率提高了 10.3%，年产焦炭可达 5.5 万吨，蒸汽产量 15.6 t/h。在配煤指标相同的情况下，生产的焦炭经过检测与现有 4.3 m 捣固焦炉一致。

全炉负压操作，看火孔处保持微负压，运行过程中无污染物逸散，本质安全性高；空气经过预热后分段助燃，立火道温度可达 1400 ℃。

当焦炉周转时间一定时，助燃气体无须调节。

4 与国内外同类技术

该项目技术立足于绿色高效节能，集成了常规机焦炉的高效、捣固焦炉的低资源成本和热回收焦炉的清洁环保本质安全等技术优势，开发出新型高效节能换热立式热回收焦炉及其炼焦技术，实现多项技术创新与突破，整体技术指标达到了国际领先水平，主要表现在：

（1）国内外首套能同时实现焦炭生产过程清洁、高效和节能的换热立式热回收焦炉。

（2）生产效率比目前效率最高的机焦炉提高 10.3%，实现了目前国内外已有焦炉的最高生产效率水平。

（3）焦炉烟气中 NO_x 排放浓度约 100 mg/m^3，达到超低排放要求的 150 mg/m^3。

与国内外焦炉进行技术先进性比较，详见表 1。

表 1 国内外各种炉型对应炼焦对比分析表

序号	比较内容		常规捣固机焦炉	换热立式热回收焦炉（该项目技术）	卧式热回收焦炉	国内先进焦炉（6.25 m 捣固）	国外先进焦炉（顶装焦炉）
1	清洁环保	焦化废水产生量 /t · t 焦$^{-1}$	约 0.25	0	0	0.22	0.22
		无组织排放	有	无	无	少量	少量
		VOCs 排放/g · t 焦$^{-1}$	约 60	0	0	5	4
		固废（危废）/kg · t 焦$^{-1}$(m^3 · t 焦$^{-1}$)	约 1.2（约 3×10^{-5}）	0	0		
		烟气 NO_x 浓度 /mg · m^{-3}	约 500	约 100	约 100	350	250
		炼焦过程 CO_2 排放量/t · t 焦$^{-1}$	焦炉煤气：0.19 混合煤气：0.83	0.62	0.76	焦炉煤气：0.19 混合煤气：0.80	焦炉煤气：0.18 混合煤气：0.75
2	生产效率	结焦时间/h	22.5	21	48~70	—	—
		装煤高度/m	4.1	4.25	—	—	—
		生产效率	1	1.103	0.786	—	—

续表 1

序号	比较内容		常规捣固机焦炉	换热立式热回收焦炉（该项目技术）	卧式热回收焦炉	国内先进焦炉（6.25 m 捣固）	国外先进焦炉（顶装焦炉）
3	节能	焦炭烧损/%	<0.1	<0.1	2~6	0	0
		炼焦热量利用效率/%	61.5	86.3	68.9	62.9	62.7
4	焦炭单位产品能耗/kgce · t 焦$^{-1}$		110~120	90~100	180~190	100~110	
5	工程用地面积比例*		1	约 0.78	约 1.03	1	1
6	吨焦建设投资/元*		约 1142	约 1117	约 1243		约 3000

注：“＊”内容计算依据为 150 万吨规模；国内外先进焦炉的 VOCs 排放指标为处理后的值。

5　推广应用前景

5.1　直接经济效益分析

新型焦炉目前周转时间稳定运行在 21 h，单孔产焦量 19 t 左右，中温中压蒸汽产量 15.6 t/h。

按年产 5.5 万吨焦炭、吨焦利润 500 元计，可实现经济效益 2750 万元/年；

按入炉煤水分 10%计算，可减少焦化废水产生量 8300 t，每吨处理费用按照 20 元计算，可节省处理费用 3.02 元/吨焦；

中温中压蒸汽按 120 元/吨、全年 345 天计算，即可实现经济效益 282.81 元/吨焦；

所产生的焦炭干熄余热回收利用产生高温高压蒸汽，全年 345 天计算，可产生 2.93 万吨高温高压蒸汽，按高温高压蒸汽 138 元/吨计算，可实现 404 万元/年，即可实现经济效益 73.45 元/吨焦。

5.2　社会效益分析

以 2023 年为例，中国焦炭产量达 4.93 亿吨，按照入炉煤水分 10%计算，仅按 10%产能采用换热立式热回收焦炉技术：全国可减少焦化废水产生量 730 万吨，每吨处理费用按照 20 元计算，每年可节省处理费用 1.46 亿元；每年可减少 246.5 t 有毒有害的 VOCs 排放。

经过计算，换热立式热回收焦炉比卧式热回收焦炉吨焦投资降低 126 元，则相较于卧式热回收焦炉建设可减少投资 62.11 亿元；经过估算，可减少约 9.8 km^2 工程用地面积。

从 2015 年 1 月 1 日开始，中国全面执行《炼焦化学工业污染物排放标准》。要求焦化企业进行环保整顿，停产补建脱硫脱硝装置，征收挥发性有机物、烟尘特别排放收费等。在环境要求日益严格的形势下，清洁环保的热回收焦炉被再次关注，新增产能明显提升。我国作为炼焦大国，国家相关部门陆续出台了一系列相关的环保规范和标准。以更加绿色的方式生产优质焦炭已经成为了中国炼焦行业发展的必经之路。目前我国正处于淘汰落后焦炉，实现产能绿色置换的过渡阶段，清洁环保的热回收焦炉技术是满足绿色发展要求的首选技术之一。

目前换热立式热回收焦炉已引起国内外行业专家的高度关注，先后有越南、马来西亚、蒙古及津巴布韦业主到现场参观并表达后期合作意愿，将中国的创新技术在世界其他国家发扬光大。

研发新一代清洁高效热回收焦炉和炼焦调控技术，对减少大气污染、节约能源和安全生产，推进焦化行业和企业绿色化转型，促进国家乃至世界节能减排，具有重要意义。

智能环保焦炉机械设备研发与应用

该项目由大连华锐重工焦炉车辆设备有限公司开发完成。

1 项目研发背景

我国焦炭产能占世界产能近70%，但焦炉机械设备整体技术水平较低，主要表现在环保性能较低，无组织排放量较大，满足不了我国日益严格的环保要求。同时设备整体自动化水平较低，基本为人工操作，操作环境恶劣、劳动强度大，与国外发达国家日本、德国、韩国的无人操作技术差距较大，经常性发生人为操作事故，给企业安全生产和高效生产带来较大压力。鉴于上述行业存在的问题，大连华锐重工焦炉车辆设备有限公司2015年开始提出研发高效环保性能和智能化的焦炉机械设备，实现焦炉无烟化操作的高度环保，力争设备整体可靠性达到无人操作目的，将操作人员从中解放出来，同时结合国家整体智能制造发展战略，将焦炉机械打造具有智能化的机械设备。

2 技术研发简介

2015年开始研发，重点围绕智能制造2025和国家日益严格的环保要求，践行习近平总书记提出的“绿水青山就是金山银山”新发展理念，确定研发智能环保焦炉机械的核心技术攻关路线，目标定位为打造国内领先、国际先进的升级换代产品，全面提升我国焦化行业的技术装备水平。

2.1 环保指标核心技术研发

结合环保现状，重点解决机、焦侧炉头烟的无组织排放和炉顶装煤的烟尘控制。

2.1.1 机侧烟尘控制技术

采用地面除尘站进行机侧烟尘控制，采用国际先进的水封对接形式，具有零泄漏的技术优点，比传统的皮带小车或翻板结构节能10%以上。车上采用全密封罩烟尘，通过软件仿真计算，确定合理的烟罩吸口位置和管道参数尺寸，通过自动控制将推焦机操作过程中的开炉门、平煤、清门、推焦过程产生的烟尘进行有效收集，烟尘捕集率由研发前的不足90%提升到98%以上，操作过程中无可见烟尘外逸，实现机侧无烟化操作。

2.1.2 焦侧烟尘控制技术

研发了焦侧全密封罩配合地面除尘站，将导焦过程中的开门、导焦、清门进行烟尘收集。为避免炉头烟外逸，车上配置了变频可调节风量的引流风机，结合不同时段进行吸风量调整，在保证了吸尘效果的同时，又达到了节能效果。研发的焦侧高效除尘技术，烟尘捕集率由研发前的不足90%提升到98%以上，操作过程中无可见烟尘外逸，实现焦侧无烟化操作。

2.1.3 炉顶装煤烟尘控制技术

炉顶煤车采用节能型的无烟装煤技术，省却了传统地面站除尘，为实现装煤烟尘控制，研发了高效平面导套密封技术，解决了现有球面密封存在的适应能力不足的技术难题，研发后的新型密封装置，有效解决了装煤过程中的烟尘外逸，实现装煤过程中的无烟化操作，达到超低排放要求。与传统地面站烟尘控制工艺对比，节省地面投资近1000万元，同时每年降低运行费用约500万元。研发后的新型密封装置，整体环保效果达到国际领先水平，有效解决装煤烟尘外逸的行业难题。

2.1.4 辅助功能技术研发提升

通过科研立项，对传统的炉门炉框清扫、炉顶炉台清扫、炉盖炉座清扫进行可靠性升级，满足现场长期稳定可靠使用。通过技术提升和优化，升级后的这些辅助功能，达到了稳定可靠使用，为后续的无人操作奠定了坚实基础，同时有效降低了机、焦侧炉门烟尘外逸、炉顶装煤孔烟尘外溢的行业难题，有效满足焦炉整体环保要求，同时又降低了辅助岗位工人的人员配置和劳动强度，炉顶、炉前工数量有效降低 50%以上。

2.2　智能无人操作核心技术研发

智能无人操作技术主要技术路径为：研发自动作业计划系统，按照用户生产计划安排，自动生成作业技术系统，作业计划系统通过地面四车协调管控系统，发布到各车控制系统，各车按照作业计划实现自动运行。同时结合未来智能技术发展，结合用户需求研发了核心智能化技术，其中包括：推焦电流自动分析数据库、可视化的数字孪生系统、智能化的人机防碰安全技术、设备的能耗智能管理、大数据统计与分析、设备健康自我诊断系统、无线 5G 技术传输与应用、智能追踪视频技术等。

借助上述智能化技术，有效提升了设备自我判断、优化识别、故障处理的效率和可靠性，为智能炼焦、无人操作奠定了坚实基础。通过上述核心技术研发和应用，目前设备实现了系统智能管控，提升了设备安全性同时，对高效生产起到积极促进作用，无人智能技术整体达到国际领先水平。

3　取得的经济效益和社会效益

核心技术研发成功后，结合项目工程开始进行现场调试，于 2021 年 10 月首先在宝钢湛江三期 7 m 焦炉项目得到成功应用和实践，后续并在国内进行快速应用推广，取得了较好的经济效益和社会效益。在技术应用推广方面，继宝钢湛江三期 7 m 之后，先后有马钢南区、北区 7 m，攀钢 7 m，盛隆泰达 7.6 m 等二十余家焦化单位实现成功推广，并实现了无人值守、智能化运行，操作成功率达到了国际先进的 95%以上。环保性能实现了机侧、焦侧、炉顶烟尘的有效收集、实现 98%以上烟尘收集率，达到超低排放的环保要求，彻底实现无烟化操作。

以湛江三期 7 m 焦炉实现的无人智能技术应用实践为例，通过用户使用和数据统计分析，设备综合操作成功率达到 95%，操作效率提升 6%（年产量可提升约 8 万吨），人为事故降低为 0，操作人员和炉体辅助人员降低配置 30%~40%以上，取得了明显经济效益和社会效益。

该技术带动行业整体技术进步，目前国内梗阳、亚鑫等十几家顶装用户已经实现有人值守无人操作，同时也带动捣固焦炉装备技术提升，其中安昆、利源等十几个捣固焦炉项目也实现有人值守无人操作。该技术的成功研发和应用推广，为现有存量市场的焦炉机械设备改造升级，提升环保和自动化水平起到积极促进作用，推动焦化行业整体技术进步，提升我国焦炉机械设备的整体技术水平，提升国际竞争力。

4　取得的科技成果

该技术成果研发应用后，2021 年 1 月 26 日，经过中科合创（北京）科技成果评价中心专家鉴定，整体达到国内先进水平，2022 年获得大连市科技进步二等奖；其中核心技术中的数字场景无人协同整体解决方案及应用，获得第四届全国中国工业互联网大赛一等奖；焦炉车辆智能控制系统及方法获得大连市专利一等奖；数据驱动全要素焦炉车辆智能协同平台研发及示范应用成为国家工业信息安全发展研究中心优秀案例和示范推广项目等。

在研发过程中先后获得专利 8 项，其中发明专利 5 项，实用新型专利 3 项，取得软著 3 项。

CHS 系列清洁低碳节能智能捣固热回收焦炉

本成果由中钢设备有限公司和山西中鑫洁净焦技术研究设计有限公司联合完成。

1 热回收炼焦工艺技术基本原理、工艺流程

炼焦技术包含常规焦炉、热回收焦炉、半焦（兰炭）炭化炉三种生产工艺。热回收焦炉是指焦炉炭化室微负压操作、机械化捣固、装煤、出焦，回收利用炼焦燃烧尾气余热的焦炭生产装置。焦炉结构形式分立式和卧式。

热回收炼焦的主要技术特征为微负压炼焦，基本原理为炼焦煤在炼焦过程中产生的荒煤气在焦炉顶部和从焦炉顶部进入的一次空气部分燃烧，部分燃烧后的烟气从炭化室主墙下降火道到燃烧室六联拱或四联拱和从炉底进入的二次空气充分燃烧。充分燃烧后的高温烟气从炭化室主墙上升火道经上升管和集气管到余热锅炉，余热锅炉产生蒸汽用于发电或其他用途。余热锅炉出来的低温烟气经过除尘脱硫后排空。热回收炼焦的主要特点如下：

（1）热回收炼焦技术的主要特点为微负压炼焦、生产过程中不外泄颗粒物和 VOCs 等挥发性有害物质，没有回收化工产品的生产装置、生产过程中不产生废水、不需要建设污水处理站。热回收炼焦技术是国际上清洁环保炼焦新技术之一。

（2）热回收炼焦技术在生产过程中和最终产品，不产生危险化学品，没有易燃易爆的物质，具有非常高的安全生产特点，是国际最安全的炼焦新技术之一。

（3）热回收炼焦技术工艺路线短，耗能设备少，利用炼焦产生的高温烟气余热产生蒸汽发电或其他用途，是国际最节能低碳的炼焦新技术之一。

（4）热回收炼焦技术采用超大容积炭化室，捣固装煤，可以大幅度提高弱黏结性煤和无烟煤炼焦的比例，对于合理利用煤炭资源和节约优质炼焦煤起到一定作用。

（5）热回收炼焦技术的主要产品只有焦炭和电力，特别适合需要焦炭、电力和集中供热的企业采用。

2 CHS 系列清洁低碳节能智能捣固热回收焦炉技术核心、运行效果

2.1 核心技术

CHS 系列清洁低碳节能智能捣固热回收焦炉在我国热回收焦炉发展的不同阶段，形成了五代典型的 CHS 系列清洁低碳节能智能捣固热回收焦炉，其主要技术核心如下。

2.1.1 燃烧室六联拱结构

我国最早的热回收焦炉采用四联拱燃烧室，CHS 清洁低碳节能智能捣固热回收焦炉从 2008 年开始首次应用六联拱燃烧室专利技术。六联拱燃烧室具有烟气燃烧完全、烟气非甲烷总烃含量为零，传热效率高、焦炉周转时间缩短 5%，炉体强度高、焦炉使用寿命 35 年以上等技术优势。

2.1.2 炉顶一次空气分布器

CHS 清洁低碳节能智能捣固热回收焦炉从 2013 年首次开始采用炉顶一次空气分布器，炉顶一次空气分布器将从焦炉炉顶进入空气有规律地分布在炉顶四周，避免空气向下直接和煤饼接触，减少了炼焦煤的烧损，提高了炼焦全焦产率 0.5%~1%以上，节约了炼焦煤资源，降低了碳排放。

2.1.3 燃烧室二次空气预热

CHS 清洁低碳节能智能捣固热回收焦炉从 2020 年首次开始采用从炉底进入六联拱燃烧室二次空气预热专利技术，进入燃烧室的空气的温度提高到 80 ℃左右，热能利用率提高了 3%，减少了碳排放。

2.1.4　燃烧室分段加热

CHS 清洁低碳节能智能捣固热回收焦炉从 2017 年首次开始采用六联拱燃烧室不同方式的分段加热专利技术，实现了六联拱火道加热均匀，烟气中 NO_x 含量≤100 mg/Nm^3，保证了焦炭机焦侧同时成熟。

2.1.5　焦炉吸力自动调节

CHS 清洁低碳节能智能捣固热回收焦炉从 2022 年首次开始采用热回收焦炉上升管吸力自动调节专利技术，可以自动调节焦炉炭化室和燃烧室的吸力，在不同的炼焦周期合理地控制进入焦炉炉顶一次空气量和燃烧室二次空气量，实现焦炉调火的自动化操作和智能化管理。

2.1.6　装煤推焦车载除尘

CHS 清洁低碳节能智能捣固热回收焦炉从 2010 年首次开始采用装煤推焦车和接焦车车载除尘专利技术，使热回收炼焦的装煤和推焦除尘工艺更合理、更可行，有效地抑制和控制了装煤和推焦过程中烟气中颗粒物和 SO_2 的排放，实现了清洁生产，保护了环境。

2.1.7　余热锅炉布置在间台

CHS 清洁低碳节能智能捣固热回收焦炉从 2017 年首次开始采用余热锅炉布置在两座焦炉之间的焦炉间台的专有技术，缩短了焦炉和余热锅炉之间的距离，减少了炼焦高温烟气集气管道的散热，提高了进入余热锅炉的炼焦高温烟气温度 100 ℃左右，炼焦高温烟气余热发电量提高了 10%以上。

2.1.8　高温烟气和低温烟气集气管道互联技术

CHS 清洁低碳节能智能捣固热回收焦炉从 2017 年首次开始采用进入余热锅炉的高温烟气管道相互连通、余热锅炉出口的低温管道相互连通的专利技术和专有技术，保证了余热锅炉检修的时候高温烟气不外排，保证了锅炉检修的时候高温烟气始终通过余热锅炉产生低温烟气，保证了炼焦烟气低温始终可以除尘、脱硫和脱硝，不但实现了任何时候回收利用炼焦高温烟气热能的目的，还达到了热回收焦炉的节能低碳和清洁生产。

2.1.9　干法熄焦

该公司设计的福建三钢、河北太行、重庆科尔等热回收炼焦工厂均采用了干法熄焦技术，其中河北太行为全干法熄焦，完善了热回收炼焦技术，稳定和提高了焦炭质量，节约能源和保护环境。

2.1.10　高温超高压一次再热余热发电

该公司设计的福建三钢、河北太行、重庆科尔等热回收炼焦工厂均采用了高温超高压一次再热余热发电，余热发电量得到了大幅度的增加，提高了热回收炼焦热能回收利用率，实现了热回收炼焦的节能减排。

2.1.11　其他专有技术

我们的热回收炼焦技术，还有机械+液压捣固、超大容积炭化室、焦炉炉体耐火材料、集气管内衬耐火材料、炉门内衬耐火材料、刀边炉门、湿法熄焦回收熄焦塔水蒸气和除尘的装置、大比例配入无烟煤炼焦等专有技术。

2.2　运行效果

该公司研发设计的 CHS 系列清洁低碳节能智能捣固热回收焦炉，在我国甘肃、福建、河北、重庆、山西等省市以及印度、越南、伊朗、印度尼西亚、哥伦比亚等国家广泛使用，应用取得了良好的经济效益和社会效益。

3　与国内外同类技术在经济、环境、管理等方面比较

CHS 系列清洁低碳节能智能捣固热回收焦炉在我国甘肃、福建、河北、重庆、山西等省市以及印度、越南、伊朗、印度尼西亚、哥伦比亚等国家广泛使用，不完全统计国内外市场占有率在 80%以上，市场占有率和总体技术处于国际领先水平。

3.1 炭化室容积

CHS 系列清洁低碳节能智能捣固热回收焦炉为大容积和超大容积炭化室，捣固煤饼体积根据焦炭生产规模的不同，有 45 m^3、51 m^3、58 m^3、59 m^3、61 m^3、62 m^3、67 m^3。CHS 系列热回收焦炉的炭化室容积和捣固煤饼体积数量，处于国际领先水平。

3.2 燃烧室六联拱结构

CHS 系列清洁低碳节能智能捣固热回收焦炉采用自主研发的专利和专有技术，清洁型热回收捣固室式机焦炉（CN200820076720.6），燃烧室为六联拱结构，烟气燃烧完全、烟气非甲烷总烃含量为零，传热效率高、焦炉周转时间缩短 5%，炉体强度高、焦炉使用寿命 35 年以上等技术优势，处于国际领先水平。

3.3 炼焦煤烧损

CHS 系列清洁低碳节能智能捣固热回收焦炉采用自主研发的专利和专有技术，炼焦煤低烧损的热回收捣固式炼焦炉（CN201320139283.9）、减少焦炭烧损和带除尘装置的平接焦车（CN201310717603.9）、一种热回收焦炉吸力自动调节装置（CN202420189911.2）等，炼焦煤烧损≤1.5%，处于国际领先水平。

3.4 燃烧室二次空气预热

CHS 清洁低碳节能智能捣固热回收焦炉从 2020 年首次开始采用从炉底进入六联拱燃烧室二次空气预热专利技术，一种两次空气预热热回收炼焦炉（CN202420104142.1），进入燃烧室的空气的温度提高到 80 ℃左右，热能利用率提高了 3%，减少了碳排放。节能低碳效果处于世界领先水平。

3.5 燃烧室分段加热

CHS 清洁低碳节能智能捣固热回收焦炉六联拱燃烧室不同方式的分段加热专利技术，一种热回收焦炉联拱火道分段加热装置（CN202420104213.8），六联拱火道加热均匀，烟气中 NO_x 含量≤100 mg/Nm^3，保证了焦炭机焦侧同时成熟和焦炭质量均匀，处于世界领先水平。

3.6 焦炉吸力自动调节

CHS 清洁低碳节能智能捣固热回收焦炉从 2022 年首次开始采用热回收焦炉上升管吸力自动调节专利技术，一种热回收焦炉吸力自动调节装置（CN202420189911.2），可以自动调节焦炉炭化室和燃烧室的吸力，在不同的炼焦周期合理地控制进入焦炉炉顶一次空气量和燃烧室二次空气量，实现焦炉调火的自动化操作和智能化管理，处于世界领先水平。

3.7 装煤推焦车载除尘

CHS 清洁低碳节能智能捣固热回收焦炉采用装煤推焦车和接焦车车载除尘专利技术，减少焦炭烧损和带除尘装置的平接焦车（CN201310717603.9），使热回收炼焦的装煤和推焦除尘工艺更合理、更可行，有效地抑制和控制了装煤和推焦过程中烟气中颗粒物和 SO_2 的排放，实现了清洁生产，保护了环境，处于世界先进水平。

3.8 炼焦高温烟气回收利用

CHS 清洁低碳节能智能捣固热回收焦炉采用余热锅炉布置在两座焦炉之间的焦炉间台的专有技术，缩短了焦炉和余热锅炉之间的距离，减少了炼焦高温烟气集气管道的散热，提高了进入余热锅炉的炼焦高温烟气温度 100 ℃左右，炼焦高温烟气余热发电量提高了 10%以上，高温烟气热量回收和余热利用处于世界领先水平。

3.9 炼焦高温烟气和低温烟气集气管道互联技术

CHS 清洁低碳节能智能捣固热回收焦炉采用进入余热锅炉的高温烟气管道相互连通、余热锅炉出口的低温管道相互连通的专利技术和专有技术，保证了余热锅炉检修的时候高温烟气不外排，保证了锅炉检修的时候高温烟气始终通过余热锅炉产生低温烟气，保证了炼焦烟气低温始终可以除尘、脱硫和脱硝，不但实现了任何时候回收利用炼焦高温烟气热能的目的，还达到了热回收焦炉的节能低碳和清洁生产，处于世界领先水平。

4 推广应用前景

我国政府和行业协会对热回收炼焦技术进步和生产管理非常重视，在不同时期相应制定了热回收炼焦的产业政策和环保、节能等有关规定，对促进和引导我国热回收炼焦技术的进步和生产管理起到了十分重要的作用。

在国际上，热回收炼焦技术作为一种环保的炼焦新技术，很早就在美国、澳大利亚、印度等国家得到了应用。2014 年 1 月我国化学工业出版社出版的，我国环境保护部科技标准司组织翻译的，由欧洲共同体联合研究中心编制的《钢铁行业污染物综合防止最佳可行技术》，说明了热回收炼焦技术的优势，是钢铁行业污染物综合防治最佳可行技术之一。

热回收炼焦技术，作为环保低碳节能炼焦新技术，随着环境保护、低碳减排、节约能源的日益严格要求，特别是在需要焦炭和电力的钢铁联合企业将会得到进一步广泛的应用。

创新论文

CHUANGXIN LUNWEN

专家论坛

基于全流程系统优化理念的焦化行业发展模式探讨

石岩峰

（中国炼焦行业协会，北京 100120）

1 我国焦化行业现状与发展瓶颈

近年来，我国经济形势好于预期，经济结构不断优化，新旧动能加快转换，质量效益明显提升，总体上呈现稳中向好态势。焦化行业经历了产能压减、错峰限产、安全环保加严、升级改造等政策影响，焦炭价格在波动中保持上涨，行业经济效益进一步好转。随着环保治理力度加大以及重点地区错峰限产政策的出台，如何实现稳定健康发展，并在起伏不定的市场中保持盈利，是焦化企业面临的新难题。全体焦化企业必须深刻认识到，环保治理、限产错峰生产将成为常态，是我国经济由高速增长阶段转向高质量发展阶段的必然趋势，中国焦化行业仍然面临产能过剩、环境压力日趋加大的严峻挑战；焦化企业要在新的市场环境下求得生存和发展，必须努力提高综合竞争力，积极推进转型升级，优化管理体系与工艺，提高全要素生产率，实现生产经营全过程安全稳定、低消耗、低排放、高效率运行，提高发展质量和效益。

2 国家相关政策及行业调整方向

经过 2013—2015 年企业的分化调整，淘汰落后产能、煤钢行业化解过剩产能、环保安全监管督察的规范治理，煤钢行业企业效益的明显改善，但我们必须清醒的认识到，钢铁化解过剩产能任务依然艰巨，钢铁消费的减缓已经是大势所趋。作为与钢铁发展高度相关联的焦化行业，同样面临着加快供给侧结构性改革与转型升级的考验，短期内我国焦化产品市场的供需状况，还处于供过于求的局面，仍将在波动调整中运行，焦化企业的调整分化还将继续演变。焦化行业供给侧结构性改革是一项长期的战略任务，不可能在短期内得到根本性解决，需要持续推进、不断深化。

与此同时，环保督察常态化、监管制度日益严格、碳减排也是焦化行业可持续发展所不容忽视的重大限制政策。

我国经济已由高速增长阶段转向高质量发展阶段，正处在转变发展方式、优化经济结构、转换增长动力的攻关期，将加快建设现代化经济体系，把发展经济的着力点放在实体经济上，把提高供给侧体系质量作为主攻方向，焦化行业在积极应对转型升级、提高发展质量的同时，机遇与挑战并存。

3 全流程系统优化理念下焦化行业发展模式探讨

3.1 全流程系统优化理论来源及焦化行业全流程系统优化基本定义

全流程系统优化的指导理论为过程系统工程。系统工程是实现系统最优化的科学，其功能是指导复杂系统的工程，强调整体的运行，是沟通各专业工程学科的桥梁；其方法是用定量和定性相结合的系统思想和方法处理大型复杂系统的问题。系统工程应用非常广泛，其在过程工业的应用称为过程系统工程。

过程系统工程（Process Systems Engineering，简称 PSE）是在系统工程、化学工程、过程控制、计算数学、信息技术、管理科学等学科的基础上产生的一门综合性学科，它以处理物料流—能量流—信息流—资金流的过程系统为研究对象，研究其设计、控制、运行和组织管理，目的是在总体上达到最优化；简言之，PSE 即为“选择优化的单元设备及其联结工艺来组成一个过程系统，从设定的产品组织生产，在最少的总费用和最小的环境污染条件下安全地生产，并在运行中采取和保持最优的操作条件”；其关键是单元和联结关系优化，目标是在安全条件下费用最低和污染最小。

全流程最优理念是欧美等发达国家工业发展的主导思想，应用成熟广泛且效果显著。我国焦化行业全流程系统优化，由中国炼焦行业协会首次提出并付诸实践，即按照清洁生产和系统最优理念，定性、定量对焦化企业所有工段进行评估，依据评估结论制定企业最适宜优化方案，通过组织实施所制定的全流程系统优化方案，实现焦化企业生产的安全、环保、稳定、顺行，以达到优化工艺参数和管理制度、降低企业运行成本、提升企业盈利能力的效果。全面推动焦化行业产、学、研、用共享服务平台，创新焦化行业服务理念和模式，实现煤炭焦化领域企业和科研单位的共赢发展。

3.2 全流程系统优化实施目的与意义

从国民经济发展及行业发展层面看，全流程系统优化的意义在于：

一是可实现煤炭清洁高效综合利用。焦化是传统煤化工行业，是中国第二大煤炭消费转化行业，焦化流程应是煤炭能源洁净化转换效率高的工艺。通过实施焦化全流程系统优化，推动焦化企业绿色转型，提升行业整体水平，实现与冶金、化工、建材、现代煤化工等行业深度产业融合，并结合国家分布式能源建设要求，实现煤炭清洁高效利用。

二是可推动焦化行业发展向中国制造 2025 迈进，实现新旧动能转换。通过焦化全流程系统优化，全面、精准优化工艺和强化规范、科学管理制度，使焦化行业在能效提升、节能减排、循环利用、“两化”融合等方面，取得具有突破传统管理理念、技术与管理措的，施针对性强、经济效益显著的可行性方案，有效降低企业运行成本，提升企业盈利能力和安全环保水平。根据实施效果，结合焦化行业生产力评价指标体系，建立示范性绿色焦化企业，并在行业推广，提升行业整体发展水平，从而实现中国由焦化大国向焦化强国的转变，是加速焦化新旧动能转换进程的有效途径。

三是创新服务模式。目前，中国焦化行业科研、设计、制造等相关服务单位的人才和技术优势还没能充分有效发挥，不能满足整个行业转型升级步伐的需要。为此，中国炼焦行业协会将通过发挥桥梁纽带作用，搭建开放的产学研开放服务平台，整合行业优质资源，创新焦化行业服务理念和模式，为焦化生产企业提供规范优质技术管理服务，提高生产企业的全要素生产率，提升生产企业安全环保管理水平，扩大生产企业的经济效益，同时也为服务单位提供技术成果转化的平台，开拓应用市场，实现企业和服务单位的合作共赢发展。

从大多数焦化企业现状看，全流程系统优化的意义在于：

一是可切实保障企业安全、环保、稳定、顺行。生产实践及调查研究发现，我国焦化企业均不同程度存在安全、环保隐患及稳定、顺行难题。安全、环保是企业生存不可触碰的高压线，近年来尤为受到国家重视，不容出现丝毫纰漏；稳定、顺行既与安全、环保问题密切相关，又对企业经济效益产生重要影响；可见，安全、环保、稳定、顺行是当前我国焦化企业亟待解决的重大问题，是企业生存与发展的基础。全流程系统优化排查诊断环节，则是对制约焦化企业健康发展问题的“全面体检”，将及时发现企业生产经营中所存在的问题并制定优化方案乃至逐步实施，从而切实保障企业安全、环保、稳定、顺行。

二是可全面提升企业经济效益和核心竞争力。经济效益是企业永恒追求的目标，但由于技术基础管理薄弱、关键技术人员匮乏、适用技术把握不准确等问题的存在，致使我国焦化行业自身可控成本居高不下。据中国炼焦行业协会调研分析：由于生产管理水平差异导致国内焦化企业的吨焦生产成本差最高可达 150 元/吨焦，按照目前国内技术条件，如果实施精细化管理和采用适用先进技术，国内焦化企业可实现 30~50 元/吨焦的平均成本下降；此外，合理选择先进适用技术也是保障企业长远发展的不竭动力。通过全流程系统优化的实施，将着重改善焦化企业工艺设备管理中的缺陷、针对性培训企业各岗位关键技术人员、科学判断企业先进适用技术，以实现企业综合经济效益与核心竞争力的全面提升。

三是牢固树立企业在行业中的地位和话语权。中国煤-焦-钢产业链都属于产能过剩行业，随着中国现代化进程的逐步完善，国家对钢铁需求将逐步下降，焦炭需求也必将呈现下降趋势，所以未来我国焦化企业将存在产能压缩与适者留存的竞争。焦化企业欲在时代变迁浪潮中逆势而上，则需环保一流、管理先进、效益丰润。通过全流程系统优化的实施，中国炼焦行业协会推广焦化示范企业，在行业中全面推广其先进发展模式，以实现其在未来激烈竞争市场环境中的可持续发展。

3.3 全流程系统优化实施方法

全流程系统优化工作范围可概括如下：焦化企业全流程优化的边界为从精煤进厂至净煤气出厂，以及煤气利用和深加工；具体排查诊断及优化环节主要包括：配煤、炼焦、煤气净化、煤气利用、深加工（煤焦油加工、苯精制等）、公辅（水、电、蒸汽、自动化、检化验）和相应安全、环保和设备等；具体优化方向为：生产工艺优化、安全和环保提升、能效梯级利用、管理理念提升。

3.4 全流程系统优化工作方法

焦化行业全流程系统优化工作主要涵盖：排查诊断、优化方案制定与实施、优化效果评价与示范企业建立等阶段。整体工作的开展以系统优化和清洁生产理念为指导思想。排查诊断阶段，工作组将组织国内焦化行业各领域专家集中对实施企业的安全、环保、生产工艺（配煤、炼焦、煤气净化、污水处理、公辅系统、自动化系统及相关分析化验）、能效、管理等方面进行全面排查诊断；根据排查诊断结果，通过计算机模拟仿真、与国内外先进工艺指标对标等手段，并结合企业实际情况制定本企业最适宜的全流程系统优化方案；此后，组织专家对各项优化方案按照系统最优的原则进行综合评定，结合企业生产情况有计划地分步实施，对实施效果进行实时跟踪，进而建立焦化行业生产系统评价体系，确立焦化示范企业，并在全行业推广。此外，还将对企业相关管理与技术人员进行分专业培训，培训的内容涵盖全流程优化理念、配煤优化、煤焦检验、焦炉管理、煤气净化管理、循环水管理、废水源头治理、污水处理、制冷机合理操控、能效评估等。

4 焦化行业工艺管理共性问题及优化方向

据中国炼焦行业协会在实施全流程系统优化工作中发现，当前我国焦化行业在技术基础管理、全流程综合考量等方面均存在较大优化空间，表1所示为我国焦化行业管理典型共性问题分析及优化方向。

表1 焦化行业管理典型共性问题和优化发现

共性问题	优化方向
技术基础管理薄弱，技术管理理念与现有市场和环保要求差距较大	修订工艺规程并严格执行，如焦炉热工管理、检化验基础管理等
配煤成本主要考虑入炉煤成本，未系统考虑焦炭、化工产品价格	综合考虑入炉煤成本与全焦价格和化工产品综合价格性价比
基本依据配煤质量控制焦炭质量，而忽视了焦炉热工对焦炭冷热强度及粒度的影响	配煤与焦炉热工协同管理
环保重视末端治理而忽视源头控制	源头控制、清污分流、污污分治、梯级利用
必要计量仪表缺失，能源管理落后	完善计量仪表，能源管理系统分析
循环水系统管理失控	按照国标管理循环水系统
自动化系统孤立运行，数据未充分分析	完善提升现有自动化装置，系统分析

由于生产管理水平差异导致国内焦化企业的吨焦生产成本差异较大，按照目前国内技术条件，如果实施精细化管理和采用适用先进技术，可实现平均30~50元/吨焦的成本下降。目前，焦化企业生产管理粗放的主要原因可归纳为以下三个方面：一是技术基础管理薄弱，许多企业技术管理理念仍旧延续传统小焦化管理理念；二是合格的焦化技术人员严重缺乏，如按产能为标尺，目前合格的焦化技术人员缺口

高达 60%以上；三是焦化技术市场鱼龙混杂，有许多违背基本科学原理的技术在应用。可见，焦化企业改进管理需要系统分析，从基础管理和技术管理等多维度全面考虑，实现综合效益最大化。

在深入推进供给侧结构性改革、环保要求日益趋严的新时代背景下，独具中国特色的焦化产业正面临着深化改革、优化结构、转型升级、化解过剩产能、节能减排等艰巨任务和诸多困难的严峻挑战。我国焦化行业应坚持市场导向，进一步转变环保治理理念，以企业现有生产工艺设施全流程系统优化、完善和提升为落脚点，补齐全系统生产要素运行的短板，降低系统运行成本，提高盈利能力，为促进我国焦化行业的绿色、健康、可持续发展而不懈努力。

对焦化行业高质量发展的思考与探索

马希博

（中国炼焦行业协会，北京　100120）

摘　要：中国焦化行业产能、工艺装备、节能环保等重要指标都已达到世界焦化行业的先进水平。面对未来的“双碳”目标和当前国内外经济环境的变化，焦化行业如何实现转型升级、实现高质量发展，进行了思考和探讨；提出了提高产业集中度，多产业融合，多技术融合，走“双碳”为目标的科技创新、智慧型、智能型的焦化行业的发展之路。

关键词：焦化行业现状，转型升级，集中加工度，多产业、多技术融合发展，“双碳”目标

1　焦化行业现状

2023 年我国的钢、铁、钢材、焦炭产量分别为 10.19 亿吨、8.7 亿吨、13.6 亿吨、4.93 亿吨。粗钢产量世界占比 54%（中国 10.19 亿吨，世界 18.9 亿吨），焦炭产量世界占比 73%（中国 4.93 亿吨，世界 6.73 亿吨）（数据来自 Mysteel）。我国的钢铁产量、焦炭产量无论是规模、品种、质量、效益都迈入世界钢铁大国、焦炭大国之列，是国民经济重要的基础产业、支柱产业，地位举足轻重。

1.1　产量规模

1.1.1　在产焦炭产能

按不同类型划分的焦炭产能见表 1～表 3。在产焦炭总产能为 5.65 亿吨。

表 1　按行业分

行　业	产能/亿吨	占比/%
钢厂	2.33	41
独立焦化企业	3.32	59

表 2　按炉型分

炉　型	产能/亿吨	占比/%
炭化室高度 4.3 m 及以下（含热回收）	0.81	14
炭化室高度 5.5 m	1.88	33
炭化室高度 6 m 及以上	2.97	5

表 3　按区域分

区域（焦炭产量排在前四位的省份）	产能/万吨	占比/%
山西	11000	20
河北	7761	14
内蒙古	5290	9
山东	4405	8

四省合计 2.85 亿吨，产能占比 51%，一半以上。

1.1.2　化工产品

粗焦油加工规模（产能）：2800 万吨左右/年；

焦化粗苯加工规模（产能）：600 万吨左右/年；

焦炉煤气制甲醇总能力：1500 万吨左右/年；

焦炉煤气制天然气总能力：70 亿立方米左右/年。

1.2 主流工艺装备水平

（1）炭化室高 7 m 及以上顶装大容积焦炉和炭化室高 6.25 m 及以上捣固大容积焦炉，配套干熄焦及全干熄已成为新建、改建项目的首选。

（2）煤气净化与精制单套处理能力达到 16 万立方米/小时及以上工艺装置已投入使用。配套的焦炉煤气脱硫脱氰各种工艺类型、废液制酸等成熟技术可供多种选择。

（3）焦油加工单套处理能力已达到 50 万吨/年，粗苯加氢单套处理能力已达到 15 万～20 万吨/年。整个焦化行业所采用的主体工艺设备已达到世界先进水平。

1.3 环保节能水平

1.3.1 环保

我国现阶段在焦化企业实行的超低排放标准是世界上最严最高的标准。相对应的烟尘、废气（VOCs）、固废、危废、污水等污染物综合治理技术（包括源头、尾端）和管理模式不断创新，日趋成熟，完全可以满足当下超低排放标准。

1.3.2 节能

我国干熄焦比例已达 71%（按产能），是全世界干熄焦应用比例最高的国家，足见节能力度之强。上升管、烟道气、余热水、余热汽、循环水等资源能源的回收及梯级利用，在各单项节能技术的支撑下，已趋向“吃干榨净”的程度。越来越多的焦化企业能耗达到或接近“标杆水平”。

2 探索与思考

随着国民经济的不断发展，特别是国家“双碳”目标的提出，焦化作为传统产业如何转型升级、实现高质量发展是业内人士十分关心、关注的议题。

产能过剩、效益下滑、节能降碳、环境友好、智能制造、“双碳”目标，这些问题和议题已成为行业内外议论的焦点！

就实现焦化行业转型升级、高质量发展，很多领导、企业家、专家、学者发表了很好的意见和观点，深受启发，受益匪浅。

结合自己的工作实践和调查研究，就实现焦化行业转型升级、高质量发展做一点探索与思考，愿与大家讨论分享。

焦化行业转型升级、高质量发展所包含的内容为：从焦化企业角度讲，满足国家现行法律法规、产业政策的要求，有合理的经济规模，工艺装备先进、智能化、自动化，节能环保指标优良，经济效益良好，资源能源有效利用，履行社会责任，环境友好，有持续发展潜力和技术创新、管理创新、模式创新能力，有良好的商业信誉等。

这是实现行业转型升级和高质量发展的内容之一。那么，从整个行业角度转型升级、实现高质量发展来讲，我个人观点列举如下。

2.1 提高“产业集中度”是实现焦化行业转型升级和高质量发展的方向之一

尽管我国焦化产业的规模、产量已雄居世界第一很多年，但多数焦化企业规模偏小、布局分散、集中度不高、深加工产业链不长、高附加值产品不多、资源能源浪费、社会成本较大，是我们行业实现转型升级、高质量发展的潜在问题和深层次矛盾。

一般来讲，焦化企业规模越大、集中度越高、资源转换的效率越高，越有利于资源能源的高效综合利用有利于绿色制造，产业链可延伸，所产的化工产品品种多，可更多、更经济地提取高附加值的化工类产品，所产生的污染物、碳排放等也易于综合治理，有效利用。

2.2 “多产业融合”也是实现焦化行业转型升级和高质量发展的方向之一

焦化行业的上游是煤炭行业，下游主要是钢铁行业，焦炉煤气、煤化工产品向下延伸产业链要涉足石油、化工、炭材料等行业，多产业融合发展也是焦化行业实现转型升级和高质量发展的方向之一。“多产业融合”重点是资源、能源、物流、环保、技术等“交互”作用，发挥市场经济在资源配置中的作用，通过企业各自需求、特点、区域优势等各种条件打造：

煤-焦-化-氢产业链；

煤-焦-钢-化产业链；

钢-焦-化-氢冶金产业链；

焦-化-炭-氢产业链。

以上均是多链分解组合，资源、能源、技术、市场充分利用，构建产业集群，提高焦化企业生存能力、竞争能力。

2.3 “多技术融合”也是实现焦化行业转型升级和高质量发展的方向之一

焦化企业形成一定的生产规模以后，产业链一定要向下延伸，这是经济发展的客观需求。产业链延伸一定要与所延伸行业技术相融合。例如焦炉煤气制氢、制 LNG、制甲醇、制合成氨等一定要与石化技术相融合，焦化粗苯加氢生产纯苯（石油级）、甲苯、二甲苯、已内酰胺等也要与石化技术相融合，焦油沥青生产炭微球、针状焦、电极、炭黑等要与炭素技术相融合，利用焦炉烟道气中的 CO_2、CO 生产甲醇要与环保治理技术相融合等，此处不再一一举例，这也是行业发展的必然趋势。

2.4 “双碳”目标下的科技创新也是实现焦化行业转型升级和高质量发展的方向之一

资源、能源的高效综合利用，污染物从源头的减排，到尾端的综合治理，全行业实现超低排放指标，能耗标杆水平是实现“双碳”目标的基础。可喜的是我们已看到全行业近几年在节能减排、资源、能源综合利用方面明显加大了科技创新的力度，效果十分明显。未来，为适应“双碳”发展目标，应从工艺源头上加大科技创新的力度，减少二氧化碳的生成和排放，或从尾端将二氧化碳转化成可利用的资源。为此还需要做大量的科技创新工作，这也是实现行业转型升级和高质量发展的方向。

2.5 推动建设“智慧、智能型”企业也是实现焦化行业转型升级和高质量发展的方向之一

随着 AI 技术及 5G、6G 技术的迅猛发展，在工厂自动化、信息化的基础上，大力推动焦化企业智能制造、智慧化生产的条件已具备，尽管当前的投入见不到明显的经济效益，但当智能化、智慧化水平达到一定程度后，给企业带来的效率、精益程度、协同、集成、透明、高质量等优势将明显体现出来，会显著提高企业的综合竞争能力，这也是焦化行业实现转型升级和高质量发展的方向。

2.6 实现焦化行业转型升级和高质量发展路径

要想在未来发展过程中逐渐实现提高“焦化产业集中度”“多产业融合”发展、“多项技术融合”发展，个人觉得相关行业、企业要做“发展规划”；各级政府部门要出台支持、扶持政策、法规，引导推动。充分利用市场经济在资本、资源中的配置作用，通过参股、控股、混合所有制、兼并、收购、重组等手段，向优势企业聚集。打造相关“产业链”，构成“生态圈”，形成“产业集群”；鼓励更多的焦化企业进入“焦化产业园”“钢铁产业园”“煤炭主产区”“高新技术园区”，打造煤、焦、钢、化、氢、碳产业链，推动焦化行业高质量发展。

关于科技创新和智能、智慧型焦化企业，要由协会牵头，组织行业内外优质资源，对行业发展的关键性技术难题开展科技攻关活动，充分发挥市场、政府、行业等多方面积极性，特别是企业创新主体作用，集中力量办一些制约发展的大事，解决关键性难题，会取得明显实效。

2.7 案例

2.7.1 中国旭阳集团

中国旭阳集团成立于1995年，总部位于北京。

旗下有两家上市公司：中国旭阳集团（股份代号：1907. HK），天津滨海能源（股份代号：000695. SZ）。

七大产业园：河北邢台、定州、唐山、沧州，河南平顶山，山东菏泽，内蒙古。

年营业收入：1000亿元以上。

主要业务板块：焦炭（1000万吨/年左右）、化工、新材料、运营服务、贸易、煤炭、科技、地产。

主要产品：焦炭、化工产品、材料产品、能源产品，共四大类78种产品；全球最大焦炭生产商及供应商之一；全球第二大煤焦油加工商。

特点：(1) 集中加工规模大；(2) 化工产业链延伸长、产品丰富；(3) 资源、能源得到综合高效利用；(4) 园区化；(5) 形成了产业集群、焦化生态圈。

2.7.2 德国吕特格集团

全球煤焦油加工企业中的佼佼者，现焦油加工能力120万吨/年（历史上最高达单套焦油加工能力150万吨/年，从煤焦油中提取220种煤化工产品）、石油焦油10万吨/年。

吕特格公司依靠独有的煤焦油下游产品加工能力，确保了公司在全球市场的强大竞争力。总部位于德国北威州，卡斯特罗普-劳克塞尔，在欧洲和北美洲的八个地点拥有九家公司，运输便捷。

主要产品：改质沥青（64万吨）、苯酐（2.4万吨）、精酚（3万吨）、精蒽、咔唑、高效减水剂、高温合成导热油等上百种精细化工产品。

特点：(1) 历史悠久；(2) 集中加工；(3) 煤焦油加工技术能力强、深度开发煤焦油中化工产品；(4) 精细化工产品品种多；(5) 特色产品多（液体改质沥青、高温合成导热油）。

2.7.3 宝武炭业科技股份有限公司

1997年，宝钢成立宝钢化工公司，是一家大型煤化工公司，钢铁企业中煤化工旗舰企业。

主要业务：煤焦油加工（211万吨/年，多地）、粗苯加氢（25万吨/年，多套）、针状焦（15.3万吨/年）、改质沥青（52.6万吨/年）、石墨电极（10万吨）、碳纤维（1万吨）、负极材料（2.3万吨）。

特点：(1) 收购、重组、扩大规模；(2) 向市场端、原材料端扩张；(3) 最近几年发展较快。

通过以上几个案例，充分说明了行业实现转型升级和实现高质量发展的路径。

高炉冶炼用焦炭质量评价研究进展

徐秀丽[1,2] 吴成林[1,2] 姜 雨[1,2] 张世东[1,2] 孟庆波[1,2]

(1. 中钢集团鞍山热能研究院有限公司，鞍山 114044；
2. 炼焦技术国家工程研究中心，鞍山 114044)

摘 要：高炉大型化有利于提高焦炭生产率及降低能耗，而焦炭质量满足高炉炼铁需求是大中型高炉高效低耗冶炼的关键环节。综述焦炭在高炉中的作用、焦炭质量指标研究进展以及大中型高炉高效低耗冶炼用焦炭的本质需求，针对焦炭现有指标体系和评价方法的不足之处，指出基于高炉高效低耗冶炼需求需研究焦炭在高炉内不同部位的劣化行为及其高温特性和显微结构的变化，并对焦炭的反应性、反应后强度、平均粒度和粒度保持能力、高效的燃烧特性以及显微结构等各个因素进行分析，定量地给出高炉内焦炭质量的劣化程度，确定适合大中型高炉高效低耗冶炼的焦炭质量的标准。焦炭质量的高低应以能否满足大中型高炉高效低耗冶炼为评价依据，同时需加强焦炭反应后粒度变化的研究工作，建议建立焦炭质量评价新体系，以便能开发便捷评价焦炭质量的方法，以期为炼铁和炼焦生产提供指导。

关键词：焦炭质量评价，高炉，指标体系，评价方法，劣化行为

1 概述

在中国未来几十年或更长时期内，高炉炼铁仍将是主流的炼铁工艺。高炉冶炼以精料为基础，全面贯彻高效、优质、低耗、长寿、环保的炼铁技术方针，其中精料、低耗的目标是以节能减排为核心并持续降低燃料比和焦比，高效是指高效利用资源与能源、高效率和高效益生产。随着科技水平的发展，高炉向大型化发展，因高炉大型化有利于提高焦炭生产率及降低能耗。

焦炭是高炉炼铁的原料和燃料，从支撑料柱作用和提高炉缸焦炭置换速度方面考虑，高炉对焦炭质量要求也显著提高，也即焦炭质量满足高炉炼铁需求是高炉高效低耗冶炼的关键环节[1-2]。韩晓楠等[3]认为焦炭的溶损劣化分为三个阶段，当碳素溶损率小于15%时，溶损反应对焦炭强度影响很小，当碳素溶损率在15%~30%时，焦炭结构强度逐渐降低；当碳素溶损率超过30%时则焦炭结构强度迅速降低。高炉内焦炭的实际溶损温度区间为900~1300 ℃，不同温度点测得的焦炭热性能指标能够更加准确地反映焦炭的综合热性质差异。汪琦[4]、谢全安等[5]认为须综合考虑矿-焦的耦合作用并通过焦炭的溶损反应测试来评价焦炭的热性质，而焦炭反应性指标不能全面表征代表焦炭在高炉内的反应性能，反应性高的焦炭能降低热储备区温度[6]，对于不同高炉的冶炼特点应设计专属的焦炭热性质评价方法。焦炭入炉后在高炉内的不同部位产生不同程度的劣化，最终在炉缸中被完全消耗，在此过程中焦炭各种性能发生很大变化，目前还未形成定论[7]。针对焦炭在高炉内不同部位的劣化过程及其高温特性和显微结构的变化，通过对焦炭的反应性、反应后强度、平均粒度以及显微结构组成等因素的分析，剖析高炉内焦炭质量的劣化程度以及炉内焦炭劣化后性状对高炉操作的影响，以期为确定适合大中型高炉高效低耗冶炼的焦炭质量提供技术支撑。

2 焦炭在高炉中的作用

焦炭是高炉冶炼的主要原燃料，在高炉内主要起到提供热源、还原剂、骨架和通道、渗碳剂的作用[8]，简述如下：焦炭在风口前燃烧时即可提供冶炼所需热量；固体炭及其氧化产物一氧化碳是铁氧化物的还原剂；矿石在高温区域软化熔融后，焦炭作为高炉内唯一固态存在的物料，需支撑数十米高的高

炉料柱，同时又是使风口前产生的煤气得以自下而上畅通流动的高透气性通路，即起到骨架和通道之作用；从铁滴形成开始时焦炭可作为碳源向铁水渗碳，即发挥渗碳剂的作用[6]。

3 目前评价指标体系下对焦炭质量的认知

目前，高炉冶炼用焦炭评价指标主要包括冷态强度、热态强度、灰分、硫分、平均块度、焦炭光学组织等，其中冷态强度、热态强度、灰分、硫分由国家标准对其等级进行划分，以下重点叙述焦炭冷态强度和热态强度指标。

评价焦炭的冷态强度主要采用《焦炭机械强度的测试方法》（GB/T 2006—2008），指标包括抗碎强度（M_{40}或M_{25}）和耐磨强度（M_{10}）。各企业转运胶带的数量、仰角高度、运转距离及转运速度各不相同，焦炭在转运过程中磨损、摔打，而取样焦炭要求粒径大于 60 mm（或 25 mm），相当于在经过多次磨损、摔打后的焦炭中再选取粒度大于 60 mm（或 25 mm）的焦炭，该焦炭冷态强度明显优于刚出焦炉的焦炭。经磨损、摔打后的焦炭相对粒度变小，筛分后小粒级焦炭占比增大。焦炭在高炉内受力属非均匀、非定向，此与焦炭的粒级分布、高炉布料制度和炉型等因素密切关联[7]；焦炭冷态强度检测仅代表入炉焦炭，对经劣化的中下部高温区焦炭代表性差，是高温区指标的基础，不能表征中下部焦炭粒度和筛分组成[9-12]。

评价焦炭的热态强度主要指焦炭的反应性和反应后强度，其试验方法中的反应性以焦炭在 1100 ℃与 CO_2反应 2 h 的焦炭质量损失百分数表示，反应后强度以反应后的焦炭经 I 型转鼓试验大于 10 mm 粒级的焦炭质量占反应后焦炭质量的百分数表示。国标 GB/T 4000—2017 检测出的数据指标也是试验后的焦炭指标，且该试验方法所得结果已被国内钢铁、焦化企业直接用作高炉原料焦炭质量的评价指标以及焦炭交易过程中的主要技术指标，但该指标的检测方法与高炉炼铁工艺中焦炭的实际反应行为差距较大[7]。国标中的主要指标仅模拟高炉软熔带以上区域，对高炉透气透液性影响巨大的下部高温区焦炭的质量指标并未模拟，即未模拟碱金属及渣铁侵蚀、焦炭中矿物质的还原反应、石墨化等化学作用以及高温热作用等影响的指标，因而不能完全表征焦炭的质量，尤其在高炉下部高温区域焦炭的性能。Cheng[13]认为，高炉中焦炭的溶损量主要由铁氧化物提供的氧量决定。Barnaba[14]认为，焦炭在高炉中的溶损量应为 25%左右。Nomura 等[15]认为，用 CSR 不适合用于评价高反应性焦炭的反应后强度，溶损反应停止时间在质量损失为 20%时也应对反应温度进行相应的调整。

4 大中型高炉冶炼对焦炭质量的本质需求

4.1 焦炭在高炉中的劣化

焦炭是不均匀的多孔体，高炉不同部位的工况差别巨大，两者结合呈现出焦炭在高炉不同部位劣化的机制不同、焦炭的不同特性引起不同部位的劣化。根据高炉解剖，高炉划分为块状带、软融带、炉腹区、回旋区、死料柱、炉缸区。焦炭在高炉各区域受到的作用力和起到的作用亦不相同。焦炭在高炉不同部位受到的物理化学作用及要求见表 1[1,9]：在块状带，受机械作用和碳素溶损反应使焦炭块度减小，焦炭的劣化尚不严重；在软融带，焦炭受到高温热力，尤其溶损反应导致焦炭的碳损耗，焦炭劣化加重并产生粉焦，上升煤气通过焦炭“窗口”；在炉腹区，高温促使焦炭石墨化，焦炭基质强度下降，使焦炭产生粉末，对炉缸的透液性不利，但利于铁水渗碳；在回旋区，焦炭与热风高速回旋燃烧，回旋冲击造成劣化层脱落并产生焦炭粉末，吹出回旋区进入焦炭床的鸟巢区、死料柱，造成透气、透液性能变差；在死料柱，焦炭与熔融渣铁间强烈接触，完成铁氧化物还原和铁水渗碳的任务，焦炭的溶解速率很高且随时间增加其粒度减小；在炉缸区，焦炭灰分与炉渣反应，即焦炭在铁水中溶解，焦炭颗粒完全被破坏。焦炭的孔隙结构是焦炭劣化的重要因素，其炭基质是由不同炼焦煤及其不同煤岩组分经热解固化形成，炭基质的微观结构及其相互之间的结合均对焦炭的劣化带来本质性的影响。

表1 焦炭在高炉不同部位受到的物理化学作用及要求

高炉区域	温度/℃	物　料	焦炭功能	焦炭劣化机理	焦炭要求
装料带	100~300	铁矿石 焦炭	—	冲击应力 磨损	粒度组成 机械强度和耐磨
块状带	500~700	铁矿层 焦炭层	煤气透气性	机械应力 磨损	粒度和稳定性 机械强度 抗磨损性能
软熔带	1000~1200	铁矿开始熔化和软化	炉料支撑 煤气透气性 铁和渣渗透	CO_2气化 磨损	粒度组成 对CO_2低反应特性
滴落带	1350~1500	焦炭和液态渣铁	炉料支撑 煤气透气性 铁和渣渗透	CO_2气化 高温热力 碱金属侵蚀和灰反应	粒度组成 对CO_2低反应特性 抗磨损性能
回旋区	1800~2300	死料柱 破碎焦	炉料支撑 煤气透气性 铁和渣渗透	高速鼓风破坏 焦炭颗粒高速回旋	燃烧特性高温溶损及粒度消耗
炉缸区	>1500	铁水，熔渣	炉料支撑 煤气透气性 铁和渣渗透	石墨化 溶于铁水 机械应力	粒度组成 机械强度 碳溶解

4.2 大中型高炉冶炼对焦炭的本质需求

（1）更强的骨架支撑作用。焦炭的破坏形态分为对焦炭结构的体积破坏和表面耗蚀两大类。影响焦炭粉化的主要因素是焦炭结构损坏，焦炭强度、碱负荷、循环区温度、焦炭在炉内的停留时间、溶损反应负荷等是焦炭粉化的重要因素。此外，焦炭与熔融 FeO 接触还原以及与熔融金属接触的渗碳反应将导致焦炭表面的耗蚀，因此入炉焦炭需具备一定的块度，同时反应后还需要具备较好的块度保持能力。

（2）在风口回旋区的优良表现。在回旋区内，焦炭与喷入的辅助燃料作高速回旋运动和燃烧，生成的CO_2进入焦炭层并与焦炭进行气化溶损反应。溶损反应和高速运动的焦炭表面磨耗产生焦粉。随着焦炭气化反应的逐渐深入，表面气孔率增加，使得气孔壁减薄，达到一定程度后则表面被破坏，使焦炭碎裂成粉末。在高燃料比的情况下，焦炭承担的溶损反应负荷轻，对焦炭基质影响小，可以承受较高的风速。强化冶炼增加鼓风量即提高风速须与焦炭质量相适应，否则将使回旋区产生大量的焦粉。

5 高炉用焦评价新方法的研究进展

高炉大型化发展对焦炭质量要求也越来越高。目前的“高炉用焦炭的CO_2反应后强度试验方法”受到专家、学者质疑，而以该方法为主要依据的国标 GB/T 4000—2017 虽经多次修订但其试验原理并未发生本质变化，因而应以高炉内实际液-固-气三相共存的焦炭高温反应行为为基础，反应炉料对高炉透气性和透液性为研究对象，建立适应高炉实际反应行为的焦炭质量评价体系[7]。Zhao 等[16]针对非等温条件下焦炭反应指数对高炉块状带还原性和透气性的影响进行研究，通过焦炭钝化处理从而降低 *CRI* 与改善 *CSR*，抑制焦炭在高炉内的降解，保证良好的高炉炉料透气性，并提出小粒径焦炭与矿石混合催化、大粒径骨架焦炭钝化后单独装料的高炉操作工艺。焦炭的粒径分布也是影响高炉滴落带透气性的主要因素[17-18]，焦炭的灰分直接影响高炉炉料渣-焦界面反应，进而影响高炉渣流动性参数，尤其焦炭灰分中的SiO_2吸、放热反应会改变高炉的下部传热，从而影响铁水温度；焦炭的润湿性、装料结构也会影响渣铁液滴的渗透性，且受液滴氧化物初始成分影响。Sushil[19]在风口焦的石墨化研究中发现，距离风口 0~0.5 m 的大块焦炭较多，而尺寸小于3 mm的焦炭较少；死料柱区域大块焦炭、小颗粒焦炭所占比例分别约为 30%、40%。此外发现风口焦粒度越小则石墨化程度越高，因此焦炭的石墨化导致其表面剥落并形成细粉状颗粒，所以粉化率升高。Xing 等[20-22]对不同配煤结构的焦炭进行研究（*CSR* 和 *CRI* 接近），模拟高炉热储备区温度（900~1400 ℃）和气氛，其试验条件如图 1 所示，并在温度 2000 ℃时进行热处理，发现配入高变质程度煤的焦炭双反射率下降更多，煤阶越高则最大流动度越低、其微观强度下降越严重。

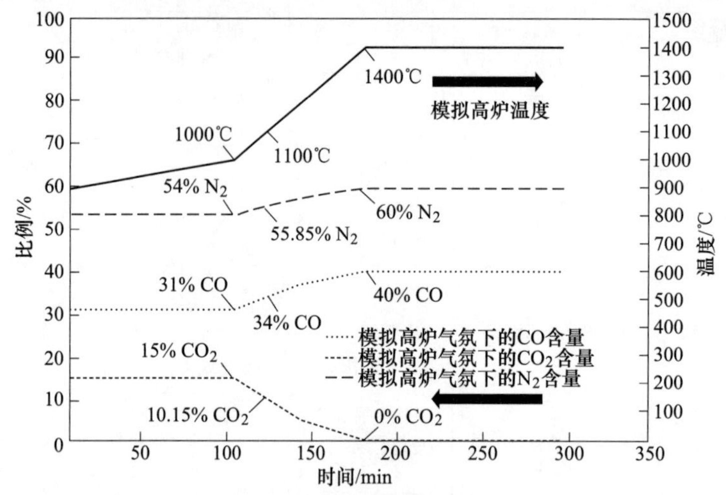

图 1 模拟高炉气氛和温度试验条件[20-22]

吴铿等[23]认为焦炭劣化受到焦炭冷强度、焦炭反应后强度以及焦炭结构等多种因素的影响。其中，焦炭结构在高炉中所担当的角色发生变化时，焦炭的各向同性结构优先气化，致使焦炭的基质强度产生较大程度的恶化。在炉腹、回旋区和炉缸的高温区，焦炭的各向同性结构石墨化程度较小，而高石墨化度导致焦炭的耐磨强度变差。为达炉缸内的铁水渗碳，所有种类的焦炭石墨化度最终均将足够高。

近年来，鞍山热能研究院针对高炉高效低耗冶炼开展系列工作，形成了一系列面向钢铁企业不同容积高炉焦炭质量与煤质的研究成果，即在模拟高炉冶炼条件下开发新的焦炭高温溶损特性及反应后性能评价方法，基于捣固焦与顶装焦的差异而构建不同容积高炉焦炭质量评价体系以及配煤结构，突破了以往测定焦炭恒失重 25%或 20%的反应后强度即 CSR_{25}或 CSR_{20}的评价方法，充分考虑了焦炭块度和基质强度对高炉冶炼的影响、高温石墨化过程对焦炭溶损特性和燃烧特性的影响，并与煤评价、配煤相结合，从高炉用焦本质质量要求出发从而进行煤质评价和配煤。

6 结论

（1）焦炭质量的高低应以能否满足高炉高效低耗冶炼为评价的依据，目前采用的焦炭质量指标虽能在大部分情况下评价其质量，但各指标与高炉的冶炼关系不明显，甚至出现“异常现象”，即焦炭现有指标体系和评价方法尚有不足之处。

（2）基于不同容积高炉高效低耗冶炼需求须研究焦炭在高炉内不同部位的劣化行为及其高温特性和显微结构的变化，对焦炭的反应性、反应后强度、平均粒度和粒度保持能力、高效的燃烧特性以及显微结构等各个因素进行分析，并结合高炉内焦炭质量的劣化程度以确定适合大中型高炉高效低耗冶炼的焦炭质量的标准。

（3）焦炭是高炉冶炼的重要原燃料之一，支撑料柱的作用却无法替代，应加强焦炭反应后粒度变化的研究工作。

（4）加强焦炭质量研究，建议建立焦炭质量评价新体系以及开发能便捷评价焦炭本质质量的方法，以期为炼铁和炼焦生产提供指导。

参 考 文 献

[1] 朱仁良．未来炼铁技术发展方向探讨以及宝钢探索实践［J］．钢铁，2020，55（8）：2-10.

[2] 孟庆波. 新形势下焦化企业的生存发展之路 [C]//2019 中国炼焦行业协会焦炭煤资源专业委员会交流年会论文集. 江苏无锡：中国金属学会，中国炼焦行业协会，2019：1.
[3] 韩晓楠，李文芳，夏孙华，等. 不同温度溶损反应后焦炭的热性质 [J]. 河北冶金，2015 (3)：6-9.
[4] 汪琦. 焦炭溶损对高炉冶炼的影响和焦炭高温性能讨论 [J]. 鞍钢技术，2013 (5)：1-8.
[5] 谢全安，魏侦凯，郭瑞，等. 焦炭热性质评价方法的研究进展 [J]. 钢铁，2018，53 (9)：1-6.
[6] 左海滨，张建良，王筱留. 高炉低碳炼铁分析 [J]. 钢铁，2012，47 (12)：86-92.
[7] 武吉，周鹏，侯士彬，等. 炼焦配煤与焦炭质量评价的新认识 [J]. 冶金能源，2021，40 (5)：8-17.
[8] 刘云仙. 焦炭在高炉中的劣化分析及其质量要求 [J]. 煤质技术，2021，36 (4)：57-63.
[9] 李克江. 焦炭在高炉内结构演变行为及多相反应机制 [D]. 北京：北京科技大学，2017.
[10] 毕学工. 焦炭质量与高炉冶炼关系的再思考 [J]. 过程工程学报，2009，19 (1)：438-442.
[11] 王琛. CO_2对焦炭气化溶损的机理研究 [D]. 西安：西安建筑科技大学，2018.
[12] 胡德生，孙维周. 重新认识高炉用焦炭与 CO_2的反应性 [J]. 宝钢技术，2013 (6)：6-11.
[13] Cheng A. Coke quality requirements for blast furnaces [J]. Ironmaking and steelmaking，2001，28 (8)：78-81.
[14] Barnaba P. A new way for evaluating the high temperature properties of coke [J]. Coke making intemational，1993 (5)：47-54.
[15] Nomura S，Naito M，Yamaguchi K. Post-reaction strength of catalyst-added highly reactive coke [J]. ISLI International，2007，47 (6)：831-839.
[16] Zhao H B，Bai Y Q，Cheng S S. Effect of coke reaction index on reduction and permeability of ore layer in blast furnace lumpy zone under non-isothermal condition [J]. Journal of Iron and Steel Research International，2013，20 (4)：6-10.
[17] Andrade D H B，Tavares R P，Quintas A C B，et al. Evaluation of the permeability of the dripping zone and of flooding phenomena in a blast furnace [J]. Journal of Materials Research and Technology，2019，8 (1)：134-139.
[18] Velden B，Atkinson C J，Bakker T，等. 焦炭特性及其在高炉下部的变化过程 [J]. 世界钢铁，2014，14 (2)：1-8.
[19] Sushil G，Ye Z Z，Riku K，et al. Coke graphitization and degradation across the tuyere regions in a blast furnace [J]. Fuel，2013，113：77-85.
[20] Xing X，Harold R，Zhang G Q，et al. Effect of charcoal addition on the properties of a coke subjected to simulated blast furnace conditions [J]. Fuel processing technology，2017，157：42-51.
[21] Xing X，Harold R，Paul Z，et al. Effect of coal properties on the strength of coke under simulated blast furnace conditions [J]. Fuel，2019，237：775-785.
[22] Xing X. Petrographic Analysis of Cokes Reacted under Simulated Blast Furnace Conditions [J]. Energy Fuels，2019，33 (5)：4146-4157.
[23] 吴铿，折媛，刘起航，等. 高炉大型化后对焦炭性质及在炉内劣化的思考 [J]. 钢铁，2017，52 (10)：1-12.

绿色焦化标杆创建与创新

贺世泽[1]　谢海运[2]　马　良[2]

（1. 宝钢工程技术集团有限公司，上海　201900；
2. 山西太钢不锈钢股份有限公司，太原　030003）

摘　要：针对焦化工序环保提升难题，满足国家最严环保要求，积极应对政府和市民监督，太钢通过实施全系统工艺、装备绿色升级改造，全面从严管理等措施，从工程治理和现代化管理入手开展绿色发展创新与实践，顺利通过环保“A”级绩效认证，成为政府、社会、公众的“好公民”“好伙伴”“好邻居”，走出了一条科学发展之路，可为行业提供借鉴。

关键词：焦化厂，绿色发展，创新，实践

1　概述

山西太钢不锈钢股份有限公司焦化厂始建于 1934 年，原名炼焦部，是新中国成立前“西北炼钢厂”的一个基础单位。现有 7.63 m 焦炉 3 座，年产焦炭 330 万吨，主要生产工序有备煤、炼焦（含干熄焦）、焦炭筛分、煤气净化及污水处理等。

近年来，随着太原市城市建设的不断发展，太钢逐渐被居民区包围，加之太原市环境空气质量管控压力不断增加，企业的生产经营面临巨大挑战。

面对越来越严的环保管理标准，越来越多的政府、市民监督，太钢焦化直面挑战，勇于创新，走出了一条绿色发展新路。

2　绿色标杆目标确立

为积极应对生存挑战，打造绿色都市型钢厂典范，太钢一直以来将绿色发展作为生存的前提、发展的基础，焦化作为重点管控工序，要率先实现“三不一合格”（即听不见噪声、闻不见异味、看不见烟尘、排放指标和总量合格），当好政府、社会、公众的“好公民”“好伙伴”“好邻居”。

3　绿色发展实践与创新

3.1　实施全系统工艺、装备绿色升级改造

3.1.1　备煤环节

3.1.1.1　原料煤全封闭贮存

太钢于 2000 年彻底消灭了炼焦露天煤场，先后投资建成了 14 个储、配煤罐及相应的运煤皮带通廊，焦化生产所需用煤全部直接进罐，最大限度减轻了扬尘等二次环境污染。

3.1.1.2　原料煤清洁化运输

2018 年以前，太钢焦化炼焦用煤火车、汽车运输量各占 50%左右，2018 年 10 月，太钢建成投用了全火车运煤系统，新建 2 条铁路线、可供 27 节车皮卸料的火车受煤坑及卸煤大棚，实现了太钢炼焦用煤的全铁路运输。

3.1.1.3　煤调湿节能减排

煤调湿（CMC）工艺利用焦炉烟气余热对入炉煤进行干燥、脱水，使其水分由 10%降到 6%~8%，然

后再装入焦炉，从而降低炼焦热能消耗、提高焦炭质量、减少废水排放。太钢煤调湿在现有规模下可减排酚氰污水 30 t/h，节能 360 kJ/h，折合每年节约燃煤 9000 多吨，减排二氧化硫近 2500 t，经济效益和社会效益显著。

3.1.2 炼焦系统

3.1.2.1 采用先进的焦炉生产技术

太钢采用的 7.63 m 焦炉是目前中国炭化室高度最高、单孔炭化室容积最大的焦炉，是国内首次从德国引进的先进炼焦工艺技术，代表了当今世界炼焦工艺技术发展的方向，具有节能、环保、自动化程度高，可实现无人化操作等特点，真正实现了清洁生产，充分满足了可持续发展的要求。

7.63 m 大型焦炉采用集气管负压操作，可单独调节每孔炭化室的煤气压力，保证集气管压力稳定，杜绝由于集气管压力波动引起的煤气逸散及荒煤气放散，不需要装煤除尘地面站，减少了环境污染。

7.63 m 焦炉设置推焦车载和出焦除尘地面站，收集出焦烟气中的粉尘，生产出来的焦炭经干熄焦冷却后，由全封闭的皮带运往高炉，运焦筛焦楼采用全封闭式处理，并配套除尘设施，防止粉尘逸散。

3.1.2.2 干熄焦系统

从 2008 年开始，太钢陆续建成了四套干熄焦装置，实现焦炭 100%全干熄。太钢干熄焦每年可发电 3.8 亿度。与燃煤发电机相比，每年折合节约标煤 14 万吨。与湿法熄焦工艺相比，每年节水近 150 万吨。干熄焦在密封系统中将红焦熄灭，配备良好的除尘设施，每年减少各类粉尘排放 420 t 。

3.1.2.3 焦炉烟气脱硫脱硝项目

以实现焦炉烟气颗粒物、二氧化硫、氮氧化物超低排放为目标，太钢研发应用了目前国内最先进的“碳酸氢钠干法脱硫+SCR 中低温催化脱硝工艺”并配置了备用系统，实现焦炉烟气全时段达到超低排放要求。

脱硫脱硝系统主要由脱硫系统、布袋除尘系统、脱硝系统、进出口烟道组成，脱硫采用 $NaHCO_3$ SDS 干法脱硫，脱硝采用中低温选择性催化还原法（SCR），处理后的烟气经增压风机后，进入原焦炉烟囱达标排放。

脱硫后的烟气 SO_2含量可小于 15 mg/Nm^3，颗粒物含量可小于 10 mg/Nm^3。脱硝后的氮氧化物浓度可小于 50 mg/Nm^3。

脱硫脱硝系统的投产运行，标志着国内最先进的碳酸氢钠干法脱硫+中低温 SCR 脱硝工艺的研发取得了实质性的成功，它使得太钢焦化厂焦炉烟气排放指标达到国家“2+26”城市特别排放限值标准。每年可减排二氧化硫 1250 t，减排氮氧化物 1650 t，减排颗粒物 100 t，为太原市的碧水蓝天工程作出了重要贡献。

3.1.3 煤气净化系统

3.1.3.1 焦炉煤气脱硫脱氰

2008 年 4 月，太钢集成国际先进技术，在国内率先建成了国际一流水平的焦炉煤气脱硫脱氰制酸装置。该装置通过单乙醇胺吸收法，将硫化氢从焦炉煤气中分离出来，再经过燃烧分解和湿法冷凝，将硫化氢制成浓硫酸，供生产硫酸铵使用，实现变废为宝。该装置可将煤气中的硫化氢直接脱除到 20 mg/m^3 以下，具有很好的推广价值。目前，太钢已建设三套互为备用的脱硫制酸系统，实现了全时段煤气脱硫运行。

3.1.3.2 焦化废水深度处理

2013 年 11 月，太钢在用生物酶法处理酚氰废水的基础上建成焦化废水活性炭粉深度处理工程，利用烧结脱硫产生的废活性炭粉对废水进行吸附深度处理，使废水色度、异味、COD 等明显脱除，吸附后的活性炭通过压滤机压成泥饼替代部分焦煤返焦炉使用，整个工艺过程不产生反渗透浓盐水、吸附洗脱液等更难以处理的尾水，具有处理效果好、无二次污染、投资少、占地面积小、运行成本低、经济效益好等优点。

3.1.3.3 有机挥发物（VOCs）治理项目

采用反吊膜技术和生物净化处理技术，对现有酚氰污水处理站各个污水池进行封闭、气体收集、化学洗涤、生物净化处理，将污水池无组织排放的挥发性有机气体转化为无毒无害的气体集中排放，有效改善周边的空气质量。

采用全系统 VOCs 气体负压收集→多级洗涤→活性炭吸附→RTO 炉焚烧工艺，将煤气净化区域的各类中间储罐、产品储罐物料装卸过程产生的有机挥发气体进行收集、多级净化处理后送入 RTO 炉焚烧后清洁排放，做到完全无害化处理。

3.2 系统设计，高标准管理

绿色发展不仅是实现国家战略目标的要求，更是企业生存的前提，发展的基础，这一点对于作为城市钢厂中的焦化厂尤为重要。近年来，太钢积极贯彻落实中央、省市环保工作要求和集团公司的环保工作部署，始终本着严细实的标准推进清洁生产，抓好环保治理，在实现省会城市的碧水蓝天工程中发挥了较好的促进作用。

3.2.1 全体重视，管理严格

绿色发展是太钢的发展理念之一，太钢历届领导都能提高政治站位，从讲政治的高度看待环保工作。作为环保治理的重点单位，太钢焦化厂坚持建设绿色焦化，实现可持续发展的宗旨，更加自觉地践行习近平总书记关于生态文明和环境保护的重要讲话精神，努力推进企业与城市的共同发展。首先完善环保管理体系。太钢一直以来有着非常严格的环保管理体系，成立了公司、焦化厂两级环境保护委员会，定期研究环保工作，设立专职环保管理员，为环保工作落实提供保证。其次从严落实环保责任。坚持环保管理党政同责，领导人员“一岗双责”，进一步细化了环保管理责任体系和岗位环保责任制，明确了厂、科室、作业区各层级人员所承担的目标和责任。公司级的环保督察实现了长周期、全覆盖，确保各项工作落到实处。

3.2.2 高起点策划、高标准治理

在太钢第一轮不锈钢系统改造工程中，焦化工序抢抓机遇，顺势而为，立足于技术新、标准高和效果优，把目光瞄准当时世界上最先进的焦化环保工艺和设备，从装煤、出焦、熄焦、煤气净化和污水处理等主要的工艺选型上都进行了全方位的对比，把环保指标作为首选的第一要求。投巨资建设当时国际上最先进的节能环保型 7.63 m 焦炉，在项目施工期间，从设计、建设等方面不断优化，力求打造成国内同行业环保的精品工程，成为焦化行业典范。

近年来，国家不断加大对环保监管的力度，焦化行业控制污染物排放标准不断提高，焦化厂紧跟国家政策、标准及要求，自我加压，坚持问题导向，攻坚实施污染防治项目。2007 年以来先后拆除了三座 4.3 m 焦炉，日常工作中有专门的技术人员跟踪行业的前沿技术，大力度开发，大胆使用，力求收到最好效果。

3.2.3 精细管理，全面管控

焦化厂努力做到向管理要环保，确保环保工艺可靠运行。一是优化生产工艺，提升管控水平。开展精品工序创建活动，精心调整工艺参数，确保无非正常逸散，使焦炉生产始终处于良好状态。二是提升设备功能精度，促环保达标。实施环保设备功能精度管理，确保环保设施 100%运行。开展“我的设备清洁活动”，引导职工立足岗位查找“六源”，并自主改善，提升设备运行水平。三是加大环保监督力度。定期检查、考评环保责任体系、岗位环保责任制的实施情况和履职情况，定期组织召开专题会，研究部署阶段性环保工作，对焦炉、化产区域的环保治理情况进行通报分析总结，对整改措施的落实进行检查、评价和考核，形成完整的闭环管理机制，实现环保管理常态化、长效化。

3.2.4 培养全员意识，筑牢环保根基

利用生产会议、班前会、内部小报、微信公众平台、宣传栏等多种形式，宣贯环保新形势、新要求和相关的法规政策，不断引导全员牢固树立并积极践行“绿水青山就是金山银山”的理念，进一步提高了干部职工对环保工作的认识。同时做到将每一次冒烟、扬尘、不达标排放都当成事故来对待，组织岗位职工按照“四不放过”的原则进行分析、讨论、落实好整改的措施。鼓励岗位职工以“匠人之心”对待环保工作，养成好习惯，下足“笨功夫”，使现场好的环保做法得以持续保持。

3.3 实践效果

太钢焦化率先落实中国宝武生态环境保护“三治四化”要求，全工序七个主要排口常态化保持“废气超低排”，焦化废水深度治理实现“废水零排放”，固（危）废最大限度工序循环利用满足“固废不出厂”“洁化、绿化、美化”工作稳步推进，“6S”管理深入人心，厂区绿化率高于市区、建成典型的花园式工厂，常态化开展工业旅游和“公开开放日”活动，绿色文化成为太钢企业文化的重要组成部分。“美丽焦化”已成为全体职工的共识。

太钢焦化绿色实践效果得到了政府、行业的高度认可，在全国首家通过环保“A”级绩效认证，成为山西省绿色发展的成功案例，为焦化行业低碳、清洁、绿色发展的树立了新标杆。

4 结语

建在城市中心的焦化厂，曾一度是太钢人沉重的压力。通过绿色发展创新与实践，太钢走出了一条传统企业与城市互融、共建之路，可为行业发展提供借鉴。

高产能及炼焦煤资源剧烈波动形势下铁焦平衡的技术攻关

杨庆彬[1,2]　闫立强[1,2]

（1. 唐山首钢京唐西山焦化有限责任公司，唐山　063200；
2. 河北省煤焦化技术创新中心，唐山　063200）

摘　要：主要开展了铁焦平衡的研究，针对澳洲煤配比变化对焦炭质量和产量的影响，建立了适合用本企业生产的炼焦煤分类标准，形成了炼焦煤性能的评价方法，开发了智能化混料系统，并利用 KNN 智能算法预测配合煤的镜质组反射率，建立了焦炭质量预测模型，实时动态预测配煤和焦炭质量。

关键词：澳洲煤，质量预测，铁焦平衡

1　概述

特大型高炉对原燃料质量及性能要求苛刻，原燃料质量直接制约着高炉冶炼的顺行。这主要是因为特大型高炉料柱高，重力载荷大，炉缸面积大，煤气分布控制难度大，这就对原燃料的理化性能提出了更高要求，总之，高炉炉容越大要求越高[1]。冶金焦炭作为高炉冶炼过程中的重要原料，其在高炉中发挥着供热、还原剂、骨架和供碳作用[2-3]，如图 1 所示。随着富氧喷煤技术的发展以及其他强化冶炼水平的提高，焦炭在高炉内所承担的发热剂和还原剂的作用部分地被其他喷吹燃料所取代，而作为料柱骨架的作用却日益突出。特别是软熔带以下的高温区，焦炭作为炉内唯一的固态物质，其性状直接影响料柱的透气性、透液性以及炉内其他状况[4-5]。

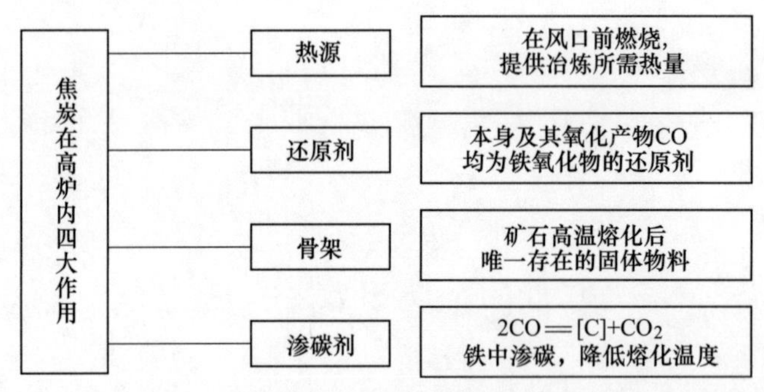

图 1　焦炭在高炉冶炼过程中发挥的作用

京唐公司拥有 3 座 5500 m^3 超大容积高炉，6 座 70 孔 7.63 m 顶装焦炉。2019—2020 年，3 座高炉持续高产，焦炭的产量需求相应增加，焦炭质量仍需保持较高水平。高强度的冶炼生产在增加铁水产量的同时，使得铁焦平衡的矛盾日渐凸显，这不仅带来了铁水产量与焦炭产量和质量的平衡问题，还带来了煤焦平衡的难题。2019 年 11 月以来，炼焦生产中大比例使用成本较低的进口煤资源，其中澳洲煤平均配比占 15%。2020 年 7 月起，因不可控因素，进口煤特别是澳洲煤的获取量急剧减少，炼焦生产出现约 80 万吨优质炼焦煤资源缺口。资源供应形势呈现过山车式的剧烈波动，对焦炭质量稳定性造成极大的影响。在此背景下，迫切需要对铁焦平衡开展技术攻关，以降低澳洲煤配比变化对焦炭产量和质量的影响。

2　研究内容与结果

2.1　配煤优化

提出缩短炭化时间下的配煤优化方向。建立利用岩相组分预测焦炭质量的智能化配煤软件系统，形

成缩短炭化时间稳定焦炭质量的技术。

（1）针对炭化时间对焦炭质量影响，结合单种煤的结焦性机理分析，提出用优质 1/3 焦煤和优质肥煤等替换高变质程度焦煤的配煤优化方向，且 1/3 焦煤和肥煤的膨胀度 b 值应分别控制在 110～150 和 150～200 范围内，如图 2 和图 3 所示。

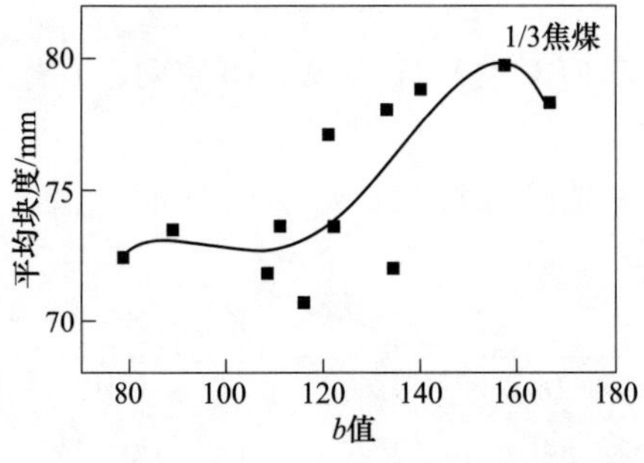

图 2　1/3 焦煤的焦炭块度随 b 值变化情况

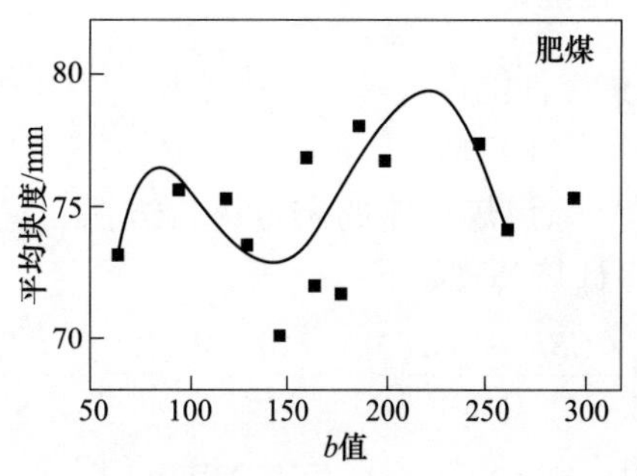

图 3　肥煤的焦炭块度随 b 值变化情况

采用 300 kg 试验焦炉开展缩短炭化时间试验，炭化时间由 32 h 缩短至 29 h。炭化时间 29 h 对应的配煤方案增配 3%优质 1/3 焦煤。结果如图 4 所示，焦炭的灰分和硫分略有改善，焦炭块度和冷强度略有降低，热强度基本稳定。

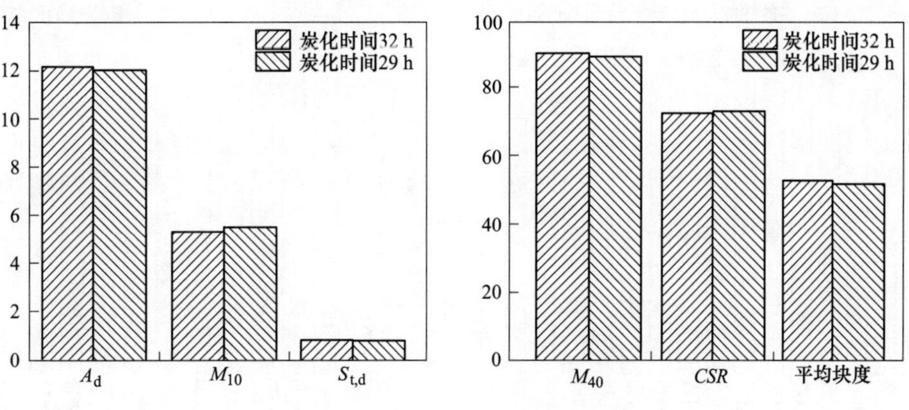

图 4　炭化时间对焦炭质量的影响

（2）采用配合煤煤岩指标与传统煤质指标相结合的方法，开发预测焦炭质量的智能化配煤软件系统，并对数据库和算法训练集不断更新，提高预测精度。

1）建立煤岩数据的智能化管理，完善煤焦指标在线数据库。采用 KNN 智能算法，由单种煤镜质组反射率预测配合煤镜质组反射率，与镜质组反射率乘配比加和的方法相比，预测精度由 47%提高至 72%，同时实现了配合煤镜质组反射率分布图的预测（图 5）。

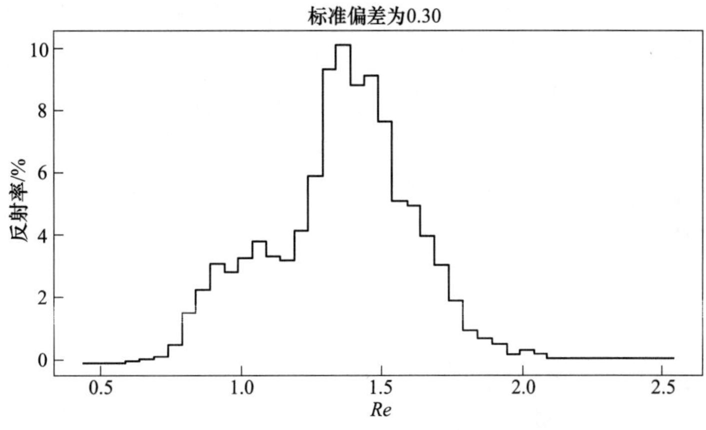

图 5　预测的配合煤镜质组随机反射率分布图

2）焦炭质量的智能化预测，基于配合煤基础性质及煤岩性质的12因素指标，建立焦炭质量预测模型，可查看单种煤、配合煤和焦炭的数据波动情况。通过多种数学算法的优化，实现配煤过程中数据实时在线整合，实时更新数据库校正预测结果，提升焦炭质量预测精度。

2.2　炼焦煤性能评价

建立炼焦煤性能评价模型，指导开发炼焦煤资源，成功应对澳洲煤资源大幅波动，积累了澳洲煤配煤炼焦生产的技术经验。

（1）建立炼焦煤性能的定量评价方法，量化炼焦煤资源筛选过程。炼焦煤性能价值（Performance Value，*PV*）计算公式如下：

$$PV=\left\{\left[\frac{(CSR-68.6)\times 540}{0.8\times 100}+\frac{(21.5-CRI)\times 540}{2.5\times 100}+\frac{(5.2-M_{10})\times 7}{0.2\times 100}+\frac{(M_{40}-87.2)\times 5}{100}+\frac{(0.71-S_{t,d})\times 1.75\times 540}{0.1\times 100}+\frac{(13.2-A_d)\times 1.5\times 540}{100}\right]\times 5.6+1891\right\}\times\frac{100-V_d}{100}$$

特点：1）炼焦煤性能价值提供了量化方法；2）性能价值可与炼焦煤市场价格直接对比。

基于上述炼焦煤性能价值评价方法，将炼焦煤的性能价值与市场采购价格相减，得到炼焦煤的性价比排序，可快速锁定高性价比炼焦煤种，如图6所示。

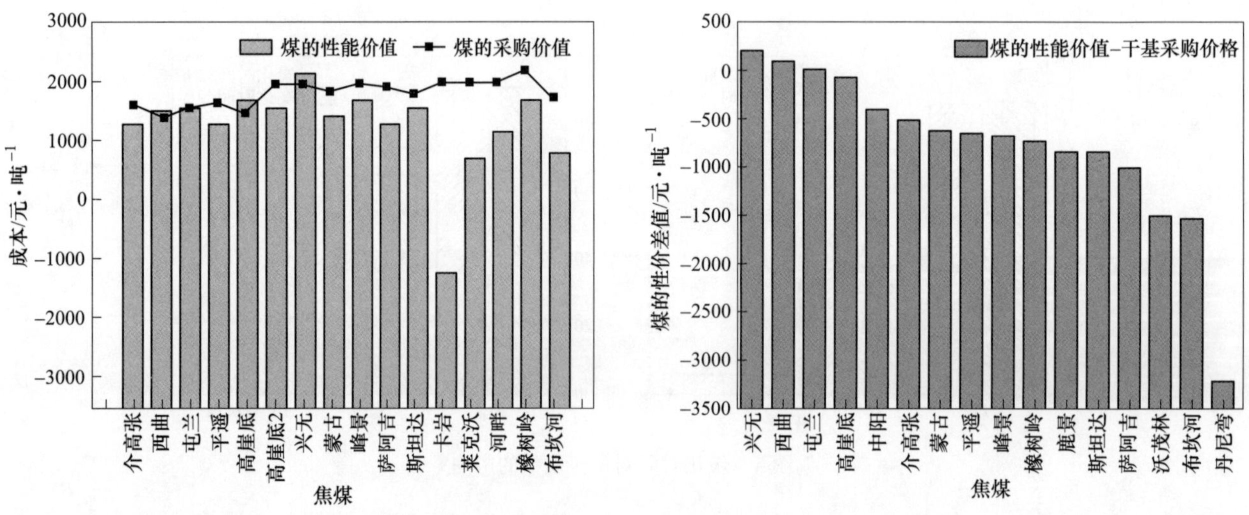

图6　炼焦煤性能价值评价结果

（2）2019年11月，澳洲煤价格较国内煤有200元/吨的优势，大幅增配澳洲煤可明显降低配煤成本。通过对煤质、岩相及单种煤配伍性等技术攻关，提出了澳洲煤大幅增配的技术方案。

（3）2020年9月，受国际炼焦煤市场环境影响，澳洲煤资源量锐减，开展零澳洲煤和零进口煤的配煤试验。在现有资源情况下，焦炭灰分和硫分与平均粒级不能兼顾（图7），完成零澳洲煤的工业生产，需开发低灰、低硫且黏结性较好的炼焦煤资源。

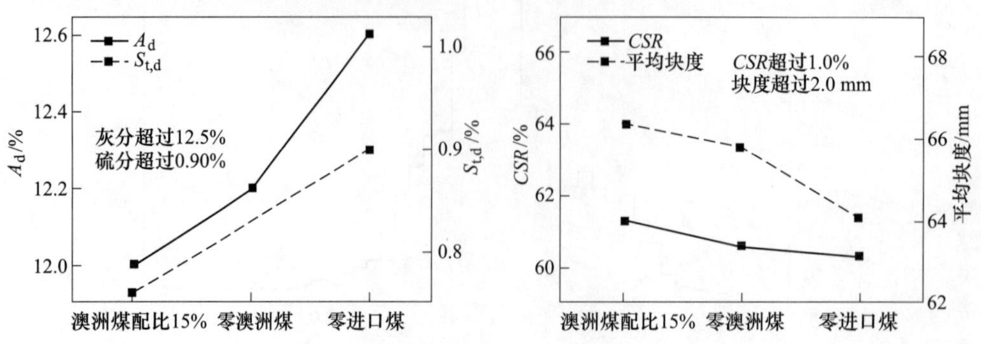

图7　澳洲煤减配对焦炭质量的影响

2.3 智能化混料系统

开发智能化混料系统，解决了炼焦储煤场传统粗放式管理的上煤方式，创新了煤场数字化、智能化、精细化管理模式，从而保证配煤精度，降低资源波动对焦炭质量的影响。

制定了系统对位逻辑（图 8），从皮带、小车、料仓、对位地址、数据传递、控制方式全过程把控。系统连锁每个煤仓 1 台模拟量料位计、1 个煤仓选仓信号、2 个下料地址，适应复杂煤种替换及频繁配煤调整，保证配煤准确性，保障焦炭质量稳定。

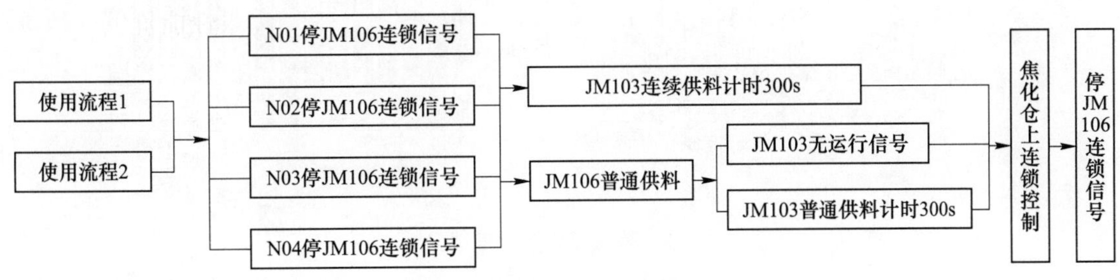

图 8 智能化混料系统逻辑图

3 生产应用及经济效益

3.1 澳洲煤增配情况

2020 年 1—9 月，澳洲煤价格较低，增加其在配煤中占比，最高达 35%，如图 9 所示。降低配煤成本的同时，结合单种煤结焦性机理分析，优化配煤结构，稳定焦炭质量。

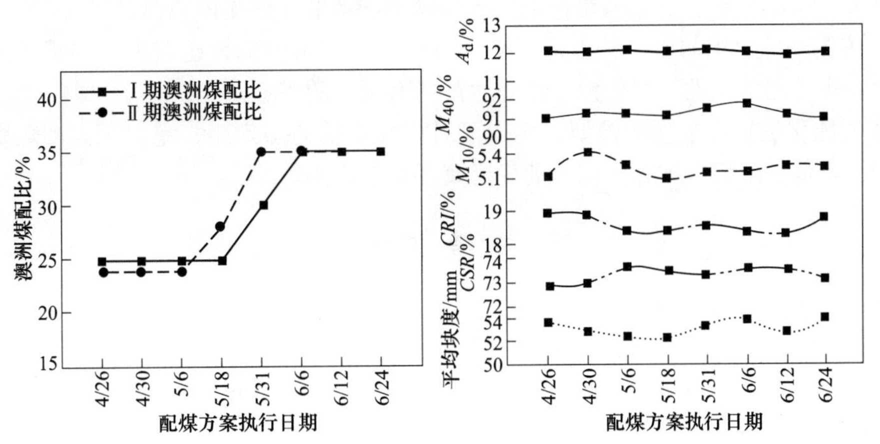

图 9 澳洲煤增配及焦炭质量情况

3.2 澳洲煤减配情况

澳洲炼焦煤资源锐减时，应用炼焦煤性能价值评价方法，对橡树岭等 30 种焦煤、许疃等 24 种肥煤、印尼等 4 种 1/3 焦煤和神火等 2 种瘦煤进行排序，如图 10 所示。其中国内 12 种、国外非澳洲资源 10 种等 22 个新煤种得到工业应用。

3.3 焦炭提产及质量情况

与 2019 年相比，焦炭产量每日增产 1507 t。在高产能及炼焦煤资源剧烈波动形势下，焦炭质量保持稳定，M_{40}为 91%，M_{10}为 5.2%，*CRI* 为 19%，*CSR* 为 72%。焦炭产量的提高和质量的稳定，为高炉顺稳生产提供了有效支撑。

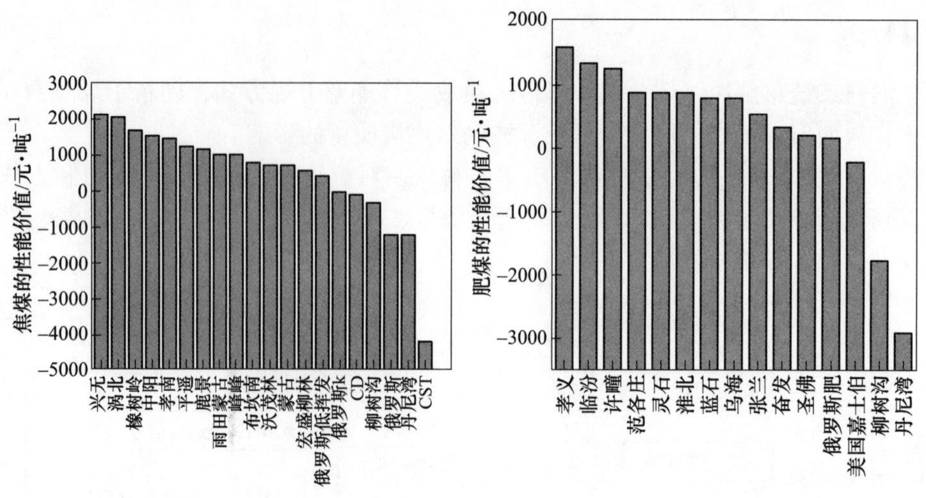

图 10　炼焦煤资源开发情况

3.4　高炉指标情况

焦炭提产保质为三座高炉高产夯实了基础，与 2019 年相比，三座高炉负荷整体提高，最高达到 6.06 t/t，利用系数逐步提高，最高达到 2.55 t/(m^3 · d)。

4　结论

在高产能及澳洲煤资源剧烈波动的形势下，完成了铁焦平衡、缩短炭化时间、炼焦煤评价、优化配煤结构等技术攻关，从焦炭质量指标来看，仍处于国际先进水平。具体体现在：

（1）掌握了国内外炼焦煤的煤质特点，建立了炼焦煤性能价值的评价模型，完善了京唐炼焦煤数据库，降低了对单一煤源的依赖性，对国内外炼焦生产具有很好的借鉴意义。

（2）建立了智能化焦炭质量预测模型，实现了对焦炭质量动态预测，完成了澳洲煤资源剧烈波动形势下的顺稳生产，降低了配煤成本，在同行业中起到了示范作用。

参 考 文 献

[1] GB 50427—2015 高炉炼铁工程设计规范 [S]. 2015.

[2] 吴铿，折媛，刘起航，等. 高炉大型化后对焦炭性质及在炉内劣化的思考 [J]. 钢铁，2017，52 (10)：1-12.

[3] Huang J, Guo R, Wang Q, et al. Coke solution-loss degradation model with non-equimolar diffusion and changing local pore structure [J]. Fuel, 2020, 263: 116694.

[4] 竺维春，张雪松. 风口焦炭取样研究对高炉操作的指导 [J]. 钢铁研究，2009，37 (4)：13-16.

[5] Numazawa Y, Saito Y, Matsushita Y, et al. Large-scale simulation of gasification reaction with mass transfer for metallurgical coke: Model development [J]. Fuel, 2020 266: 117080.

我国热回收炼焦的研发、应用、政策和展望

张建平

（山西中鑫洁净焦技术研究设计有限公司，太原 030021）

摘　要：我国的热回收炼焦技术从 2000 年开始规模化建设，到现在已 25 年，这期间我国的热回收炼焦技术不断完善和进步，目前已经达到国际领先水平。阐述了我国热回收炼焦研发、进步、应用不同的四个发展阶段，介绍了山西中鑫在我国热回收炼焦不同发展阶段的五代典型的热回收炼焦技术，说明了山西中鑫的主要热回收炼焦专利技术，阐明了我国的热回收炼焦不同阶段的热回收炼焦政策，展望了热回收炼焦应用的环境和前景。

关键词：热回收炼焦，研发，应用，政策，展望

1　概述

炼焦技术包含常规焦炉、热回收焦炉、半焦（兰炭）炭化炉三种生产工艺。热回收焦炉是指焦炉炭化室微负压操作、机械化捣固、装煤、出焦，回收利用炼焦燃烧尾气余热的焦炭生产装置。焦炉结构形式分立式和卧式。

山西省 1999 年开始热回收炼焦的工业化试验，并取得了阶段性的成果，我国从 2000 年开始建设热回收炼焦工厂。国际上在我国之前建设热回收炼焦工厂的国家有美国、印度、澳大利亚等国家，从 2004 年开始采用我国热回收炼焦技术建设热回收炼焦工厂。

我国的热回收炼焦技术经过二十多年的发展，已经制定了完善的产业政策和环境保护、节约能源等的规定和标准，综合技术水平不断提升和完善，已经处于世界的领先水平。

2　我国热回收炼焦的研发、应用，以及典型的热回收炼焦技术

我国的热回收炼焦技术，从 1999 年开始试验，2000 年开始应用，到 2024 年经历了四个不同的阶段，热回收炼焦技术不断进步和完善，已经形成了五代热回收炼焦技术。在四个不同的发展阶段，热回收炼焦技术从炉体结构、耐火材料使用、减少炼焦煤烧损、空气预热、分段加热、炉门密封、装煤推焦除尘、余热锅炉布置、干法熄焦、余热发电、自动化智能化操作等各方面不断进步和提升。

2.1　我国热回收炼焦的四个发展阶段

2.1.1　第一阶段

第一阶段为 2000—2008 年，这一阶段我国开始在山西、山东、辽宁、内蒙古、新疆、浙江、河北等省区建设规模化的热回收焦炉，国家发改委于 2004 年 12 月 16 日首次公告的《焦化准入条件（2004 年版)》，没有列入热回收焦炉。从 2004 年以后，山西不再新批建设热回收焦炉。

这一阶段，山西省政府和中国炼焦行业协会，根据国家发改委的意见，开始组织有关专家开展调研、规范和制定热回收焦炉的管理和技术条件。

这一阶段，我国的热回收炼焦技术开始在印度等国家应用。

2.1.2　第二阶段

第二阶段为 2008—2013 年，我国工信部于 2008 年 12 月 19 日公告的《焦化准入条件（2008 年修订)》，将热回收焦炉纳入管理和准入范围，同时规定应继续提升热回收炼焦技术。禁止新建热回收焦炉项目。

这一阶段，江苏、贵州、甘肃、江西等省，技术改造建设了几家大型的热回收炼焦企业，为我国热回收炼焦技术的进步起到了十分重要的作用。

这一阶段，我国的热回收炼焦技术在印度、越南、印度尼西亚、马来西亚等国家应用。

2.1.3　第三阶段

第三阶段为2014—2018年，工信部于2014年3月3日颁布《焦化准入条件（2014年修订）》，不再限制新建热回收焦炉。

这一阶段，建设的福建三钢热回收炼焦项目，燃烧室为六联拱结构，首创并应用炉顶一次分布器炼焦煤减少烧损装置、余热锅炉布置在焦炉间台、焦炉高温烟气管道互联，采用刀边炉门、配套干法熄焦、高温超高压一次再热余热发电等先进技术，吨焦余热发电达到了1000~1050 kWh。福建三钢的热回收炼焦在技术和运营管理等方面取得了巨大的进步，技术达到国际领先水平。

这一阶段，我国的热回收炼焦技术在印度、越南等国家应用。

2.1.4　第四阶段

第四阶段为2019年至今，国家发改委于2019年10月30日公布的《产业结构调整指导目录》（2019年本），国家发改委于2023年12月27日公布的《产业结构调整指导目录》（2024年本），我国我国工信部于2020年6月11日公告的《焦化行业规范条件》，不再限制新建热回收焦炉。

这一阶段，我国河北、辽宁、河南、重庆、广西等省区大型钢铁企业开始建设和应用热回收炼焦项目。这一阶段我国建设的热回收炼焦厂均为钢铁联合企业，为钢铁企业提供高质量焦炭的同时，也为钢铁企业提供低价格的电力，对钢铁企业高质量高效益发展、降低能耗、低碳减排起到了重要的作用。

这一阶段，我国的热回收炼焦技术在印度、越南、哥伦比亚、津巴布韦、蒙古国等国家应用。

2.2　我国典型的五代热回收炼焦技术

2.2.1　第一代热回收炼焦技术

1999年山西省组织我国有关科研设计和设备制造等单位在山西省侯马开展了五孔热回收焦炉的试验，进行了包括炉体、机械、工艺、生产等工业化试验，山西省科技厅于2000年组织进行了省级科技成果鉴定。

需要特别说明的是，五孔热回收焦炉作为我国的第一代热回收炼焦炉与国际上美国、印度等国家已有的热回收炼焦技术不同，首次采用了机械捣固侧装煤工艺。通过五孔热回收焦炉的工业化试验和科技成果鉴定，为我国后来研发设计和建设热回收炼焦提供了宝贵的、可靠的第一手资料，为我国热回收炼焦技术的开发应用做出了划时代的作用。

2.2.2　第二代热回收炼焦技术

2000年至2007年在山西、山东、内蒙古、浙江、辽宁、新疆等地建设了20多家热回收炼焦企业，受当时政策和技术的限制，大多数热回收炼焦企业焦炭生产规模为40万~60万吨/年，余热发电量低，环保设施比较简单。

第二代热回收炼焦技术以原山西省化工设计院（现上海电气集团国控环球工程有限公司）的QRD-2000和QRD-2006为代表，炭化室尺寸一般为13340 mm×3600 mm×2780 mm，采用四联拱燃烧室、机械或液压捣固、水平接焦，余热发电量300~350 kWh/t焦。

这期间，中冶焦耐工程技术有限公司完成了高平三甲的热回收炼焦项目工程设计。

采用第二代热回收炼焦技术建设的国内典型的热回收炼焦项目有山西兴高、太原港源、山西文峰、沁新能源、山东日照、衢州元立、辽宁盛盟、新疆国际、内蒙古众兴、湖南娄底、青岛钢铁等。

采用第二代热回收炼焦技术建设的国际典型的热回收炼焦项目有印度NECO、印度BHUSHAN、印度JINDAL、印度TATA、巴西CSA等，现均在生产运营。

山西省的所有热回收焦炉多是在这一阶段建成的，均为独立炼焦厂。山西省主要热回收炼焦企业已经生产了近二十年，主要炼焦指标达到了设计标准，至今焦炉炉体完好，生产经营正常，热回收炼焦的大规模生产应用取得了成功。热回收炼焦由于其焦炭质量好，可以配入无烟煤炼焦，有利于保护环境等优点，随后很快在我国和国际得到了普遍的应用，为我炼焦行业多元化的发展和热回收炼焦技术进步起到了积极和重要的作用。第二代热回收炼焦技术典型用户见图 1。

山西兴高
(2001年设计、2002年投产)

山西沁新
(2003年设计、2005年投产)

印度JINDAL
(2004年EPS、2006年投产)

巴西CSA
(2006年EPS、2009年投产)

图 1　第二代热回收炼焦技术典型用户

2.2.3　第三代热回收炼焦技术

2008—2016 年，在江苏、甘肃、贵州、江西建设了几家热回收炼焦企业，焦炭生产规模为 100 万～150 万吨/年，这一阶段我国建设的热回收炼焦项目均为技术改造项目，开始研发设计采用六联拱燃烧室，余热发电量有了较大的提高，环保设施比较完善。

第三代热回收炼焦技术以中钢设备有限公司太原分公司（山西中鑫洁净焦技术研究设计有限公司）的 CHS50—2008 和 CHS50—2013 为代表，炭化室尺寸一般 13340 mm×3660 mm×2650 mm、六联拱燃烧室、机械或液压捣固、水平接焦、装煤推焦车载除尘、余热发电量 400～800 kW · h/t 焦。

采用第三代热回收炼焦技术建设的国内典型的热回收炼焦项目有江苏溧阳 110 万吨、贵州贞丰 100 万吨、武威荣华 150 万吨等。江苏溧阳由于厂址原因随钢铁整体搬迁停产，贵州贞丰和武威荣华现在生产经营正常。

采用第三代热回收炼焦技术建设的国际典型的热回收炼焦项目有伊朗 TABAS、印度 GSL、印度 BENGAL 、越南 HOA PHAT 能源、印尼 RUIPU 等，现在均生产经营正常。

这一阶段的热回收炼焦技术首创并应用燃烧室六联拱结构，六联拱燃烧室更具有燃烧完全、加热均匀、传热效率高等技术优势，丰富和提升了热回收炼焦技术。这一阶段热回收炼焦技术的发展进步进一步提升了我国炼焦技术在国际上的影响力和地位。同时，还首创并应用装煤推焦车和接熄焦车载除尘，完善了热回收焦炉环保设施。这一阶段的热回收炼焦余热发电量也有了较大增加。第三代热回收炼焦技术典型用户见图 2。

贵州贞丰
(2009年设计、2011年投产)

武威荣华
(2010年设计、2013年投产)

越南 HOA PHAT能源一期
(2008年设计、2009年投产)

伊朗 TABAS
(2011年设计、2019年投产)

印度 CSL
(2013年设计、2015年投产)

印度 RUIPU
(2015年设计、2017年投产)

图 2　第三代热回收炼焦技术典型用户

2.2.4　第四代热回收炼焦技术

2017—2022 年，在福建、河北、河南、辽宁、吉林、广西等省市在大型钢铁企业建设热回收焦炉，焦炭生产规模多在 100 万～168 万吨/年之间，余热发电量吨焦达到了 1000 度以上，环保设施齐全可靠，污染物排放达到或低于我国现行的超低排放标准，焦炭单位产品能耗达到了标杆值。

第四代热回收炼焦技术以中钢设备有限公司太原分公司（山西中鑫洁净焦技术研究设计有限公司）的 CHS61—2017 和 CHS67—2019 为代表，炭化室尺寸一般 15210 mm×3660 mm×2650 mm 和 16650 mm×3660 mm×2650 mm，六联拱燃烧室、一次空气分布器、分段加热、刀边炉门、机械或液压捣固、装煤和推焦车载除尘、余热锅炉焦炉间台、高温烟气和低温烟气管道互联、干法熄焦，余热发电量 1000～1050 kWh/t焦。

这期间上海电气集团国控环球工程有限公司（原山西省化工设计院）完成了吉林建龙的热回收炼焦项目工程设计，中冶焦耐（大连）工程技术有限公司完成了安钢周钢的热回收炼焦项目工程设计，辽宁科技大学工程技术有限公司完成了吉林鑫达、唐山佳祥、信钢金港的热回收炼焦项目工程设计。

采用第四代热回收炼焦技术建设的国内典型的热回收炼焦项目有福建三钢 103 万吨、河北太行 100 万吨等，现均在正常生产运营，技术指标达到和超过了设计指标。广西柳钢 120 万吨、广西北港 130 万吨正在筹建过程中。

采用第四代热回收炼焦技术建设的国际典型的热回收炼焦项目有越南 HOA PHA 榕橘、印度 KFIL、哥伦比亚 MILPAS 等，现均在生产运营。

特别说明，这一阶段我国建设的热回收炼焦厂均为钢铁联合企业，为钢铁企业提供高质量焦炭的同时，也为钢铁企业提供低价格的电力，对钢铁企业高质量高效益发展起到了重要的作用。这一阶段的热回收炼焦技术首创并应用炉顶一次分布器炼焦煤减少烧损装置、余热锅炉布置在焦炉间台、焦炉高温烟气管道互联，采用刀边炉门、配套干法熄焦、高温超高压一次再热余热发电等先进技术，吨焦余热发电达到了 1000～1050 kW · h。这一阶段我国的热回收炼焦技术取得了巨大的进步，总体技术达到了国际领先水平。第四代热回收炼焦技术典型用户见图 3。

福建三钢
(2017年设计、2019年投产)

河北太行
(2020年设计、2022年投产)

印度 KFIL
(2018年EPS、2022年投产)

越南 HOA PHAT 榕橘一期
(2017年EPS、2019年投产)

图 3　第四代热回收炼焦技术典型用户

2.2.5　第五代热回收炼焦技术

第五代热回收炼焦技术以中钢设备有限公司太原分公司（山西中鑫洁净焦技术研究设计有限公司）的 CHS67—2022 为代表，炭化室尺寸一般 16650 mm×3660 mm×2650 mm，在采用成熟先进的六联拱燃烧室、四联拱燃烧室、一次空气分布器、二次空气预热、分段加热、刀边炉门、机械+液压捣固、装煤和推焦车载除尘、余热锅炉焦炉间台、高温烟气和低温烟气管道互联、干法熄焦等技术的同时，首次采用上升管吸力自调专利技术，余热发电量达到 1050～1100 kW · h/t 焦。

采用第五代热回收炼焦技术建设的国内典型的热回收炼焦项目有重庆科尔科克 150 万吨，以及高平兴高、沁新能源在原有焦炭产能不变的情况下节能降碳提效升级改造项目。

特别说明，这一阶段的热回收炼焦技术首创并应用上升管吸力自调专利技术，对热回收炼焦焦炉调火自动化智能化操作、降低炼焦煤烧损、提高炼焦余热利用率、降低能源消耗将起到重要作用，将进一步提升我国的热回收炼焦技术在国际的领先水平。第五代热回收炼焦技术典型用户见图 4。

重庆科尔
(2022年设计、2023年8月投产)

高平兴高提效改造
(2024年设计、2024年9月投产)

山西沁新升级改造
(2022年设计、2024年5月投产)

图 4 第五代热回收炼焦技术典型用户

2.3 热回收炼焦主要业绩

2008—2024 年中钢设备（山西中鑫）热回收炼焦项目主要业绩见表 1。

表 1 2008—2024 年中钢设备（山西中鑫）热回收炼焦项目主要业绩

序号	工程项目名称	规 模	设计阶段	项目情况	年份
1	重庆高峰新材料科技有限公司 焦电铬一体化项目——炼焦标段	180 万吨	方案设计 施工图设计	方案设计 已完成	2023
2	重庆高峰新材料科技有限公司 焦电铬一体化项目	180 万吨	可行性研究	已完成	2023
3	山西兴高 40 万吨无烟煤炼焦配套 余热发电及干法熄焦提效改造项目	40 孔焦炉改造	可行性研究 项目申请报告 施工图设计	2023 年投产	2023
4	山西沁新集团 60 万吨铸造焦 （100 万吨冶金焦）升级改造项目	60 万吨铸造焦 （100 万吨冶金焦）	施工图设计	2024 年投产	2022
5	广西北港新材料有限公司 能源优化及原料保供技改项目	130 万吨	可行性研究	已完成	2022
6	重庆市科尔科克新材料有限公司 焦炭一体化项目	150 万吨	可行性研究 方案设计 施工图设计	可研已完成 方案已完成 施工图已完成	2022
7	赞比亚 UMCIL 综合钢厂	15 万吨	可行性研究	已完成	2022
8	哥伦比亚 C．I．MI LPA S．A 热回收炼焦工厂	40 万吨	第一阶段设计 第二阶段设计	第一阶段设计已完成 第二阶段设计正执行	2022
9	越南 HOA PHAT 集团 榕橘钢铁股份有限公司	220 万吨	基础设计 详细设计	已完成	2022
10	印度 JINDAL SAW 立式热回收炼焦项目	30 万吨	基础设计 详细设计	已完成	2022

续表1

序号	工程项目名称	规　模	设计阶段	项目情况	年份
11	马来西亚福盛泰联合钢厂	一期60万吨 （总体120万吨）	可行性研究	已完成	2022
12	柳钢镍铁冶炼项目配套清洁环保 低碳能源保供项目（炼焦标段）	240万吨 （120万吨）	初步设计 施工图设计	初步设计 已完成	2021
13	印度KFIL二期工程	18万吨	详细设计	2023年投产	2021
14	印尼KBS年产120万吨清洁环保节能 智能捣固热回收炼焦项目	120万吨	可行性研究	已完成	2021
15	曲靖大为焦化制供气有限公司 105万吨/年焦电升级改造项目	105万吨	可行性研究	已完成	2021
16	贞丰县久盛能源有限责任公司 100万吨炼焦及余热发电技改项目	100万吨热回收	可行性研究	已完成	2021
17	海洋资源年产200万吨热回收炼焦配套 干熄焦和余热发电项目	200万吨	可行性研究	已完成	2021
18	越南HOA PHAT集团第5组 50万吨热回收炼焦项目	50万吨	基础设计 详细设计	2022年投产	2021
19	陕西黑猫热回收炼焦配套余热 发电和硅铁、集中供热项目	400万吨	可行性研究	已完成	2020
20	东北特钢高炉原料优化配套项目	120万吨	可行性研究	已完成	2020
21	印度RASHMI冶金工业私人有限公司	50万吨	基础设计 详细设计	2022年投产	2020
22	河北太行钢铁集团有限公司	100万吨 （总体200万吨）	初步设计 施工图设计	2022年投产	2020
23	唐山国唐公司全能量回收清洁捣 固智能热回收炼焦项目	176万吨	可行性研究 初步设计 施工图设计	已完成	2019
24	越南HOA PHAT集团能源有限公司三期工程	20万吨	基础设计 详细设计	2021年投产	2019
25	印度KFIL一期工程	20万吨	基础设计 详细设计	2020年投产	2018
26	福建三钢（集团）公司全能量回收 清洁型环保制焦工程（热回收焦炉）	103万吨	初步设计 施工图设计	2019年投产	2017
27	越南HOA PHAT集团 榕橘钢铁股份有限公司	206万吨	基础设计 详细设计	2019年投产	2017
28	印尼RUIPU有限公司一期工程	55万吨	施工图设计	2017年投产	2015
29	印度BENGAL能源有限公司	60万吨	基础设计 详细设计	2015年投产	2013
30	印度GSL钢铁有限公司	20万吨	基础设计 详细设计	2015年投产	2012
31	伊朗TABAS工业公司	45万吨	基础设计 详细设计	2019年投产	2011
32	武威荣华工贸有限公司	150万吨、 4×15MW发电、 286 t蒸汽	可行性研究 施工图设计	2013年投产	2010

续表 1

序号	工程项目名称	规　模	设计阶段	项目情况	年份
33	越南 HOA PHAT 集团能源有限公司 二期工程	35 万吨	基础设计 详细设计	2011 年投产	2010
34	贵州贞丰县久盛能源有限公司	80 万吨焦炭 4×15MW 发电	初步设计 施工图设计	2012 年投产	2009
35	山东省临沂金兴焦电有限公司	二期 40 万吨热回收	施工图设计	2010 年投产	2009
36	江苏溧阳昌兴钢铁有限公司	110 万吨 4×15MW 发电	初步设计 施工图设计	2009 年投产	2008
37	越南 HOA PHAT 集团能源有限公司 一期工程	35 万吨	基础设计 详细设计	2009 年投产	2008

3 主要热回收炼焦专利技术

在我国热回收炼焦技术不同的发展时期，根据国家的产业政策和环保、低碳、节能等政策的要求，研发应用了不同热回收炼焦专利技术。热回收炼焦专利技术覆盖了炉体结构、装煤除尘、节能减排、自动化智能化操作等各个方面。主要热回收炼焦专利技术见图 5。

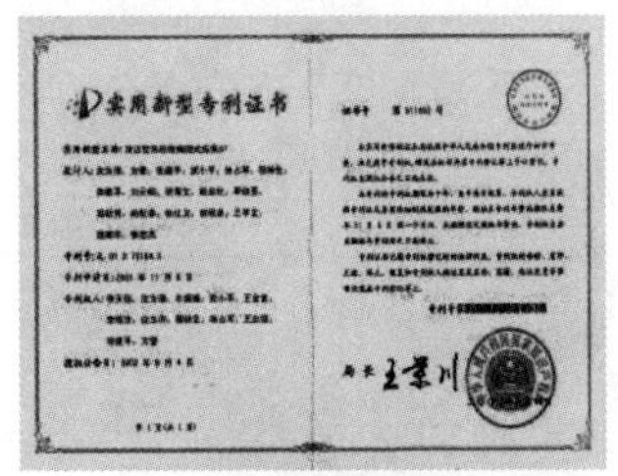

清洁型热回收
捣固式炼焦炉
(ZL 01270184.X)

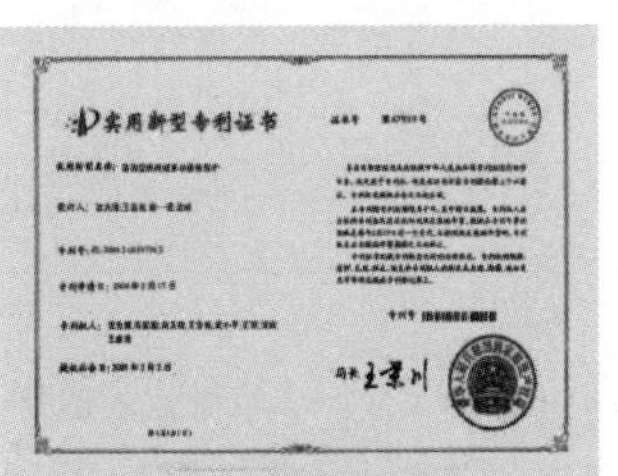

清洁型热回收
多功能炼焦炉
(ZL 200420015776.2)

清洁型热回收
捣固式炼焦炉
(ZL 200520024701.5)

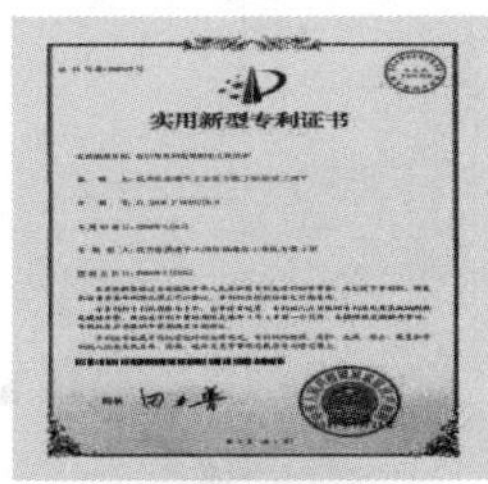

清洁型热回收
捣固室式机焦炉
(ZL 200820076720.6)

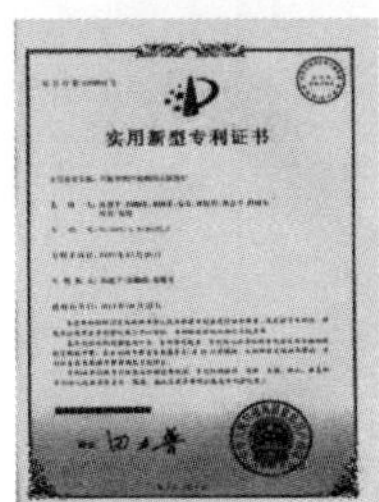

节能型热回收
捣固式炼焦炉
(ZL 201320140037.5)

炼焦煤低烧损的热回炉
捣固式炼焦炉
(ZL 201320139283.9)

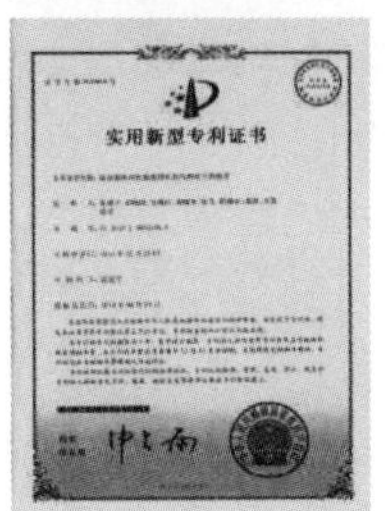

湿法熄焦回收熄焦塔
水蒸气和除尘装置
(ZL 201320854166.0)

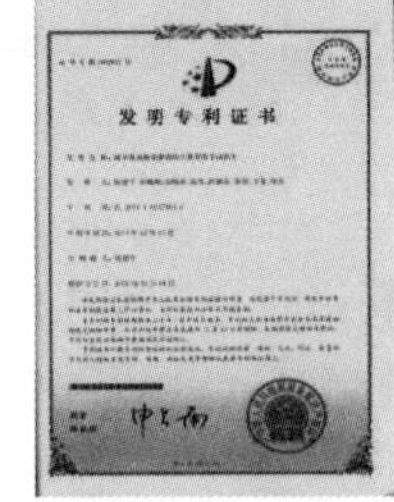

减少焦炭烧损和带除尘
装置的平接焦车
(ZL 201310717603.9)

一种两次空气预热
热回收炼焦炉
(202420104142.1)

一种热回收焦炉联拱火道
分段加热装置
(202420104213.8)

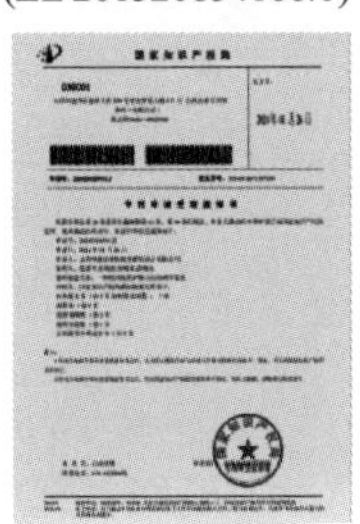

一种热回收焦炉吸力
自动调节装置
(202420189911.2)

一种热回收炼焦炉
(202420251343.4)

图 5　主要热回收炼焦专利技术

4　我国的热回收炼焦政策

我国的热回收炼焦政策随着热回收炼焦技术的不断进步和完善，不同阶段制定了相应的政策。我国热回收炼焦政策为我国热回收炼焦技术的进步、发展和规范起到了引领和指导的作用。我国主要热回收炼焦政策、标准、规定见表 2。

表 2　我国主要热回收炼焦政策、标准、规定

部门	名　称	主 要 内 容	执行日期
发改委	《焦化准入条件》（2004）	焦化准入条件没有列入热回收焦炉	2005 年 1 月 1 日
工信部	《焦化准入条件》（2008 年修订）	（1）热回收焦炉系指焦炉碳化室微负压操作、机械化捣固、装煤、出焦、回收利用炼焦燃烧废气余热的焦炭生产装置。以生产铸造焦为主。 （2）热回收焦炉：企业生产能力 40 万吨/年及以上。应继续提升热回收炼焦技术。禁止新建热回收焦炉项目。 （3）热回收焦炉应同步配套建设热能回收和烟气脱硫、除尘装置。 （4）热回收焦炉企业应配置烟气脱硫、除尘设施和二氧化硫在线监测、监控装置。 （5）热回收焦炉综合能耗≤165 kgce/t 焦，煤耗（干基）≤1.33 t/t 焦，吨焦耗新水≤1.2 m^3/t 焦，水循环利用率≥95%，炼焦煤烧损率≤1.5%。 （6）热回收焦炉吨焦余热发电量：入炉煤干基挥发分为 17%时，吨焦发电量≥350 kW · h；入炉煤干基挥发分为 23%时，吨焦发电量≥430 kW · h	2009 年 1 月 1 日
环保部	《炼焦化学工业污染排放标准》（GB 16171—2012）	（1）现有热回收焦炉企业大气污染物排放浓度现值，精煤破碎、焦炭破碎、筛分及转运颗粒物≤50 mg/m^3，装煤颗粒物≤100 mg/m^3，二氧化硫≤150 mg/m^3，苯并［a］芘≤0.3 μg/m^3，推焦颗粒物≤100 mg/m^3，二氧化硫≤100 mg/m^3，焦炉烟囱颗粒物≤50 mg/m^3，二氧化硫≤200 mg/m^3。 （2）新建热回收焦炉企业大气污染物排放浓度现值，精煤破碎、焦炭破碎、筛分及转运颗粒物≤30 mg/m^3，装煤颗粒物≤50 mg/m^3，二氧化硫≤100 mg/m^3，苯并［a］芘≤0.3 μg/m^3，推焦颗粒物≤50 mg/m^3，二氧化硫≤50 mg/m^3，焦炉烟囱颗粒物≤30 mg/m^3，二氧化硫≤100 mg/m^3	2012 年 10 月 1 日
工信部	《焦化准入条件》（2014 年修订）	（1）热回收焦炉是指焦炉炭化室微负压操作，机械化捣固、装煤、出焦，回收利用炼焦燃烧尾气余热的焦炭生产装置。焦炉结构形式分立式和卧式。 （2）热回收焦炉：捣固煤饼体积≥35 m^3，企业生产能力≥100 万吨/年（铸造焦≥60 万吨/年）。同步配套建设热能回收设施。 （3）热回收焦炉企业应配套建设烟气脱硫、除尘设施，并同步建设脱硫废渣处置设施，使脱硫废渣得到无害化处理。焦炉煤气湿式氧化法脱硫废液需配套建设提盐设施或其他有效废液处理设施，使脱硫废液得到无害化处理。 （4）热回收焦炉焦炭单位产品能耗≤155 kgce/t 焦，吨焦耗新水≤1.2 m^3/t 焦，水循环利用率≥96%，炼焦煤烧损率≤1.5%	2014 年 4 月 1 日

续表2

部门	名称	主要内容	执行日期
发改委	《产业结构调整指导目录》(2019年本)	(1) 钢铁联合企业要同步配套建设干熄焦、装煤、推焦除尘装置的炼焦项目；独立焦化企业要同步配套建设装煤、推焦除尘装置的炼焦项目。 (2) 热回收焦炉捣固煤饼体积≥35 m^3，企业生产能力≥100万吨/年(铸造焦<60万吨/年)焦化项目	2020年1月1日
工信部	《焦化行业规范条件》	(1) 热回收焦炉是指焦炉炭化室微负压操作，机械化捣固、装煤、出焦，回收利用烟气余热的焦炭生产装置。焦炉结构形式分立式和卧式。 (2) 热回收焦炉：热回收焦炉煤饼体积须≥35 m^3。 (3) 焦化生产企业应同步配套煤(焦)储存、煤粉碎(筛分)、装煤、推焦、(干)熄焦、筛焦、焦转运、硫铵干燥等抑尘、除尘设施。干熄焦、焦炉烟囱等产生二氧化硫、氮氧化物的污染源，要按照环保要求配套脱硫或脱硫脱硝装置。 (4) 焦化生产企业能耗须达到《焦炭单位产品能源消耗限额》(GB 21342)规定的准入值，捣固焦炉吨焦产品能耗≤127 kgce/t。 (5) 焦化生产企业应注重资源综合利用，提高各种资源的循环利用率，取水定额应达到《取水定额 第30部分：炼焦》(GB/T 18916.30)规定的新建和改扩建企业取水定额，热回收焦炉吨焦取水量≤0.6 m^3	2020年6月11日
发改委等部门	《工业重点领域能效标杆水平和基准水平》(2023年版)	(1) 捣固焦炉焦炭单位产品能耗基准水平140 kgce/t焦。 (2) 焦炭单位产品能耗标杆水平110 kgce/t焦	2023年7月4日
中焦协	热回收焦炉 生产管理规程(T/CCIAA 27—2023)	(1) 术语定义； (2) 基本规定； (3) 管理要点	2023年9月15日
中焦协	焦化示范企业评价规范 热回收焦炉(T/CCIAA 26—2023)	(1) 术语和定义； (2) 评价规范； (3) 评价办法	2023年9月15日
发改委	《产业结构调整指导目录》(2024年本)	(1) 钢铁联合企业、独立焦化企业要同步配套建设干熄焦、装煤、推焦除尘、VOCs治理装置的炼焦项目。 (2) 热回收焦炉捣固煤饼体积≥35 m^3	2024年2月1日
生态环境部	《炼焦化学工业废气治理工程技术规范》(HJ 1280—2023)	(1) 装煤、推焦过程中产生的机侧逸散烟尘宜采用机侧车载式袋式除尘装置收集净化。 (2) 平接焦过程中产生的烟尘宜采用焦侧车载袋式除尘系统收集净化	2024年5月1日

5 我国政府和焦化协会对热回收炼焦的帮助和支持

我国热回收炼焦技术的研发、应用、发展、进步，得到了我国有关部门、山西省有关部门、中国焦协、山西焦协的大力支持和引导，我国热回收炼焦技术之所以能处于国际领先水平是山西有关炼焦环保专家、我国相关科研设计、设备材料制造、施工建设、生产运营管理、国际工程公司等共同努力的结果(图6)。

国家发改委和山西省政府考察热回收焦炉(2007年)

中国炼焦行业协会专家调研热回收焦炉(2008年)

全国热回收焦炉座谈会(2008年)

山西省热回收焦炉认定会(2008年)

全国热回收焦炉准入座谈会(2009年)

全国热回收焦炉研讨会(2011年)

山西热回收焦炉企业座谈会(2019年)

山西省焦化行业高质量发展研讨会(2022年)

图 6　我国和山西省主要热回收炼焦会议

6　展望

我国政府和行业协会对热回收炼焦技术进步和生产管理非常重视，在不同时期相应制定了热回收炼焦的产业政策和环保、节能等有关规定，对促进和引导我国热回收炼焦技术的进步和生产管理起到了十分重要的作用。

在国际上，热回收炼焦技术作为一种环保的炼焦新技术，很早就在美国、澳大利亚、印度等国家得到了应用。2014 年 1 月我国化学工业出版社出版的，我国环境保护部科技标准司组织翻译的，由欧洲共同体联合研究中心编制的《钢铁行业污染物综合防止最佳可行技术》，说明了热回收炼焦技术的优势，是钢铁行业污染物综合防治最佳可行技术之一。

热回收炼焦技术，作为环保低碳节能炼焦新技术，随着环境保护、低碳减排、节约能源的日益严格要求，特别是在需要焦炭和电力的企业将会得到进一步广泛的应用（图 7）。

图 7　创新发展　合作共赢

「备、配煤」

鞍钢炼焦用煤灰成分与焦炭热性质的关系研究

王 旭[1,2] 侯士彬[3] 赵振兴[1,2] 武 吉[1,2] 朱庆庙[1,2]

（1. 海洋装备用金属材料及其应用国家重点实验室，鞍山 114009；
2. 鞍钢集团钢铁研究院，鞍山 114009；
3. 鞍钢股份炼焦总厂，鞍山 114021）

摘 要：取13种主要炼焦单种煤开展了小焦炉炼焦试验，测定炼焦所得焦炭的反应性 *CRI* 和反应后强度 *CSR*，并对单种煤进行了灰成分指标检测。对 *MBI* 影响反应性 *CRI* 和反应后强度 *CSR* 相关性进行分析，找出对焦炭质量影响最显著的参数作为自变量。*MBI* 与焦炭反应性 *CRI* 和反应后强度 *CSR* 相关性有关，*MBI* 与焦炭反应性 *CRI*，所建立模型的相关系数 R^2 达到 0.642，*MBI* 与焦炭反应后强度 *CSR* 所建立模型的相关系数 R^2 达到 0.682，表明炼焦煤结焦过程中灰中碱金属对气化反应的催化作用比较显著，因此可将 *MBI* 作为预测焦炭质量的变量之一。对焦炭反应性及反应后强度的预测开展研究，通过分析可以看出，焦炭反应性 *CRI* 与反应后强度 *CSR* 可以通过灰分碱度指数 *MBI* 进行一定程度的预测，预测结果基本与实测结果一致。但对个别煤种的预测结果存在较大偏差，这与煤的多维度性质以及结构复杂程度相关，需要对煤源结构进行调整，从而修正模型参数。

关键词：反应性，反应后强度，灰成分，碱度指数

1 概述

焦炭作为钢铁冶炼的基础原材料，其质量的优劣，直接影响到钢铁品质的好坏。随着高炉大型化、高炉喷煤量的不断增加、焦比的不断降低、直接还原炼铁技术、智能冶金等技术的发展，焦炭在冶金系统内作为高温供给能量的热源、渗碳剂和铁的氧化物还原功能的作用被不同程度的替换，然而焦炭在冶金炉中经受的炉内物料重力挤压和存在时间同样不断延长，所承受的机械外力、热作用应力和不同气体化学反应作用更加严重。以上这些因素在不同程度上均加剧碳溶损过程，焦炭撑起高炉内物料的支撑骨架功能重中之重，因此冶金系统对装炉焦炭的强度指标也越来越苛刻[1-3]。冶金焦强度的高低，对钢铁企业冶金高炉的顺利、稳定的运行及企业的效益至关重要。碳素气化降解过程是其在高炉内粉化损失的“罪魁祸首”之一，而焦炭自身矿物成分含量的多少及种类是产生该现象的主要原因之一（其他原因：冶金焦与氧化性气体如 CO_2、O_2等接触面积的大小、反应物浓度的高低、高炉中温度的高低）。

中国是世界上最重要的焦炭生产和消费国。高炉大型化对焦炭质量提出了新的要求尤其是对焦炭热性质的要求日益严格。除煤化程度外，煤灰成分被认为是影响焦炭性质的主要因素[4-9]。煤灰分中的矿物质会加快焦炭在高炉中劣化，对高炉的稳定性及原料成本都会产生巨大的影响。焦炭中的灰分主要来自于炼焦煤，所以煤中的矿物质对焦炭性质的影响很大，因此了解煤和焦炭的灰分的组成很有必要。实验研究发现焦炭中的主要元素有硅（Si）、铝（Al）、铁（Fe）、钙（Ca）和镁（Mg），次要元素有钡（Ba）、钛（Ti）、钾（K）、钠（Na），微量元素有锰（Mn）和钒（V）等，它们在灰分中所占的百分比分别是大于1%、大于0.1%和大于0.01%。碱金属能促进炼铁炉内碳素反应，由于它们的增加可以非常容易地使 CO_2吸附在焦炭的外表面发生气化反应。焦炭灰成分的矿物质破坏焦炭微观结构并影响其热反应速度。有些矿物质在灰成分中有些组分起到正催化作用，会促进焦炭的溶损反应，有些矿物质有些组分起到负催化作用，会抑制焦炭的溶损反应[10-15]。开展对灰成分影响焦炭热性质机理的研究，探索改变或控制灰成分在工业生产上的应用，对准确预测和科学评价焦炭质量具有重要意义。

2　鞍钢炼焦煤矿物质催化指数 *MBI* 与焦炭热性质的关系研究

取 13 种主要炼焦单种煤开展小焦炉炼焦试验，测定炼焦所得焦炭的反应性 *CRI* 和反应后强度 *CSR*，并对单种煤进行了灰成分指标检测。

2.1　试验原料与仪器

试验共使用 13 种单种煤及配合煤，采用全自动定硫仪、全自动工业分析仪、40 kg 试验焦炉及配套设备。灰成分检测使用荧光光谱仪和原子吸收分光光度计（图 1、图 2）。

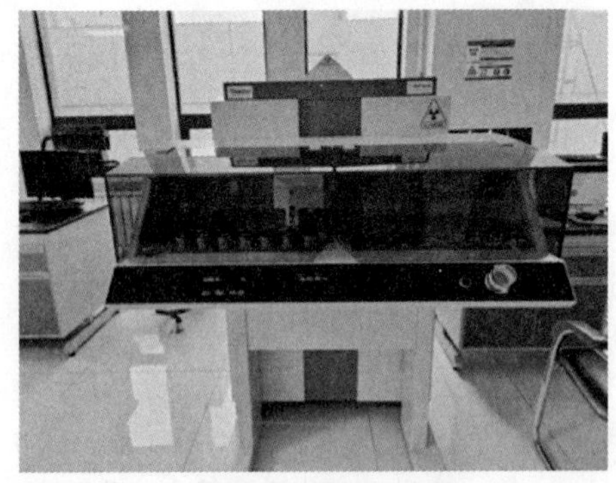

图 1　荧光光谱仪

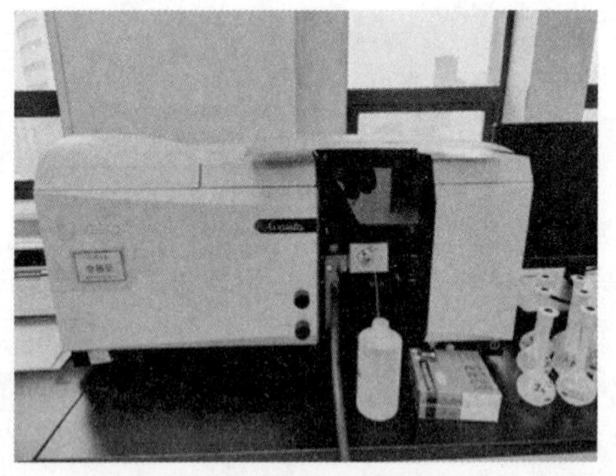

图 2　原子吸收分光光度计

2.2　试验方法

（1）将所取各煤样按相应国标进行缩分、制样，并进行工业分析、灰成分相关指标测定。

（2）对所选单种煤进行 40 kg 小焦炉炼焦试验，结焦时间 19 h，对炼焦所得焦炭进行筛分、转鼓和焦炭反应性及反应后强度测定。

2.3　试验结果

2.3.1　单种煤煤质分析及炼焦试验

对炼焦总厂 13 种单种煤进行 40 kg 焦炉炼焦试验研究，试验数据见表 1 和表 2。

表 1　炼焦总厂 13 种单种煤煤质分析数据

序号	煤名	A_d/%	V_d/%	V_{daf}/%	$S_{t,d}$/%	Y/mm	$G_{R.I}$
1	0817	8.74	32.74	35.88	0.47	16.0	94.8
2	AF	7.18	29.94	32.26	0.80	22.0	95.4
3	CK	9.78	16.83	18.65	1.01	17.0	76.4
4	DD	10.60	21.64	24.21	0.55	16.0	83.2
5	FFG	8.78	16.14	17.69	1.50	15.0	79.9
6	FGZ	10.51	27.50	30.73	1.23	31.0	92.7
7	HN	6.34	32.30	34.49	0.40	18.0	83.1
8	KL	9.72	20.3	22.49	1.21	20.0	85.6
9	MG	9.52	23.94	26.46	0.66	16.0	86.0
10	XIY	9.28	17.74	19.55	1.75	16.0	86.4
11	XY	9.14	19.5	21.46	1.94	17.0	83.4
12	YL	10.06	27.56	30.64	1.62	22.0	93.1
13	YT	9.71	26.97	29.87	1.72	30.0	92.6

试验数据表明，DD、FGZ、YL 灰分超过 10%，分别为 10.60%、10.51%、10.06%，AF 灰分最低，7.18%。

表 2　炼焦总厂 13 种单种煤 40 kg 小焦炉炼焦试验数据　(%)

序号	煤名	M_{40}	M_{10}	*CRI*	*CSR*
1	0817	50.2	13.6	38.3	36.0
2	AF	65.0	9.6	28.7	57.6
3	CK	70.0	11.8	22.0	57.6
4	DD	68.4	8.6	22.4	61.7
5	FFG	70.4	11.2	25.5	58.7
6	FGZ	58.0	10.2	23.0	58.8
7	HN	57.6	11.6	31.2	60.0
8	KL	72.4	10.0	27.3	58.9
9	MG	73.2	12.0	26.4	59.0
10	XIY	71.2	9.6	21.3	66.9
11	XY	73.6	9.2	18.7	68.9
12	YL	64.0	9.6	28.6	57.5
13	YT	65.0	11.6	47.3	39.3

试验数据表明，XY 反应后强度 68.9%为最高，其次为 XIY 66.9%，DD、HN 也超过 60%，0817 反应后强度最低，36.0%，其次是 YT 39.3%。

2.3.2　灰成分指标分析

对炼焦总厂 13 种单种煤进行灰成分含量检测，并对煤中的灰成分进行碱度指数计算，结果见表 3。

表 3　炼焦总厂 13 种单种煤灰成分分析数据　(%)

序号	煤名	Fe_2O_3	SiO_2	Al_2O_3	CaO	MgO	MnO	P_2O_5	TiO_2	K_2O	Na_2O	*MBI*
1	0817	7.17	49.67	22.34	6.32	2.44	0.093	0.82	1.08	2.15	1.22	3.48
2	AF	14.13	49.30	27.06	2.70	1.27	0.073	0.19	1.61	2.22	0.49	2.79
3	CK	5.41	49.79	36.99	0.92	0.30	0.055	0.21	1.70	0.59	0.39	1.03
4	DD	3.34	61.54	24.97	0.30	0.61	0.079	0.12	2.22	3.05	0.56	1.23
5	FFG	1.14	47.65	40.28	4.44	0.21	0.050	0.19	1.70	0.35	0.23	0.76
6	FGZ	5.68	43.52	35.22	4.25	0.98	0.070	0.50	1.99	0.47	0.25	2.14
7	HN	6.29	42.45	34.29	4.89	1.64	0.061	0.47	2.11	0.77	1.27	1.81
8	KL	5.57	50.98	32.68	3.05	0.75	0.069	0.88	1.68	0.56	0.48	1.52
9	MG	5.17	56.69	24.31	3.88	1.27	0.098	1.35	1.36	0.99	0.42	1.81
10	XIY	3.28	49.77	39.48	1.04	0.16	0.050	0.60	1.34	0.38	0.93	0.73
11	XY	3.2	48.31	41.10	2.13	0.19	0.049	0.33	1.58	0.26	0.26	0.77
12	YL	8.30	44.65	36.18	2.40	0.58	0.087	0.58	1.52	0.37	0.21	2.04
13	YT	7.08	41.57	29.30	6.22	1.84	0.10	0.28	1.64	0.76	0.97	3.16
平均		5.83	48.91	32.63	3.27	0.94	0.07	0.50	1.66	0.99	0.59	—

大多数元素（包括碱性元素），其含量与煤种无明显关系，总体上炼焦单种煤中碱性元素含量较低，煤灰中 K_2O 平均含量 0.94%，Fe_2O_3平均含量为 5.83%。

经过研究证明，煤灰成分的 10 多种矿物质（氧化物）中，碱金属在高炉中的循环、富集是焦炭降解的首要原因，而煤中的灰分又全部转化为焦炭的灰分，其组成基本不变。因此，煤的灰分中碱含量较高，必然导致焦炭灰分中碱含量较高，灰分的催化能力强，焦炭的反应性高，反应后强度低。碱性氧化物（K_2O、Na_2O）是焦炭碳溶反应的强、正催化剂；碱土金属（MgO、CaO）和过渡金属（MnO、Fe_2O_3）是弱、正催化剂，TiO_2是强、负催化剂；Al_2O_3对焦炭的碳溶反应并无影响；SiO_2对焦炭的反应性没有影响。可以看出，对焦炭碳溶反应增大起正催化作用的有 K_2O、Na_2O、Fe_2O_3、BaO、CaO、MnO；对焦炭碳溶反应增大起正催化作用的是 TiO_2。

灰成分碱度指数计算，其计算方法由加拿大炭化研究协会 CCRA 提出，*MBI* 计算公式如下：

$$MBI = \frac{100A_d(Fe_2O_3 + CaO + MgO + K_2O + Na_2O)}{(100 - V_d) \times (SiO_2 + Al_2O_3)}$$

从表 2 看出，灰分中主要成分为SiO_2和Al_2O_3，两者相加为 71%~91%。碱金属化合物对焦炭的正催化能力最强，碱质量分数（K_2O+Na_2O），CK、FSG、FGZ、HN、KL、MG、XIY、XY、YL、YT 小于或等于 2%。碱土金属（CaO、MgO）对焦炭的正催化作用仅次于碱金属，CK、DD、XIY、XY、YL 的碱土金属（CaO、MgO）含量小于 3%，其余均大于 3%。而对于过渡金属氧化物 Fe_2O_3，除 DD、FSG、XIY、XY 含量小于 5%以外，其余均大于 5%。通过计算，CK、DD、FSG、XIY、XY 的矿物质碱度指数 *MBI* 小于 2%；0817 和 YT 的碱度指数 *MBI* 大于 3%。

2.3.3 碱度指数 *MBI* 与焦炭热态性质相关性分析

对 *MBI* 影响焦炭反应性 *CRI* 的相关性进行分析，找出对焦炭质量影响最显著的参数作为自变量，见图 3。

所建立模型的相关系数 R^2达到 0.642，表明气化反应过程中灰中碱金属对气化反应的催化作用比较显著。焦炭的反应性 *CRI* 随着灰分碱度指数 *MBI* 的增加而增大。

以灰分碱度指数 *MBI* 为自变量，*CRI* 为变量进行回归分析，见表 4。

表 4 *CRI* 与碱度指数 *MBI* 的回归结果

项目	系数	标准误差	*t* 值	*P* 值	95%置信区间下限	95%置信区间上限
常量	15.34	2.91	5.27	0.000	8.94	21.75
MBI	6.93	1.46	4.75	0.001	3.72	10.14

回归结果表明 *MBI* 与 *CRI* 呈显著线性相关。

得到回归方程

$$CRI = 15.34 + 6.93MBI$$

对 *MBI* 影响焦炭反应后强度 *CSR* 的相关性进行分析，找出对焦炭质量影响最显著的参数作为自变量，见图 4。

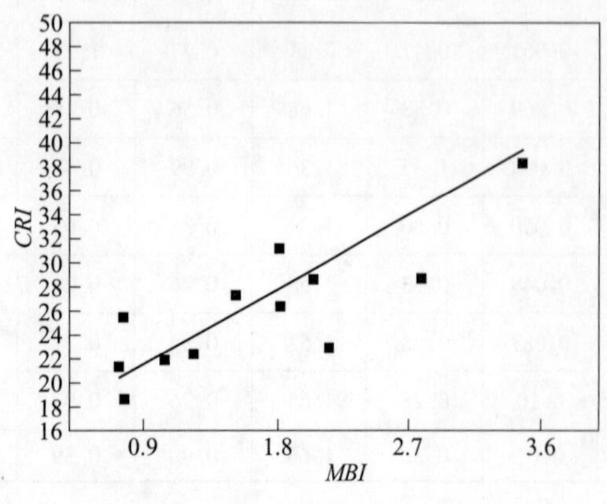

图 3 炼焦煤 *MBI* 与焦炭 *CRI* 关系

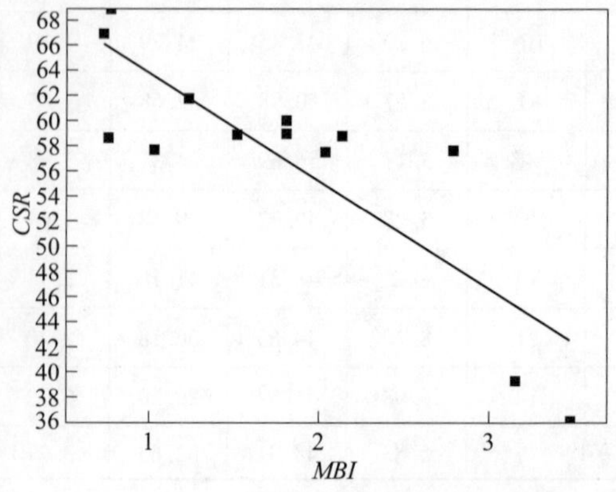

图 4 炼焦煤 *MBI* 与焦炭 *CSR* 关系

所建立模型的相关系数 R^2达到 0.682，表明气化反应过程中灰中碱金属对气化反应的催化作用比较显著。焦炭的反应后强度 *CSR* 随着灰分碱度指数 *MBI* 的增加而减小。

以灰分碱度指数 *MBI* 为自变量，*CSR* 为变量进行回归分析，见表5。

表5 *CSR* 与碱度指数 *MBI* 的回归结果

项目	系数	标准误差	*t* 值	*P* 值	95%置信区间下限	95%置信区间上限
常量	72.27	3.30	21.92	0.000	65.01	79.52
MBI	-8.53	1.65	-5.17	0.000	-12.17	-4.90

回归结果表明 *MBI* 与 *CSR* 呈显著线性相关。

得到回归方程

$$CSR = 72.27 - 8.53MBI$$

2.3.4 焦炭反应性及反应后强度的预测研究

将焦炭 *CRI* 和 *CSR* 预测值与炼焦试验（表6）所得实测值进行线性回归分析，所得图5、图6。

表6 焦炭 *CRI* 与 *CSR* 模型检验

序号	煤名	*MBI*	$CRI_{预}$	$CRI_{实}$	$CSR_{预}$	$CSR_{实}$
1	0817	3.48	39.5	38.3	42.6	36.0
2	AF	2.79	34.7	28.7	48.5	57.6
3	CK	1.03	22.5	22.0	63.5	57.6
4	DD	1.23	23.9	22.4	61.8	61.7
5	FFG	0.76	20.6	25.5	65.8	58.7
6	FGZ	2.14	30.2	23.0	54.0	58.8
7	HN	1.81	27.9	31.2	56.8	60.0
8	KL	1.52	25.9	27.3	59.3	58.9
9	MG	1.81	27.9	26.4	56.8	59.0
10	XIY	0.73	20.4	21.3	66.0	66.9
11	XY	0.77	20.7	18.7	65.7	68.9
12	YL	2.04	29.5	28.6	54.9	57.5
13	YT	3.16	37.2	47.3	45.3	39.3

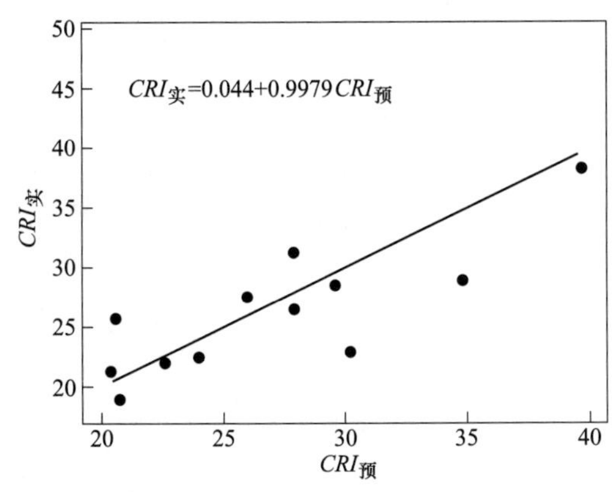

图5 *CRI* 实测值与 *CRI* 预测值之间关系

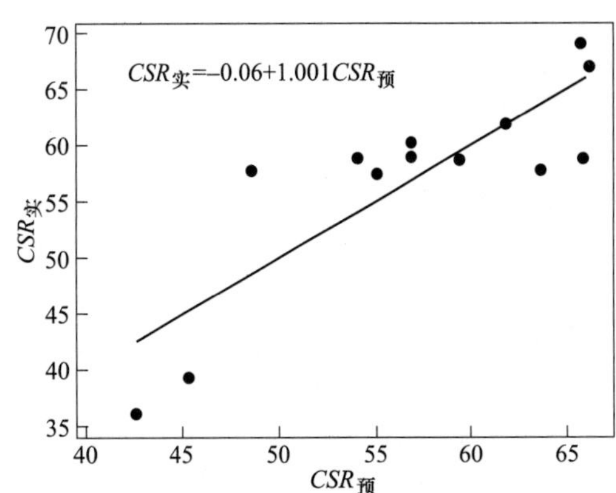

图6 *CRI* 实测值与 *CRI* 预测值之间关系

通过分析可以看出，焦炭反应性 *CRI* 与反应后强度 *CSR* 可以通过灰分碱度指数 *MBI* 进行一定程度的预测，预测结果基本与实测结果一致。但对个别煤种的预测结果存在较大偏差，这与煤的多维度性质以及结构复杂程度相关，需要对煤源结构进行调整，从而修正模型参数。

3 结论

焦炭的反应性 *CRI* 随着灰分碱度指数 *MBI* 的增加而增大，焦炭的反应后强度 *CSR* 随着灰分碱度指数 *MBI* 的增加而减小，表明气化反应过程中灰中碱金属对气化反应的催化作用比较显著。焦炭反应性 *CRI* 与反应后强度 *CSR* 可以通过灰分碱度指数 *MBI* 进行一定程度的预测，预测结果基本与实测结果一致。但对个别煤种的预测结果存在较大偏差，这与煤的多维度性质以及结构复杂程度相关，需要对煤源结构进行调整，从而修正模型参数。

参 考 文 献

[1] 姚昭章，关明东. 炼焦学［M］. 3 版. 北京：冶金工业出版社，2005.
[2] 欧阳敏，彭霓如，夏伟，等. 对焦炭反应性及反应后强度试验方法的探讨［J］. 江西冶金，2008，28（1）：36-37.
[3] 黄合生，陈焕杰，姚雷. 焦炭反应性及反应后强度检测方法研究［J］. 南方金属，2008（1）：35-37，48.
[4] 杨俊和，冯安祖，杜鹤桂. 矿物质催化指数与焦炭反应性关系［J］. 钢铁，2001，36（6）：5.
[5] 张群，冯安祖，史美仁，等. 宝钢控制焦炭热性质的研究［J］. 钢铁，2002，37（7）：1-7.
[6] 胡德生. 灰成分对焦炭热性能的影响［J］. 钢铁，2002，37（8）：9-13.
[7] 张群，吴信慈，冯安祖，等. 宝钢焦炭质量预测模型Ⅰ. 影响焦炭热性质的因素［J］. 燃料化学学报，2002（2）：113-118.
[8] 崔平，杨敏，彭静，等. 焦炭反应性的多元素矿物催化研究［J］. 钢铁，2006，41（3）：16-19.
[9] 梁建华，史世庄，张康华，等. 煤中灰成分催化指数的相关性［J］. 洁净煤技术，2011，17（1）：33-36.
[10] 白永建，田波，阎贵宝，等. 不同煤阶煤焦炭显微结构与热性质的研究［J］. 燃料与化工，2011，42（6）：20-23.
[11] 康西栋，胡善亭，潘治贵. 华北地区煤的显微组分结焦性热台试验［J］. 地球科学：中国地质大学学报，1997，22（2）：181-184.
[12] 项茹，薛改凤，陈鹏. 炼焦煤镜质组性质和焦炭结构性能的相关性研究［J］. 武汉科技大学学报，2008，31（2）：151-154.
[13] 龙晓阳，万旭东. 现代高炉对焦炭质量的要求［J］. 鞍钢技术，2002（4）：5-9.
[14] 王霞，杨俊和. BaO 对焦炭溶损反应催化作用机理［J］. 煤炭转化，2003，26（3）：49-53.
[15] 胡德生，吴信慈，戴朝发. 宝钢焦炭强度预测和配煤煤质控制［J］. 宝钢技术，2003，3：30-34.

包钢炼焦煤用煤基地建设思路

李晓灵　江　鑫　付利俊

（内蒙古包钢钢联股份有限公司煤焦化工分公司，包头　014010）

摘　要：通过对包钢周边 500 km 左右煤资源情况及洗煤能力调研，并对煤资源的原煤试验数据进行分析，确定包钢采购单一煤种方向；通过对包钢周边 500 km 范围主要炼焦煤区，包括包头大青山煤田、蒙古国、乌海地区、山西吕梁地区以及陕西部分地区煤源情况，以及煤质性质的考察，结合包钢高炉对焦炭质量的要求，提出包钢炼焦煤用煤基地建设思路。

关键词：炼焦煤，用煤基地，煤资源

2021 年包钢形成年产 810 万吨冶金焦炭的产能，年用煤量将达到 1100 万吨。由于近年来受疫情等影响，来煤稳定性差。因此，包钢煤源基地的建设，显得尤为重要。

1　包钢周边 500 km 左右煤资源情况及洗煤能力调研

通过调研据蒙古燃料能源部统计，截至 2015 年底，资源储量达 1624 亿吨，其中探明储量为 176 亿吨，约占总储量的 10.8%，策克口岸洗煤能力大约在 1100 万吨、乌拉特中旗洗煤能力在 3000 万吨左右；土右旗大城西洗煤区域主要入洗土右旗部分煤种和蒙古煤，洗煤厂有 20 多家洗煤能力巨大，年洗原煤 2000 万吨以上；乌海市矿产资源丰富，已探明金属和非金属矿藏有 37 种，其中，煤炭储量 30 多亿吨，以优质焦煤为主，占自治区焦煤储量的 60%左右，乌海地区洗煤能力在 5000 万吨以上；山西离柳煤田查明储量 203.1 亿吨，西山煤田查明储量 185.3 亿吨，仅山西柳林地区有年洗煤能力 5000 万吨以上，生产洗精煤 3000 万吨、大同地区洗煤能力 1500 万吨，生产洗精煤 1000 万吨以上。以上资源可满足包钢 810 万吨/年冶金焦炭产能经济性炼焦煤供。

2　包钢周边 500 km 原煤质量指标

2.1　蒙古方向原煤试验数据

蒙古方向原煤数据统计见表 1。

表 1　蒙古方向原煤数据统计

名　称	A_d/%	V_{daf}/%	$S_{t,d}$/%	G	P/%	精煤收率/%	中煤收率/%
5#蒙古	8.76	24.98	0.48	82	0.117	65.94	26.09
4#蒙古	6.96	28.34	0.49	92	—	75	14.87
马克西矿	3.42	34.24	0.47	80	0.003	91.61	3.87
蒙古风化煤	7.06	26.61	0.39	10	0.081	62.33	32.19

2.2　山西方向原煤试验数据

山西方向原煤数据统计见表 2。

表 2 山西方向原煤数据统计

产地	A_d/%	V_{daf}/%	$S_{t,d}$/%	G	X/mm	Y/mm	P/%	精煤收率/%	中煤收率/%
柳林	5.74	20.80	0.96	77	37.7	18.0	0.016	73.47	23.47
沁源	8.28	18.86	0.40	50	43.3	12.0	0.020	49.28	10.14
长治	5.00	19.38	0.55	86	32.4	15.0	0.014	41.22	9.92
古交	5.85	25.30	1.46	92	36.0	25.0	0.019	58.62	23.28
孝义	5.85	33.77	0.24	69	53.7	10.0	0.111	66.15	17.69
柳林	7.51	24.27	0.40	90	—	—	0.005	45.00	17.50
柳林	9.39	22.60	0.42	91	—	—	0.024	36.67	25.00
吕梁	5.26	23.84	0.88	81	41.8	16.0	0.028	47.62	40.00
柳林	6.66	21.20	0.98	90	32.0	20.0	0.038	50.49	19.42

2.3 乌海方向原煤试验数据

乌海方向原煤数据统计见表 3。

表 3 乌海方向原煤数据统计

产地	A_d/%	$S_{t,d}$/%	G	X/mm	Y/mm	P/%	精煤收率/%	中煤收率/%
棋盘井	11.89	0.62	88	31.0	21.0	0.037	43.79	28.10
棋盘井	10.77	0.45	93	25.0	19.0	0.022	47.50	19.38
摩尔沟	9.03	0.45	92	40.0	25.0	0.029	43.72	37.66
棋盘井	10.75	1.07	89	32.0	16.0	0.048	40.66	37.76
乌达	6.41	2.21	91	35.0	32.0	0.007	72.64	13.43
乌达	4.37	2.51	93	35.0	27.0	0.035	77.65	8.80
棋盘井	5.76	0.73	92	17.0	27.0	0.048	39.6	23.0
摩尔沟	8.47	1.58	93	34.0	28.0	0.021	23.29	49.40

2.4 数据分析

从原煤小浮选试验精煤数据分析，蒙古单一精煤的指标灰分在 10%左右，挥发分小于 28%，硫分在 0.6%左右；山西单一精煤的指标灰分在 10%左右，挥发分在 24%左右，硫分在 0.5%左右或者 1.0%左右。乌海单一精煤特点是灰高、硫低，或者硫高、灰低。

3 包钢炼焦煤用煤基地建设思路

包钢周边 500 km 范围主要炼焦煤产区为包头大青山煤田、蒙古国、乌海地区、山西吕梁地区以及陕西部分地区。

3.1 包头大青山煤田资源

根据研究认为包头周边地区的炼焦精煤效率低，普遍灰分偏高，但硫分相对低，作为包钢小煤种适当补充，能够一定程度消除单种煤硫分偏高现象，可补充蒙古煤的不足，缓减蒙古煤对包钢的制约。另外，以包头周边低挥发、低硫、高灰、高热性能煤种，可部分替代山西高性价煤。可作为包钢低硫、低挥发分炼焦煤资源基地。

3.2 蒙古国煤资源

蒙古炼焦煤资源是世界上品种齐全，储量最丰富的地区之一。普遍埋藏浅，具有良好的开采条件，是世界上最适合露天开采的资源地之一。包钢位于内蒙古自治区中部，距蒙古国甘其毛都口岸 360 km，距策克口岸 950 km，相对于国内山西、河北炼焦煤用户有天然的地理优势。因此甘其毛都口岸方向蒙古低硫焦煤仍然作为包钢用煤的主力煤种，利用其灰分适当、硫分低的特点，稳定焦炭质量；策克方向蒙古 1/3 焦煤，利用其低灰、低硫特性，进行降灰，主要使用品种为灰分<6%、硫分<0. 6%的 1/3 焦煤。蒙古国煤资源可作为包钢低硫、低灰炼焦煤主力资源基地。

3. 3 乌海地区煤资源

乌海地区煤种资源丰富，品种多，部分硫分高，但热性能好的煤种，价格便宜。另外，乌海地区运输方便，根据就近配煤原则，可作为特殊情况下保证包钢用煤稳定的重要煤源基地，主要使用品种为高硫肥煤、中硫肥煤、低硫肥煤。可作为包钢提高焦炭热性能和降低配煤成本的炼焦煤资源基地。

3. 4 山西吕梁地区

山西地区煤炭资源多，但低硫资源逐渐减少，价格贵，中硫资源丰富，价格便宜，利用山西中低硫、中硫高热性能煤种作为包钢改善焦炭强度的主要煤种之一，充分发挥山西地区煤种强结焦性、低挥发分煤种，为高炉提供高强度焦炭，满足炼铁的需求。山西地区煤种按照煤种分类主要有焦煤、肥煤、瘦焦煤、瘦煤及气煤等；按照硫分分类主要为小于 1. 1%、1. 3%、1. 8%和大于 1. 8%煤种。山西离柳煤田、西山煤田可作为包钢提高焦炭热性能和降低配合煤挥发分的炼焦煤资源基地。

3. 5 其他地区

主要是陕西地区，主要包括榆林、延安地区。可作为包钢低硫和降低配煤成本的炼焦煤资源基地。

4 结论

（1）包钢经济配煤还需立足就近配煤原则，煤源基地必须立足包头周边 500 km 以内。

（2）包钢炼焦煤用煤基地建设应以蒙古国煤源基地为主，山西为辅，同时山西地区应重点使用离柳煤田、西山煤田煤资源。

（3）乌海地区、包头周边、陕西部分地区可作为蒙古、山西地区煤资源补充，也是降低成本的主力资源。

基于镜质组反射率分布图的配煤结构优化研究

杜　屏[1,2]　张明星[1,2]　白新革[3]　钱如刚[3]　邓寅祥[1,2]　达海江[3]

（1. 江苏省（沙钢）钢铁研究院铁前研究室，张家港　215625；
2. 沙钢集团有限公司铁前办，张家港　215625；
3. 沙钢焦化厂，张家港　215625）

摘　要：炼焦煤的镜质组反射率分布图较挥发分更能客观反映其变质程度，将其引入配煤结构优化研究可以一定程度抵消单种煤混煤情况加剧造成的不利影响。通过检测常用炼焦煤镜质组反射率分布图发现：随煤种变质程度的增加，镜质组峰值反射率逐渐升高，因常用 1/3 焦煤变质程度偏低，配合煤镜质组在 0. 9%～1. 1%区间比例偏低，存在凹口，不利于稳定焦炭质量；肥煤的镜质组反射率在 0. 75%～1. 65%区间占比最高，其次是焦煤、瘦焦煤、1/3 焦煤，瘦煤最低，占比不到 20%；利用瘦焦煤和肥煤替代焦煤可以稳定配合煤挥发分，降低焦肥煤比例，小幅提高配合煤镜质组反射率在 0. 75%～1. 65%区间的占比，稳定焦炭质量，该方法在焦肥煤比例降低 3%时可实现吨焦降本 15 元左右。

关键词：镜质组反射率分布图，焦肥煤比例，焦炭质量，配合煤挥发分

1　概述

优化配煤的目的是通过将不同变质程度的炼焦用煤混合后，使得配合煤干馏过程中从低温区到高温区均能够持续产生一定数量和质量的胶质体，从而促进煤粒之间的界面反应，提高焦炭质量。由于目前炼焦煤市场普遍存在混煤现象，焦化企业入厂煤源很难保证采购到单一煤种，受此影响优化配煤的难度也在增加。一种常见的问题是如果入厂焦煤、肥煤混煤情况严重，其中混入了大量其他煤种（低变质的 1/3 焦煤或高变质的瘦煤），该情况下其作为骨架煤种的功能会大大减弱，结果是即便配入的焦肥煤比例很高，焦炭质量依然较差。煤的镜质组反射率分布图较挥发分可以更加客观地反映其变质程度，将其应用于炼焦配煤可以一定程度减轻混煤对配煤的影响，进一步还可以优化配煤结构、降低焦炭成本[1-3]。沙钢焦化厂通过将镜质组反射率分布图应用到炼焦配煤中，在降低焦肥煤比例降本的同时保证了焦炭质量的平稳过渡。

2　常用炼焦煤镜质组反射率分布图的特点

图 1 为沙钢焦化厂常见煤种镜质组反射率分布图，由图可见，随煤种变质程度的加深，镜质组反射率峰值呈升高趋势，1/3 焦煤 A 镜质组反射率峰值在 0. 75%～0. 8%，瘦煤 A 镜质组反射率峰值在 1. 75%～1. 8%，镜质组反射率峰值的升高即体现了从 1/3 焦煤到肥煤、焦煤、瘦焦煤、瘦煤的变质过程。从图中还可以发现，该焦化厂 1/3 焦煤镜质组反射率峰值与肥煤镜质组反射率峰值之间的差距偏大，在 0. 55%左右，而其他变质程度相邻煤种镜质组反射率峰值之间的差距只有 0. 2%～0. 3%，该现象是由该厂所用 1/3 焦煤变质程度偏低所致。

成焦性能较好煤种的镜质组反射率分布在 0. 75%～1. 65%之间，通过统计各类煤在该区间镜质组占比有利于在配煤时控制配合煤镜质组的反射率分布曲线。表 1 为该厂各类煤镜质组反射率在 0. 75%～1. 65%区间占比的平均值，其中焦煤和肥煤在该区间占比最高，焦煤虽然低于肥煤，但焦煤品种多，各批次间波动较大，优质焦煤也在 100%左右。瘦焦煤在该区间占比略低于焦煤，1/3 焦煤在该区间占比偏低，只有 55. 1%。该焦化厂所用瘦煤从变质程度看属贫瘦煤，其在该区间占比最低，不到 20%。

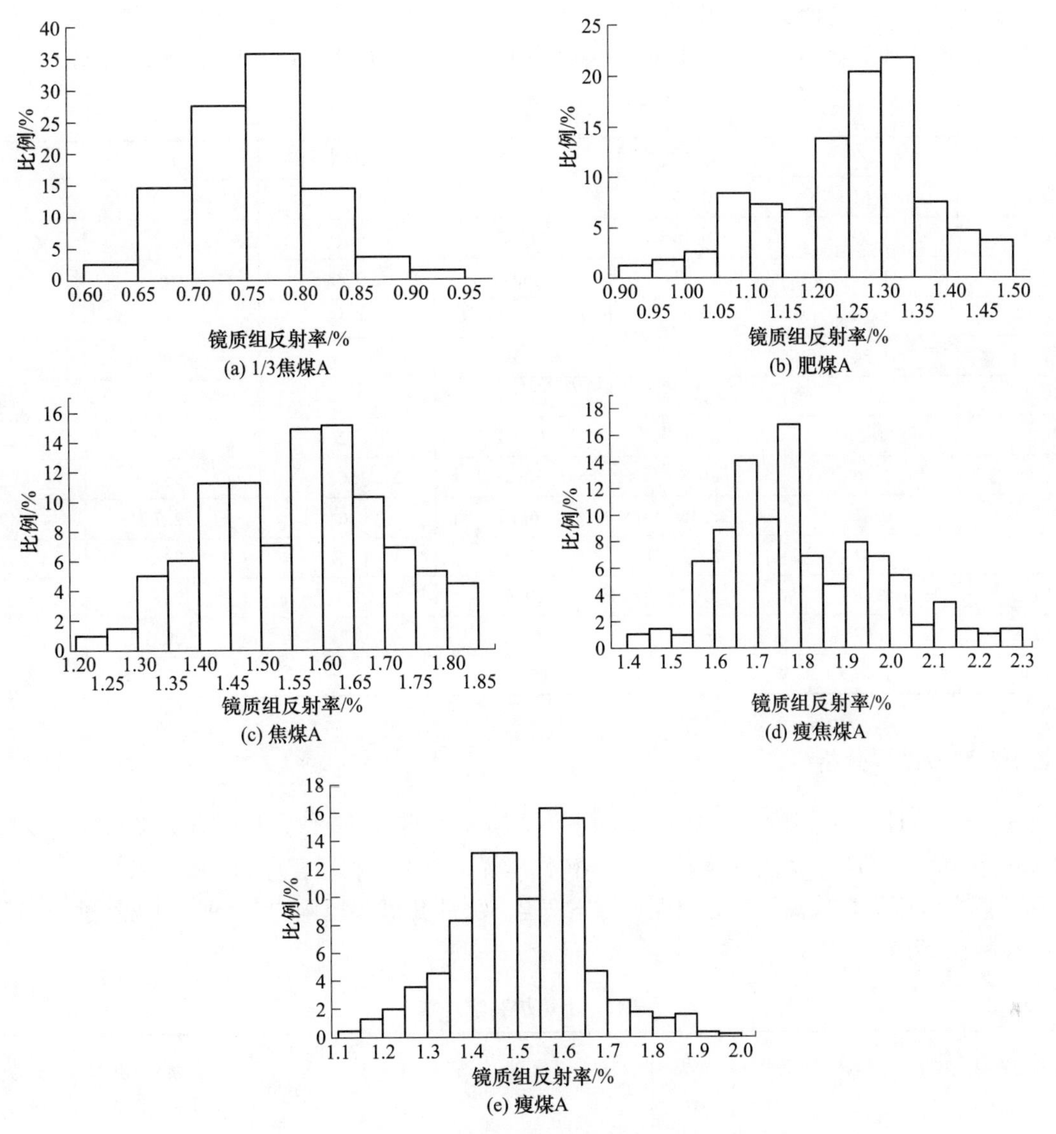

图 1 常见煤种镜质组反射率分布图

表 1 各类煤镜质组反射率 0.75%~1.65%占比 (%)

种 类	1/3 焦煤	肥煤	焦煤	瘦焦煤	瘦煤
0.75%~1.65%占比	55.1	100	91	87.9	18.8

成焦性能较好煤种的镜质组反射率大致分布在 0.75%~1.65%之间，通过统计各类煤在该区间镜质组占比有利于在配煤时控制配合煤镜质组的反射率分布曲线。表 1 为该厂各类煤镜质组反射率在 0.75%~1.65%区间占比的平均值，其中焦煤和肥煤在该区间占比最高，焦煤虽然低于肥煤，但焦煤品种多，各批次间波动较大，优质焦煤也在 100%左右。瘦焦煤在该区间占比略低于焦煤，1/3 焦煤在该区间占比偏低，只有 55.1%。该焦化厂所用瘦煤从变质程度看属贫瘦煤，其在该区间占比最低，不到 20%。

3 配煤结构优化小焦炉实验研究

3.1 煤质指标

焦化厂常用煤种煤质指标见表 2，表中肥煤 Y 值均低于国标要求的 25 mm，质量一般。根据该厂实际情况，从稳定配合煤挥发分（即稳定化产及焦炭产量）的角度考虑，降低焦肥煤比例主要通过以下三个途径实现：（1）用瘦焦煤和肥煤替代焦煤；（2）用瘦煤和肥煤替代焦煤；（3）用 1/3 焦煤和低挥发分肥煤替代高挥发分肥煤。结合前文表 1 中的数据可知，途径 1 对配合煤镜质组反射率 0. 75%～1. 65%区间占比影响不大，途径 2 和 3 会不同程度降低配合煤镜质组反射率在 0. 75%～1. 65%区间的占比。

表 2　常用煤种煤质指标

煤种	R_{max}/%	A_d/%	V_{daf}/%	S/%	G	Y/mm
焦煤 B	1. 61	10. 35	21. 73	1. 64	81. 3	14. 7
焦煤 A	1. 59	10. 16	21. 58	1. 71	81. 3	15. 2
焦煤 C	1. 32	10. 23	26. 9	0. 73	91	19. 7
焦煤 D	1. 53	9. 96	22. 18	1. 15	84	16
焦煤 E	1. 34	10. 51	25	1. 26	89	17. 5
肥煤 A	1. 31	10. 25	27. 59	0. 74	92. 7	20. 7
肥煤 B	1. 2	10. 69	31. 53	1. 26	92. 7	22. 8
肥煤 C	1. 16	10. 8	30. 8	1. 62	93	22. 2
1/3 焦煤 A	0. 81	8. 15	36. 16	0. 64	72. 7	12. 8
1/3 焦煤 B	0. 81	8. 72	36. 25	0. 67	74	12. 8
瘦焦煤 B	1. 48	9. 77	19. 9	1. 1	74	
瘦焦煤 A	1. 62	11. 42	19. 38	0. 21	68	10
瘦煤 A	1. 75	10	15. 32	0. 91	15. 7	

3. 2　小焦炉实验及结果分析

基于上述分析设计降低焦肥煤比例的 40 kg 小焦炉实验方案，见表 3。其中方案 1 与现场实际配比相近，焦肥煤比例 62%，方案 2 利用瘦焦煤和肥煤替代焦煤，方案 3 利用瘦煤和肥煤替代焦煤，方案 4 利用 1/3 焦煤和低挥发分肥煤替代高挥发分肥煤。方案 2 至方案 4 焦肥煤比例均为 59%，调整过程配合煤挥发分 V_{daf}始终控制在 27. 2%左右。

表 3　小焦炉实验方案　　（%）

方案	焦煤 B	焦煤 A	焦煤 C	焦煤 D	焦煤 E	肥煤 A	肥煤 B	肥煤 C	1/3 焦煤 A	1/3 焦煤 B	瘦焦煤 B	瘦焦煤 A	瘦煤 A	配合煤 V_{daf}
1	10	10	10	7	7	5	4	9	11	15	4	4	4	27. 2
2	10	4	10	7	7	8	4	9	11	15	4	7	4	27. 3
3	10	4	10	7	7	8	4	9	11	15	4	4	7	27. 2
4	10	10	10	7	7	11	4	0	14	15	4	4	4	27. 1

小焦炉实验结果见表 4，对比方案 2 至方案 4 与基准方案 1 的焦炭质量，发现方案 2 焦炭质量较好，M_{40}、*CSR*、平均粒度均得到改善，方案 3 焦炭 *CSR* 降低，但因其配入瘦煤比例提高，焦炭平均粒度最大，方案 4 焦炭平均粒度降低明显。通过测定不同方案配合煤镜质组反射率在 0. 75%～1. 65%区间的占比发现，其变化趋势与前述讨论相近，方案 2 占比略高于方案 1，方案 3 和方案 4 占比均低于方案 1，该数据从煤岩角度反映了在降低焦肥煤比例时通过控制配合煤镜质组反射率在 0. 75%～1. 65%区间的占比能够稳定焦炭质量。

表 4　小焦炉实验结果

方案	M_{40}/%	M_{10}/%	*CSR*/%	*CRI*/%	平均粒度/mm	0. 75%～1. 65%占比/%
1	88. 48	7. 76	34. 1	45. 9	70. 51	78. 3
2	90. 32	8. 24	34. 5	46. 4	72. 53	79. 6
3	88. 48	8. 8	33. 1	48. 7	75. 63	77. 5
4	89. 68	7. 68	34. 4	48. 1	69. 86	77

虽然从配合煤镜质组反射率在 0.75%~1.65%区间的占比可以区分方案 1 至方案 4，但从镜质组反射率分布图形上很难直观观察到这种差别，本文仅对焦炭质量较好方案 2 的图形进行分析，见图 2。从图中可以看出其有两个波峰，分别在 0.75%~0.8%、1.25%~1.3%，图形整体连续性较好，但在 0.9%~1.1%区间比例偏低，不利于从煤岩角度稳定焦炭质量[4-6]。基于前文分析，该现象是由于该厂 1/3 焦煤变质程度偏低所致。如果要进一步从煤岩角度改善焦炭质量，该焦化厂后期应当适当引进不同变质程度的 1/3 焦煤填补配合煤镜质组反射率分布图形的凹口。

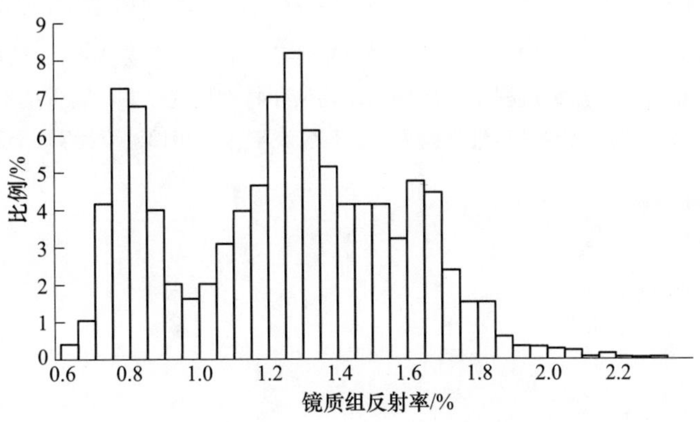

图 2　方案 2 配合煤镜质组反射率分布图

4　配煤结构优化现场应用效果分析

在常用煤种数据分析及小焦炉实验的基础上现场参考小焦炉实验方案 2 的调整思路进行了降低焦肥煤比例尝试，调整前后实际配比见表 5。调整前焦肥煤比例 65%，通过利用瘦焦煤、肥煤替代焦煤，焦肥煤比例降至 62%，降低了 3%，与实验方案降幅一致。

表 5　现场实际配比调整　(%)

方案	焦煤 F	焦煤 C	焦煤 D	焦煤 E	焦煤 A	肥煤 A	肥煤 C	1/3 焦煤 A	1/3 焦煤 B	瘦焦煤 A	瘦煤 A
1	9	6	11	5	18	9	7	15	10	4	6
2	6	6	9	6	17	9	9	15	10	7	6

表 6 为降低焦肥煤比例对应现场实际焦炭质量变化，由表可见，虽然焦肥煤比例降低了 3%，但焦炭 M_{40}、CSR、CRI 均得到了改善，M_{10}、平均粒度略有波动，变化不大。基于调整时期的炼焦煤价格，经测算该过程实现了吨焦降本 15 元左右。

表 6　现场焦炭质量变化

方案	M_{40}/%	M_{10}/%	CSR/%	CRI/%	平均粒度/mm
1	85.34	6.66	64.66	23.04	47.19
2	85.72	6.73	65.72	22.95	47.10

5　结论

通过将镜质组反射率分布图引入配煤结构优化研究，沙钢焦化厂在焦肥煤比例降低 3%的条件下维持了焦炭质量的稳定并得到如下结论：

（1）不同变质程度煤种镜质组反射率分布曲线差别较大，反射率在 0.75%~1.65%区间占比最高的是肥煤，其次是焦煤和瘦焦煤，1/3 焦煤和瘦煤占比较低，其中瘦煤不到 20%。

（2）利用瘦焦煤和肥煤替代焦煤可以在控制配合煤挥发分的基础上小幅提高镜质组反射率 0.75%~

1. 65%区间的占比，进而实现在降低焦肥煤比例的同时维持焦炭质量稳定。

参 考 文 献

［1］朱群．炼焦煤的镜质组反射率分布在成焦中的研究［J］．燃料与化工，2022，53（6）：15-17.

［2］孟庆波，刘洋，郭武卫，等．基于镜质组反射率分布的水钢优化配煤研究［J］．煤炭转化，2011，34（1）：22-26.

［3］田英奇，张卫华，沈寓韬，等．镜质组反射率指导优化配煤炼焦方案的研究［J］．煤炭科学技术，2016，44（4）：162-168.

［4］闫立强，雷磊，王保荣，等．基于煤质综合指标的焦炭质量预测［J］．洁净煤技术，2021，27（2）：175-179.

［5］田鑫，王杰平，孙章．焦煤镜质组热解过程中胶质体的结构演化特性研究［J］．煤质技术，2021，36（2）：58-64.

［6］张代林，李伟锋，曾涛，等．炼焦煤的热解过程研究［J］．煤炭学报，2012，37（2）：323-327.

焦煤煤质结构特性对焦炭质量的影响研究

岳伟明

（山西焦化集团有限公司，临汾　041606）

摘　要：为深入分析焦煤煤质特点及其对焦炭质量的影响，选取山西省4种焦煤作为试验用煤，利用常规分析、红外光谱、13CNMR、基氏流动度和奥亚膨胀度仪等对焦煤进行分析和表征，利用40 kg焦炉进行炼焦试验并评价焦炭质量。结果表明：变质程度相差较大的两种焦煤，煤中有机碳结构、基氏流动度和奥亚膨胀度特性也有明显不同，并最终影响了焦炭质量。即使焦煤变质程度接近，但有机碳结构参数也有明显不同，特别是芳环取代度，芳香桥碳百分数，芳香簇中平均碳原子数，每个芳香团簇上支链数及一个芳香团簇的平均分子质量，当这些参数较小时，焦炭反应性较低，反应后强度较高。此外，较高的碱性矿物组分含量，对焦炭的反应性具有催化作用，使得反应性较高，反应后强度较低。

关键词：焦煤，煤质特性，有机结构，40 kg焦炉，焦炭质量

1　概述

焦炭作为高炉冶炼的还原剂和渗碳剂，在提供热量的同时，也是炉料的支撑骨架，在高炉冶炼中起着不可替代的作用。基于我国高炉冶炼的现行情况，焦炭作为炼铁重要原料的地位在未来几十年内不会发生变化。随着先进的大型高炉迅速发展和落后的小型高炉技术逐渐淘汰，高炉冶炼对焦炭质量要求越来越高。炼焦原料煤的使用占据炼焦总成本的85%以上，其中，焦煤作为炼焦骨架煤种，由于长时间的过度开采，储量日益减少，导致在所有炼焦煤种中价格相对较高[1-3]。

当前炼焦工业中，为了降低配煤成本，基于炼焦煤性质的差异，利用不同煤种间的相互作用，将不同炼焦煤，如气煤，肥煤，焦煤，瘦煤等以一定比例配合得到入炉煤进行焦化生产冶金焦。但是，配煤中各煤种比例的不同，得到焦炭的强度也将有所差异。而由于优质焦煤、肥煤的稀缺性，在保证焦炭质量的前提下，尽可能多地配入弱黏结煤或高硫炼焦煤等劣质煤，是降本的最主要措施[4-9]。作为炼焦骨架煤种，焦煤煤质特性的差异，不仅使得焦炭质量不同，而且影响着与其配合的其他炼焦煤种[10-14]。随着现代仪器分析技术的发展，红外光谱及13CNMR等被广泛应用于煤的分析表征，可对煤的有机化学结构进行精细解析，进而为深入研究煤的煤质特点提供指导[15-19]。所谓结构决定性质，对于炼焦煤，其化学结构的不同也将影响特有的黏结和成焦性能，进而影响了焦炭质量。

基于此，本文选取四种炼焦生产过程中使用的焦煤，利用常规分析手段确定了基本煤质特点，用红外光谱及13CNMR分析表征焦煤的有机化学结构，并用基氏流动度仪和奥亚膨胀度仪分析黏结成焦性能。通过深入分析焦煤煤质特点及对焦炭质量的影响，为精细化使用不同性质的炼焦用煤，保护优质炼焦煤资源，扩展炼焦煤资源范围，更科学合理开展炼焦配煤提供指导，这对降低配煤成本，增加焦化企业效益具有重要的现实意义。

2　实验

2.1　煤样的选取与制备

取山西省四种焦煤，所选焦煤均为洗精煤，在室温下分别进行研磨、破碎、筛分。

2.2　设备及方法

在由今日中科科技（北京）有限公司生产的ZK-CT40拟态加压环保实验焦炉上进行40 kg焦炉实验，将煤样破碎、筛分，使小于3 mm煤样质量占总质量的83%，控制煤样的水分为10%，堆密度为

0.75 t/m^3。炼焦过程中，焦饼中心温度为 950 ℃，结焦时间为 18 h。

2.3 分析方法

2.3.1 红外光谱

使用德国 BRUKER 公司生产的 VERTEX 70 型傅里叶红外光谱仪对煤样进行分析表征，采用 KBr 压片，实验条件为：分辨率为 8 cm^{-1}，扫描范围 500~4000 cm^{-1}，样品扫描次数为 32 次，并对谱线做自动基线校正及平滑处理。

2.3.2 13CNMR

利用瑞士 BRUKER 公司的 Avance Ⅲ 600 MHz 型核磁共振波谱仪进行了 13C CP/MAS/TOSS NMR 测定，磁场强度为 14.09 T，稳定性小于 9 Hz/h，共振频率 150 MHz，交叉极化接触时间 2 ms，为消除芳香碳信号旋转边带，数据采集前加上 4 个间隔不等的 π 脉冲形成 TOSS 序列。

2.3.3 基氏流动度

利用美国普瑞 PL-6100 型基氏流动度测定仪表征四种焦煤的基氏流动度特性，将 5 g 煤样压实，坩埚放入预热至 315 ℃的熔融焊料浴中，以 3 ℃/min 的升温速率升温至 540 ℃，施加恒定的力矩，测定过程中实时记录配合煤热解胶质体的最大流动度、软化温度以及固化温度等参数。

2.3.4 奥亚膨胀度

利用今日中科科技（北京）有限公司生产的 ZK-AY200D 奥亚膨胀度测定仪进行奥亚膨胀度测定实验。称取粒度小于 0.2 mm 的煤样 4 g，成型后，将整套成型模放在打击器下，先用长杆打击四下，然后加入试样再打击四下，依次使用长、中、短三种打击杆各打击两次，每次四下，共计二十四下。将制成的煤笔长度调整到 60 mm±0.25 mm（煤笔超过 300%改为半笔 30 mm）。根据挥发分大小将电路升至预升温度（V_{daf}<20%预升温度为 380 ℃，20%≤V_{daf}≤26%预升温度为 350 ℃，V_{daf}>26%预升温度为 300 ℃），将装有煤笔的膨胀管放入电炉孔内，以 3 ℃/min 的速度升温，记录数据。

3 结果与讨论

3.1 煤质指标及焦炭质量分析

由表 1 和表 2 可知，四种焦煤中，LLS 煤变质程度最高，JX 煤和 MC 煤变质程度很近，LW 煤变质程度最低。LLS 煤和 JX 煤黏结指数和胶质层最大厚度接近，LW 煤的这两项指标在四种焦煤中最高。在煤岩显微组成方面，LLS 煤和 LW 煤镜质组含量相对较高，分别为 63.5%和 60.3%，而 JX 煤和 MC 煤中还含有一定含量的惰质组，分别达到 44.2%和 45.9%。从表 3 的灰成分分析可以看出，JX 煤和 LW 煤的碱性指数（MCI）相对较高，其中 LW 煤的 *MCI* 达到 2.71。煤中矿物质，特别是性矿物质，对焦炭的气化反应有催化作用，因此 MCI 指数的高低将影响到四种焦煤炼焦得到焦炭的反应性及反应后强度[20-21]。

表 4 列出了四种焦煤经 40 kg 焦炉实验后得到焦炭的质量结果，可以看出，LLS 焦的抗碎强度（M_{40}）最低，LW 焦最高，JX 焦和 MC 焦接近；在耐磨强度方面，四种焦炭均差别不大。LLS 焦和 MC 焦的反应性（*CRI*）及反应后强度（*CSR*）均接近，在四种焦炭中 *CRI* 最低，而 *CSR* 最高；LW 焦的 *CRI* 及 *CSR* 均弱于其他三种焦。结合表 3 中 JX 煤和 LW 煤较高的 *MCI* 值，这与两种焦煤更高的反应性也相一致。焦炭质量的差异与煤化学结构及煤质特性直接相关，并且影响焦炭机械强度、反应性及热强度的特性因素各不相同，将从以下几个方面进行分析讨论。

表 1 焦煤基本分析数据

煤样	工业分析/%			元素分析/%					G	Y/mm
	M_{ad}	A_d	V_{daf}	C_{daf}	H_{daf}	N_{daf}	S_d	O^*		
LLS	0.70	10.26	20.69	89.59	4.51	1.40	0.86	3.53	82	16.5
JX	0.78	10.50	22.47	88.58	4.58	1.44	1.14	4.12	79	15.5
MC	0.49	11.13	23.02	89.12	4.76	1.46	0.64	3.94	90	18.0
LW	0.76	10.56	27.08	88.23	4.84	1.54	1.15	4.10	93	23.0

表 2　焦煤岩相分析

煤样	R_{max}/%	煤岩显微组分			
		V/%	I/%	E/%	M/%
LLS	1.46	63.5	36.0	0	0.5
JX	1.38	55.1	44.2	0	0.7
MC	1.37	53.1	45.9	0	1.0
LW	1.18	60.3	38.3	0	1.4

表 3　焦煤灰成分分析

煤样	灰成分/%										MCI
	SiO_2	Al_2O_3	Fe_2O_3	TiO_2	CaO	MgO	K_2O	Na_2O	SO_3	P_2O_5	
LLS	54.06	37.38	2.14	1.34	1.36	0.26	0.50	0.41	0.32	0.86	1.11
JX	49.82	37.25	3.98	1.42	2.62	0.40	0.55	0.44	0.86	0.60	2.02
MC	49.30	41.91	2.80	1.74	1.19	0.42	0.42	0.35	0.42	0.83	1.31
LW	44.86	38.02	4.70	1.54	4.08	0.36	0.30	0.18	2.93	1.25	2.71

表 4　40 kg 焦炉实验焦炭质量结果

焦样	焦炭质量/%							
	M_{ad}	A_d	V_{daf}	S_d	M_{40}	M_{10}	CRI	CSR
LLS	0.10	12.46	1.42	0.65	76.4	6.2	10.7	81.1
JX	0.10	12.95	1.11	0.99	80.4	6.0	16.9	75.2
MC	0.10	13.77	1.08	0.55	80.4	6.3	10.4	82.0
LW	0.10	13.56	1.14	0.94	84.2	6.6	21.3	69.7

3.2　焦煤化学结构分析

3.2.1　红外光谱分析

煤中含有不同类型官能团，即使所选的四种煤同属于焦煤，但基于化学结构的不同，其表现出的红外谱图特征也有所差异。焦煤红外光谱结构参数如表 5 所示，四种焦煤的红外光谱图如图 1 所示，其中，3430 cm^{-1}处为羟基吸收峰，3000~3100 cm^{-1}，2800~3000 cm^{-1}，1600 cm^{-1}，700~900 cm^{-1}处的吸收峰则分别归属于煤中芳烃 C—H 伸缩振动、脂肪烃 C—H 伸缩振动、芳环 C ═C 骨架振动及芳烃 C—H 面外弯曲振动[22]。LW 煤由于在四种焦煤中变质程度最低，2800~3000 cm^{-1}处的脂肪烃 C—H 伸缩振动明显高于其他三种煤。由于 2800~3000 cm^{-1}处的 C—H 伸缩振动峰是 CH_3、CH_2、CH 的总包吸收峰，因此，将 2800~3000 cm^{-1}处的谱图分峰拟合，图 1（b）为 LLS 煤的分峰拟合结果，其他三种煤用同一方法得到相应信息。其中，根据 2925 cm^{-1}及 2960 cm^{-1}处的吸收峰面积的比例可得到参数 CH_2/CH_3，用来表征煤中脂肪链的长度。一般情况下，随煤变质程度加深，由于烷基脂肪侧链的不断脱落，CH_3基团逐渐减少，连接芳环的 CH_2基团逐渐增加。LLS 煤在四种焦煤中变质程度最高，其 CH_2/CH_3值也最大。

表 5　焦煤红外光谱结构参数

煤样	LLS 煤	JX 煤	MC 煤	LW 煤
CH_2/CH_3	5.26	3.89	4.29	4.36

3.2.2　13C NMR 分析

四种焦煤的 13C NMR 谱图如图 2 所示，在化学位移 0~220 范围内主要呈现两个主峰群，分别是 0~80 的脂碳峰和 80~165 的芳碳峰。此外，在 165~220 还包含一些羧基和羰基的峰，但这部分碳的比例明

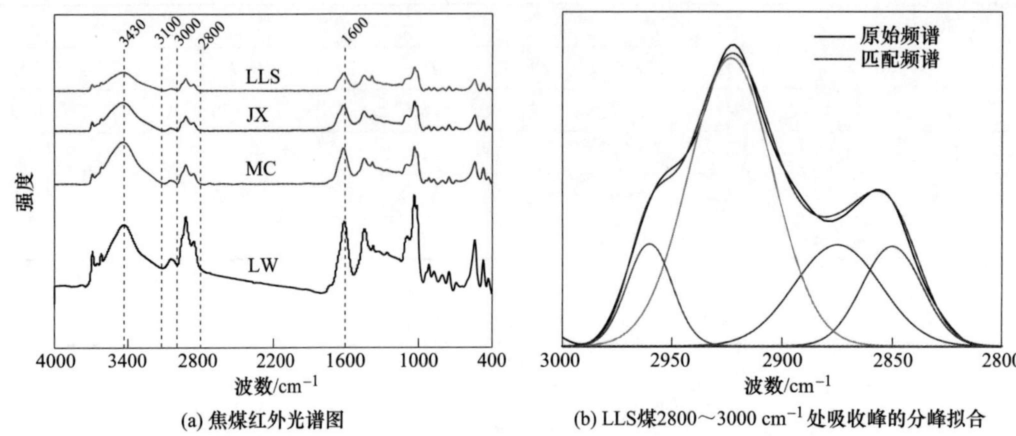

(a) 焦煤红外光谱图　　(b) LLS煤2800～3000 cm^{-1}处吸收峰的分峰拟合

图 1　焦煤红外光谱图及 LLS 煤 2800～3000 cm^{-1}处吸收峰的分峰拟合

显较少。芳碳峰的强度明显强于脂碳峰，表明四种焦煤结构中芳香碳原子占主要地位。由于煤结构的复杂性，实际测得的核磁谱图为煤中不同物质的总包结果，因此，根据表 6 煤中不同类型有机碳的化学位移，将煤的核磁谱图进行分峰拟合，得到 16 个不同类型有机碳的相对含量，LLS 煤的拟合谱图如图 2（b）所示，其他三个焦煤的谱图结果按照同一方法得到。脂肪碳官能团主要包括羧基（f_a^{C1}），羰基（f_a^{C2}），醚基（f_{al}^{O1}，f_{al}^{O2}），甲基及其衍生物（f_{al}^{1}～f_{al}^{5}）。芳香碳官能团主要包括质子化芳碳（f_{ar}^{H}），桥接芳碳（f_{ar}^{B}），分支碳（f_{al}^{a}，f_{ar}^{S}），氧接芳碳（f_{ar}^{O1}，f_{ar}^{O2}，f_{ar}^{O3}）。在甲基及其衍生物中，f_{al}^{2}和 f_{al}^{5}呈现规律性变化，均随焦煤中挥发分含量降低而减小，与变质程度有较好的相关性；其他三个碳结构参数中，除 f_{al}^{3}外，对于 f_{al}^{1}和 f_{al}^{4}，LLS 煤和 MC 煤的这两个参数相对含量均要小于其他两种焦煤。对于 f_{ar}^{H}，LLS 煤和 MC 煤均要大于 JX 煤和 LW 煤，由于成煤环境、产地的不同，即使煤化程度接近，煤中有机碳结构的演化也会有所不同。根据文献［23］、［24］的方法，计算得到煤中不同碳骨架的结构参数，结果如表 7 所示。脂肪碳与芳香碳的比值，即 f_{al}/f_{ar}，与煤的变质程度有关。相比 LW 煤，其他三种焦煤，特别 LLS 煤，f_{al}/f_{ar} 明显更低，表明脂肪结构和侧链官能团较少，芳构化较高。此外，平均亚甲基链长 C_n 与煤化程度也有较高的相关性。对于芳环取代度 δ，芳香桥碳百分数 χ_b，芳香簇中平均碳原子数 C_a，每个芳香团簇上支链数 *S. C.* 及一个芳香团簇的平均分子质量 M_w，具有的共同的特点是，LLS 煤和 MC 煤的这些碳骨架结构参数均要小于 JX 煤和 LW 煤。从这里也可以发现，虽然按照中国煤炭分类标准 GB/T 5751—2009，所选四种煤同属焦煤，但煤中不同类型有机碳的结构与含量均有所差异，进而影响到煤的黏结性及结焦性，并造成在炭化过程中的成焦行为及得到焦炭质量的差异。正是基于 LLS 煤和 MC 煤的有机碳结构与其他两种焦煤的不同，结合表 4 焦炭质量数据，导致 LLS 焦和 MC 焦的反应性和强度接近，且优于 JX 焦和 LW 焦。

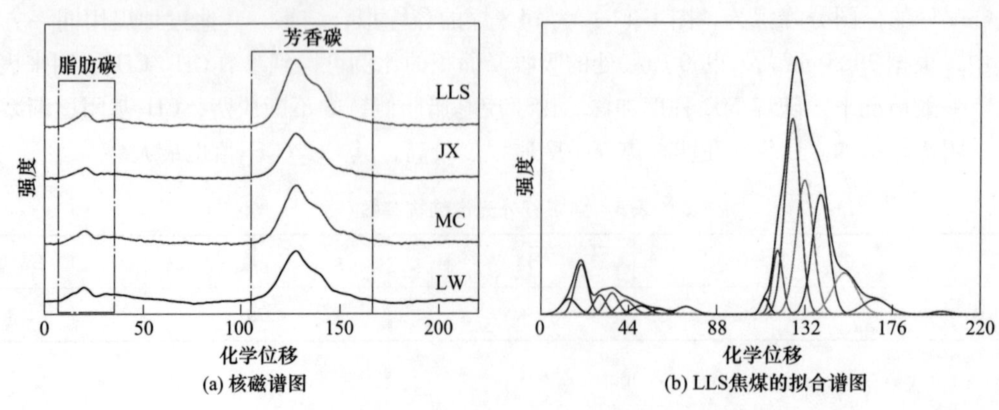

(a) 核磁谱图　　(b) LLS焦煤的拟合谱图

图 2　四种焦煤的核磁谱图及 LLS 焦煤的拟合谱图

表 6 焦煤中不同类型有机碳的化学位移及相对含量

碳类型	碳结构	符号	化学位移	相对含量/%			
				LLS	JX	MC	LW
脂肪族甲基	—CH_3	f_{al}^{1}	10~15	2.052	2.977	2.383	2.478
芳香甲基	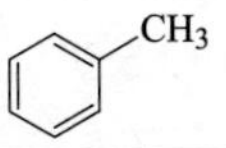 C_6H_5—CH_3	f_{al}^{a}	15~22	5.555	4.926	5.249	7.365
脂肪碳	—CH_2—CH_2—CH_3	f_{al}^{2}	22~28	1.993	2.864	3.965	4.277
亚甲基	—CH_2—CH_2—CH_2—	f_{al}^{3}	29~36	2.350	1.832	2.024	2.613
蛋氨酸	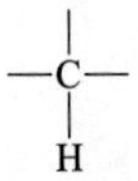 —C(H)—	f_{al}^{4}	37~43	1.851	2.477	1.897	2.602
次甲基	 —C—	f_{al}^{5}	44~50	1.258	1.426	1.777	2.367
氧亚甲基	—CH_2—O—	f_{al}^{O1}	50~60	0.682	0.961	0.793	1.928
甲氧基	—CH—O—	f_{al}^{O2}	70~90	1.133	0.697	0.912	0.264
质子化正氧芳烃	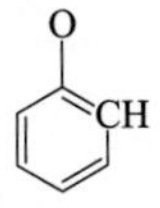 O, CH（芳环）	f_{ar}^{O1}	101~112	1.135	0.908	0.579	2.337
支化正氧芳烃	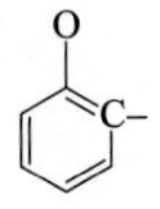 O, C–（芳环）	f_{ar}^{O2}	115~119	5.719	7.735	4.144	8.190
质子化芳碳	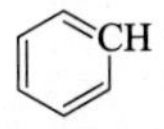 CH（芳环）	f_{ar}^{H}	120~127	26.188	22.954	26.590	20.030
桥接芳碳	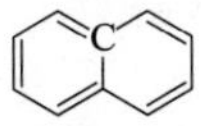 C（萘环）	f_{ar}^{B}	129~132	19.910	21.424	21.535	21.203
分支碳	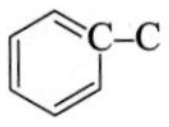 C–C（芳环）	f_{ar}^{S}	132~145	17.759	16.399	15.770	13.020
氯芳香碳	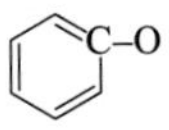 C–O（芳环）	f_{ar}^{O3}	150~165	8.680	8.539	9.389	8.942
羧基	—COOH/R	f_{a}^{C1}	170~180	3.297	3.456	2.450	1.690
羰基	 C=O	f_{a}^{C2}	180~220	0.437	0.426	0.543	0.695

表 7 焦煤的碳骨架结构参数

煤样	f_{al}/f_{ar}	f_{arN}	C_n	δ	χ_b	C_a	*S.C.*	M_w
LLS	0.213	46.350	0.242	0.419	0.274	13.7	1.31	233.469
JX	0.233	46.361	0.244	0.431	0.309	15.5	1.57	270.782
MC	0.244	46.694	0.408	0.383	0.294	14.7	1.44	255.733
LW	0.324	43.165	0.498	0.441	0.336	16.8	2.24	312.079

3.3　焦煤基氏流动度及奥亚膨胀度分析

图 3 为四种焦煤的基氏流动度曲线，对应的特征参数如表 8 所示，奥亚膨胀度参数如表 9 所示。LLS 煤和 JX 煤的最大流动度（M_F）最小，LW 煤的 M_F 达到 1800 ddpm。从 LW 煤到 LLS 煤，起始软化温度（T_s）、最大流动度温度（T_{max}）及固化温度（T_r）逐渐升高，固软温度区间变窄。从奥亚膨胀度参数也可以看出，LW 煤的最大膨胀度 b 值及膨胀区间均为最大，从 LW 煤到 LLS 煤，b 和 ΔT 有减小的趋势。起始软化温度 T_s 与开始膨胀温度 T_2，最大流动度温度 T_{max} 与固化温度 T_3 有较好的对应，当煤的流动度最大时，膨胀度也达到最大且随温度进一步升高开始固化。根据胶质体理论，胶质体的数量和性质对煤的黏结和成焦至关重要，胶质体中的液相是形成胶质体的基础，对黏结性起作用的主要是液相中的不挥发或不易挥发组分。煤热解过程中，煤中结构单元之间结合比较薄弱的桥键断裂可以形成自由基碎片，其中一部分相对分子质量不太大，含氢较多，使自由基稳定化，形成液体产物，其中以芳香族化合物居多。随着热解反应的进行，液相产物不断增多，胶质体黏度降低，直至达到最大流动度[25]。结合 LW 煤 V_{daf} 为 27.08%，黏结指数和胶质层最大厚度分别为 93 和 23.0 mm，镜质组含量也相对较高，在四种焦煤中，其性质更接近于肥煤，热解过程中煤中含有的较多的脂碳结构的分解及适宜分子量的芳碳结构的存在使生成的液相产物最多，使得流动度和膨胀度均最大。MC 煤的流动度和膨胀度次之，LLS 煤和 JX 煤则相差不大。虽然流动度和膨胀度较大，胶质体数量和性质均较好，成焦过程中能够黏结更多的惰性物质，但如果过大，则在收缩过程中将产生较多裂纹，反而影响了焦炭强度，这也可以与四种焦煤的焦炭质量相对应[24]。

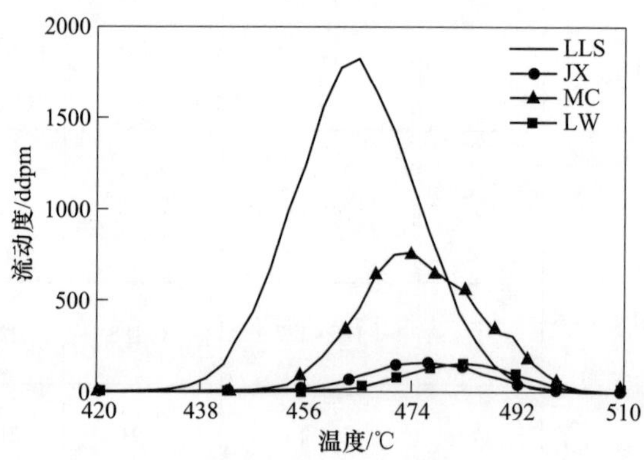

图 3　焦煤基氏流动度曲线

表 8　焦煤基氏流动度参数

煤样	基氏流动度					
	T_s/℃	T_{max}/℃	T_r/℃	ΔT/℃	M_F/ddpm	$\lg M_F$
LLS	442	483	508	66	150	2.18
JX	433	477	507	74	150	2.18
MC	430	473	509	79	750	2.88
LW	412	461	502	90	1800	3.26

表 9　焦煤奥亚膨胀度参数

样品名称	奥亚膨胀度					
	a/%	b/%	T_1/℃	T_2/℃	T_3/℃	ΔT/℃
LLS	29	0	382	435	479	97
JX	29	-9	379	435	470	91
MC	32	28	363	418	470	107
LW	32	65	344	403	470	126

4 结论

（1）LLS 煤在四种焦煤中变质程度最高，其 CH_2/CH_3 值也最大；f_{al}^2 和 f_{al}^5 均随焦煤中挥发分含量降低而减小，与变质程度有较好的相关性；LLS 煤和 MC 煤的 f_{al}^1 和 f_{al}^4 相对含量均要小于其他两种焦煤；而 f_{ar}^H 均大于 JX 煤和 LW 煤；LLS 煤 f_{al}/f_{ar} 更低，脂肪结构和侧链官能团较少，芳构化较高；LLS 煤和 MC 煤的 δ、χ_b、C_a、*S. C.* 及 M_w 等碳骨架结构参数均要小于 JX 煤和 LW 煤。

（2）四种焦煤中，LW 煤中含有的较多的脂碳结构的分解及适宜分子量的芳碳结构的存在，使热解过程中生成的液相产物最多，流动度和膨胀度最大；MC 煤的流动度和膨胀度次之，LLS 煤和 JX 煤则相差不大。虽然流动度和膨胀度较大，胶质体数量和性质均较好，成焦过程中能够黏结更多的惰性物质，但如果过大，则在收缩过程中将产生较多裂纹，反而影响了焦炭强度。

（3）煤有机碳结构及矿物质组成的差异，共同影响了炼焦得到的焦炭质量。LLS 焦的 M_{40} 最低，LW 焦最高，JX 焦和 MC 焦接近；四种焦炭 M_{10} 均差别不大。LLS 焦和 MC 焦的 *CRI* 及 *CSR* 接近，在四种焦炭中 *CRI* 最低，而 *CSR* 最高；LW 焦的 *CRI* 及 *CSR* 均弱于其他三种焦。

参 考 文 献

[1] 李丽英．我国炼焦煤中长期供需预测研究［J］．煤炭工程，2019，51（7）：150-155.

[2] 宋元青，刘汉斌．山西稀缺炼焦煤资源分布特征和勘查开发建议［J］．中国煤炭地质，2019，31（4）：18-22.

[3] 黄文辉，杨起，唐修义，等．中国炼焦煤资源分布特点与深部资源潜力分析［J］．中国煤炭地质，2010，22（5）：1-6.

[4] 许笑松，席远龙，高宇莺．优化配煤，降低成本，稳定焦炭质量的研究与实践［J］．煤炭加工与综合利用，2022（6）：20-24.

[5] 杨庆彬，程欢，闫立强，等．1/3 焦煤配比变化对首钢 5500 m^3 高炉用焦炭质量的影响［J］．煤炭转化，2022，45（4）：82-91.

[6] 潘林辉，黄胜，时峰，等．气煤替代 1/3 焦煤的配煤方案优化试验［J］．中国冶金，2022，32（1）：90-96.

[7] 曹志，徐靖，马文娜，等．不同配比弱黏结性煤参与配煤炼焦的研究［J］．安徽工业大学学报（自然科学版），2022（2）：172-179.

[8] 武吉，周鹏，侯士彬，等．炼焦配煤与焦炭质量评价的新认识［J］．冶金能源，2021，40（5）：8-16.

[9] 王超，侯士彬，张军，等．炼焦煤特性对焦炭热态强度影响研究［J］．鞍钢技术，2021（4）：15-19.

[11] Lee S，Yu J，Mahoney A，et al. In-situ study of plastic layers during coking of six Australian coking coals using a lab-scale coke oven［J］. Fuel Processing Technology，2019，188：51-59.

[12] Mochizuki Y，Naganuma R，Uebo K N，et al. Some factors influencing the fluidity of coal blends：Particle size，blend ratio and inherent oxygen species［J］. Fuel Processing Technology，2017，159：67-75.

[13] Roest R，Lomas H，Hockings K，et al. Fractographic approach to metallurgical coke failure analysis. Part 1：Cokes of single coal origin［J］. Fuel，2016，180：785-793.

[14] Guo J，Shen Y，Wang M，et al. Impact of chemical structure of coal on coke quality produced by coals in the similar category［J］. Journal of Analytical and Applied Pyrolysis，2022，162：105432.

[15] 陈丽诗，王岚岚，潘铁英，等．固体核磁碳结构参数的修正及其在煤结构分析中的应用［J］．燃料化学学报，2017，45（10）：1153-1163.

[16] 相建华，曾凡桂，梁虎珍，等．不同变质程度煤的碳结构特征及其演化机制［J］．煤炭学报，2016（6）：1498-1506.

[17] 麻志浩，阳虹，张玉贵，等．不同煤级煤 13CNMR 结构特性及演化特征［J］．煤炭转化，2015，38（4）：1-4，11.

[18] Shin S M，Park J K，Jung S M . Changes of Aromatic CH and Aliphatic CH in In-situ FT-IR Spectra of Bituminous Coals in the Thermoplastic Range［J］. ISIJ International，2015，55（8）：1591-1598.

[19] Li K，Khanna R，Zhang J，et al. Comprehensive Investigation of Various Structural Features of Bituminous Coals Using Advanced Analytical Techniques［J］. Energy Fuels，2015，29（11）：7178-7189.

[20] 李文广，申岩峰，郭江，等．长焰煤分选组分对高硫炼焦煤热解硫变迁及焦反应性的调控［J］．燃料化学学报，2021，49（7）：881-889.

[21] 郑明东，徐静静，单海燕 . 基于催化作用程度的焦炭灰组成催化指数模型研究 [J]. 钢铁，2009，44 (10)：17-20.

[22] He X，Liu X，Nie B，et al. FTIR and Raman spectroscopy characterization of functional groups in various rank coals [J]. Fuel，2017，206 (15)：555-563.

[23] Solum M S，Pugmire R J，Grant D M . Carbon-13 solid-state NMR of Argonne-premium coals [J]. Energy & Fuels，1989，3 (2)：187-193.

[24] Cui B，Shen Y，Guo J，et al. A study of coking mechanism based on the transformation of coal structure [J]. Fuel，2022，328：125360.

[25] 徐邦学 . 炼焦生产新工艺、新技术与焦炭质量分析测试实用手册 [M]. 吉林：吉林音像出版社，2003.

炼焦煤硫化物热解转化迁移及分布影响因素初探

钱虎林[1]　曹先中[1]　康士刚[2]　任世彪[2]　水恒福[2]

（1. 马鞍山钢铁股份有限公司炼焦总厂，马鞍山　243006；
2. 安徽工业大学化学与化工学院，煤清洁转化与高值化利用安徽省重点实验室，马鞍山　243002）

摘　要：炼焦配煤方案中增配中高硫煤配比以扩大炼焦煤资源，对炼焦企业实现降本增效具有重要意义。以马鞍山钢铁股份有限公司炼焦总厂常用炼焦煤为例，从中选取具有代表性的高硫、中高硫、中硫和低硫炼焦煤为研究对象，通过固定床煤热解碳化实验，发现煤种是影响煤热解硫转化迁移、硫形态分布和脱硫率的关键因素，气肥煤和肥煤都较焦煤利于硫化物向气相产物中迁移，且占比数值相近；气肥煤有更多比例的硫化物转化迁移至液体产物中，肥煤和焦煤都较低且占比数值接近；脱硫率与煤种紧密相关，依次为气肥煤>肥煤>焦煤；相同煤种其自身硫含量对其热解硫转化迁移及脱硫率影响不大。煤中赋存形态不同硫组分的热解转化迁移脱离由易到难排序为：硫化物类和硫化铁类硫>砜类硫>亚砜类硫；噻吩类硫和硫酸盐类硫的热解转化迁移脱离难易程度与煤硫含量存在一定的关联：高硫煤的噻吩类硫较易转化脱离而硫酸盐类硫较难，中（高）硫煤的情况却相反。研究结果可为炼焦实际生产增配高硫煤配比提供相应理论基础及依据。

关键词：高硫煤，配煤炼焦，热解，硫转化迁移，硫形态

1　概述

长期以来，煤炭资源在我国能源消费中占据主要地位，支撑着我国国民经济的快速发展[1]。随着我国的能源消耗不断增加，煤炭资源的消耗逐渐增大，煤炭开采量也大幅度增加会使得煤层深度不断增加。煤层深度越深，出现高硫煤的比例也就越高，且高硫煤的硫含量也越高，低硫煤特别是优质炼焦煤的含量逐渐减少。为了缓解日益严重的煤炭资源短缺现象，在工业中利用高硫煤是必然选择。然而，煤中硫含量的增加，在生产中会导致产品中硫含量增加，导致产品质量降低，含硫气体的排放量增加，含硫气体会导致酸雨等环境污染[2]。随着国家环保政策的不断推出，对于工业排放物的要求也越来越严格，同时工业上对于焦炭质量的要求也越来越高，使得如何合理利用高硫煤成为一个亟须解决的难题[3]。

随着煤炭开采的深入，我国炼焦煤储量越来越少，炼焦煤中硫含量越来越高。目前，马钢主要煤种有气煤、1/3焦煤、肥煤、气肥煤、焦煤和瘦煤，矿源主要分布在淮南、淮北、山东、山西等区域。为了降低生产成本、扩大炼焦煤的资源，行业内许多焦化企业增加了中高硫焦煤的使用量。增加中高硫煤的配入比例，会出现焦炭中硫含量超标问题，导致高炉冶炼时，会降低生铁的质量、增加炉渣的碱度。因此在稳定焦炭质量的前提下，进一步提高中高硫炼焦煤的配入比例，实现降本增效以及扩大炼焦煤资源是炼焦行业内共同面临的重要问题。

准确高效的测定煤中硫含量是研究脱硫技术的前提，了解煤中不同形态硫的具体含量，为研究热解过程中形态硫的变化规律提供了基础。一般煤中总硫的测定主要有以下几种方法，分别为库伦滴定法、高温燃烧中和法、艾氏卡法和红外光谱法，而X射线光电子能谱（XPS）是定性、定量分析煤及其热解碳中硫赋存形态的有效分析表征手段[4-15]。为此，本文以马鞍山钢铁股份有限公司炼焦总厂常用炼焦煤为例，从中选取具有代表性的高硫、中高硫、中硫和低硫炼焦煤为研究对象，通过固定床煤热解碳化实验，研究了煤热解硫转化迁移、硫形态分布和脱硫率的影响因素，并结合XPS分析表征结果，分析讨论了煤中赋存形态不同硫组分在热解过程中转化迁移行为。

2 实验部分

2.1 煤热解碳化实验

模拟实际炼焦生产的工艺条件，建立了固定床煤热解碳化实验装置（图 1），具体实验步骤为：取 50.0 g 煤样置于固定床床层，在氮气氛围（100 mL/min）、10 ℃/min 升温速率由室温加热至 1000 ℃并恒温 0.5 h 行煤热解碳化实验，冷凝收集实验过程的气体和液体产物用于分析测试其中的硫化物，实验结束后收集热解碳用于分析测试热解固体产物中的硫化物。

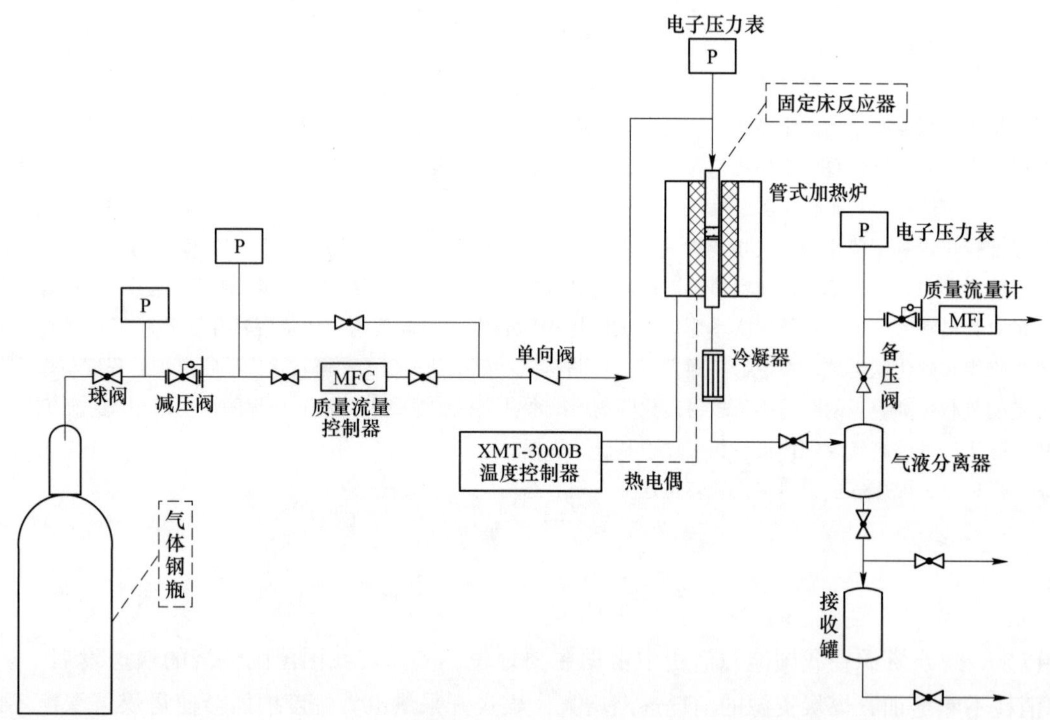

图 1 固定床煤热解碳化实验装置示意图

2.2 煤热解气体、固体和液体产物中硫含量测定

煤热解气体中硫含量测定。参照国标（GB/T 12208—2008），用多级吸收瓶将煤热解生成的气体中的硫化物吸收至液体中，然后通过化学滴定的方法，测定气体中的总硫化物（H_2S）含量。

煤热解固体（热解碳）中硫含量测定。参照国标（GB/T 214—2007），用库仑滴定法（全硫）测定热解碳中的硫含量。

煤热解液体（焦油）中硫含量测定。通过差量法确定热解焦油中的硫含量。根据原料煤使用量及其硫含量确定热解煤总硫质量，总硫质量减去热解气体及固体中的硫质量即可确定焦油中的硫质量及其含量。

2.3 煤热解气、固和液体产物中硫形态分布测定

煤热解气体中硫形态分布测定。使用配备 TCD（热导）和 FPD（S 专属）双检测器、5A1（2 m）填充色谱柱的气相色谱仪（PANNA A91Plus，常州盘诺仪器有限公司）对煤热解气体中硫化物进行定性和形态分布分析，其中，煤热解常规气体用 TCD（热导）检测器分析、煤热解气体中硫化物用 FPD（S 专属）检测器分析。

热解固体（热解碳）中硫形态分布测定。热解固体（热解碳）中硫形态分布测定。用 X 射线光电子能谱仪（XPS，Thermo Scientific K-Alpha）检测分析煤热解碳中硫形态分布，参考文献方法[4-6]，经 C1 s

(284.8 eV) 对 XPS 谱图校正后，通过 XPSPEAK 软件对 XPS 谱图进行分峰拟合，将拟合的硫 2p 峰结合能位置归属为不同类硫化物：黄铁矿硫（162.5±0.3)eV、硫化物硫（163.3±0.4)eV、噻吩类硫（164.1±0.2)eV、亚砜类硫（165.0±0.5)eV、砜类硫（168.0±0.5)eV、硫酸盐硫等其他无机硫（169.5±0.5)eV。

热解液体（焦油）中硫形态分布测定。用气相色谱-质谱联用仪（GC-MS，日本岛津公司生产的 GCMS-QP2010c Plus）检测分析煤热解焦油中硫化物，色谱柱型号：Rtx-5MS，长 30.0 m，孔径 0.25 mm，固定相膜厚 0.25 μm。MS 真空 $1.6\times10^{-4}\sim8.3\times10^{-3}$ Pa。

3 结果与讨论

3.1 炼焦煤硫含量及其赋存形态

根据国标（GB/T 15224.2—2010）关于炼焦煤硫分分级标准，硫含量 1.76%～2.50% 的为高硫煤，1.26%～1.75%的为中高硫煤，0.76%～1.25%的为中硫煤，0.31%～0.75%的为低硫煤，而≤0.30%的为超低硫煤，对于马钢常用多种炼焦煤，为了确定不同硫含量煤热解过程硫化物的转化行为，高硫煤选取 1 号焦煤和 2 号肥煤，中高硫煤选取 3 号气肥煤，中硫煤选取 4 号焦煤，低硫煤选取 5 号肥煤，5 种煤样的具体硫含量列于表 1。

表 1 炼焦煤硫含量及煤硫分分级

煤　样	煤种	硫含量/wt%	煤硫分分级
1 号	焦煤	2.12	高硫煤
2 号	肥煤	1.78	高硫煤
3 号	气肥煤	1.56	中高硫煤
4 号	焦煤	1.12	中硫煤
5 号	肥煤	0.39	低硫煤

为了确定炼焦煤中硫的赋存形态，分别对 1 号～5 号煤样进行了 XPS 表征（如图 2 所示），从中可以看出，不同煤的 XPS 谱图存在一定差异，经拟合分峰，煤中硫化物大致存在脂肪族硫化物类、噻吩类、亚砜类、砜类、硫酸盐硫类和硫化铁类等多种不同赋存形态的硫化物[4-6,12]，基于 XPS 谱图分峰拟合结果，对不同煤中的硫化物存在形态所占比例进行了计算（表 2），由于 5 号煤样为低硫煤，过低的硫含量（0.39%）导致其 XPS 信号较弱，拟合分峰及面积计算误差较大，计算结果未列入表 2。由表 2 可以看出，噻吩类硫在所有煤中占比最大，都高于 40%；硫酸盐类硫占比随煤硫含量降低而明显升高，而硫化铁类则相反，随煤硫含量降低而降低，且中高硫（3 号）和中硫煤（4 号）未检测到；其他硫化物占比都低于 10%。

表 2 炼焦煤中硫的赋存形态及其分布

煤样	煤种	硫含量/wt%	不同形态硫化物所占比例/%					
			脂肪族硫化物类	噻吩类	亚砜类	砜类	硫酸盐硫类	硫化铁类
1 号煤样	焦煤	2.12	4.5	48.33	27.42	4.69	7.76	7.3
2 号煤样	肥煤	1.78	5.25	52.08	19.96	9.16	10.67	2.87
3 号煤样	气肥煤	1.56	4.62	50.66	8.36	7.54	28.82	—
4 号煤样	焦煤	1.12	7.76	40.77	12.87	4.48	36.43	—

3.2 炼焦煤热解硫形态分布及脱硫性能

为了确定不同硫含量炼焦煤硫化物在炼焦过程的迁移转化规律，通过固定床热解碳化装置，模拟炼焦反应过程，分别对高硫、中高硫、中硫和低硫炼焦煤进行了热解碳化实验，考虑到焦炭质量指标中对

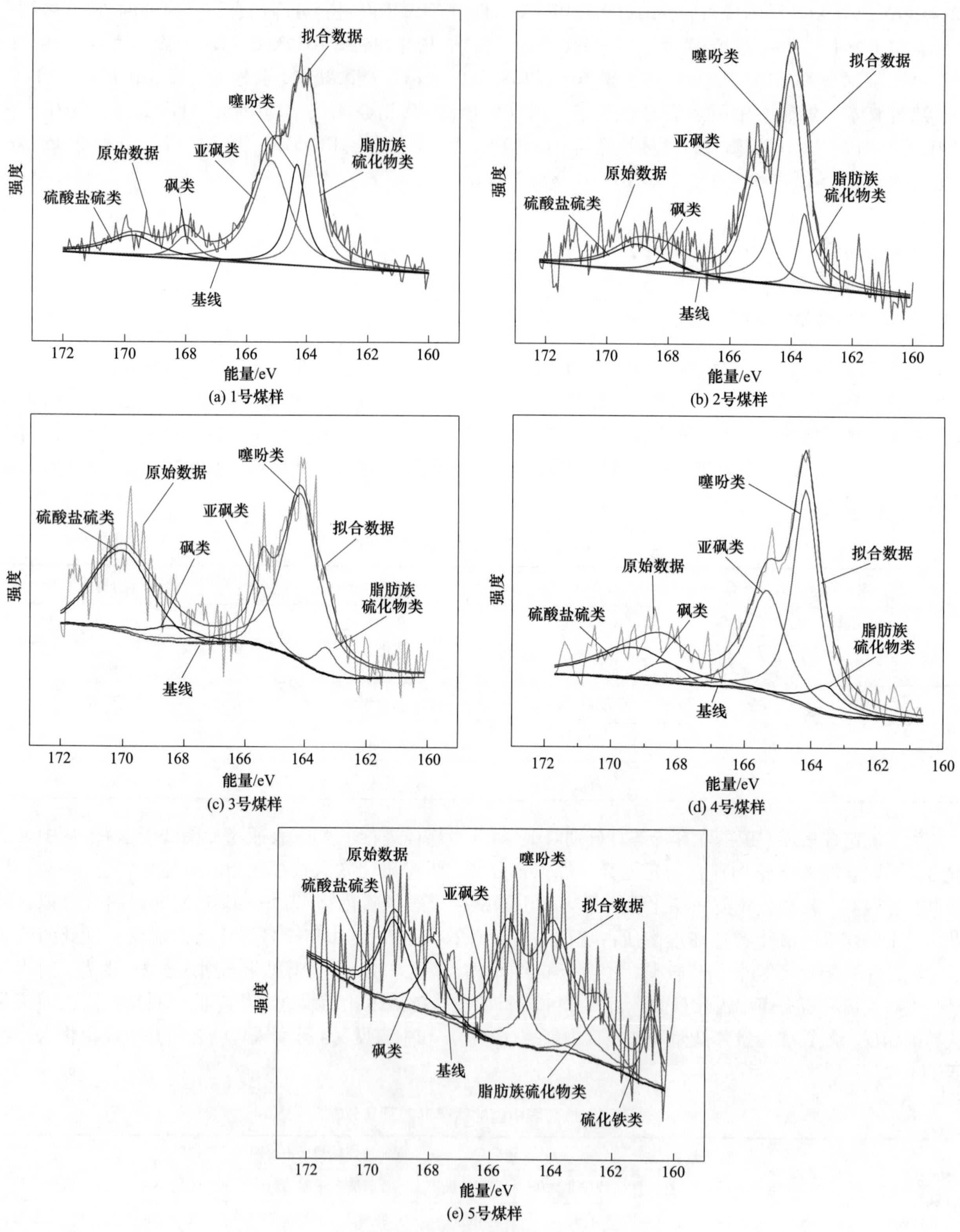

图 2　炼焦煤硫的 XPS 图谱

硫含量有一定要求，硫含量越低越好，亦即煤热解过程硫化物转化迁移至气体（煤气）和液体（焦油）产物中的比例越高，越利于降低焦炭中的硫含量。因此，除了确定不同硫含量炼焦煤热解的硫形态分布外，还基于硫形态分布计算了热解气体和液体中硫质量之和占总硫的比例（脱硫率），以考察煤热解对焦炭硫含量的影响作用。不同煤的热解脱硫性能与硫形态分布如表 3 所示，从中可以看出，不同煤热解产物中的硫形态分布以及脱硫率存在较大差异。

表 3　煤热解硫形态分布及脱硫率

热解煤	煤种	硫含量/wt%	不同形态硫分布占比/%			脱硫率/%
			气体	液体（焦油）	固体（碳）	
1 号煤样	焦煤	2.12	16.70	22.76	60.54	39.46
2 号煤样	肥煤	1.78	25.91	23.44	50.65	49.35
3 号煤样	气肥煤	1.56	26.65	29.66	43.69	56.31
4 号煤样	焦煤	1.12	17.31	24.07	58.62	41.38
5 号煤样	肥煤	0.39	25.72	22.60	51.68	48.32

注：脱硫率(%) = $\frac{\text{气体中硫质量} + \text{液体中硫质量}}{\text{总硫质量}} \times 100$。

不同煤热解产物中的硫形态分布如图 3（a）所示，结合表 3 可以看出，对于煤热解气体硫化物分布，1 号和 4 号煤占比低且数值较为接近，分别为 16.7%和 17.31%，2 号、3 号和 5 号煤同样较为接近但占比明显提高，分别为 25.91%、26.65%和 25.72%；对于煤热解液体硫化物分布，1 号、2 号、4 号和 5 号煤样占比低且数值较为接近（在 22.60%~24.07%范围），而 3 号煤样明显提高，达到 29.66%；对于煤热解固体硫化物分布，1 号和 4 号煤占比高且数值较为接近，分别为 60.54%和 58.62%，2 号和 5 号煤同样较为接近但占比明显降低，分别为 50.65%和 51.68%，而 3 号煤样最低，只有 43.69%。这表明，炼焦煤热解气、液和固体产物的硫形态分布存在一定差异：气体产物中，焦煤（1 号和 4 号）的占比低、数值相差不大，肥煤（2 号和 5 号）和气肥煤（3 号）的占比高且数值相近；液体产物中，焦煤（1 号和 4 号）和肥煤（2 号和 5 号）的占比低且数值较为接近，而气肥煤（3 号）的占比明显提高；固体产物中，焦煤（1 号和 4 号）的占比高、数值相差不大，肥煤（2 号和 5 号）的占比明显下降、数值同样相近，气肥煤（3 号）的占比最低。

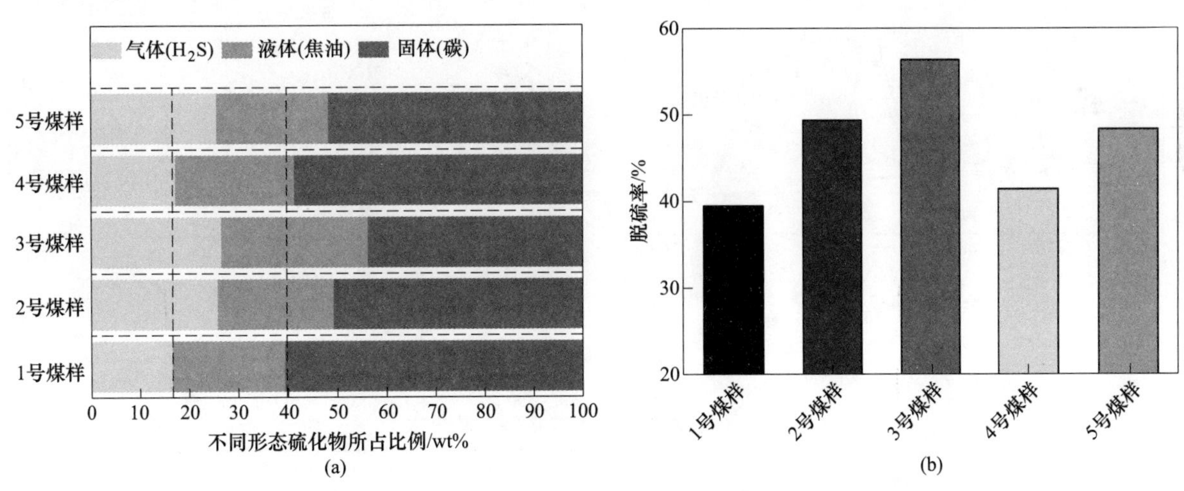

图 3　炼焦煤热解硫形态分布(a)和煤热解脱硫率(b)

由图 3（b）炼焦煤热解脱硫率还可进一步确定煤热解对焦炭硫含量的影响作用，从中可以看出，焦煤（1 号和 4 号）的脱硫率最低且数值相差不大，肥煤（2 号和 5 号）的脱硫率明显上升、数值也同样相近，而气肥煤（3 号）的脱硫率最高。需要指出的是，对于相同煤种，无论是对炼焦煤热解硫形态分布还是脱硫率，硫含量高低都影响不大，同为焦煤的 1 号和 4 号煤样，硫含量存在较大差异，分别为 2.12%和 1.12%，但热解硫形态分布和脱硫率都相近；硫含量分别为 1.78%和 0.39%的肥煤也表现出同样的现象。因此，煤种是影响煤热解硫转化迁移、硫形态分布和脱硫率的关键因素，气肥煤和肥煤都较焦煤利于硫化物向气相产物中迁移，且占比数值相近；气肥煤有更多比例的硫化物转化迁移至液体产物中，肥煤和焦煤都较低且占比数值接近；脱硫率与煤种紧密相关，依次为气肥煤>肥煤>焦煤。相同煤种其自身硫含量对其热解硫转化迁移及脱硫率影响不大。

3.3 热解碳硫赋存形态分布及其与原煤间的关联

图 4 为 1~4 号煤样热解碳硫的 XPS 图谱，5 号煤热解碳因硫含量过低已难以检测到有效 XPS 信号相应值。与图 2 煤样相比，虽然热解碳硫化物也大致为脂肪族硫化物类、噻吩类、亚砜类、砜类、硫酸盐硫类和硫化铁类等多种不同赋存形态[4-6,12]，但各煤热解碳中的硫赋存形态分布发生了较大改变，表 4 为煤热解碳硫赋存形态分布，为了确定原煤不同赋存形态硫在热解过程发生的变化，将煤和其热解碳不同赋存形态硫分布作图以比较（图 5），热解碳添加方格条纹以与其原煤加以区分，同一煤样及其热解碳以颜色加以区分，灰色对应 1 号煤样、绿色对应 2 号煤样、浅蓝色对应 3 号煤样以及黄色对应 4 号煤样。

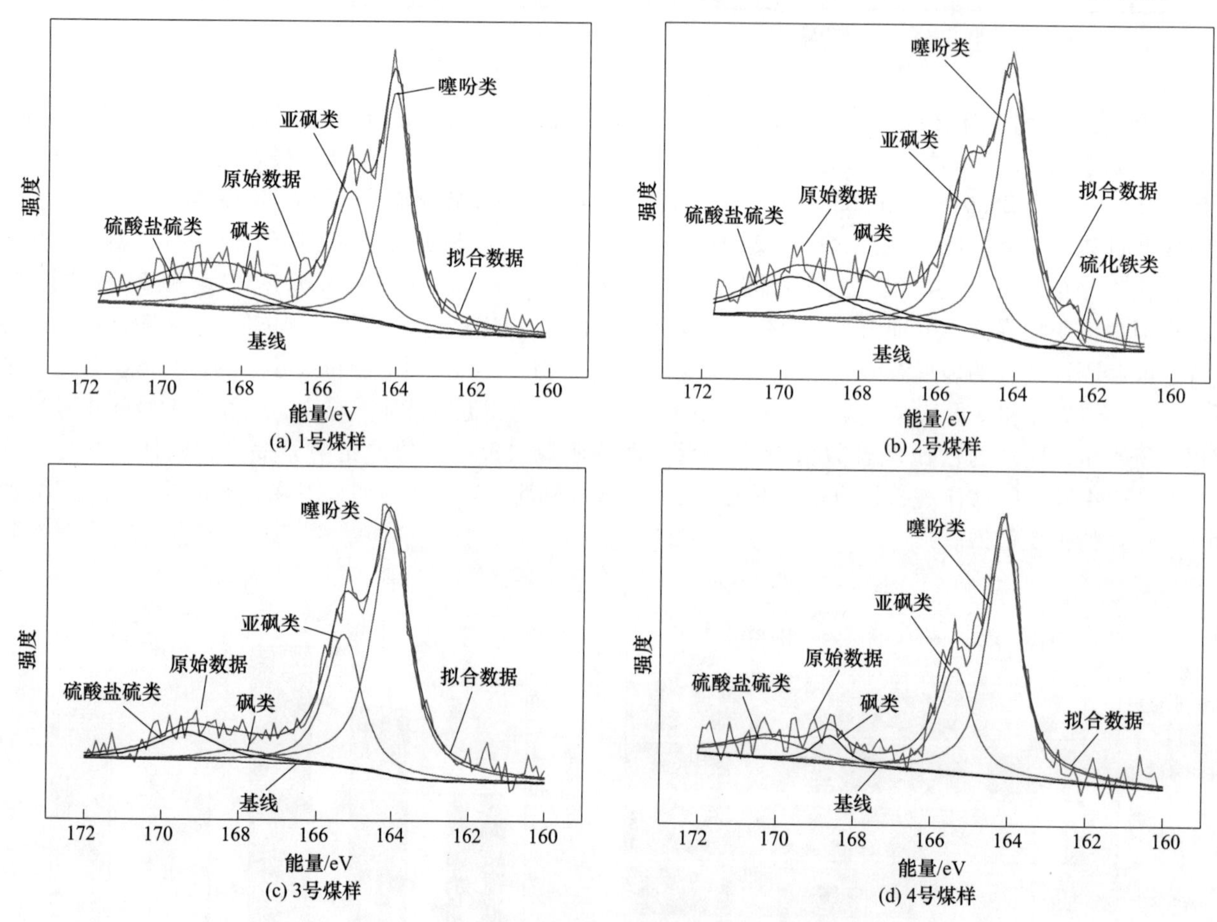

图 4 煤热解碳硫的 XPS 图谱

表 4 热解碳中硫的赋存形态及其分布

热解炭	煤种	硫含量 /wt%	不同形态硫化物所占比例/%					
			脂肪族硫化物类	噻吩类	亚砜类	砜类	硫酸盐硫类	硫化铁类
1 号煤样	焦煤	2.12	—	43.98	28.7	9.8	17.52	—
2 号煤样	肥煤	1.78	—	39.08	24.52	8.23	17.06	1.11
3 号煤样	气肥煤	1.56	—	56.57	28.36	4.7	10.37	—
4 号煤样	焦煤	1.12	—	59.14	22.87	4.73	13.26	—

对于硫化物和硫化铁类硫，全部煤样热解碳都较原煤大幅降低且几乎都为 0，表明煤中该两类硫易于在热解过程转化脱离；对于亚砜类硫，全部煤样热解碳却都较原煤有所上升，表明煤中亚砜类硫难以转化脱离；而对于砜类硫全部煤样热解碳都较原煤变化不大，表明煤中亚砜类硫较难转化脱离。其余赋存形态硫的变化趋势总体上可将 1 号和 2 号煤样归为一类，3 号和 4 号归为另一类，具体而言，与原煤相比，对于噻吩类硫，1 号和 2 号热解碳呈降低，而 3 号和 4 号热解碳却上升；与之相反，对于硫酸盐类硫，1 号和 2 号热解碳呈上升，而 3 号和 4 号热解碳却反而下降，由表 1 可知 1 号和 2 号煤样为高硫煤，3

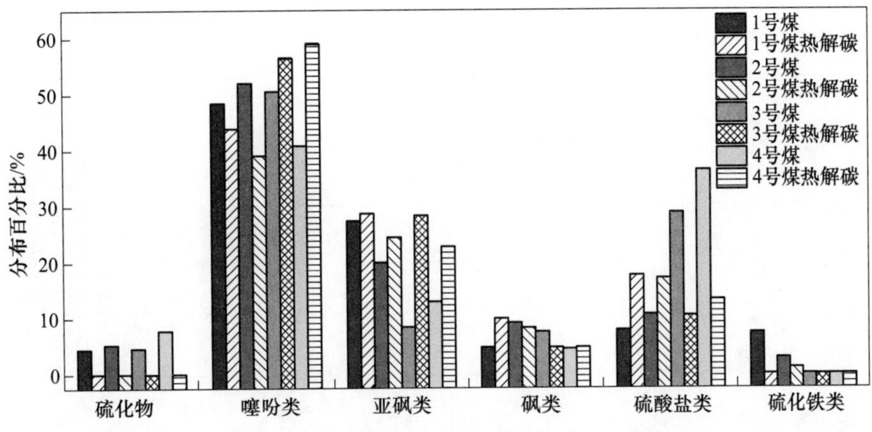

图 5　煤和煤热解碳各赋存形态硫分布比较图

号和 4 号煤样为中（高）硫煤，这表明，在煤热解过程中，高硫煤的噻吩类硫较易转化脱离而硫酸盐类硫较难，中（高）硫煤则相反，硫酸盐类硫较易转化脱离而噻吩类硫较难。因此，初步可以认为，对于煤中赋存形态不同硫组分的热解转化迁移脱离由易到难排序为：硫化物和硫化铁类硫>砜类硫>亚砜类硫；噻吩类硫和硫酸盐类硫的热解转化迁移脱离难易程度与煤硫含量存在一定的关联：高硫煤的噻吩类硫较易转化脱离而硫酸盐类硫较难，中（高）硫煤的情况却相反。

3.4　煤热解气体分析

煤热解气体用气相色谱对煤热解气体进行分析，其中，常规气体用 TCD（热导）检测器、硫化物用 FPD（S 专属）检测器分析。图 6（a）为 1 号煤样热解常规气体气相色谱检测结果，煤热解常规气体主要含有 H_2、CO_2、CO 和 CH_4等组分；图 6（b）为 1 号煤样热解气体硫化物检测结果，煤热解气体中硫化物绝大部分以 H_2S 形式存在，并含有微量硫醇和羰基硫等，这与文献报道煤热解气体中 95%以上为 H_2S 的结果相一致。其他 4 个煤样热解气体组成与 1 号煤样相类似。

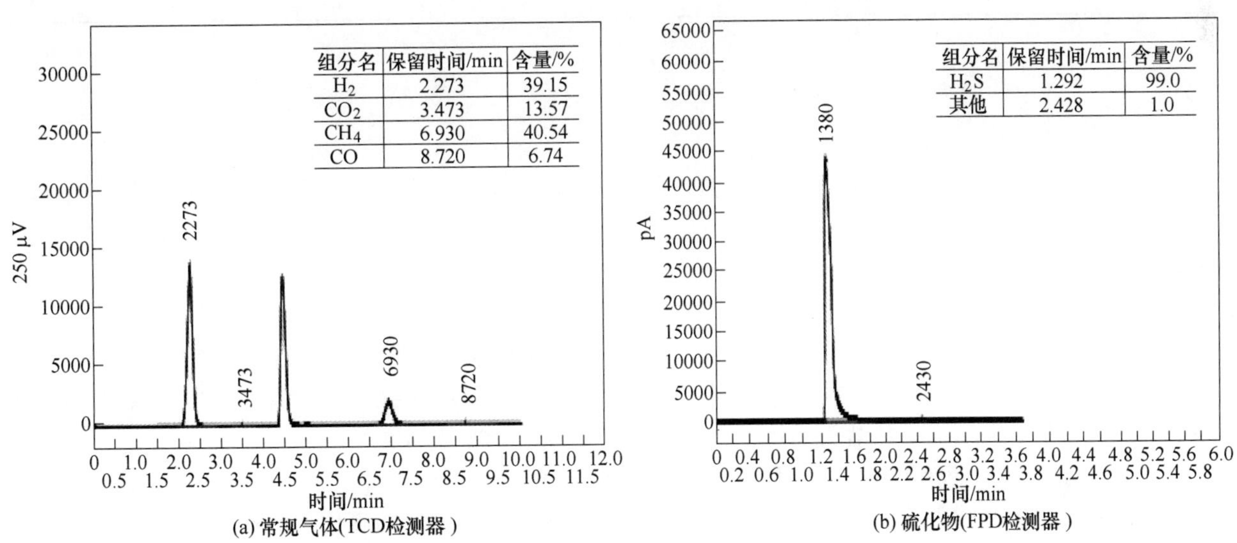

(a) 常规气体(TCD检测器)　(b) 硫化物(FPD检测器)

图 6　煤(1 号煤样)热解常规气体和硫化物气相色谱图

3.5　煤热解液体（焦油）中硫化物分析

煤热解液体用 GC-MS 进行了分析，1 号煤样热解煤焦油中硫化物分布列于表 5，从中可知，热解煤焦油含硫化合物主要为两个以上（含两个）的苯环（含烷基侧链）与噻吩成键形成的硫化物。其他 4 个煤样热解气体组成与 1 号煤样相类似。

表 5　煤（1 号煤样）热解煤焦油中硫化物分布

含硫化合物	含量/%	含硫化合物	含量/%
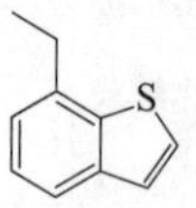	0. 02	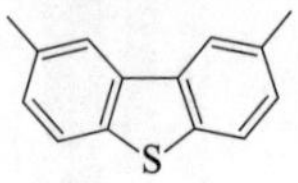	0. 24
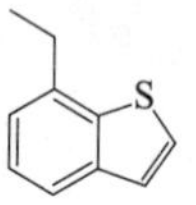	0. 11	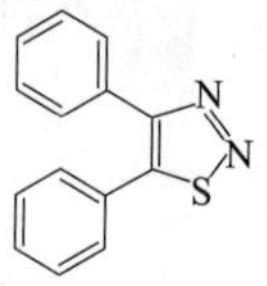	0. 19
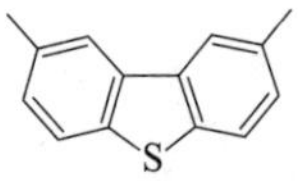	0. 34	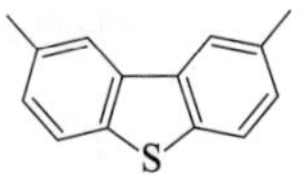	0. 13
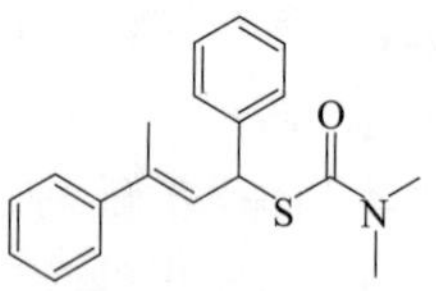	0. 04	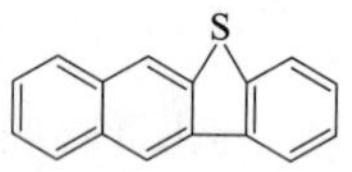	1. 15
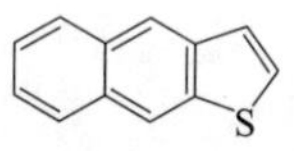	2. 13	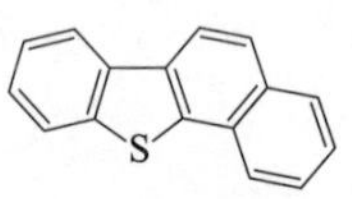	0. 21
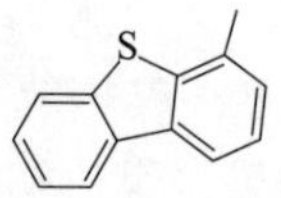	1. 26	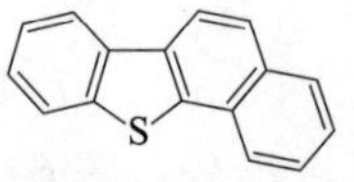	0. 22
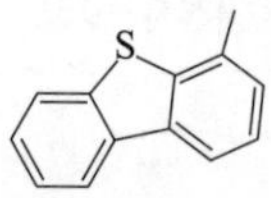	0. 78	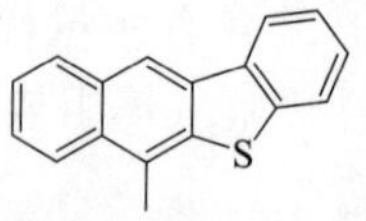	0. 08

4　结论

（1）煤种是影响煤热解硫转化迁移、硫形态分布和脱硫率的关键因素。气肥煤和肥煤都较焦煤利于硫化物向气相产物中迁移，且占比数值相近；气肥煤有更多比例的硫化物转化迁移至液体产物中，肥煤和焦煤都较低且占比数值接近；脱硫率与煤种紧密相关，依次为气肥煤>肥煤>焦煤；相同煤种其自身硫含量对其热解硫转化迁移及脱硫率影响不大。

（2）煤中赋存形态不同硫组分的热解转化迁移脱离由易到难排序为：硫化物类和硫化铁类硫>砜类硫>亚砜类硫；噻吩类硫和硫酸盐类硫的热解转化迁移脱离难易程度与煤硫含量存在一定的关联，高硫煤的噻吩类硫较易转化脱离而硫酸盐类硫较难，中（高）硫煤的情况却相反。

（3）煤热解气体中硫化物绝大部分以 H_2S 形式存在，含有微量硫醇和羰基硫等，煤热解焦油含硫化合物主要以两个以上（含两个）的苯环（含烷基侧链）与噻吩成键形成的硫化物形式存在。

参 考 文 献

[1] 张飚，白效言，胡兆胜．高硫炼焦煤脱硫技术研究进展及适用性分析［J］．煤质技术，2020，35（5）：1-15.

[2] 周强．中国煤中硫氮的赋存状态研究［J］．洁净煤技术，2008，14（1）：73-77.

[3] 唐跃刚，贺鑫，程爱国，等．中国煤中硫含量分布特征及其沉积控制［J］．煤炭学报，2015，40（9）：1977-1988.

[4] 李梅，杨俊和，张启锋，等．用 XPS 研究新西兰高硫煤热解过程中氮、硫官能团的转变规律［J］．燃料化学学报，2013，41（11）：1287-1293.

[5] 刘少林，孔娇，申岩峰，等．高有机硫炼焦煤分选组分中硫的赋存形态及其热变迁行为研究［J］．燃料化学学报，

2019，47（8）：915-924.
[6] Hou J L，Ma Y，Li S Y，et al. Transformation of sulfur and nitrogen during Shenmu coal pyrolysis [J]. Fuel，2018，231：134-144.
[7] 孙成功，李保庆．煤中有机硫形态结构和热解过程硫变迁特性的研究 [J]. 燃料化学学报，1997，25（4）：358-362.
[8] 郑瑛，史学峰，周英彪，等．煤燃烧过程中硫分析出规律的研究进展 [J]. 煤炭转化．1998，21（1）：36-40.
[9] 李斌，曹晏，张建民，等．煤热解和气化过程中硫分析出规律的研究进展 [J]. 煤炭转化，2001，24（3）：6-11.
[10] 皮中原，尹杨林．红外吸收法测定煤中全硫 [J]. 煤炭学报，2008，33（10）：5.
[11] 徐运，周军，葛振平．高温燃烧红外吸收法测定煤中全硫 [J]. 现代科学仪器，2008，(3)：93-94.
[12] 王美君．典型高硫煤热解过程中硫、氮的变迁及其交互作用机制 [D]. 太原：太原理工大学，2013.
[13] 陈鹏．用 XPS 研究兖州煤各显微组分中有机硫存在形态 [J]. 燃料化学学报，1997，25（3）：47-50.
[14] 朱应军，郑明东．炼焦用精煤中硫形态的 XPS 分析方法研究 [J]. 选煤技术，2010，3：55-57.
[15] 张蓬洲，赵秀荣．用 XPS 研究我国一些煤中有机硫的存在形态 [J]. 燃料化学学报，1993，2：205-210.

内蒙古鄂尔多斯地区宝平湾不黏煤配煤炼焦研究

王晓帅　李　国　范庆立　王冠华　孙国雷　苏文博　张　曼　刘红雷

（呼和浩特旭阳中燃能源有限公司，呼和浩特　011618）

摘　要：为扩大炼焦煤资源，选择旭阳中燃所处地域优势煤种鄂尔多斯地区宝平湾不黏煤进行小焦炉配煤炼焦试验研究。对配入不同比例不黏煤的配合煤、及对应焦炭进行常用指标的表征测试。研究结果表明，配入宝平湾不黏煤比例4%时为最佳，对焦炭性能的影响最小，生产出的焦炭指标至少符合国家二级冶金焦标准，推测原因是本论文所用基础配合煤在宝平湾不黏煤的配入比例为4%时，其中惰性组分与活性组分占比达到最佳，结焦性能最好，对应焦炭性能最优。配入不黏煤对配合煤的其他结焦性指标（奥阿膨胀度、吉氏流动度及塑性温度区间）的影响还需进一步研究。本研究为拓宽旭阳中燃炼焦用煤资源提供了新的思路。

关键词：宝平湾不黏煤，配煤，炼焦试验，冶金焦

1　概述

根据新一轮全国煤炭资源潜力评价（2006—2013年），内蒙古地区累计探获资源储量约为8900亿吨，保有资源储量在6000亿吨，煤炭资源丰富位居首列，但以变质程度低的煤炭资源（褐煤、长焰煤、不黏煤）为主，占比达98%左右，优质炼焦煤资源占比不到1%[1]。中国近几年炼焦行业用煤量平均每年在6.57亿吨左右[2]，优质炼焦煤资源日益紧缺，尤其是内蒙古地区，扩展炼焦煤资源研究对于缓解炼焦煤资源紧缺和炼焦行业优质发展至关重要。

内蒙古中盛展开配入10%和25%的弱黏结煤搭配气煤、1/3焦煤进行小焦炉炼焦研究以优化配煤结构、降低用煤成本，结果表明均可生产出符合国家二级以上冶金焦强度标准的焦炭[3]。有学者选择典型的低阶洗精煤作为炼焦配煤进行试验研究，首先对配入低阶洗精煤的配合煤进行煤质特性分析，针对两种配合煤进行40 kg焦炉试验，再对相应焦炭特征指标对比分析，结果表明，低阶洗精煤大多具有低灰、低硫等特点，可掺入配合煤炼焦，控制合理比例可起到提升焦炭质量的效果[4]。有学者将焦煤、1/3焦煤、肥煤、瘦煤、长焰煤进行配煤，通过2 kg焦炉进行炼焦试验，对焦炭的冷、热态强度性能表征，探讨了低阶煤加入对焦炭性能的影响，结果表明，配入低阶煤后，焦炭的冷态强度及热态性能一定程度变差，配比小于5%时，影响不明显[5]。基于捣固炼焦技术的优势，可配入较多的高挥发分煤及弱黏结性煤（比如气煤、1/3焦煤等），有学者以本钢北营焦化厂为例，得出配入适当比例（10%以内）的高硫肥焦煤，控制焦炭全硫在0.75%~0.8%，焦炭的反应性与反应后强度均可满足一级冶金焦标准[6]。配入低阶煤炼焦，当低阶煤镜质组比例增加时，配合煤的塑性、胶质体的流动性、膨胀性和黏结力指数都相应有所下降，进而会影响焦炭的冷、热态性能，因此要严格控制配入比例[7]。通过将热解低阶煤所得半焦与低阶煤、黏结性烟煤和少量煤沥青混合均匀制成型煤来进行铁箱炼焦试验，可制得*CSR*达65%的冶金型焦[8]。低阶煤还可通过热萃取作为黏结剂进行配煤炼焦[9]，捣固炼焦与型煤炼焦均可配入低阶煤，但比例受限，随低阶煤配入比例阶梯增加，对焦炭指标产生一定影响，但变化规律仍不清晰。经过查阅低阶煤配煤炼焦研究现状，配入低阶煤炼焦是可行的，但焦炭质量会受一定影响，随低阶煤配入比例规律性增加，焦炭质量的变化规律仍不明确。

本研究选用对旭阳中燃具有区域优势的内蒙古鄂尔多斯地区宝平湾不黏煤，控制其不同的配入比例，进行40 kg小焦炉炼焦试验，对配合煤和所对应焦炭进行表征测试，分析对比宝平湾不黏煤在不同配入比例下，焦炭质量的变化规律。本研究可为更好地利用鄂尔多斯地区低阶烟煤提供参考，更好地发挥旭阳中燃区域资源优势，降低配煤炼焦成本，带来可观的经济和社会效益。

2 配比与配合煤指标

结合旭阳中燃生产实际用煤情况，本研究选用弱黏煤、气煤、1/3 焦煤、焦煤 1、焦煤 2、焦煤 3、瘦煤和宝平湾不黏煤等不同单种煤进行配煤炼焦，控制宝平湾不黏煤配入比例变化，各单种煤的指标范围和化验指标列于表 1。

表 1 各单种煤的指标参数

煤 种	A/%	V/%	S/%	G/%	Y/mm
弱黏煤	5.5~6.8 5.9	31~34 32.7	0.35~0.58 0.47	10~15 13	—
气煤	8.1~11.2 10.12	37~42 37.51	0.47~0.75 0.58	61~85 81	11.6~18.5 16.0
1/3 焦煤	5.1~7.7 6.86	32~36 33.82	0.36~0.65 0.52	—	6~11.2 8.3
焦煤 1	9.5~12.24 10.20	20~28 25.74	0.65~0.8 0.76	75~85 82	15.1~16.9 16.2
焦煤 2	9.5~12.24 10.32	20~28 26.52	1.55~1.8 1.76	82~100 93	16.5~25 24.5
焦煤 3	5.83~7.72 6.57	20~28 27.36	2.58~2.75 2.73	82~100 89	16.5~25 18.3
瘦煤	9.1~10.9 10.27	16~21 18.12	0.47~0.75 0.62	37~65 54	—
宝平湾不黏煤	4.10	33.50	0.15	—	—

宝平湾煤矿位于内蒙古自治区鄂尔多斯市准格尔旗境内，行政区划隶属准格尔旗纳日松镇，生产能力 480 万吨/年，可采煤层为 4~1(3.79 m)、4~2(1.41 m)、6~2(6.08 m) 等煤层，为中-晚侏罗纪煤，层位稳定，矿区构造属于简单类型。宝平湾不黏煤，具有低灰、低硫的优良特点，可以调节降低配合煤的灰、硫指标，相比于其他单种煤还具有价格优势，能够有效地降低配煤炼焦成本。但其不具有黏结性，不能单独成焦，因此大量配入不黏煤会对焦炭质量产生劣质影响。

本研究中焦煤 1、焦煤 2 和焦煤 3 的差别主要在灰分和全硫方面，配用它们一方面是将其作为主焦煤，另一方面主要是调节配煤价和配合煤的灰、硫指标，如果不考虑成本，只配用一种灰、硫符合要求的焦煤也是可行的。试验方案控制宝平湾不黏煤的配入比例梯度增加，具体为 0、2%、3%、4%、6%、10%，进行配煤炼焦，详细配比结构列于表 2。

表 2 不同配比方案配合煤的配比 (%)

配比方案	宝平湾不黏煤	弱黏煤	气煤	1/3 焦煤	焦煤 1	焦煤 2	焦煤 3	瘦煤
1	0	6	20	18	35	8	5	8
2	2	4	20	18	35	8	5	8
3	3	3	20	18	35	8	5	8
4	4	2	20	18	35	8	5	8
5	6	0	20	18	35	8	5	8
6	10	0	20	16	33	8	5	8

按照表 2 中不同配比方案中的配煤比进行配煤，配煤混合一定要均匀，将配合煤粉碎，控制其小于 3 mm的煤颗粒占比在 87%~89%，控制配合煤水分在 11.5%~12.5%，对所得到的配合煤进行指标检测，结果列于表 3。

结合生产实际规律，为制得符合质量要求的焦炭，应将配合煤的指标控制在合理范围内，具体包括，V_{daf}在 29%~32%范围内，灰分 A_d≤10%，全硫含量 $S_{t,d}$≤0.8%，黏结指数 G≥70%，胶质层最大厚度Y≥13 mm。

表 3 不同配比方案配合煤的配和煤的化验指标

配比方案	A_d/%	V_{daf}/%	$S_{t,d}$/%	G/%	Y/mm
1	9.90	29.25	0.78	77	15.5
2	9.63	29.95	0.78	73	13.0
3	9.45	30.09	0.75	74	13.5
4	9.43	30.39	0.74	76	15.0
5	9.30	30.50	0.73	71	13.0
6	8.95	30.70	0.71	69	12.5

3 焦炭质量分析

本研究采用中唯炼焦技术国家工程研究中心有限责任公司生产的 40 kg 底装试验小焦炉（型号为 JL-40-2）进行炼焦。小焦炉主要由焦炉主体、冷凝装置、电脑控制系统、电控柜、点火装置构成，同时，配有转鼓、落下和捣固等装置。炼焦过程按照国家行业标准 YB/T 4526—2016《炼焦试验用小焦炉技术规范》来进行。首先将混合均匀后的配合煤进行捣固，装炉时温度控制在 800 ℃，炼焦终温在 1050 ℃，具体升温程序见表 4。

表 4 设定 JL-40-2 试验小焦炉升温程序

温度/℃	800~800	800~1050	1050~1050
时间/min	60	1020	240

小焦炉炼焦试验的焦炭出炉后，采用湿熄方式进行熄焦，熄焦后制样，进行测试，焦炭灰、硫、挥发分及热态指标的测试结果列于表 5，宝平湾不黏煤不同配入比例下，焦炭的反应性（*CRI*）和反应后强度（*CSR*）的变化趋势如图 1 所示。

表 5 不同配比方案的配合煤所炼焦炭化验指标

配比方案	A_d/%	V_{daf}/%	$S_{t,d}$/%	*CRI*/%	*CSR*/%
1	14.28	1.15	0.67	36.3	51.2
2	13.66	1.19	0.66	37.8	49.7
3	12.97	1.21	0.66	37.2	50.1
4	12.97	1.26	0.65	36.9	50.7
5	12.86	1.29	0.63	39.5	47.7
6	12.44	1.30	0.62	44.1	43.2

由表 5 数据可以得出，随着宝平湾不黏煤的配入比例逐渐增大，配合煤的灰分、硫分逐渐减小，而挥发分逐渐增大，推测是由于宝平湾不黏煤自身的灰分和硫分偏低，挥发分偏高，且煤样的灰分、硫分和挥发分有一定的加和性所致。配入宝平湾不黏煤后，配合煤的 G 和 Y 值相比于未掺配宝平湾不黏煤的配合煤均偏低，而掺配后，随不黏煤掺配比例逐渐增大，配合煤的 G 和 Y 值有先增加后降低的趋势，在掺配比例为 4%时，G 和 Y 值同时达到最大值，推测是因为此掺配比例下，配合煤中的惰性组分与活性组分达到最佳比例，表现出较高的 G 与 Y 值。配合煤所炼焦炭的挥发分也随宝平湾不黏煤的配入比例增大而增大，而灰分和硫分的变化趋势与之相反。配合煤硫分和灰分的转化率随宝平湾不黏煤的配入比例几乎无变化，这是由于宝平湾不黏煤的配入比例整体较小，对配合煤的硫分和灰分转化率影响不是特别明显。

由图 1 可以得出，不同配合煤炼焦所得焦炭的反应性（*CRI*）随宝平湾不黏煤的配入比例的增大先逐

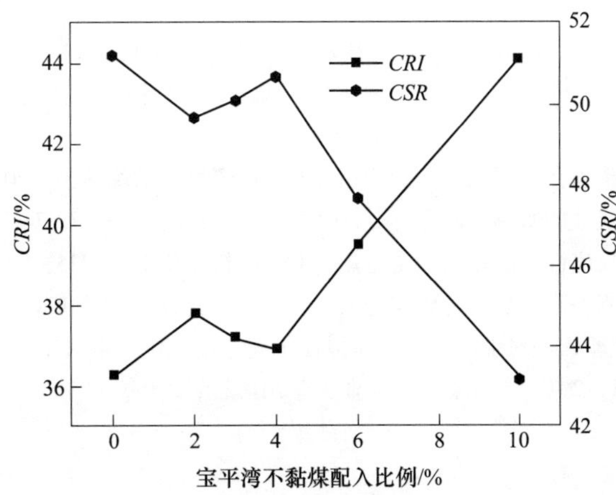

图 1 配入不同比例低阶烟煤炼得焦炭反应性与反应后强度的变化趋势

渐减小后逐渐增大，反应后强度（*CSR*）先逐渐增大后逐渐减小。在宝平湾不黏煤配入比例为 4%时，焦炭的热态强度与热反应性虽然整体变差，但配入宝平湾不黏煤的情况下达到最佳，与未配入不黏煤的配合煤炼得的焦炭性能最为接近。由于宝平湾不黏煤，不具有黏结性，自身无法成焦，随着配入比例的增加惰性组分与活性组分的比例会发生变化，在其配入比例为 4%时，两者达到配入不黏煤后的最优比例，配合煤的结焦性能也是最佳的。

配入不黏煤对焦炭的热态强度有恶化的趋势。在宝平湾不黏煤配入比例为 4%及以内时，焦炭的热态强度降低幅度较缓，降幅比例 0. 98%~2. 93%，且比例为 4%时，降幅比例为 0. 98%，为最小幅度。当配入比例增加至 6%和 10%，焦炭的热态强度明显下降，降幅比例分别约为 6. 84%和 15. 63%。故当前的配比配入宝平湾不黏煤比例控制在 4%时，炼得焦炭性能最佳，根据相同配合煤小焦炉与生产焦炉焦炭热态对应关系[10]，可以推测配入比例为 4%，生产焦炉制得焦炭可满足国家标准中二级冶金焦要求的焦炭。

不黏煤不具有黏结性，自身无法成焦，通常来说添加低阶烟煤中的不黏煤会使配合煤所炼焦炭的强度发生下降，本研究中将不黏煤的比例控制在 4%左右，炼焦所得焦炭热强下降的幅度最小，超出预期效果。基于煤的结焦理论[11]，分析主要原因包括：（1）配入一定比例黏结性较好的气肥煤来补偿宝平湾不黏煤的无黏结性特征；（2）控制结焦性好的肥焦煤比例不低于 40%；（3）瘦煤黏结性和结焦性均不显著，控制其配入比例不超过 10%；（4）不黏煤的配入比例在 4%时，配合煤惰性组分与活性组分占比达到最佳，炼焦所得焦炭性能最好。

4 结论与展望

在不显著影响焦炭质量的前提下，在本论文中的基础配合煤中，配入宝平湾不黏煤比例 4%为最佳，可以生产出至少符合国家二级冶金焦标准的焦炭。宝平湾不黏煤相较于大同弱黏煤，具有价格低的优势，而且具有低灰、低硫的特征，不仅能够有效地降低配煤价还可以调节降低配合煤的灰、硫指标。同时，也拓宽了炼焦煤资源，为低阶烟煤的应用提供了一条新的利用思路。4%的配入比例仅适用于本研究中的基础配合煤，其他基础配合煤中添加不黏煤的最佳比例（达到活惰比最佳）还需根据具体情况进行试验研究。不黏煤受热不易软化、无流动性，其配入对配合煤的其他结焦性指标，如奥阿膨胀度、吉氏流动度及塑性温度区间等的影响还需展开进一步探究。不黏煤与高阶煤的配合使用、探究新的改性剂、不黏煤掺配型煤炼焦，以及低阶煤提质炼焦等方面是不黏煤配煤炼焦技术研究的重点发展领域。

参 考 文 献

[1] 杨淑婷. 中国煤炭资源洁净潜势评价研究［D］. 北京：中国矿业大学（北京），2015.

[2] 国家统计局. 中华人民共和国 2023 年国民经济和社会发展统计公报［R］. 国家统计局，2024.

[3] 许笑松，席远龙，高宇莺. 优化配煤、降低成本、稳定焦炭质量的研究与实践［J］. 煤炭加工与综合利用，2022

(6)：20-24.

[4] 王春晶．低阶煤在炼焦配煤中的应用研究［J］．煤质技术，2020，35（4）：42-47.

[5] 赵丹，徐君，刘洪春，等．配加低阶烟煤在不同堆密度下炼焦焦炭热性能研究［J］．冶金能源，2011，30（3）：38-41.

[6] 成耀武，杨邵鸿，张立业．高硫煤在捣固炼焦中的应用［J］．辽宁科技学院学报，2011，13（1）：12-15.

[7] 陈宁宁．配入低阶煤炼焦对焦炭性能影响的研究［J］．山西化工，2022（7）：72-74.

[8] 郭瑞，严瑞山．低阶煤制备高反应性、高强度冶金型焦［J］．燃料与化工，2023，54（2）：8-10，7.

[9] 张鑫，郭瑞，冯亚威．低阶煤制备高炉焦炭的研究进展［J］．河北冶金，2022（10）：15-20.

[10] 张文成，王春花，陆永亮．试验焦炉对生产焦炉的模拟性研究［C］．中国钢铁年会，2005.

[11] 张双全，吴国光．煤化学［M］．2 版．徐州：中国矿业大学出版社，2009.

矿点煤岩配煤提质增效实践

朱明红[1] 张钦善[2] 莫 韵[2] 蒋文斌[2]

（1. 黑猫集团有限责任公司，景德镇 333099；
2. 景德镇市焦化能源有限公司，景德镇 333000）

摘 要：为稳步提高焦炭质量，降低配煤成本，在生产实践中摸索，逐步形成适合我厂的矿点煤岩优化配煤新方法，该方法需对各矿点煤进行工业分析，黏结性指标检测，煤岩组分分析，吉氏流动度指标分析，再通过 40 kg 小焦炉实验，对各矿点炼焦精煤质量进行深入研究和性价比比较，淘汰低性价比的 LG 精煤，拓展 QLS 焦煤替代 WG 焦煤，用 XS 贫瘦煤替代 SH 瘦煤等一系列降本措施，科学合理的调整配煤结构，通过 40 kg 小焦炉实验验证优化配比的可行性，保证焦炭质量的稳定，然后应用到焦炉生产实践中，实现焦炭质量的提高以及效益提升。

关键词：矿点配煤，结构优化，稳定质量，提质增效

江西省景德镇市焦化能源有限公司现有 4 座 4. 3 m 捣固焦炉，统一经营管理的新昌南炼焦化工有限责任公司现有 2 座 6 m 顶装焦炉，年产焦炭总共 210 万吨。作为一家独立焦化企业，地处闻名中外的瓷都景德镇，远离原料煤产地与产品焦炭用户，根据不同的市场用户需求，生产不同质量要求的焦炭产品，是景焦能源的特点。在焦炭产能过剩的大环境下，在上游煤炭企业及下游焦炭用户的双重挤压下，企业的生产经营举步维艰，景焦能源保持着低利润的状态满负荷生产；同时公司从内部严控，紧抓生产成本，通过原料煤的深入研究，科学合理的调整配煤结构，优化配煤方案，降低配煤成本。

面对复杂多样的煤种和有限的存储场地，通过对公司采购的所有矿点煤逐个进行了深入的检测分析，我们将二十多个矿点精简为 15 个矿点，6 大类煤种，由原来的按煤种分类配煤改变为矿点配煤。2020 年开始，通过各矿点煤煤质及价格的比较，淘汰性价比较低的 LG 精煤，利用价格较低的 QLS 焦煤替代 WG 焦煤，用 XS 贫瘦煤替代价格较高的 SH 瘦煤等一系列配煤结构的优化调整，通过 40 kg 焦炉实验来开展炼焦配煤研究，然后经过 6 m 顶装焦炉试验验证实验配煤比是否可行，最后用于实际的焦炉生产，保证生产焦炉上的实际焦炭质量及焦炉操作工艺的稳定性。

1 矿点煤岩配煤的方法

矿点配煤就是利用各炼焦煤产地矿点煤的煤岩分析指标进行拟合计算，保证配合煤的最大平均反射率，焦肥煤组分及活惰比达到炼焦配合煤最佳状态进行配煤炼焦生产，该方法按照以下步骤进行：（1）按照产炼焦煤矿点采购炼焦煤进厂，按不同矿点分别堆放或入仓；（2）对各个矿点的炼焦煤进行常规指标及煤岩分析、吉氏流动度等煤质指标检测；（3）根据各矿点煤质指标应用加和性及煤岩拟合技术初步确定多个配煤比方案；（4）将多个配煤比方案进行小焦炉实验筛选，挑选出实验效果好的配煤比方案；（5）根据小焦炉实验结果好的配煤比方案进行生产焦炉试验（11 至 22 孔），并对全过程跟踪检测，保证焦炭质量及焦炉操作稳定。（6）按照生产焦炉试验成功的配比确定各矿点炼焦煤采购量，将各矿点炼焦煤输入配煤槽按配比配煤，再进行炼焦工业生产。

2 矿点煤岩配煤降本主要措施

2.1 淘汰性价比低的 LG 精煤

我公司一直将 LG 精煤作为肥煤购入，通过煤质检测数据详细对比发现，LG 精煤价格高，但煤质指标达不到肥煤的要求，属 1/3 焦煤。因此我们将 LG 精煤与 6 m 焦炉在用的 PJX、SJL 两个矿点的 1/3 焦煤

及 FC 气肥煤进行煤质及性价比分析，表 1 为各矿点单种煤的煤质分析检测数据，图 1~图 4 为对应矿点煤的镜质体随机反射率分布图，表 2 为对应矿点煤的吉氏流动度、40 kg 焦炉实验焦炭质量及综合煤质性能排名及性价比排名。

表 1　各矿点煤的煤质分析

矿点	A_d/%	V_{daf}/%	$S_{t,d}$/%	G	Y/mm	R_{max}	S	类　型	活性物/%	活惰比
PJX	9.32	34.36	0.47	86.0	20.0	0.926	0.086	单一煤层煤	49	0.96
SJL	9.81	29.95	0.73	86.2	20.6	1.029	0.206	具 1 个凹口的混煤	48	0.92
LG	8.65	35.87	0.52	91	19.1	0.887	0.082	单一煤层煤	58	1.38
FC	7.17	38.98	1.36	95	22.6	0.776	0.077	单一煤层煤	52	1.08

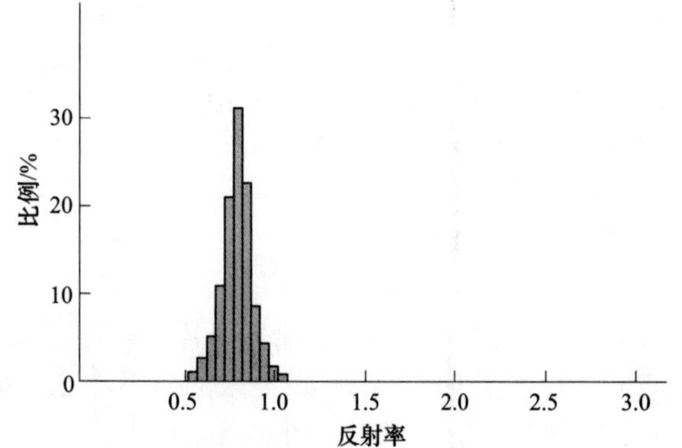

图 1　PJX1/3 焦镜质体随机反射率分布

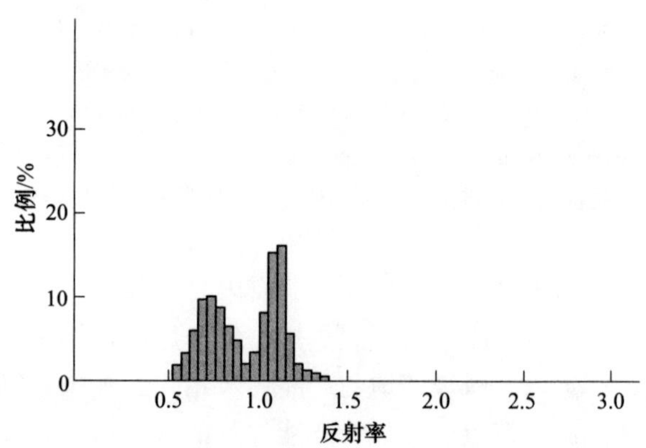

图 2　SJL 煤镜质体随机反射率分布

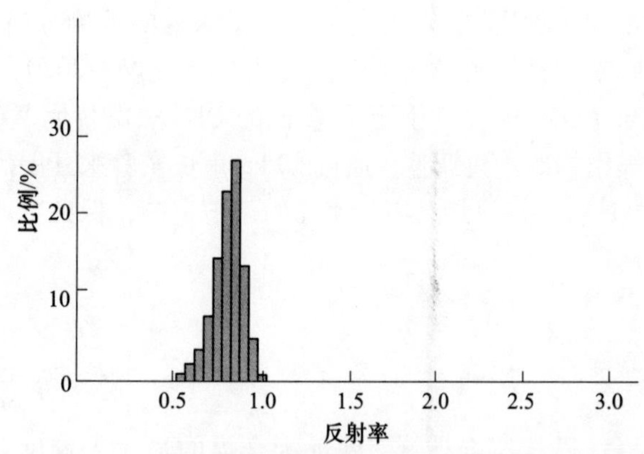

图 3　LG 煤镜质体随机反射率分布

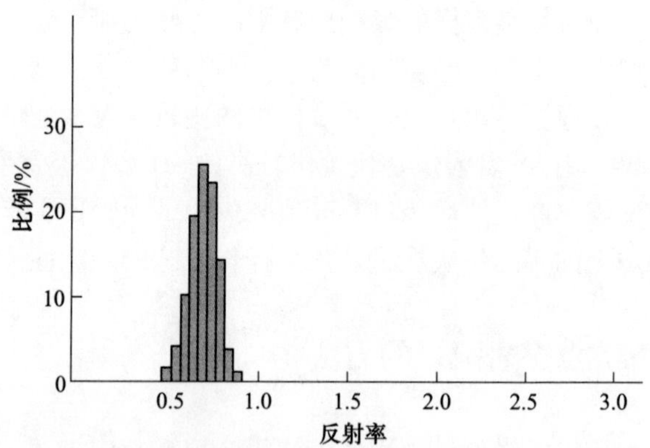

图 4　FC 煤镜质体随机反射率分布

表 2　各矿点煤吉氏流动度、40 kg 焦炉实验焦炭质量及性价比

矿点	M_F/ddpm	T_r-T_s/℃	M_{40}/%	M_{10}/%	CRI/%	CSR/%	单价 /元 · 吨$^{-1}$	综合性能排名	性价比排名
PJX	23668	88	84.0	7.6	27.1	60.3	1371	1	1
SJL	2182	89	84.0	5.6	31.8	55.8	1456	2	3
LG	28354	101	82.0	9.2	36.5	39.1	1506	3	4
FC	52045	106	60.8	15.2	37.6	30.2	1170	4	2

从表 1 和图 1~图 4 可以看出，与 PJX 及 SJL 两种 1/3 焦煤比较，LG 精煤挥发分偏高，G 值较高，LG 精煤 R_{max}：0.887，挥发分 35.87%，G 值 91，Y 值 19.1 mm，按照中国煤炭分类国家标准判定为强黏结的 1/3 焦煤。FC 精煤 R_{max}：0.758，挥发分 41.33%，G 值 95，Y 值 22.6 mm，为强黏结的气肥煤。从表 2 的数据来看，LG 精煤和 FC 气肥煤 40 kg 焦炉实验的焦炭机械强度及热态强度较其他两种煤差，从煤质综合

性能排名也可以看出两种煤排名后两位，这与两种煤的挥发分高，变质程度低有关。同时 LG 精煤的价格最高，性价比排名最后，PJX1/3 焦煤无论综合性能还是性价比都是最好的，而 FC 气肥煤虽然质量不如其他三种煤，但其价格最低，从性价比角度来看其排名第 2，仅次于 PJX1/3 焦煤。为了控制配煤成本，2020 年初决定停用 LG 精煤，采用强黏结，高挥发分的 FC 气肥煤和 PJX1/3 焦煤替代 LG 精煤，同时增加 1 号焦煤和 2 号焦煤的用量，具体优化配比见表 3，配合煤 R_{ran} 区段计算结果及煤岩拟合图见表 4、图 5。

表 3　停 LG 精煤前后优化配比方案对比

煤　种	1 号焦煤	1 号焦煤	2 号焦煤	1 号 1/3 焦	2 号 1/3 焦	气肥煤	瘦煤	1 号 1/3 焦煤
矿　点	MT	WG	GYT	PJX	ZC	FC	SH	LG
原配比/%	20	9	8	26	13	3	8	13
优化配比 1/%	22	13	7	30	14	6	8	0
优化配比 2/%	23	8	10	30	15	8	6	0

表 4　配合煤 R_{ran} 区段计算结果及 R_{max}

R_{ran} 区间	<0.5	0.5~0.6	0.6~0.75	0.75~0.9	0.9~1.15	1.15~1.55	1.55-1.7	1.7~1.9	1.9~2.3	>2.3	R_{max}
区段特征	褐煤	长焰煤/不粘煤	气煤/气肥煤	1/3 焦/气肥煤	肥煤	焦煤	瘦煤	贫瘦煤	贫煤	无烟煤	
原配比/%	0.44	4.26	16.43	30.65	21.86	15.29	4.41	5.32	1.33	0.00	1.095
优化配比 1/%	0.65	4.97	15.39	26.64	24.73	15.63	4.94	5.64	1.40	0.00	1.111
优化配比 2/%	0.81	6.03	17.89	26.60	22.89	16.40	4.04	4.30	1.06	0.00	1.076

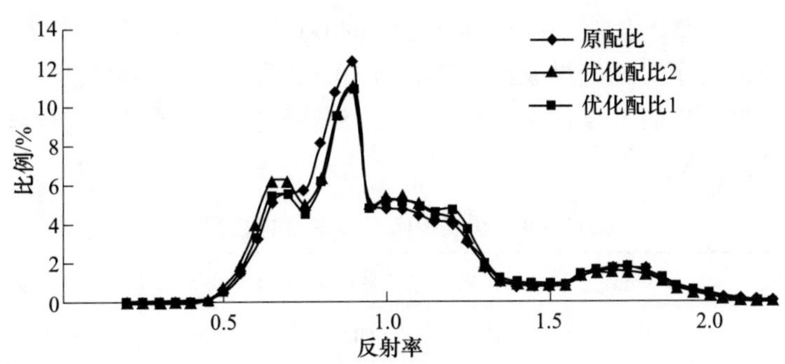

图 5　配合煤镜质体随机反射率拟合图

通过原配比与优化配比 1 和优化配比 2 各单种煤反射率分布数据拟合的配合煤反射率分布图 5 可以看出，优化配比 1、2 配合煤的低变质程度，高挥发分煤含量降低，增加了中等变质程度的肥煤和焦煤含量，配合煤的 R_{max} 比较接近，在 1.0~1.2 之间，初步预测焦炭质量相差不大。以上述配比在 6 m 顶装焦炉炼焦试验配合煤及焦炭质量见表 5。

表 5　停 LG 精煤前后 6 m 焦炉配合煤及焦炭质量对比

配　比	配合煤质量						焦炭质量			
	A_d/%	V_{daf}/%	$S_{t,d}$/%	G	X/mm	Y/mm	M_{40}/%	M_{10}/%	CSR/%	CRI/%
原配比	9.6	29.9	0.67	80.9	24.8	15.6	85.6	7.38	68.89	23.4
优化配比 1	9.6	29.4	0.63	81.7	31	14.7	85.7	7	70.9	22.9
优化配比 2	9.6	29.8	0.67	80.7	31.1	15	86.2	6.94	69.24	22.5

从表 5 可以看出，停 LG 精煤后，配合煤的工业分析及 G 值相差不大，Y 值略微下降。经过 6 m 顶装焦炉的炼焦试验，优化配比的焦炭机械强度保持一致，热态强度略有提高，焦炭不仅能够满足用户的需求，配煤成本也下降了 21 元/吨。

2.2　拓展新煤源，采用 QLS 焦煤科学替代 WG 焦煤

焦煤是配煤炼焦的主要煤种，配入比例较高，价格也相对较高，因此在降本的工作中，焦煤的配入比例以及根据同类煤间的价格差及时的调整配煤结构，可以达到明显的降本效果。2021 年 6 月，公司购进 QLS 焦煤，其煤质指标及 40 kg 焦炉实验数据与公司其他主焦煤进行对比分析，详见表 6。

表 6　焦煤的煤质分析、40 kg 焦炉实验数据及单价

矿点	工业分析					岩相指标					小焦炉试验				单价
	A_d/%	V_{daf}/%	$S_{t,d}$/%	单价/元·吨$^{-1}$	Y/mm	R_{max}	S	类　型	活性物	活惰比	M_{40}/%	M_{10}/%	CRI/%	CSR/%	/元·吨$^{-1}$
WG	10.82	26.07	0.80	94	24.1	1.310	0.155	简单无凹口混煤	54	1.17	85.2	9.2	33.1	55.7	1565
MT	9.86	24.35	0.50	76	21.3	1.343	0.324	具 1 个凹口的混煤	65	1.86	84.8	8.4	23.1	59.4	1555
QLS	10.38	21.06	0.41	83.7	19.2	1.574	0.111	简单无凹口混煤	61	1.56	84.8	7.2	21.4	64.6	1380
ST	11.09	20.34	0.99	84.7	10.4	1.514	0.101	简单无凹口混煤	50	1.00	86.4	8	23.8	62	1355
GYT	11.11	24.22	1.34	87	15.7	1.308	0.086	单一煤层煤	57	1.33	82.4	6.8	24.3	66.1	1380

从表 6 的煤质指标及 40 kg 焦炉实验焦炭数据显示，QLS 焦煤的焦炭冷热态指标较好，达到了 1 号焦煤的质量要求，但其价格明显比 1 号焦煤低，属性价比较高的焦煤，而 WG1 号焦煤的价格最高，煤质偏向于肥煤，性价比相对较低。QLS 焦煤比同类价格区间的 GYT 及 ST 焦煤质量要好，完全可以进行同类别煤替换这两种 2 号焦煤，但为了降低配煤成本，没有将 QLS 2 号焦煤直接替代原有的 GYT 2 号焦煤，而是用于替代 WG 1 号焦煤，将高价的 WG 1 号焦煤比例从 15%降到 8%，在 6 m 顶装焦炉试验的具体配比和配合煤及焦炭质量见表 7、表 8。

表 7　QLS 焦煤替代 WG 焦煤前后配比

煤　种	1 号焦煤	1 号焦煤	2 号焦煤	2 号焦煤	1 号 1/3 焦	2 号 1/3 焦	气肥煤	瘦煤
矿　点	MT	WG	GYT	QLS	PJX	ZC	FB	SH
替代前配比	17	15	10	0	31	15	8	4
替代后配比	17	8	10	7	31	15	8	4

表 8　QLS 焦煤替代 WG 焦煤前后配合煤及 6 m 焦炉焦炭质量对比

配　比	配合煤质量						焦炭质量			
	A_d/%	V_{daf}/%	$S_{t,d}$/%	G	X/mm	Y/mm	M_{40}/%	M_{10}/%	CSR/%	CRI/%
替代前配比	9.4	29.8	0.65	83.3	33.9	15.8	85	6.1	70.7	21.8
替代后配比	9.6	29.4	0.63	82.7	31.1	16.4	86.4	6.5	72.3	20.2

从表 8 可以看出，用 QLS 2 号焦煤替代 WG 1 号焦煤后，焦炭的机械强度和热态强度有所提高，同时配合煤成本按两种煤每吨差价 185 元计算，7%替代比例，配煤成本下降 12.9 元/吨。

2.3　利用低价 XS 贫瘦煤完全替代 SH 瘦煤

瘦煤在配煤炼焦过程中一直作为一种高阶低价的炼焦煤被广泛使用，主要用于降低配煤成本，因此，我们采取了又一项降本措施，用 XS 贫瘦煤替代 SH 瘦煤。SH 瘦煤及 XS 贫瘦煤的煤质指标、细度及价格见表 9。

表 9　SH 瘦煤与 XS 贫瘦煤的煤质指标、细度、价格

矿点	工业分析					岩相指标			细度分析		价格
	A_d/%	V_{daf}/%	$S_{t,d}$/%	G	Y/mm	R_{max}	S	类型	<3 mm	<1 mm	/元·吨$^{-1}$
SH	10.40	16.43	0.40	31	6.2	1.789	0.130	简单无凹口混煤	96	90.2	1382
XS	11.62	15.64	0.37	13.2	0	1.831	0.123	简单无凹口混煤	55.7	37.9	1251

SH 瘦煤与 XS 贫瘦煤的工业分析数据相差不大，最主要的差别在原料煤的细度上，SH 瘦煤<3 mm 占 96%，<1 mm 占 90.2%，原料煤呈细粉状，在顶装 6 m 焦炉中使用，装煤扬尘和煤气净化系统含尘量明显提高，对焦炉操作与煤气净化系统影响很大，而 XS 贫瘦煤<3 mm 占 55.7%，<1 mm 占比 37.9%，原料煤呈颗粒状，用 XS 贫瘦煤替代 SH 瘦煤，能够缓解装煤扬尘和煤气含尘量，但若用 XS 贫瘦煤直接替代 7% SH 瘦煤，配合煤 G 值和 Y 值下降，焦炭质量会变差。具体的替代实验方案见表 10，替代方案 1 采用 4% XS 贫瘦煤和 3%QLS 焦煤替代 7%SH 瘦煤，但这个方案因为增加了 QLS 焦煤，因此降本幅度很小，为了进一步加大贫瘦煤替代比例，我们通过各单种煤煤质详细分析，决定减少 MT 焦煤的比例，MT 焦煤的镜质体随机反射率分布见图 6。

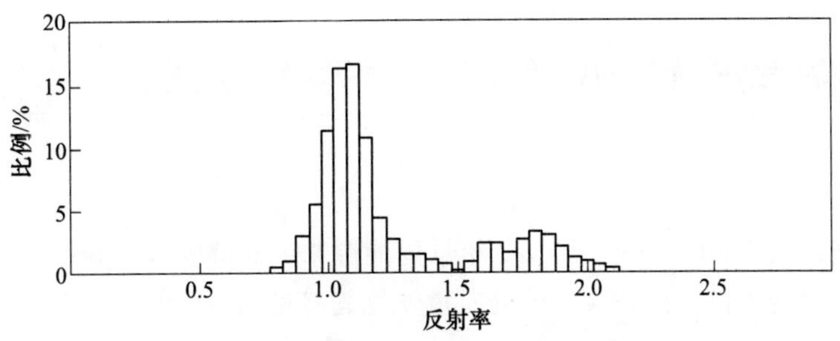

图 6　MT 焦煤镜质体随机反射率分布图

从图 6 可以看出，MT 焦煤为焦煤和瘦煤的混合煤，因此要加大 XS 贫瘦煤的配入比例，降低配煤成本，同时保证配合煤黏结性，则要减少 MT 焦煤的配入量，同时调整其他煤的比例，详见表 10 的替代配比 2，并利用 40 kg 焦炉进行实验验证，具体的实验配合煤质量及焦炭质量见表 11。

表 10　XS 贫瘦煤替代 SH 瘦煤 40 kg 焦炉实验配比

煤　种	1 号焦煤	1 号焦煤	2 号类焦煤	2 号焦煤	1 号 1/3 焦	2 号 1/3 焦	气肥煤	瘦煤	贫瘦煤
矿　点	MT	WG	GYT	QLS	PJX	ZC	FB	SH	XS
替代前配比	17	8	10	4	31	15	8	7	
替代配比 1	17	8	10	7	31	15	8		4
替代配比 2	14	10	8	6	32	15	9		6

表 11　XS 贫瘦煤替代 SH 瘦煤 40 kg 焦炉配合煤及焦炭质量

配　比	配合煤质量						焦炭质量			
	A_d/%	V_{daf}/%	$S_{t,d}$/%	G	X/mm	Y/mm	M_{40}/%	M_{10}/%	CSR/%	CRI/%
替代前配比	9.58	29.41	0.63	79.1	32.3	16，3	81.6	8	57.3	27
替代配比 1	9.45	29.7	0.68	77.6	34.4	15.3	81.2	8.4	57.8	29.4
替代配比 2	9.32	28.98	0.67	77.2	29.6	15.2	82	9.2	56.2	29

从 40 kg 焦炉实验结果可以看出，替代配比 1 焦炭质量与替代前焦炭质量无差别，替代配比 2 经过调整其他煤种比例，当贫瘦煤增加到 6%时，焦炭热态强度略有降低，因此预估实际生产中，需控制贫瘦煤比例不大于 5%，焦炉生产验证的替代配比 3 见表 12，配合煤质量及焦炭质量见表 13。

表 12　XS 贫瘦煤替代 SH 瘦煤 6 m 顶装焦炉生产配比

煤　种	1 号焦煤	1 号焦煤	2 号类焦煤	2 号焦煤	1 号 1/3 焦	2 号 1/3 焦	气肥煤	瘦煤	贫瘦煤
矿　点	MT	WG	GYT	QLS	PJX	ZC	FB	SH	XS
替代前配比	17	8	10	4	31	15	8	7	
替代配比 3	16	9	9	7	31	15	8		5

表 13　XS 贫瘦煤替代 SH 瘦煤 6 m 顶装焦炉生产配合煤及焦炭质量

配　比	配合煤质量						焦炭质量			
	A_d/%	V_{daf}/%	$S_{t,d}$/%	G	X/mm	Y/mm	M_{40}/%	M_{10}/%	CSR/%	CRI/%
替代前配比	9. 36	30. 1	0. 67	80. 4	36	16. 1	86. 5	6. 7	71. 2	22. 3
替代配比 3	9. 54	29. 43	0. 65	83. 3	27. 9	16. 8	86. 6	6	71	21. 4

从生产验证结果来看，替代配比 3 用 5% XS 贫瘦煤替代 SH 瘦煤，可以保证焦炭质量稳定，在改善细粉的 SH 瘦煤对煤气系统含尘和焦炉操作扬尘的同时，配煤成本下降 5 元/吨。

3　实施矿点煤岩配煤，结构优化的成效

3. 1　焦炭质量提升

通过以上降本措施，从 2020 年开始至 2023 年景焦能源 4. 3 m 捣固以及 6 m 顶装焦炉配煤结构有了很大的调整，焦炭质量也得到了稳步提高，具体的质量变化趋势见图 7~图 10。

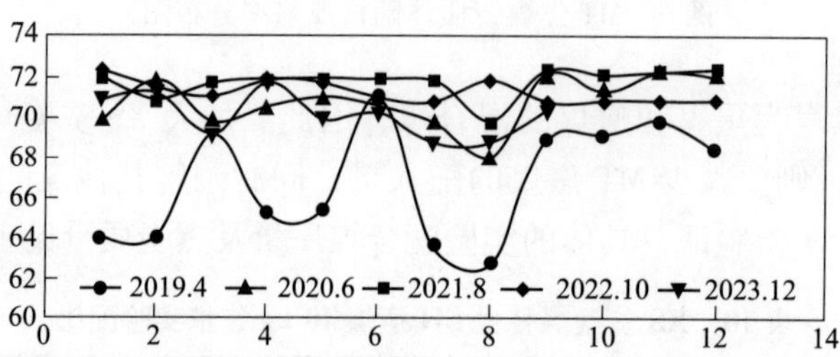

图 7　2019—2023 年 4. 3 m 捣固焦炭 CSR 质量对比图

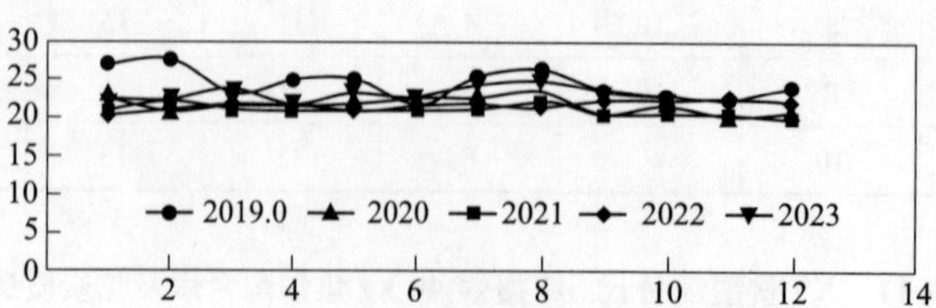

图 8　2019—2023 年 4. 3 m 捣固焦炭 CRI 质量对比图

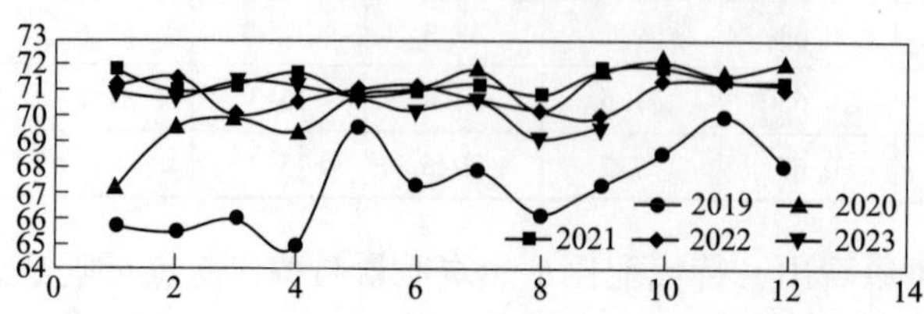

图 9　2019—2023 年 6 m 顶装焦炭 CSR 质量对比图

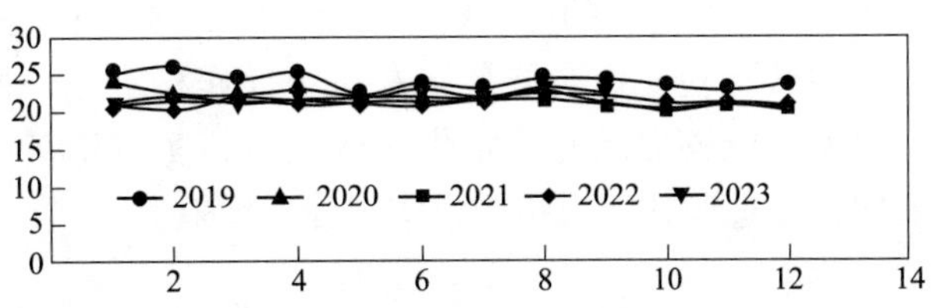

图 10　2019—2023 年 6 m 顶装焦炭质量 *CRI* 对比图

从图 7~图 10 明显可以看出，从 2020 年开始，采用矿点煤岩优化配煤方法指导配煤开始，焦炭的反应性及反应后强度明显得到提高，并且焦炭热态性能稳定。

3.2　实现焦炭产品定制化

2019—2023 年，定制的低灰低硫 BW 焦生产量从最初的 3000 吨/月提高到 20000 吨/月，比生产普通的一级焦效益高出 57 元/吨，每年增效 1368 万元。低灰低硫一级焦生产量见表 14。

表 14　2019—2023 年我厂定制低灰低硫一级焦生产量

年份	供应 W 钢厂焦炭量/t	供应 B 钢厂焦炭量/t	合计/t
2019	75011		75011
2020	70323		70323
2021	55223		55223
2022	72231	62566	134797
2023	114480	82369	196849

3.3　实现经济效益提升

矿点煤岩配煤通过小焦炉的配伍性实验，筛选出质量达标，成本最低的优化配比方案，降低焦肥煤比例，从综合配煤结构调整上节约配煤成本，提高冶金焦率增效，综合效益同比上一年大于 1500 万元。以 6 m 顶装焦炉配煤结构变化对比为例（表 15）。

表 15　2019—2023 年配煤结构对比表

年份	6 m 顶装综合配比/%								冶金焦率/%
	1 类焦煤	2 类焦煤	1 类 1/3 焦	2 类 1/3 焦	气肥煤	肥煤	贫瘦煤	瘦煤	
2019	29.5	8.8	26.7	13.6	3.2	11.6	3.2	3.5	86.19
2020	32.6	9.7	30.6	16.2	5.9	0.0	1.4	3.6	85.96
2021	31.9	9.7	26.9	20.5	7.2	0.0	3.7	0.0	87.19
2022	34.8	8.3	22.9	21.1	7.9	0.0	5.0	0.0	87.15
2023	31.6	9.0	23.6	23.2	8.5	0.0	4.1	0.0	87.05

4　结语

景德镇市焦化能源有限公司自 1986 年投产以来，配煤方法历经传统“气肥焦瘦”法，到“V_{daf}-G”法、再到“J”法配煤，2020 年景焦能源推行“矿点煤岩配煤”，对进厂炼焦煤按产地矿点进行深入的分析研究，及时对比各矿点煤的性价比，淘汰性价比较低的矿点煤，提高性价比高的矿点煤用量。在每一次结构调整中详细的分析各炼焦煤的煤质指标以及在炼焦过程中所发挥的作用，采用煤岩拟合计算配合

煤的 R_{ran} 区段分布数据，控制 R_{max} 在 1.0~1.2 的范围内，以保证焦炭质量；然后利用 40 kg 焦炉实验验证调整的配煤比可行性，再通过焦炉试验验证焦炭质量以及焦炉操作稳定性，最后应用于焦炉生产，焦炉生产实践表明矿点煤岩优化配煤不仅能够提高并稳定焦炭的质量，实现低灰低硫定制化焦炭生产，同时还能够根据煤炭市场价格的变化，合理调整配煤结构，实现降本增效。

光纤技术在皮带机隐患检测及功能拓展

冯　强[1]　王一川[2]　向　勇[1]　王　森[2]

（1. 武钢有限公司炼铁厂，武汉　430014；
2. 无锡科晟光子科技有限公司，无锡　214131）

摘　要：研究一种基于 MEMS 光纤声纹传感器的皮带机异常状态监测方法，用于皮带机中的设备故障识别。通过 MEMS 芯片将各种故障音频信号转换为光信号经由光纤传输到系统中，采集异常状态音频数据库、并建立数据模型、提取不同故障下的特征量，量化声纹指标，实现托辊故障识别。监测结果表明，通过 MEMS 光纤声纹监测技术在皮带机运行监测中可准确识别出托辊皮破裂、轴承窜动、轴承初期磨损等隐患，而在系统后期数据库的增加，以及系统的优化可实现更加精准的皮带机故障识别风险预警。

关键词：光纤传感，皮带机，故障监测，MEMS 光纤声纹技术，托辊

1　概述

皮带机是在一定路线上连续运送各种物料的机械，主要由驱动装置、制动装置、支撑部分、张紧装置、改向装置、清扫装置、胶带及安全保护装置构成。托辊是皮带输送机的主要易损构件之一，损坏的托辊可能划伤输送带或造成局部过热，是皮带冒烟、着火隐患。

托辊异常包括托辊掉落、轴承损坏等情况，托辊异常检测和维护是保障输送带正常运行的必要流程。当前最常规的托辊故障检测方式是人工定期巡检：费时费力，人力成本高，且应环保超低排的要求，目前许多皮带机正在进行全密闭，生产、维护人员无法肉眼清楚看见皮带机托辊设备的状态，托辊维护处于半失控状态。常规的电子学传感器需要现场供电，环境要求高且单点式传感器，因为成本与施工，很难覆盖所有托辊，难以替代人工巡检。

通过试验发现各种故障（隐患）均有声音异常并有从弱到强的变化规律，利用光纤对振动、声音、形变等敏感的特性，采用 MEMS 光纤声纹感知技术将皮带运行中各区域各种声音进行记录并转换成光信号在光纤中传输，后端通过光电转换技术利用算法语音还原出声音电信号。目前武钢炼铁厂在焦化备煤 1 号、2 号皮带上布置特种光纤，成功识别了部分托辊皮破裂、轴承窜动、轴承初期磨损等隐患，现逐渐建立数据库，对皮带运行中的异常声音（含皮带系统电机及减速机）进行识别、检测，下一步给同期研发的皮带巡检机器人提示重点部位巡查，将结果输入设备点检及检修系统，给皮带机配上“顺风耳”，提高点检及检修效率，目标减少故障，杜绝事故发生。

2　试验及初步效果

2.1　选型

在项目技术选型确认上，前期选定了分布式光纤声波传感技术、光纤光栅声波技术及 MEMS 光纤声纹技术，进行的详细的技术确认及技术比较工作，经过综合研判：MEMS 光纤声纹技术构建的传感器在声纹还原精度，系统匹配能力有明显的优势。表 1 是技术比较分析表。

表 1 几种光纤声波技术比较

技术指标	分布式光纤声波传感技术	光纤光栅声波技术	MEMS 光纤声纹技术
声音还原能力	采用普通光纤，还原能力较弱，需要针对拾音区域进行光纤冗余绕制，噪声较大、饱和度较低	采用特制的光栅光纤，还原能力较好，但无需光纤冗余绕制，噪声较大、饱和度较低	采用 MEMS 芯片进行声音能量换能，增强光纤的拾音能力，声音还原度极高，噪声低，能够将现场的声音音质音色高保真还原
故障诊断准确性	采用傅里叶及小波变化分析，对非周期性声音辨别准确率较低	采用傅里叶及小波变化分析，对非周期性声音辨别准确率较低	采用数学模型分析法，量化声纹指标，可对周期性声音、持续性声音、突发性声音进行准确量化分析
安装维护性	需要对光纤进行绕制，安装工艺难度较高，一旦断裂，断裂位置及之后监测区域失效	光纤直线敷设，安装工艺简单。一旦断裂，断裂位置及之后监测区域失效，同时光纤为特制光纤，需要厂家接入维护	采用独立并联光纤结构。直线布设，安装工艺简单。个别传感器损坏不影响系统整体运行与工作
安全性	满足防爆要求，不用电等特性，对现场环境不造成影响	满足防爆要求，不用电等特性，对现场环境不会造成影响	满足防爆要求，不用电等特性，对现场环境不会造成影响

2.2 MEMS 光纤声纹技术介绍

MEMS 光纤声传感器（图 1）是结合了微机械电子系统（MEMS）与光纤传感技术为一体的新式声传感器。它是以微机电系统（MEMS）技术、光学干涉技术为基础，可以对声频振动的带宽、振动幅度进行控制，其测量精度可以达到纳米量级。MEMS 光纤声传感器主要技术参数见表 2。MEMS 光纤传感器技术优势在于：

（1）MEMS 芯片具有体积微小，性能稳定、参数一致性好。

（2）与光纤传感技术相互结合，克服了现有传感器“宽频”与“高精度”的彼此制约。

（3）具有无源、宽温、耐腐蚀、高精度、高灵敏度、无电磁干扰、高绝缘强度、能与数字通信系统兼容等特点。

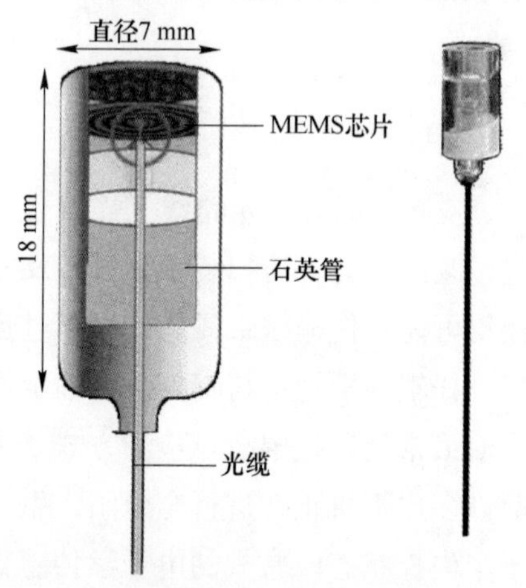

图 1 MEMS 光纤声传感器

表 2 MEMS 光纤声传感器主要技术参数

参 数	最小值	典型值	最大值	单 位	备 注
传输距离	—	10	10000	m	国标损耗下
中心波长	—	1310	—	nm	
光功率	—	0.6	6	mW	
光纤类型	—	单模	—	—	G652
测量通道	—	1	—	Ch	可定制
频响范围	0	—	15000	Hz	
声压范围	—	—	118	dB SPL	
接收灵敏度	50	—	—	mV/Pa	@ 1kHz
谐波失真	—	—	1	%	@ 84 dB SPL
信噪比	65	—	—	dB	
自噪声	—	—	30	dB	
工作温度范围	-20	25	60	℃	
存储温度范围	-20	25	60	℃	
相对湿度	5	—	90	%	
供电电压	—	12/24	—	V	DC
供电电流	—	4	—	mA	
功耗	—	0.5	—	W	

2.3 效果及进度

按声音还原度，暂在系统实施上选定了 MEMS 光纤声纹监测技术进行测试，目前系统的主体调测工作已经完成，系统后台能够对皮带机现场声纹进行采集还原并且能够识别判定皮带机减速机、电机及托辊声音并进行异常声音分析。工作阶段分段主要有几个方面，见图 2。

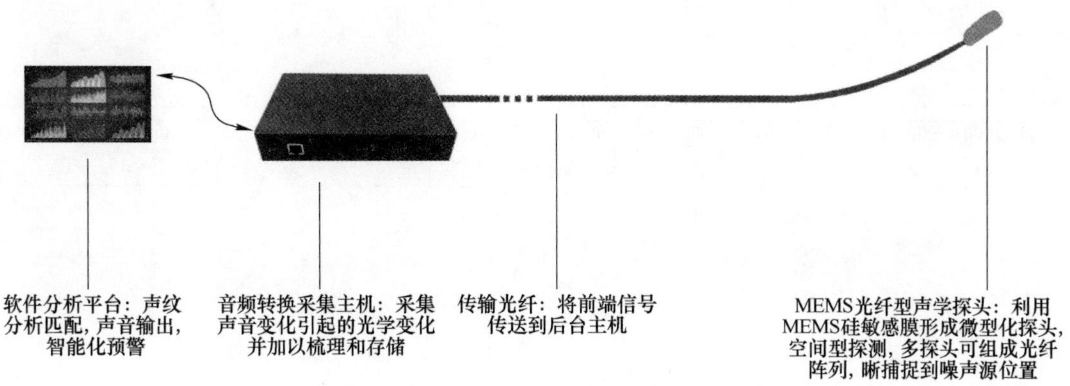

图 2 MEMS 光纤声纹监测系统示意图

2.3.1 构建皮带机声纹监测系统感知架构

系统利用光纤传感声纹探测原理及 MEMS 芯片高效换能工艺，构建了 MEMS 光纤声纹传感器。该传感器具有无源、宽温、耐腐蚀、高灵敏度、绝对抗电磁干扰等特性。传感器以光缆为载体，通过在皮带机两侧固定安装，搭建皮带机托辊声纹监测感知架构。

2.3.2 实现远程托辊声纹还原系统感知监控

系统利用 MEMS 光纤声纹传感器构建声纹感知网络，后端通过光学声纹感知还原技术进行光电转换，实时对托辊声纹进行采集、定位、记录和回放，实现远程监控功能。

2.3.3 创建量化故障分析算法

量化声音能量及频率参量，创造性的引入了声纹密度概念（表示发音点的多少，接触面越多声音密度会越大，但如果存在材料裂缝、气孔、松动等现象，会产生声音吸收现象，导致密度下降。）。通过声音信息的统计化分析，构建可量化的统计声学模型。该模型可对周期性声音、持续性声音、突发性声音进行准确量化分析，检测故障（隐患）异常。

3 效果

3.1 创建托辊专家模型库

对皮带机托辊工作状态建模，通过声纹曲线，由计算机深度学习，借鉴计算机神经网络系统，利用后台软件开展诊断智能综合算法实现皮带机托辊故障模型专家化，为皮带机托辊设备的故障精准判别提供风险预警。

针对同一个托辊，在不同工况下各建立对应的声纹库，以现场实际情况（现场两台皮带机，本声纹传感器安装在 1 号皮带机位置）为准，分以下四种工况：

（1）1 号与 2 号皮带机均停机状态；

（2）1 号皮带机运行，2 号停机状态；

（3）1 号皮带机停机，2 号运行状态；

（4）1 号与 2 号皮带机均运行状态。

根据实际测试检验，当 1 号皮带机在运行状态时，2 号皮带机的工况不影响声纹采集质量，所以建立以下三种声纹库（正常库）：

（1）停机库。停机库数据示意图见图 3。

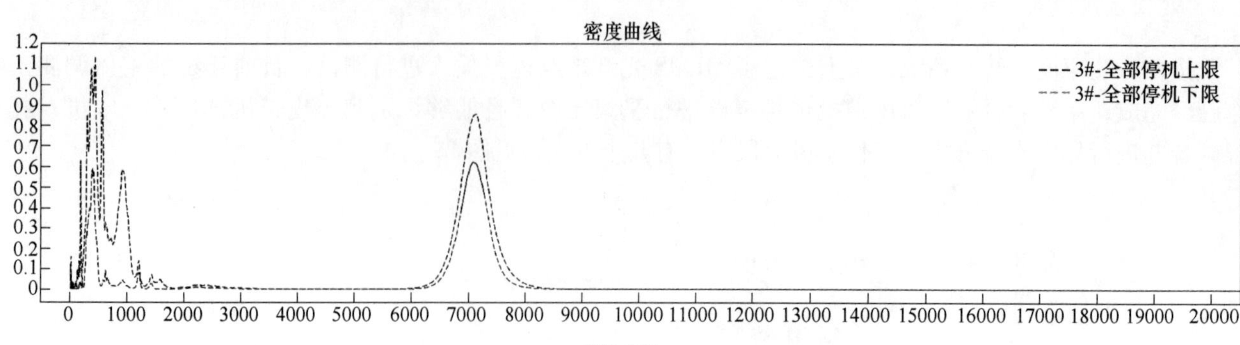

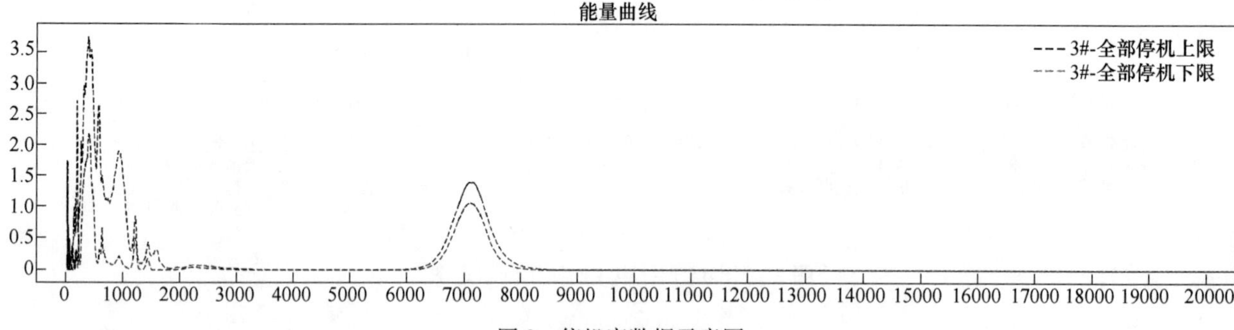

图 3　停机库数据示意图

（2）1 号停机 2 号运行库。1 号停机、2 号运行示意图见图 4。

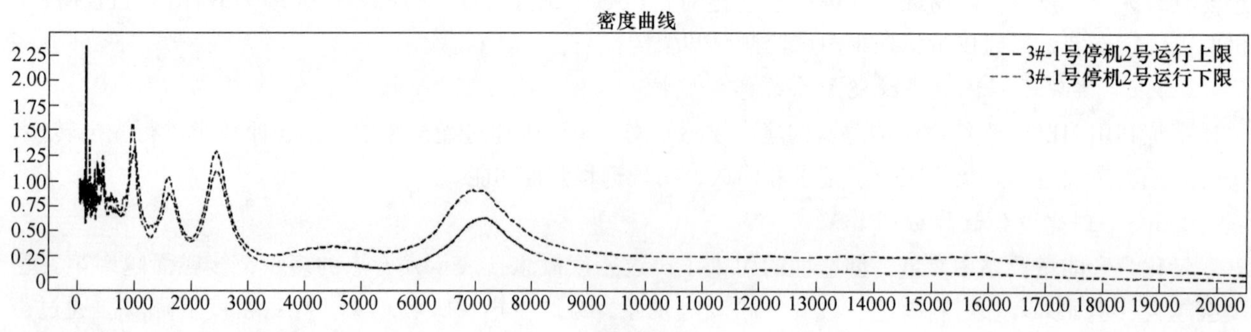

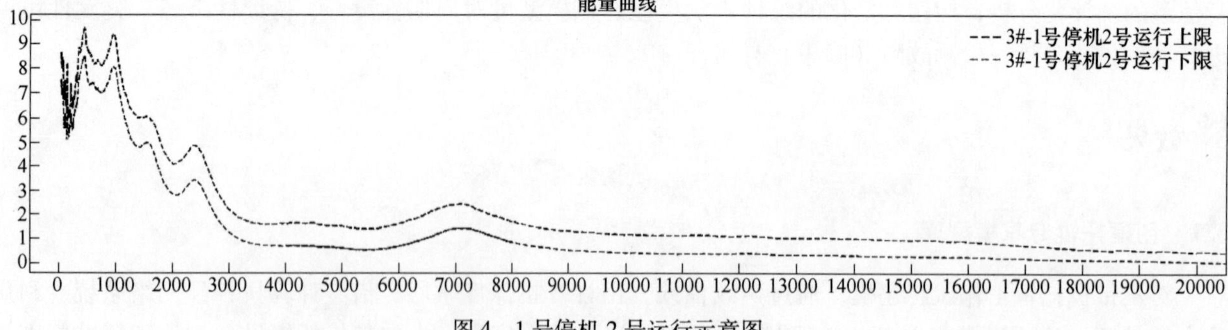

图 4　1 号停机 2 号运行示意图

（3）1 号运行库。1 号运行示意图见图 5。

以上为皮带机的正常运行库，为了进一步细分异常的类型，需给异常类型同样建立异常声纹库，异常库不固定数量，以实际异常工况种类数量为准。例如托辊过度磨损的异常库模型。

（4）托辊过度磨损库（异常库）。托辊过度磨损示意图见图 6。

3.2　系统展示优化，释放人力监测

完善与皮带监控的系统的衔接，完成系统对接，移动端监控平台等建设，实时将监控信息传达监控中心及点、巡检人员，进一步的系统将与皮带巡检机器人形成联动机制，自动生成点检及检修计划，达

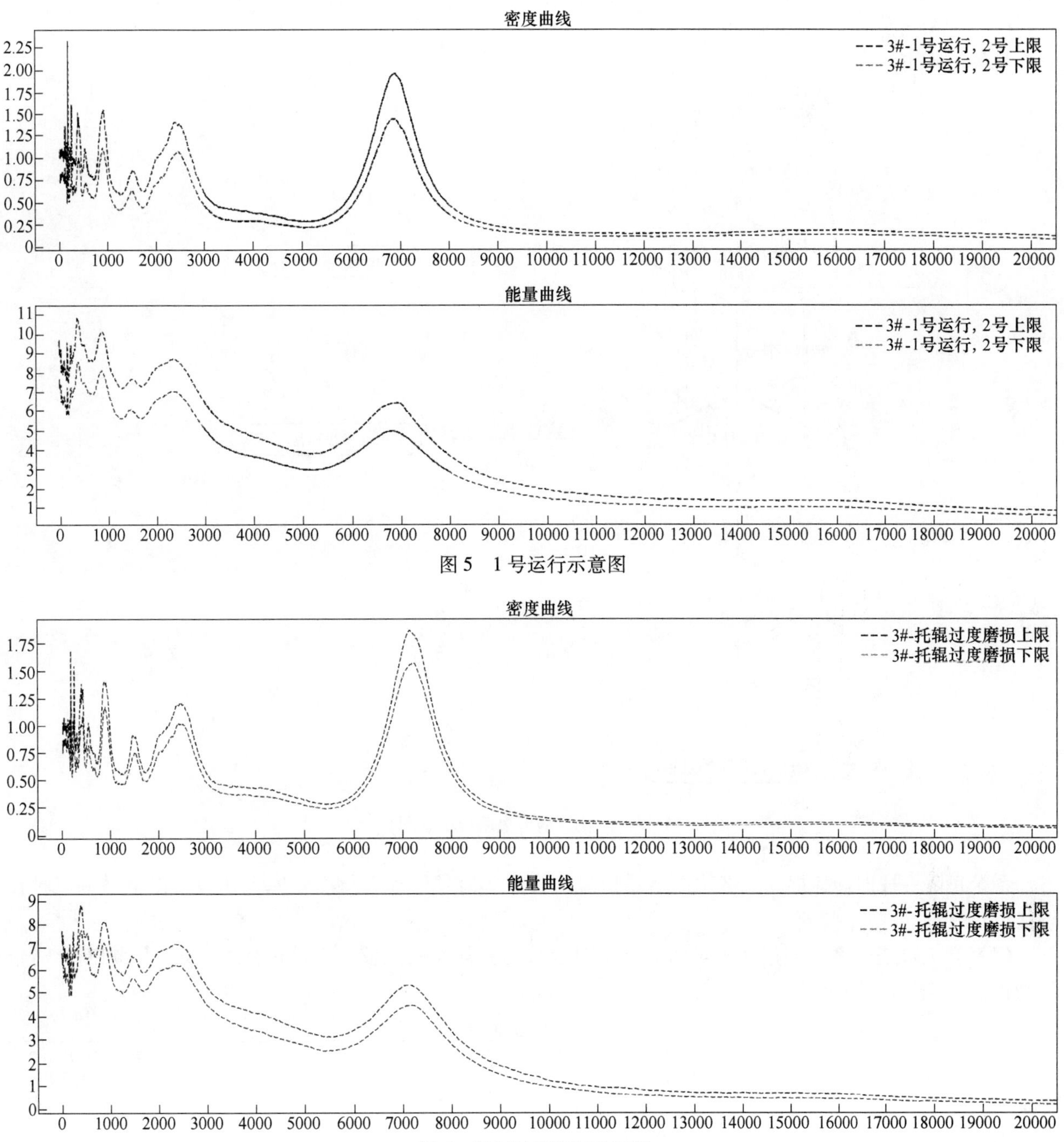

图5　1号运行示意图

图6　托辊过度磨损示意图

到无人化监测、巡检。

3.2.1　声纹库比对

音频低层特征是可以直接通过时域波形或频域信号中对每一音频帧进行加窗运算获得，这些特征已经广泛应用于音频处理应用中，通过分析设备运行的声音来识别其故障种类，在音频质量评价中也将引用特征进行基本的音频质量分析。对音频进行特征提取并应用到卷积神经网络中，通过网络模型的机器学习，并结合不同 质量音频的实际质量，对网络中的参数进行人工微调，使其在训练音频集中得到的评分结果 与实际人工听评结果尽可能吻合。基于模型的网络结构中含有 3 个相对独立的子网络，所以在模型训练过程中采用先子网络后总网络的训练过程，即先对语谱图、Tempo 等特征、低层特征图进行训练，调整其网络参数，使其结果达到最优，然后调整子网络的输出权重。

采集实时声纹数据与声纹库做比较，分析给出三种比对结果：

（1）正常；

（2）未知异常；

（3）已知异常（可具体为异常名称）。

具体流程可参考图 7。

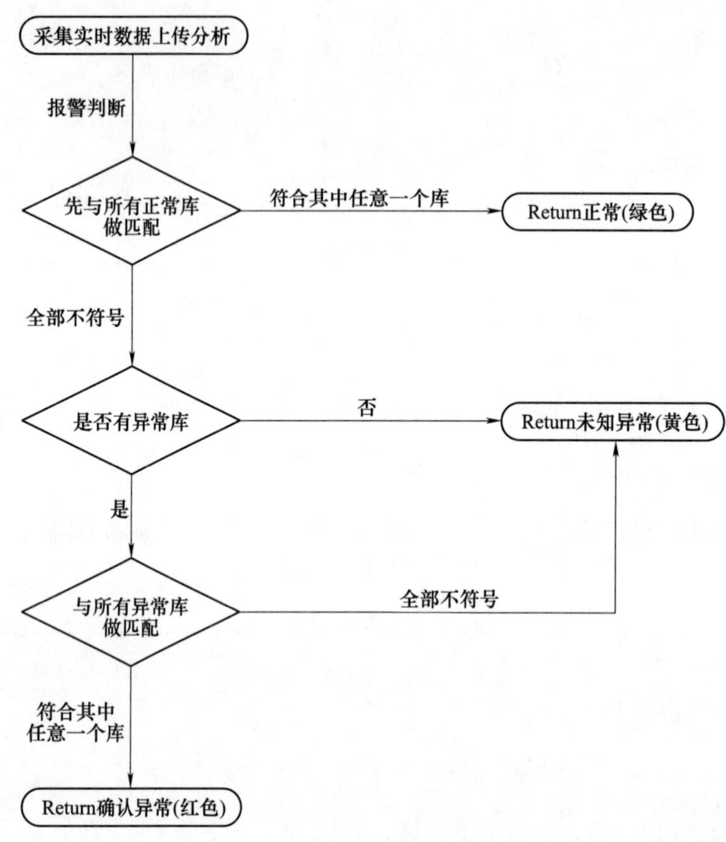

图 7　声纹数据采集流程示意图

系统每隔一段时间捕捉一次声纹传感器信号，将这些信号处理后与声纹库做比较，以下举例三种比较状态：

（1）正常状态。系统通过间隔时间捕捉实时信号与正常库做比较，满足正常库设定时，判断此时信号为正常（图 8）。

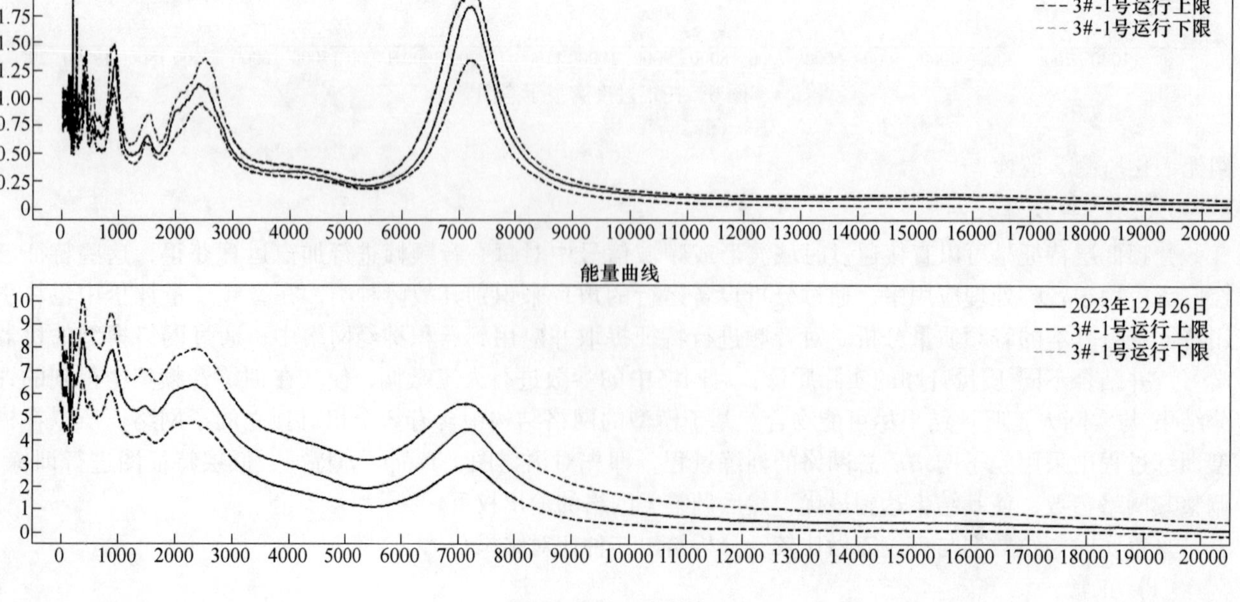

图 8　声纹正常状态

（2）异常状态。系统通过间隔时间捕捉实时信号与正常库做比较，发现与正常库不匹配，但是与异常库可以匹配时，判断此时信号状态为异常，且给出明确的异常种类（图 9）。

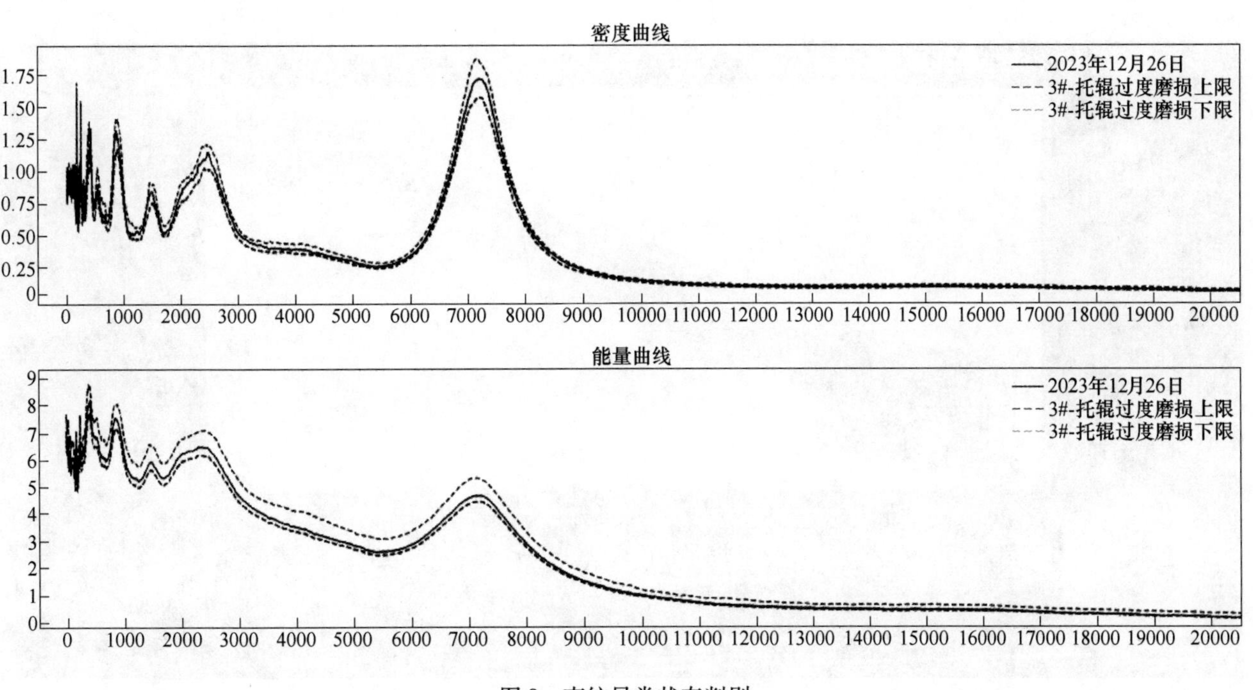

图 9　声纹异常状态判别

（3）未知异常状态。系统通过间隔时间捕捉实时信号与正常库做比较，发现与正常库不匹配，且与异常库也无法匹配时，判定此时信号状态为未知异常（图 10）。

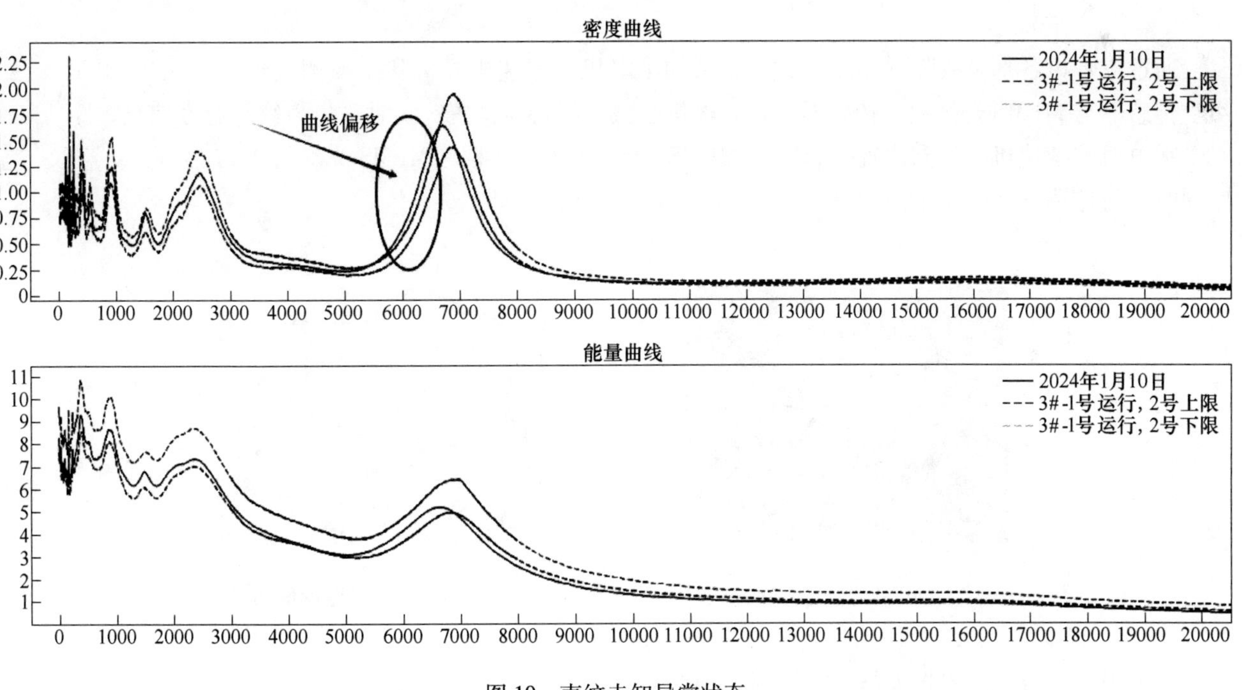

图 10　声纹未知异常状态

3.2.2　系统报警展示图

当通过信号库匹配后，产生异常警情时，系统自动推送到首页做一系列展示（图 11）：

（1）首页左上角更新最近报警时间。

（2）中央地图在对应的托辊位置，有红色图标点闪烁，代表这个位置的托辊有异常警情。

（3）此时可点击红色图标下的小喇叭，实时收听对应托辊位置的声音，用于人工二次判定是否真的产生的警情。

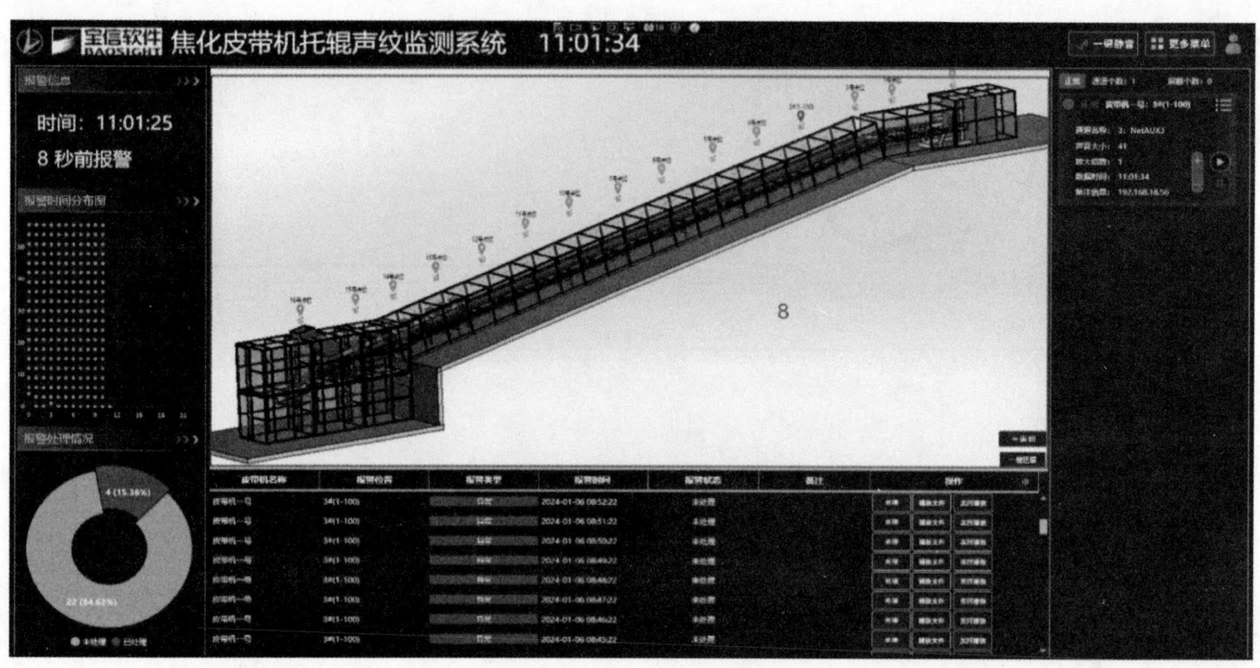

图 11 系统报警示意图

4 功能拓展

通过皮带机各部位故障（隐患）预警，增加了电机、减速机异常状态检测及预报，采用 MEMS 光纤声纹传感器与 MEMS 光纤温度传感器安装到电机、减速机特定位置，实时采集声纹与温度信息。

在电机与减速机的相同位置一起安装 MEMS 光纤声纹传感器与 MEMS 光纤温度传感器，对声纹与温度同时进行监测（图 12、图 13）。

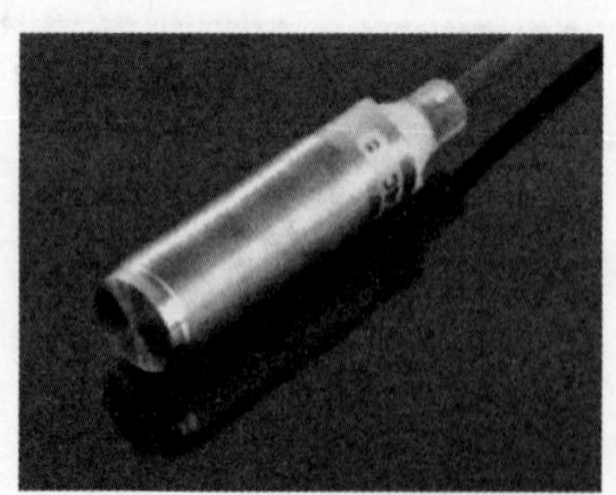

图 12 MEMS 光纤声纹传感器

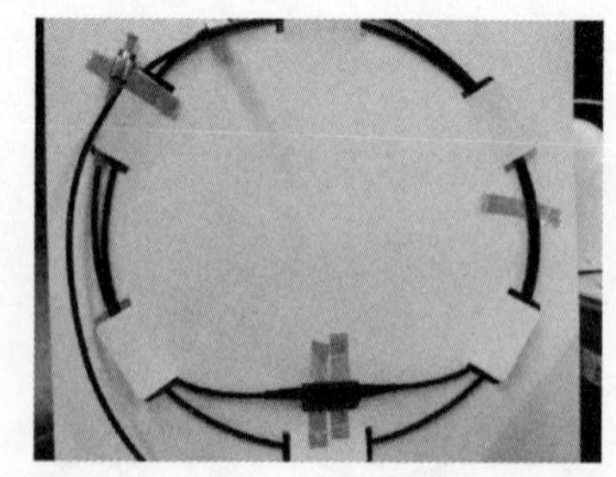

图 13 MEMS 光纤温度传感器

温度报警可分为定温报警与升温报警。

定温报警：设置固定温度值，当实时温度超过预设温度时，即可产生报警。

升温报警：设置在多少秒的时间内上升了多少温度值，即可报警。比如在 60 s 内，该传感器位置温度上升了 10 ℃，那么就可判断为温度异常，需要产生报警提示相关工作人员。以上两种报警模式均支持三档温度报警值，分别对应严重程度：一级、二级、三级。

温度传感器报警参数设置见图 14，各个温度传感器历史数据可查（图 15）。

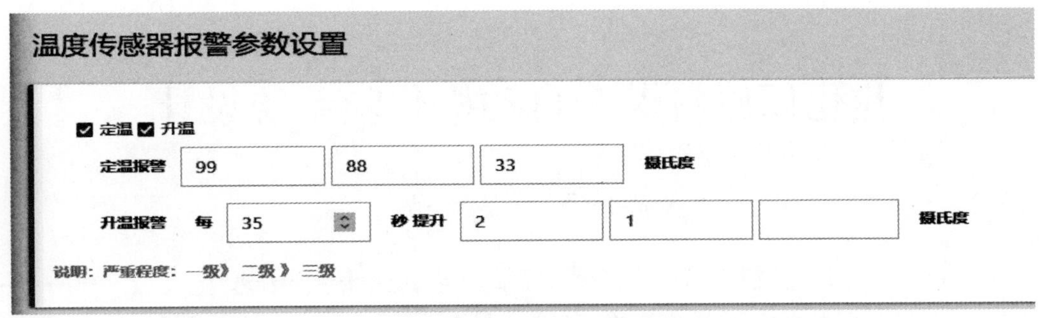

图 14　温度传感器报警参数设置

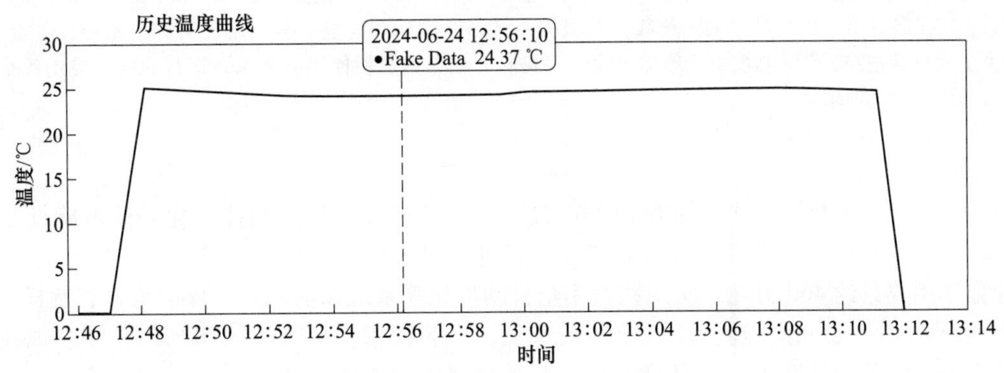

图 15　温度传感器历史数据查询

5　结语

MEMS 光纤声纹在皮带机巡检的识别技术实际上就是一种声纹的 AI 人工智能技术，目前在焦化 1 号和 2 号皮带机取得了很好的研究成果，我们尝试将声纹识别技术应用迁移学习方法，通过在多个任务和数据集上进行训练，提高模型的泛化能力和适应性，做到移植到其他皮带机的“培训学习”时间缩短，减少重复性的工作。在声纹识别技术中，深度学习被广泛应用，用于声音特征的提取和模式识别。深度学习算法可以自动进行特征提取和模型训练，提高声纹识别的准确性，目前 1 号和 2 号皮带机声纹识别的准确性已经达到了 92%。该技术可与皮带巡检机器人等检测设施进行联动，并与厂级点检、检修系统进行功能拓展，实现自动点检功能，彻底代替点检员工作。声纹检测技术不仅在皮带机上取得成功的应用，还可推广至其他运转设备，实现远程连续监测，具有推广价值。

焦化厂原料煤全自动检化验系统设计

贺世泽[1]　吴　波[2]

（1. 宝钢工程技术集团有限公司，上海　201900；
2. 山西太钢不锈钢股份有限公司焦化厂，太原　030003）

摘　要：针对焦化厂原料煤特性和质量管理特点，通过对于采样、制样、化验等工艺环节不同工艺路线的优缺点的比较，确定了各环节采用的最优工艺路线，并根据工艺路线设计和建设了全自动的采样、制样、化验系统装置，解决了质量难把控、劳动强度大，廉洁风险大等难题。在太钢建设使用三年来，运行稳定，应用效果良好，具备在行业内推广的前景。

关键词：原料煤，智能，采、制、化

原料煤质量稳定是焦化厂焦炭质量保证的前提，入厂原料煤采样、制样、化验的准确性是影响质量判定的重要环节。太钢焦化厂承担了太钢公司炼焦煤进厂煤采样、制样、化验工作，以现有三座7.63 m焦炉规模计算年用煤量约460万吨。实施和投用全自动检化验系统以前，入厂煤的采样、制样、编解码和煤质分析全部由人工完成，这一运行模式整体效率低，人为因素多，管理成本高，具体表现在以下几个方面，一是人工采样劳动强度大，监督难度高；二是取样的代表性不强，不利于质量管控；三是水分样品从采样到化验流转时间较长；四是当前样品的传递和储存全部采用人工模式，管理成本高；五是人工编码解码、数据传递效率低。为解决以上问题，并同步提高效率和原料煤检测自动化水平，2020年太钢焦化厂建设了原料煤全自动检化验工程。

1　概述

为改变进厂煤管理和技术现状与太钢公司高质量发展要求不匹配的状况，太钢公司设计并建设了全自动检化验系统并配套建设了全自动采样、制样系统。具体系统工艺如下：

全自动检化验系统对入厂煤自动取样、制样、加密封装、送样、存样、化验实现全流程控制，将先进安全的芯片加密封装技术与管理规章制度结合，自动收集上传数据，打印各类台账、报表，数据可追溯，杜绝人为干预，对检化验全程进行监控，提高样品制备、检化验效率，为财务结算、后续生产提供参数支持。

具体现场系统分为三部分，一部分是现场取制样系统，该系统承担炼焦煤卸车后炼焦煤转运过程中的在线自动取样、自动制备13 mm水分分析样和3 mm中间样并封装加密任务。另一部分是由精细制样和自动化验组成的化验中心部分，化验中心承担自动接收现场13 mm水分样自动存查、自动水分检测、将13 mm水分样、3 mm中间样品自动存查、制备化学分析样、自动化验、数据自动上传、智能管理任务。所有取样、制样、化验过程可在化验中心远程监控室操作、监控，实现现场取制样间、化验间无人值守。所有监控信号在监控中心大屏显示。车辆组批完毕，物料信息即可同步传至取样系统，取样机根据卸车信息自动调整取样时间进行自动取样，不影响车辆物流组织。现场取制样系统制备完毕的样品通过气动传输系统自动发送至化验中心进行下一步分析检测，化验中心所产生的废弃煤样通过自动弃料系统定期自动返回至带料皮带上，成为连接上述两部分的中间环节。

2　系统设计内容

2.1　各系统工艺路线比较与选择

2.1.1　自动采样与破碎系统工艺

太钢炼焦煤全部采用火车供应进厂，卸车采用螺旋自动卸煤机方式，卸车后的炼焦煤直接进入受煤

坑，然后通过多条转运皮带带运至煤罐内，全程物料不落地。针对这一前端工艺条件，在自动采样和破碎系统建设上可以有两种设计方案，方案一是火车自动取样，即采用静止煤取样方式，利用现有卸车机轨道，增设火车自动取样机，在取样机上将所取煤样破碎至 13 mm、缩分、组批、加密封装；方案二是皮带中部取样，即采用移动煤流取样，在转运皮带中部设自动取样机，利用皮带通廊下方空间将所取煤样破碎至 13 mm（水分）和 3 mm（基本分析试样）、缩分、组批、加密封装。

对两个方案对应的设备配置、工期和方式的优缺点进行了比较，具体内容见表 1。

表 1　两种取样方式对比表

设备名称	方案一	方案二
	火车自动取样机	皮带中部取样机
取样位置	火车卸车前取样	火车卸车后转运皮带中部取样
取样方式	车厢全断面 随机选点	皮带全断面
功能	自动取样、破碎、缩分、组批、加密封装	
数量	4 台	3 台
故障率	高	低
维护	复杂	简单
运行成本	高	低
工期	约 5 个月（从合同签订到安装调试完成）	约 3 个月（从合同签订到安装调试完成）
投资	单台 180 万~200 万元，共计 740 万元	单套约 60 万元，共计 150 万元
优点	取样及时，水分损失小，单个车厢代表性强，可按车号单独取样	取样无死角，解决"做点煤""挖沟煤""靠帮煤"问题；操作简单，投资省；易实现气动传输，对卸车组织无影响
缺点	投资高；冬季冻煤不易取样；故障率高，需专业人员维护，不易实现风动传输，取样有死角；需要专门的采样时间，对卸车组织有影响	料篦余煤易导致混料

焦化厂进厂煤 100%火车运输，通过皮带进入筒仓。考虑到火车车头为全公司共用，火车自动取样方式需要车头的全力配合，占用时间延长影响全公司物流效率，另外火车自动采样整体实施难度大、投资高、后续设备维护量大、运行成本高、需要增加专门的司机、无法实现全自动等因素，最终选择了在炼焦煤转运过程中在皮带机上采样并就地粗制样的方式。

2.1.2　样品传输系统工艺选择

为全面提升进厂煤系统自动化水平，尽可能减少人为因素带来的风险，在样品传输环节也进行了工艺和对应设备设施的比较。通过前期调研了解到样品传输有四种方式：气动传输、专用送样车、人工送样及专用轨道送样。为确定具体工艺，对四种方式对应的设备设施、总体投资和设备后续维护等方面进行了比较，具体内容见表 2。

表 2　样品输送方式对比表

从取制样点将 13 mm 水分样、3 mm 分析样传输至化验中心												
气动传输				专用送样车				人工送样				专用轨道
焦化设备	名称	数量	价格/万元	焦化设备	名称	数量	价格/万元	焦化设备	名称	数量	价格/万元	无 100 m 以上实际建设案例，单套 301 万元（不含轨道费用，轨道 0.33 万元/米）预计总成本 1200 万
	理瓶旋盖发送一体机	3 套	90		封装系统、传输皮带	3 套	180		封装系统	3 套	150	
	收、发装置	3 套	120		装卸装置	3 套	54		存样装置	1 套	120	
	动力装置	1 套	50		专用车	2 台	70					
	传输管道	600 m	100		存样装置	1 套	120					
	存样装置	1 套	120									
合计投资	480 万元			424 万元				270 万元				
人员	无			焦化 4 人，每人按照 10 万元/年，约 40 万元/年				焦化 4 人，每人按照 10 万元/年，约 40 万元/年				
维护	现有设备维护人员兼职			新增司机送样				现有采样人员转岗				

经过比对，气动传输满足全过程无人干预、投资省、与智能存查样系统和全自动化验系统好衔接等要求，决定选用该工艺。

2.1.3　全自动制样系统设计

由于 *G* 值、*Y* 值和反射率需人工化验，水分样在现场制好后，气力传送至全水站直接化验出数。自动制样系统主要满足化验硫分、灰分、挥发分的工艺要求，需将煤样品（3 mm）自动制成分析样（1.5 mm、1.0 mm 和 0.2 mm）。

为此完成上述全自动制样需求，整体设计了如图 1 所示的全自动制样系统流程。

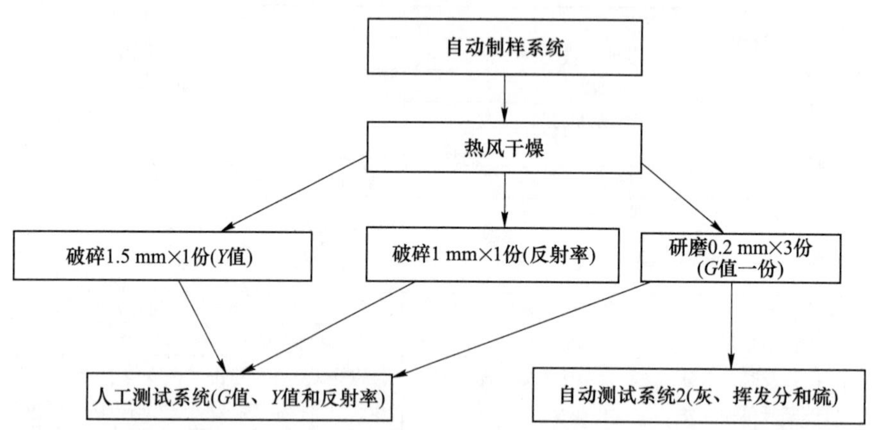

图 1　全自动制样系统工艺流程

2.1.4　化验中心整体功能设计

化验中心负责接收现场送来的样品继续制样、存样、化验。初步设计共分 2 层：一楼由制样区、辅助区（含存样间）组成，二楼由化验区和储存区组成。各层根据功能实验的需要设置各类实验室：

一层设置自动制样间、自动化验间、风动送样动力站、除尘室、弃样间、配电室、气瓶间等；二层设置自动化验间、药品室、材料室、远程监控室、会议室等。

化验中心一楼自动收发站接收现场气动送来的样品将样品送入自动制样系统。自动制样系统由混匀模块、缩分模块、破碎模块、称重模块、烘干模块、制粉模块、弃料模块、封装模块、自动清洗模块等组成，负责将来样制成化学分析样加密封装后自动风动送样送至存查样柜和位于一楼和二楼的自动化验间。存查样柜放在自动制样系统旁边，用于全水分样、中间样的存储和管理，通过气动系统实现样品自动存取，设计存储工位 1200 个（满足 15 天备查样和 3 天水分样品的存储需求）。一楼除尘室负责制样设备的除尘，弃样间内设弃料返送系统，将弃料经气力传输至受煤坑。动力站内设 3 台罗茨风机为自动风动送样提供输送动力。

精细制样的系统中设计有制备 1.5 mm、1.0 mm 和 0.2 mm 是三个破碎等级的自动制样设备，确保制粉模块制备 0.2 mm 样品时，粒度 0.1~0.2 mm 的煤样比例在 20%~35%之间；制备 1.0 mm 的样品时，粒度小于 0.1 mm 的煤样比例不超过 10%；制备 1.5 mm 的样品时，粒度小于 0.2 mm 的煤样比例不超过 30%。研磨采用真空抽送和吹入的密闭式研磨单元，确保样品无残留，避免不同样品间污染。

自动制样过程有自动清洗程序，在更换料种或供户时，程序能够远程手动控制和自动控制实现用本批物料预清洗一遍制样系统后正式制备成分样。

自动存查样柜附近设计样品瓶自动清洗系统，负责将化验室送回、存样样柜定期排出的样品瓶内废料自动送入弃料返送系统，空瓶清洗干净并将干净的空瓶送回各系统理瓶机。

2.1.5　智能化验室信息管理系统

化验室信息管理系统是对整个化验工作过程的总调度和各设备管控。主要管控全水分析工作站、工业分析工作站、热量分析工作站和全硫分析工作站，采集仪器设备（含胶质层测试仪数据）信息数据等。具备任务智能调度、设备状态实时监控、化验数据计算、存储、分析、报表管理等功能。并留有接口与采制化信息管理系统无缝对接。

初步设计系统在成熟可靠的 VS.net2097 平台开发，采用多线程分布式的技术，开发语言是 C#，与 PLC 交互采用 OPC-Server。数据库采用的是 MySQLv8.015。智能化验信息管理系统设置见图 2。

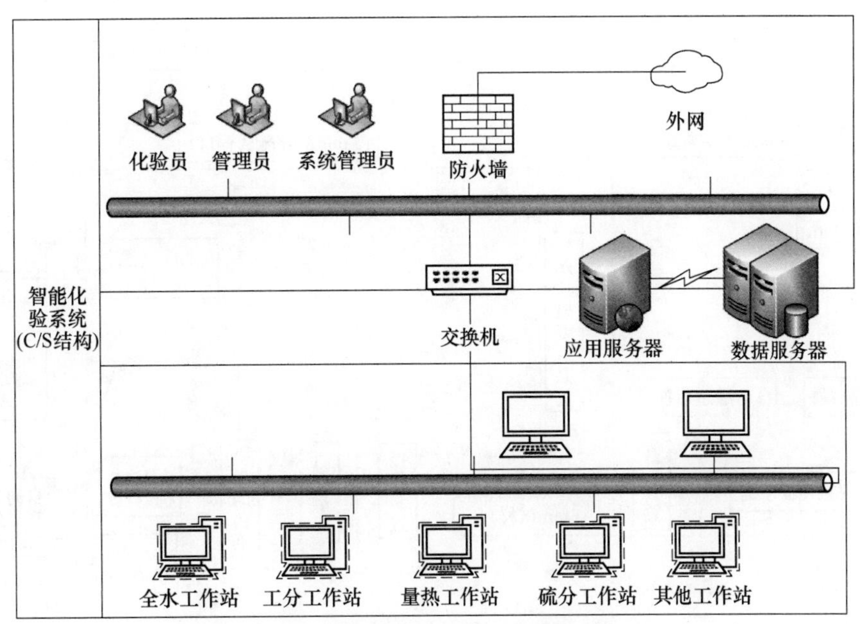

图 2 智能化验信息管理系统设置

管理系统主要功能模块分为：现有仪器管理、化验管理、编码管理、大数据分析、智能辅助决策和系统管理模块。

系统各模块根据实际的需求，可以拆分成单个或几个的组合来完成实际的需求。

信息管理系统的功能模组初步设计应用 AJAX、WebService、RFID、WokeFlow 技术。AJAX (Asynchronous JavaScript and XM) 技术强化了前后数据和后台数据的关联性；WebService(Web service) 技术强化了系统的低耦合性，自包含性、分布式的互操作性；RFID(Radio Frequency Identification) 技术为阅读器与标签之间进行非接触式的数据通信，达到识别目标的目的；WokeFlow 技术实现了系统的流程审批和流转。

化验室的所有管控属于化验室信息管理系统，所有的信息属于太钢目前已经投用的上位 MES 系统。MES 系统故障时，采用人工手动输入基本信息维持化验室信息管理系统的运转。

2.2 主要工艺流程设计

通过前期工艺路线和技术方案的选择和比对，最终确定了全自动检化验系统整体工艺流程，具体流程见图 3。

具体流程设计如下：选定进厂煤进罐前必经的三条皮带，在皮带中部设置自动取样；利用皮带通廊下和附近的空间建设制样间，炼焦煤在自动采样间下面完成一级破碎至 13 mm 煤样、组批、混匀，缩分出 13 mm 水分样品，1 份自动送化验中心一楼化验室检验全水，1 份送入化验中心一楼存查样柜，1 份现场自动二级破碎至 3 mm，加密封装、发送。化验中心自动接收 3 mm 样品，1 份自动送存查样柜，2 份进行烘干后继续制样。1 份继续破碎，得到 1.0 mm 和 1.5 mm 样品自动送化验室，人工取走测试 *Y* 值和反射率供测试；1 份研磨制备 3 个 0.2 mm 样品，2 个自动送二楼分别自动化验工业分析和硫分，1 个人工取走测试 G 值。系统样品输送采用风动送样。

13 mm 水分样品风动送至一楼全水工作站自动开盖扫码识别，进行全水检测；0.2 mm 分析样风动送至定硫工作站、工分工作站自动开盖扫码识别，进行硫分、灰分、挥发分、内水自动检测，检测完毕自动清洗坩埚，通过机器视觉对瓷坩埚进行缺损检测，剔除有损伤的坩埚，清洗后的坩埚在各自工作站缓存干燥备用。喷吹煤、动力煤热值样品风动送样至二楼量热工作站进行热值自动测试。自动化验的数据汇总报表，实时上传数据。炼焦煤 1.5 mm、1.0 mm 和 0.2 mm 分析样各一份，由人工取走，开展 *G* 值、*Y* 值和反射率化验工作，数据实时上传。

自动化验数据信息管理系统按照 2.1.5 的设计方案实施，确保实现数据落地、各系统实时共享的目标。

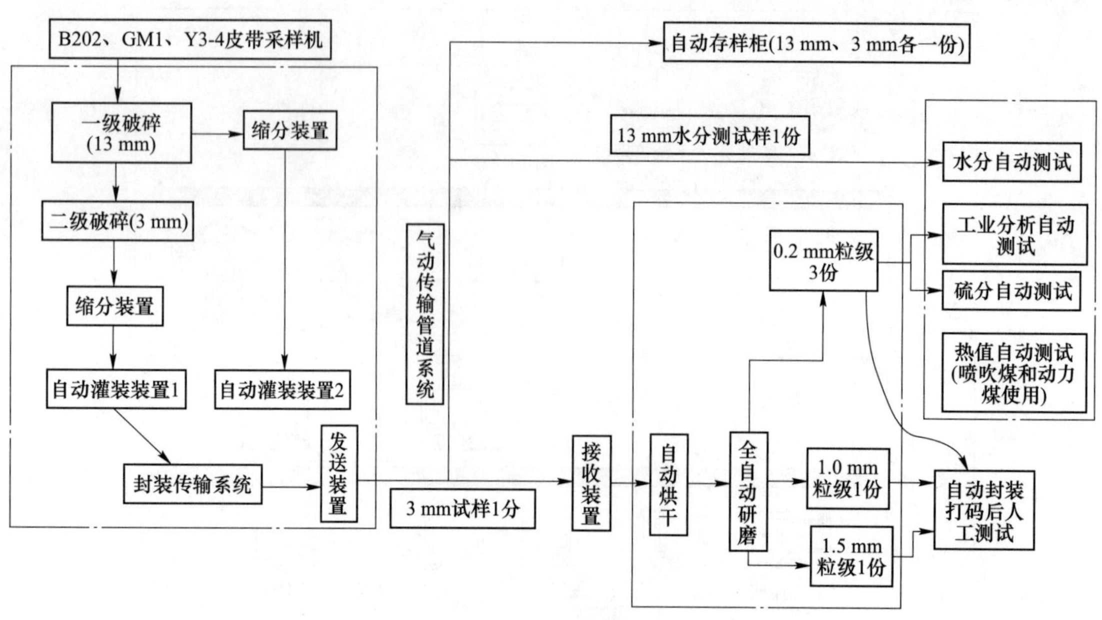

图 3　全自动检化验系统整体工艺流程图

3　采用的主要先进技术和措施

除完成上述工艺流程设计外，在项目整体设计阶段还考虑并采用了多项先进的技术和设备设施，共同推动全自动目标的实现：

（1）取样、制样、化验全部配套自动设备，用工业机器人取代人工操作，实现了消除人工取样、制样、化验的安全隐患的目标，降低了工人劳动强度，改善了工作环境，降低了人为因素的干扰，提高了检验数据的准确性。

（2）自动存查样柜配气动传输系统与自动制样系统连接，通过网络与智能化验室系统对接，用于全水分样、分析样的存储与管理，可以完成自动存取样、弃样、数据共享功能，减少了人工样品转运的廉洁风险和管理风险。

（3）针对自动取制样过程中的混料问题，溜管、料斗采用不锈钢材质，设计圆角防物料黏结；设备配套压缩空气吹扫、振动清扫设施防止物料残留；取制样流程均设计煤样冲洗步骤避免物料交叉污染影响检验结果，确保了设计方案中全流程自动制样目标的实现。

（4）智能化实验室系统将远程取样、样品输送、样品交接、制备、存样、化验等过程均通过网络传输到监控中心，工作人员在监控中心对下达的指令实行监控，还可根据现场视频直接协助处理异常或者紧急情况，极大地提高了检验效率。

（5）智能化实验室系统实现数据自动采集、传递，化验数据同源不落地，与 ERP 系统对接并实现全过程监控，有效地提升了廉政风险技术防控水平，确保检验数据客观性。

4　结语

目前国内电煤、高炉喷煤自动化采样、制样、化验功能较容易实现。炼焦洗精煤由于水分大、黏性大，流动性差等因素，自动制样功能较难实现，本设计及有关设备工艺的设计成功攻克了这个难题。实施入厂煤自动采样、制样、化验工程，除了效率高、减轻工人劳动强度、质量受控外，还可以有效化解廉洁风险。

2020 年太钢焦化厂建设完成了入厂煤自动采、制、化系统，经过 2 年多的调试与比对，已经于 2023 年正式投入使用，目前月度运行率达到 85%以上，各种设计目标均已达成，取得了良好的效益。

煤塔漏嘴闸板控制系统改造

闫俊伟

（山西宏安焦化科技有限公司，介休　032000）

摘　要：介绍了顶装焦炉煤塔受煤控制系统在宏安焦化的使用情况，对煤塔漏嘴电气元件缺陷导致的异常停机事故进行了分析。对原控制系统进行升级改造，采用PLC结合工业无线遥控技术，降低了煤塔与装煤车等设备的故障率，大幅提高了生产效率。

关键词：顶装焦炉，煤塔，机械互锁接触器，工业无线遥控，PLC

1　煤塔受煤控制系统简介

宏安焦化6 m顶装焦炉装煤车受煤作业通过安装在储煤塔底部的电液推杆闸门完成，推杆电机正反转，分别对应闸板的开关动作。漏嘴闸板打开，储煤塔里的煤从漏嘴落入煤车煤斗；漏嘴闸门关闭，停止受煤。煤塔漏嘴共有 A、B、C 3 列，每列均有 4 个漏嘴，分别对应装煤车 4 个储煤斗。装煤车受煤如图 1 所示。

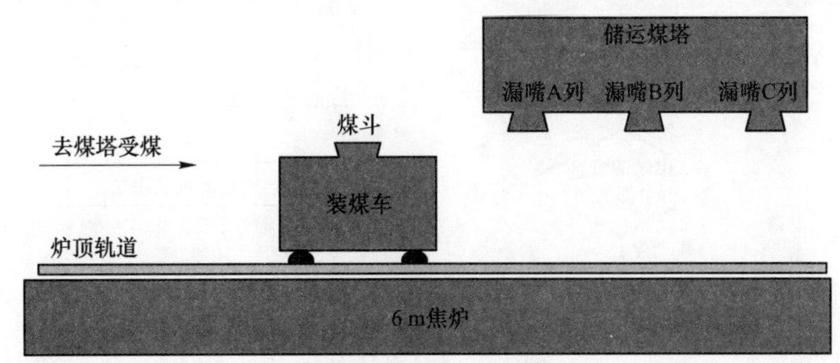

图 1　装煤车煤塔受煤示意图

煤塔漏嘴闸板开、闭是通过电磁铁和磁接近开关发出动作信号实现闸板打开和关闭。24 V 电磁铁安装在装煤车顶部，磁接近开关安装在煤塔漏嘴对应位置。装煤车发出漏嘴闸板开指令，装煤车开电磁铁线圈得电，储煤塔磁接近开关接收信号漏嘴闸板打开，受煤开始。装煤车收到 4 个煤斗料满后，装煤车司机发出漏嘴闸板关指令，装煤车关电磁铁线圈得电，储煤塔磁接近开关接收信号漏嘴闸板关闭，相应的煤塔漏嘴闸板全部闭合，此时装煤车才可以离开煤塔向焦炉炭化室装煤。储煤塔受煤与装煤车顶部磁接近开关分布如图 2 所示。

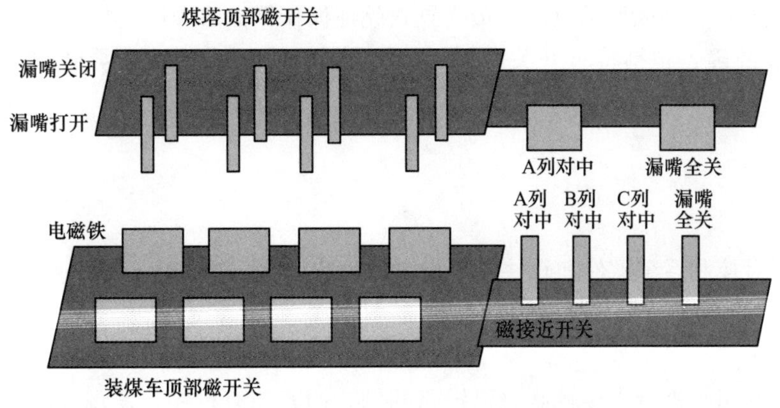

图 2　煤塔与装煤车磁接近开关分布图

装煤车到储煤塔受煤有两种操作方式，地面操作箱手动操作与装煤车司机室操作台操作。地面操作箱选定受煤位置为车上操作，装煤车行驶到煤塔下，司机定位停车后，从操作台发出指令，受煤开始，信号通过磁接近开关发送到储煤塔，储煤塔打开相应漏嘴闸板进行受煤。当装煤车储煤仓料位计发出料满信号时，装煤车司机通过操作台发出受煤停止信号，然后通过磁接近开关传给煤塔漏嘴闸板关闭，停止受煤。装煤车司机受煤流程如图 3 所示。

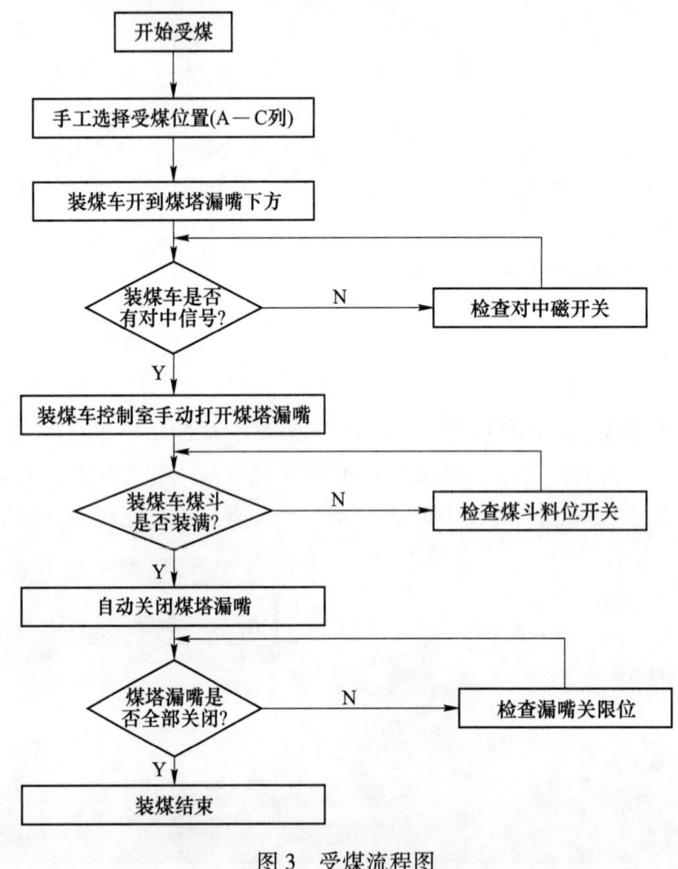

图 3 受煤流程图

2 存在的问题

该受煤系统在运行过程中频繁故障，平均每月出现 3 次以上电气故障，例如煤塔放煤闸板不能及时关闭，煤斗料位显示错误，煤车煤斗内煤料大量溢出等，严重影响生产。

经过现场分析排查，受煤系统主要存在以下问题：

（1）岗位工频繁开闭闸板，造成正反转接触器电弧短路。

（2）接触器触点粘连导致断路器跳闸，最终导致就地操作箱无法操作。

（3）磁接近开关故障，包括接近开关接地、偏离磁中心、开关断裂，导致煤车不能开闭闸板自动开关。

3 解决方案

针对上述问题，对控制系统硬件和软件做了相应的改造。

3.1 接触器电弧短路

针对岗位工频繁开闭闸板造成接触器电弧短路问题，调查原有程序，发现开闭按钮通过 PLC 输出没有间断，主要为岗位工频繁操作导致。

解决方案：在 PLC 程序中增加延时闭合时间继电器块，实现开闭按钮在 PLC 程序中输出点间隔时间，有效防止了正反转接触器电弧短路。

3.2 接触器触点粘连跳闸

原接触器（型号：CK1-10）为电气互锁，连续频繁操作会产生相间电弧短路，经常烧坏接触器，导致不能正常受煤。

解决方案：选用机械加电气互锁双重保护的接触器（型号：F4-22），降低短路故障。

3.3 磁接近开关故障

煤车为两台互为备用，受煤系统采用固定式磁开关控制漏嘴开闭。根据其中一台煤车调整固定式磁开关位置，切换为另一台煤车使用时，装煤车顶部电磁铁不一定能在煤塔底部磁感应开关有效距离内。

解决方案：将磁开关改为无线传输控制，实现备用煤车正常切换。具体实施方步骤：

步骤一：检测无线传输控制设备最大传输距离，通过 PLC 程序实现司机操作开闭漏嘴。

步骤二：绘制图纸，根据图纸现场组装配电柜。

步骤三：上传 S7-300 PLC 程序，现场调试。

步骤四：增强信号接收。

步骤五：增加对位信号，对 A、B、C 列控制电源实现通断。

4 改造效果

2023 年 7 月完成改造后，经过近一年的运行，未出现煤塔放煤闸板不能及时关闭、煤车煤斗内煤料大量溢出等问题。通过改造实现了焦炉受煤无线自动控制，大幅减少了影响生产时间，降低了自动受煤系统的维护工作，保证了焦炉连续稳定生产。

原料煤远程自动取样机升级改造项目探究

李　嘉　高　敏　刘超勃

（内蒙古包钢庆华煤化工有限公司，巴彦淖尔市　014400）

摘　要： 为严把来煤入厂检验关，强化全流程管控，确保检化验数据真实反映来煤质量，内蒙古包钢庆华公司将原取样机升级改造为远程全自动取样机，同时设置智能打包机、无人值守磅房、全流程监控技术，有效避免了人为因素对取制样过程的干扰。此举不仅提高原料煤质量检验的准确性，而且可以减轻职工劳动强度和提高职工安全系数。

关键词： 远程自动取样机，采制样，准确性

1　概述

内蒙古包钢庆华煤化工有限公司位于巴彦淖尔市乌拉特前旗工业园区内，由山西赛鼎工程有限公司总体设计，年产焦炭 210 万吨，炼焦炉采用炭化室高 5. 5 m 的侧装捣固煤饼高温炼焦技术，炉组规模 4X55 孔，年需原料煤约 300 万吨，要求所产焦炭全部达到国家准一级焦炭水平。为使焦炉正常生产，所产焦炭质量稳定，就必须保证入厂原料煤质量合格且稳定。但由于煤自身具有复杂的结构组成和特殊的理化性质，即使同一变质程度的煤种，甚至同一矿坑相同层面的煤料，性质也不尽完全相同。随着配煤技术的不断发展，洗煤厂也开始使用配煤的手段来降低成本。因此，必须对入厂原料煤严格检验，减少混煤现象的发生，以保证来煤的质量稳定。研究证明原料煤质量检验准确度的影响 80%来自采制样，20%来自分析化验。所以客观、公正、准确的采制样对煤炭质量检验至关重要。

2　原包钢庆华公司原料煤采样过程中存在的问题

2020 年以来，国内钢铁、焦化行业持续低迷，很多企业处于微利，甚至亏损状态。在市场经济大环境下要想保持企业利润，就必须另辟蹊径，从提高原料煤进厂质量，降低制造成本等环节发掘新潜力。在 2020 年以前，包钢庆华公司在原料煤取样检验、自动化监控以及试样保密措施方面存有一定的漏洞：

（1）公司原来所使用的半自动化取样机，因设备服役时间较长，机械部分和电器部分老化，设备经常因故无法正常使用，只能进行手动采样，使得采样环节极易掺杂人为因素。

（2）煤样流转的秘密性得不到保障，采样结束后，人工编码进行煤样的处理，在此过程中存一定的安全保密风险。

(3）现场监控存在瓶颈，采制样现场虽然安装了视频监控，但没有实现无死角全覆盖，对弄虚作假的行为仍留有余地，也无法对作违规违纪行为进行取证。

（4）以上漏洞将对部分抗诱惑力差的员工带来难以估量的损害。

3　改进方案及效果

要想从根本上消除漏洞，就要从源头开始治理，使用远程全自动采制样系统，保证整个过程中操作人员没有直接接触带有供应商信息煤样的机会，取制样全过程保证操作人员完全不知道样品所对应的供应商信息，从而保证整个过程严密、公平、公正。建立本公司专属的物流信息管理平台，新增加智能分组编码系统，保证所采煤样信息完全保密。机械自动化采制样设备是替代目前普遍使用的手工采样而设计的专用设备，能广泛用于火车车厢、汽车车厢、皮带输送机运载的散装物料的采样和制样。桥式采样

机主要由采样、制样、样品收集、弃料返排、自动化控制系统等组成，整机采样的全过程采用计算机程序控制。操作员在操作室内通过目视或观察计算机模拟显示器及工业监视器，均可随时了解设备的工作状态和采样点的分布位置，监控设备安全、可靠的运行。与手工采样相比，采样机具有规范、快捷、可靠、安全、减轻劳动强度等明显的优点，具体流程为：

（1）原料煤招标合同完成后，由供应商填报基础信息（车牌号、煤种、供应商、车底高度等）传输到物流平台，公司采购人员确认，待信息无误后，煤车经自动识别系统入厂，进入采样区域自动识别信息后，道闸开杆放行，煤车到达质检平台，司机熄火，拉好手刹下车，远程操作人员进行随机布点取样工作，取样结束后自动打开出口道闸放行，煤车驶出后道闸自动关闭。

（2）自动取样机每次取样后通过压盖式样品打包机完成样品收集，将不同供应商的煤样自动收集到大小、型号、材质完全一样的没有任何标识的样品桶内。同一供应商同一煤种自动装入一个桶内，系统设定桶内煤样上限，如样品数量过多一个桶装不下时，系统自动分配到另一个未被使用的样品桶继续收集。样品收集完成后打包机自动完成封盖，并将密封盖内侧的ID卡号与样品信息进行关联后存入数据库，完成一级编码、同时生成二级编码。取样完毕后系统随机将样桶从机器中推出。该步骤有两层保护措施：第一，ID卡卡号被封在密封盖内侧，若想识别二级密码必须拆开密封盖，而密封盖为一次性用品，拆开后不可能复原；第二，二级密码为系统随机生成的一组数据，因此，即使看到二级密码也无法识别供应商信息；第三，取样结束后样桶从机器中推出，没有任何规律可循。

（3）样桶流转到制样室，制样室配置一台计算机和手持式读卡器，制样室化验人员接收样桶时首先要进行桶的外观检测，无异常后，通过手持式读卡器读取该桶信息，用专用工具开启密封盖，并将同一供应商同一煤种的样品一同制样，完成一级解码和样品制备工作。将制好的分析样装入塑料样品袋进行塑封，并打印出相应数量的条形码粘贴于样品袋上。

（4）样品袋流转到中心化验室后，化验室同样配置一台计算机和条形码扫描枪，通过扫描枪读取试样袋信息，计算机会自动显示该样品需化验的项目，化验结果出来后由分析人员将分析结果录入质检系统，完成数据上传工作后才能进行二次解码。

（5）煤车完成采样后，出口道闸杆开，煤车驶出采样区域进入计量区域，停车称重获得毛重；煤车驶入指定区域进行卸煤，完成后重新回到计量区域称重，得到净重。

整个检验周期从取样、制样、化验全过程信息流转都是靠系统自动生成，不掺杂人为因素干扰。为了保障上述项目正常运转，可以进一步完善视频监控，以便监控取样及制样过程的日常运行与管理。范围包括车辆进出质检区域、自动取样机、打包机、称重、制样等各个位置，组成网络监控点，以便全方位进行不间断的监控。

4 远程取样需要注意事项

（1）采样前，先与现场人员确认本地方已做好各项采样前的准备工作，如样桶复位、本地电脑开启、程序开启、采样机各开关电源没有跳闸现象等，确认无误后方可打开远程采样程序进行采样。

（2）车辆进入采样区域后，现场应先确认车辆停稳熄火，苫布全部打开，采样信息与实际车辆是否吻合，确认无误后，远程方可以取样。

（3）采样结束后由远程进行打包操作。如遇故障，先与现场人员联系，分清故障原因，故障清除后进行下一步操作。打包前需由现场确认取样机各部件进入停止状态，方可进行打包操作，打包结束后需等待数据上传结束后再清理取样信息。

（4）在采样过程中，普通报警可以通过操作台按钮与电控柜继电器进行复位。如果设备反复出现多次报警提示，勿要继续使用，等设备故障排除以后方可继续使用。

（5）每天采样前，必须清除前一天所有的样桶信息。采样过程中如发生“断网”或软件“闪退”，要第一时间联系现场人员处理，复位后确认无误后可以重新采样布点。

（6）打包之前先看打包机是否已装满足够的打包盖，且保证每个打包盖里都装有ID卡，如读卡失败，更换ID卡。采样期间，推出打包完的样桶后，需及时找一个空桶填补桶位，确保桶位都已装满。

5　结论

两台取样机经过改造升级后，实现远程无人值守、车辆自动定位、车号自动识别、随机选点（随机布点，随机深度，取样量与车载重量匹配）、自动取样、自动封包、自动样品加密的全流程无人干预取样模式，使取样完全在一种科学规范的流程内实施。减少了对原燃料的质量异议，客观公正地反映原料供货质量情况，降低了职工的劳动强度，提高了生产效率。使公司的计量，原料化检验透明化、集中化、智能化，为企业的信息化工作打下了可靠的技术基础。

自振式迎料板在焦化厂输煤皮带机上的研究与应用

韩永吉 王 锋 李志坤

（山钢股份莱芜分公司焦化厂，山东莱芜 2761104）

摘 要：针对输煤皮带机运行过程中原有的机头漏斗迎料板容易粘煤，漏斗容易黏料堵漏斗，需要频繁停机进行人工清理的实际情况，山钢股份莱芜分公司焦化厂通过不断创新试验，自主创新设计制作安装了“自振式迎料板装置”，实现了下料过程中迎料板的不停振动，刚黏附在迎料板上的物料会随着迎料板的振动自行脱落，较好地解决了迎料板黏料、漏斗堵的困难问题，值得使用皮带机的企业推广应用。

关键词：输煤皮带机，迎料板，自振式，堵漏斗

1 项目提出

1.1 目前状况

皮带输送机作为重要的散装物料运输设备，因输送量大、效率高、结构简单、维护工作量小等优点，在多个行业内广泛应用。

皮带机输送大颗粒物料时，优势非常明显，但当皮带机输送洗精煤等含水量较大、黏度高的物料时，物料经过漏斗进入下一条皮带过程中，容易黏附在机头漏斗壁或迎料板上，随着黏附物料的增加，漏斗下料通道变小，需要定期停机进行人工清理，费时费力且存在较大安全隐患。同时，一旦清理不及时就容易造成漏斗堵料事故，引起皮带压死、皮带磨断或烧毁电机、减速机。现在皮带机厂家和企业生产现场为了降低机头漏斗堵料事故的发生，会在机头漏斗内安装迎料板，但使用效果均不理想，无法有效解决机头漏斗堵料现象的发生。

1.2 项目的提出

皮带机机头漏斗黏料堵漏斗的处理现状及存在问题：

目前国内外皮带机机头漏斗使用的迎料板主要有两种：一种是固定式迎料板，漏斗安装到位后，根据落料点位置，在漏斗内焊接固定的迎料钢板；另一种是半固定式迎料板，上部悬挂在漏斗内，下部通过两组调节丝杠和漏斗前部钢结构连接在一起，可以通过调节丝杠上的螺栓调整迎料板的角度，迎料板表面固定耐磨材料。

为了减少漏斗堵料在部分漏斗外部增加电振器，通过人工不定期或时控开关定时控制电振器的启停，能起到一定的缓解堵料的效果，但长时间使用容易导致电振器的损坏，容易造成皮带机头漏斗被振裂损坏。同时黏附物料较多时容易造成后序皮带落料点变化，引起皮带跑偏，调整困难。

这两种迎料板在使用均是在漏斗内某一位置固定，一旦物料黏附在迎料板的表面，只能停皮带后岗位人员利用长的捅料工具进行清理，既增加了职工的劳动强度，带来了清理作业的安全风险，又大大降低设备运转效率和皮带机的输送效率，最重要的是现场操作和岗位巡检人员必须责任心强很强，一旦巡检不到位、积料清理不及时或不彻底很容易造成皮带堵料甚至皮带断裂事故。

山东钢铁股份有限公司莱芜分公司焦化厂的输煤皮带机担负着每天 1.36 万吨洗精煤的卸车、上煤、配煤环节的输送任务，皮带系统每天的运行时间很长，所需动力能耗费用较高。而且输煤皮带机大部分属于单线设备，一旦出现故障会对全厂甚至公司的生产产生较大影响，为此必须保证所有的皮带长周期安全稳定运行。

目前输煤皮带机均可以在主控室通过 PLC 控制系统进行集中手动和自动远程操作，现场巡检维护工作只能依靠相邻设备操作人员进行监护，利用皮带机停机的时间进行卫生清理。频繁的漏斗清理导致岗位人员劳动强度加大。另外皮带机的输送效率降低导致转车时间延长，漏斗堵料次数增加，形成恶性循环。

2 自振式迎料板的研发与应用

黏度较大的物料黏附在漏斗壁和迎料板上无法解决，需要考虑黏附物料如何清理，清理黏附物料的外力从何而来，如何做到不间断清理，且不伤害漏斗本身。针对机头漏斗易堵料问题，为了克服现有迎料板存在的技术不足，攻关团队决定设计研发一种悬挂自振式迎料板，用来减少或消除机头漏斗堵料现象。

团队成员通过对原有多种迎料板存在问题的原因分析，借鉴摩托车减振器的原理，进行有针对性的方案设计优化，将迎料板制作成悬挂活动式的，使物料撞击到迎料板时迎料板能够自动振动，从而使刚刚黏附在迎料板上的物料随着迎料板的振动自行脱落，就不会造成漏斗黏料和堵料事故的发生。

经过多次试验，调整更换不同的弹簧以及固定拉紧的角度等，最终第一代自振式迎料板设计成功。在接下来的设计制作过程中攻关组又不断地进行升级改造，最终设计制作出了理想的自振式迎料板装置，漏斗内黏附物料的自动处理效果非常好。

悬挂自振式迎料板装置主要包括：主迎料板、侧挡板、悬挂主轴、旋转轴承座、上下振动机构和前后振动机构等组合而成。主迎料板由 8~10 mm 的钢板根据漏斗具体尺寸切割焊接而成，在内表面利用水泥砂浆镶嵌带孔铸石板，并用螺栓进行固定。主迎料板两侧根据漏斗和下部皮带的角度焊接侧挡板，侧挡板表面和主迎料板迎料区域镶嵌铸石板的周围固定聚乙烯耐磨衬板，使落下物料在迎料板年内部能够向中间汇聚。在主迎料板上部 1/6~1/5 位置，在后部本体上焊接悬挂主轴，主轴两端安装旋转轴承座，轴承座下部焊接上限位钢管，可以随着轴承座旋转。

上下振动机构由固定支座、上限位钢管、下限位钢管、上下振动弹簧、固定支座和防尘罩组成，共两组分别和悬挂主轴两端的旋转轴承座组合安装在一起。悬挂主轴通过上限位钢管插入下限位钢管中，悬挂主轴不能插到底部，中间留出 3~6 cm 的空隙。确定迎料板的具体安装位置，通过套在下限位钢管外部上下振动弹簧的伸缩实现迎料板的上下振动。

前后振动机构由前后振动弹簧和连接支撑杆组成，位于主迎料板的顶部，通过弹簧和漏斗外部钢结构支撑连接。通过前后振动弹簧的长短调整可以调整迎料板的垂直角度，从而实现物料落料位置的调整。

设计制作的悬挂自振式迎料板通过两组上下振动机构和一套前后振动机构悬挂在皮带漏斗内部，当物料冲击到迎料板时，迎料板能够上下前后的不断振动，从而消除了物料粘在迎料板上，造成皮带漏斗堵料的事故。自振式迎料板的主视图见图 1，自振式迎料板的侧视图见图 2。

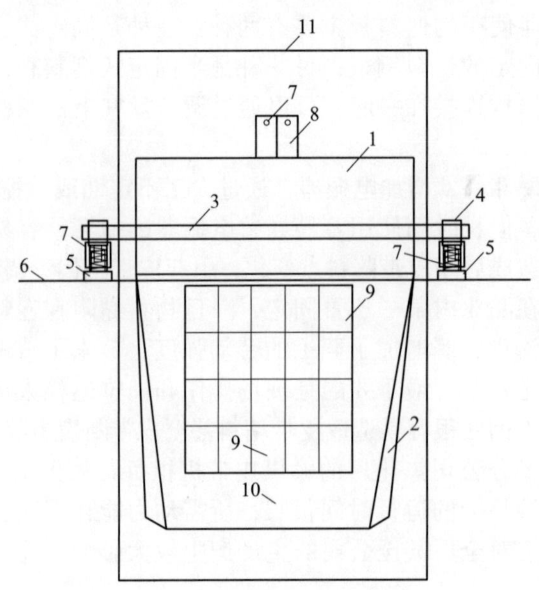

图 1　自振式迎料板的主视图

1—主迎料板；2—侧挡板；3—悬挂主轴；4—旋转轴承座；5—固定支座；6—基础地面；7—前后振动弹簧；8—连接支撑杆；9—铸石板；10—聚乙烯耐磨衬板；11—机头漏斗

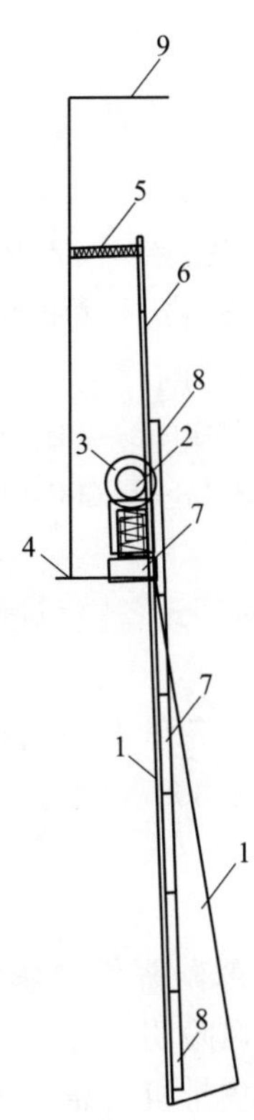

图 2　自振式迎料板的侧视图

1—侧挡板；2—悬挂主轴；3—旋转轴承座；4—基础地面；5—前后振动弹簧；6—连接支撑杆；7—铸石板；8—聚乙烯耐磨衬板；9—机头漏斗

3　自振式迎料板的技术特点

该迎料板装置结构简单构思巧妙，通过支撑弹簧的支撑及上下振动作用和前后拉紧弹簧的振动作用，实现了迎料板在受到物料冲击时能够上下、前后自动振动，有效解决了物料容易黏附在迎料板上造成的皮带漏斗堵料事故。

为保证迎料板的使用寿命，在主迎料板落料位置镶嵌带孔铸石板，增强耐磨性；在不落料的周围位置增加耐磨聚乙烯衬板，降低迎料板边角位置的黏料，改善下料状态。

自振式迎料板内表面贴着铸石板，耐磨性能明显提升，损坏后可以单独进行更换，在输焦皮带上可以推广使用，消除焦炭对漏斗磨损严重的问题。自振式迎料板工艺设计科学、合理，技术先进成熟、性能稳定可靠，使用效果良好，在皮带机使用领域有很大的推广应用价值。

4　自振式迎料板推广的应用效果

自振式迎料板在山钢股份公司莱芜分公司焦化厂备煤车间容易堵料的 12 个机头漏斗安装投入使用，在进厂洗精煤黏度越来越严重的情况下，自振式迎料板安装后，皮带下料更加均匀，且落在后续皮带的中央，后续皮带因落料点变化引起的皮带跑偏现象基本消除。

自振式迎料板投用后，皮带机头漏斗粘煤情况明显改善，漏斗堵料事故得到解决，职工的漏斗清理、卫生清理工作量大幅降低；皮带系统停机清理漏斗次数显著降低，由原来的不足 1 h 停机清理一次，变为每次设备停机后人工晃动一下迎料板即可解决，每天减少停机清理漏斗 6~8 次，提升了皮带系统运行效率和翻车、上煤系统效率，整体运行时间、职工劳动强度、输煤系统动力能耗明显降低。

5　自振式迎料板推广的经济效益

5.1　直接经济效益

项目实施后，输煤皮带机的工作效率由原来的每小时 480 t/h，提高到 600 t/h 以上，输煤效率提高后，设备的运行时间相应缩短，输煤皮带系统设备运行总时间明显降低。

按照每天使用洗精煤 13600 t 测算皮带运行时间：

当效率为 480 t/h 时，每天运行时间为：13600÷2÷480＝14.17（h）。

当效率为 600 t/h 时，每天运行时间为：13600÷2÷600＝11.33（h）。

效率提高后每天缩短的运行时间为 1.84 h。

输煤系统设备总功率为 10000 kW 左右，按照设备空载运行效率为 40%计算，设备空载情况下每小时耗电功率为：10000×0.4＝4000（kW）。

提高输煤效率后每天节省运行时间 1.84 h，每度电按照 0.75 元，每年按照 365 天计算。

一年节省费用：4000×1.84×0.75×365＝2014800（元）。

5.2　间接经济效益

皮带机系统停机人工清理次数减少，安全风险降低，系统运行效率显著提升。皮带机系统的日常点检维护工作量减少、工作难度降低，危险作业风险明显降低，保障了岗位职工的人身安全。

项目取得的各项专利成果如果能够在使用皮带机的企业推广应用，将推动皮带运输机技术水平升级，产生显著的社会效益和经济效益。

参 考 文 献

[1] 实用新型专利：一种悬挂自振式迎料板装置，中国，实用新型专利号：205771765U.

[2] 发明专利：一种悬挂自振式迎料板装置及使用方法，中国，发明专利号：106005970A.

基于备煤远程操控系统的皮带控制优化

张棋昊[1,2] 杨庆彬[1,2] 苗 宁[1,2] 丁洪旗[1,2]

（1. 唐山首钢京唐西山焦化有限责任公司，唐山 063200；
2. 河北省煤焦化技术创新中心，唐山 063200）

摘 要：备煤系统是焦化生产的首道工序，它将炼焦用煤输送到煤塔作为焦炉炼焦的原料。本课题针对备煤皮带PCS7的过程控制系统，在实际应用中出现问题进行优化。完善了备煤远程操控。

关键词：PCS7，备煤系统，远程操控

1 概述

备煤是进行炼焦生产的首要步骤，是原料的制备阶段，其主要任务是将原料煤按照生产工艺的要求进行加工并送入焦炉的储煤塔储存，以供炼焦使用。备煤生产管理控制系统控制的设备包括：带式输送机、除尘装置、除铁器、电动三通换向器、预粉碎机、粉碎机、布料机、防堵料保护设施等[1]。其控制方式就是按工艺规定好的加工流程控制各种设备以便运送原煤到配煤仓，并按控制工艺的要求对原料煤进行粉碎处理和配比处理[2]。备煤用设备一般都是交流鼠笼电动机，除斜坡、长距离、大功率带式输送机拖动电机采用高压电机启停，其余电动机，采用直接启动方式，控制方式采用西门子3UF7马达保护器进行和PLC控制系统联网。备煤系统各个设备散布在庞大生产车间内，故在每台带式输送机近前设计就地控制箱，把所有控制监控信号集中并送到中央控制室的服务器内，在中控室控制台实现对系统所有设备的集中监控。

2 系统分析

2.1 控制系统特点

根据上述备煤设备工作情况，备煤过程属于典型的连续型流程生产自动控制系统，生产条件和生产环境十分恶劣，其主要特点为：（1）工艺流程复杂，设备繁多分散。且由于各个设备之间需要联锁，料线之间需要互锁，属于交叉复杂过程控制。（2）控制过程中，对控制指令的反应要求比较灵敏，且需要采集的现场信号较多，例如流量、电流、料量、打滑、防撕裂等。（3）备煤系统属于出焦前的煤料配置过程，又包含不同的子系统，因此在焦化流程整体实现中，要求各子系统之间进行信号的衔接。

为适应现场环境，保证控制系统稳定，京唐西山焦化备煤控制系统采用硬件冗余系统，控制器选为S7-400H系列PLC 417H；PLC的CPU通过同步模块[6]，使互为冗余的两台控制器CPU实现数据的交换，当控制系统出现故障时，主备PLC的CPU系统切换时间为毫秒级，相当于无扰动切换[5]。控制系统如图1所示。

2.2 控制联锁要求

备煤现场电气联锁控制主要功能应有：

（1）开车预告，在集控启动系统设备之前，必须先向现场发出预警信号，通知现场工作人员准备就位。

（2）运行方式分集中和就地控制两种，集中控制时，对所有参控设备实现逆煤流顺序开车和顺煤流顺序停车；就地控制时，可以单机手动开/停车，并且在集中方式下，岗位仍可就地联锁停车。

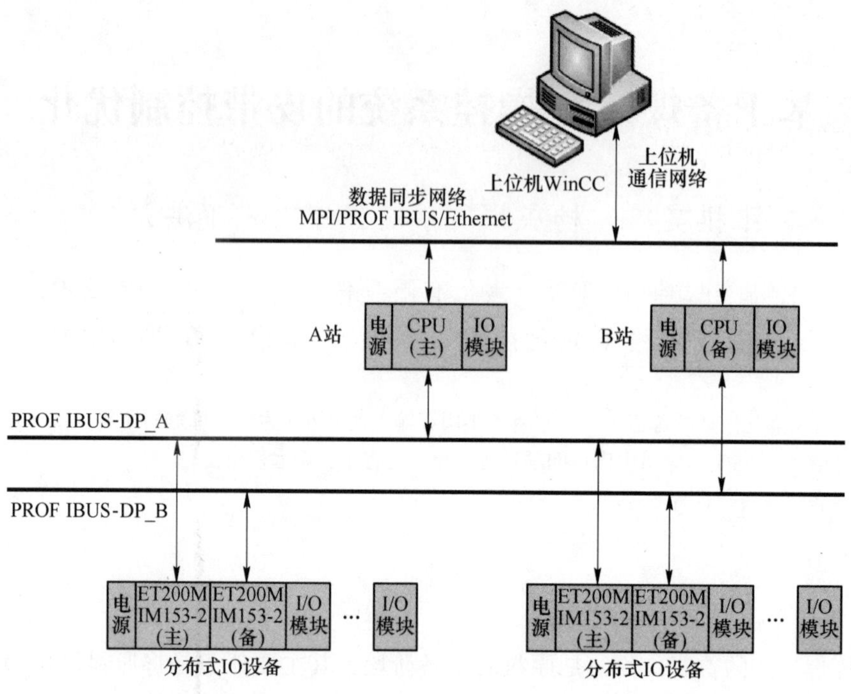

图1　控制系统简图

（3）集中控制下故障联锁停车：当某一台设备发生故障时，沿该设备逆煤流方向的所有设备立即停车，沿该设备顺煤流方向的所有设备继续运行，如需要停车由控制室集中控制依次停车[4]。

（4）紧急停车，发生重大事故时，带负荷停下所有参控设备立即停车（控制室）。

（5）所有设备的开停车时间应能根据现场情况进行调整。

3　现场优化措施

3.1　抱闸优化

当现场出现问题时，需要皮带系统停车，就需要抱闸制动，但是实际备煤低压皮带机抱闸没有单独电源，采用从电机接线直接取电做电源。当皮带机启动时，电机和抱闸同时得电，电动机启动同时抱闸打开。如果出现电动机启动，抱闸由于机械等原因没有打开，会导致电机负载过大、抱闸轮磨损，严重会使其产生火花发生火灾甚至损坏设备。

因此从设备安全考虑，必须进行抱闸的状态检测，经现场分析决定，在抱闸连杆上增加一个行程限位开关，如图2所示。

图2　抱闸增加限位开关

在抱闸杆上增加的这个行程限位开关，采用在抱闸装置附近的角铁上打孔固定（如图2所示）。选取行程开关的常开接点连线至PLC的开关量输入模块，改接点作为电机启动时的联锁，当抱闸打开时，抱闸杆抬起，行程相关开关闭合，为PLC输入信号ON，电机允许启动，抱闸没有打开时，抱闸杆落下时，行程限位开关为 PLC 输入 OFF 信号，电机不允许启动，起到联锁保护的作用。同时再启动程序上做相关修改，程序修改如图 3 所示。

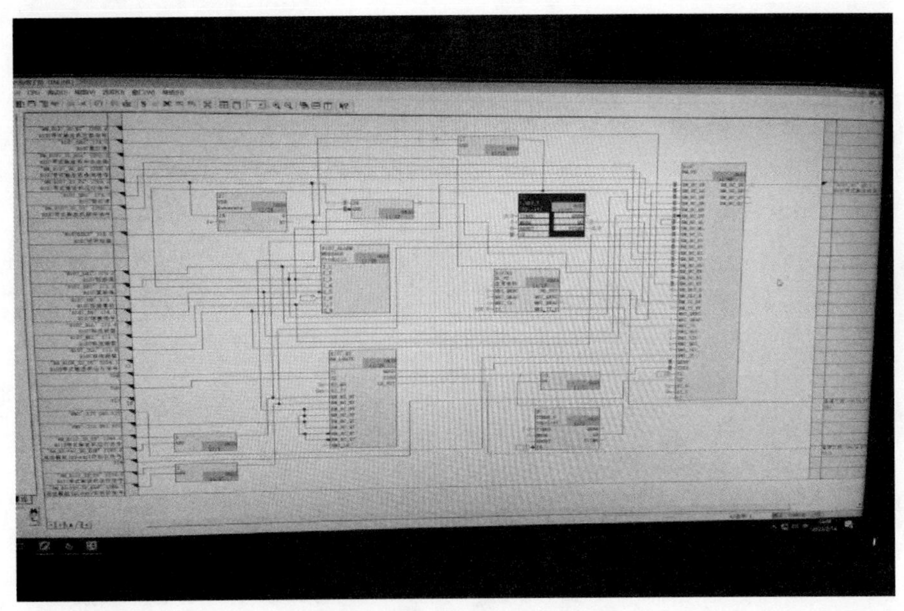

图 3 CFC 程序块连接图

经过实际允许测试，防止皮带电机抱闸没有打开，而电机正常运行，最终导致事故发生。

3.2 防堵塞跑煤装置优化

焦化的 B201 皮带是料场原料煤进入焦化备煤工段的第一条皮带，煤料种类较多，有时煤种水分过大，导致大量煤粘在机头的溜槽上，使原有的堵塞开关失效，不能及时停机，造成堵塞使煤料外溢。还有时煤料里会有杂物，比如石块、木板，当杂物过大或过长时会卡在溜槽里，煤料无法顺利输送导致溜槽往外溢煤。原有保护开关只有堵塞、打滑、撕裂、料流、拉线保护措施。

因此原有保护开关无法检测到此类现象，经常会导致大量煤料溢洒，造成清扫困难。经机械电气专业现场观察，最终决定在机头附近的下层皮带的上方增加一个活动挡板。采用套管连接方式使挡板动作灵活，在挡板旁新增一个行程开关（如图 4 所示）。当堵塞跑煤或溜槽反煤时，会有大部分煤洒落在下层皮带上，当下层皮带有煤时会触碰到挡板，挡板触发限位报警。因原堵塞开关采用常闭点，因此现场我们将新增检测开关串联至堵塞开关（如图 5 所示）。当下层皮带有煤触碰到挡板时中控室画面会显示堵塞报警，这时岗位工会现场确认并处理后在进行生产，杜绝了因堵塞或反煤导致大量煤料洒落的问题。

图 4 新增加防跑煤装置

3.3 除铁器无磁运转的改善

煤料从单种煤的煤仓中通过圆盘给料机和圆盘小皮带分别送至 B107~B110 皮带，其中 B107~B110 皮

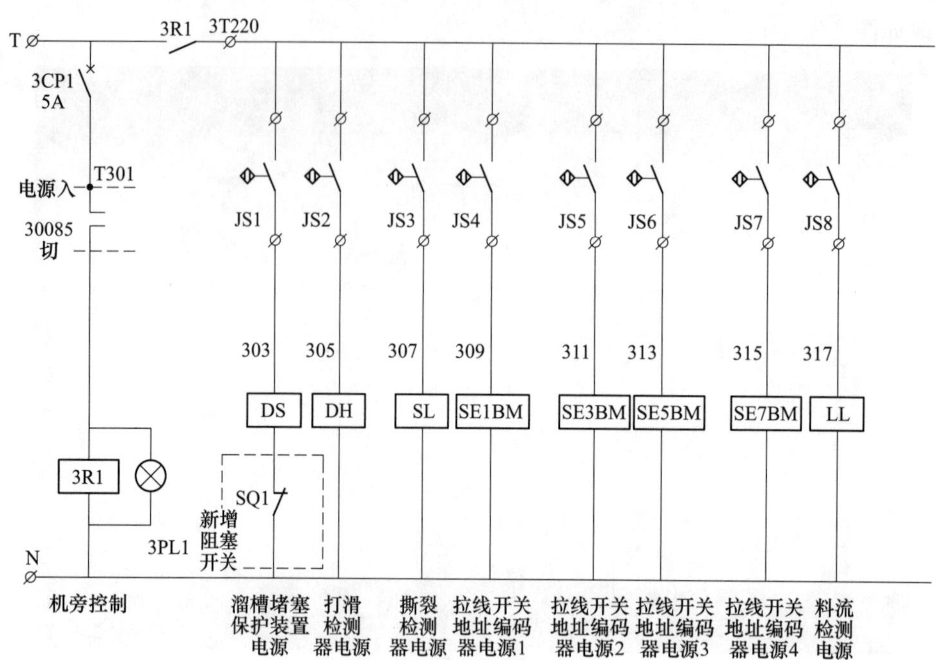

图 5　新增保护开关接线图

带上在自动配煤出口，分别装有一个除铁器，然后依次经过皮带、溜槽、粉碎机、混合机输送至煤塔，为焦炉提供原料煤。

而除铁器是在备煤皮带输送煤料运转过程中，为防止煤料中含有铁器而设置的一种保护设备，当煤料中含有铁器时会有划伤皮带、损坏粉碎机及混合机的风险。现场安装的除铁器是电机带动电磁铁皮带在煤料的上方反复运转，如果煤料中有铁磁物质，就被吸出，保护皮带及后续的设备。除铁器的电机和电磁铁的主回路可分开控制，电机采用 380 V 三相电源供电，电磁铁采用 380 V 两项电源供电，控制电采用 220 V 电源。实际生产中采用远程控制模式，电机和电磁铁串联控制，除铁器运行信号通过电机接触器辅助触点传给 PLC 获取。当电机在正常运转时由于电磁铁断路器或其他元器件损坏导致没运行，然而上位仍然显示运行信号，导致除铁器无磁运行，这样会使煤料中铁件无法吸出，可能最终导致皮带划伤或粉碎机混合机损坏的现象（如图 6 所示）。更换皮带会浪费大量时间和人力，并且会使上煤量减少，焦炉煤料供应紧张影响生产。

根据上述的工作原理，为了防止除铁器皮带电机运行而电磁铁未运行而带来的无磁运行，我们采取使用电机和电磁铁共有的运行信号反馈给上位，就是在电磁铁的接线电源加装电压继电器 KA2 作为运行信号之一，串联至电机的运行的辅助触点信号上，串联以后反馈给 PLC，如图 7 所示。做到了电机或电磁铁任意一个没运转上位显示即未运转，并出现报警。防止除铁器无磁运转情况出现。

图 6　某次除铁器无磁运转导致皮带划伤

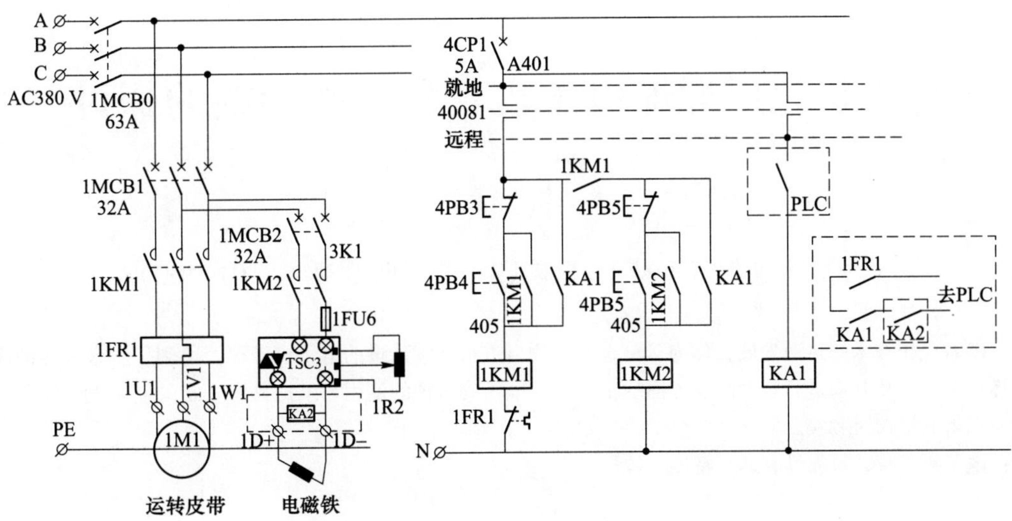

图 7 修改现场控制图

4 结论

本文以京唐西山焦化备煤过程为背景，介绍了备煤控制系统的皮带控制优化方法，控制系统的完善需要一个长期的过程，从点滴做起，经验积累，从而将各种故障限制在局部范围内，极大地提高了自动控制系统总体的安全性和可靠性；使控制系统满足生产目标的要求，进而使整个生产经营运行于最佳状态，具有比较大的经济和社会效益。

参 考 文 献

[1] 董伟．基于工业以太网的皮带配料秤远程监控系统设计［D］．武汉：武汉理工大学，2013.

[2] 李永刚，马春燕．基于 S7-300PLC 和 WinCC 带式输送机系统设计［J］．煤矿机械，2012，2：214-215.

[3] 左洪飞．带式输送机拉绳开关、跑偏开关的选型与安装［J］．中小企业管理与科技，2014（4）：209-210.

[4] Sader M，Noack R，Zhang P，et al. Fault detection based on probabilistic robustness techniques for belt conveyor systems［J］. IFAC Proceedings Volumes，2005，38（1）：109-114.

[5] 廖常初．S7-300/400PLC 应用技术［M］．北京：机械工业出版社，2004．

[6] 陈子平．浅谈控制系统冗余控制的实现［J］．自动化仪表，2005，26（9）：4-6，10.

有关焦化厂配煤电子皮带秤一些问题的探讨

李　嘉

（内蒙古包钢庆华煤化工有限公司，巴彦淖尔　014400）

摘　要：随着电子技术的迅速发展，作为对输送散状物料进行连续计量的电子皮带秤，得到了越来越多的应用与重视，焦化企业常用其来进行自动配煤方面的工作，但电子皮带秤的使用与维护具有一定的复杂性，需要设计制造者与使用者共同探讨和实践。

关键词：电子皮带秤，可靠性，运行精度，校秤

1　电子皮带秤的组成及基本工作原理

电子皮带秤是在物料通过运输皮带时，对物料的瞬时流量和累计流量进行自动计量的设备。电子皮带秤由测量秤架、称重传感器、皮带测速装置、积算显示仪表以及信号连接电缆五部分组成，如图 1 所示。测量秤架安装在输煤皮带的皮带支撑架上。皮带运行时，处于测量秤架上“有效称量段”L 上的物料质量为 W，该质量通过计量托辊，传递给安装于秤架下方的称重传感器。由称重传感器将质量信号转换为毫伏电压信号，送至积算显示仪。皮带测速装置由测速托辊和测速传感器组成。测速托辊通常安装于测量秤架下部，皮带转动时将皮带转动的线速度转换成角速度。测速传感器与测速托辊通过联轴器联接，将皮带的角速度信号转换成频率信号，通过信号电缆送入积算显示仪。积算显示仪将煤的质量信号和皮带的转速信号进行运算后，计算出物料的瞬时流量和累计流量并显示出来。

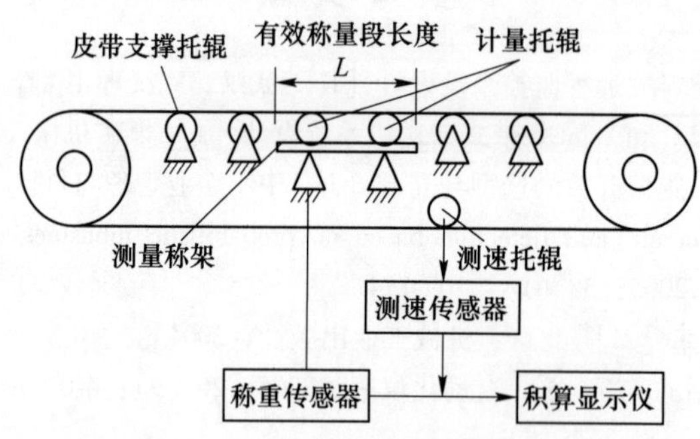

图 1　电子皮带秤的构成示意图

2　电子皮带秤的分类及性能分析

2.1　按计量托辊数量分类

按计量托辊的数量分类，可分为单托辊式皮带秤和多托辊式电子皮带秤。

2.2　按秤架形式分类

按称架形式分类，可分为悬臂式皮带秤、耳轴桥式皮带秤、悬浮式皮带秤。耳轴桥式皮带秤秤架两端采用四个耳轴与机架连接，桥架中间用两个传感器支撑。耳轴的作用是平衡秤架因皮带倾角而产生于平行于皮带的侧推力，这种侧推力会作用于称重传感器上，产生附加质量信号，引起皮带秤测量误差。悬浮式传感器采用四个称重传感器通过钢板支撑秤架，因此精度较高。但在有效称量段内，因皮带倾角产生的侧推力作用于称重传感器从而影响皮带秤的计量准确性，因此它适合于水平或倾角较小的皮带机

上安装（倾角≤6°）。

2.3 按积算显示仪的结构分类

按积算显示仪的结构特点，可分为模拟式皮带秤、数字式皮带秤和智能式皮带秤。大多数电厂采用智能式电子秤，这种皮带秤功能强大、运算速度快、精度高。智能式皮带秤以单片机为核心，具有良好的人机接口和先进的运算策略。大多数智能积算仪具有通信接口，能将累计流量、瞬时流量和皮带转速等数据传递给上位计算机，实现实时动态管理。

2.4 按称重传感器分类

按称重传感器的工作原理，可分为电阻应变式皮带秤、差动变压器式皮带秤、压磁式皮带秤和核子式皮带秤等。常用的是以电阻应变片为变换元件的称重传感器，这种传感器存在一定的“温飘”效应，环境温度的变化会使传感器产生一定的测量误差。

2.5 按测速传感器的测量原理分类

按测速传感器的测量原理，可分为可变磁阻式、测速发电机式和光电编码器式皮带秤。

3 提高皮带秤可靠性和运行精度的方法

3.1 消除环境因素的影响

（1）减少皮带支撑架的振动。由于受设备成本的限制和对支架振动危害的认识不足，目前国内安装皮带秤的支架采用的是普通支架，在皮带运行过程中会产生较大振动。欧美等国用于皮带秤上支架的槽钢比普通支架的高一个等级，更宽更厚，从而有效地减少了皮带秤测量秤架的振动。在现有的状况下，可以采取补救措施，即对皮带秤秤架周围的支架用槽钢加固，增加皮带支架地脚的数量，达到减少振动的目的。

（2）将称重传感器信号电缆更换为屏蔽电缆，并将屏蔽层单点接地，采取措施以提高积算显示仪的抗电磁干扰能力。例如，将积算显示仪置于金属机架内，或加装电磁屏蔽网。

（3）对于积算显示仪和测量秤架均安装于现场的皮带秤，环境温度的变化对其计量精度影响可以通过引入 A/D 转换的参考电压反馈来消除。对于积算显示仪安装于控制室（是一个温度相对恒定的场所）的皮带秤，必须将称架现场环境温度信号引入积算显示仪，修正“温飘”对称重传感器测量误差的影响。

（4）接线端子采用压接式端子，这种接线端子不会因振动而松动，保证被测信号的正确传送。

（5）做好就地端子箱的防尘和防潮措施，最好将端子箱更换为防尘防潮专用产品。

3.2 对测速装置的改进

测速传感器是影响皮带秤运行可靠性的关键因素。当皮带转动时，积算显示仪没有接收到测速传感器的频率信号或信号不准确，会导致皮带秤出现很大的计量误差，甚至无法计量。皮带秤的测速托辊安装于皮带支架上，随着皮带的转动而上下振动，使安装于测速托辊一侧的转速传感器也随之上下振动。长期运行，会导致转速传感器联轴器松动而导致皮带转速信号不正确或丢失。改进方法如下：

（1）将体积较大、质量较重的测速发电机式传感器更换为光电编码传感器。（2）安装时，保证转速传感器与测速托辊的机械同心度。（3）在现场环境中，振动是绝对存在而且是无规律的复合振动，所采取的措施是减少振动对传感器的影响。转速传感器侧可以采取柔性固定方式，允许传感器上下左右振动这样可以减少动态同心度偏差，有自动校正同心度的作用。（4）对于因安装精度较差、同心度偏差大的测速装置，不宜采用刚性的金属联轴器，可以采用内径合适的工程塑料软管将测速传感器的轴与测速托辊的轴直接连接。

3.3 对秤架的改进

测量秤架性能是影响皮带秤计量精度的关键因素。秤架随着质量信号的大小而上下位移，如果秤架变形、不灵活、卡涩、黏料，都会影响称架的上下位移，而得不到正确质量信号从而影响电子皮带秤的精度。为了降低称架对电子皮带秤测量精度的影响，宜采用以下措施：

（1）重新调整计量托辊，使计量托辊的高度与前后皮带支撑托辊高度保持在同一水平线上。（2）采取一定的措施限制皮带的跑偏。（3）对于耳轴桥式皮带秤，定期对耳轴的橡胶圈进行调整或更换，使耳轴的摩擦力为零。对于全悬浮式皮带秤，安装秤架时一定要保证秤架的灵活性，使四个传感器受力均匀，四个传感器的信号输出大体一致。要消除静态时四只传感器输出信号差异较大的情况，尽量减少秤架安装造成的附加误差。（4）防止秤架变形，一旦秤架变形，皮带秤不可能进行正确计量，要及时消除这种现象。（5）加强日常巡视工作，防止秤架上堆积煤块，这会影响皮带秤的零点，引起较大的测量误差。

4 皮带秤校验过程中注意事项

因为皮带秤的安装环境以及测量技术的不足，皮带秤的精度不可能像常规仪表和变送器一样得到保证，皮带秤的定期校验是保证皮带秤使用精度的一种有效手段。在皮带秤校验过程中必须注意以下几点：

（1）必须保证皮带整圈数时间的准确性。皮带在修补、更换后，必须重新测量皮带整圈数运行时间，并将这一参数重新输入到仪表内。这一参数对皮带秤的零点影响很大，如果不准确，皮带秤在空转时显示的皮带质量会出现反复变化，这就是平常所说的皮带秤的“零点漂移”。

（2）定期对上一级计量装置进行自校，保证上一级计量装置（自动循环链码或料斗秤）的准确性。计量装置的准确性是一个量值逐渐传递的过程，上一级装置不准确，下一级装置的准确性无从谈起，所以应重视基础性的计量工作。

（3）如果在校验皮带秤的过程中出现了较大的误差，先不急于调整皮带秤的放大系数（有的称为间隔），而要到现场检查称量秤架或测速装置是否出现故障，发现问题要及时处理。如果没有故障，再校验一次，并观察误差变化的趋势，再做相应的调整。有时校验的偶然误差较大，通过多次的观察、分析才能将皮带秤调整好。

（4）阴雨天不适合于校验皮带秤。阴雨天由于环境潮湿，皮带自重增加，煤料也容易粘到皮带上增加误差。

（5）校验皮带秤的零位及量程时，使皮带空转 15 min 左右后，再校验较好。此时皮带的张力基本均匀，可以有效减少皮带张力带来的误差。

智能备煤管理

宫春光　王清风　陈沁华　史建才　刘艳辉　高晓云

（河北中煤旭阳能源有限公司，邢台　054004）

摘　要：全方位采集，管理范围内关联信息，建立煤场化智能化管理系统，通过融合、处理、分析、挖掘，将数据转换，服务生产过程。结合生产规则和工艺流程等约定因素，完成生产任务分解，采用智能调度算法和多级决策模式，形成生产和作业计划，完成煤场区域动态规划、精准物流跟踪以及堆取料机自动作业模式。同时提炼出各种报表、图形、进度显示，生产状态的全局显示。

关键词：流程智能决策，数字化煤场，堆取料机作业无人化，一键配煤，一键备煤

1　概述

1.1　管理背景及现状

中煤旭阳备煤、运焦、煤场管理基础自动化信息相对落后，各个操作系统之间各自为政，数据孤岛、人为调度等现状，造成数据口径不统一，二十多种煤，来煤无规划，煤场煤垛布局不合理；物料倒运，料线频繁切换能耗高，资源浪费。堆取料机、可逆皮带布料小车、振动筛等人工操作，工作环境差，质量控制不稳定，设备故障率高，极大地影响了煤、焦生产管理水平。

1.2　管理需求

紧扣关键工序、关键岗位应用智能化、生产过程智能优化控制及数字化车间搭建智能制造系统平台，解决工艺区域智能化、无人化需求，为构建中煤旭阳煤场智能化、信息化的智能制造生产模式提供创新动力。

1.3　目标及效果

智能备煤管理，以原料煤场为中心点，辐射至原料煤采购计划、卸煤、储煤、耗煤相关工序的智能化、信息化和自动化。以流程决策智能化、物料输送高效化、作业无人化、管理精细化为目标，搭建智能煤场的体系架构。最终效果如图1所示。

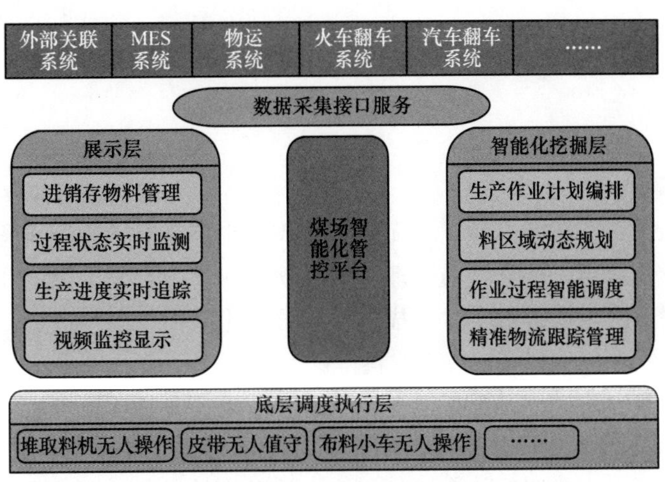

图1　目标及效果

1.4 实施内容

将现有的手动设备实现全自动控制和监测，并在自动化系统（L1）的基础上进行流程控制（L2）改造，实程自动控制。根据流程优化的结果，输入操作指令，可完成流程预约，一键流程启停、切换、合流等控制功能。

同时，实现料仓库存管理、料场库存管理、作业实绩收集、设备管理、通信管理、混匀堆积模型等功能，从而整体实现生产计划、生产状态、生产过程的综合性集成智能化管理。煤场系统结构如图 2 所示。

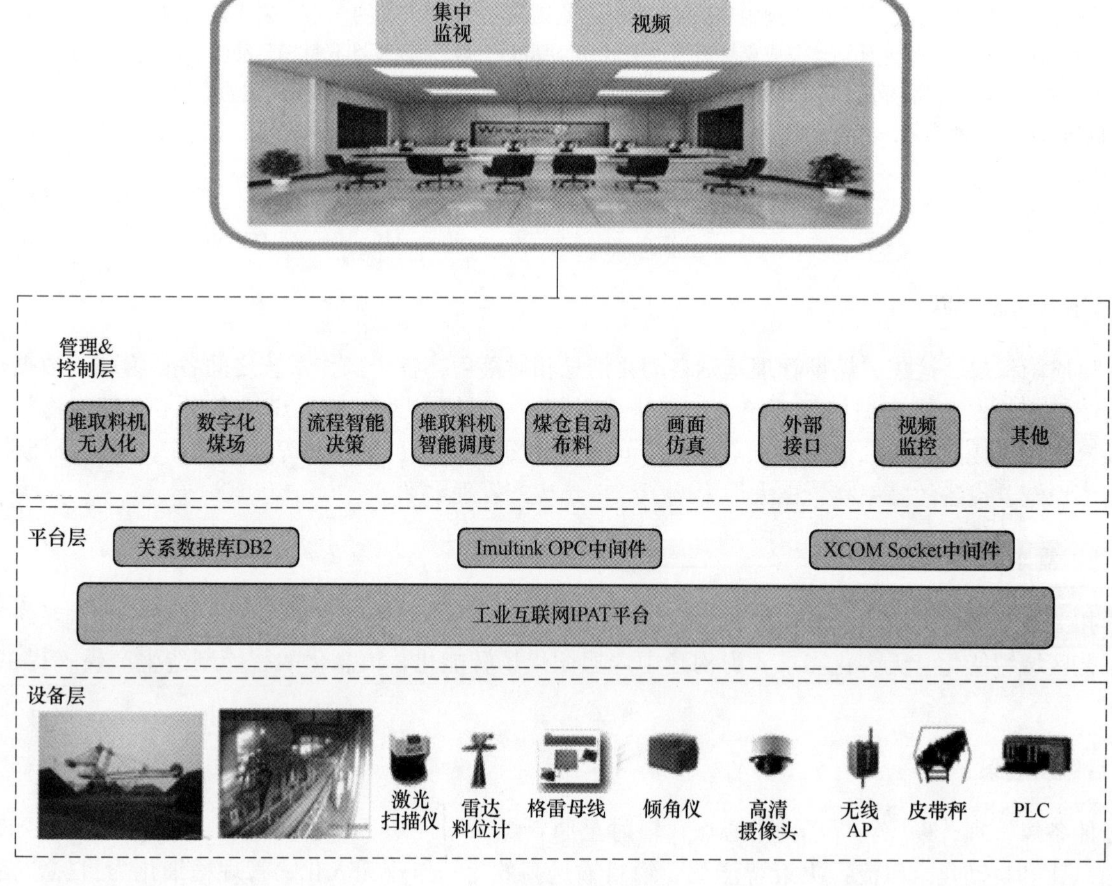

图 2　煤场结构图

2 管理提升内容

2.1 堆取料机无人值守

堆取料机的无人化值守，即在堆取料机上无人，主控室也不需要人进行全程操作的条件下，系统在接受系统发出的生产作业指令后，结合煤场管理数据自动生成作业计划，控制相应的堆取料机达到目标地点执行作业任务。同时，对料堆进行实时扫描，形成可视化图像，通过运算，将信息转化为 PLC 的控制指令和料堆形状数据，控制堆取料机完成堆取料作业。

无人化控制设计对料机设备进行无人化适应性改造，增设设备远程智能控制功能，加装堆取料机视频集中监控，三维模型等技术实现堆取料机自动作业，具体主要实现包括自动对位、堆料、切入料堆、自取料，作业到量自动停止、作业流量的自动控制、自动盘库等功能。同时采用多种检测保护方案，对故障进行分析处理，保证堆取料机运行过程中的安全。

2.1.1 自动对位管理

堆取料机接到流程系统下发堆、取料作业任务后，料机满足自动对位要求，堆、取料模型进行取料机自动对位。调用三维成像模型及编码定位系统进行切入点计算，三维成像模型调用在数据库的料堆三维数据，对目标料堆进行三维计算，分析堆、取料切入点位置，开始自动对位。对位结束后，反馈给流程决策系统，实现流程“一键启动”。

2.1.2 堆料管理

从接收智能决策作业计划至堆料结束，将各项工艺过程转换为功能策略，流程管理在堆料不同阶段调用不同功能策略。系统根据原料其他关联系统的作业计划，分析处理后发送作业指令。流程管理判断堆料机是否满足运行条件，若满足条件调用堆取料机堆料策略。

（1）自动补堆策略。任务下发后，堆料机完成自动对位要求。堆料过程中，通过雷达测距仪实时进行料面位置检测，反馈堆积信号至主控程序，下达车载 PLC 实现堆料动作控制，实现自动补堆功能。

（2）自动新堆策略。结合料场物理地址信息以及堆料机参数数据，通过堆料模型进行统一测算，精准定位新堆起始落料点位置、作业区域进行测算，精准测算出不同货种不同安息角对应的首堆起始落料点。首堆落料点位置根据增设的雷达测距仪检测信号反馈到达指定堆积高度后，主控系统向车载 PLC 下达移动到下一个堆料点位的控制命令，控制料机在下一堆位继续进行自动堆料作业，重复此过程直到存放终点位置，确认作业流程。

2.1.3 取料管理

从接收作业计划至取料结束，将各项工艺过程转换为功能策略。下发计划后流程管理判断取料机是否满足运行条件，若满足条件调用自动对位策略，自动对位完成后；堆取料机取料流程管理调用自动取料策略，实现堆取料机自动对位、自动取料及边界寸动；在取料过程中，调用边界流量策略和取料流量策略，保证取料量稳定。

2.2 流程智能决策

流程智能调度决策根据煤仓储量，堆取料作业状态，外部来煤信息，以堆取料机走行距离最短，生产优先、车辆、煤垛先进先出、优先堆取煤种以及峰谷电价等为原则，每 2 h 生成作业排程，进行堆取料机作业预报，指导生产，优化作业料线。系统数据自动交互，实现料线、库存、设备运行状态及安全防护联备智能决策。将煤场现有备煤，运焦皮带控制系统及堆取料机上 PLC 控制系统贯通，统一调度，实现流程智能选择和一键启停。

增设料流跟踪功能，自动计算流程中皮带上的料流，以实现流程的自动启停。流程一旦启动，系统立即开始对流程作业进行跟踪，输送量跟踪实时读取流程皮带秤的累积流量以计算出流程的当前输送量和剩余输送量，当系统检测到流程输送量将要达到目标输送量时，会自动关闭放料设备并顺停流程。如果流程的终点位置是仓槽，智能物料输送系统会实时跟踪所有目标仓槽的总料位，以皮带倒料频次最低原则实现排程推荐及切换。监控当仓槽总料位大于上限位时，系统会自动停止给料，以防仓槽溢料。

2.2.1 储煤管理

储煤卸车智能排程，按照生产优先，火运次之，汽运最后，以及汽运入场 4 h 完成卸的原则，根据煤种、库位及倒料频次最低要求，设计储煤排程策略模型。实现智能煤场管理前后业务对比见表 1。

表 1 储煤智能排程管理前后对比

原管理现状	智能煤场管理后
汽车卸料车道只有煤管人员掌握，且为线下统计	汽运信息大宗系统自动交互，全流程跟踪
煤管根据料场现状，人工规划卸料位置，并通过对讲机通知堆取料机司机对位	智能煤场系统直接推荐料场信息，堆取料机自动对位
堆取料机司机通知备煤中控开启对应皮带料线	堆取料机自动对位完成，系统自动弹窗提示，一键开启流程
汽运停卸由煤管电话通知	停卸由煤管画面发起请求，系统弹窗提示，主控确认

续表1

原管理现状	智能煤场管理后
当前煤堆库存余量不足，堆取料机司机通知煤管、中控切换料线	根据堆料计划和当前位置信息自动判断库存情况，推荐合适库存煤堆，确实需要多堆配合上料时，库存不足提前进行流程切换弹窗提示
堆料量人工统计	堆料量自动统计，形成生产管理报表及盘库报表
火运来煤，煤管、火运调度及中控等岗位线下沟通，确定卸车煤种顺序	系统将煤种优先级及料场紧需煤种发送火运调度，自动形成卸车推荐计划
敞车第一组批到位线下沟通	线上接收第一组批信息，自动推荐流程
集装箱卸车车道由煤管人工判断提供	根据集装箱组批情况推送车道并推荐流程

2.2.2　上煤管理

上煤料线，系统根据两个配煤槽槽位情况，以保证生产、倒料频次最低、峰谷电价为原则，自动推荐上煤料线，并配合可逆布料小车自动布料，实现“一键上煤”。实现智能煤场管理前后业务对比见表2。

表2　上煤智能排程管理前后对比

原管理现状	智能煤场管理后
可逆皮带工通知中控，煤管需要上煤品种，准备上煤料线	根据槽位自动推荐料线
堆取料机司机按照煤管要求取用煤堆对位完毕，并通知中控开机	料机根据流程自动对位，到位系统提示，中控一键流程启动开始上煤作业
配煤槽料位即将到达，可逆皮带工人工判断停止取料或者倒料，并通知堆取料机司机停止取料作业，或下一品种位置	根据料位情况自动推荐切换流程
上煤量人工统计	上煤量自动统计

2.2.3　配煤管理

配煤管理，流程决策系统从MES系统获取配煤计划以及从LIMIS系统获取水分信息，根据煤塔仓位情况，自动控制配煤槽上分料器控制实现一键配煤。管理前后业务对比见表3。

表3　配煤智能排程管理前后对比

原管理现状	智能煤场管理后
煤塔岗位工调节分料器	系统根据料位调节分料器
单种煤水分，中控接班后在MES查看后，手动修改配煤系统数据	系统实时接收LIMS系统数据，自动修改并进行结算
配比需人工录入系统，配煤料仓人工选择	系统接受MES系统配煤计划，自动导入系统，选择料仓
配煤上料量人工统计	配煤实绩自动统计

2.2.4　运焦管理

运焦管理，根据焦仓槽位情况，自动控制布料小车换槽，实现运焦自动化，管理前后业务对比见表4。

表4　运焦智能排程管理前后对比

原管理现状	智能煤场管理后
布料小车人工控制	布料小车自动走槽
切换时与干熄焦电话联系系统无联锁	系统设置联锁，干熄焦确认停料方可进行切换
振动筛人工控制移动	定时控制自动移动（振动筛控制需接入）
运焦量人工统计，并填报焦炭身份证系统	运焦量自动采集、统计

2.3　数字化煤场

数字化煤场管理，在扫描煤堆过后，根据三维数据信息，推送煤场煤堆地址，对煤场煤堆地址进行动态修正，通过三维展示模块在 HMI 画面显示料堆形状、地址等信息。并根据进出库流程数据实现煤场煤种、质检、批次、重量等自动盘库。在数字化煤场实现扫描盘库与计量盘库数据对比和修正。数字化煤场如图 3 所示。

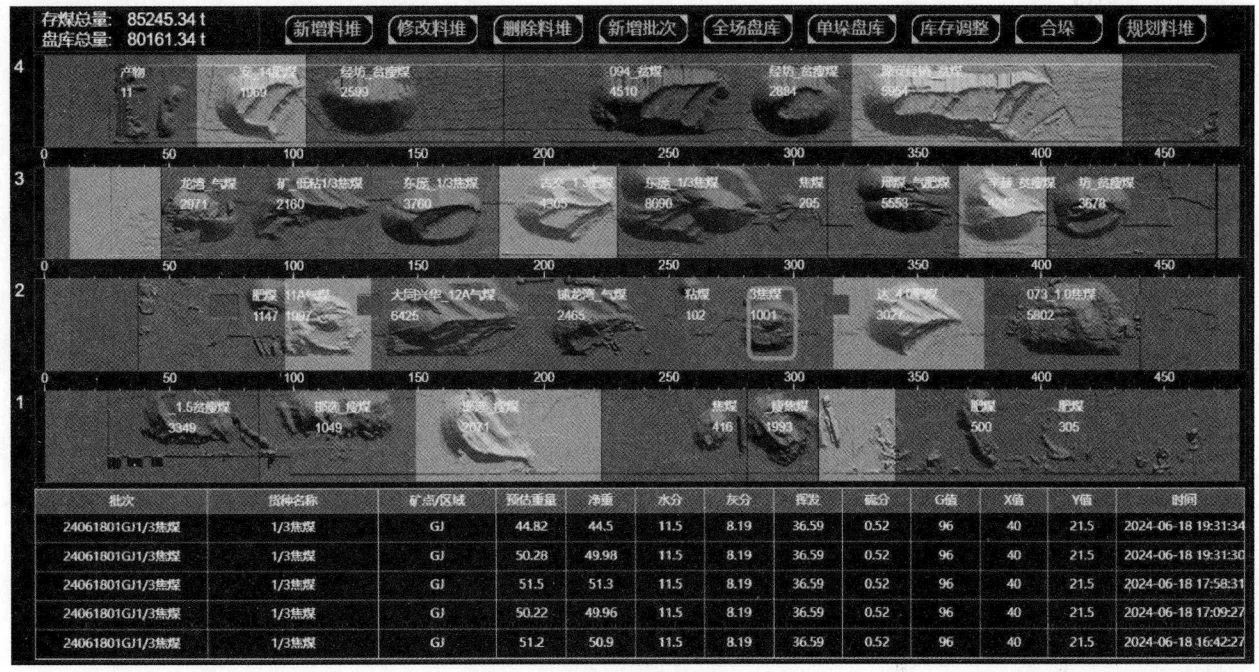

图 3　数字化煤场

3　应用成效

3.1　经济效益

通过智能煤场体系结构的搭建，实现堆取料机、煤焦皮带、配煤、可逆布料小车在中控室集管理，有人值守无人操作，取消机上操作。系统通过智能化、信息化技术，实现料线、煤场的智能规划、煤场智能盘库。减少现场操作人员 12 人，煤场劳动效率提升 80%，料场周转率提升 20%，能耗降低 3%，年度综合收益 480 万元。

3.2　管理效果

根据计划智能规划料场，降低人工判断产生的误差，料场数据透明规范。智能煤场实现原料煤堆取料机无人化作业、配料仓无人化布料、物料倒运生产设备智能调度、煤场区域动态规划建模、作业计划自动编排、精准物料跟踪、生产过程实时监测等目标。进一步提升企业煤场管理的智能化能力，在煤场、皮带、焦仓等区域实现全面的无人作业，实现“黑灯煤场”目标。通过对管理流程进行再定义，进而提供原料煤及生产焦的管理准确性、有效性和及时性，并通过智能分析和决策手段，有效地将各个业务流程结合在一起，实现资源共享，告别信息孤岛，解决了人为干预、信息传送壁垒等问题，创新了煤场数字化、智能化、精细化管理模式，提升了管理水平，为企业智能制造挖潜增效、安全环保高效运行奠定了基础。

3.3　社会效益

通过对 13 套控制层 PLC 和堆取料机、可逆布料小车、运输皮带等设备利旧升级和控制设备自动化、智能化改造。并将人工调度管理经验、堆取料机、可逆皮带等操作经验进行数学模型化定制开发。首套实现国内堆取料机无人化与智能调度结合系统，在系统内实现自动调度、自动盘库，“一键堆取”“一键配煤”等操作。

通过智能煤场体系结构的搭建，实现集中控制管理有人值守无人操作，提升人员劳效，降低人员劳动强度。通过智能化、信息化管理方式取代人为作业模式，从数据的录入、检查、浏览、分析提供完整的保障链，保证数据的可靠性、准确性、稳定性、可复制性，提高物料管理的效率，充分利用资源，节约生产成本，提高市场占有率，提升企业管理水平。

「炼焦」

高炉内焦炭冶炼状态及其热态性能的解析

江　鑫　樊永在　郑占斌　付利俊

（内蒙古包钢钢联股份有限公司技术中心，包头　014010）

摘　要：冶金焦炭反应性及反应后强度也已成为其质量控制最重要的指标参数，特别成为高炉稳定高产的基础保障。在对高炉物质流深刻剖析，特别是焦炭在高炉中行为的深入探析，提出了对冶金焦炭反应性和反应后强度有了一些新的认识和思考，分析了目前冶金焦炭热态性能的不足，提出了其改进的措施和方向，或将对高炉操作以及炼焦配煤有所裨益。

关键词：冶金焦炭反应性和反应后强度，高炉冶炼，熔损，高炉料柱

1　概述

冶金焦炭在高炉中的作用有：热源、还原剂、渗透剂和料柱骨架等，焦炭中不足1%的炭随高炉煤气逸出，其余全部消耗在高炉中。其大致比例为风口燃烧55%～65%，料线与风口间碳熔反应25%～35%，生铁渗透7%～10%，其他元素还原反应及损失2%～3%。焦炭成为高炉冶炼中最重要的基础原料。近年来随着高炉冶炼技术的发展和进步，特别是高炉容积大型化、高风温技术以及鼓风富氧喷煤技术的迅猛发展，焦炭作为高炉内料柱骨架保证炉内透气、透液作用更为突出。焦炭的质量特别是焦炭反应性及反应后强度对现代高炉冶炼过程有着极大的影响，成为限制高炉稳定、均衡、优质、高效生产铁水的关键性因素，炼铁和炼焦行业对其重要性的认识及参数指标依赖达到前所未有的高度。

冶金焦炭的常规性能指标如水分、灰分、硫分、M_{40}、M_{10}等，其对高炉的影响人们的认识趋于一致。但是冶金焦炭的反应性及反应后强度的指标以及在高炉冶炼过程的行为及作用在炼铁和炼焦行业还没有能够得到清晰和一致的认识，其根本原因就在于高炉冶炼行为的复杂性和冶金焦炭反应性及反应后强度检测与高炉模拟性的偏离。清晰、科学认识焦炭在高炉中的行为及变化状态对高炉的稳定操作及焦炭质量的管控都具有十分重要的意义和作用。

2　目前人们认识到的焦炭在高炉内行为

高炉实质上是散料床组成的竖炉反应器和热交换器。焦炭和散装含铁炉料从竖炉顶部装入，热风从竖炉下部的风口吹进竖炉，使焦炭燃烧，产生的热量和热还原性气体，使铁氧化物的还原过程逆向进行。液态的金属铁和炉渣按密度的不同分离并从竖炉底部排出，产生的煤气从竖炉顶部排出。高炉冶炼过程，从传输原理观点分析，其本质是在特定的竖炉内逆向接触物质流和能量流的传热、传质和相变过程。这个过程是交错的、相互依赖的，有时是相互矛盾的。高炉冶炼是动态的、非平衡的、永远处于变化之中，能量流与物质流中任何变化都会对过程产生影响。焦炭和矿石与铁水和炉渣形成逆向的物质流，逆向物质流在高炉内的变化状况，对高炉的稳定顺畅起到决定性的作用，高炉主要技术参数诸如有效容积利用系数、入炉焦比、煤比、生铁合格率等与之休戚相关。

人们对冶金焦炭在高炉内行为的认识是伴随着科技的进步与高炉解剖研究不断深入探索与研究而逐

渐对其越来越加深刻和清晰的了解。为了更加深入了解和研究高炉内物质流特别是焦炭变化行为，各国纷纷解剖现代高炉。日本首发其轫，在 20 世纪 60 年代末 70 年代初，日本新日铁（Nippon Steel Corporation，NSC）于 1968 年、1970 年和 1971 年先后对东田厂 5 号高炉容积 646 m^3、广畑 1 号高炉容积 1407 m^3 及洞冈厂 4 号高炉容积 1279 m^3 进行解剖研究分析。随后德国、苏联也都解剖了本国不同容积的高炉。我国也于 1979 年 10 月对首钢 23 m^3 试验高炉进行解剖。莱钢在 2007 年 12 月解剖了 124.87 m^3 生产高炉，这也是目前我国解剖的最大容积高炉。这些高炉解剖及其研究促进和加深了人们深入清晰了解高炉的生产运行，特别是物质流（焦炭、矿石及熔渣剂）在高炉中的行为作用及变化，对配煤研究和冶金焦炭的冶炼及性质指标、高炉稳产高产及长寿化攻关等方面都具有很强的推动和指导意义。

基于焦炭在高炉物质流及能量流的特殊作用及意义和由此对焦炭配煤研究以及冶炼的重要影响，焦炭在高炉内的行为成为研究的重点和高炉内诸多问题解析和有效解决的突破点。高炉其结构由上至下分为炉喉、炉身、炉腰、炉腹和炉缸五段；根据温度和物料状态的不同，高炉内的物质流可分为块状带、软融带、滴落带和风口回旋区，分别如图 1、图 2 所示。

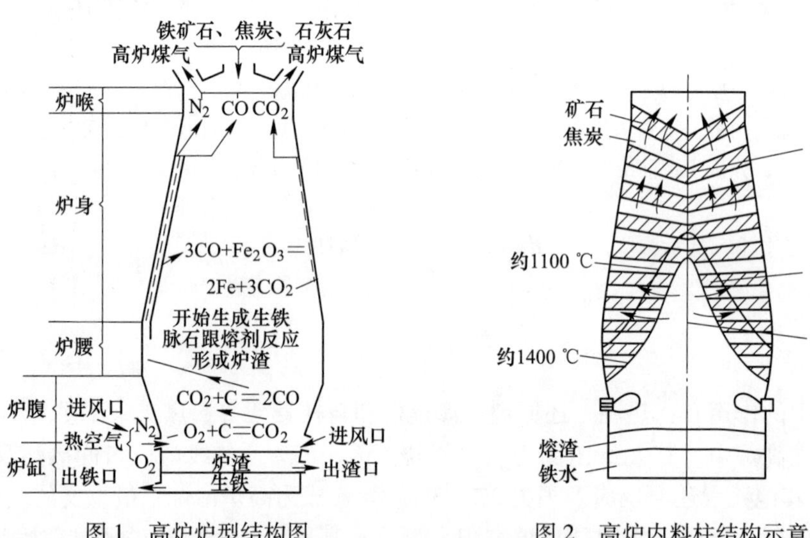

图 1　高炉炉型结构图　　　　图 2　高炉内料柱结构示意图

在高炉块状带温度低于 1000 ℃，焦炭在下降的过程中受到机械力的作用，块度略降低，稳定性相对增加。在 800~1000 ℃，碳熔反应开始发生，但反应程度较低，对焦炭质量影响不大。焦炭的损失一般不超过 10%，块度直径平均减少 1~2 mm，由此说明熄焦后的焦炭几经运转，消除了宏观裂纹，进入高炉后，焦炭不应受冲击或受压而碎裂。块度减小的原因主要是由于焦炭在高炉软融带以上，焦块受压和焦炭与炉壁、焦炭与焦炭、焦炭与矿石之间的摩擦、挤压等原因所致。焦炭在块状带的灰分会显著增加，灰成分也会显著增加，其原因是焦炭在炉身下落过程中会与铁矿石以及高炉炉料中的 Zn、S、和 K、Na 等碱金属循环富集所产生的灰尘接触而污染，这些附着的粉尘不仅仅是反应物，而且还充当着焦炭气化反应的主要催化剂。表 1 为国外研究机构从不同高炉块状带取样检测的焦炭灰分及其灰成分分析。焦炭和含铁炉料在块状带内停留的时间为 3~5 h，这主要取决于高炉的利用系数。

表 1　国外研究机构从不同高炉块状带取样检测焦炭灰分及其灰成分　（%）

试　样	灰分	灰成分			气化率
		$w_{Fe_2O_3}$	w_{CaO}	w_{K_2O}	
入炉焦	9.6	8.5	2.5	1.78	7.6
炉身 1	14.3	32.9	6.5	1.34	12.7
炉身 2	10.6	21.3	2.3	2.17	11.3
炉身 3	14.3	29.4	2.6	5.11	15.4
炉身 4	12.2	29.7	3.1	2.58	11.9

高炉软融带处于炉腰和炉腹处，反应温度为 900~1300 ℃，由于温度和气流分布的关系使得软融带通常形成倒“V”字形。此处为碱富集区，碳熔反应剧烈，焦炭的损失可达到 30%~40%，焦炭结构受到破

坏，块度急剧下降，耐磨强度显著降低。在软融带，炉料开始软化变形，产生软熔物质并黏结在一起，要保持一定厚度的焦炭层起到疏松和气流通畅作用，因此焦炭的反应后强度对高炉软融带有着重要作用。软融带焦炭气化的程度受到含铁粉尘黏附及碱金属的影响，加剧焦炭表面扩散控制。软融带内焦炭和矿石等炉料停留的时间相对较短，一般 0.5~1 h，主要取决于矿石的软熔特性。

软融带下部就是滴落带。焦炭处于 1350 ℃以上，此时碳熔反应已经减弱，对焦炭的破坏主要来自于不断滴落的液渣和液铁的冲刷以及对液铁的渗碳作用。此处的焦炭已是炉料中唯一的固相物质，依然保持着一定的强度和块度，使之成为上升气流的通道，其保证高炉有一定的透气性和气流分配，以及透液渣和液铁的作用。

在高炉下部热空气由风口鼓入后，形成一个略向上翘起袋状空腔，即为风口回旋区。焦炭在此处承受 2000 ℃以上的高温和快速旋风的撞击作用，并发生剧烈的燃烧，为高炉提供热量和还原性气体 CO。由于高风温和富氧喷煤技术的发展，风口焦的劣化和粉化都较为剧烈。风口区 2000 ℃以上的高温，焦炭的灰成分已分解，焦炭的石墨化程度提高，由此强度变得很差，焦炭自进入高炉，直至风口区历经各种热力和化学过程，要求焦炭保持一定的强度及块度是高炉稳定操作的基础条件和核心要素。

高炉内铁矿石的还原可大体分为两种：一是直接还原，二是间接还原。在高炉内分为三部分进行还原：在块状带，因温度较低，铁矿石不能直接与焦炭发生反应，只能通过与气体还原剂的反应发生间接还原达到铁矿石的还原；在软熔带，随着温度的升高，焦炭发生了碳素溶损反应消耗了焦炭中的碳元素，进行了直接还原；在滴落带中的渣铁液滴穿过焦炭气孔与焦炭内部的碳元素进行直接还原。焦炭在高炉内的主要反应见图 3。

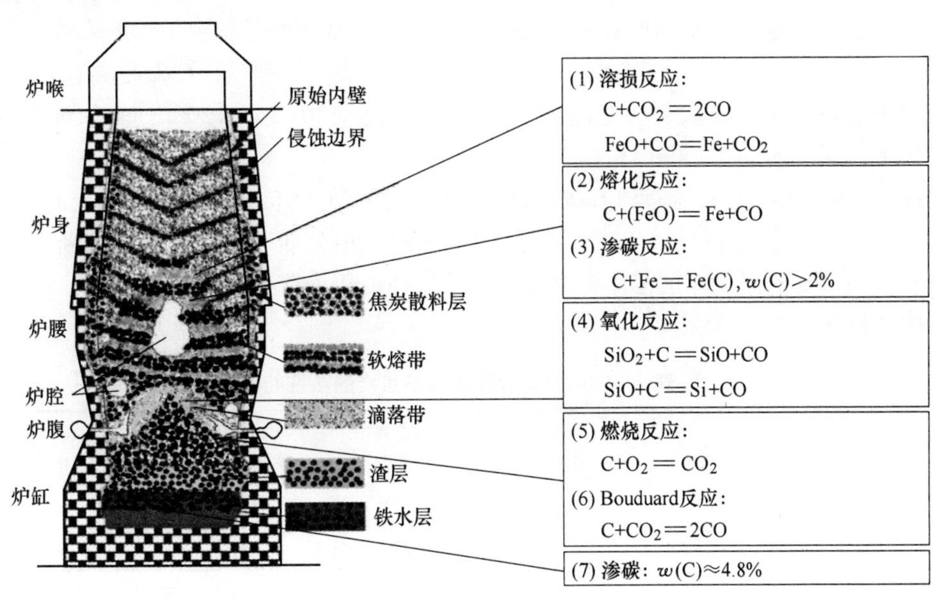

图 3　焦炭在高炉内的主要反应

3　现行 *CRI* 和 *CSR* 检测指标的思考

3.1　现行 *CRI* 和 *CSR* 检测指标的产生发展轨迹

现行冶金焦炭反应性（Coke Reactivity Index，*CRI*/%）及反应后强度（Coke Strength after Reaction，*CSR*/%）检测试验标准都是参考日本新日铁（Nippon Steel Corporation，NSC）1982 年在《燃料协会志》上发表的《高炉用焦炭 CO_2 反应后强度的试验方法》所制定的。此试验方法是日本新日铁（Nippon Steel Corporation，NSC）在 20 世纪 60 年代末大规模解剖高炉后研究发现：越接近高炉下部的高温高压区，焦炭反应越快，焦炭的强度和粒度下降得越多，风口上方 3~5 m 处的焦炭熔损尤为严重。高炉解剖及随后的研究中，确认了焦炭在高炉内强度和粒度下降的主要原因是其在高温下被 CO_2 的熔损，NSC 方法正是为了对焦炭反应性和抗熔损能力进行日常检测。

NSC 方法一经发布，由于揭示了焦炭在高炉内高温 CO_2 熔损过程，较之前对焦炭在高炉中的行为认识及指标参数模拟性大大前进了一大步，逐渐得到了炼焦行业和炼铁行业一致的认可和推崇，被世界组织和国家接受并制定为标准。国际标准学会将其作为国际标准 ISO 18894：2006，美国材料与试验协会将该方法修订为标准 ASTM D5341—93a，我国在 1983 年将其做适当调整修订为国家标准《焦炭反应性及反应后强度试验方法》（GB/T 4000）并先后于 1996 年、2008 年和 2016 年做了标准修订。

3.2 焦炭反应性 *CRI* 及反应后强度 *CSR* 在现代高炉中的应用

低反应性（*CRI*）高反应后强度（*CSR*）有利于高炉冶炼的观念多年来一直为大多数的研究者以及炼铁行业所支持。焦炭的反应性（*CRI*）低，反应开始温度高，可使高炉内间接还原区扩大，有助于间接还原的发展；而且由于直接还原降低，焦炭的熔损率下降，反应后强度（*CSR*）提高，有利于高炉的透气性和渣铁的渗透。同时，焦炭的反应性和可燃性越低，则其在风口的反应性越慢，风口前形成的焦炭燃烧区的横断面积大，可使炉料的下降运动更均匀。如果焦炭的反应性高，反应开始温度低，则焦炭在较低的温度下就与 CO_2 反应生成 CO，此时生成的 CO 还来不及与铁矿石还原就随高炉煤气逸出炉外，造成资源浪费。据研究资料表明，焦炭的反应性（*CRI*）每提高 1%，焦比增高 1 kg，CO 利用率降低 0.5%。

日本新日铁在 20 世纪 80 年代研究并报道了其在 3 座高炉上进行的 *CSR* 与高炉操作参数之间的关系，发现 *CSR* 小于 55.5%~57.5%时，高炉透气性阻力增大很多。随着焦炭 *CSR* 下降，风口处破损增加，高炉热效率降低。为了使高炉透气性最佳，并降低风口破碎率，日本人认为焦炭 *CSR* 应大于 57%。据报道，焦炭 *CSR* 小于 57%时，高炉操作极不稳定，导致炉料分布和煤气硫分布无规律，限制了高炉利用系数的提高。进一步研究表明，与 *CSR* 从 30%提高到 60%相比，*CSR* 从 60%提高到 65%时效果趋缓。

蒂森克虏伯钢铁公司研究表明，高炉透气性主要取决于焦炭热态强度，*CSR* 提高和 *CRI* 降低可有效减少炉内焦炭的粉末量。随着 *CSR* 从 55%提高到 67%。煤比可从 120~140 kg/t 增加到 150~180 kg/t，总燃料比从 500~510 kg/t 降低到 470~490 kg/t。

焦炭反应性（*CRI*）和反应后强度（*CSR*）两者之间具有良好的负相关性。冶金工作者似乎也习惯用焦炭反应性（*CRI*）和反应后强度（*CSR*）两者之间良好的负相关性，作为分析和判断高炉料柱透气性、透液性和炉况顺行的重要依据，炼焦工作者也常常依据这种负相关性来改进炼焦技术。表 2 为国内外部分先进高炉焦炭的热性能。

表 2　国内外部分先进高炉焦炭的热性能

项　目	欧洲	美国	澳大利亚 BHP 公司	上海 宝钢	英国 雷德卡	意大利 塔兰托	日本
CSR/%	>60	61	74.1	69	67.0	65.6	62
CRI/%	20~30	23	17.7	23.9	24.0	28.2	29

3.3 对焦炭反应性 *CRI* 及反应后强度 *CSR* 的思考

在目前炼焦和冶金界，以焦炭反应性（*CRI*）和反应后强度（*CSR*）两者之间具有良好的负相关性检测结果为依据，形成了降低焦炭 *CRI* 可以降低高炉内焦炭的熔损率、减少焦炭破坏程度并能够保证在软融带具有较好的透气性的学术思想，并用该思想指导炼焦生产和高炉操作。但是对于当前冶炼条件先进的大型高炉（2500 m^3 以上）以及高风温技术以及鼓风富氧喷煤技术的成熟而广泛的应用，炉身的工作效率已达到 90%以上，高炉内焦炭的熔损率通常保持在 25%左右，并且高炉内反应后强度（*CSR*）还有一定的差距，因此再用反应性的高低去衡量焦炭在高炉内的强度，很值得商榷。同时高炉内碱金属循环富集、气体成分复杂变化以及滴落带、风口区高温都对焦炭产生了复杂而深刻的影响，使得目前焦炭热态性能评价指标与高炉模拟性产生了一定的偏离，引起了炼焦和冶金工作者高度而广泛的关注，对此也进行了一定程度的研究。

3.3.1 高反应性焦炭

近年来，日本学者致力于高反应性焦炭的研究。2001 年，内藤章程等提出一种建议，通过提高焦炭反应性来降低高炉热储备区的温度，使得实际气氛中的 CO_2 含量与浮氏体还原平衡点的 CO_2 含量之差增大，可使还原反应的驱动力增强。在当前高炉综合操作技术的进步与发展以及铁矿石具有良好还原性的条件下，利用高反应性焦炭完全可以取得较好的冶炼效果。法国学者研究认为高炉内的温度的分布存在一个自动调节过程，即高炉内热量分布与直接还原和间接还原是相互制约，互成比例的，通常不会发生变化。

3.3.2　焦炭灰分对热态性能的深刻影响

焦炭灰分是影响焦炭热性能的重要因素，灰成分破坏焦炭微观结构并影响其热反应速度，开展灰成分影响焦炭热性能机理的研究，对准确预测和科学评价焦炭质量具有重要意义。焦炭溶损反应是焦炭在高炉内破损的主要原因之一，主要取决于焦炭与二氧化碳的接触面积、反应物的浓度、反应温度以及焦炭内部灰分的数量和种类。当高炉冶炼条件一定的情况下，焦炭与二氧化碳的接触面积、反应物的浓度和反应温度基本确定，焦炭内部灰分的数量和种类成为影响焦炭溶损反应的主要原因。

对焦炭的溶损反应主要起正催化作用的灰成分有碱金属、碱土金属、过渡金属等，如 K_2O、Na_2O、CaO、MgO、SiO_2、Fe_2O_3。负催化作用是指灰成分使焦炭溶损反应受到抑制，可抑制 CO_2 的反应性，导致焦炭反应性降低。对焦炭溶损反应有负催化作用的灰成分有硼、钼、钛等元素的氧化物如 B_2O_3、TiO_2。

灰分高，焦炭的反应性上升，反应后强度下降。这是由于灰分均来自无机矿物质，在加热过程中均是惰性的，这些无机矿物颗粒比焦炭多孔体大有 6~10 倍的体积膨胀系数。故当焦炭多孔体在高温下收缩时，灰分颗粒却具有方向与收缩应力相反的膨胀应力。于是产生了以此为中心的放射性微裂纹。这样大于 100 μm 的微裂纹会使 CO_2 易于深入到焦炭内部结构促使气化反应加速进行。同时，碱金属也得以深入内部加速焦炭结构的崩溃。

3.3.3　气孔对焦炭热性能的影响

冶金焦炭是一种多孔脆性材料，焦炭的宏观结构是由气孔、气孔壁、微裂纹构成的一种银灰色多孔质材料。气体析出时状态不同形成了开气孔和闭气孔，焦炭与 CO_2 的溶损反应属于气体—多孔固体反应，其反应过程与常规的气固反应的反应步骤是不同的，具体反应步骤如下：（1）CO_2 从主气流穿过焦炭外表面的气体边界层扩散到焦炭外表面；（2）CO_2 沿着焦炭内部孔道扩散到焦炭内部的气孔中；（3）CO_2 与气孔壁发生化学反应，生成 CO；（4）反应生成的 CO 经过焦炭内部的孔道向焦炭的外表面扩散；（5）CO 穿过焦炭外表面的气体边界层扩散到主气流中。在反应过程中，内部气孔结构是在不断变化的，如新气孔的生成，旧气孔的扩大和融合等。焦炭内部气孔结构对溶损反应进程有着显著的影响，并且溶损反应造成的焦炭内部气孔结构的改变直接影响着焦炭反应后的强度。

焦炭的强度主要指焦炭对抗外力的作用，主要由焦炭内部孔壁结构所决定。一般情况下，随着碳溶反应的加剧，焦炭气孔率上升，孔径增加，气孔壁减薄，气孔合并，形成大气孔，气孔数减少。但有研究表明，当气孔率大于 44% 时，焦炭反应性随气孔率增加反而下降。主要可能由于气孔穿通使得比表面积降低。焦炭在高炉中的溶损反应随焦炭气孔率的增加变得更加剧烈，导致焦炭的碳损耗和表面物质的剥离，进而降低了焦炭质量。研究认为焦炭的溶损反应过程受到了孔扩散和界面化学反应的共同影响。郭瑞、汪琦提出了焦炭气孔梯度反应，认为：梯度反应使溶损后的焦炭气孔率也呈一定的梯度分布，而溶损后焦炭的气孔分布状况决定了焦炭的抗劣化程度，焦炭表面的一层结构由于气孔率超过了某一范围而变得疏松，受到摩擦或挤压时可脱落，这层结构简称为“劣化溶损层”。气孔对焦炭溶损反应的影响机理、过程，以及程度仍处在不断地研究和探索中，其主要原因就在于焦炭结构的复杂性以及焦炭溶损过程的不确定性。

3.4　现行焦炭反应性 *CRI* 及反应后强度 *CSR* 对高炉模拟性的思考

现行焦炭反应性 *CRI* 及反应后强度 *CSR* 的检测是在无碱金属条件下进行的，而实际碱金属对焦炭热性能指标的影响是巨大的，这已得到炼焦和冶金工作者广泛而一致的认同。高炉生产中原料中存在碱金属，经过一段时间生产后，碱金属会在高炉中逐渐积聚，直到达到一定含量后，高炉循环碱处于平衡状态后，超量的碱金属才会逐渐随炉渣排出，因此高炉内会存在不同程度的碱负荷，国内高炉的碱负荷一般在 9~5.5 kg/t。高炉内碱金属对焦炭溶损反应有较强的催化作用，会加剧焦炭的溶损反应，使得焦炭的反应性大幅提高，反应后强度降低；同时使得 CO_2 对焦炭显微结构的反应速度序列逆转，在高温循环碱侵蚀的条件下，焦炭显微结构中各向同性结构（ΣISO）比焦炭中其他各向异性结构（细粒镶嵌、粗粒镶嵌、流动状、片状结构和基础各向异性）的抗高温碱侵蚀的能力强。

现行焦炭反应性 *CRI* 及反应后强度 *CSR* 的检测是在 1100 ℃与 CO_2(5 L/min) 反应 2 h。焦炭在高炉软熔带反应温度 900～1300 ℃，碳熔反应剧烈，焦炭的损失率高；滴落带焦炭处于 1350 ℃以上，风口前和炉缸温度为 1500 ℃左右。在高出的温度区间，焦炭经历进一步高温受热，热性质发生不断变化。例如，残留挥发分进一步析出，焦炭中的硫化物和氧化物与焦炭中的碳反应，导致进一步失重 4%～5%，使焦炭进一步收缩，其晶格高度和长度增加。在高温作用下焦块表面和中心温度梯度产生巨大的热应力，使得焦炭产生较多的微裂纹。由此可见，在高温受热过程中，焦炭的组成和结构变化以及热应力作用对焦炭的劣化机理与溶损反应对焦炭的劣化机理完全不同。高炉内不同温度区域的 CO_2 的浓度差别很大，而不都是 100%的 CO_2，同时各温度区域的升温速度也不尽相同，这些对焦炭在高炉中溶损反应也会产生不同的影响。综上所述，显然，焦炭反应性 *CRI* 及反应后强度 *CSR* 对焦炭在高炉中的模拟性并不如想象中的理想。

4　结语

（1）冶金焦炭在高炉冶炼过程的行为及作用在炼铁和炼焦行业还没有能够得到清晰和一致的认识，但是高炉解剖及其研究促进和加深了人们深入清晰了解高炉的生产运行特别是物质流（焦炭、矿石及熔渣剂）在高炉中的行为作用及变化，对配煤研究和冶金焦炭的冶炼及性质指标、高炉稳产高产及长寿化攻关等方面都具有很强的推动和指导意义。

（2）焦炭反应性（*CRI*）和反应后强度（*CSR*）测试设计思想模拟焦炭在高炉中的碳熔反应较 M_{40}、M_{10}前进了一大步，但是高炉运行中其模拟性仍不理想，存在无碱条件、反应温度、CO_2 浓度等问题。基于焦炭反应性（*CRI*）和反应后强度（*CSR*）指标对指导炼焦生产以及高炉稳定运行指导思想的重要影响和它们在模拟高炉溶损反应及高温强度时的不完善，有必要对其进行完善和补充。

（3）焦炭灰成分与焦炭气孔对于清晰解释冶金焦炭的溶损反应过程是重要的切入点，应当引起焦化工作者和炼铁工作者足够的重视并予以深入的研究。

参 考 文 献

[1] 孟庆波．加强焦炭质量与高炉冶炼关系研究采用炼焦新技术改善焦炭质量［C］//2010 年全国炼铁生产技术会议暨炼铁学术年会．

[2] 王明海．炼铁原理与工艺［M］．北京：冶金工业出版社，2012.

[3] 张福明，程树森．现代高炉长寿技术［M］．北京：冶金工业出版社，2012.

[4] 项钟庸．国外高炉自动控制的发展状况［J］．炼铁，1985（5）：19-24.

[5] 张建良，罗登武，曾晖，等．高炉解剖研究［M］．北京：冶金工业出版社，2019.

[6] 刘运良．高炉听焦炭［J］．国外炼焦化学，1994，13（3）：132-143.

[7] Velden B V D，Atkinson C J，Bakker.（ECIC-83）Coke properties and its processes inthe lower zone of the Blast Furnace［C］//European Coke and Ironmaking Congress. 2011.

[8] 高晋生．煤的热解、炼焦和煤焦油加工［M］．北京：化学工业出版社，2013.

[9] 郭瑞，汪琦．焦炭 CRI 和 CSR 指标的产生、发展和应用［J］．炼铁，2012（1）：45-48.

[10] 孙亮，汪琦，郭瑞．浅析焦炭反应性与高炉冶炼［J］．燃料与化工，2012，43（6）：1-4，9.

[11] 付永宁．高炉焦炭［M］．北京：冶金工业出版社，1995.

[12] 洛杰．路瓦松．焦炭［M］．北京：冶金工业出版社，1983.

[13] 黄浚宸．焦炭非等摩尔扩散-孔壁溶蚀劣化（N-PSD）模型［D］．鞍山：辽宁科技大学，2021.

[14] 王杰平，谢全安，闫立强，等．焦炭结构表征方法研究进展［J］．煤质技术，2013（5）：1-6.

[15] 耿亚恒，钟民，郭瑞，等．焦炭孔结构的多角度认知及在配煤炼焦中的应用［J］．河北冶金，2019（11）：14-18.

[16] 郭瑞，汪琦，张松．溶损反应动力学对焦炭溶损后强度的影响［J］．煤炭转化，2012，35（2）：12-16.

提高冶金焦率关键技术的研究与应用

孙红娟

（河南中鸿集团煤化有限公司，平顶山　467043）

摘　要：本研究旨在探讨提高冶金焦率关键技术的研究与应用，首先论文介绍了研究的背景和目的，指出了通过研究焦炭末端质量结果并建立数据库，以焦炭筛分为切入点，倒推影响焦炭质量的生产环节及因素，其次由流程末端数据反馈至前端过程管控指标为调控依据，充分利用焦炭平均粒度和焦块均匀性系数与焦炉稳定操作和高产的关系。焦炭中焦含量作为焦炭质量评价指标，用于指导生产，提高焦炭质量。然后，探讨了新技术的开发研究情况及其应用。并分析了其所遇到的关键问题，接着，通过分析焦炭筛分和焦炭反应性试验，建立数据库，并对数据进行分析，讨论了焦炭中焦含量与焦炭质量之间是否存在线性关系。最后，探讨了焦炭中焦含量结果对焦炭质量指标的评价和优化研究，讨论了存在线性关系，则可以将焦炭中焦含量结果作为焦炭质量评价的指标，达到提前调控炼焦生产，提高焦炭质量，并提出了解决方案。总而言之，本研究通过研究提高冶金焦率关键技术的研究与应用，提出了一些解决问题的思路和方法，并对未来的研究方向进行了展望。这些研究成果对于捣固炼焦技术控制焦炭质量具有现实意义。

关键词：焦末含量，焦炭质量

1　概述

1.1　研究背景

河南中鸿集团煤化有限公司作为中国平煤神马集团重要的发展企业，提升企业效益是公司关注的重点内容，在生产焦炭过程中稳定配煤质量、选择最佳配煤比、优化焦炉生产过程控制等环节的工作尤为重要。近年来，焦化行业经历了产能压减、错峰限产、安全环保加严、升级改造，以及煤钢行业化解过剩产能等政策影响，焦炭价格波动明显，随着环保治理力度加大以及重点地区错峰限产政策的出台，如何实现稳定健康发展，并在起伏不定的市场中保持盈利，是焦化企业面临的新难题。特别是在环保治理、限产错峰生产将成为常态化形势下，焦化企业要在新的市场环境下求得生存和发展，必须努力提高综合竞争力，积极推进转型升级，优化管理体系与工艺，提高全要素生产率，实现生产经营全过程安全稳定、低消耗、低排放、高效率运行，提高发展质量和效益。

因此，我们研究通过焦炭末端质量结果并建立数据库，以焦炭筛分为切入点，倒推影响焦炭质量的生产环节及因素；由流程末端数据反馈至前端过程管控指标为调控依据，充分利用焦炭平均粒度和焦块均匀性系数与焦炉稳定操作和高产的关系，优化利用以焦炭筛分数据为切入点，建立配合煤、焦炭的理化分析指标数据库，从而指导生产调控，提高产能、降低运行成本、增加企业的生产效益。

1.2　研究内容

本文研究的提高冶金焦率关键技术的研究与应用，由于近年来，焦化行业经历了产能压减、错峰限产、安全环保加严、煤钢行业化解过剩产能等政策影响，焦炭价格波动明显，随着环保治理力度加大以及重点地区错峰限产政策的出台，如何实现稳定健康发展，并在起伏不定的市场中保持盈利，是焦化企业面临的新难题。特别是在环保治理、限产错峰生产将成为常态化形势下，焦化企业要在新的市场环境下求得生存和发展，必须努力提高综合竞争力，积极推进转型升级，优化管理体系与工艺，提高全要素生产率，实现生产经营全过程安全稳定、低消耗、低排放、高效率运行，提高发展质量和效益。因此，探索以流程末端数据为基础，建立配合煤、炼焦过程中的关键指标的关联性关系因素，通过对比关系中的重点数据加以分析反馈至生产过程前端过程管控，作为调控依据，稳定和改善焦炭质量，提高焦炭粒级分布。

研究通过焦炭末端质量结果并建立数据库，以焦炭筛分为切入点，倒推影响焦炭质量的生产环节及因素；由流程末端数据反馈至前端过程管控指标为调控依据，充分利用焦炭平均粒度和焦块均匀性系数与焦炉稳定操作和高产的关系，优化利用以焦炭筛分数据为切入点，建立配合煤、焦炭的理化分析指标数据库，从而指导生产调控，提高产能、降低运行成本、增加企业的生产效益。

首先，通过焦炭末端质量结果并建立数据库，以焦炭筛分为切入点，倒推影响焦炭质量的生产环节及因素；其次研究解决了如何由流程末端数据反馈至前端过程管控指标为调控依据，利用以焦炭筛分数据为切入点，建立配合煤、焦炭的理化分析指标数据库，指导生产调控，从而实现焦炭产量创新高的目的。最后研究如何充分利用焦炭平均粒度和焦块均匀性系数与焦炉稳定操作和高产的关系，从而降低焦末含量，提高焦炭质量。

2　研究与应用的主要内容

探索以流程末端数据为基础，建立配合煤、炼焦过程中的关键指标的关联性关系因素，通过对比关系中的重点数据加以分析反馈至生产过程前端过程管控，作为调控依据，稳定和改善焦炭质量，提高焦炭粒级分布。主要研究了：通过焦炭末端质量结果并建立数据库，以焦炭筛分为切入点，倒推影响焦炭质量的生产环节及因素。通过分析研究焦炭粒级组成：>80 mm，80~60 mm，60~40 mm，40~25 mm，<25 mm；发现 40~25 mm 粒级的焦炭含量对焦炭质量的影响较大，因该粒级焦炭的占比在钢厂当作燃料时作为最重要的参数，当小颗粒占比高时，容易堵塞炼钢高炉，影响通风，导致高炉操作恶化；客户最为关注的指标，就是我们要做好调控的，因此通过焦炭末端质量结果达到最直观的调控手段。

主要解决了如何由流程末端数据反馈至前端过程管控指标为调控依据，利用以焦炭筛分数据为切入点，建立配合煤、焦炭的理化分析指标数据库，指导生产调控，在研究分析过程中，通过焦炭筛分试验过程中的末端数据即 40~25 mm 的占比发现，当这个粒级占比增大时，容易造成焦炭质量恶化，是焦炭质量处于下行趋势，从小颗粒焦炭的理化分析中发现生产过程中的一些问题：（1）当小颗粒焦炭占比增大时，其配合煤的黏结性趋于略差趋势；（2）在配煤过程中可能存在低品质煤的用量比例偏大；将根据此研究结果，及时调整配煤比例，提高焦炭粒级占比；（3）通过对生产控制数据的研究，发现煤饼捣打锤数、入炉煤细度、水分、煤饼高度及入炉煤挥发分之间的相关参数将影响焦炉单孔产量，对可控参数的影响权重进行分析、研究发现入炉煤细度与煤饼高度、堆比重有着线性关系，入炉煤的细度增高，煤饼捣打锤数就要增多，入炉煤的细度降低，煤饼捣打锤数就要减少，在优化细度的基础上，以捣打锤数为核心，为指导生产奠定基础；从而实现焦炭产量创新高的目的。

研究了利用焦炭平均粒度和焦块均匀性系数与焦炉稳定操作和高产的关系，来降低焦末含量，提高焦炭质量。通过研究分析，配合煤的水分是影响粒度的较为明显的因素，其作用是影响结焦时间的稳定性，若要提高焦炭平均粒度和焦块均匀性系数，就要严格控制配合煤水分波动在±0.5%以内；其次在出焦过程中，要严格按照推焦计划执行，出焦不均匀也将焦块均匀性；适当降低结焦速度，延长结焦时间，改善半焦收缩，减少焦炭内在裂纹的生成，提高焦炭的机械强度，焦饼成熟后，再经过一段焖炉时间，可以使焦炭均匀成熟，粒度均匀化，焦炭质量提高。

3　实验成果

3.1　试验对比

通过焦炭筛分试验过程中的末端数据即 40~25 mm 的占比发现，当这个粒级占比增大时，容易造成焦炭质量恶化，使焦炭质量处于下行趋势，从小颗粒焦炭的理化分析中发现生产过程中的一些问题：（1）当小颗粒焦炭占比增大时，其配合煤的黏结性趋于略差趋势；（2）在配煤过程中可能存在低品质煤的用量比例偏大。试验对比汇总见图 1。

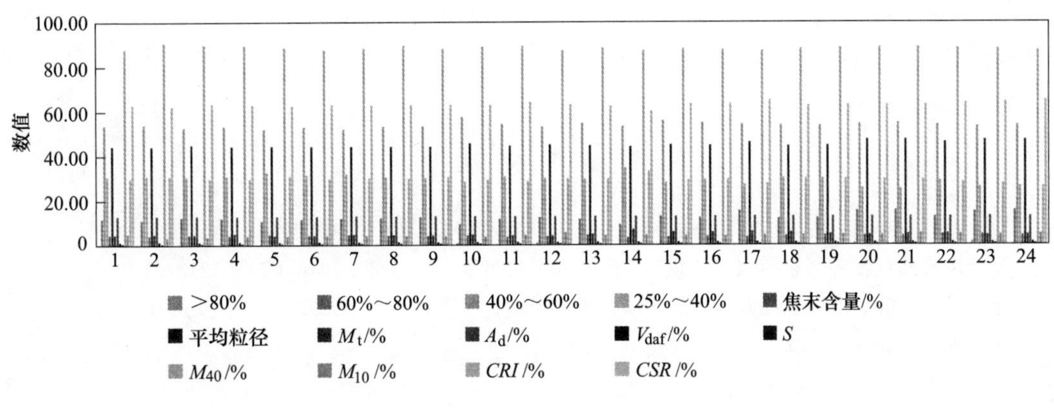

图 1　试验对比汇总

3.2　验证分析

将根据此研究结果，及时调整配煤比例，提高焦炭粒级占比；通过对生产控制数据的研究，发现煤饼捣打锤数、入炉煤细度、水分、煤饼高度及入炉煤挥发分之间的相关参数将影响焦炉单孔产量，对可控参数的影响权重进行分析、研究发现入炉煤细度与煤饼高度、堆比重有着线性关系，入炉煤的细度增高，煤饼捣打锤数就要增多，入炉煤的细度降低，煤饼捣打锤数就要减少，在优化细度的基础上，以捣打锤数为核心，为指导生产奠定基础；从而实现焦炭产量创新高的目的。

3.3　试验目的及意义

目的：通过研究焦炭末端质量结果并建立数据库，以焦炭筛分为切入点，倒推影响焦炭质量的生产环节及因素；由流程末端数据反馈至前端过程管控指标为调控依据，充分利用焦炭平均粒度和焦块均匀性系数与焦炉稳定操作和高产的关系，优化利用以焦炭筛分数据为切入点，建立配合煤、焦炭的理化分析指标数据库，从而指导生产调控，提高产能、降低运行成本、增加企业的生产效益。

意义：根据客户对焦炭产品质量要求的需要和焦化产品市场的需求，按照清洁生产和系统最优理念，本着“以焦为基、焦化并举”的发展战略，坚持原料预控、生产过程管控、客户反馈有机结合的原则，定性、定量对煤-焦流程系统进行分析，通过组织实施所制定的优化方案，实现生产的安全、环保、稳定、高效，以达到优化工艺参数和管理制度、降低运行成本、提升盈利能力的效果。

4　效益分析

经济效益：通过基于焦炭筛分试验的炼焦过程关键因素技术与开发，减少了焦末含量，提高了中焦质量占比，全年产量按照 130 万吨计算，焦炭与焦末差价约 700 元，共计效益约 78 万元。

社会效益：该成果应用于公司稳定产品质量、调控产品质量，在其过程中提供了关键的辅助手段，尤其在该项成果的研究过程中，通过研究结果更直观、高效地反映出焦炭热态反应强度的高低、将焦粒、焦末控制在合理范围内，更快捷地对产品质量达到预判，及时有效调控。焦炭粒级分布的波动直接影响到企业的经济效益，为规范焦炭粒级分布数据，建立日管机焦炭筛分数据、周盘库数据、月统计数据对比分析、反馈制度，通过各环节的正反分析，在硬件上采取加设溜槽和更换筛板的措施，在管理上采取调整出厂焦水分、优化干熄焦运行、入炉煤 G 值等措施，最终将焦粒焦末控制在合理范围内，为提高企业综合效益提供保障。

5　结论

通过从焦炭末端质量结果、以焦炭筛分为切入点倒推影响焦炭质量的生产环节及因素等利用这几个方面展开研究工作，以利用焦炭平均粒度和焦块均匀性系数与焦炉稳定操作和高产的关系，优化利用以焦炭筛分数据为切入点，建立配合煤、焦炭的理化分析指标数据库，从而指导生产调控，提高产能、降低运行成本、增加企业的生产效益。以及为炼焦行业提供更有效的技术指导方案，促进炼焦行业的可持续发展。

参 考 文 献

［1］贾建成，谢春德，王雅丽．影响焦炭质量的因素分析及其提高措施［C］//中国钢铁年会．2011.
［2］马志国．关于焦炭质量影响因素的探讨［J］．工程技术（文摘版）·建筑，2016（2）：121.
［3］彭靖，万洋，吴琼，等．不同炼焦方式对焦炭质量的影响［J］．燃料与化工，2012，43（2）：1-3，7.

氢气高炉用高强度、高反应性焦炭

白　滨

（中冶焦耐工程技术有限公司，大连　116085）

摘　要：介绍了氢气高炉对高强度高反应性焦炭性质的需求，高强度高反应性焦炭制备技术实验室研发及工业铁箱试验验证的过程，通过首创的“核壳”二元配煤技术成功的制备出了反应性和反应后强度均满足富氢高炉使用要求的焦炭，打破了焦炭反应性和反应后强度的负相关性。基于以上研究对该制备技术的后续工业化验证与应用做指导。

关键词：氢气高炉，高强度，高反应性，焦炭，制备

1　氢气高炉的意义

在国家“双碳”战略发展背景下，钢铁工业生产过程的减碳要求迫在眉睫。基于减碳目标要求，现有传统高炉炼铁工艺碳排放量占全国碳排放总量约15%左右，在诸多制造业门类中碳排放量最高[1]。针对当前高炉炼铁存在的能耗高、排放大等问题，冶金行业已经提出了一系列创新技术。例如，高炉喷吹气体技术、炉顶煤气循环技术、炉料热装工艺及富氢高炉技术等，这些技术旨在通过富氢还原降低焦炭等还原剂的消耗，减少碳排放，同时利用高温炉料的富余热量降低吨铁能耗。这些创新技术的研发和应用，将有力推动高炉炼铁向更加绿色、高效的方向发展。

所谓富氢高炉技术是指在高炉生产过程中，通过喷吹富氢气体（如氢气、天然气或焦炉煤气）参与炼铁过程，由于高炉富氢冶炼时氢还原铁矿石后的产物是 H_2O[2]，因此随着高炉内还原气体中氢元素含量的增加，高炉所排放的 CO_2 气体总量将减少。因此，通过应用富氢高炉冶炼技术，钢铁企业可以进一步减少 CO_2 的排放，实现高炉炼铁的低碳化，从而在环保和经济效益上取得双赢。

2　双高焦炭在富氢高炉中的作用

在传统高炉冶炼过程中，焦炭在提供能量、提供还原剂和料柱骨架等方面均起着至关重要的作用，焦炭的重要性能指标（反应性 *CRI* 和反应后强度 *CSR*）与高炉炉温区间分布及铁矿石还原反应特性相互适配，从而确保高炉操作顺行、铁水质量达标。

由于氢参与铁矿石还原反应大量吸热的特点，富氢高炉热储备区温度较低，焦炭气化反应生成CO的速率也随之减少。因此与一般焦炭相比，富氢高炉用焦炭应具备起始反应温度低、反应速率快的高反应性特点。另外，由于富氢高炉采用富氢气体作为替代还原剂，导致焦比降低。但为保证软熔带和风口处高炉顺行生产，焦炭的料柱骨架作用不能减弱[3]。因此富氢高炉用焦炭也必须具备高反应后强度的特点。

3　双高焦炭制备技术实验室研发

3.1　“核壳二元”配煤理论提出

由于焦炭自身的物理及化学结构特征，导致焦炭的反应性 *CRI* 与反应后强度 *CSR* 呈现极强的负相关的特性[4-5]，因此双高焦炭制备目的即打破二者的相关性。在研究过程中提出一种焦炭理想结构模型：“核壳二元”配煤结构，详见图1。采用两种不同品质的配合煤：一种配合煤富含高反应性的组分，用以制造焦炭的“外壳”，确保焦炭在反应过程中具有出色的活性；另一种配合煤则以其高结构强度为特点，用于构成焦炭的“核心”，以保证在反应后焦炭依然能够维持足够的强度。在具体实施上，首先根据焦炭

溶损反应的特征，将能够形成高反应后强度焦炭的配合煤制成煤球，作为“核心”部分。随后，将能够形成高反应性焦炭的配合煤包裹在“核心”之外，形成“外壳”。这种“核壳”结构的设计，旨在实现焦炭在反应性与反应后强度两方面的平衡与优化。

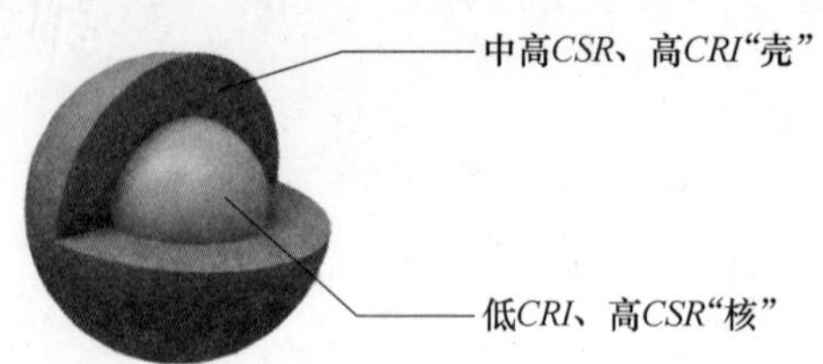

图 1 “核壳二元”配煤理论结构图

在新型“核壳二元”配煤模型结构中，基于壳的活惰比、核的活惰比、壳与核的质量比三个维度来表征炼焦煤在炭化室的分布情况，并以此调整焦炭质量，见图 2。

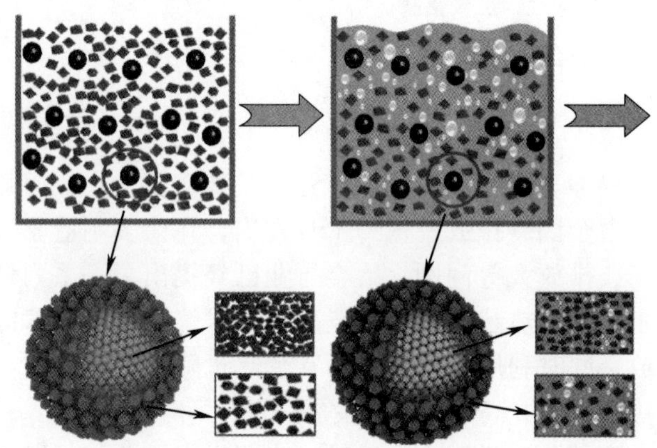

图 2 “核壳二元”配煤理论炼焦原理图

3.2 “核壳二元”配煤理论验证

为了验证“核壳二元”配煤理论炼焦方法的可行性，设计了 4 组对比方案，并进行 2 kg 小焦炉试验验证，配煤方案和结果见表 1。其中二元配煤方法的“外壳”配煤结构采用长焰煤、1/3 焦煤及肥煤；“核心”的配煤结构采用肥煤、焦煤及瘦煤。对比实验为与二元配煤方法同煤种同比例条件下的常规散煤、捣固及配型煤炼焦方法。

通过的对比，明确了在小焦炉实验中二元配煤方法可制备出高反应性高强度焦炭，最优结果为 *CRI* 达到 40%，*CSR* 达到 51%。

表 1 对比实验方案

方案	实验方法	壳配比/%			核配比/%			*Y*/mm	“壳”/“核”	热态性能/%	
		CYM	1/3JM	FM	FM	JM	SM			*CRI*	*CSR*
1	二元配煤	9	56	35				14.1	60	40.4	52.2
					26	59	15	13.8	40		
2	综合（散煤）	5.4	33.6	31.4		23.6	6	14		40.6	32.4
3	综合（捣固）	5.4	33.6	31.4		23.6	6	14		38.6	40.1
4	综合（配型煤）	5.4	33.6	31.4		23.6	6	14	60	39.6	39.6
		5.4	33.6	31.4		23.6	6	14	40		

3.3 型煤比例及尺寸研究

在“核壳”结构焦炭中，核是作为提高焦炭反应后强度的部分，其比例多少直接决定焦炭的反应后强度。实验研究了配煤时“核心”型煤的质量百分比与“核壳”结构焦炭热态性质的关系。当成型煤配比达到35%以上时，其作用在制备双高焦炭中可以被显现，结合生产实际，装炉煤中成型煤的比例不应过高，因此确定为35%~45%为最佳。

在“核壳”结构焦炭中，核直径也同样对焦炭的反应后强度有较大的影响，实验结果表明，当成型煤直径达到15 mm以上时，制备的双高焦炭具有较高的反应后强度，但到达30 mm时其反应性明显降低，因此直径不应过高，确定为15~25 mm为最佳。

4　双高焦炭制备技术工业铁箱试验验证

4.1　研究工作理论及方法

工业铁箱试验主要是通过将炼焦配合煤通过铁箱结构的容器装入生产焦炉中进行炼焦实验，其铁箱内的煤料与生产焦炉炭化室的温度、加热速率等热工条件相一致，因此该试验可以有效模拟焦炉炭化室内煤料的成焦条件，所炼焦炭在微观成焦状态及结构特征上具有与生产焦炉相似的特点。

将10 kg具有“核壳”结构特征的炼焦配合煤装入生产焦炉中，与生产焦炭炭化室结焦时间、加入速率、加热温度相一致，从而得到与生产焦炭具有一定模拟性的工业铁箱试验结果。

4.2　研究方案

4.2.1　情况说明

针对富氢高炉用高反应性高强度焦炭制备工业验证，本研究在某炼铁厂一炼焦车间6 m焦炉开展工业焦炉铁箱实验研究，因目前生产上采用干熄焦方式，故本次试验采用在炉顶空间装入铁箱进行试验。

4.2.2　煤种选择

结合2 kg焦炉炼焦试验和40 kg试验焦炉近百余个配煤方案的优化试验结果，本工业铁箱试验利用焦化厂目前生产用煤为基础煤种，选择代表性的气煤一、1/3焦煤一、肥煤一、焦煤一、焦煤二、瘦煤一共六种炼焦煤作为试验煤种，其单种煤常规煤质指标分析见表2。

表2　试验用单种煤的常规煤质指标分析

煤样名称	工业分析/%			$S_{t,d}$/%	G	胶质层指数	
	M_{ad}	A_d	V_{daf}			Y/mm	X/mm
气煤一	2.53	8.54	34.84	0.51	62	10.6	44.0
1/3焦煤一	3.95	8.20	31.04	0.42	79	10.8	34.8
肥煤一	3.66	10.50	26.20	0.98	83	25.3	18.4
焦煤一	5.13	9.36	23.81	2.62	70	14.9	39.0
焦煤二	5.49	9.17	20.58	1.29	78	14.6	28.9
瘦煤一	5.80	9.28	16.44	0.97	52	8.9	20.1

4.2.3　试验方案

基于“核壳”二元配煤理论，试验用装炉煤核壳结构特点如下：

“壳”结构用煤：主要以1/3焦煤一和肥煤一为主，配以高分发挥气煤一和适量的焦煤一，以保证焦炭具有较高的反应性。

“核”结构用煤：主要以焦煤一和焦煤二为主，添加部分黏结能力强的肥煤一及少量瘦煤一，以保证焦炭具有足够的反应后强度*CSR*。

具体配煤试验方案特点如下：

QYJ-BY-1：“壳”中选用高挥发分的1/3焦煤一和气煤一共计36%，再添加38%的肥煤一和26%的焦煤一。使“壳”具有较强易反应性*CRI*的焦质结构，同时保证一定的冷态强度。“核”中选用19%的肥煤一和55%的焦煤二，基于“核”自身的高密度，以及肥煤和焦煤较好的膨胀和流变性能，添加26%的瘦煤一起到瘦化及骨架作用，以此保证焦炭的反应后强度 *CSR*。“壳”“核” 比例为 6∶4。

QYJ-BY-1A：配煤结构与 QYJ-BY-1 配煤结构相同，为散煤装炉，对照组。

QYJ-BY-2：对比配煤方案 1，在“壳”中提高了高分发挥 1/3 焦煤一 4%的比例，降低了 9%的肥煤一。“核”中瘦煤一比例减少 5%，同时肥煤一比例提高 5%。故此，拟选用两种不同“壳”“核”配煤结构来进行双高焦炭的制备。“壳”“核”比例同样为 6∶4。

QYJ-BY-2A：配煤结构与 QYJ-BY-2 配煤结构相同，为散煤装炉，对照组。

4.2.4 原煤准备

原料煤粉碎细度：配合煤细度约 75%。

成型煤加工：在制备成型煤的和“核”结构时，配入占核结构 1%的预糊化淀粉作为黏结剂。

4.2.5 装炉及出焦

（1）本次工业试验选取铁箱分别在 55 号、60 号、65 号、70 号炭化室中进行炼焦实验。在靠近焦侧的装煤口中放入铁箱。

（2）装炉煤的试验铁箱标记，如图 3~图 6 所示。

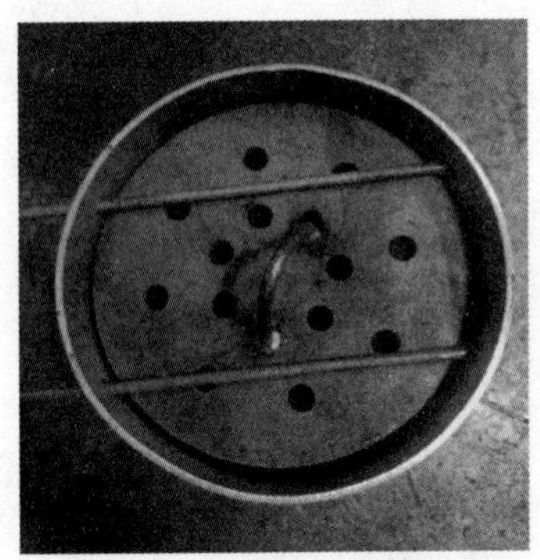

图 3 QYJ-BY-1A（散煤）

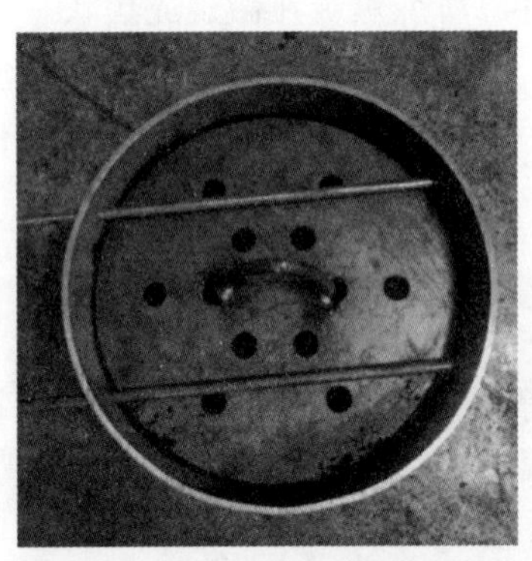

图 4 QYJ-BY-1（型煤）

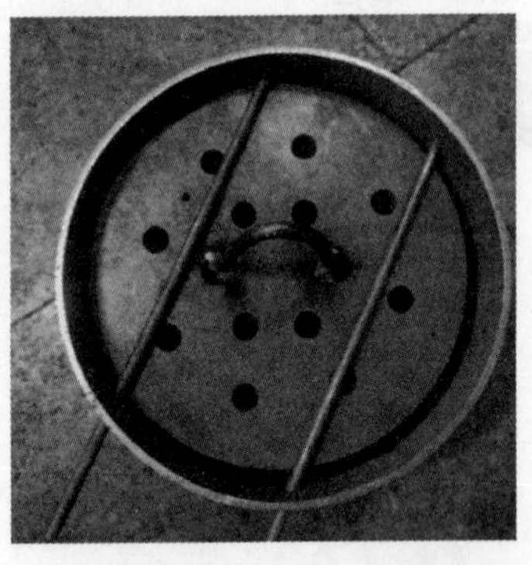

图 5 QYJ-BY-2A（散煤）

图 6 QYJ-BY-2（型煤）

（3）出焦时，在装煤孔处用铁钩将铁箱从炉顶钩出并进行熄焦，焦炭状态如图 7~图 10 所示。

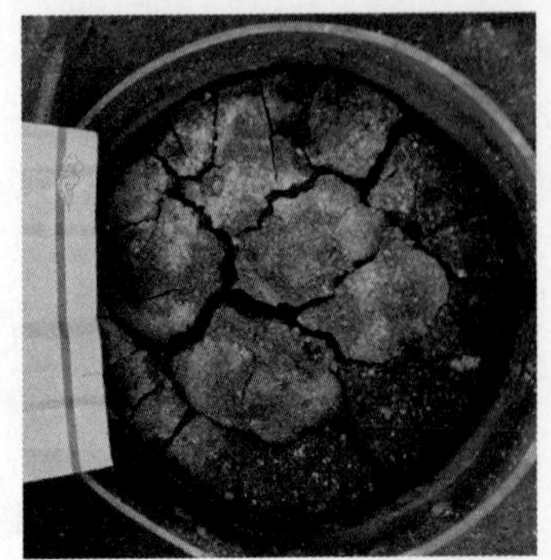

图 7 8QYJ-BY-1A 配煤方案的焦炭形态

图 8 QYJ-BY-1 配煤方案的焦炭形态

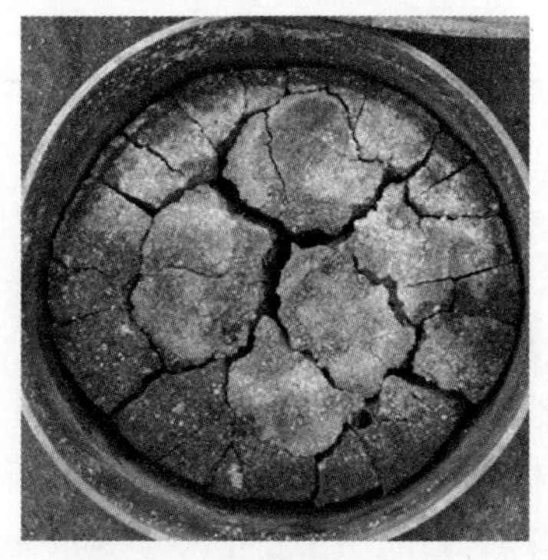
图 9　QYJ-BY-2A 配煤方案的焦炭形态

图 10　QYJ-BY-2 配煤方案的焦炭形态

4.3　实验结果

4.3.1　炭化室温度分析

在铁箱结焦过程汇总，对 4 个炭化室相邻的燃烧室进行了温度监测，炭化室左右两侧的燃烧室各火道温度稳定，除了 1 号和 2 号火道的温度较低外，其他火道温度基本都在 1320 ℃以上，焦侧火道温度区间在 1325~1335 ℃之间。不同炭化室两侧燃烧室火道温度不同，对炭化室的结焦温度也会产生波动，进而会对不同炭化室铁箱内的焦炭性能造成一定影响。

同时，对具有典型代表性的 60 号炭化室推焦前一段时间的炉顶空间温度进行监测，结果如表 3 所示。

表 3　60 号炭化室炉顶空间温度

时　间	温度/℃	备　注
15:40	728	约 90 min 检测一次
17:10	739	
18:50	754	
20:20	762	
21:50	776	
23:20	782	
00:50	791	
02:20	803	2/3 结焦时间附近，加强检测，约 60 min 检测一次
03:20	813	
04:20	822	
05:50	833	约 90 min 检测一次，累计结焦时间约 19 h
07:20	849	
08:50	862	
09:40(出炉前)	859	

从 60#炭化室炉顶温度可知，在结焦末期，炉顶空间温度最高为 862 ℃。由于铁箱放置在煤线上方，铁箱结焦温度会低于下方炼焦煤的结焦温度，影响铁箱焦炭质量。

4.3.2　铁箱试验焦炭性能分析

将铁箱试验所炼焦炭进行工业分析、全硫和热态性能分析，结果见表 4。

表 4　铁箱试验所炼焦实验数据

煤样名称	V_{daf}/%	热性质/%		焦炭质量/kg
		CRI	*CSR*	
QYJ-BY-1A（散煤）	2.24	35.9	40.8	8.40
QYJ-BY-1（型煤 6∶4）	2.08	32.5	51.5	9.05

续表 4

煤样名称	V_{daf}/%	热性质/%		焦炭质量/kg
		CRI	*CSR*	
QYJ-BY-2A（散煤）	1.45	38.6	41.1	9.20
QYJ-BY-2（型煤 6∶4）	2.80	36.8	43.3	9.40

由表 4 可知，“核壳”结构的焦炭由于“核”结构强度的提高，反应后强度有所提升，特别是 QYJ-BY-1 方案，与相同配比 QYJ-BY-1A 焦炭相比，反应后强度提高了 10.7%。虽然反应性略有降低，“核壳”结构方案中焦炭的反应性和反应后强度相加总和远大于散煤对照组，因此可认为“核壳”结构的焦炭具备双高焦炭的特性。

但由于炉顶空间温度较低的原因，铁箱试验焦炭成焦成熟性受到一定程度的影响，导致整体反应后强度偏低。因此考虑后续试验中将铁箱放置在炭化室煤层中部，进行进一步的验证。

5　结论与展望

本论文探讨了高强度高反应焦炭在富氢高铁冶炼过程中的作用，创新性地提出了高强度高反应性焦炭制备技术并进行工业铁箱试验验证。通过实验室 2 kg 小焦炉试验，提出了二元核壳配煤理论并得到初步验证，证明该高强度高反应性焦炭制备技术的可行性。通过大型焦炉铁箱工业试验，观测“核壳”结构的配煤所炼焦炭质量的性质与常规配煤焦炭质量的差异，为后续更深入的大型整炉工业验证和生产做支撑，为富氢高炉焦炭制备提供一定的技术支持。

参 考 文 献

[1] 刘然，张智峰，刘小杰，等．低碳绿色炼铁技术发展动态及展望［J］．钢铁，2022，57（5）：1-10.

[2] 徐秀丽，姜雨，张世东，等．大中型高炉高效低耗冶炼用焦炭质量评价研究进展［J］．煤质技术，2022，37（6）：26-31.

[3] 张建良，李克江，刘征建，等．氢冶金初探［M］．北京：冶金工业出版社，2021.

[4] 赵志娟．焦炭反应性及反应后强度影响因素及预测模型的研究［J］．煤炭与化工，2013，36（2）：106-109.

[5] 王超，王甘霖，梁金宝，等．炼焦煤特性对焦炭粒度影响研究［J］．鞍钢技术，2021，（6）：12-16，25.

焦炭品质对岩棉立式熔制炉生产工艺技术的影响研究

孙占龙　赵宝龙

（山西沁新能源集团股份有限公司总工程师办公室，长治　046500）

摘　要：针对焦化企业生产的用于岩棉行业立式熔制炉熔制用大块焦炭，采用冶金焦或铸造焦的产品指标标准在实际生产使用中存在一定的问题和缺陷，通过对岩棉生产立式熔制炉用焦炭的指标进行研究和相关试验分析，发现在立式熔制炉熔制过程中，大块焦炭的固定碳含量和机械强度为直接影响生产焦耗和炉况稳定运行的关键指标，并且通过试验确定了在采用立式熔制炉工艺的岩棉生产中焦炭的品质指标范围和要求。这种品质指标的补充完善弥补了冶金焦和铸造焦在岩棉生产中判别要求的不足与缺陷，同时也为焦化企业生产用于岩棉行业的高品质要求大块焦炭指标确定了方向，为调整优化前端的炼焦配煤原料和生产工艺技术提供了更大的空间。

关键词：立式熔制炉，岩棉，焦炭，机械强度，固定碳

1　概述

在岩棉行业中岩棉的生产熔制方式主要有三种，分别为立式熔制炉、电炉和池窑，其中以立式熔制炉的熔制占主导地位。立式熔制炉的主要工艺流程为：块状的焦炭和原料从熔炉顶部加入，首先进入到预热区，该区的温度是由下部的焦炭燃烧产生的高温烟气向排烟口运动所形成；预热后的原料随着炉料的下降进入还原区，还原中心区域温度达到800~1200 ℃，该区域焦炭活化产生还原气氛，还原出原料中的FeO，同时白云石等碳酸盐分解；经过还原区的炉料继续随着料柱的下降进入氧化区，氧化区在助燃风作用下，焦炭燃烧，熔体温度达到1500 ℃以上，物料在自上而下过程中，不断融合混合，起到一定的均化作用，最后高温熔化后的形成的熔岩进入炉体最底部的熔池区，该区包括岩棉熔体和铁熔体。铁熔体的密度更大，处于炉底，定期排放清理，而岩棉熔体则通过流道供给离心机成纤，进入下一道工序[1]。

2　目前对焦炭的质量指标要求

目前对焦炭的质量指标标准主要为执行GB/T 1996—2017的冶金焦国标标准和GB/T 8729—2017铸造焦国标标准，岩棉生产用焦炭方面暂无可执行的国标标准，现主要参考铸造焦国标，同时要求焦炭具有一定的热稳定性，即要求高温下有一定的反应性和反应后强度，其检测标准按照冶金焦标准执行。

通过对岩棉行业使用的各类型大块焦炭进行采样检测分析理化及性能指标，具体见表1。

表1　岩棉熔制立式熔制炉用的焦炭指标　（%）

样品编号	理化及性能指标								
	M_t	A_{ad}	V_{daf}	F_{cd}	$S_{t,d}$	M_{40}	M_{10}	*CRI*	*CSR*
Ⅰ类	1.2	8.62	1.2	89.15	0.81	88.5	10.5	30.2	26.5
Ⅱ类	0.4	9.85	0.5	88.62	1.21	91.5	7.5	32.5	38.1
Ⅲ类	1.1	11.54	1.4	86.03	1.85	87.8	11.2	28.6	33.5
Ⅳ类	3.2	11.65	0.9	86.42	0.65	92.8	6.2	25.5	48.5
Ⅴ类	2.5	10.57	0.7	87.70	1.45	93.5	5.5	24.5	51.2
平均值	1.7	10.45	0.9	87.58	1.19	90.8	8.2	28.3	39.6

通过对表1的五类焦炭数据对比分析，在岩棉生产过程中使用的焦炭质量指标存在较大差异，但总体表现为热稳定性较冶金焦要求低，且硫分指标较冶金焦和铸造焦高，最高的可达到1.85%，灰分普遍较

低，基本都在12%以内，在机械强度方面呈现为差异较大，无明显规律，说明：

（1）在岩棉生产中要求焦炭的灰分低，从而提升固定碳含量，提高单位质量焦炭燃烧释放的热量，从而降低焦比，降低生产成本，故对于立式熔制炉熔制而言高的发热量是焦炭的首要性能指标。

（2）在岩棉生产中对焦炭的硫分的控制在2%以内，通过对岩棉生产工艺及产品的化学组成分析，岩棉熔制中焦炭中的硫分基本全部与空气中的氧气结合燃烧后转化为二氧化硫进入脱硫系统，即使有少量进入岩棉产品中也不会对产品质量造成影响，故在燃料的选择方面，可以选择硫分较高的焦炭作为原料使用。

（3）在岩棉生产中对焦炭的热稳定性指标要求较低，其主要原因是由于岩棉原料主要以玄武岩和白云石为主，其密度在3.0 g/cm^{3}以内，而铸造用立式熔制炉中铁的密度在7.8 g/cm^3，同直径的立式熔制炉，单位容积下岩棉生产料柱下方的焦炭受到的重力远小于铸造生产的重力，故对焦炭在高温下的强度指标偏低的情况下也能支撑起料柱的重量，保证起良好的透气性。

（4）在岩棉生产中对焦炭的机械强度方面，从实际的使用情况分析焦炭的机械强度越高，在焦炭的生产筛分和输送倒运及装料等环节对块度的损耗越小，即耐磨强度越高，焦炭在转运过程中的粉焦量越小；抗碎强度越高，焦炭在转运过程中碎裂为小块的量越小。

3　基于应用端的焦炭产品质量标准的建立

岩棉是以玄武岩、白云石、辉绿石或花岗岩等天然矿物为主要原料，经高温熔融、高速离心和高压风喷吹或摆锤式加工制成的无机质纤维制品，包括原料制备、熔融、成纤、集棉、固化、切割等一系列生产工序[2]。通过分析岩棉熔制用的各类原料的化学指标，具体指标见表2，原料的主要组成为玄武岩和白云石，其中玄武岩的化学组成主要为二氧化硅，其次为氧化铝；白云石的主要化学组成为氧化钙，其次为氧化镁。按照配比情况计算，其原料的密度为2.8 g/cm^{3}左右，最高达到3.0 g/cm^3，在立式熔制炉内总体料柱的垂直压力较高炉和铸造用立式熔制炉小得多。

表2　岩棉熔制用原料的化学指标　　（%）

成分	SiO_2	$FeO+Fe_2O_3$	Al_2O_3	CaO	MgO	TiO_2
玄武岩	49.22	13.54	14.88	5.90	7.54	1.66
白云石	3.01	0.33	—	31.22	18.44	—
矿渣	11.57	2.05	22.53	47.31	6.88	0.34
回料	25.68	4.5	10.45	32.01	7.02	1.01

从原料的粒度所示，无论是玄武还是白云石，其入炉粒度都在50 mm以上，大部分达到了100 mm左右，按照粒度相同透气性最大原则，要求焦炭的粒度也需达到100 mm左右，可实现最佳的透气性能和保证料柱稳定性，故需要焦炭的块度在50 mm以上，以100 mm左右最佳，具体需根据立式熔制炉的直径确定粒度范围，其基本粒度组成见表3。

表3　岩棉熔制用原料的粒度组成

成　分	玄武岩	白云石	矿渣	焦炭	备注
粒径/mm	80~200	50~150	40~150	90~150	—

通过对不同粒径和质量指标的焦炭在立式熔制炉内进行实际使用的炉况情况和焦耗及产品质量情况的综合对比分析，得出岩棉熔制立式熔制炉用的焦炭指标等级要求，具体见表4。

表4　岩棉熔制立式熔制炉用的焦炭指标等级

指　标	一级	二级	三级
粒度/mm	≥140	90~140	50~90
A_{ad}/%	≤10.5	≤12	≤13.5
F_{cd}/%	≥86.0	≥84.0	≥82.0

续表 4

指　标	一级	二级	三级
$S_{t,d}$/%	≤1.0	≤1.5	≤2.0
M_{40}/%	≥90.0	≥85.0	≥80.0
M_{10}/%	≤6.0	≤8.0	≤10.0

根据表 4 中要求的指标主要为三类：

（1）灰分和固态碳含量主要是表征焦炭的发热量，灰分越低，固定碳含量越高，焦炭的发热量越大，立式熔制炉熔制过程中使用的焦耗也就越低。

（2）硫分指标主要是表征焦炭在燃烧过程中对烟气中二氧化硫的浓度，这一指标虽然对岩棉产品质量无影响，但直接关系到了生产后续的脱硫环节，烟气中的硫含量越高，使用的脱硫设备负荷压力也就越大。通过分析，原料中的二氧化硫主要来源于焦炭中硫组分燃烧氧化和原料玄武岩中硫化铁氧化还原产生的二氧化硫，由于原料（玄武岩、白云石、矿渣）中的硫均以硫酸盐的形式存在，在立式熔制炉内熔化时硫酸盐以气溶胶的形式排出废气（即烟粉尘），因此原料在立式熔制炉内仅有玄武岩中的硫化铁因氧化还原反应生成二氧化硫废气，其他原料熔制过程无二氧化硫产生。焦炭中的全硫组分包括有机硫、硫铁矿和硫酸盐，前两项为可燃性硫，燃烧后生成二氧化硫，后一项为不可燃烧列入灰分；玄武岩硫化亚铁（FeS）含量占玄武岩含铁量约 2%，在立式熔制炉内熔化时，约 50%的硫化铁发生氧化还原反应，铁以游离态流出，硫氧化形成二氧化硫[3]。

（3）抗碎强度和耐磨强度主要是表征焦炭的机械强度指标，高的机械强度可一定程度降低焦炭在转运过程中碎裂小块和粉化为焦末的量。

（4）焦炭的粒度方面需要根据冲天炉的直径和岩棉生产用玄武岩和白云石等原料的粒度组成情况确定，要求与其具有一定的粒度匹配关系，保证其在炉内的良好透气性和高温支撑炉料的稳定性，基本要求其粒度要≥50 mm 及以上。

4　结语

通过对岩棉生产中使用不同品质焦炭在立式熔制炉中的运行情况分析研究，可基本确定不同的行业使用的焦炭指标是存在一定差异的，特别是在热稳定性方面表现的差异较为明显。焦化企业在生产岩棉行业使用的焦炭中，可参照岩棉熔制立式熔制炉用的焦炭指标等级进行指标的控制，从而生产出高品质的熔岩用焦。

参 考 文 献

[1] 闫富印，孙诗兵，仇志铭，等．立式熔制炉和电熔炉熔制岩棉之比较［J］．玻璃，2024，51（5）：44-46，50.

[2] 张荣芝，张焱，史密伟，等．岩棉行业废气挥发性有机物治理技术探析及建议［J］．能源与环境，2023（4）：105-107.

[3] 汪丽婷．岩棉生产过程中立式熔制炉烟气污染物的治理［C］//行业创新大会”暨协会六届十次常务理事会论文集．“行业创新大会”暨协会六届十次常务理事会论文集：中国绝热节能材料协会，2017.

焦炭粒级分布的调控技术研究及应用

闫立强 杨庆彬 高 远

（唐山首钢京唐西山焦化有限责任公司，唐山 063200）

摘 要：建立了利用岩相组分预测焦炭质量的智能化配煤软件系统，形成了缩短炭化时间稳定焦炭质量的技术。分析了炼焦工艺控制指标与高炉返丁率指标的关系，探讨了装炉煤细度对焦炭粒级分布的影响。

关键词：装炉煤细度，高炉返丁率，炼焦工艺

1 概述

特大型高炉对原燃料质量及性能稳定性要求苛刻，原燃料质量直接制约着高炉冶炼的顺行。这主要是因为特大型高炉料柱高，重力载荷大，炉缸面积大，煤气分布控制难度大，这就对原燃料的理化性能提出了更高要求[1]。冶金焦炭作为高炉冶炼过程中的重要原料，其在高炉中发挥着供热、还原剂、骨架和供碳作用[2-3]。随着富氧喷煤技术的发展以及其他强化冶炼水平的提高，焦炭在高炉内所承担的发热剂和还原剂的作用部分地被其他喷吹燃料所取代，而作为料柱骨架的作用却日益突出。

在软熔带以下的高温区，焦炭作为炉内唯一的固态物质，其粒度直接影响料柱的透气性、透液性以及炉内其他状况[4-5]。改善焦炭粒度和粒级分布是实际炼焦生产十分重要的研究方向之一。王超等研究了炼焦煤煤质特性对焦炭粒度的影响，通过增配焦煤改善了焦炭的粒度，并且焦炭粒级分布均匀[6]；李朋等基于对运焦流程、筛分工艺及配煤水分与焦炭粒度关系的分析，明确了焦炭转运过程中焦炭粒级均匀性控制的临界条件[7]；孙凤芹等优化了焦炭筛分和焦炭储存等工艺管理方案，提高了焦炭的入仓比例。焦炭粒度及粒级分布的改善不仅能保证高炉顺稳运行，还有助于降低高炉炭仓仓下返丁率，进而提高焦炭冶金焦率，满足高炉高强度冶炼下对焦炭产量的要求[8]。因此，深入研究焦炭粒度及粒级分布的影响因素对高炉顺稳运行以及铁焦平衡控制具有重要意义。

结合焦化生产的实际情况，一方面，从炼焦煤的奥亚膨胀度和煤岩指标等煤质指标改善角度分析了其对焦炭粒度影响规律；另一方面，基于对高炉返丁率的影响因素分析，提出了逐步改善焦炭粒度分布的方法，稳定了高炉返丁率，有利于铁焦平衡控制。

2 研究内容与结果

2.1 煤质指标对焦炭粒度的影响

在炼焦过程中炼焦煤的膨胀与收缩程度是影响焦炭质量的关键因素之一，主要取决于炼焦煤高温下形成胶质体的析出速度和透气性。奥亚膨胀度作为炼焦煤煤质评价的指标之一，不仅能反映炼焦煤的胶质体数量还可区分胶质体的质量。因此，利用 300 kg 实验焦炉，对本焦化厂常用的 1/3 焦煤和肥煤进行单种煤炼焦实验，分析了奥亚膨胀度和焦炭粒度关系。由图 1 和图 2 可知，分别增配奥亚膨胀度在 110~150 和 150~200 范围内的 1/3 焦煤和肥煤，更有利于改善焦炭粒度。

此外，煤的岩相组成对炼焦煤的膨胀度也有密切关系。基于配合煤煤岩指标，并与传统煤质指标相结合，开发了预测焦炭质量的智能化配煤软件系统，并对数据库和算法训练集不断更新，预测精度较传统公式计算的精确度高。主要体现在：

（1）煤岩数据的智能化管理，完善煤焦指标在线数据库（图 3），并利用 KNN 智能算法由单种煤的镜质组反射率预测配合煤的镜质组反射率，与常规的配合煤镜质组反射率乘配比加和相比，预测精度由

47%提高至72%，实现了对配合煤的镜质组反射率分布图较为精细化的预测（图4），并为焦化厂提供合理的配煤方案指导。

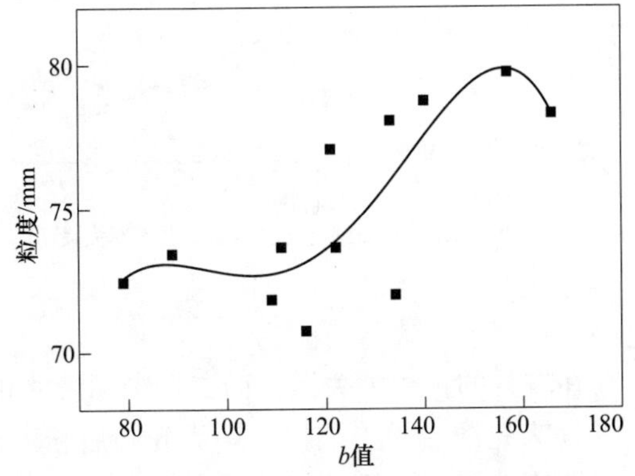

图1　1/3焦煤的焦炭块度随b值变化情况

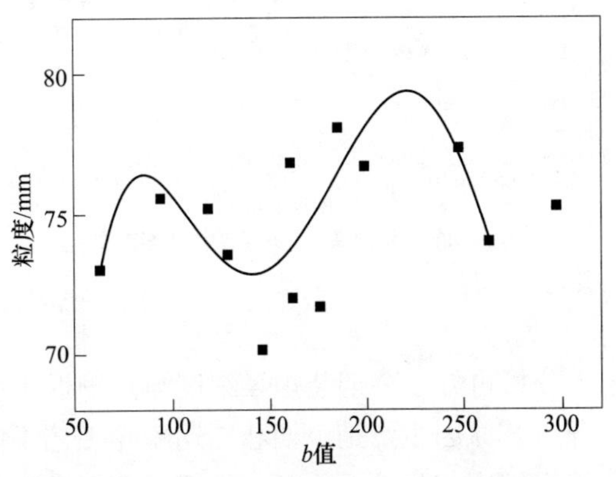

图2　肥煤的焦炭块度随b值变化情况

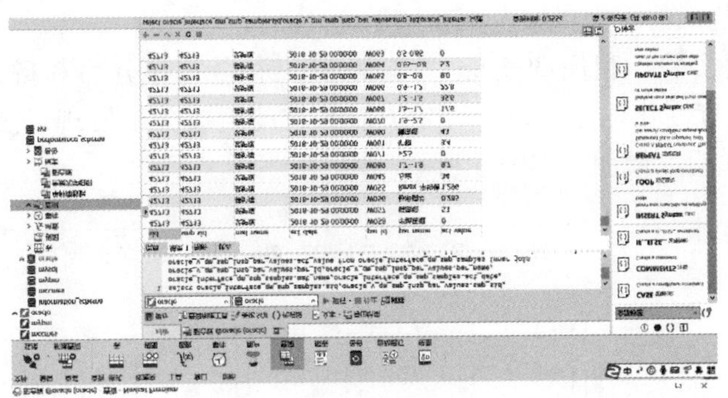

图3　煤焦在线数据库

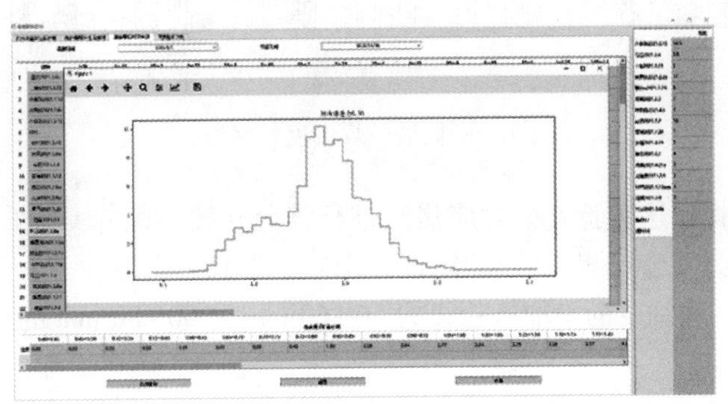

图4　预测的配合煤镜质组随机反射率分布图

（2）焦炭质量的智能化预测，基于配合煤基础性质及煤岩性质的12因素指标，建立了焦炭质量预测模型，并随时查看单种煤、配合煤和焦炭的数据波动情况，通过多种数学算法的优化，实现配煤过程中数据实时在线整合，不断更新焦炭质量数据库，校正预测结果，提升了焦炭质量的控制与预测。

2.2　炼焦工艺指标与高炉返丁率的关系

在反应焦炭质量指标中，高炉返丁率是高炉冶炼关注的重要指标之一。因此，深入研究影响高炉返丁率的因素对改善焦炭质量以及优化焦化操作具有重要的指导意义。鉴于此，7.63 m焦炉生产操作控制情况进行梳理，分析影响高炉返丁率稳定性的工艺因素，通过生产工艺优化提升焦炭粒度稳定性。

2.2.1　装炉煤细度与高炉返丁率

装炉煤中<3 mm的煤粒在全部煤中的质量百分比被称为煤的细度，也称为装炉煤细度。基于生产数据，分析了装炉煤细度与高炉返丁率的关系，如图5所示。

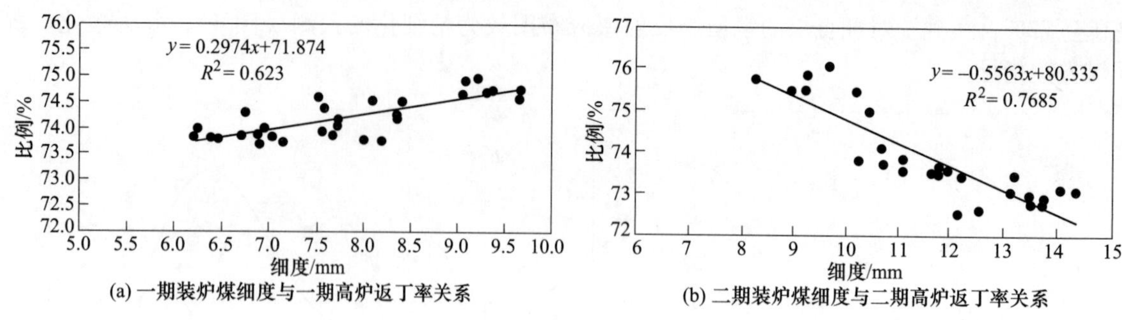

(a) 一期装炉煤细度与一期高炉返丁率关系　　(b) 二期装炉煤细度与二期高炉返丁率关系

图 5　装炉煤细度与高炉返丁率的关系

从图 5 分析可知，一期装炉煤细度与高炉返丁率的存在较强的正相关关系，而二期中两者的相关关系则相反。分析其原因主要是一期和二期粉碎工艺不同（一期为先配后粉工艺，二期为先筛后粉工艺）。进一步对装炉煤细度与高炉返丁率的进行线性拟合，其中二期线性拟合结果更好，拟合度 R^2 为 0.77，一期的拟合度 R^2 为 0.62。考虑到装炉煤细度变化范围较窄，仅为 73.5%～75.0%，为了验证上述结果，采用 300 kg 实验焦炉进行更大范围的装炉煤细度变化实验。

（1）不同装炉煤细度实验。利用 300 kg 实验焦炉，采用先筛分后粉碎的工艺，开展细度范围为 72.5%～95.2%的装炉煤细度变化炼焦实验。对装炉煤的粒度组成分析发现，随着装炉煤细度的增加，其小于 5 mm 粒级炼焦煤占比明显增加，如图 6 所示。

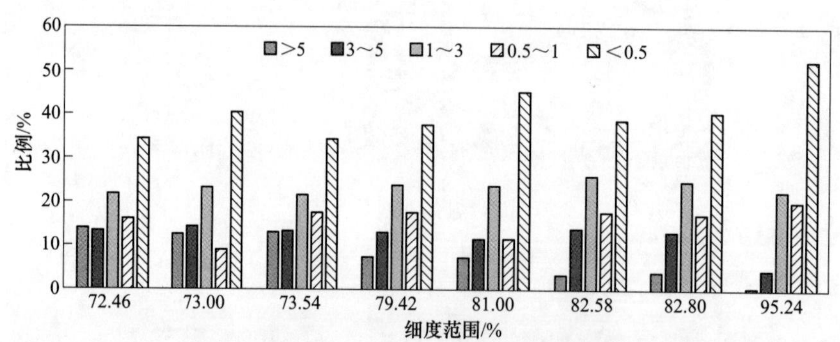

图 6　不同装炉煤细度粒度组成

（2）焦炭质量分析。将上述实验方案对应焦炭进行筛分并按照国标 GB/T 2006—2008 进行焦炭的抗碎强度（M_{40}）和耐磨强度（M_{10}）测定，所得结果如图 7～图 10 所示。

由图 7 可知，随着装炉煤细度的增加，粒级为 40～60 mm 和 60～80 mm 的焦炭比例增加，说明焦炭粒级变得均匀。

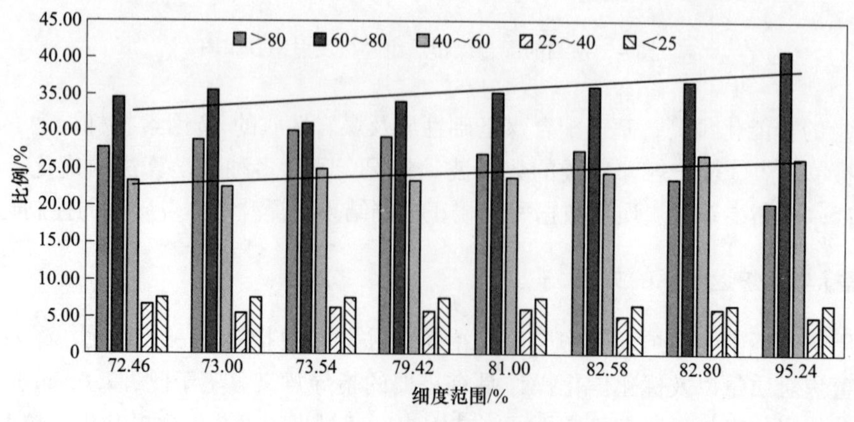

图 7　焦炭粒级分布比例

由图 8 和图 9 可知，随着装炉煤细度的增加，粒级大于 80 mm 的焦炭占比减少，可减少焦炭在运输过程中，因摔打造成小块焦炭的增加；小于 25 mm 的焦炭减少，可降低焦丁量。随着装炉煤细度的增加，焦炭平均粒度略有降低，主要是因大于 80 mm 的焦炭比例降低。

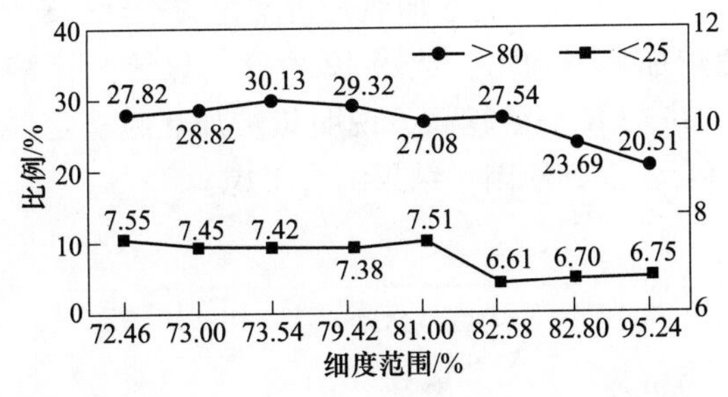

图 8　大于 80 mm 和小于 25 mm 焦炭比例变化

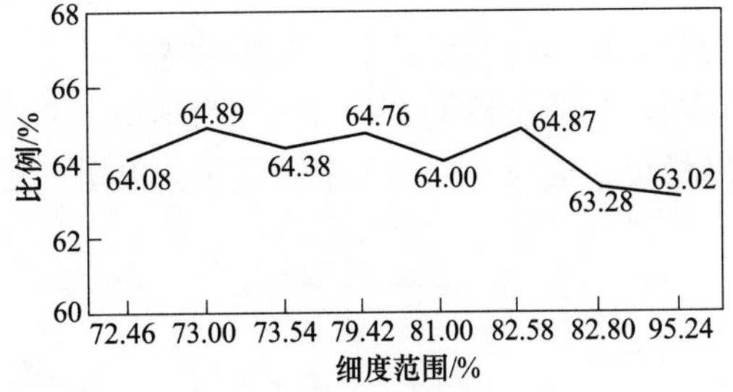

图 9　焦炭平均粒度变化

由图 10 可知，随着装炉煤细度的增加，焦炭 M_{40} 呈升高趋势；焦炭 M_{10} 呈降低趋势，说明细度增加可改善焦炭冷态强度。

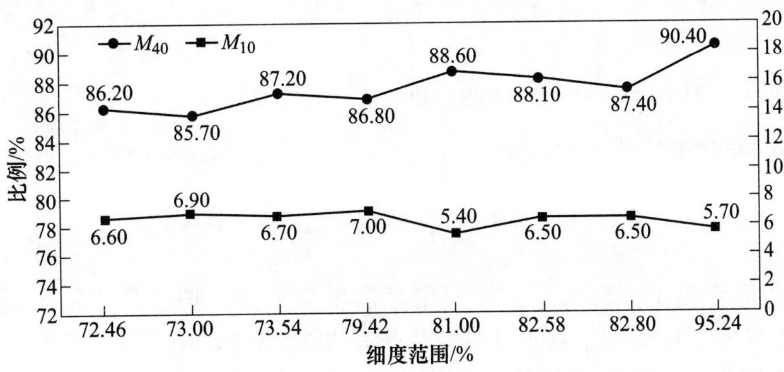

图 10　焦炭抗碎强度（M_{40}）和耐磨强度（M_{10}）变化

实际生产中，装炉煤细度不宜太高，否则会因过度粉碎导致炼焦煤细颗粒组分（如粒径 0. 2 mm 以下的）占比过高，主要负面影响包括：（1）炼焦煤运输中扬尘严重，恶化皮带通廊工作环境；（2）装煤车装煤时的工作环境恶劣，易扬尘；（3）细颗粒过多的装炉煤会导致焦炉炉顶空间积炭严重，造成炉顶空间温度过高，同时造成上升管堵塞；（4）细颗粒多、粉尘大煤粉会伴随荒煤气一起输运至化产回收，造成化产焦油渣量增加；（5）炉顶空间温度高，促进荒煤气中化工产品的裂解，降低化工产品收率[9]。故应结合生产实际逐步提高装炉煤细度。

2.2.2　焦炉温度控制与高炉返丁率

研究显示，在相同的炭化时间下，不同标准的温度，焦饼中心温度不同，当炭化室内温度升高，焦炭的内应力增加，焦炭的块度也会随着裂开而减小，从而影响焦炭粒级[10]，因此应分析焦炉温度控制与高炉返丁率的关系。

（1）焦炉直行温度与高炉返丁率的关系。由图 11 可知，焦炉温度与高炉返丁率呈正相关关系。主要是因焦炉温度升高，加热速率升高，根据成焦的理论，结焦速率加快，焦炭的裂纹增加，从而导致高炉

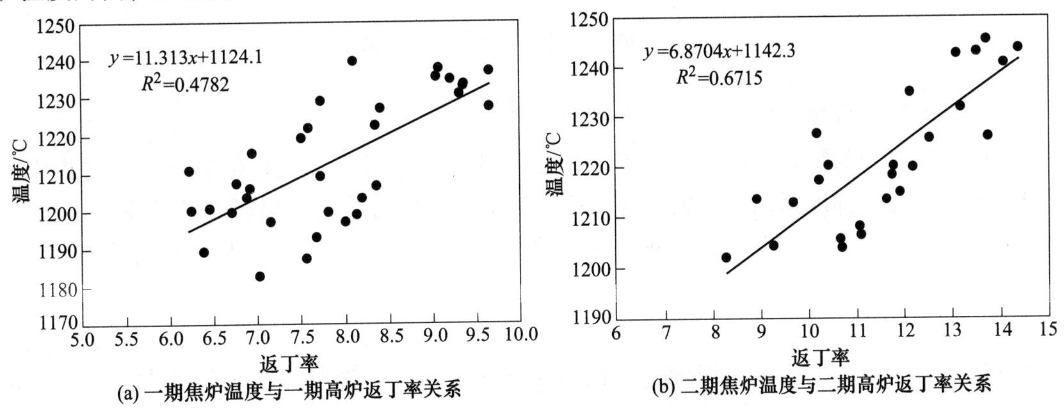

图 11　焦炉直行温度与高炉返丁率的关系

返丁率增加。焦炉温度与高炉返丁率的线性相关性分析，一期和二期的拟合度分别为 0.48 和 0.67。

（2）焦炉 K 平稳与高炉返丁率的关系。K 平稳是评估全炉各炭化室加热是否均匀的指标。K 平稳为 1 可以认为全炉加热均匀无异常，K 平稳越接近于 1，焦炉加热越均匀。从图 12 可知，焦炉 K 平稳与高炉返丁率存在较强的正相关关系。但这与理论分析相反，焦炉 K 平稳越高，说明焦炉加热越稳定，有利于焦炭粒级稳定，应与高炉返丁率呈负相关关系，还需综合考虑其他因素结果综合考虑。

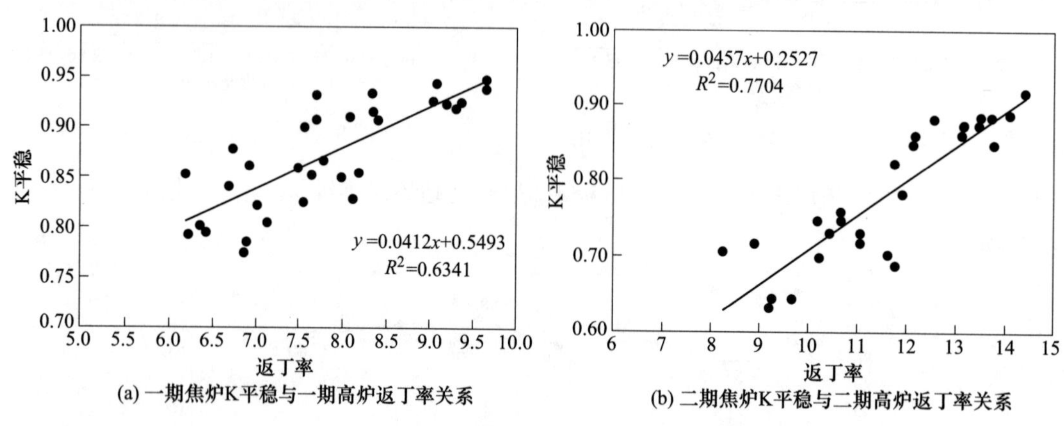

图 12　焦炉 K 平稳与高炉返丁率的关系

（3）焦炉 K 安定与高炉返丁率的关系。K 安定是衡量整个焦炉炉温是否稳定的标志。K 安定为 1 可以认为全炉加热稳定无异常。K 安定越接近于 1，焦炉加热越稳定。由图 13 可知，焦炉 K 安定与高炉返丁率的关系，一期为负相关，二期为正相关，趋势相反。从逻辑上分析，焦炉 K 安定越高，说明焦炉加热越稳定，有利于焦炭粒级稳定，应与高炉返丁率呈负相关，为正常关系。一期焦炉 K 安定与高炉返丁率呈负相关，但相关性较差，R^2 为 0.29。二期焦炉 K 安定与高炉返丁率呈正相关，R^2 为 0.78，但与逻辑不符。

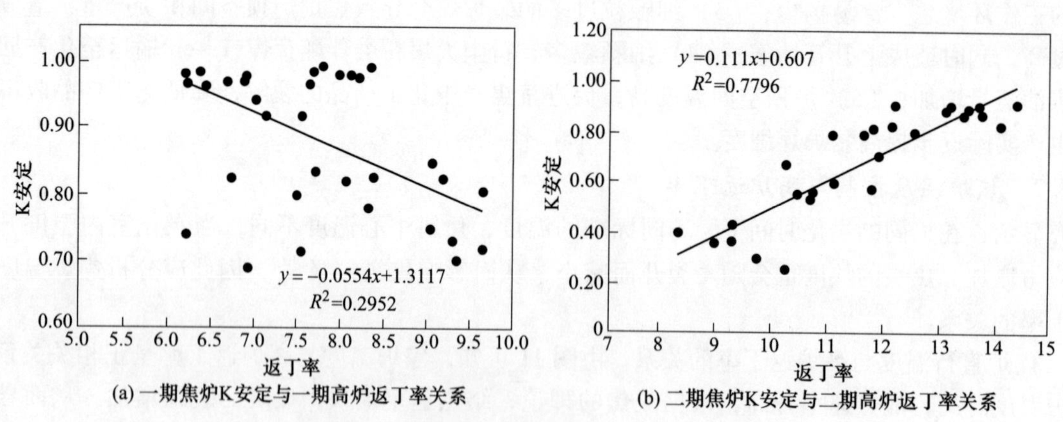

图 13　焦炉 K 安定与高炉返丁率的关系

2.2.3　炭化时间与高炉返丁率

焦炉炭化时间的延长与缩短，同时伴随着焦炉温度的降低与升高，也直接影响炼焦过程中的加热速率。炭化时间延长，温度梯度降低，结焦速率降低，焦炭的内应力减小，焦炭裂纹减少，焦炭块度提高；反之，炭化时间缩短，温度梯度升高，结焦速率升高，焦炭的内应力增加，焦炭裂纹增加，焦炭块度降低。因此焦炉炭化时间也是焦炭质量以及焦炭粒级的重要影响因素。

从图 14 来看，随着焦炉炭化时间的缩短，高炉返丁率呈上升趋势。主要是因缩短炭化时间，焦炉温度升高，加热速率升高，根据成焦的理论，炭化速率加快，焦炭的裂纹会增加，从而使导致高炉返丁率增加。

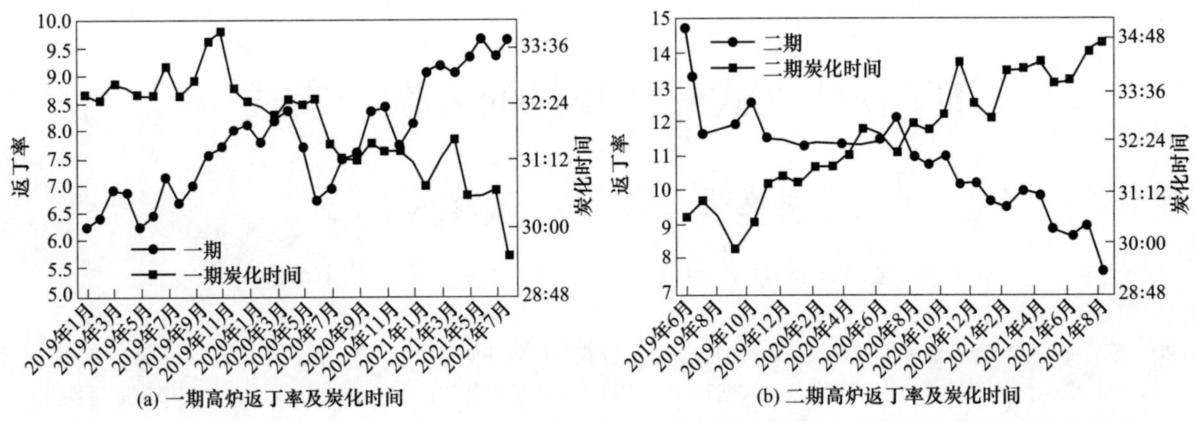

图 14　焦炉炭化时间与高炉返丁率的关系

3　结论

（1）由于一二期粉碎工艺不同，装炉煤细度与高炉返丁率的关系不同，一期为正相关，二期为负相关。根据不同装炉煤细度对比实验结果，结合生产实际情况，逐步调节先筛后粉工艺的装炉细度，并观察焦炭质量变化。

（2）焦炉温度与高炉返丁率呈正相关性，焦炉温度直接影响焦炭粒级。

（3）焦炉 K 平稳、K 安定与高炉返丁率相关性虽然较好，但与逻辑不符，不能作为影响焦炭粒级的因子分析。

（4）焦炉炭化时间缩短，高炉返丁率升高，说明焦炉炭化时间直接影响焦炭粒级。

（5）建立了更加准确的智能化焦炭质量预测模型，实现了对焦炭质量的动态预测。

综上所述，焦化工艺控制指标中，装炉煤细度与高炉返丁率的关系，一二期应区别对待；装炉煤细度、焦炉温度、炭化时间与高炉返丁率相关，是影响焦炭粒级的重要因子。

参 考 文 献

［1］邹忠平，项钟庸，王刚．修编《高炉炼铁工程设计规范》［C］//中国钢铁年会暨宝钢学术年会．2015.

［2］吴铿，折媛，刘起航，等．高炉大型化后对焦炭性质及在炉内劣化的思考［J］．钢铁，2017，52（10）：1-12.

［3］Huang J，Guo R，Wang Q，et al. Coke solution-loss degradation model with non-equimolar diffusion and changing local pore structure［J］. Fuel，2020，263：116694.

［4］竺维春，张雪松．风口焦炭取样研究对高炉操作的指导［J］．钢铁研究，2009，37（4）：13-16.

［5］Numazawa Y，Saito Y，Matsushita Y，et al. Large-scale simulation of gasification reaction with mass transfer for metallurgical coke：Model development［J］，Fuel，2020 266：117080.

［6］王超，王甘霖，梁金宝，等．炼焦煤特性对焦炭粒度影响研究［J］．鞍钢技术，2021（6）：12-16，25.

［7］李朋，代鑫，齐二辉，等．影响焦炭粒度稳定性的因素分析［J］．燃料与化工，2022，53（3）：11-15.

［8］孙凤芹，杨双印，朱立坤．筛运焦系统影响焦炭粒度的分析研究［J］．燃料与化工，2018，49（2）：8-11.

［9］李玉清，闫立强．交叉筛在炼焦配煤生产中的应用前景探讨［J］．煤质技术，2018（1）：28-30.

［10］毛航宇．工艺因素对焦炭质量的影响及改进［J］．化工管理，2019（3）：102-103.

HT 换热立式热回焦炉的开发与实践

韩克明　徐　列　薛改凤

（华泰永创（北京）科技股份有限公司，北京　100176）

摘　要：简述了炼焦行业的发展现状，化产回收焦炉与卧式热回收焦炉生产过程中存在的问题，介绍了 HT 换热立式热回收焦炉炼焦技术的创新与实践，实践证明立式热回收焦炉更加清洁、节能与低碳。通过配煤试验证明立式热回收焦炉可采用卧式热回收焦炉同样配煤结构；通过模拟热态维修证明存在荒煤气平衡道在不影响生产条件下可以进行焦炉在线维修。

关键词：炼焦行业，立式热回收焦炉，创新实践，新技术开发，发展

1　概述

钢铁工业作为国民经济的基础产业，是衡量一个国家综合国力和工业化程度的重要标志，是最硬核的制造业之一。焦炭是钢铁工业重要的燃料和还原剂，在国民经济的发展中起着重要的作用。2023 年我国焦炭产量达到 4.93 亿吨，在未来很长一段时期内，长流程的钢铁生产仍将以高炉炼铁工艺为主，这就决定了对焦炭的持续需求。现代焦炉发展已有一百多年历史，主要有化产回收焦炉与无化产回收焦炉（热回收焦炉），化产回收包括顶装焦炉和捣固焦炉。化产回收焦炉虽然在大型化、高效化、智能化以及绿色化方向有了长足的发展，但是没有从根本上解决焦化行业面临的环境污染问题；热回收焦炉负压操作，环境清洁，生产过程没有无组织排放，没有废水、废渣产生，以其显著的清洁环保优势越来越受到人们青睐，但目前国内外多为卧式热回收焦炉，由于“宽而矮”的炭化室结构，存在着效率低、能耗高等不适应绿色及“双碳”经济发展的突出问题，开发更加高效节能的新型清洁热回收炼焦技术势在必行。

2　炼焦行业发展现状

2.1　化产回收焦炉

化产回收的顶装和捣固焦炉炼焦技术目前在我国占主导地位，产量占比在 90% 以上，技术成熟可靠。随着节能环保的要求，炭化室高度 5.5 m 以下的捣固焦炉、6 m 以下的顶装焦炉已陆续退出市场，焦炉大型化成为发展趋势。但由于自身生产工艺所决定的生产无组织排放（VOCs 及粉尘）、焦化废水、固废危废的产生对环境带来的污染无法避免，且为了满足环保要求而增加的投资及运行成本是企业不得不面临的现实问题，其工艺流程如图 1 所示。

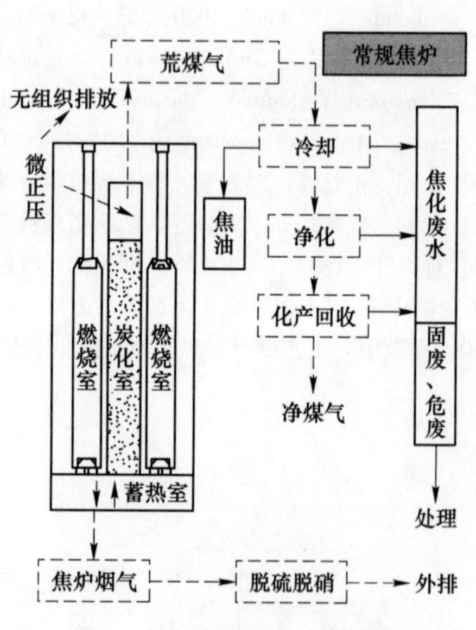

图 1　常规焦炉炼焦工艺流程

2.2　热回收焦炉

热回收焦炉是将炼焦产生的荒煤气直接在焦炉内燃烧为炼焦提供热量，产生的高温烟气进行余热回收及脱硫除尘后达标排放。与化产回收焦炉相比，无荒煤气冷却净化回收化产品的工序，生产过程为负压。其工艺流程如图 2 所示。

热回收焦炉炼焦实现了：（1）生产过程无焦化废水、无固废危废产生；（2）焦炉负压操作，没有 VOCs 排放和无组织排放，环境清洁；（3）优质炼焦煤配用量低；（4）焦炉高温烟气中氮氧化物浓度在 100 mg/m^3 左右，无需脱硝处理即可达到超低排放指标的要求。真正体现了源头控制、过程清洁的先进环保理念和节约优质资源的显著优势。

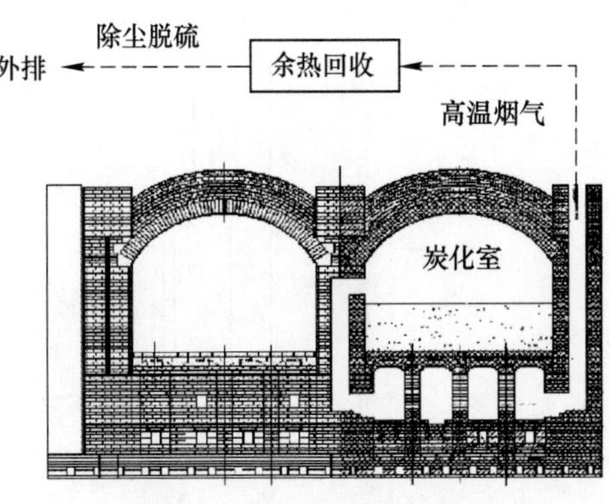

图 2　热回收焦炉工艺流程

目前国内外使用的热回收焦炉多为卧式热回收焦炉，存在以下问题亟须解决：

（1）炭化室“宽而矮”，煤饼高度 1.1 m 左右，宽度 3.6 m 左右，结焦时间长达 70 h，生产效率低，焦炭质量不均匀。

（2）占地面积大、炉体表面散热量大、建设投资大。

（3）直接加热和间接加热并存，焦炭烧损不可避免。炭化室顶部进入的冷空气与荒煤气燃烧直接加热煤饼，带来 2%~6%焦炭烧损的同时影响加热效率。

（4）热回收焦炉实现荒煤气均衡分配均匀燃烧加热是世界性难题，目前国内外尚无有效解决办法，造成结焦过程供热波动大，可控性差，严重影响焦炭产量质量的同时易发生炉体高温事故。

（5）焦炉加热在高向纵向和横向多个维度上缺乏有效调节手段。

（6）保护炉体安全的空气垫层为自然对流，存在散热损失。

（7）资源利用效率较化产回收焦炉低。

针对现有化产回收焦炉和热回收焦炉存在的问题，由华泰永创主导，联合黑龙江建龙和山西畅翔等，通过集成化产回收焦炉高效节能的炉体结构和热回收焦炉清洁环保的炼焦工艺，通过进一步提升创新，开发出清洁高效节能的新型热回收焦炉-换热立式热回收焦炉炼焦技术，并取得良好实践效果。

2.3　换热立式热回收焦炉关键技术创新

换热立式热回收焦炉自上而下立体布置，主要设有：（1）含有荒煤气平衡道的炉顶区；（2）“窄而高”的室式燃烧室-炭化室；（3）预热空气的换热室；（4）焦炉高温烟道。焦炉实体照片与结构示意图见图 3。

换热立式热回收焦炉关键创新技术包括：

（1）基于化产回收焦炉高效炉体结构及间接加热技术。采用化产回收焦炉“窄而高”的炭化室结构，占地面积小，结焦时间短；设计有荒煤气双侧跨越孔结构，使炭化室产生的荒煤气同时进入两侧燃烧室立火道内与空气混合燃烧，实现连续间接倒焰式加热，解决了热回收焦炉焦炭烧损问题，同时提高加热效率。

（2）换热室—空气预热技术。开发出多层高效间接换热室结构，将高温烟气热量通过炉墙传给助燃空气，对空气进行预热，进一步提高加热效率。

（3）保证焦炉加热均匀性的多维度调节结构与技术。开发出煤气平衡道与跨越孔结构，实现炼焦过程中荒煤气对各燃烧室立火道的均衡分配；每个立火道分段供入空气与荒煤气混合燃烧，使高向加热更加均匀；空气、荒煤气、烟气等多种气体调节结构，操作更加灵活。同时焦炉周转时间一定时，空气无需调节，减小劳动强度。

（4）设计开发带有气体垫层的焦炉安全节能环保技术。在焦炉底部设置气体垫层，使燃烧用空气和回炉废气分别通过相应气体垫层进入焦炉，实现对高温炉体降温，保证炉体安全，回收散失热量。同时利用回炉烟气稀释助燃气体氧浓度，拉长火焰，降低燃烧温度，保护炉体安全，降低氮氧化物产生量。

2.4　换热立式热回收焦炉的建设与生产

2020 年 3 月开始换热立式热回收焦炉的工程建设。项目利用黑龙江建龙化工有限公司现有 4.3 m 捣

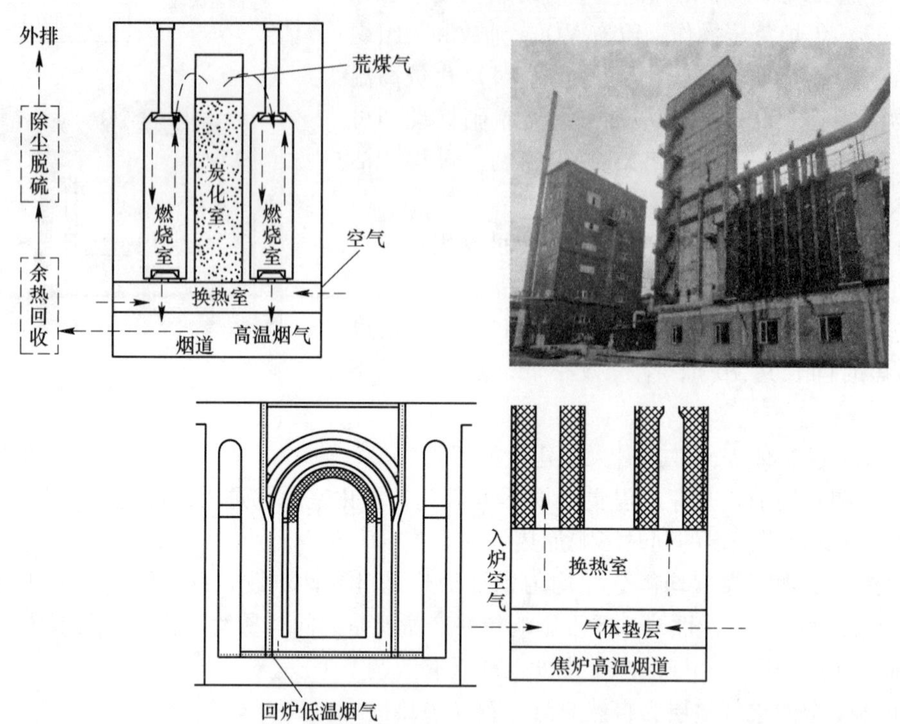

图 3　换热立式热回收焦炉及结构示意图

固焦炉生产条件（备煤系统、焦炉机械、焦炭处理系统、除尘系统等），在现场 4 号焦炉端台外侧新建 7 孔 4.3 m 立式热回收焦炉及余热利用设施。

项目于 2020 年 12 月点火烘炉，2021 年 3 月 17 日成功装煤并顺利出焦。过程中建立了符合本项目特点的烘炉方案、开工方案和生产操作规程。换热立式热回收焦炉烘炉及开工投产图片见图 4。

图 4　换热立式热回收焦炉烘炉及开工投产图片

经过调试运行平稳后，共进行不同结焦时间下的三轮标定工作，焦炉周转时间由装煤初期的 36 h 至标定结束后稳定运行的 21 h，结焦时间比设计值 22.5 h 缩短了 1.5 h。

2021 年 9 月 24 日完成标定后，由黑龙江建龙进行生产操作运行，情况良好，稳定运行至今。生产过程环境清洁，没有无组织排放，有效解决了化产回收焦炉带来的污染问题。换热立式热回收焦炉见图 5。

2021 年 12 月 28 日，中国金属学会组织了“高效节能换热立式热回收焦炉炼焦技术开发与应用”技术成果评定会，与会专家给予“该项科技成果达到国际领先”的最高评价。

图 5　换热立式热回收焦炉

生产实践中发现，由于换热立式热回收焦炉产生的荒煤气经炉顶跨越孔直接进入立火道，不需要化产回收焦炉所需的荒煤气流通断面。经过优化，装煤高度可由设计值的4.1 m提高到4.25 m，增加了单孔装煤量，进而提高了生产效率。

2.5　换热立式热回收焦炉的热态维修

换热立式热回收焦炉由荒煤气平衡道把炭化室进行连通，平衡生产过程中各炭化室产生的荒煤气量。如何在单个炭化室出现问题时，在不影响其他炭化室生产的条件下进行焦炉维修成为对外推广时业主关注的问题。

2022年9月，项目组进行了换热立式热回收焦炉模拟热态维修工作，见图6。实践表明，通过堵塞炉顶跨越孔和煤气平衡道，能有效避免顶部荒煤气进入维修炭化室，热修过程与化产回收焦炉基本相同，热态维修简便可行。

图6　换热立式热回收焦炉热态维修

2.6　换热立式热回收焦炉配煤

换热立式热回收焦炉炭化室尺寸与对应型号捣固化产回收焦炉基本相同，根据炼焦工艺设计规范规定，装炉煤的干燥无灰基挥发分范围在30%~33%。而热回收焦炉炼焦工艺特点决定了降低配合煤挥发分、提高焦炭成焦率能够创造更高的效益。

华泰永创对国内外卧式热回收焦炉的配煤质量指标进行了分析和配煤炼焦试验，结果表明：卧式热回收焦炉配煤中配入无烟煤（或贫瘦煤）量一般在20%~40%，挥发分V_d在18%~24%，国内一般约为24%，配煤胶质体最大收缩值$X>30$ mm，无膨胀性。这种配煤在立式捣固焦炉上炼焦可顺利推焦，炭化室炉体不会受膨胀压力影响。

通过对某卧式热回收焦炉配合煤与化产回收焦炉配合煤进行小焦炉试验，试验结果如图7、表1所示，说明干基挥发分即使达到18%，炼焦过程收缩明显。

表1　卧式热回收焦炉配煤与化产回收焦炉配煤小焦炉试验检测数据

序号	测试项目	化产回收焦炉配煤	卧式热回收焦炉配煤	备　注
1	装煤质量/kg	15.85	15.45	捣固过程和装煤高度一致
2	装煤水分/%	10.2	10.7	
3	焦炭高向收缩率/%	1.79	3.16	
4	焦炭径向收缩率/%	5.14	9.38	

在上述工作基础上，2023年9月，在黑龙江建龙在生产的立式热回收焦炉上进行配煤炼焦试验。采用低挥发分配煤炼焦试验，其中俄罗斯喷吹煤（V_d约为14%）配比40%，配煤挥发分V_d约为22%。结果表明，装煤推焦均很顺利，焦炭收缩明显，焦炭成熟后，推焦电流140A，低于采用化产回收焦炉配煤时对应的推焦电流。

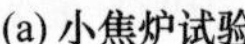

(a) 小焦炉试验

(b) 成熟后焦炭

(c) V_d 约为18%卧式热回收焦炉配合煤

(d) V_d 约为28%化产回收机焦炉配合煤

图 7　小焦炉试验

通过理论研究及试验表明：立式热回收焦炉可以采用与卧式热回收焦炉同样的低挥发分高无烟煤配比的配合煤进行炼焦生产，装煤推焦顺利，焦炭质量略优于卧式热回收焦炉。

2.7　换热立式热回收焦炉优势

与卧式热回收焦炉相比，换热立式热回收焦炉具有如下优势（表 2）。

表 2　热回收焦炉比较表

序号	比较内容		换热立式热回收焦炉	卧式热回收焦炉
1	环保	清洁环保	一致	
		炼焦过程碳排放/$tCO_2 \cdot t^{-1}$	0.62	0.76
2	节能	炉体表面散热量（相对比例）	1	5~7
		吨焦能耗①/kgce · t 焦$^{-1}$	<100	150~180
	焦炭烧损/%		<0.1	2~6
3	焦炉周转时间/h		21	66~72
4	调节手段		灵活多维度	可调性差
5	工程用地面积（相对比例）①		约 0.76	1
6	吨焦建设投资①/元		约 1117	约 1243

① 内容计算依据为 150 万吨规模。

换热立式热回收焦炉由于结焦时间比化产回收焦炉短，装煤高度高，因此，生产效率提高 10%以上，吨焦能耗低 10%~20%。

生产实践表明：换热立式热回收焦炉具有显著的清洁环保、生产效率高的特点，投资低，占地面积小，配煤成本低，可以节约优质炼焦煤资源，适应焦化行业未来绿色、高效发展的要求，符合国家“双碳”的发展理念，对引领焦化行业的发展具有重要意义。

3　结语

换热立式热回收焦炉自 2021 年 3 月中旬投产至今，已连续稳定运行 3 年多。散热量是卧式热回收焦炉的 1/7~1/5，吨焦能耗不超过 100 kgce，吨焦投资比卧式热回收焦炉低 100~200 元，焦炉本体占地面积是卧式热回收焦炉的一半。

换热立式热回收焦炉具有显著的清洁环保、生产效率高的特点，适应焦化行业未来绿色、高效发展的要求，符合国家“双碳”的发展理念，对引领焦化行业的发展具有重要意义。具备广泛推广应用条件，已经有蒙古国、津巴布韦等多家国内外客户有意采用本项技术进行焦电工厂的建设。

换热立式热回收焦炉后期开发富氧/全氧燃烧耦合气化工序，在降低焦炉能耗、减少烟气量的同时，实现焦炉烟气资源化利用，为冶金工业气基还原、氢冶金和合成化工工业提供原料气，实现炼焦生产清洁、高效、无污染的全过程产品化流程，能效和经济效益大幅提升，为我国乃至世界焦化行业开辟了一条实现极致绿色和极致能效、更具竞争力的可持续发展之路。

参考文献

[1] 杨勇，张义华，蔡律律，等. 富氧燃烧的工业应用进展分析［J］. 能源与节能，2021（7）：179-181.
[2] 苏俊林，潘亮，朱长明. 富氧燃烧技术研究现状及发展［J］. 工业锅炉，2008（3）：1-4.

大型绿色智能定制化焦炉研发与应用

李光辉　毕　康　单传俊

（山东省冶金设计院股份有限公司，济南　250101）

摘　要：介绍了山冶设计与PW联合开发设计的大型绿色智能定制化SWJ系列顶装焦炉及SWDJ系列捣固焦炉的主要特色技术和优势，焦炉通过采用大容积炭化室技术、空气多段助燃、双联火道、大废气循环、薄炉墙、蓄热室分格等源头控硝、过程控硝、低氮燃烧及低耗炼焦技术，多段式保护板技术，SOPRECO®单孔调压技术，非对称式烟道技术，无烟装煤技术，焦炉先进智能化技术等一系列先进技术，使焦炉氮氧化物排放浓度达到国家、行业及各地特别限值排放标准，焦炉炼焦耗热量达到特级炉标准，是代表世界一流工艺水平的大型绿色智能焦炉，在焦炉炉体、节能环保、自动化水平等方面达到国际先进水平，对中国炼焦行业向大型、绿色、智能化产业升级具有重大实践意义。

关键词：焦炉先进技术，大型化，智能化，定制化

1　概述

近年来，为进一步加快焦化行业转型升级，促进行业技术进步，提高行业集中度，提升资源综合利用率和节能环保水平，国家及行业各部门相继出台了一系列重要政策和行业指导性文件，深化供给侧结构性改革，提高准入标准，促进产业结构升级，以加快推进焦化行业高质量发展。山冶设计始终以绿色环保、节能减排、安全高效、煤炭的清洁利用为目标，与意大利PW独家合作，近几年技术研发不断取得突破，采用世界一流工艺和技术为企业量身定制联合研发了SWJ系列7 m、7.3 m、7.6 m等大容积顶装焦炉以及SWDJ系列6.25 m、6.73 m、7.15 m大容积捣固焦炉，在焦炉炉体、焦炉机械、工艺装备、自动化和环保水平等方面达到国际先进水平，是焦炉大型化、绿色化、智能化发展的先进代表之一。其中山钢日照7.3 m顶装，华菱湘钢7.3 m顶装，河南利源6.25 m捣固，河北新兴、山西闽光及河北新彭楠6.73 m捣固，山西盛隆及云煤7.6 m顶装等均已投产，运行效果良好，目前达钢7 m顶装、凌钢7.6 m顶装、印度AMNS6.25 m捣固等焦炉处于建设阶段。

2　炉体结构及参数

SWJ系列顶装焦炉及SWDJ系列捣固焦炉均为双联火道、多段空气助燃、大废气循环、焦炉煤气下喷、蓄热室分格、空气及混合煤气外部调节的非对称烟道的大型绿色智能化焦炉。焦炉炉体主要尺寸及工艺参数见表1。

表1　代表性焦炉炉体主要尺寸（热态）及工艺参数

序号	项　目	单位	典型顶装焦炉			典型捣固焦炉	
1	焦炉型号		SWJ70	SWJ73	SWJ76	SWDJ625	SWDJ673
2	炭化室高度	mm	7086	7305	7600	6250	6730
3	炭化室全长	mm	19846	19846	20900	16815	19210
4	炉墙厚度	mm	90	90	90	90	90
5	炭化室有效容积	m^3	69.27	71.5	78.9	43.7	58.99

3 定制化焦炉先进特色技术

3.1 焦炉炉体先进设计技术

采用FAN火焰分析技术分析焦炉燃烧室燃烧状况，最优化焦炉炉体及加热系统设计；采用VAP焦炉组装技术对焦炉三维化设计，自动生成耐材材料表，完成焦炉预砌筑；采用RAN蓄热室分析技术优化蓄热室结构及热量分布。

焦炉炭化室采用薄炉墙技术，炉墙厚度为90 mm，同时采用高导热硅砖，提高炭化室侧炉墙的传热效率，加快炭化室内煤料炼焦速度，降低炼焦能耗[1]。同时，优化了燃烧室砖层高度，同等砌筑高度上减少了水平砖缝的数量，炉体结构严密，荒煤气不易串漏。同时，焦炉炉墙极限侧负荷达到12 kPa以上，炉体强度高，焦炉使用寿命长。

蓄热室下部黏土砖及上部硅砖间合理设置滑动层，避免上下温差导致膨胀不均产生局部拉裂，焦炉炉体严密，延长使用寿命。炉顶区下部高温区使用硅砖砌筑，上部低温区使用黏土砖砌筑，两者之间设置滑动层，并用保护板在烘炉前压紧黏土砖，在烘炉过程中炉顶耐材有保护板压力保护，黏土砖不会随硅砖的膨胀而移动，避免烘炉结束后在炉顶区出现大量裂缝，且烘炉末期炉体不需要灌浆，炉头不需要重砌，保证炉体严密性。焦炉炉体设计示例见图1。

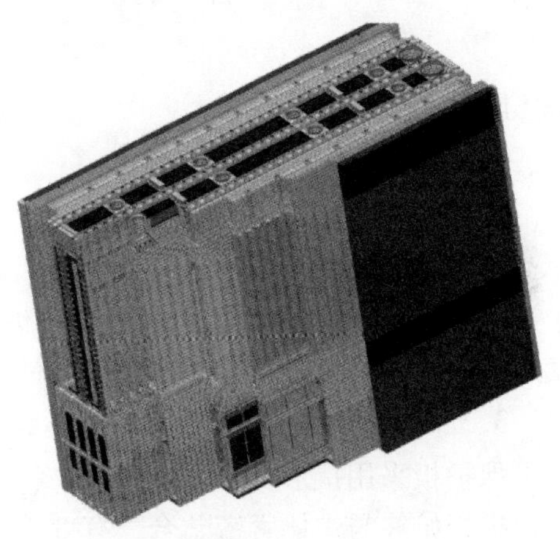

图1　焦炉炉体设计示例

3.2 源头控硝、过程控硝及低耗炼焦技术

SWJ系列及SWDJ系列焦炉均采用多段空气助燃、双联火道、废气循环、薄炉墙、蓄热室分格及非对称式烟道等技术，并且采用FAN火焰分析系统分析焦炉燃烧室燃烧状况，最优化焦炉炉体及加热系统设计，保证炉体高向加热均匀性，减少氮氧化物和上升管根部石墨的产生。同时采用炉顶隔热浇筑层、装煤孔盖等节能措施，降低炼焦耗热量。

（1）FAN火焰分析模型及仿真燃烧技术。采用FAN火焰分析模型技术模拟焦炉燃烧室燃烧状况，优化焦炉炉体及加热系统设计，保证炉体高向加热均匀性，降低炼焦耗热量，减少氮氧化物和上升管根部石墨的产生。

（2）空气多段助燃+大废气循环量控硝燃烧技术。SWJ7型、SWJ73型、SWDJ6.25型及SWDJ6.73型系列焦炉空气两段助燃，SWJ76型焦炉空气三段助燃，同时均采用大废气循环量控硝燃烧技术，对燃烧室立火道空气进行分段助燃，优化的空气供给分段数量、位置及煤气出口的布置，拉长立火道火焰，分散燃烧，降低燃烧强度，增加高向加热均匀性，从而降低燃烧温度，有效降低NO_x的产生。FAN火焰分析模型见图2。

（3）薄炉墙技术。7.3 m焦炉炭化室炉墙厚度设计为90 mm，薄炉墙导热性好，热效率高，降低焦炉加热的能耗及立火道温度，从源头上减少氮氧化物产生。

（4）节能型装煤孔盖，降低炉体散热。装煤孔盖采用节能型设计，降低炉体散热，提高炉体隔热保温性能。

通过以上源头控硝、过程控硝及低耗炼焦先进技术的应用，标准火道温度比同类型焦炉低30~40 ℃，炉顶空间温度控制在830 ℃以下，炉顶表面温度约60 ℃，小烟道温度<260 ℃，实现了焦炉低耗炼焦及焦炉低成本运行，炼焦能耗达到特级炉标准，且比同类型焦炉低4%~5%。

2020年7—10月，安徽工业大学依据国家标准GB/T 33962—2017《焦炉热平衡测试与计算方法》对山东钢铁集团日照有限公司SWJ73-1型7.3 m顶装焦炉进行了热工评定，使用混合煤气加热时，$q_{湿换}$ = 2390 kJ/kg湿煤（7%H_2O），使用焦炉煤气加热时$q_{湿换}$ = 2250 kJ/kg湿煤（7%H_2O），达到特级炉水平。

河南利源SWDJ625-1型捣固焦炉根据性能验收报告，采用焦炉煤气加热，炼焦标准耗热量2233.65 kJ/kg，

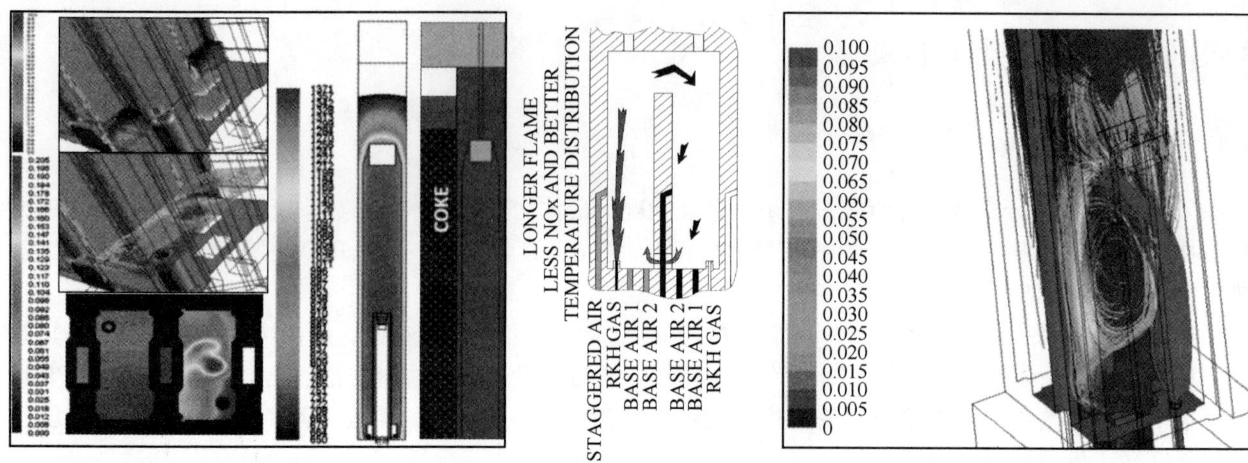

图 2　FAN 火焰分析模型

炼焦能耗达到特级炉水平。

3.3　稳定可靠的护炉铁件技术

3.3.1　BAN 护炉铁件优化技术

采用 BAN 护炉铁件分析技术，分析炉体和护炉铁件在热负荷、机械负荷下的受力状况，以提高耐材使用寿命，提高炉体严密性，降低耐材残余应力为目标，优化护炉铁件系统设计。

3.3.2　抗形变多段式保护板技术

保护板采用抗形变多段式结构，有效消除机械应力和保护板的弯曲，最大限度避免保护板的变形，使保护板始终与炉体紧密贴合，有效延长炉体寿命，杜绝炉体冒烟冒火。同时，保护板内衬浇注料、陶瓷纤维材料均在铁件安装阶段完成，无须在烘炉过程中灌浆，降低工人的劳动强度，有利于提高施工质量，且燃烧室炉头隔热、密封效果好。护炉铁件系统及多段式保护板见图 3。

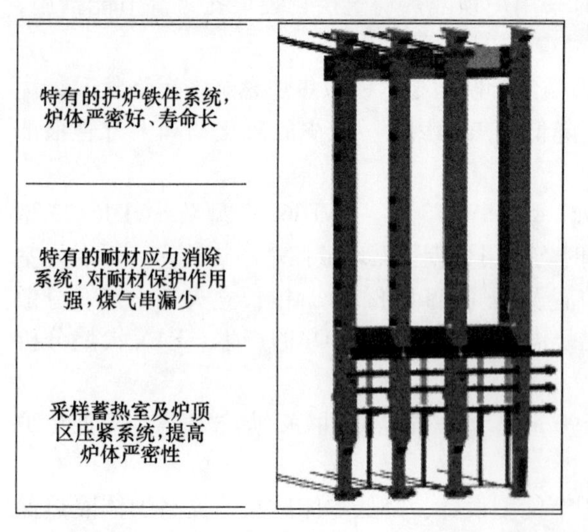

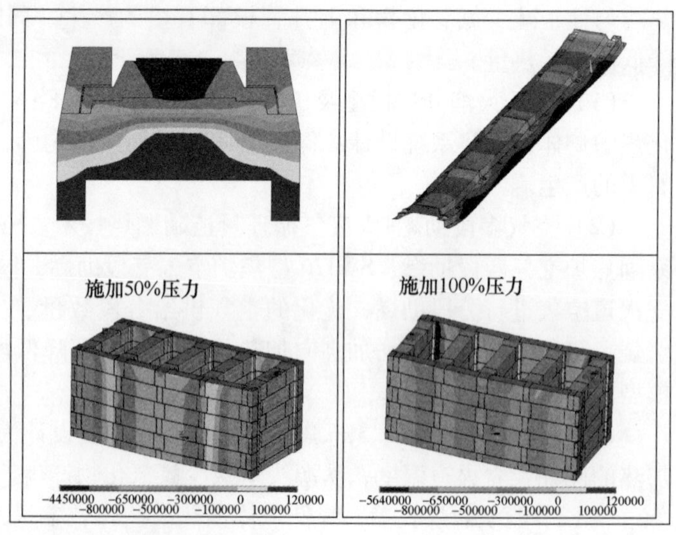

图 3　护炉铁件系统及多段式保护板

3.4　SOPRECO®单孔调压技术

通过单调阀、单炭化室压力测量及控制系统组成单炭化室压力闭环控制系统，实现对单个炭化室压力的实时自动调节，保证炭化室压力稳定，在结焦初期及中期，自动调节单个炭化室内压力，使炭化室内压力不致过大，确保荒煤气不外泄，避免焦炉冒烟冒火，降低焦炉无组织排放。在结焦末期，保证炭化室底部微正压；避免炭化室负压吸入空气，降低焦炭烧损，提高焦炉寿命。装煤过程中，取消装煤除尘地面站，解决装煤烟尘逸散问题，真正实现无烟装煤。同时，焦炉生产期间，SOPRECO®单孔调压系统能够控制装煤期间荒煤气在煤气风机处含氧量<0.5%，保证电捕焦油器安全稳定运行[1]。

SOPRECO®单孔调压系统（图4）为半球形回转阀结构，与其他形式单孔调压系统相比，结构简单、带自清洗结构，设备耐高温、不需要高压氨水、对氨水质量无要求、调节精度高、故障率低、设备免维护，运行稳定可靠。

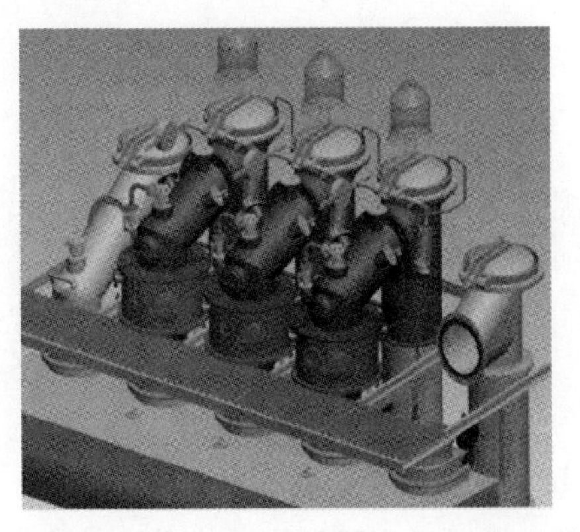

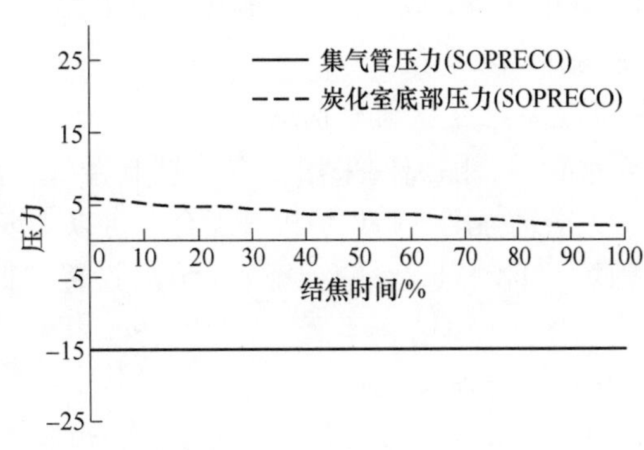

图4　SOPRECO®单孔调压系统

3.5　无烟装煤技术

3.5.1　顶装焦炉无烟装煤技术

SWJ系列顶装焦炉装煤除尘采用新型装煤孔密封式装煤车+侧导烟装置+SOPRECO®单孔调压技术，实现顶装焦炉无烟装煤，不设装煤除尘地面站。

装煤采用新型导套，新型导套分为活动导套和固定导套两部分。活动导套由液压缸驱动，实现提落套动作。新设计的密封导套实现对装煤烟尘的密封。理论上可实现对2000 Pa压力的密封，同时在SOPRECO®单调阀自动对炭化室压力稳定控制下，很好地避免了装煤时由装煤孔盖及炉门等处的冒烟现象。

SWJ76型顶装焦炉同时采用侧导烟技术，装煤车带有导烟装置，用于辅助收集装煤烟尘。当第N孔炭化室装煤时，部分装煤烟气通过导烟管导至第$N-1$孔炭化室，经上升管、桥管、单孔调压装置等使装煤时产生的大量烟气快速导入集气系统，避免了装煤时烟尘逸散。

3.5.2　捣固焦炉无烟装煤技术

针对捣固焦炉烟尘产生的特点，SWDJ系列捣固焦炉集气系统设置在焦侧，炉顶采用双“M”形（或双“U”形）导烟车，配合SOPRECO®单孔调压技术及机侧炉头烟除尘技术，实现对装煤烟尘的综合治理和清洁化生产。

机侧炉头烟除尘系统采用两种方式：一是在焦炉机侧炉头上方设置吸尘罩、下压式风量阀及除尘管道去除尘地面站，装煤车上仅设置大型罩的形式，装煤时仅通过导烟车控制炉头上方的风量阀对炉头烟尘进行收集，如利源6.25 m捣固焦炉项目分体车形式；二是在焦炉机侧炉头上方设置吸尘罩、下压式风量阀及除尘管道去除尘地面站，同时在SCP机上设置集尘罩、除尘管道等尾部接除尘干管去地面站的形式，装煤时同时操作对烟尘进行收集，如山西闽光项目。装煤时对机侧炉头烟收集处理。

炉顶采用导烟车，通常采用2-1串序，双M型导烟车将第N孔炭化室顶部装煤时部分烟气导入到结焦末期的第$N+2$、$N+4$孔炭化室，在SOPRECO®单调阀自动调节下，保证集气系统对炭化室具有足够的吸力，使装煤时产生的大量烟气快速导入集气系统，减少烟尘逸散，实现对炉顶烟尘的综合治理。同时5-2和9-2串序操纵时，焦炉亦可采用双“U”形导烟车，按照$N+2$，$N-1$导烟顺序进行操作。

3.6　焦炉先进智能化技术

近年来焦炉智能化技术创新发展，通过新智能技术的应用，对焦炉减员增效、本质安全以及智能化操作等效果显著。

3.6.1　焦炉加热智能控制系统

焦炉采用焦炉自动测温和优化加热系统，具有焦炉自动加热调节与控制、结焦过程监控、装煤和推焦作业计划编制及协调，与一级自动化系统和其他计算机系统的数据通信等功能。达到效果如下：

（1）提高焦炉操作稳定性、安全性和生产率；

（2）减少加热燃气消耗，炼焦耗热量降低，减少碳排放；

（3）减少氮氧化合物生成，保证达到环保要求；

（4）提高和稳定焦炭质量。

3.6.2　荒煤气系统智能调节系统

焦炉上升管水封盖、隔离阀采用全自动控制系统，配合车辆管理系统，完成自动装煤、推焦操作，显著减轻炉顶工人劳动强度，与焦炉机械配合，可以实现炉顶无人操作。

上升管“晾炉”自动点火系统：每个上升管设置“晾炉”自动点火系统，降低可视烟尘排放及污染物排放。

3.6.3　焦炉车辆智能管理系统

焦炉车辆智能管理系统主要包含焦炉机车联锁控制系统及焦炉机车防碰撞系统。

焦炉机车联锁控制系统采用编码器+码牌定位技术，各车辆通过配置无线通信系统，接收中控室地面协调系统发出的作业计划，借助各车辆配置的炉号识别定位系统自动运行并准确定位于计划炉号，完成装煤、推焦、拦焦、接焦、导烟、熄焦任务，实现焦炉各车辆全自动操作，实时检测、记录车辆的运行状态，并对出现的故障通过上位机画面显示、记录。实现“有人值守，无人操作”控制水平。

焦炉装煤车、推焦车、拦焦车、自驱焦罐运载车配置防碰撞系统，通过与焦炉车辆的车载控制系统联锁，实现防撞对象间距的实时监控，以及紧急情况下的自动减速和停车，从而避免车辆碰撞事故的发生，消除安全隐患。

3.6.4　智能巡检及故障检测分析系统

焦炉可配套地下室智能巡检设施，实现交换及废气系统故障监测与异常分析。

4　结语

面对当前焦化行业环保压力增大，快速转型升级的形势，山冶设计与PW联合开发的SWJ系列顶装焦炉及SWDJ系列捣固焦炉通过采用先进的炉体设计技术、源头控硝过程控硝及低耗炼焦技术、无烟装煤技术以及先进的智能化技术等实现焦炉最优化的设计，具有焦炉结构先进、污染物排放少、炼焦能耗低、焦炭质量好、劳动生产率高、适应我国炼焦生产超低排放、炼焦煤资源结构特征等优点。焦炉氮氧化物排放浓度达到国家超低排放标准，炼焦耗热量达到特级炉水平，是代表世界一流工艺水平的大型绿色智能焦炉，在焦炉炉体、节能环保、自动化水平等方面达到国际先进水平，符合我国焦化行业技术进步和绿色持续发展的要求。

参考文献

[1] 秦瑾，鲁彦.SG60型焦炉炉墙减薄理论研究［J］.煤化工，2017，45（6）：50-54.

[2] 李庆生，李俊玲，张雨虎，等.SWDJ673型捣固焦炉技术特点及应用［J］.山东冶金，2022，44（3）：68-69.

坚持科技发展观，引领热回收炼焦高质量发展

郑　静[1]　彭晓霞[1]　张建平[2]

（1. 中钢设备有限公司，北京　100080；
2. 山西中鑫洁净焦技术研究设计有限公司，太原　030021）

摘　要：热回收炼焦作为炼焦新技术之一，我国从 2000 年开始研发设计、建设规模化的热回收炼焦工程，经过 20 多年的不断地进步和完善，我国的热回收炼焦技术在炉体结构、大容积炭化室、减少炼焦煤烧损、空气预热、燃烧室分段加热、焦炉吸力自动调节、焦炉装煤除尘、余热发电量等方面取得了较大的技术进步，我国的热回收炼焦技术已处于世界的领先水平。

关键词：热回收炼焦，高质量发展

1　概述

炼焦技术包含常规焦炉、热回收焦炉、半焦（兰炭）炭化炉三种生产工艺。热回收焦炉是指焦炉炭化室微负压操作、机械化捣固、装煤、出焦，回收利用炼焦燃烧尾气余热的焦炭生产装置。焦炉结构形式分立式和卧式。

山西省 1999 年开始热回收炼焦的工业化试验，并取得了阶段性的成果。我国从 2000 年开始建设热回收炼焦工厂，国际上采用我国热回收炼焦技术从 2004 年开始建设热回收炼焦工厂。国际上在我国之前建设热回收炼焦工厂的国家有美国、印度、澳大利亚等国家。

我国的热回收炼焦技术经过二十多年的发展，已经制定了完善的产业政策和环境保护等的规定和标准，其综合技术水平已经处于世界的领先水平。

2　坚持科技发展观，不断研发具有自主知识产权的热回收专利和专有技术，引领热回收炼焦高质量发展

2.1　燃烧室六联拱结构

我国最早的热回收焦炉采用四联拱燃烧室，从 2008 年首次开始应用六联拱燃烧室专利技术。六联拱燃烧室具有烟气燃烧完全、烟气非甲烷总烃含量为零，传热效率高、焦炉周转时间短、炉体强度高，焦炉使用寿命长等优势。专利证书、燃烧室六联拱示意图、燃烧室六联拱结构典型用户见图 1~图 3。

图 1　专利证书

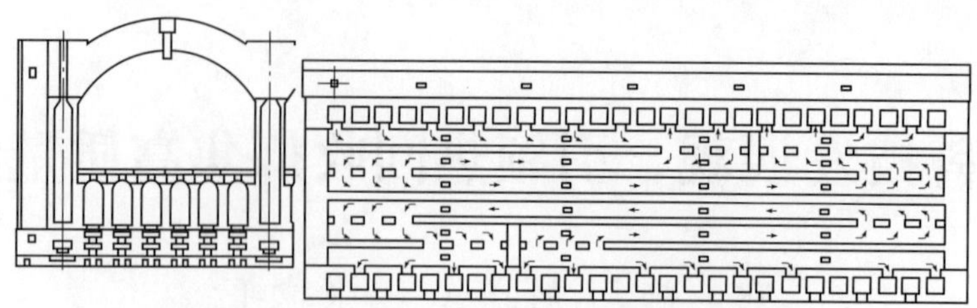

图 2　燃烧室六联拱示意图

(a) 贵州贞丰
(2009年设计、2011年投产)

(b) 武威荣华
(2010年设计、2013年投产)

(c) 福建三钢
(2017年设计、2019年投产)

(d) 河北太行
(2021年设计、2022年投产)

(e) 印度GSL
(2013年设计、2015年投产)

(f) 印尼RUIPU
(2015年设计、2017年投产)

(g) 伊朗TABAS
(2011年设计、2019年投产)

(h) 越南HOA PHAT
(2017年设计、2019年投产)

图 3　燃烧室六联拱结构典型用户

2. 2　炉顶一次空气分布器

从 2013 年首次开始采用炉顶一次空气分布器，将从焦炉炉顶进入空气有规律的分布在炉顶四周，避免空气向下直接和煤饼接触，减少了炼焦煤的烧损，提高了炼焦全焦产率 1% 以上，节约了炼焦煤资源。专利证书、一次空气分布器示意图、炉顶一次空气分布器典型用户见图 4~图 6。

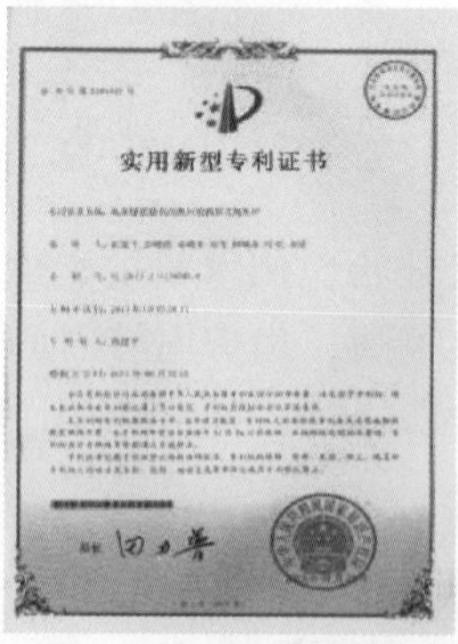

实用新型专利证书

图 4　专利证书

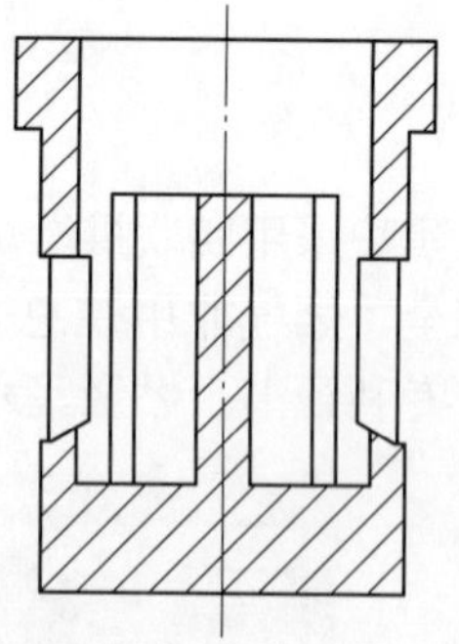

图 5　一次空气分布器示意图

(a) 福建三钢(2017年设计、2019年投产)

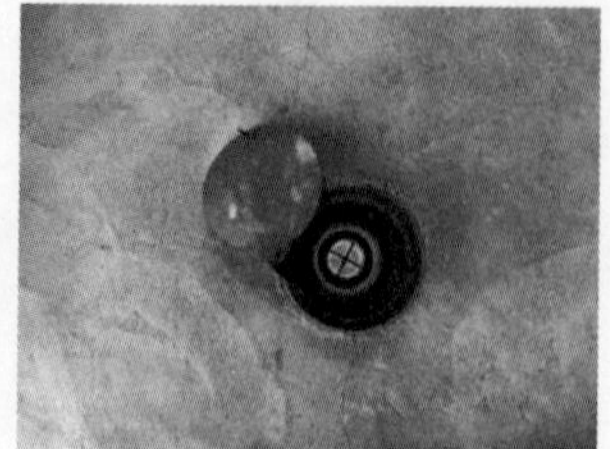

(b) 河北太行(2021年设计、2022年投产)

图 6　炉顶一次空气分布器典型用户

2.3　燃烧室二次空气预热

从2020年首次开始采用从炉底进入六联拱燃烧室二次空气预热专利技术，热能利用率提高了3%，减少了碳排放。专利受理、燃烧室二次空气预热示意图、燃烧室二次空气预热典型用户见图7~图9。

图7　专利受理

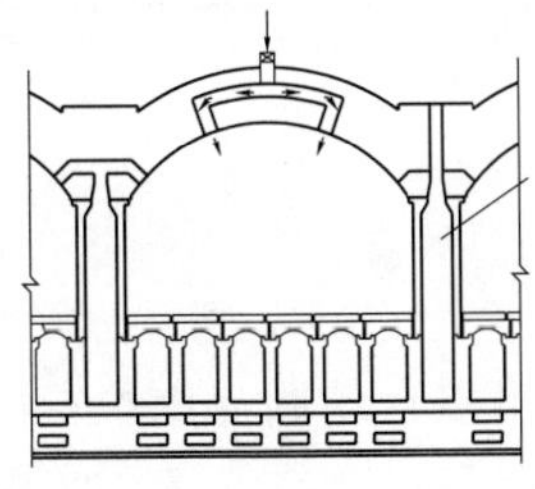

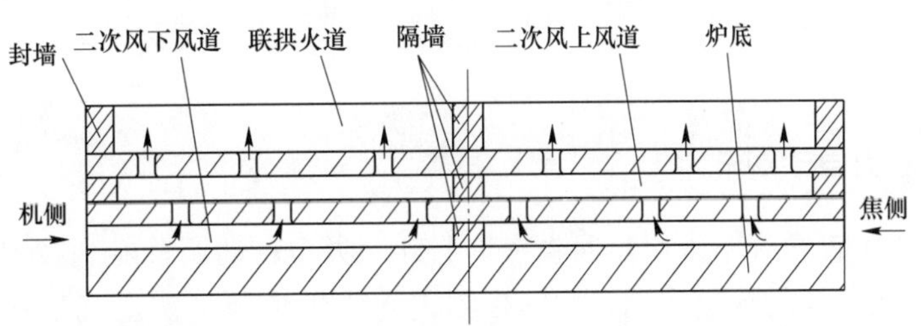

图8　燃烧室二次空气预热示意图

(a) 河北太行(2021年设计、2022年投产)　　(b)重庆科尔(2022年设计、正在建设)

图9　燃烧室二次空气预热典型用户

2.4　燃烧室分段加热

从2017年首次开始采用六联拱燃烧室不同方式的分段加热专利技术，实现了六联拱火道加热均匀，烟气中NO_x含量≤100 mg/Nm^3，保证了焦炭机焦侧同时成熟。专利受理、燃烧室分段加热示意图、燃烧室分段加热典型用户见图10~图12。

图10　专利受理

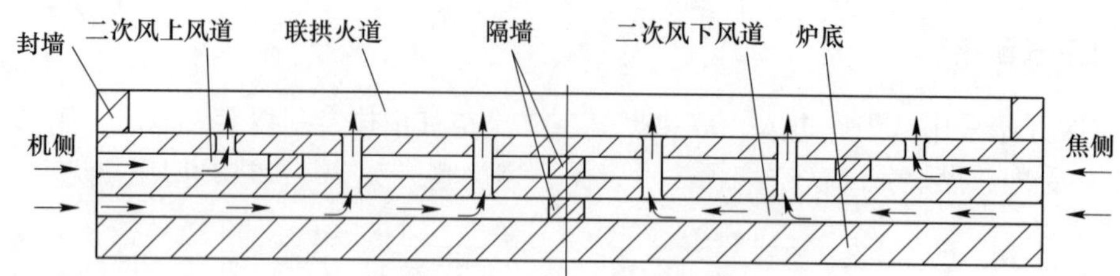

图 11　燃烧室分段加热示意图

(a) 福建三钢
(2017年设计、2019年投产)

(b) 河北太行
(2021年设计、2022年投产)

(c) 重庆科尔
(2022年设计、正在建设)

(d) 沁新能源
(2022年设计、2024年投产)

图 12　燃烧室分段加热典型用户

2.5　焦炉吸力自动调节

从 2022 年首次开始采用热回收焦炉上升管吸力自动调节专利技术，可以自动调节焦炉炭化室和燃烧室的吸力，在不同的炼焦周期合理的控制进入焦炉炉顶一次空气量和燃烧室二次空气量，实现焦炉调火的自动化操作和自动化管理。专利受理、上升管高温自动调节阀示意图、焦炉吸力自动调节典型用户见图 13~图 15。

图 13　专利受理

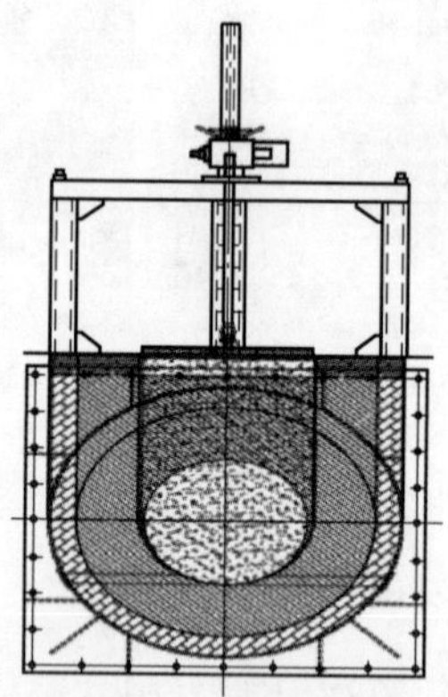

图 14　上升管高温自动调节阀示意图

(a) 重庆科尔(2022年设计、正在建设)

(b) 兴高能源(升级改造、2024年设计、建设中)

图 15　焦炉吸力自动调节典型用户

2.6　装煤推焦车载除尘

从 2010 年首次开始采用装煤推焦车和接焦车车载除尘专利技术，使热回收炼焦的装煤和推焦除尘工艺更合理、更可行，有效的抑制和控制了装煤和推焦过程中烟气中颗粒物和 SO_2 的排放，实现了清洁生产，保护了环境。专利证书、装煤推焦车载除尘、接焦车载除尘、装煤推焦车载除尘典型用户见图 16~图 19。

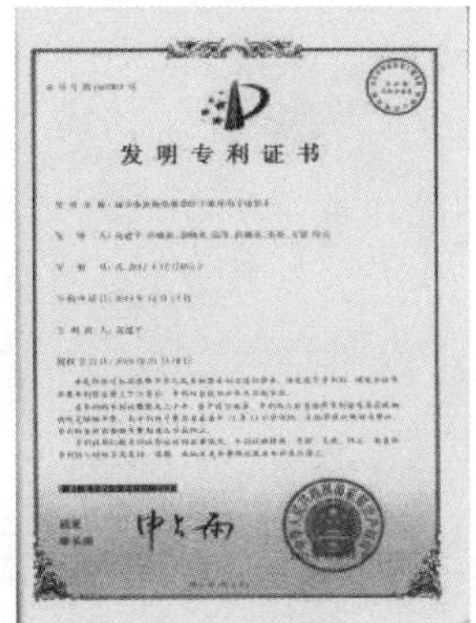

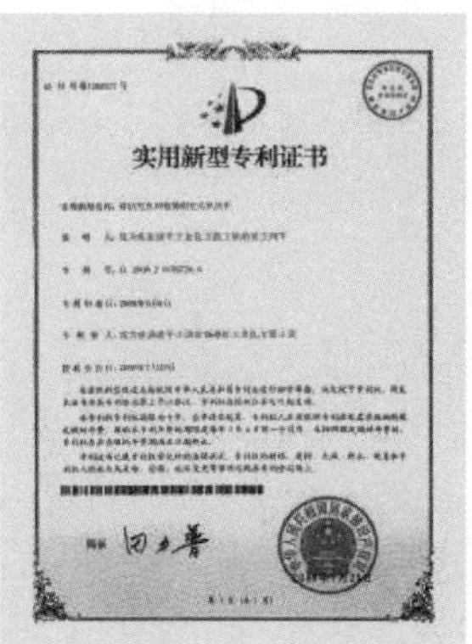

图 16　专利证书

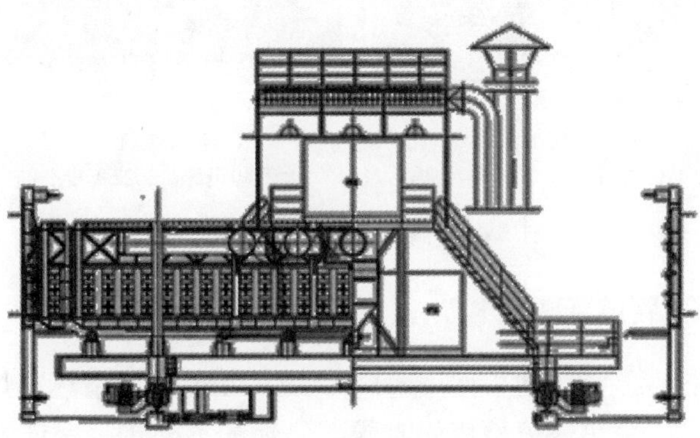

图 17　装煤推焦车载除尘

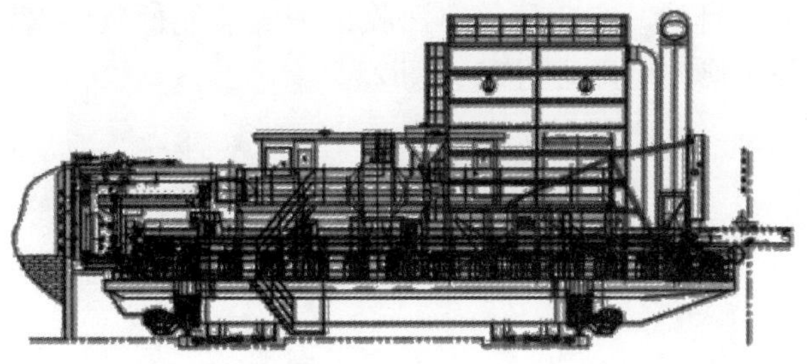

图 18　接焦车载除尘

(a) 甘肃武威
(2010年设计、2013年投产)

(b) 印度GSL
(2013年设计、2015年投产)

(c) 越南HOA PHAT
(2017年设计、2017年投产)

(d) 河北太行
(2021年设计、2022年投产)

图 19　装煤推焦车载除尘典型用户

2.7　余热锅炉布置在间台

从 2017 年首次开始采用余热锅炉布置在两座焦炉之间的焦炉间台的专有技术，缩短了焦炉和余热锅炉之间的距离，减少了炼焦高温烟气集气管道的散热，提高了进入余热锅炉的炼焦高温烟气温度 100 ℃左右，炼焦高温烟气余热发电量提高了 10%以上。专利受理、余热锅炉布置在间台典型用户见图 20、图 21。

图 20　专利受理

(a) 福建三钢
(2017年设计、2019年投产)

(b) 印度KFL
(2018年设计、2020年投产)

(c) 河北太行
(2021年设计、2022年投产)

(d) 重庆科尔
(2022年设计、建设中)

图 21　余热锅炉布置在间台典型用户

2.8　高温烟气和低温烟气集气管道互联技术

从 2017 年首次开始采用进入余热锅炉的高温烟气管道相互连通、余热锅炉出口的低温管道相互连通的专利技术和专有技术，保证了余热锅炉检修的时候高温烟气不外排，保证了锅炉检修的时候高温烟气始终通过余热锅炉产生低温烟气，保证了炼焦烟气低温始终可以除尘、脱硫和脱硝，不但实现了任何时候回收利用炼焦高温烟气热能的目的，还达到了热回收焦炉的节能低碳和清洁生产。专利受理、高温烟气和低温烟气集气管道互联技术典型用户见图 22、图 23。

图 22　专利受理

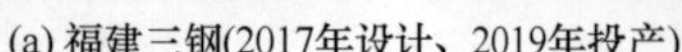

(a) 福建三钢(2017年设计、2019年投产)

(b) 河北太行(2021年设计、2022年投产)

图 23　高温烟气和低温烟气集气管道互联技术典型用户

2.9　干法熄焦

我司设计的福建三钢、河北太行、重庆科尔等热回收炼焦工厂均采用了干法熄焦技术，其中河北太行为全干法熄焦，完善了热回收炼焦技术，稳定和提高了焦炭质量，节约能源和保护环境。干法熄焦典型用户见图 24。

福建三钢、河北太行干法熄焦照片

图 24　干法熄焦典型用户

2.10　高温超高压一次再热余热发电

我司设计的福建三钢、河北太行、重庆科尔等热回收炼焦工厂均采用了高温超高压一次再热余热发电，余热发电量得到了大幅度的增加，提高了热回收炼焦热能回收利用率，实现了热回收炼焦的节能减排。高温超高压一次再热余热发电典型用户见图 25。

甘肃武威、福建三钢、河北太行余热发电照片

图 25　高温超高压一次再热余热发电典型用户

2.11　其他专有技术

我们的热回收炼焦技术，还有机械+液压捣固、超大容积炭化室、焦炉炉体耐火材料、集气管内衬耐火材料、炉门内衬耐火材料、刀边炉门、湿法熄焦回收熄焦塔水蒸气和除尘的装置、大比例配入无烟煤炼焦等专有技术。

3　我国热回收炼焦的发展阶段和典型热回收炼焦技术

3.1　我国热回收炼焦的发展的四个阶段

我国的热回收炼焦技术，从 1999 年开始试验成功，2000 年开始规模化应用，到 2024 年经历了四个不同的阶段。热回收炼焦技术不断提升和完善，形成了五代热回收炼焦技术。

第一阶段为 2000—2008 年，从 2004 年以后，山西不再新批建设热回收焦炉。

第二阶段为 2008—2013 年，我国工信部于 2008 年 12 月 19 日公告的《焦化准入条件（2008 年修订）》，将热回收焦炉纳入管理和准入范围，同时规定禁止新建热回收焦炉项目。

第三阶段为 2014—2018 年，我国工信部于 2014 年 3 月 3 日颁布的《焦化准入条件（2014 年修订）》，不再限制新建热回收焦炉。

第四阶段为 2019 年至今在，国家发改委于 2019 年 10 月 30 日公布的《产业结构调整指导目录》

(2019 年本)，国家发改委于 2023 年 12 月 27 日公布的《产业结构调整指导目录》(2024 年本)，我国我国工信部于 2020 年 6 月 11 日公告的《焦化行业规范条件》，不再限制新建热回收焦炉。

3. 2　典型热回收炼焦技术

我国的热炼焦技术为自主研发具有自主知识产权的专利和专有技术，在四个不同的发展阶段，根据我国焦化行业的产业政策和环保、节能、低碳减排等有关法规，以及我国社会经济发展的需要，形成了五代典型的热回收炼焦技术。典型热回收炼焦技术主要特征和典型应用案例见表 1。

表 1　典型热回收炼焦技术主要特征和典型应用案例

项目	焦炉型号	炭化室尺寸/mm	主要技术特征	典型使用案例
第一代	试验炉		四联拱燃烧室、机械捣固	
第二代	QRD-2000 QRD-2006	13340×3600×2780 捣固煤饼体积 51 m^3	四联拱燃烧室、机械或液压捣固、余热发电量 300~350 kW · h/t 焦	高平兴高、沁新能源、印度 JINDAL、巴西 CSA 等
第三代	CHS50-2008 CHS50-2013	13340×3660×2650 捣固煤饼体积 51 m^3	六联拱燃烧室、机械或液压捣固、余热发电量 400~800 kW · h/t 焦	甘肃武威、贵州贞丰、印度 GSL、越南 HOA PHAT（一、二、三期）、伊朗 TABAS、印尼 RUIPU 等
第四代	CHS61-2017	15210×3660×2650 捣固煤饼体积 61 m^3	六联拱燃烧室、机械或液压捣固、装煤和推焦车载除尘、一次空气分布器、分段加热、刀边炉门、余热锅炉焦炉间台、高温烟气和低温烟气管道互联、干熄焦、余热发电量 1000~1050 kW · h/t 焦	福建三钢、越南 HOA PHAT（四期）等
	CHS67-2019	16650×3660×2650 捣固煤饼体积 67 m^3		河北太行、越南 HOA PHAT（五期）等
第五代	CHS67-2022	16650×3660×2650 捣固煤饼体积 67 m^3	六联拱燃烧室、机械+液压捣固、装煤和推焦车载除尘、一次空气分布器、二次空气预热、分段加热、刀边炉门、上升管吸力自调、余热锅炉焦炉间台、高温烟气和低温烟气管道互联、干熄焦，余热发电量 1050~1100 kW · h/t 焦	重庆科尔科克

4　展望

我国政府对热回收炼焦技术进步和生产管理非常重视，相应制定了热回收炼焦的产业政策和管理制度，对促进我国热回收炼焦技术的进步起到了十分重要的作用。长期以来，中国炼焦行业协会对热回收炼焦技术的研发、应用和管理高度重视，对热回收炼焦的高质量发展起到了引领和支持作用。

热回收炼焦技术，作为环保低碳节能炼焦新技术之一，随着环境保护、低碳减排、节约能源的日益严格要求，特别是在需要焦炭和电力的企业将会得到进一步广泛的应用。

新一代绿色环保热回收炼焦技术应用
——河南安阳周口钢铁热回收焦炉

梁　亮　张　俊

（中冶焦耐（大连）工程技术有限公司，大连　116085）

摘　要：本文介绍了中冶焦耐全新一代热回收焦炉的技术特点，并针对以往热回收焦炉在设计方案和运行中的各种缺点，进行汇总分析，尤其是炉门内衬材料寿命短、炉门表面温度高、炉门密封不严、焦炭烧损大等情况，进行大量技术完善和创新研发工作：新一代热回收焦炉热工工艺规划、焦炉本体结构与新性能耐火材料结合的优化方案、新型焦炉机械装备功能及工艺完善、焦炉本体设备与自动化冷端调控方案等全方面技术提升。技术方案在河南周口热回收焦炉项目中应用效果显著，实现了热回收炼焦技术的巨大提升：焦炉机械采用新技术及工艺，实现全自动操作，提高运行效率，单孔操作时长缩短至 35 min；焦炉本体及护炉设备采用先进的隔热方案、完善密封性能、提升热工效率、抑制散热，实现炉体表面温度 100 ℃以下，炉门，烟气管道表面温度降到 80 ℃以下；全新的热回收焦炉热工工艺与冷端调控技术，实现焦炉自动调温，焦炭烧损得到很好的控制，实现吨焦发电量超过 1000 kWh 情况下，吨焦耗干煤控制达到 1.34 左右先进水平。

关键词：热回收炼焦技术，焦电联产工艺热回收焦炉焦炭制备工艺，自动调火控温技术

1　热回收焦炉的渊源

热回收焦炉，是一种以煤为原料进行焦炭制备的工业炉装置，能够在焦炭生产的同时产生大量高温热废气，通过余热锅炉负压回收转化成蒸汽，推动汽轮发电机进行发电的新型清洁炼焦技术。该技术的出现，不仅拓宽了焦炉原料煤来源，提升了资源利用效能，降低了生产成本，还可以减少环境污染，并富裕能量转化为易应用、易运送的清洁能源——电能，具有很高的经济和环境效益。自从 2002 年中冶焦耐在侯马寰达项目完成了第一座工程化的热回收焦炉，中国热回收焦炉技术开启了坎坷发展之路。侯马寰达 5 孔实验炉、山西高平三甲热回收焦炉、ACRE JNHR4 型卧式热回收焦炉及项目配套方案见图 1 ~ 图 3。

图 1　侯马寰达 5 孔实验炉（国内首套）

图 2　山西高平三甲热回收焦炉

图 3 ACRE JNHR4 型卧式热回收焦炉及项目配套方案

2 热回收焦炉工作原理和工艺过程

2.1 工作原理

热回收焦炉为负压运行的自加热式制备焦炭的工业炉，仅需不断供入原料煤，提供焦炉负压环境，抽出废气，即可持续进行焦炭的生产；抽出的废气由余热锅炉换热产生蒸汽，送汽轮机进行发电。与常规焦炉相比，热回收焦炉完整工艺流程更接近燃煤发电工艺。对比入炉煤制备、装入、出焦等操作方式来看，热回收与常规捣固焦炉几乎一致。按炉体结构的形式，热回收焦炉本体可以分为立式与卧式两类。

2.1.1 立式热回收焦炉

立式热回收收焦炉炉体外形、护炉设备、焦炉车辆、入炉煤饼尺寸，几乎与同规格常规焦炉没有差别。立式热回收焦炉煤饼高向尺寸大，与炭化室墙面间隙小，对配合煤的收缩性和黏结性有较高要求，决定了入炉煤饼煤种配混比例与原料煤成本与常规捣固焦炉没有差别。立式热回收焦炉见图 4。

立式热回收焦炉炼焦过程中，煤饼受热产生的焦炉煤气通过顶部气道引入两侧火道，与助燃空气混合燃烧释放热量，热量通过炭化室两侧耐材传递至炭化室对煤饼进行加热；立式热回收焦炉炉体结构的热负荷和操作负荷高，焦炉寿命明显弱于其他炉型。基于以上情况，热回收工艺的各项优势在立式热回收焦炉上难以体现，目前国内已建的立式热回收焦炉已全部停运。

2.1.2 卧式热回收焦炉

卧式热回收焦炉主体炉膛类似窑洞，下部为多联火床，上部为炭化室，煤饼断面呈扁平状，“躺卧”在炭化室内。卧式热回收焦炉结构简单，稳固耐用，是国内外最主流的热回收焦炉炉型方案。本文也围绕卧式热回收焦炉进行详细展开。

2.2 工艺过程

原料煤经过粉碎、比例混合后送往煤塔存放。装煤车与捣固机配合完成煤饼的捣固与成型。装煤车将煤饼从热回收焦炉一侧送入炭化室中。回收焦炉工艺流程图见图 5。

图4　立式热回收焦炉

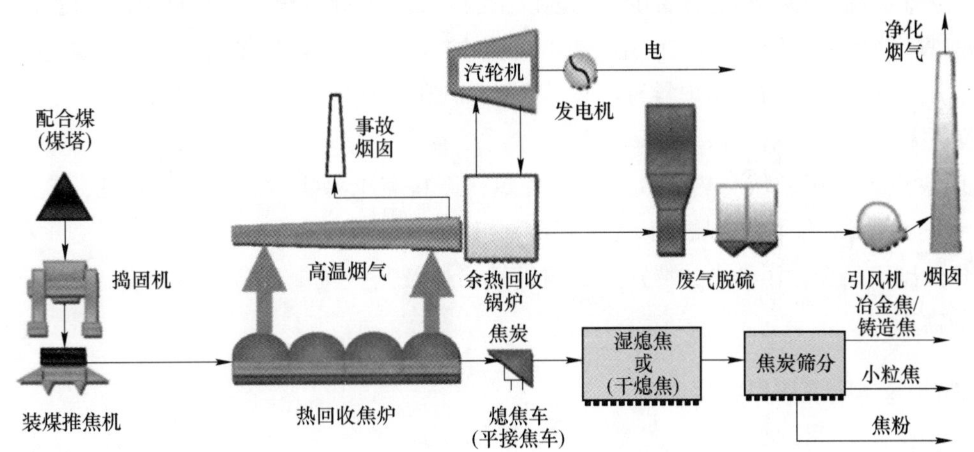

图5　热回收焦炉工艺流程图

煤饼平卧在炭化室内，受热后释放出焦炉煤气；焦炉炭化室负压从炉顶吸入一次助燃空气，与煤饼产生的焦炉煤气在炉膛上方混合燃烧，燃烧产生的热量直接传递至煤饼。未燃烧完全的焦炉煤气与高温废气通过炉墙上的下降火道进入焦炉底部的火道。焦炉负压在底部火道端部吸入二次助燃空气，与火道内剩余的焦炉煤气混合燃烧，燃烧产生的热量通过火道顶部耐材间接传递至煤饼。火道末端燃烧完全的高温废气通过炉墙上的上升火道进入炉顶布置的高温烟气集气管道。煤饼在上下加热的状态下，持续释放焦炉煤气，维持煤饼结焦加热的持续进行，直至焦饼成熟。

推焦车将成熟的焦炭从焦侧推出，由接焦车送往熄焦系统，完成焦炭的生产。

炉顶集气管道中的高温废气，被吸入余热锅炉进行换热冷却，产生蒸汽经管道送往汽轮机进行发电；冷却后的烟气送烟气处理系统处理后排放。

3　热回收焦炉技术的优势和发展历程

3.1　热回收焦炉的技术特点

相对于化产品焦炉，热回收焦炉有着显著的不同和优势：

（1）热回收焦炉构成简单，运行高效，操作容易。热回收焦炉无需其他燃料输入，利用装入煤饼的能量持续运行；装置结构简单；动设备少，运行可靠。

热回收焦炉运行的负压，由烟囱或锅炉后冷端烟气风机提供，装置运行能耗低，设备运转可靠。

（2）热回收焦炉流程短，能源利用率高。热回收焦炉将干馏挥发分的化学能转化为热能，操作简单效率高，转化完全无浪费。

高温废气在余热锅炉内换热产生蒸汽，蒸汽推动汽轮机进行发电，能转流程简单、工艺成熟，效率高能耗低。

（3）热回收焦炉运行环保，污染小。热回收焦炉炼焦生产负压运行，无污染物泄露；焦炉机械操作自动运行，系统开放时间短，焦炉负压配合车辆烟尘抑制方案，实现焦炉全周期无烟运行。

热回收焦炉生产流程不产生废水，无需设置传统化产品回收焦炉的废水处理系统。

热回收焦炉煤饼干馏挥发组分燃烧完全，分解彻底。国内燃煤发电烟气处理工艺成熟，技术完备，应用广泛。

（4）热回收焦炉经济效益优势明显。热回收焦炉（卧式），炭化室容积大，炼焦与操作对配合煤要求不高，可极大降低原料成本。热回收焦炉炼焦温度高，杂质去除彻底；闷置调质时间长，焦炭指标改善显著。

总结成一句话：能用更低成本的煤生产同品质的焦炭，或用同成本的煤生产更优质的焦炭。

热回收焦炉工艺流程短，动力设备少，工艺设备能耗低，转化的电能满足自用，还可外供。

（5）热回收焦炉结构简单，结实耐用。热回收焦炉（卧式），炉体结构简单，整体强度高；煤饼扁平，炭化室底压强小；生产与操作炉料与炉墙不接触，焦炉炭化室底冲击和负荷低。

热回收焦炉稳定运行炉龄评估远超 20 年。

（6）热回收焦炉适用领域。热回收焦炉流程短，原料需求种类少，配套需求低；产品为焦炭和电能（蒸汽），适合煤炭资源丰富地域进行能源资源梯级利用。

热回收焦炉副产品少，污染小，特别适合与钢铁冶炼及其他金属制备工艺配套建设运行，同时满足焦炭和电能的需求。

3.2　热回收焦炉技术在逆境中前行

尽管热回收焦炉有着诸多非常明显的优势，但在国家发展的起步阶段，与国内资源政策是存在矛盾，因而发展和应用受到了比较严格的限制：

（1）热回收焦炉资源利用存在“浪费”。我国资源分布缺油少气，且很多化产品原料仅能从常规化产品回收焦炉或煤化工工艺装置中提取。热回收焦炉将所有焦炉煤气中的化合物完全转化为热能，对于没有解决燃料和原料需求时期的我国，是某种意义上的“资源利用不彻底”，被冠以“土焦炉”之名划入限制发展的范围。

随着石油、天然气及化产品原料贸易全球化，国内产业迭代升级，这种似乎有些“浪费”，但却简单环保的焦电制备工艺，在很多层面上已经转化为优势。

（2）热回收焦炉经济性规模。热回收焦炉本体占地面积大，耐材投资占比高，在产业规模未达到一定水平之前，吨焦投资及项目占地会略高于常规化产品回收焦炉。

随着国内产业园区发展越来越向集中化、流程化、规模化发展，产能规模化的优势让热回收焦炉的各项劣势已略显优势。

（3）能源供需分布限制。过去工业产业规模发展和分布多集中于资源富裕的地域。当时远距离电能输配技术还不成熟，覆盖能力也不足够，大规模的电能生产也多依附于大规模工业园区的用电需求进行分布。热回收焦炉依附的煤炭资源进行分布，电能的供需平衡成为热回收焦炉项目难以市场及规模化的重要原因。

随着国家电力网络及输配电技术的日渐完善，电力供需平衡已经不再是问题。

4　中冶焦耐新一代热回收焦炉的技术特点

热回收焦炉技术受国内政策桎梏10余年，终于在2014年获得解禁。中冶焦耐也借此契机在热回收焦炉技术领域认真总结目前热回收焦炉技术方案的不足，精耕细作，从炉体结构、材料配置、焦炉机械、设备方案、加热原理、调控系统进行全方面技术提升和改进，推出了完整的新一代JNHR4型热回收焦炉技术方案。ACRE JNHR4.2型卧式热回收焦炉见图6。

图6　ACRE JNHR4.2型卧式热回收焦炉（河南周口）

中冶焦耐新一代JNHR4型热回收焦炉技术方案除了继承了以往热回收焦炉的优势之外，针对以往热回收焦炉存在的问题提出了行之有效的改进方案，并在尚存的第一代热回收焦炉上进行了新型装置、设备、工艺的实践验证，获得了技术方案的全面突破：

（1）新型JNHR4型炉型方案，采用全新设计的沟舌砖体砌筑，在提升整体强度的同时，显著提升了焦炉本体密封性能。根据焦炉各部位不同的工况需求，采用性能更具优势的高强度导入硅砖以及多元耐材组合方案，结合最新的“可燃组分炉内燃尽”热工工艺，炉体结构也进行了如竖向火道分区-间隔布置、单层C型四联火道方案，在减少15%高品耐材用量的前提下，装置表面热能散失降低30%，提升能量转化和传递效率，配合节能式炉门铁件及自动加热系统，焦炭烧损降至2%以下，焦炉期望寿命有望超过30年，热态指标参数达到新水平。

（2）研发和实践了全自动操作、节能型密封炉门技术，配合新一代热回收焦炉车辆方案，实现焦炉出焦、装煤操作无需人工辅助的自动化运行；完善的隔热设计和创新的密封方案，实现热回收焦炉炉头护炉铁件设备性能的跨越式提升，显著降低了焦饼头部烧损和铁件维护强度，延长铁件及密封耗材使用寿命；炉门表面温度降低至80 ℃左右，实现焦炉高效阻热抑制散热的目标。

复合密封节能炉门方案：高耐火、高隔热、高抗热震性轻质内衬材料，辅以可补充装填、补偿压力密封的软硬密封方案，配合炉门、保护板、炉体复合阻热结构，实现设备方案迭代提升，ACRE JNHR4型复合密封节能炉门技术见图7。

（3）高效环保焦炉机械工艺及技术，配合新一代热回收焦炉操作需求和特点，实现焦炉的高效、环保操作，提升焦炉机械运行效率，部分关键设备运行时耗减少30%，运行指标提高5%，焦炉机械设备系统服务焦炉孔数上限提升50%。

1）复合式捣固机方案：首创将机械锤式捣固与液压捣固相结合的捣固型煤工艺。机械锤式捣固提升可显著提升煤饼捣固密度和操作效率、缩短捣固时长；同时采用液压捣固对煤饼表面浮煤进行平整，并在顶部压出“V”形槽，可显著降低煤饼在结焦过程中的表面烧损，缩短结焦周期约2 h。机械式+液压式

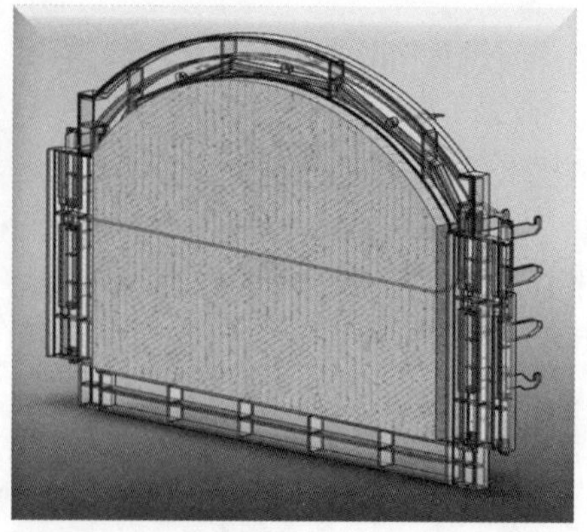

图 7　ACRE JNHR4 型复合密封节能炉门技术

复合式煤饼捣固工艺见图 8。

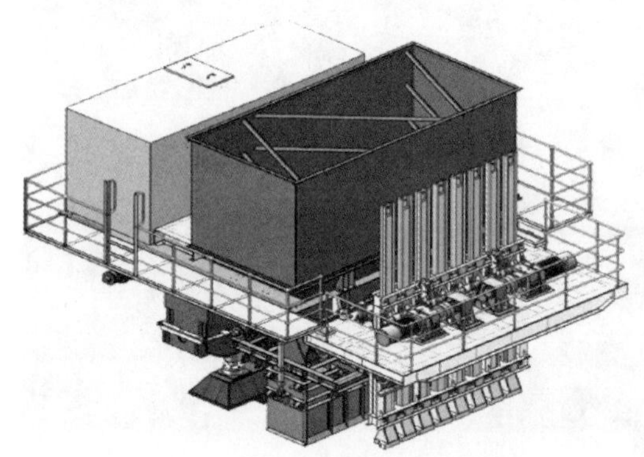

图 8　机械式+液压式复合式煤饼捣固工艺

2）两点对位装煤推焦机：采用可平移式摘门机构和炉头集尘罩，实现两次对位完成焦炉出焦和装煤操作，且在二次移车对位时，实现车载除尘系统的全过程炉头烟尘控制；装煤止退器和推焦杆挡板采用与保护板匹配的密封装置，实现炉口封闭操作，将焦炉操作烟尘限制在炉膛里，同时有效减缓炉头耐材在焦炉操作时的温度波动；车体底部装配有轨道基础止退器，将焦炉操作时的车辆侧向负荷直接传递至地面基础，降低轨道及扣件的水平负载，减少维护量，延长轨道使用寿命。ACRE JNHR4 型两点对位装煤推焦车见图 9。

图 9　ACRE JNHR4 型两点对位装煤推焦车

3）一点定位接焦车：创新采用可双向接焦的封闭式接焦槽、一次对位完成热回收焦炉焦侧炉门自动启闭与出焦操作的平接焦车方案；车体底部装配有轨道基础止退器，将焦炉操作时的车辆侧向负荷直接传递至地面基础，降低轨道及扣件的水平负载，减少维护量，延长轨道使用寿命。ACRE JNHR4 型一点对位封闭式双向接焦车见图 10。

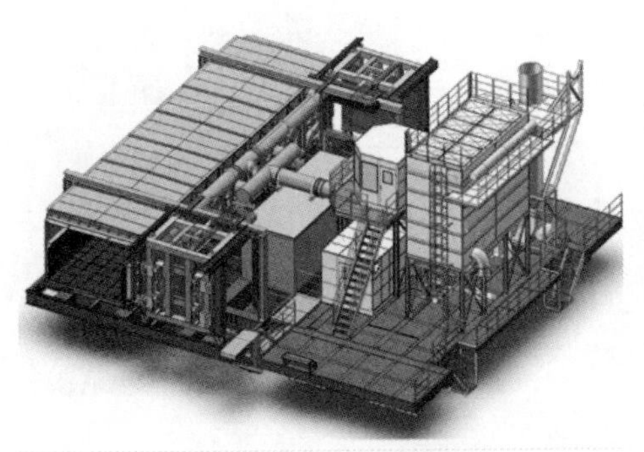

图 10　ACRE JNHR4 型一点对位封闭式双向接焦车

4）大折杆固定推焦机：为了完善焦炉布置和车辆互备功能的实现，设置在焦炉区域内的固定推焦机采用大折杆方案，不妨碍焦炉机侧车辆的运行和通过。ACRE JNHR4 型大折叠双杆固定推焦机见图 11。

图 11　ACRE JNHR4 型大折叠双杆固定推焦机

（4）创新采用了炉顶自立式机焦侧双集气管设计，完善了炉顶管道系统布置方案，优化了管道结构和内衬，精简了成本。新炉顶管道方案，实现炉顶高温集气管随热回收焦炉炉体同步热涨与热移，降低热态控制难度，同时优化了烟气流动的路由，降低了系统阻力。从现场实际的应用效果，有望实现高温烟气系统少维护、免维修，与焦炉同寿命的设计预期。ACRE JNHR4 型炉顶自立式高温烟气管道方案见图 12。

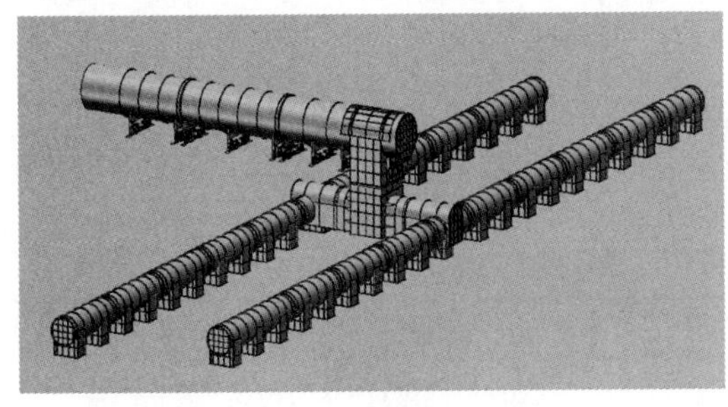

图 12　ACRE JNHR4 型炉顶自立式高温烟气管道方案

（5）创新规划了 JNHR4 型热回收焦炉“以温度调控为主导、可燃组分炉内燃尽”的热工工艺技术，研发冷端自动调火技术和相关设备，实现热回收焦炉的自动测控、自动调火，并在河南周口、山西高平三甲、高平兴高等项目实际应用中进行验证，调节快速、调控精确，炭化室温场长向差异<50 ℃，火道温度控制精度±20 ℃。

1）创新提出了“以温度调控为主导”的热回收焦炉加热控制方法：将热回收焦炉的控制模型从化产品回收焦炉的框架中解放，降低压力控制对整座焦炉炉温调控的影响，提出新一套适配热回收焦炉热工控制方法，并在此方法的基础上实现了热回收焦炉自动调火控温系统的最优方案。ACRE JNHR 新一代“温度主导”的自动化温控调火系统见图 13。

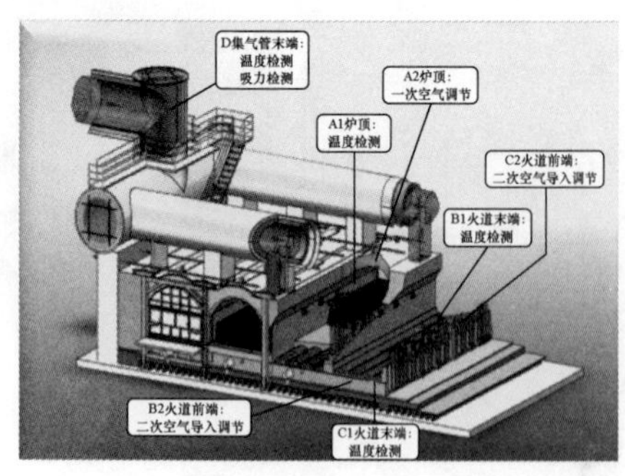

图 13　ACRE JNHR 新一代“温度主导”的自动化温控调火系统

2）实现了“可燃组分炉内烧尽”热工工艺的焦炉结构方案和调控技术：改变以往热回收焦炉，依靠控制燃烧可燃成分的量，控制焦炉温度的热工理念，将所有可燃挥发组分在焦炉内完全燃烧转化为热能，并通过精准冷端配风，实现火道温度控制的精准有效。提升焦炉热转化和利用效率同时，提高焦炉温度调控弹性；不含可燃成分的高温烟气，也从根本上杜绝了后续管道系统发生高温事故隐患。

3）配套研发了热回收焦炉冷端温度调控技术和装置：从炉体结构层面针对该方案进行优化，实现炉顶 5 个一次进风口，同风量设计；拱顶长效型布风器与主墙 4 组下降火道错落布置，确保炉膛加热均匀性和温场一致。配套单执行器五阀联动的一次空气自动导入装置可以轻松实现焦炉炉膛温度的调节和控制。单层双 C 型火道方案，提供满足热工需求的火道空间，实现可燃组分化学能完全释放，热量向炭化室高效传递；精巧可靠的二次空气自动导入装置，在满足可燃组分完全燃烧的同时，配入适合的冷却空气，精准控制火道温度的同时，降低燃烧烈度，拉长火焰，减少 NO_x 的产生。

（6）结合以上工艺和技术创新，中冶焦耐设计的河南安阳周口钢铁 JNHR4 型热回收焦炉，技术可靠、工艺先进，投产运行稳定，各项运行指标一跃居为国内、国外一流水平：

1）河南周口热回收焦炉，在挥发分 24%，90%焦炉负荷情况下，实现吨焦发电 1000 kW · h；

2）河南周口热回收焦炉干基煤耗 1.34 t/t 焦。

5　未来热回收焦炉技术经济、环保意义及未来发展的趋势

热回收焦炉依仗自身的环保工艺及能产优势，结合当下产业资源需求调整，在当前“减碳减排”的环保工业绿色发展的潮流中，逐渐显露头角。

以河南周口 200 万吨规模热回收焦炉为例，年产品为 200 万吨优质冶金焦+20 亿千瓦时电力。同等建设 200 万吨化产品焦炉+330 MW 燃煤电厂，生产同样的焦炭及电能（表 1）。

表 1　200 万吨规模热回收（20 亿千瓦时）与同规模化产品回收+燃煤电厂经济、环保效益分析数据

规模	200 万吨/年规模热回收焦炉	200 万吨/年化产品回收焦炉+330 MV 燃煤电厂
产品/年	200 万吨焦炭 20 亿千瓦时电能	200 万吨焦炭+58 万吨煤气及化产品 20 亿千瓦时电能
原料煤	200 万吨炼焦煤+74 万吨无烟煤 （无烟煤等低阶煤配比 30%~40%）	268 万吨炼焦煤（无烟煤等低阶煤配比 10%~15%）+ 61.6 万吨动力煤（308 g 煤/kW · h）
焦炭生产 工序能耗	70~100 kgce/t 焦	化产品回收焦炉：110~120 kgce/t 焦； 燃煤电厂：无
生产原料 成本及收支	按上网电价 0.28 元/kW · h 计，热回收焦炉比化产品回收焦炉原料煤成本低 100~200 元/吨，燃煤电厂收支接近平衡，当煤气售价达到 1.02~1.66 元/立方米，才能达到热回收焦炉相近的经济效益	
二氧化碳/年	排放 CO_2 约 125 万吨	焦炉煤气加热 CO_2 约 195（26+169）万吨 混合煤气加热 CO_2 约 292（123+169）万吨

续表 1

规模	200 万吨/年规模热回收焦炉	200 万吨/年化产品回收焦炉+330 MV 燃煤电厂
CO_2	生产 200 万吨焦炭，附带生产 20 亿千瓦时电能，热回收焦炉工艺比化产品回收焦炉+燃煤电厂，可减少 CO_2 排放量 70 万~167 万吨/年 生产 20 亿千瓦时电能，附带生产 200 万吨焦炭，热回收焦炉工艺比化产品回收焦炉+燃煤电厂，可减少 CO_2 排放量 44 万吨/年 生产 20 亿千瓦时电能，采用热回收焦炉工艺替代燃煤电厂，在发 20 亿千瓦时电的同时，可以每年负碳 44 万吨的前提下，附带生产 200 万吨焦炭	焦炉煤气加热时：(195-125)/195 = 36% 混合煤气加热时：(292-125)/292 = 57% 生产等量电能：(169-125)/169 = 26% + 200 t 焦炭
SO_2	排放深度限值≤30 mg/Nm^3，热回收焦炉工艺生产相同产量的焦炭和电能； 与采用化产品回收焦炉+燃煤电厂的 SO_2 总排放量基本相当	
NO_x	焦炉的排放限≤100 mg/Nm^3	燃煤电厂的排放限值≤50 mg/Nm^3
	热回收焦炉工艺生产相同产量的焦炭和电能； 比采用化产品回收焦炉+燃煤电厂的 NO_x 总排放量要多一些	
酚氰污水及毒害气体	热回收焦炉工艺能减少 53.5 万立方米/年酚氰污水； 热回收焦炉工艺能减少 0.9 万吨/年有害污物； 热回收焦炉工艺能减少 109 吨/年少量 VOC 有害气无组织排放	

热回收焦炉实现焦电联产，并非是要取代常规化产品回收焦炉及燃煤电厂，而是在宏观层面上，配置合理比例的热回收焦炉，能够实现市场供需的灵活配置，并在提升资源合理高效利用，以及减碳减排环保方面，提供更具建设性和前瞻性的方案选择。

热回收焦炉技术是一种非常有前途的炼焦技术，它可以充分利用焦炉的热能资源，减少能源消耗，降生产成本，减少环境污染，提升焦炭质量和生产效率。中冶焦耐也会持续跟进推动针对热回收焦炉技术的完善和创新，深入分析和总结热回收焦炉炼焦过程中的测量数据、评估反应基理，建立科学、合理的数字化原理描述，完善工艺计算方法，并在此基础上优化热回收焦炉结构及设备方案，优化生产操作与测控技术，建立新型热回收焦炉温度标准、自动加热调控系统和焦炉全过程智能化技术等新技术、新标准、新工艺的研发。在中冶焦耐研发团队的技术加持之下，热回收焦炉技术会得到持续更加快速、更大幅度、更强推动的发展助力，为炼焦行业的清洁、智能化生产开辟一条新路径。ACRE JNHR4.2 型热回收焦炉鸟瞰图见图 14。

图 14 ACRE JNHR4.2 型热回收焦炉鸟瞰图（河南周口）

SOPRECO® 单孔调压系统技术特点及其在现有焦炉改造中的应用

李庆生　师德谦　马俊生

（山东省冶金设计院股份有限公司，济南　250101）

摘　要：本文介绍了单孔调压系统的功能，对两种不同单孔调压系统进行了分析和比较。阐述了 SOPRECO®单孔调压系统的技术特点，其采用半球形回转阀结构，结构简单，安装和操作简便，结实耐用，低故障率，低维护量，运行稳定可靠，既可在新建焦炉上实施，也可在现有焦炉上改造增设，同时介绍了 SOPRECO®单孔调压系统在现有焦炉改造中的应用。

关键词：单孔调压系统，SOPRECO®，焦炉改造

1　概述

传统焦炉每个炭化室的压力是难以单独调节的。装煤和结焦前中期，荒煤气产生量大，炭化室内压力增加，一旦炉门等处密封不严，会导致焦炉冒烟冒火；结焦末期，荒煤气产生量小，炭化室内容易产生负压而吸入空气，造成炉体内局部燃烧而影响焦炉寿命。另外，焦炉在装煤过程中产生大量烟尘，通常采用装煤除尘地面站并辅助高压氨水或蒸汽喷射的方式控制烟尘，但是，这些方法不能从减少尘源上解决根本问题，且能源动力消耗过大。随着国家环保要求的日益严格，如何减少焦炉污染物的排放已经成为各焦化企业关注的问题。单孔炭化室压力调节技术作为减少大型焦炉装煤和结焦过程污染物排放的有效手段，近年来得到广泛应用。

2　单孔调压系统主要功能

单孔调压系统，全称“单炭化室压力调节系统”。

单孔调压系统通过调节桥管处本装置的开度控制荒煤气流通面积，进而调节荒煤气流通量，使与压力约 -300 Pa 集气管相连的每个炭化室，从开始装煤至推焦整个过程内的压力可随荒煤气产生量的变动而自动调节，从而实现在装煤和结焦前中期负压操作的集气管对炭化室有足够的吸力，保证炭化室压力不致过高，确保荒煤气不外泄，避免焦炉冒烟冒火；在结焦末期，保证炭化室内不出现负压，避免炭化室出现负压吸入空气而影响焦炉寿命。

另外，采用单孔调压系统后，可以取消装煤地面除尘站和高压氨水或蒸汽喷射消烟，实现无烟装煤，且无装煤除尘风机和高压氨水泵的电能消耗，减少了焦炉对氨水和蒸汽的消耗。

3　单孔调压系统主要形式

单孔调压系统结构形式较多，主要有阀门结构和固定杯液位调节结构，本文以国内外应用较多的 SOPRECO®单孔调压系统和 PROven 单孔调压系统两种形式进行分析和比较。

4　两种单孔调压系统结构比较

4.1　SOPRECO®单孔调压系统

SOPRECO®单孔调压系统机械部分为半球型回转阀结构，整个系统由半球形回转阀及相应的自动化控

制系统组成。SOPRECO®单孔调压系统机械部件少，结构简单。

应用：山钢日照 7.3 m 顶装焦炉、河南利源 6.25 m 捣固焦炉、华菱湘钢 7.3 m 顶装焦炉、新兴铸管 6.73 m 捣固焦炉、云煤 7.6 m 顶装焦炉、山西盛隆 7.6 m 顶装焦炉、攀钢 7 m 顶装焦炉、山西美锦 6.78 m 捣固焦炉、薛城滩焦 5.5 m 捣固焦炉等。

4.2 PROven 单孔调压系统

PROven 单孔调压系统主要由皇冠管、固定杯、密封锥形体、连杆、气缸（驱动活塞升降）、冲洗管及相应的自动化控制系统等组成。PROven 单孔调压系统机械部件多，结构复杂。

应用：沙钢、马钢、太钢等 7.63 m 顶装焦炉。

5 两种单孔调压系统调节过程比较

5.1 SOPRECO®单孔调压系统

（1）在结焦过程中，上升管盖关闭，SOPRECO®单孔调压系统根据压力控制装置自动调节半球阀阀体开度，荒煤气被均匀地导入集气管，从而实现对炭化室荒煤气压力的自动调节。

（2）在出焦过程中，上升管盖打开，SOPRECO®单孔调压系统调节阀关闭，阻断荒煤气进入集气管。

（3）装煤过程中，上升管盖关闭，SOPRECO®单孔调压系统调节阀全开，荒煤气导入集气管。

SOPRECO®单孔调压系统仅靠半球阀开度调节，调节过程简单。

5.2 PROven 单孔调压系统

（1）在结焦过程中，上升管盖关闭，结焦初期，PROven 单孔调压系统气缸带动连杆以控制密封锥形体提升，使固定杯下口打开，桥管内喷洒的氨水流入集气管，固定杯和皇冠管不形成水封，大量荒煤气导入集气管；结焦中末期，PROven 单孔调压系统气缸带动连杆以控制密封锥形体下降，使固定杯下口关闭，氨水充入固定杯，固定杯和皇冠管形成水封，根据压力控制装置调节固定杯内的水封高度，从而实现对炭化室荒煤气压力的调节。

（2）在出焦过程中，上升管盖打开，PROven 单孔调压系统气缸带动连杆以控制密封锥形体下降，使固定杯下口完全关闭，大量氨水充满固定杯，固定杯和皇冠管完全形成水封，阻断荒煤气导入集气管。

（3）装煤过程中，上升管盖关闭，PROven 单孔调压系统气缸带动连杆以控制密封锥形体提升，使固定杯下口完全打开，桥管内喷洒的氨水流入集气管，固定杯和皇冠管不形成水封，荒煤气导入集气管。

PROven 单孔调压系统需要气缸、连杆、氨水液位等多部件配合，调节过程较为复杂。

6 两种单孔调压系统优缺点比较

6.1 SOPRECO®单孔调压技术

SOPRECO®单孔调压技术的优点：

（1）能够实现单炭化室压力调节功能；

（2）能够替代装煤除尘地面站和高压氨水或蒸汽喷射消烟，实现无烟装煤，有效改善焦炉环境，降低运行费用；

（3）采用半球形回转阀结构，结构简单，安装简便；

（4）操作简便，易于控制管理；

（5）结实耐用，低故障率，低维护量，运行稳定可靠；

（6）不存在堵塞问题；

（7）易于在现有焦炉上增加该设施。

6.2 PROven 单孔调压系统

6.2.1　优点

（1）能够实现单炭化室压力调节功能；

（2）能够替代装煤除尘地面站和高压氨水或蒸汽喷射消烟，实现无烟装煤，有效改善焦炉环境，降低运行费用。

6.2.2　缺点

（1）结构复杂，对拉杆、密封锥形体、固定杯等安装精度要求高[1]；

（2）连杆下部活塞易结焦油或杂物，密封不好[1]。

SOPRECO®和 PROven 两种单孔调压系统比较，见表 1。

表 1　SOPRECO®和 PROven 两种单孔调压系统比较表

序号	项目	SOPRECO®	PROven
1	功能	（1）能够实现单炭化室压力调节功能； （2）能够替代装煤除尘地面站和高压氨水或蒸汽喷射消烟，实现无烟装煤，有效改善焦炉环境，降低运行费用	（1）能够实现单炭化室压力调节功能； （2）能够替代装煤除尘地面站和高压氨水或蒸汽喷射消烟，实现无烟装煤，有效改善焦炉环境，降低运行费用
2	结构	（1）半球形回转阀结构； （2）结构简单	（1）皇冠管+固定杯结构； （2）结构较复杂
3	安装要求	安装简便	固定杯拉杆焊接质量、固定杯安装高度和水平度、气缸连杆垂直度、密封锥形体焊接质量及密封性等安装要求高[1]
4	运行可靠性	（1）不存在堵塞问题； （2）操作简便，易于控制管理； （3）结实耐用，低故障率，低维护量，运行稳定可靠	连杆下部活塞易结焦油或杂物，密封不好[1]，影响使用效果
5	检修及更换	单独阀体，易于检修及更换	皇冠管和固定杯深入集气管内部，不利于检修及更换检修
6	焦炉改造可行性	单独阀体，易于在现有焦炉上增加该设施	皇冠管和固定杯深入集气管内部，难以在现有焦炉改造安装

7　SOPRECO®单孔调压系统在现有焦炉改造中的应用

SOPRECO®单孔调压系统在山东潍焦集团薛城能源有限公司 5.5 m 焦炉升级改造项目上成功应用。改造方案如图 1 所示。

（1）在现有设备基础上新增 SOPRECO®单孔调压阀、气缸及相应的控制系统，SOPRECO®单孔调压阀上部与桥管连接口按现有桥管承插结构设计，单调阀下部与隔离阀连接口按现有隔离阀承插结构设计，不改变桥管结构，上升管水封盖和隔离阀增加气缸及相应的控制系统，上升管水封盖和隔离阀进行适应性改造，实现就地、远程控制。

（2）因设置单调阀相应加高上升管；将原上升管余热利用上方过渡段加高替换，并在此处增设测压口。

（3）上升管加高后相应加高集气管二层平台，上升管根据单调阀增加高度后，应相应提高上升管水封盖检修平台。增加单调阀后为满足人通行空间要求及控制柜安装空间要求，在原集气管操作台做适应性改造。

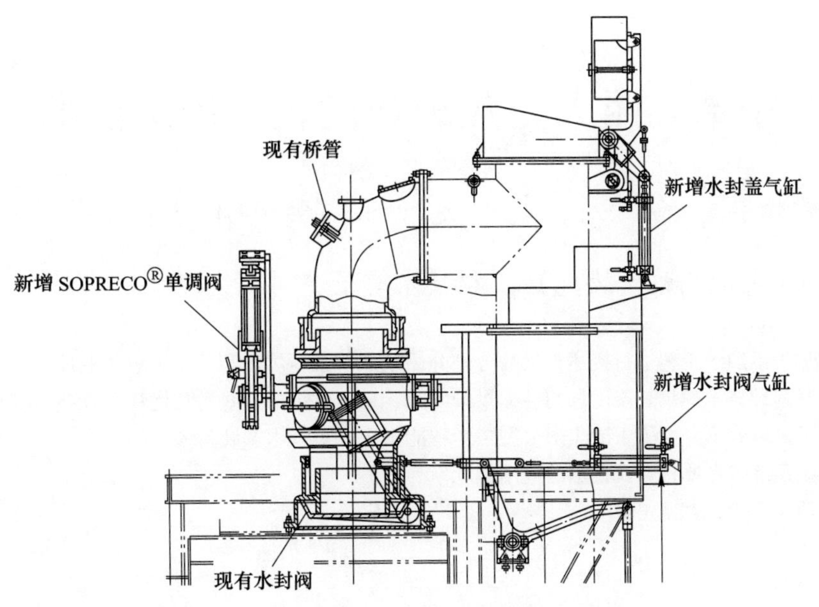

图 1 SOPRECO®单孔调压系统改造示意图

8 结语

单孔调压系统能够实现单炭化室压力调节功能，减少炉体冒烟冒火且延长炉体寿命，且能替代装煤除尘地面站和高压氨水或蒸汽喷射消烟，实现无烟装煤，有效改善焦炉环境，降低运行费用。各焦化企业可以根据自身实际，在新建焦炉上选用单孔调压系统，也可在现有焦炉上改造增设 SOPRECO®单孔调压系统。

参 考 文 献

[1] 余刚强，李超 . 7. 63 m 焦炉 PROven 系统故障分析及改进［J］. 武钢科技，2008，46（3）：10-11.

中冶焦耐大型焦炉智能正压烘炉技术

张　熠　张　雷　刘　超　吴　铄　李申明　肖正浩　宫成云

（中冶焦耐（大连）工程技术有限公司，大连　116085）

摘　要：首先对焦炉烘炉的工艺进行概述，然后分别介绍了焦炉正压烘炉和负压烘炉工艺原理上的区别，并从工艺原理的角度，对两种技术的烘炉温度均匀性、烘炉时间、正压烘炉的一些潜在优势以及各自其他方面的特点进行了简单的比较。最后着重介绍了中冶焦耐大型焦炉智能正压烘炉技术及装备中包括燃烧器、燃气及空气供给装置、智能优化控制系统的主要特点及技术的应用情况。

关键词：正压烘炉，智能，大型焦炉

1　概述

焦炉主要由大量的硅砖砌筑而成，结构非常复杂，同时也需要安装众多的护炉设备。因此决定了新建焦炉的烘炉过程也是非常复杂并且非常重要，烘炉质量的好坏，很大程度上影响焦炉的预期使用寿命。

焦炉烘炉是指将焦炉由常温升温至转正常加热（或装煤）时温度的操作过程[1]。焦炉大部分砌体为硅砖，硅砖在常温至800 ℃存在多个晶型转化点，整个烘炉过程尺寸非线性变化，因此焦炉烘炉非常复杂且重要。不发生事故只是烘炉的最低要求，烘炉成功还意味着要保持焦炉砌体的严密性，使焦炉完好的过渡到生产状态，尤其面对越来越严格的环保要求。因此整个烘炉阶段炉温的控制和护炉铁件的管理，对焦炉生产顺行，更好的适应环保要求等都有着至关重要的影响。

目前国内外正在应用的烘炉技术分为正压烘炉和负压烘炉。正压烘炉技术从原理上更加先进，烘炉质量更高，该技术在国外发展较早，比如伍德公司一直使用正压烘炉。近年中冶焦耐研发了配套的正压烘炉设备，将该技术在国内展开应用。

2　正压烘炉与负压烘炉技术对比

2.1　焦炉烘炉工艺概述

焦炉由炉顶、炭化室、燃烧室、斜道、蓄热室和烟道组成。炉顶设有装煤孔和煤气上升管孔。炭化室与燃烧室相间配置，炭化室两端用炉门封闭。燃烧室由许多立火道构成，通过煤气燃烧提供炼焦所需的热量。斜道把燃烧室与蓄热室连接起来。蓄热室位于斜道下部，内置格子砖蓄热。燃烧废气通过斜道、蓄热室和烟道经烟囱排出。焦炉主要由不同型号的硅砖砌筑，火道底部温度一般不得超过 1400 ℃。

焦炉砌筑工程完成后，即可配置烘炉设施进行烘炉。烘炉的初期（燃烧室温度在 100 ℃以前）是排出砌体内水分的阶段，称为干燥期，干燥期过后是升温期，达到正常加热（或装煤）的温度时烘炉才算结束[1]。烘炉前要根据焦炉的升温特点和硅砖的膨胀特性制定相应的烘炉升温曲线。

在烘炉过程中，建立烘炉机构，在严密的科学管理下使焦炉炉温按计划升到期望值。烘炉期间监测焦炉各部位温度时，主要是对该部位的气流进行监测。砌体各部分应遵循一定的升温曲线升温，尤其是从干燥期结束到燃烧室温度为300 ℃的阶段，是炭化室砌体膨胀剧烈的阶段。当炉温达到800 ℃时停止测量管理火道温度、蓄热室温度和箅子砖温度。随后改用光学高温计或红外测温仪测量直行温度。

2.2　焦炉负压烘炉技术原理简介

负压烘炉即烘炉燃气在炭化室内燃烧后产生的热烟气在烟囱吸力的作用下，流过炭化室、燃烧室、蓄热室、烟道，同时对炉墙进行加热，使炉温升温到正常操作温度。燃气燃烧所需的助燃空气也依靠烟

囱吸力引入炭化室。显著特点：烘炉初期看火孔压力为负压，一般在 300 ℃左右看火孔压力转为正压。焦炉负压烘炉气体流向见图 1。

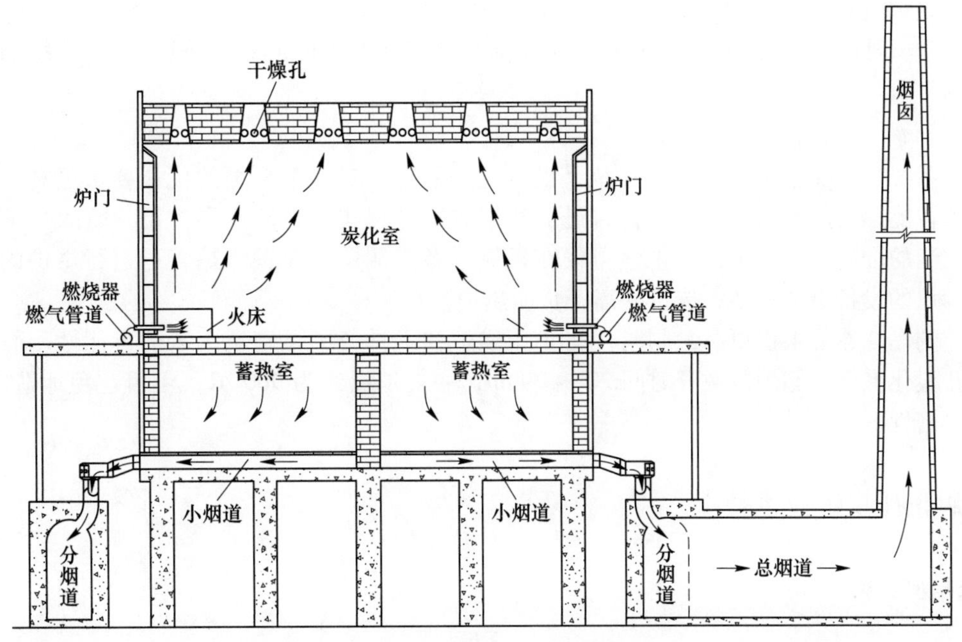

图 1　焦炉负压烘炉气体流向图

2.3　焦炉正压烘炉技术原理简介

焦炉正压烘炉技术使用专门的空气供给系统和燃气供给系统，通过向炭化室内不断鼓入热气，使其在整个烘炉过程中保持正压，推动热气流经炭化室、燃烧室、蓄热室、烟道等部位后从烟囱排出，使焦炉升温至转正常加热温度。焦炉正压烘炉气体流向见图 2。

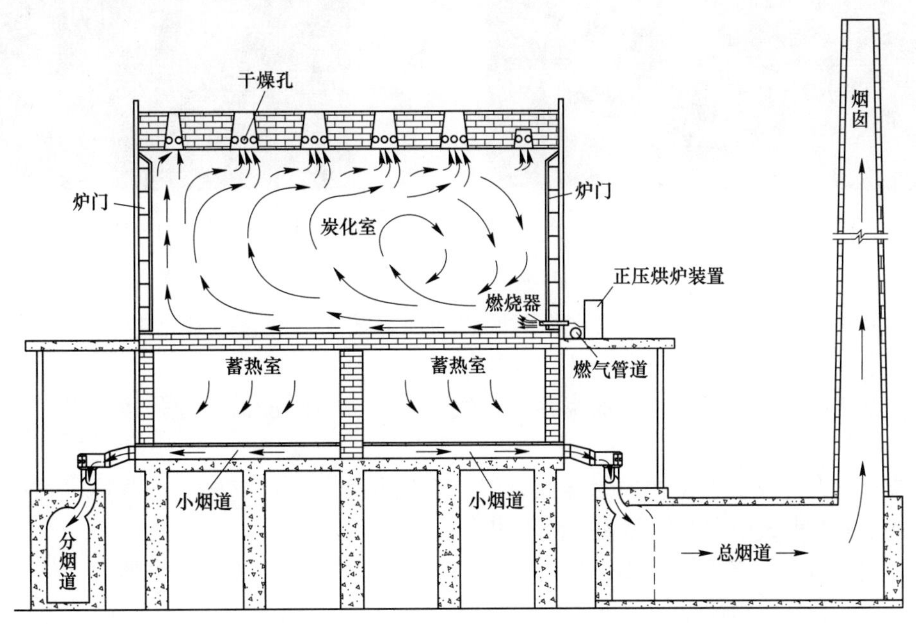

图 2　焦炉正压烘炉气体流向图

2.4　两种技术简要对比

2.4.1　温度均匀性

正压烘炉时，首先使热气充满整个炭化室，之后热气流均匀地从干燥孔进入燃烧室、蓄热室等部位，整个炭化室为正压，保证不吸入冷空气，全炉升温均匀，也就意味着炉体更加严密，烘炉质量更高。

2.4.2　烘炉时间

由于正压烘炉具有更加均匀的特性，制定烘炉升温期升温曲线时，可采用最大日膨胀率 0.035%~0.04%进行计算。现在采用正压烘炉，焦炉从常温加热至 800 ℃的时间不到 60 天，与传统的负压烘炉相比，可缩短约 7 天。

2.4.3　其他

正压烘炉系统需要配备单独的供风系统，设备更加复杂，对整个系统的优化要求更高。同时也使得系统对安全和智能控制的实现更具备条件，进而实现烘炉过程实现自动测温控温，既减少了人力又提高了烘炉温度控制的准确性和均匀性。也使得仅在机侧或者焦侧单侧布置烘炉管道进行烘炉的可能性。但是整体正压烘炉的设备更加复杂，造价要高于负压烘炉。

正压烘炉的燃烧器要求也更高，同时使得正压烘炉技术具备了不砌筑火床的可能性。而负压烘炉在扒火床时每孔炭化室机焦侧炉门敞开时间 20~40 min，一般炉温约为 900 ℃，不可避免地造成炉头降温，影响焦炉的严密性。

3　中冶焦耐正压烘炉技术特点

3.1　正压烘炉燃烧器

正压烘炉燃烧器需要具有很强的燃料适应能力，在不做任何改动的情况下燃用液化石油气、焦炉煤气和天然气三种不同燃气。燃气流量变化范围大，且不需要在炭化室内砌筑火床，在初期流量极小时火焰在燃烧器内燃烧，如图 3 所示；随着用量提高也要保证火焰刚性，如图 4 所示。

图 3　初期火焰在燃烧器内燃烧

图 4　后期火焰具有很强的刚性

为满足以上工艺要求，产品主要技术特点如下：

（1）燃气喷嘴采用括流设计，使燃气在短时间内即与空气完全混合并开始燃烧。燃气喷头开孔数量，经过流体有限元分析和实验比对，设计为双层圆周均布。

（2）在燃烧器尾部设置稳压腔，增加烧嘴抗供气流量压力波动能力，加强焦炉煤气在烧嘴内流动均匀性。

（3）采用旋流稳燃配风，强化初始燃烧区燃气与空气混合，保证燃气完全、稳定燃烧。同时设计旋流风门，有效地控制了小火稳燃。低温烟气的输出。

（4）采用强制配风的燃气内燃技术，使燃气大部分在燃烧器内燃烧，燃烧器内气体迅速膨胀，出口处热气流速度高、火焰短、刚性强。

（5）采用多级配风的气膜冷却技术，燃气在燃烧器内燃烧，放出大量热，为使燃烧器不出现超温和烧蚀现象，采用多级配风，每级配风在参与燃烧前主要作用是冷却燃烧器内壁，同时在内壁形成流动的气膜保护层，使高温火焰不直接与内壁接触，保证燃烧器的耐用性。

3.2　燃气及空气供给装置

正压烘炉燃气及空气供给装置需要将空气风机、空气管路、燃气管路、燃气调节阀、电磁阀、控制箱等设备集成在有限的空间中，同时满足各项工艺要求。使用DCS控制系统实现远程集中监控及快速故障报警，最大限度地避免事故的发生。同时创新性的开发一拖二结构的装置。主要技术特点如下：

（1）空气风机选用变频风机，配套变频器，能够在烘炉过程中根据工艺需要调节供风量。

（2）根据空气及燃气调节范围，选用DN125空气管路，DN40燃气管路，并在燃气管路上配套电磁阀和调节阀。

（3）采用DCS控制系统，实现全部烘炉装置的集中监控、远程操作、自动调节和安全报警及联锁等功能。

（4）设计现场控制箱，DCS信号采集模块、变频器、断路器、接触器等设备安装在现场控制箱中，并设置必要的指示灯，方便烘炉人员巡检时观察设备运行状态。

（5）一拖二装置设置空气整流装置，保证两孔空气量均匀分配。

3.3　智能优化控制

3.3.1　压力的自动监测与控制

对于正压烘炉系统而言，对于燃气流量和压力的控制要求更高，这样就很有必要在保持原有的温度自动检测系统的基础上，建立压力自动检测系统，同时通过配备精度更高的电子压力计和调节阀门开度的执行机构，来实现压力的实时监测和阀门开度的自动调节。另外压力自动检测系统还可以实现对总分烟道压力等数据的实时监测，整体监测烘炉过程中各区域的压力状态，也为升温管理提供了必要的依据。

3.3.2　测温热电偶故障检测与诊断

由温度自动检测系统通过热电偶测量温度变化是烘炉过程中的一个重要环节。烘炉温度自动检测系统是通过热电偶测量的温度来实现对热电偶的故障检测，当热电偶发生故障时，测量的数据就会随之出现异常变化，随之影响烘炉升温的调整。因此该温度检测系统的故障会直接影响烘炉的正常运行。

烘炉生产过程中，热电偶实时监测炉温的变化情况，随之就产生了大量的温度样本数据。根据采集到的数据量十分的巨大，且该部分数据变量之间存在很强的非线性关系的特点。最终采用将多元统计知识与基于知识的方法相融合的故障诊断方法来对烘炉炉温及热电偶故障进行诊断，以实现提高效率和准确性。

3.3.3　升温过程建模

焦炉烘炉温度建模是一个相当复杂而又难以用数学公式精确描述的问题。根据烘炉的整个工艺过程，每个炭化室都需在炉门上安装一个燃烧器，对应需要一个调节阀门来控制燃气流量，对相邻燃烧室的温度进行调控。通过对控制参量和对象的分析，最终采用系统辨识方法，不去研究分析内部的每一步具体的反应变化之间的关联和机理，而是将其作为一个整体，研究主要控制变量和输出变量之间的相互关系，也就是基于数据驱动的模型辨识方法。

基于数据驱动的建模方法目前最常用的建模方法有最小二乘法，神经网络建模方法和支持向量机的建模方法等。我们选用神经网络的建模方法，为了充分适应升温过程滞后及其他时变、耦合等因素的影响，对模型结构、建模算法等进行大量的改进与优化工作，然后利用MATLAB软件进行编程，利用大量的烘炉数据对神经网络进行反复训练并对其进行测试。

3.3.4　智能控制策略研究及优化控制

基于前期工作基础，深入分析升温过程模型结构与相关参数，针对模型存在的多变量、强耦合、大滞后等复杂特性，拟采用智能控制理论中的“仿人智能控制”方法。由于正压烘炉这一特殊过程的工艺需要，所得到的控制量需要进行进一步优化后再给到控制级。结合烘炉升温曲线与烘炉方案要求，将控制量按照单位烘炉时间进行优化，并给出最适合焦炉升温要求的控制方案。同时，考虑到烘炉过程要求均匀升温并尽力避免“过升温”情况。因此，需要对整个升温过程进行在线监控并实时优化控制，实现整个升温过程无超调。控制优化还需要综合考虑烘炉过程随时变化的环境因素及人为因素，并兼顾整个烘炉过程的能源损耗，力求全面实现控制目标。最终整个烘炉过程管理火道温度及直行温度的控制基本不需要人工操作，且取得非常良好的效果，如图5、图6所示。

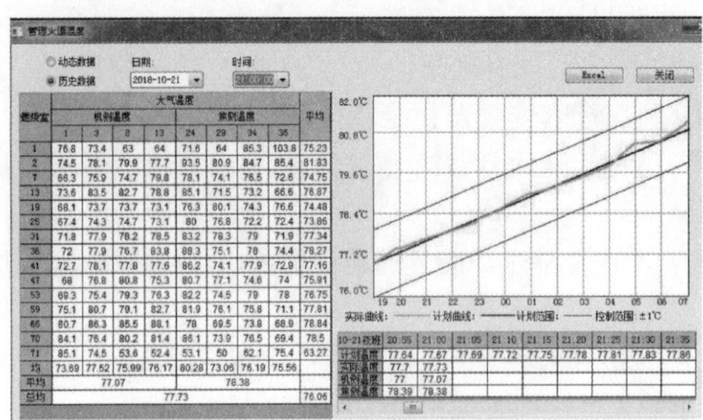

图 5　管理火道温度控制情况

图 6　直行温度偏差控制 1~2 ℃，个别情况也低于 5 ℃

4　中冶焦耐正压烘炉技术的应用

中冶焦耐正压烘炉技术于 2018 年 5 月首次应用于孝义鹏飞 6. 25 m 捣固焦炉的 2 号焦炉烘炉，烘炉时 1 号、3 号、4 号焦炉已经投产。得益于正压烘炉点火后炭化室基本实现正压，且可单侧布置烘炉设备和管道，最终 2 号炉焦侧单侧烘炉，整个烘炉过程中，2 号焦炉没有焦炉大棚，机侧的 SCP 一体机往返于 1 号、3 号、4 号焦炉正常生产。

当时正值国内焦炉大型化。唐山首钢京唐西山焦化 7. 65 m 顶装焦炉作为全球首座 7. 65 m 顶装焦炉，烘炉采用了中冶焦耐的正压烘炉技术，业主对中冶焦耐正压烘炉的自动化控制水平以及系统的稳定性评价高于早期厂内 7. 63 m 顶装焦炉烘炉时采用的伍德的正压烘炉系统。新泰正大 6. 78 m 捣固焦炉作为全球首座最大的捣固焦炉，烘炉时也采用了中冶焦耐的正压烘炉技术，其中一座焦炉从常温升温至 800 ℃转为地下室加热用时 55 天，如果是负压烘炉约需 63 天。

另一个具有典型意义的工程是由中冶焦耐总承包的梅钢 4#焦炉维修工程，当时该 7 m 顶装焦炉已经停产并冷炉至常温，由中冶焦耐对其维修复产进行工程总承包。该焦炉的烘炉也采用了中冶焦耐正压烘炉技术，4 号焦炉从点火到 800 ℃转为地下室加热仅用时 40 天，转为正常加热后，由于正压烘炉不需要砌筑和拆除火床等因素，又用了不到 10 天即投产装煤。4 号焦炉从 6 月 5 日 19 点 36 分点火开始烘炉，到 7 月 26 日顺利出焦，总时间不超过 51 天。且从第一孔炭化室出焦开始，所有 60 孔炭化室均顺利出焦，推焦电流在 160~170 A 之间，炉顶及炉门冒烟情况良好，焦炉烟囱无黑烟，可视化污染物水平超过预期，得到建设单位的赞赏。为业主带来了极大的经济和社会效益。

中冶焦耐正压烘炉技术从首次投入使用至今，在各种炉型包括 5. 5 m 捣固焦炉、6. 25 m 捣固焦炉、6. 78 m 捣固焦炉、6 m 顶装焦炉、7 m 以及新 7 m 顶装焦炉、7. 65 m 顶装焦炉等炉型均取得了成功应用，总数量已经超过了一百座焦炉。

该技术在取得广泛应用的同时，也取得了不错的科技成果。包括《一种正压烘炉优化控制方法》《一种焦炉正压烘炉工艺》等多项发明专利，其中《一种正压烘炉优化控制方法》专利获得 2023 年中国专利优秀奖；被国家工业节能技术装备推荐目录（2019）收录，归于工业节能技术部分，煤炭高效清洁利用及其他工业节能技术中；被中国冶金科工集团评定为国际领先科技成果；2021 年中冶集团科学技术奖二等奖；2024 年中国钢铁工业协会中国金属学会冶金科学技术奖三等奖；取得《中冶焦耐正压烘炉过程控制软件 V2.0》《中冶集耐正压烘炉优化控制软件 V2.0》两项计算机软件著作权。

目前，中冶焦耐还在进一步的进行技术研发，在现有技术的基础上，研发焦炉烘炉数据无线采集与远程管理控制技术，研发项目获得 2023 年大连市重大科技研发计划项目支持。目前远程管理控制技术、焦炉烘炉蓄热室及箅子砖部位温度无线采集技术已经成功应用，焦炉炉顶燃烧室温度的无线采集技术已经开始了示范工程的应用。

5　结语

正压烘炉从技术原理上，就避免了负压烘炉天生的“负压”缺陷。中冶焦耐的大型焦炉正压烘炉技术又配备了自动温度控制调节系统，极大地提高了烘炉质量，降低了焦炉的荒煤气窜漏情况，减少了硫化物排放，实现了焦炉污染物的源头减量控制，为延长了焦炉使用寿命奠定了良好基础。

参考文献

[1] 郑文华，于振东．焦炉砌筑安装与开工［M］．沈阳：辽宁科学技术出版社，2004.

低碳背景下源头削减焦炉 NO_x 生成的新技术

肖长志 陈 伟 康 婷 邢高建 韩 龙 杨俊峰

（中冶焦耐工程技术有限公司，大连 116085）

摘 要：介绍了焦炉内氮氧化物的生成机理及影响因素，分析了应用“焦炉炉体气流长向协调分配技术”和“梯级供给低氮燃烧加热技术”等源头减排技术及新型高效节能耐火材料后，在焦炉加热均匀性提升和源头减少氮氧化物生成方面获得的重大突破。同时基于国家“低碳”战略发展的背景要求，介绍了中冶焦耐储备的两种专利技术，以期在未来的应用中获得更大的技术进步。

关键词：焦炉，源头减排，氮氧化物生成，新型节能材料，仿真模拟

1 概述

钢铁工业是资源、能源消耗大户，也是工业污染物排放大户，其中炼焦炉（以下简称“焦炉”）一直是钢铁工业中节能减排方面被关注的重点对象。在焦化技术发展的过程中，焦炉大型化、高效化一直是国际炼焦技术发展的基本趋势，国内在早期很长一段时间里，焦炉排放的烟气中的二氧化硫和氮氧化物并没有受到重视。2012 年我国实施的《炼焦化学工业污染物排放标准》彻底改变了这种状况，其二氧化硫和氮氧化物排放标准相比于国外的相关指标要严格很多，达到超低排放的水平。

为实现标准规定的焦炉二氧化硫和氮氧化物的减排，中冶焦耐工程技术有限公司（以下简称“中冶焦耐”）作为焦化行业发展的领跑者，坚持“源头减排”为主、“末端治理”为辅的治理原则，开发了“焦炉炉体气流长向协调分配技术”“梯级供给低氮燃烧加热技术”“火道温度控制技术”及“炉墙窜漏综合控制技术”等源头减排技术，并根据国内重点地区的要求开发了“焦炉烟道气脱硫脱硝整体技术”等末端治理技术。“源头减排”技术和“末端治理”技术的结合应用，使我国炼焦化学工业的污染物排放量大大降低，达到了国际领先水平，在钢铁行业中率先取得了傲人的成绩。

在国家“低碳”战略发展背景下，随着我国经济结构改革逐步进入深水区，炼焦行业还需要继续探索、研发新技术以适应发展生态友好型的工业的更高要求。中冶焦耐以实现进一步源头削减氮氧化物的目标为抓手，为焦炉技术的进一步升级做了充足的技术储备。

2 焦炉氮氧化物的生成机理

氮氧化物在燃气燃烧过程中的形成机理及其控制方法受到了冶金、发电、环控等领域相关行业的广泛关注和探讨[1-3]，当前的研究表明，燃烧过程中的氮氧化物主要的产生方式有热力型、快速型和燃料型[4]。

焦炉废气中的氮氧化物主要属于热力型[5]，当使用焦炉煤气加热时，同时也有部分燃料型氮氧化物的生成。钟英飞[5]、杨俊峰[6]等人对焦炉加热燃烧时氮氧化物的生成机理及控制方法进行了相关研究，发现对于热力型氮氧化物影响其生成量的主要因素是立火道内燃烧情况，包括燃烧温度和空气过剩系数等因素。因此，为实现焦炉废气中氮氧化物排放量源头控制，在传统的废气循环及分段加热等手段的基础上，需对影响燃烧温度和空气过剩系数的具体因素进行研究并给出最优化方案。

3 源头减排技术的开发及应用

中冶焦耐组织专业技术团队，利用仿真模拟等手段，对炉体结构、气体分段供入方式、气体分段供入位置、气体分段供入气量、进气口结构等进行了相关研究，并将各子项研究成果归纳总结，申请了

"焦炉炉体气流长向协调分配技术""梯级供给低氮燃烧加热技术""火道温度控制技术"及"炉墙窜漏综合控制技术"等商标技术名称，并将这些源头减排技术逐步应用到炉型设计开发过程中，同时注重开发应用高效节能新材料，在焦炉加热均匀性提升和源头减少氮氧化物生成方面获得重大突破。

3.1 焦炉炉体气流长向协调分配技术

3.1.1 技术背景

随焦炉大型化的发展，炭化室长度的增加及砌体锥度、炉头火道的散热和泄漏的影响，焦炉长向加热均匀性的控制越来越困难。本技术以前，国内焦炉长向加热均匀性的调节以调节砖的形式为主，存在调节困难、调节精度不高、调节环境恶劣等问题，焦炉横排系数一般低于0.9，导致生产中炉头火道温度低、炉头易出现生焦，推焦时炉头烟量较大，对环境污染较重。

3.1.2 技术发明内容

（1）首次提出了一种变截面的蓄热室小烟道、将小烟道优化为变截面的气流通道的技术方案，解决了大型焦炉长向加热均匀性差、调节工作量大、炉头烟量大的关键性技术难题。该项技术申请的发明专利"一种变截面的蓄热室小烟道"，荣获第二十二届中国专利优秀奖。

（2）首次在分格蓄热室的蓄顶空间内设置检测孔结构，包括气体调节砖和黏土衬砖，实现了在不干扰蓄热室正常运行的前提下，对蓄热室内换热和气流分配情况进行实时监测。

（3）在蓄热室内部设置气量分配调节结构，通过调节气量调节板实现对焦炉加热用的贫煤气或空气气量的精确调整。

3.1.3 应用效果

综合应用上述技术后，焦炉横排系数可达到0.97以上，优于国际领先水平，调节工作量比现有技术减少50%以上。

3.2 梯级供给低氮燃烧加热技术

3.2.1 技术背景

燃烧室内高向受火焰长度的影响，会产生较大的温度梯度，焦炉高向加热还受加热煤气、煤源种类等生产要素的影响，而焦炉投产后高向加热均匀性调节手段有限，使得我国大型焦炉高向加热均匀性较差，同时 NO_x 源头生成量以及炼焦能耗居高不下。

3.2.2 技术发明内容

（1）基于焦饼成熟以及氮氧化物生成机理，建立焦炉加热模型，发明燃烧室空气梯级供给、助燃空气流量精确分配技术，优化燃烧室高向加热均匀性，控制 NO_x 生成。根据仿真结果及工程经验，优化各供气口高度、尺寸和空气过剩系数；研发新型炉体结构，使立火道不同高度空气由不同蓄热室分别供入；研发新型交换开闭器，实现分段空气量炉外调节，精确控制温度高向分布。不同加热条件下空气供入结构见图1，炉外调节废气开闭器见图2。

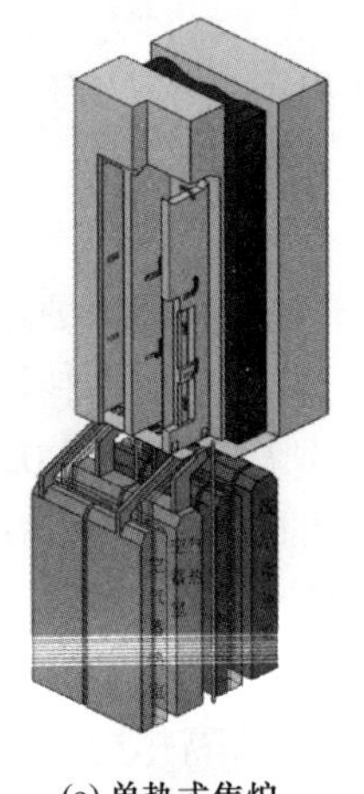

(a) 单热式焦炉

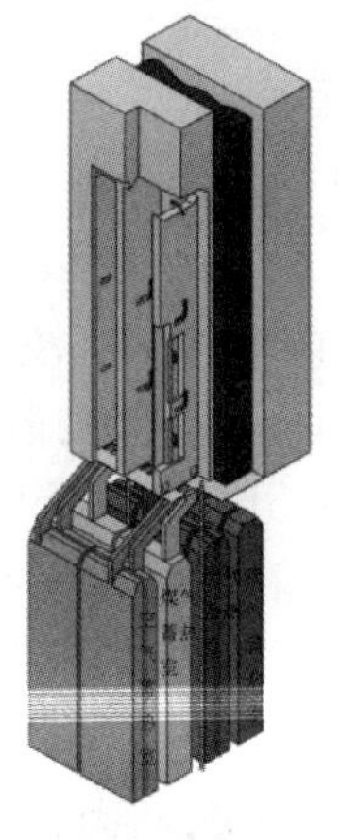

(b) 复热式焦炉贫煤气加热

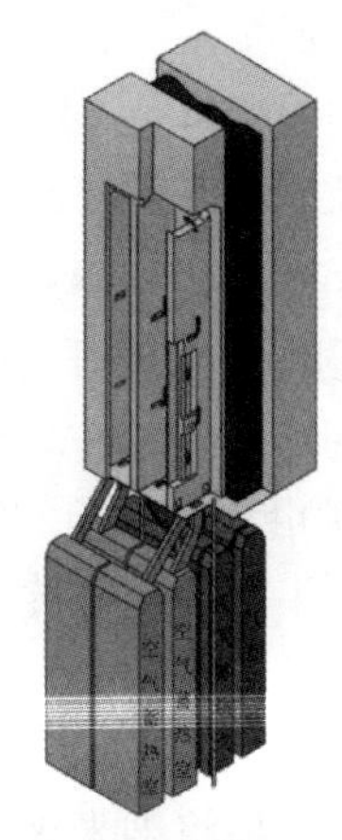

(c) 复热式焦炉焦炉煤气加热

图1　不同加热条件下空气供入结构

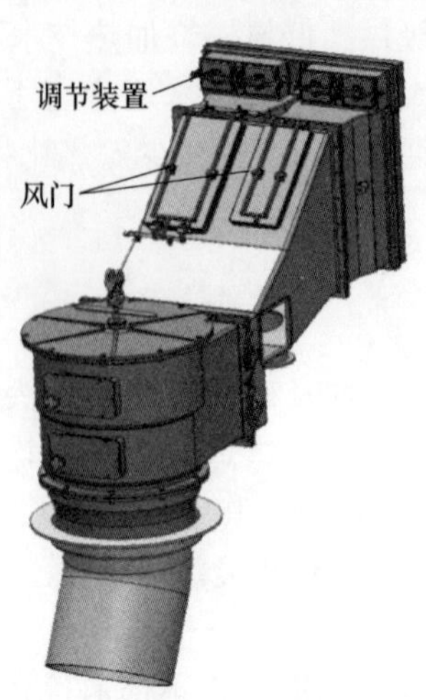

图 2　炉外调节废气开闭器

（2）研究废气循环对高向加热的影响，开发新型废气循环孔结构。引导循环废气向中心扩散，在燃烧发生前降低氧气浓度，拉长火焰，降低燃烧温度，提高高向加热均匀性。环抱型废气循环孔见图 3，废气循环气流见图 4。

图 3　环抱型废气循环孔

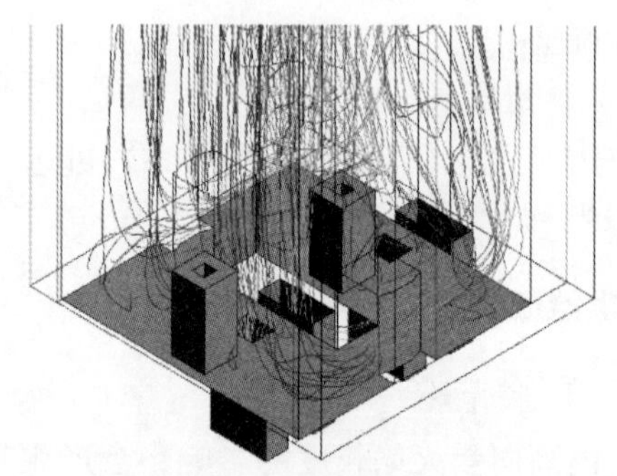

图 4　废气循环气流

3.2.3　应用效果

综合应用上述技术后，焦饼高向温差低于 50 ℃，实现在焦炉煤气加热条件下焦炉烟气中 NO_x 含量≤260 mg/m³，在贫煤气加热条件下 NO_x 含量≤150 mg/m³，比现有技术降低 50%以上，实现炼焦湿煤耗热量不高于 2380 kJ/kg，优于国际先进水平 1.5%。

3.3　新型节能耐火材料的应用

3.3.1　技术背景

焦炉燃烧室内温度可达 1400 ℃，焦炉表面散热量较大，占总热量支出的 9%～13%，且无法回收利用，导致焦炉热效率比较低；同时由于焦炉表面温度较高，导致生产环境较差。

3.3.2　技术发明内容

（1）与国内耐材厂合作开发一种新型炉门内衬涂釉浇注料预制块，制定了适合焦炉用的浇注料块行业标准，预制件的热导率≤1.2 W/(m·K)，以减少炉门的散热。焦炉炉门衬涂釉浇注料块见图 5。

（2）基于焦炉滑动层炉顶的结构特点，合作开发新型硅质隔热砖，硅质隔热砖低于 0.6 W/(m·K)，代替炉顶区滑动层下的部分硅砖，新型材料具有硅砖的膨胀系数以及更好的隔热性能，在适应炉顶区与燃烧室区整体镶嵌膨胀的同时，可以大幅减少炉顶区散热，提高焦炉热效率。

（3）基于焦炉自身结构及热量损失特点，联合研发焦炉用纳米级保温涂料，在不改变焦炉整体性方案的基础上，首创性地将纳米级保温涂料喷涂于炉头表面、炉顶区和焦炉底部隔热层等位置，涂层热导率低于 0.05 W/(m·K)，可有效地降低热辐射和热传导，减少焦炉基础顶板、炉头表面和炉顶区的热量散失。焦炉涂覆纳米保温涂料示意图见图 6。

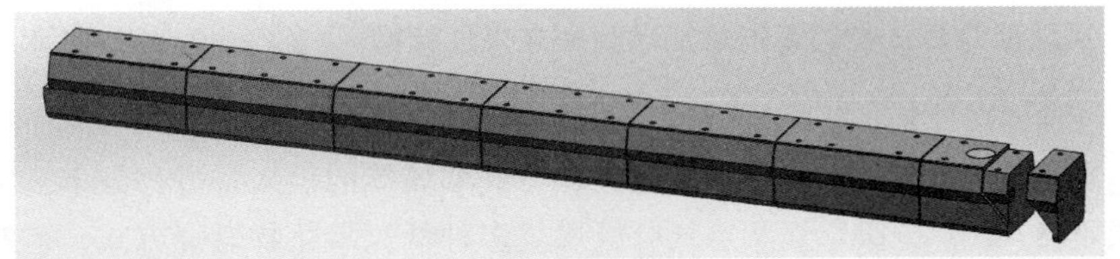

图 5　焦炉炉门衬涂釉浇注料块

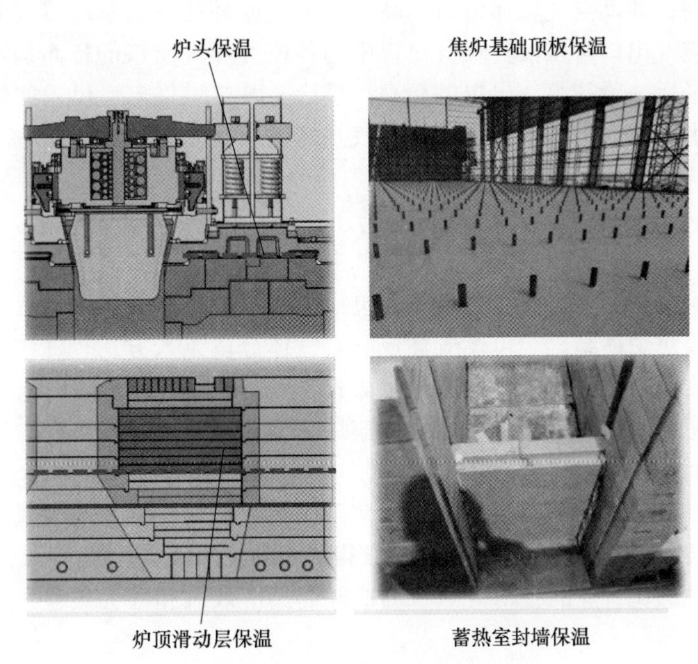

图 6　焦炉涂覆纳米保温涂料示意图

3.3.3　应用效果

采用涂釉浇注料块的炉门较衬黏土砖炉门表面温度降低 15~20 ℃，炉门清理工作大幅降低；炉顶区采用硅质隔热砖炉顶表面温度下降了 13 ℃；喷涂纳米级保温涂料后焦炉表面温度下降了 10~30 ℃。新型节能材料的应用，可使焦炉热工效率提升 3%左右。

4　源头减排的新技术探讨

随着国家“低碳”战略发展的背景要求，中冶焦耐为进一步实现源头削减氮氧化物的目标，探索和储备了多项源头减排新技术。

4.1　发明专利 1：一种分段加热分段废气循环的焦炉立火道结构

目前，大型化焦炉主要采用分段加热与废气循环组合的方式控制氮氧化物的生成，分段加热的方式将上升立火道内的一个大火炬分为两个、三个或更多个小火炬，可明显降低立火道内燃烧的剧烈程度，同时在立火道底部设置废气循环孔，将双联立火道内下降气流立火道中的废气经废气循环孔引入上升气流立火道，从而稀释上升气流立火道内的燃烧气体浓度，两种方式组合进而可明显降低氮氧化物的生成，从而显著改善焦炉高向加热的均匀性。

为进一步降低氮氧化物的生成，在现有分段加热与废气循环组合技术的基础上，研发了一种分段加热分段废气循环的焦炉立火道结构，通过设置多段废气循环孔增加废气循环量，其结构简单、易于实施，能够增加可燃气体和助燃气体与循环废气的掺混程度，减弱燃烧强度，从而有效提高焦炉高向加热的均匀性并降低氮氧化物的生成量。

4.2 发明专利 2：实现低氮氧化物燃烧的焦炉燃烧室立火道结构

本技术提供了一种实现低氮氧化物燃烧的焦炉燃烧室立火道结构，通过对分段加热式焦炉燃烧室立火道内各助燃空气出口和贫煤气出口的位置以及助燃空气和煤气的供入量进行限定，实现温和与深度低氧稀释燃烧、浓淡燃烧、燃料分级燃烧及空气分级燃烧多种低氮氧化物燃烧方式，有效抑制立火道燃烧过程中 NO_x 的生成，满足更高的环保要求。

本技术发明通过以下设定实现，低氮氧化物燃烧的焦炉燃烧室立火道结构，贫煤气底部出口标高高于助燃空气底部出口标高；助燃空气底部出口标高低于废气循环孔底面标高或与其标高一致；多段助燃空气出口中的各段助燃空气出口与多段贫煤气出口中的各段贫煤气出口的标高均不相同，且最后一段助燃空气出口的标高高于最后一段贫煤气出口的标高；最后一段贫煤气出口供入的煤气量为供入煤气总量的1%~50%，最后一段助燃空气出口供入的助燃空气量为供入助燃空气总量的1%~50%。

5 结语

焦炉内氮氧化物的生成与立火道内燃烧情况，包括燃烧温度和空气过剩系数等因素密切相关。中冶焦耐通过仿真模拟等手段对炉体结构、可燃气体成分、气体分段供入方式、气体分段供入位置、气体分段供入气量、进气口结构等具体因素进行分析，开发了“焦炉炉体气流长向协调分配技术”和“梯级供给低氮燃烧加热技术”等源头减排技术，并研发和应用新型节能耐火材料，在焦炉加热均匀性提升和源头减少氮氧化物生成方面获得重大突破，取得显著的应用效果。

随着国家“低碳”战略发展的背景要求，中冶焦耐为进一步实现源头削减氮氧化物的目标，探索和储备了多项源头减排新技术，以期在未来的应用中获得更大的技术进步。

通过技术进步来实现焦化行业的技术升级、创造好的经济效益和社会效益，这是全体中冶焦耐技术人员共同的努力方向。

参 考 文 献

[1] 徐永生．试论燃气燃烧过程氮氧化物的控制［J］．燃气与热力，1997，17（5）：30-33.
[2] 吴瑞．氧化吸收法脱除氮氧化物的工艺研究［J］．化学工程与装备，2011，12：188-190.
[3] 孔令启，毕荣山．氮氧化物水吸收过程的数值模拟［J］．华东理工大学学报，2009，35（4）：530-534.
[4] 王利平．燃烧过程中 NO_x 的有效控制方法［J］．电力学报，1997，12（3）：6-11.
[5] 钟英飞．焦炉加热燃烧时氮氧化物的形成机理及控制［J］．燃料与化工，2009，40（6）：5-12.
[6] 杨俊峰．焦炉加热时过量空气系数对氮氧化物生成量的影响［J］．燃料与化工，2009，40（6）：5-12.

大型焦炉源头降低烟气 SO_2 和 NO_x 排放的实践

张　军

（武汉钢铁有限公司炼铁厂焦化分厂，武汉　430082）

摘　要：以武钢 7.63 m 焦炉为例，针对大型焦炉立火道分段燃烧、废气循环、混合煤气加热的特点，从控制燃烧烟气 SO_2 和 NO_x 排放的需求出发，探讨了源头降低烟气污染物排放的方法。生产实践证明，通过加强炉体密封、降低加热煤气含硫等措施，可以明显降低焦炉燃烧烟气的 SO_2 排放；通过对焦炉加热空气过剩系数进行调整，可以使焦炉燃烧烟气的 NO_x 排放量显著降低，为焦炉源头降低 SO_2 和 NO_x 排放提供了借鉴。

关键词：大型焦炉，烟气排放，源头治理，SO_2 和 NO_x，炉体密封，空气过剩系数

1　概述

武汉钢铁有限公司（以下简称“武钢”）7.63 m 焦炉为德国伍德公司设计的超大型焦炉，于 2008 年投产。2018 年配套投建了烟气净化装置，采用活性炭基新型催化剂干法脱硫、中低温 SCR 脱硝工艺技术。目前该焦炉烟气净化装置在设计工况下运行，烟气排放 NO_x 和 SO_2 指标能满足大气污染物超低排放要求，但烟气净化装置属于末端治理方法，在运行过程中存在着稳定运行、避免次生污染[1]等普遍性问题，所以从保证烟气净化装置的长期稳定运行、降低运行成本、减少固危废副产物的产生等各方面考虑，应该尽量从源头降低 NO_x 和 SO_2 排放。

2020 年至 2021 年我们对源头降低烟气 SO_2 和 NO_x 排放分别进行了探索。

2　降低烟气 SO_2 排放的实践

2.1　7.63 m 焦炉烟气 SO_2 排放情况

武钢 7.63 m 焦炉原烟气含氧量为 6%，SO_2 浓度曾长期在 130 mg/m^3 以上，测得武钢 7.63 m 焦炉连续一周原烟气 SO_2 含量如表 1 所示。

表 1　7.63 m 焦炉连续一周原烟气 SO_2 含量　　（mg/m^3）

日期	1	2	3	4	5	6	7	周平均值
日含量范围	130～148	128～144	120～147	133～150	130～148	127～144	128～110	135

2.2　加热煤气对烟气 SO_2 含量的影响

焦炉烟气 SO_2 主要来源于加热煤气和炉体窜漏荒煤气[2]。

武钢 7.63 m 焦炉加热煤气为混合煤气，焦炉煤气掺混量为 5%。对高炉煤气和焦炉煤气含硫进行检测，高炉煤气的含硫组分主要为 H_2S、COS、CS_2，其中以 COS 为主，其占总硫的 70%。焦炉煤气的含硫组分主要为 H_2S、COS、CS_2、C_4H_4S，无机硫和有机硫占比约 45%和 55%。对武钢焦炉用加热煤气连续取样测量煤气中含硫量，并计算的混合煤气含硫量如表 2 所示。

表 2　焦炉加热煤气含硫量　　（mg/m^3）

硫组分	H_2S	COS	CS_2	C_4H_4S
高炉煤气	12～14	75～80	6～8	
焦炉煤气	140～145	125～135	115～120	8～11

续表 2

硫组分	H_2S	COS	CS_2	C_4H_4S
混合煤气	18~20	80~83	12~13	0.5~0.6
混合煤气（SO_2 计）	35~38	85~90	20~23	0.3~0.5
总计（SO_2 计）	145.2			

表 3 和表 4 为武钢焦炉加热用高炉煤气和焦炉煤气成分。

表 3　高炉煤气主要成分　（%）

成分	N_2	CO_2	H_2	O_2	CO
体积比	48~50	20~22	3~4	0.5~1	24~26

表 4　焦炉煤气主要成分　（%）

成分	N_2	CO_2	CH_4	H_2	C_2H_4	C_2H_6	O_2	CO
体积比	8~9	2~3	20~24	55~60	1~2	0.1~0.5	0.5~1.2	6~7

根据混合煤气成分，可以计算出 $\alpha=1$ 时，单位混合煤气燃烧所耗氧气量及产生烟气量，如表 5 所示。

表 5　单位混合煤气燃烧耗氧量及废气量

混合煤气成分	占比	耗氧气量	烟气量
N_2	0.4737	0	0.4737
CO_2	0.2013	0	0.2013
CH_4	0.0112	0.0224	0.0335
H_2	0.5910	0.0296	0.0591
C_2H_4	0.072	0.0022	0.0029
C_2H_6	0.0002	0.0006	0.0008
O_2	0.0085	-0.0085	-0.0085
CO	0.2414	0.1207	0.2414
总计	1	0.1668	1.0042

单位混合煤气完全燃烧时产生的烟气量为煤气燃烧产生的烟气量与助燃空气中氮气量之和，由表 5 可算得为 1.6318。当烟气含氧量为 6%时，单位混合煤气烟气量为 2.282，则由加热煤气燃烧进入烟气的 SO_2 含量为 63.61 mg/m^3。

2.3　炉体窜漏对 SO_2 排放的影响

荒煤气中含硫组分主要为 H_2S，有机硫含量相对较小，因此主要考虑荒煤气中 H_2S 窜漏至燃烧系统对烟气的影响。荒煤气中 H_2S 含量与炼焦配合煤含硫直接相关，平均为 7000 mg/m^3 左右。由烟气 SO_2 含量减去加热煤气燃烧进入烟气的 SO_2 含量就可以算出由炉体窜漏进入烟气的 SO_2 浓度为 71.8 mg/m^3。根据炉体窜漏进入烟气的 SO_2 浓度可以得出炉体的漏气率为 4.2%，炉体漏气率偏高。

2.4　降低烟气 SO_2 排放的措施

武钢 7.63 m 焦炉从降低炉体漏气率和降低加热煤气含硫量两方面对烟气 SO_2 排放进行源头治理。

2.4.1　降低炉体漏气率

炉体窜漏，尤其炉肩部位的窜漏不仅造成炉门框严重冒烟，还会导致焦炉烟气中粉尘和 SO_2 含量升高，控制炉体的窜漏主要采取提高炉头温度、加强炉体密封和优化炭化室压力等几个方面的措施。

炉头区域随着摘门推焦及装煤等作业过程中会出现温度的大幅度变化[3]，因耐火砖存在热膨胀性及随着温度变化而产生的晶相结构变化，若炉头温度过低会严重损坏炉头区域的严密性，通过以下措施提高炉头温度：

（1）对斜道封墙、蓄热室封墙及小烟道封墙整体周期性翻修砌筑，定期调整斜道封墙正面保护压板，确保保护压板受力适当。

（2）对空气蓄热室与煤气蓄热室之间的单墙裂缝进行勾缝修补。

（3）废气盘与小烟道连接处塞沾浆石棉绳密封，外表涂黏土火泥。

（4）单墙与封墙之间膨胀缝密封，采用硅酸铝绳裹石棉绳沾以黏土火泥浆塞紧。

（5）炭化室炉头定期维护，先对炉门框进行石墨清扫，后对炉肩用硅火泥抹补，然后用半干法对炉肩及炉墙进行喷补。

（6）废气盘及蓄热室正面用海泡石定期保温修复，确保废气盘保温厚度不低于 50 mm，斜道及蓄热室正面保温厚度不低于 30 mm。

（7）对蓄热室喷射板盒盖板密封材料进行更换，将密封材料由石棉绳或橡胶垫改为硅酸铝石棉毡。

同时为进一步提高炉头温度，彻底解决边炉号等低温严重号，增加了炉头辅助加热设施。

通过一系列治理措施，7.63 m 焦炉的炉头温度有了明显提高。治理前后炉头温度对比如表 6 所示。

表 6　7.63 m 焦炉炉头温度治理前后对比

项　目	9 号炉温度/℃		10 号炉温度/℃		炉头系数	
	机侧	焦侧	机侧	焦侧	9 号炉	10 号炉
攻关前	1022	1030	1015	1020	0.77	0.76
攻关后	1076	1085	1069	1080	0.83	0.81
辅助加热后	1147	1215	1133	1202	0.91	0.89

对炉头区域的窜漏按下述措施进行了治理：

（1）使用特制的假炉门对炉门框内侧进行清扫，将炉门框上附着的石墨和炉肩缝内的渣子清干净后用硅火泥抹补，然后用半干法对炉肩及相邻炉墙进行喷补。

（2）改进炉门框两侧密封料材质，提高密封材料耐火度和强度，增强炉门框的密封性。

（3）对部分炉肩窜漏顽固号采取压力灌浆法。在炉门框正面钻孔，安装连接管，用砂浆灌注泵将灌浆料压入炉框内部进行密封。

（4）对于炭化室顶部窜漏号，通过立火道管砖重新砌筑的措施进行密封。

（5）对炉柱上下部大弹簧及所有小弹簧进行全线测量调节，对失效弹簧进行更换，从源头消除导致窜漏的潜在因素。

以炭化室底部压力保持 5 Pa 为依据[4]，对 PROven 系统各结焦时间段的压力设置进行了优化，保证了炭化室全结焦时间内的正压，也减轻了结焦前期因炭化室压力过大导致的炉墙窜漏严重问题。PROven 系统各结焦时间段压力设定优化如表 7 所示。

表 7　PROven 系统各结焦时间段压力设定优化情况

结焦时间段/%	0~10	10~20	20~30	30~40	40~50	50~60	60~70	70~80	80~90	90~100
设计压力/Pa	60	120	120	120	120	120	120	160	160	160
优化压力/Pa	−20	60	100	110	120	120	130	160	160	160

通过以上降低炉体漏气率的治理，武钢 7.63 m 焦炉烟气 SO_2 含量由治理前的 135.4 mg/m^3 降至了 98.2 mg/m^3，可计算得焦炉炉体的漏气率由 4.2%降至了 2.4%（因降低配合煤成本，增加了高硫煤使用量，荒煤气中 H_2S 含量升高到了 8000 mg/m^3）。

2.4.2　降低加热煤气含硫量

武钢 7.63 m 焦炉原加热用焦炉煤气采用真空碳酸钾脱硫，其设计脱硫后煤气 H_2S 含量≤200 mg/m^3。武钢新煤精系统采用 HPF 氨法脱硫，脱硫效率较高，脱硫后煤气 H_2S 含量在 20 mg/m^3 以下。其脱硫后煤气各组分如表 8 所示。

表 8　新煤精焦炉煤气含硫量　（mg/m^3）

硫组分	H_2S	COS	CS_2	C_4H_4S
高炉煤气	12~14	70~82	5~8	
焦炉煤气	10~18	30~40	65~80	15~22
混合煤气	11~15	70~80	8~12	0.8~1.2
混合煤气（SO_2 计）	22~25	75~82	15~20	0.5~0.9
总计（SO_2 计）	122.1			

在保持掺混量不变的前提下，将掺混焦炉煤气切换为 HPF 氨法脱硫后煤气，使得焦炉烟气 SO_2 浓度进一步降低至 85.6 mg/m^3。

通过焦炉炉体密封治理和降低加热煤气含硫量等措施，武钢 7.63 m 焦炉烟气 SO_2 含量有了明显降低，治理前后对比趋势如图 1 所示。

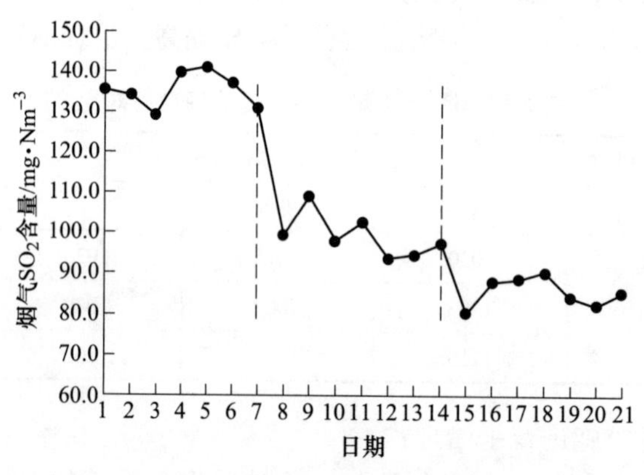

图 1　治理前后烟气 SO_2 含量对比

3　降低烟气 NO_x 排放的实践

焦炉加热过程中，煤气在立火道内燃烧，必须有充足的空气。燃烧产物中只有 CO_2、H_2O、N_2 和 O_2，不再含可燃成分，这样的燃烧称为完全燃烧。为保证煤气燃烧完全，供给的空气量必须多于理论空气量，两者之比称为空气过剩系数 α。

焦炉炉型的不同、不同加热用煤气种类以及分段加热技术的应用等都会对焦炉燃烧过程中氮氧化物的生成产生一定的影响[5]。武钢 7.63 m 焦炉原烟气 NO_x 的排放浓度长期在 300 mg/m^3 以上。

因焦炉结构难以改变，同时为保证焦炭成熟和高向加热的均匀性，焦炉标准温度和加热煤气热值可调节余地较小，所以降低燃烧空气过剩系数成为降低烟道废气 NO_x 浓度的主要方法，从燃烧最高理论温度和最高允许氧含量两方面对空气过剩系数 α 进行理论计算。

7.63 m 焦炉燃烧系统特点为双联火道、废气循环、空气分三段燃烧，其主要设计参数如表 9 所示。

表 9　7.63 m 焦炉主要设计参数　（mm）

炉型	炭化室高	炭化室宽	加热水平	一段空气口	二段空气口	三段空气口
7.63 m	7630	590	1200	81×244	60×180	50×220

7.63 m 焦炉的供给二三段加热空气的蓄热室和供给一段加热空气的蓄热室面积相等，且空气蓄热室内喷嘴板两侧开孔截面积的调节尺寸也一样，故该处根据一二三段空气口的截面积，对其出气量按 2 : 1 : 1 进行估算。

3.1　最高理论燃烧温度时 α 值

煤气的理论燃烧温度与空气过剩系数 α 直接相关[6]。在 $\alpha<1$ 区域，因空气不足，部分煤气不能充分

燃烧，理论燃烧温度随 α 减小而下降。在 $\alpha>1$ 区域，多余未参与燃烧的空气混入烟气带走大量热量，理论燃烧温度随 α 增大而下降。当 $\alpha=1$ 时，理论燃烧温度达到最高，此时立火道温度因素对氮氧化物的生成促进作用最大。

由三段空气口出气量分配比例可以知，当立火道空气过剩系数 $\alpha=1$ 时，第一段开口煤气为不完全燃烧状态，即未达到最高理论燃烧温度，因此需要计算当第一段开口煤气燃烧空气过剩系数 $\alpha_0=1$ 时的立火道空气过剩系数 α。

2021 年武钢 7. 63 m 焦炉加热煤气使用 95%比例高炉煤气与 5%比例焦炉煤气（体积比）的混合煤气。焦炉炉体漏气会增加燃烧空气的消耗，此处假定漏入燃烧室的荒煤气成分与加热用焦炉煤气成分相同，则燃烧室内加热高炉煤气和焦炉煤气比例分别为 93. 56%和 6. 44%。

根据表 10 混合煤气成分及表 11 焦炉三段空气口出气量 ，可以计算出 $\alpha=1$ 时，1 单位混合煤气燃烧所需空气量，同时可以计算出当第一段开口煤气燃烧空气过剩系数 $\alpha_0=1$ 时立火道的空气过剩系数 α。

单位混合煤气燃烧总耗氧量为 0. 17665，所需空气量为 0. 8412，产生总废气量为 1. 7665。第一段开口煤气燃烧空气过剩系数 $\alpha_0=1$ 时立火道的空气过剩系数 α 为 2. 0，即当立火道空气过剩系数 $\alpha=2.0$ 时，立火道内理论燃烧温度最高。为降低温度对氮氧化物生成的影响，空气过剩系数 α 应尽可能大于 2. 0 或小于 2. 0。

表 10　单位混合煤气燃烧耗氧量及废气量　　（%）

混合煤气成分	比　例	单位耗氧量	单位废气量
N_2	46. 37166	0	46. 6508872
CO_2	19. 74905	0	19. 854806
CH_4	1. 56478	2. 8791952	4. 3187928
H_2	7. 00868	3. 3505528	6. 7011056
C_2H_4	0. 1008	0. 278208	0. 370944
C_2H_6	0. 02303	0. 0741566	0. 105938
O_2	0. 85356	−0. 853	−0. 853
CO	23. 76765	11. 935919	23. 871838

表 11　三段开口煤气和空气出气量

项　目	一段	二段	三段	总量
煤气量	1	0	0	1
空气量	0. 8412	0. 4206	0. 4206	1. 6824

3.2　最高允许氧含量时 α 值

燃烧过程中氮氧化物的生成与助燃空气中氧含量密切相关，并随氧含量的升高而升高，杨艳超等[7]对燃烧参数与燃烧特性之间的关系进行了分析，祁海鹰等[8]对高温低氧燃烧条件下燃烧空间的氧含量与 NO_x 的生成量间取得了实验数据，表明燃烧空间中氧含量（体积分数）小于 8%时，氮氧化物变化不明显，超过 8%时氮氧化物开始升高，超过 12%时则明显升高，因此本文将燃烧空间中最高允许氧含量限定为 8%。

杨冠楠等[9]对 7 m 大型焦炉的废气循环量进行了测定，参照其测定结果，取废气循环比为 60%。结合表 4、表 5，可以按以下公式计算出燃烧空间中 8%氧含量对应的空气过剩系数 α。

$$\frac{\text{空气中氧气量}+\text{循环废气中氧含量}+\text{煤气中氧含量}}{\text{空气量}+\text{循环废气量}+\text{煤气量}}\times 100\%=8\%$$

即

$$\frac{0.841192\times\alpha\times 0.21+0.841192\times(\alpha-1)\times 0.21\times 0.6+0.00853}{0.841192\times\alpha+[1.6748+(\alpha-1)\times 0.841192]\times 0.6+1}\times 100\%=8\%$$

可求得 $\alpha=1.243$。

因此为降低助燃空气氧含量对氮氧化物生成的影响，空气过剩系数 α 应尽可能小于 1.243。

综上，考虑同时保证混合煤气的充分燃烧，空气过剩系数应取值应小于 1.243。

3.3 武钢 7.63 m 焦炉降低废气 NO_x 的实践

武钢 7.63 m 焦炉烟道废气 NO_x 的烟道废气浓度长期 300 mg/m^3 以上，按照以上计算所得空气过剩系数的区间，对武钢 7.63 m 焦炉的烟道吸力和废气开闭器风门尺寸进行了持续的调整，使得空气过剩系数达到了理论计算值区间内，同时烟道废气 NO_x 的浓度由调整前的 300 mg/m^3 以上下降到了目前的 220 mg/m^3 以下。相关参数调整过程如表 12 所示。

表 12　7.63 m 焦炉加热制度调整及烟道废气 NO_x 浓度对应表

标准温度/℃	烟道吸力调整/Pa	废气开闭器风门尺寸/mm	α 值	NO_x 浓度/mg · m^{-3}
1305	-40	0	1.35	300
1305	-70	-30	1.30	280
1300	-90	-30	1.26	240
1300	-110	-30	1.21	210
1300	-100	-30	1.23	220

当空气过剩系数降至 1.21 时燃烧室出现了燃烧不完全现象，蓄热室内出现不完全燃烧产生的游离碳，影响煤气加热，故最终将空气过剩系数控制在 1.23。保持了焦炉低 NO_x 排放下的稳定运行。

4　结语

大型焦炉烟气 SO_2 排放主要受加热煤气和焦炉窜漏荒煤气影响，武钢 7.63 m 焦炉通过提高焦炉炉体密封性，降低加热煤气含硫量，使焦炉炉体漏气率由 4.2%降至了 2.4%，烟气 SO_2 排放浓度由 130 mg/m^3 以上降低至了 90 mg/m^3 以下。通过调整烟道吸力、废气开闭器风门开度，控制焦炉燃烧空气过剩系数，武钢 7.63 m 焦炉将烟气 NO_x 浓度由调整前的 300 mg/m^3 以上降低到了 220 mg/m^3 以下，源头降低 SO_2 和 NO_x 效果明显。

参 考 文 献

[1] 赵春丽，曹红彬，许为，等．焦炉烟囱废气 SO_2、NO_x 污染控制技术分析及展望 [J]. 环境工程，2019，37 (2)：95-98，129.
[2] 季广祥．焦化厂焦炉烟囱 SO_2 排放浓度达标途径 [J]. 煤化工，2014 (1)：35-38.
[3] 杜景文．影响炉头温度的因素分析及处理 [J]. 当代化工研究，2019 (5)：33-34.
[4] 潘立慧，魏松波．炼焦技术问答 [M]. 北京：冶金工业出版社，2007.
[5] 田宝龙，朱灿朋，鲁彦，等．焦炉分段加热技术对 NO_x 生成的影响 [J]. 燃料与化工，2016，47 (1)：4-8，11.
[6] 彭世尼，黄蓉，黄山，等．过剩空气系数与富氧燃烧对理论燃烧温度影响的数值计算 [J]. 能源技术，2007，28 (1)：17-18.
[7] 杨艳超，苏亚欣．燃烧参数影响高温空气燃烧特性的数值分析 [J]. 工业加热，2009，38 (1)：17-22.
[8] 祁海鹰，李宇红，由长福，等．高温低氧燃烧条件下氮氧化物的生成特性 [J]. 燃烧科学与技术，2002，8 (1)：26-29，38.
[9] 杨冠楠，王进先，张熠，等．大型生产焦炉废气循环测定 [J]. 燃料与化工，2015，46 (5)：32-33，39.

焦炉烟气脱硫脱硝除尘陶瓷滤管一体化环保技术应用实践

江　静　蒋　玄　吴晓慧

（马鞍山钢铁股份有限公司煤焦化公司，马鞍山　243000）

摘　要：比较分析了多种脱硫脱硝技术，针对马钢南区焦炉采用的焦炉烟气脱硫脱硝除尘陶瓷滤管一体化环保技术进行了论述。主要介绍了脱硫脱硝除尘陶瓷滤管一体化环保技术的特点以及其在马钢南区焦炉上的运行情况，认为脱硫脱硝除尘陶瓷滤管一体化环保技术重视项目的运行维护成本、副产物实现资源化利用，并加强节能降耗。项目建成后，实现了焦炉烟气按超低排放要求达标排放，响应了国家有关环保政策，总体方案优秀可行。

关键词：焦炉烟气，脱硫脱硝，陶瓷滤管

1　概述

对于焦化行业而言，焦炉烟气具有入口 SO_2 浓度低、粉尘含量低，NO_x 入口浓度高，烟气温度低，粉尘含碱金属和煤焦油等成分的特点。在温度较低的情况下，脱硝催化剂很容易硫中毒，影响设备的整体运行，因此焦炉烟气治理的难点在于脱硝。另外，虽然入口 SO_2 浓度较低，但却是影响低温脱硝催化剂中毒的主要因素之一，工程设计时应尽可能降低 SO_2 的浓度，减少 SO_2 对催化剂的影响。焦炉烟气中还含有一氧化碳、甲烷等成分，会严重干扰 SO_2 浓度的实际检测，极有可能对脱硫产生误导，因此焦炉烟气脱硫也需作为重点对待。

传统脱硝技术大致可分为干法、半干法和湿法三类，其中干法工艺包括选择性催化还原（SCR）法、非选择性催化还原（SNCR）法等，半干法工艺有活性炭联合脱硫脱硝法等，湿法有臭氧氧化吸收法等。不过，业界研究实践表明，上述脱硝技术并不能满足焦炉烟气高效脱硝要求。

焦炉烟气脱硫脱硝除尘陶瓷滤管一体化环保技术，将传统的干法脱硫、过滤式除尘和中低温 SCR 脱硝有效的集成结合在一起，具有干法工艺，无二次污染，占地面积小，初期建设费用少，运行成本低等优点，马钢南区焦炉均采用该技术处理焦炉废气。

2　项目概况

马钢老 5 m 焦炉、6 m 焦炉分别于 2020 年 6 月、2020 年 5 月、2021 年 7 月开工建设烟气脱硫脱硝除尘陶瓷滤管一体化环保技术，新 7 m 焦炉烟气脱硫脱硝随新工程一并于 2019 年 11 月开工建设。各焦炉烟气设计参数如表 1 所示。

表 1　焦炉烟气设计参数

序号	焦炉	产能	处理风量 /$Nm^3 \cdot h^{-1}$	烟气温度/℃	入口烟气 SO_2 含量/$mg \cdot Nm^{-3}$	入口烟气 NO_x 含量/$mg \cdot Nm^{-3}$	入口烟气粉尘含量/$mg \cdot Nm^{-3}$
1	原 1 号、2 号焦炉	100 万吨	≥270000	190~220	100~200	200~300	≤30
2	5 号焦炉	50 万吨	大于 160000	190~220	≤200	≤300	30
3	6 号焦炉	50 万吨	140000	190~220	100~300	200~300	≤30
4	新 1-2 号焦炉	110 万吨	360000（另热风炉增加废气量 6248 Nm^3/h）	180~200	300	500	≤30

3　脱硫脱硝工艺比较选择

烟气脱硫工艺有干法、半干法、湿法等，多达十几种。湿法烟气脱硫有硫铵法、石灰石-石膏法等，均

具有高脱硫效率的特点，一般处理高 SO_2 浓度的烟气应用较多（SO_2 浓度>1000 mg/Nm^3 甚至 2000 mg/Nm^3 以上），但有废水产生，且烟气继续脱硝运行成本高昂。

半干法烟气脱硫也有多种工艺，其中以循环流化床（CFB）和旋转喷雾（SDA）为主流工艺，通常用于处理 SO_2 含量在 400~1000 mg/Nm^3 的中等浓度烟气的情况，循环流化床及旋转喷雾两种工艺都存在一些问题：前者需要采用循环风量维持循环流化床床层稳定，电耗较高；后者主要是旋转雾化器每月清洗一次，脱硫装置必须停机，同时，这两种脱硫工艺烟气降温较大，不利后续脱硝。

干法脱硫工艺有 SDS 法及密相干塔法，上述两种工艺在低 SO_2 浓度烟气上应用较多，焦炉烟气属于低 SO_2 浓度烟气。因此，近年来使用的上述两种工艺在焦炉烟气净化处理是主要选择。但是，SDS 法脱硫剂使用的是昂贵的进口碳酸氢钠粉，运行成本相对较高，且脱硫副产物为易溶于水的硫酸钠、亚硫酸钠，处理较困难。

近几年，活性炭工艺也成为不少焦炉烟气脱硫脱硝的选择，其具有脱硫脱硝一体化功能。活性炭工艺脱硫采用吸附原理，脱硝仍然采用喷氨还原法，喷氨脱硝效率低于选择性催化还原法（SCR）。

上述脱硫脱硝技术并不能满足焦炉烟气高效脱硝要求，主要有以下几方面原因：

（1）焦炉烟道气在脱硝之前，其温度一般在 180~300 ℃，传统脱硝技术要求脱销前温度在 300~450 ℃，焦炉烟道气的温度无法匹配传统工艺的温度条件，从而阻碍了一些工艺技术在焦炉烟道气脱硝方面的应用。

（2）焦炉烟气的污染物成分中 NO_x 含量偏高，SO_2 含量偏低，且含有焦油、硫化氢（H_2S）、一氧化碳、甲烷、游离碳等组分，这导致活性焦联合脱硫脱硝法等适合于高硫低氮烟气工况的工艺在焦化烟气治理上较难适用。

（3）焦炉烟囱内部必须保持 130 ℃以上的温度（焦化行业称之为烟囱热备），在引风机出现故障时，能够保证焦炉烟囱还能为炼焦工艺提供稳定的压力出口条件，而不影响整个焦炉的生产，所以排烟温度过低的湿法工艺在焦化行业的应用受到制约，且湿法工艺会带来烟囱的白色烟羽。

综上所述，考虑到焦炉烟气掺入干熄焦废气一并进行净化处理，SO_2 浓度最高达约 700 mg/Nm^3，同时考虑脱硝烟气温度和脱硝效率。因此，干法烟气脱硫+SCR 脱硝是本项目优选工艺路线。但布袋除尘器、独立的 SCR 反应器运行维护工作量较大，两者功能合二为一的陶瓷滤筒技术相较于布袋除尘器、独立的 SCR 反应器有较大优势。

4　脱硫脱硝除尘陶瓷滤管一体化环保技术特点

整套烟气治理工艺主要包含烟气系统、脱硫系统、脱硫除尘脱硝一体化系统、仪控系统和电气系统等。其中脱硫系统包含脱硫剂存储、给料系统、气力输送等，以及设置于烟道脱硫段（脱硫塔）入口的气力流化板输送喷射器等，采取有效的除尘设施，从来料、进料、物料输送、放料全过程做到无可视烟尘。现场设计一个原料间，用于消石灰的临时存放点。

脱硫除尘脱硝一体化系统主要包括滤管反应器、喷吹清灰系统、离线系统等。

还原剂脱硝氨区包括氨水卸料、氨水储罐、氨水输送及循环装置、背压控制系统、计量及分配装置和氨喷射系统，该工程技术采用 20%浓度的商品氨水，氨水直喷的方式进入陶瓷滤管脱硝，本工程设一套脱硝氨区。

该工程的焦炉均采用混合煤气加热，为确保脱硝反应的长期安全稳定运行，系统设置了烟气补燃加热系统，布置于陶瓷滤管前的烟道处。

5　运行情况

系统运行至今，可实现焦炉烟气按超低排放要求达标排放，效果良好，$SO_2 \leqslant 30$ mg/Nm^3，$NO_x \leqslant$ 100 mg/Nm^3，颗粒物≤10 mg/Nm^3，基准氧含量≤8%。各产尘点无可见烟粉尘外逸，各生产区域噪声满足国标要求。

6 结论

（1）选择脱硫脱硝除尘陶瓷滤管一体化环保技术，充分考虑了项目投资、项目所带来的环境效应和社会效益，同时更加重视项目的运行维护成本、副产物实现资源化利用，并加强节能降耗，不增加企业负担，为企业可持续发展作出贡献。

（2）项目场地规划使用合理、集成度高、占地小，项目投运后焦炉的运行生产不会受到任何影响。项目建成后，能响应国家有关环保政策，总体方案优秀可行。

6 m 顶装焦炉难推焦原因分析及对策

孙　兵　徐廷万　王　刚

（攀钢集团攀钢钒炼铁厂，攀枝花　617022）

摘　要：介绍了 6 m 顶装焦炉生产过程中出现的难推焦现象及难推焦对生产和焦炉炉体的危害，分析了推焦过程中的推焦杆受力情况和推焦电流的变化规律，查找影响焦炉难推焦的因素，提出了 6 m 顶装难推焦的应急处理措施，并制定出相应对策，保证焦炉的顺利生产。

关键词：6 m 顶装焦炉，难推焦，推焦电流，石墨，加热制度

1　概述

焦炉炼焦是一个复杂的工艺过程，煤料在炭化室内隔绝空气加热（即高温干馏），经过干燥、热解、熔融、黏结、固化和收缩等阶段，最终成为焦炭。炭化室内的结焦过程有两个基本特点：一是层结焦，即焦炭总是在靠近炉墙处首先形成，而后逐渐向炭化室中心推移；二是结焦过程中的传热性能随炉料状态和温度而变化。因此，炭化室内各部位焦炭质量与特性有所差异，一般以结焦终了时炭化室中心温度作为整个炭化室焦炭成熟的标志。由于焦炉炭化室的定期装煤、出炉和加热系统气流的定期换向，使得炭化室内的煤焦状态、加热火道内的气流以及焦炉各处温度场均产生周期性变化。结焦末期，由于焦饼收缩，焦饼与炭化室墙面之间产生缝隙，如果缝隙很小或者没有缝隙，则推焦时焦饼将推焦杆的推力传给炭化室墙。这时推焦杆的推力不仅对炭化室底上产生摩擦力，而且对炭化室墙面也产生很大的摩擦力，因而电动机需要消耗较大的推焦电力，即消耗较大的电流量，用安培作单位，简称推焦电流。推焦电流的大小能表示推动焦饼的难易程度，在推焦过程中，电流量的大小并不固定，一般接触焦饼时电流量最大，然后下降。推焦电流大时，显然有某些阻力阻止焦饼移动，一般表现为焦饼移动困难、很费力，或者根本推不动，这就叫焦饼难推。焦饼难推不仅造成焦炉生产受阻，甚至造成炭化室炉墙损坏。分析推焦困难的原因并采取适当的解决措施，对延长炉体寿命，减少设备事故，提高焦炭质量和产量有很大的意义。

2　难推焦对焦炉炉体的危害

焦炉出现难推焦后需要立即扒炉，扒炉过程中大量的冷空气涌入炭化室，接触炭化室墙面处焦炭与空气燃烧造成炭化室局部高温，远离焦炭的炭化室墙面与涌入的冷空气存在温度差并进行热交换，使得该处炭化室墙面温度急剧降低，尤其是炭化室两端炉头部位墙面。同时，因该难推焦号上升管盖被打开，空气对流会更快，造成炭化室两端炉头部位墙体温度会下降更低，在此期间若不加强燃烧室温度的管控调节，炭化室墙所用的硅砖会发生溃裂（耐急冷急热性能差、温度低于 600 ℃时的晶型转化点时，砖体会产生不可逆转的溃裂损坏），将极大地影响焦炉正常生产和使用寿命。

3　难推焦影响因素

造成焦炉难推焦、扒炉的主要原因有：炼焦煤质结焦性收缩性差；配煤水分高；装平煤操作不当存在堵眼、缺角；加热温度不适当或不均匀，使焦炭过火或夹生；炭化室墙面石墨沉积较多高凸；炭化室底部和炉墙变形；机械原因。表现在以下几个方面。

3.1　配煤原因

当配煤中气煤和肥煤含量不足时，焦饼缺乏必要的收缩性，很容易造成因摩擦阻力大而难推焦。若配入煤中收缩性煤太多，将造成焦炭过碎，焦饼完整性不好，在推焦时易产生焦饼扭曲而堵塞。而配煤中配入黏结性弱的煤或氧化变质的煤偏多时，容易导致焦炭疏松，收缩不正常，容易产生难推焦现象。

3.2　配合煤的水分偏高

装煤量一定时，配合煤的水分含量将会影响干煤量。若配合煤的水分含量偏低时，那么炼焦的干煤量将会相对增加，在加热制度不变的情况下，焦炭的成熟度会降低，会出现焦炭过剩的状况，在推焦时产生的阻力将会变大，也就是推焦电流会偏大。干煤量一定时，配合煤的水分含量将会影响焦炭的成熟度。若配合煤的水分含量偏高时，那么在结焦时间和标准温度不变的情况下，过多的水分会多消耗一部分热量，将会导致焦炭的成熟度降低，也会出现焦炭过剩的情况，在推焦时产生的阻力将会变大，最终将会导致推焦电流偏大甚至推焦困难。

3.3　装煤量多少影响

装煤过满，焦线过高，炉顶空间过小，推焦焦饼拱起，堵塞装煤孔，导致阻力增大，从而发生难推焦；或者装煤缺角严重，造成装煤量极少，造成温度过高，焦炭过火而破碎，推焦过程焦饼完整性遭到破坏，推焦时发生焦炭挤压，这种现象不多见，难推焦难以处理。

3.4　煤气的加热制度

煤气的加热制度是炼焦的核心，对焦饼的成熟度有直接影响。煤气的加热制度调节不当，要么会造成焦炉温度过高，导致焦炭过火，在推焦时会产生夹焦现象，焦饼与炉墙摩擦阻力增大，造成推焦电流偏大；要么会造成焦炉温度过低，导致焦炭成熟不够，即焦炭过生，造成焦炭收缩度不够，从而使焦饼与炉墙摩擦阻力变大，也会造成推焦电流偏大甚至出现推焦困难的现象。

3.5　炉墙集结石墨

炉墙结“石墨”是炼焦生产中的必然现象，对炉体的严密性和保护有着极其重要的作用。但是如果不加以控制和对大块石墨及时清除，就会增加焦饼与炉墙的摩擦阻力，造成推焦电流偏大甚至推焦困难。

3.6　炉墙变形及炭化室底部砖磨损

炉墙变形主要包括炉墙变形、炉框变形变窄以及炭化室底部砖的磨损状况。炉墙变形就造成焦饼与墙面的摩擦阻力增大，导致推焦电流偏大。炉框变形容易产生夹焦现象造成推焦阻力增大，导致推焦电流变大。炭化室底部砖磨损容易造成炭化室底部凹凸不平，这样在推焦过程中会在磨损处产生一个较大的阻力，造成在推焦中途推焦电流突然增大甚至会出现难推焦现象。

3.7　生产操作状况

生产操作状况也会对推焦电流产生一定的影响。例如出现乱签号的时候，需要将推焦计划向前挪或向后延，这样将会影响这一系列签号的结焦时间，从而影响焦炭成熟度，进而影响推焦电流的大小。比如说推焦计划向前挪的话，结焦时间变短，焦炭过生，焦饼收缩度不够，造成焦饼与炉墙的摩擦阻力变大，继而导致推焦电流偏大。还有就是推焦车岗位人员推焦操作不当或者不够精准，也会造成推焦电流偏大甚至出现推焦困难的现象。

3.8　机械原因

机械原因主要分为推焦车和拦焦车两部分。推焦车的核心在于推焦杆，推焦杆变形弯曲，推焦时焦饼被压向炉墙，产生焦饼侧面和炉墙的摩擦，推焦阻力就会增大，造成推焦电流偏大。还有推焦电机不适宜的话，会使焦侧炉门框变形，推焦时容易产生夹焦现象，也会造成推焦电流偏大。拦焦车的核心在于导焦槽，导焦槽对位不够精确发生偏差时，焦饼与导焦槽之间会有摩擦，推焦阻力会变大，导致推焦电流偏大。在推焦过程中，插销锁闭控制不良的话，会造成焦饼与炉墙侧面的较大冲击，那么推焦阻力会瞬时增大，推焦电流将会增大。

综上所述，推焦困难，推焦电流增大，往往取决于许多因素，往往是多种因素并存，有时常因一种因素的存在导致另一种因素的产生，并且互相影响，形成连锁反应，造成推焦困难。

4 难推焦的处置

当推焦过程中出现第一次难推焦，需立即汇报，绝不允许不经过任何处理第二次推焦。难推焦出现后，首先观察焦饼的成熟情况，观察焦饼的收缩缝是否正常、装煤口是否有堵塞现象、推焦杆、导焦槽是否有问题，如果未发现其他异常情况，等待班长及以上领导到达现场，更换推焦车进行第二次推焦，如果仍然推不动，则需要采取扒焦处理。若是由于焦饼生成熟度不好、收缩不够引起推焦过程磨擦大造成的，可把炉门对好再继续干馏一定时间待焦饼完全成熟，有充分的收缩再重新进行推焦，若是因焦炭成熟过火过碎、炼焦煤质结焦性收缩性差、炭化室墙面石墨高凸、炭化室墙或底凹凸损伤等原因造成的难推焦，只有通过人工扒或由人配合安装上铲斗的推焦杆挖掘焦饼。为了保证后续生产的继续进行，减少对焦炉生产的影响，应先收回导焦栅和推焦杆，重新关闭机焦侧炉门，先进行后面炉号的出焦作业，同时准备制作扒焦工具。若导焦槽中仍有大量焦炭，那么需要对后续炭化室采取推空炉的方式将导焦槽中的焦炭推入熄焦车内，以免烧坏导焦槽。该撮箕装在推焦杆下方，利用推焦杆伸入炭化室铲焦炭，来回倒入刮板机。扒焦炭所用撮箕见图 1。

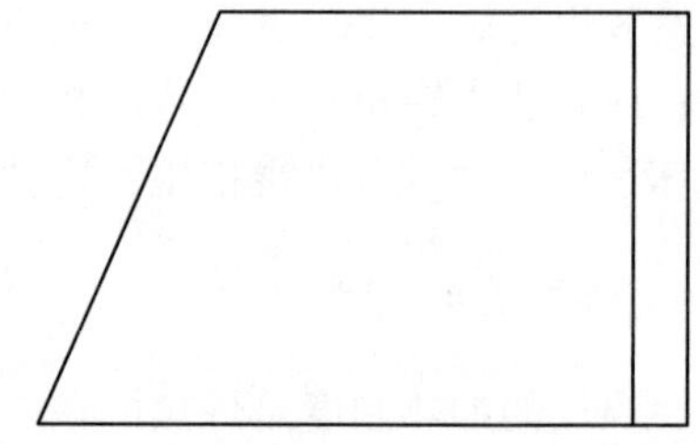

图 1　扒焦炭所用撮箕

这种工具不宜太长，离推焦杆底部距离至少在 20 mm，防止受热膨胀，头部垂下，损坏炉墙。这时候组织人员开始扒焦侧部分的焦炭，至少重新见到收缩缝。扒完焦炭后，炭化室底部存有大量的碎焦炭，采取推空炉（底部最好铺上一层陶瓷纤维棉）将炭化室底部焦炭推干净，待炭化室温度恢复正常温度后装煤并恢复正常生产。

5 预防难推焦应对措施

5.1 科学的管控好推焦电流

推焦电流可以反映推焦正常与否，推焦电流高低也一定程度反映了炭化室及加热系统的状况。因此，推焦车司机要准确记录推焦电流，随着焦炉的衰老推焦电流也随着增大，因此把握推焦电流的变化，就在某种程度上掌握了炉体的损坏情况，对焦炉管理提供了一定的依据。

5.2 推焦管理

严格按照推焦计划进行推焦，不允许提前或延后推焦，摘门后应及时清扫炉门、炉门框上的焦油及沉积炭等脏物。推焦时首先推焦杆轻贴焦饼正面，开始推焦速度要慢，以免把焦饼撞碎和损坏炉墙。推焦结束后推焦机司机要认真记录推焦时间、装煤时间和推焦最大电流。焦饼推出到装煤开始的空炉时间不宜超过 8 min，烧空炉时也不宜超过 15 min，烧空炉时间过长，炭化室温度过高对装煤不利，墙缝中石墨被烧掉，不利于炭化室墙严密。

5.3 配合煤水分管控

对于配合煤的水分来说，装煤车岗位人员应与推焦车岗位人员进行及时地沟通，然后再由炼焦车间反馈给备煤车间，让其采取相应的措施来控制好配合煤的水分含量。

5.4 炉墙石墨治理

对于石墨的情况，应该建立清除石墨制度。焦炉投产后在生产过程中，炭化室墙不断生长石墨，石墨生长速度与配煤种类、结焦时间长短有直接关系，作业区根据具体情况建立清除炭化室石墨的规章制度。

5.5 炉墙检查确认

推焦车岗位人员每次在推完焦炭之后应该观察炉墙变形状况，若有情况，及时向倒班作业长反映，并制定方案及时处理。

5.6 焦炉加热制度

应该加强调火组和交换机工的岗位人员的培训，使其对煤气的加热制度有深入的了解，这样可以更好地应用于生产操作中去。其次，调火组组长应及时关注配煤比、配合煤的水分以及标准温度和结焦时间的变化，若有变化，应使相应地岗位人员做出相应地措施。

5.7 设备管理

除了每次推焦车与拦焦车的定修之外，岗位人员应该精心操作，不能马马虎虎，更不能违章作业，有情况及时与值班长联系与沟通。设备室的专业技术人员应多提出一些临时简单应急处理措施，以便能够做到维护设备与保产两不误。

6 结论

（1）焦炉难推焦影响炼焦生产的稳定，对炉体造成不可逆转的损坏。

（2）推焦电流表征推焦阻力大小，推焦电流大小预示焦饼是被推出的难易程度。

（3）影响焦炉难推焦主要因素包括：焦煤质结焦性收缩性差；配煤水分高；装平煤操作不当存在堵眼、缺角；加热温度不适当或不均匀，焦炭过火或夹生；炭化室墙面石墨沉积较多高凸；炭化室底部和炉墙变形；机械原因。焦炉难推焦往往是多种因素并存，有时常因一种因素的存在导致另一种因素的产生，并且互相影响，形成连锁反应，造成推焦困难。

（4）焦炭难推焦后应在不影响焦炉正常生产的同时及时分析难推焦原因，并进行扒炉处理。

（5）预防难推焦重在预防，着重加强日常的推焦管理，推焦电流管理、石墨治理，加热制度、炉墙及设备管理，杜绝难推焦，保证焦炉生产稳定。

参考文献

[1] 于振东，蔡承祐．焦炉生产技术［M］．沈阳：辽宁科学技术出版社，2003.
[2] 李哲浩．炼焦生产问答［M］．北京：冶金工业出版社，1982.
[3] 严文福，郑明东．焦炉加热调节与节能［M］．合肥：合肥工业大学出版社，2005.
[4] 姚昭章，郑明东．炼焦学［M］．3 版．北京：冶金工业出版社，2008.

6 m 顶装焦炉增加单炉产量的方法

王文军　董军辉　郭俊鹏

（山西阳光焦化集团股份有限公司，河津　043305）

摘　要： 近几年焦化行业的利润不断缩水，大量环保的技术改造的费用支出，焦化企业也在不断地挖潜增效，降低吨焦成本和碳排放。除了控制日常能源、辅材、检修费用外，提高产量，降低吨焦摊销费用，也是降低成本的一个重要措施。阳光焦化二厂 5 号、6 号焦炉于 2005 年投产，现有一组 2×65 孔焦炉，炉型为 JN60-6，设计产能 140 万吨，在日常工作中做了大量的改善和提升，在提高单炉产量和综合产量方面有较大的心得，在这里和同行业进行探讨。

关键词： 焦炉，增产，降本增效

1　增加炭化室容积

炉门衬砖原为砌筑砖，保温性差，容易增长石墨和焦油，不易清理，长时间使用影响装煤量。将炉门砖改为陶瓷釉面砖，有效降低了炉门的导热系数，使炉门表面温度降低 30~50 ℃，并且表面规整光滑、强度高、耐高温，可以有效减少炉门粘焦油现象，使炉门维护量大大降低。同时，炉门砖减薄机焦侧分别增加 50 mm，合计 100 mm，可以增加 0.25 m^3 的炭化室容。

2　提高装煤堆密度

装煤落差是影响炭化室内煤料堆密度的重要因素，顶装焦炉的堆密度靠螺旋重力装煤，在重力加速的情况下增加炭化室装煤的堆密度。JN60-6 型焦炉初步设计文件中装煤堆密度为 0.74 t/m^3，如何提高 6 m 顶装炭化室装煤量，按照提高装煤车落差，增加装煤重力加速度的思路，将煤车螺旋给料机由煤车平台底部改为平台上部，装煤落差增加 2 m，可以将 6 m 顶装焦炉的煤料堆密度提高到 0.8 t/m^3 左右。

3　入炉煤细度

入炉煤的细度对装煤量同样也有很大的影响。配合煤细度是入炉煤细度的一项指标，用≤3 mm 粒级占全部煤料的质量分数来表示。细度过低，煤粒之间混合不均匀，势必影响焦炭内部结构不均一，使焦炭强度降低。细度过大，则堆密度变小，装煤量减少。

根据初步设计参数上入炉煤的细度应控制在 80%左右，但是在日常生产中发现，细度较大，不仅增加了粉碎机的动力消耗，生产能力降低，还使得装炉操作困难，加速上升管堵塞，焦油渣量增大，使焦油质量不合格。通过对比 78%、76%、74%、72%、70%不同细度对装煤量和焦炭质量的对比，最终综合考虑将入炉煤细度规定在 72%±2%的范围内。不仅保证装煤量，而且对日常环保和质量的影响最小。

4　优化装煤操作

阳光焦化 6 m 顶装焦炉装煤车装煤操作一直以来是一键装煤，装煤顺序为 4 个螺旋同时下料，容易造成平煤不均匀，机焦侧缺角大。后来经过多次试验，最终将一键程序改为 3-2-4-1，2 号、3 号螺旋同时装煤 3 转后，开始启动 4 号螺旋装煤 2 转后，最后启动 1 号螺旋装煤，按照装煤顺序使煤料在炭化室内向机焦侧滑落，解决了机焦侧炉头装煤的缺角。

5　改进平煤操作

在平煤方式上进行改进。以往平煤杆在平煤的过程中由于机侧炭化室过窄，平煤杆头也比较窄，通过改造将平煤杆头左右两侧，固定排列 10 cm 左右长的钢丝绳，类似于胡子的样子，可以在平煤过程中将炭化室中间的煤料山头，向机焦两侧拉平，不仅防止中间山头的出现，而且可以填补机焦侧的缺角。确保炭化室装煤平整。

6　单炉装煤量管理

（1）炭化室的精准装煤，也是提高炭化室装煤量的一种管理措施，在煤塔下部安装煤车无基坑轨道秤，称重系统会根据每次装煤车取完煤后重量，与装完煤到煤塔下取煤之前的重量，计算出本次炭化室的装煤量，再将焦炉四车联锁信号接入到系统内，实时显示每个炭化室的装煤量，随时调整装煤操作。

（2）在轨道秤的系统中，设置装煤量合格率的参数，系统会根据每班的生产炉数自动生成本班的装煤合格率；在煤线皮带安装皮带秤，通过皮带秤的数据和轨道秤的数据进行对比，准确的把握全天的装煤量，给班组和车间管理提供精准数据。

（3）在日常管理中，要求每班工段长在推焦时摘门时，对机焦进行连续五炉的炉头焦饼进行拍照反馈，检查焦饼有无山头，炉头有无缺角，切实做到装煤量监督管理工作。

7　验证结果

（1）推焦电流方面的表现：整体推焦电流变化明显，之前电流保持在 100~150 A 之间，单炉装煤量增加后，推焦电流增加到 150~200 A 之间。

（2）2021—2024 年单炉焦炭产量见表 1。

表 1　2021—2024 年单炉产量变化

年　份	2021	2022	2023	2024
单炉产量/t	23. 32	23. 31	23. 30	23. 42
初步设计标准/t	21. 95	21. 95	21. 95	21. 95
增产/t	1. 37	1. 36	1. 35	1. 47

（3）干熄焦提升机在平移段焦炭称重结果见表 2。

表 2　2023—2024 年焦炭实际称重结果

日期	2023 年 8 月	2023 年 9 月	2023 年 10 月	2023 年 11 月	2023 年 12 月	2024 年 1 月	2024 年 2 月	2024 年 3 月	2024 年 4 月
平移段质量/t	22. 5	23. 5	23. 6	23. 6	23. 6	23. 7	24	24. 1	24. 2

通过以上改进和管理措施，阳光焦化 6 m 焦炉单炉产量已达到 23. 42 t（干基）。大幅提升了焦炉的经济效益，降低了吨焦动力、辅材成本摊销。在全国焦炭市场中保持着良好的竞争优势。

6 m 顶装焦炉推焦车集尘罩改造实践

郭　涛　戴孝佩　侯金明　李军直　周俊宝

（山东钢铁股份有限公司莱芜分公司焦化厂，莱芜　271104）

摘　要：针对 6 m 顶装焦炉推焦车位置粉尘逸散问题，分析了粉尘逸散点及逸散特点，根据推焦车结构，制定了集尘罩改造方案，在完成机车整体改造的同时，还改进了集尘罩与焦炉之间的连接方式，从而实现了推焦、平煤过程烟尘的有效收集。

关键词：6 m 顶装焦炉，推焦车，集尘罩，改造

1　概述

6 m 顶装焦炉生产过程中的无组织排放源主要是摘门过程炉门焦油物和焦饼接触空气、推焦杆压缩焦饼和焦炭移动、推焦杆后退至滑靴移出炭化室、小炉门打开时配合煤接触空气、平煤带出高温余煤等过程产生，烟尘逸散点多，持续时间长，如果不能安装合理布置的推焦车集尘罩，将严重影响烟尘捕集效果。

2　6 m 焦炉推焦车岗位烟尘逸散特点

国内 6 m 顶装焦炉基本使用 5-2 串序进行推焦、装煤操作，推焦杆和平煤杆中心距为 5 炉距，跨度达到 6500 mm。由图 1 可知，推焦车侧烟尘逸散点主要集中在三个位置，分别是推焦杆杆头与炉头部位、炉门待机位、小炉门及平煤杆前端，其烟尘逸散特点具体如下。

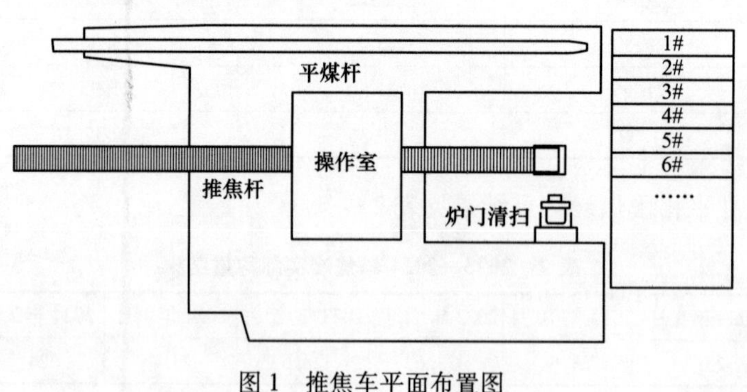

图 1　推焦车平面布置图

2.1　推焦杆头与炉头部位

摘门时，焦饼与空气接触燃烧，导致气流上升，携带焦粉和未充分燃烧的有机物形成黑烟；推焦杆压缩焦饼时，焦饼破碎及移动，导致粉尘逸散；推焦杆后退，大滑靴退出炭化室时，尾焦被带出落到刮板机的过程中产生瞬时浓烟。该部位是机侧烟尘的主要产生点，烟尘量大，持续时间长。

2.2　小炉门及平煤杆前端

小炉门打开后，炭化室内压力波动，导致空气进入炭化室与荒煤气燃烧，炭化室内压力波动导致荒煤气从小炉门逸散；平煤时，炼焦煤附着在平煤杆前端，受杆身高温分解冒烟。

2.3　炉门待机位冒烟

炉门衬砖、刀边等部位附着焦油物较多，且温度较高，在待机位与空气接触产生青烟。

上述三个点位在产生粉尘逸散时（如图1所示），又受横风等原因，导致烟尘横向扩散，导致收集难度更大。

3　集尘罩改造情况

结合推焦车侧烟尘的特点，为完全收集，采用全密封的思路，主要从以下几个方面进行改造。

3.1　二层平台集尘罩改造

在推焦车中前部，设置覆盖平煤杆、推焦杆和取门机构的整体式集尘罩，为防止集尘罩与炉柱剐蹭，前端与炉柱留100 mm间隙。为提高密封性，该集尘罩外侧与推焦车操作室前端相连，只留出平煤杆活动通道。人工通道、炉门清理位置等都留有检修门，在设备检修时打开。

3.2　一层平台集尘罩改造

推焦车一层主要是出炉工出炉操作的平台，北侧设置有清框机构，南侧设置有清门机构，该部位空间大，横风明显。根据此特点，在清框机构北侧、清门机构南侧设置全包围式立罩，将该空间完全密封在集尘罩内，并分别在立罩上增设了两个检修门，以供出炉工操作使用。推焦车集尘罩整体密封区域见图2。

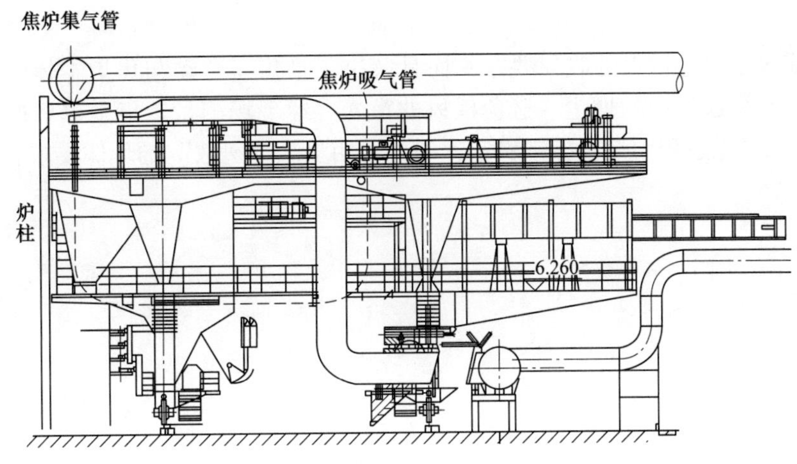

图2　推焦车集尘罩整体密封区域

3.3　集尘罩前端与焦炉本体的连接部位改造

集尘罩受推焦车移动的影响，其与焦炉进行完全密封的难度比较大，在本次改造中，借鉴水封槽密封结构，制作了一种集尘罩与焦炉本体的水封连接装置，以焦炉炉柱为基础，安装一套水封槽，而在集尘罩前端设置立板，将其插入水封槽内，利用水封的原理，避免烟尘逸散，同时又不影响推焦车的正常移动。推焦车与焦炉本体连接示意图见图3。

3.4　集尘罩两侧与焦炉的密封

集尘罩上部可以设置水封槽结构，但两侧无法使用该密封结构，考虑横风风向和产尘特点，为最大限度提高密封性，在集尘罩与焦炉炉柱之间的缝隙使用钢丝刷+密封胶皮的双层密封结构，推焦车在带动集尘罩移动过程中，该结构可以与焦炉炉柱柔性接触，避免损坏相关设施，而在推焦、平煤时，又避免的横风进入和粉尘逸散。推焦车集尘罩与炉柱接触示意图见图4。

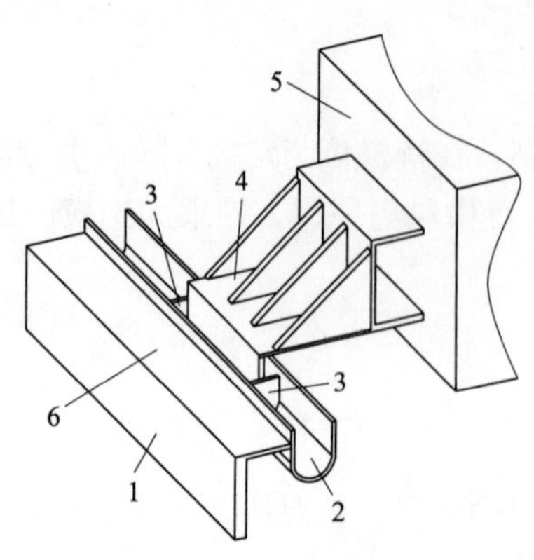

图 3　推焦车与焦炉本体连接示意图

1—炉柱；2—连接水封槽；3—清扫板；4—水封插板；
5—推焦车集尘罩前端；6—炉柱与水封槽连接板

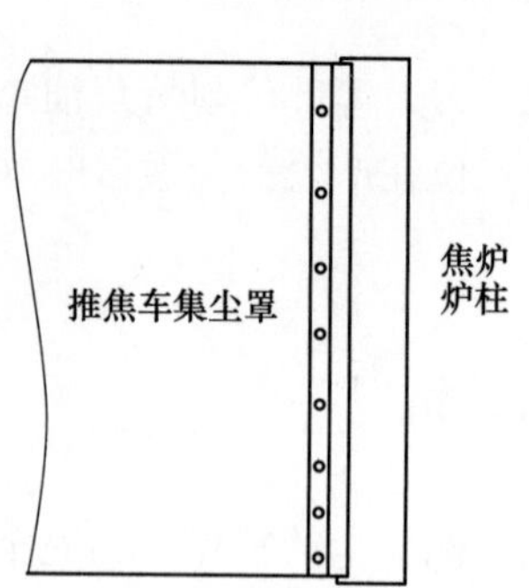

图 4　推焦车集尘罩与炉柱接触示意图

3.5　集尘罩废气导出部位设计

因推焦与装煤操作不同步，为保证最佳除尘效果，在推焦和平煤产尘点正上方分别设置集尘罩引风支管，并在支管与除尘主管连接处安装切换阀。根据推焦、平煤不同的操作，自动设置切换阀的启闭。该部位因与集气管、吸气管距离较小，设计时将引风支管制作成扁平结构，以保证废气流量的同时，避免与集气管、吸气管发生剐蹭。

4　改造效果

该集尘罩不但满足烟尘逸散点的收集要求，而且解决了推焦车移动与焦炉本体的移动式密封，可最大限度地收集推焦、平煤过程中的烟尘，避免横风的窜入。经现场测量，集尘罩切换阀处除尘吸力达到 900~1000 Pa，出焦、平煤过程中烟尘控制稳定达到“无明显烟尘逸散”的环保要求。

马钢 7 m 焦炉工程新技术研究与实践

汪开保[1]　伏　明[2]　钱虎林[1]

（1. 马钢股份有限公司煤焦化公司，马鞍山　243000；
2. 马钢股份有限公司，马鞍山　243000）

摘　要：高炉的大型化改造对焦炉的大型化提出对应的保供要求，马钢异地大修建设 4 座最新的 JNX3-70-2 型 7 m 焦炉，实现了北区 4000 m³ 高炉自产焦平衡，大幅降低了物流调度成本。介绍了马钢 7 m 焦炉工程炉体、关键装备特点以及工程建设中马钢同步开展的绿色节能、智慧制造自主创新技术应用实践情况，可为合理优选焦化主力炉型与装备作为有益的技术参考。

关键词：大型化，7 m 焦炉，建设，智慧制造

1　概述

马钢于 1958 年 5 月 17 日成立焦化厂，1960 年 6 月 6 日第一座、国内第一版 58-Ⅰ型建成投产，1990 年国内以第一代双集气管 6 m 焦炉（日本 M 式焦炉转化设计）建成，2003 年 3 月 31 日国内国产化率首次达到 85%上的国产化干熄焦示范工程在马钢建成投产，2007 年 1 月 13 日，国内第一版 Uhde7. 63 设计转化焦炉建成投产。在焦炉机械化、大型化、自动化、清洁环保方面，马钢一直在中冶焦耐工程公司指导下，努力走在新技术探索实践的最前沿。“十四五”期间，马钢连续淘汰了 4. 3 m、5. 0 m 焦炉 4 座，并根据南北区区高炉冶金焦需求，在与高炉配套布局方面做了优化，更新建设了最新版本的 JNX3-70-2 型 7 m 焦炉，实现北区 4000 m³ 高炉自产焦平衡，大幅降低了物流调度成本。马钢炼焦工序分为南北两个生产区域，优化后的炼焦系统，拥有焦炉 8 座，其中南区 6 m 焦炉、7 m 焦炉各两座，北区 7. 63 m 焦炉、7 m 焦炉各 2 座，配置 8 套干熄焦装置及 6 套发电系统，焦炭产能 530 万吨。表 1 为马钢现有焦炉炉型。

表 1　马钢现有焦炉炉型一览表

项目	南　区		北　区	
炉号	5 号、6 号	新 1 号、2 号	7 号、8 号	9 号、10 号
炉型	5 号：ZS6045D	JNX2-70-2	伍德 7. 63 m	JNX2-70-2
	6 号：JN60-82			
孔数	2×50	2×50	2×70	2×50
投产时间	5 号：2016 年 9 月	1 号：2021 年 7 月	7 号：2007 年 1 月	9 号：2022 年 9 月
	6 号：1994 年 3 月	2 号：2021 年 10 月	8 号：2007 年 4 月	10 号：2021 年 12 月
设计产量/万吨	100	110	220	110
配套干熄焦/t	1×125	2×140	3×140	2×140

自产冶金焦炭主要满足南区 2 座 2500 m³，北区 2 座 4000 m³ 高炉，而 1 座 3200 m³ 高炉主要使用外购焦炭一类冶金焦，自产焦缺口仍有 160 万吨/年。

2　马钢 7 m 焦炉工程

2. 1　原料储备

南区建设 20 个原料煤筒仓，储煤能力 16 万吨、北区建设 26 个原料煤筒仓，储煤能力 20 万吨，开展

了新型一体拖式定量给料机皮带秤技术开发与应用，实现了焦炉原料煤储存与精确配煤一体化功能，其中小配比煤种配量精度达到小于±0.4%。

2.2 焦炉炉型选择与产能

选择中冶焦耐工程公司 JNX2-70-2 炉型，该炉型炭化室宽 530 mm，炭化室全长 18640 mm、中心距 1500 mm、效容积（热）63.67 m^3，孔炭化室装煤量（干）47.12 t，孔焦量增加 12.5%。南北区两组 4 座焦炉，均采用 2×50 孔配置，炉组产能 110 万~120 万吨，配套采用 2×140 t/h 干熄焦及 9.81 MPa 干熄焦锅炉，实现焦炉炉组全干熄焦作业。

2.3 焦炉炉体

蓄热室沿焦炉机、焦侧方向分成 18 个分格、高炉煤气及空气下调、空气与高炉煤气分段供入、双联火道、废气循环、焦炉煤气下喷的复热下调式焦炉；立火道跨越孔采用八边形结构，保证了跨越孔整体结构强度，增强了燃烧室的静力强度，延长了焦炉使用寿命；煤气与空气道设在立火道隔墙中，高向分为二段，保证燃烧均匀，达到源头控硝的效果；小烟道顶部设置可调箅子孔，增加燃烧室长向的气流分布调节的手段；第一次尝试在炭化室炉头及装煤口部位采用抗氧化、高热震稳定性能的红柱石砖，有效延长炉体寿命；采用厚度为 95 mm 的炭化室墙壁，可以提高炭化室结焦速度，降低立火道温度，进一步降低焦炉废气中 NO_x 的产生，减少对大气的污染。

2.4 焦炉关键设备

装煤采用无烟装煤车+单孔炭化室压力控制技术的组合方案实现无烟装煤；焦炉设有出焦除尘地面站、机侧炉头烟尘水封式除尘地面站；采用上升管余热回收技术回收荒煤气部分显热；同步建设烟道气脱硫脱硝装置；焦炉机械可实现无人操作，有人值守；焦炉炉温实现自动检测与智能化无人化调节控制。

2.5 工程建设工期

第 1 座 7 m 焦炉（新 1 号炉）2019 年 11 月 21 日开始 4 座焦炉连续动工，至 2022 年 12 月 3 日最后 1 座 7 m 焦炉（9 号焦炉）投产，焦炉工期：新 1 号焦炉 19 月 28 天、新 2 号焦炉 18 月 26 天、10 号焦炉 15 月 10 天、9 号焦炉 15 月 16 天，焦炉炉组达产 86 炉/日时间为 22 天左右。其中以 10 号焦炉为例，见图 1。

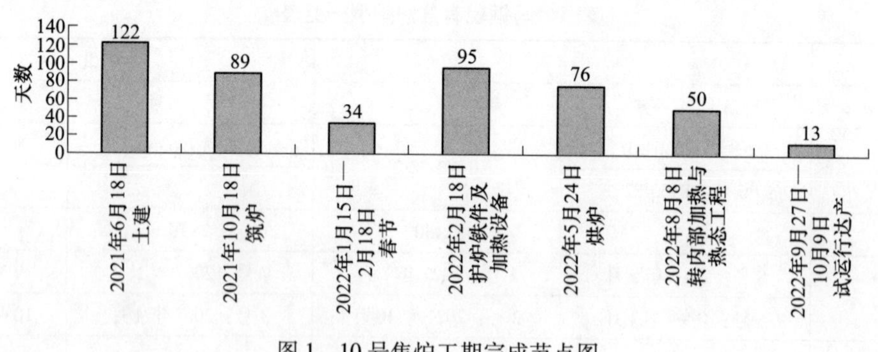

图 1　10 号焦炉工期完成节点图

3 马钢 7 m 焦炉工程建设中自主创新技术应用实践

按照焦炉大型化、清洁化、智能化发展规划，马钢在焦炉建设中，重点在荒煤气余热利用、炉温精准调节与智能调控、车辆自动化无人化、干熄炉炉体长寿命等多项技术方面开展了创新实践。

3.1 荒煤气显热回收利用

马钢与技术合作方研发一种夹套型上升管蒸发器结构系统，在 7 m 以上顶装焦炉工业化试验，实现荒煤气显热高效回收。见图 2。

上升管蒸发器结构为夹套型，整体合金无缝钢管，换热器内管壁受热面，经过特殊工艺处理涂覆有 LED 保护层，内壁采用耐腐蚀和耐高温性的材料，解决了上升管内壁耐腐蚀（氧化、还原、H_2S 酸化等）和耐高温的问题；内壁表面均匀光滑，无死角，不易凝结，从而尽可能地降低了焦油在内壁的凝结；上升管换热器进水管路采用分组、梯级管径配置，保证了每个上升管换热器进出水量相对平均，一定程度上均衡了上升管进出口荒煤气的温差。

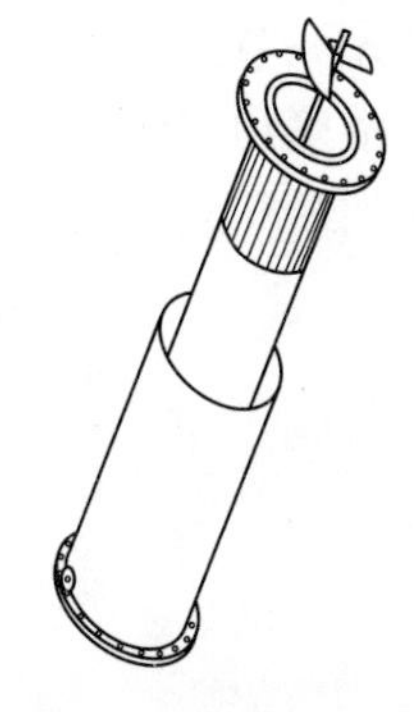

图 2　夹套型上升管蒸发器结构

上升管荒煤气余热利用技术在马钢投产的南北区 7 m 焦炉全部应用，所产蒸汽品质由 0.8 MPa 提高至 1.4 MPa，吨焦产气量达到 100 kg，可安全并入蒸汽网为多用户使用。

3.2　焦炉炉温自动检测与炉温智能调控系统

3.2.1　红外线测温系统的研发

该系统通过 XTIR-F915 红外光纤测温仪准确测量焦炉立火道的温度，并根据温度变化趋势，瞬时调节暂停加热时间，从而达到精确调节燃烧室温度，提高炉温均匀性，并有效降低焦炉耗热量的目的。红外测温系统示意见图 3，马钢 7.63 m 焦炉自动加热和温度检测系统见图 4。

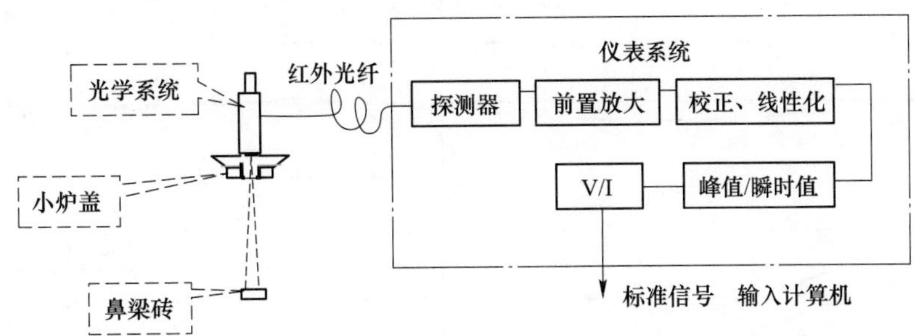

图 3　红外测温系统示意图

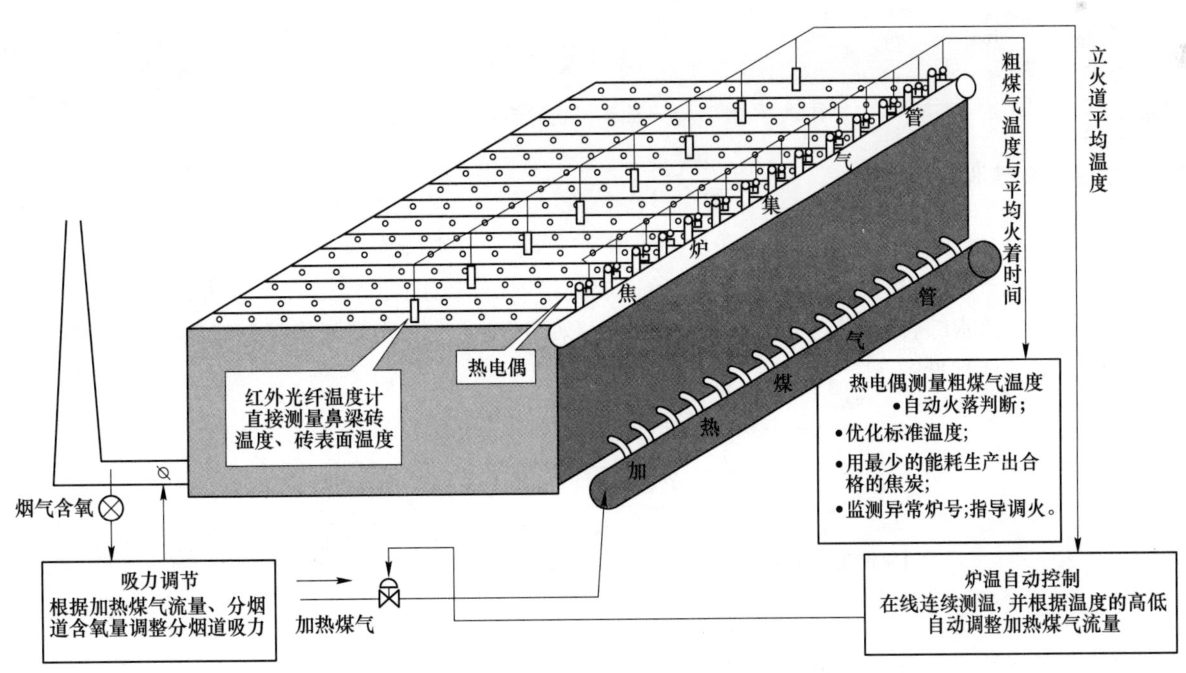

图 4　马钢 7.63 m 焦炉自动加热和温度检测系统

3.2.2　炉温智能调控技术研究与应用

针对 2-1 串序焦炉，生产炉与检修炉温差很大，一个单循环周期炉温波动大、而国内大型焦炉炉温有自动检测，炉温反馈调节滞后严重的问题，马钢在 7 m 焦炉建立炉温精细化控制模型以及 2-1 串序焦炉温度预先调节方法，应对环境温度与原料水分变化、焦炉生产所处的时间段实际检测温度与理想曲线的滞差，精确预先调控炼焦过程暂停加热时间幅度，达到实现焦炉炉温智能预先自动调控，从而实现焦炉加热达到最佳燃烧状态。原反馈调节曲线和预调节曲线见图 5。

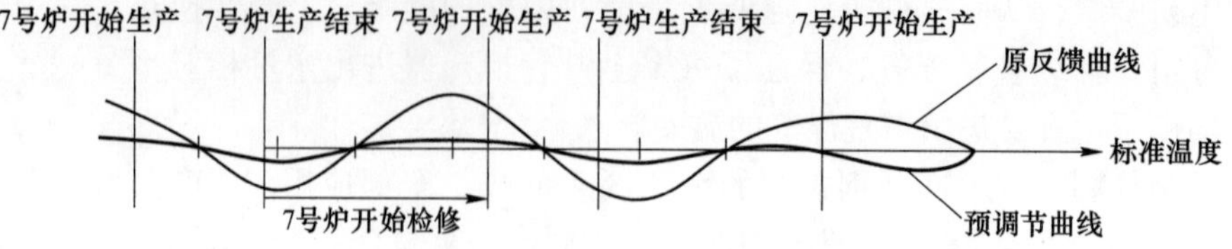

图 5　2-1 串序焦炉温度预先调节与原反馈调节曲线效果对比

该项技术应用后，焦炉标准温度精确度提高一倍，焦炉立火道测温误差不大于 ±2 ℃，高向加热改善，焦饼高向成熟均匀性提高，炼焦耗热量下降约 100 kJ/kg（干煤）；同时焦炉烟道气 NO_x 的含量由 800～1000 mg/m^3 降低到 400 mg/m^3 左右（焦炉煤气加热）。马钢 7.63 m 焦炉停止加热时间调整曲线见图 6。

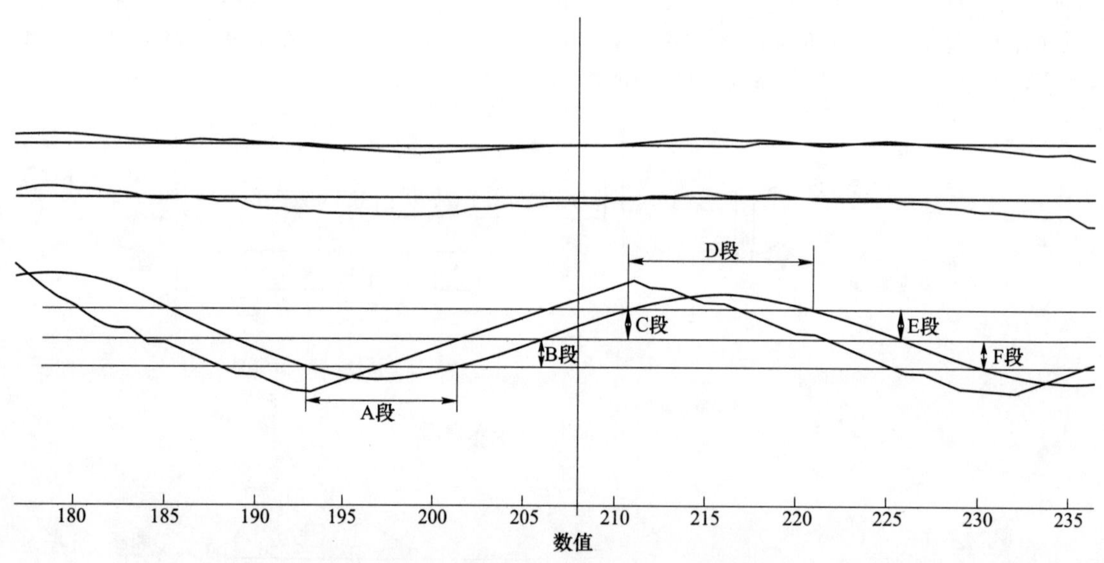

图 6　马钢 7.63 m 焦炉停止加热时间调整曲线

3.3　焦炉烟气脱硫脱硝技术

3.3.1　南区 7 m 采用干法脱硫+陶瓷纤维复合滤筒除尘一体化技术

因南区焦炉化产单元没有硫铵车间，为避免造成副产物处置困难，再结合工程占地、投资费用、可靠性和运行业绩等因素综合考虑，7 m 焦炉最终采用，采用干法脱硫+陶瓷纤维复合滤筒除尘一体化技术。陶瓷滤管催化工艺流程见图 7。

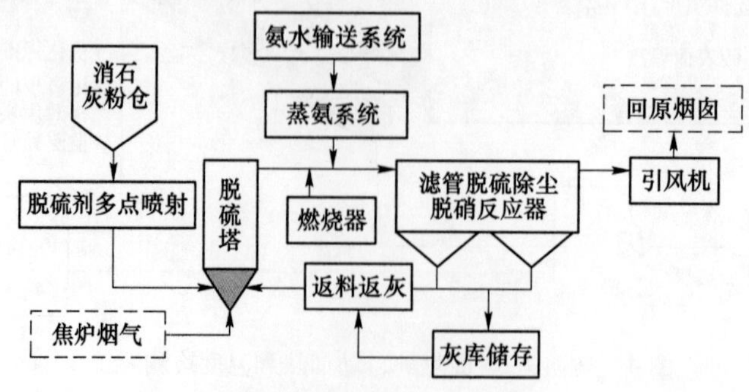

图 7　陶瓷滤管催化工艺流程

3.3.2　北区 7 m 焦炉配套采用活性焦脱硫脱硝一体化技术

马钢 7.63 m 焦炉后续化产单元设有硫铵车间，活性焦脱硫脱硝工艺再生过程中产生的高浓度 SO_2 气体（SO_2 含量5%~10%）可用硫铵工艺吸收产生硫酸铵溶液，脱硫脱硝副产物不产生二次污染，且活性焦脱硫脱硝工艺催化剂可循环使用，焦炉采用活性焦脱硫脱硝工艺，见图8。

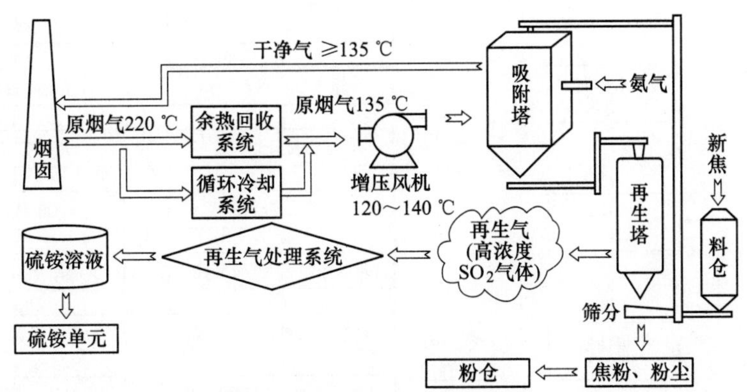

图8　活性焦脱硫脱硝工艺流程

马钢活性焦脱硫脱硝装置能够将焦炉烟气中的粉尘与 SO_2 脱除至 1 mg/Nm^3 以下，NO_x 脱除至 50 mg/Nm^3 以下，达到国家的超低排放要求。尘硫硝多污染物协同脱除陶瓷滤管一体化技术脱硫效率达到85%以上，脱硝效率达到75%以上，除尘效率高达99%以上，整个系统温降可以控制在20 ℃以内，分独立仓室设计，可以分仓室离线检修，避免了焦炉不能停炉、环保设施需要检修时不达标排放的问题。脱硫脱硝前后数据对比见表2。

表2　脱硫脱硝前后数据对比

指标（8—12月平均值）	入口数据/mg · Nm^{-3}	出口数据/mg · Nm^{-3}	效率/%
SO_2	42.5	0.58	98.6
NO_x	201.3	38.2	81.0
粉尘	7.7	0.17	—

3.3.3　干熄焦放散气脱硫装置采用碳酸氢钠（SDS）干法脱硫技术

目前各放散气脱硫装置运行稳定。干熄焦放散气设施投用前后数据对比见表3。

表3　干熄焦放散气设施投用前后数据对比（3号干熄焦排口为例）

指标（一季度）	2020年数据/mg · Nm^{-3}	2021年数据/mg · Nm^{-3}
SO_2	73.36	21.54

SDS干法脱硫具有占地面积小、建设周期短、运行成本低等优点。从表3可以看出，3号干熄焦放散气脱硫装置投用以后，SO_2 浓度由 73.36 mg/Nm^3 降低到 21.54 mg/Nm^3，能够有效降低干熄焦烟气中 SO_2 浓度，达到国家的超低排放要求。

3.4　7 m焦炉机车无人化技术

3.4.1　装煤系统无人化

马钢设计出一种无人精确统计平煤量的装置、系统及方法，利用推焦车行动轨迹解决了余煤何时称重的问题。开发一种煤塔与装煤车无人智能化联锁装置及系统，如图9所示，有效实现了装煤过程无人化。

3.4.2　推焦车系统无人化

推焦车无人出焦系统，包括推焦车连接的协调系统、推焦计划系统、上升管系统、焦炉炉门服务系统、用于在接收到余煤提升信号后将余煤提升至煤塔的余煤提升系统和用于在炉门打开后进行除尘的除尘系统。推焦车无人出焦系统，可以实现出焦过程的无人化及智能化控制（图10）。

3.4.3　焦炉机车自动定位系统总体设计

设计了适合马钢的焦炉机车自动定位系统：旋转编码器、线性编码器、读码头、码牌、高速计数器

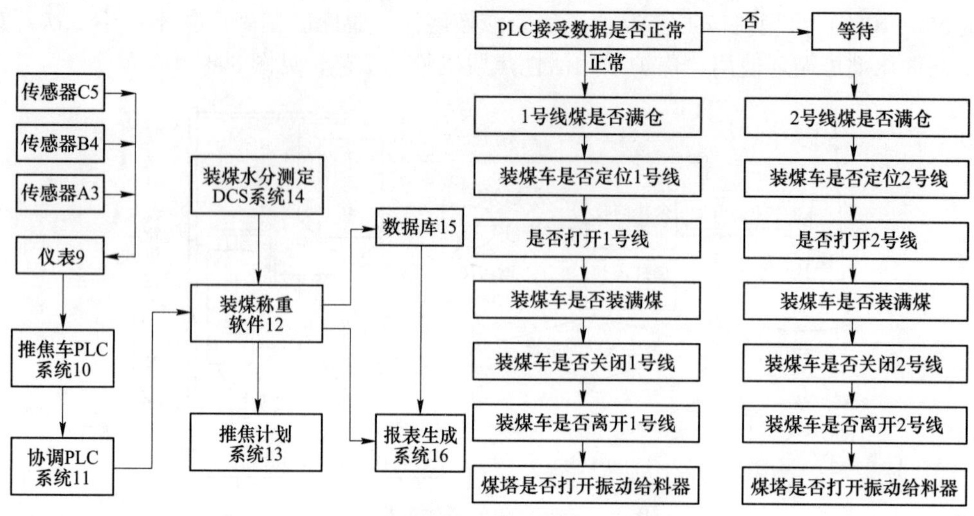

图 9　余煤精准称重装置及装煤无人化

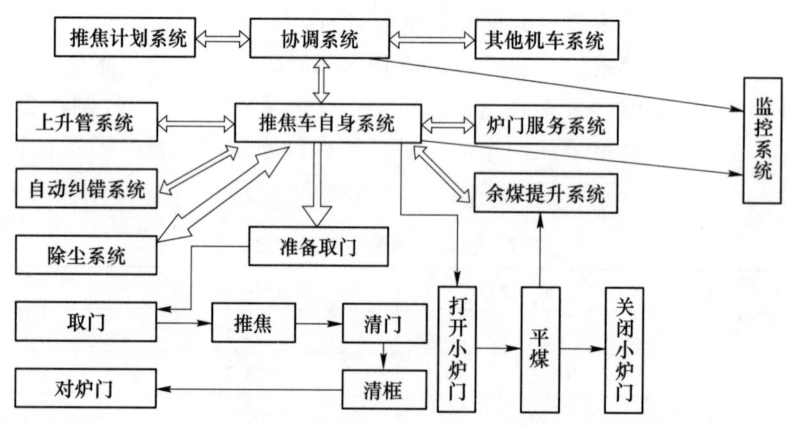

图 10　推焦系统无人化示意图

模块、变频器等核心部件。自动定位的实现工作流程：粗定位：旋转编码器；精定位：码牌；定位交叉确认：线性编码器。多管齐下确保机车定位的可靠性和安全性。自动定位的实现工作流程见图 11。

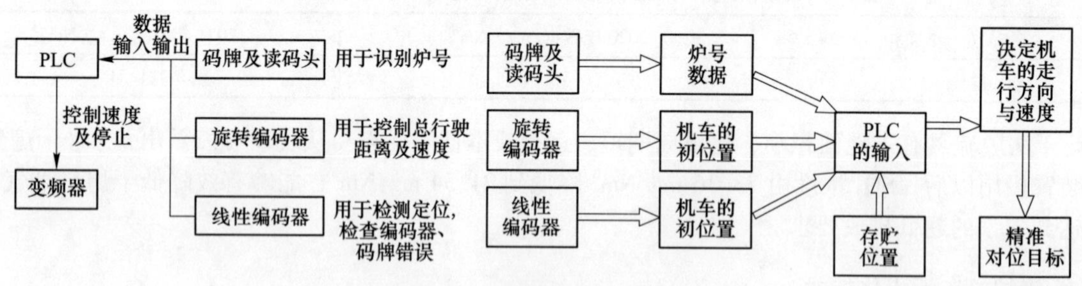

图 11　自动定位的实现工作流程

除推焦车、装煤车外，还有其他机车及系统，均需完成各自的单体设备及系统的无人化智能化操作，包括确认好各自对外的通信协议与接口，调整好无人化生产时外围设施如机车轨道、安全防卫措施等。

目前马钢 7 m 焦炉熄焦车、拦焦车已完全实现无人化，装煤车、推焦车等车辆正在研发调试阶段。

3.5　全焦集装箱智能化环保运送

创新全焦集装箱智能化环保运送新模式。实现全焦集装箱运卸流程自动化运行，生产作业效率提升 30%，运送过程实现全封闭，杜绝粉尘逸散。降低高炉槽下外排焦丁、焦粉量约 10%，高炉冶金焦利用率明显提升。全焦集装箱一键式卸车见图 12。

图 12　全焦集装箱一键式卸车

3.6　干熄焦系统炉体及关键设备装置技术自主改进

3.6.1　干熄炉新型抗氧化、高强度红柱石牛腿砖开发

根据使用要求，配料设计主控热震稳定性及耐压强度两个指标，关键性能设计指标如表 4 所示。

表 4　红柱石斜道支柱砖理化性能设计表

常温耐压强度/MPa	热震稳定性/次（1100 ℃水冷）	高温抗折强度/MPa（1400 ℃×0.5 h）	显气孔率/%	耐磨性（cc）
≥70	≥80~100	≥25	≤23	≤6
Al_2O_3/%	Fe_2O_3/%	热导率（1000 ℃）/W·(m·K)$^{-1}$	荷软 $T_{0.6}$/℃	
≥60	≤1.2	≥10	≥1550	

红柱石（铝含量：Al_2O_3≥57%）：增强骨架强度作用，有效提高热震性能。

高纯电熔莫来石：针状晶体结构，能吸收红柱石转化阶段膨胀，提高热震与抗折强度。

板状刚玉：提高耐磨性，替代原碳化硅粉的组分，有效提高抗氧化性能。

纳米级 α-Al_2O_3 材料：高温液相组成，有效提高高温液相烧结机理，促进稳定晶格生成。

红柱石砖已在 7 m 焦炉配套 140 t 干熄焦炉体成套应用，解决了斜道支柱易损坏的难题，使用寿命由 2 年延长至 4 年以上。

3.6.2　自动化分级调节干熄炉给水预热器开发

针对干熄炉关键设备给水预热器低温区酸露点腐蚀带来寿命不达 2.5 年的危害，马钢针对干熄焦运行负荷的变化，设计一种与负荷自适应调节的给水预热器，改造为三层独立结构，采用渗铝工艺 ND 耐蚀钢，增加耐磨、抗硫化物腐蚀，改变逆流换热流程为“顺流”流程，增加水流量自动调节，实现与负荷变动一致的换热能力自动控制，避免低温腐蚀。见图 13。

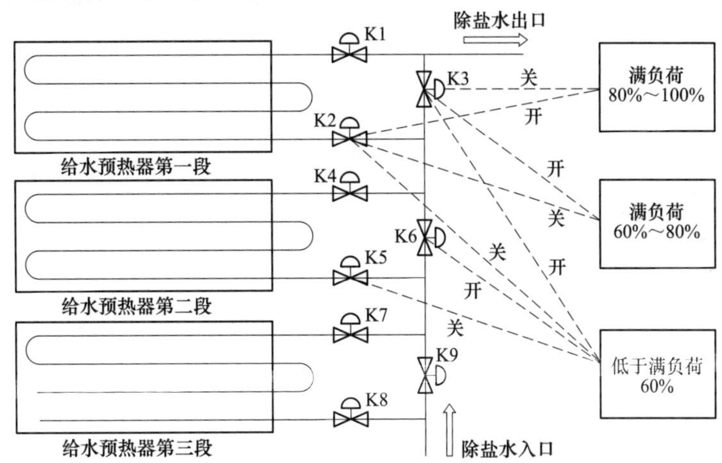

图 13　自适应调节的给水预热器

给水预热器的自动化分级调控，设备运行稳定，主要温度控制点抗外部干扰能力强，自动调节范围宽，调节精度高；各主要温度控制点达到设计的控制目标，循环气体干熄炉入口温度控制在 130 ℃±5 ℃，给水预热器出口水温低于 100 ℃，排焦温度≤180 ℃。

4 结语

（1）JNX2-70-2 炉型 7 m 焦炉在马钢南北区的运行效果表明，焦炉 22 天达到设计产能，孔焦量达到 36 吨/孔，实现北区大高炉自产焦平衡，南区形成重要的自产焦资源支撑。

（2）马钢 7 m 焦炉最短结焦时间达到 24.5 h，与宝钢湛江基地 65 孔焦炉相当；$K_{均匀}$≥0.92，炼焦耗热量小于 2500 kJ/kg(BFG)，达到同类炉型先进水平；焦炭强度好、块度均匀、挥发分小。

（3）马钢在 7 m 焦炉自动化、智能化操作高水平的基础上，坚持与建设同步开展实施新技术、新材料、新装置、全干熄的创新实践，实现了炉温智能化控制调节、车辆“一键操作”向“无人化”转变以及干熄焦的长周期稳定。

（4）马钢焦炉环保达标排放，达到行业创建 A 级企业鉴定，达到环保超低限排放标准。7 m 焦炉是介于 6 m 与 7.63 m 以上之间的优化成熟炉型，对于比较重视高炉原料品质支持的钢铁联合企业来说，该炉型是多数专家的优选主力炉型。

（5）焦化行业在主动落实“碳达峰、碳中和”要求，加快淘汰落后炉型，转型升级大型化、智能化焦炉，探索实践智能化炼焦新途径，在绿色发展节能减排方面取得新突破，仍然任重道远。

自动加热控制系统在7 m复热式顶装焦炉上的应用

江　静　蒋　玄　崔少华

（马鞍山钢铁股份有限公司煤焦化公司，马鞍山　243000）

摘　要：针对以往焦炉传统的人工测温方式和热电偶测温技术存在的问题，对马钢煤焦化公司南区新建2座50孔7 m复热式顶装焦炉配备的焦炉自动加热控制系统进行了论述。主要介绍了该套系统的安装过程、技术要求、施工方案及运行情况，该套系统使用效果良好，测温精确度高于人工测温，减少了人力资源操作，提高了焦炉的管理水平，整体造价和维护成本均远低于于其他测温方法，实现了焦炉加热控制优化，降低燃气消耗，稳定焦炭质量。

关键词：自动测温，焦炉温度，加热制度

1　概述

立火道温度测量是焦炉生产的一项重要日常工作，传统方法是操作人员使用光学高温计或红外温度计测量温度。传统人工测温受时间、测温点及操作人员熟练程度等因素影响，测量误差大。近年来，焦炉测温改进为热电偶技术测温，但该技术测温方法为间接测温，测得的温度与实际情况出入较大，另外热电偶使用寿命较短，维护成本较高。为提高测温准确度，改善操作人员工作环境，马钢南区新建7 m复热式顶装焦炉配备了焦炉自动加热控制系统，可用以精确测量控制焦炉各项温度，降低运行维护成本，全面改善焦炉的生产操作管理水平。

2　项目概况

马钢煤焦化公司南区新建2座50孔7 m复热式顶装焦炉，建设规模为年产全焦110万吨，为稳定炉温、降低能耗、提高焦炭质量，配备了焦炉自动加热控制系统。该套系统安装项目主要包含电气仪表工程；桥架及电缆支架制作、安装；低压电缆、信号电缆敷设；仪表柜安装、测试、气管安装等。

3　项目工期

该系统安装为不停产施工，施工时间短（两座焦炉交替生产），现场施工条件苛刻，因此必须合理计划，防止意外伤害事故发生。安装施工计划工期50日，项目于2022年2月16日开始安装，4月8日安装结束，控制系统4月底完成并投入试运行。

4　技术要求

焦炉自动加热控制系统是免维护且易于精调的控制系统，现场硬件设备能适应高温、焦油和粉尘等恶劣工况。红外测点覆盖2×50孔7 m焦炉机焦侧共计204个标准火道，即204个温度测点，实现炉温全面监控与调节优化。控制系统在最优化控制条件下，满足高炉煤气、焦炉煤气、高炉煤气与焦炉煤气混合煤气三种加热方式的需要。系统测量要求见表1。

表1　系统测量要求

序号	测量项目	参数要求
1	测温精度	≤0.5%FS
2	重复精度	≤0.30%FS
3	测量范围	950~1450 ℃

5 主要施工方案

5.1 立火道红外线测温系统安装

在焦炉炉顶燃烧室上机侧第 8 号和焦侧第 26 号立火道安装红外线测温仪（单座焦炉机侧 51 个、焦侧 51 个），红外线测温仪直接安装在炉顶的机、焦侧立火道看火孔座上。在炉间台接入气源（氮气和仪表风两路气源），对机侧、焦侧红外线测温仪进行供风。配套测温仪镜头吹扫装置、光纤隔热保温线槽。

（1）选定测温火道或标准火道后，拆除测温火道原有小炉盖，原位置安装配套测温孔盖。

（2）测温孔盖上安装红外测温仪，对准鼻梁砖表面后焊接并用浇筑料进行固定，炉顶间台敷设仪表气源管路（仪表气源就近接入），每座焦炉布置 1 套空气过滤系统。将仪表风接入红外测温仪，保证红外测温仪气室内压力。

（3）在轨道旁架设支撑槽钢并敷设防火双层槽盒，双层槽盒夹层中敷设防火板、防火棉等防火材料。在槽盒出线位置开孔。

（4）在焦炉间台和端台机焦侧布置测温仪表柜。在双层槽盒内布置测温光纤，将红外测温仪信号传输至测温仪表柜。

（5）测温仪表柜至集控室机柜间施放电源电缆及信号电缆，电缆放入焦炉现有信号槽盒内。

（6）在测温探头外部安装防护罩，防止人为损坏。

5.2 主要设备

（1）光学镜头：光学镜头的工作温度 0~500 ℃。

（2）光纤：光纤的耐温上限不超过 0~400 ℃，另外还在槽钢里面放置防火材料——玻璃纤维硅胶带，避免火焰对光纤的直接烧烤。

（3）仪表（电信号处理单元-设计温度为 0~60 ℃，安装在炉间台位置）。

主体设备表见表 2。

表 2 主体设备表

	名 称	型 号	单位	数量
火道温度火焰温度测量设备	红外测温仪表	AHIR-950	套	204
	防火防尘件	非标	套	204
	单向阀	非标	个	204
	仪表安装盒	非标（304 不锈钢件）	套	8
	空气过滤器（细）	AA151	个	2
	空气过滤器（粗）	AO151	个	2
	24 V 直流电源	24 VDC/5A	个	8
	信号通信线	2×1.0 mm^2	m	1200
	电源线	2×1.0 mm^2	m	1200
	防火材料	防火玻璃纤维管 ϕ30	m	300
计算机控制系统	DCS/PLC 系统			
		通信卡件	套	4
		操作台及附件	套	2
其他	安装辅材	桥架，线管等	套	1

6 运行情况

该系统运行至今接近一年时间，使用效果良好：

（1）实现火道温度的全自动测量，取消了三班人工测温，实行了炉温自动采集。

（2）实现炉温的自动调节，具有自我评估与故障自动诊断功能。

（3）炼焦耗热量低于焦炉设计功能考核目标1%。

（4）直行温度均匀性≥0.92，安定系数≥0.95；单个火道自动测量温度与相邻火道人工测量温度偏差≤10 ℃，全炉自动测量火道平均温度与相邻人工测温平均温度≤7 ℃。

7　结论

（1）焦炉自动加热控制系统通过立火道红外线测温技术实时监测燃烧室立火道温度，测温精确度高于人工测温，且为连续测温，较好的显示了焦炉的整体温度。

（2）焦炉自动加热控制系统测温为全自动进行，取消三班测温，人力资源更加高效，避免了不同人员之间技能水平差异带来的测量误差，提高了焦炉的管理水平。

（3）焦炉自动加热控制系统的整体造价和维护成本均远低于其他测温方法。

（4）焦炉自动加热控制系统测得的数据连接计算机控制系统，可实现焦炉加热控制优化，从而达到降低燃气消耗，稳定焦炭质量。

火落技术在 7 m 焦炉智能加热控制中的研究与应用

赵振兴[1,2]　甘秀石[1,2]　马银华[3]　赵　华[3]　朱庆庙[1,2]　王　超[1,2]

（1. 海洋装备用金属材料及其应用国家重点实验室，鞍山　114009；
2. 鞍钢集团钢铁研究院，鞍山　114009；
3. 鞍钢股份有限公司鲅鱼圈炼焦部，营口　115007）

摘　要：基于炼焦的火落特性，借助自动检测和分析、集成技术，建立了数控模型。在此基础上，结合 7.63 m 焦炉的生产运行实际，开发了智能炼焦生产管理系统。对于稳定炉温、降低回炉煤气消耗、提高焦炭质量以及推进焦化企业技术进步具有重要意义。重点阐明了该系统的原理、组成和功能，并总结了其应用效果和经验。

关键词：火落时间，智能炼焦，热工控制系统

1　概述

焦炉是冶金行业中最复杂的炉窑，焦炉的加热过程是单个燃烧室间歇、全炉连续、受多种因素干扰的热工过程，是典型的大惯性、非线性、时变快的复杂系统[1]。焦炉生产的主要任务是通过对炼焦煤进行高温干馏生成焦炭，供高炉炼铁使用。加热煤气在燃烧室燃烧，将热量通过炉墙传递给炭化室中的煤料，燃烧产生的废气由烟囱产生的吸力排出，煤料经过干馏（隔绝空气加强热）形成焦炭，在干馏过程中产生的荒煤气由鼓风机抽吸输送去进行净化处理。

煤料加入炭化室后，靠炭化室墙面的煤料被最先加热、软化、熔融，靠炭化室中心的煤料也被一层层逐渐加热、软化、熔融，在煤料被加热、软化和熔融的过程中会不断分解、析出荒煤气，主要成分为氢气、甲烷、一氧化碳，到结焦中后期会出现某个时间段，发生荒煤气中甲烷、一氧化碳成分开始急剧减少到基本消失，同时氢气成份急剧增加的现象，到这个时间段结束时，甲烷、一氧化碳成分基本消失，焦炭的理化性能基本符合高炉使用要求，处于基本成熟状态，我们把这个时间段的结束点叫做“火落时刻”，把这个时间段发生的荒煤气急剧变化直至甲烷、一氧化碳成分基本消失的现象称为“火落现象”。

2　焦炉加热控制中的几个基本概念

2.1　火落现象及其特征

炼焦煤料通过装煤车加入到炭化室中开始干馏，到焦炭成熟后被推出炭化室，我们把这一时间间隔称为“周转时间”，并将周转时间划分为“火落时间”和“置时间”两个时间段，即：

周转时间 = 火落时间 + 置时间

“火落时间”就是指从煤料加入到炭化室到焦炭基本成熟为止的时间段，“置时间”就是从焦炭基本成熟到被推出炭化室的时间段。

结焦过程中，除了荒煤气成分呈现规律性变化外，荒煤气的温度也会随结焦过程呈现规律性变化，基本特征是：荒煤气温度结焦前期大幅上升，随后基本稳定，中后期开始逐步上升并在焦炭基本成熟前的某个时间点达到整个结焦过程的最高点，随后快速下降直至结焦过程结束。

同时，通过对火落现象的观察，我们发现，火落现象出现后，荒煤气的火焰颜色由原来的混浊逐渐清晰，并在火落时刻变为通透，呈现稻黄色，荒煤气烟气颜色由黄色变为蓝白色。归结起来，火落现象直观地表现为以下三个特征：

（1）荒煤气的组成中 CH_4 急剧减少，H_2 迅速增加。

（2）荒煤气温度在火落前一定的时间明显地上升后急剧下降。

（3）荒煤气的烟气颜色由黄色变为蓝白色，火焰颜色由混浊变为稻黄色。

2.2　火落判定和控制模式

根据火落现象，火落时刻出现在荒煤气温度最高点出现后再下降约 50 ℃的时间点上。计算机自动火落判定系统就是把这一荒煤气温度变化的明显特征作为自动判定火落时间的理论依据（图 1）。火落自动判定中，通过设置在上升管的热电偶采集荒煤气的温度，计算机根据热电偶测得的温度变化趋势进行火落时刻的判定。

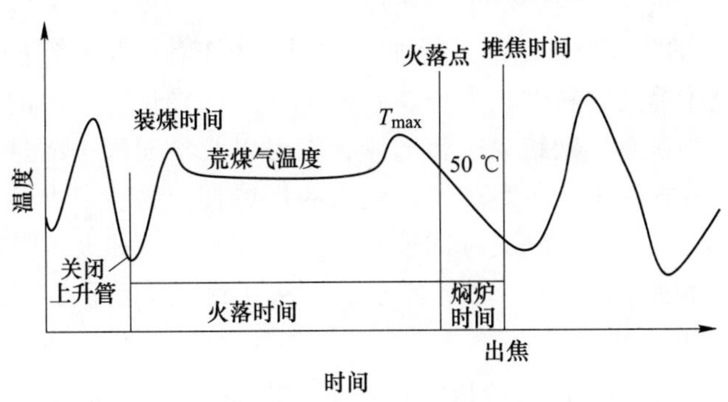

图 1　火落时刻判定原理方法图

鞍钢鲅鱼圈炼焦部 7 m 焦炉火落判定采取人工判定的方式，把人工判定的结果与目标火落时间相比较，实际火落时间与目标火落时间的差异在 10 min 以内时，不作调节；大于 10 min 时，由人工进行目标炉温的修正。同时，本系统还实现了火落时间自动判定功能。在每个上升管的上部靠炉外的一侧设有一支热电偶，测定荒煤气的温度，计算机根据热点偶测得的荒煤气温度进行火落判定并取平均值。由于种种原因，计算机自动判定的火落时间与人工判定的火落时间之间存在较大的差异，判定精度还不高，个别炭化室甚至无法判定出火落。

根据文献对不同炉组火落判定实验得到的荒煤气温度达到最高点后下降 50 ℃ 时所经历的时间和火落时间的关系式，在每个炭化室装煤 12 h 后，每分钟取采集 1 次荒煤气温度值，并和上一时刻的温度值进行比较，如果荒煤气温度达到最高点之后又下降了 50 ℃，则根据经验公式即可求出该炭化室的实际火落时间，该值将和目标火落时间比较，根据其差值进行焦炉直行温度和煤气流量的调节，从而实现火落时间判定的反馈控制[2-3]。

表 1 为实际火落时间与目标火落时间的差值对焦炉直行温度的影响关系。由于焦炉火落时间在结焦过程中是一个可变点，火落时间的长短与火道温度、装煤量、装煤水分等有关，上述因素对火落时间的影响关系见表 2。

表 1　标准与实际火落时间偏差对焦炉直行温度的影响

Δt/min	<-45	-45～-30	-29～-15	-14～14	15～29	30～45	>45
ΔT/℃	-3	-2	-1	0	1	2	3

表 2　焦炉主要热工参数对火落时间的影响

参数名称	变化幅度	火落时间变化幅度/min
立火道温度	±10 ℃	±25
装炉煤水分	±10%	±15
装炉煤质量	±100 kg	±3

2.3　吸力控制模式

鞍钢鲅鱼圈炼焦部 7 m 焦炉吸力控制采取串级控制的模式。由人工在计算机上设定对应目标煤气流量所需要的吸力，由串级控制系统实施调节[4]。同时，本系统还实现了炉顶看火孔压力的自动测定功能。在中部燃烧室的7号、26号火道各设有一个看火孔压力测定点，由计算机连续测定看火孔压力，作为炉顶看火孔压力的参考。

3　运行情况

3.1　双反馈控制的在线实施

焦炉直行温度反馈控制的重点是强调对干馏条件即直行温度的控制，采用全炉标准立火道温度的平均值-直行温度对同一座焦炉的数十个炭化室进行加热控制。由于各个炭化室的严密性、导热性等方面均存在一定的差异，即使是被干馏的物料性状完全一致，也会给各炭化室焦炭的成熟度带来差异。而焦炉火落时间反馈控制的重点是强调对干馏结果进行控制，它可以及早发现干馏过程中出现的异常情况，弥补了只用直行温度反馈控制模式带来的不足。本文提出的焦炉直行温度和火落时间双反馈控制正是充分利用了这两种控制模式的优点，从而达到更好的控制效果。直行温度和火落时间双反馈控制实例“鲅鱼圈炼焦部7 m焦炉直行温度和火落时间双反馈控制系统”从开始投入运行，节能效果显著。

3.1.1　前-反馈热工控制系统

前-反馈热工控制系统由立火道温度测量与控制系统、煤气压力分烟道吸力调节系统、中控DCS控制系统组成。立火道温度采用在线自动测量和多模式模糊控制。根据炼焦计划、火落时间、入炉煤水分确定标准火道温度。根据测量火道温度与标准火道的温度偏差，自动调整地下室煤气管道加热煤气流量；根据加热煤气流量变化，自动调整两侧分烟道吸力；根据分烟道废气含氧量的大小反馈调整吸力目标值。

图2是某炉组实际火落时间与目标火落时间在一个结焦周期内的在线跟踪结果和偏差分布。从图中看出，该炉组的实际火落时间与目标火落时间在一个结焦周期内的最大绝对偏差为21 min、最大相对偏差仅为1.93%。其中，偏差在0~5 min的占40%、偏差在6~10 min的占42%、偏差在11~15 min的占14%、偏差在16~20 min的占2%、偏差在21~25 min的占2%。在±10 min以内的命中率占82%以上，表明系统具有很高的控制精度。

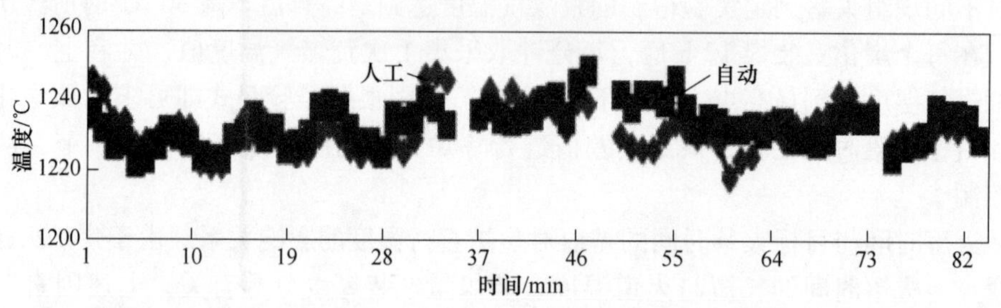

图2　自动测温与人工测温比较

3.1.2　前-反馈吸力控制系统

前-反馈吸力控制系统与串级控制相比，将具有明显的优势。原来串级控制的目标是力求保持总烟道处的吸力稳定，以此来保证炉顶看火孔压力的稳定，而实际生产过程中，即便是总烟道处的吸力能够保持稳定，由于煤气流量和热值的波动，会引起炉顶看火孔压力的波动，因此，实际生产过程中炉顶看火孔压力始终处于波动中，有时甚至出现负压现象，不利于焦炉加热的稳定。而“吸力控制前-反馈模型”直接把炉顶看火孔压力作为反馈控制目标，直接追求炉顶看火孔压力的稳定，与串级控制相比优势明显。

3.2　双反馈热工控制主要优点

3.2.1　调整及控制焦炉煤气供热量

双反馈热工控制系统克服了单纯前馈控制和单纯反馈控制的缺点和不足，以结焦时间、入炉煤参数等由供热量模型计算目标需热量（前馈），然后用实测的炭化室炉墙温度或结焦过程中的粗煤气温度计算全炉平均温度，校正供热量，再根据目前特征参数确定焦炉加热用煤气量。

3.2.2　目标炉温修正

目标炉温是焦炉加热控制过程中非常关键的控制参数，在长期的生产实践中，我们已经总结出了与不同生产负荷相对应的目标炉温，这是“双反馈热工控制模型”建立的基础。目标炉温会受到恶劣气候、炼焦煤水分变化、装煤量变化、堆比重变化等不确定因素的影响，当以上一个或多个不确定因素发生时，原来设定的目标炉温就不能满足新工况条件下的焦炭按计划成熟，必须对目标炉温进行调整和修正。在实际控制模型中，对不同的不确定因素设定不同的目标炉温修正值，通过计算机程序来实现。

3.2.3　优化标准温度

全炉平均火落时间实际反映了焦炉标准温度的高低，若平均火落时间过长，则标准温度偏低；反之若平均火落时间过短，则标准温度偏高；整体的火落时间比较短，表明标准温度高了。但个别炉号的火落时间明显长于理想的火落时间，是低温炉号，需要处理，否则降低炉温后会出现生焦。

据对焦炭质量的分析，确定在一定配煤条件下的最佳火落时间，并以此为控制标准。若实际的全炉平均火落时间高于最佳的火落时间，则提高标准温度；反之，则降低标准温度。根据理论分析和实验总结，焦炭的焖炉时间一般在 3 h 是合适的，焦炭的残余挥发分基本析出完。焖炉时间过长，回炉煤气消耗增加，焦炭易“过火”。从火落时间一览表出现以后，先后降温 10 ℃，为了安全起见，需要运行一段时间，再降低标准温度 10 ℃。根据目前的全炉火落时间数据来看，仍有进一步降温的空间。

3.3　自动测温代替人工测温

焦饼在焖炉时间阶段除了继续进行干馏外，更重要的是各个部分进行受热均匀化，这个阶段对提高焦炭质量是很有作用的。因此，为了保证焦炭成熟，必须规定不同的结焦时间所对应的焖炉时间。通过在上升管三通处安装热电偶，对荒煤气的温度变化进行实时检测，从而得到如下规律：

（1）通过在线监测荒煤气温度趋势，自动生成火落曲线（图 3）。

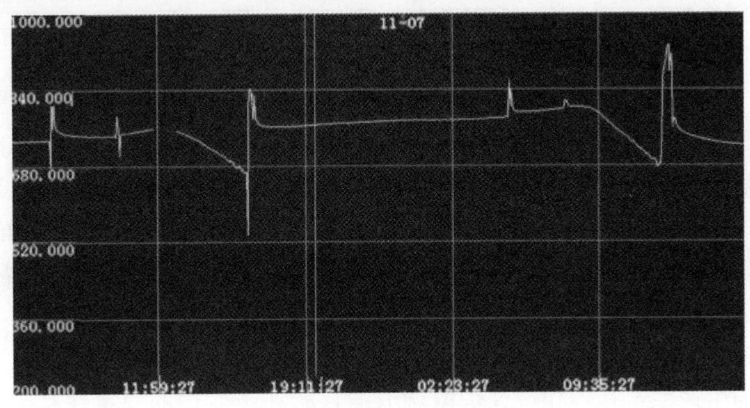

图 3　火落温度曲线

（2）根据火落曲线，监测火落时刻，判断焦饼成熟度，避免焦炭过生过火现象。

（3）通过装煤和推焦时间，自动计算火落时间和焖炉时间。

（4）根据各碳化室实际火落时间和目标火落时间，绘出全炉火落时间柱图（图 4）。

（5）根据全炉火落时间柱图，诊断和评估全炉火落时间和焖炉时间均匀性，判断高低温炉号，控制全炉焦炭质量均衡性[5]。

3.3.1　优化燃烧

煤气和空气在立火道内燃烧，空气和煤气应有合适的比例。空气量不足，则煤气燃烧不完全，浪费能源；空气量过剩了，煤气大部分在立火道底部燃烧，火道底部温度高，高向加热均匀性不好；空气量过剩了，大量的冷空气经过焦炉火道变成 300 ℃以上的热废气从烟囱排出，同样浪费能源，另外空气量过剩以后，往往火焰温度过高，烟气中氮的氧化物急剧上升[6]。衡量空燃比是否合理的最重要的指标为空气过剩系数 α。根据理论计算和实际经验总结，对于回炉煤气加热的焦炉，空气过剩系数 α 应控制在 1.20~1.25（对应的废气含氧量应在 3.5%~4.2%）比较合理。实际空气过剩系数的主要取决于风门的开度

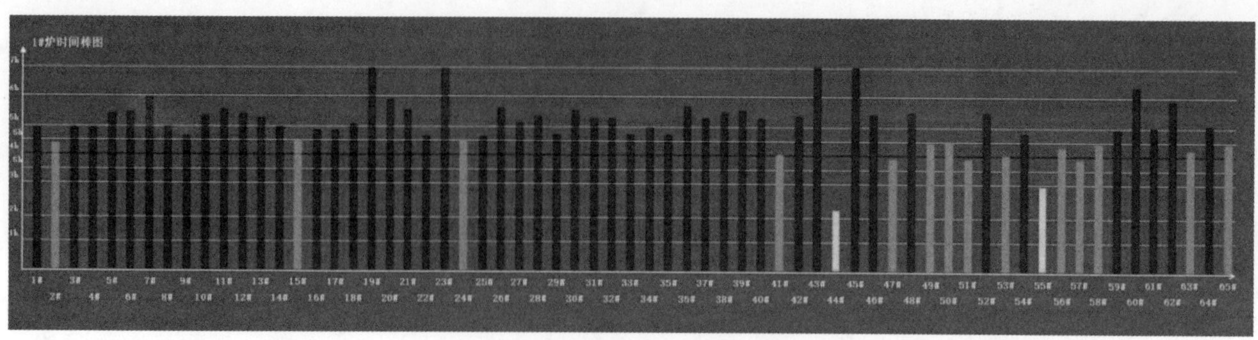

图 4　火落时间柱图

和吸力的大小。从表 3 可以看出，各个燃烧室的空气过剩系数差别较大，需要人工个别调整风门和吸力翻板。但整体的空气过剩系数偏大。整体空气过剩系数的调整可以通过调整风门开度和分烟道吸力来实现。

表 3　部分燃烧室小烟道废气含 O_2 与 CO 对应关系

燃烧室号	$w_{O_2}/\%$		$w_{CO}/10^{-6}$	
	机侧	焦侧	机侧	焦侧
14	680	280	4.7	8.7
30	310	175	5.1	7.0
45	504	2000	7.7	1.4
80	1500	1200	7.1	5.2
86	270	320	8.2	3.6
119	530	230	4.6	5.5

3.3.2　焦饼温度在线自动测量

焦饼中心温度是反映焦炭均匀成熟的重要指标。焦炉中心温度直接测量比较困难，捣固焦炉尤其如此，焦饼堆比重大，普通插管方式难以进行。因此，捣固焦炉焦饼中心温度一般采用先测机焦两侧焦饼的表面温度，再推算焦饼中心实际温度的方法来进行。该项目在拦焦车导焦槽框架两侧的不同高度上，分别安装 3 个传感器（红外光纤温度计），在推焦时，6 个传感器透过栅架间隙自动连续地测量整个焦饼两侧上中下 3 个位置的表面温度，红外测温仪测量的温度数据通过无线电台发送计算机进行处理，生成温度数据报表和趋势曲线。

3.3.3　焦炉测温及加热调控的创新与应用

炉温测调的稳定与生产稳定相辅相成，炉温调节的目的在于生产的稳定性，而焦炉炉温的稳定性由 $K_{安}$ 指标来决定，$K_{安}$ 指标的合格是由生产操作和煤气量调节共同决定的，因此在推焦串序由小串序改为 2-1 大串序后，煤气量的调节也要与之相适应，所以因推焦串序造成的大波峰、大波谷就要通过大量增减煤气量来进行削平；经过实验，逐渐改变煤气调节幅度，焦炉煤气调节幅度由原来的 200 m^3/h 流量增至 500~700 m^3/h，波峰波谷温差由原来的 25 ℃缩小至 18 ℃；继续增大焦炉煤气调节幅度至 1300 m^3/h，波峰波谷温差缩小至 6 ℃。

通过调节焦炉煤气流量，稳定 1 号焦炉机焦侧平均温度，缩小波峰波谷温差，3 月 14 日 1 号焦炉安定系数达到 0.84，因此调节的方向是正确的。通过将该调节理念转化编辑为计算机程序，按照实际温度的波动，计算机程序经过计算进行调控，同时将分烟道吸力引入进行调节，得到计算机执行逻辑（图 5）。

（1）当炉温呈下降趋势时，此刻及时增加焦炉煤气用量，从而减缓炉温下降趋势。当炉温呈升高趋势时，此刻及时减少焦炉煤气用量，从而减缓炉温上升趋势，同时适度调节分烟道吸力。

（2）采用焦炉煤气调节，炉温反应速度较高炉煤气快，由波峰到波谷的时间为 5.5 h，时间较短，因此采用反应速度快的焦炉煤气调节效果更佳。

测（调）试结果：3 月 25 日至 3 月 29 日投入自动加热控制，现场根据系统推荐提示调节焦炉煤气流量，效果如图 6 所示。

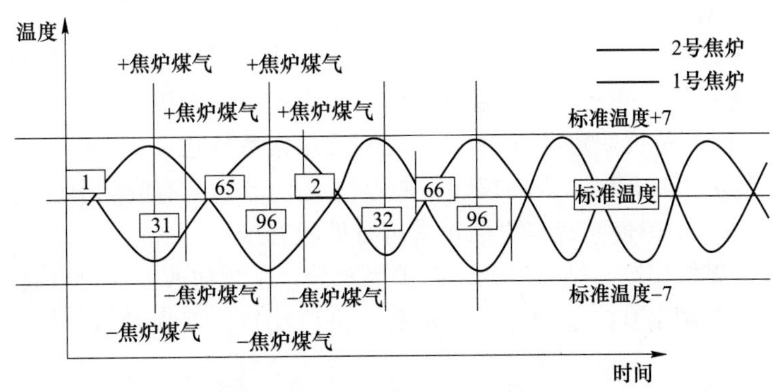

图 5　自动调节温度执行逻辑

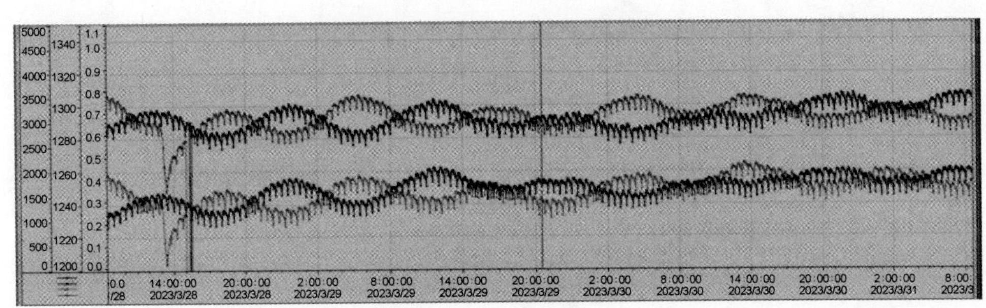

图 6　焦炉煤气流量

峰谷温差明显缩小，直行温度趋势呈现接近一条直线，1 号焦炉波峰波谷温差仅为 6 ℃，2 号焦炉反应速度较慢，经调整焦炉煤气调节幅度后，波峰波谷温差逐渐缩小至 6 ℃。统计 4 h 均值直行温度报表，30 日，1 号焦炉 $K_{安}$已达到 0.92。当调节煤气流量时，协同调节分烟道吸力，确保空燃比合理，调试后分烟道含氧量相对稳定。由于焦化 1 号、2 号焦炉的氮氧化物集中处理，1 号 2 号炉温趋势正弦波动方向相反，在自动加热控制过程中，1 号焦炉增加焦炉煤气，2 号焦炉减少焦炉煤气，焦炉煤气总用量基本不发生变化，因此不会造成氮氧化物明显波动。

4　运行效果

（1）火道测温系统运行可靠，与人工测温的偏差基本在 3~5 ℃；在保证焦炭质量前提下，降低标准温度累计达 20 ℃，且仍有进一步降温空间。

（2）在一定的结焦时间内，各炭化室对应的保障值可反映该炭化室本身的加热结焦特性，是该炭化室加热不足或加热过剩的指标。通过均衡调火分析界面数据和人机界面功能，综合分析焦炉全炉以及各个炭化室的炼焦过程、结焦速率和历史数据信息，掌握各个炭化室的结焦速率差异情况，指导焦炉调火的精准操作。

（3）根据火落趋势图，可以对异常情况进行分析与处理。

（4）根据结焦时间、焖置时间、火落时间，可以对标准温度进行优化；在同等工况条件下（结焦时间、入炉煤水分等），炼焦耗热量（加热煤气消耗）同比降低 2.5%以上，炼焦耗热量月均降低约 60 kJ/kg，相应降低了炼焦加热煤气消耗成本。

（5）根据火落时间可指导调火、实时发现高/低温号。

5　运行中存在问题

（1）当焦炉加热投入到自动加热系统时，必须经常观察红外测温温度趋势是否正常，观察自动加热系统的拟合温度是否正常（正常温度为在标准温度±20 ℃内），若不正常，切换到人工控制，并向调火工和维护人员上报，并配合他们查找原因。

（2）自动测温的数据要在人工测温时间点时采集，这样才能对应起来。若发现和人工测温偏差大于 20 ℃，告知调火班，查明原因。每天人工测温下来后，调火工负责对温度常数的校正。人工测温和自动测温值是否相差±10 ℃以内，若长期超过 10 ℃，需要对温度常数校正。

（3）当所有测温点显示不正常时，现场仪表可能停电或 DCS 输入有问题引起的。立即转到人工控制，并重新设定合适的流量/压力值，使系统与之前正常运行的状态接近。

（4）当煤气发热量、煤气温度、结焦时间、装炉煤水分、配煤比改变时可以改变煤气基准流量。

（5）根据火落趋势图，调出有问题的点与正常的点进行比较，发现异常，分析原因并对故障点进行处理。

参 考 文 献

[1] 王林春．焦炉集气管压力自动控制方法及其实现［J］．工业计量，2006，16（4）：17-19.

[2] 孙立迹．焦炉全自动测温与加热优化控制技术应用［D］．天津：天津大学，2013.

[3] 安徽工业大学．一种焦炭成熟度的判断方法：CN201210107382［P］．2012-08-01.

[4] 太原煤气化股份有限公司，安徽工业大学．焦炉加热温控方法：CN201110357118. 6［P］．2012-06-27.

[5] 席铁峰．焦炉自动测温、自动火落判断、自动加热系统应用［J］．中小企业管理与科技，2015（9）：209.

[6] 孟秀芳．浅谈自动加热技术在山焦的实施应用［J］．山西化工，2013. 33（6）：51-54.

武钢焦化 7.63 m 焦炉焦侧除尘环保改造实践

严铁军

（武汉平煤武钢联合焦化有限公司，武汉 430082）

摘 要：介绍了武钢 7.63 m 焦炉出焦除尘的基本概况，分析了出焦过程主要污染物 SO_2 和粉尘的来源。为了降低出焦除尘出口粉尘含量，对出焦除尘进行了提标改造，同时对除尘阀进行了改进，以提高吸力，改造后出口粉尘≤3 mg/Nm^3；为了进一步降低焦侧的无组织排放，新增了炉头捕集系统及拦焦车捕集罩，出焦过程无可见烟尘；为了降低出焦除尘出口 SO_2，新增了一套钙基脱硫装置，投运后小时均值无超标现象。

关键词：7.63 m 焦炉，粉尘，SO_2，除尘改造

1 概述

武钢有限焦化公司 7.63 m 焦炉于 2008 年投产，机焦侧烟尘治理设施如下：焦侧配置袋式除尘地面除尘站，机侧除尘选用车载袋式除尘，基础参数均是根据当时炼焦化学工业污染物排放标准设计，自开工投用至今已 16 年。在习近平生态文明思想指引下，环保标准逐步提高，如表 1 所示，同时焦炉炉龄在不断增长，焦炉除尘设备的原有设计参数已经远远满足不了现在国家的环保要求，严重影响 7.63 m 焦炉的正常生产，甚至对企业生存构成威胁。

表 1 除尘排放标准

排放标准	2012—2014 年		2015—2019 年		2020—2023 年	
排放因子	颗粒物	二氧化硫	颗粒物	二氧化硫	颗粒物	二氧化硫
出焦/mg·m^{-3}	100	100	50	50	30	30

2 出焦过程污染物分析

出焦除尘主要是收集拦焦车取门、清门、导焦等过程中的烟气，其主要污染物为 SO_2 和粉尘，其初始参数见表 2。

表 2 武钢焦化 7.63 m 焦炉出焦除尘初始基本参数

过滤面积/m^2	设计能力/m^3·h^{-1}	仓位数/个	离线阀数/个	滤袋型号	滤袋数量
约 6000	约 400000	>10	>20	ϕ150 mm×6 m	2184

出焦过程的污染物主要来自下述几个方面：

（1）出焦时摘开的炉门上附着的焦油、焦粉散发的烟气；

（2）推焦时焦炭通过导焦槽上部逸出的烟气；

（3）焦炭从导焦槽落到熄焦车中时散发的烟气；

（4）摘门时炭化室内逸出的残余煤气燃烧产生的气体和粉尘；

（5）清门、清框时产生的烟气。

上述（1）、（2）、（3）散发的粉尘量约为装炉时散发粉尘量的一倍以上，其中主要是（3），焦炭落至熄焦车过程，焦炭之间、焦炭和焦罐相互碰撞产生的粉尘随高温上升气流而飞扬。尤其当推出的焦炭成熟度不足时，焦炭中还残留了大量热解产物，在推焦时和空气接触、燃烧，生成细分散的炭黑，会产生大量浓黑的烟尘及 SO_2。

3　出焦除尘改造

3.1　除尘器本体改造

武钢 7.63 m 焦炉除尘器与焦炉同步投产运行，除尘器箱体、部分除尘管道、结构腐蚀造成野风渗透进入除尘系统，吸尘口负压、流量不足，检测发现其过滤风速 1.1 m/min，实测排放浓度 28 mg/m^3，烟尘逃逸严重，不能满足国家超低排放标准（颗粒物≤10 mg/m^3，过滤风速<0.8 m/min）及无组织排放要求。为了降低出口粉尘浓度，加大吸力，2021 年计划对出焦除尘进行提标改造。对布袋进行了加高，相应对出焦除尘器中箱体进行了加高改造。对现有除尘器花板（含花板）以上拆除，并且改造进出风道，中箱体加高，对破损处进行修补，通过此改造可增大除尘器过滤面积，降低布袋过滤风速。

加高后上箱体更新，喷吹系统更新，更换所有布袋，中箱体及以下全部利旧，对利旧部分壳体进行破损情况检查，对破损漏风及壁厚≤3 mm 的部位进行补漏加厚。

武钢 7.63 m 焦炉出焦除尘风机设计风量 400000 m^3/h，转速 960 r/min，全压 6000 Pa，电机功率 1120 kW/10 kV，系统风量满足要求，因此风机及除尘的阵发性高温烟尘冷却分离阻火器都利旧。

3.2　除尘烟气主管改造

7.63 m 焦炉原设计的除尘管道为一根主管，不能对两边进行独立使用，为了进一步提高除尘效果，对除尘管进行了改造。在三通处增加了三台程序控制阀门，单边干活吸力明显提高。改造完成后出焦除尘出口粉尘≤3 mg/Nm^3 符合超低排标准，改造后的吸力也有所提高。

4　焦侧无组织排放环节改造

7.63 m 焦炉原设计拦焦车上设集尘罩，摘门时打开集尘罩上导流风机，收集出焦过程导焦栅及焦罐上方烟尘，烟气通过焦侧移动通风槽进入地面除尘站进行净化处理。由于炉头阵发性烟气量大，温度高，车载捕集罩无法全部有效捕集，烟尘外溢，大部分炉头烟气在炉门上部及拦焦车两边呈无组织排放。为了进一步提高焦侧无组织治理水平，在炉头顶部增设炉头烟尘收集，同时在拦焦车顶增设固定挡烟板，两侧设固定拦烟板和活动挡烟板，加强拦焦车与焦炉炉门间的密封，减少侧向自然风和热浮力对烟气捕集效果的影响。

4.1　出焦侧增设炉头烟气捕集系统

在焦炉焦侧挡烟板上部建一套炉头烟气捕集罩（2300 mm×1600 mm）、气动翻板阀（ϕ1000 mm）和集气总管等及其配套设施。集气总管在煤塔处汇合，经桁架跨拦焦车后接入现有 7.63 m 焦炉出焦除尘站。每个炉头上方的气动阀门与拦焦车联锁，单组捕集罩最大设计捕集烟气量为 80000 m^3/h，集气总管按三组捕集罩同时工作进行设计。新建低压配电室设置一套 PLC 控制柜，远程 I/O 站两面，采用西门子公司的 S7 系列，通过光纤接入焦炉中控控制系统，实现 140 个阀门与拦焦车的连锁。同时实现与四大车地面协调 PLC 通信，能与推焦车、拦焦车进行数据交换。

工作方式：出焦时对应炉头上方的气动蝶阀开启，进行炉头烟气捕集、净化处理。即当拦焦车工作对位完成后，根据拦焦车工作信号，自动启动对应炉门上方的气动阀门。同时也可以根据炉头冒烟情况，在拦焦车上远程启闭任意气动蝶阀。

改造后，焦侧炉头及装煤后炉门冒烟全被吸入炉头捕集系统，炉头上部无组织排放明显改善。

4.2　完善拦焦车捕集罩设施

为了进一步提高炉头捕集及现有拦焦车的捕集效果，通过在拦焦车顶增设固定挡烟板，两侧设固定拦烟板和活动挡烟板，对现有拦焦车吸尘罩进行改造。

改造后的拦焦车完成走行对位后，拦焦车两侧活动挡板向炉门移动与炉柱贴合密封，其与拦焦车走行信号联锁。通过车顶固定挡烟板、拦焦车两侧活动挡板以及炉体在拦焦车的前部形成了一个密闭的空间（作为临时贮烟仓）。在开始取门之前，地面除尘站的风机由低速切换到高速运行状态。拦焦、开闭炉门过程中产生的大量烟尘，由设置在炉头上方的捕集罩捕集，如有少量无法捕集的烟气可以暂存在车与焦炉间的空间内（贮烟仓），确保烟气不外溢。其主要结构组成见表3。

表3　拦焦车烟气捕集罩主要组成

序号	名称		备注
1	机顶封罩	固定罩	由规格统一的多块罩板组成，采用螺栓固定，方便检修
		活动罩	由多块不锈钢板组成，由液压推杆驱动，保证炉门服务车通过
2	机后封罩		由八块罩板组成，采用螺栓固定，方便检修
3	左侧封罩	固定罩	固定罩板，在二层平台上部及一层、二层平台中间布置
		活动罩	活动挡板采用304不锈钢材质制作，壁厚3 mm；活动挡板下部增加软帘，防止侧风。由液压推杆驱动，保证炉门服务车通过
4	右侧封罩	固定罩	固定罩板，在二层平台上部及一层、二层平台中间布置
		活动罩	活动挡板采用304不锈钢材质制作，壁厚3 mm；活动挡板下部增加软帘，防止侧风。由液压推杆驱动，保证炉门服务车通过
5	检修门		在右侧罩板靠近司机室及后部装置附近

通过新增炉头捕集和拦焦车改造，焦侧无组织排放改善进一步提升，出焦过程无可见烟尘。

5　出焦除尘 SO_2 超标治理

5.1　超标原因分析

通过以上三项改造后，出现了焦侧除尘有组织排放 SO_2 超标频率明显增加的问题。武钢7.63 m焦炉平均操作时间为10 min/炉，图1为正常生产时，其 SO_2 含量及流速趋势图。

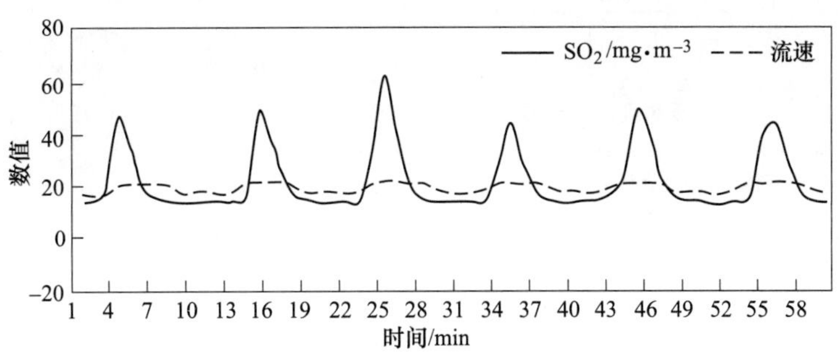

图1　出焦除尘 SO_2 含量趋势图

由图1可知出焦除尘烟气中 SO_2 具有两个特点：(1) SO_2 浓度变化具有周期性，其周期为焦炉操作时间，最高峰持续2 min，SO_2 最低值为1 mg/m^3，出焦除尘风机运行根据推焦过程烟尘特点设置了高低速，并与拦焦尾焦盘动作连锁；(2) SO_2 浓度升高、下降速度都快，峰值高。随着拦焦对门结束后，除尘风机开始低速运行。

通过长期跟踪分析，得出出焦除尘 SO_2 超标主要影响因素有：(1) 焦炭成熟情况影响：推焦过程残余煤气和空气接触，生成的主要污染物是 SO_2，约0.005 kg/t焦，这是推焦过程 SO_2 的主要来源，武钢焦化焦炉煤气中 H_2S 含量为5.744～9.13 g/m^3，焦炭成熟情况不佳时，峰值比正常情况 SO_2 高了50%左右（图1中第三个波峰）；(2) 配合煤硫分影响：炼焦过程中，煤中20%～45%的硫转化成 H_2S 等硫化物存在于焦炉煤气中，这将导致出焦除尘 SO_2 会随着配合煤中硫含量而波动；(3) 除尘密封效果影响：通过三次改造，出焦过程产生的含有 SO_2 的烟尘可全部吸走，减少无组织排放；(4) 干活节奏影响：由图1可知，当干活节奏变化，特别是生产不正常时两个焦炉同时干活（撵炉），其峰值和波峰都会产生变化，

易导致 SO_2 超标，由图 2 可知当两个焦炉同时干活时（撵炉），波峰变宽，高点值达到了 75 mg/m^3，持续 4 min 左右，同时最低值 7 mg/m^3。除尘烟气流速基本处于高速阶段。通过与图 1 正常操作对比发现，两个焦炉同时干活时，高峰值和低点都比正常情况高，除尘一直处于高速。

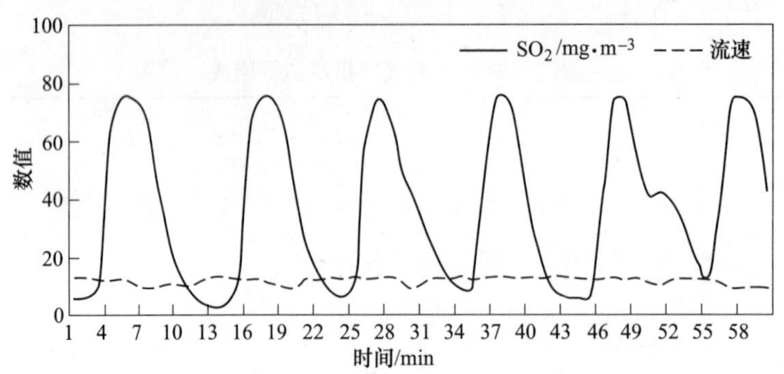

图 2　两个焦炉同时干活时（撵炉）SO_2 及流速趋势图

5.2　超标治理措施

为彻底解决 SO_2 超标问题，在出焦除尘器入口前增加一套高活性钙基脱硫装置，保证烟囱出口小时均值满足 SO_2<30 mg/m^3。

其工艺流程为：出焦含硫烟气→干法脱硫→布袋除尘器→引风机→烟囱，如图 3 所示。

脱硫剂：外购粉状脱硫剂→罐车输送→气力输送→新剂料仓→旋转给料器+罗茨风机→（烟气管道→布袋除尘系统）→废剂料仓。

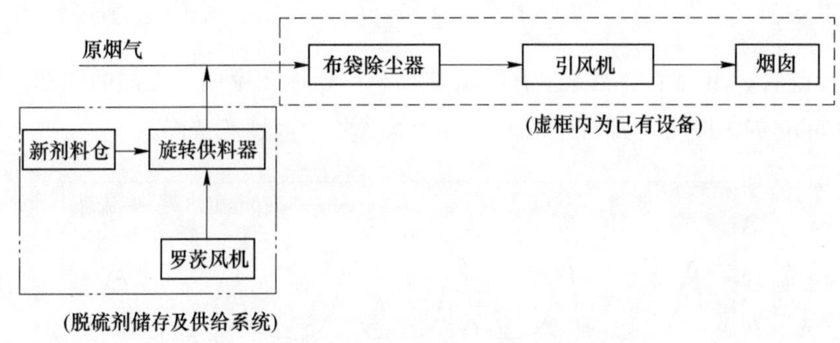

图 3　新增脱硫装置后出焦除尘烟气流程图

高活性钙基脱硫装置，主要包括脱硫剂储存系统、压缩空气系统、动力系统、PLC 控制系统。脱硫剂储存系统包括料仓及其梯子平台、仓顶除尘器、振动电机等。装置料仓设计 1 台，双锥双口下料，容积约 80 m^3。脱硫剂输送供给系统主要包括旋转供料器组件及罗茨风风机，料仓为双口下料，每个下料口配置 1 套旋转供料器及罗茨风风机。

粉状脱硫剂由供给系统喷吹入烟气主管道，与烟气中 SO_2 接触完成一次反应后，随烟气进入出焦除尘器，未完全反应的脱硫剂，在布袋上与 SO_2 进行二次反应。经过处理后的烟气，经引风机送至烟囱排放。粉状脱硫剂给料量由喷粉入口烟道烟气量及入口 SO_2浓度决定，旋转供料器变频调节，可通过调节旋转供料器的转速来动态调整脱硫剂喷入量，从而以经济合理的喂料量来完成脱硫。系统投用后，设置两种自动模式，第一种与出焦除尘引风机高低速连锁，第二种与 CEMS 系统 SO_2 浓度连锁，通过实际对比第二种方式更加科学。投入运行后，烟囱排口 SO_2≤20 mg/m^3 符合要求，其连锁条件如表 4 所示。

表 4　与原烟气 CEMS 系统 SO_2 浓度连锁条件

SO_2 浓度/mg · m^{-3}	0~5	5~10	10~15	15~20	>20
频率/Hz	2	5	8	10	全开

由图4可知，投用后，SO_2 最高值为16 mg/m^3，最低值为0，最高峰持续1~2 min。小时均值降至2.3 mg/m^3，效果显著。

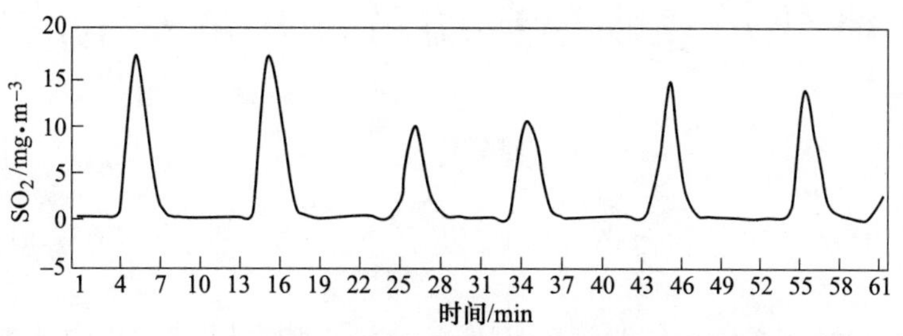

图4　新增脱硫装置投用后出焦除尘烟气 SO_2 趋势图

6　结语

（1）通过出焦除尘器的提标改造达到了增大除尘器过滤面积，降低布袋过滤风速，使出口粉尘≤3 mg/Nm^3 符合超低排标准，同时通过进一步优化管道阀门，提高了除尘吸力。

（2）增设炉头捕集，在拦焦车顶增设固定挡烟板，两侧设固定拦烟板和活动挡烟板，加强了拦焦车与焦炉炉门间的密封，焦侧无组织排放改善进一步提升，出焦过程无可见烟尘。

（3）分析得出焦炭成熟情况、配合煤硫分、除尘密封效果及干活节奏等因素均会影响出焦除尘 SO_2 含量。在出焦除尘器入口前增加一套高活性钙基脱硫装置，效果良好，可以保证烟囱出口小时均值满足环保要求。

参考文献

[1] 姚昭章，郑明东．炼焦学［M］．北京：冶金工业出版社，2008.

[2] 赖军华．新钢焦化装煤推焦除尘系统的开发［C］//全国冶金自动化信息网2009年会论文集．2009：26-30.

[3] 李永明，洪宾，张颖，等．半干法脱硫工艺在焦炉推焦系统中的应用［C］//2014年（第八届）焦化节能环保及干熄焦技术研讨会论文集．2014：275-277.

[4] 张成祥．首钢焦化厂焦炉推焦除尘的应用研究［D］．北京：北京工业大学，2005.

[5] 吴木之，严铁军．武钢7.63 m焦炉的环保现状及改进措施［J］．钢铁，2015，50（12）：32-37.

[6] 万超，尹华．大型捣固焦炉机侧烟尘治理新措施［J］．燃料与化工，2021，52（5）：53-58.

[7] 徐尧．热浮力罩焦侧除尘系统剖析与改造应用［J］．工业安全与环保，2012，38（7）：85-87.

[8] 杨帆．地面除尘在酒钢3#焦炉的应用［J］．工业安全与环保，2003，29（5）：11-12.

[9] 陈杨涛．焦炉焦侧增加除尘设施的研究与应用［J］．化工管理，2016（20）：273-274.

[10] 汪高强，李军，钱虎林．马钢焦炉无组织放散的控制［J］．燃料与化工，2015（6）：7-9.

7.63 m 焦炉焦罐车自动对位冗余安全的实现

邹洪星

（唐山首钢京唐西山焦化有限责任公司，唐山　063200）

摘　要：分析了 7.63 m 焦炉机车自动对位控制关键技术和方法，根据实际工况，针对四大机车频繁启动、走行、对位、停止以及协调通信的生产工艺特点，对焦罐车自动对位进行了优化，实现了焦罐车自动对位的冗余安全，解决了焦炉机车在恶劣生产环境下的自动对位控制问题，避免了特殊工况及特殊操作等因素引起的红焦落地、设备碰撞等事故。

关键词：7.63 m 焦炉，四大机车，自动对位，冗余安全

1　概述

7.63 m 焦炉四大机车负责焦炉的推焦、导焦、运焦、装煤等相关生产流程，是焦炉生产的重要工艺设备。四大机车主要由装煤车、推焦车、拦焦车、焦罐车等单体设备组成。焦炉机械的生产操作均围绕焦炉炭化室进行，焦炉四大机车需频繁移动于各炭化室之间，完成推焦、装煤、平煤、运焦等工艺操作，如图 1 所示。焦炭成熟时，推焦车、拦焦车、焦罐车需及时走行至该炉号并精准对位，然后进行下一步的作业，机车自动对位的快速性和精确性直接影响着焦炉生产的效率。

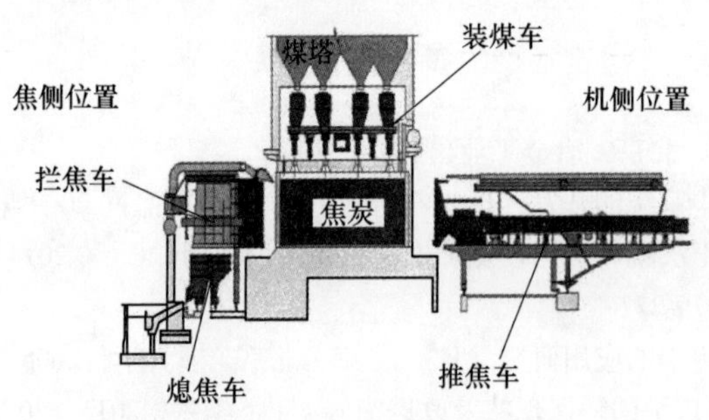

图 1　焦炉机车布置图

目前中国焦炭行业的焦炉生产中，四大机车运行时大多采用人工对位的操作方式，即人眼识别+对讲机通信来保证机车与炉体对位，定位的精度主要靠经验。这种对位方式对司机要求很高，而且受气候条件以及外界电磁干扰的影响较大，存在很多安全隐患，手动操作既增加了工人的劳动强度，又降低了作业效率，并且对位的速度和精度不高，很难满足自动化程度高的现代大型焦炉作业。

针对 7.63 m 焦炉机车在生产中移动频繁、惯性大，定位精度要求高，同时操作环境存在高温、灰尘、腐蚀性气体等因素，为能够满足焦炉机械定位误差≤±5 mm 的控制要求，Schalke 和 Pauly 公司联合开发了首钢京唐焦化厂的机车自动对位控制系统，Schalke 主要负责走行速度控制，Pauly 主要负责自动对位控制。该系统以西门子 S7-400 作为控制 PLC，以 STEP7 进行编程，以 WINCC6.0 实现人机交互，控制部分由走行和对位两部分组成，并结合匀变速直线运动特性完成了机车的自动走行与对位控制，能快速精确对位。

2　焦炉机车地面协调系统

7.63 m 焦炉四大机车配备地面协调系统，它是一套基于西门子 400 系列冗余 PLC 的逻辑控制系统，负责实现四大机车内部不同机车之间的协调通信，实现机车与焦炉本体、除尘，机车与干熄焦，机车与

CokeMaster 等其他系统之间的协调通信。CokeMaster 是一套基于计算机技术的软件算法，能够对大量的焦炉工艺数据进行收集和分析，输出最佳的处理方案，并依据结焦时间计算出推焦装煤计划表，自动发送给四大机车。地面协调系统见图 2。

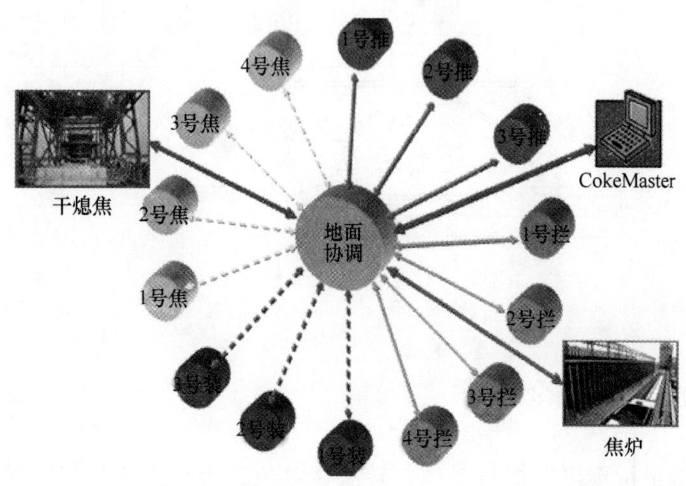

图 2　地面协调系统

3　焦炉机车自动对位系统

焦炉机车自动对位系统是闭环反馈控制系统，其设定值为目标炉号，执行机构为电机和制动器，反馈装置为编码器和读码头，主要包括两大部分：

（1）机车走行，即速度控制，主要硬件有：走行轮组，减速机，液压盘式制动器，变频电机，变频器，PLC。

由于焦炉机车的惯性、可靠性、速度同步性等要求，其走行装置均有两台同功率的电机共同驱动，并基于 PROFIBUS-DP 网络融入了负荷平衡技术。采用西门子 6ES70 变频器对每台走行电机单独进行矢量控制。采用 SIMOLINK 环网实时读取变频器运行状态，完成变频器与 PLC 之间数据交换及控制任务，使焦炉机车快速平稳行走。

自动对位控制算法根据目标炉号值和当前炉号值计算出走行距离，按照走行距离计算出合适的速度，速度设定值发送给变频器，变频器驱动机车走行，最终按照程序设置的速度曲线精确定位在目标位置处（图 3）。

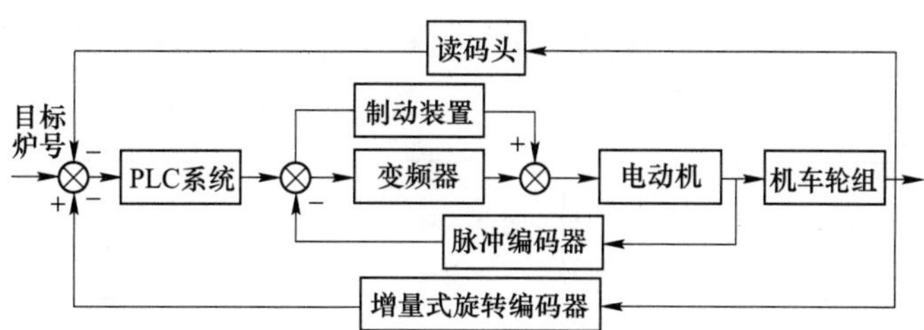

图 3　自动对位控制原理

（2）机车对位，即炉号识别，包括两部分：粗对位，硬件有：编码器、计数模块 FM450-1；精对位，硬件有：码盘、光纤、U 型读码头、解码板。

粗对位是机车距目标炉号较远（>825 mm）且运行较快的时候，利用编码器检测到的机车实际位置数值与程序中的设定值进行比较，预判其大概所处的炉号范围，如果当前读数在某个炉号的预设范围之内，则相应的炉号输出。

精对位是机车距目标炉号较近（±825 mm）且运行较慢的时候，利用读码头以扫描的方式读取码盘信息从而进一步检测识别目标炉号，直至机车在该炉号完全到位，抱闸制动使机车停止，扫描到的码盘信息被换算为炉号输出。对位系统结构见图 4。

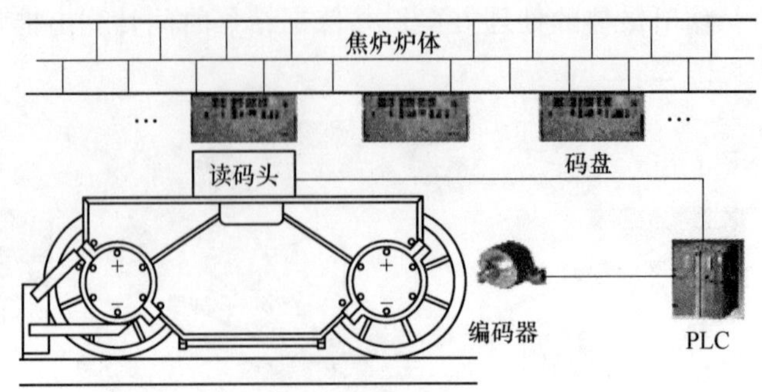

图 4　对位系统结构

4　焦罐车自动对位的冗余安全

焦罐车主要功能是走行至出焦炉号对位，转罐接红焦，走行至干熄塔下接空罐、送满罐等。焦罐车走行速度快（能够达到 205 m/min）、惯性大（接焦重达 520 t）、行车距离长（70400～339900 mm），因此焦罐车对自动对位的速度、精度及安全性要求极高。

定位机械设备的安全性主要依靠故障率低的 PLC 和变频器、高度可靠的限位开关和编码器、稳定性高的读码头和解码板等。

定位控制系统的安全性主要依靠基于地面协调系统的四大机车联锁控制，主要包括摘门联锁、推焦联锁、平煤联锁和焦罐升降连锁，并设置良好的监控系统、事故报警和紧急手动干预、关键设备必要的冗余及自动监视。

4.1　焦罐车与拦焦机对位实现冗余安全

原设计焦罐车与拦焦机之间通过地面协调 PLC 进行连锁通信，地面协调 PLC 将接收到的信号进行逻辑判断后发送给焦罐车和拦焦机。焦罐车走行至出焦目标炉号，自动对位系统准确定位，拦焦机导焦栅锁闭到位，焦罐车焦罐开始旋转，推焦机允许推焦，这些连锁信号都经过较复杂的逻辑生成，存在程序漏洞或误信号的可能性，出现焦罐车不在导焦栅下或者在导焦栅下无焦罐等情况，仍然发送允许推焦信号将导致红焦落地，烧车等重大事故，存在较大的安全隐患。

为避免上述情况发生，在焦罐车与拦焦机之间增加双向感应限位，在焦罐车的焦罐提升架上增加永磁铁，在拦焦机的走行大梁上增加磁限位开关，将开关量信号引入拦焦机 PLC 作为允许推焦的另外一个条件，该信号与原连锁信号双重判定，确保焦罐在导焦栅下才允许推焦，实现了焦罐车与拦焦机对位的冗余安全（图 5）。

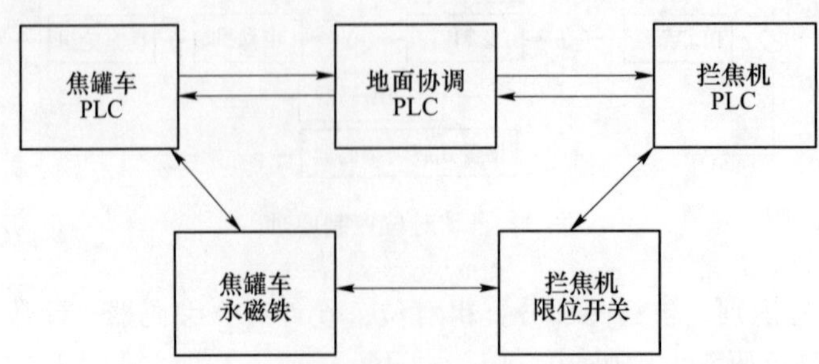

图 5　焦罐车与拦焦机对位冗余安全

4.2　焦罐车与提升机对位实现冗余安全

原设计焦罐车与干熄焦提升机之间通过地面协调 PLC 进行连锁通信，地面协调 PLC 将接收到的信号进行逻辑判断后发送给焦罐车和提升机。焦罐车走行至干熄塔下，自动对位系统准确定位，干熄焦 APS 锁闭，焦罐车接空罐，提升机提满罐，允许焦罐车驶离干熄塔，这些连锁信号都经过较复杂的逻辑生成，存在程序漏洞或误信号的可能性，出现焦罐车不在干熄塔下，焦罐车提前驶离干熄塔的情况，导致将提升机、APS 撞坏或红焦落地等重大事故，存在较大的安全隐患。

为避免上述情况发生，在焦罐车有驱、无驱装置横梁及提升机相对应位置增加双向对位支架，在支架上增加电磁铁、磁开关、永磁铁等，实现机车对好位时，焦罐车的对位支架与提升机的对位支架正好相对，将电磁铁及磁限位开关信号分别接入各自 PLC 的 DO、DI 模块中，该信号与原连锁信号同时满足，确保焦罐车在提升机下，才允许相应设备动作，实现了焦罐车与提升机对位的冗余安全（图 6）。

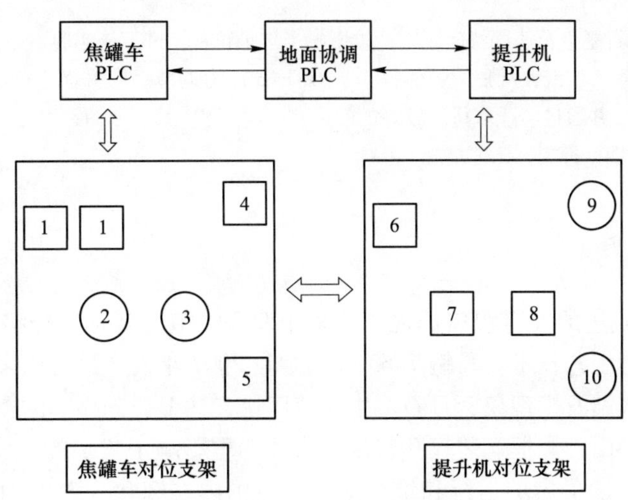

图 6　焦罐车与提升机对位冗余安全

1—焦罐车到位偏左偏右-永磁铁；2—提升机 APS 关闭-电磁铁；3—提升机落空罐或提满罐-电磁铁；4—提升机 APS 关闭-磁限位开关；5—提升机允许焦罐车安全离塔-磁限位开关；6—焦罐车位置-磁限位开关；7—允许 APS 关闭-磁限位开关；8—允许提升机动作-磁限位开关；9—提升机 APS 关闭-电磁铁；10—提升机允许焦罐车安全离塔-电磁铁

5 小结

焦化生产环境温度高、粉尘大，焦炉机车具有频繁启动、走行、对位、停止以及协调通信的生产工艺特点，机车移动控制是危险因素较多，事故发生概率较大的生产环节，因此对机车定位的安全性及精确性要求很高。本文根据实际工况，针对焦罐车自动对位系统进行了优化，实现了焦罐车自动对位的冗余安全，能够快速、精确地自动对位，并确保误差在±5 mm 以内，解决了焦炉机车在恶劣生产环境下的自动控制问题，提高了设备安全连锁性能及机车自动化程度，避免了特殊工况及特殊操作等因素引起的红焦落地、设备碰撞等事故。

参 考 文 献

[1] 稻山晶弘，张国富．焦炉移动机械自动化［J］．燃料与化工，2001（3）：50254.
[2] 孙圣明．焦炉四大车连锁自动控制的应用［J］．梅山科技，2005，26（S1）：28-29.
[3] 宁芳青，周亚平，古述波．焦炉四大车的走行控制［J］．燃料与化工，2007，38（1）：22-24.

7.63 m 焦炉石墨生长抑制工艺措施研究与实践

汪开保　钱虎林　韩学祥　方　兴

（马钢股份有限公司煤焦化公司，马鞍山　243000）

摘　要：7.63 m 焦炉炉体石墨生长速度快问题，严重影响了焦炉正常生产。从实验室条件下研究了配合煤组成对石墨生产的影响，并结合生产实践，从焦炉炉体操作、PROven 压力调节系统方面进行了优化改进，提出了抑制焦炉石墨生长的工艺措施，并通过实践取得了较好的效果。

关键词：7.63 m 焦炉，石墨，抑制，工艺措施

1　概述

7.63 m 焦炉是国内最先进的大容积焦炉之一，采用双联火道、蓄热室分格、焦炉煤气下喷、空气侧入、三段加热、废气循环等工艺技术。马钢 7.63 m 焦炉自 2007 年投产运行以来，焦炉装煤孔、炭化室顶部、上升管、桥管等处出现结石墨现象，且石墨生长速度快，达 1~3 mm/d 的厚度。石墨黏结导致荒煤气流通不畅，推焦难度大，炉门、炉框、装煤孔冒烟冒火，严重影响了焦炉的正常生产，恶化了现场环境，降低了上升管使用寿命，增加了焦炉运行和维护成本。而国内在 2005—2007 年期间先后新建投产 10 座 7.63 m 焦炉，炉顶空间温度均存在居高不下的问题，引起行业的高度重视。尽管该炉型设计了可调节方式，但由于调节困难，有的焦化厂直接把上跨越孔堵上，总的来说没有根本解决炉顶空间温度高和上升管积石墨问题，给焦炉的生产操作造成困难。

2　石墨生长的原因分析

2.1　加热水平设计与配合煤挥发分匹配问题

2.1.1　加热水平

马钢 7.63 m 焦炉由德国伍德（Uhde）公司设计建造，与太钢、武钢等第一批应用，太钢最早一组焦炉 1110 mm，而马钢和武钢稍晚建设采用 1210 mm，从实践应用情况均存在由于 7.63 m 焦炉加热水平设计不足导致炉顶空间温度高结石墨严重问题。太钢在后面建设的一座焦炉以及沙钢跟后建设的 7.63 m 焦炉采用 1500 mm 加热水平，基本解决了炉顶空间温度高的问题。

2.1.2　配合煤挥发分偏高

配合煤挥发分高，焦饼收缩率高，焦饼以上部位裸露多，高向吸热少，造成炉顶空间温度高，加速化产裂解石墨化。因为国内低灰、低挥发分优质主焦煤少，配煤方案大多采用多配气、肥，减少焦煤比例方式，降低冶金焦灰分。伍德（Uhde）公司设计配合煤挥发分（V_{daf}）≤24%左右，而国内基本上都超过很多，马钢配合煤挥发分达到 28.5%左右。早期多家企业 7.63 m 焦炉加热水平与配合煤挥发分见表 1。

表 1　早期多家企业 7.63 m 焦炉加热水平与配合煤挥发分

指　标	马钢	京唐	太钢	武钢	沙钢	兖州矿业
加热水平/mm	1210	1420	1110/1500	1210	1500	1650
配合煤挥发分 V_{daf}/%	28.50	24.1	24.4	26.9	24.2	24.29

2.1.3　问题后果

上述加热水平与配合煤挥发分问题，导致焦炉炭化室炉顶空间温度高达 950 ℃，最高达到 1027 ℃，

使得焦炉炭化室顶部空间、上升管直管及桥管等装煤空间和荒煤气导出通道石墨生长极为迅速，影响炭化室孔装煤量、焦饼成熟质量和荒煤气导出，降低了化产品收率。

2.2 加热煤气压力制度的影响

地下室煤气主管压力较高时，会提高立火道内气体速度，拉长燃烧火焰，提高炉顶空间温度。焦炉规定煤气总管压力不高于 10000 Pa、地下室煤气主管压力在 800~2000 Pa 之间，大多企业操作者将 7.63 m 焦炉加热煤气主管压力设定在 1500 Pa。从马钢实际运行看，上中下焦饼成熟不均匀，高向段温度高、下部温度低，上中下焦饼温度分别为 1060 ℃、1020 ℃、980 ℃，上部焦饼过火而下部焦饼欠火。

2.3 荒煤气压力调节制度因素

PROven 系统压力制度对荒煤气导出效率有很大影响。炼焦过程中随着结焦时间的变化，荒煤气的发生量也随之变化。单孔炭化室压力调节系统通过调节氨水液位的高度，调节炭化室压力，实现除装煤作业状态时炭化室内保持适当正压。如果荒煤气在焦炉炉顶空间、上升管等部位停留时间较长，导致裂解量增大，沉积碳析出量增大，在炭化室炉墙和上升管内部形成石墨。

2.4 煤料挥发分和细粉含量对石墨生长的影响

2.4.1 挥发分影响

通过煤炭高温热解炉，研究煤料挥发分和细粉含量对石墨生长的影响。从下表实验数据说明，实验表明，煤的挥发分大，石墨沉积量大；1000 ℃时的石墨沉积量大于 900 ℃。主要是因为煤挥发分高，所产生的粗煤气量多；煤气中诸如 C_2H_4 和 CH_4 的碳氢化合物含量多，因而在高温下分解产生的石墨沉积碳多（图 1）。

2.4.2 煤料细度的影响

将煤料小于 3 mm 细度比例 85%、水分质量分数均为 10% 的四种煤在坩埚中加热至 1000 ℃、保温 40 min，研究煤料小于 0.5 mm 细粉含量分别为 2% 和 5% 时的石墨生成量关系图。从图 2 中可以看出，小于 0.5 mm 细粉含量为 5% 时的石墨生成量大于细粉量为 2% 的石墨生成量。这主要是由于细粉量增加，细粉中的挥发物质生成速率加快，且部分细粉会附着在石墨表面，增加了石墨质量。

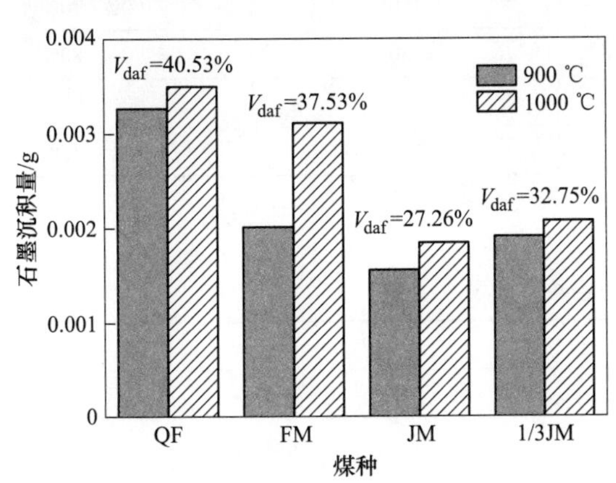

图 1　石墨生成量与煤的挥发分及温度的关系

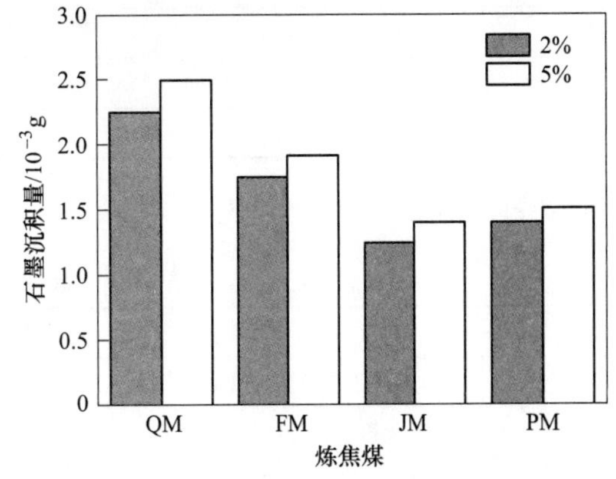

图 2　石墨沉积量与细粉含量的关系

3 操作改进方案

3.1 提高装煤煤线、降低配合煤挥发分

通过优化装煤操作提高装煤效率，提高装煤煤线，提高焦线和煤线，有效降低炉顶空间温度；同时优化炼焦煤结构，降低配合煤挥发分，减少焦饼收缩率，提高焦线，有效降低炉顶空间温度。

上述两项措施均可以减少石墨产生。装煤操作优化先后对比情况如表 2 所示。

表2　装煤操作优化效果对比

指　标	优化前	优化后
配合煤挥发分 V_{daf}/%	29.3	26.5
煤线/mm	541	472
焦线/mm	838	762
石墨	较厚，易挂料	较薄，不易挂料

3.2　煤气压力制度改进

当立火道内气体速度较大时，燃烧火焰也会较长，会提高炉顶空间温度。在保持煤气流量不变的情况下，通过适当增大煤气孔板尺寸，将地下室煤气主管压力由 1400 Pa 降至 850~1000 Pa，减小了立火道煤气喷射力，缩小了火焰燃烧高度，可有效降低马钢炉顶空间由最高 961 ℃下降至 867 ℃。

3.3　优化调整 PROven 系统压力制度

针对实际生产结焦时间内压力五段调节与炭化室内荒煤气发生量变化匹配性差的缺陷，改进为十段压力调节制度，从而实现焦炉荒煤气输出系统稳定控制。PROven 系统压力调整情况见表 3。

表3　PROven 系统压力调整情况

原转化设计			优化后设定		
分段	压力设定/Pa	结焦时间	分段	压力设定/Pa	结焦时间
1	60	0~10%	1	0	0~10%
2	80	10%~15%	2	10	10%~20%
3	100	15%~30%	3	80	20%~30%
4	130	30%~70%	4	90	30%~40%
5	150	70%~100%	5	120	40%~50%
			6	140	50%~60%
			7	150	60%~70%
			8	150	70%~80%
			9	160	80%~90%
			10	190	90%~100%

其他关键压力参数同步改进见表 4。

表4　其他关键压力参数设计表

全炉吸气管吸力分段控制	
装煤段集气管压力/Pa	-350
非装煤段集气管压力/Pa	-150
初冷器前压力/kPa	-1.4
单个 PRoven 系统压力调节上限控制值 250 Pa	

以 105 号炭化室实验效果为例见图 3。

3.4　降低配合煤细度措施

通过减少粉碎机锤头数量、减小锤头与反击板距离、采用一体化锤头锤柄等措施，降配合煤≤3 mm 细度比例由 80%降低至 68%左右，配合煤≤0.5 mm 比例由 38%降至 30%左右。

配合煤细度调整前后上升管积灰情况对比：图 4（a）为细度调整前上升管积灰情况；图 4（b）为细度调整过程中上升管积灰情况；图 4（c）为细度调整后上升管积灰情况。

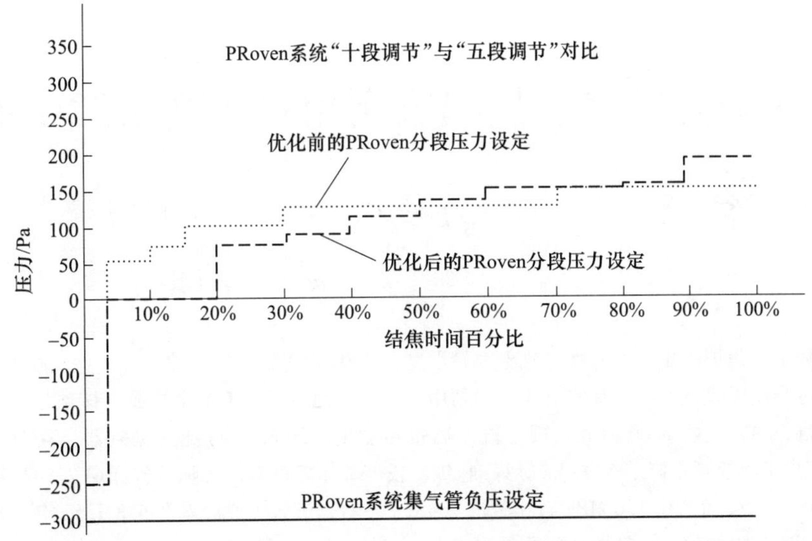

图 3　PRoven 系统的压力分段优化前后对比

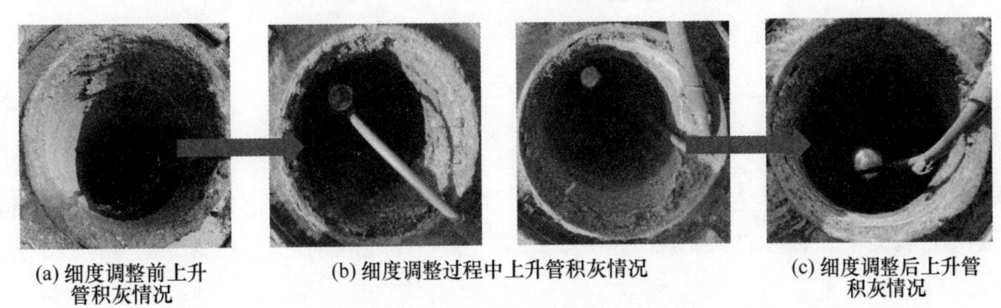

(a) 细度调整前上升管积灰情况　(b) 细度调整过程中上升管积灰情况　(c) 细度调整后上升管积灰情况

图 4　配合煤细度调整前后上升管积灰情况对比

由于配合煤<0. 5 mm 粒级比例也逐步降低，随荒煤气逸散的细煤粉大幅减少，有效解决了 7. 63 m 焦炉上升管结石墨的问题。同时随着配合煤细度的降低，配合煤堆比重提高，焦饼收缩率由 5. 10%下降到 4. 86%左右，既增加每孔产量又降低了焦线大幅降低了炉顶空间温度，减少石墨生长速度。

4　实施效果

（1）马钢 7. 63 m 焦炉通过上述系列措施，炉顶空间温度由最高 961 ℃降低至 867 ℃，单孔装煤量比上一年度平均值提高 2~3 t，孔焦量提高 1 t 左右，焦油中甲苯不溶物由 9. 2%降低到 5. 6%。

（2）上升管和炭化室炉顶空间及装煤口等实现石墨生长问题解决，仅需定期对浮灰吹扫；同时炭化室顶部煤气通道畅通，有效控制了炉门及装煤孔无组织放散。

5　结论

（1）通过优化 PRoven 系统压力设定，降低结焦前期炭化室内部压力，能确保焦炉炭化室在整个结焦过程中顺利导出荒煤气且保持微正压，保证炉门有效密封及装煤过程中无烟尘放散。

（2）在煤气流量不变的情况下，通过增大煤气孔板尺寸降低加热煤气压力，以减小煤气喷射力，降低高向燃烧强度，从而降低炉顶空间温度。

（3）通过优化装煤操作提高装煤效率，提高装煤煤线，可有效降低炉顶空间温度，抑制焦炉石墨生产。

（4）在煤料配合与粉碎过程中，在保证焦炭产量和质量的前提下，适当降低配合煤的挥发分，同时通过控制小于 3 mm 粒级在 68 左右减少小于 0. 5 mm 细粉含量至 30%以下，既利于产量提升又利于提高焦线，同时有效降低炉顶空间温度。

5.5 m 焦炉荒煤气显热回收利用在生产实践中的应用

宋沛刚　徐　军　韩　铭　李浩元　李　娜　周利娟　宋宜刚

（洛阳龙泽能源有限公司，汝阳　471200）

摘　要：炼焦过程中，焦炉炭化室上升管释放出大量温度在750~850 ℃之间的荒煤气。这一高温废气包含了大量的热能，可以通过余热回收技术进行有效地开发和利用，以降低能耗、减少污染排放。该项目符合国家产业政策的鼓励投资类项目，项目投资3000万元，预计投产后每年能生产约8.47万吨含除氧器自耗蒸汽，工作压力为1.6 MPa，同时炼焦工序能耗下降了5.97 kg标煤/吨焦。投产2年多以来，实际节省标煤27344.3 t，减少二氧化碳排放74376.496 t。每年可产生1.6 MPa饱和蒸汽70481 t左右，节省生产成本845.8万元/年。通过本项目的实施，一是提升公司产品附加值，二是提升公司研发实力，三是增强公司的竞争能力和抵御市场风险的能力，四是提升公司对外形象和增强整体经济实力。总之，该项目建成投产具有非常重要的意义。

关键词：余热利用，5.5 m焦炉，荒煤气

1　概述

龙泽能源以洗精煤为原料，主要产品为焦炭，产品品类稳定但附加值低，从生产全流程来看，在保证主要产品质量的前提下，以生产流程各环节为主线，从“节能降耗和环境保护”角度出发，合理利用资源成为发展关键。

国家政策：煤化工企业是我国重点的耗能大户，节能降耗潜力巨大，“节能降耗和环境保护”作为“十三五”规划的重点工作，该项目的建设符合国家相关产业政策。《产业结构调整指导目录（2024年本）》对于焦炉煤气高附加值利用等先进技术的研发与应用提出了鼓励发展的要求，焦炉煤气高附加值利用等先进技术的研发与应用符合国家产业政策。《黄河流域工业绿色发展指导意见》强调节能监察和执行强制性节能标准，支持焦化行业绿色低碳转型，为项目提供重要政策依据。

自身需求：根据目前龙泽能源的经营形势预测分析及发展要求，龙泽能源提出了5.5 m焦炉荒煤气显热回收利用项目。该项目在技术性能上表现优异，符合当前行业发展趋势，有助于提高技术水平，实现战略发展目标。项目实施后，将有效提升龙泽能源产品附加值，进一步增强公司的整体研发实力，加强竞争力，降低市场风险。

技术创新需求：上升管显热回收系统提供企业自用热能，可供出售热能增加效益。降低能源消耗，减少生产成本。提高焦化行业能源利用效率，为国家能源安全和绿色低碳转型贡献积极作用。

龙泽能源现有5.5 m 51孔焦炉一组两座，设计年产能100万吨焦炭。炼焦过程中，从炭化室上升管逸出的750~850 ℃荒煤气带出热量占焦炉总热量的30%~36%。为冷却荒煤气，必须喷洒大量70~75 ℃循环氨水，循环氨水大量蒸发将高温荒煤气冷却到82~85 ℃，再经初冷器冷却到22~35 ℃，大量热能白白损失：其中75%~80%用于蒸发氨水、10%~15%用于氨水升温，其余10%为集气管散热损失。因荒煤气产量大、上升管出口温度高，高品位热能浪费严重，回收利用这部分热量可节约氨水循环量，降低工序能耗，减少二氧化碳排放量，具有一定的经济效益和环保效益。

该项目建设是企业创新快速发展的需要。项目的建成投产对龙泽能源提升对外形象、增强整体经济实力有本质提升，因此具有非常重要的意义。

2　项目主要做法

项目改造龙泽能源5.5 m焦炉2×51孔上升管，建设一组两座5.5 m焦炉配套上升管显热回收利用装置、汽水循环系统、蒸汽供给系统、检测控制系统及辅助加药除氧、定排系统等。预计年产1.6 MPa饱

和蒸汽 8.47 万吨（含除氧器自耗汽）左右，热回收指标：0.09 吨蒸汽/吨焦。目前国内焦化企业上升管余热回收大多采用内衬耐火材料，余热未能有效收集，而该项目一是采用特殊合金钢七层结构上升管换热器，内壁使用纳米自洁材料，延长使用寿命，改善炉顶作业环境，确保安全高效稳定运行；二是采用变频强制循环水循环方式，确保每根上升管进水均匀，确保余热回收系统水循环安全。回收效率将提高 20%。主要技术经济指标表见表 1。

表 1 主要技术经济指标表（焦炉荒煤气显热回收装置）

序号	介质名称	单位	指标	备 注
一	产品产量			
1	饱和蒸汽 1.6 MPa	万吨/年	7.16	
2	过热蒸汽 1.6 MPa，400 ℃	万吨/年	1.31	
二	动力消耗			
1	饱和蒸汽	万吨/年	0.56	热力除氧器用
2	除盐水	万吨/年	4.34	
3	电	万千瓦时/年	70.7	按容量 60%计算
4	磷酸盐	t	3	加药装置用
三	其他指标			
1	上升管蒸汽产量	kg/t 焦	90	设计指标

2.1 创新思路

目前国内焦化企业上升管余热回收大多采用内衬耐火材料，余热未能有效收集，该项目主要研发特殊合金钢内壁使用纳米自洁材料传热进行余热回收，回收效率将提高 20%。

采用特殊合金钢七层结构上升管换热器，内壁使用纳米自洁材料，延长使用寿命，改善炉顶作业环境，确保安全高效稳定运行。

采用变频强制循环水循环方式，确保每根上升管进水均匀，确保余热回收系统水循环安全。

2.2 目标和原则

面对焦化行业高耗能、高污染的现状，如何做好炼焦生产过程余热余能的开发和利用是当今焦化行业节能减排的重要途径。

650~700 ℃的荒煤气带出热（中温余热）占焦炉支出热约 33.76%。其中，水分带出的热量占焦炉煤气支出热约 51.84%。目前普遍的做法是：先在桥管和集气管喷洒循环氨水与荒煤气直接接触，靠循环氨水大量气化，使荒煤气急剧降温至 80~85 ℃；降温后的荒煤气在初冷器中再用冷却水间接冷却至 25 ℃，氨水经冷却和除焦油后循环使用。在该工艺过程中，荒煤气中所含有的大量热能在与氨水热交换过程中被冷却氨水带走，冷却后的氨水通过蒸发脱氨而后排放，在消耗大量氨水增加生产成本的同时，荒煤气余热资源无法回收而损失掉。因此，荒煤气带出显热的回收，对焦化厂节能降耗提高经济效益具有非常重要的作用。

该项目优势明显，回收荒煤气显热生产饱和蒸汽，用于化产生产，代替原有高品位蒸汽，不仅能增加收益，还可降低能耗、减少污染，具有极佳的技术效益、经济效益、环保效益、社会效益，对洛阳龙泽能源有限责任公司的长远发展有重大意义。

2.3 重点创新内容的实施

针对国内大多数企业上升管余热回收项目大多采用的内衬耐火材料以及余热未能有效收集的问题，

该项目采用102根上升管采用七层结构，使用纳米自洁材料传热进行余热回收，配备手动控制阀门。节能措施包括使用变频调节来降低泵的电能消耗，同时确保恒定的供水压力。另外，在循环水系统中增加管道增压泵来促进循环水的回收和再利用。此外，主要电器要求较高能效标示标志。

该项目工艺流程为：除盐水处理、余热回收、除氧过程以及汽包供水等环节。具体来说，除盐水从除盐水站出口管道输出压力为0.4 MPa，经过余热回收除盐水箱存储。除氧水泵通过除氧水进水阀供水，利用PID控制进水调节阀控制除氧器液位，从而产生104 ℃的除氧水。最后，汽包通过强制循环泵向焦炉上升管换热装置提供热水。在焦炉炼焦生产过程中，炭化室煤饼在650~750 ℃的温度下产生焦炉荒煤气。这些荒煤气经过换热器，将热量传递给换热器内壁，从而产生汽水混合物。这个汽水混合物会被引导到汽包进行汽水分离，最终产生压力为1.6 MPa的饱和蒸汽。这整个过程是焦炉炼焦过程中重要的能量转换和利用环节。

该系统设置上升管过热器，引入余热系统产生的1.5 t/h的饱和蒸汽进入6根上升管过热器过热至350~400 ℃，然后通过减压装置减压至0.5 MPa，通过蒸汽管道输送至再生器和脱苯塔进行洗油再生和脱苯。同时引用干熄焦400~420 ℃过热蒸汽作为备用，当焦炉限产时减压后作为再生器和脱苯塔备用蒸汽。

该方案采用富油加热技术，余热系统产生的1.6 MPa的饱和蒸汽优先用于加热富油，消耗饱和蒸汽约5.26 t/h，100 m^3/h富油由130 ℃加热到180 ℃进入脱苯塔，剩余蒸汽减压至0.6~0.8 MPa并入厂区低压蒸汽管网。

加热富油的蒸汽在富油换热器中放热后冷凝为相同压力下的饱和水，饱和的冷凝水再进入定压为0.6~0.8 MPa的闪蒸罐进行闪蒸，闪蒸后产生0.6~0.8 MPa的饱和蒸汽用于除氧器加热。闪蒸后凝结水通过凝结水泵打入荒煤气上升管换热系统汽包中。

蒸汽完全替代管式炉，消除管式炉系统运行隐患，节约煤气，降低洗油消耗，实现无管式炉脱苯节能、环保综合收益。5.5 m焦炉荒煤气上升管余热利用工艺流程图见图1。

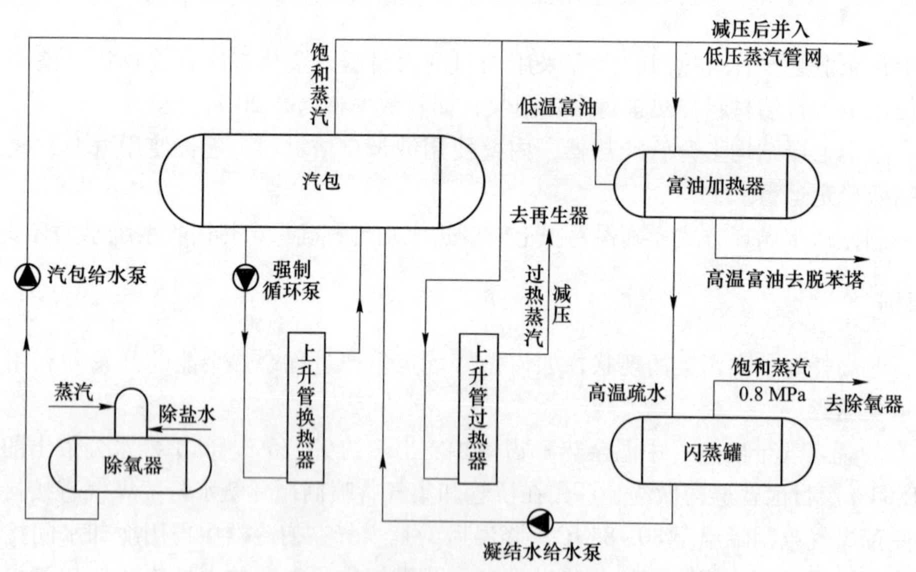

图1　5.5 m焦炉荒煤气上升管余热利用工艺流程图

为保证该项目生产技术的先进性、可靠性和适用性，满足高效节能、环保等方面的要求。所选购的设备有利于生产过程的有效衔接，并且合理经济。按上述原则，根据生产工艺和生产能力进行合理的搭配。该项目主要原料为除盐水，主要由除盐水站供给，确保不间断水源。生产所需辅助材料如除氧药剂外购。除盐水、蒸汽采用管道输送。该项目备品备件、小部分原料等的运输，采用道路运输方式。目前龙泽能源内部供水配套齐全，能够保证项目用水。

主要用电设备：强制循环泵、汽包给水泵、除氧水泵、凝结水泵、加药泵、潜污泵等。采用380/220 V低压配电，由龙泽能源变电所提供的一路电源和另一变电所引来的一路独立的380 V供电电源，且每路电源皆能承担各区域100%的负荷，实现两路电源的双电源自动切换功能。在电气室内新增低压配电柜，负责该项目用电设备的电气回路控制及照明。该项目内所有电缆由电气室内引出，沿电缆桥架敷设至用电设备区域，再穿钢管明敷到用电设备。在汽包平台和水泵区分别安装现场检修箱电源。

该项目内的电机的控制方式为操作室集中控制和现场手动启停，新设现场防爆操作柱，电机的运行状态：运行、故障信号灯 PLC 显示。

照明电源引自低压配电柜。照明网络电压采用 220 V 电压，根据环境情况选择相应的灯具型式，并采用 LED 的节能型灯。目前，龙泽能源电力供应充足，建有完善的变电系统，能够保证项目用电的供给。

新建框架楼拟建在 5.5 m 焦炉端台焦侧区域，上升管换热器为焦炉顶部沿焦炉机侧纵向布置（平面位置与原设计焦炉上升管位置相同），热力系统与上升管换热器之间的连接管道布置于焦炉机侧管廊的预留位置，焦炉焦侧端台对面的空地上新建框架平台，四层结构，强制循环水泵、除氧水泵、汽包给水泵和反渗透装置布置于框架楼 0 m 层，配电室及中控室布置于框架楼 5.5 m 层，除氧器、加药装置、取样装置布置于框架楼 10 m 层，汽包布置于框架楼 21 m 层。配电室间采用空调冷却电气设备，采用必要的封闭。上位机系统站安装在控制室内。5.5 m 焦炉荒煤气上升管余热利用项目现场见图 2。

图 2　5.5 m 焦炉荒煤气上升管余热利用项目现场

荒煤气显热回收率概算（按吨焦产蒸汽 90 kg 计算）：

（1）荒煤气显热。

每孔炭化室 1 个结焦周期内：

每孔炭化室装干煤量为：40 t。

每孔炭化室焦炭产量为：30 t。

每孔炭化室产生荒煤气量：40-30=10 t=10000 kg。

荒煤气显热为：

$$10000\ \text{kg} \times 1.65\ \text{kJ}/(\text{m}^3 \cdot ℃) \times 650\ ℃ \div 0.456\ \text{kg}/\text{m}^3 = 23519736.84\ \text{kJ}$$

式中　1.65 kJ/(m^3·℃)——荒煤气比热；

650 ℃——荒煤气平均温度；

0.456 kg/m^3——荒煤气密度。

（2）水汽化吸收热量（按 1 根上升管换热器计算，蒸发部分 96 根）。

除氧水：104 ℃左右。

产生蒸汽压力：1.6 MPa。

产生蒸汽温度：204 ℃。

蒸汽发生量：100 kg/h。

水由 104 ℃至 1.6 MPa 饱和蒸汽时焓变化：

1.6 MPa 饱和蒸汽焓：2794.53 kJ/kg。

104 ℃时水的焓：435.99 kJ/kg。

吸热量：2794.53-435.99=2358.54 kJ/kg。

每孔炭化室 1 个结焦周期（25.5 h）回收显热为：

$$2358.54 \times 100 \times 24.5 = 5778423\ \text{kJ}$$

（3）本装置蒸发部分的热回收效率为：

$$5778423 \div 23519736.84 \times 100\% = 24.5\%$$

（4）主要节能措施：

1）采用变频调节，节省泵电耗并保证恒压供水。

2）循环水增设管道增压泵，保证循环水回收利用。

3）主要电器要求较高能效标示标志。

（5）节能减排情况。

工序能耗：吨焦能耗降低大于5.97 kg标煤。

后序工序能耗：可以减少循环氨水循环量15%~20%。

可以减少蒸氨工段冷却系统电耗及用水量。

减碳收益：一组两座5.5 m焦炉年产100万吨焦炭产量、可产1.6 MPa饱和蒸汽8.47万吨左右，折合标煤0.6万吨，可减排CO_2约1.53万吨，占一座焦炉年总排量10%以上。

2.4 创新组织

该项目不新占场地，建构筑物完成后恢复原有绿化；生产原料为水，产品为蒸汽，无废气产生；排污水经泵排至厂区冷凝水管网，本工程对外无废水排放；根据规划，新增岗位14人。其中一线生产人员12人，维修服务人员2人。以师带徒模式、高学历人才下沉一线的工作方式，完善本岗位的日常工作和数据搜集、分析等长期工作，为该项目实施后产生的环保、成本效益等奠定良好基础。

坚持统一指挥、令行禁止，强化严格考核机制，并确保奖惩措施得以及时兑现。坚持让领导干部深入一线指挥，实现现场施工的层层领导。落实领导分片负责制，明确区域或工艺线的责任人，确保分工负责、各司其职。持之以恒地推行施工例会制度，及时发现和解决问题，做到小事当即解决，大事不超过三天解决。坚持向科技要效益，推动技术不断进步。积极推广和应用新技术、新工艺、新材料，充分借鉴龙泽能源多年的科技成果及先进成熟的施工工艺，以缩短施工工期。把质量放在首位，以预防为主，加强技术管理，推动施工过程规范化、标准化、程序化，设立每个重要（关键）工序的质量控制节点，以根除质量问题，减少返工对工期造成的延误。秉持协调配合的原则，着眼整体大局，积极为下道工序和相关专业创造良好条件。

2.5 支撑保障

技术的创新和引进需要大量的人才条件，龙泽能源有丰富的平台和人才支撑，获得河南省煤炭清洁高效利用工程技术研究中心，有40余项专利成果，具备良好的科研基础。项目负责人拥有扎实的专业知识和丰富的实践经验，主导7项专利研发。研发团队包含3名高级工程师和30余名技术骨干，有丰富的煤化工节能降碳技术研究和应用经验。以研发团队为主导，发现和推进新项目落地。

龙泽能源为顺应时代发展，不断加大化工、机械、电气、电子信息等方面高新技术人才引进。为吸引人才，提升福利待遇等保障人才储备。同时，不断优化内部结构，加大员工学历提升投入和力度，鼓励和支持广大一线员工参与项目建设和专利发明等。通过董事长信箱、工会等渠道，征集各类合理化建议，建立规章制度，对采纳的建议实行奖励机制。通过集思广益的形式发现人才、增强实力。

3 项目的效果

近年来，随着国内焦化行业的迅速发展和产能过剩，面临着重要的历史任务，即调整结构、改变发展方式。应加大对荒煤气余热利用技术的研发调试、改进和总结工作，以加快荒煤气余热利用的工业化推广。本着“以技术创新为动力，建设资源节约、环境友好的绿色焦化厂”的理念，推动焦化产业节能减排，实现焦化行业由大到强、再到精的转变，符合国家战略转型、经济可持续发展和低碳社会的需求。

对污染物采取先进、合理和可靠的防治措施，确保各类污染物稳定达标排放，满足排放总量控制指标。项目运营中要认真执行相关环保措施和政策，严格遵守国家法律法规，确保达到排放标准，实施工程设计和评价中提出的污染防治措施和建议，实现社会、经济和环境效益三者统一。

焦炉上升管荒煤气显热回收装置主要包括内壁、汽化装置和外壁三个部分，用以取代原有的焦炉上升管，实现对焦炉荒煤气显热的回收。通过内壁换热，产生的蒸汽在汽包分离后供外部使用。一组两座5. 5 m焦炉年产100万吨焦炭的产量，能够产生大约1. 6 MPa的饱和蒸汽，相当于标煤0. 6万吨，可减少约1. 53万吨的CO_2排放，占单座焦炉年总排放量的10%以上。

6.78 m 捣固焦炉生产实践应用浅谈

薛锋军　卫宝坤　武肖君

（山西安昆新能源有限公司，河津　043300）

摘　要：介绍我公司炭化室高 6.78 m 焦炉投产、满产过程生产过程存在的问题及解决方案。

关键词：捣固，炼焦，焦炉加热调节

1　概述

捣固炼焦技术可以用非优质煤作基础煤炼出优质的冶金焦，且投资少、见效快。山西安昆新能源有限公司 4×70 孔 JNDX3-6.78-19 型焦炉由中冶焦耐（大连）工程技术有限公司设计，与配套建设 3 套 260 t/h 干熄焦装置，实现全面干熄焦。装煤除尘采用双“U”形管式转换车、高压氨水喷射、机侧炉门密封装置及炉头烟捕集送地面站装置相配合的除尘方式，出焦除尘采用地面站方式，机焦侧除尘接口型式均为皮带小车式。焦炉采用单孔炭化室压力调节系统，上升管水封盖开闭、高低压氨水切换均采用气动执行机构，设置上升管余热回收系统、烟气脱硫脱硝、废气回配系统。

2　焦炉炉体结构及工艺参数

2.1　JNDX3-6.78-19 型焦炉炉体的主要尺寸

JNDX3-6.78-19 型焦炉炉体的主要尺寸见表 1。

表 1　JNDX3-6.78-19 型焦炉炉体的主要尺寸

序号	名　　称		冷态尺寸	热态尺寸
1	炭化室高/mm		6693	6780
2	炭化室中心距/mm		1650	
3	炭化室宽度/mm	平均	574	560
		焦侧	594	580
		机侧	554	540
4	炭化室锥度/mm		40	
5	炭化室长度/mm		18640	18880
6	立火道中心距/mm		500	
7	立火道个数/个		36	
8	加热水平/mm		800	

2.2　结构及特点

（1）JNDX3-6.78-19 型焦炉的结构为蓄热室分格、空气下调、空气分段供入、双联火道、废气循环、焦炉煤气加热的单热式焦炉。具有结构严密、合理、加热均匀、热工效率高、寿命长等优点。

（2）炭化室墙壁和立火道隔墙上下层采用砖沟、砖舌咬合，保证了燃烧室的整体强度，避免了立火道与立火道之间、燃烧室与炭化室之间的窜漏。

（3）立火道跨越孔采用八边形结构，保证了跨越孔整体结构强度，增强了燃烧室的静力强度，延长

了焦炉使用寿命。

（4）空气出口设在斜道出口和立火道隔墙上，高向分为三段加热。三段出口断面可通过调节砖进行调节以改变立火道高向温度分布，从而适应生产要求。

（5）为使燃烧室长向的气流分布均匀，在小烟道顶部设置可调箅子孔，可以使用调节砖对各分格蓄热室空气量进行调节。蓄热室沿焦炉机、焦侧方向分成 18 格，机侧 9 格，焦侧 9 格。焦炉结构示意图和三段加热示意图见图 1、图 2。

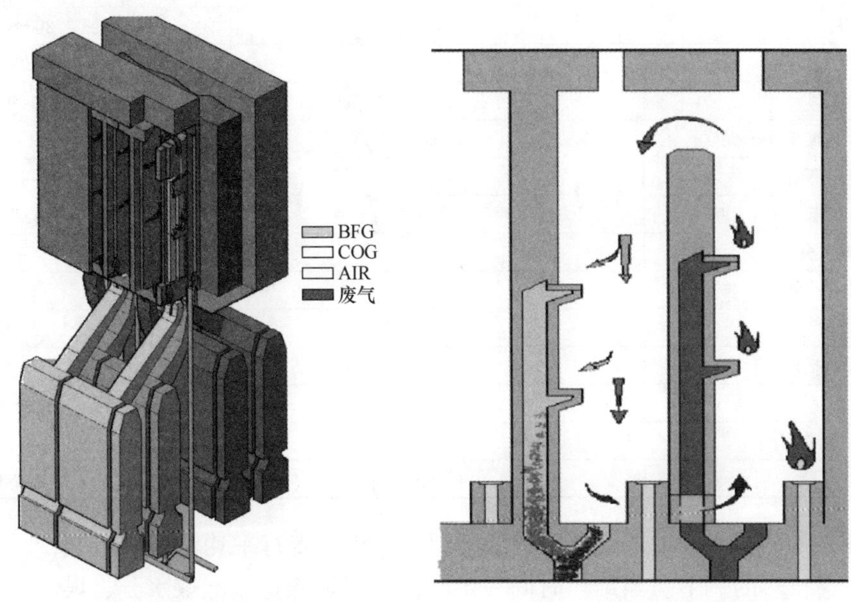

图 1　焦炉结构示意图　　图 2　三段加热示意图

（6）炉头斜道口阻力与中部相接近，减小蓄热室顶的吸力，减小外界与炉头蓄热室的压力差，从而减少蓄热室封墙的泄漏，保证了炉头火道温度。另外，为了使蓄热室封墙更严密，由内而外分别用硅砖、无石棉硅酸钙板、不锈钢板、黏土砖及新型保温涂料。内层用硅砖砌筑，使砌体的高向膨胀量达到一致，减少了封墙的裂缝；同时整块的无石棉硅酸钙板具有很好的密封性和隔热性；最外层的新型保温涂料确保封墙的严密性和隔热效果，而且便于维修。

（7）燃烧室炉头采用双层结构，外层为高铝砖，抗热震性及耐腐蚀性好；炉头硅砖和高铝砖之间采用部分咬合，克服了烘炉过程中高向膨胀量不一致，避免了开工初期炉头荒煤气窜漏。

（8）炉顶区域采用滑动层结构（图 3），可以提高炉顶区域的严密性。

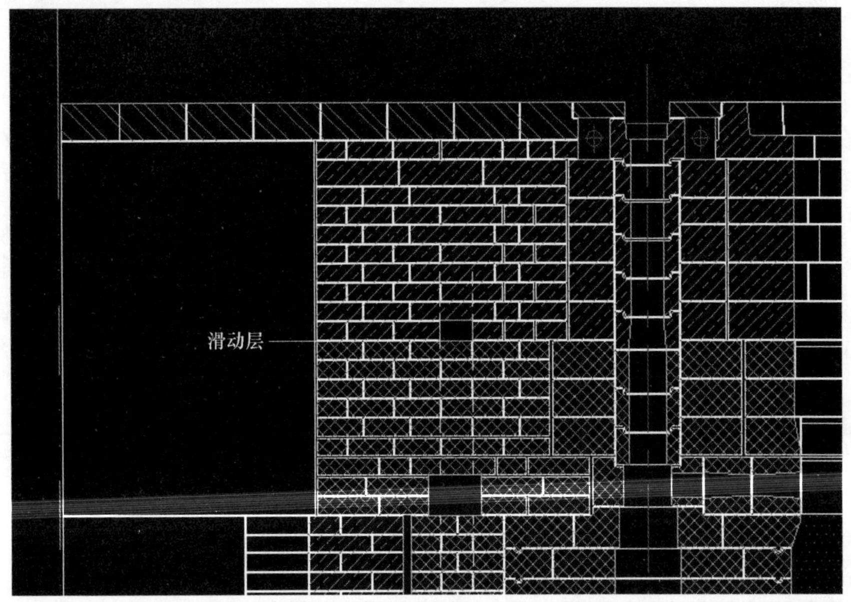

图 3　滑动层结构

3　焦炉生产操作及加热制度

炼焦基本工艺参数见表 2。

表 2　炼焦基本工艺参数

项　目	单　位	参　数
煤饼长	mm	底部 17800/顶部 17600
煤饼宽	mm	500
煤饼高	mm	6450
每孔炭化室一次装煤量（干煤）	mm	58. 22~59. 37
煤饼密度（干煤）	t/m^3	1~1. 05
焦炉规模	孔	4×70
入炉煤水分	%	11. 5~12. 5
焦炉周转时间	h	26. 5
装炉煤水分	%	11. 5~12. 5
全焦产率（包括焦粉）	%	77. 5
单炉产量	t	45
每孔炭化室操作时间	min	10. 5
相当耗热量	kJ/kg	≤2240

直行温度稳定性的调节日常生产中，全炉温度用机、焦侧直行平均温度来代表，因此直行温度稳定性的调节即是全炉总供热的调节。当结焦时间一定时，常因装煤量、配煤水分、煤气发热量、煤气温度和压力等因素的变化，以及出炉、测温操作及调节不当。使直行温度的稳定性变坏，因此需要及时而正确地调节全炉煤气流量和空气量。对影响炉温稳定性的因素，分述如下。

3. 1　装煤量和装煤水分

因为装煤量是焦炉生产能力和供热的基础。装煤水分的波动，不但影响装煤的稳定，更主要的是水分的蒸发将从炉内带走较多的热量。在正常结焦时间，如果保持装入的干煤量不变。装炉煤水分每增减 1%，炉温要升降 10~20 ℃，则供焦炉加热的煤气量约增减 5%左右（1000~1500 m^3/h），才能保持焦饼成熟程度不变。如果装炉煤水分改变了，不及时调节供热，直行温度将有较大波动，焦炭成熟情况和焦炭质量将会有大的波动。根据投产 2 年的实践经验总结入炉煤水分控制在 11. 3~11. 8 之间，能够稳定装煤，且炼焦耗热量相对稳定。

3. 2　空气过剩系数

煤气燃烧应在一定空气过剩系数下进行，空气和煤气配合不适当都将影响炉温，故直行温度的稳定性不但与煤气量有关，而且与空气量变化也有关。如当空气过剩系数较小时，盲目加煤气量反而会降低炉温，这是由于增加的煤气并未参加燃烧，却增加了进入炉内的气体量，导致废气温度降低。因此，调节不当和忽视对空气量的调节，将使空气过剩系数不相适应。为使空气和煤气配合适当，煤气的加减应与空气量的调节同时进行，如前节所述，当煤气量少量改变时可由烟道吸力来调节空气量。根据实际经验，在正常结焦时间范围内见表 3。

表 3　正常结焦时间变化

煤气增减量/$m^3 \cdot h^{-1}$	分烟道吸力增减量	温度变化
500	不变	3~5 ℃
1000	5 Pa	8~10 ℃
2000	10 Pa	16~20 ℃

3.3 直行温度的稳定性

在调节全炉温度时应做到要有一个适当的加热制度，并要经常保持。应了解和掌握引起炉温波动的因素，准确地采取调节措施，对使炉温产生有规律变化的影响因素，应给予注意，不宜盲目调节供热，但应采取措施使其影响控制在最小的范围内。要注意炉温变化趋势，保持加热制度稳定，调节不能过于频繁，幅度不能过大。实测直行平均温度的高低是调节的基础. 但应注意上班温度情况及调节的效果，注意炉温变化趋势。由于煤气燃烧传热和炉墙蓄热的能力不完全相同，在增减煤气流量后炉温的反应速度是不一样的。烧焦炉煤气时，当炉温处于稳定状态下，增减煤气流量后，一般要经过4~8 h，才能反映出来。当炉温正处于上升或下降趋势时，要改变炉温变化趋势，时间就要更长些。所以处理炉温时，要根据用量情况、炉温变化趋势，准确调节，避免调节幅度过大或过于频繁而引起直行温度更大的波动。安昆6.78 m焦炉加热制度见表4。

表4　焦炉加热制度表

周转时间/h	标准温度/℃	加热用煤气流量/$m^3 \cdot h^{-1}$	分烟道吸力/Pa	大孔板大小/mm	进风口开度/mm
48	1180	14400	180	28	100
42	1180	14400	190	42	120
40	1200	15200	195	47	130
38	1220	16500	200	47	130
36	1240	17400	205	47	130
34	1260	18000	205	47	140
32	1280	19300	205	47	160
31	1290	20000	210	47	170
30	1300	21000	210	54	180
29	1310	22000	215	54	190
28	1320	22500	215	54	200
27.5	1325	23000	215	58	210
27	1330	23500	220	60	220
26.5	1335	24000	225	60	230

注：标准温度根据周转时间、入炉煤配比、入炉煤水分以及焦炭成熟情况，在此基础上可以进行适当调整。

3.4 影响直行温度均匀性变化的原因及处理方法

（1）每个燃烧室的温度均随相邻炭化室所处不同结焦期而变化。用定时的测量全炉直行温度的方法，客观上是不能使直行温度一致的，而且周转时间越长，推焦不均衡。温差越大，直行温度越不均匀。这不是由于供热不均引起的，因此在调节燃烧室温度时，应掌握这个规律，不能只看一两次测量结果，而应当看昼夜平均温度或2~3天的平均温度，实属有偏高或偏低趋势，一般和直行平均温度差超±20 ℃以上时，方可进行调节。

（2）推焦时间不均或周转不稳定，使各炭化室结焦时间不一致，将使直行温度均匀性降低，特别是发生提笺和扔笺时，造成结焦间变化较大，使直行温度过高或过低。直行温度调节时，应注意上述情况，可根据具体情况不调或临时调节，避免调节上的混乱。

（3）要检查整个燃烧室的温度，确定是整个燃烧室还是仅仅测温火道或其附近几个火道有问题。

（4）要检查单、双号火道的温度，确定是哪一个横管或蓄热室有问题。

（5）要检查相邻号燃烧室，因为本号与邻号空气是由同一个蓄热室供给的，往往互相有影响。

（6）要检查燃烧情况。确定是煤气量还是空气量供给有问题。

根据检查出的问题，采取正确的方法进行处理，首先应尽可能消除加热设备和炉体的缺陷，以免调

节和控制手段混乱，

3.5　横排温度和炉头温度的调节

新开工的焦炉按设计的小孔板和斜道口开度排列，一般也不能得到较好的横排曲线，横排温度的调节分初调和细调两步进行，粗调主要是调整加热设备，调均蓄顶吸力，处理个别高温点，进一步稳定加热制度。细调主要是核对各调节装置的配置情况，测定横排温度和立火道及废气盘的空气过剩系数，检查燃烧情况，调整小孔板和斜道口调节砖的排列，最终达到燃烧室长向煤气和空气按要求均匀分布，提高横排系数，细调工作一般选择相邻的5~10个燃烧室进行，以便从中摸清规律，再推广到全炉。细调过程中每次应少动，动后要做好记录，测横排温度和α值，以确定效果。主要处理方法如下：

（1）出现高温点，其原因是小孔板为安装或直径偏大、炭化室墙局部窜漏入荒煤气等造成的。处理方法应根据情况采取相应的措施，如小孔板偏大时应当更换，荒煤气窜漏时在未解决前也可酌情临时换小孔板。

（2）出现低温点，一般是小孔板较小或堵塞，砖煤气道堵塞或窜漏，空气不足等原因造成的，处理方法主要是堵漏或清理畅通等。

（3）双联火道出现锯齿形横排曲线，如是单、双号煤气词节旋塞开关不正或有堵塞造成的，通过测横管压力可以发现，然后处理；当是因两个交换行程不一致造成的，应及时调节拉条行程；相邻加热系统的吸力和阻力不一致时应调节蓄顶吸力。

（4）炉头温度低，其原因较多，故应加强检查和管理：

1）当蓄热室封墙、斜道正面、小烟道两叉部等处不严使冷空气吸入或炉头墙缝荒煤气漏入时，破坏炉头火道的正常供热，这时主要采取炉体严密措施解决；

2）当斜道堵塞或斜道口开度不够以及格子砖堵塞时，应及时透通或加大斜道开度。

（5）机、焦侧温度差不合要求，如果是某个燃烧室一侧温度有问题，应测量横管压力和蓄顶吸力，按调节直行温度方法解决；如果是全炉性的问题，多半是小孔板或调节砖配置不当，应根据情况，作全炉性调节。

4　降低塌煤率的措施

塌煤问题一直是捣固焦炉发展的瓶颈，自安昆焦炉投产至今，一直在组织技术力量对控制塌饼进行攻关，对生产的各项参数进行了精心的调试和优化捣固功，逐渐塌煤率控制在比较合理的范围。

（1）入炉煤水分和细度：通过近2年的实践发现入炉煤水分稳定在11.5%~12%，入炉煤细度保证在84~88之间；通过在备煤皮带增加给水调节装置确保入炉煤水分的稳定。

（2）炼焦运行工段每班在SCP机给料口进行取样测量入炉煤水分，入炉煤水分偏低及时联系，备煤工段调整给水调节装置确保入炉煤水分的稳定。

（3）将捣固时间稳定在660~720 s之间，捣固过程发现捣固时间变化超过20 s，及时对给料口开度和捣固时间进行调整。

（4）极冷天气的情况下将SCP机的煤壁加热投入使用，通过在捣固间增加热风机、电暖等措施确保SCP机捣固间室内温度不低于10 ℃。捣固密度指标汇总见表5，捣固机参数见表6，入炉煤指标及焦炭质量情况见表7。

表5　捣固密度指标汇总

编　号	堆密度/g·cm^{-3}		水分/%	细度/%	干基堆密度平均值/g·cm^{-3}
	湿基密度	干基密度			
1#SCP 145#6锤	1.23	1.10	11.4	85.8	1.08
1#SCP 145#18锤	1.19	1.05			
1#SCP 145#30锤	1.19	1.08			

续表5

编　号	堆密度/g·cm^{-3}		水分/%	细度	干基堆密度平均值/g·cm^{-3}
	湿基密度	干基密度			
2号SCP 145号6锤	1.21	1.06	11.4	84.4	1.07
2号SCP 145号18锤	1.23	1.09			
2号SCP 145号30锤	1.20	1.06			
3号SCP 145号6锤	1.22	1.06	11.6	85.1	1.04
3号SCP 145号18锤	1.16	1.03			
3号SCP 145号30锤	1.16	1.02			
4号SCP 256号6锤	1.23	1.09	11.8	86.4	1.07
4号SCP 256号20锤	1.18	1.09			
4号SCP 256号30锤	1.14	1.02			

表6　捣固机参数

项目	1号SCP机		2号SCP机		3号SCP机		4号SCP机	
	给煤时间/s	捣固时间/s	给煤时间/s	捣固时间/s	给煤时间/s	捣固时间/s	给煤时间/s	捣固时间/s
1偶数	30	40	30	60	28	36	28	33
1奇数	30	40	32	60	30	36	30	33
2	45	45	35	67	35	40	35	38
3	60	48	55	67	55	35	55	33
4	65	48	65	62	65	30	65	33
5	65	45	65	52	65	30	65	33
6	65	43	85	35	65	30	65	33
7	60	30	65	35	75	15	75	33
8	35	15	35	10	32	10	35	11
9	40	15	50	39	40	5	40	5
合计	495	369	517	487	490	267	493	285
最后捣固时间	15		15		15		15	
煤层数	8		9		7		7	
打开夹锤	105		105		105		105	
工作速度	95		95		90		95	
提锤速度	50		50		50		50	

表7　入炉煤指标及焦炭质量情况

入炉煤指标						焦炭指标								
水分/%	灰分/%	挥发分/%	G	硫分/%	细度	水分/%	灰分/%	挥发分/%	硫分/%	M_{10}/%	M_{25}/%	焦沫/%	CRI/%	CSR/%
11	9.69	26.31	60	0.86	84.5	0.2	12.2	1	0.65	4.8	93.6	4	24.5	66.7
						0.2	12.4	1	0.65	5.2	93.2	4.2	24.4	69.3
12.6	9.82	26.17	59	0.87	86.7	0.2	12.3	1.3	0.69	4.4	93.3	3.6	23.9	67.9
						0.2	12.4	1.1	0.67	4.6	93	3.4	23.7	68.1
12	9.13	26.26	65	0.77	86.9	0.2	12.4	1	0.69	4.6	93.3	3.8	24.7	68.4
						0.2	12.3	1	0.69	4.5	93.8	3.1	24.4	67.9
11.4	9.13	27.25	68	0.75	87.4	0.2	12.4	1.1	0.67	4.3	93.7	3.5	25	66.8
						0.4	12.2	1	0.67	4.2	93.8	3.6	24.1	68.9

5 砖煤气道串漏的治理

（1）焦炉小烟道部位由于废气温度在 300 ℃以上，所以当下降气流时的小烟道变成上升气流时，吸入冷空气使小烟道砌砖骤冷，久而久之小烟道衬砖及主墙砌砖也会有一定程度的损坏，尤其是炉头部位由于直接接触冷空气没有空气预热段，损坏也更为严重。

（2）在焦炉煤气换向过程中，由于交换旋塞、砖煤气道等处不严密，当立火道不进煤气时，砖煤气道中尚有残留煤气，换向后，除炭空气进入砖煤气道，与残留煤气混合而发生爆炸，在一定程度上加剧了砖煤气道的窜漏 。

（3）位置确定：由于小烟道下火发生在下降气流时，所以根据“本双前单”的原则，可以确定同号燃烧室单眼为上升气流时，前一号燃烧室双眼为上升气流，由下火的位置 即可确定具体窜漏燃烧室，当东墙小烟道下火时，可确定同号燃烧室单眼立火道发生了窜漏，当西墙小烟道下火时，可确定前号燃烧室双眼发生了窜漏，这时分别将该号燃烧室立火道的小支管处堵上棉纱，如果小烟道下火现象消失，即可断定该号 立火道为窜漏号 。

（4）砖煤气道窜漏的处理视具体的窜漏程度采用不同的处理方法：

1）一般采用喷浆的办法处理，操作在下降气流时进行，要在一个交换内完成。具体操作方法：先拧下立管丝堵，用棉丝将小支管堵住，用铁钎子或压缩空气将砖煤气道沟清扫干净，然后进行喷浆。喷补完后，将砖煤气道通透，取出小支管中棉纱检查砖煤气道是否透好，检查一切正常后，恢复正常加热。

2）对于窜漏严重的炉头部位，采用压浆法，具体方法如下：

接通压浆机，压浆喷头在地下室炉端台放置喷头与燃烧室灯头砖以 20 分相平行位置，先用水做加压设置，再用灌浆料进行实际测试，标出加压时间、压力等基数。

灌浆高度，按图纸尺寸和实际标高，标出灌浆液面高度，(液面高度为燃烧室灯头砖以下 70 cm)。灌浆高度为 5.8 m，其中下喷管高度为 1.45。使用压力在 0.08~0.1 MPa 之间。

在立火道下降时将对应炉号的加减旋塞关闭，然后打开煤气调节装置下部堵头用螺纹钢清理管砖内径，预防有灰渣、石墨等杂物。

清理完工，接通压浆喷嘴，按设置时间，压浆高度进行精准灌浆。

压浆完成后，把煤气直管内部多余灌浆料回流至回收料斗内部。

用螺纹钢第一次疏通煤气直管，并观察内部情况是否可以看到上部火咀。

等煤气直管内部的壁挂料干燥约 2 min 后，用螺纹钢进行二次、三次清理，直至把壁挂料清理干净。

在每个煤气直管压浆时，有专人在焦炉顶部看守，并用防爆对讲机配对、连接及时观察，压浆情况，实时上报压浆高度。对个别严重煤气道，采多遍多次压浆法进行密封，直至灌好为止，不能一次增量增时，预防堵塞煤气直管。

所有的灌浆料调和时必须二次过滤，预防灌浆料中有杂物，影响压浆时的精准和料液回流。喷浆前后比对效果图见图 4。

145 号和 146 号横排温度对比（加热制度相同），145 号压浆后平均温度上升 40 ℃，146 号喷浆后平均温度上升 34 ℃。小烟道温度平均下降 20~25 ℃。

6 结论

（1）JNDX3-6.78-19 型焦炉的加热系统设计得非常优秀，在不同配煤比变化情况下，能达到设计 26.5 h，标准温度 1335 ℃较高情况下，焦炉生产高产、稳产，吨焦耗煤气量控制在 195 m^3/h 以下，达到国际领先水平。

（2）焦炉集气管压力通过 CPS 自动控制装置集气管压力控制在 140~160 Pa，炉顶高压氨水压力控制在 2.3~2.4 MPa，装煤过程中基本无荒煤气逸散，满足环保要求。

（3）通过对砖煤气道进行定压灌浆处理，能够有效解决砖煤气串漏问题，降低小烟道问题和分烟道

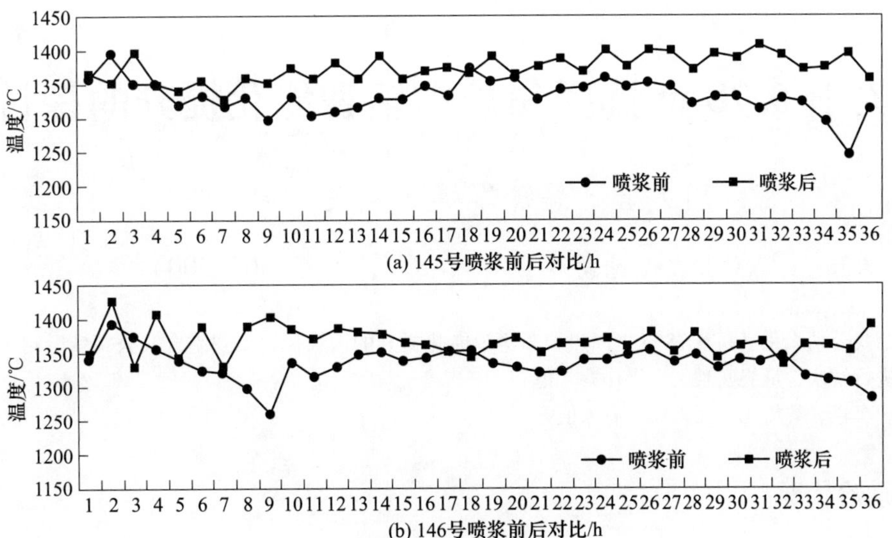

图4　喷浆前后对比效果图

温度、降低烟气中的非甲烷总烃含量，改善焦炉的加热情况。

关于 6.78 m 捣固焦炉车辆智能化提升的探讨

周　岩　薛锋军　丁晓飞　周红军

（山西安昆新能源有限公司，河津　043300）

摘　要：介绍我公司炭化室高 6.78 m 捣固焦炉车辆智能化提升的因素探讨，并结合我公司实际情况，制定了相应的方案来进行解决，最终实现无人操作有人值守。

关键词：焦炉车辆，智能化，无人操作有人值守

1　焦炉车辆原始状况

山西安昆新能源有限公司设计为 4×70 孔炭化室高 6.78 m 捣固焦炉，年产 369 万吨焦炭，于 2022 年 3 月全部投产，经过多次进行现场统计、分析、勘察交流，确定了车辆智能化提升的方案。

1.1　操作模式

焦炉所配备的焦炉机械，全套焦炉机械按一次对位、5-2 推焦串序进行操作。有以下几种操作模式：炉组循环单车一键自动、单元自动、手动模式、检修模式。采用单元程序控制，并带有手控装置。各司机室设有通信联系。本工程配置了焦炉移动车辆作业管理系统，用于焦炉机械的自动对位，炉号识别，相互通信及各车之间及车与地面站之间联锁信号的传递。

1.2　焦炉机械配置

（1）SCP 一体机：4 台；
（2）拦焦机：4 台；
（3）双 U 型管式烟气转换车：4 台；
（4）有驱焦罐车：2 台；
（5）无驱焦罐车：2 台；
（6）车辆作业管理系统（含炉号识别、自动对位、四车联锁、地面协调系统）：1 套；
（7）焦炉熄焦以干法熄焦为主，湿法熄焦备用；
（8）控制系统建立远程协调站，各控制系统必须具备 I/O 通道及设备硬件自动检测功能。

1.3　焦炉车辆智能化原始状况

2022 年 11 月，1 号、2 号炉智能化平均为 75.38%，3 号、4 号炉智能化平均为 45.43%。

2　前期准备

利用大数据对影响车辆智能化因素进行统计并分析；影响四大车辆智能化的因素为：塌煤、焦侧塌焦、码牌定位、取门台车、无线通信、导烟车系统、焦罐车旋转系统、导焦栅系统、SCP 机系统、四大车传感器线路等进行分析。

3　焦炉车辆智能化提升方案实施

3.1　塌煤影响智能化预防措施

（1）重点是入炉煤水分稳定在 11.5%~12.0%，入炉煤细度保证在 84~90 之间；通过在备煤皮带增

加给水调节装置确保入炉煤水分的稳定。

（2）炼焦运行工段每班在给料口进行取样测量入炉煤水分，入炉煤水分偏低及时联系，备煤工段调整给水调节装置，以及缓冲仓给料口数量和给料量确保入炉煤水分的稳定。

（3）将捣固时间稳定在650 s±30 s之间，捣固过程发现捣固时间变化超过20 s，及时对给料口开度和捣固时间进行调整。

3.2　焦侧塌焦影响智能化预防措施

（1）运行工段装煤过程中观察装煤焦电流变化情况，发生装煤电流偏大和塌煤现象及时通知热调工段对炉温进行管控。

（2）若发生塌煤情况下，热调工段根据塌煤部位对炉温进行精准控制，避免局部高温造成塌焦。

（3）对焦侧炉头温度进行调整，焦侧炉头温度平均温度控制在不低于标准温度30 ℃，不超过标准温度值。

3.3　码牌定位影响智能化预防措施

（1）四大车智能化运行需要提升，车辆对位则是重中之重，而码牌又是对位的根基；为确保码牌对位精准，炼焦装置区安排专业技术人员对SCP机、拦焦车、导烟车、焦罐车跟车炉炉调试，按照调试标准：码牌与阅读头顶部间隙控制在25 mm±2 mm，与阅读头两端间隙控制在100 mm±5 mm，做到调整一炉，完好一炉；历时2个多月，对14辆车，共1120个码牌进行了第一次精准校正。

（2）结合季节的不同及变化，初步确定每年5月、6月、11月、12月各利用1个月时间对SCP机、拦焦车等码牌进行精调。

3.4　取门台车影响智能化预防措施

（1）通过对SCP机取门台车行程进行逐个炉号精调将行程控制在3015 mm±20 mm。

（2）SCP机取门台车系统的取门浮动（前限值为3015 mm，浮动值控制在50 mm以内）。

（3）取门调压阀压力为13 MPa、取门倾斜释放阀应全部投用。

（4）拦焦车取门台车行程3085 mm±153 mm。

（5）拦焦车取门台车系统取门浮动（前限值为3085 mm，浮动值控制在65 mm以内）。

（6）针对取门台车垂直度每月进行一次校验，取门台车调整标准上、下提门钩中心距极限偏差为±5 mm。上、下提门钩垂直度公差为6 mm，提门钩标高极限偏差为±5 mm；上、下提门钩中心线与推焦杆中心线的极限偏差为±5 mm；取门机两侧摆动不得超过3 mm，其导轨中心距极限偏差为2 mm；取门机上下旋转轴承中心应在同一垂直线上，其极限偏差为0.5 mm；取门机处于取门位置时，在上下提门钩中心线间测量，沿炭化室宽度方向的倾斜量不大于8 mm；取门机辊轮与导向轨接触面均匀，其间隙为3 mm。

3.5　无线通信影响智能化预防措施

四大车在全自动运行过程中，导烟车、焦罐车出现炉区选择、个别炉号选择与通信中断现象。

措施：安排专人与无线通信厂家进行联系，寻找解决办法，并根据现场实际工况，因地制宜，对导烟车与焦罐车的信号接收与发射端重新移位安装，解决了车辆在全自动使用过程中通信断的现象。

3.6　导烟车系统影响智能化预防措施

（1）导烟车抓手全自动运行中出现抓手上限、下限不到位现象。

措施：通过对抓手位置进行调整，行程控制在70 mm±10 mm，解决了此类问题。

（2）抓手控制线断、短路致使整台车辆控制电源掉闸等故障现象。

措施：通过更换耐高温限位、耐高温耐折线路，并对线路进行了防火处理，解决了此类问题。

（3）导烟车翻板液压油缸前进不到位。

措施：通过对不同炉号输入不同数值，采取了液压油缸延时 1 s，液压油缸行程控制在 1570 mm±30 mm，解决了此类问题。

3.7 焦罐车旋转系统影响智能化预防措施

（1）1 号、2 号焦罐车焦罐旋转停止定位位置不到位，焦罐车接到推焦完成信号后开始减速，减速至 40 r/min,针对焦罐旋转变频器转速反馈与现场实际不符。

措施：装置区技术人员现场检查，并与大连厂家、ABB 变频厂家联系研讨，对焦罐车旋转形态程序与变频参数进行了调整，问题得以解决。

（2）调节装置打开与关闭限位不到位。

措施：通过对限位的感应区域由原来的 100 mm 增加到 300 mm 后，问题得以解决。

（3）焦罐车旋转变频在走行过程还未停止，导致旋转电机断路器掉闸等故障现象。

措施：通过与 ABB 厂家沟通，调整旋转变频器制动抱闸参数，解决了焦罐车旋转变频在走行过程还未停止，导致旋转电机断路器掉闸的现象。

3.8 导焦栅系统影响智能化预防措施

（1）拦焦车导焦栅锁闭不到位，在全自动运行中存在有锁闭卡顿、锁不住、锁不到位现象。

措施：根据实际情况对导焦栅的锁闭行程进行了逐一调整，锁闭行程 370~430 mm 之间。

（2）拦焦车导焦栅前进不到位。

措施：针对不到位的炉号，导焦栅行程进行微调，导焦栅油缸前进延时 3 s 左右，行程控制在 3560 mm±20 mm。

3.9 SCP 机系统影响智能化预防措施

3.9.1　SCP 机液压取门系统

SCP 机液压继电器模块触头粘住，故障率高，影响智能化。

措施：SCP 机取门液压系统继电器模块进行了更换，由 5 A 变为 10 A。

3.9.2　SCP 机装煤系统

(1) SCP 机因前挡板上下油缸不同步。

措施：对上下油缸的控制系统与装煤连锁投用。

(2) 前挡板液压油缸底座局部损坏，油缸插销掉落，导致托煤板误动作，影响智能化运行。

措施：在 SCP 机前挡板增加了机械限位，恢复前挡板上部油缸传感器，前挡板机械限位与装煤连锁。

3.10 四大车传感器线路影响智能化预防措施

四大车在智能化运行过程中，因传感器数值闪烁、线路短、MTS 坏、数值不准、位置未定义等造成取门故障全自动运行中断，严重影响了四大车智能化的运行。

措施：

(1) 四大车传感器线路与现场环境完全不符（不耐高温、不耐折），立即安排专人小组对四大车传感器线路进行更换，全部更换为耐高温耐折控制电缆，并对线路进行防火处理，解决了四大车在智能化运行中因传感器而引发的各种设备故障。

(2) 把部分传感器由内置式更换为外置式，有效地减少了检修时间。

4 焦炉车辆智能化提升前后数据对比

焦炉车辆智能化提升前后数据对比见表 1。

表 1　焦炉车辆智能化提升前后数据对比

日　期	1 号、2 号炉	3 号、4 号炉
2022 年 11 月	75. 38%	45. 43%
2023 年 3 月	91. 95%	92. 68%
2024 年 3 月	95. 43%	96%

5　结语

我公司于 2022 年 11 月开始对焦炉车辆智能化进行提升，经过近一年多的努力，目前 1 号、2 号炉智能化平均为 95. 43%，3 号、4 号炉智能化平均为 96%，有效地提高了焦炉车辆智能化水平，即保证了焦炉车辆安全运行，也总结了宝贵的实践经验，达到了预期的效果。

关于焦炉自动加热系统的应用

胡菊芳　李楠欣

（山西安昆新能源有限责任公司，河津　043300）

摘　要：我公司4×70孔6.78 m捣固的焦炉自动加热系统采用通信方式与相关数据进行交换，包含人工测温数据、阀门开度、推焦装煤记录、交换信号等。通过现场安装的在线采集设备采集数据，主要包括立火道直行温度、荒煤气温度、分烟道废气氧含量。数据经过处理后与操作系统通信，发送控制命令到现场执行机构，接收现场执行机构的反馈信号，执行机构主要包括机侧/焦侧分烟道吸力调节阀、焦炉煤气调节阀。

关键词：自动测量，氧含量测量，分烟道吸力控制，火落判断，标准温度优化

1　概述

焦炉自动加热系统在大型新建焦炉上的应用越来越受到人们的重视，对于焦炉的平稳及节能控制具有促进作用，但系统的最终应用效果与我们的期望还有一定的差距，希望通过讨论交流，提升焦炉加热管控。

2　测量系统

2.1　直行温度自动测量

在每座机/焦侧合适立火道看火孔处安装红外温度探头，每个燃烧室共安装2套红外测温设备（机、焦侧分别安装），实时测量直行温度，计算出机侧/焦侧直行温度均值，同时统计异常值。

2.2　荒煤气自动测量

在每座焦炉桥管处安装热电偶，实时测量荒煤气温度，得出荒煤气在结焦时间内的温度曲线，并通过算法判断炭化室的火落时间。

2.3　废气氧含量测量

在每座焦炉机焦侧分烟道安装氧化锆，采集数据，并结合废气氧含量实现分烟道吸力优化控制，保证燃烧合理充分。

3　具体的控制思路

3.1　煤气流量控制调节

通过炉顶红外测温检测到的温度信号，剔除异常数据计算出交换后直行平均温度，然后由平均温度与目标温度进行对比，根据差值大小，自动加减煤气流量设定值，由程序计算出对应的量，指导煤气调节阀调节开度控制现场的煤气流量（要求煤气流量执行器要能够有效调节、流量计计量准确）。当单个实时数据异常以及异常实时数据数量达到一定数值时均报警并记录。

3.2　分烟道吸力控制

分烟道吸力与煤气流量是连锁控制，煤气流量变化多少，吸力按比例同步变化，变化的量根据现场

煤气流量与吸力的关系模型确定一个吸力系数。另外还要根据分烟道含氧量大小反馈调整吸力范围。

3.3 火落判断

通过在桥管处加装热电偶进行火落时间判断，建立焦炉火落管理系统，火落时间参与标准温度优化，同时结合立火道测温，指导人工调整单孔煤气流量，降低煤气耗量，使各孔尽量按照推焦串序成熟，即对各孔进行归序，保证焦炉生产正常和延长焦炉寿命。

3.4 标准温度优化

基于全炉平均火落时间以及焦炭质量的反馈，对标准温度进行优化。

4 控制模型

4.1 预测控制

基于工况变化，预测直行温度，进行预测控制，减少反馈调节滞后性带来的影响。主要包括以下两个方面：基于煤水分、装煤量、热值、推焦情况等进行前馈预测调节，具体调节方式如下：当煤水分变化超过1%时，系统将煤水分实际变化量，自动调节煤气供给量，减少炉温波动；当煤气热值发生变化时，将根据新的热值，调节煤气流量，保证总能量供给保持不变；当推焦情况发生变化时，根据能量需求模型，相应增加或者减少煤气量的供给，保持炉温稳定；基于煤气流量设定值、标准空气系数的烟道吸力设定值前馈调节，即通过建立煤气流量和烟道吸力的关系模型，在调节煤气流量的同时，按照一定比例同时调节烟道吸力，保持空煤比，保证充分燃烧，减少空气带走的热量。

4.2 反馈控制

反馈调试主要是为了减少由于前馈不确定因素引起的设定值调节误差，对设定值反馈修正，主要包括两个方面：通过全炉平均温度与标准温度的偏差，进行温度反馈调节，调节煤气总管流量或压力设定值。通过烟道废气含氧量与标准氧含量范围的偏差，进行反馈调节，调节烟道吸力设定值。

4.3 优化

通过火落时间（反映焦炭成熟时间）修正标准温度，在满足焦炭质量合格前提下，优化标准温度，使焦炭成熟时间即火落时间合理，从而缩短不必要的焖炉时间，减少焖炉时间内的能量浪费。

5 在线自适应控制

在线自适应控制主要包括两方面的内容，一是根据周围环境温度的变化，自动调节相关工艺参数，二是在线修正机理模型的参数，提高机理模型预测的准确性。

针对结焦周期变更、计划检修、非计划检修、焦炭质量需求变更/配煤变更等工况变化可以做到标准温度自动计算和加热过程自适应控制；同时，针对环境温度变化（不同季节）、空气湿度变化、化产工段对回炉煤气干扰和脱硫脱硝等外部系统运行对焦炉干扰的自动判断，针对不同环境和外部干扰，自适应调整相关控制参数和控制策略，如当结焦周期变更时，系统会自动根据新的结焦周期，重新计算所需能量，再换算为煤气量，减少结焦周期变更带来的炉温波动；当出现计划检修和非计划检修时，系统将自动根据检修时长以及温度情况，相应减少煤气量供给，避免炉温过高。当焦炭质量需要变更/配煤变更等其他工控变化时，系统也将根据相关的数据模型进行调节，保证加热稳定。当环境温度变化（不同季节），例如针对冬季升温慢，降温快的特点，相应改变煤气量调节规则，增加低温时的煤气增加量，降低高温时的煤气减少量。当回炉煤气压力出现不足或者过剩时，系统将调节吸力进行匹配，同时进行报警提示。当脱硫脱硝系统影响烟道吸力时，导致烟道吸力不足时，系统也将调节煤气量进行匹配，同时进行报警提示。

6　焦炉火落判断

通过上升管下部的火落观察孔来观察荒煤气燃烧颜色来判断火落观察方法：

（1）打开待观察的上升管高压氨水。

（2）打开上升管直筒下部火落观察孔盖。

（3）清理火落观察孔内焦油等杂物。

（4）根据推焦时间倒推，以 30 min 为界限，观察火焰变化：

开始火落时，观察到的火焰浓度明显降低，且火焰颜色呈亮白色；

达到火落时，火焰颜色呈稻黄色；

完全火落后，火焰颜色为无色（表 1）。

表 1　火焰颜色变化表

序号	结焦时间/标注温度	火焰颜色	剩余结焦时间	备　注
1	结焦时间：26. 5 h 标准温度：1340 ℃	轻微亮白色	5 h	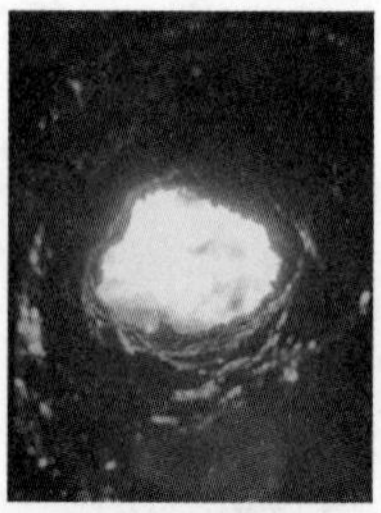
2		稻黄色 （火焰未完全透明）	3 h 40 min	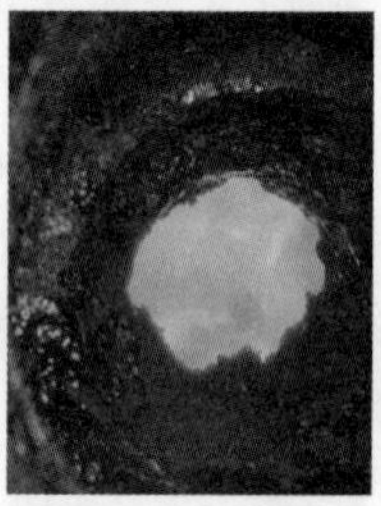
3		稻黄色 （火焰透明）	2 h	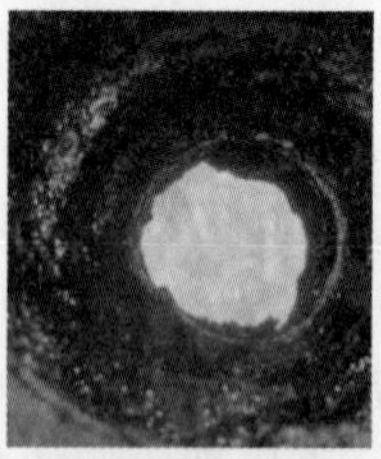
4		火焰无色 （火焰透明）	1 h	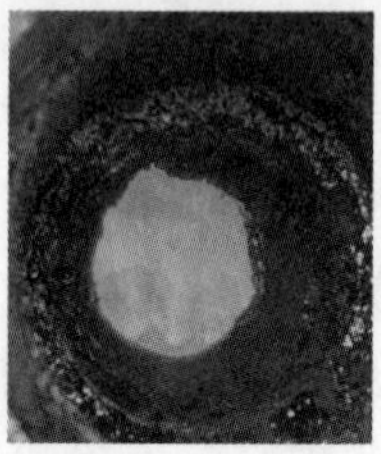

从表 1 可看出，距推焦时间 2 h 时，火焰已完全达到稻黄色状态，所以可判定此时为火落时刻，此刻开始至推焦时，为焖炉时间，所以 26. 5 h 结焦时间时，标准温度为 1340 ℃状态下的火落时间为 24. 5 h，焖炉时间为 2 h。

通过荒煤温度变化来判断：

自动加热系统中，对桥管处荒煤气温度进行测量，且我公司使用上升管余热回收系统，故荒煤气温度与无上升管余热回收系统是有区别的，在火落判定中，无上升管余热回收系统的温度变化为，荒煤气温度在 30 min 内，下降 50 ℃的点为火落时刻，有上升管余热回收系统中，荒煤温度在 30 min 内最多仅下降 30 ℃，经过与现场荒煤气颜色一同对比，现判定为，30 min 内下降 30 ℃的点为火落时刻，火落时刻至推焦的时间间隔为焖炉时间。

7　焦炉自动加热系统的优化改进

通过以上的过程检测、数据采集、数据处理及控制逻辑，可以完成焦炉加热的控制，提升焦炉加热的稳定性，但随着焦炉管理的精细化越来越高，单燃烧室调节也逐步引入了焦炉加热管理中，新的精细化调节提升了投入成本，但在效果方面还是有限的，除此之外，还有一些控制需要进一步的提升，以获取更好的焦炉管理。

（1）火落的判断是焦炉加热控制的核心，也是焦炉均衡加热控制的直观结果，火落时刻是指导加热调整的依据，在目前的火落判断程序中，对于捣固侧装系统，当炭化室装煤时，需要打开 $N-1$、$N+2$ 炉号的高压氨水，对桥管的温度检测趋势产生偏移。

（2）凉炉或清理桥管及其他需要操作高压氨水的作业，都会对过程判断产生影响，使得火落时刻的判断不能及时准确。

以上两种情况均需对数据进行合理的过滤和识别，如果数据处理不当，火落判断结果影响很明显；对焦炉的精细化管理不能提供更好的支撑，但通过更精细的数据处理可以消减影响，是后续还需再进一步提升的空间。

（3）线外测温的精度还有待再提升，不论是便携式的间歇测量还是连续的在线测量，通过不断对比与调校，可以明显发现数据不时有偏差而且偏差基本达到 10 ℃，而且准确度主要依靠数据对比，非标准化且影响测量准确性的因素较多。

（4）在线的红外测温受车辆运行过程中的振动或其他外界因素，对中焦点会发生变化，脱离检测目标点，需要不断对数据变化趋势进行检查，及时发现检测仪是否发生偏移，而且调校标准对人的经验依附性强，而且测量点位多，受责任心的影响大，虽然也能完成工况控制要求，但对于精细化的提升还存在差距。对比标准的在线化也需要有所改进。

（5）对于单燃烧室的调节，从机理上来讲，细化了调节手段，对焦炉的精细化调节有促进作用，但在实际应用中，焦炉的均衡除了直行的一致性外，还有横排的一致性，单燃烧室的调节，还需要人工对每个下喷管压力均衡调节的辅助，分解能力还不能从根源上解决，单个下喷管的等百分比精准调节才能有效协助均衡控制，降低人员的操作难度与控制的标准化。

（6）煤气热值在自动加热系统中的应用，目前还只体现在概念上，没有实质的投运，根据热值的变化提前响应焦炉加热的调节，主要还是根据一段时间的温度变化情况进行调整。

（7）入炉煤的水分变化也是加热调整的影响因素，概念与理论在控制讨论中都有涉及，但在实际应用中，由于理论所需的精细管理与实际各个环节的粗放执行不能有效匹配，实际应用也就受到限制甚至不能应用。

（8）上升管余热利用的投入，各上升管余热利用设施的效果不同，对火落判断的温度变化速率和幅度均有不同的影响，对自动控制系统的控制提出了更精细的要求。

（9）标准温度的自动修正是自动加热系统的应用核心体现，最根本目的是完成焦炉加热的均衡性、稳定性、计划性偏离最小性、能源节约的经济性、焦炭成熟的一致性。但在上述各种结构完善性、检测精准性、控制扰动性等各个方面影响，还未真正自动用于生产。

（10）高向加热的调节，受不同结焦时间、炉体的大小、炉体的结构、筑炉的技能，调节的响应速度和效果各不相同。

焦炉是一台有机的集合化大设备，不只是通过自动化一个手段完成焦炉加热管控，需要焦炉结构的本身对高向调节的满足，边炉、炉头的控制；煤气的有效净化减少对计量与控制精度的影响，温度控制的干扰；过程测量手段的精准，各环节的控制的精准、便捷有效，在经济合理的结合下通过自动化与人工管控的有机结合，同时还需要不断增加辅助的组分分析，给过程控制以有效的反馈，需要各方的配合，积极响应控制过程的异常变化，来组织焦炉这台大设备的有机运行。随着技术的发展，焦炉加热管理的自动化效益会越来越有效，但只通过现有的手段与精度还不能完全满足，还需要不断优化完善，人机结合，让焦炉的效益更好的发挥。

热回收焦炉加热制度的研究与应用

李乐寒[1]　陈卫东[1]　未丙剑[1]　李印法[1]　王莹爽[1]　任华伟[2]

（1. 吉林建龙钢铁有限责任公司，吉林　132021；
2. 北京建龙重工集团有限公司，北京　100070）

摘　要：吉林建龙钢铁有限责任公司焦电项目于2023年4月投产，投产初期，出现焦炭黑心，反应后强度 *CSR*＝61.5%（要求≥65%），无法满足高炉生产需求，在现有焦炉加热制度运行工况下无法正常生产一级焦的问题，通过对吸力制度、温度制度研究优化、使焦炭质量达到一级焦的质量要求。

关键词：热回收焦炉，吸力制度，温度制度，一级焦

1　概述

热回收焦炉也称无回收焦炉，其生产采用负压炼焦操作和热回收工艺，炼焦过程中产生的荒煤气在炉内直接燃烧，产生的热量用于加热煤饼，高温废气进入余热锅炉进行热交换生产蒸汽，产生的高温蒸汽用于发电。热回收焦炉属于大容积炭化室焦炉。投产初期，为保证一级冶金焦的质量，吉林建龙公司通过焦炉加热制度调节，从吸力制度、温度制度和工艺条件等方面进行调节控制，实现了焦炉的稳定生产。

2　热回收焦炉生产现状

吉林建龙焦电项目采用 QRD-2019 清洁型热回收焦炉。焦炉炭化室全长 15.3 m，宽 3.6 m，装煤高度为 1.15 m。由于煤饼尺寸较大，需要均衡调控空气配入量与煤气产生量来保证焦炉升温速率达标，确保焦炭成熟均匀、质量稳定。

投产期间，采用前端 1 号、4 号风门调节为主，后端 2 号、3 号风门调节为辅的方法，焦炉集炭化室吸力控制 100 Pa 左右，由于前端进风及吸力过大，造成四联拱前端温度过高，达到 1500 ℃，需加大风门的开度，造成前端温度高，末端温度低，经常出现焦炭黑心及反应后强度 *CSR* 降低的现象。

3　热回收焦炉加热制度研究与应用

3.1　热回收焦炉加热特点

由于炭化室炉顶、两侧炉墙和炉底四联拱蓄有一定的热量，随即将部分炼焦煤加热，析出荒煤气。在炉顶上设有可调节的空气进气阀引入一次空气，空气与荒煤气燃烧产生热量将炉顶空间加热，通过热传导和热辐射加热煤饼。由于一次进风口引入空气不足，炉顶空间为还原性气氛，不完全燃烧的气体从炭化室两侧炉墙上的下降火道口分别进入机侧和焦侧下降火道，再进入炉底四联拱火道。为保证每个炉底焰道加热的纵向均匀性，采用分段送空气。每个四联拱道外墙侧的转弯处设有可调节的空气进风门（机侧 4 个、焦侧 4 个），以控制空气量。炉底四联拱燃烧室分为机侧火道和焦侧火道，均为单独调节，在火道内进入空气，使不完全燃烧的气体二次燃烧，产生热量加热炭底砖，通过热传导，加热煤饼底部，保证整个炭化室加热均匀。每 17 个炭化室为一组，每组机、焦两侧各有一个废气集气管。在首部汇集到废气总管，废气总管出口热废气温度 1000~1150 ℃、热废气进入余热锅炉。

3.2　吸力制度调整

焦炉通过调节吸力来控制炭化室顶部空间和四联拱燃烧室的空气量，达到控制炭化室顶部空间温度和四联拱燃烧室温度的目的。装煤初期炭化室顶部吸力为 100 Pa。结焦后期，炭化室顶部吸力为 190 Pa，直接影响焦炉各个部位吸力的大小及分配的合理性。为了保证焦炉炭化室顶部空间和四联拱燃烧室的吸力，制定如下措施：在装煤初期，通过调节四联拱二次进风口开度，使四联拱快速升温，并将炭化室顶部一次进风口开度调节到最大，以降低炭化室顶部吸力，使炭化室缓慢升温。在结焦中后期，逐渐调小炭化室顶部一次进风口开度，并调小四联拱二次进风口开度，以提高四联拱燃烧室吸力，使炭化室内燃烧不完全的气体在四联拱燃烧室内与进入的适量空气充分二次燃烧，实现煤饼的底部加热。

装煤初期，将炭化室顶部吸力调整为 70 ~90 Pa；

结焦中期，将炭化室顶部吸力调整为 90 ~110 Pa；

结焦后期，将炭化室顶部吸力调整为 110 ~130 Pa。

3.3　炭化室温度制度调整

炉温是通过控制进空气量来调节的。为了使热回收焦炉均匀加热，在焦炉炉顶设置有一次进空气口和测温口，一次空气量是炭化室内荒煤气燃烧所需的理论空气量。炭化室顶部温度可通过改变炉顶吸力进而控制进空气量来调节。

结焦时间 73 h 的温度制度如下：

装煤初期，炭化室顶部温度为 1320~1340 ℃。最高应不超 1350 ℃。

结焦中期，根据焦炭成熟情况，控制炭化室顶部一次进风口的空气配入量，以使控制炭化室温度在标温范围内。

结焦后期，均匀关闭炭化室顶部一次进风口，控制空气量。将炭化室执行温度设定为 1280~1300 ℃，比正常生产期间低 20 ℃，减少烧损。

3.4　四联拱温度制度调整

四联拱燃烧室温度控制非常关键，通过改变四联拱的吸力实现进空气量来调节。由炉底进入的二次空气为四联火道提供二次燃烧所需空气，大部分时间二次燃烧应该是完全燃烧。吉林建龙在 706#四联拱燃烧室前端末端加装 8 支热电偶，用于摸索不同风门不同开度对温度影响。四联拱气体流程图、不同风门的温度反应区见图 1、图 2。

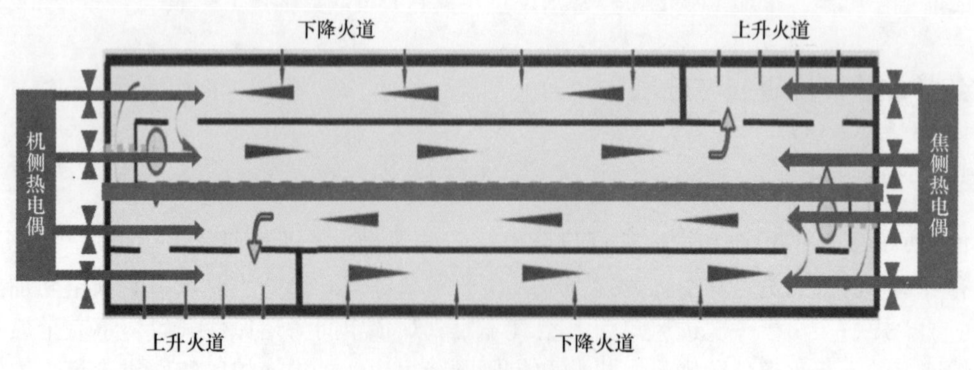

图 1　四联拱气体流程图

通过不同风门的开度试验（表 1），发现用 1 号、4 号风门调节，在结焦过程中，荒煤气逐渐减少，高温区域逐渐往前端移动，初期四联拱末端温度最高，结焦中后期四联拱前端温度最高。通过多次试验，确定标准温度及二次进风门。

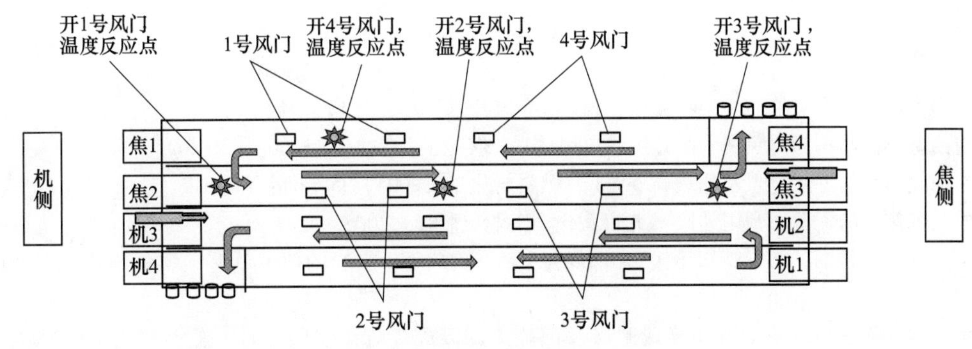

图 2　不同风门的温度反应区

表 1　不同风门试验数据

序号	日期	控制方式	炭化室温度	前端燃烧室温度	末端燃烧室温度	燃烧室最高温度	超 1500 ℃次数
1	1 月 5 日	二次进风口：1 号、4 号均匀开关	1305	1485	1350	1534	35
2	1 月 10 日	二次进风口 1 号、4 号为主	1291	1483	1353	1597	30
3	1 月 27 日	二次进风口 1 号、2 号	1316	1409	1311	1464	0
4	2 月 10 日	二次进风口 1 号、2 号	1320	1398	1309	1455	0
5	2 月 18 日	二次进风口 1 号、2 号	1317	1400	1310	1451	0
6	3 月 13 日	二次进风口 1 号、2 号	1271	1342	1307	1427	0
7	3 月 17 日	二次进风口 2 号、3 号	1308	1377	1339	1414	0
8	3 月 20 日	二次进风口 2 号、3 号	1322	1356	1351	1401	0

根据热回收焦炉炭化室与四联拱设计特点，把四联拱燃烧室温度分成升温期、恒温期、保温期三个阶段（表 2）。

表 2　炭化室装煤后不同时期四联拱温度的变化

区　域	时间/h	四联拱温度/℃	
		上限	下限
升温期	0～3	1380	1000
恒温期	3～8	1380	1330
	8～15	1380	1360
	15～35	1380	1360
	35～50	1380	1360
	50～65	1380	1340
	65～70	1380	1300
保温期	70 至出焦	1380	1000

四联拱燃烧室标准温度为 1360 ～1380 ℃。装煤后，全开二次进风 2 号、3 号，3 h 内，把四联温度升至标准温度，然后进入恒温期阶段，通过关小二次进风 2 号、3 号开度，最大限度延长四联拱高温时间，超出 1300 ℃的时间占整体结焦时间 93%。以使煤饼均匀成焦。通过制定并严格实施焦炉温度制度，有利于提高焦炭质量。

4　结语

吉林建龙公司在初期焦炭质量波动的条件下，通过对热回收焦炉的吸力制度、温度制度进行研究优化，实现了焦炉稳定生产一级焦，加强对焦炉热工制度的管理，为后续生产管理提供宝贵的经验。

参考文献

[1] 张建平．热回收炼焦技术节能与污染物减排［J］．洁净煤技术，2008（4）：94-97.

[2] 张建平．清洁型热回收捣固炼焦技术的开发和应用［J］．煤化工，2006，34（6）：36-40.

[3] 严国华．热回收焦炉的炼焦特点及加热调节［J］．燃料与化工，2004，35（6）：14-16.

[4] 申明新．中国炼焦煤的资源与利用［M］．北京：化学工业出版社，2007.

[5] 张世东，陈建华，徐秀丽，等．大比例配无烟煤炼焦生产高 *CSR* 焦炭的研究［J］．燃料与化工，2018，49（4）：30-33.

[6] 朱琛芳，张世东，陈建华，等．利用高硫肥煤及低硫无烟煤配煤炼焦实践［J］．燃料与化工，2023，54（1）：8-10，16.

一种焦炉燃烧系统压力测调新方法

邱　程　郭　飞　王永亮

（青岛特殊钢铁有限公司焦化厂，青岛　266413）

摘　要：看火孔压力的稳定与否关系到焦炉高向加热的均匀性，小烟道吸力是煤气和空气预热以及废气正常导出的关键参数，因此在焦炉调火中必须要同时兼顾这两个方面。

关键词：焦炉，小烟道吸力，看火孔压力，高向加热

1　概述

焦炉是内部结构最复杂的工业窑炉，焦炉炉温的准确测调是调火岗位的首要工作。青岛特殊钢铁有限公司焦化厂采用的是JNX3-70-1型焦炉，该炉型为确保大型焦炉气流分配均匀性，蓄热室采取了分格的结构形式。焦炉采用了复热式结构，正常情况下采用的是高炉煤气加热。由于采用了蓄热室分格和高炉煤气加热，作为压力测定条件之一的蓄热室压力就无法测量，因此，在现有的条件基础上，我们通过测调小烟道吸力来间接调节焦炉燃烧室压力。虽然单位体积的高炉煤气和空气吸热能力相近，但一方面由于为焦炉供给的高炉煤气比空气量大，另一方面，高炉煤气需要预热到1000 ℃以上才能充分燃烧，那么就需要使煤气小烟道通过的废气量比空气小烟道通过的废气量多，根据$p_1/p_2=(V_1/V_2)^2$可知，需要煤气小烟道的吸力大于空气小烟道吸力。其次为了确保高向加热均匀，需要使看火孔压力均匀稳定。

根据要求看火孔压力要求5~15 Pa，煤气小烟道的吸力比空气小烟道的吸力大10 Pa。

2　传统焦炉调火日常压力测调方法的对比

传统焦炉压力调节主要为看火孔压力调节和小烟道吸力校准。

2.1　看火孔压力调节

看火孔压力的整体分布需要均匀，所以需要定期进行全炉看火孔压力的测定，由于受到推焦、装煤、炉体串漏、堵塞等问题的影响，个别炉号的温度会出现波动，为了确保病炉号焦炭的均匀稳定成熟，短期内需要通过调节孔板、炉体热修等方式进行临时处理，这就造成了全炉看火孔压力的不稳定。所以在定期测定看火孔压力后，需要立即对看火孔压力进行调节，让全炉看火孔压力稳定在5~15 Pa。

调节方式：

首先测定全炉看火孔压力，根据测定的看火孔压力计算出平均值，超出平均值±5 Pa的炉号作为待调节炉号。

煤气交换5 min后，一名调火工将测量看火孔压力专用看火孔盖放在待调节看火孔上，连接斜型微压计。另一名调火工通过微调对应炉号的下降气流废气盘的煤气小翻板，通过对讲机与炉顶调火工实时沟通当前看火孔压力是否处于平均值±5 Pa之内，至数据合格，进行下一个，循环往复，直至全部调节完成。

根据看火孔压力均值通过调节分烟道吸力使看火孔压力稳定在5~15 Pa，如图1所示。

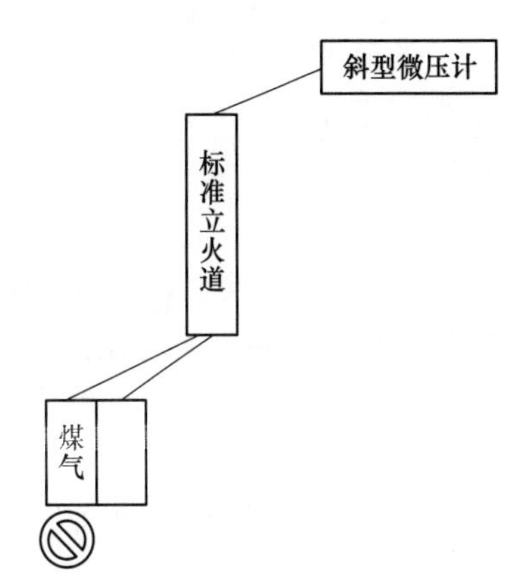

图1　传统方法测试调节看火孔压力示意图

不足之处：由于仅通过调节煤气小烟道吸力来调整整个燃

烧室的吸力，势必造成煤气小烟道吸力难以比空气小烟道吸力大，而且如果由于看火孔压力负值，需要关小翻板，会造成煤气小烟道比空气小烟道吸力小的情况，即通过煤气小烟道的废气量小于通过空气小烟道的废气量，进而导致煤气的预热温度无法满足燃烧要求，立火道燃烧更加不充分，温度更低。

2.2 校准小烟道吸力

本方法不在于将所有的小烟道的吸力全部统一，而是仅对于超出标准温度±20 ℃的病炉号进行调节。

2.2.1 测调方式

首先选择处于待测的多个小烟道中间位置的一个奇数炉号和一个偶数炉号作为标准炉号，通过检查和维护，确保该燃烧室及其蓄热室等设备设施处于完好状态。

2.2.2 测量过程

（1）上升气流：煤气交换 5 min 后，将斜型微压计的负端（“-”）连接到当前下降气流标准号的煤气小烟道测压孔上，按照顺序（除去边炉）将需要测量的煤气和空气小烟道分别依次连接上该斜型微压计的正端（“+”），测定各个小烟道的“绝对压力”（注：该处所说的绝对压力并不是与大气相通的大气压的绝对压力，是为了与下面所讲的相对压力有所区分）。

（2）下降气流：煤气交换 5 min 后，将斜型微压计的负端（“-”）连接到当前上升气流标准号的煤气小烟道测压孔上，按照顺序（除去边炉）将需要测量的煤气和空气小烟道分别依次连接上该斜型微压计的正端（“+”），测定各个小烟道的“绝对压力”（注：该处所说的绝对压力并不是与大气相通的大气压的绝对压力，是为了与下面所讲的相对压力有所区分）。

分别对奇数和偶数炉号测定其上升和下降气流。

2.2.3 数据处理

分别将测得的奇数和偶数炉号的上升气流和下降气流的所有“绝对压力”取平均值，用每个小烟道的“绝对压力”减去平均值，得到每个小烟道的相对压力。

调节数据：根据最近 3 天的标准温度差的波动情况，得出每个小烟道需要调节的量，其中需要注意煤气小烟道的吸力比空气小烟道的吸力大 10 Pa。如果小烟道吸力已经最大或最小，就需要通过更换孔板进行调节。

2.2.4 病炉号调节

煤气交换 5 min 后，将斜型微压计的负端（“-”）连接到标准号的煤气小烟道测压孔上，将斜型微压计的正端（“+”）依次连接到标准号的煤气小烟道和空气小烟道的测压孔上，通过依次调节空气废气盘和煤气废气盘下部的小翻板，将病炉号的小烟道吸力调节到合适的数值。对无法调节的炉号更换对应的孔板，如图 2 所示。

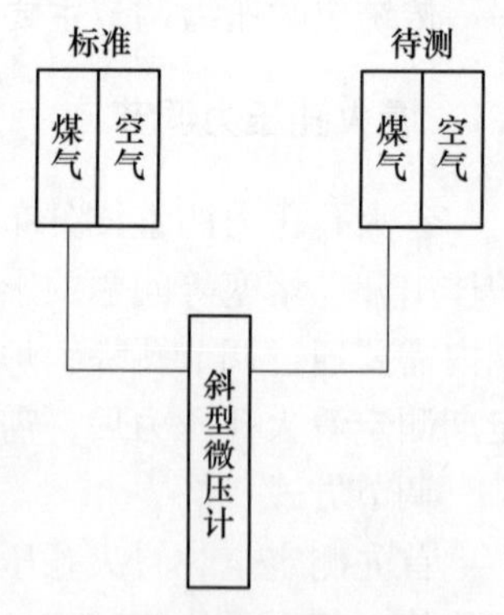

图 2　传统方法测试调节煤气侧吸力示意图

不足之处：本调节方式关注点在于病炉号的调节，但是对于看火孔压力的关注点不足，会造成看火孔压力分布的不均匀，其次由于分别调节同一炉号的煤气小烟道吸力和空气小烟道吸力，这就造成在调节完成后，通过复测发现煤气小烟道和空气小烟道的吸力差无法满足 10 Pa 的要求，所以该方法也存在明显不足。

2.2.5 操作优化

根据《一种新的焦炉小烟道吸力测试与调节方法》提及的改进方法，通过在同一小烟道的煤气和空气小烟道再连接一个斜型微压计，通过同时对煤气和空气的调节就可以满足 10 Pa 的吸力差，但是对于看火孔压力不均匀的问题仍然没能解决。

上述两种传统调节方法都存在自己的不足之处，而且为满足看火孔压力和小烟道吸力差，需要进行频繁的调节，增加了调火工的工作量，所以需要对当前的方法提出改进意见。

3　燃烧系统测调新方法

由于传统焦炉调火工日常压力测调方法均存在不能兼顾小烟道吸力差和看火孔压力的问题，所以我厂热调工段根据多年热调的经验，将传统的焦炉热调方法进行有机融合并多次尝试，得出焦炉压力调节的整体方法和病炉号调节的方法：

（1）焦炉压力整体调节方法：首先测定全炉看火孔压力，根据测定的看火孔压力计算出平均值，超出平均值±5 Pa 的炉号作为待调节炉号。

在煤气交换 5 min 后，第一名调火工将测量看火孔压力专用看火孔盖放在待调节看火孔上，连接斜型微压计。第二名调火工将斜型微压计的负端（“-”）连接到对应下降气流小烟道的煤气小烟道测压孔上，正端（“+”）连接到对应下降气流空气小烟道测压孔上，第三名调火工通过同时微调对应炉号的下降气流废气盘的煤气小翻板和空气小翻板，通过对讲机与炉顶调火工沟通当前看火孔压力是否处于±5 Pa 之内，并与此同时与第二名调火工沟通煤气小烟道的吸力是否比空气小烟道的吸力大 10 Pa。若数据合格，则进行下一个，循环往复，直至全部调节完成。根据看火孔压力均值通过调节分烟道吸力使看火孔压力稳定在 5~15 Pa。

（2）病炉号的调节方法：对于每日生产中偶尔出现的病炉号，首先根据连续 3 天的标准温度差，调节其孔板直径。

在孔板调节完成后，三名调火工在煤气交换 5 min 后，第一名调火工将测量看火孔压力专用看火孔盖放在待调节看火孔上，连接斜型微压计。第二名调火工将斜型微压计的负端（“-”）连接到对应下降气流小烟道的煤气小烟道测压孔上，正端（“+”）连接到对应下降气流空气小烟道测压孔上，第三名调火工通过同时微调对应炉号的下降气流废气盘的煤气小翻板和空气小翻板，通过对讲机与炉顶调火工沟通当前看火孔压力是否处于 5~15 Pa 之内，并与此同时与第二名调火工沟通煤气小烟道的吸力是否比空气小烟道的吸力大 10 Pa。若数据合格，则进行下一个，循环往复，直至全部调节完成，如图 3 所示。

本调节方式的优势：本方式既避免了传统方法带来的煤气和空气小烟道吸力分配不合理的问题确保了煤气预热，又确保了看火孔压力能够处于合格范围之内使高向加热合适。

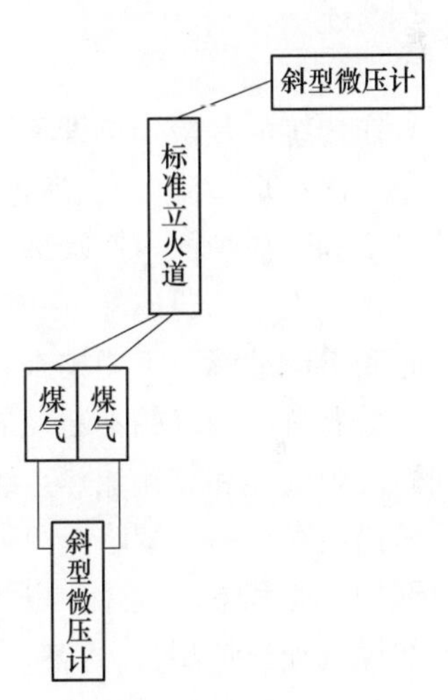

图 3　新测试调节方法示意图

4　结语

通过对当前热调工作中面临的上升气流煤气预热，燃烧室高向加热等问题的研究总结，在传统压力测调经验的基础上，把看火孔压力调节，小烟道吸力调节，孔板调节有机结合起来，通过定期对看火孔压力整体校对，确保每一孔燃烧室都能按照规定的压力制度运行；同时，对于受到推焦、装煤、炉体串漏、通道堵塞等问题的影响，个别炉号的温度出现波动，为了确保病炉号焦炭的均匀稳定成熟，不但需要进行孔板调节、炉体热修，更重要的是要考虑到煤气预热和废气的正常流通，确保单个燃烧室压力系统的稳定性。

参考文献

［1］张熠，贺飞，张雷，等．一种新的焦炉小烟道吸力测试与调节方法［J］．燃料与化工，2015，46（1）：30-32.
［2］于振东，蔡承祐．焦炉生产技术［M］．沈阳：辽宁科学技术出版社，2002.

一种应用于焦炉加热系统的故障诊断装置与异常分析方法

王慧璐[1]　于庆泉[2]　金钰博[1]　欧阳嘉艺[1]　代　成[2]

（1. 中冶焦耐自动化有限公司，大连　116085；
2. 鞍钢股份鲅鱼圈钢铁分公司，营口　115007）

摘　要：提出了一种应用于焦炉废气和交换加热系统的故障诊断装置与异常分析方法，该技术是通过观察与识别焦炉小烟道温度在不同交换加热周期中的变化规律，分析与诊断焦炉废气和交换加热系统的掉砣、卡砣、个别断链、整体丢交换等类型的设备故障，和短路下火、废气开闭器密封不严和空气与煤气流量配比不合理（针对贫煤气加热炉型）、蓄热不均（针对富煤气加热炉型）等异常生产情况。该项技术可取代人工测量小烟道温度和烟道巡检工作，有助于提升焦炉热工管理水平。

关键词：交换传动装置，废气开闭器，小烟道温度，交换周期，掉砣，卡砣，烟道巡检

1　概述

在传统的焦炉加热管理制度下，依据人工测量的温度数据（例如，间隔 4 h 测量一次直行温度，每月测量一次小烟道温度），判断焦炉废气和交换加热系统设备故障，耗费人力多，花费时间长，且存在误差，不利于焦炉的生产管理。

采用人工烟道巡检方式，检查焦炉废气和交换加热系统设备故障，无法分辨废气开闭器内部发生的掉砣和卡砣故障，不能排查各类炉内异常，且劳动强度大。

随着科学技术的不断发展，光栅定位检测和轨道机器人两种技术应运而生，用于取代人工烟道巡检，判断焦炉废气和交换加热系统设备故障。上述两种技术虽然可以提升故障排查效率，降低人工劳动强度，但是仍然存在一定缺陷，只能判断废气开闭器外部的整体丢交换和个别断链故障，无法分辨废气开闭器内部的掉砣和卡砣故障，也无法分析短路下火、废气开闭器密封不严和空气与煤气流量配比不合理（针对贫煤气加热炉型）、蓄热不均（针对富煤气加热炉型）等异常生产情况。

与上述两种技术相比，采用小烟道测温+智能分析算法的技术路线判断焦炉废气和交换加热系统设备故障，可以实现对所有废气开闭器设备进行全周期实时内外检测，能有效缩短故障发现时间，准确锁定故障所在位置，智能诊断故障触发类型。

2　焦炉废气和交换加热系统设备故障的危害

焦炉交换加热系统由液压交换机驱动，周期性地改变焦炉加热系统内煤气、空气及废气流动方向。当交换传动环形结构某处发生断裂时，部分拉杆将不随着液压缸运动，出现煤气旋塞和空气风门开关不到位的现象。如果未能及时发现并处理，会造成煤气没有助燃空气或未燃烧的贫煤气直接进入分烟道等后果，如果煤气与空气配比达到爆炸极限，并且遇到明火，就会发生爆炸[1]。

焦炉废气系统的主体设备是废气开闭器，它是控制焦炉加热用空气量、导入贫煤气（针对贫煤气加热炉型）和排出废气，并使这些气流实现方向转换的焦炉工艺设备[2]。废气开闭器是通过砣盘的提起和落下，实现对贫煤气、空气及废气流动方向的控制。当某个连接废气开闭器砣盘的搬杆或链条发生断裂，致使砣盘无法提起，发生无法导入贫煤气或无法排出废气的现象，如果未能及时发现和处理上述故障，会造成对应燃烧室停止加热，炭化室生焦的后果。当某个砣盘卡在固定位置，无法落下，严重时会导致贫煤气进入分烟道，存在爆炸危险。

因此，必须对焦炉废气和交换加热系统配置故障监测与异常分析技术来保证焦炉的正常生产。

3　小烟道温度

3.1　人工测量小烟道温度的意义

人工测量的小烟道温度是指小烟道出口处下降气流的废气温度。按照中国炼焦行业协会于2021年2月1日正式发布的团体标准T/CCIAA 2—2021《焦炉生产管理规程》中注明的焦炉工艺系统检查制度，小烟道温度测量周期为每月一次，主要用于检查蓄热室的热交换情况是否良好，了解蓄热室废气热量回收的程度，并及时发现因炉体不严密而造成的漏火，下火情况。

富煤气加热时，小烟道温度不应超过450 ℃，贫煤气加热时，小烟道温度不应超过400 ℃。贫煤气加热炉型，同一蓄热室下降气流煤气侧及空气侧小烟道温度温差宜在20 ℃以内[3]。

3.2　小烟道温度的变化规律

在上升气流时，小烟道温度是导入的空气温度或贫煤气温度（针对贫煤气加热炉型），在下降气流时，小烟道温度是蓄热室排出的废气温度。因此，小烟道温度受流经小烟道连接管内气流的方向、温度绝对值和流速影响，按照焦炉交换加热系统的交换加热周期，进行动态波动。

经测量，小烟道温度的实际变化规律如图1所示，在上升气流时，贫煤气（针对贫煤气加热炉型）或常温空气流经小烟道连接管，温度曲线呈现下降趋势；在下降气流时，刚燃烧完的废气流经小烟道连接管，温度曲线呈现上升趋势。

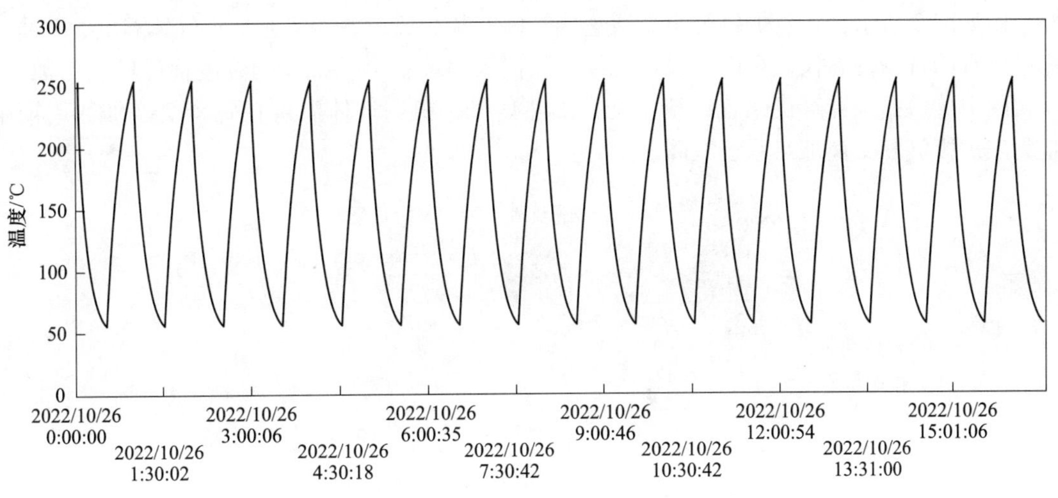

图1　小烟道温度趋势曲线图

3.3　故障下的小烟道温度

焦炉废气和交换加热系统发生设备故障，会改变小烟道温度的变化规律，不同的故障类型会呈现出不同的变化形式。

如图2所示，在废气开闭器内部，煤废侧安装的废气砣盘发生了卡砣故障，上升气流时，废气砣盘无法正常落下，贫煤气连接管与分烟道和小烟道同时处于连通状态，因为分烟道吸力大于小烟道吸力，所以贫煤气（针对贫煤气加热炉型）不再按照正常规律进入小烟道，而是通过烟道连接管直接进入分烟道，造成小烟道温度的变化规律改变，从正常状态下的逐渐降低改变为趋于稳定。交换传动装置换向后，改为下降气流，刚燃烧完的废气进入小烟道连接管内，小烟道温度进一步升高。

发生上述故障，会造成对应的2个燃烧室停止加热，长期不处理会导致生焦事故，严重时，如果进入分烟道的贫煤气比例达到爆炸极限，并且遇到明火，就会发生爆炸事故，极其危险。

通过计算机系统，对小烟道温度数据，按照规律周期，进行模型运算、对比分析和匹配识别，可快速且准确的检测出焦炉废气和交换加热系统设备故障，消除生产安全隐患。

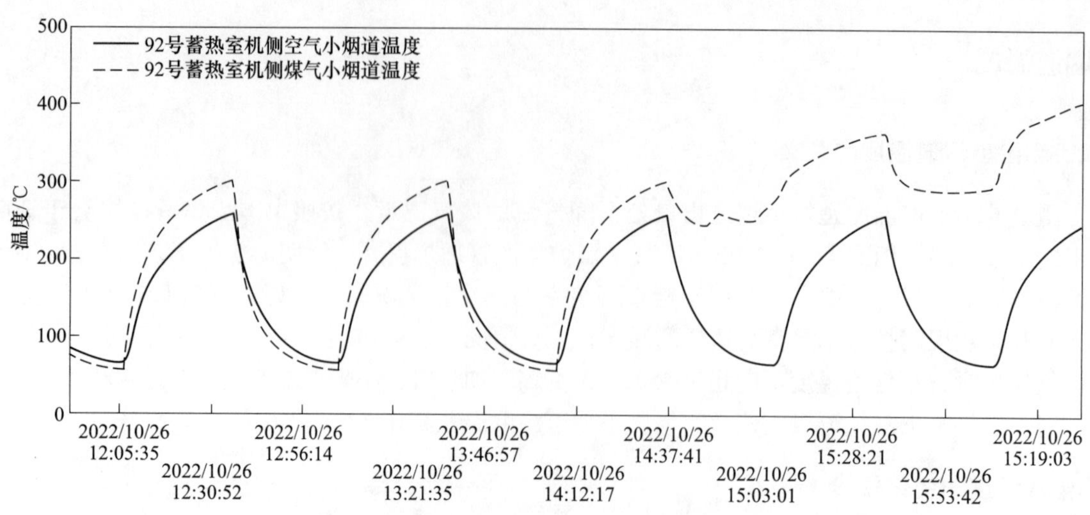

图 2　废气砣盘卡砣后的小烟道温度曲线与正常曲线对比图

4　一种基于小烟道温度的焦炉废气和交换加热系统的故障诊断装置

4.1　系统结构

系统结构如图 3 所示，在焦炉每个小烟道连接管内安装测温设备，实时采集气体温度，并将温度信号传输至就近设置的现场测温仪表箱内，通过总线型数据采集设备将模拟量的温度信号转换为数字量信号，再通过以太网上传数据至计算机系统，结合交换加热信号，根据气体温度在每个交换加热周期中的变化趋势，监测焦炉废气和交换加热系统故障。

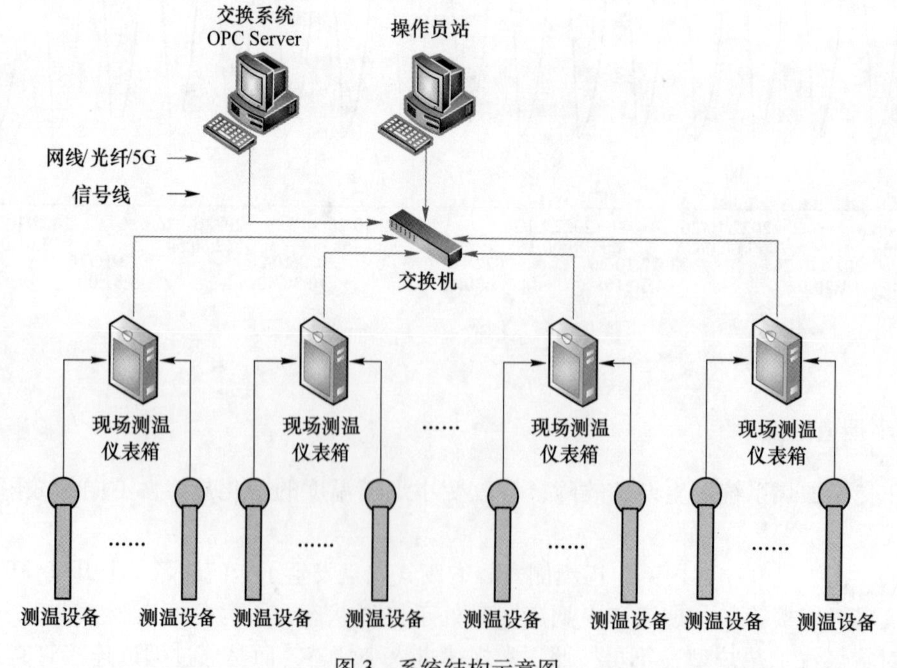

图 3　系统结构示意图

4.2　现场测温仪表箱的安装布置

在焦炉烟道走廊外墙的非防爆区域，安装现场测温仪表箱，高度正好适合人工接线与维护，箱体下表面与地面保留 300 mm 以上间隙。

为使信号线、桥架、现场测温仪表箱使用数量最优，综合成本最低，现场测温仪表箱数量需根据焦炉孔数进行核算，并且沿焦炉直行方向均匀布置。

如图4 所示，1 号、2 号焦炉为双侧烟道炉型，各有 N 个蓄热室，每座焦炉安装4 个现场测温仪表箱，分别布置在机焦两侧，每侧 2 个。每个现场测温仪表箱与临近边蓄热室的水平距离约为全炉长度的四分之一，1 至 $N÷2$ 号蓄热室对应安装的测温设备信号线接入 A 现场测温仪表箱，$N÷2+1$ 至 N 号蓄热室对应安装的测温设备信号线接入 B 现场测温仪表箱。

炭化室数量较多的炉型，也可以在一侧焦炉烟道走廊外墙设置 3 个、4 个或 5 个现场测温仪表箱，同理进行平均分布安装，测温设备采用平均且就近的方案接入现场测温仪表箱。

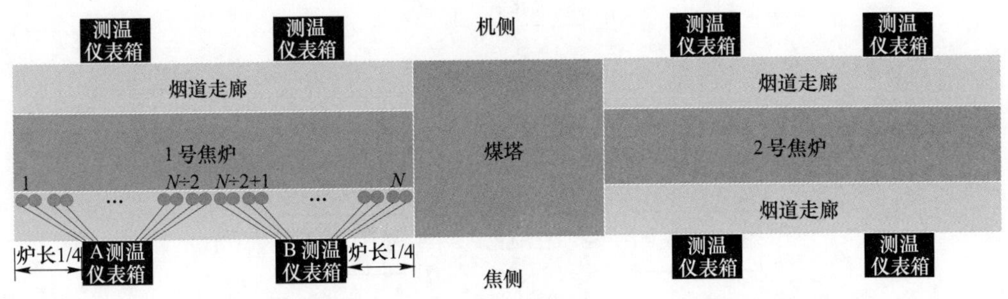

图 4　针对双侧烟道炉型现场测温仪表箱的安装布置示意图

4.3　测温设备

4.3.1　设备选型

焦炉烟道走廊为防爆二区，需按照防爆相关设计规范，对测温设备和信号线进行设计选型。通常，小烟道最高温度不超过 450 ℃，选择有效量程与被测介质温度区间接近的测温设备更有助于提升测量精度。因此，根据测温环境的要求和被测介质的特性，选择隔爆型（ExdⅡBT4）热电阻作为测温设备。

4.3.2　安装方式

每个废气开闭器安装 2 个测温设备，分别安装在煤废侧与空废侧小烟道连接管位置。

为有效监测小烟道温度在每个交换加热周期中的变化趋势，测温设备必须安装在上升气流与下降气流经过位置，且插入深度到达小烟道连接管中心区域。

改造项目可以利用小烟道人工测温预留孔或重新开孔，新建项目需要在详细设计阶段预留测温接口。

5　一种基于小烟道温度的焦炉废气和交换加热系统的异常分析方法

5.1　基本原理

利用交换加热信号划分交换加热周期，根据交换加热周期设置模型运算周期，连续采集焦炉所有小烟道温度，计算每个模型运算周期中所有小烟道温度的特征值，采用同比、环比的方式，对每个模型运算周期中计算出的特征值进行对比分析[4]，具体流程如下（图 5）：

（1）划分交换加热周期，交换加热周期为相邻两次交换结束或开始信号的时间间隔，计算公式如下：

$$T = t_n - t_{n-1} \tag{1}$$

式中，T 为交换加热周期；t_n 为第 n 次交换结束或开始的时间；t_{n-1} 为第 $n-1$ 次交换结束或开始的时间。

（2）设定模型运算周期，模型运算周期包括长模型运算周期和短模型运算周期，长模型运算周期取交换加热周期，短模型运算周期的取值范围通常为几分钟。

模型运算周期的取值越短，系统判断设备故障的灵敏度越高，但误报率偏高，反之，系统判断设备故障的准确率越高，但及时性偏低，因此，本分析方法设定两组模型运算周期，即短模型运算周期和长模型运算周期，分别对应两组不同的计算模型和匹配模式，用于提高系统判断设备故障的效率和精度。

（3）计算特征值的同比变化率和环比变化率。

1）同比变化率。

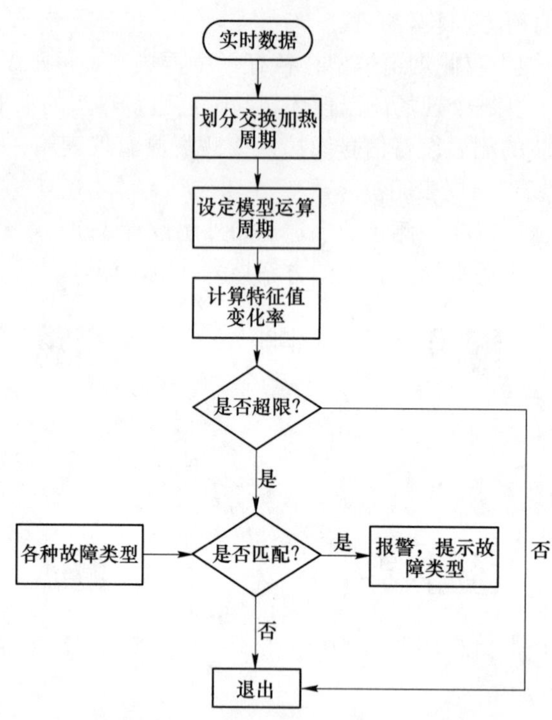

图5　焦炉废气和交换加热系统的异常分析流程图

同比是对同一个废气开闭器的煤废侧小烟道温度与空废侧小烟道温度，在相同模型运算周期中计算出的2个特征值数据进行对比，计算公式如下：

$$\Delta A(i|n)' = \frac{A(i|n) - A(i|n)'}{A(i|n)'} \times 100\% \tag{2}$$

式中，$\Delta A(i|n)'$ 为在第 n 个模型运算周期中计算出特征值 i 的同比变化率；$A(i|n)$ 为在第 n 个模型运算周期中计算出特征值 i 的数据；$A(i|n)'$ 为同一个废气开闭器的异侧小烟道温度，在第 n 个模型运算周期中计算出特征值 i 的数据。

2）环比变化率。

环比是同一个测温点的小烟道温度，在第 n 个模型运算周期中计算出的特征值数据与第 n-1 个模型运算周期中计算出的特征值数据进行对比，计算公式如下：

$$\Delta A(i|n) = \frac{A(i|n) - A(i|n-1)}{A(i|n-1)} \times 100\% \tag{3}$$

式中，$\Delta A(i|n)$ 为在第 n 个模型运算周期中计算出特征值 i 的环比变化率；$A(i|n)$ 为在第 n 个模型运算周期中计算出特征值 i 的数据；$A(i|n-1)$ 为在第 n-1 个模型运算周期中计算出特征值 i 的数据。

（4）在第 n 个模型运算周期中计算出的多个特征值数据，如果任何一个特征值数据的同比变化率或环比变化率超出限定范围，则判定为设备故障。

（5）将对比结果与掉砣、卡砣、个别断链、整体丢交换，以及短路下火、废气开闭器密封不严和空气与煤气流量配比不合理（针对贫煤气加热炉型）、蓄热不均（针对富煤气加热炉型）等故障类型的变化规律进行整体与局部匹配，整体匹配选用长模型运算周期，要求多个特征值数据的同、环比变化率符合故障类型的变化规律，局部匹配选用短模型运算周期，只要求某一个特征值数据的同、环比变化率符合故障类型的变化规律，对匹配一致的故障类型进行报警提示。

5.2　应用举例

如图6所示，在2号焦炉92号蓄热室机侧废气开闭器煤废侧内部安装的废气砣盘发生了卡砣故障，造成小烟道温度的变化规律改变，在上升气流时，小烟道温度的变化规律从正常状态下的逐渐降低变为趋于稳定，长模型运算周期中的温度最小值发生较大变化，因此，可以通过比较长模型运算周期中温度

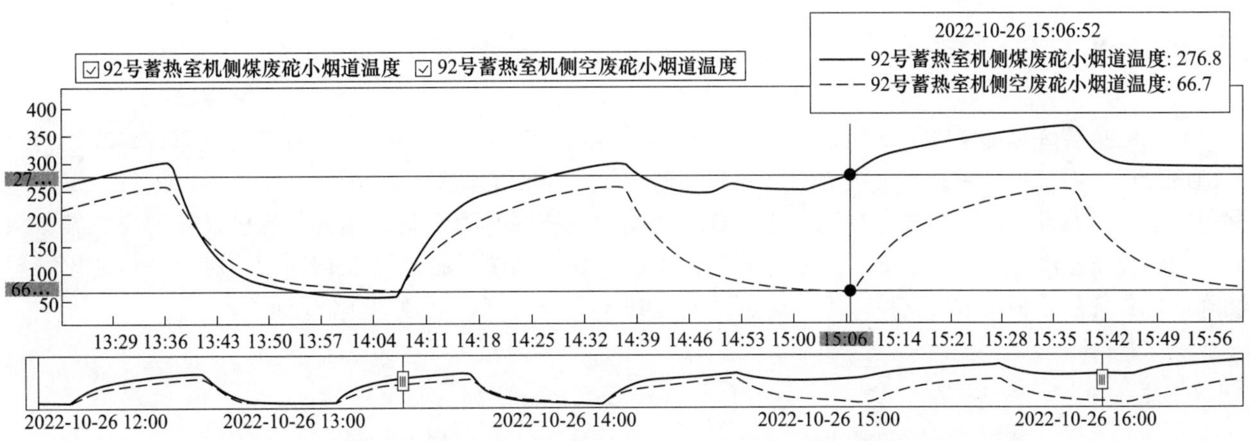

图6　废气开闭器煤废侧内部的废气砣盘发生卡砣后的小烟道温度趋势曲线图

最小值的同、环比变化率是否超出限定范围，来判断设备故障，再将对比结果与所有故障类型的变化规律进行整体匹配，即特征值数据的同、环比变化率符合哪种故障类型的变化规律，对匹配一致的故障类型进行报警提示，转交人工确认和处理。具体计算过程如下：

（1）计算长模型运算周期中温度最小值的同比变化率。

特征值 i 取温度最小值，n 为故障发生时刻所在的长模型运算周期，$A(i|n)$ 是92号蓄热室机侧废气开闭器煤废侧的小烟道温度（发生卡砣故障设备的小烟道温度），在第 n 个长模型运算周期中计算出的温度最小值，$A(i|n)=244.9$ ℃，$A(i|n)'$ 是92号蓄热室机侧废气开闭器空废侧的小烟道温度，在第 n 个长模型运算周期中计算出的温度最小值，$A(i|n)'=66.7$ ℃，则发生卡砣故障设备的小烟道温度，在第 n 个长模型运算周期中计算出的温度最小值的同比变化率为：

$$\Delta A(i|n)'=\frac{244.9-66.7}{66.7}\times 100\%=267.17\%$$

（2）计算长模型运算周期中温度最小值的环比变化率。

同理，特征值 i 取温度最小值，n 为故障发生时刻所在的长模型运算周期，$A(i|n)$ 是92号蓄热室机侧废气开闭器煤废侧的小烟道温度（发生卡砣故障设备的小烟道温度），在第 n 个长模型运算周期中计算出的温度最小值，$A(i|n)=244.9$ ℃，$A(i|n-1)$ 是同一个测温点的小烟道温度，在第 n-1 个长模型运算周期中计算出的温度最小值，$A(i|n-1)=55.6$ ℃，则发生卡砣故障设备的小烟道温度，在第 n 个长模型运算周期中计算出的温度最小值的环比变化率为：

$$\Delta A(i|n)=\frac{244.9-55.6}{55.6}\times 100\%=340.47\%$$

（3）比较第 n 个长模型运算周期中计算出的某一特征值的同比变化率或环比变化。率是否超出限定范围，判定设备是否发生故障。

根据历史数据训练得出，92号蓄热室机侧废气开闭器煤废侧的小烟道温度在长模型运算周期中计算出的温度最小值的同比变化率约为18.17%，环比变化率约为0.36%。

为提高系统报警准确率，适当放宽限定值，设定同比变化率上限值为40%，环比变化率上限值为10%。

经比较，92号蓄热室机侧废气开闭器煤废侧的小烟道温度在第 n 个长模型运算周期中计算出的温度最小值的同比变化率和环比变化率均大于上限值，因此，判定92号蓄热室机侧废气开闭器煤废侧发生故障。

（4）将上述对比结果与所有故障类型的变化规律进行整体匹配，对匹配一致的故障类型进行报警提示。

92号蓄热室机侧废气开闭器煤废侧的小烟道温度，在第 n 个长模型运算周期中计算出的温度最小值的同比变化率和环比变化率均大于100%，变化规律与卡砣故障类型匹配一致，因此，系统自动报警提示92号蓄热室机侧废气开闭器煤废侧发生卡砣故障，提醒人工确认和处理。

6 技术效果

鞍钢鲅鱼圈炼焦部 4 座 7 m 顶装焦炉，配套建设焦炉加热及废气系统故障自动检测系统，2023 年 1 月建成投产。系统投运后，鞍钢鲅鱼圈炼焦车间通过该系统，成功发现了废气开闭器局部漏气、煤气串漏等问题，以及部分炉孔煤气与空气配比不合理情况，系统同时为设备管理人员提供最佳解决方案，从而成功将设备故障影响降到最低。该系统的运行实现了焦炉加热设备的智能化巡检，对焦炉精细化管理和降低炼焦耗热量提供重要支撑，年节约焦炉煤气 1800 万立方米，创效 200 余万元。

7 结语

本文提出了一种基于小烟道温度的焦炉废气和交换加热系统故障监测装置与异常分析方法，该技术是通过连续监测焦炉小烟道连接管内气体温度，并根据交换加热信号，计算所有小烟道温度在每个交换加热周期中的特征值，采用模型运算、对比分析和匹配识别等方法，诊断掉砣、卡砣、个别断链、整体丢交换等类型的设备故障，以及短路下火、废气开闭器密封不严和空气与煤气流量配比不合理（针对贫煤气加热炉型）、蓄热不均（针对富煤气加热炉型）等异常生产情况，用于取代人工测量小烟道温度和烟道巡检，辅助焦炉热工管理。

参 考 文 献

[1] 段衍泉，党平，陈维，等．交换传动装置断链保护系统的研究［J］. 燃料与化工，2020，51（1）：27-29.

[2] 于振东，郑文华．现代焦化生产技术手册［M］. 北京：冶金工业出版社，2010.

[3] 中国炼焦行业协会 . T/CCIAA 2—2021 焦炉生产管理规程［S］.

[4] 中冶焦耐自动化有限公司．一种用于焦炉交换及废气系统的故障监测装置及异常分析方法：CN202410162721. 6［P］. 2024-4-16.

非常规热修方法在7 m焦炉的应用

郭　飞　邱　程　王本刚　王浥铭

（青岛特殊钢铁有限公司焦化厂，青岛　266413）

摘　要：焦炉因其内部结构复杂，主要由硅砖砌筑而成，因此在焦炉内部砌体出现受损需要维修的情况下，为确保焦炉整体构造的稳定性一般通过热态维修的方法，进一步探究出斜道口堵塞、小烟道中心隔墙倒塌、深火道顶部串漏等非常规热修操作。

关键词：焦炉，硅砖，热态维修，斜道

1　概述

某焦化厂JNX3-70-1型焦炉自投产以来已经稳定运行8年，在$K_{均}$、$K_{安}$、K_3等工艺指标的运行方面均在0.9以上，属于一级焦炉，但是最近一段时间焦炉内部砌体出现了不同程度的损伤，包括2号燃烧室1立火道斜道口被一块调节砖挡住，导致该火道温度低于1000 ℃；其次37号小烟道的中心隔墙顶部砖出现缺失，导致37号燃烧室温度难以升高；最后是42号燃烧室的9和10立火道存在串漏问题，结焦末期发现斜道口同样出现堵塞，推焦后该立火道正对部位存在炭化室炉墙发黑的情况该炭化室推焦电流高达258 A存在较大生产隐患。

2　炉体损伤机理

因焦炉频繁进行装煤和推焦操作，炉墙温度在装煤后因为入炉煤的大量吸热致使炉墙温度迅速下降，结焦末期焦炭成熟，炭化室墙温度逐步升高，硅砖砌筑的炉墙受到急冷急热的影响会出现不同程度损伤。另外，推焦过程中，推焦杆对于炉墙的剐蹭也起到了炉墙受损的因素之一。日常生产中经常遇到的是炉头火道出现溶洞，而对于炭化室顶部出现的裂缝在日常生产中是不常见的，因此对于该处炉墙的修补与前期的简单修补方式存在较大差别。在经过炉顶翻修过程中，虽然对立火道采取了保护措施，但是不可避免地出现了砖块掉落到立火道底部的问题，因此需要将挡住斜道口的砖块拨到一边。在焦炉实际运行过程中，小烟道的温度受到下降高温气流和上升低温气流频繁冷热交替的影响，因此出现了小烟道中心隔墙顶部砖出现了缺失，在正产生产中，机侧和焦侧煤气互相串动，引起机焦侧压力不稳定，推出的焦炭不成熟。因此需要对上述三项非常规的部位进行焦炉热修操作。

3　实际施工

3.1　2号燃烧室1立火道斜道口施工

该处立火道处于机侧上升管的正下部，所以按照传统的下钎子疏通的方式存在困难；如果通过破坏1火道的炭化室炉墙将这块砖取出，则对焦炉砌体的破坏较大。因此经过仔细研判后决定采用柔软度较大的不锈钢管，顶部焊上横梁，在横梁上拴上绳子，一头拴在上升管水封护栏上。

利用钎子柔软的特性，用绳子将横梁一头拉起，迅速将钎子放入立火道内部，利用钎子顶部的惯性，将堵在斜道口的调节砖拨到一边。

施工效果：施工结束后，通过测定立火道的温度发现，温度上升明显，如图1所示。

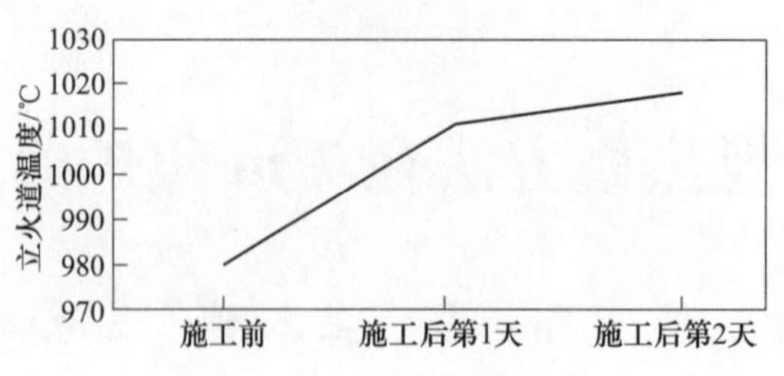

图 1 施工前后温度变化情况

3.2 37 号小烟道中心隔墙缺失施工

3.2.1 施工前分析

37 号小烟道的中心隔墙位于焦炉机侧和焦侧分割的位置，是承担起将来自机侧的高炉煤气和焦侧的高炉煤气分开的职责，因采取高炉煤气加热的焦炉受到焦炉内部压力分布的影响，小烟道中心隔墙出现倒塌后，机焦侧不同压力和流量的气流就会被中和掉，原本可以足量供应的煤气在扩大孔板后，炉温仍然很低，原本炉温正常的炉号由于煤气串入，在孔板减到最小后，炉温仍然很高。

从图纸进行分析：

小烟道中心隔墙距离焦侧风门 8.5 m，距离机侧风门 9 m，所以根据实际情况从焦侧施工较为方便。

小烟道内部为高 740 mm，宽 350 mm 的狭小有限空间，人员如果进入极为困难并且存在着废气排出的风险。

所以基于上述原因，施工方决定在小烟道外面进行远距离施工。

3.2.2 施工前准备工作

制作带有活结的长 3 m DN25 的钢管 3 根。

制作一个用于托起整块黏土砖的托板一个。

制作一个用于托起钢管“Y”形支杆一根。

准备好一块用于塞住空隙的黏土砖。

半干法喷浆机以及喷浆料及黏土火泥。

3.2.3 施工过程分析

施工开始前，关闭本号、前号和后一炉号的高炉煤气加减旋塞。

用支杆将 37 号煤气风门支起。

将靠近小烟道中心隔墙的下调口打开。

将黏土砖按照实际尺寸用切割机进行整修。

将托板与钢管连接并将整修后的黏土砖每个面都抹上黏土火泥。

逐渐连接钢管将黏土砖慢慢送到中心隔墙位置。

“Y”形支杆从下调口伸入，将带有黏土砖的钢管支起，二者密切配合，将黏土砖送入缺砖的位置。隔墙砖修补见图 2。

图 2 隔墙砖修补

利用半干法喷浆机将砖缝全部喷一遍，确保密封效果。

3.2.4　施工效果

施工直行温度差见表1。

表1　施工直行温度差

时　间	直行温度差/℃
施工前	-25
施工后	-6

施工后，该号的直行温度差提高了19 ℃，焦炭成熟情况明显改善。

3.3　42号燃烧室串漏问题

3.3.1　现象分析

日常测温发现42号燃烧室的9和10立火道出现了装煤后向外冒荒煤气的情况，由于串漏量不大，怀疑是砖缝扩大导致。

一开始采用提高该炉号的温度的方式，希望提高该炉号硅砖的膨胀度，让砖缝重新闭合，但是效果并不明显。

焦炉的硅砖存在晶型转化，所以根据实际情况不能够采取湿法喷浆的方式。

因此，一开始采取空压密封的干法喷浆的方式。喷浆后效果并不明显，串漏仍然存在。

推焦后打开机侧炉门发现串漏部位的炭化室南北墙存在发黑的情况，说明该立火道同时出现了斜道堵塞的情况。那么在治理的过程中不只是需要修补串漏更需要疏通斜道。

从机侧炉墙检查，机侧炉墙并没有明显的破洞现象，所以推断串漏部位是过顶砖下部。42号燃烧室串漏问题见图3。

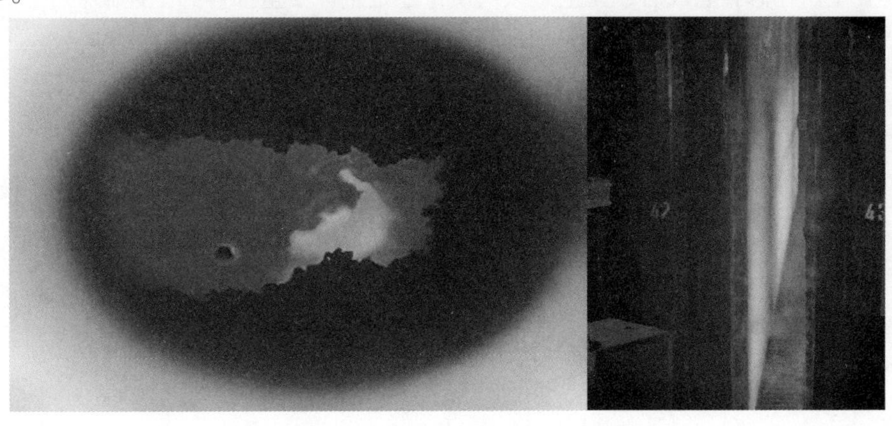

图3　42号燃烧室串漏问题

3.3.2　施工过程分析

通过拆除炉顶上部缸砖，保温砖，过顶砖后发现立火道部位存在明显破洞。

首先进行湿法喷补，喷补后仍旧串漏。

将损坏的硅砖周围残渣清理干净，利用切割机修整好待填塞的硅砖。

将硅砖每个面都抹上硅火泥，用钳子小心地放到缺砖处。

修补完成后，利用半干法喷浆机将砖缝完全喷补。

对于斜道口堵塞的问题：

首先将装煤车开到立火道边上，一人站在装煤车上，一人将钎子向看火孔里面放。

待钎子立起来后，装煤车上的员工立即扶住钎子，确保钎子垂直插入立火道。

钎子插入立火道后，一人迅速利用钎子的惯性向着斜道口部位用力捅，待钎子变软后，垫着陶瓷纤维面迅速将钎子拔出。

更换另一个新的钎子重复上述动作，待斜道口位置由原来的堵塞状态恢复到通气状态。

将压缩空气风管插入刚刚捅开的斜道口进行吹扫，确保斜道口的灰渣全部清理干净。

从下喷管用钢钎向上捅，确保砖煤气道畅通。如图 4 所示。

图 4　施工过程

3.3.3　热修效果

检修完成后，看火孔部位不再冒荒煤气，装煤推焦 10 个循环后，炉墙也同样不再发黑，炉温也恢复正常。

4　结语

因上述三项工作的位置特殊，不能采取正常的热修方式进行，但是该焦炉损坏问题已经严重影响到焦炭质量和生产安全。在修补完成后，无论是焦炭质量还是生产安全都得到了提高。

焦炉炉墙局部揭顶翻修的控制及实践

徐廷万　王　刚　孙　兵

（攀枝花攀钢钒炼铁厂，攀枝花　617022）

摘　要：焦炉炉墙因各种原因发生严重损坏，不能采用常规维护手段修复的情况下，利用揭顶通修或局部揭顶翻修是十分必要的。在开展局部揭顶翻修过程中，对实施的关键点进行总结和探索，为今后焦炉类似维护提供一些借鉴。

关键词：焦炉，顶翻修，控制

1　概述

捣固焦炉采用侧装煤，机侧炉头墙部位，在装煤过程中，长时间敞开炉门，且煤饼在装入时吸收大量的炉墙热量，机侧炉头墙的温降较其他部位大，如果在配煤管理不善，推焦电流大的情况下，炉头墙1~4火道部位易发生剥蚀、窜漏、变形、穿孔，在无法用喷补、焊补及挖补不能修复的情况下，只有通过局部揭顶翻修才能有效解决，攀钢3、4号焦炉近几年进行了大量局部揭顶翻修，对检修过程的关键控制点进行了不同探索，得出一些有益的经验。

2　揭顶翻修时的过程控制

2.1　降温温度控制

拆除前热维修区段燃烧室改为焦炉煤气加热，焖炉号和检修号均倒为焦炉煤气加热。对热维修燃烧室加热煤气旋塞的孔板盒堵上盲板停止加热。相应废气开闭器进风口开度减小60%~70%，吸力调节翻板减小60%~70%，将相邻焖炉燃烧室的煤气大孔板更换为20 mm左右。相应废气开闭器进风口开度减小50%~60%，吸力调节翻板减50%~60%，将焖炉相邻第一缓冲炉燃烧室的煤气大孔板更换为22 mm左右。相应废气开闭器进风口开度减小30%~50%，吸力调节翻板减小30%~50%。

燃烧室拆除初期两侧炭化室炉墙直接暴露在空气中，造成焖炉号温度下降较快，期间每h测量横排温度，随时调整增加煤气孔板孔径，对维修组别炉号横管采取压铁丝和钢筋的方式进行煤气量调节及温度控制，同时监控相应缓冲炉号的实际温度，温度控制要求不低于800 ℃。

2.2　隔热控制

放置挡火墙，第一道保温挡墙是从机侧消烟孔放置。挡墙的宽度根据炭化室的宽度来定，一般要比炭化室稍宽，直至炭化室过顶。第二道挡墙是在对临墙保温开始时放置，边推挡墙边对临墙炉墙贴陶瓷纤维毯保温。

2.3　护炉铁件控制

维修炉号在降温过程中监控护炉铁件的变化，安装好钢柱固定梁。燃烧室拆除完成后，对上下部大弹簧进行调整使其钢柱达到垂直，检查拉条变细情况，对局部变细的拉条采取两侧用20 mm厚锰钢板补焊处理，将弹簧吨位调至8 t，砌筑升温过程中随时监控并测量弹簧吨位的变化，砌筑完成后分多个时间段逐步对检修段炉号弹簧吨位进行调节，最终恢复至9.5 t，用2根25号槽钢将须拆除立火道对应的炉柱与相邻的2列炉柱加固，位置为横拉条上表面。

2.4　炭化室底部检查

燃烧室拆除完成后，应对炭化室底部反错台现象进行检查。小模板标高进行确认，保证小模板标高低于炭化室 5 mm。每砌筑燃烧室前对相应炭化室底部砖进行测量，对 87 号燃烧室炭化室底部砖进行测量后的数据为 103 mm，原炭化室底部砖尺寸为 118 mm，相比减少 15 mm，不影响后续装煤及推焦操作。炭化室底部砖情况见图 1。

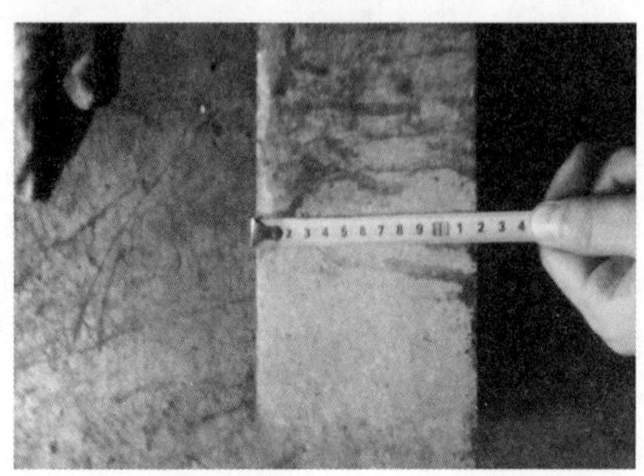

图 1　炭化室底部砖情况

2.5　燃烧室砌筑基准线的确定

燃烧室基准确定见图 2。

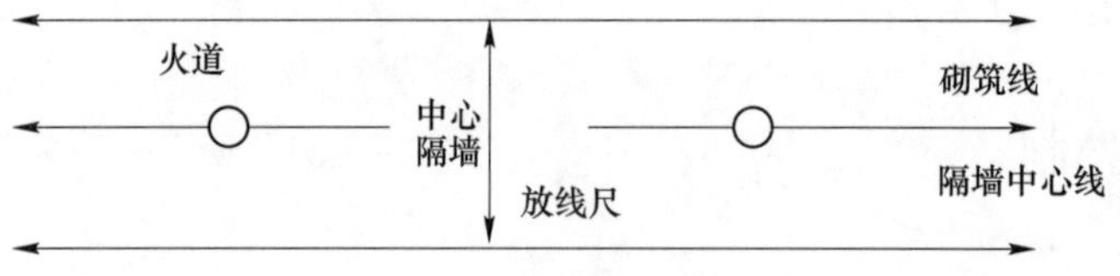

图 2　燃烧室基准确定

此次基准的确定是以斜道口和鼻梁砖为中心点向两侧放线，检查所有火道中心点偏差准确度，通过纵向基准向炭化室两边放线确定炭化室的宽度，确保机侧炭化室宽度 490 mm±5 mm、焦侧炭化室宽度 510 mm±5 mm,锥度 20 mm、禁止出现反锥度。

通过中心线确认新修燃烧室炉墙和两边炉墙的宽度，从而确认燃烧室硅砖是否需要加工及加工尺寸。对于需要加工砖，禁止对火道、炉墙工作面进行切割，一定要在炉下切好后方可上炉。燃烧室砌筑时，通过硅砖膨胀系数，算出横向膨胀数据，而后再机、焦侧新砖与保护板之间留下足够的距离。此处空隙应用木板填实，而后再用石棉绳填实，保护板炉头砌筑时，应将石棉绳扎实，砌筑前先清理炉底、斜道，摸补修复斜道区域，同时用钢筋疏通砖煤气道，而后用压缩空气的引射力对斜道口进行彻底清理，用石棉毡保护斜道口。施工单位按照图纸将干砖摆好，进行预砌，检查尺寸正确无误时方能抹灰开砌，必须严格按照砌砖图施工，若有错台必须返工。每砌筑一层都要用靠尺检查一遍炉墙体，确保水平度及垂直度，并随时检查炉门口尺寸。

2.6　支撑墙的砌筑

每砌筑完 6~8 层后，砌体的高度应该是 H±3 mm，砌保温封墙，并对火道内墙面进行清理，并取出垃圾网和盖板。

在下部砌筑炭化室封墙，并且每层封墙砖应用斜塞打紧（图 3），且保证砌筑燃烧室两侧支撑墙的位置在同一横向线上，确保升温过程中相邻炉墙传递过来的力相互抵消。

2.7　升温

检修立火道点火前应先将检修立火道孔板更换为 10 mm。同时用 10 mm 的钢筋堵死，相应废气开闭

图3　封墙砌筑图

器进风口增大10%~20%，吸力翻板开度分2次逐步恢复到开度40。检修燃烧室加热煤气大盲板改为10 mm孔板。开始对11~22火道加热升温，先将其10 mm钢筋取出，根据温度插8号铁丝，将升温速度控制在50~60 ℃之间。相应缓冲炉号一、二缓每天煤气大孔板增加1~2 mm更换，相应废气开闭器进风口增大20%~30%，吸力翻板开度分2次恢复到开度70%，检修燃烧室其他火道火温前的热量，来自于两边燃烧室的热量辐射和相邻蓄热室的传递，当靠近保留火道的温度达到700 ℃时，该火道达到升温送煤气条件，进行点火。点火后每12 h拆除11、23火道盲板进行直通加热，待10、24火道温度700 ℃以上时，拆除9、24火道盲板同时安装11、23火道小孔板，以此类推，直到8、25火道，7、26火道，2、31火道，1、32火道全部升温结束、小孔板安装完毕，恢复火道正常加热。烘炉升温曲线见图4。

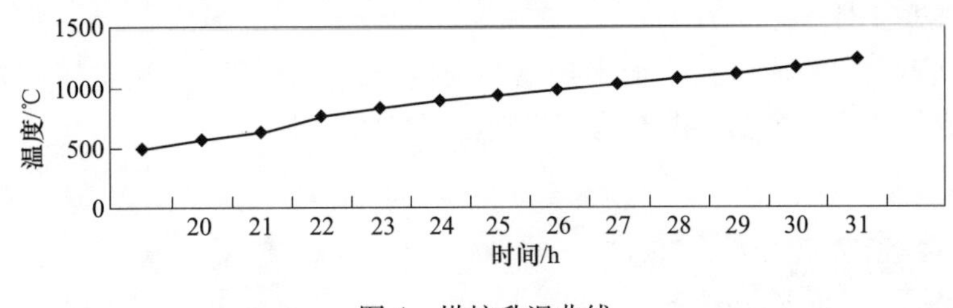

图4　烘炉升温曲线

11~23火道先点火，使其缓慢加热，温度在10 h以后达到700 ℃以上。当10火道和24火道被相邻火道传热到700 ℃以后，方能点火，这样以此类推大概在3天左右，所有的火道均被点燃。当所有火道温度均在900~1000 ℃时，才能扒封墙装煤。

3　揭顶翻修的其他控制技术探讨

3.1　砌筑砖材料

焦炉的主要耐火材料为硅砖，硅砖主要是高温性能好，但在600~700 ℃以下时，抗温度的剧变性能差，如在升温时温控不好，或新旧墙膨胀不一致导致修复质量难以保证，因此局部揭顶翻修可采用零膨胀硅砖，其与普通硅砖理化指标见表1。砌筑过程中砖与砖之间不留膨胀缝，膨胀量靠炉头部位的硅藻土保温砖吸收。砌筑3天后即可装煤，新旧砌体的结合严密。

表1　硅砖和零膨胀硅砖理化指标

项　目	硅砖	零膨胀硅砖
耐火度/℃	≥1720	≥1700
荷重开始软化温度/℃	≥1650	≥1680
常温耐压强度/MPa	≥30	≥70
抗热震性（1000 ℃水冷实验）/次	1~2	30以上
热膨胀性（1000 ℃）/%	≤1.28	≤0.05

3.2　揭顶检修的窜漏控制

3.2.1　焖炉号炭化室的压力控制

揭顶检修期间，相邻号焖炉，焖炉号结焦时间最长达到 219 h 左右，在结焦时间达到 36 h 以上（上升管翻板已压完，荒煤气导出调节翻板开度关至最小开度无法再调节情况下），通过向长结焦时间炭化室内充入氮气进行保压，保持炭化室正压，可减少负压造成的炉体窜漏的问题。焖炉号保压装置见图 5。

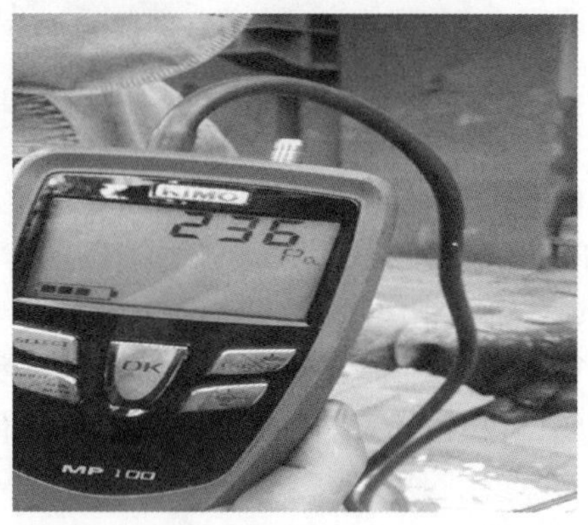

图 5　焖炉号保压装置

3.2.2　焖炉号空压密封

检修焖炉号长时间不出焦，或多或少会出现窜漏的情况，为此需要采用空压密封料，对焖炉号进行空压密封作业，减少燃烧室火道窜漏。图 6 为带焦空压密封的作业。

图 6　带焦空压密封作业

3.2.3　揭顶号相邻号炉墙及接茬位置保温

局部揭顶检修时，接茬部位保温十分重要。先使用铁丝网将保温毡整体固定，同时将保温毡由原先的一层加厚到两层，揭顶火道温度基本在 700 ℃左右，相应炉墙温度在 400~500 ℃之间，有效保护了相邻号的炉墙温度，同时采用揭顶号 5~6 火道间断式加热。通过这些措施，均可减少相邻号炉墙及揭顶号接茬位置部位的窜漏。

4　实施效果

通过揭顶翻修的技术控制，翻修后的炉墙平整，装煤 2 天后基本无窜漏，为确保焦炉炉组的稳定生产提供了有利条件。揭顶翻修后的炉墙见图 7。

图7　揭顶翻修后的炉墙

参考文献

[1] 牟彪．揭顶翻修技术在焦炉热维修中的应用［J］．燃料与化工，2015，46（6）：21-22.

零膨胀硅砖在炭化室底部维修中的应用

郭 涛 张朋朋 张鹏程 郑光明 李军直

(山东钢铁股份有限公司莱芜分公司焦化厂，莱芜 271104)

摘 要：针对焦炉炭底砖损坏问题，梳理了损坏后推焦过程的变化，简要分析了炭底砖损坏的原因。通过对比零膨胀硅砖和普通硅砖的特点，制定了使用零膨胀硅砖更换炭底砖的方案，详细介绍了准备和更换过程，并对存在的不足提出整改措施。

关键词：零膨胀硅砖，炭底砖，更换

1 概述

焦炉炭化室是配合煤进行焦化的主要部位，其主要由硅砖砌筑而成。在炼焦过程中，这些硅砖受到温度变化、配合煤冲击、水分和炼焦过程中物质的腐蚀、推焦时的加压和摩擦等影响，墙面会出现剥蚀、破损、裂缝，并呈现持续劣化趋势。尤其是承受整个焦饼质量的炭底砖，不但受到装煤冲击最大，而且承担了推焦过程中绝大部分摩擦力。20 年以上炉龄，炭底砖的磨损量往往会超过 10 mm，若出现影响推焦的问题，则必须进行更换，但因为硅砖的耐急冷急热性能差，在更换炭底砖和升温过程中，硅砖极易出现断裂、破损。

8 号焦炉的 6 号炭化室在推焦过程中出现推焦杆振动、推焦电流高等问题，检查发现炭底砖损坏，使用零膨胀硅砖代替普通硅砖更换炭底砖后，达到预期效果。

2 炭化室炭底砖损坏情况

2.1 推焦过程

6 号炭化室在推焦开始后，电流快速上升，达到 200 A 以上，并一直维持，在推焦 15 s 以后，推焦杆大幅振动，电流上升到 300 A 左右，推焦进行至 30 s 后，电流降低至 150 A，在后期出现小幅波动。推焦过程电流波动情况见图 1。

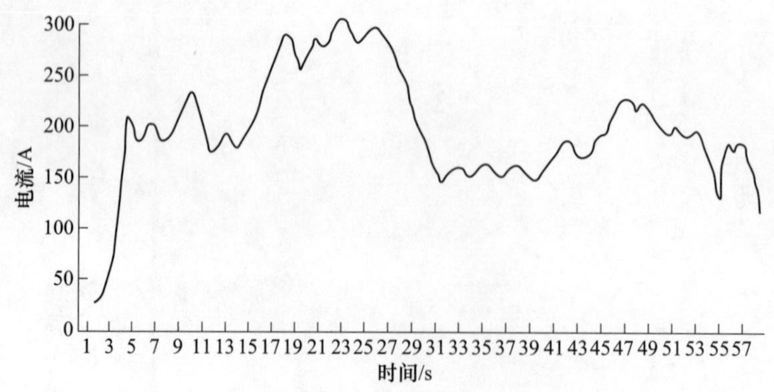

图 1 推焦过程电流波动情况

2.2 炭化室检查情况

推焦完毕后，对炭化室底部进行清理、检查，发现 8~12 立火道位置（距离机侧炉头 3. 8~5. 8 m）炭

底砖出现明显下陷，使用长钳子在炭底砖滑动，可明显感觉到错台。如图 2 所示。通过蓄热室顶部马蹄盖检查斜道砖，无明显破损，判断为炭底砖表面破损，未影响炭化室下部砌体结构。

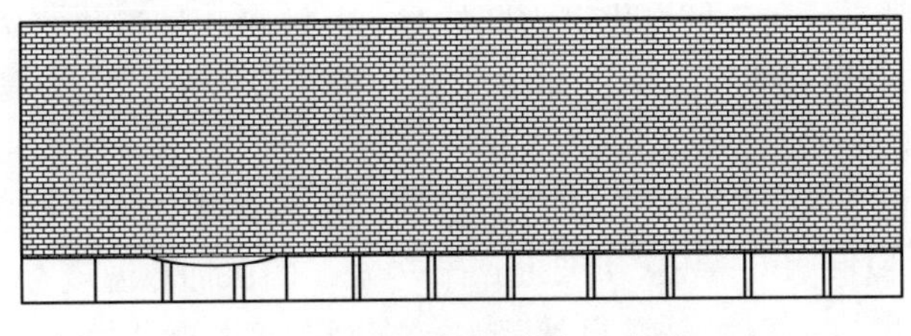

图 2　炭底砖损坏部位示意图

2.3　炭底砖损坏原因

根据多循环周期推进电流分析，在此次推焦前，该炉号最大电流基本稳定在 170 A 左右，无明显异常情况。本次推焦电流分析，炭底砖表面有少量破损，在推焦杆到达破损部位（8 号立火道）时，推焦杆滑靴磨损量和炭底砖破损形成共振，导致杆头大幅剧烈振动，对炭底砖形成持续撞击，最终导致炭底砖出现破损。结合行业内炭底砖更换的经验，局部更换将导致新旧砖连接部位存在错台，降温处理时也会导致旧砖受损，短期内必将进行二次更换，因此制定了整体更换方案。

3　零膨胀硅砖的特性

零膨胀硅砖是以 SiO_2 为主要成分，经高温熔融烧制而成，其 SiO_2 含量>99%，同时含有少量 Fe_2O_3、CaO、碱金属等杂质。零膨胀硅砖与硅砖性能指标对比见表 1。

表 1　零膨胀硅砖与硅砖性能指标对比

种类	显气孔率/%	荷重软化温度/℃	线膨胀率(1000 ℃)/%	热震稳定性/次	SiO_2/%	Al_2O_3/%	Fe_2O_3/%	CaO/%	Na_2O+K_2O/%
零膨胀硅砖	≤20	1660	0.16	>30	>99	<0.3	<0.2	<0.01	—
硅砖	≤22	>1650	1.2~1.4	1~2	95	1.5	1	3	0.35

由表 1 可以看出，对比硅砖性能指标，零膨胀硅砖有明显优势，具体有：

（1）线膨胀率低。零膨胀硅砖线膨胀率只有普通硅砖的九分之一，使用该种砖，在高温状态下其膨胀量非常小，不需预留膨胀缝，即可满足冷态砌筑、热态使用的要求，而且不易开裂、变形，对更换时的炉温要求也不高。

（2）热震稳定性高。在炭化室底部使用，可以抵抗推焦、装煤对砌体的腐蚀、磨损和冲击，不易出现剥蚀、破损。而荷重软化温度与普通硅砖类似，完全可以满足该部位生产需要。

（3）SiO_2 含量高，性能稳定。零膨胀硅砖的 SiO_2 大于 99%，代表该砖具有非常稳定的理化指标，同时杂质和碱金属含量低，使用过程中不易发生侵蚀和脱落问题。

零膨胀硅砖的理化指标明显优于普通硅砖，荷重软化温度也满足焦炉使用要求，因此本次炭底砖更换选择使用零膨胀硅砖。

4　炭底砖更换

4.1　准备工作

硅酸铝纤维棉 20 m^2，泡沫石棉板 1 m^3，零膨胀硅砖 100 块（提前在抵抗墙位置预热至 50 ℃以上并保持 1 天时间），硅火泥 150 kg，磷酸 100 kg，水玻璃 30 kg，风镐 1 个，钢钎 1 组（含 4 m、6 m、9 m 各一个），推板 2 副，喷浆机 1 台，焦粉 200 kg。

4.2　焖炉及缓冲炉号的选择及控制

6号炭化室为空炉，选择5号和7号炭化室为焖炉号，4号和8号炭化室为缓冲炉号。其中，焖炉号不推焦，缓冲炉号结焦时间按26～28 h控制，加热温度选择梯度控制，空炉号两侧900 ℃，焖炉号外侧1050 ℃，缓冲炉号外侧1250 ℃左右。

选择的控温方案为，关闭6号、7号、8号高炉煤气机焦侧加减考克，5号和9号加减考克保持1/2开度，4号和10号加减考克根据测温情况，每2 h调节一次，确保加热温度符合要求。关闭6号炭化室机焦侧炉门，打开上升管和加煤口进行炭化室自然降温，在降温8 h时，测量立火道温度，机侧1020 ℃，焦侧1100 ℃，此时打开机焦侧炉门，使用泡沫石棉板封闭炉头中上部，使用硅酸铝和水玻璃在炉头部位的两侧墙面粘贴保温墙，避免降温对墙面的破坏。测量立火道温度达到控制温度后，即可进行热态维修。

4.3　炭底砖的清理

使用钢钎在机侧炉头第一块炭底砖位置进行破坏性拆除，因温度较高，炭底砖拆除缝很难形成，必要时使用风镐破坏炭底砖表面，形成断裂缝后，再使用钢钎拆除第一块砖。沿炭底砖砖缝，依次使用不同长度的钢钎，将炭底砖翘起，然后用推板将碎砖清理出来。炭底砖清理完毕后，使用压缩风将炭化室底部再仔细清理，避免细小颗粒物影响砌筑质量。

4.4　炭底砖的砌筑

（1）将预热后的炭底砖放置在机侧炉头部位，二次预热后，使用推板将砖推向炭化室中心位置，根据炭底砖尺寸，提前在推板推杆标记推进距离，减小第一块砖的放置误差，然后依次将机侧炭底砖放置到预定位置。因选用的零膨胀硅砖膨胀率低、耐急冷急热特性好，在炭底砖放置时，只需主要砖体表面状态是否有破损，膨胀缝无特殊要求。机侧炭底砖摆放完毕后，再对焦侧进行处理，直至炭底砖砌筑完成。

（2）炭底砖摆放完毕后，需要目视和滑杆法检查炭底砖平整度，要求砖表面平整，无错台。使用长钎子在炭底砖表面移动，在钎子出现明显卡顿时，要记录位置，并检查错台情况，在判断错台已影响推焦作业时，要及时返工，拆除炭底砖后，分析出现错台的原因，处理后重新砌筑。

（3）在确认平整后，使用硅火泥和磷酸配置浇注料，用喷浆机将浇注料均匀地喷洒在炭底砖表面，要控制喷浆均匀，待喷浆料在砖表面缓慢流动时，停止喷浆。

（4）拆除保温材料，对好炉门，关闭上升管和炉盖，使用炉墙温度进行自然升温，升温过程中，每2 h测量一遍立火道温度，在炉头温度达到950 ℃以上时，高炉煤气考克打开1/3，转入加热升温。此时，要检查立火道内煤气燃烧情况，避免不通煤气或未点火问题。

（5）在升温10 h左右时，燃烧室温度都达到1100 ℃以上，进行炭化室清理。在机侧炉头放置预先准备的焦粉，使用推焦杆将焦粉由炭化室内推至熄焦车，往返3～4次，使用焦粉清理硅火泥喷浆时形成的凸起面，然后把整卷的硅酸铝纤维棉放到机侧炉头部位，使用推焦杆推至熄焦车内，以此对炭底砖进行彻底清理。

（6）使用喷浆机对机焦侧炉头、加煤口等部位进行喷浆，以消除长时间空炉后炉墙石墨烧损造成的炉头窜漏问题。

4.5　装煤与出焦

因新砌筑炭底砖表面较粗糙，而且炭底砖表面无磨损，导致推焦杆滑靴与炭底砖的阻力较大，所以第一次装煤按照一次装满控制装煤量，第二、三循环装煤量依次增加，在第四次装煤时，恢复至正常水平。同时，该炭化室结焦时间按照30 h组织，确保推焦顺利进行。在该炭化室装煤6 h以后，推出焖炉号5号，装煤10 h后，推出焖炉号7号，同时对焖炉号炉头和加煤口位置进行喷浆密封，以减少窜漏。

5　改进措施

（1）使用零膨胀硅砖替代普通硅砖，可以有效避免因普通硅砖耐急冷急热性能差导致的砖体开裂，而且零膨胀硅砖各项理化指标均达到或超过普通硅砖，在焦炉炭底砖更换时使用零膨胀硅砖，完全满足生产需要。

（2）本次炭底砖更换作业，降温时间比较长，导致空炉时间、焖炉号结焦时间等都非常长，可以在对墙面进行充分防护的基础上，采取加快降温的措施，从而缩短检修时间。

（3）新旧炭底砖的磨损量不同，导致更换后推焦电流偏高。需根据炭底砖磨损情况，准备与炉龄相对应的炭底砖尺寸，以避免新炭底砖影响推焦作业。

参考文献

［1］蒋忠平，朱婷婷．6 m 焦炉炭化室底部砖的修补［J］．燃料与化工，2015，46（2）：34-38.
［2］田秀林．零膨胀硅砖在 7.63 m 超大型焦炉炉体维护中的应用［J］．煤化工，2017，45（4）：24-26.
［3］杨建华，邱全山，王水明，等．焦炉管理与维修［M］．北京：化学工业出版社，2014.

6 m焦炉蓄热室格子砖变形堵塞原因分析及对策

孙　兵　徐廷万

（攀钢集团攀钢钒炼铁厂，攀枝花　617022）

摘　要：介绍了焦炉蓄热室的重要作用及蓄热室格子砖变形对焦炉正常生产的不利影响，分析导致蓄热室格子砖变形堵塞的原因，并简单介绍焦炉蓄热室更换格子砖的相关流程及注意事项。

关键词：焦炉，蓄热室，格子砖，变形堵塞，分析，对策

1　概述

焦炉蓄热室是焦炉加热系统中非常重要的组成部分，蓄热室主要由蓄顶空间、格子砖、箅子砖以及主墙、单墙、隔墙和封墙组成。蓄热室内气流分布的均匀程度是蓄热效率高低的主要影响因素。气流分布均匀程度越高，蓄热效率就越高，越有利于低耗高效的生产。焦炉经过长期运行后，蓄热室格子砖会逐步堵塞，甚至因蓄热室窜漏而会出现格子砖被烧熔变形，使蓄热室的阻力增大，蓄热室阻力增大会导致蓄热室内气流分布紊乱，影响焦炉的正常的加热。蓄热室阻力增大后，高炉煤气通过废气盘、两叉部、小烟道、蓄热室斜道正面等部位泄露，严重影响到焦炉的安全生产。

2　焦炉蓄热室工艺原理

焦炉生产中，高炉煤气通过1 m管、废气盘进入小烟道，通过小烟道篦子砖的合理分配，均匀地进入蓄热室底部，在蓄热室内与燃烧后的高温烟气进行换热，预热后通过斜道进入燃烧室燃烧。燃烧后的废气通过斜道、蓄热室、小烟道、废气盘进入烟道，通过烟囱的吸力而排入大气中，蓄热室内气体流程如图1所示。

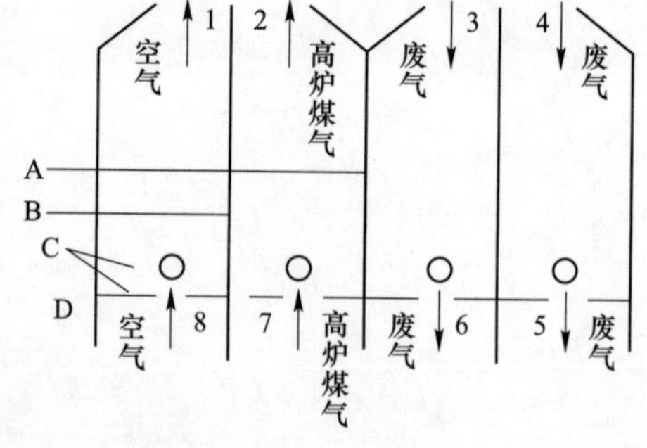

图1　焦炉蓄热室内的煤气、废气流向图

从燃烧室排出的废气温度常高达1200 ℃以上，这部分热量若直接排走会造成巨大的能源损失。蓄热室的作用就是利用废气的热量来预热燃烧所需的空气和高炉煤气。当下降废气通过蓄热室时，将热量传递给格子砖，废气温度由1200～1300 ℃降至300～400 ℃，其后经小烟道、分烟道、总烟道至烟囱排出。换向后，冷空气或高炉煤气进入蓄热室，吸收格子砖蓄积的热量，并被预热至1000～1100 ℃后进入燃烧室燃烧。由于蓄热室的作用，有效地利用了废气显热，减少了煤气消耗量，提高了焦炉的热工效率。

蓄热室位于炭化室的正下方，包括顶部空间、格子砖、箅子砖和小烟道以及主墙、单墙和封墙。如图2所示蓄热室格子砖一般是九孔格子砖，如图3所示。因蓄热室内温度变化大，格子砖采用黏土质砖以保护隔墙受温度变化造成的冲击。格子砖上部蓄顶空使上升或下降气流在此得到混匀，然后以均匀的压力向上或向下分布。

3　焦炉蓄热室格子砖特性

焦炉格子砖属弱酸性黏土质耐火材料，气孔率较硅砖大，其主要化学组成为SiO_2和Al_2O_3，各占总量的45%和40%，SiO_2和Al_2O_3在烧成过程中与杂质形成共晶低熔点的硅酸盐包围在莫来石结晶的周围。

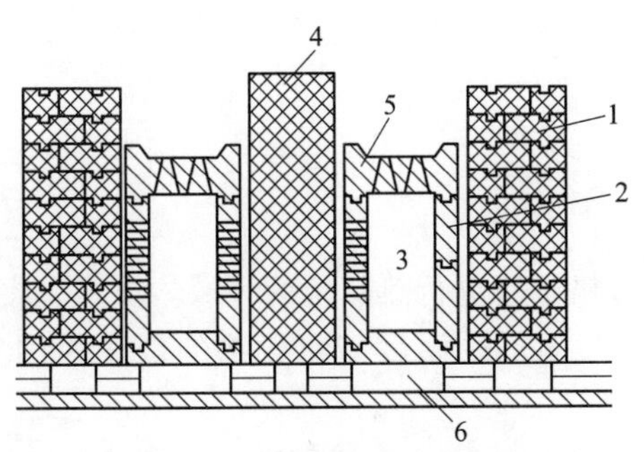

图2　焦炉蓄热室结构

1—主墙；2—小烟道黏土衬砖；3—小烟道；4—单墙；5—箅子砖；6—隔热砖

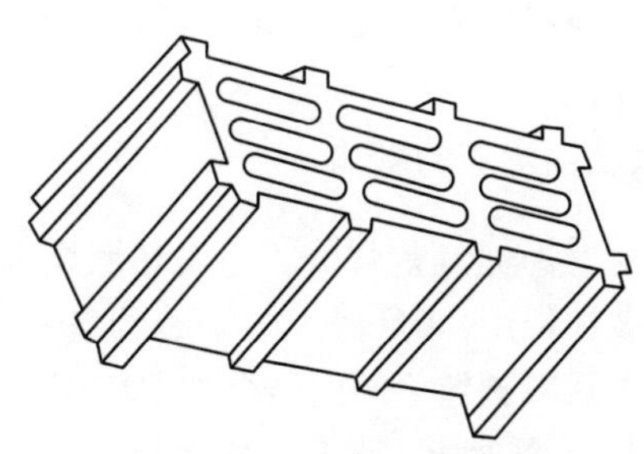

图3　正常的九孔格子砖图

黏土砖的优点是热性能好，耐急冷急热，但也存在一些缺点，其特性为：（1）在高温下抵抗碱性熔渣，如冶金炉渣、煤气、CO、硫、氟、锌、碱蒸气等侵蚀作用能力较硅砖差。（2）黏土砖的主要相组成是莫来石和作为莫来石基质的大量的硅酸盐玻璃相，在高温下（1200～1500 ℃）产生二次莫来石化，引起体积膨胀约为10%。（3）黏土质格子砖长期在高温约1250 ℃时与气流外力作用下会产生蠕变，引起变形扭曲，且经多年使用后，其化学组成和物理性能将产生不同程度的变化，其中SiO_2含量显著降低，而气孔率、Al_2O_3含量明显提高，在CO、H_2或它们的混合物气氛中，耐火材料蠕变率将增加1倍，这是含游离硅的耐火材料的特有现象。烧融变形格子砖见图4。

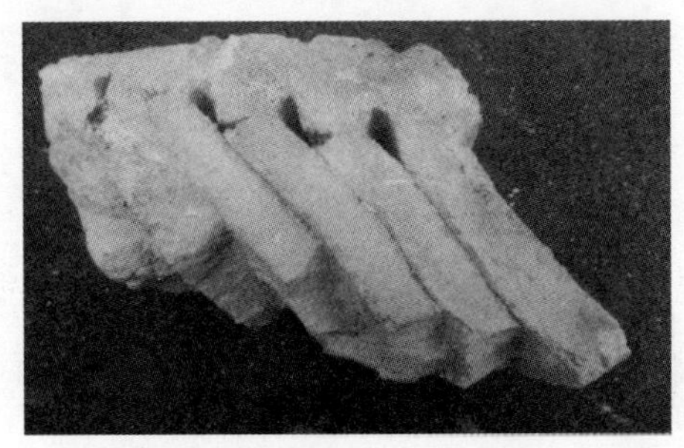

图4　烧融变形格子砖

4　蓄热室格子砖变形、堵塞对生产的影响

4.1　煤气泄漏

格子砖变形、堵塞后，蓄热室阻力增大，煤气流动不畅，导致小烟道、蓄热室等负压段变成正压，煤气从废气盘、两叉部、小烟道、蓄热室斜道正面处泄漏（测量值达1000～2000 ppm），严重威胁岗位人员的安全。同时，煤气泄漏造成严重的能源浪费。

4.2　影响加热制度及换热效果

当格子砖变形、堵塞后，蓄热室阻力增大。发生窜漏时，蓄热室内气流分布变差，蓄热效率降低，废气温度升高，煤气及空气预热效果变差，造成热能损失，而且还会造成燃烧室横墙温度分布恶化，从图5的3号、4号燃烧室的横墙曲线可以看出，机焦侧温度偏低，中间温度高，横排曲线出现典型“馒头状”分布。

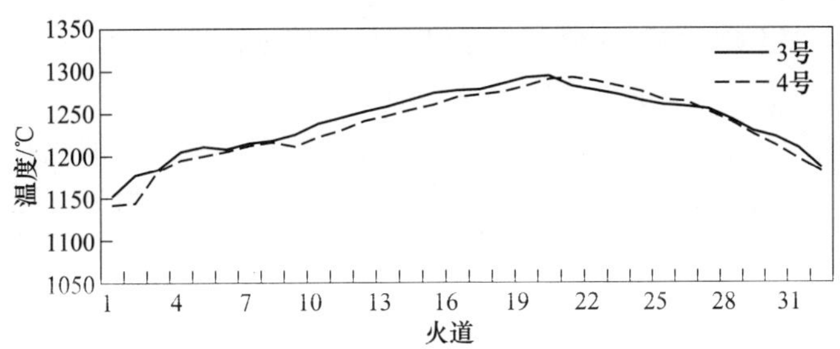

图5　格子砖变形后横排温度曲线

5　蓄热室格子砖堵塞、变形原因分析

5.1　高炉煤气及高炉灰的影响

（1）焦炉蓄热室是高炉煤气、空气和燃烧废气通过格子砖进行热交换的区域。煤气、废气中的 CO 对格子砖有侵蚀破坏作用，CO 侵入格子砖的气孔内，在其内部受温度与氧化物的催化作用分解，碳素沉积，使砖的黏土熟料颗粒之间的结合被破坏而松散。

（2）高炉煤气中含盐、水等杂质对格子砖的侵蚀。黏土质格子砖呈弱酸性，对高炉灰中的碱性熔渣的侵蚀抵抗能力较差，从而改变耐火材料的化学矿物质组成和组织结构，加速格子砖的损坏。

（3）因长期采用高炉煤气加热，高炉煤气带入的高炉灰沉积在格子砖上，同时蓄热室预热空气时，空气中混入的煤粉、焦粉经风门进入蓄热室。在炉顶打开看火孔盖或在炉顶看火孔盖缺失时，炉顶的煤尘、焦粉等杂物也会被吸入燃烧室，最终通过斜道落在格子砖上，造成格子砖堵塞。

5.2　焦炉加热控制对格子砖的影响

（1）为保高炉生产，焦炉长时间的强化生产。在结焦时间极度紧张情况下，为保证焦饼成熟，标准温度偏高，造成蓄热室顶部温度长期超过 1200 ℃，若空气量供给不足，没有完全燃烧的废气进入蓄热室后继续燃烧产生高温或炭化室炉墙泄漏，荒煤气串入立火道燃烧也会造成蓄热室超高温现象，黏土砖在高温情况下的产生蠕变是蓄热室格子砖变形的重要原因。

（2）蓄热室封墙密封效果差，空气漏入煤气蓄热室，造成煤气在蓄热室内“短路”燃烧，造成蓄热室高温，长期高温情况下，格子砖蠕变，引起变形扭曲。长结焦时间下，若集气管压力控制偏低，造成炉体长期负压，导致蓄热室密封效果差，大量空气被吸入，蓄热室内煤气剧烈燃烧，损坏格子砖。

6　蓄热室格子砖更换修复措施

蓄热室格子砖严重变形后，大量煤气从封墙及两叉部泄漏，且瓦工抹补已经不起作用，对安全生产造成巨大的威胁，于是采取对蓄热室格子砖进行局部更换，其施工方案如下。

6.1　施工工具、材料准备

（1）劳保及防护用品、一氧化碳报警仪、低压电源灯、烟道及炉台部位用风扇。

（2）铁板：覆盖废气盘部位用、扒格子砖时覆盖下层格子砖用。

（3）硅酸铝纤维毡或其他石棉制品制作成的保温板。

（4）取格子砖专用工具、撬辊、活接扁铲、多孔压缩空气吹扫管。

（5）耐火泥料、保温材料（封墙保温用）。

6.2　格子砖更换前应具备的条件

（1）由于不大面积更换格子砖，不涉及大幅度降温。

（2）欲更换格子砖蓄热室对应供热炭化室处于结焦中、晚期。

（3）作业燃烧室相邻 5 个火道提前倒烧焦炉煤气加热。

（4）根据同双前单的原则，关闭与更换格子砖蓄热室有关煤气管道上加减旋塞。

（5）正式施工前还应让调火人员对施工区域一氧化碳含量确定后方可进行正式作业。

6.3　扒出格子砖操作

（1）用铁板覆盖在废气盘上，防止碎砖堵塞交换设备影响交换。

（2）用撬棍撤除测压孔，扒封墙应以要扒格子砖高度尽可能一致，以减少对剩余格子砖冷空气侵入影响。

（3）用扒格子砖专用工具扒出格子砖，如有烧熔则可利用活接扁铲戳碎取出。

（4）用铁板盖住下已经取出格子砖顶部，防止杂物掉落到下一层格子砖，随着上层格子砖取出逐步推进铁板。扒出顺序为“从上到下，从外向里”。

（5）一层格子砖全部抽取完后，抽出铁板，用保温板立靠在剩余格子砖的前方，防止冷空气的漏入，并通过清扫孔从格子砖上、下通入多孔压缩空气清扫管清扫看是否有粉尘飞扬，同时观察已取出格子砖堵塞情况砖情况，判断是否还需要取下一层的格子砖，直到畅通。

（6）所需要拆除格子砖取出后，全面吹扫剩余格子砖后，砌筑封墙及外面的保温材料。

（7）施工完毕，根据燃烧室温度情况，确认是否开启相关炉号加减旋塞。

6.4　安全注意事项

（1）停止与更换炉号蓄热室相关炉号加热时，应确定加减旋塞炉号关严并确认炉号正确。

（2）施工期间应保持蓄热室走廊、蓄顶测温平台风扇运转以保持通风。

（3）扒封墙或格子砖过程中要防止烫伤。

（4）施工期间要派专人佩戴一氧化碳报警仪监测现场煤气浓度。

（5）蓄顶操作平台工作时要防止头等部位撞伤，取出格子砖应堆放好，防止其掉落。

（6）施工部分附近蓄热室走廊严禁人员走动，防止落物击伤。

7　结论

（1）焦炉蓄热室格子砖变形堵塞后造成蓄热室阻力增大，不仅造成焦炉热效率下降，焦炉区域煤气泄漏严重，同时严重地影响焦炉的加热制度，对焦炉安全生产造成较大的威胁。

（2）焦炉蓄热室格子砖堵塞变形的原因由煤粉、焦面、高炉煤气中的粉尘杂物烧结聚集在蓄热室格子砖空间内，造成格子砖堵塞。焦炉蓄热室局部高温造成蓄热室顶部格子砖蠕变扭曲变形是造成蓄热室格子砖变形堵塞的主要原因，也是最重要原因。

（3）更换蓄热室格子砖不仅要做好焦炉加热制度的调整，同时也要做好安全管控措施。

参考文献

[1] 姚昭章．炼焦学［M］．北京：冶金工业出版社，1995.

[2] 严文福，郑明东．焦炉热工测试与调节［M］．北京：冶金工业出版社，1994.

[3] 徐维忠．耐火材料［M］．北京：冶金工业出版社，1992.

[4] 石熊宝，凌昊，李树林，等．大容积焦炉蓄热室格子砖破损原因分析［J］．安徽工业大学学报（自然科学版），2000，17（1）：87-91.

[5] 周亚平．蓄热室格子砖的堵塞原因及更换措施［J］．燃料与化工，2002（3）：127-128.

[6] 刘智江．焦炉蓄热室格子砖变形堵塞原因与修复措施［J］．新疆钢铁，2012（3）：31-32，35.

出焦、装煤备用除尘改造实践

郭　涛　戴孝佩　吴宏斌　张鹏程　高　超

（山东钢铁股份有限公司莱芜分公司焦化厂，莱芜　271104）

摘　要：针对焦炉出焦、装煤地面除尘站运行过程中存在的问题，提出了备用除尘改造方案，通过使用架空布置结构，解决现有焦化企业场地不足的问题，并通过增设切换阀的方式，降低翻板式通风管道的漏风率。

关键词：出焦装煤除尘，备用，改造

1　概述

为有效收集出焦过程中粉尘，各焦化企业一般都配备出焦地面除尘站，装煤过程则有装煤地面除尘站、车载除尘、炭化室单调等收集技术，但出焦装煤均配备地面除尘站仍是主流工艺。地面除尘站虽然可以满足日常的粉尘捕集要求，但在除尘系统故障、设备和电气点检维护时，易造成运行率与焦炉生产的不同步问题。

2　现有系统存在的问题

2.1　出焦装煤除尘长期运行，无停机检修时间

出焦装煤除尘均与焦炉同时建设和投运，受焦炉生产连续生产的特点制约，出焦装煤除尘长期运行，无法停机检修，导致除尘主管道磨损、除尘箱体腐蚀出洞、整个系统漏点多等，除尘漏风率持续增加，集尘点位吸力<200 Pa，严重影响粉尘捕集效果。

2.2　电气系统异常时影响焦炉生产

因除尘电机、变频器和供电系统均是单系统运行，为确保环保设施与焦炉主体设施100%同步运行率，长期以来这些电气系统都处于运行状态，电气清扫、变频器维护等都无法进行，导致电气系统出现故障的风险大幅增加。一旦出现异常，势必导致除尘设施停机、焦炉停产，而且电气系统故障排查时间长，对焦炉生产影响巨大。图1和图2为出焦除尘风机振动检测值异常趋势，必须要停机检查，焦炉同步停产。

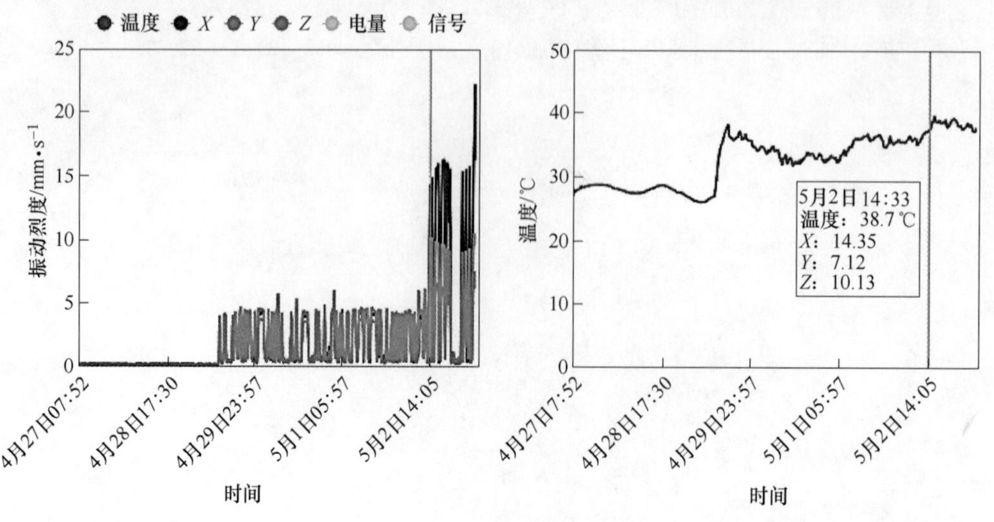

图1　除尘风机非驱动端检测值

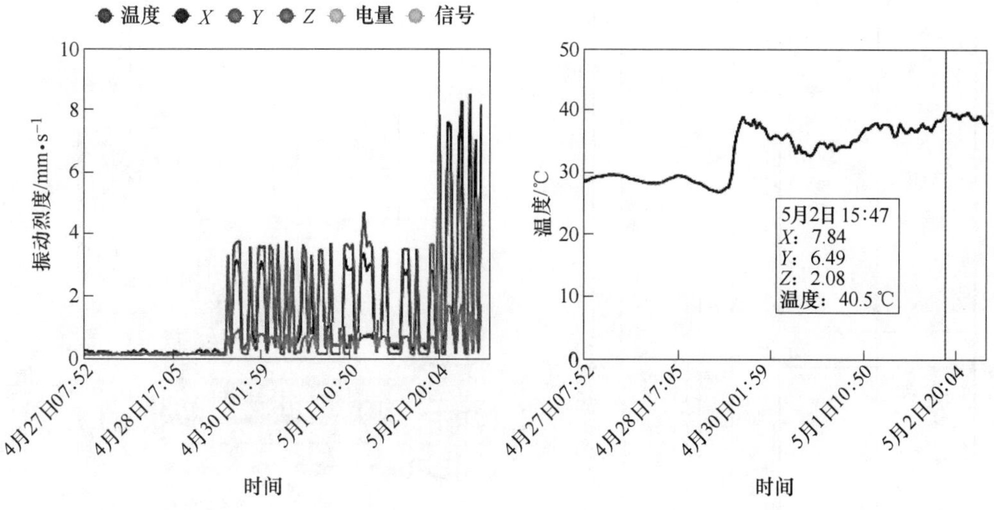

图 2　除尘风机驱动端检测值

2.3　漏风率高，影响粉尘捕集效果

现有除尘为翻板式连接结构，出焦除尘共有 121 个翻板阀、装煤除尘共有 120 个翻板阀，漏风点多，漏风率较高，导致除尘点粉尘收集效果较差。

3　改造方案

按照国家环保法律法规要求，环保设施必须与主体生产设施必须与生产设施同步运行，为避免因检修、故障等影响出焦、装煤除尘的运行，我单位结合现有除尘特点，在焦侧出焦、装煤除尘器的北侧，建设备用除尘出焦、装煤除尘器。

3.1　备用除尘站的总图布置

因备用除尘器属于后期改造设备，在焦炉建设时未考虑该除尘器的用地，而焦炉区域，除建设有出焦装煤除尘器外，还布置有焦炭、输焦皮带机及输焦除尘等，按照现有除尘的建设方式，现场无足够空间。为解决该问题，新建的出焦、装煤除尘选择架空设置，即保留现有地面构建筑物、道路等设施，在道路两侧使用架空框架结构，把除尘器主体放置在框架上部，除尘风机、电机既配电室布置在框架结构一侧，避免影响现有设施的运行和使用。备用除尘现场布置图见图 3。

3.2　除尘器本体参数

本次改造在保证除尘效果的同时，对单除尘箱体检修时过滤风速进行了调整，从而确保选用的覆膜滤袋在任何状态下都能稳定达到过滤要求。具体指标见表 1。

3.3　输灰系统改造

根据备用出焦、装煤除尘灰的输送特点，现场共设置 5 条气力输灰线，其中，出焦除尘系统 3 条，分别为出焦输灰 A 列、出焦输灰 B 列、出焦冷却器输灰线，装煤除尘系统 2 条，分别为装煤除尘输灰线、装煤除尘冷却器输灰线。出焦除尘气力输灰和装煤除尘气力输灰分别单独运行，运行周期为 30 min/次，系统内输灰线运行间隔为 3 min/条。

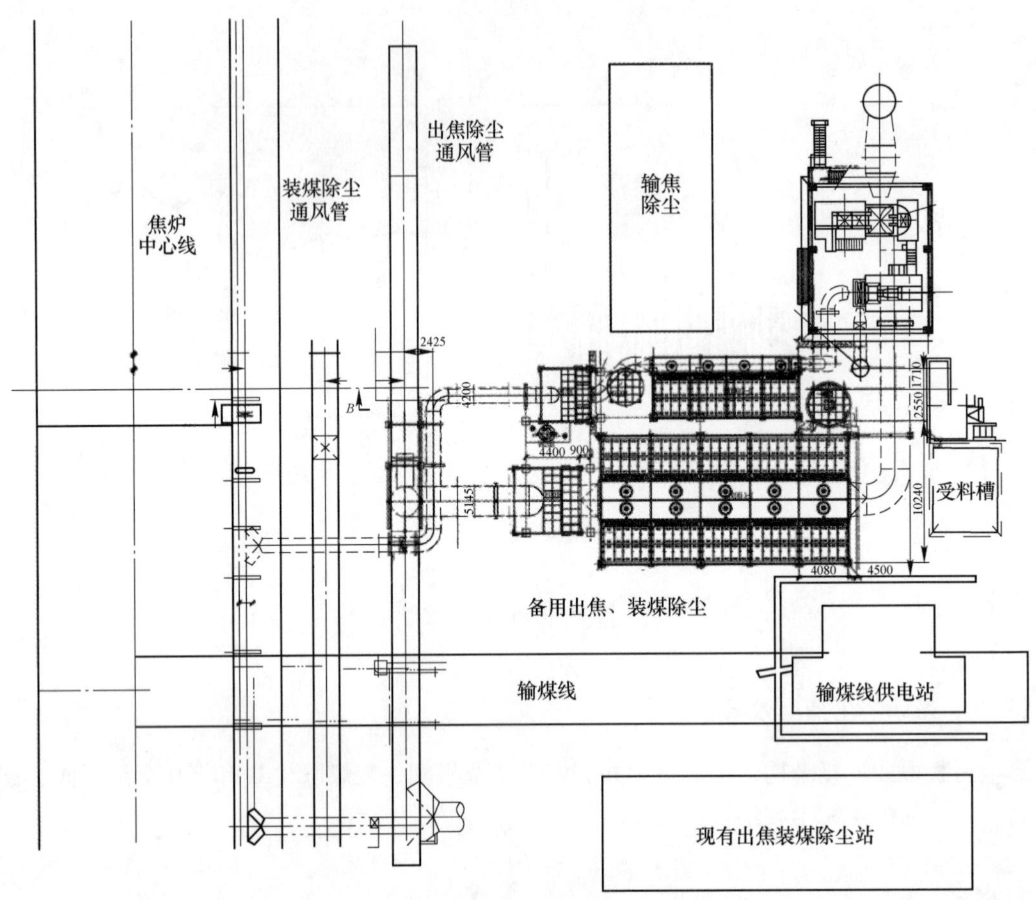

图3　备用除尘现场布置图

表1　备用除尘参数明细表

参数类别	出焦除尘	装煤除尘
除尘器形式	长袋低压脉冲除尘器	
处理尘（烟）/$m^3 \cdot h^{-1}$	324000	80000
除尘器面积/m^2	4000	1025
尘（烟）气温度/℃	50~80	50~80
设备运行阻力损失/Pa	<1200	
除尘器进口粉尘浓度/$g \cdot Nm^{-3}$	5~10	
除尘器出口粉尘浓度/$mg \cdot Nm^{-3}$	<10	
设备漏风率/%	<2	
除尘器清灰方式	离线清灰	
滤料	耐高温防静电覆膜纤维滤料	

3.4　除尘系统切换阀的改造

为消除翻板式除尘连接装置漏风大的问题，对翻板盖板底部密封垫圈进行更换，同时增加两座焦炉除尘管道切换阀，在出焦或装煤作业时，通过四车联锁的拦焦车作业区域信号控制切换阀的启闭，从而避免非作业区域翻板式除尘连接装置的漏风，如图4所示。

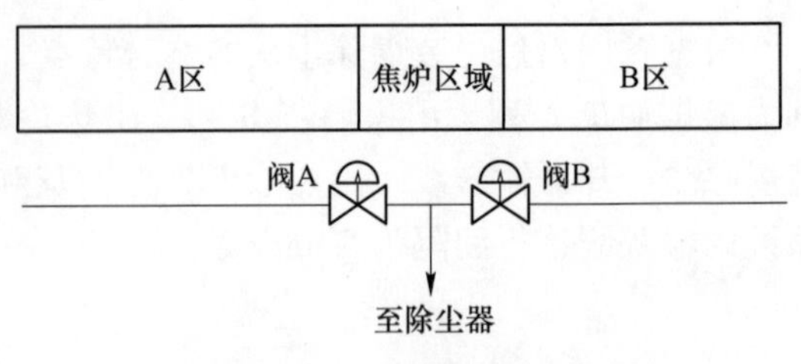

图4　通风管道切换阀示意图

为避免两个切换阀同时关闭，需要在控制程序中增加限值条件，如在A区进行出焦作业时，拦焦车处于A区作业范围，并属于工作车辆，计划出炉炉号为 A 区，此时可以控制切换阀 A 打开。在上述条件都具备，且切换阀 A 打开到位后，才能控制切换阀 B 关闭，要避免两个切换阀同时关闭，防止除尘风机启动高速后损坏除尘主管道或除尘箱体。

3.5 供电系统

备用出焦、装煤系统的设置，除解决机械故障和计划检修外，还需要具备应对外部供电系统异常的能力，为此，新旧共 4 套除尘器对供电系统进行了优化，其中，出焦除尘与备用装煤除尘为一路供电线路，装煤除尘与备用出焦除尘为一路线路，确保供电系统清扫、检修或故障时，有一组出焦装煤除尘系统处于正常运行状态。

4 运行效果

改造完成后，焦炉出焦、装煤除尘均实现了双系统运行，并且双路交叉供电，为除尘器长期稳定运行提供了条件。先后完成了不停机状态下除尘变频器和线路清扫，除尘箱体检修、风机保养等工作，同时因为增加除尘切换阀，集尘点吸力达到 500 Pa 以上，而除尘电机高速频率则大幅降低，其中出焦除尘频率降低至 40 Hz，装煤除尘高速频率降低至 28 Hz，节电效果明显。

焦炉不停产更换拦焦车轨道大修方法

李延杰　贺　福　王晓俊　王小刚　马　庆　金纯祥

（内蒙古包钢钢联股份有限公司煤焦化工分公司，包头　014010）

摘　要：包钢钢联股份煤焦化工分公司炼焦一部有 JN-60-82 型焦炉四座，焦炉采用 JL-6-34 左型拦焦车，生产作业过程中用于摘对焦炉的焦侧炉门及导出炭化室内红焦至熄焦车。拦焦车为在轨行驶，移动速度 60 m/min，轨道采用了 QU100 的重轨，全长 175 m，由三条轨道构成；一、二轨承载拦焦车台车本体，轨道铺设于焦侧炉台，三轨主要承载拦焦车的集尘外罩，铺设于高 7.5 m 长 180 m 的外跨过梁上。拦焦车轨道存在磨损、轨距超差等情况，生产作业过程中存在发生拦焦车走行轮掉道和轨道断裂等事故隐患，严重影响拦焦车的生产运行及相关机械传动件的使用寿命。关于拦焦车轨道的更换为行业难题，目前尚无有效的作业方法可遵循。我们通过测量、勘察制定合理的大修方案，采用一不停产施工，二轨道接头铝热焊接的方法将旧轨道全部更换，从而消除了隐患，满足了现场的生产需求。

关键词：测量，铝热焊，直线度，轨距

1　概述

由于现场使用的拦焦车轨道精度存在超差，更换过程又是不停产施工，所以要结合焦炉每天的生产与检修时间，提前布置并组织好现场施工，做好测量还要做好新轨道头、中、尾部的加固及新、旧轨道接头的连接，不然会造成台车掉道、侧倾的重大事故。所以整个轨道更换过程要规范且严谨。

拦焦车轨道采用 QU100 的重轨，由三条轨道构成，一、二轨铺设于 6 m 焦炉焦侧炉台内[1]，三轨外跨铺设，轨道长 175 m（图 1）。目前拦焦车轨道存在磨损、轨距超差等情况，通过现场测绘比对数值发现（排除焦炉本体不同部位沉降量带来的影响）轨道水平高度偏差最大达到 35 mm 左右、轨道轨距最大偏差达到 30 mm 左右，已经超出了正常的使用精度（±5 mm）。此状况造成拦焦车在作业时对位困难，易发生轨道断裂和拦焦车走行掉道的事故。

图 1　轨道分布

2　数据采集

用水准仪、直尺对拦焦车轨道的水平高度和轨距进行测量。在端台轨道处选取三个点，通过对里外轨道测量得到 6 个数据，间台轨道处选取三个点，对里外轨道测量得到 6 个数据，炉区内以 10 个炉号为一组，共分 5 组，对里外轨道测量得到 10 个数据，里外道测量点的位置要取相同的间隔距离，这样即完成了对一座焦炉拦焦车轨道的测量（表 1）。

表 1　测量轨道水平尺寸　(mm)

位置	端台里道（一轨）	端台外道（二轨）	炉区里道（一轨）	炉区外道（二轨）	间台里道（一轨）	间台外道（二轨）
1 号	1611	1609	1645	1642	1622	1626
2 号	1613	1607	1638	1632	1620	1623
3 号	1612	1609	1630	1627	1617	1619
4 号			1622	1619		
5 号			1618	1612		

从表 1 中计算可知，里道高度差最大达到 34 mm（高度差=最大-最小=1645-1611=34），外道高度差最大达到 35 mm（高度差=最大-最小=1642-1607=35），数值显示轨道已呈现两头高中间低的趋势，水平方向存在超差。

用直尺测量轨道的中心距发现整体超差在 20~30 mm。综合数据说明轨道高度差、中心距均存在超差，只有全部更换才能有效解决、避免事故的发生。

3　施工方案确定

对拦焦车轨道进行勘察，发现轨道在端台处的起点位置状态较好，经过拦焦车反复走行，台车在此处的稳定性也极高，此处的轨道高度和轨距就可作为施工起点的定位参考；结合轨道的测绘数据，新轨道的水平高度以 1610^{+3}_{-2} mm，轨道中心距以 1700^{+2}_{-2} mm，为施工范围较合理。

轨道更换的作业过程要结合焦炉生产特点，采用不停产施工的方案。留下端台轨道状态较好的部分作为原始基点不进行更换；其余轨道以 12 m 长为间隔，一二轨顺向分段依次更换，三轨做找正调整的方式进行施工。

4　准备工作

（1）垫板制作。制作 400 mm×150 mm×30 mm、400 mm×150 mm×20 mm、400 mm×150 mm×10 mm、400 mm×150 mm×5 mm、400 mm×150 mm×2 mm 垫板若干。

（2）将长度 12 m QU100 的新轨运至旧轨道的两侧待换。

5　不停产情况下的轨道施工

（1）轨道基础处理：施工前结合检修时间[2]，让出焦炉生产的出炉号[2]，以 12 m 为限开始轨道基础施工。

1）先清除一轨、二轨两侧的砖混地基，露出轨道的承载钢梁。

2）将 12 m 长的轨道分段切割移出，再拆除原有轨道上的垫板，并对“H”形底梁表面进行清理、打磨，露出本体。

3）使用水准仪在保留的端台轨道上，测绘原点标高 H，然后在清理后的底梁上从头开始每间隔 500 mm 距离测绘高度，记为 H_1、H_2、H_3。

4）参考 1610^{+3}_{-2} mm 的水平要求值，在测绘点放入准备好的垫板 L，L(垫板厚度)= H_1、H_2、H_3(测绘值）-H(原点基准)-150 mm（轨道高度）。垫板铺完后在复测一遍，以确保每一个垫板的支撑部位都能与新轨道底面完全接触并承载受力。

（2）新轨道安装。在垫板上铺设长度为 12 m 的新轨道。轨道先固定两头和中间部分，将垫板与底梁焊接牢固，然后在轨道外侧拉 0. 5 mm 钢线，以轨距 1700 mm 尺寸为界限，对里、外轨道直线度进行调整、定位；然后在轨道头、尾、中垫板两侧分别安装 QU100 压板、扣件并与垫板焊接牢固；最后再次复测新轨道的高度、轨距，确认尺寸达标后安装其他轨道压板、扣件并加固。按此方法依次更换余下轨道。

（3）轨道接头的临时处理。新轨安装后，要将下截未更换的旧轨道接头，做加固、找正，新、旧轨道之间也要采用 150 mm×80 mm×30 mm 的专用夹板进行临时直连处理，此举就使拦焦车正常通行，从而不影响其连续生产作业，即做到了不停产施工。

（4）最后铝热焊轨道接头。拦焦轨道特点为直线连接且两端为开放固定，轨道与轨道连接处采用鱼尾板夹扣、螺栓紧固的方式，冬夏季温差大造成轨道长度因热胀冷缩而变化，轨道的接头常因此发生疲劳断裂。

本着逢修必改进的原则，新轨道更换完毕后，轨与轨之间放弃了原来鱼尾板紧固的连接方式，改为了铝热焊接工艺[3]；轨道接头完成焊接后做相应打磨平整处理，使其顺滑、流畅。由于轨道采用了无缝连接，也就提高了强度，产生了较高的完整性，减少了载荷过程中拦焦车的振动及轨道与车轮之间的相对磨损。

6　工程收尾

（1）更换完工后，测绘新轨道尺寸（表 2）。

表 2　轨道同位置的水平尺寸　　（mm）

位置	端台里道（一轨）	端台外道（二轨）	炉区里道（一轨）	炉区外道（二轨）	间台里道（一轨）	间台外道（二轨）
1 号	1609	1610	1609	1612	1611	1612
2 号	1610	1612	1610	1611	1613	1609
3 号	1609	1611	1611	1613	1610	1611
4 号			1609	1611		
5 号			1611	1611		

（2）恢复焦侧炉台表面。

7　结论

（1）由于焦炉使用时间较长，现场确定拦焦车原轨道基础的原始标高等数据较困难，因此更换前的定标、定尺非常重要。一般可采用端台的轨道起点数据为参考依据。

（2）整个更换作业过程施工与生产密切配合，将要更换的轨道化整为零，结合每天焦炉的生产及检修时间，做到了施工、生产两不误。

（3）依靠水准仪的几次测量值，将新轨准确找平、找正。通过上述方案大修后的轨道精度得到恢复，消除了拦焦车运行中的隐患，保证了焦炉生产的有序顺行。

参 考 文 献

[1] 董树清．炼焦工艺及设备［M］．北京：化学工业出版社，2018.

[2] 王晓琴．炼焦工艺［M］．北京：化学工业出版社，2015.

[3] 刘明科，李红云，刘斌靳，等．钢轨铝热焊接现场施工技术［M］．北京：中国铁道出版社，2021.

一种更换焦炉煤气横管的新方法

辛宪敏　胡永忠

（山西宏安焦化科技有限公司，介休　032000）

摘　要：介绍了一种新型的焦炉煤气横管更换技术——可调式模具的应用。通过可调式模具，在地下室外预制横管，实现了高效、安全、精准的横管更换作业，显著提高了煤气横管更换作业效率。

关键词：煤气横管，可调式模具，更换技术

1　概述

焦炉煤气横管作为焦炉热工系统的核心组成部分，其状态直接影响到焦炉的正常运行。在生产过程中，由于长期受到高温、磨损和腐蚀等恶劣环境的影响，煤气横管因老化、损坏等问题，需要进行及时更换。传统的更换技术不仅效率低下，而且存在一定的安全隐患。本文介绍了一种安全系数高、更换效率高的焦炉煤气横管更换技术。

2　焦炉煤气横管更换技术现状

传统的焦炉煤气横管的更换技术采用现场对位焊接法，该方法需要在焦炉地下室进行大量的工作，包括切割、打磨、测量、焊接等工序。在更换过程中，需要精确地定位支管的连接位置和角度，然后通过焊接、打磨、法兰连接的方式将新的横管固定在原位置。这种方法虽然简单易行，但是存在以下不足：

（1）精度低。由于横管与支管的连接位置及角度难以准确定位，导致更换后的横管与原管道连接处可能存在间隙，造成煤气泄漏，存在人员中毒及爆炸风险。

（2）工作效率低。更换过程需反复修正，重复性工作量大，更换效率低。

（3）存在安全隐患。焦炉地下室为煤气区域，且为受限空间，更换横管需在焦炉地下室进行切割、打磨、焊接作业，存在一定的安全风险，可能导致火灾或爆炸事故。

3　可调式模具在焦炉煤气横管更换中的应用

针对传统的对位焊接法存在的问题，介绍了一种新型的可调式模具在焦炉煤气横管更换作业的应用实践。

3.1　可调模具的制作方法

可调式模具由三部分组成，分别为油壬调节、底座调节及横管支架。油壬调节的支架及横管支架使用槽钢制作，底座调节使用法兰制作。油壬调节部分安装有方管、法兰、调节丝杆、调节螺母和连接件，油壬和底座均可根据横管实际尺寸调节定位，可调模具示意见图1。

3.2　横管更换作业步骤

（1）先将欲更换的横管拆卸下来，转移至地下室外，固定在可调模具上。

（2）使用新法兰片通过旋转调节板与原横管两端法兰定位。

（3）调节油壬调节部分的丝杆，逐个定位小支管。

（4）所有部件定位完成后，将旧横管从模具上拆卸下来。

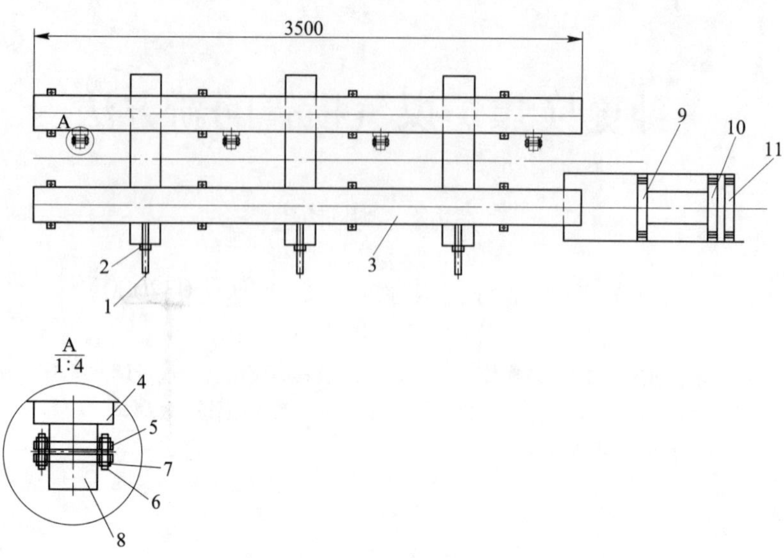

图 1　可调模具安装示意图

1—M24×150 调节丝杆；2—M24 调节螺母；3—120 槽钢；4—40×60×300 方管；5—DN32 法兰；6—M10×100 调节丝杆；7—M10 调节螺母；8—DN32 油壬；9—DN150 法兰；10—200×200×12 旋转调节板；11—200×200×12 固定座

（5）根据已定位的各部件尺寸、方位，加工横管，焊接法兰和小支管短节。

（6）将加工好的横管转移到地下室进行安装。

4　可调式模具的优点

与传统的现场对位焊接法相比，可调式模具在焦炉煤气横管更换中具有以下优点：

（1）精度高。可调式模具可以根据原横管的尺寸和方位进行精确调整，确保更换后的横管与原管道连接处无间隙，保证无煤气泄漏。

（2）效率高。经过可调式模具精确定位，预制的横管可一次性加工完成，无需重复打磨、修正。同时，可调模具可重复利用，减少预制工作量，大幅简化更换过程，提高工作效率。

（3）安全风险低。通过可调式模具的应用，将动火作业的场所由煤气、受限空间转移至户外，降低作业风险。

5　应用效果

2023 年 10 月，维修班组对 4 根存在漏点的横管进行更换，作业人员分两组，分别采用可调式模具和传统的对位焊接法进行作业，结果如下。

5.1　更换效率

采用可调式模具法更换煤气横管，平均用时 2 h；采用传统定位焊接法更换煤气横管，平均用时 4 h。通过对比，可调式模具法的更换效率更高。

5.2　更换精度

完成更换作业后，对横管与原管道连接处的间隙进行 CO 监测，采用可调模具法，一次完成，CO 监测浓度 0 ppm，无泄漏；采用现场对位焊接法更换的横管，经过两次修正，才达到无泄漏标准，说明可调式模具法的预制精度更高。

5.3　效益分析

可调式模具可以重复使用，更换效率高，降低了维修成本。同时，将动火作业转移到地下室外，大幅降低了人员中毒和着火、爆炸风险。

6　结论与展望

可调式模具在焦炉煤气横管更换中具有显著的优势，能够提高加工精度和更换效率，降低安全风险和维修成本，在焦化企业具有广泛的应用前景。

顶装焦炉装煤车导套冒烟原因分析及对策研究

周　明[1,2]

（1. 唐山首钢京唐西山焦化有限责任公司，唐山　063200；
2. 河北省煤焦化技术创新中心，唐山　063200）

摘　要：简单介绍了某焦化厂 7.63 m 焦炉装煤车及导套结构的基本组成，重点对装煤车在装煤过程中上下导套冒烟的原因从多方面进行了深入细致的分析，并对上下导套存在的问题进行了有针对性的改造和优化，从根本上解决了装煤车在装煤过程中导套冒烟的问题。经过改造和优化后的装煤车导套，在该焦化厂的实际生产应用中取得了良好的效果，并对其他类型的顶装焦炉焦化厂装煤车烟尘治理工作有一定的借鉴作用。

关键词：焦炉，装煤车，密封，导套，冒烟

1　顶装焦炉装煤车及导套结构的基本组成

1.1　装煤车的基本组成

焦化行业焦炉四大机车包括推焦机、熄焦车、拦焦机和装煤车，是焦炉炼焦生产中最主要的设备。某焦化厂 7.63 m 顶装焦炉装煤车，主要煤斗及称重系统、走行装置、螺旋给料装置及螺旋闸板、揭盖机、清座机、清盖机、上下导套装置、煤斗、打闸板装置、炉顶清扫装置、泥浆封盖装置、滑线供电装置、电气室、司机室、液压站、柴油发电机等装置或结构组成，这些系统或装置通过 PLC 实现自动控制功能，达到全自动装煤的目的。

1.2　装煤车导套装置基本组成和功能简介

1.2.1　装煤车导套装置基本组成

某焦化厂 7.63 m 顶装焦炉在每个炭化室的顶部有四个装煤孔，每台装煤车各安装有四个导套装置，每个导套装置各对应一个炉顶装煤孔，它们之间相互配合实现装煤车的装煤功能。

每个导套装置主要由导套钢结构及导向轮及轨道、上导套（套筒及密封弧面）、下导套（套筒、下端口、关节轴承）、上下导套驱动油缸及液压系统、电气自动化系统等组成。

1.2.2　装煤车导套基本功能简介

首先，装煤车靠变频电机驱动，走行到焦炉煤塔底部，煤塔闸板油缸将煤塔闸板打开，将煤塔内的装炉煤装到装煤车的煤斗内。接下来，装煤车走行到预定的装煤孔位置。然后揭盖机接开炉盖，下导套油缸驱动下导套向下运动，下导套端口对准焦炉炉顶装煤孔底座，下导套端口弧线球面与下装煤孔底座顶紧，起到密封作用。

下导套油缸运行到位后，上导套油缸驱动上导套向上提升拉紧，安装在上导套底部和下导套顶部的密封弧面相互接触，起到密封烟尘的作用。上导套油缸运行到位后，打开螺旋闸板，启动螺旋给料机进行装煤作业。

2　装煤车导套装置装煤冒烟现状介绍

某焦化厂 7.63 m 顶装焦炉有 5 台套装煤车，其中有 4 套装煤车需要在 2 座焦炉生产，每个导套需要对应 140 个装煤孔，有 1 套装煤车需要在 4 座焦炉进行生产，每一个导套需要对应 280 个装煤孔。

在长期的实际生产过程中，下导套不能很好的对正装煤孔底座，导致下导套装置发现倾斜。下导套

装有关节轴承，能够自由摆动，下导套端口表面是球形的弧面，能够实现一定的调节补偿作用。

如图 1 所示，当下导套与装煤孔底座之间偏差过大，就会超出下导套端口球面和关节轴承的调节范围，这样就会导致下导套端口与装煤孔底座之间、上下导套密封面之间会产生缝隙。在生产装煤过程中，焦炉炭化室内的荒煤气就会从这两个缝隙中大量溢出，对生产环境造成严重污染，影响生产人员身体健康，与当前绿色焦化理念相背离。

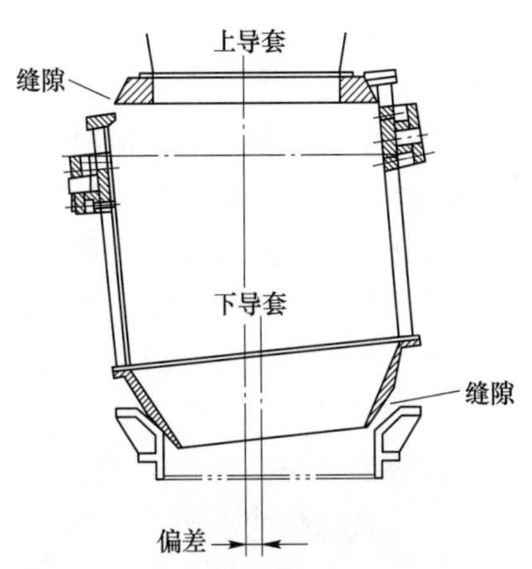

图 1　下导套与装煤孔底座偏差示意图

3　装煤车装煤导套冒烟原因分析

焦炉的每个炭化室有 4 个装煤孔，对应装煤车的 4 个导套，最理想状态是 4 个装煤孔底座的中心线与装煤车 4 个下导套的中心线相重合。但是，由于设备安装误差、结构变形、炉体膨胀等原因，这两个中心线不可能完全重合。

装煤车下导套装有关节轴承，端口依靠球面与装煤孔底座密封，上下导套之间也依靠球面进行密封。当下导套中心线与装煤孔底座中心线偏差在 20 mm 范围以内时，上下导套之间、下导套与装煤孔底座之间的球面可以保证密封完好，装煤过程中不会有荒煤气溢出。

但是在实际生产过程中，装煤车下导套与装煤孔底座偏差往往会超过 20 mm，使得下导套倾斜量过大，超出了下导套的调整范围，这样就导致下导套端口与装煤孔底座之间产生缝隙，同时上下导套之间的密封面也会产生缝隙，从而导致在装煤过程中大量的荒煤气从缝隙中溢出。

因此，致使装煤车在装煤过程中荒煤气溢出的直接原因就是，下导套与装煤孔底座之间、上下导套密封面之间出现缝隙。而致使这两个缝隙产生的根本原因就是，下导套中心线与装煤孔底座中心线偏移量过大。

而致使这两个中心线偏移量过大是多种因素累积的结果，其主要原因有以下 3 种。

3.1　设备制造安装误差

3.1.1　结构件加工误差

整个装煤车结构都是由钢铁结构根据图纸加工制作而成，在结构件加工制作、焊接的过程中会有一定的加工误差。

3.1.2　焊接、安装误差

装煤车结构件加工制作完成后，安装工人根据图纸要求拼装焊接。由于结构在焊接过程中会发生形变，而且安装尺寸需要控制在图纸要求的范围内。因此，整个装煤车在组装安装完成后就会产生一定的累积误差。

3.2　钢结构变形

3.2.1　环境及温度影响

装煤车长期处在焦炉顶部运行，炉顶表面温度相对较高，夏季温度可达到 70~80 ℃，钢结构腐蚀也比较严重，对装煤车钢结构产生影响，因此长时间使用装煤车的结构尺寸会发生一定的变化。

3.2.2　力的作用

装煤车上、下导套都是由液压油缸驱动的，驱动导套油缸的工作压力为 10 MPa。在长期生产使用过程中，导套钢结构长期受到力的作用，结构也会发生形变，导致导套中心线会发生偏移。

3.3　装煤孔底座位置发生偏移，导致其与装煤车下导套不同心

装煤孔底座是铸铁件，用耐火浇注料砌筑在炉顶装煤孔上。因此，在安装砌筑过程中也会产生误差。更重要的是，在使用过程中由于炉体膨胀和热胀冷缩作用，导致装煤孔底座中心会产生较大的偏移，甚

至可达 20~30 mm。因此，装煤孔底座发生偏移，是导致装煤车导套与装煤孔底座不对中的主要原因。

3.3.1 焦炉炉体热膨胀

焦炉一直处于热态加热情况下运行，加热温度在 1200 ℃左右，而且加热温度会根据装煤量、装炉煤水分和结焦时间等参数不断调整。因此，焦炉炉体结构尺寸会随着季节和炉体温度变化，炉体膨胀量也会随之发生变化，这样就会携带着装煤孔底座一同发生位移。然而，炉体随温度变化热膨胀量不同，是焦炉炉体的固有特性，是无法改变的。

因此，炉体结构尺寸随温度的变化而变化导致装煤孔底座发生偏移，是装煤车导套与装煤孔底座中心发生偏移的最主要原因。

一座焦炉装煤孔众多，一座 70 孔 7.63 m 焦炉就有 4×70=280 个装煤孔，想要将焦炉的装煤孔底座调整到一个比较理想的水平又非常的困难，而且需要花费大量的劳动力和检修时间。

3.3.2 装煤孔底座安装误差

装煤孔底座在工程建设安装过程中也会出现误差。不仅如此，在装煤孔底座损坏需要更换时，由于工人操作不当或技术水平问题，也会出现一定偏差。这两种原因也会导致装煤孔底座与装煤车下导套不同心。

3.3.3 装煤车对位误差

装煤车在生产过程的对位功能都是自动的，自动对位系统主要由读码头、码盘和光纤等组成，程序设计要求，装煤车自动对位精度在±5 mm 范围内就可满足生产要求。

4 装煤车导套密封装置改进优化策略

4.1 改进导套下端口的材质及结构形式

为了能够增大下导套的调整范围，使其能够更好地与装煤孔底座相互配合，使其二者的中心线能够保证一个比较好的同心度，我们对装煤车下导套端口的材质、结构形式等进行了重新的设计，对其进行了改造和优化。

4.1.1 改变下导套端口的材质和制作工艺，提高下导套端口的耐热性能和结构刚度

原设计的下导套端口材质由不锈钢加工而成，长时间受热易发生变形，在装煤的过程中密封不好，就会导致装煤冒烟。我们把这个端口的材质由之前的不锈钢改用铸钢，铸钢件具有良好的加工性能；并且在铸造时在其内部添加耐热金属元素，又有较好的耐热抗变形性能。

在下导套端口的上下法兰面之间均布设置 6 个 30 mm 厚的加强筋板，同时增加了表面的厚度。这样新的下导套端口虽然重量有些许增加，但是完全可以保证端口的结构刚度和强度。

由于下端口的材质由不锈钢改为铸钢，虽然重量增加了，但是备件成本得到了明显的下降。

4.1.2 改变下导套端口的结构尺寸，提高下导套端口的调整范围

在保证下导套端口各个安装尺寸不变的情况下，整个新型的下导套密封端口采用耐热铸钢铸造加工制作而成，防止端口受热变形。端口的上下法兰面是加工面，并在上法兰面上加工三道水线，保证与下导套套筒法兰安装时的密封效果。端口的内表面也是加工面，表面光滑，可以保证下煤顺畅，不黏结煤粉。

新型的下导套端口上法兰面设有 3 道密封水线，之间放置密封垫片，上法兰与下导套套筒连接，缩短下导套端口插入装煤孔底座的长度，内径保持不变，保证了装煤时的下煤量和通畅性；而外径内收，上法兰面与下导套套筒进行连接。在保证端口内径不变的情况下，外表面由原来的弧形面改为锥形面，端口上移，插入深度变小。

通过这样的设计改造与优化，新型的下导套密封端口增加了下导套与装煤孔底座中心线偏差的调节量，调整量可达 40 mm 左右，完全可以满足由于各种原因造成的装煤车下导套与装煤孔底座不对中的情况，使得下导套端口下降后能够保证下导套与装煤孔底座垂直，从而保证下导套与装煤孔底座的同心度。

4.1.3　改变下导套端口的密封形式，提高端口与装煤孔底座的密封性

装煤车原先下导套端口与装煤孔底座是靠端口的球形弧面进行密封的，属于硬质密封，当炭化室内压力较高时，密封效果不好，无法将炭化室内的荒煤气封住。

如图2所示，从新设计的下导套端口，将原来的弧面硬密封改造成为平面软密封，提高了下导套端口与装煤孔底座之间的密封性能。在导套端口上重新设计一个直径与装煤孔底座直径同样大小的法兰，下法兰面底部加工3道燕尾型沟槽，沟槽内添加耐高温软质密封材料。下导套驱动油缸以10 MPa的工作压力，将下导套密封端口向下压紧，下法兰面就被紧紧地压在装煤孔底座的平面上，软质密封材料就可以起到很好的密封作用，提高了下导套的密封性能。新型下导套端口实物见图3。

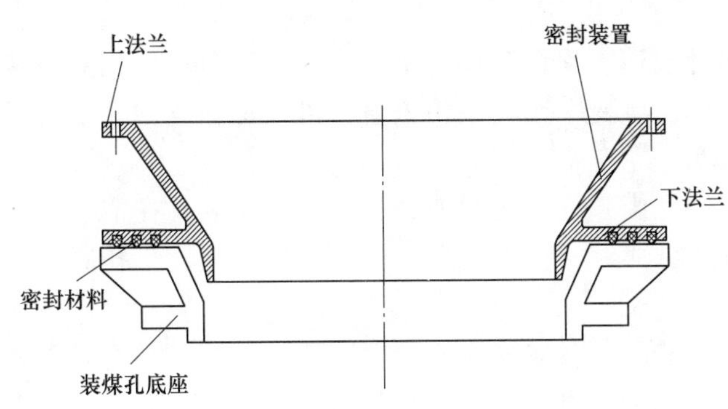

图2　新型下导套端口示意图

图3　新型下导套端口实物

4.2　对上下导套密封面剩余的小缝隙进行再密封

由于个别装煤孔底座偏移量过大，即使经过上述的改造和优化，虽然消除了下导套与装煤孔底座的不同心问题，但是又造成了上导套中心与下导套中心发生偏移。当偏移量超出密封球面的调整范围后，装煤车在装煤过程中上下导套油缸都运行到位后，上下导套之间的密封球面处还是会有一定的缝隙，装煤过程中还是会有荒煤气从缝隙中冒出。因此，我们还需要对上下导套之间密封球面产生的缝隙进行再密封。

4.2.1　在下导套套筒的上法兰上加装一个圆环

为了封堵上下导套之间的缝隙，在下导套套筒上部焊接一个密封环，这个密封环由普通碳钢经机床机加工制作而成，剖面结构呈“L”形，倒装在下导套套筒的上法兰面上，为了安装方便，该密封环做成两半结构，安装形式为焊接。需要特别注意的是，安装时需要保证这个密封环与下导套同心，否则密封效果会大打折扣。

4.2.2　密封环内安装软质耐高温密封材料，对缝隙进行密封

这个密封环与下套筒上法兰面形成的“C”形空腔内，在这个空腔内安装软质耐高温密封材料，并用细铁丝进行固定；密封材料呈圆柱形，内部含有镍丝，有较高的耐热性能；密封材料是软质材料，可进行压缩（图4、图5）。

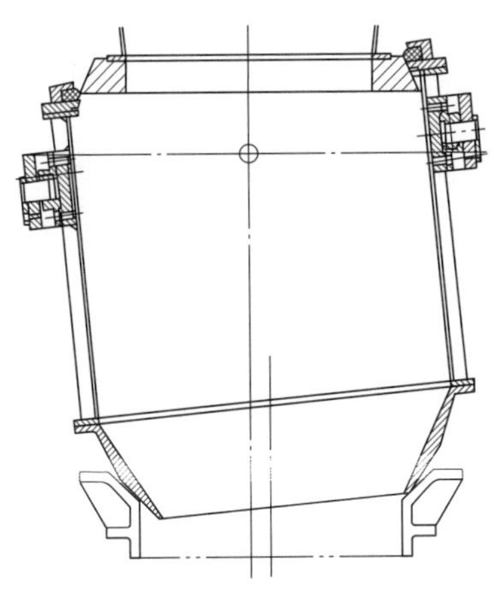

图4　密封环示意图

图5　密封环实物图

装煤时，上导套油缸向上拉上导套，下导套油缸向下压下导套，密封环内的软质密封材料就被挤压到上下导套密封面的那个空间内，可以对上下导套之间产生的缝隙进行有效的密封。

5　改进后实际效果

根据现场实际使用情况，我们对装煤车导套进行了一系列的改造和优化，装煤车在实际生产装煤过程中上下导套冒烟问题得到了明显的改善，取得了显著的效果。

（1）通过对下导套端口材料的优化，使得下导套端口耐热性能更好，结构刚度更大，更经久耐用，而且备件费用得到了有效的降低。

（2）通过对下导套端口结构尺寸进行重新设计改造，使得装煤车下导套在生产过程中相对于装煤孔底座的适应性更强，调整范围更大，能够使得下导套与装煤孔底座相垂直，可以消除下导套端口与装煤孔底座之间的缝隙，防止装煤车在装煤过程中冒烟。

（3）改变下导套端口与装煤孔底座的密封形式，由弧面硬密封改造为平面软密封，在下导套端口下法兰面上增设3道燕尾槽，燕尾槽内安装软质耐高温密封材料，提高了下导套端口与装煤孔底座的密封效果。

但是，需要特别注意的是，这种平面密封对装煤孔底座与炉顶的平面度要求较高，必要时需要在装煤孔底座外再安装一个铁圈，来保证装煤底座的和炉顶平面度和密封面积。

（4）在上下导套之间密封面处再安装一个密封环，密封环内安装软质耐高温密封材料，可以对上下导套密封球面之间剩余的缝隙进行再封堵再密封，防止烟尘从这个缝隙中溢出。

6　结语

顶装焦炉装煤车在装煤过程中导套冒烟问题是焦化行业的一个难题，通过本文的一系列改造和优化，使得这个问题得到了有效的解决，满足了当今的环保要求和绿色焦化的理念，并且在其他类似的顶装焦炉上有一定的借鉴推广价值。

参 考 文 献

[1] 王爱伦，孔令彬．顶装煤焦炉装煤车导烟除尘装置及应用［J］．设备管理与维修，2012（10）：58-60.

[2] 李昊岭，韩学祥，王海燕．焦炉装煤车无烟装煤装置改［J］．冶金动力，2002（21）：21-24.

[3] 于晓升，郭继平．装煤车新型密封导套的结构与特点［J］．燃料与化工，1999（5）：209-211.

[4] 李庆喜，王思阳．一种装煤车导套除尘方案［J］．新型工业化，2020（7）：90-91.

[5] 白银丽，赵红洲，刘合彬．7.63 m 焦炉装煤“冒烟、冒火”原因分析与控制措施［J］．中小企业管理与科技，2013（12）：294.

热回收焦炉絮状物研究与应用

李乐寒　陈卫东　未丙剑　王莹爽

（吉林建龙钢铁有限责任公司，海东　810699）

摘　要：吉林建龙钢铁有限责任公司焦电项目于 2023 年 4 月投产，清洁型热回收焦炉具有污染物排放少，优质炼焦煤用量低，生产成本低、工艺流程短、管理相对简单的特点。结合 QRD-2019 清洁型热回收捣固式焦炉，通过对干熄焦锅炉堵塞物取样分析，掌握堵塞物的化学成分和矿物组成，结合不同粒度炼焦煤灰分及灰成分特性，分析干熄焦锅炉堵塞的原因及焦炭产生絮状物的原因与影响。

关键词：热回收焦炉，干熄焦，焦炭，絮状物

1　概述

热回收焦炉也称无回收焦炉，其生产采用负压炼焦操作和热回收工艺，炼焦过程中产生的荒煤气在炉内直接燃烧，产生的热量用于加热煤饼，高温废气进入余热锅炉进行热交换生产蒸汽，产生的高温蒸汽用于发电。热回收焦炉在炼焦末期，随着焦炭逐渐成熟，荒煤气减少，表面焦炭与空气接触过烧，形成 10～20 mm 的灰渣。灰渣下面的焦炭受高温收缩及气体对流影响，将焦炭表面部分含有煤矸石的粉尘颗粒混合物抛出，抛出的粉尘颗粒混合物在高温有氧状态下形成玻璃体被气流吹散，从而形成絮状物。

2　絮状物成分分析

2.1　絮状物产生现象

焦炭经过推焦进入干熄焦焦罐后，焦炭中丝状物在推焦过程中飞扬，干熄焦地坑中存在一定量的丝状物汇聚；其余丝状物在推焦、装入过程中进入循环风系统，逐步沉积于锅炉、二次除尘器等位置。

干熄焦锅炉内发现丝状物大量沉积在翅片管束间，从而将细颗粒焦粉阻挡并附着在丝状物表面，形成翅片蒸发器、省煤器大面积积灰堵塞。通风面积逐步减小，通过风速高于设计风速 8 m/s，冲刷管束管壁变薄，易导致锅炉爆管事故；聚集在翅片蒸发器上表面，表面堆积焦粉，严重影响换热效率；同时因换热不均，管束段温度不均，易在省煤器水路出口侧发生汽化，造成水冲击现象。

2.2　絮状物化学成分分析

XRD 物相检测干熄焦丝状物。

（1）XRD 从峰形看，特征峰不明显，样品结晶一般，并含有非晶相（图 1、图 2）。

（2）检出样品物相石墨-C、石英-SiO_2、TiO_2、Na_2O_2、石膏-$CaSiO_4\cdot 2(H_2O)$、钙铝硅酸盐-$CaAl_2Si_2O_8\cdot 4H_2O$、微斜长石-K($AlSi_3O_8$)、FeO，不排除有机物相和未检出相。

长石是一种含有钙、钠、钾的铝硅酸盐矿物。它有很多种，如钠长石、钙长石、钡长石、钡冰长石、微斜长石、正长石，透长石等。它们都具有玻璃光泽，颜色多种多样。有无色的、有白色、黄色、粉红色、绿色、灰色，黑色等。有些透明，有些半透明。长石本身应该是无色透明的，之所以有色或不完全透明，是因为含有其他杂质。有些成块状、有些成板状、有些成柱状或针状等。

一般熔点在 1100～1300 ℃，其中钾长石熔点 1290 ℃，钠长石熔点 1215 ℃，钡长石熔点 1715 ℃。天然长石常为固溶体，故熔点较单一成分的长石熔点低。熔融间隔较宽是长石良好的工艺性能之一，如在 1200 ℃时开始，1350 ℃全部转变成液相，熔体透明、黏度大，工艺性能最好。煤矸石的无机成分主要是硅、铝、钙、镁、铁的氧化物和某些稀有金属。其化学成分组成的百分率（%）：SiO_2 为 52～65；Al_2O_3

为 16~36；Fe_2O_3 为 2.28~14.63；CaO 为 0.42~2.32；MgO 为 0.44~2.41；TiO_2 为 0.90~4；P_2O_5 为 0.007~0.24；K_2O+Na_2O 为 1.45~3.9；V_2O_5 为 0.008~0.03。

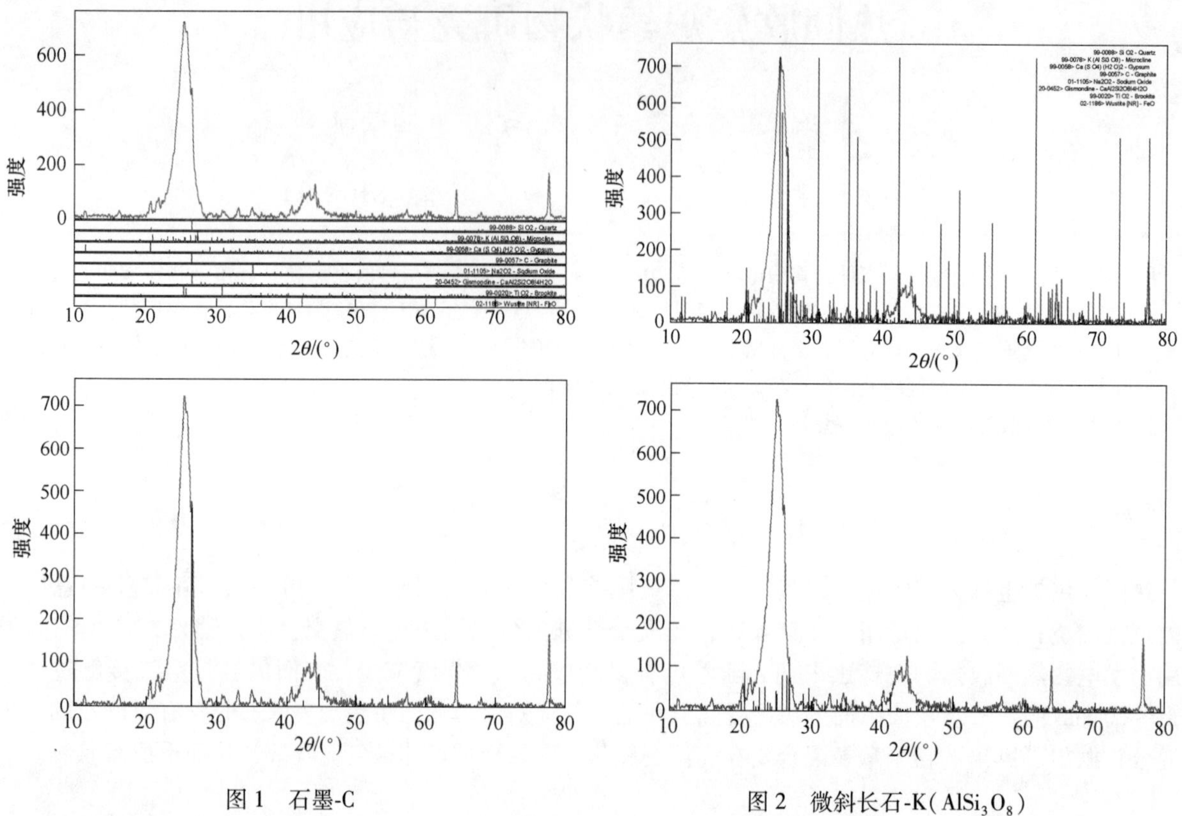

图 1　石墨-C　　　　图 2　微斜长石-K($AlSi_3O_8$)

3　絮状物烧制试验

目前焦炉中发现部分黑色絮状物，炉中不融化。絮状物使用刚玉坩埚盛装，使用高温电阻炉烧结，观察絮状物在多少温度下性质可以发生改变。

试验步骤：

(1) 坩埚内絮状物尽量装多、压实，放入高温炉内随炉升温。

(2) 08:00~10:00 高温炉升温至 1350 ℃。

(3) 每 20 min 观察一次，坩埚内物料是否发生改变。

(4) 摸索出絮状物性质改变时间，再使用另一坩埚将物料、时间等同，依次观察 1310 ℃、1320 ℃、1330 ℃、1340 ℃温度下的物料是否发生改变。

结果见表 1。

表 1　烧制试验结果

样　品	M_{ad}/%	A_d/%	V_{daf}/%	FC_{ad}/%	$S_{t,d}$/%
絮状物（原样）	0.47	25.02	1.59	73.44	1.33
絮状物粉	0.29	26.47	1.45	72.25	1.04
絮状物丝	0.45	9.27	1.40	89.05	2.86

絮状物（原样）和絮状物粉的灰分在 25%~27%，固定碳在 72%~73%。而絮状物丝的灰分较低，为 9.27%，固定碳含量较高为 89.05%。

絮状物的灰成分见表 2。

将絮状物的灰成分折合成 100%，结果见表 3。

表 2　絮状物的灰成分

样　品	灰成分/%										
	SiO_2	Al_2O_3	Fe_2O_3	CaO	MgO	SO_3	TiO_2	K_2O	Na_2O	P_2O_5	MnO_2
熔点/℃	1650	2054	1565	2572	2800	16.8	1640	750	1132	340	535
絮状物（原样）	52.82	25.93	6.37	3.41	0.96	1.39	1.32	1.46	1.09	0.81	0.056
絮状物粉	53.17	26.14	6.37	3.54	0.98	1.2	1.32	1.44	0.89	0.82	0.058
絮状物丝	23.76	11.93	2.63	1.33	0.42	2.1	0.68	0.48	13.75	0.58	0.037

表 3　絮状物的灰成分折合成 100%的结果

样　品	灰成分/%										
	SiO_2	Al_2O_3	Fe_2O_3	CaO	MgO	SO_3	TiO_2	K_2O	Na_2O	P_2O_5	MnO_2
熔点/℃	1650	2054	1565	2572	2800	16.8	1640	750	1132	340	535
絮状物（原样）	55.24	27.12	6.66	3.57	1.00	1.45	1.38	1.53	1.14	0.85	0.06
絮状物粉	55.43	27.25	6.64	3.69	1.02	1.25	1.38	1.50	0.93	0.85	0.06
絮状物丝	41.18	20.68	4.56	2.31	0.73	3.64	1.18	0.83	23.83	1.01	0.06

从灰成分中看出，絮状物丝中的熔点高于 1000 ℃的物质，如 SiO_2、Al_2O_3、Fe_2O_3、CaO、MgO、TiO_2 的含量均出现降低趋势，但 Na_2O 则出现明显升高的现象。

絮状物丝的形成是焦炭烧损灰化的物质，接触到干熄焦惰性气体后，在高温条件下，被气流作用吹成丝状物（图 3）。

絮状物照片　烧制前　1350 ℃烧制(在炉30 min)　1350 ℃烧制(在炉60 min)

升温1400 ℃烧制(在炉90 min)　1400 ℃烧制(在炉180 min)　1400 ℃烧制(在炉240 min)　1400 ℃烧制(在炉300 min)

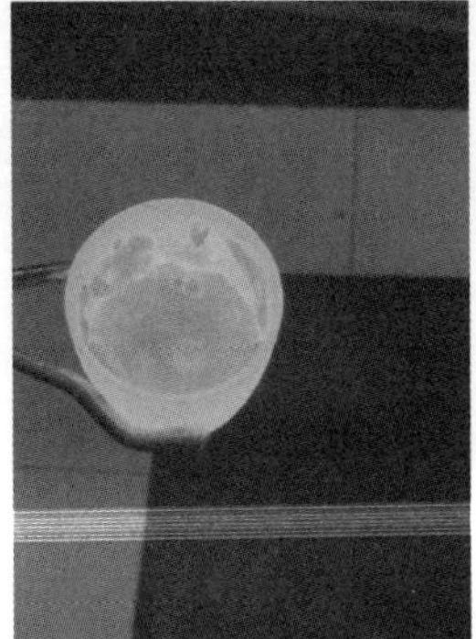

1400 ℃烧制(在炉360 min)

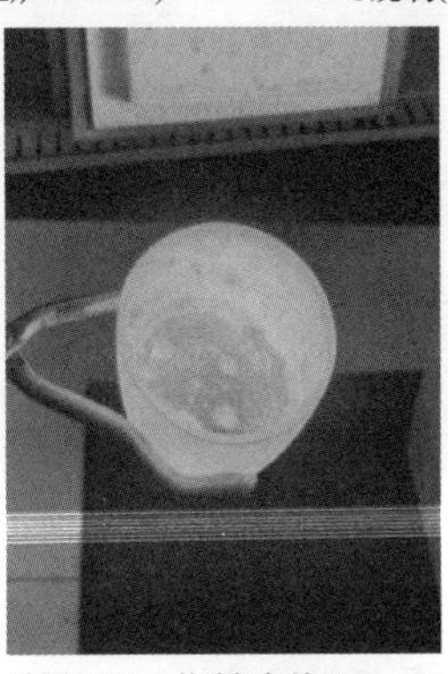

升温1450 ℃烧制(在炉420 min)

出炉照片(冷却至室温下)

图 3　絮状物变化

长石一般熔点在 1100~1300 ℃，其中钾长石熔点 1290 ℃，钠长石熔点 1215 ℃，钡长石熔点 1715 ℃。天然长石常为固溶体，故熔点较单一成分的长石熔点低。熔融间隔较宽是长石良好的工艺性能之一，如在 1200 ℃时开始，1350 ℃全部转变成液相，熔体透明、黏度大，工艺性能最好。

保持 1350 ℃加热 30 min、60 min，絮状物性质未有明显改变；升温到 1400 ℃，此时絮状物加热 90 min，肉眼观察絮状物烧制后表面呈球状，另使用铁棒轻微触碰，下方絮状物未改变；加热 180 min，肉眼观察絮状物在坩埚内的高度有所降低，猜想是絮状物开始融化导致。加热 240 min，肉眼观察絮状物在坩埚内降低约 1/4 高度；加热 300 min，肉眼观察絮状物在坩埚内降低约 1/3 高度；加热 360 min，肉眼观察絮状物在坩埚内降低约 2/5 高度；升温到 1450 ℃时加热 420 min，肉眼观察絮状物在坩埚内降低约 50%高度。

4　不同取样地点的絮状物试验成分分析

4.1　絮状物成分分析

絮状物成分分析见表 4。

表 4　絮状物成分分析

单　位	名　称	固定碳/%	灰分/%	挥发分/%
吉林建龙	干熄焦絮状物	72.93	24.77	3.06
热能院	干熄焦絮状物	72.84	25.02	1.52

4.2　絮状物灰分分析（主要成分）

絮状物灰分分析见表 5。

表 5　絮状物灰分分析

单　位	名　称	SiO_2/%	Al_2O_3/%	Fe_2O_3/%	CaO/%
吉林建龙	干熄焦絮状物	49.3	25.49	8.43	5.53
吉林建龙	焦炭絮状物	55.27	26.13	5.89	4.32
吉林建龙	焦炉灰渣	55.47	27.13	6.11	4.22
热能院	干熄焦絮状物	55.24	27.12	6.66	3.57

4.3　絮状物烧制试验

絮状物烧制试验见表 6。

表 6　絮状物烧制试验分析

单　位	名　称	SiO_2/%	Al_2O_3/%	Fe_2O_3/%	CaO/%
吉林建龙	烧制前	23.97	18.85		3.29

絮状物试验共烧制 7 h（共 440 min，其中 1350 ℃烧制 60 min+1400 ℃烧制 300 min+1450 ℃烧制 60 min+1500 ℃烧制 20 min）。烧制情况如下：

（1）絮状物剩余约 50%，坩埚取出空冷。

（2）空冷期间观察坩埚内部无液体，仍为絮状物。

（3）有部分深褐色玻璃体（疑似）粘在坩埚内壁。

5　不同焦炉加热制度对比

不同焦炉加热制度对比见表 7。

表 7　不同焦炉加热制度对比

炉　型	单孔装煤量/t	周转时间/h	加热形式	加热流程
6 m 顶装焦炉	28.5	19~24	煤料在隔绝空气的条件下加热至高温，炼成焦炭	化产作业区输送的焦炉煤气与由能源输送的高炉煤气混合后通入燃烧室燃烧，将煤饼在隔绝空气的条件下加热至高温干馏。加热过程中，煤料熔融分解，所生成的气态产物由炭化室顶端部的上升管逸出，导入煤气净化处理系统，可得到化学产品及煤气，残留在炭化室内的固化成焦炭
热回收卧式焦炉	69~69.5	68~72	利用炭化室主墙、炉底和炉顶储蓄的热量以及相邻炭化室传入的热量，使炼焦煤加热分解。初中、中后期，煤气覆盖在煤层表面形成保护层；末期，随着焦炭逐渐成熟，荒煤气减少，表面焦炭过烧，形成 10~20 mm 的灰渣	利用炭化室主墙、炉底和炉顶储蓄的热量以及相邻炭化室传入的热量，使煤饼加热分解、产生荒煤气，与由外部引入的空气在炭化室内，发生不充分燃烧，不完全的气体通过炭化室主墙下降火道到四联拱燃烧室内，在耐火砖的保护下，与通入的适度过量的空气充分燃烧，燃烧后的废气通过脱硫，排至大气

6　结语

通过我司、热能院检验分析：絮状物灰成分与煤、焦炭基本一致。物相检测出：石英、钙铝硅酸盐、微斜长石等成分，符合长石、煤矸石的特征，可定性为煤种之原存物质即杂质。热回收焦炉在炼焦末期，随着焦炉加热，使煤饼受热分解，产生荒煤气，在焦炭逐渐成熟的过程中，荒煤气的含量逐渐减少，表面焦炭与空气接触过烧，形成 10~20 mm 的灰渣。灰渣下面的焦炭受高温收缩及气体对流影响，将焦炭表面部分含有煤矸石的粉尘颗粒混合物抛出，抛出的粉尘颗粒混合物在高温有氧状态下形成玻璃体被气流吹散，从而形成絮状物。

为了减少该絮状物的生成，吉林建龙公司通过对热回收焦炉的吸力制度、温度制度进行研究优化，控制炉温不宜过高，加强对焦炉热工制度的管理，持续关注干熄焦锅炉堵塞情况，为后续生产管理提供宝贵的经验。

参 考 文 献

[1] 张建平．热回收炼焦技术节能与污染物减排［J］．洁净煤技术，2008（4）：94-97.
[2] 张建平．清洁型热回收捣固炼焦技术的开发和应用［J］．煤化工，2006，34（6）：36-40.
[3] 严国华．热回收焦炉的炼焦特点及加热调节［J］．燃料与化工，2004，35（6）：14-16.
[4] 申明新．中国炼焦煤的资源与利用［M］．北京：化学工业出版社，2007.
[5] 王传运，张亚忠，周宁生，等．煅烧温度对微孔钙长石轻质料性能的影响［J］．耐火材料，2015，49（2）：106-109.
[6] 朱琛芳，张世东，陈建华，等．利用高硫肥煤及低硫无烟煤配煤炼焦实践［J］．燃料与化工，2023，54（1）：8-10，16.

焦炉车辆感应无线数据通信定位技术应用实践

伏　明[1]　钱虎林[2]　甘恢玉[2]

（1. 马钢股份有限公司，马鞍山　243051；
2. 马钢股份有限公司煤焦化公司，马鞍山　243000）

摘　要：为了解决因炉体膨胀、轨道变形等因素引起的焦炉车辆定位系统炉号识别误差大、车辆定位准确性差的问题，通过车辆感应无线数据通信技术成果的应用与实践，实现了车辆位置检测与系统连锁信号抗干扰稳定传输。马钢将该技术应用于130孔焦炉炉组，焦炉车辆定位系统可以达到水平方向±300 mm、垂直方向±200 mm 允许位置偏差，一次定位率达到100%。

关键词：焦炉，车辆定位，感应无线数据，通信技术

1　概述

2005 年马钢将 4 座 65 孔的两组 4. 3 m 焦炉炉组由双机作业改为单机作业，解决了无备用车辆和配套干熄焦装置等问题[1]。该类型焦炉生产自动化程度低、车辆事故多是影响焦炉效率的主要难题，而行业内因为焦炉孔数多、作业紧张、炉体老化等原因，中型机械化焦炉成功应用四车定位技术的案例少见，少数企业也采用了码牌识别技术，但不能保证精确对位和自动走行功能可靠运行。为实现焦炉操作本质安全，马钢尝试将车辆感应无线数据通信定位技术成果转化应用于老区 4 座中小型焦炉。

2　车辆感应无线数据通信定位技术

2. 1　系统构成

车辆感应无线数据通信定位系统，由固定编码电缆、机车感应无线天线和控制中心组成，见图 1。扁平状态的编码电缆由若干单线线圈按照一定的编码规则重叠封装于橡胶护套内，沿着移动机车的轨道安装，编码电缆的一端连接到控制中心（中控室）。安装于移动机车上的感应无线天线箱由发送线圈和接收线圈组成，分别在相应频率谐振，与机车上的控制柜连接；天线箱随着机车移动，始终与编码电缆保持 5~20 cm 的距离。

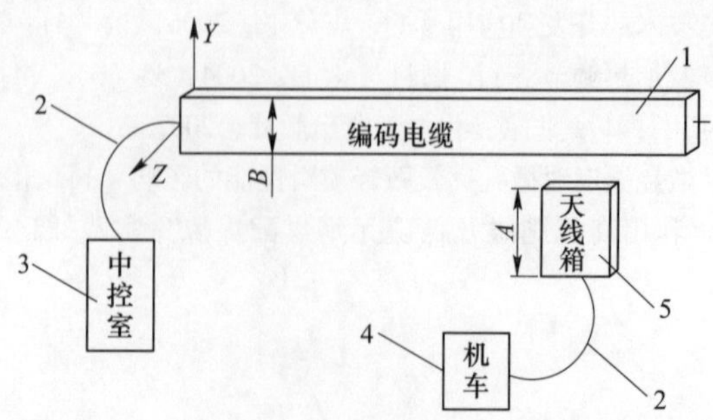

图 1　焦炉车辆感应无线通信系统信号产生与传输示意图

1—编码电缆；2—联接电缆；3—中控室；4—焦炉车辆；5—天线箱

2. 2　位置感应通信方式

天线箱与编码电缆靠近时，编码电缆中单线线圈与天线箱中的线圈相互感应产生信号，于是移动机

车与中控室之间形成了一个通信信号通道。当对天线箱内发送线圈加信号电流时，编码电缆内部各单线线圈就会产生相应的感应电动势，电动势的相位和幅度在发送线圈中被反馈为位置的信息。焦炉车辆位置感应通信控制方式见图 2。

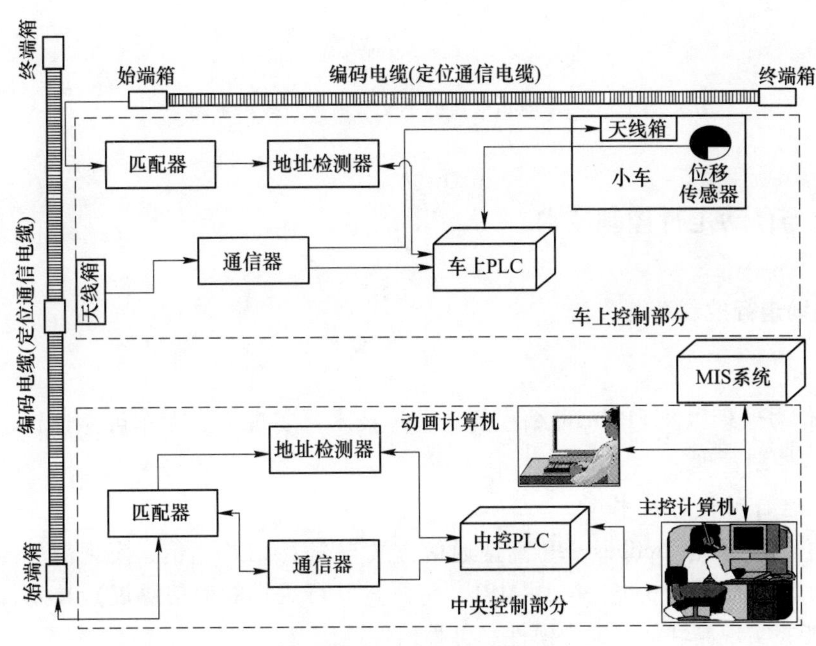

图 2　焦炉车辆位置感应通信控制示意图

2.3　焦炉车辆感应无线数据通信定位技术核心

2.3.1　通信信息抗干扰技术

采用数据干扰抑制技术，实现衰减干扰噪声，增强通信信号，从而达到提高信噪比的目的。该技术采用双传输线与单接收天线同间距交叉设计。

接收天线抗干扰示意图见图 3。对于干扰信号，接收线圈 1 与接收线圈 2 交叉，2 个线圈所感应的干扰噪声电动势 e_{n1} 与 e_{n2} 相位相反，接收线圈提取的噪声电动势 $e_n = e_{n1} + e_{n2} \approx 0$。

接收天线从编码电缆感应的信号示意图见图 4。对于通信信号，利用感应电动势 e_s 同间距交叉的特性，接收线圈提取的通信信号的感应电动势可达到传统接收线圈的 2 倍，$e_s = e_{s1} + e_{s2} \approx 2e_{s1}$。

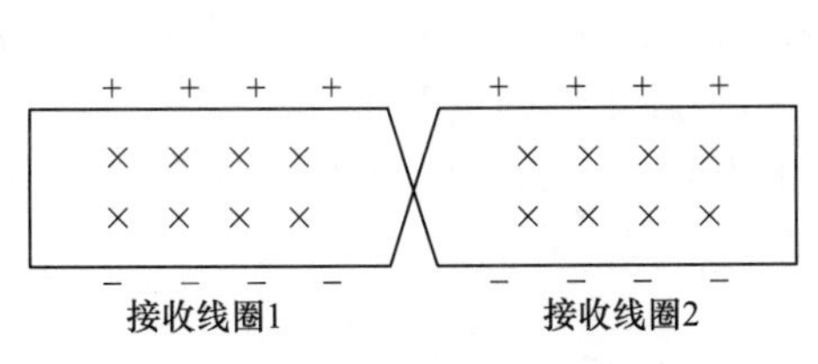

图 3　接收天线抗干扰示意图

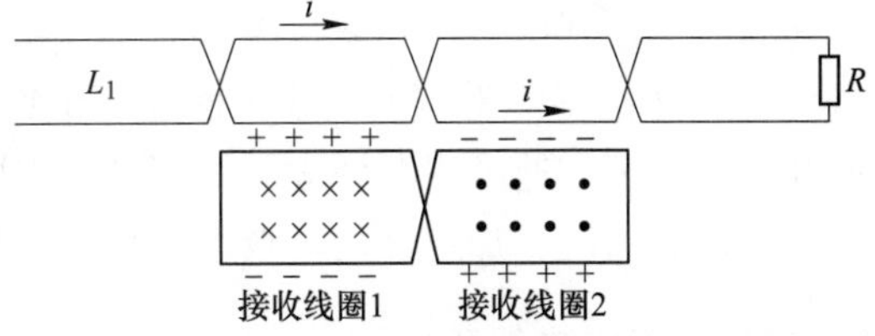

图 4　接收天线从编码电缆感应的信号示意图

2.3.2　不交叉的线路干扰抑制技术

根据编码形式的不同，敷设编码电缆交叉对线，可以有效抵消干扰信号。对于长距离交叉或不交叉的线路，例如，与摩电道平行安装的编码电缆，由于摩电道上有变频调速装置泄漏的相近谐波，该种同频的谐波与编码电缆长距离平行分布，叠加了干扰的面积，会干扰天线箱接收信号，见图 5。

干扰抑制方法如下：改善变频器接地系统，采用高品质滤波电路技术对变频电源输入端进行滤波，从而实现噪声源抑制；采取交叉绕制位置接收天线，可以实现对干扰信号的相互抵消。

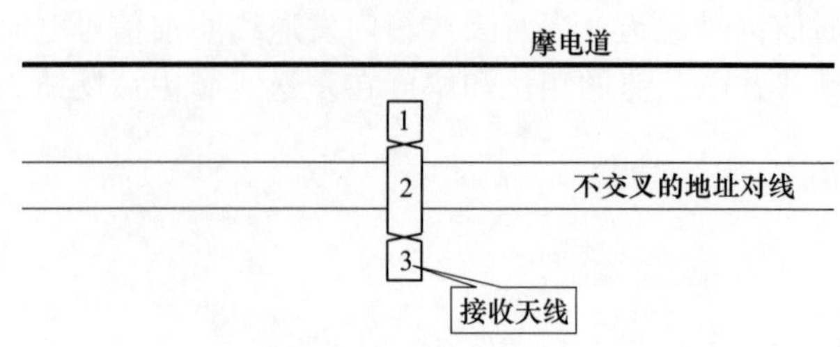

图 5　沿摩电道敷设的不交叉地址对线示意图

3　焦炉四车定位与自动走行控制技术

3.1　四车定位与自动走行控制系统

3.1.1　系统功能

采用 DSP 数字信号处理以及 FPGA 可编程的硅芯片技术，实现了四大车可靠连锁、自动对位、自动走行和生产作业计划控制管理。

3.1.2　无级调速自动走行技术

（1）通信控制方式。采用 Profibus-DP 高速通信方式与车上 PLC 通信，实现信号高速传输、通信可靠，并具备有效保护和诊断信号功能。采用 MPI（跨语言并行编程的通信协议）技术，支持点对点信号连接和信号广播功能，实现高性能、大规模性、可移植性通信。

（2）走行速度控制方式. 定位连锁 PLC 根据当前位置和目标位置自动计算出速度曲线，控制信号传输至车上 PLC，并对车辆走行变频器实施控制。调速曲线见图 6。速度曲线采用“S”形调速曲线，该曲线可以减少变频器调速时车辆的震动，从而提高系统的对位精度。

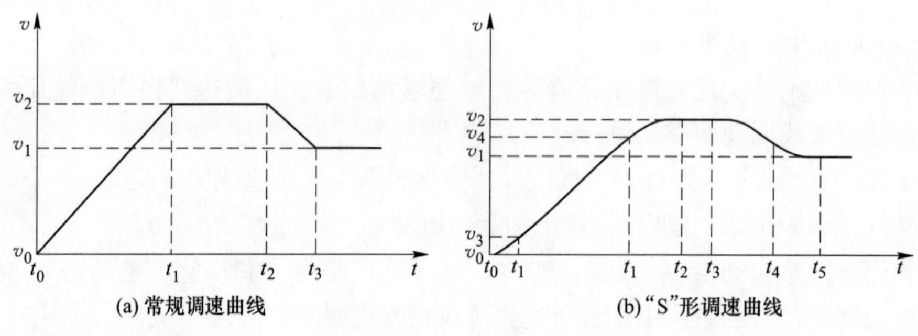

图 6　调速曲线

常规调速曲线，在开始加速和减速瞬间，加速度的变化率无穷大，发生设备振动或者变频器过载情况时，影响对位精度；“S”形调速曲线，速度从 0 变到 v_2 时分三段不同的速度曲线，其中，$v_0 \sim v_3$ 是抛物线的速度曲线，加速度和速度逐渐增大至 t_1 后变成固定的加速度，$v_3 \sim v_4$是均匀加速速度曲线，$v_4 \sim v_2$ 又是一个抛物线的速度曲线，加速度逐渐减小至 0，变成匀速运行，减速时类似。

3.2　车辆连锁定位系统软件开发

3.2.1　软件功能

通过车载检测地址天线箱和地址检测器实现车辆精确定位；通过通信天线箱和车上通信器实现车辆与中控室之间的感应无线数据通信；通过安装在移动机车上的天线与敷设在地面轨道旁的扁平电缆之间近距离电磁耦合传递信息，实现推焦机、拦焦机、熄焦车和煤车的安全连锁功能以及机车防撞功能。

3.2.2　技术要点

马钢焦炉车辆连锁定位系统采用西门子 PLC 300 系统，程序语言采用 SCL 语言；程序块可以加密，具有更高的安全性。

4 结论

（1）采用车辆感应无线数据通信定位技术，有效感应距离范围达到5~20 cm，避免了焦炉和车辆的反射、屏蔽、吸收和空间电离层的干扰，通信的误码率达到了10^{-7}，实现了车辆位置检测与系统连锁信号抗干扰稳定传输；可精确采集连续的、数千米以上的地址，精度达到 ±1 mm。

（2）该技术应用于130孔焦炉炉组，焦炉车辆定位系统可以达到水平方向 ±300 mm、垂直方向 ±200 mm的允许位置偏差，一次定位率达到100%。

（3）在此技术基础上，马钢开发了四大车生产连锁、自动走行、自动对位、生产作业等计算机管理功能，实现了焦炉推焦生产自动化，减少了设备故障率，满足了焦炉高效生产组织与清洁生产要求。

参考文献

[1] 钱虎林.2×65孔焦炉单机生产作业的尝试［J］. 燃料与化工，2008，39（2）：25-26.

基于机器视觉的车厢号 AI 识别系统

胡银青

（马钢股份有限公司煤焦化公司，马鞍山　243000）

摘　要：车号自动识别系统是结合机器视觉与 AI 技术通过车号采集之后与数据库进行通信等操作完成的，能实现实时化和自动化；其存在，简化了货物列车在站内运行手续，减少了车辆在站内停留时间。生产成本得到有效降低，安全生产效率得到提高。

关键词：机器视觉，实时化，自动化

1　概述

随着科技的发展，机器视觉已经遍布每个地方，机器视觉（Machine Vision）是通过光学技术和计算机技术将打印在物体表面的字符转换成计算机可以识别的信息，在食品药品包装、3C 电子、汽车零配件生产、烟草、工业等行业普遍采用工业领域的机器视觉技术，实现生产日期、批号、产品编号等信息的自动识别；比如在本设计中的货运列车车号 AI 识别系统就是结合机器视觉与 AI 技术，利用货运列车车厢喷漆信息准确、实时性高的特点，有效摒弃了过往车厢随车车号标签损坏导致的无法识别和车厢重量信息不准等问题。

机器视觉的关键技术包括定位、校正和识别；通过机器视觉的定位、校正和识别功能分别对信息位置的锁定，并通过旋转等方式校正信息的方向，在通过识别的功能对信息进行识别；定位技术通过工作形状或内部特定图案（mark 点）实现工件定位，输出工件的位置和角度，基于深度学习算法实现字符区域定位；校正技术将图像转正并二值化/形态学；识别技术包括图像处理加字符分类和深度学习两种方法；图像处理加字符分类是通过将进行二值化处理的图像进行字符分割再进行字符分类，这种方法以算法相对简单为优势，效率高且硬件成本低，劣势就是场景适应性差，对字符的成像要求较高；而深度学习是通过单字符识别和字符串识别两种方式，这种方法的优势准确率比较高，场景适应性比较强，能适应复杂背景和较低对比度，而不足之处就是对硬件的计算能力要求比较高，从而导致硬件成本相对较高；而在本设计中采用的是深度学习的方法。

2　总体设计

车号车号 AI 识别系统包括 AEI 信号获取子模块，视频采集子模块，车号识别子模块，识别结果输出和显示子模块，车号识别系统主要完成识别车号。硬件系统车牌号码可视识别系统由工业摄像机和补光灯构成。安装在火车铁轨侧边位置，高度上高 2 到 3 m，机车车号采集工作完成，高速数据处理工作站中磁盘阵列保存采集数据。数据处理系统先对采集到的图片与车号定位进行预处理分析，再对车号进行分割识别和关联处理。图 1 为该设计的流程图。

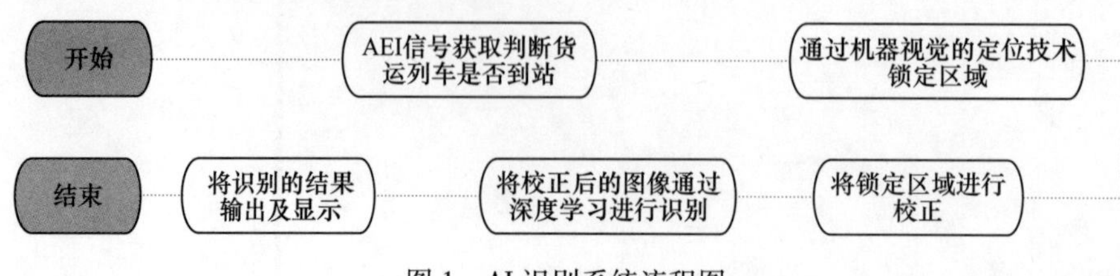

图 1　AI 识别系统流程图

3　系统硬件设计

此设计硬件部分包括工业相机、护罩设备、视觉主机、操作柜、HMI 系统和补光灯等组成，安装于火车铁轨侧面的位置，主要完成对货运列车车号的识，并且将识别的结果显示在工作站中。器件介绍如下：

（1）工业相机。相机选型采用国际知名品牌：500 万相机，该产品体积小、重量轻，便于在较小范围内对扫描角度进行变换，对特殊状态下的工件定位更加精确。该产品用户界面友好，以太网接口连接方便，可实现智能全自动操作。图 2、图 3 为相机的性能特点和技术规格参数。

性能特点

- 系列以全局快门传感器为主，覆盖主流应用需求
- 支持自定义 ROI，通过降低分辨率提高帧率，支持镜像输出
- 支持 Binning 模式，可提升相机灵敏度
- 千兆网接口，最大传输距离可到 100m（无中继）
- 兼容 GigE Vision V2.0 协议及 GenICam 标准，无缝衔接第三方软件
- 通过 CE、FCC、RoHS、KC 认证

图 2　工业相机的性能特点

参数 \ 型号	MV-CA050-10GM/C	MV-CA050-12GC*	MV-CA050-20GM/C	MV-CA060-10GC MV-CA060-11GM
曝光时间范围	超短曝光模式：1～14 μs 标准曝光模式：15 μs～10 sec	超短曝光模式：1～14 μs 标准曝光模式：15 μs～10 sec	65 μs～10 sec	27 μs～2.5 sec
动态范围	72 dB	72 dB	57.5 dB	71.3 dB
像素格式	Mono 8/10/10p/12/12p Bayer 8/10/10p/12/12p			
数字I/O	6-pin Hirose接头提供电源和I/O、包含1路光隔输入、1路光隔输出、1路双向可配置非隔离I/O			
典型功耗	M：<3.2W@12V DC C：<3.1W@12V DC	<3.2W@12V DC	<3.3W@12V DC	M：<2.5W@12V DC C：<3.5W@12V DC
供电方式	12V DC，支持PoE供电	9～24V DC，支持PoE供电	12V DC，支持PoE供电	12V DC，支持PoE供电
外形尺寸	29 mm×29 mm×42 mm			
重量	约68 g			
镜头接口	C-Mount			
温度/湿度	工作温度0～50 ℃，储藏温度-30～70 ℃，20%～95%RH无冷凝			

图 3　工业相机的技术规格参数

（2）护罩设备。由于冶金现场温度高，含金属粉尘多，除了常规的室外设备要求的三防要求外。前端系统还需具备耐高温、抗干扰等要求。摄像机护罩具备抗干扰功能，来应对高频设备、含金属粉尘的干扰，减少由于天气带来的图像识别影响，并可减少人工维护工作。配备夜间强光补光灯，采用冷光源、强光，提高识别清晰度，并节约能源。图 4 为护罩设备的外观图。

图 4　护罩设备外观图

（3）视觉主机参数。本设计主要使用 IPC 系列工控机，工控机配置不低于：Windows 10 简中文；内

存：8GMB；硬盘：1T；接口：10M/100M/1000M×3、2 个 USB2.0、PS/2、2 年保修；24 寸液晶显示屏。图 5 为 IPC 系列工控机的性能特点及外观图。

IPC 系列主机

性能特点

- 采用 Intel 赛扬 G3900、Intel 酷睿 i5/i7 系列 CPU
- 4/8GB 内存条，最高可达 16GB
- 板载 Intel 千兆网口和 USB3.0 接口
- 支持独立的 HDMI、VGA 或 DVI-D 显示输出
- 提供 PCIE X16、PCIE X4 、PCIE × 1 和 PCI 扩展槽
- 3U/4U 机箱，适应各类场景应用需求
- 支持 Wes7， Windows7/10、Ubuntu14.04/16.04 操作系统
- 符合 CCC 认证

图 5　IPC 系列工控机的性能特点及外观图

（4）操作柜。机旁操作盘就近安装在现场护栏外侧，上面设有操作按钮、指示灯等。用于现场的检修、维护及半自动作业。

（5）HMI 系统。HMI 系统将加载在一个液晶显示器上，放在操作室。同时测量系统将数据发送给 L1，并在主机组画面上显示。操作人员与设备维护人员可以通过运行监控界面直观地监控整个设备的运行状态，进行故障查询、参数设定等工作。

4　系统软件设计

系统软件部分主要包括 AEI 信号获取子模块、视频采集子模块、车号识别子模块、识别结果输出及显示子模块，车号识别系统主要完成对车号的识别。通过 AEI 信号获取模块来判断货运列车是否到站，到站之后开启视频采集模块，对货运列车上的车牌、车号等信息进行采集，并在高速数据处理工作站的磁盘阵列上保存采集到的数据。通过车号识别模块，先将采集到的图片与车号定位进行预处理、分析，然后再将车号等信息在图片中的分割、识别和关联。最后通过识别结果输出及显示模块来输出和显示识别出来的结果。

4.1　软件环境介绍

车号 AI 识别系统的智能高度识别软件运行在 Windows 7 操作系统上，它采用了 TensorFlow 深度学习架构。并结合 C++语言编写成桌面型应用程序。检测软件识别到车钩后，拍照保存图片，利用机器的深度学习来选取正确和最佳的图片。Windows 客户端软件，可在 Windows 7 或 Windows 10 等操作系统上运行。仅需电脑能连接互联网、局域网，即可随时局域网服务器上的测量数据和图片。字符识别系统包含了图像分割、神经元深度学习技术，能准确辨认出喷号字符。字符识别系统采用高清工业相机获取喷号字符图像，经过图像预处理后，对人物进行定位和分割，再对人物进行识别。并将结果生成报表，传至甲方指定系统。

4.2　软件功能介绍

每个车厢经过时，识别各车型车牌由于车厢规格不统一，车牌不同于汽车车牌，其车型众多，字体种类繁多，字体高度变化，同一车型印刷字体也不同，车牌有白色、红色、蓝色，也有凹凸有致的打印方式，加上明显的环境变化，导致整体识别十分复杂。目前，专门针对火车站的机车车牌识别，为满足现场使用环境，自主研发了一套列车车牌识别系统。车号示例如图 6 所示。

图6　车号示例图

功能：

（1）能够清晰观察车厢位置。

（2）高速摄像机拍摄车厢的编号，记录到数据库中；识别速度快，且不受字符正、反、朝左、朝右影响，白天、晚上都能识别，受光线影响小，抗干扰能力强。

（3）相机用防尘外壳进行保护，使用寿命长；针对监测区域环境条件设计防护装置，非接触式设计具有极高的可靠性和极低的维修率。

（4）多重检测保护措施，充分避免了因设备故障、人为操作等原因造成的设备损坏，降低了检修成本，提高生产效率。

（5）系统稳定可靠，车号识别成功率≥99%。

（6）字符识别软件能够实时显示识别结果、与买方系统通信信息，界面直观简洁，通俗易懂，完成 *L*1/*L*2 适应性改造。

车牌识别系统是为了识别车厢的箱号，并作为机车的唯一标识来使用，如果采用电子射频技术也可以完成，但电子射频技术主要问题是要在机车上安装一个实体 IC 卡，会造成额外工作量，故改为现有的光学识别系统。该系统识别车牌号，不仅兼容各个不同的车型，并且抗环境干扰能力强，识别率高。由于是动态拍摄，所以采用高清运动摄像机进行处理。由于机车有各种不同的式样，字体大小不一，因此采用超广角照相机的形式来识别车牌，并对畸变进行校正。

车号 AI 识别系统是视觉检测系统、使用者、机车之间的桥梁，准确的车号识别系统能将车钩、用户、机车关联起来，该系统一般可实现自动抄录车号功能。但是，由于视觉系统依赖于光源和外界环境条件，因此，设计一套合理的软、硬件补偿来保证车号识别的准确性成为了车号识别的难点。

5　系统的功能

系统功能的分析：这一设计主要由四个部分组成；AEI 信号获取模块、视频采集模块、车号识别模块、识别结果输出及显示模块；这套系统的重要组成部分是录像采集模块和车号识别模块两个部分。首先要对到站的货运列车进行图片采集，将采集好的图片进行信息定位，定位到需要识别的地方再将图片的方向进行校正，校正完成之后将图片进行二值化等一系列操作，目的是处理图片使信息更加清晰便于识别，处理完成之后的照片才能使用深度学习对图片中的信息进行识别。

6　结语

此设计通过获取列车到站信息之后进行视频采集，将采集之后的照片进行一系列操作处理，通过深度学习提取处理之后的照片中所需信息，通过 AI 技术代替人工烦琐的操作，实现工业的自动化操作，降低生产成本提高工作效率。

参考文献

[1] 魏晓丽，殷健．物体形状位置图像处理算法［J］．计算机应用，2000，20（9）：59-62.
[2] 顾嗣扬，施鹏飞．一种用于图像边缘检测的自适应指数滤波器［J］．数据采集与处理，1993，8（2）：116-122.
[3] 杨明，宋雪峰，王宏，等．面向智能交通系统的图像处理［J］．计算机工程与应用，2001，37（9）：4-7，26.

防爆机器人在焦炉地下室巡检中的应用

丁洪旗　杨庆彬　万峻竹　谷友新

（1. 唐山首钢京唐西山焦化有限责任公司，唐山　063200；
2. 河北省煤焦化技术创新中心，唐山　063200）

摘　要：在焦炉地下室设置焦炉加热系统，加热常用焦炉煤气和高炉煤气，为保持热效率，每间隔 20 min，通过煤气旋塞改变煤气、空气、废气的气体流向，日常需要人工进行巡检，保障设备运行及泄漏检测。焦炉地下室是一个危险系数较高的场所，若发生煤气泄漏就会引起人员中毒、爆炸等意想不到的后果。该项目研究中提出研发一种防爆巡检机器人负责地下室煤气交换旋塞日常巡检工作，确保焦炉地下室加热系统的安全稳定运行。

关键词：煤气旋塞，换向，焦炉加热，巡检机器人

1　概述

焦炉地下室加热系统是焦炉生产重要的环节，唐山首钢京唐西山焦化有限公司 7.63 m 顶装焦炉为双联立火道、废气循环、焦炉煤气下喷的复热式焦炉，焦炉煤气、高炉煤气主管分别布置在焦炉地下室的机侧和焦侧，4 座 70 孔焦炉的每个地下室高炉煤气主管连接的支管上连有 ϕ300 mm 的交换旋塞阀 72 个；在焦炉煤气主管连接的支上连有交换旋塞阀 142 个。这些旋塞阀均匀地分布在焦炉地下室 120 m 长度的机侧和焦侧。交换旋塞阀每 20 min 交换一次，交换旋塞的换向是保持正常加热的关键，关系到焦炭质量和炼铁高炉的稳定。为了在生产过程中确保焦炉地下室的正常换向，杜绝煤气泄漏，需要工作人员定期对换向设备进行巡检检测。

无论用高炉煤气加热还是用焦炉煤气加热都存在着旋塞阀的泄漏问题。高炉煤气泄漏会产生 CO，CO 为极毒有害气体，空气中含有 0.06%（体积分数，下同）即对人体有害，含 0.2%会使人失去知觉，含 0.4%使人迅速死亡，国际标准允许空气中 CO 含量不超过 0.0024%，地下室 CO 含量用 CO 报警仪测得在 $1.5\times10^{-5}\sim2\times10^{-3}$范围内易造成操作人员身体的伤害甚至引起 CO 中毒事故，如果在含量达到爆炸极限 40%~70%会出现爆炸事故。地下室存在着泄漏煤气的安全隐患，一旦出现问题，易造成地下室作业人员的伤害及焦炉设备的损坏。

由此可见，长期在焦炉地下室巡检，生产安全无法得到有效保证。为了更加高效地实现焦炉地下室的巡检工作，现使用具备防爆能力的巡检机器人，替代人工巡检，提升焦炉地下室巡检的工作效率，确保焦炉地下室的安全性，并且防爆巡检机器人可以替代人工进入危险地带进行巡检，可以精确地采集数据，识别煤气交换旋塞换向情况，及时作出判断，实现焦炉地下室的自动化、智能化管理，为生产安全稳定高效奠定基础。

2　防爆巡检系统的构成

焦炉地下室巡检机器人为防爆轮式巡检机器人，同时配合防爆无线基站、自动充电装置、分析管控平台共同组成无人值守的防爆巡检系统。如图 1 所示。

2.1　防爆巡检机器人

在焦炉地下室的巡检系统当中，防爆巡检机器人是整个巡检系统当中的核心装置，本项目运用于焦炉地下室巡检工作当中的防爆巡检机器人，由六轮、双轮差速驱动底盘、无需部署轨道的激光自然导航器、区域泄漏检测传感器、机器人移动安全检测传感器、智能视觉传感器等共同组成。防爆巡检机器人外观如图 2 所示，详细参数如表 1 所示。

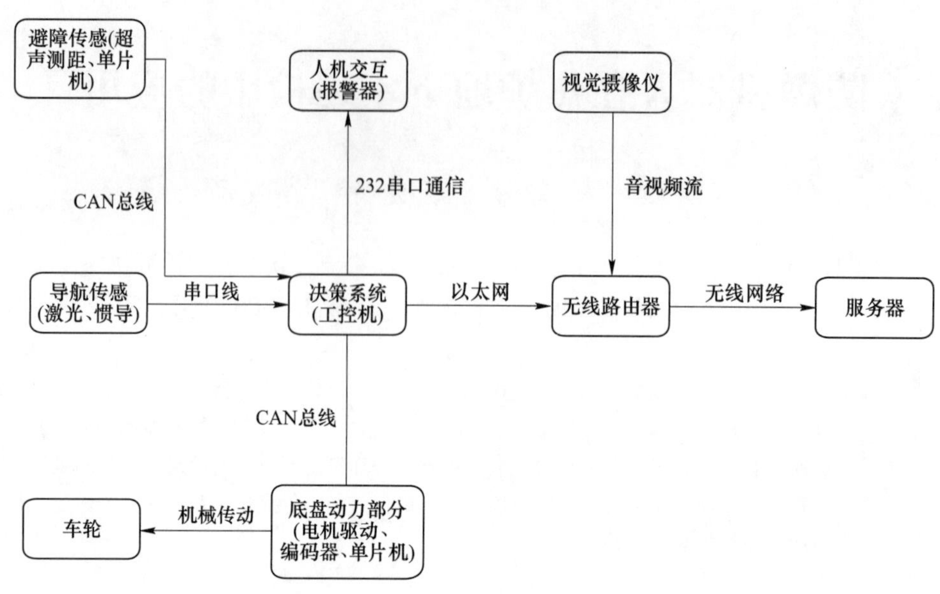

图 1　机器人控制系统

图 2　防爆巡检机器人

表 1　防爆巡检机器人参数

参数名称	参数指标
外形尺寸/mm×mm×mm	1284×875×1200
导航方式	激光
定位精度/cm	2
最大速度/m · s^{-1}	0. 8
续航时间/min	640
通信距离/m	1000
防护等级	IP65
防爆等级	ExdⅡBT4

防爆巡检机器人运动底盘由防爆驱动机构与车轮共同组成。防爆驱动机构由三组轮构成，机械结构相同并独立，此机构由防爆壳体、驱动电机、减振器、减速器、驱动轴、前后两组导向轮共同构成；因为地下室地面相对较为平整，采用前后导向更加简洁可靠。防爆巡检机器人选用无轨道的自然导航自动驾驶技术，可以按照预定路线进行全自动巡检，在特殊情况下，可以由操作站的人员远程遥控巡检机器人执行一些特殊巡检工作。采用无轨自然导航的防爆巡检机器人，导航精度达到 20 mm 的高精度指标，可以针对外界环境的变化实现自我学习，达到高精度稳定使用要求，可靠性和稳定性达到了工业级的能力。

2. 2　防爆无线基站

焦炉地下室是全封闭状态，巡检机器人工作区域设有覆盖机器人运行区域的防爆无线基站，采用可靠的加密传输技术，以实现巡检机器人工作区域内的全网络安全覆盖，并且达到工业级的毫秒级别延迟，确保防爆巡检机器人与控制室之间的安全、可靠和稳定的工业级无线通信连接。

2. 3　分析管控平台

防爆巡检机器人采集到的信息由机器人进行了边缘计算后，当发生异常情况可以实时报警，通过与站控系统进行交互，依据报警的等级，实时执行对应连锁逻辑，第一时间降低事故风险。同时，通过可靠的工业无线网络，将通过实时分析的数据，交由分析管控平台进行大数据分析。基于远程控制技术的专家系统，对中控室操作人员进行实时告警和风险处理步骤的提醒。根据风险等级，通过网络将异常信息以管理平台 APP 发送给作业区负责人、相关专业和有关领导，立即了解到相关的数据、视频与预警预测处理建议，进行态势分析，降低和减少事故风险和危害，提高安全生产稳定性。巡检机器人分析管控平台的操作界面主要由系统、控制、查询和数据库等部分组成，平台操作界面如图 3 所示。

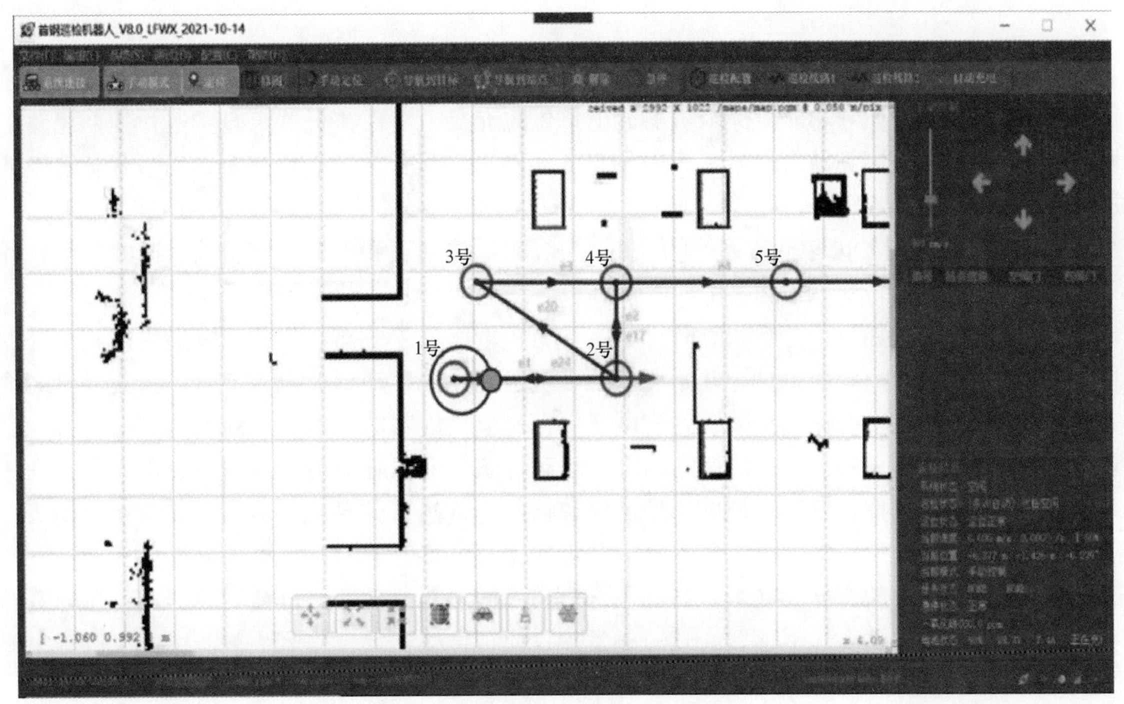

图 3　巡检机器人分析管控平台界面

系统可以通过遥控巡检的方式对机器人进行实时遥控。平台主界面上包括机器人位置实时显示、手动控制、旋阀开关检测结果显示、机器人运行状态显示等功能区。

机器人位置实时显示区可以实时显示机器人的当前位置；手动控制区用于手动模式下控制机器人前后左右移动；旋阀开关检测结果显示区用于显示最近一次巡检任务检测出的旋阀开关结果；机器人运行状态显示区用于显示机器人当前状态，包括速度、位置、电量、CO 浓度等关键信息。

2.3.1　路径规划

分析管控平台的重要功能是路径规划，机器人路径规划可以分为全局路径规划和局部路径规划。全局路径规划是在机器人开始移动之前执行，根据已知环境地图信息，基于全局路径规划算法和一定的约束条件在存在障碍物的工作环境中搜索一条全局最优或者近似全局最优的无碰撞路径。局部路径规划是以未知的环境信息为前提，基于全局路径规划算法计算的全局最优路径，结合激光雷达、摄像头等环境感知传感器获取实时环境信息和估计自身状态信息，根据机器人当前位姿和局部目标位姿的关系，计算移动机器人所需的实时速度，实现路径跟随、自主避障等功能。

其中，全局路径规划基于已知的环境状态信息完成全局环境建模，依据建立的环境模型解决如何在当前起始点与指定目标点之间策划出一条全局静态最优路径；局部路径规划问题则在全局路径规划的基础上，以全局最优路径作为初始路径，利用自身携带的传感器数据实时更新局部地图，解决机器人在移动过程中实时避障的问题。路径规划是机器人完成巡检工作任务的重要支撑，也是机器人实现自主化、智能化的关键一环。

焦炉地下室加热包含焦炉煤气和高炉煤气（混合煤气）两套系统，根据实际工作情况，选择机器人巡检线路是高炉煤气侧还是焦炉煤气侧，机器人即按照线路的站点配置开始自动巡检任务。

2.3.2　数据输出

分析管控平台具备对监控数据进行储存、分析、统计、检索的功能。监控平台对数据进行标准化的整理与排序，支持 Excel 报表导出保存。运维人员可根据任务或监控点在监控平台内对数据进行检索，快速查看监控数据。

在执行完一个任务之后会自动生成报表，运维人员可以在监控平台根据时间、巡检类型、任务名称等进行检索并查看报表。巡检机器人在巡检过程中，通过数值分析、阈值对比、趋势分析、数据库等相关技术，对异常数据进行自动预警。预警信息通过界面告警和声光告警两种方式呈现，及时提醒运维人员注意。

2.4　自主充电装置

为了实现机器人全时值守功能，保障机器人电量供应充足，实现在机器人自主巡检控制思路下的自主充电功能。当机器人检测到动力电池的 *SOC* 值低于 40%时，暂停自主巡检任务，沿着任务点返回充电桩。进行自主充电。

防爆巡检机器人自主充电装置主要由充电桩、防爆充电控制箱和连接电缆构成，同时充电桩和机器人进行无线通信，它的运行状态也能上传到主画面。

机器人自动充电过程如下，初始状态时，充电头与充电座处于分离状态，充电座内部到位杆的前端与传感器的感应触发点有一定间距。当开始充电时，机器人本体移动到充电桩位置，将充电座对准充电头并缓慢移动，使充电桩上的充电头插入到充电座中，充电头内部的充电头绝缘块与到位杆接触，并推动到位杆移动，弹簧受到压缩；当到位杆的前端接触到传感器上的感应触发点时，表明充电头到达到位状态，此时，公插针与母插针已接触良好，控制模块接收到传感器的触发信号后，充电接触器吸合，控制机器人开始执行充电操作。当巡检机器人充电结束后，充电接触器断开，机器人本体携带充电座缓慢离开充电头，充电头内部的充电头绝缘块与到位杆分离，同时，公插针与母插针也分离；在弹簧的恢复力作用下，到位杆上的前端离开传感器的感应触发点，使得传感器触发信号失效，由此，机器人充电操作完成。

目前，设定每隔自动巡检时间（60 min）巡检一次，电量充到高于充电电量上限 *SOC* 值高于 80%，结束充电，返回待机位，等待执行下一次巡检任务。

3　防爆巡检机器人软件设计

机器人控制软件的作用主要负责对巡检机器人自身控制、定位、上位机通信等功能进行控制。控制软件首先需要对底层配置进行初始化，随即对应用层展开初始化，包括上位机通信、充电桩数据通信、伺服电机运动控制、传感器实时数据等。最后进入到循环程序，对报警处理函数、通信处理函数等不断执行。

程序运行中主要负责识别自身的状态，包括行进障碍、自身电量、伺服驱动、传感器状况等；通信处理负责对所有传感器采集的数据、电量状况、上位机通信效果信息进行收集。定位是巡检机器人在运行过程中通过激光雷达实时采集周围环境信息，通过直线拟合算法确定环境特征点，然后转化为局部坐标系坐标，确定自身位置。

图 4　现场旋塞阀

上位机监控识别软件采用 C++编程完成的，可以对巡检机器人上传的煤气旋塞阀图像数据进行处理、分析、存档；对每个旋塞阀巡检的实际工作状态进行判定。当巡检机器人抵达巡检位置以后，对当前旋塞阀位置信息和工作信息进行比对。

首先机器人进行目标位置时，对旋塞阀进行拍照，然后截取图像，对图像进行灰度处理、平滑处理，将摄像机拍摄过程中产生的噪点去除。完成后再对图像进行二值化，选择使用自适应局部的阈值，从而最大程度上避免阴影产生的影响。二值化可以分出旋塞阀位置，不同位置对应于红相加热还是绿相加热，如图 4 所示。

4　现场应用

该项目研究提出的焦炉地下室防爆巡检机器人系统已经在焦炉地下室得到成功应用，以现场工艺巡检流程为基础，焦炉地下室每个煤气旋塞巡检工作都精准完成。

防爆巡检系统应用结果显示，防爆巡检机器人可以更加准确地对数据进行采集，监控画面更加清晰，可以第一时间判断故障，有效解决人工巡检中安全保障低、时间投入成本高等问题，提升巡检质量和深度，为焦炉地下室安全运行夯实基础，保证了焦炉加热系统正常运行。

5　结语

该项目以焦炉地下室特危环境为背景平台，通过产学研合作协同攻关的形式，对特危工艺环境巡检机器人产品研发和应用，具有十分重要的研究价值和应用意义。巡检机器人系统作为代替人工进行巡检的智能自动化产品，可以避免人工巡检漏检误检等失误带来的损失，降低人员在高危环境中健康伤害，提高巡检效率，为推进无人值守作业自动化进程将发挥重要作用；该项目技术研发，可以大大推动光机电等技术以及人工智能等新科技在特危工艺环境应用水平，扩大机器人产品的推广应用范围，为我国传统产业改造升级提供高端技术支撑，为其他领域特危工艺机器人研发提供科学范例，其关键共性技术问题解决方案将有力推进特危工艺环境巡检机器人产品推广和普及。

参考文献

[1] 朱明亮．煤矿瓦斯抽采泵站巡检机器人关键技术与应用［J］．中国新技术新产品，2020（4）：29-30.

[2] 邬浩华，朱丽君，邱慧勇．电力智能巡检机器人应用提升研究［J］．华东科技（综合），2019（11）：308.

[3] 周振中．管道检测机器人防爆与密封性能研究［D］．徐州：中国矿业大学，2019.

[4] Soldan S, Bonow G, Kroll A. Robogasinspector-a mobile robotic system for remote leak sensing and localization in large industrial environments：overview and first results［J］. IFACProceedings Volumes, 2012, 45（8）：33-38.

[5] Bennetts V H, Lilienthal A J, Khaliq A A, et al. Gasbot：a mobile robotic platform for methane leak detection and emission monitoring［C］//IROS Workshop on Robotics for Environmental Monitoring, Vilamoura, 2012：1011-1015.

[6] Hart P E, Nilsson N J, Raphael B. A formal basis for the heuristic determination of minimum COst paths［J］. IEEE Transactions of Systems Science and Cybernetics, 1968, 4（2）：100-107.

[7] Wu M, Chen E, Shi Q, et al. Path planning of mobile robot based on improved genetic algorithm［C］//Chinese Automation COngress, Jinan, 2017：6696-6700.

浅谈智能巡检在焦炉地下室中的应用

罗　满

（国能蒙西煤化工股份有限公司，北京　100020）

摘　要：随着智能巡检技术的快速发展，传统的人工巡检已无法满足企业高效、安全的运维管理需求。焦炉地下室作为煤焦化企业的一级危险源，其环境恶劣，且存在高温、煤气残留等安全隐患，作业安全风险极高，运维工人每隔 1 h 需要对地下室进行巡检，工作量大且存在安全隐患。通过引入智能机器人，采用先进计算机自动化技术，以智能机器人代替人工操作，提高巡检的效率和安全性，还实现了对设备状态的精准管理，为企业安全生产提供了有力保障。

关键词：智能巡检机器人，焦炉地下室

1　焦炉地下室巡检现状

1.1　焦炉地下室巡检的特点

1.1.1　环境恶劣

焦炉地下室是一个充满高温、高湿、高粉尘和有毒气体的环境。这些恶劣的条件对巡检人员的身体健康构成威胁，同时也增加了巡检工作的难度。

1.1.2　安全隐患多

焦炉地下室中存在许多易燃易爆的设备和管道，一旦发生泄漏或故障，可能引发严重的安全事故。因此，巡检人员需要时刻保持警惕，及时发现和处理安全隐患。

1.1.3　巡检要求高

焦炉地下室的设备和管道众多，巡检人员需要对每个设备和管道进行仔细检查，确保它们处于正常的工作状态。同时，巡检人员还需要对设备的运行数据进行记录和分析，以便及时发现潜在的问题。

1.1.4　巡检频次高

由于焦炉地下室的设备和管道数量多且重要，因此需要进行频繁的巡检。巡检人员需要按照规定的时间和频次进行巡检，确保设备和管道的安全稳定运行。

1.1.5　信息化要求高

为了提高巡检工作的效率和准确性，焦炉地下室巡检已经逐步实现信息化。通过引入巡检机器人、智能传感器等先进设备和技术，可以实现对设备和管道运行状态的实时监控和数据分析，及时发现潜在问题并进行处理。

1.1.6　团队协作性强

焦炉地下室巡检通常需要多个巡检人员共同协作完成。他们需要相互配合、相互支持，确保巡检工作的顺利进行。同时，他们还需要与管理人员、技术人员等其他部门的人员保持密切联系，共同协作解决巡检中遇到的问题。

1.2　焦炉地下室巡检现状

我公司目前焦炉地下室巡检采用传统巡检模式，即通过控制调节焦炉炭化室加热装置区域，地下室和烟道巡检主要有空废气开闭器盖板开度、空废气开闭器盖板严密性、废气铊提升高度、废气铊小链条松紧度、搬把位置、煤气交换旋塞位置等项目，是高温、气体爆炸危险场所，目前的例行巡检只能靠有经验的岗位工在现场进行查看，辨别设备是否正常，岗位工每小时巡检一次，烟道温度 50 ℃，环境差、设备巡检点多、劳动强度大，地下室煤气管道支管存在大量可能发生煤气渗漏的节点，危险性大。不仅

需要忍受高温高粉尘，还要长时间停留在危险爆炸场所，因此需要增加定点巡检机器人，辅助现在的巡检机器人无法到达的地方，对设备完成正常的巡检。

鉴于焦炉地下室巡检具有环境恶劣、安全隐患多、巡检要求高、巡检频次高、信息化要求高和团队协作性强等特点。这些特点要求巡检人员具备高度的责任心、专业技能和团队协作精神，确保焦炉地下室的安全稳定运行。引入智能巡检机器人也是行业发展趋势。

2　巡检机器人应用

2.1　引入巡检机器人

蒙西焦化二厂烟道巡检机器人于2022年1月正式投入使用，开启了该厂智能化操作的第一步，该项目采用焦炉机、焦侧烟道，地下室煤气管道旁边吊装轨道式巡检机器人，红外热成像摄像机+可燃有毒气体探测技术，按照规定的时间和路线对烟道翻板开度、空废气交换过程以及煤气换向进行全程视频采集，配置网络通信设备由平台软件进行视频图像识别、数据统计分析、实现各种自动化巡检任务的执行。具有实时视频图像分析、监测设备运行状态、故障预警、AI深度学习、后台大数据分析对比等功能。可实现智能跟踪报警，实时监测被测对象数据，超限报警，记录数据生成曲线、报表等。代替人工巡检对运行设备看、触、听、嗅的感官判断，有效规避了由于人员工作经验少、作业环境温度高、残留煤气等发生风险的可能性。

地下室巡检路线图如图1所示：单座焦炉烟道周长230 m(100 m×15 m)。

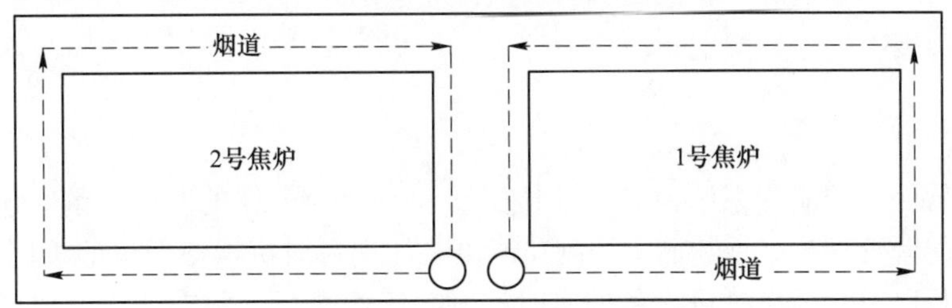

图1　地下室巡检路线图

2.2　巡检机器人轨道安装

巡检机器人轨道系统设计包括运动控制系统、驱动控制系统和导航定位系统。运动控制系统主要控制机器人的水平运动，通过控制步进电机的转速和正反转实现。驱动控制系统的运动平台采用同步带传动、锂电池供电，其中机械运动模块是整个系统的主要功能模块之一，它在运动控制模块的控制下完成各种行走、转向动作。机械运动模块主要包括移动小车、同步带等几个小模块，轨道型材选择定制截面型材，作为支撑轮的行走导轨。移动轮采用胶皮轮，防止产生静电。定位系统是采集各传感器（如限位传感器）的状态，进行逻辑分析处理，保障机器人的运行（图2）。

图2　现场图

机器人行走方式：挂轨式升降行程：0~1.5 m 最大速度：2 m/s 额定速度：0.3 m/s 防水防尘防爆：IP65，搭载仪器设备：云台、摄像头、传感器箱。

2.3　巡检机器人通信方式

采用无线通信方式实现机器人与后台机之间的通信，实现检测数据的传输和运动控制命令的传输。负责各组件之间以及组件与后台机之间的数据交互，如检测模块获得的图像、视频等信息

3　巡检机器人巡检方式

3.1　自主巡检

运行人员根据巡检时间、周期、路线、目标、类型灵活进行任务定制机器人按照定制任务进行自动巡检。

3.2　定点巡检

运行人员选择部分设备进行巡检，系统自动生成最佳巡检路线并执行定点任务。

3.3　遥控巡检

运行人员通过后台手动控制界面，控制机器人执行巡检任务。

4　软件系统

智能巡检机器人软件系统应集系统控制、巡检配置和展示为一体的智能系统。包括控制功能、巡检数据采集功能、后台配置管理与展示功能，控制功能主要体现在对机器摄像机的控制、对机器人的控制、任务的下发、统计分析以及对环境执行设备的实时控制。巡检数据采集功能包括将所有巡检数据上传至系统后台，为巡检工作提供数据支撑，对巡检数据进行统计分析，后台配置管理与展示功能包括对机器人本体安装的各类传感器告警数据阈值的配置与管理，展示功能体现设备巡检数据和环境采集数据，展示告警信息和定位，展示历史数据曲线和巡检照片等（图3）。

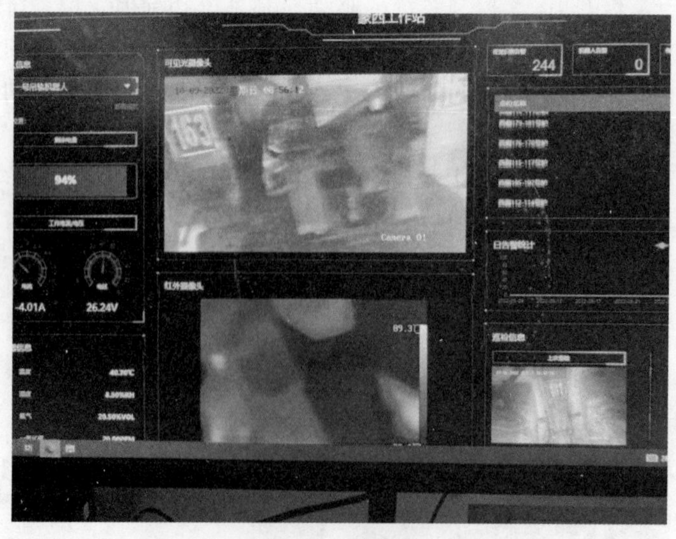

图3　系统截图

5 结论

机器自动化巡检降低了一线职工的安全风险和工作强度，又提升了烟道巡检的精度和质量，同时提高了生产装置自动化管理水平，为安全生产奠定了坚实基础。总结智能巡检技术在各类场景中的应用成果，展望未来发展趋势，提出智能巡检在安全保障方面的巨大潜力和价值。

参考文献

[1] 王志刚．智能化巡检在焦炉地下室中的应用［J］．石油石化物资采购，2024（2）：243-245.

[2] 王玉平．PLC 系统在焦炉地下室有害气体检测及防治中的应用［J］．科技与企业，2015（5）：182，184.

[3] 史瑛迪，张春才．巡检机器人在炼焦炉中的应用［J］．科技风，2022，10（13）：4-6，25.

[4] 罗菲．巡检机器人在煤矿中的应用研究［J］．中国新技术新产品，2020，10（16）：25-26.

[5] 武良辰，武兆乾．一种用于焦炉地下室巡检的监控装置：CN201910380775. 9［P］. 2024-08-12.

焦炉车辆无人操作关键技术研发与应用

李文峰　栾常君

（大连华锐重工焦炉车辆设备有限公司，大连　116013）

摘　要：当前的焦炉车辆基本上都是PLC作为核心控制器，如何把焦炉车辆的控制提升到无人操作自动运行，就必须要有一些必要的关键技术来实现，本文重点介绍了如何用这些关键技术来保证焦炉车辆安全、高效、可靠的运行，本文提出的相关技术多数已成功实践应用，希望这些技术能够推动我国焦化行业的快速发展。

关键词：焦炉车辆，无人操作，5G技术，视觉AI，数字孪生

1　概述

随着我国工业自动化的快速发展，焦化企业对焦炉车辆的提效减员要求日益强烈，并且对设备的安全性、可靠性要求不断提高，因此焦炉车辆的无人操作就成为当前各焦化企业的追求目标。近几年，随着技术的不断攻克，国内一些焦化企业陆续成功实现了无人操作，这些设备通过一些关键技术的应用，保证了设备在无人状态下，实现稳定可靠、安全高效的运行，下面进行逐一简介。

2　人机安全保护技术

焦炉车辆实现全自动无人操作的前提条件是设备和人员的高度安全，其中设备的安全常规采用的技术有：四车联锁、车辆防撞、推焦力过载保护、车辆内部机构联锁、轨道极限保护等。以上这些都是焦化行业多年来一直应用的成熟可靠技术，在此我们不做详细介绍，本节我们简要介绍几种焦炉车辆如何保护人员安全的技术，具体如下。

2.1　激光扫描技术

焦炉车辆在运行状态下可能对轨道附近、机焦侧操作平台、炉顶等区域的人员造成挤压、碰撞等伤害，为了解决这些问题我们采用了激光扫描技术，该技术采用激光-时间飞行原理及多重回波技术，通过非接触式检测，可以防止人员与障碍物碰撞，且对区域保护能够起到安全作用。激光扫描技术是在扫描的区域内（炉顶、操作台等）通过软件划定所要识别的区域，给不同区域定义不同安全级别，每种安全级别与车辆PLC系统关联。在车辆工作状态下，如有人（或障碍物）进入对应的扫描区域，车辆PLC系统会立即给出相应的控制策略，避免事故发生。

2.2　AI人员识别技术

在各种作业区域，为避免人员闯入和对日常维修人员进行安全监护，采用AI识别技术进行识别。在焦炉车辆运行区域有人员出现的位置（人员在该区域可能被设备伤害）安装AI摄像头，AI摄像头可准确识别人员以及人员与车辆的距离，当检测到人员进入可能被伤害的距离时给PLC发送报警信号，PLC接收到报警信号后控制车辆以较低速度运行，而当人员进入危险距离时PLC立即给出停车信号，车辆立即停止来保护逐渐靠近的人员。

2.3　车辆与炉体间安全通过保护

焦炉车辆的机焦侧与炉体之间以及炉顶装煤车（捣固焦炉则是导烟车）与炉顶之间由于生产需要，偶尔会有检修维护人员穿过，为避免设备对正在穿过的人员造成潜在危险和伤害，通过研发可靠的“安

全通过系统”，来实现设备安全。

首先，在车辆两侧设置安全通过警示信号灯，只有当信号灯为绿色时才允许人员通过，当信号灯为红色时禁止通过。其次，在通道两侧设置自保持按钮，当人员要通过时需要先按一下按钮，信号灯会一直保持为绿色，该人员从通道出来（穿过或返回）再按一下按钮后车辆才能恢复正常的工作状态，此功能通过两个按钮信号逻辑关系的“同或”和“异或”与车辆动作机构联锁来保护通过通道时的人员安全。

2.4　炉体维护人员保护措施

炉体维护是焦化厂日常维护的重要内容，经常有维护人员被焦炉车辆伤害的事故发生，为了从根本上解决炉体维护人员受到焦炉车辆伤害的问题，我们在焦炉车辆走行两侧分别设计了安全锁，此安全锁只有炉体维护人员才能打开（安全锁钥匙由炉体维护人员保管），当炉体维护人员要对炉体某一区域进行维护时，先将安全锁打开、取出里面的传感器，然后插入对应炉体维护区域的某一处（在炉体要预设多个位置），这时焦炉车辆无法再进入该区域，只有维护人员将传感器重新插入车上安全锁内，焦炉车辆才可以不受限制的重新在轨道上运行。

3　作业区域人员安全管理技术

“无人化”焦炉车辆的作业区域是整个焦化厂的重点管理区域，这些区域存在高温、烟尘等危险因素，且车辆工作时动作频繁，管控人员进入尤为重要。焦炉车辆区域人员管理系统能够实现企业安全生产一张图（企业基础信息一张图、危险源在线监测专题图、风险分级管控专题图、在岗在位专题图等），提供危险源监测、企业安全风险分区、生产人员在岗在位、安全生产全流程管理等多个子系统功能。该系统与企业现有管理系统对接，使相关危险源监控信息在本系统中统一展现及实现综合报警，并和企业安全风险分区信息等进行数据共享和信息联动，形成覆盖企业安全生产管理全流程的五位一体综合安全生产信息管理系统，提高企业日常管理的精细化水平，降低事故发生率。支持将信息接入场区监管信息平台，将企业出入人员信息、各生产作业场所人员分布情况、安全风险分区信息、超员和应急报警等信息实时上传场区信息平台。

本系统工作人员标签具有蜂鸣、紧急呼救、振动提醒功能，当工作人员进入非权限区域后，实现驱离警告。本系统具有视频联动功能，操控人员在电子地图上点击选择区域内人员，可调出对应的实时视频监控画面，随时观察工作人员作业情况。本系统具有轨迹回放功能，可平滑显示工作人员移动轨迹，系统能够根据多种检索条件搜寻轨迹，并与预设轨迹进行对比分析，检验工作人员是否存在工作漏项，并将轨迹数据上传数据系统保存，并进行AI行为分析，优化预设模型，提高工作效率。除此之外，本系统可生成各种数据表格，如人员列表，工作时间，巡检路程等表格，对人员行为与车辆运行状态提供有效对比数据，为管理者提供决策依据。

4　先进的5G与工业WiFi冗余通信技术

在焦炉车辆“无人化”生产过程中，焦炉车辆与地面协调系统之间的通信稳定是确保生产效率和安全性的关键。为了实现这一目的，提出了5G和工业WiFi并行冗余（PRP协议）通信的解决方案来确保数据传输的可靠性，见图1。

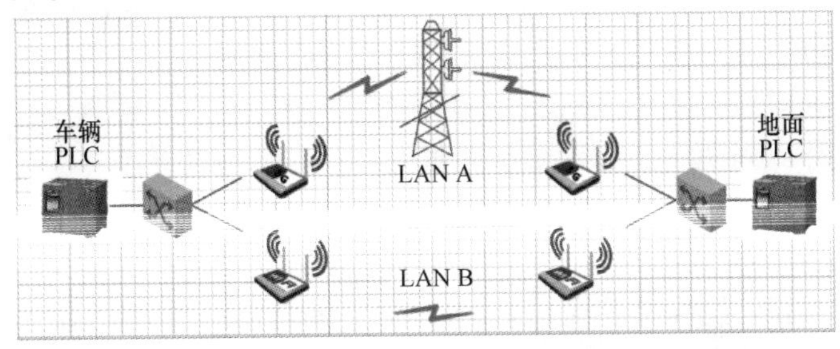

图1　5G与工业WiFi切换

此方案的核心在于利用5G和工业WiFi两种通信技术，为焦炉车辆与地面协调系统之间提供并行冗余的两条通信链路，降低单一网络连接对工业控制数据传输效率的影响，PRP通过在两个独立的网络通道上同时发送相同的数据包，确保即使一个网络通道出现故障，数据也能够通过另一个通道传输，从而实现零恢复时间的高可靠性通信。

通过5G和工业WiFi"并行冗余"可以在数据传输层面实现：

（1）"0"丢包：只要两条链路不同时丢同一报文，就能实现0丢包。

（2）"0"抖动：接收端对先到的数据先发走，克服某一链路突发大抖动影响，实现时延稳定性的大幅度提升。

（3）高可靠性：不需要进行设备的来回切换，避免风险，对业务影响降到最低。

5　机器视觉AI识别技术

机器视觉AI识别技术是指利用人工智能技术实现图像、语音、文本等信息的自动识别和理解，它模拟人类的认知能力，使计算机能够解析和响应复杂的人类输入。

焦炉车辆主要借助AI图像识别技术，通过摄像头、扫描仪等图像采集设备获取现场图像信息，将图像转换为数字信号，经过预处理去除噪声和干扰后，利用特征提取算法从图像中提取出关键特征信息。使用标注好的数据集对模型进行训练、验证、评估、优化，最终可实现计算机对焦炉车辆复杂、恶劣的现场工况进行自动识别和分类，判断设备异常状态并向PLC系统发出报警信息。现阶段，机器视觉AI识别技术在焦炉车辆上的主要应用如下。

5.1　提升机焦罐挂钩识别检测

焦罐车在进行干熄焦作业时，需要提升机经常将焦罐提升至熄焦塔内进行熄焦处理。若提升机挂钩未能与焦罐耳轴匹配，在提升过程中则极可能出现焦罐倾翻、红焦倾落事故，造成设备损坏或人员伤亡。

装备焦罐挂钩识别系统的设备，当罐体到达指定位置进行挂钩或摘钩操作后，触发相机采集挂钩和耳轴的图像信息，将采集的图像带入训练好的目标监测模型进行识别，判断挂钩是否处于"已挂好"状态，并将识别结果发送至PLC系统，PLC系统根据反馈结果给提升机发出动作命令。

5.2　折叠式推焦杆尾部上翘位置检测

有些项目由于空间受限，推焦杆的设计不能采用常规直杆模式。我公司设计的折叠式推焦杆，采用尾部上翘形式，有效地解决了焦炉机侧空间不足的问题。但上翘式推焦杆存在上翘不到位和上翘过位的问题。

我们通过摄像头进行图样采集并进行学习训练，识别出推焦杆"正常上翘""上翘未到位""拐点后移"等状态，并在故障状态下发出报警信号传给PLC系统。目前，该技术已在国内某钢厂7 m推焦机上应用，识别准确度可达99.99%以上。推焦杆"正常上翘""上翘未到位"状态如图2所示。

图2　推焦杆上翘图像AI识别

5.3　塌焦识别检测

由于配煤比、配煤水分、煤饼密度、加热制度等原因，在焦炉生产过程中机、焦侧炉门打开时偶有塌焦事故发生，此时需要中断车辆运行来处理多余的焦炭，那么判断塌焦与否就至关重要，我们采取的方案是在合适位置安装红外热像仪，通过对头尾焦区域的高低温图像特征差别进行算法分析，发出塌焦报警信号，通知操作人员及时清理。红外热像仪具有穿透力强、抗强光干扰、测量范围广等特点，可适应焦炉设备高温、水雾、尘霾的现场环境，准确检测塌焦事故状态。

以上几种机器视觉AI识别技术在焦炉车辆上的应用，在很大程度上解决了某些特殊环节采用传统检测方法无法准确识别的问题，为焦炉车辆“无人化”运行提供了关键的技术支撑。随着人工智能的发展将来的焦炉车辆上会有更多的相关技术应用。推焦杆上翘图像AI识别见图2。

6　故障自我诊断技术

由于焦炉的恶劣工业生产环境，焦炉车辆在“无人化”运行过程中难免会出现各种故障，那么在这些故障出现之前的预警和故障出现后准确给出故障原因对维护人员至关重要，只有及时处理好车辆上的故障才能保证“无人化”长久稳定运行。为此，我公司开发了焦炉车辆故障自诊断系统。

焦炉车辆故障自诊断系统采用故障树分析方法，故障树分析方法可以对焦炉车辆故障信息进行明确分级分层、定性及定量的进行分析，并将故障树的最小割集转换成故障自诊断系统规则，并根据故障统计分析底层故障树事件发生概率，进而分析重要性。为此我们为焦炉车辆控制系统建立故障树，由于焦炉车辆系统庞大，我们采用模块化理念开展这个工作，采取多目标计算模式，利用计算机辅助技术，通过逻辑门及事件构成逻辑图，快速分析出故障信息并完成故障诊断。图3为其中一个机构的子故障树。

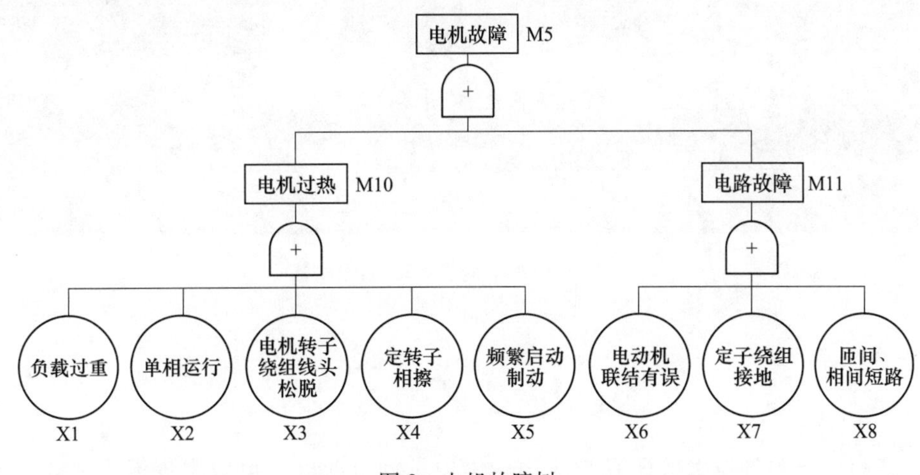

图3　电机故障树

利用每个子结构的故障树建立整个焦炉车辆专有故障树模型后，再根据车辆日常运维情况进行故障底事件的统计，得出各个底事件的发生概率，进而进行底层故障对于中间故障事件重要度的分析。在故障树建立分析之后，可利用故障树中包含的故障信息快速完成故障自诊断系统知识库的建立，故障树的层级结构可以指导知识库中的知识表达，专家系统知识库中各个故障的路径可依据故障树中对应的最小割集的获取。目前焦炉车辆故障自诊断系统还在不断完善中，还需要大量实际生产数据进行充实以及整个系统算法优化。

7　数字孪生技术

随着焦炉车辆“无人化”的推进，传统的焦炉车辆司机已经不需在车上工作了，他们逐渐转到中控室成为“幕后”监控人员。因此，焦炉车辆的数字孪生应运而生，它让焦炉车辆管理人员在中控室实现对车辆的数字场景环境感知，并且能通过逼真的三维动态模型对车辆全方位监控与操作。

焦炉车辆数字孪生系统基于数字化、信息化技术，通过焦炉车辆运行状态可视、数据记录、生产管理、网络化等功能，从过去分散的、效率低下的管理模式转向采用综合指挥、综合维修、集中养护等高度集中、高效的作业管理体制，达到指导焦炉车辆生产运行、使焦炉车辆保持最佳运行状态、提高生产效率。

焦炉车辆数字孪生采用模型的数据总线与虚幻动画结合的手段，对推焦过程各个关键机构进行数据采集、数据分析、虚拟监控，并以3D动画虚拟仿真的形式、直观展现。使用U3D搭建一套焦炉数字孪生场景，整个焦炉车辆各机构动作以实时数据驱动，能够清晰、准确展示出焦炉车辆工艺过程与机构动作。各个设备机构位置根据实际解码器数值，在动画中显示的跟实际工况相同，利用同种虚化、图层穿透方式，显示设备内部机构运作情况，并通过动画模拟焦炭生产过程。图 4 为我公司为某钢厂开发的数字孪生。

图 4 焦炉车辆数字孪生截图

8 结语

综上所述，通过以上关键技术的研发与应用，焦炉车辆目前已经可以实现无人值守、无人操作，保证了设备安全可靠、稳定高效的运行，为焦化企业带来了显著的社会效益和经济效益。

参 考 文 献

[1] 林玮平，魏颖琪，李颖 . 5G 在工业互联网上的应用研究［J］. 广东通信技术，2018（11）：24-27.

[2] 张中良 . 基于机器视觉的图像目标识别方法综述［J］. 科技与创新，2016（14）：32-33.

焦炉除尘管道切断阀自动切换功能的实现

贾兴宏　丁　彪　张　俭　敖轶男　唐　飞

（唐山首钢京唐西山焦化公司，唐山　063200）

摘　要：介绍了唐山首钢京唐西山焦化公司7.63 m焦炉除尘系统的概况和在生产中的作用，以及在实际生产过程中，针对吸力衰减过大的问题，加装管道切断阀实现除尘管道分段控制，以保证生产需求。但在最初管道切断阀的切换只能由岗位人员在现场手动操作，经常切换费时费力、存在隐患，自动化水平低下。针对此问题，我们首先通过对除尘管道切断阀进行一系列改进，完善其控制系统，实现中控室远程切换控制。之后又通过建立除尘系统与四大机车控制系统的通信，以便实时获得焦炉的生产进度，通过完善除尘系统管道切断阀和四大机车协调系统的控制程序，最终实现管道切断阀随机车生产进度自动切换。

关键词：焦炉，除尘系统，切断阀，四大机车

1　概述

面对当前日益严峻的环保形势，焦化作为环保重点关注行业，面临前所未有的压力。如何才能避免焦炉生产过程中的烟尘外溢问题，有效提高焦炉除尘系统的工作效率是我们当前研究的主要课题，为了提高焦炉除尘吸力，我们采用了除尘管道分段的方式，并在每段管道上安装了一电控切断阀，从而实现随生产进度开启对应的除尘管道，关闭另一暂不使用的除尘管道，保证了除尘系统的吸力。

本文介绍的方法应用于7.63 m焦炉除尘系统，通过实现远程控制、建立数据通信、分析控制逻辑、编写PLC程序，最终实现自动控制除尘管道切断阀按照指定规则进行切换，免去人工操作，降低安全风险，并且能够及时、高效的为焦炉机车提供吸力，满足生产及环保需求。

2　背景介绍

焦炉除尘系统在焦炉生产的环保方面起着举足轻重的作用，首钢京唐公司现有六座7.63 m焦炉，每两座焦炉单侧共用一座除尘地面站，用于收集焦炉及机车在生产过程中产生的烟尘。焦炉机车可在两个焦炉间横向移动，除尘器的除尘管道通过密封机构与焦炉机车连接，将生产过程中产生的烟尘通过机车烟罩内的收集并吸入，避免烟尘外溢，以满足环保要求。

3　存在问题

在实际生产使用过程中，因整体除尘管道过长，容易出现末端吸力不足的情况。为了解决此问题，我们将除尘管道分段并在每座焦炉的除尘管道上各安装一个电动蝶阀（如图1所示），在生产某座焦炉时打开其对应管道阀，关闭另一管道阀，减小吸力损失，以此保证在生产过程中能够提供足够的吸力。

但开关阀门需操作人员现场手动操作，费时费力，另外操作平台高度为5 m，上下爬梯也存在安全隐患。而且一旦随着生产进度切换炉组时忘记切换管道切断阀，或切换顺序错误，将导致焦炉生产时无吸力，造成烟尘外溢，污染环境，甚至损坏除尘设备。

4　制定改进方案

针对以上问题，我们经过对除尘系统以及四大机车协调系统的深入分析，绘制如图2所示系统结构图，并制定如下改进方案：

（1）首先需要将除尘管道切断阀接入除尘控制系统，通过对硬件及软件的改造完善，实现除尘管道

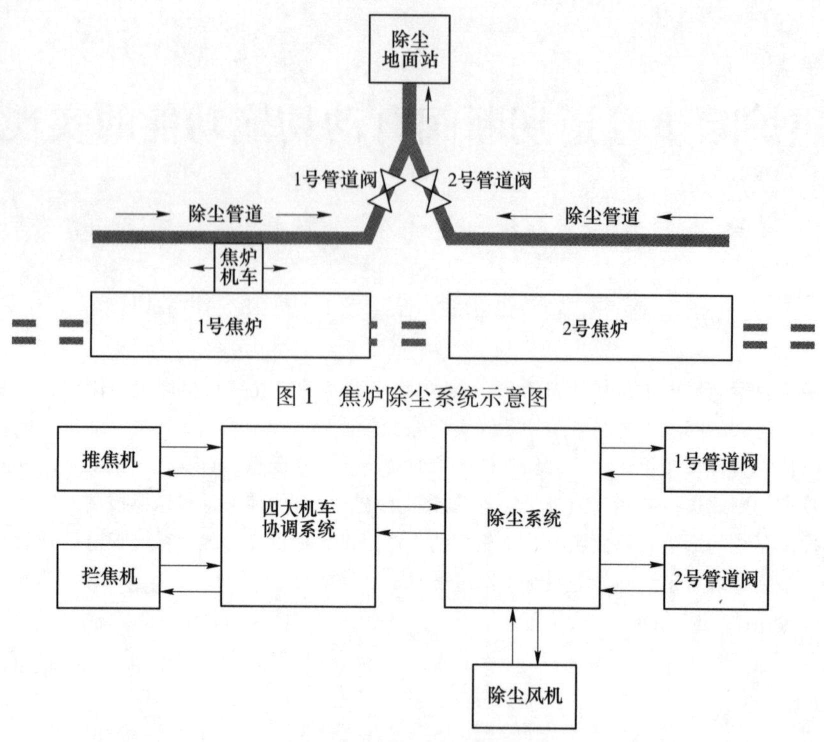

图 1　焦炉除尘系统示意图

图 2　系统结构图

切断阀远程控制。

（2）建立除尘控制系统与四大机车控制系统之间的通信，实现除尘系统与四大机车系统之间的数据交换，为自动控制采集所需信号，并将每个除尘管道切断阀的开关位置反馈信号传到四大机车。

（3）编写四大机车协调系统控制程序，使其能够根据生产进度向除尘系统发送管道切断阀控制命令。

（4）制定除尘管道切断阀自动切换流程（图 3），按照切换流程进一步完善除尘系统中除尘管道切断

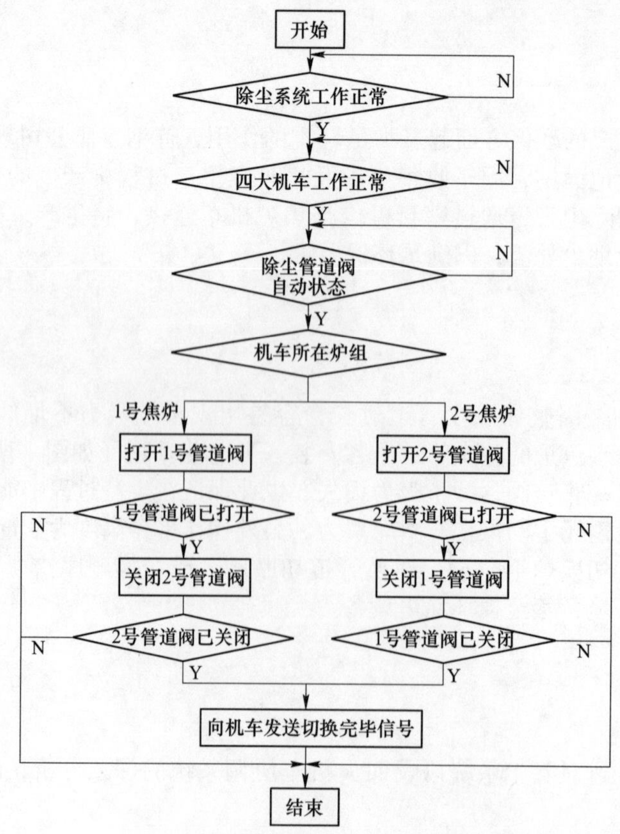

图 3　除尘管道切断阀自动切换控制流程

阀控制程序，在自动模式下实现连锁控制，最终实现除尘管道切断阀跟随生产进度全自动切换。

5　方案具体实施

5.1　实现管道切断阀远程控制

除尘管道切断阀采用的是电动蝶阀，通过电动机驱动内部翻板进行开关操作，其中电动机为可逆控制。我们采用西门子 SIMOCODE PRO 3UF7 系列电动机智能保护控制器作为管道切断阀的控制及保护器件（图 4），SIMOCODE PRO 是一种灵活的模块化电机管理系统，不仅能实现传统电机保护的所有操作、控制和保护功能，而且还有各种辅助功能和自我维护功能，具有过载、过流、漏电、三相不平衡等保护功能，并且配有现场总线通信接口，实现电气设备如电动机、阀门、定位器等的直接启动、正反转起动和星-三角转换起动；可显示相电流、相线电压、功率因数、累计运行时间、启动次数、报警和故障信息等。提高了设备可用性，使系统的启动、运行和维护费用大大降低。

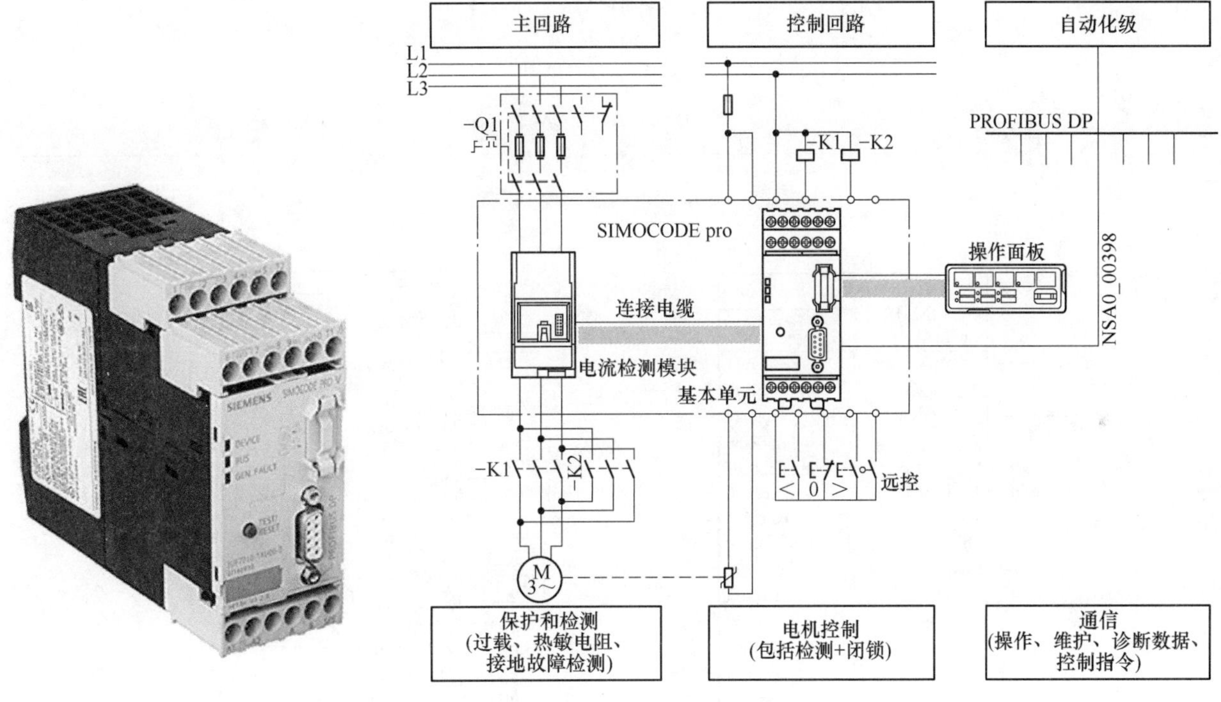

图 4　西门子 SIMOCODE 电动机智能保护控制器及其典型应用

为了实现远程与本地双重控制，我们在现场操作箱上安装一个三挡转换开关，挡位分别为“本地”“停止”和“远程”，将转换开关和操作按钮接入电机保护器，控制电路如图 5 所示。

使用 Profibus-DP 通信协议，将电机保护器接入除尘系统的 PLC 系统，最后将马达保护控制器设置相应的控制和保护参数，从而满足管道切断阀的远程与本地控制硬件条件。

硬件条件满足后，我们使用西门子 PCS7 软件对 3UF7 电机保护器进行组态，之后再通过 CFC 编程工具，调用系统自带的 FbSwtMMS 功能块（图 6），通过 Profibus-DP 总线读取 3UF7 电机保护控制器的信息，再通过调用自带的 VlvMotL 阀控制块（图 7）对管道切断阀控制逻辑进行程序编写，使其输出相应的控制信号。

最后再对上位操作画面进行修改，完成软件部分改造，最终实现除尘管道切断阀的远程操控（上位操作画面见图 8）。

5.2　建立除尘系统与四大机车协调系统通信

四大机车协调系统（Coordination，简称 COOR）负责与四大机车和焦炉外围各控制系统通信并采集联

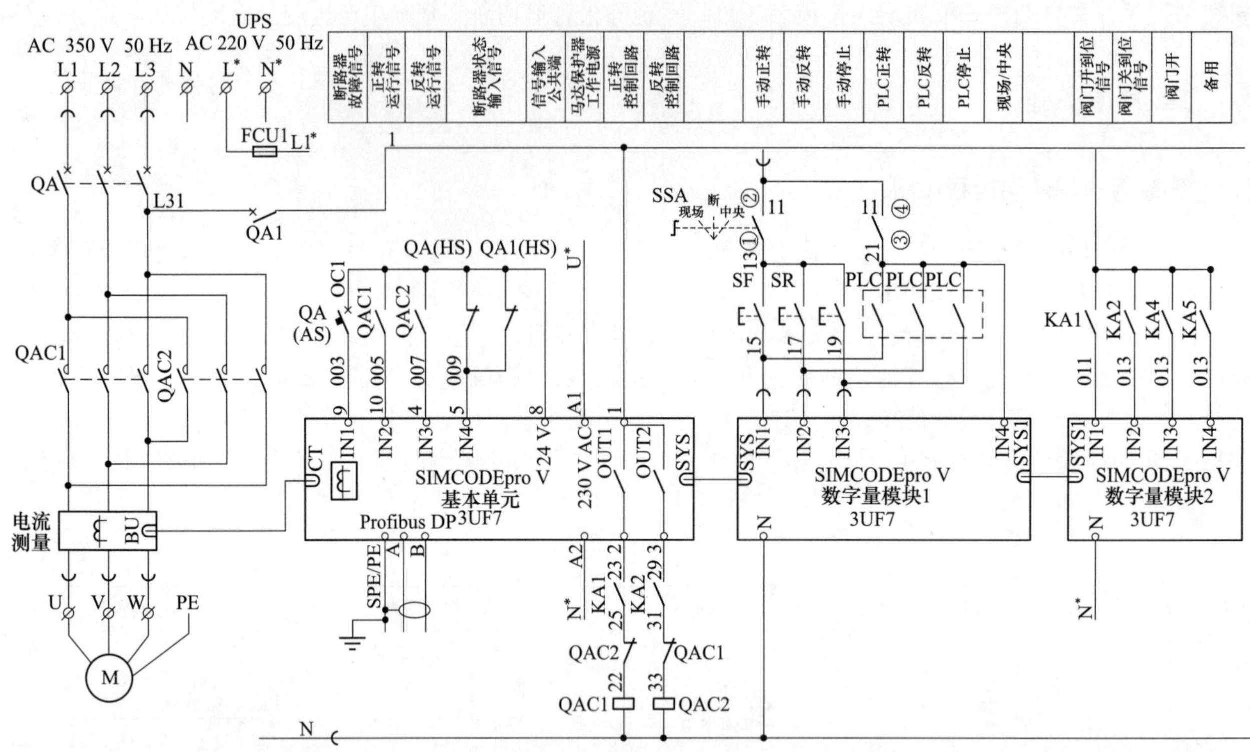

图 5　除尘管道切断阀控制电路图

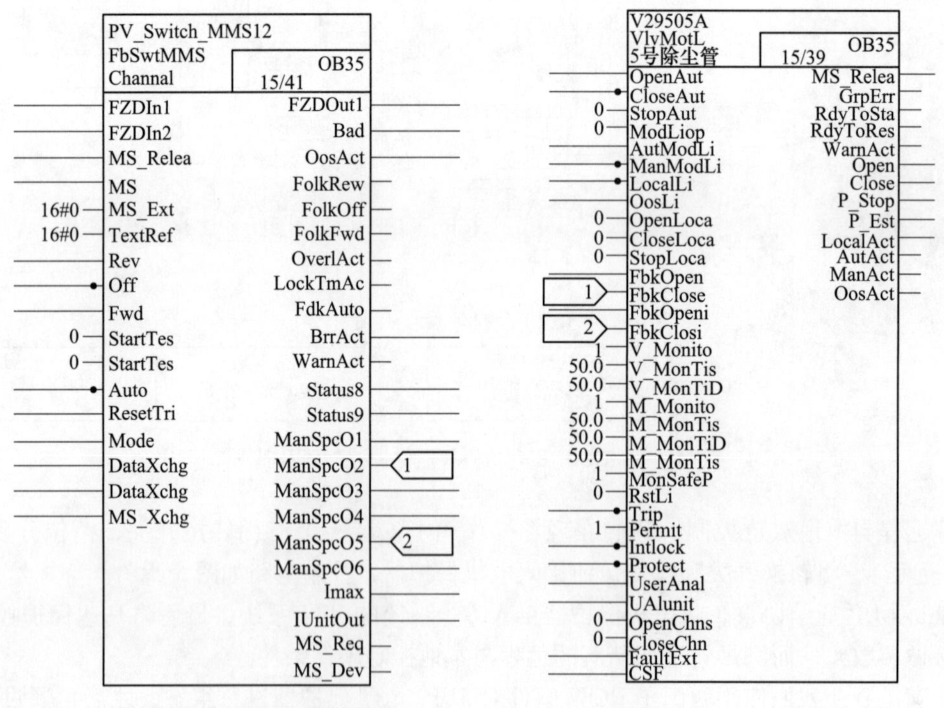

图 6　FbSwtMMS 功能块　　　　图 7　VlvMotL 功能块

锁数据，执行逻辑判断，发送相关控制指令。想要实现除尘管道切断阀的自动切换，必须建立除尘系统与四大机车协调系统之间的通信，由于协调系统采用西门子 S7-400H 系列冗余 PLC，采用多个 CP 卡与不同系统进行通信，我们利用西门子 S7 容错通信方案，实现双线通信，即当一路通信出现问题后，自动切换到另一路，保证数据通信的稳定可靠。

在 Step7 的 NetPro 中组态并下载好通信连接后（网络组态如图 9 所示），还需要在四大机车协调系统中和除尘控制系统中分别加入通信相关程序，调用系统通信块 BSEND、DRCV，通过设置相关参数，并分别在两个系统中添加指定格式的 DB 块，既可实现除尘系统从四大机车协调系统接收数据的功能（接收

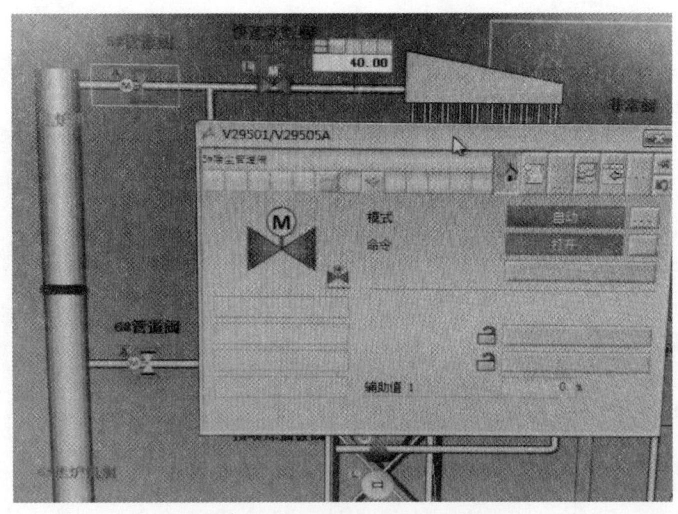

图 8　除尘管道切断阀上位远程控制

DB 块如图 10 所示)，同时也可以从除尘系统发送两个管道切断阀的开关到位情况（发送 DB 块如图 11 所示）。

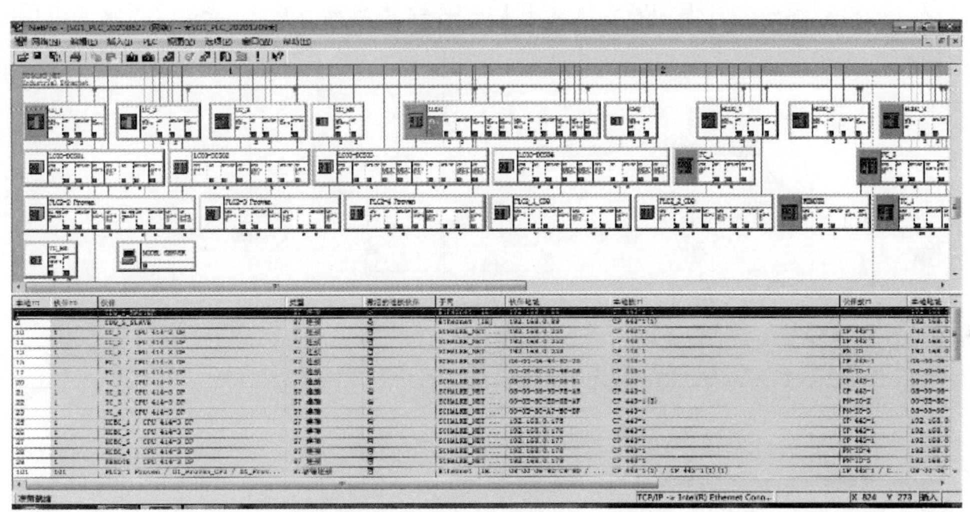

图 9　网络组态

Address	Name	Type	Initial value	Actual value	Comment
0.0	FP_PC_AB.WATCHDOG_1	INT	0	55	data comunication watchdog1
2.0	FP_PC_AB.WATCHDOG_2	INT	0	0	data comunication watchdog2
4.0	FP_PC_AB.PC_IDLE	BOOL	FALSE	FALSE	PC Filter Plant requirement 25 % idle suction
4.1	FP_PC_AB.PC_FAN_50	BOOL	FALSE	FALSE	PC Filter Plant requirement 50 % door open suction
4.2	FP_PC_AB.PC_FAN_100	BOOL	FALSE	TRUE	PC Filter Plant requirement 100 % push suction
4.3	FP_PC_AB.FLAP_5_OPEN	BOOL	FALSE	FALSE	5号炉机侧除尘管道阀打开命令
4.4	FP_PC_AB.FLAP_6_OPEN	BOOL	FALSE	TRUE	6号炉机侧除尘管道阀打开命令
6.0	FP_PC_AB.spare_6	INT	0	0	spare

图 10　除尘系统接收 DB 块

Address	Name	Type	Initial value	Actual value	Comment
0.0	FP_PC_AB.WATCHDOG_1	INT	0	113	data comunication watchdog1
2.0	FP_PC_AB.WATCHDOG_2	INT	0	0	data comunication watchdog2
4.0	FP_PC_AB.PC_IDLE	BOOL	FALSE	FALSE	PC Filter Plant status 25% idle suction
4.1	FP_PC_AB.PC_FAN_50	BOOL	FALSE	FALSE	PC Filter Plant status 50% door open suction
4.2	FP_PC_AB.PC_FAN_100	BOOL	FALSE	TRUE	PC Filter Plant status 100% push suction
4.3	FP_PC_AB.PC_FAN_NO_ERROR	BOOL	FALSE	TRUE	PC Filter Plant status stand by (no disturbance)
4.4	FP_PC_AB.FLAP_5_OPENED	BOOL	FALSE	FALSE	5#炉机侧除尘管道阀已打开
4.5	FP_PC_AB.FLAP_5_CLOSEED	BOOL	FALSE	TRUE	5#炉机侧除尘管道阀已关闭
4.6	FP_PC_AB.FLAP_6_OPENED	BOOL	FALSE	TRUE	6#炉机侧除尘管道阀已打开
4.7	FP_PC_AB.FLAP_6_CLOSEED	BOOL	FALSE	FALSE	6#炉机侧除尘管道阀已关闭
5.0	FP_PC_AB.SO2_ALARM	BOOL	FALSE	FALSE	二氧化硫含量超标
5.1	FP_PC_AB.Spare_1	BOOL	FALSE	FALSE	
5.2	FP_PC_AB.Spare_2	BOOL	FALSE	FALSE	
5.3	FP_PC_AB.Spare_3	BOOL	FALSE	FALSE	
6.0	FP_PC_AB.PC_FAN_SPEED	INT	0	1249	机侧除尘风机速度

图 11　除尘系统发送 DB 块

在实现发送除尘管道切断阀控制命令的同时，我们还可以通过建立的通信获取每个阀门的开关到位情况，四大机车协调系统将此信号加入管道切换控制逻辑的联锁信号中，可保证管道切断阀切换顺序的准确，在满足生产需求的前提下，避免了除尘设备的损坏。

协调系统还可将阀门到位信号发送到与之相关的机车上，并在机车控制系统中设置联锁，从而保证当除尘管道切断阀没有正常开启时不能进行出焦生产操作，避免因除尘管道切断阀没有打开，无法提供足够吸力而造成烟尘外溢的情况发生。

另外，在通信数据中还加入了除尘风机速度的设定和反馈，可实现只有当炉门开启后除尘风机提至中速，推焦时产生大量烟尘时启动高速，直至炉门被关闭，其他时段均为低速运行，避免非生产时段风机持续高速造成浪费，可有效节省电能消耗且大大延长风机寿命。

5.3 编写机车协调系统控制程序

四大机车协调系统将根据生产进度，自动发送对应炉组管道切断阀的开关控制指令，以 5 号炉管道切断阀控制程序为例（图 12），程序中使用 RS 触发器对 DB141. DBX4. 3 控制指令位进行赋值，当此位为 1 时将向除尘系统发送 5 号阀打开命令，为 0 时发送管道切断阀关闭命令。

其控制指令位置位的条件是同侧的两台机车中有一台在对应炉组进行生产作业，另外，为了保证除尘系统安全运行，除尘系统不允许两个管道切断阀同时关闭，以防止除尘管道内抽真空，损坏除尘管道，当遇到此种情况，如检测到两个管道切断阀均未开启，程序将自动开启该管道切断阀，以保证设备安全。当机车切换炉组后，协调系统向另一管道切断阀发送开启命令时，此控制指令位被复位，既关闭当前炉组管道切断阀。

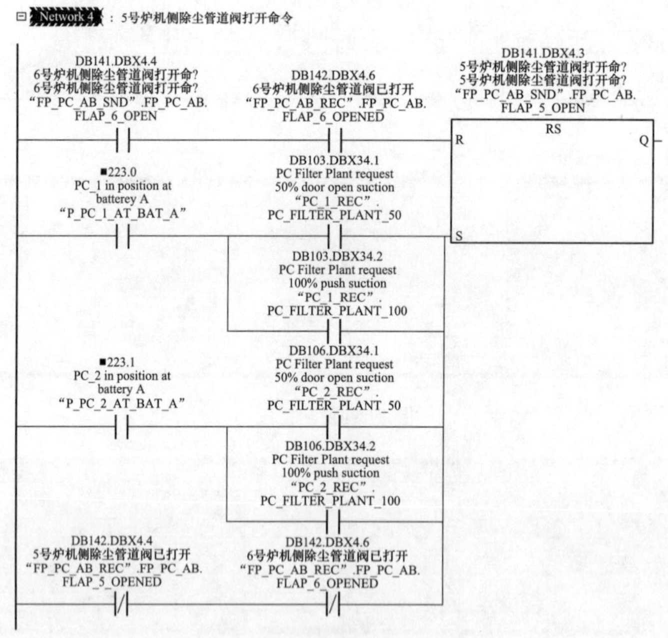

图 12 四大机车协调系统管道切断阀开关命令控制程序

5.4 完善除尘系统控制程序

为了实现除尘管道切断阀的全自动切换，需要将协调系统发送过来的开阀命令读取出来，并在除尘系统的管道切断阀控制程序中加入此信号，如图 13 所示，以 5 号焦炉管道切断阀为例，在 CFC 窗口左侧输入端的 DB6. flap_5_open 即为四大机车协调系统发送过来的开阀信号，用其控制其对应的 5 号炉除尘管道切断阀，将此信号进行转换后，接到阀块的 OpenAut 引脚，同时将此信号取反接到 CloseAut 引脚，从而实现当除尘管道切断阀处于自动模式下，此信号一旦变为 1 时，除尘管道切断阀打开；信号变 0 时，除尘管道切断阀关闭，实现全自动联锁控制。其他管道切断阀控制程序相同，此处不再赘述。

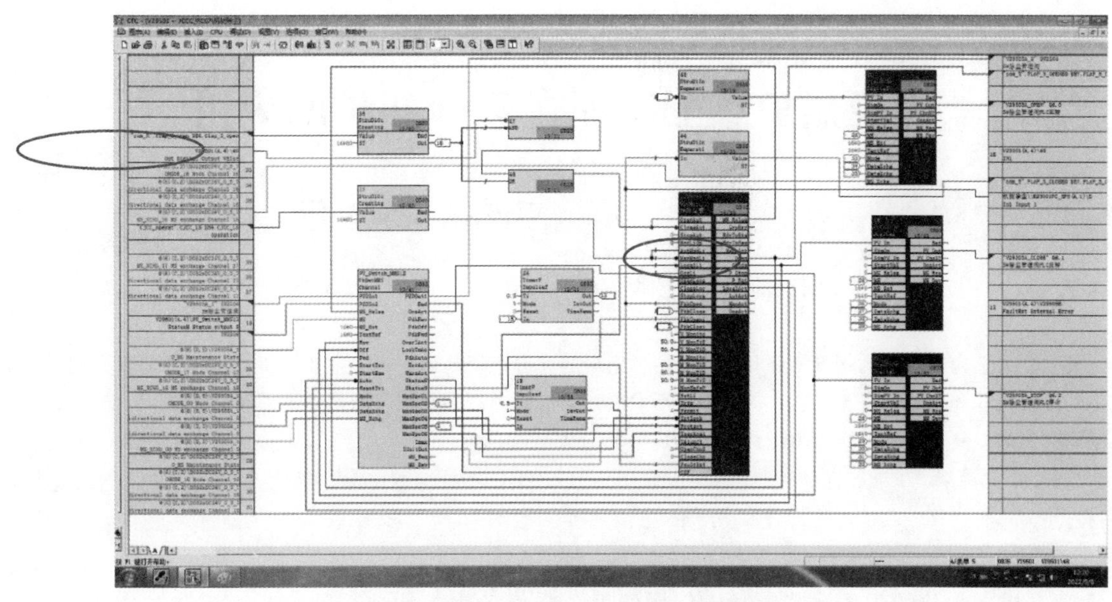

图 13　除尘系统 5#管道切断阀控制程序

6　结语

通过 7. 63 m 焦炉除尘管道切断阀自动切换功能的研究与实现，取得了较好的应用效果。焦炉除尘管道切断阀的切换，由最初的岗位人员在现场爬上平台进行手动操作，之后实现中控室远程操作，再到最后实现全自动切换，全程无需人员干预，既消除了人员上下平台形成的安全隐患，又保证了管道切换阀切换的及时与准确性，完全满足生产及环保需求。

另外，在程序编写的过程中还加入了一些特殊情况下的保护措施，如除尘管道切断阀卡住无法动作、开关状态反馈异常等情况，保证了除尘设备及四大机车的安全、有序、稳定的运行。该技术提高了焦炉的自动化水平，同行业具有较大的推广价值。

参考文献

[1] 廖常初 . S7-300/400 PLC 应用技术 [M]. 3 版 . 北京：机械工业出版社，2012.
[2] 赵全利 . 西门子 S7-200 PLC 应用教程 [M]. 北京：机械工业出版社，2014.
[3] 刘华波 . 组态软件 WinCC 及其应用 [M]. 北京：机械工业出版社，2009.

浅谈焦炉热工原理在 7 m 焦炉的应用

郭　飞　邱　程　田龙振　刘　海

（青岛特殊钢铁有限公司焦化厂，青岛　266413）

摘　要：立火道内部煤气的缓慢燃烧和煤气中可燃组分的充分燃烧是焦炉热工主要的工作方向，随着人们对氮氧化物的生成机理和焦炉本身蓄热能力的认识不断发展，为低氮燃烧和贫煤气加热提供了理论基础。

关键词：焦炉，高炉煤气，缓慢燃烧，充分燃烧

1　概述

采取混合煤气加热的焦炉，产生氮氧化物的根源是焦炉煤气快速燃烧产生高温点，以降低煤气燃烧速度为主，根据以焦炉煤气为加热介质的单热式焦炉，为了降低氮氧化物需要向空气中配入废气一样。为什么烧焦炉煤气需要用过废气回配？一方面说是稀释空气，倒不如说是降低空气的预热后的温度，降低氧气的活泼性。那么基于上述原理，我们提出：空气预热不足可以减缓燃烧反应，煤气充分预热，确保煤气充分燃烧，废气中的氧气是过量的，按正常来说，废气中是不可能含有一氧化碳等可燃成分的，既要减缓燃烧又要确保充分燃烧。

2　现象对比分析

某焦化厂 JNX3-70-1 型焦炉，正常单烧焦炉煤气为 10000 m^3/h，但现在是 80000 m^3/h 的高炉煤气，相当于 16000 m^3/h 的焦炉煤气，再加上 2000 m^3/h 焦炉煤气，远远超过单独使用焦炉煤气加热的方式，所以其中一部分高炉煤气肯定被浪费了。

所以可以采用减少空气截面积，提高空气流速的方法来降低空气与煤气的混合速率。风门缩小后，由于空气流动的快，煤气流动的慢，与原来相比，煤气和空气更不容易在斜道口处瞬间混合均匀从而减缓燃烧速度，但由于高炉煤气已经预热到 1000 ℃以上，CO 分子活性非常活泼，所以即确保了充分燃烧。

爆发实验现象对比，爆发实验筒见图 1。

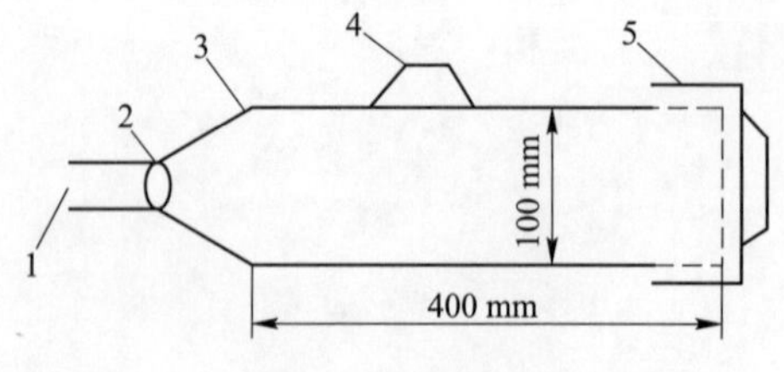

图 1　爆发实验筒

1—放气头；2—直径 10 mm 球阀；3—筒体；4—提手；5—筒盖

用爆发实验筒取满一筒煤气，取完样后，立即关闭取样阀门，堵好爆发试验筒筒口，带到远离取样点 5 m 以上且空旷地方，准备好火种后再打开爆发试验筒盖子，进行点火：实验现象：高炉煤气燃烧到 1/3，就会熄灭，那么后面剩余的就因为温度不够不能参与燃烧；而焦炉煤气能够燃烧到 2/3，甚至燃烧到底部。为什么高炉煤气需要预热而焦炉煤气不需要？《现代焦化生产技术手册》要求高炉煤气必须预热到 1000 ℃。

3　原理分析

为什么焦炉在增减焦炉煤气反应快，高炉煤气反应慢？

这是因为焦炉煤气火焰中心温度高，在燃烧后能够产生与焦炭相比更大的温差，而高炉煤气火焰中心温度低，在燃烧后产生与焦炭相比温差较小，所以传热较慢，但含有相同热值总量的高炉煤气和焦炉煤气在实际的生产中，焦炉煤气由于流量小，单位热密度大，所以燃烧产生的热量大多数传递给了炭化室炉墙；而高炉煤气由于流量大，单位热密度小，所以燃烧产生的大多数热量通过废气带入蓄热室，故而当蓄热室蓄积的热量足够后，高炉煤气全部预热后能够充分燃烧。因此，日常生产操作中人们为确保焦炉炉温正常，高炉煤气通过充分预热和掺混焦炉煤气，提高了自身的能量密度，向着焦炉煤气的方向发展。

4　高炉煤气和空气的预热对比分析

以高炉煤气为加热介质的焦炉中，废气小翻板的控制往往只考虑到了对于燃烧系统吸力的影响，而对于下降气流赋予蓄热室的热量分配却鲜有涉猎，由于7 m焦炉取消了蓄热室温度测温孔，所以我们提出了如下测调方式：

预热可以分为三种方式：煤气>空气，煤气<空气，煤气=空气。

那么这三种预热方式该怎么选择呢？

如果我们选择煤气<空气，空气被充分预热，那么无论是21%的氧气还是78%的氮气都被获得预热，而一旦氧气被预热过多，氧气分子与氮气分子反应的活化能就会增大，氧气分子氧化能力就会增强，氧气除了跟高炉煤气中的一氧化碳反应加快以外，它在高温下更会与氮气反应加快，从而不止导致出现立火道的高温点，更会出现氮氧化物的指数增长。而我们的高炉煤气不能获得充分预热，占到总体积60%的氮气会夺取60%的热量，那么余下的热量对于6%的一氧化碳预热就很有限，所以在交换的末期，总烟道的一氧化碳含量会增高。见图2。

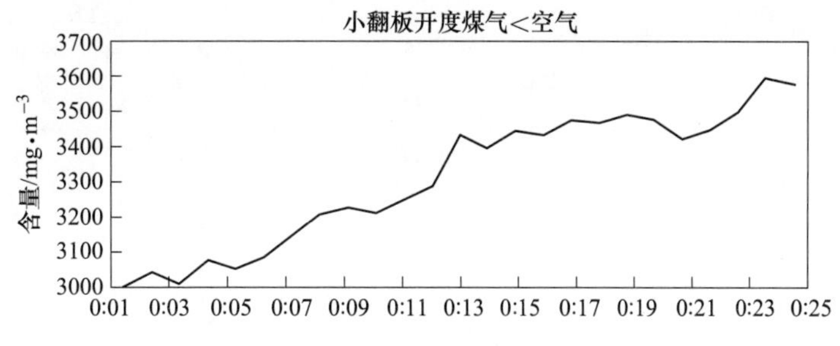

图2　交换末期总烟道废气CO含量变化

如果我们选择煤气=空气，煤气和空气都不能充分预热，同样会造成一氧化碳的浪费。

但是如果我们选择煤气>空气，煤气被充分预热，除了60%的氮气被完全预热以外，6%的一氧化碳也同样被充分预热，所以在交换末期，一氧化碳就不会太高，另外由于空气预热很少，氧气分子的活化能较小，所以就能够降低反应速度，拉长火焰，所以需要降低氧气的氧化能力，提高高炉煤气中CO的活化能。见图3。

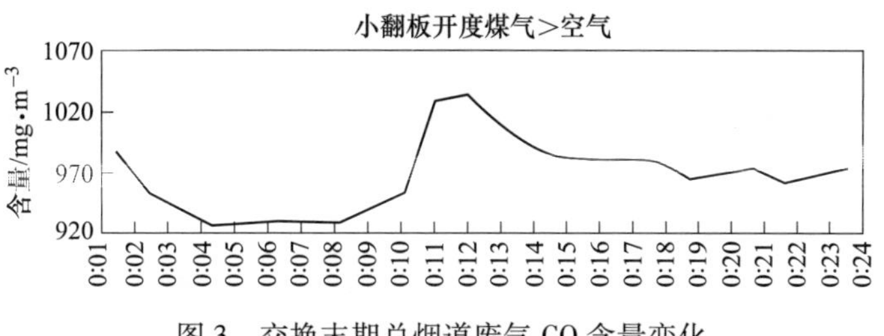

图3　交换末期总烟道废气CO含量变化

焦炉煤气（废气回配）⇌高炉煤气（充分预热）二者都是在向对方模拟。

5 从化学反应活化能方面分析

$$2CO(g) + O_2(g) \longrightarrow 2CO_2(g) \quad \Delta_r H_m = -565.99\ kJ/mol$$
$$N_2(g) + O_2(g) \longrightarrow 2NO(g) \quad \Delta_r H_m = +183\ kJ/mol$$

由上述反应方程式可知，在同等条件下，CO 更容易与氧气发生反应，而氮气与氧气发生反应为吸热反应，需要火焰中心温度达到 1400 ℃以上才能缓慢发生反应，而一氧化碳在 650 ℃就可以反应，但由于高炉煤气不是纯的 CO，所以通过预热提高高炉煤气所有气体分子与氧气的活化能，在确保火焰温度小于 1400 ℃的条件下，既能够确保 CO 充分燃烧，又能尽可能地减少氮气参与氧化反应吸取热量生成氮氧化物。

6 实际操作

（1）对于高炉煤气充分燃烧方面，我们需要对于煤气进入立火道之前充分预热，即将煤气小翻板全开，其次为降低空气中氧气分子的活泼性，我们需要将空气侧小翻板开 1 个格。

（2）对于煤气缓慢燃烧方面，我们需要降低焦炉内部气体流动的速度，由于 7 m 焦炉采取的是蓄热室分格的结构，所以为确保所有看火孔保持正压，就不能够按照 6 m 焦炉的 0~10 Pa 进行看火孔压力的保持，所以需要提高看火孔压力，根据实际情况我们将看火孔压力设置在 20~30 Pa，为确保所有看火孔压力的稳定，我们创造性地提出了 $K_{高}$ 高向加热均匀系数，即对所有标准火道的看火孔压力进行测定，取平均值，每个看火孔压力与平均值相减，超出±5 Pa 的为不合格炉号，利用空气小翻板进行单独调节。高向加热系数见表 1。

表 1　高向加热系数

时　间	1 号机侧	1 号焦侧	1 号炉 $K_{高}$	2 号炉机侧	2 号炉焦侧	2 号炉 $K_{高}$
2024 年 2 月 15 日	0.62	0.68	0.65	0.80	0.55	0.67
2024 年 2 月 28 日	0.79	0.77	0.78	0.79	0.82	0.80
2024 年 3 月 4 日	0.91	0.85	0.88	0.80	0.86	0.83
2024 年 3 月 8 日	0.92	0.85	0.89	0.86	0.83	0.85
2024 年 3 月 31 日	0.77	0.77	0.77	0.67	0.80	0.73

（3）空气过剩系数控制。让空气变成要多少给多少，而不是给多少接多少。

立火道：空气过剩系数最低 1.05~氧含量最低 1.03%；

废气盘：空气过剩系数最低 1.15~氧含量最低 2.7%；

分烟道：空气过剩系数最低 1.2~氧含量最低 3.5%；

总烟道：空气过剩系数最低 1.25~氧含量最低 4.5%；

充分考虑到过程中出现的负压系统漏入空气的问题。

7 效果

煤气耗用情况见图 4。

从上述曲线可以看出，随着焦炉蓄热能力的不断增强，煤气耗用量从 2020 年的 4.0GJ/t 焦降低至 2024 年的 3.5GJ/t 焦，降本效果显著提高。

可实现沿燃烧室高度方向的贫氧低温均匀供热，可降低 NO_x 生成。

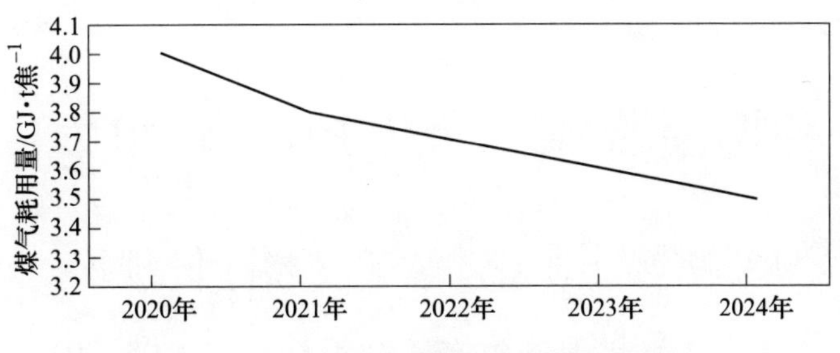

图 4　2020—2024 年吨焦耗用加热煤气变化

参 考 文 献

[1] 于振东，蔡承佑．焦炉生产技术［M］. 沈阳：辽宁科学技术出版社，2002.

[2] 于振东，郑文华．现代焦化生产技术手册［M］. 北京：冶金工业出版社，2010.

一种捣固装煤车余煤短流程回收工艺

梁瑞凯　史建才　王　彬　侯利召

（河北中煤旭阳能源有限公司，邢台　054001）

摘　要： 焦化企业捣固焦炉装煤过程中会产生部分余煤，传统余煤回收工艺为余煤经刮板机回收至煤斗，再通过运输车辆拉至煤场掺至单种煤中，然后经皮带、煤仓、配煤皮带秤、粉碎机等运至煤塔，最后重新捣固装煤，此工艺流程长，成本高，效率低，且存在逸尘现象。为解决传统余煤回收工艺缺点，中煤旭阳发明一种捣固装煤车余煤短流程回收工艺，即煤斗内余煤经密闭式螺旋输送机组输送至捣固装煤车煤箱，经捣固后直接入炉，规避了传统工艺的缺点。

关键词： 捣固装煤车，余煤，短流程，回收，螺旋输送机

1　概述

河北中煤旭阳能源有限公司炼焦一、二车间共 4 座 65 孔 JNDK55-07F 型捣固焦炉，每座焦炉配备一辆捣固装煤车。捣固装煤车在装煤过程中，部分煤从煤饼上脱落，产生的余煤会从托煤板与托煤板运行槽之间的缝隙散落至下方，随着装煤次数的增多，产生的余煤会不断堆积，造成浪费的同时还影响生产；有时甚至发生塌煤现象，大量煤散落至装煤车上或机侧平台，必须尽快回收。传统捣固装煤车余煤回收工艺为先通过刮板机将余煤回收至煤斗，然后放至汽车上拉至煤场，然后与单种煤掺混后重新进行配煤，最后经粉碎机送至煤塔再次捣固后进入焦炉炼焦。这种工艺存在成本高、人工劳效低、逸尘污染环境等缺点。中煤旭阳通过调研论证，发明一种捣固装煤余煤车短流程回收工艺，可有效规避传统余煤回收工艺缺点。

2　传统捣固装煤车余煤回收工艺分析

以中煤旭阳炼焦车间捣固装煤车为例，余煤回收采用传统回收工艺，即装煤车装煤时散落的余煤经两条链式刮板机运至煤斗储存，再通过卸料阀放至汽车上运至煤场掺混至指标相近的单种煤煤垛上，再经堆取料机、皮带机组输送至单种煤仓，然后通过配煤皮带秤重新配煤，经皮带机组、粉碎机等装置运至煤塔，最后经给料机至煤箱重新捣固进入焦炉。

2.1　工艺流程长，耗能设备多

传统余煤回收工艺要经多个耗能设备转运方能重新至捣固装煤车煤箱。中煤旭阳炼焦一车间原余煤回收工艺耗能装置如表 1 所示，合计 22 台，流程长，回收成本较高。

表 1　中煤旭阳炼焦一车间原余煤回收工艺耗能装置数量统计表　（台）

装置名称	刮板机	卸料阀	汽车	皮带机	堆取料机	配煤皮带秤	粉碎机	给料机	合计
数量	2	1	1	14	1	1	1	1	22

2.2　余煤与单种煤指标有偏差，易引起入炉煤指标波动

实际生产中，装煤车余煤一般与指标相近的单种煤掺混，但其各项指标与单种煤仍有较大差异，如表 2 所示，易引起入炉煤指标波动，影响配煤质量，最终可能影响焦炭质量。另外，余煤还会在粉碎机内再次粉碎，会导致煤粉过度粉碎，同样影响焦炭质量。

表 2　中煤旭阳装煤车余煤与各掺混单种煤指标对比表

项　目	A_d/%	V_{daf}/%	$S_{t,d}$/%	G
装煤车余煤	9.0~10.0	27~31	0.7~0.9	54~72
1/3 焦煤	6.8~12.0	34~40	0.3~2.4	71~86
贫瘦煤	9.7~10.5	13~15	0.4~1.2	0~18
焦煤	9.3~11.2	21~30	0.4~1.0	70~86

2.3　余煤转运时逸尘，污染环境

从煤斗向汽车上放煤时存在逸尘现象，污染现场环境，同时额外增加现场卫生清扫频次。

2.4　人均劳效低，生产组织管理成本高

原余煤回收作业跨三个部门，涉及装煤车司机、汽车司机、煤场管理人员、配煤人员等多个岗位，人均劳效较低，同时跨部门作业，影响生产组织管理。

3　捣固装煤车余煤短流程回收处理方法研究

3.1　设计思路

为解决传统捣固装煤车余煤回收工艺缺点，中煤旭阳提出一种短流程余煤回收处理思路，即将余煤从煤斗直接送至煤箱，节省汽车、皮带、配煤皮带秤、粉碎机、给料机等中间环节。而实现这一目的，可选用斗式提升机、皮带、螺旋输送机等设备，如表 3 所示。基于装煤车现场空间结构、成本及密闭性等多方面因素，综合考虑决定选用螺旋输送机。与其他输送设备相比，螺旋输送机具有整机截面尺寸小、密封性能好、运行平稳可靠、可中间多点装料和卸料及操作安全、维修简便等优点。

表 3　各输送装置性能对比表

序号	项　目	斗式提升机	皮带机	螺旋输送机	刮板输送机
1	密闭性	良好	较差	良好	良好
2	所占空间	较大	较大	较小	较大
3	爬坡角度	垂直方向	0~30 ℃	0~90°	0~25°
4	设备重量	较重	较重	较轻	较重
5	是否影响装煤车捣固、平煤、走行操作	不影响	影响	不影响	影响

3.2　螺旋输送机

螺旋输送机俗称绞龙，是一种用途较广的输送设备，一般由输送机本体、进出料口及驱动装置三大部分组成，用于输送粉末或者固体颗粒等物料。其工作原理：物料从进料口加入，当转轴转动时，物料受到螺旋叶片法向推力的作用。该推力的径向分力和叶片对物料的摩擦力，有可能带着物料绕轴转动，但由于物料本身的重力和料槽对物料的摩擦力的缘故，才不与螺旋叶片一起旋转，而在叶片法向推力的轴向分力作用下，沿着料槽轴向移动。

4　捣固装煤车短流程余煤回收工艺

4.1　改造思路

在煤斗下部开孔安装一台贯穿煤斗的螺旋输送机，位于煤斗内部的螺旋输送机为顶部敞口式，位于

储槽外部的输送机为全密闭式；煤斗内余煤从螺旋输送机敞口进入，再通过其余密闭式螺旋输送机将余煤送至斜上方的煤箱内，与正常生产时的给料机给煤混合后捣固。捣固装煤车短流程余煤回收工艺如图1所示，改造后余煤回收装置如图2所示。

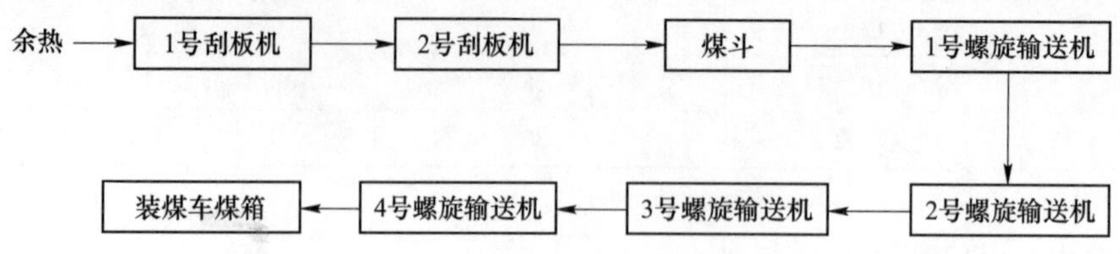

图1　中煤旭阳炼焦一车间捣固装煤车余煤短流程回收工艺流程图

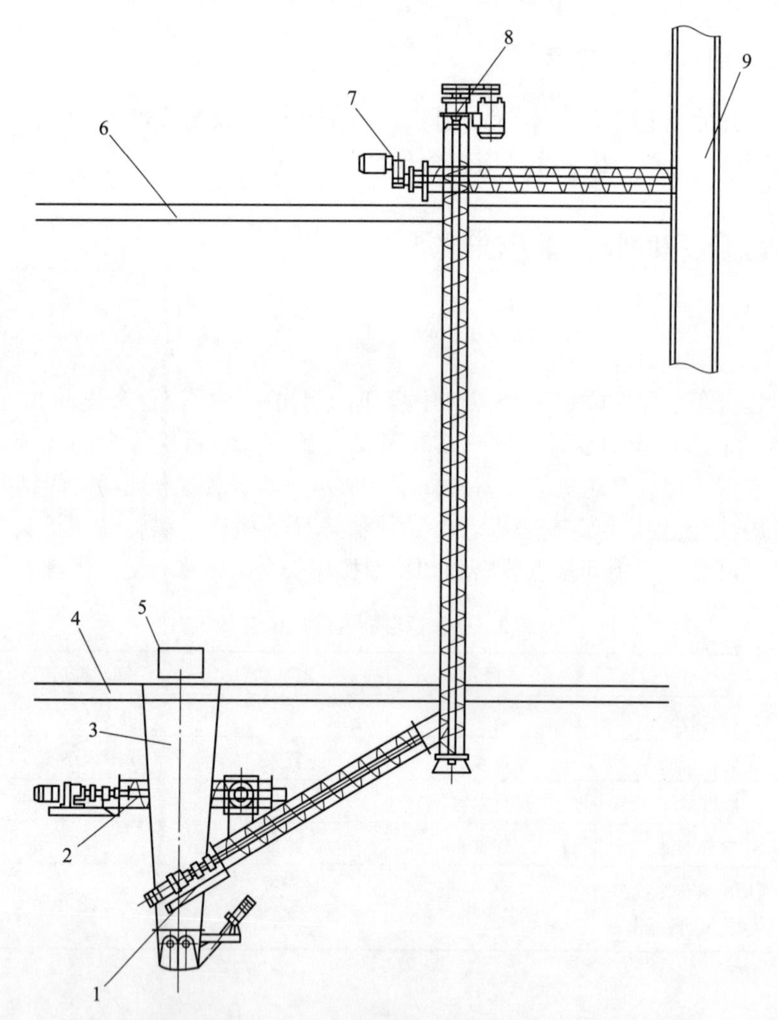

图2　中煤旭阳炼焦一车间捣固装煤车余煤短流程回收装置图

1—1号螺旋输送机；2—2号螺旋输送机；3—装煤车煤斗；4—装煤车一层平台；5—装煤车刮板机；6—装煤车二层平台；7—3号螺旋输送机；8—4号螺旋输送机；9—装煤车煤箱

4.2　技术要求

（1）因各输送机爬坡角度、叶轮与外壳存在间隙等原因，输送效率各不相同。从输送源头开始，各螺旋输送机物料输送速度应逐级增大，以保证整套输送装置不会发生堵料而引起的异常停机。

（2）为不影响活动臂运行，在煤箱活动壁顶部焊接一个套筒，套筒随活动壁一起动作，最后一台螺旋输送机伸入套筒但不能超过活动壁，否则影响装煤车上平煤机走行。

（3）螺旋输送机设定自动开停机顺序启动程序。从输送源头方向看，开机时，各螺旋输送机从后往前依次启动；停机时，各螺旋输送机从前往后依次停机。各螺旋输送机开停机之间还应设置时间间隔，保证无物料残留在输送机内部。

（4）螺旋输送机工作场所为粉尘环境，电机应选择防爆防尘电机。

4.3 设备选型

中煤旭阳炼焦一车间捣固装煤车刮板机高 70 mm，宽 516 mm，链条速度 8 m/min，输送能力约为 17 m^3/h。因此，为确保物料输送畅通，同时考虑垂直或倾斜螺旋输送机或会有部分煤料从缝隙下落，以及螺旋机叶片磨损后间隙增加导致效率降低等因素。因此第一个螺旋输送机设计输送能力选择 30~40 m^3/h，然后再根据煤料性质、输送能力等参数确定各输送机具体设备参数。

4.4 短流程余煤回收工艺操作原则

（1）为避免影响煤饼捣固质量，螺旋输送机一般在煤饼高度达到煤箱中上部时启动。

（2）螺旋输送机停机时，确认外部输送机内部无余煤残留，即离煤箱最近的螺旋输送机停机前无余煤输出。

（3）煤斗内余煤当班产生当班消耗，最迟不得超过下个班次，避免余煤与配比不同的新煤同时炼焦引起的焦炭质量波动。

（4）保留原余煤回收工艺，螺旋输送机检修时可临时启用原回收工艺，避免料斗已满未及时放空或刮板机未及时停止运行时，造成的余煤堆积，从而发生刮板机卡链、掉链、断链现象。

（5）螺旋输送机内部空间有限，为防止因异物卡住叶片导致叶片受损或异常停机，必须做到禁止大块硬物、铁器等进入煤斗。

4.5 短流程余煤回收工艺优点

（1）余煤回收流程大幅缩短。以中煤旭阳炼焦一车间 7#装煤车为例，改造后所用耗能装置合计 6 台，如表 4 所示，较改造前减少 16 台；据统计，第一辆装煤车改造完成投运后后车时回煤场余煤量减少了 30%，回收成本大幅降低。

表 4　中煤旭阳炼焦一车间余煤短流程回收工艺耗能　（台）

装置名称	刮板机	螺旋输送机	合计
数量	2	4	6

（2）装置体积小，重量轻，不影响装煤车正常作业。螺旋输送机体积较小，安装时可利用装煤车边角空间，不影响作业人员走行；同时重量较轻，不会影响装煤车正常走行。

（3）减少配合煤指标波动，稳定配煤质量；且装煤车余煤为配合煤，可以直接捣固入炉，不会影响焦炭质量。

（4）减少余煤转运时逸尘，改善现场环境。煤斗外部螺旋输送机均为密闭设计，余煤转运时不与外界接触，直接进入煤箱捣固，有效消除逸尘环节。

（5）改造后，将跨车间多岗位协同作业优化为装煤车司机岗位独自作业，余煤在炼焦车间内部消化，有利于改善生产组织管理。只需装煤车司机单独作业即可，提高人均劳动效率，生产组织管理有效提升。

5 结论

捣固装煤车余煤短流程回收工艺的出现，可以降低焦化企业余煤回收成本；减少余煤转运过程逸尘现象，改善现场环境；减少配合煤指标波动，稳定配煤质量；将多岗位协同作业改为单岗位独自作业，提高人均劳效，改善生产组织管理，对于拥有捣固焦炉的焦化企业具有良好的推广价值。

焦炉煤气生成与成分变化特性研究

保德山[1,2]　张秋林[1]

（1. 昆明理工大学，昆明　650500；
2. 云南大为制焦有限公司，曲靖　655000）

摘　要：焦炉煤气成分变化对稳定焦炭品质和煤气深度利用带来了挑战。本文通过深入分析全炉结焦时间（T_a）和不同配煤条件下焦炉煤气成分的变化特征，并结合配合煤镜质体反射率（*Ro*）表征焦炉气的变化特性。研究发现焦炉煤气中 H_2 和 CH_4 含量随全炉结焦时间延长分别呈现正相关和负相关性，配合煤 $Ro<1.0$ 和 $1.0\leq Ro<1.7$ 分别与焦炉气中 CH_4 和 H_2 含量呈现良好的正向线性关系，研究结果表明可通过结焦时间和配合煤镜质体反射率协同匹配调节实现煤气品质的预判和调整，进而为煤焦化产业的发展和过程管控以指引，为提升焦炉气的综合利用水平提供了新思路。

关键词：焦炉气，成分，全炉结焦时间，镜质体反射率

1　概述

炼焦化学工业作为国民经济的支柱产业，多年来在装置大型化、技术先进化、工艺集成化等方面取得了长足进步，随着炼焦化产品产业链的延伸，对煤焦化产品质量也提出了新的要求。焦炉煤气是炼焦的主要副产物，以其为原料可以生产甲醇、液氨、LNG 等产品，但煤气成分的差异对产品的生产成本甚至工艺路线有着明显影响。但长期以来，对焦炉气成分变化的认识主要源于局部因结焦周期不同而导致焦炉气成分产生差异，但炼焦过程涉及氧化、还原、裂解等多种复杂反应，对焦炉气成分的变化还缺乏清晰的认识。

炼焦生产中存在焦炉气成分大幅波动的情况，在当前主要关注焦炭产品，且焦炉气多直接低效燃烧利用的情况下焦炉气成分变化的现状尚未引起足够重视。随着国家“双碳”的深入实施，焦炉煤气的产品化利用对提高企业经济效益意义重大。焦炉气成分的变化，除影响焦炉自身温度调控外，还影响焦炉气后续的高效产品化利用。影响焦炉气的因素除了已经明确的不同结焦周期外主要原因应是配合煤质量本身。探究不同配合煤对应煤气成分变化，并探寻其变化规律能对焦炉气成分做出预判，提高焦炉气的综合利用效能。在能耗“双控”和“双碳”目标下，现代煤化工还需进一步提升转化效能[1]和焦炉气的精准预测和应用。下述从炼焦生产的不同结焦周期以及配合煤本身差异分析研究其对焦炉气成分的影响，揭示了其对焦炉气成分变化的相关性及变化规律。在此基础上明确焦炉气成分变化的原因、规律，并提出应用展望。

2　焦炉煤气特征

焦炉气是炼焦生产中析出一种可燃性气体，其主要成分为氢气（55%～60%）和甲烷（23%～28%）[2]，另外还含有少量的一氧化碳（5%～8%）、C2 以上不饱和烃（2%～4%）、二氧化碳（1.5%～3%）、氧气（0.3%～0.8%）、氮气（3%～7%），是很好的氢来源，向氢冶金、化工行业以及新能源提供高纯氢是焦化行业碳减排的有效途径，可发挥煤气副产氢的优势，提高焦炉气附加值[3-4]。

焦炉煤气组成因炼焦用煤质量和焦化过程条件不同而有所差别，实际生产中即便在稳定工况下，焦炉气成分也变化较大，尤其是主要成分甲烷和氢的变化较为明显，焦炉气成分变化最直观的是热值的变化，进而影响焦炉加热和生产过程，与此同时，以焦炉气为原料生产甲醇、液氨、LNG 等产品时也会因其成分差异产生影响。因此，从精细化管控、焦炉气综合利用以及成分的预判与调控等维度，弄清焦炉

气成分变化原因并做出准确预判和调控显得极为必要。

3　焦炉气成分变化分析

结合生产过程中焦炉气成分变化结果，从不同结焦周期（t_i）、生产负荷、工艺参数以及配煤质量等方面对焦炉气成分变化进行分析。

3.1　不同结焦周期内单孔炭化室内焦炉气成分变化

焦炉气中氢和甲烷含量发生较大变化，会影响煤气的燃烧速度快和火焰长度，因此其成分变化被广泛作为火落的判断依据[5]。可以确定不同结焦周期内焦炉气成分也会发生明显变化，考察了结焦周期内单一炭化室内焦炉气成分随不同结焦周期的变化情况。具体如图 1 所示。

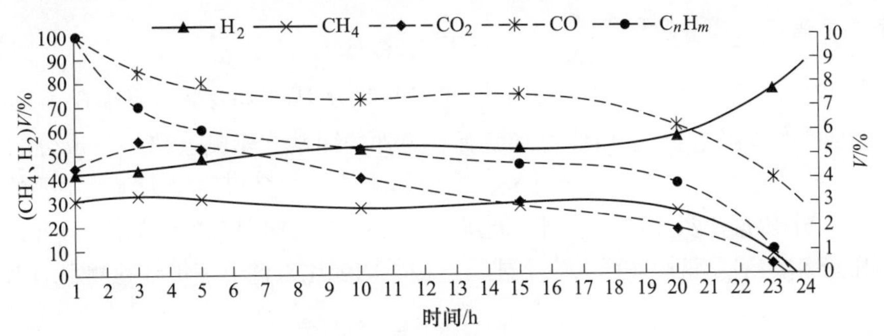

图 1　不同结焦周期内焦炉气成分变化趋势

从上图可知，在一个结焦周期内的不同时段，焦炉气成分发生了很大变化。总体而言焦炉煤气中的 CH_4、CO_2、CO、C_nH_m随着结焦的进行，其含量逐步降低，CH_4含量在结焦后期出现迅速下降，但 H_2 随着结焦的进行逐步升高，尤其是在结焦后期出现迅速上涨。具体 CH_4和 H_2 含量变化的拐点在结焦指数 CI=1.25~1.35 后，即火落后。在气体发生量方面，总体上呈现出装煤初期迅速下降后转入平稳过渡迅速上升后急速下降三个阶段。这一变化趋势与煤饼温度保持高度一致性。

3.2　不同结焦周期内全炉焦炉气成分变化

在单个炭化室内焦炉煤气成分随着结焦周期变化发生较大变化，这一变化对于全炉不同结焦周期内焦炉煤气成分是否会产生影响？为研究这一特征，下述结合 55 孔 5.5 m 单座捣固焦炉 9-2 串序煤气在稳定的配合煤条件下对全天内焦炉煤气成分及发生量等进行分析。

从单个炭化室内焦炉煤气成分随结焦时间的不同其成分产生了差异，就多炭化室连续生产的全炉而言，各炭化室内煤料处于不同的结焦周期内，为表征全炉结焦周期下述引入全炉结焦时间 T_a，T_a为某一时刻全炉所有炭化室内煤饼结焦时间之和，即：$T_a=\sum_{1}^{n}t_i$，并以此作为变量研究在不同 T_a状态下的煤气成分变化情况。具体结合全炉各炭化室拟合得到全炉焦炉气成分及气量变化，下述是两种不同工况下的具体结果（为方便比较图中 T_a=实际结焦时间/100），如图 2 所示。

从全炉不同结焦周期表明，随着全炉结焦时间 T_a的下降，焦炉气中 CO、CO_2、C_nH_m、CH_4以及气量波幅随之缓慢上升，表现出负相关性。其中 CO 和 C_nH_m升速较快，H_2 出现缓慢下降趋势。对比 A、B 工况，反映出全炉结焦时间升降幅度对各气体成分以及气量波幅产生影响，工况 A 较工况 B 全炉结焦时间波动更大，并由此引发各成分较工况 B 波动大。

从变化幅度看，焦炉气成分随全炉结焦时间发生变化，其中 H_2、C_nH_m、CH_4、CO 和 CO_2 的波幅分别约为 1.7%、0.9%、0.7%、0.5%和 0.1%。若全炉结焦时间因计划性检修或其他原因造成长时间无新装煤，全炉结焦时间将进一步提升，此时无论是气量还是气体组分波幅都将进一步扩大。

在实际生产中，焦炉气成分还随生产负荷产生一定差异，随着生产负荷的降低，煤料加热速率减缓，

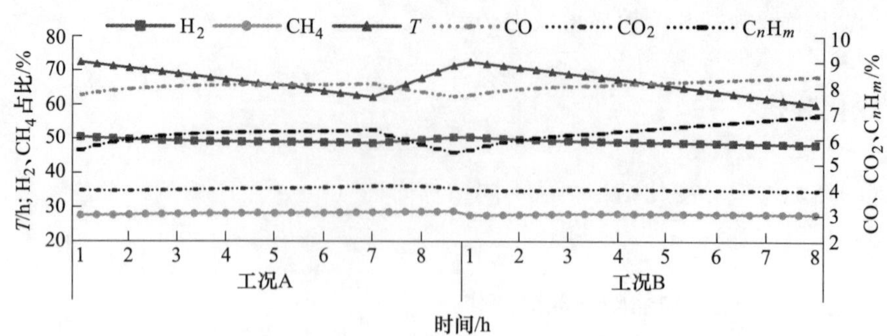

图 2 不同结焦周期内不同工况下全炉焦炉气成分等变化趋势

加大了荒煤气的二次裂解，此时焦炉气中氢含量会明显上升，而甲烷则下降。

3.3 不同配煤条件下焦炉气成分变化

从不同结焦周期内焦炉气成分变化看，焦炉气的主要成分 H_2、CH_4整体波幅在 1.7%和 0.7%，而实际生产中 H_2、CH_4的整体波幅达 5%，由此可判断有其另外的因素在影响着焦炉气成分的变化。在焦化生产中，去除结焦周期等内在因素对焦炉气及其成分发生影响外，配合煤质量可能是主要的外在因素。

配合煤是炼焦生产中依据焦炭质量而采用不同煤种按照一定比例混合得到的炼焦用煤，配合煤的水分、细度、不同煤种配比等对焦炭质量影响巨大。下述是三种不同配比条件下焦炉气的测定结果，如表 1 所示。

表 1 不同配比下焦炉气成分

配比	成分/vol%							Q/MJ · Nm^{-3}
	CO_2	O_2	CO	H_2	CH_4	N_2	C_nH_m	
1	4.2	0.13	7.32	59.45	23.00	3.24	2.66	17.31
2	4.2	0.12	7.68	57.67	24.07	3.77	2.49	17.43
3	4.5	0.12	7.36	54.82	26.41	3.81	2.92	18.24
极差 R	0.3	0.01	0.36	4.63	3.41	0.57	0.42	0.91

由表 1 数据反映出，在不同的配合煤配比条件下，焦炉气成分发生了较大变化，尤其是 H_2 和 CH_4变化的幅度远高于不同结焦周期内的焦炉气。由此可得出，不同配合煤质量生成的焦炉气成分差异较大。

煤在变质过程中，其物理特征、化学组成和结构性能等均呈有规律的变化，镜质体反射率（*Ro*）作为煤中有机质转变特征的重要表征手段能够很好地判定煤的变质程度，并在判别混煤、指导配煤炼焦等方面已经得到广泛应用[6-7]，对不同煤种配比条件下焦炉气成分进行研究，以期得到焦炉气成分与配合煤质量间的关系。下述是对配比 1、配比 2 和配比 3 配合煤的镜质体反射率测定情况，如图 3 所示。

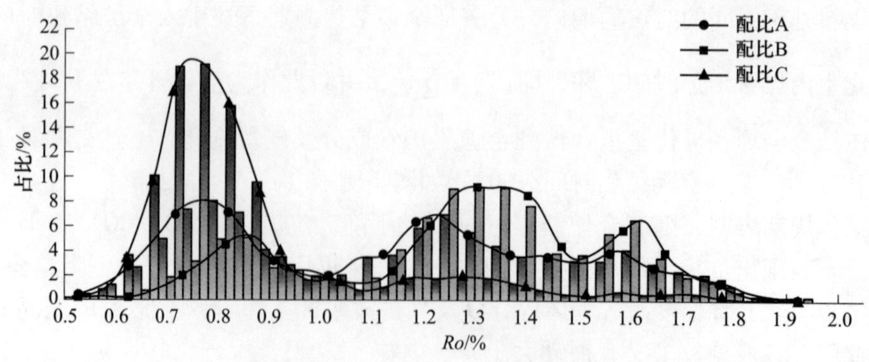

图 3 配比 1、2、3 下 *Ro* 分布情况

从图 3 反映出，三个不同配比煤的镜质体反射率出现较大差异，对其镜质体分布差异进行比较并结合煤质特性可知，从配比 1 到配比 3，在 $Ro<1.0$ 的变质区间，配比 1 到 3 整体占比呈现出增加趋势与焦炉

气中 CH_4 占比正相关，在 1.0≤*Ro*<1.7 的变质区间，配比 1 到 3 整体占比呈现出下降趋势与焦炉气中 H_2 占比正相关，这与前期相关研究[8-9]具有一致性。

为进一步明确煤的具体配比与焦炉气中 H_2 和 CH_4 变化关系，分别对 *Ro*<1.0 的变质期间和 1.0≤*Ro*<1.7 的变质区间不同配比的占比进行加和计算[10]，以此探寻其与 H_2 和 CH_4 的相关性。具体如图 4 所示。

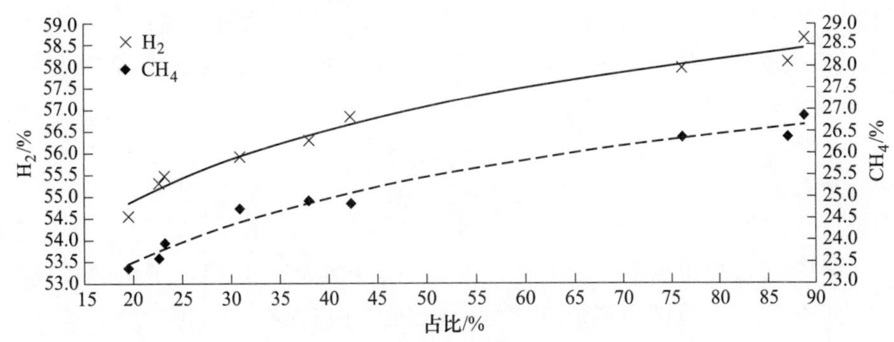

图 4　不同配比条件下焦炉气中 H_2、CH_4 变化趋势

上图反映出在一定 *R* 区间内，焦炉气中 H_2、CH_4 与其占比呈现出良好的线性关系。对于 H_2 而言，随 1.0≤*Ro*<1.7 区间内随配比增加，焦炉气中的 H_2 随之增加；对于 CH_4 而言，随 *Ro*<1.0 的区间内随配比增加，焦炉气中的 CH_4 随之增加。从焦炉气成分变化幅度看，这是焦炉气成分变化的主要原因。

4　探讨与分析

煤焦化生产中因工艺参数以及配煤质量等差异造成焦炉气成分变化，对于生产而言希望其成分适当且稳定，而对于焦炉气的高效利用希望提高有用成分降低不利成分含量。

4.1　结焦周期引起的焦炉气变化

在结焦周期内的焦炉气成分变化幅度较小，但气体的发生量巨大，此种情况下因生产计划编排或其他原因造成全炉结焦时间整体上升，尤其是在多座焦炉同时生产系统中极易造成气量大幅波动并会造成气体成分叠加效应，在生产中应予以高度重视。

4.2　不同配比引起的焦炉气变化

配合煤配比调整普遍基于焦炭质量而为，虽对煤焦油、粗苯等化产品收率已普遍得到关注，但对于焦炉气成分变化没有得到足够重视，并且此种情况同时受到结焦周期的影响，焦炉气成分变化更为复杂。以上述配比 1 和配比 3 工况下，气体成分变化较大，无论是对于回炉煤气热值还是焦炉气用以生产甲醇等化产品影响均较大。

此种情况下，无论是出于焦炭质量控制还是化产品产率以及焦炉气的利用都应纳入综合考虑。

4.3　复杂工况下焦炉气变化

在不同配煤比或特殊工况下，比如长时间无新装煤、超低生产负荷、配煤质量严重偏离等，焦炉成分会发生严重偏离，具体如表 2 所示。

表 2　特殊工况及配比下焦炉气成分

工况	成分/vol%						
	CO_2	O_2	CO	H_2	CH_4	N_2	C_nH_m
1	4.45	0.27	7.31	53.56	27.66	3.47	3.28
2	2.49	0.23	6.19	63.01	21.48	3.65	2.95
极差 *R*	1.96	0.16	1.12	9.45	6.18	0.18	0.53

上述两种特殊工况下，焦炉气中 CH_4、H_2 已然超出了常规，此种情况下的焦炉气将严重影响其使用和使用效果。

综上，焦炉气成分是易受条件因素变化的，但其变化的主要原因在于配煤质量本身以及工艺控制所致，从配煤质量而言随着配合煤煤化程度不同，焦炉气中 CH_4以及 H_2 呈现出规律性变化，可通过配合煤 *Ro* 分布情况对其组分进行预判；从工艺控制角度，随着结焦的持续进行，焦炉气也呈现出规律性变化，尤其是在火落后出现巨大变化，从实际多孔炭化室连续生产系统看，引入全炉结焦时间能够很好地表征焦炉气变化情况，并能够做出预判并指导生产。

5 应用与展望

从实际反映出焦炉气成分发生量了较大变化，结焦周期和配煤质量揭示了焦炉气成分变化的一些规律。对规律的掌握可以实现一定范围内焦炉气成分的控制，并以此实现对焦炉气的清洁、高效、低碳利用[11-12]。从焦炉气发生量而言，全炉结焦时间可以很好地预判焦炉气发生量，对于同种配合煤而言对于焦炉气成分也有一定的线性关联性。

目前国内常规焦炉产能在 5.5 亿吨左右，2023 年焦炭产量 4.93 亿吨，副产焦炉气约为 1800 亿立方米。以年产 100 万吨的常规焦化为例，年副产焦炉气因成分差异，年可能造成 1000 余万立方米的甲烷和氢气差异，无论是出于经济性、技术控制还是综合利用都应关注焦炉气分成分，从综合利用角度出发对其进行预判和调控。

上述，主要从配煤质量和结焦周期考察了焦炉气成分变化的规律，从操作和实际层面可以参照全炉结焦时间判断煤气发生量及其细微的气体成分变化趋势，对于焦炉气成分镜质组反射率能够作出预判，并指导生产。同时炼焦是个伴随复杂的物理和化学过程，仍有炉顶空间温度、生产负荷等对其成分产生影响，需对其进行深入的研究以更好地实现准确预判和高效利用。

6 结论

焦炉气是煤焦化生产得到的重要副产物，其成分随工艺条件、结焦周期以及配合煤质量差异等发生变化，CH_4和 H_2 随结焦周期和配煤质量差异而发生较大变化，并呈现出一定规律性。全炉结焦时间和配合煤镜质体反射率能够很好地表征和预判焦炉气成分变化趋势，对于焦炉气成分控制与预判具有良好的指导意义，有助于提升炼焦生产水平和焦炉气的深度综合利用水平。

参 考 文 献

[1] 闫国春，温亮，薛飞．现代煤化工产业发展现状、问题与建议［J］. 中国煤炭，2022，48（8）：2-3.
[2] 颜丙才，薛垂峰，巴合义，等．浅论焦炉煤气的综合利用途径［J］. 山东化工，2020，49（9）：87-90.
[3] 王志斌，申静，范围，等．焦炉煤气回收应用工艺方案研究［J］. 广州化工，2022，50（15）：23-24.
[4] 陈艾，焦洪桥，李瑞龙，等．现代煤化工产业生态化发展技术路径研究［J］. 中国煤炭，2022，48（8）：21-22.
[5] 苗钧．火落管理在捣固焦炉中的应用［J］. 燃料与化工，2010，41（1）：32-33.
[6] 白向飞．炼焦煤性质与分类及煤岩学应用［J］. 煤质技术，2021，36（6）：10-11.
[7] 贺佳，史永林，李昊堃，等．炼焦煤镜质体反射率及其分布图辨识与分析［J］. 中国冶金，2021，31（6）：45-46.
[8] 王彬．炼焦煤变质程度对热解产品产率的影响［J］. 煤质技术，2011，17（4）：83-84.
[9] 王鹏，文芳，步学朋，等．煤热解特性研究［J］. 煤炭转化，2005，28（1）：10-13.
[10] 张雅茹，徐君，曲恒．炼焦煤镜质组反射率及其分布可加性的研究［J］. 现代化工，2009，29（1）：60-61.
[11] 林涛海．中国煤化工工业发展现况及发展趋向［J］. 化工管理，2021（19）：63-64.
[12] 田原宇，谢克昌，乔英云，等．碳中和约束下的煤化工产业展望［J］. 中外能源，2022，27（5）：20-21.

煤气净化

大型脱硫塔的技术开发及应用

曲　斌[1,2]　马　建[1,2]　李旭东[1,2]　梁有仪[1,2]　崔广睿[1,2]　向皓明[1,2]

（1. 中冶焦耐（大连）工程技术有限公司，大连　116085；
2. 辽宁省低碳焦化专业技术创新中心，大连　116085）

摘　要：分析了HPF脱硫塔的发展趋势，列举了脱硫塔大型化发展带来的关键内件结构不匹配问题，并提出对应的设计优化和技术改进措施。同时结合流体仿真模拟和水力学试验，计算验证各个优化改进的合理性，从而优化结构参数，完成关键内部结构的技术开发，满足新形势下大型HPF脱硫塔的脱硫效果和经济指标。

关键词：脱硫塔，大型化，内部结构，技术改进

1　概述

HPF法脱硫是一种广泛使用的焦炉煤气脱硫工艺，脱硫效果稳定、工艺成熟、操作简单，以高塔再生流程最为常见。流程中以煤气中的氨为碱源，通过脱硫液循环喷洒吸收煤气中的H_2S等酸性组分，在空气中的氧作用下将其转化为硫黄产品而回收[1]。随着国家环保政策的日益严格，排放标准的不断提高对脱硫效果有了更高的要求，而行业的降本增效也对脱硫工艺的经济性有了更高的要求，因此需要对传统HPF脱硫设备进行改进。

脱硫塔作为HPF法脱硫技术的核心设备，是用于脱硫液和煤气接触传质的吸收类设备，也是满足脱硫指标和脱硫效果的关键设备。基于行业的大型化发展和工艺流程的特点，HPF脱硫塔的大型化改进势在必行。为避免大型化的放大效应和传统内件与新型塔器结构不匹配问题，开发出多项设备新技术集成于塔内，满足脱硫塔在大型化的基础上通过提升气液分布性能、增强结构支撑、防止填料塌陷、减少汽液夹带等新技术完成大型脱硫塔的技术革新，实现脱硫效率和降低成本的功能性和经济性的统一。

2　新型煤气分布器的升级改进

煤气分布器安装在脱硫塔底部，是用于煤气初始均布的重要内构件。大型脱硫塔内部流场复杂，进口气流的初始分布将直接决定脱硫塔内部气相流场分布，进而影响脱硫塔效率及产品质量。基于大型脱硫塔的大尺寸结构，煤气分布器也面临相应升级改进为脱硫塔提供均匀的气相初始分布。目前简单的煤气进口管已不能满足气相的分布，需在大直径空间设计出不同以往的煤气分布器，同时要求煤气分布均匀、气体阻力小。

结合实际工况条件，开发出新型煤气分布器，依据煤气出口管道方位调整煤气分布器结构，采用两个对称半圆分布或非整圆的环式分布。通过改变对煤气分布器开口分布、开口尺寸及环形结构，使分布器后的煤气能在脱硫塔横截面上均匀。为避免局部气速大、气体分布均匀度低的问题，建立煤气分布器三维仿真模型，模拟计算煤气分布器的气体流场，优化煤气分布器的结构参数，在分布效果和阻力降两个维度上确定满足工程需要的最优设计。

新型煤气分布器速度分布如图1所示，可以看出大型脱硫塔的煤气入口管道与气体分布器连接，气体从分布器向下喷出，在分布器入口和末端的出口塔壁处气速较快，是因为结构的端效应和离心作用导致

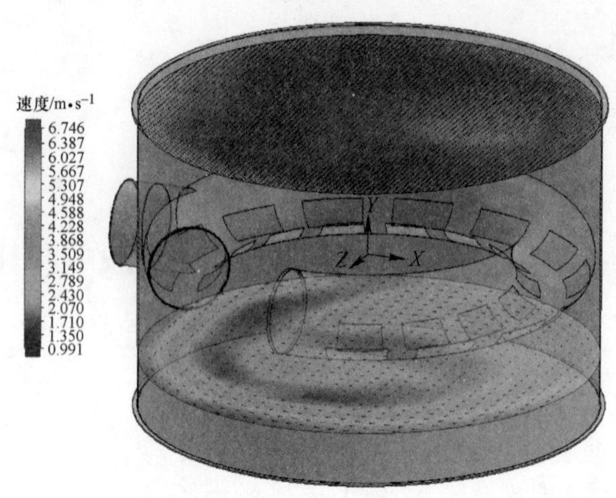

图 1　新型煤气分布器速度分布图

气量的相对集中。气体经过塔底的折返向上，绕流过分布器后随高度上升逐渐分布流动，在进入填料前达到均匀，满足实际工况要求。

3　升级填料支撑

在大型 HPF 脱硫塔中，由于跨度较大，拱形填料支撑、填料及其载液、液体分布器等内件质量较大，会使支撑梁产生较大的挠度。如果支撑装置设置不当，即使填料本身通过能力较强，但液泛仍将提前到来，使塔的生产能力大大降低。

如果选用工字钢作为主梁，则需要选用大尺寸的工字钢，这一方面增加了钢材用量，增加了成本，另一方面其截面积较大，会影响塔内介质流动。因此在大跨距工况下，本技术采用桁架结构优化填料支撑梁，桁架结构受力情况好，对介质流动影响小，且结构灵活，质量较轻。基于大型 HPF 脱硫塔设计桁架支撑结构，采用 V 形桁架结构为基础，调整桁架截面高度和腹杆与弦杆的夹角。对各杆件采用梁单元进行有限元分析，在相应温度及相应均布载荷作用下，计算桁架结构最大等效应力和最大挠度，满足强度和刚度要求。

填料支撑梁两端通过螺栓与支撑牛腿连接，因此采用两端简支的约束方式，按实际工况在上弦杆上表面施加均匀面载荷。考虑到脱硫塔内腐蚀工况，选取 S30408 作为桁架结构材料，优化后的桁架结构模拟结果如图 2 和图 3 所示。

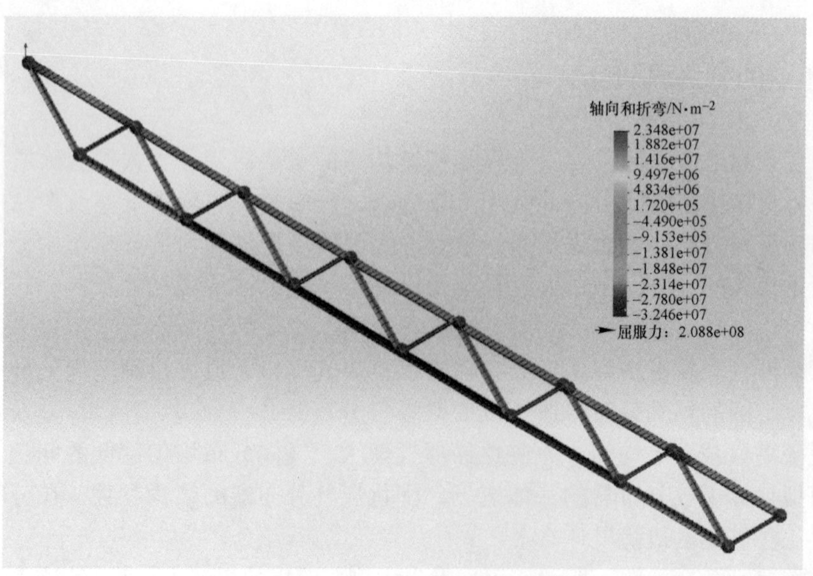

图 2　桁架等效应力云图

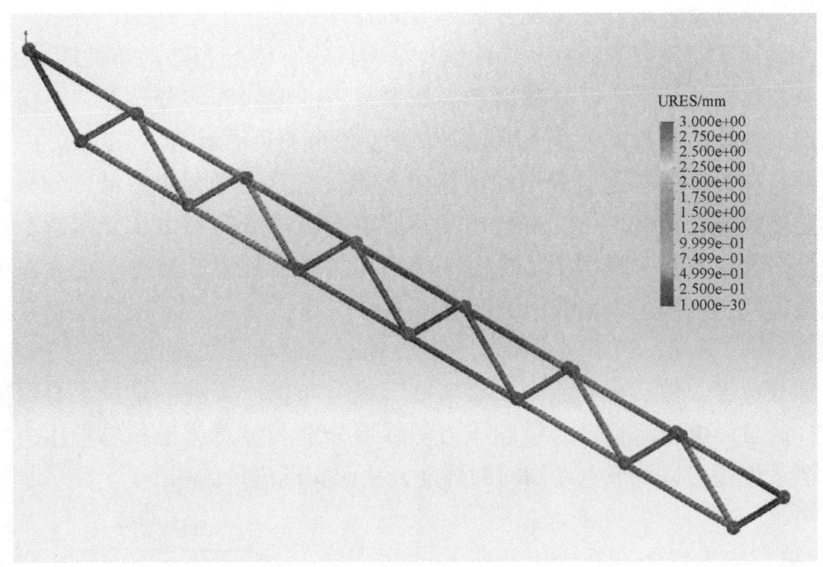

图 3 桁架竖直方向位移云图

在相同条件下分别计算桁架结构和工字钢作为填料支撑梁时的应力和位移，在满足相应强度及刚度要求的情况下，桁架结构比工字钢变形尺寸减小约 31%，质量降低了 40%，大大节约了钢材用量，有效降低成本。桁架结构的径向面积较工字钢减小了 33%，可以减少填料支撑梁对塔内介质流动的阻碍，改善塔内介质流动状况。

4 防止填料塌陷

脱硫塔内的填料不仅关系煤气、脱硫液分布的均匀性，也为脱硫液吸收硫化氢的化学反应提供接触液面[2]。鉴于设备直径和支撑梁跨度增大，大型塔器的填料层容易出现填料装载不均和运行中填料塌陷的问题，严重影响煤气和脱硫液在填料中的自然分布，引起气液两相的不均匀接触，导致煤气偏流、液相壁流和塔阻突变。

在大型脱硫塔中升级填料支撑，优化填料支撑梁的布置，增强支撑梁的强度和刚度，减小支撑梁的变形度，并在填料上安装压栅，提升填料安装均匀度，减小运行塌陷风险。基于多孔介质的方法建立散堆填料层流动仿真模型，对大型 HPF 脱硫塔填料层进行流场的数值模拟。填料层气流速度分布如图 4 所示，模拟结果显示填料层气液分布均匀，阻力稳定。

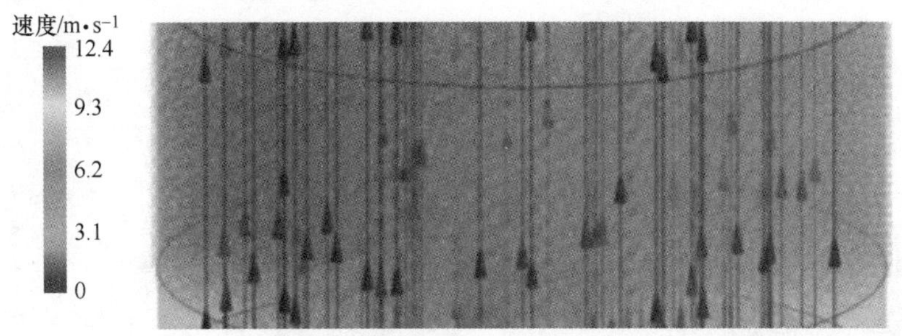

图 4 填料层气流速度分布图

5 开发大型液体分布器

HPF 脱硫塔的使用性能和吸收效果受到液体分布器均匀分布的显著影响[3]，而在大型塔器中按理论设计制造出来的液体分布器往往会出现较大的液体分布不均匀程度，造成填料塔的一些非正常操作或低效表现。

为保证分布器的最佳分液效果，在大尺寸液体分布器结构设计的基础上，进行流体水力学试验。基于水力学试验平台，设计实验装置和流程，检验设计结构尺寸下的分布器均布性能。通过取样-测量-调整的实验过程，优化分布器布液效果，开发适用于大型填料塔的槽式液体分布器，不仅在分布器布液质量上大幅提高，还能减弱端效应和放大效应在填料塔效率上带来的负面影响[4]。

槽式液体分布器是在大型塔中主要采用的液体分布器，它具有气相阻力低，分布质量高的特点，适用液体负荷较大，防堵性较好的情形[5]。本技术开发的槽式液体分布器由预分布管、一级槽和二级槽组成。进料液体由预分布管注入到一级槽中，再由一级槽均匀分配到二级槽中。本实验预分布管采用三根支管，以防止单根槽内液量局部过大，液体溅出槽体。

实验装置和流程如图 5 所示。采用水为流动介质，通过泵循环送往高处，经过手动阀门、电磁流量计和电动阀门后进入预分布管，然后分别流入一级槽和二级分布槽。实验测量系统对预分布管、一级槽和二级槽分别进行取样测量，电磁流量计测量和压力传感器分别测量总流量和总管压力，测得数据反馈到检测系统。通过检测系统还可以调节电动阀门的开度，从而实现流量的调节。

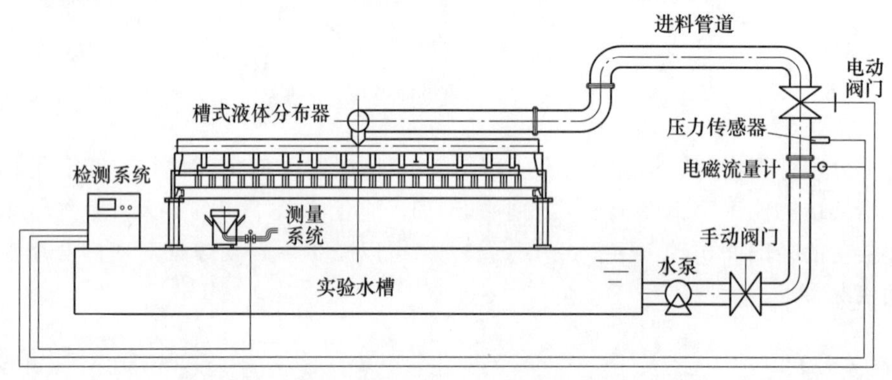

图 5　槽式液体分布器实验流程

结合初步实验结果，通过改变槽式液体分布器预分布管的开孔直径，保证预分布管内液体处于满管状态；在一级槽内加装溢流槽和筛板，消除液体飞溅的现象，保证一级槽内液面相对平稳；采用缩小二级槽孔径的办法对二级槽修改，二级槽内液位高度明显升高，减小了二级槽流量值受安装水平度的影响，改善分布均匀性。

修改后二级槽试验现象如图 6 所示，图 6（a）为二级槽下方喷淋情况，图 6（b）显示二级槽液位高度。从改进后的试验数据来看，修改后预分布管各支管出口流量的偏差系数为 1.73%，小于预期值 5%；二级槽下方随机取样点的流量偏差系数为 8.5%，小于目标值 10%，喷淋密度和液体分布情况较好，改进后的二级槽达到了预期分布的要求，由此确定了大型液体分布器的结构设计。

(a) 二级槽下方喷淋情况　　(b) 二级槽液位高度

图 6　修改后二级槽试验现象

6　增设二级捕雾器

传统的 HPF 脱硫塔顶部采用瓷环填料单级捕雾，捕雾段水汽脱除不彻底，脱硫后煤气含水量大，导致脱硫塔煤气出口汽液夹带较多，增加了对后续设备管道腐蚀的风险。而瓷环填料因强度低会导致填料碎裂，吸水后造成填料层堵塞，进一步影响捕雾效果，严重时会造成煤气阻力增大，影响煤气系统的安全运行。

因此，结合实际工况和大型脱硫塔结构，改用聚丙烯填料提高填料强度，避免填料破碎和堵塞情况。在填料捕雾段基础上增设旋流板捕雾器作为二级捕雾，增强气液分离程度，进一步脱除煤气中水汽。根据理论计算设计旋流板捕雾器结构尺寸，对旋流板捕雾器内流场进行数值模拟，通过调整旋流板捕雾器结构，确定基于分离效果和设备阻力的最优设计，减少后续设备管道的腐蚀，减轻用户的维修压力与成本。模拟结果如图 7 和图 8 所示。

旋流板捕雾器置于填料捕雾层之上，煤气在填料层捕雾后由四周向中心处的旋流板捕雾器汇集。经旋流板旋转，在捕雾器筒壁处产生高速区，煤气中夹带的水汽由于离心作用甩在捕雾器筒壁，完成二次气液分离的煤气经煤气出口离开脱硫塔，实现了脱硫塔内高效除雾。

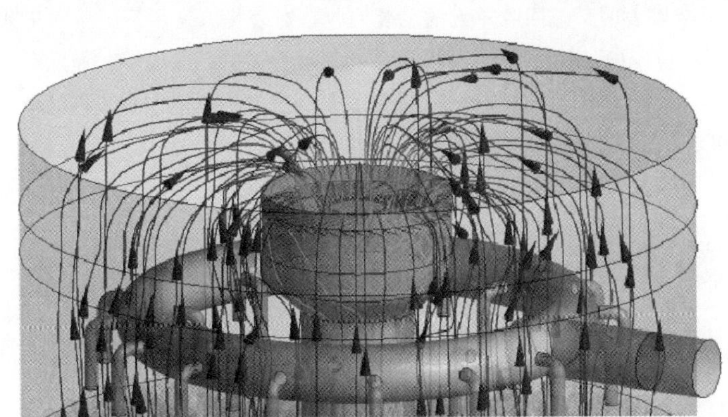

图 7　脱硫塔顶部气流迹线图

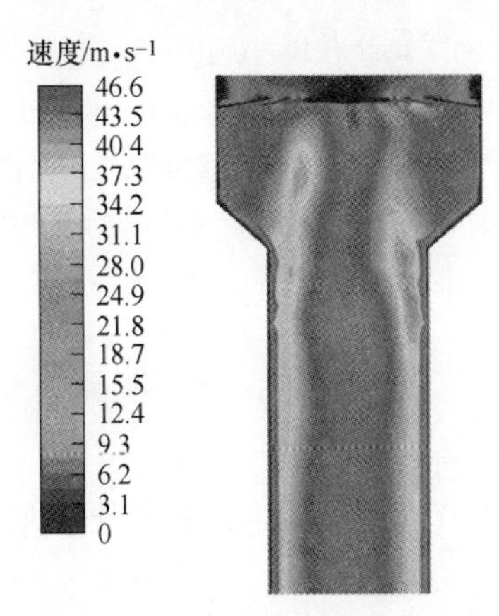

图 8　旋流板捕雾器立面速度云图

7　结论

本文通过改进大型 HPF 脱硫塔的内部结构及关键内件，将新型煤气分布器、升级填料支撑、防止填料塌陷、开发大型液体分布器和增设二级捕雾器等多项设备新技术集成于塔内，提升了大型脱硫塔的整体性能，解决了设备大型化带来的影响，稳定了脱硫塔的脱硫效率，降低了设备内件成本，响应了国家环保政策，助力企业节能降碳、提高能源资源利用效率，为推动行业设备升级和技术进步具有重要意义。

鉴于以上特点，大型脱硫塔的多项技术已在北营焦化二区、三区焦炉大型化改造工程、贵州美锦六枝煤焦氢综合利用示范项目焦化工程、内蒙古东日新能源材料有限公司年产 200 万吨捣固焦项目等多个项目中的得到应用，现场反馈良好，深受用户的认可，满足用户对高效低碳经济型设备的核心要求。

参 考 文 献

[1] 闪俊杰．HPF 法脱硫效果的影响因素及改进措施［J］．河北化工，2010，33（10）：47-49.

[2] 张鑫江，李向军，赵志军．两种填料应用于 HPF 法脱硫塔的效果比较［J］．甘肃冶金，2014，36（4）：97-98.

[3] 徐志勇，徐晖．CP 型液体分布器的设计［J］．化工设计，2001，11（1）：27-29.

[4] 徐振宇，廖丽华，李红文．填料塔液体分布器研究［J］．化学工程，1993，21（2）：20-31.

[5] 王树楹，李锡源，魏建华，等，现代填料塔技术指南［M］．北京：中国石化出版社，1998.

焦化硫回收尾气加氢处理工艺的工业应用

王汉师[1]　刘维民[1]　王嵩林[1]　张素利[1]　赵　伟[2]

（1. 中冶焦耐（大连）工程技术有限公司，大连　116085；
2. 宁夏宝丰能源集团焦化二厂有限公司，银川　750001）

摘　要： 针对高硫项目煤气净化装置硫回收单元的运行需求，研发了焦化领域尾气加氢处理工艺，并依托宝丰能源 300 万吨焦化项目进行了工业应用，应用结果表明，硫回收单元的总硫回收率显著提升，由不配备本工艺的 94%~96%提高至 99.5%以上，回收更多高纯度产品硫磺的同时，降低了含硫尾气管道的堵塞概率，降低了因尾气回兑导致煤气系统、氨水系统的腐蚀概率，减轻了用户的维修成本。另外，避免尾气回兑煤气系统可以降低整个煤气净化装置的负荷 4%~7%，减少一次建设投资的同时降低了日后的运行成本。

关键词： 克劳斯法硫回收，尾气加氢，硫黄回收，工业应用

1　概述

在煤气净化装置中，真空碳酸钾脱硫单元配套硫回收单元是较为普遍的工艺，其中硫回收工艺是采用克劳斯法将酸性气体中的硫化氢部分燃烧，并进一步在催化剂作用下转化为单质硫。常规克劳斯硫回收工艺采用两级转化，硫回收率只能达到 94%~96%。尾气中含有的 H_2S、SO_2、液硫和其他有机含硫化合物，占尾气总体积分数 0.75%~2%。在常规工艺中，尾气会回兑到荒煤气中经煤气净化装置进行再处理。

尾气回兑到荒煤气的方法会带来净煤气中 N_2、CO_2 等惰性气体含量的增加，对后续煤气深加工用户产生不利影响；同时煤气净化装置的负荷也会因尾气的回兑而加大 4%~7%；另外，含硫尾气管道堵塞概率大，且该尾气的回兑会增大煤气系统、氨水系统腐蚀的风险，上述情况增大了用户的检修成本。

针对上述情况，结合石化领域硫回收尾气处理经验，中冶焦耐研究开发了焦化克劳斯硫回收尾气处理新技术，旨在从根本上降低尾气中的硫元素含量。该技术依托宝丰能源集团股份有限公司 300 万吨/年煤焦化多联产项目焦化工程项目进行了工业应用，于 2022 年 8 月 24 日成功开工投产，截至目前已稳定运行将近两年时间，现场操作数据与设计值基本相符，尾气管道无堵塞现象。

2　工艺流程

新工艺中的硫回收单元可分为制硫工序和尾气处理工序：与传统硫回收单元相比，制硫工序为尾气配备了更高的气体输送能力，同时采用了富氧/空气切换操作；尾气处理工序通过加氢还原、冷却吸收、焚烧氧化等操作对制硫工序的尾气进行了有效处理。

2.1　制硫工序

旨在让尾气吸收工序达到更好的效果，新工艺对制硫部分进行了针对性升级，常规的克劳斯硫回收单元采用空气燃烧，为维持炉温达到工艺需求，需补充足量燃气（煤气净化装置通常为焦炉煤气）进行燃烧，但该常规工艺所需燃气量较多，同时产生的克劳斯尾气也较多。

为减少制硫尾气量，制硫工序采用富氧/空气可切换操作，在保证硫回收单元稳定运行的前提下，尽可能低少地补充燃气进入到系统，从而降低了克劳斯尾气量，降低了后续尾气处理工序的处理量，因此降低了整个项目的一次建设投资及后续运行成本。

2.2 尾气处理工序

制硫工序的尾气首先利用中压蒸汽将尾气加热到240 ℃左右，随后进入加氢反应器中，在催化剂的帮助下加氢水解，尾气中的SO_2、液硫和其他有机含硫化合物还原成H_2S。随后加氢反应后的尾气再依次经过蒸汽发生器、尾气急冷塔降温至28 ℃左右后进入尾气吸收塔，利用真空碳酸钾脱硫单元的脱硫液脱除H_2S，吸收了H_2S的富液送回脱硫单元进行再生。脱硫后的过程气经过焚烧炉完全燃烧后，将达标尾气送至脱硫脱硝单元。配备了尾气处理工序的硫回收单元从根本上降低尾气中的硫元素含量，总硫回收率可达到99.5%以上，尾气处理工序流程图见图1。

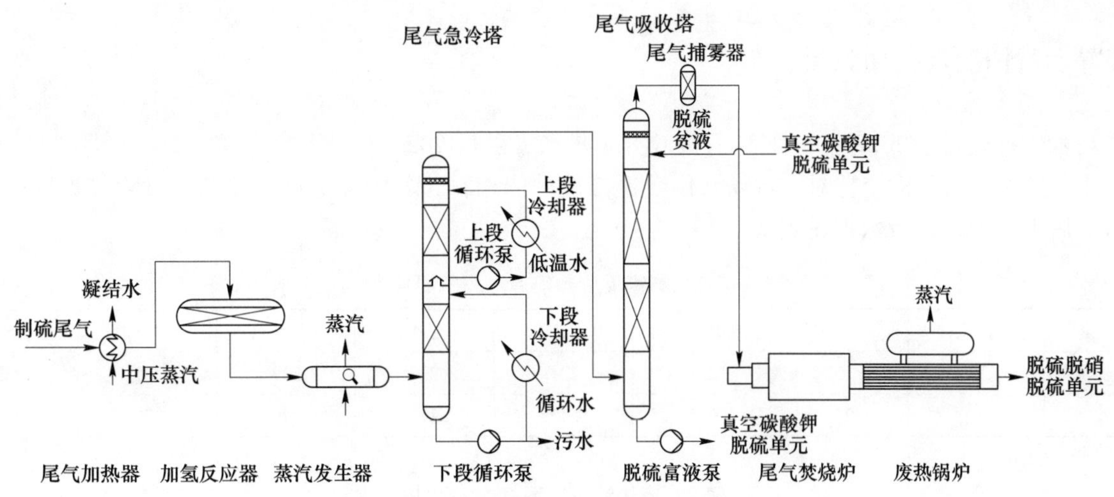

图1　尾气处理工序工艺流程示意图

3 工艺特点

3.1 完善了焦化领域克劳斯硫回收工艺

在石化领域，“克劳斯制硫+加氢还原吸收尾气”工艺因具有较高的总硫回收率，已成为该领域的主流工艺。本技术的开发填补了焦化领域没有克劳斯尾气加氢工艺的空白，完善了焦化领域克劳斯工艺。改进后的硫回收工艺，可以避免硫回收尾气回兑煤气系统，避免尾气中N_2、CO_2等惰性气体因回兑过程增加净煤气中惰性气体含量，可以降低煤气净化装置处理量4%~7%，若后续配备了煤气深加工项目，新工艺还可同时降低深加工项目的处理能力。

完善后的硫回收工艺，总硫转化率由传统工艺的94%~96%提高到99.5%以上，尾气中的含硫量明显降低，显著降低了硫回收尾气管道的堵塞概率。与此同时，避免了含硫尾气回兑可以明显降低煤气系统、氨水系统的腐蚀风险，降低用户的检修频率与维修成本。

3.2 升级制硫工序，采用富氧/空气可切换操作

本工艺制硫工序采用了富氧/空气可切换操作，通过监控通入克劳斯炉的空气流量、氧含量等指标，精确补充适量纯氧到空气管道中，在不额外补充燃气的条件下，维持克劳斯炉炉温稳定，同时保证硫回收尾气成分稳定并尽可能低地减少尾气量。更低的尾气量不仅可以降低后续尾气加氢工艺的设计能力，还减少了加氢后尾气脱硫过程需要消耗的真空碳酸钾脱硫液量，从而降低需送回脱硫单元进行解吸的负荷。

3.3 焦炉煤气氢资源的高效利用

本工艺中利用了甲醇装置预处理后的净煤气作为本工艺的主要加氢原料，无须利用成本较高的纯氢作为加氢原料，在催化剂的作用下尾气中的SO_2、S_x、COS等即可被加氢水解，还原为H_2S。同时，将外

来纯氢作为备用加氢原料，以备甲醇装置生产检修时使用。此过程充分利用了煤气中的氢气资源，备用氢源可以保证工艺的连续稳定性。

3.4 真空碳酸钾脱硫贫液的合理利用

尾气处理工序中利用的脱硫液为煤气净化装置真空碳酸钾脱硫单元的脱硫贫液，吸收了 H_2S 的富液送回脱硫单元进行解吸，随后同脱硫单元产生的酸气一并送至硫回收单元制硫工序制得合格的硫黄产品，因此在净化尾气的过程中，无须单独购买脱硫液，更不需要单独配备解吸系统；在脱除 H_2S 的过程中还可以利用已有的硫回收单元回收硫元素，得到了具有经济效益的硫黄产品。

4 装置运行情况及投用效果

本技术依托项目于2022年8月24日成功开工投产，随后2022年9月1日—2022年9月7日对工序中各技术参数均进行了标定比对，现场操作数据与设计值相符，其中加氢反应器前后过程气温度见表1，废热锅炉后烟气 SO_2 含量数据见表2。

表1 加氢反应器前后过程气温度

项 目	单位	9月1日	9月2日	9月3日	9月4日	9月5日	9月6日	9月7日
反应器前	℃	230	231	231	230	229	231	233
反应器后	℃	276	272	272	273	276	278	278

表2 废热锅炉后烟气 SO_2 含量

项目	单位	9月1日	9月2日	9月3日	9月4日	9月5日	9月6日	9月7日
SO_2	mg/Nm^3	29	82	106	159	99	39	113

由表1中加氢反应器前后温度变化可以看出制硫尾气中的 SO_2、液硫和其他有机含硫化合物可在反应器中能与氢气水解还原成 H_2S；废热锅炉后烟气 SO_2 含量设计值为不高于 770 mg/Nm^3，而从表2中数值可以看出，该阶段效果优于预想指标，尾气处理工序有效地脱除了克劳斯尾气中的硫元素。

5 结论

尾气处理工艺利用加氢还原、真空碳酸钾脱硫液吸收及尾气焚烧等技术，对煤气净化装置硫回收单元制硫工序的尾气进行净化、回收和处理。此技术已在宝丰能源焦化项目中连续稳定运行近两年时间，该工艺可以起到降本增效的作用，能够推进我国焦化行业化产回收技术的进步和绿色发展。

参 考 文 献

[1] 肖九高，汪志和，范西四．一种新的克劳斯尾气处理技术［C］//中国石油和石化工程研究会．2014年中国炼油化工技术与装备供需交流会论文集，2014：4.

[2] 徐翠翠，刘洋，刘增让，等．新型抗氧化尾气加氢催化剂的工业应用［J］．硫酸工业，2022（11）：45-50.

喷淋式饱和器自动补液系统设计与应用

张绍军　田吉兴　隗合雷

（唐山首钢京唐钢铁联合有限责任公司焦化作业部，唐山　063000）

摘　要：喷淋式饱和器硫铵工艺具有动力消耗费用低、生产费用和净煤气成本较低等特点，在焦化行业的煤气脱氨工艺被广泛应用，但是，目前的喷淋式饱和器生产操作自动化程度低，饱和器加酸和补充母液均靠人工完成。主要介绍一种基于 DCS 控制的满流槽自动补母液工艺设计，该设计中采用导波管悬空安装雷达液位计，巧妙地解决了满流槽液位测量难题，从而实现了饱和器补充母液自动化生产，大大提高了生产效率，在行业中具有深远意义。

关键词：饱和器，满流槽，母液，导波雷达液位计，DCS

1　概述

首钢京唐钢铁联合有限责任公司焦化作业部煤气净化系统与4×70孔7.63 m复热式焦炉、年产420万吨焦炭的炼焦生产能力相配套，其中硫铵工段配置3台DN6000/H=12840喷淋式饱和器，用于煤气脱氨。生产过程中采取开二备一，每台饱和器对应两座焦炉，单台饱和器煤气净化处理能力可达125000 m^3/h。

2　喷淋式饱和器生产工艺概述

2.1　喷淋式饱和器生产工艺流程

喷淋式饱和器本体分为上段和下段，上段为吸收室，下段为结晶室。

煤气经过预热器进入喷淋式饱和器的上段，然后分成两股沿饱和器水平方向流动，每股煤气均经过数个喷头用含游离酸的母液喷洒，以吸收煤气中的氨，两股煤气汇合后从切线方向进入饱和器中心的旋风分离部分，除去煤气中夹带的酸雾液滴，从上部中心出口管离开后送至终冷洗苯作业区。

喷淋式饱和器的上段和下段以降液管连通，吸收氨后的母液从降液管流至结晶室的底部，不断地搅拌母液，使硫铵晶核长大。含有小颗粒的硫铵结晶母液上升至结晶槽的上部，通过母液循环泵送至饱和器的上段进行循环喷洒。

沉降在结晶室底部的硫铵用结晶泵抽至结晶槽，经离心分离、干燥得成品硫铵。图1为喷淋式饱和器生产工艺流程。

2.2　喷淋式饱和器人工补母液生产工艺流程

在硫酸铵的生产过程中，通过大母液泵和小母液泵喷洒母液，母液中的游离酸不断吸收煤气中的氨，生成硫酸铵结晶，母液不断消耗，在生产过程中需要及时补充母液。图2为人工补母液工艺流程。

传统生产过程中通过人工观察满流槽液位变化，在满流槽液位偏低时通过关闭手动闸阀1，打开手动闸阀2和手动闸阀3，利用小母液泵将母液贮槽中的母液补充至饱和器中，再经过饱和器满流管回至满流槽，直到观察到满流槽满流后，方可关闭手动闸阀2，打开手动闸阀1，由小母液泵循环喷洒母液。

人工补母液缺点：

（1）劳动强度大，生产效率低。

（2）液位控制精度差，在满流槽满流过重中容易将饱和器中的酸焦油带出，导致堵塞母液贮槽相关联管道，造成检修频繁。

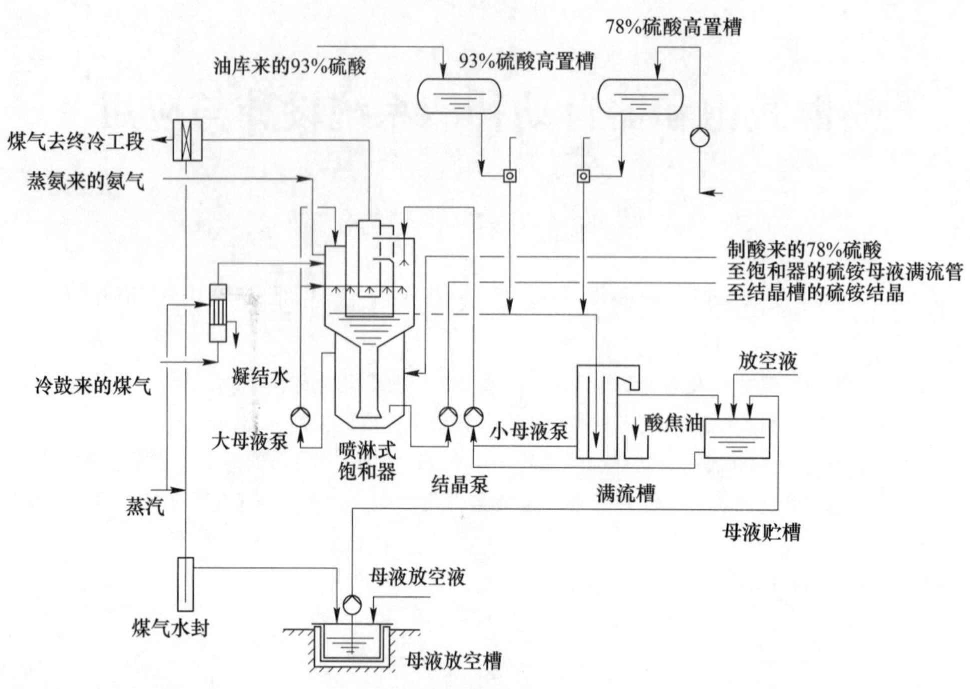

图 1　喷淋式饱和器生产工艺流程

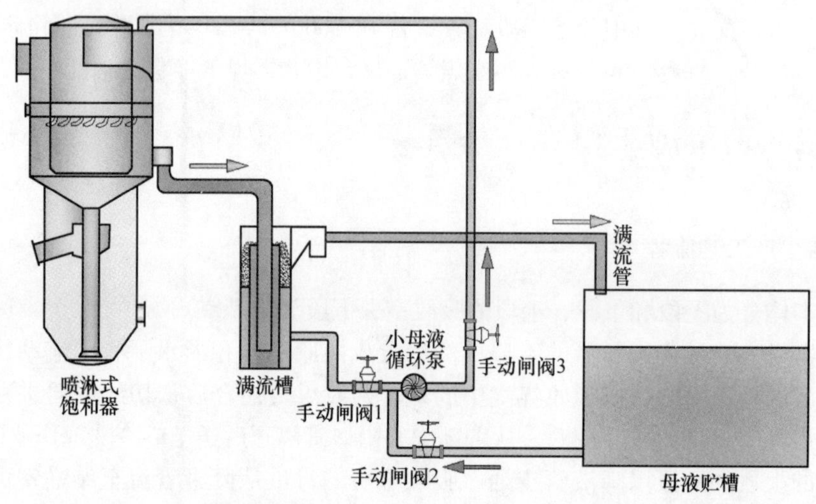

图 2　喷淋式饱和器人工补母液工艺流程

3　喷淋式饱和器自动补母液系统整体设计

实现喷淋式饱和器自动补母液关键在于取得满流槽液位的监控、测量，实现方法通过加装液位计；母液补充来源取自母液贮槽，建立由管道泵、进液管和回流管组成的母液补充循环系统；各满流槽补液入口安装自动控制阀门，用来调节母液补充流量；回流管安装自控切断阀门，实现无补液状态下母液回流至母液贮槽；控制系统利用现有的基于西门子 400 系列 PLC 的 DCS 控制系统。自动补液工艺流程图如图 3 所示。

4　系统硬件设计

4.1　液位计选型及实现方法

满流槽如图 3 所示，内部空间小，无静态液面；介质复杂，母液酸度在 3.5 左右，且母液中含有酸焦

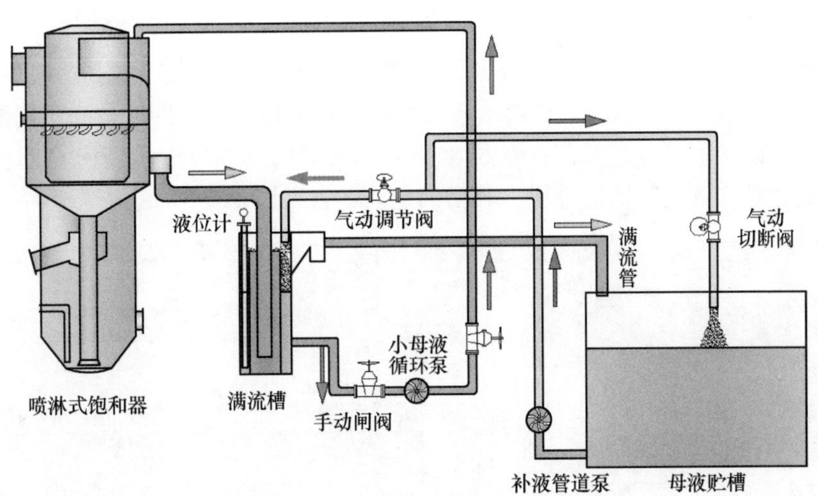

图 3 喷淋式饱和器自动补母液工艺流程

油等杂质，液位测量难度较大。目前液位测量仪表根据测量方式主要有接触式和非接触式两大类，综合分析现场实际情况以及不同仪表试验测量，在设计中选用西门子 LR250 导波雷达液位计。导波雷达液位计由于发射的电磁波值守北侧介质介电常数影响，不受介质密度、容重、黏度以及罐内高温、高压影响而在石油、化工行业被广泛应用。设计技术要点主要有：

（1）导波雷达液位计选用螺纹 PVDF 天线，主要防治环境腐蚀。

（2）液位计采用导波管上方悬空安装，有效解决了静态液面小、天线上容易附着挥发物质两大难题。液位测量安装装置通过反复试验制作完成，在使用过程中取得了较好效果，成为系统设计的关键。

（3）采用了仪表自有的虚假回波抑制功能，解决了导波管内壁附着物的影响。

4.2 执行器硬件设计

在执行器选择上采用了两台气动调节阀，两台气动切断阀，用于满流槽补液和回流。气动调节阀具有响应速度快，故障率低等特点。阀头采用球阀结构，有效抑制母液中的固体颗粒以及酸焦油对阀门开、关的影响。满流槽进液分别选择了调节阀和切断阀，主要用来验证不同阀门的使用寿命以及控制精度。回流管采用了一台切断阀，在不补液状态下实现母液循环回流。

4.3 输送设备选型

喷淋饱和器自动补液系统选选用 316L 材质离心式管道泵作为母液输送设备，离心泵流量均匀，运行稳定，立式安装管道泵安装便捷，利于管道布置。控制回路采用西门子 3UF7 控制单元，实现了远程与现场控制双选。

5 软件设计

5.1 PLC 硬件组态

控制系统应用基于 PLC400 的 DCS 控制系统，PLC 硬件组态如图 4 所示。PS407 为 PLC 电源模块；CPU417-4H 为主 CPU，包含 DP、MPI 通信接口；现场数字量信号和模拟量信号通过远程站数字量模块和模拟量模块采集；各远程站站通过 ET200 与 PLC 通讯。

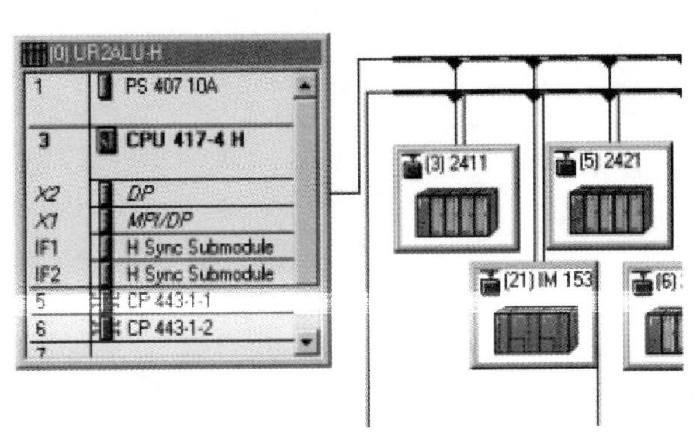

图 4 PLC 硬件组态图

5.2　地址分配表及控制方式

仪表以及执行器信号地址分配如图 5 所示。A、B 满流槽补液采用 PID 控制方式，液位高于设定值时阀门关小，液位低于设定值时阀门开大；C 满流槽采用高、低液位控制，即液位高于高液位设定值时关闭阀门，液位低于低液位设定值时打开阀门；系统监测到三台阀门全部处于关断时自动打开总管阀门，实现母液回流。管道输送泵连续运转输送母液，其目的是防止管道堵塞。

Block	Block comment	I/O name	I/O com...	Value	Signal	Signal comment	Absolute ad...
LT-2204	母液放空槽液位	VALUE	Input value		LT-2204	母液放空槽液位	IW354
LT-2207A	A满流槽液位指示、记录、报警、调节	VALUE	Input value		LT-2207A	A满流槽液位指示	IW466
LT-2207B	B满流槽液位指示、记录、报警、调节	VALUE	Input value		LT-2207B	B满流槽液位指示	IW468
LT-2207C	C满流槽液位指示	VALUE	Input value		LT-2207C	C满流槽液位指示	IW464
LV-LT2207A	A满流槽液位指示、记录、报警、调节、联锁	VALUE	Output value	16#0000	LT2207A_AO	A满流槽液位调节阀控制	QW186
LV-LT2207B	B满流槽液位指示、记录、报警、调节、联锁	VALUE	Output value	16#0000	LT2207B_AO	B满流槽液位调节阀控制	QW188
P-2204	母液放空槽泵	VALUE_1	Input value		P-2204-1	母液放空槽泵	IW680
P-2204	母液放空槽泵	VALUE_2	Input value	16#0000			
QD-2207C	C满流槽液位切断阀	VALUE	Output value	0	QD2207C_...	C满流槽液位切断阀控制	Q12.0
QD2207	满流槽总管液位切断阀	VALUE	Output value	0	QD2207_DO	满流槽液位总管切断阀控制	Q12.1

图 5　地址分配表

6　结论

饱和器补液自控系统投入运行后，运行稳定。完全替代了原来一人观察满流槽液面，一人操作阀门的人工补液模式，实现了饱和器补液自动化生产，降低了劳动强度，提高了生产效率；同时精准的液位控制，解决了满流槽满流过程中酸焦油对满流管的堵塞，降低了设备检修率。本研究对生产工艺改进具有深远意义，值得在行业中推广、应用。

参 考 文 献

[1] 廖常初，祖正容．西门子工业通信网络组态编程与故障诊断［M］．北京：机械工业出版社，2009.

[2] 马远，魏萌，徐科军．基于反向回波的导波雷达物位计信号处理方法［J］．化工自动化及仪表，2013，40（12）：1473-1476.

湿式氧化氨法脱硫再生尾气处理现状及研究

宋晓亮[1,2]

（1. 中冶焦耐（大连）工程技术有限公司，大连 116085；
2. 辽宁省低碳焦化专业技术创新中心，大连 116085）

摘 要：介绍焦炉煤气净化中，湿式氧化氨法脱硫再生尾气的净化和处理工艺，分析实际运行企业检测的脱硫再生尾气净化后组分，总结再生尾气中重要组分含量范围和再生尾气目前处理的主要途径，最后对湿式氧化氨法脱硫再生尾气处理工艺提出优化建议。

关键词：湿式氧化氨法脱硫，再生尾气，可燃组分，污染组分

1 概述

焦炉煤气湿式氧化氨法脱硫，是以煤气中氨为碱源，借助催化剂，将煤气中的硫化氢氧化成单质硫，从而脱除煤气中硫化氢的方法。此工艺的脱硫液再生需要氧气参与氧化反应和空气浮选硫泡沫，因此再生过程产出大量尾气。随着环保的要求日益提高，目前该尾气净化后不能稳定满足《炼焦化学工业污染物排放标准》（GB 16171—2012），改进再生工艺，降低再生尾气外排量，提高再生尾气净化水平，具有巨大的环境意义。

2 湿式氧化氨法脱硫工艺介绍

湿式氧化氨法脱硫具有不需要外加碱源和脱硫脱氰效率高等优点，得到用户青睐，应用广泛。随着催化剂发展，衍生出许多脱硫工艺名词，比如 HPF 脱硫、PDS 脱硫和 OMC 脱硫等，这些工艺都是按采用的催化剂命名，其脱硫的反应原理是一样的，脱硫流程也基本相同，通常用 HPF 脱硫泛指以氨为碱源的湿式氧化法脱硫工艺。

鼓风机送来的煤气经预冷塔冷却后进入脱硫塔，煤气与塔顶喷淋的脱硫液逆流接触以吸收煤气中的硫化氢（同时吸收煤气中的氨，以补充脱硫液中的碱源）。经二或三级脱硫，洗涤净化煤气后送至下一个净化单元。

吸收了 H_2S、HCN 的脱硫液经泵送至再生塔底，再空气的作用下氧化再生。再生后的溶液从塔顶经液位调节器自流回脱硫塔循环使用[1]。浮于再生塔顶部的硫磺泡沫自流入泡沫槽，后续送至熔硫或制酸处理。

再生空气从再生塔顶部排出，在尾气风机的吸力作用下送至洗涤净化处理。尾气先进入碱洗塔下段，在下段用脱硫液喷洒洗涤以除去尾气中夹带的单质硫，进入上段用稀碱液吸收尾气中的硫化氢，碱洗后的再生尾气进入酸洗塔下部用硫铵母液或稀酸逆流接触，脱除尾气中的氨后送入水洗塔，与来自蒸氨单元的蒸氨废水逆流接触，脱除尾气中夹带的酸雾后送至后续设施处理，流程见图 1。

3 脱硫再生尾气组成

再生尾气净化流程主要是脱除尾气中夹带的脱硫液、硫化氢和氨等杂质，其杂质含量随生产操作情况波动较大，受再生空气用量、氧化时间、脱硫液催化剂含量、副盐含量等等因素有关，通过对内蒙古东日、山西华鑫、山西潞宝等企业的脱硫再生尾气进行化验分析，再生尾气净化前后重要组分和杂质含量见表 1。

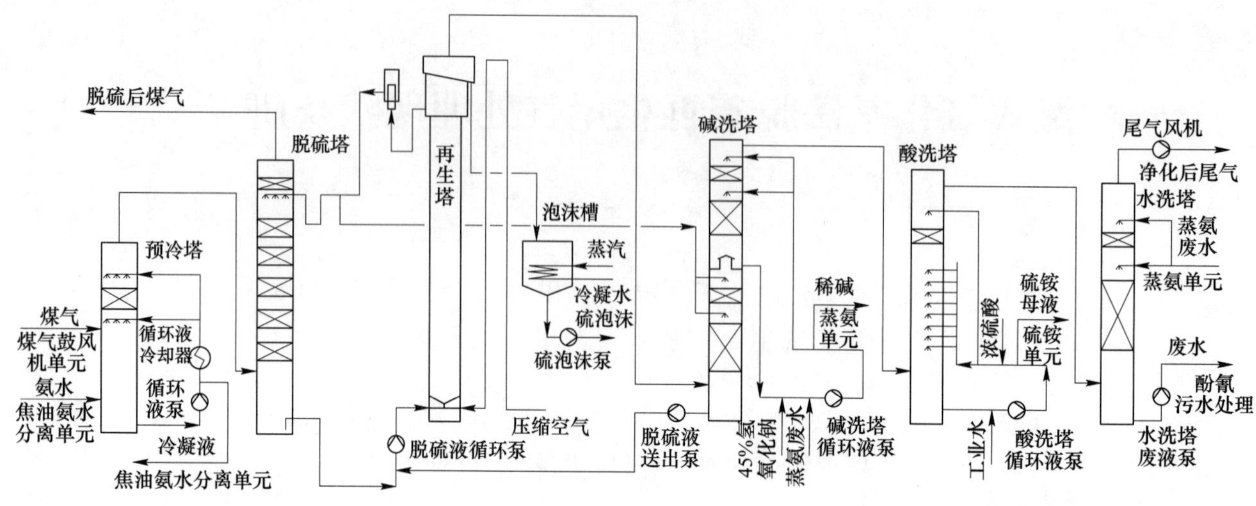

图 1　湿式氧化氨法脱硫和再生尾气净化流程

表 1　脱硫再生尾气重要组分含量表

项　目	硫化氢 /mg · m^{-3}	氨 /mg · m^{-3}	氰化氢 /mg · m^{-3}	一氧化碳 /%	氧气 /%	非甲烷总烃 /mg · m^{-3}
净化前	约 500	约 4000	约 20	0.2~1	15~19	约 52000
净化后	10~20	20~80	约 15	0.2~1	15~19	约 30000

4　脱硫再生尾气处理主要途径

湿式氧化氨法脱硫再生尾气经净化后，尾气氧含量高，该尾气的处理方式主要有以下四种。

4.1　送焦炉装置用作废气回配

对单热式旧型焦炉，为降低焦炉燃烧氮氧化物含量，引入部分烟道废气经风机加压后送至焦炉加热，因此，将脱硫再生尾气接至回配风机后的废气管道中，参与焦炉加热，合理利用该尾气，避免直接外排造成空气污染。但对我公司近年研究应用的新型焦炉，其燃烧后氮氧化物含量在 350 mg/m^3，废气回配对降低氮氧化物含量已无明显作用，因此，该脱硫再生尾气的处理方法，不宜用于新型焦炉。

4.2　送干熄装置用作燃烧循环气体中的可燃物组分

湿式氧化法脱硫再生尾气引入干熄焦设施，接至空气导入管，用于控制干熄焦循环气体中可燃组分的浓度，气量不足部分由大气补充，稳定预存室压力，排出烟气送至脱硫脱硝系统除尘净化后达标排放[2]。

4.3　引入燃烧装置处理

湿式氧化法脱硫再生尾气中氧气含量高，可由尾气风机送至煤气管式炉或蓄热式氧化炉（RTO 炉），作为部分燃烧空气，燃烧后尾气需经脱硫脱硝处理后方可排至大气。再生尾气引入 RTO 炉需要严格控制可燃组分和氧气含量，如果尾气中可燃组分高，与氧气比例失衡，可能会导致爆炸事故，因此，脱硫再生尾气引入干熄焦，需要监测尾气中氧气和氨、硫化氢、一氧化碳等可燃物质含量。

4.4　引入焦炉煤气系统

FRC 法脱硫工艺，再生空气的主要作用是提供氧化所需的氧气，因此，再生所需空气量小，其再生尾气直接引入焦炉煤气系统处理。

5 脱硫再生尾气处理工艺的优化建议

5.1 降低脱硫再生尾气排放量

从优化工艺的角度降低再生尾气排放量。有专家建议用氧气或富氧气体循环喷射再生脱硫液，所消耗的氧气连续补入，理论上实现无脱硫再生尾气排放[3]。但实际上，一方面脱硫液组成复杂，再生过程发生氧化还原反应检测发现有一氧化碳生成，脱硫液在脱硫塔中吸收煤气中硫化氢时，也会夹带少许煤气进入再生塔（山西华鑫脱硫再生尾气中检测到约0.5%的氢气），此密闭循环氧化还原过程，会不断地累积可燃气体组分，存在安全隐患；另一方面，用纯氧或富氧气体再生，需要严格控制再生氧气和脱硫液的均匀分散接触、接触时间和氧化后的气液分离，否则局部过氧化会生成过量副盐（硫代硫酸铵和硫酸铵等），影响脱硫效果。

常规运行的脱硫再生流程，再生尾气中氧气含量在15%~19%，如将再生尾气循环使用，部分更新，可减少再生尾气的外排量。有专家将再生塔排出的气少部分去往后续废气处理，大部分作为脱硫循环气进入循环气压缩机并与外部补充的压缩空气混合重新进入再生塔内进行循环，减小废气排出量[4]，流程如图2所示。

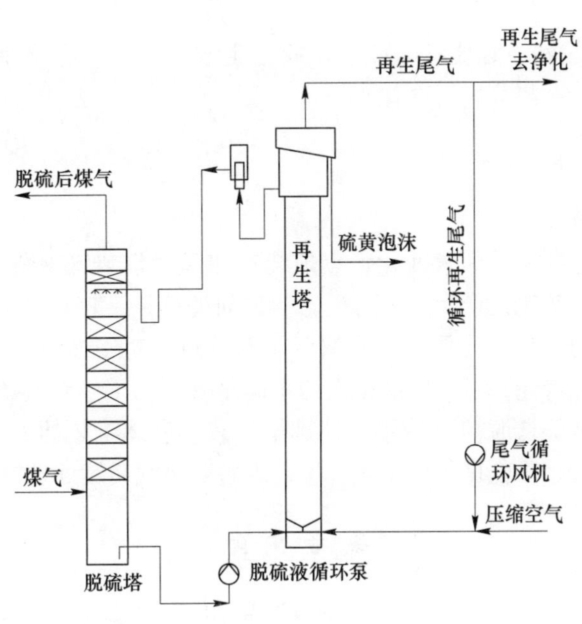

图2 再生尾气循环使用部分更新流程图

中冶焦耐工程技术有限公司已申请专利，发明一种降低湿式氧化氨法多级脱硫再生尾气量的工艺，将多级再生压缩空气逐级系统化应用，降低脱硫液再生压缩空气的消耗，从而减少再生尾气量，降低后续尾气净化处理负荷，为脱硫再生尾气后续利用提供更方便的条件。此工艺流程如图3所示，将每一级脱硫液再生后的气体均循环加压自用，部分更新，第一级脱硫再生循环气可采用压缩空气更新，每一级的排出的中间尾气作为下一级脱硫再生循环气的更新气使用，最后一级排出的再生尾气送至尾气净化处理装置。本发明将多级再生压缩空气逐级系统化应用，降低脱硫液再生压缩空气的消耗，从而大大减少了再生尾气量，降低后续尾气净化处理负荷；湿式氧化氨法多级脱硫，逐级净化后煤气中硫化氢含量越来越低，梯度利用各级产生的中间尾气作为下一级的更新再生气体，可以减少脱硫副反应发生，有效减少脱硫废液量。

5.2 提高净化尾气水平

对碱洗、酸洗和水洗的设备设计把控，进行精益设计，优化塔内气体流速、喷淋密度等参数，降低尾气中硫化氢、氨和氰化氢含量，优化捕雾设备的设计，降低再生尾气中液体夹带，例如，碱洗中的脱

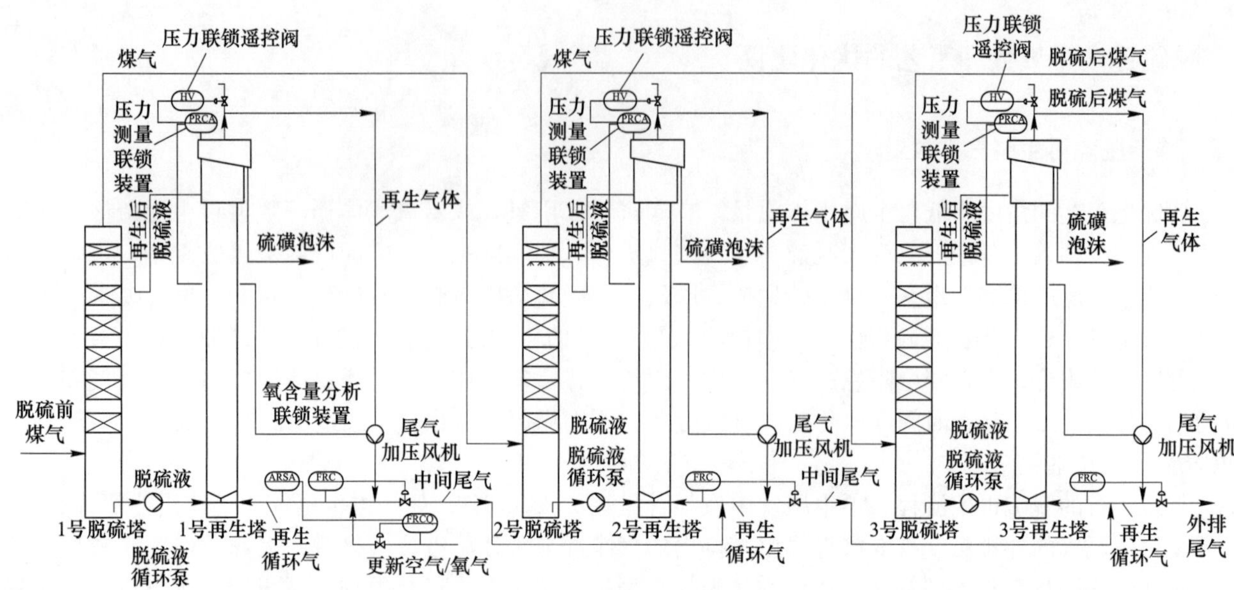

图 3　中冶焦耐发明的一种降低湿式氧化法三级脱硫再生尾气的工艺流程图

硫液随再生尾气带入下一级酸洗，脱硫液与硫酸反应会生成硫化氢，影响净化效果，因此每级净化后，都需要消除尾气中的液体夹带，提高尾气净化水平。

6　结论

随着环保政策和配套工艺改进等因素变化，焦炉装置和干熄焦装置逐渐不再接收湿式氧化氨法脱硫工艺产生的再生尾气，因此，该工艺产生大量再生尾气如何处理，一直是该工艺需要解决的重点和难点。本文详细归纳目前降低脱硫再生尾气排放量的研究成果及特点，对于多级湿式氧化氨法脱硫工艺，通过多级再生压缩空气逐级系统化应用，每一级的排出的中间尾气作为下一级脱硫再生循环气的更新气使用，减少再生空气耗量，从而有效降低脱硫再生尾气外排量，减小后续工艺的处理负荷，再结合优化尾气净化设备的工艺参数和工艺流程，降低尾气中杂质含量，为脱硫尾气后续处理提供更方便的条件。

参 考 文 献

[1] 杨光庐.《炼焦化学工业污染物排放标准》烟气排放执行过程中出现的问题及对策 [A]. 中国金属学会炼焦化学分会 2013 年焦化环保技术交流会 [C]. 2013-10-01.

[2] 宋晓亮，薛建勋，张素利，等. 一种优化配置综合治理焦化尾气的系统：201921260088.5 [P]. 2019-08-05.

[3] 樊晓光，范文松. 一种湿式氧化法脱硫氧气喷射再生工艺及装置：2019103848354 [P]. 2019-05-09.

[4] 徐东，王志忠，马东晓. 一种用于减少 HPF 脱硫再生空气用量的焦炉煤气净化系统：202311308900.8 [P]. 2023-10-10.

脱硫液提盐装置硫代硫酸钠产量异常升高原因分析及对策

陈 杰 高 恒 毛 威

（沂州科技有限公司，邳州 221300）

摘　要：硫代硫酸钠是脱硫液提盐产品之一，沂州科技有限公司脱硫液提盐装置在运行过程中出现硫代硫酸钠产品产量异常升高现象，硫代硫酸钠产量升高的主要原因是脱硫液副盐含量升高，同时碳酸钠消耗升高，对生产运行工况和运行成本均会产生不利的影响，本文根据实际生产运行数据，分析导致硫代硫酸钠产品异常升高的原因，提出应采取的对策。

关键词：硫代硫酸钠，脱硫液，对苯二酚，氧化

1　硫代硫酸钠产量变化情况

1.1　硫代产量的绝对值变化情况

2024 年 1—3 月脱硫液提盐工段硫代产量分别为 299.9 t、320.98 t、429.86 t[1]，平均月产量为 350.25 t；2023 年前 3 个月产量分别为 329.64 t、311.46 t、438.40 t，平均月产量为 359.83 t。对比下从绝对值数量变化不大，但考虑到 2023 年前 3 个月存在溶盐生产，2023 年 7—12 月（未溶盐月份）产量平均值为 257.89 t，实际上 2024 年一季度硫代产量有明显的上升，上升了 100 吨/月左右，后面的硫氰酸钠/硫代硫酸钠比值也能说明这一问题。详见表 1 和图 1。

表 1　2023 年、2024 年硫代硫酸钠产量数据[1]　(t)

产　品	1 月	2 月	3 月	4 月	5 月	6 月	7 月	8 月	9 月	10 月	11 月	12 月
2023 年硫代产量	329.64	311.46	438.40	328.06	214.92	176.06	124.14	226.92	286.34	285.22	360.20	264.54
2023 年月平均值	329.64	320.55	359.83	351.89	324.50	299.76	274.67	268.70	270.66	272.12	280.12	278.83
2024 年硫代产量	299.9	320.98	429.86									
2024 年月平均值	299.90	310.44	350.25									

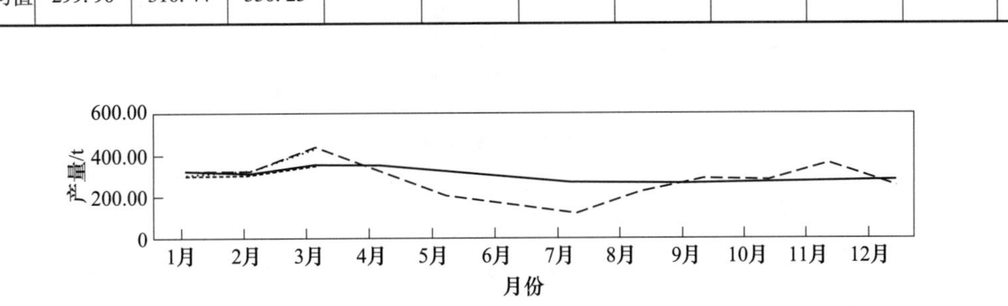

图 1　2023 年及 2024 年硫代硫酸钠产量数据

1.2　硫氰酸钠与硫代硫酸钠比值变化情况

从表 2 和图 2 可以看出，2023 年全年硫氰/硫代比值为 1.8，7—12 月硫氰/硫代比值为 1.7，说明了溶解粗盐对硫氰/硫代比值影响不大，但 2024 年一季度硫氰/硫代比值降低至 1.1，从而说明脱硫系统副盐硫代硫酸钠生成量有明显的上升。

表 2　硫氰酸钠与硫代硫酸钠比值变化情况[1]

月份	1月	2月	3月	4月	5月	6月	7月	8月	9月	10月	11月	12月	平均
2023 年	1.7	1.9	1.4	1.8	1.9	2.7	3.4	2.0	1.4	1.4	1.1	1.3	1.8
2024 年	1.4	0.9	1.0										1.1
2023 年 7—12 月							3.4	2.0	1.4	1.4	1.1	1.3	1.7

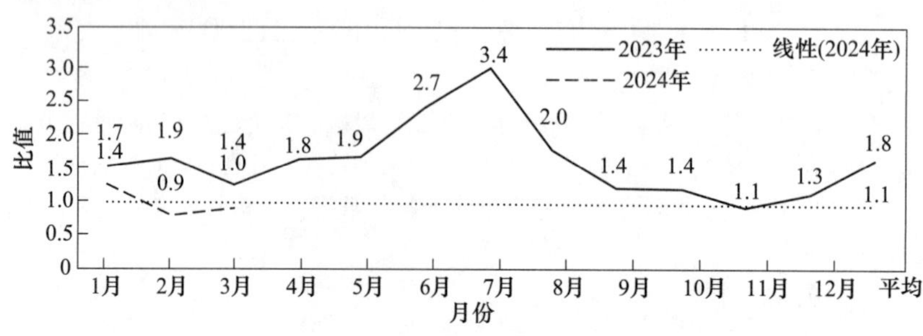

图 2　硫氰酸钠与硫代硫酸钠比值变化情况

2　硫代产量升高的原因分析

2.1　脱硫液提盐装置硫代生产过程温度控制的影响

由图 3 可知，温度对硫代硫酸钠的溶解度有很大的影响，在 20 ℃下的溶解度为 70.1 g/L，100 ℃下的溶解度为 245 g/L，如果在硫代硫酸钠的生产过程，特别是进硫代板框压滤机的温度降低较多，会有较多的硫代晶体析出，从而影响硫代的产量，但通过排查，硫代压滤前 2024 年一季度工艺、设备、操作基本又没变化，硫代溶解釜的操作温度没有较大变化（2023 年 10—12 月份平均温度分别为 97 ℃、91.6 ℃，在此之前温度显示不准，未作统计，2024 年一季度平均温度为 96.4 ℃、95.9 ℃，硫代板框压滤机前后没有远传温度计）。因而，没有证据证明化工三车间硫代生产过程温度控制对硫代产量产生较大的影响。

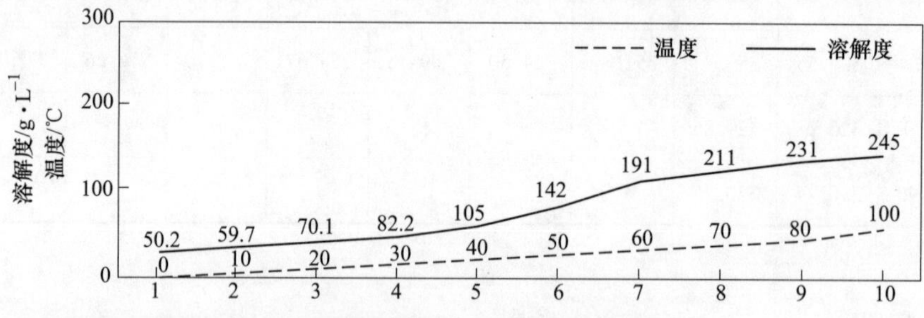

图 3　硫代硫酸钠溶解度与温度的关系

2.2　脱硫过程的影响

2.2.1　煤气中硫化氢含量

脱硫过程硫代的生成量与催化剂的选择性、煤气中硫化氢的含量等因素有关，图 4 和图 5 为 2023 年及 2024 年一季度塔前硫化氢含量。通过对 2023 年及 2024 年一季度脱硫系统运行数据的分析，2024 年一季度一期脱硫塔前硫化氢一、二期各分析 57 次，一期平均含量为 4191.64 mg/m^3，二期平均含量为 4339.42 mg/m^3，最高为 7117.63 mg/m^3（由于分析频次限制，该硫化氢含量应该持续较长时间，所以实际平均值应该更高一些），2023 年的同期塔前硫化氢检测 30 次，一期平均含量为 4183.27 mg/m^3，最高为 5169.32 mg/m^3，二期平均含量为 4133.65 mg/m^3。由此可见，2024 年煤气中硫化氢含比 2023 年同期略高，对硫代的生成量有较小的影响，可较小程度促使硫代产量提升。

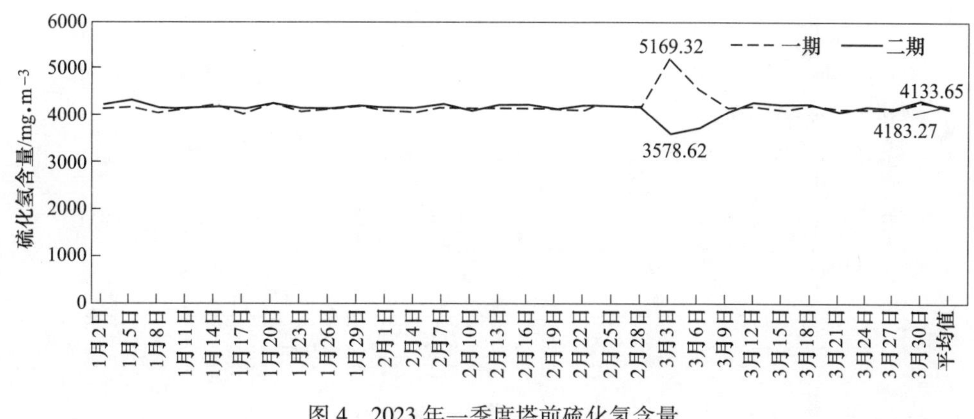

图 4　2023 年一季度塔前硫化氢含量

图 5　2024 年一季度塔前硫化氢含量

2.2.2　脱硫催化剂的影响

煤气脱硫系统的脱硫催化剂由宁波中科远东催化工程有限公司提供，在发现副盐硫代产量上升后第一时间与该公司联系，要求排查催化剂质量有无异常变化，催化剂生产过程有无异常等，经过宁波中科远东催化工程有限公司排查，催化剂的配方、质量、生产过程均无变化，目前没有证据表明硫代产量升高是由 ISS 催化剂造成的。

2.2.3　对苯二酚的影响

经过排查车间对苯二酚的使用，2023 年一季度对苯二酚仅使用一次，使用量为 15 kg，2024 年一季度一、二期脱硫脱硫系统 H_2S 超标次数较多，持续时间长。对苯二酚投加 89 次，投加量为 1550 kg，平均每次投加量为 17.4 kg。图 6 和图 7 为 2023 年及 2024 年一季度脱硫液副盐含量。从脱硫液副盐含量来看，2024 年一季度脱硫液副盐含量 281.99 g/L 与 2023 年一季度副盐含量 285.99 g/L 相比变化不大，但硫代平均含量 2024 年一季度为 109.43 g/L，比 2023 年一季度 80.7 g/L 有明显的升高。副盐中硫氰酸钠与硫代硫酸钠的比值 2023 年一季度为 3.53，2024 年一季度为 1.57，下降非常明显，所以无论从硫代硫酸钠的实际产量、脱硫液硫代硫酸钠的副盐含量，2024 年一季度都有非常明显的增加。对苯二酚使用量增加导致脱硫液中硫代副盐含量的增加。同时由于 2024 年一季度脱硫系统出口硫化氢含量高，对再生空气的调整频繁，存在空气量过大、过氧化的情况，也会一定程度上导致副盐含量增加。

2.3　对苯二酚使用导致硫代生成量升高的原因分析

根据氧化还原反应机理，只有选择合适的氧化物才能将还原性物质氧化成我们需要的生成物。这就是说，在脱硫反应过程中，必需选择具有合适氧化还原电位的脱硫剂才能将还原性物质 NaHS 中的 S^{-2} 氧化成单质硫，无论是以哪种形式存在的单质硫（S_2、S_4、S_6、S_8 等）都是非常稳定的，在湿法脱硫的条件下都不会再继续被氧化为 S^{2+}、S^{4+} 和 S^{6+}（即副盐 $Na_2S_2O_3$、Na_2SO_3 和 Na_2SO_4）；脱硫液中对苯二酚首先会转化为对苯二醌，氧化态对苯二醌的氧化还原电位为 0.699 V，氧化能力较强，将副反应就比较严重。氧化能力过强，可以富液中部分 NaHS 中的 S^{-2} 直接氧化为 S^{2+}，即 $Na_2S_2O_3$，在脱硫塔或反应槽内生成硫代副盐。

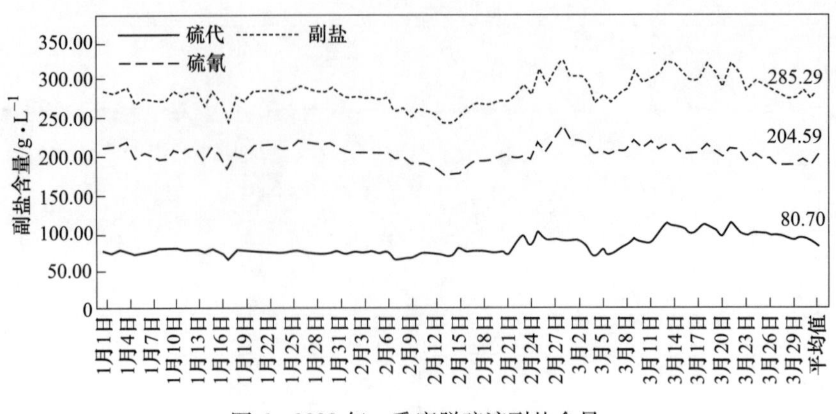

图 6　2023 年一季度脱硫液副盐含量

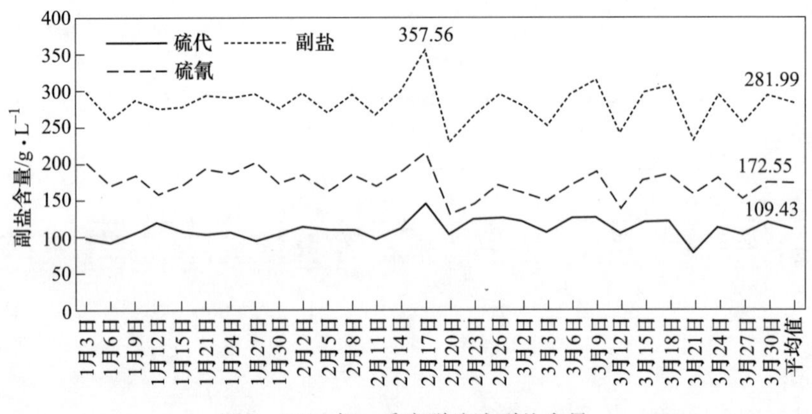

图 7　2024 年一季度脱硫液副盐含量

3　对策

根据以上分析，为控制硫代硫酸钠的产量，主要对策就是减少脱硫液副盐硫代硫酸钠的生成量，应采取以下措施。

3.1　保持脱硫单元工艺运行平稳

控制硫泡沫液位，避免再生空气量大幅度波动，及时清理电捕焦油器、保持煤气下液排放畅通、减少煤气带油现象，减少脱硫后煤气硫化氢含量指标波动。

3.2　减少对苯二酚的使用

脱硫装置在正常运行过程中出现消泡、硫化氢指标超标等异常现象，应及时排查异常发生的原因，根据排查结果及时调整，对苯二酚的使用应严格控制，不能一出现异常指标就盲目使用对苯二酚，否则就会造成脱硫液副盐生成量升高。

3.3　严格控制配煤中含硫杂盐的用量

配煤掺混的杂盐含有较多的单质硫，在炼焦过程中大部分会进入焦炉煤气，从而使煤气含硫升高，包括有机硫和硫化氢，硫化氢升高同样也都会导致脱硫过程中副盐生成量增大。

3.4　及时测量脱硫液氧化还原电位

脱硫液氧化还原电位过高会导致硫化氢与碳酸钠反应产物 NaHS 过氧化生成硫酸钠、硫代硫酸钠，副盐生成量升高，特别是在 pH 值升高的情况下[2]，所以在脱硫系统运行过程中要加强脱硫液电位测量，并根据测量结果及时调整。

4 结论

脱硫系统对苯二酚使用是造成硫代硫酸钠产量上升的主要原因，2024 年一季度煤气硫化氢含量小幅升高在很小程度上影响了硫代硫酸钠的产量。为抑制脱硫系统硫代硫酸钠副盐的生成量，应保持生成工艺平稳、减少对苯二酚等强氧化物的使用、严格控制配煤中含硫杂盐的使用、及时测量脱硫液氧化还原电位。

参 考 文 献

[1] 沂州科技有限公司脱硫系统、提盐系统生产数据、工艺指标 .

[2] 陈赓良 . 氧化还原法脱硫工艺技术评述 [J]. 天然气与石油，2017，35（1）：36-41，8-9.

用克劳斯炉处理 VOCs 气体的工艺应用

吕义国　张新楼　邹　华

（马钢股份有限公司煤焦化公司，马鞍山　243000）

摘　要：针对马钢煤焦化公司煤气净化系统冷鼓、槽中槽、硫铵、脱硫、油库区域 VOCs 气体排放特点，设计了将上述区域气体收集后经油洗、水洗、碱洗后作为克劳斯炉配风空气燃烧的工艺，燃烧后的尾气进入负压煤气管道，实现了尾气的零排放和 VOCs 气体有效治理，使得现场环境取得明显好转，本文对此系统的工艺流程、控制参数、实施方案和安全控制措施作简单介绍。

关键词：VOCs 治理，克劳斯炉燃烧，工艺控制

1　概述

焦化行业产生 VOCs 气体是造成环境污染的主要因素之一，其产生的污染物成分复杂，含有氮氧化物（NO_x）、二氧化硫、一氧化碳、硫化氢、氰化氢、残氨、酚以及煤尘、焦油气等。随着地方政府对企业环保要求的不断提高，对焦化产生的污染物治理提出了更高的要求。目前国内处理 VOCs 气体主要方式是统一收集进入初冷器前吸煤气管道系统或收集后通过燃烧法处理最终转化为水和二氧化碳。但燃烧法处理 VOCs 气体需要庞大的设备投入及后期维护，成本较高，所以本文结合煤气净化领域现有克劳斯炉装置代替原 VOCs 气体处理工艺中的焚烧炉，以净化 VOCs 气体中的大部分污染源，产生的尾气进入初冷器前吸煤气管道，减少焚烧炉后的尾气排放。

2　工艺介绍

2.1　工艺原理及流程

克劳斯炉是配套真空碳酸钾脱硫工艺并将 H_2S 气体转化为硫磺的工艺装置，其反应原理是：通过需氧分析仪控制克劳斯炉的燃烧空气量，将约 1/3 的 H_2S 燃烧生成 SO_2，生成的 SO_2 与剩余的 H_2S 反应生成硫磺。

反应式为：

H_2S 燃烧反应：　$H_2S + 3/2O_2 \longrightarrow SO_2 + H_2O$

克劳斯反应：　$2H_2S + SO_2 \longrightarrow 3/xS_x + 2H_2O$

整个反应：　$3H_2S + 3/2O_2 \longrightarrow 3/xS_x + 3H_2O$

运用克劳斯炉处理 VOCs 气体的主体工艺流程为，首先将冷鼓、槽中槽、硫铵、脱硫、油库区域的不能密闭收集的 VOCs 气体通过集中收集后用引风机进行送入洗涤区域。其次在洗涤区域经过油洗（焦化洗油）、水洗、碱洗（32%NaOH）三道循环洗涤工艺后被克劳斯炉区域的空气鼓风机作为空气鼓入克劳斯炉内配风燃烧。最后含有少量 H_2S、HCN、CO、NH_3 的混合 VOCs 气体在克劳斯炉内被高温催化为单质硫、N_2、H_2、H_2O，尾气在回负压煤气管道，实现了尾气的零排放。工艺流程见图 1。

2.2　工艺控制主要参数

本公司工艺控制主要考虑 VOCs 收集效果、储罐的安全性、克劳斯炉运行的稳定和安全性，主要控制参数如表 1 所示。

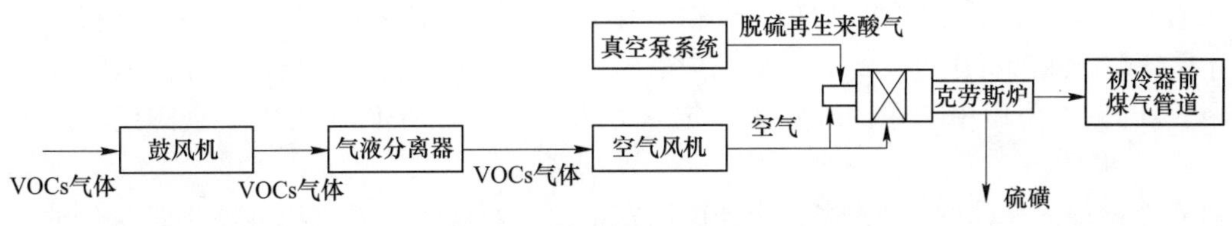

图 1 克劳斯炉处理 VOCs 气体工艺

表 1 工艺主要控制参数

控制参数	范围值	备 注
储罐压力/Pa	-50~100	
油洗塔洗油循环量/$m^3 \cdot h^{-1}$	20~28	
洗油温度控制/ ℃	30~35	根据季节开加热器保证温度
水洗塔 pH 值	7~8	
碱洗塔 pH 值	11~13	
水洗塔循环量/$m^3 \cdot h^{-1}$	12~15	
碱洗塔循环量/$m^3 \cdot h^{-1}$	16~18	
LEL/%	≤25	
尾气去克劳斯炉压力/Pa	-400~-800	
克劳斯炉温度/ ℃	950~1150	
克劳斯炉需氧控制/无量纲	0.2~0.6	

3 改造方案

对冷鼓、槽中槽、硫铵、脱硫、油库区域的地下、地上储罐及敞口储罐排放的 VOCs 气体经过集中收集后送入洗涤塔循环洗涤后利用原有的克劳斯炉系统进行燃烧，进行如下改造：

(1) 在冷鼓、槽中槽区域增加两台变频风机收集此区域的 VOCs 气体，并将收集的 VOCs 气体输送至下一装置。

(2) 在终冷洗苯空地区域建设一套洗涤区域和增设两台变频风机，将各区域收集后的 VOCs 气体输送至洗涤装置。洗涤后的 VOCs 气体，经 LEL(%) 在线检测合格后，气液分离送至克劳斯炉空气鼓风机前，并在前配置两套呼吸阀，防止 VOCs 气体量减少和增多时同步匹配克劳斯炉的空气使用负荷。

(3) 增加槽罐压力监测；增加尾气排放收集管线，配备阻火器、放散阀、切断阀；增加氮封管线，配备压力调节阀。

(4) 对于槽罐，增加呼吸阀、液压安全阀，取消对大气的放散管。

(5) 对含焦油、萘、苯的槽罐所设置的呼吸阀、安全阀、压力检测及其根部管道进行伴热、保温。

(6) 对于含焦油、苯、萘及容易结晶的尾气排放收集管线，设置蒸汽的吹扫切断阀，实现远程吹扫，减少人的劳动强度，并在适当位置设置排凝阀，防止管道积液增加阻力。

(7) 对于逸散气中萘含量高的槽罐，设置液压安全阀或带加热功能的隔膜式压力真空阀，确保呼吸的可靠性。

4 安全控制措施

储罐物料在连续或者间断进料、出料周转时，不仅要控制储罐压力在合适范围内，还要考虑 VOCs 不能逸出，及考虑储罐的安全性，本公司主要通过如下安全措施确保储罐运行的安全性，主要措施如下：

(1) 增加槽罐压力监测，根据储罐压力来调节补氮或尾气排放，防止槽罐压力过大或者过小，确保槽罐的安全运行。

（2）设置呼吸阀、液压安全阀同时做好伴热、保温，确保储槽安全附件的有效性运行，在氮封装置失效后防止槽罐超压或者负压过大的另一套保护措施，以确保槽罐安全。因常压立式槽罐的设计压力一般为-0.5～2 kPa，本公司中选用的呼吸阀设定压力为-295～1375 Pa、液压安全阀设定压力为-490～1570 Pa。

（3）在每个储罐尾气排放管线配备阻火器确保安全性；对尾气排放管线（特别是含焦油、萘、苯的管线）设置了自动清扫流程，防止管线堵塞。

（4）对于容积≥100 m^3 的槽罐或含易结晶成分的大中型槽罐，压力监测采用二选一方式配备压力变送器，确保压力检测的准确性。

（5）洗涤处理后的尾气总管设置可燃气体浓度监测，以及快速切断阀和紧急放散阀，当可燃气体浓度不小于 10%LEL 时报警，当可燃气体浓度不小于 25%LEL 时，迅速通过紧急放散阀临时排放，切断去后端系统的管线，确保燃烧炉的安全。

5　结语

通过系统改造后，实现了各区域储罐压力控制平稳，大幅度减少了 VOCs 气体的逸散，使得现场环境明显改善；同时实现了克劳斯炉装置的运行稳定，有效处理了煤气净化系统生产过程中产生的 VOCs 气体；且减少因新增燃烧装置产生的二次排放污染，减少了设备投资费用及后期运行和维护费用，实现了经济效益与环境效益的双赢。

节能 MVR 剩余氨水蒸氨技术的研发

于海路　王嵩林　兴连祺　张素利　刘　静

（中冶焦耐（大连）工程技术有限公司，大连　116085）

摘　要：介绍了将 MVR 技术应用于焦化蒸氨工艺，充分利用蒸氨氨汽中水蒸气的潜热，并将其用于作为自身蒸氨所需热源的节能 MVR 剩余氨水蒸氨技术。相比现有常规蒸氨技术，此技术大幅降低了蒸汽用量，处理每吨剩余氨水消耗低压蒸汽量不大于 50 kg/h，节能效果显著。

关键词：蒸氨，剩余氨水，MVR，节能降耗

1　概述

当前焦化企业普遍采用以低压蒸汽热源提供为热源的蒸馏汽提的方法处理剩余氨水，低压蒸汽消耗量较大[1-3]，运行成本较高，且一般焦化蒸氨过程的产品氨水或氨汽浓度低、有杂质，无产品利润可得。

为解决蒸氨能耗高的问题，中冶焦耐开发了节能热泵蒸氨技术[4]，将蒸氨能耗控制在 100 kg 低压蒸汽/吨剩余氨水，大幅降低了蒸汽消耗，节省了蒸氨运行成本，为众多焦化企业创造了较大的效益。

随着国内焦化企业对工艺能耗等需求不断增多，焦化蒸氨技术仍有待进一步地提升。为此开发出一种能耗更低、产品效益高以及废水指标好的蒸氨工艺，才能够更好地满足目市场需求。中冶焦耐将 MVR 技术创新地应用于焦化蒸氨工艺中，充分回收利用蒸氨塔顶氨汽中水蒸气的潜热，并将其用于作为自身蒸氨所需热源的节能 MVR 剩余氨水蒸氨技术来处理剩余氨水，有效提高了蒸氨自身能源利用率，大幅降低了能源单耗。

本文通过从工艺原理、流程以及有益效果等方面，介绍了两种节能 MVR 剩余氨水蒸氨技术，以期未来将其应用到焦化企业中去，助力企业技术升级，降本增效。

2　MVR 剩余氨水蒸氨技术的研发

2.1　MVR 技术原理

MVR[5]技术，即机械蒸汽再压缩技术，其工作原理是通过对蒸发器中产生的二次蒸汽进行机械压缩，提高其温度和压力后送回蒸发器作为加热蒸汽进行循环使用，从而实现蒸汽能源的高效利用。在这个过程中，蒸汽的潜热得到了充分利用，减少了热能的不可逆损失，提高了能源利用效率。

一般地，将 MVR 技术应用在蒸馏过程，可将蒸馏塔顶蒸汽经压缩机压缩后，使得塔顶蒸汽温度和压力升高，温度提升至高于蒸馏塔底液体的温度，将其作为塔底再沸器的部分热源，能够大幅降低外部输入热源用量。通常，采用 MVR 技术新增的压缩机消耗的电能成本远小于原本需要输入的蒸汽成本，这样就实现了能源的高效转化和利用，达到节能的效果。

2.2　将 MVR 技术应用于蒸氨工艺

蒸氨塔顶部氨汽除含有氨、二氧化碳、硫化氢和氰化氢等腐蚀性气体外，还含有 91%左右的水蒸气。在常规蒸氨工艺中，蒸氨塔顶氨汽需经氨分缩器部分冷凝换热，此过程氨气中水蒸气的大量潜热被循环水带走，热量未被有效利用，导致了现有常规蒸氨工艺能耗较高。因此回收利用蒸氨塔顶氨气中水蒸气的潜热是降低蒸氨能耗的一个重要途径。

采用 MVR 技术对蒸氨塔顶氨汽进行升温升压提升温度品位，可将其氨汽中大部分水蒸气潜热进行回

收利用。但氨汽含有氨、二氧化碳、硫化氢和氰化氢等腐蚀性介质，若采用机械压缩设备对腐蚀性较强的氨汽直接进行提压，这不仅对设备的材质会有很高的要求，增加了设备的固定投资，也对机械压缩设备长时间运行的可靠性方面提出较大挑战。

面对这种难题，中冶焦耐开发了两种方法进行处理：

一是选取靠近蒸氨塔底部、较为洁净的上升汽提蒸汽进行增压，此处的上升汽提蒸汽已将绝大部分的氨、二氧化碳、硫化氢和氰化氢等腐蚀性气体汽提分离，蒸汽的腐蚀性能得到大幅减弱；

二是选取已脱酸的蒸氨塔顶氨汽经氨吸收净化后的洁净蒸汽进行增压，此处的蒸汽已将绝大部分的氨、二氧化碳、硫化氢和氰化氢等腐蚀性气体分离出去，蒸汽的腐蚀性能也得到大幅减弱。

3 蒸氨工艺的比较

3.1 常规蒸氨工艺流程

目前焦化企业中常规蒸氨工艺一般为常压间接蒸氨，蒸氨塔底供热方式大多采用蒸汽再沸器，工艺流程如图 1 所示。

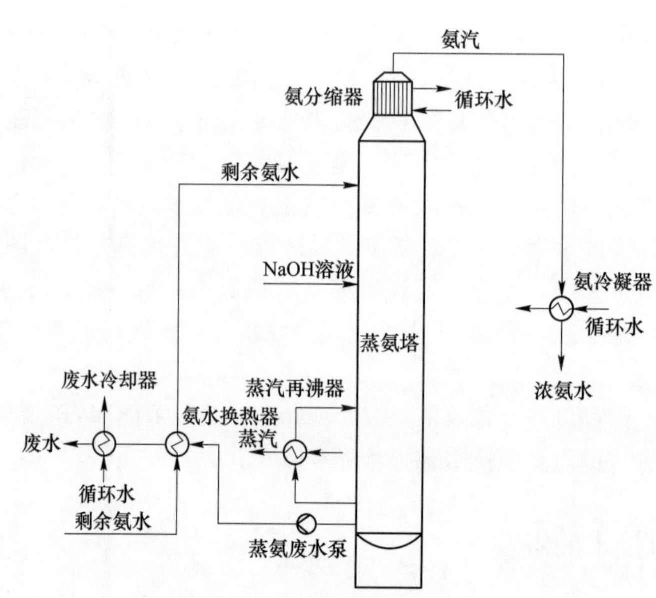

图 1 常规蒸氨工艺流程图

氨分缩器设置在蒸氨塔顶部，经氨分缩器部分冷凝提浓后的浓氨汽进入氨冷凝器中经循环水冷却为浓氨水，将其送至以氨为碱源的湿式氧化法脱硫单元或硫铵单元。此工艺中蒸氨塔顶氨汽的大量蒸汽潜热被循环水冷却带走，此热量被浪费未被利用，因此能耗较高。

3.2 生产浓氨水的 MVR 蒸氨工艺流程

将蒸氨塔分为上下两个塔段；蒸氨下塔段顶部的较为洁净的上升汽提蒸汽经蒸汽增压机加压后，进入上塔段底部成为上升汽提蒸汽，使得上塔段的操作压力要高于下塔段的操作压力。再将上塔段顶部含氨蒸汽送至氨汽再沸器部分冷凝换热加热蒸氨塔底废水，为蒸氨过程提供热源。氨汽经氨汽再沸器部分冷凝后进入汽液分离器，冷凝液由回流泵输送至塔顶作为回流，分离出的氨汽进入氨冷凝器冷凝冷却为浓氨水。剩余氨水换热升温、蒸氨废水换热及冷却流程与常规蒸氨工艺一致，工艺流程图如图 2 所示。

此工艺中将蒸汽增压机设置在蒸氨上塔段与下塔段中间，需被加压的蒸汽已经蒸氨过程除去了大部分杂质，此蒸汽的腐蚀性较弱，这降低了对增压机材质的要求，降低了设备投资，能够保证工艺的连续稳定运行。

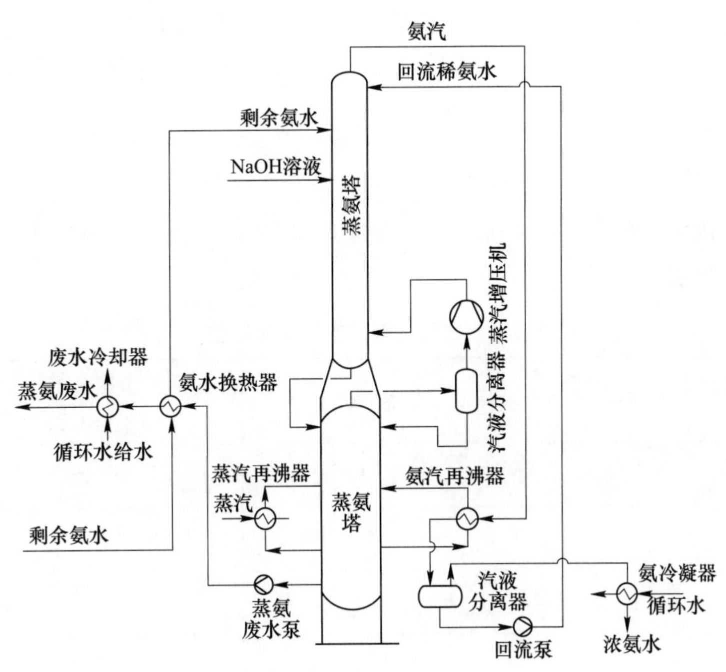

图 2　生产浓氨水的 MVR 蒸氨工艺流程图

3.3　生产硫铵的 MVR 蒸氨工艺流程

将蒸氨塔分为上下两个塔段，上塔段为脱酸塔段，下塔段为脱氨塔段；剩余氨水与蒸氨废水换热升温后进入蒸氨塔脱酸塔段顶部进行脱酸，脱除剩余氨水中的二氧化碳、硫化氢和氰化氢等杂质；并采用将脱氨塔段顶部的结洁净含氨蒸汽在氨吸收塔中经硫铵单元送来的硫铵母液将杂质氨吸收脱除后，将含 NaOH 碱液的循环蒸氨废水洗涤夹带的酸雾和酸性汽，然后再用蒸汽增压机对脱氨后的较为洁净蒸汽进行升温升压后分为两部分蒸汽，一部分蒸汽进入脱氨塔段底部，为脱氨提供热源，另一部分蒸汽进入脱酸塔段底部，为剩余氨水脱酸汽提供热源，将氨汽中的水蒸气潜热得以充分利用。蒸氨塔底外排蒸氨废水一部分蒸氨废水送至除酸雾塔作为小流量更新液。剩余氨水换热升温、蒸氨废水换热及冷却流程与常规蒸氨工艺一致，工艺流程图如图 3 所示。

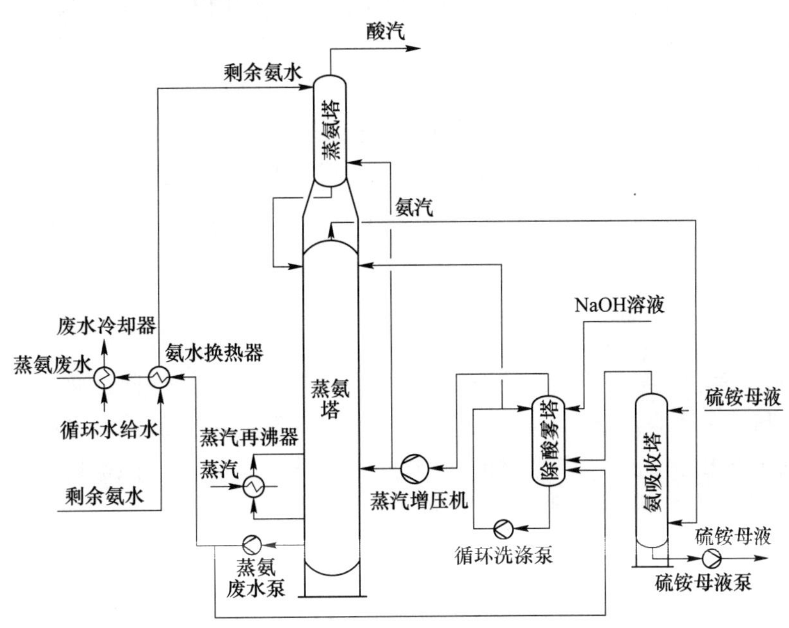

图 3　生产硫铵的 MVR 蒸氨工艺流程图

此工艺中进入蒸氨增压机的蒸汽已极大减弱了氨和酸性组分的腐蚀，这降低了对增压机材质的要求，降低了设备投资，能够保证工艺的连续稳定运行；此工艺中剩余氨水中约 95%的氨转变成硫铵产品。

3.4 蒸氨工艺的运行能耗比较

对常规蒸氨、生产浓氨水的 MVR 蒸氨及生产硫铵的 MVR 蒸氨这三种蒸氨工艺进行能耗比较，三种蒸氨工艺的能耗对比详见表 1。

表 1　三种蒸氨工艺的能耗比较

对比项	单位	常规蒸氨工艺	生产浓氨水的 MVR 蒸氨工艺	生产硫铵的 MVR 蒸氨工艺
0.5 MPa 饱和蒸汽消耗	t/h	17	4	5
电容量	kW	41	41+15+625	41+22+30+625
循环水消耗	m^3/h	935	460	300
蒸氨运行能耗（按标准煤）	kg/h	1697.3	489.5	586.8
处理每吨剩余氨水能耗（按标准煤）	kg/t	17.0	4.9	5.9

注：1. 电容量中 15 kW 为氨水回流泵电机功率、22 kW 为废水洗涤泵电机功率、30 kW 为硫铵母液泵电机功率、625 kW 为蒸汽增压机功率；

2. 0.5 MPa 饱和蒸汽的折标煤系数为 97.8 kg/t（按标准煤）、电容量的折标煤系数为 0.1229 kg/(kW · h)（按标准煤）、循环水的折标煤系数为 0.0317 kg/t（按标准煤）；

3. 表中比较基准为以处理 100 t/h 剩余氨水、蒸氨废水含氨量控制在 100 mg/L 以下、废水冷却至 40 ℃。

通过上表中数据可知，生产浓氨水的 MVR 蒸氨工艺蒸氨仅需消耗 40 kg 蒸汽/吨剩余氨水，与常规常压蒸氨工艺相比，降低了 76.4%的蒸汽消耗，同时也降低了 50.8%的循环水消耗，综合能耗降低 71.1%，此蒸氨工艺综合能耗相当于能够减排 CO_2 约 26450 t/a（处理 100 t/h 剩余氨水）；生产硫铵的 MVR 蒸氨工艺蒸氨仅需消耗 50 kg 蒸汽/吨剩余氨水，与常规常压蒸氨工艺相比，降低了 70.6%的蒸汽消耗，同时也降低了 67.9%的循环水消耗，综合能耗降低 65.4%，此蒸氨工艺综合能耗相当于能够减排 CO_2 约 24320 t/a（处理 100 t/h 剩余氨水）。

由此表明，中冶焦耐自研的 MVR 剩余氨水蒸氨技术节能降耗效果显著。

按 1 t 标准煤售价 900 元进行计算，与常规常压蒸氨工艺相比，采用生产浓氨水的 MVR 蒸氨工艺稳定运行可节约运行成本 952 万元/年；采用生产硫铵的 MVR 蒸氨工艺稳定运行可节约运行成本 875 万元/年；MVR 蒸氨工艺中增加的增压机、再沸器和泵等设备投资在稳定运行 1~2 年内就可收回。

4 结语

将 MVR 技术应用于焦化蒸氨工艺，充分利用蒸氨氨汽中水蒸气的潜热，将其用于作为自身蒸氨热源，能够大幅提高蒸氨工艺本身的能源利用率，从源头上解决蒸氨过程能耗高的问题。

与常规常压蒸氨工艺相比，生产浓氨水的 MVR 蒸氨技术，综合能耗能够降低 71.1%；生产硫铵的 MVR 蒸氨技术，综合能耗能够降低 65.4%；这两种 MVR 剩余氨水蒸氨技术节能效果显著，且各自能够适用于焦化的不同煤气净化工艺中，可未来将其应用到焦化企业中去，助力节能减排，降本增效。

参考文献

[1] 王嵩林，周志春，张素利，等．高效节能剩余氨水蒸馏技术的研究与应用 [J]．燃料与化工，2016 (1)：54-55.

[2] 毕成，郝鹏，吴江伟．宝钢湛江氨水蒸馏工艺的模拟计算［J］．燃料与化工，2018（5）：60-62.
[3] 王保华，张素利，于义林．蒸氨新工艺在首钢京唐工程的应用［J］．燃料与化工，2008（4）：33-35.
[4] 于海路，王嵩林，张素利，等．能热泵蒸氨技术的研发与生产实践［J］．燃料与化工，2021（3）：44-47.
[5] 韩送军．基于MVR蒸发工艺的废水处理方案研究［J］．环境治理，2024（2）：221-223.

循环氨水系统中的泵效率提升方法探究

许 智 赵立海 黄煜筝

（神华巴彦淖尔能源有限责任公司，巴彦淖尔 015300）

摘 要：随着现代工业和商业活动的不断扩展，循环氨水系统已成为多领域中的核心技术之一，广泛应用于制冷、空调、供暖、化工和制药等领域。其中泵的性能和效率直接影响了整个系统的能源消耗。本文将深入探讨循环氨水系统中泵效率的重要性，并详细分析了影响泵效率的主要因素。此外，提出了一系列泵效率提升方法，包括泵的安装方法、仪器设备的保养和维修，以及培养专业人员的建议。旨在帮助系统设计师、工程师和维护人员更好地管理和改进泵的性能，以满足日益增长的能源效率和可持续性要求。

关键词：循环氨水系统，泵效率，提升方法

1 概述

在现代工业和商业领域中，循环氨水系统已经成为一个不可或缺的组成部分，广泛用于制冷、空调、供暖、化工和许多其他应用领域，以满足我们日常生活和工业生产中对热能传递和温度控制的不断增长的需求[1]。在这些复杂而多样化的系统中，泵是至关重要的元件之一，负责将工质（如氨水）在系统内循环输送，实现热量传递和保持系统运行[2]。然而，泵在循环氨水系统中的性能和效率问题日益凸显。因此，本文旨在深入探讨这个问题，并提供一系列方法和建议，以优化泵的性能，减少能源消耗。

2 循环氨水系统中泵效率的重要性

循环氨水系统是一种利用氨水作为吸收剂的热泵系统，可以实现低品位热能的回收和利用，具有节能、环保、经济等优点[3]。循环氨水系统中的泵是系统的重要组成部分，其效率直接影响系统的性能和运行成本[4]。因此，提高循环氨水系统中的泵效率具有重要意义。循环氨水系统中泵效率的重要性如下：

第一，可提高循环氨水系统的能量利用率。循环氨水系统的能量利用率是系统输出的有效能量与输入的总能量之比，反映了系统对能源的利用效率和节约程度。循环氨水系统中的泵效率是泵输出的液体功率与输入的电功率之比，反映了泵对电能的转换效率和损耗程度。显然，泵效率越高，意味着泵消耗的电能越少，输出的液体功率越大，从而提高了循环氨水系统的能量利用率。

第二，可降低循环氨水系统的运行费用。循环氨水系统的运行费用主要包括电费、维护费、更换费等。其中，电费是最大的支出项目，占据了运行费用的60%以上。而泵效率越高，意味着泵消耗的电能越少，从而节省了电费。另外，泵效率越高，也意味着泵运行更加稳定可靠，减少了故障发生的概率和频率，从而节省了维护费和更换费。

第三，可提升循环氨水系统的环境友好性。循环氨水系统本身就是一种利用低品位热能代替高品位热能或电能的绿色节能技术，可以减少化石能源的消耗和温室气体的排放。而泵效率越高，意味着泵消耗的电能越少，从而减少了电网负荷和发电厂排放。同时，泵效率越高，也意味着泵运行更加平稳安全，减少了氨水溢漏和腐蚀等风险。

3 影响循环氨水系统中泵效率的主要因素

3.1 流体特性与黏度

流体特性是流体在运动过程中表现出来的物理性质，如密度、黏度、温度、压力等[5]。这些物理性

质决定了流体在泵内部的流动状态，如层流、湍流、过渡流等。不同的流动状态对泵内部的摩擦阻力和涡旋损失有不同的影响，从而影响了泵效率。一般来说，层流状态下的阻力较小，湍流状态下的阻力较大，过渡流状态下的阻力介于两者之间。而流体的密度、黏度、温度、压力等物理性质会影响流体的雷诺数，雷诺数是判断流体流动状态的无量纲参数。具体来说，雷诺数的计算公式如下：

$$Re = \rho vL/\mu$$

式中，Re 为雷诺数；ρ 为流体体积密度，kg/m^3；v 为物体表面平均流速，m/s；L 为物体长度或直径，m；μ 为流体动力黏度，Pa · s。当雷诺数较小时，流体呈现层流状态；当雷诺数较大时，流体呈现湍流状态；当雷诺数处于中间值时，流体呈现过渡流状态。

因此，在循环氨水系统中，应该尽量选择合适的氨水浓度、温度、压力等参数，以降低流体阻力，提高泵效率。一般来说，氨水浓度应控制在 30%左右，氨水温度应控制在 60 ℃左右，氨水压力应控制在 0.5 MPa 左右。

3.2 运行条件与环境因素

运行条件与环境因素在循环氨水系统中对泵效率产生显著影响。这些因素包括流量、扬程、温度、湿度、气压、噪声和振动等外部条件和环境因素，它们直接影响了泵的工作状态和工作点，进而对泵的性能产生重要影响。流量是单位时间内通过泵的流体体积，扬程是泵输出的流体压力与输入的流体压力之差。这两个参数是泵的主要性能指标，决定了泵的工作状态。在循环氨水系统中，维持泵的流量与扬程稳定并接近泵的额定值至关重要。当流量与扬程与泵的额定值匹配时，泵的效率达到最高水平。但如果流量与扬程偏离泵的额定值，泵的效率将受到损害。

同时，不适宜的温度和湿度可以影响泵的性能。高温或低温环境可能导致泵材料的热胀冷缩或脆化，进而增加泵的摩擦损耗和磨损，从而降低泵效率。湿度变化也可能导致泵材料的腐蚀或干裂，影响泵的密封性和强度，进而降低泵效率。因此，在维持适宜的温湿度条件下有助于提高泵的性能。此外，低气压环境可能导致流体内部的空化现象，增加流动阻力和涡旋损失，从而降低泵的效率。噪声水平的过高表明泵可能存在异常振动或冲击，这可能会损坏泵的结构，导致泵效率下降。因此，维持适宜的气压和控制噪声在合理范围内对于确保泵的高效率运行至关重要。

4 循环氨水系统中的泵效率提升方法

4.1 泵的安装方法

（1）泵的选择。在循环氨水系统中，在选择泵时，应考虑以下几个方面：

1）根据系统的流量、扬程、压力等参数选择合适的泵型号，避免过大或过小的匹配。例如，如果选用扬程过高的泵，会导致出口压力过大，增加管道阻力和泵轴功率；如果选用流量过大的泵，会导致进口压力过低，产生气蚀现象和噪声。

2）选择高效、节能、可靠、耐用的泵，优先考虑采用变频调速（图 1）、磁力驱动、无密封等新型泵。这些新型泵具有以下优点：① 变频调速泵可以根据系统需求自动调节转速和流量，提高效率和节省能源；② 磁力驱动泵利用磁场传递动力，无需机械密封和轴承，减少摩擦和漏失；③ 无密封泵采用特殊材料或结构设计，无需使用密封件或填料，避免了液体渗漏和污染。

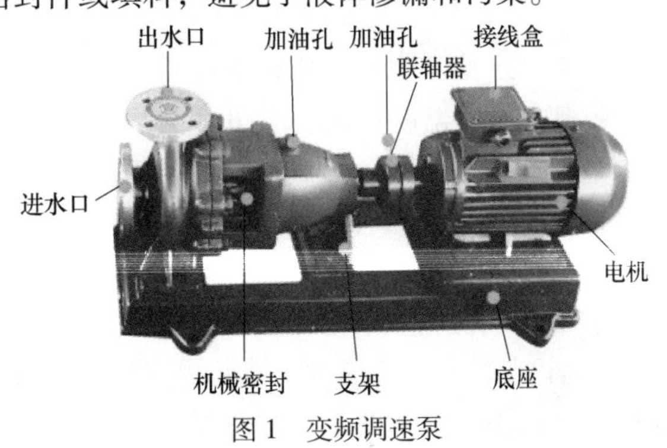

图 1 变频调速泵

3）根据系统的工况变化选择合适的控制方式，如恒压控制、恒流控制、恒功率控制等，以保证泵在最佳工作点运行。不同的控制方式有不同的适用范围和优缺点。恒压控制适用于出口压力要求稳定的系统，保证出口压力不受流量变化的影响；恒流控制适用于流量要求稳定的系统，保证流量不受压力变化的影响；恒功率控制适用于输入功率要求稳定的系统，保证输入功率不受流量和压力变化的影响。

（2）泵的安装。在循环氨水系统中，在安装泵时，应注意以下几个方面：

1）保证泵与管道的对中度，避免产生振动和噪声。如果泵与管道不对中，会导致管道受力不均匀，产生应力和变形；同时也会使得泵轴受到弯曲和偏心力，增加轴承负荷和摩擦损失。因此，在安装前后都应使用专业仪器检测并调整对中度。

2）保证泵与电机的联轴度，避免产生偏心和摩擦。如果泵与电机不联轴，会导致泵轴和电机轴不同心，产生偏心力和扭矩，影响泵的平稳运行和效率。因此，在安装时应使用联轴器或其他装置连接泵轴和电机轴，并使用水平仪或其他仪器检测并调整联轴度。

3）如果泵的基础不牢固或不稳定，会导致泵在运行过程中发生位移或变形，影响泵的对中度和联轴度，降低泵的效率。因此，在安装时应选择合适的基础材料和结构，并使用螺栓或其他固定件将泵固定在基础上。

4）保证泵的进出口管道布置合理，避免产生气蚀和局部阻力。如果泵的进出口管道布置不合理，会导致流体在管道内发生气蚀或局部阻力，影响流体的流动状态和泵的性能。因此，在安装时应遵循以下原则：尽量缩短管道长度和减少弯头数量；尽量避免使用直角弯头或突然变径的管道；尽量保持管道内径与泵进出口口径一致；尽量保持进口管道水平或略向下倾斜；尽量保持出口管道向上倾斜并安装止回阀。

（3）泵的运行。在循环氨水系统中，泵的运行也会影响其效率，因此，在运行泵时，应注意以下几个方面：

1）定期检查和维护泵及其附件，如轴承、密封、叶轮等，及时更换磨损或损坏的部件。如果泵及其附件出现磨损或损坏，会导致泵的性能下降或故障发生。因此，在运行前后都应检查泵及其附件的工作状态，并根据使用情况和制造商建议进行维护或更换。

2）定期清洗和冲洗泵及其管道，去除沉积物或杂质，保持流道畅通。如果泵及其管道内有沉积物或杂质，会导致流道狭窄或堵塞，影响流体的流动速度和压力。因此，在运行一段时间后都应清洗和冲洗泵及其管道，并根据系统的工况和水质情况选择合适的清洗剂或方法。

3）定期监测和分析泵的运行参数，如流量、扬程、压力、功率、电流等，及时调整或优化控制策略。如果泵的运行参数偏离设定值或最佳值，会导致系统的效率降低或安全隐患产生。因此，在运行过程中都应监测和记录泵的运行参数，并根据实际情况进行调整或优化。

4）定期对比和评估泵的效率指标，如单位流量功耗、单位流量成本等，及时发现并解决问题。如果泵的效率指标低于预期或标准，会导致系统的运行费用增加或环境污染加剧。因此，在运行一定周期后都应对比和评估泵的效率指标，并根据评估结果进行改进或优化。

4.2　重视设备的维修与保养

泵的维护与保养直接影响了泵的性能和可靠性，从而影响了泵效率。具体来说，泵的维护与保养工作包括以下几个方面：

（1）检查与清洁。对泵进行定期的观察、测试、清理等操作，以发现和消除泵存在的问题和隐患。检查与清洁可以及时发现泵的异常现象，如温度过高、噪声过大、振动过强、漏水、堵塞等，并及时采取措施进行处理，以避免影响泵效率或造成更大的损坏。检查与清洁还可以及时清理泵内部和外部的杂物、污垢、沉积物等，以减少流体阻力和摩擦损失，从而提高泵效率。

（2）润滑与调整。对泵进行定期的加油、调节等操作，以保证泵的良好运转和匹配。润滑与调整可以有效减少泵内部的摩擦阻力和磨损程度，从而提高泵效率和寿命。润滑与调整还可以有效调节泵的工作点和工作状态，使其适应不同的运行条件和环境因素，从而提高泵效率和稳定性。

（3）更换与修复。对泵进行定期或不定期的更换、修理等操作，以恢复或提升泵的性能和可靠性。

更换与修复可以有效解决泵存在的故障或损坏问题，如轴承烧坏、叶轮破裂、密封失效等，并及时更换或修复相应的零部件或整体，从而提高泵效率和安全性。

4.3 培养专业化的人员

在循环氨水系统中，人员的素质和能力也会影响泵效率的提升，因此应积极培养专业化的人员，提高他们对泵效率提升方法的理解和掌握。

培训教育人员。在循环氨水系统中，需要有专业知识和技能的人员来操作和管理泵及其相关的仪器设备。因此，在培训教育人员时，应注意以下几点：第一，制定合理的培训计划和内容，涵盖泵效率提升方法的原理、步骤、注意事项等方面；第二，采用有效的培训方式和方法，如讲座、演示、实践等方式，结合理论与实际进行教学；第三，进行定期的考核和评估，检查人员对泵效率提升方法的掌握程度和运用能力。

激励奖励人员。在循环氨水系统中，需要有积极主动和创新精神的人员来发现和解决泵效率提升方法的问题和难点。因此，在激励奖励人员时，应注意以下几点：第一，建立合理的绩效考核和奖惩制度，根据人员在泵效率提升方法方面的贡献和表现进行评价和奖励；第二，建立良好的沟通和反馈机制，及时了解人员在泵效率提升方法方面的意见和建议，给予肯定和支持；第三，建立健康的竞争和合作氛围，鼓励人员在泵效率提升方法方面进行交流和学习，促进共同进步。

5 结语

在本文中，我们深入探讨了循环氨水系统中泵效率提升的重要性以及相关方法和策略。通过分析循环氨水系统中的泵，我们明确了泵效率对于整个系统的能源消耗、运营成本以及环境可持续性的关键作用。本文不仅强调了问题的重要性，还提供了一系列实用的解决方案，以帮助工程师和运维人员更好地管理和改进这些关键设备的性能。

参 考 文 献

[1] 左复习．循环氨水余热回收制冷技术在工程中的应用［J］. 燃料与化工，2019，50（2）：48-49.
[2] 张红光，杨宇鑫，孟凡骁，等．有机朗肯循环系统中工质泵的运行性能［J］. 化工学报，2017，68（9）：3573-3579.
[3] 祝仰勇，甄玉科，王健，等．一种循环氨水余热利用系统：CN 201420342775［P］. 2023-09-24.
[4] 田民格，曾俊，闫炜，等．破乳剂在焦化厂循环氨水系统油水分离中的应用研究［J］. 煤炭加工与综合利用，2022（7）：81-84.
[5] 宋渤．流体迁移性质分子动力学研究及基于 MEMS 传感器黏/密度实验系统研制［D］. 西安：西安交通大学，2017.

先进控制系统在焦化粗苯生产工序的应用

王皓卿　杨庆彬　陈国超　张绍军　隗合华

（唐山首钢京唐西山焦化有限责任公司，唐山　063200）

摘　要： 结合本焦化厂粗苯生产过程的运行特点和过程控制需求，在现有 DCS 系统的基础上，应用先进控制软件设计，通过多变量协调与约束控制，进一步提高了粗苯生产装置的自动化程度，提高主要工艺参数的平稳性，降低岗位劳动强度。

关键词： 先进控制，粗苯，自动化

1　概述

首钢京唐西山焦化有限责任公司 5 万吨/年粗苯装置由焦耐院独立设计，采用半负压脱苯工艺，主要包括煤气冷却、粗苯吸收、富油脱苯、洗油再生等生产过程。粗苯精馏装置 DCS 系统为西门子的 PCS7 系统，实现了大部分基础控制回路的自动控制，但仍有部分基础控制回路以人工操作为主，而且一些关键过程参数的调节仍以人工经验为准。因此，为进一步提高粗苯装置的自动化水平，提高生产过程控制，本公司引进实施粗苯装置先进控制系统，实现装置的精细化控制和“卡边”优化。

2　粗苯生产工序的现状

2.1　终冷洗苯系统

终冷塔分上下两段，中间设断塔盘，下段冷凝液用循环水冷却，上段冷凝液用低温水冷却。目前塔内液位的控制通过下段排水自调阀来实现。

出终冷塔 煤气温度是该设备的关键控制指标，会影响洗苯塔的粗苯吸收效果，一般控制在 25~30 ℃。目前该温度通过上段低温冷却水阀来控制，自调阀并联，处于手动状态，控制比较滞后，控制效果不理想。

入洗苯塔贫油温度是该设备的关键控制指标，贫油温度偏低会将煤气中的蒸汽冷凝，导致系统带水，影响产品质量。一般要求贫油温度高于煤气温度 2~4 ℃。目前入洗苯塔贫油温度通过现场调节贫油换热器的冷却水阀来控制，没有自调阀，致使贫油温度和煤气温度之差的控制比较滞后，控制效果不理想。

洗苯塔塔底液位由进塔贫油量来控制，目前由人工手动调节阀门开度来控制。并且洗苯效果的好坏以人工经验为准，没有很好地分析洗油循环量与洗苯塔后煤气含苯量、煤气总量以及粗苯产量之间的关系，而无法合理地修正洗油循环量。因此，可采用先进控制技术，在总结工艺操作经验的基础上，建立智能控制系统，自动识别工况变化，并做出相应的调节。

2.2　脱苯蒸馏系统

再生器主要控制指标为再生器底部液位，目前通过进再生器贫油流量来控制，有自调阀，目前为自动状态。另外，再生器底部温度不能太高，如果温度太高需要调节进再生器洗油流量使其回到正常范围。

脱苯塔塔顶为部分回流操作，塔顶出来的苯汽进入粗苯冷凝冷却器，塔底热贫油经冷却后送至洗苯塔循环使用。在工况稳定时入再生器过热蒸汽流量基本不调，通过调节塔顶回流量设定值来控制脱苯塔顶温度；调节塔底出塔贫油流量调节阀（手动）来控制塔底液位；通过调节苯冷却器低温水阀门开度来控制出冷却器粗苯温度，有自调阀，目前处于手动状态；质量控制需根据化验分析（24 h 一次，分析产品储槽样），人工调整相关操作手段（如脱苯塔顶温度设定）。

由于精馏系统具有多变量、强耦合、纯滞后等复杂工艺特性，而目前脱苯塔在生产过程控制方面仍以人工经验为主，脱苯塔各关键工艺指标及产品组分等存在一定程度的波动，影响了装置的运行平稳性、操作精细化和整体经济效益。因此，可考虑建立多变量协调优化控制器，实现对脱苯塔塔顶温度、塔底液位及出冷却器粗苯温度等相关变量的平稳控制，从而提高装置的综合自动化水平，稳定产品质量。

3 粗苯精馏装置先进控制方案

粗苯精馏装置先进控制系统主要包括终冷洗苯控制器和脱苯蒸馏控制器。由于系统中存在着较多的变量关联和耦合特性，因此需要针对各个系统的不同特性建立合适的控制方案，以满足粗苯精馏装置的整体控制需求。

3.1 终冷洗苯系统控制器

根据终冷洗苯系统的运行特点和控制要求，采用多变量模型预测控制，以终冷塔上段低温冷却水阀开度、贫油二段换热器冷却水阀开度为操纵变量，以出终冷塔煤气温度、贫油二段冷后贫油温度、进洗苯塔贫油温度与出终冷塔煤气温度之差为被控变量，以入终冷塔煤气温度为干扰变量，克服滞后与干扰因素，实现终冷洗苯系统各温度指标的平稳控制。

多变量预测控制器以操纵变量、干扰变量与被控变量之间的动态响应模型作为控制器内部模型，在此基础上将被控变量的设定值、上限、下限进行分级优化设置，达到整体最优。控制器模型如表 1 所示。

表 1 终冷洗苯系统控制器模型

被控变量		出终冷塔煤气温度	贫油二段冷后贫油温度	贫油与煤气温度之差
操纵变量	终冷塔上段低温水调节阀	模型		模型
	贫油二段换热器冷却水调节阀		模型	模型
干扰变量	入终冷塔煤气温度	模型		模型

3.2 脱苯蒸馏系统控制器

根据粗苯蒸馏系统的工艺特点和过程控制需求，建立多变量协调优化控制器，通过实时调节进再生器贫油流量、入再生器过热蒸汽流量、脱苯塔顶回流量、出脱苯塔贫油流量、粗苯冷凝冷却器低温水自调阀等操作变量，克服富油温度的波动，保持系统运行过程中的整体物料平衡和能量平衡，实现对富油温度、再生器底部液位、再生器底部温度、脱苯塔塔顶温度、脱苯塔塔底液位、出冷却器粗苯温度等各关键工艺参数的平稳控制和“卡边”优化，从而稳定产品质量。脱苯蒸馏系统控制器模型矩阵如表 2 所示。

表 2 脱苯蒸馏系统控制器模型

被控变量		出管式炉富油温度	再生器液位	再生器底部温度	脱苯塔塔顶温度	脱苯塔塔底液位	出冷却器粗苯温度
操纵变量	进再生器贫油流量		模型	模型			
	入再生器过热蒸汽流量			模型	模型		
	脱苯塔顶回流量				模型		
	出脱苯塔贫油流量阀					模型	

续表 2

被控变量		出管式炉富油温度	再生器液位	再生器底部温度	脱苯塔塔顶温度	脱苯塔塔底液位	出冷却器粗苯温度
操纵变量	苯冷却器低温水自调阀						模型
干扰变量	富油温度				模型		

4　粗苯精馏装置先进控制的应用效果

先控系统的应用，优越性主要体现在以下方面：

（1）实现粗苯蒸馏装置产品质量的卡边控制，保证产品合格率，提升产品产量。

（2）在生产负荷平稳、进料组分稳定和工艺指标正常的生产工况下，保证先进控制系统的投运率达到 95%，以保持生产操作的一致性，减少人为干扰，降低劳动强度。

（3）结合生产经验，建立基于过程模型和操作经验的先进控制器，提高装置综合自动化水平，克服变量间的关联耦合和干扰因素，稳定生产工况，提高主要工艺参数的平稳性，如贫油含苯、粗苯 180 ℃前馏出量等指标，与常规控制相比，标准偏差（波动幅度）降低 50%以上。

先进控制系统投运前后的对比如下：

取先控系统投用前后两月粗苯 180 ℃前馏出量数据进行对比，结果如图 1、图 2 和表 3 所示。

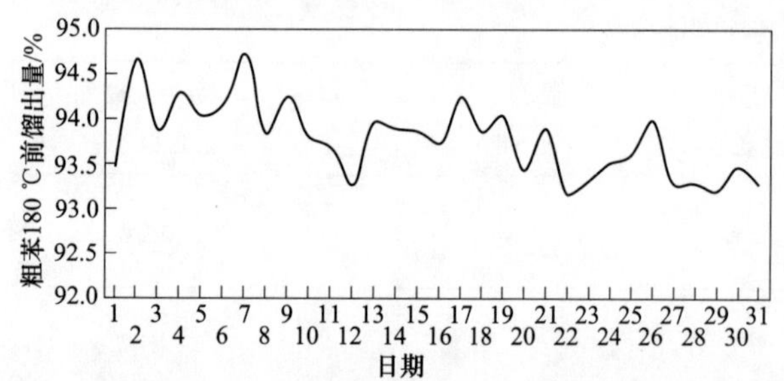

图 1　投入先控系统前粗苯 180 ℃前馏出量

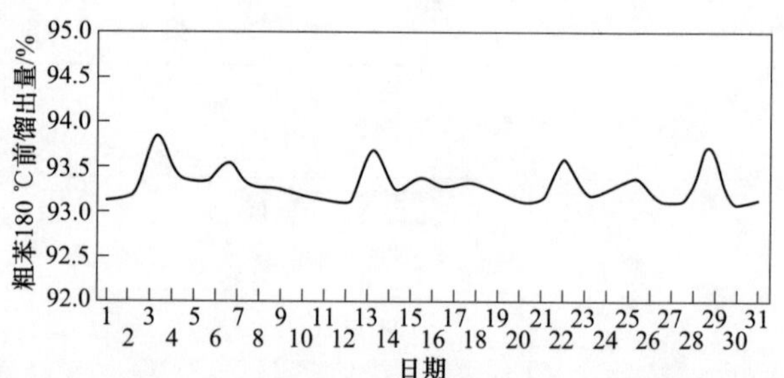

图 2　投入先控系统后粗苯 180 ℃前馏出量

表 3　先控系统投用前后粗苯 180 ℃前馏出量指标对比

指　标	平均值/%	最大值/%	最小值/%	标准方差	波动减小幅度/%
投用前	93.76	94.71	93.17	0.41	51
投用后	93.28	93.82	93.08	0.20	

由图 1、图 2 以及表 3 看出，先控系统投用后，能有效抑制粗苯馏出量波动，保持粗苯生产稳定，馏出量平均值由 93.76%降低至 93.28%，最小值由 93.17%降至 93.08%（粗苯质量要求 180 ℃前馏出量不小于 93%），实现“卡边”管理，标准方差由 0.41 降至 0.20，波动幅度降低 51%，稳定产品质量，提高产品产量。

取先控系统投用前后两月贫油含苯数据进行对比，结果如图 3、图 4 和表 4 所示。

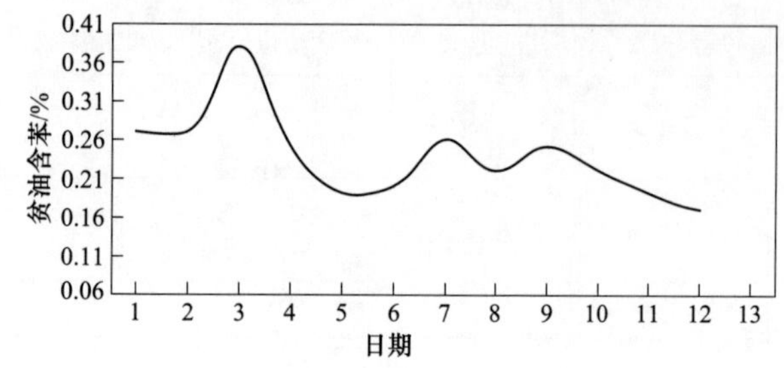

图 3　投入先控系统前贫油含苯

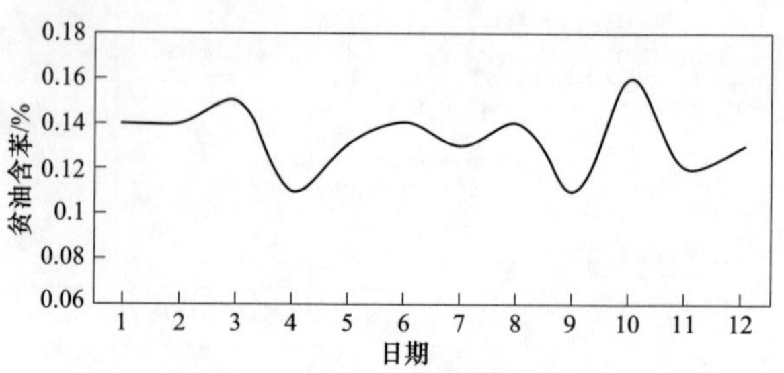

图 4　投入先控系统后贫油含苯

表 4 先控系统投用前后贫油含苯指标对比

指 标	平均值/%	最大值/%	最小值/%	标准方差	波动减小幅度/%
投用前	0.24	0.38	0.17	0.056	73
投用后	0.13	0.16	0.11	0.015	

由图 3、图 4 以及表 4 看出，贫油含苯数据波动范围在先控系统投用后明显降低，贫油含苯平均值由 0.24%降低至 0.13%，最小值由 0.17%降至 0.11%，标准方差由 0.056 降至 0.015，波动幅度降低 73%，贫油含苯越低则贫油洗苯效果越好[1]，更有利于脱除煤气中的苯，而波动幅度减小，表明先进控制系统基本可以代替人为操作，有效降低系统波动，保持生产顺稳，降低人员劳动强度。

5 结语

通过引进实施粗苯装置先进控制系统，进一步提高了装置的自动化水平，实现装置的精细化控制和“卡边”优化，粗苯 180 ℃前馏出量和贫油含苯波动减小幅度分别达到 51%和 73%，使装置生产效率化、合理化，降低操作人员的劳动强度，更好地满足企业可持续发展的要求。

参 考 文 献

[1] 杨中贵．洗苯塔后焦炉煤气含苯高的原因分析及改进措施［J］．清洗世界，2019，35（5）：37-38.

脱苯塔油水分离器工艺提升

薛朋珍　侯晓东　谭效朋　马晓凤

（山西安昆新能源股份有限公司，河津　043300）

摘　要：针对脱苯塔顶油水分离器分离水带萘的问题，现对脱苯塔油水分离器采用去除改造，通过现场反复实践研究，取样分析，跟踪排查的结果，现场停用脱苯塔油水器，直接通过脱苯塔苯蒸气，达到后续工艺分离油、分离水连续运行的良好效果，实现了脱苯塔的正常操作，保证了粗苯质量生产的安全稳定运行。

关键词：脱苯塔，油水分离器，分离油，分离水，粗苯

1　概述

山西安昆新能源有限责任公司煤气净化粗苯工段工艺流程：从硫铵工序来的煤气进入终冷塔、洗苯塔，由脱苯工段来的贫油进入洗苯塔顶部喷洒吸收煤气中的苯族烃生成富油，富油依次经一二段贫富油换热器、富油加热器至 180~185 ℃进入脱苯塔，由再生器来的过热蒸汽进行蒸馏，苯蒸气从脱苯塔顶逸出，经粗苯冷凝器生成油水混合物进入油水分离器，进行油水分离生产出粗苯，脱苯塔底的贫油，经一二段贫富油换热器、贫油冷却器降温进入洗苯塔。脱苯塔顶设有脱苯塔油水分离器，分离塔内引出的油水混合物，使分离油回塔再蒸馏，分离水排出塔外，保证脱苯塔系统正常运行。

图 1 为粗苯区域管线图。粗苯工段在设有脱苯塔油水分离器 2 台，其中 1 台为一系、1 台为二系、无设计备用设备，自开工以来，脱苯塔顶油水分离器内的油水混合物由于生产工艺需求，运行稳定偏高，导致存在一定问题，致使粗苯生产系统出现不稳定，主要带来的危害有：（1）部分萘蒸汽受热溶于分离水，粗苯油水分离器及控制分离器液相堵塞；（2）粗苯油水分离器及控制分离器油液界面失衡，分离水带萘进入油相通道，粗苯产品质量不合格；（3）脱苯塔出来的油水混合物温度约为 89 ℃左右，脱苯塔分离器中的分离水运行温度较高，当分离水进入粗苯油水分离内，粗苯油水分离器内介质运行温度偏高，导致粗苯产品温度高，带来一定的安全风险；（4）蒸馏单元的分离水通过放空槽进入终冷洗苯单元作为终冷喷洒补液，因从蒸馏单元来的温度约为 40 ℃左右，循环液受分离水影响运行温度偏高，同时循环液通过换热器进行降温换热，萘杂质在换热器降温过程中析出，附着于换热板上，导致循环液冷却换热器

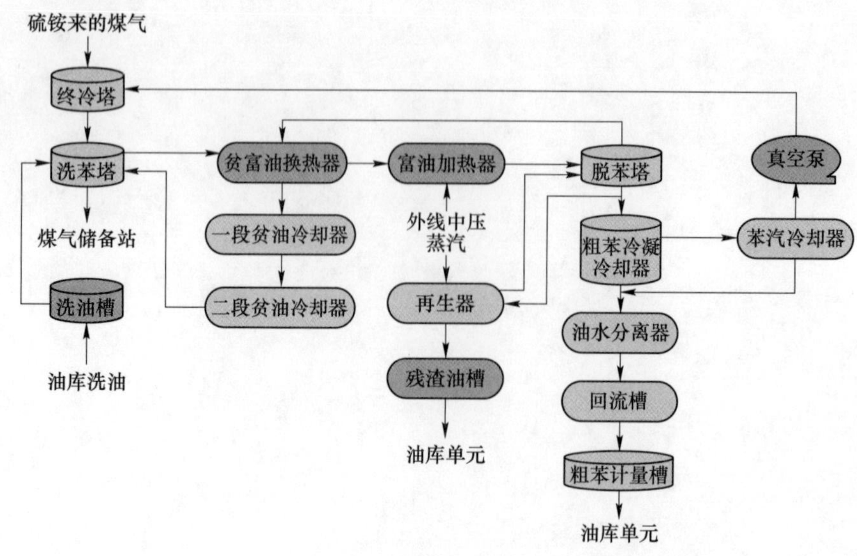

图 1　粗苯区域管线图

频繁堵塞，现场人员一天对换热器吹扫一次，影响终冷后煤气温度，同时影响粗苯收率，严重影响粗苯正常生产。表1和表2为上、下段循环液温度统计表，表3为终冷后煤气温度统计表。

表1　上段循环液温度统计表　　(℃)

运行 \ 时间	0:00	4:00	8:00	12:00	16:00	20:00
一系	24	25	26	26	26	26
二系	24	25	26	26	26	25

表2　下段循环液温度统计表　　(℃)

运行 \ 时间	0:00	4:00	8:00	12:00	16:00	20:00
一系	28	29	30	30	30	30
二系	28	29	30	31	31	30

表3　终冷后煤气温度统计表　　(℃)

运行 \ 时间	0:00	4:00	8:00	12:00	16:00	20:00
一系	24	24	25	25	25	25
二系	24	24	25	26	25	25

2　脱苯塔油水分离器的原理以及存在问题

2.1　脱苯塔油水分离器原理

从脱苯塔出来的油水混合物，在脱苯苯油水分离器中部进入，在油水分离器中由于水和油的密度差而逐渐分层，密度较小的油类物质由上层油类采出管线排出再次进入脱苯塔蒸馏提取，而密度相对较大的分离水则由分离器另一侧分离水采出管线排出进入粗苯油水分离器。

2.2　萘的性质

萘是一种有机化合物，分子式 $C_{10}H_8$，白色，易挥发并有特殊气味的晶体，从炼焦的副产品中大量生产，密度为1.162，熔点为80.5 ℃，沸点为217.9 ℃，闪点为78.89 ℃。

2.3　存在问题

当油水混合物从脱苯塔上部分离出来，进入脱苯塔油水分离器（图2），通过重力沉降，实现油与水的分离，在此期间，根据现场生产需要，脱苯塔顶部温度控制在63~69 ℃左右，油水混合物温度偏高在

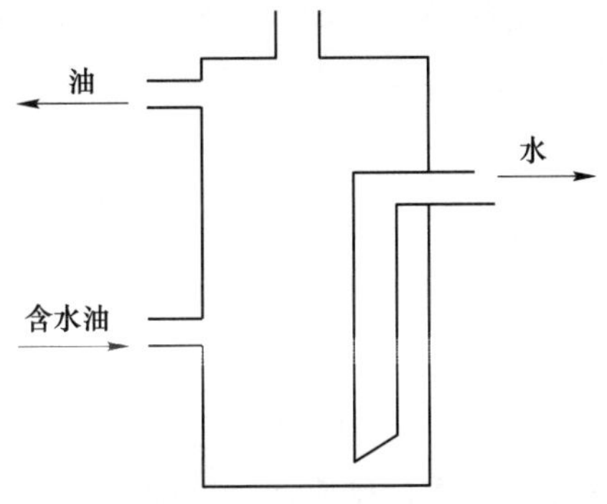

图2　脱苯塔油水分离器设备图

89 ℃左右，萘杂质受热挥发，脱苯塔油水分离器中的分离水含带大量的萘杂质，进入粗苯油水分离器以及控制分离器内，造成水路的严重堵塞，油水分离不清，按照 YB/T 5022—1993，粗苯质量要求：外观淡黄色透明液体，水分（室温下目测）室温下目测无可见不溶解水，密度为 0.871~0.900 g/cm^3，180 ℃馏程不小于 93%，氯含量不大于 10 mg/kg，现受脱苯塔分离器影响粗苯产品质量不合格，同时脱苯塔油水分离器分离水运行温度较高，影响粗苯产品温度，带来一定的安全风险。表 4 和表 5 分别为上、下段循环液温度统计表，表 6 为终冷后煤气温度统计表。

表 4　上段循环液温度统计表　　（℃）

运行 \ 时间	0:00	4:00	8:00	12:00	16:00	20:00
一系	29	30	31	32	31	31
二系	30	31	31	31	31	31

表 5　下段循环液温度统计表　　（℃）

运行 \ 时间	0:00	4:00	8:00	12:00	16:00	20:00
一系	35	36	36	36	36	36
二系	34	34	34	35	34	34

表 6　终冷后煤气温度统计表　　（℃）

运行 \ 时间	0:00	4:00	8:00	12:00	16:00	20:00
一系	30	30	30	31	32	30
二系	30	30	30	31	31	30

蒸馏单元的分离水通过放空槽进入终冷洗苯单元作为终冷喷洒补液，因从蒸馏单元来的温度约为 40 ℃左右，循环液受分离水影响运行温度偏高，同时利用上下段循环液换热器实现循环液降温冷却，上段冷却至 24 ℃左右，下段冷却至 30 ℃左右，终冷煤气温度通过循环液对进行降温，在换热器冷却过程中，萘结晶从循环液析出，附着在换热板上，导致换热器频繁堵塞，上下段循环液温度异常，影响终冷塔后煤气温度运行，进而影响粗苯收率，为保证现场生产稳定，现场人员一天对换热器进行吹扫，增加员工的劳动力，同时影响指标的稳定运行。

3　萘堵塞原因分析

在不同的温度和压力下，气中萘的饱和度也会随着温度的升高而升高，脱苯塔顶部温度运行偏高，导致部分萘杂质挥发至分离水中，溶于分离水中，后续工艺作为补液用于降低终冷塔后煤气温度，当温度较低时，萘杂质附着在换热板上，萘结晶体没有经过充分的清洁和清除而造成的换热器堵塞，换温不彻底。

4　采取的措施

由于脱苯塔油水分离器受工艺运行温度影响，萘杂质溶于分离水中，影响后续工艺运行，在经过对现场的取样化验观察，将脱苯塔油水分离器停用，直接通过苯蒸气一系列的冷却降温工艺，将粗苯产品温度降低至 20~22 ℃，利用油类介质相似相溶原理，将系统中携带的萘杂质溶于粗苯中，实现油水分离，优化了分离水中萘含量，同时未新增任何操作，反而通过优化分离水中杂质，大幅度降低了终冷单元循环液换热器的堵塞频率，将萘作为粗苯中的产量产物，提高了粗苯的产率，优化了现场指标的稳定性，一定程度上保障了现场的本质安全。

5 结语

采取去除脱苯塔油水分离器技术改造措施后，一定程度上稳定了生产，减轻了劳动强度，更好地解决了粗苯油水分离器以及控制分离器油水界面失衡的问题，以及换热器频繁堵塞的问题，保证了终冷塔后煤气温度稳定控制在 24~26 ℃，提高了粗苯产量，优化了粗苯品质。

参 考 文 献

[1] 钟继生．脱苯工艺油水分离器改进［J]．河北冶金，2018（6）：67-70.
[2] 华祥，郝学民，冯海军，等．脱苯塔油水分离器的改造［J]．燃料与化工，2008（4）：56，58.
[3] 刘静，张爽，孙景辉，等．粗苯蒸馏工艺的比较［J]．燃料与化工，2014，45（4）：43-44，51.
[4] 曹永中，徐风雷，许万国，等．粗苯蒸馏系统的改造［J]．燃料与化工，2009，40（5）：49，51.
[5] 徐贺明．粗苯蒸馏工艺改造［J]．河北冶金，2001（4）：41-42.

配套精脱硫的 AS 工艺优化与改进

杨庆彬[1,2]　王皓卿[1,2]　陈国超[1,2]　王立新[1,2]　宋　冬[1,2]

（1. 唐山首钢京唐西山焦化有限责任公司，唐山　063200；
2. 河北省煤焦化工程技术研究中心，唐山　063200）

摘　要：为满足后序用户焦炉煤气质量和追求极低成本、极致能效运行的双重要求，唐山首钢京唐西山焦化有限责任公司二期煤气净化系统采用配套精脱硫的 AS 工艺。在运行过程中存在有机硫含量高、换热器频繁堵塞、精脱硫填料使用寿命短、克劳斯炉炉温难以控制等问题亟待解决。介绍了该工艺存在的问题分析及优化改进方法，为同行业脱硫技术提供新思路。

关键词：AS，精脱硫，有机硫，克劳斯炉

1　工艺简介

唐山首钢京唐西山焦化有限责任公司 AS 工艺以煤气中的氨作为碱源，以洗氨塔的富液作为吸收液，吸收焦炉煤气中的 H_2S 和 HCN，吸收液在一定操作条件下经解吸释放出 H_2S 等酸性气体，通过复合克劳斯工艺，将酸性气体转化生成硫磺产品，处理后的尾气进入到初冷器前吸煤气管道，无废气排放污染。因氨与硫化氢反应为不稳定的弱酸、弱碱反应，对整套工艺的工况、设备性能、工艺参数、自动化程度等系统性要求非常高。

本公司将脱酸塔、挥发氨塔和固定铵塔由过去的三个塔整合成一体式脱酸蒸氨塔，充分利用热量，提高脱酸效率，降低能源消耗，且工艺流程较短，占地面积小，投资及运营成本较低，无废液外排；优化硫回收系统和反应配比，完善仪表自动化控制，确保硫化氢转化率达 90%以上；自主研发挥发氨段和固定铵段分段加碱系统调节，优化汽提水和蒸氨废液指标，提高脱硫洗氨效果，降低对生化系统冲击；酸汽及热贫液腐蚀性强，相应设备及管道均采用钛材；硫化氢洗涤塔不同高度设有多个贫液入口，可根据硫化氢的含量调节各层填料的喷洒量，从而达到最佳脱硫效果。工艺流程图如图 1 和图 2 所示。

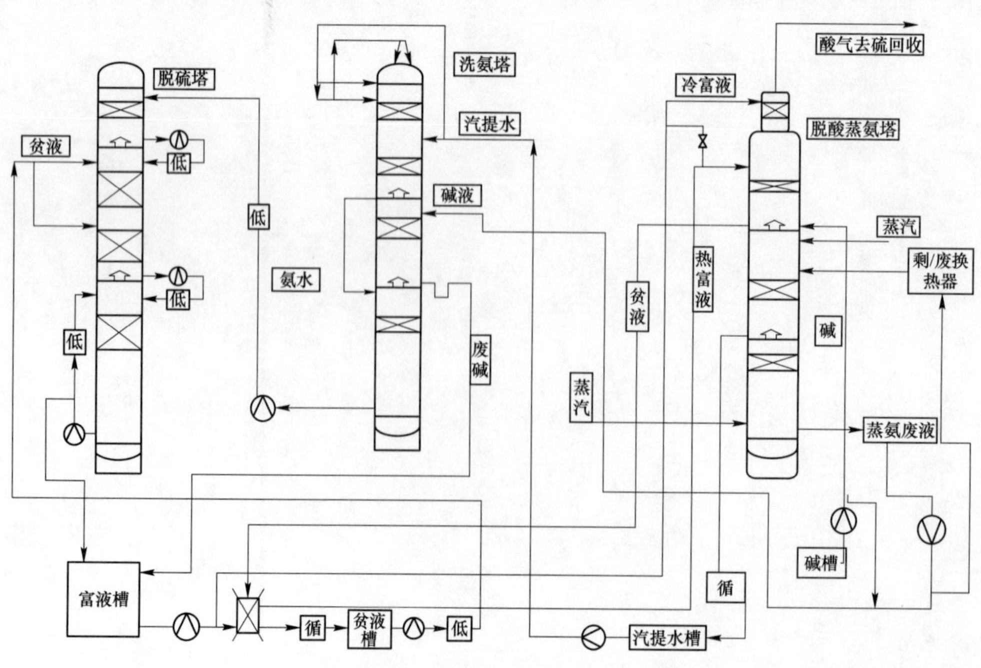

图 1　AS 脱硫洗氨工艺

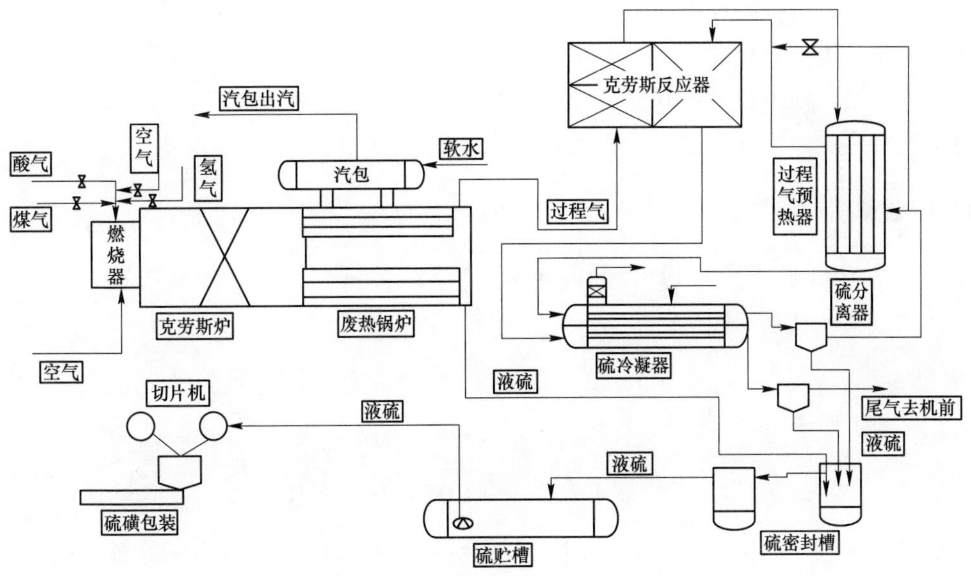

图 2　克劳斯系统工艺

焦炉煤气精脱硫系统采用“氧化铁脱硫剂+活性炭脱硫剂”干法工艺，焦炉煤气硫化氢含量由 200 mg/m³以内降至 20 mg/m³以下。精脱硫塔采用固定床自动卸料工艺，共 12 台塔，6 台为一组，组内各塔为并联。精脱硫工艺流程图如图 3 所示。主要反应如下[1]：

$$Fe_2O_3 \cdot H_2O + 3H_2S = Fe_2S_3 \cdot H_2O + 3H_2O$$

$$Fe_2S_3 \cdot H_2O + 3/2O_2 = Fe_2O_3 \cdot H_2O + 3S$$

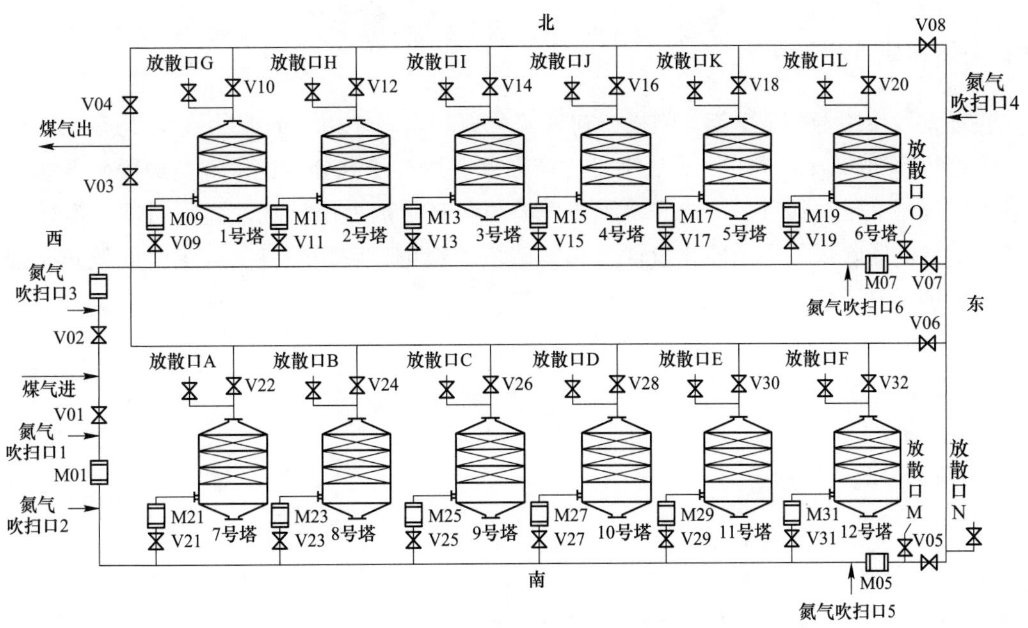

图 3　精脱硫系统工艺

2　工艺存在问题

2.1　脱酸蒸氨塔出口酸汽含水量大，影响克劳斯炉稳定运行

原脱酸蒸氨塔出口温度高、酸气量大、水汽含量多，而克劳斯炉燃烧器设计流量低、负荷大。造成

整体克劳斯系统阻力高，大量酸汽不能进入克劳斯炉，部分酸气又回至煤气负压管道，致使洗涤后煤气硫化氢、氨含量升高。为降低硫化氢含量，迫使在洗氨塔碱洗段加入大量碱液，生成 Na_2S、NaCN 等盐类，最终进入蒸氨废液，使生化进水水质波动大，生化药剂消耗量增大。而煤气含氨量升高，加剧对管道的腐蚀，且会使后序工段洗油乳化，影响洗苯效果。

2.2 煤气有机硫含量高

克劳斯系统产生有机硫主要是指 CS_2 和 COS，含碳组分（烃、CO_2 等）可能与硫磺或含硫组分（H_2S、SO_2 等）可反应生成有机硫。

反应如下[2]：

$$CH_4 + 4S \longrightarrow CS_2 + 2H_2S$$

$$CH_4 + SO_2 \longrightarrow COS + H_2O + H_2$$

因脱酸蒸氨塔来的酸气所含水分偏高，造成克劳斯炉炉膛温度低，影响氨分解反应，需采用酸气、煤气和空气混烧模式维持炉温，进一步加剧有机硫的形成。克劳斯系统尾气回收至初冷器前煤气负压管道，尾气中所含有机硫最终进入煤气管网，影响后续焦炉煤气用户使用。

2.3 换热器堵塞频繁，影响外送煤气质量

AS 脱硫洗氨工艺涉及贫液冷却器、贫/富液换热器、汽提水换热器、剩余氨水/蒸氨废液换热器、废水冷却器等，换热器频繁堵塞，每周需拆解清理 1~3 台换热器，造成循环液温度及流量波动大，严重影响外送煤气硫化氢等工艺指标控制，需投入大量人工对换热器进行检修，消耗大量备品备件，提高整体生产成本。

2.4 精脱硫塔填料使用寿命短

精脱硫装置设计使用寿命是 1 年，刚投产初期硫化氢稳定在 10 mg/m^{3}以下，但是在使用半年后硫化氢有明显上涨趋势在 20 mg/m^{3}左右，无法满足生产需求。通过研究分析，发现造成脱硫剂快速失效的原因是洗苯塔后煤气中夹带洗油过多，造成精脱硫塔内填料吸附剂表面被洗油黏附后不能有效地与煤气接触而导致无法更好的脱除煤气中的硫化氢。且精脱硫塔填料更换费用较高，施工时间较长，加大运营成本，影响外送焦炉煤气质量。

3 工艺优化措施

3.1 脱酸蒸氨塔增设酸气冷却器

如图 4 所示，在脱酸蒸氨塔出口管道上增加酸气冷凝器及自动调节系统，采用循环水冷却，脱酸蒸氨塔顶温度由大约 95 ℃逐步降低至 80 ℃，由表 1 可知，增加酸气冷却器后，酸气流量明显降低，由 6260 m^3/h 降至 3300 m^3/h，水蒸气含量由 71.3%降低至 45.6%，酸气中大量水汽冷凝下来，降低克劳斯系统阻力，确保酸气全部回炉燃烧；通过控制脱酸蒸氨塔顶温度提高塔各段运行质量，有效调控贫液及汽提水质量，提升循环洗硫化氢和氨效果；同时，减少洗氨塔碱洗段 NaOH 消耗，降低运行成本。将脱酸塔顶温度稳定控制在 80~85 ℃之间，确保碱洗段不投用的前提下，洗氨塔后硫化氢含量稳定控制在 150 mg/m^{3}左右。

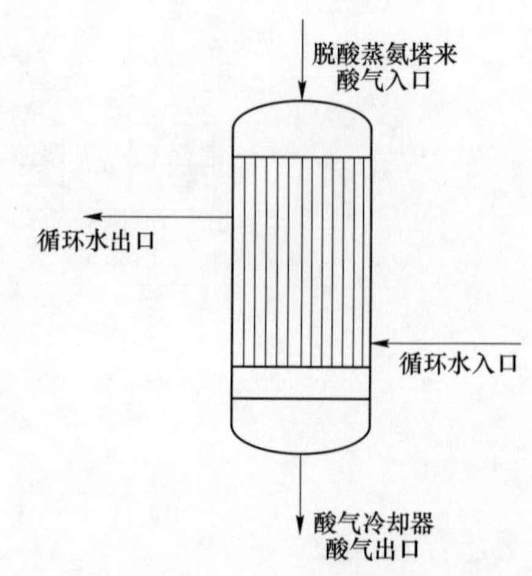

图 4　新增酸汽冷却器后的脱酸蒸氨塔

表 1 脱酸蒸氨塔不同酸气出口温度的酸气成分

脱酸蒸氨塔酸气出口温度/℃	H_2S/%	NH/%	CO_2/%	水蒸气/%	酸气流量 /$m^3 \cdot h^{-1}$	洗氨塔碱洗段加碱量/$m^3 \cdot h^{-1}$	洗氨塔后硫化氢含量/$mg \cdot m^{-3}$
95	5.0	12.5	11.2	71.3	5960	0.5	190~200
90	6.4	15.9	14.3	63.3	4900	0.3	170~190
85	8.3	20.5	18.4	52.7	3800	0.1	155~170
80	9.6	23.6	21.2	45.6	3300	0	140~150

3.2 探索减少有机硫的生成

为解决有机硫问题，从以下方面进行工艺优化：

（1）原催化剂主要成分为 Al_2O_3，设计功能主要为促进合成无机硫和氨分解，对有机硫仅有一定的水解作用。

有机硫水解反应如下[3]：

$$COS + H_2O \longrightarrow H_2S + CO_2$$

$$CS_2 + 2H_2O \longrightarrow 2H_2S + CO_2$$

将催化剂更换为 TiO_2-Al_2O_3 系催化剂，根据表 2 可知，在脱酸蒸氨塔酸气出口温度 80~85 ℃，克劳斯炉煤气量 600 m^3/h 条件下，COS 由更换前 570 mg/m^3 降低至 268 mg/m^3，CS_2 由 308 mg/m^3 降低至 90 mg/m^3，TiO_2 对有机硫水解活性明显。

表 2 不同工艺优化措施下 COS 和 CS_2 的指标变化

检测项目	COS/$mg \cdot m^{-3}$	CS_2/$mg \cdot m^{-3}$
原 Al_2O_3 系催化剂	570	308
更换 TiO_2-Al_2O_3 系催化剂后	268	90

（2）降低酸气中的碳含量。含碳组分（烃类、CO_2 等）可能与硫磺或含硫组分（H_2S、SO_2 等）可反应生成有机硫。

原克劳斯炉煤气使用量约 600 m^3/h，自脱酸蒸氨塔增加酸汽冷却器后，克劳斯炉炉温波动幅度减小，逐步降低煤气使用量，减少烃类物质对有机硫生产的影响。如表 3 所示，逐步降低克劳斯炉煤气量可明显降低有机硫含量。在克劳斯炉停止使用煤气后，COS 可降低至 127 mg/m^3，CS_2 降低至 50 mg/m^3。

表 3 克劳斯炉不同煤气使用量下 COS 和 CS_2 的指标变化

检测时间（克劳斯炉煤气量）/$mg \cdot m^{-3}$	COS/$mg \cdot m^{-3}$	CS_2/$mg \cdot m^{-3}$
600	268	90
400	227	78
300	185	65
200	148	57
0	127	55

（3）提高克劳斯反应器温度，在一段反应器内更换 TiO_2-Al_2O_3 系催化剂及停止克劳斯炉煤气混烧模式后，逐步将一段反应器入口温度由 220~230 ℃逐步提高至 290~300 ℃，检验水解有机硫效果。

COS 和 CS_2 的水解速率随着温度的升高而增加，可最大程度分解有机硫，但温度过高，影响无机硫的转化。根据表 4 可知，克劳斯反应器提温后，COS 和 CS_2 逐步降低，一段反应器提温至 290~300 ℃，COS 和 CS_2 含量与 280~290 ℃时变化不大，但硫化氢转化效率降低较明显。因此，选定克劳斯一段反应器 280~290 ℃，COS 可降低至 79 mg/m^3，CS_2 降低至 40 mg/m^3，对 H_2S 转化率几乎无影响，满足后序用户需求。

表4　不同工艺优化措施下 COS 和 CS_2 的指标变化

一段克劳斯反应器温度/℃	COS/mg·m^{-3}	CS_2/mg·m^{-3}	H_2S 转化率/%
220~230	127	55	91.5
260~270	110	46	91.3
280~290	79	40	90.9
290~300	78	37	89.6

3.3　新增过滤器以及优化换热器反冲洗方式

造成换热器频繁堵塞的主要来源有两方面，一是由鼓冷工段来的煤气，在 AS 洗涤过程中煤气中的焦油和尘被汽提水和贫液洗涤下来，进入整个循环系统，不断累积堵塞换热器和塔填料。二是剩余氨水含油较高，进入脱酸蒸氨塔后，在系统中循环累积。

针对换热器频繁堵塞问题，进行如下工艺优化：

（1）加强前道工序控制，严格控制初冷器后煤气温度在 19~22 ℃，并对初冷器和电捕焦油器定期轮换冲洗，增强初冷器和电捕焦油器对煤气焦油和尘的去除效果，最终控制风机后煤气焦油和尘在 15 mg/m^3 以下。

（2）如图5所示，在进富液槽前新增德国 boll 富液过滤器、在进脱酸蒸氨塔前增加 boll 剩余氨水过滤器，出脱酸蒸氨塔采用废旧硫铵离心机篦子增加自制汽提水过滤器和蒸氨废液过滤器（图6）。通过过滤器有效拦截各液相水中的焦油、焦粉，大大缓解了后续处理设备换热器等的堵塞情况。

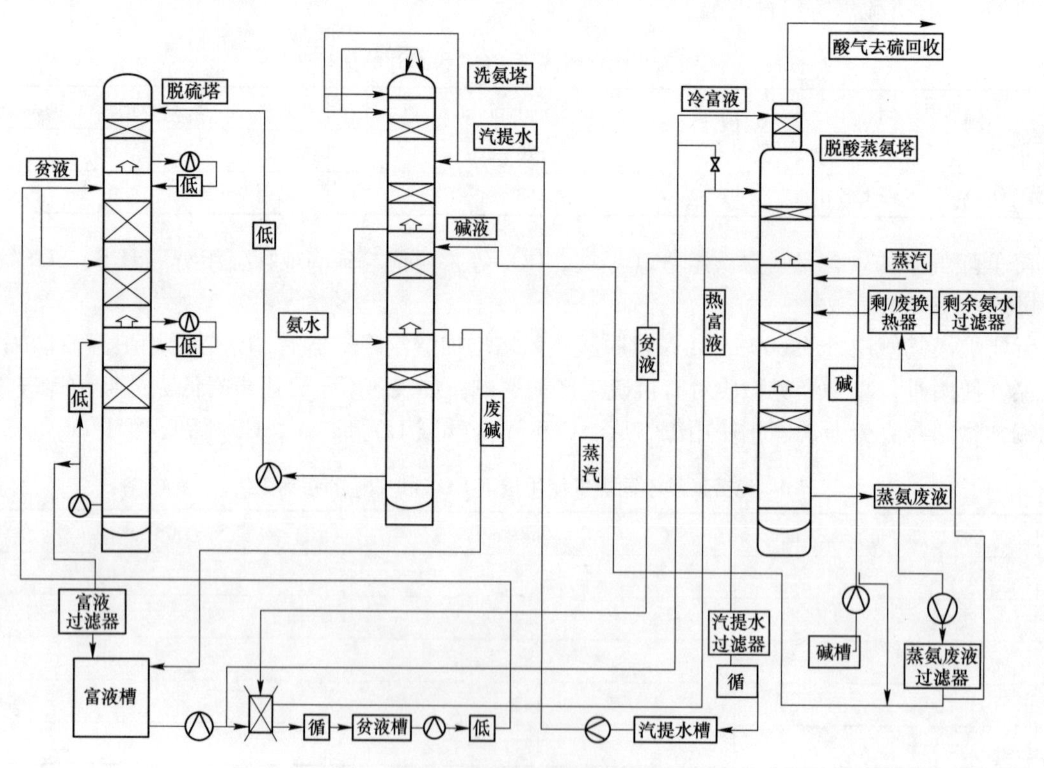

图5　新增过滤器后 AS 脱硫洗氨工艺

（3）优化换热器反冲洗方式。原 AS 换热器反冲洗由剩余氨水进行冲洗，实际冲洗效果较差，需人工进行拆解换热器清理焦油。现改为循环氨水进行反冲洗，利用循环氨水含油较高，易与换热器表面焦油相溶。

改进效果：增加富液过滤器后富液含尘由投用前 350 mg/L 降至 5 mg/L 以下；增加剩余氨水过滤器后剩余氨水含油由 200 mg/L 降低至 80 mg/L，还有部分轻质油类未能除去，目前已加强焦油氨水分离槽和剩余氨水中间槽泄轻油操作，减少油类进入脱酸蒸氨塔；增加汽提水过滤器和蒸氨废液过滤器，并优化换热器冲洗方式后，汽提水换热器、剩废换热器、蒸氨废液换热器由每天堵塞清理一台换热器，延长至半月清理一次。

3.4 延长精脱硫塔填料使用寿命

针对煤气夹带洗油雾沫问题，采取以下措施：

（1）在精脱硫塔总管入口增加两套捕集煤气中洗油的除沫装置，如图 7 所示，其结构由筒体、内部支撑、丝网、冲洗管道等组成，其中丝网层由一块一块拼装组成，便于独立更换，丝网的密度较大，能高效的捕集煤气中夹带的雾滴，底部空腔能有效收集捕集的液滴并排出，并根据阻力变化情况进行热氨水冲洗。

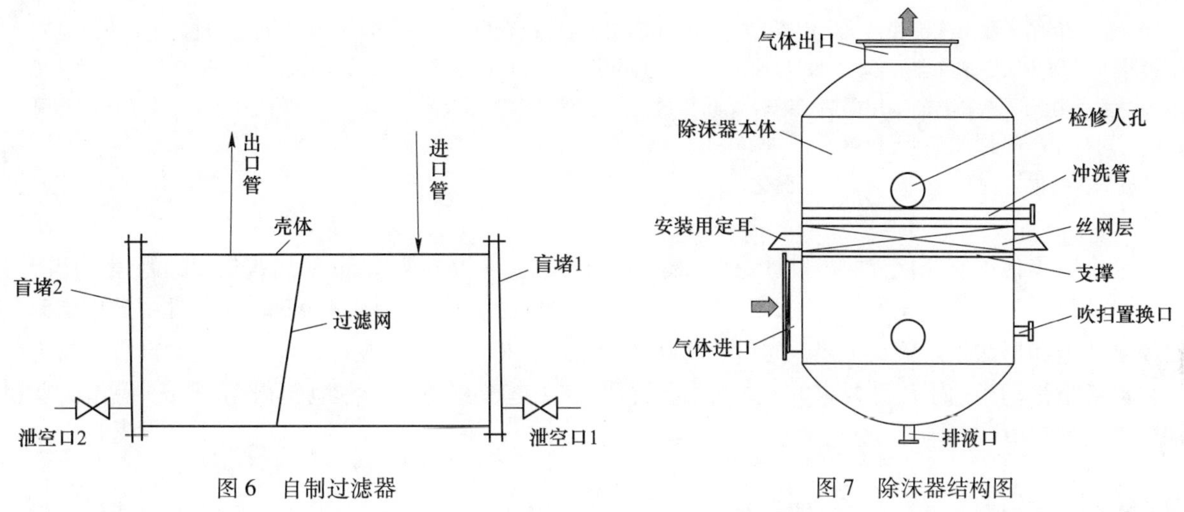

图 6 自制过滤器　　图 7 除沫器结构图

（2）为保证脱硫剂使用效用的最大化，将精脱硫塔 1～6 号和 7～12 号塔分两组串联使用，让填料使用时间较长的一组塔先截留煤气中的洗油，尽量不让油带入后面新填料塔，同时去除一部分硫化氢，然后在进入另外一组精脱硫塔。

（3）采用低压蒸汽对精脱硫塔进行蒸吹，利用高温蒸汽将填料表面吸附的洗油脱除，提高填料的脱硫化氢的效果，通过取样分析，一组塔通过蒸吹后可以将处理后的硫化氢从 60～80 mg/m^3降到 10 mg/m^3以下。

通过以上措施，精脱硫使用寿命设计一年，现延长至一年半，降低填料的更换次数，减少危废的产生和检修费用，实现了外送硫化氢稳定达标。

4 结语

通过对配套精脱硫的 AS 工艺优化与改进，系统运行稳定性大幅度提升，在碱洗段不投用的前提下煤气含硫化氢可稳定控制在 150 mg/m^3左右（设计 200 mg/m^3以下），有机硫（$COS+CS_2$）控制在 150 mg/m^3以下，精脱硫后硫化氢稳定控制在 15 mg/m^3以下，整体工艺水平得以提升，实现了长期连续稳定顺行，满足后序焦炉煤气用户需求。

参 考 文 献

［1］宋佳佳．氧化铁基脱硫剂对 H_2S 的脱除及脱硫剂的再生机理研究［D］．太原：太原理工大学，2013.

［2］闫华，田京生，王奇．AS 工艺在首钢超负荷运行中的问题分析［C］//中国金属学会．2005 中国钢铁年会论文集（第 2 卷）．北京：冶金工业出版社，2005：175-178.

［3］王开岳．克劳斯过程中的有机硫问题［J］．石油与天然气化工，1993（4）：215-220.

［4］李秉毅．克劳斯硫回收催化剂研究进展［J］．工业催化，2016，24（1）：30-33.

喷淋式饱和器法生产硫铵工艺的优化

宋　冬

（唐山首钢京唐西山焦化有限责任公司，唐山　063200）

摘　要：介绍了喷淋式饱和器法生产硫铵中存在的各类问题，结合生产实际对系统的部分工艺进行了优化。通过拆除煤气预热器、饱和器底部增加卸焦油人孔、自主开发自动补母液系统、硫铵离心机增加联通管等工艺优化措施，大大延长了饱和器的倒用周期，减轻了职工的劳动强度，改善了工作环境，同时增加了整个系统的操作弹性，对稳定生产起到了很大作用。

关键词：喷淋式饱和器，硫铵，工艺优化

首钢京唐焦化煤气净化分两步设计建设和运行，分别与2×70 孔 7. 63 m 复热式焦炉的炼焦生产能力相配套，设计最大处理煤气能力均为125000 Nm^3/h，正常煤气处理能力为95400 Nm^3/h，其中采用焦耐院设计的喷淋式饱和器法生产硫铵工艺，先后于2008 年10 月、2009 年4 月投产，经多年的生产管理与工艺优化，目前各指标均到达了设计要求并且能稳定运行，该工艺流程简单，占地面积小，易于操作，有利于长期生产的稳定[1]。

1　硫铵工艺简介

鼓风机送出的煤气经预热器加热后进入喷淋式饱和器的上段喷淋室，与逆向喷洒的循环母液充分接触，氨被吸收后的煤气沿切线方向进入饱和器的内置除酸器，分离煤气中夹带的酸雾后送往粗苯作业区。在饱和器下段结晶室上部的母液，用循环泵连续抽取送至上段喷淋室进行喷洒，吸收煤气中的氨。饱和器不断有硫铵结晶生成，由上段喷淋室的降液管流至下段结晶室的底部，用结晶泵将其连同部分母液送至结晶槽，然后排放至离心机内进行分离。从离心机分离出的硫铵产品，由螺旋输送机送至干燥床冷却，经热风机、冷风机干燥后进入硫铵贮斗，然后称量、包装、外卖。

2　生产中存在的问题与工艺改进

在多年生产过程中发现存在以下这些问题：

（1）煤气预热器因煤气中夹带焦油太多，经常造成煤气输送困难，需要倒用饱和器后用高压水冲洗，造成饱和器倒用频繁，不利于生产稳定。

（2）由于母液中夹带的焦油物质较多，饱和器停用后沉积在底部需用蒸汽吹软从 DN100 泄液管排出，耗蒸汽量大且耗时长，经常需操作人员进入饱和器内部清理焦油，作业难度大，危险系数高。

（3）饱和器补母液为人工手动操作进行，在硫铵开机生产时每半小时就需补母液一次，需两人同时作业，操作频繁，人工劳动强度大，且满流槽无液位显示，不利于监测。

（4）设计 3 台饱和器为 2 开 1 备，中间 B 饱和器为备用，在开 A、C 饱和器时饱和器前一二步煤气无法联通，生产操作弹性降低。

（5）三台硫铵离心机与饱和器一一对应使用，当使用中的某台离心机发生故障短时间无法恢复时，硫铵结晶颗粒不能及时分离，为防止饱和器堵塞，只能被迫倒用饱和器，尤其对于耗时 1 ~ 2 d 的检修，频繁倒用饱和器非常不利于生产的稳定。

（6）硫铵干燥床热风机设计有一大一小两台热风机，实际煤气发生量并未达到设计最大值，硫铵产量也未达到原设计值，考虑停用小热风机，节省蒸汽和电耗。

3　改进措施

针对以上问题，通过深入分析、讨论，对系统进行了以下改进：

（1）拆除煤气预热器。煤气预热器作用是对入饱和器前煤气加热保证母液温度稳定，但在实际生产中煤气因或多或少夹带有焦油、萘等未处理干净的杂质，导致预热器经常出现堵塞，造成输送煤气困难、机后压力升高而影响生产，最后不得不倒用饱和器。停用后需对堵塞的煤气预热器进行高压水冲洗，频繁的堵塞对生产和检修造成很大困难。通过研究分析将饱和器前煤气预热器拆除，将鼓风机到饱和器前煤气管道进行保温，实践证明经过煤气鼓风机后 50 ℃的煤气能有效保证饱和器母液温度控制在 47 ℃左右，满足了工艺要求[2]。

通过利用煤气余热，拆除预热器，大大减少了设备倒用检修周期，降低了生产操作的难度，减少了人工成本、维修费用，每年节省成本约 15 万元。

（2）饱和器底部增加人孔。经考虑从饱和器的最底部处增开一个 DN700 的人孔，饱和器清理焦油时可以直接将该新增的人孔拆开，用蒸汽吹扫便于焦油软化后自行掉出，最后吹不出来的少量焦油可以用工具铲出或者进入清理，该方法大大地提高了饱和器的检修进度，为生产创造了有利条件，安全系数得到较大提升。

（3）自主设计开发自动补母液系统。硫铵饱和器自动补母液系统从原理上很易实现，难点在于满流槽处液位的有效监测，因满流槽处热气外溢，且易受硫铵结晶物、漂浮酸焦油的影响，为保证所测液位准确，将液位计内置于一根不锈钢管道内，不锈钢管道插于满流槽外套筒底部位置，这样保证所测液位即是满流槽的液位，同时有效消除热气、酸焦油等物质对检测的干扰。补母液泵常开，当满流槽液位补够后，自动切入回流管道，防止管道堵冻。

自动补母液系统的增加大大提高了液位控制的精准性，有利于酸焦油的捞出，减少了满流管的检修清理，大大地降低了职工的操作强度，改善了工作环境，直接年经济效益约 14.7 万元。多年来系统运行稳定，液位控制效果良好。

饱和器部分工艺改进前见图 1，改进后见图 2。

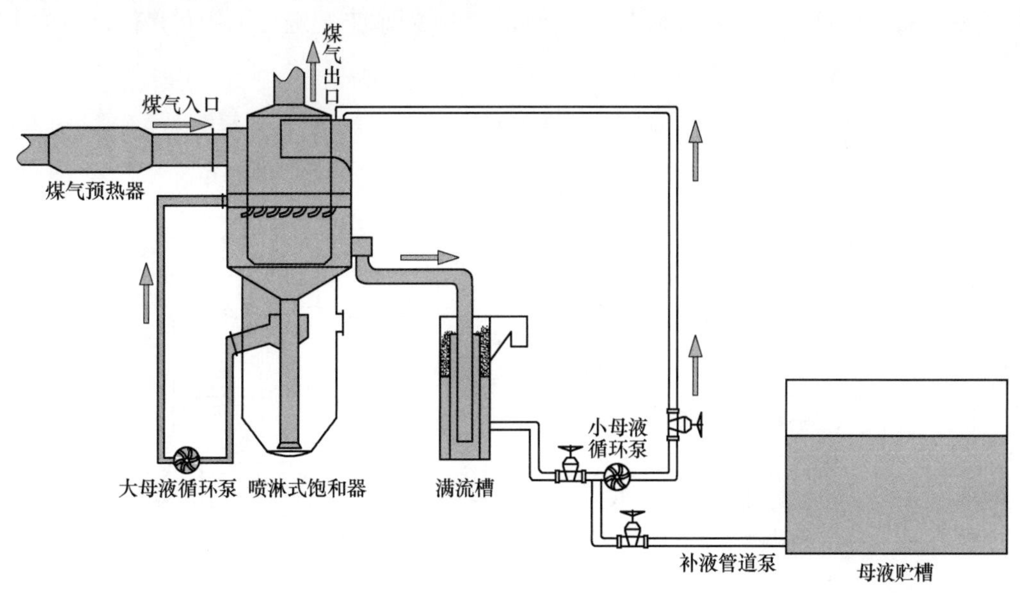

图 1　改进前工艺流程图

（4）B 饱和器前煤气管道增加煤气闸阀。原设计安装的饱和器按正常生产开 A、C 饱和器，B 饱和器备用，当 A 和 C 其中一台饱和器出现问题需检修时，倒用 B 饱和器，设计的工艺存在较大的弊端，当 A、C 饱和器运行时一、二步的煤气无法串联，影响一、二步煤气压力调节，需检修更换煤气闸阀时一、二步煤气系统也无法并用。通过工艺优化，在 B 饱和器煤气入口主管道上再增加一个煤气闸阀，这样一、二

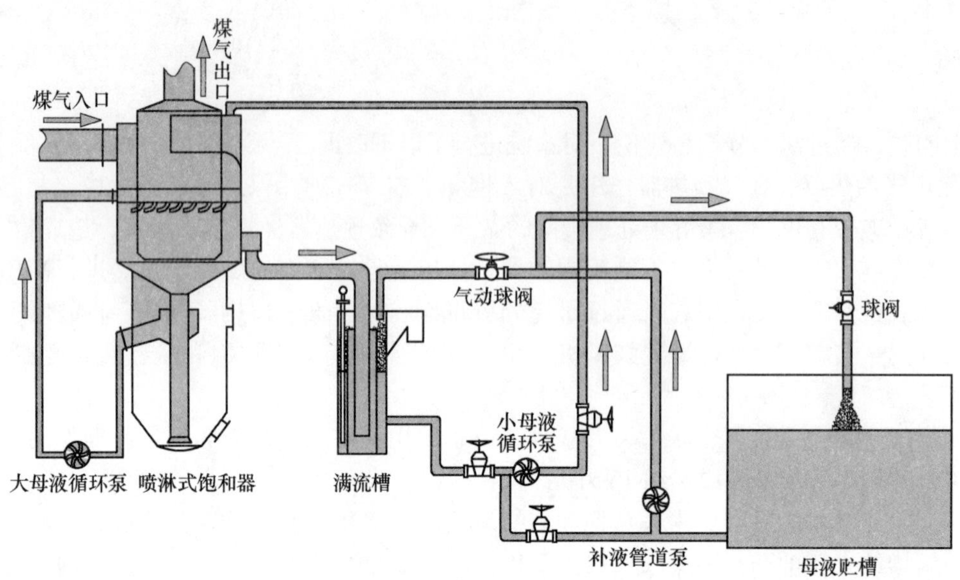

图 2　改进后工艺流程图

步联通闸阀就可以开启将一、二步煤气并联，增加了系统的灵活性，为检修更换其他煤气闸阀提供了前提条件。

（5）离心机增加联通管道。通过增加联通管道，当出现一台离心机故障影响生产时，可以通过联通管道下料至另一台运行正常的离心机，这样为检修离心机争取时间，而不用大费周章地倒用饱和器，该简单有效的办法，起到了很大的作用，减少了饱和器的倒用次数，降低了工人操作难度，同时也提高了生产效率。

（6）热风机工作的优化。饱和器生产中离心机下的湿料在干燥床中烘干，热风机为干燥床提供热风。工艺示意图见图 3。

原工艺设计热风机有两台，生产时均需开启，热风机无备用。若其中一台故障只开另一台时，由于进入干燥床的热风接触面过小，湿料很难烘干。通过研究，对该工艺进行了优化，优化后的工艺示意图见图 4。

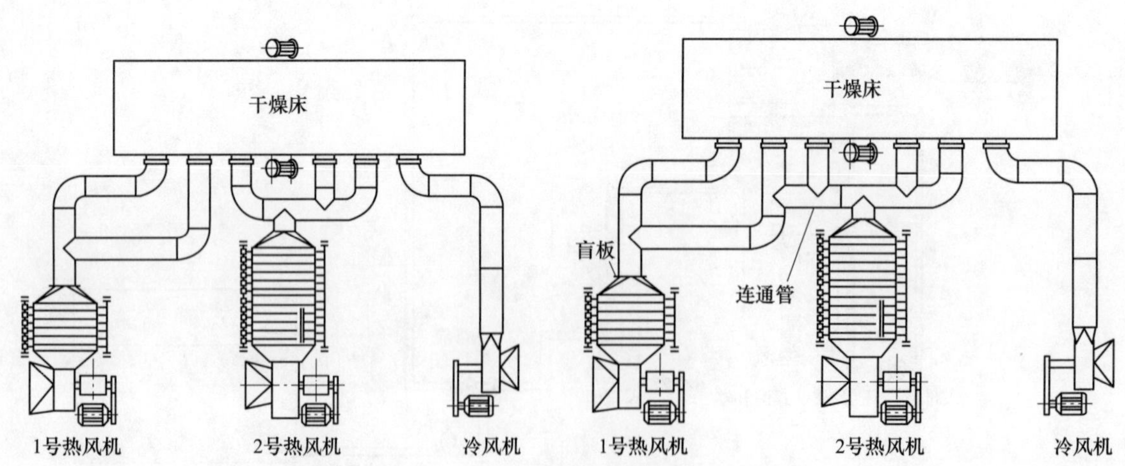

图 3　热风机工艺优化前示意图　　图 4　热风机工艺优化后示意图

将功率较大的 2 号热风机加连通管与 1 号热风机出口管道相连，1 号热风机的出风口卡好盲板，即只开一台 2 号热风机为干燥床供热风，优化后的工艺能满足现有生产条件，1 号热风机还能处于备用状态，当 2 号热风机不能开启时可以拆除盲板临时使用，维持生产，为 2 号热风机检修创造条件。同时只开一台热风机也减少了蒸汽的用量，一年能节省蒸汽耗用的费用约 60 万元，优化的效果良好。

4 结论

（1）拆除煤气预热器大大减少了设备的倒用与检修，省时省力，通过对机后煤气管道保温能有效保证饱和器母液温度，为改进生产提供了可行的经验。

（2）通过增加自动补母液系统极大地减少了职工操作强度，改善了工作环境。

（3）B 饱和器前增加煤气截门，确保了一二步煤气的有效联通，提高了生产操作弹性。

（4）离心机增加联通管减少了饱和器的倒用，为优化饱和器生产工艺提供了应用实例。

（5）饱和器底部增加人孔清理焦油、热风机的工作优化等为降低职工操作强度、减少能源消耗、稳定生产等方面提供了实际运行经验。

多年生产实践表明，通过优化后的喷淋式饱和器法生产硫铵工艺在我厂应用很成功，满足煤气净化前后工段的指标要求，使焦炉煤气质量得到保证，生产的硫铵产品质量达标，硫铵颗粒大，色泽白皙。改进后的饱和器运行情况稳定，便于操作，倒用周期较长，为整个生产的有序运行作出了很大贡献，综合效益良好，值得各厂推广和使用。

参 考 文 献

[1] 秦义才，陈莉．喷淋式饱和器在焦炉煤气净化中的应用［J］．云南化工，2014，41（1）：68-70.
[2] 曹德彧，董延军．硫铵生产中煤气预热器安装位置的调整［J］．广州化工，2013，41（17）：167-169.

煤气鼓风机涡流导向调节装置卡顿分析及密封性研究应用

侯现仓　杨庆彬　王文斌　赵长庆

（唐山首钢京唐西山焦化有限责任公司，唐山　063200）

摘　要：对国内焦化行业 KK&K 及豪顿华品牌煤气鼓风机的涡流导向调节装置卡顿原因进行了深入分析研究，创新性提出了增加氮气正压保护系统提高涡流导向调节装置密封性能的优化方案。对优化后的部件强度进行了建模和仿真分析，且实施了模拟试验验证，最后应用到实践，大大降低了涡流导向调节装置卡顿故障发生的概率，提高了进口煤气鼓风机稳定运行能力，对焦化同行有较高的参考价值。

关键词：煤气鼓风机，涡流导向调节装置，卡顿分析，密封性研究

1　概述

煤气鼓风机是焦化行业的核心设备，主要承担焦炉煤气的抽吸和加压输送重任。德国 KK&K 及豪顿华品牌的煤气鼓风机在国内焦化行业运用广泛。该品牌煤气鼓风机本体设置有可调节气体流量大小的涡流导向调节装置。该装置可与风机入口煤气吸力值连锁实现自动调节开度大小，达到调节和稳定吸力值的目的，对煤气的安全输送，焦炉的生产稳定起到至关重要的作用。KK&K 或者豪顿华品牌风机虽然整体运行稳定，故障率低，对工况的调节能力强，但因涡流导向调节装置内部的结构限制，导致自身密封性能不佳。煤气中含有的焦油和粉尘容易在涡流导向调节装置叶片轴和 DU 衬套之间积聚，使调节装置在调节过程中出现卡顿故障，严重影响生产和设备运行安全。涡流导向调节装置卡顿故障在国内焦化行业的风机上已屡见不鲜，不仅给企业带来很大的生产运行困扰，也大大提高了进口设备维护成本，成为了行业的一大难题。因此，研究涡流导向调节装置的密封问题，解决卡顿故障的发生，对焦化行业煤气鼓风机的稳定运行和降低维护费用有重要意义。

2　调节装置介绍

2.1　调节装置组成

涡流导向调节装置是 KK&K 和豪顿华品牌煤气鼓风机自带的前置流量调节装置，属于煤气鼓风机重要的结构部件，其在煤气鼓风机中的示意图以及自身组合连接方式见图 1~图 3。

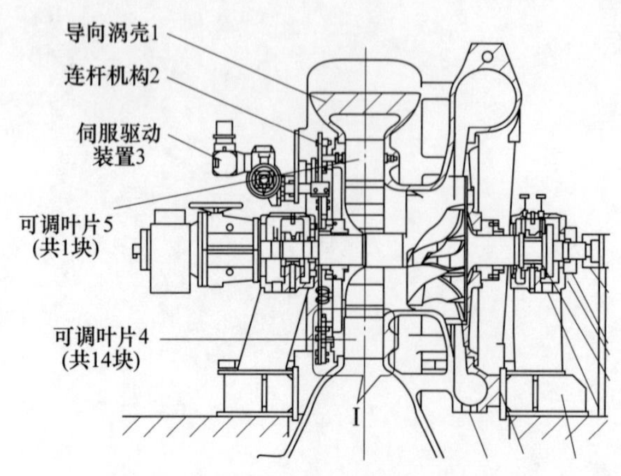

图 1　涡流导向调节装置组成

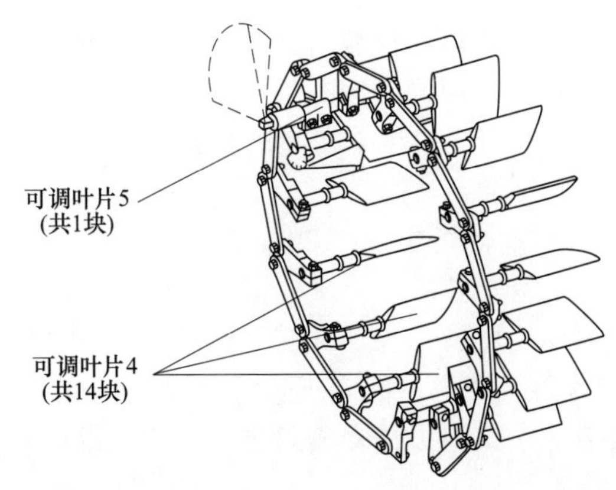

图 2　可调叶片与连杆机构连接

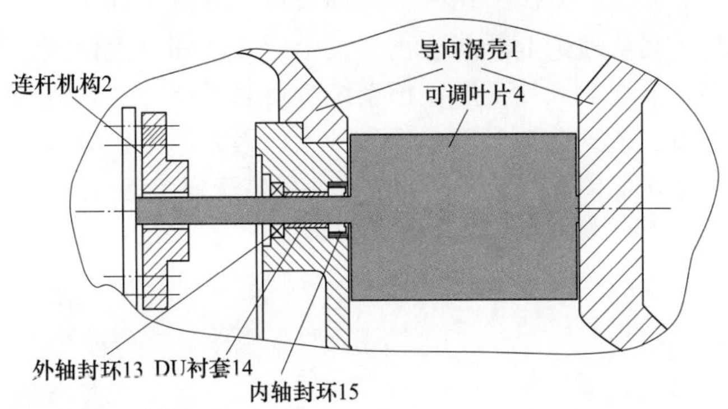

图 3　图 1 中单个可调叶片与轴封环、涡壳的局部装配示意图

如图 1 所示，涡流导向调节装置主要由伺服驱动装置、连杆机构、15 个可调叶片（1 个主动叶片，14 个从动叶片）组成。其中伺服驱动装置由定位器、角行程双作用气缸组成，且角行程气缸输出轴与图 1 中的连杆机构连接，连杆机构又与导向涡壳内呈圆周均匀布置的 15 个可调叶片连接。

如图 2 所示，15 个可调叶片通过连杆机构连接在一起，形成一个环形结构。15 个可调叶片轴有 1 个主动叶片与角行程双作用气缸输出端连接，由角行程气缸带动主动叶片旋转。

如图 3 所示，每个可调叶片一端为一段轴，叶片部分在导向涡壳内，轴则穿过涡壳上的孔在外部与连杆机构相连接。轴与涡壳孔之间安装有 DU 衬套，且 DU 衬套与轴之间有一定的旋转间隙，确保可调叶片在调节时能够自由旋转。为了保证密封性，在孔的内外两侧分别安装有内轴封环和外轴封环，分别防止煤气中杂质和外部空气中粉尘进入到旋转间隙。

2.2　调节装置作用

涡流导向调节装置的定位器可接收上位根据风机入口吸力值发出的开度调节信号，然后定位器将开度信号转换成控制角行程气缸的进气量，实现调节气缸旋转方向、旋转角度和旋转速度，进而通过连杆机构带动 15 个可调叶片实现同角度的开或关，实现自动连锁调节风机入口吸力的目的。

3　调节装置卡顿原因分析

3.1　直接原因

对发生卡顿故障的煤气鼓风机解体检修，发现可调叶片上附着许多焦油和粉尘等杂质，且可调叶片旋转阻力很大。进一步拆解发现在可调叶片轴与 DU 衬套之间的旋转缝隙部位积聚了较多的焦油和粉尘，这是造成涡流导向调节装置旋转阻力增大而卡顿的直接原因。

3.2　根本原因

进一步研究发现负责密封的内、外轴封环的密封唇材质为聚四氟乙烯。聚四氟乙烯虽然有良好的自润滑性能，但塑性较差，叶片长期微动旋转和偏载时其唇口容易出现塑性变形。一旦导向涡壳内为正压时，焦油和粉尘便会越过因发生塑性变形而导致密封性能变差的内轴封环，侵入旋转间隙造成卡顿。因此，内轴封环在使用过程中密封性能降低是发生卡顿的根本原因。

4 调节装置优化方案确定

因风机所输送的煤气含焦油和粉尘的特性无法改变，要想彻底解决焦油和粉尘的侵入，只能优化密封方式。如果采用其他材质的密封唇短期内可能实现良好密封，但缺乏自润滑性会导致轴的接触磨损，最终还会降级密封性。因此，需要寻求其他方法对密封进行优化，以彻底杜绝焦油和粉尘的侵入，最终消除卡顿故障。

经过对结构认真分析和研究，本文提出在内轴封环密封唇外侧增加氮气正压保护，并且氮气压力要大于所输送的煤气压力。该方案从理论上既能防止煤气中的焦油和粉尘侵入内轴封环，也因氮气的惰性性能不会带来安全隐患。但是，增加氮气正压保护系统需要对可调叶片轴进行钻孔，加工出氮气流通通道。考虑到原装部件价格昂贵，一旦改造失败，损失较大。因此，需要对原可调叶片进行尺寸测绘并完成国产化。图 4 为增加氮气正压保护系统提升密封性能的简易流程示意简图。

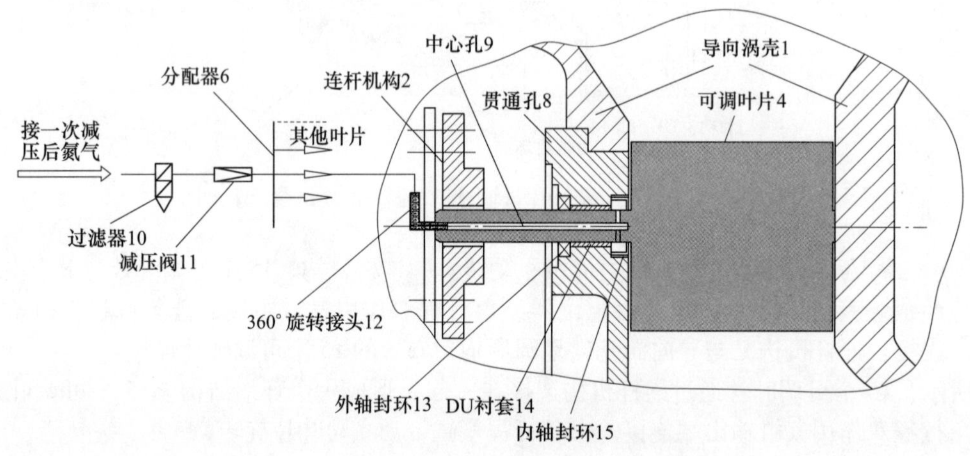

图 4　增加氮气正压保护的优化示意图

方案中，除了每个可调叶片轴要开孔预留出氮气流通通道外，还需要在氮气管路上设置过滤器、减压调节阀、气体分配器、360°旋转接头等零部件，以满足改造的硬件需求。

可调叶片轴中心开孔时需要根据轴封环安装位置确定开孔深度。分支孔与中心孔相通，且分支孔要开在内轴封环密封唇外侧的环形空腔内。分支孔开孔位置的准确性是方案成功与否的关键。

5 建模与仿真

可调叶片轴上打孔，在一定程度上会削弱轴的强度。为了确保设备在 10000 r/min 的高转速下的安全性，需要寻求较为理想的开孔方式，并对比开孔前后强度变化是否会带来轴断裂风险和安全隐患。本文采取建模和仿真的方式对强度变化及安全性能进行分析研究。

5.1 可调叶片建模

为了对比可调叶片轴开孔前后以及不同开孔方式之间的仿真结果，寻求较为合理的开孔方式，本文在加工工艺允许的情况下共设定了老结构（不开孔）、新结构一（中心孔 6 mm+对称 2 个 3 mm）、新结构二（中心孔 6 mm+对称 2 个 4 mm）、新结构三（中心孔 6 mm+均布 4 个 3 mm）四种结构模型进行分析。

利用 Solidworks 软件建模时，需要对涡流导向调节装置进行简化。因 15 个可调叶片通过连杆连在一起进行启闭动作，经称重测量每个叶片的重量均为 5.55 kg，且均为悬臂结构，都通过各自的 DU 衬套进行支撑，实现单自由度旋转。因此在实体结构建模时，简化为只对单个可调叶片和 DU 衬套进行建模，并根据实际尺寸组装成装配体，然后保存为 STEP 格式，为下一步导入 ANSYS 软件做仿真分析做准备。

5.2　仿真分析

建模后运用有限元软件设置好可调叶片的材料属性并进行网格划分，设置好边界条件后再按照风机备用状态时涡壳内最大 25 kPa 正压工况添加载荷，然后对 4 种结构分别进行强度有限元分析，图 5～图 8 为得到的应力云图。

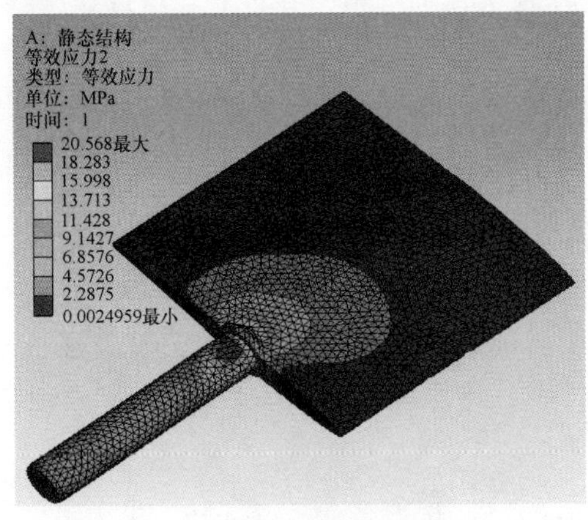

图 5　老结构强度仿真云图

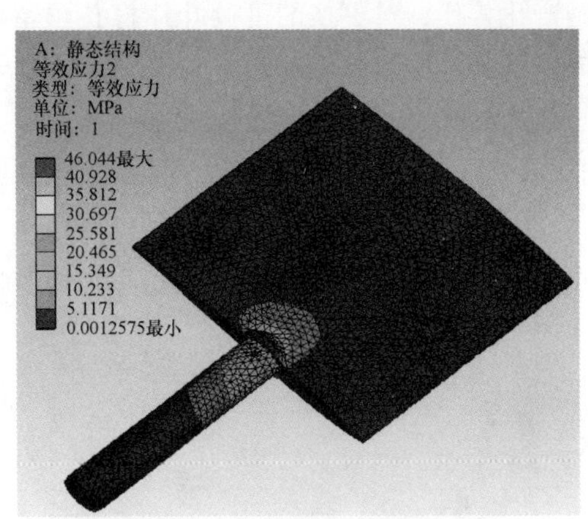

图 6　新结构一仿真云图

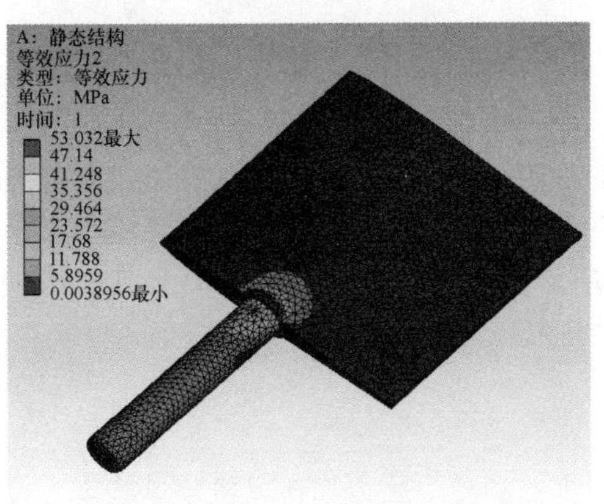

图 7　新结构二仿真云图

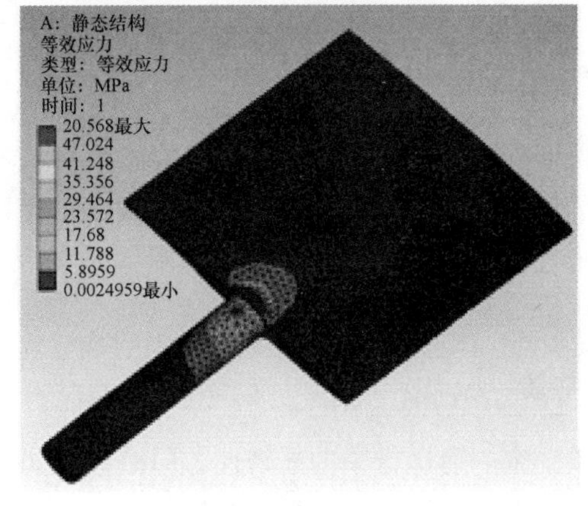

图 8　新结构三仿真云图

通过对 4 种结构形式可调叶片强度仿真分析，得到最大等效应力及屈服强度和安全系数数据见表 1。

表 1　四种结构形式的仿真分析结果及安全系数

结构形式	最大等效应力/MPa	屈服强度/MPa	安全系数
老结构（不开孔）	20.568	466	22.65
新结构一（中心孔 6 mm+对称 2 个 3 mm）	46.044	466	10.12
新结构二（中心孔 6 mm+对称 2 个 4 mm）	53.032	466	8.78
新结构三（中心孔 6 mm+均布 4 个 3 mm）	53.804	466	8.66

从表 1 中数据对比可得结论：分支孔个数比分支孔直径更容易造成局部应力增加，强度下降更加明

显。而分支孔个数不变的情况下，开孔直径的增加对强度的削弱能力也在不断增加。因此，在满足正压保护前提下，首先要减少开孔个数，其次要减少开孔直径。因此，选定新结构（中心孔 6 mm+对称 2 个 3 mm）作为可调叶片轴的开孔方式。

6 方案实施与试验验证

6.1 现场实施

根据氮气正压保护优化方案，利用风机解体检修机会，先对风机更容易发生卡顿的下半圈 8 个可调叶片进行了国产化替代，对更换的可调叶片打孔预留了正压氮气流通通道，并将氮气经过减压、稳压、过滤后通入内侧轴封环密封唇的外侧。实物改造见图 9 和图 10。

图 9 改造后的整体外观图

图 10 氮气管与叶片轴的连接图

6.2 氮气压力确定

为了保证外加的氮气正压保护系统能够发挥应有的作用，理论上外加的氮气压力设定值应该始终高于涡壳内的压力。因此，需要识别风机最大压力工况及所处状态，以便合理应对。根据生产的实际状况及风机本身性能了解到，风机在停机备用状态时入口阀门关闭，出口阀门全开，此时风机涡壳内的压力等同于煤气出口总管压力，最大不超 25 kPa。因此外加氮气压力应该保持在 30~50 kPa。

6.3 模拟实验

为了验证密封唇运行中的严密性，同时验证煤气中焦油和粉尘是否如在风机停运状态下侵入了旋转间隙的结论，并且估算风机运行时氮气的大致消耗量，本文借助改造后的 3 号煤气风机，并设计了模拟试验的流程图，进行三项现场试验。试验装置组合流程图见图 11。

为了完成现场模拟试验，加工制作并组装单个叶片与轴封环装配的试验装置，通过向叶片中心孔通入压力可调控的氮气，模拟正压氮气保护。由于很难测量氮气加载后密封唇和叶片轴的接触应力，只能通过监测密封唇处氮气泄漏量，从侧面反映密封性能，而氮气泄漏量可通过气体转子流量计测得。因此，试验装置需要有气体玻璃转子流量计（量程 0. 3~3 L/min）、气体压力调节阀、直径 6 mm 和 8 mm 气源管及接头、轴封环、1 个 DU 衬套、轴封环支撑座（加工替代导向涡壳）。现场模拟试验见图 12。三项试验具体如下：

（1）停机状态下不投正压氮气：按照正常操作，风机入口阀门关闭，出口阀门全开，此时机壳内煤气压力为 21 kPa。从可调叶片轴的中心孔引出气源管连接至玻璃转子流量计的入口，流量计出口对空，观察反向流量大小为 0. 8 L/min，并且煤气报警器报警。可得结论：

1）经过较长时间运行后，密封唇发生了部分塑性变形，对叶片轴的密封效果变差；

2）流量计有反向流量，证明煤气已经越过密封唇到达旋转缝隙。因此，停机状态时需要保证氮气压力不低于 30 kPa，才能有效防止煤气反向流动，本文设定氮气压力值 30~50 kPa。

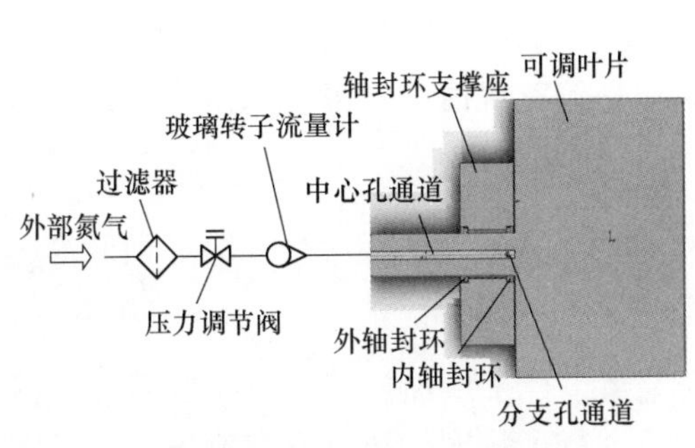

图 11 试验装置组合流程图

图 12 现场模拟试验

（2）运行状态下不投正压氮气：气源管一端连接玻璃转子流量计出口，另一端连接可调叶片中心孔，流量计入口对空，此时转子流量计有 0.6 L/min 的流量显示。此时，在叶轮旋转的情况下，通过可调叶片中心孔向机壳内吸入空气，表明此状态煤气不会越过密封唇返流至旋转间隙。

（3）运行状态下投用正压氮气密封时：将转子流量计接入 3 号风机的单个叶片，并将氮气压力调整至 50 kPa（说明书规定转子处氮封压力不超 50 kPa），氮气正向流量为 1.35 L/min。说明此状态下单个叶片正压密封每分钟需要消耗 1.35 L 氮气，因此可估算 15 个叶片 1 h 消耗氮气如下：

$$1.35(\text{L/min}) \times 15 \times 60\ (\text{min/h}) \div 1000(\text{L/m}^3) = 1.215(\text{m}^3/\text{h})$$

7 效果验证及效益

7.1 效果验证

2023 年 8 月，按照增加氮气正压密封系统的方案，我单位率先在二期 3 号煤气鼓风机完成了涡流导向调节装置的优化改造。改造运行近 1 年来，3 号煤气鼓风机未出现卡顿故障，达到了氮气正压保护目的。并且从涡流导向调节装置给定开度和反馈开度曲线的吻合度上能够清晰体现。具体见前后对比图 13 和图 14。

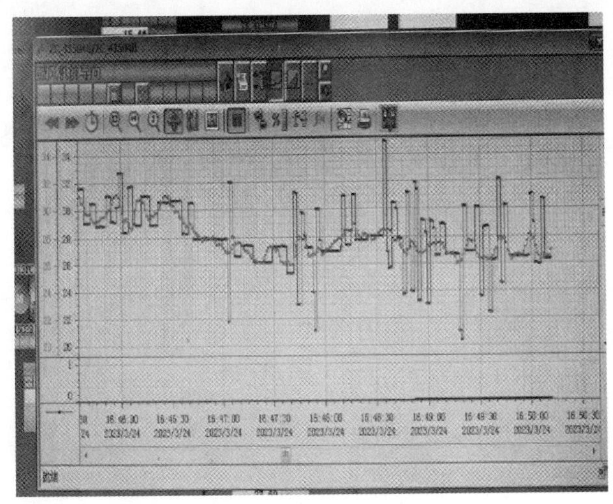

图 13 优化前卡顿时给定与实际曲线

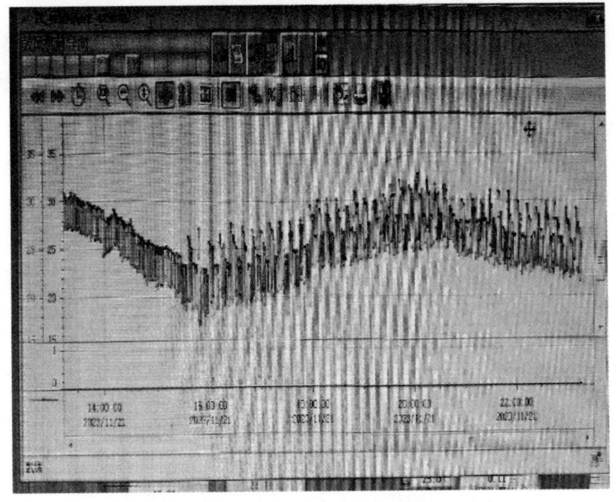

图 14 优化后给定与实际曲线

7.2 效益

7.2.1 经济效益

优化改造后其检修周期可由 2 年延长至 6 年以上，单台风机每次检修备件人工费用共计 407420 元，则每年（3×407420−407420）÷6＝13.58 万元/(年·台)，3 台风机每年节约近 40 万元。

7.2.2 社会效益

不仅能降低炼焦过程中的安全风险，还能减少焦炉因煤气管网吸力波动造成的放散环保事件。同时，该方案能够给使用相同品牌和规格煤气鼓风机的焦化同行提供有价值的参考，助推进口设备国产化升级改造。

8 结论

通过对涡流导向调节装置卡顿成因及实际结构的研究，设计了增加氮气正压密封系统来根除卡顿故障的方案。通过仿真分析确定了可调叶片轴的开工方式并进行了强度校核。方案实施后又以实际试验验证了方案的有效性，得出了焦油和粉尘是在停机状态下侵入 DU 衬套和可调叶片轴之间旋转间隙的结论，并且测得了方案实施后氮气的大致消耗量。通过实践证明，本文对涡流导向调节装置所做的研究和实践成功解决了卡顿故障，这对国内焦化行业同类型煤气风机的稳定运行提供了比较有价值的参考。

硫膏及脱硫废液焚烧制酸工艺生产实践

赵保富　鲁　立

（山西宏安焦化科技有限公司，介休　032000）

摘　要： 宏安焦化煤气脱硫采用HPF湿法脱硫工艺，产生的脱硫废液和硫膏难以处置。2020年，我公司建设了脱硫废液及硫膏焚烧制酸项目，重点介绍了低品质硫膏及副盐废液的焚烧制酸技术工艺，关键指标及偏离正常工况的处置措施。

关键词： HPF湿法脱硫，硫膏及副盐，脱硫废液，制酸技术

1　概述

宏安焦化煤气脱硫系统采用的是氨法脱硫工艺，在运行过程中，$(NH_4)_2SO_3$、NH_4SCN、$(NH_4)_2SO_4$等副盐在脱硫系统中不断累积，当副盐浓度超过250 g/L时，就会大幅降低脱硫效率[1]。此外，因脱硫系统水量平衡问题，每天产生约40~50 t脱硫废液，主要成分是硫氰酸盐、硫代硫酸盐。在项目实施前，将脱硫废液掺煤炼焦，在这一过程中废液渗到地下污染地下水，同时废液挥发出刺鼻气味，现场作业环境恶劣，危害员工身体健康。

为解决脱硫废液及硫资源的回收利用问题，国外有硫泡沫直接焚烧法制酸[2]、真空碳酸钾法脱硫配套冷凝制酸[3]、克劳斯法硫回收[4]等工艺，但都存在工艺流程复杂、投资大、生产运行成本高等问题。国内的熔硫釜工艺，存在能源消耗大、设备腐蚀严重、生产不能连续化、工人操作环境恶劣，且回收硫黄纯度不高等问题。

宏安焦化于2020年新建的焚烧制酸项目，经过近几年的实际运行，很好地解决了脱硫废液及硫膏堆积产生的二次污染问题，本文对焚烧制酸工艺及运行过程中的问题进行了总结。

2　工艺流程概述

2.1　原料预处理工序

脱硫废液泵送至高效浓缩系统，对脱硫废液进行浓缩，分离出含氨蒸汽冷凝水送机械化澄清槽处理。含水约60%的浓缩液与脱硫装置里的硫泡沫混合送入混合槽，混合均匀制备含水约50%的浆液。

2.2　焚烧工序

预处理工序制备的浆液通过泵输送至焚烧炉的喷嘴，在压缩空气的作用进行雾化，喷入焚烧炉，与空气鼓风机来的空气及焦炉煤气风机送来的焦炉煤气一起沸腾燃烧。焦炉煤气和浆液燃烧时，放出大量的热，使炉气温度升至约1000~1050 ℃。高温炉气经余热锅炉和高低温空气预热器回收热量后温度降到280~350 ℃进入净化岗位[5]。

2.3　净化工序

出焚烧工序的炉气首先进入动力波洗涤塔，与喷淋的稀酸相接触，稀酸中的水分被迅速蒸发，同时炉气温度亦随之降低（绝热增湿过程），炉气中大部分的灰尘等杂质被除去。经绝热增湿后的炉气进入一级填料塔进行洗涤、冷却，进一步除去炉气中水分，炉气温度降至40 ℃以下，进入二级填料塔进行洗涤、冷却，再进一步除去炉气中水分，炉气温度降至36 ℃以下进入电除雾器，进一步除去残余的酸雾，使炉

气酸雾小于 0.03 g/m^3。

由动力波洗涤塔底部流出的洗涤稀酸，经稀酸泵送入动力波稀酸板式换热器冷却，温度降至约 58 ℃后进入喷头和高位槽后溢流至动力波溢流堰。另一部分少量稀酸进入脱吸塔脱吸后外排至集水坑，泵至硫铵岗位和预处理岗位。

2.4 吸收工序

自净化岗位来的炉气补充适量空气，调节 SO_2 和 O_2 浓度，进入干燥塔，经喷淋的 93%～94%硫酸干燥使水分降至 0.1 g/Nm^3，然后进入转化岗位 SO_2 鼓风机。

干燥塔内以 93%～94%的硫酸喷淋，吸收水分后的硫酸流入干燥塔酸循环槽，以一吸塔酸循环系统串入的 98%硫酸维持其浓度，以干燥塔酸循环泵送入干燥塔酸冷却器冷却降温后入干燥塔喷淋，增多的 93%～94%硫酸串入一吸塔酸循环槽，一部分作为成品酸（93%酸）送入成品槽。本装置以产 92.5%酸为主。

来自转化岗位的一次转化气进入一吸塔用 98%的浓硫酸喷淋吸收其中的 SO_3，经喷淋吸收 SO_3 后的工艺气经塔顶除沫器除去酸沫后，返回转化系统进行二次转化。吸收 SO_3 浓度升高后的硫酸流入一吸塔酸循环槽。配入干燥塔酸循环系统串来的 93%硫酸维持其浓度，经一吸塔酸循环泵送入一吸塔酸冷却器冷却降温后入一吸塔喷淋。增多的 98%硫酸串至干燥塔酸循环槽，或作为成品酸（98%酸）送入成品槽。

来自转化岗位的第二次转化气进入二吸塔，吸收其中的 SO_3，第二吸收塔以 98%硫酸喷淋，吸收 SO_3 浓度升高的硫酸流入二吸塔酸循环槽，以二吸塔酸循环泵送入二吸塔酸冷却器，冷却降温后入二吸塔喷淋，增多的 98%硫酸串入一吸塔酸循环槽。

2.5 尾吸工序

为保证尾气达标排放，在二吸塔后设有粗洗塔和精洗塔。二吸塔出来的尾气进入粗洗塔用氨水吸收其中的 SO_2。将氨水放入氨水储槽，氨水经氨水泵打入粗洗塔循环槽。来自二吸塔出口的尾气进入粗洗塔气体进口，与粗洗塔上部喷淋下来的吸收循环液充分接触，SO_2、SO_3 与氨水充分反应。当吸收循环液的 pH 值达到 5～6 时，反应生成以硫酸铵为主的溶液。从粗洗塔出来的尾气再通过精洗塔用脱盐水洗去逃逸氨后，进入电除雾器去除酸雾、气溶胶和水蒸气，最后的尾气通过烟囱达标排放。循环过程多余的精洗塔釜液送至粗洗塔，与粗洗塔增多的吸收液共同送至预处理岗位。

3 技术特点

该技术具有明显的技术特点：流程短、操作简单；热量利用率高、产生高品质蒸汽；公用工程消耗低[6]。此技术拥有如下优势：

（1）实现了废弃物的资源化利用，提高企业综合利用率。

（2）选择的工艺流程短、能耗低、装置占地面积小。

（3）焚烧炉采用花墙设计拦截部分粉尘或颗粒物，起到初步净化气体的作用；通过控制焚烧温度，将脱硫废液中的铵盐和氨等全部分解；在预处理阶段设置专用设备高效浓缩系统，控制进入到焚烧溶液中水含量在 50%～60%内。

（4）针对脱硫废液和硫膏中含有的大量副盐及其他难处理的粉尘，在焦化脱硫废液及硫膏湿法制酸技术中应用专利废热锅炉工艺，在微负压条件下进行操作，采用特殊结构，增加气体扰动，不仅强化了燃烧效率，同时还避免了因粉尘积累造成的管路阻塞，而且可以实在线清理粉尘。

（5）在尾气处理工段，使用氨水对 SO_2 进行多段洗涤，确保废气达标排放。

（6）系统产生的稀酸，首先用于机焦厂硫铵工序和循环水系统，剩余的用于公司其他循环水系统，全部消纳。

4 硫平衡计算

4.1 焦炉煤气中硫含量

焦炉煤气量：$10.5\times10^4\ Nm^3/h$；

脱硫塔前焦气中 H_2S 含量：5 g/Nm^3；

脱硫塔后焦气中 H_2S 含量：0.3 g/Nm^3；

焦炉煤气中硫元素总量：$10.5\times10^4\times(5-0.3)\times24/10^6=11.84$ t/d。

4.2 硫酸产量

硫膏及废液经焚烧生成 SO_2，SO_2 经催化氧化生成 SO_3，SO_3 用浓硫酸吸收生成 92.5%的硫酸产品。按硫元素总量 11.84 t/d 计算，可生产 92.5%的 H_2SO_4 39.2 t/d。

5 生产运行

5.1 各工序关键指标参数及偏离正常工况后果处置措施

各工序关键指标参数及偏离正常工况后果处置措施如表 1～表 6 所示。

表 1 原料预处理工序关键指标参数及偏离正常工况后果处置措施

序号	指标名称	指标范围	偏离后果	处置措施
1	含水硫膏加入量	900～1000 kg/斗	影响浆液浓度	做好计量配入工作
2	脱硫废液进料量	3～4 m^3/h	影响焚烧炉浆液给入量需求	调整脱硫废液泵阀门开度
3	高效浓缩系统出料水含量（稀酸未循环）	50%～60%	影响浆液浓度	调整高效浓缩器
4	高效浓缩系统出料水含量（稀酸全循环）	50%～60%	影响浆液浓度	调整高效浓缩器
5	脱硫废液罐中脱硫液 pH 值	8～10	pH<8 易腐蚀设备	将稀氨水阀开度调大，同时打开循环管线上阀门，确保 pH>8
			pH>10 造成氨水浪费	将稀硫酸返回阀开度调大，同时打开循环管线上阀门，确保 pH<10
6	浓缩脱硫液罐温度	50～80 ℃	温度过低，硫膏分散速度变慢，导致出料泵堵塞	及时检查蒸汽入口阀门及疏水阀是否故障，打开泵入口冲洗管线阀门
7	浓缩脱硫液/硫膏（稀酸未循环）	2.4～2.5 质量比	浓度过高易堵喷嘴，过低影响浓缩脱硫浆液浓度	做好硫膏配入量计量工作
8	浓缩脱硫液/硫膏（稀酸全循环）	2.7～2.8 质量比	浓度过高易堵喷嘴，过低影响浓缩脱硫浆液浓度	做好硫膏配入量计量工作
9	1 号、2 号混合槽浆液水含量	50%～60%	水含量过低泵出口容易堵塞，水含量过高，稀酸发生量增加	通过调整硫膏的配入比例，进行浆液水份的化验
10	2 号混合槽泵出口含水浆液水含量	50%～60%	水含量过低泵出口容易堵塞，水含量过高，稀酸发生量增加	通过调整硫膏的配入比例，进行浆液水分的化验

续表 1

序号	指标名称	指标范围	偏离后果	处置措施
11	1 号混合槽液位	1350~2700 mm	液位低造成液位波动给料不稳，液位高容易冒槽污染环境	控制脱硫废液给入量和硫膏配入量
12	2 号混合槽液位	900~2700 mm	液位低造成液位波动给料不稳，液位高容易冒槽污染环境	控制脱硫废液给入量和硫膏配入量
13	浓缩脱硫废液罐液位	1900~3300 mm	液位低造成液位波动给料不稳，液位高容易冒槽污染环境	控制脱硫废液给入量
14	脱硫废液罐液位	1600~2800 mm	液位低造成液位波动给料不稳，液位高容易冒槽污染环境	控制脱硫废液给入量

表 2　焚烧工序关键指标参数及偏离正常工况后果处置措施

序号	控制指标名称	指标范围	偏离后果	处置措施
1	焚烧炉炉膛温度	1000~1050 ℃	损坏炉体内材，影响使用寿命	低于指标加大煤气用量，高于指标加大浆液喷洒量或减小煤气用量
2	焚烧炉出口炉气负压	-100~-500 Pa	如保证不了微负压，影响焚烧所需热量	加大 SO_2 鼓风机吸力
3	锅炉水碱度	0. 15~1. 2 mmol/L	容易形成锅炉结垢	高于指标加强锅炉排污频次；低于指标加 NaOH 提高碱度
4	汽包工作压力	3. 82 MPa	容易引发汽包超压爆炸	大于指标开大蒸汽外送阀
5	焚烧炉炉气 SO_2 含量	5%~5. 31%（湿基）	含量太低影响转化塔内的转化温度	加大喷浆量或增加硫膏配入量
6	锅炉出口烟气氧含量	4%~4. 5%（湿基）	低于指标燃烧不完全，易堵塞设备，过高易产生 SO_3 造成稀酸产生量过多	增加空气量或减少喷浆量
7	锅炉水电导率	≤0. 2 mS/cm	电导率大，水质差	加大排污
8	锅炉给水温度	102~104 ℃	温度过低，除氧效果差；温度过高，容易形成汽蚀	开大或关小进除氧器蒸汽阀门
9	给水泵出口压力	4. 5 MPa	低于汽包压力，补水困难	1 提高转速；2 到泵
10	除氧器压力	15~20 kPa	影响除氧效果	开大进汽阀门

表 3　净化工序关键指标参数及偏离正常工况后果处置措施

项　目	控制范围	偏离后果	采取措施
电除雾器	二次电压 40~60 kV，电流<100 mA	影响除雾效果	增加档位提高电压或喷洒洗涤电雾
出净化炉气主要指标	酸雾<30 mg/m^3，气温<36 ℃	影响干燥酸浓	增大稀酸喷洒量，降低喷洒液温度
循环水给水水温	≤32 ℃	影响冷却效果	开启风扇或增加风扇转速
循环水回水水温	≤45 ℃	温度过高容易使得换热器结垢降低换热效果	降低循环水给水温度或增加循环水量
循环水给水水压	≥0. 3 MPa	影响冷却效果	提高循环水泵转速或开大出口阀门

表 4　干吸工序关键指标参数及偏离正常工况后果处置措施

序号	控制指标名称	指标范围	偏离后果	纠正措施
1	干燥塔进口气温	<36 ℃	温度过高影响酸浓	增加喷洒量或降低喷洒液温度
2	干燥塔进口酸温	≤45 ℃	温度过高容易腐蚀管道	调节冷却水流量
3	一吸塔、二吸塔进口气温	<180 ℃	温度过高影响酸温	控制转化器 SO_3 出口温度
4	一吸塔、二吸塔出口酸温	≤55 ℃	酸温过高易腐蚀管道	增加冷却水水量
5	入干燥塔酸浓度	92.5%~94.5%	过低影响干燥效果	串入98%酸维持92.5%~94.5%的酸浓度
6	入吸收塔酸浓度	98%~98.3%	酸浓过低影响吸收效果	控制93%酸的串入量
7	出干燥塔气体水分含量	<0.1 g/Nm^3	影响转化器催化剂效果	提高干燥塔酸浓或喷洒量
8	出干燥塔气体酸雾含量	<0.005 g/Nm^3	影响转化器催化剂效果	减少工艺气给入量或降低喷洒量
9	吸收塔 SO_3 吸收率	>99.95%	低于指标造成 SO_3 吸收不完全	增加喷洒酸量

表 5　转化工序关键指标参数及偏离正常工况后果处置措施

序号	控制指标名称	指标范围	偏离后果	处置措施
1	一段进口温度（关键控制参数）	420±5 ℃	低于指标影响转化效率；高于指标容易烧坏催化剂，降低催化效果	控制一段电加热炉组数
2	一段出口温度（关键控制参数）	≤600 ℃	高于指标烧坏催化剂	控制一段进口温度
3	二段进口温度	460±10 ℃	低于指标影响转化效率；高于指标容易烧坏催化剂，降低催化效果	控制一段出口温度
4	三段进口温度	435±5 ℃	低于指标影响转化效率；高于指标容易烧坏催化剂，降低催化效果	控制二段出口温度
5	四段进口温度	420±5 ℃	低于指标影响转化效率；高于指标容易烧坏催化剂，降低催化效果	控制四段电加热炉使用组数
6	一段进口 SO_2 浓度	3%~6%	低于指标转化器温度低影响转化率	降低空气量或增加喷浆量

表 6　尾气吸收工序关键指标参数及偏离正常工况后果处置措施

序号	控制指标名称	指标范围	偏离后果	采取的措施
1	一级尾吸塔进口温度	<60 ℃		
2	一级尾吸塔出口温度	<40 ℃		
3	一级尾吸塔压力降	<1000 Pa	高于指标阻力增加 SO_2 主风机负荷	加强排污，补充新的喷洒氨水量
4	二级尾吸塔进口温度	<40 ℃		
5	二级尾吸塔出口温度	<40 ℃		
6	二级尾吸塔压力降	<1000 ℃	高于指标阻力增加 SO_2 主风机负荷	加强排污，补充脱盐水喷洒量
7	尾气电除雾器进口温度	<40 ℃		
8	尾气电除雾器出口温度	<40 ℃		

续表 6

序号	控制指标名称	指标范围	偏离后果	采取的措施
9	尾气电除雾器压力降	<500 Pa	高于指标阻力增加 SO_2 主风机负荷	加强电除雾的清扫次数
10	尾气电除雾器二次电压	40~60 kV	影响电除雾效果	调节档位增加电压
11	尾气电除雾器电流	<100 mA		
12	电除雾绝缘箱控制温度	120±20 ℃	温度过低易进入水雾击穿绝缘子，	电加热自动升温
13	尾气排放标准 SO_2 含量	≤30 mg/m^3	超标排放，造成环境污染	加大尾吸喷洒量确保 SO_2 含量不超标

5.2　产品质量指标

（1）SO_2 转化率>99.9%。

（2）硫酸质量分数：92.5%± 0.5%。颜色澄清透明，各项指标可以达到《工业硫酸》（GB/T 534—2014）中一级品标准。

5.3　主要经济指标

5.3.1　产品

硫酸产量（折合 100%H_2SO_4）约 40 t/d，硫酸产量为与该厂目前焦炉煤气脱硫全部负荷对应的硫酸产量。3.5~4.3 MPa 饱和蒸汽约 1 t/h（已扣除制酸装置本身消耗蒸汽量）。

5.3.2　主要原料消耗

焦炉煤气 350~400 Nm^3/h，制酸催化剂 24.2 m^3(一次填充量，寿命 8~10 年)。

5.3.3　能源消耗

除盐水约 3.5 m^3/h，新鲜水约 4 m^3/h，电约 1000 kW · h。

5.4　主要环保指标

制酸尾气根据《硫酸工业污染物排放标准》（GB 26132—2010）中规定的外排制酸尾气中有害物排放限值要求：

SO_2<50 mg/Nm^3；

SO_3 酸雾<5 mg/Nm^3；

NO<100 mg/Nm^3；

颗粒物<10 mg/Nm^3。

6　改进意见

6.1　增加升温空气连通管

开工时，需对 SO_2 转化催化剂升温到 420 ℃以上，以恢复催化剂的活性。原设计为打开电除尘人孔吸入空气，电炉加热逐渐升温，通过催化剂层后从塔顶放散。

建议增加从放散管至电除尘人孔处的空气连通管，放散的高温气体循环使用，节约电耗消耗。

6.2　混合槽设计为圆筒形

原设计混合槽为矩形，中间安装搅拌机，矩形混合槽四角有积料，积料到一定程度时，掉落后吸入泵内，堵塞叶轮，影响上料。

建议混合槽设计为圆筒形。

6.3 可取消脱硝装置

原设计有 SCR 高温脱硝装置，通过喷氨脱除氮氧化物。实际运行中，只需按要求将焚烧炉前、中、后三段温度控制在 1050 ℃以内，即可抑制 NO_x 生成量。

7 结语

焚烧制酸工艺技术生产的硫酸可作为焦炉煤气脱氨生产硫酸铵的原料，实现了硫资源的有效循环利用，从根本上解决了焦炉煤气氨法湿式催化氧化脱硫工艺产生的低品质硫黄回收利用及副盐废液无害化处理问题，是对焦炉煤气氨法湿式催化氧化脱硫工艺的有效改进及完善，为焦化行业实现绿色可持续发展提供了新的动力和保障。

参 考 文 献

[1] 曹有宝. HPF 法脱硫废液外排量的探讨 [J]. 燃料与化工，2013，3：47-48.
[2] 白玮，王崇林，张素利. 焦化低品质硫磺及脱硫废液焚烧制酸工艺 [J]. 燃料与化工，2015，46 (6)：56-60.
[3] 何龙. 焦化脱硫废液及硫泥干化焚烧制酸的技术研究 [J]. 燃料与化工，2018，2 (2) ：13-18.
[4] 苏宜春. 炼焦工艺学 [M]. 北京：冶金工业出版社，1978.
[5] 张洪波. 脱硫废液制酸工艺在新泰正大焦化的应用 [J]. 燃料与化工，2021，52 (6)：37-40.
[6] 张素利，白玮，刘元德. 采用“富氧燃烧、二转二吸”处理低纯硫磺及副盐废液的制酸技术 [J]. 燃料与化工，2018，49 (6)：37-40.

焦化煤气鼓风机润滑油泵改进

曹　晖　郭霄云

（山西宏安焦化科技有限公司，介休　032000）

摘　要： 焦化输送煤气的鼓风机，是焦化厂的心脏，煤气鼓风机运行是否正常，影响整个焦化厂的正常生产。煤气鼓风机主要由电动机、液力偶合器、增速器、离心鼓风机、润滑系统、电器仪表系统组成，由于备用齿轮油泵停机时间较长再启动时吸油不畅，油液返回储油仓，升压过程慢，导致齿轮泵存在吸空现象，升压时间超出联锁停机时间，导致鼓风机停机，本文着重探讨对备用润滑油泵不上量问题的改进。

关键词： 润滑系统，油压，齿轮泵，螺杆泵

1　概述

本次改进主要是针对润滑系统中的润滑油泵进行改进：润滑油泵的作业是为风机、电机、增速器输送润滑油。当润滑系统压力低于工作压力 0.15 MPa 时，备用齿轮油泵投入工作，但升压过程慢，导致齿轮泵存在吸空现象，升压时间超出联锁停机时间，导致鼓风机停机，影响正常生产。根据现场情况分析，对煤气鼓风机润滑系统进行原因分析，反复试验，得出结论：由于备用齿轮油泵停机时间较长，启动时吸油不畅，油液返回储油仓，润滑油长时间处于无流量与压力的情况，齿轮泵吸空导致，该鼓风机油站配套油泵为顶装立式泵，从设计上看存在一定缺陷。具体分析情况如下。

2　煤气鼓风机润滑系统原始设计

2.1　原设计油路图

原设计由鞍山焦耐院设计，设计稀油润滑站安装在一层，煤气风机、增速器、电动机安装在二层，油泵采用立式齿轮泵，安装在稀油润滑站顶部，设计油路图如图 1 所示。

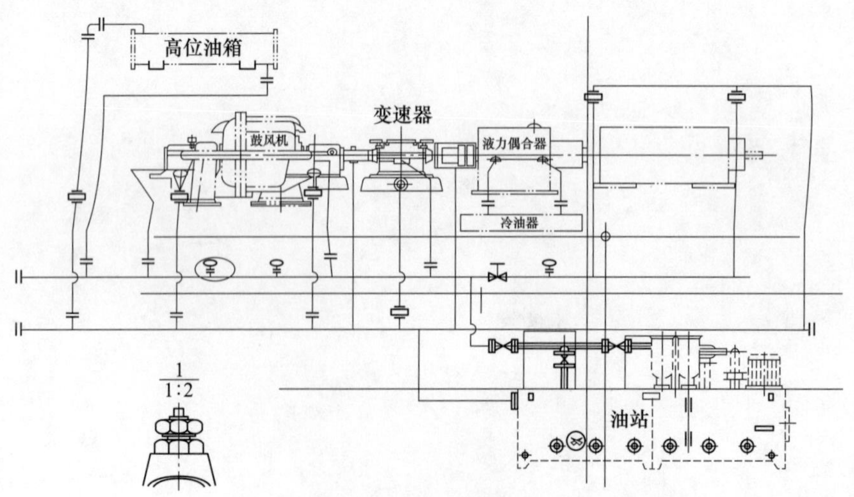

图 1　设计油路图

稀油站由油箱、过滤器、列管式油冷却器、仪表控制装置、管道、阀门等组成。工作时由安装于油站顶部的一台齿轮泵从油箱吸出，经单向阀、双筒过滤器、列管油冷却器，被直接送到鼓风机轴瓦、电机轴瓦、增速器的润滑点及设置在鼓风机室的高位油箱；当油站的工作压力超过安全阀的调定压力（0.5 MPa）时，

安全阀将自动打开，多余的油液即流回油箱。安装于油站顶部的另一台齿轮泵联锁备用。当系统油压不大于0.15 MPa时启动备用泵，不小于0.25 MPa时停止备用泵，不大于0.08 MPa时低压报警停主机。

2.2 原油泵铭牌

油泵采用立式齿轮泵，由煤气鼓风机厂家陕鼓配套，原油泵型号为LB-350，额定流量为350 L/min，额定转速为1450 r/min，额定压力为0.6 MPa。图2为油泵铭牌。

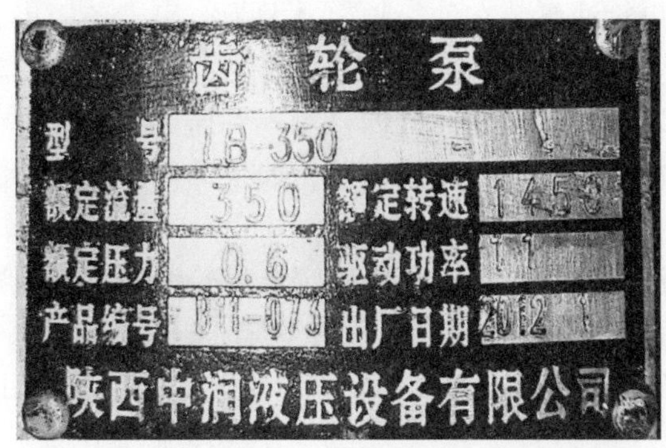

图2 油泵铭牌

3 问题描述

在发生低压停电或主油泵有故障时，联锁切换备用油泵，但油泵供不上油，主要原因是现用的立式齿轮油泵密封性能下降，备用油泵长时间未启动，泵腔内润滑油因密封不好全部流出，备用油泵启动后，润滑油不上量，导致风机轴瓦损毁，具体情况如下：

（1）1号煤气鼓风机：2023年2月16日白班15:04，1号鼓风机B泵（备用泵）DCS显示齿轮油泵进入运行状态，即B泵联锁投入运行，但油压一直未波动，显示0.23 MPa。在中班21:12时B泵过热继电器动作，B泵停止，电脑显示“B泵故障”，停止后油压无变化，显示0.23 MPa。经检查齿轮油泵运行历史趋势1号鼓风机B泵启动后未上量，查看油压趋势无变化，说明泵启动后无油压。幸亏当时1号鼓风机A泵（工作泵）工作正常，DCS误报油压低，导致B泵联锁启动，直至B泵热继电器动作报故障后才发现B泵电机启动后，油泵空转超过6 h都没有上量。

（2）2号煤气鼓风机：2023年4月5日下午15:58 2号煤气鼓风机B泵（工作泵）所在的配电室Ⅱ段低压停电，B泵断电停运，DCS联锁自动切换到Ⅰ段所带的设备A泵（备用泵），A泵启动10 s（联锁设定停机时间）后油压不大于0.05 MPa（电接点压力表），导致2号鼓风机联锁停机。

4 原因分析

图3为改造前油站。

图3 改造前油站

2023 年 4 月 6 日，邀请润滑专家、油泵厂家，并电话咨询陕鼓风机专家，讨论油泵不上量的原因，现场勘查，并拆卸齿轮泵试验分析，形成以下一致意见：

（1）咨询陕鼓风机专家，2004 年，投产之初，国内原立式齿轮泵密封性能好，且风机切换频率较高，而且油泵联锁也每月试验一次，油泵泵腔内润滑油不至于靠自重回流到油站油箱，备用泵不上量情况不凸显。近年来，环保管控严格，为防止焦炉荒煤气放散，风机没有故障不会定期切换，油泵联锁也不再定期试验，一旦工作油泵故障，备用泵不上量才会出现。

（2）吸油管口进气，如果齿轮油泵装在油箱顶上，尤为突出，备用齿轮油泵长时间不用，吸油管及齿轮间缺油，启动时泵吸进空气，直到进油管内部空气排完，油进了齿轮油泵，才会产生压力。但备用泵切换后齿轮油泵出口压力 DCS 检测在规定时间内检测不到压力，就会联锁停机。目前鼓风机齿轮油泵油压检测停机时间为：油压≤0. 15 MPa 时备用泵启动，如果油压继续下降，直至油压≤0. 05 MPa，延时 10 秒停机。这个延时是合理的，也符合图纸设计要求。

（3）经与原陕鼓配套齿轮油泵厂家咨询，最终确定该齿轮油泵油压低的原因为：此齿轮油泵因制造精度下降，若长时间备用不启动会导致供油不足，存在缺陷，已陆续淘汰，建议将 1 号、2 号、3 号煤气鼓风机立式齿轮油泵改为卧式螺杆油泵，并加大功率，可随时保证备用泵启动后油压连续供给。

5　制定技改方案，组织论证

根据上述分析，将立式齿轮泵更换为卧式螺杆泵，安装位置由油箱顶部改为油箱侧边，油泵进口从顶部改为油箱侧边底部，解决了备用油泵因泵腔垂直朝下泄油不上量的问题。经相关风机专家共同进行论证，同意实施该方案。

6　确定图纸、并实施改造

2023 年 4 月立项获批，实施技改，历时 3 个月，将三台鼓风机 6 台齿轮油泵全部改为卧式螺杆泵。图 4 为改造简图。

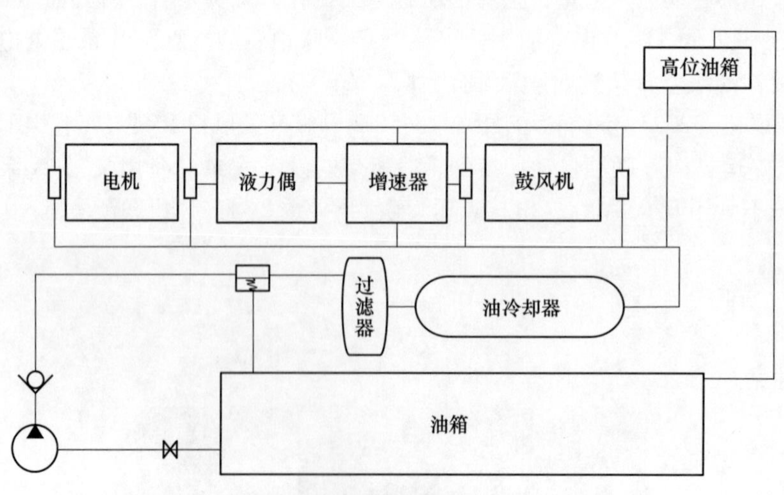

图 4　改造简图

7　应用效果

图 5 为改造后油站。

确保煤气鼓风机备用油泵能够正常启动并及时供油，启动后在规定时间内系统油压达到 0. 15 ~ 0. 25 MPa。

图 5　改造后油站

杜绝油泵油压低导致煤气鼓风机联锁停机，防止煤气鼓风机故障停机给全公司煤气用户造成影响。

8　结论

2024 年 4 月 25 日，由于电气低压系统故障，改造完已运行将近 1 年的 1 号鼓风机 A 泵停止，DCS 系统立即切换为 B 泵，验证了改造成功。杜绝了不再出现因备用泵不上量，导致鼓风机溜瓦的事故发生。

参 考 文 献

[1] 李福天. 螺杆泵［M］. 北京：机械工业出版社，2010.
[2] 邵毅敏. 齿轮传动系统非线性动力学理论［M］. 北京：科学出版社，2024.

两项煤气净化工艺改进

杨　爽

（中钢设备有限公司，北京　100080）

摘　要：针对现有煤气净化工艺的不足，我们提出了如下两项改进工艺：新型两塔脱硫工艺、蒸氨余热回收工艺。新型两塔脱硫工艺采用三段脱硫、两段再生的脱硫工艺，可最大限度地利用填料和脱硫液资源；此外，由于脱硫液采用大循环工艺，可保证脱硫液品质的均衡，也便于控制脱硫液的水平衡。蒸氨余热回收工艺是将蒸氨塔氨分缩器采用循环热水冷却，循环热水送至制冷站产生低温水供化产区域用户使用，减少制冷站内的蒸汽耗量。

关键词：脱硫工艺，脱硫塔，蒸氨塔，氨分缩器，制冷站

1　概述

在焦化厂煤气净化车间，根据用户不同，煤气净化程度的不同，煤气净化产品的差异，而设计不同的煤气净化工艺流程。经过近四十年的发展，现有的煤气净化流程国内均有设计实例。随着环保等法规的要求越来越严格，国内的煤气净化流程已经有趋同的趋势，更加注重环保和节能。近期，针对现有煤气净化工艺的不足，我们提出了如下两项改进工艺，希望与焦化专家共同研讨：新型两塔脱硫工艺、蒸氨余热回收工艺。

2　两塔法脱硫工艺

在炼焦过程中，约有15%~35%的硫转入到荒煤气中，其中95%以上以硫化氢的形式存在，使得焦炉煤气中含有4~10 g/m^3 的硫化氢。含有硫化氢的煤气作为燃料燃烧时，会生成大量硫氧化物，造成严重的大气污染；同时，作为下游设施的原料，使用含硫量较高的煤气将增加后续工序处理的成本，影响产品质量，制约企业的经济效益提高。

大型焦化企业由于焦炉煤气处理量大，现在一般多采用湿式氧化法脱硫工艺脱除煤气中的硫化氢；该工艺的最大优点是脱硫效率高，多级脱硫后煤气中硫化氢含量可小于20 mg/m^3。现有脱硫工艺中，脱硫液（硫容、循环量）和脱硫填料都无法做到高效利用。在多级脱硫工艺设计中，脱硫液在单一的脱硫塔与再生塔之间循环，无法控制多级脱硫液的成分保持一致性；脱硫液的水平衡也不好控制；后一级脱硫中，再生生成的硫磺很少，造成脱硫液硫容的浪费。对此我们对脱硫工艺进行了优化改进，具体流程见图1。

预冷后的煤气依次进入1号脱硫塔、2号脱硫塔，煤气在1号脱硫塔中分两段与喷洒下来的脱硫液逆流接触以吸收煤气中的硫化氢（同时吸收煤气中的氨，以补充脱硫液中的碱源），从2号脱硫塔出来的煤气送下一工序。

1号脱硫塔底的脱硫液用循环泵抽出送入1号再生塔，同时自再生塔底部通入压缩空气，使脱硫液在塔内得以氧化再生，再生后的脱硫液从塔顶自流回1号脱硫塔顶部。从1号脱硫塔中部断塔盘处引出的脱硫液进入反应槽，然后用循环泵送入2号再生塔氧化再生，再生后的脱硫液从塔顶自流回2号脱硫塔顶部。2号脱硫塔底的脱硫液用循环泵抽出送入1号脱硫塔下段循环以吸收煤气中的硫化氢。

浮于再生塔顶部的硫磺泡沫，利用位差自流入泡沫槽。脱硫液需要的浓氨水和催化剂可补入反应槽中。

从流程叙述中可以看出，我们采用两台脱硫塔的三段脱硫、两段再生的脱硫工艺，可最大限度地利用填料和脱硫液资源，保证煤气的脱硫指标。此外，由于脱硫液采用大循环工艺，可保证脱硫液品质的

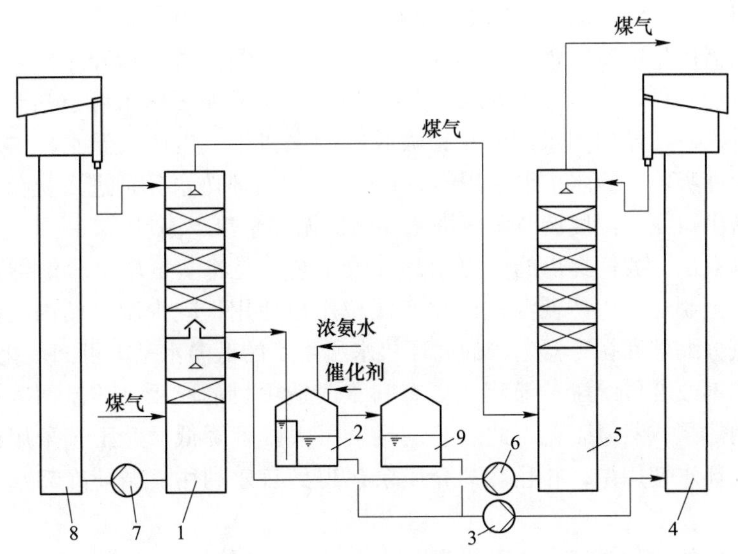

图 1　新型两塔脱硫工艺

1—1 号脱硫塔；2—反应槽；3，6，7—脱硫液循环泵；4—2 号再生塔；5—2 号脱硫塔；8—1 号再生塔；9—事故槽

均衡，也便于控制脱硫液的水平衡。可设置大容量的反应槽和事故槽，既可保证脱硫液的反应，也可在事故时脱硫液的贮存。

3　剩余氨水余热回收蒸氨新工艺

在炼焦过程中，炼焦配煤所含的表面水及煤中所含的氧在高温下与氢化合生成的化合水变成水蒸气随荒煤气一起逸出，经冷凝后，除补充氨水少量损失外，其余部分则为剩余氨水。剩余氨水中含有氨、酚、硫化物、氰化物等有毒有害物质，无法直接送酚氰废水处理系统，一般以蒸汽作为载体，利用蒸馏的方法预先处理。

剩余氨水蒸氨是煤气净化车间的重要工序之一，也是煤气净化车间的能耗大户。余热回收利用是提高经济性、节约燃料的一条重要途径。传统蒸氨工艺浪费能源，氨汽分缩热量得不到回收。目前，有焦化企业采用节能热泵蒸氨工艺，采用第二类吸收式热泵（升温型热泵）回收蒸氨塔顶氨汽潜热的蒸氨技术，提高其热源品位，作为蒸氨塔底补充热源，塔底蒸氨消耗热源可节约 22.5%～30%。但该流程也存在着一次性投资高、操作复杂的要素。我们认为也可以采用其他形式把这部分热量回收，具体流程如图 2 所示。

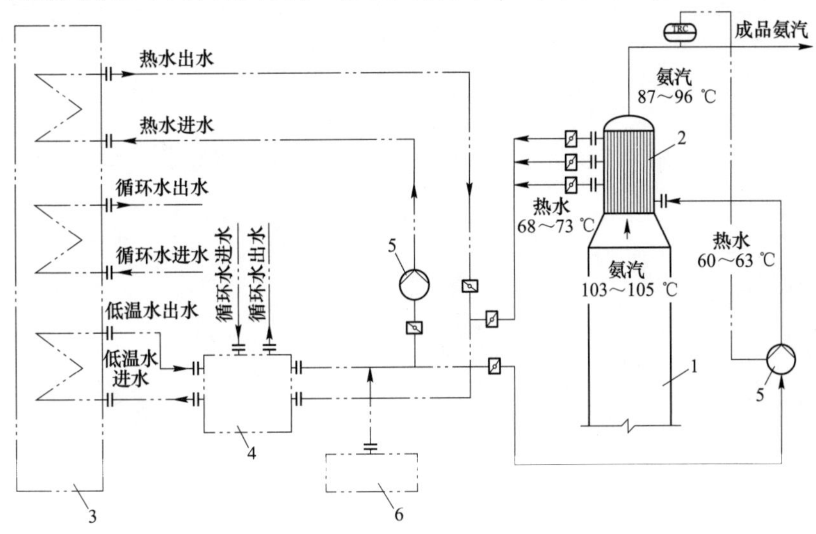

图 2　蒸氨余热回收工艺

1—蒸氨塔；2—氨分缩器；3—煤气初冷器；4—热水型溴化锂吸收式冷水机组；5—热水循环泵；6—补水定压装置

蒸氨塔顶出来的103~105 ℃氨汽经塔顶氨分缩器分凝后，87~96 ℃的氨汽再经氨汽冷凝冷却器冷凝成浓氨水外送。氨分缩器产生的冷凝液作为回流液，直接流回蒸氨塔。氨分缩器采用列管式冷却器，管内走的是氨汽，管间走的是循环热水。氨分缩器生产的68~73 ℃循环热水可与初冷器上段生产的循环热水汇合后，作为热源进入制冷站内热水型溴化锂吸收式冷水机组，生产低温水，供煤气净化系统低温水用户使用。热水型溴化锂吸收式冷水机组使用的后60~63 ℃循环热水分别进入氨分缩器及初冷器上段循环使用，可通过蒸氨塔出口氨气温度调节蒸氨塔氨分缩器循环余热水流量。

从流程叙述中可以看出，我们提出的蒸氨余热回收工艺，是将蒸氨塔氨分缩器冷却用循环水替换为循环热水，循环热水送至制冷站生产低温水供化产区域用户使用，减少制冷站内的蒸汽耗量，间接回收热能。通过核算，由氨分缩器和初冷器生产的循环热水所生产的低温水基本可满足化产区域用户的使用。

可以看出，此工艺不改变传统工艺流程，更有利于改造项目的应用，热量回收的效率高。此工艺成熟可靠，相对于升温型热泵式蒸氨工艺，此工艺的投资可大幅度降低。此工艺采用循环热水替换原有循环冷却水系统，减少循环水使用量，并且冷却介质余热得到有效利用。循环冷却水系统还可以作为备用系统使用。

以上是我们现在提出的两种煤气净化工艺改进工艺，希望与焦化专家共同研讨。

参考文献

[1] 于海路，王嵩林，张素利，等. 节能热泵蒸氨技术的研发与生产实践［J］. 燃料与化工，2021，52（3）：44-47.

HPF脱硫及废液制酸工艺应用实践及技术评价

段一凡 李建华

(武汉钢铁有限公司炼铁厂焦化分厂，武汉 430080)

摘 要：武钢炼铁厂焦化一回收作业区煤气净化系统设计处理能力 170000 m^3/h，在 2021 年 1 月投入生产后，HPF 脱硫指标波动，配套脱硫废液制酸装置也不能长周期稳定运行。通过研究脱硫和制酸装置运行机理，消除生产过程中的各类不利因素，在实践中不断解决影响生产指标的问题，最终实现煤气深度脱硫，废液制酸系统的稳定运行，硫资源的充分利用，硫酸生产成本大大降低，在此基础上对此流程进行实践和技术评价。

关键词：HPF 脱硫，硫泡沫，硫浆，废液制酸，硫酸

1 概述

武钢炼铁厂焦化一回收作业区煤气净化系统为 315 万吨/年焦炉配套，设计最大煤气净化处理能力为 170000 m^3/h。采用三塔串联式 HPF 氨法脱硫工艺，湿法硫浆液焚烧及两转两吸制浓硫酸工艺，系统于 2021 年 1 月投产，通过不断地操作优化和设备磨合，已经稳定运行 3 年半。以下简单介绍相关工艺应用实践以及技术指标实绩评价。

2 HPF 脱硫及废液制酸工艺流程简介

2.1 氨法脱硫及空气再生工序

脱硫工序采用一级脱硫配高塔再生、二三级脱硫采用一塔式脱硫再生的模式，三塔串联。以 PDS 和对苯二酚为催化剂，通过氨作为碱源吸收煤气中的 H_2S、HCN 等酸性气体。吸收后的脱硫富液以催化剂为载体，在再生段通入空气进行氧化再生反应，生成单质硫以及 NH_4SCN、$(NH_4)_2S_2O_3$ 多种副盐，产物以硫泡沫形式从三个再生槽溢流分别进入 3 个泡沫槽，送硫泡沫预处理工序。再生后恢复吸收能力的贫液自流进入脱硫塔进行喷淋，继续吸收煤气中的酸性气体。

2.2 硫泡沫预处理工序

在硫泡沫预处理工序，将硫泡沫进行浓缩处理，在硫磺离心机提取固体硫膏，浓缩塔浓缩脱硫废液，浓缩液和硫膏按照比例混合后形成高浓度硫浆液，制备出来的硫浆需良好的流动和输送性能，并在浆液储槽中进行周期性的储存以及使用。设计每立方米硫浆液可生产约 0.8 t 98.3%浓度的浓硫酸。

2.3 焚烧及余热回收工序

硫浆液通过泵抽出用 0.7 MPa 的压缩空气进行雾化送入焚烧炉内，在炉内与 30%浓度的富氧空气进行二次燃烧，并通过焦炉煤气调节焚烧炉炉膛温度在 1150 ℃左右，焚烧炉出口氧浓度在 4%~7%，确保单质硫和副盐的充分分解，生成 SO_2、N_2、H_2O、CO_2 等组分的过程气。

焚烧后 1150 ℃的过程气通过余热锅炉回收余热，生产 4.3 MPa、温度 253 ℃的中压蒸汽，经过减压后在煤气净化系统中自用，余热锅炉出口烟气设计 350~400 ℃，烟气去净化工序降温和除尘。

2.4 净化和干燥工序

余热锅炉出口的过程气经过增湿塔降温到 82 ℃以下，经过冷却塔、洗净塔降低到 40 ℃以下，电除雾器中除去水雾和尘的过程气进入干燥塔，用 94%浓硫酸喷淋吸水干燥，通过二氧化硫风机送入转化和吸

收工序。

2.5 转化和吸收单元

干燥塔出来过程气用 SO_2 风机输送，经过程气换热器换热和电加热器控制温度，采用"Ⅲ、Ⅰ-Ⅳ、Ⅱ"换热及"3+1"转化，SO_2 转化率达 99.9%以上，转化后的 SO_3 在第一、二吸收塔内用 98.3%浓硫酸进行吸收，生产的浓硫酸全部送硫铵单元生产硫酸铵[1]。

2.6 尾气净化单元

第二吸收塔出来的过程气在碱洗塔中用 pH 值为 8~9 的碱性溶液吸收 SO_2 和 SO_3，碱洗后的尾气在尾气电除雾中除去酸雾和水雾，实现达标排放。

3 运行中出现的问题分析

3.1 脱硫后煤气硫化氢波动

开工初期，采用间歇性添加催化剂，加上 HPF 脱硫工艺参数指标不精细，煤气 H_2S 指标波动大，三塔达不到 20 mg/m^3 以下的标准。

3.2 脱硫塔发生堵塔现象

硫泡沫在溢出自流过程中脱硫液和单质硫分离，硫膏沉积堵塞；制酸返回来的滤液含有大量单质硫；煤气前工序焦油、萘杂质对脱硫造成冲击。出现多次脱硫段上部填料段堵塔，影响煤气输送，焦炉集气管压力不稳。

3.3 硫浆液浓度低，对焚烧效果影响大

硫泡沫发泡性比较强，硫膏和浓缩液混合后的硫浆液含有大量气泡，在浆液槽冲洗泵反复作用下，发泡现象越发严重，浆液泵出现明显的气缚，泵抽出量不足以满足冲洗和外送，离心机固料下料管堵塞，大量加浓缩液进行冲洗，硫浆液浓度不够，焚烧能力和效果受冲击。

3.4 硫浆液储存容易板结

暂存在浆液储槽的硫浆液，在经过长时间储存，出现固体硫磺在储槽内板结，无法返生产使用，储槽失去储存和调节负荷的功能。

3.5 锅炉管易积灰

废液锅炉由于介质特点和设计设备缺陷，锅炉容易黏附升华硫、副盐、酸泥等，需频繁停炉清灰，初期清理周期仅 2 个月，频繁停产造成硫浆液消纳受到影响。

3.6 第Ⅲ换热器 SO_3 侧容易堵塞

在"Ⅲ、Ⅰ-Ⅳ、Ⅱ"换热流程中，第Ⅲ换热器温度最低且 SO_3 浓度最高，容易在 SO_3 出口侧产生冷凝酸堵塞通道，开工后阻力最高超过 8000 Pa，SO_2 风机输送能力受阻，影响制酸能力稳定发挥。

4 运行实践中的优化措施

4.1 提升脱硫再生反应稳定性

增加催化剂溶解槽，加入定比例的催化剂和热水溶解，用空气鼓泡进行活化，并设加药流量计。装

氧化还原电位仪（ORP），通过在线 ORP 值调整催化剂添加量及微调空气量。通过以上措施稳定硫化氢指标，近三年煤气硫化氢均值稳定在 20 mg/m^3 以下。

4.2 改善硫泡沫产出工况

4.2.1 增加泡沫溢流冲洗喷头

沿着溢流堰周围连续分布小型雾化喷头，同时在泡沫流道的末端和中部增加大流量喷头，定期冲洗，使得泡沫能够持续溢流，通过对再生液取样，再生贫液悬浮硫含量低于 0.5 g/L。

4.2.2 改进离心机供料模式

各泡沫槽送到离心机原料浓度不一致，离心机效率不高且频繁堵料。将多个硫泡沫槽改为串联模式，泡沫集中在一个泡沫槽作为离心机供料槽，增加搅拌循环泵，离心机运行转速稳定，返脱硫的滤液每周抽样，平均悬浮硫含量为 0.36 g/L。

4.2.3 加强前工序的工艺管控和脱硫液污染应急处置

再生塔出现无泡沫产生的异常工况，判断是焦油、萘等杂质进入脱硫液，取再生液样观察大量浑浊固体悬浮物，采取以下措施：

（1）查初冷器喷洒浓度、温度和电捕焦油器电压，恢复工况。

（2）中冷塔氨水段临时加洗油，紧急对填料和换热器进行清洗和清扫，将循环量逐步恢复到设计值。

（3）将脱硫液送备用脱硫塔置换，将顶部杂质高的溶液大量溢流到泡沫槽，通过离心机脱除部分杂质。每天投放 200 kg 对苯二酚到脱硫液中，增加脱硫液发泡效果。在填料层加装测压口，进行阻力监测，定期投放对苯二酚。

根据运行实践，大约 3~5 天可重新生成泡沫。

4.3 消除气泡对硫浆液生产的影响

4.3.1 提高浆液泵入口吸入高度

硫浆液中含有大气泡导致气缚，借鉴焦耐院第二代预处理工艺浆液槽增高的设计，将浆液泵的泵降低 600 mm，相当于槽体升高，泵的电流平均提高 23%，浆液冲洗效果提升明显。

4.3.2 采用表面活性剂消泡

为消除硫浆液表面张力，用日常使用的洗衣粉、洗洁精、水处理消泡剂等有表面活性功能的物质加入硫浆液进行实验，硫浆液中气泡均有不同程度的减少，密度大幅度提升，同时咨询设计单位，增加 AEO 表面活性剂进行对比，表 1 为硫浆液增加活性剂后密度对比结果。

表 1 硫浆液增加活性剂后密度

添加活性剂类别	硫浆液密度/g · L^{-1}
无添加	680
生化消泡剂	817
洗衣粉	876
洗洁精	1130
AEO	1042

经过对比，选取工业洗洁精进行工业化实验，按照每天 40~80 kg(0.5‰~1‰）的连续投加，未经静止沉淀取样密度大约在 990 g/L，通过现场过滤，清洗烘干，做平行样，硫浆液中单质硫含量达到 160~190 g/L，超出 140 g/L 的设计值。肉眼检查硫浆液呈现悬浮态，无明显气泡，气缚现象大幅度减缓。

4.3.3 离心机固体下料口增加冲洗

在离心机固体下料口，利用浆液泵冲洗能力提升，增加冲洗管连续冲洗下料管，避免黏度高的硫膏黏住管壁，大大减小劳动强度，也稳定了浆液浓度。

4.4 浆液储槽储存功能优化

4.4.1 通过表面活性剂调节硫浆液形态

制备浆液时用活性剂的添加量调节硫浆液悬浮态，以浆液中泡沫不分层、单质硫不沉底为操作目标，使得存在硫浆液在储存过程中保持悬浮状态，避免泡沫上浮或者沉底板结。

4.4.2 单独设置燃烧浆液槽

原料浆液进储槽后容易出现上浮，底部抽出浆液浓度低，不利于库存浆液尽快利用。另新增浆液燃烧原料槽，将储存的浆液与新制备浆液掺混后喷入焚烧炉，避免在储槽长期高液位形成分层。

4.4.3 提升大槽搅拌效果

将大槽侧卧式搅拌器转速提高一倍。用压缩空气对搅拌死角处进行补充搅拌，产生气体进预处理逸散气收集系统。

通过以上几方面优化，浆液储槽可在浆液储槽高液位储存后不形成板结，并在 3 个月时间内消化完毕，置换干净作为下个周期使用。

4.5 提升焚烧效果和改善锅炉操作

4.5.1 废液喷枪材质优化

原装 316L 喷枪使用 3 个月就出现喷嘴烧损，雾化效果严重下降，大的硫颗粒未充分焚烧变成升华硫，锅炉阻力迅速上升。结合使用环境和行业实践，将废液喷枪改为 C276 哈氏合金材质，使用寿命从 3 个月上升到 1 年以上。

4.5.2 烟气氧浓度仪改型

原设计为氧化锆分析仪测量氧浓度，在探头上频繁黏附酸泥等杂质导致测量不准确。结合此处烟气特性，将激光氧分析仪装在烟气管上，连续使用 1 年多，氧浓度值测量准确且稳定。

4.5.3 余热锅炉炉管部分短接

炉管采用 ϕ38 炉管，管心距 63 mm，炉管间的间距小，焚烧的飞灰容易黏附在炉管上，形成炉管搭桥；锅炉出口温度低，只有 280~320 ℃，低于设计指标，管壁上硫和酸冷凝结露现象，通过中温蒸发段部分短接来缓解。

建议立式锅炉设计管间距在 60 mm 以上，降低炉管堵塞风险，保障锅炉出口烟气温度，达到工艺需求 350~400 ℃的标准，提升锅炉运行周期。

4.6 稳定过程气干燥和转化温度

4.6.1 干燥酸浓度仪测量增加双显示

干燥酸化验浓度 80%多，酸度仪显示在正常范围，过程气干燥效果差，水分后移，冷凝酸挂在换热管中。增加并联酸度仪，消除酸度偏差，便于及时纠正。

4.6.2 降低过程气含水

（1）将二级动力波冷却介质改为 16 ℃低温水，耗水量 30 m^3/h，过程气温度降低到 28 ℃以下，经过计算，饱和水含量降低 46.6%，干燥和吸收单元酸浓度持续保持稳定。

（2）开停工期间进行气体大循环操作，对操作工进行现场教学培训，检查期间酸度指标，规范操作行为。

4.6.3 稳定转化系统温度

开工初期转化区域保温未达标，热损失大，三段转化段温度不受控（<380 ℃），加上过程气中水含量高，催化剂出现失活粉化，并后移至第三换热器，与冷凝酸一起黏结在低温侧，加剧堵塞。将转化区域管道换热器按照标准全部整改，恢复了第三转化温度，并定期做好转化区域热平衡评估。电加热器实现只开 1 组即可满足生产。

5　HPF 脱硫及脱硫废液制酸的生产实绩及经济技术评价

（1）经过 1 年多的持续优化操作，废液焚烧系统提供稳定保障，操作标准化工作落地，可以实现两级脱硫后硫化氢含量小于 20 mg/m^3 的稳定运行。各项主要生产实绩均优于设计指标，见表 2，硫酸生产成本也和外购硫酸基本相当，见表 3。在未设置煤气精脱硫及烟气后端治理设施的基础上，确保了后工序各燃烧炉的超低排指标以及 A 级企业创建。

表 2　焦炉煤气脱硫装置近年运行实绩

指　标	设计值	2021 年	2022 年	2023 年	2024 年 1—5 月
荒煤气 H_2S/g · m^{-3}	≤6	6. 62	7. 58	8. 32	7. 02
净煤气 H_2S/mg · m^{-3}	≤50	39. 3	15. 9	14. 3	13. 2
煤气量/m^3 · h^{-1}	≤170000	—	180200	181400	175800
一级脱硫两盐含量/g · L^{-1}	≤250	375. 23	240. 00	218. 46	178. 16
二级脱硫两盐含量/g · L^{-1}	≤250	305. 20	229. 85	210. 43	169. 41
悬浮硫含量/g · L^{-1}	≤1	0. 33	0. 29	0. 38	0. 43
脱硫塔阻力均值/Pa	≤1500	1408	1130	930	891
HPF 催化剂消耗/t · a^{-1}	37	36	36	34	13
硫酸最高产量/t · d^{-1}	≤84	78	91	93	94
每方硫浆液硫酸产量	~0. 8	0. 72	0. 82	0. 97	1. 02

表 3　2024 年废液制酸经济技术指标实绩

项目名称	单位	设计指标	实绩	金额/万元 · 年$^{-1}$
制酸催化剂	t/a	2	2	22. 0
NaOH(32%)	t/a	1200	720	57. 6
除盐水	t/a	73	70	
电	10^3 kW/a	14124. 4	10036. 4	
蒸汽	t/a	22832	17520	2224. 2
焦炉煤气	km^3/a	6288	3824	
氧气	km^3/a	7760	5611. 2	
修理费				420. 0
余热回收蒸汽	t/a	80592	64320	1672. 3
硫酸	t/a	27985	27000	810. 0
运行成本合计				241. 5
吨硫酸成本				389. 4 元/吨

注：1. 按照 2024 年 1—4 月实绩预测，运行 8000 h/a；
2. 不含人工、折旧、厂务费等；
3. 能源介质价格按照宝钢股份 2023 年价格计算，未分项列价格。

（2）湿法硫浆制酸工艺主要设备可以实现全国产化，生产运行成本相对受控。

（3）制酸工艺中 SO_2、O_2、NO_x、酸度仪等分析仪表多，自动化程度高，维护和检修难度偏高[2]。

（4）制酸装置中全流程的工艺复杂和参数控制精度高，对操作工的理论基础和操作水平要求较高，做好生产过程指标的标准化操作，落实好设备定修维护，可较好地实现装置的持续自动运行。

6　结论

多塔串联式 HPF 脱硫与湿法硫浆焚烧制酸配套，全流程无须外购原料，仅煤气中的氨即可实现高效脱硫，制酸系统硫的转化率高，从根本上解决含硫物质的资源化利用问题。此工艺经过近几年行业使用经验积累和设计迭代优化，自动化水平高，生产稳定，大大降低了现场劳动强度，改善了操作环境，在生产经济技术指标和环保效益等方面，是可以在大规模应用的成熟工艺，具备行业内大规模推广价值。

参 考 文 献

[1] 白玮，王嵩林，张素利．焦化低品质硫磺及脱硫废液焚烧制酸工艺［J］. 燃料与化工，2015，46（6）：56-59.
[2] 於良荣，韩仕兵．宝钢 FRC 脱硫脱氰装置的技术经济评价［J］. 燃料与化工，2001，32（6）：305-308.

鞍钢化学科技脱硫废液现状分析

姚　君　刘庆佩　刘子娟

（鞍钢化学科技有限公司，鞍山　114001）

摘　要：鞍钢化学科技有限公司采用两级脱硫工艺对煤气中硫分进行充分脱除，其中精脱硫工艺采用碳酸钠作为碱源，产成的脱硫废液呈深绿色，组成极其复杂，主要含硫代硫酸钠、硫氰酸钠、硫酸钠等，还可能含有焦油、金属离子及有色催化剂等。目前处理方法还有不足，需要进一步改进。

关键词：脱硫废液，处理方法，危害

1　概述

我国是世界上最大的焦炭生产国，生产焦炭过程中，煤中大约30%~35%的硫转化为硫化氢等硫化物进入焦炉煤气中。焦炉煤气是炼焦企业的主要副产品之一。未经处理的焦炉煤气中含有大量的硫化氢，一般为5~10 g/m^3。硫化氢是一种具有很强刺激性和毒性的气体，不仅会造成环境污染，还会腐蚀生产设备，更重要的是空气中0.1%的硫化氢就可以使人致命，所以必须要对焦炉煤气中的硫化氢进行脱除。

焦炉煤气脱硫有干法和湿法两种主流技术，化学科技湿法脱硫技术，脱硫废液即产生于湿法脱硫工艺中，其组成主要为硫氰酸盐、硫酸盐、硫代硫酸盐。

脱硫废液不仅具有强碱性、高盐分、高有机物含量的特点，它还对生物有极强的毒性。因此在处理脱硫废液时，需要对其进行单独的处理，而不能与焦化废水合并处理。

2　脱硫废液来源

炼焦生产过程煤中约30%~35%的转化为H_2S进入焦炉煤气，使其含有5~10 g/m^3的H_2S。采用碱源（氨或碳酸钠）吸收焦炉煤气中的H_2S，在催化剂的作用下反应去除，是一种常用的脱硫工艺。如用碳酸钠作为碱源，脱硫过程中脱硫液不断生成硫代硫酸 钠、硫氰酸钠等盐类物质，脱硫液中含盐量达到一定值后，脱硫效率会明显降低。

由于煤气自身成分比较复杂，造成了焦炉煤气在脱硫过程中发生很多的化学反应，生成许多的有害气体以及盐分，而其中的大部分盐分都属于副反应产生的副盐，这些盐分会随着脱硫反应的不断进行而持续增加，造成体系中的盐浓度逐渐升高。当脱硫体系中的副盐浓度过高时，还会对脱硫装置造成一定的淤塞。要保持脱硫效率和装置的稳定运行，每天必须置换一定量的脱硫液，以保持脱硫液中总盐含量的平衡。

为保证焦炉煤气湿法脱硫效果，生产中需保持脱硫液的碱性环境。同时脱硫液经循环-再生和碱液补充，其中盐分呈不断积累趋势。另外，脱硫反应属气液接触反应，焦炉煤气中的苯酚、蒽、萘等苯环类有机物和CN^-、SCN^-等高生物毒性物质直接进入脱硫液，因此，排放的脱硫废液具有强碱性、高盐分、高有机物含量和高生物毒性的水质特点。

2.1　脱硫废液组成特征

焦化脱硫废液中有许多化学成分，硫酸盐以及硫氰酸盐、硫代硫酸盐、硫酸盐等盐分，还有化学催化剂以及油和硫磺等其他物质，这些化学成分基本都具有毒性和腐蚀性，导致脱硫废液难以被降解，对机器设备以及环境造成很大的危害。

脱硫废液中副盐主要由硫氰酸盐、硫代硫酸盐和硫酸盐组成，三者比例近似为4∶2∶1，硫氰酸盐约占

副盐总量50%。应指出，尽管不同脱硫方法产生的脱硫废液的化学组成及其含量有所差异，但副盐化学组成仍以硫氰酸盐、硫代硫酸盐和硫酸盐为主，且三者含量一般遵循硫氰酸盐>硫代硫酸盐>硫酸盐的规律。

脱硫系统中置换出的脱硫废液是焦化工业废水中最难处理的部分，由于硫氰酸盐等物质，能导致微生物中毒，不适合用厌氧耗氧等生物处理体系，需要与其他焦化工业废水分开处理；而且脱硫废液在2021年最新国家危废名录中（编号：252-01311），属于危废（《国家危险废物名录（2021年版）》，2021年1月1日起施行），需要有效处理，规避环保风险。

2.2 脱硫废液危害

脱硫废液是世界公认焦化行业污染最严重、最难处理的废水，其能否有效处理关乎焦化企业生存及国民经济多行业可持续发展，主要危害有以下几点：

（1）腐蚀设备。脱硫废液中含有大量盐，对设备易造成电化学腐蚀，缩短设备使用寿命。

（2）液体黏度增大，流速变缓，引发管道堵塞。脱硫液中的盐分含量的升高，溶液中的盐以分子形式存在，溶液中的各物质通过分子间范德华力或氢键的作用发生聚集现象，分子间作用力越大，液体黏度越大，流速越低，析出的盐沉积在管壁中，可引起管道或塔堵塞。

（3）脱硫液中的硫氰酸根具有毒性，直接排放对环境有较大危害。

（4）脱硫效率降低，催化剂消耗增大。副盐在脱硫液中如不及时外排，将影响脱硫效率，造成塔后煤气含硫化氢偏高。为提高脱硫效率，势必会加大脱 硫催化剂的投入，也将增加催化剂的用量。

（5）产品质量受影响。当脱硫液中的盐含量严重影响到煤气中硫化氢的脱除，该煤气用于制甲醇，可能造成催化剂失活，转化率严重下降。

通过合理排出部分脱硫液，补入新碱液与催化剂，来减少脱硫液中的两盐含量，以达到调整脱硫液成分的目的。排出的脱硫废液如何有效解决带来的环保问题，是目前脱硫工艺及焦炉煤气净化过程面临的主要问题。

3 鞍钢化学科技脱硫废液现状

化学科技有限公司现有脱硫废液（钠盐）排放量为20~50吨固体盐/天。目前废液采用单级蒸发的方法简单处置，蒸馏液回流至系统循环利用，结晶固体主要含硫氰酸钠、硫代硫酸钠和硫酸钠等杂盐，同时含大量的杂质。产出的杂盐固体成分复杂、毒性强、产出量大，无法外售或资源化循环使用，目前在厂区堆放，给生产运营带来极大困扰。

3.1 鞍钢化学科技脱硫废液组分分析

鞍钢化学科技有限公司采用两级脱硫工艺对煤气中硫分进行充分脱除，其中精脱硫工艺采用碳酸钠作为碱源，产成的脱硫废液呈深绿色，组成极其复杂，主要含硫代硫酸钠、硫氰酸钠、硫酸钠等，还可能含有焦油、金属离子及有色催化剂等。脱硫废液盐量分析如表1所示。

表1 鞍钢化学科技精脱硫废液盐含量成分表

序号	项 目	单 位	指 标
1	pH值		8~9
2	电导率	mS/cm	147.9
3	TDS	g/L	13.79
4	氨氮	mg/L	43.12
5	硫代硫酸钠	mg/L	13965
6	硫氰酸钠	mg/L	178154
7	硫酸钠	mg/L	96907
8	ZL催化剂	mg/L	30~50

3.2 脱硫废液处理技术概述

焦化脱硫废液是焦化行业煤气脱硫产生的高浓度有毒有害难降解废水，其中含大量含硫副盐，从中提取副盐不仅可保障脱硫系统高效稳定运行，而且可为企业创造一定经济效益。目前脱硫废液处理技术的主流思路是将废液中的多种无机盐进行处理、分离和提纯，主要有结晶分离法、膜分离法、沉淀法、溶剂萃取法、离子交换法、催化氧化法，其中相对技术成熟和可行的是结晶分离法。

脱硫废液结晶法提盐分为分步结晶法和溶析结晶法。溶析法是利用有机物萃取硫氰酸钠，剩下的硫代硫酸钠和硫酸钠为混盐。该方法有如下缺点：随着环保压力增大，硫代硫酸钠和硫酸钠的混盐越来越难处理；另外，该方法采用有机物萃取，该有机物属于易燃易爆品，生产风险较大。而分步结晶技术相对经济和绿色，设备投资少，可提取一定量高附加值硫氰酸盐，具备工业化应用前景。

结晶提盐法是基于脱硫废液中存在的多种化合物的水溶解度不同，从而使其从水中先后析出的原理。将脱硫废液经脱色、氧化和蒸发浓缩等预处理后，通过精确控制溶液的结晶温度和浓度，生产出各副盐的粗晶体产品，然后采用进一步结晶提纯的方法，得到各种高纯度的副盐产品。

具体操作方法是将脱硫废液经活性炭脱色后，再进行氧化、蒸发浓缩的预处理，控制脱硫废液的温度，使其中的化合物处在一个合适的温度范围，令其中的盐从脱硫废液中不断按顺序析出，从而得到各盐的晶体产品，经过进一步的分离结晶提取的方法使副盐的晶体产品纯度更高而得到更大的经济收益。而结晶提盐中产生的废水经 过循环处理系统处理后可以再用作脱硫系统的脱硫用水。

目前鞍钢化学科技采用蒸发结晶法，将废液预处理后，蒸发得到含硫氰酸钠、硫代硫酸钠和硫酸钠的混盐。一方面处理成本较高，另一方面，产出的杂盐成分比较复杂、纯度低，难以外售。造成现在杂盐在厂内堆放，难以处置。同时，由于废液中含有焦油、酚、催化剂等组分，在国家危险废物名录中，对这种废液处理提出更高的技术要求。

3.3 鞍钢化学科技现有脱硫废液处理方法存在的不足

由于精脱硫废液组成复杂，精脱硫废液结晶提盐处理技术存在如下问题：

（1）现有结晶提盐技术优点是工艺简单，缺点是提盐设备的能耗大，运行成本较高；如果要实际工程化，需要降低能耗。

（2）在结晶提盐过程中，由于精脱硫废液是三盐四元体系，成分非常复杂。因副盐溶解度差异较小，易形成纯度和市场价值较低的产品，甚至是基本无使用价值的混盐。虽然理论上可行，但是实际操作存在工艺链条很长、投资和处理成本偏高，且获得的晶体纯度无法保证，市场价值有限、难以外售。这些固体盐类难以外售、不断堆放，给企业带来管理和环保难题。

（3）即使三种无机盐能较好分离，即产品分别为硫氰酸钠、硫代硫酸钠和硫酸钠，除硫氰酸钠有较好的使用和销售价值外，其余两种无机盐附加值低且销售渠道有限，难以资源化利用。

4 分析与结论

新的国民经济发展形式要求工业领域更加绿色、低碳、经济和可持续发展，这对企业废液治理提出更高水平的要求，开发废液中高值盐组分的净化、转化、分离工艺与设备，实现低成本分离或转化成高附加值、市场需求大的盐产品（如纯碱），是彻底解决脱硫废液问题的有效途径。因此，亟待开发脱硫废液资源化处理技术，一方面解决企业环保难题；另一方面，可通过副盐回收创造一定经济效益，推进企业绿色化可持续发展。

从降低能耗、提高产品附加值的角度，实现副产资源化及循环利用，以便从根本上解决脱硫废液难题，同时最大限度利用现有装置，避免投资回收期长，增加不确定性，主要可以从思路进行技术优化：

（1）降低脱硫废液组成复杂性，以便提高盐的回收率和纯度。将脱硫废液由三盐四元体系转化为二盐三元体系，降低组成复杂性，有利于进一步结晶分离。

（2）结合硫酸钠和硫氰酸钠三元体系相图分析，开发高效分离技术。根据硫氰酸钠和硫酸钠溶解度的差异，如图 1 所示，开发绿色结晶技术，低能耗、绿色化实现混盐的彻底分离，得到高纯度的硫氰酸钠和硫酸钠产品。

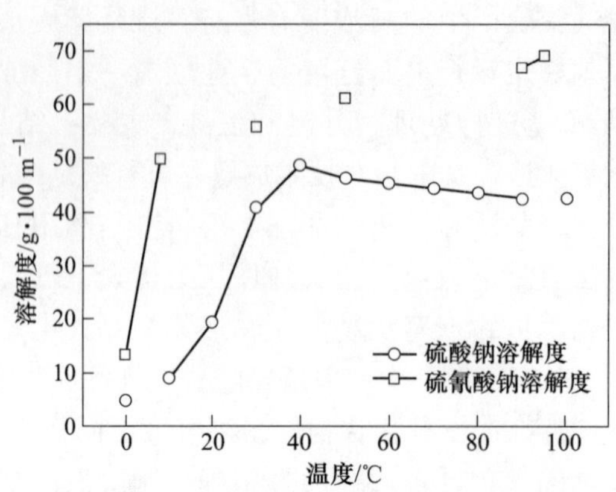

图 1　硫酸钠和硫氰酸钠溶解度示意图

（3）对接好市场，寻找相应下游用户，使产品能够得到应用。针对脱硫废液中各类杂盐组成和价值分析，对废液进行处理，一方面解决厂内杂盐堆放、积累问题，另一方面有效提高废液中杂盐的附加值，保证技术路线的经济性和可行性。

参 考 文 献

[1] 李国强，李珍珍，石玉良，等 . HPF 焦化脱硫废液资源化处理技术开发［J］. 工业水处理，2013，33（9）：10-15.

[2] 王雨薇，孔祥贵，李慧，等 . 焦化脱硫废液资源化技术的应用进展［J］. 石油化工，2016，45（10）：1160-1166.

[3] 朱红，王彩云，赵虎，等 . HPF 法焦炉煤气脱硫废液的处理方法［C］//2014 年焦炉煤气制天然气技术及投资应用交流会论文集，2014：97-99.

[4] 袁本雄，刘景龙 . HPF 法脱硫废液提盐工艺的应用及优化［J］. 煤化工，2015，43（6）：18-20，29.

[5] 付本全，张垒，王丽娜，等 . 国内焦炉煤气脱硫废液处理研究进展［J］. 武钢技术，2014，52（4）：46-50.

[6] 张亚峰，刘硕，裴振，等 . 焦化脱硫废液提盐工程实例［J］. 工业水处理，2021，41（1）：136-141.

氨气全冷凝技术的应用及其对脱硫工序的影响

姜晓旭　郭方明　郑桂峰

（鞍钢化学科技有限公司，鞍山　114001）

摘　要：随着工业生产的不断发展，氨气在回收车间中的应用越来越广泛。氨气全冷凝技术作为一种高效、可靠的氨气回收方法，对于减少环境污染、提高资源利用率具有重要意义。主要探讨了回收车间氨气全冷凝技术的应用及其对脱硫工序的影响、氨气全冷凝技术投用后经济效益的总结和投用后的技术改革，以期为相关领域的技术进步提供理论支持。

关键词：回收车间，氨气全冷凝，脱硫工序

1　概述

氨气是一种重要的化工原料和制冷剂，广泛应用于化工、化肥、制药等领域。在回收车间中，氨气的泄漏和排放不仅对环境造成污染，还可能导致严重的安全事故。因此，采用高效、可靠的氨气回收技术显得尤为重要。氨气全冷凝技术作为一种新型的氨气回收技术，具有操作简单、能耗低、回收率高等优点，受到了广泛关注。本文旨在探讨回收车间氨气全冷凝技术的应用及其对脱硫工序的影响。

2　氨气全冷凝技术原理及应用

氨气全冷凝技术是一种利用低温冷凝原理，将含氨废气中的氨气冷凝为液态并回收的方法。该技术通过降低系统温度，使废气中的氨气达到饱和蒸汽压，从而将其从废气中分离出来。冷凝过程中，氨气以液态形式收集并回收利用，既减少了环境污染，又提高了资源利用率。鞍钢化学科技公司一、三回收作业区蒸氨塔氨气目前在通过塔顶分缩器后直接经管道进入脱硫区域做脱硫的碱源，进入脱硫区域时氨汽温度在 80 ℃左右，冬季时考虑到脱硫的水平衡以及保障冬季脱硫液的操作温度都是有益的，但在夏季时超过 80 ℃的氨汽进入脱硫液系统会导致脱硫液温度较高，当脱硫液温度超过 45 ℃时，脱硫液挥发氨含量极度降低，脱硫液脱硫效果急剧下降，使脱硫后煤气中硫化氢的含量超过设计指标，随后工序各用气设备烟囱出口二氧化硫含量达不到国家的排放标准，不仅污染环境，还对用气设备有一定的腐蚀，降低其使用寿命。为此蒸氨塔增加一套氨汽的全冷凝设备，全冷凝在运行过程中出现冷却器堵、尾气管堵、脱硫水系统出现失衡，根据全冷凝运行过程中存在的问题进行针对性改进，实现全冷凝稳定运行，氨汽冷凝冷却达到脱硫液降温的目的，脱硫后硫化氢指标稳定。

3　氨气全冷凝对脱硫工序的影响

3.1　脱硫工序简介

回收车间脱硫工序主要是利用碱性溶剂与煤气中的硫化氢反应，从而达到去除煤气中硫化氢的目的。我厂主要以 HPF 脱硫为主。

3.2　氨气全冷凝对脱硫效率的影响

全冷凝投用后，对脱硫液温度及脱硫液中的挥发氨都有一定的影响。使脱硫液位温度降低至 40 ℃以下，脱硫温度越低，脱硫效果越好。夏季生产时脱硫液中的挥发氨含量由 4 g/L 上升至 5~6 g/L，保证了碱源的含量，保证煤气中硫化氢合格。

3.3 氨气全冷凝对脱硫成本的影响

以往夏季生产时需要外购浓氨水来保证脱硫液中挥发氨的含量，氨气全冷凝投用后，挥发氨保持在4 g/L以上，无须外购浓氨水，大约节省成本118万余元。投用后蒸氨塔塔顶温度降低2 ℃，减少蒸汽消耗1 t/h，节省能源消耗费用大约8万元。

3.4 氨气全冷凝对硫铵工序的影响

氨气全冷凝投用后，由于脱硫液中的挥发氨含量上涨，硫酸铵产量也有小幅度的上涨，对饱和器吃水工作也有一定的缓解作用，有利于饱和器稳定运行。

4 氨气全冷凝技术投用后的问题与改进

对影响全冷凝稳定运行的因素及改进措施从主到次进行了排列主要如下：

（1）原设计全冷凝出口氨水温度控制在30~40 ℃，由于化学科技公司剩余氨水质量不佳，导致分缩器后的氨气含有大量的萘，全冷凝冷却器温度控制30~40 ℃后，大量的萘会在冷却器壳程内结晶挂壁，导致冷却器不畅通、堵塞，大量的氨水从尾气管线吸到电捕后的煤气管道。同时蒸氨塔的塔压升高，蒸氨废水的出水指标不合格。通过控制全冷凝出口氨水温度在40~55 ℃。降低循环水用量提高冷凝器后的温度，冷凝器后的温度控制在（70±5）℃，用热氨水将冷却器内萘融化带入塔内。

（2）全冷凝尾气管线设计复杂存在缺陷，原不凝气管线从塔顶到管廊后存在一个大“U”形管，大“U”形管内容易聚集大量的冷凝液体，导致尾气管线不畅通，造成塔压波动。同时尾气管线的伴热设计不合理，造成尾气管线内萘等物质在尾气管线内壁聚集，导致尾气管线不畅。尾气管线伴热重新设计，让伴热管线更加贴合尾气管线，特别是在进尾气总管的阀门处，同时增加保温，防止萘的易结晶的物质结晶挂壁。同时尾气管线阀门必须全部打开，防止吸力过小导致尾气管线内的物质不易吸走。增设一条尾气管道接至脱硫尾气管道内，可以两条尾气管道切换使用，实现在线清扫尾气管线的作用。

（3）冷凝冷却后的氨水进入脱硫一级塔，在气温低的时候脱硫塔的水平衡出现问题，脱硫塔液位上涨较快。通过在氨水管管线出口增加一处外排出口到预冷塔，防止脱硫塔液位上涨过快出现水平衡问题。增加一处外排出口到预冷塔后多余的氨水可以通过预冷塔的氨水外排至澄清槽。

5 结论

本文通过对回收车间氨气全冷凝技术的应用及其对脱硫工序的影响进行了深入研究，结果表明氨气全冷凝技术对于提高脱硫效率、降低脱硫成本具有重要意义。同时，本文还提出了针对性的技术改进措施，为相关领域的技术进步提供了有益参考。未来，随着氨气全冷凝技术的不断发展和完善，相信其在回收车间中的应用将更加广泛，为企业的绿色可持续发展作出更大贡献。

参考文献

[1] 林宪喜，祝仰勇．从脱硫原理分析影响HPF法脱硫效率的因素［C］//山东金属学会．苏鲁皖赣四省金属学会第十三届焦化联合学术年会论文集．

[2] 吴恒奎，王景华．探讨焦炉气HPF法脱硫对硫铵产率的影响［J］．黑龙江冶金，2013，33（1）：59-60，62.

初冷器上段循环水余热利用在河南利源 6.25 m 焦炉的应用

陈 淼[1] 李庆生[1] 李朝维[1] 邵振强[2] 冯海军[2]

(1. 山东省冶金设计院股份有限公司，济南 250000；
2. 河南利源新能科技有限公司，安阳 455000)

摘 要： 介绍了河南利源新能科技有限公司淘汰原有 4.3 m 焦炉新建 128 万吨/年焦化及煤气综合利用项目的基本情况。通过对横管初冷器上段循环水的利用，选用了冬季采暖夏季制冷，非制冷非采暖季上段热水进入空冷器的工艺，确保上段循环水全年闭路循环，保证水质不受污染，减少设备检修以及清洗投入，每年可节省运行费用 517.7 万元，节省 3143 t 标准煤，减排二氧化碳 8486 t。

关键词： 横管初冷器，空冷器，标准煤

1 概述

河南利源新能科技有限公司原有 4 座 4.3 m 焦炉，属《产业结构调整指导目录（2019 年本）》规定的限制类项目，服役期已达到设计寿命，存在较大的安全环保生产风险。依据《安阳市人民政府办公室文件关于印发安阳市焦化行业资源整合实施方案的通知》要求，淘汰原有 4.3 m 焦炉，并同步实施 6.25 m 新焦炉及配套工程。

公司拟新建年产 128 万吨/年焦化及煤气综合利用项目，项目占地 600 余亩，主要建设 2×60 孔 SWDJ625-1 型捣固焦炉，以及相配套的备煤系统、焦处理系统、干熄焦及发电系统、煤气净化系统、乙醇系统、污水处理系统、焦炉烟气脱硫脱硝系统等生产、环保及辅助设施等。

该项目采用山冶设计与意大利 Paul Wurth 公司合作的大型焦炉技术，焦炉采用了世界最先进的空气两段助燃+大废气循环量控硝燃烧技术、高效薄炉墙技术、非对称式烟道技术、炉体严密长寿化技术、抗形变多段式保护板技术、SOPRECO 单孔调压技术等一系列先进特色节能环保技术[1]，具有氮氧化物产污量低、炼焦能耗低、炉顶空间温度低、砌体结构严密、设备维护量小、化产品收率高等特点，是代表世界一流工艺水平的大型化、绿色化、智能化焦炉。同时煤气净化采用了初冷器热水余热利用、循环氨水余热制冷、上升管余热利用，以及剩余氨水静置+相分离器除油，盘式干燥机、德国 KK&K 鼓风机前导向调节集气管压力等一系列先进技术。

2 工艺概况

2.1 工艺原理

焦炉煤气冷却工艺的主要设备是煤气横管冷却器，目前最常用的横管式初冷器可分两段或三段供水[2]。两段供水是供低温水和循环水，没有余热利用。三段供水则供低温水、循环水和低温热水，近年来新建以及改扩建项目主要采用三段供水。横管初冷器低温热水段循环水量大，温度不高，水的品位低。以前仅有少量项目回收此部分余热用于供暖和制冷。但供暖及制冷用循环水量不能调节，供暖及制冷时初冷器上部采用软化水或除盐水，但既不供暖也不制冷用的季节循环水采用开式冷却塔进行冷却循环利用。此部分回水温度较高，容易导致横管初冷器结垢，影响煤气冷却效果，同时增加了设备清洗维护费用，而且需操作人员在不同季节切换阀门，实现不同温度、不同冷却方式冷却水的切换，操作麻烦而复杂。

河南利源煤气净化工程设计了一种高效、环保、节能的焦炉横管初冷器上段循环水余热利用工艺，

既可以在冬季供暖，又可以在夏季及其他季节制冷，热源存在富裕时采用空冷器冷却循环水，实现横管初冷器煤气上段循环冷却水全年闭路循环，既能保证循环水余热被充分利用，又能保证循环水水质不被污染，减少设备清洗维护费用，同时又降低了职工的劳动强度。

2.2　工艺流程

横管初冷器上段循环水余热利用方式，其主要由制冷机、低温热水循环泵、供暖循环泵、定压补水装置、加药装置、空冷器、横管初冷器、低温热水循环总管、供暖循环管道、空冷器进口管道、空冷器出口管道等构件组成，保障全年水系闭路循环，减少能源消耗，降低操作工的劳动强度。图 1 为横管初冷器上段循环水余热利用工艺流程图。

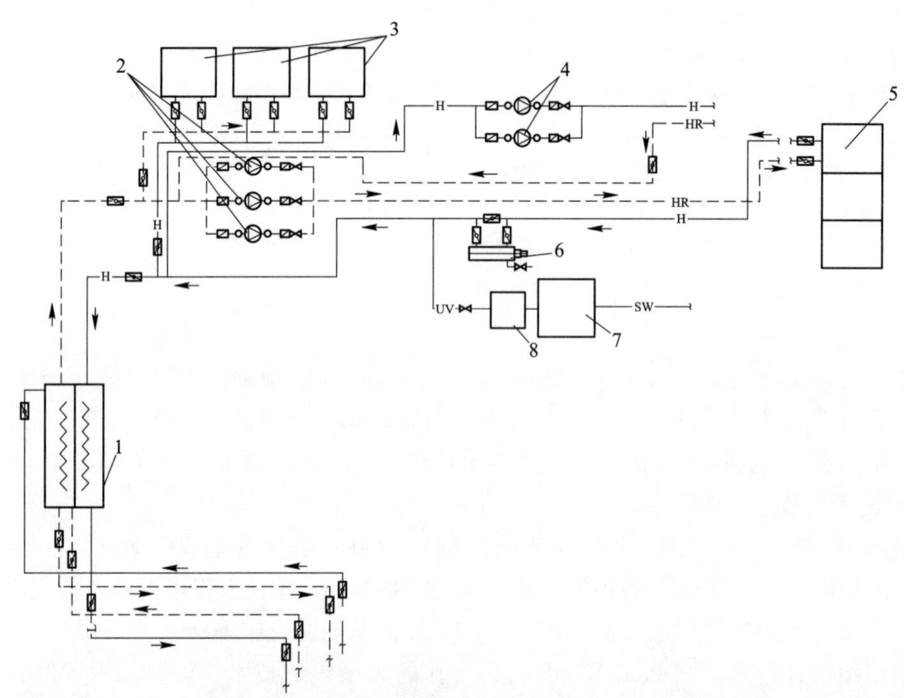

图 1　横管初冷器上段循环水余热利用工艺流程图

1—低温冷水机组；2—循环泵；3—空冷器；4—供暖热水循环泵；5—横管初冷器；6—过滤装置；7—补水箱；8—定压补水装置

2.3　工艺特点

（1）横管初冷器上段循环水全年闭路循环，保证水质不受污染，减少设备维护检修清洗投入。

（2）为横管初冷器上段循环水余热充分利用提供保障。

（3）全年可根据热量需求调节余热用水量，在总量范围内根据用户需求，需要多少取多少。

（4）低温热水循环泵采用变频调速，根据工艺需要调节供水量。

（5）供暖循环泵采用变频调速，根据供暖用户需求进行量调节。

（6）制冷机型式为低温热水型溴化锂吸收式制冷机，可制取 16/23 ℃冷水供横管初冷器及其他用户使用，或制取 7/12 ℃的冷水供空调用户使用。

3　工程运用

2021 年，横管初冷器上段循环水余热利用技术在河南利源新能科技有限公司建成并投入使用。在制冷季节，低温热水型溴化锂冷水机组和循环氨水型溴化锂冷水机组共同为整个煤气净化区域制取低温水，在采暖季节，初冷器上段的热水经过供暖热水循环泵送至厂区各个用户。主要设计参数：低温热水型溴化锂制冷机热水进口温度为 70 ℃，出口温度为 65 ℃，低温热水型溴化锂制冷机单台制冷量 500 万大卡，低温水温度基本可以稳定在 16 ℃以下，初冷器后集合温度控制在 21 ℃。夏季极端情况下，蒸汽型制冷机均未开机。

4 效益分析

4.1 经济效益

若本项目将低温热水型溴化锂冷水机更换为蒸汽型溴化锂吸收式制冷机，制冷机蒸汽耗量约为7.49 t/h，按制冷机周期为150天、蒸汽单价为160元/吨进行计算，每年可节省蒸汽费用431.4万元。增加3台空冷器后，每台功率为55.5 kW，按照两开一备，按照采暖季周期为120天，空冷器运行周期为90天，每年空冷器电耗费用为15.3万元，全年节约能耗为416.1万元。

4.2 环保效益

降低了原蒸汽制冷机蒸汽耗量的输入，降低了工序成本，具有较好的经济效益和环境效益。按照1 t蒸汽折合97.14 kg标准煤、1 t标准煤燃烧产生2.7 t二氧化碳进行核算，全年节省3143 t标煤，减排二氧化碳8486 t，为实现碳达峰和碳中和作出了应有的贡献。

5 结语

横管初冷器上段循环水余热利用技术在河南利源新能科技有限公司建成并投入使用，运行比较稳定，低温水温度基本可以稳定在16 ℃以下。可以看出，焦化厂在使用了以初冷器上段循环水为热源的溴化锂吸收式制冷机后，大大降低了企业的蒸汽消耗，确保横管初冷器上段冷却水全年闭路循环，减少了职工的操作强度。同时响应了国家节能减排，低碳环保的号召，符合《焦化示范企业评价规范》T/CCIAA 1—2020的要求，为企业今后的健康发展奠定了坚实的基础。

参 考 文 献

[1] 李庆生，李俊玲，张雨虎，等. SWDJ673型捣固焦炉技术特点及应用［J］. 山东冶金，2022，44（3）：68-71.
[2] 于振东. 现代焦化生产技术手册［M］. 北京：冶金工业出版社，2010：733-734.

初冷器萘堵塞阻力控制工艺改进

薛朋珍　朱星舟　谭效朋　马晓凤

（山西安昆新能源有限公司，河津　043300）

摘　要：通过对山西安昆新能源有限公司鼓冷工段煤气净化系统因初冷器堵塞严重和阻力增大等因素造成初冷器除萘效率降低同时不利于煤气系统稳定运行原因分析，通过改进乳化液管道将焦油配置到初冷器上下段槽，在初冷器下段槽底部增加外排泵以及制定定期吹扫制度等措施，优化了初冷器的除萘效率，降低并稳定初冷器阻力保证了煤气系统安全稳定运行。

关键词：初冷器，除萘效率，阻力，焦油

1　概述

山西安昆新能源有限公司鼓冷工段有 9 台初冷器（一系 4 台，二系 4 台，备用一台），要求阻力不大于 1.5 kPa，然而开工后阻力升高很快，连续三个月经常在 2.5 kPa 左右。带来的危害主要有：造成横管初冷器前吸力减小，焦炉集气管压力偏大，炉顶荒煤气冒出严重，污染环境；初冷后煤气温度偏高，体积变大，从而降低鼓风机输送能力；初冷后煤气中杂质含量增加，加重电捕焦油器负荷以及沉积物堵塞后续工段管道和设备；因阻力太大，频繁倒换初冷器，并进行蒸汽清扫，生产很被动。

2　初冷器冷却除萘原理以及存在问题

2.1　冷却除萘原理

不同温度和压力下，煤气中萘的饱和含量随着温度的升高而增大，因此冷却除萘的原理实际是降低煤气温度，使煤气含萘量满足生产工艺的需求。如将初冷器出口煤气温度控制在（21±1）℃，可将煤气中萘的饱和含量控制在 0.4~0.55 g/m^3。

2.2　存在问题

煤气初冷器从上至下分为三段，即余热水冷却段、循环水冷却段、低温水冷却段，分别用 63 ℃的余热水、32 ℃的循环冷却水及 16 ℃的低温冷却水对煤气进行冷却，最终将煤气温度冷却至 20~21 ℃。加热后的余热水夏季供制冷机组作为热源使用，冬季供公司各装置的综合楼采暖使用。设置热水泵补偿热水循环系统的阻力损失，并使用膨胀水箱补偿水受热后造成的体积膨胀，保证热水循环系统稳定运行。

为防止煤粉、萘对设备、管道及喷洒管造成的堵塞、初冷器各段均设有热氨水定期喷洒冲洗装置。且设计有初冷器中、下段独立喷洒处理系统，在初冷器停用时，用洗油或氨水对初冷器进行连续冲洗，清洗后的液体送焦油氨水分离单元；其中洗油为离线清洗，氨水为在线或离线清洗。

初冷器中、下冷却水段之间设有断液盘，以节省低温水用量。上段排出的冷凝液经水封流入上段冷凝液槽，用上段冷凝液泵抽出，送入初冷器上段循环喷洒，上段冷凝液槽内的冷凝液多余部分送至焦油渣预分离器前的焦油氨水管道。初冷器下段排出的冷凝液经水封流入下段冷凝液槽，用下段冷凝液泵抽出，送入初冷器下段循环喷洒。为保证初冷器下段循环液中焦油浓度，下段冷凝液槽补充焦油氨水分离单元生产的乳化液和焦油。初冷器下段冷凝液槽内的冷凝液多余部分送至焦油渣预分离器前的焦油氨水管道。实际运行过程中发现初冷器堵塞相当频繁，1~2 天初冷器阻力就会从 0.9 kPa 升高至 2.5 kPa 左右，煤气初冷器后温度无法稳定控制在 21 ℃，经常在 23~25 ℃波动，即煤气含萘在 0.48~0.76 g/m^3 波动，无法满足后续工段的要求。另外，在鼓风机吸力固定的情况下，初冷器阻力增大会造成初冷器前吸

力不够，影响焦炉煤气顺利导出和输送，甚至造成焦炉煤气异常放散。表1为乳化液冲洗初冷器阻力统计表。

表1 乳化液冲洗初冷器阻力统计表 (Pa)

运行 \ 时间	0:00	4:00	8:00	12:00	16:00	20:00
一系	900	1158	1380	1720	2090	2560
二系	860	1230	1350	1830	2160	2680

3 萘堵塞原因分析

温度越低则煤气中萘的饱和含量越低，即冷却脱除的萘越多。为了达到初冷除萘的要求，煤气温度控制在相对较低的条件下运行。萘在其凝固点80.5 ℃时便会凝结成白色结晶，因此初冷器堵塞主要是因为换热管壁附着的萘结晶未被有效洗涤脱除。煤气通道受阻，而且换热管的总热阻增大，进而使煤气温度升高影响除萘效率。根据横管式初冷器的运行工艺分析，初冷器的下段最容易被萘堵塞。从实际运行情况分析，主要存在两方面问题：

3.1 乳化液质量不稳定

横管式煤气初冷器的乳化液从焦油氨水分离槽中部焦油、氨水分离界面（1.8~1.9 m）处排出，乳化液质量受配煤影响含固体颗粒高，乳化液界面受氨水产量影响，乳化液层液位难以控制，焦油氨水混合物不均匀，造成初冷器区域乳化液配比不稳定，初冷器洗涤效果差，清理频次高（一周一次）。

3.2 循环液置换量不足

在初冷器上下段槽冷凝液使用上下段泵出口进行排污，排污量受初冷器喷洒影响大，排污量过大，管道喷洒量减少，排污置换量严重受制，初冷器上段冷凝液泵流量：250 m^3/h，初冷器下段冷凝液泵流量：200 m^3/h，依据外排阀为气动闸阀开度30%计算，初冷器下段排污量为 $200\times0.8\times0.2\times2=64$ m^3/h（双泵运行），初冷器上段排污量为 $250\times0.8\times0.2=40$ m^3/h（单泵运行）。图1为各种阀门的流量特性。

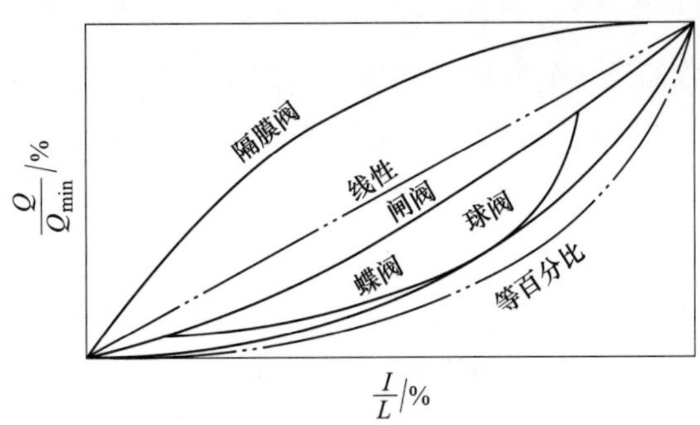

图1 各种阀门的流量特性

4 采取的措施

4.1 初冷器中、下段冷凝液槽配油工艺改进

乳化液在初冷器循环液配比效果差，通过观察焦油在20 ℃时，流动性无异常，将乳化液泵停用，鼓冷超级离心机分离后的焦油通过鼓冷焦油泵出口管道与初冷器上、下段槽配乳化液管道，进行连接，将焦油配置到初冷器上、下段槽中，在焦油泵处增加泵回流管道与阀门，通过控制焦油送出流量与回流量，保证初冷器上、下段槽中持续有焦油配比，在管道上增加流量计与阀门进行添加量控制在10~15 m^3/h，同时在上、下段冷凝液槽中加入循环氨水增加其冷凝液流动性，混合一定比例后，冷凝液中焦油含量为

300~400 g/L，定期对上下段槽底部进行放空操作。

4.2　初冷器下段置换量工艺改进

在初冷器下段槽底部增加量程 58 m，流量 85 m^3/h 外排泵，冷凝液槽置换量增加 68 m^3/h，系统置换量占比由原 20%增加到 40%，同时初冷器上下段喷洒流量稳定不受外排影响，为保证初冷器冷凝液槽液位，将电捕与鼓风机退液补充到初冷器冷凝液槽，一二系循环氨水管道接 DN200 作为补液管道。图 2 为冷凝液槽管线图。

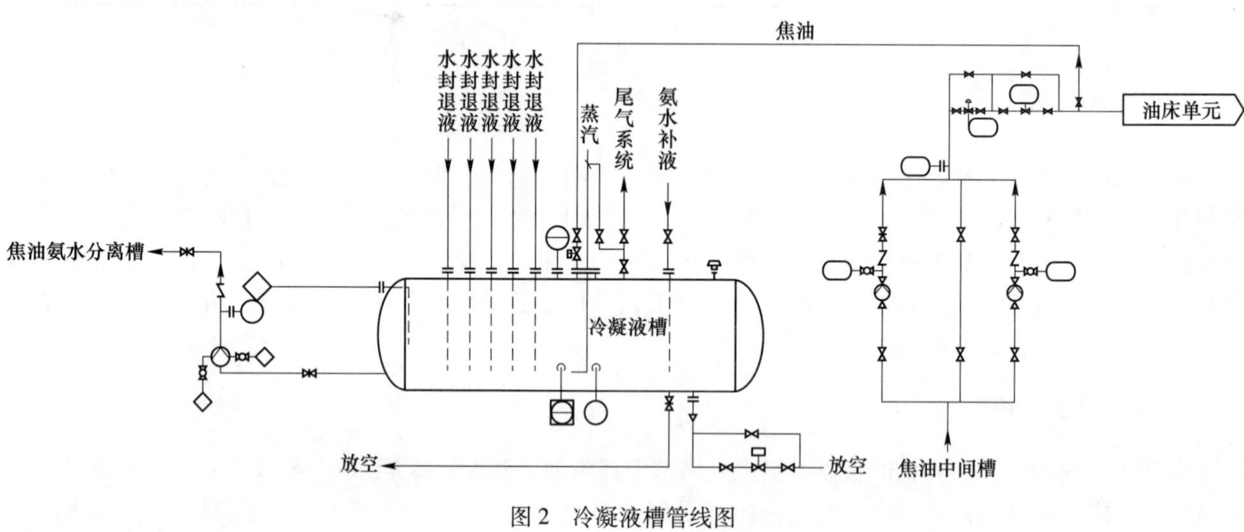

图 2　冷凝液槽管线图

4.3　初冷器操作提升

为了防止初冷器退液管堵塞的概率，形成定期退液管吹扫制度，一个班吹扫三台，按顺序进行每天退液管吹扫，保证每台初冷器退液管时刻保持畅通，防止初冷器退液管出现严重堵塞的情况。

5　结语

通过改进较好地解决了初冷器堵塞的问题，初冷器的阻力控制在不大于 1500 Pa，初冷器后煤气温度稳定控制在 (21 ± 0.5)℃，有效增大了初冷器上下段槽置换量。初冷器喷洒洗涤效果得到明显提升，初冷器的稳定运行周期大幅度延长，初冷除萘效率得到保证，煤气含萘可控制在 3~5 mg/m^3。初冷器阻力和初冷器后煤气温度均稳定控制在工艺要求范围内，保证了煤气初冷器的除萘效率，稳定煤气系统运行。表 2 为焦油冲洗初冷器阻力统计表。

表 2　焦油冲洗初冷器阻力统计表　　(Pa)

运行＼时间	0:00	4:00	8:00	12:00	16:00	20:00
一系	1090	830	950	880	870	840
二系	1060	1030	920	780	770	710

参 考 文 献

[1] 高改花. 横管式初冷器阻力的控制措施 [J]. 燃料与化工，2006 (6)：51，58.
[2] 蔡军兰. 横管初冷器喷洒工艺的改造 [J]. 内蒙古科技与经济，2008，8：10-13.
[3] 景晓娟. 焦化厂煤气初冷器的改造 [J]. 山西化工，2012，32 (1)：52-54.
[4] 方正. 初冷器冷凝液喷洒装置的改进和应用 [J]. 当代化工研究，2018 (9)：150-152.
[5] 赵丹萍，于清野，杜力广. 浅谈初冷器的阻力问题 [J]. 化工管理，2019 (1)：202.

B 煤气鼓风机转子对中找正探讨

李轶明[1,2]　祖印杰[1,2]　侯现仓[1,2]　廉　达[1,2]　李泽奇[1,2]

（1. 唐山首钢京唐西山焦化有限责任公司，唐山　063200；
2. 河北省煤焦化技术创新中心，唐山　063200）

摘　要：针对化工厂 B 煤气鼓风机叶片卡顿现象对煤气鼓风机进行了解体检修，更换风机叶片衬套、轴封环以及轴承处碳环，重点对检修过程中的煤气鼓风机转子对中找正过程及方法进行了详细描述，利用三表法对转子位置进行了定位，通过多次对轴承基座进行轴向、径向及纵向的调整，使得转子中心与变速箱主轴中心处于同一直线上，探讨结果对风机类设备检修具有一定的指导意义。

关键词：B 煤气鼓风机，风机转子，对中找正，三表法

1　概述

煤气鼓风机是焦化厂的核心设备，关系着炼焦、干熄焦及化工三个区域组成的整个煤气系统的稳定性。转子是大多数转动设备必不可少的一部分，同时是组成煤气鼓风机系统的关键零部件。风机转子的平稳运转是保证煤气系统正常运行的重要条件之一，而影响风机转子平稳运转的最主要的因素就是风机转子中心与增速箱转轴中心是否处于同一直线[1]。近年来，许多学者对不同类型风机转子对中找正过程及方法展开了大量研究。肖小华[2]利用同步旋转法和三表法相结合的办法对煤气鼓风机联轴器进行对中找正，不仅消除联轴器制造误差，而且减小了轴向串动对测量值的影响；郑练等[3]研究了鼓齿形联轴器安装时的找正过程，利用 4 个百分表对 4 个相位点进行测量，对联轴器轴向、径向位置精度严格把控，将位置精度差值控制在条件允许范围内，取得了积极结果；Chao 等[4]提出了一种电机联轴器找正的方法，利用两个表测量轴向偏差，利用 4 个表测量对中校准，并推导出了轴向偏差和径向偏差的计算公式，为联轴器的找正提供了有效帮助。综上所述，转动设备转子、联轴器等关键部件的对中找正对于设备的平稳运行至关重要。因此，有必要对转动设备转子、联轴器等关键部件的对中找正过程严格把控。本文针对某化工厂 B 煤气鼓风机解体检修过程中风机转子对中找正过程进行了研究，通过对风机转子轴向、径向、纵向等 3 个坐标方向的调整，保证风机转子与增速箱转轴在同一中心线上，取得了较为积极的检修结果。

2　找正过程

2.1　B 煤气鼓风机简介及找正标准

本次检修的 B 煤气鼓风机型号为 STC-SO(LO7.1) 型风机。本次检修共更换了 4 个碳环、30 个轴封环、15 个 DU 衬套，并对煤气鼓风机本体内外进行了清理。

本次检修中，煤气鼓风机转子与增速箱的位置（h_L）以及煤气鼓风机转子主轴端面与增速箱转轴端面的平行度（s_L）的把控至关重要。其中，h_L 单侧偏差控制在（0.33±0.08)mm 范围内，则双侧偏差控制在（0.66±0.16)mm 范围内，对应检修测量数据中的 50~82 道（1 mm=100 道）；s_L 偏差控制在（−0.01±0.08)mm 范围内，对应检修测量数据中的−9~7 道（1 mm=100 道）。

2.2　三表法找正

本次检修采用的找正方法为三表法。所谓三表法找正，就是利用三个百分表对煤气鼓风机转子与变速箱的相对位置进行测量。利用如图 1 所示的金属架进行测量，金属架右侧固定在增速箱转轴上，另一侧

与煤气鼓风机转子转轴接触。表 1 用来测量煤气鼓风机转子转轴外圆数值（即轴向数据），测量该数据是为了保证转子主轴中心与增速箱主轴位于中心位于同一直线上，表 2、表 3 用来测量煤气鼓风机转子转轴端面数据（即径向数据），测量该数据的目的是保证转子主轴端面与增速箱主轴端面的平行度。对测得的数值进行计算、分析，确定两轴在空间的位置，最后得出调整量和调整方向。

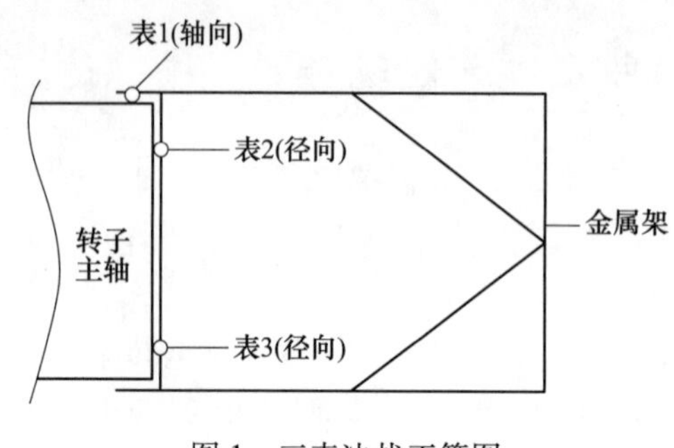

图 1　三表法找正简图

2.3　风机转子位置调整方法

本次检修主要对煤气鼓风机转子的垂直位置、水平位置进行调整。如图 2 所示，横向和纵向的调整依靠煤气鼓风机转子基座上的螺栓进行调整：转子的横向调整依靠螺栓 2、螺栓 5 实现；转子的纵向调整依靠螺栓 1、螺栓 3、螺栓 4、螺栓 6 实现；转子的垂直位置依靠在位置 1、位置 2、位置 3、位置 4 四处位置加减“U”形铜皮来调整，铜皮的厚度有 0.1 mm(10 道)、0.2 mm(20 道) 等规格型号，本次使用的铜皮尺寸为 20 道。

图 2　风机转子基座图

3　找正结果分析

本次检修对煤气鼓风机转子与增速箱转轴的相对位置（径向）测量共记录了 7 次，测量结果如表 1、表 2 所示：第一次测量为拆下联轴器后，此次测量是为了记录原始数据，以便与初始标准作比较，判断风机自投入使用至今的转子位置变化情况；第二次测量为拆完煤气鼓风机大盖，此次测量是为了确定煤气鼓风机的重量对转子垂直位置的影响；第三次至第七次为风机回装时测量的数据，应以说明书给出的标准为参考进行调整，从而保证煤气鼓风机回装后转子的位置与检修拆卸前的位置一致。

表 1　风机转子对中找正径向测量数据（100 道 = 1 mm）　　（道）

次数 / 角度	1	2	3	4	5	6	7	找正标准
0°	0	0	0	0	0	0	0	—
90°	+45	+45	+45	+28	+15	+45	+42	—
180°	−33	−29	−35	−2	−3.5	−2	+8	—

续表 1

角度＼次数	1	2	3	4	5	6	7	找正标准
270°	−75	−78	−80	−32	−18	−47	−38	—
h_L	+120	+123	+125	+60	+33	+92	+80	+50～+82
s_L	+33	+29	+35	+2	+3.5	+2	−8	−9～+7

表 2　风机转子对中找正轴向测量数据（100 道=1 mm）　（道）

角度＼次数		1	2	3	4	5	6	7	找正标准
0°	表 2	0	0	0	0	0	0	0	—
	表 3	−6	−4	0	+1	−2	−2	+1	—
	平均值	−3	−2	0	+0.5	−1	−1	+0.5	<3/ϕ100 mm
90°	表 2	0	0	+1	−1	+1.5	0	+1	—
	表 3	−5	−3	−1	+1.5	+1	0	+2	—
	平均值	−2.5	−1.5	0	+0.25	+1.25	0	+1.5	<3/ϕ100 mm
180°	表 2	+4	+3	−2	−2	−1.5	−1	−1	—
	表 3	0	0	0	0	0	0	0	—
	平均值	+2	+1.5	−1	−1	−0.75	−0.5	−0.5	<3/ϕ100 mm
270°	表 2	+4	0	0	−2	−3	−1	−3	—
	表 3	−1	−1	+1	−1	−4	−2	−2	—
	平均值	+1.5	−0.5	+0.5	−1.5	−3.5	−1.5	−2.5	<3/ϕ100 mm

由表 1 可知：前三次测量，h_L 值均大于+82，说明煤气鼓风机自投入使用至今，由于振动原因，风机转子与增速箱主轴的相对位置发生了改变，这可能是导致风机翻板卡顿的原因之一；第一次测量与第二次测量的 h_L 值，差 3 道，这是由于煤气鼓风机大盖对风机转子高度产生了影响；以说明书给出的标准为参考，最后调整的 h_L 值为+80，在+50～+82 之间，说明调整的 h_L 值合理；第五次测量时 h_L 值为+33，显然低于标准范围，这是由于在回装调整过程中，对图 2 中位置 1～4 处的“U”形铜皮厚度进行了调整；第六次测量时 h_L 值为+92，比第五次测量 59 道，这是由于在图 2 中位置 1～4 处加了 3 层铜皮。第一次测量时，s_L 值为+33，远高于给定的标准范围，这可能是由于风机运转振动导致的；通过调整图 2 中的螺栓 2、螺栓 5，来保证 s_L 值在标准范围内，s_L 值最后调整值为−8，说明风机转子对中找正径向数据合格；第一次测量与第二次测量，h_L 差值与 s_L 差值都有所变化，说明风机大盖对风机转子的位置确实有一定影响。

风机转子与增速箱转轴由联轴器连接，风机转子轴向找正是为了保证联轴器两端能够很好地与转子和增速箱相连，其实质是为了保证联轴器与风机转子、增速箱转轴接触面的平行度。找正标准给定“<3/ϕ100 mm”，其含义为直径为 100 mm 的轴，其平行度偏差在 3 道以内。由表 2 可知：表 1 在 0°位置时示数为 0、表 2 在 180°位置时示数为 0，这与图 1 给出的表 1、表 2 的位置是相对应的；理想状态下，联轴器与风机转子、增速箱转轴的两个接触面是平行的，即百分表在四个点位的测量值应为 0，四个点位第一次测量值均较大，说明风机投入使用后由于振动发生了轻微的移动，如不及时进行调整，可能会对风机运转的平稳性造成影响；最后一次调整完毕，表 2、表 3 在 0°、90°、180°、270°四处测量数据平均值的绝对值均小于 3，说明联轴器与风机转子、增速箱转轴接触面的平行度符合给定标准，联轴器能够很好地连接传动。

4　小结

（1）最后调整的 h_L 值为+80，在+50～+82 之间，s_L 值最后调整值为−8，在−9～+7 范围内，说调整的 h_L 值、s_L 值满足检修标准，检修结果较为理想。

（2）径向找正最终结果均控制在 3/ϕ100 mm 以内，说明径向找正结果满足检修标准，联轴器与风机转子、增速箱转轴两接触面的平行度可靠。

（3）本次检修共更换了 4 个碳环、30 个轴封环、15 个 DU 衬套，并对风机本体附着的铁锈、焦油、萘等杂质进行清理，目前 B 煤气鼓风机运转正常，检修过程及结果可为鼓风机类转动设备检修提供一定的理论指导。

参考文献

[1] 宋健强 . 罗茨鼓风机转子各部间隙的分析与计算［J］. 化工机械，2010，37（6）：697-701.

[2] 肖小华 . 三表测量法解决煤气鼓风机联轴器找正问题［J］. 涟钢科技与管理，2011（1）：45-46.

[3] 郑练，李超，彭光宇，等 . 关于联轴器安装找正的工艺研究［J］. 新技术新工艺，2015（9）：14-16.

[4] Chao C，Feng Y，Fan L. One of the methods to centering and align motor coupling［J］. Marine Electric & Electronic Engineering，2015，35（6）：36-38.

横管式初冷器及电捕焦油器生产存在问题的查找与处理

张旭东 杨天宇

（鞍钢化学科技公司有限公司，鞍山 114001）

摘 要：在焦炉煤气的生产与净化过程当中，煤气需要经过多个工序的冷却、除萘、脱苯、脱硫处理，才能最终汇入煤气管网。而在这个过程当中，对煤气的冷却与脱萘处理是一道相当重要的工序，对后续的生产流程有着巨大的影响。但在煤气的冷却与脱萘过程当中，横管初冷器这一冷却装置却容易出现积萘的问题，从而影响煤气的净化与冷却，加大初冷器的阻力，加大鼓风机的负荷。因此，对横管初冷器积萘的情况改进和优化，从而提高冷却除萘的效果。以鞍钢化学科技有限公司二回收作业区焦炉煤气冷凝工艺为例，探究横管式初冷器及电捕焦油器生产存在问题的处理方法。

关键词：初冷器，冷却煤气，除萘，优化研究

1 概述

初冷是煤气净化的基础，只有保证初冷单元正常、稳定的运行，才能实现对煤气的优质净化和化学产品的回收。由于横管式初冷器具有占地面积小、给热效率高、冷却和除萘效果优的优点，被广泛应用于现代大型焦化煤气初步冷却工艺中，设计为 4 台初冷器，而在入冬前初发现冷器有积萘的情况初冷器积萘造成集合温度超标，甚至有时候达到 26 ℃，阻力在短短的几天内就能从 1 kPa 大到 1.5~2.0 kPa 严重影响了鼓冷的稳定运行。由于阻力增长较快，初冷器的倒用频率也加大，吹扫次数变多，极大地增加了工人的劳动强度，严重影响了煤气系统后续工艺的正常生产。电捕焦油器作为煤气除焦油的重要的设备，在日常巡检清扫也是重要的一项。

2 工艺流程

来自焦炉的荒煤气与焦油氨水混合物进过气液分离器分离后，82 ℃荒煤气上部出来，进入并联操作的横管式初冷器，分别用 70 ℃余热水、32 ℃循环水、16 ℃低温水、将煤气冷却至 18~22 ℃。由横管初冷器下部排出的煤气，进入并联操作的电捕焦油器，除去煤气中夹带的焦油，在由煤气风机压送至硫铵、粗苯、脱硫、进入煤气管网。为了保证初冷器冷却效果，在其顶部用热氨水不定期冲洗，以清除管壁上的焦油、萘的杂质。65 ℃余热水用余热水泵经横管初冷器上段换热到 75 ℃送到脱硫作业区循环使用。初冷器带有断塔盘，将初冷器分为上下两段。上段排出的冷凝液经水封槽流入上段冷凝液槽，用上段冷凝液泵将一部分送到初冷器上段喷洒，多余部分送到焦油渣预分离器。下段排出的冷凝液经水封流入下段冷凝液槽，用下段冷凝液泵送到初冷器下段喷洒，多余的部分经交通管满流到上段冷凝液槽。在焦油氨水分离槽的焦油氨水分界面处取出焦油氨水混合物，其中还有约 30%~50%的焦油自流到上下段冷凝液泵入口。

3 工艺中存在的问题及解决方法

（1）喷洒液流量低，喷洒液管堵塞。横管煤气初冷器不仅肩负煤气冷却，还有循环液洗萘、除萘的功能，对于横管初冷器煤气与喷洒液并流，随着煤气温度的降低，冷凝喷洒液的温度也随之降低，萘在喷洒液中的溶解度随温度的降低不断地增加，因而，初冷器喷洒液与煤气并流冷却的过程中，对煤气中的萘始终有较高的吸收推动力。据资料介绍，50 ℃以上时萘几乎不从煤气中析出，当低于 50 ℃时将会有大量析出，横管初冷器分三段，下段用 16 ℃低温水冷却，在下段有大量的萘析出。这需要大量的焦油氨

水混合物冲刷溶解吸收，设备喷淋量小，将会达不到冲刷吸收的效果，易造成初冷器下段的堵塞。原设计为 3 开 1 备单台上段喷洒液流量为 25~35 m^3/h，下段喷洒液流量为 90~120 m^3/h。但在实际生产的情况下验证其喷洒量远小于此设定值，下段水封冷凝液流出量很小，上下段各有 7 根直径为 50 mm 的喷洒液管经常有堵塞，流量也无变化不能及时发现进行处理。造成了喷洒盲区，也降低了喷洒液洗涤的效果。

（2）喷洒液品质差造成初冷器阻力大温度高，经常倒用清洗。原设计横管初冷器下段排出的冷凝液经水封槽流入下段冷凝液槽，并在兑入一定量的焦油氨水分离槽相界面的焦油氨水混合物，再用下段冷凝液泵送至初冷器下段喷洒，多余部分经交通管满流到上段冷凝液槽。但是，由于密度的不同在循环喷洒的过程中密度较大的焦油溶解萘后逐渐在下段冷凝液槽的下部沉积，通过交通管满流入上段冷凝液槽的主要是密度小的氨水和轻质油类。所以下段冷凝液含轻质焦油少，造成了下段冷凝液含萘高，冷凝液黏度大，喷洒时挂在初冷器下段冷却水管上，导致初冷器煤气阻力增大，换热效果差煤气出口温度增高，需要 3 天左右就要清洗初冷器，清洗时发现初冷器阻力明显增大，要四台初冷器逐个清洗。因为下段蒸汽吹扫下来的焦油和萘是满流到上段冷凝液续工艺生产。

4 工艺特点

（1）横管初冷器的特点：被初步冷却到 82 ℃左右的焦炉煤气，经气液分离器后进入横管冷却器，焦炉煤气在冷却器内被冷区后，气体中的杂质会随着温度的冷凝，附着在冷却水管上。横管初冷器的占地面积更小一些，系统的日常维护、保养维修工作更简单轻松。

（2）焦油器电捕的特点：电捕焦油器是运用高压直流电源产生的电磁场效果，对流经的煤气中焦油进行电捕的设备。煤气中带电荷的焦油颗粒会在 30~50 kV 电压构成的电场效果下移向沉淀极管，通过焦油排除设备的焦油。

5 整改措施

5.1 初冷器运行过程中阻力加大，换热效率低

初冷器在运行当中，发现初冷器阻力升高，余热水，循环水，低温水冷却煤气效果差，下段水封槽含油较多，集合温度超标，同时增大鼓风机的负荷，初冷器阻力从平时的 1.0 kPa 涨到 1.5~2.0 kPa。

针对初冷器挂萘情况做出几项整改办法；4 台横管初冷器并联操作，煤气从横管初冷器上部进入，为了保证初冷器对煤气的冷却效果，用水对煤气分 3 段进行冷却。上段进水水温为 70 ℃，出水水温为 60°，中段一样，用进水水温为 32 ℃ 、出水水温为 45 ℃的循环水对煤气进行冷 却。下段用 16 ℃制冷水将煤气冷却至 18~22 ℃ 。为保证初冷器的冷却除萘效果，在中、下段顶部连续喷洒焦油、氨水混合液，在上段顶部用热氨水循环喷洒，以清除管壁上的焦油、萘等杂质。初冷器上、中 段排出的冷凝液经水封槽流入上段冷凝液槽，用泵将其送入初冷器中段顶部循环喷洒，下段冷凝液槽内多余的部分送到机械化氨水澄清槽。初冷器下段排出的冷凝液经水封槽流入下段冷凝液槽，用泵将其送入初冷器下段顶部循环喷洒，下段冷凝液槽内多余部分流入上段冷凝液槽。

5.2 初冷器积萘挂到水管道表面严重腐蚀管道导致管道内漏

为解决初冷器严重积萘的问题，开始停单台初冷器用热氨水对上段、中段下段清扫，送至上段槽再通过上段泵送至刮渣槽，经过一段时间的清扫，效果不是很明显，最终决定对初冷器清扫管道进行改造，加装一个洗油槽，一台送出泵，泵出口接至上段乳化液流量计前和下段冷凝液流量计前，将初冷器上段氨水喷洒管道与中段乳化液喷洒管道连接加装两个开闭器，上段水封槽下方人孔连接管道到洗油槽，下段冷凝液出口接出一个分支加装开闭器接至洗油槽，洗油槽里通入蒸汽管道给洗油加热，萘的熔点是 80~82 ℃，所以要给洗油加热至 80 ℃以上，通过停单台初冷器出入口煤气阀门，通氮气打开放散管，把 3 段水放空，打开出口水管道的蒸汽阀门向初冷器内部加热，启动洗油泵打开上段流量计前的阀门向初冷器上段喷洒洗油，经过一段时间清扫，清扫下来的萘被回收到了洗油槽，中段及下段清扫方法同上，通过

对初冷器洗油装置的改造，有效地解决了初冷器积萘的问题。

5.3 电捕焦油器水封无观察口

在日常的清扫排液管，煤气管道冷凝下来的焦油等物质没有办法观察排油情况，对于生产操作有一定的影响，针对这项工作决定对电捕水封槽进行改造，在电捕水封槽满流管中间处加装一个观察漏斗，可以方便随时观察电捕排油排水的状况，避免了煤气管道存水造成的重大事故。

6 整改后的效果

初冷器整改后阻力明显下降，3 段水的换热水效果好了，减轻了用水的负荷，降低了鼓风机的运转负荷，集合温度控制在规定范围内，减轻了工人在日常工作中的劳动强度。电捕水封在更改观察口后，在日常的清扫与巡检中能够更好地了解电捕排液情况，大大降低煤气管道存水带来的风险。

7 初冷器的日常管理操作措施

（1）每班要对下段冷凝液水封回液进行检查，在确保水封畅通等情况下，使喷洒液达到最大化。根据回液中焦油、氨水含量多少，及时调节冷凝液外排泵排出量和焦油氨水分离槽送入下段的焦油氨水混合液量。确保下段冷凝液含焦油在 30%~50%内。下段喷洒液槽温度控制在 20~25 ℃，夏季温度降低到 30~35 ℃。

（2）初冷器上段循环水上水温度控制在 28~32 ℃，回水不高于 45 ℃。将初冷器上段经断塔盘进入下段煤气温度控制在 35 ℃。

（3）将初冷器总阻力控制在小于 1000 Pa，各初冷器煤气出口温度控制在 20~22 ℃。发现总初冷器阻力超标或出口煤气温度高于 23 ℃时开低温水仍不达标，及时关闭阻力高或温度高的出口截门用热氨水冲洗 4~6 h 后开启。在冲洗前一定要把所冲洗初冷器下段排液管倒到进冲洗液排出槽。

（4）每班要检查上下段喷洒液管，发现过夜不畅及时用蒸汽吹扫。保证喷洒液管畅通消除喷洒盲区，提高喷淋密度。

8 结论

经过一系列优化改进，初冷器萘、集合温度超标、水管道腐蚀等问题得到有效解决，电捕水封增加了观察漏斗，提供便利条件方便岗位操作，创造安全生产环境。

隔膜泵在煤气净化阶段应用

薛朋珍　曹纪学　高鹏辉　申子祺

（山西安昆新能源有限公司，河津　043300）

摘　要：通过对山西安昆新能源有限公司煤气净化系统脱硫工段硫泡沫转运等因素造成脱硫液质量变差及现场环境污染原因分析，通过增加隔膜泵及附属管道，利用泵与管道直接将硫泡沫输送至制酸单元等措施，优化了硫泡沫转运效率，降低并稳定脱硫液质量，保证了煤气脱硫效果稳定运行。

关键词：隔膜泵，转运，硫泡沫

1　概述

山西安昆新能源有限公司脱硫工段设有6台脱硫塔（一系3台，二系3台），4台再生塔，6个泡沫槽，6台离心机，硫泡沫通过离心机后的清液返回脱硫塔进入脱硫系统，浆液（含固量高的硫泡沫）利用车辆转运至制酸单元。带来的危害主要有：车辆转运浆液造成现场气味大，尾气回收困难，现场环境无法有效维持，车辆转运人为影响因素大对系统平稳运行存在一定影响，造成脱硫液中副盐含量持续升高，影响煤气脱硫效果，塔后硫超出指标范围。

2　拉运车辆的选用以及运行存在问题

2.1　拉运车辆的选用

（1）成品罐车，优点：密封性好，容积大；缺点：硫膏易沉积底部，卸料口堵塞；现场等待时间长。

（2）搅拌车辆，优点：车辆带搅拌，硫膏不易沉积；缺点：密闭性差，装车过程无法做到气味密闭。根据生产需求制作箱体进行拉运。

2.2　存在问题

预冷后的煤气依次进入三级脱硫塔，煤气与塔顶喷淋下来的脱硫液逆流接触以吸收煤气中的硫化氢（同时吸收煤气中的氨，以补充脱硫液中的碱源）。脱硫后煤气含 $H_2S \leqslant 0.05\ g/m^3$，送入硫铵单元。

吸收了 H_2S、HCN 的脱硫液从塔底流出，用脱硫液泵经脱硫液冷却器冷却后送入再生塔，同时自再生塔底部通入压缩空气，使溶液在塔内得以氧化再生。再生后的溶液从塔顶经液位调节器自流回脱硫塔循环使用。

浮于再生塔顶部的硫磺泡沫，利用位差自流入泡沫槽，硫泡沫经泡沫槽内搅拌器搅拌、蒸汽加热后由泡沫泵送至离心机进行处理，离心后的浆液送往制酸单元。安昆脱硫单元与制酸单元直线距离约2.5 km，高度落差约40 m，实际运行过程中利用车辆进行转运，会造成生产现场硫泡沫气味逸散，介质污染现场频繁，无法有效控制现场环境与气味逸散，同时受转运车辆及人员影响硫泡沫无法及时拉运，硫泡沫槽液位满，会造成脱硫系统波动，脱硫液内副盐含量无法有效转化，尤其是硫代硫酸铵，造成脱硫液中副盐含量持续升高，影响煤气脱硫效果，塔后硫超出指标范围。表1为2023年脱硫液中硫代硫酸铵统计表。

表1　2023年脱硫液中硫代硫酸铵统计表

运行	2023年 4月8日	2023年 4月12日	2023年 4月23日	2023年 4月28日	2023年 5月3日	2023年 5月10日
一系脱硫液	74 g/L	86.6 g/L	81.4 g/L	59.2 g/L	57.8 g/L	59.2 g/L
二系脱硫液	51.1 g/L	71.8 g/L	48.8 g/L	42.2 g/L	50.3 g/L	39.2 g/L

3 原因分析

3.1 车辆运输不稳定

场地原因我公司煤气净化脱硫区域与制酸单元距离过远，中间跨越铁路桥洞，在设计阶段选用车辆对硫膏进行转运，在使用车辆转运过程中，不可避免会造成硫泡沫转运异常，异常状态下会造成，脱硫液再生得不到有效反应，脱硫液中副盐含量升高，影响脱硫效果，同时为满足生产需求，箱体无法做到气味回收，车辆转运过程中，无法避免造成现场环境污染。

3.2 浆液黏稠度大不稳定

硫泡沫经离心机分离后，浆液含固量提高至10%~20%，在浆液装车过程中，装车流量不稳定，管道易堵塞，浆液附着在罐体侧壁，无法有效进行运输。

4 采取的措施

针对问题项，询问考察同行脱硫与制酸运行情况，无与我公司情况吻合情况，通过与泵厂家进行了解沟通后，推荐使用隔膜泵，并推荐几家安装有隔膜泵单位进行考察，公司组织相关人员对隔膜泵考察后，进行项目可行性分析，决定在脱硫建造隔膜泵房，将硫泡沫利用隔膜泵直接使用管道输送至制酸。

4.1 隔膜泵工作原理

隔膜泵工作原理见图1，电机1通过减速机驱动曲轴2、连杆3、十字头4使旋转运动转化为直线运动，带动活塞6进行往复运动。当活塞6向左运动时，活塞6带动液压油将隔膜室10中橡胶隔膜9拉到左方向，使隔膜室10工作腔体积增大，同时出料阀11关闭，待输送的料浆借助喂料压力打开进料阀12，进入并充满隔膜室10。当活塞6向右运动时，关闭进料阀6，活塞6推动液压油将隔膜室10中橡胶隔膜9推向右方向，并借助压力开启出料阀11，将料浆输送到管道。

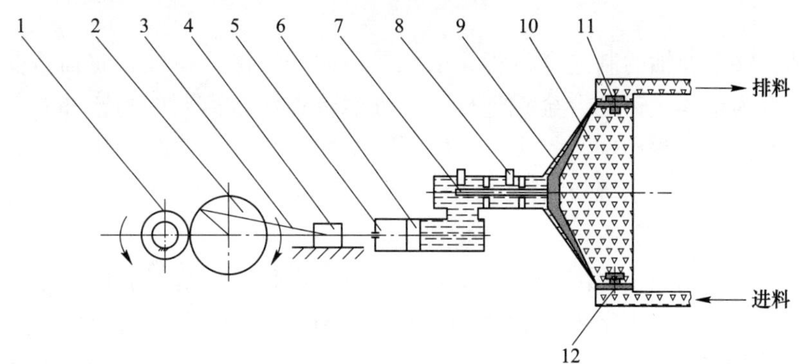

图1 隔膜泵工作原理图

1—电机；2—曲轴；3—连杆；4—十字头；5—油缸；6—活塞；7—导杆；8—探头；9—橡胶隔膜；10—隔膜室；11—出料阀；12—进料阀

由于硫浆不接触活塞等运动部件，避免了这些部件的磨蚀，减少了维修次数和运行成本。同时，通过设置灵敏、可靠的自动化检测系统，保证了橡胶隔膜的长使用寿命。以上优点使往复式活塞隔膜泵成为硫浆管道化输送的理想设备。隔膜泵有三个隔膜室，每个隔膜室的起始排料相位相隔120°，可使硫浆输送量均匀。

4.2 隔膜泵参数选用与管线布置

根据现场与生产情况，要求隔膜泵流量为25 m^3/h，出口压力最高为3 MPa，因介质脱硫液为腐蚀性介质，所有涉及泵的过流件部分选用耐腐蚀材质。脱硫为爆炸区域相关电气元件及电气设备选用防爆产品。控制箱选用防爆控制箱，带远传功能接口。

4.2.1　驱动机级动力传输装置

采用变频调速技术，电机采用变频专用电机，减速机采用硬齿面减速机，减速机对电机的安全系数达1.05以上。动力传输装置采用齿轮箱传输，其输出功率大于电机输出功率。联轴节（器）采用无火花型，所有外露的转动部件提供防火花护罩。

4.2.2　缸体壳体设计

采用铸造合金钢材质，并经过有限元分析，得出在化工标准条件下极端温度情况许用应力内合理壁厚，有限元分析充分满足了缸体的刚性以及承受作用在缸体接管法兰上的外力和外力矩。缸体的设计压力是根据标准公称压力等级选定，同时满足大于泵允许的最大工作压力，大于在数据表中规定的安全阀设定值。缸体设置排液设施，方便检修和冬季防冻之需，为防止该类机械的气蚀，缸体上部还设有排气阀。

4.2.3　机身和泵体

隔膜泵液力端机身各过流部件之间采用高强度螺栓联结，必要部分带有焊接支架。每个隔膜腔（液压油腔）配有压力显示。隔膜室的气液排放设置有手动截止阀。

4.2.4　活塞和活塞杆

活塞杆与活塞靠螺栓联结，螺栓联结其预紧力是可控制的，并且经过计算得出合理的数据，采用专用工具拧紧。活塞杆上的螺纹大径小于压力填料的最小尺寸，避免了在拆装活塞或活塞杆时，活塞杆螺纹穿过压力填料部位时对填料的损坏。活塞、活塞杆与填料接触的工作表面进行硬化处理，活塞、活塞杆在粗加工后进行超声波探伤；精加工后进行磁粉探伤，保证活塞杆的质量安全。

4.2.5　隔膜

隔膜设计经过了有限元运动仿真模拟，应力分析，做到了形状与变形的最优化尺寸方案，并选用与输送介质特性和操作条件相适应匹配的长寿命隔膜材料，保证隔膜的连续使用寿命。在不拆卸进出口接管的前提下，更换或检修隔膜方便易行，更换或检修一个隔膜仅需人工时不大于2~3 h。隔膜室带有隔膜位置检测单元，能保证隔膜运行在最佳的工作区间，并能对隔膜破损及时报警。

4.2.6　曲轴和连杆

曲轴为整体锻造，整个曲轴的制造全过程，采取严格的质量保证措施。曲轴箱设置有防止压力迅速升高的安全装置。连杆为整体式铸造合金钢连杆，保证能传递活塞需要的力，并有一定的安全裕度。连杆螺栓、螺母能可靠方便地预紧和锁紧，卖方提供所需要的预紧载荷值和专用工具。十字头应具有可更换和可调节的滑板，十字头润滑系统强制润并保证十字头销和滑道有足够的润滑油。

4.2.7　轴承

隔膜泵曲轴的轴承为滚动轴承，由具有专业的往复泵专用轴承制造经验的知名轴承厂家定制。轴承分为曲轴支撑轴承、连杆轴承和十字头销轴承，设计选型寿命在8年以上。轴承可方便地进行更换，并在主轴承两端有效密封以便防止水和灰尘的侵入。

4.2.8　进出口阀

进、出口阀的设计适用于买方规定的料浆，隔膜泵采用锥阀，阀的设计保证泵工作损失小、冲击小、开闭及时。阀门尺寸足够大，以降低阀内料浆流速。阀座配有油压装置，以便快速更换。进、出口阀的设计，为非对称结构、在组装时，进、出口阀不会装错或装反，阀螺栓一律为外置把合，松动甚至断裂时，不会落入缸体内。

4.2.9　密封及密封组件

优化活塞密封组件设计，调整密封圈压缩量及弹性，提高密封稳定性，各处连接面采用专业的橡胶密封或缠绕垫密封，耐腐蚀、长寿命。

4.2.10　压力润滑和动力油系统

隔膜泵具有完善的润滑、冷却系统，隔膜位置控制系统（动力油系统）。润滑系统、冷却冲洗系统、隔膜位置控制系统包括：（1）电机驱动的辅助油泵。（2）带入口双滤器，入口双滤器互为备用，集成前后阀门。（3）测温装置。（4）阀、分配器及管路。（5）所有必要的控制和仪表包括：压力变送器、压力表。所有的耐油压的元件采用优质钢管，油管装配前进行酸洗。设计回油管线保证隔膜泵在运转过程中油液顺利回流。图 2 为隔膜泵管线图。

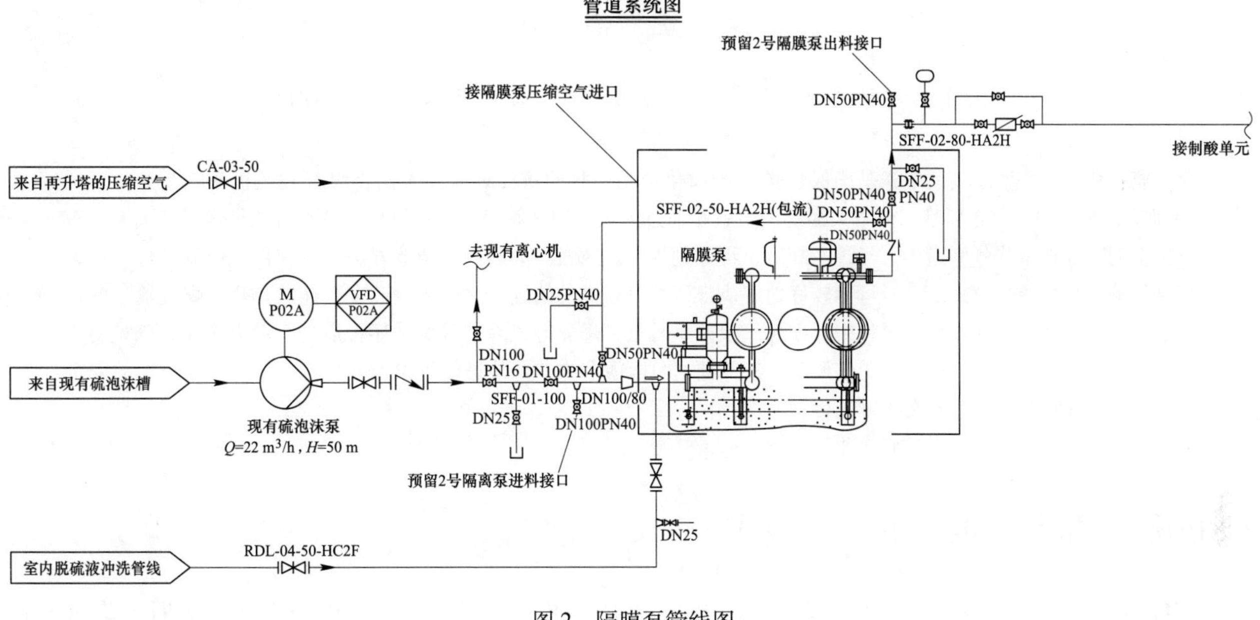

图 2 隔膜泵管线图

5 结语

通过隔膜泵及相应管线安装，2024 年 4 月完成隔膜泵前期相关工作，进行投用，投用后通过磨合，隔膜泵出口流量维持在 11~12 m^3/h，脱硫单元泡沫槽余量在 1/2~1/3，泵出口压力运行在 1.1~1.3 MPa，实现硫泡沫管道输送设想，现场气味得到极大改善，现场环境得到有效改善，通过制酸单元返液管道实现硫泡沫的连续输送，减少介质在管道停留，为脱硫液的再生提供有利条件，温度脱硫系统运行，降低脱硫液中副盐含量，将脱硫液中副盐含量控制在最佳范围之内。表 2 为 2024 年脱硫液中硫代硫酸铵统计表。

表 2 2024 年脱硫液中硫代硫酸铵统计表

运行	2024 年 4 月 1 日	2024 年 4 月 8 日	2024 年 4 月 22 日	2024 年 4 月 29 日	2024 年 5 月 6 日	2024 年 5 月 13 日
一系脱硫液	4.4 g/L	8.9 g/L	9.6 g/L	3.7 g/L	7.4 g/L	8.9 g/L
二系脱硫液	2.2 g/L	5.2 g/L	5.9 g/L	3 g/L	6.7 g/L	8.9 g/L

参 考 文 献

[1] 刘靖．关于焦炉煤气 HPF 脱硫脱氰工艺中抑制两盐增长方法的研究［D］．石家庄：河北科技大学，2014.

[2] 谢礼健．HPF 法脱硫废液中二种盐的收率及纯度影响因素的研究［D］．鞍山：辽宁科技大学，2015.

焦化厂煤气大循环管道检修作业风险控制技术探讨

方　正　高和平

（国能蒙西煤化工股份有限公司，鄂尔多斯　017000）

摘　要：焦化厂焦炉煤气的输送是确保焦炭生产和化产品回收的重要环节。人们将煤气鼓风机比喻为焦化厂的“心脏”，足以说明其重要性。煤气大循环调节就是通过大循环调节阀门将鼓风机压出的部分煤气经煤气大循环管道送至初冷器前的煤气管道中，经过冷却后，再回到煤气鼓风机。大循环的调节方法是焦化厂生产调节煤气压力和煤气输送量的重要方式之一，可以较好地解决煤气温升过高的问题。大循环管道直接连通焦化厂煤气输送的负压系统和正压系统，在检维修过程中存在煤气泄漏、着火、爆炸等风险，对大循环管道进行动火作业，既需要合理地组织炼焦、化产各工序生产工艺调节，还需要对危险源和作业风险进行辨识，并制定、落实切实可行的安全技术措施，保证检修作业安全正常进行。

关键词：焦化厂，大循环，检修作业，卡子

1　概述

国能蒙西煤化工股份有限公司焦化一厂（以下简称“焦化一厂”）位于内蒙古鄂尔多斯市蒙西工业园区，年生产 70 万吨冶金焦，于 2002 年 8 月开始筹建，2003 年 9 月投产，焦炉炉型为 TJL4350D 型侧装煤捣固焦炉，煤气输送系统核心设备为离心式鼓风机[1]，煤气输送的压力、流量和温度控制采用鼓风机转速变频调节和煤气大循环管道调节两种方式[2]。

2023 年 1 月 15 日，辽宁省盘锦浩业化工有限公司烷基化装置在维修过程中发生泄漏爆炸着火事故，造成 12 人死亡、1 人失联、35 人受伤。事故发生后，国务院安委会办公室发布关于辽宁省盘锦浩业化工有限公司“1 · 15”重大爆炸着火事故的通报，并对安全工作提出具体要求，要深刻认识化工装置设备带“病”运行的重大安全风险，立即组织开展设备带“病”运行专项排查整治，对危险化学品生产经营企业相关装置设备打“卡子”运行等情况进行全面摸排，建档立账、科学评估、分类施策。

焦化一厂贯彻落实国务院安委会工作安排部署，摸排、处理设备设施及管道存在打“卡子”的现象。化产车间煤气大循环管道为 DN400 螺旋焊管，因长期使用和管道焊接质量问题于 2020 年 6 月出现了螺旋焊缝开焊导致的煤气泄漏和冷凝液渗漏现象，综合考虑检修作业安全和生产运行，采取了带压堵漏即打“卡子”的检修处理方式。管道检修正常运行两年，虽然无泄漏现象发生，但是“卡子”周边管道已经减薄，存在安全风险，需要彻底整改。本文从大循环管道“卡子”检修作业中的风险辨识、工艺处置和安全技术措施制定等方面展开分析[3]，为焦化厂停止煤气输送并对配套的大循环管道系统检修提供思路和参考。

2　工况简述

2.1　煤气输送流程

煤饼在焦炉炭化室内高温干馏产生的荒煤气由炭化室顶部空间经过上升管进入桥管，700 ℃左右的荒煤气在桥管处被循环氨水喷洒冷却至 84 ℃左右进入集气管，荒煤气和冷凝下来的氨水、焦油一起经由吸煤气管道进入气液分离器。荒煤气由气液分离器上部进入横管式初冷器冷却至 23 ℃，经电捕焦油器除焦油后进入煤气鼓风机。荒煤气经煤气鼓风机加压后，一小部分煤气通过大循环管道输送至吸煤气管道以调节煤气压力及流量，剩余部分输送至硫铵、粗苯、脱硫工段净化并提取化产品。净化后的煤气一部分回到焦炉作为加热燃料，另一部分作为原料气输送至甲醇厂。

2.2 大循环管道概况

大循环管道DN400由煤气鼓风机的出口正压集合管道接出，装有控制阀门并在阀门出口的高点安装放散管道。在大循环管道至吸煤气管道的横管处设有下液管道，下液通过管道排至鼓风机水封槽。由于大循环管道分别直接连通焦化厂煤气输送系统的负压系统和正压系统，其在检维修过程中存在煤气泄漏、着火、爆炸等风险。

大循环管道的控制阀门下放置有煤气取样管，因泄漏摘除，采取了带压堵漏方式处理，如图1所示标为漏点1。控制阀门后的横管上，因螺旋焊缝腐蚀渗漏，同样采取了带压堵漏方式处理，如图1所示标为漏点2。焦化一厂运行稳定，生产负荷长期在90%以上，大循环控制利用频率较低，大部分工况下控制阀门处于关闭状态并且管道连通焦化厂煤气输送的负压系统处没有阀门、法兰、膨胀节等连接部件。

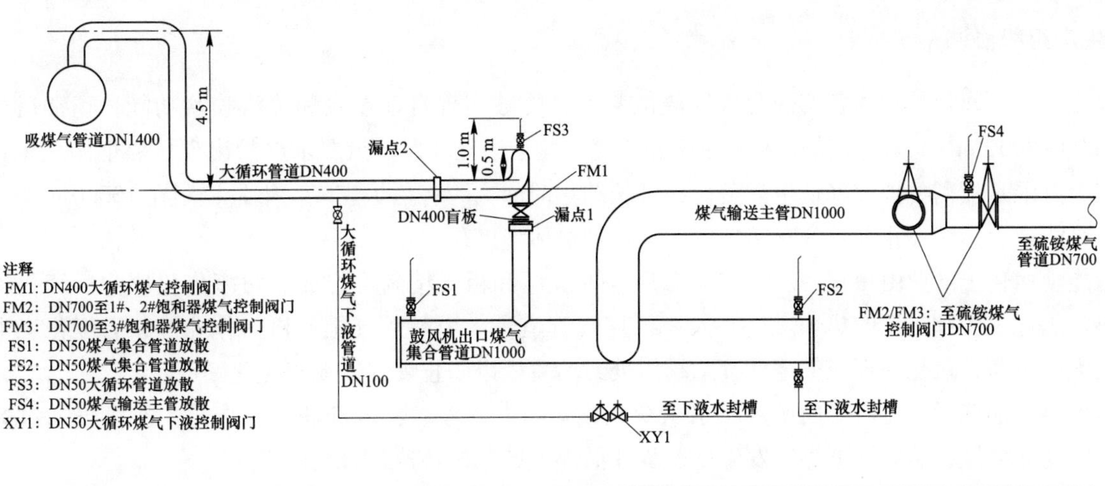

图1 大循环管道检修系统图

3 存在的问题

3.1 生产运行

（1）自2020年6月处理完两处漏点后，减少了该管道的使用频率，多采用煤气鼓风机转速变频调节的方式控制煤气的输送。DN400控制阀门长期处于关闭状态，阀门后管道随煤气鼓风机吸力的波动在微负压和微正压之间波动，影响了对该管道的日常监测。

（2）正常运行时，煤气量与鼓风机转速近似呈线性关系，如图2所示。当焦化厂受生产、环保等因素影响，降低生产负荷时，仅使用鼓风机转速调节容易造成鼓风机在靠近临界转速节点（喘振转速：4444～4666 r/min）运行，增加了鼓风机因振动偏高导致的风机跳车和焦炉煤气无组织逸散事故发生概率。

（3）控制焦炉集气管压力，频繁调节煤气鼓风机转速，加大了变频器和鼓风机本体的维修频次。

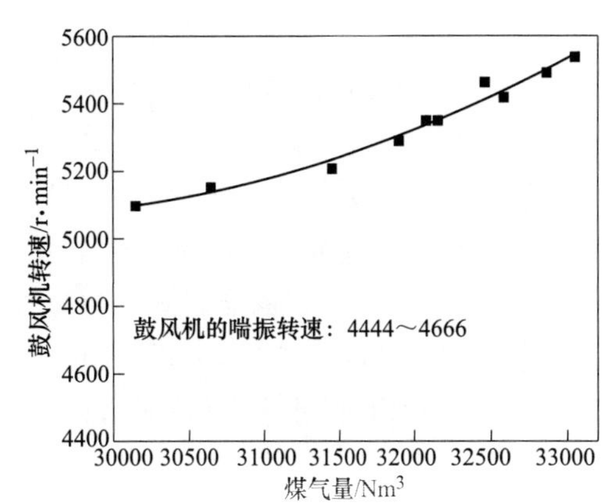

图2 煤气量与鼓风机转速的关系

3.2 设备维修

（1）大循环管道至吸煤气管道中间仅有一个控制阀门，无法通过封堵盲板或断开法兰的方式彻底隔绝。

（2）煤气中含有硫化氢、氨气等腐蚀性气体，容易腐蚀管道，泄漏点“卡子”周围管道壁厚经测定已出现不同程度的减薄，存在大量泄漏风险。

（3）输送介质为荒煤气，煤气中的焦油沉积管道下方，检修前的清扫置换难度大。

4　安全技术措施制定及实施

4.1　处理方案

通过分析存在的问题，结合当地环保政策和现场实际工况采取停产检修的方法[4]。处理方案为焦炉煤气通过炉顶放散，暂停煤气鼓风机，大循环管道 DN400 内充水以完全隔离煤气负压管道与动火点，堵盲板以完全隔离大循环管道 DN400 控制阀门与煤气正压管道，再对管道进行贴板焊接。

4.2　生产组织协调

焦化一厂两座焦炉炉顶各有两台煤气放散装置，能够实现自动点火和蒸汽喷吹功能，正常运行可以实现 5000~8000 m^3/h 煤气的有效放散并充分燃烧。鉴于当地环保政策要求严禁出现冒黑烟的现象且煤气放散能力有限，故需要提前降低生产负荷，延长结焦时间[5]，将焦炉煤气发生量控制在 10000 m^3/h 以下。同时尽可能减少焦炉停止加热的时间，以保证焦炉炉体温度稳定。

国能蒙西化工产业由焦化一厂、焦化二厂、甲醇厂和粗苯精制厂组成。两座焦化厂为后续化工厂提供原料，焦化一厂和二厂的焦炉煤气并入一根煤气管道进入甲醇厂气柜。检修作业前，后续化工生产提前降低生产负荷，焦化一厂煤气至后续总阀门处封堵盲板以防止煤气倒流至焦化一厂。

焦炉停止加热后，化产车间循环氨水系统正常运行，硫铵、粗苯和脱硫工序停工。煤气通过旁通管道至厂内地面放散，然后根据煤气发生量逐步降低煤气鼓风机转速，直至停机。

停机后，关闭煤气鼓风机进口阀门并注水。将焦化厂整个化产车间看作一个单元，用蒸汽置换所有煤气塔器、管道直至置换完全、检测合格。

4.3　检修处置

4.3.1　大循环控制阀前漏点 1 的处置

煤气鼓风机停机后，化产车间各工序用蒸汽清扫置换。大循环管道主要进行以下清扫置换和处置步骤。

（1）由煤气鼓风机出口和煤气出口下液管道处通入焦化二厂提供的 0.6 MPa 蒸汽，吹扫煤气集合管道、大循环管道和煤气主管道。

（2）依次打开阀门 FS4、FS1、FS2、FM1、FS3，待放散持续冒出大量蒸汽后取样，做可燃气体分析合格。

（3）拆开 FM1 阀门下端法兰螺栓，在阀门侧压垫封堵盲板。

（4）在漏点 1 上方断开的法兰口处取样，做可燃气体分析至化验合格。

（5）符合动火要求后，拆卸漏点 1 处“卡子”，焊接预制好的钢板，补焊漏点。

（6）补焊作业完成后，拆除 FM1 下方盲板，恢复法兰连接。

4.3.2　大循环控制阀后漏点 2 的处置

由于阀门后管道与吸煤气管道无阀门和法兰，采取管道注水的隔离方式。操作步骤如下。

（1）在 XY1 下液阀门后接临时水管，向大循环管道内注入生产水。

（2）打开 FS3，直至生产水流出。此时，大循环顶部放散管道与大循环至吸煤气管道竖管之间形成了高度为 1 m 的液封。煤气在焦炉放散后，集气管压力为 400 Pa，吸煤气管道压力不大于 400 Pa，1 m 的水封高度，可以起到隔绝煤气的作用。

（3）取大循环管道顶部放散气体，做可燃气体分析至化验合格。

（4）符合动火作业要求后，拆卸漏点 2 处“卡子”并焊接预制好的钢板，补焊漏点。

4.4 装置开工恢复生产

检修作业完成后，拆除焦化一厂煤气至后续总阀门处盲板，化产车间各工序做开工准备，各煤气塔器、管线蒸汽吹扫。打开焦化一厂煤气至后续总阀门，用焦化二厂煤气置换化产车间塔器及管线内蒸汽，并引入焦炉回炉煤气。各煤气放散排口做爆发实验合格后，恢复焦炉加热和生产，根据煤气量的增加，化产车间各工序陆续开工。

5 装置投用后运行效果

漏点检修处理完成后，煤气大循环管道正常投用，煤气输送调节趋于平稳，煤气调节量及集气管压力如图 3 和图 4 所示。其中大循环煤气调节量约占煤气输送总量的 1/5，减少了煤气鼓风机变频调节频次，焦炉集气管压力稳定在 80~120 Pa 工艺范围内波动，达到了检修处理预期效果。

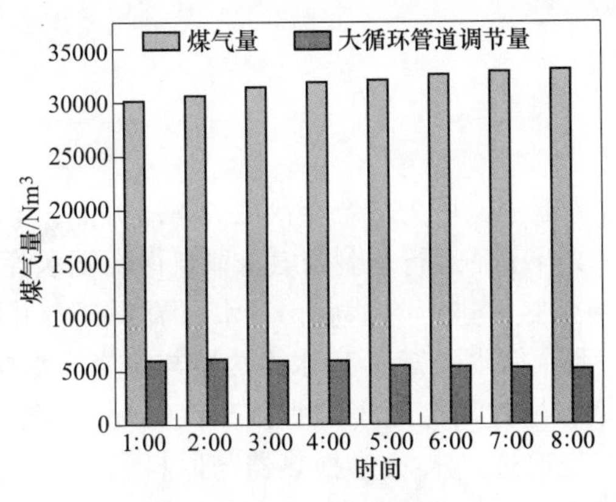

图 3 煤气量和大循环调节量

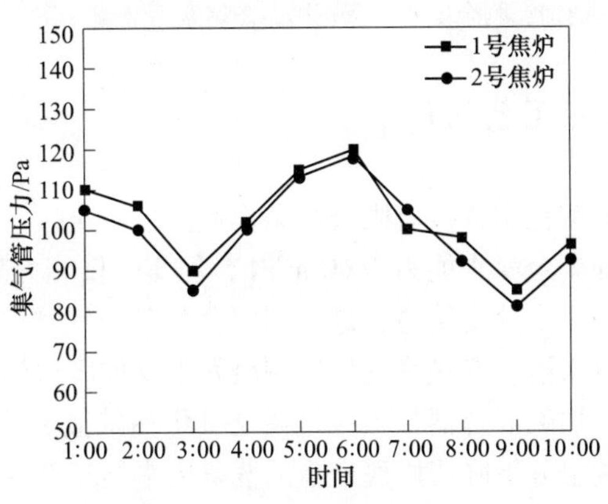

图 4 集气管压力波动数据

6 小结

大循环管道连通焦化厂煤气输送的负压系统和正压系统，在检维修过程中存在人员中毒，煤气泄漏、着火和爆炸等风险。

大循环管道漏点检修处置，在管道连通焦化厂煤气输送的负压系统处没有阀门、法兰、膨胀节等连接部件的情况下，也无法通过封堵盲板或者隔断的方式做到彻底隔绝时，采用整体隔离、分段清扫置换的方式，应用注水、液封的物理工艺手段，也可以消除安全风险。这为焦化厂停止煤气输送（停煤气鼓风机）处理大循环管道上的安全隐患提供成功事例。

鉴于焦化厂连续生产的特殊性，煤气管道的设计要充分考虑检维修处置，提高设计标准和装备水平，优化生产运行操作，保证检修安全。

参 考 文 献

[1] 肖瑞华．炼焦化学产品生产技术问答［M］．北京：冶金工业出版社，2007.

[2] 何建平，李辉．炼焦化学产品回收技术［M］．北京：冶金工业出版社，2006.

[3] 田宏，张福群．安全系统工程［M］．北京：中国质检出版社，中国标准出版社，2014.

[4] 刘武镛，孙艳红．炼焦热工管理［M］．北京：冶金工业出版社，2011.

[5] 苏宜春．炼焦工艺学［M］．北京：冶金工业出版社，2008.

焦化回收车间蒸氨工艺优化

周庆鑫　高占先　吕　明

（鞍钢化学科技有限公司，鞍山　114001）

摘　要：焦化工艺种产生的剩余氨水，需要通过蒸氨工艺蒸馏除氨后，才能送往酚氰废水处理装置进行处理。传统蒸氨工艺存在蒸氨塔塔效低、塔板易堵塞、加碱混合器易堵塞、剩余氨水焦油含量高和蒸氨废水环保指标不稳定等问题。以鞍钢化学科技有限公司某回收作业区为例，介绍了通过采用新型斜孔蒸氨塔、塔壁加碱、剩余氨水系统优化和配碱工艺优化等手段，达到了蒸氨工艺节能降耗的目的。

关键词：剩余氨水，蒸氨塔，防堵塞，节能

1　蒸氨工艺简介

鞍钢化学科技有限公司某作业区采用直接蒸汽蒸氨工艺，原蒸氨塔为传统浮阀塔，2 开 1 备，单塔设计处理剩余氨水能力为 60 m^3/h，但实际仅能处理 30 m^3/h，2 开 1 备运行。剩余氨水取自循环氨水管道上引出的一个分支管道，进入到四台并联的气浮除焦油器对剩余氨水进行除油后，氨水自流到三台并联的剩余氨水槽，静止净化后经剩余氨水泵加压送到蒸氨系统。剩余氨水经氨水-废水换热器与蒸氨废水换热，然后经加碱混合器加入适量稀氢氧化钠碱液后进入到蒸氨塔，通过塔底送来的直接蒸汽气提，轻组分上升，重组分下降。塔底产生的蒸氨废水经蒸氨废水泵加压，先通过氨水-废水换热器与原料剩余氨水换热后，再经废水冷却器用循环水冷却后送到环保车间进行生化处理。从蒸氨塔塔顶出来的氨气经氨气分缩器冷却，而后进入脱硫塔内作为 ZL 法脱硫的碱源，其工艺流程如图 1 所示。

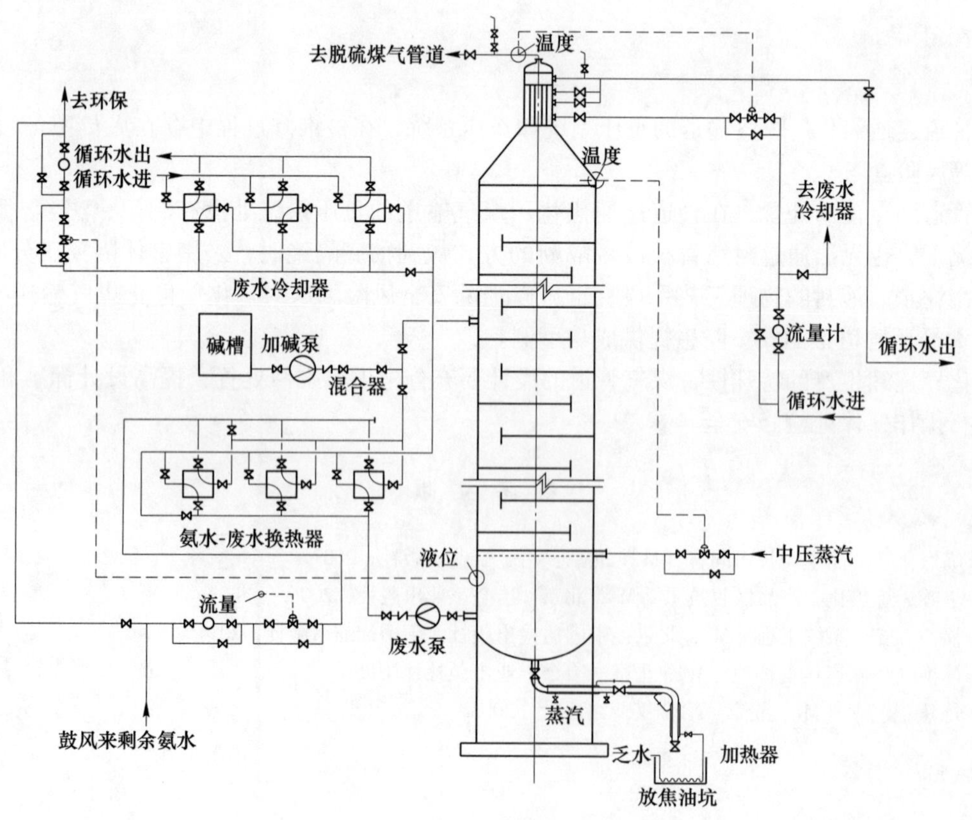

图 1　原蒸氨工艺

2　存在问题及分析

2.1　塔效低

原设计浮阀塔单塔处理剩余氨水能力为 60 m^3/h，但实际仅能处理 30 m^3/h，日常蒸氨塔 2 开 1 备运行，半负荷运转蒸汽浪费较多，处理 1 t 剩余氨水需要消耗蒸汽 0.22 t，导致氨气出口浓度低仅为 13%，一方面影响一级脱硫塔煤气温度，进而影响夏季脱硫液温度；另一方面导致分缩器循环水用水量大，导致循环水夏季热负荷大。

2.2　塔板易堵塞

按照生产经验制定的定修模型，浮阀蒸氨塔每年需要检修一次，刚刚检修后的蒸氨塔运行时塔况非常好，使用一段时间后就会因塔板堵塞而出现塔底压力大的问题，需要频繁对蒸氨塔用蒸汽进行清扫，每次清扫后能够从蒸氨塔底放出大量的焦油，并且检修时也发现蒸氨塔塔板上存留大量的焦油沥青和大量的碱垢，尤其是剩余氨水进料的两层堵塞特别严重，近乎 60%浮阀被堵塞。到蒸氨塔检修后期，蒸氨塔塔底压力偏大，塔内部堵塞严重，有时蒸氨塔废水指标不合格，为了保证废水指标需要提高打碱量，同时也会导致蒸氨废水 pH 值超标。

2.3　加碱混合器易堵塞

加碱混合器频繁堵塞，需要停塔进行清透。原设计的蒸氨加碱混合器为螺旋型加碱混合器，每次需要更换一个混合器备品，将换下来的加碱混合器用盐酸浸泡，浸泡一段时间后用铁锤敲击的办法对混合器内部进行清透，内部清透的效果无法检查，只有安装到剩余氨水管道上使用后才知道效果如何，大大影响到蒸氨系统的稳定运行。

2.4　剩余氨水焦油含量高

三台剩余氨水槽并联操作，剩余氨水中夹带的焦油长期积存在剩余氨水槽的底部，底部的焦油无法通过放空管全部放出，当剩余氨水槽液位偏低时，剩余氨水槽中底部大量的焦油被送到蒸氨塔内，严重影响蒸氨塔的操作，甚至堵塞蒸氨废水冷却器导致蒸氨废水输送困难。

2.5　环保指标不稳定

原配碱工艺不合理，其工艺流程如图 2 所示。在加碱过程中没有配碱槽，直接在打碱槽中进行配碱，需要配碱时先加入蒸氨废水再加入浓碱，用氮气进行搅拌，此过程大约需要 3 个小时，在配碱过程中打碱槽中浓度在一段时间内降低了，在此过程中打碱泵连续从打碱槽内抽取液碱打入蒸氨塔，打碱泵无法及时液碱浓度调节打碱量，影响蒸氨废水氨氮指标。传统浮阀塔板开孔率少，气相阻力大，造成塔底压力大，处理后蒸氨废水氨氮指标经常不达标，并且剩余氨水量达到 30 m^3/h 以上时，塔底顶压力大，导致无法提高处理量提，废水氨氮指标不合格满足不了生产需要。

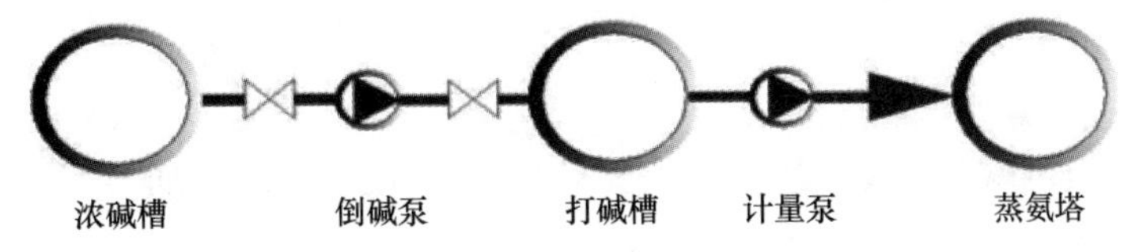

图 2　原配碱工艺

3　解决措施

3.1　采用高效、防堵斜孔塔板

利用上海同济大学热力学技术，应用系统工艺设计热力学方程采用修正 NRTL 方程的基础上，运用美国 SIMSCI 公司 PRO-Ⅱ软件进行系统模拟优化，确定工艺条件。在原有蒸氨塔塔壳不变的前提下，只将塔内部浮阀塔板、加强圈、降液板、横梁等塔内件拆除，内部更换斜孔式塔板（见图3）及相应加强圈、降液板等塔内件，新塔板均采用若干个斜孔（∠56°20×15×5），每行斜孔方向相反，蒸汽通过斜孔时具有一定的喷射作用，向不同方向喷射的蒸汽与剩余氨水能够进行气液两相相互搅动进行传热传质，接触更充分高效，塔板效率更高；每行蒸汽不同方向喷射沉淀物无法沉积在塔板上，在溢流堰边缘上两排斜孔向降液管内喷吹作用，可以防止溢流堰堵塞沉积，杂质及重组分随液体进入到下一层塔板，最终排到蒸氨废水槽中。该塔板适用于剩余氨水带油少量的焦油和焦粉，蒸氨塔塔板防堵和节约蒸汽效果明显，能够大大延长蒸氨塔的检修周期并降低蒸汽消耗量。

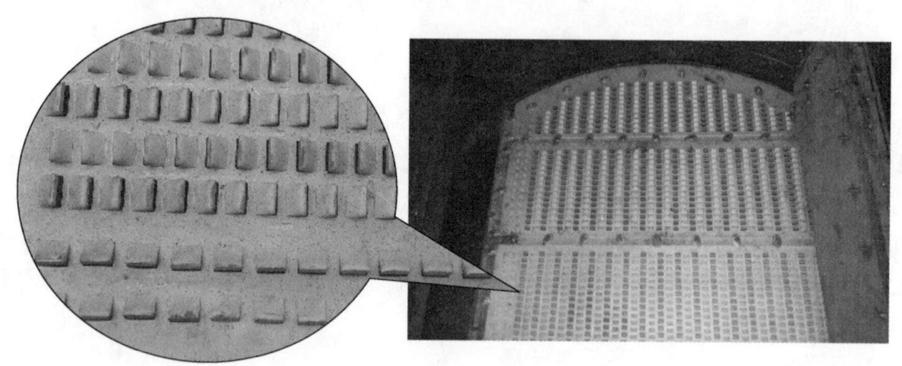

图3　斜孔塔板

3.2　由混合器加碱改为塔壁加碱

新塔设计取消混合器，直接在蒸氨塔塔壁 15、17、19 层打碱，开工通过 4 天的实际标定情况看，打碱量有明显的提高，每天打碱量由 10 t 提高至 12.5 t 左右，而且氨氮含量保持在 140 mg/L，接近上限，废水含氰也在 20 mg/L 以上，不能满足生产要求，分析是由于在此盘进行打碱，碱与氨水混合程度不够，不能完全反应，造成氨氮值升高，通过倒塔后将打碱位置改为 25 层氨氮和总氰都满足了环保要求。

3.3　剩余氨水系统优化

改变工艺管道，2 号、3 号剩余氨水槽并联使用，将 1 号剩余氨水槽与 2 号、3 号剩余氨水槽串联，来自气浮除焦油器的剩余氨水先从底部进入 1 号剩余氨水槽，然后从 1 号剩余氨水槽顶部满流至 2 号、3 号剩余氨水槽，让大部分焦油在 1 号剩余氨水槽底部沉积，剩余氨水泵仅从 2 号、3 号剩余氨水槽抽取剩余氨水送往蒸氨塔。将 2 号、3 号剩余氨水槽内部的剩余氨水泵抽出管道加高，并且严格控制剩余氨水槽的液位，保证剩余氨水槽内部沉积的焦油无法被抽送到蒸氨塔内。同时增加一台氨水净化泵直接抽三台剩余氨水槽和三台循环氨水槽放空管内的焦油和氨水，一起打入到机械化氨水澄清槽。一方面可以大大减少剩余氨水槽和循环氨水槽内下部沉积的焦油，另一方面由于临时泵量的增加提高了气浮除焦油器和剩余氨水槽的除油效率[1]。

3.4　配碱工艺优化

配碱工艺增设配碱槽及倒碱泵，其工艺流程如图 4 所示。需要配碱时先加入蒸氨废水再加入浓碱，用倒碱泵进行循环搅拌，当配碱浓度稳定后停止循环搅拌改为用氮气搅拌，每次配碱浓度稳定在 1.18%～1.19%

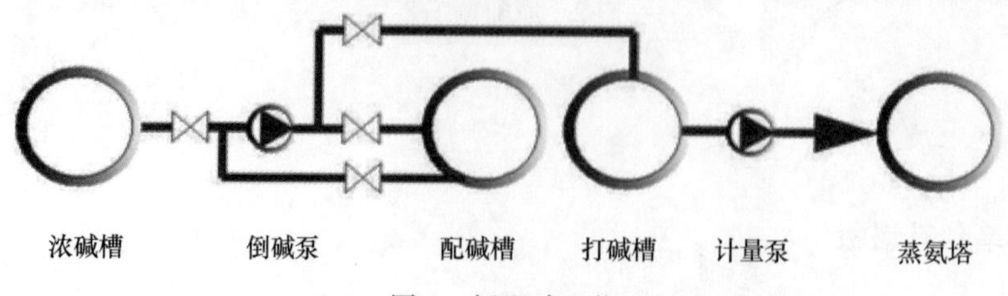

图4　新配碱工艺

之间，因配碱槽体积足够大，发现配碱浓度变化是可以随时调节，定期向打碱槽内倒碱，从而稳定打碱槽内碱浓度从而稳定蒸氨废水氨氮指标。

4 运行效果

4.1 单塔处理量提高

对工艺优化前后的单台蒸氨塔处理量进行标定，如图5所示。改造后蒸氨塔废水指标保持合格的前提下，处理量由原来的30 m^3/h左右，提高至60 m^3/h以上，最高处理约70 m^3/h，实现了一个蒸氨塔代替两个蒸氨塔运行，实现节能目的。

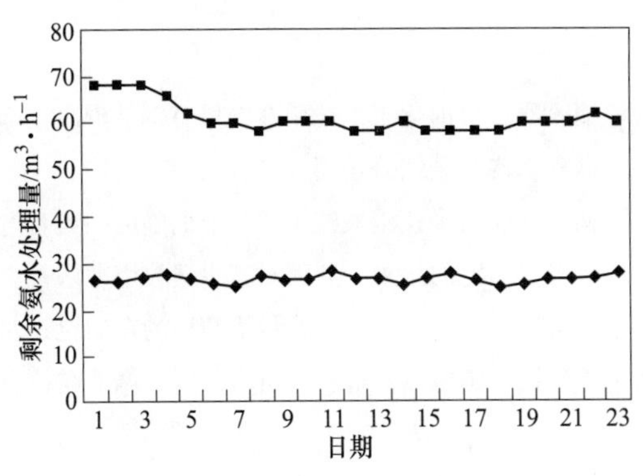

图5 剩余氨水处理量对比

4.2 检修周期延长

蒸汽经过蒸氨塔塔板上的斜孔时，会根据斜孔的角度起到一定的喷射作用，在大大减少蒸氨塔塔板堵塞的同时，气液两相互相搅动传热传质更充分，塔板效率更高，在溢流堰边缘上两排斜孔向溢流堰喷吹蒸汽，可以防止重组分在塔板上沉积。取消打碱混合器，避免了因混合器堵塞造成蒸氨塔停产检修。剩余氨水系统优化后，进入蒸氨塔的剩余氨水焦油含量明显降低，降低焦油堵塔风险。自2016年改造完成以来，至今蒸氨系统已经稳定8年，定修周期已经由一年延长至两年。

4.3 蒸汽消耗量降低

原蒸氨塔吨水耗蒸汽量为0.22 t，改进后，新蒸氨塔吨水耗汽量为0.17 t，下降0.05 t。按照氨水处理量60 m^3/h计算，每小时可以降低蒸汽量3 t，蒸汽市场价格为52元/吉焦，年节约蒸汽费用为：

$$3\ t/h \times 2.92\ GJ/t \times 52\ 元/GJ \times 24\ h \times 365\ 天/年 = 399\ 万元/年$$

4.4 氢氧化钠消耗量降低

经标定，原蒸氨塔处理剩余氨水氢氧化钠耗量为0.0093 t/m^3，新蒸氨塔处理剩余氨水氢氧化钠耗量为0.00776 t/m^3。按照剩余氨水处理量60 m^3/h，氢氧化钠市场价格为1920元/吨计算，年降低运行成本：

$$1920\ 元/吨 \times (0.0093 - 0.00776)\ t/m^3 \times 60\ m^3/h \times 24\ h/天 \times 365\ 天/年 = 155.4\ 万元/年$$

5 结语

蒸氨塔工艺优化后，单塔处理能力最高能达到70 m^3/h，废水指标逐渐趋于稳定，氨氮指标稳定在150 mg/L以下，氰化物指标稳定在30 mg/L以下，pH值能够保持在8~9之间，蒸汽和氢氧化钠的消耗量明显降低，蒸氨塔堵塞的问题也得到有效解决，检修周期延长至2年/次。斜孔塔板蒸氨塔在鞍钢化学科技有限公司回收作业区上的应用取得了成功，为同行业的蒸氨塔选型和在线改造提供了新思路，也完全符合当前节能减排的时代要求。

参 考 文 献

[1] 徐进，张春明．浅析焦化厂蒸氨工艺改进［J］．南钢科技与管理，2008（1）：39-42.

硝铵造粒塔自动清塔控制与应用

张　琦

（国能乌海硝铵有限责任公司，乌海　016000）

摘　要：目前化工生产用造粒塔有钢筋混凝土、钢管结构内挂不锈钢胆、钢筋混凝土+不锈钢复合板内胆及不锈钢等结构，硝铵公司硝铵装置为引进法国 KT 技术的铝制方形的造粒塔，该塔防腐性好，结构简单。硝铵造粒塔粘塔已成为多孔硝酸铵生产行业面临的一大难题，造粒塔粘塔严重制约了硝铵装置连续运行周期，也给人工清塔带来了一定的压力。如何对减少造粒塔粘塔及自动化清除，是企业管理人员十分关心的问题。阐述了减少造粒塔粘塔的工艺控制应用和造粒塔清塔的自动化，对其提出相应的治理对策。

关键词：硝酸铵，造粒塔清塔，风量调节与控制

1　问题与现状

我公司硝酸铵生产装置硝酸铵造粒塔的造粒原理是将 96%硝酸铵溶液由溶液泵打至塔顶接收槽，然后进入喷头造粒，物料在静压的作用下从 50 m 处的造粒喷头喷出，物料向下降落，与上升的空气逆流接触冷却结晶，形成颗粒。造粒塔的通风量过大，容易增加塔顶的粉尘量，通风量过小，空气量不够，硝酸铵颗粒得不到充分的冷却，产品质量得不到保证。喷头造粒过程中，由于硝酸铵溶液表面张力的存在，造粒过程中不可避免地存在硝铵粉尘，由于造粒塔底风压偏低，硝酸铵粉尘会逸散至厂房。

造粒过程中，受溶液温度、空气温度及喷头预热、造粒喷片喷孔精度、喷洒密度分布等因素的影响，硝酸铵颗粒没有完全凝固就运行至造粒塔塔壁和塔底，黏附在塔内壁的较大疤块肥会不时掉落至塔底皮带，砸坏塔内钢格板及塔底皮带。造粒塔底部结块部位过多导致收料板变形，存在一定的安全隐患。

喷头造粒过程中，由于硝酸铵溶液表面张力的存在，造粒过程中不可避免地存在硝铵粉尘，由于造粒塔底风压偏低，硝酸铵粉尘会逸散至厂房。

2　原因分析

2.1　设计造粒塔底风压偏低

已知：单台造粒塔引风机风量 120000～140000 m^3/h；全压 2200～1800 Pa；转速 1450 r/min；造粒塔安装 4 台引风机。

造粒塔参数：7000 mm×7000 mm×50000 mm；

操作压力：常压；

操作温度：80～150 ℃；

造粒硝酸铵溶液温度：150 ℃；

造粒溶液浓度：96.5%。

（1）造粒塔截面积与造粒塔塔底进风口面积比较：

造粒塔截面积 $S_1=7\times7=49\ m^2$。

通过计算造粒塔底进风口面积 $S_2=102.5\ m^2$。

根据以上结论得出，造粒塔底进风口面积大于造粒塔截面积。

（2）同样的风量下，造粒塔底部进风口风速远低于造粒塔内部平均风速。

（3）风速测定。生产负荷 4600 kg/h，造粒引风机变频 38 Hz，使用型号 AR866 热敏式风速仪对造粒塔进风口风速进行测量，测量数据见表 1。

表 1　测量数据

序号	测量位置	风速范围/m·s^{-1}	楼层位置
1	四楼进风口	5.0~5.5	四楼
2	三楼上层进风口北侧	1.5~3.5	三楼
3	三楼上层进风口南侧	1.98~2.98	三楼
4	三楼上层进风口东侧	2.3~4.5	三楼
5	三楼上层进风口西侧	1.5~3.5	三楼
6	三楼中层进风口北侧	0.5~1.3	三楼
7	三楼中层进风口南侧	0.3~0.9	三楼
8	三楼中层进风口东侧	0.3~0.8	三楼
9	三楼中层进风口西侧	0.3~0.9	三楼

造粒引风机变频 36 Hz，相当于造粒引风机 76%负荷，单台风量约为 106400 m^3/h，4 台引风机总风量为 425600 m^3/h，按照造粒底部进风口面积计算可知风速为 $v=1.15$ m/s。

根据风压计算公式可得：

$$Wp = 0.5rv^2 \tag{1}$$

式中，Wp 为风压，kN/m^2；r 为空气密度，kg/m^3；v 为风速，m/s。

$$Wp = 0.5 \times 1.152 \times 1.05 = 0.694\ kN/m^3 = 694\ Pa$$

实测三楼中层进风口空气中流速为 0.3~0.9 m/s，则 $Wp'=0.5\times0.92\times1.05=425$ Pa，则 $Wp'<Wp$，造粒塔底部进风口处于正压状态（造粒塔内部风压大于进风口外部风压），造粒塔底部进风口粉尘溢散。

通过测算可知：造粒塔底部进风面积大于造粒塔横截面积，造粒塔底部进风口风速远低于造粒塔内部风速。现场进风口外侧进行实测风速，可知，造粒塔四周进风风速不均匀，造粒塔底部内部风压大于外界风压，故粉尘外溢。

2.2　影响造粒工艺控制因素

现有造粒塔存在因产量造粒负荷调整、季节温差、塔外风压变化等影响造成造粒塔周围粉尘大及塔内冷却风偏流粘塔。

3　造粒塔工艺控制问题的控制措施

3.1　影响造粒工艺控制措施

解决现有造粒塔造粒过程中无测量数据辅助工艺调节困境，新增风速仪、测温仪、温湿度仪等实时测量仪表，实现通过测量入塔空气温度、造粒塔塔顶排风温度、出造粒塔硝铵颗粒温度，造粒负荷和造粒温度，计算造粒塔内热量收入和支出、根据造粒塔内热量平衡，计算得出造粒引风机风量和风速[1]。参照理论造粒引风机风量，调整造粒引风机变频，避免因风量不足造成造粒塔内部粘塔现象的发生，从而实现造粒引风机风量精准实时调节，减少造粒过程中粘塔的可能性。

3.2　造粒塔进风量的调节控制

在造粒塔进风口处设置百叶窗，用于调整造粒塔进风口通风面积，控制进风量和风速，使造粒塔底部进风口保持微负压，减少粉尘的产生量，从而控制塔底硝铵粉尘的逸散。

3.3 使用防爆振动电机进行自动清塔

将振动电机安装在造粒塔塔壁外侧四周，利用振动电机周期性振动，设置自控控制程序，定时定点将造粒塔塔壁物料与塔壁脱离，实现自动清塔功能，从而保证造粒塔安全运行，延长了塔底输送机皮带使用寿命。解决了人工清塔费时费力，清塔效果差的问题。避免了人工敲塔的安全风险，清塔操作的安全性有了保障。

4 结语

通过以上措施的实施，有效减少生产区域粉尘逸散，生产现场设备表面粉尘明显减少，造粒塔粘塔情况明显减少，造粒塔粘塔造成的装置停车次数和时间减少。操作人员环境明显改善，职业健康水平明显提升，清理造粒塔内结块的工作强度降低，生产装置清洁生产水平明显提高。

参 考 文 献

[1] 王华．硝铵造粒塔自然通风改强制通风风量的确定［J］．中氮肥，2007（5）：46-47.

浅谈 1A 煤气鼓风机检修时的间隙把控

李轶明[1,2] 侯现仓[1,2] 祖印杰[1,2] 廉 达[1,2] 李泽奇[1,2] 李连科[1,2]

(1. 唐山首钢京唐西山焦化有限责任公司，唐山 063200；
2. 河北省煤焦化技术创新中心，唐山 063200)

摘 要： 煤气鼓风机是焦化厂煤气循环系统的最核心设备之一，其工作状况良好与否直接影响着炼焦区域及化工区域整个煤气系统的稳定性。因此，有必要对煤气鼓风机的运行状况进行定期检查，以期焦化厂的整个煤气系统更加稳定地运行。对本厂化工区域 1A 煤气鼓风机的检修过程进行了总结，重点对风机转子与壳体间的间隙进行了把控，并分析了检修后测量间隙数据的准确性。

关键词： 煤气鼓风机，检修，煤气系统，间隙把控

1 概述

煤气鼓风机是焦化厂最主要的设备之一，在煤气系统中有着不可或缺的地位，是一种长期运转的设备。煤气鼓风机的作用主要是将焦炉在炼焦时产生的荒煤气源源不断地抽出，然后经过一系列的净化处理，最终输送到公司的各个部门进行应用[1-3]。煤气鼓风机运行平稳与否，直接关系到炼焦及化工区域整个煤气系统的稳定性，也间接对公司的各个使用煤气的部门产生影响。因此，对于煤气鼓风机定期检修，对煤气系统的稳定性至关重要。本公司所使用的 1A 煤气鼓风机为 Howden 公司的 STC-SO(LO7.1) 型风机，自投产至现在还未对其进行过检修，由于 1A 风机运行过程中存在翻版卡顿现象，对 1A 风机进行了解体检修。本文对 1A 风机检修过程中风机叶轮与壳体间隙的把控进行了总结，并对间隙测量的准确性进行了分析。

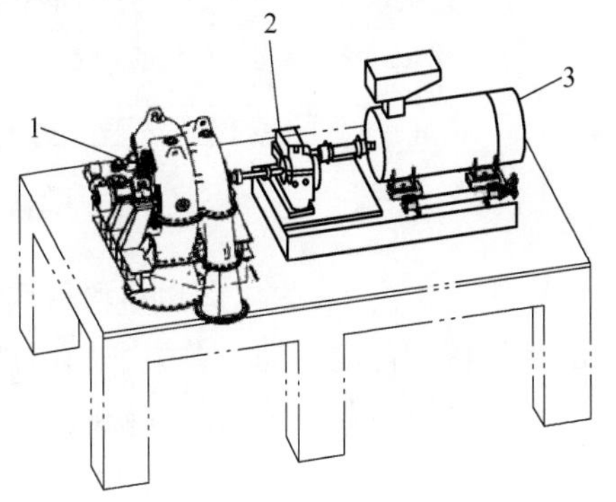

图 1 煤气鼓风机系统简图
1—煤气鼓风机；2—增速箱；3—配用电机

2 1A 煤气鼓风机简介

本厂所使用的 1A 煤气鼓风机为 Howden 公司的 STC-SO (LO7.1) 型风机，图 1 为 1A 煤气鼓风机简图，其具体参数如表 1 所示。

表 1 1A 煤气鼓风机的参数介绍

Howden			
机器编号	1067024	生产年份	2018
类型	KK&K STC-SO(LO7.1)	功率	800 kW 最大
压力绝对入口侧	9630 Pa 最大	压力绝对稀释出口侧 压力绝对出口侧	12530 Pa 最大
温度入口侧	25 ℃ 30 ℃连续 短时	速度	10098/min 最大
EX Ⅱ 2G c，k TX ADV 1601			
Howden 有限公司			

3 1A 煤气鼓风机检修

图 2 为本次 1A 煤气鼓风机检修进度说明，本次 1A 煤气鼓风机解体检修共用 15 天。其中，1~9 天为风机解体检修、清理过程，10~15 天为风机回装过程。

化工区域 2022年6月A煤气鼓风机检修主要项目进度计划横道图

机械19项,电气5项，自动化___项

序号	区域	项目名称	第1天	第2天	第3天	第4天	第5天	第6天	第7天	第8天	第9天	第10天	第11天	第12天	第13天	第14天	第15天
1	化产	搭架子															
2	化产	卡盲板															
3	化产	蒸汽管、氮气管等接管拆除															
4	化产	执行器、测温计、测振仪等仪表拆除															
5	化产	翻板和叶轮罩壳拆卸															
6	化产	翻板扇叶逐片取出清洗															
7	化产	叶轮及蜗壳内部焦油清理															
8	化产	增速箱拆盖检查															
9	化产	轴瓦、氮封开盖检查															
10	化产	检查翻板扇叶、扇叶密封环(30个)、蜗壳DU衬套(15个)															
11	化产	轴瓦压铅检查间隙、着色检查接触面															
12	化产	碳环密封更换(前后共10个)															
13	化产	风机转子、轴瓦及大盖回装															
14	化产	增速机与风机间联轴器螺栓检查，增速机与电机间联轴器检查，磨损的进行更换															
15	化产	前后联轴器对中找正(按照说明书要求)															
16	化产	蒸汽管、氮气管等接管回装															
17	化产	油箱上油放散气滤芯取出清理															
18	化产	油冷却器水相清堵及风机本体油污清理															
19	化产	电机维护保养(盘车电机、辅助油泵电机、主电机清灰)															
20	化产	现场接线箱端子紧固															
21	化产	更换现场损坏的氮气压力表，将各减压阀调至合适开度															
22	化产	执行器、测温计、测振仪等仪表回装															
23	化产	拆盲板															
24	化产	试车(翻板手动调节动作灵活；联动试车)															

图 2 煤气鼓风机检修横道图

图 3 为本次 1A 煤气鼓风机检修内容说明。其中，第一项中的辅助油泵、盘车电机均为电气设备，其余的为机械零件的拆卸。首先，利用鼓风机室的手拉葫芦对风机上端盖进行拆卸；然后，利用塞尺和游标卡尺测量转子与壳体间的间隙进行测量；然后拆卸风机转子，将上、下端盖的风机翻板进行拆卸，更换了 4 个碳环、30 个轴封环、15 个 DU 衬套；然后，对鼓风机的上下端盖、风机翻板表面进行了清理；然后依次将风机翻板、风机转子进行回装，再次测量转子与壳体间的间隙，并对风机和增速箱进行了找正；最后，回装上端盖、回装辅助油泵、盘车电机，完成风机整体的回装。目前，风机已经正常使用，

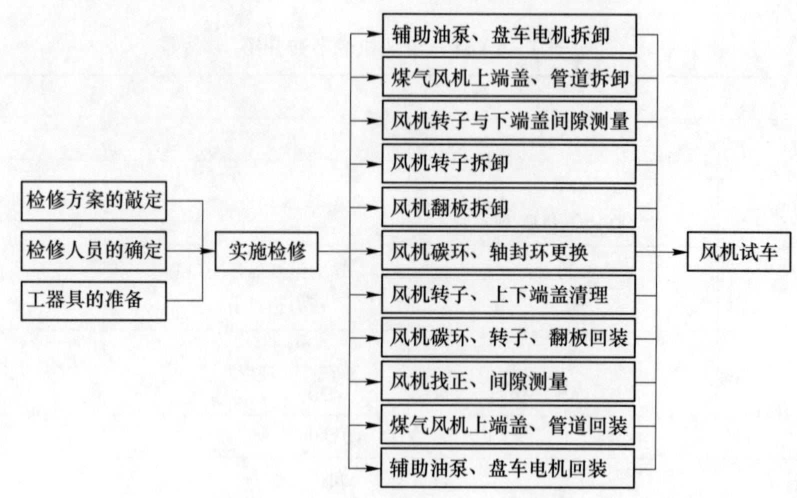

图 3 煤气鼓风机检修内容说明

运转较于检修前更加稳定，且风机翻板卡顿次数显著减小，说明调整间隙、找正以及更换碳环、轴封环、DU 衬套、清理风机壳体、翻板的表面对风机运转平稳有很大的作用，风机检修可以说比较成功。

4　间隙测量与分析

煤气鼓风机的转子与壳体间的间隙是影响煤气鼓风机平稳运行的关键因素之一。间隙的过大、过小都会对转子的运行产生重大影响[4-5]。间隙过大，会使得风机转子与壳体之间的距离增大，密封性降低，风机运转稳定向下降；间隙过小，又会使得转子与壳体间的距离太近，转子在运转过程中受到的阻力变大，不仅会产生更多的摩擦热，还会影响风机转子的使用寿命。比如，图 4（b）点 5、点 6 的间隙：如果点 5 间隙过大，点 6 间隙过小，会导致转子轴线偏离中心线，运转不稳定，反之亦然；若点 5、点 6 的间隙都过大，会导致转子整体偏向非驱动侧，使得点 1~3、点 8~10 的间隙过小，那么驱动侧密封性降低、非驱动侧摩擦增大，影响转子寿命。

本次检修主要对风机转子与壳体间的轴向间隙和径向间隙进行了测量，如图 4（b）中所示的 1~10 个点位，图 4（a）为 1A 煤气鼓风机转子和壳体现场实际位置图。其中点 1~4、点 7~10 为径向间隙，点 5~6 为轴向间隙。本次检修共对间隙测量了两次，第一次为风机上端盖揭开时记录的原始数据（由于风机从未做过解体检修，故第一次测量数据即为原始数据），第二次测量为转子清理完成，安装调整后的间隙数据，记录结果如表 2 所示。由表 2 可知：检修前后的间隙除点 5 的间隙检修前后保持一致外，其余点均有一定的偏差，围绕着原始数据上下波动。通过分析可能是两种原因导致：一是风机转子、壳体表面均沾有大量焦油、萘、灰尘等物质，虽然经过清理，但表面仍有固体残留；二是由于手工调整本身就存在一定的误差。

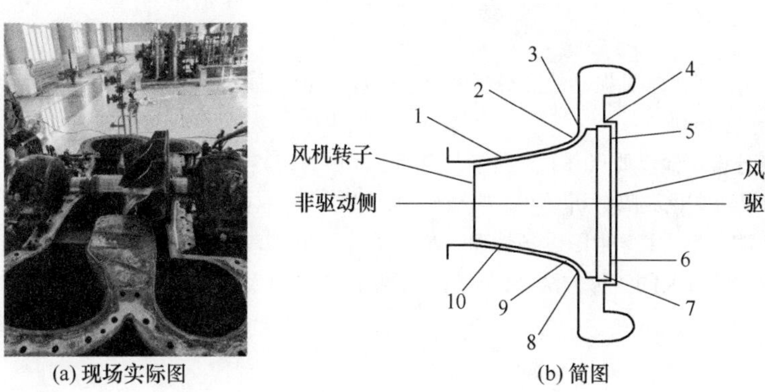

(a) 现场实际图　　(b) 简图

图 4　煤气鼓风机转子与壳体间隙

表 2　煤气鼓风机转子与壳体间隙数据记录表　　（mm）

间隙序号	1	2	3	4	5	6	7	8	9	10
原始数据	1.46	1.82	1.73	2.89	14.20	14.64	3.19	1.86	1.82	1.69
检修后数据	1.59	1.65	1.60	3.01	14.20	14.60	3.50	1.68	1.60	1.75

为了对检修后测量间隙精确度进行确认，引入相对误差和相关系数进行评价。其中相对误差越小且相关系数越接近 1，说明检修后的间隙测量数据与原始间隙测量数据越接近，间隙的控制精度越高。计算出各点位的相对误差并绘制成如图 5（a）所示的折线图，由图可知，各个点位间隙的相对误差均控制在 10%以下，满足精度要求。同时，对间隙原始数据及检修后的间隙数据进行二项式拟合，得到如图 5（b）所示的结果，由图可知，间隙原始数据和检修后的间隙数据的相关系数高达 0.99896，非常接近 1，说明两次测量数据具有高度一致性。结合两张图可得：相对误差和相关系数均在预测的范围内，说明煤气鼓风机检修过程中的间隙调整控制在合理范围内，进一步说明检修的成功。

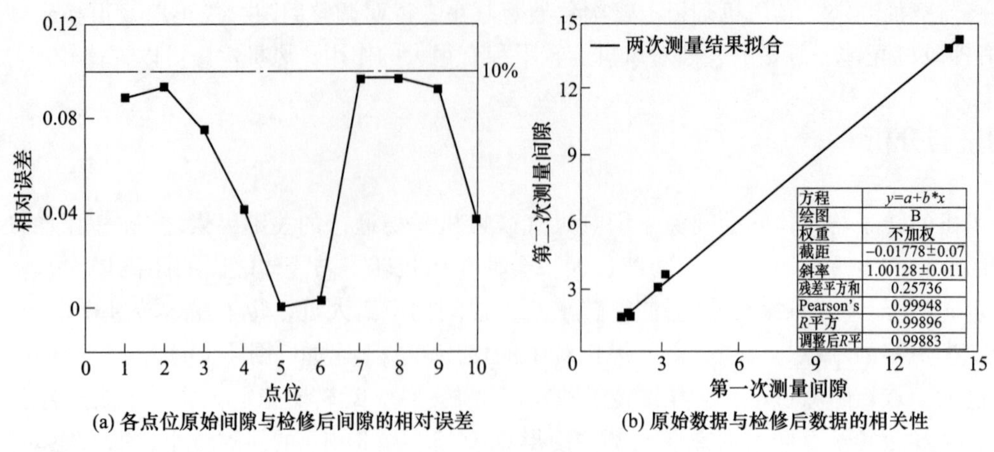

(a) 各点位原始间隙与检修后间隙的相对误差　(b) 原始数据与检修后数据的相关性

图 5　数据分析图

5　总结

煤气鼓风机是焦化厂的关键设备，关系着整个煤气系统的稳定与否。因此，在 1A 煤气鼓风机检修过程中，需要注意很多细节的把控，哪一个小细节处理不好都可能对煤气鼓风机运转的稳定性造成巨大影响。本文主要对 1A 煤气鼓风机检修过程中的间隙测量进行了严格把控，并得到了良好结果，对今后的煤气鼓风机的检修工作具有重要意义。

参 考 文 献

[1] 王先平，黄贻玉．焦炉煤气鼓风机常见振动故障分析及处理［C］//第八届全国设备与维修工程学术会议暨第十三届全国设备监测与诊断学术会议，2008.

[2] 孙国栋．煤气鼓风机故障分析及检修要点［J］．科学与财富，2019（24）：345.

[3] 袁秋梅，刘新杰．煤气鼓风机常见故障分析［J］．冶金丛刊，2007（1）：45-47.

[4] 花建兵．罗茨鼓风机的间隙调整［J］．中国设备管理，2000（4）：26-27.

[5] 汤宜桂．消除罗茨鼓风机间隙过大的一种方法［J］．硫酸工业，1997（6）：31-33.

循环氨水增压泵性能改进与系统可靠性研究

赵立海　张涵冰　刘　洋

（神华巴彦淖尔能源有限责任公司，巴彦淖尔　015300）

摘　要：循环氨水增压泵在现代工业中扮演着至关重要的角色，广泛应用于制冷系统、化工工艺、电力站和许多其他领域。泵系统的性能和可靠性直接影响了生产效率以及能源消耗。因此，介绍了循环氨水增压泵的工作原理和组成部分，以及当前存在的性能问题。接着，提出了一系列性能改进策略以及对循环氨水增压泵系统可靠性分析。希望为工程师、研究人员和决策者提供有关循环氨水增压泵的全面理解，以及改进性能和可靠性的实际指导。

关键词：循环氨水增压泵，性能改进，系统可靠性

1　概述

循环氨水增压泵在工业过程中扮演着关键的角色，其性能和可靠性对生产效率和系统稳定性具有重要影响[1]。本研究深入探讨循环氨水增压泵的性能改进策略和系统可靠性分析，以满足不断增长的工业需求。希望为工业领域提供有关循环氨水增压泵性能改进和系统可靠性的深入洞见，以提高生产效率和系统稳定性，减少故障和维护成本。

2　循环氨水增压泵

2.1　循环氨水增压泵工作原理

循环氨水增压泵其功能复杂，由多个关键组成部分协同工作以实现有效的氨水增压和传输，包括吸入部分、压缩机构、排出部分、电动机、控制系统等[2]。主要用于加压、循环和传输氨水以支持多种应用。该泵的工作原理基于物理原理和流体力学，在工作开始时，泵的吸入阀门打开，将氨水从低压区域（通常是一个储罐或低压系统）抽入泵的内部。一旦氨水进入泵内，它会受到泵内的压缩机构的作用。压缩机构通常由一个叶轮或螺杆组成，会迅速旋转并压缩氨水。在这个过程中，氨水的压力增加，同时其体积减小。使氨水压缩到所需的高压，泵的排出阀门打开，允许高压氨水流出泵，并进入工业流程或系统中，以满足特定的工业需求。

2.2　目前性能和问题概述

循环氨水增压泵在工业领域具有广泛应用，然而，当前存在一些重要问题影响着其性能和可靠性[3]。能源效率问题是循环氨水增压泵面临的主要挑战之一。许多传统的泵系统在能源利用方面效率较低，导致能源浪费和运行成本的增加[4]。随着对能源效率要求的不断提高和环保意识的增强，泵的能源效率成为了一个紧迫的问题。其次，维护和可靠性问题对工业过程的稳定性和连续性产生了负面影响。循环氨水增压泵的部件，如密封件、轴承和叶轮，容易受到磨损和损坏。导致泵的停机时间增加，维修成本上升，对生产计划造成干扰。泵系统中经常出现的问题包括泄漏、振动和噪声。泄漏不仅会导致氨水损失，还对环境造成不利影响。振动和噪声问题不仅会影响工作环境的安全和舒适性，还会损害泵的结构和性能。材料的耐久性和腐蚀问题也是当前需要解决的问题。由于氨水的特性，泵的内部部件容易受到腐蚀和磨损，降低泵的寿命并增加维护需求。

3　循环氨水增压泵性能改进策略

3.1　降低能耗的策略

为了提高循环氨水增压泵的性能，降低能耗是至关重要的目标[5]。采用高效率电动机是降低泵能耗的重要一步。高效率电动机能够将电能转化为机械能的效率更高，减少能源的浪费。换用符合能效标准的电动机，可以显著减少泵的运行成本，特别是在长时间运行的工业应用中。变频调速控制系统的引入可以在降低能耗方面发挥关键作用。这种系统允许根据实际需求动态调整泵的运行速度和功率。在负载较低的情况下，降低泵的运行速度可以大幅减少能源消耗，避免不必要的能源浪费。这种策略特别适用于工艺中负载波动较大的情况。

优化系统布局和管道设计也有助于减少能耗。通过合理布置泵站和优化管道设计，可以降低管道阻力，减小能源损失，确保流体在输送过程中的能量损耗最小化。减少不必要的弯头、转角和阀门也可以降低系统阻力，进一步提高效率。另一个关键策略是热回收技术的应用。在一些工业应用中，泵排出的废热可以被捕获和回收，用于加热水或其他过程。这种方法可以有效地减少热能的浪费，提高系统的整体能源利用效率。

3.2　材料和设计优化

材料选择和设计优化是提高循环氨水增压泵性能的关键方面。通过精心选择材料和优化设计，可以显著提高泵的效率和可靠性。针对泵的关键部件，如叶轮、导叶片和流道，选择高性能的材料至关重要。这些材料应具备良好的耐磨和耐腐蚀性能，以应对氨水和其他液体对泵内部的腐蚀和磨损。同时，这些材料还应具备足够的强度，以承受高速旋转和液体压力。合适的材料选择可延长泵的使用寿命，并减少能源损失。通过使用计算流体力学（CFD）等先进工具，工程师可以深入研究泵内流体的动态行为。这种模拟有助于优化叶轮、导流罩、流道和其他内部部件的设计，以减少流体阻力，提高泵的效率。通过精细的设计调整，可以最大程度地减小能源损失。

涂层技术也可以应用在关键部件上，以增强其性能。例如，采用耐磨和耐腐蚀的涂层可以降低叶轮和导叶片的磨损，进一步提高泵的效率。这些涂层可以有效地延长泵的寿命，减少维护需求，同时减少能源损失。设计优化还包括流道和导向器的几何优化。通过精确调整流道形状和导向器设计，可以改善流体的流动性，减少涡流损失，提高泵的效率。这些几何优化可以通过数值模拟和实验验证来实现，确保最佳性能。

4　循环氨水增压泵系统可靠性分析

4.1　可靠性分析方法

对循环氨水增压泵系统进行可靠性分析是确保其高效稳定运行的关键步骤。以下可靠性分析方法可以单独或组合使用，根据循环氨水增压泵系统的具体情况和需求来选择。通过系统地进行可靠性分析，可以及时识别潜在的问题并采取预防措施，以确保泵系统的高可靠性和长期稳定运行，降低维护成本，并提高工业过程的可持续性。

故障树分析（FTA）：故障树分析是一种系统性的方法，用于识别可能导致系统故障的各种因素和事件。在循环氨水增压泵系统中，FTA 可以用于建立一个树状结构，显示不同故障事件之间的因果关系。通过分析故障树，可以识别潜在的故障模式和最可能的故障原因，以采取相应的预防措施。

失效模式与效应分析（FMEA）：FMEA 是一种定量的方法，用于评估不同组件和子系统的可能失效模式以及这些失效对系统性能的影响。在循环氨水增压泵系统中，FMEA 可以帮助识别关键组件的潜在失效，确定其重要性，并确定适当的控制措施来减少故障风险。

可靠性块图分析：可靠性块图是一种图形化工具，用于表示系统的不同组件和子系统之间的关系。

通过创建可靠性块图，可以更清晰地了解系统的结构和可靠性要求。这有助于识别关键组件和冗余系统，以确保系统在故障情况下仍能正常运行。

故障模式、影响和严重性分析（FMESA）：这种方法结合了失效模式与效应分析（FMEA）和故障树分析（FTA）的元素，以更全面地评估系统的可靠性。它考虑了故障的可能性、故障对系统的影响以及故障的严重性，从而可以确定哪些故障应该优先处理。

4.2 数据采集和分析

在进行循环氨水增压泵系统的可靠性分析时，数据的采集和分析是至关重要的步骤。需要明确定义数据源，包括泵的操作日志、维护记录、故障报告、传感器数据、设备监控系统以及运行时间记录等。这些数据源应具有可靠性和完整性，以确保可靠性分析的准确性。采集到的数据需要被妥善存储在适当的数据库或记录系统中。包括定期记录泵的运行参数、维护活动、维修历史以及任何故障事件。数据的准确性和完整性对后续的分析至关重要。

在数据采集后，需要进行数据清洗和预处理，以去除错误、噪声或不一致性。这个步骤确保数据的质量可靠，为后续的分析提供了可信的基础。数据分析工具的选择包括统计分析、时间序列分析、故障模式分析和可视化工具等。可以识别故障模式、趋势和与系统可靠性相关的关键指标。通过分析历史故障数据，可以计算不同故障模式的频率和概率，以确定哪些故障模式最常见，以及哪些可能对系统性能产生重大影响。同时，维护记录和维修历史的分析有助于了解维护活动对系统可靠性的影响，包括维护的频率、维护时间和维修成本等。最终，通过数据分析生成的报告可以用于制定改进计划、优化维护策略，并提供决策支持。数据采集和分析有助于更好地了解循环氨水增压泵系统的性能和可靠性，及时识别问题，并采取措施以提高系统的稳定性和可靠性，降低维护成本。

4.3 系统可靠性改进策略

4.3.1 故障诊断与维护计划

建立先进的故障诊断系统，包括传感器和监测设备，用于实时监测泵的运行状态。通过实时数据的收集和分析，可以迅速检测到潜在问题，预测可能的故障，并提前采取措施，从而避免突发故障引发生产中断。基于故障诊断数据和历史维护记录，明确规定定期维护活动和紧急维修计划。通过定期的维护，可以保持泵系统的性能稳定，减少部件磨损，延长设备寿命。同时，制定应急维修计划可在故障发生时迅速采取行动，最大程度地减少生产中断时间和损失。

4.3.2 备件管理策略

备件管理对于循环氨水增压泵系统的可靠性至关重要。建立合理的备件库存管理系统，包括确定常用备件和关键部件的种类和数量，依据历史数据和维护计划来制定，以确保在需要时可以迅速获得所需备件，减少停机时间。其次，与供应商建立密切的合作关系，签署供应协议，确保备件的及时供应和质量。与供应商的协作可以帮助快速解决紧急情况，减少生产中断的风险。

4.3.3 定期性维护与预防性维护

定期性维护和预防性维护是确保泵系统可靠性的关键措施。定期维护按照维护计划执行，包括清洁、润滑、紧固件检查和部件更换。这些活动有助于防止部件的过早磨损和故障，维持系统的高效运行。预防性维护计划根据实际运行情况制定的。这包括根据使用时间或工作量来替换关键部件，以防止突发故障。预防性维护计划可以大幅降低维护成本和生产中断的风险。

4.3.4 人员培训与技能提升

建立全面的培训计划，包括操作员和维护人员的培训。培训内容应包括安全操作、故障诊断、维护技巧和应急响应。确保操作员和维护人员具备必要的技能和知识，可以正确操作和维护泵系统。定期评估和提升员工的技能水平。鼓励员工参与持续教育和培训，以跟上最新的技术和最佳实践。技能提升有助于提高故障诊断和维护的效率，确保泵系统的可靠性。

5 结语

循环氨水增压泵的性能改进和系统可靠性研究是工业领域的一项重要任务，不仅有助于企业提高竞争力，还有助于实现可持续生产和资源利用。我们鼓励工程师和研究人员继续深入研究和创新，以不断改进泵系统的性能和可靠性，为工业进步和环境保护作出贡献。通过共同努力，可以实现更高效、更可靠的生产，同时减少资源浪费，迈向可持续的未来。

参考文献

[1] 王昊，吴建峰，李建军．一种基于循环水增压泵的冷却装置：202021280047 [P]. 2023-10-06.
[2] 陈晓明．往复式压缩机结构与运维 [M]. 北京：石油工业出版社，2022.
[3] 史世蕾．循环水泵管道压力损失估算与管道增压泵的选型 [J]. 科技广场，2016 (5)：66-70.
[4] 徐兴福．焦炉循环氨水喷洒装置：CN200920043572.2 [P]. 2023-10-06.
[5] 冯金勇，张子建，李静芬，等．二级回热式氨水循环发电系统性能 [J]. 船舶与海洋工程，2021，37 (1)：32-40.

半干法脱硫工艺中清灰作业的改进

王志超　赵志杰　王云雷

（河北中煤旭阳能源有限公司，邢台　054001）

摘　要：焦化企业脱硫脱硝工艺极为常见，而目前烟气脱硫技术种类达几十种，按照脱硫产物的干湿形态，烟气脱硫分为：湿法脱硫、干法脱硫、半干法脱硫三大类。尤其是半干法脱硫技术，脱硫后烟气到除尘器之间的管道会因烟气携带的半干态脱硫剂沉积而造成积灰或者堵塞。本文针对焦化厂半干法脱硫过程中烟气管道积灰问题，以A焦化企业为研究对象，通过该企业清灰现状的调查，发现其所存在的问题，本文拟通过实施一种自动脉冲清灰装置的设计应用，为焦化行业的烟气处理提供了有价值的参考。

关键词：脱硫工艺，半干法脱硫，清灰装置

1　概述

焦化企业脱硫脱硝工艺极为常见，而之所以实施脱硫脱硝工艺，主要是由于焦化厂在生产过程中会产生大量的二氧化硫和氮氧化物等污染物，这些物质是导致酸雨和雾霾等严重空气污染问题的主要原因。首先，脱硫脱硝工艺可以有效去除这些有害物质，减少空气污染，从而保护环境。其次，通过脱硫脱硝工艺，可以去除烟气中的有害物质，使得能源利用更为高效，减少能源浪费。这既符合了环保的要求，也符合了经济效益的需求。再者，脱硫脱硝工艺的应用有助于焦化厂减少污染物排放，符合当前我国的绿色、低碳、循环的发展理念，从而推动工业的可持续发展。

当前在焦化厂的生产过程中，半干法脱硫技术得到了广泛应用。然而，烟气管道在运行过程中容易积累灰尘等杂质，若不及时清理，会严重影响脱硫效果和系统的正常运行。传统的清灰方式存在效率低、劳动强度大等不足，因此，研发一种高效的自动脉冲清灰装置具有重要意义。

2　半干法脱硫技术简介

在半干法脱硫技术工艺流程中经破碎后石灰在消化池中经消化后，与脱硫副产物和部分煤灰混合，制成混合浆液，经浆液泵升压送入旋转喷雾器，经雾化后在塔内均匀分散。热烟气从塔顶切向进入烟气分配器，同时与雾滴顺流而下。雾滴在蒸发干燥的同时发生化学反应吸收烟气中的SO_2。烟气循环流化床脱硫工艺以循环流化床原理为基础，通过脱硫剂的多次再循环，延长脱硫剂与烟气的接触时间，大大提高了脱硫剂的利用率。它具有干法工艺的许多优点，如流程简单、占地少，投资小以及副产品可综合利用等，并且能在较低的钙硫比情况下达到湿法工艺的脱硫效率，即95%以上。实践证明，烟气循环流化床脱硫工艺处理能力大，对负荷变动的适应能力很强，运行可靠，维护工作量少，且具有很高的脱硫效率，尽管该工艺有着自身的优势，但过程中的清灰方式存在效率低、劳动强度大等不足，因此开展工艺设施的改进优化极其必要。

3　半干法脱硫工艺中清灰作业的现状

3.1　企业简介

A焦化厂于2003年11月成立，是混合所有制企业，占地面积1.1平方千米，注册资本1亿元，总投资43.46亿元，现有员工1700余人。现有在产4座现代化焦炉及配套化产系统、2套干熄焦装置及配套2×25 MW发电装置，焦炭产能260万吨/年，拥有独立的专用铁路。

3.2　清灰作业现状

A 焦化厂半干法脱硫系统以消石灰为脱硫剂，采用循环流化床脱硫技术，脱硫塔后有两台脱硫除尘器分别为 1 号除尘器和 2 号除尘器，运行状态为并联运行，设计要求达到两台除尘器可以互备，一台需要检修时单独切出去停下即可进行检修。但是，由于 2 号除尘器入口管道距离长将近 60 m 左右，随着系统长期运行，消石灰在管道内不断的碰壁、沉降，慢慢地在管道内形成堆积，通径 3.6 m 的管道积灰最多处厚度达 2.5 m 左右，仅余 1 m 左右的管道通径，严重影响烟气流通。1 号除尘器检修或者更换布袋需要独立运行 2 号除尘器时，除尘器阻力最高达到 4500 Pa，远远超出单台运行小于 2000 Pa 的工艺要求，存在很大的工艺安全风险。而且整个管道内积灰大约在 250 t，还存在管道坍塌的风险隐患。该焦化厂为了解决此风险每半个月时间就需要安排两人使用长铲或者电动搅拌器对管道内的积灰进行清理，每次清理需要 1 周时间，可以清理约 1 m 厚度的积灰，管道内可以达到 2 m 通径，即便如此在单独运行 2 号除尘器时除尘器压差仍然达到 2700 Pa 左右，满足不了工艺需求。而且人工清灰作业费时、费力、效率低，同时由于管道上部作业空间狭小、有坡度，作业不方便，如人员站位不对或躲闪不及非常容易被工具碰伤或被挤伤，存在一定的安全隐患。

4　半干法脱硫工艺中清灰作业的优化改进

针对 A 焦化厂存在的半干法脱硫工艺中清灰作业问题，本研究拟通过设计一套自动脉冲清灰装置，在降低劳动作业强度的同时提升清灰作业的效率，具体优化方式如下。

4.1　结构组成

该装置主要包括脉冲发生器、喷吹管、控制系统等部分。脉冲发生器产生高压脉冲气流，通过喷吹管将气流喷射到烟气管道积灰处，通过瞬时气流压力变化，将积灰吹起，再通过管道本身的气流带走，降低积灰沉积，以实现清灰效果。控制系统负责对整个清灰过程进行精确控制。

4.2　工作原理

当装置通过管道入口压力变化，检测到烟气管道内的积灰达到一定程度时，控制系统启动脉冲发生器，高压脉冲气流瞬间喷出，冲击积灰层，使其脱落并被烟气带走。通过周期性的脉冲清灰，保持烟气管道的清洁。

4.3　装置的优势

4.3.1　高效清灰

在脱硫塔后烟气管道上部安装气包组，将气包固定在进口管道顶部平台一侧，不影响巡检人员通行；每组气包安装五根脉冲管，也可根据自己需求与现场特点设置气包、脉冲管和脉冲点数量，只需增加相应的脉冲阀和线路即可。每根脉冲管插入管道内深度根据管道直径决定，原则不得超过管道直径长度。当集成控制系统开始工作后，压缩空气通过脉冲阀开始对烟道内积灰按照顺序进行清理。脉冲阀周而复始进行工作，烟道内的积灰将不会再出现沉积现象，从而保证管道内空间不再变小，烟气流畅通过。脉冲气源为空压站的压缩空气，压缩空气最大用量约为 20 m^3/h，后期延长脉冲时间可以大幅度降低压缩空气用量。脉冲顺序从管道进除尘器口处开始向后方依次喷吹，脉冲间隔时间可以根据现场实际情况进行设置，范围 0.1~1000 s，喷吹前期可以设置短时间，加强喷吹频次，等积灰清理干净后再根据运行工况延长喷吹时间，直至最佳运行状态，积灰最少，压缩空气用量最少。并且能够快速、有效地清理烟气管道内的积灰，降低管道阻力，提高脱硫效率。

4.3.2　自动化控制

该装置可接入中控 DCS 系统，设置启停联锁，装置可根据远传压力数据变化自动启停或者延长和缩短脉冲喷吹频次，大大减少人工干预，提高工作效率和可靠性。

4.3.3 适应性强

该装置不产生化学反应，可适用于不同规格和工况的烟气管道积灰清理，也可根据现场环境自主设计装置尺寸和安装分布。

4.3.4 降低维护成本

延长设备使用寿命，减少设备维修和更换的成本。

4.4 安装自动脉冲清灰装置的应用效果

通过在A焦化厂安装自动脉冲清灰装置，并进行安装前后的效果对比（表1），结果表明，安装后烟气管道的积灰问题得到显著改善，管道内积灰清理干净，系统运行稳定，确保在线指标平稳控制，引风机频率由原来的44 Hz降到了38 Hz，还解决积灰多管道坍塌的隐患。避免人工清理积灰耗时耗力，且效果不明显，同时消除人工清灰时使用搅拌器、长铲或者风镐等工具时的安全隐患。降低了因管道阻力大影响管道吸力的情况，随之脱硫风机负荷也可进行相应的下调，降低了能源消耗。

表1 人工清灰与脉冲清灰效果对比

清灰方式	人数	清灰时间/d	清灰频次	平均管道净高/m	管道内积灰厚度/m
人工清灰	2	7	每月2次	1.5	2.1
脉冲清灰	0	—	—	3.5	0.1

5 结论

由于半干法脱硫工艺脱硫效率较为稳定，因此，当前越来越多的焦化企业在脱硫工艺上选择半干法脱硫工艺，而尽管该工艺有着自身的优势，但过程中的清灰方式存在效率低、劳动强度大等不足。基于此，本研究以A焦化厂为研究对象，通过开展该厂半干法脱硫工艺中清灰作业情况的调查，从中发现在清灰作业中其存在有劳动强度大以及作业效率低等问题，针对以上问题本研究拟设计一套烟气管道自动脉冲清灰装置，以实现解决烟气管道积灰问题、提高脱硫效率和保障系统稳定运行方面的目的，以期为该企业的日常作业效率提升以及劳动强度降低提供一定的帮助。

参 考 文 献

[1] 张亦弛，于洪涛，徐铁君．焦炉烟气二氧化硫和氮氧化物污染预防技术［J］．燃料与化工，2019，50（1）：59-61.
[2] 康新园．燃煤烟气脱硫脱硝一体化技术研究进展［J］．洁净煤技术，2014，20（6）：115-118.
[3] 尹维权．焦炉烟气脱硫脱硝技术发展分析［J］．酒钢科技，2018（2）：1-5.
[4] 杨万里．湿法烟气脱硫工艺技术全程控制指导手册［M］．北京：中国电力出版社，2020.
[5] 周至祥．火电厂湿法烟气脱硫技术手册［M］．北京：中国电力出版社，2020.
[6] 林事项．大型电站煤粉锅炉烟气脱硫技术［M］．北京：中国电力出版社，2019.

「干熄焦」

超大型干熄焦技术集成创新与应用

徐 列 韩 冬 张晓光 薛改凤 霍海雯 王 奇 石巧囡 康 健

（华泰永创（北京）科技股份有限公司，北京 100176）

摘 要：介绍了华泰永创在干熄焦超大型化方面的理论研究、创新技术和应用与效果，同时介绍了干熄焦排焦烟气导入环形风道、焦炭烧损在线检测等过程优化控制集成创新技术。示范项目 250 t/h 干熄焦装置运行效果指标：炉冷却段 T_3、T_4 温差小于 50 ℃，排焦温度小于 150 ℃，入炉气料比小于 1250 m^3/t 焦，干熄炉热效率达 90%，干熄焦系统环境除尘风量比常规设计降低 20%。

关键词：超大型干熄焦，多斜道技术，数值模拟，装备创新，节能减排

1 技术开发背景

干熄焦技术从 20 世纪 80 年代引入我国至今，已在国内得到了广泛应用，并实现了干熄焦技术和设备的国有化、干熄焦装置的系列化和大型化。近几年来，随着焦化行业淘汰落后产能、产业结构调整和企业兼并重组步伐的加快，国内建设大型化焦炉的焦化厂逐渐增多，因此配套建设超大型干熄焦的需求显著增加。另外，随着国家节能减排及智能制造的政策导向，未来干熄焦将向着大型化、超大型化、高效化、智能化等方向发展。

虽然国内干熄焦技术应用较多，但此项技术仍存在一些问题，如大型干熄焦稳定生产还存在一些问题，采用金属挂板式多斜道结构，使用寿命不足 2 年，斜道出口面积分布能否达到气流均匀分布没有做过深入研究等等。干熄焦作为节能装置还有一些工艺过程需要优化，安全稳定生产水平需要进一步提高。华泰永创通过理论研究、数值模拟和应用探索，开发出世界最大规模 270 t/h 干熄焦装置和过程控制技术和多项干熄焦水平提升技术，引领我国干熄焦整体技术发展。

2 超大型干熄炉及其装置技术

要实现干熄炉的超大型化，就必须进一步加大干熄炉直径，就必须解决干熄炉均匀布风、气固均匀换热、炉体结构安全及其长寿化等方面的技术难题。华泰永创针对这些技术难题开发出布风装置及风量分配最优化技术、炉内气固流动和传热最优化技术、多斜道技术、环形风道气流分配最优化技术、干熄炉长寿化技术和一次除尘器结构最优化技术。

2.1 布风装置及风量分配最优化技术

要实现焦炭在超大型干熄炉内的均匀换热，如何实现干熄炉的均匀布风是其极其重要的一个环节。因此，华泰永创根据布风原理，利用数值模拟技术不断对布风装置的结构进行优化，以调节周边风环和中央风帽的布风分配比例，从而实现干熄炉布风的最优化——均匀布风。数值模拟分析的干熄炉内部气流分布如图 1 所示。

2.2 炉内气固流动和传热最优化技术

为了进一步实现焦炭在超大型干熄炉内的均匀换热，以原有的北京科技大学建立的数学模型为基础，

同时引入体积热源的温度导数描述干熄炉内的温度场分布，运用数值模拟技术，分析多版不同结构的干熄炉温度压力分布情况，最终确定满足干熄炉超大型建设的结构尺寸，实现其最优化。数值模拟分析的干熄炉内部温度场分布如图 2 所示。

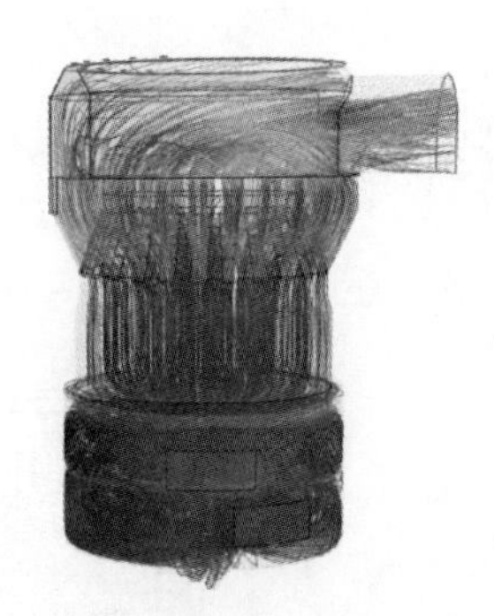

图 1　干熄炉内部速度分布流线图

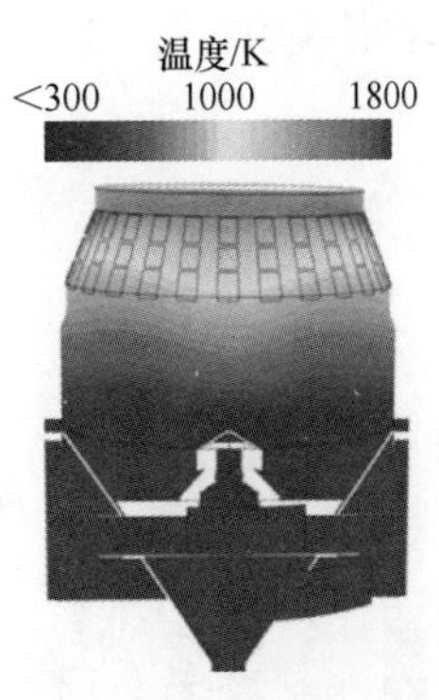

图 2　干熄炉内温度场分布

2.3　多斜道技术

焦炭浮起是制约超大型干熄炉处理能力的难题之一，为避免焦炭浮起现象的发生，开发出耐火材料分隔的多斜道技术：通过耐火材料，将干熄炉斜道区的流通断面沿高向分割成若干个小的通道，使循环气体在斜道区的流速分布更加均匀化，降低其最大流速，从而有效避免焦炭浮起，为实现超大型干熄焦的预期处理能力奠定坚实的基础。理论研究结果表明，在同等规模、同等斜道面积情况下，随着斜道数的增加气流分配更加均匀即最大流速显著降低（如图 3 所示）。多斜道使斜道区牛腿砖墙结构强度增大，寿命增加。依据计算和应用，形成干熄焦规模与斜道结构的设计规范：65~130 t/h 干熄焦采用单斜道结构；140~210 t/h 干熄焦采用双斜道结构；220~270 t/h 干熄焦采用三斜道结构。图 4 为熄炉双斜道、三斜道焦炭堆积区域示意图。

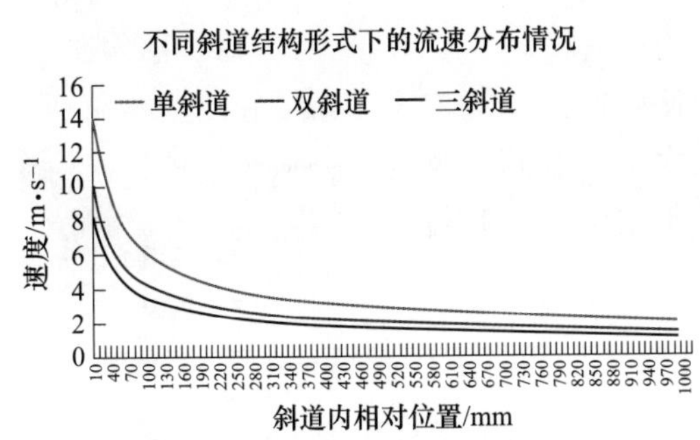

图 3　斜道区流速与斜道结构关系图

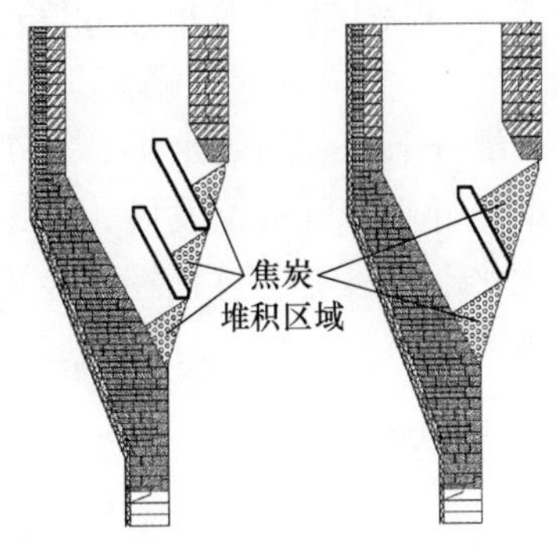

图 4　熄炉双斜道、三斜道焦炭堆积区域示意图

2.4　环形风道气流分配最优化技术

实现环形风道气流均匀分配，也是实现焦炭在超大型干熄炉内均匀换热的极其重要的一个环节。本项目运用数值模拟技术，并结合现有干熄焦的生产实际，分析不同斜道出口位置的循环气体质量流量分配与斜道区调节砖布置的相关关系，最终建立了一个可以优化斜道出口气流分布的数学模型。运用这个数学模型，通过不断改变调节砖的分布形式，实现斜道出口气流分布最优化——斜道出口气流均匀分布。数值模拟的超大型干熄炉斜道出口气流流线结果如图 5 所示。

2.5　干熄炉长寿化技术

干熄炉炉内 1000 ℃红热焦炭与入炉 120~130 ℃换热循环气体进行换热，炉内温度会因生产波动而有较大的波动。由于干熄炉砌体尺寸在径向和高向不均匀，干熄炉砌体在径向的温度分布也不均匀，因此会导致干熄炉砌体内部因膨胀不一致产生热应力，会造成干熄炉砌体的热疲劳破坏，进而降低干熄炉的使用寿命，超大型干熄炉尤其严重。为此，华泰永创从改进干熄炉砌体结构入手，在斜道牛腿后部增加膨胀缝（如图 6 所示），以消除斜道区牛腿砖内外温度差造成的膨胀不一致而产生的热应力；在环形风道内墙与外墙中间增加滑动层（如图 7 所示），以消除环形风道内、外墙温差造成的膨胀不一致而产生的热应力；由此实现干熄炉长寿化。

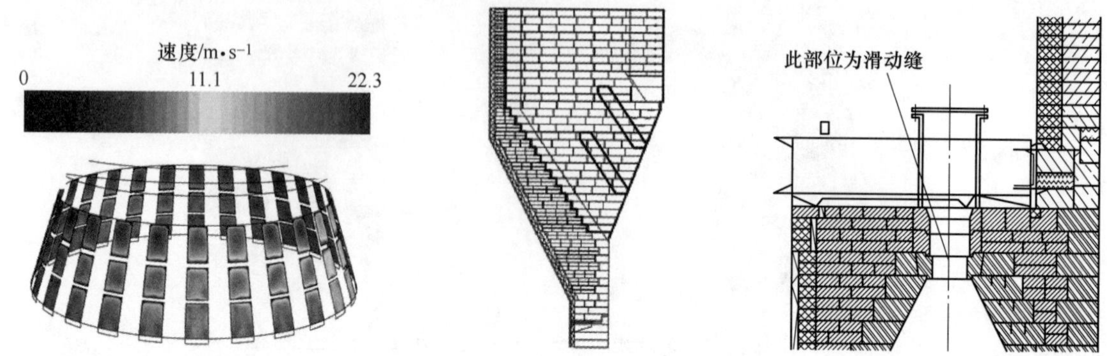

图 5　斜道出口速度流线分布情况　图 6　三斜道结构膨胀缝设计示意图图 7　环形风道过顶砖滑动缝示意图

2.6　一次除尘器结构最优化技术

一次除尘器结构决定了其除尘效率以及循环气体对锅炉的冲刷程度。华泰永创通过比较分析一次除尘器形式、尺寸、有无挡墙、挡墙位置以及挡墙尺寸等多种一次除尘器的结构形式，运用数值模拟技术，对一次除尘器至锅炉内气体压力场、流场、温度场和颗粒轨迹进行数值模拟（数值模拟结果如图 8、图 9 所示），综合确定一次除尘器结构，实现其最优化——提高除尘效率和减少对锅炉的冲刷。

速度
向量
4.841e+01
3.630e+01
2.420e+01
1.210e+01
0.000e+00
[m·s^{-1}]

图 8　烟道中心截面速度矢量分布

3　干熄焦生产过程控制技术集成创新

为了进一步提升干熄焦能效水平、减少环境污染、降低生产成本和安全生产，推动干熄焦行业的可持续发展，华泰永创在干熄焦大型化和超大型化过程中，不断优化干熄焦工艺过程控制技术，进一步提升干熄焦节能减排水平和稳定安全生产水平。

3.1　排焦烟气导入环形气道技术

干熄焦排焦烟气具有烟气量较小、连续排放、流量波动小、温度稳定以及烟气中 SO_2 浓度较低（一般在 50~60 mg/m^3）等特点。现有技术中存在如下问题：干熄炉排出的焦炭有一定热量没有得到回收，排焦烟气中 SO_2 浓度虽然不高，但仍不满足“关于推进实施钢铁行业超低排放的意见”的要求，达不到日益严峻的环保要求。

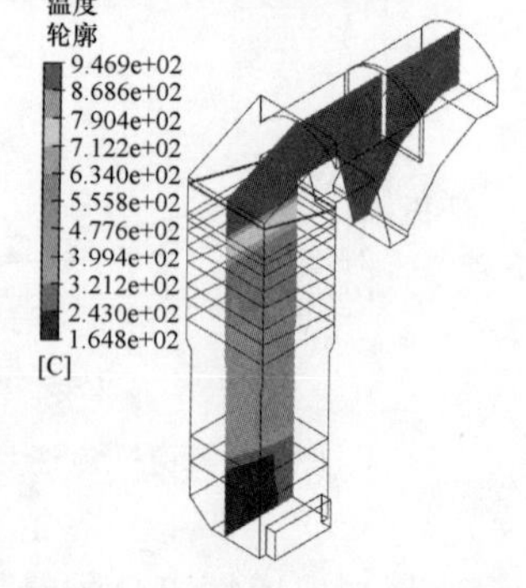

图 9　烟道中心截面温度分布

为此，华泰永创开发了排焦烟气导入环形气道技术：依据气固相换热原理，将干熄焦本体地下室的空气与排焦设备内下落的焦炭（温度≤200 ℃）进行逆向换热，吸收焦炭显热，利用烟气自身的热浮力及干熄炉环形气道的负压将原来进入环境除尘的排焦烟气导入干熄炉内，对排焦烟气的热量进行回收的同时减少二氧化硫排放污染源。该技术的工艺流程如图 10 所示。

3.2　焦炭烧损在线检测技术

干熄焦的焦炭烧损本质上是循环气体里的 CO_2 与焦炭发生碳溶反应导致的，为了实时掌握干熄炉的全焦烧损状况，以便采取相应地降低焦炭烧损措施，本项目通过对比焦炭干熄过程前后 CO、CO_2 浓度变化，即采用碳平衡的方法计算干熄炉炉内烧损和干熄炉全焦烧损率，实现焦炭烧损的在线检测。干熄焦

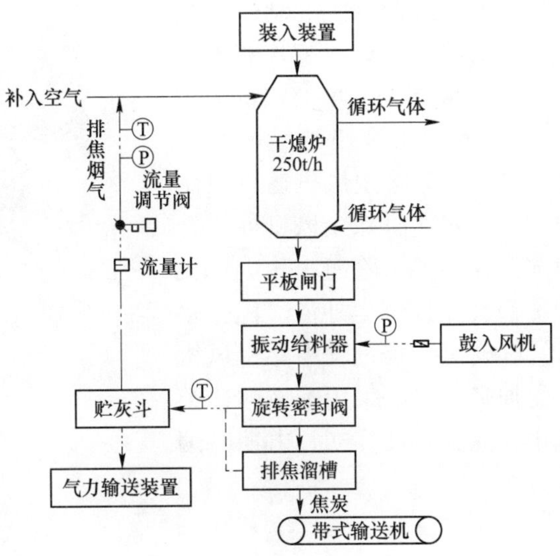

图 10　排焦烟气导入环形气道技术工艺流程图

系统焦炭烧损率工艺流程和焦炭烧损在线检测系统操作界面分别如图 11 和图 12 所示。

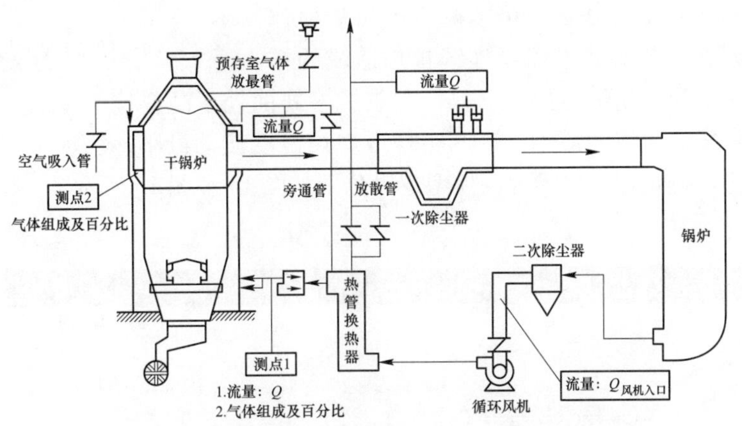

图 11　干熄焦系统焦炭烧损在线检测流程图

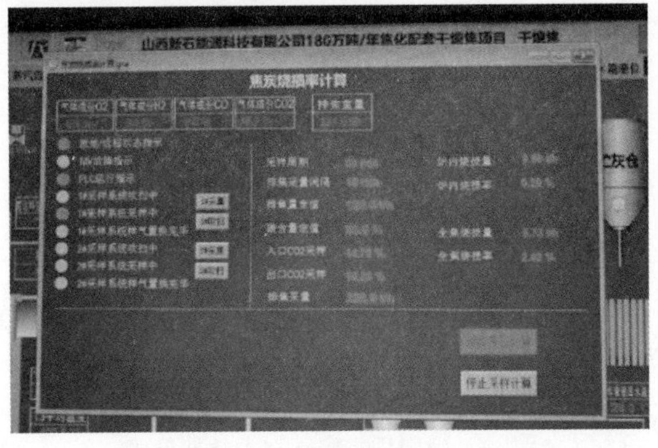

图 12　焦炭烧损在线检测系统操作界面

3.3　除尘系统风量最优化技术

鉴于目前的装入装置防尘盖板间及防尘盖板与料斗内壁存在较大间隙，间隙最大值约为 50 mm，使得料斗下部腔体密封性变低，装焦末期高温烟气在热浮力作用下向上流动，透过此缝隙向大气溢散，导致烟气溢散。因此华泰永创依据吸气罩工作原理对自由吸气口和受限吸气口进行理论分析和比较，结果表明，在同样距离上造成同样的吸气速度时，自由吸气口的吸气量比受限吸气口大 1 倍，而现有装入装置集尘管道吸尘口属于自由吸气口，因此，为使烟尘控制效果最优，采取密封措施、减少罩口到污染源的距离使装入装置集尘管道吸尘口符合受限吸气口要求，以便实现除尘风量最优化。干熄焦装入装置上部料斗改造示意图如图 13 所示。

此外，在保证除尘效果的前提下，对除尘风机运行控制进行了优化。从现场生产发现，装焦初期时除尘风机处于升速阶段，吸力明显不足，装焦末期，烟尘未除净，除尘风机已进入降速过程[1]，这两种情况都会导致烟尘外溢。优化除尘风机升速、降速的连锁信号，以确保装焦过程中除尘风机均处于高速阶段，达到最大化的抽吸效果。采用本文的连锁调试方式后，干熄炉装焦过程中，尤其是装焦初、末期时烟尘外溢的现象得到明显改善。

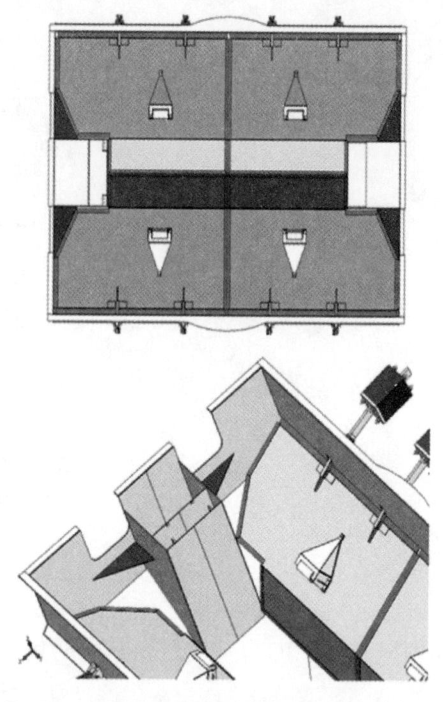

图 13　干熄焦装入装置上部料斗改造示意图

3.4　稳定排焦控制技术

尽可能减少排焦量波动是实现干熄焦系统运行稳定、延长干熄炉寿命的最重要措施。通过充分利用干熄炉预存室容积，运用自主开发的一种控制算法，尽可能减少因焦炉检修不能向干熄焦提供焦炭，而干熄焦又需要连续排焦造成的排焦量波动：即控制排焦量使干熄炉内预存室料位在焦炉检修前处于高料位、在焦炉检修结束时处于低料位，实现稳定排焦——排焦量波动最小。进而实现干熄炉温度波动最小、实现干熄炉长寿化。稳定排焦控制技术软件界面和稳定排焦控制技术理论模型逻辑分别如图 14 和图 15 所示。

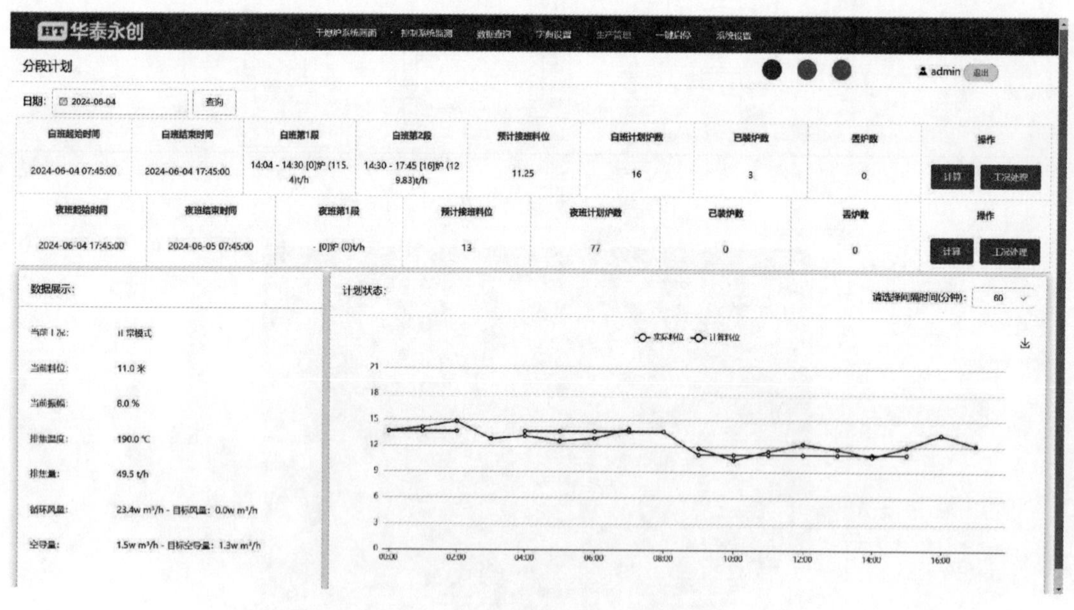

图 14　稳定排焦控制技术软件界面

3.5　基于安全生产监控的吊钩识别技术

提升机吊钩闭合的准确性对干熄焦安全连续生产极为重要，将其他行业应用成熟的图像识别技术应用到干熄焦领域是一种创新尝试。通过布置在提升机周围的摄像头等设备采集吊钩的图像数据，然后对采集到的数据进行预处理，提取出与吊钩相关的特征信息，再利用机器学习算法构建吊钩识别模型，最后，将训练好的模型应用于实时图像和视频数据的识别和分类，判断干熄焦提升机吊钩是否闭合。同时将判断结果与干熄焦系统进行连锁控制，实现对提升机吊钩的自动监控和预警。

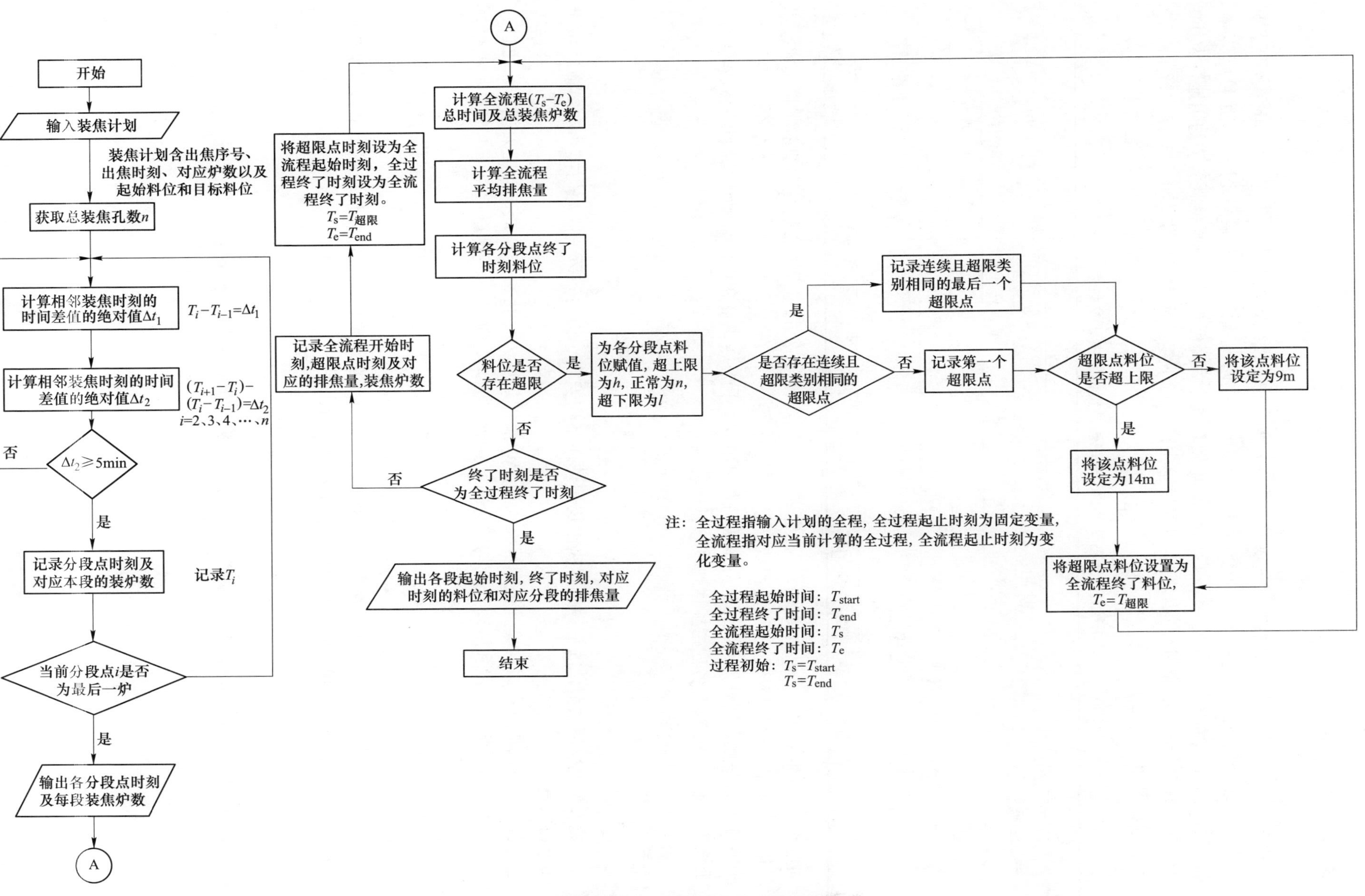

图 15 稳定排焦控制技术理论模型逻辑框图

4　超大型干熄焦技术集成创新应用

通过对超大型焦技术各个难点的逐一攻克，华泰永创成功研发出处理能力为250～270 t/h 系列干熄炉成套技术，在多个项目上得到应用。其中该系列干熄炉的首次研发依托于山西某焦化厂，该焦化厂已有2组2×41孔6.25 m捣固焦炉，可配置2×125 t/h干熄焦装置，为降低投资、降低能耗、节约用地，为其配置了1×250 t/h干熄焦。此套超大型干熄焦装置稳定生产运行1年零8个月，华泰永创对其进行了标定，标定主要数据见表1。

表1　山西新石250 t/h干熄焦装置标定主要参数表

序号	项　目	单位	参　数
1	排焦量	t/h	250
2	入炉气料比	m^3/t焦	1249
3	排焦温度	℃	<150（水当量法）
4	冷却室上段（下段）圆周温度差	℃	<50
5	干熄炉出口循环气体平均流量（工况）	m/s	6.1（5.3～6.8）
6	干熄炉热效率	%	90.14
7	环境系统除尘风量	—	比常规设计降低20%

通过对250 t/h超大型干熄焦装置技术标定表明，华泰永创开发的超大型干熄焦和节能减排集成技术是成功的，运行效果达到和超过了设计预期目标。

2023年9月华泰永创设计开发出世界最大规模270 t/h干熄焦装备在山西金烨成功投运，投运至今，此套干熄焦装置平稳运行，各项指标达到设计目标。

5　结语

干熄炉大型化、超大型化的关键是解决干熄炉炉体结构安全、均匀布风气固均匀换热和斜道区焦炭不浮起等技术难题。

通过合理设计膨胀缝和滑动缝可很好解决大型干熄焦炉热应力变化对炉体造成的应力损坏；通过合理设计换热循环气体入冷却段和出冷却段均匀分布可达到气固均匀换热；通过合理设计多斜道技术使斜道区气流均布流速较低，实现焦炭不易浮起的目的。

华泰永创开发的超大型干熄焦关键结构和装置，有效解决了干熄焦大型化、超大型化过的技术难题，投运效果良好。为我国干熄焦大型化、超大型化起到了引领和示范作用。

干熄焦排焦烟气导入环形气道、除尘风量优化、焦炭烧损在线检测、稳定排焦控制及吊钩识别连锁控制等技术，可显著提升干熄焦的节能减排和安全稳定运行水平。

参 考 文 献

[1] 杜镇钢．干熄焦装焦冒烟机理及控制措施研究［J］．冶金能源，2018，37（5）：62-64.

超高温、超高压、高转速、一次中间再热干熄焦余热发电系统

陈廷山

（中冶焦耐工程技术有限公司，大连 116085）

摘 要：介绍了超高温、超高压、高转速、一次中间再热干熄焦余热发电系统，分析比较双超再热与常规高温高压干熄焦发电系统的参数，从锅炉型式、锅炉蒸汽产量、吨焦产汽量、汽轮机型式、汽机发电功率、汽机汽耗率、初始投资、减少碳排放量等角度对两种参数系统进行对比分析，为企业在建设中选择具体的干熄焦发电系统的参数提供参考。

关键词：干熄焦工程，余热发电，超高温，超高压，高转速，中间再热

1 概述

钢铁行业为我国的支柱产业，同时也是耗能大户，在能源供应短缺，石油、天然气、煤炭等能源价格飞涨，能耗成本已占钢铁生产成本的30%左右，在钢铁联合企业中，烧结、焦化、炼铁三个工序能耗占比总能耗超过50%以上，在此系统中，干法熄焦已成为最大的节能环保技术之一。

据炼焦行业协会统计，截至2021年，我国焦化生产企业500余家，焦炭总产能约6.3亿吨，其中常规焦炉产能5.5亿吨，半焦（兰炭）产能7000万吨（部分电石、铁合金企业自用半焦（兰炭）生产能力未统计在全国焦炭产能中），热回收焦炉产能1000万吨。其中山西省产能超过1亿吨，河北省、陕西省、内蒙古自治区产能超过5000万吨，我国建成干熄焦装置近350座，干法熄焦占比全国焦炭产能的约60%。如果按高温高压纯凝发电计，则年发电量约$877×10^8$ kW·h，年节约标准煤约3100万吨（未扣除消耗），年减少碳排放量约9500万吨（未扣除消耗），节能减排效益显著。

2020年9月22日习近平总书记在第七十五届联合国大会一般性辩论上向全世界宣布，中国将提高国家自主贡献力度，采取更加有力的政策和措施，二氧化碳排放力争于2030年前达到峰值，努力争取2060年前实现碳中和。2021年9月22日，中共中央、国务院印发《关于完整准确全面贯彻新发展理念做好碳达峰碳中和工作的意见》。

自1985年，宝钢一期工程引进日本干熄焦技术，截至2021年，我国已经投产运行的干熄焦装置已达350余套，其中重点钢铁企业的焦化干熄焦率由2005年的不足30%提高至90%。当前随着大容积焦炉技术的推广和应用，干熄焦装置能力有了大幅度的提升，干熄焦装置能力由最早的75 t/h到现在的最大260 t/h，由于锅炉能力的增长使得锅炉、发电参数的提升成为一种可能。干熄焦锅炉参数目前主要有中温中压、高温高压、高温超高压，到现在研发的超高温、超高压、一次中间再热系统，高参数的干熄焦余热利用技术越来越受到行业重视。

以260 t/h干熄焦为例，如对应高温高压干熄焦余热发电技术，发电量约为40664 kW·h，机组装机能力为45 MW。伴随着火力发电行业高参数再热机组小型化技术的成熟，目前超高温、超高压，机组装机能力下探到40 MW、35 MW，甚至30 MW，并且已经有了行业外成功落地的经验，这使干熄焦行业余热发电参数由常规的高温高压向超高温、超高压、一次中间再热提升变为可能。超高温、超高压、配合高转速汽机及一次中间再热技术的使用将使发电净效率有较大幅度的提升，相比传统高温高压机组提升在8%~10%，且减碳显著。

未来，随着国家节能减排及智能制造的产业政策调整，大型化、高效化、高参数、智能化将是干熄焦发展的必然趋势。因此对干熄焦工程超高温、超高压、高转速、一次中间再热发电系统的研发是大势所趋，也是势在必行。

2　干法熄焦余热利用工艺概述

干法熄焦：相对于湿法熄焦（水冷却炽热焦炭）而言，指利用惰性气体冷却炽热焦炭的工艺。干法熄焦的优点有回收红焦显热、减少环境污染、改善焦炭质量，降低强黏结性的焦煤、肥煤配入量。

干熄焦工艺系统：主要包含焦炭系统、循环气体系统、热力系统（汽水及发电系统）、除尘系统。

焦炭系统：装满红焦的焦罐车由电机车牵引至提升井架底部。提升机将焦罐直接提升并送至干熄炉炉顶，通过带布料器的装入装置将焦炭装入干熄炉内。在干熄炉中焦炭与惰性气体直接进行热交换，焦炭被冷却至平均 200 ℃左右，经排出装置排出到带式输送机，然后送往焦处理系统。

循环气体系统：惰性循环气体在循环风机的作用下，将干熄炉内 1030 ℃左右的炽热焦炭冷却，吸收焦炭显热的惰性循环气体被加热到 900~980 ℃；高温惰性循环气体经一次除尘器除尘后，进入干熄焦锅炉，与汽水系统换热后，温度降至 160~170 ℃；惰性循环气体再经过二次除尘器、循环风机和径向热管式给水预热装置，温度降至大约 130 ℃，再次进入干熄炉冷却炽热焦炭。

热力系统（汽水及发电系统）：锅炉给水泵站供应的锅炉给水通过干熄焦锅炉吸收循环气体的热量产生蒸汽，通过蒸汽驱动汽轮发电机组发电和供热来实现回收红焦显热。

除尘系统：通过一、二次除尘器分离出惰性循环气体中的焦粉，由专门的输送设备将其收集在贮槽内，以备外运。同时干熄焦装焦口、预存室放散口、排焦装置下运焦皮带导料槽吸尘口等处汇集的烟尘气送入干熄焦除尘地面站处理，除尘后放散；风机后连续放散的循环气和排焦装置下排焦溜槽处吸尘口的含尘气汇合送至焦炉烟气脱硫脱硝系统的脱硫装置进行脱硫。一次除尘器多采用重力沉降方式，阻力损耗小，槽体体积庞大。槽顶部及挡墙底部均采用砖拱结构，结构简单，强度大。用于除去循环气体中所含的粗粒焦粉，以降低对干熄焦锅炉炉管的磨损。二次除尘器采用适合于干熄焦工艺的专用多管旋风分离式除尘器，以将循环气体中的细粒焦粉进一步分离出来，使进入循环风机的气体中粉尘含量小于 1 g/m^3，且小于 0.25 mm 的粉尘占 95%以上，降低焦粉对循环风机叶片的磨损，从而延长循环风机的使用寿命。

干熄焦热力系统是整个干熄焦工艺系统中的一个重要组成部分，其作用是降低干熄焦系统惰性循环气体的温度并吸收其热量加以有效利用。干熄焦热力系统运行状况将直接影响到干熄焦装置的运行。随着干熄焦工艺的不断发展，干熄焦热力系统在节省投资、节约占地、降低能耗、提高热效率、方便操作等方面也在不断地发展和提升。尤其在系统优化、工艺改进和设备配置等方面均有较大改进，特别在自动控制方面提高幅度更大，使干熄焦热力系统运行更加安全可靠、工况稳定，进而保障了整个干熄焦设施的安全、稳定运行。干熄焦热力系统是干熄焦装置中循环经济和节约能源的主要措施。

3　干法熄焦余热利用现状及发展动态

干法熄焦余热利用最早可以追溯到 20 世纪 20 年代，起源于瑞士。20 世纪 40 年代，英国、法国、美国、德国等国家开始研发干熄焦余热利用技术，采取方式各异、规模较小。进入 20 世纪 60 年代，苏联进行了改进。20 世纪 70 年代，日本从苏联引进，又在大型化、自动控制和环境保护方面进行了研发优化，干熄焦技术得到了大幅度提升。

1985 年，宝钢一期工程引进日本 4 套 75 t/h 干熄焦技术，21 世纪初，中冶焦耐完成了国家技术创新项目——“干熄焦引进技术消化吸收‘一条龙’开发和应用”项目，开发出具有自主知识产权的 70 t/h、75 t/h、80 t/h、90 t/h、100 t/h、110 t/h、125 t/h、140 t/h、150 t/h 系列干熄焦成套技术，实现了干熄焦工艺技术及设备的国产化和系列化。

截至 2021 年，我国已经投产运行的干熄焦装置达 350 余套，其中重点钢铁企业的焦化干熄焦率由 2005 年的不足 30%提高至 90%。干熄焦装置能力由最早的 75 t/h 到现在的最大 260 t/h，干熄焦余热锅炉参数目前主要有中温中压、高温高压、高温超高压。随着单体设备能力的增长，超高温、超高压、高转速、一次中间再热这种高参数的干熄焦余热利用技术越来越受到行业重视。

4　双超再热干熄焦发电技术概述

双超再热干熄焦余热利用技术是指利用超高温、超高压蒸汽拖动高转速汽机并采用一次中间再热方案进行发电及供热的技术。目前，国内干熄焦余热利用技术按温度、压力等级一般可分中温中压（4.14 MPa，450 ℃）、高温高压（9.81 MPa，540 ℃），本次研发的双超再热发电系统压力提升到超高压14.3 MPa，温度提升到超高温571 ℃，汽轮机转速提升大约5000 r/min，同时增加一次再热技术，高、低旁系统，多级减温水系统等。

工艺中的焦炭系统、循环气体系统、除尘系统未发生调整，但提升了汽水及发电系统的工艺路线。双超再热干熄焦余热利用系统主要包括超高温、超高压、一次再热干熄焦锅炉、锅炉给水泵站、超高温、超高压、一次再热汽轮发电站及连接各个站房的干熄焦区域管廊共计4个部分。

双超再热锅炉产生超高温、超高压蒸汽经干熄焦管廊送至汽轮发电站双超再热机组高压汽缸，经高压汽缸做功，排汽经干熄焦管廊的低温再热管道送入锅炉再热器，升温再热后经干熄焦管廊的高温再热蒸汽管道，送入汽轮机中低压缸，经中低压缸再次做功后，乏汽排入排汽设备。汽轮机事故时，主蒸汽经高旁、再热器、低旁后排入排汽设备。

超高温：汽轮机高压缸额定进汽温度为（566^{+5}_{-10}）℃，干熄焦锅炉过热器额定产汽温度为（571^{+5}_{-10}）℃，汽轮机高压缸额定排汽温度大约360 ℃，汽轮机中低压缸额定进汽温度为（566^{+5}_{-10}）℃，干熄焦锅炉再热器额定产汽温度为（569^{+5}_{-10}）℃。常规中温中压汽轮机额定进汽温度为（435^{+10}_{-15}）℃，干熄焦锅炉额定产汽温度为（450^{+10}_{-15}）℃。常规高温高压汽轮机额定进汽温度为（535^{+5}_{-10}）℃，干熄焦锅炉额定产汽温度为（540^{+5}_{-10}）℃。

超高压：汽轮机高压缸额定进汽压力为（$13.24^{+0.6}_{-0.6}$）MPa(a)，干熄焦锅炉过热器额定产汽压力为14.3 MPa，汽轮机高压缸额定排汽压力大约3.1 MPa(a)，汽轮机中低压缸额定进汽压力为（$2.8^{+0.3}_{-0.3}$）MPa(a)，干熄焦锅炉再热器额定压力为2.75 MPa。常规中温中压汽轮机额定进汽压力为（$3.43^{+0.2}_{-0.2}$）MPa(a)，干熄焦锅炉额定产汽压力为4.14 MPa。常规高温高压汽轮机额定进汽压力为（$8.83^{+0.49}_{-0.49}$）MPa(a)，干熄焦锅炉额定产汽压力为9.81 MPa。

高转速：汽轮机转速大约5000 r/min，经过减速齿轮箱减至3000 r/min，常规中温中压、高温高压汽轮机转速均为3000 r/min。

一次中间再热系统：汽轮机相比传统机组调整为高压缸、中低压缸两部分，干熄焦锅炉增加了再热系统。干熄焦锅炉过热器产生的高温蒸汽送至汽轮发电站双超再热机组高压汽缸，经高压汽缸做功后，排汽经低温再热管道送入锅炉再热器再热后经高温再热蒸汽管道，送入汽轮机中低压缸，经中低压缸做功后，乏汽排入排汽设备。常规中温中压、高温高压机组无再热系统。图1为双超再热干熄焦发电系统工艺流程简图。

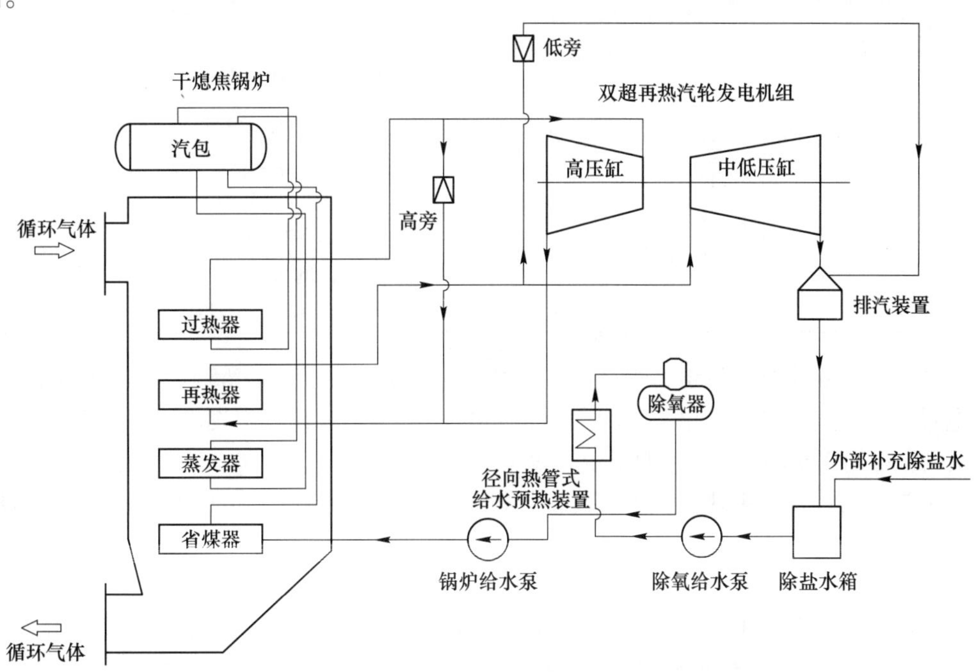

图1　双超再热干熄焦发电系统工艺流程简图

5　双超再热发电系统与高温高压发电系统对比分析

双超再热空冷干熄焦发电系统与高温高压空冷干熄焦发电系统对比分析详见表 1。

表 1　双超再热发电系统与高温高压发电系统参数对比表

项　目	高温高压机组	双超再热机组
干熄焦处理量	227.6 t 焦炭/h	227.6 t 焦炭/h
年工作时间	8460 h	8460 h
锅炉型式	自然循环	中间再热+自然循环
锅炉蒸汽产量	128 t/h	109 t/h
锅炉出口蒸汽参数	10.3 MPa，540 ℃	14.3 MPa，571 ℃
再热器进出口蒸汽参数	无再热	3.0 MPa/2.75 MPa 360 ℃/569 ℃
吨焦产汽量	0.55 t 蒸汽/t 焦炭	0.48 t 蒸汽/t 焦炭
汽轮机型式	高温、高压、常规转速、凝汽式	超高温、超高压、一次中间再热、高转速、凝汽式
汽轮机高压缸入口蒸汽参数	8.83 MPa(a)，535 ℃	13.24 MPa(a)，566 ℃
汽轮机中低压缸入口蒸汽参数	无	2.75 MPa(a)，566 ℃
汽机发电功率	35359 kW	38749 kW
汽机汽耗率	3.62 kg/kW	2.81 kg/kW
年发电量	299139×10^3 kW · h	327820×10^3 kW · h
站用电量（热力专业）	2185 kW	2160 kW
相比高温高压机组年 增加年发电量百分比	—	9.6%
吨焦发电量	155.3 kW · h/t 焦炭	170.2 kW · h/t 焦炭
初始投资（仅热力专业）	6400 万	8800 万
年发电收益 （不含损耗，以 0.4 元/千瓦时）	11966 万	13113 万
投资超出部分的静态回收期	—	约 2 年
折算减少碳排放量（以 CO_2 计）	323848 t	354898 t 相比高温高压机组减少碳排放量（以 CO_2 计）31050 t
占地比较	干熄焦锅炉：230 m^2 锅炉给水泵站：580 m^2 汽轮发电站：760 m^2 空冷岛：760 m^2 总计：2330 m^2	干熄焦锅炉：230 m^2 锅炉给水泵站：650 m^2 汽轮发电站：1080 m^2 空冷岛：700 m^2 总计：2660 m^2 相比高温高压机组增加约 330 m^2

（1）吨焦产汽量：双超再热机组 0.48 t 蒸汽/t 焦炭，高温高压机组 0.55 t 蒸汽/t 焦炭。

（2）发电量比较：双超再热机组发电功率为 38749 kW，高温高压机组发电功率为 35359 kW，发电量相比高温高压机组增加 3390 kW，增加百分比为 9.6%。

（3）站用电量比较：双超再热机组主要设备装机容量（热力专业）为 2160 kW，高温高压机组主要设备装机容量（热力专业）为 2185 kW，二者相差不大（主要考虑的站用电设备：给水泵、空冷岛、凝泵等）。

（4）吨焦发电量：双超再热机组吨焦发电量为 170.2 kW · h/t 焦炭，高温高压机组吨焦发电量为 155.3 kW · h/t 焦炭，吨焦发电量相比高温高压机组增加 14.9 kW · h/t 焦炭，增加百分比为 9.6%。

(5) 初始投资：双超再热机组初始投资（热力专业）为 8800 万元，高温高压机组初始投资（热力专业）为 6400 万元，初始投资（热力专业）相比高温高压机组增加 2400 万元，增加百分比为 37.5%。

(6) 年发电收益（不含损耗，以 0.4 元/千瓦时计）：双超再热机组年发电收益为 13113 万元，高温高压机组年发电收益为 11966 万元，年发电收益相比高温高压机组增加 1147 万元，增加百分比为 9.6%，双超再热机组投资超出部分的静态回收期约为 2 年。

(7) 占地：双超再热机组（仅热力部分，其余专业变化不大）占地约为 2660 m^2，高温高压机组占地约为 2330 m^2，占地相比高温高压机组增加 330 m^2，增加百分比为 14.2%。

(8) 折算减少碳排放量（以 CO_2 计）：双超再热机组折算减少碳排放量约为 354898 t，折算减少碳排放量约为 323848 t，减碳相比高温高压机组增加 31050 t，增加百分比为 9.6%。

6 结论及展望

超高温、超高压、高转速、一次中间再热干熄焦发电系统相比高温高压系统主要区别在于：一是提高主蒸汽初参数，提高系统循环效率；二是热力系统增加了锅炉、汽机间一次再热系统，提高了能源利用效率和工质利用效率，同时降低了除盐水、循环水资源的消耗。采用超高温、超高压、一次中间再热干熄焦发电系统，发电效率可提高 8%~10%，单套干熄焦初始投资增加约 2400 万，投资超出部分静态投资回收期约 2 年，占地相差不大，减少碳排放量（以 CO_2 计）显著，当干熄焦处理能力超过 190 t/h，采用超高温、超高压、一次中间再热干熄焦发电技术具有相当的可行性和经济性。

本次论文针对的是单元制的双超再热发电系统，目前国家环保政策日趋严格，全干熄焦模式逐渐普及，针对全干熄运行工况下多炉多机的再热汽分配的技术难点仍需攻克。同时部分地区焦炉采用热回收焦炉，热回收焦炉的再热发电系统也亟待解决。

超高温超高压中间一次再热余热发电技术的研发与应用

李　林　陈本成　邢巍威　王　成　霍海雯

（华泰永创（北京）科技股份有限公司，北京　100176）

摘　要：本文对处理能力为170~270 t/h 单元制干熄焦配套不同参数热力系统进行了详细的技术分析和经济比较，并结合工程应用示范项目山西新石能源科技有限公司 250 t/h 干熄焦项目，分析了超高温超高压中间一次再热干熄焦余热发电技术的应用效果。结果表明采用超高温超高压中间一次再热发电技术比高温高压发电技术可提高发电量 10%~15%，增加部分投资回收期为 1.2~2.1 年。

关键词：超高温，超高压，中间再热，锅炉，汽轮机，发电量

1　概述

干熄焦技术作为冶金行业的重大节能环保技术举措，因具有回收红焦显热、提高焦炭质量、避免湿法熄焦对环境污染等优点，该项技术已在国内外钢铁联合企业和独立焦化企业得到广泛应用。

自干熄焦技术国产化至今，在国家节能减排政策和企业效益的驱动下，干熄焦余热发电技术取得长足进步。然而，在当前双碳政策与极致能效的发展形势下，如何进一步提高干熄焦余热发电能效是设计人员面临的新课题。

到目前为止，干熄焦余热发电技术按照蒸汽参数划分，大致经历了第一代技术（中温中压和次高压）、第二代技术（高温高压）和目前的第三代技术（高温超高压或超高温超高压中间一次再热）。随着技术的升级，发电效率不断提升。

华泰永创（北京）科技股份有限公司（以下简称“华泰永创”）积极探索开发干熄焦超高温超高压中间一次再热余热发电技术，国际首次在山西新石能源科技有限公司（以下简称“山西新石”）250 t/h 干熄焦项目上成功取得应用，节能效益与经济效益十分显著[1]。

2　技术原理

超高温超高压中间一次再热干熄焦余热发电技术效率高的原因主要可以归结于提高蒸汽初参数和增加中间一次再热系统[2]。常规中温中压发电技术的主蒸汽参数为 3.8 MPa、450 ℃，高温高压发电技术的主蒸汽参数为 9.8 MPa、540 ℃，而超高温超高压发电技术的主蒸汽参数达到 13.8 MPa、570 ℃。

当蒸汽初参数改变时，汽轮机中漏汽损失、湿汽损失等会发生变化，使汽轮机相对内效率改变，其中影响最显著的是汽轮机高压级的漏汽损失和末几级的湿汽损失。

汽轮机的漏汽损失取决于通流部分的相对间隙，即通流部分绝对间隙与叶片高度的比值，绝对间隙的大小只取决于制造和装配精度的要求，不同的汽轮机可以有相同的绝对间隙，故漏汽损失只与叶片高度有关，叶高越大，漏汽损失越小，一般来说，汽轮机最初几级叶片高度很小，漏汽损失较大。

汽轮机的湿汽损失主要取决于汽轮机末级蒸汽的湿度。

在蒸汽初压和排汽压力一定的情况下，随着初温的提高，汽轮机的排汽湿度减小，湿气损失降低；同时，初温的提高使进入汽轮机的体积流量增加，在其他条件不变时，汽轮机高压部分叶片高度增大，漏气损失相对减小，因此，提高初温可以提高汽轮机效率。

在蒸汽初温和排汽温度一定的情况下，随着初压的提高（在极限压力范围内），汽轮机焓降增加，理想循环热效率提高，因此，提高蒸汽初压有利于提高机组循环热效率。

蒸汽中间再热就是将汽轮机高压部分做过功的蒸汽从汽轮机某一中间级引出，送到锅炉的再热器加热，提高温度后，再引回汽轮机，在汽轮机的低压缸中继续膨胀做功，与之对应的循环称为再热循环，随着初压的增加，为了使排汽湿度不超过允许限度，可以采用中间再热的方式[3-4]。图 1 为带中间再热的干熄焦热力系统。

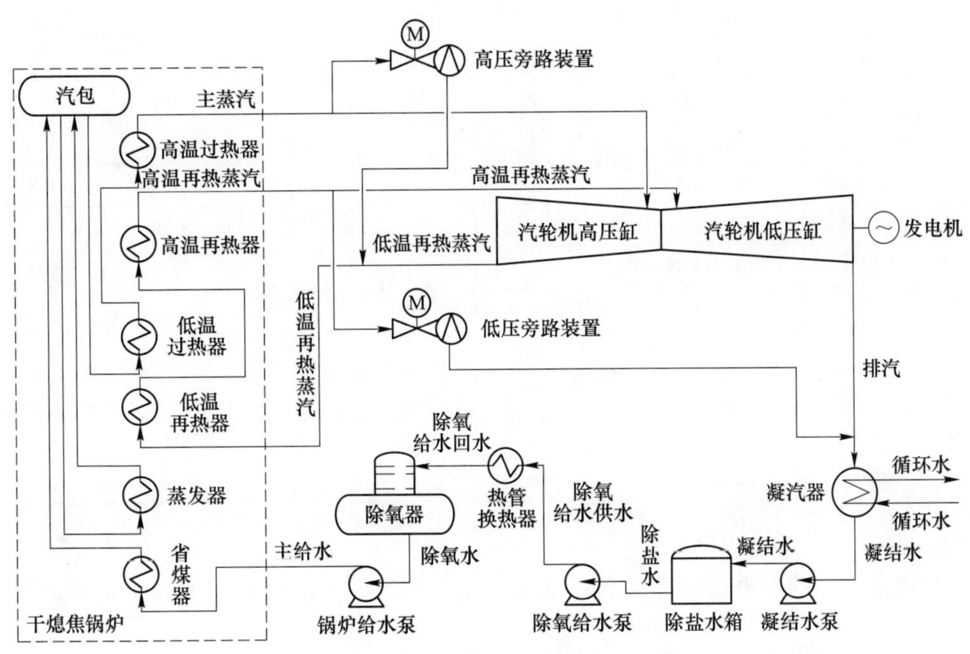

图 1　带中间再热的干熄焦热力系统

采用中间再热，减小了汽轮机的排汽湿度，改善了汽轮机末几级叶片的工作条件，提高了汽轮机的相对内效率。对于干熄焦余热发电项目，干熄焦锅炉回收的热量是固定的，增加中间再热使干熄焦锅炉产汽量减少，汽轮机排汽量减少，汽轮机的冷源损失也随时减少。

3　技术参数和经济比较

为分析超高温超高压中间一次再热干熄焦余热发电技术的技术和经济优势，确定干熄焦热力系统的最优设计参数，本章节对相同条件，不同规模的干熄炉、不同参数的热力系统进行技术经济比较，计算条件如下：

（1）按照单元制机组计算，即单台干熄炉对应单台锅炉和单台汽轮发电机组；

（2）锅炉给水温度均按照 104 ℃计算；

（3）汽轮发电机组发电量按照纯凝工况计算；

（4）主蒸汽管道、低温再热蒸汽管道、高温再热蒸汽管道的长度均按照 240 m 计算；

（5）年运行小时数按照 8400 h 计算；

（6）电价按照 0.5 元/千瓦时计算。

3.1　技术参数比较

由于目前各汽轮机厂没有开发出更加小型的汽轮机组，受设备制造限制，对于单套规模太小的干熄焦项目，采用高参数小机组的经济性并不理想。

对于单套干熄焦规模 170~270 t/h 的单元制热力系统，根据杭州中能透平机械装备股份有限公司和东方汽轮机有限公司提供的热平衡图，经计算，不同参数热力系统的吨焦发电量见表 1。

表 1　技术参数比较表

序号	干熄焦规模/t·h^{-1}		热力系统参数	吨焦发电量/kW·h·t^{-1}（杭州中能）			吨焦发电量/kW·h·t^{-1}（东汽）		
				排汽压力/kPa. a			排汽压力/kPa. a		
	最大	正常		10	15	25	10	15	25
1	170	155	高温高压	169	164	155	166	160	152
2	170	155	高温超高压	186	178	169	180	173	164
3	170	155	超高温超高压	189	181	172	183	176	167
4	200	182	高温高压	169	163	154	166	160	152
5	200	182	高温超高压	187	177	170	184	178	168
6	200	182	超高温超高压	191	180	173	188	182	172
7	230	209	高温高压	171	53	156	168	162	155
8	230	209	高温超高压	192	179	170	186	180	171
9	230	209	超高温超高压	194	182	173	188	183	174
10	270	245	高温高压	172	167	159	169	164	156
11	270	245	高温超高压	188	181	173	189	182	173
12	270	245	超高温超高压	193	184	178	193	187	178

从表 1 可以看出：

（1）高温超高压技术的发电量要高于高温高压技术，超高温超高压技术的发电量要高于高温超高压技术。

（2）由于不同汽轮机制造厂的汽轮机结构有所不同，发电效率也不尽相同。

（3）汽轮发电机组效率与机组规模，一般来说，汽轮发电机组规模越大，汽轮发电机组效率越高。

（4）汽轮机排汽压力越低，汽轮发电机组效率越高，目前空冷机组的排汽压力一般为 15/25 kPa，水冷机组的排汽压力在 10 kPa 或以下，水冷机组的发电能力要高于空冷机组。

结合上表中的数据，可得到如下结论：

对于干熄焦规模 170～270 t/h 的单元制系统，高温超高压中间一次再热系统的发电量与高温高压系统相比，可提高 8%～12%的发电量；对于干熄焦规模 170～270 t/h 的单元制系统，超高温超高压中间一次再热系统的发电量与高温高压系统相比，可提高 10%～15%的发电量。总体而言，机组能力越大，可提高的发电量百分比越大。

3.2　经济比较

在上述计算条件下，采用高温超高压中间一次再热参数和超高温超高压中间一次再热参数，与高温高压参数相比较，收益情况见表 2。

表 2　经济效益比较表

序号	干熄焦规模/t·h^{-1}	高温超高压中间一次再热			超高温超高压中间一次再热		
		年增加发电量价值/万元	项目总投资增加比例/%	增加投资回收期/年	年增加发电量价值/万元	项目总投资增加比例/%	增加投资回收期/年
1	170	906	10.21	1.92	1109	13.46	2.06
2	200	1252	9.61	1.54	1556	13.01	1.67
3	230	1479	9.00	1.40	1706	11.88	1.60
4	270	1695	7.95	1.27	2166	10.14	1.26

结合上表中的数据，可得到如下结论：

在上述计算条件下，采用高温超高压中间一次再热发电技术，170～270 t/h 规模的单元制干熄焦装置，项目总投资增加 8%~11%，增加部分投资回收期为 1.2~2 年，采用超高温超高压中间一次再热发电技术，项目总投资增加 10%~14%，增加部分投资回收期为 1.2~2.1 年。

高温超高压中间一次再热发电技术和超高温超高压中间一次再热发电技术的增加投资回收期相近，其中在干熄焦处理能力达到 270 t/h 时，超高温超高压中间一次再热发电技术的增加投资回收期已经低于高温超高压中间一次再热发电技术。

3.3 技术优势

（1）采用超高温超高压中间一次再热技术，可以减少汽轮机的排汽量，降低冷源损失，进而降低用于乏汽冷却的循环冷却水系统或空冷系统的设备能力和运行耗电量，可进一步降低企业的运行成本，提高企业经济效益。

（2）随着超高温超高压中间一次再热技术的应用，干熄焦热力系统也会随之配套设置高低压两级串联旁路系统，采用高低压两级串联旁路系统后，可以在汽轮发电机组投产前后检修时让干熄焦锅炉以一定负荷运行，且可以回收系统工质，节约水资源，同时具有缩短暖管时间、提高汽轮机启机速度等技术优势。

（3）提高发电效率 10%~15%，极致能效水平高，经济效益显著。

4 示范项目

4.1 项目概况

山西新石能源科技有限公司现有 4×41 孔 6.25 m 捣固焦炉，焦炭产能为 180 万吨/年，配套干熄焦装置能力为 1×250 t/h。

山西新石项目采用单元制系统，设 1 台超高温超高压中间一次再热干熄焦锅炉，配套 1 台超高温超高压中间一次再热凝汽式汽轮机。干熄焦锅炉参数为 $Q=115$ t/h，$P=13.8$ MPa，$t=571$ ℃；汽轮机参数为 $P=13.2$ MPa(a)，$t=566$ ℃，汽轮机额定能力为 40 MW，汽轮机乏汽冷却方式采用空冷。

山西新石项目干熄焦锅炉采用四川川锅锅炉有限责任公司产品，汽轮机采用东方汽轮机有限公司的产品，干熄焦锅炉和汽轮机分别是干熄焦领域首台套超高温超高压中间再热式干熄焦锅炉和首台套超高温超高压中间再热式汽轮机。

4.2 应用效果

山西新石项目于 2020 年 7 月开始设计，2020 年 10 月破土动工，2022 年 11 月干熄炉装红焦成功，干熄焦锅炉投运，2023 年 1 月汽轮机冲转成功，2023 年 2 月发电机并网成功。该项目是国际首次将超高温超高压中间一次再热技术应用于干熄焦发电领域，项目投产以来，系统运行平稳。

2023 年 11 月，华泰永创联合山西新石对干熄焦系统进行标定。标定期间干熄炉处理能力为 227 t/h（干熄炉额定负荷为 223.5 t/h，标定期间，受焦炉产能限制，未进行最大设计负荷 250 t/h 的标定工作。），标定期间热力系统各项指标正常，运行稳定，标定数据见表 3。

表 3 山西新石项目干熄焦热力系统标定数据表

序 号	项 目	单位	平均值
1	发电量（10 kV）	kW·h/h	42350
2	排焦量	t/h	227
3	循环气体流量	m^3/h	294114
4	干熄焦锅炉入口循环气体压力	kPa	−1.16
5	干熄焦锅炉入口循环气体温度	℃	871
6	干熄焦锅炉出口循环气体压力	kPa	−2.35
7	干熄焦锅炉出口循环气体温度	℃	167

续表 3

序　号	项　目	单位	平均值
8	干熄焦锅炉主给水流量	t/h	128
9	干熄焦锅炉主给水压力	MPa	17.4
10	干熄焦锅炉汽包压力	MPa	14.3
11	干熄焦锅炉主蒸汽流量	t/h	129.7
12	干熄焦锅炉主蒸汽压力	MPa	13.6
13	干熄焦锅炉主蒸汽温度	℃	565
14	干熄焦锅炉低温再热蒸汽流量	t/h	115.4
15	干熄焦锅炉低温再热蒸汽压力	MPa	3.3
16	干熄焦锅炉低温再热蒸汽温度	℃	390
17	干熄焦锅炉高温再热蒸汽流量	t/h	121.6
18	干熄焦锅炉高温再热蒸汽压力	MPa	3.2
19	干熄焦锅炉高温再热蒸汽温度	℃	566
20	汽轮发电站凝结水流量	t/h	123.3
21	汽轮发电站凝结水压力	MPa	0.6
22	汽轮发电站凝结水温度	℃	63
23	汽轮发电站低温再热蒸汽压力	MPa	3.5
24	汽轮发电站高温再热蒸汽压力	MPa	3.1
25	汽轮发电站高温再热蒸汽温度	℃	551
26	汽轮发电站排汽压力	kPa	19.9
27	汽轮发电站排汽温度	℃	60
28	汽轮发电站主蒸汽流量	t/h	121.2

标定结果显示吨焦发电量为 186.6 kW·h/t，经过焦炭烧损率（设计值为 1%）和排汽压力修正后为 173.1 kW·h/t。与高温高压技术 149 kW·h/t 相比，吨焦发电量增加 24.1 kW·h/t，电价按照 0.5 元/千瓦时计算，每年可增加收入 2169 万元。

山西新石干熄焦项目的投产运行充分证明超高温超高压中间一次再热干熄焦余热发电技术是可行的，且先进的。

5　结语

干熄焦余热回收系统采用超高温超高压中间一次再热发电技术，比高温高压发电技术提高发电量 10%~15%，总投资增加 10%~14%，增加投资回收期为 1.2~2.1 年。

采用超高温超高压中间一次再热发电技术，比采用高温超高压中间一次再热发电技术可提高发电量 2%~3%，增加投资回收期相近。从长期经济效益分析，应优先采用超高温超高压中间一次再热发电技术。

山西新石干熄焦项目采用超高温超高压中间一次再热发电技术项目，与高温高压发电技术比较，吨焦发电量增加约 15%，增加部分投资回收期为 2 年。

采用超高温超高压中间一次再热发电技术可大大提高干熄焦装置的吨焦发电量和极致能效水平，节能降碳的同时显著提高企业经济效益，是企业在低碳和极致能效发展形势下的必走之路。

参考文献

[1] 李林，王雨，陈本成，等．超高温超高压再热技术在干熄焦余热发电项目的应用［J］．冶金能源，2022，41（1）：42-44.

[2] 孙浩云，洪安尧，朱熹，等．干熄焦余热发电汽轮机选型分析与优化［J］．煤化工，2023，51（6）：21-24.

[3] 唐美琼，赵波．高温超高压技术在煤气发电中的应用［J］．节能，2016（6）：65-67.

[4] 张燕平．热力发电厂［M］．6版．北京：中国电力出版社，2020.

超大型干熄焦技术参数优化研究

李国鹏[1,2] 杨庆彬[1,2] 邵 毅[1,2] 刘森林[1,2] 段 毅[1,2] 宋作鹏[1,2]

（1. 河北省煤焦化技术创新中心，唐山 063200；
2. 唐山首钢京唐西山焦化有限责任公司，唐山 063200）

摘 要：在保证干熄焦生产安全稳定、符合工艺要求并经试验论证的前提下，对部分工艺参数在允许范围内进行调整优化，促进了干熄焦系统更加安全、环保、高效运行，为焦化行业干熄焦技术参数优化提供了方法和依据。
关键词：干熄焦，技术参数，优化

1 概述

唐山首钢京唐西山焦化有限责任公司采用世界上最大的干熄焦装置，一二期项目共设有 4 座处理能力为 260 t/h 的干熄焦装置。本文结合该公司的干熄焦系统对部分技术参数进行优化研究。

2 干熄焦循环气体中 CO 含量参数的优化

2.1 背景

干熄焦循环气体中含有 CO 等易燃易爆气体，当含量超出正常范围时，可能会引发爆炸。在生产过程中，会发生碳的氧化还原反应，在干熄焦循环气体成分不超过上限的前提下，应尽可能控制 CO 含量，降低焦炭的烧损。焦炭过度燃烧会造成局部富氧燃烧高温，导致干熄焦炉体内牛腿砖及导流板等设备损坏。因此需控制循环气体中 CO 含量在一定范围内，行业设定值为 0~6%（最高不超过 8%）。

2.2 改善前状态

受装焦频次波动、检修计划、操作水平差异及上下游工段运行情况等因素影响，干熄焦 CO 含量波动较大，难以稳定在区间值。

干熄焦[1-5]正常运行中，若空导开关开度过大，会增加焦炭烧损率，使锅炉入口温度过高；若空导开关开度过小，装焦时 CO 含量上升过高，且锅炉入口温度过低，会影响余热锅炉的蒸发量；装焦时无法调节空导开关，调节气体含量存在滞后性，每罐焦炭释放出的 CO 含量差异大，故难以将循环气体 CO 含量稳定控制在设定的理想范围。

对干熄焦循环气体中 CO 含量值进行分析，结果见图 1，得到其 CPK 值为 0.51，稳定性较差。

2.3 改善目标

设定干熄焦循环气体中 CO 含量目标值为 1%~6%。对 CO 含量的流程能力值目标设定为：CPK≥1.0，提高干熄焦循环气体中 CO 含量稳定性。

2.4 改善措施

结合生产实际，采用六西格玛技术工具分析出影响 CO 含量稳定性的 3 个关键因子：空气导入量、排焦量、干熄炉系统压力，进行针对性的改善。

2.4.1 针对空气导入量的改善

在装焦结束炉盖关闭瞬间，增加空导调节阀 10 个开度，加大空气导入量，并开始计时。到达开度设

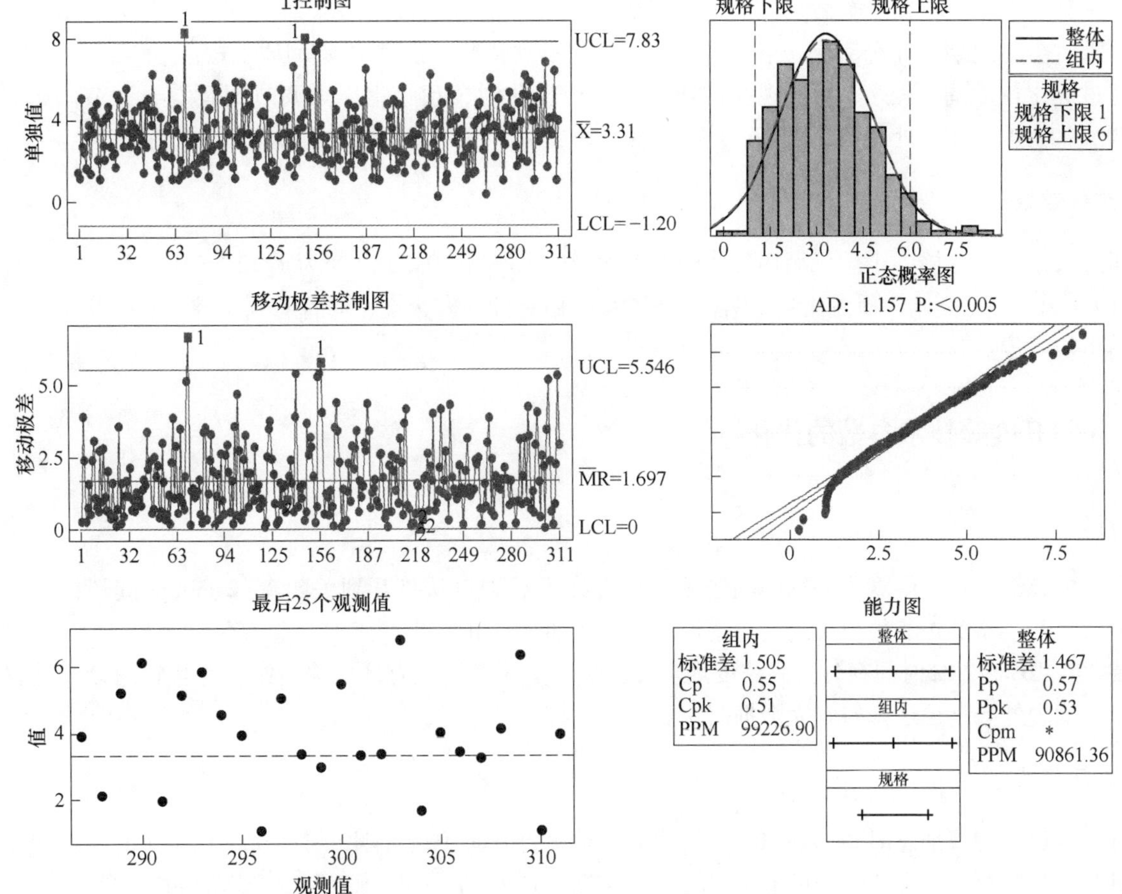

图 1 干熄焦循环气体含量 CO 含量值分析图

定值，延时 3 min 后，空导调节阀关至原设定值。此时即使炉顶压力有轻微波动，但炉盖处于关闭状态，不会出现烟尘外逸现象，符合环保要求。

改善前 1 h 装焦 CO 含量峰值分别为 5.7、5.6、6.1、6.0、5.4，峰值较大，且有 1 次超过上限值；改善后 1 h 装焦 CO 含量峰值分别为 5.3、5.2、5.1、5.2、5.3，峰值有所降低，且均未超过上限值，改善效果较为明显。

2.4.2 针对排焦量的改善

在实际生产中，排焦量改善空间较少，仅能通过减少异常工况处理时间的方法进行改善。在理想状况下，应均匀排焦减少波动，并需一种较为科学传统的排焦公式加以辅助，即：[（料位+距离装焦间歇炉数×单罐焦炭质量）-出焦前需留料位]÷出焦前的时间。

另外，对排出振动给料器卡异物的处理方法进行优化，人孔两侧工字钢立柱上焊接横梁并安装吊耳，卡异物时只需开人孔并固定好异物，快速用电动葫芦将异物拉出，可节省停产抢修时间 0.5 h 以上。

2.4.3 针对干熄炉系统压力的改善

（1）采用强制空导，强制空导量不能时时调节，可看作一个定值。放散量要随着生产的周期性变化而变，是一个不定值。因此，强制空导量加上干熄炉口吸入量难以等于系统放散量，系统压力波动大。

在原有的 16 个强制导入孔不做任何改变的基础上，在其两侧对称部位各打开 2 个导入中栓，增加了 4 个自然吸入孔。依靠循环系统自身的负压，由此 4 孔吸入的空导量基本上可以达到空导总量的 50%。自然吸入的空导量会随压力的变化自然增减，弥补了由干熄炉口吸入的空气总量的不确定量性，从而使空导总量的变化与放散量相匹配，则系统压力变化较稳定。

改进前预存室压力波动范围在-330~250 Pa，改进后预存室压力波动范围在-100~60 Pa，达到了改善预存室压力波动大的目的。

（2）当干熄焦处于一个相对封闭稳定的运行工况时，通过调节空气导入量与预存室放散阀开度匹配平衡，炉顶压力可保持在一个微负压的稳定状态。但装焦时压力波动较大。炉顶压力有可能出现正压情况，严重时会出现烟尘外逸情况。空气导入调节阀起不到调节装焦时炉顶负压的作用。

通过优化自动调节程序，可实现在循环风机负荷变化时，预存室压力调节阀及空导调节阀始终可以平衡调节，使炉顶压力处于负压状态，从而避免 CO 含量因空气导入量少而激增。

2.5　改善效果

通过采取以上措施，干熄焦循环气体中 CO 含量的 CPK 由 0.51 改变为 1.12。CO 含量控制在稳定的范围（1%~6%）（气体体积占比），不仅保证了系统稳定性与安全性，而且有利于控制焦炭烧损率，可有效提高焦炭质量。

3　对阀门开度等技术参数的优化

3.1　背景

干熄焦装红焦过程中烟尘外逸的问题主要体现在干熄炉口从打开到关闭 1~2 min 时间段内，具体可分为炉口打开、装红焦、炉口关闭、焦罐返回等 4 个阶段。正常生产工况下装红焦频率约为 10 分钟/次，装入装置有 10%~20%时间在外排高浓度烟尘。虽然干熄焦装置配有环境除尘站，并且针对装入装置有集尘点，但烟尘外逸现象还未得到完全抑制。

3.2　改善前状态

整个装焦流程冒烟总时间达到 90 s，具体为：炉盖打开时炉口冒烟、冒火 11 s；装焦时焦罐四周和移动密封罩同时冒烟、冒火 56 s；炉盖关闭时炉口冒烟、冒火 11 s；焦罐返回提升塔时四周冒烟 12 s。

3.3　改善目标

干熄焦装焦冒烟情况会造成设备寿命缩短、局部设备故障率高等问题，同时对职工健康造成极大影响。环保形势日趋严峻，生产过程中已不允许冒烟情况出现，需设定极限目标值为 0 s，即整个装焦流程冒烟时间为 0 s。

3.4　原因分析与改善措施

影响干熄焦装焦冒烟的主要因素有：除尘自动调节阀滞后；炉顶负压控制不足；装入溜槽除尘负压不够；装焦用时过长；炉顶放散风力分配过大；移动密封罩石棉布密封性差；焦罐密封材料不耐温；焦罐边缘密封方式欠佳；焦炭成熟度不够等。

3.4.1　除尘自动调节阀滞后的改进措施

装入装置唯一的除尘调节阀为 DN1 600 电动调节阀，受干熄焦自动运行程序 PLC 控制，原控制逻辑为红焦罐到达提升塔顶时触发装焦信号，同时触发除尘阀开启信号，除尘阀开度从 30%开启至 100%。由于此段时间较长，导致焦罐开始装焦时除尘阀仍然未开到位，存在明显滞后现象。

将原调节阀给定开始信号由“装入打开”信号，改为“提升机走行”信号，关阀信号维持“装入关闭”不变，可实现在装焦前除尘阀已到 100%开启状态，保证了有效的除尘风量供给。

3.4.2　空气导入调节阀、旁通流量调节阀、常用放散调节阀联动调节

（1）空气导入的主要作用是降低干熄炉内 CO 和 H_2 含量，使其达到安全运行状态。

（2）旁通流量调节阀监视锅炉入口温度，一旦发现温度骤变情况，立即自动调节开度，防止系统发生异常。

（3）为了加大装焦时炉顶负压，预存段压力调节阀增加开度设定由 5、6、1 改为：1 号干熄焦 13、18、5；2 号干熄焦 16、23、7。经调整后，1 号干熄焦炉顶压力由−80 Pa 降至−187 Pa；2 号干熄焦炉顶

压力由-120 Pa降至-196 Pa。

将炉顶放散管与旁通流量导入孔连接，进一步降低炉顶负压。

3.4.3　缩短装焦时间

1号干熄焦提升机提升高度由43.91 m降至43.83 m，装焦时间由50 s降至38 s；2号干熄焦提升机提升高度由43.88 m降至43.83 m，装焦时间由60 s降至38 s。

3.5　改善效果

在干熄焦系统检修时，分别对装入装置移动除尘管道、装入装置装焦漏斗密封布、装入装置装焦溜槽维修完善，同时对装红焦过程PLC程序作上述方案中所述的预存室压力调节阀、空气导入调节阀、装入集尘阀、装焦时间更改后，即可达到干熄焦装入装置装红焦过程烟尘零排放的效果。

4　其他参数优化

在实际生产过程中还进行了其他技术参数优化：增设中控画面锅炉水质监控参数；排焦温度报警值由原230 ℃改为200 ℃；增设中控画面排出振动给料器卸灰管温度监视测点及温度参数；增设中控画面变频室温度监视测点及温度参数；增设中控画面锅炉给水泵振动值监控参数；增加中控画面除氧器液位实际监测值；增设中控画面排出区域CO监控参数；增加中控画面提升机风速监控；增设中控画面电站主气门温度监控参数。

5　结论

干熄焦系统工艺复杂、技术参数多，在保证生产安全稳定、符合工艺要求并经充足试验论证的前提下，对部分工艺参数在允许范围内进行调整优化，可以促进干熄焦系统更加安全、环保、高效运行。

参考文献

[1] 吕锐，李庆奎．焦炭烧损率测定及降低烧损率措施［J］．燃料与化工，2018（49）：22-24.

[2] 王玉伟，张为斌，曹文，等．安钢75 t/h干熄焦焦炭烧损影响分析［J］．广东化工，2014，13：176-177.

[3] 李刚．干法熄焦技术进展及应用前景［J］．煤化工，2005，2（1）：17-19，40.

[4] 朱应军，李自仁．降低干熄焦烧损率实践［J］．鄂钢科技，2014，2：19-21.

[5] Benjamin L，James L，Arland J，et al. Dry Coke Quenching Air Pollution and Energy：A Status Report［J］．West Virginia University：Air Repair，2012，25（9）：918-924.

高参数干熄焦余热锅炉及发电技术

计秉权　林　松　赵恒林

（北京中日联节能环保工程技术有限公司，北京　100000）

摘　要： 常规干熄焦余热发电技术从中温中压发展到了高温高压，随着技术发展，开发出更高参数的干熄焦余热发电技术，即高温超高压（超高温超高压）一次再热发电技术，此技术不影响现有干熄焦工艺路线和设备布置形式，但能极大提高干熄焦余热发电效率，本文通过最新的高温超高压（超高温超高压）一次再热发电系统与干熄焦传统的高温高压及中温中压参数发电系统的对比，分析高参数带再热发电系统干熄焦的优势和推广前景。

关键词： 高参数干熄焦发电技术，再热锅炉，发电效率，（超）高温超高压

1　概述

在强调节能减排与环境保护的时代背景下，各个焦化厂的炼焦、熄焦过程纷纷开展节能改造，其中熄焦技术以干法熄焦技术代替原有的湿法熄焦技术。干法熄焦原理是利用低温惰性气体为高温焦炭降温，换热后的高温气体通过余热锅炉与水换热产生蒸汽，产生的蒸汽用于厂区生产或发电。随着技术的发展和实践应用，干熄焦余热锅炉及配套发电系统也从最初的低参数无再热系统，逐步发展到现在高参数带再热系统，包括高温超高压一次再热发电技术（以下简称“单超再热”）和超高温超高压一次再热发电技术（以下简称“双超再热”）。

2　干熄焦余热发电发展及现状

国内的干熄焦技术最早由日本新日铁公司引进，早期的干熄焦锅炉以中温中压（$P=3.8$ MPa，$T=450$ ℃）参数为主，干熄焦产汽率较高，但蒸汽品质低、汽机发电效率低，故干熄焦的整体发电效率低。随着干熄焦技术发展，2005 年北京中日联节能环保工程技术有限公司（以下简称“北京中日联”）引进了新日铁高温高压自然循环锅炉干熄焦技术，干熄焦锅炉发电参数提高到高温高压参数（$P=9.8$ MPa，$T=540$ ℃），此技术也是目前干熄焦余热发电的主流技术，兼具较高的产汽率和较高的发电效率，技术成熟稳定，且适应范围广，余热锅炉规模从 50~150 t/h 都可采用。

为了进一步提高干熄焦余热发电效率，提高干熄焦的经济产出，北京中日联专注干熄焦余热发电技术的研发，持续开展科技攻关，发挥系统集成的优势，联合制造企业开发出了高参数（单超再热/双超再热）干熄焦发电技术。2021 年在广西盛隆冶金 3 号干熄焦项目首次采用单超再热发电技术，并于 2022 年顺利投产。2023 年，北京中日联公司做干熄焦系统集成，联合铂瑞能源公司，首次采用双超再热发电技术的江苏龙兴泰 3×180 t/h 干熄焦项目顺利投产，这两个项目的投产，用实例验证了单/双超再热技术对干熄焦的发电产出的大幅提升。

3　高参数干熄焦发电技术

高参数干熄焦发电技术的汽水流程同常规的中温中压和高温高压发电技术不同，增加了一次再热蒸汽循环[1]（图 1）。

高参数发电技术的汽水流程如下：

除盐水—除盐水箱—除氧器给水泵—副省煤器—除氧器—锅炉给水泵—干熄焦锅炉省煤器—汽包—蒸发器—锅炉过热器—过热蒸汽—汽轮机高压缸—干熄焦锅炉再热器—再热蒸汽—汽轮机低压缸—凝汽

器—冷凝水—除盐水箱。

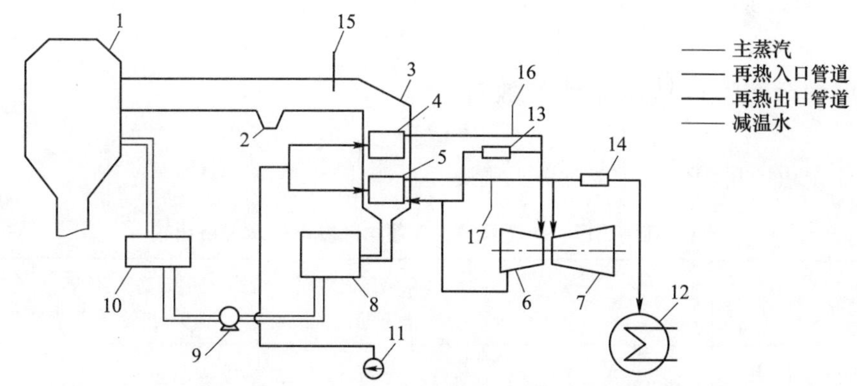

图1 干熄焦高温超高压再热发电系统

1—干焦炉；2—一次除尘器；3—余热锅炉；4—过热器；5—再热器；6—汽轮机高压缸；7—汽轮机低压缸；8—二次除尘器；9—循环风机；10—给水放热器；11—给水泵；12—凝汽器；13—高压旁路装置；14—低压旁路装置；15—锅炉入口烟温测点；16—主汽温度测点；17—再热蒸汽温度测点

锅炉及配套汽轮发电机的做功过程为朗肯循环，其理论模型如图2和图3所示。

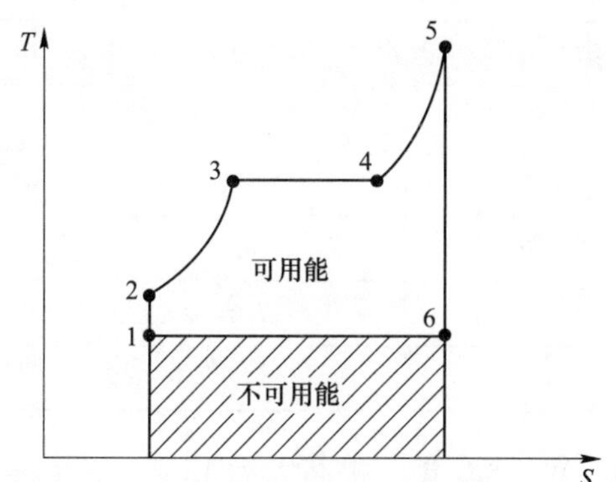

图2 无再热热力发电理论循环图

1—2 为水泵对水的定熵压缩过程；
4—5 为锅炉中水蒸气的定压加热过程；
2—3 为锅炉中水蒸气的定压产生过程；
5—6 为水蒸气在汽轮机中的定熵膨胀过程；
3—4 为锅炉中水蒸气等温膨胀过程；
6—1 为乏汽在冷凝器中的定压压缩过程

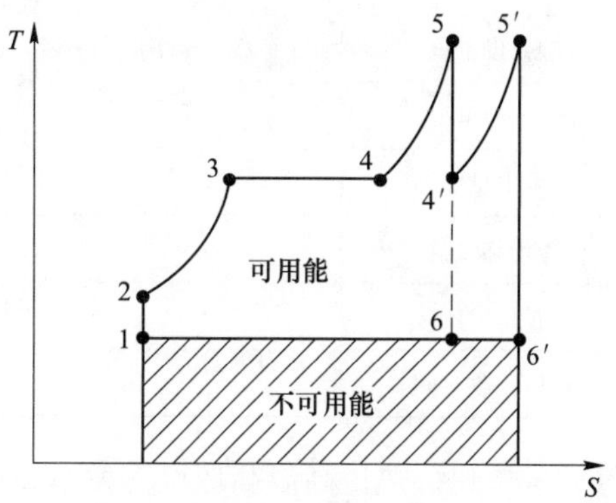

图3 一次再热热力发电理论循环图

1—2 为水泵对水的定熵压缩过程；
5—4′为水蒸气在汽轮机中的定熵膨胀过程；
2—3 为锅炉中水蒸气的定压产生过程；
4—5′为锅炉中水蒸气在再热器定压加热过程；
3—4 为锅炉中水蒸气等温膨胀过程；
5′—6′为再热蒸汽在汽机中定熵膨胀过程；
4—5 为锅炉中水蒸气的定压加热过程；
6′—1 为乏汽在冷凝器中定压压缩过程

从上述图2和图3可见，常规的中温中压和高温高压干熄焦发电技术，无再热系统，主蒸汽在汽轮机内做功后，排汽直接进入凝汽器冷凝，蒸汽中的汽化潜热通过凝汽器换热，以冷却塔或冷却水的形式被浪费掉了。而高参数干熄焦发电技术增加了再热过程，锅炉产生的主蒸汽在汽轮机高压缸做功，高压缸排汽通过再热冷段管道引出（蒸汽参数约为 $P=3.5$ MPa，$T=350$ ℃），再次进入锅炉经再热器加热至主蒸汽相同温度，由再热蒸汽出口管道进入汽轮机低压缸做功。通过增加再热过程，增加了一次蒸汽焓升过程，在排汽参数不变的前提下，提高了汽机㶲占比。

同常规的中温中压及高温高压参数相比，高参数干熄焦发电技术锅炉出口主蒸汽参数提高到（超）高温超高压级别，锅炉主蒸汽产汽率略低，蒸汽品质高，发电效率高；在汽轮机同样排汽参数的前提下，排汽量减少，故汽机冷源损失减少，㶲占比提高。

在火力发电行业中，单/双超再热发电已是成熟技术，应用已经很普遍。而在干熄焦行业中，单/双超再热应用的难点在于锅炉侧热源不稳定，负荷波动较大，对于全干熄项目，存在多炉一机或多炉两机的情况，蒸汽、水系统都是母管制，控制较复杂。北京中日联经过多年研发，总结生成数据，充分考虑低负荷、波动负荷对再热锅炉的安全运行影响，发挥工艺系统总成优势，配置完善的安保连锁，确保整套系统安全运行，最终实现“多炉多机”完美和谐控制。

4 不同参数干熄焦余热发电技术主要参数对比

以某 230 t/h 干熄焦项目为例，主要参数见表 1。

表 1 高温高压、单超再热、双超再热发电技术经济比较

序号	比较项目	单 位	高温高压锅炉+汽轮机组	高温超高压再热锅炉+汽轮机组	超高温超高压再热锅炉+汽轮机组
1	焦炉平均小时产焦	t/h	230	230	230
2	主蒸汽参数		9.5 MPa，540 ℃	13.7 MPa，540 ℃	13.7 MPa，570 ℃
3	主蒸汽产量	t/h	131.1	121.9	117.3
4	汽轮机组汽耗（水冷）	kg/(kW · h)	3.52	2.85	2.7
5	小时发电量	kW · h	37244.32	42771.93	43444.44
6	年发电量	kW · h	308382955	354151579	359720000
7	吨焦发电量	kW · h/t 焦	161.93	185.96	188.89
8	千瓦时电费	元	0.5	0.5	0.5
9	年发电量增加	kW · h	基准值	45768624	51337045
10	年增加收益	万元	基准值	2288	2567
11	投资增加	万元	基准值	2700	3800
12	投资回收时间	月	基准值	14	18

由表 1 可见，单超再热比高温高压可多发电 20~30 kW · h/t 焦，提高大约 15%，双超再热比高温高压提高大约 17%。综上比较，干熄焦发电增值效益明显，按照 0.5 元/千瓦时，年运行时间 8280 h，发电收益增值约 2288 万元/年，按照单超再热机组的设备比高温高压机组设备投资增加大约 2500 万元，双超再热机组的设备增加大约 3800 万元，增加的投资可以在 1~1.5 年收回。

由于蒸汽参数提高，对干熄焦发电配套设备的要求也同样提高。按照《火力发电机组及蒸汽动力设备水汽质量》（GB/T 12145—2016）中的要求，主蒸汽参数从 9.8 MPa 提高到 13.8 MPa，锅炉炉水品质要求都要作相应提高，如二氧化硅的含量由不大于 2 mg/L 提升至不大于 0.45 mg/L，磷酸根含量由 2~6 mg/L 提升至不大于 3 mg/L 等。主蒸汽压力由高压提升至超高压，锅炉给水压力需作相应提升，锅炉给水泵的扬程需提高 500~600 m，配套高压电机功率相应提升，10 kV 高压电路总负荷提升。由于锅炉参数提高，锅炉整体管壁厚度增大，部分零部件材质提升，如原高温段管道使用的合金钢材质可能需要提高到耐高温合金钢或不锈钢等级。由于新增再热器受热面，锅炉要有足够的高度布置各个受热面，在不改变现有干熄槽结构的前提下，对锅炉结构设计提出更高要求。

5 干熄焦高温超高压再热发电技术应用前景

同现有常规高温高压参数余热发电技术相比，高参数干熄焦发电技术在发电上有着明显的优势，对于一些不需要干熄焦长期提供大量厂用蒸汽的企业来说，通过高参数干熄焦发电技术，将干熄焦锅炉产生的蒸汽全部用于发电，这样可以实现发电收益的最大化，能较快地收回投资成本，后期发电经济收益也更明显。随着焦炉大型化发展，焦炭小时产量增加，干熄焦小时处理量增加，小时蒸汽产量也提高，采用单超再热/双超再热发电技术的干熄焦，更为高效，更符合国家节能减排政策，另外现有部分干熄焦已运行近 20 年，进行干熄焦发电高参数改造也是未来的一个发展方向。

6 总结

干熄焦单超再热/双超再热发电技术同现有的高温高压技术相比，可多发电 15%~17%，对焦化企业来说是一种有效的节能提效手段，能为企业创造更多的经济效益，可以向更多的焦化企业推广。

参考文献

[1] 一种干熄焦系统及干熄焦发电再热系统：ZL 2021 2 3392135.1 [P]. 2022-05-17.

全生命周期管理基础上的干熄焦装置质效优化分析与思考

甘秀石[1,2] 郭普庆[3] 王 健[4] 王 超[1,2]

（1. 海洋装备用金属材料及其应用国家重点实验室，鞍山 114009；
2. 鞍钢集团钢铁研究院，鞍山 114009；
3. 鞍钢集团工程技术有限公司，鞍山 114021；
4. 鞍钢股份有限公司炼焦总厂，鞍山 114021）

摘 要：本文通过叙述干熄焦装置在炼焦行业及鞍山钢铁的概况，分析了干熄焦质效优化的发展和方向，并通过对干熄焦装置的设计改进、施工砌筑、烘炉达产、日常运行、维护检修等全寿命周期管理优化，达到干熄焦装置的效能提升。

关键词：干熄焦，全生命周期，质效优化

1 概述

焦化作为长流程钢铁冶金的必备环节，所产的焦炭是钢铁生产的重要原燃料。焦炉生产的红焦需熄灭至一定温度便于运输和存贮，因此必须配备熄焦工艺。传统湿法熄焦用水直接喷淋红焦，喷水急剧冷却不但影响焦炭的质量，而且产生含有大量酚、氰化物、硫化物及粉尘等污染物，严重污染环境；同时，红焦占焦炉总能耗的35%~40%的热量未被回收利用。干熄焦工艺是相对于湿焦而言的，在干熄焦过程中，红焦从干熄炉顶部装入，低温惰性气体由循环风机鼓入干熄炉冷却段红焦层内，吸收红焦显热，冷却后焦炭从干熄炉底部排出，从干熄炉环形烟道出来的高温惰性气体流经干熄焦锅炉进行热交换，锅炉产生蒸汽，冷却后惰性气体由循环风机重新鼓入干熄炉，惰性气体在封闭的系统内循环使用。

干熄焦技术是钢铁制造流程实现循环经济、绿色发展的关键推广技术之一，干熄焦的高效运行符合国家能源政策和企业可持续发展战略需要[1-3]。干熄焦技术具有提高焦炭冶金性能、回收利用红焦余热、减少熄焦烟尘排放等优点得到重点发展和应用，属于《国家中长期科学和技术发展规划纲要》中“重点领域及优先主题”范畴，《中国钢铁工业科学与技术发展指南》中明确将焦炉干熄焦列为重点关键技术。

2 炼焦行业及鞍山钢铁干熄焦装置概况

我国于20世纪80年代开始引进国外干熄焦技术。进入21世纪后，我国逐步实现干熄焦自主设计及设备国产化，干熄焦大型化与焦炉大型化协同耦合是干熄焦发展重要趋势。到目前为止，我国已投产和在建的干熄焦已达到300余座。2022年，我国焦化行业持续稳步发展，全国冶金焦化企业已超过290家，产能5.58亿吨，其中干熄焦产能占比提高至52.74%，首次超过湿熄焦。

鞍山钢铁于2006年在鞍山厂区率先引入140 t/h干熄焦装置，2010年在鲅鱼圈厂区完成首套国产7 m焦炉配套160 t/h干熄焦装置，成为当时国内自主研发处理能力最大干熄焦装置，2012年投产当时处理能力最大的190 t/h干熄焦装置，2023年建设完成鲅鱼圈3号160 t/h干熄焦装置，实现完整意义上的全干熄，形成了125 t/h、140 t/h、160 t/h、190 t/h等10台（套）系列大型干熄焦装置群，产能利用率为100%。鞍山钢铁三地（炼焦总厂、鲅鱼圈炼焦部、朝阳钢铁焦化厂）干熄焦装置配套服务8座7 m顶装焦炉、10座6 m顶装焦炉，干熄焦装置总处理能力为1530 t/h。鞍山钢铁干熄焦装置配置运行情况如表1所示。

表1　鞍山钢铁干熄焦装置基本情况

序号	鞍山钢铁区域	名称编号	设计能力/t·h⁻¹	基本结构特征与配置	备　注
1	鞍钢股份炼焦总厂	1~4号	140	单斜道，30组牛腿驻砖，双吸式循环风机，列管式换热器，中温中压锅炉	湿法备用
		5~6号	190	双斜道，24组牛腿驻砖，双吸式循环风机，列管式换热器，高温高压锅炉	湿熄备用
2	鲅鱼圈分公司炼焦部	1~3号	160	双斜道，20组牛腿驻砖，双吸式循环风机，列管式换热器，中温中压锅炉	干法备用
3	朝阳钢铁焦化厂	1号	125	单斜道，36组牛腿驻砖，双吸式循环风机，列管式换热器，中温中压锅炉	湿法备用

3　炼焦行业及鞍山钢铁干熄焦装置质效优化的分析

3.1　炼焦行业干熄焦质效优化的发展

随着中国钢铁行业迅速发展，干熄焦技术作为冶金工业一项重要的节能环保技术，干熄焦装置应用率不断提高，并且结合逢新必改和更新换代，现有干熄焦装置质效优化具有明显的发展：

（1）高效化设计进一步升级。干熄焦锅炉已由传统中温中压锅炉配置向全面高温高压锅炉过渡，并探索干熄焦效能的双超（超高温超高压）或单超（超高压）锅炉的使用。

（2）长寿化理念进一步深入。随着干熄焦技术长寿化设计尤其是干熄炉结构设计和耐材设计的优化及干熄焦施工技术优化发展，干熄焦装置的长寿化理念得以巩固和发展。

（3）操作精细化进一步加强。干熄焦日常调控是炼焦行业整体都在开发的技术，已经形成了较为系统的工艺技术规程和操作手册，并形成了一些关键的如烘炉、除尘排灰操作、事故应急等更精细化操作技法。

（4）运行稳定化进一步保证。干熄焦附属设备尤其是提升机及其他附属设备设施的改进与提升，显著保证了干熄焦运行稳定性，干熄焦智能化[1]有了一定发展。随干熄焦技术技术装备的广泛应用和经验积累，干熄焦装置检修周期及检修的方式、方法趋于完善。

（5）环保合规化进一步落实。干熄焦在烟尘的有组织排放（包括氮氧化物、硫化物和颗粒物等）和无组织排放（如装焦时可视性烟尘等）等方面都应用先进的技术，持续满足最新的行业环保要求。

3.2　鞍山钢铁干熄焦质效优化的方向

对比炼焦行业干熄焦的发展，鞍山钢铁干熄质效优化具有以下的发展方向：

（1）全部10座在运行干熄焦装置多半已达设计寿命中后期，干熄焦新兴技术具有应用的可能性。

（2）干熄焦结构维修砌筑方法多按初始设计进行，优化改进需求明显。

（3）干熄焦装置烘炉达产技术应充分结合各干熄炉实际，进一步总结优化。

（4）干熄焦装置设备故障影响干熄焦运行效率提升，降低故障率尤为突出。

（5）干熄焦装置维护保养检修模型结合大修周期有待进一步归纳细化。

基于干熄焦装置质效优化的分析，开展从设计改进、施工砌筑、烘炉达产、日常运行、维护检修等全寿命周期管理优化，提升干熄焦能效。

4 全生命周期管理基础上的干熄焦装置质效优化的思考

4.1 干熄焦装置设计改进

4.1.1 高品质耐材的应用

收集对比宝钢建设初期干熄焦和2002年干熄焦国产一条龙产业化后耐材应用情况，如表2、表3所示。

表2 宝钢建设初期CDQ装置用耐火制品技术要求

序号	牌号项目	QN53（ZGN42）		QN3	
		标 准	实测值	标 准	实测值
1	Al_2O_3/%	≥42	47.89		
2	Fe_2O_3/%	≤1.6	1.23		
3	耐火性/℃	≥1750	1760	≥1730	1750
4	AP/%	≤15	14	≤24	20
5	CCS/MPa	≥58.8	67.0	≥24.5	43.0
6	RUL/℃	≥1450	1490	≥1350	1420
7	PLC/%	0~-0.2(1450 ℃×3 h)	-0.07	+0.1~-0.5(1400 ℃×2 h)	-0.13
8	使用部位	预存带、吸引带、冷却带、除尘器顶及隔墙		装入带、永久层、除尘器下部	

表3 2002年国产一条龙产业化后CDQ耐火材料技术指标

序号	牌号项目	QAM	QBM	QAT	QBT	QN53	QN3
1	Al_2O_3/%	≥55	≥55	≥35	≥30	≥42	
2	SiC/%			≥30	≥40		
3	Fe_2O_3/%	≤1.3	≤1.3	≤1.0	≤2	≤1.5	
4	H. MOR(1100 ℃×0.5 h)/MPa	≥10	≥18	≥20	≥20		
5	RUL/℃	≥1500	≥1550	≥1600	≥1600	≥1500	≥1450
6	TSR(1100 ℃水冷次)/次	≥30	≥22	≥40	≥50	≥10	
7	CCS/MPa	≥75	≥85	≥85	≥85	≥70	≥25
8	AP/%	≤18	≤17	≤21	≤21	≤15	≤24
9	BD/g · cm^{-3}	≥2.4	≥2.45	≥2.5	≥2.5	≥2.30	
10	耐火性/℃	≥1770	≥1770	≥1770	≥1770	≥1770	≥1690
11	PLC(1350 ℃×2 h)/%	+0.1~-0.5	+0.1~-0.5	+0.1~-0.5	+0.1~-0.5	+0.1~-0.5	+0.1~-0.5
12	使用部位	预存段、除尘器上部、隔墙	冷却段	吸引带、斜烟道	炉口	预存段上部、除尘器下部	永久层、装入带

通过对比表2、表3，可以得出针对干熄焦耐火材料应用的不同部位，耐火材料的品种有所增加，分类更加精细，性能更加优越，较好地适应了国产大型干熄焦的需求。

通过21世纪初到现在国产大型干熄焦二十余年的应用情况，收集干熄焦各部位用耐火材料的损毁类型及因素如表4所示。

表 4　干熄焦装置各部位用耐火材料的损毁类型及因素分析

序号	部　位	损毁类型	损毁原因
1	圆锥部位	装料口砖的裂纹及剥落	装焦炭时的高温剥落热膨胀形成的牵引力
2	预贮室 环形烟道	接合火泥的磨损剥落及墙壁裂纹接缝开裂	焦炭及粉尘气体造成的磨损焦炭的侧压力引起的墙壁砖的变形、冷却收缩引起的裂纹
3	斜道牛腿驻砖	拱砖的裂纹、接缝开裂砖的磨损	同心荷重引起的断裂、机械剥落、冷却收缩引起的裂纹、焦炭及粉尘气体对砖的磨损
4	冷却室	砖的磨损、冷却进的接缝开裂、接缝的局部损毁	焦炭及粉尘气体造成的磨损、热剥落、气体的冲击
5	集尘器	砖的磨损、冷却时的裂纹	粉尘气体造成磨损、热剥落、火泥硬化强度不足

通过表 4，干熄焦斜道牛腿驻砖用材料的寿命基本决定了干熄焦检修的时间及寿命，该部位结构上起着对炉体上部材料的支撑作用，使用中受气流及物料的冲刷、熄焦氮气的强制冷却等使用条件，因此该部位耐火材料要求高机械强度，特别是高温机械强度和热震稳定性。在选用莫来石碳化硅优质耐火材料的基础上，为延长使用时间，减少热修次数，达到与配套产品及生产平衡的需要，实践应用中采用氮化硅结合碳化硅砖、自结合的 β-SiC 砖和与之对应的新型火泥，取得了较好效果。同时，对干熄炉冷却室进行材料升级，采用耐磨大砌块、预制块等耐火材料，提高了耐磨性能，如表 5 所示。

表 5　干熄炉冷却室用耐磨大砌块、预制块理化性能

序号	指 标 名 称		规格值	典型值
1	烘干体积密度（110 ℃，24 h）/g·m^{-3}		≥2.65	2.7~2.8
2	常温耐压强度/MPa	110 ℃，24 h	≥40	90~110
3		1400 ℃，3 h	≥80	90~110
4	常温耐压强度/MPa	110 ℃，24 h	≥4	10~12
5		1400 ℃，3 h	≥8	10~12
6	烧后线变化率/%	1400 ℃，3 h	±0.5	−0.3~+0.3
7	化学成分/%	Al_2O_3	≥55	~60.0
8		SiC	≥10	~12.0
9	耐磨性/cm^3		≤8	≤4
10	使用部位及材质	干熄炉冷却室区域，刚玉-碳化硅质		

4.1.2　干熄炉结构的完善

双烟道新设计应用。根据理论分析并结合已经投产的干法熄焦装置的实际生产数据，在大型干法熄焦装置上采取双烟道技术克服了在干法熄焦装置大型化过程中斜道区焦炭上浮和耐火材料磨损断裂严重的问题，并且提高了斜道区的结构强度和耐热震以及耐磨损性能，从而延长了斜道区耐火材料的实际使用寿命。

斜道区牛腿继续采用双斜道结构设计，因为此设计在 160 t/h 以上的干熄焦上应用较为成熟，并拓展到 140 t/h 干熄焦二次改造，效果明显。斜道区过顶两层砖、底部两层砖均采用斜道区牛腿砖材料。过顶砖材质采用与牛腿砖同质，以保证同膨胀率，减小热应力，降低对牛腿的损坏，延长使用寿命。干熄焦干熄炉斜道区设计与实物应用如图 1 所示。

增加环形风道的结构强度。干熄炉采用“矮胖型”设计，并在环形风道内墙上增设了锁紧结构。环形风道内环墙原设计中上下两层砖相互咬合，但同层每块砖之间为松散配合，优化增加锁紧机构后，上下每两块砖之间都相互锁住，环形风道的内环墙整体强度得到提高，可以有效减缓其损坏的程度，延长

图 1　干熄焦干熄炉斜道区设计实物图

环形风道区的使用寿命。

增强一次除尘砌体稳定性。侧墙改变了托砖层砖的咬合结构，设计了新的独立的挡墙结构，优化了膨胀缝位置的布置，将挡墙直接砌到一次除尘器拱顶，并在顶部设计增加盖板砖，挡墙的厚度增加；拱砖高度增加，挡墙砖和下部两层拱之间增加沟舌结构，整体结构稳定性进一步增强。

4.1.3　配套设备设施的完善

高温高压干熄焦锅炉的应用。早期干熄焦余热发电项目锅炉和汽轮机普遍采用中温中压机组，随着干熄焦技术不断发展，规模不断扩大，干熄焦余热发电技术也逐步跟进。干熄焦锅炉和汽轮机的参数逐渐向高温高压参数转变，并运行了干熄焦装置单超（超高压）运行、双超（超高压、超高温）提效改造技术的案例。超高温超高压再热技术发电效率高的主要原因可归结于两点：提高汽轮机的进汽参数和增加一次中间再热[2]。常规的中温中压发电技术的锅炉主蒸汽参数为 P=3.8 MPa，t=450 ℃，高温高压发电技术的锅炉主蒸汽参数为 P=9.8 MPa，t=540 ℃，超高温超高压发电技术的锅炉主蒸汽参数为 P=13.7 MPa，t=571 ℃。在保持汽轮机排气温度和压力不变的条件下，随着进汽温度和进汽压力的提高，主蒸汽的焓值有所提高，汽轮机的焓降也会相应提高，因此提高汽轮机的进汽温度和压力可以提高机组的热效率。当增加一次中间再热后，蒸汽在汽轮机高压缸内做功后排出，再重新回锅炉再热器进行加热，加热至额定温度后再进入汽轮机的低压缸做功，做功后的乏汽排入凝汽器冷凝，可降低蒸汽的排汽湿度，减少汽轮机湿度损失，进而提高机组的热效率。此外，采用高转速高效汽轮机、提高锅炉给水温度等也是提高热力系统循环效率的辅助措施。

新型浇注料焦罐内衬应用。新型干熄焦焦罐采用新型浇注料内衬替代原设计球墨铸铁衬板，如图 2 所示。该焦罐采用耐材体积密度小，使用温度大于 1200 ℃，耐热耐磨。适应性强，可制成任意形状，气密性好，热阻大，是较好的隔热保温材料，制备工艺比较简单，可提前预制。

图 2　干熄焦两种旋转焦罐使用后内衬对比

运行 1 年后新型浇注料内衬干熄焦罐完好，新型浇注料的导热系数 0.63 W/(m·K)，焦罐外壁温度仅为 200 ℃，具有较好保温性能，有助于提高干熄焦蒸汽发生量。

4.2　干熄焦装置施工砌筑

（1）严格按干熄焦砌筑标准砌筑。其允许误差规定见表 6。

表 6 干熄焦砌筑的允许误差

序号	项 目	误差名称	允许误差/mm
1	测量误差	主轴线、正面线中心线的测量	±1
		标板和标杆上的划线尺寸	±1
		主要部位标高控制点的测量	±1
		预存段筒身砌体半径	±10
		预存段锥形砌体半径	±15
		进料口半径	0-3
		环形排风道的宽度	±10
		调节孔长度	±10
		调节孔宽度	±6
2	砖缝和膨胀缝的尺寸误差	一般砖缝	+2 -1
		墙面砖缝	±1
		一般膨胀缝	+2 -1

（2）关注砖缝的砌筑。应采用两面打灰挤浆法砌筑，砖缝应保持灰浆饱满和严密，凡是立缝都应两面打灰，卧缝面可单面铺灰，但要均匀铺平，并采用挤浆法进行砌筑。在砌筑过程中所有墙表面的砖缝必须严密并勾缝。砖缝的厚度应用塞尺检查，塞尺宽度 15 mm，厚度应等于被检查砖缝的规定厚度。

（3）关注膨胀缝的保护。膨胀缝必须保持均匀平直和清洁。砌筑宽度在 6 mm 以上的膨胀缝，应使用膨胀缝样板，先将其放在膨胀缝的位置上，再进行砌砖。抽出样板后，不准再敲打膨胀缝两旁的砌体。6 mm 以下的，应在砌筑时按设计夹入厚度相当的填充材料。填充材料应预先按设计尺寸加工好。在放膨胀缝填料前，应将膨胀缝内的泥浆杂物用吸尘器或压缩空气清扫干净，并经检查合格后方得填充。压缩空气的压力应严格控制，不得将砖缝内的泥浆吹出。两膨胀缝之间必须按施工图规定铺设滑动缝纸，该纸应把整个滑动面及其以下层的膨胀缝都盖上，并在事前按规定的宽度将纸加工完毕。

（4）关注砌体的校正。砌砖时应使用木槌或橡胶锤找正，不得同时敲打两层或更多的砖层。当发现砌体下几层扭曲或其他缺陷超过允许误差时不得用木槌敲打进行校正，应拆掉重砌。拆除重砌时，应按阶梯形小心进行拆除，防止将其他砌体弄活。当砌体中一层以上需要改砌时，应把各砖层全宽上的砖全部拆除，不允许只拆除墙的一面而保留另一面。

4.3 干熄焦装置烘炉达产

（1）完善常规烘炉方法适用范围。干熄焦的烘炉的介质选用和温度控制方法直接影响耐火材料砌体寿命，根据不同的工况，形成蒸汽温风干燥与焦炉煤气烘炉、蒸汽温风干燥与高料位红焦烘炉、蒸汽温风干燥与低料位红焦烘炉等 3 种烘炉方法。

（2）应用中压蒸汽温风干燥控制改进。干熄焦装置采用温风干燥联合煤气或红焦烘炉方式的干熄焦炉年修烘炉计划常规升温曲线如图 3 所示。

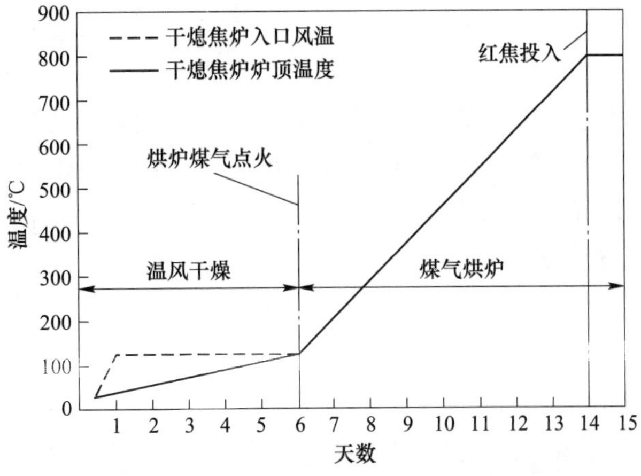

图 3 干熄焦炉年修烘炉计划升温曲线

在温风干燥阶段，以干熄焦炉入口风温为主管理温度，要求温风干燥期间温度达到 120 ℃以上，一般控制在 150 ℃左右，升温速度不超过 10 ℃/h；在煤气烘炉阶段，以干熄焦炉炉顶温度为主管理温度。采用中压蒸汽回流温风干燥联合焦炉煤气或红焦烘炉方式，实现干熄焦炉入口 T2 风温由 70 ℃提高到 147 ℃左右，提升干熄焦烘炉效果同时缩短烘炉时间 1~2 天。

（3）高温高压全自然循环锅炉温风干燥改进。温风干燥操作方法高温高压自然循环锅炉，在没有强制循环泵的前提下，汽包内接收到的蒸汽热量传递到整个炉水系统非常缓慢，影响温风干燥进度，极易影响干熄炉寿命。实践中，190 t/h 干熄焦温风干燥操作将烘炉蒸汽使用压力由 0.5 MPa 提高到 1.2 MPa，同时提高蒸汽的温度，采用中压蒸汽推动整个锅炉炉水循环，改善供热。调整 190 t/h 干熄焦自然循环锅炉在温风干燥期间，向锅炉汽包、光管蒸发器、鳍片管蒸发器三处通入蒸汽量的分配。温风干燥前期控制较少量蒸汽进入蒸发器段，随着操作的推进再逐渐增大蒸发器的蒸汽量，同时汽包压力控制低于外来低压蒸汽压力 0.2~0.3 MPa，确保蒸汽正常流动及循环风温。合理控制排污点来促进锅炉炉水的循环，蒸发器严禁排污，必须采取水冷壁、省煤器等集箱的排污来控制。190 t/h 干熄焦采用以上方法操作，干熄焦入口 T_2 温度达到 160 ℃以上，系统砌体内的水分在规定时间内被大量排出，有效地保证干熄炉耐火材料的寿命。

4.4 干熄焦装置日常运行

（1）改变干熄焦运行方式，改间断排焦为连续排焦。稳定操作参数实现系统操作的全面稳定，减少波动对砌体寿命的影响。

（2）进行系统标定，优化各操作参数。每次新的台/套干熄焦装置投产和旧有台/套干熄焦装置年修投产都要进行参数标定，达到最佳运行效果，减少潜在对砌体寿命的影响因素。

（3）建立焦炉焦炭粒度分布与循环系统阻力模型、焦炭炼焦终温和 T_5 温度联控模型。及时调整焦炭质量和焦炭温度对干熄焦装置的影响。

（4）稳定锅炉水质。采用平衡磷酸盐处理方式，即由原来向炉水中只加磷酸盐变为加氢氧化钠和磷酸盐的混合溶液，即使炉水磷酸盐含量减少到只够和硬度成分反应所需的浓度，同时允许炉水中含有少量的 NaOH，使炉水 pH 值在合格范围内，避免磷酸盐隐藏现象的产生。

（5）稳定干熄焦气体循环系统关键参数控制范围及控制方法。基本参数控制：循环风量（循环风机转数）、空气导入量；锅炉入口气体温度≤960 ℃；T_3、T_4 温度的均匀性；锅炉入口气体压力≥-1350 Pa；T_5温度≤1050 ℃；预存段压力 0~-100 Pa；循环气体成分含量：O_2≤1%，H_2≤3%，CO≤7%；主蒸汽温度：(450±10)℃；除氧器温度：(104±1)℃；主蒸汽压力（阀前压力）：(3.6±0.2)MPa；汽包液位：(0±50)mm 等。

（6）进行稳定期热平衡和热工效率测量与计算。通过对干熄炉系统、干熄焦锅炉系统、干熄焦系统进行全面热工测试[3]与调整，保证整个体系达到效率最优化。

4.5 干熄焦装置维护检修

（1）修改完善干熄焦预修与定修模型。由原有每两月一次焦炉与干熄焦检修的模型，改为每季度一次焦炉与干熄焦检修，减少由于干熄炉炉温在检修时温度剧烈变化导致干熄炉砌体损坏。精确标定各项检修作业所需时间，一些检修时间小于 8 h。附属设施检修占用停产检修时间。水冷套管每年都必须在干熄焦停产年修时更换，通过完善检修方案，如外围的水冷套管出现泄漏、需要更换，可利用干熄焦 8 小时检修时间顺利完成更换作业。

（2）降低干熄焦设备故障率和事故时间。为易发生故障设备配备在线备品，确保一旦发生故障能够最快恢复干熄焦生产。如干熄焦循环风机一旦停机，整个干熄焦将停产，为循环风机易发生故障的中压变频器安装了 1 台在线热备的变频器，一旦发生故障，备品能够立即投入使用，可在 1 h 内恢复干熄焦生产。配备了高压柜，用于切换主、副变频器，又可将切换时间缩短至 10 min 以内。加强重点设备的点检，做好日常维护保养，减少事故发生频率。加强设备检修管理，提高设备检修精度和质量，使得每次设备检修后均能达到甚至超过预计使用周期，从而减少检修次数。

（3）建立和健全各专业干熄焦检修模型。推广“二·六·一十二”的寿命管理，即：两年一小修、六年一中修，十二年一大修，与二十五年的焦炉寿命相适应。建立干熄焦机械检修模型、干熄焦电气检修模型、干熄焦锅炉检修模型、干熄焦炉窑检修模型等，其中干熄焦炉窑检修模型见表 7。

表 7 干熄焦炉窑检修模型

序号	区域	周期/年		2	4	6	8	10/12
		检修内容	拆除及砌筑工期					
1	预存区	更换炉口砖	2 天/中型、2 天/大型	●				
2	预存区	更换预存段椎体及直段耐火砖（含料位计组合砖）	12 天/中型、12 天/大型					●
3	预存区	更换预存段内环墙耐火砖	19 天中型、21 天/大型		中型●	大型●		
4	预存区	更换预存段外环墙耐火砖	19 天/中型、21 天/大型					●
5	斜道区	更换斜道区牛腿表层砖	19 天/中型、26 天/大型	●				
6	斜道区	更换斜道区牛腿外层砖	19 天/中型、26 天/大型					●
7	斜道区	更换斜道区调节砖	1 天/中型、1 天/大型	●				
8	斜道区	更换周边风道全部浇注料重新浇筑	5 天/中型、5 天/大型		●			
9	冷却区	更换冷却段预制块	9 天/中型、12 天/大型					●
10	一次除尘器	更换一次除尘器拱顶砖	15 天/中型、17 天/大型			●		
11	一次除尘器	更换一次除尘挡墙砖	8 天/中型、12 天/大型			●		
12	一次除尘器	更换或抹补一次除尘侧墙（局部）	5 天/中型、7 天/大型	●				
13	一次除尘器	更换一次除尘侧墙（全部）	10 天/中型、13 天/大型			●		
14	一次除尘器	更换一次除尘器入口膨胀节（砖结构）	4 天/中型、5 天/大型			●		
15	一次除尘器	更换叉型溜槽浇注料，重新浇筑	6 天/中型、10 天/大型	●				
16	二次除尘器	二次除尘浇注料（局部）抹补浇筑	3 天/中型、4 天/大型	●				
17	二次除尘器	二次除尘浇注料（全部）抹补浇筑	5 天/中型、8 天/大型					●

注：宜结合检修时期气温状况及相应砌筑实际进行适度调整和具体量化。

5 结论

（1）设计上的完善是干熄焦持续改进的基础，尤其在结构和耐材的适用性上应积极探索，并选择相关新技术、新设备的应用，进一步提高干熄焦经济效益。

（2）施工砌筑是干熄焦工程的质量保证，关注细节要求能够使工程质量更好的提高。

（3）烘炉达产是干熄焦一个新衰老周期的开始，其好坏决定干熄焦整体寿命的长短。

（4）日常运行稳定是干熄焦高效长寿的重要保证。

（5）维护检修中的预修、定修、检修模型是干熄焦科学管理的具体体现。

（6）干熄焦全生命周期管理是干熄焦质效优化根本途径。

参 考 文 献

［1］甘秀石，韩树国，王超，等．智能炼焦关键技术进展与趋势分析［J］．鞍钢技术，2022（3）：64-70.
［2］李林，王雨，陈本成，等．超高温超高压再热技术在干熄焦余热发电项目的应用［J］．冶金能源，2022，41（1）：42-44.
［3］甘秀石，郝博，陆云，等．鞍钢焦化工序大型炉窑热平衡分析［J］．鞍钢技术，2024，2：14-18.

干熄焦锅炉水汽氢电导率异常原因分析及应对措施

毛 威 陈 杰

（沂州科技有限公司，邳州 221300）

摘　要：干熄焦锅炉在运行过程中使用单位应严格控制锅炉炉水水质，尤其中高压锅炉及以上等级的锅炉对水质要求更高。很多企业在生产过程中由于各种问题导致锅炉水质出现不达标，炉水、饱和蒸汽及过热蒸汽氢电导率偏高。通过查阅资料发现影响炉水、饱和蒸汽、过热蒸汽氢电导率高的因素主要集中在水中溶解 CO_2、水中总有机碳含量、水中酸根离子，针对以上因素本文分析生产工艺及设备可能存在的异常环节并给出相应解决措施。

关键词：氢电导率，锅炉水质，总有机碳，干熄焦锅炉

1　概述

干熄焦锅炉水汽系统中氢电导率是衡量锅炉热力系统水汽品质的一项重要指标，它能够及时准确地反映出锅炉水汽系统中阴离子、杂质质量浓度的变化情况。若氢电导率上升，说明蒸汽中杂质的质量浓度增加，杂质若在锅炉高热负荷区域析出结垢，此时将引发垢下腐蚀影响炉管安全运行。当水汽中酸根离子尤其是氯离子或其他低分子有机酸根的质量浓度较高时，虽然系统中添加了氨水调节 pH 值，但是由于氨的分配系数要高于酸根离子，在汽包内部及汽轮机低压缸初凝区、氨主要分配于汽相，此时凝结水中氨质量浓度较低无法起到调节 pH 的作用，这将导致炉水及初凝水 pH 值降低而引发金属的酸性腐蚀。

2　影响因素

2.1　水汽中阴离子影响[1]

生产中，氢电导率测量是将被测水样通过氢型阳离子交换树脂，将水样中阳离子去除，水样中仅留下阴离子（如 Cl^-、SO_4^{2-}、PO_4^{3-}、NO_3^-、HCO_3^-、F^-）和相应数量的 H^+，而水中的 H^+则与 OH^-中和消耗掉，不在电导中体现。因此锅炉水汽测量氢电导率可直接反映水中杂质阴离子的总量。锅炉水汽中阴离子的含量越高氢电导率就越大，同时对热力设备的腐蚀和危害也越大。Cl^-、SO_4^{2-}对氢电导率的影响如图 1 所示。

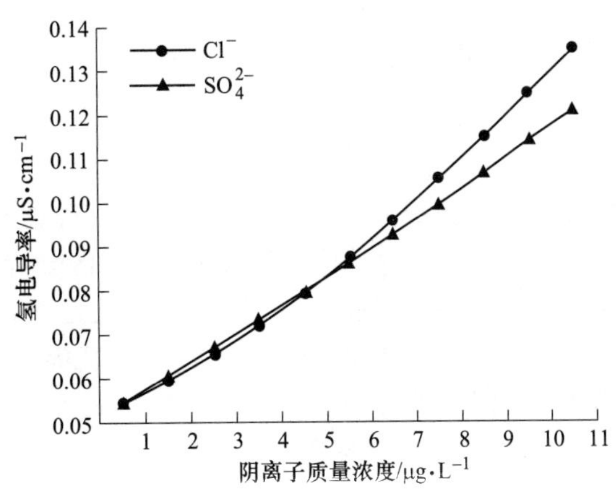

图 1　阴离子质量浓度对氢电导率的影响

2.2 水汽中总有机碳（TOC）影响[1]

TOC 是综合反映水汽中有机物质量浓度的指标。有机物在热力系统高温、高压的条件下，会逐渐分解产生低分子的有机物（$HCOOH$，CH_3COOH）和 CO_2，分解物与水汽中的氨发生反应生成 $HCOONH_4$、CH_3COONH_4、$(NH_4)_2CO_3$ 等。而当含有以上盐类的水汽样品经过氢型阳离子交换树脂时，会发生以下反应：

$$HCOONH_4 + RH = RNH_4 + HCOOH$$

$$CH_3COONH_4 + RH = RNH_4 + CH_3COOH$$

$$(NH_4)_2CO_3 + 2RH = 2RNH_4 + H_2CO_3$$

根据以上反应的结果，可以看出水汽样品中总有机碳质量浓度越高，氢电导率越大，同时对热力设备的腐蚀和危害程度也越大。

2.3 水汽中可溶性气体二氧化碳的影响

干熄焦锅炉水汽系统中的可溶性气体主要是二氧化碳和氧气，其中氧气会在热力除氧器中被去除绝大部分同时炉水中有涉及除氧剂的投加，但是水中二氧化碳会与水汽中的氨反应生成（NH_4）$_2CO_3$，其对氢电导率的影响很大。水汽系统中二氧化碳的质量浓度与氢电导率之间也存在正比的关系，二氧化碳含量对氢电导率的影响见图 2。

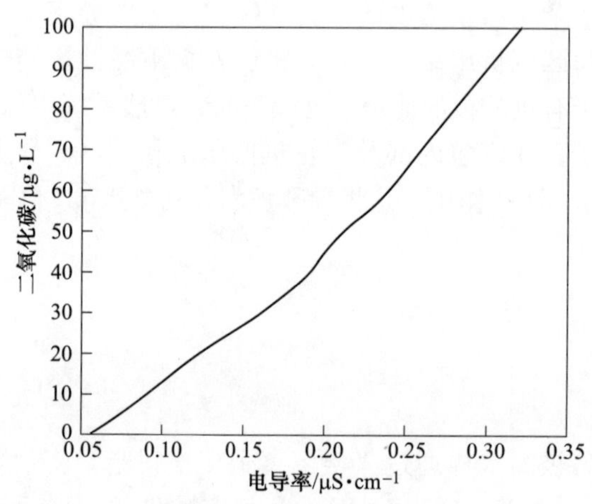

图 2　二氧化碳含量对氢电导率的影响

3 生产系统可能存在现象

3.1 水汽中阴离子

3.1.1　锅炉补水系统阴离子含量高

正常情况下干熄焦系统锅炉补水分为两部分：一部分是一次水即除盐水系统产水，另一部分是发电机组蒸汽凝结水。因此若锅炉补水系统阴离子含量超标需从两部分水源分析。

（1）除盐水系统异常。除盐水系统流程：原水—过滤装置—活性炭过滤器—超滤装置—反渗透装置—除碳器—树脂交换器/混床—用水单元。若反渗透系统膜元件出现断丝或其他原因损坏导致脱盐率下降将会导致除盐水系统中盐类增多，此时高盐分的水质进入锅炉补水系统将导致锅炉水汽系统氢电导率升高。如果树脂交换器/混床单元出现异常同样会导致水中盐分增加，使锅炉水汽系统氢电导率升高。

（2）发电机组蒸汽凝结水。发电机组凝结器一般情况下使用循环水与出汽轮机蒸汽再次换热，若凝汽器发生泄漏时循环水进入蒸汽凝结水，此时高盐分的水质进入锅炉补水系统将导致锅炉水汽系统氢电导率升高，这种情况可以从凝结器真空度变化来判断。

3.1.2 干熄焦系统热力除氧器引入

干熄焦系统一般配套使用热力除氧器，该系统是使用加热蒸汽将锅炉给水加热沸点状态去除水中溶解氧气及其他溶解气体，但是该环节使用的加热蒸汽质量不达标时将会引入大量盐分，导致锅炉给水中离子增加。此时，高盐分的水质进入锅炉补水系统将导致锅炉水汽系统氢电导率升高。

3.2 水汽中总有机碳 TOC 含量高

3.2.1 除盐水系统总有机碳脱除效率低

除盐水系统随着运行时间增加活性炭过滤装置吸附能力逐渐降低，导致原水中有机物进入除盐水系统量增多，虽然活性炭装置后面有超滤装置及反渗透装置但是随着两套系统被有机物污染时间增加最终产水水质逐渐恶化。

3.2.2 其他系统窜入

发电机组凝汽器内部发生漏导致循环水进入蒸汽凝结水系统，一般循环水系统中总有机碳含量非常高，一旦发生泄漏那么总有机碳随蒸汽凝结水进入锅炉系统，从而造成锅炉水汽氢电导率超标。

3.2.3 锅炉使用药剂高温高压分解

锅炉系统尤其是中高压及以上压力等级的锅炉在运行时需要投加一定量的锅炉调理剂，药剂由多种单剂进行复配而成，如果复配药剂质量不达标在高温、高压环境中使用很可能使药剂分解产生低分子的有机物（HCOOH，CH_3COOH）和 CO_2，这样就导致锅炉水汽氢电导率高。

3.3 水汽中可溶性气体二氧化碳增加

水汽中可溶性二氧化碳增加一般问题出现在锅炉给水储存环节。锅炉给水与大气直接接触导致空气中二氧化碳溶于锅炉给水中，使锅炉给水中溶解的二氧化碳浓度不断增加，从而使锅炉水汽系统中氢电导率升高。

在锅炉给水系统中设置锅炉给水储罐，这些储罐在没做惰性气体正压保护的情况下，当储罐液位下降时储罐上部空间压力低于大气压此时空气进入储罐内部，空气中部分二氧化碳及氧气溶于水内，随之进入锅炉系统，使锅炉水汽系统中氢电导率升高。

4 应对措施

4.1 水汽中酸性阴离子

（1）企业首先应排查除盐水系统是否存在异常，建议检查反渗透出水水质指标是否合格。

（2）检查发电机组凝汽器设备是否存在串漏情况，发现串漏及时修复。

（3）提升干熄焦系统热力除氧器使用的加热蒸汽质量，避免使用低压锅炉等系统生产的蒸汽作为干熄焦热力除氧器的加热蒸汽，或将加热蒸汽的给水水质提升至高压锅炉水质标准。

（4）检查锅炉给水系统加入的药剂是否含有大量酸性阴离子，如果存在应更换药剂减少酸性阴离子的带入量。

（5）当炉水氢电导率偏高时建议增加 pH 调节剂（氨水）的投加量，尽量将锅炉给水 pH 控制在指标上限，利用氨中和水中的酸根离子并通过加大锅炉排污量将该部分盐类带出系统。

4.2 水汽中总有机碳 TOC 含量高

（1）评估除盐水系统水质情况，企业应根据各自系统流程情况分段分析水中 TOC 含量，发现存在异常环节进行处理。

去除水体中有机物方面建议使用活性炭物理吸附法，该方法是水处理系统最常用最经济的处置方式，使用活性炭过滤需根据水质情况及活性炭进出口水体中有机物含量定期更换活性炭确保活性炭过滤器的脱除效率。

（2）企业应检查系统是否存在串漏情况，首先最容易发生串漏的环节在发电机组凝汽器，一旦凝汽器发生串漏那么循环水进入锅炉给水系统必然引起氢电导率升高。建议企业根据年修任务检查凝汽器腐蚀情况，并做好记录跟踪。

（3）了解使用的锅炉水处理药剂在高温、高压环境下是否会分解。企业可通过分析加药前后炉水中TOC 数值变化情况判断药剂分解情况。建议企业使用更稳定药剂。

4.3　水汽中可溶性气体二氧化碳

（1）建议企业在除盐水箱增加惰性气体正压保护功能，将空气与除盐水隔绝，保证水质不被中途污染。

（2）企业分段取样分析水体脱气氢电导率，该方式可以有效得出水中溶解二氧化碳含量，有助于企业判断二氧化碳对本企业锅炉系统影响程度。

（3）当炉水二氧化碳含量偏高时建议增加 pH 调节剂（氨水）的投加量，尽量将锅炉给水 pH 控制在指标上限，利用氨中和水中的碳酸根离子并通过锅炉排污将该部分盐类带出系统。

5　结论

导致干熄焦锅炉水氢电导率异常的因素主要体现在水汽中酸性阴离子含量、水汽中溶解二氧化碳含量及水汽中 TOC 含量上，本文章结合现场生产装置分析了各环节中可能存在的问题及应对措施。并且从三个因素中可以分析出水汽中溶解二氧化碳含量对炉水氢电导率的影响并不是主要原因，一方面，空气中二氧化碳含量较低溶解量很少，另一方面锅炉水调理药剂使用量相对于锅炉给水水量比例很低，分解产物不足以造成很大波动。企业应将分析重点放在除盐水生产系统的排查和 TOC 防治上，建议企业完善活性炭过滤装置确保系统内 TOC 达标。

参 考 文 献

[1] 言涛．影响电厂锅炉水汽氢电导率的因素分析［J］. 石油化工技术与经济，2012，28（1）：45-47.

干熄焦一次旋风高效除尘技术开发与应用

樊志强 杨文宇 毛 旸

（华泰永创（北京）科技股份有限公司，北京 100176）

摘 要：干熄焦因具有节能环保的特点，在焦化行业具有显著优势。干熄焦系统中，除尘装置直接影响干熄焦系统中干熄焦锅炉的使用寿命，对干熄焦系统的稳定运行起着决定性作用。本文介绍了干熄焦系统常用的除尘方式及原理，根据焦化行业现状，通过模拟试验提出了一次旋风除尘器配置方案，开发出适合干熄焦系统的一次旋风高效除尘技术。工程实际结果显示干熄焦一次旋风除尘器的除尘效率为78.08%，从源头上解决了因磨损引起的锅炉爆管问题。

关键词：干熄焦，除尘，旋风除尘器

1 概述

近年来为了响应国家“双碳”政策，国内大多数焦化厂进行了一次“清洁革命”，纷纷引进多种节能环保新技术来保证生产和环境的双重需求。干熄焦系统因具有节能、环保及提高焦炭质量等特点在这次革命中脱颖而出，对焦化行业的发展具有重要意义[1]。

除尘器的除尘效果影响着整个干熄焦系统的运行是否稳定。随着化石能源不断消耗，最近几年炼焦煤的品质有所下降，配煤形式发生变化，焦炭含尘量升高，常规干熄焦系统配套使用重力挡墙式一次除尘器，重力除尘器依靠粉尘自身重力除去粉尘，对粒径大于0.5 mm的粉尘去除效果明显，粒径小于0.15 mm的粉尘除尘效果甚微[2]，大量粉尘进入干熄焦锅炉导致爆管率增加。锅炉爆管主要原因是含尘烟气对锅炉受热面的冲刷，管道迎风面壁厚减薄导致爆管[3]。每次锅炉爆管都会给企业造成很大损失，干熄焦除尘系统迫切需要技术创新来减少锅炉爆管给焦化企业带来的损失。表1为干熄焦焦粉颗粒分布。

表1 干熄焦焦粉颗粒分布

序号	焦粉颗粒大小/mm	质量比/%
1	>1.0	大约18
2	1.0~0.5	大约15.2
3	≤0.5	大约66.8

为了从根本上解决除尘器给干熄焦系统带来的问题，需要开发一种除尘效率高的一次除尘器替代传统重力挡墙式一次除尘器。旋风除尘器具有除尘效率高、除尘粒径范围广的特点，在干熄焦一次除尘器上应用具有较大的优势，可以从根本上解决了粉尘对干熄焦锅炉磨损问题，为干熄焦系统的稳定运行保驾护航。

2 干熄焦系统的除尘技术分析

2.1 不同除尘技术原理分析

干熄焦装置一次重力除尘器的结构形式如图1所示，含尘气体由左侧进入除尘器，中间挡墙迫使气流改变方向，烟气从下部绕过挡墙由右侧出口进入锅炉。其间，粉尘在重力的作用下沿着挡墙前壁滑落，进入下部灰斗中。从其结构上看，下落的粉尘与气流在挡墙底部有交叉点，气流会再次卷吸粉尘进入锅炉，只有重力较大的粉尘会脱离气流的束缚落入下部灰斗。

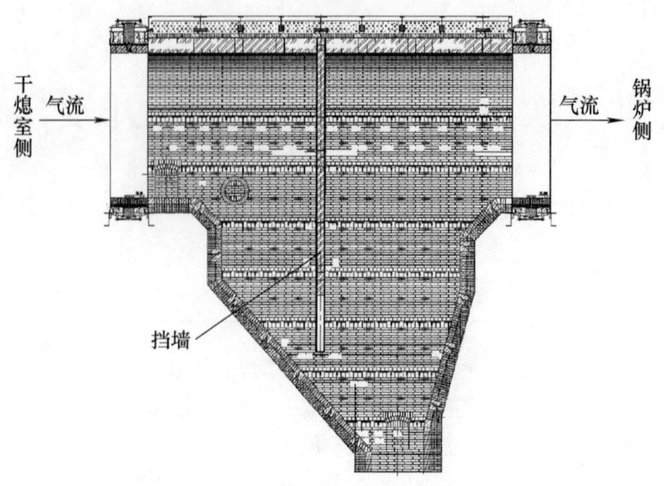

图 1 一次重力除尘器结构图

旋风除尘器结构如图 2 所示，含尘气流以 12~23 m/s 速度由进气管进入旋风除尘器，受旋风除尘器圆筒体及排气管形成的流道所限，气流由直线运动变为圆周运动[4]。旋转气流的绝大部分沿器壁自圆筒体呈螺旋形向下，向锥体部分流动。通常称此为外旋气流，含尘气体在旋转过程中产生离心力，将密度大于气体的尘粒甩向器壁，尘粒与器壁接触（碰撞）后，失去惯性力而靠入口速度的动量和向下的重力沿壁面下落，进入排灰管。旋转下降的外旋气流到达锥体时，因圆锥形的收缩而向除尘器中心靠拢。根据“旋转矩”不变原理，其切向速度不断提高。当气流到达锥体下端某一位置时，即以同样的旋转方向从旋风除尘器中部，由下而上继续做螺旋形流动，形成内旋气流经排气管排出除尘器。粉尘颗粒受到离心力与主气流分离，除去粉尘粒径范围更广，且粉尘脱离路线与主气流分开不受干扰，除尘效率更高。

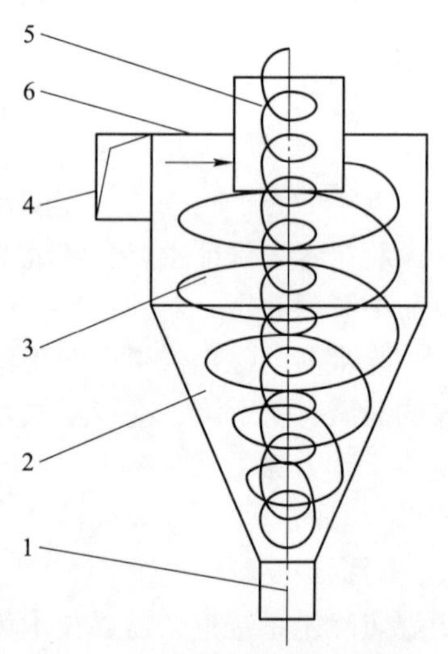

图 2 旋风除尘器结构图

1—排灰管；2—圆锥体；3—圆筒体；4—进气管；5—排气管；6—顶盖

2.2 干熄焦系统除尘方案选择

从技术原理分析，干熄焦一次除尘器用旋风除尘器更利于保护干熄焦锅炉安全稳定运行，保证炉管寿命。

2.2.1 不同除尘技术除尘效果分析

干熄焦锅炉的磨损速度与焦粉的特性、浓度、粒度、烟气流速有关。高效的除尘方式可以降低焦粉的粒度、降低焦粉浓度，使锅炉受热面的磨损程度降低。两种除尘器锅炉的磨损情况比较见表 2，旋风除尘器锅炉的粉尘粒度小、磨损系数小，对锅炉各受热面的磨损是重力除尘器的 1/15~1/13。

表 2 旋风除尘器和重力除尘器作为一次除尘器干熄焦锅炉磨损比较

名 称	颗粒度磨损系数 α	颗粒浓度 /μg · m⁻³	>90 μm 筛分残余量/%	过热器		蒸发器		省煤器	
				烟气流速 /m · s⁻¹	年磨损量 /mm	烟气流速 /m · s⁻¹	年磨损量 /mm	烟气流速 /m · s⁻¹	年磨损量 /mm
重力除尘器	1	10	90	7.5	0.262	6.5	0.074	6	0.05
旋风除尘器	<1	1	23	10	0.0188	9	0.00527	8.5	0.0038
磨损倍率（重力除尘器/旋风除尘器）				>15.8 : 1		>14 : 1		>13 : 1	

2.2.2 干熄焦粉尘特性分析

干熄焦系统是依靠循环风机的作用，惰性循环气体在干熄炉内将赤热焦炭冷却，高温气体经一次除尘器除尘后进入干熄焦锅炉，然后再经过二次除尘器除尘后进入循环风机，低温气体再重新进入干熄炉冷却赤热焦炭[5]。

常见的焦粉形态如图 3 所示，有片状、絮状、粉状及颗粒状等多种形态。片状及颗粒状焦粉具有棱角，跟随高速气流进入干熄焦锅炉后，对高温受热面进行冲刷，长期运行导致受热面磨损加剧，容易发生爆管现象。

片状积灰

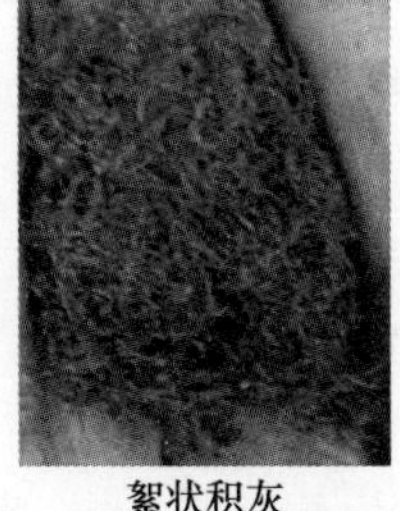
絮状积灰

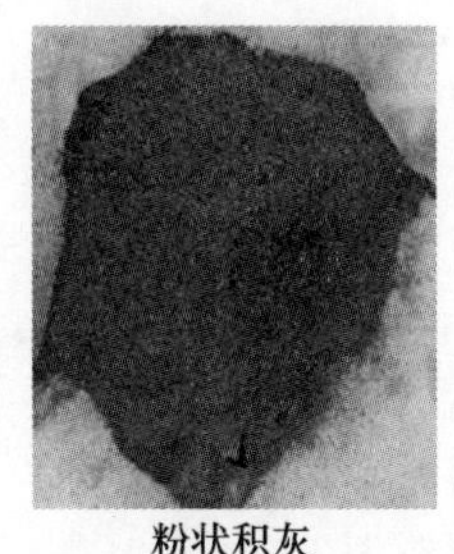
粉状积灰

颗粒状积灰

图 3 干熄焦系统粉尘形态

2.2.3 现有重力除尘器除尘效果分析

传统干熄焦系统设计时，一次除尘器为重力挡墙式，配合多管旋风式二次除尘器，使循环气体中的含尘量降至 1 g/m^3，且 95%以上的粉尘粒径在 0.25 mm 以下来满足循环风机入口要求。根据实际生产收集的数据得到如表 3 所示的物料平衡，干熄焦系统的粉尘含量为装焦量的 2%~3%，传统的重力除尘效果低，半数以上的粉尘会经过锅炉，对锅炉造成影响。

表 3 干熄焦物料平衡表

炉 型	装焦/%	排焦/%	焦炭烧损/%	一除焦粉/%	二除焦粉/%	通风收集/%
顶装焦炉	100	96.75	1	0.58	1.17	0.5
捣固焦炉	100	96.65	1	0.62	1.23	0.5
卧式热回收焦炉	100	96.1	1.25	0.68	1.37	0.5

3 干熄焦一次旋风除尘器技术开发

3.1 旋风除尘应用于干熄焦系统的问题分析

旋风除尘器虽然除尘效率高，但以旋风除尘器作为干熄焦系统一次除尘器却鲜有应用，主要是因为旋风除尘器在干熄焦系统中应用存在如下技术问题：

（1）旋风除尘器的系统阻力为 500~1000 Pa，是重力除尘器系统阻力的 2~5 倍。

（2）旋风除尘器的单台处理风量远小于干熄焦循环风量，只设置一台旋风除尘器不能满足干熄焦系统的处理能力。

（3）旋风分离器后 95%的粉尘粒径小于 0.25 mm，细微的粉尘会吸附在锅炉受热面上，影响锅炉传热。

3.2 干熄焦一次旋风除尘器技术开发

针对以上技术问题，本公司对于干熄焦系统的一次旋风除尘器技术进行开发。

3.2.1 模拟与试验研究

为了解旋风除尘器对干熄焦循环气体中焦粉的分离性能，联合四川川锅锅炉厂搭建试验平台，采用如图 4 所示的旋风分离试验装置对某焦化厂 190 t/h 干熄焦系统一、二次分离器粉仓内的焦粉进行分离模拟试验。

图 4 旋风分离器实验装置

通过控制循环风量及烟气流速，分别测试了不同焦粉浓度和焦粉含量的分离效率，得到试验结果如表4所示。

表4 不同工况下旋风除尘器对焦粉的分离效率

序号	风量 /$m^3 \cdot h^{-1}$	烟气速度 /$m \cdot s^{-1}$	入口焦粉浓度 /$g \cdot m^{-3}$	入口焦粉量 /kg	焦粉分离量 /kg	分离效率 /%
1	2538	11.75	13.99	3.365	3.21	95.37
2	2489	11.52	14.26	3.365	3.26	96.77
3	3199	14.81	19.55	6.535	6.21	95.6
4	3268	15.13	19.97	6.535	6.15	96.3

模拟试验结果表明旋风除尘器可以对干熄焦系统中的焦粉进行分离且分离效果可以达到95.37%以上，具有非常高的除尘效率。经调查某焦化厂190 t/h干熄焦系统一、二次除尘器的实际综合除尘效率为91.2%。

通过以上数据可以看出，一次旋风除尘器模拟试验的除尘效率已经大于传统一、二次除尘器综合除尘效率，干熄焦系统如采用一次旋风除尘器，除尘效率可明显提高。若实际应用中除尘效率可达到模拟试验效果，即可考虑取消二次除尘器，不仅可以保护锅炉系统，还可以降低干熄焦系统的投资。

3.2.2 提高风机功率抵消旋风除尘器结构形式增加的阻力

旋风除尘器的系统阻力为500~1000 Pa，是重力除尘器系统阻力的2~5倍。为满足干熄焦系统的稳定运行，通过建模及理论计算，采用一次旋风除尘器干熄焦系统中循环风机功率比常规一次重力除尘器增加19.34%，来克服旋风除尘器本身结构增加的阻力。

3.2.3 改变旋风除尘器外壁形式降低烟气温度

该系统设计为一次水冷式旋风除尘器，旋风除尘器水冷管与干熄焦锅炉的下降管相连，与锅炉水冷壁的原理相同。水冷式旋风除尘器水冷管内壁敷设耐磨浇筑料防止粉尘磨损、外壁敷设岩棉做防烫设计，相对常规绝热式重力除尘器及旋风除尘器，减少耐火材料的使用量。水冷式旋风除尘器在除尘的同时对高温烟气起到初步降温的作用，有效解决了干熄焦锅炉入口烟气温度过高导致灰粉在炉管上烧结和高温硫腐蚀的问题，提高了锅炉使用寿命。

3.2.4 调整装备结构设计满足旋风除尘器处理能力提高系统安全性

为解决旋风除尘器的单台处理风量远小于干熄焦循环风量问题，本系统设计两台并联布置的旋风除尘器，相应的干熄炉环形风道由常规的单侧出口改为双侧出口。干熄焦系统布置形式如图5所示。

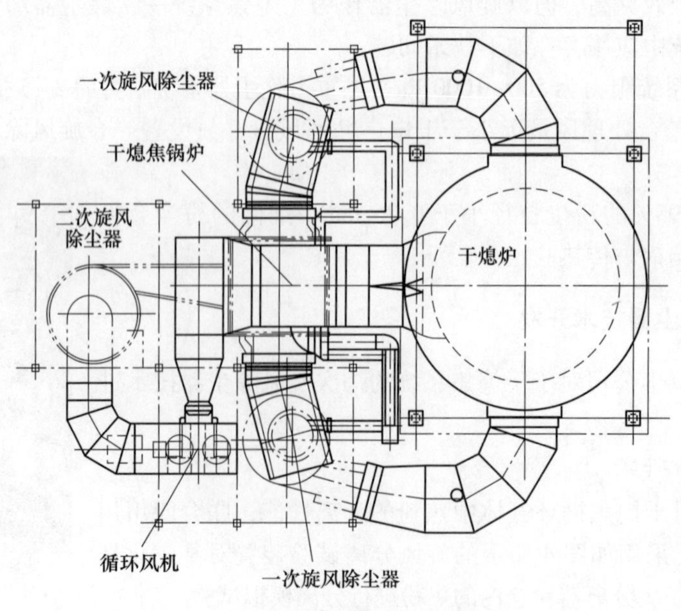

图5 干熄焦系统布置形式

环形风道内流过气量减小为常规干熄炉的 1/2，环形风道的断面可以减小到常规的 1/2。环形风道断面减小，宽度不变，内墙高度大幅降低，焦炭下落时对内墙的冲击力导致其变形的可能性减小、侧压力减小；内墙对斜道牛腿的压力减小，斜道的稳定性更好。高温循环气体从干熄炉 180°两侧引出分别进入两个旋风分离器，这种设置使烟气分配更均匀；降低高温烟道的内径，提高烟气流速，从而满足旋风除尘器入口烟气流速要求。

3.2.5 设置激波吹灰装置降低细微粉尘在锅炉受热面上的吸附

该系统设计的干熄焦锅炉增加激波吹灰器。由于旋风除尘器除尘效率高，进入干熄焦锅炉的粉尘粒径会显著降低，降低了锅炉受热面的磨损程度，但细微的粉尘颗粒因静电作用吸附在干熄焦锅炉的各层受热面上，形成一层灰膜，影响干熄焦锅炉的传热效果。各层受热面增加激波吹灰器，定期产生的激波会将细小的粉尘振落，达到清洁炉管的作用。

4 干熄焦一次旋风除尘器工程应用

4.1 应用项目

内蒙古鄂托克旗建元煤焦化有限责任公司 190 t/h 干熄焦（2 号）工程项目是由本公司承建的第一套成功应用一次旋风除尘器的干熄焦系统。由于前期建设为该工程预留空间较小，本公司采用旋风除尘器设置在干熄焦锅炉两侧，改变了以往干熄炉-一次重力除尘器-干熄焦锅炉-二次除尘器串联排布方式，减小了整个系统的占地面积。190 t/h 干熄焦项目，按常规一次重力除尘器形式设计占地面积为 1799 m^2，调整为一次旋风除尘器的一体化设计可减少 40%的占地面积，仅需 1078 m^2，对空间位置有限的厂区非常友好。

4.2 应用情况

该项目于 2023 年 12 月 2 日顺利投产，目前该系统运行稳定，未发生锅炉爆管现象，通过观察控制系统数据，两旋风除尘器入口压力差始终在 0.01 kPa 以内波动，温度差维持在 50 ℃以内波动，系统热量均匀分配到两旋风分离器内。干熄焦锅炉各层受热面间温降及压降均在设计范围内，未出现细微积灰黏附锅炉受热面从而影响传热的现象，表明激波吹灰器在该系统中发挥作用明显。

根据 2024 年 6 月份生产实际，对一次旋风除尘器干熄焦系统与一次重力除尘器干熄焦系统一、二次除尘器及环境除尘器的排灰量进行了统计，结果如表 5 所示。一次旋风除尘器除尘效率为 78.08%，一次重力除尘器除尘效率仅为 25.89%，其中，一次旋风除尘器对通过高温烟道进入除尘器的焦粉去除率为 98.8%，一次重力除尘器对通过高温烟道进入除尘器的焦粉去除率为仅为 33.3%。干熄焦一次旋风除尘器具有极高的除尘效率，从根本上解决了粉尘冲刷炉管的问题，提高了锅炉炉管的使用寿命。

表 5 旋风除尘干熄焦系统和重力除尘干熄焦系统运行效果对比

一次除尘器样式	总装焦量/t	总排焦量/t	总焦粉量/t	环境除尘焦粉量/t	二次除尘焦粉量/t	一次除尘焦粉量/t	一次除尘器效率/%
重力除尘器	64427.6	61591	1442.8	322.14	747.11	373.56	25.89
旋风除尘器	65253	60648	1552.2	326.26	14	1211.93	78.08

5 结语

干熄焦一次旋风除尘器除尘效率为 78.08%，具有极高的除尘效率，从根本上解决了粉尘冲刷锅炉炉管的问题，提高了锅炉炉管的使用寿命。

旋风除尘器与干熄焦锅炉一体化设计可使整个系统的占地面积减少 40%，对占地空间有限的厂区非常友好。

水冷式除尘器防止锅炉入口烟气温度过高带来的灰粉烧结在炉管上和高温硫腐蚀问题。激波吹灰器的应用，解决了锅炉微尘积集影响的问题。

华泰永创设计的干熄焦一次旋风除尘技术成功应用，大幅提升了干熄焦整体技术水平，是干熄焦行业的一次技术革新。

参考文献

[1] 赵沛，蒋汉华．钢铁节能技术分析［M］．北京：冶金工业出版社，1999.

[2] 武明华，景殿策．干熄焦一次除尘器的结构形式对除尘效率的影响［J］．煤化工，2023，51（6）：13-16.

[3] 陈衡，沈士兴，潘佩媛，等．干熄焦余热锅炉烟尘特性分析及传热元件选型［J］．研究与开发，2016，2：11-14.

[4] 张殿印，王纯．除尘工程设计手册［M］．北京：化学工业出版社，2019.

[5] 康健，徐列，孙文彬，等．干熄焦工艺系统阻力的计算和改善方法［J］．冶金能源，2019，38（2）：31-34.

直接空冷系统在干熄焦发电系统的应用

张晓明

（山西安昆新能源有限公司，河津 043300）

摘 要：采用直接空冷系统的干熄焦发电将在富煤缺水地区得到广泛应用，本文介绍了其在干熄焦发电系统的工艺特点及与汽轮机的匹配关系，阐述了空冷凝汽器的设备和管道布置要求。

关键词：直接空冷系统，干熄焦发电，空冷凝汽器

1 概述

国家发展改革委在《关于燃煤电站项目规划和建设的有关要求的通知》（发改能源［2004］864 号）中明确指出在我国富煤缺水地区建设发电厂原则上采用空冷系统，以节约水资源。同时，山西省下发相关文件，要求凝汽型发电机组必须采用空冷凝汽。干熄焦技术本身就是一种减少污染，节能、节水的技术，采用干熄焦平均每吨焦炭降低炼焦能耗 50~60 kg 标煤，节水 0.44 t 以上。采用直接空冷系统的干熄焦发电将进一步节约水资源，在富煤缺水地区得到广泛的应用。直接空冷系统尽管减少了循环水损失，但因发电量的减少以及轴流风机的电量消耗，降低了 5%~10%的电站总效率。

直接空冷经过几十年的运行实践，证明是可靠的。从运行电站的各凝汽系统比较，直接空冷系统具有主要特点：

（1）厂址选择不受水源限制；

（2）系统对气温、风向和风速等地理气候条件比较敏感；

（3）由于采用强制通风的风机，增加了电耗；

（4）强制通风的风机产生噪声大；

（5）节水效益明显；

（6）设空冷岛，需增加厂区占地；

（7）造价相比间接空冷系统经济。

2 干熄焦发电的直接空冷系统介绍

直接空冷系统，又称空气冷凝系统。直接空冷是指汽轮机的排汽直接用空气来冷凝，空气与蒸汽间进行热交换。直接空冷的凝汽设备称为空冷凝汽器，又称“空冷岛”。

应用于干熄焦发电的直接空冷系统的流程图如图 1 所示。汽轮机排汽通过粗大的排汽管道送到室外的

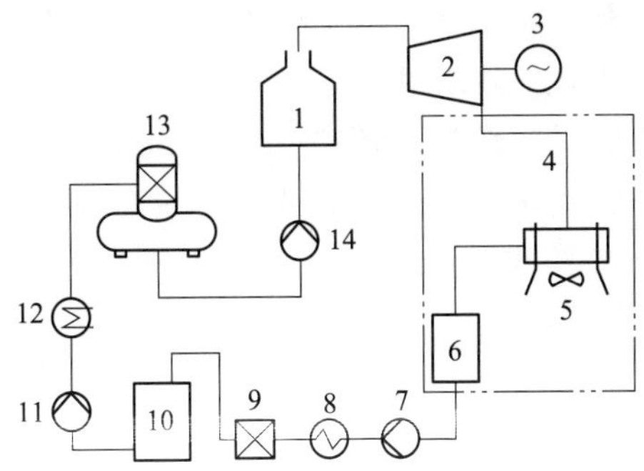

图 1 应用于干熄焦发电的直接空冷系统流程图

1—干熄焦锅炉；2—汽轮机；3—发电机；4—排汽管道；5—空冷凝汽器；6—排汽装置；7—冷凝水泵；8—轴封冷却器；9—凝结水精处理装置；10—除盐水箱；11—除氧给水泵；12—热管换热器；13—除氧器；14—锅炉给水泵

空冷凝汽器内，空冷凝汽器依靠风机，驱动空气横掠翅片管外，使管内蒸汽冷凝。冷凝后的凝结水，进入排汽装置的热井。冷凝水泵将热井中的凝结水，经轴封冷却器换热和凝结水精处理装置处理后，输送至除盐水箱。与间接空冷凝汽系统相比，除凝汽设备的区别外，上述系统增加了凝结水精处理装置。

3　汽轮机与空冷凝汽器的匹配关系

汽轮机与空冷凝汽器匹配关系应满足下列条件：（1）在规定的夏季最热月平均气温条件下，空冷凝汽器容量应保证汽轮机 TMCR（最大连续）工况发电的额定功率，并留有一定空冷单元或相当风量裕量；（2）在典型年最高温条件下，汽轮机 VWO（阀门全开）工况汽量的背压值与汽轮机安全限制背压之间留有 15 kPa 以上的裕量，以适应不利的环境风速变化下安全运行；（3）当一个空冷单元风机停运或检修时，机组正常运行背压在限制背压以内。

4　干熄焦发电直接空冷系统的设备及管道布置

4.1　直接空冷凝汽器布置要求

空冷凝汽器按管束布置方式可分为水平布置、垂直布置和倾斜布置。倾斜布置即两件散热器翅片管束呈人字倾斜布置。这种布置方式占地面积和管内阻力均比水平方式布置得小，传热系数较大，但管束排出的热空气容易回流，适用于蒸汽的冷凝、冷却和负压系统，在电站直接空冷系统中得到广泛的采用。

在某些情况下，由于热风再循环的影响，空冷凝汽器进口处空气温度可能会增加 5 ℃，从而使对数平均温差为 15 ℃的空冷凝汽器降低传热量 30%。为减少或避免热风再循环，在布置空冷凝汽器时，应根据夏季主要风向合理地进行全装置的布置，最好不要把空冷凝汽器布置在大型设备或较高建筑物的下风处，否则影响空气流通。必须注意不要把斜顶空冷凝汽器的管束正对着主导风向，其中，特别要考虑夏季的主要风向。另外，为防止空冷凝汽器腐蚀、结垢，布置时注意在它的上风处不要有腐蚀性气体、粉尘等排出。对于湿熄焦备用的焦化企业或钢铁联合企业，空冷凝汽器应布置在熄焦塔的全年最小频率风向的下风处。

空冷凝汽器可考虑布置在汽轮发电站、干熄焦区域管廊或干熄焦除尘地面站的上部，以减少占地面积和土建投资。支撑结构平台高度与干熄焦总体规划、空冷系统自身的要求综合考虑。平台高度的确定原则是使平台下部有足够的空间，以利空气能顺利地流向风机。平台越高，对进风越有利，但增加工程造价。如何合理确定平台高度，目前没有完善的理论公式，各家只有习惯的经验设计。布置空冷凝汽器时，应考虑地面上检修机具的回旋空间及通道，在布置空冷凝汽器的一侧地面，应留有检修场地和通道。

4.2　排汽管道布置

排汽管道的布置从汽轮机排汽装置的接口处开始，接口水平接出，接至空冷凝汽器的集箱，接口标高由排汽装置的接口标高决定。设计院规划管道的走向，并设置管架位置，由厂家进行应力分析。厂家按照压力容器相关规范进行管道强度计算，使用 CAESAR Ⅱ应力分析软件、ANSYS 有限元分析软件，以保证管道及附件的应力安全。根据计算结果，调整设计院初步布置的管架及管道位置，并反馈给设计院。

排汽管道的布置，最主要的就是“对称”，即保证各组凝汽单元流量分配均匀。同时，在分支前的主管应有一定长度的直管能够等量分配流量。另外，为减少盲端腐蚀，在空间允许的情况下，集合管两端应采用弯头连接，而不应采用三通加管帽的形式。

5　结论

干熄焦系统汽轮发电站设计采用直接空冷凝汽的方案在缺水地区可以完全替代传统的水冷凝汽设计方案，使水冷凝汽设计方案所存在的缺点得到克服、使节水效益大大增加，并完全可以保证干熄焦锅炉配套汽轮发电站的正常运行要求。

参考文献

[1] 罗时政. 干熄焦生产操作与设备维护 [M]. 北京：冶金工业出版社，2009.
[2] Bustamante J G, Rattner A S, Garimella S. Achieving near-water-cooled power plant performance with air-cooled condensers [J]. Appl. Therm. Eng., 2016 (105): 362-371.
[3] 丁尔谋. 发电厂空冷技术 [M]. 北京：水利电力出版社，1992.
[4] 章湘武. 空冷器技术问答 [M]. 北京：中国石化出版社，2007.
[5] 王琳纲. 汽轮机排汽空冷系统的设备与管道布置 [J]. 配管技术，2016，33 (1)：52-54.
[6] 郑志伟. 空冷器的设备及管道布置 [J]. 化工设计，2014，24 (3)：30-33.

中压除氧给水系统在干熄焦热力系统的应用

王　成[1]　柴才明[2]　李　林[1]　陈本成[1]　王秀花[1]

（1. 华泰永创（北京）科技股份有限公司，北京　100000；
2. 马鞍山钢铁股份有限公司煤焦化公司，北京　100000）

摘　要：近年来，随着干熄焦技术在国内的不断发展和技术改进，干熄焦热力系统目前采用的低压除氧给水系统热效率低和除氧效果差的弊端逐渐暴露了出来，本文主要介绍了干熄焦热力系统中引入工作压力为 0.2 MPa 的中压除氧器可行性，技术方案及在马钢项目的应用效果。中压除氧给水系统对于改善锅炉给水除氧效果，提高锅炉使用寿命具有积极的意义，同时还可以提高干熄焦热力系统的发电量，进而创造更多的经济效益。

关键词：干熄焦，热力系统，中压除氧器

1　概述

干法熄焦技术因具有节约能源、提高焦炭质量、环保及创造经济价值等优点，如今已成为国内主流的熄焦工艺[1-2]，除氧器是干熄焦热力给水系统的重要给水设备，其作用为将经干熄焦热管换热器或给水预热器换热后的水加热至饱和温度，从而实现热力式除氧的目的。除氧器是热力系统的核心设备，其作用是基于氧气在水中的溶解度随着温度、压力的变化而改变，通过加热、减压以及化学反应等方法，将水中溶解的氧气去除[3]。除氧器按照工作压力分为低压除氧器、中压除氧器和高压除氧器，中压除氧器的工作压力介于 0.1~0.32 MPa，工作压力低于 0.1 MPa 的属于低压除氧器，又称大气式除氧器，而工作压力高于 0.32 MPa 的属于高压除氧器。除氧器的工作压力越高，除氧效果也越好。

目前干熄焦热力系统普遍采用工作压力为 0.02 MPa 的低压除氧器，其除氧效果差，不得不依靠除氧药剂进行辅助除氧。低压除氧给水系统的给水温度低，热效率差且无法回收更多热量。因此，开发干熄焦中压除氧给水系统对于改善锅炉给水除氧效果、提高热效率进而创造更高经济效益是十分有意义的。

2　现有低压除氧给水系统技术及问题分析

干熄焦低压除氧给水系统，除盐水箱中大约 45 ℃的除盐水经除氧给水泵加压后送至热管换热器成为 80 ℃左右除氧回水送至除氧器。除氧回水在除氧器内经过与加热蒸汽换热后成为 104 ℃的饱和水，水中溶解的氧气等随除氧器排汽管道排至大气中。

自 1985 年上海宝钢引进日本的干熄焦装置以来，国内早期干熄焦余热发电系统大多数配套的是中温中压型余热锅炉，其对锅炉给水含氧量要求为小于等于 15 μg/L，因此干熄焦热力系统配套低压除氧器作为除氧手段。国内后续干熄焦技术虽朝大型化和高参数化方向发展，但热力除氧器技术并未随之改进，仍沿用 104 ℃的低压旋膜式除氧器。低压除氧器给水系统存在两个明显弊端，首先，低压除氧给水系统除氧效果不佳，由于低压除氧器的工作压力低，其除氧效果无法达到高温高压参数及以上锅炉要求的给水含氧量小于 7 μg/L 的除氧效果[4]，导致不得不依赖化学除氧剂进行辅助除氧，若化学除氧药剂品质不合格或长期用量不足，将导致锅炉给水溶解氧含量超标，从而加速锅炉管道腐蚀，增加锅炉爆管风险。

其次，低压除氧给水系统的热效率低，提高锅炉省煤器入口给水温度可以提高工质的平均吸热温度，给水温度每提高 1 ℃，汽轮机热耗率降低约 2.5 kJ/(kW · h)[5]。低压除氧给水系统的给水温度仅为 104 ℃，因此热效率偏低。低压除氧给水系统的给水温度同样影响干熄焦余热回收量，如热干熄焦系统要求热管换热器入口的除盐水温度工艺要求不超过 45 ℃，因为低压除氧器的安全回水温度不超过 90 ℃，干熄焦空冷发电系统的凝结水温度夏季可达到约 60 ℃，为避免除氧器进水温度超温，系统需设置凝结水换

热器，使用循环冷却水将凝结水温度降至约 45 ℃，如此不仅消耗了大量的循环冷却水，还降低了干熄焦热力系统的余热回收量。

综上所述，低压现有干熄焦低压除氧给水系统，由于除氧器运行压力和温度过低，在除氧效果和余热回收热效率上，存在不可忽视的短板，需要考虑采取引入运行压力和温度更高的除氧器解决现有弊端。

3 干熄焦中压除氧给水系统应用可行性

回热系统是利用汽轮机抽汽加热锅炉给水，提高给水温度，降低冷源损失，从而提高热循环效率和发电效率重要途径，火力发电厂的锅炉给水温度普遍高于 150 ℃，其除氧系统一般配套中压甚至高压除氧器，如《电站锅炉蒸汽参数系列》（GB/T 753—2012）中推荐高温高压锅炉的给水温度高达 220 ℃。

干熄炉循环气体入口烟气温度是一个关键的运行数据，一般需控制在 130 ℃左右，若温度过高会对排焦及焦炭质量造成影响，因此干熄焦工艺系统要求干熄焦锅炉出口烟气温度维持在 160~180 ℃。干熄焦锅炉给水在省煤器与出口烟气进行换热，省煤器的换热面积受锅炉尾部空间和给水温度影响，当锅炉给水温度升高，给水温度与出口烟气温度差变小，省煤器的换热面积需成比例的增大。干熄焦锅炉出口烟气温度的限制注定了给水温度无法像火力发电厂一样提高至 150 ℃及以上，实际上干熄焦锅炉进出口标高相对固定，省煤器的换热空间有限，省煤器的空间无法随意扩大，干熄焦锅炉给水温度只能适当的提高。在满足锅炉尾部空间限制，尽可能地提高锅炉给水温度，考虑到除氧效果和经济合理性的前提下，将工作压力为 0.2 MPa 的中压除氧给水系统引入干熄焦热力系统。

中压除氧器与低压除氧器的显著区别在于工作压力，低压除氧器因工作压力小于 0.1 MPa，仍属于大气式除氧范围，不属于压力式除氧器。而中压除氧器属于压力容器，其设计、制造、安装、使用管理和监督检验等均需满足压力容器相关规范执行[6]。

中压除氧给水系统引入干熄焦热力系统，首先要考虑的是保证锅炉出口烟气温度不变维持在 160~180 ℃，其次要考虑除氧器的布置高度问题，除氧器的布置高度对锅炉给水泵运行有很大的影响，一般来说除氧器布置的越高，锅炉给水泵就越不容易发生汽蚀，但相应地除氧给水泵站土建投资成本会增加。此外，中压除氧器的引入还要解决除氧器压力升高带来的溢流水排水扩容降压以及排汽噪声等问题。

4 干熄焦中压除氧系统的方案设计及应用效果

4.1 工艺方案设计

干熄焦中压除氧给水系统的工艺流程如图 1 所示，本系统工艺方案与低压除氧给水系统主要工艺流程相同。除盐水箱中大约 45 ℃的除盐水经除氧给水泵加压后送至热管换热器成为 80 ℃左右除氧回水送至中压除氧器。除氧水经锅炉给水泵加压后送至锅炉底部的省煤器换热器，然后经锅炉各部加热最终产生 $P=9.5$ MPa，$T=540$ ℃高温高压主蒸汽，至汽轮机做功发电后冷凝成凝结水后回到除盐水箱。

中压除氧给水系统将除氧器工作压力提高至 0.2 MPa，锅炉给水温度提高至 133 ℃，为应对中压除氧器给水温度提高对锅炉尾部受热面换热的影响，通过增大锅炉尾部受热面的面积，保障锅炉出口烟气温度维持在 160~180 ℃不变。就中压除氧器的布置高度而言，除氧器的工作压力与除氧器布置高度无关。但在早期设计规范条文解释中规定了“中压除氧器的布置高度为 11~13 m[7]”，虽规范要求的布置高度主要是针对火力发电厂运行工况而提出的，为保障干熄焦中压除氧给水系统的稳定运行，建议中压除氧器的除氧层布置高度为 12 m。

此外，相同处理能力的干熄焦装置，中压除氧给水系统的除氧用蒸汽消耗量远高于低压除氧给水系统，因此需根据除氧用蒸汽消耗量，合理设计加热蒸汽管径；干熄焦热力系统中，除氧器溢流水和放水返回到除盐水箱，由于中压除氧器已不属于大气式除氧器，溢流水和放水需考虑接至疏水扩容器降压后再流回水箱；中压除氧器的工作压力高，除氧器排汽管道的噪声也随之升高，因此中压除氧器排汽管道还应该设置消音器，降低排汽噪声。

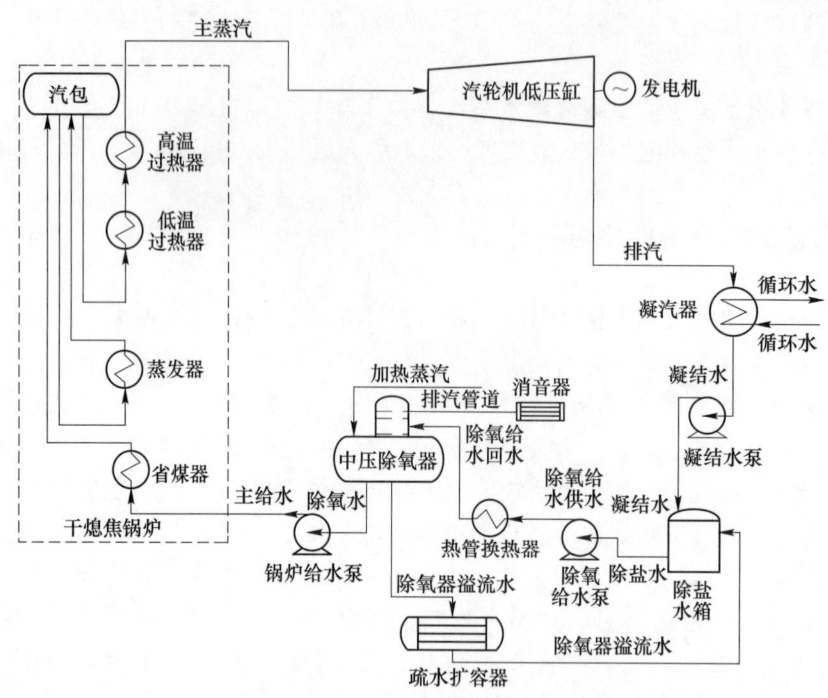

图 1　干熄焦中压除氧给水系统的工艺流程

4.2　应用效果分析

华泰永创（北京）科技股份有限公司，已在马鞍山钢铁股份有限公司炼焦总厂焦炉大修改造工程 EP 承包项目，应用干熄焦中压除氧技术，该项目已于 2022 年 9 月 29 日开工运行。已经连续运行 2 年零 8 个月。

中压除氧器及中压除氧给水系统中控界面照片如图 2 和图 3 所示，本项目的中压除氧器生产运行稳定，其运行压力和温度均达到了设计值要求的的 0.2 MPa 和 133 ℃。此外，通过提高省煤器的换热面，即使锅炉给水温度由 104 ℃提高到 133 ℃，干熄焦锅炉出口烟气温度仍可维持在 160~180 ℃，锅炉出口烟气温度并未升高。经现场标定，本项目不使用化学除氧剂的前提下，除氧器出水含氧量低于 5 μg/L，满足高温高压参数干熄焦锅炉对给水含氧量的要求。

图 2　中压除氧器照片

以本项目使用工作压力为 0.2 MPa 的中压除氧给水系统，可以提高干熄焦锅炉约 4%的主蒸汽产量，虽除氧用加热蒸汽消耗量约为低压除氧给水系统的 2.3 倍，但可以有效将更多低品位蒸汽转化为可发电的高品

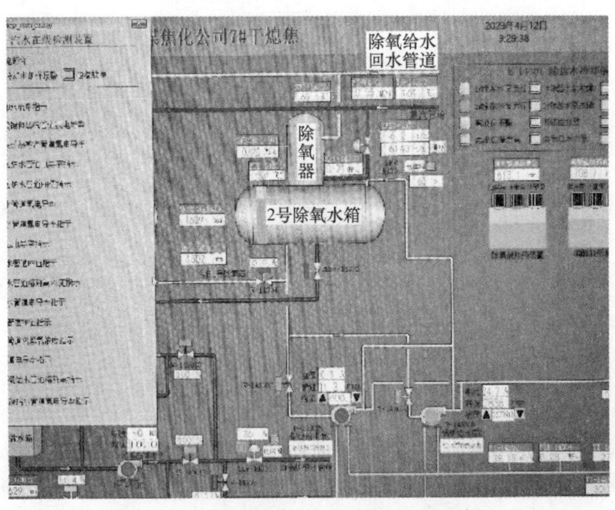

图 3 中压除氧给水系统中控界面照片

位蒸汽。此外由于将锅炉给水温度由 104 ℃提高至 133 ℃，可以使汽轮机热耗降低约 149.9 kJ/(kW·h)（杭州中能汽轮机动力有限公司提供计算数据），本项目即使考虑除氧用汽全部由汽轮机抽汽供应，中压除氧器给水系统也可提高汽轮发电机组约 1.4%的发电量。

5 结语

根据理论分析和实际应用效果检验，干熄焦系统引入工作压力 0.2 MPa 的中压除氧器代替现有低压除氧器是可行的。中压除氧给水系统具有如下优势：（1）提高锅炉给水除氧效果，且不需要使用化学除氧药剂，不仅节约了除氧药剂的消耗，还降低工人的劳动强度；（2）提高了干熄焦热力系统的热效率，可以提高约 1.4%的发电量，创造更多的经济效益；（3）提高干熄焦热力系统的合理性，可将回收更多的余热，对节约能耗具有重要意义。

中压除氧给水系统在马钢干熄焦系统的成功应用及取得的良好效果，为其将来在干熄焦领域的推广应用作出引领和示范。

参 考 文 献

[1] 徐列．大型干熄焦技术创新与新型焦炉开发［A］. 2021 全国冶金焦化节能减排关键技术研讨会会议文集［C］. 马鞍山：中国金属协会，2021：229-248.

[2] 杜再旺．干熄焦技术的节能减排及环分析［J］. 冶金与材料，2021，41（2）：77-78.

[3] 刘建，张兴芳，武升，等．旋膜除氧器研究及应用进展［J］. 现代化工，2011，31（1）：86-89.

[4] GB/T 12145—2017 火力发电机组及蒸汽动力设备水汽质量［S］.

[5] 中国电力工程顾问集团有限公司．电力工程设计手册火力发电厂节能设计［M］. 北京：中国电力出版社，2017.

[6] TSG21—2016 固定式压力容器安全技术监察规程［S］.

[7] GB 50049—94 小型火力发电厂设计规范［S］.

干熄焦降烧损的探索实践

丘广俊[1]　魏东旭[2]　孙红军[2]　毛　威[2]　张晓峰[2]

（1. 中国国际贸易促进委员会冶金行业分会，北京　100711；
2. 沂州科技有限公司，邳州　221300）

摘　要：本文详细探讨了沂州科技有限公司在干熄焦工艺中引入污氮气（氧含量小于5%）作为冷却介质替代传统空气的实践过程与成效。通过技术改造，成功降低了干熄焦炭的烧损率，提高了系统能效，并显著减少了碳排放。具体表现为：干熄焦炭烧损率由改造前的2.28%降低至0.45%，吨焦产汽量由0.64 t焦降低为0.54 t，同时干熄焦系统的双碳（CO/CO_2）排放量由21.16%降低至9.5%。本文不仅分析了技术改造的背景、思路、实施方案及实施效果，还深入探讨了其经济效益、环境效益以及技术进步的推动作用，为焦化行业节能减排提供了经验和参考。

关键词：干熄焦，污氮气，降低烧损率，节能，双碳减排

1　概述

作为传统的高能耗、高排放行业之一，焦化行业节能减排工作一直备受关注。干熄焦工艺作为焦化行业的重要技术之一，不仅有助于改善环境、提高焦炭质量，还能显著降低生产工序的能耗。然而，在干熄焦过程中，焦炭的烧损问题一直是制约其能效提升和环保性能改善的关键因素。本文旨在通过介绍沂州科技有限公司在干熄焦工艺中引入污氮气替代空气的实践，探讨其降低烧损率、提高能效和减少碳排放的具体措施与成效。

2　概况

焦化厂干法熄焦工艺是一种先进的焦炭冷却技术，它利用冷的惰性气体在干熄炉内与红焦逆流直接换热，冷却焦炭至200 ℃以下。同时，吸收了红焦热量的惰性气体进入锅炉加热锅炉给水，产生高压蒸汽用于发电或供热。这种工艺不仅回收了大部分的红焦显热和可燃气体燃烧热量，还减少了环境污染。然而，在实际生产过程中，干熄焦系统内焦炭的烧损问题一直难以避免，这主要是由于导入空气中的氧气与焦炭中的可燃成分发生反应所致。

沂州科技有限公司作为焦化行业的领军企业之一，一直致力于技术创新和节能减排工作。针对干熄焦工艺中焦炭烧损率高的问题，公司决定实施技术改造，利用焦化厂空分装置产生的污氮气替代传统空气进行干熄焦生产。这一举措不仅降低了焦炭烧损率，还显著提高了系统能效和环保性能。

3　降低烧损思路

3.1　问题分析

在干熄焦工艺中，导入的空气中含有21%的氧气，这些氧气在高温下与焦炭中的可燃成分（如CO、H_2、C等）发生反应，导致焦炭烧损。此外，空气中的氧气还会与环风道内的焦粉发生燃烧反应，进一步加剧了焦炭的烧损。因此，降低导入气体中的氧气含量成为降低烧损率的关键。

3.2　方案提出

针对上述问题，沂州科技有限公司提出了将干熄焦导入空气改用空分排空的污氮气的改造思路。污

氮气作为一种低氧含量的惰性气体，具有稳定、清洁、易获取的特点。将其引入干熄焦系统替代空气作为冷却介质，可以显著降低焦炭的烧损率。

3.3 资源条件

沂州科技有限公司设置有两套空分系统，每套系统每小时向大气中排放约 12000 Nm^3 的污氮气，这些污氮气中氧气含量约为 5%左右，这为技术改造提供了有力的支持。

4 烧损率公式推导

为了更准确地评估技术改造的效果，本文推导了干熄焦过程中焦炭烧损率的计算公式。根据化学反应原理，导入的氧气在干熄炉内与焦炭中的可燃成分发生反应，生成 CO、CO_2 等气体，其反应为：

$$(n+m)C+(n/2+m)O_2 = nCO+mCO_2 \tag{1}$$

式中，n 和 m 为表示循环气体中 CO 和 CO_2 的摩尔量（可通过测量得到其体积分数和总气体量计算得出）。

由此可以计算出焦炭的烧损量，具体公式如下：

$$C=\frac{n+m}{\frac{n}{2}+m}\times V_{污}\times\frac{12\times1000\times5\%}{22.4}\div0.86 \tag{2}$$

式中，$V_{污}$为标准状态下污氮气的体积；12 为碳的原子量；0.86 为固定碳含量取焦炭中固定碳的百分比。

5 改造实施方案

5.1 管道改造

（1）在空分污氮气进入放空柱前增加调节阀门，以便控制污氮气流量。

（2）在干熄炉空导调节阀前接入污氮气管道，与原有空气管道并联。

5.2 操作优化

控制系统气体平衡：通过精确调节空分放空柱前的污氮气调节阀，控制进入干熄炉的污氮气流量。同时，监测干熄炉内的气体压力与流量，调整干熄炉空导阀门的开度，确保系统内气体量保持平衡。

监测易燃气体含量：由于污氮气中仍含有少量氧气（约 5%），需定期监测干熄炉内及环风道区域的易燃气体（如 CO、H_2）含量，确保其在安全范围内。根据监测结果，适时调整污氮气与空气的混合比例，避免发生安全事故。

放散口流量调节：在改造过程中，还需关注放散口的流量变化。通过调节放散口阀门，确保系统内的多余气体能够及时排出，维持系统内部压力稳定，同时减少对环境的影响。

6 改造效果评估

6.1 烧损率降低

如前文所述，通过引入污氮气替代部分或全部空气进行干熄焦生产，沂州科技有限公司成功降低了干熄焦炭的烧损率。从 2023 年 4 月（改造前）的 2.28%降至同年 11 月（改造后）的 0.45%，烧损率降低了近 80%。这一成果不仅提高了焦炭的产率，还减少了资源浪费。

对于不同粒度的焦炭，反应温度并不一致。粒度越大的焦炭，反应温度越高。所以，在干熄炉内，正常工况下首先熔损的是粉焦，其次是小块焦炭，最后才是大块焦炭。即起始反应温度的先后顺序为：焦粉>焦丁>中块焦炭>大块焦炭。沂州科技测验，焦粉与焦炭的熔损比约为 3~5：1。

6.2 能效提升

由于烧损率的显著降低，干熄焦系统的整体能效得到了提升。吨焦产汽量由改造前的 0.64 t 降低至 0.54 t。虽然表面上看似蒸汽产量减少，但实际上这是由于减少了不必要的焦炭燃烧所产生的蒸汽，使得系统更加高效地回收了红焦的显热。

6.3 环保效益

在降低烧损率的同时，干熄焦系统的碳排放量也大幅下降。双碳排放量由改造前的 21.16%降低至 9.5%，每生产 100 万吨焦炭，约可以减少 CO_2 排放 6.7 万吨，减排效果十分显著。这不仅有助于公司应对日益严峻的环保压力，还为其可持续发展奠定了坚实的基础。

6.4 经济效益

从经济角度来看，虽然技术改造初期需要一定的投资成本，但长期来看，其带来的经济效益是显著的。烧损率的降低直接提高了焦炭的产率和质量，增加了企业的销售收入。同时，能效的提升和碳排放的减少也有助于降低企业的运营成本和环境治理费用。

降低烧损的经济效益需要考虑的因素包括：

（1）焦炭与焦沫的价格：投入污氮气后焦沫与焦炭的增加量约为 3~5：1。

（2）投入污氮气的时机：不同时段下，发电成本不一致，对效益有较大的影响。

（3）污氮气的成本。

7 结论与展望

综上所述，沂州科技有限公司在干熄焦工艺中引入污氮气替代空气的实践取得了显著成效。通过降低烧损率、提升能效和减少碳排放等多方面的努力，企业不仅实现了节能减排的目标，还提升了自身的核心竞争力和可持续发展能力。未来，随着技术的不断进步和环保政策的日益严格，干熄焦工艺中的节能减排技术将继续得到优化和完善，为焦化行业的绿色发展贡献更多力量。

参考文献

[1] 张福行．宝钢干熄焦蒸汽发生量的研究［J］．冶金能源，2006（1）：43-44，54.

[2] 杨建华，崔平．干熄焦焦炭烧损研究［C］//中国金属学会炼焦化学分会．2013 年干熄焦技术交流研讨会论文集．马钢煤焦化公司，安徽工业大学化工学院，2013：2.

干熄炉内循环气体爆炸极限分析计算

孙 兵

（攀钢集团攀钢钒炼铁厂，攀枝花 617022）

摘 要：本文首先分析干熄炉内焦炭烧损机理，指出干熄焦炭烧损主要是干熄炉内的炭融反应，干熄炉内 CO_2 促进炭融反应。其次分析出干熄炉内可燃性爆炸气体的关键成分为 H_2，并在恶化干熄炉内可燃性气体的情况下进行分析计算，得出了干熄炉内 CO 含量高低不影响干熄炉内可燃性气体的爆炸极限值，提出了降低空气导入，降低 CO_2 含量，提高 CO 含量的理论依据。同时，为保证干熄炉内安全提出了降低干熄炉内 H_2、O_2 的科学手段。

关键词：烧损，炭融反应，循环气体，爆炸极限，关键成分，惰性气体

1 概述

干熄焦装置具有工艺先进、环保和节能效益显著的特点，在钢铁联合企业中广泛应用。干熄焦是指采用惰性气体将红焦降温冷却的一种熄焦方法。在干熄焦过程中，红焦从干熄炉顶部装入，低温惰性气体由循环风机鼓入干熄炉冷却段红焦层内，吸收红焦显热，冷却后的焦炭从干熄炉底部排出，从干熄炉环形烟道出来的高温惰性气体流经干熄焦锅炉进行热交换，锅炉产生蒸汽，冷却后的惰性气体由循环风机重新鼓入干熄炉，惰性气体在封闭的系统内循环使用。

2 干熄焦循环气体组成及其作用

循环气体在干熄焦系统的作用主要表现在以下几个方面：首先是冷却焦炭，即炽热的红焦与循环气体进行热交换，从而冷却焦炭；其次是加热炉管里的水，高温的循环气体进入锅炉与炉管热交换，将炉管中的水加热成过热蒸汽，同时将循环气体温度降至较低的范围并循环使用。循环气体的组成：一般情况下为 CO_2(10%~15%)、CO(3%~6%)、O_2(<1%)、H_2(<3%)，其余为 N_2。

3 干熄炉中焦炭烧损的机理

由 O_2+C ═ CO_2，CO_2+C ═ CO 可知，干熄炉内焦粉、焦炭与空气的燃烧及 CO_2 和焦炭的熔融反应造成了干熄焦炭烧损。

但实际生产中，干熄炉内循环气体及焦炭发生如下反应：

$$O_2 + 2H_2 \xlongequal{\quad} 2H_2O \tag{1}$$

$$2CO_2 + O_2 + 2C \xlongequal{\quad} 4CO_2\text{(含氧充足时)} \tag{2}$$

$$CO_2 + C + O_2 \xlongequal{\quad} 4CO\text{(含氧不足时)} \tag{3}$$

根据 H_2、C、CO 还原性，在干熄炉内含氧的情况下，O_2 首先和 H_2 反应，其次和 C、CO 发生反应。在氧含量偏低的情况下，发生反应（3），最终的产物为 CO。在 O_2 充足的情况下，发生反应（2），生成的主要是 CO_2。在干熄焦生产中，导入空气情况下，O_2<1%，干熄炉内是缺氧情况，其发生的主要反应产物是 CO，干熄炉内较高含量的 CO 对干熄炉内的熔融反应起抑制作用。当向干熄炉内过量冲空气或者负压段大量泄漏，造成 O_2 含量高，可认为 O_2 属于过量情况，发生反应（2），产物含有大量的 CO_2，CO_2 升高将有效地促进焦炭的熔融反应，降低焦炭收率。在干熄焦生产中，CO_2、CO 含量如图 1 所示，此消彼长。另外，在干熄焦生产中，保持较高的 CO 含量也能保证在干熄焦系统设备故障无法装、排焦时燃烧 CO 来提升 T_6温度，保证锅炉系统有充足的热量。

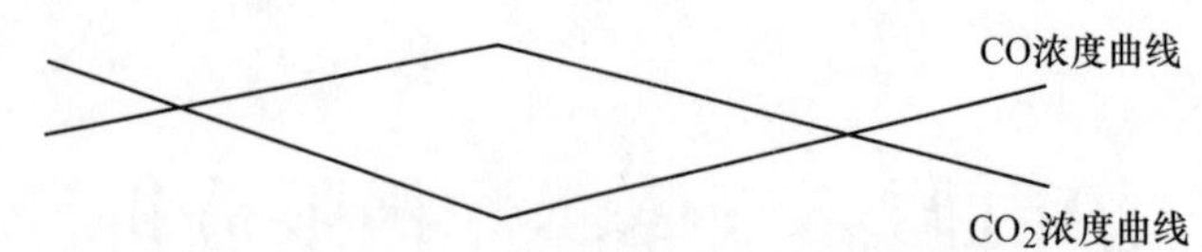

图 1 干熄炉内 CO_2 与 CO 浓度曲线图

在正常生产中，若提高 CO 的含量，是否导致干熄炉内循环气体爆炸呢，本文根据干熄炉内循环气体的情况分析计算，分析出 CO 在循环气体爆炸中所起的作用及循环气体爆炸的关键性因素。

4 爆炸产生的条件及干熄炉内可燃性气体爆炸极限的影响因素

爆炸是指物质自一种状态迅速地转变为另一种状态，并在极短的时间内放出巨大能量的现象。当可燃气体、可燃粉尘、可燃液体蒸气与空气（或氧气）混合达到一定浓度时，遇到火源就会发生爆炸。这个遇到火源能够发生爆炸的浓度范围，叫作爆炸浓度极限或爆炸极限。不是所有的可燃气体、蒸汽或粉尘与空气的混合物都有爆炸危险，而是有一个能发生爆炸的浓度极限，即有一个最低的爆炸极限和一个最高的爆炸极限，只有在这 2 个浓度极限之间才有爆炸可能。这种能发生爆炸的最低浓度称为“爆炸下限”，能发生爆炸的最高浓度称为“爆炸上限”。表 1 为循环气体中可燃成分在空气中的爆炸极限值。

表 1 循环气体中可燃成分在空气中的爆炸极限值

名 称	H_2	CO	CH_4
体积含量/%	4~74.2	12.5~74	5~15

（1）惰性气体对混合气体爆炸极限的影响。经研究表明，惰性气体对混合气体爆炸极限具有较好的抑爆效果，其机理是惰性气体稀释燃气浓度和隔离氧气与燃气的接触（窒息作用）、并对燃烧过程有少量的冷却降温作用。根据田贯三等人研究，在可燃性气体（半水煤气）中当 N_2 的加入量大于 64.04%，或 CO_2 的加入量大于 52.35%时，无论怎样改变半水煤气和空气的比例，都不会形成爆炸性混合气体。所以说，N_2，CO_2 对爆炸性混合气体产生抑制作用。在干熄焦循环气体当中，主要成分是 N_2、CO_2 等惰性气体，含有少量的 CO、O_2、H_2 等可燃性气体，可燃气体纯度较半水煤气（CO 为 40%、H_2 为 50%、N_2 为 5%、CO_2 为 5%）品质相比，安全系数大大提高。

（2）可燃性气体的最大允许含氧量的最小值计算。根据李革梅等研究认为：混合可燃性气体最大允许氧含量的最小值在数值上等于该气体处于下限浓度（$L_{下}$）的可燃物刚好完全反应所需要的临界氧含量，那么干熄炉内 H_2、CO、CH_4 等三种气体的最大允许含氧量的最小值为 2%，6%，10%。在干熄焦生产中，若能将 O_2 含量控制在安全范围之内，即可保证干熄炉内循环气体不发生爆炸。在干熄炉内，保证 H_2 含量的安全的最小含氧量为 2%。

（3）初始温度、压力对可燃气体的爆炸极限影响。爆炸性气体混合物的初始温度越高，则爆炸极限范围越大，研究可知，初始温度对可燃性气体的爆炸下限影响较大，而对爆炸上限影响较小。根据 Burgess-Wheeler 法则，Zabetakis 等人给出修正式，若温度为 t 时的爆炸下限为 L_t，25 ℃时的爆炸下限为 L_{25}，则其关系式为 $L_t=[1-0.000721(t-25)]\times L_{25}$，经过计算在干熄炉内温度为 900 ℃左右，由于初始温度较高，促进可燃性气体爆炸。据研究可得，初始压力仅对爆炸极限的上限有影响，下限几乎无影响。同时，在 0.1~1 MPa 初始压力下，混合气体的原始压力对爆炸极限的上、下限几乎无影响。

（4）循环气体爆炸的关键成分是 H_2。爆炸性混合气体的爆炸危险度指爆炸性混合气体的浓度爆炸极限的上限与下限相除的值来表示，爆炸的危险度越大，表示该种气体越容易发生支链爆炸，即危险性就越高。鉴于干熄焦循环气体燃烧主要在环形烟道处，在有限的氧含量情况下，空气首先和循环气体中的氢气发生反应，其次才和 CO 发生反应。况且 H_2 与 O_2 的反应速率远远大于 O_2 与 CO 的速率。由实验得知，$CO+O_2$ 的反应，在没有杂质的情况下，一般是不容易发生的，除非加热到非常高的温度下，且 H_2 存在时，该反应则才容易进行。同时，混合气体当中的 H_2(4%~74.2%的爆炸烈度为 74.2%/4%＝18.55）的爆炸烈度为18.55，CO(2.5%~74%，那么其爆炸烈度为74%/12.5%=5.95）的爆炸烈度为5.95。即整个爆炸过程中起决定作用的是H_2，H_2含量高低主导了整个循环气体的爆炸的能否进行及强度。

综上所述，干熄焦循环气体CO、O_2、H_2、N_2、CO_2中，CO、H_2是可燃性气体，O_2是助燃性气体，N_2、CO_2为阻燃性气体，抑制可燃气体爆炸。在可燃性气体中，循环气体爆炸的关键成分是H_2，H_2主导了整个循环气体的爆炸的能否进行及强度，因此严格控制好H_2<4%，即可保证干熄炉内的安全。若能将助燃性气体的O_2控制在可燃性气体的最大允许的最小值以下，即可阻止爆炸的发生。经过计算，干熄焦循环气体的最小含氧量为2%。因此，干熄炉氧气含量必须严格控制在2%以下。

作为惰性气体的N_2、CO_2对干熄炉内可燃性气体的爆炸极限起到抑制作用，当干熄炉内N_2的量大于64.04%时，无论循环气体与空气的比例如何，都不会形成爆炸性混合气体。干熄焦实际生产过程中，N_2含量70%以上（>64.04%）。因此，在干熄焦正常的生产中，只要将干熄炉内O_2、H_2控制在可控范围（O_2<2%，同H_2<4%）时，CO含量已经不影响干熄焦混合气体的爆炸极限。为此，参考理·查特里公式对干熄炉内循环气体的爆炸极限下限进行验证。

5 干熄炉中循环气体爆炸极限计算

干熄炉循环气体主要有以下几种：CO_2、CO、O_2、H_2、N_2、CH_4，C_mH_n等，通过岗位人员在不同情况对干熄炉内取样可知：C_mH_n、CH_4、N_2的量基本比较稳定，C_mH_n的量基本在0.5%左右，CH_4量基本在1%左右，N_2的含量基本在78%~79%。CO_2、CO、O_2、H_2的数据干熄焦气体分析仪中进行显示。表2为干熄炉内循环气体含量。

表2 干熄炉内循环气体含量

名 称	CO_2	C_mH_n	O_2	H_2	CO	CH_4	N_2
体积含量/%	6	0.5	0.5	4	15	1	73

生产过程中，在干熄炉气密性正常情况下干熄炉内含氧量被严格控制在0~1%。在模拟计算中将循环气体成分进行恶化（即将可燃性气体含量提高，可燃性气体CH_4、CO、H_2提高至1%、15%、4%，合计20%，惰性气体N_2、CO_2含量降低至6%，73%后进行计算）。

那么根据有惰性气体的混合气体爆炸极限计算：

根据理·查特里公式，复杂组成的可燃气体或蒸气混合的爆炸极限，可根据各组分已知的爆炸极限按下式求得：

$$L=\frac{100}{\frac{y_1}{L_1}+\frac{y_2}{L_2}+\cdots+\frac{y_n}{L_n}} \tag{4}$$

式中，L为混合气体的爆炸（下、上）限体积分数,%；L_1、L_2、…、L_n为混合气体中各可燃气体的爆炸下（上）限体积分数,%；y_1、y_2、…、y_n为混合气体中各可燃气体的容积成分,%。

$$L=L_c\frac{100\left(1+\frac{y_N}{100-y_N}\right)}{100+L_c\frac{y_N}{100-y_N}} \tag{5}$$

式中，L为含有惰性气体的可燃气体的爆炸极限体积分数,%；L_c为该燃气的可燃基（扣除了惰性气体含量后、重新调整计算出的各燃气容积成分）的爆炸极限值体积分数,%；y_N为含有惰性气体的燃气中，惰性气体的容积成分,%。

鉴于干熄炉内循环气体含氧量很低，通过爆炸极限来控制干熄炉内可燃性气体含量在此，仅仅研究爆炸极限下限即可。

由表1可知，循环气体中可燃性气体占总气体含量的20%；惰性气体占总气体含量的80%；由式（4）、式（5）、表1、表2的数据，那么可得在可燃性气体中各组分所占比例：

CH_4：1/20=5%；CO：15/20=75%；H_2：4/20=20%

O_2、C_mH_n量很少，忽略不计，代入式（4）得混合气体中可燃气体 L_f 为

$$L_f = \frac{1}{5/5 + 75/12.5 + 20/4} \times 100\% = 8.3\%$$

将 L_f 的值代入式（5）中，其中 L 为 80%，则：

$$L = 8.3 \times \frac{1 + \frac{80}{100 - 80}}{100 + 8.3 \times \frac{80}{100 - 80}} \times 100\% = 30.97\%$$

通过计算可知，在干熄炉内含氧量正常，在恶化 CO、H_2 情况下，循环气体爆炸极限的下限值为 30.97%。实际生产中，可燃性气体的成分不可能达到 30.97%，实际可燃气体的含量也远远低于 20%，即干熄炉内循环气体是安全的。在干熄焦循环气体流程中，锅炉系统防爆阀、二次除尘防爆阀、干熄炉盖、一次除尘水封等对设备都对可燃性气体爆炸起到泄压作用。

6 合理控制干熄焦循环气体中 H_2、O_2 的措施

在干熄焦生产中，焦饼偏生或者将水熄焦（焦侧尾焦）装入干熄炉，干熄焦水封槽、一次除尘水封漏水或干熄焦锅炉爆管都会导致循环气体中 H_2 量升高。因此，干熄焦锅炉爆管后需第一时间进行停炉处置。控制干熄炉内 O_2 量，需保证负压段气密性良好，同时合理降低干熄炉导入空气量，既可降低干熄焦烧损，也可保证干熄炉循环气体的安全。在干熄焦生产中，若突遇干熄焦锅炉爆管大量水气泄漏导致干熄炉内 CO、H_2 大量升高时，最有效的方法是快速降低导入空气量、干熄炉预存室调为正压及大量冲入 N_2。

7 综述

经过对干熄炉内循环气体爆炸极限计算及干熄炉内焦炭烧损机理分析可得：合理降低干熄炉导入空气量，提高干熄炉内 CO 含量，降低干熄炉内 CO_2 含量可降低干熄炉内焦炭的烧损。提高干熄炉内 CO 含量后，本质上不影响干熄炉内可燃性气体的爆炸极限值，严格控制干熄炉内 CO、H_2 量是保证干熄炉安全的关键。鉴于本文作者是干熄焦生产现场工作者，并非安全专业的专业人员，本文所涉及的 CO 含量对干熄炉内循环气体爆炸极限影响还需实验验证。

8 结论

（1）干熄炉内焦炭的烧损主要是焦炭的熔融反应，提高 CO 的含量降低 CO_2 含量能够降低干熄焦炭的烧损，也能在异常情况下提升 T_6 的温度，对蒸汽保供具有积极的意义。

（2）分析出干熄炉内可燃性气体在爆炸极限分析中关键成分是 H_2，H_2 主导了整个干熄炉内循环气体的爆炸极限的下限，要控制好干熄炉内循环气体在安全范围内主要控制的气体是 H_2、O_2。计算出了干熄焦循环气体中允许的最小含氧量为 2%。混合气体的安全范围为（$O_2<2\%$，$H_2<4\%$）。为验证理论分析的可靠性，本文恶化干熄炉内循环气体的成分（提高可燃气体含量，降低惰性气体含量）进行分析计算，得出干熄炉内的气体依旧在可燃气体爆炸下限范围以外，即在将 O_2 控制在安全范围以内情况下，CO 的含量对循环气体爆炸极限已无影响。

（3）控制干熄炉内可燃性气体 H_2、O_2 的科学的方法是保证焦炉焦饼的成熟，杜绝干熄炉内漏入水汽，保证干熄焦系统气密性良好，合理降低空气导入量（降低干熄炉内 H_2 量）。

参考文献

[1] 许满贵，徐精彩．工业可燃气体爆炸极限及其计算［J］．西安科技大学学报，2005（2）：139-142.

[2] 田贯三，陈洪涛，王学栋．城市燃气爆炸极限计算与分析 [J]. 山东建筑工程学院学报，2002 (2)：56-60.
[3] 郑立刚，余明高，于水军．多元混合气爆炸极限的非线性预测研究 [J]. 中国安全科学学报，2006 (10)：94-99，2.
[4] 潘立慧，魏松波．干熄焦技术 [M]. 北京：冶金工业出版社，2005.
[5] 徐景德，徐胜利，杨庚宇．矿井瓦斯爆炸传播的试验 [J]. 2004 (7)：55-57.
[6] 王宝兴，经建生．煤矿瓦斯爆炸主要原因的试验研究 [J]. 安全与环境学报，2004，4 (6)：69-72.
[7] 张景椿，肖林，寇丽平，等．气体爆炸抑制技术研究 [J]. 兵工学报，2000，21 (3)：261-263.

干熄焦锅炉重大事故后果分析及对策

孙 兵 王 刚

（攀钢集团攀钢钒炼铁厂，攀枝花 617022）

摘 要：本文介绍了干熄焦锅炉爆炸的危害及爆炸机理，运用物理爆炸模型计算出攀钢1号、2号干熄焦锅炉的爆炸能量、伤害半径、蒸汽体积及烫伤半径。分析出导致干熄焦锅炉爆炸的原因，从安装、操作管理运行提出了预防措施。

关键词：干熄焦锅炉，爆炸能量，TNT当量，危害半径

1 概述

2016年8月11日，湖北当阳电厂发生爆炸，事故造成21死5人受伤。经查明，该事故为当阳马店矸石发电有限责任公司锅炉高压蒸汽管道爆炸，造成正在调试的作业人员和操作人员伤亡的重大安全事故。干熄焦锅炉是一种特殊的余热锅炉，采用与红焦进行热交换后的高温循环气体作为热源，高温循环气体夹带大量的焦粉，因此干熄焦锅炉的运行风险远大于其他种类的锅炉，稍有不慎，便会造成悲剧发生。

2 干熄焦锅炉爆炸的危害及爆炸机理

干熄焦锅炉是在高温高压工作条件下运行的，操作不当或设备存在缺陷都可能造成超压或过热而发生爆炸事故。干熄焦锅炉爆炸事故是干熄焦锅炉事故中最严重的一种，通常会造成设备、厂房毁坏和人身伤亡的灾难性事故。

干熄焦锅炉爆炸所产生的灾害主要有两方面：一是汽包内水和汽膨胀所释放的能量；二是锅炉内高压蒸汽以及部分饱和水迅速蒸发而产生大量蒸汽扩散所引起的灾害。本文将采用物理爆炸模型详细计算攀钢1号、2号干熄焦锅炉爆炸产生的能量、伤害半径、蒸汽体积及烫伤半径。

3 干熄焦锅炉爆炸能量分析

锅炉爆炸时，因汽包突然破裂，汽包及炉管内压力由工作压力（爆炸前的运行压力）迅速降至常压，该过程是绝热过程。高温高压蒸汽所释放的能量就可以按绝热膨胀功来计算，按以下公式计算：

$$U_s = V_s \times C_s \tag{1}$$

式中，U_s为饱和蒸汽的爆炸能量，J；V_s为汽包内饱和蒸汽的体积，m^3；C_s为饱和蒸汽爆炸能量系数，J/m^3，由饱和蒸汽的压力而定。

锅炉内除了高温高压的蒸汽外，还有大量的饱和水，其温度为锅炉运行压力下的饱和水温度，远高于大气压下水的沸点，当汽包破裂，锅内压力骤降至大气压力，锅内饱和水迅即放热，部分饱和水蒸发成蒸汽，继续膨胀做功，发生所谓“水蒸气”爆炸。饱和水释放的能量按下式计算：

$$U_w = V_w \times C_w \tag{2}$$

式中，U_w为饱和水的爆炸能量，J；V_w为锅炉内饱和水的体积，m^3；C_w为饱和水爆炸能量系数，J/m^3，由饱和水的压力而定。锅炉爆炸时所释放的能量就饱和蒸汽与饱和水所释放的能量之和，即$U_b = U_s + U_w$。

锅炉爆炸时所释放的能量除了很小一部分消耗在把锅炉的碎块或整体抛离原地以外（常常是仅需它爆炸能量的1/10左右即可把锅炉抛出百余米），其余大部分将产生冲击波在空气中传播，破坏周围的建筑物。

4 攀钢1号、2号干熄焦锅炉爆炸能量计算

4.1 干熄焦锅炉爆炸能量计算

表1为1号、2号干熄焦锅炉内饱和水、饱和蒸汽分布，表2为1号、2号干熄焦锅炉爆炸伤害半径。

表1 1号、2号干熄焦锅炉内饱和水、饱和蒸汽分布

项 目	介质状态	体积/m^3
汽包	饱和水、蒸汽各一半	20
省煤器	饱和水	6.4
蒸发器	饱和水	10.4
一过	饱和蒸汽	2.4
二过	饱和蒸汽	2.3
主蒸汽管道	饱和蒸汽	2.8
水冷壁	饱和水	5.6
上升下降管道	饱和水	12.5
合 计	饱和水体积	44.9
	饱和汽体积	17.5

表2 1号、2号干熄焦锅炉爆炸伤害半径

危害半径	相当当量伤害半径 R_0/m	伤害系数 a	实际伤害半径 R/m
死亡	23	1.02	23.46
重伤	33	1.02	33.66
轻伤	42	1.02	42.84
轻微伤	55	1.02	56.1

干熄焦锅炉内饱和水体积44.9 m^3（压力4.5 MPa），蒸汽体积17.5 m^3（压力4.5 MPa）。根据饱和蒸汽、饱和水爆炸能量系数表查出饱和蒸汽爆炸能量系数 $C_s = 1.41\times10^7$ J/m^3；饱和水爆炸能量系数 $C_w = 9.89\times10^7$ J/m^3；$U_s = V_s\times C_s = 1.41\times10^7\times17.5 = 25\times10^7$ J；$U_w = V_w\times C_w = 9.89\times10^8\times44.9 = 445\times10^7$ J；$U_b = U_s + U_w = 460\times10^7$ J；1 kg TNT炸药的爆炸能量为 4.25×10^6 J，故1号、2号干熄焦锅炉产生的爆炸能量的TNT当量为 $460\times10^7/4.25\times10^6\approx1105$ kg，即1号、2号干熄焦锅炉爆炸能量值相当于1105 kg的TNT爆炸的能量。

4.2 干熄焦锅炉爆炸伤害半径计算

伤害半径 $R = R_0 \times a$，$a = (M/M_0)^{0.37}$。式中，R_0为标准当量情况下伤害半径；a为实际爆炸当量系数；M为实际爆炸能量值；M_0为每吨TNT爆炸的能量。

实际爆炸当量系数 $a = (M/M_0)^{0.37} = (1105/1000)^{0.37} = 1.02$。

死亡半径 $R_1 = 1.02 \times 23 = 23.46$ m；重伤半径 $R_2 = 1.02 \times 33 = 33.66$ m。

轻伤半径 $R_3 = 1.02 \times 42 = 42.84$ m；轻微伤半径 $R_4 = 1.02 \times 55 = 56.1$ m。

4.3 锅炉爆炸生成蒸汽的体积

锅炉爆炸时，由于汽包内压力下降，锅内原有的高压蒸汽膨胀成为一个大气压的蒸汽，体积迅速增大。同时，由于压力下降，原有饱和水温度由运行压力下的饱和温度降至一个大气压下的饱和温度，放出大量的热，并把一部分饱和水蒸发成蒸汽。这样，锅炉爆炸时就生成大量的蒸汽，在其所笼罩的范围内操作人员将被烫伤。汽包内的高压蒸汽膨胀后所占的空间体积可以近似按下式计算：

$$P_1V_1/T_1 = P_2V_2/T_2$$

代入：$P_1=4.5$ MPa，$V_1=17.5$ m^3，$T_1=470$ ℃ $=743$ K，$P_2=0.1$ MPa，$T_2=100$ ℃ $=373$ K。得到：$V_2=396$ m^3。

假定锅炉爆炸时，这些蒸汽以半球形向地面扩散，干熄焦锅炉蒸汽的扩散半径为 4.6 m，锅炉爆炸时，以锅炉为中心，在扩散半径内的半球形范围内被 100 ℃的蒸汽所充满。

4.4 攀钢 1 号、2 号干熄焦锅炉爆炸危害半径综述

锅炉爆炸时所释放的能量为饱和蒸汽与饱和水所释放的能量之和攀钢 1 号、2 号干熄焦锅炉的爆炸当量为 1105 kg，根据 TNT 当量计算出爆炸的伤害半径：对于 1 号、2 号干熄焦锅炉，距离中心半径为 23.46 m 的圆形区域内的人员大部分死亡；离锅炉中心内半径为 23.46 m，外半径为 33.66 m 的圆形区域内人员大部分重伤；离锅炉中心内半径为 33.66，外半径为 42.84 m 的圆形区域内人员大部分轻伤；离锅炉中心半径为 56.1 m 的圆形区域内的建筑物将会有不同程度的破坏。

5 干熄焦锅炉爆炸的原因分析

干熄焦锅炉操作条件比较恶劣，如高温、高压、热流强度大，受压元件的热应力大，热载体可能含酸性腐蚀性气体。因设计制造缺陷、材质不耐腐蚀、焊接质量低劣、安装和维护不尽合理、操作失误、违章操作、超负荷运行以及安全阀等仪表失灵等引起各类事故发生。干熄焦锅炉常发生最严重事故类型及原因如下：

（1）干熄焦锅炉壳体爆炸。干熄焦锅炉发生壳体爆炸主要是由于压力急剧升高，超过锅炉受压元件材料所能承受的极限压力而发生爆炸。其发生的主要原因有：

1）非法制造，焊接质量低劣，造成锅炉强度不足。

2）干熄焦锅炉炉体设计、制造缺陷、所选材质不耐含硫气体的腐蚀，长期使用引起锅炉炉体脆性、疲劳、腐蚀，造成破裂、爆炸危险。

3）锅炉安装时偷工减料，造成蒸气系统存在缺陷，容易造成蒸气压力升高而发生爆炸。

4）干熄焦烟气或蒸气管路不通，造成憋压。

5）管线无水、断水。

6）安全附件如安全阀、超压报警等不全或失灵造成爆炸。

7）操作失误或违章操作造成爆炸。

（2）干熄焦炉管爆裂、变形和失效。炉管爆破、变形，列管失效是导致锅炉停产检修的重大事故，而炉管爆裂多是由于锅炉严重缺水、烧干后加水、炉管局部过热等造成的。发生此类事故的主要原因：

1）指挥不当，采用快速和连续排污，使锅炉严重缺水。

2）锅炉仪表失灵，锅炉严重缺水后形成假液面。

3）水质管理差，锅炉给水处理长期不良或根本没有进行水质处理，致使水质硬度、碱度、含盐量大大超标，炉管内壁形成严重的水垢或使炉管堵死。

4）自动给水失灵，锅炉干锅后，岗位误操作未停炉而大量补水，致使锅炉炉管爆炸。

5）设计制造缺陷，锅炉过热器发生磨穿爆管事故。

6）列管制造缺陷，炉管与管板间形成间隙，积液浓缩对炉管产生腐蚀，振动引起应力腐蚀，水质硬度增高，洗炉时块状物质排放不净等都会引起列管失效。

7）超负荷运行。

8）锅炉管束磨损，由于材料疲劳损坏而失效。

（3）锅炉严重缺水。锅炉严重缺水不仅会造成炉管爆破、水冷壁管全部或局部变形、炉胆严重变形、设备报废，甚至会因处理不当，如在炉管或炉筒烧红的情况下大量补水，使其产生大量蒸汽，引起气压突然猛增而导致锅炉爆炸。造成锅炉严重缺水、烧干事故的主要原因如下：

1）锅炉运行时，操作人员对水位无人监视或没有严密监视、定期上水。

2）水位计指示不正确、液面自控仪表失灵，或未按操作规程要求定期冲洗水位计，使其造成假液面，操作人员误操作以致缺水烧干。

3）自动上水仪表装置失灵，如仪表信号管路被杂物堵塞等，使锅炉断水。

4）锅炉排污阀泄漏，未及时处理。

5）锅炉水管、水冷壁管破裂，管板间大量漏水。

6 杜绝干熄焦锅炉出现重大事故的应对方法

锅炉爆炸是造成设备、厂房毁坏和人身伤亡的灾难性事故，一定要从设备上消除事故隐患，加强安全管理，严守操作规程，防止锅炉爆炸事故发生。具体做到以下几个方面：

（1）要特别注意汽包的炉壳、封头或管板、炉胆等主要受压部件的材料、强度，联接型式、焊接与冷加工组装等在设计和制造上要符合有关规定和标准。

（2）检验与检修锅炉时，对汽包的苛性脆化、严重腐蚀与变形以及起槽裂纹，要高度警惕，检查要周到细致，检修则必须保证质量，防止因强度不足或裂纹扩展而突然撕裂。

（3）中控人员必须切记：发生严重缺水事故时，一定不能再上水，以免汽钢板在过热烧红的情况下，遇水突然冷缩而脆裂。

（4）锅炉的安全附件，特别是安全阀，必须经常保持灵敏、准确、可靠。

7 结论

（1）干熄焦锅炉爆炸产生的能量一是汽包内水和汽膨胀所释放的能量，二是锅炉内高压蒸汽以及部分饱和水迅速蒸发而产生大量热量，干熄焦锅炉爆炸常常引起重大人员伤亡。

（2）采用物理爆炸模型详细计算攀钢1号、2号干熄焦锅炉爆炸产生的能量为1105 kg TNT当量，死亡半径为24.61 m，重伤半径为24.61~35.31 m，轻伤半径为35.31~44.94 m，微伤半径为58.85 m。

（3）干熄焦锅炉爆炸后，炉内蒸汽体积迅速膨胀，并以半球形向四周扩散，1号、2号干熄焦锅炉蒸汽的扩散半径为4.6 m。

（4）造成干熄焦锅炉爆炸的主要原因一是干熄焦锅炉壳体爆炸，二是干熄焦炉管爆裂、变形和失效，三是锅炉严重缺水。

（5）杜绝干熄焦锅炉爆炸主要从设备上消除事故隐患，加强安全管理，严守操作规程，防止锅炉爆炸事故发生。

装入料钟装置的优化改造

王文斌　杨庆彬　李从保　彭军山　马　健

（唐山首钢京唐西山焦化有限责任公司，唐山　063200）

摘　要： 为干熄炉装红焦时焦炭能够均匀布料，达到稳定良好的熄焦和排焦效果，通常在装焦溜槽内设有料钟装置。在干熄炉连续运行过程中，料钟本体长期受焦炭的烧灼、磨损及冲击很严重，对于大体积、高温密闭环境下，停机更换料钟显得十分困难，使我们对生产的组织较为被动，必须加以重视并解决。本文将从生产实际出发研究分析，最后提出改进设计措施和意见，实现在线处理料钟缺陷时间最短，成倍延长料钟寿命的效果。

关键词： 干熄炉，下部料钟，堆焊，磨损

1　概述

所谓干法熄焦（Coke Dry Quenching），简称干熄焦（CDQ），是相对湿熄焦而言的采用惰性气体熄灭热焦炭的一种熄焦方法。在干熄焦过程中，红焦炭从干熄炉顶经提升机和装入装置装入炉内，低温惰性气体循环冷却后从干熄炉底部排出，再经筛运焦皮带系统运往使用或储存单位。

料钟装置是分布红热焦炭的部件，安装在装入装置中部料斗内，受焦炭的磨损冲击很严重，要求具有较高的抗磨硬度。在制作时必须选用合理的堆焊材料以使其表面硬度达到设计给定值。目前国内料钟装置采用了上、中、下三部分均铸造后硬质焊材堆焊的工艺（图 1），但实际使用过程中上部和中部料钟均为在线可拆换零件，利用焦炉周转间歇时间即可快速更换，下部料钟堆焊层磨损殆尽后，铸钢母材因硬度略低而很快失效，不得不将整套料钟更换下线。对于我公司 260 t/h 处理能力来讲，使用周期只有一季度左右，而且每次更换需停产 4 h 组织，目前四座干熄焦每年需组织更换 12 套料钟以上，不仅备件昂贵，也给生产带来了较大损失，随着企业的发展和进步，我们的创新意识越来越强，通过研究，问题终将被解决，并尽快应用到生产实际中，为公司创造更大的效益。

图 1　料钟装置

2　运行环境及问题分析

2.1　料钟装置运行环境

原设计下部料钟母材为 ZG30Mn 的耐磨铸钢，经表面硬化层 5 mm 处理后表面硬度达到理论值 HRC≥

64.7 的硬度水平，装红焦时料钟直接受 45 t 高温 1000 ℃±50 ℃焦炭的冲击载荷，按生产节奏每 10 min 内冲击 1 min，应属于大能量冲击。

2.2　存在的问题及原因分析

红热焦炭属于硬质矿物，具有较高硬度且表面布满气孔，大量红焦炭与下部料钟发生磨粒磨损，同时下部料钟受焦炭载荷冲击发生表面疲劳磨损，因焦炭具有一定硫分，下部料钟也承受一定腐蚀磨损，在生产装焦过程中料钟装置本体随装入装置移动台车在冷热态下往复运行，根据物质热活跃原理，最高达 400 ℃的热态加速了以上三种形式的磨损而且此温度还不能使料钟本体发生组织变化或硬度提高，冷态下又最低可达常温，往复冷热冲击更加速了下部料钟的劣化。

受备件检测手段缺失及采购低价中标制度制约，料钟新购备件可能存在表面硬度不够和母材锰含量不足等因素，也是料钟寿命短的因素之一。如图 2 所示，在实际生产过程中，下部料钟的使用寿命受上述因素制约只有 3~4 个月。

图 2　料钟损坏情况

3　料钟装置的改进

3.1　上部与中部料钟连接方法的改进

综上所述，原料钟装置与装焦溜槽相对静止，上部与中部料钟连接方法为销轴硬性连接，焦炭冲击载荷全部作用于料钟装置表面，根据力与反作用力原理，下部料钟磨损失效是冲击力与摩擦力反作用的结果，改进方法以躲闪法为导向进行设计，增加上部与中部料钟连接自由度，即将销轴硬性连接改为铰接式连接（图 3），焦炭载荷冲击料钟装置时，作用于料钟表面斜向力的横向分力使中部和下部料钟产生一定摆动，从而减小冲击和摩擦力的影响，延长一定寿命。

3.2　下部料钟的改进

从上述分析得知，料钟在线更换的根本原因是下部料钟损坏较快且不能在线拆换，磨损程度也为局部剧烈磨损失效，更换却为整体拆换，改进方法优先考虑更换硬度及耐磨性等力学性能更好的合金铸钢材质，但成本较原来将成倍增加却也无法达到事半功倍的效果，更不能改变下部料钟损坏后整体更换的本质，故决定将原来下部料钟从单一的结构改进为若干可拆分结构，使单一矛盾分散化，具体方案有以下两种（其中方案 1 图纸已设计，正在加工制作过程）：

（1）考虑物料人工搬用安装可行性，将下部料钟四周设计 4 块 25 mm 加厚型高铬铸铁衬板并用高强螺栓固定的方式，便于工况下出现单一或局部磨损失效点时可直接利用焦炉周转间歇时间更换对应衬板，无须再进行组织停产定修整体更换料钟装置，实现延长寿命、降低维护费用的目的，如图 4 所示。

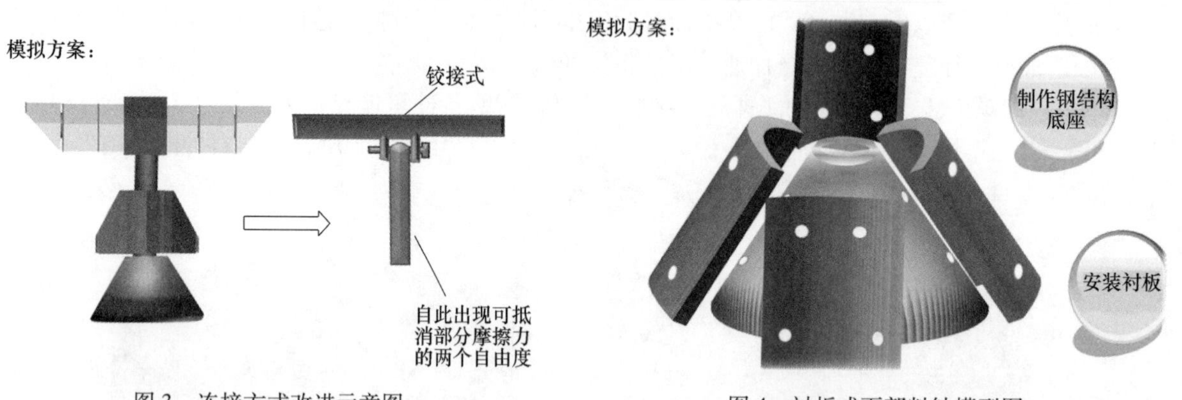

图 3　连接方式改进示意图　　图 4　衬板式下部料钟模型图

（2）将下部料钟锥形体横向分层设计，共设计 5 层 45 mm 加厚型高铬铸铁衬板或耐高温陶瓷材料，并用衬板间相互凸起咬合的固定的方式，便于工况下出现单一或局部磨损失效点时可直接利用焦炉周转间歇时间更换对应层，无须再进行组织停产定修整体更换料钟装置，实现延长寿命、降低维护费用的目的，如图 5 所示。

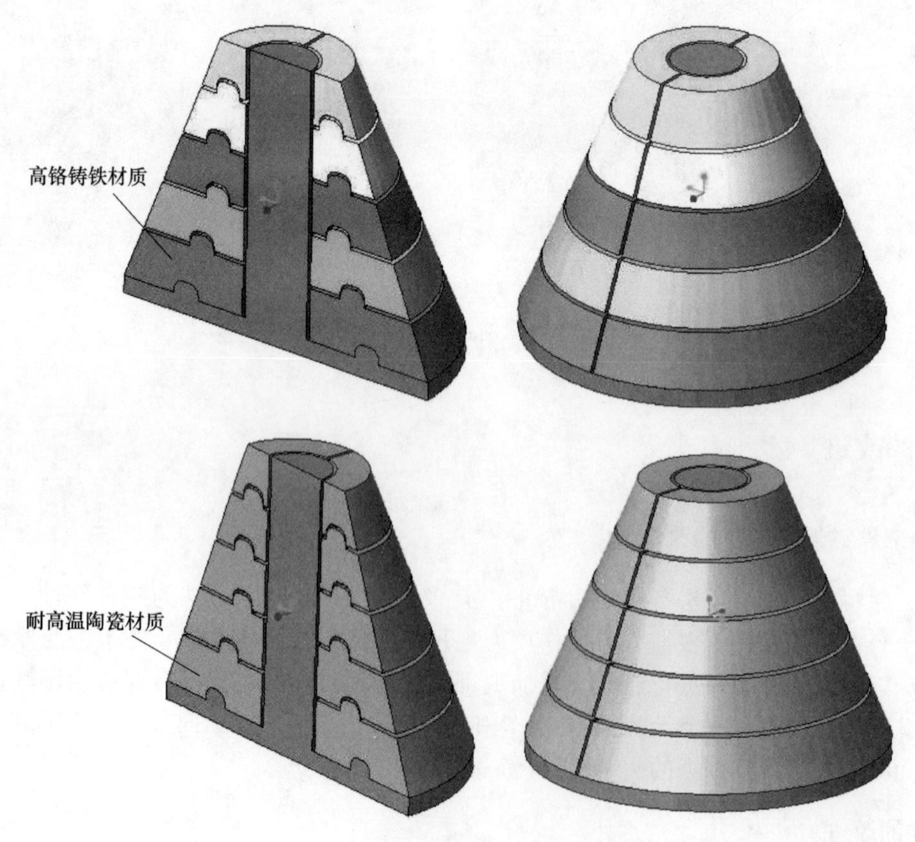

图 5　分层设计图

3.3 实施后效果

本改进方法解决了现有技术中下部料钟因失效而更换料钟装置整体的现状，并且杜绝了计划性在线更换带来的生产运行成本升高、干熄炉内布料不均、安全风险增加等问题，预计可料钟寿命延长 2 倍以上。

干熄焦脱硫技术及焦炉结焦时间对其影响的研究

关俊果

（河南中鸿集团煤化有限公司，平顶山 467045）

摘 要：通过研究干熄焦脱硫技术的现状，进而实现干熄焦脱硫技术的升级，同时对升级后的干熄焦脱硫技术缺点进行分析，提出建立循环流化床脱硫技术，以达到降低干熄焦脱硫的消耗，为干熄焦技术提供降耗的技术改革点。通过研究焦炉结焦时间与干熄焦脱硫高活性氢氧化钙的消耗，运用相关数据模型建立直观的函数关系，研究焦炉结焦时间与干熄焦脱硫消耗的关系，为同行业提供一定的参考价值。

关键词：干熄焦脱硫，高活性氢氧化钙，结焦时间，数据模型，函数关系

1 概述

在焦化企业中，通常采用湿法熄焦对红焦进行熄灭，随着技术的不断提升及企业生产效益继续增长的要求，越来越多的炼焦厂配套建设有干法熄焦工艺。我公司干熄焦装置于2013年建成投产，焦炉炭化室内的红焦经电机车送至提升井，再由提升机提至干熄焦装入装置上，进而完成装焦操作。进入干熄炉内的红焦在循环风机的带动下，循环气体与红焦逆流接触逐渐吸收红焦中的热量，在空导的配合下将循环气体中的可燃成分燃烧，然后进入锅炉系统对锅炉管束中的水加热产生高压蒸汽，再经一次过热二次过热及减温器的综合作用产出合格的蒸汽，然后推动汽轮机带动发电机发电，实现红焦的热量回收，达到增加企业效益，节能减排的目的。而为保证干熄焦放散气的达标排放，干熄焦系统配套建设有脱硫装置，随着环保要求的提升，现有脱硫装置需要进行技术升级，升级后的脱硫装置在遇到焦炉结焦时间延长时，所消耗的脱硫剂有明显的升高情况。通过研究脱硫技术及结焦时间对脱硫剂的消耗量探索其中存在的关系。

2 干熄焦现有脱硫工艺

因干熄焦系统投用初期配套有简易的脱硫装置，简易脱硫装置采用一个约2 m^3的呈漏斗形状的储罐，储罐下部安装有卸料器，在环境地面站除尘风机高速时卸料器联锁启动，将储罐内的消石灰（氢氧化钙）定量输送至下部的输送管道，输送管道为敞口设计，输送管道与进环境地面站前的除尘管道相连，管道连接口与环境地面站进口位置保持20 m的距离，以保证反应时间，但是该简易装置在使用中技术落后无法实现自动脱硫。

3 干熄焦脱硫技术原理

为改善原有干熄焦脱硫技术的弊端，实现脱硫技术的自动化操作，降低排放二氧化硫不稳定对干熄焦生产的影响，现采用新型干熄焦脱硫技术。新型干熄焦脱硫技术采用干法脱硫技术，并保留原有简易脱硫装置。新脱硫技术采用高活性氢氧化钙，以高活性面积和高界面反应活性的纳米/亚微米级氢氧化钙粉料为脱硫剂，副产物主要为$CaSO_4$。

该脱硫技术具有优越的反应性：与普通氢氧化钙相比，高活性氢氧化钙的BET比表面积和孔容积增大2倍以上，其独特的有机/无机复合界面拥有更高的反应活性，可显著增加气、固接触反应面积，提高吸附反应速率，极大提升对SO_2、HCl等酸性气体的吸附脱除性能。优越的操作性：粒子均匀度更高、粒径分布合理、干粉颗粒凝聚性和黏着性大为降低，流动性显著提高，不易堵塞输送设备、粉仓和管线，

使用流畅。优越的性价比：吸附比表面积和界面反应活性的大幅提升，使得单位质量可提供更大反应面积和更高钙转化率，可显著减少投料量，降低用户物料入厂以及固废出厂总量，综合性价比较高。

装焦烟气通过烟道进入除尘器内，烟气在管道内与喷入的高活性氢氧化钙粉体充分接触反应，反应生成硫酸钙固体。烟气中的 SO_2 及其他酸性介质被吸收净化，脱硫并干燥的粉状颗粒随气流进入袋式除尘器进一步净化处理。表 1 为高活性氢氧化钙的技术指标。

主要反应：

$$SO_2 + Ca(OH)_2 + 1/2O_2 \longrightarrow CaSO_4 + H_2O$$

表 1 高活性氢氧化钙的技术指标

$w(Ca(OH)_2)$/%	≥85
比表面积/$m^3 \cdot g^{-1}$	≥40
孔容积/$cm^3 \cdot g^{-1}$	≥0.18
水分/%	≤2.5

4 技术实施路线

本次配套的脱硫系统安装在通往干熄焦环境除尘地面站的工艺管道上，系统定量给料阀及罗茨风机在收到干熄焦环境除尘地面站的高速信号后，联锁自动启动，向干熄焦环境除尘地面站管道内喷出一定量的高活性氢氧化钙粉体。粉体在进入管道后迅速散开，与高温烟气反应生成硫酸钙，经过布袋除尘器时与烟气中的粉尘一起被捕集下来。

脱硫装置星型卸料器与出口环保在线 SO_2 联锁，SO_2 数据高时星型卸料器自动提速实现自动化操作，保证 SO_2 小时排放数据的稳定，并做到达标排放。在实现自动化调节时出口排放 SO_2 能够根据设定的数值进行调节，保证出口 SO_2 能够在 0~50 mg/m^3之间进行调节。

干熄焦脱硫装置设计有 60 m^3的高活性氢氧化钙储罐，储罐下部设计有两个下料口，分别对应自动给料阀，能够按照设定的程序自动调节旋转的频率进而精准调节高活性氢氧化钙的给定量，高活性氢氧化钙经自动给料阀定量排出后经罗茨输送风机输送至管道中，高活性氢氧化钙经输送风机的送和工艺管道内的负压吸力共同作用进入工艺管道中，与工艺管道中的高含量二氧化硫反应生产硫酸钙达到脱除二氧化硫的目的，输送风机出口设置有压力传感器，在压力高出设定值后输送风机跳车，备用自动给料器、输送风机启动，实现了自动检测自动倒换的功能，干熄焦控制室通过设定脱硫操作界面的二氧化硫排放值，实现环境地面站排放二氧化硫 0~50 mg/m^3之间的调节。高活性氢氧化钙储罐设计有流化风加热装置，在罐车将消石灰打入储罐后，流化风机输送空气至电加热器，将空气加热至 60 ℃后送入到储罐的底部，实现对储罐内高活性氢氧化钙的加热，保证高活性氢氧化钙的流动性和干燥性。该脱硫装置实现了干熄焦脱硫技术的自动化调节，消除了人工调节的缺点。

5 干熄焦脱硫的缺点

干熄焦在采用干法脱硫装置后，因干熄焦脱硫的特殊性高活性氢氧化钙属于一次性投加与排放废气中的二氧化硫直接反应，反应时间为 2~3 s，高活性氢氧化钙存在未消耗完毕的情况。经化验室取样分析，除尘粉中有反应后高活性氢氧化钙中有 20%是未反应的，而高活性氢氧化钙在吸入环境地面站除尘系统后直接与除尘粉混合，无法进行有效的分离。如果按照每天消耗 5 t 高活性氢氧化钙计算，有 1 t 是属于浪费的，1 t 高活性氢氧化钙按照 1800 元计算，则全年未参与反应的高活性氢氧化钙消耗为 59.4 万元，可以考虑对干熄焦环境地面站除尘系统改进，采用先除尘再脱硫再除尘的方式，建立高活性氢氧化钙流化床循环使用，通过补新的高活性氢氧化钙排出反应后的高活性氢氧化钙达到兼顾二氧化硫排放和降低消耗的目的。

6　受焦炉结焦时间的影响

干熄焦脱硫装置在使用过程中发现随着生产负荷降低结焦时间延长高活性强氢氧化钙的消耗并不是随之减少，而是出现了显著的增高趋势，正常生产期间按照本公司干熄焦日消耗高活性氢氧化钙含量在4.5 t左右，可是在结焦时间延长的情况下，高活性氢氧化钙消耗量能够达到8 t，甚至极少情况下日消耗量达到9 t，且该情况在同类型的焦化企业中普遍存在。

通过对干熄焦环境地面站废气日累计流量、焦炉生产孔数、焦炭产量及高活性氢氧化钙消耗量数据进行分析，具体数据见表2。

表2　生产数据

时　间	日累计流量	结焦时间	焦炭产量	高活性氢氧化钙消耗量/t
4月16日	1509407	25.7	3319.4	5.6
4月17日	1498363	25.7	3309.6	8.8
4月18日	1350553	25.7	3321.8	4.3
4月19日	1500720	25.7	3309.1	3.2
4月20日	1503984	25.7	3348.1	6.9
4月21日	1514150	25.7	3349.2	6.4
4月22日	1520964	25.7	3340.6	5.9
4月23日	1524757	25.7	3347.3	6.2
4月24日	1495652	25.7	3313.0	6.3
平均	1490950	25.7	3328.7	6.0
4月30日	1531323	24.4	3490.9	4.7
5月1日	1515138	24.4	3491.7	4.8
平均	1523230	24.4	3491.3	4.8
5月7日	1476999	24	3537.0	4.6
5月8日	1485406	24	3509.4	4.3
5月9日	1411721	24	3515.3	4.3
5月10日	1493397	24	3520.5	4.3
平均	1466881	24	3520.5	4.4

通过以上数据看出，焦炉生产孔数在112孔时，高活性氢氧化钙的日消耗量平均为6 t/d，118孔时高活性氢氧化钙的日消耗量平均4.8 t/d，120孔时高活性氢氧化钙的日消耗量平均4.4 t/d。

根据消耗的高活性氢氧化钙质量分数为91%，同时有20%未参与反应测算干熄焦环境地面站排放废气中的二氧化硫含量为：

4月16日—4月24日二氧化硫含量为：2534 mg/m^3；

4月30日—5月1日二氧化硫含量为：2039 mg/m^3；

5月7日—5月10日二氧化硫含量为：1888 mg/m^3。

图1为结焦时间与干熄焦二氧化硫的趋势图。

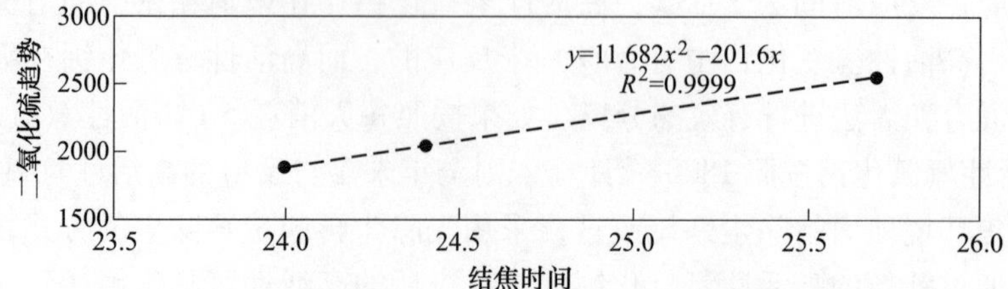

图1　结焦时间与干熄焦二氧化硫趋势图

通过对现有三组数据分析，发现干熄焦装置二氧化硫含量与结焦时间的关系呈现为一元二次方程：$y=11.682x^2-201.6x$ 真实值 $R^2=99.99\%$，说明该公式与真实情况无限接近，能够表明结焦时间与干熄焦二氧化硫的关系，通过该公式说明干熄焦二氧化硫与结焦时间为线性关系。

7 总结

通过对干熄焦脱硫技术从工艺原理到技术路线及现阶段干熄焦脱硫技术的优缺点进行分析，反映出干熄焦脱硫技术还有优化升级的空间，建议针对干熄焦脱硫技术进行先除尘再采用循环流化床脱硫技术实现经济效益的提升；同时对焦炉因结焦时间变化对干熄焦脱硫剂消耗量的影响进行分析测算，探明了结焦时间与干熄焦二氧化硫两者之间的关系，为同行业提供一定的指导意义。

汽轮机运行过程中润滑油温高的原因及处理

杜少博　赵肖博

（山西安昆新能源有限公司，河津　043300）

摘　要：在汽轮机应用量不断增加的情况下，只有加强润滑油温度控制，方能保证汽轮机处于正常运行状态。因此管理人员应该提升对汽轮机润滑油温的控制力度，在润滑油温过高、过低时及时采取一些优化措施，避免汽轮机由于润滑油温度控制不当影响汽轮机运行质量。本文首先分析汽轮机中润滑油的作用，其次探讨润滑油油温升高的优化处理措施，以期对相关研究提供参考。

关键词：汽轮机运行过程，润滑油温高，原因及处理

1　汽轮机中润滑油的作用

在发电厂汽轮机运行时，一般会在轴承位置使用稀油润滑方式。润滑油能够为汽轮机组集体提供润滑功能、冷却功能，正常情况下，汽轮机运行时的油温参数控制为38~45 ℃的区间范围内。如果润滑油温度过高，轴承衬套表层的油膜会渐渐变薄，难以顺利形成油膜。将会造成轴承温度上升，此时汽轮机的集中会受到振动影响，在润滑油产生油温过高问题时，润滑油可能会产生裂化现象，会对汽轮机变速系统产生不利影响，将会增加汽轮机出现故障问题的可能。

2　导致汽轮机润滑油温升高的原因

在汽轮机产生油温升高问题时，轴承摩擦得比较剧烈，可能会使冷油器出现故障问题，甚至会造成冷却水流量过小或是冷油器受到油垢堵塞影响。在汽轮机长时间处于运行状态时，冷却水温度会快速上升，会造成润滑油温升高现象。

如果冷却器上存在一定量的污垢，在管道产生堵塞问题、存有设计缺陷时，将会造成冷却器冷却面积不足，此时会导致冷却器内部空气变得稀少，冷却水难以达到预期的冷却效果。在冷却器出现故障问题时，需要对润滑油进行降温处理，对冷却水展开升温处理即可达到使润滑油升温的效果。在机轮机运行时冷却水会持续处于升温状态，会形成一定量的污垢，此时冷却器容易产生堵塞问题，将会增加冷却器的受热面积，在冷却水量变少的情况下润滑油温度会快速升高。在汽轮机处于运行状态时，冷却器长期运行时会对机油冷却器产生污染影响，冷却器会对润滑油降温效果以及冷却水流量产生直接影响，也会导致润滑油温度增高。

3　润滑油油温升高的优化处理措施

3.1　检查冷却器阀门是否处于正常状态

运行人员应该检查冷却器阀门是否处于正常状态，冷却器主要承担管理冷却水进水出水的工作，一旦阀门出现故障，会对冷却水的出水、入水产生不利影响，在冷却器进口阀门芯产生脱落问题、松动问题时，将会造成冷却水流量逐渐减小，因此在汽轮机运行期间应该重点检查冷却器阀门是否处于正常运行状态。

在冷却器阀门出现故障问题，检修人员应该及早对出现松动问题的阀门展开修复处理工作，在阀门芯产生脱落问题时，需要及时采取一些优化措施处理这些问题。如果冷却器出现故障，需要在进水阀门安装新管道，应当在关闭阀门后，直接将冷却水引进到进水管之中，然后在冷却水的协助下，使润滑油

出水量达到标准要求，即可提升润滑油油温控制效果，在汽轮机运行中断的第一时间，及时使用新冷却器阀门更换出现故障的阀门，避免再次产生类似故障。

3.2 检查冷却器水管是否受到污垢堵塞

在汽轮机处于正常运行状态时，润滑油以及冷却器会持续进行工作，冷却水会对润滑油产生降温影响，在冷却器进口阀门以及出口阀门均处于开启状态时，冷却水温度会渐渐升高，此时冷却器出水口位置极易受到污垢影响产生堵塞问题。必要时增加冷却器反冲洗装置每月定期清洗保证冷却器水管干净。

3.3 检查冷却器出口密封圈是否处于完好状态

运行人员需要将冷却水温度、压力调整到正常参数范围内，重点检查油垢是否产生堵塞问题，如果不存在油垢，证明冷却器出水口的密封圈会出现故障问题，将会直接润滑油的降温效果。运行人员需要检查密封圈此时是否已经产生移位问题、冷却水是否已经受到侵蚀受损影响，及时使用新密封圈更换问题密封圈。通过及时优化调整冷却器出水口的阀门开度，将润滑油油温控制在正常温度范围内，即可通过优化调整冷却水的出水温度，尽快使汽轮机恢复正常运行状态。

3.4 提升对汽轮机润滑油的日常保养力度

在汽轮机运行过程中，相关运行人员应该尽量提升对润滑油系统的保养力度，定期开展检测化验，定期滤油及时检查汽轮机是否存在运行故障，寻找润滑油产生温度异常问题的原因，及时更换汽轮机使用的润滑油，定期清理冷却器出水口、入水口的部件，定期开展维护保养工作，保证汽轮机在使用时处于正常运行状态。

3.5 提升对润滑油温度的监测力度

导致汽轮机出现故障的主要原因在于机械日常监测管理工作落实不到位、冷却器阀门出现故障、冷却水温度异常、门阀密封圈产生移位情况，因此运行人员应该认真监测管理机械的油温参数，能够避免机械设备再次产生这种故障。此时通过提前设定报警，在数据产生异常变化时，将会触发报警提示，对处于运行状态的汽轮机开展监测工作。如果润滑系统设计不当、维护管理不到位的问题，也会引发油温升高问题，因此运行人员应该对汽轮机运行参数展开全面排查，将润滑油温度控制在正常温度范围内，避免由于润滑油温度过高影响汽轮机运行质量。

4 结论

综上所述，在汽轮机长期处于运行状态时，一旦润滑油温过高，将会直接影响汽轮机的正常运行，甚至会影响电厂汽轮机应用效果。因此运行人员应该加强对汽轮机润滑油温的控制，提升对润滑油温度的监测力度，提升对汽轮机润滑油的日常保养力度，检查冷却器出口密封圈是否处于完好状态，检查冷却器壁是否受到油垢堵塞影响，检查冷却器阀门是否处于正常状态，及时调整好汽轮机润滑油温，从而使汽轮机尽快恢复到正常运行状态。

干熄焦锅炉新药剂运用

董军辉　郭俊鹏　柴　源　昝　博

（山西阳光焦化集团股份有限公司，河津　043305）

摘　要：近几年焦化行业的利润不断缩水，大量的环保的技术改造的费用支出，以及“双碳”政策不断收紧，焦化企业也在不断地挖潜增效，降低吨焦成本和碳排放。除了控制日常能源、辅材、检修费用外，更换锅炉药剂降低锅炉排污频次，减少除盐水的耗量及排污的热损失，也是降低成本的一个重要措施。阳光焦化二厂干熄焦锅炉于 2022 年投产，设计产能 96 t/h，在日常工作中做了大量的改善和调研，在锅炉药剂的使用、减少排污频次、锅炉热损失方面有较大的心得，在这里和同行业进行探讨。

关键词：新型锅炉水处理剂，节能降耗，降本增效

1　概述

连续排污：可以排除炉水中溶解的部分盐质，以维持锅炉水中含有可控的盐量和碱度，防止浓度过高影响到锅炉产汽的质量。

定期排污：主要是排污锈渣，脱盐未尽的钙、镁絮状沉淀物，减少其在锅炉管壁的附着程度。

2　水质标准

根据《火力发电机组及蒸汽动力设备水汽质量标准》（GB 12145—2016），锅炉额定蒸汽压力 10.3 MPa 的炉水质量标准：pH 值为 9.0~10.5；炉水电导率不大于 30 μS/cm；炉水二氧化硅不大于 5 μg/kg。

3　原锅炉用药及运行情况

山西阳光焦化集团干熄焦目前运行 1 台锅炉，额定蒸发量为 96 t/h，额定压力为 10.38 MPa。采用的是磷酸三钠+氨水的运行方式，氨水加在除氧器之前，磷酸三钠加在给水泵之后。表 1 为具体参数表。

表 1　具体参数表

类　别	当前控制值
给水 pH 值	8.8~9.3
给水溶解氧	≤7
炉水 pH 值	9~10.5
炉水电导率/$\mu S \cdot cm^{-1}$	≤30
炉水二氧化硅/$\mu g \cdot L^{-1}$	≤2000
蒸汽钠离子/$\mu g \cdot kg^{-1}$	—
蒸汽硅离子/$\mu g \cdot kg^{-1}$	≤15
蒸汽铁离子/$\mu g \cdot kg^{-1}$	≤15
磷酸根/$mg \cdot L^{-1}$	2~10
定排频率/次·天$^{-1}$	6
连排开度/$t \cdot h^{-1}$	1.8
排污率/%	4.6 左右

锅炉调节 pH 值用氨水、防止结垢用磷酸三钠；炉水 pH 值在 8~9 之间波动较大，低于国际标准值（图 1）；炉水电导率在 30~50 μS/cm 之间波动，高于标准值（图 2）。

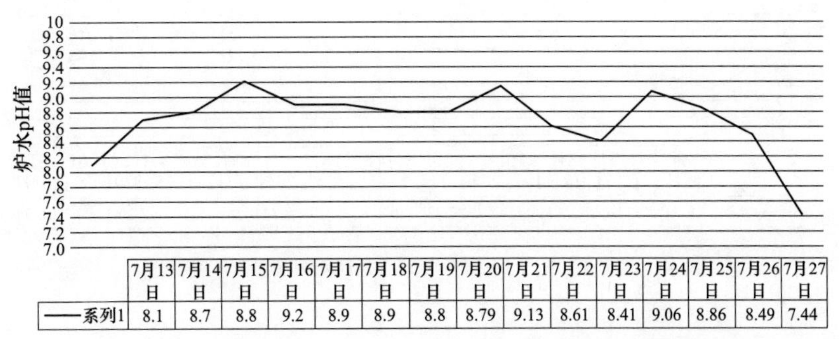

图 1 加药前 7 月 13 日—7 月 27 日炉水 pH 值趋势图

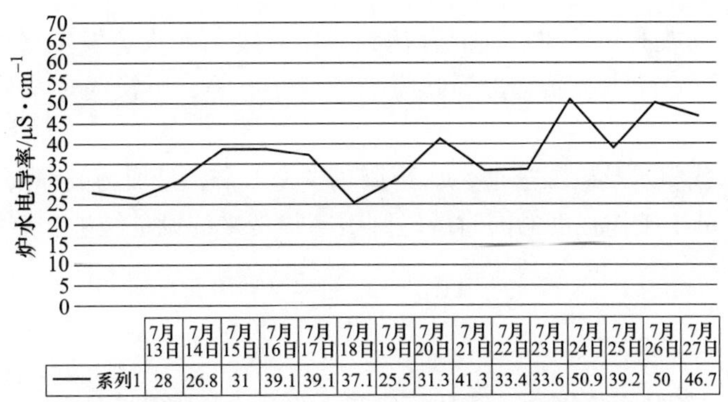

图 2 加药前 7 月 13 日—7 月 27 日炉水电导率趋势图

4 新药剂运行情况

采用 SYWATER+BWT™锅炉水处理剂取代氨水及磷酸三钠，利用现有的磷酸三钠药剂加药点，锅炉每天投加量为：$96\ t/h \times 24\ h \times (3 \sim 5) \times 10^{-6} / 1000 = 7 \sim 12\ kg$。在保证炉水各项指标正常的情况下，锅炉定排延长至为 1 次/10 天，连排为 0.5~1 t/h。图 3 为加药后 8 月 15 日—8 月 31 日炉水 pH 值趋势图，图 4 为加药后 8 月 15 日—8 月 31 日炉水电导率趋势图。

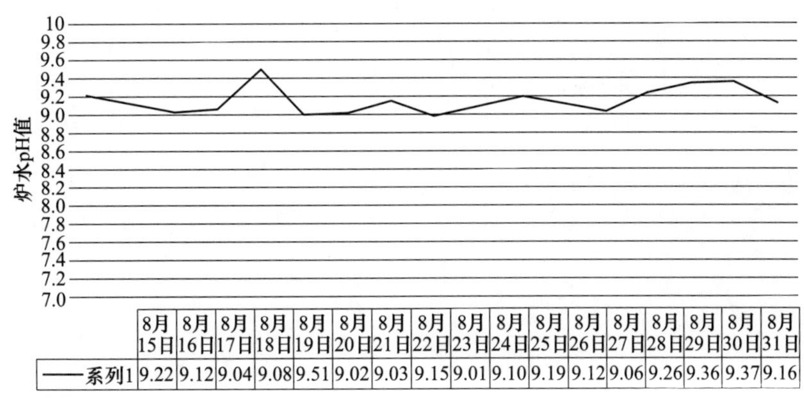

图 3 加药后 8 月 15 日—8 月 31 日炉水 pH 值趋势图

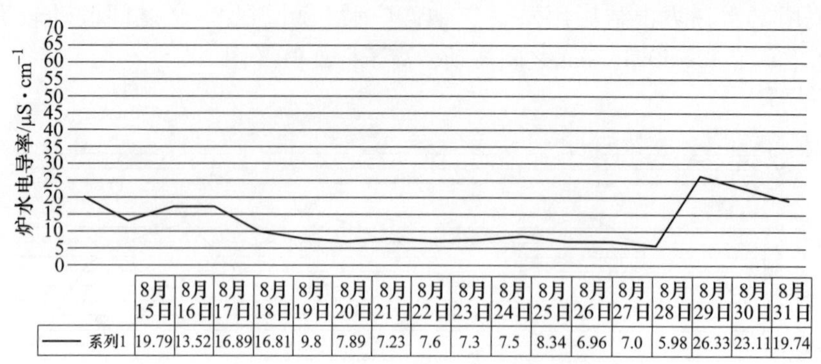

	8月15日	8月16日	8月17日	8月18日	8月19日	8月20日	8月21日	8月22日	8月23日	8月24日	8月25日	8月26日	8月27日	8月28日	8月29日	8月30日	8月31日
—— 系列1	19.79	13.52	16.89	16.81	9.8	7.89	7.23	7.6	7.3	7.5	8.34	6.96	7.0	5.98	26.33	23.11	19.74

图 4　加药后 8 月 15 日—8 月 31 日炉水电导率趋势图

5　日常管理的改善

（1）原锅炉药剂氨水释放的氨气和空气混合达到一定浓度与明火会发生爆炸，且氨气对黏膜有剧烈影响效果和腐蚀效果，可引起鼻、咽喉气管等黏膜水肿、充血等，更换锅炉水处理剂后从根源上降低现场安全风险。

（2）锅炉水处理剂取代氨水及磷酸三钠，加药点减少为 1 个，且加药频率大约 3 天 1 次，同时减少操作工排污操作频率，降低员工工作强度的同时减轻阀门磨损带来的设备维护和更换频率。

6　经济效益核算

（1）节约除盐水费用：除盐水价格 25 元/吨每年节省除盐水量＝每日节省除盐水量×运行天数＝43. 34×330＝14302 t/a 每年除盐水节省费用＝每年节省除盐水量×除盐水价格 14302×25 ＝35. 75 万元/年。

（2）降低排污水折算煤的效益：除盐水每年节约 14302 t，炉水温度为 310 ℃，炉水热焓值为 1407. 2 kJ/kg，给水温度为 20 ℃，20 ℃时水的热焓值为 83. 96 kJ/kg，锅炉热效率按 86%计算，煤炭热值为 20927. 5 kJ/t，每年节约燃料量＝节约除盐水量×热值差/热效率/燃料热值＝14302×1000×(1407. 2－83. 96)/0. 86/(5000×4. 18)＝1052. 90 t/a，节省燃料费用＝节约燃料量×燃料单价(600 元/吨)＝1052. 90×600 ＝63. 17 万元/年。

7　结论

采用 SYWATER+BWT™ 无磷技术的目的就是降低锅炉水电导率、降低排污率，形成保护膜抑制腐蚀，保护金属管壁，延长设备使用寿命，降低维修成本，为企业节水节能，减少二氧化碳及含磷废水的排放，同时减少了人员操作及解决氨水危险源，更环保、更节能。

干熄焦锅炉炉管泄漏监测技术

计秉权 朱灿鹏 徐海如

(北京中日联节能环保工程技术有限公司，北京 100040)

摘 要：为了配合干熄焦生产工艺，干熄焦余热锅炉工况较为恶劣，易出现爆管事故，爆管后会产生 H_2 和 CO 等可燃气体，处置不当易发生恶性事故。锅炉爆管前一般会有轻微泄漏现象，如能及时发现，可提前对泄漏处进行处置，避免更大损失。本文介绍了适用于干熄焦锅炉的炉管漏诊断技术，包括在线泄漏监测和超声诊断预测，在线泄漏监测能准确判断炉管是否发生泄漏，超声诊断可以预测炉管寿命，为干熄焦的安全运行保驾护航。

关键词：干熄焦锅炉，锅炉爆管，炉管泄漏诊断，炉管寿命预测

1 概述

干熄焦余热锅炉具有烟气粉尘含量高、粉尘颗粒大、烟气普遍硫含量高、锅炉负荷波动大等特点；锅炉工况较为恶劣，锅炉炉膛内的蛇形管受热面寿命较短，较易出现炉管泄漏甚至爆管现象。炉管泄漏或爆管后，大量的水蒸气会直接进入干熄槽内，与炽热的红焦发生反应，快速产生大量的 CO 和 H_2，一旦处置不当，极易造成恶性事故。

在实际运行中，锅炉的爆管一般不是突然性的，在出现爆管现象前，在爆管处一般都会先有轻微泄漏现象，如果在此时能及时发现锅炉炉管泄漏，停炉检修，则能避免出现因爆管导致设备烧损等更大事故的发生，避免了更大的经济损失。

为了及时发现泄漏部位，在干熄焦余热锅炉中应当引入炉管泄漏在线监测装置，监测炉管运行状态，及时发现泄漏隐患。

2 炉管泄漏在线监测装置的原理及作用方式

炉管泄漏在线监测装置的设计原理是基于声音发射技术。当高温高压炉管发生轻微泄漏时，在炉管内高压作用下，蒸汽快速泄出，发出很大的噪声。这一噪声具有很宽的频带（2~10 kHz 之间）。仅凭人体听觉是无法分辨这些频率的，因此，靠巡检人员的听觉监测效果不好。通过炉管泄漏在线监测装置的声音接收装置，设置特定的监听频段，可以准确、灵敏地监听到炉管的泄漏频段，准确判断是否泄漏[1]。

炉管泄漏在线监测装置主要由声波传感变送系统、信号处理系统、监控、记录系统及电源装置等组成。

2.1 声波传感变送系统

声波传感变送系统的作用是将声音信号转化为电信号，同时将电信号传输至信号处理器，供处理器进行分析。就地声波传感器一般设置在水冷壁上，在水冷壁上开孔后，声导管头部插入炉膛，传感器布置在声导管尾部，这样既能监听到炉膛内的信号，又可以避免受到烟气冲刷和换热导致变送器损坏，同时也方便检修。单个声波传感变送系统的常规收听半径为 5~10 m 的半球形，一台干熄焦余热锅炉布置 8~10 个即可覆盖锅炉泄漏范围。

2.2 信号处理系统

信号处理系统是接收来自就地传感器送来的电信号，并滤去背景噪声，放大真正的蒸汽泄漏信号，经过内部数模运算后，转换成数字信号，以便传输到监控器和记录系统进行显示和记录。

2.3　监控、记录系统

监控系统一般放置在控制室，供运行人员监视记录。泄漏报警集成在干熄焦 DCS 整体报警系统中。记录仪负责记录各个测点的声强信号，从记录曲线中可以查看蒸汽泄漏变化速率。图 1 为某锅炉炉管泄漏在线监测系统图。

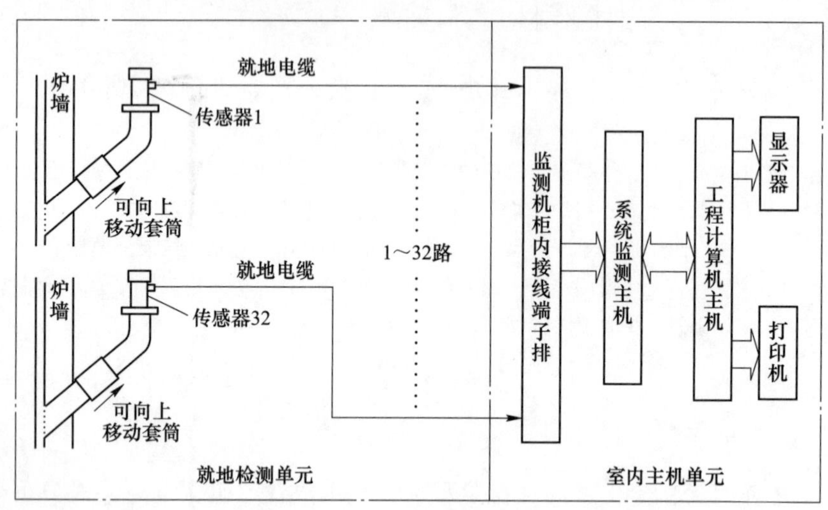

图 1　某锅炉炉管泄漏在线监测系统图

2.4　电源系统

电源系统负责为传感器、处理器、监视器等设备提供电源。

3　炉管泄漏在线监测装置的安装及调试

3.1　安装

为了避免锅炉水冷壁需单独弯管开孔的麻烦，声导管安装时应尽量利用现有条件安装测点，如利用水冷壁的窥视孔、人孔等。声导管直接安装示意图如图 2 所示。

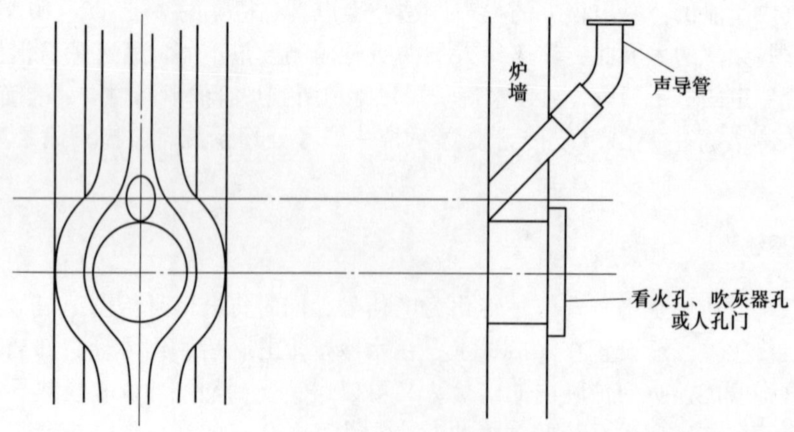

图 2　声导管直接安装示意图

如果现场水冷壁弯管处不具备安装条件，则可在水冷壁鳍片上开孔，当水冷壁鳍片节距较宽时，可以直接在鳍片区域开孔安装。当鳍片节距较窄时，可通过 2 道长条开孔+过渡方箱的形式进行安装，如图 3 所示。

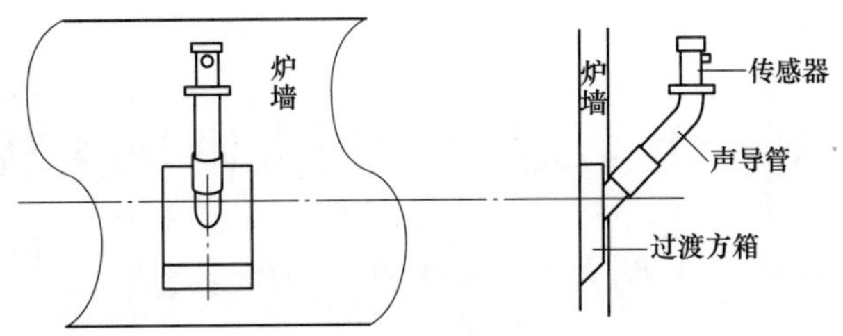

图3 声导管方箱安装示意图

安装时，声导管朝上安装，避免积灰堵塞声导管，影响测量结果。同时可以在声导管尾部增设压缩空气清灰接口，定期对声导管进行反吹清灰。

3.2 调试

系统安装时应对各装置按规定调整好各监测点的参数值、初设报警设定值及延迟时间。

系统安装完毕后对系统进行整体调试试验，检查各项指标是否合乎要求。当锅炉负荷升至70%以上时，进行动态参数调试，泄漏值设定不宜过高或过低，过高容易发生漏报，过低容易发生误报。具体设计方案按照不同设备厂家要求执行，并通过动态参数调试逐步调整。

4 炉管保养监护设备应用

锅炉内部超声波壁厚检测、寿命评价技术。通过应用炉管保养监控设备，可以对锅炉配管的寿命进行评价，提前采取必要的封堵、检修措施，提高锅炉整体的寿命并有效避免运行中的突发故障发生。将超声波探头伸到配管内，可实现连续的、可视的壁厚检测。测量数据自动存储并生成检测数据报告，可进行历史对比判断锅炉配管的磨损情况以及剩余寿命。

5 炉管泄漏在线监测装置的经济性分析

安装炉管泄漏在线监测装置，具有较高的经济效益，可根据泄漏程度和发现早晚的不同，进行比较分析。

锅炉运行过程中，当有一处发生轻微泄漏，该系统就能及时发现，停炉后可以快速处理，尽快复产。若无此系统，按照以往火电机组的运行经验，泄漏程度要达到系统发现时的10~20倍[2]，运行人员才能发现。此时由于泄漏量较大，极易发生二次爆管现象，增加维修成本和时间[3]。以200 t/h干熄焦为例，每减少1天的维修时间，即可增加4800 t的焦炭和760000 kW·h的发电收益，以干熄、湿熄焦炭差价200元/吨、电价0.5元/千瓦时来计，干熄焦每减少1天的检修时间，能增加收益134万元。

6 结语

通过应用锅炉炉管泄漏在线监测装置和炉管保养监控设备，能够在早期就及时、准确地发现锅炉炉管剩余寿命。对比历史记录可以清晰地反映泄漏点的泄漏发展过程，比人工巡检更加准确、可靠。在今后的干熄焦项目中，建议推广使用此系统。

参 考 文 献

[1] 严方. 锅炉炉管泄漏自动报警装置改造方案 [J]. 中国科技成果，2013 (7)：56-58.
[2] 铁勇. 锅炉四管泄漏在线监测系统的应用 [J]. 吉林电力技术，1998 (5)：49-50.
[3] 赵娜. 杨柳青热电锅炉炉管泄漏监测系统应用分析 [J]. 华电技术，2018 (7)：25-28.

景焦 140 t/h 干熄炉应用大砌块实践情况

朱明红　付俊平　林云超

（江西省景德镇市焦化能源有限公司，景德镇　333000）

摘　要： 干熄焦系统需要定期年修，很大程度上是要检查“牛腿、内环墙和冷却室”损坏情况，并进行相应的修补。年修不仅费用高，还给生产带来不便。本文结合景焦公司干熄炉大修实践情况，做了一些预防措施，给同行一些借鉴和参考价值。

关键词： 斜道，冷却室，大砌块，损坏

1　概述

景德镇焦化能源有限公司有 140 t/h 和 125 t/h 的干熄炉各一套，干熄炉是竖式圆形结构，自上而下分别为预存段、斜道和冷却段。斜道不仅是冷却段和预存段过渡区域，而且还是气流汇集改向处。在结构上，该区域逐层悬挑承托上部砌体荷重，并逐层改变烟道的深度，一旦损坏拆除和修复难度就会很大。

干熄炉是现代焦炭冶炼过程中焦炭冷却的关键热工设备，在焦炭的生产过程中它不仅是一个冷却设备，同时还担任着回收焦炭中的余热加热冷却介质用于余热发电的换热器作用，进而又起到一个焦炭输送作用，使焦炭从具有一定高度的位置降落到干熄炉底部最后由皮带机输送到焦炭库中。在这个过程中，干熄炉内的温度从上到下一直发生着变化，炉内压力、气氛也是不断变化着。干熄炉的整个内壁都处于这种多因素变化的环境中，而且与焦炭紧密接触经受着长期冲击与磨损。虽说干熄炉内工作温度不太高，但因这些因素的存在，使得其工作环境变得复杂，造成了工作内衬耐火材料损坏速度加快，出现冷却区耐火材料磨损过快。大多数干熄炉冷却区的耐火材料使用期限仅为两年左右，而牛腿柱部的耐火材料使用寿命更短，严重的有些使用不到一年就出现断裂掉块现象，使牛腿柱子失去支撑环形风道内墙重量的能力，继而造成环形风道内墙受到的支撑力不平衡，导致其稳定性破坏。这些现象的出现迫使干熄炉不得不停炉维修，且在维修过程中耗时长，维修难度大，动用工种和人员较多，给焦炭正常生产带来了诸多困难，也给生产厂家造成较大的经济损失，这些问题已成干熄炉工作过程中的常态。所以，各焦化厂、耐火材料生产单位及干熄炉设计单位的技术人员都在想尽一切办法来克服干熄炉的这些缺点，使其能长期稳定地工作，发挥其高效节能和冷却作用。

景焦公司 140 t/h 干熄炉从 2014 年 10 月投产至今，已运行 9 年多，到了需要进行大修的年限。本次检修因斜道区耐火砖破损，冷却段耐火砖磨损严重急需更换新耐火砖，且预存段耐火砖出现损坏和下沉现象，为了消除影响干熄炉长期稳定运行。因此需要对干熄炉内的冷却段、斜道区、预存区罐口处等部位耐火砖进行整体更换，避免干熄炉内耐火砖进一步损坏脱落，影响干熄炉正常运行。该公司 140 t/h 干熄炉首次在冷却室和牛腿部位使用大砌块技术。

2　干熄炉冷却区的维修

2.1　冷却区衬砖的情况

整个冷却区的工作衬小砖大面积磨损严重，平均磨损深度约 80 mm 左右，最大磨损深度大于150 mm，有些工作衬砖基本上消失殆尽，个别之处已影响到了永久层——黏土砖层。但大面积永久层黏土砖尚可，这样使得保温砖层保护相对完好，如图 1 所示。

2.2　冷却区检修方案

该炉的冷却区工作衬砖拆除原有工作衬小砖更换为大砌块砖，且对工作衬背后的黏土小砖实行保护

图 1　冷却区衬砖被磨损的情况

性拆除并回砌，要求保护保留保温砖层。

此次冷却区内衬材料采用了大砌块制品，该制品耐磨强度大，磨损小，并由其砌筑而成的结构由原有的 57 层小砖缩减至 14 层，砌筑灰缝减少了 60%以上，其冷却区直径将恢复到原设计尺寸的 8900 mm，这些都将大幅提高整体平整度与耐磨度，也将对延长冷却区使用寿命起到较好的作用。

存在的问题是：在维修检修前冷却区由于大面积磨损严重，原设计直径为 8900 mm，但用后的现在实际尺寸为 9040~9140 mm 不等，炉径平均扩大了约 190 mm。因此，之前生产过程中其冷却容积得随着冷却区壁的磨损而增大、冷却区的系统风阻也会改善，对生产运行有一定的帮助。但应用大砌块制品的维修后，冷却区的直径恢复到了原图设计尺寸 8900 mm，投产运行参数与检修前参数有一定差别，这或将造成一定的运行操作差别，需待一定的运行调整时间后逐步实现稳定顺行。

3　斜道区的维修

3.1　斜道区衬砖的情况

斜道区的 36 根斜道支柱中有 30 根大面积砖体断裂脱落，损坏程度达整个牛腿柱数的 5/6 之多。这些损坏的牛腿支柱，砖的断裂位置及程度多有不同，有的支柱砖的断裂位置位于支柱下部偏牛腿支柱根部，有的断裂部位在支柱的上部，与支柱过顶完全脱离，还有的断裂位置处于牛腿支柱的中部，使整个牛腿看上去对环梁过顶失去了支撑作用。就是在一些还未完全脱落的牛腿支柱中，也有多根斜道支柱出现了沿炉体径向或周向开裂。同时还发现：牛腿过顶砖层中其第一层砖中也较多砖损坏严重，牛腿支柱及斜道过顶砖的这种损坏程度，对承载预存区的整个内环墙来说有着重大的安全隐患，详见图 2。

图 2　牛腿支柱体砖的断裂情况

3.2 斜道区检修方案

斜道区检修更换的内容，即：拆除斜道支柱、斜道砖、一层过顶砖，更换为大砌块砖。

在斜道区，因牛腿、过顶等制品均采用大砌块整砖设计，斜道支柱将由原有的 14 层 50 余块小砖改造为 4 层 7 块砖的大砌块砌成的结构，这将大幅提高斜道区的整体结构强度和抗剪切能力。大砌块单体体积大，通过大砌块的砌筑施工可最优地保持斜道支柱的水平度，将会消缺现在的斜道支柱向炉内倾斜的现象，也可改善过顶环梁的整体结构强度，保持 36 根斜道支柱均匀承托上部耐材。

4 内环墙体检查及维修

内环墙的整体状态相对良好，砖体无明显裂纹，观察孔砖及过梁砖相对完好，0°、180°挡墙相对完好。特别是整个环道区的上部，给人以如同使用时间不长的印象，砖面上没有任何焦灰挂粘现象，如图 3 所示。

图 3　内环墙的上部使用情况

内环墙整体性较为完好，但在墙体高度的约 2 m，沿顺时针方向的 45°、270°位置处有“鼓肚”变形现象（约 25~45 mm，一次除尘位置为 0°方向），见图 4 中箭头所示之处。

图 4　内环墙微鼓现象

斜道循环风出口的 36 道分隔墙，均有不同程度地向炉内（炉中心）倾斜，后部的原砌筑灰缝均显现 20~40 mm 缝隙，分隔墙的前段出现明显的向炉内倾斜。图 5 为斜道出口分隔墙的使用情况。

该炉内环墙再使用 2 年没问题，不需要检修，只需要对砖缝进行勾缝即可。

图 5　斜道出口分隔墙的使用情况

5　炉体沉降检查及处理

5.1　炉体沉降情况

炉体沉降情况是指干熄炉经过一段时间使用后，炉体内部砌筑体及炉体外壳，特别是环型风道观火孔平台处的高度发生的变化。现场沉降测量分两个区域，一是炉内风道内分隔墙的沉降；二是炉体外部壳体中栓部位平台的相对沉降。

（1）斜道出风道分隔墙的沉降，选取代表性的测量部位：以一次除尘入口处为 0°并顺时针方向的 45°、90°、135°、180°、225°、270°方向，分别测量分隔墙两侧端位，得出差值。

测量方法：本次测量选取的测量点位于干熄炉内风道部位的分隔墙，每处测量点均使用激光水平仪测量外侧（炉壳侧）、内侧（内环墙侧）的相对高度差，判断斜道支柱向炉中心的倾斜沉降。测量结果见表 1。

表 1　分隔墙（斜道支柱）倾斜沉降测量结果

序号	部位	外侧/mm	内侧/mm	沉降/mm	平均/mm	牛腿处编号
1	0°（360°）	240	250	-10	-16.00	35
2		234	260	-26		36
3		163	182	-19		2
4		171	183	-12		3
5		177	190	-13		4
6	45°	178	183	-5	-15.5	5
7		183	188	-5		6
8		89	116	-27		7
9		88	113	-25		8
10	90°	85	115	-30	-30.75	9
11		117	147	-30		10
12		108	145	-37		11
13		112	138	-26		12
14	135°	125	145	-20	-17	13
15		131	149	-18		14
16		118	131	-13		15

续表 1

序号	部位	外侧/mm	内侧/mm	沉降/mm	平均/mm	牛腿处编号
17	180°	120	132	-12	-10.5	16
18		124	133	-9		17
19		125	134	-9		19
20		120	132	-12		20
21	225°	121	130	-9	-13	21
22		109	118	-9		23
23		100	121	-21		24
24	270°	103	124	-21	-12	25
25		110	125	-15		27
26		130	130	0		29
27	315°	127	131	-4	-15.00	31
28		120	136	-16		32
29		240	265	-25		33

（2）中栓平台沉降情况，干熄炉中栓平台处的沉降情况是在炉外第三平台的中栓平台处进行的。选取代表性的测量部位为：一次除尘 0°位，90°位，180°位和 270°位，共计 4 处测量点。具体位置如图 6 所示。

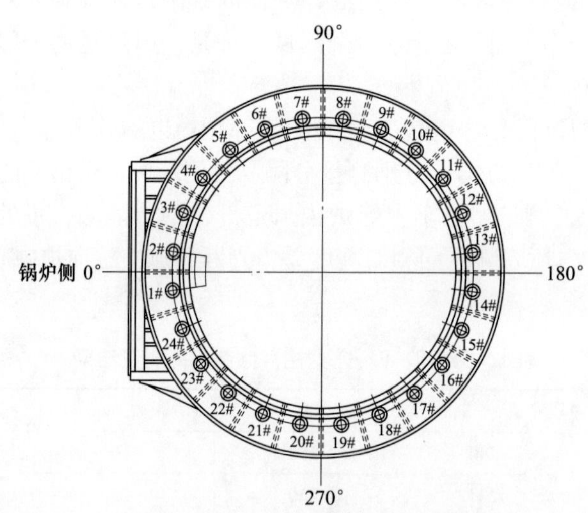

图 6　干熄炉中栓观火孔处示意图

测量方法：测量过程中，选取位于干熄炉中栓平台上的 4 个测量点部位，也就是中栓部位钢结构承载预存区倒锥体的钢制挑梁部位，每处测量点均使用激光水平仪测量外侧、内侧的高度差，判断中栓部位挑梁的沉降情况。中栓平台沉降测量点示意图如图 7 所示，具体测量结果如表 2 所示。

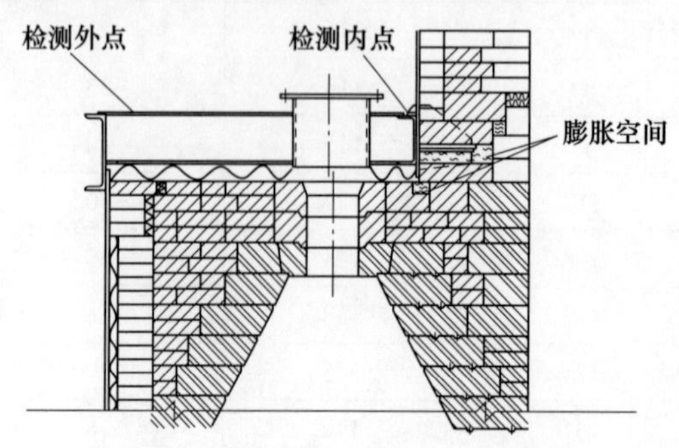

图 7　中栓平台沉降测量点示意图

表 2 中栓观火孔平台下沉测量结果

序号	部位	外侧/mm	内侧/mm	沉降/mm	平均/mm
1	0°	368	391	-23	-23
2		365	388	-23	
3	90°	291	331	-40	-36
4		297	335	-38	
5		286	316	-30	
6	180°	250	260	-10	-9
7		250	258	-8	
8	270°	225	247	-22	-19.67
9		230	256	-26	
10		230	241	-11	

（3）现场检查结果。从炉内斜道区的循环风出口处的分隔墙处及炉外第三平台的中栓观火孔平台处的沉降测量结果看：干熄炉体中的外部中栓平台和炉内分隔墙均向炉内（炉中心）方向倾斜沉降且沉降程度不一。结合现场36根斜道支柱的损坏情况可以判断，中栓部位支撑挑梁的沉降将造成炉内预存区第三托砖板处的耐材砌筑膨胀缝远远小于原设计的膨胀缝，这种沉降现象的出现，将会对斜道区牛腿更换过程带来一定的影响。

5.2 炉体沉降检修方案

经过一段时间使用后的斜道区，由于斜道区分隔墙与环型风道与牛腿支柱过顶的相接处的下沉，不但给该处的施工更换造成一定的困难，也会使斜道区维修后存在一定的问题：由于中栓部位挑梁的不均匀下沉，导致预存区第3托砖板部位以及中栓部位的膨胀缝不够，在投入正常热负荷的生产状态下，斜道区的材料热膨胀力还会反作用于内环墙，由内环墙向下传递至牛腿上部，将影响斜道区的使用寿命。

由于中栓平台的下沉变形不可逆，为保证中栓部位即第三托砖板附近耐材的膨胀缝满足设计要求，需通过拆除中栓各处膨胀缝部位耐材，经加工切除消缺，以保证膨胀缝的设计尺寸。

需拆除中栓部位112~117层耐火砖，加工切割第113层工作衬和内侧黏土砖，具体位置如图8所示，以保证中栓附近即第三托砖板处周围的膨胀缝满足设计要求，所需施工工期为10天。

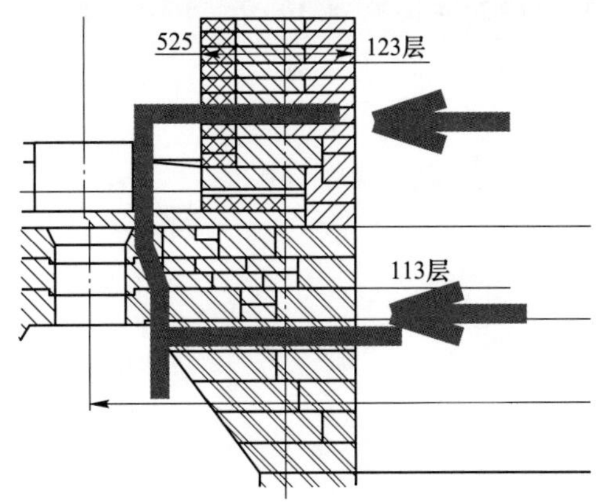

图8 需要拆除修整的耐材部位

6 干熄焦砌筑过程施工质量保障

在干熄焦砌体砌筑过程，必须明确如下原则：

（1）保持灰浆饱满，注重整体砌体质量，合理控制泥逢。

（2）重视砌体胀缝的预留，吸收耐火材料受热膨胀的应力，避免材料使用时挤压损毁。

（3）干熄焦斜道牛腿柱砖采用的是逐层悬挑结构，要求砌筑必须保持向上仰角，下部必须安装相应结构支撑，并严格按规定层数、砌筑量和相关砌筑条件要求砌筑。

（4）必须保证砌筑环境的温度。

7　确保运行的控制稳定

干熄焦必须保持连续稳定运行。实现连续稳定运行，有利于系统参数的稳定，有利于设备、生产系统人员的素质和管理水平的提升，有利于对整个内部砌体的保护，可以说抓住了干熄焦连续稳定运行就抓住了干熄焦的工艺关键。

干熄焦自身连续稳定运行的关键点是选择合适的排焦量，并以这个排焦量连续操作。稳定的排焦量应匹配一定循环冷却风量，这样就把干熄炉和锅炉内温度、压力等工艺参数控制在最小波动范围内，最大限度地防止对耐火材料和锅炉炉管造成影响。通过对焦炉生产、干熄焦本身、焦炭输送系统采取一系列有效措施，确保稳定连续排焦运行。

8　结语

干熄焦发展到现在一直存在着瓶颈，有许多关键因素有待于完善，其中使用中的干熄焦耐材，磨损、掉砖一直是困扰干熄焦行业的一个难题，景焦 140 t/h 干熄炉此次大修历时 2 个月，采用大砌块技术后预计冷却室使用寿命延长到 10 年，牛腿使用寿命延长到 5 年。虽然一次检修投入成本高，但是长期总体成本费用下降。

因此在生产过程中需要更好的控制、保养、维护，以延长干熄焦的使用寿命，成为了干熄焦大砌块能否达到技术协议要求的使用寿命是至关重要的因素。

参 考 文 献

[1] 潘立慧，魏松波．干熄焦技术［M］．北京：冶金工业出版社，2005.

[2] 孙兵．干熄炉环形风道内环墙损坏原因分析及对策［A］．中国金属学会炼焦化学分会．2013 年干熄焦技术交流研讨会论文集［C］．中国金属学会炼焦化学分会，2013：3.

[3] 刘永杰，刘大巍．牛腿柱及干熄焦炉：CN201420600774.3［P］．2014-10-14.

水处理、环保

超低排形势下焦化环保平台的搭建与功能拓展

向　勇　冯　强　杨　光

（宝钢股份武钢有限炼铁厂，武汉　430080）

摘　要： 钢铁行业正如火如荼地推进超低排放改造，焦化行业首当其冲。但由于职工对超低排放理解认识偏差、重视不足，以及现有的 PLC 控制技术局限，导致超低排放送环保局指标数据与现场控制的需求不匹配。环保局已经发出指标偏差报警后，厂矿管理人员才获得信息、通知生产岗位进行工艺调整。本文介绍利用物联网、无线远程通信、智能 AI 等技术，对焦化相关废气、废水等环保监测点进行适应性改造，探索 5G 在超低排放数据采集方面的应用。通过一体化监控平台，实现各类环保数据、环保治理设施的运行参数以及污染物排放指标展示在同一界面。在指标超标之前就产生报警，及时调整工艺，并且形成各类报表和运行趋势供管理人员搞好环保管控。

关键词： 超低排放，物联网，5G，监控平台，环保管控

1　概述

焦化工序是钢铁行业实现超低排放改造的前沿阵地。焦化企业生产工序复杂、工艺类型众多、产排污环节多，工业废水和废气的排放口多、无组织排放控制点多[1]。根据国家相关文件要求，对焦化各排口安装在线监测设备，烟囱安装烟气排放连续监测仪器（CEMS）、废水排口安装水质在线监测仪，数据实时在各工序生产操作画面显示，并通过互联网传送到市环保局。由于 CEMS 设备及水质监测设备数量多，DCS 或 PLC 生产系统复杂，造成在线监测数据质量不高，数据没有归纳和分析运用。排口出现指标超标，往往是市局环保平台首先发送报警短信，然后生产人员再进行工艺调整，制约了焦化行业实现全流程、全方位、全覆盖、全周期的超低排放。本文剖析了某焦化企业利用物联网、无线远程通信、智能 AI 等技术，对焦化相关废气、废水等环保监测点进行适应性改造，将 5G 通信技术在超低排放数据采集进行成功应用。通过搭建一体化监控平台，实现各类环保数据、环保治理设施的运行参数集中管理，环保指标提前预警，无论是有组织排放点还是无组织排放点，都做到了实时管理、实时受控。

2　环保一体化平台系统架构设计

2.1　焦化环保平台遵循的技术标准

搭建环保一体化平台，对废气和废水的数据采集和传输，需要严格按照国家环境部制订的相关规范和技术标准实施[2]，具体依据标准见表 1。

表 1　遵循的技术标准

序号	标准编号	标 准 名 称
1	HJ 477—2009	污染源在线自动监控（监测）数据采集传输仪技术要求
2	HJ 212—2017	污染物在线监控（监测）系统数据传输标准
4	HJ 75—2017	固定污染源烟气（SO_2、NO_x、颗粒物）排放连续监测系统技术要求及检测方法
5	HJ 76—2017	固定污染源烟气（SO_2、NO_x、颗粒物）排放连续监测技术规范
6	HJ 353—2019	水污染源在线监测系统（COD_{Cr}、NH_3-N 等）安装技术规范

续表 1

序号	标准编号	标 准 名 称
7	HJ 354—2019	水污染源在线监测系统（COD_{Cr}、NH_3-N 等）验收技术规范
8	HJ 355—2019	水污染源在线监测系统（COD_{Cr}、NH_3-N 等）运行技术规范
9	HJ 356—2019	水污染源在线监测系统（COD_{Cr}、NH_3-N 等）数据有效性判别技术规范
10	生态环境部 2022 年第 21 号公告	污染物排放自动监测设备标记规则

2.2 焦化环保平台的系统架构

焦化环保平台的系统架构见图 1，数据集采平台的底层将各种被采集设备的协议封装成标准的组件，形成应用中间件支撑体系，以适应焦化各设备通信标准不统一的问题；同时在 SaaS 服务中将实时数据、历史数据相分离，以适应不同的应用需求；考虑到集采平台采集的数据可能用于不同的管理需求，因此通过建立标准的 WebService 服务接口，可以提供数据调用服务。针对焦化环保设备的分布，利用物联网技术，整合传感器、网络资源、数据分析、软件编程等专业技术，打造环保数据集采管理 B/S 架构平台。通过该平台实现以下目标：

（1）实现焦化接近 30 多个排点的数据统一、远程表数据采集接入。

（2）将各个数采仪采集的数据汇聚到一个平台上，快速开展数据分析工作。

（3）实现烟气监测管理：高效规范地监测烟气的温度、压力、流速、湿度、含氧量、粉尘、二氧化硫、流量等情况，以便于管理和预警。

（4）实现废水排放监测管理：水的含氯（氮）量、pH 值、浊度以及管道的水压、水量、数质信息等。

（5）数据的网络传输：包括有线或物联网无线传输，把信息采集系统采集的数据实时、准确地传输到数据汇集接管理平台，具有断网和断信号后再连接、补传数据功能。

（6）采集数据的集中存储和管理：基于武钢云通过 SaaS 服务的方式建立统一的数据源，实现数据的集中存储和管理平台。焦化各岗位实现对烟气监控数据的适时展示、分析、预警监控。

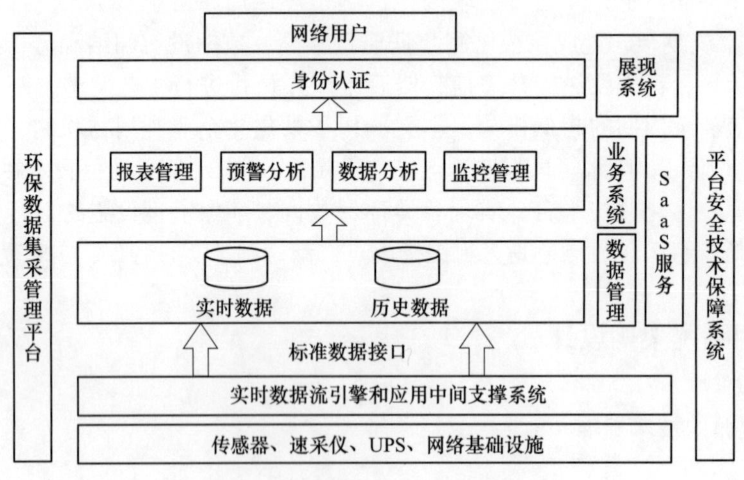

图 1　焦化环保平台的系统架构

2.3 环保排口节点网络拓扑设计

焦化环保平台部署在武钢云平台上，以 SaaS 服务的方式提供给用户使用，各个数采仪通过 4G 或 5G 无线网络向服务端实时发送监控数据。以除尘站烟囱排口为例，如图 2 所示，CEMS 系统将采集的数据实时传输到数采仪，传输采用 ModBus 协议，实现了现场数据采集功能，数采仪严格按照国家环境保护部《污染物在线监控（监测）系统数据传输标准》（HJ 212—2017）进行数据打包，发送到武汉市环保局平台和焦化环保监控平台，两个平台数据同步，焦化生产岗位通过企业局域网，用浏览器方式访问服务器，实现了焦化有组织排放的实时监控。图 3 为焦化各中控室利用焦化局域网访问环保监控平台。

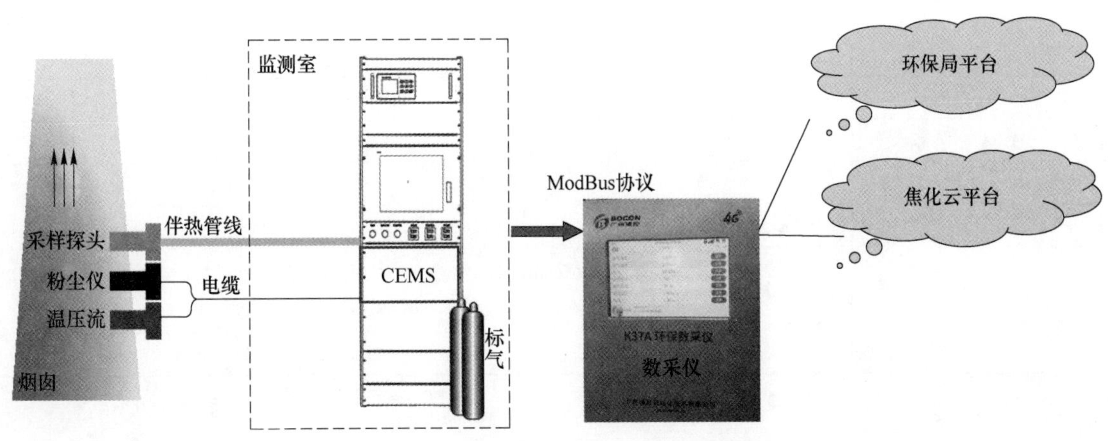

图 2 除尘站 CEMS 系统网络拓扑图

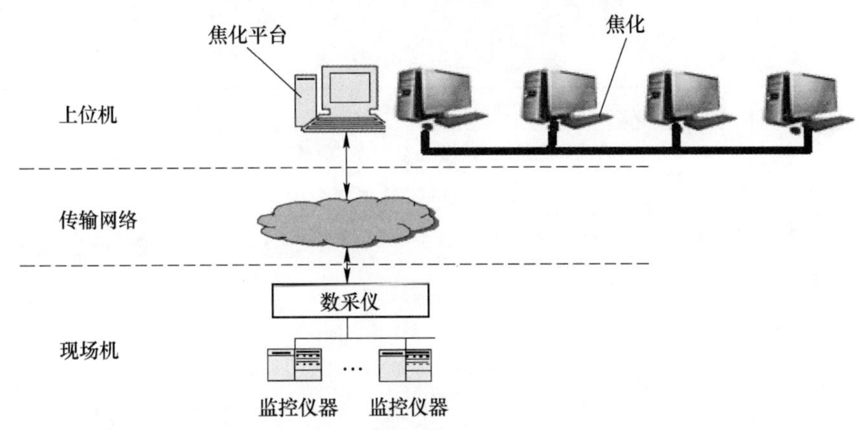

图 3 焦化局域网接收 CEMS 数据图

2.4 数采仪通信协议及数据结构

所有的通信包都是由 ASCII 码字符组成。通信协议数据结构如图 4 所示。数据段中 MN 号是联网许可身份设备唯一标识；IP 地址、端口用于连接监控平台；系统编码用于区分污染源类型（水或气或其他）；联网方式目前有两种，以太网和无线 4G 或 5G，即联网时使用网线还是手机卡（或物联卡）；网络分公网和专网（与联网方式无关，根据监控平台提供的 IP 来划分），公网 IP 可不限有线无线，使用以太网或普通手机卡都能联网。焦化监控平台数据采集采用 4G 无线专网，视频传输采用 5G 无线专网，在办理物联卡时需要和相关运营商说明用于环保专网传输数据[3]。

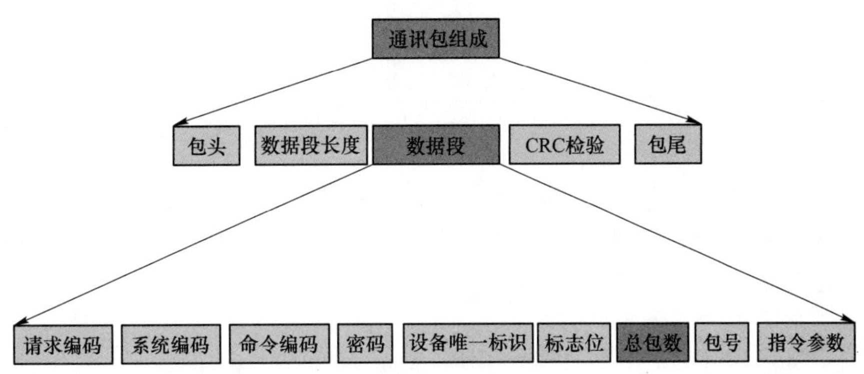

图 4 通信协议数据结构

2.4.1 通信包结构

根据国家环境保护部《污染物在线监控（监测）系统数据传输标准》（HJ 212—2017），每个通信包按照表 2 格式进行数据打包。

表 2 通信包结构组成表

名称	类型	长度	描 述
包头	字符	2	固定为##
数据段长度	十进制整数	4	数据段的 ASCII 字符数，例如：长 255，则写为“0255”
数据段	字符	0≤*n*≤1024	变长的数据，详见 HJ 212—2017 规范 6.3.2 章节的表 3《数据段结构组成表》
CRC 校验	十六进制整数	4	数据端的校验结果，CRC 校验算法见附录 A。接收到一条命令，如果 CRC 错误，执行结束
包尾	字符	2	固定为<CR><LF>（回车、换行）

2.4.2 数据段结构组成

通信包中的数据段为数采仪发送给环保监控平台的环保数据，也就是核心数据，该数据段的结构如表 3 所示。

表 3 数据段结构组成表

<table>
<tr><th>名 称</th><th>类型</th><th>长度</th><th>描 述</th></tr>
<tr><td>请求编码 QN</td><td>字符</td><td>20</td><td>精确到毫秒的时间戳：QN=YYYYMMDDhhmmsszzz，用来唯一标识一次命令交互</td></tr>
<tr><td>系统编码 ST</td><td>字符</td><td>5</td><td>ST=系统编码，系统编码取值详见 HJ 212—2017 规范</td></tr>
<tr><td>命令编码 CN</td><td>字符</td><td>7</td><td>CN=命令编码，命令编码取值详见 HJ 212—2017 规范</td></tr>
<tr><td>访问密码</td><td>字符</td><td>9</td><td>PW=访问密码</td></tr>
<tr><td>设备唯一标识 MN</td><td>字符</td><td>27</td><td>MN=设备唯一标识，这个标识固化在设备中，用于唯一标识一个设备。MN 由 EPC-96 编码转化的字符串组成，即 MN 由 24 个 0~9，A~F 的字符组成
<table>
<tr><td colspan="5">EPC-96编码结构</td></tr>
<tr><td>名称</td><td>标头</td><td>厂商识别代码</td><td>对象分类代码</td><td>序列号</td></tr>
<tr><td>长度(比特)</td><td>8</td><td>28</td><td>24</td><td>36</td></tr>
</table></td></tr>
<tr><td>拆分包及应答标志 Flag</td><td>整数
（0-255）</td><td>8</td><td>Flag=标志位，这个标志位包含标准版本号、是否拆分包、数据是否应答。
<table>
<tr><td>V5</td><td>V4</td><td>V3</td><td>V2</td><td>V1</td><td>V0</td><td>D</td><td>A</td></tr>
</table>
V5~V0：标准版本号 A：命令是否应答；Bit：1-应答，0-不应答。
D：是否有数据包序号；Bit：1-数据包中包含包号和总包数两部分，0-数据包中不包含包号和总包数两部分</td></tr>
<tr><td>总包数 PNUM</td><td>字符</td><td>9</td><td>PNUM 指示本次通信中总共包含的包数</td></tr>
<tr><td>包号 PNO</td><td>字符</td><td>8</td><td>PNO 指示当前数据包的包号</td></tr>
<tr><td>指令参数 CP</td><td>字符</td><td>0≤n≤950</td><td>CP=&& 数据区 &&，数据区定义见 HJ 212—2017 规范</td></tr>
</table>

2.4.3 工况监测因子编码规则

污染物因子编码采用相关国家和行业标准进行定义，工况监测因子编码格式采用六位固定长度的字母数字混合格式组成。字母代码采用缩写码，数字代码采用阿拉伯数字表示，采用递增的数字码[3]，图 5 为工况监测因子编码规则。

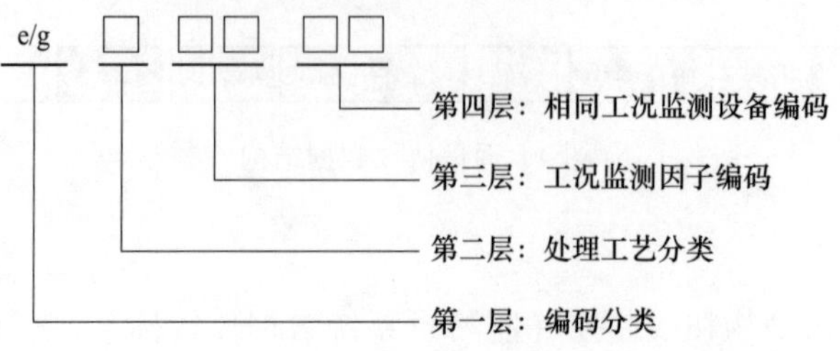

图 5 工况监测因子编码规则

工况监测因子编码分为四层：第一层：编码分类，采用 1 位小写字母表示，“e”表示污水类、“g”表示烟气类；第二层：处理工艺分类编码，表示生产设施和治理设施处理工艺类别，采用 1 位阿拉伯数字或字母表示，即 1-9、a-b。表 4 为烟气排放过程（工况）监控处理工艺表；表 5 为污水排放过程（工况）监控监测因子编码表。第三层：工况监测因子编码，表示监测因子或一个监测指标在一个工艺类型中代码，采用 2 位阿拉伯数字表示，每一种阿拉伯数字表示一种监测因子或一个监测指标；第四层：相同工况监测设备编码，采用 2 位阿拉伯数字表示，默认值为 01，同一处理工艺中，多个相同监测对象，数字码编码依次递增。

表 4　烟气排放过程（工况）监控处理工艺表

编　码	中文名称	原编码	缺省计量单位（浓度）	缺省计量单位（排放量）	缺省数据类型（浓度）
a00000	废气	B02	m^3/s	m^3	N6. 1
a01011	烟气流速	S02	m/s		N5. 2
a01012	烟气温度	S03	℃		N3. 1
a01013	烟气压力	S08	kPa		N5. 3
a01014	烟气湿度	S05	%		N3. 1
a19001	氧气含量	S01	%		N3. 1
a21001	氨（氨气）	10	ng/m^3	g	N4. 3
a21002	氮氧化物	03	mg/m^3	kg	N5. 1
a21005	一氧化碳	04	mg/m^3	kg	N3. 3
a21026	二氧化硫	02	mg/m^3	kg	N5. 2

表 5　污水排放过程（工况）监控监测因子编码表

编　码	中文名称	缺省计量单位	缺省数据类型
e201xx	出水口流量	L/s	N6. 2
e202xx	出水口 COD	mg/L	N5. 1
e203xx	出水口氨氮	mg/L	N3. 2
e204xx	出水口总磷	mg/L	N3. 2
e205xx	出水口 pH 值	无量纲	N2. 2

2.5　焦化无组织排放视频监控的网络设计

2.5.1　焦化视频监控的网络架构

焦炉无组织排放也是焦化行业的监管的重点和难点，特别是中夜班。焦化对所有的无组织排放点，包括每座焦炉的机侧、焦侧、炉顶，干熄焦装焦区域以及翻车机区域，都安装有海康威视的 5G 摄像头，并将这些视频监控信号搭建到焦化的环保监控平台，网络架构如图 6 所示。

2.5.2　焦化视频监控系统功能设计

焦化环保管控平台的无组织排放监测点一共有 26 个监测点，根据生产需要可逐步增加接入平台，每个监测点安装一个海康威视的 5G 摄像头，该摄像头支持 40 倍光学变倍，16 倍数字变倍；可以 360°水平旋转，垂直方向-20°~-90°自动翻转；支持 300 个预置位，8 条巡航扫描；支持 3D 定位[4]。实现各生产操作室 24 h 实时监控，且视频具有断网、断信号补传视频功能。视频信号可以保存三年，支持各种查询、定点方式的回放。各作业区和管理部门可以随时调看回放进行管理和考核。该视频系统配置有 AI 学习，可通过 AI 学习后在监控终端上实现自动识别、分析、告警等功能。并可与 AI 模型管理配合使用，订阅和接收 AI 智能分析事件，能回传 AI 智能识别过程采集的图片用于 AI 算法模型优化。如根据设定的烟雾形状、烟尘浓度、扩散时间等进行智能判断是否属于环保事件，当然也可以运用到焦化区域施工作业、设备运行、生产过程中，通过该视频物联设备对环境、人车行为、设备运行状态进行检测，通过智能、数据分析等方式发现安全隐患并进行人工复核处理，这些 AI 功能焦化正在不断地进行摸索。

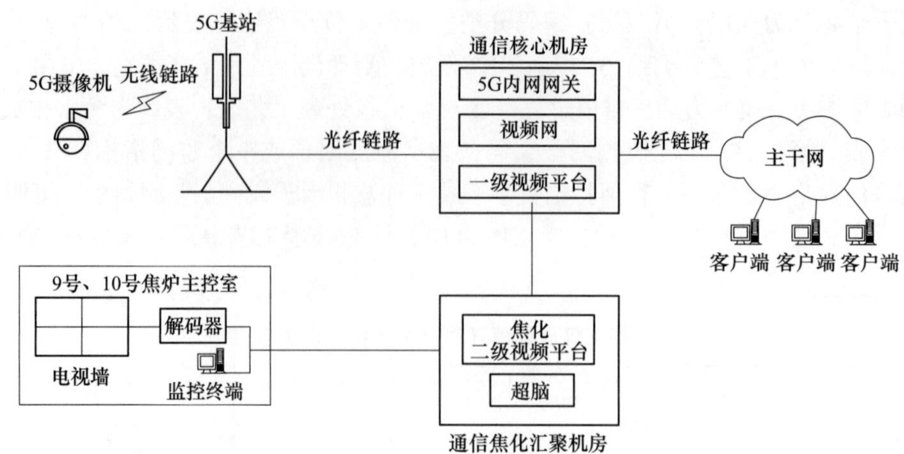

图 6　焦化 5G 摄像头系统连接示意图

3　环保一体化平台浏览器及功能设计

3.1　焦化环保一体化平台链接

图 7 为焦化环保一体化平台的链接画面。

图 7　焦化环保一体化平台的链接画面

3.2　焦化环保一体化平台展示

3.2.1　废气和废水监测的展示

图 8 为焦化环保一体化平台的主画面，画面实时显示每个烟囱排口的监测指标，每分钟自动刷新一次数据，并且按照设置的阈值，一旦达到该阈值，则该指标变红，并发出报警信号，报警阈值设置低压超低排标准设定的指标参数，一旦出现报警信号，生产人员有足够的时间进行工艺调整，避免指标超标，也避免了在武汉环保局平台产生报警信息。

图 9 为焦化环保一体化平台每个监测点的历史趋势，左边为烟囱排口的趋势图，右边为废水排口的历史趋势。趋势图有 30 min 趋势、60 min 趋势、日趋势和月趋势选择，供管理人员和生产操作人员分析使用。

图 10 为焦化环保一体化平台的数据报表展示，有设备烟气实时数据、设备烟气历史数据、设备烟气小时平均数据、设备烟气日平均数据、设备烟气月平均数据、废水实时数据、废水历史数据、废水半小时平均数据、废水小时平均数据、废水日平均数据、废水月平均数据等各类报表。

图 8　焦化环保一体化平台的主画面

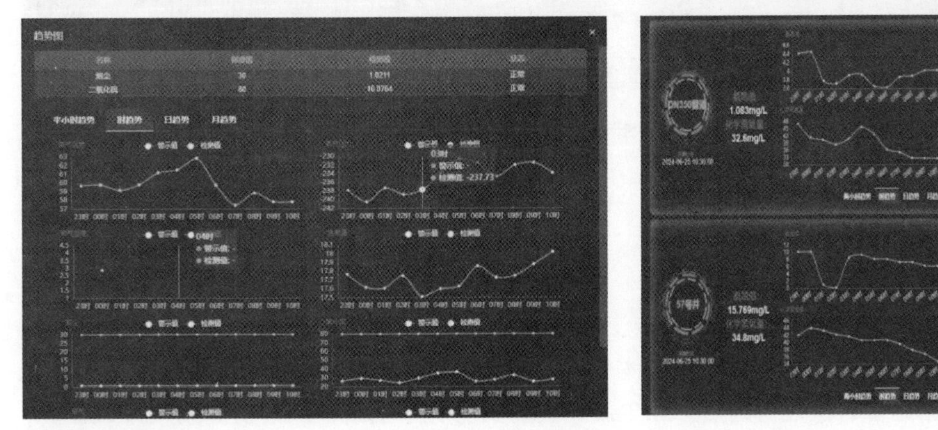

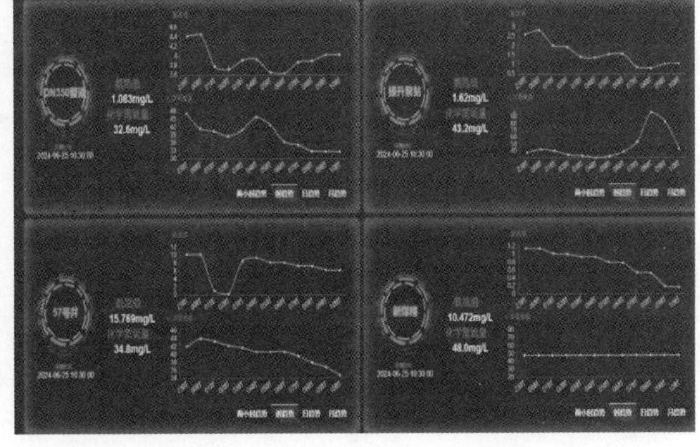

图 9　焦化环保一体化平台趋势画面

焦化环保项目

烟气在线监测管理
设备烟气实时数据
设备烟气历史数据
设备烟气时平均数据
设备烟气日平均数据
设备烟气月平均数据
数采仪(烟气设备)管理
废水在线监测管理
废水历史数据
废水实时数据
废水半小时平均数据
废水小时平均数据
废水日平均数据
废水月平均数据
数采仪(废水设备)管理

设备烟气实时数据　数采仪(烟气设备)管理 ×　设备烟气月平均数据 ×　设备烟气日平均数据 ×　设备烟气时平均数据 ×　设备烟气历史数据 ×　废水历史数据 ×

数采仪　设备选择　时间　开始日期　至　结束日期　查询

数据Td	设备名称	氨氮值	化学需氧量	采集时间	备
38523661	DN350管道	1.083	32.6	2024-06-25 10:37:00	
38523645	DN350管道	1.083	32.6	2024-06-25 10:36:00	
38523649	提升泵站	1.618	43.2	2024-06-25 10:36:00	
38523657	57号井	15.769	34.8	2024-06-25 10:36:00	
38523653	新煤精	10.47	48.0	2024-06-25 10:36:00	
38523629	DN350管道	1.084	32.6	2024-06-25 10:35:00	
38523633	提升泵站	1.62	43.2	2024-06-25 10:35:00	
38523637	57号井	15.769	34.8	2024-06-25 10:35:00	
38523641	新煤精	10.465	48.0	2024-06-25 10:35:00	
38523605	DN350管道	1.084	32.6	2024-06-25 10:34:10	

共2850933条　10条/页　‹ 1 2 3 4 5 6 ··· 285094

图 10　焦化环保一体化平台报表画面

3.2.2 焦炉无组织排放监控展示

图 11 为焦化环保一体化平台的无组织排放点的实时视频监控展示，共有 26 个视频监测点，并且根据需要逐步增加监测点。每个监测点断网、断信号可自动补传视频。视频信号可以保存三年，支持各种查询、定点方式视频回放，供管理人员和生产操作人员分析使用。

图 11 焦化环保无组织排放点视频监控画面

4 结语

焦化从 2018 年以来，持续开展除尘系统提标改造、超低排放改造，并完成企业创 A 级企业目标，成绩取得来之不易，需要持续改进与保持。焦化环保一体化监控平台自 2021 年上线运行以来，覆盖的范围越来越大、监测的污染源越来越多，从最初的焦炉除尘站，覆盖到所有除尘站；从最初的废气排放监控，覆盖到废水的排放治理；从有组织的排放监控，覆盖到无组织排放监控；从数据采集，到数据利用，再到数据 AI 分析。其功能越来越强大，发挥的作用也越来越显著。该平台的应用促进各作业区对环保数据做到实时关注，及时调整，真正做到环保指标优先于生产指标。厂管理人员充分运用该平台对作业区和操作人员进行考核和嘉奖。AI 智能分析是下一步焦化环保一体化平台功能突破的重点，AI 识别的可靠性尚待验证。目前 AI 功能的开发还在进行中，已经通过设备的自学习，获取了大量的素材，正逐步在环保平台上投用。

参 考 文 献

[1] 张承舟，刘大钧，邹世英，等. 我国钢铁行业超低排放实施现状分析与建议 [J]. 环境影响评价，2020，7 (42)：1-5.

[2] 广东化一环境科技有限公司. K37A 环保数采仪说明书 [Z].

[3] 生态环境部. 污染物在线监控（监测）系统数据传输标准：HJ 212—2017 [Z].

[4] 杭州海康威视数字技术股份有限公司. 海康 5G 高清网络球形摄像机 iDS-5G 说明书：HJ 212—2017 [Z]. 北京：中国环境出版社，2017.

焦化企业已有化产品储运设施实现超低排放在选择工艺路线和攻克改造难点方面的探索和实践

杜建全

（鞍钢化学科技有限公司，鞍山 114001）

摘 要：生态环境部联合国家发改委、工信部、财政部和交通运输部，于2019年下发了《关于推进实施钢铁行业超低排放的意见》（环大气〔2019〕35号），该文件明确了钢铁生产所有环节包括焦化环节的超低排放要求和标准；并于2024年下发了《关于推进实施焦化行业超低排放的意见》（环大气〔2024〕5号），将炼焦化学作为一个独立的行业（同时明确含其化产品深加工环节）专门发文，就焦化企业实现超低排放进一步明确相关要求、标准和完成时限。焦化企业已有装备和设施在超低排放改造中，面临诸多技术难题和挑战，本文重点论述焦化企业已有化产品储运设施在实现超低排放改造过程中，为满足国家相关部委和行业标准相关要求，在工艺路线选择和改造难点突破方面的探索和实践。

关键词：焦化，化产品储运，超低排放，工艺路线，改造难点

1 相关的要求和标准

1.1 《关于推进实施钢铁行业超低排放的意见》（环大气〔2019〕35号）中，对焦化环节储运设施超低排放的要求

该文件在“钢铁企业超低排放指标要求”章节中，就无组织排放控制措施，明确“炼焦煤气净化系统冷鼓各类贮槽（罐）及其他区域焦油、苯等贮槽（罐）的有机废气应接入压力平衡系统或收集净化处理”。

1.2 《关于推进实施焦化行业超低排放的意见》（环大气〔2024〕5号）中，对焦化企业储运设施超低排放的要求

该文件在“指标要求”章节中，就无组织排放控制措施，以附表2的形式明确“有机液体、有机固废及其他VOCs物料：焦油、粗苯、甲醇、酚油、蒽油、炭黑油、轻油、洗油等有机液体，焦油渣、酸焦油、粗苯残渣、洗油残渣、沥青渣等有机固废，及其他VOCs物料密闭储存，并将废气接入压力平衡系统或燃烧处理”；同时在“重点任务”章节中，就有序推进现有企业超低排放改造，针对加强VOCs全过程治理，明确提出“各类储罐（槽、池）以及有机液体装载点位收集的高浓度VOCs废气接入压力平衡系统或燃烧处理”。

1.3 前后两个文件的对比和变化

（1）环大气〔2019〕35号文，仅将炼焦作为钢铁行业一个生产环节，作了较少篇幅的要求和规范；环大气〔2024〕5号，则将炼焦作为一个单独行业，对炼焦生产的所有环节（同时明确含其他产品深加工环节）进行了详细要求和规范。

（2）环大气〔2019〕35号文中，仅对各类储槽（罐）的有机气体回收作出规定、没有对有机液体装载环节作出要求；环大气〔2024〕5号，在储存设施中除了储罐（槽）之外，还将“池”纳入了管理范围，同时也对有机液体装载点的高浓度VOCs废气作出明确规定。相比较而言，35号文仅规范了焦化生产“储存”环节、没有规范“运输”环节；而5号文既规范了“储存”环节、也规范了“运输”环节，而且“储存”环节中把“池”也纳入了管理范围。因此，环大气〔2024〕5号文在焦化生产储运环节，涵盖的范围更广、标准更高。

2　改造的探索和实践

2.1　工艺路线的选择

鞍钢化学科技有限公司在落实环大气〔2019〕35 号和环大气〔2024〕5 号过程中，在苯类储槽超低排放改造工艺路线的选择上，创新采用了“双重压力平衡”方案，在满足国家部委两个文件要求的同时，又在实现降低碳排放、降低能耗、提高收率等方面力求极致，同时还为后续进一步改造提升预留了接口和拓展空间，“双重压力平衡”工艺方案具体如下。

2.1.1　第一重压力平衡方案

采用的是常规的氮气密封压力平衡，其工艺原理详见图 1，其主要工艺控制原理为：

当苯储罐因液位下降、气温降低等因素导致储罐内压力低于 0.2 kPa 时，由补氮阀（自力式）开启进行补氮，直至压力达到 0.5 kPa 时停止补氮。

当苯储罐因液位上升、气温上升等因素导致储罐内压力高于 0.9 kPa 时，XV 阀（切断阀）打开，将多余 VOCs 气体排放至收集总管内，降低至 0.6 kPa 时，XV 阀关闭停止外排。

此外，第一重压力平衡系统还设置有 2 个呼吸阀（双重冗余），保证前面所述补氮系统和外排系统故障或失效时，当储罐压力高于 1.35 kPa 时，多余的 VOCs 气体排放至大气中、当储罐处于负压且低于 −0.2 kPa 时，将大气呼入储罐防止负压过高（仅作为应急补救措施，正常工作状态不会发生）。

最后，在苯储罐顶部人孔还安装有紧急卸放阀，防止储罐超压且呼吸阀不能及时充分将多余气体排放出去时，进行紧急卸放，避免继续超压危及储罐安全运行。

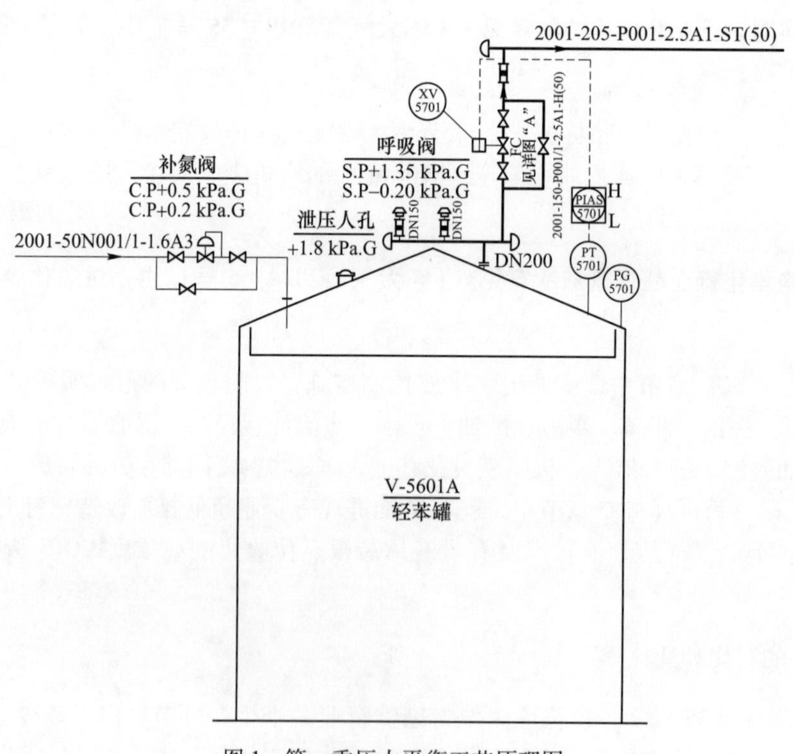

图 1　第一重压力平衡工艺原理图

2.1.2　第二重压力平衡方案

该方案是鞍钢化学科技公司苯储罐超低排放改造的创新点，其工艺原理详见图 2，其主要工艺控制原理为：

对储罐区同类型、同性质、不相互污染、不相互禁忌的储罐进行编组，将每个储罐排放的 VOCs 气体联通到同一排放总管并汇集到一个“缓冲罐”；储罐分组时还要考虑每个储罐在单位时间（一天或更长时间）“大呼吸”的气量尽量均衡，即其中一个或几个储罐单位时间内的“呼气量”尽量与罐组内另外几个储罐的“吸气量”相近，通过缓冲罐和排放总管“自平衡”实现罐组内的压力平衡，最大限度减少氮气注入和消耗量。

同时在“缓冲罐”的后方设置变频压缩机，当罐组中由于其中一个或几个储罐单位时间内的“呼气量”与另外几个储罐的“吸气量”阶段性不平衡、造成“缓冲罐”压力过高时，将缓冲罐内的气体压缩到“储气罐”暂时储存，当“缓冲罐”压力过低时通过自动调节阀进行“回补”保持其压力稳定，从而最大限度利用储罐自身产生的VOCs气体实现压力平衡。

此外，在第二重压力平衡系统中，还设置一个补氮阀作为应急气源，在“储气罐”气量不足时补充氮气，以确保“缓冲罐”压力恒定。

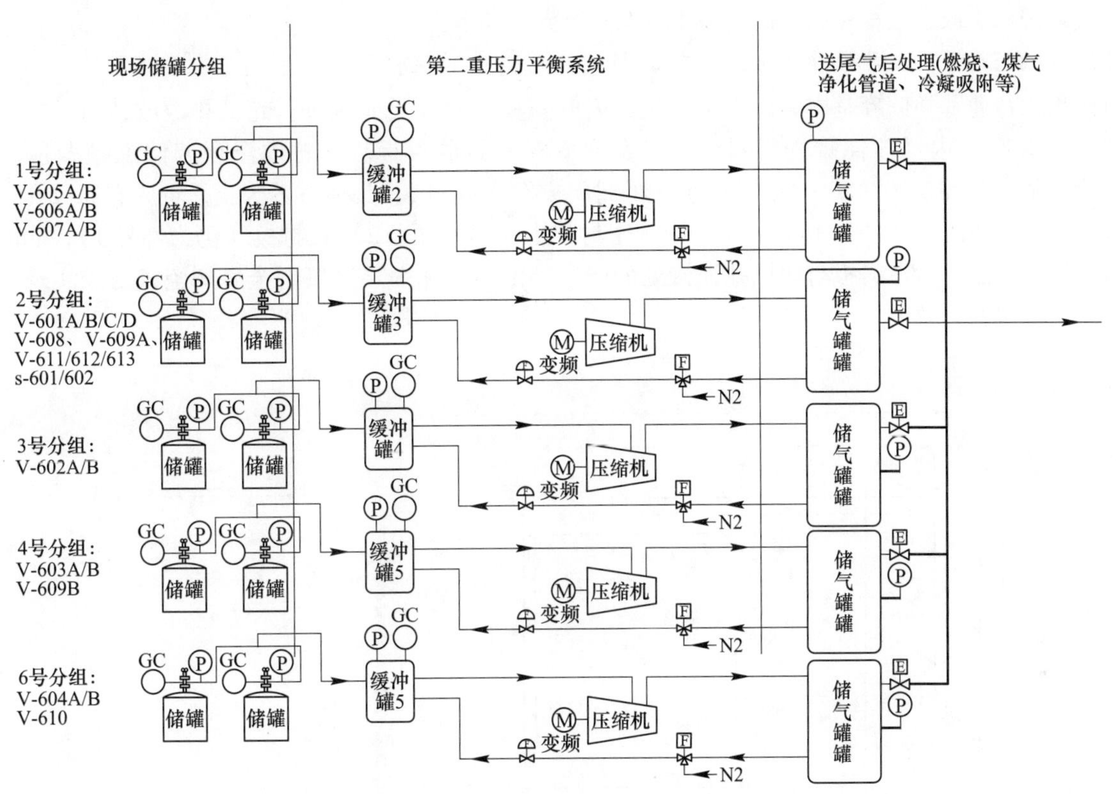

图2 第二重压力平衡工艺方案原理图

2.1.3 “双重压力平衡”工艺方案的优势

通过创新性采用“双重压力平衡”工艺方案，特别是第二重压力平衡系统的采用，使得各储槽产生的VOCs尾气最大限度地“回补”到相同类型和性质的储槽，实现了VOCs尾气在罐组内的“内部流动”和平衡。该方案的显著优势为：

（1）最大限度地减少了氮气补充量，降低了氮气消耗。

（2）最大限度地减少了VOCs尾气进入后处理工序，如后处理工序采用的是燃烧法，则可大幅降低燃烧后二氧化碳的排放量，降低碳排放强度。

（3）最大限度减少苯类介质外排到后处理工序的量，降低苯类介质在储罐中的流失，实现原料和产品收率的最大化。

（4）经过“双重压力平衡系统”后，储罐组产生的VOCs尾气量经测算可大幅降低85%左右，尾气减排量根据工艺特点、罐组分组合理性及后置储气罐PV值设定不同而有所区别，对于部分工艺简单的罐组甚至可以实现“零排放”。

由于“储气罐”内是经过压缩的带有压力的尾气且没有空气混入，同时“储气罐”的压力值可以通过设定进行调节，所以“储气罐”内多余的尾气可以有多种可供选择的后处理方式，可以根据不同企业特点选择不同的后处理方式，通常的后处理方式为送焚烧炉燃烧、RTO炉燃烧、送煤气净化装置的煤气管道回收和后置冷凝吸附机组进行吸附等。

2.2 改造难点的突破

原有化产品储罐为实现超低排放改造的难点在于：就罐体本身改造而言，如果在现有储罐上进行电气焊切割和焊接作业，难度并不大，但要面临大量的清罐、蒸罐和电气焊动火作业前对临近储罐的防护等一系列准备工作，需要耗费大量的人力物力，在生产状态下创造改造条件需要较长时间，且存在较大潜在安全风险。

为此，鞍钢化学科技公司化产品储运设施超低排放的改造方案，整体思路是按照不进行电气焊动火作业进行设计的，在改造实施细节上花费了较多精力，但施工进度快、安全风险小，且能满足储罐氮气密封的改造需求。改造过程中突破的诸多难点及具体方案如下。

2.2.1 内浮顶苯储罐罐壁顶部通风孔的封闭及密封性的保证

目前焦化行业苯类储罐基本为内浮顶结构，因此要在原有苯类储罐进行超低排放改造时，首先面临的问题就是对原有内浮顶储罐进行封闭，以实现氮气密封的目标。针对内浮顶苯储罐罐壁顶部通风孔（通常为周向均布、每90°一个、共四个）的封闭方案详见图3，具体方案为：是将原有通风孔下部金属网（件号2）和压板（件号1），替换为耐苯密封胶垫（仍为件号2）和封板（仍为件号1）；同时为确保密封效果，改造完后在封板与通风孔连接处的四周外沿，涂抹一层环氧型金属陶瓷密封胶实现二次密封，进一步确保密封效果。

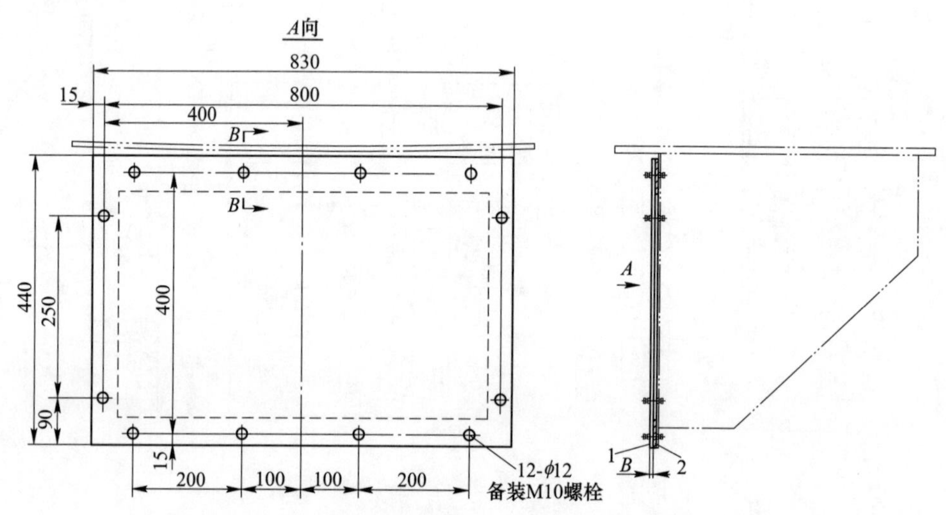

图3 储罐侧壁顶部通风孔改造示意图

（双点划线为原有部分，实线为改造部分）

2.2.2 内浮顶苯储罐罐顶中部通风孔的封闭及气密性保证

罐顶通风孔的密封改造是内浮顶苯储罐超低排放改造中面临的第二个难点，鞍钢化学科技公司的技术方案详见图4，具体方案为：拆除罐顶中部通风孔上部盲板，在原盲板位置安装一个等径短管，短管上部仍旧安装盲板保持原功能，在等径短管侧面安装三个本次超低排放改造所需接管。管口序号分别为⑤、⑥、⑦，新增管口⑤、⑥、⑦分别用于安装2个呼吸阀和1个呼氮阀。

2.2.3 原有储罐罐顶备用接管和人孔数量不足的解决方案

原有储罐进行超低排放通常会遇到的另外一个难题，是改造所需人孔和接管数量无法满足改造要求，鞍钢化学科技公司的解决方案是利用现有人孔和接管，在人孔或接管上安装“短节”，然后利用短节的长度和内部空间增加所需人孔和接管，如前所述2.2.2节即采用了该方案，增加了管口⑤、⑥、⑦分别用于安装2个呼吸阀和1个呼氮阀。

对于人孔的改造，也延续了上述方案，技术方案详见图5，具体方案为：拆除储罐顶部人孔盖，在人孔上安装等径短节，短节上部改为安装安全卸放阀用，可在检查检修等情况下临时拆掉卸放阀作为临时人孔使用；等径短节侧面管段上安装改造所需管口②、③、④，分别用于安装现场压力表、远传压力表和氮封管道阀组。

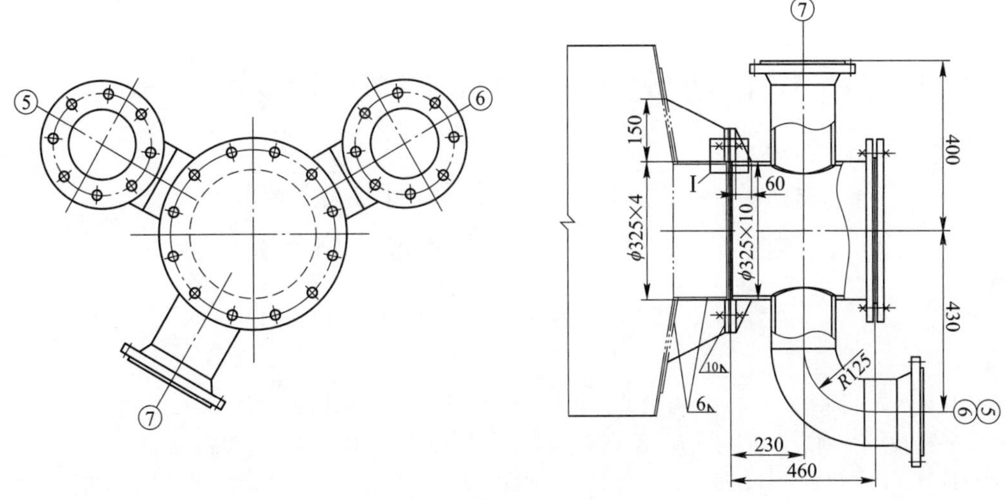

图 4　储罐顶部通风孔改造示意图

（双点划线为原有部分，实线为改造部分）

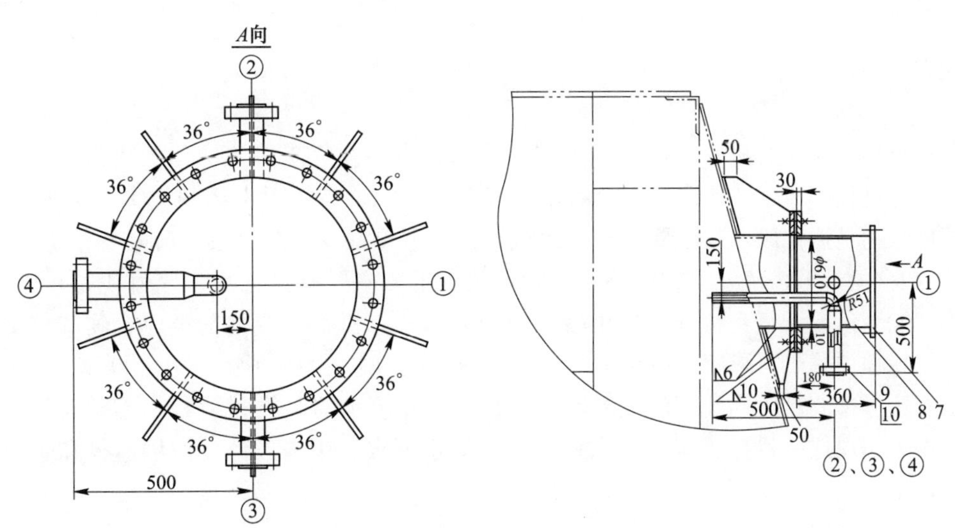

图 5　储罐顶部人孔改造示意图

（双点划线为原有部分，实线为改造部分）

采用上述方法，彻底解决了在已有储罐上进行超低排放改造人孔和管口不足的问题。

3　初步的结论和建议

（1）在焦化产品储运设施超低排放的工艺路线选择上，“双重压力平衡”系统在满足国家部委两个文件要求的同时，在实现降低碳排放、降低能耗、提高收率等方面力求极致，同时还为后续进一步改造提升预留了接口和拓展空间，为后续 VOCs 尾气处理各种方案的选择提供多种可能性，具有创新性、先进性诸多优势，可为类似超低排放改造项目提供参考。

（2）在焦化产品储运设施超低排放改造实施方案上，按照不进行电气焊动火作业进行改造的技术方案，在改造实施细节上进行了诸多创新，具有不需要清罐、施工进度快、安全风险小等优点，同时能满足储罐氮气密封的改造需求，可为类似超低排放改造项目提供参考。

（3）焦化企业化产品储运设施超低排放改造，除涉及设备本体和工艺管线的改造外，还涉及工艺设备运行方式的改变，需要在投产前系统辨识改造后的各级各类安全风险，编制相关的安全技术规程和配套的预案，确保超低排放改造后的安全稳定运行。

浅析焦化废水处理技术现状及发展趋势

徐志强　张立伟　寇永伟　闫双双　王　斌
杨玉快　高　健　吴晓雷　宁　建

（鞍钢化学科技有限公司，鞍山　114001）

摘　要：焦化废水属于高浓度难降解的有机工业废水，本文介绍了焦化废水的处理技术现状及存在的问题。焦化废水不仅氨氮和COD浓度高，而且含有大量的酚、氰、吡啶等难降解的有机污染物。传统的“预处理+生化处理”工艺已经难以满足废水的排放标准，对出水进行深度处理已非常迫切。采用新技术与传统方法相结合的组合工艺是未来焦化废水处理的发展趋势，研究和开发处理效果好、成本低、操作便捷的焦化废水处理技术是焦化废水实现再生回用与零排的必然方向。

关键词：焦化废水，深度处理，再生回用

1　焦化废水的特点

焦化废水属于含氨氮和有机物浓度较高的有机废水，主要在煤炭炼焦、焦炉煤气净化、化产品回收与精制等工业生产过程中产生。焦化废水具有水量大、难降解、有机污染物种类多、氨氮和COD含量高等特点。酚类化合物是焦化废水最主要的有机组成，大约占总COD的80%；其他的有机成分包括：多环芳烃（PAHs）和含氮、氧、硫元素的杂环化合物。无机组成主要有氰化物、硫氰化物、硫酸盐和铵盐，其中铵盐的浓度能高达数千毫克每升。焦化废水中的易降解有机物主要是酚类化合物和苯类化合物，砒咯、萘、呋喃、咪唑类属于可降解类有机物。难降解的有机物主要有砒啶、咔唑、联苯、三联苯等。

焦化废水的达标排放是废水处理的最基本要求，而焦化废水的回收利用与“零排放”是废水资源利用的最终目标，为实现这一目标，应根据水质特点、用水要求、用户条件、使用途径和企业经济状况而采取相应的处理工艺[1]。

2　焦化废水处理现状

早在20世纪60年代，我国就开始研究焦化废水处理技术，经过几十年不断的改进，目前焦化废水一般按常规方法先进行预处理，然后进行生物脱酚二次处理，处理焦化废水的技术主要有物化法、生化法以及物化-生化法等三大类，物化法包括溶剂萃取除酚、石灰或烧碱蒸馏除氨，碱式氯化法去除氰和氨，化学氧化法包括湿式氧化及活性炭吸附等。物化方法去除污染物效率高，运行稳定可靠，但各种污染物的去除往往需要几种方法联合使用，运行费用也很高，因此目前物化法主要被用作生物处理的预处理或后续处理。生化法则是可以在单一的生物处理系统中去除多种污染物，而且操作简单，运行费用也比物化法要低得多，因此生化处理方法一直是焦化废水处理的主要手段。随着更为严格的《炼焦化学工业污染物排放标准》（GB 16171—2012）的正式实施，该工艺处理后的焦化废水水质不能满足直接排放标准，需要对出水进行深度处理，以降低出水COD浓度，或者增大回流比和水力停留时间来降低出水氨氮浓度。此外该工艺在实际运行中还存在以下问题：由于污泥增长受限制，使COD氨氮的去除效率难以再提高，出水水质难以达到新排放标准；工艺设备占地面积大、基建和运行费用高；对废水色度的处理效果不理想。

焦化废水处理技术一直是国内外学者重点关注的难题，因此技术和工艺一直在改进发展，生化处理工艺除了上述的A/A/O/O工艺、SBR工艺外，还包括A/O（缺氧/好氧）工艺、O/A/O（好氧/兼氧/好氧）工艺、A/A/O（厌氧/缺氧/好氧）工艺，这些工艺在运行过程中存在着相似的问题：对系统运行管

理要求高；投资和运行成本高；COD 和氨氮的去除率较低，出水水质难以达标，所以，大多数焦化企业在采用这些生化处理工艺之后还需要对出水进行深度处理[2]。此外，我国钢铁企业应用较多的废水处理工艺还有 SDN（强化反硝化/硝化）工艺，该工艺虽然对 COD 和氨氮去除率高，但是运行不够稳定，需要与传统的 A/O 及其变型工艺联用才能达到理想的处理效果[3]。

我国焦化废水的特点是苯酚及其衍生物所占比例大，难降解的有毒物质占比高达 1/3 以上，这对生化处理系统的破坏是巨大的，极易导致微生物死亡。因此，焦化废水生化处理系统运行的好坏，既与预处理系统有关，更重要的是与焦化生产工艺有关，即焦化废水量和水质成分的优劣至关重要。目前我国有上千家焦化企业，其废水处理工艺多种多样，但生化处理法应用最为广泛。

3 焦化废水处理技术与研究进展

为了控制我国水源恶化的趋势，国家对于焦化废水排放标准的要求也日趋严格，中国环保部在 2012 年制定了《炼焦化学工业污染物排放标准》（GB 16171—2012），标准中明确规定了焦化废水污染物的排放浓度，随着该标准的实施，传统的“预处理+生化处理”组合工艺已经难以达到排放及回用要求，需要对出水进行深度处理。因此，针对焦化废水的水质水量特点，焦化企业需要选择适合自身的深度处理工艺，以实现废水达标排放或回用的目标。

3.1 常规物化法处理技术

3.1.1 化学法

化学处理法主要用于处理废水中不能单独用物理方法和生物方法去除的胶体和溶解性物质，通过化学作用将废水中的污染物转化为无害物质，使水质达到标准。常用的方法有化学絮凝法和化学氧化法。化学絮凝法是通过加入与胶体粒子电性不同的离子溶液，使胶体粒子凝结，形成较大的颗粒。化学氧化法是转化降解废水中污染物的一种有效方法，能将废水中溶解的无机物和有机物转化为无毒无害的物质。

3.1.2 物理法

物理法是将生化处理过的废水以沉淀过滤、蒸发、离心和膜分离等方式对废水进行提纯，从而使废水得到净化。焦化废水深度处理的目的是去除残存的有机物、悬浮物、盐类和氯化物等，因此膜分离法是比较适合的一种方法。膜分离法是利用膜的选择透过性对废水进行分离提纯，根据液液分散体系中两相与固体膜表面亲和力不同而达到分离的目的[4]。

3.1.3 物化法

作为传统的废水处理技术，吸附法能有效去除多种污染物，经其处理后出水水质较好且比较稳定。随着排放标准的日趋严格，水资源回用的日益迫切，吸附法在废水处理中的作用将日益重要。常用的吸附剂有沸石、树脂、粉煤灰、膨润土和熄焦粉等。

3.2 高新物化法深度处理技术

3.2.1 光催化氧化法

光催化法处理焦化废水具有无二次污染、可重复利用、能完全降解有机污染物的优点，利用电子-空穴对于水中的 O_2和 H_2O 作用生成氧化性极强的 HO·，进而将废水中的有机物降解为无污染的小分子无机物，因此，光催化氧化法受到了众多研究者的青睐。但光催化氧化工艺并不适合处理高浓度有机废水，只适合对经过生化工艺处理过的废水进行深度处理，通过提高 H_2O_2的加入量可适当增加废水的浓度范围。光催化氧化法对水中酚类物质及其他有机物都有较高的去除率。刘红[5]采用光催化氧化法处理生化处理后的焦化废水，在最佳反应条件下，焦化废水 COD 可从 350.3 mg/L 降低至 53.1 mg/L，处理后的出水水质优良，可直接排放或回收利用。

3.2.2 电化学氧化法

电化学水处理技术的基本原理是使污染物在电极上发生直接电化学反应或利用电极表面产生的强氧化性活性物质使污染物发生氧化还原转变。目前的研究表明，电化学氧化法氧化能力强、工艺简单、不产生二次污染，是一种前景比较广阔的废水处理技术。

电化学法包括电凝聚、电气浮和电火花三种方法。电凝聚是用溶解性电极电解废水，在阳极溶解出金属离子，金属离子水解生成氢氧化物，使废水中的悬浮物和胶体物质凝聚，经过沉淀后去除悬浮物和胶体物质；电气浮是使用不溶性电极电解废水，利用微小气泡的上浮作用来破坏胶体，使胶体附着在气泡上；电火花法是利用交流电来去除废水中的有机物，在电场作用下导电颗粒间会产生电火花，在水中氧的作用下，有机物被燃烧分解。

3.2.3 超声波处理法

超声波在水中会产生凝聚、空穴和空化效应。当超声波通过废水时，废水中的微小油滴会随声波一起振动，其振动幅度随着油滴的大小不同而变化，因此，油滴将相互碰撞并发生融合，体积逐渐增大，当油滴变大到一定程度就不能随声波一起振动，只能做无规则运动，最后油滴会凝聚并上浮到表面，进而可以从废水中分离出来。

3.3 生化法深度处理技术

3.3.1 曝气生物滤池法

曝气生物滤池法是在普通生物滤池、高负荷生物滤池、生物接触氧化法等生物膜法的基础上发展而来的。按水流方向分为上向流和下向流，下向流生物曝气滤池在进水的同时，采用水气逆向的工艺路线，使介质表面形成生物膜，废水流过滤床时，污染物首先被过滤和吸附，作为营养基质，加速降解菌形成生物膜，生物膜又进一步吸附营养基质，将其同化、代谢和降解。李豪等[6]曾采用该方法对 A^2/O 工艺处理后的焦化废水进行深度处理，其出水 COD 低于 70 mg/L，色度低于 50 倍。

3.3.2 膜生物反应器法

膜生物反应器法是生物处理与膜分离技术相结合的一种废水处理工艺，其生化作用机理与传统的活性污泥法相同。此项技术用膜分离技术取代接触氧化法的二沉池和常规过滤设施，膜的固液分离效率较高，所以膜分离后的水质更加纯净。

4 存在的问题

实践表明，虽然活性污泥法可以去除大部分酚和氰，但对 COD 和吡咯、萘、呋喃、吡啶、咔唑、联苯、三联苯等难降解的有机物的去除效果并不令人满意，出水很难达到排放标准。为改善出水水质，许多国内焦化厂采用了延时曝气的处理方法。延时曝气虽然可以提高对酚类等易降解物质的去除率，但对喹啉、异喹啉、吲哚、吡啶、联苯等难降解物的去除效果并不理想。

目前，国内焦化厂为使焦化废水 COD 达标，常采用强化微生物法，如向曝气池中投加铁盐或活性炭。投加铁盐虽能提高 COD 去除率，但增加了排泥量，产生污泥处理问题。活性炭吸附法可以达到较高的 COD 去除率，但活性炭本身价格昂贵，实际运行中每次的活性炭再生损失都超过 10%，增加了处理废水的费用。

5 结语

焦化废水中含有大量的酚类、油类、芳烃类和氰化物等有机污染物，而且 COD 和氨氮含量很高，若采用单独的生化处理工艺，很难使出水达到排放标准。为实现焦化废水的再生回用与零排放，应该做到预防和治理相结合，从焦化生产源头着手，直至生产中的每一个环节，推行节水减排、实现生产用水少量化、废水资源化利用。生产工艺条件的不同以及蒸氨工艺运行的效果，都会显著影响焦化废水的水质和水量。针对不同的生产工艺，提出可行的设计参数，为焦化废水深度处理提供具体的可操作性技术指导，是深度处理工艺工业应用需要重点解决的问题。研究开发焦化废水处理新技术刻不容缓，采用新技术与传统方法相结合的组合工艺处理焦化废水具有广阔的应用前景。

参 考 文 献

[1] 王绍文，钱雷，秦华，等．焦化废水无害化处理与回用技术［M］．北京：冶金工业出版社，2005.
[2] 罗建中，徐鸣．焦化废水处理新工艺研究［J］．环境技术，2004，22（4）：32-34.
[3] 范天一，王晓亮，刘志庆，等．改良型 SDN(AO) 工艺技术应用研究［J］．科技传播，2012（2）：76-77.
[4] 闻晓今，周正，等．超滤-钠滤对焦化废水深度处理试验研究［J］．中国水处理，2010，36（3）：93-95.
[5] 刘红，刘潘．多相光催化氧化处理焦化废水的研究［J］．环境科学与技术，2006，29（2）：103-105.
[6] 李豪，汪晓军．高效氧化-BAF 深度处理焦化废水［J］．环境科学与技术，2010，33（11）：142-145.

焦化废水深度处理技术的研究与工艺优化

王志刚[1]　魏东旭[1]　陈　杰[1]　张晓峰[1]　丘广俊[2]

（1. 沂州科技有限公司，邳州　221300；
2. 中国国际贸易促进委员会冶金行业分会，北京　100711）

摘　要： 随着环保法规的日益严格，焦化行业的废水处理问题成为制约企业发展的关键因素之一。本文以沂州科技有限公司为例，针对焦化废水处理中双膜技术（超滤+反渗透）的应用进行了深入研究，提出了相应的工艺改造措施。通过分析现有超滤系统、反渗透系统的操作数据，评估清洗方法的效果，并对工艺进行优化改造，旨在提高超滤系统和反渗透系统的处理效率和膜的使用寿命，降低运营成本，为焦化行业提供可靠的废水处理解决方案。

关键词： 焦化废水，处理技术，清洗方法，工艺优化

1　概述

焦化废水因其含有多种有害物质，对环境构成了严重威胁。沂州科技有限公司积极响应国家环保政策，致力于焦化废水处理技术的研究与应用。

超滤技术作为一项高效的废水处理技术，能有效去除废水中的悬浮物、胶体和大分子有机物，但在实际操作过程中，膜污染问题影响了其处理效果和经济运行。

反渗透技术利用了半透膜透水不透盐的特性，对于去除废水中的可溶性杂质和盐类物质具有较好的效果，但在实际运行中膜体常常会因为废水中所含的污染物而污染。

1.1　超滤技术在焦化废水处理中的应用

1.1.1　超滤原理及特点

超滤是依靠压力驱动的分离技术，通过半透膜的筛选功能，截留特定分子量的溶质。该技术操作简便、分离效率高，适用于焦化废水的预处理和深度处理。

1.1.2　现有超滤系统分析

沂州科技有限公司采用的超滤系统，主要技术参数包括：膜材料、孔径大小、膜面积、操作压强等。系统运行数据显示，在处理效率、膜通量、污染物去除率等方面取得了一定成效，但存在膜污染和清洗频率高等问题。

1.2　反渗透技术在焦化废水处理中的应用

1.2.1　反渗透原理及特点

反渗透是利用半透膜透水不透盐的特性，去除水中的各种盐分。在 RO 的原水侧加压，使原水中的一部分纯水沿与膜垂直的方向透过膜，水中的盐类和胶体物质在膜表面浓缩，剩余部分原水沿与膜平行的方向将浓缩的物质带走。透过水中仅残余少量盐分，收集回用透过水，即达到了脱盐的目的。

1.2.2　现有反渗透系统分析

沂州科技有限公司采用三级反渗透系统，每级反渗透系统分为二段，主要技术参数包括膜材料、段间压差、进口压力、产水浓水流量、回收率、产水脱盐率等。系统运行数据显示在产水水质和回收率上达到一定的成效，但同样存在膜污染和清洗频率高等问题。

2　超滤、反渗透清洗方法的研究

研究不同的超滤膜和反渗透膜清洗方法，包括物理清洗、化学清洗等，对比各种方法在恢复膜通量、

延长膜寿命方面的效果及经济性。通过实验数据分析不同清洗方法对膜性能恢复的影响。统计对清洗前后的膜通量、污染物去除率、脱盐率、压差和膜的使用寿命等数据进行对比分析，总结出适合焦化废水深度处理膜系统的清洗方法。

2.1 超滤系统的化学清洗

2.1.1 现状概述

沂州科技有限公司超滤系统由 4 组超滤膜组成，设计通量为 4×100 m^3/h，每组有 50 根超滤膜，每根通量为 2 m^3/h。

2.1.2 清洗方法

主要化学性清洗方法包括预防性化学清洗和离线化学清洗。原有化学清洗方法未采用预防性化学清洗，只使用离线化学清洗，每组膜清洗周期在 3 天/次左右，清洗时间约 24 h，造成清洗周期短，清洗药剂成本增加，膜使用寿命短。后期通过增加预防性化学清洗，调整离线化学清洗方法后，离线化学清洗周期延长至 45~60 天/次，不仅减少了化学清洗所使用的药剂成本和人工劳动负荷，同时膜的使用寿命周期由 3 年延长至 5 年以上，降低更换膜的成本。

预防性化学清洗方法：每天停机 1 h 进行预防性化学清洗，包含酸洗和碱洗。

清洗药剂及用量：预防性碱洗为往 5 m^3 清洗水箱中加入 10%NaClO 配置 60 L，补清水至水箱 2/3 以上，用液碱调至 pH>12。

预防性酸洗为往 5 m^3 清洗水箱中加入 12.5 kg 草酸，用补清水至水箱 2/3 以上，用盐酸调至 pH<2，30%盐酸约 145 L。

备注：预防性清洗周期性为 2 天酸洗 1 天碱洗，如出现酸洗清洗效果不明显，马上预防性碱洗一次，还未达到效果的切出来完成化学清洗（根据运行情况随时调整清洗方法和时间）。

离线化学清洗清洗条件：超滤进口压力大于 0.20 MPa，清洗全过程采用先碱性后酸性化学清洗。

化学清洗时间：碱性化学清洗时先循环 4 h，在用配置的碱性溶液浸泡 12 h 后用清水冲洗至 pH=7，再用配置的酸性溶液循环 8 h 后用清水冲至 pH=7 后备用。

化学清洗药剂配置：碱洗化学清洗药剂用量往 5 m^3 清洗水箱中加 10%NaClO 溶液 200 L，补清水至水箱 2/3 以上，用液碱调至 pH>12，30%NaOH 用量约 250 L。

酸性化学清洗药剂用量为往 5 m^3 清洗水箱中加入 50 kg 草酸，用补清水至水箱 2/3 以上，用盐酸调至 pH<2，30%盐酸用量约 145 L。

2.2 反渗透系统化学清洗

2.2.1 现状

沂州科技有限公司反渗透系统分为一级、二级、三级反渗透及软化系统、活性炭过滤器、保安过滤器、能量回收等辅助设施组成，其中一级反渗透产水回收率 70%，二级产水回收率为 60%，三级产水回收率为 50%。

2.2.2 化学清洗方法

清洗条件：

（1）产水量下降 10%~15%。

（2）压差升高 10%~15%。

（3）产水回收率超出反渗透控制指标要求。

酸性化学清洗药剂配置：柠檬酸 5 袋（25 千克/袋），药液水温 35~40 ℃，30%盐酸调至 pH<2；

碱性化学清洗药剂配置：EDTA 2 袋（25 千克/袋）、三聚磷酸钠 1 袋（25 千克/袋）、十二烷基苯磺酸钠 0.5 袋（25 千克/袋）、药液水温 35~40 ℃，30%液碱调至 pH>12；

清洗时间：先碱洗再酸洗，碱洗时间为循环 3 h—浸泡 3 h—循环 3 h，酸洗时间为循环 2 h—浸泡 4 h—循环 2 h；

通过反复调整清洗药剂浓度和时间，得出上述清洗方法。目前整体反渗透系统运行稳定，各项工艺参数波动性小，脱盐率达到 98.3%以上，产水水质符合循环水补水要求，清洗周期较之前延长 2~3 倍。

表 1 为反渗透膜清洗周期对比。

表 1 反渗透膜清洗周期对比 （天/次）

项 目	一级反渗透	二级反渗透	三级反渗透
调整前	15	7~10	5~7
调整后	45	20~30	15

3 工艺的改造与优化

3.1 超滤系统优化

根据超滤系统运行数据和清洗效果分析，焦化废水经生化和物化处理后的废水再进入超滤系统前废水要求 COD<60 mg/L，浊度<3NTU。为实现这一目标需在超滤系统前的预处理系统增加气浮，添加 PAC、PAM 等药剂进一步降低废水中的 COD 以及悬浮物同时增加碳滤和砂滤改善水质。

3.2 反渗透系统的优化

由于废水中含有钙镁等离子会导致反渗透膜结垢，造成产水回收率下降，膜清洗周期变短，膜的使用寿命变短，导致运营成本增加。为解决这一难题，沂州科技有限公司在超滤出水和反渗透进水之间增加软化系统（钠床），来去除废水中的钙镁等金属离子，进而延长反渗透膜的清洗周期和使用寿命周期，反渗透膜使用寿命周期由 1 年延长至 2 年，降低水处理成本。

3.3 反洗水、化学清洗废液、再生废液回收再处理

为实现废水零排放，双膜系统在运行过程中产生的废液经调整 pH 值至中性后进入深度水预处理系统进行处理，处理后的废水进入双膜系统。尤其是树脂再生废液需在预处理系统添加碳酸钠溶液进行反应沉淀出去除钙镁离子。

4 改进双膜清洗方法和工艺优化后效果评估及数据验证

实施工艺优化及改进双膜清洗方法后，通过连续运行试验，收集改造前后的双膜系统运行数据，评估优化效果，重点关注膜通量稳定性、污染物去除效率提升、运营成本变化等指标。优化后效果评估及数据验证如图 1~图 4 所示。

图 1 超滤 1 个月内连续运行产水流量

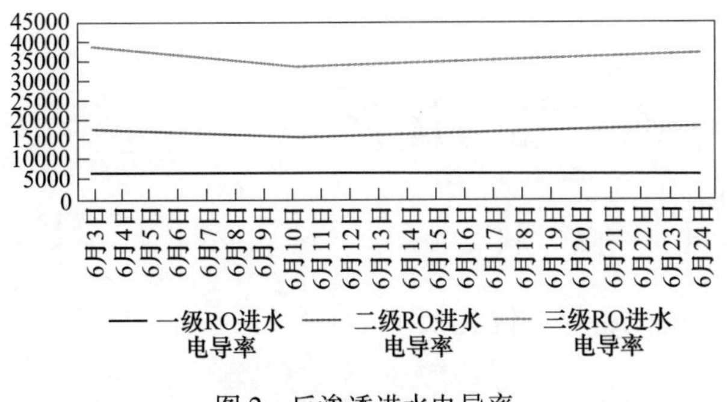

图 2 反渗透进水电导率

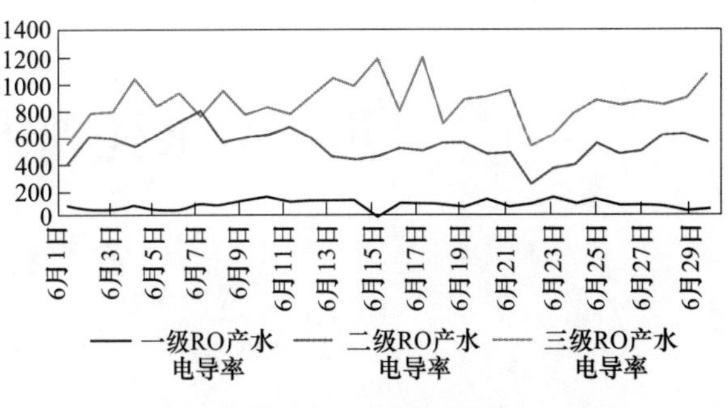

图 3 反渗透产水电导率

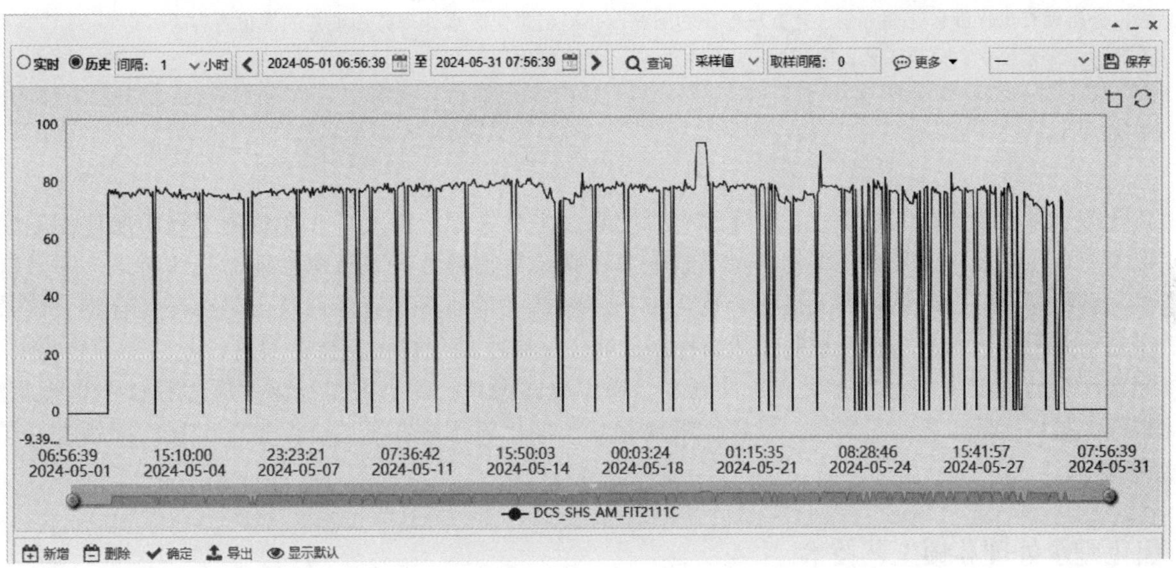

图 4 一级反渗透连续一月内运行产水流量

5 结论与展望

本文通过对沂州科技有限公司焦化废水处理中超滤技术的研究，得出了优化超滤工艺的具体措施，实现了处理效率的提升和运营成本的降低。未来，公司将继续探索更先进的废水处理技术，以实现焦化废水的资源化利用和零排放目标。

参考文献

[1] 侯金明 . 深度水处理技术在焦化废水处理中的应用［J］. 化工管理，2019（13）：52-53.
[2] 路俊萍 . 焦化废水深度处理技术应用实践［J］. 冶金信息导刊，2018（5）：43-46.

焦化废水处理中芬顿工艺的优化

徐　雷　穆春丰　张　欣

（鞍钢化学科技有限公司，鞍山　114021）

摘　要：随着现代工业的发展，工业产生的焦化废水处理问题越来越引人注意。特别是在我国，现在焦化废水处理问题尤为重要，焦化废水超标排放，将对环境产生较大危害，本文综述了近年来焦化废水中芬顿工艺的处理方法，分析现有焦化废水处理芬顿工艺方法存在的问题，并提出焦化废水处理芬顿工艺的优化内容。

关键词：焦化废水，芬顿工艺，中和反应，氧化反应，催化氧化

1　概述

焦化废水是一种典型的高毒性、难降解有机废水，主要来源于钢铁行业在炼焦过程中所使用的生产用水以及蒸汽冷凝废水，具有污染物含量高且成分复杂，生物毒性高且致癌性能力强等特点。通常以酚类有机化合物、氨氮、硫化物等无机化合物为主，还包括大量的多环芳烃以及含氮杂环化合物。需采取有效措施对其污染物含量与毒性控制。然而根据目前焦化废水处理技术，能够满足行业标准排放要求的，常规尾水深度处理技术中，具有反应条件温和、操作程序简单、处理效果显著，应为芬顿催化氧化法。因此根据大量的实际工艺运行实例，以及鞍钢现有芬顿催化氧化法在工艺、设备等出现的问题进行了分析优化调整。

2　焦化废水处理芬顿工艺技术

2.1　焦化废水处理工艺中芬顿工艺的工作原理

芬顿反应是一种基于 Fenton 试剂（氢氧化过氧化氢和二价铁离子）的强氧化剂，将污染物氧化分解为水和二氧化碳等无害物质。具体来说，芬顿反应的原理是在酸性条件下，氢氧化过氧化氢与二价铁离子反应生成高活性的羟基自由基，而这些自由基能够快速地将污染物氧化分解。

2.2　芬顿工艺处理污水的过程

2.2.1　氧化反应

将处理后的废水引入芬顿 1 号预反应池，加入硫酸并混合均匀。然后，废水流入芬顿 2 号预反应池，加入硫酸亚铁，将水废水 pH 值降至 2~3 后，再流入催化氧化池，加入双氧水，进行芬顿催化氧化反应。这一步的主要目的是利用氧化剂和催化剂的联合作用，将废水中的有害物质转化为无害或低毒性的物质。

2.2.2　中和反应

经过氧化反应后的废水流入芬顿中和池，加入碱液（如氢氧化钠）或氢氧化钙进行中和反应，调节废水的 pH 值至中性，使废水出水 pH 值达标。

2.2.3　絮凝反应

废水自流至芬顿絮凝池，加入絮凝剂（如 PAM）和脱氢剂并进行搅拌，使絮凝反应充分进行，废水中实现脱氢和铁泥絮凝反应。

2.2.4　沉淀反应

絮凝后的废水分别流入芬顿 1 号、2 号混凝沉淀池，沉淀其中的铁泥。

2.2.5　污泥处理

沉淀池的上清液进行下一步回收处理，而沉淀下来的污泥则进行离心机脱水处理。具体如图 1 所示。

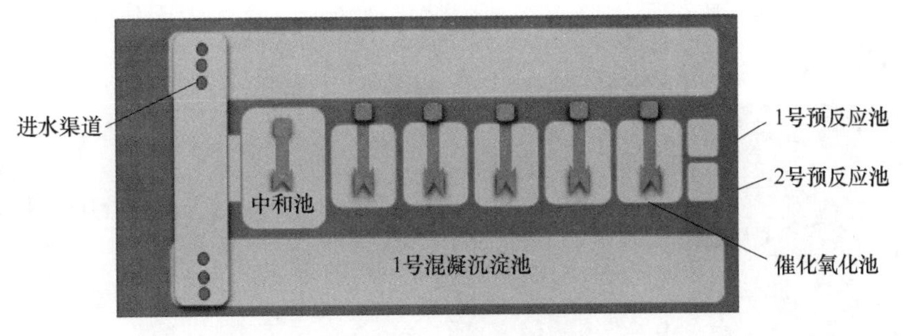

图1 污泥处理

3 焦化废水处理中芬顿工艺的优化

3.1 芬顿工艺存在问题

（1）催化氧化池内有硫酸亚铁液体固化物沉淀造成催化氧化池折流出水口堵塞，催化氧化池水下搅拌器长期在酸性环境下运行，腐蚀严重无法运行，两者同时出现后水池液位上涨，出水受阻经常有冒水封池现象。

（2）中和池内长期加入氢氧化钙（生石灰）池内搅拌器和池壁出现板结石灰，搅拌器不能实现破碎功能，搅拌效果不佳，pH 值、絮凝、脱氰效果差，直接影响了出水指标。

3.2 优化措施

（1）在不停产状态下，将催化氧化池和中和池内的搅拌器拆除，拆除 6 台水池搅拌器。

（2）制作同水池深度的捞网对催化氧化池和中和池内沉淀杂物进行清理，保证水池不堵塞能够正常流通。

（3）利用吊车切割搅拌器底座螺栓、支架、平台盖板以及附属设备，将搅拌器吊出。

（4）将搅拌器的拆卸后走台上的孔洞用麻纹板焊接封盖，保证操作巡检人员安全。

（5）如图 2 所示利用二段好氧池鼓风机风源在催化氧化池和中和池上制作安装一条直径为 ϕ200 长度覆盖催化氧化池和中和池的管道，同时在管道上安装总阀，在每个催化氧化池和中和池池边都安装一个分控阀门。再将分控阀门下制作分支管道引至各个催化氧化池和中和池内长度在小于池高 0.3 m 左右，最终实现各个水池内的风量搅拌调节，保证药剂搅拌效果。

图2 管道安装示意图

（6）如图 2 所示在鼓风机风管道分控阀门下，再制作安装一条氮气管道，同时也都加装分控阀门，这样既能加大搅拌调节效果，又能保证鼓风机停机检修后水池内搅拌的用风，起到了备用作用。

（7）此外为了避免在长期中出现氢氧化钙沉淀物，堵塞催化氧化池现象发生，将氢氧化钙投加改为液碱投加，中和反应效果不变，降低了混凝沉淀池污泥排放负荷，这样大大提高了芬顿工艺整体的生产效率，工艺流程图如图 3 所示。

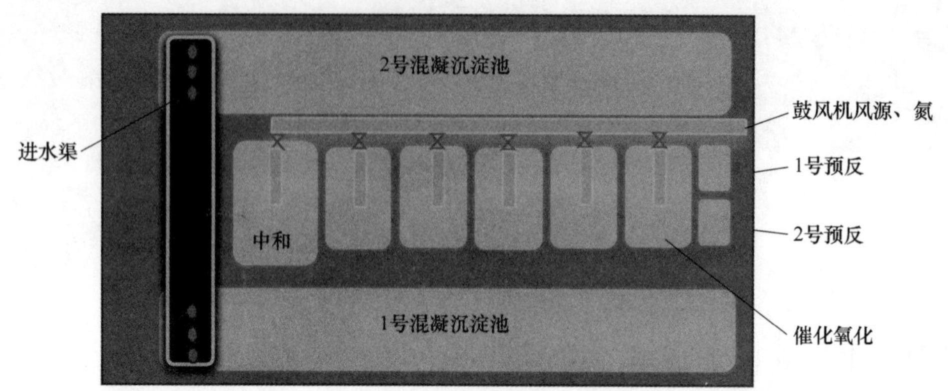

图 3　工艺流程图

3.3　优化后效果

（1）大大降低了新品备件费用年节约搅拌器减速机备件 3 万元。

（2）有效了提高了芬顿工艺的氧化反应、中和反应能力，保证了出水指标。

（3）有效降低了芬顿工艺搅拌器电机的电能消耗。

3.4　优化后产生效益

3.4.1　改进前

改进前，消耗备件费用：年检修更换搅拌器 6 台，每台搅拌器新品备件费用 1 万元，年费用 6 万元；消耗电费：6 台搅拌器年消耗 2.2 kW×6 台×24 h×365 d×0.5 元/时＝5.78 万元；消耗药剂费：氢氧化钙年消耗为 90 吨/月×1832 元/吨×12 月＝197.85 万元，合计消耗 6 万元＋5.78 万元＋197.85 万元＝209.63 万元。

3.4.2　改进后

改进后，无备件消耗，备件费用年节约 6 万元，电费年节约 5.78 万元，消耗药剂费用液碱年消耗为 70 吨/月×1700 元/吨×12 月＝142.8 万元，药剂年节约 197.85 万元－142.8 万元＝55.05 万元，合计年节约 66.83 万元。改进后有效提高了生产效率保证了出水指标，环保效益显著提高。

4　结论

焦化废水芬顿工艺结合实际运行特点，在设备、药剂投加上有所优化，优化后能够大大降低了运行成本，但同时也暴露出了芬顿工艺的缺点，其反应介质在强酸性环境下，pH 值降至 2~4，且调节 pH 值需要外加药剂，一定程度上增加了成本，一般需要外加反应所需各种药剂，且不同的水量对反应类型对应的药剂投加量有很大差异。上述缺点成为了芬顿技术进一步发展的瓶颈，在未来芬顿氧化技术的发展趋向于解决催化剂与反应介质分离的问题，降低药剂成本。这样可以进一步提高芬顿反应在废水处理中的应用效果和可持续性发展。

基于循环氨水的废水处理工艺优化

何　华　李　华　白晔霖

（神华巴彦淖尔能源有限责任公司，巴彦淖尔　015300）

摘　要：循环氨水废水源自多个工业领域，包括农业、食品加工、化工和制药等，其主要成分是氨氮和其他污染物。这些废水不仅对环境构成潜在威胁，还会影响公共卫生和可持续发展。在本文中，深入分析传统循环氨水废水处理工艺存在的问题，包括处理效率低、运行成本高等。通过深入理解这些问题，探讨了一种基于循环氨水的废水处理工艺优化方法，以推动废水处理向更高效、更可持续的方向发展，促进生产和生态系统之间的协同共赢，实现更可持续的未来。

关键词：循环氨水废水处理，传统工艺，优化

1　概述

废水处理一直是工业和环境保护领域的重要挑战之一。特别是在涉及氨水的情况下，废水处理的复杂性和关联风险进一步加大。循环氨水废水源自多个行业，包括农业、食品加工、化工和制药等，其中含有高浓度氨氮和其他污染物，对环境和公共卫生构成潜在威胁。传统的废水处理方法存在效率低、资源浪费、操作成本高等问题。本文旨在探讨基于循环氨水的废水处理工艺的优化方法。

2　循环氨水的废水处理工艺

2.1　循环氨水废水的产生与特性

循环氨水废水是一种在多个工业领域中产生的特殊类型的废水，其主要成分是氨氮和其他污染物。该废水通常由以下过程中产生：肥料生产、畜牧业的污水、食品加工中的废水排放以及氨气脱除过程中产生的液体废弃物。循环氨水废水的主要特点之一是高浓度的氨氮含量。氨氮是一种有害污染物，对水体生态系统和人类健康造成不良影响。循环氨水废水通常具有变化较大的 pH 值，导致废水处理过程中的化学反应不稳定。除氨氮外，循环氨水废水还含有有机物、悬浮物、重金属和其他污染物。这些成分的种类和浓度因废水来源而异，因此需要不同的处理策略来去除或降低它们的浓度。在某些情况下，循环氨水废水可能具有相对高的盐度，会影响废水处理工艺的效果，尤其是在冷却水循环系统中。

2.2　传统废水处理工艺分类

传统废水处理工艺可根据处理方法和原理进行分类，通常包括物理处理、化学处理和生物处理等主要类别。

（1）物理处理：物理处理是一种通过物理性质来分离或去除废水中的污染物的方法。其中包括沉淀、过滤、膜分离和吸附等过程。例如，沉淀通过重力使固体颗粒在废水中沉积，以去除悬浮物和部分溶解性污染物。膜分离使用半透膜或微孔膜来分离溶质和溶剂，常用于去除微生物、微粒和有机物。物理处理方法通常用于初级废水处理，用于去除废水中的大颗粒物质。

（2）化学处理：化学处理依靠添加化学试剂来改变污染物的性质，使其沉淀或以其他方式易于去除（工艺流程见图 1）。常见的化学处理包括共沉淀、氧化、中和以及沉淀等反应。例如，在共沉淀过程中，添加金属盐可以与废水中的某些离子形成沉淀物，然后通过过滤或沉淀将其分离出来。化学处理通常用于去除废水中的重金属、氨氮和有机物等。

（3）生物处理：生物处理是一种利用微生物活动来降解废水中有机物和氮气的方法。生物处理通常

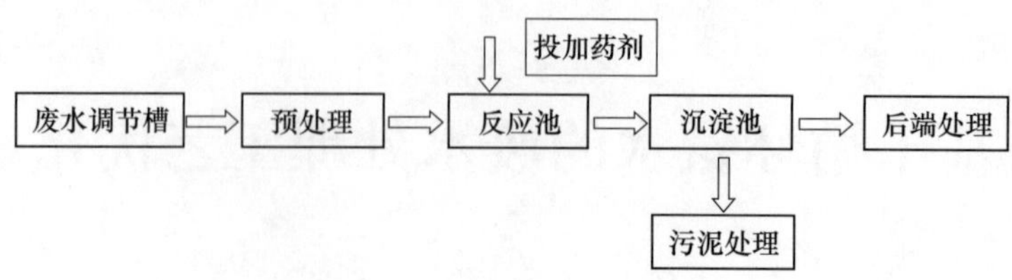

图 1　化学处理工艺流程

包括活性污泥法、生物滤池、生物膜反应器等。这些过程提供了一种环保、经济高效的方式来降低废水中的有机负荷和氨氮浓度。生物处理在二级废水处理中广泛应用，可有效去除废水中的生化需氧量和氨氮。

2.3　循环氨水废水处理的重要性

循环氨水废水处理是当今工业和环境保护领域的一项重要任务。循环氨水废水中的氨氮和其他有害污染物对自然环境造成严重危害。氨氮排放到水体中可引发水体富营养化，导致蓝藻暴发和氧气耗竭，危及水生生态系统的平衡。此外，其他废水成分如重金属和有机物也会对生态系统产生毒性影响，影响水体的健康和生物多样性。而且，废水中存在的微生物污染和有机污染物通过饮用水和食品链传播，对人类健康产生潜在风险。因此，有效处理循环氨水废水不仅有助于维护环境质量，还有助于保障人民的健康和安全。同时，废水处理过程本身涉及大量资源和能源的消耗，不合理的废水处理方法可能导致资源的浪费和能源的过度消耗。因此，优化循环氨水废水处理工艺，提高资源回收率，降低操作成本，符合可持续性原则，对于企业的经济可持续性和资源利用效率至关重要。最后，世界各地的环境法规日益严格，对废水排放标准和废水处理效果提出更高要求。因此，积极采用先进的废水处理技术和方法，确保废水排放符合法规要求，有助于企业避免法律风险和经济处罚。

3　传统循环氨水的废水处理工艺存在的问题

3.1　处理效率低，排放难以达标

传统循环氨水的废水处理工艺主要是生物法，利用微生物的硝化和反硝化作用将氨氮转化为氮气。但是，这种方法需要较长的反应时间，对温度、pH 值、溶解氧等环境因素敏感，容易受到抑制或失活。例如，当温度低于 10 ℃时，硝化菌的活性会显著降低；当 pH 值低于 6.5 或高于 8.5 时，硝化和反硝化的速率会减慢；当溶解氧低于 2 mg/L 时，硝化作用会受到限制。此外，由于循环氨水中含有大量的杀菌剂、阻垢剂、黏泥剥离剂等化学物质，会影响废水的可生化性，降低生物法的处理效率。这些化学物质不仅会抑制或杀死微生物，还会干扰微生物的代谢过程，导致氨氮的积累或有机物的残留。

3.2　运行成本高，能耗高

传统循环氨水的废水处理工艺需要大量的曝气设备，提供足够的溶解氧和混合条件。这会导致较高的电力消耗和设备维护费用。根据统计，曝气设备占生物法总能耗的 60%~80%，而且曝气设备的寿命一般只有 3~5 年。曝气设备主要包括鼓风机、曝气管道、曝气头等部件，它们在运行过程中会产生较大的噪声、磨损和堵塞，需要定期更换和清洗，增加了人力和物力的投入。同时，由于生物法需要外加碳源作为反硝化菌的电子供体，还需要投加磷酸盐、镁盐等营养物质，增加了原料成本和化学药品消耗。一般来说，生物法每去除 1 kg 氨氮需要消耗 4 kg 碳源和 0.2 kg 磷酸盐。碳源通常是甲醇、乙醇、葡萄糖等有机物，它们不仅价格昂贵，还会增加二氧化碳的排放，造成温室效应。磷酸盐和镁盐则是为了提高微生物的生长和活性，以及防止污泥中产生硫化氢等有毒气体。这些化学药品的使用不仅会增加废水处理的运营费用，还会对废水的水质和污泥的性质产生一定的影响。

3.3 污泥产量大，处理难度高

传统循环氨水的废水处理工艺会产生大量的活性污泥，这些污泥含有较高的含水率和有机物含量，不易脱水和稳定。污泥的处理和处置需要占用较大的土地面积，造成二次污染和资源浪费。据估计，生物法每去除 1 kg 氨氮会产生 0.8~1.2 kg 干污泥。这些干污泥的含水率一般在 70%~80%，需要经过压滤、干燥等工序才能达到合格的固体废物标准。污泥的处理和处置不仅占用了大量的设备、能源和人力，还会产生大量的温室气体、恶臭气体和重金属等污染物，对环境造成了严重的负担。此外，污泥中还可能残留有未完全降解的杀菌剂、阻垢剂等有害物质，对环境和人体健康造成潜在威胁。这些有害物质可能通过污泥渗滤液或污泥堆肥进入地下水或土壤中，造成长期的生态风险。例如，杀菌剂中的异硫氰酸盐类化合物可以通过水解或光解形成硫酸盐、硫酸氢盐、硫酸铵等物质，导致水体富营养化或酸化；阻垢剂中的聚羧酸类化合物可以与重金属离子形成络合物，增加重金属的迁移性和生物有效性。

4 循环氨水的废水处理工艺优化应用

在循环氨水废水中，主要涉及氨氮、硫酸铵、硫酸等污染物。其中，氨氮的浓度一般在 1000~3000 mg/L，硫酸铵的浓度一般在 2000~5000 mg/L，硫酸的浓度一般在 100~300 mg/L。这些污染物不仅对环境造成危害，而且造成资源的浪费。因此，开发高效、节能、环保的循环氨水废水处理工艺具有重要意义。随着循环脱氨技术的不断发展，通过工艺的改进与融合，成为循环脱氨技术应用于循环氨水废水处理的重要发展方向。当前，内流式循环脱氨塔装置成为循环脱氨技术的一种先进代表，成为循环氨水废水处理中应用发展方向。因此，在工艺优化研究中，内流式循环脱氨塔装置成为发展的重要领域，现对其原理和优势进行介绍。

4.1 处理工艺流程

内流式循环脱氮塔装置是一种利用汽提、吸收循环优化工艺组合，从高浓度氨氮废水中回收硫酸铵产品，并实现工艺和热集成的方法。该方法的优点是节约能源和资源，降低运行成本，减少二次污染，提高氨氮回收率。内流式循环脱氮塔装置的处理流程如图 2 所示。从流程来看，该循环脱氮工艺实现了氨氮的高效回收和硫酸铵的高质量制备，对于提高循环氨水废水处理效果，起到了重要作用。

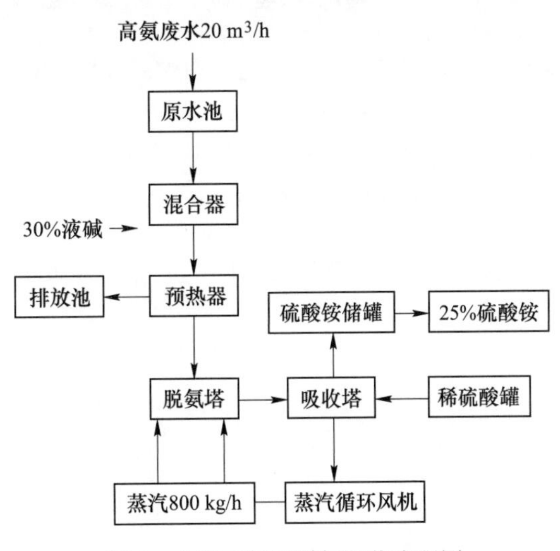

图 2 内流式循环脱氨工艺流程图

(1) 在该工艺中，通过内流式循环脱氮塔，实现了对循环氨水废水的高温高压汽提处理。内流式循环脱氮塔是一种具有多层内流式塔板的垂直塔体，其上部设有汽提进口，下部设有废水进口和汽提出口，中部设有冷却水进口和出口。在塔内，废水与载气（水蒸气）混合后沿塔板向上流动，在高温高压下，使废水中的氨氮以游离态或氨水形式进入汽相。同时，冷却水沿塔板向下流动，在与汽相进行逆流接触的过程中，使汽相中的氨氮被冷却水吸收，形成低浓度的氨水溶液。该溶液经过热交换器后进入吸收塔，在吸收塔中与硫酸反应，生成硫酸铵溶液和水蒸气。汽提出水则经过热交换器后达标排放或回用。

（2）在吸收塔中，能够通过冷却水的加入，对汽相中的氨氮进行吸收，并且经换热器，在达标之后进行排出。同时，在吸收塔中，通过硫酸的加入，对吸收液中的氨氮进行反应，并且经结晶、离心、干燥等工序，在得到硫酸铵产品之后进行排出。吸收塔是一种具有多层填料的垂直塔体，其上部设有冷却水进口和出口，下部设有硫酸进口和出口，中部设有吸收液进口和出口。在塔内，冷却水沿填料向下流动，在与汽相进行逆流接触的过程中，使汽相中的氨氮被冷却水吸收，形成低浓度的氨水溶液。该溶液与硫酸混合后发生反应，生成硫酸铵溶液和水蒸气。硫酸铵溶液则经过结晶、离心、干燥等工序后得到硫酸铵产品。水蒸气则返回内流式循环脱氮塔作为载气，实现热量的回收利用。

4.2 工艺处理效果

在内流式循环脱氮塔装置的应用中，能够经内流式循环脱氮塔和吸收塔的有效废水处理，实现氨氮的高效回收和硫酸铵的高质量制备。在内流式循环脱氮塔出水之后，经吸收塔处理，废水排出中的氨氮、硫酸铵、硫酸等成分进一步得到有效回收，分别从 2000 mg/L、3000 mg/L 和 200 mg/L，下降至 10 mg/L、100 mg/L 和 5 mg/L。同时，吸收液中的氨氮和硫酸反应生成硫酸铵溶液，经过结晶、离心、干燥等工序后得到高纯度的硫酸铵产品。

因此，在循环氨水废水处理中，内流式循环脱氮塔装置的应用，转变了传统循环氨水废水处理模式，能够充分发挥内流式循环脱氮塔和吸收塔的工艺优势，极大地提高了循环氨水废水处理效果。近年来，围绕循环脱氮技术的工艺发展，推动了循环氨水废水处理工艺的创新发展，也进一步提高了处理效果，为现代工业生产降低环境污染，提高资源利用效率。

5 结语

总之，通过优化循环氨水废水处理工艺，可以降低环境负担，提高资源回收率，促进工业和环保的协同发展。这不仅有助于改善生态环境，还将为未来的可持续发展奠定坚实的基础。因此，废水处理领域的持续创新和改进至关重要，以实现更清洁、更健康、更可持续的明天。

参 考 文 献

[1] 汤效平，骞伟中．石墨烯用于有机废水处理的优势与挑战［J］．科学，2018，70（4）：11-14，2.

[2] 赵贤广，李武，王金龙，等．高浓度氨氮废水处理与氨资源化新技术［J］．工业水处理，2011，31（12）：31-34.

[3] 陈晓宇，金可刚．一种从氨氮废水中回收高浓度氨水系统：CN201710790491.8［P］．2017-09-05.

[4] 戴道国，张悦，段佳，等．一种高浓度氨氮废水与垃圾焚烧烟气 NO_x 污染物协同治理的系统：CN201721288038.9［P］．2023-09-25.

[5] 王俊川，江良涌．一种废水回用综合处理方法：CN200810071061［P］．2023-09-25.

EP 凯森电解在焦化废水中的应用

郑联志　朱新民　吴建红

（福建三钢闽光股份有限公司，三明　365000）

摘　要：焦化废水经过生化处理、生物流化床处理后难以降解的水质，通过 EP 凯森电化学催化氧化，将废水中的难以降解的物质进一步氧化。本文通过改变进水水质、电解电压变化、电解循环时间的变化来观察出水水质的效果。结果表明，进水 COD 在 80 mg/L，通过 EP 凯森电解，COD 出水可以达到 30 mg/L 以下，进水 NH_3-N 在 6 mg/L，通过 EP 凯森电解，NH_3-N 可降到 1 mg/L 以下，EP 凯森电解对降解焦化废水的 COD 和氨氮具有很好的效果。

关键词：焦化废水，电化学氧化，陶瓷电极

1　概述

焦化废水是煤在高温干馏过程中以及煤气净化、煤化工产品精制过程中形成的废水，含有氨氮、酚、氰化物、硫化物、苯、吡啶、吲哚和喹啉等多种污染物，其成分复杂，污染物浓度高，色度深，毒性大等特点，是一种典型难降解的有机废水。三钢焦化厂处理工艺采用预处理、一级生化处理、二级生化处理、生物流化床吸附、芬顿、EP 凯森电解工艺，可将废水 COD 降至 30 mg/L 以下，氨氮降至 1 mg/L 以下，色度 20 倍以下，达到焦化直接排放标准。

2　EP 凯森电解工艺流程

2.1　工艺流程

流化床处理后的废水首先泵入锰砂过滤器，去除水中的铁锰离子，其原理是通过拦截加吸附来过滤水中的铁锰。铁锰离子通过曝气氧化后，就可以被锰砂去除。经氧化后，原水中的二价铁和二价锰会分别被氧化成不溶解的三价铁和四价锰的化合物，利用锰砂过滤器的吸附过滤就能将铁锰去除。锰砂过滤后的水进入原水水箱，再泵入保安过滤器，保安过滤器属于精密过滤器，其工作原理是利用 PP 滤芯5 μm 的孔隙进行机械过滤。水中残存的微量悬浮颗粒、胶体、微生物等，被截留或吸附在滤芯表面和孔隙中。废水进入 EP-凯森电化学反应器。在电场的作用下，反应器内的陶瓷膜电极会产生具有极强氧化能力的氧化剂，这些氧化剂与水中的有机污染物发生化学和电化学反应，将其有机分子链打断，使大分子转变为更加容易降解的小分子，最终被完全氧化，变成二氧化碳和水，达到彻底去除有害有机污染物的目的。同时，各种细菌病毒等有害微生物也会在电场的作用下被分解消除，起到杀菌的作用。因此，电化学过程具有脱色、去污、灭菌等综合处理能力。

2.2　工艺流程图

工艺流程图如图 1 所示。

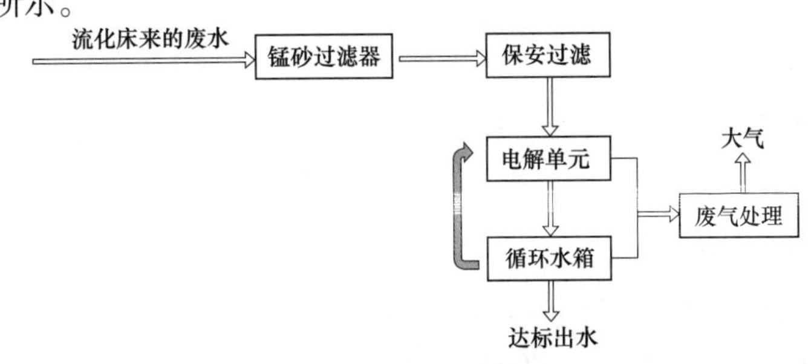

图 1　工艺流程图

3　影响 EP 凯森电解的几个因素

3.1　进水 COD 浓度对 EP 凯森电化学的影响

电压在 400 V 时，进电解 COD 和出电解 COD 的变化见表 1。

表 1　电压 400 V 时电解前后 COD 浓度变化

序号	电压/V	进电解前 COD /mg · L^{-1}	电解后 COD /mg · L^{-1}	COD 去除率/%
1	400	85.7	30.3	64.6
2	400	72.6	26.4	63.6
3	400	70.7	22.3	68.45
4	400	65.2	20.6	68.40
5	400	56.8	17.6	69.01
6	400	45.3	12.1	73.29

从表 1 可以看出，在电压一定时，进电解系统的焦化废水 COD 低于 80 mg/L 时，电解后的出水均能保持在 30 mg/L 以下，并且 COD 去除率随着进水的降低而升高。

3.2　电解循环时间对出水 COD 的影响

电压在 400 V 时，电解循环时间与 COD 的变化见表 2。

表 2　电解循环时间与 COD 变化情况

序号	电压/V	进电解前 COD /mg · L^{-1}	电解循环时间 /min	电催化出水 COD /mg · L^{-1}
1	400	75.3	20	35.6
2	400	75.3	30	28.8
3	400	75.3	40	25.7
4	400	75.3	50	20.2
5	400	75.3	60	15.7

从表 2 中可以看出，当电压和进电解 COD 一定时，电解循环时间越长，COD 降的就是越低，首次开工时，需要先内部循环半个小时以上，才能开启进水模式，可以保证出水 COD 在 30 mg/L 以下。

3.3　电解电压对出水 COD 的影响

进水 COD 一定时，电解电压大小与 COD 的变化见表 3。

表 3　电解电压与出水 COD 变化

序号	电压/V	进电解前 COD /mg · L^{-1}	电解循环时间 /min	电解催化出水 COD /mg · L^{-1}
1	400	72.4	30	28.5
2	500	72.4	30	24.4
3	600	72.4	30	23.7
4	700	72.4	30	22.8

从表 3 中可以看出，当电解循环时间一定时，电解后出水 COD 随着电压的升高而降低，从 400 V 升到 500 V，COD 降了 4.1 mg/L，从 500 V 到 600 V，COD 降了 0.7 mg/L；从 600 V 到 700 V，COD 降了

0.9 mg/L。由此可见，在实际生产过程中，为了降低能耗，可将电压控制在 400~500 V。

3.4 电解对去除氨氮的效果

从表 4 中可以看出，EP 凯森电解对降低焦化废水中的氨氮具有较好的效果，进电解的氨氮在 6 mg/L 以下，出水的氨氮均可达 1 mg/L 以下。

表 4 电解前后废水 NH_3-N 浓度变化

序号	电压/V	进电解前 NH_3-N /mg · L^{-1}	电解后 NH_3-N /mg · L^{-1}
1	400	6.3	0.8
2	400	5.8	0.8
3	400	5.5	0.7
4	400	4.6	0.6
5	400	3.7	0.5
6	400	3.0	0.5

4 EP 凯森电解处理焦化废水的优点

（1）EP 凯森电解对降解焦化废水中的 COD、氨氮等有害物质具有较好的效果，能够将它们氧化为无害的化合物并从废水中去除，并将 COD 降到 30 mg/L 以下，氨氮降到 1 mg/L 以下。

（2）EP 凯森电解无二次污染：与传统的化学法和生物法相比，电化学污水处理不需要添加化学药剂，因此不会产生二次污染；同时，电化学过程中生成的气体可以通过收集和处理，避免对环境造成污染。

（3）EP 凯森电解设备结构简单，操作方便，只需调节电压和流量等参数，即可实现对废水的高效处理。

（4）EP 凯森电解相对于传统污水处理方式具有理设备较小，流程短，可以有效地节省空间。

5 结论

焦化废水经过生化处理、生物流化床吸附、芬顿处理 COD 只能降解到 50~80 mg/L，氨氮降到 3~6 mg/L，无法达到焦化废水直接排放标准。通过 EP 凯森电解后的焦化废水，能够进一步降低污染指标，使出水 COD 降至 30 mg/L 以下，氨氮可达到 1 mg/L 以下，色度达到 20 以下，可以直接达到行业排放标准。

参 考 文 献

[1] 杨浩. 电化学辅助微电解法处理焦化废水 [J]. 化工环保，2016，36（6）：650-654.

[2] 刘艳飞. 电化学法处理焦化废水的研究进展 [J]. 燃料与化工，2011，42（4）：46-48.

臭氧氧化工艺在焦化废水处理中的应用

蒋　素

（国家能源集团煤焦化有限责任公司蒙西煤化工股份有限公司，鄂尔多斯　017000）

摘　要：焦化废水又称酚氰废水，其中除了含有大量的酚、氰、氨氮、COD_{Cr}、BOD_5外，还有少量的如吲哚、苯并芘（a）、萘、茚等，这些微量有机物中有的已被确认为致癌物质，且不易被生物降解，这种高浓度有毒废水正是焦化厂污水处理的重点。国内焦化废水的普遍处理方法大都采用生化法，生化法可以在单一的生物处理系统中去除多种污染物，而且操作简单，运行费用也相对较低，因此生化处理方法一直是焦化废水处理的主要手段。

经生化处理后，废水中的悬浮物、色度、有机污染物、TDS等都比较高，不能达到深度处理的进水要求，为实现焦化废水深度处理回用，必须采用有效的预处理来降解其中残余有害物质。

国能蒙西煤化股份有限公司焦化厂在综合分析各种焦化废水深度处理的基础上，采用了混凝、臭氧催化氧化、BAF的预处理技术。经运行深度水处理预处理出水指标达到：COD≤50 mg/L，BOD_5<20 mg/L，氨氮<1 mg/L，浊度<10 NTU，TDS<2850 mg/L，总硬度<200 mg/L，总碱度<140 mg/L。

关键词：焦化废水，臭氧催化氧化，Fenton

1　焦化废水的来源

焦化废水是由原煤的高温干馏、煤气净化和化工产品精制过程中产生的，其主要来源包括：剩余氨水、粗苯终冷水、产品加工过程中产生的废水等。

2　焦化废水生化处理

A-A/O工艺由三段生物处理装置组成，该工艺将预处理的废水依次经过厌氧、缺氧、好氧三段处理。其特点在于在一般A/O的基础上增加了厌氧段。

3　废水的深度处理

为解决废水外排造成的环保压力，实现企业内部所有废水"零排放"，同时将合格回用水用于生产，进一步提高资源利用率。通过研究分析焦化二级生化系统出水水质的相关指标，结合最终合格产品水的水质要求，对需要去除的各种污染物的特性进行分析。表1为生化系统出水水质与达标回用水水质标准对比。

通过以上数据对比可看出，焦化厂原废水生化处理工艺，出水COD_{Cr}(<150 mg/L)，SS(≤70 mg/L)，总固体悬浮物（6000 mg/L），总硬度（800 mg/L），总碱度（350 mg/L），钙离子（160 mg/L），总镁离子（82 mg/L），重碳酸根离子（450 mg/L），硫酸根离子（1280 mg/L），氟离子（28 mg/L），均高于回用水标准。

由以上数据可以得出，这部分废水中的硬度、含盐量、硫酸盐浓度、氟离子等超标，因此必须采用脱盐工艺。分析出水数据可知，来水总硬度较大，水中的氟离子含量也较高，氟离子很容易与水中的钙镁离子形成沉淀，会影响后续膜脱盐工艺的运行。因此本工艺需设计预处理单元，一方面去除水中的暂时硬度，另一方面去除水中的氟、硫酸根等离子，从而保证后续脱盐系统的正常运行。

表1　生化系统出水水质与达标回用水水质标准对比

序号	指　标	检测结果/进水水质			再生水用作工业用水水源的水质标准（GB/T 19923—2005）				
		时间 2022.10.13 8:00	时间 2022.10.14 8:00	时间 2022.10.15 8:00	冷却用水		洗涤用水	锅炉补给水	工艺与产品用水
					直流冷却水	敞开式循环冷却水系统补充水			
1	pH值	7.51	7.58	7.5	6.5~9.0	6.5~8.5	6.5~9.0	6.5~8.5	6.5~8.5
2	悬浮物（SS）$/mg \cdot L^{-1}$	65	72	69	30	—	30	—	—
3	色度/度	50	50	50	30	30	30	30	30
4	生化需氧量（BOD_5）$/mg \cdot L^{-1}$	20	20	20	30	10	30	10	10
5	化学需氧量（COD_{Cr}）$/mg \cdot L^{-1}$	110	121	115	—	60	—	60	60
6	铁$/mg \cdot L^{-1}$	8.08	11.98	3.34	—	0.3	0.3	0.3	0.3
7	锰$/mg \cdot L^{-1}$	0.21	0.28	0.19	—	0.1	0.1	0.1	0.1
8	氯离子$/mg \cdot L^{-1}$	1.84×10^{3}	1.76×10^{3}	1.82×10^{3}	250	250	250	250	250
9	二氧化硅（SiO_2）$/mg \cdot L^{-1}$	14.5	12.4	12.8	50	50	—	30	30
10	总硬度（以$CaCO_3$计）$/mg \cdot L^{-1}$	822	760	732	450	450	450	450	450
11	总碱度（以$CaCO_3$计）$/mg \cdot L^{-1}$	385	328	353	350	350	350	350	350
12	硫酸盐$/mg \cdot L^{-1}$	1.18×10^{3}	1.27×10^{3}	1.29×10^{3}	600	250	250	250	250
13	氨氮（以N计）$/mg \cdot L^{-1}$	0，56	1.12	1.12	—	10	—	10	10
14	溶解性总固体$/mg \cdot L^{-1}$	6.30×10^{3}	6.35×10^{3}	6.32×10^{3}	1000	1000	1000	1000	1000

此外，拟处理废水中COD较高，且焦化废水中的COD中含有较多的芳香族类等苯环类物质，这些物质跟膜系统会有一定的反应，如果直接进入膜脱盐系统，会对该系统造成严重污染并对膜造成不可逆的损害，因此，必须对这些水进一步处理，去除水中的COD和硬度、氟离子等，然后再进入膜系统进行脱盐处理。

废水中的COD主要为溶解态，采用沉淀等物理法不能达到消除COD的目的，另外该部分废水已经经过了二级强化生化处理，废水可生化性已经非常差。所以针对本项目的实际情况，需要考虑采用高级氧化工艺（提高可生化性）与传统的生化工艺相结合的方式来达到降减和去除COD的目的。下文将对目前较成熟的高级氧化工艺（臭氧氧化与Feton法）进行比选。

水处理高级氧化技术（Advanced Oxidation Processes，AOPs），是近20年来兴起的水处理技术新领域，它通过化学或物理化学的方法将污水中的污染物直接氧化为无机物，或将其转化为低毒的易生物降解的中间产物，其本质是利用羟基自由基（·OH）氧化降解水相中的各种污染物的化学反应，是以产生羟基自由基为标志的。羟基自由基（·OH）是一种非常活泼及非选择性的高效氧化剂，氢氧化电位为2.8 eV，能引起水溶液中许多有机物的降解反应。与其他氧化法相比，高级氧化技术具有以下特点：

（1）氧化能力强，·OH的标准电极电势仅次于F_2，比H_2O_2、MnO、ClO_2、Cl_2等常用的强化剂的电势高得多。

（2）反应速率常数大，·OH与大多数有机物反应的速率常数在106~1010 mol/(L·s)。

（3）对有机物选择性小，· OH 与有机物作用时，无论是何种物质，无论多大浓度，均可将其氧化，在不同的环境介质中，其存在的时间有一定差别，但一般都小于 4～10 s。

（4）处理效率高，不产生二次污染。

高级氧化技术的关键是产生高活性的 · OH，一般采用加入氧化剂、催化剂或借助紫外光、超声波等多种途径产生。所采用的氧化剂及催化条件的不同，高级氧化技术通常可分为三类：Fenton 试剂法（类 Fenton 试剂法）、半导体光催化氧化法、臭氧及组合臭氧法。

3.1 Fenton 试剂法

Fenton 技术是 1894 年法国科学家 H. J. H. Fenton 发现的，他发现采用 Fe^{2+}/H_2O_2体系能氧化多种有机物。后人将亚铁盐和过氧化氢的组合称为 Fenton 试剂。标准 Fenton 试剂法是由 H_2O_2和 Fe^{2+}组成的混合体系，它通过催化分解 H_2O_2产生的 · OH 进攻有机物分子夺取氢，将大分子有机物降解为小分子有机物或矿化为 CO_2和 H_2O 等无机物。

Fenton 试剂之所以具有很强的氧化能力，是因为其中含有 Fe^{2+}和 H_2O_2，H_2O_2被亚铁离子催化分解生成羟基自由基（· OH），并引发更多的其他自由基，其反应机理如下：

$$Fe^{2+} + H_2O_2 \longrightarrow Fe^{3+} + OH^- + \cdot OH$$

$$Fe^{3+} + H_2O_2 \longrightarrow Fe^{2+} + HO_2\cdot + H^+$$

$$Fe^{2+} + \cdot OH \longrightarrow OH^- + Fe^{3+}$$

$$RH + \cdot OH \longrightarrow R\cdot + H_2O$$

$$R\cdot + Fe^{3+} \longrightarrow R^+ + Fe^{2+}$$

$$R^+ + O_2 \longrightarrow ROO^+ \rightarrow \cdots \rightarrow CO_2 + H_2O$$

以上链反应产生的羟基自由基具有如下重要性质：

（1）羟基自由基（· OH）是一种很强的氧化剂，其氧化电极电位（E）为 2.80 V，在已知的氧化剂中仅次于 F2。

（2）具有较高的电负性或电子亲和能（569.3 kJ），容易进攻高电子云密度点，同时羟基自由基（· OH）的进攻具有一定的选择性。

（3）羟基自由基（· OH）还具有加成作用，当有碳碳双键存在时，除非被进攻的分子具有高度活泼的碳氢键，否则将发生加成反应。

Fenton 试剂法作为一种目前已有应用的高级氧化工艺，但存在对有机物矿化程度不高、H_2O_2消耗量大、运行成本高的缺点，另外 Fenton 法处理废水的最佳 pH 值大约在 3～4，所以在反应前往往需要投加酸、反应完成后需要投加碱进行中和，同时也产生了大量物化污泥需要后续处理，从而进一步增加系统操作的复杂性和对设备与管道防腐的较高要求。

3.2 臭氧及臭氧组合法

臭氧作为一种氧化性很强且反应产生的物质对环境污染很小的强氧化剂（氧化性仅次于氟），臭氧的净水机理目前普遍认为是臭氧离解而产生的羟基自由基（· OH），它是水中已知的氧化剂中最活泼的氧化剂，可以将有毒、难生物降解有机物环状分子或长链分子的部分断裂，从而使大分子物质变成小分子物质，生成易于生物降解的物质，在去除 COD 方面效果显著。有关研究表明，在废水生物处理前进行臭氧的预氧化可极大提高废水中 COD 的去除率并极大降低 UV_{254}和色度，同时可提高废水的可生化性，为下一步的常规或生化处理提供保障。所以臭氧氧化技术在废水处理领域具有重要的现实意义和广泛的应用前景。

由于臭氧的强选择性及分解有机物的不彻底性，以及自身易与其他技术相联合的特点，使其逐渐由单独的使用发展到与其他处理技术联合使用并应用于废水处理中。臭氧联合技术比较多，一般可以分为以下几种：O_3-超声波技术、O_3-电解处理技术、催化臭氧技术、O_3/H_2O_2氧化技术等。

其中臭氧催化氧化技术是近年来发展起来的一种具有很好发展前景的高级氧化技术。在以提高 · OH 生成量和生成速度为主要研究内容的基础上，催化臭氧技术得到了长足的发展，如光催化臭氧化、碱催化臭氧化和多相催化臭氧化等。光催化臭氧化是以紫外线 UV 为能源、O_3为氧化剂，利用臭氧在紫外线照射下分解产生的活泼的次生氧化剂氧化有机物。利用光催化氧化法处理难降解有机物时，部分难降解有机物在紫外线的照射下，提高了能级，处于激发状态，与·OH 自由基发生羟基化或羧基化反应，从而改变这些物质的分子结构，生成易于降解的新物质。碱催化臭氧化是通过 OH^-催化，生成·OH 自由基，然后分解有机物。多相催化臭氧化是近年来发展起来的新技术，其金属催化目的是促进 O_3分解，以产生活泼自由基，强化其氧化作用。

臭氧部分应用文丘里射流器、溶气泵、溶气泵+微纳米曝气头三种方式做中试，来验证哪种方式能最大提高臭氧的利用率，项目信息见表 2。

表 2 进水水量及水质参数

名 称	单 位	数 量
水量	m^3/h	
COD	mg/L	80~110
pH 值		6~9
浊度	mg/L	40~60
SS	mg/L	20~30
NH_3-N	mg/L	5~6

中试内容如下：

（1）文丘里射流器、溶气泵、溶气泵+微纳米曝气头三种溶气方式对臭氧的利用率比较。

（2）比选出最佳利用率的溶气方式后，进行不同 pH 值环境下测试 COD 去除率。

（3）比选出最佳 pH 值环境下，不同臭氧投加量测试 COD 去除率。

（4）比选出最佳溶气方式，最佳 pH 值环境，最佳臭氧投加量后，重复试验，验证结果。

文丘里射流器、溶气泵、溶气泵+微纳米曝气头三种溶气方式对臭氧的利用率比较见表 3。

表 3 不同溶气方式的运行参数

名 称	单 位	数 量	备 注
进水量	m^3/h	1	
pH 值		7.2~7.8	
温度	℃	22~23	
臭氧量	L/min	2.5	臭氧浓度：100 mg/L

COD 去除效果见图 1。尾气浓度见图 2。

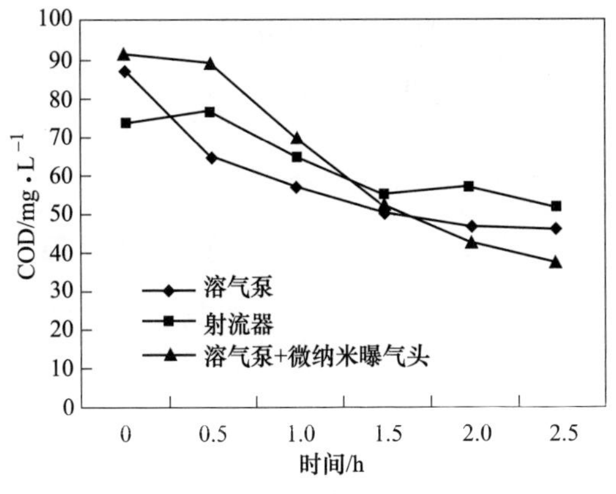

图 1 不同臭氧溶气方式对 COD 去除效果

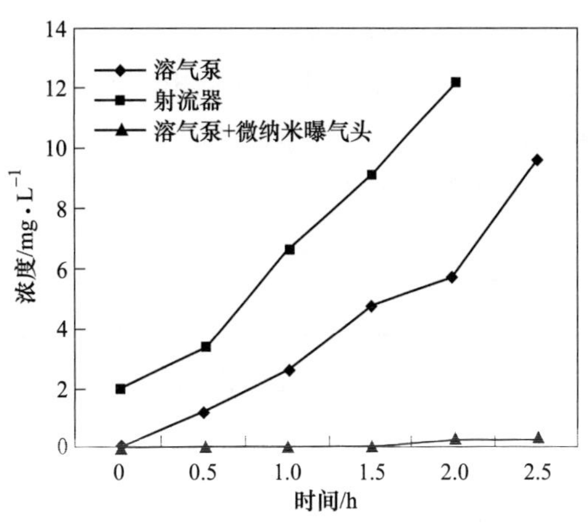

图 2 不同臭氧溶气方式尾气浓度

对试验数据分析，得出如下结果：

（1）溶气泵+微纳米曝气头组合去除 COD 效果最佳，去除率最高达 58.46%。

（2）相同臭氧投加量下，溶气泵+微纳米曝气头对臭氧利用率最高，尾气检测臭氧浓度极低。

（3）现场观察，溶气泵+微纳米曝气头对污水脱色最快，相同反应时间下，出水水质色度最低。

（4）水箱内气泡形成情况：射流器形成的气泡均为大气泡，且在水中停留时间极短，臭氧利用率很低；溶气泵形成的气泡很小，在水箱中呈乳白色牛奶状，气泡上升速度约为 0.3 m/min。

不同 pH 环境下溶气泵+微纳米曝气头测试 COD 去除率。

运行参数见表 4。

表 4　不同 pH 环境运行参数

名　称	单　位	数　量	备　注
进水量	m^3/h	1	
pH 值		5、8、10	
温度	℃	22~23	
臭氧量	L/min	2.5	臭氧浓度：100 mg/L

COD 去除效果见图 3。尾气浓度见图 4。

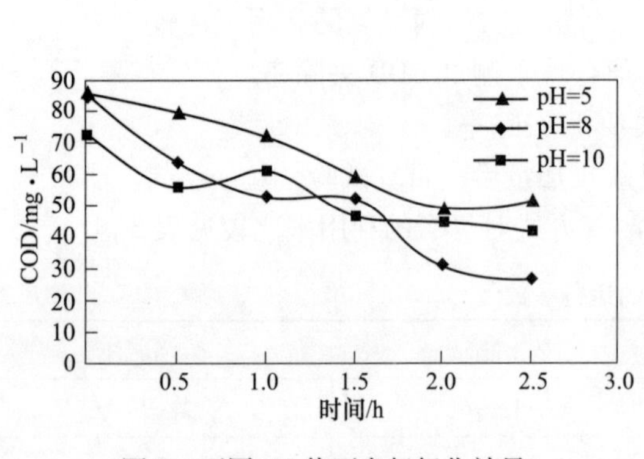

图 3　不同 pH 值下臭氧氧化效果

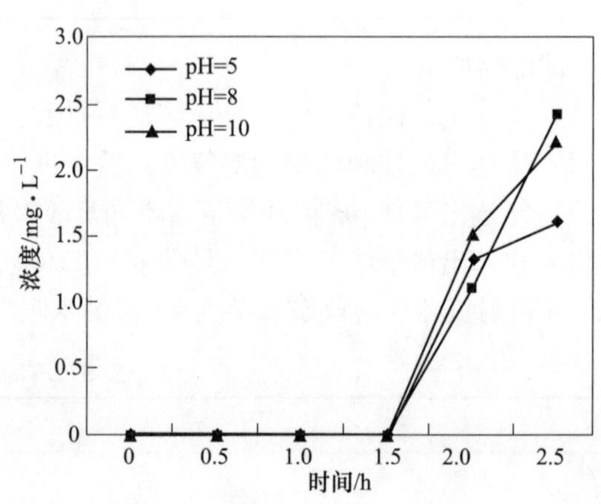

图 4　不同 pH 值下尾气浓度

对试验数据分析，得出如下结果：

（1）溶气泵+微纳米曝气头组合在 pH=8 左右环境下去除 COD 效果最佳，去除率最高达 58.46%；

（2）在不同 pH 值环境下，尾气检测臭氧浓度都极低，说明溶气泵+微纳米曝气头组合在不同 pH 值环境下对臭氧利用率都很高。

（3）pH=8 时，反应相同时间出水色度最低；pH=5 环境下，出水呈淡粉红色。

pH=8 左右时，溶气泵+微纳米曝气头组合不同进气量下测试对 COD 的去除率。

运行参数见表 5。

表 5　pH=8 时不同进气量运行参数

名　称	单　位	数　量	备　注
进水量	m^3/h	1	
pH 值		8	
温度	℃	22~23	
臭氧量	L/min	1.5、2.0、2.5	臭氧浓度：100 mg/L

COD 去除效果见图 5。尾气浓度见图 6。

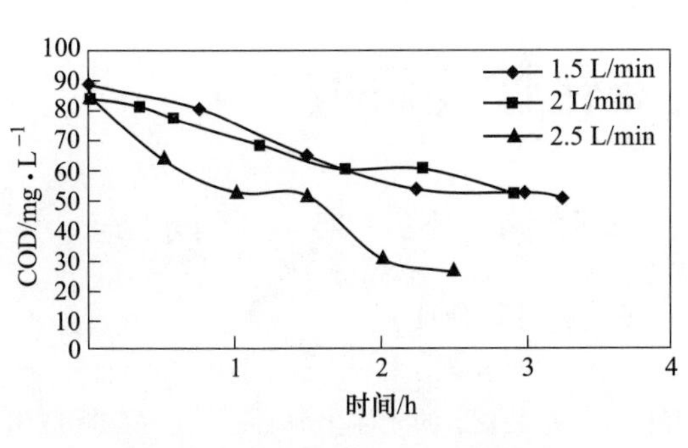

图 5　不同进气量对 COD 去除效果

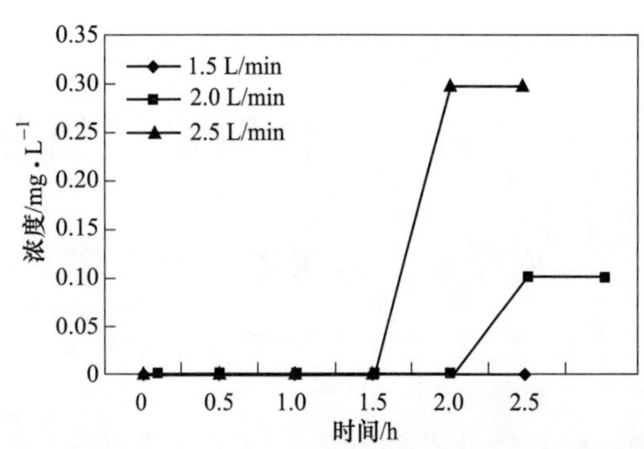

图 6　不同进气量反应后尾气浓度

对试验数据分析，得出如下结果：

（1）溶气泵+微纳米曝气头组合在气量 2.5 L/min 环境下去除 COD 效果最佳；

（2）在不同气量环境下，进气量越大，尾气检测臭氧浓度越高，说明溶气泵+微纳米曝气头组合对臭氧利用率有极限值，综合考虑，溶气比在 15%（即气水比 = 15 ∶ 100）时效果最佳；pH = 8 左右时，溶气泵+微纳米曝气头组合在进气量 2.5 L/min 下重复测试，验证结果经多次重复试验，测试结果相符合，论证结果正确。

BOD_5检测：

取 pH = 8，溶气泵+微纳米曝气头组合在进气量 2.5 L/min 下的产水和原水，做 BOD_5对比试验，得出数据见表 6。

表 6　B/C 比对比表

项　目	BOD_5	COD	B/C
原水	0.6 mg/L	85 mg/L	约 0.007
产水	20 mg/L	34 mg/L	约 0.6

对试验数据分析，得出如下结果：

溶气泵+微纳米曝气头组合能明显提高废水的可生化性；综上所述，在提高臭氧利用率方面，溶气泵+微纳米曝气头效果极其明显，COD 去除率最高达 58.46%，且可明显提高废水的可生化性，为下一步的常规或生化处理提供保障。该组合最佳运行工况为：pH = 8，溶气比为 15%。

原水经过臭氧氧化后，生化性有所提高，可以采用曝气生物滤池作为深度处理的一个生化环节。

4　结论

由于焦化废水经生化处理后指标无法达到膜处理的要求，目前臭氧高级氧化工艺受到越来越多的关注。该技术经过不断地研究、改进，已发展为系列综合工艺，具有去除 COD_{Cr}、BOD_5、硝化、脱氮等作用。该工艺出水水质稳定，效率高，在污水的深度处理，特别是在难生物降解有机工业污水的深度处理方面有其不可替代的优势。

参 考 文 献

[1] 许晓海．炼焦化工实用手册［M］．北京：北京工业出版社，1999.

[2] 高华，刘坤．紫外光催化氧化处理焦化废水中有机毒物的研究［J］．青岛医学院学报，1996，32（3）：203-206.

[3] 李世杰，张发祥．焦化废水脱氮工艺［J］．江西冶金，1994（4）：30-31.

[4] 薛向东，金奇庭．水处理中的高级氧化技术［J］．环境保护，2001（6）：13-15.

改性纳米二氧化钛光催化性能研究

刘子娟　刘庆佩　李永超　胡春涛　王晓楠　姚　君　贾楠楠

（鞍钢化学科技有限公司，鞍山　114001）

摘　要： 二氧化钛具有效率高、稳定性好、价格低廉、无污染等优点，是最合适的光催化剂之一，但在实际应用中，存在几个问题制约着 TiO_2 光催化技术在污染物处理中的大规模应用。首先，由于纳米颗粒细微，难以回收，活性成分损失大，不利于催化剂的再生和再利用；其次，由于纳米二氧化钛光生电子-空穴复合率高，量子效率低，难以处理数量大、浓度高的工业废水；最后，TiO_2 禁带宽度为 3.2 eV，仅能吸收利用太阳光中波长小于 380 nm的紫外光，对太阳能的利用率较低。因此，对纳米二氧化钛进行改性以及制备可回收和重复使用的纳米二氧化钛是当前光催化研究领域的两个热点。

关键词： 二氧化钛改性，催化效率，降解，有机污染物

1　光催化氧化技术

焦化废水具有水量大、成分复杂、污染物浓度高、色度高、可生化性差及难降解等特点，属于污染物浓度高、不宜处理且含大量有毒有害物质的工业废水。焦化废水除了氨氮、酚、氰等大量无机物以外，还有种类繁多、高浓度的有机物，主要是酚类、苯系物、杂环化合物、多环化合物等，其中酚类化合物含量最高[1]。焦化废水主要来源：一是剩余氨水，它是煤干馏及其冷却过程产生的废水；二是煤气净化过程产生的废水，如煤气终冷水和粗苯分离水等：三是焦油、粗苯等精制过程及其他场合产生的废水。该废水含有大量的污染物，水质复杂，存在着氨氮、COD 浓度超标的问题，是一种典型的有毒难降解有机废水[2]。

光催化氧化法是通过氧化剂在光的激发和催化剂的催化作用下产生的 · OH 氧化分解有机物。与传统处理方法相比，光催化技术以其氧化彻底、反应速度快、处理效率高、高效节能、无二次污染等优势脱颖而出，在开发新能源和环境治理等方面具有广阔的应用前景[3]。光催化氧化技术是利用催化反应中生成电子和空穴对以及产生强氧化性的活性氧物质，通过氧化还原反应破坏有机或无机污染物的键能将其降解，最终将有机污染物降解为 CO_2 和 H_2O，反应过程中 Gibbs 自由能逐渐降低，可以自发地进行[4]。在光催化反应过程中，活化能不断发生变化，光催化反应将以高效低耗的方式发生。

2　二氧化钛光催化性能

二氧化钛相对密度与结晶形态、粒径大小、化学组分有关，锐钛矿型二氧化钛的相对密度为 3.8~3.9 g/cm^3，金红石型二氧化钛的相对密度为 4.2~4.3 g/cm^3，金红石相是二氧化钛最稳定的结晶形态，致密的结构使其与锐钛矿相比具有更高的硬度、密度、介电常数与折光率[5]。二氧化钛介电常数较高，因而具有优良的电化学性能。在外电场的作用下，其离子之间相互作用，形成了极强的局部内电场。在这个内电场的作用下，离子外层电子轨道发生强烈变形，离子本身也随之发生了很大的位移，二氧化钛晶型含有杂质对介电常数影响很大，金红石型介电常数随二氧化钛晶体方向而不同，当与 C 轴相平行时，其介电常数为 180；呈直角时为 90，锐钛矿型二氧化钛介电常数只有 48。二氧化钛具有半导体的性能，其电导率随温度的上升而迅速增加，而且对缺氧也非常敏感。

二氧化钛无毒，化学性质很稳定，常温下几乎不与其他物质发生反应，是一种偏酸性的两性氧化物。纳米二氧化钛作为一种光催化剂，是一种性能优良的 N 型半导体材料，可以充分利用太阳能，既高效节能又环保，并且反应时表现出良好的光稳定性和较高的反应活性，无毒、成本廉价、无二次污染，是当前应用前景最为广阔的一种纳米功能材料，广泛应用于废水处理、空气净化、杀菌消毒、医疗技术和制

备环保型材料等领域。但在实际应用中，二氧化钛禁带宽度较大（3.2 eV），对可见光利用率低，悬浮型粉末分离回收困难，限制其工业化应用[3]。二氧化钛的改性主要是缩小带隙宽度，加强催化剂对可见光的吸收；抑制光生电子-空穴对的复合，提高 TiO_2的光催化量子产率和光转换效率。

3 二氧化钛光催化剂的制备

3.1 溶胶-凝胶法

溶胶-凝胶法近年来被广泛应用于制备纳米二氧化钛，其基本原理是：以钛醇盐或钛的无机盐为原料，经水解和缩聚生成稳定的溶胶体系，没有沉淀生成，放置一段时间经缩聚反应得到凝胶，其中含有大量液相，经过蒸发干燥出去液体介质，灼烧得到纳米二氧化钛粒子。得到的二氧化钛粉末均匀度高，尤其是多组分样品，其均匀度能够达到分子或原子尺寸，纯度高，煅烧温度比传统温度低，反应过程易于控制，副反应少，工艺操作简单。缺点是所用原料大多数是有机物，成本高，有些对身体有害，若反应不彻底，残留的碳使得样品发黑。凝胶之间的分散性差，易造成纳米二氧化钛颗粒发生团聚。

3.2 水热法

水热合成法是将二氧化钛纳米粒子在高温下与碱液进行一系列化学反应，然后经过离子交换焙烧制备纳米管的方法。该方法操作简单，成本低廉，有利于工业化生产。Tomoko[6]等用金红石型氧化钛为前驱物，加入浓 NaOH 溶液，油浴控温 110℃，反应 20 h，经过 0.1 mol/L HCl 处理得到样品，并指出水洗和进一步用稀 HCl 处理得到氧化钛纳米管的必要条件。浓碱处理后得到含有 Ti-O-Na 样品，经过酸处理，得到片状纳米粒子，这些片状的纳米粒子卷曲成纳米管。利用水热法可以先得到相应的钛酸盐，然后用 H^+粒子与 Na^+离子进行交换，在一定温度下灼烧得到多晶二氧化钛纳米管。水热合成法虽然操作简单，但试验条件苛刻，所得纳米管的尺寸和形貌结构特征较大程度上依赖于原料二氧化钛微粒尺寸和晶相。水热法制备的二氧化钛纳米管是一种分散形态，难以回收利用。

3.3 电化学阳极氧化法

电化学阳极氧化法通过在电解液中阳极氧化的方法在金属纯钛表面自组装一层排列有序的二氧化钛纳米管阵列。2001 年，美国科学家 Grimes 等[7]首次报道了以 Ti 为基体，利用电化学阳极氧化的方法在 HF 电解液中制备出均匀有序的二氧化钛纳米管阵列，随后在不同含氟溶液体系中制备出一系列不同形貌的二氧化钛纳米管阵列，并对其在太阳能电池、氢传感器、自清洁材料等方面进行了深入研究。Gong 等用纯钛片浸入 0.5wt%的 HF 电解液中，通过改变阳极电压、电解液浓度等条件得到不同尺寸的二氧化钛纳米管。采用阳极氧化技术制备的二氧化钛纳米管阵列，成本低廉、工艺简单、试验条件温和、纳米管具有较大的比表面积并以有序陈列形式排列。由于纳米管从金属钛表面生长，因而与金属钛基体结合牢固，并且便于回收和重复使用，稳定性高。

4 改性二氧化钛光催化性能研究

二氧化钛因其活性高、成本低、稳定性好被广泛应用于半导体催化剂。但其带隙较宽，吸收光谱较窄，光生载流子易复合，降低 TiO_2光催化性能。若将光催化技术工业化，必须对二氧化钛进行改性，提高二氧化钛光催化活性和光利用率以及光量子效率是必要的[8]。提高二氧化钛半导体光催化性能的方法有多种，如半导体复合、贵金属沉积、半导体表面光敏化及离子掺杂等方法。

4.1 复合改性研究

复合半导体改性无须改变二氧化钛的晶格结构即可拓宽对可见光的响应区域，还能提高量子产率。宽窄带隙不同的半导体复合可以形成异质结，光生电子从一个半导体导带迁移到另一半导体导带，促使光生电子-空穴对的有效分离，不仅能够提高光生载流子的分离率，还能调节复合体系的能带结构，拓宽光响应范围[9]。

王世俊[10]等人采用超声法制备 CdSe/ZnSe/TiO_2复合光催化剂。ZnSe 和 CdSe 化学性质稳定，室温下禁带宽度分别为 2.67 eV 和 2.4 eV，是复合改性的优良窄禁带半导体。TEM 显示复合材料具有较大的比表面积和微孔结构，能够提供更多的点位。紫外-可见吸收图谱分析，复合光催化剂不仅在紫外光区有吸收，还在 400~700 nm 的可见光区也有较高的吸收，可以同时吸收紫外光和可见光能量，提高光催化效率。傅里叶变换红外光谱分析表明，波数位于 472 cm^{-1}的峰是 TiO_2的晶格振动引起的，与纯相二氧化钛相比，复合光催化剂在 472 cm^{-1}的峰出现了宽化。催化剂用量 200 mg/L，光照 180 min 后，焦化废水的降解率达到 90.9%。

4.2 掺杂改性研究

离子掺杂作为重要的改性手段，对于解决量子效率低、降解效果不理想及可见光响应差等问题具有显著效果。孙圣楠[11]通过溶胶-凝胶法制备了 Fe 离子掺杂纳米 TiO_2光催化剂。实验表明，Fe 掺入量为 2%时，410 nm 处所对应的能带宽度为 3.03 eV，吸收光谱可扩宽至 546 nm。在紫外和可见光下 Fe/TiO_2光催化剂比纯相 TiO_2催化降解率分别提高了 15%和 10%。研究发现 Fe 元素以掺杂的方式进入 TiO_2晶格中，形成捕获电子和空穴的陷阱，抑制光生载流子复合，拓宽可见光的响应范围。非金属离子掺杂不仅能够保证 TiO_2自身优异性能，还能降低纳米二氧化钛的能带间隙，拓宽可见光的响应范围，抑制光生载流子的复合[12]。

单元素掺杂很难在提高量子效率的同时又拓展可见光的响应范围，共掺杂可以通过不同掺杂元素间的协同作用来克服这两方面难题，共掺杂由于离子间的协同作用使得改性效果更为显著。N 与 C 的协同效应一直是研究的热点，Dong 等[13]采用溶胶-凝胶法制备了 C、N 共掺杂 TiO_2硅藻土复合材料。结果表明，C、N 掺杂能有效促进 TiO_2高活性锐钛矿晶面生长，N 杂质的引入并没有取代晶格氧，而是掺杂到 TiO_2晶格间隙中。C、N 的协同作用增强了电荷转移，抑制光生电子和空穴的复合。制备的复合材重复利用性较好，在太阳下罗丹明 B 的降解率达到 92.08%。

4.3 负载改性研究

选择具有多孔特性的材料或比表面积较大的材料作为载体将 TiO_2负载其上，可以减少悬浮相 TiO_2的团聚，增加光催化剂的比表面积，从而增大其与有机污染物的接触面积，提高光催化降解效率[14]。载体成为电子俘获中心，促使电子-空穴对分离，提高光量子效率。RGO 具有出色的电子转移能力和较大的比表面积能够抑制光生电子和空穴的复合，常被用于 TiO_2改性研究。Khalid 等[15]采用水热法将 TiO_2负载于石墨烯上制得 RGO-TiO_2复合光催化剂。随着石墨烯含量增加，二氧化钛吸收光谱发生红移，提高了其对可见光的响应，降解率明显高于纯相 TiO_2。在紫外光照射下，二氧化钛被激发产生大量光生电子和空穴对，石墨烯将光生电子迅速转移到 RGO 表面，与反应液中的溶解氧发生反应生成超氧自由基，部分 · O^{2-}和 H^+分别与水反应生成 · OH，这些强氧化性自由基最终将有机物降解为 CO_2和 H_2O。催化降解过程中，RGO 同时扮演着光敏化剂和电子受体的角色，促进电子和空穴的分离。经过三次循环重复利用实验，焦化废水的去除率高达 91.5%。

5 结语与展望

二氧化钛作为生态环保、应用广泛、前景光明的光催化剂，受到研究者的广泛关注。对其研究的重点就是抑制光生电子-空穴对的复合和拓宽可见光的响应范围，提高光催化性能，达到工业实际生产需求。提高光催化性能，需要对这几方面进行分析研究，一是对 TiO_2传统半导体材料进行改性，改变其晶面和微结构形貌，使其光能吸收带边红移至可见光区；二是研发新型高效紫外光催化材料；三是研发新型高效可见光催化材料；四是研发新型宽光谱响应且具有高活性光催化材料。对于光催化剂的分离回收及再利用也是今后需要考虑和研究的重点问题。随着对 TiO_2不断深入地研究，今后应从材料制备和使用性两方面出发，探寻更经济的催化剂制备方法，让光催化降解污染物等领域获得大面积推广，让二氧化钛催化剂在生产和生活中得到更广泛的利用。

参考文献

[1] Li J, Wu J, Sun H, et al. Advanced treatment of biologically treated coking wastewater by membrane distillation coupled with pre-coagulation [J]. Desalination, 2016, 380: 43-51.

[2] 潘碌亭，吴锦峰. 焦化废水处理技术的研究现状与进展田 [J]. 环境科学与技术，2010，33 (10)：86-91.

[3] Bianchi C L, Pirola C, Galli F, et al. Nano and micro-TiO_2 for the photodegradation of ethanol: experimental data and kinetic modelling [J]. RSC Advances, 2015, 5 (66): 53419-53425.

[4] Wang D Y. Adsorption characteristics and degradation mechanism of metronidazole on the surface of photocatalyst TiO_2: a theoretical study [J]. Applied Surface Science, 2019, 478: 896-905.

[5] Lei P, Hui H, Chiew K L, et al. TiO_2 rutile-anatase core-shell nanorod and nanotube arrays for photocatalytic applications [J]. RSC Advances, 2013, 3 (11): 3566-3571.

[6] Tomoko K, Masayoshi H. Formation of titanium oxide nanotubes using chemical treatments and their characteristic properties [J]. Thin Solid Films, 2005, 10: 141-145.

[7] Dawei G, Grimes C A, Varghese O K, et al. Titanium oxide nanotube arrays prepared by anodic oxidation [J]. J. Mater Res., 2001, 16: 3331-3334.

[8] Tasbihi M, Bendyna J K, Notten P H, et al. A short re-view on photocatalytic degradation of formaldehyde [J]. JNanosci Nanotechnol, 2015, 15 (9): 6386-6396.

[9] Laciste M T, De Luna M D G, Tolosa N C, et al. Degra dation of gaseous formaldehyde via visible light photoca talysis using mult-i element doped titania nanoparticles [J]. Chemosphere, 2017, 182: 174-182.

[10] 王世俊. ZnSe/TiO_2和 CdSe/ZnSe/TiO_2的制备及光催化降解染料废水研究 [D]. 开封：河南大学，2014.

[11] 孙圣楠. 活化半焦负载 Fe 掺杂 TiO_2光催化烟气脱硝的研究 [J]. 中国海洋大学学报（自然科学版），2015，45 (11)：63-68.

[12] 王丽，陈永，赵辉，等. 非金属掺杂二氧化钛光催化剂的研究进展 [J]. 材料导报，2015，29 (1)：147-151.

[13] Dong X, Sun Z, Zhang X, et al. Synthesis and enhanced solar light photocatalytic activity of a C/N Co-doped TiO_2/diatomite composite with exposed (001) facets [J]. Australian Journal of Chemistry, 2018, 71 (5): 315-324.

[14] 罗大军，徐彩云. TiO_2负载玄武岩纤维毡复合材料的制备及其光催化性能 [J]. 硅酸盐通报，2014，33 (10)：2493-2497.

[15] Khalid N R, Ahmed E, Hong Z, et al. Enhanced photocatalytic activity of graphene-TiO_2 composite under visible light irradiation [J]. Current Applied Physics, 2013, 13 (4): 659-663.

反渗透设备故障及排除方法

赵　洁　刘翠萍　李晓红

（内蒙古包钢钢联股份有限公司煤焦化工分公司，包头　014010）

摘　要：反渗透设备广泛应用于纯水的制造工艺，该设备运行过程中出现的问题也引起广泛的关注。包钢煤焦化工分公司除盐水站运行有十年时间，在这十年的生产过程中，反渗透设备运行发生异常的种类较多，且其问题原因也往往是复杂的。为了更好地指导现场生产运行，本文通过对该除盐水站反渗透膜及组件现场情况和运行数据进行整理，结合有关资料讨论反渗透设备出现的常见问题及处理方法。主要提出反渗透膜污染如何判断和进行化学清洗、相关管道可能出现问题和其他主要配件设备故障等并找到合理的解决方法。

关键词：反渗透，故障，处理方法

1　概述

反渗透运行过程中可能出现的设备故障种类很多，如何判断故障类型、确定故障产生的原因并提出可行的解决方法，对反渗透设备稳定运行至关重要。故障的及时处理，将有效地提高反渗透膜运行寿命。通过异常的情况运行数据分析，可有效地找到根本原因，根据实际情况提出有效方法并进行改造，减少故障发生的可能性。

2　工艺介绍

除盐水站是焦化厂干熄焦汽轮机锅炉的补充水系统，于2006年6月投入运行。到现在已经运有10年多的时间，在运行期间根据实际情况进行了多次的工艺改善。

该系统中使用两级反渗透对来水进行处理。一级反渗透采用五组反渗透装置，每组膜元件共有48根，出水为40 t/h，该级反渗透采用两段式[1]，排列为5：3，设备装置除本体及阀组外，还设置反渗透膜化学清洗系统1套，该系统与超滤设备清洗系统共用。二级反渗透同样配套一级同样为五组，每组膜元件共有30根，出水为33 t/h，采用两段式，排列为3：2，设备包括本体及阀组，未设化学清洗设备。

图1为该系统反渗透设备运行工艺流程图。

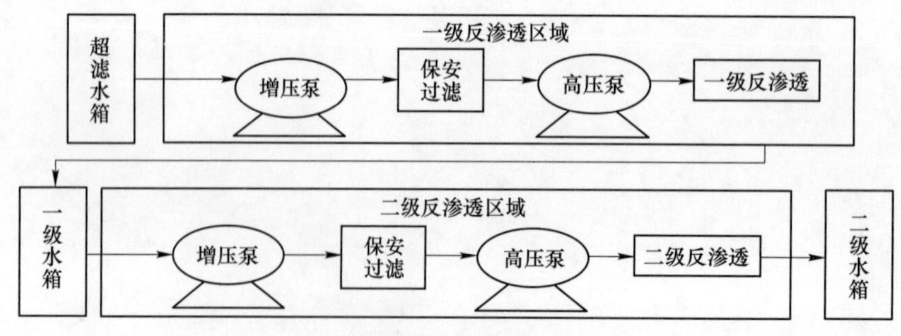

图1　反渗透运行工艺流程图

3　反渗透膜

3.1　出现的主要问题和解决方法

当整套系统使用时间到达使用年限或操作不当时，反渗透设备膜体部分将造成损伤，该损伤对应工艺运行数据将发生变化。主要通过流量、脱盐率、压降的运行数据初步判断损伤种类，再通过进一步检查确认损伤具体情况。

表 1 为反渗透设备常见故障及故障引起的参数变化和故障可能原因生变化及处理方案。从表 1 可以看出故障产生的原因多样，参数变化组合复杂，处理方法针对性强。

表 1　反渗透故障情况及处理方法

设备故障情况		参数变化情况			故障产生原因	应对方案
		流量	脱盐率	压降		
1	元件变形	↓	↓		压降大；高温	更换 R/O 元件
2	膜泄漏	↑		↓	振动；压降；冲击压力	更换 RO 元件
3	膜口袋黏结线破裂，膜压密、膜被硬颗粒划破	↑	↑	↑	进水温度；压力；运行时间	清洗或更换 RO 元件
4	O 形圈泄漏	↑		↑	振动；冲击压力	更换 O 型圈
5	浓水密封圈漏	↓		↓	材料是否老化；短路	更换浓水侧密封圈
6	内连接器断	↑		↓	压降大；高温	更换连接器
7	中心管断	↑		↓	压降大；高温	更换 R/O 元件
8	悬浮物污染膜	↓	↓		预处理；原水水质	化学清洗
9	结垢	↓	↓		预处理；原水水质	化学清洗
10	有机物污染膜		↓	↑	预处理；原水水质	化学清洗

3.2　化学清洗工艺情况

煤焦化工分公司除盐水站一级反渗透装置和超滤设备有一套独立的化学清洗系统，可以实现为 5 套反渗透进行化学清洗去除膜上的污染，保证一级反渗透膜的使用寿命及出水水量和水质。根据本地区水质情况和前期厂家调试结果可知造成膜污染主要是微生物污染和结垢，这些水垢是由进水中溶解性固体浓缩至一定浓度后，会在膜表面沉淀，这些固体污染随时间延长在反渗透膜表面不断累积[1]，水垢的成分较为固定，所以该水站一般进行化学清洗条件和方法可以较为固定。

图 2 为该系统反渗透设备化学清洗工艺流程示意图。

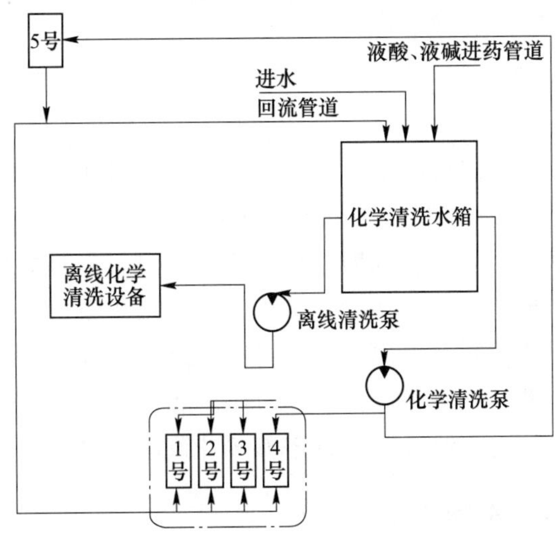

图 2　反渗透设备化学清洗工艺流程示意图

这套化学清洗设备只针对一级反渗透，清洗时公共部分有独立的清洗管线和设备，1～4 号进、出水管线也可以同设备一起清洗。在日常清洗时，周期比较短一般为 4～10 h，可以由岗位人员直接使用化学清洗泵进行设备清洗。线清洗一般根据设备运行情况进行选择，清洗周期比较长，因其专业性强一般由药剂厂家负责。5 号一级反渗透为二期建设增加设备，与前四组设备不在一个区域，进水管道和出水管道相较原系统较远。

3.3 反渗透装置需清洗的条件

化学清洗的问题正常运行中膜元件受到渗透水的冲洗，所以只有在反渗透出水量下降 10%、压降增加 15%、脱盐率明显下降或人为要求时，才对系统进行化学清洗[2]。但为了保证系统长时间的安全运行，通常三个月至半年清洗一次。运行中反渗透运行时如出现以下任一情况，则必须立即进行化学清洗：

（1）装置总压差比运行初期增加 0. 15~0. 20 MPa。

（2）装置脱盐率比上次清洗后下降了 3%及以上。

（3）装置的总产水量比上次清洗后下降了 10%及以上。

（4）即使上述三种情况未曾出现，通常也应 5~6 个月清洗一次。

3.4 清洗方法

（1）按选定的清洗剂配方，在清洗水箱中配制清洗液，用泵循环清洗液，将其搅匀待用。

（2）关闭反渗透装置上的进出水阀门、排放阀门，打开反渗透装置上的化学清洗进出阀门，形成循环清洗系统。

（3）接好清洗管路后，开启清洗泵电源开关，按规定的流量、压力（0. 14 ~ 0. 22 MPa）和温度（<30℃），清洗 1~2 h（必要时可浸泡 1~2 h），初始排出的清洗液排入地沟，以保证清洗液的浓度。

（4）清洗完毕后，将清洗水箱残液排完，注入符合反渗透装置进水指标的水，以清洗相同条件进行冲洗。或用原水增压泵类似低压冲洗条件来冲洗。

（5）各段冲洗结束后，按规定的运行方式进行低压冲洗和高压运行，最初产水排入地沟，到出水指标合格后进入产品水箱。

（6）清洗结束后，必须将化学清洗装置冲洗干净，切忌将清洗过滤器、清洗水泵等设备置于酸或碱的状况下。

（7）化学清洗时一定要注意阀门的情况，一旦阀门开闭不正确，将可能造成部件损伤，甚至造成膜破裂。

4 管道及附属配件常出现问题

4.1 管道破裂原因及处理方法

该系统管道使用的 PVC 管件，泵的启停产生的水锤和电动阀门开启过慢，都极有可能造成管道破裂、逆止阀击碎和膜元件或其连接件破损问题。在生产前期使用最直接的处理方法，更换击碎管件和阀体，这种方法检修工作量大，很可能影响生产，同时维检管件成本高，而且同样问题还会重复出现。因为焦化厂除盐水站增压泵之前局部区域只有一根主管直接连接所有增压泵，多台设备一起启动时这个区域易形成水锤，击碎该区域的逆止阀或管道，所以在运行过程中进行了改善，首先在现场严格实行标准化作业，要求启动反渗透系统时，只有一套设备完全启动，压力和水量达到运行要求后才可以继续启动下一套设备，减少水锤产生的条件。同时将原区域内的 PVC 逆止阀改为白钢，提高其抗击压力的能力。

4.2 保安过滤器出现的常见问题及处理方法

本装置由 PLC 控制自动运行，而保安过滤器操作简单，故无须特别的运行操作。一般情况下当保安过滤器运行一段时间进出口压差过大（>0. 07 MPa）时，需要更换滤芯。特殊情况当处理水质恶化、水量下降时，应及时查明原因，改善来水水质。在确定原因前，为保证出水水量，在进出口压差过大（>0. 07 MPa）时，处理方法是首先及时更换干净的滤芯，保证反渗透正常运行。

4.3 一级5号反渗透化学清洗管道改善

4.3.1 5号反渗透及管道特殊性

一级5号反渗透及管道，是在除盐水系统扩建过程中新增的设备。由于当时场地的局限，位置和其他反渗透相比位置离化学清洗设备位置较远，使运行管线变长。化学清洗部分公共管道使用原管道，其他部分重新铺设管道，连接5号反渗透设备进水管口和出水管口，使得其化学清洗管线较1~4号反渗透延长很多，化学清洗效果不好，可参考图3。

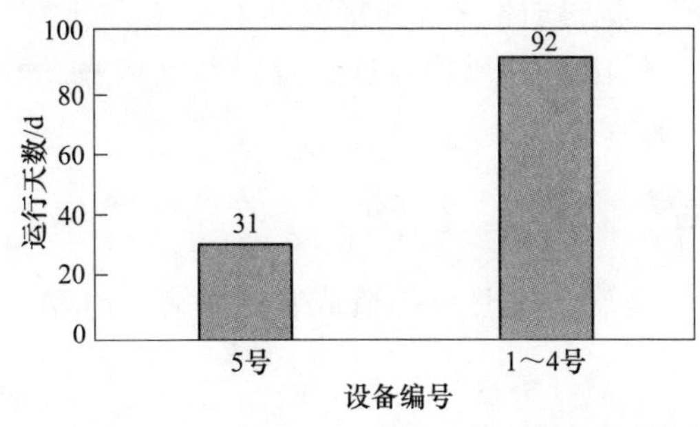

图3 5号反渗透与1~4号反渗透化学清洗平均天数对比情况

由图3可知一级5号反渗透前期投入运行后，反渗透微生物增长速度较其他反渗透快两倍，初期为了保证出水水量，一级5号反渗透频繁地更换保安过滤器滤芯和进行化学膜清洗工作。

4.3.2 5号反渗透管道改造过程

经过观察和总结发现，一级5号反渗透80%以上的管道独立于化学清洗系统之外，而原有化学清洗线路不能清洗5号反渗透进水和出水管道，造成微生物滋生后无法清除。在运行过程中，每次化学清洗反渗透设备时，独立于化学清洗系统外的这部分管道都不能得到清洗，管道内的微生物由于长期得不到处理生长繁殖过快，管道内的微生物随进水带入到反渗透装置，并造成反渗透设备微生物滋生过快，渗透膜微污染严重的问题。需要采取措施抑制微生物的生长，首先就要控制好通过管道进入反渗透设备的微生物，需要定期对管道进行化学清洗抑制微生物生长，为了解决这一问题在原有管线上增设一条化学清洗进水管路，可以独立清洗5号反渗透的进水管路，最终有效地改善了微生物滋生的问题。

从图4可看出，随着一级5号反渗透的投产，由于微生物的滋生化学清洗后该设备运行时间越来越短。第五次化学清洗后，进行了管道的改造，管道改造后可以实现了一级5号反渗透管道的化学清洗。设备清洗前先进行管道清洗，所以在第六次化学清洗后，5号反渗透运行时间和1~4号反渗透清洗时间基本相同。

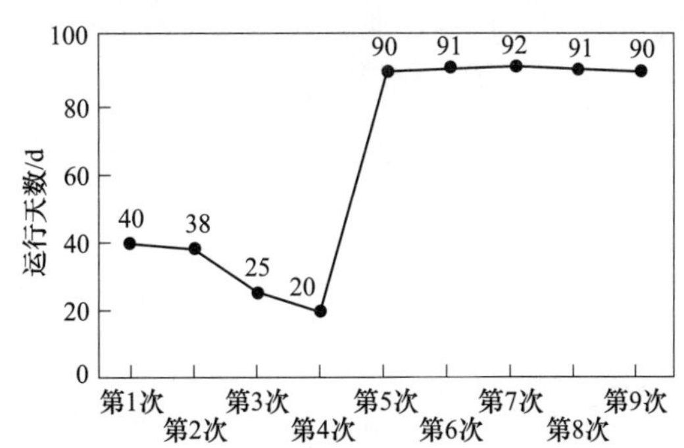

图4 改善前后一级5号反渗透化学清洗实际运行天数

5 其他配件

5.1 高压泵常见故障类型及解决方法

变频故障高压泵没有开启。表现为变频故障造成只有增压泵运行高压泵不开启的情况，压力无法达到设计要求，这时水量出水只有 7 m^3/h 左右，是正常水量的 17%～25%。处理方法第一，检查高压泵及变频电路、电闸合闸情况；第二，变频故障如是数据问题可以直接调节系统数据处理；第三，如是变频设备问题，需要细致分析原因再进行变频维检工作。

5.2 低压保护开关故障

低压保护开关故障，限制高压泵的开启，低压保护开关可以在压力达不到高压泵要求时，保护高压泵的作用。如遇到低压保护开关故障，即使压力达到要求也可能造成高压泵不开启。一般是压力开关接触不好，可能是线路连接有问题，排查线路重新连接好线路；压力开关本身内部弓形接触连接不到位，调整弓形接触片的位置结好线路；低压保护开关内过水位置发生堵塞，可用透针处理；低压保护开关损害无法修复，更换该组件。

5.3 电动慢开门故障及处理方法

电动慢开门不开启增压泵持续运转，这时可能造成管道爆裂。电动门掉闸可以直接合闸处理；电动门故障需要进行专业分析再进行处理。

5.4 淡水冲洗系统问题及处理方法

反渗透装置每次启机都应在进水压力小于 0.5 MPa 条件下冲洗 15 min，常出现问题为淡水达不到水量的情况。可能由以下原因引起：（1）淡水泵故障不能开启。可能是气门系统气压达不到，造成气门不开启，可以检查系统气动门压力，当压力达不到时可开启备用空压机；也可能是气水分离器内有积水使进气系统不畅，可以通过二连体直接排放积水。（2）淡水冲洗气动门不能正常开启。再通过初步的观察和 SDI 数据分析和化验结果查找水质过差原因，根据水质情况及时调整前端预处理系统，加大前端药剂投加量，达到改变来水水质的目的，当水质恢复后，更换滤芯周期延长恢复到原有水平。

6 结语

焦化厂除盐水工段运行十年的过程中，不断地摸索和实践，对如何判断反渗透运行故障和解决故障问题拥有了大量工程实践经验，为系统稳定运行提供保障。

参 考 文 献

[1] 周正立．反渗透水处理应用技术及膜水处理剂［M］．北京：化学工业出版社．2005.

[2] 杨显丽．反渗透水处理技术在厂的应用［J］．工业水处理，2003（1）：77-78.

某化工厂生化污泥处理系统优化升级探讨

李铁明[1,2]　祖印杰[1,2]　宋　冬[1,2]　张明佳[1,2]　闫　超[1,2]　李泽奇[1,2]

（1. 唐山首钢京唐西山焦化有限责任公司，唐山　063200；
2. 河北省煤焦化技术创新中心，唐山　063200）

摘　要：针对某化工厂生化污泥处理系统当前存在的问题，对污泥离心机进行转型升级，根据现有的物料含固率及污泥处理量，更换一台处理能力在6~7 m^3/h 的污泥离心机，以保证生化系统正常排泥，为生化水处理提供可靠保障。更换后的污泥离心机处理量为7 m^3/h 左右，单开一台即可满足生产需求，分离后的物料含固率也符合要求，解决了之前污泥离心机跑泥问题，消除了潜在的环保隐患，且絮凝剂的消耗量、离心机的用电量及检修费用等指标都有了显著减少，符合公司的降本增效理念。

关键词：污泥处理系统，污泥离心机，物料含固率，污泥处理量，降本增效

1　概述

生化系统是焦化厂化工区域不可或缺的一部分，其主要作用是将生化污水、生产污水、冲洗及初期雨水、循环水排污水、除盐水站排污水、事故排水、蒸氨废液等焦化厂各处产生的污水、废水进行分步处理，其主要目的是将污水、废水中所含的氨氮、酚氰化物、杂环化合物吡啶、多环芳烃萘、蒽以及油类等元素、物质分离出去，通过一系列的过滤、超滤、反渗透等工艺，得到排放达标的水[1-2]。图1为本厂化工生化区域工艺简图，当前本厂生化系统主要包括预处理、生物化学处理、混凝处理、污泥处理及除臭处理等五大处理模块。污泥处理系统是生化系统的重要组成模块之一，对生化系统的稳定运行有着重要影响，其核心设备是污泥离心机[3-4]。污泥离心机主要作用是将浓缩后污泥池中的污泥进行脱水处理，经过污泥提升泵的输送、PAM污泥脱水剂的处理、污泥离心机的水、泥两项分离，即可将污水、废

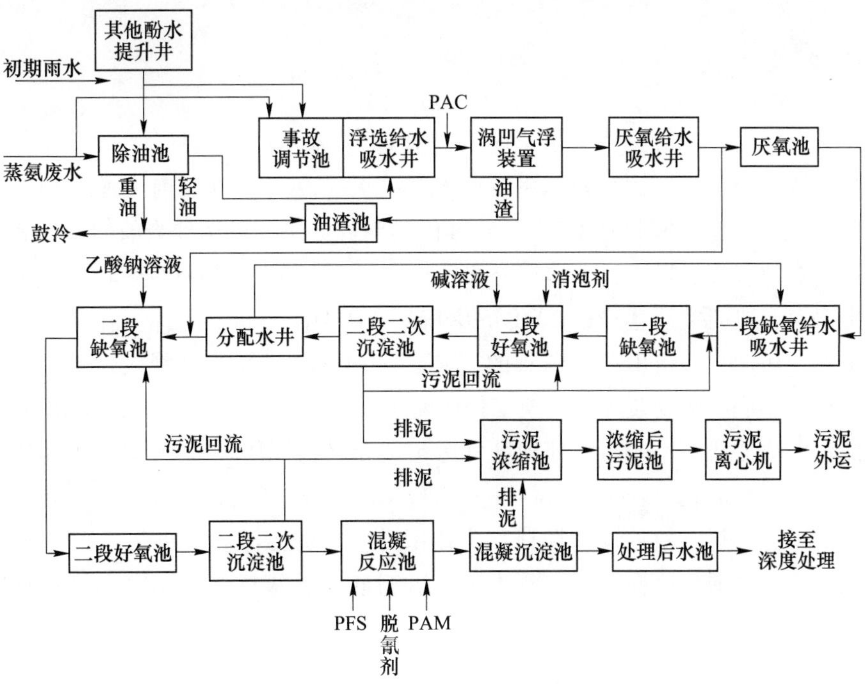

图1　化工生化区域工艺简图

PAC—聚合氯化铝；PFS—聚合硫酸铁；PAM—聚丙烯酰胺

水中所含的污泥分离出去，形成泥饼并经螺旋输送机送入污泥存储仓，定期装车外运。虽然没有主线生产工艺那么重要，但其作用也不容小觑，关系着生化系统的稳定运行。生化系统的稳定运行，对化工区域至关重要，关乎着化工区域污水处理量、生化区域环保、生化系统水指标、生化反应池微生物活性等多项问题。因此，有必要对生化系统进行不断优化，保证生化系统的稳定运行，以期满足公司环保、水指标等各项要求。本文针对生化系统中污泥处理模块进行优化，通过对污泥离心机的转型升级，提升污泥离心机的污泥处理量，从而解决当前污泥离心机处理量小、运行不稳定、跑泥等问题，消除潜在的环保隐患，保证生化系统稳定运行。

2 污泥处理系统当前存在的问题

污泥离心机处理量小、无法满足生产需求。升级前的污泥离心机为湘潭离心机有限公司生产，设计的污泥处理能力为 15 m^3/h，分离后的物料含固率（水中含泥量）为 1%～2%。然而在实际运行过程中，污泥离心机的设计参数与现场实际相差较大：单台离心机处理能力只能达到 1.5 m^3/h 左右（最大处理量不超过 2 m^3/h），实际的物料含固率在 8%左右。而实际生产中，生化系统每小时需进行 4 m^3 的污泥脱水量才能满足正常的工艺要求。目前 2 台离心机同时开启都难以满足生产需要，污泥得不到有效处理，生化水指标的稳定性受到严重影响。

污泥离心机运行不稳定、无备用设备。当前 2 台污泥离心机除了运泥车送泥时停机 1 h 左右，需不间断运行，设备长期运行，导致设备各项运行指标精度下降，且不能及时进行调整，导致设备运行不稳定，时发污泥离心机堵塞、无法正常出泥等问题。一旦污泥离心机堵塞，需对污泥离心机解体清理，耗费大量人力、物力，严重影响污泥处理系统的稳定排泥及日常检修工作的进度。

污泥离心机时常跑泥、存在环保隐患。升级前的污泥离心机处理量小，无法满足生产需求，且存在跑泥的问题。所谓跑泥问题是指，污泥处理量低、处理效果差，导致处理后的污泥含水量大、出泥太稀，无法达到生产工艺要求。污泥含水量大，导致分离后的污泥异味大，且分离后的污泥直接进入污泥车，产生的异味无法进行及时处理，对生化区域的环保产生严重的负面影响，并且污泥含水量大，也无法正常回收再利用。

3 优化结果与讨论

由上述问题可见，污泥离心机处理量是影响污泥处理系统运行稳定性的主要因素。因此，提升污泥离心机污泥处理量是解决当前本厂污泥处理系统问题的主要方法。根据当前污泥处理系统存在的问题及现有的物料含固率，更换一台处理能力在 6～7 m^3/h 的污泥离心机即可达到当前的生产需求。

本次优化，主要对超级离心机进行了转型升级，由之前湘潭离心机有限公司生产的 LW450×1800-NB 型离心机更换为上海离心机研究所生产的 LWP450×1940-ND 型离心机。具体工作包括污泥离心机整机更换、电气控制柜更换、污泥离心机出口刀闸阀的安装、污泥进料口及絮凝剂入口管道的改造、分离水管的改造、污泥离心机钢制底座的安装等。更换工作历时 12 天，其中 11～12 天为污泥离心机的调试过程。

转型升级后的污泥离心机每小时污泥处理量可达 6 m^3/h（污泥离心机处理量及絮凝剂消耗量见图 2），处理量相当于 3 台旧污泥离心机（型号：LW450×1800-NB）同时开启，不仅能够满足正常生产需求，而且能够将之前积存的污泥进行有效处理。经计算，转型升级后的污泥离心机每年可处理污泥达 50000 m^3 左右，处理污泥的效率较之前相比提升了 50%左右。并且转型升级后的污泥离心机在絮凝剂消耗量及用电量上有了显著减少，平均一年节省电费 21 万元，节省用药量 1600 m^3，很大程度上节省了费用的投入（每年新、旧污泥离心机的处理量、絮凝剂消耗量、用电量对比如图 3 所示）。同时，转型升级后的污泥离心机由于处理能力增强，解决了污泥离心机跑泥、转鼓堵塞问题，减少了污泥离心机的检修次数，节省了污泥离心机的检修费用。

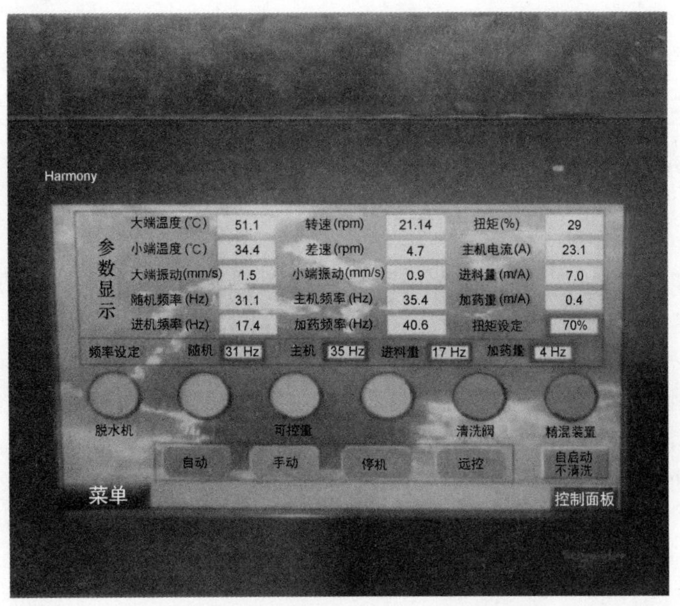

图 2　转型升级后污泥离心机各参数情况

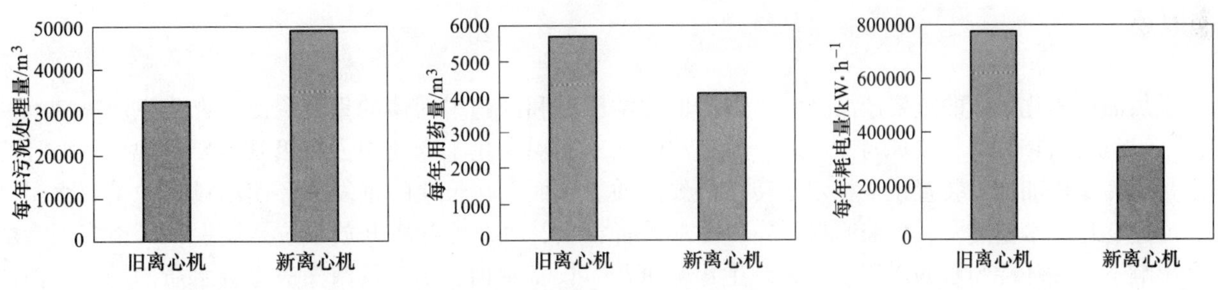

图 3　每年新、旧污泥离心机的处理量、絮凝剂消耗量、耗电量对比

4　结语

污泥离心机转型升级后，处理量可达 7 m^3/h 左右，完全满足生产需求，解决了之前污泥离心机跑泥、无备用设备、运行不稳定等问题，消除了潜在的环保隐患，保证了生化系统水处理的指标。

污泥离心机转型升级后，絮凝剂的消耗量及设备用电量都有了显著减少，极大地减少了每年絮凝剂费用、电费及检修费用，符合本厂降本增效的理念。

参 考 文 献

[1] 吴芳磊，贺航运，梁庸，等．造纸废水处理强化生化系统 COD 去除的实例［J］．工业水处理，2022，42（3）：186-190.

[2] 李成，魏江波．煤制烯烃项目污水生化系统常见问题及解决措施［J］．工业水处理，2020（2）：106-108.

[3] 王思哲，梁云平．对影响卧螺离心机脱水效果因素的探讨［J］．化工设备与防腐蚀，2003（6）：46-48.

[4] 张伟华．卧式螺旋离心机在污泥脱水中的运行控制［J］．环境与发展，2011（1）：42-43.

生物菌剂在循环水系统中的应用研究

贺心才

（国家能源集团煤焦化公司西来峰分公司焦油厂，乌海　016030）

摘　要： 针对煤焦油加工装置中循环冷却水存在的COD超标、磷含量偏高、容易造成换热设备结垢、腐蚀、淤积等问题，提出采用生物制剂进行生化处理的工艺方案，提高循环冷却水的水质指标。工程运行结果表明，生物制剂取代化学药剂以后，循环冷却水的COD、氨氮、氯离子和总磷含量降低明显，去除率分别达到92%、95%、57%和73%，出水COD<20 mg/L，ρ(氨氮)<0.5 mg/L，ρ(氯)<130 mg/L，ρ(磷)<0.5 mg/L；处理效果完全达到《工业循环冷却水处理设计规范》（GB/T 50050—2017）的技术要求；长期周运行结果显示，生化处理工艺具有良好的缓蚀阻垢效果，补水比例由30%降低至10%，能够显著减少污水排放和磷排放，具有较好环境和经济效益。

关键词： 煤焦油加工，循环冷却水，生物处理

1　概述

煤焦油是焦化工业的重要产品之一，是提取化学原料和医药中间体的重要资源，也是生产黏结剂沥青[1-2]、炭素材料[3-5]的重要原料。因此，煤焦油的加工利用在化工产业中占有极其重要的地位。循环冷却水是保障煤焦油加工装置正常稳定运转的必要介质。然而，在长期的重复循环使用过程中受到水温升高、流速变化、水量蒸发、焦油原料污染、冷却设备材质，以及冷却塔开放系统杂质引入等诸多因素的综合影响下，循环冷却水的水质恶化，产生污垢沉积、设备腐蚀、黏泥及菌藻滋生等水质问题，进而造成设备、管道堵塞，不仅影响换热效率及装置的正常生产，而且带来很大的安全隐患。当前，控制循环冷却水水质质量、减缓设备结垢与腐蚀的方法主要有电化学法[6-7]、添加酸、缓蚀剂、阻垢剂等化学药剂[8-10]、生物降解法[11]、电磁场[12]、超声波处理方法[13]、超滤-反渗透双膜法[14]等。近年来，生物缓蚀技术因其具有生产成本低、不会造成环境二次污染、磷排放量低等优势，受到行业的重点关注。但，针对煤焦油加工装置中具有COD含量高、氨氮含量高、水质处理难度大等特点的循环冷却水进行工程化生物处理的报道还比较少。

国家能源集团煤焦化公司焦油厂30万吨/年焦油加工装置循环冷却水系统采用化学药剂处理的工艺控制水质指标。随着设备使用年限增加和加工介质特殊等因素影响，造成循环水系统出现水质变差、COD含量升高、磷含量增加等问题，换热设备出现结垢、腐蚀、生物黏泥淤积等诸多隐患，严重影响设备运行安全。为保证冷却水的水质，需要增加含磷化学药剂添加量，加大新鲜水补水量，并排出大量含磷污水，给公司运行的经济性和环保水平带来很大压力。本项目采用生物制剂处理技术调控焦油加工装置中循环冷却水系统的水质指标，研究了生物处理对水质调控和减缓设备结垢、腐蚀、淤积的有效性，考察了长周期工程化运行的效果，并对该技术的社会影响和经济效益进行了分析。

2　循环水系统的基本情况

焦油加工装置的循环冷却水系统为敞开式循环冷却水系统，基本情况见表1。

表1　循环冷却水的操作参数

项　目	运行数据
循环系统容积/m³	1300
保有水量/m³	1100

续表 1

项　　目	运行数据
循环水量/$m^3 \cdot h^{-1}$	900~1000
补充水量/$m^3 \cdot h^{-1}$	300
排污水量/$m^3 \cdot h^{-1}$	100
进-出冷却塔水温/℃	26/22
浓缩倍数	3
换热设备材质	碳钢、不锈钢、铜合金
冷却塔材质	混凝土

从表 1 中数据可知，前期采用添加化学药剂的方法控制循环水水质时，为达到 GB/T 50050—2017《工业循环冷却水处理设计规范》的技术要求，需要往运行系统中补加 300 m^3/h 的补充水，占保有水量的近 30%，同时排出约 100 m^3/h 的污水。补充水来源于焦化公司污水厂集中处理的中水和少部分黄河水经沉淀、过滤预处理后的新鲜水，补充水的水质见表 2。

表 2　补充水的水质指标

项　　目	数　　值
pH 值	7.56
浊度/$m^3 \cdot h^{-1}$	15.73
电导率/$\mu S \cdot cm^{-1}$	1772
总硬度（以 $CaCO_3$计）/$mg \cdot L^{-1}$	645
总碱度（以 $CaCO_3$计）/$mg \cdot L^{-1}$	230.18
钙硬度（以 $CaCO_3$计）/$mg \cdot L^{-1}$	166.73
总磷（以 PO_4^{3-}计）/$mg \cdot L^{-1}$	6.6
氯化物/$mg \cdot L^{-1}$	249.57
硫酸根/$mg \cdot L^{-1}$	
氨氮/$mg \cdot L^{-1}$	0.69
总溶解固体/$mg \cdot L^{-1}$	≤1000
COD/$mg \cdot L^{-1}$	42.5

从表 2 所示补充水水质数据可计算，该补充水 Langelier 指数（饱和指数）为 1.5 和 Ryznar 指数（雷兹纳指数）为 4.56，表明该水源为结垢型水质，具有结垢倾向；而且，补水中 COD 的含量也偏高。因此，控制循环水中的 COD 和结垢腐蚀倾向是稳定运行的重要任务。

3　生物制剂处理工艺

3.1　生物制剂性质与来源

生物制剂采用重庆华宸环保工程有限公司培养的无磷菌剂，菌群中含有高效絮凝菌、COD 降解菌、氨氮分解菌等菌种。

3.2　实施方式

循环冷却水进行生物处理的工艺流程见图 1。

如图 1 所示，在集水池中安装填有纤维球填料的不锈钢框架，并固定在池底远离排污口的位置。安装完成后，对循环冷却水系统进行消毒杀菌处理，往其中投加杀菌剂，并持续运行 5 h 以上，完成杀菌作业后，用清洁补充水置换部分冷却水，使余氯浓度低于 0.01 mg/L。待系统完成消毒杀菌处理以后，投加生物制剂。第一个月的制剂投加量按循环水系统保有水量的约 0.05%投加，即 500 kg，分两次投加，第一次

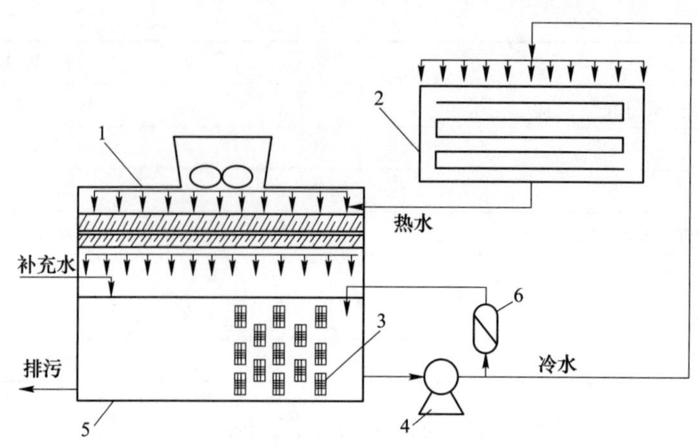

图 1　生物制剂处理循环水工艺流程图

1—冷却塔；2—换热器组；3—生物填料；4—循环水泵；5—集水池；6—旁滤过滤器

投加生物制剂 250 kg。间隔 15~20 d，进行第二次投加，投加量 250 kg。从第二个月起，每月投加量按保有水量的约 0.01%计算，即投加量为 100 kg，一次性全部加入。

3.3　循环冷却水水质指标监测

采用工业循环冷却水水质分析相关标准方法，对生物制剂处理后的水质进行监测。其中：pH 值采用玻璃电极法测定；浊度采用《水质　浊度的测定》（GB 13200—91）测定；COD 采用《工业循环冷却水中化学需氧量（COD）的测定　高锰酸盐指数法》（GB/T 15456—2008）测定；碱度采用《工业循环冷却水总碱及酚酞碱度的测定》（GB/T 15451—2006）测试；钙硬度和总硬度采用《工业循环冷却水中钙、镁离子的测定　EDTA 滴定法》（GB/T 15452—2009）测定；总磷采用钼酸铵分光光度法测定；氯离子采用《工业循环冷却水和锅炉用水中氯离子的测定》（GB/T 15453—2008）测定；氨氮含量采用《工业循环冷却水中铵的测定　电位法》（HG/T 2157—2011）测定。

4　运行情况与讨论

4.1　系统运行效果分析

依据《工业循环冷却水处理设计规范》（GB/T 50050—2017）并结合工厂生产要求与实验条件，在装置运行稳定期内，对生物制剂处理前后连续 20 d 的 COD、pH 值、浊度、氯离子含量、钙硬度、碱度、总硬度、氨氮含量及总磷含量等指标进行了对比分析。

4.1.1　COD 分析

化学需氧量（COD）反映了循环水受还原性物质污染的程度，通常作为衡量水中有机物质含量多少的指标，化学需氧量越大，说明水体受有机物污染越严重。循环水中难降解有机大分子浓度越高，废水处理难度越大。受煤焦油及相关产品等被冷却物料特殊性和加工设备材质的影响，煤焦油加工装置的循环冷却水通常具有较高的 COD 含量，且去除难度较大。降低循环水中的 COD 含量是调控水质的重要指标和治理难点。生物药剂处理前后循环冷却水中 COD 的含量对比结果见图 2。

从图 2 可知，采用化学药剂处理的循环冷却水中 COD 含量平均值约为 234 mg/L，远高于国标要求不大于 100 mg/L 的要求。采用生物制剂处理以后，循环冷却水中的 COD 含量平均值降低至 18 mg/L 左右，低于国标要求。生物制剂对 COD 的降解率超过 92%，极大降低了循环冷却水中有机物的含量。这是由于该生物制剂的菌群中含有高效絮凝菌群和有机物降解菌群，具有很强的有机物分解和絮凝作用，可以快速分解煤焦油加工装置的循环水中的有机污染物，提高 COD 的降解速率。

4.1.2　pH 值分析

pH 值是循环冷却水的一个非常重要的控制指标，它与冷却水系统的换热面的结垢和腐蚀密切相关。

《工业循环冷却水处理设计规范》要求循环水冷却系统的 pH 值控制在 6.8~9.5。通常工业运行中，要求循环冷却水的水质控制在呈弱碱性，以避免碳钢、不锈钢等金属换热设备、管线的腐蚀。生物药剂处理前后循环冷却水的 pH 值对比结果见图 3。

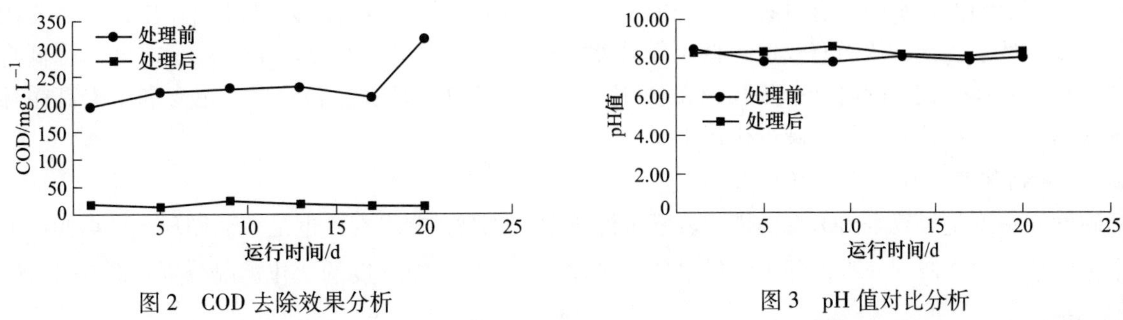

图 2 COD 去除效果分析

图 3 pH 值对比分析

从图 3 可以看出，采用化学药剂处理的循环冷却水的 pH 值平均为 8.0，停用化学药剂，改用生物制剂处理以后，循环冷却水的 pH 值平均为 8.3，略高于化学药剂处理工艺，且 pH 值变化范围相对较小。分析结果表明，该生物制剂中的产酸菌能够在系统中稳定发挥作用，能够在不额外添加硫酸的条件下，保证循环水系统的 pH 值在 6.8~9.5 之间稳定运行。同时，稍高的 pH 增量将有利于降低循环水对换热器换热面的腐蚀性。

4.1.3 浊度分析

浊度是造成换热设备换热表面上沉积污垢、形成软垢、降低换热效率的主要原因，是循环冷却水处理工艺中要求严格控制的指标之一。当浊度严重超标时，不仅形成泥垢影响换热效率，还会增加垢下腐蚀的可能性。因此，《工业循环冷却水处理设计规范》中要求管式换热器的浊度值不高于 20 NTU。生物制剂处理前后循环冷却水的浊度对比结果见图 4。

从图 4 可知，使用化学药剂处理期间，循环冷却水系统的平均浊度值约为 16.5 NTU，使用生物制剂后，循环水的平均浊度值降低至 9.3 NTU，下降幅度超过 43%。较低的浊度值将有利于减缓污垢在换热面上沉积，提高换热器的换热效率。运行前期浊度值的波动性可能是由于生物制剂的溶垢作用使得原循环水系统中结聚的黏泥溶解于冷却水中，造成浊度短暂性增加。然后，在强化旁滤操作的辅助作用下，逐渐分离出来，并随着运行时间延长趋于稳定。稳定运行期间浊度的降低表明生物制剂能够吸附并絮凝冷却水中的悬浮物，絮凝效果明显优于使用化学药剂。同时，循环水中的浊度并未受微生物逃逸、死亡、残留等因素影响而超出限定范围。

4.1.4 氯离子含量分析

氯离子 Cl^- 广泛存在于工业用水之中，可与 Na^+、K^+、Ca^{2+}、Mg^{2+} 等金属离子形成氯化物，是引起冷却水腐蚀的主要阴离子，也是控制循环冷却水的浓缩倍数的常用指标之一。为控制循环冷却水中浮游生物和细菌，经常使用含氯的杀菌剂，也带入部分氯离子。氯离子极性大，可促进腐蚀反应发生，容易穿透金属表面的保护膜，造成换热设备焊接缝隙的腐蚀和局部孔蚀，特别是造成常用的奥氏体不锈钢等金属设备腐蚀性开裂。因此，对国标要求碳钢设备中循环冷却水的氯离子含量不高于 1100 mg/L，不锈钢设备中氯离子含量不高于 700 mg/L。生物制剂处理前后循环冷却水中氯离子的浓度对比结果见图 5。

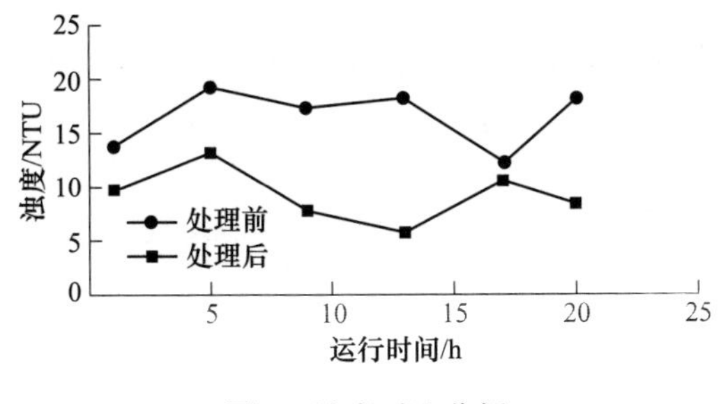

图 4 浊度对比分析

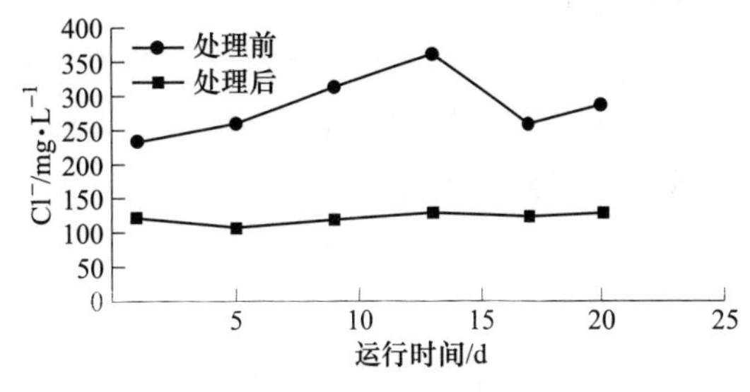

图 5 氯离子对比分析

从图 5 中可知，使用化学药剂处理时，循环冷却水系统中氯离子的平均浓度约为 285 mg/L，且波动幅度比较大，为稳定运行带来不利影响；使用生物制剂处理后，循环水的平均氯离子含量降低至约 121 mg/L，降解幅度达 57%，波动相对较小，促进了装置的稳定运行。运行结果说明，该生物制剂不仅可以有效分解焦油循环水中的有机物质，同时对水质中的厌氧菌也具有较好的控制作用，不需要额外添加含氯的氧化性杀菌剂，从而有效地降低了循环水中氯化物的含量。循环水中氯离子浓度的降低将有利于减缓循环水对换热设备的腐蚀，延长设备使用寿命。较好的氯离子控制效果，也有利于提高循环冷却水的浓缩倍数，节约补充水量，减少排污水量。

4.1.5　钙硬度、碱度、总硬度分析

钙硬度和碱度是导致 $CaCO_3$ 在换热器表面沉淀结垢的主要影响因素，也是表征循环水结垢倾向的两个重要指标。使用生物制剂处理循环水前后水质中钙硬度、碱度、总硬度的变化情况分别见图 6～图 8。

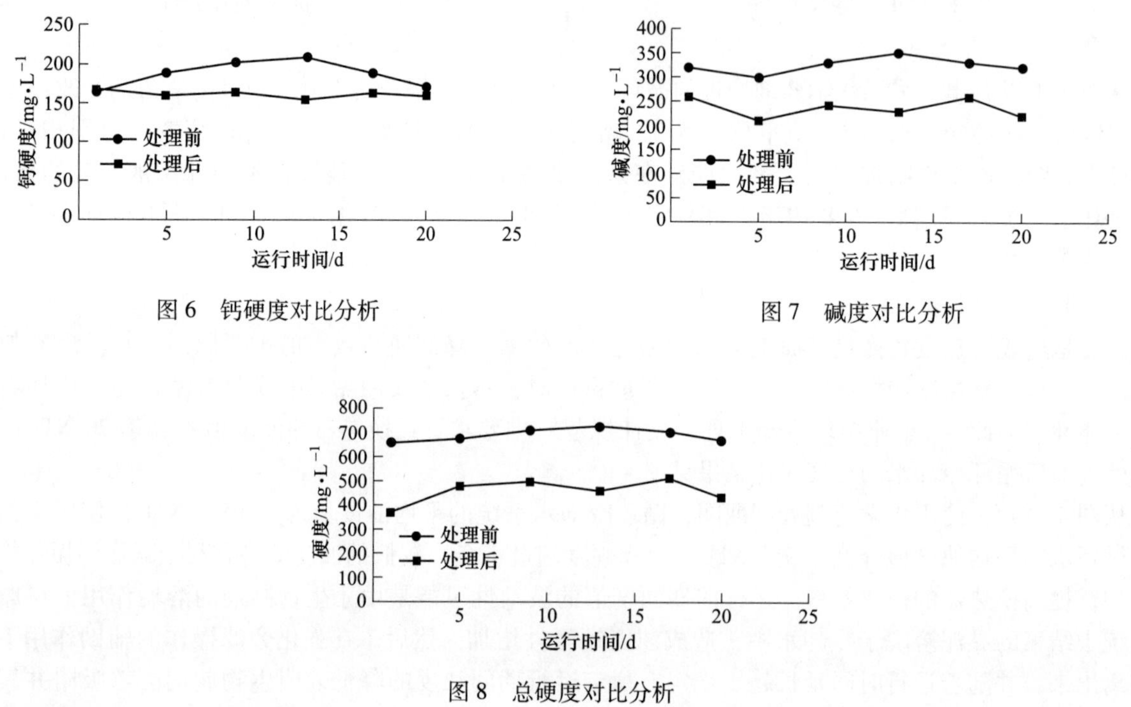

图 6　钙硬度对比分析

图 7　碱度对比分析

图 8　总硬度对比分析

从图 6 可知，使用化学药剂处理期间，循环水的钙硬度介于 160～210 mg/L，波动相对较大，与国标要求的钙离子浓度小于 200 mg/L 比较接近。使用生物制剂后，循环水中的钙硬度指标得到改善，维持在 150～160 mg/L，远小于国标要求指标。

从图 7 可知，使用化学药剂处理期间，循环水的甲基橙碱度介于 300～350 mg/L，相对较高，具有明显的结垢风险。使用生物制剂取代化学药剂以后，循环水中的碱度值下降至 200～260 mg/L，降幅明显。结合图 6 中钙离子的浓度数据可知，生物制剂处理后，循环水中的钙离子+碱度值介于 350～410 mg/L，优于化学药剂处理的效果，远低于国标要求的钙硬度+甲基橙碱度不大于 1100 mg/L 的技术指标。

由图 8 可知，生物制剂处理后，循环水的总硬度指标为 370～520 mg/L，明显优于使用化学药剂处理时 660～730 mg/L 的技术效果。

以上研究表明，相对于化学药剂，生物制剂对控制循环水系统中的钙离子、碱度和总硬度具有一定固化作用，有利于缓解易结垢离子在换热器表面沉积固化的倾向，具有较明显的阻垢效果。

4.1.6　总磷含量分析

生物制剂处理前后循环水系统的总磷含量对比分析见图 9。原循环水处理工艺采用化学药剂法，通过添加含磷阻垢缓蚀剂控制循环水的水质，因此循环冷却水中磷含量偏高，总磷（以 PO_4^{3-}）含量高达 4～5 mg/L。由于国家环保政策对排污水中总磷含量的要求不断提高，给焦油生产污水排放带来很大的环保压力。采用生物制剂以后，避免了添加化学药剂造成总磷偏高的问题，同时生物制剂中相应的菌群对循环水中的磷也具有较好的磷降解能力，从而使冷却水系统中的总磷含量逐渐降低，并能够实现小于

0.5 mg/L的内控指标，总磷降低率达到73%。完全满足国标中总磷含量不大于1 mg/L的要求。因此，生物制剂取代化学药剂可以大降低循环水系统的含磷量，达到磷减排的目的，减轻环境压力；同时，也降低了系统中自然带入的菌藻等微生物滋生、繁殖的可能性，减少生物油泥的产生量，起到缓解堵塞的效果。

4.1.7 氨氮含量分析

研究表明，较高的氨氮含量对循环冷却水系统的稳定运行具有较大危害。可以促进微生物繁殖，使循环水系统中微生物含量大幅增加，产生黏泥和腐蚀产物覆盖在换热表面，降低换热效率；也可以发生硝化反应，产生大量酸性物质，造成系统pH值下降，腐蚀换热设备，使冷却塔的水泥构筑物砂化[15]。因此，《工业循环冷却水处理设计规范》中要求系统中氨氮含量不高于10 mg/L。生物制剂处理前后，循环水中氨氮含量的对比分析结果见图10。

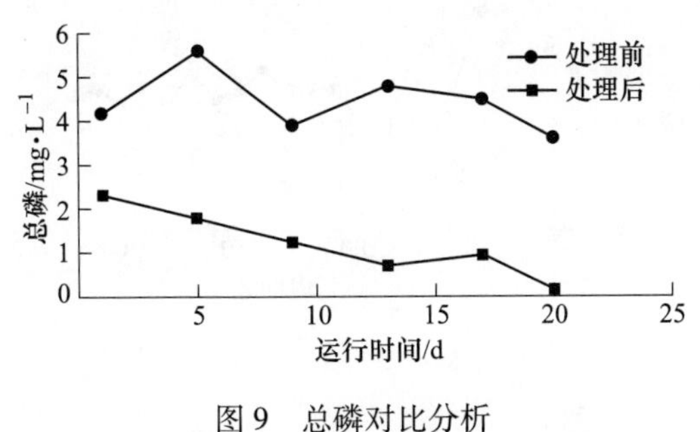

图9 总磷对比分析

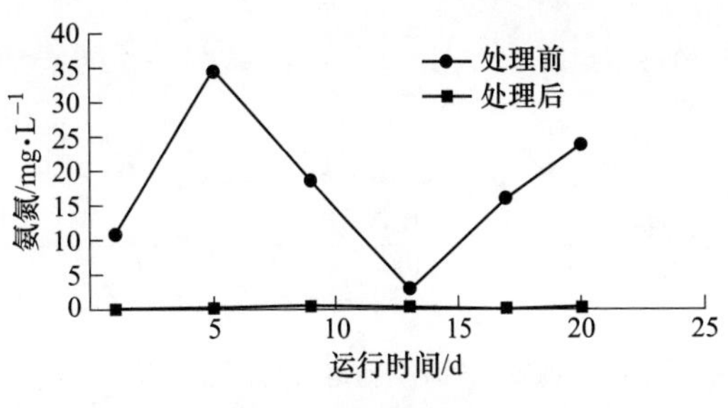

图10 氨氮含量对比分析

从图中可以看出，使用化学药剂制备水质工艺中，氮氮含量波动较大，平均浓度约为16 mg/L，高于国标要求；采用生物制剂取代化学药剂进行循环水处理以后，系统中的氨氮含量明显降低，平均值0.3 mg/L，氨氮的降解率超过95%，远远优于国标要求。说明该生物制剂在降解氨氮方面具有显著的效果，有利于缓解循环水系统的腐蚀。

4.2 运行稳定性分析

4.2.1 水质指标稳定性分析

考察了生物制剂处理循环冷却水系统的运行稳定性，依据《工业循环冷却水处理设计规范》(GB 50050—2007)监测了连续运行220 d内循环冷却水系统的pH值、浊度、氯离子、钙离子+碱度、总硬度和COD等指标的变化情况，见图11~图16。

从图11可知，运行周期内，循环水系统偏碱性运行，pH值整体波动不大，满足国标要求6.8~9.5。

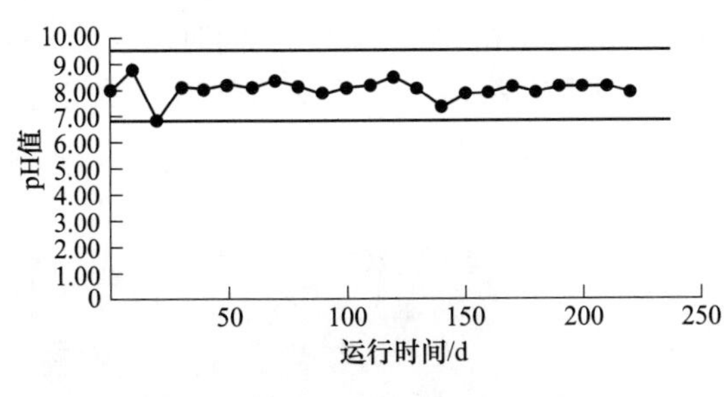

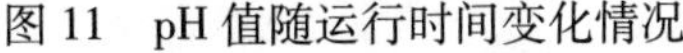

图11 pH值随运行时间变化情况

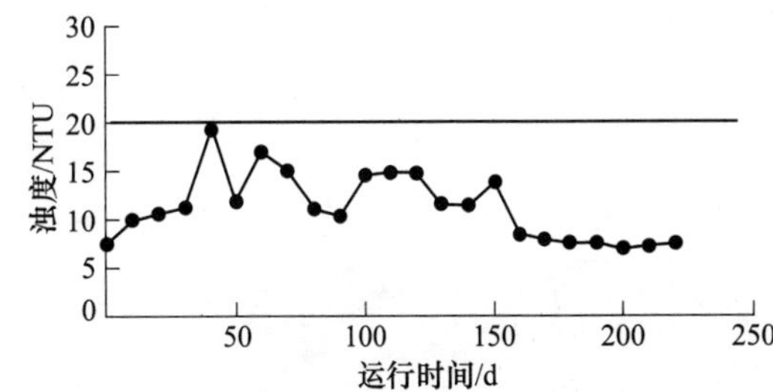

图12 浊度随运行时间变化情况

从图12可知，运行周期内，循环水系统的浊度值均小于国标中浊度要求不大于20 NTU的技术指标。其中部分时段由于受补水浊度不稳定影响而波动较大以外，总体浊度值趋于平稳。

从图13可知，运行初期，受原循环水处理系统影响，水质中COD较高，超过200 mg/L，但随着运行时间增加，原系统中影响COD的有机物逐渐置换出来，并被菌群分解，从而迅速降低至小于50 mg/L，并总体保持相对稳定，说明该生物制剂具有较强的有机物降解能力。

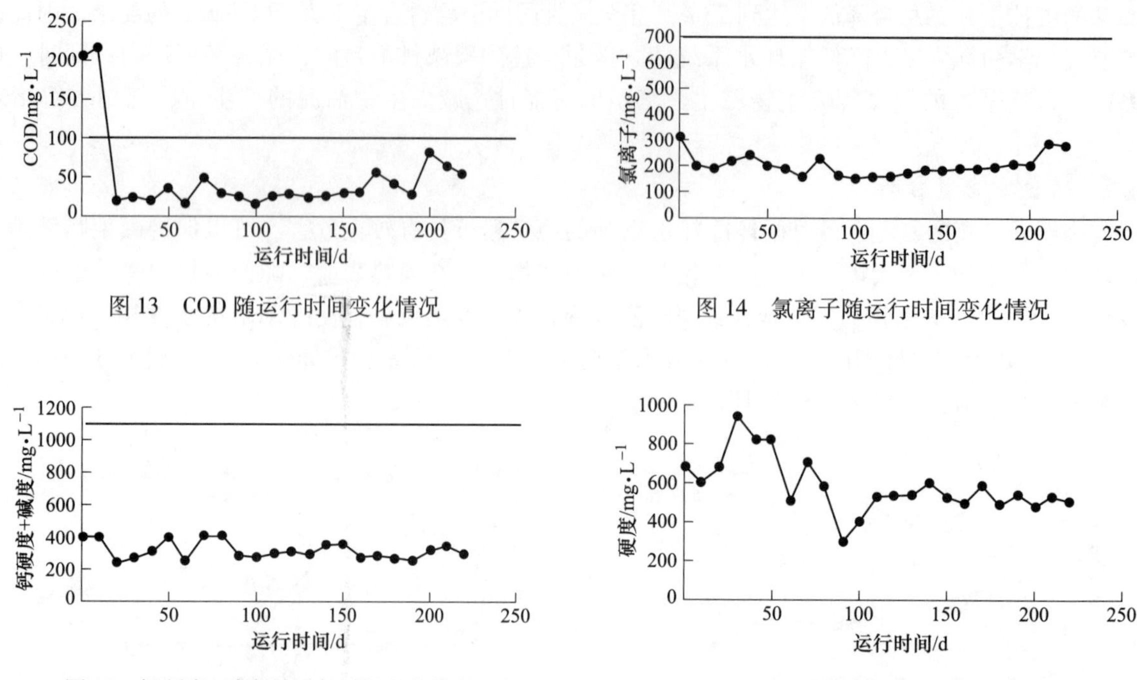

图 13　COD 随运行时间变化情况　　图 14　氯离子随运行时间变化情况

图 15　钙硬度+碱度随运行时间变化情况　　图 16　总硬度随运行时间变化情况

从图 14 可知，在运行期间，氯离子含量介于 150~310 mg/L 之间，满足国标要求碳钢材质换热器氯离子不大于 1100 mg/L、不锈钢材质换热器氯离子不大于 700 mg/L 的技术指标。生物制剂运行过程，不需要额外添加含氯杀菌剂控制水中的微生物滋长，氯离子主要来源于补充水。因此，较低的氯离子含量，将有利于减少对换热设备的腐蚀性，延长使用寿命。

从图 15 可知，循环水系统中钙硬度和碱度值总体分布于 240~410 mg/L 之间，满足国标中 ≤1100 mg/L的要求。表明，使用生物制剂处理循环冷却水可以进一步提高循环水的浓缩倍数，以节约新鲜水的补水量。

国标中对循环水的总硬度指标并未做明显要求，但从图 16 可以看出，装置运行期间，循环水水质的总硬度指标除运行初期受补充水硬度值不稳定影响而波动较大以外，总体处于 500~600 mg/L。从装置运行期间打开部分换热设备进行结垢影响监测的结果来看，并未发现明显的结垢现象。

4.2.2　换热设备腐蚀状况分析

监测了生物制剂处理的循环冷却水对工业萘精馏塔塔顶冷凝器的结垢、腐蚀、淤积堵塞性能的影响，如图 17 所示。从图 17（a）中可以看出，使用化学药剂处理时，由于循环冷却水的碱度、硬度、氯离子、浊度及氨氮含量等水质指标较差，冷凝器使用 100 天后具有明显的结垢和腐蚀现象，同时出现部分换热器列管被生物淤泥堵塞现象，严重影响了设备的换热效率。使用生物药剂取代化学药剂运行 80 天后（图 17（b）），该换热器的换热面具有良好的清洁度；继续运行 220 天后（图 17（c）），依然没发现明显的腐蚀、结垢、淤积堵塞现象，保持了良好的换热-冷却效果。

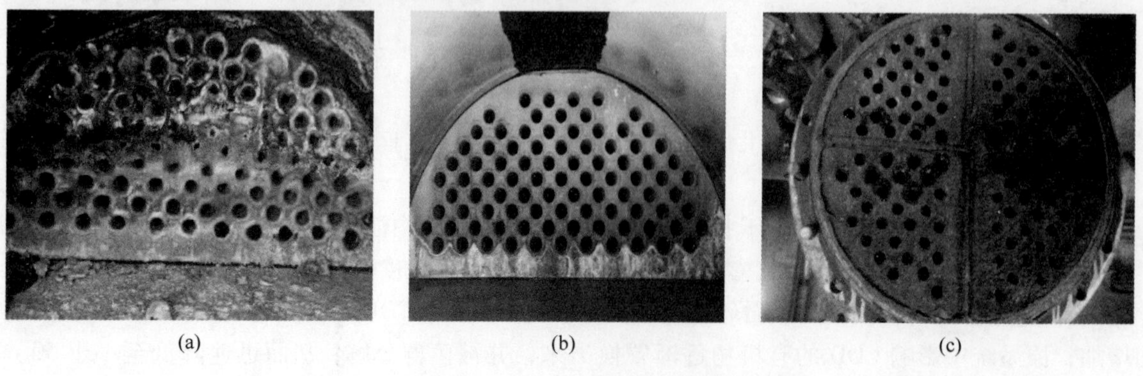

(a)　(b)　(c)

图 17　生物制剂处理前后萘冷凝器的腐蚀情况

4.3 项目效益分析

4.3.1 社会效益

通常情况下，化学药剂法处理焦油加工循环水的工艺中存在着COD含量高、腐蚀严重、生物黏泥含量高、磷含量高、新鲜水补水量大以及排污废水难以处理等困难，给行业发展和安全运行带来很大风险。本焦油加工装置采用生物制剂处理循环冷却水以后，不仅提高了循环冷却水的水质指标，提高了浓缩倍数，减缓了设备腐蚀、淤积、堵塞等风险，延长了设备检修周期，也表现出较好的社会效益，对中西部缺水地区的煤焦化行业和焦油加工行业具有显著的示范效应。社会示范效益主要表现在：（1）节约了大量的新鲜水资源。采用生物制剂处理期间，补充水的补水量由原来的30%，降低至10%，扣除中水用量以后，日均节约新鲜水量达140 m^3，全年可减少黄河水取水量50400 m^3。（2）减少污水排放量。年减少外排污水量达34920 m^3，且排放污水指标达到地表水Ⅳ类水体要求，满足当地环保部门的排污许可要求，也可作为绿化用水，满足厂区植树、种草等绿化需要，节约绿化用水量。（3）降低磷排放量。采用生物制剂取代化学药剂以后，全年可降低108 kg磷排放，且污水含磷量降低，优于当地环保部门的排放标准，对实现区域水系生态环境保护具有重要意义。

4.3.2 经济效益

本装置采用生物制剂代替化学药剂以后，投资基本没有增加，除带来增加设备使用寿命、延长检修周期和开工周期等间接经济效益以外，还具有明显的直接经济性。当装置满负荷循环水处理量100 t/h运行时，可以年节约新鲜水54000 m^3，节水费用43.2万元，年减排污水34920 m^3，节约污水处理费用36万元，直接节约水处理费用79.2万元。

5 结论

采用生物制剂取代化学药剂对焦油加工装置的循环冷却水进行处理，能够有效控制循环冷却水的各项技术指标，满足国标要求。生物制剂对循环水中的COD、氨氮等污染物的具有较好的降解作用，脱除率分别超过92%和95%，对循环水中的浊度、pH值、氯离子、钙硬度、碱度等指标也具有较好的控制作用。循环水系统的磷含量下降70%以上，ρ(总磷)<0.5 mg/L，满足排放要求。长周期运行效果显示，生物制剂处理循环水，可以有效降低设备的腐蚀、淤积、结垢等问题，延长设备使用周期，具有显著的经济效益和社会推广价值。

参考文献

[1] 马晓迅，赵阳坤，孙鸣，等．高温煤焦油利用技术研究进展［J］．煤炭转化，2020，43（4）：1-11.

[2] 许斌，李铁虎．炭/炭复合材料用高性能浸渍剂沥青的研究［J］．复合材料学报，2003，20（2）：71-75.

[3] 宋怀河，刘朗，王茂章．煤焦油沥青不同改性产物炭化性质的比较研究［J］．燃料化学学报，1995，23（1）：69-74.

[4] 杨桃，牛犇，宋燕，等．高温煤沥青中间相热转化行为［J］．新型炭材料，2019，34（6）：546-551.

[5] 许蕾，王相君，杨桃，等．高温煤沥青不同组分中间相形成过程［J］．新型炭材料，2020，35（5）：599-608.

[6] 冯壮壮，王海东，梁文艳，等．电催化氧化深度处理焦化废水的效果及能耗研究［J］．工业水处理，2013，33（4）：61-64.

[7] 王仕文，贺胜如，张连波，等．循环水电化学处理技术在大榭石化的工业化应用［J］．工业水处理，2018，38（6）：96-99.

[8] 黄娟．循环冷却水新型加酸工艺配方的研究［D］．天津：天津大学，2014.

[9] 霍宇凝，陆柱．聚合物阻垢剂研究进展［J］．水处理技术，2000，26（4）：199-202.

[10] 符嫦娥，向奇志，秦品珠，等．聚羧酸系无磷阻垢剂阻磷酸钙垢的对比研究［J］．工业水处理，2015，35（2）：34-37.

[11] 刘宇，刘兴宇，谷启源．工业循环冷却水生物处理技术［J］．煤炭加工与综合利用，2019，12：65-67.

[12] Liu B C，Ning L，Shaoyi W，et al. Effect of output parameters ofelectromagnetic anti-fouling technology［J］. International

Journal of Applied Electromagnetics and Mechanics，2020，62（3）：433-445.
[13] 赵阳，陈永昌，孟陶，等．超声波阻垢性能的实验研究［J］．工程热物理学报，2013，34（11）：2144-2146.
[14] 李旭升，陈东玖，钱文英，等．化工废水双膜法深度处理及回用工程［J］．水处理技术，2008，34（4）：86-89.
[15] 林根仙，何蓉，郭俊文．氨氮对循环冷却水系统的危害与对策［J］．工业水处理，2006，26（5）：82-84.

焦化废水蒸发结晶系统解决浮晶的实例

吴旭红　卫中选　高梦林　刘小凤

（山西安昆新能源股份有限公司，河津　043300）

摘　要：随着蒸发结晶在水处理中的应用，蒸发结晶因与化工企业得到较纯产品指标的不同，因水质指标波动的影响，蒸发结晶系统会出现不同的问题，本文中仅对浮晶的问题进行探讨，根据运行指标 COD、总碱度指标的不同和设计处理负荷、设备选型等方面进行论述，从生产实际出发，根据实际情况提出对应的不同措施，最终解决产品盐粒径小、浮盐的问题。

关键词：蒸发结晶，浮晶，焦化废水零排放，总碱度，COD，处置措施

1　蒸发结晶的发展

蒸发结晶是一种古老且有效的分离和提纯技术，起初蒸发结晶主要应用于化工、制药等行业，用于物质的提纯。随着技术的发展，蒸发结晶由原来的单效蒸发发展为多效蒸发、逆流蒸发、顺流蒸发等各种形式，最终实现提升经济效益的目标。

近年来，随着环保意识的提高和水处理行业技术的革新，蒸发结晶技术被应用于废水处理、海水淡化等提出水中的盐分，得到可再利用的水资源进行回用，提高水的利用率，降低了环保污染。但是在蒸发系统运行过程中由于水质的变化，蒸发系统出现了各种各样的问题，本文以蒸发生产过程中产生的浮晶问题为关注点，对其产生的可能性和处理办法进行论述，最终解决浮晶在蒸发过程中影响。

2　焦化废水零排放的特殊性

焦化废水中的易降解有机物主要是酚类化合物和苯类化合物，难降解有机物主要有硫化物等有毒有害化合物、喹啉类化合物、吡啶类化合物及联苯、三联苯类化合物[1]。其在生物降解和深度物化处理后，还残余大分子化合物，其经过膜浓缩和蒸发浓缩后导致浓盐水的西宁异于其他废水。另又由于各地采用的煤种不同且组分的变化，导致焦化废水的差异性较大，最终在蒸发结晶的过程中也在不同的企业和地区出现了差异，提高了蒸发结晶的难度。本文论述的关于浮晶的出现也由焦化废水的差异性而各不相同。本文仅针对本企业的焦化废水的浮晶问题产生和解决方法进行论述。

3　浮晶产生的原因

蒸发结晶是溶液中溶质浓度高于饱和浓度时，溶质会析出形成晶体的过程。从无机化学晶体的形成来讲，晶体的形成受到杂质、黏度、温度等影响，会导致晶粒的大小和晶型的变化[2]。晶粒形成的过小，就形成了浮晶现象。本文对浮晶可能产生的因素从以下几个方面进行了分析。

3.1　碳酸根的影响

水处理零排放工艺根据水质情况进行预处理，在预处理过程中为了防止膜和蒸发效体的结垢，使用化学软化方法，为了达到硬度的去除效率，目前采用双碱法，此过程中会引入大量的碳酸根，而碳酸根在经过膜浓缩和蒸发结晶的浓缩后，因其碳酸根浓度过大，其影响了硫酸钠或者氯化钠晶粒的长大，导致蒸发结晶系统产生浮晶，甚至导致盐产品中有碳酸钠的析出而影响纯度。在我们生产过程中摸索了一

部分数据，其体现了碳酸根对浮晶的影响，数据分析见表 1。

表 1　氯化钠三效在不同碱度下的固液比　　(%)

时　间	CO_3^{2-}	固液比	浮晶
1 日	288.9	9	0
2 日	270.3	8	0
3 日	551.5	10	2
4 日	558.1	7	10
5 日	577.8	7	15
6 日	499.0	8	16
7 日	315.2	8	10
8 日	361.1	9	8

3.2　有机物的影响

焦化废水因前端生化系统的影响，COD 出水指标不稳定，如指标升高，导致蒸发的进水 COD 升高，相同倍数的浓缩后，COD 过高，蒸发系统的黏度升高，最终影响晶粒的生产，产生较小的晶粒，产生浮晶现象，针对该种情况，在生产过程中我们进行归纳，数据分析见表 2。

表 2　氯化钠三效母液的固液比　　(%)

时　间	COD	固液比	浮晶
1 日	6326	8	0
2 日	8835	9	0
3 日	9676	10	5
4 日	10568	10	7
5 日	11286	9	13
6 日	13654	8	15
7 日	8779.0	8	10
8 日	6508	9	7

3.3　蒸发系统超负荷运行

水处理零排放系统在设计之初，设计进水指标低于实际进水指标，导致蒸发结晶系统不论从盐分还是处理量上都超出了原来的设计水平，最终导致蒸发系统可能处于超负荷运行。蒸发结晶系统超负荷运行，物料中盐的成核速率小于结晶盐排出的速率，不能满足盐晶体的成长速率和结晶盐的粒径的要求，从而导致晶粒过小，形成浮晶。

3.4　其他因素

鉴于水处理指标的复杂性，蒸发结晶还可能存在 pH 值、离心机、效体设计循环量等相关问题，对于不同的企业需要针对性地进行分析。比如我公司在运行过程中发现，由于水中某种组分的变化（如氨氮），导致蒸发系统的运行 pH 值发生变化，也对结晶盐的晶粒产生了影响。

4　浮晶的处置措施

针对碳酸根对系统的影响，我公司在中水预处理系统中增加了除碳器，通过调整 pH 值对碳酸根进行脱除。通过对蒸发系统进水指标总碱度的降低，浮晶量大大降低，问题得到有效解决。表 3 为氯化钠进水在低碱度下的固液比。

表3　氯化钠进水在低碱度下的固液比　(%)

时　间	CO_3^{2-}	固液比	浮晶
15日	210.9	7	0
16日	122.5	13	0
17日	183.7	10	0
18日	280	8	0
19日	183.7	9	0

水处理系统中蒸发结晶为末端处理系统，为了降低效体内的黏度，可进行控制进水有机物的含量（以COD进行表征）。COD的有效控制只能从前端的COD去除降低，加大生化加药量，降低蒸发结晶进水COD，严格控制三效COD指标，指标越低结晶盐晶粒越大。

蒸发结晶系统的处理负荷增大，大大缩短了结晶盐晶粒形成的时间，影响了晶粒的形成。为了解决该问题，可通过提高中水回用的回收率，降低蒸发结晶系统的处理水量。

浮晶量增大时，我们还可以在离心机处增加淘洗水，溶解回流至效体重新结晶；或者在调整离心机的转速，降低转速，可将结晶盐晶粒较小部分离心出去，形成盐产品，降低效体浮晶量。表4为效体在离心机不同频率下的固液比。

表4　效体在离心机不同频率下的固液比　(%)

时　间	频率	固液比	浮晶
8:00	50	7	20
10:00	45	13	18
12:00	40	10	12
14:00	40	8	4
16:00	40	9	0

浮晶形成的过程与结晶盐的形成环境有关，因来水指标的波动，需对其运行环境pH值进行调整。为了防止蒸发结晶系统的腐蚀，一般采用pH=8~10的环境出盐，过高或者过低均可能产生浮晶。对于不同的企业可能pH值范围不同，需对该条件进行摸索。

5　结论

水处理蒸发结晶系统中因来水指标的波动，比如COD升高、碱度（碳酸根）升高、处理负荷升高等因素会产生不同程度的浮晶现象，本文根据实际生产的调整，得出以下几点处理措施：

（1）从预处理中（蒸发进水指标管控）降低总碱度、COD指标，避免碳酸钠结晶影响产品盐颗粒的形成和浓缩液COD过高导致黏度增大导致产品盐颗粒的形成。

（2）在设计的基础阶段考虑系统的设计处理能力，考虑足够的处理负荷（目前易出现水质指标超出设计值导致负荷增大的问题）富余量，防止系统超负荷运行，结晶时间缩短，导致晶粒无法长大而出现浮晶现场。

（3）设备的选型与设计在设计初期出现问题，离心机未设计变频，无法对不同晶粒的产品盐离心出去，进一步造成浮晶严重。

（4）生产经验的及时处置，如出现浮晶初期增加盐腿的冲洗（或者补充冲洗水降低三效的浓度），使晶粒小的产品盐再次结晶，形成粒径较大的产品盐。本文仅从生产实践中得出以上处置措施，需根据不同的情况进行不同的处理。

参考文献

[1] 刘继凤，刘继永，朱进勇，等，浅谈工业废水中难降解有机污染物处理技术及发展方向［J］. 环境科学与管理，2008，33（4）：120-122.

[2] 刘承军，姜茂发 . $CaO-SiO_2-Na_2O-CaF_2-Al_2O_3-MgO$ 渣系的黏度和结晶温度［J］. 东北大学学报（自然科学版），2002，23（7）：656-659.

焦化清洁下水混合处理及分质回用相关技术分析

袁本雄　叶青保　朱广飞

（铜陵泰富特种材料有限公司，铜陵　244000）

摘　要：焦化行业清洁下水来源众多，收集加以处理可以有效地节约水资源。本文主要是通过集中收集不同来源的清洁下水，通过物理除杂，超滤，反渗透等步骤达到回用标准，具有能耗及物料消耗低、有效解决不同种类的清洁下水分别处理且处理后均送往循环水作为补充水的问题等优点。最终也说明联合处理系统会提高处理效果。

关键词：清洁下水，超滤，反渗透，循环水补水

1　概述

焦化废水是煤炭化工过程中产生的一种高浓度、高毒性的工业废水，其处理一直是环境工程领域的重要课题。随着工业化和城市化进程的加速，焦化废水的产生量逐年增加，对环境和生态系统造成了严重的影响。因此，寻找高效、经济且环保的焦化废水处理技术变得尤为重要。

近年来，许多研究者致力于开发和优化焦化废水的处理技术。其中，生物化学方法因其低成本、低能耗和高效性而受到广泛关注。这些方法主要利用微生物降解有机物，将其转化为无害物质。然而，由于焦化废水中的污染物种类繁多、浓度高，单一的生物处理方法往往难以达到理想的处理效果。

为了进一步提高焦化废水的处理效率，研究者们还探索了多种先进的处理技术。例如，深度处理技术可以有效去除废水中的难降解有机物和其他有毒有害物质；膜分离技术则可以实现废水中有用物质的回收和再利用。此外，还有一些新型的物理、化学和生物技术正在被研究和开发中，以期为焦化废水处理提供更为全面和高效的解决方案。

在焦化工业生产过程中还有一类废水，如在工业循环冷却水、锅炉、除盐水站运行过程中产生的各类含污染物较少的排污水，即清洁下水，因其污染程度有所不同越来越受到大家的关注。如何加强回收利用，提高回用率以真正做到零排放成为清洁下水新的研究热点。

2　清洁下水来源及处理方法

焦化行业中的清洁下水，通常包含：循环冷却水排污水、循环水旁滤过滤器反洗水、锅炉连排或定排排污水、除盐水站中和池排污水及轻微污染的蒸汽凝结水等排污水。

随着工业生产的发展，用水量越来越大，很多地区已经出现供水不足的现象，因此合理和节约用水已经成为发展工业生产的一个重要问题，所以一般会要求企业将排出的污水进行自己处理回用，一般回用率要求在 70%以上。

循环水排污水是工业废水的一种，由于废水中含有多种有毒物质，污染环境对人类健康有很大危害，需采取相应的净化措施进行处置后，才可排放。

目前主流的循环水排污水一般单独处理，有以下两种处理工艺：

第一种是将循环水排污水经过双碱法去除硬度、超滤、反渗透（RO）等工序处理后所得的产水送至循环水系统作为补充水。

第二种是将是将循环水排污水经过双碱法去除硬度、超滤、纳滤（NF）等工序处理后所得的产水送至循环水系统作为补充水。

根据最新的颁布实施《炼焦化学工业污染物排放标准》（GB 16171—2012），该标准对焦化废水的排放提出了更加严格的要求：对于新建企业 2012 年 10 月 1 日起和现有企业 2015 年 1 月 1 日起，悬浮物

≤50 mg/L，COD≤80 mg/L，氨氮≤10 mg/L，石油类≤2.5 mg/L，氰化物≤0.2 mg/L[1]。

3 清洁下水协调处理工艺流程

本文目的在于解决焦化各种清洁下水的处理回用问题。根据实际情况，针对性地提出相应的解决办法，最终结果表明本方法运行效果好。通过将循环冷却水排污水、循环水旁滤过滤器反洗水、锅炉连排或定排排污水、除盐水站中和池排污水及轻微污染的蒸汽凝结水等物化性质相近的排污水混合在一起集中进行有效的处理，运行成本相对较低，并将处理后水分质回用，最终清洁下水回用问题也得到了很好的解决。

下面就具体的工艺流程加以说明。

3.1 清洁下水回收预处理

循环冷却水排污水、循环水旁滤过滤器反洗水、锅炉连排或定排排污水、除盐水站中和池排污水及轻微污染的蒸汽凝结水等排污水经收集管道统一进入清洁下水收集池，其中锅炉排污水需要回收余热，并进行适当冷却至20~40 ℃后进入清洁下水原水收集池。

将循环冷却水排污水、循环水旁滤过滤器反洗水、锅炉连排或定排排污水、除盐水站中和池排污水及轻微污染的蒸汽凝结水等排污水混合成清洁下水一并进行处理可以减少设备投资，简化工艺操作，易于实现自动化，节省人工和运行成本。

清洁下水收集池中清洁下水经泵提升至一体化全自动净水器，在一体化净水器内进行加药处理，可加入聚铝PAC（液体，含三氧化二铝6%）$50\times10^{-6}\sim80\times10^{-6}$（以进水为基准），阴离子PAM（分子量800万~1000万）$1\times10^{-6}\sim2\times10^{-6}$。净水处理后出水悬浮物≤5 NTU。

在一体化全自动净水器中通过加药处理，可以将进入清洁下水原水收集池中的循环水排污水等废水中的总磷一并进行处理，并在一体化净水器中及后续的高效过滤器中与悬浮物一道进一步沉淀析出，可减少出水总磷约40%~90%，减少后续总磷处理的负荷。处理后水含磷浓度较低可以进入循环水作为补充水，不会影响低磷水处理药剂在循环冷却水系统中的正常使用。

一体化全自动净水器的出水汇入清洁下水收集池。

如清洁下水原水中含油较多，也可以在进入一体化净水器前增加旋流溶气气浮装置或纳米气浮装置等高效气浮装置除油，或采用除油过滤器进行除油，除油后再进入下一步处理工序。

在清洁下水原水收集池及清洁下水净水池中均设置COD和氨氮在线检测，可保护膜系统，同时可有效对上游来水进行监测，并可及时对上游工序进行排查。

3.2 清洁下水一级深度处理

清洁下水经泵提升至高效过滤器，出水进入一级UF超滤系统，超滤膜以膜两侧的压力差为驱动力，以超滤膜为过滤介质，在一定压力下，当原液流过膜面时，只有水及小分子物质可通过成为透过液，体积大于膜面微孔径的物质被截留，成为浓缩液，从而实现原液的净化、分离、浓缩，出水（浊度≤1NTU）进入一级UF超滤产水池。高效过滤器可以是陶瓷管过滤器、平板陶瓷膜过滤器、瓷砂过滤器、多介质过滤器、高速过滤器等过滤器中的一种。

一级UF出水除硬度指标外，其余指标已基本满足循环水补充水水质要求，故将清洁下水超滤产水总水量的20%~30%直接作为循环水补充水。

20%~30%的一级UF超滤产水直接作为循环水补充水可以大大减少循环水补充水的成本。

高效过滤器系统和一级UF超滤系统产生的反洗排水约为超滤产水量的10%左右，经反洗泵返回清洁下水原水收集池，经一体化全自动净水器重新处理。

超滤产水进入一级UF超滤产水池，其中70%~80%的超滤产水经增压泵进入一级RO设备，通过保安过滤器对进膜的水过滤后，由高压泵提升压力后进入一级RO膜元件，一级RO膜分离系统产生的浓水进入一级浓水池，其余产水进入中水池，中水池的水经同一台泵送至原有除盐水箱作为一级除盐水，也可回送至各循环水补水点作为循环水补充水。

3.3 清洁下水二级深度处理

将清洁下水经过二级 UF+RO 处理分别得到一级 RO 产水和二级 RO 产水，一级 RO 产水质量较好，电导率可以达到≤30 μS/cm，可以作为一级除盐水送出盐水站，大大减少除盐水站的制水成本，同时因一级除盐水价格较高，也提升了清洁下水回用处理装置的收益；二级 RO 产水电导率可以达到≤200 μS/cm，可以作为较好的循环水补充水，且硬度为 0，可以与 20%～30%的一级 UF 产水混合后全面满足循环水补充水的要求。

一级 RO 膜分离系统产生的浓水经泵提升进入活性炭过滤器系统，通过活性炭滤料进行有机物处理，使浓水含 COD 小于 60 mg/L 后进入全自动软水装置，通过全自动软水装置去除浓水中的钙、镁等离子，使总硬度小于 150 mg/L。全自动软水装置可以采用树脂法软化装置及双碱法软化装置中的一种。

全自动软水装置产生的再生液进入生化水或浓水深度处理工段进行深度处理，产水进入软化水池，软化水池的水经泵提升至二级 UF 超滤系统，产水进入二级 UF 超滤产水池。

超滤产水经增压泵进入二级 RO 设备，通过保安过滤器对进膜的水进行保护后，由高压泵提升压力后进入二级 RO 膜元件，二级 RO 膜分离系统产生的浓水进入生化出水或浓水深度处理工段进行深度处理。二级 RO 膜分离系统产水硬度极低，产水量约占一级 UF 超滤产水量的 8%～12%，可以直接作为循环水的补充水。

将清洁下水经过二级 UF+RO 处理可以最大限度地提高产水率，可以达到 90%以上的产水率，减少浓水处理量。

本方法也可以与浓水蒸发结晶或分盐模块相结合可以达到废水零排放，符合国家环保的政策和行业发展方向。通过对二级 RO 进行升级，如升级为海水淡化反渗透膜或其他新型膜可以更进一步提高产水率，使产水率可以达到 95%以上或更高，从而更进一步减少浓水产率，减少浓水处理负担[2]。

活性炭过滤器系统和二级 UF 超滤系统产生的反洗排水经反洗泵返回清洁下水原水收集池，经一体化全自动净水器重新处理。

活性炭的结构是影响其吸附各类难降解有机物的主要因素。在工业应用场景下，兼具多孔结构的活性焦对污染物的吸附速率更快，其孔径分布与焦化废水生化尾水中难降解有机物的分子直径更加相互匹配，选择性吸附能力得到进一步的加强，且吸附容量高，在高性能的前提下价格不到活性炭的 1/2，是处理清洁下水的一种有前景的吸附材料[3]。

除此之外，清净下水原水收集池和一体化净水器后清水池若设置 COD 和氨氮在线检测，可以随时监视原水水质波动情况，便于水质异常时及时采取措施，为膜系统提供保护。

3.4 方法小结

可以看出，本文在解决焦化或化工行业各种清洁下水的处理回用时因为水质不同，一般需分别进行处理，且处理后如全部送往循环水作为补充水，将使循环水水质不好，进而引发循环水系统易发生腐蚀等问题，根据实际情况，针对性地提出相应的解决办法，经过实践表明，该方法运行效果好，通过将循环冷却水排污水、循环水旁滤过滤器反洗水、锅炉连排或定排排污水、除盐水站中和池排污水及轻微污染的蒸汽凝结水等物化性质相近的排污水混合在一些集中进行有效的处理，运行成本相对较低，并将处理后水分质回用，上述存在的问题也得到了很好的解决。

4 未来展望

焦化清洁下水处理技术仍然面临许多挑战和机遇。首先，随着工业发展和新的生产技术的引入，焦化清洁下水的成分和性质可能会发生变化，这要求研究者不断更新和完善现有的处理技术。其次，资源化利用将成为未来研究的重点，如何将清洁下水中的有价值成分转化为有价值的产品是一个值得探索的方向。此外，集成多种处理技术，形成联合处理系统，可能是提高处理效率和降低处理成本的有效途径。

最后，加强跨学科的研究和合作，结合环境科学、材料科学和工程技术等领域的知识，将为焦化清洁下水处理技术的发展带来新的思路和方法[4]。

参考文献

[1] 曲余玲，毛艳丽，翟晓东．焦化废水深度处理技术及工艺现状［J］．工业水处理，2015，35（1）：14-17.
[2] 苗晓青．焦化废水深度处理技术现场中试试验研究［D］．武汉：中钢集团武汉安全环保研究院，2024.
[3] 李泽乙，廖常盛，柴云，等．焦化废水生化尾水特征及其深度处理技术进展［J］．工业水处理，2024，44（3）：10-23.
[4] 孙光溪，田哲，丁然，等．典型行业高浓度难降解工业废水深度处理技术研究进展［J］．环境工程，2021，39（11）：16-27，134.

脱硫废液、废渣深度利用项目预处理工序试运行存在问题及应对措施

王文军　史尧埔　畅　芬

（山西阳光焦化集团股份有限公司阳光焦化厂，河津　043300）

摘　要：脱硫废液、废渣深度利用项目原料预处理工序试运行过程中存在部分问题，如双效蒸发器真空度低、出料管道堵塞；空心浆液干燥机沾盘等现象，未达设计处理量，因而影响煤气脱硫系统正常运行，针对此类问题我厂进行深度剖析，采取对应措施，取得了良好的运行效果。

关键词：脱硫废液，真空度，提盐，管道堵塞，沾盘

1　概述

山西阳光焦化集团阳光焦化厂脱硫废液、废渣深度利用项目采用硫泡沫固化干燥回收技术，采用含硫混盐干粉焚烧、酸洗净化、两转两吸、尾气处理的制酸工艺，将焦化脱硫系统排出的脱硫废液及硫泡沫制成工业硫酸产品。原料预处理工序将各脱硫装置送来的稀硫泡沫经过微孔过滤器、双效蒸发器处理，配置成含水量50%~60%的浓浆液，同时加入克硫剂进一步处理后用给料泵均匀地送入到干燥设备中，干燥成为含硫混盐固体干粉，用管链机收集并经过筛分、破碎后送到炉前料斗。干燥设备尾气在引风机的抽送下，经过水洗、冷却、酸洗净化处理后现场烟囱排放。水洗塔排液进入地下槽回收其中的粉尘，酸洗塔排液到硫铵工段，冷却器产生的二次凝液与双效蒸发器产生的二次凝液合并后送到化产系统。

本项目于2020年10月开始施工，2021年12月预处理工序开始试运行，运行半年以来，主要存在双效蒸发器二效真空度低、出料管道堵塞；空心浆液干燥机沾盘等问题，组织进行专业分析，针对原因进行改造后达设计处理量。

2　原因分析

2.1　双效蒸发器二效真空度低

试运行过程中，二效真空度只能维持在-0.05 MPa左右，二次凝液副盐含量高，双效蒸发器不能正常运行。

排查了真空系统渗漏情况、真空泵的部件腐蚀情况、真空泵的结垢等原因，以上情况均正常。通过观察发现，在二效真空度低的情况下出现真空泵进口带液现象。因循环型蒸发器在操作时必须维持一定的液位，由于液体本身的重量及溶液在管内流动的阻力损失，溶液压强沿管长是变化的，相应的沸点温度也是不同的。因此决定调整真空泵进口抽液位置进行调整。

2.2　双效蒸发器出料管道堵塞

出料管为高含盐量的硫泡沫，进入浓硫泡沫槽，经浓硫泡沫槽内搅拌机搅拌后与浓硫泡沫槽一起进入干燥机。但由于冬季最低气温在-10~0℃之间，且因设备位置布局原因，出料管自调阀门距离浓硫泡沫槽位置14 m左右，此处为运行过程中管道盲区，高密度的浓硫泡沫液附着于出料管道管壁上，造成出料管道堵塞。

2.3　空心浆液干燥机沾盘

空心浆液干燥机采用两级干燥形式，一级干燥机采用圆盘形式，使用150 ℃左右蒸汽，将含水50%

左右的浆料干燥到20%左右。二级采用双桨叶结构，前段使用130 ℃左右蒸汽干燥到含水≤4%，后段使用30 ℃左右冷却水，出料粉料温度≤40 ℃。

一级WYG-80圆盘+二级KJG-100双桨叶串联；加热介质0.1~0.5 MPa饱和蒸汽，箱体采用伴管加热。箱体设温度检测，在线监测物料温度变化。

运行过程中出现一级干燥机浆液堆积，沉积附着至圆盘外壁，许用应力的拉伸下造成轴承出现裂痕，齿轮与箱体摩擦，发出异响。原因一方面为进料量与蒸汽温度未达最佳匹配值，另一方面为轴承材质问题。图1为干燥机沾盘情况及干燥机轴承裂痕情况示意图。

(a) 干燥机沾盘情况

(b) 干燥机轴承裂痕情况

图1 干燥机沾盘情况及干燥机轴承裂痕情况示意图

3 采取措施

针对以上分析的各种原因，我厂分别从以下几方面采取措施。

3.1 双效蒸发器真空装置设计改造

3.1.1 双效蒸发器真空装置改造

双效蒸发器真空装置改造简图如图2所示。

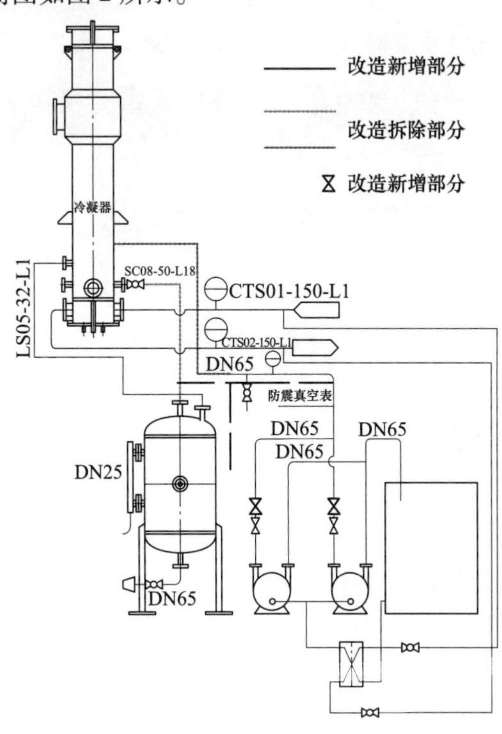

图2 双效蒸发器真空装置改造简图

改造内容有：(1) 原设计真空泵出口为截止阀，此次改造在截止阀上方增加止回阀。利用止回阀只允许介质向一个方向流动，而且阻止反方向流动的特征，从设备角度隔断带液现象。(2) 调整真空泵进口抽液位置，由冷凝液器下部改至二次凝液槽中部位置。因冷凝液器与二次凝液槽顶部联通，不凝气及凝液通过联通管进入二次凝液槽，在二次凝液槽窥镜上方开孔，由此处作为真空泵的进口。一是避免了真空泵进口带液现象，二是可在窥镜处观察清液生成情况，最重要的是提高真空度至-0.075 MPa。因溶液的沸点与压强有关，当真空度提高时，二次凝液中的副盐含量明显降低。

3.1.2　双效蒸发器真空装置改造效果

改造前后效果对比见表 1。

表 1　双效蒸发器真空装置改造效果对比

日　期	采样位置	挥发氨 /g·L^{-1}	PDS/$\times10^{-6}$	pH 值	悬浮硫 /g·L^{-1}	密度 /g·cm^{-3}	硫氰酸铵 /g·L^{-1}	硫代硫酸铵 /g·L^{-1}
2022 年 6 月 4 日	双效进液	—	—	—	—	—	82.1	58.1
	二次凝液	—	—	—	—	—	1.5	0
2022 年 6 月 6 日	双效进液	—	—	—	—	—	116.9	106.4
	二次凝液	—	—	—	—	—	5.2	0
2022 年 7 月 1 日	双效进液	0.5	63.3	8.12	2.0	1.00	69.0	76.3
	二次凝液	0.3	0	8.92	0.1	0.95	5.3	4.4
2022 年 7 月 2 日	双效进液	0.3	68.7	8.21	1.9	1.06	65.7	74.0
	二次凝液	0.6	2.1	9.32	0.1	0.99	0.8	2.2
2022 年 7 月 3 日	双效进液	0.6	62.3	8.25	2.1	1.07	87.8	83.6
	二次凝液	0.6	0	8.9	0.1	0.94	1.1	3.0

从上述数据可看出，双效进液副盐含量指标在 250 g/L 以内的情况下，二次凝液的副盐总和均在 10 g/L以内，密度在 1.0 g/cm^{3}以内，悬浮硫在 0.1 g/L 左右。

3.1.3　双效蒸发器真空装置改造效果

图 3 为双效进液与二次凝液的对比，目测二次凝液清澈，基本无杂质，结合上述二次凝液化验指标，返回凝液为煤气脱硫系统置换脱硫液质量提供有力保障，使煤气脱硫系统形成良性循环。

(a) 双效进液

(b) 二次凝液

图 3　双效进液与二次凝液对比

3.2　双效蒸发器出料管道自调位置改造

3.2.1　位置改造

位置改造示意图如图 4 所示。

改造内容：设计一效蒸发器后料液经出料泵进入浓硫泡沫槽，通过自调阀切换内循环和出料操作，但经试运行半个月来看，自调阀后至浓硫泡沫槽管道距离较长，且需从一楼（出料泵自调阀位于厂房一楼位置）输送至三楼（浓硫泡沫槽位于厂房三楼）位置，同时工况为间断出料，则此部分管道易堵塞。改造将绿色加粗部分拆除，增加红色加粗部分，及自调阀位置改造至浓硫泡沫槽进口绿色加粗管道部分上。

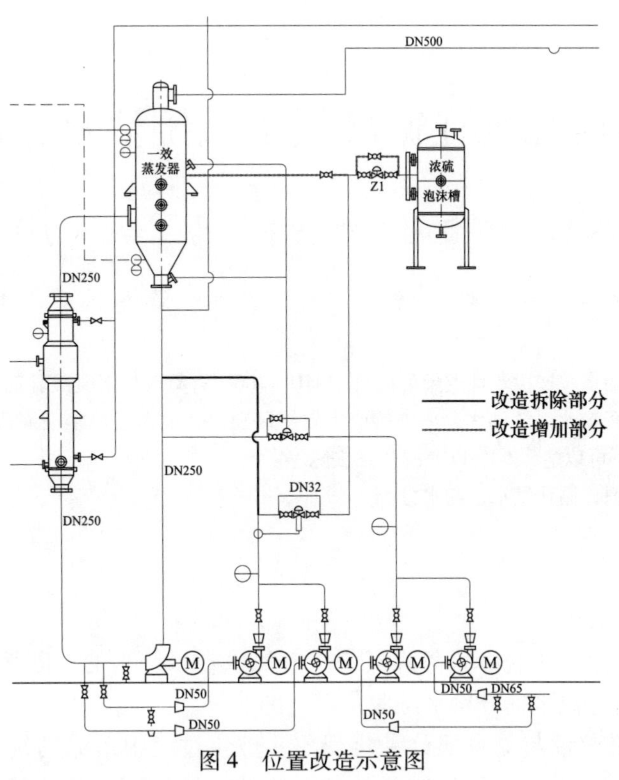

图 4　位置改造示意图

3.2.2　改造效果

改造后，一效内部循环时关闭自调阀 Z1，检测到密度升高至 1.25 g/cm^{3}时，联锁打开自调阀 Z1 进行出料操作。解决了间断出料的工况下出料管道的出料盲区，未出现过出料管道堵塞现象，且不影响一效的正常循环，使一效处于正常稳定运行状态。

3.3　空心浆液干燥机沾盘处理及操作处理

3.3.1　空心浆液干燥机沾盘预防措施

对空心浆液干燥机中一级干燥机的进料量和蒸汽温度进行规范，要求含固量在 50%左右时干燥机进料量不允许超过设计量，蒸汽温度在 150~160 ℃，蒸汽压力在 0.55~0.6 MPa。如果蒸汽温度和蒸汽压力有一方在上述要求范围内，必须按比例下调进料量。

3.3.2　空心浆液干燥机沾盘后处理措施

沾盘后需要停止进料，打开蒸汽进行蒸煮，蒸煮约 1 周时间（根据沾盘的严重程度），直至液体状态，按照正常出料程序进行出料。

拆卸轴承后使用高压水枪进行清洗，直至可以加固轴承状态，返厂对轴承材质进行检测并加固。

4　结语

影响双效蒸发器正常运行及改善措施主要包括以下方面：

（1）双效蒸发器二效真空度低，真空泵进口带液，采用真空泵进口增加止回阀的方式进行缓解，最终利用二次凝液罐作为缓冲，对真空泵抽液位置进行改造后效果显著。

（2）双效蒸发器出料管道堵塞，采用现场位置就近原则，通过对自调阀位置进行改造可明显改善。

（3）空心浆液干燥机中一级干燥机需按照设计进料量及蒸汽相关参数进行操作，发现少有沾盘现象时停止进料进行操作处理至干净状态后再进料，运行一段时间后制定清理周期，防止沾盘现象。

（4）空心浆液干燥机中一级干燥机轴承为关键装置，对轴承的维护保养及材质验收应制定相关标准。

阳光焦化集团焦化厂经过上述四项改善，目前双效蒸发器、空心浆液干燥机的进料量已达设计值稳定运行 2 个月余。

改性聚醚类破乳剂在循环氨水系统油水分离中的应用

刘银泉 牛宝定 刘 洋 马 玲 马豪杰

（乌鲁木齐市华泰隆化学助剂有限公司，乌鲁木齐 830000）

摘 要：分析研究了多乙烯多胺嵌段改性类聚醚破乳剂 HDC-106、含氟改性聚醚破乳剂 FHL-33、含硅改性聚醚破乳剂 GLB-111 在焦化厂循环氨水系统油水分离中的应用效果区别，其中多乙烯多胺嵌段改性类聚醚破乳剂 HDC-106 在 1‰~5‰的投加量下可以达到 98%以上的焦油去除率。

关键词：改性聚醚，破乳剂，循环氨水，油水分离

1 概述

焦化行业中采用循环氨水来洗脱净化荒煤气，随着氨水在系统内的不断循环，氨水中的焦油含量会不断提升，需要将油水进行分离来提升氨水洗脱荒煤气的效果。

目前焦化行业普遍存在焦油与氨水部分乳化现象，炼焦过程中形成的炭尘随荒煤气冷凝进入焦油氨水系统中，尤其微米、纳米级颗粒极易成为核心与焦油小液滴形成乳化状结构，使焦油与氨水呈乳化状态，传统的物理沉降分离方法已达不到理想的分离效果[1]，进一步造成蒸氨塔塔盘堵塞、清理频繁，初冷器列管附着焦油渣、阻力过高等问题。目前破乳有机械、物理和化学等多种方法，但使用最多最有效的是以破乳剂为主的化学方法[2]，进行化学破乳，改变水中油滴表面的界面张力来使其合并、沉降，从而达到分离的目的。而本文就是进行不同改性聚醚类的破乳剂在不同氨水水质情况下破乳能力对比研究。

2 改性聚醚类破乳剂的选择

依据煤焦化行业循环氨水高石油类、高 COD、高悬浮物、高总酚、高氨氮的特点，选择多乙烯多胺嵌段改性类聚醚破乳剂 HDC-106、含氟改性聚醚破乳剂 FHL-33、含硅改性聚醚破乳剂 GLB-111 三种破乳剂进行研究。

3 循环氨水的选择

本文实验论证选择的是中泰集团天雨煤化有限公司冷环、热环装置的水样。

3.1 试验配方

本文试验配方如表 1 所示。

表 1 试验配方

序 号	循环氨水		破乳剂加入量/mL		
	焦油含量/mg · L^{-1}	实验加入量/mL	HDC-106	FHL-33	GLB-111
实验组 1	4321	1000	0. 1−0. 5	0. 1−0. 5	0. 1−0. 5
实验组 2	3846	1000	0. 1−0. 5	0. 1−0. 5	0. 1−0. 5
实验组 3	2238	1000	0. 1−0. 5	0. 1−0. 5	0. 1−0. 5
实验组 4	1956	1000	0. 1−0. 5	0. 1−0. 5	0. 1−0. 5

本试验配方设置4个实验组，每组实验初始氨水焦油含量不同，同时每个实验组做3个破乳剂的平行对比验证，通过横向及纵向对比来分析破乳剂的破乳能力强弱。

3.2 试验设备

本文试验设备如表2所示。

表2 试验设备

序号	设备名称	设备型号	生产厂家
1	红外分光测油仪	OIL480	华夏科创
2	数显恒温水浴箱	HH-2	力辰科技

3.3 试验步骤

用量筒取1000 mL的待测水样放置于恒温水浴槽中进行升温，升温至（60±2）℃，恒温10 min，然后加入破乳剂，破乳剂溶液分别按照0.1 mL、0.2 mL、0.3 mL、0.4 mL、0.5 mL进行梯度加入，加入后搅拌混匀，后静置放置，观察静置2 h后破乳情况及分别取清液进行焦油含量检测并记录。

3.4 试验结果

本文试验结果如图1~图3所示。

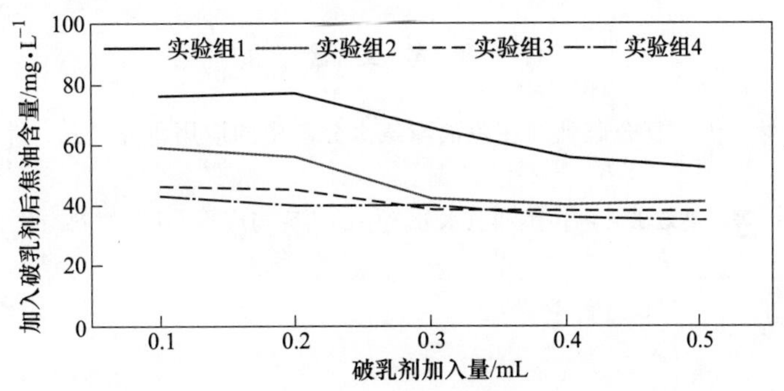

图1 HDC-106在不同初始氨水样下的破乳后焦油含量数据图

由图1可以看出，HDC-106应用后氨水焦油含量最低降到了38.8 mg/L，四个实验组的焦油含量平均降低了98.36%。

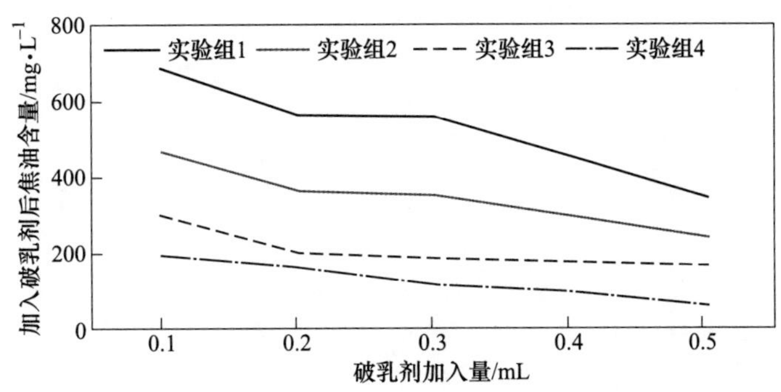

图2 FHL-33在不同初始氨水样下的破乳后焦油含量数据图

由图2可以看出，FHL-33应用后氨水焦油含量最低降到了62 mg/L，四个实验组的焦油含量平均降低了90.82%。

由图3可以看出，GLB-111应用后氨水焦油含量最低降到了62 mg/L，四个实验组的焦油含量平均降低了92.88%。

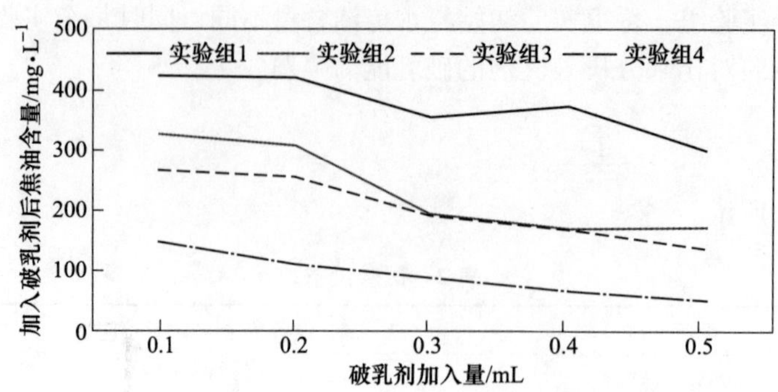

图 3　GLB-111 在不同初始氨水样下的破乳后焦油含量数据图

4　结语

试验表明三种改性聚醚破乳剂均能有效降低氨水的焦油含量，其中 HDC-106 的破乳能力最佳，焦油去除率可达 98%以上，尤其适用于高初始焦油含量的循环氨水系统。

同时破乳剂的应用效果还与破乳剂的投加量及氨水初始焦油含量有关，初始焦油含量低于 2000 mg/L 时，FHL-33、GLB-111 在 3‰～5‰的投加量下具有较好的破乳效果，初始焦油含量高于 2000 mg/L 时，HDC-106 在 1‰～5‰的投加量下均具有较好的破乳效果。

参 考 文 献

［1］董少英，赵佳顺，孙晓然，等．复合破乳剂在焦油与氨水分离中的应用研究［J］．燃料与化工，2021，52（6）：34-35.

［2］于世友，李志峰，江丹，等．高效破乳剂在焦油氨水分离中的研究与应用［J］．燃料与化工，2006（5）：41-43.

SCR脱硝在焦炉烟气处理中的应用

张 寅

（攀钢钒炼铁厂，攀枝花 617022）

摘 要： 根据攀钢钒炼铁厂焦炉SCR脱硝系统实际运行情况，对焦炉烟气脱硝用钒基SCR催化剂中毒原因进行了分析，并提出了320~350℃保持72 h的热再生方法，通过对比再生前后催化剂活性表明采用该再生方法后可以显著提高脱硝系统的脱硝效率，延长催化剂使用寿命。

关键词： 低温SCR脱硝，焦炉烟气脱硝，SCR催化剂再生

1 概述

2019年4月生态环境部等五部委联合印发了《关于推进实施钢铁行业超低排放的意见》[1]。其中提到焦炉烟囱所排放的烟气在基准氧浓度为8%时，颗粒物浓度不得超过10 mg/m^3，二氧化硫浓度不得超过30 mg/m^3，氮氧化物浓度不得超过150 mg/m^3。在这种严格的环保形势下对攀钢钒炼铁厂7 m顶装焦炉AB炉进行了超低排放改造，其中脱硝工艺采用了低温（180℃）SCR脱硝工艺，投产至今3 a，SCR催化剂接近设计使用寿命，本文结合现场运用经验，针对SCR催化剂热再生等相关过程提出了一些运用建议。

2 工艺介绍

攀钢钒炼铁厂AB焦炉烟气处理工艺采用SDS脱硫+布袋除尘+SCR脱硝的脱硫脱硝一体化工艺，其中布袋除尘器与SCR脱硝仓上下排列。烟气从焦炉烟道引出后由脱硫剂喷料系统将粒度D_{90}≤20 μm的碳酸氢钠喷入烟气管道，在管道中吸收并与SO_2反应，而后经过布袋除尘器将固体反应产物及烟气中原本的颗粒物一起脱除。除尘后的烟气进入脱硝仓与氨气以及温度更高的热风混合后，形成温度180℃以上的混合气体，在SCR催化剂（V_2O_5-MoO_3-WO_3/TiO_2钒基催化剂）的作用下，将烟气中的NO_x转化为N_2达到脱硝的目的。其工艺流程如图1所示。

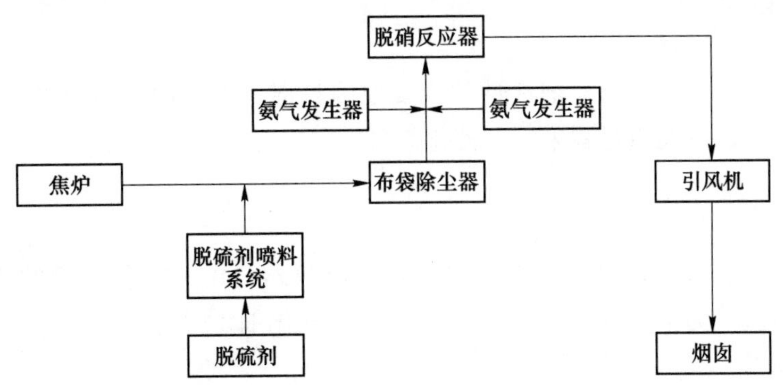

图1 AB焦炉烟气脱硫脱硝工艺流程图

3 催化剂中毒原理分析

催化剂在使用两年后发现系统脱硝效率明显降低，在日常使用过程中入口烟气NO_x浓度300 mg/m^{3}时，烟囱出口烟气NO_x浓度高达130 mg/m^{3}左右，脱硝效率不到60%。通过改变运行温度及喷氨浓度初步

判断是 SCR 催化剂活性降低导致系统脱硝效率低，为分析催化剂活性降低的原因，对催化剂进行了 X 射线荧光光谱分析。

3.1 试验方法

XRF 分析。使用配有端窗型 Rh 靶 X 射线管的 X 荧光光谱分析仪（Epsilon4，马尔文帕纳科公司），管电压（50 kV），电流（50 mA），测量取 200 mg 粉末催化剂样品，以硼酸为基底进行压片处理。

3.2 结果分析

XRF 成分分析的结果如表 1 所示。从成分上来看催化剂的碱土金属含量在 1.2%左右，1 号、2 号焦炉催化剂碱土金属含量在 1%左右，可以说明催化剂发生损耗和化学中毒程度较小，但 AB 焦炉三个催化剂样品硫铵（SO_3）含量分别为 4.9%、7.2%和 8.6%，处于较高水平。说明催化剂的主要中毒原因是硫中毒[2-4]，既过多的硫铵附着在催化剂表面降低了催化剂的 Brønsted 酸性位点[5]，使得 NH_3无法在催化剂表面发生有效吸附，NH_3与 NO_x的还原反应无法发生，导致整体脱硝效率降低。同时还存在一定碱金属中毒现象。

表 1 催化剂 XRF 成分分析结果

元素种类	含量/%		
	1 号样品	2 号样品	3 号样品
TiO_2	80.4	77.9	77.2
MoO_3	4.9	5.0	4.6
SO_3	4.9	7.2	8.6
SiO_2	4.3	4.3	4.3
V_2O_5	2.7	2.7	2.7
Al_2O_3	1.2	1.2	1.2
CaO	1.0	1.1	1.1
MgO	0.2	0.1	0.2
Fe_2O_3	0.2	0.1	0.1

4 催化剂再生方法确定

从催化剂成分分析来看，影响催化剂活性的主要原因是催化剂表面大量硫酸铵的附着，通过结合硫酸铵的分解过程与催化剂的热失重过程来制定催化剂再生方法。

4.1 试验方法

热重分析。使用同步热分析仪（STA449F5，德国耐驰仪器公司）对催化剂的热稳定性进行了测试，测试气氛为空气，气体流量为 100 mL/min，取 30 mg 粉末催化剂 1 号样品放入测试坩埚中，以 5 ℃/min 的升温速率升温至 800 ℃。

催化剂活性测试。取 1 mL 催化剂粉末，用石英棉将其固定在反应管中，并在催化剂两端装入石英砂，以防止局部过热。然后将反应管安装在固定床微型反应器（ϕ13 mm）中，并插入热电偶，以检测和控制反应温度。转化率测试条件为：NO 1000×10^{-6}，NH_3 1000×10^{-6}，O_2 6%，平衡气为 N_2，气体总流量 500 mL/min，空速 3×10^4 h^{-1}。反应后的 NO、NO_2、NO_x的浓度通过 NO_x 分析仪来检测。NO 转化率通过以下公式进行计算：

$$\eta = \frac{c_{NO_{in}} - c_{NO_{out}} - c_{NO_{2out}}}{c_{NO_{in}}} \times 100\%$$

4.2 结果分析

催化剂的热重曲线与微分热重曲线如图 2 所示。催化剂在 100 ℃以下时存在明显的失重过程，可能是催化剂中吸附的过量的氨以及部分水，在 100~250 ℃范围内催化剂质量变化较小，在 250~350 ℃范围内失重速度逐渐加快，当温度达到 350~450 ℃范围后失重速度有较明显加快，450 ℃以后失重逐渐停止。催化剂的热失重过程基本与硫酸铵的三个阶段[6,7]分解过程相吻合：

246~328 ℃： $(NH_4)_2SO_4 \longrightarrow NH_4HSO_4 + NH_3(g)$

328~346 ℃： $2NH_4HSO_4 \longrightarrow (NH_4)_2S_2O_7 + H_2O(g)$

346~430 ℃： $3(NH_4)_2S_2O_7 \longrightarrow 2NH_3(g) + 2N_2(g) + 6SO_2(g) + 9H_2O(g)$

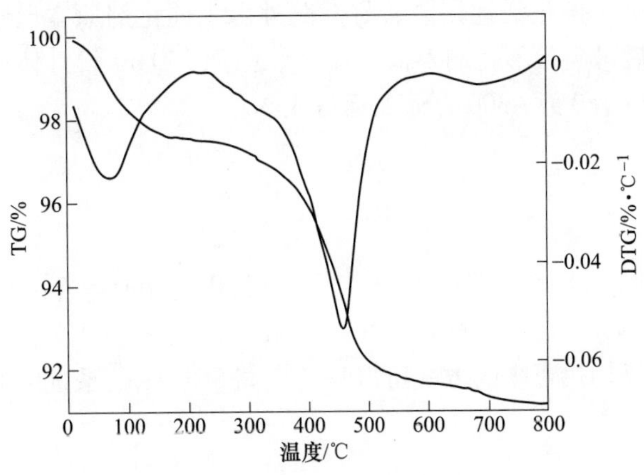

图 2 催化剂热重曲线

上述分析再次证明了催化剂上存在着大量的硫酸铵，存在硫中毒的风险。从硫酸铵、硫酸氢铵以及焦硫酸铵的物化性质上看，只需要将多数的硫酸铵以及硫酸氢铵分解为焦硫酸铵便可以达到脱除催化剂表面硫酸铵的目的。因此，为避免热量浪费只需要使催化剂温度达到 350 ℃便可以将催化剂再生。

为进一步验证 350 ℃的再生温度是否能够使现有催化剂再生，测试了 350 ℃加热处理 48 h 前后催化剂的 NO 转化率。测试结果如表 2 所示，其中三个催化剂样品再生前的脱硝效率都较低，在 180 ℃的设计使用温度下，NO 转化率不足 40%，部分样品 NO 转化率仅有 20%左右，催化剂活性难以满足实际生产的超低排放要求。经过 350 ℃、48 h 的热再生后三个催化剂样品的 NO 转化率均有大幅上涨，在 190 ℃时 3 个样品的 NO 转化率均能达到 90%以上，具有很好的催化活性。

表 2 催化剂热再生前后活性对比

温度/℃	1 号样品脱硝效率/%		2 号样品脱硝效率/%		3 号样品脱硝效率/%	
	再生前	再生后	再生前	再生后	再生前	再生后
160	19.2	62.3	11.2	60.7	15.6	54.8
170		77.5		77.0		71.4
180	37.5	89.7	23.2	90.0	31.1	86.8
190		96.0				95.7
200	66.9		44.3		56.7	
210	82.2				70.7	
220	93.4		73.0		85.0	
230			88.0		94.9	
240			97.0			

5　实际运用效果

实际催化剂的使用过程中采用在线热再生的方法，其主要操作方法为：将单个脱硝仓的烟气入口关闭，出口阀门开度减小，将热风炉产生的高温气体全部引入该脱硝仓，将脱硝仓的温度升高至 320～350 ℃并保持 72 h 以上（需要注意热再生过程中会释放大量被高黏度硫酸铵吸附的颗粒物，导致烟囱出口颗粒物大量上涨）。

热再生前入口烟气中 NO_x浓度为 300 mg/m^3 时烟囱出口 NO_x 浓度在 130 mg/m^3，脱硝效率仅为 57%。在经过上述热再生操作后，烟囱入口烟气 NO_x浓度为 300 mg/m^3 时，烟囱出口 NO_x浓度降低至 80 mg/m^3 左右，脱硝效率升高到了 73%，催化活性恢复较好。此外由于催化剂原本已接近设计使用寿命，目前预计定期按照上述热解析操作后可延长催化剂寿命 1～2 年，按照 150 m^3 设计体积、市场价格 3 万元/立方米进行核算，每年至少可以减少 150 万～300 万元的运行成本。

6　总结

（1）确定了 SCR 催化剂在焦炉烟气脱硫脱硝一体化系统中运用时存在的硫中毒以及碱金属中毒情况。

（2）通过分析硫酸铵的热分解过程，确定了 320～350 ℃的热再生温度。

（3）通过实际对比发现采用热再生的方式可以显著提高 SCR 脱硝系统的脱硝效率并延长催化剂使用寿命。

参考文献

[1] 关于推进实施钢铁行业超低排放的意见 [EB/OL]. https：//www.mee.gov.cn/xxgk2018/xxgk/xxgk03/201904/t20190429_701463.html，2019.

[2] 李启超．钒钛基 SCR 催化剂的中毒、再生与回收 [D]. 北京：北京化工大学，2015.

[3] 刘利，母玉敏，曹文平．低温工况下 SCR 催化剂中毒的分析 [J]. 能源研究与管理，2021（3）：70-73.

[4] 王静，沈伯雄，刘亭，等．钒钛基 SCR 催化剂中毒及再生研究进展 [J]. 环境科学与技术，2010，33（9）：97-101，196.

[5] Chen J，Yang R. Mechanism of poisoning of the V_2O_5/TiO_2 catalyst for the reduction of NO by NH_3 [J]. Journal of Catalysis，1990，125（2）：411-20.

[6] 范芸珠，曹发海．硫酸铵热分解反应动力学研究 [J]. 高校化学工程学报，2011，25（2）：341-346.

[7] 吴迪．硫酸铵热分解行为研究 [D]. 沈阳：沈阳工业大学，2022.

钙基移动床干法脱硫工艺在焦化烟气治理中的应用

田宝龙[1,2] 李义超[1,2] 胡美权[1,2]

（1. 北京首钢国际工程技术有限公司，北京 100043；
2. 北京市冶金三维仿真设计工程技术研究中心，北京 100043）

摘 要：结合现有焦化烟气治理应用实际，对钙基移动床干法脱硫工艺原理、工艺流程、系统组成以及技术特点等进行分析，该工艺系统具有流程简单、运行稳定、烟气脱硫效率高、占地面积小、无“白烟”现象、温降低、系统阻力小等优点，为焦化烟气脱硫脱硝技术选择提供参考依据。

关键词：钙基干法，脱硫，焦化烟气，移动床

1 概述

随着全球工业化进程的加速，焦化行业作为重要的能源和原材料供应基地，其生产过程中产生的烟气污染问题日益严重。焦化烟气中含有大量的二氧化硫（SO_2），这是一种对环境和人体健康具有严重危害的污染物。因此，如何有效地脱除焦化烟气中的二氧化硫，成为了焦化行业实现绿色发展的关键。

目前环保形势日益严峻，大多数焦化企业对焦炉烟气进行脱硫脱硝技术改造。目前焦炉烟气常用的脱硫方法分为干法、半干法和湿法脱硫技术。在众多脱硫工艺中，钙基干法脱硫工艺以其高效、低成本、操作简便等优势，在焦化烟气脱硫领域得到了广泛应用。本文将对钙基移动床干法脱硫工艺的原理、工艺流程、系统组成、技术特点及其在焦化烟气脱硫中的应用进行详细介绍，以期为焦化行业的可持续发展提供有益参考。

2 钙基移动床干法脱硫工艺简介

钙基干法脱硫工艺主要利用钙基脱硫剂与烟气中的二氧化硫发生化学反应，生成硫酸钙（$CaSO_4$）等固体产物，从而达到脱除烟气中二氧化硫的目的。

具体反应方程式如下：

$$Ca(OH)_2 + SO_2 = CaSO_3 \cdot 1/2H_2O + 1/2H_2O \quad (1)$$

$$CaSO_3 + [O] = CaSO_4 \quad (2)$$

$$Ca(OH)_2 + SO_3 = CaSO_4 \cdot 1/2H_2O + 1/2H_2O \quad (3)$$

$$Ca(OH)_2 + CO_2 = CaCO_3 + H_2O \quad (4)$$

在钙法脱硫工艺中，氢氧化钙作为脱硫剂，可以通过不同的方式与烟气接触反应，实现二氧化硫的脱除。其中，氢氧化钙可以通过喷淋、喷雾等方式与烟气混合，也可以通过固定床、移动床等方式与烟气接触反应。本文重点介绍移动床工艺，其在脱硫塔内部气流方向如图1所示。

未处理烟气水平方向穿过脱硫剂，脱硫剂中的氢氧化钙等碱性物质与烟气中的SO_2及其他酸性介质充分接触发生反应。气流通道一般被分为两层，烟气下进上出，脱硫塔中的脱硫剂从上往下移动，即保持脱硫塔上部的脱硫剂为最新的，经使用一段时间后去往脱硫塔下部，反应后产物通过塔底脱硫剂排出阀排出。

3 钙基移动床干法脱硫工艺流程

钙基移动床干法脱硫工艺流程主要分为两部分。

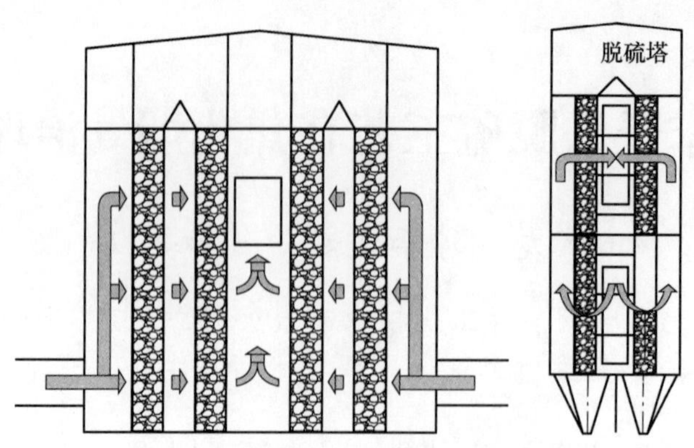

图 1　钙基移动床干法脱硫塔内部流向图

焦炉烟气气相流程：来自焦炉燃烧后的烟气，经脱硫塔下部烟气进口进入塔内，焦炉烟气中的二氧化硫和钙基脱硫剂发生中和反应，反应后的净烟气 SO_2 小于 15 mg/m^3，从脱硫塔上部排出，进入脱硝反应器脱硝，最终经烟囱排入大气。

脱硫剂流程：首先脱硫剂通过提升机装入脱硫塔顶脱硫剂进料仓，到一定料位后，关闭进料仓阀，打开顶部进料仓出口插板阀，将仓中的脱硫剂间断补充到脱硫塔内，当脱硫剂进料仓脱硫剂放完后关闭料仓出口电动插板阀，打开进料仓进料阀，再进行下一次装填，避免塔内的烟气外泄。在脱硫塔内脱硫剂中的氢氧化钙在助剂的作用下和烟气中的二氧化硫进行反应，吸附反应后的脱硫剂在脱硫塔中利用自身重力自上而下按照一定速度缓慢移动，经排料口排出塔外，装袋后外运。排料口设计有收尘装置，将废料装袋过程中的扬尘吸引到除尘器进口，除尘处理。

该脱硫工艺可单独设置，亦可与脱硝工艺组合，其工艺流程示意图如图 2 和图 3 所示。

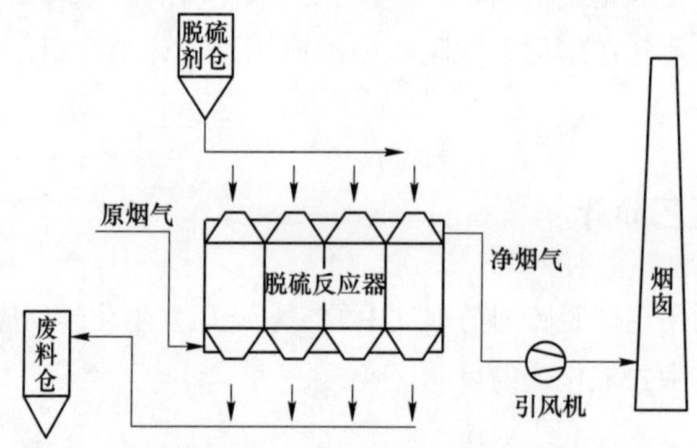

图 2　钙基移动床干法脱硫工艺流程图

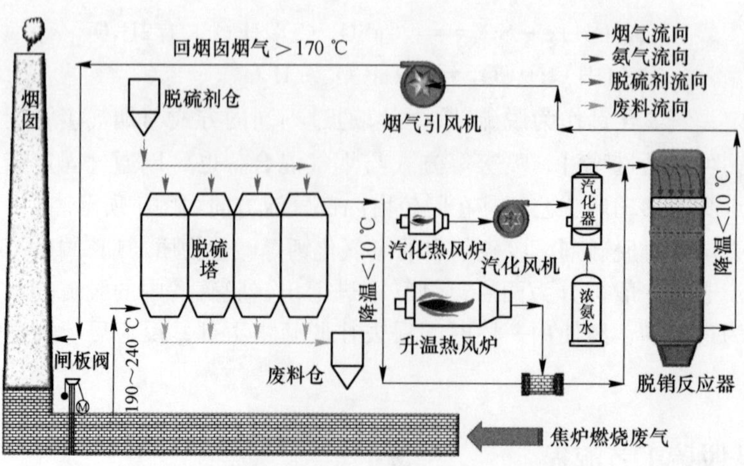

图 3　钙基移动床干法脱硫+SCR 脱硝工艺流程图

4 钙基移动床干法脱硫工艺的系统组成

该工艺主要由脱硫塔、装料装置、排料装置、排料烟尘回收装置、烟道、仪表及控制系统等组成。

4.1 脱硫剂及其储存系统

该系统需配置脱硫剂料仓，用来储存脱硫剂颗粒。料仓底部配有振动筛、手动插板阀和料仓卸料阀。脱硫剂经斗提机输送至脱硫塔顶，再经翻斗输送机分配至塔顶各个进料仓，保证塔内部料层均匀。同时配置废料仓，用来储存废脱硫剂。脱硫塔底部废脱硫剂经刮板机、斗提机运至废料仓，再经打包机打包后汽车外运。废料仓顶部设除尘器，确保操作过程中无烟尘溢出。

4.2 脱硫塔

脱硫塔主要有进气道，脱硫剂床，出气道，分配器，顶部料仓和底部料斗组成。主要作用是利用其特殊结构让脱硫剂和烟气充分混合接触，让脱硫剂能快速有效地和二氧化硫反应，其外形尺寸可以随脱硫场地大小而改变。

4.3 脱硫系统进出口烟道

脱硫系统进出口烟道连接焦炉地下烟道与引风机（或脱硝系统），烟道进口需考虑均布设计，保证脱硫塔各仓气流分布均匀。

4.4 仪表及控制系统

该系统包括仪表、在线检测及控制系统。可根据烟囱在线检测烟气的 SO_2浓度，通过调整脱硫剂排出速度，控制出口烟气中的 SO_2含量，提高脱硫剂利用效率。

5 钙基移动床干法脱硫工艺的技术特点

5.1 高效脱硫

钙基移动床干法脱硫工艺具有较高的脱硫效率，可以有效地脱除焦化烟气中的二氧化硫。在实际应用中，可以根据烟气中的二氧化硫浓度和排放要求，一般脱硫效率 95%以上。适应温度范围广，在 80~420 ℃均可高效脱硫，与中低温选择性催化还原脱硝（SCR）工艺组合应用，可为 SCR 脱硝提供更宽泛的温度选择空间。

5.2 成本低

钙基移动床干法脱硫工艺的主要原料为石灰石，价格相对较低，且工艺操作简便，降低了投资和运行成本。此外，脱硫过程中产生的副产物可以作为建筑材料或工业原料进行再利用，进一步降低了成本。

5.3 环保节能

钙基移动床干法脱硫工艺在脱硫过程中不使用水，不产生废水，且烟气在净化过程中无明显降温，有利于烟气余热的回收利用，烟囱排烟无白色烟羽。

5.4 协同治污

干法脱硫剂的微观孔隙及宏观填料床层结构，对烟气中含有的轻质焦油、非甲烷总烃和颗粒物具有吸附脱除功能，可以与其他污染物治理技术相结合，实现焦化烟气的综合治理。

6　钙基移动床干法脱硫工艺在焦化烟气脱硫中的应用

钙基移动床干法脱硫工艺在焦化烟气脱硫领域得到了广泛应用，通过优化脱硫塔设计、选择合适的脱硫剂、精确控制运行参数等措施，可以实现对焦化烟气中二氧化硫的高效脱除，降低污染物排放，满足环保要求。例如某焦化厂焦炉烟气参数如表 1 所示。

表 1　烟气原始参数表

序　号	项目名称	单　位	数　值	备　注
1	烟气量	万 Nm^3/h	65	2 座焦炉 混合煤气：650000 Nm^3/h 焦炉煤气：450000 Nm^3/h
2	温度	℃	220	
3	压力	Pa	−1000	
4	污染物浓度			
	SO_2	mg/Nm^3	60~250	混合煤气：60~180 mg/Nm^3 焦炉煤气：180~250 mg/Nm^3
	颗粒物	mg/Nm^3	20~30	
5	O_2	%	6~9	

脱硫剂采用外购钙基固体脱硫剂，质量指标如表 2 所示。

表 2　脱硫剂质量指标表

序　号	项　目	指　标
1	外观	白色条形
2	粒度/mm×mm	$\phi(4\sim6)\times(5\sim30)$
3	主要成分 $Ca(OH)_2$/%	≥70
4	硫容/%	≥25
5	堆密度/$g\cdot mL^{-1}$	0.75~0.85
6	比表面积/$m^2\cdot g^{-1}$	>24
7	孔容/$mL\cdot g^{-1}$	约 0.085
8	空隙率/%	70~80
9	径向强度/$N\cdot cm^{-1}$	>120
10	粉末率/%	<1
11	安息角/(°)	45

由于该项目烟气处理量较大，脱硫塔设计成 5 个独立模块，模块间既能实现烟气介质有效隔离，又能避免温度传递，并可根据不同工况条件进行调节模块使用个数，达到不停机检修的目的。

脱硫塔主要设计参数：

（1）空塔气速小于 0.3 m/s；

（2）床层停留时间 6~8 s；

（3）进出口阻力小于 2000 Pa。

该系统流程简单、动设备少、日常操作频次低、运行维护量小，经钙基移动床干法脱硫工艺处理后，烟气实时排放浓度如表 3 所示。

表 3 烟气实时排放浓度表 (mg/m^3)

时间	颗粒物		二氧化硫	
	实测	折算	实测	折算
00:00:00	3.02	3.34	9.21	10.18
01:00:00	3.02	3.33	8.57	9.41
02:00:00	3.03	3.34	9.13	10.04
03:00:00	3.03	3.37	8.62	9.58
04:00:00	3.03	3.40	8.11	9.09
05:00:00	3.02	3.36	7.92	8.82
06:00:00	3.04	3.39	7.55	8.43
07:00:00	3.02	3.36	7.47	8.32
08:00:00	3.01	3.35	7.61	8.48
09:00:00	3.01	3.35	6.72	7.46
10:00:00	3.01	3.34	8.13	9.00

由表 3 可看出，钙基移动床干法脱硫工艺可将 SO_2排放浓度稳定控制在 12 mg/Nm^{3}以下，同时将颗粒物排放浓度控制在 5 mg/Nm^{3}以下，具有很好的烟气治理效果。

7 未来展望

钙基移动床干法脱硫工艺以其高效、低成本、环保节能等优势在焦化烟气脱硫领域得到了广泛应用，随着环保要求的不断提高和技术的不断创新，钙基移动床干法脱硫工艺在焦化烟气治理中的未来发展方向主要体现在以下几个方面：

（1）技术优化与集成：随着环保标准的不断提高，钙基移动床干法脱硫工艺需要进一步优化和集成，以满足更严格的排放要求。

（2）协同脱硝技术的发展：钙基移动床脱硫工艺与协同乃至同时脱除 NO_x 的技术结合是未来的一个重要发展方向，通过塔内不同脱硫剂组合，实现 SO_2和 NO_x 的高效去除。

（3）脱硫副产品的处理与资源化利用：虽然钙基脱硫技术具有较高的脱硫效率和较低的运行成本，但产生的大量脱硫废物等副产品如何有效处理和资源化利用仍是一个挑战，改进现有技术以减少副产品的产生和提高其资源化利用率是未来的一个重要研究方向。

参 考 文 献

[1] 崔建恒，乔树峰，李洪兵．钙基移动床干法脱硫除尘一体化技术处理焦炉烟气的实践应用［J］. 煤化工，2023，51（3）：49-52，63.

[2] 段付岗．钙法烟气脱硫技术优势和环保风险分析及建议［J］. 硫磷设计与粉体工程，2021（6）：25-28，36，5.

[3] 邓兴智，钟伟强，刘秀珍，等．钙基移动床干法脱硫除尘一体化技术探讨［J］. 陶瓷，2021（9）：19-25.

[4] 陈国庆，高继慧，黄启龙，等．钙基脱硫工艺协同脱硝技术研究进展［J］. 化工进展，2015，34（10）：3755-3761.

[5] 祁大鹏．焦炉烟气脱硫脱硝工艺及控制技术［J］. 化工设计通讯，2018，44（10）：207，226.

高温钙基脱硫剂替代钠基 SDA 半干法脱烟气脱硫装置的试验研究

彭 景

（国家能源集团煤焦化有限责任公司西来峰分公司，乌海 016000）

摘 要：本试验介绍了5.5 m捣固焦炉烟气脱硫脱硝工序采用高温钙基脱硫剂替代钠基SDA半干法脱硫的试验研究，钠基SDA半干法脱硫工艺在脱焦炉烟气中的SO_2过程中净化效果良好。但由于钠基SDA脱硫工艺产生的脱硫灰，其主要成分为Na_2SO_3和Na_2SO_4，存在易溶于水、不便储存、回收困难等问题，现试验使用高温钙基脱硫剂替代钠基脱硫剂进行SDA半干法脱硫试验。先后两次将高温钙基脱硫剂制得的浆液直接入现有钠基脱硫工艺系统中，成功进行了钙基半干法脱硫试验，在控制保证出口SO_2排放达标的同时，各原有设备、设施运行正常。

关键词：焦炉烟气，脱硫，钙基

1 概述

焦化烟气是焦化厂工业废气之一，组成中含有大量SO_2、NO_x及颗粒物等空气污染物。因此，烟气在排入大气前需进行脱硫脱硝处理，以达到改善空气质量和人类生存环境的目的。为解决焦炉烟气钠基脱硫灰难于处理的问题，技术人员对SDA脱硫系统相关设备、运行参数进行现场调研，评估使用高温钙基脱硫剂代替钠基脱硫剂的可行性，通过现场新建独立的钙基脱硫剂溶解槽，配套搅拌装置、喷浆泵及相关公辅设施管道等，通过开展试验分析钙基脱硫剂在SDA系统中的脱硫效果及运行稳定性。

2 焦炉烟气条件和设备参数

2.1 烟气相关参数

该5.5 m捣固焦炉3号脱硫脱硝装置烟气相关参数见表1。

表1 焦炉烟气相关参数

序 号	项 目	数 值
1	烟气流量/$Nm^3 \cdot h^{-1}$	$20\times10^4 \sim 23\times10^4$
2	进塔烟气温度/℃	330~370
3	出塔烟气温度/℃	280~320
4	烟气湿度/%	8~9
5	O_2含量/%	8~9
6	SO_2含量/$mg \cdot Nm^{-3}$	100~200
7	NO_x含量/$mg \cdot Nm^{-3}$	500~700

2.2 工艺设备相关参数

该5.5 m捣固焦炉3号脱硫SDA半干法脱硫工艺设备相关参数见表2。

表 2　SDA 脱硫设备相关参数

序　号	项　目	数　值
1	脱硫塔高度/m	约 43
2	脱硫塔直径/m	约 13
3	雾化轮转速/$r \cdot min^{-1}$	13750
4	浆液给料量/$t \cdot h^{-1}$	0.7~1.4
5	除尘器过滤面积/m^2	9200
6	除尘器工作压差/kPa	0.3~0.8
7	过滤后气速/$m \cdot min^{-1}$	约 0.83
8	除尘器仓室数量/个	8
9	除尘器脉冲周期	无规律不固定，2~4 h

3　试验过程及结果分析

3.1　进出口 SO_2 含量分析

第一次试验因处于除尘器布袋和脱硝催化剂更换期间，有 1/4 的除尘器仓室处于检修状态，仅有 3/4 的除尘器处于正常工作状态。14:30 开始停止原有 Na 基供浆系统，雾化器开始反清洗，15：00 切换到新建 Ca 基供浆系统，23 点试验结束。图 1 为连续试验 SO_2 进出口时均值趋势图，由图中可以看出，在进行高温钙基脱硫剂进行半干法试验时，入口 SO_2 时均值在 100~150 mg/Nm^3 之间波动，均值为 120.65 mg/Nm^3；出口 SO_2 时均值在 11.42~19.85 mg/Nm^3 波动，均值为 15.36 mg/Nm^3，该数据与使用 Na 基脱硫剂时，出口 SO_2 均值数据（13.92 mg/Nm^3）较为接近。

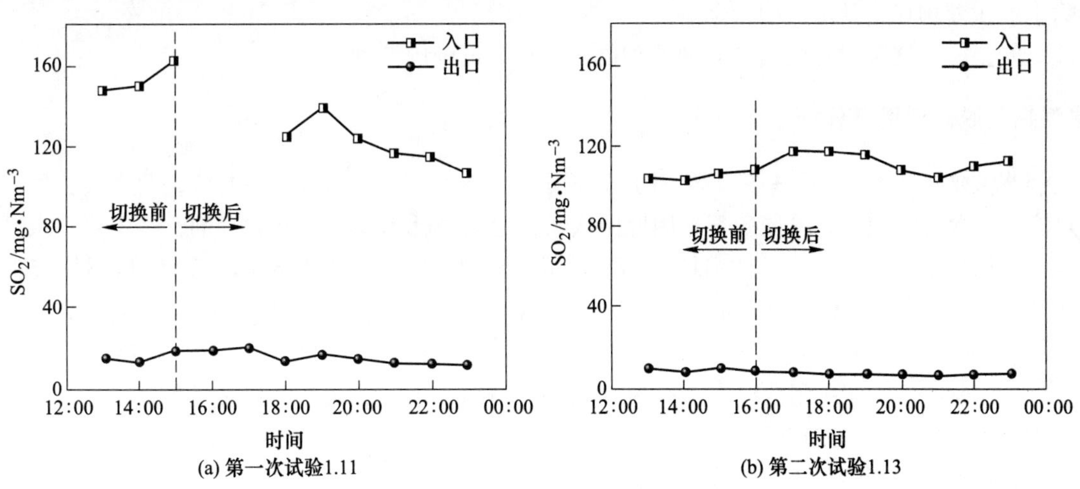

(a) 第一次试验1.11　(b) 第二次试验1.13

图 1　SO_2 进出口时均值趋势图

以上结果说明高温钙基脱硫剂在半干法 SDA 脱硫系统中完全可以取代 Na_2CO_3 处理高温焦化烟气，净化后的烟气中的 SO_2 符合环保排放要求。

第二次试验期间除尘器全部仓室投用，本次试验的目的是提高进口浆液流量，研究高温钙基脱硫剂在半干法 SDA 脱硫系统中脱硫性能。15:49 开始将原有 Na 基供浆系统停止，雾化器开始反清洗，16:07 切换到新建 Ca 基供浆系统，23：00 试验结束。图 2 为 SO_2 进出口时均值趋势图，由图中可以看出，在进行高温钙基脱硫剂进行半干法试验时，入口 SO_2 时均值在 100~120 mg/Nm^3 之间波动，均值为 110.7 mg/Nm^3；出口 SO_2 时均值在 6.59~9.28 mg/Nm^3 波动，均值为 7.79 mg/Nm^3，该数据低于使用 Na 基脱硫剂时，出口出 SO_2 的均值（10.22 mg/Nm^3）。

相较于第一次试验，本次试验一直维持浆液流量在 2.2 m^3/h 附近波动，使得出口 SO_2 长时间稳定在

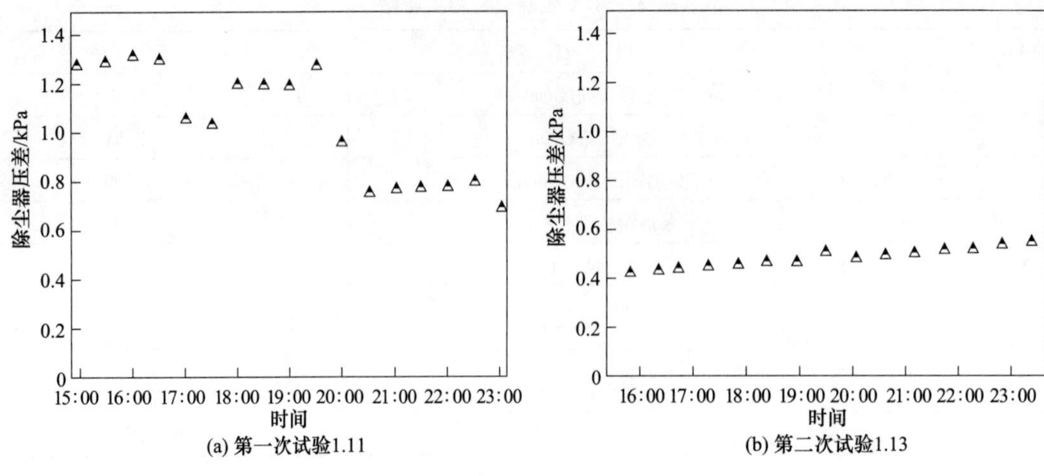

图 2　除尘器压差趋势图

10 mg/Nm^{3}以内，说明高温钙基脱硫剂在半干法脱硫试验中，具备将高温焦化烟气中的 SO_2处理至极低水平的能力。

3. 2　除尘器压差分析

在第一次试验初期，除尘器压差在 1. 0~1. 3 kPa 之间波动；试验进行 5 h 以后，除尘器压差突然降低至 0. 7~0. 8 kPa；这可能与除尘器清灰有关，清灰时使用的压缩空气会将布袋表面附着的未反应的脱硫剂和反应后的废剂带到灰斗中，从而使除尘器压力突然降低。第二次试验除尘器压差在 0. 40~0. 55 kPa 之间波动，普遍低于第一次试验的除尘器压差，是因为第一次试验时有 1/4 的除尘器仓室处于检修状态，仅使用了 6 个除尘仓室，气量高于正常值导致风阻增加，因此第一次试验时除尘器压差更大。总而言之，两次试验除尘器压差均在正常范围内波动。

除此以外，两次试验时雾化器中心轴振动值也在正常范围内波动。

3. 3　高温钙基脱硫剂用量分析

三次制浆共加入 3. 675 t 钙基脱硫剂，约 31 m^{3}水，浆液质量分数在 10%~13%；两次实验后罐内剩余 3. 5 m^{3}浆液，约含有 0. 46 t 钙基脱硫剂，因此两次实验总共消耗 3. 24 t 钙基脱硫剂，其中第一次试验约消耗 1. 47 t 钙基脱硫剂，第二次试验约消耗 1. 77 t 钙基脱硫剂。由于第二次试验出口 SO_2指标是按照 10 mg/Nm^{3}以内控制的，浆液始终处于过量加入的状态，ACA-01 用量偏高，因此以第一次试验用量进行估算钙基脱硫剂时均耗量。第一次试验时间 8 h，共消耗 1. 47 t 钙基脱硫剂，时均耗量为 183. 75 kg/h，日均耗量为 4. 41 t。结合现场长时间应用情况，入口 SO_2浓度在 200 mg/Nm^3，出口 SO_2浓度在 20 mg/Nm^{3}时，半干法 SDA 脱硫系统中钙基脱硫剂日均用量在 2. 72~3. 38 t。

本次实验钙基脱硫剂用量偏高的原因可能有：

（1）第一次试验因处于除尘器布袋和脱硝催化剂更换期间，有 1/4 的除尘器仓室处于检修状态，仅有 3/4 的除尘器处于正常工作状态。而此时烟气量仍处于正常水平，滤过气速较高，烟气中的 SO_2和布袋上附着的脱硫剂接触时间短，因此高温钙基脱硫剂用量增大。

（2）在供浆系统切换过程中，试验前期高温钙基脱硫剂需要大量附着在布袋表面形成吸附层，吸附层中的高温钙基脱硫剂具备持续脱硫的效果，因此在试验初期高温钙基脱硫剂用量会较大一些，在形成稳定的吸附层后，高温钙基脱硫剂的用量会大幅降低。而且试验期间除尘器不断进行清灰操作，高温钙基脱硫剂还未反应完全就进入灰斗中，这也是导致高温钙基脱硫剂用量偏大的重要原因。

3. 4　雾化器浆液流量校正

因雾化器的浆液流量是根据雾化器的电流和功率转换的，与实际雾化器入口流量存在一定误差；本次实验在新建浆液罐出口处加装了电磁流量计，现根据本次实验中流量计示数和雾化器的浆液流量建立对应关系，以校正雾化器的浆液流量，得到雾化器实际入口流量。

数据处理及模型拟合结果如下：统计两次实验流量计流量和雾化器的浆液流量，并将相同雾化器的浆液流量进行均值化处理，结果按照雾化器的浆液流量从小到大的顺序进行排列，具体数值见表 3。为进一步深入研究流量计流量和雾化器的浆液流量的关系，现对两次实验雾化器的浆液流量和流量计流量均值进行多项式曲线拟合，拟合结果见图 3。拟合后流量计流量和雾化器的浆液流量的关系式，也就是实际流量（Q_v，m^3/h）与雾化器的浆液流量（Q_m，t/h）的关系式，即为实际流量 $Q_v = 0.9538 + 0.4462Q_m + 2.5587Q_{m^2} - 1.3799Q_{m^3}$。拟合相关系数为 0.9906，说明拟合结果合理。

表 3　两次实验雾化器的浆液流量和流量计流量均值

雾化器浆液流量/$t \cdot h^{-1}$	流量计流量/$m^3 \cdot h^{-1}$
0.20	1.15
0.50	1.55
0.70	2.14
0.90	2.42
1.20	2.74
1.40	2.83

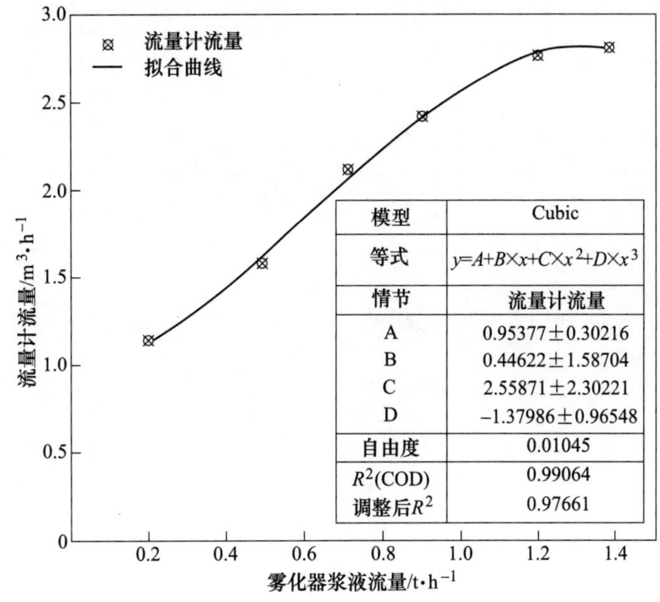

图 3　流量计流量与雾化器浆液流量拟合曲线

需要指出的是：

（1）雾化器的浆液流量（Q_m，t/h）为质量流量，而实际流量（Q_v，m^3/h）为体积流量，在实际使用时需加以区分。

（2）本拟合结果在使用 10%~13%时的 $Ca(OH)_2$浆液得到的。

4　试验结论

在高温焦化烟气半干法旋转喷雾干燥脱硫工艺条件下，高温钙基脱硫剂具有极佳的脱硫效果，净化处理后烟气中 SO_2完全符合环保排放指标；同时具有将高温焦化烟气中的 SO_2处理到极低水平的能力。

由于钙基脱硫灰具有难溶于水、易储存和转运，可以进行二次资源化处理等特点，因此在焦化烟气半干法脱硫工艺中，高温钙基脱硫剂比钠基脱硫剂有广阔的发展前景和应用优势。

参 考 文 献

[1] 陈俊峰，张鸿晶．炼焦行业大气污染控制研究［J］．环境与发展，2018，5：43-44.
[2] 倪建东．焦炉烟道气同时脱硫脱硝技术路线探讨［J］．宝钢技术，2016，1：73-77.
[3] 孙广明，尹华，霍延中，等．焦炉烟道气脱硫脱硝工艺探讨［J］．燃料与化工，2017，48（6）：41-43.

工业 VOCs 废气治理工艺优化策略探讨

雷志林

（国家能源集团煤焦化西来峰甲醇厂，乌海 016000）

摘 要：VOCs 是挥发性有机物，是大气中的一类重要污染物，主要来源于石化、印刷、电子、涂装等行业。VOCs，不但会对环境控制质量造成不良影响，而且部分 VOCs 具有毒性与致癌性，对人们身体健康带来不良威胁。基于此，本文首先阐述了 VOCs 废气治理技术，如冷凝处理技术、吸附处理技术、燃烧处理技术、生物处理技术等；其次，详细分析了不同行业 VOCs 废气特点及治理难点；最后，针对工业 VOCs 废气治理工艺，提出了一系列的优化策略，其中包括源头削减，优化生产工艺，减少 VOCs 产生、过程控制，提高 VOCs 收集率、尾端治理工艺优化等。通过上述分析与研究，以期为工业企业开展 VOCs 治理提供参考。

关键词：VOCs 废气，治理工艺，优化策略

1 概述

随着工业化、城市化进程不断深入，工业 VOCs 废气排放量逐年增加，为我国环境保护实现可持续发展带来了诸多挑战。目前，工业 VOCs 废气治理，主要采用冷凝、吸附、燃烧、生物等方法，但不同行业 VOCs 废气成分复杂，浓度与风量波动大，大幅提高了治理难度。同时，我国在 VOCs 废气治理方面起步较晚，部分企业 VOCs 治理设施不完善，运行管理水平有待提高，无法达到稳定的排放标准。因此，加强工业 VOCs 废气治理工艺研究，探索行之有效的 VOCs 减排新途径，为我国大气污染防治工作助力。

2 VOCs 废气治理技术

2.1 处理技术

VOCs 废气治理中，冷凝技术是利用低温环境，使废气中的部分有机物冷凝成液体，达到净化废气的目的。常温冷凝操作简单，成本低，更适用于处理高沸点、高浓度的 VOCs。当采用制冷设备降低废气温度至露点以下时，可去除沸点较低的 VOCs。在此基础上，深冷冷凝使用超低温制冷剂，将废气温度降至-30 ℃以下，可去除大部分 VOCs，但能耗大，运行成本较高。尽管冷凝技术能有效回收有机溶剂，但对低浓度、低沸点 VOCs 去除效果有限，且无法彻底氧化分解 VOCs，因此常作为预处理工艺[1]。

2.2 吸附处理技术

吸附处理技术利用多孔性固体吸附剂选择性地从废气中吸附 VOCs。常见吸附剂包括活性炭、沸石分子筛和硅胶，其中活性炭因发达的孔隙结构和疏水性表面而被广泛使用。吸附饱和后，需对吸附剂进行再生，常用方法有加热、水蒸气和溶剂萃取等。加热再生虽简单，但易产生二次污染；水蒸气再生适用于亲水性吸附剂，脱附效率高，但再生后需干燥；溶剂萃取再生适用于疏水性吸附剂，存在残留问题。尽管吸附技术操作简单，适用于低浓度、大风量 VOCs 废气治理，但再生过程能耗高，运行成本较高，因此常作为深度治理的前处理工艺[2]。

2.3 燃烧处理技术

燃烧处理技术利用高温将 VOCs 氧化分解，主要包括直接燃烧、催化燃烧和蓄热燃烧三种方式。直接燃烧需消耗大量助燃燃料，运行成本高。催化燃烧利用催化剂降低氧化分解温度，节省燃料，但催化剂易失活，需定期更换，运行成本较高。蓄热燃烧是目前应用最广泛的 VOCs 燃烧处理技术，利用蓄热体预

热 VOCs 废气，提高燃烧效率，减少燃料消耗。蓄热燃烧装置热效率高，VOCs 去除率可达 95%以上，但设备投资大，运行维护要求高。燃烧处理技术较适用于高浓度、小风量 VOCs 废气治理，但会产生 NO_x 等二次污染物，需净化处理。

2.4 生物处理技术

生物过滤法将废气通入装填有生物填料的过滤器，VOCs 被填料表面微生物吸附、吸收和降解，适用于低浓度、大风量、水溶性良好的 VOCs 废气治理，净化效率高，运行成本低，但启动时间长，对环境条件要求较高。生物洗涤法将废气通入洗涤塔与循环液接触，VOCs 被吸收后由液相微生物降解，适用于高浓度、大风量、水溶性良好的 VOCs 废气治理，净化效率高，压降小，但设备投资大，运行管理要求高。生物滴滤法将废气通入滴滤塔与连续喷淋液体接触，VOCs 被液膜吸收后由液膜微生物降解，适用于中高浓度、中等风量、水溶性良好的 VOCs 废气治理，净化效率高，设备投资和运行成本适中，但易发生堵塞，需定期反冲洗。生物处理技术具有投资和运行成本低、无二次污染等优点，但废气预处理要求高，微生物驯化周期长，因此常用于低浓度、可生化性好的 VOCs 废气治理。

3 不同行业 VOCs 废气特点及治理难点

3.1 石化行业

石化行业是 VOCs 排放的主要行业，其来源于炼油、储运、装卸等环节。石化行业 VOCs 废气成分复杂，主要包括烷烃、烯烃、芳香烃等，且不同工艺过程排放的 VOCs 种类和浓度差异大。此外，石化行业 VOCs 废气排放量大，集中度高，部分装置 VOCs 排放不连续，时间和空间分布不均匀，为治理工作带来了诸多困难。同时，石化企业装置密集，管线复杂，VOCs 无组织排放多，收集难度大，加之石化行业生产工艺复杂，温度、压力变化大，VOCs 废气治理设施选型与设计难度也相对较高。

3.2 印刷包装行业

印刷包装行业是 VOCs 排放的又一重点行业，VOCs 主要来源于油墨、涂布、黏合、清洗等工序。印刷包装行业 VOCs 废气成分，应以低沸点有机溶剂为主，如甲苯、乙酸乙酯、异丙醇等，易挥发，对环境影响大。同时，印刷包装企业多为中小型企业，分布分散，VOCs 排放点多，收集难度大。此外，印刷包装行业生产工艺多样，不同产品、不同工艺过程 VOCs 排放差异大，废气治理需因企制宜，部分企业 VOCs 治理意识淡薄，治理设施简陋，运行管理不到位，导致 VOCs 超标排放时有发生[3]。

3.3 电子制造业

电子制造业 VOCs 废气成分复杂，其中应包括酮类、醇类、酯类等多种有机溶剂，浓度变化大，时空分布不均匀。电子制造业生产工艺精密，对 VOCs 治理设施的稳定性和可靠性要求相对较高，常规治理技术无法满足要求。此外，电子制造业无组织排放问题突出，车间内 VOCs 浓度低，大气稀释扩散快，废气收集难度大，同时电子制造业工艺更新快，产品种类多，不同生产线 VOCs 排放差异大，治理设施需实时更新和改造，运维管理难度大。

3.4 涂装行业

涂装行业 VOCs 废气成分以苯系物、酮类、酯类等为主，浓度波动大，具有毒性和光化学反应活性。同时，涂装行业工艺复杂，涂装方式多样，不同涂装工艺 VOCs 排放差异大，废气治理需因地制宜。此外，涂装企业普遍存在 VOCs 无组织排放量大、废气收集难度高等问题，治理设施选型和设计难度大。部分企业涂装工艺落后，涂装效率低，VOCs 排放量大，废气治理成本高。

4 工业 VOCs 废气治理工艺优化策略

4.1 源头削减，优化生产工艺，减少 VOCs 产生

工业 VOCs 废气治理应全面贯彻“源头削减、过程控制、末端治理”的全过程控制思路，重点从源头减少 VOCs 的产生与排放。工业企业应组建专业团队，对生产工艺的逐项环节予以细致梳理和分析，识别 VOCs 产生的关键工序及设备，评估其产生量与排放水平，并针对排查结果制定工艺优化与源头削减方案。工业企业应对现有原辅材料的 VOCs 含量进行评估，寻找低 VOCs 含量的替代品，并结合实验与工艺模拟，优化原辅材料配方及投料比例，在保证产品质量的前提下，最大限度地减少 VOCs 的产生。同时，企业应优化反应条件，如温度、压力、催化剂等，提高反应转化率；改进产品分离纯化工艺，提高产品收率，减少 VOCs 残留；加强生产过程的在线监测和自动控制，保障相关反应能够在最佳状态下持续推进，从源头上减少 VOCs 的产生量。

在涂装、印刷等行业，企业应大力推广使用水性、高固体分、辐射固化等低 VOCs 含量、低毒性的环境友好型涂料、油墨、胶黏剂等。与供应商建立友好协作，开发和应用符合环保要求的新型材料，逐步淘汰高 VOCs 含量的传统材料，从原料源头削减 VOCs 的排放。石化、有机合成等行业则应着力优化工艺路线与设备参数，引进先进的生产工艺和装置，提高生产装置的自动化控制水平，减少由于工艺运行不稳定，导致 VOCs 泄漏与非正常排放。在生产过程控制方面，企业应加强设备管线与阀门的密封性能，定期开展泄漏检测与修复（LDAR），对磨损或损坏的部件予以修复或更换，尽可能减少生产过程中 VOCs 的无组织排放。在储存、运输环节，企业应采用内浮顶储罐、氮封装置等低泄漏或密闭型储罐、管线和装卸设施，减少 VOCs 的挥发与散逸。

因此，从源头削减、过程控制、末端治理等多个环节入手，形成全过程、全方位的 VOCs 废气治理体系，企业能够显著减少 VOCs 的产生与排放，实现 VOCs 废气的综合治理与达标排放。

在生产过程控制方面，企业应加强设备管线与阀门的密封性能，定期开展泄漏检测与修复（LDAR），对磨损或损坏的部件予以修复或更换，尽可能减少生产过程中 VOCs 的无组织排放。在储存、运输环节，企业应采用内浮顶储罐、氮封装置等低泄漏或密闭型储罐、管线和装卸设施，减少 VOCs 的挥发与散逸。

因此，从源头削减、过程控制、末端治理等多个环节入手，形成全过程、全方位的 VOCs 废气治理体系，企业能够显著减少 VOCs 的产生与排放，实现 VOCs 废气的综合治理与达标排放。

4.2 过程控制，提高 VOCs 收集率

VOCs 废气收集主要采用局部密闭收集和负压收集两种主要方式。在实施局部密闭收集时，企业应根据 VOCs 排放点的特点，合理设计和制作密闭罩或隔离间，保障其能够有效覆盖 VOCs 产生点，并与生产设备有效衔接，避免 VOCs 废气泄漏。密闭罩或隔离间的材质应选择耐腐蚀、耐高温、机械强度高的材料，如不锈钢、聚丙烯等。在密闭罩或隔离间内，应设置合适的进风口和排风口，保障 VOCs 废气能够顺利进入收集管道。收集管道应尽量缩短，减少沿程阻力，并采用耐腐蚀、气密性好的材料制作，同时管道连接处应采用焊接或法兰连接，提高其密封性能。

对于 VOCs 排放点分散、工艺变化频繁的情况，负压收集是更为适用的手段。企业应根据车间或厂房的布局和工艺特点，对负压收集系统予以合理性的规划及设计。集气罩应布置在 VOCs 排放点附近，并根据排放点形状及大小选择合适的集气罩型号，集气罩与排放点之间应保持适当的距离，避免对实际生产操作带来不良影响。集气管道应全面结合风量和 VOCs 浓度的有效收集，选择合适的材质与直径。管道布局应尽量简洁，减少弯头和阀门数量，降低压力损失，风机的选型应根据管道阻力和风量需求，选择合适的型号和功率，并配备变频调速装置，根据生产工况自动调节风量。负压收集系统还应配备压差传感器和自动控制阀，实时监测和调节系统的负压状态，避免负压过大或不足诱发不良问题。

企业无论选择局部密闭收集或是负压收集，均应制定完善的操作规程和维护管理制度。操作人员应严格按照规程进行操作，将相关的异常情况进行记录，并将相关反馈进行及时汇报。维护人员应定期对收集系统进行检查及维护，重点检测管道、阀门、风机等设备的密封性和完好性。同时，企业应定期对

收集效率进行检测和评估，保障 VOCs 废气收集系统能够持续稳定运行，实现高效收集的目标。

4.3　尾端治理工艺优化

工业 VOCs 废气治理应采用高效、经济、环保的尾端治理技术，借助有效的工艺优化与技术创新，降低治理成本。

一是多级吸附耦合催化燃烧技术。企业应根据 VOCs 废气的浓度、风量等特点，合理设计多级吸附床的结构和材料，如选用活性炭、沸石等高效吸附剂，优化吸附剂用量和更换周期。同时，催化燃烧装置应选择高活性、高选择性、高稳定性的催化剂，并优化反应温度、空速等工艺参数，提高 VOCs 的转化效率。

二是蓄热式燃烧技术（RTO）。企业可采用旋转式 RTO 或脉冲 RTO 等改进工艺，优化蓄热体材料和结构，提高换热效率，降低压降及能耗，应可借助蜂窝陶瓷或金属烧结材料制作蓄热体，增大比表面积；优化气流分布和换向周期，减少换向阀的磨损；采用高效保温材料，降低热量损失。

三是低温等离子体技术。企业应优化等离子体发生器的结构和电源参数，如采用介质阻挡放电（DBD）或电晕放电等形式，提高电子能量和密度；优化放电频率、电压等参数，提高 VOCs 的去除效率；同时，与催化剂、吸附剂等材料复合，促进活性粒子与 VOCs 的反应，降低能耗。

四是生物法。企业应根据 VOCs 废气的浓度、组分等特点，筛选和驯化高效降解菌种，优化生物滤池的结构和操作参数，企业可采用多级生物滤池、调节 pH 值和温度等，提高 VOCs 的去除效率，提高稳定性。同时，生物法可与吸附法、低温等离子体等技术联用，实现优势互补，利用吸附浓缩提高 VOCs 浓度，再进行生物降解；利用低温等离子体预氧化 VOCs，提高其生物可降解性。

工业 VOCs 废气治理末端工艺优化，需要企业能够根据废气特性、工艺要求等因素，综合评估技术经济可行性，因地制宜地选择合适的治理技术，并借助多种技术的组合集成，实现 VOCs 的稳定达标排放。企业应加强技术创新和工艺优化，不断提高 VOCs 治理的效率和经济性，降低治理成本和能耗，实现 VOCs 治理与生产经营的协调发展。

5　结语

综上所述，工业 VOCs 废气治理，应坚持源头削减、过程控制、末端治理等环节综合考虑，因企制宜、因地制宜地制定治理方案。企业应树立全过程控制理念，并采取生产工艺优化、废气收集高效化、治理设施工艺革新等措施，不断提高 VOCs 减排效率，降低治理成本。因此，企业应借助多方协同合作、标本兼治，实现环境效益、经济效益、社会效益的多赢局面。

参考文献

[1] 陈小梅．工业 VOCs 废气治理工艺研究［J］．皮革制作与环保科技，2021，2（20）：7-8.
[2] 蒋利琴．工业 VOCs 废气治理工艺探讨［J］．中国战略新兴产业，2021（8）：33-37.
[3] 陈晓，陶国建，黄旭．工业 VOCs 废气治理工艺探讨［J］．资源节约与环保，2021（2）：91-92.

焦炉烟气“两开一备”脱硫脱硝改造实践

郭　涛　戴孝佩　类维华　栗　豹　翟卫卫

（山东钢铁股份有限公司莱芜分公司焦化厂，莱芜　271104）

摘　要：针对焦炉烟气脱硫脱硝系统运行过程中无法停机检修、存在较大运行隐患问题，结合7号、8号焦炉脱硫脱硝运行情况，制定了“两开一备”改造方案，并且增加SDS脱硫工艺，作为现有活性炭脱硫的补充措施。通过改造，消除了脱硫脱硝设施异常对焦炉生产的影响，实现了焦炉烟气污染物稳定达标排放。

关键词：焦炉烟气，脱硫脱硝，备用

1　概述

山东钢铁股份有限公司莱芜分公司焦化厂7号、8号焦炉为2×60孔JN60-6型顶装焦炉，年设计产能120万吨。两座焦炉各有一个烟囱，分别布置在炉组的两端。2019年建设完成焦炉烟气脱硫脱硝设施，可满足山东省《区域性大气污染物排放标准》（DB37/2376—2019）排放要求，但因无备用设施，导致运行过程中仍存在一些问题。

2　现状及存在的问题

7号、8号焦炉为南北方向布置，烟囱分别布置在焦炉的两端，受现场场地限制，建设的脱硫脱硝设施布置在机侧推焦车轨道外侧（如图1所示），选用活性炭催化氧化脱硫+SCR脱硝工艺，SO_2、NO_x和颗粒物在8%标准氧浓度执行分别要求≤30 mg/Nm^3、≤100 mg/Nm^3、≤10 mg/Nm^3。在正常运行时，该工艺可满足达标排放要求，但在检修、故障、焦炉窜漏等状态下，仍存在较大的环保风险。

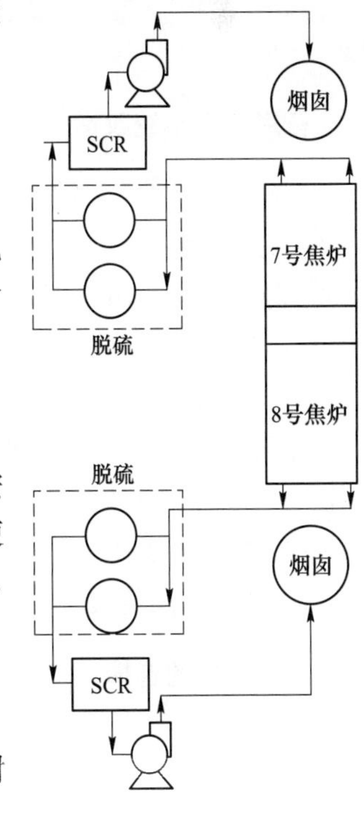

图1　原脱硫脱硝布置图

2.1　单套系统运行，存在较大环保设施停机风险

脱硫脱硝的风机、电机、变频器和供电系统均为单套运行，这些设施日常点检难度大，突发故障风险高，极易造成系统停机。在脱硫脱硝异常停机时，为保证焦炉安全，一般采用停止加热、废气直排的措施，但受8%氧含量折算影响，污染物浓度将被折算至数倍乃至上百倍，导致大幅超标。

2.2　烟气脱硝系统单塔运行，不具备在线更换催化剂的能力

烟气脱硝系统采用SCR工艺，为保证稳定达标排放，脱硝塔内催化剂按“3+1”模式设计，即填装3层，预留1层空间。但因脱硝塔为单塔设计，使用过程中无法进行催化剂的填装或更换，只能将脱硫脱硝停运后离线更换，而一旦停用，势必造成污染物的超标排放。

2.3　使用活性炭固定床脱硫，颗粒物脱除能力有限

活性炭固定床脱硫工艺，可以有效吸附烟气中的二氧化硫，并过滤吸附大量颗粒物，但在中后期焦炉窜漏、炭化室挖补时，烟气中颗粒物浓度高，超出活性炭脱除能力后，将导致排放超标。

3　改造内容

现有脱硫脱硝设备为单系统运行，无单独除尘、无备用风机、无备用脱硝塔，根据这个特点，制定了脱硫脱硝总体改造思路，即在现有设施的基础上，分别增加一套除尘器，同步建设小苏打脱硫装置，在两套脱硫脱硝设置之间增上备用脱硝和风机。具体改造情况如下。

3.1　除尘+SDS 脱硫改造

根据现场场地情况，在 7 号炉烟囱北侧、8 号炉烟囱西侧分别建设一套 18 万 Nm^3/h 的除尘器，使用 280 ℃耐高温覆膜滤袋进行粉尘过滤，并采用架空设置，分别增加小苏打磨机和脱硫灰灰仓，使该套装置与现有活性炭催化氧化脱硫互为备用。图 2 为 SDS 脱硫改造布置图。

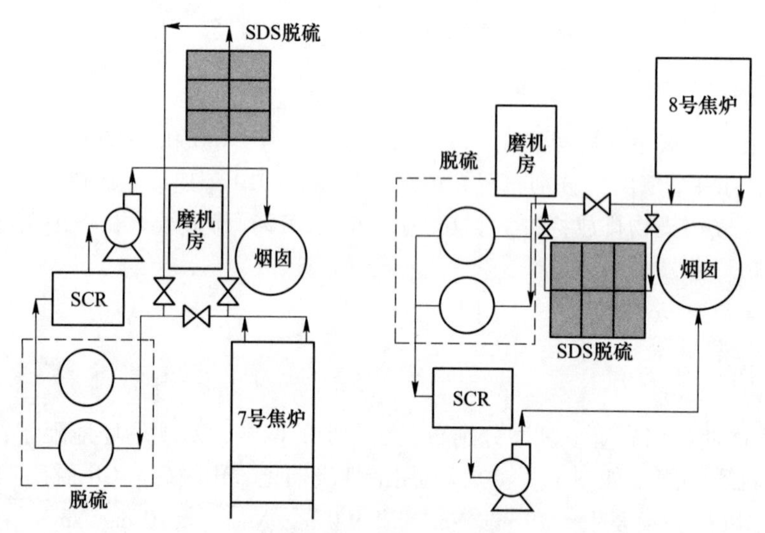

图 2　SDS 脱硫改造布置图

3.2　备用脱硝系统改造

在两套脱硫脱硝中间建设一套备用脱硝塔，并配置增压风机。烟气流程为：从布袋除尘器出口排出的烟气经过补燃系统加热后，控制温度在 230 ℃左右进入 SCR 脱硝反应器，脱硝反应器设置 1 个室，设置 3 层催化剂，2 层正常使用，1 层备用，一座焦炉 1 个反应器总 48 个模块。脱硝催化剂总体积约 75 m^3，使用寿命 3 a。烟气从脱硝反应器顶部进入，然后向下依次经过气体整流格栅、催化剂层（2+1），脱硝后的烟气从下部进入引风机。

备用脱硝系统设置一台燃烧器，燃料采用焦炉煤气，焦炉煤气热值高，燃烧器安装于脱硝反应器进口烟道，可以正常稳定燃烧。催化剂采用在线加热再生模式，催化剂正常运行温度为 230 ℃左右，加热温差 60～80 ℃。当运行一个阶段，反应器的催化剂需要再生时，加热到 300～350 ℃，并保持 24～48 h。再生结束，调整到正常运行模式。

3.3　备用风机的选择

备用风机主要考虑烟气量和系统阻力，根据备用系统的运行方式分析，该套装置的系统阻力主要为 SDS 脱硫、备用脱硝、烟道和管道，并预留焦炉加热用吸力，由此可知系统阻力如表 1 所示，备用风机参数如表 2 所示。

表 1　备用系统阻力分布

项目名称	单位	设计数值（焦炉）	备　　注
除尘器	Pa	1500	按运行 5 室考虑
脱硝 SCR	Pa	1000	3×250（含备用层运行后期）、整流格栅、进出烟道
分段烟道合计	Pa	1200	
合计	Pa	3700	

表 2　备用风机参数

参　数	单位	设计值	风机选型数值	备　　注
风量（标况）	Nm^3/h	$Q_0=184000$	207000	富裕系数 1.15
温度	℃	330	350	按再生温度，富裕 20 ℃
入口静压	Pa	-3200		
出口静压	Pa	500		
风机全压	Pa	3700	4700	风机压头选型富裕系统 1.25
风量（工况）	m^3/h	423000.0	490000.0	
电机功率			1000	$N=Q\times P/3600/1000/0.8/0.98$
风机参数	离心 F 式，490000 m^3/h，350 ℃，全压 4700 Pa，980 r/min，1000 kW			

4　运行效果分析

SDS 脱硫与活性炭催化氧化脱硫互为备用，可根据原烟气污染物浓度，调节两种脱硫装置的运行负荷，从而实现二氧化硫大幅波动状态的稳定达标排放。同时除尘器对烟气中颗粒物脱除效率高，排放浓度稳定在 10 mg/Nm^3 以下。

备用脱硝和风机与原系统互为备用，使风机、脱硝、电气系统均可以离线检修，在故障时，也可以快速切换到备用系统，避免了因设备故障导致的烟气直排。

关于降低焦炉烟气脱硫脱硝成本费用的研究

王文军　董军辉　郭俊鹏

（山西阳光焦化集团股份有限公司，河津　043305）

摘　要：我国焦化行业经过几年的调整分化、优胜劣汰，焦炭产量略有增长，但是焦炭消费有所减少，整体依然呈现产能过剩状态。加之严格的环保的政策，与之形成的技术改造的费用支出不断增加，国家“双碳”政策不断地收紧，独立焦化企业的利润也在不断压缩，降低吨焦成本和碳排放，成为当下焦化行业实现盈利的重要手段。

关键词：脱硫脱硝，降本增效，自动化，边缘智控

1　概述

阳光焦化二厂5号、6号焦炉于2005年投产，现有一组2×65孔焦炉，炉型为JN60-6，设计产能140万吨，吨焦耗煤气为225 m^3，标准工况下单炉烟气量为120000 Nm^3/h，以年产140万吨焦炭的焦炉烟气环保烟气治理费用为例，原辅料消耗统计如表1所示。

表1　山西阳光脱硫脱硝原辅料消耗统计

序号	辅料名称	单价/元·吨$^{-1}$	数量/t	费用/元
1	小苏打	2670.00	2160.00	5767200.00
2	氨水	800.00	2226.00	1780800.00
小计				7548000.00

脱硫脱硝的辅材费用达到754.8万元，折合吨焦费用为5.39元。如何能够减少辅材消耗，降低费用的碳排放阳光焦化做了比较深入的研究。

2　脱硫脱硝辅料投用系统存在的问题

阳光焦化现有140万吨焦炉采用余热锅炉+小苏打脱硫+袋除尘器+SCR脱硝+余热锅炉的焦炉烟气处理工艺技术，运行达超低排放要求，日常氨水和小苏打的调节，采用中控人员手动操作为主，存在如下弊端：

（1）供料系统为人工控制，不能精准调节，对中控人员操作技能和责任心依赖性大。

（2）环保数据在低位运行时，员工不愿意降低投料量，会持续保持高位投料量。

（3）员工在日常操作中对指标波动恐慌情绪大，会频繁调整投料量。

（4）在焦炉煤气加热定期换向过程中，二氧化硫和氮氧化物随着时间会呈现逐步上升和下降的趋势。员工对投料量有着严重的滞后性。

总之，各种情况和工况的影响下，会造成下苏打和氨水的严重浪费。不但会增加脱硫除尘灰的处理量，还会造成脱硝后氨逃逸超标。

3　超低排放精准投料模型

2024年初阳光焦化主要围绕焦炉脱硫脱硝环保系统的节料（脱硫剂、脱硝剂）、减工作量等方面开展自动控制课题研究，主要对比现大多企业运行的自控系统：一是小苏打、氨水供料调节的PID控制不能适应大延迟、大惯性的控制对象，难以适应工况，时常有指标失控的情况，导致操作工不愿意投自动控

制。二是小苏打、氨水投放量 PID 调节与二氧化硫、氮氧化物小时排放浓度之间没有建立调节关系。三是依赖人工控制调节的经验进行直接调整。

通过结合各种自控的优缺点，阳光焦化自主研发了一套超低排放精准喷氨质控模型、精准加料质控模型，利用小苏打、氨水精准加料模型边缘智控技术，通过工业总线、通信协议用于数据采集，配备强大的边缘计算能力和二次开发功能，将精准加料模块部署于边缘智控系统中，可实现对 PLC 或 DCS 系统的优化控制，在 PLC 或 DCS 侧部署边缘智控一体机，根据入口烟气流量、进口 SO_2（氮氧化物）浓度、出口 SO_2（氮氧化物）浓度等参数建立小苏打（氨水）精准加料模型，采用机理模型和数据模型相结合对小苏打（氨水）给料进行精准调节，并且在长时间的运行过程中，不断地收集数据，优化系统运行，改善参数，实现根据不同运行参数做出最优供料量控制范围。

在智能投料系统控制过程中，只需要将在线指标控制的范围输入到系统参数页面，本系统能够通过实时地计算小时均值，结合焦炉烟气独特的运行模式，根据不同的控制点位进行智能投料，通过 2024 年 2 月—4 月两个月的运行效果，其间在线指标运行更加平稳（图 1、图 2）。

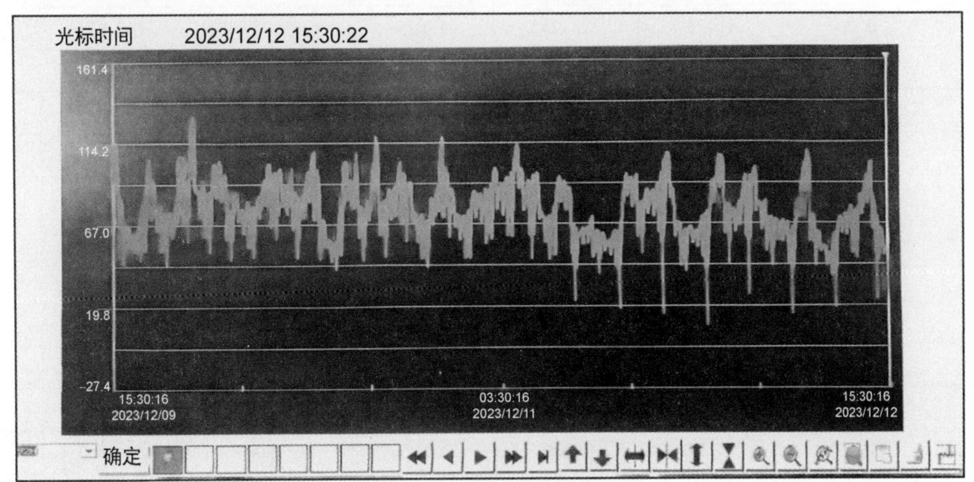

图 1 人工调节氮氧化物趋势

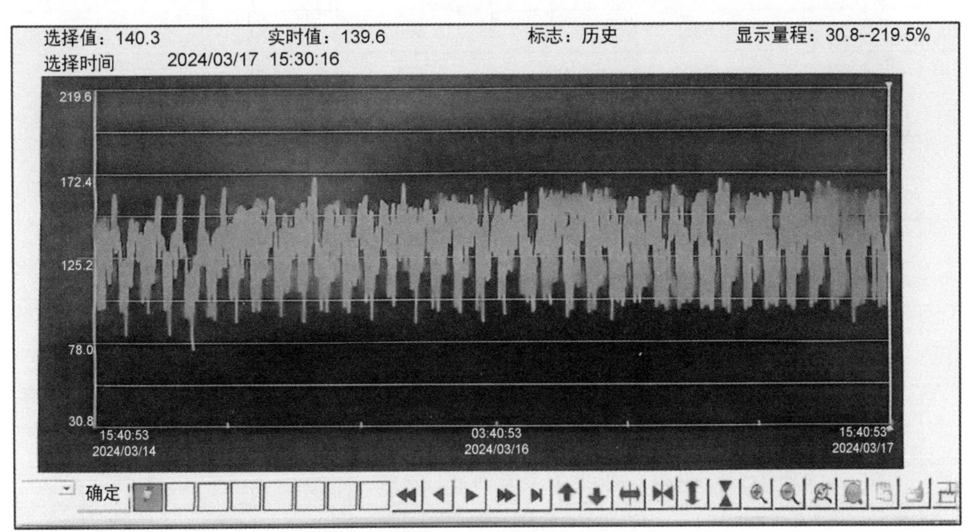

图 2 智能投料控制氮氧化物趋势

4 经济费用分析

通过统计 2023 年全年的费用与智能投料系统运行期间的费用，能够发现，整体费用下降 10.25%。

（1）阳光焦化 5 号、6 号焦炉氨水消耗统计（试验期 3 月 9 日—4 月 7 日），整体降低消耗 17.04%。（表 2）。

表 2　阳光焦化 5 号、6 号焦炉氨水消耗统计

时　间	甲	乙	丙	丁	汇总	6 号进口	焦炉产量
	$m^3/8\ h$	$m^3/8\ h$	$m^3/8\ h$	$m^3/8\ h$	m^3/d	NO_x	/炉·天$^{-1}$
3 月 9 日	2.125	0.000	2.125	2.125	6.375	1199.30	111
3 月 10 日	0.000	2.125	2.125	2.000	6.250	1173.36	111
3 月 11 日	2.000	2.000	2.125	0.000	6.125	1185.01	111
3 月 12 日	1.625	2.000	0.000	2.125	5.750	1197.00	111
3 月 13 日	1.875	0.000	2.125	1.875	5.875	1158.40	111
3 月 14 日	0.000	2.000	1.875	1.875	5.750	1133.06	111
3 月 15 日	2.125	1.750	1.375	0.000	5.250	1041.93	111
3 月 16 日	1.875	2.125	0.000	1.875	5.875	1084.67	111
3 月 17 日	2.125	0.000	2.125	2.125	6.375	1083.84	111
3 月 18 日	0.000	2.125	2.125	1.625	5.875	1145.42	111
3 月 19 日	1.750	0.875	0.875	0.000	3.500	检修	61
3 月 20 日	0.500	0.625	0.000	1.000	2.125	检修	100
3 月 21 日	0.750	0.000	0.750	0.500	2.000	检修	98
3 月 22 日	0.000	0.875	0.750	1.625	3.250	1043.77	100
3 月 23 日	1.875	1.625	1.500	0.000	5.000	896.92	111
3 月 24 日	1.250	1.625	0.000	1.750	4.625	936.37	111
3 月 25 日	1.875	0.000	1.750	1.625	5.250	981.21	111
3 月 26 日	0.000	1.875	1.750	1.750	5.375	988.28	111
3 月 27 日	1.875	1.750	1.750	0.000	5.375	955.73	111
3 月 28 日	1.750	1.125	0.000	1.875	4.750	873.84	120
3 月 29 日	1.625	0.000	1.500	1.625	4.750	817.18	130
3 月 30 日	0.000	1.875	1.500	1.625	5.000	845.62	130
3 月 31 日	1.750	1.625	1.375	0.000	4.750	785.53	132
4 月 1 日	1.625	1.250	0.000	1.625	4.500	745.27	126
4 月 2 日	1.750	0.000	1.500	1.625	4.875	778.10	129
4 月 3 日	0.000	1.875	1.875	1.875	5.625	862.39	131
4 月 4 日	1.875	2.000	2.000	0.000	5.875	950.04	133
4 月 5 日	1.375	2.125	0.000	2.000	5.500	779.32	142
4 月 6 日	1.875	0.000	1.875	1.875	5.625	744.78	148
4 月 7 日	0.000	1.875	1.875	1.750	5.500	664.69	156

以上数据来自班组交接记录表

序号	项目	数值
1	基准期（2 月 1 日—2 月 29 日）氨水总耗/m^3	165.13
2	基准期氨水日耗/$m^3 \cdot d^{-1}$	5.69
3	基准期进口 NO_x 均值（2 月 1 日—2 月 29 日）	876.33
4	考核期进口 NO_x 均值（不含检修 3 天）	964.85
5	考核期氨水修正系数=(考核期进口 NO_x 系数/基准期进口 NO_x 系数)= 1.32/1.16	1.14
6	考核期氨水总计/m^3（不含检修 3 天）	145.13
7	考核期氨水日消耗/$m^3 \cdot d^{-1}$（不含检修 3 天）	5.38
8	修正后理论基准氨水日均消耗/$m^3 \cdot d^{-1}$	6.48
9	考核期日耗降低氨水消耗/$m^3 \cdot d^{-1}$	1.10
10	考核期日耗降低氨水消耗比例/%	17.04

（2）阳光焦化5号、6号焦炉脱硫剂吨包统计（考核期3月9日—4月7日），整体降低消耗6.74%（表3）。

表3 阳光焦化5号、6号焦炉脱硫剂消耗情况

时间	5号小苏打装料				6号小苏打装料				汇总 /t·d^{-1}	试验期进口SO_2 /mg·Nm^{-3}
	夜班	白班	中班	汇总 /t·d^{-1}	夜班	白班	中班	汇总 /t·d^{-1}		
3月9日			1	1		1	1	2	3	530.55
3月10日	1	1		2	1	1		2	4	479.44
3月11日		1	1	2		1	1	2	4	413.18
3月12日			1	1			1	1	2	477.18
3月13日	1			1	1		1	2	3	506.84
3月14日	1	1	1	3		2	1	3	6	526.4
3月15日		1	2	3		2	2	4	7	542.97
3月16日			1	1			2	2	3	597.09
3月17日	1		1	2	2	1	1	4	6	561.33
3月18日	1	1		2	1	1		2	4	535.11
3月19日		1		1	1			1	2	检修
3月20日	1		1	2				0	2	检修
3月21日	1			1				0	1	检修
3月22日	1		1	2			1	1	3	486.64
3月23日			2	2			1	1	3	468.61
3月24日	1	1	1	3			1	1	4	439.14
3月25日	1			1	1			1	2	449.6
3月26日	1	1	1	3	1	1	1	3	6	472.41
3月27日		1	1	2		1	1	2	4	449.33
3月28日		1	1	2		1	1	2	4	417.34
3月29日		1	1	2			1	1	3	422.61
3月30日		1	1	2	1	1		2	4	469.92
3月31日	1	1	1	3		1	1	2	5	487.98
4月1日	1		1	2	1		1	2	4	448.02
4月2日	1		1	2	1	1		2	4	430.28
4月3日	1	1		2	1	1		2	4	378.05
4月4日		1	1	2		1	1	2	4	342.27
4月5日			3	3			2	2	5	351.16
4月6日				0				0	0	382.12
4月7日	1	1		2	1	1	1	3	5	407.72

以上数据来自班组交接记录表

序号	项目	数值
1	基准期（2月1日—2月29日）小苏打总耗/t	129.00
2	基准期小苏打日耗/t·d^{-1}	4.45
3	6号焦炉基准期进口SO_2均值（2月1日—2月29日）	482.19
4	6号焦炉考核期进口SO_2均值（不含检修3天）	461.97
5	考核期进口SO_2修正系数=（考核期进口SO_2系数/基准期进口SO_2系数）=1.41/1.49	0.95
6	考核期5号、6号焦炉小苏打消耗总计（不含检修3天）	106.00

续表 3

7	考核期小苏打日耗/t · d^{-1}（不含检修 3 天）	3. 93
8	修正后理论基准小苏打日耗/t · d^{-1}	4. 21
9	考核期日耗降低小苏打消耗/t · d^{-1}	0. 28
10	考核期日耗小苏打降低比例/%	6. 74

(3) 通过试验期内对小苏打和氨水的消耗统计分析，脱硫脱硝费用能够整体降低 10. 25%，按照全年的生产负荷来算，可以降低费用 84. 8 万元（表 4）。

表 4　费用测算

序号	名　称	单位	费用（元）	备　　注
1	人工调节小苏打费用	元/天	11882	小苏打 2670 元/吨，4. 21 t/d（修正后）
2	人工调节氨水费用	元/天	3679	氨水 700 元/吨，6. 479 m^3/d（修正后），氨水密度 0. 923 t/m^3
3	人工调节综合费用	元/天	15561	
4	智能系统小苏打费用	元/天	10493	3. 93 t/d
5	智能系统氨水费用	元/天	3473	5. 375 m^3/d
6	智能系统综合费用	元/天	13966	
7	费用整体下降	%	10. 25	
8	核算年节约费用	万元	84. 8	360 天计，按焦炉满负荷产量（164 炉/天）核算年节约费用

5　结论

通过系统开发和应用，较好地实现了经济效益和人工效益。

(1) 脱硫、脱硝辅材费用整体节约 10. 25%。

(2) 算法模型中增加了 SO_2、NO_x 排放浓度均值的控制，通过智能投料控制系统可以稳定在线指标运行，即使在工况异常的情况下也可以确保排放浓度不超标，安全性高，降低环保风险。

(3) 减少出口 SO_2、氮氧化物排放值的波动，可将波动范围控制在±5 mg/Nm^3。

(4) 实现自动给投料，取消中控人员对加料调节阀开度的频繁调整，不仅仅解决了 SO_2、NO_x 排放浓度小时超标问题，同时也避免了人工控制因专业能力不同、责任心不同而带来的排放超标管理风险。

焦炉烟气低温定量氧化耦合强化吸收脱硫脱硝中试研究

郭　梁　师晋恺

（山西焦化集团有限公司，洪洞　041606）

摘　要：通过对国内现有焦炉烟气低温湿法脱硫脱硝工艺的优化改进，针对焦化行业特点在中试试验装置中进行了低温定量氧化耦合强化吸收同时脱硫脱硝研究，利用焦化废水“剩余氨水”进行洗涤、喷淋，实现同步脱硫脱硝，处理后的焦炉烟气达到了超低排放标准，解决了传统“干法、半干法”脱硫脱硝工艺运行成本高的问题，在促进焦化行业的绿色发展的同时提升焦化企业的竞争力。

关键词：焦炉烟气，定量氧化，脱硫脱硝，超低排放

1　概述

焦化作为高污染、高能耗行业之一，一直是环保政策收紧的目标行业，也是淘汰落后产能的重点行业。焦化企业尤其是传统焦化企业，要做到达标排放，须投入大量资金，建设相应的环保设施，但环保设施的运营会增加焦化企业的生产经营成本，尤其是在焦化产能过剩严重、新型焦化企业市场竞争力较强的大背景下，亟须应用一些技术可靠、净化效率有保障、投资运行成本较低的环保治理技术。针对不同的焦化企业（独立焦化企业、钢铁联合焦化企业）、不同的排放标准需求（达标排放、超净排放）以及不同的生产工艺及场地现状，研发一种投资低、效率高的焦炉烟气脱硫脱硝工艺意义重大。

山西焦化集团有限公司（简称山西焦化）目前拥有 6 座焦炉，设计焦炭产能 3600 kt/a，6 座焦炉均采用“干法+半干法”脱硫脱硝技术，运行状况良好，但由于每年均需对脱硫脱硝催化剂进行更换，导致脱硫脱硝成本较高。为此，山西焦化与河北唯沃环境工程科技有限公司进行技术合作，通过对国内现有焦炉烟气低温湿法脱硫脱硝工艺的优化改进，开发了一套焦化烟气低温定量氧化耦合强化吸收脱硫脱硝技术——针对焦化行业的特点，在中试试验装置中进行了低温定量氧化耦合强化吸收脱硫脱硝研究，利用焦化废水（剩余氨水）进行洗涤、喷淋，同步实现脱硫脱硝，处理后的焦炉烟气达到了超低排放标准，解决了传统“干法+半干法”脱硫脱硝工艺运行成本高的问题，可在促进焦化行业绿色发展的同时提升焦化企业的竞争力，以下对有关情况进行介绍。

2　研究内容

2.1　NO 低温分段定量氧化

以锰基催化剂为基础，考察双组分元素、催化剂前驱体、双组分比例、煅烧时间及煅烧温度对催化剂活性的影响。结果表明，试验条件下，以乙酸锰、硝酸钴为前驱体的制备材料，在 450 ℃下煅烧 5 h 所得的 $MnCo_5O_x$催化剂，具有最佳的 NO_x催化氧化活性：在 NO 进口浓度为 500×10^{-6}、O_2含量为 5%、空速为 30000 h^{-1}的条件下，当反应温度为 150 ℃时，NO 氧化率为 63.9%；当反应温度为 250 ℃时，NO 氧化率可达 89.9%。

试验结果表明，当反应温度小于 250 ℃时，$MnCo_5O_x$ 催化剂的活性与反应温度呈同步增加趋势，而当温度大于 250 ℃时，在反应热力学作用的限制下，其活性随着反应温度的上升而逐渐下降；进口 NO 浓度（100×10^{-6}~1000×10^{-6}）的提高不利于催化反应的进行，$MnCo_5O_x$催化剂对低浓度烟气（NO 浓度<1000×10^{-6}）有着较好的催化作用；O_2浓度逐渐增大（0~9%），NO 催化氧化效率快速提高，而当 O_2浓度

继续增大（>9%），催化剂活性提升不明显；在 10000~50000 h^{-1}的空速范围内，NO 氧化率均保持在 50%以上；在进口 NO 浓度为 500×10^{-6}、O_2浓度为 5%、空速为 30000 h^{-1}，反应温度为 150 ℃时，$MnCo_5O_x$催化剂拥有较好的稳定性，催化活性维持在 61%~65%。简言之，通过对催化剂制备影响因素的考察以及反应操作条件的优化，在低温下实现了较高的 NO 氧化率。

臭氧（O_3）具有强氧化性，能将 NO 氧化为高价态 NO_x。主要氧化反应为 $NO+O_3 = NO_2+O_2$，同时可能伴有部分副反应 $NO_2+O_3 = NO_3+O_2$、$6NO_2+O_3 = 3N_2O_5$、$NO_3+NO = 2NO_2$。随着 O_3/NO（摩尔比）的升高，NO 氧化率不断增加：O_3/NO 为 0.3 时，NO 氧化率只有 43%；随着 O_3用量增加，O_3/NO 达 1.2 时，NO 氧化率接近 90%；O_3/NO 达 1.4 时，NO 氧化率达到 94%。NO 吸收试验确定了最佳氧化度（NO 氧化率）约 60%，最佳氧化度下 O_3的用量约为 NO 的 0.6 倍。

2.2 同步脱硫脱硝的最佳工艺条件

剩余氨水对于 NO 不同氧化度的吸收试验发现，NO_2/NO（摩尔比）约为 1.4~1.5 的情况下（NO 氧化度约 60%）碱性溶液的吸收效率较好——通过提高气液传质效率，使得剩余氨水对 NO 的吸收效率明显提高。以剩余氨水为脱硫剂进行相关测试，在风量 6000 m^3/h、剩余氨水（废氨水）初始 pH=9 及温度 20 ℃下进行试验，当剩余氨水的 pH 值低于 5 时，其对 SO_2的去除率迅速下降，剩余氨水 pH 值由 9 降至 5 共耗时 95 min，故最佳脱硫条件最佳的范围为剩余氨水 pH 值在 5.5~8.5。

2.3 开发高效吸收净化系统

通过研发多功能洗涤器等核心设备、优化洗涤方式、增加入口负压、强化气液传质系数、优化吸收塔结构形式，可同时实现 SO_2和 NO_x高效吸收，有效实现对污染物的高效净化。

高效吸收系统的核心设备，主要包含多功能洗涤器、洗涤泵、吸收塔、循环吸收液泵及喷嘴等设备设施。在现有焦炉烟气低温湿法脱硫脱硝工艺的基础上，利用剩余氨水作为吸收剂，采用洗涤+喷淋组合工艺实现多级高效净化：第一级为洗涤净化工艺（洗涤器），替代现有增压风机和降温设施，利用高速射流产生的负压替代引风机所产生的动力能，能耗可降低 50%以上；第二级利用喷淋吸收（吸收塔）的方式进一步净化，可使 SO_2+NO_x吸收效率提高至 99%以上。

2.3.1 多功能洗涤器

多功能洗涤器由分配管网和喷嘴组成。所有喷嘴的设计可避免快速磨损、结垢和堵塞，喷嘴与管道的设计应易于检修、冲洗和更换；多功能洗涤器外壳由碳钢制作，洗涤单元由 316L 无缝管制作，与洗涤器连接的入口烟道采用碳钢+合金钢内衬（内衬厚度 2.5 mm）。

2.3.2 吸收塔

传统设计工况下烟气在吸收塔内流速取 3~5 m/s，烟气与浆液接触时间大于 3 s，此种设计吸收塔塔体过于细长，吸收液贴壁现象严重，不利于烟气中有害物的脱除，故对其参数进行调整：吸收塔塔径 2 m、塔体高 10.5 m，设置 3 层喷淋，喷淋层间距 1.5 m。

NO_x的吸收过程为，NO_x先溶解进入液相，再与吸收剂反应，但其水溶性远低于 SO_2的水溶性，传统喷淋工艺脱硫的液气比不足以满足脱硝的需求，故需提高液气比，以实现 NO_x的高效脱除：每层浆液流量为 70 m^3/h，液气比可达 21 L/m^3，第一层喷淋设在烟气入口上方 2 m 处、烟气入口距浆液液面高度为 1 m；为减少喷淋层对塔壁的冲刷，喷嘴喷射角度为 90°。

2.4 建设一套定量氧化-强化吸收的中试装置

与现有的湿法脱硫脱硝工艺进行综合对比，针对焦化烟气的实际情况，湿法脱硝虽然效果有限，但湿法脱硫具有良好的实用性和经济性，其运行稳定、技术成熟、对烟气流量及成分变化适应性较好，并可适应烟气中的多种污染物，是多数企业焦化烟气的首选脱硫技术，在其基础上进行优化改进，使其具有较好的脱硝能力，是最具现实意义的烟气脱硫脱硝技术，在未来的推广中也容易被业主接受，尤其是针对已经建设有湿法脱硫系统的企业，还可以充分利用其现有设施，从而最大限度地降低烟气治理成本。但是，若采用传统的氧化+吸收工艺组合，在脱硝效率、运行成本与稳定性方面仍存在较大问题，无法满足工业生产实际要求，需进一步完善。为此，基于现有比较成熟的湿法脱硫技术，针对焦化烟气中 SO_2、NO_x等有毒有害气态污染物的含量及特点，根据烟气脱硫脱硝反应机理及传统湿法脱硫反应器的结构特点，将氧化法（脱硝）与现有的湿法脱硫工艺有效结合，改进吸收装置结构，强化传质过程，将氧化后的烟气直接送入改进后的吸收系统，同时完成 NO_x和 SO_2的高效脱除，开发出一套焦炉烟气定量氧化+强化吸收脱硫脱硝技术，并建成 1 套工艺流程为“10000 m^3/h 焦化烟气→低温选择性催化氧化→臭氧氧化系统→湿法脱硝脱硫系统→净化烟气”的焦炉烟气定量氧化+强化吸收中试装置，通过中试装置完成了 NO 氧化度、吸收液 pH 值等工艺条件的确定，并开发了多功能洗涤器、喷淋吸收塔、旋线除雾器等关键设备。焦炉烟气低温定量氧化耦合+强化吸收脱硫脱硝技术的核心在于两点：一是区别于其他臭氧直接氧化工艺，通过优化氧化工艺，研究 SO_2和 NO_x的相互作用，实现定量氧化，利用低温定量氧化的方式尽可能减少臭氧用量，节约成本，提高工艺技术的经济性，同时为后续的脱硫创造有利条件；二是针对 SO_2和 NO_x的液相传质特性，区别 2 种气体吸收过程中的关键影响因素，通过改进吸收系统，强化吸收过程，进一步提高脱硫脱硝效率，同时实现 SO_2和 NO_x的高效脱除，并采用剩余氨水作为吸收剂降低整个工艺系统的物耗、能耗，显著降低污染物的治理成本。

3 主要技术创新点

3.1 低温催化与定量氧化

定量氧化耦合强化吸收脱硫脱硝工艺中，采用低温催化氧化与臭氧直接氧化的分步氧化方式，并将定量氧化与高效液相吸收相结合，从两个角度显著削减臭氧用量，提升其经济性和实用性。因此，对氧化度的确定、低温催化氧化催化剂的低温氧化活性和抗硫性能的考察，是本技术氧化方式确定的重要前提，也是提高其经济性的关键技术之一。

3.2 强化传质

定量氧化耦合强化吸收脱硫脱硝工艺中，对传统吸收塔进行了改进，采用射流切向进气，强化气液传质，延长气体停留时间，同时可利用高速射流产生的负压替代引风机，进一步减少能耗。因此，吸收塔的内部结构设计和气液混合方式是烟气脱硫脱硝效果的重要影响因素，也是提高其经济性的关键技术之一。

3.3 以废治废

吸收液采用焦化装置中的剩余废水（剩余氨水），通过调整吸收液配比，改善吸收液的性能，使其能够兼顾与平衡对脱硫脱硝效果的影响，并降低循环系统的阻塞风险。剩余氨水的有效利用，是本技术实现以废治废的关键技术之一。

3.4 旋线除雾

烟气拖尾现象是现有焦化烟气湿法脱硫工艺的痼疾，而火电行业锅炉烟气多采用湿式电除雾的方法，但其投资运行费用太高。本项目中，创新性地设计运用旋线除雾装置，可有效消除烟气拖尾现象，旋线除雾装置运行时几乎无阻力损失，造价低廉，经济高效，这是定量氧化耦合强化吸收脱硫脱硝工艺中的又一关键技术。

4 结语

焦化产业是山西省的支柱性产业，也是山西省空气污染的重要排放源之一。目前，钢铁联合焦化行业焦炉烟气同时脱硫脱硝技术中，相对成熟适用的是活性焦技术，但其投资运营成本较高，一般不适用于独立焦化企业，而国内焦炭产能大省如山西、内蒙古、陕西、新疆等地以独立焦化企业为主，亟须投资运营成本低、净化效果好的焦炉烟气脱硫脱硝技术。山西焦化焦炉烟气低温定量氧化耦合强化吸收脱硫脱硝中试项目的成功实施，为焦炉烟气治理开辟了一条低成本、高效率的脱硫脱硝技术路线，为山西焦化降低焦化烟气污染物排放、改善空气质量提供有效的技术储备，其推广前景看好，可广泛应用于独立焦化企业焦炉烟气治理，其社会效益、经济效益显著。

浅谈如何延长焦炉脱硝催化剂的使用寿命

何　刚　仲　举　王海松

（攀钢钒炼铁厂，攀枝花　617022）

摘　要：结合攀钢钒炼铁厂 4 座焦炉低温 SCR 脱硝系统实际运行情况，分析了降低催化剂效率的四个主要原因：硫中毒、碱金属中毒、氨水纯度不高以及机械磨损，提出了导氧解析法、及时更换布袋以及控制氨水质量等方法，通过采用这些方法可延长催化剂寿命 1~2 年，每年节约运行成本 300 万~600 万元。

关键词：SCR 脱硝工艺，催化剂中毒，催化剂再生

1　脱硫脱硝工艺简介

焦炉生产时加热焦炉烟气中携带有大量 SO_2 和 NO_x，为达到超低排放要求，故配套设计脱硫脱硝系统。目前“SDS $NaHCO_3$ 干法脱硫+低温 SCR（选择性催化还原）脱硝”工艺是焦炉最常用的焦炉烟气处理工艺之一。攀钢钒炼铁厂 1 号、2 号 6 m 焦炉和 AB 号 7 m 焦炉均采用“SDS$NaHCO_3$干法脱硫+低温 SCR（选择性催化还原）脱硝”的废气处理工艺。

攀钢焦炉烟气脱硫脱硝装置主要由脱硫剂制备及供料系统、除尘脱硝一体化装置、氨气发生系统、引风机、烟气管道等组成。装置从焦炉烟道上将焦炉烟气引出，通过脱硫剂在高温烟气中激活热分解，与烟气中的 SO_2 充分接触、发生化学反应，脱除 SO_2[1-3]。干法脱硫生成的硫酸钠以及焦炉烟气中的颗粒物经过布袋除尘。除尘后低 SO_2 和颗粒物的烟气与喷氨装置加入的还原剂（氨气）充分混合，混合后进入脱硝催化剂层，在 SCR 催化剂作用下与焦炉烟气中的 NO_x 反应（$4NO+4NH_3+O_2 \rightarrow 4N_2+6H_2O$；$2NO_2+4NH_3+O_2 \rightarrow 3N_2+6H_2O$），生成 N_2 和 H_2O，实现 NO_x 脱除[2]，并控制 NH_3 的逃逸率在 2.5 mg/m^3 以内（图 1）。

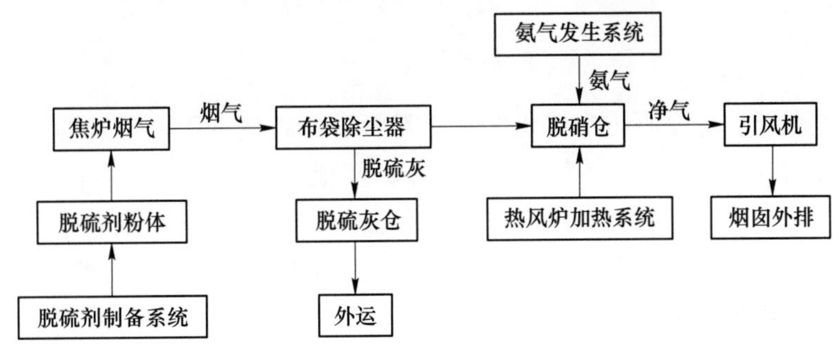

图 1　脱硫脱硝系统工艺流程图

2　攀钢脱硝催化剂催化效率低的原因

脱硝催化剂主要成分是五氧化二钒、二氧化钛、三氧化钼等，设计催化效率为 80%以上，使用寿命为 3 年。但在攀钢钒 4 座焦炉脱硝催化剂实际使用过程中，系统投产 1 年以后，催化剂的催化效率越来越低。多数情况下氮氧化物进口在 350 mg/Nm^3 以上，烟囱出口氮氧化物无法控制在 150 mg/Nm^3 以内，催化效率不足 60%。结合生产实际对脱硝催化剂效率低的原因进行了分析，主要有以下原因。

2.1　脱硝催化剂无法按照设计进行热解析

由于脱硫系统无法完全将焦炉烟气中的 SO_2 脱除，部分 SO_2 在进入脱硝系统后与 NH_3 发生反应，生产

黏度较大的硫酸铵，吸附在催化剂表面，降低了催化活性[4-5]，是造成脱硝催化剂催化效率降低的主要原因。按照脱硝催化剂设计要求：每 3 个月左右要对脱硝催化剂层进行升温解析，每次解析 72 h 左右，温度控制在 280~360 ℃，对催化剂表面附着的硫酸铵等杂质进行高温分解，释放催化剂表面的活性位点，提高催化效率。

然而在实际热解析过程中，温度达到 240~260 ℃左右，催化剂表面附着的颗粒物得到释放，直接造成烟囱粉尘急剧升高，烟气中浓度高点 200 mg/m^3；温度升高至 320 ℃时，硫酸铵分解开始产生 SO_2，排放烟气中 SO_2浓度高点 180 mg/m^3，无法满足烟囱超低排放的要求。因此，在超低排放要求下，按照原设计进行热解析是不可行的。现阶段每次解析最多只能将其中一个脱硝仓温度控制在 240~260 ℃，1 h 之内，催化剂无法得到充分再生。

2.2　脱硫除尘仓布袋窜漏

脱硫除尘仓布袋窜漏会造成部分碳酸钠进入脱硝层，直接造成不可逆转的钠离子中毒[5-7]，同时大量颗粒物进入脱硝催化剂层，造成催化剂层堵塞，降低了催化剂的比表面积。

2.3　还原剂氨水纯度不高

和大部分焦化企业一样，脱硝所用的氨水大多是焦化厂自己产的浓氨水，未进行多重过滤，其杂质较多，氨气蒸发器也易堵塞，造成氨气供应量不足；同时部分杂质随着氨水蒸发进入脱硝层，附着在催化剂表面，降低了催化剂活性。

2.4　催化剂使用过程中的机械磨损

催化剂在长期使用过程中受含尘烟气快速流动造成不同程度的机械磨损，从而导致催化剂上附载的五氧化二钒活性位点减少，催化效率降低。

3　提高脱硝催化剂使用寿命主要方法

3.1　脱硝层导氧解析法

脱硝催化剂催化效率低的主要原因是催化剂表面附着了如硫酸铵等可分解的杂质。但是又考虑烟囱超低排放的要求，不能对其进行高温解析气化。并且整个脱硫脱硝废气氧含量基本在 8%左右，处于厌氧状态，不能对其进行氧化反应。为此，对解析脱硝仓最上面一层的人孔盖板进行开仓，利用脱硝层负压吸入部分氧气进仓。而后对该仓出口进行部分关闭，最后在对该仓大量引入热烘炉 550 ℃的热气进仓。通过调节人孔盖板开度、热风炉压力及进该仓热气的开度、该仓出口的开度，因烟囱超低排放均要根据烟囱氧含量进行折算，为此要将烟囱氧含量控制在 9%左右。最后逐步将解析脱硝层仓的温度升高至330 ℃，温度升高根据烟囱粉尘、二氧化硫浓度进行控制。实际操作中，一般温度在 280 ℃时，烟囱的粉尘和二氧化硫会逐步升高，一般控制在粉尘 30 mg/Nm^{3}以内，二氧化硫控制在 60 mg/Nm^{3}以内。而后控制热烘炉进风量，保持脱硝仓温度恒定。按上述操作，每天可能对一个仓解析 3 h 左右，并且每个仓解析温度也可逐步升高，最终温度可升高至 330 ℃以上。成功将脱硝催化剂表面附着的有机物分解为二氧化碳、水、氮气、二氧化硫、氨等气态产物。在解析时既满足了烟囱超低排放要求，又实现了催化剂的充分再生。

3.2　优化脱硫仓反吹，及时更换窜漏布袋

将脱硫除尘仓压差模式自动喷吹设定压差 800 Pa，更改设置为 1000 Pa，减少除尘仓布袋反吹频次，让附着在除尘布袋上的脱硫剂碳酸氢钠充分有效反应，更大程度降低废气中的 SO_2含量。通过开脱硫除尘舱盖、关闭单仓观察或掺透荧光粉等方式定期检查脱硫除尘布袋，发现布袋破损及时更换，避免脱硝催化剂钠离子、硫离子中毒以及颗粒物对催化剂的污染、破坏。

3.3 优化氨水蒸发器清扫周期

将氨水蒸发器清扫周期由原来的 2 个月调整为 1 个月（根据氨水质量情况可以再缩短），在运行过程中使氨水得到有效的加热分解为氨气，避免氨水中的杂质进入脱硝催化剂层污染、破坏催化剂。

3.4 对氨水质量进行严格把关

氨液槽每次进氨水前必须先取氨水样化验，当氨水浓度不小于 20%~22%、含油不大于 0.5%且氨水外观清澈，方可加入氨液槽。同时每班对氨液槽底部排污，排出沉积在槽底部的杂质。

4 效果及效益

自采用新解析方式及加强除尘器布袋定期检查和氨水供应以来，热解析后脱硝系统的脱硝效率恢复较好，通过对比催化剂再生前后活性恢复情况（表 1），可以看出现有催化剂在热再生后仍有较高的催化活性。其中 1 号、2 号焦炉催化剂已使用 1 年多，从催化剂活性上看在设计温度下仍然能达到 90%以上的脱硝效率；而 AB 焦炉催化剂已接近 3 年的设计使用寿命，但从热解析的效果来看，在热风炉能达到的温度范围内仍然可以保持 80%以上的脱硝效率，具有继续利用的价值。

表 1 脱硝催化剂解析前后催化效率对比

温度/℃	AB 焦炉催化剂催化效率/%		1 号、2 号焦炉催化剂催化效率/%	
	再生前	再生后	再生前	再生后
170	—	60.7	—	62.9
180	23.2	77.0	—	79.3
190	—	90.0	—	92.1
200	44.3		—	
210	—		—	
220	73.0		48.1	
230	88.0		—	
240	97.0		69.6	
250			79.3	
260			83.4	
270			89.0	
280			96.2	

从上述催化剂再生前后脱硝效率对比，可以看出现有热解析手段可以延长催化剂的使用寿命；根据不同使用时间催化剂活性对比可以看出，AB 焦炉催化剂虽已达到 3 年的设计使用寿命，但仍可以使用 1~2 年。按照四座焦炉催化剂的总设计体积约 300 m^3，低温 SCR 催化剂体积单价在 3 万元/立方米左右，设计使用寿命 3 年可以算出，采用新热解析手段后，每年可节约运行成本 300 万~600 万元。

5 总结

（1）分析了焦炉烟气净化过程中 SCR 催化剂失活的原因，包括硫中毒后催化剂热解析不到位、碱金属及粉尘堵塞、氨水品质低以及运行过程产生的机械磨损。

（2）提出了导氧解析法的在线热解析新方法，通过升高解析过程脱硝仓室催化剂的温度，并导入氧气，保证了催化剂热解析过程的充分性及排出烟气环保指标的可控性。

（3）在管理上加强了布袋除尘系统的日常检查以及氨水供应的质量要求。

（4）采用新解析方式后催化剂的催化效率有了较大提升，延长了催化剂的使用寿命。

（5）通过新热解析方法，每年可节约运行成本 300 万~600 万元。

参 考 文 献

[1] 程金星 . SDS 干法脱硫在焦炉烟气中的应用［C]//2022 年钢铁工业绿色低碳发展论坛暨全国冶金能源环保生产技术研讨会论文集，2022.

[2] 王岩，张飏，郭珊珊，等 . 焦炉烟气脱硫脱硝技术进展与建议［J］. 洁净煤技术，2017，23（6）：1-6.

[3] 张庆文，常治铁，刘莉，等 . SDS 干法脱硫及 SCR 中低温脱硝技术在焦炉烟气处理中的应用［J］. 化工装备技术，2019，40（4）：14-18.

[4] 李启超 . 钒钛基 SCR 催化剂的中毒、再生与回收［D］. 北京：北京化工大学，2015.

[5] 姚微，刘小峰，赵益飞，等 . SCR 催化剂中毒及相关预防措施研究［J］. 现代化工，2015，35（6）：22-25.

[6] 刘利，母玉敏，曹文平 . 低温工况下 SCR 催化剂中毒的分析［J］. 能源研究与管理，2021（3）：70-73.

[7] 王静，沈伯雄，刘亭，等 . 钒钛基 SCR 催化剂中毒及再生研究进展［J］. 南开大学环境科学与工程学院，2010（9）：97-101，96.

焦炉烟气脱硫脱硝工艺优化实践

陈文虎　李雪辉

（山西焦化科技有限公司，介休　032000）

摘　要：本文总结了我公司采用前置湿法脱硫工艺在运行中存在的问题，通过对原脱硫脱硝工艺进行优化改造，解决了脱硝系统能耗高，脱硫系统检修频繁等问题。

关键词：焦炉烟气，脱硫脱硝，工艺优化

1　概述

我公司设计年产 220 万吨焦炭，2015 年建设了双碱法烟气脱硫，2018 年建设了 SCR 中温脱硝，两个项目投用后，烟气 SO_2 和 NO_x 指标达到特别排放标准（即 $SO_2 \leqslant 30$ mg/m^3、颗粒物 $\leqslant 10$ mg/m^3、$NO_x \leqslant 150$ mg/m^3）。随着环保标准的不断提高，原脱硫脱硝系统难以满足最新的超低排放标准，且原系统在运行过程中，逐渐暴露出一些问题，我公司于 2021 年对原脱硫脱硝系统进行了优化改造。

2　原脱硫脱硝系统存在的问题

我公司原脱硫、脱硝工艺路线为：焦炉烟气—SCR 脱硝—烟气余热锅炉—双碱法脱硫—废气排放。该工艺路线为先脱硝后脱硫工艺，在运行中存在以下问题。

2.1　能耗高

采用的前脱硝工艺，脱硝塔进口烟气 SO_2浓度高，高硫烟气在脱硝塔内发生副反应生成铵盐，附着在催化剂表面，降低了脱硝效率，需持续开启煤气加热炉将烟气加热至 300 ℃以上，焦炉煤气约 1800 m^3/h，能耗高。

2.2　系统阻力大

SO_2与脱硝后逃逸的 NH_3反应，在锅炉内生成铵盐黏附于换热管壁，造成锅炉阻力升高（最高约 2400 Pa），脱硝风机开启至满负荷仍无法保证烟道吸力，影响生产。在运行过程中每月需停机检修一次清理系统，以降低系统阻力，满足焦炉生产需求。

2.3　颗粒物不达标

采用的前脱硝后脱硫工艺，无除尘设施，排放口颗粒物难以满足超低排放颗粒物小于 10 mg/m^{3}的要求。

2.4　烟气从湿法脱硫塔直接排放，原焦炉烟囱需长期保持热备状态

3　焦炉烟气脱硫脱硝优化原则

在脱硫脱硝系统优化改造确定工艺路线时，需考虑以下问题：

（1）增加除尘系统，确保排口颗粒物浓度不大于 10 mg/m^3。

（2）在脱硝前需增加保护措施，防止粉尘及脱硝副产物降低脱硝效率。

（3）为秋冬季污染物减排任务考虑，预留 NO_x 控制余量，按 NO_x<50 mg/m^{3}设计。

（4）考虑限产时的烟气温度对脱硝效率的影响。

（5）考虑烟囱热备及能耗高的问题。

（6）要求系统运行稳定，降低停机检修频次。

4　脱硫脱硝系统工艺路线确定

4.1　脱硫工艺

根据脱硫剂的类型及操作特点，烟气脱硫技术通常分为湿法、半干法和干法脱硫。在焦炉烟气脱硫领域应用较多的以氨法、石灰/石灰石法、双碱法等为代表的湿法脱硫技术，以喷雾干燥、循环流化床等为代表的半干法脱硫[1]和以小苏打（SDS）、活性氢氧化钙脱硫为代表的干法脱硫技术。

因湿法脱硫工艺烟气排放温度低，存在烟囱热备问题，而半干法脱硫技术存在占地面积大，投资大的缺点；在选择工艺路线时，优先选择干法脱硫工艺。

在目前的干法脱硫技术中，以小苏打（SDS）脱硫和钙基干法脱硫为代表。其中 SDS 脱硫技术具有脱硫效率高（一般为 90%~95%），投资和运行成本低等特点，但为了保证颗粒物的排放指标，一般需在下游设置布袋除尘系统，检修维护工作量大，且产生的脱硫固废较难处理。

我公司最终选择了钙基移动床干法脱硫技术，其工艺原理如下：粒状钙基脱硫剂（ϕ5.0~7.0，L=5.0~30）通过给料系统从脱硫塔顶部装入塔内，烟气经水平管道进入脱硫塔穿过脱硫剂层，SO_2与$Ca(OH)_2$发生化学反应，烟气得以净化。反应后的废脱硫剂从底部排出，并从塔顶补充新鲜脱硫剂，始终保持脱硫剂的脱硫效率。主要反应式如下：

$$Ca(OH)_2 + SO_2 = CaSO_3 + H_2O$$

$$Ca(OH)_2 + SO_3 = CaSO_4 + H_2O$$

粒状脱硫剂表面为多孔结构，这种空隙结构增加了脱硫剂的比表面积，有利于脱硫反应，并对烟气中的细微粉尘有吸附和拦截作用，达到颗粒物与SO_2的协同治理[2]，因此在脱硫后未再配置布袋除尘器。

4.2　脱硝工艺

焦炉烟气常用脱硝技术包括低氮燃烧、低温选择性催化还原（低温 SCR 脱硝）和活性催化脱硝、催化氧化法脱硝等技术[3]。考虑到秋冬季减排时对出口 NO_x 指标控制较低，在工艺优化时仍然选择高效脱硝 SCR 技术，但从以下方面进行了优化：

（1）在催化剂的形式上，采用蜂窝状催化剂，有效利用原脱硝塔的空间，以提高催化剂比表面积。

（2）考虑到低负荷生产时，烟气温度降低，为确保在低温时的脱硝效率，催化剂反应活性温度从原系统的 230 ℃降低至 180 ℃。

（3）催化剂填装层数 3+1 层，预留备用层。

4.3　脱硫脱硝布置顺序

对于先脱硫还是先脱硝的问题，两种工艺路线各有优缺点。

先脱硫工艺，焦炉烟气依次通过脱硫、脱硝、余热锅炉，再从烟囱排放。该工艺路线的优点是先脱硫，将SO_2脱除至 30 mg/m^{3}以下，并将大部分粉尘拦截后再进入脱硝装置，可有效保护脱硝催化剂，脱硝效率稳定。

先脱硝后脱硫工艺，焦炉烟气依次经过 SCR 脱硝、脱硫、余热锅炉，再从烟囱排放。该工艺进脱硝装置的烟气 SO_2浓度较高，对催化剂的抗硫性要求高，否则易造成烟气 SO_2与氨气反应生产铵盐，造成催化剂堵塞、中毒、失活等问题。但该工艺路线由于把脱硫布置在脱硝后，脱硝逃逸的氨在脱硫塔内可继续反应，可确保排放口的氨逃逸浓度保持在极低水平。

由于我公司原脱硫脱硝系统采用的先脱硝后脱硫工艺，脱硝系统深受高硫烟气的困扰，在优化过程中，选择了先脱硫后脱硝工艺。最终确定的脱硫脱硝工艺技术路线如下：

钙基移动床干法脱硫除尘一体化—SCR 低温脱硝—烟气余热锅炉—烟囱排放。

5 工艺优化后运行指标

5.1 烟气排放浓度

经过两年的运行，各项污染物排放浓度稳定，按基准含氧量 8%折算，NO_x 可控制在 50 mg/m^{3}以下，SO_2约 10~15 mg/m^3，颗粒物 3~5 mg/m^3，满足超低排放要求。

5.2 系统运行稳定性

改造前为湿法脱硫，容易出现喷头、管道结晶堵塞的情况，降低脱硫效率，一般 1~2 个月需停工检修清理一次。

改造为干法脱硫后，烟气排口 SO_2浓度稳定，根据进口 SO_2浓度及排料情况，可将出口 SO_2控制在 1~30 mg/m^{3}之间。同时，干法脱硫系统运行相对简单，自投运以来，尚未出现停运检修的情况。

5.3 系统阻力问题

改造前为前脱硝+余热锅炉+湿法脱硫工艺，脱硝后的烟气在余热锅炉内，SO_2与脱硝后逃逸的 NH_3反应，生成亚硫酸盐黏附于换热管壁，造成锅炉阻力升高（最高约 2400 Pa），脱硝风机满负荷时仍无法保证烟道吸力，影响正常生产。

改造后，烟气经过经脱硫脱硝后，进余热锅炉的烟气 SO_2浓度低，从脱硝反应器逃逸的氨与 SO_2在锅炉内生成铵盐的几率小，锅炉阻力可长时间稳定在指标范围，自 2021 年投运以来，余热锅炉阻力长期稳定在 1.0~1.2 kPa。

5.4 能源介质消耗

主要是煤气消耗和耗电两方面有较大改善。

用电方面，改造前因脱硫系统结晶堵塞及锅炉换热管壁黏附铵盐问题，系统阻力大，烟气风机运行至满负荷（变频器 50 Hz）仍然存在烟道吸力不足的问题；改造后，系统阻力无明显变化，烟气风机变频器频率一般在 41~42 Hz 即可满足烟道吸力的要求，节省了用电。

煤气消耗方面，改造前由于高硫烟气与氨气发生副反应，生成的铵盐附着在脱硝催化剂表面，需持续开启煤气加热炉将烟温提高到 300 ℃以上，以保证脱硝效率，煤气消耗约 1500~1800 m^3/h；改造后，进入脱硝塔的烟气 SO_2浓度控制在 5~15 mg/m^3，颗粒物一般在 5 mg/m^{3}以下，有效保护了脱硝催化剂，自投运以来系统尚未出现反应效率降低+需开启煤气补燃炉的情况，节省了煤气。

按节约煤气 1800 m^3/h，节约用电约 25 万千瓦时/月计算，改造后能源介质消耗 1400 余万元/年。

5.5 烟囱热备问题

表 1 为改造前后数据对比。改造前，烟气从脱硫塔排放，烟囱需额外提供热量保持热备状态；改造后，烟气从烟囱排放，温度约 160~170 ℃，烟囱依靠烟气自身热量即可保持热备状态，且在此温度下，高温烟气在烟囱内形成热浮力，产生的吸力对烟气风机起到辅助作用，显著降低风机负荷。

表 1 改造前后数据对比

序号	项 目	工艺改造前	工艺改造后
1	SO_2 数据稳定性	烟气湿度>20%，经常堵塞在线采样管，使监测数据失真，手工监测与在线监测数据偏差大	烟气湿度约 10%，未出现堵塞在线采样管的情况，手工监测与在线监测数据基本吻合
2	检修频次	一般 1~2 个月需停运系统，清理脱硫系统堵塞的喷头、管道	投运后尚未停运检修

续表1

序号	项目	工艺改造前	工艺改造后
3	系统阻力	易造成锅炉阻力增加，锅炉阻力长期在2~2.4 kPa	锅炉阻力长期稳定在1.0~1.2 kPa
4	风机负荷	风机开启至50 Hz仍无法满足地下室烟道吸力，影响焦炉生产，需1~2个月检修清理一次	自投运以来，尚未因吸力不足影响焦炉生产，风机频率不大于42 Hz
5	脱硝效率	脱硝塔内发生副反应，影响脱硝效率，需长期开启煤气补燃炉，煤气消耗1500~2000 m^3/h	脱硝系统运行稳定未开启过煤气加热炉
6	排气口	有白色烟羽	肉眼无可见烟羽
7	烟囱热备问题	单独提供热量确保烟囱热备，且存在安全风险	依靠烟气本身的热量确保烟囱随时处于热备状态，可靠性高

6 结语

通过对烟气脱硫脱硝系统的工艺优化，显著改善了各项指标：

（1）焦炉烟气污染物因子NO_x、SO_2和颗粒物浓度均可稳定达到超低排放标准。

（2）160~170 ℃的高温烟气从大烟囱排放，解决了烟囱热备问题和旁路排放隐患。

（3）脱硫脱硝系统运行稳定，大幅降低脱硫脱硝系统检修频次。

（4）大幅降低煤气和电力消耗，每年降低运行费用1400余万元。

参考文献

[1] 王岩，张飏，郭珊珊，等．焦炉烟气脱硫脱硝技术进展与建议［J］．洁净煤技术，2017，23（6）：1-6.

[2] 邓兴智，钟伟强，刘秀珍，等．钙基移动床干法脱硫除尘一体化技术探讨［J］．陶瓷，2021（9）：19-25.

[3] 郑文华．焦炉烟气脱硫脱硝技术［N］．世界金属导报，2015-7-14.

机侧炉头烟收集技术在焦化厂的应用

王小东　郭俊伟

（国家能源集团煤焦化有限责任公司，乌海市　016000）

摘　要：我国是一个焦炭生产大国，全国有大小焦炉近2000多座，焦炭生产量达4亿吨/年以上，我国的焦炭产量约占世界焦炭总量的70%左右。乌海是我国最重要的焦化、煤化工产业基地，过去的生产主要集中在煤炭的开采上，经济效益低下，为了提升自己的经济水平，近年来先后建立了多座大中型焦炉，进行煤炭的深加工，生产和出口焦炭。由于历史原因，乌海地区的焦化企业同全国大部分焦化企业一样，生产方式仍较为粗放，生产技术落后，生产效率低下，单位产品的能耗很高。焦化产生的大气污染物包括多环芳烃、重金属和碳颗粒物等物质，探讨煤焦化过程中大气污染物的排放机理与治理对策已经成为一个刻不容缓的大事。

关键词：焦炉，装煤，烟尘，治理

1　装煤过程无组织排放治理技术比选

1.1　高压氨水喷射装煤烟尘控制技术

19世纪80年代我国推行焦炉双集气管、顺序装煤、保持合适的吸力（上升管底部保持在160~200 Pa负压）等措施，取得了较好的效果，高压氨水喷射装煤对烟尘控制率可达到60%。目前所设计的焦炉均采用高压氨水喷射装煤技术。

1.2　双集气管及跨越管式消烟技术

1.2.1　双集气管消烟技术

该技术源于我国，目前为止尚有多个焦化厂在较好地使用这项技术进行无烟装煤。这种技术是在机侧和焦侧分别设置上升管并与高压氨水喷射相结合，克服了单侧（仅在机侧设集气管）集气管时由于装煤孔敞开及装煤后期煤料阻挡等原因使得机侧集气管高压氨水喷射形成的负压不能很好地作用到焦侧装煤孔的缺点，解决了焦侧装煤孔烟气泄漏较大的问题，且有关标定显示采用双集气管并配合高压氨水喷射在正常情况下，对烟气的总扑集率可达到80%左右。虽然这种方式能够取得较好的消烟效果，但也存在着较大的缺点，就是焦炉通风条件差，岗位工人的操作环境不理想。

1.2.2　跨越式消烟技术

与双集气管的原理基本相同的另一种思路是采用跨越管式消烟技术，也叫焦炉矮上升管加导烟管消烟技术，为了不影响焦炉的通风和操作环境，采用机侧正常高度单集气管、机侧上升管，用以排出炭化室内的荒煤气至回收车间。焦侧设矮上升管（一般在100~600 mm）取代高上升管，上升管上配以随意开启的密封盖，但上升管之间不设连通的集气管，而设一个可移动的导烟管。在装煤车向炭化室装煤的同时，准备装煤的炭化室机侧矮上升管与相邻炭化室的上升管以“H”型导烟管联接，利用两炭化室内的压差。同时在各自的桥管处都喷洒高压氨水产生负压使荒煤气排至相邻的焦炭已经半成熟、煤气压力较低的炭化室内，再顺其焦侧上升管、集气管排至回收车间。这种方式需保证“H”型导烟管与两个相邻的矮上升管准确对位、矮上升管盖同时打开或关闭，此时“H”型导烟管也就对好了矮上升管，对好位后在升降机构的帮助下，将“H”型导烟管插在上升管盖的水封槽内由机械夹钳打开上升管盖。烟气由装煤焦炉的矮上升管孔顺其导管排至相邻炭化室的机侧上升管，集气管完成装煤室焦侧荒煤气从内部导出的任务，减少了污染，这种方式的烟尘扑集效果与双集气管基本相当，但焦炉通风及操作环境有较大改善。

该技术源于德国，在欧洲的一些焦化厂有见，在我国现有焦化厂中由于焦炉尺寸、焦炉布局一定，煤塔门洞净宽尺寸限制，导烟管不能设在装煤车上。如果进行这项改造则必须因地制宜，单独设计一台电动导烟小车，安设在焦侧矮上升管上方的轨道上，达到与车载式导烟管相同的目的。

1.3　夏尔克（Schalke）装煤烟尘净化技术

德国 Schalke 装煤法的设计思路不同于前述的无烟装煤形式。它是通过采用控制装煤速度、煤峰高度等一系列手段，对焦炉装煤进行全过程的有效控制。装煤产生的绝大部分烟气进入单集气管系统，其主要技术关键表现在以下几个方面：

（1）保持炭化室煤峰高度一致，以保证装煤过程中有足够的排烟通道。为做到装煤时煤峰高度一致，装煤螺旋给料器需全过程调速。螺旋给料器采用交流电机传动，配合变频进行调速。理论上可以做到装煤量偏差不大于 250 L，从煤峰上看，煤峰高度偏差不大于 50 mm。

在每个装煤斗上都安装有称量装置，装煤过程中装煤量信息连续进入 PLC。螺旋给料器上有转数计数器，其他信息也连续进入 PLC。

全过程调速螺旋给料器在装煤时有两种方式：一种是对 4 个装煤孔的炉子采用双煤斗下煤装煤时间约 85 s。另一种是 Schalke 推荐的快速装煤方式，即所有装煤孔同时下煤，一般只需 55 s。快速装煤的优点主要有：

1）下煤速度快，向下冲击力大，使煤料密度增加，可多装约 15%的煤；

2）煤的安息角小，烟尘通道大；

3）快速大量的煤使炭化室内温度明显降低，产生的烟气量小且温度低。

（2）设计合理的装煤孔形状及平煤杆上端面至焦炉的距离，以保证装煤后期的煤气通道。大家知道平煤过程也是荒煤气大量产生和外逸的不利时段，而加大焦炉空间高度则可以做到装煤过程不平煤，只在装煤结束后平煤一次，这样可以大大减少了烟尘外逸的机会。新设计焦炉其上述做法可以较容易实现，而在现有焦炉上改造，则实现是有难度的，只能在装煤过程中间增加平煤次数或者减少装煤量来保证焦炉空间，以利装煤过程荒煤气的流通，估计不会达到非常理想的烟尘控制效果。

（3）确保装煤车导套与装煤孔座及装煤车煤斗密封。

以上几处的密封尤为重要，如果达不到密封的要求，除非采用吸出净化法，否则无法做到无烟装煤。

Schalke 装煤车的装煤导套分为上下两个。上导套的作用是：

通过柔性石棉布或其他耐温柔性织物将装煤车计量系统与装煤导套分开；

可以补偿焦炉炉体在垂直方向的变形，补偿量为 60~90 mm；

靠支撑装置向上的作用力使上下活动导套密封。

下导套的作用是：

通过导套下部的球面密封环与装煤孔座的锥面密封环在下导套升降装置向下的力作用下达到导套与装煤孔的线密封；

补偿装煤孔水平方向的偏差，补偿量可达到 30 mm 左右。

上述密封措施在正常理想的操作条件下，可形成约 200 Pa 的密封能力，既可最大限度地减少装煤时烟尘的外逸，又能避免空气在装煤过程中进入炭化室。

正常情况下，提高高压氨水压力可以减少装煤烟气外逸。实际上，如果不能做到导套与装煤孔座密封，只提高氨水喷射压力会使问题变得更严重。这是因为较大的抽吸力使得大量空气从装煤孔进入炭化室内，与装煤产生的烟气发生燃烧反应后，废气体积迅速增大，量也增多，相当于正常烟气量的 5~7 倍，因此造成大量烟尘外逸是不可避免的。另外上升管的直径不变，烟气量增加，流速增大，带走大量煤尘，使焦油不合格，堵塞回收系统的管道或贮槽。

1.4　车载式干法烟尘净化技术（干式除尘装煤车）

为了适应市场的多方面需要，特别是针对我国现有众多双集气管焦炉外逸烟尘相对减少，且拆除焦侧集气管难度较大的特点，开发了干式除尘装煤车，这种装煤车的除尘流程和原理与干式非燃烧法地面站完全相同，实质上就是非燃烧法干式除尘地面站的缩影，目前济钢的 4.3 m 焦炉和昆钢的 6 m 焦炉正在实施过程中。

干式除尘装煤车除了具有上述的一些关键技术外，还有最关键的一点，就是采用装煤的内套筒与焦炉装煤孔密封，只有这样才能确保吸入系统的可燃气体少，而掺入的空气比例较大，所以可以保证防止爆炸的产生和生产的稳定、安全。

这套装置对操作者的责任心要求较高，各项安全自动控制设备的维护要跟得上，只有这样才能使该车的众多优势发挥出来。

该车在烟尘的净化效率方面与地面站方式等同，可高达99.5%以上。在烟尘的捕集率方面略低于地面站方式，可高达85%~90%，而地面站方式则可达到95%以上，但又明显高于地面站以外的其他几种方式，并且投资省，能耗低，主电机容量4.3 m焦炉不高于55 kW，6 m焦炉不高于75 kW。因此受到很多焦化厂的青睐。

1.5 燃烧法干式地面站烟尘净化技术

针对湿式除尘存在的上述弊病，原鞍山焦耐设计院在90年代初就着手干式装煤烟尘净化技术的研究开发。装煤烟尘之所以不能用干法袋式除尘器过滤的主要原因是装煤烟尘中含有大量的焦油，同时并存的还有炉火和高温。如果直接用滤袋过滤将势必造成滤袋堵塞及滤袋被烧坏。为了解决这两个问题，在本钢1号焦炉的烟尘治理项目中开发了装煤烟尘吸附及滤袋预喷涂技术，并获得国家专利，同时开发了特殊形式的防黏的蓄热式烟气冷却灭火器。该系统与出焦地面站并用，创造可装煤出焦全干式除尘工艺。该项于1996年7月一次投产成功且获得冶金部科技进步奖二等奖、国家科技进步奖三等奖及辽宁省优秀设计一等奖。该项目的开发成功，为我国焦炉装煤烟尘治理开辟了一条新路。

干式地面站装煤烟尘净化技术也是由两个部分构成：一部分是设于装煤车上的自动点火燃烧装置及掺风冷却装置，与此配套的还有与装煤孔相适应的球面密封套筒、螺旋机械给料和可伸缩的与焦侧接口翻板自动对接口活动套筒；另一部分是设于地面站的烟气吸附预喷涂装置、灭火冷却器和最终净化用的袋式除尘器。烟气在引风机的作用下，克服上述设备及管路的阻力最后通过烟囱将净化后的气体排入大气。

烟气在车上点火的温度约为800 ℃。经车上掺风至250 ℃以下送至地面站。车上燃烧的目的一是降低焦油的含量，减轻后部滤袋的负担，二是降低BaP含量。

从车上导入地面站的低于250 ℃的烟气首先经蓄热式冷却灭火器，将烟气温度降到120 ℃以下，再经已预喷涂的袋式除尘器过滤后排入大气。排入大气的废气含尘浓度设计值低于50 mg/m^3，实测值均低于20 mg/m^3，多在10 mg/m^3以下，远低于国家标准中规定的允许排放限制。

由于干式流程解决了湿式流程阻力大的缺欠。将系统阻力由32000 Pa降到5000~6000 Pa，因此装机容量和能耗得到了突破性的降低，不到原1410 kW的1/7，再配以运行调速的运行控制，节电效果更加明显。

总结：随着不断地实践和发展，目前用于焦炉装煤烟尘控制技术主要有高压氨水喷射无烟装煤技术、地面站除尘技术（即非燃烧法干式地面站）和车载式干法烟尘净化技术等。

2 装煤过程无组织排放治理技术选择

根据目前国内外装煤烟尘治理技术的状况，要选择好适当的装煤烟尘治理技术必须从以下几点进行综合考虑：

（1）所选择的装煤烟尘治理技术是否影响原有或新建装置的正常生产。有些装煤烟尘治理技术在对已建成的装置实施装煤烟尘治理工程，须对原有装置进行改造，装煤烟尘治理工程建成后有可能影响到原有装置的生产运行，此类影响包括两方面的内容：一是装煤烟尘治理装置在建设期的影响，即在装置建设期间，原装置需停工，由此会造成经济损失；二是装置投用后对原有设施的影响。即装置建成后会造成原有生产装置的运行不稳定，特别装煤烟尘治理设施在开停车时对原有装置的影响。

（2）所选择的装煤烟尘治理技术是否技术先进可靠。技术的先进性表现在该技术是否能达到预期的装煤烟尘治理目的；是否具有占地面积少、能耗和操作费用低等特点。可靠性表现在装置是否维修容易；

是否能够长期稳定运行。

(3) 装煤烟尘治理工艺是否要消耗大量水、电、汽等公用工程。

(4) 所选择的装煤烟尘治理技术在装置投用后，其一次性投资和运行费用的综合性考虑是否经济可行。需将装置总投资和将来运行的概况进行经济分析，准确作出该装煤烟尘治理装置的可行性研究报告。

(5) 装煤烟尘治理装置投用后是否会产生新的污染。有些装煤烟尘治理装置在运行时有可能产生新的污染物，污染物的处理又会增加新的费用。

结合不同装煤烟尘治理工艺特点，对不同的装煤烟尘治理工艺进行科学分析，并对选择的工艺进行技术经济评价，使最终选择的装煤烟尘治理工艺装置经济可行。

综合考虑比较，装煤过程无组织排放治理工程系统采用高压氨水配合导烟车除尘技术，将吸气孔座技改为水封座；机侧炉头散逸的烟气通过机侧设置的集尘小罩进行收集，再通过导烟车的导送，进入现有二合一地面站进行净化处理；推焦车上增设摘炉门及清炉门烟气收集系统。解决焦炉机侧无组织排放的问题。

通过焦炉机侧炉头烟气无组织排放治理工程实施后的运行，可以解决焦化厂焦炉无组织排放的污染问题。有效改善现场工作人员的工作环境使厂区的环境更洁净，环境效益显著。通过科学优化的设计方案，起到保护了厂区生产及周边生活环境的作用，避免了因焦炉机侧无组织排放污染问题而引起与周边居民产生纠纷情况的发生，从而促进企业的和谐发展，具有很好的社会效益。

炼焦机侧炉头生产过程中的无组织排放烟气进行治理，使新建机侧炉头烟地面站颗粒物的含量小于 10 mg/m^3，烟尘捕集率不小于 99.8%，烟气净化效率不小于 99.5%。

参 考 文 献

[1] 胡学毅，薄以匀. 焦炉炼焦除尘 [M]. 北京：化学工业出版社，2010.

[2] 董树清. 炼焦工艺及设备 [M]. 北京：化学工业出版社，2018.

[3] 王利斌. 焦化技术 [M]. 北京：化学工业出版社，2012.

[4] 牟玲. 煤焦化过程中大气污染物的释放、迁移及控制 [M]. 北京：化学工业出版社，2018.

焦炉煤气/化产品深加工

高喹啉焦油处理技术研究

刘传盛　董　毅　王海涛

（鞍钢化学科技有限公司焦油精制作业区，鞍山　114001）

摘　要：煤焦油是一种制备高附加值碳材料的理想原料，然而其深加工利用总是受到内部高含量喹啉不溶物（QI）的影响。本文介绍了焦油及喹啉不溶物的特性，概述了喹啉不溶物含量过高的危害和控制措施；简述了煤焦油喹啉不溶物常用的几种分离技术；由于常用分离方法存在的局限性进一步探索了处理高喹啉焦油的方法；展望了未来鞍钢煤化工的研究方向。

关键词：焦油，喹啉，分离

1　概述

我国的煤炭焦化工业范围广泛，煤焦油是焦化生产中的主要副产物之一，其产量占炼焦煤消耗量的3%~4%。因此煤焦油的产量十分可观[1]。煤焦油的组成非常复杂，含芳烃和多环与杂环有机物，且存在一定量的杂质，如甲苯不溶物、喹啉不溶物（QI）等。近年来，受原料煤供应紧张、生产工艺变更、焦炉老化、炉型的改造更新等影响，国内煤焦油质量和产率均呈下降趋势。其中，因煤焦油中喹啉不溶物（QI）含量偏高而导致的质量恶化问题较为突出。质量较差的煤焦油不仅影响煤焦油的加工，还会严重影响其下游生产行业。造成QI含量偏高的原因有很多，包括对炼焦煤质量把关不严，生产工艺不合理等[2-3]。因此，在实际生产中需要找出直接原因，并采取有效的应对措施稳定焦油质量。目前常见的QI分离方法有静置沉降分离、热溶过滤分离、高温离心分离和溶剂抽提分离等方法，但由于不同程度的局限和不足很难应用到工业生产中。因此需要进一步探索处理高喹啉焦油的方法，为充分利用煤焦油资源奠定坚实的基础[4-7]。

2　研究内容

2.1　煤焦油QI概述

QI是指煤焦油或煤沥青中不溶于喹啉溶剂的组分，其中有机QI占95%以上，主要是煤高温热解的初次产物在热化学作用下二次裂解和缩聚时产生的，组成以稠环大分子芳烃为主，呈微米级的细小颗粒，表面性质活泼，容易被煤焦油中油质部分包裹。无机QI主要由煤气夹带的焦炉炭化室耐火砖粉末、化产回收管道被腐蚀的Fe_2O_3、碎屑以及炼焦煤中的灰分颗粒等物质构成，其粒度在10 μm左右，与有机QI一起以悬浮物或胶体的形态稳定地存在于煤焦油中。煤焦油中QI含量过高会导致改质沥青中的QI在黏结过程中堵塞焦炭内部的微孔，阻止沥青进一步向焦炭内部渗透，影响产品的结构强度。同时，QI颗粒在静电力作用下会相互靠近，形成静电场，影响产品的电导率。在实际生产中，QI容易造成设备腐蚀。原生QI硬度较高且和管道的金属材质不同，会造成管道的冲刷和电位腐蚀。

2.2　煤焦油QI含量高对煤焦油深加工的影响

煤焦油中QI含量过高对煤焦油深加工的影响主要体现在产品和设备两方面。沥青类产品的下游用户主要为国内的炭素厂家，包括黏结剂用户和炭素原料用户两大类，煤焦油中QI含量对两类用户的影响略有区别，具体如下：

（1）黏结剂用户的影响：改质沥青中含有较多稳定性良好的大分子组分，因此其黏结性、结焦值较高，热稳定性良好，作为黏结剂广泛应用于电解铝行业中预焙阳极的生产及炭素行业中电极的加工。改质沥青中的 QI 在黏结过程中会堵塞焦炭内部的微孔，阻止沥青进一步向焦炭内部渗透，影响产品的结构强度。同时，QI 颗粒在静电力作用下会相互靠近，形成静电场，影响产品的电导率。

（2）对炭素原料用户的影响：软沥青作为生产煤系针状焦的主要原料，其 QI 含量对产品的纤维结构影响较大。在焦化过程中，QI 附着在中间相周围，阻碍球状晶体的长大、融并。在拉焦过程中，QI 会进一步阻碍中间相结构变化，导致焦化后也不能得到纤维结构良好的针状焦组织。在实际生产中，QI 容易造成设备腐蚀。原生 QI 硬度较高，会造成管道的冲刷腐蚀；同时，原生 QI 和管道的金属材质不同，在 QI 颗粒和管道之间会形成微电流，造成电位腐蚀[8]。

2.3　煤焦油 QI 含量高对煤焦油加工装置的危害

煤焦油中 QI 含量高对煤焦油加工装置也有较大影响，主要是对煤焦油加工装置腐蚀、堵塞影响较大，具体如下：

（1）焦油槽清渣周期大幅缩短：煤焦油中 QI 含量高会导致焦油槽内焦油渣沉积速度加快，焦油槽清渣周期被迫大幅缩短，否则会影响焦油打料以及造成煤焦油加工装置塔、管道等堵塞。

（2）对煤焦油加工装置冲刷、腐蚀较大：煤焦油中 QI 含量高会造成煤焦油加工装置塔、管道冲刷、腐蚀速度加快。需要对煤焦油加工装置重点易冲刷、腐蚀部位进行定期检测，发现减薄需及时更换，否则易出现漏油、着火等事故。

（3）煤焦油 QI 含量高伴随着煤焦油水分含量高：煤焦油 QI 含量高会导致煤气净化单元焦油超级离心机离心分离效率下降，煤焦油水分含量偏高。此部分水在焦油槽中加热静止后仍难以分层，导致煤焦油加工装置脱水工段进料含水增加，脱水塔压力难以控制，焦油打料量受到影响。

（4）煤焦油加工装置易发生堵塞：煤焦油中 QI 含量高会导致煤焦油加工装置堵塞度加快。各蒸馏塔、釜、冷却器、管道、泵由于堵塞造成压力上涨，堵塞到达一定程序需被迫停产进行清透。

（5）沥青 QI 及 TI 含量高：煤焦油中 QI 含量高会导致沥青产品 QI 及 TI 含量高，影响沥青类产品的下游用户使用。

2.4　鞍钢化学科技公司处理高 QI 煤焦油的探索

鞍钢集团为满足炼铁生产需要，建立了完善的焦化产线，并配套建立了煤气净化及焦油加工装置，近年来随着焦炉老化部分自产焦油 QI 含量有所上升。同时，随着鞍钢焦油加工装置加工规模扩大，焦油加工装置需处理一定量的外购焦油。由于各外购焦油 QI 含量参差不齐，导致焦油加工装置的焦油原料 QI 含量波动较大，生产出的沥青 QI 含量也相应波动较大。为保证生产平稳、沥青产品质量合格，鞍钢化学科技有限公司开展处理高 QI 煤焦油的探索，具体如下：

（1）开发新的高 QI 沥青品种。使用高喹啉焦油开发生产出高喹啉不溶物的改质沥青产品，适用于下游专用耐火材料的制备。

（2）将高 QI 煤焦油与低 QI 煤焦油混合使用。通过优化工艺、将不同 QI 的煤焦油单独储存，依据不同客户对中温及改质沥青 QI 的需求调配合适 QI 含量的煤焦油，生产不同 QI 含量的中温及改质沥青。

目前遇到的主要问题：

（1）耐火材料专用高 QI 沥青品种市场需求较少。

（2）将高低 QI 煤焦油混合使用虽然可处理一部分高 QI 煤焦油，但需大量低 QI 煤焦油进行稀释。

3　结论

（1）近年来，煤焦油 QI 含量高导致煤焦油加工产品质量恶化问题较为突出，严重影响煤焦油加工及其下游生产行业。

（2）目前常见的 QI 分离方法很难应用到工业生产中。

（3）处理高 QI 煤焦油对煤焦油加工装置生产以及其深加工装置生产均会造成很大影响。

（4）鞍钢化学科技有限公司开展处理高 QI 煤焦油的探索取得一定成效，可处理一部分高 QI 煤焦油。

参考文献

[1] 顾志华，朱文，坚许忠，等．国内煤焦油深加工现状及发展方向［J］．新疆化工，2014（2）：5-7.

[2] Michael H B. 焦炉和回收操作对焦油质量的影响［J］．燃料与化工，2004，35（4）：50-51.

[3] Alvarez R，Scanga C S，Dez M A，et al. Influence of wet and preheated coal charging on the nature of quinoline insolubles of coal tars and their derived pitches［J］. Fuel Processing Technology，1996，47（3）：281-293.

[4] 古映莹，刘磊，唐课文，等．煤焦油过滤分离的研究［J］．过滤与分离，2007，17（2）：25-27.

[5] 薛改凤，许斌，刘瑞周．表面活性添加剂在煤焦油净化处理中的作用［J］．煤化工，1999（2）：41-43.

[6] 邱江华，胡定强，王光辉，等．溶剂-离心法脱除煤焦油中的喹啉不溶物［J］．炭素技术，2012（6）：9-12.

[7] Qing Cao，Xiaolin Xie，Jinpin Li，et al. A novel method for removing quinoline insolubles and ash in coal tar pitch using electrostatic fields［J］. Fuel，2012，96：314-318.

[8] 庞克亮，王超，蔡秋野，等．煤焦油喹啉不溶物研究进展［J］．鞍钢技术，2018（6）：7-11.

改质沥青成型过程中的问题及对策

赵　龙

（宝钢化工湛江有限公司，湛江　524000）

摘　要： 宝钢化工湛江有限公司的改质沥青装置在投产后固体沥青存在含水量偏高及堆放过程中发生结块的问题，通过分析，沥青结块主要是冷却后的固体沥青温度偏高导致。针对改质沥青成型过程中存在的固体沥青含水量及温度过高的问题，本文对液体沥青成型时的流速及温度，固体沥青的直径及在水中停留时间等方面进行了分析，并采取相应的措施，降低了固体沥青的含水量及温度。

关键词： 改质沥青，成型过程，含水量，温度

1　概述

改质沥青在铝冶炼行业作为预焙阳极的黏结剂，其需求量伴随着电解铝行业的快速发展逐年攀升，因固体改质沥青的运输不受运输半径的影响且运费较液体改质沥青更低，故目前国内市场改质沥青产品中固体仍是重要的产品形式。

宝钢化工湛江有限公司（以下简称“宝化湛江”）于 2019 年 4 月投产一套 10 万吨/年的改质沥青生产装置，产品中固体沥青占比 80%左右。在改质沥青成型时通过最终冷却给料泵将液体改质沥青槽的液体改质沥青输送到沥青最终冷却器，沥青冷却后再通过沥青成型给料泵输送到沥青成型机头，沥青在沥青成型机头通过挤压后进入成型水池，在水池中通过循环冷却水冷却成型后由钢带机送出，然后到堆放间分堆储存。宝化湛江原设计的改质沥青冷却成型工艺示意图见图 1。

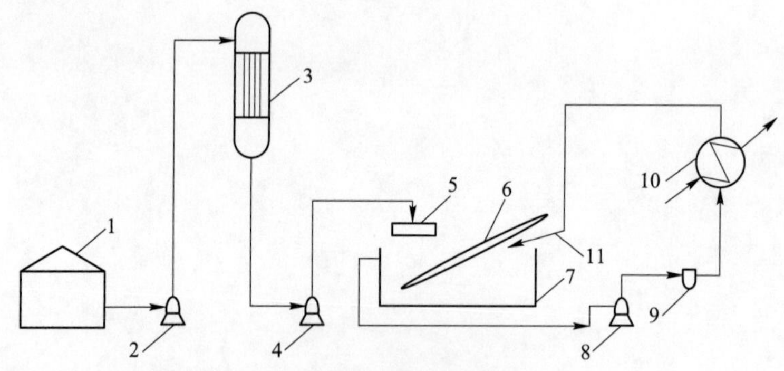

图 1　改质沥青成型系统示意图

1—液体改质沥青槽；2—最终冷却给料泵；3—沥青最终冷却器；4—沥青成型给料泵；5—沥青成型机头；6—钢带机；7—成型水池；8—水循环泵；9—过滤器；10—水冷器；11—成型水池回水分布器

2　改质沥青成型过程的问题

成型前液体改质沥青温度在 200 ℃左右，其中基本不含游离水，成型工艺采用水下冷却成型，此阶段会增加固体改质沥青的含水量。

成型过程中，固体改质沥青的冷却效果不佳会导致沥青在存放过程中结块。根据生产经验判断，当固体改质沥青的温度超过 45 ℃时，将增加沥青结块的风险。

宝化湛江固体改质沥青含水量及温度控制要求见表 1。

表 1　固体改质沥青含水量及温度控制要求

项　目	含水量/%	冷却后的固体沥青温度/℃
控制要求	≤ 4.0	≤ 45

注：含水量为 YB/T 5194—2015 中一级品的质量要求；温度为宝化湛江内控指标。

以 2019 年 9 月生产为例，固体改质沥青冷却后温度在 46~55 ℃，含水量检测值见表 2。

表 2　固体改质沥青含水量

时　间	固体改质沥青含水量/%
2019-09-10	3.33
2019-09-11	2.76
2019-09-13	2.34
2019-09-19	3.59
2019-09-21	3.20
2019-09-22	3.35

从表 2 可以看出，改质沥青的含水量基本贴近指标上限，有超过管控标准的风险；同时因固体沥青温度较高，改质沥青在堆放间内发生结块，影响改质沥青的发货。

3　改质沥青成型过程的影响因素

3.1　液体沥青成型流速对固体沥青含水量的影响

当液体沥青进从成型机头进入水中时，遇水冷却凝固，同时沥青受到水的浮力及水流的扰动，沥青在水中下沉的速度会减小，且速度方向发生改变，而后面的液体沥青在持续地进入水下，这会导致沥青发生弯折和表面褶皱，在弯折和褶皱的地方会包含水分，导致沥青含水量偏高。成型时液体沥青流速越大，弯折越多，含水量也相应越高[1]。

改造前，按照 100%处理负荷，液体改质沥青成型量约为 13 t/h，折算液体改质流速为 3.95 m/s，若生产需要临时提高成型量，液体沥青的流速会更快，将增加改质沥青含水量，带来质量风险。表 3 为 2019 年 9 月部分时间改质沥青成型量与含水量的关系。

表 3　液体沥青成型流速与固体改质沥青含水量对照表

序　号	成型量/$t \cdot h^{-1}$	成型流速/$m \cdot s^{-1}$	沥青含水量/%
1	10.1	3.08	2.68
2	12.1	3.67	3.33
3	12.9	3.92	3.35
4	13.0	3.95	3.59

3.2　最终冷却器出口沥青温度影响固体沥青温度

根据工艺流程可知，沥青最终冷却器出口沥青温度会直接影响水下成型后改质沥青的温度，在 2019 年 9 月 10—23 日生产期间，沥青最终冷却器出口沥青温度在 169~194 ℃，冷却后固体改质沥青温度在 48~65 ℃，期间堆放间的改质沥青发生大量的结块，严重影响改质沥青的发货。

3.3　改质沥青成型后直径影响固体沥青温度

由于沥青直径越大，沥青内部越不容易冷却。通过现场检测，改造前固体沥青直径在 10~12 mm，部分沥青内部还存在未凝固的液体沥青，在储存过程中，沥青内部的热量释放出来使沥青表面软化，与相邻的沥青表面黏结产生沥青结块。

3.4 成型水池冷却回水分布影响固体沥青温度

改质沥青是利用成型水池的冷却水直接接触冷却，冷却水与循环水换热后，再回到成型水池。原设计的回水是直接回到水池表面，而改质沥青则是通过钢带机从水下逐步输送到水面，这会导致沥青不能直接接触到冷却后的冷却水，影响沥青的冷却效果。

3.5 改质沥青在水中停留时间影响固体沥青温度

原钢带机在水中停留时间为 58 s，停留时间不足 1 min，固体沥青与水接触的时间较短，冷却不充分。

4 采取措施与结果

4.1 改造沥青成型机头，液体沥青成型流速

对沥青成型机头进行改造，增加沥青出料口总的横截面积，即降低液体改质沥青成型时的流速。通过改造，流速从原先的 3.95 m/s 下降到 2.99 m/s。

4.2 增加换热器降低沥青温度

在沥青最终冷却器前增加一个换热器（图 2），将液体改质沥青进入沥青最终冷却器的温度从 210~220 ℃降低到 180~190 ℃，沥青最终冷却器出口液体沥青温度从原 169~194 ℃降低到 155~165 ℃。

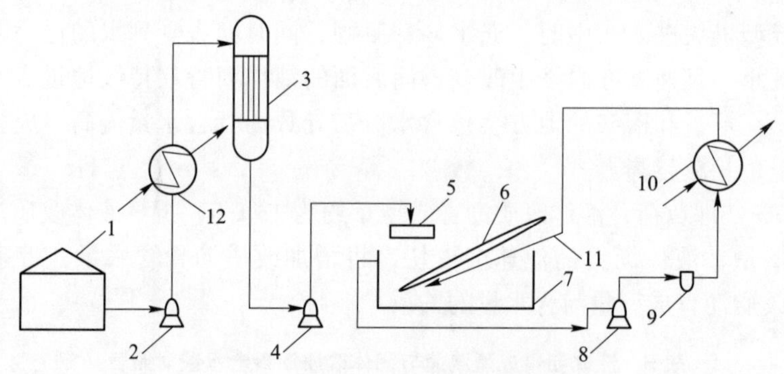

图 2 改造后改质沥青成型系统示意图

1—液体改质沥青槽；2—最终冷却给料泵；3—沥青最终冷却器；4—沥青成型给料泵；5—沥青成型机头；6—钢带机；7—成型水池；8—水循环泵；9—过滤器；10—水冷器；11—成型水池回水分布器；12—新增沥青冷却器

4.3 改造成型机头，降低沥青直径

将沥青成型机头的喷嘴直径从 8 mm 改造为 6.5 mm，固体改质沥青直径从原 10~12 mm 减小到 8~9 mm，提高固体沥青的表体比，增加换热面积，提高沥青的冷却速度。

4.4 改变成型水池回水分布方式

将冷却后的成型水池冷却水，通过管道直接输送到钢带机的底部（图 2），让低温冷却水直接与钢带机上的固体沥青接触，使冷却更加充分。

4.5 延长固体沥青在水池中停留时间

减小钢带机的运行速度，将沥青在水中的停留时间提高到 87 s，增加固体沥青与冷却水的接触时间。

综合采取以上措施后，改造后改质沥青成型系统示意图见图 2，改造后固体沥青水分及温度见表 4。

表 4　改造后固体沥青水分及温度

时　间	固体改质沥青含水量/%	钢带机沥青温度/℃
2020-08-18	0.48	42
2020-08-19	0.40	44
2020-08-20	0.52	41
2020-08-21	0.46	42
2020-08-22	0.48	41
2020-08-23	0.56	43

5　结论

综上所述，沥青的含水量主要是通过降低液体沥青成型时的流速，减少固体沥青的弯折和表面褶皱，达到降低含水量的目标；而消除沥青结块，则主要是通过降低液体沥青成型温度、减小沥青成型机头出口直径、重新分布成型水池冷却水回水及延长固体改质沥青在水池中的停留时间等措施降低成型后固体沥青的温度来实现的。

本文所述的方案是在现有装置的基础上进行改造，受限于装置本身条件影响部分指标的改造还未达到理想状态，若是新建装置则可进一步减小液体沥青的成型时的流速、降低沥青入水前的温度、延长沥青在水中的停留时间等，对沥青成型将有进一步的改善。

参 考 文 献

[1] 李金强，吴强，王小强．改质沥青低温造粒生产控制［J］. 燃料与化工，2019，50（2）：46-47，49.

中间相沥青的生产控制

吴　强　杜亚平　马元想　吴其春

（宝武碳业科技股份有限公司梅山分公司，南京　210039）

摘　要： 为生产高结焦值低软化点一定中间相含量的煤沥青，使用中温沥青，在 3 cm^3 反应釜内通过电加热方式，调整优化氮气通入量、反应釜温度、反应时间，生产软化点在 140～160 ℃，TI 30%～50%，QI 18%～40%，CV 65%～75%，中间相 30%～40%的中间相沥青。

关键词： 中间相含量，石墨黏结剂，结焦值

1　概述

中间相沥青是一种具有光学各向异性的芳香类碳氢化合物的聚集体，关于它最早的研究可追溯到 20 世纪 60 年代，Brooks 和 Taylor 发现在沥青的液相炭化过程中会出现液晶，即中间相沥青[1]。煤沥青中多环芳烃有机物在 350 ℃以下首先形成各向同性的塑形体（母体），当热处理至 350 ℃以上时，具有多种组分液相体系（沥青）中的分子在系统加热时发生热分解和热缩聚反应，形成具有圆盘形状的多环缩合芳烃平面分子，这些平面稠环芳香分子在热运动和外界搅拌的作用下相互靠近，分子间通过 π-π 电子力和范德华力促使其相互平行有序叠合，会形成短程排列，按向列次序聚集堆积，而且呈长程有序排列。分子间的垂直方向因范德华力、分子偶极矩力而相互缔合，在与平面层垂直方向上成长为许多重叠层，其规律性为光学各向异性[2]。当液晶进一步长大，为达到体系的最低能量状态（表面自由能越小，体系能量越低），层积体在表面张力的作用下形成圆球体，被称为小球体，即中间相小球体。小球体经过多次融并后，越来越大，当其球径达到表面张力难以维持其球形时，球体逐渐解体。这种由沥青小球体解体之后，在不同控制条件下，形成非球中间相——广域流线型、纤维状或镶嵌型中间相[3]。因中间相沥青性能优良，已被广泛应用于碳纤维、泡沫炭、针状焦、锂离子二次电池等多个领域，研究各向异性中间相沥青的制备方法对这些领域的工艺改进和成本节约具有重要意义[4]。

本文研究在 3 m^3 釜（DN1400，H2100）上，使用中温沥青作为原料，通过电加热升温生产高结焦值、一定含量中间相的沥青，由于使用空气氧化，沥青中氧元素的存在，影响下游耐火材料的使用，本次研究使用非氧化法生产中间相沥青产品。

2　氮气量的影响

本生产研究过程中，反应釜烟气直接进入烟气吸收文丘里，反应过程中反应釜内压力为正压 0～5 kPa。控制相同反应温度和反应时间，调整氮气的通入量，跟踪 SP 的增长和中间相含量的变化。根据数据总结，氮气流量从 15 m^3/h，分别提高至 20 m^3/h、30 m^3/h，中间相结合剂沥青的软化点分别为158 ℃、159 ℃、158 ℃，没有出现明显的变化。试验中后续将氮气流量统一为 30 m^3/h，主要是从生产稳定上考虑，避免烟气管道堵塞，通入氮气也可以增加釜内搅拌效果，提高产品的均匀性。

3　反应温度的影响

考察反应温度对沥青质量的影响，本研究针对釜温升至 390～410 ℃时的影响，总反应时间一定，设定温度前升温速率一定，总升温曲线见图 1，反应釜反应温度对软化点的影响见图 2。

控制氮气流量 30 m^3/h，反应温度 390 ℃，反应 7 h 后取样分析，沥青软化点为 125 ℃。相同氮气流

量和反应时间的条件下，反应温度越高，软化点增长越快。当氮气流量维持在 30 m³/h，反应时间为 7 h，反应温度分别为 400 ℃、405 ℃、409 ℃时，得到沥青的软化点分别为 155 ℃、160.6 ℃、164.4 ℃。

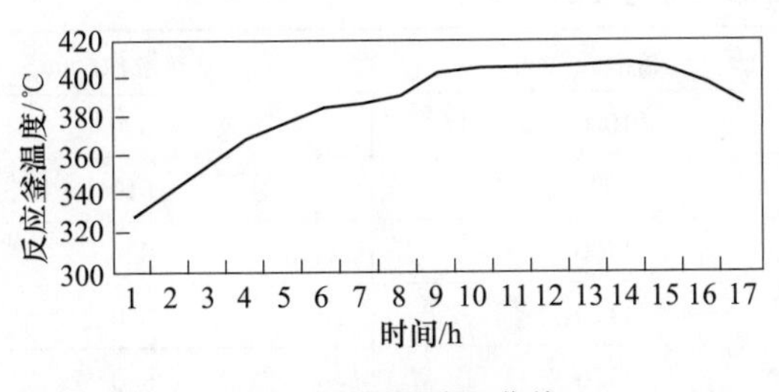

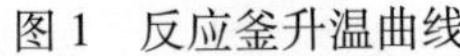
图 1　反应釜升温曲线

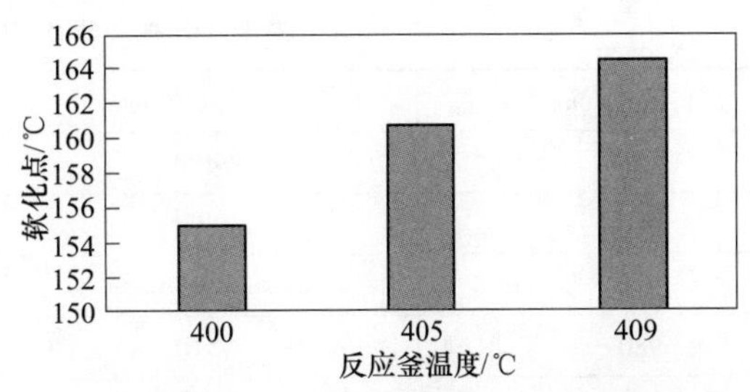

图 2　反应釜反应温度对软化点的影响

分析三批次沥青的中间相含量，分别为 30.2%、30.2%、31.1%，随着温度的升高，中间相含量有增加趋势。三批次的结焦值分别为 71.1%、71.3%、72.1%，随着反应温度升高，沥青结焦值也同步增加，总增加量为 1%。相比于温度升高时软化点快速升高，中间相含量和结焦值增加量比较小，故后续研究中，为稳定产品质量，主要监控产品的软化点。

反应釜温度越高，越易结焦，为保证生产的安全性以及产品质量的可控性，选择 400 ℃为生产控制温度。

4　反应时间的影响

当氮气通入量为 30 m³/h，反应温度为 403 ℃时，延长 1 h 软化点由 135 ℃升至 170.5 ℃，延长 2 h 软化点由 136 ℃升高至 175 ℃。相同氮气通入量、反应温度下，反应时间越长，软化点增长越多。沥青结焦值分别升高至 74.4%和 75.4%，延长反应时间，沥青软化点和结焦值都提高。为获得一定软化点的中间相沥青，需要严格监控反应时间。

5　稳定产品质量的控制方法

通过研究氮气通入量、反应温度和反应时间，确定生产软化点为 140~160 ℃，中间相含量为 30%~40%的中间相结合剂沥青的生产参数：氮气通入量 30 m³/h，反应时间 7 h，反应温度 400 ℃。但是由于生产过程中，反应釜温度的波动，导致生产合格产品所需时间有所波动，全部按照 7 h 控制时，易产生不合格产品。为此根据大量生产总结，发现监控反应前后的反应釜减少的质量，即轻质组分的气化量，即可以确定产品是否合格，反应釜减少质量与沥青软化点对应关系如图 3 所示。

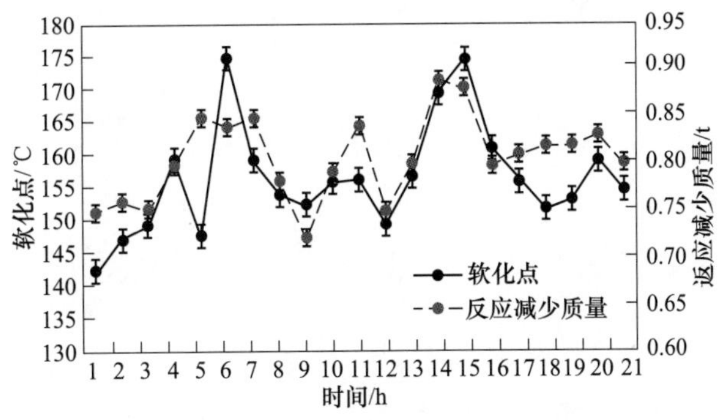

图 3　反应釜减少质量与软化点的关系

根据图 3 可以看出，沥青软化点和反应釜减少质量成正相关，减少质量越大，沥青软化点越高。生产 140~160 ℃产品时，控制反应釜减少质量为 0.7~0.8 t，每釜进料量约在 3.2 t，即产品的得率在 75%左右。若反应釜安装有称重设备，可直接监控进料前后质量变化，或者可通过观察反应釜反应前后的液位变化来确定反应程度，为便于指导现场生产控制，总结出为获得 75%得率的产品，需要控制的液位标准见表 1。

表 1　生产合格中间相结合剂沥青的液位控制

进料液位/mm	放料液位/mm	进料液位/mm	放料液位/mm
950	480	1080	600
960	490	1090	610
970	500	1100	620
980	510	1110	630
990	520	1120	640
1000	530	1130	650
1010	540	1140	660
1020	550	1150	670
1030	560	1160	680
1040	570	1170	690
1050	580	1180	700
1060	580	1190	710
1070	590	1200	720

6　小结

在 3 m^3 反应釜内，反应速率随反应温度的增加而增加，反应釜温度在 400 ℃以下时，沥青中间相含量和软化点升高得慢；温度在 400 ℃以上时，软化点升高加快，而中间相含量提高较慢。生产 150 ℃规格中间相结合剂沥青：SP 140~160 ℃，TI 30%~50%，QI 18%~40%，CV 65%~75%，中间相 30%~40%，控制的反应参数为：反应釜内微常压 0~5 kPa，氮气通入量 30 m^3/h，反应温度 400 ℃，反应时间 7 h。

参 考 文 献

[1] 武云，初人庆，郭丹．中间相沥青的制备方法研究进展［J］．当代化工，2020，49（2）：418-421.
[2] 黄美荣，李新贵．中间相沥青的制备与应用［J］．石油化工，1998，27（1）：62-66.
[3] 袁观明，李轩科，董志军，等．中间相沥青的应用研究进展［J］．材料导报，2008，22（11）：83-86.
[4] 水恒福，冯映桐，高晋生．粘结剂炭的结构与抗氧化性［J］．华东理工大学学报，2002，25（2）：197-199.

一种新型的钢带机在改质沥青水下成型工况上应用探索

陈欢仁

（宝钢化工湛江有限公司，湛江　524000）

摘　要：随着煤化工行业的迅速发展，沥青生产过程中的输送设备面临着更高的要求。传统钢带机在改质沥青装置中虽然发挥了重要作用，但在稳定性、耐磨性和耐腐蚀性等方面存在一定的局限性。因此，本文探讨了一种新型链板钢带机在改质沥青装置上的使用情况，通过与传统钢带机的对比，详细介绍了新型钢带机的结构及功能，并阐述了经过升级改造后设备稳定性的提升。

关键词：钢带机，优化，链板

1　概述

改质沥青链板钢带机在改质沥青装置中的主要作用是把改制沥青成型机流出的液态棒条状物料落入沥青成型池内，将固化成型的改质沥青从水底下传送到水面，再通过皮带机传送到仓库中。由于改质沥青装置的钢带输送机所处的环境比较复杂，常年工作在约 42 ℃、弱酸性、微含油的水中；物料含水，整个板带始终处于湿润状态，同时一部分在水上，一部分在水下，因此整个设备处在潮湿和轻腐蚀性气体化工生产环境中，给钢带机的稳定运行带来一定的影响。

2　钢带机组成

钢带机设备主要包含以下组成部分：电机、减速箱、头轮、钢带、框架、吹干系统、导料档板、尾轮装置、配重拉紧装置、挡料装置、头部漏斗等主要设备，还包括物料检测、起动报警等检测设备、清扫器、逆止器及制动器等附属装置。在正常工作时，电机驱动减速机通过链条带动钢带机头带动钢带循环反复转动，通过钢带运输把固态改质沥青从水底下传送到水面，跟随钢带运行至卸料漏斗卸下，从而连续不断地完成输送物料的工作，实现了物料的输送。设备布置图见图 1。

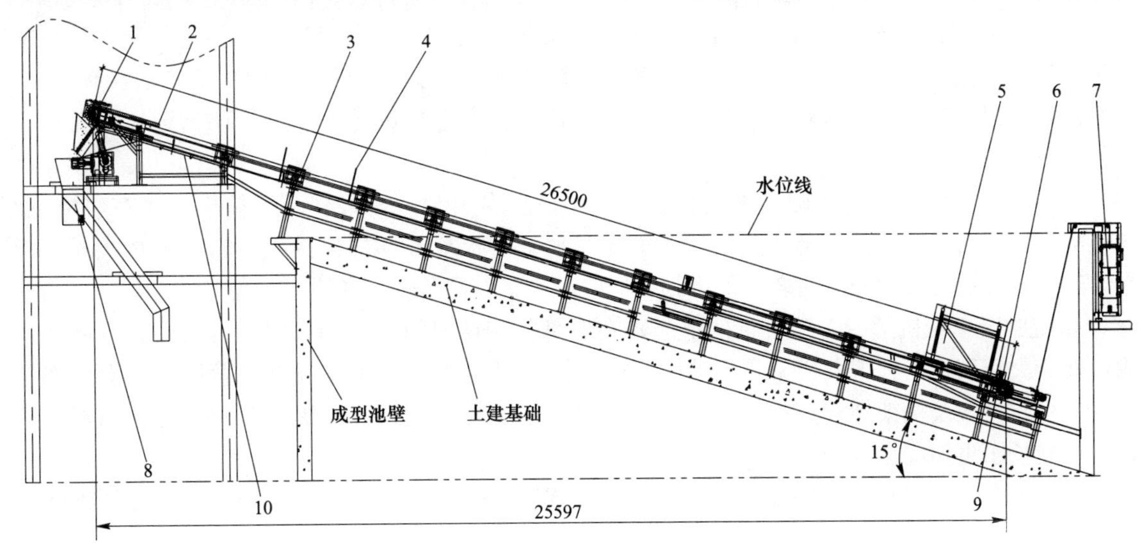

图 1　钢带机立面布置图

1—头轮；2—钢带；3—框架；4—吹干系统；5—导料挡板；6—尾轮装置；
7—配重拉紧装置；8—头部漏斗；9—挡料装置；10—头部水槽

3 主要参数

钢带机主要参数见表 1。

表 1　钢带机主要参数

序号	项　目	参　数
1	输送介质	改质沥青（固体）
2	松散密度	650～800 kg/m^3
3	物料规格	ϕ15 mm×40 mm
4	温度	40 ℃(操作)/70 ℃(设计)
5	固态改质沥青安息角	35°
6	支架中心线间距	1960 mm
7	能力	15 t/h
8	倾角	15 ℃
9	长度	26650 mm
10	输出扭矩	3661 N · m

4 新型链板钢带机的特点

（1）传统常规钢带机输送链条采用钢丝钩编织，具有运行时钢丝钩易脱落及断裂，链条中部产生间隙导致物料从间隙处脱落，钢丝强度较低无法大负荷输送，钢丝断裂更换成本大需要整张网进行更换等缺点。为了解决这些问题，新型链板钢带机采用了使用 3 mm 不锈钢钢板整体冲模成型板网片拼装而成的链条状链板。这种新型链板钢带机的优点包括链条强度增加、钢板不易脱落，提高了设备的稳定性。这种链板钢带机的链条由一系列不锈钢板组成，每个板之间通过精密冲压工艺形成链条状结构，提高了链条的强度和耐用性，从而延长了其使用寿命。同时，这种链板钢带机的板网片可以通过拼装组合，灵活适应各种尺寸和形状的需求，能够更好地适应各种工作环境，提高设备的适应性。

（2）正常生产时，钢带机在水池中的部分都是长期埋在水中的，原钢带机水下部分采用碳钢制作，长时间运行后水下部分易腐蚀。新型的链板钢带机全部采用不锈钢材质，可有效防止设备出现腐蚀现象。

（3）传统常规带机减速电机直接套在主动轴上驱动钢带机，减速电机远高于检修平台，且减速电机靠近厂房顶部，检修空间小。新型链板钢带机将减速电机移至操作平台处，采用链条传动，有两个优势：一是方便检修及保养；二是如需适当调整钢带机运行速度，可通过调整大小链轮的齿数比，无需更换减速电机，简单方便。

（4）传统常规钢带机链板两侧的滚轮直径比较小，容易引起链板最外部连接板直接在轨道上摩擦，加剧导轨的磨损。新型链板钢带机适当增大了滚轮直径，链板最外部的连接板与轨道不再接触，滑动摩擦变为滚动摩擦，可大幅度减少对轨道的磨损，同时减少运行阻力，延长设备的使用寿命。

（5）传统常规钢带机运行时钢带机的链条落在底部托架两侧机架上，长时间运行后，底部托架及上下两侧机架会大幅磨损，托架及机架更换量大且频繁。新型链板钢带机在托架及两侧机架上增设了不锈钢衬板，衬板与托架及机架螺栓连接，更加耐磨，延长了更换时间，同时更换时只需更换衬板，减少了更换费用，延长了更换周期。

（6）钢带机倾斜安装时，为防止输送链上的物料滚落，通常会在链条上安装挡板。传统做法是在链条上焊接挡料角钢，但这种做法存在一些问题，如角钢易脱落，导致挡料效果不佳。为了解决这个问题，新型链板钢带机采用了一种全新的设计，每隔一段距离直接将网片整体冲模成型做成挡板形式，使得链板与挡板为一体结构。这种设计有效地解决了后焊的角钢脱焊的情况，提高了挡料效果，同时有效地防止了物料的滑落。与传统做法相比，新型链板钢带机在结构上更加牢固，使用寿命更长，同时也更加美观。这种一体化的设计使得整个钢带机的结构更加协调，提高了整个生产线的外观质量。此外，这种一体化的设计还减少了焊接工作量，提高了生产效率，降低了生产成本。

（7）传统常规钢带机链板销轴原先设计为通轴，销轴易窜位，导致整条链板运行时有横向移动现象，易跳链。新型链板钢带机链条销轴采用凸台结构，固定了链板位置，限制了链板的横向移动，减少了链条跑偏情况的发生。

（8）传统常规钢带机底部接水盘靠近下部链条，间隙较小，不方便清除积料。新型链板钢带机改变了接水盘的安装形式，改为下吊式安装，与钢带机之间留出空隙，便于清除积料。

（9）传统常规钢带机尾轮为链轮形式，运行时尾部链轮与钢带间易卡料，卡料后链条易跳链、跑偏，同时尾部在水下不易观察处理。新型链板钢带机尾轮采用光轴设计，减少了跳链及跑偏问题。

（10）传统常规钢带机尾轮拉紧装置采用链条拉紧，链条为碳钢材质，易生锈卡死，不能起到拉紧作用，钢带易跑偏，新型链板钢带机采用不锈钢钢丝绳拉紧，解决了链条卡死问题。

（11）同型号单台传统常规钢带机一般最大输送能力为 8 t/h，新型链板钢带机具体较大的输送能力，达到 15 t/h，减少了投资和占地面积。

5 后期的改造升级优化

在这两年里该新型钢带机表现突出，运转周期达到了 6 个月，满足一个生产周期。但在运行期间也暴露出该新型钢带机设计的缺陷，使用两年后再一次进升级优化，以下为改造的内容：

（1）新做一套尾轮组件，尾轮组件两侧的导向轮宽度加宽 10 mm，减少钢带的滚轮因跑偏而掉落导向轮的情况。同时在导向轮两侧加导向板，导向板与导向轮螺栓固定，钢带在尾轮处跑偏时起到调节钢带跑偏的作用。导向轮加导向板后与框架之间的空间不够，本次对尾轮处的不锈钢框架进行调整，增加间隙。

（2）整体更换机架上的耐磨衬板，两侧槽钢上的耐磨衬板加宽 5 mm，防止钢带跑偏时滚轮脱离轨道。

（3）原设计的链板与链板销轴之间的间隙太小，容易卡链，本次升级优化适当加大链板与链板销轴之间的间隙，钢带两侧的开口销固定改为卡簧固定，同时在运输、吊装以及装配过程中对钢带做好保护，防止吊装变形。

（4）原设计电机转速为 1475 r/min，速度太快导致钢带整体磨损速度快，升级优化改造更换减速电机的电机，由 4 级电机变为 6 级电机，电机转速由 1475 r/min 变为 980 r/min，降低钢带机的运行速度，减少钢带机的磨损。降速后头轮的转速由 9. 18 r/min 降为 6. 12 r/min，钢带的速度由现在的 8. 85 m/min 降为 5. 90 m/min。

6 结论

通过几年的探索，新型钢带机在改质沥青装置使用上取得了良好的效果。首先，其高效率的输送能力使得改质沥青装置的生产能力得到了显著提升；其次，由于其优良的耐磨性和稳定性，设备的维护成本大大降低。此外，新型链板钢带机还具有更高的适应性，能够适应不同沥青的处理需求，使得装置的运营更加灵活。

浅谈影响改质沥青β树脂含量的因素

王英达　孙喜民　张　欣

（鞍钢化学科技有限公司西部焦油精制作业区，鞍山　114001）

摘　要：通过对改质沥青中β树脂产生机理进行研究，确定提高β树脂含量的方法。对提高改质沥青β树脂的控制过程进行分析，改善生产工艺参数及过程控制，改质沥青β树脂含量由17%提高到21%。

关键词：改质沥青，β树脂，含量，措施

1　概述

煤焦油沥青是煤焦油蒸馏各种产品后剩余的残留物，占煤焦油的50%~55%。煤焦油沥青主要分为低温沥青、中温沥青和高温沥青，其中中温沥青、高温沥青主要用于电极焦及炭素材料的黏结剂，特别是具有高导电性的高温沥青主要作为大型电解铝生产中高性能预焙炭阳极和超高功率石墨电极的黏结剂使用。改质沥青既有较好的黏结性能，又能增加制品焙烧后的结焦值，所以用改质沥青作黏结剂生产的炭材料具有较高的密度和机械强度，同时气孔率和电阻率呈下降趋势，炭材料的抗热震性能也相应提高。通过不断研究与经验积累，找到了提高改质沥青质量的有效途径。

2　改质沥青的国家标准

沥青中β树脂含量等于甲苯不溶物含量减去喹啉不溶物含量，其产生机理主要由带有2~4个芳环的高分子物质在恒温、恒压、一定时间内聚合而成的连续的具有玻璃质特性的连续中间相，而这种玻璃质中间相就是电极中具有导电、充电性能的物质，所以改质沥青中β树脂的高低直接决定石墨电极的导电性，是改善沥青质量最关键的指标。控制β树脂的含量主要从两方面着手：一方面是降低喹啉不溶物含量；另一方面是提高甲苯不溶物含量。

3　降低喹啉不溶物（QI）含量

QI是不溶于甲苯又不溶于喹啉的高分子化合物，其分子量为1800~2600。按QI的形成过程划分，可将其分为原生QI和次生QI。原生QI是在煤焦化过程中形成的，它存在于煤焦油中，对煤焦油进行蒸馏时，原生QI又转移到煤沥青中。次生QI是在煤焦油蒸馏及沥青生产过程中由原生QI以外的其他物质缩聚而形成的相对分子量更大的芳烃聚合物。原料QI含量对煤沥青的热解缩聚反应有较大影响，随着原料QI含量提高，将加快煤沥青的热聚合速率和次生QI的大量生成。

3.1　原生QI的脱除

焦油中原生QI不仅随生产转移到沥青中，同时由于原生QI的存在，在焦油蒸馏及改质沥青热聚合过程中，以原生QI为聚合核心加速了次生QI的产生。消除原生QI可通过三种方式实现：静置沉淀、离心脱出、溶剂净化。

3.2　抑制次生QI的生成

次生QI的生成主要分两部分：一部分是焦油蒸馏过程中聚合生产的次生QI，并伴随着中温沥青进入沥青工序；另一部分在沥青工序，随改质沥青热聚合反应生产。生产中温沥青过程中，沥青QI一般可达

到 5%~10%。但在实际生产过程中，由于焦油蒸馏生产中温沥青过程中，也会生产其他产品。通过反应时间、温度来控制 QI 的生成会严重影响其他产品的收率及生产的稳定。故在实际生产过程中，中温沥青 QI 的生成不予控制。在改质沥青生产过程中，改质沥青热聚合温度，沥青热聚合温度低于 410 ℃，有利于 QI 的生成和生产的安全稳定。

4 提高甲苯不溶物（TI）含量

甲苯不溶物一方面由炼焦产焦油过程中生产而成，一般情况下含量不超过 15%；另一方面主要由焦油中菲、芘、蒽、芴类具有 3~5 个芳烃的物质聚合而成。在实际生产过程中，炼焦配煤及炼焦操作稳定，产生的焦油组分变化不大，若想增加甲苯不溶物，只能从焦油自身生产过程改进。增加甲苯不溶物含量的途径是增加多环芳烃的含量。

通过增加多环芳烃含量提高甲苯不溶物的含量，可通过降低焦油蒸馏温度、减少二蒽油采出、增大蒽油回流量的方法增加中温沥青多环芳烃含量。

5 结语

沥青中 β 树脂含量是改质沥青的重要指标，通过操作调节可以有效地对 β 树脂含量进行干预，从而得到更加优质的沥青产品，以满足不同用户的需求。

参 考 文 献

[1] 郑水山，窦红兵．煤沥青改质生产超高功率石墨电极用粘结剂的研究［J］．煤炭加工与综合利用，2005（6）：22-24.
[2] 许斌，李铁虎．喹啉不溶物对煤沥青热聚合改质影响的研究［J］．燃料化学学报，2022，30（5）：12-16.
[3] 水恒福，张德轩，张超群．煤焦油分离与精制［M］．北京：化学工业出版社，2008：350-356.

焦化沥青类产品中间相含量的测定方法开发及优化

杜亚平

（宝武碳业科技股份有限公司梅山分公司，南京　210039）

摘　要： 中间相是国外炼铝行业生产预焙阳极所用黏结剂沥青的重要指标，大粒径（≥4 μm）的中间相会影响碳素制品的质量。近年来，国内预焙阳极、特种石墨、碳/碳复合材料、耐火材料生产企业针对所用不同沥青的中间相含量分析受到重视。各种沥青中间相含量差异很大，粒径差异也很大，应采用不同的定量方法，并划分不同粒径的含量。对高中间相含量进行测定时，采用反测法；对低中间相含量进行测定时，应剔除杂质含量。通过一系列改进优化，提高了中间相含量分析的科学性、准确性、精密度。

关键词： 沥青，中间相，显微镜，光学

1　概述

煤沥青的炭化过程是由复杂的分解反应和缩聚反应组成的，小分子从沥青中逸出，残留物进行脱氢缩聚，形成以缩合稠环芳香族结构为主体的液晶状态，称为中间相，它最早是在 20 世纪 60 年代被 Brooks 和 Taylor 发现的。中间相的形成与沥青组成与结构、炭化条件等有关。中间相或次生 QI 的存在会在碳素制品混捏过程中阻碍煤沥青向骨料颗粒微孔内的渗入，给制品的结构带来缺陷，导致骨料焦与黏结剂焦界面产生裂纹，降低碳素制品的强度[1]。

目前沥青中间相的分析方法只有《Standard Test Method for Microscopical Analysis by Reflected Light and Determination of Mesophase in a Pitch》（ASTM D4616—95（2008））（沥青中间相的光反射显微分析测定方法）。

ASTM D4616 使用的成型器是一次性的酚醛塑料环，将其黏附到薄卡片上。在环内黏合沥青颗粒，再覆盖环氧树脂和固化剂的混合物。该方法成型模具由于是一次性使用的，用量大，成本高；研磨、抛光后样品平整度不好，影响显微分析效果；定量采用计数法，效率低，人为误差大，不能分级计量。该方法已经不适应于现代研究和工业分析。

2　改质沥青质量调查

长期以来，国内对沥青的分析指标主要有软化点、甲苯不溶物、喹啉不溶物、β 树脂、结焦值、灰分、水分等，而近年来随着国际市场的打开，对沥青的分析更加深入，对中间相、微量元素、密度、黏度等均有要求，见表 1。

表 1　部分国外用户改质沥青指标要求

指　标	1	2	3	4	5	6	7	8
SP/℃	108～115	107～111	108～113	110～115	110～115	100±2.0	90～110	105～115
ρ/g · cm^{-3}	≥1.31			≥1.30		≥1.31	≥1.30	
CV/%	≥56	≥55	≥54	≥56	≥55	56±2		
TI/%	26		24～34	≥24	≥31	28±2	≥29	≥36
QI/%	6～12	9～14	6～12	6～10	6～12	10±2.0	8～12	≥10
β 树脂/%	≥20			20				
中间相（>1 μm）/%	≤2			≤0.2		≤1		0

续表 1

指　标	1	2	3	4	5	6	7	8
水分/%	≤0.2		≤0.8	≤3	≤4	≤3	≤0.5	≤1
灰分/%	≤0.35			≤0.3	≤0.3	0.3±0.05	≤0.35	
硫分/%	≤0.7	≤0.5		≤0.55	≤0.5	≤0.7		
钠/10^{-6}	≤220		≤150	≤150	≤180	≤100		

注：1 为巴西铝厂；2 为阿联酋迪拜铝厂；3 为巴西某厂；4 为某国外厂；5 为俄铝；6 为国外某厂；7 为德国某厂；8 为印尼某厂。

为了更好地了解目前国内改质沥青生产厂家的产品质量情况，对几家同行企业按国外标准进行了调查，相关企业的改质沥青产品数据见表 2。山西一家煤化工企业的改质沥青中的中间相含量为 3.2%（其中粒径在 0~4 μm 为 2.1%，在 4~10 μm 为 1.1%）；河南一家耐材厂提供的中间相沥青的中间相含量为 77.5%，在 420 ℃下反应若干小时得到的中间相沥青的中间相含量为 73.3%。

表 2　国内几家改质沥青生产厂产品质量情况统计表

指　标	MS	WG	HT	MG	JZ	JKT	KPS	HH	BS
SP/℃	107.6	109.3	93.5	109.6	107.3	108.2	109.5	108.7	109.7
TI/%	26.6	30.6	27.04	33.7	29.1	27.4	22.6	25.7	30.2
QI/%	8.3	8.1	8.36	12.88	11.61	7.75	5.3	5.0	8.8
Na/μg · g^{-1}	21.7	30.2	281.9	209.4	7.0	34.9	53.8	41.4	21.0
结焦值/%	59.7	58.2	60.0	61.0	59.4	56.5	56.8	57.1	57.0
灰分/%	0.08	0.10	0.24	0.08	0.07	0.07	0.12	0.12	
中间相/%	0.12	2.38	0	4.49	0	0	0	0.23	3.86
中间相（0~4 μm)/%	0.12	1.48						0	1.99
中间相（4~10 μm)/%	0	0.9						0.23	1.37
中间相（≥10 μm)/%	0	0	0	0.29	0	0	0	0	0.50

3　标准内容制定

3.1　中间相的形成过程

本文增加了对中间相的形成过程的描述，以帮助理解中间相的不同形态、大小和含量。

中间相的形成过程遵循以下规律：光学各向同性的沥青在一定温度下（通常在 350~450 ℃下）发生分解反应和缩聚反应，形成以缩合稠环芳香族结构为主体的液晶，在表面张力作用下，形成中间相小球（二次 QI）。当长大后的中间相小球相互靠近时，各球体内的扁平大分子层面彼此插入，融并后形成中间相复球。当复球增大到表面张力无法维持其球形时，发生形变以至解体形成流动态的各向异性区域。随着中间相含量的增加，最后形成中间相大融并体，见图 1。

中间相小球在液相炭化过程中产生，直径在几微米至几十微米，具有易石墨化的特性（结晶性高），对其分离、焙烧即得中间相炭微球。

原生喹啉不溶物（normal quinoline insolubles(original or primary quinoline insolubles)）。在焦炉装煤炉顶空间有机成分热解产生的炭黑类固体相，其单个的球状粒子通常直径小于 2 μm，相对较硬，在明亮的入射光线下显示轮廓，在各向同性相中浮雕状突出，旋转 360°时该干涉图像保持不变。

3.2　试样的制备

3.2.1　试样的准备

对较大颗粒和细颗粒采用如下不同的步骤：

（1）较大颗粒：将具有代表性的固体沥青样品敲碎至边长或直径为 10~20 mm。

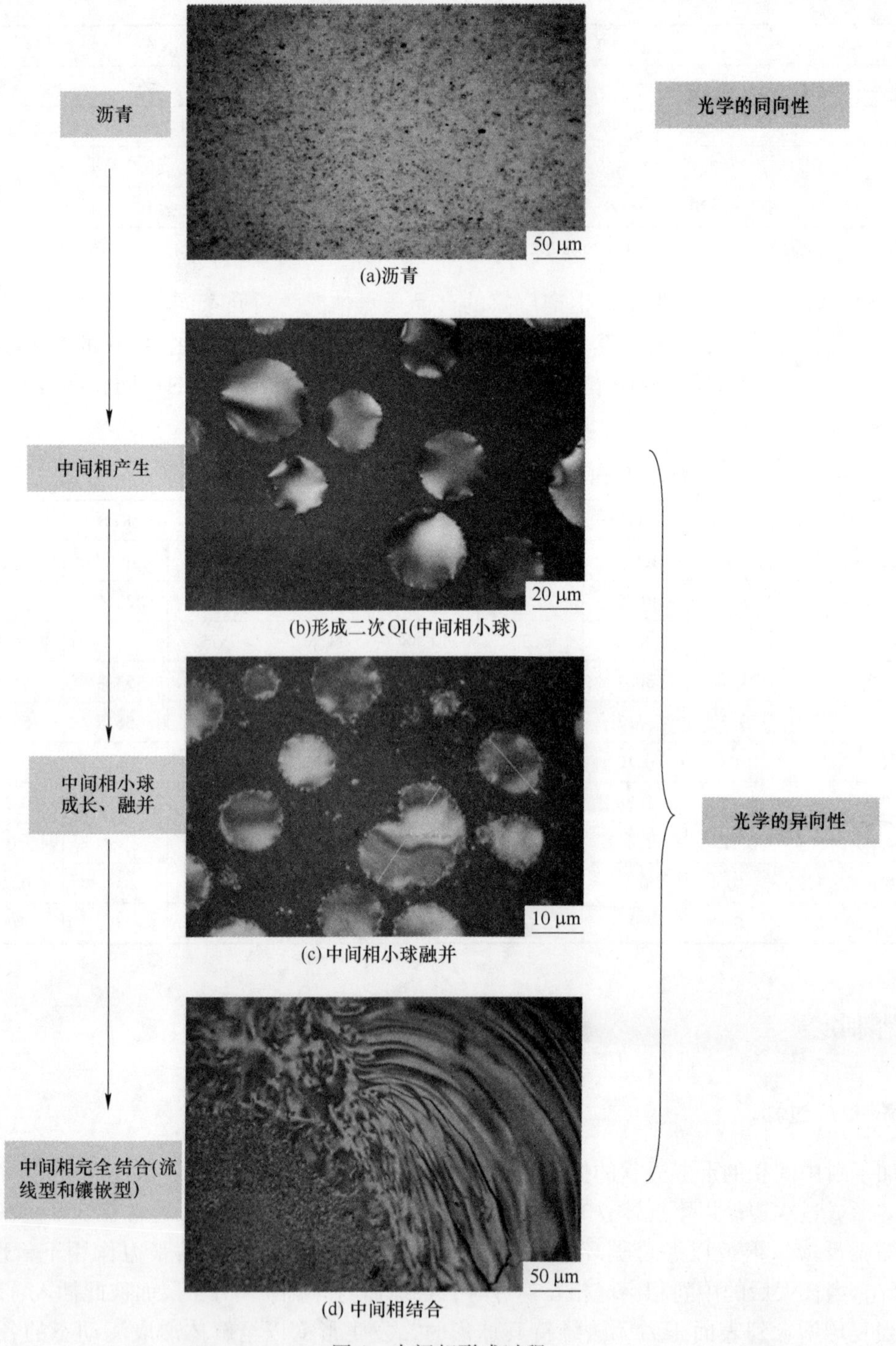

(a)沥青

(b)形成二次QI(中间相小球)

(c)中间相小球融并

(d)中间相结合

图1 中间相形成过程

（2）细颗粒（<10 mm）：融熔后固化成较在块。

3.2.2 制备过程

3.2.2.1 脱水

如果固体样品含有水，则需将具有代表性的样品在 60 ℃以下风干，或者在电热鼓风干燥箱中干燥；如果不含水，则可以略去此步骤。

3.2.2.2 融熔固化

将盛有固体沥青的熔样勺置于加热空气浴上方或将盛有沥青的不锈钢杯放入设定好温度的干燥箱内，待样品完全熔化后倒入容器。用电炉加热时，须不断搅拌以防止局部过热，直到样品变得流动，小心搅拌以免气泡进入样品中。加热至倾倒温度的时间不超过 30 min。各种加热方式的加热温度不超过沥青预计软化点加 110 ℃。容器内固化后样品的准备见 3.2.1.1 节。

3.2.2.3 固化成型

明确固体样品的个数：在模具内放入几小块边长或直径为 10~20 mm 的固态沥青试样，底面部分最好有 4 块以上，将树脂与固化剂按说明书规定的比例调匀后倒入模具。

镶嵌料一般分热镶嵌料和冷镶嵌料。热镶嵌料一般要加热至 120 ℃以上使用，适用于软化点高于 140 ℃的沥青；对于软化点低于 140 ℃的沥青，使用时会引起沥青软化熔融，因此不适用；用冷镶嵌料（树脂与固化剂按（1~1.4）：1 混合），由于在常温下固化，会保持沥青原有的形状，镶嵌效果好，适用于各种软化点的沥青。同时，冷镶嵌料具有一定的硬度和韧性，因此使用样品夹持器具时能较好地固定样品，实现自动研磨，见图 2。

(a) 冷镶嵌

(b) 热镶嵌

图 2 沥青镶嵌树脂

3.2.2.4 样品表面准备

分别用 320 号砂纸、500 号砂纸、1200 号砂纸、3000 号砂纸、5000 号砂纸或粗抛光布、细抛布进行研磨，得到的表面应满足样品表面平整、光亮，没有凹坑，没有明显擦痕。

3.3 分析步骤

有时观察中间相图，会有比较亮的点，既不是沥青，也不是中间相（每旋转 45°没有明暗交替变化，也没有干涉色），可能是抛光剂或灰尘等杂质。这在计算中间相面积时应剔除，见图 3。

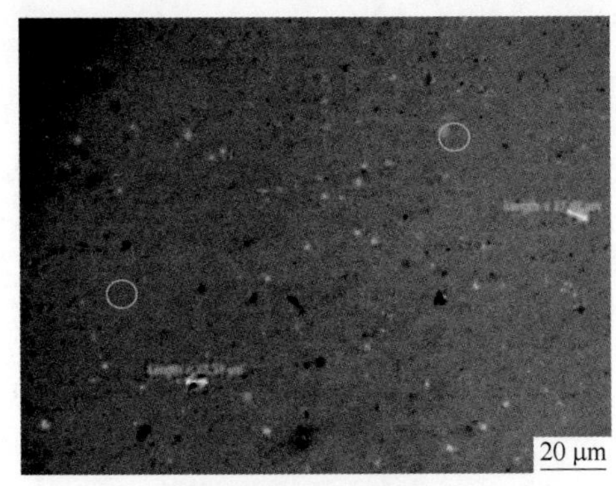

(a) 正交偏振光（加入一级红 λ 插片）下观察到的中间相

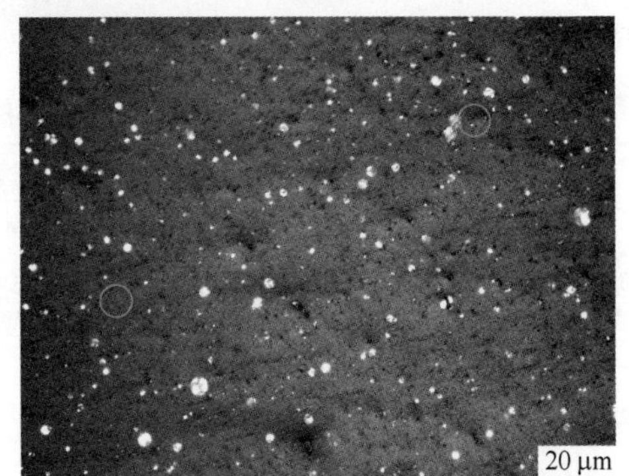

(b) 正交偏振光（无一级红 λ 插片）下剔除杂质（圆圈内）

图 3 沥青中间相含量为 2.1%（200×）

对于中间相沥青，具有大片的中间相，见图 4。这时可以先计算非中间相的面积百分比，再用式（1）计算中间相体积百分比，精确到 0.1%：

$$中间相含量 = 100\% - \frac{非中间相的面积}{图像的总面积} \times 100\% \quad (1)$$

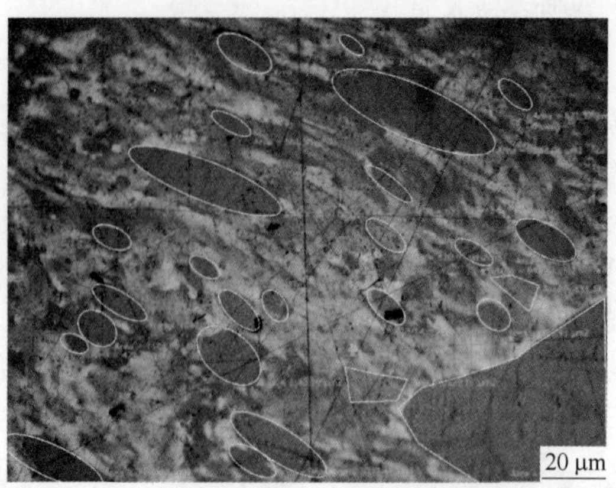

图 4　中间相沥青的中间相图（200×）

4　精密度试验

对磨抛步骤等进行优化后，样品表面较平整、光亮，无划痕，平整度好。中间相充分露出来，不同中间相含量偏光显微镜图见图 5。

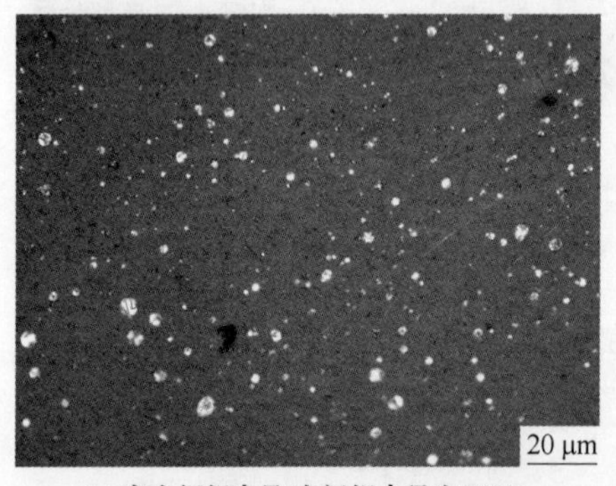

(a) 高中间相含量(中间相含量为3.9%)

(b) 低中间相含量(中间相含量为0.1%)

图 5　不同中间相含量偏光显微镜图（200×）

对两种不同中间相含量的改质沥青进行重复性试验。

中间相中等含量改质沥青分析见表 3。

表 3　中间相中等含量重复性测定试验数据

序　号	本项目面积百分比法/%			ASTM D4616 位点计数法
	≥0 μm	0~4 μm	>4 μm	
1	1.58	1.11	0.47	1.32
2	1.84	1.23	0.61	1.95
3	1.91	1.20	0.72	1.75
4	1.40	1.07	0.33	1.45
5	1.59	1.17	0.41	1.55
6	1.93	1.38	0.62	1.30
7	1.90	1.08	0.82	1.70
8	1.78	1.14	0.64	1.70
9	1.65	1.09	0.56	1.85
10	1.15	0.85	0.30	0.95
11	1.65	1.21	0.45	1.05

续表 3

序　号	本项目面积百分比法/%			ASTM D4616 位点计数法
	≥0 μm	0~4 μm	>4 μm	
12	1. 97	1. 30	0. 67	1. 55
13	1. 86	1. 19	0. 67	1. 45
14	1. 59	1. 27	0. 32	1. 20
15	1. 38	1. 04	0. 34	1. 10
16	1. 76	1. 24	0. 51	1. 60
17	1. 67	1. 16	0. 51	1. 54
18	1. 38	1. 04	0. 34	1. 65
19	1. 76	1. 30	0. 46	1. 55
20	1. 43	1. 01	0. 43	0. 76
均值/%	1. 7	1. 2	0. 5	1. 4
S/%	0. 23	0. 12	0. 15	0. 31
$2\sqrt{2}S$/%	0. 64	0. 35	0. 42	0. 88

如表 3 所示，平行试验结果的允差按 $2\sqrt{2}S$ 计算：采用面积百分比法时，粒径不小于 0 μm 的中间相含量为 0. 64%，粒径在 0~4 μm 为 0. 35%，粒径大于 4 μm 为 0. 42%；采用位点计数法时，中间相含量为 0. 88%。

中间相含量低的改质沥青分析见表 4。

表 4　中间相低含量重复性测定试验数据（中间相粒径不小于 0 μm）

序　号	本项目面积百分比法/%	ASTM D4616 位点计数法
1	0. 15	0. 10
2	0. 17	0. 10
3	0. 22	0. 25
4	0. 23	0. 20
5	0. 09	0. 15
6	0. 25	0. 20
7	0. 25	0. 28
8	0. 23	0. 32
9	0. 16	0. 32
10	0. 25	0. 15
11	0. 27	0. 20
12	0. 23	0. 20
13	0. 23	0. 25
14	0. 30	0. 15
15	0. 20	0. 04
16	0. 32	0. 25
17	0. 37	0. 25
18	0. 24	0. 12
19	0. 32	0. 25
20	0. 25	0. 15
均值/%	0. 2	0. 2
S/%	0. 06	0. 08
$2\sqrt{2}S$/%	0. 18	0. 21

如表 4 所示，平行试验结果的允差按 $2\sqrt{2}S$ 计算：采用面积百分比法时，中间相含量为 0. 18%；采用位点计数法时，为 0. 21%。

面积百分比法的精密度试验结果优于位点计数法。根据工业分析的要求，重复性可在允差（按 $2\sqrt{2}S$）的基础上进行适当的放宽。当中间相含量大于 1. 0%时，面积百分比法的重复性不超过 0. 8%，位点计数法的重复性不超过 1. 0%；当中间相含量不超过 1. 0%时，面积百分比法的重复性不超过 . 2%，位点计数法的重复性不超过 0. 3%。

当沥青中间相刚刚生成时（含量在 1%以下），中间相以形成微晶核为主，这时采用位点计数法的结果会比面积百分比法略高或相近；而当改质沥青中间相含量达到 1%以上时，中间相在生成过程中以生长长大为主，这时仍用位点计数法则结果偏低，中间相越大，两者偏差越大。因此采用面积百分比法更科学。

5 中间相含量不同范围的改质沥青在不同实验室比对

通过与国外日本新日铁、印尼铝业、吕特格等公司中间相含量对比分析，分析结果具有较好的再现性（表 5）。

表 5 不同实验室比对

中间相范围	中间相较高含量		中间相中等含量		中间相低含量	
实验室	梅山分析	印尼铝业	梅山分析	日本新日铁分析	梅山分析	德国吕特格分析
中间相/%	2. 3	2. 4	1. 2	1. 3	0	0
再现性/%	0. 1		0. 1		0	

从如图 6 所示的偏光图可以看出，印尼铝业分析样品粗划痕较多，图像模糊；新日铁分析样品细划痕很多，图像较清晰；梅山实验室和吕特格实验室样品基本无划痕，图像清晰，为准确分析中间相提供有力保证。

分析了不同批次改质沥青的二次 QI 含量与中间相含量关系，结果见表 6。

表 6 改质沥青二次 QI 与中间相含量

序号	中温沥青 QI/%	改质沥青 QI/%	二次 QI/%	中间相（≥0 μm）/%
1	6. 3	9. 2	2. 57	0. 30
2	6. 4	9. 7	2. 96	0. 33
3	6. 1	8. 1	1. 68	0. 44
4	6. 6	9. 0	2. 05	0. 46
5	6. 1	8. 7	2. 28	0. 31
6	5. 6	8. 2	2. 31	0. 54
7	6. 1	9. 1	2. 68	0. 40
8	5. 9	8. 9	2. 69	1. 31
9	3. 6	7. 2	3. 4	3. 3
10	2. 7	7. 9	5. 1	5. 0
11	4. 0	7. 5	3. 3	4. 1
12	3. 5	6. 0	2. 3	3. 5
13	4. 0	7. 4	3. 2	3. 7
14	3. 6	10. 0	6. 2	6. 5
15	2. 2	8. 3	6. 0	6. 0

注：二次 QI(%)= 改质沥青 QI - 中温沥青 QI/95%。

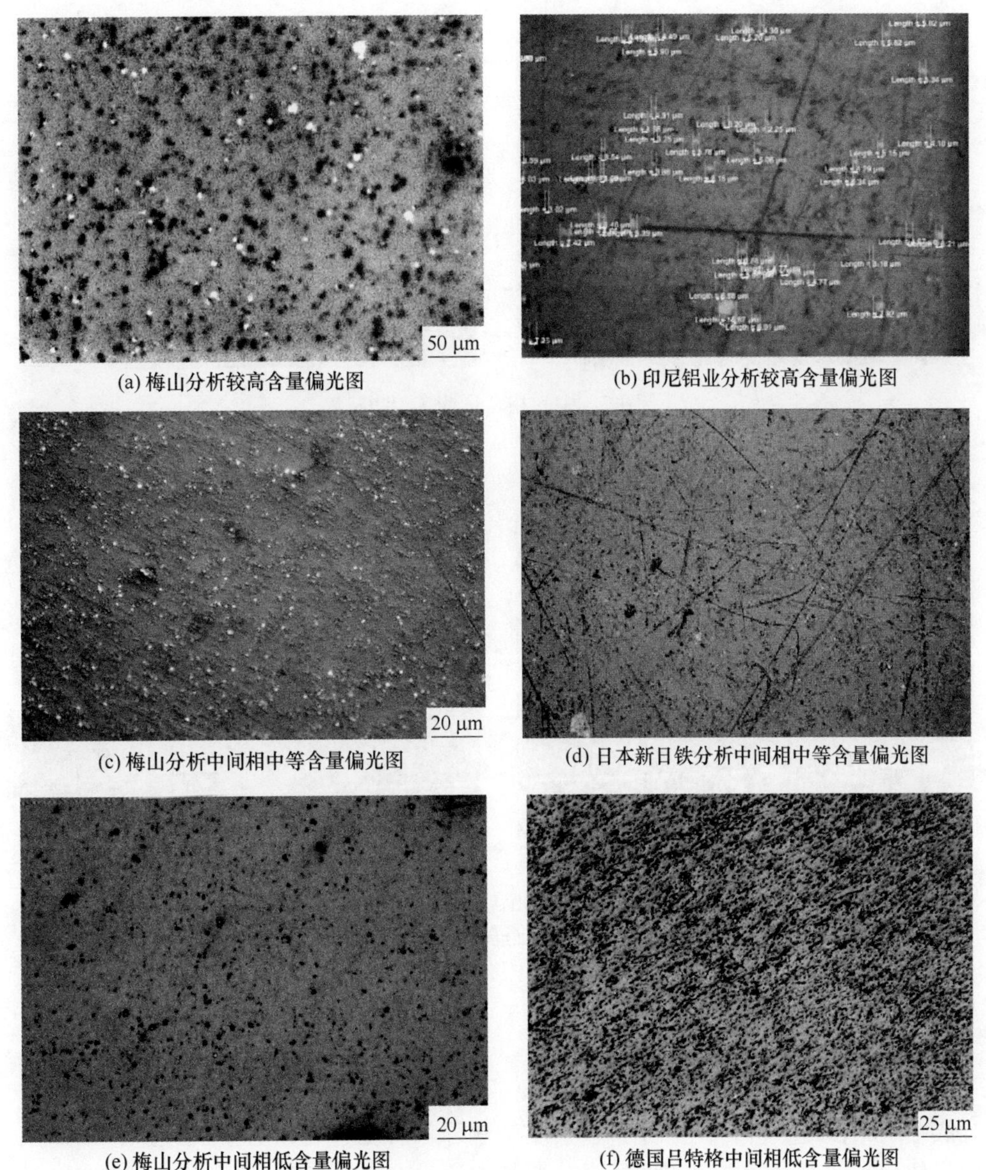

(a) 梅山分析较高含量偏光图
(b) 印尼铝业分析较高含量偏光图
(c) 梅山分析中间相中等含量偏光图
(d) 日本新日铁分析中间相中等含量偏光图
(e) 梅山分析中间相低含量偏光图
(f) 德国吕特格中间相低含量偏光图

图 6　不同实验室中间相图

由表 7 可知，由于测定原理不同，而且中间相一部分可溶于喹啉，所以虽然中间相是由二次 QI 形成过程中产生的，但二次 QI 与中间相未必相等。当二次 QI 较小（如小于 3%）或反应温度较低时，中间相刚刚形成（≤2 μm），不超过 1 μm 的 QI 在光学显微镜里测不出（或不作为中间相，对碳素制品没有影响），中间相含量小于二次 QI 含量；而当二次 QI 较大（如大于 3%）或反应温度较高时，这时中间相则已经长大（≥5 μm），部分中间相可溶于喹啉，中间相含量大于二次 QI 含量。见表 7、图 7、图 8。

表 7　中间相含量及大小与二次 QI 的关系

项　目	原料中温沥青 2021-04-29	中间相沥青 A 2021-04-30	原料中温沥青 2021-04-15	中间相沥青 B 2021-04-16
SP/℃	82.6	154.8	88.9	257.1
TI/%	18.4	45.5	20.0	59.9
QI/%	7.3	25.2	7.3	48.4
二次 QI/%	—	15.47	—	38.67
中间相/%	0	31.82	0	55.14

注：二次 QI(%)= 中间相沥青 QI − 中温沥青 QI/75%。

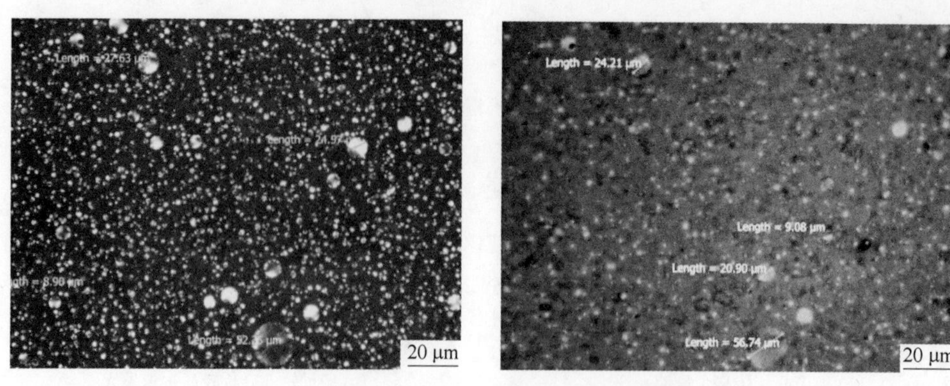

图 7　中间相含量为 31. 82%

（右图加红 λ 插片）

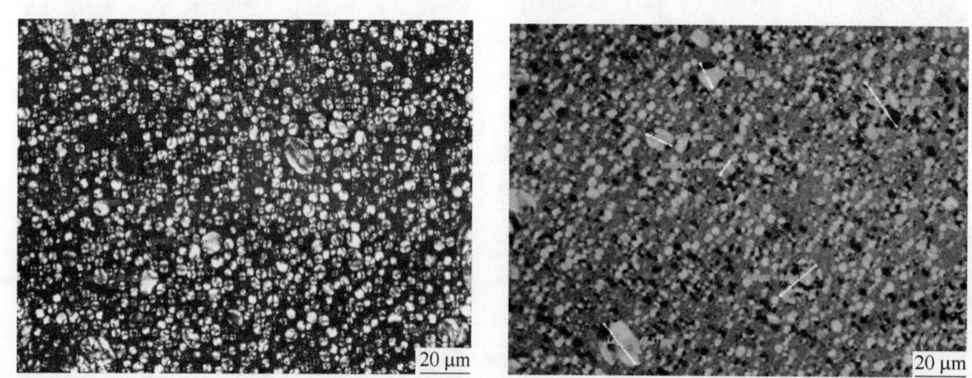

图 8　中间相含量为 55. 14%

（右图加红 λ 插片）

6　结语

本方法对低中间相含量分析、粒径分布、杂质的剔除等方面进行了必要的改进，以适用于各种沥青或炭材料，如高软化点沥青（锂电池负极材料包覆沥青）、中间相沥青、炭微球（MCMB）等，使不同含量的中间相测定更科学、合理。

参 考 文 献

[1] 许斌，潘立慧．炭材料用煤沥青的制备、性能和应用［M］. 武汉：湖北科学技术出版社，2002：84-85.

化学法直采软沥青的研究

贾楠楠[1] 芦 参[2] 边志达[1]

（1. 鞍钢化学科技有限公司，鞍山 114021；
2. 鞍钢股份有限公司炼焦总厂，鞍山 114021）

摘 要：为了满足用户对软沥青质量的要求，本文以工业沥青和一蒽油为原料，采用反应釜热聚合的方式生产软沥青。然后从软沥青的生成机理入手，研究了影响软沥青质量的工艺参数，确定了最佳反应条件：反应时间为 6 h，空气流量为 0.8 L/min，反应温度为 320 ℃。并且介绍了物理混配法生产软沥青的工艺，通过对比产品软沥青的软化点，最终确定了化学法直采软沥青为最佳的工艺流程。

关键词：软沥青，工业沥青，一蒽油

1 概述

煤沥青通常分为低温沥青（软化点为 30~75 ℃，又称为软沥青）、中温沥青（软化点为 75~95 ℃）、高温沥青（软化点为 95~120 ℃，又称为硬沥青）和改质沥青（软化点为 105~120 ℃）[1]。煤沥青最初被用作黏结剂、浸渍剂沥青、铝电极和电弧炉石墨电极等领域，随着人们对煤沥青结构特点的进一步深入了解，它又逐渐被用来制备 C-C 复合材料和高密度炭等制品[2]。随着碳素生产技术装备的发展和碳素制品性能的不断提高，目前中温沥青和改质沥青已经不能完全满足国内外沥青用户的需求，急需开发其他规格的沥青品种，形成沥青系列产品，因此开始研究制备软沥青[3]。

制备沥青基碳材料的主要原料有煤沥青、石油沥青和萘系合成沥青等，萘系合成沥青是制备高品质树脂和中间相碳纤维的主要原料，但由于煤沥青分子量的分布不均匀，以及萘系合成沥青的成本较高等问题，严重影响了沥青基碳材料的开发与应用。而蒽油是煤焦油高温馏分油中含量最高的，其组成相对来说又比较均匀[4]。综上所述，才考虑到以煤焦油中的大宗组分蒽油为原料制备软沥青[5]。本文则是以工业沥青和一蒽油为原料，在反应釜中进行热聚合反应，制备出了符合国标（软化点 30~45 ℃、喹啉不溶物含量不超过 4.5%、灰分含量不超过 0.15%）的软沥青[6]。

2 化学法直采软沥青的实验

2.1 实验设备

本实验使用的是 1 L 的不锈钢反应釜，该反应釜主要由温控箱、电热套、反应釜炉膛、搅拌器和气体处理瓶五部分组成。电热套采用镍铬—镍硅热电偶跟踪监测炉膛和釜内的温度，用数显控温仪来控制温度，釜顶盖上有加料孔、测温孔和排气孔，可通过排气孔调节釜内压力，具体的结构示意图如图 1 所示。

2.2 实验原料

工业沥青是焦油蒸馏系统在开工、停工和工艺参数波动时产生的不合格产品，鞍钢化学科技公司一直采取低价销售的方式进行处理。为了降低生产成本，便开始研究利用工业沥青来取代中温沥青，制订生产软沥青的新工艺路线，实现工业沥青的再利用。其中，工业沥青的各项指标见表 1，一蒽油的各项指标见表 2。

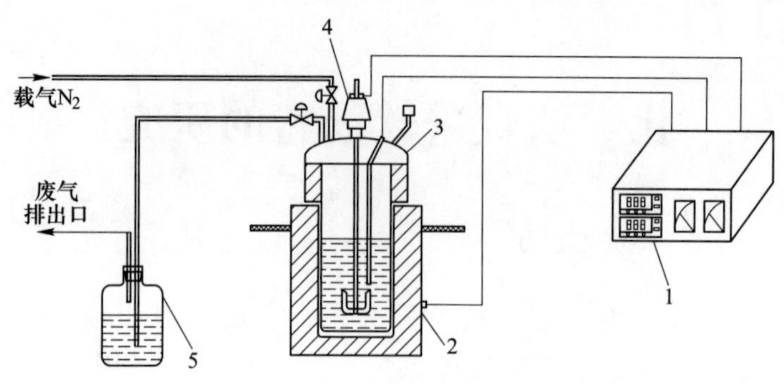

图 1　结构示意图

1—温控箱；2—电热套；3—反应釜炉膛；4—搅拌器；5—气体处理瓶

表 1　工业沥青的各项指标

原料	软化点/℃	喹啉不溶物/%	灰分/%	水分/%
工业沥青	93	5.2	0.1	0.15

表 2　一蒽油的各项指标

原料	密度（20 ℃）/$g \cdot cm^{-3}$	300 ℃前馏出量/%	360 ℃前馏出量/%	黏度（E80）	水分/%
一蒽油	1.106	8.10	52.78	1.96	1.0

2.3　实验步骤

首先，称取 500g 的工业沥青和一蒽油的混合物（质量比为 1∶2）加入到 1 L 的不锈钢反应釜中，以 5 ℃/min 的升温速率升温至预定的反应温度，然后进行热聚合反应。热聚合的反应条件为：反应时间 2~8 h、空气流量 0.3~0.9 L/min、反应温度 260~330 ℃。热聚合反应结束后，将反应产物转移至三口烧瓶中进行蒸馏，蒸馏过程中需严格控制气相温度为 320 ℃、液相温度为 380 ℃，待蒸馏结束后，将产物冷却至室温取出即得到软沥青。

2.4　实验反应条件

2.4.1　反应时间对软沥青性质的影响

在反应条件未知的情况下，首先考虑反应时间对软沥青性质的影响。在此反应过程中，控制反应温度为 320 ℃、空气流量为 0.8 L/min，反应时间对软沥青各项质量指标的影响结果见表 3。

表 3　反应时间变化对软沥青质量的影响

反应时间/h	软化点 T_{sp}/℃	质量分数 w/%		
		喹啉不溶物 QI	甲苯不溶物 TI	结焦值 CV
2	29	0.01	2.7	22.8
3	32	0.03	3.1	23.4
4	35	0.05	3.9	25.1
5	37	0.06	4.3	26.9
6	41	0.08	5.1	28.4
7	46	0.19	5.9	30.7
8	49	0.32	6.3	32.8

如表 3 所示，反应时间为 2~5 h 时，软沥青各项指标均呈现增加的趋势；6 h 后软化点和 QI 均有明显增加，表明分子氧化程度剧烈，生成大分子速率增加；但考虑到反应时间为 7~8 h 时，软沥青的软化点

均大于45 ℃，不符合国标要求，因此确定最佳的反应时间为6h。

2.4.2 空气流量对软沥青性质的影响

在反应温度为320 ℃，反应时间为6 h的条件下，空气流量对软沥青质量的影响结果见表4。

表4 空气流量变化对软沥青质量的影响

空气流量 /L·min^{-1}	软化点 T_{sp}/℃	质量分数 w/%		
		喹啉不溶物QI	甲苯不溶物TI	结焦值CV
0.3	30	0.03	3.6	23.0
0.4	32	0.08	3.9	24.2
0.5	34	0.12	4.5	25.4
0.6	36	0.16	5.0	26.6
0.7	40	0.20	5.6	28.1
0.8	44	0.26	8.6	32.6
0.9	47	0.33	10.3	36.2

由表4可以看出，随着空气流量的增加，软沥青的各项质量指标均呈现增加的趋势，特别是当空气流量超过0.7 L/min时，软化点、TI和CV增幅均比较明显；当空气流量分别为0.8 L/min和0.9 L/min时，结焦值分别为32.6%和36.2%，这说明空气流量对分子间的聚合影响巨大；考虑到空气流量为0.9 L/min时，软沥青的软化点为47 ℃，不符合国标要求，因此确定最佳的空气流量为0.8 L/min。

2.4.3 反应温度对软沥青质量的影响

在反应时间为6 h，空气流量为0.8 L/min的条件下，反应温度对软沥青各项质量指标的影响结果见表5。

表5 反应温度变化对软沥青质量的影响

反应温度/℃	软化点 T_{sp}/℃	质量分数 w/%		
		喹啉不溶物QI	甲苯不溶物TI	结焦值CV
260	28	0.02	5.0	20.9
270	30	0.03	5.3	21.4
280	33	0.05	6.0	22.5
290	35	0.06	6.4	23.6
300	37	0.08	7.0	24.2
310	39	0.14	8.2	28.3
320	42	0.17	9.6	30.4
330	46	0.21	10.1	31.8

由表5可知，当反应温度从300 ℃升高到310 ℃时，软沥青的软化点、QI和CV变化明显，表明氧化聚合反应程度增大，大分子含量急剧增加；当反应温度升高到330 ℃时，软沥青的软化点为46 ℃，不符合国标要求，因此确定最佳的反应温度为320 ℃。

3 物理混配法生产软沥青的工艺

鞍钢化学科技公司已建设了混配装置来调配生产软沥青，每月可生产软沥青8000 t，具备4个300 m^{3}的配油储槽。以鞍钢化学科技公司现有的产品工业沥青、一蒽油和蒽油馏分为原料，进行软沥青的物理混配。按照表6中的原料配比进行混配，然后测定产品软沥青的各项指标。

表 6　软沥青的混配实验结果

序号	原 料 配 比	软化点/℃	喹啉不溶物/%
1	工业沥青：一蒽油：蒽油馏分=8：1：1	53.6	3.98
2	工业沥青：一蒽油：蒽油馏分=8：1.5：0.5	52.0	3.87
3	工业沥青：一蒽油：蒽油馏分=7：1.5：1.5	50.8	3.60
4	工业沥青：一蒽油：蒽油馏分=7：2：1	50.1	3.53
5	工业沥青：一蒽油：蒽油馏分=7：2.5：0.5	49.3	3.50
6	工业沥青：一蒽油：蒽油馏分=6：2：2	47.3	3.45
7	工业沥青：一蒽油：蒽油馏分=6：3：1	46.1	3.36
8	工业沥青：一蒽油：蒽油馏分=5：4：1	44.9	3.18

软沥青的软化点随着工业沥青加入量的减少以及轻组分加入量的增加而逐渐降低，故采用原料配比工业沥青：一蒽油：蒽油馏分=5：4：1，生产出的软沥青软化点为 44.9 ℃，符合国标的要求，因此确定该配比为最佳的原料配比。

4　结论

（1）化学法直采软沥青考察了反应时间、空气流量和反应温度对软沥青质量的影响，确定了最佳反应条件：在反应温度为 320 ℃、反应时间为 6 h、空气流量为 0.8 L/min 的条件下，可以制备出符合国标要求的软沥青，软沥青软化点为 41~44 ℃。

（2）物理混配法生产软沥青的最佳原料配比为：工业沥青：一蒽油：蒽油馏分=5：4：1，生产出的软沥青软化点为 44.9 ℃。

（3）化学法直采软沥青的原理是通过热聚合反应，将工业沥青原料和油品中的组分直接聚合，产品与物理混配法生产的软沥青相比，在均一性、TI 和 QI 含量以及软化点等指标上更具优势。这是因为物理混配法只是在宏观层面实现了产品的混合，本质上仍是工业沥青和油品两种物质的混合物；而化学法则是通过热聚合实现了两种原料的合二为一。

（4）化学法直采软沥青的产品指标更好、更稳定，效率也更高，因此可以确定为最佳的工艺流程，值得进行推广与应用。

参 考 文 献

[1] 许斌．有关炭材料生产用煤沥青的几个新概念［J］．炭素技术，2012，3（31）：1-4.
[2] 张怀平，刘春林，等．空气氧化法制备的煤焦油沥青的性质研究［J］．新型炭材料，2000，3（15）：43-46.
[3] 戴永燕，张美玲，等．煤沥青的热解特性分析［J］．广州化工，2018，2（46）：94-98.
[4] 赵春雷，朱亚明，等．不同方法制备的蒽油基软沥青平均分子结构研究［J］．应用化工，2020，2（49）：364-367.
[5] 刘惠美，徐允良，等．蒽油基软沥青液相炭化过程中结构变化研究［J］．炭素技术，2020，4（39）：41-45.
[6] 赵春雷，朱亚明，等．蒽油基软沥青的制备和表征［J］．炭素技术，2018，5（37）：45-49.

工业萘长周期高负荷运行的技术改造

岳伟明

（山西焦化集团有限公司，洪洞 041606）

摘 要：山西焦化股份有限公司焦油加工厂工业萘装置原设计加工负荷低，不能满足焦油蒸馏装置满负荷运行，经过前期扩容改造后，换热器的换热效率仍达不到指标要求，且工业萘装置的现状严重制约了焦油加工负荷的进一步提升。基于工业萘原料入塔温度低、蒸汽发生器堵塞频繁等，认为应对换热系统进行改造，以提高工业萘原料入塔温度和解决蒸汽发生器堵塞频繁的问题，且技改后初馏塔的脱酚萘油进料温度由原来的 120 ℃稳定提升至 160 ℃，解决了初馏塔因原料入塔温度低造成的初馏管式炉煤气消耗大的问题，蒸汽发生器堵塞现象明显减少，提高了系统运行的稳定性，可为企业带来良好的经济效益和社会效益。

关键词：工业萘，预热器，蒸汽发生器，换热系统，系统满负荷，工业萘冷却器

1 概述

山西焦化股份有限公司焦油加工厂焦油萘蒸馏车间于 2005 年 10 月投产，以煤焦油为原料，主要生产工业萘、蒽油、精制洗油、甲基萘油、轻油、煤沥青、炭黑油、中性酚盐、脱酚酚油。现有生产装置两套，分别为焦油蒸馏装置和洗涤工业萘装置，其中焦油蒸馏装置焦油加工能力达到 30 万吨/年，该装置引进法国 IRH 公司设计，采用带有沥青循环、重油循环和导热油循环的常减压蒸馏工艺，主要包括脱水、预处理、急冷、中和、馏分蒸馏、导热油循环等 9 个操作单元；馏分洗涤系统采用酚油与萘油单馏分洗涤流程，处理量分别为 8700 t/a 和 52000 t/a；工业萘蒸馏装置采用国内传统的双炉双塔工艺，生产工业萘 30000 t/a。

工业萘装置包括工业萘洗涤和工业萘蒸馏两个系统，由焦油蒸馏送来的萘油分别经过 1 号、2 号萘油抽提塔洗涤后，去除其中的酚类物质；经洗涤后的脱酚萘油进入蒸馏系统的初馏塔和精馏塔，分别由管式炉提供热量后，生产脱酚酚油、甲基萘油及工业萘产品。

由于工业萘装置原设计加工负荷低，经过前期扩容改造后，虽然满足焦油蒸馏目前的加工负荷，但是随着焦油蒸馏装置产能的扩容改造，无法满足扩容后焦油蒸馏的负荷要求，严重制约了焦油加工负荷的进一步提升。同时，工业萘蒸汽发生器多年来频繁堵塞和泄漏，导致系统频繁停车，对系统的满负荷安全稳定经济运行造成了很大的影响。

2 项目改造前情况

2.1 工业萘原料入塔温度低

工业萘原料槽 T7507A/B 中的脱酚萘油被初馏塔进料泵 P7511A/B 抽出，经原料第一预热器 E7501 与初馏塔顶酚油汽换热，再经原料第二换热器 E7502 与精馏塔 K7502 底采出的甲基萘油换热，然后进入初馏塔 K7501 中部，进初馏塔的原料温度设计为 190 ℃左右。但由于近几年来工业萘蒸馏装置的加工负荷较大，装置区内换热器容易堵塞，造成换热器的换热效率不足，初馏塔进料温度远远达不到设计温度，目前仅有 110~120 ℃，导致后续工业萘蒸馏系统所需投入的热量大幅增加。

2.2 蒸汽发生器堵塞频繁

工业萘蒸汽发生器频繁堵塞，平均 2 个月左右需清理一次，在清理期间，工业萘蒸馏系统需停车，影响生产运行的稳定性。经分析研究，造成蒸汽发生器堵塞的原因主要有：一是洗涤送来的脱酚萘油在工

业萘原料槽 A/B 静置分离效果不好，导致酚盐无法彻底排出，随脱酚萘油进入蒸馏系统，部分酚盐随工业萘进入蒸汽发生器造成堵塞；二是蒸汽发生器在高压清洗过程中，为不影响焦油加工量，工业萘原料槽液位较高，开车后同一原料槽会出现同时进出原料的现象，导致原料静置时间不足，酚盐极易进入蒸馏系统，造成系统波动较大，产品质量长时间不合，同时也降低了蒸汽发生器的清洗效果。

3 改造目标

此次项目改造，一方面是把工业萘进料温度提高至 160 ℃左右，从而提高工业萘加工负荷至 9 m^3/h 以上，同时降低原料吨加工煤气消耗；另一方面是减缓或彻底消除工业萘蒸汽发生器堵塞的问题，进而避免由蒸汽发生器堵塞导致的工业萘系统停车，保证系统正常运行。

4 改造措施

4.1 对换热系统进行改造，提高工业萘原料入塔温度

（1）根据甲基萘油、工业萘、脱酚萘油及酚油的温度不同，将酚油换热器拆除，将甲基萘油换热器移至酚油换热器处，对原甲基萘油换热器处的设备进行重新选型。

（2）将原工业萘冷却器下移，上方新增一台工业萘冷却器，使甲基萘油换热器后的原料萘油先与经蒸汽发生器冷却后的工业萘换热，再与初馏塔顶采出的酚油换热后入初馏塔中部。

（3）脱酚萘油经过原料输送泵送至新甲基萘油换热器及新增工业萘冷却器，先后与甲基萘油、工业萘换热，换热后的脱酚萘油再进入移位后的甲基萘油换热器，与酚油换热后入初馏塔；工业萘在新增工业萘冷却器被原料萘油初步冷却，再进入原工业萘冷却器被从温水槽来的温水冷却；原工业萘取样口改至工业萘冷却器出口门形上升管侧面。

4.2 解决蒸汽发生器堵塞频繁的问题

通过在脱酚萘油输送泵后增加一台脱酚萘油酚盐分离塔，提高脱酚萘油排酚盐效果。同时新增一台蒸汽发生器备用，一旦发生设备堵塞，系统运行过程中出现精馏塔顶压力升高，系统操作不稳定时，立即切换另一台运行，提高了生产装置的运行效率。

（1）在现场槽区南侧位置新增脱酚萘油分离塔，从脱酚萘油输送泵过来的脱酚萘油进入分离塔的中部经过静置分离，通过分离塔下部锥形口定期排出酚盐，上部脱酚萘油自流进入工业萘原料槽 A/B，锥形口上方设置界面分离器，防止原料槽中酚盐过多的问题。分离塔下部锥形口外部安装蒸汽伴热管，底部入孔上安装套管式蒸汽加热管，防止冬季温度较低发生管道堵塞的问题。

（2）为彻底解决蒸汽发生器堵塞导致系统停车的问题，在原蒸汽发生器的旁边新增一台蒸汽发生器互为备用，当系统运行过程中出现精馏塔顶压力升高，系统操作不稳定时，倒用另一台蒸汽发生器，对堵塞的蒸汽发生器进行清理备用，保证了工业萘系统及焦油蒸馏系统的长周期、满负荷安全稳定运行，提高了装置的利用效率。

5 改造后的工艺流程

工业萘原料槽 T7507A/B 中的脱酚酚油、萘油混合物被脱酚萘油输送泵 P7511A/B 抽出，首先，在 E7502 原料第一预热器与精馏塔底采出的甲基萘油换热；再进入原料第二预热器 E7505A 与蒸汽发生器来的工业萘换热；最后进入原料第三预热器 E7501，在与初馏塔顶来的酚油气换热后进入初馏塔 K7501 中部（图 1）。

焦油蒸馏送来的混合分与 2 号萘油抽提塔 K7302A/B 底抽出的碱性酚盐在 1 号喷射混合器内混合，进入 1 号萘油抽提塔 K7301 中部，经反应后，塔顶的混合馏分被脱酚萘油循环泵 P7306A/B 抽出，与 3 号萘油抽提塔 K7302A/B 底抽出的碱性酚盐在 2 号喷射混合器内混合，分为两路分别进入 2 号萘油抽提塔

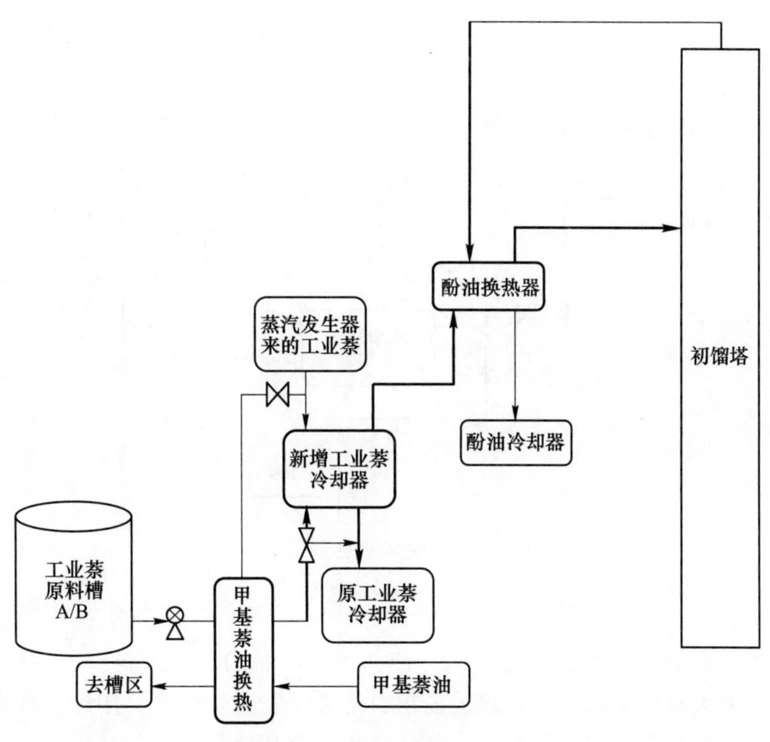

图 1　改造示意图 1

K7302A/B，塔顶分离出的混合馏分汇合后，再被脱酚萘油循环泵 P7306C/D 送至 3 号喷射混合器与氢氧化钠混合反应进入 3 号萘油洗涤塔 K7303 中部，塔顶的脱酚混合馏分再被脱酚萘油输送泵 P7306E/F 送至酚盐分离器内，脱酚萘油在分离器中静置，底部分离出酚盐经排放口排至地下槽，分离器顶部的脱酚萘油自流入工业萘原料槽 T7507A/B（图 2）。

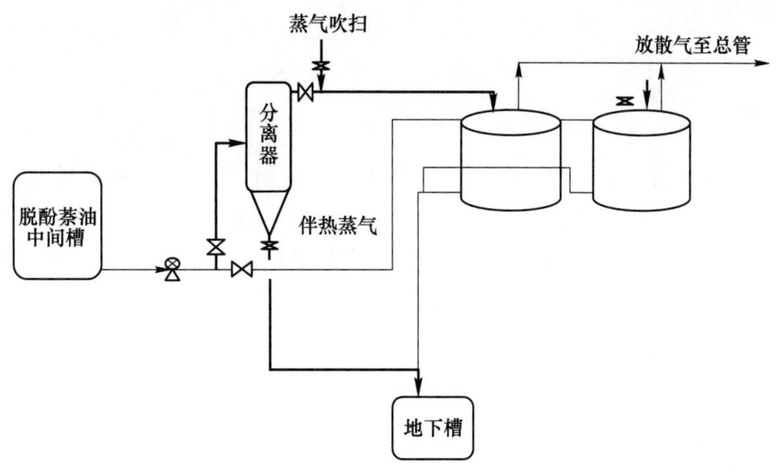

图 2　改造示意图 2

精馏塔顶馏出的萘蒸气，先进入蒸汽发生器 E7504A 或 E7504B，与软水换热后副产 0.4 MPa 的蒸气，同时萘油油气被冷凝，在经原料第二预热器 E7505A 与原料脱酚萘油换热后，再进入工业萘冷却器 E7505A/B，用温水冷却后进入精馏塔回流槽 T7502（图 3）。

6　项目实施后效益效果评价

通过对热量平衡系统的换热器进行优化、增加脱酚萘油分离塔、增加工业萘蒸汽发生器等技术改造

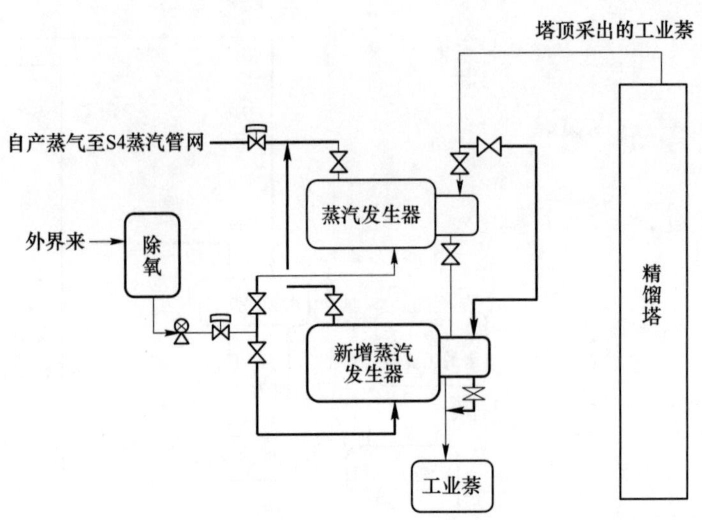

图 3　改造示意图 3

后，具有以下经济效益：

(1) 通过对热量系统的换热器进行优化改造，使初馏塔的脱酚萘油进料温度由原来的 110～120 ℃稳定提升至 170 ℃左右，大大减少了初馏系统热量需求，降低了管式炉的煤气用量，提高了系统的热量利用效率。由于初馏塔进料温度提升到 170 ℃左右，在管式炉热负荷释放恒定的基础上，蒸馏系统加工负荷可由原始的 6 m^3/h 提升至 10 m^3/h。

(2) 由于解决了初馏塔因原料入塔温度低造成的初馏管式炉煤气消耗大的问题，根据热量衡算，改造后可减少初馏管式炉煤气用量约 150 m^3/h，按每年运行 8000 h 计算，每年可节约煤气 120 万立方米，每立方米煤气 0.5 元，综合每年可降低加工成本 60 万元。

(3) 改造后，蒸汽发生器堵塞现象明显减少，由原来堵塞最严重时的每月一次短停检修到现在稳定运行六个月之久，可减少检修费用可达 30 万元。同时，频繁开停车影响产品收益的损失也明显减少。

总计可节约成本约 90 万元。

7　结语

该项目对工业萘蒸馏系统的热量交换进行了合理优化，充分利用产品的热量对原料进行加热，提升了原料进系统温度，而且利用重力分离原理对脱酚萘油中的酚盐进行分离，改善了系统堵塞问题。该技术具有一定推广意义，解决了多年来的生产系统诟病，为长周期满负荷运行奠定了基础。

酚蒸馏装置生产工艺优化的研究

圣 戎 仇 进 吴其春

（宝武碳业科技股份有限梅山分公司，南京 210039）

摘 要：宝武碳业科技股份有限梅山分公司拥有一套粗酚蒸馏装置，该装置长期存在能耗高、竞争力不强的问题。现对酚蒸馏装置能耗高的原因进行分析，结合生产实际针对性地优化装置的工艺操作参数，并对部分管线进行改造。通过工艺优化降低了装置的生产能耗，提高了生产的连续性和稳定性。2023 年，酚蒸馏装置产能达到设计的 95.1%，单耗相比 2021 年下降了 31.7%。

关键词：酚蒸馏，工艺参数优化，操作稳定，能耗降低

1 概述

酚类化合物是一种重要的有机原料，广泛用于生产酚醛树脂、双酚 A、水杨酸等精细化工产品[1]。通常原料煤焦油经过蒸馏后，酚类化合物主要分布在酚油、萘油和洗油馏分中。通过碱洗脱酚得到对应酚的酚钠盐后从焦油馏分中分离，接着在酚盐分解装置通过 CO_2 或者硫酸和酚钠盐发生反应，将酚钠盐变为含水率为 10%~20%的粗酚，最后通过酚蒸馏装置将粗酚进一步提纯，得到苯酚、邻甲酚、间对甲酚等产品[2]。酚蒸馏是生产酚类产品的最关键工序，现如今原料、能源和人力成本不断提高，焦油加工行业要想获得较高的效益，就必须优化酚蒸馏的生产工艺，提高酚类产品产量并降低处理能耗[3]。

2 装置现状

2.1 工艺简介

宝武碳业梅山分公司酚蒸馏系统包括连续减压蒸馏系统和间歇减压蒸馏系统两大部分。粗酚先进入脱水塔脱水，脱水后组分进入 BR 塔分成塔顶含苯酚、邻甲酚、间对甲酚和少量二甲酚的轻组分（PHO）和塔底含二甲酚较多的重组分。BR 塔塔顶轻组分进入苯酚塔（P 塔）分离得到塔顶含苯酚不小于 94%的 PHA 组分和塔底含邻甲酚、间对甲酚和少量二甲酚的组分。苯酚塔塔顶组分进入 3~6 号间歇蒸馏塔再次提纯，最终得到苯酚含量不小于 99.0%的苯酚产品（PHS），塔底组分进入邻甲酚塔（OC 塔）分离得到塔顶邻甲酚含量不小于 99.0%的邻甲酚产品（OC）和塔底含间对甲酚和少量二甲酚的产品。最后塔底组分进入间对塔（MC 塔）分离，从塔顶得到间甲酚含量不小于 50.0%的间对甲酚产品（MC）。BR 塔底重质组分进入 1 号间歇蒸馏塔脱去酚渣后和间对塔塔底组分进入 2 号间歇蒸馏塔进一步提纯，得到二甲酚含量不小于 60.0%的二甲酚产品（XY）（图 1）。

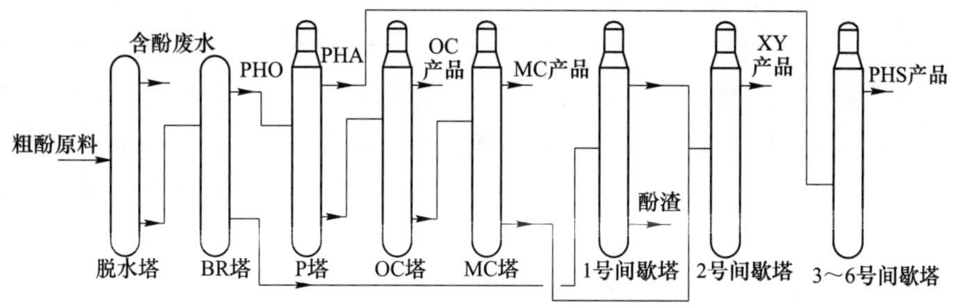

图 1 酚蒸馏装置工艺流程简图

2.2　存在问题

梅山分公司酚蒸馏装置设计为年处理折干粗酚 6300 t，2009 年建成投产后实际处理量约为每年 3000 t 折干粗酚。这一方面导致酚蒸馏装置需要反复停工等料，增加操作负担；另一方面，装置长期低负荷运行，也会造成装置能耗偏高。如表 1 所示，梅山酚蒸馏装置能源费用最高达 3191.03 元/吨粗酚，存在较大优化空间。

表 1　酚蒸馏装置近年单耗　　（元/吨粗酚）

年份	2017	2018	2019	2020	2021	2022	2023
单耗	3191.03	2410.99	2155.92	2135.17	2319.53	2046.21	1583.96

3　问题分析

3.1　处理量低原因分析

梅山分公司年处理煤焦油 25 万吨，煤焦油中的酚含量约为 1.3%，每年自产折干粗酚量 3000~3500 t。梅山分公司此前并不具备外接粗酚加工的能力，因此酚蒸馏装置每年处理的粗酚即为自产的 3000~3500 t，导致装置长期低负荷运转。

3.2　能耗高原因分析

由表 2 所示的处理每吨粗酚消耗的能源，可以看到酚蒸馏装置主要能耗为煤气，2017—2023 年，平均每年煤气消耗量占总消耗量的 67.2%。煤气消耗量高主要是由于酚蒸馏装置通过 3~6 号间歇蒸馏塔以间歇蒸馏的方式生产苯酚，在实际运行中发现单釜工时过长，平均超过 120 h。单釜时间过长，一方面需要导热油加热的时间更长，导热油炉的煤气消耗量相应增加；另一方面会出现间歇蒸馏塔来不及处理连续蒸馏产生的 PHA 中间品，迫使连续蒸馏降量，影响装置的稳定运行。而单釜时间过长的原因主要有：（1）塔顶采出偏小，平均在 0.15~0.2 m^3/h。以小流量连续采出虽然可以保证产品质量，但是也导致蒸馏时间增长，同时消耗的能源更多。（2）每釜蒸馏结束都需要排出釜底残油约 2 t，耗时 2 h。这部分物料温度可达 120 ℃，直接排走不仅导致单釜蒸馏时间增长，同时还造成部分热量的浪费。

表 2　每吨粗酚消耗的能源费用　　（元）

年 份	煤 气	蒸 汽	电	氮 气
2017	2079.60	565.68	397.97	147.78
2018	1403.55	581.27	336.16	90.02
2019	1333.68	420.29	315.00	86.95
2020	1344.94	343.33	338.31	108.60
2021	1592.38	275.72	350.34	101.10
2022	1564.86	170.97	245.91	64.47
2023	1217.96	86.90	252.11	27.00

此外，这部分釜残液还存在去向不合理的问题。这部分组分含苯酚约 60%，邻甲酚 30%，其他为间对甲酚和二甲酚，按照原设计进入中间槽 T-48219，积累到一定液位后再进入粗酚工作槽和原料混合，然后向脱水塔投料。间歇配入工作槽会导致粗酚原料组分在短时间内发生明显改变，影响脱水塔和 BR 塔的生产稳定性。而且该部分组分以轻组分酚为主，可以直接进入 P 塔投料以节省脱水塔和 BR 塔的能耗。

酚蒸馏装置温水系统布置不合理也是导致能耗高的原因之一。除脱水塔和 BR 塔外，其他九塔没有安装塔顶回流槽，而是采用塔顶凝缩器通过 45 ℃温水冷却塔顶油气，冷凝液体一部分采出，另一部分以内回流的方式回流入塔。需要同时使用一台 110 kW 和一台 45 kW 的离心泵通过直径为 150 mm 的总管将温水输送到塔顶，到塔顶后再将总管分出九路支管供给各塔。实际使用中发现 P 塔塔顶压力经常超过 15 kPa 上限，影响装置正常生产，同时还发现 P 塔顶换热温水出水温度达 60 ℃以上，远高于其他塔。因此判断 P 塔塔顶冷凝器由于温水上量不足，导致冷凝器内气相无法完全冷凝造成塔顶压力高。而上量不足既有温水总管管径偏小的原因，还因为酚蒸馏温水系统已运行十多年，温水回水管道上存在多处破损，在运行时由于温水管内呈负压，会一直从管道破损处吸入气体[4]，这导致温水系统长时间夹带气体运行，既增加了温水泵运转时所需功耗，这些气体又会对泵的叶轮和壳体造成冲击，同时气体进入冷凝器后也会影响换热，造成 P 塔塔顶压力过高，影响装置正常生产。

最后，酚蒸馏装置氮气消耗也有下降的空间。正常工况下脱水塔塔顶压力控制在 29.5 kPa。该塔专用的真空泵流量为 15 m^3/min，功率为 37 kW，转速为 980 r/min，极限真空可达 8 kPa。为保证脱水塔塔顶压力稳定，生产中需要在真空泵进口大量补充氮气，导致氮气资源大量浪费。

4 工艺优化

4.1 外购粗酚

2022 年 4 月，梅山分公司完成外接粗酚卸车改造，外购粗酚汽车通过金属软管与粗酚泵（P-47713）连接，送入小油库区域粗酚槽 T-47706B，外购粗酚与自产粗酚在槽内混合后，再进入酚蒸馏区域加工。改造完成后，酚蒸馏装置产能明显提升，装置停工时间减少，如表 3 所示，2019—2021 年，酚蒸馏装置平均每年停工时间为 174 天，停工 10 次，装置空耗 26.1 万元。2022 年改造完成后，停工天数降到 85 天，停工次数降为 8 次，装置空耗 19.6 万元。2023 年，开工次数降为 6 次，空耗降至 16.5 万元。2023 年 11 月，由于苯酚产量达到上限被迫停工，导致停工天数比上年有所上升。装置运行时间提高既可以减少停工空耗，减轻反复开停工对设备的冲击，又能够减少装置空耗，降低能耗。

表 3 酚蒸馏装置开停工次数

年 份	停工天数/d	停工次数/次	装置空耗/万元
2019	147	12	22.1
2020	187	10	28.1
2021	188	9	28.2
2022	85	8	19.6
2023	106	6	16.5

4.2 中间油分直接进入 P 塔投料

在保留原有向工作槽投料的管道的同时，新增一条管线，在将中间油分以 0.1 t/h 和 PHO 混配后向 P 塔投料。这部分中间馏分直接进入 P 塔处理，节省了 P 塔前的脱水塔和 BR 塔能源消耗，同时也保证了生产稳定（图 2）。2022 年，通过中间油分直接进入 P 塔投料，节省煤气费用 10.5 万元；2023 年，节省煤气费用 7.6 万元。

4.3 间歇蒸馏工时缩短

为缩短单釜工时，对间歇蒸馏的操作步骤进行了优化。首先，明确物料在间歇塔内脱水完毕后采出量适当提高，按照 0.3 m^3/h 控制。其次，采苯酚产品时，苯酚产品先进入计量槽，分析合格后直接采入产品槽，不再进入计量槽重复取样分析。蒸馏至釜内液位达 30%以下，釜温逐渐升高，釜底重组分可能混入塔顶苯酚产品时，再进入计量槽分析，合格后进入产品槽。最后，按照原规程每釜蒸馏结束都需要排出釜底残油，现改为每两釜排一次。这样既缩短了间歇蒸馏工时，又可以利用釜内剩余物料的余热，节约原料加热的能源。

如表 4 所示，3~6 号间歇蒸馏塔单釜工时明显缩短，2023 年平均每釜已达到 101.6 h。按照平均每釜 100 h 计算，单釜工时比 2021 年减少 18.3%。3~6 号间歇蒸馏消耗的煤气量占消耗总量的 40%，照此计

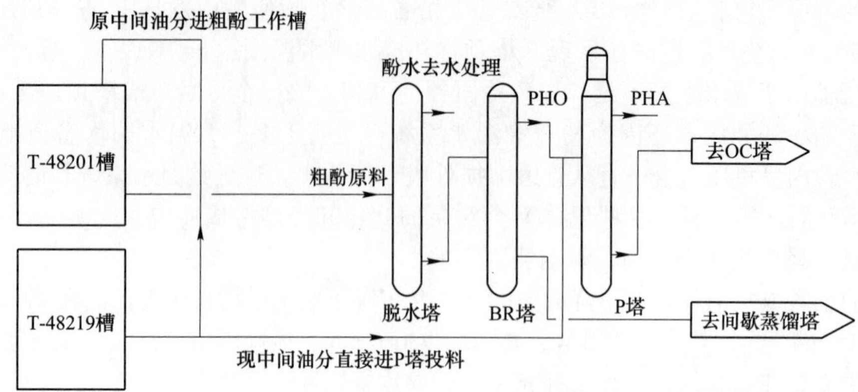

图 2　中间油分直接进 P 塔投料工艺简图

算煤气用量比 2021 年减少 7.32%，节省煤气费用 69.8 万元。

表 4　3~6 号间歇蒸馏单釜工时变化　(h)

年份	3 号	4 号	5 号	6 号	平均
2021	122.7	121.8	121.7	123.4	122.4
2022	95.3	99.4	101.3	114.2	102.5
2023	99.7	104.2	98.7	103.8	101.6

4.4　温水系统优化

将直径为 150 mm 的温水管改为直径为 200 mm，供给 P 塔的温水支管直径由 100 mm 改为 150 mm，增加温水量，提高塔顶换热效率。同时更换温水系统破损的管道，确保开工运行时温水管内没有气体。2023 年 9 月完成改造，开工后发现 P 塔顶压力降至 10 kPa 左右，比改造前下降了 33.3%。自改造以后再未出现塔顶压力超过 15 kPa 上限的情况。110 kW 温水泵电流平均为 179 A，比改造前下降 11 A，照此计算该泵每年可以节省电费 2.8 万元。

4.5　真空泵出气管新增回流管路

在 1 号真空泵的出气管至烟气总管上增加阀门，通过气液分离器的排气补充真空泵工作所需气体，减少氮气使用量（图 3）。如表 5 所示，改造完成后 2023 年每吨粗酚的氮气消耗量比 2021 年下降了 70.3%，每吨粗酚节省了 70.2 元氮气费用，全年合计节约氮气费 42.1 万元。

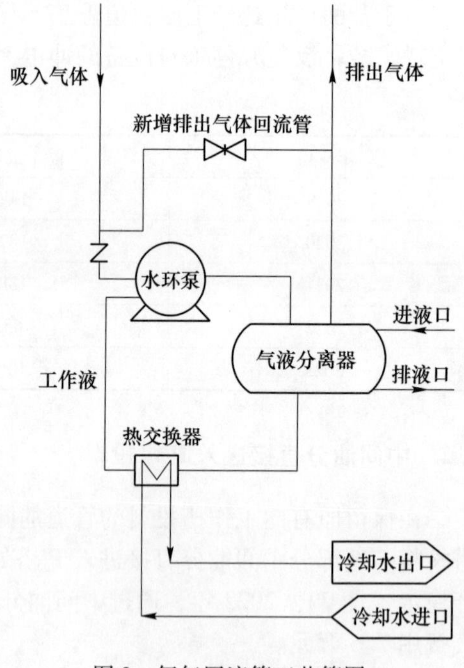

图 3　氮气回流管工艺简图

表 5　近年氮气消耗量对比

年份	氮气消耗量/km^3	粗酚处理量/t	每吨粗酚的氮气消耗量/km^3
2019	1368.864	4250.69	0.32
2020	1336.242	3322.19	0.40
2021	1267.761	3385.84	0.37
2022	1428.23	5981.56	0.24
2023	644.80	5990.87	0.11

5 结论

通过一系列工艺优化和管线改造措施，酚蒸馏装置产能明显上升，能耗下降。2023 年实现折干粗酚处理 5990. 87 t，达到装置设计的 95. 1%。按照 2021 年的能源价格计算，2023 年酚蒸馏装置单耗为 1583. 96 元/吨粗酚，比 2021 年下降了 31. 7%。后续考虑将苯酚由间歇生产改为连续化生产，进一步采取措施降低装置能耗[5]。

参 考 文 献

[1] 蔡鑫，许健. 焦化苯酚产品外观颜色问题的探讨 [J]. 燃料与化工，2009，40（5）：40-44.
[2] 汪国敏. 煤焦油中提取粗酚的工艺探讨 [J]. 石化技术，2021，4：28-29.
[3] 张金峰，沈寒晰，吴素芳，等. 煤焦油深加工现状和发展方向 [J]. 煤化工，2020，48（4）：76-81.
[4] 彭志威，刘子建，郝涛. 管流的虹吸过程仿真及其性能控制研究 [J]. 水科学与工程技术，2008，6：22-25.
[5] 赵斌. 粗酚连续精制分离项目技改浅谈 [J]. 山东化工，2016，45：96-101.

苯加氢原料质量控制在线分析系统的研究

程亚平

（宝武碳业科技股份有限公司梅山分公司，南京　210039）

摘　要：在线分析系统技术研究是为了满足工艺过程的实时监测分析，与过程控制的常规仪表对温度、压力、流量、物位等参量的测量有机结合，实现在线分析与过程控制的信息融合，实现产品质量控制，确保安全、节能、环保、减排，以获得最大的技术经济效益与社会效益。本文对梅山分公司苯加氢原料质量控制在线分析系统进行了研究。

关键词：苯加氢，原料，质量控制，在线分析系统

1　概述

随着企业生产装置规模、处理能力的增大，原料组成时有变化，工艺过程发生波动，生产方案需要调整。在这些情况下，在线分析系统对产品质量指标的直接测量使工艺过程的中间产品质量实现了直观监测，从而成为指导生产过程操作和控制的重要信息工具[1-2]。

目前宝武集团深入推进智慧制造，装置自动化、信息化的要求逐渐提升，需要加快知悉物流中的组分浓度。因此，以梅山分公司苯加氢装置作为试点，研究建立一套苯加氢原料质量控制在线分析系统。

以苯加氢装置原料粗（轻）苯的在线分析为研究对象。

本文在线分析系统仪器设备主要包括：自动车牌识别系统、DAS 操作系统、在线色谱分析仪、在线总硫、总氮分析仪、在线密度仪、在线水分仪。

主要步骤为：

（1）由自动车牌识别系统录入外购粗（轻）苯槽车信息并储存及传输。

（2）由密度仪触发检测，采用在线色谱仪分析粗（轻）苯中 C4～C7、苯、甲苯、二甲苯、苯乙烯等组分，含量超出合格指标时报警。

（3）采用在线总硫、总氮分析仪分析粗（轻）苯中的总硫、总氮含量，含量超出合格指标时报警。

（4）采用在线密度仪、在线水分仪分析粗（轻）苯的密度、水分，含量超出合格指标时报警。

（5）由 DAS 系统控制气动电控阀进行卸车。

（6）在线色谱仪、在线总硫分析仪、在线密度仪、在线水分仪、目测外观、目测水分分析数据在 DAS 系统进行组合。

（7）MES 中粗（轻）苯分析数据报表的生成。

2　主要研究工作

2.1　采样触发模式的选择

通过密度仪触发采样，连接好卸车软管后，现场操作人员打开卸车手动阀门，同时打开管道过滤器的排气管，槽车样品自动流入卸车管道，待从窥镜中观察到样品充满管道后关闭排气阀。此时，安装在管道上的密度仪将测量到的密度信号实时通信到控制系统进行判断，密度满足卸车条件时监控系统自动启动槽车卸车流程。

2.2　多流路切换模式的选择

本文涉及原料粗（轻）苯槽车样、原料粗苯大槽、煤精送苯加氢装置粗苯等多流路样品采样分析，

需要在多流路采样管道中进行切换，按照原料粗（轻）苯槽车样、煤精送苯加氢装置粗苯、原料粗苯大槽的优先等级进行切换分析。

2.3 原料粗（轻）苯槽车样品在线色谱分析仪、在线总硫分析仪、在线密度仪、在线水分仪分析数据组合

数据采集管理系统的控制系统部分由 PLC S7-300SMART 根据编程逻辑来完成各部分控制，流程如下：由负责卸车人员连接好卸车软管后，启动卸车按钮，PLC 给出卸车阀开启指令，并同时启动车牌识别系统，由车牌识别系统将车牌信息、时间等通信到用户数据管理平台记录车牌信息，在线分析仪器安装报警器，在测定结果超出指标时报警，数据自动通信至数据管理软件。数据采集系统允许手动输入样品外观、目测水分、样品类别、是否含渣并自动保存到数据报表内。数据采集和处理系统能实时采集仪表数据，监控仪表状态，控制系统工作流程，输出实时数据及状态，并可对采集到的仪表数据进行计算、处理、保存和实时通过 RS485 端口输出。最终将在线色谱分析仪、在线总硫分析仪、在线密度仪、在线水分仪分析数据与之前录入的外观、目测水分、样品类别、是否含渣等数据组合后全部传输至 MES，在 MES 中生成外购粗（轻）苯质量分析报表。

3 结果与讨论

3.1 精密度试验

选取在线色谱分析仪对不同粗苯槽车样品色谱含量进行 5 次平行测定试验，数据见表 1~表 16。

表 1 在线色谱分析仪对粗苯色谱含量平行试验数据 1 （%）

黄鲁 MFB692(2023-06-16)	非芳烃	苯	甲苯	二甲苯	三苯
1	3.14	73.12	13.54	3.30	89.96
2	3.14	73.42	13.59	3.28	90.30
3	3.10	73.68	13.66	3.33	90.67
4	3.15	73.48	13.62	3.30	90.67
5	3.15	73.48	13.62	3.30	90.40
平均值 $\bar{x}$	3.14	73.44	13.61	3.30	90.40
标准偏差 S	0.021	0.202	0.044	0.018	0.296
相对标准偏差 RSD	0.007	0.003	0.003	0.005	0.003

表 2 在线色谱分析仪对粗苯色谱含量平行试验数据 2 （%）

黄皖 AH4098(2023-06-17)	非芳烃	苯	甲苯	二甲苯	三苯
1	2.94	70.72	13.29	3.25	87.26
2	2.94	70.72	13.29	3.25	87.26
3	2.95	70.63	13.27	3.25	87.14
4	2.95	70.63	13.27	3.25	87.14
5	2.94	70.65	13.27	3.24	87.16
平均值 $\bar{x}$	2.94	70.67	13.28	3.25	87.19
标准偏差 S	0.005	0.046	0.011	0.004	0.063
相对标准偏差 RSD	0.002	0.001	0.001	0.001	0.001

表 3　在线色谱分析仪对粗苯色谱含量平行试验数据 3

（%）

黄鲁 CR3631(2023-06-18)	非芳烃	苯	甲苯	二甲苯	三苯
1	3.04	70.67	13.39	3.29	87.34
2	2.98	70.94	13.35	3.27	87.56
3	2.98	70.94	13.35	3.27	87.56
4	3.01	70.79	13.30	3.26	87.35
5	3.20	70.71	13.24	3.22	87.17
平均值 $\bar{x}$	3.04	70.81	13.33	3.26	87.40
标准偏差 S	0.092	0.126	0.058	0.026	0.166
相对标准偏差 RSD	0.030	0.002	0.004	0.008	0.002

表 4　在线色谱分析仪对粗苯色谱含量平行试验数据 4

（%）

黄皖 NB7623(2023-06-18)	非芳烃	苯	甲苯	二甲苯	三苯
1	3.25	70.61	13.20	3.21	87.02
2	3.33	72.05	13.46	3.30	88.82
3	2.25	72.50	12.61	2.92	88.02
4	1.96	73.27	12.47	2.86	88.02
5	1.96	73.27	12.47	2.86	88.61
平均值 $\bar{x}$	2.55	72.34	12.84	3.03	88.10
标准偏差 S	0.686	1.099	0.458	0.209	0.700
相对标准偏差 RSD	0.269	0.015	0.036	0.069	0.008

表 5　在线色谱分析仪对粗苯色谱含量平行试验数据 5

（%）

黄豫 U52193(2023-06-22)	非芳烃	苯	甲苯	二甲苯	三苯
1	3.13	68.33	14.07	3.53	85.93
2	2.33	66.48	15.79	3.84	86.11
3	2.33	66.48	15.79	3.84	86.11
4	2.21	68.26	14.38	3.04	85.69
5	2.21	68.26	14.38	3.04	85.69
平均值 $\bar{x}$	2.44	67.56	14.88	3.46	85.91
标准偏差 S	0.389	0.988	0.838	0.402	0.210
相对标准偏差 RSD	0.160	0.015	0.056	0.116	0.002

表 6　在线色谱分析仪对粗苯色谱含量平行试验数据 6

（%）

黄辽 UHB8560(2023-06-24)	非芳烃	苯	甲苯	二甲苯	三苯
1	2.36	66.45	15.41	3.58	85.44
2	2.61	65.18	16.01	3.95	84.50
3	2.61	65.18	16.01	3.95	85.14
4	2.60	64.00	16.81	4.24	85.05
5	2.60	64.00	16.81	4.24	85.05
平均值 $\bar{x}$	2.56	64.96	16.21	3.99	85.04
标准偏差 S	0.110	1.020	0.600	0.272	0.340
相对标准偏差 RSD	0.043	0.016	0.037	0.068	0.004

表 7　在线色谱仪对粗苯色谱含量平行试验数据 7　(%)

黄皖 NB7623(2023-06-16)	非芳烃	苯	甲苯	二甲苯	三苯
1	2. 12	73. 20	14. 26	2. 95	90. 41
2	2. 07	71. 92	13. 93	2. 88	90. 41
3	2. 07	71. 67	13. 87	2. 88	88. 42
4	2. 08	72. 18	13. 91	2. 90	88. 42
5	2. 08	72. 18	13. 91	2. 90	88. 99
平均值 $\bar{x}$	2. 08	72. 23	13. 98	2. 90	89. 33
标准偏差 S	0. 021	0. 582	0. 160	0. 029	1. 013
相对标准偏差 RSD	0. 010	0. 008	0. 011	0. 010	0. 011

表 8　在线色谱仪对粗苯色谱含量平行试验数据 8　(%)

黄鲁 CR3631(2023-06-17)	非芳烃	苯	甲苯	二甲苯	三苯
1	1. 92	70. 30	14. 38	3. 25	87. 93
2	1. 92	70. 20	14. 41	3. 27	87. 88
3	1. 92	70. 20	14. 41	3. 27	87. 88
4	2. 43	72. 45	14. 91	3. 81	91. 17
5	2. 42	71. 61	14. 54	3. 74	91. 17
平均值 $\bar{x}$	2. 12	70. 95	14. 53	3. 47	89. 21
标准偏差 S	0. 277	1. 029	0. 221	0. 281	1. 793
相对标准偏差 RSD	0. 130	0. 014	0. 015	0. 081	0. 020

表 9　在线色谱仪对粗苯色谱含量平行试验数据 9　(%)

黄鲁 MEW356(2023-06-17)	非芳烃	苯	甲苯	二甲苯	三苯
1	2. 64	70. 99	14. 42	3. 88	89. 29
2	2. 76	71. 71	13. 63	3. 55	88. 89
3	2. 62	72. 89	13. 17	3. 36	88. 89
4	2. 61	72. 58	13. 11	3. 34	89. 42
5	2. 59	72. 56	13. 08	3. 33	88. 98
平均值 $\bar{x}$	2. 64	72. 15	13. 48	3. 49	89. 09
标准偏差 S	0. 067	0. 781	0. 570	0. 235	0. 245
相对标准偏差 RSD	0. 025	0. 011	0. 042	0. 067	0. 003

表 10　在线色谱仪对粗苯色谱含量平行试验数据 10　(%)

黄皖 M4A172(2023-06-18)	非芳烃	苯	甲苯	二甲苯	三苯
1	2. 67	73. 67	13. 31	3. 29	90. 27
2	2. 59	73. 44	13. 44	3. 31	90. 18
3	2. 06	70. 71	15. 27	3. 64	89. 62
4	1. 99	70. 35	15. 46	3. 67	89. 62
5	1. 98	70. 26	15. 50	3. 67	89. 43
平均值 $\bar{x}$	2. 26	71. 69	14. 60	3. 52	89. 82
标准偏差 S	0. 342	1. 716	1. 119	0. 198	0. 376
相对标准偏差 RSD	0. 151	0. 024	0. 077	0. 056	0. 004

表 11　在线色谱仪对粗苯色谱含量平行试验数据 11　　(%)

黄鲁 EH90282(2023-06-18)	非芳烃	苯	甲苯	二甲苯	三苯
1	2.01	70.06	15.17	3.70	88.93
2	1.97	69.57	15.14	3.69	88.40
3	1.94	69.38	15.29	3.72	88.40
4	2.05	70.14	14.87	3.70	88.72
5	2.23	71.26	13.92	3.65	88.72
平均值 $\bar{x}$	2.04	70.08	14.88	3.69	88.63
标准偏差 S	0.114	0.733	0.557	0.026	0.230
相对标准偏差 RSD	0.056	0.010	0.037	0.007	0.003

表 12　在线色谱仪对粗苯色谱含量平行试验数据 12　　(%)

黄鲁 MFV615(2023-06-19)	非芳烃	苯	甲苯	二甲苯	三苯
1	2.95	71.39	14.48	3.55	89.41
2	3.08	71.93	15.00	3.67	90.60
3	2.98	71.60	14.51	3.55	89.66
4	3.09	72.13	14.81	3.68	90.62
5	3.09	72.13	14.81	3.68	90.62
平均值 $\bar{x}$	3.04	71.84	14.72	3.63	90.18
标准偏差 S	0.068	0.330	0.222	0.069	0.597
相对标准偏差 RSD	0.022	0.005	0.015	0.019	0.007

表 13　在线色谱仪对粗苯色谱含量平行试验数据 13　　(%)

黄鲁皖 E22600(2023-10-28)	非芳烃	苯	甲苯	二甲苯	三苯
1	1.0	71.2	14.9	3.0	89.0
2	1.4	72.2	14.3	3.1	89.7
3	1.5	72.5	14.2	3.1	89.7
4	1.6	72.9	14.1	3.2	90.2
5	1.8	73.1	13.7	3.2	90.0
平均值 $\bar{x}$	1.5	72.4	14.2	3.1	89.7
标准偏差 S	0.30	0.75	0.43	0.08	0.45
相对标准偏差 RSD	0.203	0.010	0.030	0.027	0.005

表 14　在线色谱仪对粗苯色谱含量平行试验数据 14　　(%)

黄鲁 AA6525(2023-10-28)	非芳烃	苯	甲苯	二甲苯	三苯
1	1.1	66.0	17.2	4.2	87.4
2	1.1	67.4	16.7	3.9	88.0
3	1.0	71.1	15.4	3.1	89.6
4	1.0	71.8	15.1	2.9	89.8
5	1.0	71.8	15.1	2.9	89.9
平均值 $\bar{x}$	1.0	69.6	15.9	3.4	88.9
标准偏差 S	0.05	2.73	0.98	0.61	1.16
相对标准偏差 RSD	0.053	0.039	0.062	0.179	0.013

表 15　在线色谱仪对粗苯色谱含量平行试验数据 15　(%)

黄皖 N87623(2023-10-29)	非芳烃	苯	甲苯	二甲苯	三苯
1	0.9	82.2	9.6	1.6	93.4
2	1.0	82.0	10.2	1.8	94.0
3	1.1	81.1	10.5	2.0	93.6
4	1.2	80.2	10.9	2.3	93.4
5	1.3	79.7	11.0	2.4	93.2
平均值 $\bar{x}$	1.1	81.0	10.4	2.0	93.5
标准偏差 S	0.16	1.09	0.57	0.33	0.30
相对标准偏差 RSD	0.144	0.013	0.054	0.166	0.003

表 16　在线色谱仪对粗苯色谱含量平行试验数据 16　(%)

黄皖 E22600(2023-10-30)	非芳烃	苯	甲苯	二甲苯	三苯
1	1.9	72.8	13.9	3.4	90.1
2	1.9	72.8	13.9	3.4	90.1
3	1.6	72.6	14.4	3.3	90.3
4	1.9	72.8	13.9	3.4	90.1
5	1.0	72.4	15.4	3.2	91.0
平均值 $\bar{x}$	1.7	72.7	14.3	3.3	90.3
标准偏差 S	0.39	0.18	0.65	0.09	0.39
相对标准偏差 RSD	0.236	0.002	0.046	0.027	0.004

根据表 1～表 16 中的检测数据，三苯含量测定的相对标准偏差均不超过 2%，能满足在线分析仪器对重复性的要求。

3.2　准确度试验

3.2.1　线性误差

验证在线色谱分析仪的线性误差，数据见表 17。

表 17　验证在线色谱分析仪的线性误差

项　目	非芳烃		苯	甲苯	二甲苯	苯乙烯	三苯
标样标准值/%	7.96		60.20	20.00	7.96	2.99	88.16
在线分析仪测定值/%	1	8.82	60.24	20.03	7.98	3.02	88.25
	2	8.82	60.26	20.03	7.98	3.02	88.27
	平均值	8.82	60.25	20.03	7.98	3.02	88.26
差值/%	0.86		0.05	0.03	0.02	0.03	0.10
允许误差	±2%FS						
判定	线性误差满足要求						

3.2.2　在线色谱分析数据与实验室分析数据比对

将在线色谱分析数据与实验室离线分析数据进行比对，具体数据见表 18。

表 18　在线色谱分析数据与实验室分析数据比对数据　　（%）

序号	车牌号	进场时间	色谱分析数据						
			名称	非芳烃	苯	甲苯	二甲苯	三苯	苯乙烯
1	鲁 MFB692	2023-06-16	在线	3.1	73.4	13.6	3.3	90.4	1.6
			实验室	1.0	75.9	12.2	2.7	90.8	1.3
			差值	2.1	−2.5	1.4	0.6	−0.4	0.3
2	鲁 CR0586	2023-06-18	在线	1.9	73.3	12.5	2.8	88.6	1.6
			实验室	1.4	74.1	12.1	2.8	89.1	1.0
			差值	0.5	−0.8	0.4	0	−0.5	0.6
3	晋 LQ1069	2023-06-20	在线	3.0	76.0	11.0	2.3	89.2	1.7
			实验室	1.8	77.9	10.7	2.3	91.0	1.2
			差值	1.2	−1.9	0.3	0	−1.8	0.5
4	豫 U52193	2023-06-22	在线	2.3	67.6	14.9	3.5	85.9	2.0
			实验室	1.0	68.1	15.0	3.7	86.8	1.3
			差值	1.3	−0.5	−0.1	−0.2	−0.9	0.7
5	辽 UHB8560	2023-06-24	在线	2.3	65.0	16.2	4.0	85.0	2.1
			实验室	2.0	64.8	17.4	5.0	87.1	1.6
			差值	0.3	0.2	−1.2	−1	−2.1	0.5
6	皖 M4A172	2023-06-18	在线	2.6	71.7	14.6	3.5	89.8	0.9
			实验室	1.8	66.6	16.2	4.5	87.4	1.4
			差值	0.8	5.1	−1.6	−1	2.4	−0.5
7	鲁 EH9028	2023-06-18	在线	2.0	70.1	14.9	3.7	88.6	1.1
			实验室	1.7	71.8	13.6	3.8	89.1	1.0
			差值	0.3	−1.7	1.3	−0.1	−0.5	0.1
8	黄鲁 MFV615	2023-06-19	在线	3.1	71.8	14.7	3.6	90.2	1.0
			实验室	1.6	65.6	17.0	4.9	87.5	1.4
			差值	1.5	6.2	−2.3	−1.3	2.7	−0.4
9	鲁 CR7099	2023-10-28	在线	1.6	79.0	10.5	2.0	91.6	0.8
			实验室	1.2	79.0	10.0	1.9	90.8	0.8
			差值	0.4	0	0.5	0.1	0.8	0
10	鲁 RS6194	2023-10-28	在线	1.3	81.1	9.6	1.6	92.3	0.7
			实验室	1.2	79.6	9.8	1.8	91.2	1.2
			差值	0.1	1.5	−0.2	−0.2	1.1	−0.5
11	苏 MB0770	2023-11-24	在线	1.2	76.8	10.8	1.0	88.6	0.7
			实验室	1.0	75.8	11.0	2.5	89.3	1.0
			差值	0.2	1	−0.2	−1.5	−0.7	−0.3
12	苏 MB0770	2023-11-25	在线	1.2	76.6	10.8	1.0	88.4	0.8
			实验室	1.0	76.8	11.3	2.3	90.4	0.9
			差值	0.2	−0.2	−0.5	−1.3	−2	−0.1
13	苏 H5358C	2023-12-07	在线	0.9	76.6	11.4	2.8	90.8	0.8
			实验室	1.0	75.4	11.3	2.8	89.5	0.9
			差值	−0.1	1.2	0.1	0	1.3	−0.1
t 检验	差值的平均偏差 $\overline{D}$			0.68	0.58	−0.16	−0.45	−0.046	0.062
	差值的标准偏差 S_D			0.66	2.56	1.06	0.67	1.59	0.43
	$\lvert t_{计算} \rvert = \frac{\lvert \overline{D} - 0 \rvert}{S_D}\sqrt{n}$			3.72	0.82	0.55	2.44	0.10	0.52
	$t_{0.95}$			2.18	2.18	2.18	2.18	2.18	2.18
	结论			有差异	无差异	无差异	有差异	无差异	无差异

对各组分两种方法分析数据差值进行 t 检验，表 18 中除了微量组分的分析结果有差异以外苯、甲苯、苯乙烯、三苯含量的 $t_{计算}$ 小于 $t_{0.95}$，非芳烃、二甲苯含量的 $t_{计算}$ 大于 $t_{0.95}$，表明粗苯中高含量组分的在线色谱仪法和实验室色谱法之间没有明显的系统误差，可以互相代替[2-4]。

3.2.3 在线总硫、总氮分析仪数据与实验室离线分析数据进行比对

在线总硫、总氮分析仪数据与实验室离线分析数据见表 19、表 20。

表 19 在线硫分析数据与实验室分析数据比对数据 (mg/L)

序号	车牌号及进场时间	在线硫分析数据	实验室分析数据	差值	厂家
1	鲁 MEW356(2023-06-17)	4352	4070	282	柳钢
2	鲁 CR0586(2023-06-18)	3623	3519	104	湖南煤化
3	鲁 EK6677(2023-10-25)	4491	3920	571	攀钢
4	鲁 RS6194(2023-10-28)	3967	4389	-422	酒钢
5	鲁 CR7099(2023-10-28)	3270	3963	-693	西昌
6	鲁 EH7180(2023-10-28)	3844	4075	-231	攀钢
7	皖 AH4098(2023-10-30)	4744	4228	516	南钢
8	苏 M26224(2023-11-03)	3800	4291	-491	福建德胜
t 检验			平均偏差 $\overline{D}$		-45.5
			标准偏差 S_D		480.9
			$\lvert t_{计算}\rvert=\frac{\lvert\overline{D}-0\rvert}{S_D}\sqrt{n}$		0.27

结论：查 t 值表，当 $n=8$ 时，总硫含量的 $t_{0.95}=2.36$，表 19 中的总硫含量的 t 计算小于 $t_{0.95}$，表明粗苯中总硫含量的在线分析法和实验室分析法之间没有明显的系统误差，可以互相代替[3-4]。

表 20 在线总氮分析数据与实验室分析数据比对数据 (mg/L)

序号	车牌号及进场时间	在线氮分析数据	实验室分析数据	差值	厂家
1	黄鲁 MEW356(2023-06-17)	2721	2003	718	柳钢
2	鲁 CR0586(2023-06-18)	2551	2425	126	湖南煤化
3	鲁 EK6677(2023-10-25)	2070	2375	-305	攀钢
4	鲁 RS6194(2023-10-28)	2353	2960	-607	酒钢
5	鲁 CR7099(2023-10-28)	2235	2556	-321	西昌
6	鲁 EH7180(2023-10-28)	2287	2495	-208	攀钢
7	皖 AH4098(2023-10-30)	2439	2284	155	南钢
8	苏 M26224(2023-11-03)	2612	2404	208	福建德胜
t 检验			平均偏差 $\overline{D}$		-29.2
			标准偏差 S_D		414.0
			$\lvert t_{计算}\rvert=\frac{\lvert\overline{D}-0\rvert}{S_D}\sqrt{n}$		0.20

结论：查 t 值表，当 $n=8$ 时，总氮含量的 $t_{0.95}=2.136$，表 20 中的含量的 $t_{计算}$ 小于 $t_{0.95}$，表明粗苯中总氮含量的在线分析法和实验室分析法之间没有明显的系统误差，可以互相代替。

3.2.4 在线密度仪分析数据与实验室离线分析数据比对

在线密度仪分析数据与实验室离线分析数据见表 21。

表 21　在线密度仪分析数据与实验室分析数据比对数据　(g/cm³)

序号	车牌号及进场时间	在线密度分析数据	实验室分析数据	差值
1	鲁 MFB692(2023-06-16)	0.873	0.884	-0.011
2	皖 M19813(2023-06-17)	0.870	0.885	-0.015
3	皖 M4A172(2023-06-18)	0.876	0.886	-0.01
4	鲁 MFV615(2023-06-19)	0.862	0.885	-0.023
5	辽 HB8560(2023-06-24)	0.871	0.885	-0.014
6	鲁 AK3577(2023-06-25)	0.862	0.885	-0.023
7	皖 M0B396(2023-06-27)	0.866	0.886	-0.02
8	晋 LQ1069(2023-06-20)	0.861	0.885	-0.024
9	鲁 EH7180(2023-10-28)	0.874	0.886	-0.012
10	皖 M14728(2023-10-29)	0.866	0.886	-0.02
11	宁 AJ1108(2023-10-17)	0.882	0.887	-0.005
12	陕 J76627(2023-10-24)	0.887	0.886	0.001
13	豫 CQ8272(2023-10-27)	0.878	0.886	-0.008
14	鲁 AA6525(2023-10-28)	0.872	0.886	-0.014
15	鲁 EK6677(2023-10-25)	0.888	0.884	0.004
16	鲁 RS6194(2023.11.11)	0.870	0.884	-0.014
17	苏 H5358C(2023-12-07)	0.874	0.884	-0.01
18	皖 M19813(2023-12-10)	0.869	0.885	-0.016
量程 FS				1.2
允许误差±2%FS				0.024

结论：表 21 中的数据表明，粗苯在线密度仪测定值与实验室密度测定值差值小于允许误差[5]。

3.2.5　准确度试验结论

在线分析系统分析误差在允许范围内，在线分析系统可用于原料粗苯分析。

4　结论

通过试验，确定了在线分析系统采样触发模式、多流路切换模式以及在线分析系统操作步骤。并通过对比试验和数理统计判断，在线分析法与传统实验室分析法测定差值在允许范围内。

因此，选择采用本文所述的在线分析系统，以一种采样触发模式进行自动采样、卸车、分析，全程实现自动化，提高了分析工作效率，缩短了槽车卸车等待时间。形成了一种新的原料粗苯分析方法。

参 考 文 献

[1] 朱良漪，等．分析仪器手册［M］．北京：化学工业出版社，1997：1255-1313.
[2] 高喜奎，等．在线分析系统工程技术［M］．北京：化学工业出版社，2013：2-37.
[3] 姜美玲．在线总硫分析仪在催化汽油加氢装置的应用［J］．山东化工，2020（12）：105-106，108.
[4] 周宏，等．在线总硫分析仪在催化汽油加氢装置中的应用［J］．中国仪器仪表，2012（2）：51-52.
[5] 李玉杏．油库发油管道在线密度计的研制与应用［J］．油气储运，2017（11）：1332-1336.

苯加氢装置产能挖潜改造实践与分析

关红燕

（山西焦化股份有限公司，山西洪洞　041606）

摘　要：山西焦化股份有限公司为挖掘苯加氢装置在产能释放方面的潜力，对贫溶剂系统、苯塔采出工艺路线、注水泵等进行了技术改造，并通过优化苯塔塔顶压力、塔顶回流量，萃取精馏塔塔顶压力、进料温度、溶剂比等工艺运行指标，最终将粗苯加工负荷由设计能力的12.5 t/h提高至14.5 t/h，并有效解决了纯苯质量波动、非芳烃中甲苯含量波动的问题。

关键词：苯加氢，产能挖潜，贫溶剂系统，注水泵，苯塔采出工艺，操作指标

1　概述

山西焦化股份有限公司10万吨/年粗苯加氢装置于2009年投产运行，迄今为止，已满负荷连续运行十余年。为了更好地挖掘装置产能潜力，相关技术人员结合每日化验分析结果及外出对标调研情况，从工艺运行指标对比、关键设备等方面进行综合分析、排查，最终通过对贫溶剂系统、苯塔工艺路线、注水泵进行改造及对苯塔、萃取精馏塔工艺指标进行优化，将粗苯加工负荷由设计值12.5 t/h提高至14.5 t/h，且各产品质量合格。

2　山西焦化苯加氢装置工艺流程

原料粗苯经过脱重组分塔脱除C_9以上重组分，塔底重苯送入重苯罐，塔顶轻苯一部分回流，另一部分与循环氢（制氢工序得到纯度大于99.9%的氢气与本系统产生的循环氢混合后作为循环气）混合后，经过三级蒸发后进入蒸发塔，蒸发塔顶部气体进入加氢预反应器，再经主反应器生成主反应产物，脱除烯烃、含硫化合物、含氮化合物、含氧化合物等，然后经过高压分离器，高压分离器顶部循环氢换热后循环利用，高压分离器中部加氢油经稳定塔，稳定塔顶气体经冷却分离出的H_2S、NH_3等酸性气排至化产品回收厂第三煤气回收车间煤气系统。稳定塔底混合芳烃（BTXS）进入萃取蒸馏塔进料缓冲罐（图1）。

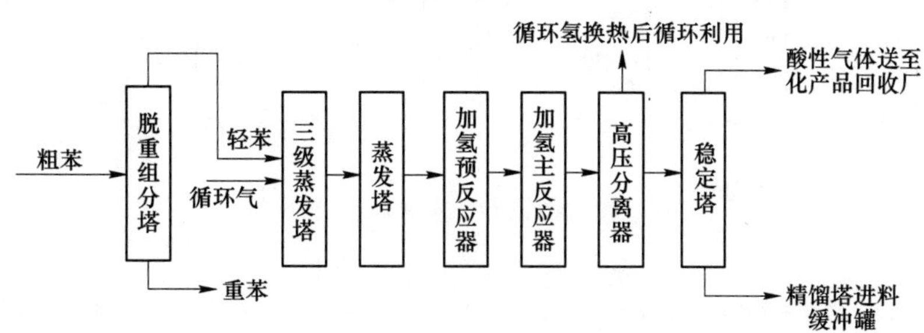

图1　粗苯加氢制混合芳烃工艺流程示意图

混合芳烃（BTXS）升压后进入预精馏塔，塔底采出二甲苯产品，塔顶加氢油C_6~C_7馏分进入萃取蒸馏塔；加氢油进入萃取蒸馏塔中部与塔上部的贫溶剂维持一定的比例，在溶剂作用下，实现芳烃与非芳烃分离，塔顶蒸出的非芳烃，一部分作为回流，一部分作为非芳烃副产品，塔底得到含芳烃的富溶剂送入溶剂回收塔中部。溶剂回收塔在减压下操作，通过减压蒸馏实现溶剂和芳烃的分离，塔底贫溶剂经塔底泵通过一系列换热后，回萃取蒸馏塔塔顶，塔顶蒸出的芳烃蒸气，冷凝、冷却后进入回流罐，从回流罐出来的芳烃一部分作回流，其余部分经一系列换热后进入苯塔中部，苯产品从塔顶及第5层塔盘馏出，

甲苯产品自塔釜采出，经冷却后送至罐区（图2）。

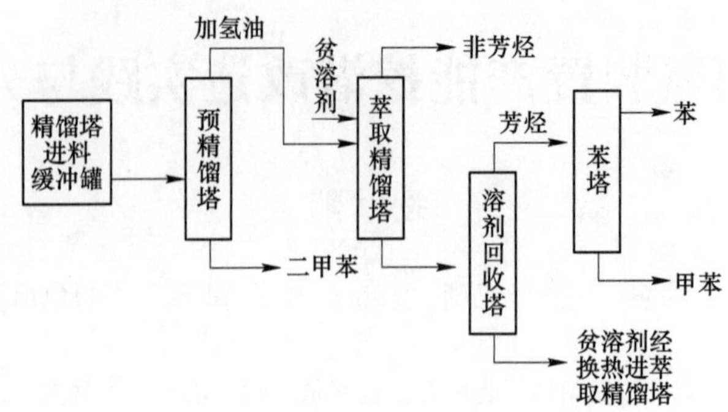

图2　混合芳烃（BTXS）萃取精馏流程示意图

3　加强技术创新，不断挖潜装置产能

3.1　贫溶剂系统改造

随着苯加氢装置加工负荷的提高，贫溶剂冷却器出现频繁堵塞现象，使得贫溶剂无法有效冷却，入萃取塔温度过高，造成萃取效果变差。通过对萃取系统进行工艺分析，进一步明确了萃取塔效果变差的原因：随着加工负荷的提高，预蒸馏塔冷凝器出口温度也随之升高（最高可达 60 ℃），使得塔顶物料对贫溶剂的冷却效果变差，造成贫溶剂冷却器贫溶剂入口温度升高，循环水经贫溶剂冷却器换热后温升过高，退水温度超过 40 ℃，贫溶剂冷却器结垢严重，无法正常运行，影响萃取塔的正常工艺指标控制。

通过技术人员现场确认，进行了如下改造：新增一台换热器，将 E1201（萃取塔进料/贫溶剂换热器）出来的贫溶剂与预蒸馏塔进料进行换热，进一步降低贫溶剂温度，减少 E1202（贫溶剂冷却器）负荷，延长运行周期。贫溶剂系统改造示意图见图 3，改造后通过新增换热器两个物料进口阀门开度控制进入新增换热器物料来控制冷却温度，效果明显。

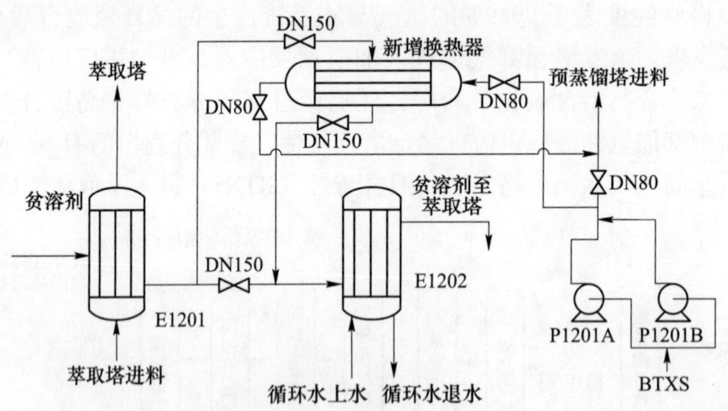

图3　贫溶剂系统改造示意图

E1201—萃取塔进料/贫溶剂换热器；E1202—贫溶剂冷却器；P1201A—预蒸馏塔进料泵；P1201B—预蒸馏塔进料泵

3.2　注水泵更新

注水泵作为加氢系统的主要设备，主要为系统补水，除去系统中的铵盐，防止因铵盐结晶，堵塞管道，同时通过补水带走加氢反应生成的部分硫化物，以保证 BTXS 中全硫含量达标。当加工量提高后，注水量明显不足，苯精制含硫污水硫含量超出控制指标，产品中全硫含量明显升高。外出对标交流中得知，唐山旭阳在 2017 年将注水泵由往复泵更新为旋壳泵，更新后至今运行稳定，为此山西焦化股份有限公司在 2021 年 8 月新增一台旋壳泵作为注水泵，改造后 BTXS 全硫含量由 0.9×10^{-6}降低至 0.7×10^{-6}以下，且有效降低了含硫污水 COD 指标，达到了控制范围。

3.3 苯塔采出工艺路线改造

随着加工负荷的提高，产品纯苯中含甲苯指标超标，满足不了高端客户的要求，经过反复排查，试验，确定为苯塔处理能力的问题。为解决这一难题，经过技术人员讨论论证，决定将回流物料管线与产品采出管线连通，把苯塔顶部高纯度的回流物料作为一部分产品采出（改造流程简图见图4），通过工艺调整摸索出了合理配比，实现了产品纯苯的各项指标均能满足高端客户的需求，并且做到了工艺运行和产品质量稳定。

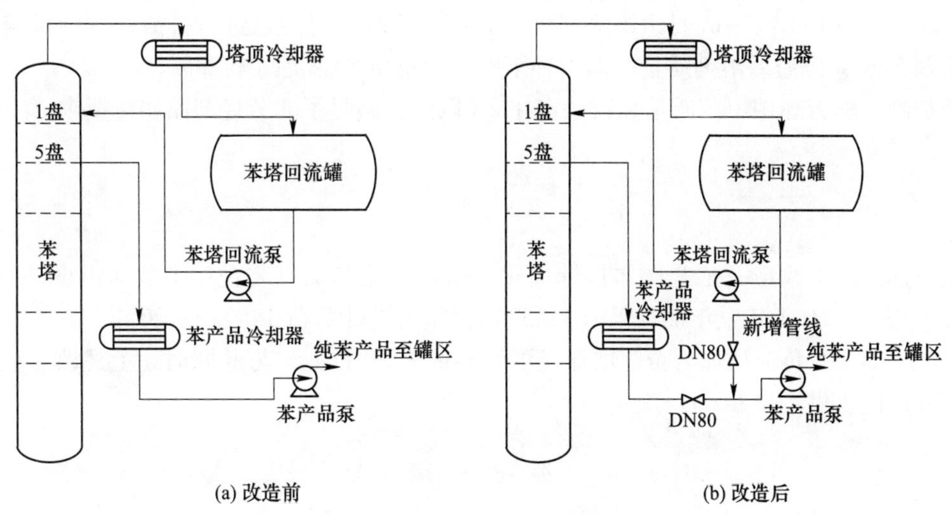

图4　改造前后苯塔采出工艺路线示意图

3.4 改造效果

（1）通过对贫溶剂冷却系统进行改造，有效降低了贫溶剂冷却器的运行负荷，贫溶剂冷却器循环水出口温度由45 ℃降低至35 ℃，延长了贫溶剂冷却器的运行周期，解决了贫溶剂冷却器频繁堵塞现象，同时提高了预精馏塔进料温度，降低了预精馏塔加热器的蒸气消耗。

（2）通过选择适合系统的注水泵，解决了加氢系统注水量不足的问题，稳定了BTXS全硫含量。

（3）通过对苯塔系统工艺路线的改造，解决了高负荷下产品纯苯质量不稳定的问题。经过以上改造，山西焦化股份有限公司粗苯加工量逐步提高至14.5 t/h以上。

4 优化工艺指标，稳定产品质量，确保生产系统长周期稳定运行

通过以上改造，解决了关键设备与关键工艺控制点对生产系统高负荷运行的瓶颈问题，但还需从工艺指标的控制进行调整，以确保生产系统高负荷、长周期安全稳定运行。

4.1 解决纯苯质量波动的问题

在不断提高加工负荷的过程中，纯苯产品出现了水指标偏高、甲苯含量指标时有超标的现象，经现场分析、摸索，最终确定最优操作参数如下：苯塔塔顶压力控制在70~72 kPa，塔顶回流量控制在19000~20000 kg/h，纯苯采出量为9900~10200 kg/h，苯塔灵敏板温度在107~109 ℃。优化后，在上述操作参数范围内，纯苯质量稳定，能够满足高端客户需求。

4.2 解决非芳烃中甲苯含量波动的问题

随着生产负荷提高，非芳烃中甲苯含量在2%~3%波动，超出非芳烃质量控制指标中甲苯质量分数不超过2%的要求。为此，采取了以下措施：

（1）对萃取精馏塔、溶剂回收塔指标进行优化。萃取精馏塔塔顶压力由66 kPa提高至72 kPa，萃取

精馏塔进料温度由 95 ℃降至 92 ℃，溶剂回收塔塔底温度由 167 ℃提高至 170 ℃。

（2）对萃取精馏塔进料溶剂比进行调整。将溶剂循环量由 91000 kg/h 提高至 95000 kg/h，控制溶剂量与萃取精馏塔进料量比在 7∶1。

（3）对溶剂进行排渣。溶剂回收塔塔底贫溶剂经一系列换热后，回萃取蒸馏塔塔顶，一小股贫溶剂在再生罐进行再生，在罐内除去溶剂中的机械杂质和聚合物，溶剂从罐顶蒸出，进入溶剂回收塔底部。再生罐运转一定周期后，溶剂再生罐底会积聚一些杂质。这些杂质沸点高，黏度大，难以蒸发，导致再生罐的再生能力有所下降。当再生能力显著减小时，需通过阀门控制将再生罐与回收塔完全隔离，对溶剂进行排渣。2021 年 10 月 11—14 日组织溶剂再生器切出系统，对溶剂进行排渣，共计排渣 5 m^3，并补加部分新鲜溶剂 5 m^3，排渣后溶剂质量溶剂中环丁砜的含量由 83%提高至 88%。

经过以上措施，非芳烃中甲苯质量分数稳定在 2%以内，满足了非芳烃产品质量要求。

5　小结

通过本文所述的技术改造及工艺操作指标优化，山西焦化苯加氢装置加工负荷由设计负荷 12.5 t/h 提高至 14.5 t/h 以上，2021 年全年加工粗苯 114593 t，超出设计负荷 14593 t。2021 年，全年粗苯加工利润约 1000 元/吨，即加工负荷增加为企业增加经济效益约 1459 万元，与此同时，上述改造也为同类型粗苯加氢装置释放产能提供了借鉴。

参考文献

[1] 马叶群，张立波．浅谈粗苯加氢工艺［J］．环球市场，2018（18）：345.

[2] 贾俊，姚峰．粗苯加氢研究进展［J］．山西化工，2021（2）：33-38.

[3] 马毅．焦化粗苯加氢技术的探讨［J］．中国化工贸易，2015（35）：312-313.

焦化粗苯中含氯组成及脱除工艺

毛岩楠 张 蕊 常卫岗 刘兴涛 史建才 赵小欣 李洪玉

(河北中煤旭阳能源有限公司焦化研究所，邢台 054001)

摘 要：粗苯中氯含量要求低于 10×10^{-6}，高于指标可能会对造成装置腐蚀以及可能会毒化催化剂。因此脱除粗苯中的氯是非常必要的。粗苯中所含的氯主要分为无机氯和有机氯。无机氯可以通过水洗法脱除。有机氯由于物质种类多，不能确定准确的物质组成。有机氯脱除方法主要包括吸附脱氯（分子筛）、亲核试剂取代反应脱氯（链转移试剂）、烷基化反应脱氯、溶剂萃取脱氯、微生物反应脱氯以及双金属还原脱氯（双金属催化脱氯）。焦化粗苯中含氯种类不同，通过分段蒸馏实验得到，含氯组分分布在轻组分和重组分中，不同厂家的粗苯含氯组分不同，针对不同粗苯可进行针对性脱除。采用亲核试剂取代反应脱除有机氯，焦化粗苯中的有机氯脱除率可达 50%。

关键词：焦化粗苯，有机氯脱除，链转移试剂，亲核取代

1 概述

粗苯是焦化行业的副产品。工业炼焦时，配合煤在隔绝空气的焦炉中高温热解，主要产品是焦炭和煤气。粗苯是煤热解生成的苯系化合物。近年来，粗苯的市场价格不断提高，焦化厂粗苯工段的生产过程受到了广泛关注。为了提高经济效益，企业越加重视粗苯产品的质量。

行业标准《粗苯》（YB/T 5022—2016）中规定粗苯的氯含量不超过 10 mg/kg。粗苯中含有的氯主要为有机氯；无机氯溶解于分离水，粗苯中无机氯大部分随分离水排出，粗苯含水率高或乳化时，无机氯会影响粗苯氯含量。在生产流程中，焦炉煤气从焦炉产出后，首先在桥管、集气管中用循环氨水喷洒降温，再进入初冷器进一步降温，在初冷器内，为减少换热管表面附着萘等，需要用初冷器冷凝液对换热管进行喷洒，冷凝液中含有焦油、水、氨等，焦油各馏分对有机氯有溶解能力，冷凝液中油含量低，洗涤有机氯的能力降低，也会提高煤气中的氯含量，在粗苯工序被洗油吸收，进而进入粗苯，增加粗苯氯含量。循环洗油质量变差，重馏分增加，重馏分吸收煤气中氯的能力提高，导致粗苯氯含量增高；脱苯塔顶温度高，含氯洗油轻馏分被粗苯带走，增加粗苯氯含量；粗苯产品中含有氯离子会对苯加氢催化剂造成污染，影响苯加氢生产，增加一定成本。

针对粗苯氯离子含量超标问题，通常采取的措施主要有以下几种：（1）采用氯含量低的煤样，建立单种煤氯含量数据库；（2）稳定控制初冷器混合液质量，确保混合液中轻质焦油含量在 40%以上，循环液氯含量指标稳定，提高洗氯效果，降低煤气氯含量指标；（3）严格控制进场洗油氯含量不超过 15 mg/L；建立良好的排渣、补油制度，确保循环洗油质量；（4）控制粗苯含水率，定期观察粗苯状态，防止粗苯乳化，避免无机氯的引入；（5）化产系统清洗时，清洗剂要求不能含有机氯，若无法避免，则要求清洗完的冷却器需置换合格，且清洗液不能回煤场及化产系统；（6）建议购置煤气氯含量检测仪器，分析煤气流程氯含量情况，定期检测，及时调整，通过源头进行治理。

2 实验部分

2.1 试剂与仪器

药品：四丁基氢氧化铵、TY-碳纤维、双氧水（过氧化氢）、氢氧化钠、链转移试剂、焦化粗苯（高氯）、脱氯分子筛、恒压滴液漏斗。

检测设备：库伦硫氯分析仪。

2.2　研究方法

通过开展对焦化粗苯水洗试验，可以确定粗苯中氯为有机氯（表1）。

表1　水洗实验数据

方　法	水洗前氯含量/10^{-6}	水洗后/10^{-6}
水洗法	28.36	27.51
碱洗法	28.36	26.78

通过对不同厂家焦化粗苯进行分析，XT-粗苯与DZ-粗苯中有机氯的种类也不同，通过分段蒸馏实验，发现DZ-粗苯中的氯主要存在于轻馏分中，而XT-粗苯中的氯主要存在于重馏分中（图1）。

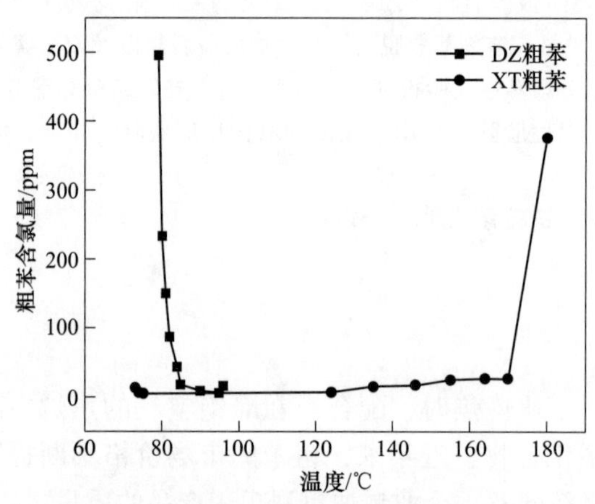

图1　不同粗苯含氯成分分布

3　结果与讨论

3.1　采用亲核试剂（链转移试剂）取代反应脱氯

向100 mL反应瓶中依次加入链转移试剂（0.2 mL）、焦化粗苯（70 mL）和5%氢氧化钠溶液（30 mL）。75 ℃下搅拌4 h，冷却至室温进行分析检测（表2）。

表2　链转移试验数据

编号	反应前粗苯氯含量/10^{-6}	反应后粗苯氯含量/10^{-6}	脱除率/%
1	159.46	83.39	47.7
2	178.4	100.4	43.7
3	178.4	86.07	51.7
4	96	51.8	46
5	96	47	51
6	178.4	101.1	43.3

针对DZ-粗苯开展脱氯小试实验，从编号1~5中可以看出采用链转移剂，有机氯转移率可达40%~50%，从编号6可以看出采用四丁基氢氧化铵进行试验，有机氯脱除率达到43.33%。

3.2　采用改性-碳纤维进行吸附试验

将改性-碳纤维放置到玻璃柱子内高度填充50 cm，进行吸附试验（表3）。

表 3　碳纤维脱氯试验数据

编号	反应前粗苯氯含量/10^{-6}	反应后粗苯氯含量/10^{-6}	脱除率/%
1	96	62.4	35
2	96	64.9	32.3

从编号 1、2 可以看出，采用改性碳纤维进行吸附脱氯实验，有机氯脱除效率可达到 35%。

3.3　采用分子筛吸附

从表 4 中可以看出，采用分子筛进行吸附脱氯，在吸附前期对粗苯中 S、N、Cl 均有吸附效果，吸附后期 S、N 与分子筛中元素具有较强作用，因此对 Cl 竞争吸附，使得 Cl 又重新解析出来。焦化粗苯中含有的成分复杂，S、N 均会影响 Cl 的吸附，因此在焦化粗苯中采用分子筛吸附很难脱除焦化粗苯中的有机氯。

表 4　分子筛吸附数据

类　别	粗苯硫含量/10^{-6}	粗苯氮含量/10^{-6}	粗苯氯含量/10^{-6}
粗苯原液	2433	3082	24.77
XB 分子筛	372	352	6.99
	2300	3023	44.8
	2323	2941	42.1
粗苯原液	3015	4089	13.35
RH 分子筛	649	564	60.29
	3026	3667	33.35
	3067	3404	29.11
粗苯原液	2603	4356	9.68
EK 分子筛	1952	290	83.41
	2809	1198	42.66
	2872	2504	41.34

氯代烷烃中氯取代基附近的电子云密度较小，氯原子容易参与脱氯反应过程而被脱除。二氯化合物的两个氯取代基存在共轭效应，氯原子周围的电子密度低而容易被脱除。含苯环有机氯种类、含烯烃有机氯、酰氯系列通过链转移法难以发生取代反应，由于 p-Π 共轭作用，乙烯基和苯基型卤代烃的卤原子很不活泼，一般不与亲核试剂（NaOH、RONa、NaCN、NH_3）反应。

为了更加精准地对粗苯中有机氯进行有效脱除，对焦化粗苯进行浓缩提高已有机氯含量。对粗苯中有机氯进行质谱检测，对焦化粗苯中有机氯组分进行推测，有机氯主要为茚满系列、酰氯系列以及与苯环上含氯的有机物，难以通过链转移试剂进行脱除。

通过对焦化粗苯进行脱除实验，采用链转移法对有机氯进行脱除，脱除率可达到 50%以上。采用改性碳纤维，有机氯吸附率可达到 30%，而分子筛系列脱除粗苯中有机氯的方法不可行。

4　结论

（1）不同粗苯中含有的有机氯种类不同，有机氯分布的温度段不同，可针对有机氯的种类进行精准脱除。

（2）焦化粗苯中含有烷基链的含氯有机物可采用链转移法进行脱除，脱除率可达到 50%。

（3）采用改性碳纤维对不同粗苯进行吸附试验，有机氯脱除率达到 30%，后续可继续查找相关改性剂对碳纤维进行改性。

（4）通过实验得到，采用分子筛进行吸附难以脱除焦化粗苯有机氯，由于焦化粗苯中组分复杂，粗苯中含有 S、N 对 Cl 存在竞争吸附，难以进行有机氯的脱除。

参考文献

[1] 李金平．焦化粗苯氯离子超标原因分析及控制［J］．燃料与化工，2023，54（1）：38-40.

[2] 梁田，龙晓，宋浩，等．无机路易斯酸脱除模拟焦化粗苯中噻吩的研究［J］．武汉工程大学学报，2022，44（4）：377-383.

[3] 王勇．焦化粗苯回收技术的探讨与应用［J］．化工管理，2018（11）：43-44.

[4] 王振宇，谷月刚，于丽，等．原油中有机氯盐的分析与脱除［J］．石油学报（石油加工），2024，40（1）：221-228.

[5] 潘小燕，顾晋，宋佳，等．基于相转移亲核取代机理的原油脱除有机氯研究［J］．石油学报（石油加工），2022，38（4）：800-810.

[6] 李冉，谷洁，王芳，等．石脑油中有机氯脱除的研究进展［J］．化学通报，2021，84（12）：1351-1355.

焦炉气制甲醇装置精脱硫系统优化改造总结

王丽平　高飞龙

（山西焦化集团有限公司，洪洞　041606）

摘　要： 山西焦化集团有限公司甲醇厂采用焦炉气制甲醇工艺，属于国内典型传统工艺流程，在运行中，由于进入甲醇厂焦炉气中夹带焦油、萘、苯等有机类环状碳氢化合物等杂质，进入甲醇精脱硫系统高温区后，给生产稳定运行带来许多不利因素，特别是析碳堵塞铁钼催化剂微孔，造成催化剂活性快速下降甚至丧失，大量结炭后造成催化剂结块、催化剂床层阻力增大，多次导致系统停车，严重影响生产系统安全稳定长周期运行。2020—2021年，对甲醇装置Ⅰ精脱硫系统完成了技术改造，解决了生产系统中瓶颈问题，生产系统达到一大修保两年的长周期运行目的。

关键词： 焦炉气制甲醇，铁钼槽，析碳，阻力，停车，长周期运行

1　概述

山西焦化集团有限公司（以下简称“山西焦化”）甲醇厂有2套焦炉气制甲醇装置，分别为2008年6月建成投产的20万吨/年甲醇装置（以下简称“甲醇装置Ⅰ”）、2013年6月建成投产的14万吨/年甲醇装置（以下简称“甲醇装置Ⅱ”），两套甲醇装置均包括湿法脱硫系统、精脱硫系统、甲烷转化系统、压缩系统、甲醇合成系统及空分装置、公辅系统，共用一套中央控制室及甲醇精馏系统。实际生产中，由于焦炉气中夹带焦油、萘、苯等有机类环状碳氢化合物，进入甲醇装置精脱硫系统高温区后，在焦炉气初预热器、一级预铁钼转化器、一级铁钼转化器内高温碳化。聚集在焦炉气初预热器列管表面，造成其换热效果下降，导致精脱硫系统预铁钼转化器、铁钼转化器催化剂床层温度不达标，系统运行周期明显缩短，给系统的稳定运行带来许多不利因素；尤其是析碳堵塞铁钼催化剂微孔，造成催化剂活性快速下降甚至丧失，大量结炭后造成催化剂结块、催化剂床层阻力增大，多次导致系统停车（系统停车后，多次对一级铁钼转化器内催化剂附着物进行取样分析，其成分为碳，结炭聚集导致催化剂结块），严重影响甲醇装置的安全、稳定、长周期运行。为此，2020—2021年山西焦化对甲醇装置Ⅰ精脱硫系统进行了优化改造，取得了良好的效果，甲醇装置Ⅱ参照装置Ⅰ的成功改造，列入2023—2024年技改项目。以下对有关情况作出总结。

2　精脱硫系统运行问题

山西焦化甲醇装置Ⅰ精脱硫系统设置2台预铁钼转化器、1台铁钼转化器，预铁钼转化器的作用首先是将焦炉气中部分有机硫加氢转化为硫化氢、烯烃加氢转化成饱和烃，其次是耗除焦炉气中的氧，脱除焦炉气中携带的少量其他杂质，保护后续铁钼催化剂；铁钼转化器的作用是将焦炉气中大部分有机硫加氢转化为硫化氢、烯烃加氢转化成饱和烃。

自2008年投产以来，山西焦化甲醇装置Ⅰ预铁钼转化器（单槽）满负荷运行周期最长为9个月，最短为6个月，预铁钼催化剂更换原因均为催化剂表面结炭、催化剂活性丧失、催化剂床层阻力增高；铁钼转化器满负荷运行周期最长为18个月，最短为6个月，2018年8月、2019年8月、2021年1月分别出现过3次因铁钼转化器阻力大而被迫停车，制约甲醇装置Ⅰ长周期稳定运行。以2019年为例，2019年6—8月一级铁钼转化器阻力变化统计情况为：6月1—30日，其阻力由0.06 MPa逐步涨至0.11 MPa；7月1日—8月9日，其阻力由0.12 MPa逐步涨至0.14 MPa；8月10日，甲醇装置Ⅰ断电停车；8月11日，甲醇装置Ⅰ重启，其阻力涨至0.17 MPa；8月12—18日，其阻力由0.23 MPa逐步涨至0.35 MPa，而后甲醇装置Ⅰ被迫停车处理一级铁钼阻力大的问题。

预铁钼转化器、铁钼转化器阻力短期升高问题及催化剂活性运行周期短问题，是目前国内焦炉气制甲醇装置普遍存在的瓶颈问题。

3　原因分析

3.1　焦炉气成分较为复杂致焦炉气初预热器列管结炭，换热效果差

焦炉气初预热器的主要作用为，将压缩来的温度低于 40 ℃的焦炉气加热至 280~350 ℃，然后送入预铁钼、铁钼转化器。由于焦炉气成分较为复杂，焦炉气中夹带的苯、萘、焦油、洗油等环状碳氢化合物在高温下极易析碳，在焦炉气初预热器列管表面结炭而造成换热效率下降，正常情况下，甲醇装置Ⅰ运行周期接近一年时，换热效率下降至无法满足工艺要求；若遇到异常情况，特别是在山西焦化焦炉气回收厂检修期间，送入甲醇厂的焦炉气中所夹带的苯、萘、焦油、洗油等杂质更多，短时间内导致设备表面结炭加速，在系统运行周期内焦炉气初预热器换热效果长时间不能满足工艺指标要求，无奈之下，山西焦化净化车间将焦炉气入预铁钼转化器温度指标降至 265~350 ℃，给精脱硫系统带来许多不利因素，特别是易造成铁钼转化器阻力增大而被迫停车，影响甲醇装置Ⅰ的安全、稳定、长周期运行。

3.2　铁钼催化剂快速失活及催化剂床层阻力大

甲醇装置Ⅰ精脱硫系统设置 2 台预铁钼转化器（一开一备）、1 台铁钼转化器。实际生产中，由于预铁钼转化器催化剂使用近 2 个月后基本上就没有了活性，加之焦炉气入预铁钼转化器温度偏低，有机硫加氢转化反应及焦炉气中夹带的环状有机物碳化反应均进入铁钼转化器内进行，造成铁钼转化器内析碳反应加剧，堵塞铁钼催化剂微孔，催化剂活性下降，大量结炭后造成催化剂结块、催化剂床层阻力增大，铁钼转化器无旁通管线且无备用设备，多次导致系统停车，严重影响甲醇装置Ⅰ的安全、稳定、长周期运行。

3.3　预铁钼催化剂不能实现在线硫化

正常情况下，甲醇装置Ⅰ预铁钼转化器催化剂使用周期为半年以上，铁钼转化器使用周期为一年以上，看似匹配，但实际生产中由于前系统洗苯塔检修等异常情况，在带入甲醇装置Ⅰ精脱硫系统的苯、萘、焦油、洗油等含量异常高的情况下，短时间内将导致预铁钼催化剂失活，严重时将导致催化剂床层阻力增大停用。虽然有备用预铁钼转化器，切出的预铁钼转化器可实现在线更换催化剂，但由于工艺上不能实现在线硫化，更换新催化剂后也不能及时投用，从而影响精脱硫系统的长周期运行。

3.4　焦炉气初预热器及铁钼转化器运行周期短

据山西焦化焦炉气供应情况，甲醇装置Ⅰ原始设计焦炉气流量为 32650 m^3/h（标况，下同），实施产能释放技改后，焦炉气流量达 35900 m^3/h，为原始设计负荷的 110%，通过前系统电捕焦油器、各级分离器及精脱硫系统入口油分离器、过滤器的空速增大，油水分离效果不佳，不能满足工艺需求，尤其是受油分离器分离能力及分离效果的影响，滤油剂的工作负荷增加，滤油效果下降过快，带入精脱硫系统高温设备——焦炉气初预热器、预铁钼转化器、铁钼转化器的杂质增多，导致焦炉气初预热器、铁钼转化器运行周期短。

4　优化改造

经分析与探讨，并借鉴业内做法，围绕精脱硫一大修保两年运行目标，山西焦化确定了如下总体改造思路：首先，采取措施对入精脱硫系统前焦炉气进行净化；其次，考虑在满足工艺需求的条件下延长铁钼催化剂的运行周期；最后，对影响系统运行周期的短板处进行改造，最终实现系统两年一大修的长周期运行目标。

4.1 增设三级过滤器

原料气压缩机入口管线上利用备机时间，逐台增设过滤器，即在原有水封分离器的位置处将水封分离器更换为过滤器，过滤器内部安装焦炉气专用滤芯（120 支）。过滤器分为三级过滤：第一级过滤器为丝网除雾形式，拦截焦炉气中大的灰尘及颗粒物，延缓二级、三级过滤器的堵塞；二级、三级过滤器基于滤芯式聚结除焦油原理（含焦油及冷凝水的气体，横向穿过特殊滤材，反复与滤芯壁碰撞，使其形成布朗运动，气体由于质量小而很容易透过滤材，而气体中夹带的焦油及微量的水等液滴，在重力的作用下越聚越多，逐渐形成更大的液滴，顺着滤芯壁流下），将细微的杂质拦截，净化精脱硫系统入口焦炉气。原料气压缩机运行周期可由原来的 800 h 延长至 2500 h，并延长后续焦炉气初预热器、预铁钼转化器、铁钼转化器的运行周期。

4.2 增设 1 台油分离器

利用系统停车机会，在精脱硫系统入口油分离器后、过滤器前增设串联 1 台油分离器（新增油分离器为 ϕ1400×6000，比原油分离器 ϕ1000×4847 大，内部结构相同均为伞型分离，内置锥网），解决焦炉气气速过大而油水分离效果不佳的问题。新增油分离器主要任务是，利用折流、滤网等物理方法将焦炉气中大部分的焦油、苯、萘、洗油等油水杂质进一步分离，带有少量油水、杂质的焦炉气利用原油分离器滤油剂吸附脱除，大幅减少焦炉气带入焦炉气初预热器、预铁钼转化器、铁钼转化器内的杂质；新增油分离器导淋增设液位自调阀，引入 DCS 系统，方便操作，解决由于人为因素导淋排放不及时而引起分离器液位高、油水等杂质带入后系统，延长焦炉气初预热器、预铁钼转化器、铁钼转化器的运行周期。

4.3 增设 1 台焦炉气初预热器

为满足（提高）预铁钼转化器、铁钼转化器催化剂使用温度要求，达到预铁钼转化器保护铁钼转化器运行的目的，新增 1 台焦炉气初预热器与现有焦炉气初预热器并联，焦炉气初预热器一开一备、等量替换，实现焦炉气初预热器的在线检修。

4.4 新增 1 台铁钼转化器

为解决铁钼转化器阻力增大引起系统停车的问题，尤其是前系统生产异常时焦炉气带入甲醇装置Ⅰ精脱硫系统中的苯、萘、焦油、洗油含量增多，极易引起铁钼催化剂失活，催化剂床层阻力增大而系统被迫停车，新增 1 台铁钼转化器与在用铁钼转化器并联，满足一开一备、等量替换，实现铁钼转化器的在线检修。

4.5 预铁钼转化器增设在线硫化线

精脱硫系统预铁钼转化器的作用，一是将有机硫加氢转化为无机硫；二是保护铁钼转化器的长周期运行。实际生产中，预铁钼转化器催化剂在使用 2 个月后其活性明显下降，床层温升明显降低，预铁钼转化器的有效使用周期仅 2~3 个月，使用后期也只能起到过滤焦炉气的作用，预铁钼转化器运行周期短将制约铁钼转化器的正常运行。预铁钼转化器阻力增大时，只能将其切出系统投用备用预铁钼转化器，更换新催化剂后也不能在线硫化，不能正常投入使用。增设 1 台焦炉气初预热器后，甲醇装置Ⅰ预铁钼转化器入口气温度有了保障。2021 年，利用系统停车机会，增设预铁钼转化器弛放气在线硫化线，在焦炉气杂质含量高的情况下，若预铁钼转化器的阻力增大，可及时将预铁钼转化器切出更换新催化剂，硫化后并入系统正常使用，保障铁钼转化器的运行周期；新增 1 台铁钼转化器后，铁钼转化器运行周期可达 2 年以上。具体实施为从甲醇合成塔后弛放气引一管道，压力从 6.0 MPa 通过减压阀减压至 0.5 MPa，接至升温炉入口阀后（原焦炉气升温管道），实现预铁钼催化剂在线硫化投入使用的目的（图 1）。

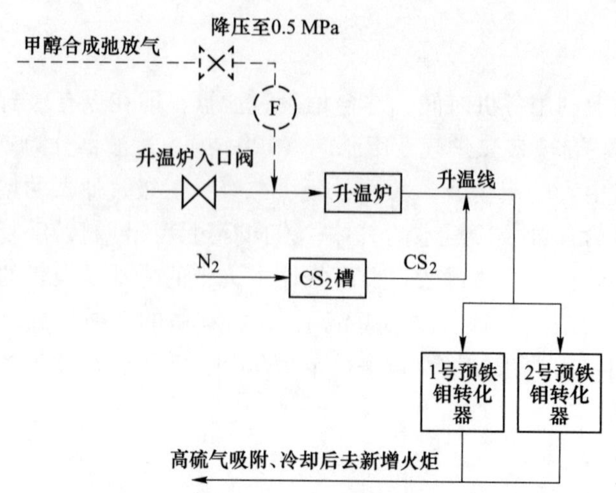

图 1　增设预铁钼转化器在线硫化线示意图

5　改造效果与效益分析

5.1　改造效果

上述改造项目已于 2021 年底全部完成，可实现甲醇装置Ⅰ一大修保两年的长周期运行目标。增设 1 台焦炉气初预热器（一开一备）后，保证了预铁钼转化器入口气温度在 280 ℃以上；预铁钼转化器、铁钼转化器均实现了甲醇合成弛放气在线硫化，预铁钼转化器与铁钼转化器均处于一开一备状态。2022 年 7 月，在运铁钼转化器阻力增加至 0.4 MPa，立即采用新增的甲醇合成弛放气在线硫化线对备用铁钼转化器催化剂进行硫化，在线切换投用，避免了甲醇装置Ⅰ停车，彻底解决了精脱硫系统运行周期短的瓶颈问题，并优化了系统工况。此外，技改后避免了系统由于铁钼转化器阻力大而被迫停车检修过程中的焦炉气放空，减少了污染，减轻了企业的环保压力。

5.2　效益分析

5.2.1　*避免开停车及检修过程减产带来的效益*

甲醇装置Ⅰ一次停车（解决铁钼转化器阻力大的问题）时间至少约 108 h，折合少产甲醇约 1800.4 t（甲醇装置Ⅰ满负荷生产甲醇产量以 16.67 t/h 计），以 2021 年 1—11 月甲醇平均销售价 2349.53 元/吨、吨甲醇成本消耗约 1268.19 元计，避免一次开停车及检修过程减产带来的经济效益为（2349.53－1268.19）×1800.4÷10000＝195 万元。

5.2.2　*节省停开车费用*

甲醇装置Ⅰ停车/开车、更换铁钼催化剂过程，无甲醇产品，只有消耗，据统计，停车过程水电气消耗约 43 万元、开车过程水电气消耗约 160 万元，整个停开车过程水电气耗合计 203 万元。即甲醇装置Ⅰ减少一次大修性质的停开车，至少可节约资金 203 万元。

5.2.3　*在线硫化技改带来的效益*

在线硫化技改实施后，系统开车过程中可节约新增铁钼转化器升温硫化时间 72 h，甲醇装置Ⅰ满负荷生产甲醇产量以 16.67 t/h 计，以 2021 年 1—11 月甲醇平均销售价 2349.53 元、吨甲醇成本消耗约 1268.19 元计，可创造经济效益为（2349.53－1268.19）×16.67×72÷10000＝130 万元。

6　结语

由于焦炉气中夹带焦油、萘、苯等有机类环状碳氢化合物等杂质，焦炉气进入甲醇装置Ⅰ精脱硫系统高温区后，严重影响系统的稳定运行，尤其是析碳堵塞铁钼催化剂微孔而造成铁钼催化剂活性快速下降甚至丧失，大量结炭后造成铁钼催化剂结块、催化剂床层阻力增大，多次导致系统停车，严重影响系统的安全、稳定、长周期运行。山西焦化在对甲醇装置Ⅰ精脱硫系统完成上述技改后，彻底解决了精脱硫系统运行周期短的瓶颈问题。据甲醇装置Ⅰ总体运行情况，甲醇装置Ⅰ达到一大修保两年的长周期运行目标。此外，建议生产管理中加强前系统工艺指标及工艺运行管控，新建焦炉气制甲醇装置精脱硫系统设计上最好采用焦炉气制 LNG 装置精脱硫系统变压/变温吸附预处理工艺，以减少焦炉气将杂质带入精脱硫系统，保障系统的稳定、优质、长周期运行。

一种高精度的甲醇罐装车加注口位姿定位方法

雷志林　闫雪清　周宝生　栾　军

（国家能源煤焦化有限责任公司西来峰分公司甲醇厂，乌海　016300）

摘　要：在工业场景中，甲醇罐装车加注口的准确定位是非常重要的。为了确保加注过程的安全和高效，需要使用合适的技术来定位甲醇罐装车加注口。提出了一种甲醇罐装车加注口位姿定位方法：首先，获取罐装车加注口的图像数据和初始点云；根据图像数据构建视觉检测模型，并对加注口进行粗定位，得到加注口大致位姿；根据加注口物理模型与大致位姿对初始点云进行分割处理，得到仅包含加注口的局部点云数据；根据自适应滤波阈值函数对局部点云数据进行滤波处理，得到最优密度的目标点云数据；对最优密度的目标点云数据进行边缘点特征提取，得到边缘特征点集合；对所述边缘特征点集合进行聚类，并构建聚类集合的三角形描述子；对三角形描述子进行配对，并对得到的描述子对集合进行粗配准，得到粗变换位姿；对粗变换位姿进行精配准，得到罐装车加注口的精确位姿。

关键词：视觉检测，时序信息学习，注意力机制，点云配准

1　概述

现阶段，罐装车的甲醇加注过程完全依靠人工手动完成，这个过程主要包括找到加注口、将加注枪对准加注口开始加注、关注甲醇是否注满并关闭阀门收回加注枪，同时在加注过程中需时刻关注是否有溜车、甲醇泄漏等意外发生，既耗时，也耗力。此外，甲醇这种化学物质具有毒性大、易燃的特性，极易对人体及财产造成巨大伤害，具有安全隐患。

一种常见的甲醇罐装车加注口定位方法是使用无线通信技术和传感器。首先，在甲醇罐装车上安装一个无线通信设备，例如 RFID（射频识别）标签或者传感器；其次，在加注口附近的固定位置安装相应的无线接收器或传感器。当甲醇罐装车接近加注口时，无线设备会与固定位置的接收器进行通信。通过测量信号强度、时间延迟或其他特征，可以确定甲醇罐装车的位置和方向。这些数据可以传输到控制系统或监控中心，以便进行实时监测和控制。

另一种常见的方法是使用视觉识别技术。通过在加注口附近安装摄像头或其他视觉传感器，可以捕捉甲醇罐装车的图像或视频。然后，使用计算机视觉算法来分析图像或视频数据，以识别甲醇罐装车和加注口的位置。这种方法可以结合图像处理、模式识别和机器学习等技术，提高识别准确性和鲁棒性。

除了无线通信和视觉识别，还可以考虑其他定位技术，如激光测距、超声波、惯性导航等。选择适合特定工业场景和需求的定位技术非常重要，需要考虑精度、可靠性、成本和适应性等因素。

目前为止，甲醇罐装车加注口定位的研究较少，尚未有成熟的定位方案。现有技术中，普遍存在甲醇加注口定位中精度低、鲁棒性差、速度保守的问题，以及罐装车甲醇加注过程的安全性问题。

为解决上述问题，本文提出一种基于视觉检测和点云配准的加注口中心定位方法，总体流程如图 1 所示。具体而言，本方法包含视觉识别与点云配准两个模块，其中点云配准模块提出一种全新的三角形描述子，提取加注口点云对象中丰富的边缘特征，借助三角形的稳定性思想构建三角形描述子，消除旋转、平移带来的视觉变化，并设计特征关联方法完成点云对象之间的特征对齐，实现加注口中心的精准定位。

本文的主要贡献可概括为：

（1）提出一种基于时序信息学习与注意力机制的甲醇加注口目标检测算法；

（2）提出一种全新的三角形描述子，实现空间不变性；

（3）设计一种三角形描述子特征关联方法，实现描述子的特征匹配。

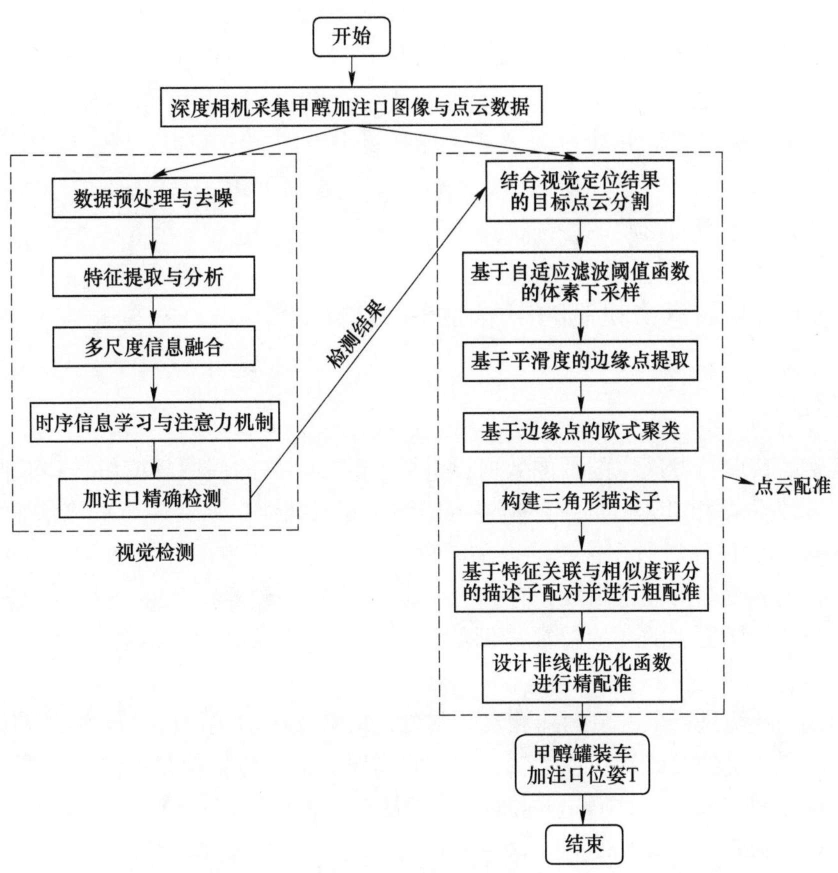

图 1　总体流程图

2　相关工作

2.1　基于 YOLOv5 的目标检测算法研究

多项研究重点关注在各种应用中使用 YOLOv5 算法改进目标检测。Zhang 等[1]提出了一种利用迁移学习的基于 YOLOv5 的前向声呐图像目标检测模型，该模型在检测精度和速度上表现出了最佳的性能。Lei 等[2]将 YOLOv5 应用在水下环境中，并通过增强多尺度特征融合的方法对其进行改进。Han 等[3]将 ECA-Net 注意力机制和 Soft-NMS 算法集成到 YOLOv5 中，用于绝缘子破损检测。Zhang 等[4]引入 SENet 注意力机制来提高 Engraulis japonicus 围网目标检测的精度。Lv 等[5]开发了用于行人检测的 YOLOv5-AC，实现了高精度和帧速率。Dai 等[6]提出了一种改进的 YOLOv5 算法，用于雾天车辆检测，提高了准确性和推理速度。Fan 等[7]提出了一种改进的带有注意力机制的 YOLOv5-TI 模型，用于水道中的红外小目标识别，显著提高了检测精度。Gu 等[8]提出了用于室外小目标车辆检测的 YOLO-SSFS，结合了各种结构和损失函数。Yang 等[9]利用 RepVGG 网络结构和 YOLOv5 来检测水稻病虫害，通过层合并减少推理时间。Liu 等[10]强调了用于红外热图缺陷目标检测的 YOLOv5 网络模型的检测精度和速度的提高。这些研究共同证明了增强 YOLOv5 在不同领域中目标检测的有效性。

2.2　传统点云配准算法

传统的点云配准算法主要用于将两个点云数据集对齐，以获得它们之间的刚体变换关系。ICP[11]是最常用的点云配准算法之一。它通过迭代优化的方式将一个点云对齐到另一个点云。初始时，通过最近邻搜索将两个点云中的对应点进行匹配，然后使用最小二乘法估计刚体变换参数，不断迭代直到收敛。Myronenko 等[12]提出了一种 CPD 算法，它将点云配准问题转化为概率密度估计的最大似然估计。CPD 算法通过估计两个点云之间的关联概率，并最大化似然函数来求解刚体变换参数。Magnenat 等[13]提出了经典的NDT算法，它将点云数据表示为高斯分布的混合模型，并通过最大化两个点云之间的匹配度来估计刚体变换参数。Zhang等[14]提出的SVD方法也可以应用在点云配准问题中，它通过奇异值分解的方式求解最优的刚体变换参数。基于点云特征的点云配准算法中，FPFH算法[15]是一种计算点云局部特征描述子的方法。它使用点的法线信息和相对位置关系，计算每个点的直方图表示。通过比较两个点云中对应点的特征直方图，可以进行点对匹配和配准。Tombari等[16]提出的SHOT算法通过计算每个点的法线和领域点的方向差异，生成描述点云形状的特征描述子。

3 基于时序信息学习与注意力机制的甲醇加注口目标检测

3.1 深度相机数据获取

利用深度相机实时获取目标区域的图像数据，包括甲醇加注口的周围环境信息和潜在危险因素：

（1）利用高分辨率防爆相机，对周围环境进行感知并获取加注口所在位置的高清晰度环境图像信息。通过img_environment存储加注口所在位置的高清晰度图像信息。获得的环境图像可能包括加注口及其周围的多种环境特征，具有复杂的场景组成，存储为变量environment_features。进一步探索图像信息的分析和处理方法，以提取和利用更多的环境特征。例如，可将加注口及其周围的各个物体或区域进行标记和识别，以实现对不同物体的定位和识别。

（2）对加注口周围环境进行全方位扫描和实时监测，精确获取加注口位置信息，存储为变量refueling_port_location。优化防爆相机的参数和扫描逻辑，同时将实时获取的位置信息存储为变量。识别加注口在环境中的位置真值，存储为变量target_scan_results。在加注口所在位置的环境图像中，将坐标信息转化为可识别的数据格式，存储为变量refueling_port coordinates。

3.2 图像预处理

对获取的图像进行去噪、边缘增强等预处理操作，以提高图像质量。通过对防爆相机获取的图像及图像信息（总共400组图像采集以及信息数据的部分进行预处理，包括去除噪声、填补缺失值、图像降噪等）：

（1）利用高斯滤波器或中值滤波器等方法对所获取的图像信息进行去噪处理，以减少图像中的干扰和噪声。对图像I，去噪操作为$I_\text{denoised}=GaussianBlur(I,\ \theta)$，其中$\sigma$是高斯核的标准差，$GaussianBlur$是高斯滤波函数，$I_\text{denoised}$是去噪后的图像。

（2）获取已经去噪后的图像，该图像被存储为变量，并用符号I表示。定义Sobel算子的水平方向卷积核；对图像I进行水平方向的卷积操作，计算水平方向的边缘强度值：$\boldsymbol{G}_{x\_\text{edge}}=\boldsymbol{G}_x\times I$；定义Sobel算子的垂直方向卷积核$\boldsymbol{G}_x$；对图像$I$进行垂直方向的卷积操作，计算垂直方向的边缘强度值：$\boldsymbol{G}_{y\_\text{edge}}=\boldsymbol{G}_y\times I$；计算图像中每个像素点的总边缘强度：$\boldsymbol{G}_\text{edge}=\sqrt{\boldsymbol{G}_{x\_\text{edge}}^2+\boldsymbol{G}_{y\_\text{edge}}^2}$；根据得到的总边缘强度值$\boldsymbol{G}_\text{edge}$对图像进行边缘增强处理，使边缘特征更加突出。在本实施例中，$\boldsymbol{G}_x$、$\boldsymbol{G}_y$分别为：

$$\boldsymbol{G}_x=\begin{pmatrix}-1 & 0 & 1\\ -2 & 0 & 2\\ -1 & 0 & 1\end{pmatrix},\ \boldsymbol{G}_y=\begin{pmatrix}-1 & -2 & -1\\ 0 & 0 & 0\\ 1 & 2 & 1\end{pmatrix}$$

（3）针对部分图片，根据图片数据情况采用其他预处理操作，如图像亮度（img_Brightness）和对比度的调整、色彩空间（RGB/HSV）的转换等用于优化图像质量和提高后续加注口的检测效果。

3.3 特征提取与分析

提取甲醇加注口的特征，包括形状、颜色、纹理，同时对周围环境特征进行分析，以实现对加注口的有效识别和定位：

（1）对预处理后的图像I进行进一步分析和处理，图像处理算法对图像I进行边缘检测，生成边缘图像$E=\text{edgeDetection}(I)$，其中包含了图像中的边缘信息。接着，进行角点检测，目的是识别图像中的突出特征点。生成角点图像 C=cornerDetection(I)，其中包含了图像中的角点信息。最后，进行色彩直方图计算，用于描述图像的颜色分布情况。通过计算图像 I 的色彩直方图 $H(I)$= colorHistogram(I)，可得到图像中各种颜色的分布情况。其中，edgeDetection、cornerDetection 和 colorHistogram 分别表示边缘检测、角点检测和色彩直方图计算的函数。

（2）通过计算边缘图像 E、角点图像 C 和色彩直方图 $H(I)$ 之间的相关性，可以得到更加丰富的特征信息。设相关性计算函数为 corr(A，B)。计算相关性函数后，通过综合考虑边缘图像、角点图像和色彩直方图之间的相关性，结合机器学习模型进行目标识别和定位。设机器学习模型为 $f(\cdot)$，则可以表示为：Position=$f(E，C，H(I))$，其中 Position 表示加注口的位置，$f(\cdot)$ 表示机器学习模型。

3.4 多尺度信息融合

结合不同分辨率的图像数据，采用多尺度信息融合技术，提高检测的鲁棒性和准确性：

（1）针对防爆相机获取的图像数据，记录每幅图像的原始分辨率信息。对所有图像数据进行分辨率统一处理，确保它们在相同的空间尺度下进行比较。例如，将所有图像调整为 1920×1080 像素的统一分辨率。同时，进行相机标定，确定相机的内部参数（如焦距、主点等）和外部参数（如相机位置、姿态等）。利用标定板获取的像素点坐标和实际世界坐标，采用标定算法计算出相机的内外参数。相机的内外参数通常由内参矩阵 $\boldsymbol{K}$ 和外参矩阵 $\boldsymbol{R}[\boldsymbol{t}]$ 表示。其中，内参矩阵 $\boldsymbol{K}$ 描述了相机的内部参数，包括焦距（f_x，f_y）、主点（c_x，c_y）和畸变参数（k_1，k_2，p_1，p_2）等，通常表示为：

$$\boldsymbol{K}=\begin{bmatrix} f_x & 0 & c_x \\ 0 & f_y & c_y \\ 0 & 0 & 1 \end{bmatrix}$$

其中

$$\boldsymbol{K}=\begin{bmatrix} 2782.220921 & 0 & 922.696003 \\ 0 & 2781.952183 & 593.335038 \\ 0 & 0 & 1 \end{bmatrix}$$

外参矩阵 $\boldsymbol{R}|\boldsymbol{t}|$ 描述了相机的外部参数，包括相机的旋转矩阵 $\boldsymbol{R}$ 和平移向量 $\boldsymbol{t}$，用于描述相机在世界坐标系中的位置和朝向。

相机的投影变换公式可以表示为：

$$s\begin{bmatrix} u \\ v \\ 1 \end{bmatrix}=\boldsymbol{K}[\boldsymbol{R}\mid\boldsymbol{t}]\begin{bmatrix} X \\ Y \\ Z \\ 1 \end{bmatrix}$$

最终，得到的标定结果将被用于后续的图像处理和分析过程中，以确保实验数据的精确，

（2）对从防爆相机获取的图像特征进行特征加权与组合。以步骤（3）中获取的边缘图像 E、角点图像 C 和色彩直方图 $H(I)$ 为例，得到的数字数据如下：边缘图像 E 中包含 1200 个边缘点，角点图像 C 中标识了 25 个角点，色彩直方图 $H(I)$ 包含 256 个颜色通道。接下来，根据不同特征的重要性和可靠性，对特征进行加权和组合。例如，可采用线性加权法或非线性加权法对边缘特征、角点特征和色彩特征进行加权，以获得综合的特征向量。假设经过加权后的综合特征向量为 $\boldsymbol{F}=(0.6\cdot E，0.3\cdot C，0.1\cdot H(I))$，其中各特征的权重根据其在检测算法中的重要性进行调整，得到加权和组合后的特征向量 $\boldsymbol{F}$。

3.5 时序信息学习与注意力机制

在模型训练过程中加入时序信息学习和注意力机制，提升识别速度和适应性。结合步骤 3 和步骤 4 得到的一系列参数和数据处理结果，在 YOLOv5 模型训练过程中加入时序信息学习和注意力机制，对不同时间步的视觉特征进行学习和关注，以提升识别速度并应对光线变化、杂物干扰等因素，提高加注口检测系统的快速性与准确性：

（1）针对训练数据，首先通过记录图像获取的时间戳或分配序列编号的方式提取图像数据的时序信

息，以引入时序学习的思想。随后，设计合适的时序特征表示方法，将时序信息与图像特征结合起来，形成适合模型学习的输入数据格式。这包括将一系列连续的图像帧组合成时序序列，并将每个时序序列与对应的图像特征结合，构建时序特征表示。针对时序特征，设计采用长短期记忆网络（LSTM）作为模型结构，以实现对不同时间步的视觉特征的学习和表示。LSTM 作为一种适用于序列数据建模的循环神经网络结构，能够有效地捕捉序列数据中的长期依赖关系。

（2）设计一个基于注意力机制的时序加注口检测算法。首先，使用卷积神经网络（CNN）对每一帧图像进行特征提取，得到图像特征序列｛x_1，x_2，…，x_T｝，其中 T 是序列的长度。设计注意力模型来动态地计算每个时间步的注意力权重，以便模型能够聚焦于关键的时间步。具体而言，可使用 Soft Attention 机制，计算注意力权重的公式如下：$\alpha_t=\frac{\exp(e_t)}{\sum_{i=1}^{T}\exp(e_i)}$；e_t 是对应于第 t 个时间步的注意力能量，可以使用多层感知机（MLP）或全连接层来计算：$e_t=\mathrm{MLP}(x_t)$；其次，根据注意力权重对图像特征序列进行加权求和，得到加权后的特征表示：$z=\sum_{t=1}^{T}\alpha_t\cdot x_t$；最后，将加权后的特征 z 输入到 LSTM 模型中。

（3）基于设计的时序模型和注意力机制，对训练数据进行训练，不断优化 YOLOv5 模型参数和结构，以实现对加注口的准确识别和定位。对训练好的视觉检测模型进行性能评估，根据评估结果对模型进行调整和优化，确保加注口检测系统在不同环境条件下的鲁棒性和适应性。

4 基于三角形描述子的点云配准

4.1 加注口点云分割

根据罐装车加注口的实际物理模型，可将其建模为固定尺寸的圆柱形状的物体，基于 MSAC 拟合算法获取罐装车加注口的物理参数和加注口轮廓模型。

（1）在圆柱面上任意选取若干点 Points，并拟合这些点构成的平面 Plane_A，进而得到平面的单位法向量 $\boldsymbol{n}_A$，也即该点的法向量。对圆柱面上的每个点执行此操作，从而得到每个点的单位法向量。将每个点的单位法向量视为一个点 P_0，再次拟合这些点以得到平面法向量 $\boldsymbol{n}_0$，即圆柱轴线向量的初始值（a_0，b_0，c_0）。

（2）获取轴线后，对圆柱进行坐标转换，将圆柱轴线向量（a_0，b_0，c_0）转换为与相机坐标系 Z 轴平行的向量，使得圆柱面上的点的（x，y）坐标构成一个平面圆形。然后拟合这些点以获得圆心 Center_0，即（x_1，y_1，z_1）和半径 r。

（3）圆柱面点到圆柱轴线的距离 d 恒为半径大小，因此根据上述初始值可建立误差方程式 f 求解加注口拟合模型，具体公式如下：

$$f=\frac{\{(x-x_1)^2+(y-y_1)^2+(z-z_1)^2-[a(x-x_1)+b(y-y_1)+c(z-z_1)]^2-r^2\}}{2r}$$

以视觉识别所得大致三维位姿为中心，加注口轮廓模型为轮廓，对初始点云进行分割，得到仅包含甲醇加注口的局部点云，结果如图 2 所示。

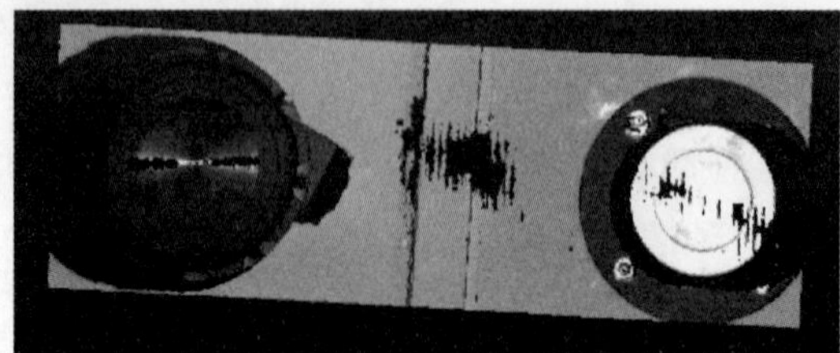

图 2　分割后的加注口区域

4.2 基于距离的点云自适应下采样

针对工业相机重建的点云，由于相加与加注口之间的距离不同，加注口点云的密度也会有差别，若使用相同的下采样阈值进行滤波操作，则可能丢失点云中的部分特征，造成点云配准失败。因此，提出一种基于距离的点云自适应下采样，建立下采样阈值与距离之间的关系，其表达式如下所示：

$$\sigma_{\text{filter}} = \frac{1200 \times \text{aim}}{z_{\text{center}}}$$

4.3 提取边缘点集合

选取点云中各点前后各5个点作为依据，计算目标点云中每一个点的曲率，并根据平滑度阈值筛选出边缘特征点集合，具体计算公式如下：

$$\text{curv} = \frac{1}{|S| \times \| X^{L}_{(k,i)} \|} \left\| \sum_{j \in S,\, j \neq i} (X^{L}_{(k,i)} - X^{L}_{(k,j)}) \right\|$$

式中，S 表示前后5个点的集合。

对边缘特征点集合采用欧式聚类算法得到聚类集合，计算其各自的中心点坐标，具体的计算公式如下所示：

$$\begin{cases} x_{\text{center\_cluster}} = \dfrac{\sum\limits_{\text{point}_i \in \text{cluster}} x_{\text{point}_i}}{\text{Num}} \\ y_{\text{center\_cluster}} = \dfrac{\sum\limits_{\text{point}_i \in \text{cluster}} y_{\text{point}_i}}{\text{Num}} \end{cases}$$

式中，Num 表示 cluster 的点数量。

4.4 构建三角形描述子

遍历聚类集合，搜索每一个聚类的5个最近邻聚类，以从最近邻聚类中遍历所有的两两不重复组合聚类与聚类为顶点构建稳定的三角形描述子，每一个三角形描述子包含：

顶点中心点坐标：center_1、center_2、center_3；

三条边长信息：l_1、l_2、l_3；

三角形描述子示意图如图3所示。

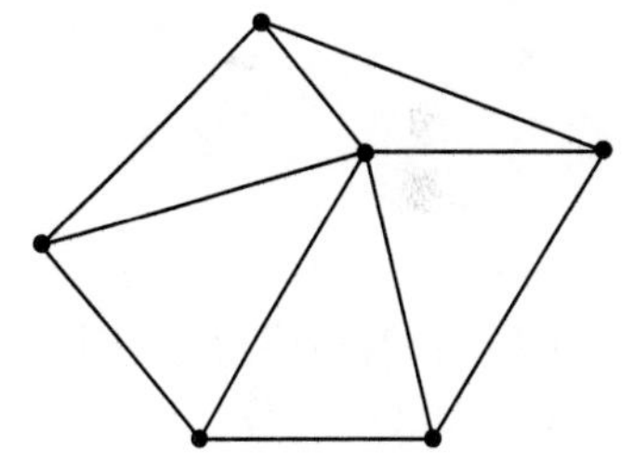

图3 三角形描述子示意图

4.5 特征关联

4.5.1 基于几何特征的三角形描述子匹配

第一阶段遍历描述子集合，以描述子的边长之和为键值，三角形描述子为目标值构建哈希表 $\text{Hash}_{\text{desc}}$。

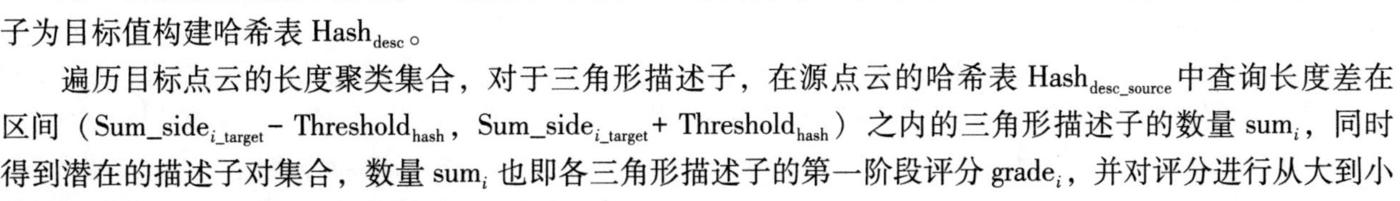

遍历目标点云的长度聚类集合，对于三角形描述子，在源点云的哈希表 $\text{Hash}_{\text{desc\_source}}$ 中查询长度差在区间（$\text{Sum\_side}_{i\_\text{target}} - \text{Threshold}_{\text{hash}}$，$\text{Sum\_side}_{i\_\text{target}} + \text{Threshold}_{\text{hash}}$）之内的三角形描述子的数量 sum_i，同时得到潜在的描述子对集合，数量 sum_i 也即各三角形描述子的第一阶段评分 grade_i，并对评分进行从大到小排序得到评分集合 Grade 以及总描述子对集合 $\text{Match}_{\text{sum}}$。

根据三角形描述子总数大小，保留评分排名前20%的描述子进入第二阶段进行特征关联，其他描述子移出集合。

遍历总描述子集合，对每一组目标点云与源点云配对的描述子，将两者顶点的中心点坐标信息以及三条边长信息做差，得到顶点坐标绝对距离差 Δ_{n} 以及边长差 Δ_{side}。

对于每一个配对描述子判断其是否满足两项差值均小于阈值的条件，不满足则将其移除，最后保留每一个配对描述子集合中两项差值之和 Δ_{sum} 为最小值对应的描述子对（$\text{tri\_desc}_{\text{min\_target}}$，$\text{tri\_desc}_{\text{min\_source}}$），$\Delta_{\text{sum}}$ 的计算公式如下：

$$\Delta_{\text{sum}} = \Delta_{\text{n}} + \Delta_{\text{desc}}$$

遍历保留的描述子对集合，计算两两描述子之间的位姿变换 T_{ij}，对剩余描述子对 $\text{Tri\_desc}_{\text{remain}}$ 进行 T_{ij} 变换，计算变换后描述子的三个顶点间的距离 distance 是否在阈值范围内，若满足阈值要求则分数 vote 加

1，最终可得到评分合集 $vote_{sum}$，分数 vote 最大值对应的描述子对即为目标描述子对，且对应的位姿变换 T_{ij} 即为粗变换位姿值。

4.5.2　基于最小二乘关系的高精度位姿求解

建立目标点云与源点云之间的最小二乘关系，具体表达式如下：

$$\min\left\{\frac{1}{2}\sum_{\substack{point_{tar}\in Pointcloud_{target}\\ point_{sor}\in Pointcloud_{source}}}\|(R'\times point_{tar}+t')-point_{sor}\|^2\right\}$$

利用高斯牛顿法求解上述最小二乘函数，得到高精度变换位姿 T'，并由 T' 求得甲醇罐装车加注口中心位姿 T_{target}，计算公式如下：

$$T_{target}=T'T_{source}$$

式中，T_{source} 为源点云的位姿。

5　实验结果与分析

5.1　加注口目标检测实验

通过目标检测和特征提取技术，对加注口进行粗定位，并将其坐标信息转化为后续点云配准可识别的数据格式：

（1）采用甲醇加注口目标检测算法对加注口所在位置的环境图像进行检测，检测结果如图 4 所示。

图 4　实施例视觉检测结果图

（2）获取精确检测粗定位中心点坐标（包含 labels 检测结果与置信度），在实例中：（‘exit’）(0.385，0.523，0.98)，（‘entrance’）(0.756，0.533，0.98)。通过动态链接库或文件共享形式分享检测数据 position_exit 和 position_entrance。在实例中：position_exit(−215.6，3.5，1417.5)；position_entrance(203.7，7.3，1441.4)。

实验使用深度相机采集甲醇罐装车加注口及其周围环境的图像数据。对采集的图像数据进行预处理，包括去噪、边缘增强等操作。对预处理后的图像进行特征提取和分析，实现对加注口的有效识别和定位。最后，通过多尺度信息融合技术和时序信息学习，进一步提高定位的准确性和鲁棒性。实验结果表明，所提方法能够有效地识别和定位甲醇罐装车的加注口，具有较高的定位精度和鲁棒性。在不同的环境条件下，该方法均能实现对加注口的快速准确定位。

5.2　点云配准算法对比实验

本节将本文提出的基于三角形描述子的配准算法与基于 FPFH 特征的配准算法进行比较，以验证本文算法的先进性。

加注口中心的实际世界坐标位姿借助游标卡尺的测量与点云软件 Cloud Compare 的辅助获取，可保证其精确性。甲醇罐装车存在两个加注口，本次实验只使用其中一个加注口，另一个加注口的位姿可利用相同方法获得。

对于所采集的五组点云数据，点云配准结果如表 1 所示。基于三角形描述子的配准结果如图 5 所示。可以看出本文提出的配准算法在各组实验中都比基于 FPFH 特征的配准算法具有更加精确的结果。

表 1 加注口中心世界坐标对比表

实验序号	加注口中心实际世界坐标/mm	基于三角形描述子的加注口中心坐标/mm	基于 FPFP 特征的加注口中心坐标/mm
1	(-175.485, 104.957, 1761.18)	(-166.424, 107.902, 1760.9)	(-165.776, 106.633, 1760.5)
2	(-74.36, 103.401, 1757.23)	(-72.206, 107.583, 1757.1)	(-81.408, 107.935, 1754.2)
3	(-221.07, 107.995, 1476.81)	(-226.873, 108.431, 1477.5)	(-241.752, 94.496, 1478.0)
4	(-90.853, 106.280, 1293.76)	(-88.849, 107.802, 1295.01)	(-40.662, 101.371, 1293.94)
5	(-169.185, 106.199, 1354.77)	(-168.333, 112.621, 1354.5)	(173.543, 124.513, 1356.49)

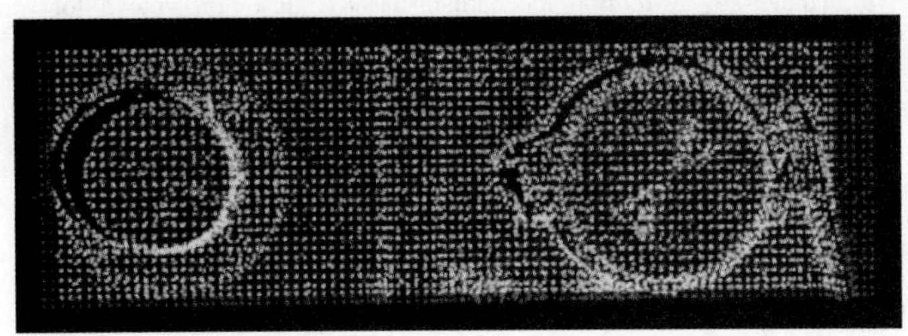

图 5 基于三角形描述子的配准结果
（黑色为目标点云，灰色为源点云）

计算加注口中心实际坐标值与配准算法预测出的坐标值之间的欧式距离，将其作为算法的误差值，可以得到对比实验的误差值如表 2 所示。欧式距离计算公式如下：

$$\rho = \sqrt{(x_2 - x_1)^2 + (y_2 - y_1)^2 + (z_2 - z_1)^2}$$

表 2 加注口定位误差对比表

实验序号	三角形描述子	FPFH 特征
1	9.532	9.876
2	4.706	8.911
3	5.860	24.726
4	2.810	50.431
5	6.484	18.904

从表 2 中可以看出，在所有 5 组实验中，基于三角形描述子的加注口定位误差更小，特别是后三组实验中表现出了更强的点云配准能力。

6 总结与展望

针对工业自动化领域中甲醇罐装车加注口位姿定位的挑战，本文提出了一种基于视觉检测和点云配准的加注口中心定位方法。视觉检测模块通过引入时序信息学习和注意力机制，不仅提高了加注口识别的速度和准确性，而且增强了系统对复杂环境的适应性。此外，还设计了一种创新的图像预处理流程和特征提取策略，进一步提升了定位精度。实验结果表明，该方法在多种环境条件下均能实现快速且高精度的加注口定位，有效提升了甲醇罐装车加注过程的安全性和效率，展现了在自动化加注场景中的应用潜力。在点云配准模块中设计了一种三角形描述子进行点云配准任务，经验证其表现出比传统的基于 FPFH 特征的算法更高精度的定位，可以高效地完成甲醇罐装车加注口定位任务，展现了其在点云配准领域的优越性。

参 考 文 献

[1] Zhang H, Tian M, Shao G, et al. Target detection of forward-looking sonar image based on improved YOLOv5 [J]. IEEE Access, 2022, 10: 18023-18034.

[2] Lei F, Tang F, Li S. Underwater target detection algorithm based on improved YOLOv5 [J]. Journal of Marine Science and Engineering, 2022, 10 (3): 310.

[3] Han G, He M, Gao M, et al. Insulator breakage detection based on improved YOLOv5 [J]. Sustainability, 2022, 14 (10): 6066.

[4] Zhang J, Wang S, Zhang S, et al. Research on target detection of Engraulis japonicus purse seine based on improved model of YOLOv5 [J]. Frontiers in Marine Science, 2022, 9: 933735.

[5] Lv H, Yan H, Liu K, et al. Yolov5-ac: Attention mechanism-based lightweight yolov5 for track pedestrian detection [J]. Sensors, 2022, 22 (15): 5903.

[6] Dai M, Dong X. Research on vehicle detection in foggy weather based on improved YOLOv5 algorithm[C]//International Conference on Computer, Artificial Intelligence, and Control Engineering (CAICE 2022). SPIE, 2022, 12288: 424-430.

[7] Fan Y, Zhang Y. Infrared small target recognition in waterways based on YOLOv5 algorithm[C]//Third International Conference on Image Processing and Intelligent Control (IPIC 2023). SPIE, 2023, 12782: 192-198.

[8] Gu Z, Zhu K, You S. YOLO-SSFS: A method combining SPD-Conv/STDL/IM-FPN/SIoU for outdoor small target vehicle detection [J]. Electronics, 2023, 12 (18): 3744.

[9] Yang H, Lin D, Zhang G, et al. Research on detection of rice pests and diseases based on improved Yolov5 algorithm [J]. Applied Sciences, 2023, 13 (18): 10188.

[10] Liu J, Zeng Z. Infrared heat map defect target detection based on Yolov5[C]//Eighth Asia Pacific Conference on Optics Manufacture and Third International Forum of Young Scientists on Advanced Optical Manufacturing (APCOM and YSAOM 2023). SPIE, 2023, 12976: 45-50.

[11] Besl P J, McKay N D. A method for registration of 3-D shapes[C]//IEEE Transactions on Pattern Analysis and Machine Intelligence (PAMI), 1992, 14 (2): 239-256.

[12] Myronenko A, Song X. Point set registration: coherent point drift[C]//IEEE Transactions on Pattern Analysis and Machine Intelligence (PAMI), 2010, 32 (12): 2262-2275.

[13] Magnenat S, et al. The normal distributions transform: A new approach to laser scan matching[C]//Proceedings of the IEEE/RSJ International Conference on Intelligent Robots and Systems (IROS), 2013: 2743-2748.

[14] Zhang H, et al. Robust point set registration using iterative closest point and singular value decomposition[C]//Proceedings of the IEEE International Conference on Robotics and Biomimetics (ROBIO), 2015: 3141-3146.

[15] Rusu R B, et al. Fast point feature histograms (FPFH) for 3D registration[C]//Proceedings of the IEEE International Conference on Robotics and Automation (ICRA), 2009: 3212-3217.

[16] Tombari T, et al. SHOT: Unique signatures of histograms for surface and texture description[C]//Computer Vision and Image Understanding (CVIU), 2013, 117 (2): 158-176.

甲醇空分系统氧压机长周期运行的技术研究

杜淑平

（山西焦化股份有限公司，洪洞 041600）

摘　要： 氧气压缩机是空分系统中的关键设备，其作用是将从分馏塔出来的氧气压缩到 1.0~3.0 MPa 送至后工序，以保证甲醇系统的正常生产。此次技术研究通过对氧压机填料结构材质进行优化，实现了氧压机的长周期运行。

关键词： 氧气压缩机，填料，长周期运行

1　概述

甲醇厂空分车间 6 台氧压机为立式、三级四列（其中一级为两个气缸，二、三级各一个气缸）、双作用、水冷却、无润滑、活塞式氧气压缩机。其主要作用为将空分装置生产的氧气加压后送至一、二系统转化炉。

氧压机的填料是密封活塞杆与气缸之间间隙的主要部件，填料函温度能直接反映氧气的泄漏情况及填料的质量优劣。2021 年 6 月 1 日氧压机发生着火事故后，为了提高氧压机的安全性能，公司决定将二、三级填料函材质由原来的 3Cr13 改为青锡铜材料，填料环由六瓣改为四瓣整体式填料环，提高密封器的散热效果、阻燃效果，降低泄漏氧气的温度及摩擦起火的可能性。在设备运行过程中，三级填料环的运行时间较短，运行 50 天左右填料环就会磨损、失效，导致填料函泄漏气温度升高至 80 ℃，泄漏量变大而不得不停机检修，从而导致频繁的倒车，影响设备的长周期运行。

2　原因分析

2.1　材料方面

非金属类填料环的特性（耐磨性、热稳定性、塑性、高温下的膨胀性、化学稳定性等）会影响其使用周期，其特性由材料的配比所决定，由填料环的制造厂家进行加工保证。

2.2　加工方面

填料环的表面粗糙度、各种加工尺寸、内孔透光率且与活塞杆的最大间隙、切口透光率且最大间隙、端面的平行度等，由制造厂家进行加工保证。

2.3　装配方面

（1）合理的轴向间隙、径向间隙、开口间隙；

（2）径向、切向环的安装方向；

（3）密封面（填料环与活塞杆、填料盒所形成的密封面，包括填料环表面、活塞杆表面、填料盒的侧面）的粗糙度；

（4）拉紧弹簧的预紧力；

（5）活塞杆中心与各填料盒中心同心程度（活塞杆的跳动）；

（6）活塞杆的圆柱度。

2.4　其他方面

（1）介质中的杂质进入填料环；

（2）冷却效果差。

3 采取的主要措施

针对这一情况进行分析研究，决定重点从以下几方面开展工作，探索延长填料环使用周期的办法：

（1）由杭氧生产的铜填料函每组填料环与盒套的径向间隙第一组间隙为 0.4~0.6 mm，其余六组为 0.3~0.4 mm，开封黄河生产的不锈钢填料函使用的填料环的间隙均为 0.5~0.8 mm。怀疑杭氧的填料环间隙偏小，在运行过程中活塞杆与填料环摩擦，温度升高膨胀后间隙变小，加快了填料环的磨损。在 2021 年 6 月 12 日对 3 号氧压机检修时，通过研磨填料环垫环，将三级填料函每组填料环与盒套的径向间隙加大至 0.6 mm 左右进行试验。在 3 号氧压机运行 56 天时，填料函泄漏气温度在 75 ℃左右（指标为不超过 80 ℃），此次加大径向间隙的办法效果不明显。

（2）考虑到填料环在高温、高压环境下的耐磨性可能降低，导致填料环磨损较快的情况，通过现场讨论确定，在各机组的抽油烟氮气管道上引氮气管至各填料函处，进行通氮气吹扫填料函及活塞杆，以降低填料环的温度，达到提高填料环使用周期的目的。通过一段时间的运行观察，通氮气吹扫填料函及活塞杆降低填料环温度的办法没有明显效果。

（3）因在填料函外部通氮气降温的效果不明显，经讨论后决定在 2 号氧压机三级填料函内部开孔，利用填料函泄漏气内漏、外漏通道将填料函内部通入氮气，达到降低填料函及活塞杆的温度并阻止氧气泄漏的目的。从实施后的运行周期来看，此办法也没有达到延长填料环运行周期的目的。

（4）通过与填料环制造厂家（杭氧）技术人员联系沟通，建议对填料环的组分配比进行调整，在填料环中增加耐磨材料。厂家采取了此建议并制作了 4 套改良后的耐磨填料环，并分别装入 4 号、6 号氧压机三级填料函及 2 号氧压机二、三级填料函进行试运行。经过一段时间的运行，填料环的使用情况为：6 号氧压机运行 90 天，填料函泄漏气温度在 30~36 ℃之间波动；4 号氧压机运行 98 天，填料函泄漏气温度由开车时的 25 ℃左右升至 38 ℃；2 号氧压机运行 102 天，填料函泄漏气温度在 35~40 ℃之间波动（均因机组运行时间超出小修周期，需停机检修）。根据以上机组的运行情况以及 2021 年各机组更换为新填料环后的运行情况来看，通过对填料环材质进行改进，达到了延长机组运行周期的效果。

4 实施后的效果对比

4.1 更换耐磨填料环前机组的运行情况

更换耐磨填料环前机组的运行情况见表 1。

表 1 更换耐磨填料环前机组的运行情况

设备名称	开启日期	停机日期	停机原因	运行时间/d
1 号氧压机	8 月 20 日	9 月 27 日	三级填料函温度高至 63 ℃	38
2 号氧压机	3 月 18 日	4 月 29 日	三级填料函温度高至 65 ℃	42
2 号氧压机	6 月 16 日	7 月 24 日	三级填料函温度高至 70 ℃	40
4 号氧压机	6 月 1 日	7 月 22 日	三级填料函温度高至 93 ℃	51
6 号氧压机	4 月 8 日	6 月 1 日	三级填料函温度高至 82 ℃	54

4.2 更换耐磨填料环后机组的运行情况

更换耐磨填料环后机组的运行情况见表 2。

表 2　更换耐磨填料环后机组的运行情况

设备名称	开启日期	停机日期	停机原因	运行时间/d
1 号氧压机	1 月 5 日	4 月 15 日	超出机组小修周期	100
2 号氧压机	1 月 28 日	5 月 6 日	超出机组小修周期	98
3 号氧压机	4 月 15 日	7 月 9 日	计划对机组中修	84
4 号氧压机	8 月 9 日	11 月 23 日	超出机组小修周期	104
5 号氧压机	6 月 17 日	9 月 3 日	机组附属压力容器检验	76

根据以上机组的运行情况进行对比，可以确定通过采取对填料环材质进行改进、添加耐磨材料的办法达到延长机组运行周期的效果。

5　经济社会效益评价

5.1　经济效益

5.1.1　节省的备品备件费用

根据一、二系统氧压机两开一备运行模式 45 天运行周期共需检修 32 次，共更换二、三级填料 64 套；90 天运行周期共需检修 16 次，共更换二、三级填料 32 套（旧填料环一套价格为 2500 元，新填料环一套价格为 3000 元），节约费用 64×2500-32×3000=64000 元。

5.1.2　减少的维修费用

每次检修费用为 3000 元，延长运行周期后检修频次共减少 16 次；节约费用 3000×6=48000 元。

5.1.3　节约的试车电费

每次检修结束需氧压机打氮气试车 4 h，氧压机电机功率 630 kW/h。一度工业用电为 0.55 元；节约费用 630×4×0.55×16=22176 元。

5.1.4　节约打氮气试车费用

每次检修结束需氧压机打氮气试车 4 h，氧压机打氮气用量为 3600 m^3/h，1 m^3 氮气为 0.4 元；节约费用 3600×0.4×4×16=92160 元。

共节约费用 64000+48000+22176+92160=226336 元。

5.2　社会效益

（1）机组的运行周期由原来的 45 天左右提高到了 90 天左右，大大延长了机组的运行周期。

（2）设备的运行周期提升后，减少了机组频繁倒车，降低了因倒车操作造成的后工序负荷波动及对生产系统安全稳定运行的影响。

6　结语

通过更换新的填料环，延长了设备的运行周期，节约了维修费用，保证了机组的安全运行，在往复式压缩机填料环的应用方面具有较强的推广意义。

甲醇/水管壳式换热器的能效监测系统及实验分析

吴道兴[1]　孙燕华[2]　栾　晨[1]　赵立林[2]　刘绪杰[2]

（1. 神华巴彦淖尔能源有限责任公司，巴彦淖尔　015300；
2. 山东中和热工科技有限公司，济南　250401）

摘　要： 管壳式换热器作为热能传递的重要设备，广泛应用于化工、石油、电力等工业领域。为确保其长期稳定运行和高效能耗，能效监测成为管理和优化过程中的重要环节。本研究通过采集管壳式换热器各项热力性能参数，包括流量、温度、压差等，计算得到设备能效，利用大量实时数据和历史性能信息，实现设备的能效监测，对该设备的长期运行表现进行了全面的研究，旨在帮助提高设备的长期运行效能，确保其在生产过程中的可靠性和经济性。

关键词： 管壳式换热器，能效检测，热阻，能效

1　概述

换热器作为能量交换型特种设备，在化工、石油等高耗能行业广泛应用[1]。管壳式换热器以封闭管束壁面为传热面，结构简单，适用于高温高压环境，是目前最常见的类型[2]。换热器的能效监测有助于优化能效、延长设备寿命、提高系统安全性，及时发现潜在问题采取维护措施，提高系统稳定性和可靠性。

管壳式换热器的性能受多种因素影响，主要包括：污垢和腐蚀，表面附着污垢和腐蚀会影响设备热阻，降低传热表面效率[3]；流体质量和流速的变化，可能导致管壳内部杂质沉积，影响热传递效果；运行条件变化，如流体温度、压力等调整，影响设备密封性能和结构稳定性，也会影响传热性能[4-5]。实时监测能提前发现问题，有效应对变化，确保换热器稳定高效运行[6-7]。

Negrão 等[8]监测了某原油厂换热器组的换热性能，结果显示换热器组热阻的变化表现出振荡趋势，但随时间增加，平均值逐渐上升。高结垢率是导致热阻增加的主要因素，而温度对污垢形成有显著影响，工作温度较低的换热器几乎没有结垢。贾晓东等[9]提出了一种基于传热系数的管壳式换热器在线能效监测技术，利用数据采集和软件技术，通过数字传感器监测换热器参数，实现能效的在线监测。Jerónimo 等[10]提出了一种跟踪换热器性能随时间变化的新方法，适用于连续测量换热器入口/出口温度和质量流量的情况，并引入了污垢指数来表示污垢水平。预测模型利用了流动热容比和传热单元数的数学关系，假设有效性仅受质量流量变化影响，而不受热物性影响。Izadi 等[11]搭建了一种结垢监测系统，建立了管壳式换热器抗结垢的数学模型，所有数据均由数据采集单元收集，利用两个高精度电阻温度检测器（RTD）测量换热器的入口温度和加热器块内特定点的温度。

本研究对典型管壳式热交换器的运行特性参数进行了实时监测，通过这些监测数据，获得了换热器长时间运行过程中的传热热阻、能效以及压差等参数变化，为设备性能的精准评估提供了可靠的数据支持，同时也为优化操作条件和提高能效水平提供了有效的手段。

2　换热器状态监测系统

首先通过在管壳式换热器上精确设置传感器，其中 T 表示温度测点，P 表示差压测点，M 表示流量测点。实时捕捉热交换过程的温度变化、流体压差以及工质流量，监测数据约 5 个月，以全面了解设备的运行状态。

由于换热器运行过程中存在操作异常以及设备故障等原因，同时受外部环境的影响，可能产生异常

数据，因此采用 MATLAB 软件对数据运行过程产生的异常数据进行了滤波处理。以温度数据为例，首先使用 readtable 函数导入 CSV 文件中的数据，初始化每天的数据，将最终处理的数据保存为 MAT 文件。

进行异常值处理时首先去除了数据中的非正数据，然后使用 medfilt1 函数进行中值滤波，窗口大小为2000。随后将经过滤波后的数据计算进行取均值计算，并保存处理后的数据用于进一步的分析（图 1）。

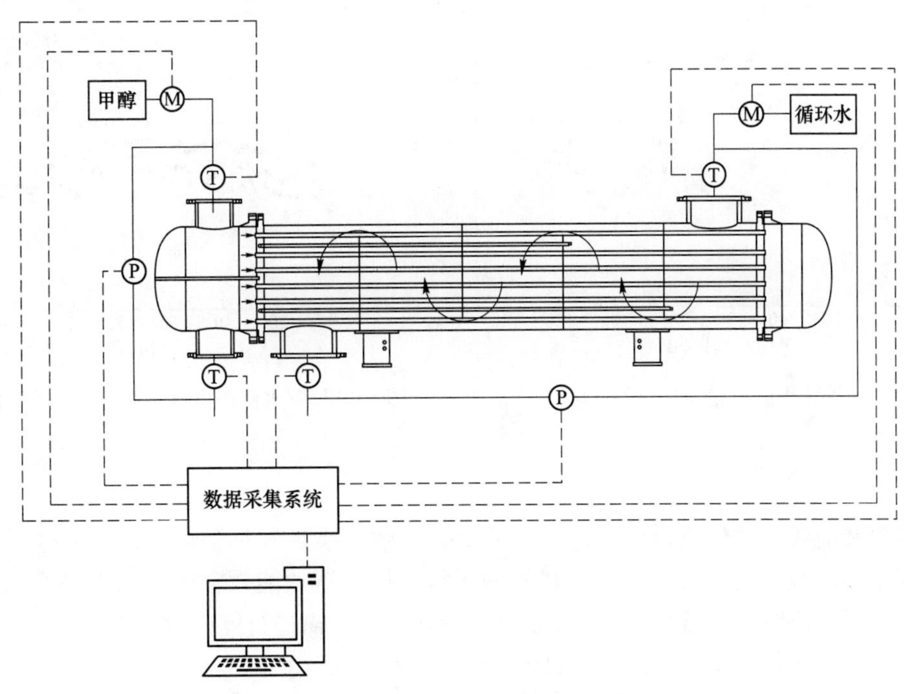

图 1 甲醇/水管壳式换热器数据监测示意图

3 换热器运行数据结果

3.1 换热器温度和压差的变化

监测的换热器为甲醇/水换热器，监测了 2023 年 5 月 24 日至 2023 年 10 月 10 日甲醇和循环水的流量、压差和进出口温度的运行数据，数据处理过程剔除了因设备操作和外部因素产生的异常值，见附录。

在监测周期内，流量的变化如图 2 所示。可见，甲醇和水的流量在监测周期内未发生较大变化，一直处于较稳定的状态。图 3、图 4 分别给出了在监测周期内的甲醇侧和循环水侧压差随时间的变化，可以看出，在检测周期内两侧流体的压差随时间变化较小，波动范围在 9%内，未监测到明显的阻力升高，说明两侧流体未发生明显的结垢现象。

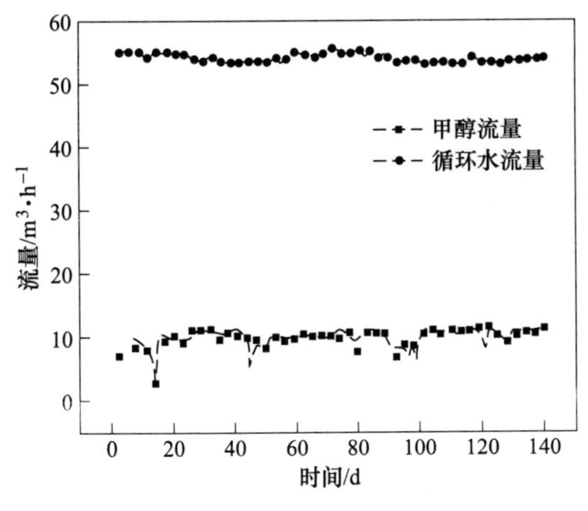

图 2 换热器流量随时间的变化

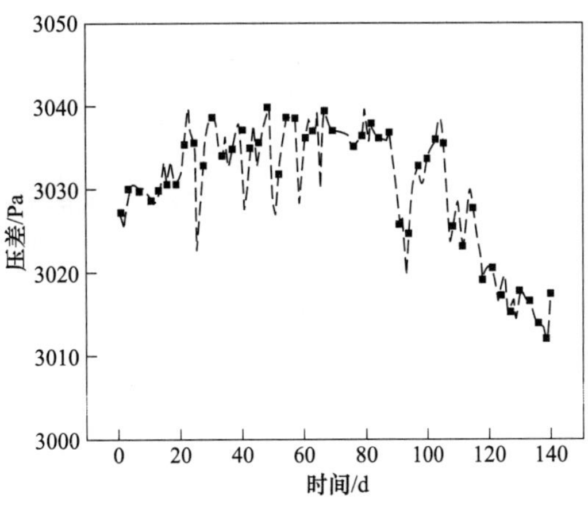

图 3 甲醇侧压差随时间的变化

图 5 给出了监测周期内甲醇和水的进出口温度随时间的变化趋势。可见，在监测周期内冷热侧流体温度未发生大幅波动，换热器整体处于相对稳定的运行状态。

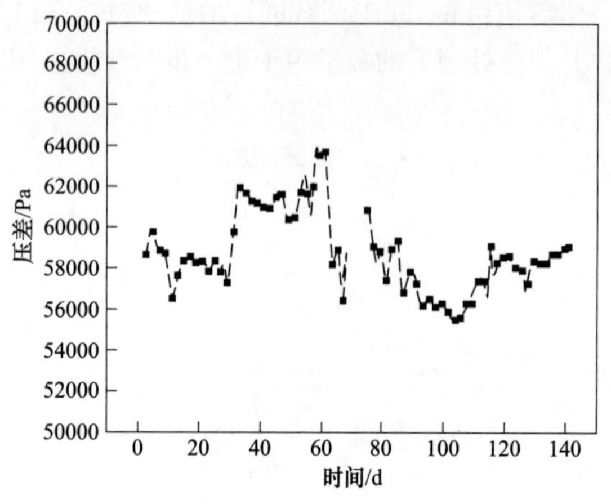

图 4　循环水侧压差随时间的变化

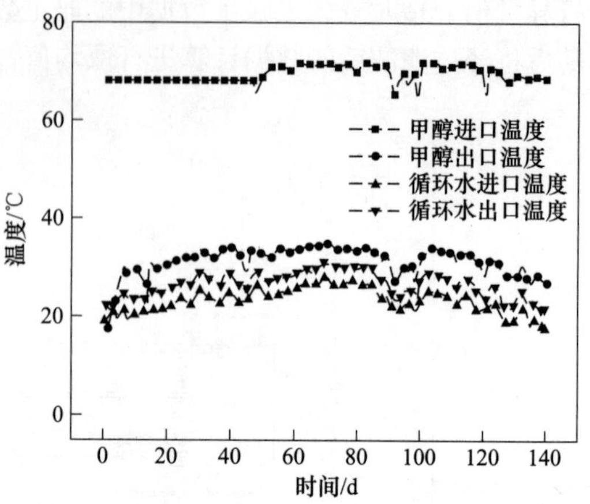

图 5　甲醇/水侧进出口温度随时间的变化趋势

3.2　换热器热阻和能效的变化

换热器的热阻和能效是评价换热器运行状态的重要参数。换热器热阻越低，能效越高，说明换热器的运行状态越好，经济性也就越好。随着换热器的运行，换热器的能效会随着结垢等原因逐渐下降[12]，当下降到一定程度后，说明换热器性能已经不能达到应用需求，需进行停机检修或更换。

当换热器处于稳定运行状态时，换热器的热阻通过下列公式计算：

$$R = \frac{1}{KA}$$

式中，KA 为换热器的热导，通过下式计算：

$$KA = \frac{Q}{\Delta T_{\mathrm{m}}}$$

式中，Q 为换热器的换热量；ΔT_{m} 为换热器的对数平均温差，通过下式计算：

$$\Delta T_{\mathrm{m}} = \varphi \frac{T_{\max} - T_{\min}}{\ln\left(\frac{T_{\max}}{T_{\min}}\right)}$$

式中，$T_{\min}$ 和 $T_{\max}$ 分别表示换热器两端的大温差和小温差；φ 为对数平均温差修正系数。

图 6 给出了换热器热阻随时间的变化，可见换热器热阻在监测周期内没有发生明显下降，下降比例小于 9%。因此，说明换热器传热性能未发生明显下降。

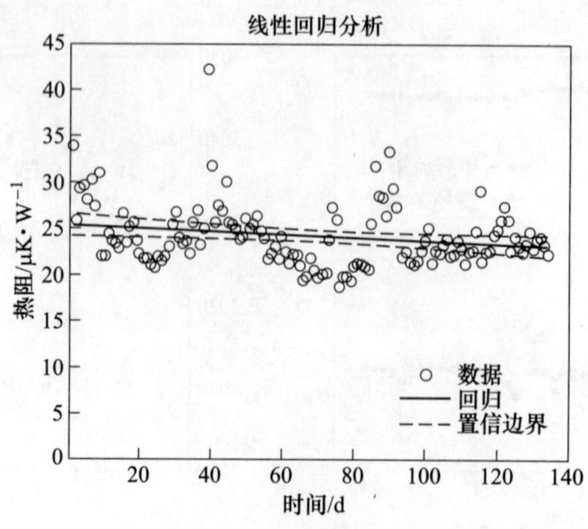

图 6　热阻随时间的变化

换热器的能效通过下式计算：

$$E = \frac{Q_{吸}}{Q_{放}}$$

式中，$Q_{吸}$表示循环水换热过程中吸收的热量；$Q_{放}$表示甲醇换热过程中释放的热量。图 7 给出了换热器的能效随时间的变化。在监测周期内，换热器能效有所下降，由 94%下降至约 80.6%，下降比例为 14.3%。综合来看，随着换热器的运行，换热器的能效在下降，但是还未到达最低线，换热器仍可正常使用。

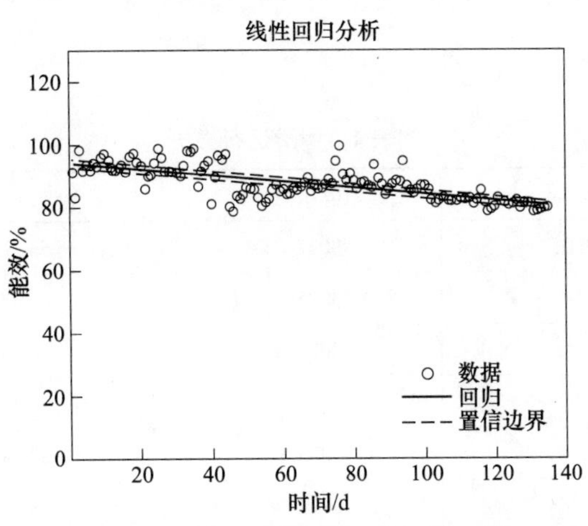

图 7　换热器能效随时间的变化

4　结论

管壳式换热器的能效监测是确保工业过程高效运行的关键环节，通过综合运用实时监测、能效评估和解决方案，能够提高换热器的可靠性和经济性，为工业生产提供更为可持续的热能传递解决方案。本文通过建立某甲醇/水管壳式换热器的实时监测系统，得到了 5 个月时间内的换热器运行参数随时间的变化，其中冷热侧流量、压差、进出口温度随时间变化不明显，热阻略微下降约 8.8%，换热器能效下降约 13.4%。

参 考 文 献

[1] 陈永东，陈学东．我国大型换热器的技术进展［J］. 机械工程学报，2013，49（10）：134-143.

[2] Özçelik Y. Exergetic optimization of shell and tube heat exchangers using a genetic based algorithm［J］. Applied Thermal Engineering，2007，27（11/12）：1849-1856.

[3] Hoo K A，Piovoso M J，Schnelle P D，et al. Process and controller performance monitoring：overview with industrial applications［J］. International Journal of Adaptive Control and Signal Processing，2003，17（7/8/9）：635-662.

[4] Tan X，Zhu D，Zhou G，et al. Heat transfer and pressure drop performance of twisted oval tube heat exchanger［J］. Applied thermal engineering，2013，50（1）：374-383.

[5] Patil P，Srinivasan B，Srinivasan R. Monitoring fouling in heat exchangers under temperature control based on excess thermal and hydraulic loads［J］. Chemical Engineering Research and Design，2022，181：41-54.

[6] Luo H，Chen J，Qi Z，et al. Heat exchanger fouling state assessment and distributed monitoring system development［C］// International Conference on Computer，Artificial Intelligence，and Control Engineering（CAICE 2023）. SPIE，2023，12645：225-233.

[7] 罗林聪，段飞，邢鑫，等．基于物联网的换热器能效状态在线监测系统研究［J］. 能源与节能，2017（11）：88-90.

[8] Negrão C O R，Tonin P C，Madi M. Supervision of the thermal performance of heat exchanger trains［J］. Applied thermal engineering，2007，27（2/3）：347-357.

[9] 贾晓东，陈建勋，高建明，等．基于传热系数的管壳式换热器在线能效监测技术［J］. 石油和化工设备，2019，

22 (8): 85-88.

[10] Jerónimo M A S, Melo L F, Braga A S, et al. Monitoring the thermal efficiency of fouled heat exchangers: a simplified method [J]. Experimental Thermal and Fluid Science, 1997, 14 (4): 455-463.

[11] Izadi M, Aidun D K, Marzocca P, et al. Experimental investigation of fouling behavior of 90-10 Cu-Ni tube by heat transfer resistance monitoring method [J]. Journal of Heat Transfer, 2011, 133 (10): 101801.

[12] Ahilan C, Kumanan S, Sivakumaran N. Online performance assessment of heat exchanger using artificial neural networks [J]. International Journal of Energy & Environment, 2011, 2 (5): 829-844.

附录　换热器运行数据

附表 1　甲醇运行数据

时　间	甲醇流量/$m^3 \cdot h^{-1}$	甲醇压差/Pa	甲醇进口温度/℃	甲醇出口温度/℃
2023-05-24	33. 01	3027. 05	54. 58	10. 48
2023-05-25	6. 96	3025. 26	68. 00	17. 31
2023-05-26	0. 02	3028. 37	68. 00	20. 62
2023-05-27	0. 02	3030. 21	68. 00	21. 27
2023-05-28	0. 16	3030. 86	68. 00	23. 45
2023-05-29	6. 30	3029. 98	68. 00	26. 74
2023-05-30	9. 87	3029. 97	68. 00	30. 25
2023-05-31	8. 26	3029. 98	68. 00	28. 76
2023-06-01	8. 31	3029. 97	68. 00	29. 50
2023-06-02	8. 80	3028. 71	68. 00	29. 60
2023-06-03	7. 91	3028. 72	68. 00	29. 23
2023-06-04	8. 85	3028. 26	68. 00	29. 55
2023-06-05	7. 35	3029. 82	68. 00	28. 89
2023-06-06	2. 74	3029. 41	68. 00	26. 40
2023-06-07	10. 58	3033. 31	68. 00	31. 03
2023-06-08	10. 50	3030. 74	68. 00	29. 81
2023-06-09	9. 30	3033. 63	68. 00	29. 72
2023-06-10	9. 74	3030. 39	68. 00	29. 27
2023-06-11	9. 81	3030. 73	68. 00	29. 71
2023-06-12	10. 19	3030. 44	68. 00	30. 27
2023-06-13	8. 58	3032. 72	68. 00	29. 23
2023-06-14	9. 70	3035. 52	68. 00	30. 56
2023-06-15	8. 94	3039. 94	68. 00	31. 35
2023-06-16	8. 96	3036. 59	68. 00	30. 92
2023-06-17	9. 85	3035. 37	68. 00	31. 72
2023-06-18	11. 03	3022. 61	68. 00	32. 05
2023-06-19	11. 01	3028. 72	68. 00	31. 56
2023-06-20	11. 00	3032. 85	68. 00	31. 10
2023-06-21	11. 18	3036. 57	68. 00	32. 12
2023-06-22	11. 23	3038. 73	68. 00	33. 33
2023-06-23	10. 98	3038. 70	68. 00	33. 81

续附表 1

时　间	甲醇流量/$m^3\cdot h^{-1}$	甲醇压差/Pa	甲醇进口温度/℃	甲醇出口温度/℃
2023-06-24	11. 31	3038. 54	68. 00	32. 85
2023-06-25	11. 14	3033. 56	68. 00	33. 01
2023-06-26	10. 58	3034. 16	68. 00	32. 60
2023-06-27	9. 57	3036. 56	68. 00	31. 85
2023-06-28	9. 12	3032. 15	68. 00	31. 60
2023-06-29	10. 35	3034. 79	68. 00	31. 74
2023-06-30	10. 71	3036. 46	68. 00	33. 45
2023-07-01	10. 72	3038. 21	68. 00	34. 18
2023-07-02	11. 50	3037. 08	68. 00	34. 63
2023-07-03	10. 25	3027. 35	68. 00	33. 94
2023-07-04	9. 26	3029. 80	68. 00	32. 10
2023-07-05	11. 02	3034. 91	68. 00	32. 37
2023-07-06	9. 94	3037. 90	68. 00	32. 50
2023-07-07	5. 36	3032. 29	68. 00	28. 92
2023-07-08	7. 34	3035. 76	68. 00	30. 93
2023-07-09	9. 53	3036. 75	68. 00	33. 40
2023-07-10	8. 58	3038. 75	65. 06	33. 61
2023-07-11	8. 77	3039. 98	66. 95	34. 05
2023-07-12	8. 23	3029. 44	68. 57	32. 69
2023-07-13	9. 89	3026. 55	70. 58	32. 80
2023-07-14	9. 80	3031. 75	69. 54	32. 36
20230z-07-15	9. 91	3034. 06	70. 93	31. 98
2023-07-16	10. 39	3036. 75	71. 41	32. 66
2023-07-17	10. 06	3038. 67	71. 49	33. 26
2023-07-18	9. 34	3038. 40	70. 93	33. 82
2023-07-19	9. 84	3038. 31	71. 80	33. 80
2023-07-20	9. 78	3038. 48	71. 12	33. 46
2023-07-21	9. 74	3028. 28	70. 10	33. 19
2023-07-22	10. 08	3033. 48	71. 21	33. 73
2023-07-23	10. 14	3035. 75	71. 60	33. 93
2023-07-24	10. 38	3038. 47	71. 75	33. 72
2023-07-25	9. 81	3037. 24	70. 84	33. 47
2023-07-26	9. 64	3037. 25	71. 46	33. 85
2023-07-27	10. 18	3039. 59	71. 47	34. 09
2023-07-28	9. 24	3029. 86	70. 61	32. 92
2023-07-29	9. 88	3039. 39	71. 28	33. 59
2023-07-30	10. 28	3038. 15	71. 59	34. 24
2023-07-31	9. 95	0. 00	71. 05	33. 95
2023-08-01	9. 74	3036. 97	71. 19	34. 84
2023-08-02	10. 17	0. 00	71. 79	34. 76
2023-08-03	10. 99	0. 00	71. 32	34. 32
2023-08-04	11. 13	0. 00	71. 59	33. 73

续附表 1

时　间	甲醇流量/$m^3 \cdot h^{-1}$	甲醇压差/Pa	甲醇进口温度/℃	甲醇出口温度/℃
2023-08-05	9.92	0.00	70.79	33.44
2023-08-06	10.61	3036.51	71.57	33.85
2023-08-07	11.02	3034.92	71.70	33.82
2023-08-08	10.77	3036.19	71.56	33.61
2023-08-09	10.49	3035.80	71.56	33.96
2023-08-10	8.94	3036.58	69.76	33.82
2023-08-11	7.76	3039.95	69.85	33.24
2023-08-12	8.01	3035.69	70.87	33.74
2023-08-13	11.22	3038.04	71.83	33.67
2023-08-14	10.71	3036.63	71.76	34.05
2023-08-15	10.59	3036.42	71.47	33.78
2023-08-16	11.03	3036.10	71.45	33.83
2023-08-17	10.52	3036.12	70.95	32.85
2023-08-18	10.28	3035.57	70.91	31.50
2023-08-19	10.37	3036.82	70.45	31.18
2023-08-20	10.54	3032.10	71.22	32.39
2023-08-21	10.88	3032.10	70.54	31.07
2023-08-22	8.27	3025.96	66.31	28.66
2023-08-23	6.86	3026.97	65.27	27.13
2023-08-24	7.94	3019.57	68.38	28.51
2023-08-25	8.20	3024.76	68.06	28.77
2023-08-26	8.75	3029.63	69.55	30.38
2023-08-27	6.70	3031.86	66.85	29.27
2023-08-28	7.82	3032.84	69.26	30.13
2023-08-29	8.48	3030.64	69.30	30.32
2023-08-30	5.94	3030.64	63.92	27.34
2023-08-31	10.82	3033.57	71.53	32.03
2023-09-01	10.53	3034.51	71.58	32.41
2023-09-02	11.27	3034.86	71.53	33.49
2023-09-03	11.37	3035.99	72.12	33.91
2023-09-04	11.11	3037.90	71.82	33.87
2023-09-05	10.80	3038.73	71.65	34.08
2023-09-06	10.59	3035.49	71.50	33.81
2023-09-07	10.23	3025.08	70.47	33.18
2023-09-08	11.87	3023.27	71.15	33.37
2023-09-09	10.95	3025.54	71.33	33.05
2023-09-10	10.92	3029.04	71.06	33.08
2023-09-11	10.55	3024.64	70.63	31.10
2023-09-12	10.28	3023.08	70.25	30.90
2023-09-13	11.04	3026.95	71.59	32.69
2023-09-14	10.92	3030.52	71.52	33.27
2023-09-15	10.30	3027.71	71.21	32.76

续附表 1

时　间	甲醇流量/m³·h⁻¹	甲醇压差/Pa	甲醇进口温度/℃	甲醇出口温度/℃
2023-09-16	10.88	3024.98	71.34	32.93
2023-09-17	11.86	3024.34	71.69	32.57
2023-09-18	11.34	3019.18	70.56	30.89
2023-09-19	11.33	3019.68	70.29	30.95
2023-09-20	10.07	3021.18	69.88	29.87
2023-09-21	8.06	3020.58	65.39	28.39
2023-09-22	11.52	3020.47	70.39	31.65
2023-09-23	11.17	3016.16	70.52	31.26
2023-09-24	11.11	3017.26	70.82	31.47
2023-09-25	10.25	3019.69	70.00	31.23
2023-09-26	9.89	3015.58	68.83	28.80
2023-09-27	9.68	3015.29	68.28	27.74
2023-09-28	9.14	3017.31	67.68	28.41
2023-09-29	9.86	3014.40	67.79	27.41
2023-09-30	11.02	3017.97	69.19	28.00
2023-10-01	10.10	3018.56	69.02	28.43
2023-10-02	10.72	3016.34	70.06	30.63
2023-10-03	10.95	3016.46	69.77	30.28
2023-10-04	10.69	3016.27	68.42	27.79
2023-10-05	10.05	3014.20	67.85	26.86
2023-10-06	10.95	3013.83	69.38	28.47
2023-10-07	10.57	3014.20	68.94	28.39
2023-10-08	10.61	3012.20	67.57	26.50
2023-10-09	10.76	3011.98	69.00	27.21
2023-10-10	11.30	3017.57	68.54	27.08

附表 2　循环水运行数据

时　间	循环水流量/m³·h⁻¹	循环水压差/Pa	循环水进口温度/℃	循环水出口温度/℃
2023-05-24	47.11	20758987.34	18.94	22.74
2023-05-25	46.10	78415.42	19.71	19.74
2023-05-26	55.05	58638.68	18.77	18.96
2023-05-27	55.62	60035.46	21.36	21.46
2023-05-28	55.36	59752.02	19.42	19.75
2023-05-29	55.14	59522.82	19.88	22.25
2023-05-30	55.00	58858.50	21.47	24.60
2023-05-31	55.02	58797.99	19.33	22.53
2023-06-01	54.99	58690.43	20.58	23.54
2023-06-02	54.47	57497.60	20.34	23.55
2023-06-03	53.99	56567.02	20.76	23.65
2023-06-04	54.15	56711.39	20.45	23.73
2023-06-05	54.68	57753.33	21.09	23.81
2023-06-06	54.90	58261.80	20.14	21.25
2023-06-07	54.98	58352.73	22.28	26.12

续附表 2

时　间	循环水流量/$m^3 \cdot h^{-1}$	循环水压差/Pa	循环水进口温度/℃	循环水出口温度/℃
2023-06-08	54.75	58654.94	21.14	25.01
2023-06-09	54.90	58546.29	21.79	25.12
2023-06-10	54.96	58192.86	21.01	24.50
2023-06-11	54.99	58281.06	21.52	25.01
2023-06-12	54.81	58342.80	21.86	25.50
2023-06-13	54.77	58323.42	21.40	24.47
2023-06-14	54.69	58164.67	22.30	25.85
2023-06-15	54.86	57869.93	23.41	26.65
2023-06-16	54.72	57797.50	22.91	26.09
2023-06-17	54.99	58362.12	23.62	26.99
2023-06-18	54.73	57894.24	23.79	27.26
2023-06-19	53.91	57845.23	23.10	26.82
2023-06-20	52.98	58148.58	22.51	26.35
2023-06-21	53.13	57295.30	23.52	27.50
2023-06-22	53.66	57311.73	24.67	28.69
2023-06-23	53.85	59785.19	25.12	28.88
2023-06-24	54.47	61982.79	24.24	27.98
2023-06-25	54.26	61974.88	24.39	28.07
2023-06-26	54.06	61910.05	24.02	27.55
2023-06-27	53.85	61669.77	23.34	26.60
2023-06-28	53.66	61299.14	23.30	26.39
2023-06-29	53.69	61284.59	22.58	26.20
2023-06-30	53.67	61357.08	24.00	27.78
2023-07-01	53.52	61191.56	24.67	28.39
2023-07-02	53.45	61091.41	24.82	28.80
2023-07-03	53.46	60981.47	25.06	28.22
2023-07-04	53.54	61073.19	23.28	26.44
2023-07-05	53.41	60921.09	22.68	26.52
2023-07-06	53.38	60709.81	23.38	26.87
2023-07-07	53.73	61471.15	22.62	24.37
2023-07-08	53.96	61871.66	23.41	25.92
2023-07-09	53.92	61593.35	24.57	27.88
2023-07-10	53.74	60828.60	25.73	28.66
2023-07-11	53.79	60359.13	26.25	29.16
2023-07-12	53.46	60124.62	25.23	27.70
2023-07-13	53.58	60461.94	24.28	27.38
2023-07-14	53.56	60662.32	23.92	27.10
2023-07-15	53.91	61730.67	23.27	26.59
2023-07-16	54.29	62667.60	23.68	27.19
2023-07-17	53.78	61634.52	24.47	27.96
2023-07-18	53.29	60497.16	25.47	28.63
2023-07-19	54.02	62006.27	24.95	28.30

续附表 2

时　间	循环水流量/$m^3 \cdot h^{-1}$	循环水压差/Pa	循环水进口温度/℃	循环水出口温度/℃
2023-07-20	55. 03	64009. 25	24. 88	28. 01
2023-07-21	54. 91	63558. 23	24. 65	27. 61
2023-07-22	55. 09	63708. 97	25. 24	28. 40
2023-07-23	55. 11	63682. 86	25. 62	28. 86
2023-07-24	54. 68	60578. 99	26. 05	29. 55
2023-07-25	54. 75	58200. 17	26. 37	29. 66
2023-07-26	55. 11	59030. 65	26. 70	29. 88
2023-07-27	54. 98	58909. 40	26. 87	30. 22
2023-07-28	54. 29	58499. 77	25. 86	28. 90
2023-07-29	53. 49	56411. 87	26. 39	29. 71
2023-07-30	54. 30	58813. 93	27. 08	30. 52
2023-07-31	54. 78	0. 00	26. 88	30. 14
2023-08-01	55. 27	60583. 53	28. 13	31. 27
2023-08-02	55. 85	0. 00	27. 85	31. 21
2023-08-03	55. 76	0. 00	27. 15	30. 85
2023-08-04	54. 62	0. 00	26. 27	29. 99
2023-08-05	54. 62	0. 00	26. 46	29. 78
2023-08-06	54. 89	60804. 01	26. 70	30. 25
2023-08-07	55. 45	60705. 02	26. 55	30. 22
2023-08-08	55. 76	59063. 23	26. 33	29. 95
2023-08-09	54. 81	58058. 76	26. 87	30. 50
2023-08-10	54. 73	58778. 70	27. 46	30. 34
2023-08-11	55. 24	58697. 82	26. 54	29. 28
2023-08-12	55. 27	57398. 84	26. 62	29. 64
2023-08-13	54. 42	57311. 23	26. 29	30. 31
2023-08-14	54. 41	58903. 26	26. 91	30. 63
2023-08-15	55. 22	59079. 88	26. 68	30. 38
2023-08-16	55. 30	59309. 89	26. 61	30. 35
2023-08-17	55. 32	56987. 83	25. 55	29. 05
2023-08-18	54. 17	56762. 52	23. 92	27. 61
2023-08-19	54. 02	57508. 52	23. 58	27. 29
2023-08-20	54. 40	57819. 51	24. 84	28. 52
2023-08-21	54. 29	58117. 75	23. 20	27. 02
2023-08-22	54. 43	57296. 05	22. 04	24. 98
2023-08-23	54. 01	56376. 19	20. 69	23. 05
2023-08-24	53. 47	56162. 73	21. 01	23. 87
2023-08-25	53. 41	56433. 59	21. 29	24. 09
2023-08-26	53. 59	56515. 93	22. 68	25. 72
2023-08-27	53. 70	56083. 07	22. 64	24. 90
2023-08-28	53. 79	56150. 27	22. 41	25. 21
2023-08-29	53. 72	56254. 02	22. 34	25. 37
2023-08-30	53. 77	56254. 02	21. 14	23. 22

续附表 2

时　间	循环水流量/$m^3 \cdot h^{-1}$	循环水压差/Pa	循环水进口温度/℃	循环水出口温度/℃
2023-08-31	53.65	56086.86	23.21	27.10
2023-09-01	53.38	55854.97	23.77	27.49
2023-09-02	53.08	55652.56	24.80	28.66
2023-09-03	52.90	55510.75	25.07	29.06
2023-09-04	52.85	55276.23	25.02	28.95
2023-09-05	53.35	55593.29	25.12	28.86
2023-09-06	53.74	56153.40	24.61	28.21
2023-09-07	53.75	56328.31	24.39	27.67
2023-09-08	53.48	55982.24	24.31	28.16
2023-09-09	53.25	56318.25	24.23	27.87
2023-09-10	53.42	57303.67	24.51	28.14
2023-09-11	53.12	57346.89	22.22	25.86
2023-09-12	53.13	57524.27	22.32	25.80
2023-09-13	53.18	57334.30	24.04	27.77
2023-09-14	53.17	56566.11	24.76	28.40
2023-09-15	54.70	59123.91	24.29	27.66
2023-09-16	54.00	57461.88	24.06	27.65
2023-09-17	54.13	58269.46	23.18	27.17
2023-09-18	53.69	58256.78	21.30	25.19
2023-09-19	53.30	58502.48	21.47	25.30
2023-09-20	53.29	58568.41	20.95	24.42
2023-09-21	53.44	58640.79	21.26	23.87
2023-09-22	53.41	58219.07	22.76	26.58
2023-09-23	53.40	57991.32	22.46	26.08
2023-09-24	53.48	58045.49	22.62	26.26
2023-09-25	53.49	57877.01	22.74	26.07
2023-09-26	53.05	56742.74	20.06	23.49
2023-09-27	53.28	57247.96	18.85	22.18
2023-09-28	53.66	58149.89	19.91	22.93
2023-09-29	53.60	58349.33	18.36	21.67
2023-09-30	53.66	58407.60	18.89	22.70
2023-10-01	53.68	58231.43	19.86	23.34
2023-10-02	53.71	58076.29	22.11	25.61
2023-10-03	53.75	58230.07	21.58	25.23
2023-10-04	53.82	58574.54	18.91	22.54
2023-10-05	53.88	58699.64	18.16	21.57
2023-10-06	53.93	58645.26	19.55	23.18
2023-10-07	54.01	58697.22	19.58	23.05
2023-10-08	54.03	58982.81	17.50	21.01
2023-10-09	54.00	58928.07	18.16	21.83
2023-10-10	54.03	59041.64	17.91	21.73

焦炉煤气制甲醇精脱硫系统一级加氢转化器催化剂床层阻力增大的处理与防范

武秀伟

（山西焦化集团有限公司，洪洞 041600）

摘　要：山西焦化集团有限公司20万吨/年甲醇装置于2007年投产，投产以来，其精脱硫系统一级加氢转化器催化剂床层阻力大一直是生产运行中的一大难题。通过深入的原因分析，在最近一次的一级加氢转化器催化剂床层阻力增大后，当期先后采取提温操作和停车处理的应急措施降低了一级加氢转化器催化剂床层阻力，后续又针对问题原因在精脱硫系统采取了多项防范措施，至2022年9月，一级加氢催化剂床层阻力大的问题得到了有效改善，目前精脱硫系统运行稳定。同时，从长远考虑提出了增设1台一级加氢转化器的建议。

关键词：焦炉煤气制甲醇，精脱硫系统，一级加氢转化器，处理措施，防范措施

1 概述

山西焦化集团有限公司（以下简称“山西焦化”）甲醇厂20万吨/年甲醇装置于2007年投产，其甲醇精脱硫系统工艺流程为，从焦化厂化产车间来的焦炉煤气（温度20~40 ℃）经30000 m^3 气柜储存缓冲后进入电捕焦油器，除去焦炉煤气夹带的焦油、氨、萘、苯等大部分有机物，然后进行湿法脱硫，之后经焦炉煤气压缩机提压至2.1 MPa送至精脱硫系统，经油分离器、油过滤器2台，可并联或串联除去焦炉煤气中的油水和杂质，并经换热器换热后，依次进入预加氢转化器（2台，一开一备）、一级加氢转化器（1台，无备）、中温氧化锌脱硫、二级加氢转化器、中温氧化锌脱硫槽，使焦炉煤气中的有机硫变为无机硫并被脱除，控制系统出口总硫含量不超过 2×10^{-6}，从而为转化系统提供合格的原料气。

山西焦化的甲醇装置自投产以来，精脱硫系统一级加氢转化器催化剂床层阻力大一直是生产运行中的一大难题。一级加氢转化器设计运行周期为2年，实际运行周期最短0.5年、最长1.5年，严重制约着甲醇装置的长周期稳定运行。通过深入的原因分析，并针对问题原因逐一制订相应的预防与解决措施后，一级加氢转化器催化剂床层阻力大的问题得到有效改善。以下对有关情况作出简介。

2 一级加氢转化器运行状况

山西焦化甲醇装置精脱硫系统一级加氢转化器设计为1台（无备），转化器内装T202有机铁钼加氢催化剂24 m^3，设计运行周期为2年。生产运行中，已连续3年出现每年的8月份出现一级加氢转化器催化剂床层阻力增大的现象。以最近一次为例，新装填的一炉铁钼加氢催化剂2021年2月1日投运，至2021年8月1日共运行了181天，一级加氢转化器催化剂床层阻力突然上涨，10天后阻力升至0.50 MPa；8月11日启用装填新催化剂的备用预加氢转化器（2号预加氢转化器），并对一级加氢转化器进行提温操作（将一级加氢转化器入口焦炉煤气温度提至400~420 ℃，将一级加氢催化剂床层温度控制在425 ℃以下），以便对一级加氢转化器内积存的粉尘、焦油结炭等进行高温处理，提温操作后，催化剂床层阻力明显降低；降阻后，8月13日恢复一级加氢转化器入口焦炉煤气温度至320 ℃左右；运行至2021年10月1日，催化剂床层阻力再次上涨，到10月11日时上涨至0.29 MPa，再次进行提温操作，恢复一级加氢转化器入口焦炉煤气温度后，催化剂床层阻力不再出现明显下降，运行至10月16日时催化剂床层阻力再次上涨至0.50 MPa。一级加氢转化器投运初期（即催化剂床层阻力增大前）、阻力增大后、提温操作后恢复正常期间催化剂床层阻力的变化见表1。

表 1　运行中新一级加氢催化剂床层阻力的变化

时间（2021 年）	床层阻力/MPa	床层温度/℃	有机硫转化率/%
02-01（投运初期）	0.01	335	98.40
02-05（投运初期）	0.01	334	98.91
02-10（投运初期）	0.01	337	98.50
08-01（阻力增大后）	0.08	321	74.80
08-05（阻力增大后）	0.30	315	62.20
08-10（阻力增大后）	0.50	300	20.70
08-11（提温操作）	0.35	401	37.52
08-12（提温操作）	0.20	415	45.75
08-13（入口温度恢复正常）	0.20	321	45.30
08-17（入口温度恢复正常）	0.21	320	45.03
08-21（入口温度恢复正常）	0.21	321	43.10
10-01（阻力再次增大后）	0.24	319	40.18
10-05（阻力再次增大后）	0.26	315	38.52
10-11（阻力再次增大后）	0.29	313	36.59
10-12（再次提温操作）	0.32	310	35.89
10-16（入口温度恢复正常）	0.50	318	19.87

注：表中数据为日平均值。

由表 1 可以看出，一级加氢转化器运行初期催化剂活性好，床层温度高，床层阻力约 0.01 MPa，有机硫转化率在 98%以上；运行至 2021 年 8 月 1 日（第 181 天）时催化剂床层阻力开始快速上涨，10 天时间内由 0.08 MPa 涨至 0.50 MPa，催化剂床层温度快速降低——最大降幅达 37 ℃，有机硫转化率降至 20.7%；后倒用装填新催化剂的预加氢转化器（备用）并对一级加氢转化器进行提温操作后，催化剂床层阻力降至约 0.20 MPa；但降阻后不久一级加氢转化器催化剂床层阻力再次上涨，且再次提温操作后催化剂床层阻力不再出现明显下降。

3　一级加氢转化器阻力增大原因分析

以往在铁钼加氢催化剂处理过程中发现，催化剂上层表面结焦严重，经分析结焦的主要成分为炭，对其结焦原因进行深入分析，具体如下。

3.1　焦炉煤气夹带杂质

焦化厂化产车间来的焦炉煤气主要由 H_2、CH_4、CO、CO_2、N_2、O_2 和不饱和烃类组成，焦炉煤气典型组分（平均值）为 H_2 62.6%、CO 7.1%、CO_2 3.6%、CH_4 20.8%、N_2 3.5%、O_2 0.4%、C_nH_m 2.0%；另外，焦炉煤气还夹带着焦油、氨、萘、苯等杂质，主要杂质含量（平均值）为焦油 25 mg/m^3、氨 13 mg/m^3。

3.1.1　焦炉煤气中焦油的影响

据焦炉煤气的分析数据，其中的杂质含量最高的是焦油，2021 年 2 月 1 日—8 月 10 日，焦化厂化产车间送来的焦炉煤气量平均为 35000 m^3/h，其中的焦油含量平均为 25 mg/m^3，则运行 181 天后焦炉煤气夹带进入精脱硫系统的焦油量为 $35000\times25\times10^{-9}\times24\times181=3.80$ t。进入精脱硫系统的 3.80 t 焦油，虽然大部分会被电捕焦油器捕获除去，但仍会有少量的焦油在精脱硫系统析出，若油分离器分离效果差，就会被带入预加氢转化器、一级加氢转化器内，而焦油的主要成分是沥青，沥青在 300 ℃以上的高温下会凝结析炭，吸附在铁钼加氢催化剂表面，堵塞焦炉煤气的流通通道，增大焦炉煤气的流通阻力，减少反应气与催化剂的接触面积，降低催化剂的活性，最终导致正常生产运行受到影响。

3.1.2　焦炉煤气中氨的影响

铁钼加氢催化剂的主要活性成分为 Fe_2O_3 和 MoO_3，焦炉煤气中若夹带有氨，氨会与 MoO_3 发生反应生成钼酸铵等盐类 $MoO_3+2NH_3 \cdot H_2O = (NH_4)_2MoO_4+H_2O$，生成的钼酸铵等盐类物质覆盖在催化剂表面，堵塞焦炉煤气的流通通道，增大焦炉煤气的流通阻力，且随着氨的不断积聚焦炉煤气流通阻力逐渐增大；另外，生成的钼酸铵等盐类物质会造成设备腐蚀、损坏等。生产中，要求入精脱硫系统焦炉煤气中的氨含量小于 50 mg/m^3，超过此值要采取应急处理措施。

3.2　换热器换热效果差

最近一次出现一级加氢转化器催化剂床层阻力增大现象时，精脱硫系统的换热器自上次清洗后已运行有 1 年，换热器内结垢严重，换热效果差，导致预加氢转化器入口焦炉煤气温度偏低，只有 265 ℃，焦炉煤气中夹带的焦油、萘等大部分杂质未提前结焦而被带入了后工序的一级加氢转化器内，随着运行时间的积累，一级加氢转化器催化剂床层阻力逐渐增大。

3.3　精脱硫系统入口焦炉煤气温度高

生产运行中，一级加氢转化器已连续 3 年出现催化剂床层阻力增大的现象，且催化剂床层阻力增大均发生在每年的 8 月，是全年中气温最高的时候，此时循环水上水温度一般达 34 ℃，由于循环水上水温度高，使得入精脱硫系统的焦炉煤气温度高达 45 ℃，焦炉煤气中的杂质溶解度随温度升高而降低，不利于焦炉煤气中杂质的分离脱除。

3.4　油分离器/油过滤器分离/过滤效果差

原设计精脱硫系统油分离器通过的焦炉煤气量为 32650 m^3/h，而目前实际通过油分离器的焦炉煤气量平均为 35000 m^3/h，实际通过油分离器的焦炉煤气量超过设计值，油分离器分离能力不足，不能满足工艺要求。另外，实际生产中精脱硫系统油过滤器内的滤油剂的使用周期仅有 0.5 年，每年的 8 月份正好是油过滤器内滤油剂使用周期的后期，油过滤器过滤效果差，导致焦炉煤气携带杂质进入后工序。

4　当期处理措施

4.1　提温操作

2021 年 8 月 10 日，一级加氢转化器催化剂床层阻力达 0.50 MPa，8 月 11 日启用装填新催化剂的备用预加氢转化器，并将一级加氢转化器入口焦炉煤气温度提至 400～420 ℃、催化剂床层温度控制在 425 ℃以下，对一级加氢转化器内积存的粉尘、焦油结炭等进行高温处理；提温操作后，8 月 13 日恢复一级加氢转化器入口焦炉煤气温度至 320 ℃，一级加氢转化器催化剂床层阻力下降至 0.20 MPa；运行至 2021 年 10 月 1 日，催化剂床层阻力再次上涨，到 10 月 11 日时上涨至 0.29 MPa；再次采取提高一级加氢转化器入口焦炉煤气温度等办法进行调节，运行至 10 月 16 日时催化剂床层阻力上涨至 0.50 MPa，随后再次提温操作，一级加氢转化器催化剂床层阻力依然维持在 0.50 MPa。由此表明，由于启用的备用预加氢转化器内装填的是新催化剂，催化剂活性好、温升大，提高一级加氢转化器入口焦炉煤气温度短期内的确可以起到降低一级加氢转化器催化剂床层阻力的效果，但提温操作不能从根本上解决一级加氢转化器催化剂床层阻力增大的问题，只是一种当期处理措施。

4.2　停车处理

当一级加氢转化器催化剂床层阻力增大到影响精脱硫系统的正常生产时，须进行停车处理，停车处理时可采用无氧拆卸装填法：一级加氢转化器插盲板隔离，由氮气总管接氮气至一级加氢转化器，氮气分为两路，一路接入设备内部，将一级加氢转化器中部冷激线导淋作为氮气接入口，通入约 100 m^3/h 的氮气保护设备内部，另一路作为卸出催化剂的保护气使用，控制氮气中的氧含量不超过5%，并1 h分析1次氮气中的氧含量；停车处理拆卸过程中工作人员须佩戴好空气呼吸器，卸料孔用长防水帆布袋罩住，将卸出的催化剂沿着帆布袋送往氮气保护的振筛机，以剔除上部结焦大块、筛除催化剂粉末，筛分后得到的中粒铁钼加氢催化剂装入氮气保护的桶中，装满后即刻密封；铁钼加氢催化剂全部卸出后，检查一级加氢转化器内部衬里完好情况，若无需修复，则立即回装催化剂，回装结束后一级加氢转化器投入运行。

过去，一级加氢转化器催化剂床层增大到影响系统的正常生产时，停车处理需进行系统催化剂钝化、开车硫化等程序，至系统恢复正常生产一般需 8 天的时间，而 2021 年 10 月 17 日采用无氧拆卸装填法对一级加氢转化器作停车处理，仅用了 2 天的时间，大大缩减了系统停车处理的时间，且一级加氢转化器经停车处理（主要是剔除结焦大块、筛除粉末）后，催化剂床层阻力降至了 0. 01 MPa。

5　后续防范措施

5. 1　提高入精脱硫焦炉煤气的净化度

为防止焦炉煤气中夹带的焦油、萘、氨等杂质带入后工序，2021 年 10 月在入精脱硫系统前工序焦炉煤气压缩机入口前（3 台，正常生产时两开一备）增设了 1 台过滤器。增设过滤器后近 1 年的运行情况显示，焦炉煤气压缩机入口压力由之前的 12 kPa 下降至目前的 9 kPa，对过滤器倒车检修，发现过滤器滤芯上焦油等杂质较多，过滤器起到了保护铁钼预加氢催化剂和铁钼加氢催化剂的作用，不过需注意定期清理滤芯。

加强焦炉煤气质量管控，制订焦炉煤气中氨含量超标的应急处理预案：当湿法脱硫出口焦炉煤气中氨含量在 50～100 mg/m^3 时，焦炉煤气系统负荷减至双机 0. 13 MPa；当湿法脱硫出口焦炉煤气中氨含量在 100～150 mg/m^3 时，焦炉煤气系统负荷减至双机 0. 10 MPa；当湿法脱硫出口焦炉煤气中氨含量在 150～200 mg/m^3 时，焦炉煤气系统负荷减至单机满量；当湿法脱硫出口焦炉煤气中氨含量在 200～250 mg/m^3 时，焦炉煤气系统负荷减至单机最低负荷；当湿法脱硫出口焦炉煤气中氨含量超过 250 mg/m^3 时，焦炉煤气系统停车。

5. 2　定期清洗精脱硫系统的换热器

定期清洗精脱硫系统的换热器，提高换热器的换热效率，使预加氢转化器入口焦炉煤气温度提高约 15 ℃，将预加氢转化器催化剂床层温度控制在 300 ℃以上，以使焦炉煤气中夹带的焦油、萘等大部分有机物在预加氢转化器内提前结焦、析炭，防止焦油等杂质被带入一级加氢转化器中。

5. 3　降低入精脱硫系统焦炉煤气的温度

对精脱硫系统前工序的 3 台压缩机各级换热器（两开一备）倒车进行化学清洗，同时加大换热器的循环水量，使入精脱硫系统的焦炉煤气温度由 45 ℃降至 40 ℃以下，以利入精脱硫系统之前焦炉煤气中油水等杂质的分离排除，实施后油分离器油水排量平均增加 3 kg/h。

5. 4　增设油水分离器并严控油水排放

在精脱硫系统原油分离器后、油过滤器前增设 1 台油分离器，并将 2 台油分离器导淋设置成自调引入 DCS 在线监测；同时，定期更换油分离器中的滤油剂，避免油水排放不及时而被带入焦炉煤气中去往后工序。简言之，通过提高焦炉煤气的质量，改善一级加氢转化器的运行环境。

6　结语

山西焦化针对其 20 万吨/年甲醇装置精脱硫系统一级加氢转化器催化剂床层阻力增大的问题，通过深入的原因分析，在最近一次的一级加氢转化器催化剂床层阻力增大后，当期先后采取了提温操作和停车处理的应急措施降低了一级加氢转化器催化剂床层阻力，后又针对问题原因在精脱硫系统采取了多项防范措施，至2022年9月，一级加氢催化剂床层阻力大的问题得到了有效改善，目前精脱硫系统运行稳定。不过，鉴于精脱硫系统一级加氢转化器催化剂床层阻力增大现象频发，从长远考虑，建议增设1台一级加氢转化器，以实现一级加氢转化器的一开一备，避免一级加氢转化器阻力问题对精脱硫系统的正常运行造成影响，以利甲醇装置的长周期稳定运行。

PEEK 阀片在焦炉气压缩机中的长期稳定性与可靠性分析

周宝生[1]　杜海平[1]　邹林斌[2]

（1. 国家能源集团煤焦化有限责任公司西来峰分公司甲醇厂，乌海　016000；
2. 温州市中大冶化机械有限公司，温州　325000）

摘　要：本文结合阀片的设计原理和结构特点，分析了 PEEK 材料的化学性质和物理性质，以及极端工况下的性能表现。阀片性能的特殊要求是通过分析焦炉气压缩机的工作原理和运行环境而提出的。PEEK 阀片性能随时间变化的趋势通过长期稳定性研究与评价指标、实际运行性能监测数据及影响因素分析进行了探讨。结合可靠性评价标准和方法，深入分析焦炉气压缩机 PEEK 阀片的可靠性，通过故障模式分析、可靠性测试和验证。

关键词：PEEK 阀片，焦炉气压缩机，长期稳定性，可靠性

1　概述

1.1　焦炉气压缩机在工业生产中的重要性

焦炉气压缩机是在工业生产中占有举足轻重位置的器材之一。在冶金工业中，焦炉气作为炼铁过程的重要原料，必须在高温高压下被压缩才能得到利用。同样在化工领域，焦炉气压缩机在气体分离催化裂解等诸多工艺过程中也扮演着至关重要的角色。由于焦炉气压缩机性能的好坏会直接影响到上述工业生产的效益与质量，所以必须引起重视。从这一意义上说，焦炉气压缩机作为工业生产中重要的一环，在提高生产效率和质量方面的作用是不容忽视的。

1.2　PEEK 阀片作为焦炉气压缩机关键部件的作用

PEEK 阀片是焦炉气压缩机中必不可少的关键部件之一，主要作用是控制气体的流向。由于 PEEK 阀片在化学和机械性能上都有卓越的表现，因此它在高温高压的工作环境下能够长期稳定运转，从而保证整个压缩机系统的正常运转。而且 PEEK 阀片的设计和制造品质对其性能及可靠性都有很大影响[1]。对 PEEK 阀片的设计和制造质量的严格把关，对于提高压缩机的性能和可靠性都是至关重要的。

1.3　长期稳定性与可靠性对压缩机性能的影响

压缩机的长期稳定性和可靠性是评价其性能优劣的重要指标。在工业生产中，压缩机往往需要长时间连续运行，因此其各个零部件的稳定性和可靠性至关重要。PEEK 阀片作为焦炉气压缩机的关键部件之一，其长期稳定性和可靠性直接影响着整个压缩机系统的工作效率和安全性。

2　PEEK 阀片材料特性分析

2.1　PEEK 材料的化学与物理性质

醚键和酮键在 PEEK 分子链中交替排列，这种特殊的结构对酸、碱、有机溶剂和许多化学物质具有良好的抗腐蚀性，使其在化学性质上显示出卓越的稳定性。另外，PEEK 具有极高的玻璃转换温度（T_g），达到 143 ℃左右，甚至可以达到 250 ℃以上，这意味着 PEEK 在高温、不易软化或熔融的环境下，仍能保持稳定的物理性能，可以在高温工作的环境下长时间使用。从物理性能上看，PEEK 具有优异的机械强度和刚性，其拉伸强度可超过 100 MPa，摩擦系数低，耐磨性极佳。此外，PEEK 还具有良好的绝缘性和耐火性，从而使其广泛应用于电气领域和航天领域[2]。

2.2 PEEK 在极端工况下的性能表现

PEEK 阀片是用来控制焦炉气的流动，通过阀门的开合来调节气体的进出，以保证压缩机系统的正常运行，从而达到压缩和释放焦炉气的目的。PEEK 阀片密封性能优异，能有效地防止气体外泄，使系统保持稳定与安全。PEEK 材料具有良好的耐高温性和耐腐蚀性，能在高温高压的工作环境下长期稳定运行，所以在恶劣的工作条件下，PEEK 阀片可以保证焦炉气压缩机的可靠性和稳定性。PEEK 阀片采用轻量化设计，在提高压缩机效率和性能的同时，也降低了系统的负荷和能耗。

2.3 PEEK 阀片的设计原理与结构特点

PEEK 阀片的设计原理基于对气体流动和密封的精确控制，采用单向阀门设计，使其能够在压缩机工作周期内精确地开启和关闭，以调节气体的进出。PEEK 阀片的结构特点包括其材料的高强度和刚度，确保其在高压力和高负荷情况下仍能保持稳定性能。

2.4 PEEK 阀片与其他材料的性能对比

PEEK 阀片与其他材质的性能比较是设计和应用焦炉气压缩机的重要考虑因素。相比传统金属材料，PEEK 在延长设备使用寿命的同时，质量更小，化学稳定性更高，可以减轻系统负荷，减轻设备质量。PEEK 的热稳定性和机械强度较传统工程塑料如聚丙烯（PP）和聚四氟乙烯（PTFE）更高，可在更严苛的工作环境中使用，降低因材料疲劳或老化而造成的故障发生率，提高系统可靠性。PEEK 阀片具有良好的抗腐蚀性和耐磨性，可降低维护成本和停机时间，提高系统稳定性和连续性能，在恶劣的化学环境中能长期稳定地运行[3]。

3 焦炉气压缩机工作原理及运行环境分析

3.1 焦炉气压缩机的基本工作原理

利用活塞或螺杆等内部机械结构对气体进行压缩，是焦炉气压缩机的基本工作原理。压缩机内部引入焦炉产生的高温气体，进入压缩腔体后进行预处理。压缩腔体内，活塞向下运动（或螺杆转动），在气体压力增大的同时，使气体受到压缩。在压缩机输出口打开的同时，将高压气体输送到管道或储气罐中，当气体压缩到所需压力时，阀门关闭，阻止气体返回。压缩机在这一过程中不断循环工作，以满足工业生产中对高压气体的需求，将高温低压的焦炉气体压缩成高压气体。在整个过程中，焦炉气压缩机会消耗能量，为了驱动活塞或螺杆进行压缩操作，通常会通过电动马达来提供动力。

3.2 焦炉气压缩机运行环境的特点

主要有高温、高压、高腐蚀等方面的焦炉气压缩机运行环境特点。由于焦炉气体产生后温度较高，进入压缩机时仍保持较高温度，因此焦炉气体压缩机在工作过程中经常处于高温环境中。这就要求在高温环境下，压缩机内部的活塞、密封件等各个部件都需要有很好的耐高温能力，这样才能保证稳定的运转。其次，由于焦炉气体需要经过一定的压缩才能满足工业生产的需要，因此焦炉煤气压缩机在运行时会产生较高的压力。

3.3 焦炉气压缩机对阀片性能的特殊要求

焦炉煤气增压机对阀门片材质的需求极其模糊主要涵盖以下几个层面。焦炉气体压缩机往往处于升温和增压的工作状态，所以其阀门部件必须展现卓越的耐热特性。在高热环境中阀片须维持优越的机械坚固度与封闭特性，以保障压缩机的稳定操作，并避免因温度升高引致的扭曲或松脱现象。在焦化厂的气体压缩机内部所处理的混合物往往包括硫化氢等能够引发腐蚀的元素，从而使得阀门部件必须拥有出色的耐腐蚀特质。为了保障阀门组件持久的稳固性能它必须具备足够的能力以对抗焦化烟气所造成的侵蚀。另外，对于焦化用气体压缩机而言，其阀门部件的封闭效能也需达到极为严格的标准。为了保障压缩机的稳定运作在关闭时，阀片需确保能够有效避免气体的逸散，维护系统的密闭性。鉴于长久的使用可能会遭受气流撞击和摩擦作用容易造成损耗，因此阀门部件也需有优秀的抗磨损能力。

4 PEEK 阀片在焦炉气压缩机中的长期稳定性研究

4.1 长期稳定性评估指标与方法

多项指标和方法涉及焦炉气压缩机的长期稳定性考核。压缩机的运转时间是重要指标之一，也就是压缩机能在连续工作期间保持时间长度稳定运转。它的长期稳定性可以通过监控和记录压缩机的运行时间来进行评估。评价长期稳定性的一个关键指标是压缩机的性能参数变化。这其中就包含了压缩比的变化、流量的变化、压缩机的功率消耗等参数。了解压缩机性能是否发生变化，从而对其长期稳定性进行评估，定期检测这些参数的变化就可以得出结论。对压缩机的运行状态进行监测，如振动、温度、压力等传感器也可以用来对压缩机的长期稳定性进行评估。在方法上，常见的考核方式有定期检查、保养，也有实验检验、仿真模拟等。通过定期对设备状态、清洗部件、更换易损部件等进行检查，防止故障的发生，提高压缩机的长期稳定性，是保证压缩机长期稳定运行的重要手段。

4.2 PEEK 阀片在实际运行中的性能监测数据

在实际运行中对 PEEK 阀片性能的监测通常涉及多个方面的数据。以下是一些可能涉及的监测数据见表 1。

表 1 PEEK 阀片性能的监测数据表

监测指标	单位	监测数值（示例）
温度变化	50~120	℃
压力变化	5~25	MPa
密封性能检测	0.1~0.5	mm/s
磨损程度	0.05~0.1	mm
寿命预测	10000~20000	h

表 1 中数据仅是个案，根据具体情况可能会有不同的实际监测数据。温度变化数据反映 PEEK 阀片在不同温度条件下的性能变化，压力变化数据反映其在不同压力条件下的工作性能，评价阀片密封性能的密封性能检测数据，评价阀片在运行过程中的磨损程度的数据，评价阀片使用寿命的寿命预测数据。

4.3 数据分析：PEEK 阀片性能随时间的变化趋势

通过对 PEEK 阀片随时间变化趋势的性能进行数据分析，使其在实际操作中的性能得到更好的理解。PEEK 阀片性能随时间变化趋势见表 2。

表 2 PEEK 阀片性能随时间的变化趋势表

时间/h	温度变化/℃	压力变化/MPa	密封性能检测/mm · s^{-1}	磨损程度/mm
0	50	5	0.1	0
500	60	7	0.15	0.02
1000	65	8	0.2	0.03
1500	70	9	0.25	0.05

分析这些数据发现，PEEK 阀片的温度随时间逐渐升高，压力也随之增大；但经过密封性能测试，其结果略有下降；而且磨损的程度也逐渐增加，说明 PEEK 阀片在长时间运行后可能会出现一定程度的磨损；所以，为了保证其性能稳定性，要定期对 PEEK 阀片进行检查和维护。综合以上分析可知，PEEK 阀片在使用过程中可能会受到一定的磨损；为保证其性能稳定，应对其进行定期检查和维护。

4.4 影响因素分析：温度、压力、气体成分等对稳定性的影响

温度升高时，PEEK 阀门部件的机械特性与封闭效能可能遭受不良影响。因此为了保障其持久的可靠性能，必须重视材料的耐热性质。当应力水平上升时阀门组件承受的载荷和施加的力量会增强，这可能导致阀门组件发生形变或加速磨损，因此必须重视阀门组件的抗压能力。各种气态物质对聚醚醚酮（PEEK）阀门薄片的侵蚀作用差异显著，尤其是那些具备剧烈侵蚀力的气体，比如硫化物等，会显著促进阀门片材料的衰老和损耗。因此在面对特定环境时，挑选恰当的材料至关重要，并且应实施必要的保护手段。为了确保阀门的稳定性能，必须对材质的选择给予充分考虑，同时考虑到实际的工作条件和需求，进行有目的的设计与加工。

5 PEEK 阀片在焦炉气压缩机中的可靠性分析

5.1 可靠性评估标准与方法

可靠性评价是为了在焦炉气压缩机中确定 PEEK 阀片的可靠性等级，提供改进设计和制造的基础。考核标准一般包括可靠性指标和分析可靠性的方法两个方面。可靠性指标可包括故障率、平均无故障时间（MTBF），平均修理时间（MTTR）等。评估方法包括可靠性增长测试（RGT）、FMEA、可靠性块图分析等。通过对 PEEK 阀片进行 RGT，可收集实际操作中的数据，并根据数据评估其可靠性。同时，FMEA 可用于识别系统性能可能出现的故障模式和影响，以便制订相应的预防对策。这些评价标准和方法为焦炉气压缩机中 PEEK 阀片可靠性的提高提供了重要的参考依据。

5.2 故障模式与影响分析（FMEA）

PEEK 阀片可能出现的故障模式可通过 FMEA 方法进行系统分析，并对其影响系统性能的程度进行评估。可能出现故障的类型有密封失效、磨损、材质老化等几种情况。针对每一种故障模式，包括系统性能下降、安全隐患等，对其可能造成的后果进行评估。

5.3 可靠性测试与验证

评价焦炉气压缩机 PEEK 阀片的性能，可靠性测试与验证是重要的一环，下面是一些具体的数据示例：

（1）实验室测试数据：

1）压力测试：在实验室中对 PEEK 阀片进行压力测试，结果显示在 0~100 ℃的温度范围内，阀片的密封性能始终保持在 0.1 mm/s 以下。

2）温度循环测试：将 PEEK 阀片置于−20~150 ℃的温度循环环境中，经过 1000 个循环后，阀片的性能参数仍保持稳定，未发现异常。

（2）实际运行测试数据：PEEK 阀片安装在焦炉煤气压缩机中，进行 1000 h 连续运转的实际试验。监测结果表明，阀片温度变化范围为 60~90 ℃，压力变化范围为 5~10 MPa，而阀片密封性能始终保持在 0.1 mm/s 以下，磨损程度仅为 0.02 mm。PEEK 阀片在经过 1 万小时实际操作测试后，再次进行性能测试。测试结果显示，与最初测试时相比，阀片的温度和压力变化幅度略有上升，但密封性能仍保持在可接受的范围内，磨损程度仅为 0.03 mm，这说明在长时间的操作过程中，阀片的性能仍然不错。

PEEK 阀片在焦炉气压缩机中的可靠性可以通过这些具体的实验室试验和实际运行试验数据得到充分验证。数据显示，PEEK 阀片在满足工业生产需求的同时，密封性能、耐磨性、稳定性均能在各种环境条件下保持良好的性能表现，为稳定运行焦炉气压缩机提供了可靠的保证。

6 结论

通过本文可知，PEEK 阀片在焦炉气压缩机中的应用表现出了卓越的性能和可靠性。它优异的化学与

物理性质、设计原理与结构特点，以及与其他材料的性能对比，为其在高温、高压及腐蚀环境下的稳定运行提供了坚实基础。长期稳定性研究和可靠性分析进一步验证了其在实际工作中的可靠性。PEEK 阀片在焦炉气压缩机中的应用具有广阔的前景，将为工业生产提供高效、稳定的气体压缩解决方案。

参考文献

[1] 李密，贾晓磊．普通气阀和 PEEK 气阀组合效用分析［J］．化工管理，2014（27）：120，122.
[2] 章晓剑，宋彬，王星联，等．往复式压缩机排气阀阀片断裂原因分析［J］．设备管理与维修，2014（8）：32-35.
[3] 钱续程．抗油黏滞 PEEK 气阀在往复机上的应用［J］．通用机械，2014（6）：62-64.

气相色谱法测定溶剂油中酚含量的研究

苏　鸿

（宝武碳业科技股份有限公司梅山分公司，南京　210039）

摘　要：焦化废水溶剂脱酚工艺中需测定溶剂油中酚含量，传统的比色法由于显色效率原因，测定结果偏低。采用气相色谱法，在一定操作条件下将溶剂油中苯酚、甲酚、二甲酚等与其他组分完全分离，归一化法定量。与传统方法相比，加标回收率由50%~80%提升到98%~102%，操作时间由3 h缩短至30 min，准确度显著提高，操作也更为简便快捷。

关键词：气相色谱法，溶剂油，溶剂脱酚

1　概述

焦化废水的脱酚工艺主要是溶剂脱酚和生化脱酚，其中溶剂脱酚用于处理含酚200 mg/L以上的高浓度酚水。在溶剂脱酚工艺中，为保证脱酚效率，需控制溶剂油中的酚含量。

溶剂油中酚含量一般在100~3000 mg/L，传统测定方法是碱洗-蒸馏-比色法，即先将溶剂油碱洗脱酚，酚转化为酚钠盐进入水相中；再将酚钠盐水溶液酸化后加热蒸馏，酚钠盐转化成酚并随同水蒸气挥发、冷凝；含酚馏出液与4-氨基安替比林发生进行显色反应后进行比色分析。

该方法操作烦琐，分析时间长达3 h，分析过程中需加入多种化学试剂，产生大量废液，环境污染较大，因此有必要开发一种准确、快速、简便、环保的分析方法。

2　实验部分

2.1　试剂原料

贫溶剂油、富溶剂油，梅山钢铁公司煤精分厂；氢氧化钠，分析纯；苯、苯酚：色谱纯。

2.2　仪器设备

气相色谱仪，7890型，安捷伦科技有限公司。

2.3　试验过程

2.3.1　校正因子测定

称取适量苯酚、苯，混匀，在一定操作条件下进样分析，记录苯酚、苯的峰面积，计算苯酚的相对质量校正因子。

2.3.2　定量分析

直接吸取约0.2 μL试样，在一定操作条件下进样分析，读取苯酚、邻甲酚等酚类化合物的面积百分比，按式（1）计算样品中的酚含量。

$$w = f \cdot \sum A_i \tag{1}$$

式中　w——样品中酚的质量分数,%；

f——酚的相对质量校正因子；

A_i——各种酚类的面积百分比,%。

当需要以mg/L为单位报告酚含量时，可按式（2）进行转换。

$$c = \rho \cdot w \times 10^4 \tag{2}$$

式中　c——样品中酚的浓度，mg/L；

ρ——样品的视密度，g/mL。

3　结果与讨论

3.1　精密度试验

将贫溶剂油、富溶剂油分别进行 10 次重复性试验，计算相对标准偏差和允差，数据见表 1、表 2。

表 1　贫溶剂油精密度试验

序号	苯酚 /%	邻甲酚 /%	间/对甲酚 /%	2,4/2,5-二甲酚/%	3,5-二甲酚/%	2,3-二甲酚/%	3,4-二甲酚/%	酚含量 /%	酚含量 /mg · L^{-1}
1	0.002	0.013	0.010	0.018	0.003	0.001	0.002	0.066	573
2	0.002	0.012	0.009	0.017	0.004	0.001	0.001	0.062	538
3	0.002	0.012	0.010	0.017	0.004	0.001	0.001	0.063	550
4	0.002	0.011	0.009	0.017	0.003	0.001	0.001	0.059	515
5	0.002	0.013	0.010	0.018	0.005	0.001	0.001	0.067	585
6	0.002	0.013	0.010	0.017	0.005	0.001	0.001	0.066	573
7	0.002	0.012	0.011	0.019	0.005	0.001	0.001	0.068	597
8	0.003	0.013	0.011	0.017	0.005	0.001	0.001	0.068	597
9	0.002	0.013	0.011	0.017	0.005	0.001	0.001	0.067	585
10	0.002	0.013	0.012	0.018	0.005	0.001	0.001	0.070	608
平均值								0.066	572
标准偏差（S）								0.0032	28
相对标准偏差								4.9%	4.9%
允差（$2\sqrt{2}S$）								0.009	80

表 2　富溶剂油精密度试验

序号	苯酚 /%	邻甲酚 /%	间/对甲酚 /%	2,4/2,5-二甲酚/%	3,5-二甲酚 /%	2,3-二甲酚 /%	3,4-二甲酚 /%	酚含量 /%	酚含量 /mg · L^{-1}
1	0.113	0.027	0.049	0.023	0.008	0.002	0.002	0.300	2620
2	0.118	0.032	0.053	0.025	0.01	0.002	0.003	0.326	2843
3	0.114	0.028	0.049	0.023	0.009	0.002	0.002	0.304	2655
4	0.114	0.027	0.048	0.022	0.008	0.002	0.002	0.299	2609
5	0.115	0.027	0.046	0.022	0.008	0.002	0.002	0.297	2597
6	0.117	0.031	0.056	0.028	0.01	0.002	0.002	0.330	2878
7	0.114	0.028	0.05	0.023	0.008	0.002	0.002	0.304	2655
8	0.113	0.026	0.048	0.021	0.008	0.002	0.002	0.295	2574
9	0.115	0.029	0.051	0.024	0.009	0.002	0.002	0.311	2714
10	0.114	0.029	0.052	0.026	0.01	0.002	0.002	0.315	2749
平均值								0.308	2689
标准偏差（S）								0.011	99
相对标准偏差								3.7%	3.7%
允差（$2\sqrt{2}S$）								0.03	280

表中允差按 $2\sqrt{2}S$ 计算，经适当放宽，贫溶剂油、富溶剂油的重复性限分别定为 0.01%（或 100 mg/L）

和0.03%（或300 mg/L）。

3.2 比对试验

对同一溶剂油样品，分别采用比色法和色谱法测定酚含量，数据见表3。

表3 比对试验

序号	批 号	碱洗-蒸馏-比色法/mg · L^{-1}	色谱法/mg · L^{-1}
1	贫油-20240313-1	94	384
2	富油-20240313-1	1140	3315
3	贫油-20240317-1	148	653
4	贫油-20240320-1	102	412
5	富油-20240320-1	1188	2565
6	贫油-20240324-1	87	750
7	贫油-20240327-1	152	585
8	富油-20240327-1	1197	2714
9	贫油-20240407-1	179	399
10	贫油-20240410-1	168	646
11	富油-20240410-1	1212	3530
12	贫油-20240414-1	120	595
13	贫油-20240417-1	125	618
14	富油-20240417-1	1298	2743
15	贫油-20240424-1	139	914
16	富油-20240424-1	1202	2224
17	贫油-20240428-1	133	606

由表3可见，色谱法和比色法的测定结果相差甚大，个中原因有必要进一步探究。

3.3 加标回收试验

分别称取约100 g溶剂油样品，各加入适量酚，分别用色谱法、比色法测定加标前、后的酚含量，计算回收率，见表4。

表4 加标回收试验

项 目	贫溶剂油		富溶剂油	
	色谱法	比色法	色谱法	比色法
样品量	100.3 g	114.9 mL	100.4 g	115.0 mL
加标前酚含量	0.066%	152 mg/L	0.308%	1197 mg/L
加标前酚质量/g	0.0662	0.0175	0.3092	0.1376
酚加入量/g	0.1359		0.2580	
加标后酚含量	0.199%	754 mg/L	0.568%	2962 mg/L
加标后酚质量/g	0.1999	0.0867	0.5720	0.3415
回收率/%	98.4	50.9	101.9	79.0

注：溶剂油的密度为0.873 g/mL。

由表4可见，色谱法的回收率在98%~102%，而比色法的回收率仅为50%~80%，表明其测定结果明显偏低。

比色法的测定步骤分为三步，即先将溶剂油碱洗脱酚，酚转化为酚钠盐进入水相中；再将酚钠盐水溶液酸化后加热蒸馏，酚钠盐转化成酚并随同水蒸气挥发、冷凝；含酚馏出液与4-氨基安替比林发生进行显色反应后进行比色分析，这三个步骤都可能影响回收率。

3.4　碱洗脱酚效率

溶剂油碱洗脱酚时，50 mL 试样与 210 mL 10% NaOH 溶液分三次反应萃取，静置分层。分别取脱酚前后的溶剂油样品做色谱分析，见表 5。

表 5　溶剂油碱洗脱酚效率

项目	苯酚 /%	邻甲酚 /%	间/对甲酚 /%	2,4/2,5-二甲酚/%	3,5-二甲酚 /%	2,3-二甲酚 /%	3,4-二甲酚 /%	含酚
碱洗前	0.170	0.040	0.064	0.028	0.009	0.001	0.001	0.313
碱洗后	0.001	—	0.003	—	—	—	—	0.004

碱洗脱酚效率约为 99%，脱酚比较彻底。

3.5　酚类化合物显色效率

含酚馏出液的酚含量测定是采用《水质　挥发酚的测定　4-氨基安替比林分光光度法》（HJ 503—2009）[1]，其定量校准曲线是用苯酚标准溶液绘制的。溶剂油中酚类化合物除了苯酚外，还有甲酚、二甲酚等，由于各种酚类化合物结构上的差异，有的难以被氧化显色，显色效率不尽相同。

分别称取适量苯酚、邻甲酚、间甲酚、对甲酚、2,4-二甲酚、2,5-二甲酚、3,5-二甲酚、2,3-二甲酚、3,4-二甲酚溶于水中，配制标准溶液，按 HJ 503—2009 测定各自酚含量，见表 6。

表 6　酚类化合物显色效率

组　分	苯酚	邻甲酚	间甲酚	对甲酚	2,4二甲酚	2,5-二甲酚	3,5-二甲酚	2,3-二甲酚	3,4-二甲酚
质量/g	0.0990	0.0906	0.0915	0.0925	0.0921	0.0909	0.0929	0.0970	0.0886
体积/mL	250	250	250	250	250	250	250	250	250
浓度/mg · L^{-1}	396	362	366	370	368	364	372	388	354
稀释比	20	20	20	20	20	20	20	20	20
标样浓度/mg · L^{-1}	19.8	18.1	18.3	18.5	18.4	18.2	18.6	19.4	17.7
测定浓度/mg · L^{-1}	19.6	13.6	12.3	0.35	0.31	8.74	5.21	8.73	0.46
回收率/%	99	75	67	1.9	1.7	48	28	45	2.6

试验表明，除了苯酚外，其他酚类化合物的显色效率均偏低，特别是对甲酚、2,4-二甲酚、3,4-二甲酚的显色效率仅为 2%左右，这是因为它们的分子结构中，羟基的对位被甲基取代，阻止了显色反应的进行。

4　结论

采用气相色谱法可准确测定溶剂油中酚含量，分析时间由 3 h 缩短至 0.5 h，操作简便快捷。而传统的碱洗-蒸馏-比色法由于对其他酚类化合物显色效率偏低，只适合测定苯酚。此外，在蒸馏过程中还可能存在酚的挥发损失，显色过程中可能发生干扰反应等，造成测定结果偏低。

参考文献

[1] 环境保护部．水质　挥发酚的测定　4-氨基安替比林分光光度法：HJ 503—2009［S］．北京：中国环境科学出版社，2009.

「其他」

“双碳”背景下焦化行业的发展浅析

鄂 雷 李 国 潘 振 范庆立 孙 恒
王志鹏 苏文博 李现芳 刘红雷

(呼和浩特旭阳中燃能源有限公司，呼和浩特 011618)

摘 要：焦化行业作为中国的重要基础能源原材料产业，同时也是高耗能、高排放的行业之一。随着中国提出“双碳”目标，焦化行业的绿色低碳转型显得尤为重要。中国是世界上最大的焦炭生产国，因此如何降低焦化行业的碳排放，提升其绿色低碳发展水平，成为一个迫切需要解决的问题。本文将深入分析“双碳”目标对焦化行业的影响，探讨焦化行业面临的挑战与机遇，并提出可行的应对策略和未来发展方向，为行业实现绿色转型提供参考。

关键词：焦化行业，双碳，碳排放，绿色低碳

1 概述

全球气候变化已经成为人类社会面临的共同挑战，减少温室气体排放，缓解全球变暖是各国政府的重要任务。为了应对这一挑战，中国政府提出了“双碳”目标，即在2030年前实现碳达峰，2060年前实现碳中和。这一目标不仅是中国应对气候变化的庄严承诺，更是推动国内产业转型升级，实现可持续发展的重要战略[1]。

焦化行业作为中国传统的高耗能、高排放产业之一，在国民经济中占据重要地位。焦化产品广泛应用于钢铁、化工等领域，对国民经济的发展起到了重要支撑作用。然而，焦化过程伴随着大量的二氧化碳、硫氧化物和氮氧化物的排放，对环境造成了严重的污染。在“双碳”目标的背景下，焦化行业面临着如何减少碳排放、提高资源利用效率、实现绿色转型的迫切问题[2]。此外，作为重工业的重要组成部分，焦化行业的成功转型可以为其他行业提供宝贵的经验和模式，起到示范作用。

2 焦化行业现状

焦化行业主要用于生产冶金焦炭，是钢铁工业的重要原材料之一，同时副产焦炉煤气、煤焦油、粗苯等，为典型的能源转换产业，已经形成了较为完整的产业链，包括原料采购、焦炭生产、化工副产品回收等。我国作为世界上最大的焦炭生产基地，2023年焦炭产量4.93亿吨，占世界焦炭产量的68%以上。然而，焦化过程伴随着大量的二氧化碳、硫氧化物和氮氧化物的排放，对环境造成了严重的污染。据统计，“十三五”时期，全国焦化行业CO_2排放量估算为每年1.5亿~1.55亿吨，焦化行业的二氧化碳排放量约占全国工业总排放量的10%。因此，环保标准的提高和全球对于减少碳排放的关注，迫使焦化行业加速绿色转型。在“双碳”目标背景下，焦化行业绿色低碳发展已成为各界关注的重点[3]。

3 焦化行业面临的挑战

（1）市场需求的不确定性。资源和原料成本的上涨会直接影响焦化企业的盈利能力，而全球钢铁市场需求的波动导致企业在进行长期规划和投资决策时面临较大困难，近年来，焦化行业市场竞争激烈，

多地在经济快速发展时期大量建设焦化厂，产能扩张速度远超市场需求，导致新增产能过剩。此外，钢铁行业需求波动较大，其周期性波动导致焦化行业供需失衡，直接影响焦炭的市场需求。

（2）技术落后。目前，国内焦化行业的技术水平参差不齐，部分大型企业已经采用了先进的节能减排技术，如干熄焦、焦炉气综合利用等，但多数中小企业的技术水平较为落后，生产效率低下，能效低下，难以满足低碳排放的要求。同时，缺乏高效的排放控制技术，有效控制和减少焦化过程中的污染物排放，特别是二氧化碳排放，需要先进的技术支持与改进，这在当前很多企业中尚缺乏。

（3）环保压力与经济压力。焦化过程伴随着大量的二氧化碳、硫氧化物和氮氧化物的排放，以及废水和固废的不当处理，会对环境造成了严重污染，环境保护法规的严格执行对焦化行业构成了巨大的挑战。企业需要投入大量资金用于升级环保设施和采用清洁技术，以满足日益严格的排放标准。同时，环保技术的应用和设备更新将增加企业的运营成本，给企业带来巨大的经济压力。

焦化行业的转型不仅要求企业克服这些挑战，还需要在保持竞争力的同时，积极寻找新的增长点和创新路径。这就要求企业在保证环境合规的同时，也要注重技术创新和市场适应性的提升。

4 绿色低碳发展的策略分析

焦化行业碳减排效益的探索表明，存在多种技术和措施可以有效降低焦化企业的碳排放，如开发和采用能效更高、排放更低的焦炉技术，包括顶装式焦炉、煤调湿技术、焦炉加热过程自动控制技术、节能装煤孔盖技术、薄壁炭化室和高辐射涂层技术、焦炉炉门技术、负压蒸氨技术、负压蒸苯技术、空气过剩系数控制技术、导热油代替蒸汽技术、荒煤气显热回收技术、焦炉烟道气余热回收技术、循环氨水余热回收技术、蒸汽冷凝液回收技术、干熄焦技术、低温余热制冷技术等。这些技术措施不仅能有效降低焦化过程中的碳排放，还能提高能源利用效率，推动焦化行业的绿色低碳发展。

同时，焦化过程中产生的 CO_2 可以通过先进的回收技术进行利用，如探索二氧化碳捕集、利用与储存技术（CCUS），以减少焦化过程中的碳排放，或采用煤氢协同发展路径，促进煤氢产业发展。探索使用生物质能、太阳能或风能作为部分替代能源，在可能的范围内，使用电能替代部分传统的化石燃料使用。

因此，加强焦化行业绿色低碳关键技术、工艺和装备研发，推动技术创新成果转化和应用推广是目前焦化行业面临绿色低碳发展的重要策略。

5 政策建议

（1）政府补贴和税收优惠。对采用清洁技术和节能设备的企业提供财政补贴或税收优惠，提供低息贷款或其他金融产品进行绿色融资和贷款，支持企业进行环保升级和技术改造，同时推行绿色产品认证，提高环保产品的市场认可度和竞争力。焦化行业的绿色低碳发展需要综合运用技术创新、能效提升、清洁能源利用等多种手段，并在政策引导、资金支持和市场机制的框架下实现行业的整体转型，这不仅是单一企业的努力，更需要政府、市场和社会各界的共同参与和支持。

（2）差异化政策制定。根据企业的规模、地理位置和技术能力，制定差别化的环保标准和政策，建立完善的碳交易体系，通过市场机制促进碳减排，并推动碳交易和碳定价。

（3）目标制订。焦化行业的绿色转型不能一蹴而就，可逐步制订目标并进行引导。短期目标：优化现有设备运行，提高能效，采用现有的成熟环保技术减少排放；中期目标：推广节能和减排技术，开发和应用二氧化碳捕集与存储技术；长期目标：实现行业的全面绿色转型，包括采用更先进的环保技术和实现能源的多元化。

（4）公私合作与跨行业合作。实现低碳转型不仅是焦化行业自身的任务，还需要与政府、科研机构、金融机构等多方面的合作，鼓励政府、企业和研究机构之间的合作，共同开发适合的环保技术和解决方案。同时，企业应承担更多的社会责任，加强与公众的沟通和透明度，让社会了解其环保努力和成效，确保平稳过渡和可持续发展。

总之，焦化行业在中国实现“双碳”目标中扮演着不可或缺的角色。在实现焦化行业绿色低碳转型的过程中，政策支持同样起着至关重要的作用。政府应出台更多鼓励和引导行业绿色转型的政策措施，如提供财政补贴、税收减免、绿色信贷等，激励企业采用低碳技术和管理措施。此外，建立和完善碳排放核算和交易机制，对企业实施碳排放限制和交易，可以有效促进碳减排技术的应用和碳资源的合理配置。因此，不仅需要行业内的努力，还需要跨行业、跨部门甚至全社会的共同合作和集体努力。通过合作、创新和持续改进，焦化行业可以为实现更广泛的社会和环境目标做出重要贡献。

6 展望

在“双碳”目标的推动下，焦化行业的绿色转型将成为必然趋势。通过技术创新、能源结构优化和政策支持，焦化行业有望实现清洁生产和低碳发展，逐步摆脱高能耗、高排放的困境；通过大数据、物联网和人工智能等手段，实现焦化行业进行数字化转型，提高生产效率，降低能耗和排放；推动焦化行业与其他行业的协同发展，利用焦化副产品，实现资源的高效利用和废弃物的循环再生，形成循环经济模式；加强国内外的合作，引进先进的环保技术和管理经验，共同应对全球气候变化挑战，实现可持续发展。

7 结论

“双碳”目标为焦化行业的发展提出了新的要求和挑战，同时也带来了新的机遇。通过技术创新、能源结构优化、政策引导和国际合作，焦化行业将能够实现绿色转型，助力中国实现碳达峰、碳中和目标，为全球气候治理贡献力量。在这一过程中，企业、政府和社会各界需要共同努力，推动焦化行业向着绿色、低碳、可持续的方向发展。

参考文献

[1] 张宏伟，朱海波，吴欣茹，等．“双碳”目标下绿色清洁能源技术现状与发展趋势［J］．石油科学通报，2023，8（5）：555-576.

[2] 任舟国．企业节能减排创新管理的研究与应用［J］．节能，2015（4）：7-11.

[3] 李雷，聂荟扬．双碳目标下煤氢协同发展路径分析［J］．现代化工，2024，44（1）：8-12.

焦化管控中心建设及高效运行实践

李志华　达海江　邵仪先

（江苏沙钢钢铁有限公司焦化厂，张家港　241003）

摘　要：随着企业现代化发展，生产操作远程化、数字化、智能化成为企业发展的必由之路，集中管控成为大势所趋。2020年12月，沙钢钢铁有限公司焦化管控中心全部投运，在管控中心在高效运行的实践中，对远程集控优化、集控减员增效、全工序数据收集分析和生产控制程序解析优化等多个方面集思广益，开拓创新，遵循企业管理的科学性和系统性原理，在生产实践中取得较好成效，并对企业内部及焦化行业内管控中心的建设投运提供实践经验。

关键词：焦化全工序，管控中心，高效，实践

1　概述

沙钢焦化厂主要有备煤工序、炼焦工序和化产工序，共4个下属生产车间，主体装备有6座6 m顶装焦炉和2座7.63 m顶装焦炉及其配套的运、储配煤、运焦、各类除尘、焦炉烟气净化及化产品回收系统。厂区原有主控室20所，PLC/DCS系统167套，操作系统100套，生产网络共有209个IP地址，设备系统类型十分复杂。原有现场中控室较为分散，岗位之间操作沟通不便，无法实现集中监控提质增效。同时，现场还面临着老旧的自动化设备更换维护困难、网络架构设计不合理等问题，急需实现集中管控，提高生产指令执行力。

2　管控中心网络与系统优化

沙钢焦化厂以实用为先，生产、调度信息整合为主线，统筹规划，将全厂作为一个整体考虑，在集中管控中心实现焦化厂全工序集中控制、操作和调度。此外，根据自控系统所暴露出的问题，结合生产实际情况，焦化管控中心按照功能设计，分为安全环保中心、生产调度能源管控中心、生产操控中心；按四个专业板块，分别对整个焦化厂的生产、安全、环保、能源进行集中监视、调度、集中操作，全面提升自动化、智能化管理水平。

2.1　全区域内网络优化升级

对各区域生产网络进行统筹管理，全面整治。根据现场系统运行情况，分别对四个车间的IP段重新规划分类，优化网络架构，重构生产网络。结合生产运行情况，分批次对现场控制系统上位机下位机IP进行更改。采用四层网络分层管理，按照公司网、采集网、监控管理网、控制网络划分，四层网络互不干扰、互不渗透、物理隔离。

公司级网络包含视频监控系统、调度办公、火灾报警、煤气报警系统，以及与相关生产系统互联互通的其他网络。采集网络利用所有已接入管控中心的各上位机系统通过OPC通信协议采集数据至采集服务器，并在采集链路增设隔离网闸进行有效隔离，确保生产网络安全。

剥离DCS网络和生产网络，将以前现场分散的网络节点统一转移至管控中心集中管理，以管控中心作为核心节点管理整个焦化厂的生产操控、视频监控、公司办公等网络功能。

2.2　生产管理网络改造优化

全区域内现场共计58台套子系统，点数接近10万点，对现场老系统上位机使用情况进行统计分析，

将需要整合部分进行合并归类，针对不同软件的画面整合进行重新规划，选用常规通用的 InTouch 软件进行整合，协议贯通。对画面点位情况进行确认，形成清单，防止实施过程中存在遗漏。由于现场系统复杂，种类多，涉及控制点位近 10 万个，为确保改造过程中生产稳定，前期计划落实，系统点位解析尤为重要，稍有差错将会影响生产，具体改造实施分为生产管理网设备梳理、改造设计和改造实施三个部分。

对原有 DCS/PLC 站点、控制系统进行全面解析，根据生产需求进行分类设计，跨区域整合，全面核查接入生产管理网的上下位机设备清单，全面梳理数据采集相关的接入上下位机 IP 地址，完善各车间数据采集清单，全面了解掌握各车间接入交换机串联设备情况。按车间进行 IP 划分，制订各车间交换机改造设计方案。根据方案采购网络设备和辅料，并按照改造设计方案，完成 IP 改造和网络设备安装后，整理各机房、操作室接入网络柜标牌标识，关注网络设备上电、调试配置、功能测试、压力测试等情况，确认无异常后正式投入运行。

2.3 管控中心工序操作系统优化

围绕焦化管控中心集中监控项目，对 1~4 号炉、一二回收运行了 17 年以上的横河 DCS 控制系统，进行了全面升级改造，对同工艺不同车间的系统进行升级整合，根据整合范围，需要对 InTouch、WinCC、PCS7、博图 WinCC、科远 NT600、横河 CS3000 系统、浙大中控等各种系统进行网络改造、系统整合升级，接入管控中心。

3 管控中心高效运行实践和人员管理

管控中心建成投运后，对岗位人员编制管理、素质提升、技能水平培养，做了大量工作。从“一岗多能”到“区域整合”，结合各车间四班三倒的推进调整人员编制，加强管控中心人员管理。

3.1 初期进驻编制优化

自管控中心投运以来，进驻岗位由原来 20 个整合至 11 个岗位（2019 年 12 月—2020 年 12 月陆续进驻），原中控人员 93 人，整合后计划定编 72 人，减少岗位定编人员 21 人，实际岗位人员到位 66 人，缺岗 6 人。

3.2 推进“一岗多能、岗位互通、跨岗拉通”等工作

积极实施集控运行及持续开展“一岗多能、岗位互通、跨岗拉通”等工作。从最初熟悉周边岗位操作，实现临近岗位的“一岗多能”后，通过系统整合将 5 套脱硫脱硝全部接入管控中心，实现 1 台电脑可同时查看和操作 5 套脱硫脱硝系统，从原有的 3 个中控室 9 名中控工缩减至仅需 6 名中控工在集控操作即可。

结合分厂工序特点合理设计集控中心布局，大力推进“一岗多能、岗位互通、跨岗拉通”工作，提升岗位职工业务技能水平，优化岗位结构，起到提质减员的效果。根据需要对原来以工艺区域进行划分，以车间、区域为单位的人员编制再次调整，以便四班三倒后岗位合并管控中心人员安排。并结合集控各岗位特点及岗位培养的难易程度，有计划充实部分关键岗位的后备力量培养，保证集控岗位人才梯队的稳定。

3.3 推进管控中心管理工作制度化

由分厂技术科牵头，联合设备科和车间等部门制定了《集控岗位运行管理规定》《关于继续深化推进集控中心岗位互通的通知》《关于继续深化推进集控中心岗位互通的通知》和《关于继续深化推进集控中心岗位互通的通知》等规定，完善管控中心管理体系，加强人员素质，提高管理水平。

3.4 施行车间和分厂双重管理制度

目前管控中心主要由生产工艺技术科调度室完成日常管理，但管控中心岗位人员分属于各个车间，

受车间管理，可以说管控人员接受车间和分厂的双层管理。通过双层管理模式，对管控中心岗位人员的技能培训、绩效考核等方面进行优化管理，提高岗位人员技能水平，加快分厂生产调度指令的执行速度，使生产管控更具预见性、管理层级更加扁平化，生产管控精细程度得到提升。

3.5 强化人员应急管理操作

集控中心是集生产协调、工艺监控、参数调节及能源调度为一体的综合指挥控制中心，对岗位人员素养要求较高，集控日常运行中，需对集控岗位人员强化培训，优化人员配置，提升岗位员工素养，优胜劣汰，以确保集控中心的稳定运行。

针对集控岗位操作中，可能会出现因网络故障、通信传输异常、跳电等原因造成电脑无法操作的情况，对安全生产产生较大隐患，为保证现场生产的安全稳定运行，制订集控岗位与现场的应急预案，即当集控岗位不能正常操作时，现场关联岗位操作能做到第一时间启动，确保系统安全与生产稳定。

4 投运后持续改进创新

4.1 岗位上下道互通

在以往开展“一岗多能、岗位互通、跨岗拉通”的工作基础上，结合车间四班三倒的契机进行岗位整合，自行对管控中心电脑设置布局进行调整，对岗位人员按照上下道工序进一步整合及培训，目前已经实现焦炉和脱硫脱硝岗位合并、干熄焦和发电岗位合并。2023 年下半年实施后运行正常，相当于减员 6 人，产生实际降本效果。

4.2 煤塔无人化操作

备煤车间利用集控中心的优势，在工序最末端的煤塔顶部，借助远程监控，实现煤塔顶部无人化操作，仅需现场岗位工人完成点巡检即可。利用管控中心将操作程序、远程监控画面统一调取至配煤中控岗位，可以做到由 1 名中控工同时控制 4 个煤塔上料或由 3 个配煤中控各自控制本生产条线的煤塔上料操作，达到减员增效的作用，极大减轻现场操作工在煤塔爬上爬下劳动强度，实现自动化减员，并将操作统一归置到管控中心，便于生产操作和监管协调，提高工作效率。

4.3 设备在线诊断

新增设备在线诊断平台，组建物联网平台，实现对焦化厂关键设备运行参数的实时监测。通过重要设备的实时监控、诊断与分析预测，提前预知设备存在的运行隐患，做好设备预防性维护，提高设备运行的稳定性和可靠性，进而提高设备保障与管理的智能化程度，为企业提质增效提供能力支撑与条件保障。在线诊断平台自 2022 年 6 月开始筹建，历时一年正式开始投用，通过各区域负责人对现场数据采集不断核准，该平台运行平稳，功能发挥良好，为焦化厂设备管控提供了有力支撑。

4.4 其他

除上述较大的持续改进外，还有其余一些小的项目和改善提案等方面，持续对管控中心管理能力进行提升创新，如交换机的监控和远程操作、筒仓底部区域照明优化等，便于生产操作，提高了劳动效率。后续也将继续推进管控中心管理工作创新改进，提高效率，强化管控中心在生产管控、安全环保等方面的核心能力。

5 实施效果

5.1 管控中心建设管理实施效果

沙钢焦化管控中心投运后达到预期目标，具备安全环保、生产调度、能源管控、生产操控、对外展示等功能，具体如下。

5.1.1　安全环保中心

管控中心实现全厂内除尘器运行监控、脱硫脱硝、VOC 处理、污水处理、消防监控、煤气监控等安全环保工作的集中化、一体化，有效提升了安全环保的管控能力。

5.1.2　生产调度及能源管控中心

管控中心集中实现了生产调度、能源调度、数据采集、调度办公、无线通信调度台等功能，真正成为焦化厂的“智脑”，实现全厂集中调度。

5.1.3　生产操控中心

管控中心配备焦化厂皮带控制及配煤系统、焦炉生产操作及四车连锁、干熄焦及发电系统、化产回收系统、MES 系统等全流程生产操作系统，实现一键指令全厂通达，优化了生产管理网络，实现集中监控、集中操作。

5.1.4　对外展示中心

管控中心展示大厅实现了全厂数字化模型、全厂监控、全流程工艺的对外展示功能，成为沙钢焦化厂对外交流、接待的窗口。

5.2　管控中心建设运行总体实施成效

焦化管控中心投运以来取得以下重大成效：能源调度平衡更加精准；岗位操作更加安全便捷；人员结构得到最大优化，岗位人员素养得到显著提升；上下道工序集中操控，实现了信息共享、数据共享，生产管理效率提升显著；硬件设施得到完善，系统安全有了保障；消防、煤气报警系统集中监控为安全生产保驾护航。

6　结语

焦化管控中心的建设投运，改变了以往 20 多个中控室零散分布在现场的局面，集数据采集分析、生产指令调整、现场作业监控、设备信号传递、异常报警等功能于一体，实现了安全环保监控、生产能源调度、全流程生产工艺操控从传统的分散管理向区域集中管控的转变。不仅解决了设备的自动化升级改造的问题，还显著提升了对生产现场的管控效率，由原先各中控室隶属各车间的分散管理到集中操控管理，较好实现了数据共享、上下道工序沟通顺畅的目的，大大提高了工作效率。此外，管控中心的建设投运，在远程集控优化、集控减员增效、全工序数据收集分析和生产控制程序解析优化等多个方面取得了较好效果，为业内大型企业全工序管控中心的建设投运提供了宝贵的实践创新经验。

焦化企业绿色可持续发展实践研究

牛平原

（河南中鸿集团煤化有限公司，平顶山　467045）

摘　要：重工业的发展状况代表着一个国家的综合国力水平，中国成为超级大国需要重工业的支撑。焦化工业就属于重工业，焦化企业曾经以粗放型的生产为我国工业发展进程提供坚强的支撑，新的时代要求焦化企业以绿色可持续发展的方式再启征程。焦化企业在这个崇尚绿色发展的时代，通过智能物流系统避免城区道路的扬尘；通过共享水资源创造绿色的人工湖湿地生态系统，美化城市环境；通过延长产业链条规避焦炭市场的供需失衡，促进企业绿色可持续发展；通过企业融合，走进“朋友圈”抱团共同发展。

关键词：焦化，绿色，可持续发展，智能物流，朋友圈

1　概述

能源型城市需要焦化企业以绿色发展为理念，形成人与自然和谐共生的生态系统。焦化企业的工业能力可以创造性地建立绿色人工生态系统，推进资源高效利用。

2　共享一湖清泉

焦化企业走绿色可持续发展道路，离不开以人为本的绿色互动，绿色发展的过程可以顺势而为地与民众共享绿色工程。在不增加预算、互利互惠的基础上能与当地形成良性互动，树立企业在当地社会的良好形象和口碑，助力企业健康发展。以河南中鸿集团煤化有限公司（以下简称“中鸿煤化公司”）的实践为例：平顶山市石龙区城区中心有一座名为龙湖的人工湖泊，当地老百姓亲切地称其为“小西湖”，湖水清澈见底，湖面有苍鹭悠然自得，湖中还漂浮着一座小岛，曲折的汉白玉长桥将小岛与湖岸湖相连，湖边依傍着葱郁山丘。人工湖始建于2004年，库容360000 m^3，环湖有3600 m的林荫大道，一座城因这一湖清水显露出灵动之美，可以毫不夸张地说，龙湖就是石龙区的骄傲与自信。知道这一湖清水为什么这么清澈吗？因为它是中鸿煤化公司从近百里外的森林水库取来的，架设近百里的取水管道耗费了中鸿巨大的代价，水库是原始森林的山泉汇集而成，清冽甘甜没有污染的山泉水顺着管道从天而降般地注入龙湖，再从龙湖流向中鸿煤化公司。当初中鸿引来工业用水时没有忘记它身边的龙湖是一个没有补水河流的“飞来湖”，顺势而为地把千辛万苦引来的清泉空降注入龙湖，让龙湖生机勃勃充满魅力，如今的龙湖为当地市民带来欢乐惬意的同时，也使中鸿煤化公司多了一个大型水源储备地，更是赢得了当地政府的青睐，可谓一举多得。

石龙区曾经因为有着丰富的煤矿资源，成就煤矿林立的富饶之地，从一个偏僻的小镇一跃成为一个县级行政区，但环境也同样遭遇粗放型生产的破坏：主城区道路黑尘漫天，路边植物的叶片不能被分辨出本来的面目，黑乎乎地蒙上一层厚厚的尘土。如今所有的矿井都已关闭，取而代之的是现代化的化工产业园，多家大型焦化公司入驻产业园，带动当地经济持续发展。与此同时，焦化企业强调绿色发展观，用绿色理念发展经济，用绿色理念重塑当地环境。安静的化工园区内看不见烟囱冒烟，闻不见异样的气味，城区的道路宽敞整洁，路边绿植高低错落，树叶翠绿欲滴，干净整洁、没有灰尘。市民在人工湖临水步道惬意漫步；在湖心岛汉白玉雕塑前观赏应龙的栩栩如生；在枕水长桥上惊诧湖水清澈，鱼儿如空中飞行没有依靠；好一幅青山伴湖岛、鱼翔苍鹭游的绿色画卷。当地人都明白：没有中鸿煤化公司的绿色共享，就没有龙湖的鹭岛风光；没有中鸿煤化公司的经济发展，就没有当地市民的稳定就业。绿色发展观带来山清水秀，生态可持续发展告别穷山恶水。

焦化企业的绿色发展之路同样也是当地可持续发展之路，一次互惠互利的“共享一湖清水”，开启的是高效的人工生态体系的利用之路。美丽和谐的生态文明有焦化企业贡献的一份力量，协调可持续发展的绿色生态体系怎能缺少焦化企业的参与，中鸿煤化公司已经用实践证明了自己在这个人工绿色生态圈中的决定性作用。

3　智能化物流体系

企业发展离不开原料和商品的运输，焦化企业需要大宗的精煤输入厂区，更需要大宗的焦炭输出到厂外，这些种类的大宗物料汽车运输曾经是煤矿资源型城市污染的源头，运输过程带来的环境污染问题困扰了煤炭资源型城市无数年，只要存在煤炭汽车运输，那么这座城市就不再宜居。煤尘漫天遮蔽阳光，长期灰蒙蒙的天空带给市民灰蒙蒙的心情，更损害老百姓的身体健康。至今为止，超低颗粒物超标排放仍然是空气污染的罪魁祸首，长期在这样重污染天气里生活的市民呼吸道疾病发病率成倍飙升。空气PM2.5数据长期达到重度污染水平，市民平均寿命显著缩短，国外有统计数据显示：每年因空气污染造成的死亡人数有数十万人。相比氮氧化物和二氧化硫污染，超低颗粒物排放对人体健康影响更大，通过智能化物流系统可以有效避免汽车运输带来的扬尘污染。以中鸿煤化公司为例，公司智能化物流园区建有巨型全封闭煤炭储存仓库，精煤从洗煤厂通过火车输送进物流中心，通过自动化设备储存进封闭空间，再通过管道运输至煤塔，完成焦炉装煤，焦炭生产出来后再经管道输送至物流中心装上火车。固体在长达数千米的管道内封闭运输曾经是一项匪夷所思的科幻场景，如今真真切切地运用到生产实践中，谁会相信固体形态的煤和炭安静地流动在架空管道里。煤尘颗粒被密闭在管道中不与外界环境接触，设备动力采用绿色环保的电力，没有人会相信在这么干净整洁的城区，有煤炭在高高架起的管廊上昼夜不停地运输，却看不见丝毫煤炭的痕迹。源源不断地为焦化公司输送工业原料，整个焦化厂区里没有司空见惯的煤堆和扬尘，看见的是满目的香樟树、广玉兰、常青藤。四季常绿植物遍布厂区，叶片光洁油亮，一尘不染。

焦化园区的智能化物流系统封闭运输煤炭，避免了汽车运输造成的环境污染，城区道路没有了扬尘，天空变蓝了，行道树变绿了，市民可以放心地呼吸了。

4　新路

4.1　红焦气化

焦化企业绿色可持续发展需要延长产业链条，寻找延长产业链的新突破，避免单一的焦炭生产。受到全球大环境的影响，焦炭的需求呈现不断下行趋势，目前的焦炭产能不降反升，这不符合市场经济规律，越来越多的焦化企业盈利前景堪忧，具有眼光的焦化企业开始关注产业链的延长，利用剩余焦炉煤气生产焦油、苯、化肥、硫氰酸钠、甲醇、合成氨。更有远见卓识者利用红焦气化工艺直接消耗过剩焦炭，将原本出售的焦炭继续就地利用，转化为煤气输送到下一工序合成液氨、甲醇等工业产品。红焦气化条件和原理比较简单，常压状态即可完成反应，红焦从上方装入反应炉，从下方排出废渣，反应过程加入水蒸气和氧气，利用红焦的热量促成反应进行下去，红焦连续加入反应炉，反应持续不断产生的一氧化碳和氢气进入下一个工序，而且生成的氢气与一氧化碳的纯度超过95%，不含焦炉煤气中常见的有机杂质，整个反应过程不会产生水污染，反应原理如下：

$$2C + O_2 = 2CO$$

$$C + O_2 = CO_2$$

$$2CO + O_2 = 2CO_2$$

$$C + H_2O = CO + H_2$$

$$C + CO_2 = 2CO$$

红焦气化工艺有着明显的成本优势，为企业效益最大化提供了一条新路，可以避免焦炭市场供需失衡造成的销售尴尬，有效利用现有装备完成产业升级，也可为市民提供部分生活用清洁燃气，服务一方百姓。反应过程产生的蒸汽进入主蒸汽管网进行综合利用。

4.2 废水循环

水资源是工业发展的血液，也是人类赖以生存的资源。焦化企业对水的需求量巨大，干熄焦发电、合成氨、合成甲醇需要循环水给设备降温，化工厂的化学反应需要在水中完成。工业利用后的水中含有众多有害物质，排放入河会造成严重的生态灾难，也是一种浪费。焦化企业在绿色发展实践中形成了一套水资源循环利用的工艺。废水通过沉淀过滤、生物降解、反渗透膜处理后进入循环水管网再次利用。焦化企业实现废水零排放的绿色发展理念，必须建立水资源循环利用系统，量身打造本企业的污水工业化处理体系。

5 融合

焦化绿色可持续发展要求众多企业融合先进技术、制度、设备、资源、渠道、信息等诸多要素；需要焦化企业加入“朋友圈”抱团共同发展。单一企业在建设之初可能存在设备优势，但现今的科学技术在加速发展，设备迭代间隔时间越来越短，设备优势随时间的流逝很快转化为设备劣势，封闭发展闭门造车的路子越来越被人诟病。乘众人之智，合众人之力自然前路宽敞光明，企业之间紧密联系相互融合，共享环保技术工艺抱团发展更能取得绿色发展成绩。煤炭采掘、焦炭烧制、化工制造、高炉冶炼，纤维合成等跨行业的纵向融合有利于加强产业链条的稳固，增强企业抗击市场风浪的耐力；焦化企业横向的融合有利于增加行业话语权，交流相同用途的环保技术装置，抵御焦炭市场的不合理价格波动。焦化企业朝着大集团化发展带来诸多便利：共享市场信息、管理信息，形成标准化生产模式，促使企业取长补短高质量发展；集中采购带来成本优势；集中销售增加定价话语权，稳定市场商品价格。应用到环保实践中的例子有很多，例如有的焦化厂焦炉运行时间较长，机侧冒烟治理是摆在面前的实际问题；有的焦化厂捣固装煤、推焦操作存在瑕疵，久而久之炉门口炉砖磨损速度快，炉墙出现熔孔引起立火道与炭化室串漏，造成焦炉烟囱冒烟，在线环保数据超标；有的焦化厂会出现焦炉控火异常。在工厂实践中的操作中应关注焦炉生产阶段焦炉废气循环，焦炉温度控制，严格操作规程避免串漏等脱硝措施[1]。大型企业集团内直属有众多炼焦厂，平时有频繁的技术交流，家家难题不一样，自己的难题却是别家的技术特长，环境保护方面的技术交流没有障碍，往往经过互相学习、互相借鉴后就能化解环保难题。但关起门来靠自己动手动脑摸索解决问题就事倍功半了，每个企业都已经遇见各种各样的技术难题，各自有克服困难的妙招，就看你想不想照葫芦画瓢地学习了。企业是讲究经济效益的，不像搞科研的大学实验室不愁柴米油盐，技术工艺或设备的问题需要快速解决避免经济损失的，以结果为工作导向的作风是企业在市场竞争磨炼的结果。企业追求工作效率，融合后的朋友圈大能汇集，专家众多，其中不乏身怀多项专利、专业论文傍身的理工生，融合带来技术、信息共享。记得 2024 年上半年，国家生态环境部帮扶组到中鸿煤化公司进行环保帮扶，专家组检查了焦炉烟气净化工序后提出：公司现在运行的烟气脱硝热风炉系统属于国内经典的主流设备，技术成熟度高，但是陕西焦化企业已经采用了一种更加节能的装备，工艺原理有所不同，能够节约大量煤气成本。中鸿煤化公司高度重视，与陕西友好企业进行了交流，生产副总带领专家团赶赴陕西当地企业技术交流，现场了解新型环保节能热风系统的运行情况，若采用此类设备，每年降低煤气消耗获取的经济效益将是个巨大数字，现有的热风装备运行时间过久，正好到了更新的时机，随之便引入了此类装置。此次改造得益于生态环境部监督帮扶，得到了“朋友圈”陕西焦化企业的支持，融合了先进设备，使企业降本增效落到实处。

6 结语

清清的湖水、依偎的青山、幽静的鹭岛，这是焦化企业绿色可持续发展互利共赢的成果，中鸿煤化公司的绿色发展实践带来了周边良好生态环境。拥有良好的生态环境是老百姓应该有的权利，企业与地方携手行动杜绝污染天气，减少雾霾，增加绿色面积，促进当地持续空气质量优良天气是国家政策的方向，企业树立绿色发展理念是政策的要求，顺势而为方能让企业有更广阔的发展空间，逆势而动破坏生态环境的企业必将折戟沉沙。焦化企业力所能及地创造机会与市民共享一片绿色，同时自己也收获一份发展的助力；焦化企业通过智能化物流体系，可以杜绝煤炭露天堆放以及汽车运输，美化城区环境同时节约了运输成本，更重要的是减少了大气中的超低颗粒物，提高了市民的身体健康水平；焦化企业延长产业链，减少污染排放，降低焦炭在销售产品中的比重，可以有效规避焦炭市场价格下行带来的冲击；融合渠道、信息、资源、技术，焦化企业积极加入“朋友圈”总能产生事倍功半的效果。焦化企业绿色可持续发展的实践终将促成人与自然和谐共生，为绿色花园城市发展贡献工业级的巨大力量；企业绿色高质量发展必将迎来周边市民的高品质健康生活。“成也萧何败也萧何”，大型焦化企业集团绿色发展可以作为支撑城市发展的骨架造福一方，也能破坏生态环境让自身与城市陷入凋零衰败，焦化企业要在发展中保护生态环境，在保护生态环境中得到发展。

参考文献

[1] 牛平原．焦炉脱硝主流技术研究［J］．中国科技期刊数据库工业 A，2022，4：238.

于细微处见真章　焦化改进创新实践

李东培

（山西阳光焦化集团股份有限公司，河津　043300）

摘　要：生产中的一些小问题，有可能造成大危害，阳光焦化厂不以“患”小而不为，于细微处见真章。在深入研究《煤气排水器安全技术规程》的基础上，对“煤气排水器”开展技术创新，研发出专利《一种能够自助补水的煤气冷凝液排放水封装置》，彻底消除收集池积聚煤气的爆炸风险，安全达到本质化，设备迈向标准化，为“安全技术规范”的升级提供了重要支撑和指导。专利《一种脱除渣杂且调控排液的初冷器配套水封装置》，在减轻劳动强度、降低作业风险的同时，生产运行的可靠性得以进一步提升，这不仅仅是对设备的一次改进，对工艺的一种创新，更是对安全生产以人为本理念的一次践行。完善的设施是本质化安全的前提，改进创新才能不断地固本强基。

关键词：煤气排水器，煤气初冷器配套水封，煤气冷凝液排放水封

1　概述

焦化作为重化工业的重要一环，承载着丰富的历史积淀和工业价值。时代在进步，科技在发展，新焦炉是越建越“高大上”，设施配套完善，设备几近定型，工艺基本成熟，而传统的焦化企业面临着诸多的挑战和危机。生产中有一些看似无关紧要甚至是司空见惯的小问题，却有可能造成大危害，带“病”运行、带“压”检修期间发生火灾、爆炸的案例比比皆是，一线员工盼望治理改进创新的呼声很高。为了应对挑战并化危机为机遇，阳光焦化厂在负重前行中不断探索，对标挖潜紧盯“高精尖”，但细枝末节也没有忽视，尤其是提出：“不以‘患’小而不为”的安全理念后，更是解决了许多困扰焦化人已久的难题，2023 年申报的一批实用新型专利，有 4 项已经获得了国家知识产权局的授权。于细微处见真章，焦化的改进创新没有尽头，小处也大有可为。

2　探究焦化的短板

焦化的工序繁多，针对工艺及设备的不同需求，配置有性能各异的煤气水封，在长距离输送煤气的管线上，“煤气安全技术规范”要求每隔 200 m 就必须设置一个煤气冷凝液排放水封。目前，焦化在用的煤气水封种类多结构杂，内漏隐患无法预防，煤气冷凝液收集池还存在积聚煤气的爆炸风险，煤气水封不尽如人意是焦化的一块短板；焦化煤气中含有水汽及焦油渣杂，输送管路内它黏覆沉积造成系统阻力大，硫铵系统中它遇酸成渣需要手工捞除，初冷器喷洒头、捕雾器折流板及脱硫塔填料环都有渣杂堵塞现象，可以说在煤气系统的整个流程中都有它的影响，贻害无穷，排尽渣液难是焦化的又一短板；闸板阀是焦化最常用的截断阀之一，主要用来接通或截断管路中的介质，运用的压力、温度及直径范围很大，尤其是运用于中、大直径的管道，但焦化的闸板阀都有一个通病，即阀座密封沟槽内沉积有焦油渣杂，久而久之卡阻阀芯，要么打不开，要么关不严，安全风险陡增，对生产影响很大。煤气闸板阀关不严是最让焦化人担心的一块短板。

3　改进创新，安全达到本质化，设备迈向标准化

要想补齐短板就必须知道它究竟“短”在何处，焦化目前使用的煤气冷凝液排放水封的弊端主要体现在以下几方面：

（1）当煤气管道中实际压力超过设计水封压力时，煤气会突破水封溢出，部分煤气在水封室顶部空

间积聚，煤气水封存在爆炸风险。

（2）应环保要求，溢流的冷凝液通过管道引入了密闭的冷凝液收集池，当煤气压力大突破水封外溢时，部分煤气会从溢流口窜入冷凝液收集池并积聚在其顶部空间，形成爆炸性混合气体，使用吸污车定期抽煤气排冷凝液时会打开顶部抽排口插入抽排管，静电或金属管件撞击均会产生火花，煤气冷凝液收集池存在爆炸风险。

（3）煤气冷凝液排液管隐没在水封室内，管壁内外气液交加，排液管壁因腐蚀减薄进而穿孔的隐患而无法排查。冷凝液排液管如果在低位穿孔，则相当于降低了水封高度；极端情况下，排液管若在水封室内高位穿孔，即高出冷凝液溢流口时，则水封功能将彻底失效，煤气将不受控制地直排。

（4）水封装置的高度随着煤气设计压力的增高而增高，当煤气主管道安装位置较低时，需要开挖基坑，将煤气水封装置沉入地底下，隐患排查、设备检修费事费时，若采用多室水封，则内部结构更加复杂，制作难度大，使用过程中憋压现象常造成冷凝液无法外排。

（5）煤气中携带的渣杂随冷凝液流入水封室中，清理水封室底部积聚的渣杂前，必须先排空水封装置中的所有水封水，清理完成后还需再补充大量新水。

改进创新的基础是"安全技术规范"，它能够确保在追求技术革新的同时，不会忽视安全这一至关重要的因素，通过认真研读《煤气排水器安全技术规程》（AQ 7012—2018），对目前在用的煤气冷凝液排放水封的改进有了初步的想法，即煤气主管道中排出的冷凝液及其携带的渣杂从渣液桶顶部进入渣液桶内，渣杂沉降，冷凝液则从渣液桶顶部的溢流管上溢，相当于《煤气排水器安全技术规程》[1]中的卧式"U"形水封式排水装置。进行进一步改进创新，即冷凝液上溢后并不是按部就班直接进入收集池，而是进入了新增设的导流桶，导流桶具有气液分离功能，冷凝液从导流桶下部排液管下流，再从新增设的补水桶中部进入，冷凝液补满补水桶后，最后再溢流汇集到收集池，"一种自助补水型煤气冷凝液排放水封装置"得以诞生，2023 年 12 月 29 日，实用新型专利《一种自助补水型煤气冷凝液排放水封装置》[2]得到授权。解决了老式煤气冷凝液排放水封的技术难题，煤气水封装置的连接管道全部为外设，没有内部隐蔽管件；水封装置不需要沉入地下基坑内（渣液桶上部的冷凝液溢流管的高度即为封闭相应煤气压力的水柱高度，可以超过煤气主管道布设）；渣液桶设计为倒锥形，排放清理简单高效；自助补水桶，自备水源清洁节约；二次水封结构，能确保煤气系统压力波动时，煤气不会窜入冷凝液收集池中，彻底消除了冷凝液收集池积聚煤气的爆炸风险，达到本质安全；再进一步，还可以按煤气风机机前、机后进行系列化设计，并将煤气水封装置的构件设计成标准件，按照模块化进行制作及安装。通过系列化设计，可以根据实际需求进行选配，进行标准化设计可以提高构件的通用性和互换性，降低生产成本，既可以提高设备的制作和安装效率，还可以降低设备的复杂性，提高设备的可靠性和稳定性，同时也方便对设备进行点检和维护。《一种自助补水型煤气冷凝液排放水封装置》的研发和应用，不仅是对煤气排水器技术的一次重大突破，也为进一步推动相关技术规范的修订升级提供了重要的支撑和指导。

4　改进设备的同时创新工艺

在煤气净化的源头设计安装有煤气初冷器，主要功能是冷却及净化煤气，通过喷洒循环冷凝液进行煤气的洗涤及冲刷初冷器横管上黏覆的渣杂。目前，因设备及工艺的局限，脱除渣液净化煤气的效果并不理想，尤其初冷器的循环冷凝液液喷洒口被堵塞的现象时有发生，对生产影响很大。观察到流经初冷器配套水封的冷凝液流量大、流速快，正好适合利用旋流原理来脱除冷凝液中的渣杂，于是考虑对现有初冷器配套水封的结构进行改进，一是将水封的冷凝液进液管由顶部插入水封桶中的内置进液方式，改为外设冷凝液进液管沿初冷器水封外壁以渐开线形式水平方向进入水封桶内；二是将进液口以下部分的水封结构由圆柱桶形改为倒锥形；三是在倒锥形下部的排渣液口加装电动调节阀和手动调节阀，并加入 DCS 自动控制系统中。改进初冷器配套水封后，从初冷器奔流而下的冷凝液顺进液管进入水封桶后即会形成水平状旋流，在离心力作用下，冷凝液中携带的渣杂被甩向周边并在自重力作用下沉降到倒锥形底部，最后渣液从水封装置底部被连续排出。改进后的初冷器配套水封，相当于是将旋流器与水封合体而成为了一种新的设备，既能够隔绝空气排出冷凝液，又可以分离并连续脱除渣杂，没有内藏式构件，点检维护简单，还融入了 DCS 自动控制系统中，改造也非常简单，在原有基础上将初冷器水封换装旋流器结构即可，一种新型实用的能够脱除冷凝液中渣杂的初冷器配套专用水封设计定型。2024 年 3 月 22 日，实用新型专利《一种脱除渣杂且调控排液的初冷器配套水封装置》[3]得到授权。它兼顾水封功能、缺水报警功能及旋流分离渣杂等多种功能；工艺上实现了排放渣液与调控循环冷凝液的智能化控制，不再依靠人工定期巡查来排除冷凝液中的渣杂，员工进入高危作业现场的作业频次大幅下降，按照“作业条件危险性评价法 LEC”进行评估，危险值大幅降低，在减轻劳动强度、降低作业风险的同时，生产运行的可靠性得以进一步提升。这不仅仅是对设备的一次改进，对工艺的一种创新，更是对安全生产以人为本理念的一次践行。

5 阀门关闭严密，风险消减为零

遇到“跑冒滴漏”时，第一个想到的就是关严阀门，倒换备用煤气风机前，一定是先查看煤气进出口的闸板阀是否关得住。焦化生产中常常遇到想停时阀门关不住、想开时阀芯被粘住的难题，不得已只好用自制的“F”形扳手助力，一来二去阀门很快就报废。

阀门长期关闭后，部分焦油渣杂沉积在阀座处，久而久之则硬化固结，阀芯受阻，导致阀门开启困难；当阀门在开启状态时，流体中的渣杂沉降黏覆在阀门的阀座密封沟槽中，关闭阀门时阀芯下压，渣杂被推挤到阀座密封沟槽的底部，如此反复，最终阀芯被渣杂卡阻在密封沟槽外，阀门彻底关不严。

阀座密封沟槽里的渣杂卡阻阀芯，就从阀座密封沟槽处开道，将阀座密封沟槽底部易积攒渣杂的那一弧度范围内的实心部分掏空，设置成凹凸型排污通道，并在其两侧最高点外部设置两个蒸汽吹扫快接口，需要关闭阀门前，先连接蒸汽吹扫阀座密封沟槽，加热软化黏覆在其中的焦油渣杂，关闭阀门时，阀芯不断向下铲除推挤黏覆在阀座密封沟槽中的渣杂，渣杂被推入凹凸型排污通道中，最后渣液通过阀门底部收集漏斗及排渣液管道排入阀门下部的水封中。技术创新成果《一种能清除渣杂防止阀芯卡阻的平装闸板阀》[4]定型，2024 年 5 月 10 日，此实用新型专利得到授权。长期制约焦化生产的煤气闸板阀关不严的技术难题终于得到有效解决，不仅显著降低了煤气系统检修、倒备作业的风险，闸板阀阀芯卡阻风险更是消减为零，填补了该领域在风险防控方面的空白，为煤气系统的安全运行提供了坚实的保障。

6 结语

煤气设施严密，安全才能得到保障；阀门开关自如，生产才能调度有序。完善的设施是本质化安全的前提，只有改进创新才能不断地固本强基。

参 考 文 献

[1] 中华人民共和国应急管理部．煤气排水器安全技术规程：AQ 7012—2018［S］．北京：应急管理出版社，2018.

[2] 李东培，畅芬，王文军，等．一种自助补水型煤气冷凝液排放水封装置：202321898275［P］．2024-08-07.

[3] 李东培，畅芬，吕军锋，等．一种脱除渣杂且调控排液的初冷器配套水封装置：202322335497［P］．2024-08-07.

[4] 李东培，吕军锋，杨福，等．一种能清除渣杂防止阀芯卡阻的平装闸板阀：202322625657［P］．2024-08-07.

智慧焦化平台的研制与应用

刘晓东　杨　凯

（中冶焦耐工程技术有限公司，大连　116085）

摘　要：面向焦化行业数字化管理、智能化运维等方面需求，采用“平台+APP”的设计理念，利用云计算、工业大数据、工业物联网等新技术，研制并搭建了智慧焦化平台与一系列工业 APP。平台支持对设备的普适连接、数据采集、数据清洗、数据分析及数据可视化，通过工业 APP 向上输出设备管理、生产可视化、调度管理、计划管理、生产原料管理、操作管理、工艺管理等服务与功能。平台支持多种开发工具与 API 接口，可有效降低开发门槛，实现工业 APP 的快速开发与迭代，支撑焦化企业数字化转型，助力焦化行业实现智能制造。

关键词：焦化智能制造，工业云平台，工业 APP

1　概述

我国拥有技术先进、装备雄厚、产品齐全的焦化工业体系，是名副其实的焦化产业大国。我国焦化行业工艺技术已达到国际先进水平，但在自动化、信息化和智能化方面仍然有较大差距，制约我国焦化行业高质量发展。随着焦化行业节能减排、绿色发展、转型升级、安全高效生产等需求加剧，亟待建设智慧焦化平台，推进科技创新，促进焦化行业实现绿色化、智能化、高端化的高质量发展目标。

工业互联网是全球工业系统与高级计算、分析、感知以及互联网融合的新兴技术，该技术通过智能化、信息化的生产与管理方式降低成本、提高效率，推动制造业转型发展。中国制造规划明确指出，制造强国战略要以体现信息技术与制造技术深度融合的数字化、网络化、智能化制造为主线，加快从制造大国转向制造强国。为了实现该目标，近年来我国大力推动工业互联网的建设与发展。随着信息化、智能化技术的快速发展和应用，基于工业互联网技术的焦化工厂智能化升级逐渐成为行业内企业关注的重点和发展方向，为焦化行业的可持续发展带来了新的契机。

利用云计算、工业大数据、数字孪生、工业物联网等新技术，将传统焦化行业与工业互联网深度融合，建设智慧焦化平台，以改善焦化行业智能化、信息化水平低的现状，加速焦化产业升级。通过焦化数字技术和智能技术开发和应用，构建基于工业互联网的新服务体系，提供焦炉设备全生命周期管理与精准运维服务，实现焦化生产全过程高安全、低消耗、低排放、高效率运行，提高生产质量和效益，助力焦化行业智能制造的发展。

2　解决的关键问题

（1）焦化企业生产现场数据采集与远程安全控制。针对现有焦炉生产系统网络传输介质类型多样、系统繁杂、数据来源多、互通性差等问题，本文提出大规模高通量多模态工况数据集成融合方法，实现复杂工况下焦炉装备关键参数的采集。对于焦炉各测控系统、业务系统和数据，采用网络隔离与数据交换平台的方式实现数据安全传输，实现焦炉装备跨系统高效安全传输与远程控制。

（2）焦化行业数字孪生建模。焦化行业工业模型缺失，焦化工业知识缺少数字化、模型化的沉淀，现有工业软件难以满足焦化特定领域的工业应用需要，严重制约焦化行业智能化转型升级进程。针对上述问题，本文采用数字孪生建模技术，构建模型及算法库，将焦化工业知识标准化、软件化、复用化，实现焦化智能工厂的虚实联动与预测性维护。

（3）焦化工业大数据的有效利用、统计分析以及对上层工业 APP 的支持。针对焦化企业生产现场工业大数据的有效利用率低，对上层工业 APP 的支持困难的问题。智慧焦化平台提供多种开发工具，应用开发者通过平台的开放 API 和开发框架可以快速完成工业 APP 开发，缩短应用上线时间，助力焦化行业数字化转型。

（4）焦化行业多业务领域工业 APP 的开发与应用。针对焦化行业多业务领域工业 APP 的开发与应用的问题，智慧焦化平台提供基于虚拟化技术的开发、部署、运营一体化服务，具备高性能、可伸缩的容器应用管理能力，支持平台的按需部署与扩容，支撑工业 APP 及微服务的运维管理。

3　总体架构

智慧焦化平台支持对传感器、PLC、控制系统及业务系统数据库数据的采集、存储、分析处理，支持多种工业协议；提供标准化数据模型和实例，支撑工业 APP 的开发运行；提供组态设计、报表设计、工作流设计等开发工具支持工业 APP 的快速开发；内置模型及算法库，支撑工业 APP 输出智能服务；提供工业 APP 运行的基本环境和服务，支持微服务和各工业 APP 的运维管理。智慧焦化平台分为边缘层、IaaS 层、PaaS 层与 SaaS 层，其总体架构见图 1。

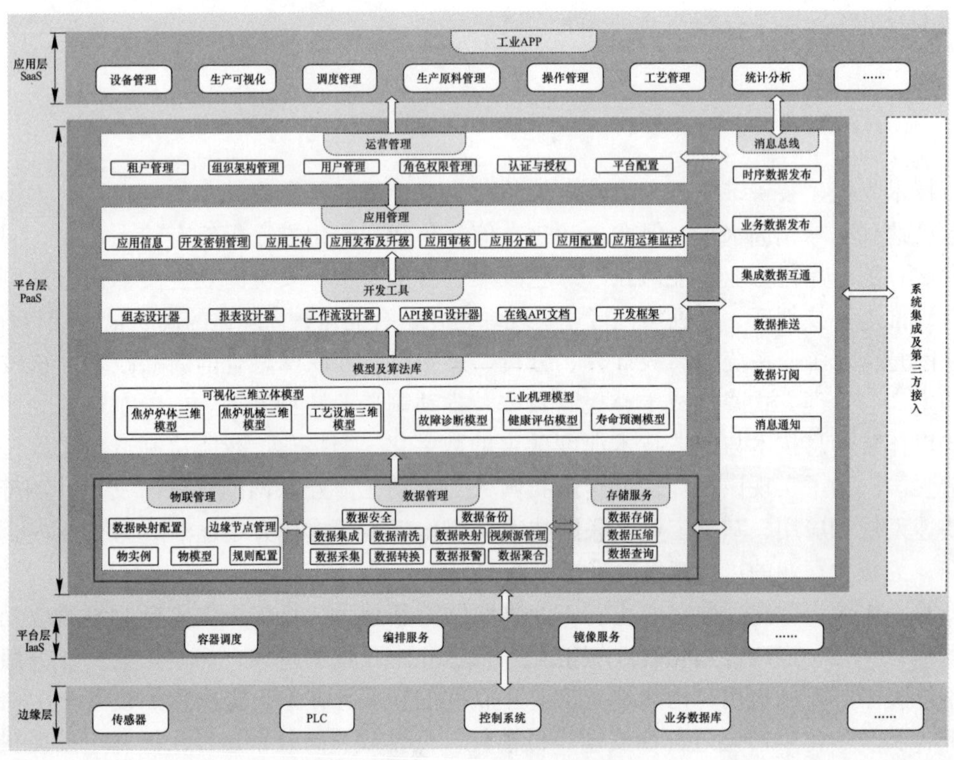

图 1　智慧焦化平台总体架构

3.1　边缘层

边缘层是连接焦化设备和云平台的支撑层，包含现场数据采集（如传感器、仪表设备、PLC、控制系统等）以及企业已有业务系统或业务系统数据库集成（如 MES、WMS、ERP 等）。系统通过云网关连接焦化现场设备进行数据采集，支持 OPC-UA、ModbusTCP、Modbus RTU、DL/T645 等多种工业协议，支持西门子、欧姆龙、三菱等 PLC 驱动。云网关通过以太网、4G 等接口连接云平台，通过 MQTT 协议实现平台层与边缘层的双向数据传输。此外，平台支持 MySQL、SQL Server、Oracle 等数据库的接入，可实现与企业其他业务系统或第三方应用的数据集成。

3.2　IaaS 层

IaaS 层负责提供各项计算资源，支持基于虚拟化技术的开发、部署、运营一体化容器服务，为焦化工业 APP 提供虚拟化硬件运行环境，支持公有云，私有云以及混合云部署。IaaS 层具备容器编排、网络驱动、容器镜像仓库、运行监控以及日志功能，实现智慧焦化平台硬件资源的分配与管理。

3.3 PaaS 层

PaaS 层是智慧焦化平台工业 APP 运行操作系统，支持物联管理、数据管理、开发工具、模型及算法库、应用管理、运营管理等功能，提供智慧焦化平台运行的基础服务和工业 APP 开发与运行环境。

3.4 SaaS 层

应用层 SaaS 提供多项焦化业务领域的工业 APP，涵盖设备管理、生产可视化、调度管理、计划管理、生产原料管理、操作管理、工艺管理等基础工业 APP。应用开发者通过平台可以快速构建所需的工业 APP，灵活拓展满足焦化企业的业务需求。

4 主要功能

4.1 物联管理

物联管理是支持焦化现场边缘层数据采集，为上层工业 APP 的开发运行提供标准化数据模型支撑的重要服务，主要包含物模型、物实例、物连接等功能。

（1）物模型。定义焦化物模型基本信息和数据项、聚合规则、报警规则、服务、事件类型的信息，生成相应接口供应用调用。

（2）物实例。根据物模型的配置，创建对应的物实例，在物实例中可对物模型中定义的信息、规则进行拓展，并生成相应接口供应用调用。

（3）物连接。包含物连接管理和数据映射功能，可在平台上添加与焦化工业现场实际环境对应的边缘节点信息、配置，实现边缘节点与云平台的快速连接，并管理物实例数据项与边缘节点采集数据的映射关系。

4.2 数据管理

数据管理是智慧焦化平台的基础服务之一，包含多协议支持、数据聚合、数据报警、数据映射、数据清洗等功能。

（1）多协议支持。云平台通过云网关的以太网、RS485 等接口连接焦化工业现场设备进行数据采集，支持 OPC-UA、ModbusTCP、Modbus RTU、DL/T645 等多种工业协议，支持西门子、欧姆龙、三菱等 PLC 驱动。云网关通过以太网、4G 等接口连接云平台，通过 MQTT 协议实现平台层与边缘层的双向数据传输。

（2）数据聚合。对于采集到的离散型数据，根据物模型数据项聚合规则的配置执行处理。可实现数据累加聚合、最大值聚合、最小值聚合和平均值聚合。

（3）数据报警。实现采集数据的异常报警，根据物模型定义的报警规则对数据进行计算，并按照配置的提示信息产生报警。

（4）数据映射。按照配置的物实例数据项与边缘节点数据的映射关系，将物实例数据项值与边缘节点中的采集数据同步，并将物实例信息发送到实时数据总线中供其他服务订阅。

（5）数据清洗。平台根据采集周期计算数据采集超时时间；根据数据类型标识趋势偏离程度较大的数据；根据边缘节点数据上传的异常状态标识无效数据。

4.3 模型及算法库

模型及算法库内置精准描述焦炉生产运行的可视化三维立体模型，以及指导焦炉实现预测性维护的工业机理模型。可视化三维立体模型包括焦炉炉体模型、焦炉机械模型、工艺设施模型。工业机理模型包括故障诊断模型、健康评估模型、寿命预测模型。模型及算法库实现了焦化工业技术、经验、知识的模型化、标准化、软件化、复用化。

（1）可视化三维立体模型。可视化三维立体模型包括焦炉炉体模型、焦炉机械模型、工艺设施模型等三类模型。具体包括捣固焦炉、SCP一体机、拦焦车、电机车、焦罐、装煤车、推焦车、导烟车、脱硫脱硝装置、除尘站等设备或设施的可视化三维立体模型。模型支持虚实联动，采用3D渲染形式动态呈现生产过程和焦炉设备运行状态，支持旋转、放大、缩小、漫游、移动功能，支持透视模式与写实模式展示。

（2）工业机理模型。工业机理模型包括故障诊断模型、健康评估模型、寿命预测模型。工业机理模型对焦炉及其关键设备的运行状态进行判别，及时给出故障报警信息，支持对焦炉设备的故障诊断与预警、健康评估与寿命预测，实现焦炉预测性维护。支撑平台向上输出精准运维服务，解决焦化行业焦炉机械设备损坏率高、故障诊断依据少、维保成本高等问题。

4.4 开发工具

智慧焦化平台为应用开发者提供组态设计器、报表设计器、工作流设计器、API接口设计器以及开发框架SDK、开放各类API，以实现工业APP的快速开发。

（1）组态设计器。应用开发者可通过浏览器操作组态工具并浏览组态画面，实现工程管理、组态编辑以及组态运行三大功能。通过图元组态、可视化图表组态、数据的配置与关联，在平台上可完成基于Web服务的焦化工业现场实时数据监控功能，并实现服务端的多用户访问。

（2）报表设计器。应用开发者可以在线创建报表设计，绑定数据源或数据集后在工业APP中可以进行编辑或展示数据统计结果，也可以通过组态设计器将报表引用到组态页面。

（3）工作流设计器。为了简化应用开发者与工作流程相关的开发过程，更好地实现焦化企业业务流程快速定制和执行的需求，平台提供了流程设计器，以及工作流表单定制的功能。

（4）API接口设计器。平台提供的API接口设计器可以为应用开发者提供在线API接口快速开发的功能，通过API接口设计器所开发的接口可以调用云平台基础API、操作数据源及物实例。通过API接口设计器创建的接口与云平台提供的API接口一样可以被纯代码开发的程序调用。

（5）开发框架。应用开发者在平台上创建工业APP后，可下载开发框架SDK并在本地开发环境中部署，便于进行工业APP前后端纯代码开发。

（6）API设计。平台提供基础服务、运营服务、物联服务、应用服务、数据服务五大类API，支撑工业APP的开发、运行。平台的API网关负责将后台的API发布给工业APP用访问，实现安全、缓存、限流、熔断、异步化和预发布，作为平台层与工业APP之间的纽带和桥梁。

4.5 应用管理

智慧焦化平台提供一系列应用管理功能，用以支撑工业APP的开发、上传、审核、配置、使用、监控和运维过程，实现工业APP的全生命周期管理。

（1）应用开发。应用开发者在云平台上创建工业APP信息，当应用开发者完成开发后，在云平台上对工业APP进行配置与绑定，随后将工业APP镜像文件上传到平台镜像仓库。此外应用开发者还可在线定义工业APP的相关数据字典，进行初始化配置。

（2）应用审核。应用审核包含平台管理员对上传的工业APP进行审核、分配租户、启用/停用的功能。

（3）应用运维。应用运维功能主要面向运维管理员开放。在应用运维列表中可展示工业APP的运行状态，包括工业APP的启用/停用状态、CPU和内存使用量等。根据工业APP的实时运行情况，运维管理员可以动态增加工业APP的实例数。

4.6 运营管理

运营管理包含租户管理、用户管理、认证与授权、组织架构、角色权限等。

（1）租户管理。智慧焦化平台以多租户方式运行，可以同时为多个租户提供服务，每个租户的数据、资源、管理、配置等具有隔离性，因此提供了平台管理员进行新建租户、指定租户管理员、租户信息修改、租户启用/停用、租户冻结/解冻、查询租户信息等租户管理的功能。另外，焦化企业的租户管理员通过该功能可实现本租户内企业信息的修改、查看日志等操作。

(2) 用户管理。智慧焦化平台提供了针对用户信息的管理功能，平台管理员可以在云平台上管理运维管理员、应用开发者、租户管理员的用户信息，租户管理员可以管理租户下企业内用户的信息。在该模块中，可以实现用户信息的编辑，以及用户的冻结/解冻。

(3) 认证与授权。平台采用了完善的认证与授权机制，保障了安全性。用户登录及使用、工业 APP 的开发运行、集成到云平台的其他业务系统都需要将登录与认证方式、API 调用方式按照协议进行校验。

(4) 组织架构。在组织架构功能中，租户管理员可以实现租户内的焦化企业组织架构信息维护，部门、岗位、人员之间的绑定/解绑。组织架构采用多级管理的模式，每个租户的公司层级下可以创建下属的子公司，连同部门、岗位，以树形结构展开。

(5) 角色权限。平台提供了角色及对应权限的管理功能，平台管理员可以管理运维管理员、应用开发者、租户管理员的权限，租户管理员可以创建企业租户下的自定义角色，并为每个角色分配对应权限。权限分为平台权限和工业 APP 权限，平台权限细化到按钮级，工业 APP 权限细化到菜单级。平台管理员可管理的角色只能分配平台权限，租户管理员对企业租户下的自定义角色可以分配由平台管理员赋予的平台权限以及工业 APP 权限。

4.7　工业 APP

智慧焦化平台提供一系列工业 APP，包括设备管理、生产可视化监控、计划管理、调度管理、生产原料管理、操作管理、工艺管理、环保管理、质量管理、统计分析等。可根据焦化企业实际情况进行组合，助力焦化行业数字化转型。

(1) 设备管理 APP。将焦化企业的焦炉及其关键设备、设施作为管理对象，通过从 DCS 或 OPC 进行数据采集，实时显示设备的状态信息和报警信息。调用模型及算法库中的工业机理模型，实现设备预测性运维。提供设备信息、设备资料、实时数据查看、设备点检管理、设备报修、设备维护保养、备品备件库存、设备报警、报警记录、故障诊断、健康评估、寿命预测等功能。有效降低设备故障率，减少人工干预，延长设备使用寿命、降低运维成本。

(2) 生产可视化监控 APP。调用模型及算法库中的可视化三维立体模型实现焦化工厂 3D 数字化全景展示，关键工艺设备如焦炉、SCP 一体机、除尘站、管道、反应釜等透视图展现与 3D 动画效果仿真。在数据采集的基础上对生产工艺相关数据进行实时监测和统计，实现焦化生产工艺流程监控。帮助企业管理者随时随地、更清楚地了解生产状况，及时发现和处理异常情况，提高生产效率和质量，同时保障生产安全。

(3) 计划管理 APP。提供产品生产计划制订（如焦炭、焦油、苯、煤气）、原料预估、计划执行、生产情况反馈、班次班组管理等功能，支出导出生产计划相关的报表。有助于挖掘生产操作影响因素，提供生产操作建议，优化资源配置，降低生产成本。

(4) 调度管理 APP。提供调度计划制订（针对调度者）、调度详细内容的记录、调度文件上传和调度数据导出的功能。实现资源的最优配置，提高生产效率，降低运营成本。

(5) 生产原料管理 APP。提供原料和产品信息管理、仓库管理、原料和产品出入库管理、统计报表导出等功能。有助于优化原料库存，降低库存成本，同时确保生产过程的连续性和稳定性。

(6) 操作管理 APP。提供操作标准的录入、人员操作记录、人员绩效评估和报表统计分析等功能。有助于降低操作失误率，提高产品质量。

(7) 工艺管理 APP。提供工艺信息录入、工艺文件上传、工艺组态编辑和配方管理等功能。可规范焦化企业工艺管理流程，为工艺优化升级提供支撑，提高焦化厂的综合竞争力。

(8) 环保管理 APP。基于数据采集对焦化企业的安全、环保数据进行可视化展示，实现视频监控、消防检测、安全预警、污染指标监控（瞬时流量和累积排放）、能耗监控等功能。可降低环境污染，提高焦化厂的环保性能，有助于企业可持续发展。

(9) 质量管理 APP。支持质量检验计划制订（包含原料检验、产品检验）、质量检验信息录入、检验报告结果上传和检验报表分析等功能。可提高产品质量和客户满意度，增强企业的市场竞争力。

（10）统计分析APP。提供生产原料、生产订单、生产进度、生产效率、生产能耗等数据的可视化查看与分析功能，支持曲线、表格、柱状图、饼图等数据的展示形式，并且支持用户自定义报表。有助于企业了解生产状况和市场趋势，制定更合理的业务战略和发展规划。

5 结语

智慧焦化平台将工业现场海量时序数据、企业业务数据快速整合到云平台上，打破数据孤岛，实现生产、管理、运营业务各环节全要素的泛在互联与数据互通。通过数据的价值挖掘，为焦化企业的提质、降本、增效、安全环保及转型升级提供广阔的赋能空间。使用数字孪生建模技术，建立焦炉及其关键设备设施的可视化三维立体模型、工业机理模型，构建智能焦化模型及算法库。利用数据统计分析和数据可视化工具辅助决策，以集成化、数字化、智能化手段解决生产管理和企业经营的问题，打造服务于焦化企业的智慧大脑，助力焦化行业向智能制造转型升级。

参 考 文 献

[1] 任嵬，索寒生，招庚，等．石化行业智能工厂能力成熟度模型研究［J］．计算机与应用化学，2019（3）：247-254.

[2] 范鹍．智能集中管控在济钢焦化厂的实践与思考［J］．燃料与化工，2011，42（6）：24-27.

[3] 李德刚，谢腾腾．石油化工智能工厂工程设计阶段工作的探讨［J］．石油化工自动化，2020，56（5）：41-44，86.

[4] 中华人民共和国工业和信息化部．工业互联网平台建设及推广指南［R］．北京：中华人民共和国工业和信息化部，2018.

[5] 工业互联网产业联盟．工业互联网安全框架［R］．北京：工业互联网产业联盟，2018.

钢铁联合企业供料皮带通廊火灾风险辨识及防控管理

余　雷[1]　陈　杰[1]　杨　威[2]

（1. 武汉平煤武钢联合焦化有限责任公司，武汉 430080；
2. 宝钢股份武钢有限公司，武汉 430080）

摘　要：为满足钢铁企业超低排放指标中无组织排放的要求，公司现有供料皮带通廊及转运站均已完成封闭改造。皮带通廊封闭改造后火灾风险显著增加，而且一旦发生火灾后，不利于实施灭火救援。本文结合典型的供料皮带通廊火灾事故及供料皮带通廊消防系统改造实践，在火灾事故原因分析的基础上，系统辨识供料皮带通廊的主要火灾风险，研究探讨其防控管理及改进措施。

关键词：钢铁联合企业，供料皮带通廊，火灾风险，防控管理，改进措施

1　概述

为响应国家拥抱蓝天行动计划的号召，满足钢铁企业超低排放指标中无组织排放的要求。要求铁精矿、煤、焦炭、烧结矿、球团矿、石灰石、白云石、铁合金、高炉渣、钢渣、脱硫石膏等块状或粘湿物料，应采用管状带式输送机等方式密闭输送，或采用皮带通廊等方式封闭输送。

武汉平煤武钢联合焦化有限责任公司现有供料皮带通廊及转运站均已完成封闭改造。皮带通廊封闭后造成可燃物料（煤粉、焦粉等）积聚，存在粉尘爆炸风险。同时封闭后的皮带通廊一旦发生火灾，极易形成“烟囱效应”，大量可燃物在火场高温密闭环境下燃烧不充分，产生大量的有毒热浓烟。大量烟尘滞留在密闭空间内无法迅速排出，燃烧生成的一氧化碳浓度能达到3%以上，未采取有效保护措施的人在火场内短时间逗留即有生命危险。此外，皮带通廊钢结构长时间受火烘烤，变形严重，存在垮塌风险[1]。

因此皮带通廊封闭改造后火灾风险显著增加，而且一旦发生火灾后，不利于实施灭火救援。虽然《钢铁冶金企业设计防火标准》（GB 50414—2018）中未对供料皮带通廊内的消防灭火设施提出相关要求，但是封闭式皮带通廊火灾风险辨识及其防控管理亟须引起人们的广泛关注。

2　几起供料皮带通廊火灾事故及原因分析

几起供料皮带通廊火灾事故及原因分析见表 1。

表 1　典型事故及原因分析

序号	时　间	事 故 简 况	事故原因
1	2018 年 10 月 16 日	某厂运煤皮带，因皮带下方积煤与返程皮带、托辊摩擦积热，致使积煤阴燃后引燃皮带，造成皮带通廊内皮带烧损	积料未清理
2	2019 年 5 月 24 日	某公司带式输送机通廊 809 号传送带处堆积的煤粉自燃，引燃通廊内可燃物，导致皮带通廊烧毁、坍塌，造成 2 死 6 伤	煤粉自燃
3	2019 年 10 月 24 日	某公司烧结车间在 23 日晚停产过程中，高温烧结矿料致使输送皮带冒烟起火，引发火灾，导致通廊坍塌，造成 7 人死亡	红料堆积
4	2020 年 5 月 19 日	某厂炼钢熔剂皮带通廊内皮带机皮带断裂后崩料，在通廊地下堆积大量断带皮带和活性石灰（生产原料）。在地下水聚集、通风不畅的条件下，活性石灰遇水放热，导致断带皮带自燃，引发火灾	石灰遇水发热

续表 1

序号	时 间	事 故 简 况	事故原因
5	2021 年 3 月 31 日	某钢厂高炉原料输送皮带通廊在年修期间，因动火检修作业引发火灾，最终导致通廊垮塌	违章动火
6	2021 年 9 月 21 日	某厂运煤皮带机中部封闭段下平辊卡死不转，皮带在运行期间异常摩擦发热，停机后积热不散，引燃运煤皮带	托辊故障
7	2021 年 11 月 14 日	日本某制铁所发生大火，包括铁矿石传送带在内的部分设备烧毁	待调查
8	2021 年 11 月 20 日	某厂一条待拆除的供煤皮带通廊内，因低压电源线绝缘损坏或外皮破损，对地拉弧放电，持续放电点燃电缆上堆积的煤粉，燃烧掉落物引燃下方皮带，同时造成桥架上其他电缆和皮带通廊连锁燃烧	电气故障

3 供料皮带通廊火灾风险分析

结合几起典型供料皮带通廊火灾事故原因分析及武汉平煤武钢联合焦化有限责任公司生产实践可知，供料皮带通廊火灾事故的发生与皮带机现场环境、现场管理、生产操作、设备状况密不可分。钢铁联合企业供料皮带通廊火灾风险主要来自以下几个方面。

3.1 电气原因

皮带通廊内敷设的电缆绝缘老化、接地引燃电缆桥架上的积料或相邻电缆。临时用电不规范，被积料埋压的电线短路或积热引燃可燃物。

3.2 动火作业管理不到位

皮带通廊动火检修作业，特别是高空皮带通廊内的氧乙炔气割枪切割作业。切割作业时产生的高温熔渣在隔离措施不到位的情况下，极易引燃皮带或周围可燃物，引发火灾事故。动火检修作业结束后未彻底熄灭火种或未按要求返回作业现场检查火种情况，导致遗留火种引燃皮带或可燃物。

3.3 生产操作原因

因生产等原因造成皮带运输机停机，皮带运输机运输的高温物料引燃皮带或可燃物。物料影响皮带运输机正常运行、异物卡阻摩擦积热引燃皮带或可燃物。使用扫把、草袋或者松香等易燃物启动皮带，摩擦生热引燃可燃物。

3.4 停产产线管理不到位

对已停用、未断电设备点检管理不到位，提前拆除消防报警设施，停用消防灭火设施。造成火灾不能第一时间被发现，无法实施初起火灾扑救，导致火灾事故扩大化。

3.5 现场管理不到位

现场清扫不到位，积料严重，检修作业三清退场不到位，现场随意堆放检修工器具、皮带等备品备件阻塞消防通道。影响人员疏散和灭火救援，增加火灾风险。

3.6 次生风险

供料皮带通廊数量多、距离长、分布广，与周围能源介质管线、生产区域毗邻。一旦发生火灾事故，火星四溅、浓烟向外翻滚，甚至垮塌将严重威胁到毗邻生产厂房、设备、管道等的安全。如果扑救不及时，极易导致火势蔓延和损失扩大。

4　改进措施和改进效果

针对相关火灾事故，总结吸取经验教训，全面开展供料皮带通廊火灾风险辨识，并采取一系列管控措施。

4.1　制定制度、标准

制定《皮带运输机安全管理标准》，从生产、设备、安全、消防等四个维度加强皮带系统的综合管理。强化皮带设备的点巡检，持续优化皮带传动设备的点检标准，开展持续检查，及时发现问题并落实整改。

4.2　推进皮带系统缺陷综合治理

着力整改工艺保护装置（拉绳、跑偏、打滑、防堵、清扫等）不规范问题。排查治理造成皮带运输机堵料及划伤皮带的缺陷。加强对传动设备皮带的监控。及时修复电缆桥架腐蚀变形和皮带通廊结构变形的问题。加大皮带通廊内电缆的整治力度。重点推进供料皮带通廊火灾报警系统消缺工作，确保临警好用。

4.3　提高应急处置能力

组织涉及供料皮带通廊单位开展火灾风险辨识，针对皮带运输机着火制定岗位应急处置卡。将火灾风险辨识清单和应急处置卡放置在岗位上，便于岗位职工日常学习和应急使用。建立相邻岗位联防联控机制，发现险情及时互通信息。同时联合企业专职消防队开展联合预案演练，进一步提高岗位职工皮带通廊火灾事故应急处置能力。

4.4　提升装备水平

武汉平煤武钢联合焦化有限责任公司投资 5.98 亿元建设原料、备煤筒仓项目，该项目消防系统采用火灾自动报警系统、室内消火栓系统、湿式自动灭火系统、自动跟踪射流系统、雨淋系统、防火分隔水幕系统等。筒仓项目建成投产后，公司供煤皮带数将从 173 条减至 102 条。在满足《关于推进实施钢铁行业超低排放的意见》（环大气〔2019〕35 号）环保要求的同时，使供煤皮带实现本质化消防安全。

企业专职消防队引进 32 m 高喷消防车。该款消防车具有大跨度、大范围、大流量、小场地、高效、精准、快速、安全可靠等特点。最大灭火半径不小于 106 m，最大灭火高度不小于 82 m，最大灭火深度不小于 90 m，最大出水流量可达 80 L/s。而整车长度仅 10.25 m，最小展开宽度仅 3.3 m。针对高空、复杂地形的供料皮带通廊火灾事故，在消防灭火系统失效或扑救初起火灾失败情况下的灭火救援，起到良好的补充作用。

4.5　消防设施改造

现有供料皮带通廊及转运站均已新增室内消火栓系统。设置室内消火栓系统后，可以在发现皮带通廊初起火灾时，第一时间展开灭火自救。

现有供料皮带通廊封闭改造采用两侧压型彩钢板覆盖，铆钉固定。一旦发生火灾，外部消防水无法进入皮带通廊内部灭火。按照《建筑防烟排烟系统技术标准》（GB 51251—2017）中关于自然排烟设施的相关要求，武汉平煤武钢联合焦化有限责任公司正在实施对封闭式皮带通廊采用间隔 20 m，两侧立面对位布置，规格为宽度 2 m、高度 2~3 m（以封闭式皮带通廊墙面实际高度为准）的易熔性采光板。间隔设置易熔性采光板，可以保证在火灾事故状态下，外部消防水能及时进入皮带通廊内部进行灭火和降温。

4.6　加强停产产线管理

停产产线拆除前一律按在线产线管理，及时清理已停产、停用产线及设备，确认设备停电、断电情况。严禁提前停用火灾报警系统及消防灭火设施。加强停产产线点巡检，发现问题及时整改。

4.7 加强动火作业管控

进一步细化公司《动火作业管理标准》，要求皮带通廊内动火检修作业前，动火区域可燃物要及时清理或可靠隔离。消防水带牵到动火检修作业现场。不具备条件的，单个动火点必须配置不少于 2 具灭火器，另准备清水两桶。动火检修作业结束后，要对动火部位进行泼水降温，确认无火种和高温构件后方可离开，半小时至四十五分钟内进行现场消防安全复查。涉及皮带尾部受料槽的动火检修作业，物料槽下方皮带要采取隔离措施。同时要求各级管理人员加强对供料皮带通廊动火检修作业的违章查处力度。

4.8 改进效果

2021 年 4 月 11 日，武汉平煤武钢联合焦化有限责任公司消防控制室收到筛焦 C110～C111 感温电缆报警信号，同时筛焦楼中控室无仓位信号。值班人员及时通知岗位职工进行现场确认。当岗位职工检查至筛焦楼 5 层平台时，发现 2 号小振筛旁堆放的两捆更换下来的废旧皮带冒烟起火，随即拨打 119 报警。同时，利用室内消火栓出水及时扑灭初起火灾。完好的火灾自动报警系统及室内消火栓系统，定期组织岗位职工开展专项应急预案演练，对供料皮带通廊火灾事故发生的监测和应急处置以及防止事故的扩大化起到了良好的效果。

5 下一步工作重点

武汉平煤武钢联合焦化有限责任公司将参照《火力发电厂与变电站设计防火标准》（GB 50229—2019）中的规定，输煤系统封闭胶带机通廊为钢结构时，应设置开式水灭火系统及火灾自动报警系统，封闭式输煤系统转运站与胶带机通廊连接部位设置防火水幕，对现有供料皮带通廊进行全面升级改造。同时，针对现有供料皮带通廊内敷设的感温电缆存在故障率高、误报率高（皮带通廊封闭后高温、高湿、震动等原因造成）的问题。准备使用分布式感温光纤代替现有感温电缆[2]。

现有供料皮带通廊增设室内消火栓系统和防火分隔水幕以及自动喷水灭火系统后，灭火过程中可能会导致电缆短路以及触电的发生。同时，消防喷淋的水压以及喷水量能否在火势蔓延前把火扑灭，都还需要进一步研究和经过实践的检验。供料皮带通廊粉尘爆炸的机理、破坏性及防控措施也将是下一步的研究方向。

6 结语

钢铁联合企业供料皮带通廊封闭后，消防设施改造及灭火救援处于摸索阶段，供料皮带通廊消防系统升级改造后的效果还有待进一步验证和改进。随着人们越来越关注供料皮带通廊的消防安全问题，供料皮带通廊火灾事故发生的频率和事故产生的影响将会得到较好的控制。

参 考 文 献

［1］张赵君．基于火灾升温随机性的钢结构可靠性分析［D］．哈尔滨：哈尔滨工程大学，2009.

［2］冯金义，郭文秋，程智勇．分布式光纤测温系统在煤矿皮带运输机上的应用［J］．工业技术，2012，19：120.

焦化危险废固的综合处理技术应用

贺心才

（国家能源集团煤焦化有限责任公司西来峰分公司焦油厂，乌海　016031）

摘　要：焦油渣的危废处理以及资源化利用是目前焦化行业亟待解决的主要问题之一。西来峰焦油厂采用物理分离的处理工艺，将焦油渣分离为焦油和渣粉，分离焦油可满足现行国内黑色冶金行业标准的质量要求，渣粉可以配煤炼焦，有利于焦炭质量稳定，同时极大地改善了现场环境，具有显著的经济效益、环境效益和社会效益。

关键词：焦油渣，物理分离，综合处理

1　概述

焦油渣主要来自于煤气化和煤焦化过程，是一种黏稠状的固体物质，主要包括多环芳烃类以及煤粉、焦粉等有害物质[1]，且已被环保总局划定为危险固体废弃物[2]，不能随意排放，必须对其无害化处理。同时，由于焦油渣具有芳烃化合物含量高且热值高的特点[3]，研究者以及工程人员一直在探索如何最大程度地利用焦油渣资源。

目前焦油渣的利用主要有两大类：直接利用和分离利用。焚烧处理是最简单的直接利用方式之一[3]，但其中的焦油直接烧掉会造成资源浪费。配煤炼焦是第二种直接的利用方式，由于其工艺简单，目前得到了广泛的应用[4-5]。其主要问题是由于焦油渣的高黏度和组分的波动性影响了配料的准确性，从而造成焦炭质量不稳定[6]。第三种直接利用方式是使用焦油渣制备活性炭材料[7-8]，虽然其附加值得到了极大的提高，但是目前尚未有工业化应用。分离利用主要有机械分离、热解分离、萃取分离和加氢裂解等。机械分离是目前应用较多的处理方式[9-10]，操作性强、工艺简单。热解分离的主要问题是能耗较高、分解出的致癌物质苯并芘难以处理[1]，应用较少。目前也有固化-干馏热解组合工艺[11]，但是仅限于室内研究。萃取分离效果好，但是所用溶剂多含芳烃、萘和苯并呋喃或蒽、菲、芴、苊等多种有毒物质，在使用及溶剂回收过程中难免造成二次污染[1]。加氢裂解则是在催化剂的作用下将焦油渣中重质组分加氢裂解为小分子轻质油品的工艺过程，该过程本质上是直接对焦油渣中的焦油进行的处理，仍以实验室研究为主[3]。

国家能源集团煤焦化公司西来峰分公司焦油厂每年约有1700 t的焦油渣，目前主要是采用配煤炼焦的方式加以利用。但是存在如下问题：（1）由于焦油渣黏度较大，配煤过程中容易出现下料不畅和堵塞的问题，造成配煤的准确率降低，进而影响焦炭产品的质量稳定性，这也是前述的问题之一；（2）焦油渣中含30%~40%的煤焦油，此部分焦油随焦油渣配煤入炉后的燃烧会造成煤焦油损失，从而降低产品的整体收益；（3）由于焦油渣中存在多种挥发组分，在集中存放和配煤炼焦的输送过程中严重影响着周边环境，这是亟待解决的主要问题，也是影响最大的环境问题。因此，焦油厂开发了焦油渣的综合处理技术，并建设装置进行了应用。

2　西来峰焦油厂焦油残渣的综合处理工艺

为综合处理焦油渣，焦油厂采用了将其先物理分离为焦油和渣粉的处理工艺，其中焦油可满足现行行标的质量要求，能进一步加工处理，而渣粉则可以配煤炼焦加以利用，有利于焦炭质量稳定，同时大大改善现场环境。

首先，将来自超级离心机下料口的焦油渣进入液化罐，利用蒸汽冷凝水的温度对液化罐中的焦油渣进行加温液化，冬天温度低于−5 ℃以下需要用蒸汽加热液化罐；然后通过破碎、研磨，使焦油渣变为便

于输送的流体，进入分离装置，通过物理分离方式，将焦油渣最终分离成焦油和渣粉。液化罐上部接口与超级离心机焦油渣出口连接，而后通过管道输送至物理分离设施，物理分离设施设有尾气回收接口，可与现有尾气回收装置连接，实现分离过程中尾气回收净化，不会产生废气。具体工艺流程见图 1。

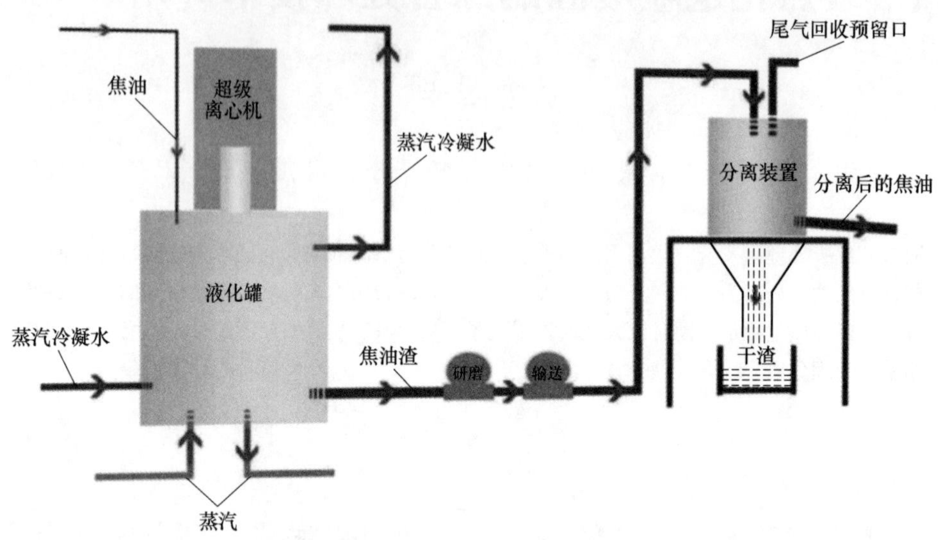

图 1　焦油渣处理工艺流程

焦油厂采用该工艺建成了一套处理能力为 2 m^3/h 的焦油渣分离装置，处理前焦油渣含油和水含量大于 60 wt%，处理后渣粉含水量低于 20 wt%，整体呈现粉末状态，颜色为黑灰色，处理后的渣粉含油率低于 2 wt%。焦油渣处理装置主要包括焦油渣液化设备、研磨机、焦油渣泵以及分离设备等。

3　应用效果

焦油厂采用该装置处理焦油渣后，所得渣粉与焦油渣的组成见表 1，焦油的组成见表 2。从表 1 可知，经过本工艺的处理，渣粉中焦油和水分的含量显著降低，与焦油渣的表观性质对比显著（图 2），呈现固体粉末状，便于运输和计量，在配煤炼焦时避免了计量不准的问题，有利于焦炭质量的稳定。

表 1　焦油渣和渣粉的组成

样　品	焦油/wt%	水分/wt%	固含量 wt/%
焦油渣	38	26	36
渣粉	1. 8	14	84. 2

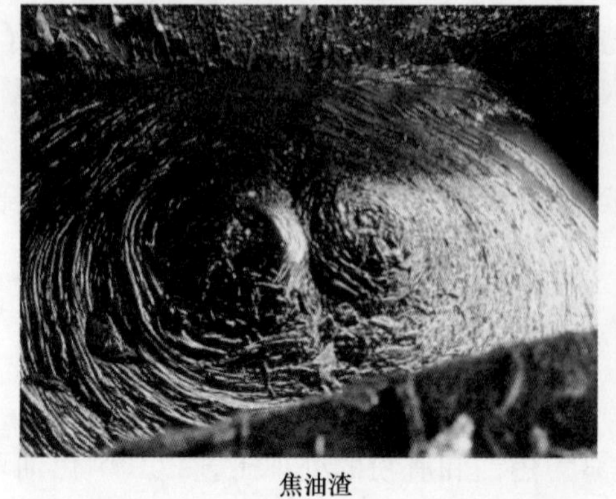

焦油渣

渣粉

图 2　焦油渣处理前后

焦油渣分离后得到的焦油基本组成如表 2 所示，同时列出了国内黑色冶金行业标准焦油的技术要求[12]。由表 2 可以看到，本工艺所得焦油满足现行行标的要求，可以进行进一步的加工处理。

表 2　焦油的组成

样　品	密度/g·cm^{-3}	水分/wt%	灰分/wt%
分离焦油	1.18	<3.8	<0.06
焦油行标	1.13~1.22	<4.0	<0.13

由以上分析可知，本工艺不仅实现了焦油渣中焦油和渣粉的最大程度的资源化利用，可为焦油厂带来显著的经济效益，而且可以完全利用余热能源，不增加焦化废水，更重要的是解决了焦油渣的危废问题，环保效益和社会效益更为突出。

4　结论

焦油厂开发的焦油渣的综合处理技术既可以得到满足配煤炼焦要求的渣粉，又能生产满足现行行标要求的焦油，同时解决了困扰焦油厂多年的焦油渣危废环保问题，该工艺有效地兼顾了经济效益、环保效益和社会效益，值得进一步推广。

参 考 文 献

[1] 王雄雷，牛艳霞，刘刚，等．煤焦油渣处理技术的研究进展［J］．化工进展，2015，34（7）：2016-2022.

[2] 中国环境科学研究院．危险废物鉴别标准　通则：GB 5085.7—2019［S］．北京：中国环境科学出版社，2019.

[3] 李昌伦，马军祥，林雄超，等．煤焦油渣处置技术现状与研究展望［J］．现代化工，2020，40（11）：30-33，38.

[4] 马世文，丁菽，余世云．焦油渣的综合利用［J］．冶金动力，2003（5）：17.

[5] 白小明，王兆文，赵晖．焦油渣回配入炉煤的研究应用［J］．燃料与化工，2011，42（2）：33.

[6] 刘淑萍，曲雁秋，李冰．焦油渣改质制燃料油的研究［J］．冶金能源，2003，22（4）：40-42.

[7] 杨春杰，胡成秋．焦油渣利用的研究［J］．燃料与化工，2004，35（4）：39-40.

[8] 欧阳曙光，刘文敏，付乐乐，等．KOH 活化焦油渣制备活性炭的研究［J］．广东化工，2012，39（3）：36-39.

[9] 刘伟．焦油渣分离回收工艺的研究与应用［J］．燃料与化工，2020，51（2）：39-40.

[10] 姚良雨，张颂，范孝豆．焦油渣无害化处理工艺探讨［J］．燃料与化工，2020，51（5）：58，60.

[11] 田巧巧，韩冬云，曹祖宾．焦油渣固化-干馏热解无害化处理工艺［J］．石油化工高等学校学报，2020，33（5）：19-23.

[12] 中国钢铁工业协会．煤焦油：YB/T 5075—2010［S］．北京：冶金工业出版社，2010.

煤焦油渣干化处理系统的技术探讨

杨　威　海全胜　王先平　喻志涛　冯　勇

（湘潭钢铁公司焦化厂，湘潭　411101）

摘　要：本文针对焦化行业煤焦油渣干化处理工艺进行了详细的分析，可提高焦油渣的综合利用，降低生产成本，能够取得较好的经济与环保效益。

关键词：煤焦油渣，干化，技术探讨

1　概述

在用煤进行炼焦过程中，因含焦油的油气急骤冷却，高分子量的物质及荒煤气中的煤粉、出焦过程中的焦粒、焦块与焦油易形成焦油渣，随着循环氨水的自流至鼓冷单元，由于焦油渣存在于鼓冷单元及油库，焦油发货撬装等易造成设备的堵塞。焦油渣主要含有氨、酚、萘、多环芳烃碳氢化合物、煤粉、焦粉等物质。焦油渣挥发出的氨气、氰化氢、酚类、硫化氢、苯并芘等气体会造成大气污染，焦油渣经过收集后，处理方式一般为人工运至煤场，然后人工用煤混合均匀后，送至输煤皮带上去炼焦。

2　传统焦油渣处理工艺存在的问题

焦油渣产生与分离出来的部位主要一部分在焦油渣预分离器处，主要将炼焦送来的氨水焦油及焦油渣等混合物在预分离器处将大块焦油渣进行分离，液态流动性好的氨水焦油及部分焦油渣经焦油渣预分离器的过滤筛板流出预分离器，自流至氨水焦油分离缸，大块焦油渣经压榨泵进行破碎压榨后流动性变好，粒度较小后又送回预分离器，随焦油氨水自流至焦油氨水分离缸，在焦油氨水离缸内，焦油氨水分离后，焦油经过三相卧螺离心机分离后，焦油送到油库外售，氨水回循环氨水系统，焦油渣则临时收集后人工送至煤场。目前该工艺由于焦油渣均需要人工进行输送，人工用煤进行混均送至输煤皮带上，收集现场及人工输送过程，人工搅拌过程均会造成恶臭气味外逸，污染大气，人工输送过程中可能造成水体污染。对工人的身体健康有较大的影响。

3　焦油渣处理工艺探讨

3.1　焦油渣预分离器预处理装置的工作原理

由于焦油渣预分离器运行过程中会出现大块的焦油渣堵塞在过滤器前段导致压榨泵无法正常运行，在预分离器至压榨泵之间管道上增设焦油渣预处理装置，能把焦油渣破碎至 2 cm 以下甚至更小，从而解决了压榨泵和过滤器的堵塞问题，还可以拦截一部分异物、铁件，从而保护压榨泵，保障压榨泵长期稳定运行，从而使整套系统稳定运行。

焦油渣预分离器预处理装置采用全 304 不锈钢外壳，内部有双滚轮破碎设置，采用高强度耐磨合金钢，选用国内优质的电机、减速机，其设备稳定性及破碎效率极好。流程简图见图 1。

3.2　焦油渣干化处理装置的工作原理

焦油渣干化处理装置主要由液化罐、研磨机、输送泵、固液分离器等组成。该系统依托卧螺离心机，在卧螺离心机排渣管下部增设焦油渣液化罐，液化罐必须具备加热和搅拌、液位显示功能，液化罐可添

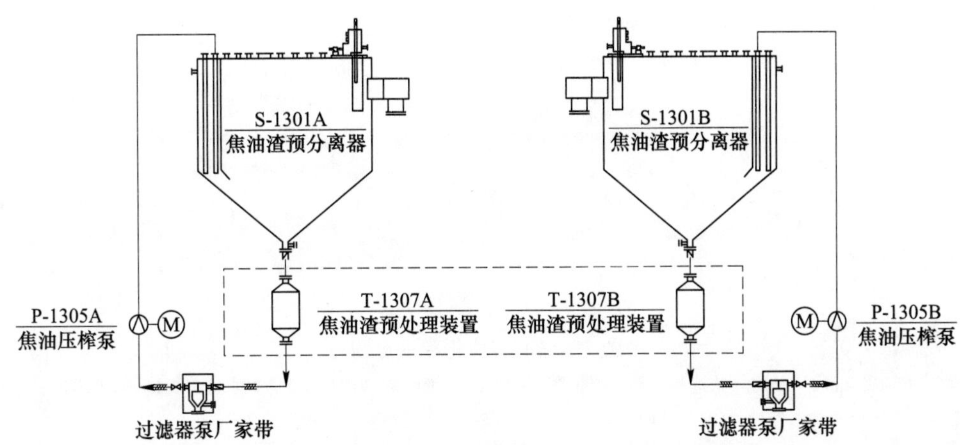

图1　焦油渣预分离器预处理器工艺流程示意图

加焦油，液化罐的下部出口连接在集合管上，集合管连接研磨机和输送泵，把液化罐收集的焦油渣经研磨后送至焦油渣固液分离器进行分离。分离出的焦油自流进入地下放空槽，分离出的焦油渣干渣粉落至焦油渣箱缓存，然后送至备配煤系统。

采用全系统密封作业，分离出的30%及以上的煤焦油，通过固液分离器下方的输送管道自流进入地下放空槽；落下的水分小于等于15%的干渣粉至焦油渣箱缓存，然后送往煤场回配炼焦；密封作业中产生的有害气体通过固液分离器上方的预留口接入该区域的VOCs废气处理系统进行统一处理。

在每次焦油渣干化处理后，为防止混合物黏结或堵塞在设备及管道中，在液化罐焦油渣出口管道上设蒸汽自动吹扫及氨水自动冲洗。流程简图见图2。

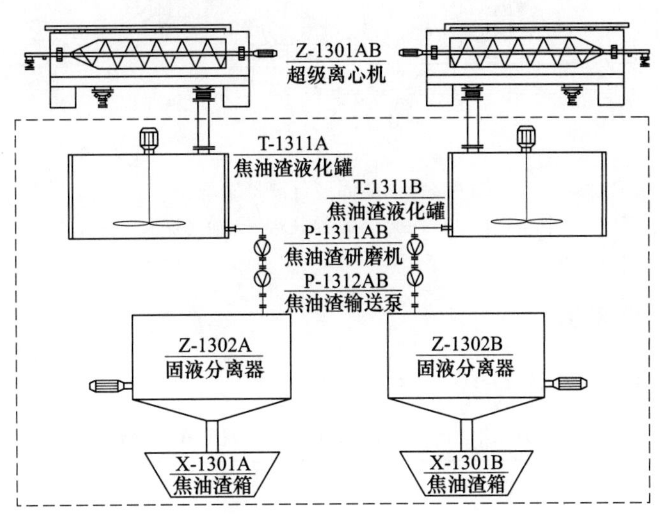

图2　焦油渣干化系统工艺流程示意图

4　设备性能及技术探讨

4.1　焦油渣液化罐

焦油渣液化罐主要功能是收集、一次研磨、搅拌、液化焦油渣，并通过氨水、蒸汽加热使焦油渣保持流动性，通过研磨泵及外送泵将焦油渣与焦油送至固液分离器进行分离（图3）。

4.2　焦油渣输送系统

焦油渣输送系统主要是由研磨机、输送泵、电控系统组成，其工作原理是将经过液化的焦油渣再次研磨成细小颗粒物，并通过泵输送至固液分离器，达到最终分离效果。

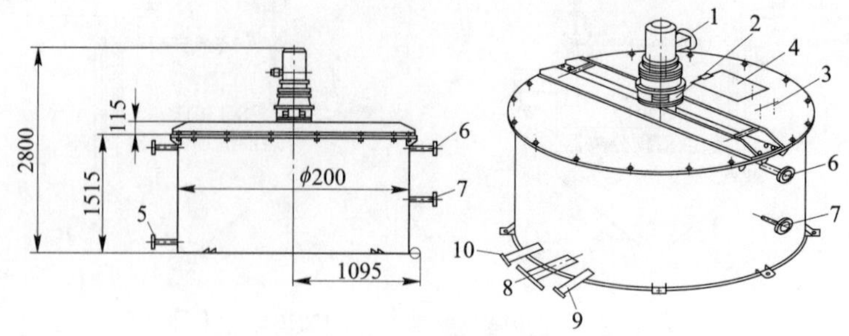

图 3　焦油渣液化罐示意图

1—防爆电机；2—防爆减速机；3—焦油管连接口；4—液化罐观察口；5—氨水进口；6—氨水出口；7—测温热电图；8—焦油渣出口；9—蒸汽进口；10—蒸汽出口

4.3　焦油渣固液分离器

焦油渣固液分离器主要由主机、电控系统等组成，其工作原理是应用转鼓高速回转所产生的离心力场，把悬浮液中的固相与液相分离开（图 4）。

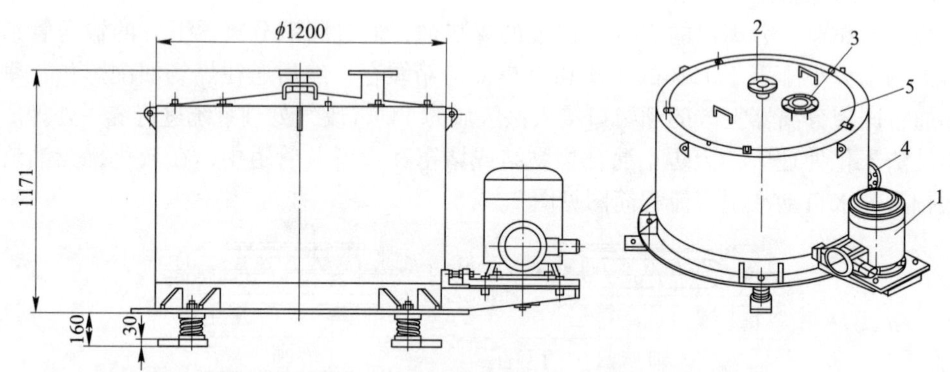

图 4　焦油渣固液分离器示意图

1—防爆电机；2—焦油渣进料口；3—尾气排放口；4—焦油（氨水）自流口；5—分离机盖

4.4　焦油渣预处理器预处理装置

焦油渣预处理器预处理装置的技术参数见表 1。

表 1　焦油渣预处理器预处理装置的技术参数

序　号	名　称	单　位	技术参数
1	处理量	m^3/h	30
2	清洗设备介质		氨水
3	混合物入口尺寸	mm	300
4	出口尺寸	mm	300
5	重量	kg	520
6	材质		不锈钢、耐磨合金
7	安装方式		法兰连接
8	电机功率	kW	5.5
9	减速机速比		43

5 结论

（1）在焦化厂区域内进行环保超低排改造，通过对焦油渣干化处理后，对焦油渣回收处理系统进行升级改造，装置设置在冷凝鼓风单元焦油氨水分离工序超离之后，可将焦油渣中的煤粉和焦油分开，焦油作为产品销售或加工，煤粉作为炼焦煤使用，不仅有利于回收化产品焦油，也有利于焦炭质量稳定，同时大大改善了现场环境。

（2）通过焦油渣干化处理系统处理，尾气接入现有的 VOCs 治理设施，运行后无新增 VOCs 尾气排放点，满足《炼焦化学工业废气治理工程技术规范》（HJ 1280—2023）、《关于推进实施焦化行业超低排放的意见》（环大气〔2024〕5 号）、《挥发性有机物无组织排放控制标准》（GB 37822—2019）等相关要求。对于现场产生的挥发性气体，要进行收集并合规处理。挥发性气体的收集治理按《挥发性有机物无组织排放控制标准》《炼焦化学工业废气治理工程技术规范》及《关于推进实施焦化行业超低排放的意见》（环大气〔2024〕5 号）中相关要求执行。对现场挥发性有机物无组织排放的要求见表 2。

表 2 挥发性有机物无组织排放限值

污染物项目	排放限值/mg·m^{-3}	限值含义	无组织排放监控位置
非甲烷总烃	2	监控点处 1 h 平均浓度	在厂房外设置监控点
	4	监控点处任意一点浓度值	
非甲烷总烃	6	监控点处 1 h 平均浓度	在非封闭厂房作业的，在操作工位旁设置监控点
	20	监控点处任意一点浓度值	

应急科技：保障企业安全的新利器

宋沛刚　徐　军　韩　铭　李浩元　李　娜　周利娟　宋宜刚

（洛阳龙泽能源有限公司，汝阳　471200）

摘　要： 应急科技是指应用科技手段，提高应急管理能力和水平，以应对突发事件和灾害的科技领域。应急科技包括多个方面如防爆手机、无人机等技术，可以用于灾害预警、救援指挥等方面。应急科技的发展可以提高应急管理的效率和准确性，减少灾害损失，保障人民生命财产安全。防爆手机和无人机将成为炼焦企业中不可或缺的工具，为企业的发展和安全保障提供有力支持。

关键词： 防爆手机，无人机，炼焦企业

1　概述

随着社会的发展，各种突发事件频繁发生，给社会带来了巨大的损失和影响，因此需要应急科技来提高应对能力；各种新技术不断涌现，如人工智能、大数据、物联网等，这些技术可以为应急救援提供更加精准、高效的支持；各国政府对应急管理越来越重视，加大了对应急科技的投入和支持，推动了应急科技的发展；人们对生命安全和财产安全的重视，对应急救援的需求也越来越大，因此需要应急科技来提高应对能力和效率。应急科技是指突发事件或紧急情况下，利用科技手段进行应急处理和救援的一种技术。应急科技涉及多个领域，如通信技术、信息技术、物流技术、医疗技术等[1]。《安委办发布加强安全生产应急救援体系建设的意见》规定要积极推广应用先进适用的应急救援技术和装备。

应急科技可以提高应急响应效率、加强应急救援能力、优化应急管理体系、推动科技创新发展，为应对突发事件提供有力支持。本文通过介绍防爆手机、无人机在炼焦企业中的实际应用来总结探索更多潜在的应用前景。

2　防爆手机

炼焦行业属于危险化学品行业，在炼焦企业生产中使用的原料、产品均是易燃易爆物质，生产条件为高温高压。生产区域存在大量的危险区，有发展为泄漏、火灾或爆炸等突发事件的可能，因而形成重大隐患引发重大事故的发生，给企业的安全发展带来不可预估的破坏。因此，及时有效地收集、判断并传递现场信息就显得十分重要，如何争取在有限的时间内将事故控制在最低危害程度，就需要企业建立一套安全可靠的应急通信系统[1]。另外，普通手机在使用时可能产生电火花，引起事故的发生。

目前大多数企业普遍使用固定电话和对讲机进行信息传递，这种通信方式操作简单，资金投入小，对员工技能素质要求不高，能在一定程度上满足企业的安全生产通信需求。但是存在一些无法避免的缺陷，如遇险情时，固定电话拨打较慢，无法随身携带，不能满足应急通信在时间和空间上的要求，传递对象受限。对讲机存在通信范围小，易受干扰，不能自动传递信息等。李昌富等[1]提到最先进、最理想的通信终端为防爆手机。

防爆手机是一种具有防爆功能的手机，通常用于在易燃易爆场所或危险环境下使用。防爆手机的主要特点是具有防爆、防水、防尘、防摔等功能，能够在恶劣的环境下保证通信的可靠性和安全性[2]。

防爆手机的使用范围广泛，在危险化学品企业中，防爆手机不仅能够保证通信的可靠性，还能够提高工作效率和安全性。防爆手机的外壳通常采用特殊的材料制成，能够承受高温、高压、腐蚀等恶劣环境的影响。同时，防爆手机还具有防爆电路和防爆电池等特殊设计，能够有效避免因电池爆炸等原因引起的安全事故。

危险环境巡检[2]应用，IP68 级防水，外壳 30 min 内浸泡在 1.8 m 深水中，使用不受影响；GPS 定位和北斗导航精准定位；PTT 按键，全新移动技术，可以快速地进行“一对一”或者“一对多”通话，具备对讲机的功能。SOS 按键可快速启动报警设置等，不仅可以自动发送求救信息，也可保证即时性、准确性，如图 1 所示。

图 1　防爆手机

对煤气站等重大危险源区域内的人员配备一定数量的防爆手机，满足岗位日常巡检需求和安全需求。搭载企业移动端 APP 采用“采+传”新模式，可支持安全管理人员发布检查任务、巡检人员查看巡检任务并在规定时间内完成巡检任务等，实现巡检信息化。防爆手机的资金投入较大，一个防爆手机大约等于 27 个对讲机，因此，防爆手机的价格空间仍有极大潜力，在未来可利用“5G+AR”技术不断深化应用水平[3]。

3　无人机

近年来，随着技术的不断发展和应用的不断扩大，无人机已经成为一个热门的领域，吸引了越来越多的研究和投资，中国的无人机技术在过去几年中得到了快速发展，已经成为全球无人机技术领域的重要参与者，具有生产规模大、类型多样、高性能、应用广泛、创新能力强的特点。如今无人机已经广泛渗透到生产生活的各个领域，在农业、测绘[4]、环境监测、物流、水利[5]等多个领域持续发展，为这些领域带来了巨大的经济效益。

炼焦是钢铁生产的重要环节之一，炼焦企业需要对炼焦炉进行定期巡检[5]、内部检测和周边环境监测等工作，以确保生产安全和环保要求，如图 2 所示。传统的巡检、检测和监测方式需要大量的人力和物力，而且存在一定的安全风险。通过对无人机技术的介绍和炼焦企业的实际需求分析，本文提出了无人机在炼焦企业中的应用方案，并对其优缺点进行了分析。

图 2　无人机

3.1 无人机技术

无人机是一种可以自主飞行的飞行器，通常由无线遥控器、飞行器主体两部分构成。无人机可以搭载各种传感器和设备，可以进行各种任务，如巡检、检测、监测、拍摄等。无人机的优点包括操作灵活、成本低、安全性高等。也可用于军事侦察、货运、搜索和救援、科学研究、航拍和娱乐等领域。

3.2 无人机在炼焦企业中的应用

3.2.1 炼焦炉巡检

炼焦炉是炼焦企业的核心设备之一，需要定期进行巡检[6]。传统的巡检方式需要人员进入炉内进行检查，存在一定的安全风险。而无人机可以通过搭载摄像头等设备，对炉体进行全方位的拍摄和检测，可以大大提高巡检效率和安全性[7-8]。

3.2.2 炼焦炉内部检测

炼焦炉内部的检测需要人员进入炉内进行，存在一定的安全风险。而无人机可以通过搭载传感器等设备，对炉内进行检测，如温度、气体浓度等，可以大大提高检测效率和安全性。

3.2.3 炼焦炉周边环境监测

炼焦炉周边的环境监测需要对空气质量、噪声等进行监测。传统的监测方式需要人员进行，而无人机可以通过搭载传感器等设备，对周边环境进行监测，可以大大提高监测效率和安全性。

3.2.4 厂区周边环境监控

无人机可以在污染源周围上空进行巡逻，对污染源的排放情况进行监控，及时发现和处理环境污染问题。有效提高安全管理工作效率，实时拍摄并及时传送现场画面，保证信息的即时性、高效性。

3.3 无人机在应急方面的作用

3.3.1 搜救

无人机可以在灾害现场进行搜救，通过高清摄像头和红外线摄像头等设备，快速找到被困人员的位置，提高搜救效率。

3.3.2 监测

无人机可以在灾害现场进行空中监测，通过高清摄像头和气象仪器等设备，实时监测灾害现场的情况，提供数据支持和预警信息。

3.3.3 物资运输

无人机可以在灾害现场进行物资运输，通过搭载货舱或吊舱等设备，将救援物资快速运送到被困人员所在地，提高救援效率[9]。

3.3.4 通信中继

无人机可以在灾害现场进行通信中继，通过搭载通信设备，提供通信支持，保障救援人员之间的联络和信息传递[10]。

3.4 结论

无人机在炼焦企业中的应用可以大大提高生产效率和安全性，减少人力和物力的浪费。但是无人机技术也存在一定的局限性，如飞行时间、飞行高度等。也存在一些挑战，如隐私和安全问题、空域管理和法规问题、技术和设备问题等。因此，在实际应用中需要根据具体情况进行选择和优化。另外，无人机在应急救援方面具有高效、精准、灵活等优点，可以为安全保障和应急响应提供重要的技术支持。

4 结语与展望

随着炼焦企业的不断发展，防爆手机和无人机的应用也越来越广泛。未来，防爆手机和无人机将在炼焦企业中发挥更加重要的作用。

首先，防爆手机将成为炼焦企业中必不可少的通信工具。在炼焦过程中，存在着大量的易燃易爆气体，因此普通手机的使用是非常危险的。而防爆手机具有防爆、防水、防尘等特点，可以在危险环境下安全使用。防爆手机可以用于炼焦企业的通信、数据传输、监控等方面，提高工作效率和安全性。

其次，无人机将成为炼焦企业中的重要工具。无人机可以用于炼焦企业的巡检、监测、测量等方面。通过无人机的高空拍摄，可以实现对炼焦设备的全面监测和检测，及时发现设备故障和隐患，提高设备的运行效率和安全性。同时，无人机还可以用于炼焦企业的物流配送，提高物流效率和减少人力成本。

总之，防爆手机和无人机在炼焦企业中的应用前景广阔。未来，随着技术的不断发展和应用的不断推广，防爆手机和无人机将成为炼焦企业中不可或缺的工具，为企业的发展和安全保障提供有力支持。

参考文献

[1] 李昌富，张杰．危险区应急通信系统［J］．电气防爆，2008，171（1）：40-44.

[2] 李明建．基于 Sync Framework 的矿用防爆手机数据同步技术研究与应用［J］．计算机应用与软件，2018，35（2）：74-79，166.

[3] 佚名．广东移动“5G+AR”新一代巡检　赋能石化产业高质量发展［J］．通信世界，2023，921（11）：45.

[4] 靳洁．无人机倾斜摄影测量在地形图测绘中的应用［J］．石河子科技，2023，269（3）：58-59.

[5] 张世安，徐坤，吴嫡捷．无人机航测技术在水利领域的应用现状与发展方向分析［J］．水利发展研究，2023，23（6）：37-42.

[6] 王家万．无人机巡检在荒漠光伏电站中的应用研究［J］．太阳能，2023，349（5）：24-28.

[7] 郭清梅，林屹，林丽平．无人机巡检水电站蜗壳，高效又安全［N］．国家电网报，2022-04-26（8）．

[8] 郭清梅，韩腾飞．国网福建电力建成无人机网格化协同巡检示范区［N］．国家电网报，2022-11-28（2）．

[9] 周晓峰．华航无人机：空中“快递员”［N］．青岛日报，2023-01-13（7）．

[10] 陈静．多重优势并行，舟山涉海无人机能否“飞”出产业链？［N］舟山日报，2022-07-08（3）．

自动化系统安全运行浅谈

胡菊芳　费东斌　连升升

（山西安昆新能源有限公司，河津　043300）

摘　要：在科学技术发展过程中，焦化领域开始广泛应用自动化信息技术，相应提升了工业信息化、自动化水平。自动化仪表及控制系统，联合应用微电子技术、通信技术、计算机技术，加快迈进智能化水平，且自动诊断功能、冗余功能强大，进一步将传统的焦化生产过程转变为更加高效、安全和智能的现代工业领域。本文主要围绕焦化自动化设计展开讨论，重点分析冗余安全运行技术实践。

关键词：冗余，安全，分享

1　概述

现代化企业在发展的过程中，自动化水平的提升已经成为一个显著的趋势。为了提升生产安全性与可靠性，在应用过程控制系统中，不仅要满足基础控制功能，还需要确保控制系统运行期间，一旦发生故障问题，不会引发装置停车事故、控制系统失灵事故，保证生产装置运行安全性。随着工业生产对效率和精确度要求的不断提高，控制系统的设计也面临着更高的标准。其中，冗余设计作为一种提高系统可靠性和安全性的重要手段，受到了广泛的关注。

冗余是能实现无扰动切换、热备份的应用，是指在控制系统中增加额外的组件或系统，以确保在主组件或系统发生故障时，备用组件或系统能够立即接管，从而保证整个系统的连续运行和安全性。这种设计可以显著降低因单一故障点导致的系统停机风险，假如现场中的某个测点或者控制器发生故障，可以利用正常测点或规定的算法来规避风险，保障系统的正常运行。

公司在新建项目的发展过程中，设计使用了各类自动化控制系统，其中主要的代表有国内和利时 DCS 系统、SIS 仪表安全系统、西门子 C/S 架构的 PCS7 等自动化系统，其中，DCS 系统在设计上围绕主控单元 CPU 及 I/O 模块的冗余、控制柜的供电冗余以及网络单元冗余，同时具备故障自检、实时热备份，主控单元在接收数据，进行控制运算的同时，还实时更新数据。SIS 仪表安全系统在 DCS 系统设计的基础上进一步考虑到自动化安全运行的重要性，它使用三重模块冗余结构，利用处理器表决数据，遵循多数表决原则，纠正数据输入偏差的弊端，确保了在工艺异常，联锁停车程序的安全执行，维护装置与人员安全。

PCS7 系统设计同样上述的硬件配置，让人感性地认为系统是足够的安全运行，结果调试运行后出现了系统的间歇中断故障现象，触发引起了设备的非正常停车，虽然系统的硬件设计上达到了冗余，但投入运行的弊端造成的负面影响面还是较大的。

初步总结分析：（1）系统在设计上虽然冗余，但未充分考虑系统安全性，在考虑性价比时，对 I/O 模块的供电冗余进行了正常配置，但未单独地对每个 I/O 模块进行供电冗余。最后变成了伪冗余系统。（2）在冗余的 I/O 模块点位配置上，未根据工艺情况，优化配置 I/O 点位，未对 I/O 模块上的信号连接进行分类优化。在对上述 DCS 系统、SIS 系统、PCS7 系统进行排查时，发现了此问题现象普遍存在，为此经过分析纠偏，最终技改进一步提高系统在运行过程中的安全。

2　性价比与安全

在系统设计过程中，性价比是一个重要的考量因素，但同时必须确保系统的安全性，切忌设计成伪冗余系统。伪冗余系统表面上看似具有冗余设计，但实际上在关键组件或功能失效时无法提供有效的备份或恢复机制的系统。这种设计看似在短期内节省成本，但长期来看可能会导致更大的风险和损失。为此明确以下关键原则。

2.1　风险评估

进行详细的风险评估，确定哪些组件或功能对系统的安全性和可靠性最为关键。这有助于确定哪些部分需要真正的冗余设计。

2.2　冗余设计

对于关键组件，设计真正的冗余系统。这意味着每个关键组件至少有一个备份，且备份系统能够在主系统失效时无缝接管。

2.3　测试和验证

在系统部署前，进行彻底的测试和验证，确保冗余系统能够在需要时正常工作。这包括模拟故障和压力测试。

3　硬件的可靠性与效率

在硬件组态接线调试中，需要根据工艺的特点，确保系统的模块化和独立性是提高系统可靠性和效率的关键。为此建议遵循以下原则。

3.1　模块化设计

将系统分解成多个独立的模块或组，每个模块负责特定的功能或工艺步骤。允许每个模块独立运行，减少模块间的相互依赖，从而降低故障传播的风险。

3.2　I/O 组件独立性

在设计输入输出（I/O）组件时，确保每个组件仅与相关的设备或信号相连。这样，即使某个 I/O 组件发生故障，也只会影响到与之直接相连的设备，而不会波及其他组别设备。

3.3　关注重点

对于多台生产设备，重点关注影响大的检测信号，如风机的温度、振动等。确保这些信号的准确性和稳定性，减少检测元件误动造成的大面积停车，确保系统的安全稳定运行。

3.4　降低输入部件的故障影响

通过将不同形式的信号与输入部件连接起来，可以降低单个输入部件故障对整个系统的影响。例如，如果一个温度传感器失效，其他型式的传感器仍然可以提供必要的数据，确保系统的基本运行。

3.5　测试和验证

在系统部署前，进行测试和验证，确保每个模块和组件都能按预期工作。主要包括模拟故障和测点信号回路测试，以验证系统和安全机制的有效性。

4　思考与建议

软件设计方面，惯性思维及规范要求的触发联锁设备都是常规的单点触发，因此在确保测量信号的准确性和可靠性上对于防止保护误动作至关重要。特别是在焦化除尘风机等关键设备的辅助保护逻辑中，轴承温度、振动等信号的准确测量是保护系统正确运行的基础。为此建议以下原则：

（1）多点测量：在关键的测量点，如轴承温度，使用多个热电阻或其他类型的传感器进行冗余测量。这样，即使一个传感器出现信号干扰，其他传感器仍然可以提供可靠的数据。

（2）信号质量监测：在对信号的采集过程中，通过软件监测数据的变化与连续性，比如信号变化的速率快慢或跳变等，判断识别信号的输入正确性并采取相应措施。

（3）故障诊断：软件对测点记录的各种信息、时间、类型，让事后分析和改进提升非常有价值。

（4）定期维护：通过分析与经验总结，可制订出符合现场的维护标准，这样可确保测量精度，减少因接触不良的问题引发的非安全反应。

遵循及实施这些原则，可以设计出一个既经济，又安全的系统，避免伪冗余系统带来的风险。这样的系统设计不仅能够满足当前的需求，还能够适应未来的变化和挑战。

自动化系统在焦化行业的生产运行中扮演着至关重要的角色，通过定期备份、测试验证和自动切换机制，确保了生产过程的连续性和安全性。随着技术的不断进步，自动化系统的冗余设计方法和应用将更加广泛和高效。未来的自动化冗余系统可能会集成更多的智能算法和自适应技术，以实现更快速、更准确的故障检测和恢复，实现对设备状态的实时监控和预测性维护，减少生产中断的风险，从而进一步提高焦化行业自动化控制系统的可靠性和安全性。在以后时期内的自动化领域中，公司将持续关注和采纳自动化先进的信息技术，通过深入研究和学习新技术、新方法，为工业生产提供更加稳定、安全、可靠的运行环境，为企业的可持续发展提供有力保障。

参 考 文 献

[1] 姚恩德，叶非．集散型控制系统冗余方式的探讨［J］．自动化仪表，1999（4）：21-30.

[2] 陈子平．浅谈控制系统冗余控制的实现［J］．自动化仪表，2005，26（9）：4-6，10.

信息化项目实施过程中的项目管理及其方法论

初海鹏[1,2]

（1. 唐山首钢京唐西山焦化有限责任公司，唐山　063200；
2. 河北省煤焦化技术创新中心，唐山　063200）

摘　要：信息化项目是一个企业或机构搭建信息化管理平台，提高管理水平和经营水平的重要管理变革项目，在实施过程中会遇到各种各样的困难，具备很高的复杂性和较大的风险性。因此，此类项目的实施需要遵循一套科学的项目管理方法，必须有一套成熟的项目管理方法论加以支撑，只有这样，才能提高信息化项目建设的成功率，达到初设的应用目标。本文以目标企业实施信息化项目为例，从全过程项目管理的角度，介绍了一套较为成熟的信息化项目实施过程中的项目管理方式。

关键词：信息化，项目管理，方法论

1　概述

随着信息技术的飞速发展，信息化项目在企业和组织中的应用越来越广泛。然而，信息化项目的实施过程中存在着许多不确定因素，如技术变革、需求变化、资源限制等，这些因素可能导致项目的失败。信息化项目的实施过程复杂，需要有效的项目管理来确保项目的成功，项目管理是确保信息化项目成功实施的关键因素。通过有效的项目管理，可以确保项目按照预定的时间和预算完成，并能够满足质量要求。

信息化项目的全生命周期管理中所涉及的关键业务环节进行支撑，包括项目计划管理、项目综合管理、投资管理、进度管理、项目采购管理、施工管理、项目财务管理、交工验收管理。因此，项目管理在信息化项目实施过程中显得尤为重要，本文将深入研究信息化项目实施过程中的项目管理及其方法论。

2　项目目标管理及实施方法论

信息化项目目标管理是指通过有效的项目管理和控制措施，确保信息化项目按照要求的进度、质量和成本完成，以达到项目目标和满足客户需求的过程。

信息化项目目标管理的核心就是确定项目目标，明确项目的具体目标和需求，特别是在提高效率、降低成本和流程优化等方面进行确定，只有确定了项目目标，才能更好地推动项目的开展。因此，在管理信息化项目的目标管理的过程中，要着重在项目范围管理、项目时间管理、项目成本管理、项目质量管理、项目人力资源管理、项目风险管理、项目沟通管理和项目变更管理等方面进行把控，力争做到明确清晰。

在信息化项目目标管理实施方法论中，需要注重以下几点：建立项目的目标和需求，制订详细的项目计划，建立有效的项目管理团队，建立有效的沟通协调机制，制订风险管理计划，建立项目监控和报告机制及注重项目总结和反馈等。

综上，信息化项目目标管理及实施方法论是确保信息化项目顺利实施和达到预期目标的关键，需要注重细节，考虑全面，灵活应对。

3　项目生命周期模型、工作任务分解管理及方法论

3.1　项目生命周期模型

项目的生命周期模型可分为项目启动、项目执行和项目收尾三大部分，内含重要节点的评审点，可

对项目进行大节点把控。项目启动主要包含项目策划和部分需求分析，主要目的是设定总体目标和确定范围需求；项目执行包含详细需求分析、系统设计、系统实现、单体测试、系统测试、上线准备、试运行及功能初步考核阶段，其是项目的具体实施过程，也是耗时最长、最容易出现问题的阶段；项目收尾主要包含最终设计功能考核和交工验收阶段。

项目的评审点为需求分析、系统设计、系统测试和上线准备这四个阶段，是重要的节点，只有经过充分的评审，达到目标值后，才能转到下一阶段工作。

3.2　项目工作任务分解及阶段产品交付

项目每一个阶段都有具体的工作任务，与工作任务相匹配是需要进行一定的产品交付，以确保项目处于受控状态，也利于合同执行的阶段把握。从上述角度讲，项目的工作任务分解及阶段产品交付见表 1。

表 1　项目的工作任务分解及阶段产品交付

项目阶段	阶段工作任务	需交付产品明细
项目管理（全过程）	配置管理	《配置状态报告》
	风险管理	《风险管理列表》
项目启动	项目经理授权	项目经理授权书
	项目启动会	项目启汇报材料
项目策划	《项目计划》编制	《项目计划》 内部评审记录、签到单
	《项目计划》评审	
	《项目计划》发布	
需求分析 系统设计	《需求及系统设计规格说明书》模板确定	《需求规格说明书》 内部评审记录、签到单
	《需求及系统设计规格说明书》编制	
	《需求及系统设计规格说明书》交流	
	《需求及系统设计规格说明书》内部评审	
	《需求及系统设计规格说明书》用户评审确认	
	《需求规格说明书》发布	
系统实现	源代码编制	源代码、《源代码清单》 《单元测试记录》 《操作手册》
	单元测试	
	《源代码清单（测试版）》编制	
	《源代码清单（测试版）》发布	
	《操作手册》模板确定	
	《操作手册》编制	
	《操作手册》发布	
	《测试计划》编制	
系统测试	《测试计划》评审	《测试计划》 《测试记录》 《测试问题跟踪表》 评审记录、签到单 源代码、《源代码清单》
	《测试计划》发布	
	系统测试	
	源代码修改和编制	
	《源代码清单》修订	
	《源代码清单》发布	
	《投运方案》编制	

续表 1

项目阶段	阶段工作任务	需交付产品明细
上线准备	《投运方案》内部评审	《投运方案》 内部评审记录、签到单
	《投运方案》用户评审确认	
	《投运方案》发布	
	数据准备	
	运行维护和保驾	
试运行及功能考核	运行问题跟踪记录	运行问题跟踪记录
	源代码修改	
	项目资料整理	
交工验收	项目资料终稿提交确认	《项目总结报告》 《产品交付（安装、验收）确认单》 《软件开发公司项目资料验收单》

3.3　项目实施方法论

项目的实施需要遵循一定的方法，以确保项目可以全程受控和达到设计目标（图 1）。行业经验来看，信息化项目实施具有很高的风险性，项目失败的概率不低，这与项目管理是否科学有很高的关系。因此，需要建立一套科学、合理的实施方法来对项目加以控制。

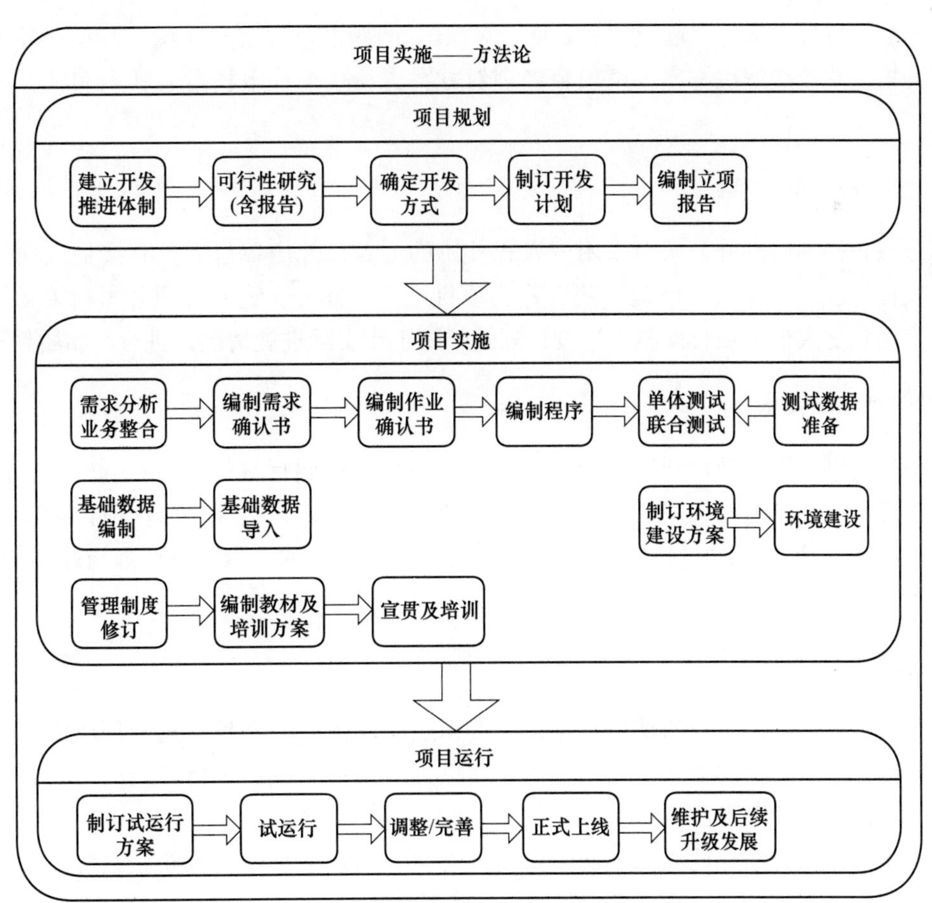

图 1　项目实施方法论

4　项目质量管理

项目质量管理是非常重要的管理方式，其是对项目成果的总体把控，可分为质量管理人员、质量活动计划、问题处理流程、分外包外协产品质量控制计划、顾客提供财产控制要求、动态控制要求、信息安全控制要求及法律法规要求这 8 个方面。

4.1　质量管理人员组成及职责分工

信息化项目质量管理是一个涉及多方面的过程，需要由一支由多个专业人员组成的质量管理团队来负责。按照职责分工而言，可以将项目质量管理人员分为以下几类：项目质量经理、项目质量分析师、项目质量管理专员、项目质量工程师、项目进度与成本管理专员和项目质量管理培训与咨询专家。在实际工作中，根据项目需求和公司组织结构的差异，部门的具体职责和人员配置可能会有所不同。

4.2　质量活动计划

企业技术总监/项目总监审核设计文档内容的准确性、完整性，部门 QA 人员以及公司过程管理部审核设计文档的格式是否规范，主要质量要素是否明确。

设计文档在交付给用户（评审）之前，必须经过项目总监审核、部门经理批准。

4.3　问题处理流程

项目问题一般由发现人进行发起，填写表格，对缺陷/问题进行提交和标识。客户业务组及软件开发组对问题进行分析，并提交解决方案，由项目经理对方案进行审核，审核过后转入实施，并对解决情况进行跟踪。

4.4　分外包外协产品质量控制计划

项目中部分编程和测试部分公司会采用嵌入式外协的方式，外协单位人员直接加入项目组，共同参与项目实施，项目经理（含子项目经理）将其作为项目组的一部分，统一按照公司相关文件要求进行管理。项目组各模块负责人根据项目的整体进度计划及外协工作实际进展情况，进行产品质量检查和控制。

4.5　顾客提供财产控制要求

项目组对顾客提供的用于项目开发和测试的财产，如测试和运行数据、资料、软件、设备等。项目经理负责对顾客提供的产品进行识别、验证、贮存、使用和维护，并做好记录。项目组妥善保管和使用顾客提供的财产，确保其安全、完整和受控。如果顾客有特别声明的，由项目经理与顾客协商处理方式，并按确定的结果执行。

4.6　动态控制要求

项目经理负责项目实施过程中的动态管理，负责识别和评价开发项目的重大环境因素、重大危害危险影响因素，并制订相应的控制措施计划。项目经理负责对项目组成员进行环境、安全意识和能力的教育和指导，项目组成员有义务提出持续改进动态管理的措施。

项目经理及子项目经理结合现场测试的需要，负责组织项目组全员进行安全教育。进入生产现场测试时，严格按照公司和用户的安全管理规定和要求开展工作。

4.7　信息安全控制要求

项目经理对项目的信息安全负责，对项目组成员进行信息安全教育。项目组成员按照公司制定的相关规定和文件的要求，实施项目的信息安全工作。

（1）定期进行项目资料（包括过程文档和源代码）的备份。

（2）项目经理（及子项目经理）负责审核项目相关人员的访问权限，组织项目组成员在设计开发全过程采用安全的访问密码。

（3）所有项目组成员安装公司指定的病毒防范系统，并定期对病毒防范系统进行升级。

（4）项目组成员不得将项目相关资料和信息泄漏于项目无关人员。

（5）在用户提供的场所工作时，严格执行用户的信息安全管理要求，确保用户信息安全。

4.8　法律法规要求

项目经理结合项目需要组织项目组成员学习相关的法律法规，督促项目组成员严格遵守一切适用的法律法规。项目组成员有义务举报项目实施过程中发现的违法行为。

5　项目配置管理

项目配置管理计划是通过提供一个标识，在项目开发生命周期内，控制和追踪软件标识及对已标识的软件项的修改。配置管理计划描述了在软件开发过程如何进行配置控制和开发小组如何实施任务，包括配置项定义、配置控制的行为，以及配置控制的计划和管理的责任资源。本配置管理计划所规定的规则必须在项目开发的全过程中被遵守。

5.1　变更控制委员会（CCB）人员构成

变更控制委员会负责批准建立项目基线，并根据项目基线对项目变更的请求进行拒绝或批准，项目经理需组织变更评估人员（包括项目组成员、相关技术专家及其他与变更相关的干系人）详细评估变更的影响，编写评估报告，提交变更控制委员会决策。

5.2　项目变更处理流程

项目经理作为变更申请的第一接收人接受变更申请，并初步评估变更影响，确定变更流程。项目组成员在未获得项目经理授权的情况下，不允许直接实施变更，或做任何承诺。

所有变更处理需多方进行充分的沟通，在各方取得一致意见的基础上再进行变更内容的实施，并保留全部变更记录。

6　项目沟通及风险管理

6.1　项目沟通管理

项目组的内部沟通方式主要包括电话、会议（重要会议内容进行记录）、E-mail。子项目经理要向项目经理汇报项目进展状况，并及时反映项目实施过程中的重要事件；项目经理负责收集项目实施过程中各种信息，监控和管理项目，协调、解决项目实施过程中的问题。

重要的交流内容必须以书面记录（例如会议纪要、工作备忘、问题跟踪表等）的形式保存，可以使用电子文档。涉及项目变更的按照“项目变更处理流程”进行。

6.2　项目风险管理

在项目各阶段，项目经理负责组织项目组成员一起对项目风险进行评估，更新风险管理列表，对已识别的风险制订应对计划。

7　结语

本文对信息化项目实施过程中的项目管理及其方法论进行了深入探讨，项目管理在信息化项目实施过程中具有非常重要的作用，通过熟知项目管理的主要步骤和方法论应用，可以更好地了解信息化项目的实施过程。遵循科学的项目管理及实施方法论，通过对项目计划、执行、管控与评估以及验收收尾等阶段的规范管理，可以确保信息化项目的顺利推进和成功实施。在实际项目推进过程中，要根据项目的实际情况和需求，灵活运用，不断优化和改进项目过程管理，实现企业和社会更大的价值。

人工智能技术在电气自动化控制中的应用思路分析

郭　毅

（国能蒙西煤化工股份有限公司，鄂尔多斯　016100）

摘　要：人工智能工程技术专业是随着现代计算机信息技术的飞速发展，从而得以向精细化发展延伸的专门技术学科，随着国民经济的快速发展和信息科技的不断进步，该专门技术被逐渐广泛应用在多个工业领域，替代传统人工智能实现工业应用和日常操作，其技术优势也极为明显，能够极大地有效节省企业人力资源，并且有效节约生产成本。本文主要分析了人工智能技术在电气工程应用过程中的困难与现状，并且提出了可行性的实施建议，期望推动电气工程自动化控制的发展。

关键词：人工智能技术，电气工程，自动化控制

1　在电气自动化控制中应用人工智能技术的优势

1.1　适用范围广

随着智能化技术的不断发展，将智能化技术运用于电力控制的各个方面，实现了电力系统各个部分之间的相互连接，形成了一个综合性的信息网络；全面的监控和智能化的数据处理，合理的运行过程，确保了整个电力系统的运行稳定和安全性。

1.2　减少生产和制造的成本

在常规的电力自动化中，投入了很多人力，由于人的操作失误、操作不当等原因，使得操作的整体工作效率下降，必然造成资源的损耗和时间的浪费。但将人工智能技术运用于电力自动化，能够有效地减少电力自动化系统的能耗，使其由计算机取代手工操作；在节省人力的前提下，有效地实现了生产的工作，将每一份人工、每一份材料的利用效率最大化，从而降低了生产和制造的费用。

1.3　一致性好

人工智能是在计算机技术发展的基础上，通过计算运算来达到自动化和智能化的目的。要知道，计算机运算就是一行行不会改变的精确编码，如果把 AI 用于电力系统的自动操作，并且不需要修改程序的编码；所制得的制品在各种性质上无明显差别，能够很好地确保其性能指标的一致性。并运用智能技术对大型的大型控制系统进行了扩充，以达到智能化的目的。

1.4　精度和可控性高

运用现代信息技术对智能化进行调控，能够实现对电力系统的自动控制和精确控制。比如，在对外部环境的识别中，利用了人工智能的视觉和传感器，它可以更精确地观察和定位微观结构，并且在模拟外部对象的形状时，具有更高的准确度。而且在某些大型的自动控制设备中，由于设备老化、破损等原因，往往会出现设备老化、破损等问题，通过人工智能对其进行实时监控，降低安全事故的发生。

2　人工智能技术的内涵

智能技术的基本工作是对信息进行分析、加工，然后由计算机实现对系统的控制和机制的建立。随着现代计算机技术的飞速发展，它已经逐渐变成了人类日常生活中必不可少的技术，因为它是由社会科学和自然科学结合而形成的一种技术系统，因此它的运用受到了广泛的重视。在收集和处理数据时，它

可以模拟人的思想，提高对数据的处理能力，为下一步的工作打下坚实的基础；但是，目前的AI技术还是一个全新的学科，还需要在研发的时候加入更多的知识，从而促进AI技术的发展。通过将计算机软件与程序控制方式相结合，可以将资料与资讯进行交互，方便资讯的传递，因此，将人工智能技术应用于电力自动控制中，可以达到最佳效果；把计算机技术和智能技术紧密结合起来，将会给电力自动化控制的发展带来无穷的可能性。

3 人工智能技术在电气工程自动化控制中的应用

3.1 优化设备设计

想要实现电气工程的全面自动化控制，必须优化与其相关的其他设备的设计方案，企业可以邀请多名设计师精心设计设备，并且多次进行修改与调整，在研究的过程中遇到特殊情况时要依据实际状况，积极探索最优的解决方案，并在反复试验的过程中进行分析和总结规律，从而找到最完善的解决方案。在设计设备的过程中，设计师要丝丝入扣，避免误差。面对突发现象，设计师也要及时进行处理，从而保障程序中各个设备的正常运行，实现相关设备的优化与升级。人工智能技术的诞生与运用，有助于缓解设计师的工作压力。设计师在人工智能技术的帮助下可以结合自身专业知识，对生产设备进行调整与升级，有效提高自身的专业素养和专业技能，提高设备设计的效率。

3.2 问题诊断功能

人工智能技术在电气工程领域的灵活运用，有助于推动电力系统的全面自动化。企业在全面实施自动化控制的过程中依然有很多的不足，在人工智能技术未出现之前，一旦出现问题和故障，只能由相关工作人员对问题进行诊断，并且在诊断后探索有效的解决方案。但是，工作人员在解决问题的过程中会受到各种因素的影响，无法保障诊断的精确性和解决方案的有效性。将人工智能技术应用于电力系统中，有助于全面掌握系统的运行状况，快速发现工作中存在的问题，及时锁定错误的系统程序，精确诊断出现问题和故障的原因，进而做出迅速的调整，从而保障电气工程自动化的平稳运行。

3.3 实现全面自动化控制

随着工业的不断发展，传统的自动控制方法已不能适应现代工业的要求。在自动控制中，电力系统需要进行许多的控制，而在控制系统中，通常都是由手工控制，由手动操纵来进行调节和监测。由于机械等诸多主观条件的制约，使得对系统的监测常常出现缺陷，使整个生产过程不能完全进行自动的控制。人工智能技术是一种有效的手段，它可以有效地克服人类的缺点。通过模糊控制、专业控制、网络控制等技术手段和控制方式，可以对整个系统进行全方位的监控，保证系统的安全和稳定。在现场总线监测中，人工神经网络的操作非常烦琐，必须有相应的辅助设备来完成。在应用神经网络的过程中，往往要综合运用数学、人工智能等技术及相关的理论和技术，以保证整个现场总线监测的正常工作，并通过科学有效的数据进行科学有效的数据处理，达到对电力工程的整体自动控制。

3.4 人工智能技术在电气工程控制装置中的应用

高效的控制设备是电力公司实现自动管理的先决条件和基础。随着智能化技术的发展，对电力系统的整体自动控制起到了很好的促进作用，对改善电力系统的操纵性能也有一定的帮助。智能技术的出现和运用，可以大大降低操作过程中发生的错误，从而使操作过程的自动操作更加高效。在编写程序时，利用计算机编程或网络编程技术，把编写好的软件输入到PLC中，然后用有线传输到PLC。将智能技术引入到电力工程的控制系统中，可以帮助提升电力系统的故障分析和诊断准确率，并利用智能技术实现对电力系统的全方位监测，从而有效地改善电力系统的运行管理水平和运行效率。自动控制设备是实现自动操作的基础和先决条件。以往，在生产实践中，由于生产单位对设备的投资比较低，设备的敏感性低，需要人工辅助；而现在，有了智能技术，员工只要操纵电子工程的自动控制，就可以对其进行改造和改进。

4 结语

在人工智能技术日益成熟的今天，依托于先进的科学技术，人工智能技术在电气自动化控制系统应用的过程中不断创新出新思路，这不仅更加便捷人们日常的生产生活，同时也进一步地推动电气自动控制技术的发展，进而推进我国各个行业的长足稳定发展。从国家战略角度来看，电气控制是生产力发展的基础，而高精度的电气控制必须依赖于人工智能。

参考文献

［1］杨涛，李志英．人工智能技术在电气自动化控制中的应用思路分析［J］．现代信息科技，2018，2（6）：182-183.
［2］王志林．人工智能技术在电气自动化控制中的应用思路分析［J］．科技风，2018（14）：74.
［3］黄西平．人工智能技术在电气自动化控制中的应用思路探究［J］．智库时代，2017（17）：189，193.

全流程自动智能黑屏操作系统在煤化工装置的应用

雷志林

（国家能源集团煤焦化公司西来峰甲醇厂，乌海　016000）

摘　要：传统煤化工企业现有安全生产仪表自动化水平，已不能满足国家对煤化工企业在安全、环保、节能等方面的新标准、严要求。只有通过以实现“全流程自动”与“隐屏操作”为目标的过程综合监控与控制器优化，才能从根本上保证装置的安全、稳定运行，达到节能降耗，机械化换人、自动化减人的目标。

关键词：全流程自动，黑屏操作，控制器优化，PID 参数整定，自控，平稳率监控

1　煤化工企业自动化控制方面目前存在的问题

部分 PID 调节回路不能投自动，或者难以长周期自动运行。有些投入自动运行的 PID 回路效果不好，具体表现为波动幅度大，有的甚至接近等幅振荡。少部分投入自动运行回路本身波动不大，但是阀门大幅度变化，造成下游工况波动，影响装置的平稳运行。各装置串级等复杂控制回路投用率偏低。导致生产装置关键控制点不能实现自动控制，操作人员劳动强度加大，装置波动大等问题。装置报警过多，大部分报警出现后，很多无效报警出现，增加操作人员忽略有效报警的风险。装置某些关键位置还是单回路控制，无法实现物料和能量平衡。缺少直观、有效、准确的自控率、平稳率监控和统计分析方法。缺少各装置、各班组之间的自控率、平稳率的统计评比方法。

2　实施“全流程自动”的目标是实现“隐屏操作”

对生产装置建立自控率、平稳率监控系统；用先进控制的思想进行 PID 参数整定和控制器优化，大幅度提高自控率、平稳率，改善控制效果，达到平稳操作、提高收率、增加合格率、节能降耗的目的。

2.1　全流程自动实施过程

在现有控制系统基础上搭建 OPC 数据采集接口，对生产装置原始数据进行采集，对每一个 PID 控制回路，采集 PV（过程值）、SV（给定值）、MV（阀位值）、MODE（手自动模式值），实现自控率、平稳率在线监控。

对生产装置的每一个回路，进行对象特性辨识，根据辨识的对象特性，选择合适的 PID 控制形式，然后对该回路的控制方式进行组态，再根据对象特性和选定的 PID 控制形式整定 PID 参数，然后将合适的 PID 参数置入生产现场。

2.2　以转化汽包及加压塔为例

汽包在化工装置中普遍存在，图 1 所示为西来峰甲醇厂转化汽包及烟气汽包工艺流程截图，其中汽包的液位、上水量及产气量为重要控制指标。

2.2.1　全流程优化前装置两个汽包操作一般存在的情况

转化汽包及烟气汽包中各控制指标手动控制较大，如图 2 所示，烟气汽包设计采用三冲量控制，通过汽包上水调节汽包液位，优化前该处控制为手动控制，操作人员需根据烟气汽包液位手动调节汽包上水流量控制阀。

优化前液位 LT_0402A 手动控制在 42.96%～75.09%，LT_0402B 手动控制在 40.6%～72.69%，烟气汽包液位波动较大，不利于烟气汽包产气。通过参数优化后，烟气汽包三冲量控制投自动稳定运行，LT_

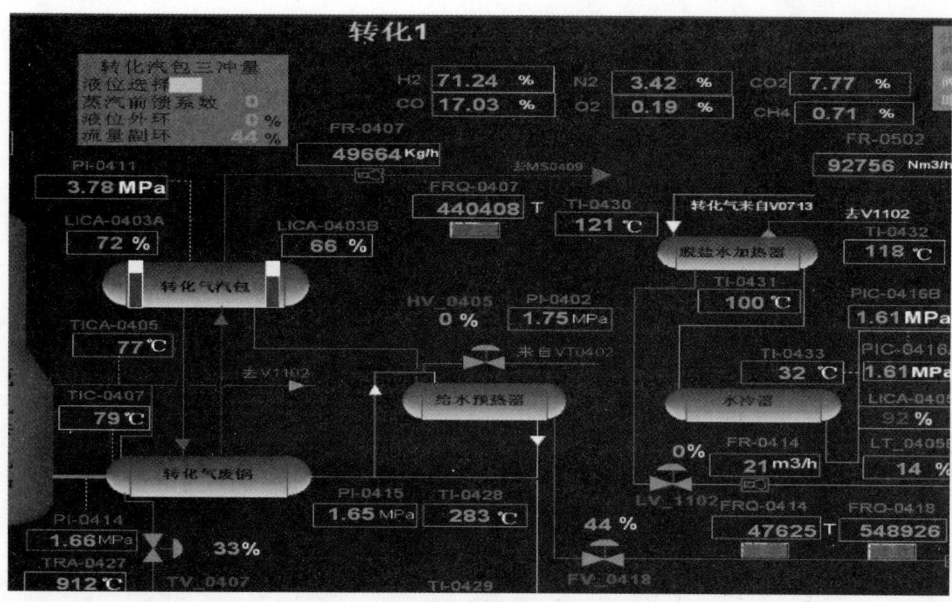

图 1　转化 1DCS 画面

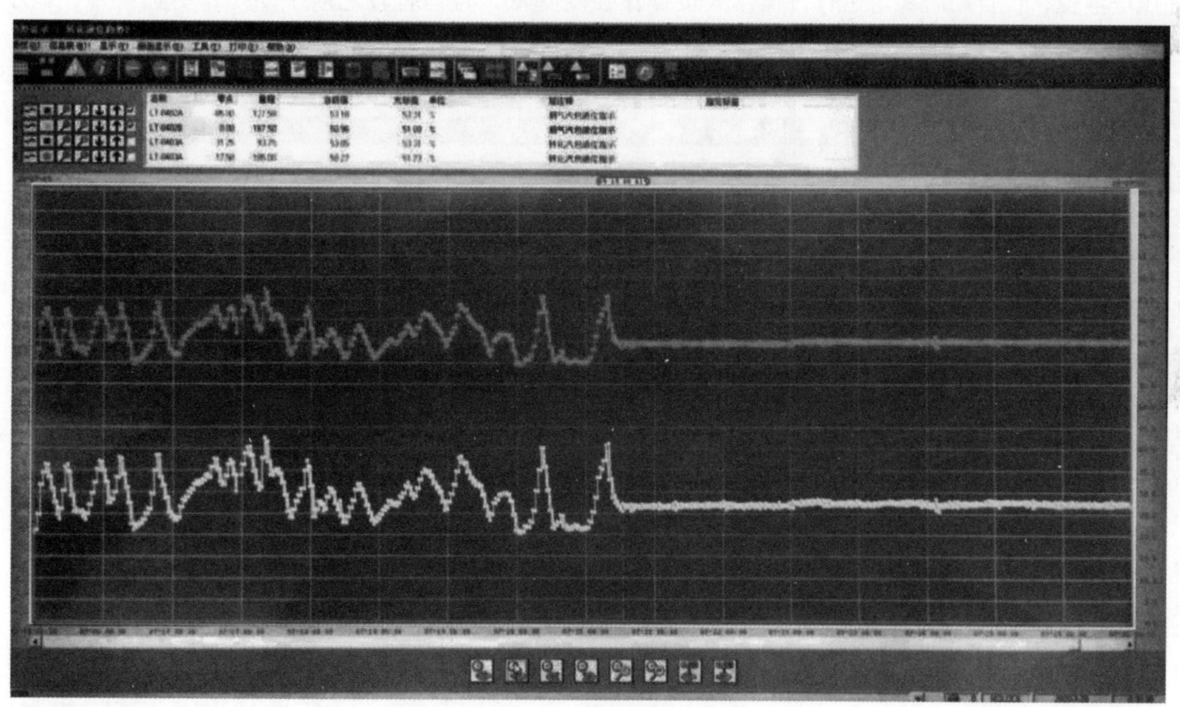

图 2　烟气汽包液位控制优化前后效果图

0402A 控制在 52.46%～53.53%，LT_0402B 控制在 50.68%～51.53%，LT_0402A 波动标准偏差降低约 96.67%，LT_0402B 波动标准偏差降低约 97.35%，大幅提升烟气汽包三冲量控制的稳定性。

如上所述，当烟气汽包液位大幅度波动，会导致汽包上水量大幅变化，汽包的能耗增加，以及产汽量不稳定对装置后系统影响较大，通过黑屏自动化操作优化后汽包，目前稳定运行，降低装置的能耗及操作人员的操作强度。

2.2.2　塔的能耗高

如图 3 所示，加压液位设计采用塔底出口液控阀控制液位稳定，但实际运行效果不理想，加压塔液位需要操作人员频繁调整预塔塔底出口液控阀来控制加压塔液位，由于频繁操作导致操作人员操作强度大，同时人工操作控制精度较低，导致塔的能耗增加，不利于产品质量合格。

通过黑屏自动化操作实施之后，在原有控制方案的基础上新增了选择方案，采用预塔塔底液控阀控

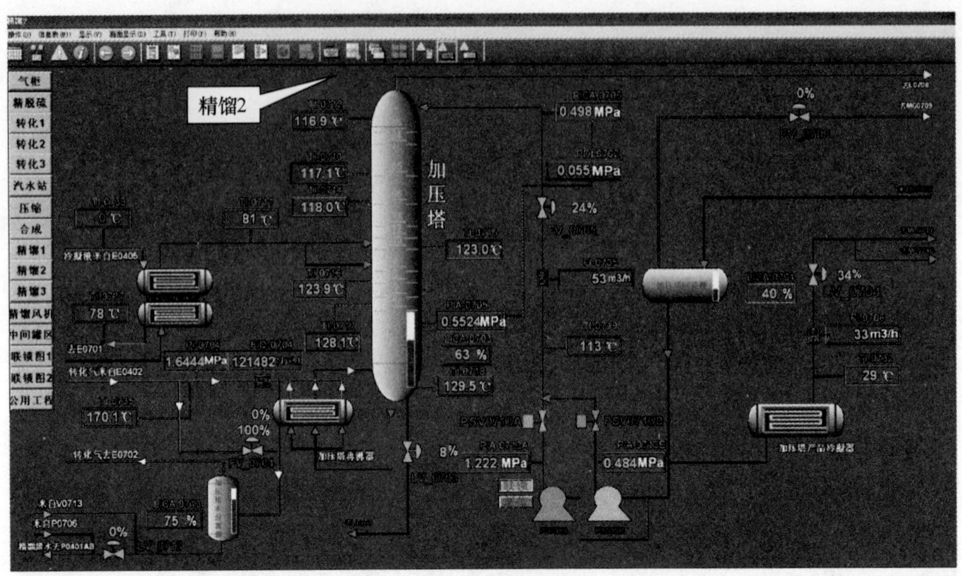

图 3　精馏 2DCS 画面

制加压塔液位，投自动后稳定运行，操作人员操作强度降低，且运行较之前手动操作更加平稳，减小了塔的能耗（图 4）。

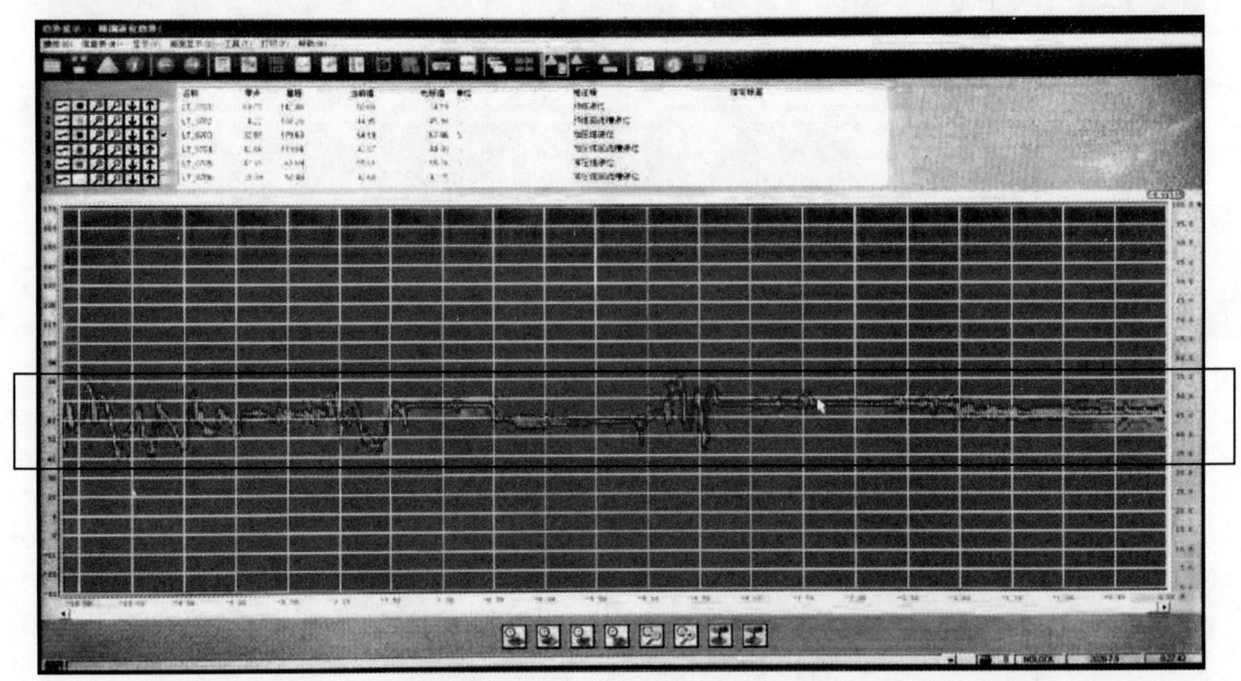

图 4　加压塔液位优化前后效果示意图

2.2.3　实施控制器优化和参数整定效果

（1）控制精度高，所有回路高精度投自动，回路控制平稳，没有波动或波动很小。由于控制平稳，在塔的每一层，压力、温度、组分都保持稳定，塔的分离效果好、运行平稳，冲塔、液泛、拦液等情况不可能出现。

（2）产品不合格的情况不会出现，所有回路高精度投自动、控制平稳后，塔的每一层压力、温度、组分都保持稳定，塔的分离效果好，塔的组分该蒸发到塔顶的蒸到塔顶、该下到底部的下到底部，塔分离的产品质量得到了有效保证，产品不合格的情况不会出现。

（3）塔的能耗大幅度降低，在塔控制精度高的情况下，塔的分离效果好。在满足分离精度和回流比的情况下，可以将塔顶回流量适当降低，这时，塔底由于需求的蒸发量减小，塔底的加热蒸汽量也减小。

回流量减小，塔顶气相冷凝、打回流、蒸发、再冷凝的过程减少，大大降低了能耗；加热蒸汽量减小也降低了能耗。综合起来，塔的能耗得到了有效降低。

2.3　全流程自动达到的整体效果

对生产装置建立自控平稳率监控系统，能够查询运行装置任意时间段、任意单元、任意回路的自控率、平稳率，并进行排比。同时，对生产装置进行控制系统优化和控制器参数整定，提高控制精度、改善控制效果，自控率长周期达到95%以上，联锁投用率达到100%。

2.4　全流程自动的最终目标

实施全流程自动的最终目标是实现装置的“黑屏操作”。当装置没有报警出现，且没有操作工的操作、干预，装置平稳自动地运行一段时间（5 min）后，就启动屏幕保护，进入显示屏“黑屏”的装置自动操作运行状态。直到新的报警出现，或者操作工进行新的操作干预，“黑屏”就会取消，显示运行监控画面。

3　实施“全流程自动”与“黑屏操作”的核心技术

3.1　优选 PID 控制形式

当前无论是温度、流量、液位还是压力，都不考虑对象的具体特点，控制形式均采用一种 PID 控制形式，这不符合要求。目的是不同的对象，用预测控制和内模控制的方法和 PID 相结合，采用预测-PID、内模-PID 技术及仿真技术，选用合适的、效果好的 PID 控制形式，如对流量的调节可采用以下 PID 形式：

$$u(S)=Kc\left(1+\frac{1}{T_{\mathrm{i}}S}\right)\frac{1+T_{\mathrm{d}}S}{1+T_{\mathrm{f}}S}e(S)$$

在这种形势下，流量调节阀前泵对流量抖动干扰的影响就会滤除，从而起到较好的控制效果。当然，改变 PID 的控制形式要在 DCS 上对组态进行一点调整，目前装置的 DCS 可以在生产状态下方便地在线调整组态，不会影响生产，并且很简单。

3.2　PID 参数整定与控制优化

当前，先进控制（APC）技术已经逐步得到人们的认可，涌现了各种 APC 算法，如模型算法控制（MAC）、动态矩阵控制（DMC）及广义预测控制（GPC），预测函数控制（PFC）等算法，并且推出了一批商品化的软件产品，例如 DMC Plus、SIMC、RMPCT 等。实践证明，这类算法能使生产过程安全可靠地运行，而且能使装置处于最佳运行工况，从而获得显著的经济效益。但这些方案和算法大都依赖于对象的数学模型，而在许多复杂的工业生产过程中，精确的数学模型常难以获得，并且对象的特性还经常变化，因而先进控制应用往往达不到满意效果。

运用先进控制的思想去整定和优化 PID 控制器的形式和控制器参数，既保留了先进控制的优点，又保持了 PID 的鲁棒性，并且避免了一些先进控制单独运用的缺点。

在图 5 中，常规 PID 控制如图（a）所示，一般的先进控制的实施如图（b）和图（c）所示，将先进控制与 PID 相结合，其具体实现如图（d）所示。

以内模-PID 为例说明本项目中先进控制优化整定 PID 参数的具体思路。如图 6 可以非常方便地建立起内模先进控制和普通 PID 之间的关系，即 $Gc=(I+CGm)^{-1}C$，从而可以从内模控制 Gc 求解出 PID 控制器 C，从而得到 PID 的参数，完成了内模-PID 的整定，并且整定后的 PID 参数具有内模先进控制的优点。

3.3　对特定对象选定特定的 PID 控制形式

根据对象的具体特点，用预测、内模等先进控制算法去整定 PID 的参数，使对象稳定、响应速度快、控制精度高。

根据工艺流程特点，按照控制的需要，适当地修改控制方案（如组态串级方案、比例控制等），以达

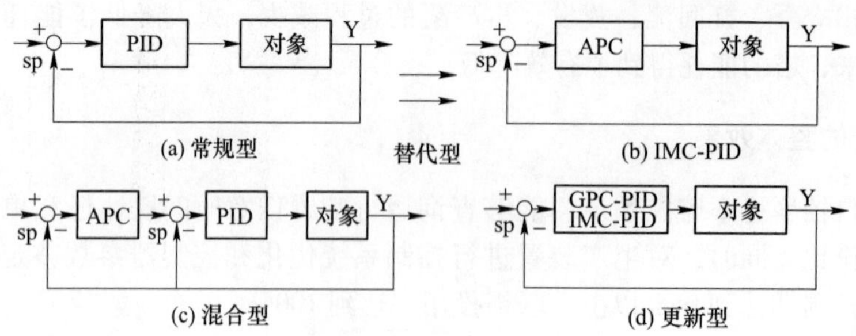

图 5　当前先进控制实施的形式

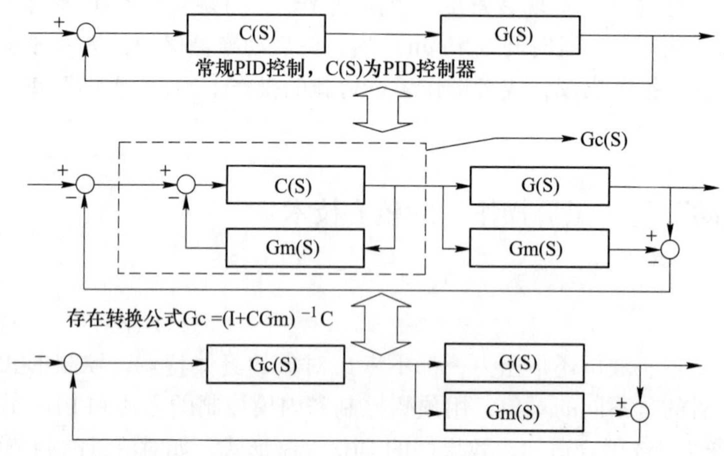

图 6　内模先进控制和普通 PID 之间的关系

到极大地平稳操作、保证产品质量和节能降耗。

4　在线监控自控率、平稳率的具体实施内容

按照数据流向由下而上依次包括实时数据采集接口、关系型数据库存储及调度系统、Web 应用服务三部分。数据采集接口的作用是通过 OPC 协议采集手自动模式值（MODE）、测量值（PV）、设定值（SP）、阀位值（OUT）数据，每隔 5 min。假如一个装置内有 PID 控制器 100 个，则每隔 5 min 采集一次，需要采集共计 400 条实时数据。在实际测试中，监控系统的数据采集对 DCS 系统网络负载的影响很小，完成以上数据采集后，现运行 DCS 系统的网络负载通常不超过 2%。

5　项目实施后的预期效益

5.1　预期直接效益

（1）装置自控率长周期达到或接近 100%。

（2）提高装置控制回路的控制质量，关键回路标准偏差降低 30%以上。

（3）提高装置生产平稳率，产品合格率达到 95%以上，提高产品平稳率。

（4）大幅度降低操作工劳动强度，实现全流程自动的情况下操作工劳动强度降低之前的 20%左右。

（5）仪表设备的维护量和维护次数 3 年内降低 30%。

（6）减少并逐步消除无效报警，提升生产装置运行的安全度。

（7）在一定程度上降低设备的损坏速度。

5.2　预期管理效益

（1）能够查询任意时间段（任何年、任何月，或者天）、各装置、各单元、各回路的自控率、平稳率

信息；能够进行自控率、平稳率的排序和评比。

（2）提升企业信息化程度，节省人力成本，提高工作效率。

（3）促进工艺、车间班组等相关人员提升对装置自控率、平稳率的关注程度。

（4）为开展自控率、平稳率考核等工作提供基础条件。

（5）提升装置整体自动化程度，间接提高企业生产效益、节能降耗、增产增效。

（6）在实现全流程自动化的过程中对老旧工艺设备进行梳理、改造，消除安全隐患。

参考文献

[1] 邢建春，杨启亮，王平．新技术形势下 DCS 的发展对策［J］. 自动化仪表，2003，24（1）：1-4.

[2] 朱祖涛．智能化仪表及现场总线技术在 DCS 中的发展和创新［J］. 上海电力学院学报，2003，9（2）：11-14.

[3] 陈积明，王智，孙优贤．工业以太网的研究现状及展望［J］. 化工自动化及仪表，2001，28（6）：1-4，9.

[4] 靳其兵．“全流程自动”和“无人驾驶”为目标的过程综合监控与控制系统优化［R］. 2022-03-04.

[5] 赵瑾，申忠宇．网络过程控制系统的最新进展［J］. 电气自动化，2003（1）：9-13.

[6] 常慧玲，杨云岗．集散控制系统的应用现状及发展方向［J］. 山西冶金，2006，29（1）：10-12.

企业数据资产化管理策略的研究

初海鹏[1,2]

（1. 唐山首钢京唐西山焦化有限责任公司，唐山　063200；
2. 河北省煤焦化技术创新中心，唐山　063200）

摘　要：随着数智化时代的到来，企业数据已成为企业最核心的资产之一，重要性日益凸显。然而，许多企业在数据管理方面仍存在许多问题，如数据不一致、数据丢失、数据安全等。这些问题不仅可能导致企业损失大量的资源和时间，甚至可能损害企业的声誉。因此，如何有效地管理企业数据资产已成为当今企业亟待解决的问题。本文旨在探讨企业数据资产管理的策略、方法及流程，以期为企业提供一些有益的参考。

关键词：数据资产，管理策略，关键因素，管理实践

1　概述

在当前数字化、信息化、数智化的时代，各类数据已成为企业的重要资产。然而，许多企业在数据管理方面存在诸多问题，如数据分散、数据质量不高、数据整合困难、数据安全风险等。这些问题不仅可能导致数据泄露、损坏等风险，也影响了企业的决策效率，还会增加企业的运营成本。为了解决这些问题，企业需要制订科学的数据资产管理策略，探索一种科学、专业、有效的数据资产管理办法，以提高企业的核心竞争力。

同时，我们应该深刻地认识到，数据资产管理不仅为企业实现了业务目标和提高综合竞争力，还可对数据资产进行维护、优化和提升。随着企业业务的日益多元化、流程化、复杂化和数字化，数据资产管理已成为企业的重要战略。

2　研究内容

企业数据资产管理的研究已经成为学术界和实业界的热点话题，国内外学者已经从不同角度和维度对企业数据资产管理进行了各项研究，具体涵盖了以下研究成果：

（1）基于生命周期管理的企业数据资产管理模型设计，该模型包括数据规划、采集、存储、挖掘、利用和销毁等阶段。

（2）从数据安全的角度出发，研究了企业数据资产的安全保障策略，强调了企业的数据资产需要从访问控制、数据加密、数据备份和恢复、数据审计和监控、数据安全培训和意识、合规性管理和安全审计和监控等方面进行全面考虑和实施，确保数据的安全和保密。

（3）从数据质量的角度出发，提出了企业数据资产管理的质量保障策略，以此构建了基于多维度的数据质量评估模型。

（4）探讨了数据分类管理的最佳实践模式，需要从目标、标准、策略、流程、工具、培训、合规和安全等方面进行全面考虑和实施，确保数据分类的有效性和可靠性。

（5）区块链技术是一种去中心化的分布式账本技术，对于数据资产管理也有着重要的应用。一些研究成果包括基于区块链技术的数据存储和共享、数据安全和隐私保护。

（6）随着大数据技术的不断发展，一些研究成果包括分布式数据处理技术、大数据存储技术、大数据分析和挖掘技术等。

尽管这些研究为企业的数据资产管理提供了有益的指导，但仍有一些不足，如理论有余而实践不足，缺乏对数据“生命周期管理”的全面考虑等。

3 实现数字资产管理的措施和办法

本文针对某公司的实际情况，提出了一套较为合理的数据资产管理策略，具体方法包括：

（1）建立数据质量管理体系，实现数据的标准化和规范化；

（2）构建企业级数据平台，实现数据整合与共享；

（3）加强数据安全防护，确保数据安全可靠。

实施步骤如下：

（1）成立数据资产管理项目组，明确各部门职责与分工；

（2）对公司数据进行全面盘点，识别有价值的数据资源；

（3）制订数据质量管理标准，建立数据清洗和校验机制；

（4）构建企业级数据平台，实现数据的集中存储和分析；

（5）加强数据安全防护，采取多层次的安全防护措施；

（6）定期对数据资产管理策略进行评估和优化，确保实施效果。

同时，为实现既定的数字资产管理目标，应在以下几点做好把控：

（1）数据收集：收集各业务部门的数据，确保数据的完整性、准确性、及时性和全面性；

（2）数据质量管理：采用基于多维度的数据质量评估模型，对数据进行清洗、整理和标准化；

（3）数据分类管理：根据业务需求，采用最佳实践对数据进行分类，建立分类档案；

（4）数据存储与备份：采用云存储等先进技术，对数据进行集中存储和备份，确保数据安全可靠；

（5）数据生命周期管理：根据数据的价值和风险，制订数据的退出和删除策略，避免数据泄露和损坏风险。

4 数据资产管理策略的关键因素和管理实践

要实现数据资产管理策略，其关键因素和管理实践可划分为 7 大类方面内容，具体解析如下。

4.1 数据清理和归档

企业应该定期清理和归档不再需要的数据，以减少数据存储成本和优化数据存储，旨在减少数据存储成本、优化数据存储和确保数据质量。

4.1.1 数据清理

数据清理是指删除或修复无效、过期或非必须数据的过程。数据清理的目的是确保数据的准确性和可用性，并减少数据冗余和歧义。数据清理的常见方法包含数据筛选、数据转换、数据去重、数据验证和数据规范化等。

4.1.2 数据归档

数据归档是指将不再常用的数据移动到外部存储设备或云存储中，以便长期保存和访问。数据归档的目的是优化数据存储、减少数据存储成本和提高数据访问性能。数据归档的常见方法包括数据分类、数据压缩、数据加密和数据备份等。

4.2 数据备份和恢复

企业应该建立完善的数据备份和恢复机制，以确保数据的安全性和可访问性。

4.2.1 数据备份

数据备份是指将数据复制到备份存储设备或云存储中，以避免数据灭失、损坏或篡改。数据备份的目的是确保数据的完整性和可用性，并确保数据能够迅速恢复。数据备份的常见方法包括完全备份、增量备份和差异备份等。

4.2.2 数据恢复

数据恢复是指将备份数据还原到原始数据存储设备中，以恢复数据和业务系统。数据恢复的目的是确保数据的可访问性和业务连续性。数据恢复的常见方法包括冷备份、温备份和热备份等。

4.3 数据安全

企业应该采取措施保证数据安全，包括加密、访问控制和数据隐私保护等。数据安全是数据资产管理策略中的重要环节，旨在保护数据免受未经授权的访问、获取、破坏、篡改和泄露。

4.3.1 加密

加密是一种保护数据安全的技术，通过将数据转换为密文，使其在未经授权的情况下无法读取。加密的目标是确保数据的机密性和完整性。加密的常见方法包括对称加密和非对称加密等。

4.3.2 访问控制

访问控制是一种保护数据安全的重要技术，通过对访问权限的管理，确保只有经过授权的用户才能够对数据进行访问。访问控制的目的是确保数据的安全性和隐私保护，访问控制的常见方法包括基于角色的访问控制和基于目的地访问控制等。

4.3.3 数据备份和还原

数据备份和还原是保护数据安全的重要措施，通过将数据备份到备份存储设备或云存储中，以防止数据丢失、损坏或篡改。数据备份和还原的目标是确保数据的完整性和可靠性，并确保数据能够迅速还原。

4.3.4 数据隐私保护

数据隐私保护是保护数据安全的重要措施，通过加密、访问管理等技术，保护数据的隐私和机密性。数据隐私保护的目的是确保数据的安全性和隐私保护。

4.4 数据分析和发掘

企业应该对数据进行分析和发掘，以获取有价值的洞察和预测，从而更好地决策。数据分析和发掘是数据资产管理策略中的重要环节，旨在从大量数据中提取有价值的信息和知识，以支持业务决策和竞争优势。

4.4.1 数据探索和可视化

数据探索和可视化是指对数据进行初步探索和可视化分析，以了解数据的特征和关系。数据探索和可视化的目的是帮助分析师更好地理解和把握数据，并为后续的数据分析提供基础。

4.4.2 数据预处理

数据预处理是指对数据进行清洗、转换和整合，以使其适合进行数据分析和挖掘。数据预处理的目标是提高数据品质和数据精度，减少噪声和冗余。

4.4.3 特征选择和提取

特征选择和提取是指从数据中选择有意义的特征，并对其进行提取和转换，以使其适合进行数据分析和发掘。特征选择和提取的目的是提高数据效率和精度，减少维度灾难和噪声。

4.4.4 数据挖掘算法

数据挖掘算法是指运用各种数学和统计方法，从数据中挖掘出有价值的信息和知识。数据挖掘算法的目的是提高数据价值和竞争力，支持业务决策和竞争优势。

4.5 数据共享和协作

企业应该创建数据共享和协作机制，以确保数据在组织内部的共享和协作。数据共享和协作是数据资产管理策略中的重要环节，旨在促进组织内部和组织之间的数据共享和协作，以提高数据效率和精度，并支持业务决策和竞争优势。

4.5.1 数据共享

数据共享是指组织内部和组织之间的数据共享，以实现数据的最大化应用和共享。数据共享的目的是提高数据效率和精度，支持业务决策和竞争优势。

4.5.2　数据协作

数据协作是指组织内部和组织之间的数据协作，以实现数据的共同分析和利用。数据协作的目的是促进组织之间的合作和协调，提高数据效率和精度，支持业务决策和竞争优势。

4.5.3　数据安全和隐私保护

在数据共享和协作过程中，需要确保数据的安全性和隐私性。这可以通过数据加密、访问控制和数据脱敏等技术来实现。

4.6　数据质量管理

企业应该定期检查数据质量，并采取措施纠正错误或缺失的数据，以确保数据的准确性。数据质量管理是指对数据从产生、获取、存储、维护、共享和应用等各个环节可能引发的各种数据质量问题，进行识别、监控等一系列管理活动，并通过提高组织的管理水平使数据质量管理水平得到进一步提升。

4.6.1　数据质量问题的识别

数据质量问题的识别可以通过数据清洗、数据规范化、数据验证等技术来实现。

4.6.2　数据质量度量

数据质量度量是指对数据的准确性、完整性、一致性、可靠性和可用性等进行评价。这可以通过数据审计、数据测试、数据比较等技术来实现。

4.6.3　数据质量监控

数据质量监控是指对数据的质量进行实时监测和预警，以确保数据的质量契合要求。这可以通过数据监控、数据报警等技术来实现。

4.6.4　数据质量预警

数据质量预警是指对数据的质量进行预警和干预，以确保数据的质量问题得到及时解决。这可以通过数据修复等技术来完成。

4.6.5　数据质量管理改善

数据质量管理改善是指通过改善和提高组织的综合运行水平，使得数据质量进一步提升。这可以通过数据培训、数据规范、数据流程优化等方式来实现。

4.7　数据治理

企业应该建立数据治理框架，以确保数据资产的管理符合相关法规和标准的要求。数据治理是指对数据资产的管理活动行使权力和管控的活动总合。数据治理是一种数据管理学的概念，能够确保数据的全生命周期存在高数据质量的能力，其最终目标是提升数据的综合利用价值。

数据治理包含多个方面，如数据规划、数据开发、数据存储、数据运营和数据安全等。

（1）在数据规划阶段，需要制订数据战略和计划，明确数据目标和方向。

（2）在数据开发阶段，需要设计和实现数据架构、数据模型、数据存储等，确保数据规范化和标准化。

（3）在数据存储阶段，需要选择适当的存储介质、存储设备和存储方案，保证数据可靠性和可用性。

（4）在数据运营阶段，需要维护数据质量、数据安全、数据合规等，确保数据正常运营。

（5）在数据安全阶段，需要保护数据不受未经授权的访问、修改或删除等，确保数据机密性和完整性。

数据治理的核心是建立数据管理制度和管理规范，包括数据质量管理制度、数据安全管理制度、数据合规管理制度等。通过建立完善的数据管理制度和管理规范，可以确保数据质量、数据安全、数据合规等得到有效控制和保障。

5　结论

企业数据资产管理策略是企业有效管理和优化数据资产的关键，企业应该采取上述措施，以确保数据资产的安全性、可访问性、准确性和可信度，从而更好地支持企业的业务发展。同时，企业应该不断优化和改进数据资产管理策略，以适应不断变化的业务管理需要，并不断优化和完善，以更好地挖掘数据价值，提高决策效率。

焦化厂水梯级利用技术的应用与实践

杨志军　曹　文　张春生

（金鼎钢铁集团煤焦化有限公司，长治　046299）

摘　要：金鼎钢铁集团煤焦化有限公司潞宝区有 7.65 m 焦炉 2 座，年产焦炭 200 万吨；6.05 m 焦炉 4 座，年产焦炭 270 万吨；年产 20 万吨甲醇装置 1 套，年产 10 万吨甲醇装置 2 套；并为下游装置提供部分蒸汽。由于装置水耗远高于同行水平，公司提出了水梯级利用的思路，经过两年的探索和实践，水耗大同下降，水梯级利用技术逐渐成熟，并形成了自己的专利技术。

关键词：水梯级利用，地表水，循环水，除盐水，锅炉给水，凝结水

1　概述

金鼎钢铁集团煤焦化有限公司潞宝区在役装置有 200 万吨/年顶装焦装置 1 套，270 万吨/年捣固焦装置 1 套，20 万吨/年甲醇生产装置 1 套，10 万吨/年甲醇生产装置 2 套。其中，270 万吨/年捣固焦装置和 10 万吨/年甲醇装置在役时间较长，各套装置均单独设计，公用工程也单独配置，没有实现资源合理利用，特别是水耗与同行相比相差很大，2022 年 8 月公司接管企业后，各方面管理均逐步加强，节能降耗，降低水耗势在必行。

1.1　用水现状

焦化厂生产用水主要有地表水、循环水、除盐水、锅炉给水，回用水主要有凝结水、中水。

地表水：作为生产系统的原水，由当地供水部门泵送到公司原水池，原水池的水送一体化净水装置除杂降浊后送除盐水装置和循环水装置。

循环水：作为焦化装置的降温介质，由于水的蒸发浓缩，需进行排污，是焦化厂耗水主要用户之一。

除盐水：主要作为锅炉用水，在锅炉变为蒸汽，蒸汽再送往汽轮机或其他用汽设备。除盐水装置是焦化厂耗水另一主要用户。

凝结水：蒸汽在汽轮机做功或在用汽设备传递热量后变为凝结水，凝结水大部分返回锅炉循环使用，另有部分由蒸汽用户改为他用或损失，凝结水回用率直接关系到焦化厂的吨焦单耗。

1.2　现状流程示意图

各种水的关系见图 1。

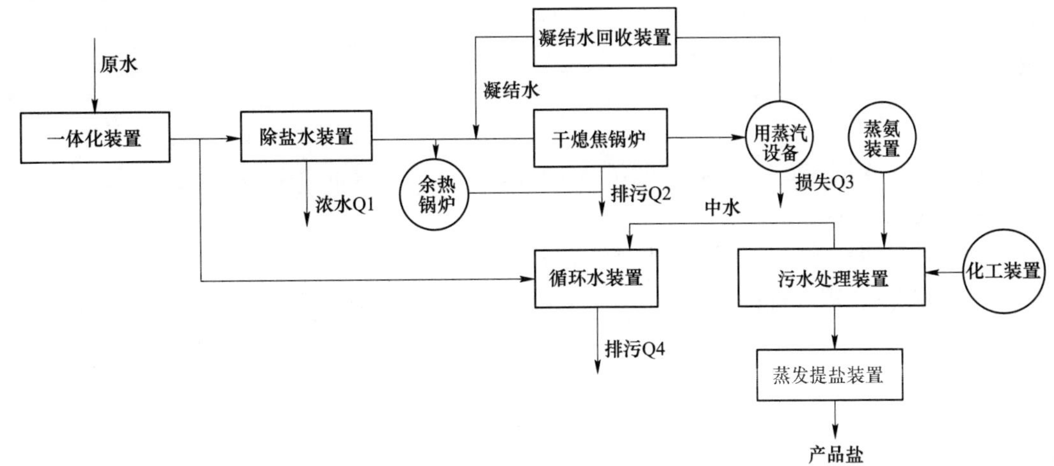

图 1　现状流程示意图

2　存在问题

在生产运行过程中，除盐水浓水 Q1、锅炉排污水 Q2、凝结水损失 Q3、循环水排污 Q4 的大小直接关系到原水用量的大小，2023 年初，公司提出了水梯级利用的概念，并在做好水平衡的基础上，出台了水平衡和水优化总体方案（水平衡图见图 2）。

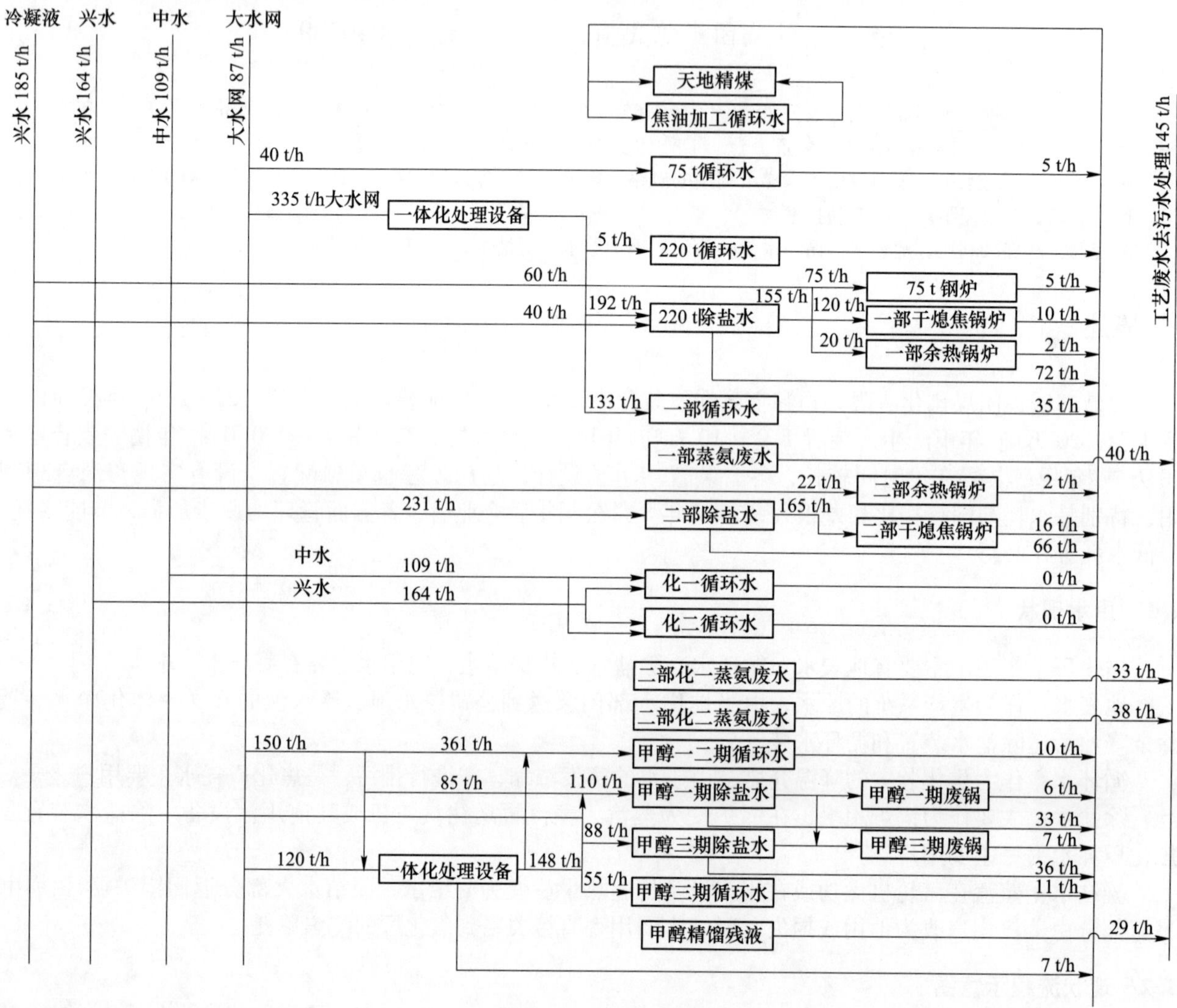

图 2　水平衡图 1

2.1　水平衡情况：

由图 2 可知：

（1）总用水量为大水网 876 t/h，兴水公司 164 t/h，合计总用水量 1040 t/h。

（2）中水回用量 109 t/h。

（3）蒸氨废水及甲醇精馏残液去污水处理量 145 t/h。

（4）除盐水浓水 Q1、锅炉排污水 Q2、循环水排污水 Q3 合计总量 332 t/h。

（5）凝结水回用量 165 t。

2.2　水耗高的原因

通过水平衡，找出了水耗大的原因如下：

（1）蒸汽凝结水回收量小，约为 165 t/h，回收率约 41%且没有准确数据，说明管理失控。

（2）除盐水装置浓排水 Q1 没有回收，直排出厂。

（3）锅炉排污量 Q2 偏大（大于 10%），且直排出厂。

（4）循环水浓缩倍数偏小，循环水排污量 Q3 偏大。

（5）中水回用量偏小，约 75%。

3　水梯级利用思路的提出及具体实施

为了解决装置存在的水耗高问题，公司提出了水梯级利用的思路，其中心思想是“水要进行多次重复利用”，逐步减少外排量（包括送污水处理的量），并在两年内完成改造，实现废水零排放，达到标杆企业水平，并确定了水梯级利用优化原则。

3.1　水梯级利用优化原则

（1）蒸汽凝结水分级分区集中回收，并逐步提高回收量。分级：汽机凝结水分别回送至各自产汽锅炉，其他凝结水质量稳定的送中压锅炉，质量不稳定的送低压锅炉。分区：尽量减少远距离输送，特别是要避免小量凝结水的远距离输送。

（2）高压锅炉排污水经监测合格可作为中压或低压锅炉给水，其他锅炉排污水全部回循环水系统。

（3）除盐水浓水收集后经软化处理作为循环水补充水。

（4）循环水系统进行操作优化，要求浓缩倍数根据补充水情况达到 3~5 倍。

（5）严格控制中水水质，主要指标氯离子浓度控制在 100 mg/L 左右，最高不超过 250 mg/L。

（6）中水优先作为循环水补充水，其次是除盐水原水，用作除盐水原水时要特别注意氯离子浓度的控制。

3.2　水梯级利用工作的具体实施

在确定水梯级利用优化原则的基础上，坚持重点工作集中推进、分步实施；零散工作分区推进、同步进行。

（1）蒸汽凝结水回收工作因涉及范围广，用户分散，回收难度很大，因此，对凝结水集中区域由集团公司主管部室牵头制订回收改造方案，方案中要包括确保凝结水达标的除铁、除硅设备，有在线电导及 pH 值检测仪表和流量计量仪表，改造完成并投用后要及时对凝结水进行水质分析，并与在线分析仪进行比较，确保锅炉运行水质达标。通过近半年时间的运行，证明凝结水回收流程合理，能够达到锅炉运行要求，并获得了实用新型专利。对于凝结水分散的用户，由各生产单负责收集，并根据收集量的大小及凝结水质量，确定最终去向，但规定凝结水的最终去向是除盐水箱或除氧器。

（2）锅炉排污水的回收。锅炉排污水回收相对简单，首先规定回收途径是作为循环水补充水，各装置锅炉排污水由各生产单位负责进行改造，由直接外排改为返回自己的循环水系统。

（3）除盐水浓水的回收。通过考察分析，公司确定利用原熄焦水处理装置，经简单改造后对除盐水浓水进行除硬处理，使水质达到《工业循环冷却水处理设计规范》（GB/T 50050—2017）中的再生水用于循环水补充水的指标，然后作为循环水补充水进行利用。通过对一套装置进行改造，并经过半年多的运行，循环水各指标均在正常范围。目前正着手对另一套装置进行改造，并进入了调试阶段，调试完成后可基本实现对除盐水浓水的全部回收。

（4）循环水排污水的回收。循环水排污水确定的回收途径是在实现零排放时送污水处理装置，经污水处理装置处理后的中水返回利用。在此之前，各装置循环水需达标运行，两套长期浊度超标的循环水装置，通过对旁滤器进行改造，逐步实现达标运行，消除零排放时送污水处理装置的障碍。已经达标运行的循环水装置，要在水梯级利用工作的不同阶段，根据补充水水质的变化，对循环水药剂及浓缩倍数等进行适当调整。

（5）中水的回用。中水指标关系到水梯级利用后装置的总体运行水平，关系到能否真正实现废水零排放。因此，中水指标特别是氯离子要严格控制在 100 mg/L 左右，在水梯级利用前期，中水可作为循环水补充水利用，对循环水水质无不利影响；实现零排放之后，因除盐水浓水除硬后作为循环水补充水，中水只能作为除盐水装置的原水利用，氯离子在除盐水浓水中富集后，除盐水浓水的回用应出现了困难。

（6）除氧器乏汽回收。为了进一步减少除盐水用量，2024 年初，公司决定对所有除氧器乏汽进行消白并回收凝结水，通过对各除氧器运行情况调查，制订了除氧器消白方案，方案中对全部 14 台除氧器改造分两步实施，第一步，根据制订的改造方案，先用 3 台换热器分别在甲醇装置除氧器、干熄焦装置除氧器、燃煤锅炉除氧器进行试用，试用成功与否有两个条件，一是除氧器乏汽是否全部回收，二是回收的凝结水中氧含量是否超标。第二步，根据第一步试验情况，确定了消白换热器的制作方案和改造流程，并对其他除氧器进行改造。通过对除氧器乏汽回收，预计可回收凝结水约 30 t/h。

3.3　水梯级利用实施过程中疑难问题的解决

（1）凝结水温度问题。干熄焦锅炉给水在进除氧器前要作为冷介质冷却干熄焦循环气体，而凝结水回送锅炉从热量回收角度最合理的位置是除氧器，凝结水回收量大或者温度高时，会造成干熄焦循环气体温度超指标，因此公司在凝结水回收时增加了降温过程，降温以后与除盐水一起送干熄焦锅炉，保证了循环气体温度在正常范围。

（2）干熄焦产蒸汽二氧化硅超标问题。附着凝结水回用量的增加，出现了干熄焦锅炉所产蒸汽中二氧化硅超标问题，通过查找原因，确认凝结水中二氧化硅超标，进一步查找原因是凝结水回收利用装置中的除硅装置未能正常运行，正常运行后问题消除。

（3）氯离子富集问题。在零排放实施后，水中氯离子会在浓水中富集，并在蒸发过程以氯化铵的形式排出系统。同时，少量氯离子会随中会返回系统，中水作为循环水补充水或作为除盐水原水，均存在氯离子富集问题，循环水中氯离子富集与浓缩倍数有关，要保证循环水中氯离子不超指标；若中水作为除盐水原水，因除盐水浓水经除硬后作为循环水补水，此时氯离子在除盐水装置和循环水装置中两次富集，中水中氯离子过高时，会造成水梯级利用系统无法运行。因此，中水中氯离子作为水梯级利用的关键指标，必须严格控制，正常情况下控制在 100 mg/L。

4　水梯级利用效果

4.1　建立了合理的水梯级利用流程

（1）第一年完成了主要区域凝结水集中回收，除盐水装置集中供给，约 50%除盐水浓水处理回用，中水合理利用，锅炉给水排污回收等工作，这些工作完成后，使装置吨焦水耗由原来的 1.41 降低到了 1.0 以下的水平。

（2）第二年主要工作有除氧器乏汽回收，凝结水进一步回收，通过强化管线减少锅炉给水排污，剩余除盐水浓水处理回用，循环水排污送污水处理装置并实现废水零排放。

（3）建立了合理的水梯级利用流程并实现稳定运行，示意图见图 3。

4.2　水的消耗大幅下降

水梯级利用工作完成后，主要数据如下：

（1）总用水量为 338 t/h，降低 702 t/h，每吨水按 3.5 元计，每年可减少水费 2152 万余元。

（2）中水回用量 295 t/h，提高 186 t/h。

（3）蒸氨废水及甲醇精馏残液去污水处理量 145 t/h，无变化。

（4）回用除盐水浓水 Q1 = 140 t/h。

（5）锅炉排污水 Q2 = 50 t/h。

（6）凝结水回用量 284 t/h，提高 119 t/h。

水平衡图见图 4。

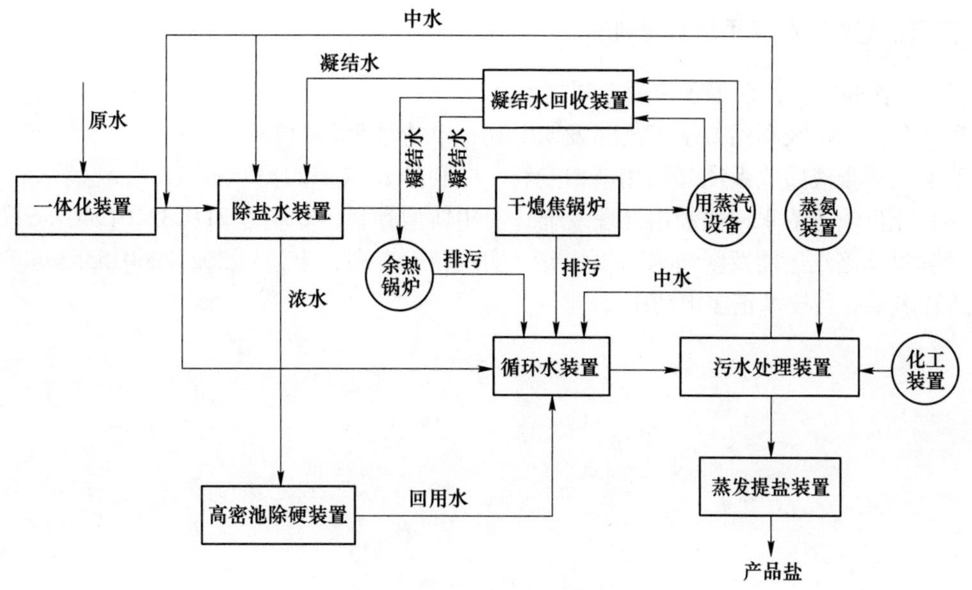

图3　水梯级利用流程示意图

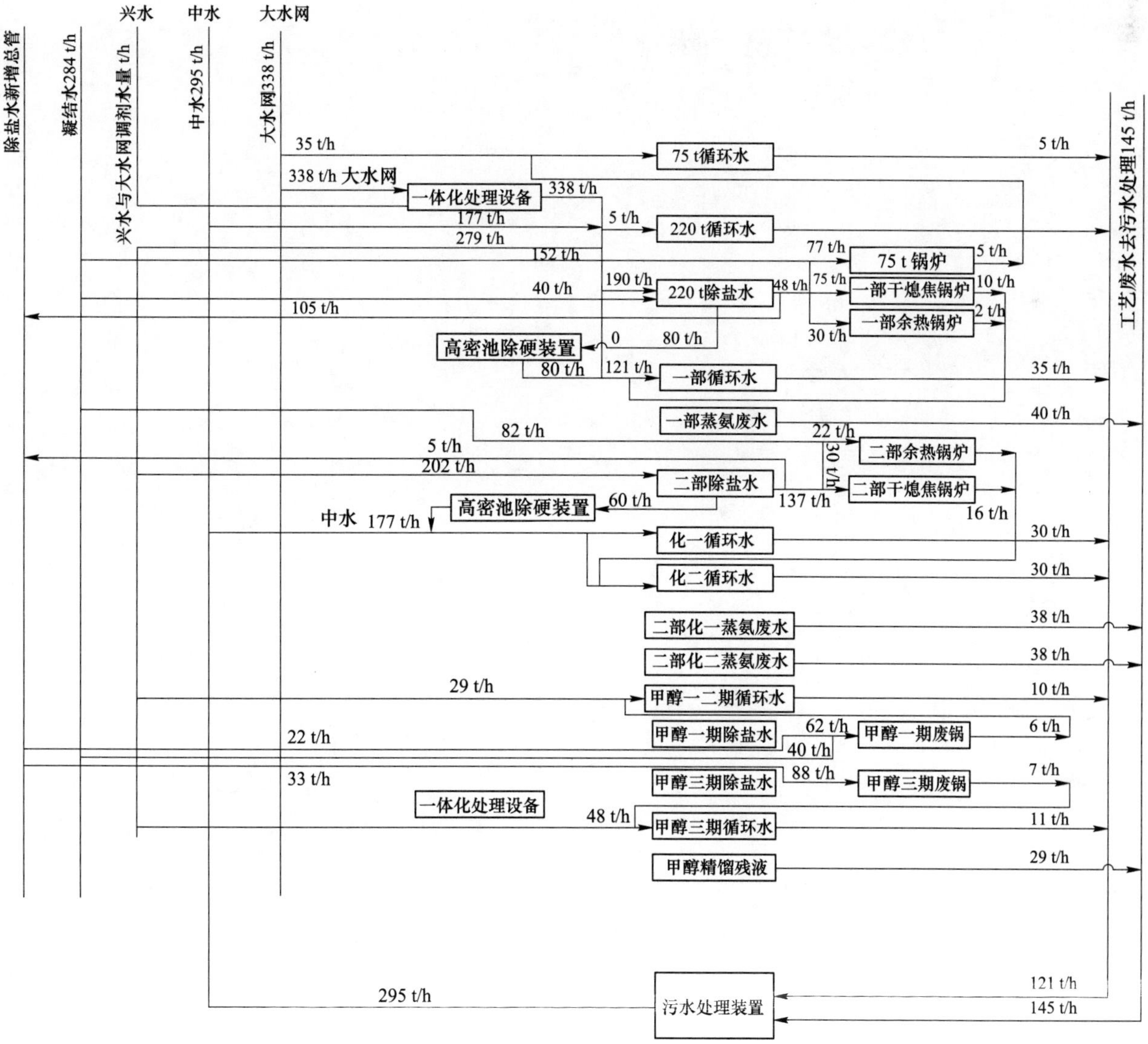

兴水
中水
大水网
除盐水新增总管
凝结水284 t/h
兴水与大水网调剂水量
中水295 t/h
大水网338 t/h
工艺废水去污水处理145 t/h
35 t/h
75 t循环水
5 t/h
338 t/h 大水网
一体化处理设备
338 t/h
177 t/h
5 t/h
220 t循环水
279 t/h
152 t/h
77 t/h
75 t 锅炉
5 t/h
40 t/h
190 t/h
220 t除盐水
48 t/h
75 t/h
一部干熄焦锅炉
10 t/h
105 t/h
一部余热锅炉
2 t/h
30 t/h
高密池除硬装置
0
80 t/h
80 t/h
121 t/h
一部循环水
35 t/h
一部蒸氨废水
40 t/h
82 t/h
22 t/h
二部余热锅炉
5 t/h
30 t/h
202 t/h
二部除盐水
二部干熄焦锅炉
137 t/h
高密池除硬装置
60 t/h
16 t/h
中水 177 t/h
化一循环水
30 t/h
化二循环水
30 t/h
二部化一蒸氨废水
38 t/h
二部化二蒸氨废水
38 t/h
29 t/h
甲醇一二期循环水
10 t/h
22 t/h
甲醇一期除盐水
62 t/h
甲醇一期废锅
6 t/h
40 t/h
33 t/h
甲醇三期除盐水
88 t/h
甲醇三期废锅
7 t/h
一体化处理设备
48 t/h
甲醇三期循环水
11 t/h
甲醇精馏残液
29 t/h
295 t/h
污水处理装置
121 t/h
145 t/h

图4　水平衡图2

4.3 取得了四项发明专利和实用新型专利

水梯级利用工作开展后，取得了多项专利技术：

（1）一种焦化厂水梯级利用节水工艺（发明专利，申请号 2023117587591）。

（2）一种蒸汽冷凝液回收系统（实用新型专利，专利号 ZL202322438896.9）。

（3）一种焦化反渗透浓水回收利用处理系统（实用新型专利，专利号 ZL02322019407.6）。

（4）一种除氧器乏汽热能及凝结水回收装置（实用新型专利，申请号 2024206015353）。

另外，还有多项专利技术正在申请中。

节能降耗技术在焦化工艺中的应用研究

郎宇飞

（国家能源集团煤焦化责任公司西来峰分公司，乌海　016000）

摘　要：本研究聚焦于焦化工艺中的节能降耗技术，旨在解决我国作为全球炼焦煤生产大国在能源利用和环境保护方面面临的问题。详细分析炼焦过程中的能源浪费问题，包括煤炭资源的低效利用和其他环节的能源损耗，强调提升能源利用效率和减少环境污染的迫切需求。针对这些问题，提出一系列实用的节能措施，包括能源统计与分析、严格实施相关法规标准、设备更新与改造、优化炉焦饼中心温度和炉顶温度控制等。这些措施的实施将有助于实现焦化工艺的低能耗、低污染和高效益，推动焦化产业的可持续发展。

关键词：节能降耗技术，焦化工艺，应用，探索

1　概述

焦化工艺中余热浪费是一大问题，例如荒煤气、烟道废气、焦炭热量和炉体散热等，在开展工艺技术的同时，需要借助节能技术进行处理，以减少能量在转化中的损耗，不断提升能量的转化率和效益，达到低能耗、低污染、高效益的目标。需要加强对各种类型的热量回收利用，通过强化能量回收、管理和利用来达到可持续发展，从而促进企业的长远发展。

2　焦化工艺概述及其资源浪费问题

2.1　炼焦过程中能源的浪费

在焦化厂的生产活动过程中，通常情况下，如有较多的资源需求，或使用较小数量的其他矿物，都要进行相关的开采或配套作业。煤是耗能最多的能源。目前，国内许多煤炭企业所用的焦炭在进行冶炼工艺参数设计时，采用的含煤率指标都远远低于国家标准，从而导致了炼焦煤中化合水含量增加、纯硫化煤水主矿物质含量减小等问题。因此，我国对煤量指标下的焦炭整体安全生产和投放的监督和监管工作，导致出现了大量的煤炭资源的流失现象[1]。

2.2　其他环节的能源损耗

在炼焦工艺的生产中，有大量的能量浪费，对此进行了分析，发现人的因素对其也有较大的影响，而且焦炉结构的不合理还会造成能量的浪费。

3　炼焦管理节能降耗

3.1　能源统计和分析

做好能耗有关的登记工作，建设一个数字化统计平台，根据自身的能耗流程的特征，逐渐将其记录和统计工作进行数字化、标准化。对企业用能的真实消耗情况进行统计分析，并进行平衡核算，持续改进现行体系。引进高科技成果，做好测量和统计工作，加强过程控制，动态监管和从严控制。在现有的基础上，按照现实需求，对耗能较大的设备或系统进行监测、测量和控制。对这样的设备和系统，要根据总体最优的原理来调节工作状态。

3.2　严格贯彻落实节能降耗相关法规标准

有关节能减排的法律和技术标准，既反映了当前我国节能科技水平的显著提高，也是推动整个社会科技发展的一项有力举措。到现在为止，已有150余种不同的节能减排技术和相关的标准。加强和完善相关的法律和规范，是国家节约能源的一项重大方针。科学地运用高科技手段，提升能耗效率，确保统计数据的准确度，对能耗进行全流程监测，是对现代化企业进行有效的节能管理。因此，在目前的能源节约工作中，需要对企业和工厂等进行更多的执法和防范，这对于目前的节能减排工作来说非常重要，需要引起有关部门的足够关注[2]。

3.3　设备管理和改造

对换热设备进行更新和改造，并对陶瓷换热器、喷射换热器和平板换热器等先进换热器的设计方法进行了研究。从现阶段看来，这种新结构的换热技术已得到很好的应用，需要在以后的工作中加以改进，使其更加有效。实现了一般装置的能源节约和剩余热量的有效利用。焦化厂的常见设备有锅炉、电机、风机、泵、压缩机、变压器等。这些普通装置的运转要耗费大量的能量。此外，在制造过程中，还会排放出大量的热量和剩余能量，若采用高电压转换技术，可使电力消耗降低10%以上。可见，该领域具有很大的节约能源的潜能，因此要继续加强对其的更新与改造。采用新型隔热材料，按照现有的国家规定，对管道、法兰、阀门等设备进行隔热处理；介绍了目前较为成熟和实用的直埋保温管；通过对管材进行深度研制，使管网损耗小于5%；对各种设施、配件进行定期维修，确保管道渗漏不大于0.2%。大力提倡和使用新型能源材料。

3.4　控制炉顶温度降低煤气消耗

首先，需要通过在热风炉上加装散热翅片、散热管等散热装置，可扩大炉膛表面面积，增强散热效果，使炉内的热量得以有效释放，降低炉顶温升。其次，采用自动控制系统对炉顶温度进行控制，并对其进行持续的温度检测，从而实现炉温的稳定。它能保证炉顶温度处于一个合适的区间，对改善钢的加热品质、生产效率、减少煤气消耗量具有重要意义。通常在焦化车间的上方还设有一套烟气净化设备，但通常这类尾气的排气都需要高温才能排出。为此，在炼焦工艺及加工工艺中，要减少焦炉气的能耗，并逐渐地将其降至最低，还可以对焦饼炉上部气体的温度进行进一步的改善。

4　结语

总之，节能降耗的使用技术，使得某些人为资源得以高效、合理地进行资源的挖掘、处理与转换，特别是在不同的炼焦生产流程产品的再循环生产处理流程中，不仅可以极大地提高炼焦流程的效率，而且还可以提高各类炼焦工艺在生产加工过程中对社会其他各环节的能源的高效利用，保证了今后我国焦化生产流程的可持续稳定发展。

参 考 文 献

[1] 张瑶，李媛，崔燕，等．化工工艺中节能降耗技术及应用［J］．天津化工，2023（6）：61-63.

[2] 韩金洛．化工工艺中节能降耗技术应用与优化［J］．中文科技期刊数据库（全文版）工程技术，2023（7）：9-13.

[3] 张立军．节能降耗技术在焦化工艺中的应用探讨［J］．中文科技期刊数据库（文摘版）工程技术，2022（1）：163-166.

用循环氨水制取低温水的工艺应用

顾明亮　周　诚

（马钢股份有限公司煤焦化公司，马鞍山　243000）

摘　要： 焦化企业是能源消耗大户，降低产品能耗对企业的可持续发展有着重要作用。利用循环氨水作为热源的溴化锂吸收式制冷系统近几年被广大焦化用户所采用，该系统改造后不仅能很好地满足生产对低温水的要求，而且能够实现节能减排，又减少了生产蒸汽时各项污染物的排放，为焦化企业开辟了一条大胆的节能减排之路，以循环经济理念实施节能降耗和污染源头的有效控制，推动清洁生产的深入开展，进一步提升企业可持续发展的能力。

关键词： 循环氨水，低温循环水，工艺路线

1　概述

当前焦化行业夏季所需 16～23 ℃低温循环水制取途径主要包括如下两种：

（1）利用焦化厂区 0.4～0.8 MPa 蒸汽，使用蒸汽型溴化锂制冷机制取工艺制冷所需冷水。此方案应用比较成熟，但存在蒸汽能耗大，运行费用高的特点，国内绝大多数焦化企业制取低温循环水主要使用该方案。

（2）使用初冷器收集荒煤气余热制取热水作为热源制取低温水，焦化企业使用的横管式煤气初冷器设计为上、中、下三段式结构。其中，上段的热水循环温度在 60～70 ℃，夏季作为制冷机驱动热源制取低温循环水，其他季节初冷器上段停用，或者作为冬季取暖水使用。

2　使用循环氨水作为制冷机热源工艺介绍

2.1　工艺原理及流程

煤焦化是将炼焦煤在隔绝空气条件下加热到 950～1050 ℃，经高温干馏产生焦炭、焦炉煤气和炼焦化学产品的工艺过程。其中，焦炉煤气从炭化室经上升管逸出时的温度为 700 ℃左右，此时煤气中含有焦油气、苯族烃、水汽、氨、硫化氢、氰化氢、萘及其他化合物，为回收和处理这些化合物，桥管及集气管中用大量循环氨水喷洒，当细雾状的氨水与荒煤气充分接触时，由于焦炉煤气温度很高，而湿度又很低，焦炉煤气被冷却至 78～84 ℃，循环氨水则吸收大量热量升温至 75～82 ℃。循环氨水携带被冷却下来的焦油（渣）经集气管和气液分离器与煤气分离，分离后液体流入槽中槽与焦油分离，与焦油分离后的洁净氨水进入循环氨水槽，然后经循环氨水泵泵入桥管循环利用。

该系统中循环氨水携带的焦炉煤气热量白白浪费在大气中，造成了能源的浪费。实际上，当循环氨水喷洒温度控制在 60～70 ℃时，可有效保证焦油等物质的流动性等。从上述分析来看，循环氨水有 10～15 ℃温差可以用于制取低温循环水，且循环量越大，制取低温水能力越大。

同时，将循环氨水温度控制在 60～70 ℃时，与原喷洒工艺相比较，循环氨水所吸收荒煤气的显热增加，即回收的荒煤气热量将会增加，此部分热量用来制取低温循环水，可以减少蒸汽消耗。此时焦炉煤气所带入初冷器的热量也将减少，进入初冷器热量减少将降低循环水泵能耗，从而降低运行成本。工艺流程见图 1。

2.2　工艺控制主要参数

公司新区焦化两座 7.63 m 焦炉产焦量 220 万吨/年。为确保夏季 5860×10^4 kJ/h 制冷量满足系统要求，

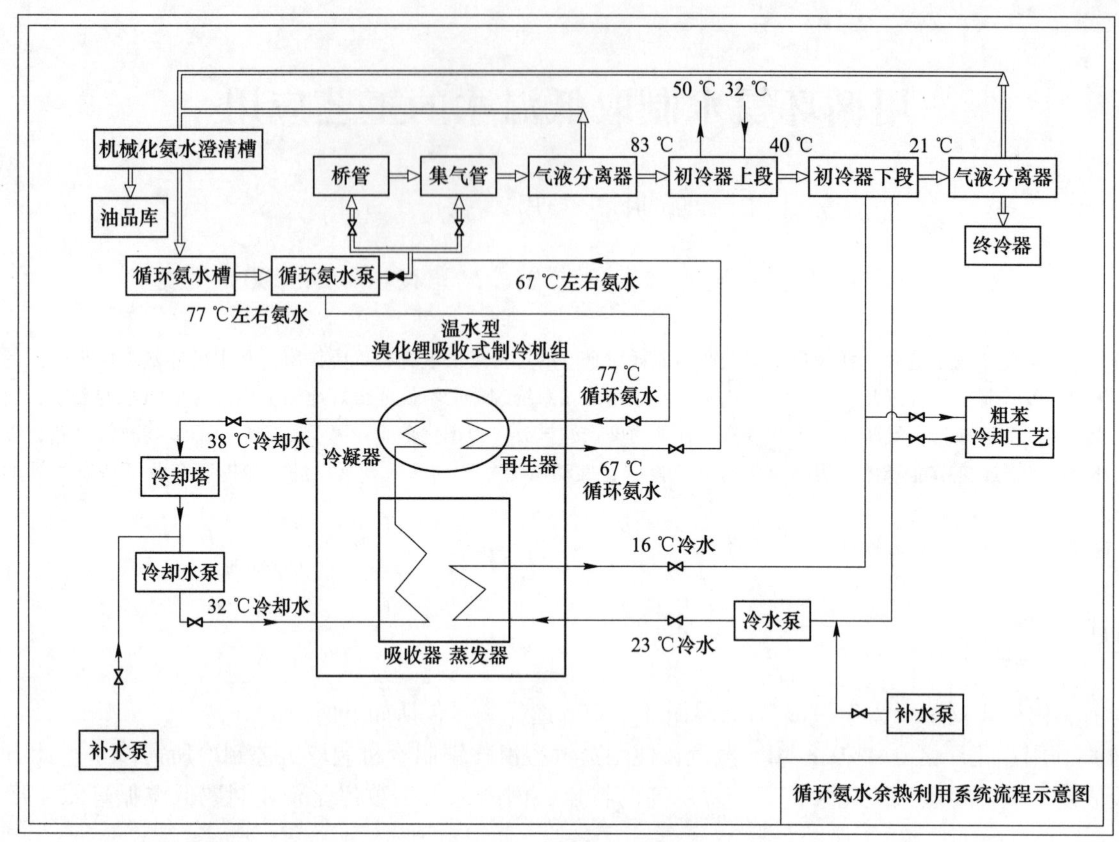

图 1　运用循环氨水制取低温循环水工艺

经现场调研确定工艺参数为：

（1）循环氨水泵后温度为 74 ℃左右，循环氨水流量为 1800～2200 t/h。

（2）用该循环氨水作为制冷机的驱动热源，能效比 COP＝0.78，则可产生冷量 5860×10^4 kJ/h。为保证机组的稳定运行，循环氨水温度按 74 ℃/64 ℃回收余热。

（3）溴化锂吸收式制冷系统产生的工艺冷水为 23 ℃/16 ℃。

（4）溴化锂吸收式制冷机组冷却水温度按 32 ℃/38 ℃选取。

主要控制参数见表 1。

表 1　循环氨作热源制冷机工艺主要控制参数

控制参数	范围值	备　注
循环氨水压力/MPa	0.15～0.3	
循环氨水循环量/$m^3\cdot h^{-1}$	1800～2200	总循环量
循环氨水/℃	64～74	夏季制冷季节循环温度
制冷机冷却水温度/℃	32～38	
制冷机冷却水流量/$m^3\cdot h^{-1}$	1800～2000	
低温循环水/℃	16～23	
低温循环水流量/$m^3\cdot h^{-1}$	1700～1900	

3　循环氨水制冷机组运行可靠性保障措施

使用循环氨水制取低温循环水需要改造现有制冷机，使用循环氨水作为制冷机高发热源，通常担心以下几个问题：循环氨水对机组的腐蚀性、循环氨水通入机组后机组的换热效率、循环氨水温度过低是否会造成焦油过量冷凝而导致机组堵塞等问题，具体对应措施如下：

（1）根据循环氨水中 NH_4^+、Cl^- 含量确定使用钛材作为换热管、换热器箱体、管板材料，确保其耐腐蚀性能。

（2）换热管采用胀接并进行真空度试验，确保机组性能。

（3）采用异形高效换热管，换热管内壁必须采用光管，确保换热效果。

（4）系统运行时控制循环氨水温度高于 60 ℃，此时焦油处于低黏度状态，流动性极好，能够保证工艺的稳定运转。

（5）进入溴冷机前加装过滤器，防止焦油渣、杂物等进入溴冷机换热器，确保机组安全稳定运转。

4　经济、环保效益分析

回收循环氨水余热制冷机组与蒸汽型溴化锂制冷机组进行比较，在产生相同制冷量 5860×10^4 kJ/h 的前提下，使用循环氨水作为热源较传统使用蒸汽作为热源，则每小时减少蒸汽消耗为 18. 89 t/h。年度制冷周期为 180 天，节约蒸汽 81604 t/a，年节约标准煤为 6644. 89 t/a。

5　结语

通过系统改造后，该项目的实施在保障生产工艺要求的前提下，利用循环氨水余热作为溴化锂制冷机组的热源制取低温循环水，技术上可行，从运行上是可靠的，不仅做到循环氨水热量的再利用，减少了蒸汽的使用量，经济效益明显；同时符合国家的产业政策和节能减排要求，实现了经济效益与环境效益的双赢。

全域蒸汽再平衡节能技术在焦化企业的应用

李高杰

（河南中鸿集团煤化有限公司，平顶山　467045）

摘　要：采用高压蒸汽转换中压蒸汽替代甲醇厂甲醇工序燃气锅炉所产蒸汽，通过补充外来煤气增开燃机发电、利用余热锅炉产蒸汽技术，一举解决公司内部蒸汽不平衡的问题，同时提高了干熄焦汽轮机发电量，降低了公司生产系统市电消耗量，从而降低了公司耗电成本。

关键词：蒸汽，中压双减装置，锅炉，发电量，能级匹配，节能降耗

1　概述

蒸汽作为一种热能载体，因其具有热值高、传热快、便于输送和控制等优点，被广泛应用于石油、化工、冶金、机械制造、焦化、食品、造纸、纺织、电力、建筑、机械、橡胶等工业领域。蒸汽动力系统是工业企业能量流的最大交换平台，为企业提供生产所需机械驱动力、换热伴热、工艺混合蒸汽以及采暖吹扫等多种功能，贯穿于蒸汽的发生、输配、使用、回收及净化等环节，面广点多，环环相扣。

本文通过研究全域蒸汽再平衡节能技术在焦化企业的应用，针对蒸汽闭环管网，降低蒸汽损耗，减少蒸汽放空，噪声对环境的污染，确保了企业汽轮机发电和甲醇、合成氨稳定长周期运行的可行性解决方案；通过本项目推广，可推动整个行业能效水平的提升，实现行业技术新突破；同时，热源提高效率利用也是焦化行业下一步发展的主要方向之一；本技术在焦化行业具有普适性，可为行业节能环保和技术水平提升作出贡献，推广价值巨大。

2　现有蒸汽供求技术路线及缺点

某焦化公司现有高压蒸汽、中压蒸汽、低压蒸汽三大蒸汽系统，来满足公司生产系统的需求，调节生产系统平衡。

公司作为煤化工企业，需要配置庞大的蒸汽动力系统，针对目前存在高、中、低压三套蒸汽管网，满足不同层次生产需求，具体汽源和用户如图1所示。

2.1　高压蒸汽

如图1所示，高压蒸汽产汽来源只有干熄炉汽包所产蒸汽，压力9.81 MPa、温度530 ℃，产蒸汽能力80 t/h，通过蒸汽透平驱动汽轮机发电，然后经过冷凝器、空冷器换热凝结后进入除盐水箱，实现蒸汽冷凝液回收再利用。

2.2　中压蒸汽

中压蒸汽来源、消耗主要集中在公司甲醇厂内部，其来源主要为转化汽包、合成汽包以及燃气锅炉，所产中压蒸汽主要用于驱动二合一压缩机、配入转化焦炉气、汽提塔热源、烧嘴保护蒸汽、配入转化氧气。为了实现能源的充分利用，二合一压缩机蒸汽冷凝液经水泵送至除氧器重复利用，汽提水回收至循环水系统使用。

2.3　低压蒸汽平衡及调配

低压蒸汽来源主要有10 t锅炉、电厂燃机、烟道气锅炉、干熄焦低压减温减压装置和甲醇厂外供蒸

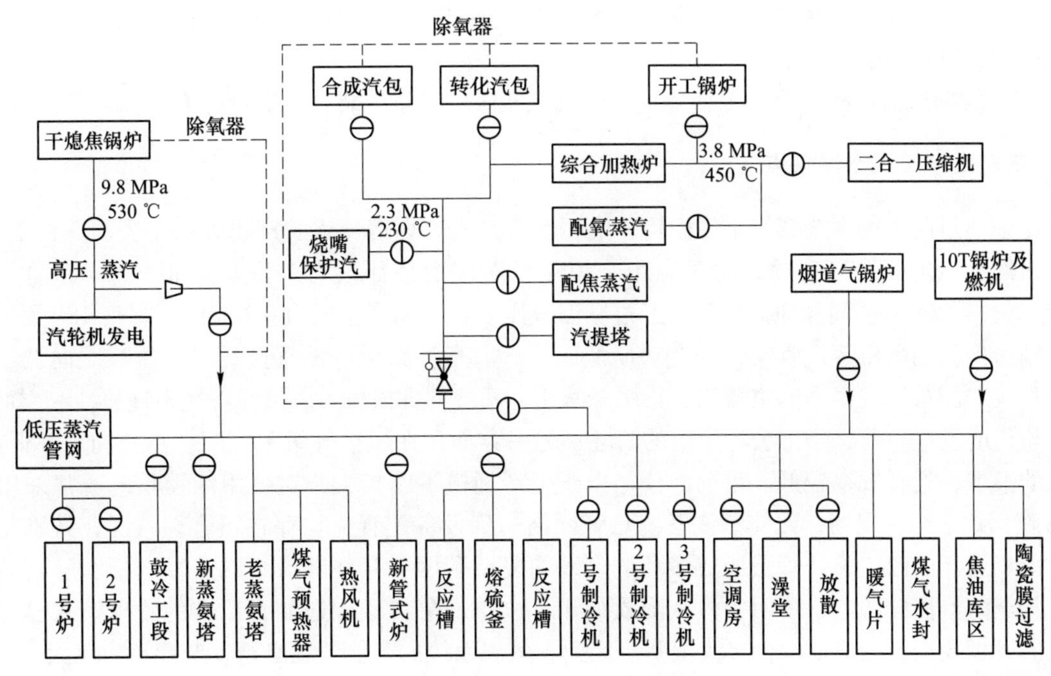

图1　蒸汽全域示意图

汽，用户众多且分散。为了对低压蒸汽供耗做比较精确的平衡，统计了2023年1月25日—2月24日的蒸汽供耗平均数据见表1。

表1　全域蒸汽再平衡节能低压蒸汽产出和消耗对比　(t/d)

蒸汽产出	蒸汽量	蒸汽消耗	蒸汽量
电厂产蒸汽量	188	炼焦厂	31
甲醇产蒸汽量	230	化工厂	348
烟道气锅炉产蒸汽量	110	干熄焦	121
干熄焦低压双减产蒸汽	29	生活区	14
合　计	557	提盐装置	45
		合　计	559

焦炉使用蒸汽主要是加热回炉煤气，用气较稳定（0.57 t/h）。化工厂鼓冷工序主要是对各排液管道吹扫，整体用量稳定在2 t/h；脱硫工序低压蒸汽主要用于真空蒸发器和熔硫釜，其用量基本稳定，间断开启的反应槽加热蒸汽造成用量波动，整体平均用量为2.7 t/h；冬季公司空调房和澡堂用蒸汽量较大，总体用量为0.6 t/h；粗苯和蒸氨塔用量较大，其中粗苯用量在2.6 t/h；蒸氨塔用量在7.1 t/h。

产耗差量主要由供耗流量表误差造成，即每天2 t/h蒸汽差量由热损和供耗流量表误差影响。

2.4　蒸汽调配操作

（1）高中压蒸汽主要为企业内部使用，利用率较高，自行调配。

（2）低压蒸汽用户多且分散，保证管网压力在0.4~0.5 MPa，满足化工品生产使用。

（3）若甲醇外供量低，可调配干熄焦低压减温减压装置提高外送蒸汽量，或提高10 t锅炉和燃机负荷，来保证管网压力。

（4）根据用电尖峰、高峰时段电价悬殊，合理调配中低压减温减压装置外送量，降低用电生产成本。

2.5　蒸汽特殊操作

（1）若干熄焦低压减温减压装置突发故障，蒸汽压力下降时，在提高10 t锅炉及甲醇外供量的同时，可增开燃机，以稳定管网压力，保证化产生产需要。

（2）启动 10 t 锅炉往管网输送蒸汽时，必须协调粗苯工段关注蒸汽含水情况，必要时，可放空一段时间后再使用，以免影响粗苯生产。

（3）蒸汽管网压力高时，及时采取下调，干熄焦低压减温减压装置返送量的方法，平衡管网蒸汽。

2.6　现有蒸汽供求技术路线缺点

某焦化公司目前生产系统蒸汽由甲醇厂、电厂燃机、焦炉烟道气锅炉产出，由于公司蒸汽需求量大，导致公司内部蒸汽出现缺口现象，此时利用干熄焦低压减温减压装置（简称“低压双减”），将压力 8.85 MPa、温度 535 ℃的高品质高压蒸汽经过减温减压装置后，产生压力 0.6 MPa、温度 180 ℃左右的低压蒸汽，输送到公司低压蒸汽管网，补充缺口低压蒸汽。高温高压蒸汽直接通过低压双减向低压管网供应，由于直接对能量品位很高的主蒸汽进行减温减压，系统的㶲损较大，热经济性不理想，一方面影响了干熄焦汽轮机的发电负荷，增加公司市电的消耗；另一方面存在压级等级不匹配，热源利用率低的现象，造成能源的浪费，运行效率较低。目前，公司由于生产规模不断扩大，对公用工程系统通常采用“填平补齐”措施，缺乏统一规划，致使蒸汽系统从管网结构到设备配置，均存在不合理状况，特别是蒸汽管网系统，由于逐年的改造，使管路形成多环、多级的复杂管网，存在着对管网路径选择和管网调整上的盲目性，甚至蒸汽流向、流量不明，蒸汽降质使用，放空现象得不到遏制，原有的管理模式已经不能适应现代化的管理要求，造成能源的极大浪费。因此，蒸汽系统的节能势在必行，节能潜力巨大。

3　全域蒸汽再平衡节能技术应用研究内容

某焦化公司高压蒸汽转化为中压蒸汽，实现能效等级匹配，新增加一套中压减温减压装置及管道去甲醇生产系统，保证甲醇用气的稳定性，并减少因 20 t 锅炉突然跳车影响甲醇生产系统，可以缩短甲醇及合成氨的开车时间，减少燃料消耗，节省的燃料用来生产甲醇或合成氨，提高化产品产量，平衡中压蒸汽的研究技术。

企业铺设煤气管线引进外供大量富裕煤气，利用富裕煤气增开燃气余热锅炉来发电、产汽，同时平衡低压蒸汽管网的缺口，降低控制干熄焦低压减温减压系统外送的低压蒸汽量，提高高压蒸汽转化成低压蒸汽效率的研究技术。

企业燃气 10 t 锅炉和甲醇系统燃气 20 t 锅炉暂时作为备用锅炉，减少燃料、电、水、汽的消耗的研究技术。

企业优化再平衡低压蒸汽系统，调节平衡全公司低压的蒸汽需求，减少蒸汽的放空量，减少低压蒸汽的损耗量，蒸汽系统运行优化要依靠先进技术和优化的管理，着重考虑蒸汽管网的冬夏汽量不平衡、启动与停车、热电联产等因素，以“柔性化”理念对蒸汽管网进行“分站稳压式”设计，以防止管网内波动振荡，合理配置管网资源。中低压蒸汽主管网全面强化疏水，消除水击隐患，减小管网压降和温降，保障下游用汽品质。低品质蒸汽尽量就地消化使用，减少低温热的排放。优化凝结水回收网络，保障上游蒸汽使用效果和凝结水顺畅排出，闪蒸汽及凝结水余热充分回收利用等，精细设计，强化管理，全面保障蒸汽凝结水系统的高效稳定运行，同时降低能耗和节约成本。作为一套工程化技术，在离线模拟和在线监测的基础上，对蒸汽运行系统进行详细的管网分析和评估，提出改进流程、优化操作节能降耗的措施，能显著提高管网运行水平、优化操作、改进流程，达到节能降耗、安全生产的目的的研究技术。

4　全域蒸汽再平衡节能技术应用创新点

某焦化公司通过全域蒸汽再平衡节能技术的研究与应用，解决了高压蒸汽送低压双减系统转化成低压蒸汽的利用效率低的技术难题，利用高压蒸汽转化中压蒸汽技术，优化了公司蒸汽系统，实现蒸汽能级匹配，突破实用技术，调节平衡全公司低压的蒸汽需求，减少了蒸汽的放空量及损耗量，利用发电、产汽、用汽、蒸汽管网为一体的动态管理系统，使高压、中压、低压蒸汽得到合理利用，生产量与消耗量及损耗量达到优化平衡，提高了蒸汽热能的利用率，改善了蒸汽供需关系，增加了节能及社会效益。

在节能、环保方面取得了突破和技术创新。

4.1　科技创新一

研究了高压蒸汽转化为中压蒸汽技术，增加中压蒸汽管道去甲醇系统平衡中压蒸汽的研究技术，实现公司内部能级匹配，取得了突破性的创新。

通过对干熄焦高压蒸汽管线进行优化升级，增设中压蒸汽双减装置，利用干熄焦高压蒸汽经中压减温减压装置后转换为中压蒸汽，转换后的中压蒸汽送入甲醇厂中压蒸汽系统。干熄焦高压蒸汽经过中压双减装置后，压力控制在3.8 MPa、温度控制在430~450 ℃，根据升温速度要求投入适量的高压蒸汽经双减装置后对中压蒸汽管线进行升温，蒸汽并入在甲醇厂中压蒸汽管线阀门前放散，当甲醇厂放散处中压双减蒸汽管线压力高于内部中压蒸汽压力0.1 MPa、温度380 ℃以上时，以1.5 t/h流量缓慢并入甲醇厂中压蒸汽系统，替代燃气锅炉的安保蒸汽，燃气锅炉做停车备用。

当甲醇厂生产负荷过低或开车期间，中压双减装置可保障甲醇厂蒸汽需求，且蒸汽供气量大于燃气锅炉产出蒸汽量，可提高甲醇厂开车、升温速度。

中压双减装置投入运行后，中压蒸汽并入甲醇中压蒸汽系统做甲醇生产系统安保蒸汽，甲醇厂燃气锅炉做停机备用，停机后节省800 m^3/h燃料气；因燃气锅炉低负荷运行，设备运行均按照半负荷消耗电量计算，节省总用电（锅炉给水泵75 kW+引风机75 kW+鼓风机45 kW）×0.5=97.5 kW/h；节省公司燃料气和用电的消耗，减少了燃气锅炉烟囱废气的排放量，经济效益、环保效益较为突出。

4.2　科技创新二

研究了煤气资源优化技术，通过优化煤气增开燃机余热锅炉发电、产汽，同时降低控制干熄焦低压双减系统外送的低压蒸汽量，减少高压蒸汽转化成低压蒸汽效率低的技术，实现了能级匹配，攻破了热效率回收低的技术难题。

通过优化煤气资源，增开电厂燃机及配套余热锅炉，增加发电量4800 kW/h并入公司电网，减少了市电的消耗；燃机增开后，产生低压蒸汽12 t/h，替代低压双减装置所产蒸汽10 t/h蒸汽和10 t锅炉所提供2 t/h蒸汽量，共减少低压双减投入高压[1]蒸汽量8.3 t/h，增加汽轮机的发电量8.3×290=2407 kW/h，再次降低了公司市电的消耗。

优化煤气资源后，通过电厂增开燃机，余热锅炉所产蒸汽替代干熄焦低压双减装置所产蒸汽和10 t锅炉所提供蒸汽量，10 t锅炉做停机备用，低压双减切除备用，节省燃料气500 m^3/h、用电22.5 kW/h，减少了公司燃料气、电力的消耗，降低了10 t锅炉烟囱废气的排放量，经济效益、环保效益较为突出。

5　工艺技术参数

全域蒸汽再平衡节能技术应用技术参数如表2所示。

表2　全域蒸汽再平衡节能技术参数　（t/d）

蒸汽产出	蒸汽量	蒸汽消耗	蒸汽量
电厂产蒸汽量	188	炼焦厂	31
甲醇产蒸汽量	230	化工厂	348
烟道气锅炉产蒸汽量	110	干熄焦	121
干熄焦低压双减产蒸汽	29	生活区	14
合　计	557	提盐装置	45
		合　计	559

6　改造后效果分析

某焦化公司通过全域蒸汽再平衡节能技术的应用，解决了高压蒸汽转化成低压蒸汽利用效率低的技术难题，利用高压蒸汽转化中压蒸汽技术，实现了蒸汽能级匹配，使高压、中压、低压蒸汽得到合理利用，生产量与消耗量及损耗量达到优化平衡，提高了蒸汽热能的利用率，改善了蒸汽供需关系，增加了节能及社会效益。

技术投运前，甲醇燃气锅炉、电厂 10 t 锅炉运行，共消耗焦炉煤气 1300 m^3/h，消耗用电 120 kW/h。

技术投运后，甲醇燃气锅炉、电厂 10 t 锅炉停机备用，共节省焦炉煤气 1300 m^3/h、节省用电 120 kW/h。项目投入生产运行已达 1 年，对比往年同期，项目投运后增加效益约 70. 6 万元/月，年度共创造效益 847. 2 万元。

7 社会效益分析

全域蒸汽再平衡节能技术的应用，甲醇厂燃气锅炉、电厂 10 t 锅炉停机，减少了烟囱废气排放量，节省出的燃料气用作醇氨装置提产使用，增加了公司醇氨产量，环保、经济效益较为突出；锅炉停机后，减少了水、电、汽消耗，减少了设备检修维护保养费用，减少了职工检维修工作量，减少了企业市电的消耗，经济效益、社会效益较为突出。

8 结论

某焦化公司通过全域蒸汽再平衡节能技术的应用，解决了高压蒸汽送双减系统转化成低压蒸汽利用效率低的技术难题，利用高压蒸汽转化中压蒸汽技术，优化了公司蒸汽系统，实现蒸汽能级匹配，调节平衡全公司低压蒸汽需求，利用发电、产汽、用汽、蒸汽管网为一体的动态管理系统，使高压、中压、低压蒸汽得到合理利用，生产量与消耗量及损耗量达到优化平衡，提高了蒸汽热能的利用率，改善了蒸汽供需关系，增加了节能及社会效益。项目投运前，甲醇燃气锅炉、电厂 10 t 锅炉运行，共消耗焦炉煤气 1300 m^3/h，消耗用电 120 kW/h。项目投运后，甲醇燃气锅炉、电厂 10 t 锅炉停机备用，共节省焦炉煤气 1300 m^3/h、节省用电 120 kW/h，减少了锅炉烟囱废气的排放，经济效益、环保效益比较突出，将为炼油、石化、化工、钢铁、热电、焦化、轻工等行业的节能降耗作出突出的贡献。

参 考 文 献

[1] 范庆伟，徐君诏，陆刚，等．复合循环型高压工业供汽技术研究 [J]. 热力发电，2020，49 (4)：82-86.

[2] 汪家铭．蒸汽系统运行优化与节能技术及应用 [J]. 石油和化工节能，2014 (2)：31-33.

[3] 江超，乔洁，马辉．蒸汽系统再平衡及低位热能回收 [J]. 河南化工，2016，33 (10)：37-38.

余热回收技术在焦化产品回收中的应用研究

李晓东

（国家能源蒙西煤焦化股份有限公司，乌海　016100）

摘　要：焦化行业作为能源消耗的重要领域，其节能降耗技术的应用极其重要。在焦化产品回收过程中，采用先进的节能技术能有效降低能源消耗，提高焦化产品的回收率，实现资源的最大化利用。节能降耗技术在焦化产品回收中的应用研究表明，余热回收技术在焦化产品回收中的应用主要涉及对焦炉生产过程中产生的各种余热资源进行有效回收和利用，以提高能源利用率，降低生产成本，并减少环境污染。同时，利用高效能源转换技术提高回收效率，为企业带来额外的经济效益。

关键词：节能降耗技术，余热回收，余热发电

1　概述

焦化行业面临的挑战包括高能耗、高污染等问题。因此，积极主动地应用节能降耗技术，不断创新和突破相关技术，减少损耗和浪费自然资源，防止生产过程造成资源的浪费是非常关键和重要的。在焦化生产过程中，余热回收利用是关键环节，不仅直接关系到资源的有效利用率，还深刻影响着企业的经济效益和环保水平。为应对此挑战，焦化企业需积极引入并应用余热回收技术，优化生产流程、提高能源转换效率、减少能源浪费。

2　焦化产品回收过程能源损耗的原因分析

焦炉的余热资源主要包括红焦显热、荒煤气显热和烟道气余热。这些余热资源的有效回收利用对于提高能源利用率、降低生产成本以及减少环境污染具有重要意义。现阶段，焦化产品回收过程中的能源损耗原因主要包括：余热回收效率低下，焦炉在生产过程中会产生大量的余热，但目前的余热回收系统存在效率不高，主要是由换热过程中产生的不可逆换热损失导致的；工艺流程长且路径优化不足、技术应用不足，由于技术成本、操作复杂性或初期投资回收期较长等因素导致在实际应用中仍存在技术应用不足的问题。随着国家碳达峰碳中和政策的推进，以及市场环保和节能要求的提高，要求焦化企业不断优化生产工艺，提高能源利用效率，减少环境污染。针对这些问题，通过技术创新和优化工艺流程，提高余热回收效率，采用先进的节能减排技术，可以有效降低能源损耗，实现焦化行业的可持续发展。

3　节能降耗技术在焦化产品回收中的应用

3.1　焦炉余热回收技术

3.1.1　焦炉上升管余热回收系统

盘管式上升管余热利用系统是一种在焦炉生产过程中，通过回收荒煤气中的余热来提高能源利用效率的技术。这种系统主要用于回收焦炉上升管中荒煤气的余热，从而生产低压饱和蒸汽或其他用途的热能。

接自外线的除盐水和合格凝结水进入除盐水箱，经除氧给水泵加压送至热力除氧器，除氧后氧含量不超过 15 μg/L，再经汽包给水泵加压送入站内设置的汽包，汽包内的炉水经下降循环管进入强制循环泵，经强制循环泵加压送入焦炉上升管，在上升管盘管内被上升管内荒煤气加热为汽水混合物后返回汽包，在汽包内进行汽水分离。水再由下降循环管经强制循环泵加压送入焦炉上升管夹套继续被加热，进行周而复始的强制循环，产生的 0.7 MPa 蒸汽经部分上升管过热成为过热蒸汽进入 0.6 MPa 蒸汽管网。

以 2 座 65 孔 6.78 m 单热式捣固焦炉为例，配套建设 1 套焦炉上升管余热回收热力系统。焦炉上升管余热回收热力系统主要由焦炉上升管余热回收汽化站及给水泵站两部分组成。单套焦炉上升管余热回收系统理论上可产生 $Q\approx22$ t/h、$p=0.7$ MPa、$T=190$ ℃的过热蒸汽。

3.1.2　烟道气余热回收

焦炉烟道余热回收是焦化行业节能减排和提高经济效益的重要措施。焦炉烟道气余热回收不仅可以减少环境污染，还能显著提高能源利用效率和经济效益。通过采用热管技术、脱硫脱硝及余热回收一体化技术、新型余热锅炉技术以及多阶、梯级利用方案等，可以有效地实现焦炉烟道气余热的高效回收和利用。将脱硫脱硝与余热回收结合在一起的技术方案，不仅能有效减少环境污染，还能提高能源利用效率[1]。

接自脱硫脱硝装置的焦炉烟气进入余热锅炉，在锅炉入口处烟气温度为 230～270 ℃，在锅炉内经余热回收后烟气温度降至约 170 ℃，经脱硫脱硝装置引风机抽吸送入焦炉烟囱。接自外线的除盐水和合格凝结水进入除盐水箱，经除氧水泵加压、低压旋膜除氧器除氧后出水氧含量不超过 15 μg/L，再经锅炉给水泵加压进入烟道气余热锅炉，烟道气余热锅炉产生 0.7 MPa 过热蒸汽送至外部 0.6 MPa 蒸汽管网。以 2 座 65 孔 6.78 m 单热式捣固焦炉为例，烟气量（标态）530440～568800 m^3/h 工程设置焦炉烟道气余热锅炉房 1 座，每座设烟道气余热锅炉（设计压力 1.0 MPa、设计温度 194 ℃）1 台及辅助设备。余热锅炉房根据脱硫脱硝工艺流程布置在烟道气脱硫脱硝装置后，锅炉额定蒸汽参数为 $p=0.7$ MPa、$T=190$ ℃的过热蒸汽，蒸发量平均可达 25 t/h。

3.2　干熄焦余热回收及应用

干熄焦热力系统的设立目的是回收能源并加以利用，余热发电技术的应用不仅能有效提高能源利用效率，还能减少环境污染，具有显著的经济效益和环境效益。方法是通过干熄焦锅炉吸收循环气体的热量产生蒸汽，通过蒸汽驱动汽轮发电机组发电和供热来实现回收红焦余热。干熄焦锅炉的作用是降低干熄焦系统惰性循环气体的温度并吸收其热量产生蒸汽，以达到有效回收利用红焦余热的目的。

惰性循环气体在循环风机的作用下，将干熄炉内 1030 ℃左右的炽热焦炭冷却，吸收焦炭显热的惰性循环气体被加热到 900～980 ℃；高温惰性循环气体经一次除尘器除尘后进入干熄焦锅炉，与汽水系统换热后，温度降至 160～170 ℃；惰性循环气体再经过二次除尘器、循环风机和径向热管式给水预热装置，温度降至 130 ℃左右，再次进入干熄炉冷却炽热焦炭。经过除氧的 104 ℃锅炉给水，分两路进入锅炉：一路进入喷水式减温器；另一路进入干熄焦锅炉的省煤器。锅炉给水经省煤器换热使水温升至 260 ℃左右后进入干熄焦锅炉汽包，汽包压力约为 11 MPa，汽包内炉水的饱和温度约为 319 ℃。炉水由下降管分别进入膜式水冷壁和蒸发器，在蒸发器和水冷壁内吸热汽化后形成汽水混合物并在热压的作用下进入汽包。汽水混合物在汽包内经汽水分离装置分离，产生饱和蒸汽，饱和蒸汽通过汇流管进入一次过热器，在一次过热器内与高温惰性循环气体换热，使蒸汽温度上升到一定温度时，经过喷水式减温器将蒸汽温度调整至设定温度，再进入二次过热器，与高温惰性循环气体换热升温，最终使蒸汽温度达到额定温度。

以 2 座 65 孔 6.78 m 单热式捣固焦炉为例，设置 2 套 260 t/h 干熄焦装置，全干熄焦模式运行，相应配置 3 台高温高压干熄焦锅炉及辅助单元。配套干熄焦汽轮发电站 1 座（抽汽凝汽式汽轮机 30000 kW、发电机 30000 kW）。正常工况下年发电量可达 186.78×10^6 kW · h，年节约标煤量 131723 t。

在干熄焦余热发电系统中，为提高发电效率和节能效益可通过以下几种先进设备和技术显著提升系统的性能：

（1）智能控制系统：通过自动化控制系统，可以实现对干熄焦余热发电系统的精确控制[2]，从而提高系统的运行效率和安全性。智能控制系统能够根据实时数据调整操作参数，优化能源使用，减少浪费。

（2）新型节能环保干熄焦罐：改造后的干熄焦罐采用了耐火材料和整圈钢板结构，增强了密封和保温功能，这不仅提高了干熄焦过程的安全性和稳定性，还大幅降低了维修成本和劳动强度。这种改进有助于提高整个发电系统的能效比。

（3）高效除尘措施：通过采用高效的除尘技术，可以减少粉尘和颗粒物的排放，这不仅保护了环境，还有助于提高热能的回收效率。

（4）优化的机械部分和电气自控系统：通过对干熄焦各关键部位的机械部分和电气自控系统进行优化设计和程序编制，可以进一步提高系统的安全稳定运行和发电量。这种优化有助于确保设备在最佳状态下运行，最大化能量转换效率。

通过引入智能控制系统、新型节能环保干熄焦罐、高效除尘措施以及优化的机械和电气系统，可以有效提高干熄焦余热发电系统的发电效率和节能效益。

3.3 初冷器余热回收及应用

初冷器余热回收是指在焦化厂中，通过技术手段回收煤气初冷器冷却水中的余热，并将其用于供暖、制冷或其他工业用途的过程。这种做法不仅可以提高能源利用效率，还能减少环境污染和降低运营成本。

从相关资料中可以看出，初冷器余热回收的应用已经取得了一定的成效。例如，凌钢焦化通过利用初冷器的高温段余热进行供暖改造，实现了显著的经济效益和社会效益。此外，通过采用三段式换热方式，可以明显提高焦化厂初冷器高温段余热的回收利用率。还有研究指出，将初冷器上段高温循环水作为溴化锂吸收式热水型制冷机组的热源[3]，可以实现能源的二次开发和利用。

然而，尽管已有多种技术和方法被提出和实施，初冷器余热回收仍面临一些挑战和问题。例如，目前的余热利用存在回收率低、能量利用方式简单等问题。为了进一步提高初冷器余热回收的效率和应用范围，可以考虑以下几个方面的措施：

（1）开发和应用新技术：如双效热泵机组，这种技术不仅能够在夏季通过高温段循环水的余热替代蒸汽或煤气制冷，还能在冬季回收中温段循环水的余热以增加采暖供热面积。这表明双效热泵机组能够有效地利用工业过程中的余热资源，实现能源的高效利用和经济效益的提升。该技术在效率和降低与外热源间换热不可逆损失上具有显著优势。

（2）改造现有设施：通过对初冷器进行适当改造，如增加换热面积或改进换热效率，可以有效提高余热回收率。

（3）多元化利用途径：除了传统的供暖和制冷外，还可以探索将余热用于其他工业过程，如脱硫液再生等。

（4）加强管理和优化操作：通过建立更有效的管理和操作模式，如优先使用余热制冷机组，可以进一步提高热回收效率。

总之，初冷器余热回收是一个具有广泛应用前景的技术领域，通过技术创新和管理优化，有望实现更高的能源利用效率和更好的环境效益。

4 节能降耗技术应用策略

焦化厂余热回收应用策略的制订需要综合考虑多种因素，包括技术可行性、经济效益、环境影响以及系统的稳定性和可靠性。可以总结出以下几个关键点。

4.1 技术选择与优化

干熄焦、荒煤气、烟气余热回收和初冷器余热利用是焦化厂中常见的余热利用方式，加强技术研发是实现节能降耗的关键[4]。通过采用先进的换热技术和设备提高焦化生产过程中的能源利用效率，如热管技术、新型余热锅炉以及高效低阻烟气冷凝热能回收装置，可以显著提高余热回收效率。此外，对现有系统的优化也是提高余热回收效率的有效途径。余热回收技术的研究不仅关注于提高能源利用效率，还涉及储能技术的应用，如压缩空气储能、液体空气储能和热能存储等。这些技术的耦合应用为后续烟气余热高效回收及提高机组灵活性参数设计提供了理论参考。

4.2 节能减排与环境保护

焦化行业作为高耗能、高污染产业，其余热回收不仅能够节约能源，还能减少环境污染。例如，通过烟气余热回收发电技术，不仅可以实现能源的高效利用，还能减少温室气体排放和其他污染物的排放量。

4.3　经济效益分析

余热回收技术的应用可以直接减少能源消耗，从而降低生产成本。例如，采用干熄焦技术、荒煤气余热利用技术和煤调湿技术可以达到节约能源、改善环境的目的。此外，通过余热发电，不仅可以产生经济效益，还能增加社会效益，节能减排，减少环境污染。余热回收项目的实施需要考虑其经济可行性。通过对比不同工艺方案的成本和效益，选择最经济有效的余热回收技术。

4.4　系统稳定性与可靠性

余热回收技术系统稳定性与可靠性需要综合考虑多个方面的因素，包括系统的设计、运行条件、控制策略以及所采用的技术和材料等。控制系统是保障余热回收系统高效、稳定运行的关键组成部分，它可以实现对机组的准确、稳定控制，从而提高系统的制热能力和能源利用率。此外，选择合适的材料和技术对于提高余热回收系统的稳定性和可靠性同样重要，不仅能够有效提高余热回收效率，还能保证系统的长期稳定运行。

5　结语

余热回收技术在焦化厂中的应用，对于提高能效具有显著的影响。通过分析相关资料，可以看到余热回收技术不仅能够有效降低能源消耗，还能带来环保和经济效益的提升。上述案例中提到的技术不仅提高了能源利用效率，还带来了显著的经济效益。通过减少能源消耗和水资源消耗，以及降低环境污染，余热回收技术为焦化厂带来了直接的经济和环境双重好处。余热回收技术作为一种有效的节能减排手段，其在焦化厂等高能耗行业的广泛应用，将有助于推动能源政策向更加绿色、低碳的方向发展。

参 考 文 献

[1] 李鹏元，李宝东，杨懿，等 . 焦炉烟道气脱硫脱硝及余热回收利用一体化技术 [J]. 冶金能源，2016，35 (1)：48-51.

[2] 李光珂 . SoE 在干熄焦余热发电控制系统中的设计与应用 [J]. 山东冶金，2015，37 (4)：52-53.

[3] 杨勇，张丕祥，张琼芳 . 初冷器循环水余热的回收利用 [J]. 冶金动力，2014，168 (2)：15-16.

[4] 崔四齐，王聪明 . 焦化厂余热回收与再利用技术方案分析 [J]. 煤炭加工与综合利用，2017，208 (1)：76-79.

上升管余热过热蒸汽影响因素分析

张晓柱　史建才　赵小欣　张青青　梁瑞凯　白俊娟

（河北中煤旭阳能源有限公司，邢台　054001）

摘　要：上升管余热利用替代粗苯管式炉加热技术是焦炉系统近年推广的重要能源综合利用技术之一，其对焦炉荒煤气所含热量进行了有效利用，同时替代了粗苯管式炉加热，解决了粗苯管式炉使用过程中所带来的污染物排放问题。但是该技术在使用过程中部分厂家出现了过热蒸汽量、过热蒸汽温度等不足的问题，影响粗苯工序的使用，本文对影响过热蒸汽的因素进行分析，为上升管余热利用技术的改进推广及更有效使用提供借鉴。

关键词：上升管，余热利用，过热蒸汽，脱苯，管式炉，荒煤气

1　概述

河北中煤旭阳能源有限公司现运行4座65孔JNDK55-07F型焦炉，每2座焦炉对应一套化产系统，4座焦炉均应用了上升管余热利用替代管式炉加热技术，每2座焦炉合建有一套上升管余热利用装置，该装置于2020年建成投用，上升管所取热量基本可以满足化产粗苯系统替代管式炉加热使用，装置使用至今已近3年，随着取热效率衰减，特殊情况下开始出现过热蒸汽不能满足粗苯系统使用的问题，本文分别从过热蒸汽制备过程和输送过程两方面进行分析，研究各因素对过热蒸汽的影响。

2　过热蒸汽制备过程影响因素分析

2.1　上升管过热器结构的影响

上升管过热器的结构设计是上升管余热利用技术中最核心的技术之一，不同的结构在使用寿命、换热效率等方面各有其特点，不同的过热器结构直接影响着整个取热过程。

2.1.1　上升管过热器结构对取热效率的影响

上升管余热利用系统所用换热器结构整体可以分两大类：一类是换热介质外壁与荒煤气直接接触换热，例如插管式换热器、内盘管式换热器和夹套式换热器；另一类是换热介质外壁不与荒煤气直接接触，而是通过上升管外表辐射温度换热，例如外盘管式换热器。理论上第一类换热器与荒煤气直接接触的换热效率更高，但是由于在与荒煤气直接接触过程中存在向荒煤气中泄漏换热介质的风险，此种换热结构使用受到一定限制。而为了提高取热效率，外盘管换热器设计过程中又有厂家在上升管内壁上增加了翅片，以增加换热面积，提高换热效率。

2.1.2　上升管过热器结构对使用寿命的影响

由于荒煤气温度高、成分复杂，换热器与荒煤气直接接触部分易出现结石墨、局部过热损坏等影响寿命的情况，而换热器作为过热器使用时，其换热介质为蒸汽，整体拥有更高的温度，更易出现上述影响寿命的情况，综合分析，外盘管式过热器由于其盘管不直接与荒煤气接触，其使用寿命会高于其他与荒煤气直接接触的过热器。

2.1.3　上升管过热器结构对取热量的影响

从能量守恒角度去分析，如果取热后荒煤气温度相同，过热器外表面温度相同（即向外散热量相同），过热器所取热量也应相同，也就是说，换热效率并不直接决定换热量，在增加换热面积的情况下，低换热效率的过热器也可以达到换热量的需求，只不过增加换热面积会增加过热器造价，在经济性上会有一定影响，而这方面则需要综合考虑。

综上，在上升管过热器选择和设计过程中，要充分考虑不同结构过热器的特性，扬长避短，才能最大程度地降低过热蒸汽制备过程中不利因素的影响。

2.2　过热用原料蒸汽品质影响

过热蒸汽是热源对原料蒸汽进行加热来制备的，原料过热蒸汽所含热值越高，则所制备出的过热蒸汽温度也越高；相反，如果原料蒸汽含水，相同取热量的情况下，会对所制备的过热蒸汽温度产生较大影响。

为保证过热效果，设计单位一般都设计使用从中压饱和蒸汽减压来的蒸汽作为过热蒸汽所使用的原料蒸汽，这样来的蒸汽温度会高于该压力下饱和蒸汽的温度，可以确保蒸汽不带水。如果使用饱和蒸汽作为过热蒸汽的原料蒸汽，则必须做好蒸汽进过热器前的排水，严禁蒸汽带水进入过热器。

2.3　过热管位置选择的影响

焦炉加热过程有明显的区间特性，不同阶段产生的荒煤气量不同，上升管温度也会有较大变化，相应的上升管过热器从荒煤气中吸取的热量也会随之变化，最终影响过热蒸汽温度。

以中煤旭阳6号、7号焦炉上升管余热利用装置为例（表1），焦炉生产采用“5-2”串序，产过热蒸汽的上升管换热器为1~10号，每根上升管换热器独立运行，原料蒸汽分别进入这10根过热器加热生成过热蒸汽后再汇至总管后外送。从过热蒸汽温度变化趋势可看出总管出口过热蒸汽温度呈周期性变化（图1），对照焦炉出焦、装煤时间，可看出过热蒸汽温度与其关系密切。

表1　6号、7号焦炉同一日内相关数据

炭化室号	推焦时间	装煤时间	波谷时间	波峰时间
4号	01:25	01:32	00:57	02:15
9号	01:45	01:52		
1号	06:02	06:11	05:57	07:06
6号	06:20	06:31		
3号	10:18	10:27	10:17	11: 29
8号	10:42	10:49		
5号	15:15	15:22	15:04	16:22
10号	15:33	15:44		
2号	21:01	21:08	20:58	22:13
7号	21:19	21:28		

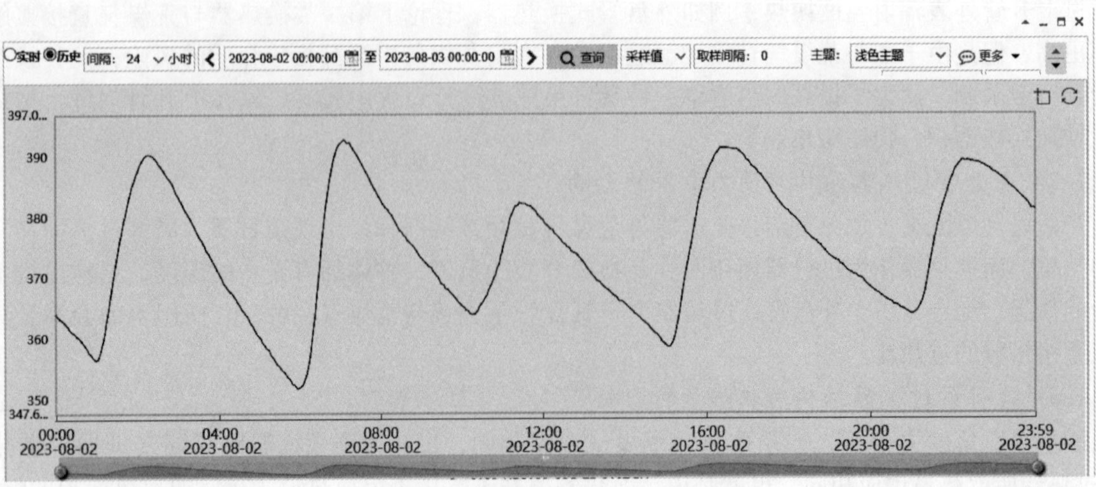

图1　过热蒸汽温度变化图

以图1中过热蒸汽第一个波峰波谷为例，当4号笺炭化室处于结焦末期时，此时过热蒸汽温度处于波谷，因为1~10号炭化室内生成的整体荒煤气量及温度处于当前阶段的最低值，上升管过热器吸热量最低；当4号炭化室装煤后，其产的荒煤气量及温度均开始上升，上升管换热器吸热量增加，过热蒸汽温度同步上升，然后9号炭化室开始出焦装煤，扩大了这一效果，然后在20~50 min后，1~10号炭化室整体荒煤气量及温度开始衰减，过热蒸汽温度又开始下降，直至下一轮笺号的1号、6号炭化室出焦装煤开始下一个循环，导致过热蒸汽温度呈周期性变化。因此，可以通过增加各产过热蒸汽对应的炭化室装煤推焦时间间隔，以5-2串序的65孔焦炉为例，产过热蒸汽的炭化室号可以设置为1~5号、31~35号，实现降低过热蒸汽波峰波谷差值，温度波动幅度减小，有利于后续用户工艺稳定，缺点是过热蒸汽管道加长，投资增加。

2.4　取热过程控制影响

上文中提到焦炉不同阶段可以为上升管过热器提供的热量不同，如果每个过热器都采用相同的取热方式，则不同时段每个过热器取到的热量也不同。仍以上述中煤旭阳上升管过热器为例，其10组过热器对应的焦炉所处加热阶段不同，结焦末期和初期产生的荒煤气量差距非常大，而日常操作过程中过热器内通过的蒸汽量并没有因为焦炉所处阶段不同而进行相应调节（无自动调节装置），因此会出现部分炉号上升管余热不能被充分利用的情况，如果整体过热蒸汽量过大，又可能会出现部分炉号取热过多的情况，因此，对取热过程进行自动控制会是改善过热蒸汽取热量的有效手段，但是自动控制系统会增加系统建设和运行成本，需要综合考虑。

3　过热蒸汽输送过程影响

影响过热蒸汽温度的热量主要是显热，表2所示为饱和蒸汽及过热蒸汽压力、温度与焓值的对应表，从表中数据可以看出，350 ℃与440 ℃的0.5 MPa蒸汽焓值分别为3167.6 kJ/kg和3355.9 kJ/kg，仅相差5.6%即188.3 kJ/kg，也就是说0.5 MPa的过热蒸汽在输送过程中一旦热损失达到188.3 kJ/kg，其温度将降低90 ℃，直接影响用户的使用。

表2　蒸汽热焓值对应表

序　号	压力/MPa	温度/℃	焓值/kJ·kg	状　态
1	0.30	133.54	2725.5	饱和
2	0.35	138.88	2732.5	饱和
3	0.40	143.62	2738.5	饱和
4	0.45	147.92	2743.8	饱和
5	0.50	151.85	2748.5	饱和
6	0.60	158.84	2756.4	饱和
7	0.50	140.00	589.2	含水
8	0.50	160.00	2767.3	过热
9	0.50	180.00	2812.1	过热
10	0.50	200.00	2855.5	过热
11	0.50	220.00	2898.0	过热
12	0.50	240.00	2939.9	过热
13	0.50	260.00	2981.5	过热
14	0.50	280.00	3022.9	过热
15	0.50	300.00	3064.2	过热
16	0.50	350.00	3167.6	过热
17	0.50	400.00	3217.8	过热
18	0.50	420.00	3313.8	过热
19	0.50	440.00	3355.9	过热

影响过热蒸汽输送过程散热量的因素有很多，主要有保温效果、散热面积、蒸汽压力等。

3.1　保温效果影响

影响保温效果的因素较多，主要因素之一是保温材料的选择，不同保温材料保温性能不同，目前最常用的是硅酸铝材质，还有一种新型气凝胶保温材料等；保温施工质量是另一项重要的影响因素，施工过程包裹紧密程度、蒸汽管道覆盖率等都是影响保温效果的重要因素，会直接影响损失的热量。

3.2　散热面积影响

不同种类或是不同质量的保温材料保温效果不同，其设计保温厚度也不同，而保温厚度的大小也是影响输送过程热量损失的因素之一，不同的保温厚度意味着不同的散热面积，厚度越高散热面积越大，以 DN150 管道为例，保温 150 mm 和保温 100 mm 相比，其外表面积相差 1.28 倍，也就是说相同外表面温度和环境下，其散热量会增加 1.28 倍。

3.3　蒸汽压力影响

蒸汽压力也是影响过热蒸汽热焓值的因素之一，从表 3 中可以看出，不同压力下 450 ℃和 300 ℃过热蒸汽热焓值的差值有所差距，但是差值并不大，0.1 MPa、0.5 MPa 和 1.0 MPa 下差值分别为 308.1、312.9 和 319.4。

表 3　不同压力过热蒸汽热焓值影响对比表

序　号	温度/℃	焓值/kJ · kg^{-1}		
		0.1 MPa	0.5 MPa	1.0 MPa
1	300	3074.10	3064.20	3051.30
2	350	3175.30	3167.60	3157.70
3	400	3278.00	3217.80	3264.00
4	420	3319.68	3313.80	3306.60
5	440	3361.36	3355.90	3349.30
6	450	3382.20	3377.10	3370.70
$H_{450} - H_{300}$		308.10	312.90	319.40

虽然过热蒸汽压力对过热蒸汽焓值影响较小，但是过热蒸汽压力大小直接影响其输送蒸汽量的大小，管道管径等因素不变的情况下，仅考虑输送过程，0.5 MPa 和 0.4 MPa 的过热蒸汽量相差 20%，也就是说其所含总热量相差 20%，同样的热损失条件下，其温度降也压力越高，温度降越小。

4　过热蒸汽不足的改进思路分析

4.1　设计过程改进

过热器的设计选型见仁见智，但是在设计过程中要考虑到上升管过热器的寿命和使用过程取热效率衰减的问题，以 5-2 串序的焦炉为例，每相邻 5 孔为一组，正常使用 2 组用于过热，但是建议设计 3 组过热器，以应对其换热效率的衰减等。

过热器位置的选择，三组过热器建议选择 1-5、21-25、41-45，可以使过热蒸汽温度周期性变化幅度减小，提高过热蒸汽稳定性。

由于过热蒸汽管道相对较少，可以考虑对每孔的蒸汽量增加自动化控制，以提高取热量以及过热蒸汽温度的稳定性。

4.2　施工过程改进

施工过程尤其是保温施工，一定要做到全部保温，提高保温效果，避免因局部保温缺失等因素导致热量大量损失，从而使过热蒸汽温度降低；再者在保温材料选择上，建议选择保温效果更好的新型保温材料。

4.3 操作过程改进

对于已经建设完成的没有自动化控制的系统，可以考虑将整个焦炉加热过程分成几个阶段来控制，相应的阶段对应相应的蒸汽阀门开度，每天定时对各阀门开度进行调节，以提高过热蒸汽整体取热量。

5 结论

上升管余热过热蒸汽制备过程影响因素较多，而不同企业焦炉的炉型炉况等也都有不同，各企业可以根据自身现状对上升管过热蒸汽使用过程进行全方位诊断，提高过热蒸汽取热量，改善过热蒸汽品质，以满足后续粗苯加热的需求。

参考文献

[1] 张怀东，许宝先，安占来．焦化上升管余热回收技术［J］．冶金能源，2017，5（36）：89-91.
[2] 丰恒夫，郑文华．焦炉荒煤气显热回收技术的研发与应用［J］．河北冶金，2016（6）：1-5.
[3] 严家騄，余晓福，王永青．水和水蒸气热力性质图表［M］．3版．北京：高等教育出版社，2004：25.
[4] 王晓琴，郝志强．炼焦工艺［M］．2版．北京：化学工业出版社，2010：142-145.
[5] 范首谦，谢光衍．焦炉煤气净化生产设计手册［M］．北京：冶金工业出版社，2012：302.

智慧能源管理系统在化工园区中的应用

杨普玉　孙凤芹　李润芳　尹艳江　李洪玉

（河北中煤旭阳能源有限公司，邢台　054004）

摘　要：旭阳集团邢台园区各公司的生产以焦化为基础，以煤气平衡为核心，形成了互为关联的能源平衡、循环经济模式，能源介质间联系紧密。为深挖节能潜力、提高能源利用效率，邢台园区率先采用了加强企业信息化、智能化建设的手段，创新节能降耗方式，建成了集团首套智慧能源管理系统。通过建设数据采集、过程监控、能源管理为一体的智慧能源管理系统，实现了各种能源介质和重点耗能设备的集中监控，实现了能源统计数据的任意时段查询、任意方式查询，实现了能源计划—能耗统计—贯标分析—对标考核的业务流闭环管理模式，从而推动邢台园区能源管理从现有的"事后统计、分析、查找原因"的管理模式，向以生产计划为中心进行能源预案的"提前设置、过程跟踪、实时统计、动态分析"的能源管理模式转变。为系统性地提高能源利用效率、减少能源消耗提供有效的数据支撑，确保能源系统安全可靠、经济与高效运行。

关键词：智慧能源，化工，园区，实际应用

1　智慧能源管理系统建设的背景

旭阳集团邢台园区现有 5 家公司及 1 家研究中心，分别是邢台旭阳化工有限公司、邢台旭阳煤化工有限公司、河北中煤旭阳能源有限公司、河北金牛旭阳化工有限公司、卡博特旭阳化工（邢台）有限公司及河北省煤化工工程技术研究中心，现已形成焦炭 252 万吨/年、焦油深加工 45 万吨/年、苯加氢 20 万吨/年及甲醇 20 万吨/年的生产能力。

为发展循环经济，更好地实现节能减排，邢台园区以焦化为依托延伸产业链，将焦化过程中产生的副产品煤焦油、粗苯、焦炉煤气分别作为焦油深加工、粗苯精制和甲醇的原料使用；甲醇装置、苯酐装置生产过程中副产的蒸汽送往焦化工序使用并外售市区供热，甲醇装置空分系统生产的氮气供焦化干熄焦工序使用；整个园区的生产过程很好地实现了水电风气及余热余压的综合利用。

通过以上循环经济措施，邢台园区已经取得了很好的节能减排效益，但节能效益尚有挖掘空间，园区采用了加强企业信息化、智能化建设的手段节能降耗。提高能源管理信息化水平，从而全面提高能源利用效率已成为邢台园区能源管理工作的主要任务。

通过建立数据采集、过程监控、能源管理为一体的智慧能源管理系统，实现了各种能源介质和重点耗能设备的集中监控，并以此为基础实现了能源计划—能耗统计—贯标分析—对标考核的业务流闭环管理模式，从而推动邢台园区能源管理从现有的"事后统计、分析、查找原因"的管理模式，向以生产计划为中心进行能源预案的"提前设置、过程跟踪、实时统计、动态分析"的能源管理模式转变。为系统性地提高能源利用效率、减少能源消耗提供有效的数据支撑，确保能源系统安全可靠、经济与高效运行。

1.1　智慧能源管理系统的建设内容

本项目内容包括方案咨询与能源管理系统软平台建设，具体内容如下：

（1）能源管理信息平台搭建；

（2）能源管理系统功能设计与开发；

（3）能耗统计指标体系框架建立；

（4）能源管理系统投用前数据核对、整体调试和优化。

1.2　智慧能源管理系统的实施对象

本项目的具体实施对象包括：

（1）邢台旭阳化工有限公司（包括各车间）；

（2）邢台旭阳煤化工有限公司（包括各车间）；

（3）河北中煤旭阳能源有限公司（包括各车间）；

（4）河北金牛旭阳化工有限公司（包括各车间）；

（5）卡博特旭阳化工（邢台）有限公司（包括各车间）。

1.3　智慧能源管理系统的范围

本项目能源管理范围包括：

（1）生产用煤、柴油、焦炉煤气等系统；

（2）生产生活用水、电、汽等能源介质系统；

（3）生产用压缩空气等动力介质系统。

2　智慧能源管理系统各模块功能

2.1　能源统计分析

2.1.1　功能

通过能源数据的自动采集或人工收集，形成一定格式的能源统计分析报表，从而进行用能分析以及用能情况考核。数据采集来源于公司现有的 MES、NC、ERP、BI 等数据库或手工录入。

2.1.2　成果

能源统计报表按层级可分为园区级、公司级、车间级报表，按照用途可分为基础统计表和定制化统计分析表，基础统计表负责基础数据搜集与能耗统计；定制化统计表一般按园区实际需求进行模板定制。

能源统计平衡一般指能源分摊统计平衡。分摊统计平衡一般是针对水、电、蒸汽等生产装置的能耗按照相对合理的分摊规则，分摊至各公司、生产装置或车间的一种统计业务需要。这也是能源统计分析模块的一部分。

统计分析报表是根据公司管理活动需要，用于定时上报生产情况的报表。报表样式可以自定义。其在操作使用上，具备如下主体功能：报表管理、报表配置、报表发布、数据拓扑、趋势分析、修改记录、关联引用报表跳转（图 1、图 2）。

蒸汽消耗量日报表

日期：2021-01

日期	三系					四系					硫铵	油库	制冷机	脱硫液提盐	SNG院内用蒸汽	卸车用蒸汽	备煤采暖用蒸汽
	炼焦	脱苯塔	蒸氨塔	鼓冷	合计	炼焦	脱苯塔	蒸氨塔	鼓冷	合计							
单位	t	t	t	t	t	t	t	t	t	t	t	t	t	t	t	t	t
2021-01-01	22	102	154	6	284	23	94	137	5	259	32	40	0	42	199	0	0
2021-01-02	6	104	153	3	266	24	74	134	4	236	33	45	0	44	181	0	0
2021-01-03	7	104	153	3	267	24	78	131	3	236	32	40	0	38	184	0	1
2021-01-04	11	107	153	6	277	24	72	130	5	231	34	40	0	50	194	0	6
2021-01-05	11	105	144	6	266	24	84	130	6	244	35	40	0	50	203	0	3
2021-01-06	7	106	147	6	266	26	108	133	6	273	33	40	0	30	186	0	0
2021-01-07	11	103	153	6	273	27	92	139	6	264	19	40	0	36	192	0	0
2021-01-08	8	99	157	5	269	25	94	147	6	272	39	40	0	91	178	0	0
2021-01-09	6	102	163	6	277	24	104	148	5	281	44	40	0	44	184	0	2
2021-01-10	3	102	165	5	275	25	101	149	5	280	37	40	0	44	179	0	0
2021-01-11	5	102	177	6	290	26	91	144	5	266	34	30	0	47	181	0	0
2021-01-12	6	99	191	6	302	25	96	139	6	266	37	30	0	44	214	0	2
2021-01-13	6	111	180	6	303	23	97	147	5	272	37	40	0	41	187	0	0
2021-01-14	6	107	176	6	295	25	94	140	6	265	36	30	0	47	223	0	0
2021-01-15	6	107	172	5	290	25	101	137	6	269	39	40	0	49	219	0	2
2021-01-16	6	102	167	6	281	23	64	148	5	240	38	40	0	43	206	0	2
2021-01-17	6	104	163	6	279	23	71	158	6	258	38	27	0	40	208	0	3

图 1　能源统计表

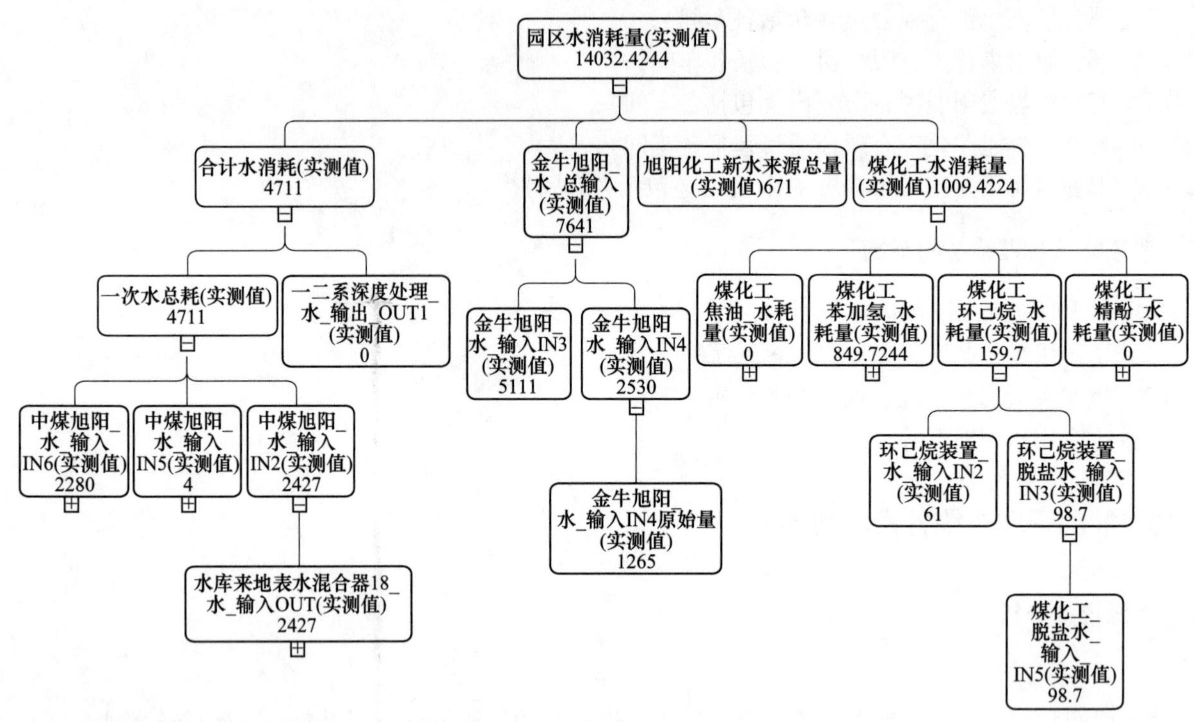

图2 数据拓扑图

2.2 能源效益模型

2.2.1 功能

能源成本在园区各公司的生产成本中均占据了较大部分比例。能源效益模型在能源统计的数据基础上结合能源单价进行能源成本的自动计算和汇总，跟踪生产能耗支出及效益，为能源有效管理提供数据支撑。

能源成本核算模块能够根据能源采购、转化、消耗与外供量、能源单价和固定生产成本的统计与设置，计算这一过程中的各项能源成本及效益。成本核算管理支持以下功能：

(1) 提供按日、月、年不同时间粒度的数据录入；

(2) 提供数据查询、录入、修改、审核权限控制；

(3) 提供报表组态和模板编辑功能，使系统能够适应用户的需求调整；

(4) 系统在没有接收到人工录入数据时，默认自动提取上期（昨日，上月，去年）的价格作为本期（本日，本月，本年）的价格（图3）。

2.2.2 成果

能源效益测算主要基于各项能源采购、转化、消耗的外供统计数，结合各项能源价格、成本、费用核算收益，按照用途不同分为三类，即实际效益计算、未知效益测算、装置效益对比。

业务模块性能指标如下：

(1) 支持单项能源价格手工录入；

(2) 支持能源成本趋势分析；

(3) 支持能源成本汇总；

(4) 支持从 MES、ERP 系统取数。

2.3 能源计划实绩

2.3.1 功能

通过历史用能数据分析，根据月度和年度产量计划，测算各部门能源使用与产出计划。主要包括各装置的用水、电、汽、风、煤等指标。

时间窗口：选择月　2021年　01月　查询报表

装置	项目	单位	三系	四系
炼焦车间	焦炭产量	t	109852.00	109475.00
	干熄	t	109852.00	109475.00
	湿熄	t	0.00	0.00
	吨焦耗煤气	m^3	186.61	194.37
	余热锅炉耗脱盐水	t	6423.00	7083.00
	余热锅炉产蒸汽	t	6177.00	7850.00
	吨干熄焦产蒸汽	t	0.59	0.59
	干熄焦发电量	kW·h	8963548.00	4683450.00
	吨蒸汽发电	kW·h	147.60	153.35
	干熄焦耗脱盐水	t	37279.00	48050.00
	干熄焦耗地表水	t	68689.07	87819.32
	干熄焦耗中水	t	11623.00	—
	循环水排水	t	7947.00	3828.00
	干熄焦耗仪表空气	m^3	232433.00	236827.00
	干熄焦耗氮气	m^3	261830.00	272396.00
	焦炉耗煤气	m^3	20499980.00	21278690.00
	干熄焦外供蒸汽	t	60878.00	51572.00

图3　装置对比图

通过报表中计划列与实绩列数据对比，体现能源实际使用与计划的差值，直观地查看计划与实绩的对比情况，从而对能源进行管理（图4）。

定额考核情况

日期：2020－12

序号	车间	项目		单位	2020－12－01 计划	完成情况	与计划对比
2	化产车间	三四系循环水系统补水		t/h	100.00	103.71	4%
3		三系粗苯蒸馏吨苯耗蒸汽		t/t	2.30	2.11	–9%
4		四系粗苯蒸馏吨苯耗蒸汽		t/t	2.30	2.02	–14%
5		三系蒸氨吨氨耗蒸汽		t/t	0.15	0.09	–67%
6		四系蒸氨吨氨耗蒸汽		t/t	0.15	0.13	–15%
7		三系管式炉耗煤气		m^3/h	1200.00	1072.96	–12%
8		四系管式炉耗煤气		m^3/h	1500.00	1347.13	–11%
9		SNG耗蒸汽		t/h	5.00	4.5779	–9%
12	炼焦一车间	6号	循环水	t/h	0.95	0.58	–64%
13			焦炉耗蒸汽	t/h	0.50	0.17	–194%
14			吨焦耗煤气	m^3/h	198.00	177.11	–12%
15			烟道气余热锅炉产蒸汽	t/h	5.30	4.21	–26%
17		7号	循环水	t/h	1.00	0.33	–203%
18			焦炉耗蒸汽	t/h	0.50	0.25	–100%
19			吨焦耗煤气	m^3/t	198.00	184.99	–7%
20			烟道气余热锅炉产蒸汽	t/h	5.30	3.38	–57%
21		吨干熄焦产蒸汽		t/t	0.55	0.59	7%
22		吨蒸汽发电		kW·h/t	220.00	168.22	–31%
23		三系干熄焦循环水补水		t/h	55.00	37.83	–45%
24		干熄焦耗压缩空气		m^3/h	550.00	353.67	–56%
25		干熄焦耗氮气		m^3/h	390.00	211.46	–84%

图4　计划实绩表

2.3.2　成果

能源实际数据要求支持仪表数据的自动统计和人工数据录入；能源计划数据要求不仅能够支持人工数据录入，同时要求支持通过配置计算公式，自动通过数据库中的关联数据自动生成计划值。生成的计划与实绩需保存在历史数据库中备查。

能源计划项配置用于配置各装置需要进行能源计划编制的项目，用户可以根据自身计量和管理需要，自由添加或者删除装置能源计划项，如水、电、汽、风以及洗精煤等能源计划项。

2.4 能源总览

2.4.1 功能

能源总览是根据能源管理业务需要，对装置能耗、产品产量、能耗趋势、能耗对比、能源流向、生产情况、能源消耗及占比情况进行图形化的集中展示，便于管理层用户能快速概览当前关键信息和能源运行基本情况（图 5）。

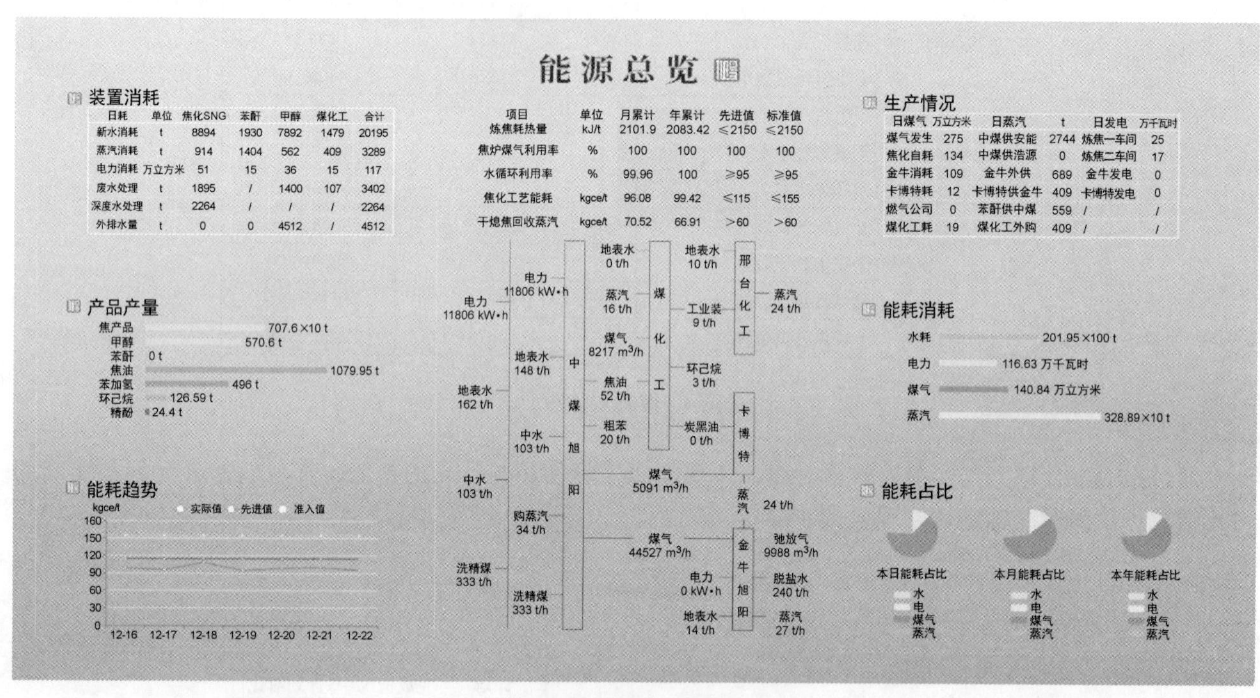

图 5 能源总览

2.4.2 成果

能源总览基于指标系统的数据综合信息的呈现，可自由配置指标。能源总览通过数据可视化，使能源数据更容易被读懂，用户可快速从中获取价值信息，展示页面具体呈现形式可按用户习惯进行设计，总体原则是由总及分、由面到点进行关联钻取，如由园区能源总览逐级分解到各公司的总览画面，水耗数据由园区分解到各公司的。总览画面根据国家、行业标准，分析主产品单耗及其他指标，如炼焦耗热量，吨干熄焦回收热量等，从两个方面进行分析，基于先进值的偏差分析，基于标准值的对标分析，因此能够较为全面地反映当前能耗水平。

总览功能如下：

能源总览主要性能指标如下：

（1）支持能源数据追溯和趋势查看；

（2）支持饼图、柱状图、趋势图、表格等多种图形化分析工具对公司各层级能源数据的综合展示；

（3）支持图形联动，如选择特定表格行，显示该指标趋势。

2.5 能源过程监控

2.5.1 功能

系统实时监视能源介质、设备运行参数，及时发现问题，为及时地采取措施提供支持，使能源调度更准确及时。系统具备流程图、趋势图、表格、管网图等形式的监控方式，监控的范围（设备、工序或车间、公司、园区）和监控的能源种类（水、电、汽、风、煤等）能够任意组合形成各种监控画面。

同时，能源过程监控系统在对能源介质的采购、生产、输送、储存和消耗各相关环节的实时数据采集和分析处理的基础上，集成实时监视、历史数据归档、记录和查询，实现集一般监控、趋势查询等功能于一体的管控平台，从而达到能源集中管理、信息共享的目标。

能源过程监控主要满足三个方面的用途：能源平衡、设备运行状态安全以及能源计量。

用途一：生产用能平衡，主要考虑生产过程中能源供应与满足生产用能需求之间的平衡。监视能源供应与使用的温度、压力、流量等，确保主要生产过程对各能源需求的满足。在压力和流量不满足时产生报警。

用途二：监视重点耗能设备工作状况及相关参数历史曲线（默认 1 h，可自由定义时长，可多组并列），如电流、功率等。当关键数据发生突变时报警。

用途三：标识计量仪表表际结算关系，显示计量点瞬时流量。

2.5.2　成果

能源过程监控包括邢台园区各装置的水系统、电力系统、蒸汽系统、水系统、风系统，以及燃料系统等关键工艺系统运行监视以总分结构，分介质监控（图 6）。

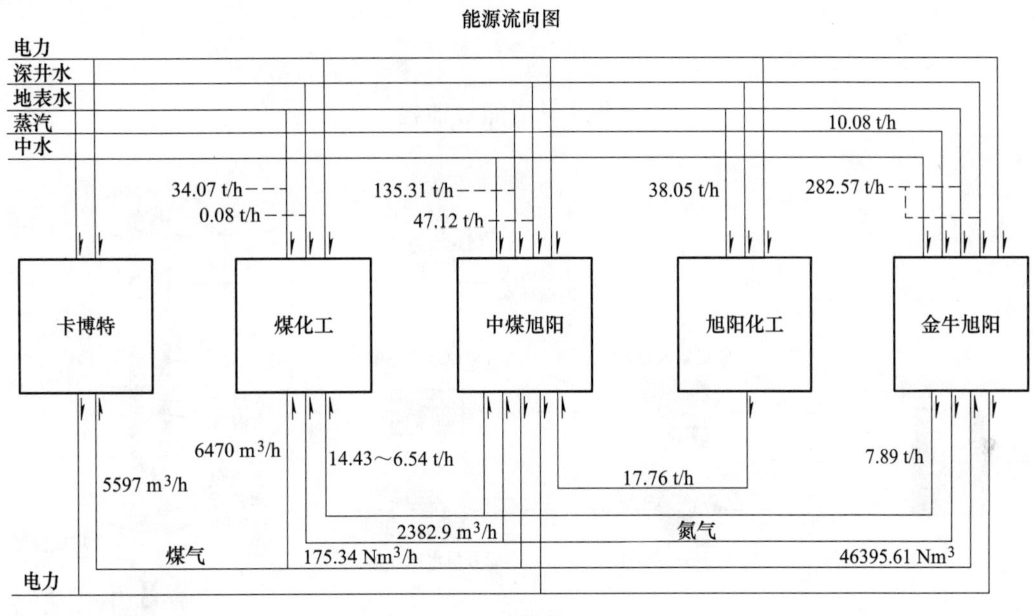

图 6　过程监控图

在本系统中，主要监控范围包括：

（1）邢台园区能源网络总图。

（2）各公司水、电、汽、风、煤等能源介质流程总图及其下属分图。

能源过程监控的性能指标如下：

（1）支持监控图共享组态，及通过客户端浏览器组态监控画面，组态文件保存在服务端，保证任意用户之间的组态信息实时共享。

（2）监控图支持 WEB 浏览，并能够实现权限控制和关联画面的跳转。

（3）支持实时数据源、关系数据源等多数据源的监控。

（4）监控画面支持矢量缩放，即保证按比例缩放而不失真，并且支持通过鼠标滚轮滚动进行无级缩放和画布移动功能，以保证用户可以按需缩放和任意拖动监控画面的位置，提高使用的便捷性。

（5）支持页面导航，支持对系统的多级访问。

（6）采集数据的二次计算与显示。

（7）多位号历史趋势的绘制和显示，并且支持从监控画面上直接点击位号提取该位号的历史趋势功能。

（8）实时监控画面支持趋势图并存显示。

（9）实时曲线的绘制和显示。

（10）历史记录查询可以直接基于监视画面通过位号钻取的方式调出位号的历史趋势曲线，且支持多位号历史趋势同时显示，通过画面直接钻取的方式进行多位号的趋势曲线查询。

（11）通过历史回放功能进行历史数据的查询。

2.6 设备能效分析

2.6.1 功能

设备能效分析，是指重点耗能设备能源使用效率的分析。这里的能效是指广义的能效，包括但不限于设备机理能效，比如吨粗苯耗蒸汽、氮空比、循环水系统效率、电气比、导热油热效率等。通过对重点耗能设备进行能源使用效率的分析，实现对重点耗能设备的重点监控，实时掌握重点用能设备的运行情况，为节能降耗提供有力的手段。

设备能效分析通过中控计算引擎软件对设备能效进行实时计算，并展示能效值的日趋势。取此能效的理论效率或国家行业标准，或历史水平作为标准对标。通过能效值的日趋势图，可看出设备的能效波动情况，从而分析导致该设备能效降低或升高的原因；通过对标，可以直观地反映当前设备的运行水平，从而为技术改造提供指导（图 7）。

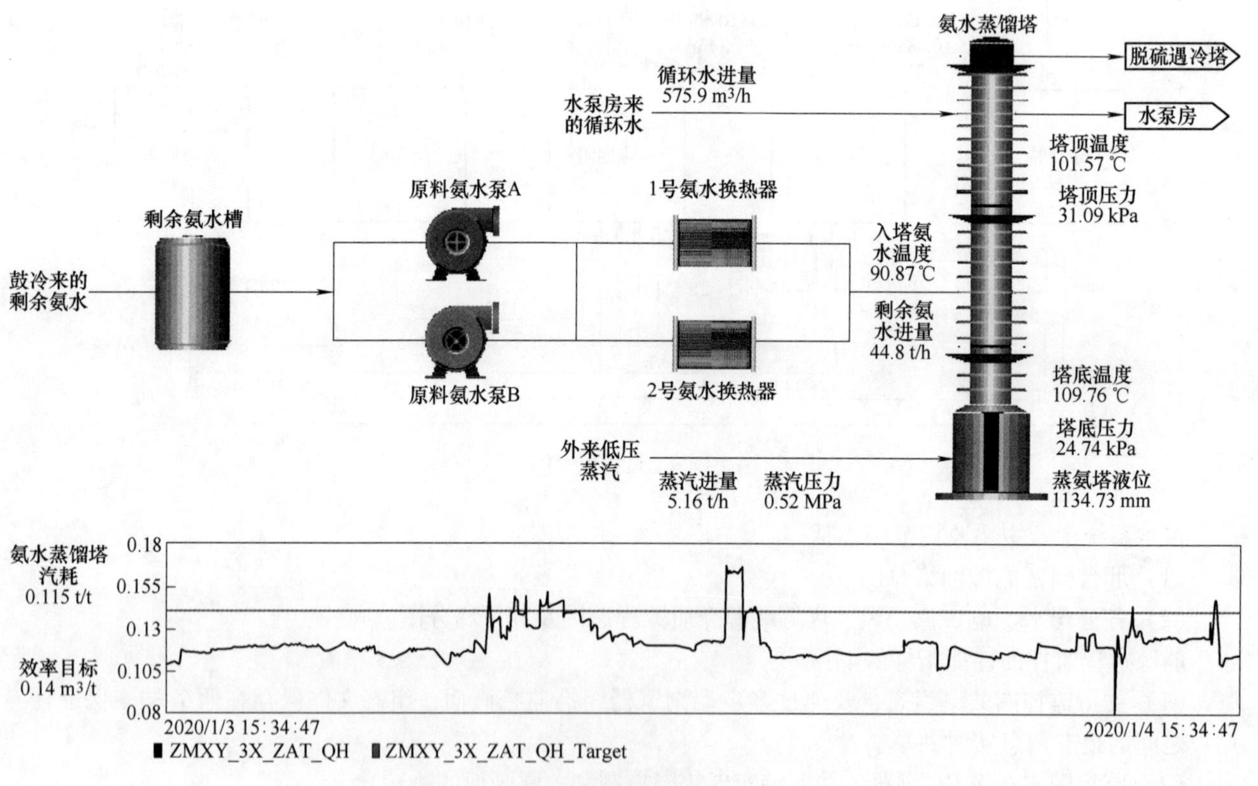

图 7　设备能效图

2.6.2 成果

以实时数据库和指标系统为数据源，建立“高度集成”的能源综合监控系统。系统实时监视能源介质、设备运行参数，及时发现问题，为及时地采取措施提供支持，使能源调度更准确及时。

装置能效监控以装置的单位产量或者原料加工量能耗作为装置能效评价依据，以单位产品综合能耗作为装置总能效，单产蒸汽消耗，单产电耗，单产水耗等作为装置能效子项，对装置能效进行分析与监视。

依据不同的设备类型，将采用不同的计算模型。

2.6.3　设备能效分析计算模型

2.6.3.1　机理建模法

机理建模法是依据设备的内部结构模型来建立能源效率分析的一种方法。此种设备通常是企业极其关键的耗能设备，通常表计较为齐全。比如锅炉和汽机。当分析此类设备的能效时，我们根据已有的较为成熟的算法，按步骤算出其能源使用效率。

2.6.3.2　黑箱模型法

黑箱模型法通常用在一整套系统的能源效率计算上，比如一套由水泵和冷却风机等耗能设备组成的冷冻水系统，由于企业通常不会为单台泵或冷却风机安装计量仪表，而是在整套泵组或风机组上安装总表。这种时候，算单台设备的能效因为缺少计量而变得没有意义。此时如果将整个系统当作黑箱进行处理，只考虑系统输入的能量和输出的能量，输出能量之比即为整个系统的能源使用效率。这种方法在能效分析当中被大量地使用。

图 8 所示为除盐水系统的能效监控，采取“制水率”作为其能效指标。

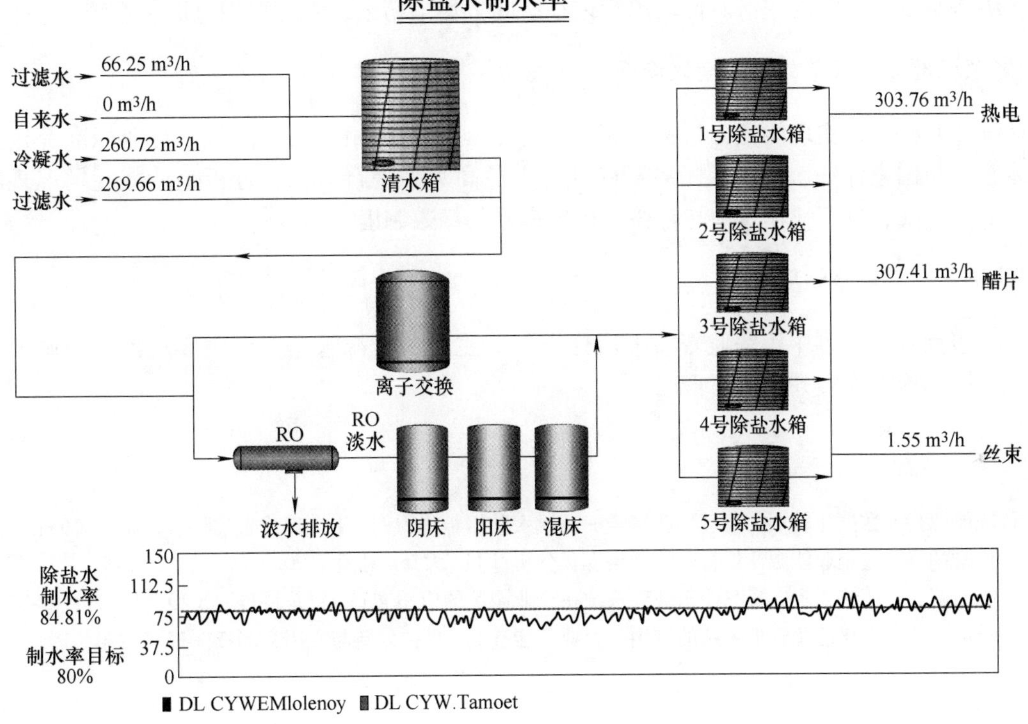

图 8　黑箱模型示例

能效算法为：

（1）输入输出参数。

1）输入参数：

$Q_{取}$——制除盐水取水总量，t。

$Q_{制}$——制除盐水总量，t。

2）输出参数：

η——除盐水制水率，%。

（2）计算步骤。

确定除盐水制水率 η：

$$\eta = \frac{Q_{制}}{Q_{取}} \times 100\%$$

3　结论及智慧能源管理系统建成的意义

智慧能源管理系统的建成为邢台园区的能源运行提供统一的信息平台，通过此平台对能源产生及使用过程进行集中监控和管理，实现能源的实时动态监控、监管；实现生产过程中的能源消耗基础数据的自动统计和抄表。并建立了一套流程网络化的指标框架，使得能源指标能够覆盖公司、装置、过程和设备，保证能源指标能够被快速分解至厂、装置及设备能源消耗统计与管理的各个层次，使从前需要大量人力耗费大量时间共同协作的工作变得简单方便，将人从繁重的统计测算工作中解放出来。

3.1　实现能源信息化、系统化、精细化管理

在邢台园区已有的各级能源计量仪表和测量网络基础上，建立"高度集成"的能源综合监控系统、集中监控各生产线的能源计量数据、重点产耗能设备或系统的运行状态等。建立能源消耗过程的日、月、年度等不同时间粒度的自动统计。建立设备能效分析，从原有的单纯宏观层面厂、生产部级的能源管理模式向设备级等微观层面深入挖潜。使能源管理在空间上更加精细，管理更加全面，系统。

3.2　实现能源标准化、规范化、制度化管理

在能耗统计基础上，实现能耗分析标准化，即参照国家能源相关法律法规、行业标准等建立规范的能耗分析体系，与国家标杆、行业标杆甚至自身历史最高水平进行对标，分析企业能耗情况现状，找出能耗问题与节能空间，进行科学管理与考核，形成良好的绩效制度。

3.3　实现能源管理事务流闭环管理

建立以"事前计划、事中跟踪监督、事后检查"为主线的能源管理平台，实现计划、调度、操作运行到统计、分析、检查等事务流闭环管理。

参考文献

［1］袁锐．传统能源行业数据化转型的管理创新探索——以大数据神华为例［J］．现代管理科学，2017（6）：55-57.
［2］郭云德，任时朝．工业企业能源计量管理问题信息化分析［J］．大众标准化，2020（20）：228-229.
［3］张鑫龙，陈启新，许丽华，等．智慧能源管理系统在产业园区的应用［J］．建筑科技，2020，4（2）：89-91.
［4］邬西坤．浅谈企业信息化能源管理系统的应用与企业节能［J］．科技创新与应用，2017（17）：270.

6 m焦炉荒煤气余热回收中上升管更换技术分析

李义超[1,2]　蔡文轩[1,2]　胡美权[1,2]　田宝龙[1,2]

（1. 北京首钢国际工程技术有限公司，北京　100043；
2. 北京市冶金三维仿真设计工程技术研究中心，北京　100043）

摘　要：焦炉荒煤气温度高达750 ℃，占焦炉生产总热量的36%，上升管余热回收技术是能有效回收荒煤气显热，实现国家节能降耗，降本增效政策要求的重要途径。上升管既是焦炉原有煤气导出设备同时也是这套系统中重要的热量交换设备。炉龄偏大的焦炉在设计之初并没有考虑该项功能，因此要应用该项技术就涉及到对上升管进行更换。但对于部分大炉龄的焦炉，炉体存在不规律的变形，为上升管更换工作增加了难度。本文通过某焦化厂5号、6号焦炉上升管余热回收工程项目，就上升管更换方法进行分析探讨，通过对上升管底部第64层砖尺寸的合理变更，最终使得新上升管在水平度、垂直度、标高方面满足统一要求，同时解决因炉体膨胀导致桥管插入深度变浅引起的荒煤气从水封阀泄漏的问题。

关键词：煤气余热回收，上升管更换，标高，垂直度，水平度

1　概述

焦炉作为一个大型热反应系统，在生产过程当中产生大量的热能，这部分热能被分为四个部分，其中干馏得到的红焦占37%的热量[1]；煤气燃烧产生的废气通过烟道带走17%的热量；炉体表面的散热占10%的热量；最后煤在干馏时产生750 ℃左右[2]荒煤气带走的热量占36%[3-4]。为对荒煤气热量进行利用，通过将上升管作为换热器的余热回收技术由此出现[5]。某焦化厂5号、6号两座2×55孔6 m顶装焦炉采用外螺旋盘管的上升管，通过筒外盘绕的螺旋管中的循环水吸收内筒中荒煤气的显热，气化得到符合要求的蒸汽外送发电，从而实现能源的回收利用。

由于5号、6号焦炉炉龄已有15年，最初的上升管不具备换热结构，同时上升管底部采用铁座套的形式。从提高换热效率，节省空间的角度，要将原上升管进行更换。新上升管底部采用法兰连接的底座，中间为上升管换热器，三通短节以及连接的桥管与水封盖则利旧。更换完成的上升管需要满足水平度、垂直度以及整体标高一致的要求。然而大炉龄焦炉所存在的炉体不规律变形使得桥管在水封阀内的有效插入深度降低，水封效果变差，导致水封阀常有煤气窜出。单纯的拆除上升管进行替换是无法缓解煤气泄漏问题的，必须在满足设计与生产安全的情况下对上升管底部砖的砖型尺寸进行更改。但是焦炉每根上升管所处的实际工况各不相同，这也正是上升管更换过程中的核心问题，需要在更换工作开始前对炉体情况进行勘测，根据炉体以及所有上升管的情况确定最终的更换方案。本文将结合5号、6号焦炉上升管余热回收项目，分析大炉龄焦炉炉体变化，并提供解决大炉龄焦炉上升管更换问题的思路。

2　标高

2.1　原上升管标高测量

为了使更换后上升管最终标高一致，首先对5号、6号焦炉所有上升管的三通短节顶面标高进行了测量，得到现有上升管标高分布结果如图1所示。

由图1可以看出，现有上升管的标高并不是一致的，其中5炉1号、2号、7号、17号、26号上升管标高偏低，在19.257 m左右，49号、50号、53号上升管标高偏高，在19.292 m左右，差值有35 mm。6炉上升管56号、62号上升管标高较低，在19.264 m左右，90号上升管偏高，标高为19.304 m，高度差值达到40 mm。其余的上升管标高则呈不规律起伏波动状态。

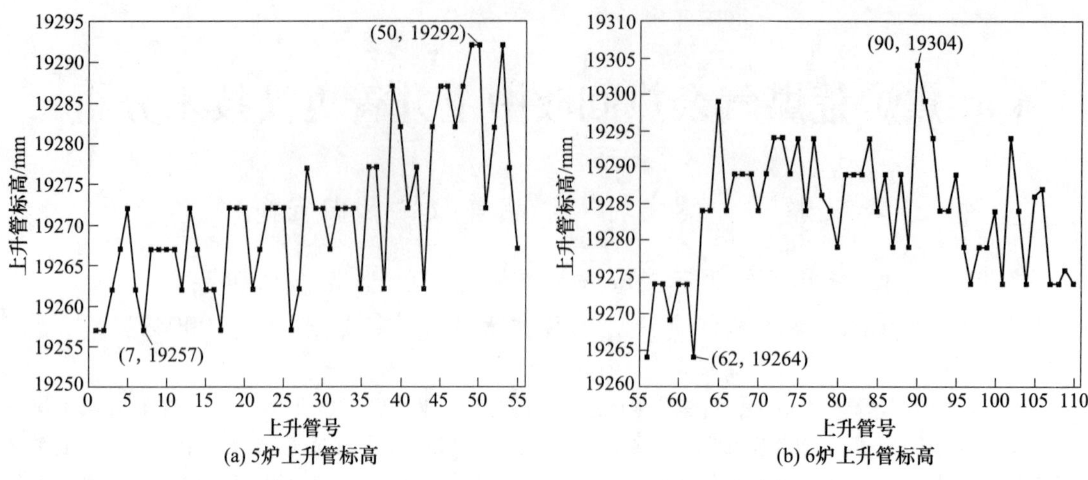

图 1　上升管标高

2.2　炉体标高测量

上升管标高出现波动的主要原因有两个：一个是炉体后期的膨胀；另一个便是荒煤气从炭化室去往上升管的过程中，在砖层之间缓慢结出石墨，长年累月导致砖层间的距离逐渐增大，上升管的底部砖标高变高，将上升管顶起，使得上升管标高出现不同程度的增加。

为掌握上升管高度变化的原因，便于准确预测新上升管标高，为上升管更换提供数据支撑，需对炉体标高进行测量。

首先，上升管下部三层砖的砖型结构如图 2 所示，顶部 4323A、4324A、4325A 为顶部起保护作用的缸砖，第二层是用以承重的黏土砖 4315B，下部第三层为 90 mm 厚的黏土砖，也就是第 64 层砖。

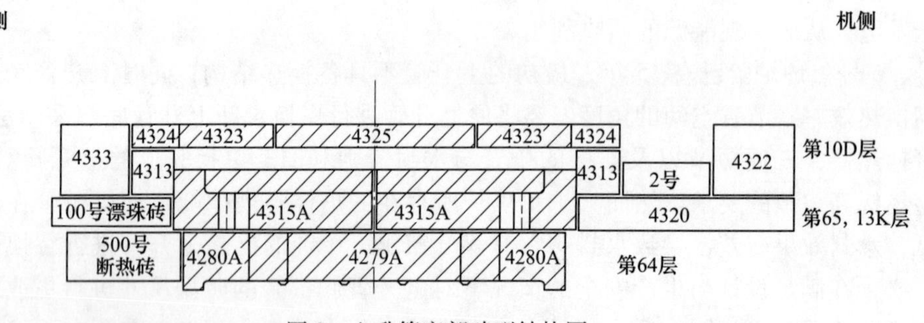

图 2　上升管底部砖型结构图

通过测量较为平坦的看火孔砖标高，以此来反映焦炉顶部的标高分布情况；测量 4315A 砖顶部的标高，作为预测新上升管砌筑标高的预测依据。为尽可能提高数据测量的准确性，分别测量了上升管南侧和北侧的看火孔砖以及 4315A 砖顶部的标高，结果如图 3 所示。

从图 3（c）与（d）看出炉体表面并不平整，5 炉呈现两侧高中间低的状态，而 6 炉则表现为中间高两侧低的状态。其中 5 炉 54 号上升管处最高 14.281 m，6 号上升管处最低 14.254 m，高度差 27 mm；6 炉最低与最高处分别在 59 号与 69 号上升管处，分别为 14.282 m 与 14.317 m，高差为 35 mm。图 3（a）与（b）表现出 4315A 标高的变化趋势与炉顶相似，5 炉 6 号最低 14.190 m，54 号最高为 14.226 m，高差 36 mm；6 炉 56 号最低 14.204 m，而 109 号最高 14.231 m，高差 27 mm。结合 1.1 上升管标高测量值，底部砖标高最高对应的上升管却并非是标高最高的，同样底部砖标高最低的上升管也不是标高最低的。在施工过程中拆除上升管时，发现上升管与底部砖接触面之间结有石墨，厚度在 1~3 cm 不等。

综合来看，上升管标高增长的原因是底部砖标高增长以及上升管底部结石墨造成。而底部砖标高增长则是炉体膨胀以及砖层之间石墨共同作用的结果。但因为每孔结石墨程度以及底部砖变化情况并不一

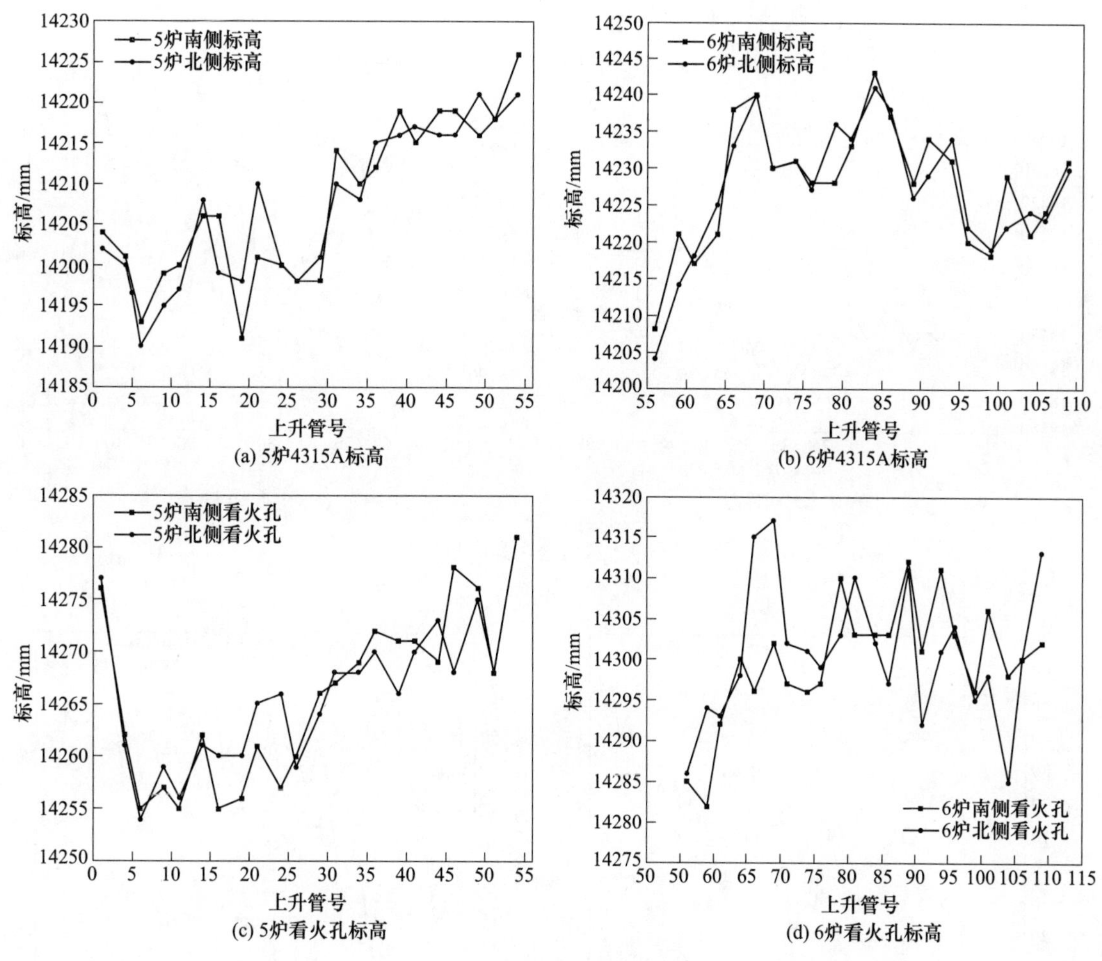

图 3　炉体标高测量结果

致，最终导致上升管的标高出现不规律起伏变化。因此若不对底部砖尺寸进行更改，单纯进行上升管的简单替换，是无法消除底部砖高度不同带来的影响的，新上升管同样会出现标高不一致的问题，影响水封盖补水。

2.3　水封深度

上升管标高调整的另一个目的是保证水封阀的有效水封深度。水封的深度由水封阀以及上升管的标高共同决定。二者标高差距过大将会导致桥管插入过浅，水封深度不够。因此在水封阀标高无法调整的情况下，通过对上升管底部砖尺寸进行调整，降低上升管标高，来保证水封深度是有效的方案。为此对水封阀标高进行了测量，结果如图 4 所示。

由图 4 可知，水封阀并不处在同一标高上。5 炉水封阀呈现两侧高，中间低的分布，其中 29 号水封阀最低为 18. 166 m，而 55 号水封阀最高为 18. 255，相差了 89 mm。6 炉则整体呈现不规律波浪状，最高是 101 号为 18. 239 m，最低是 108 号为 18. 185 m，相差 54 mm。当新上升管标高统一后，水封深度也会因水封阀标高不同而产生变化[6]。

通过对 5 炉与 6 炉桥管有效水封深度进行测算，结果如图 5 所示。5 炉水封深度最多为 56 mm，最低为-26 mm，6 炉最多 64 mm，最低 7 mm。水封阀的结构图如图 6 所示，目前有效水封均比原设计值 110 mm低，这也是大龄焦炉桥管承插处经常泄露煤气的重要原因之一。

因此，结合水封阀的标高，以及所需要达到的水封深度，相对应地改变第 64 层砖的尺寸来调整新上升管的标高，是能在满足上升管底部砖承重安全的前提下，实现上升管标高统一并且强化水封效果的可行办法。

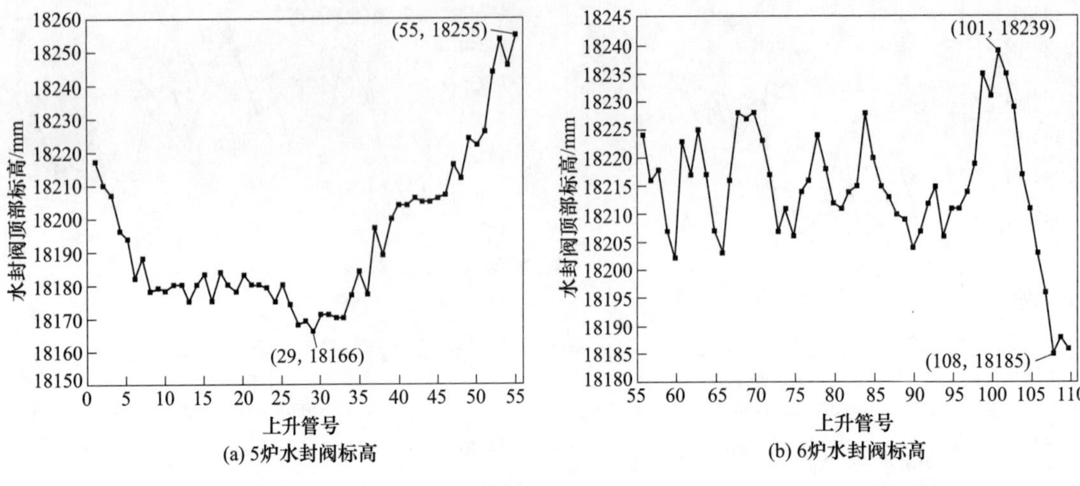

图 4　水封阀标高测量

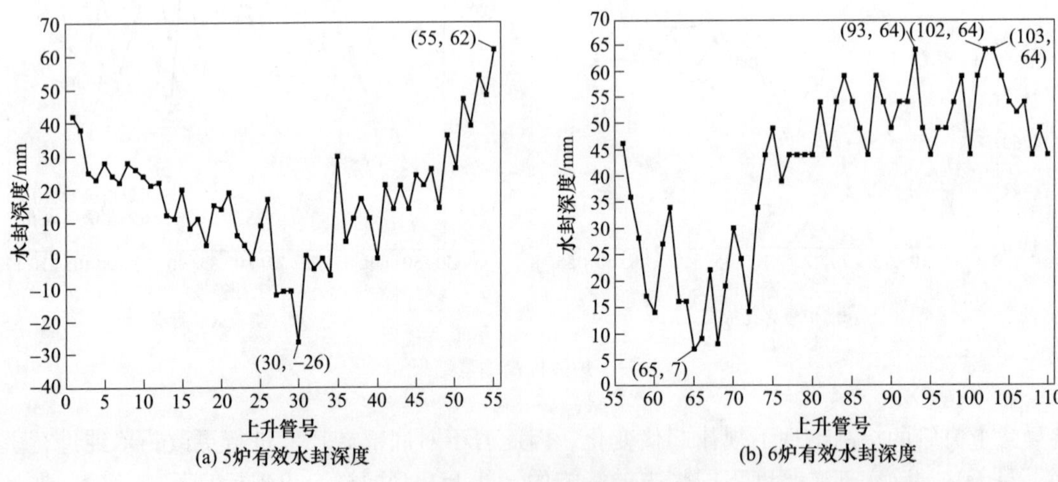

图 5　水封阀标高测量

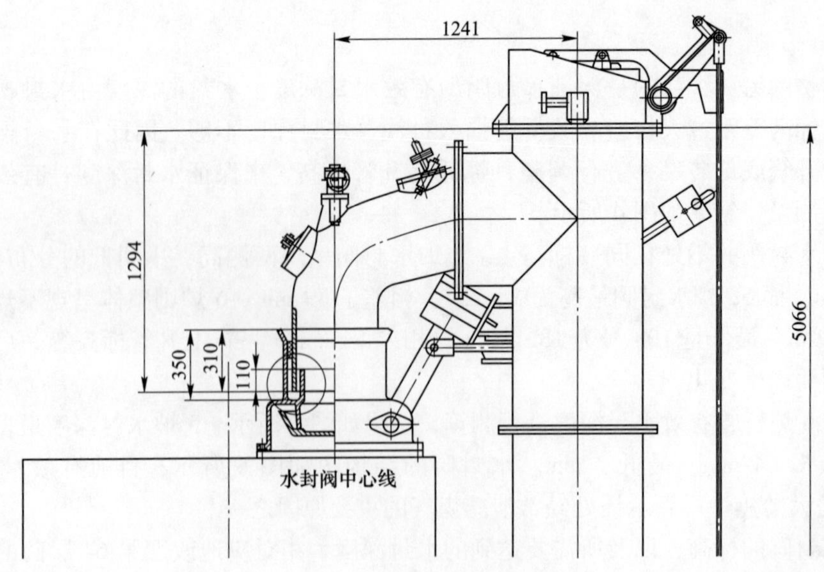

图 6　上升管设计结构图

2.4　统一标高的确定

新上升管的统一标高需要通过水封阀标高最低与最高的两根上升管确定，首先需要确定要求达到的水封深度的最小值，通过对第64层砖现场加工，使水封阀最低的炉号在新上升管换上后水封深度达到要求的最小值，记录此时第64层砖的顶面标高以及新上升管的标高。同时将此标高代入水封阀最高的炉号，验算水封深度，因为桥管插入水封阀的水封深度受水封阀设备尺寸限制，最大值为150 mm，因此如果验算得到深度小于150 mm，那么记录下的第64层砖顶面标高以及上升管的标高就是后续上升管更换时的统一标高标准。通过加工第64层砖，使标高达到此标准即可在满足标高统一的情况下实现强化水封深度的目的。

如果验算结果超过150 mm则表示桥管接触水封阀底部，需要协商减少要求的最小水封深度，整体提高统一标高，使水封深度降到150 mm以下。

参照图7，统一标高的数值以及第64层砖的加工后的厚度计算方式如下所示：

$$Z_2 = Z_1 - d - 200 - 3767 \tag{1}$$

$$h_1 = Z_2 - Z_3 - 85 \tag{2}$$

式中，Z_1 代表最低水封阀的标高；d 为要求的最小深度；h_1 为第64层砖更改后的厚度；Z_3 为拆除第64层砖后下一层砖的顶面标高。由此可以计算出桥管底部标高为 $Z_1-d-200$，根据上升管设备尺寸，桥管底部与上升管底部高差为3767 mm，通过式（1）计算得到上升管底部标高 Z_2，同时 Z_2 也作为砌筑完成之后上升管的标高控制线；相对应第64层砖的厚度则由式（2）计算得出。

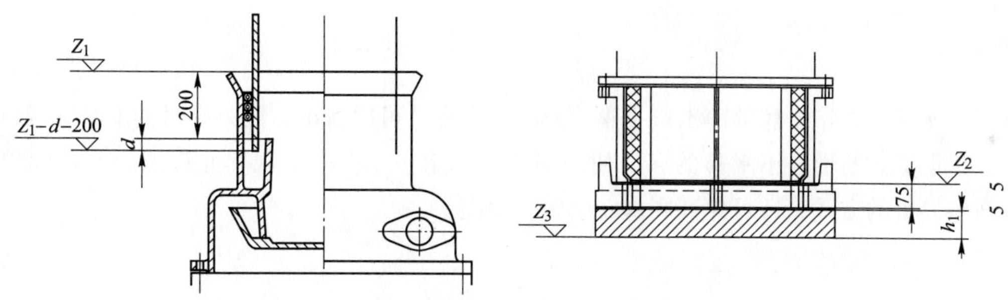

图7　桥管与底部砖计算参数图

以本项目中5炉为例，水封阀最低的标高为29号，其 $Z_1=18.166$ m，要求的最小深度 d 为60 mm，更换过程中拆除第64层后，测得下一层砖顶面标高 $Z_3=13.982$ m。经过式（1）、式（2）计算得到上升管底部的标高 $Z_2=14.139$ m，对应所需第64层砖的厚度 $h_1=72$ mm。接着对最高的水封阀55号进行核算，其标高为18.255 m，得到的水封深度 $d=149$ mm<150 mm，由此标高 Z_2 定为14.139 m是安全的。后续每孔的所需的第64层砖厚度由式（2）计算确定，砌筑完成之后核定 Z_2 标高在误差范围内，即可保证更换后的上升管标高一致，同时强化水封深度，减少煤气泄漏现象。

3　垂直度

上升管的安装垂直度主要由桥管圆心与上升管直管段圆心之间的距离以及实际水封阀圆心与底部砖的砌筑圆心之间的距离决定。如图6所示，桥管与直管段的圆心距为设备制造尺寸为固定值1241 mm。水封阀固定在集气管上无法移动，因此新上升管底部砖的砌筑圆心与水封阀圆心之间的圆心距就是影响安装垂直度的主要因素。首先对现有上升管直管段的底部中心与水封阀中心的圆心距进行了测量得到的结果如图8所示。

由图8可知，水封阀与上升管的圆心距有着较大的波动，5炉的圆心距最小1230 mm、最大1361 mm，

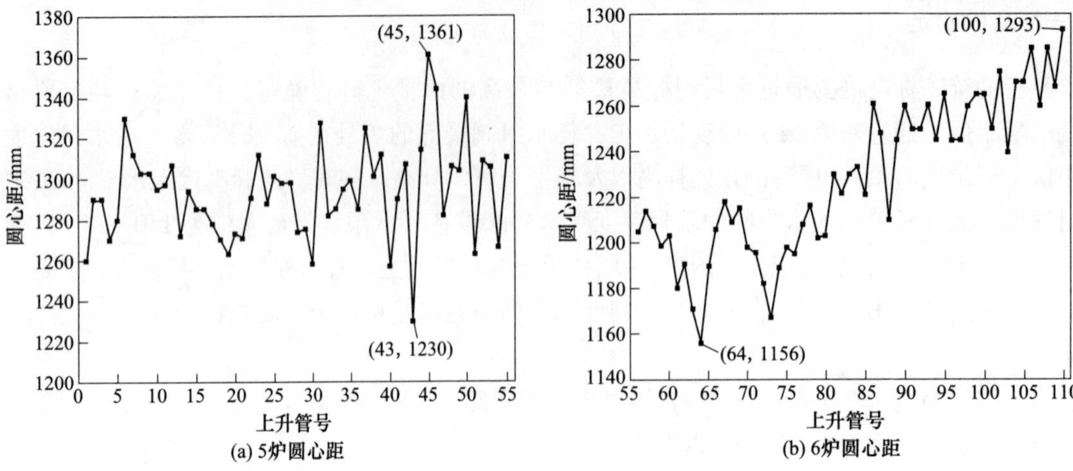

图 8　水封阀中心与旧上升管中心的圆心距

而 6 炉中最小 1156 mm，最大 1293 mm。在保证桥管与水封阀同心的前提下，能最大限度保证水封的效果，同时如果不对下部直管中心改变的话，上升管将出现向机侧或焦侧不同程度的倾斜。为保证安装垂直度，需要将新砌底部砖的圆心根据情况向机侧或者焦测适当偏移，为此需要对机侧 4313 砖层与 4320 砖层，或者焦侧 4313 砖层与漂珠层，进行就地切割，使新的底部砖与水封阀之间的圆心距接近或者等于 1241 mm，以此来保证安装的垂直度。由于上升管向着端台两侧几乎没有偏移，水封阀与上升管基本就是在一条直线上，因此，可以将上升管在机、焦侧方向的偏移作为影响垂直度的主要因素。

4　水平度

新上升管的水平度直接受底部砖砌筑平整度影响。由图 3 可以看出，同一孔号的上升管两侧标高存在一定的差异，说明原砌筑面是不平整的。为使底部砖达到水平，在砌筑规程允许的误差范围内，通过采用适当改变灰缝厚度的方式，即可保证底部砖砌筑平整度。

5　结论

（1）大炉龄的焦炉因长时间的使用，炉体自身膨胀及砖层之间结石墨，导致上升管标高发生不同程度的增长。5 炉上升管标高最大差值 35 mm，6 炉差值 40 mm。水封阀的标高在实际当中也并不是一致的，5 炉最大相差 89 mm，6 炉最大相差 54 mm。两者共同作用下导致现有桥管水封深度偏小，是桥管处荒煤气泄漏的主要原因之一。

（2）通过最低的水封阀标高 Z_1，水封深度 d，拆除第 64 层砖后下一层砖顶面标高 Z_3，根据计算式可以得出上升管的底标高 Z_2，作为这座焦炉的施工控制标高，通过调整第 64 层砖的厚度 h_1 来保证新上升管标高一致并且水封深度满足要求。

（3）新上升管垂直度要求，需要结合实际水封阀圆心与原有上升管圆心的圆心距，以及新上升管桥管与上升管直管段之间的设备距离 1241 mm，通过将新砌底部砖圆心向机侧或焦侧适当偏移，尽可能使水封阀圆心与新上升管圆心距接近 1241 mm 来实现。

（4）新上升管水平度取决于底部砖砌筑水平度，可以通过适当调整灰缝厚度来调整底部砖的砌筑水平度，以此来保证上升管整体的水平度。

参 考 文 献

[1] 高效节能焦炉上升管荒煤气余热回收技术的研发和应用［J］. 中国冶金，2023，33（12）：149.

[2] 王跃，王海波，张红祥．上升管余热利用与结焦抑制研究［J］．燃料与化工，2024，55（2）：57-60.
[3] 张政，郁鸿凌，杨东伟，等．焦炉上升管中荒煤气余热回收的结焦问题研究［J］．洁净煤技术，2012，18（1）：79-81.
[4] 巢文智．焦炉荒煤气上升管余热回收技术的应用研究［J］．山西化工，2023，43（9）：137-138.
[5] 陈树宏，迟法铭，刘子虎．上升管余热回收技术在包钢 6 m 焦炉的应用［J］．包钢科技，2021，47（5）：9-12.
[6] 蒋少有．浅析桥管与阀体结构形式及应注意的问题［J］．燃料与化工，1998（4）：197-198.

氨水再循环系统中的材料选择与耐久性分析

吴道兴　聂志强　黄保光

（神华巴彦淖尔能源有限责任公司，巴彦淖尔　015300）

摘　要：氨水再循环系统是一种重要的废热回收和能源利用技术，旨在提高能源利用效率、降低生产成本和减少环境污染。本文首先介绍了氨水再循环系统的工作原理和关键组成部分，随后重点探讨了材料选择的重要性以及考虑因素。针对常用材料的优缺点进行了详细分析。此外，本文还描述了实际应用中的项目介绍和效果分析，强调了该系统在提高能源利用效率、降低生产成本和减少环境污染方面的重要作用。总之，本文为氨水再循环系统的材料选择和性能评估提供了有益的信息，有助于促进这一技术的广泛应用。

关键词：氨水再循环系统，材料选择，耐久性分析

1　概述

氨水再循环系统在工业和环境领域中扮演着重要的角色，它们被广泛应用于废水处理、制冷和空调系统等多个领域[1]。随着社会对环境友好和能源效率的需求不断增加，氨水再循环系统的研究和应用变得日益重要。本文旨在探讨氨水再循环系统中材料的选择和耐久性分析，这是确保系统高效运行和长期可靠性的关键因素。

2　氨水再循环系统的工作原理

2.1　氨水再循环系统的定义

氨水再循环系统，通常简称为 NH_3-H_2O 系统，是一种热力循环系统，广泛应用于制冷、供热和废水处理等多个领域[2]。其核心特性在于利用氨气（NH_3）和水（H_2O）的混合物来实现热能的传递和转化[3]。这个混合物称为氨水溶液，具有独特的物理和热力学性质，使其成为高效能量传递的介质。氨水溶液的特点在于其在不同温度下的蒸发和凝结行为，这些特性使其在低温制冷和高温供热应用中非常有用。在氨水再循环系统中，氨气的蒸发和凝结过程被利用来吸收和释放热量，从而实现热能的转移。这一系统的定义基于氨气和水的物理和热力学性质，为其应用于不同领域提供了基础。

2.2　氨水再循环系统的组成

氨水再循环系统由多个关键组件组成，这些组件的协同作用使系统能够有效地运行[4]。以下是氨水再循环系统的主要组成部分：蒸发器（Evaporator）是氨水再循环系统的起始点。在蒸发器中，氨水溶液从低温环境中吸收热量，导致其中的氨气蒸发成气体。这一过程使周围环境变得冷却，从而实现制冷或供热效果。压缩机（Compressor）是系统中的关键组件之一。它负责将氨气压缩，使其增加压力和温度。通过压缩，氨气能够在高温条件下释放热量。

冷凝器（Condenser）是氨水再循环系统的另一个关键组件，其工作在高温环境中。在冷凝器中，氨气被冷却并压缩成液体，同时释放大量的热量。这个过程将热量传递给周围环境。膨胀阀（Expansion Valve）位于系统中的一个关键位置，其主要作用是将高压液态氨水溶液释放到低压环境中，降低其压力。这一过程使得氨水再循环系统能够重新进入蒸发器，从而开始新一轮的热力循环。

2.3　氨水再循环系统的工作过程

氨水再循环系统的工作原理基于氨气和水的热力学性质，充分利用了它们在不同温度下的蒸发和凝

结行为[5]。这使得氨水再循环系统成为一种高效能源转换和热能传递的工程解决方案。

在蒸发器中，低温氨水溶液吸收外部环境中的热量，导致其中的氨气蒸发成气体[6]。这个过程使得蒸发器周围的环境变得冷却，实现了制冷或供热效果。蒸发后的氨气被压缩机压缩，增加其压力和温度。这一过程需要耗费能量，但也提高了氨气的能量密度。高温高压的氨气通过冷凝器，在其中散发热量并冷却，从而转变为液态。这一过程使得氨气能够释放热量，并为后续的蒸发过程提供冷却介质。液态氨水溶液通过膨胀阀进入低压环境，降低其压力。这一过程使氨水溶液能够重新进入蒸发器，开始新的循环。整个过程是一个连续的循环，不断地将热量从一个地方转移到另一个地方，实现了制冷或供热的效果，具体取决于系统的设计和应用。

3　氨水再循环系统中的材料选择分析

3.1　材料选择的重要性

材料选择在氨水再循环系统设计和运行中具有至关重要的地位。这一过程不仅关系到系统的性能和效率，还直接影响到系统的可靠性、安全性以及整体成本。因此，材料选择的重要性在这个领域变得不可忽视。

正确选择材料可以确保系统在长期运行中具备出色的耐久性。氨水再循环系统通常在各种环境条件下工作，可能会遇到高温、高压、腐蚀性物质等不利因素。如果所选材料无法承受这些挑战，系统可能会出现损坏、泄漏或性能下降，从而导致不必要的维护和停机时间。因此，耐久性是材料选择的首要考虑因素，应确保所选材料能够在系统的整个寿命周期内保持稳定性和完整性。材料选择对系统的性能和效率有直接影响。不同材料的导热性、热膨胀系数、耐磨性等特性各不相同，这些特性将影响到系统的热传导、能量转换效率和流体动力学性能。通过选择合适的材料，可以最大程度地提高系统的性能，减少能源消耗，并降低运行成本。

材料选择还涉及环保和可持续性考虑。随着对环境友好和可持续发展的日益重视，选择符合环保标准的材料变得尤为重要。这包括材料的可回收性、可再利用性以及对环境的潜在影响。正确的材料选择可以有助于减少系统的环境足迹，符合可持续发展目标。材料选择还与安全性直接相关。氨水再循环系统通常包含高压和高温的工作环境，如果所选材料不具备足够的强度和耐高压能力，可能会导致系统的泄漏或破裂，带来潜在的安全风险。因此，为确保系统的安全性，必须谨慎选择符合规范和标准的材料。

3.2　常用材料的优缺点分析

在氨水再循环系统的材料选择过程中，需要综合考虑不同材料的优点和缺点，以确保满足特定应用和工作条件的需求。以下是一些常见的材料选项的优点和缺点，这些材料在氨水再循环系统中扮演着重要的角色。不锈钢因其卓越的耐腐蚀性和稳定性而备受青睐。它在面对恶劣环境条件时表现出色，能够长期保持性能。然而，不锈钢相对较重且导热性较差，这可能在需要高效热传导的应用中存在一定的限制。铜合金在导热性和一定程度的耐腐蚀性方面表现出色。它们对于需要高效传热的应用很有吸引力。然而，铜合金的成本相对较高，而且容易受到氨水中氨气腐蚀的影响，这可能需要额外的保护措施。

铝合金因其轻质和较好的导热性而备受关注，这有助于降低系统的负荷并提高热传导效率。但是，铝合金在高压工作条件下的适应性有限，而且在耐腐蚀性方面表现较一般。塑料材料因其在耐腐蚀性和轻质性方面的出色表现而引人瞩目。它们对于湿度和化学腐蚀不敏感，通常易于加工。然而，塑料的耐压能力相对较低，因此不适用于高压系统。此外，在高温和高压条件下，一些塑料可能会失去强度和刚度。最后，复合材料将不同材料的优势结合在一起，提供了一种定制化的解决方案。它们可以根据需要进行设计，以适应特定的工作条件。然而，复合材料的制造成本较高，可能需要更复杂的制造工艺，并且其性能可能会受到高温环境的限制。

4　氨水再循环系统在实际应用中的材料分析

某焦化厂循环氨水余热利用系统的项目旨在实现废热的高效回收和再利用，以提高能源利用效率并降低环境影响。该系统的核心概念是将高温循环氨水作为宝贵的热源，通过特制的溴化锂吸收式制冷机组，将其转化为同时满足化工生产冷量和冬季采暖需求的冷水和热水。此外，该系统还实现了对焦炉荒煤气中潜在能源的回收，以达到节能减排和降低相应热源能耗的目标。

4.1　关键组件材料选择和耐久性分析

本项目的氨水再循环系统中，关键组件的材料选择是基于系统的工作原理和工况条件，以实现废热的高效回收和再利用，以提高能源利用效率并降低环境影响。以下是对各个组件的材料选择和耐久性分析：

蒸发器：蒸发器的材料选择主要考虑了低温低压条件下的水蒸气蒸发过程，需要具备较好的耐腐蚀性和热传导性能。因此，选用了不锈钢或者铜合金作为材料，这些材料都能够保证蒸发器的长期运行。此外，为了提高蒸发器的吸热效率，并减少结霜的影响，还在蒸发器表面采用了石墨涂层来改善其性能。石墨涂层不仅具有较高的热传导性，还具有较高的耐磨性和抗氧化性，能够延长蒸发器的使用寿命。

吸收器：吸收器的材料选择主要考虑了水蒸气与溴化锂溶液之间的吸收反应过程，需要具备较好的耐腐蚀性和热传导性。因此，选用了不锈钢或特殊合金作为材料，这些材料都能够抵御溴化锂溶液的腐蚀，保证吸收器的稳定性。同时，由于吸收器内部会释放出大量的热量，需要通过冷却水或其他冷却介质来带走，因此还在吸收器外壁采用了钛合金作为材料。钛合金具有极高的强度和耐腐蚀性，能够有效地带走吸收器内部产生的热量，防止吸收器过热。

溴化锂溶液泵：溴化锂溶液泵的材料选择主要考虑了将低浓度溶液泵送到发生器中的过程，需要具备较好的耐腐蚀性和密封性。因此，选用了不锈钢或特殊合金作为材料，这些材料都能够承受溴化锂溶液的侵蚀，保证泵的可靠性。同时，为了防止泵内部的泄漏，还在泵的密封件上采用了聚四氟乙烯作为材料。聚四氟乙烯具有优异的耐温性和耐化学性，能够有效地防止泵内部的泄漏。

发生器：发生器的材料选择主要考虑了将溴化锂溶液中的水蒸发出来的过程，需要具备较高的耐温性和耐压性。因此，选用了镍基合金作为材料，这种材料具有极高的耐温性和耐压性，能够在高温高压条件下保持稳定。同时，由于溶液中可能存在一些腐蚀性物质，还需要注意发生器的耐腐蚀性。镍基合金还具有较好的耐腐蚀性和抗氧化性，能够抵御溶液中可能存在的腐蚀性物质。

冷凝器：冷凝器的材料选择主要考虑了水蒸气的冷却和凝结过程，需要具备较高的耐温性和耐压性。因此，选用了不锈钢或特殊合金作为材料，这些材料都具有较高的耐温性和耐压性，能够在高温高压条件下保持冷凝器的完整性。同时，由于冷凝器内部产生的热量需要通过冷却水来带走，还需要考虑冷凝器外壁的耐腐蚀性和热传导性。因此，还在冷凝器外壁采用了铜镍合金或者钛合金作为材料。这些材料都具有良好的耐腐蚀性和热传导性，能够有效地带走冷凝器内部产生的热量，保证冷凝器的效率。

节流阀：节流阀的材料选择主要考虑了控制液态水的压力和温度，使其进入蒸发器的过程，需要具备较高的硬度和耐磨性。因此，选用了陶瓷或者硬质合金作为阀芯材料，这些材料都具有较高的硬度和耐磨性，能够在不断变化的温度和压力条件下保持阀门的灵敏度和精确度。同时，为了防止阀门内部的泄漏，还采用了特殊的密封结构。

4.2　效果分析

项目成功实现了焦炉气的废热回收和再利用，有效提高了能源利用效率。通过充分利用循环氨水的废热来供应制冷机组所需的热能，成功回收了废热资源，这在一定程度上降低了吨焦的能耗。同时，这一项目的实施有助于降低生产成本。通过废热回收产生的低温冷水满足了工艺生产的需求，减少了蒸汽的消耗。这不仅使生产成本降低，还提高了生产效率。最重要的是，该项目减少了环境污染。通过有效地回收焦炉气的废热，项目降低了焦炉气的排放量，从而减少了对环境的负面影响。这与我国的环保政策相符，同时也凸显了公司的社会责任感。

5 结语

通过对常用材料的优缺点分析，强调了在材料选择方面的权衡考虑，以确保系统在不同工作条件下能够稳定运行。氨水再循环系统的材料选择与耐久性分析对于提高能源效率和环保意识具有重要意义。期望这项研究能够为相关领域的决策制定者和从业者提供有用的指导，推动氨水再循环系统技术的广泛应用，以实现更加可持续和环保的工业生产。

参考文献

[1] 武珍明．一种应用于废水处理技术领域的等离子体处理设备：CN201821149895.5 [P]. 2023-09-26.

[2] 许健勇，杜垲，江巍雪，等．一种将氨水吸收和喷射复合的制冷循环系统及运行方法：CN201710429858.3 [P]. 2023-09-26.

[3] 郭梓阳，霍旺晨，张育新，等．锰基低温 NH_3-SCR 脱硝催化剂的研究概述 [J]. 材料导报，2021，35（13）：13085-13099.

[4] 刘化瑾．利用低品位余热的氨水吸收式动力循环系统的研究 [D]. 南京：东南大学，2011.

[5] 石荣明．一种用于含有氨气的气体透气的氨水循环系统和方法：CN202111168957.3 [P]. 2023-09-26.

[6] 丁一鸣，张坚，丁小兴．一种氨水吸收式制冷机用防止氨水倒流入蒸发器装置：CN201920696624.X [P]. 2023-09-26.

多腔体上升管换热器在焦炉荒煤气余热回收技术上的运用

孟晓东 汪 琴 周有恒

（江苏龙冶节能科技有限公司，常州 213023）

摘 要：炼焦过程中温度650~800 ℃的高温荒煤气带出了大约36%的焦炉加热量。如何安全高效回收这部分余热，是炼焦生产节能降耗的重要技术措施。2014年，国内开始逐步开启了焦炉上升管荒煤气余热回收利用的大门，到目前为止先后新建和改造了300余座焦炉。上升管结构型式从最开始的水夹套，到后面的内盘管、外盘管、多腔体、插入式，型式多种多样，应用效果也参差不齐。

关键词：焦化，荒煤气，余热回收，水夹套，多腔体，节能减排，环保

1 概述

2014年，我国新一代焦炉上升管荒煤气显热的余热回收利用技术，在福建三钢4.3 m、武钢6 m焦炉上得到应用，慢慢消除了人们对焦炉荒煤气余热回收利用的顾虑。焦炉上升管余热回收利用渐进佳境。到目前为止先后新建和改建了300余座焦炉，其效果得到行业企业的普遍认可。

2 现行的焦炉荒煤气余热回收上升管换热器结构型式

为了充分利用荒煤气的热量生产蒸汽，又能保证焦炉的正常运行，根据焦炉上升管的分布情况，目前上升管荒煤气余热回收利用系统绝大部分均设置为强制循环系统，利用强制循环泵来推动整个系统的连续运行。除盐水接入系统除盐水箱内，由除氧给水泵打入除氧器内，经过热力除氧后的104 ℃除氧水由汽包给水泵打入汽包内作为汽包补水。汽包内的饱和水经汽包下降管由强制循环泵打入上升管换热器内，在上升管换热器内吸收高温荒煤气热量生成汽水混合物，回到汽包内，进行汽水分离后生成的饱和水继续参与系统循环，饱和蒸汽自汽包出口并入用户蒸汽管网。其中上升管换热器是焦炉荒煤气余热回收系统的核心设备。

目前市场上的上升管换热器型式多种多样，主流结构基本上归为四大类：（1）水夹套上升管换热器，见图1；（2）多腔体上升管换热器，见图2；（3）盘管类上升管换热器（内盘管上升管换热器，外盘管上升管换热器），见图3；（4）插入式上升管换热器，见图4。

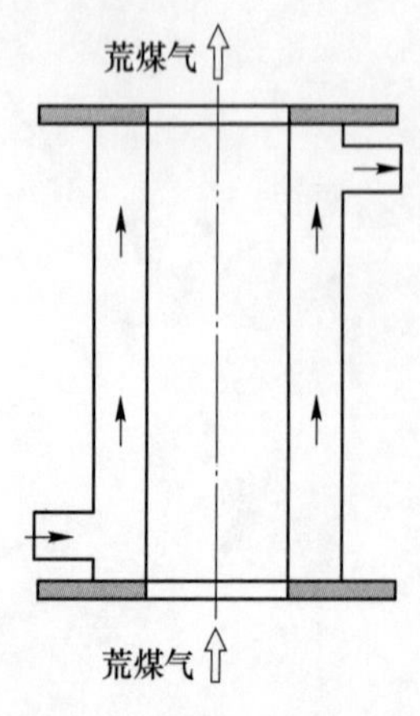

图1 水夹套上升管换热器

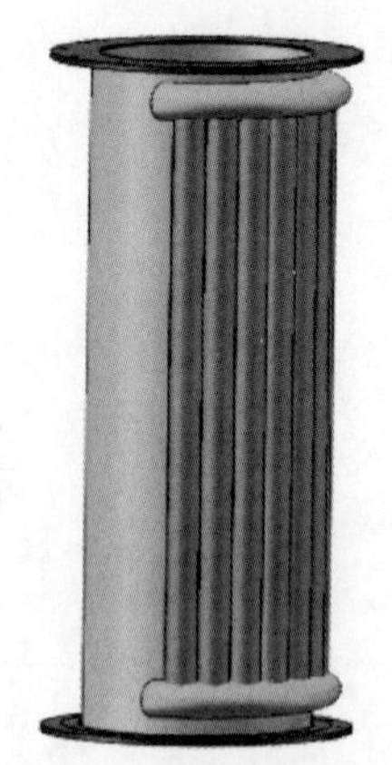

图2 多腔体上升管换热器

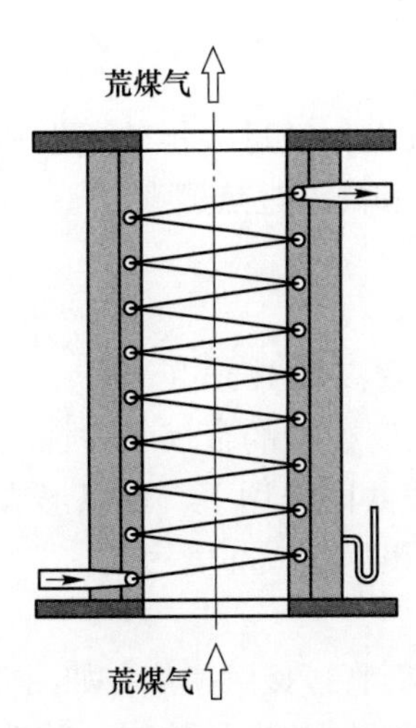

图3　盘管式上升管换热器

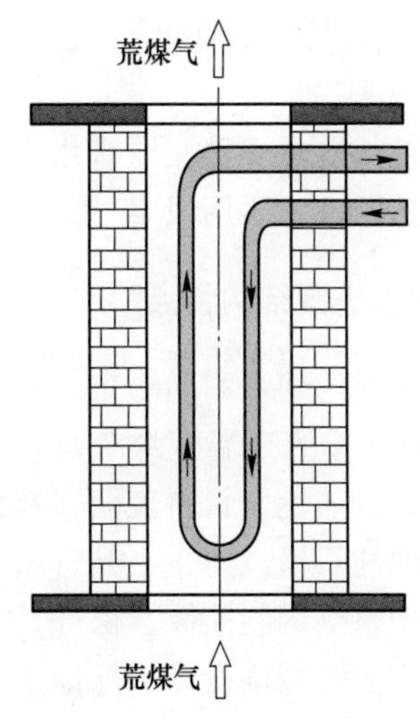

图4　插入式上升管换热器

四类型上升管换热器技术比较见表1。

表1　四类型上升管换热器技术比较

技术名称	技术介绍	优　点	缺　点
水夹套上升管换热器	上升管采用整体水夹套式换热结构，采用水作为换热介质进行换热	(1) 直接换热面效率高，蒸汽产量高； (2) 内筒厚壁无缝管不易变形、结构稳定，使用寿命长； (3) 换热面及换热率不会发生变化，产汽量稳定，不随年限衰减； (4) 阻力小临时断电系统形成自循环，异常情况安全性更高； (5) 强制循环泵扬程、流量低于盘管装置，运行成本低	产气压力较低，只能产生1.6 MPa以下的饱和蒸汽，不适合产过热蒸汽
多腔体上升管换热器技术	上升管采用特殊的多腔体换热结构，采用水作为换热介质进行换热	(1) 直接换热面效率高，蒸汽产量高； (2) 内筒厚壁无缝管不易变形、结构稳定，使用寿命长； (3) 换热面及换热率不会发生变化，产汽量稳定，不随年限衰减； (4) 阻力小临时断电系统形成自循环，异常情况安全性更高； (5) 强制循环泵扬程、流量低于盘管装置，运行成本低	2.5 MPa以下的蒸汽，不适合产压力更高的蒸汽
双盘管上升管换热器	上升管内筒外侧采用双盘管结构，盘管外采用高导热蓄热层，采用水作为换热介质进行换热	双根盘制，中频加热消除应力，可以直接使用，阻力小，运行成本相对较低，耐压高，可产中、低压蒸汽，应用广泛	间接换热，产汽量略低；阻力比水夹套和多腔体略大比单盘管小很多
插入式换热结构	不改变现有上升管结构，在上升管内部安装换热结构，如盘管式、U形管式等，采用水作为换热介质进行换热	费用低，投资小，可产中、低压蒸汽	(1) 影响荒煤气流通面积，阻力增大，影响集气管压力； (2) 盘管直接接触荒煤气，腐蚀严重，易损坏，存在安全隐患； (3) 盘管上易黏附焦油，长时间运行会堵塞上升管；需定期更换换热盘管，维护成本高

3 新型焦炉多腔体上升管换热器技术

多腔体上升管换热器是一种在原有水夹套上升管换热器基础上，经过多年的研发和实际运行优化改革的新型上升管换热器，主要用以生产 2.5 MPa 以下的饱和蒸汽和高温过热蒸汽。

3.1 多腔体上升管换热器结构特点

第一层为自主研发的纳米耐高温自洁材料，熔覆在内筒内壁耐高温 1650 ℃以上，抗氧化抗干烧，能长时间承受 400~1500 ℃的高温荒煤气环境；耐腐蚀，防止强烈腐蚀性的荒煤气侵蚀上升管内壁基材表面，提高使用寿命；自洁性，材料表面在高温荒煤气和烧结操作共同作用下，可以形成均匀而又坚固的光滑面，不易结焦油和石墨；防止上升管出口荒煤气温度偏低冒黑烟造成环境污染。

第二层内筒采用厚壁钢制筒体，保证具有足够的刚度和强度。

第三层采用新型多腔结构设计，保证进水的均匀流动，与内筒直接接触换热。如图 2 所示。

第四层为保温层，该层为多层复合结构，选用本公司专利新型隔热保温涂料、特殊保温材料及硅酸铝的结合，可以最大限度地保护热量不外散，降低上升管外壳温度，保障上升管外壳温度≤环境温度+50 ℃。

第五层为不锈钢外保护层，适应焦炉恶劣工况且外形美观。

3.2 多腔体上升管换热器运行特点

3.2.1 防结焦、结石墨、冒黑烟措施

（1）上升管换热器在设计的时候，考虑到每根上升管合理的吸热范围，通过设计，选取合理的换热面积，以及管路、管径优化，保证上升管内换热介质进出口温差控制在合理的范围内，从而控制上升管换热器对荒煤气的吸热量的控制，保证上升管出口荒煤气的温度高于焦油凝结温度。

（2）系统投运后，根据现场实际情况和系统的布水均匀性调节合适的循环流量，避免上升管换热器取热过多。

（3）在内筒表面熔覆有耐高温纳米材料，在高温下表面形成光滑面，难以附着焦油。同时设置有一定阻热性能的阻热内衬，根据其厚度设计控制换热效率，保证上升管出口荒煤气的温度高于焦油凝结温度。

通过以上措施，最大限度地防止结焦、结石墨和冒黑烟。

3.2.2 上升管防漏水措施

（1）内筒采用无缝钢管+熔覆耐高温纳米自洁材料，厚度超过 20 mm，内筒无焊缝，抗干烧不变形。

（2）夹套与根部法兰处焊缝留有一定的间隙，也消除了水汽循环死角部位因温差变化的应力集中影响，解决了焊缝泄漏的弊端。

（3）根部焊缝采用圆弧过渡，不仅消除应力，同时可承受温差载荷产生的一定范围内热膨胀变形，起到膨胀节的功能，保证焊缝使用寿命。

3.3 多腔体上升管换热器新材料和新技术的应用

3.3.1 荒煤气高导热、耐蚀、长寿命的上升管内衬材料开发研究

上升管内衬材料是提高荒煤气余热回收利用效率和保证环保的关键技术之一。目前大部分上升管换热器采用合金钢材料，也有的使用不锈钢材料，内壁直接与高温（650~800 ℃）荒煤气接触，而荒煤气中含有氧气、一氧化碳、二氧化碳、硫化氢、氧化氮、氢气、甲烷、水汽及芳香烃类化合物等，特别是结焦末期，荒煤气大量减少，氢气大量存在，高温氢腐蚀不可避免。一般钢材（包括不锈钢）在此温度及环境下，高温烧蚀严重，不能满足工况要求。若提高内筒材质，则只有采用耐高温腐蚀的特殊合金钢，如哈氏 120 级别以上钢材，但其价格成本就急剧上升。江苏龙冶节能科技有限公司就是在此前提下，经过多年的研发，自主研发出纳米耐高温自洁材料，耐高温 1650 ℃以上，抗氧化抗干烧，能长时间承受 400~1500 ℃的高温荒煤气环境，特别是解决了结焦末期氢气对金属材料的腐蚀。通过对钢材内壁进行表面处

理，满足以下要求：

（1）防高温 H_2S、CO_2、渗碳、渗氮腐蚀；

（2）防高温氧化、防高温氢腐蚀；

（3）耐高低温温差；

（4）耐外力冲击（内壁需机械清理和吹空气燃烧沉积石墨）。

常规要求控制荒煤气出口温度不低于500 ℃，以避免上升管内壁过快焦油凝析和结石墨，经过内壁表面处理后可控制在450 ℃以上，能够提高上升管荒煤气余热回收利用效率。

3.3.2　稳定、可靠、高效的换热形式研究及选择

荒煤气热量通过钢质内筒内壁导出到外壁后，需要良好的导热介质将外壁上的热量快速导出，提供给水进行汽化。由于上升管可有效利用的高度仅2~4 m，荒煤气在内筒以较快速度通过，因此，整个热传导过程必须高效快速，才能最大限度回收荒煤气余热。由于钢铁的导热系数为80 W/(m·K)，因此导热介质的导热系数必须大于80 W/(m·K)，而且越大越好。但同时又需要控制导出的荒煤气的温度不能过低而造成上升管内壁过快结石墨和焦油凝析，经过多次试验和计算，最终确定下来采用特殊结构形式的换热模式——多腔体上升管换热器，经过中试结果证明满足上述要求。于是多腔体上升管换热器应运而生并越来越多地被焦化企业进行荒煤气余热回收利用时所接受。

3.3.3　低热应力的换热系统结构研究及选择

荒煤气通过对流换热和热辐射将热量传递给换热器内壁后，需要尽快将热量通过换热装置，传递给水进行汽化吸热，由于换热装置也是钢铁材质，其导热系数与内筒一样，就必须增加其换热面积，只有其换热面积大于内筒外壁导热面积，热量才能快速有效地传导。要在直径在400~700 mm的圆形环腔内布置下较大的换热面积的换热装置，其结构必须十分密排、紧凑。又由于装置内外温差大，温度区间从常温到800余摄氏度，产生汽水混合物压力将达2.5 MPa，甚至更高，并存在汽液相之间的热量交换，热膨胀及热应力必将对换热系统及整个余热利用系统造成严重的影响。因此，换热系统的结构设计，必须具备消除热应力的能力，否则换热装置结构将被破坏，不能长期有效使用。

多腔体上升管换热器在这方面发挥了其特有的作用，有别于水夹套的最根本的区别在于，从图1中可以看出水夹套是包覆在上升管内管外侧的一个大的整体联通腔体，对于内壁来讲，腔体（夹套）中的水在换热的过程中，吸收热量，产生带有一定压力的汽水混合物，相对于内管来讲，属于外压容器也就是通常所谓的负压容器，一旦腔体内的压力超过了设计许用压力，就会出现向内鼓包现象。而多腔体是将水夹套的一个整体联通的大的腔体，划分为一个个小型的小腔体组成，每个小腔体自成一个独立空间，与上升管轴向平行的独立空间（图2），相当于一个独立的管道，对于内壁来讲，就不会形成外压而变成负压导致上升管向内出现鼓包现象，从而保证了上升管换热器设备的安全稳定运行。

4　焦炉上升管荒煤气余热回收技术的应用

以一套系统两座焦炉年产125万吨焦炭为例，应用多腔体式上升管换热器进行焦炉荒煤气余热回收利用，每年可产2.5 MPa饱和蒸汽约12.5万吨。

创造直接经济效益达1200万元左右。系统年回收能源折合标煤1.19万吨，折合减排二氧化碳2.97万吨，炼焦工序能耗下降约9.95 kg标煤/吨焦。

5　结语与展望

多腔体式上升管换热器应用最长时间为6年，应用案例80余座焦炉，实践表明，多腔体式上升管换热器的研发与应用给焦化厂上升管荒煤气余热回收利用技术增添了更优异的设备选择，提升了焦化行业上升管荒煤气余热回收装置的安全性和使用寿命，在确保正常生产的前提下，以环保为先导，以节能降耗为目标，对焦化行业上升管荒煤气余热回收利用节能减排意义重大。多腔体上升管荒煤气余热回收技术，无论从生产、经济还是环保方面考虑，都是十分可行的，为焦化企业“上升管荒煤气余热回收利用”和实现环保双赢提供新的选择。

焦化厂上升管余热回收利用技术研究

刘文凯

（国家能源集团煤焦化公司巴彦淖尔水务公司，巴彦淖尔　014400）

摘　要：传统焦炉生产工艺荒煤气余热没有加以利用，造成能源浪费。针对神华巴彦淖尔能源有限责任公司120万吨/年焦化项目5.5 m捣固焦炉的结构特点，提出了一种“上升管余热回收利用”的改造方案，安装余热回收设备重新回收余热用于生产低压饱和蒸汽和过热蒸汽，并利用蒸汽完全替代粗苯管式炉。研究结果表明，改造方案可以节省大量煤气和减少冷却水消耗的同时也解决燃烧排放问题和明火燃烧的安全隐患，用蒸汽替代粗苯管式炉后，不再向空气直接排放氮氧化物和粉尘颗粒物，既是节能项目也是安全环保项目，可为同类焦化行业提供参考。

关键词：上升管，管式炉，换热器，蒸汽，荒煤气

1　概述

传统的焦炭生产工艺中没有充分回收利用荒煤气显热，荒煤气的显热存在巨大浪费，这对焦化企业是极为不经济的。为大力提倡节能减排、保护环境，本文就回收上升管荒煤气被浪费的热量，并利用这些热量成功替换粗苯区域管式炉进行了研究，并进行了实践验证。

2　项目概况

炼焦过程有三部分有回收利用价值的余热，一是950~1050 ℃的红焦炭承载着较多部分的能量，出炉红焦显热约占焦炉总输出热量的37%，当大型焦炉炼焦耗热量为108 kg标准煤/t焦时，则每吨红焦带出40 kg标准煤热量[1]。二是650~850 ℃的荒煤气和气态化学品带出的热量和化学能以能量流的形式从上升管排出；生产1 t焦炭荒煤气带出热约占焦炉总输出热量的36%，相当于带出38 kg标准煤热量。三是250~300 ℃焦炉烟道废气带着热量和动能以能量流的形式从烟囱逸出，此部分热量约占焦炉总输出热量的17%，相当于带出18.4 kg标准煤热量。因此焦炉生产过程中的红焦、荒煤气和烟气余热有较高的回收利用价值。

该焦化厂没有回收上升管余热，脱苯工艺是管式炉加热富油和饱和蒸汽工艺，焦炉生产中荒煤气温度高氨水循环量大，冷却水消耗大，管式炉明火操作安全风险大，回收上升管余热并利用余热替换粗苯管式炉是解决上述问题的有效办法。

该焦化厂荒煤气工艺流程为：650~850 ℃的荒煤气进入上升管，经70~76 ℃的循环氨水喷淋降温后，以80~85 ℃进入初冷器，经过循环水和制冷水两段换热后冷却至22 ℃左右[2]。循环水和制冷水则通过凉水塔和制冷机冷却，消耗大量的电能和蒸汽。

如果能在上升管处利用换热装置降低荒煤气温度（为防止焦油析出，通常控制荒煤气温度不低于450 ℃），一方面可以生产蒸汽；另一方面可以相应减少循环氨水喷洒量，也可减少循环水、制冷水用量，进一步节约能源，降低成本。

3　工艺技术选择

3.1　概述

神华巴彦淖尔能源有限责任公司焦化厂没有回收上升管余热，脱苯工艺是管式炉加热富油和饱和蒸

汽工艺，焦炉生产中荒煤气温度高氨水循环量大，冷却水消耗大，管式炉明火操作安全风险大，回收上升管余热并利用余热替换粗苯管式炉是解决上述问题的有效办法。

3.2 工艺技术选择

3.2.1 上升管余热回收技术发展历程

相比于焦炉产出的红焦和烟道废气，上升管荒煤气工况复杂多变，其余热利用工艺技术经历十多年不断的试验研究。国内科研院校和焦化企业从20世纪90年代先后开始研究试验荒煤气余热回收利用工艺技术，宝钢、武钢、济钢、昆钢、无锡焦化等先后开展了利用导热油、水夹套、热管、锅炉及半导体温差发电等余热回收技术组织了大量的工业试验，但由于荒煤气在上升管过程中温度、流量变化极大，荒煤气中在450 ℃低温下易凝结堵塞、800 ℃高温下易结焦的焦油、实验装置变形、漏水进入炭化室影响焦炉本体和正常操作等原因，成功应用先例较少。随着材料科学技术的发展，上升管余热回收利用技术在“十二五”时期取得突破和发展。

3.2.2 上升管余热回收技术主要类型

（1）上升管汽化冷却技术。此技术发展较早，主要是在上升管外壁安装一个环形的夹套，夹套下部注入软水，软水与荒煤气热交换，荒煤气降温至450~500 ℃，软水吸热生成汽水混合物，从夹套上部去汽包完成汽水分离，蒸汽外供（0.4~0.7 MPa），水则继续去夹套换热，依次循环。

（2）导热油夹套技术。与上升管汽化冷却技术相似，换热介质为导热油（联苯醚）。

（3）新型上升管换热技术。主要技术提供商为唐山宝凯科技有限公司。该公司采用上升管插入式余热回收工艺，突出优势如下：

1）不需更换上升管：插入式热管换热器不需要更换上升管，安装、更换利用单孔操作时间就可以完成，不会影响焦炉的正常生产。

2）导热效率高：插入式热管换热器全面与荒煤气接触，利用水的相变快速导热，换热效率高。

3）插入式取热管换热器采用特殊材质、结构及特有的处理工艺：具有使用寿命长、耐高温腐蚀、防结焦的特点。

4）特有的安全处理方式：每个上升管都为单独的一套控制单元，能够实现自动检漏和干烧报警连锁。

5）无安全隐患：插入式热管换热器安装在上升管内部，在极端情况下即使爆管，进水会在高温荒煤气中瞬间相变气化，会略微增加荒煤气的湿度，不会有任何安全隐患，更不会造成安全事故，系统可靠性极高。

6）有效防止热管壁结焦：插入式热管换热器独有的单管温控调节，始终保证荒煤气不低于450 ℃，通过温度变化微变形技术，有效防止管壁结焦。

7）运行成本低：插入式热管换热器价格低、投资小、更换方便、运行费用低。

8）可以完全替代管式炉的使用：插入式热管换热器系统通过压力控制产生稳定的高温高压蒸汽加热富油、部分热管换热器生产高温高压蒸汽及产生过热蒸汽根据过热蒸汽产量及温度自动切换，产生稳定的过热蒸汽供脱苯及蒸氨使用。

9）安全可靠：每根上升管换热器为独立的自控系统，通过自控系统来进行检漏，如果一旦出现异常情况，系统会发出联锁报警并同时把报警信号发送到指定的手机上，自控系统检测出泄漏后自动关闭进水阀门，避免掉给水进入到炭化室。本系统配备2台发电机组每台1500 kW，如出现停电情况，发电机组自动启动，保证整套系统不会因为停电造成各个点、换热器正常使用。现场具备200 m^3 的除盐水罐，如出现停水情况，储水罐能提供8~10 h的供水量，确保不会因为缺水造成换热器的干烧情况。

3.3 工艺技术方案的选择

插入式余热回收技术不需要更换上升管，安装和维修过程不影响焦炉的正常操作，适合于神华巴彦淖尔公司现有焦炉改造；直接换热的插入式余热回收取热器可产不低于350 ℃的过热蒸汽（到达粗苯区域），可完全替代现有管式炉；插入式技术采用的换热管材质好，安全控制措施可靠，根据现已投产运行的项目经验，该技术运行安全可靠，吨焦产气率可保证不小于 100 kg。

4　焦炉上升管余热利用改造方案

4.1　焦炉管式炉参数

5.5 m 捣固焦炉和管式炉的主要参数见表 1 和表 2。

表 1　5.5 m 捣固焦炉主要参数

参数名称	数值
产能	120 万
炉型	TJL5550D
装煤方式	捣固侧装
孔数	2×60 个
炭化室高度	5.5 m
每天出焦孔数	2×60 个
每孔焦炭产量	30 t 左右（干基）
装煤量（干基）	42 t 左右
周转时间	24 h
焦炉紧张系数	>70
装煤含水量	11%
煤气产率	330 m^3/t
炉顶空间温度	不高于 850
上升管尺寸	DN652 mm　H=3450 mm
焦炉正常生产标温	1320 ℃
推焦串序	9-2 串序

表 2　管式炉基本参数

参数名称	数值
入管式炉煤气流量	1000 m^3/h
入管式炉煤气压力	4.5 kPa
入管式炉富油流量	121.8 m^3/h
入管式炉富油密度	≤1.07 g/cm^3
入管式炉富油温度	120~130 ℃
出管式炉富油温度	170~185 ℃
入管式炉蒸汽流量	4 m^3/h
入管式炉蒸汽压力	>0.3 MPa
出管式炉蒸汽温度	>290 ℃

4.2　插入式焦炉上升管余热利用改造方案

插入式焦炉上升管余热回收系统改造内容：含 2 个汽包、上升管插入式换热器孔数×1 套，水封盖底座孔数×1 套，换热器高温强制循环水泵 4 台，水泵冷却系统 1 套、汽包给水泵 3 台，除氧器给水泵 2 台，脱盐水蓄水罐、除氧系统一套（包含除氧器 1 台、除氧水蓄水罐等配套设施），给水系统，蒸汽系统，排污系统，取样系统，现场压力温度分散控制孔数×1 套，现场集中控制 12 套，集控 1 套，电气系统、仪表等。

工艺流程简述：

换热器插入现有上升管内，每座上升管内插入一套，换热器给水管路及出气管路布置于上升管两侧。

汽包分别布置于焦炉炉顶两端部或中间平台可利用部位。

配电室、除氧器及水泵布置于脱盐水区域、一层或二层焦炉端可利用部位。

控制系统分散布置于焦炉炉顶端台及上部走廊平台。

集控系统上位机（工程师站）安装在地下室现有焦炉控制室内。

系统流程简述：

工艺流程系统主要包括：除氧系统、给水系统、汽水分离系统、换热器换热系统、主蒸汽系统、自动防结焦系统、自动防漏水系统、排污系统、冷却系统等。系统产生饱和蒸汽，送至区域管网。

荒煤气流程为：自焦炉炭化室—上升管荒煤气余热回收利用装置—桥管—集气管—去化工处理。

汽水工艺流程为：接自原除盐水站的除盐水，首先进入除盐水罐，然后通过脱盐水给水泵送入除氧器除氧，除氧后的水通过汽包给水泵将水送入汽包。水在汽包与上升管插入式余热回收利用装置（部分）之间通过高温强制循环泵进行强制循环，在汽包内进行汽水分离，水继续循环进入上升管余热回收利用装置进行再次热交换，产生的饱和蒸汽通过压力控制从汽包输送至场内蒸汽管网，并网供热用户使用。

根据巴彦淖尔公司提供的焦炉、管式炉参数和工程实践经验，120 套上升管取热器拟使用 110 套生产 1.6 MPa 低压饱和蒸汽供富油换热，剩余热量并入公司蒸汽管网，使用 10 套生产 0.6 MPa、400 ℃的过热蒸汽供再生脱苯使用。

每个上升管换热器，通过特有的温度压力控制，实现瞬间气化出气，如此多个上升管余热回收利用装置组成一个联合体，克服了单个余热回收利用装置在焦炉正常生产过程中负荷波动太大的问题，整个系统不会因为个别上升管的波动而造成整个系统的大幅度波动，保证焦炉整体运行及产出蒸汽的相对稳定。

粗苯工段建设三台换热面积 200 m^2 蒸汽-富油换热器（两开一备），由焦炉上升管换热器产生的 5.39 t/h 的 1.6 MPa 、200 ℃饱和蒸汽将流量 121 t/h 的富油从 125 ℃加热至 185 ℃。全部蒸汽富油换热器都配有冷凝水回收装置将冷凝水送回上升管余热汽包回用。

插入式上升管余热利用工艺流程图见图 1。

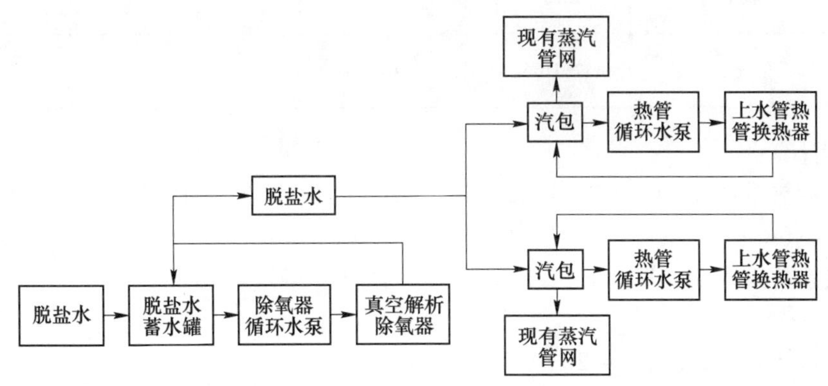

图 1　插入式焦炉上升管余热利用工艺流程图

5　焦炉上升管热平衡计算书

在结焦周期内荒煤气的流量和温度呈周期性变化，典型的结焦周期内荒煤气流量、温度变化曲线见图 2。总体可分为三段：前 1/3 结焦周期，荒煤气流量由最高值逐渐下降，温度快速上升；中 1/3 结焦周期荒煤气流量在一定区间波动，温度持续上升；最后 1/3 结焦周期，荒煤气流量快速下降至几乎为零，温度也由峰值约 850 ℃ 快速下降。

由于上升管内部工况复杂，完全根据理论计算各时段换热量及换热系数极为复杂，且准确度不高。根据现场测算及已完工程量实际出气量为准，单根上升管出气量平均约 105 kg/h；折合吨焦蒸汽量约 100 kg。

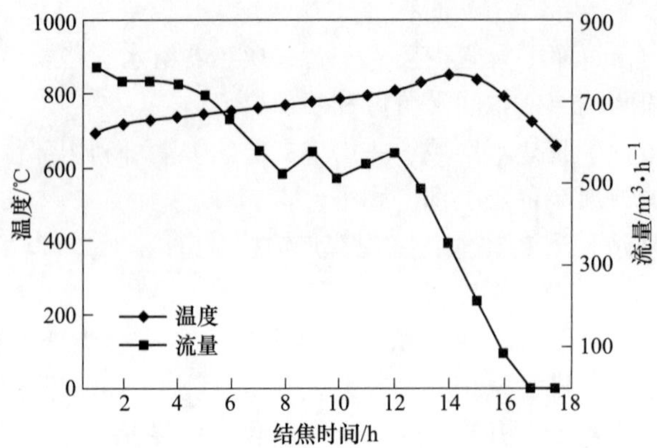

图 2　典型结焦周期内荒煤气流量、温度变化曲线

热量计算、换热面积计算：

各项参数见表 3。

表 3　参数表

回收和消耗热量种类		量值 /kJ·h⁻¹	折合 1.6 MPa 蒸汽量/t/h⁻¹	计算煤气消耗量 /m³·h⁻¹	实际煤气消耗量 /m³·h⁻¹	备　注
上升管	120 根回收热量（1.6 MPa）	35075559.36	13.11			
	10 根回收热量（400 ℃过热）	1538700				
管式炉	加热富油消耗热量	15052653	5.39	1321.22	1000（参考值）	管式炉热效率按 75%计算
	加热饱和蒸汽消耗热量	1538700				
脱苯用过热蒸汽总热量	脱苯用	9808500	3.51			
替换管式炉后剩余热量		11753106.36	4.21			

富油换热面积计算：

加热富油小时耗热量：121.8×1070×55×2.1＝15052653 kJ，折合瓦时：4181292.5 W·h；

换热面积 $S = R/(K \times \Delta t_m)$；

螺旋板总换热系数 K 取 700 W/(m·K)；

蒸汽温度变化：

$T_1 = 203$ ℃，$T_2 = 180$ ℃，$\Delta T_1 = 203 - 180 = 23$ ℃；

富油温度变化：

$t_1 = 125$ ℃，$t_2 = 180$ ℃，$\Delta T_2 = 180 - 130 = 55$ ℃；

$\Delta t_m = (\Delta T_1 - \Delta T_2)/\ln(\Delta T_1/\Delta T_2)$ 计算得 36.71；

$S = 4181292.5/(700 \times 36.71) = 162.72\ m^2$。

增加 15%的安全系数换热面积需要 187 m²，为保险起见，建议使用 2 台 200 m² 特制螺旋板换热器给富油换热，另加 1 台备用，共 3 台换热器。

6　结论

（1）淘汰粗苯管式炉每年可以节省煤气量 1162 万立方米以上，按每 2000 m³ 煤气产 1 t 甲醇计算，每年可以增产甲醇 5500 t，甲醇 2700～3000 元/吨，每年产生效益 1485 万～1650 万元。

（2）淘汰粗苯管式炉，不用在粗苯易燃易爆区域明火燃烧煤气，减少了一个重大危险源。

（3）取消粗苯管式炉，减少了一个废气排放点，从源头控制了环境污染。

（4）焦炉上升管荒煤气余热回收利用项目每年可以生产高品质蒸汽 12 万吨以上，蒸汽按 130 元/吨计算，每年可以给企业创造 1560 万元的效益。

（5）使用蒸汽为热源和富油换热可以从根本上杜绝富油管道结碳渣的问题，提高换热效率，提高循环洗油的质量。同时降低因管式炉内部管道泄漏带来的风险。

参考文献

[1] 彭文平，靳智平，卢改林，等．炼焦荒煤气上升管显热回收换热过程动态特性［J］．洁净煤技术，2023，29（2）：180-189.

[2] 高拥军，张磊，李华．焦炉上升管中荒煤气余热回收的结焦问题研究［J］．当代化工研究，2024（1）：134-136.

焦炉烟气中二氧化碳回收技术研究进展

沈志华　王清风　史建才　王　彬

（河北中煤旭阳能源有限公司，邢台　054004）

摘　要： 综合论述近几年来世界各地针对工业废气中回收处理 CO_2 技术上的研发与制造、广泛应用工业生产情形以及加工工艺水平的高低。讲述回收处理焦炉工业废气中 CO_2 工程项目的设计方案的比选结论、生产工艺流程及主要特点。明确提出选用化学吸收法里的复合型一乙醇胺（MEA）技术工艺回收处理焦炉排出工业废气中 CO_2 可行性报告，对焦炉排出废气中 CO_2 收集和回收处理有着重要的实际意义。

关键词： 烟道气，二氧化碳，回收

1　概述

在企业生产中，大量 CO_2 作为废气直接排放到大气中，其所造成的温室效应会对生态环境造成重大破坏，同时也对 CO_2 资源造成浪费。实际上，CO_2 用途非常广泛，也是人们生产生活中必不可少的宝贵资源。将尾气中的 CO_2 回收后，能够获得纯度较高 CO_2 气体，可用于合成其他化工产品，例如可降解塑料碳酸二甲酯、甲醇，也可将 CO_2 气体净化液化获得工业级、食品级液体 CO_2。

中煤旭阳能源有限公司是以煤炭为原料的焦化厂于 1995 年建成投产。为积极响应国家号召，推动碳中和、碳达峰工作的顺利进行。焦化厂提出从烟气中回收 CO_2 既可以充分利用资源又在一定程度上利于环境保护对全国焦化行业 CO_2 回收工作具有现实意义。

2　二氧化碳的捕集方法

中煤旭阳能源有限公司是以煤炭为原料的焦化厂，煤炭燃烧后会产生 CO_2、SO_2、水蒸气以及煤灰（残留的固形物），还有氮的化合物，微量的硫化氢等，经吸收净化后，烟气的组成见表 1。

表 1　烟气组成

序　号	项　目	参　数
1	CO_2	≥92%（干基）
2	N_2+Ar+O_2	≤8%（干基）
3	H_2O	饱和水
4	温度	≤40 ℃
5	压力	≤18 MPa
6	释放气产量	约 192 m^3/h

近些年国内外捕集 CO_2 的方法较多，此次针对研究对象组成成分，更具针对性地通过以物理吸收法、化学吸收法进行论证。

2.1　物理吸收法

物理吸收法是指 CO_2 溶于在吸收剂中，但溶解过程并不和吸收剂发生反应的一个过程[1]。具体工作原理是利用 CO_2 在吸收剂里的溶解能力比较大而其他气体溶解度相对较小进而实现 CO_2 分开的目的。故

此物理吸收法应首先考虑借助临界温度和压力，影响溶质在吸收剂里的溶解能力。一般伴随着系统压力不断增大或工作温度的下降，溶质在溶液中的溶解能力变大。故此增压或减温时能够得到较高浓度溶液，不过在降低工作压力或提高温度时，溶质逆向从溶液中分离出来。故此，物理吸收是可逆过程。依据亨利定律，气体在增压下溶解能力高，故此物理吸收法一般适用于溶质气体分压相对较高的情况。

常见的吸收剂有水、聚乙二醇、甲醇、N-甲基吡咯烷酮、丙烯酸酯等。物理吸收法中经常用到的有以下几种。

2.1.1　加压水洗法

加压水洗法是最早采用的一种方式。前期修建的合成氨厂中多采用加压水洗法脱碳。这种方法设施操作简单，且运转过程平稳，溶剂水价格便宜。充分利用二氧化碳在吸收剂水里能够最大程度地溶解工作原理，逐渐升高工作压力从而提高溶解度，从而形成的饱和状态的富液，再通过降低工作压力方式将吸收剂水再生利用，同时收集 CO_2。但是因为吸收剂水可选性差，导致成品气纯净度低，回收利用率低、净化度差，而且操作过程中需要大密度的喷淋，造成电耗的增加，此法逐渐被淘汰。

2.1.2　低温甲醇法

低温甲醇法又称 Rectisol 法。常温下，工业甲醇对二氧化碳的溶解能力是水的 5 倍，为此甲醇是选择性吸收原料气中 CO_2、H_2S、COS 等极性气体的优质溶剂。低温下，工业甲醇对 CO_2 有着更加良好的溶解能力，0 ℃的工业甲醇对二氧化碳的溶解能力为室内温度时溶解能力的 1~3 倍。为此，CO_2、H_2S、硫的有机化合物、氰化物以及其他轻烃物质非常容易被较低温度时候的工业甲醇去除。工业生产上已经用以合成氨工艺、甲醇合成气、城市煤气的脱碳脱硫。该法吸收率强、处理度较高、溶剂再循环量少、再生成本低、吸收剂价格低廉和操作简单等优势。存在的不足，吸附操作过程中必须满足较低温度特殊要求，为此设施与管道材质采用低温钢材，从而使得装置资金投入较高。

2.1.3　碳酸丙烯酯法

碳酸丙烯酯法，又称 Fluor 法，简称 PC 法。充分利用碳酸丙烯酯对 CO_2、H_2S、有机硫的溶解性相对较大，反而对 N_2、H_2、CO 等气体溶解能力却相对较低的特点，将其作为吸收剂。

这种方法的优势在于用作吸收剂的碳酸丙烯酯价格便宜且无毒性，净化处理后二氧化碳的占比不超1%甚至是最低值可以到达 0.2%，缺点是对二氧化碳的回收利用率低，成品气纯净度低，高耗能，且吸收剂有着腐蚀性。但工艺技术比较稳定，被广泛应用于合成氨厂和天然气净化，是目前我国应用最多的脱除二氧化碳方法之一。

据有关评价，物理吸收法的选择性和吸附容量相对较低，分离效果并不理想，回收率低[2]。故此，在室温时，分离高 CO_2 浓度的混合气应用物理吸收法最为合适，其能耗低，溶剂可采用闪蒸再生的优点可以充分得以发挥。

2.2　化学吸收法

化学吸收法，说白了就是指二氧化碳在吸收环节中它与吸收液产生了化学变化最终实现吸收利用目的。工业废气从吸收塔中部引入，而吸收液则是从吸收塔顶端喷洒直下，工业废气与吸收液在吸收塔内产生双向接触中发生反应，原本的吸收液因为融入了工业废气里的二氧化碳而变成富液，富液在再生塔里通过受遇热分解而散发出二氧化碳，最终实现二氧化碳的提取与收集。

因为二氧化碳为酸性气体，故需用选择碱性的化学吸收液。通常的化学吸收剂选用 K2CO3 和乙醇胺类水溶液（MEA、DEA、MDEA）。各种不同有机胺溶液与 CO_2 相互之间的反应原理是弱碱（胺）与弱酸反应生成可溶于水的盐。但是，伯胺、仲胺和 CO_2 相互之间的反应原理有别于叔胺和 CO_2 的反应原理。

2.2.1　有机胺类吸收 CO_2 的反应机理

2.2.1.1　伯胺、仲胺与 CO_2 反应机理

伯胺、仲胺和活性氢原子具有既可以发生与二氧化碳直接反应生成氨基甲酸酯的高速反应，还有着能够与二氧化碳和水产生碳酸氢盐的低速度化学反应。

产生氨基甲酸盐的化学反应：

$$CO_2 + 2R_1R_2NH \rightleftharpoons R_1R_2NCOO^- + R_1R_2NH_2^+ \tag{1}$$

产生碳酸氢盐的反应式如下：

$$CO_2 + OH^- \rightleftharpoons HCO_3^- \quad (2)$$

产生碳酸盐的反应式如下：

$$CO_2 + H_2O \rightleftharpoons HCO_3^- + H^+ \quad (3)$$

产生烷基碳酸盐的反应式如下：

$$—C—OH + CO_2 + OH^- \rightleftharpoons —CO—COO^- + H_2O \quad (4)$$

二氧化碳在乙醇胺溶液中的吸收速率是以上所述 4 种化学反应之和，实际上是以反应（1）和反应（2）作为主要化学反应，反应（3）和反应（4）的化学反应速度相对较低，不用考虑二氧化碳的总吸收速率。现阶段，化学反应（1）的反应原理是两性离子机理[3-8]。该机制起初由 Caplow 提起，之后由 Dankwerts 增补健全。良性离子机理说明，CO_2 与有机胺相互间反应式如下分两步实现：

第 1 步：CO_2与胺反应生成两性离子：

$$CO_2 + R_1R_2NH \rightleftharpoons R_1R_2NH + COO^- \quad (5)$$

第 2 步：两性离子与溶液中的碱催化剂进行脱质子反应：

$$R_1R_2NH + COO^- + B \rightleftharpoons R_1R_2NCOO^- + BH^+ \quad (6)$$

溶液中的碱催化剂有胺（R_1R_2NH）、OH^-和 H_2O。

2.2.1.2　叔胺与 CO_2的反应机理

用作吸取 CO_2 的叔胺主要包括 N-甲基二乙醇胺（MDEA）和三乙醇胺（TEA），它同 CO_2 的反应原理有别于伯胺和仲胺，主要是由于叔胺里的氮原子上并未接有氢质子，进而导致叔胺与 CO_2 无法进行化学反应（1）。

叔胺与 CO_2 相互间的反应按下式来进行[9-14]：

$$R_3N + CO_2 + H_2O \rightleftharpoons R_3NH^+ + HCO_3^- \quad (7)$$

反应（7）分两步进行。由叔胺做催化剂的 CO_2 水解反应。

最先开始进行叔胺与 CO_2 形成两性离子中间化合物的慢化学变化，该化学变化对叔胺与 CO_2 均是 1 级，是总反应的速率控速具体步骤，即：

$$R_3N : +: COO \rightleftharpoons R_3N :: COO \quad (8)$$

之后再进行中间化合物催化 CO_2 水解的快反应：

$$R_3N :: COO + H_2O \rightleftharpoons R_3NH^+ + HCO_3^- \quad (9)$$

与此同时，CO_2 在叔胺溶液中还出现反应（2）~反应（4）。

2.2.2　烷基醇胺溶液法

这种方法充分利用 CO_2 与吸收液相互之间的化学变化从工业废气中提取并凝缩 CO_2。常采用的吸收剂是有机醇胺，例如单乙醇胺、二乙醇胺、三乙醇胺、N-甲基二乙醇胺、二异丙基胺、二甘醇胺。

2.2.2.1　单乙醇胺法

这种方法是现代工业化较早的一种方式，吸取溶剂为单乙醇胺（Monoethanolamine，MEA），单乙醇胺对二氧化碳气体具有非常好的吸取特性，能与二氧化碳来进行形成碳酸盐反应。其化学反应式为：

$$2HOCH_2CH_2NH_2 + CO_2 + H_2O \rightleftharpoons [HOCH_2CH_2NH_3]_2CO_3 \quad (10)$$

在 20~40 ℃，化学变化朝右来进行，释放热能。当温度上升到 104 ℃，生成物将通过吸取一定量的热能分解，使化学变化反向来进行，使 MEA 溶液能够重复使用。

单乙醇胺是一种有机强碱对酸性气体 CO_2 有着很强吸收能力且吸取速度快、吸取速度快、节约费用、富液中残余 CO_2 气体少等特点但存在腐蚀影响强，富液降解消耗大、贫液重复能源消耗高的弊端。所以本加工工艺比较适用于低压力混合气体中 CO_2 的去除。

2.2.2.2　活化 N-甲基二乙醇胺法

此法使用的吸收溶剂为加入少量活化剂的 N-甲基二乙醇胺溶液。

甲基二乙醇胺具有不降解，且无毒的化学性质。更为主要的是 MEA 和 MDEA 与 CO_2 反应时生成物不一样。MEA 与 CO_2 反应生成碳酸盐，甚至重碳酸盐，而 MDEA 与 CO_2 反应只会生成氨基甲酸氢盐。在稳定性方面，碳酸盐强于氨基甲酸氢盐，因此 MEA 溶液分解时所需要的能耗也会很低，低温情况下溶液就可实现完全再生。相较于传统工艺，二氧化碳的回收利用率可达 99%，吸收液再生时要用到的能耗只有传统工艺的 50%，且吸收液的循环量可降低 30%～40%就可以实现与传统工艺同样的加工能力。此外，MDEA 与二氧化碳反应不会转化成含有腐蚀性的氨基甲酸盐。

其基本思路就是将 MDEA 的高处理能力与一些有机胺（如 MEA、DEA）的高反应速率有效融合在一起从而改善 CO_2 的处理过程[15]。现阶段某些中试生产试验得出来的结果显示混合胺溶液，较其他传统技术相比较，在吸收 CO_2 时具有多方面优点[16-17]。

2.3　热钾碱溶液法

热钾碱溶液法是最先工业化生产一种技术，它充分利用热（90～110 ℃）的高浓度碳酸钾水溶液在施压下吸收二氧化碳，转化成碳酸氢钾，然后在释压下解吸二氧化碳，生成碳酸钾，所以能够重复利用。鉴于二氧化碳吸收过程中的温度和吸收液回收利用过程中的工作温度大致相同，得以优化了吸收步骤流程。另外，吸收液中碳酸钾的含量越大，吸收液的吸收力增加，吸收的化学反应速率也更迅速。

为了能加速二氧化碳的吸收和解析速度，只需在溶液中添加活化剂，如三氧化二砷、硼酸或磷酸、哌嗪、有机胺等物质。另外添加缓蚀剂，降低溶液对机器的腐蚀性。三氧化二砷是热钾碱溶液中最早采用的活化剂（称为 G-V 法），活性效果明显，但三氧化二砷为有毒物，在治理污水排放的过程与操作过程中员工的身心健康防护有一定难度。所以，逐步选用氨基乙酸（无毒 G-V 法）、二乙醇胺、乙二醇胺、空间位阻胺等有机胺类活化剂替代三氧化二砷。有机胺类活化剂之所能够提升吸收液的吸收速率，主要是由于氨基基团加入了吸收反应，影响了二氧化碳的反应历程。

总而言之，不管选用哪一种吸收技术，现阶段溶剂吸收法行业内探究的重点集中于高效率吸附剂的探寻上。陶氏化学公司在 1999 年研发出了将天然气里的二氧化碳含量降至数百万分之几的新型的二氧化碳吸收溶剂 Gas/Specs-2000。其效率远远高于商用吸收溶剂（单乙醇胺、二乙醇胺等），该类型的吸收剂还可以从炼油厂、制氢厂、合成氨厂等其他工厂的废气中同时除去 CO_2[18]。

3　回收二氧化碳技术方案的选择

尽管回收 CO_2 的方法多种多样，各种方法都有其优缺点。表 2 对比了物理吸收法和化学吸收法的优缺点。

表 2　各类方法的原理和优缺点

项　目	原　理	优　点	缺　点
化学吸收法	烟气（低浓度低压力成分复杂）中的 CO_2 与碱性吸收溶液接触形成不稳定盐的化学反应，并且盐在一定的条件下可以反向分解以释放 CO_2 并再生	吸收速度快、对气体的净化程度高；可以在烟气等低浓度低压力条件下选择性吸收 CO_2，烟气条件下无须加压	再生热耗高、能耗高、对材质的要求较高
物理吸收法	溶液吸收中高压气体中的 CO_2，在改变压力或者温度情况下释放 CO_2 并再生	较高的净化度，净化气体中 CO_2 浓度可以达到 20×10^{-6} 以下	压力需要在 1.3 MPa 以上，压力越高效果越好

从表 2 可以看出，采用化学吸收法回收烟气 CO_2 工艺具有明显优势。

焦炉排出的废气具有温度高、压力低、二氧化碳含量相对较低的特点，物理吸收法不适合本装置低分压尾气吸收，因此我们选择采用化学吸收法回收焦炉烟气中的 CO_2。针对焦炉废气具有低浓度低压力的特点，采用 MEA 法。MEA 法回收 CO_2，具有反应过程迅速，对二氧化碳气体吸收能力强，所产生的产品气纯度高、投资费用少等优点。

MEA 吸收反应原理：

一乙醇胺（MEA）具有与氨类似的属性，它们能够接受 1 个质子构成铵离子在水溶液中显碱性 CO_2 为弱酸性的气体，当 CO_2 溶解于一乙醇胺水溶液里时，其总反应方程如下所示：

$$HOCH_2CH_2NH_2 + CO_2 + H_2O \rightleftharpoons HOCH_2CH_2NH_3HCO_3 + Q \tag{11}$$

此化学反应为可逆反应，降温，化学平衡常数增加，平衡向生成物方向移动；温度上升，化学平衡常数降低，平衡向反应物方向移动。

选用MEA法为基础，配入适量的助吸收成分的水溶液吸收剂。复合型水溶液吸收 CO_2 的效果明显，与 CO_2 反应生成碳酸盐化合物，升温能够解析出 CO_2，但MEA碱性强，能够转化成 CO_2 与更稳定的氨基甲酸酯盐。MEA与 CO_2 的反应程式如下所示：

$$CO_2 + HOCHWCH_2NH_2 \rightleftharpoons HOCH_2CH_2HNCOO^- + H^+ \tag{12}$$

$$HOCH_2CH_2HNCOO^- + H_2O \rightleftharpoons HOCH_2CH_2NH_2 + HCO_3^- \tag{13}$$

$$H^+ + HOCH_2CH_2NH_2 \rightleftharpoons HOCH_2CH_2NH_3^+ \tag{14}$$

4　烟气中二氧化碳回收工艺流程

4.1　烟气回收二氧化碳流程图

一乙醇胺（MEA）与氨相似，能接受一个质子形成铵离子在水溶液中呈碱性，12%～18%的MEA水溶液其pH值约为11。溶液在回收 CO_2 过程中，易与 O_2、CO_2、硫化物等发生化学降解，也易发生热降解，尤其与尾气中 O_2 的氧化降解居于首位。MEA与 CO_2 的降解产物主要有恶唑烷酮类、1-(2-羟乙基)-咪唑啉酮和N-(2-羟乙基)-乙二胺等。

4.2　工艺流程简述

焦炉烟气捕集 CO_2 流程如图1所示。

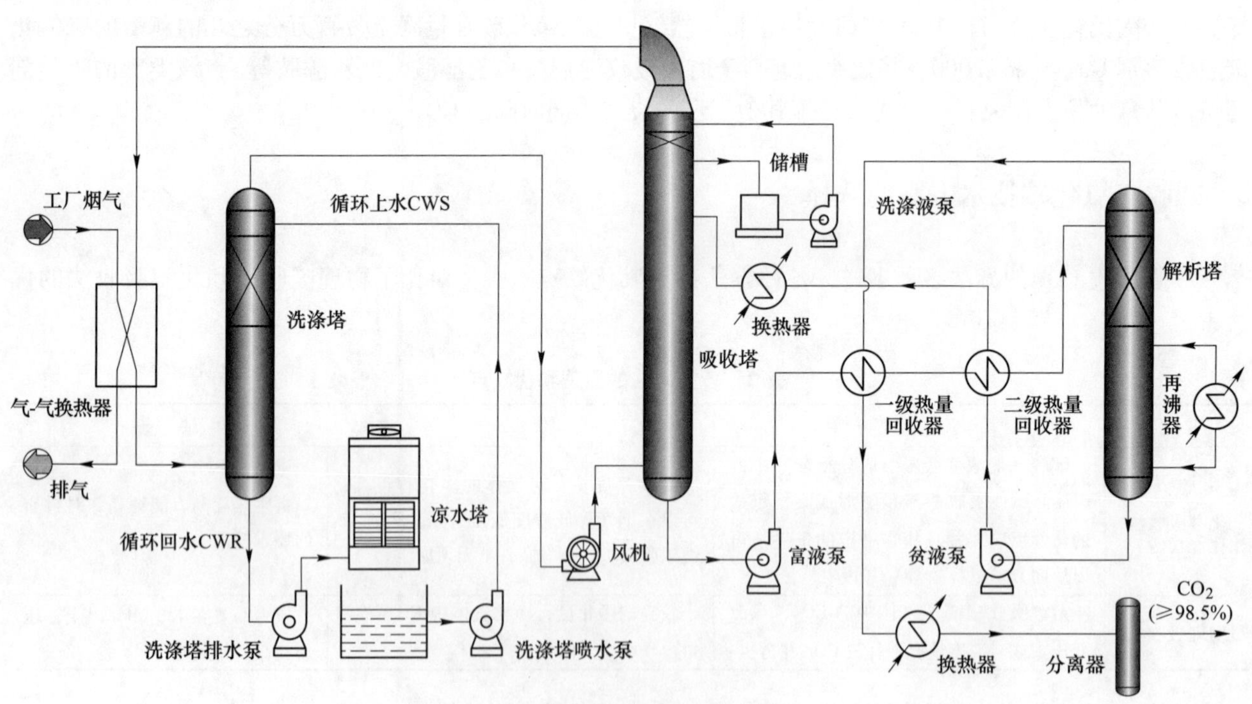

图1　焦炉烟气捕集 CO_2 流程简图

温度为150 ℃左右的焦炉烟气在焦炉风机入口处经由管道输送至气/气换热器降温至120 ℃后进入洗涤塔，焦炉烟气在洗涤塔内经水洗，除尘降温至不高于40 ℃，洗涤水由洗涤塔排水泵送至洗涤凉水塔降温后，水流通过水池经由洗涤塔喷水泵加压后循环使用。

经洗涤后的烟气由洗涤塔顶部通过管道进入引风机；由引风机升压至10 kPa，沿管道输送至吸收塔下部，与自上而下的一乙醇胺（MEA）水溶液在塔内填料表面发生传质传热，焦炉烟气中的二氧化碳气体被一乙醇胺溶液吸收，汇聚于吸收塔下部，吸收二氧化碳气体后达到平衡的一乙醇胺溶液称为富液，焦炉烟气中的其他气体与部分受热形成的一乙醇胺蒸汽经吸收塔上部洗涤段回收，进入气/气换热器与焦炉风机入口的烟气进行热量交换升温后，回到烟囱排放到大气中。

富液自吸收塔底经富液泵加压至0.55 MPa输送至一级热交换器交换热量，温度升至68 ℃左右，经过二级热交换器，温度升至98 ℃左右，由再生塔上部喷洒入塔内。在再生塔内，富液被加热分解，释放出温度约在95 ℃左右二氧化碳气体，气体协同大量的水蒸气及少许的贫液蒸汽由塔顶部排出，气体压力约为0.03 MPa（表压）进入一级热交换器与富液交换热量，当气体温度降至约78 ℃左右。在换热器内利用循环水对其降温，温度降至≤40 ℃左右，进入汽水分离器。在分离器内，二氧化碳气体由顶部经管道送出界区，冷凝水由底部重新送入系统循环使用。

再生塔底部设置1个再沸器，再沸器采用0.5 MPa低压蒸汽加热，塔底温度稳定在103~110 ℃。蒸汽冷凝液经管道送出界区并回收。

再生塔下部的贫液经一级换热器交换热量后，将温度由103 ℃左右下降至80 ℃左右，再由贫液泵升压至0.55 MPa，送入换热器与循环水进一步降温至不高于40 ℃，经溶液过滤器和机械过滤器过滤后，由吸收塔上部喷淋入塔内。

5　实际运用效果

河北中煤旭阳能源有限公司针对焦炉烟气中所含二氧化碳压力低、浓度低，烟气温度高等特点。依照上述工艺，建成首套全国首套焦炉烟气二氧化碳捕集示范装置。该示范装置每年可以由焦炉烟气中回收二氧化碳7500 t，作为合成甲醇和制作PPC-X降解塑料的原料气。

整套装置的优点在于：

（1）采用新型高效MEA吸收剂。回收率达到91%以上。回收二氧化碳纯度高：一次回收设计值达到98.5%（干基）以上产品气。配合二次处理可达到不低于99.99%。吸收液不会被氧气氧化降解，可以在高含氧气体中运行。对设备的腐蚀度低。再生能耗较传统MEA溶剂降低了30%以上。从而降低了此项目投资成本。

（2）采用特有的烟气洗涤空气再生技术，能有效防止腐蚀和水浪费，不添加任何碱液，减少后端溶剂损耗及维持系统水平衡。

（3）项目工艺采用多级级间冷却、级间加热技术，将热量和冷量最大化回收，使冷量和热量消耗降至最低；提升技术节能40%以上。形成新一代低成本低能耗的CO_2吸收工艺技术。

整套烟气回收装置于2022年3月10日首次联动试车成功，顺利产出二氧化碳成品气，经过取样检验，产品气的纯度达到了99.62%，高于设计值98.5%。

6　结论

（1）选择国内最先进、成熟的CO_2捕集回收工艺，当20~40 ℃常温时CO_2溶解于单乙醇胺（MEA）的溶液里，发生正向反应；将吸收CO_2后的饱和溶液升温至110 ℃发生逆向反应解析获得到CO_2同时溶液回收再利用。这无论在技术上、还是在应用上均是可行的。

（2）借助经济性分析来讲，该项目在经济方面投资少，吸收速率快，工作效率高。

（3）在生态环境治理、削减碳排放量方面，符合我国绿色发展战略和生态环境保护需求。

（4）大量二氧化碳的综合利用，最大程度地提升了周边环境，使企业生产经营达到了环保排放标准，有效控制了环境污染，借助废气回收，化害为利，提升了社会效益。

（5）所产生的产品施行液态二氧化碳新国家行业标准，对企业能源利用，优化产业布局，改善生态环境提高企业市场竞争能力，发挥了较大作用。

参考文献

[1] 朱跃钊，廖传华．CO_2的减排与资源化利用［M］．北京：化学工业出版社，2011.

[2] 邝生鲁．全球变暖与CO_2减排［J］．现代化工，2017，27（8）：1-11.

[3] Caplow M. Kinetics of carbamate formation and breakdown [J]. J. Am. Chem. Soc., 1968, 90 (24): 6795-6803.

[4] Danckwerts P V. The reaction of CO_2 with ethanolamines [J]. Chem. Engng. Sci., 1979, 34 (4): 443-446.

[5] Blauwhoff P M M, Versteeg G F, Van Swaaij W P M. A study on the reaction between CO_2 and alkanolamines in aqueous solutions [J]. Chem. Engng. Sci., 1983, 38 (9): 1411-1429.

[6] Laddha S S, Danckwerts P V. Reaction of CO_2 with ethanolamines: kinetics from gas-aborption [J]. Chem. Engng. Sci., 1981, 36 (3): 479-482.

[7] Dr. Jose L Sotelo, Dr. F Javier Benitez, et al. Kinetics of carbon dioxide absorption in aqueous solutions of diisopropanolamine [J]. Chem. Eng. Technol., 1992, 15 (3): 114-118.

[8] Oyevaar M H, R. Morssinkhof W J, Westerterp K R. The kinetics of the reaction between CO_2 and diethanolamine in aqueous ethyleneglycol at 298 K: a viscous gas-liquid reaction system for the determination of interfacial areas in gas-liquid contactors [J]. Chem. Engng. Sci., 1990, 45 (11): 3283-3298.

[9] Noman H, Ali B, Orville C Sandall. Kinetics of the reaction between carbon dioxide and methyldiethanolamine [J]. Chem. Engng. Sci., 1987, 42 (6): 1393-1398.

[10] 王挹薇，张成芳，钦淑均. MDEA 溶液吸收 CO_2动力学研究 [J]. 化工学报，1991，4：466-474.

[11] Noman H, Orville C Sandall. Absorption of carbon dioxide into aqueous methyldiethanolamine [J]. Chem. Engng. Sci., 1984, 39 (12): 1791-1796.

[12] Barth D, Tondre C, Lappai G, et al. Kinetic study of carbon dioxide reaction with tertiary amines in aqueous solutions [J]. J. Phy. Chem., 1981, 85 (4): 3660-3667.

[13] Barth D, Tondre C, Delpuech J. Kinetics and mechanisms of the reactions of carbon dioxide with alkanolamines: a discussion concerning the cases of MDEA and DEA [J]. Chem. Engng. Sci., 1984, 39 (12): 1753-1757.

[14] Raymond A Tomcej, Fred D Otto. Absorption of CO_2 and N_2O into aqueous solutions of methyldiethanolamine [J]. AIChE Journal, 1989, 35 (5): 861-864.

[15] 黎四芳，任铮伟，李盘生，等. MDEA-MEA 混合有机胺水溶液吸收 CO_2 [J]. 化工学报，1994，45 (6)：698-703.

[16] Chakma A. An Energy Efficient Mixed Solvent for The Separation of CO_2 [J]. Energy Convers Mgmt, 1995, 36 (6/7/8/9): 427-430.

[17] Norio A, Naoki O, Mutsuo Y, et al. Evaluation of Test Results of 1000 m^3/h Pilot Plant for CO_2 Absorption Using An Amine-Based Solution [J]. Energy Convers Mgmt, 1997, 38 (supplement): S63-S68.

[18] Fauth D J, Frommell E A, Hoffman J S, et al. Eutectic salt promoted lithium zirconate: novel high temperature sorbent for CO_2 capture [J]. Fuel Proc Techno. l, 2005, 86 (8): 1503-1521.

BIM 技术在山西闽光焦化项目煤气净化工程中的综合应用

陈　淼　李庆生　左付华　和法宪

（山东省冶金设计院股份有限公司，济南　250000）

摘　要：本文通过分析公司以往煤气净化工程在实施过程中遇到的难点，提出 BIM 的技术运用方式，在山西闽光焦化项目煤气净化工程中实施，并在资料委托、模型建立、设计深度、碰撞检查、报表提取、协同管理等方面取得了显著效果，验证了 BIM 设计的在煤气净化工程中的实用性、高效性。通过使用三维正向设计完成煤气净化专业施工图任务。

关键词：BIM 技术，煤气净化，数字化

1　工程概述

根据山西省人民政府和临汾市人民政府有关文件精神，山西闽光新能源科技股份有限公司在翼城县高质量钢铁新材料工业园区建设年产 156 万吨炭化室高度为 6.73 m 的复热式捣固焦炉，实施上大关小高质量转型升级项目。同时与本项目配套备煤系统、焦处理系统、干熄焦及发电系统、煤气净化系统、烟气脱硫脱硝系统、制酸系统、污水处理系统、焦炉煤气制 LNG 联产合成氨装置等生产、环保及生产辅助设施等。

其中煤气净化系统的功能是脱除煤气中的杂质，如焦油、萘、氨、苯、硫化氢等，以满足作为工业燃料对煤气质量的要求，同时回收高附加值化工产品，使资源得到有效利用。焦炉产生的荒煤气用煤气鼓风机抽出，在焦炉集气管用循环氨水喷洒使其初步冷却降温，再用冷却水间接冷却到一定温度并初步净化；煤气冷却过程中析出焦油氨水混合物，采用分离工艺得到焦油产品。煤气中的氨用硫酸吸收脱除，以产品硫铵的形式回收。煤气中的苯类用焦油洗油吸收，经蒸馏回收粗苯产品。采用稳定高效的湿式氧化法脱硫工艺，脱除煤气中硫化氢。脱硫废液输送到制酸单元，制酸预处理工序产生清液再返回到脱硫系统中。

经净化后，标准状态下煤气中 $NH_3 \leqslant 0.03\ g/m^3$，$H_2S \leqslant 0.02\ g/m^3$，粗苯$\leqslant 2\ g/m^3$，焦油$\leqslant 0.02\ g/m^3$，萘$\leqslant 0.3\ g/m^3$。

2　工程难点

公司传统的煤气化工设计采用以 AutoCAD 为主流的二维软件进行设计，采用优易和 CAESAR Ⅱ对管系进行应力分析和支吊架设计，这些软件虽然能够完成项目的工程设计，但也存在明显的弊端，主要体现在以下三个方面：

（1）设计深度与一流化工设计院存在差距。一流化工设计院现在均为三维设计，设计体系较为完整、设计深度较高。公司由于设计工具的限制，在花费同样人力的情况下，设计深度很难达到一流化工设计院的深度，主要体现在：1）轴侧图。三维设计模式下，轴侧图均为自动抽取，注释、标注完整且准确。二维设计状态下很难达到同样的精度。2）报表。一流化工设计院报表均为自动生成，前后统一且描述完整，二维设计状态下基本靠人工统计，前后不一致的情况经常发生。

（2）管线复杂，各专业协同困难。化工项目中，管道占比较大。管道种类多，涉及到化工、给排水、热力、燃气等多个专业，与之配套的结构、电气桥架也比较复杂。各专业协调起来较为困难，错漏碰缺的情况经常发生，会签消耗大量精力。即使能够发现问题，也处于设计阶段的后期，协调变更困难。

（3）设计效率较低。二维设计中，设计人的主要工作在于制图。为满足图纸深度要求，需要绘制轴

侧图、平面图，立面图等，还需填写材料、设备以及与压力管道相关的各种报表。这些文件的内容，相当多是重复统计的，不仅消耗人力，还容易出错，使得整个设计过程效率较低。

此外，由于行业内数字化进程的推进，业主对本项目有了一定的数字化交付要求。综上几点，传统的方式无法更好地满足该项目实施。

为满足工程需要、深化设计质量、提高设计效率，公司决定采用 Bentley 系列软件来进行本项目的 BIM 设计。

3　设计实施

3.1　设计策划

为确保项目的顺利实施，BIM 中心在公司原有的项目设计策划基础上做了补充，主要在两个方面：一是在人员组织安排方面，在原基础上增加了 BIM 经理一职，协助设计经理完成项目设计，同时增加设计经理、专业负责人、设计人在 BIM 设计项目的中职责，确保所实施项目符合公司的相关规定；二是完善补充了相关 BIM 设计制度，主要包括《工程数字化协同设计平台使用与管理办法》《三维数字化设计建模标准》《三维协同设计应用管理办法》《三维数字化设计技术应用考核管理办法》等。这些制度既保证了项目的顺利推进，又大大激发了设计人员的热情。

3.2　设计实施

在项目实施阶段，各专业采用不同的软件完成相关设计。

设备专业使用 Inventor 对一些复杂设备进行设计，设计完成后转换成 sat 中间格式文件，导入 Bentley 系统中，并通过赋予设备属性，使其成为具有属性的信息模型。

化工、热力、燃气、暖通、给排水等专业使用 Openplant 系列软件来完成相关设计。软件可将管道系统保存为 PXF 格式导入 Autopipe 中，完成管道应力分析。根据应力分析结果，在路草支吊架软件中可以完成管道支吊架设计。最终，在 OpenPlant Isometrics Manager 、OpenPlant Orthographics Manager 两款软件中绘制管道轴侧图及平面图、立面图、节点详图等。

建筑专业使用 OpenBuildings Designer 完成建筑结构设计。

为满足中国规范要求，电气、仪表、电信等专业使用在 OpenPlant Modeler 上开发的 Electrical Designer 完成相关设计。

同样，总图专业使用 CNCCBIM OpenRoads 完成道路场地设计。

采用协同平台 ProjectWise，对项目进行专业分组和协同管理工作，并通过工作空间的托管，完成各专业的设计标准统一。ProjectWise 不仅很好地实现了统一的设计标准，而且补齐了公司原协同设计系统的短板，使设计管理效率和设计协同效率大大提高。

4　设计成果

本项目采用 BIM 设计后，取得了显著的效果，主要体现在：

（1）通过本项目的促进作用，对公司的管道等级表进行深化和完善，制作了标准的化工管道等级库，对管线编码、管件描述进行统一，完善了化工管道设计的基础工作，为设计成果的深化夯实了基础。

（2）工程实施过程中，化工专业借助三维模型进行专业委托，实现了完整的正向设计（图 1、图 2）。化工专业在本专业设备布置和管道布置的基础上，通过模型切图作为附件，附加委托书说明，下游专业收到资料后，结合 PW 平台上模型，能更好地理解上游专业的要求，对专业沟通提供了良好的帮助。

（3）通过 ProjectWise 协同管理平台，各专业的协同效率大为提高，减少了大量的错漏碰缺问题。管道专业使用软件从模型中抽取管道 ISO 图，图纸深度、出图效率大大提高，使用软件工程量统计功能，减少了大量的人工统计时间。

（4）现场项目部可通过 PW web China 对项目进行实时查看，大大提高了设计部门与现场项目部的沟通效率。

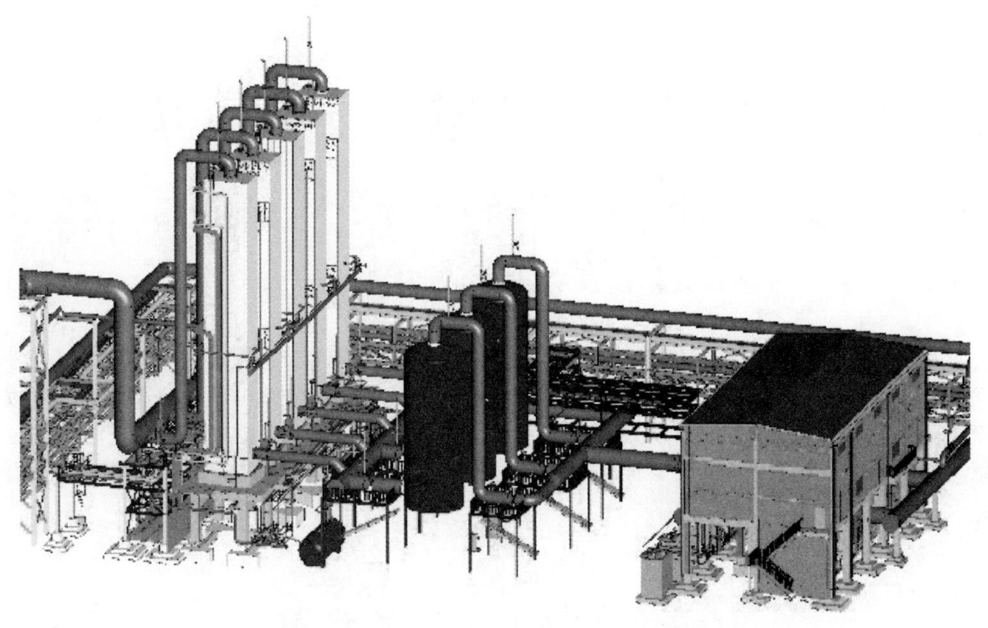

图 1　山西闽光总包工程煤气净化冷凝鼓风单元三维效果图

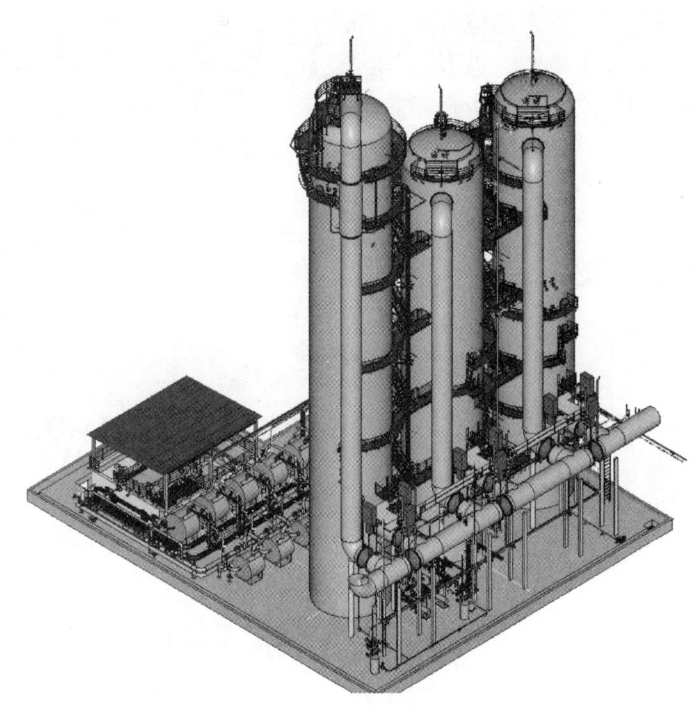

图 2　山西闽光总包工程煤气净化终冷洗苯单元三维效果图

5　结语

BIM 设计与传统的二维设计相比，在设计深度、碰撞检查、报表统计、图纸出版方面都有明显的优势，软件配置齐全且操作简单，设计管理变化不大，但需同时解决部分专业的积极性问题。总体来看，BIM 技术值得在总包项目中全面应用。

布控球在炼焦企业视频监控系统中的应用

宋沛刚　徐　军　韩　铭　李浩元　李　娜　周利娟　宋宜刚

（洛阳龙泽能源有限公司，洛阳　471200）

摘　要：为进一步提高安全管理水平，对危险化学品企业视频监控系统存在设备老化快、监控盲区、数据分析复杂、数据安全问题等，以移动式布控球在炼焦企业中的应用，阐述了布控球在炼焦安全生产中具备增强员工安全意识、安全监督不受时间空间限制、指导事故应急救援的效果，移动式布控球可监控现场特殊作业、安全教育培训、应急演练现场等，为炼焦企业的安全发展提供了可靠的保障，增强了员工安全意识，为应急救援提供技术支撑。

关键词：布控球，炼焦企业，视频监控

1　概述

危险化学品企业涉及类型多，其中的炼焦企业因生产工艺复杂、涉及物质危险性高，生产条件高温高压，产品易燃易爆[1]，一旦发生事故，波及范围大，社会影响广，为了避免因安全管理水平不足、作业人员违章作业等原因导致的事故，进一步提高企业安全管理水平，本文通过介绍一种可移动的视频监控设备即移动式布控球在实际生产过程中的应用，来达到提升企业安全管理水平、提高从业人员素质、加强特殊作业过程安全管理的目的。

2　炼焦企业视频监控系统概述

2.1　基本组成

炼焦企业视频监控的基本组成包括摄像头、视频录像设备、视频监控软件、视频监控中心、网络设备、电源设备等。

摄像头：摄像头是视频监控系统的核心组成部分，用于捕捉炼焦企业内部的各种活动和事件。

视频录像设备：视频录像设备用于将摄像头捕捉到的视频信号进行录制和存储，以便后续的查看和分析。

视频监控软件：视频监控软件是用于管理和控制视频监控系统的核心软件，可以实现视频监控、录像、回放、报警等功能。

视频监控中心：视频监控中心是视频监控系统的控制中心，用于监控和管理炼焦企业内部的各种活动和事件。

网络设备：网络设备用于将视频信号传输到视频监控中心，包括路由器、交换机、网线等。

电源设备：电源设备用于为视频监控系统提供稳定的电源供应，以确保系统的正常运行。

2.2　应用现状

2.2.1　安全监控

我国的安全生产方针是"安全第一，预防为主，综合治理"，安全是企业的头等大事。炼焦企业是一个高温、高压、高危的生产环境，安全监控是视频监控的主要应用之一。通过安装摄像头对生产现场进行全方位监控，及时发现和处理安全隐患，保障员工的生命安全和财产安全。

2.2.2　生产监控

在保障安全的前提下，企业按照制订的年度生产计划和市场行情调配生产进度，炼焦企业的生产过

程需要严格的监控和控制，视频监控系统可以实时监测生产设备的运行状态、生产过程的各个环节，及时发现和解决生产过程中的问题，提高生产效率和产品质量。

2.2.3　环境监控

炼焦企业的生产过程会产生大量的废气、废水和固体废物，视频监控系统可以监测和记录废气、废水和固体废物的排放情况，及时发现和处理环境污染问题，保护环境和生态。

2.2.4　质量监控

炼焦企业的产品质量是企业的生命线，视频监控系统可以监测和记录生产过程中的各个环节，及时发现和解决质量问题，提高产品质量和市场竞争力。

总之，视频监控系统在炼焦企业中的应用非常广泛，可以帮助企业实现安全生产、高效生产、环保生产和优质生产。

2.3　存在的问题

监控设备老化，炼焦企业的生产环境比较恶劣，高温、高湿等因素容易导致监控设备老化，影响监控效果。监控盲区，炼焦企业的生产场景比较复杂，可能存在一些盲区，导致监控盲点，无法全面监控。监控数据存储问题，生产数据量大，监控数据多，如何存储和管理这些数据成为问题。监控数据分析问题，炼焦企业的生产数据需要进行分析，以便及时发现问题和改进生产流程，但是如何对监控数据进行分析也是一个难题。监控数据安全问题，炼焦企业的生产数据涉及企业的核心机密，如何保证监控数据的安全性显得十分重要[2]。

3　布控球技术原理与特点

布控球是一种常见的安防设备，它可以通过视频监控来实现对特定区域的监控和预警。

3.1　基本原理

布控球技术[3]是基于前端AI计算及后端云平台计算，集人脸识别、安全帽识别、接打手机识别等的AI视频图像分析算法，通过计算机视觉技术对图像、场景、人脸等进行深度学习[4]，识别并标示生产区域内接打电话、未佩戴安全帽等违章行为，监测数据上传后台集中管理，视频监测者及安全管理人员可通过登录等方式查看信息，实现远程管理和集中监控。

3.2　特点和优势

布控球是一种数字化的视频监控设备，具有以下特点和优势：高清晰度，采用数字化技术，可以提供高清晰度的视频画面，使得监控画面更加清晰、细腻。远程监控，可以通过网络连接，实现远程监控，安全管理人员等可以通过手机、电脑等设备随时随地查看监控画面，方便快捷。多功能性，布控球可以实现多种功能，如运动检测、声音检测、夜视功能等，可以满足不同场景的监控需求。灵活性，灵活安装，不受布线限制，可以随时更换位置，方便快捷。可扩展性，通过网络连接，实现多个设备的联动，可以扩展监控范围，提高监控效率。安全性，布控球可以设置密码、加密等安全措施，保障监控画面的安全性，防止被黑客攻击。

3.3　应用领域

布控球的应用领域非常广泛，主要包括家庭安防、商业安防、公共安防[5-6]、工业监控、教育领域、医疗领域。在工业领域中，因生产环境复杂多变，生产车辆移动量大，固定式的监控设备长期在高温、振动环境下，极易发生脏污、信号丢失等问题，需要投入大量人力维护保养，且存在监控盲区，不能移动，无法满足整个生产区域内一些作业要求，因此，一种可移动的视频监控设备即移动式布控球[7-8]可弥补这些缺陷，对一些监控盲区的作业活动进行安全监督，提高安全生产水平。

4 炼焦企业视频监控系统中布控球技术的应用

4.1 应用场景

4.1.1 特殊作业

在生产过程中，设备不断运行引起损耗、管道厚度随着使用年限不断增加而变薄等，日常巡检中发现的跑冒滴漏等问题，需要更换或者检修作业时，涉及特殊作业如动火作业、高处作业、受限空间作业等，需要对作业全过程进行录像，因作业场所不固定，一般的监控设备无法满足录像需求，此时移动式布控球则不受时间、空间限制，只要找好位置，调好角度，设置好合适的监控参数，就可以通过后台监控作业现场，及时发现隐患或随时制止违章作业等。

4.1.2 安全培训、考试

企业在日常培训中，一般通过授课、视频等方式对员工进行安全知识教育，通常情况下为了留存培训学习资料，大部分情况下以现场照片、签到表等形式展现，但为了方便了解培训效果，企业采取考试等形式了解员工实际掌握能力。由于安全管理人员与一线员工人数上的差距，给监督管理工作带来了挑战[9]，因此积极推广利用现代高科技技术，通过移动式布控球可以快速便捷地监控考试现场，高效地维持现场秩序等，并且可以录制培训现场，更加方便管理层随时回顾、评估和提升培训方式、内容等，为企业安全生产打下坚实的基础（图 1）。

图 1 焦化企业移动式布控球录制安全教育考试现场

4.1.3 应急演练

按照相关法律法规要求，危险化学品企业每半年至少组织一次应急预案演练。根据企业制定的应急演练内容，组织相关人员学习应急预案内容，积极进行现场演练，在演练过后根据实际情况进行演练评估。通过现场记录观察、探讨应急预案的针对性、实用性和可操作性，此时保存现场视频资料就显得尤为重要，通过分析不断发现问题，优化应急预案。可移动的布控球随时录制演练现场，为安全管理人员提供一手资料。另外，在实际事故现场，布控球因其具备防爆功能，可为应急指挥部和指挥人员提供良好的现场情况[10]。为应急救援工作提供保障和支持。

4.2 应用效果

4.2.1 增强员工安全意识

在炼焦企业生产现场，员工违章作业是引起安全事故的重要原因之一。在风机房、危废间、锅炉房等区域设置布控球监控装置，增强员工安全意识和规范安全行为。通过在特殊作业现场布置移动式布控球，随时监督作业现场，告知作业人员，从心态上转变，重视安全作业的重要性，从而规范作业人员按规定操作，形成规范作业安全文化，从心态上的转变到行为上的规范，真正实现安全生产零事故。

4.2.2　安全监督不受时间空间限制

因炼焦企业生产现场复杂多变，作业区域位置不固定，应用移动式布控球后，在现场作业时放置监控设备，现场监护人员确保监控系统正常，其他监督人员可远程监控现场作业或设备运行情况，采集信息，不再受时间、空间限制，视频后台也可接入上级系统，方便随时查看，为安全生产监督提供便利。

4.2.3　指导事故应急救援

由于我国炼焦生产作业环境复杂，一旦发生焦炉煤气安全事故，开展事故救援时需要及时掌握现场情景，快速启动应急预案，防爆可移动的布控球放置在事故现场，可实时提供现场视频画面，方便现场应急指挥，提升救援效率。

5　结语与展望

炼焦企业视频监控系统能够实现对生产全过程的可视化监控，全方位把控各类生产场所实际运行状况，可抓拍员工违章行为，但存在监控盲区，为此，移动式布控球可设置在监控盲区用来监控现场特殊作业、安全教育培训、应急演练现场等，为炼焦企业的安全发展提供可靠的保障，不断增强员工安全意识，为应急救援提供技术支撑，提升安全管理水平。

参 考 文 献

[1] 黄健，李军，刘天梦，等．炼焦行业挥发性有机物排放问题分析［J］．环境影响评价，2019，41（5）：48-50，62.

[2] 宋心刚，李行政，陈新，等．5G 视频监控干扰识别与定位方法研究［J］．电信工程技术与标准化，2023，36（1）：50-55.

[3] 张斌，李博文．基于布控球技术的煤矿视频监控系统研究与应用［J］．中国煤炭，2022，48（S1）：47-50.

[4] 龚义文，高玉格，孙怀伟，等．危险化学品企业特殊作业安全预警指数的研究［J］．劳动保护，2022，563（5）：92-95.

[5] 刘忠波．智能视频监控及分析技术在综合安防系统中的应用［J］．无线互联科技，2023，20（4）：13-15.

[6] 钟婷，彭晗．视频监控中异常行为检测在安防领域的研究进展［J］．智能城市，2022，8（9）：11-14.

[7] 武刚，童星．连云港自主设计 5G 智能布控球系统成功启用［J］．大陆桥视野，2022（6）：21.

[8] 潘志敏，唐信，梁运华，等．智能穿戴设备与安监布控球联动目标跟踪方法［J］．电子技术与软件工程，2021，204（10）：230-232.

[9] 陈兆华．基于生态变化的安全管理方法［J］．集成电路应用，2020，37（1）：116-117.

[10] 许军．视频监控在火灾事故调查中的应用研究［J］．淮南职业技术学院学报，2022，22（6）：141-143.

电网故障快速处置技术在焦化企业的应用

李高杰

（河南中鸿集团煤化有限公司，平顶山　467045）

摘　要：目前国内部分焦化企业供电系统尚存在配套电力设备老旧、落后的现象，一旦企业电网出现设备接地、电压波动、短路等，将造成企业整体电网闪络的现象，影响生产系统的安全性、稳定性，造成经济损失和环保事故；通过电网故障快速判断切除系统技术在焦化企业的应用，可有效治理公司供电系统短路超标、晃电影响面积大、单相弧光接地及选线等问题，提高企业供电可靠性，解决焦化企业供电系统存在共性难题。

关键词：零损耗深度限流装置，防爆过电压保护器，弧光接地，判断切除，母线残压保持装置，小电流接地选线装置

1　概述

随着焦化企业焦炉煤气等资源深度加工与利用的发展，安全与环境保护系统的日益完善，电网用电设备形式与规模不断发展扩大。投入电网的各种保护、自动装置、故障录波器等二次设备越来越多，并且其功能也越来越先进，这些装置提供了更加丰富、全面的电网运行数据和信息，给变电站二次系统带来了一次巨大的技术革新。同时，随着各级电力数据网络的建立以及网络通信技术在电力系统中应用的深入，电力中控中心实时得到各种电网运行信息也成为可能。在此基础上，电力中控中心综合利用微机保护、自动装置及故障录波器等二次设备提供的各种数据，可以进一步提高电力系统的自动化程度，保证系统安全、有效、稳定地运行。电网故障信息处理系统是对电网故障信息进行管理和分析的系统，它实时接收二次设备提供的各类信息，在电网发生故障时通过在线分析故障信息进行故障诊断，并为运行人员切除、恢复故障给出决策建议。随着计算机技术、通信网络技术在电网故障信息远传中的应用以及人工智能技术在故障诊断中的发展，充分利用计算机、人工智能技术的优势来建立功能更强大的故障信息处理系统，以提高电网故障处理的科学性和可靠性已成为必然的要求和新的研究热点。提高焦化企业供电系统安全和稳定性，减少不必要的设备停车隐患，减少企业经济损失和环保事故的发生，解决焦化类企业供电系统的共性难题。

2　焦化企业电网特性（案例）及供电现状

2.1　运行工况

某焦化公司总降变电站电压等级 35 kV，共有 3 台主变压器，1 号电源进线引自村庄 110 kV 变电站南 3 板，2 号电源进线引自村庄 110 kV 变电站南 8 板，1 号、2 号（35 kV）电源进线由 1 号、2 号、3 号主变降压至电压等级 10 kV，经 35 kV 开关站变压为 10 kV 为用电设备供电，供 10 kV 一段、二段及甲醇 1H 段、2H 段、3H 段、FH 段用户使用，其中 FH 段接入有公司 25000 kW 汽轮发电机一台，10 kV 一段接入有公司五台 2000 kW 燃气发电机组，引出 1 条电源供老电厂系统设备用电，再经老电厂 10/6 kV 变压器降压为 6 kV 供化工厂老系统水泵、物流及生活区设备用电。35 kV 侧母线为单母双分段，正常运行方式为一路投运，一路热备，35 kV 侧母联闭合，三台主变带 10 kV 侧负荷并列运行，一次系统图如图 1 所示。

2.2　电气系统主要设备参数

电气系统主要设备参数见表 1。

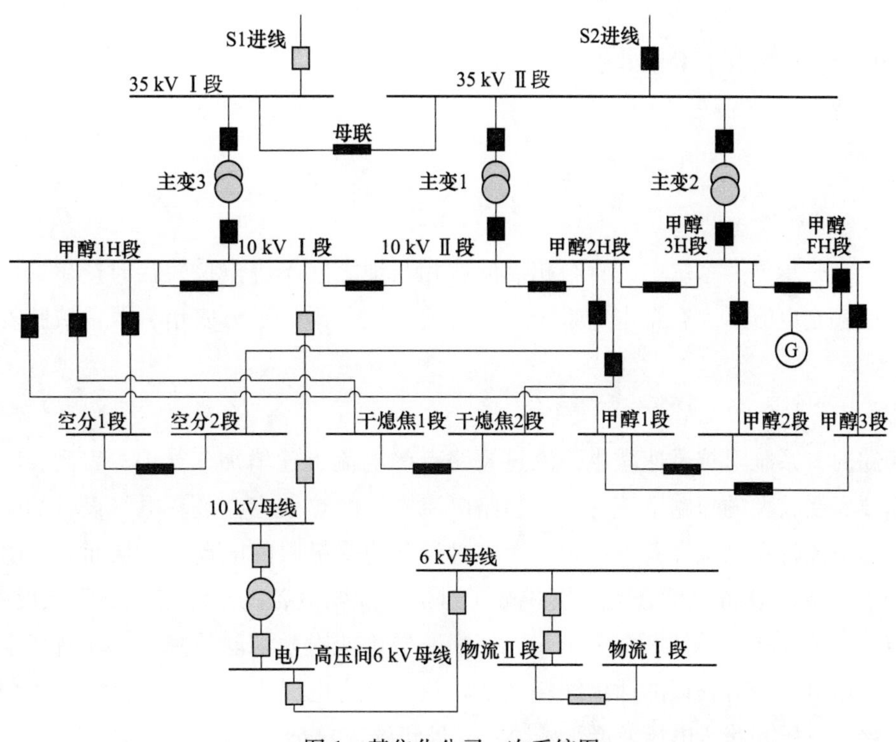

图1　某焦化公司一次系统图

表1　设备技术参数

项　目	技术指标
1号、2号、3号主变额定电压	35/10.5 kV
1号、2号、3号主变额定容量	12.5 MV · A
1号、2号、3号主变阻抗电压	$U_K\%=8.15\%$
干熄焦发电机额定容量	$S_e=25$ MV · A
干熄焦发电机额定电压	10.5 kV
干熄焦发电机额定电流	1718 A

由设备手册可知，$x''d=14.5\%$，$\cos\varphi=0.835$ kV，总降站10 kV馈线断路器开断电流40 kA，各开闭所开断37.17 kA。

2.3　系统短路电流计算

系统短路电流计算技术指标见表2。

表2　系统短路电流计算

各供电电源（或电动机反馈）提供短路电流/短路点	技术指标
系统经1号主变提供	8.44 kA
系统经2号主变提供	8.44 kA
系统经3号主变提供	8.44 kA
发电机提供	11.85 kA
各供电电源（或电动机反馈）提供短路电流	短路电流有效值
总　计	37.17 kA

注：10 kV总降短路 $d_1=d_2=d_3=d_4=d_5=d_6$。

3 某焦化公司供电系统存在的问题

3.1 短路电流超标

3.1.1 短路电流的概念

所谓短路电流，是指电力系统中，相与相之间或相与地之间不等电位短接时产生的电流。短路电流要远远大于正常的额定电流。大容量电力系统中，短路电流可高达数万安培，严重威胁着电力系统的安全稳定运行。

3.1.2 短路电流带来的危害

电网发生短路时，系统阻抗迅速减小，流过短路点的电流迅速增加，开关、刀闸、电流互感器、母线等电气设备需要承受较大的短路电流冲击，短路电流产生的热效应会破坏电气设备的热稳定；而暂态过程中的短路冲击电流将在电气设备上产生一个超过设备耐受极限的电动力，从而破坏电气设备的动稳定；短路电流增加会造成设备温度升高，接线端子过热，加剧设备的绝缘老化，降低设备的使用寿命；过大的短路电流还会造成断路器开断能力不足，使断路器不能有效切除故障，从而造成事故扩大；接地短路时的入地短路电流还会对临近的通信线路或铁路信号产生电磁干扰，更重要的是还会在接地短路点附近产生较高的接触电压和跨步电压，严重威胁着人身和设备的安全。

3.1.3 某焦化公司变电站设计能力

某焦化公司变电站 10 kV 母线短路电流为 37. 17 kA，加上部分电动机的反馈电流，总短路电流已远超出真空断路器额定短路开断电流，变电所采用的真空开关开断能力设计额定断开电流 31. 5 kA，实际发生如此严重的短路会造成真空开关烧毁事故，且短路电流冲击严重影响了电网系统的稳定性，造成变压器及电机积累性损伤。

3.2 晃电影响面大

某焦化公司供电系统主电源为两条进线供电和发电机并网的运行方式，且 10 kV 系统各母线均并列运行，这种系统运行方式稳定性并不高，单点故障的影响面较大，10 kV 负荷侧发生短路造成严重的晃电（电压暂降），现有的微机综合保护控制断路器切除短路故障的时间较长（70~90 ms）。由于短路引起的电压跌落幅值较大且呈现快速下降特征，而切除故障的时间又较长，最终导致敏感设备、元件停止运行或其他保护装置低电压保护跳闸，造成供电或生产系统中断。

3.3 单相弧光接地故障及选线问题

对某焦化公司 35 kV 变电站该单相电弧接地故障进行分析，考虑到城市的建设和对于环境的影响，在城区会架设大量的电缆。电缆长度的增加使得在电网系统中每出现一次过电压就会造成单相电弧的接地故障，这会对线缆造成一定程度的损伤，在这种情况下发生剧烈的单相电弧接地故障的概率就大大增加。在电网系统中，线缆长度的增加会使得发生单相电弧接地故障发生时的电流增大，使得电弧接地燃烧的情况更加剧烈，消弧线圈不能够补偿这一损失，进而使得电网系统发生波动和故障。

3.4 系统过电压保护器安全性不稳定

现在的过电压保护器基本是由氧化锌组成，但氧化锌压敏电阻在过电压保护器中使用年限一般为 8~10 年，随着氧化锌灭磁电阻的老化，其能容量必将减小。如果过电压能量过大，极容易导致阀片烧毁，影响企业安全运行。综上所述，三相组合式过电压保护装置使用寿命为 8~10 年，超出年限后，存在安全风险。

4　电网故障快速处置先进技术

4.1　目前智能电网的先进技术

变电站自动化程度随着调度自动化技术的管用性的深化开展和设备本身的技术水平的提高，变电站从传统变电站到实现“二遥”功能，再到实现“四遥”功能、实现变电站无人值班，到今日的综合自动化系统变电站，走过了一段开展历史。供电惊慌的状况得到好转，电网设计和建立越来越强调供电牢靠性。人们起先把注意力转向性能好、质量高、检修周期长或多年不需要检修等特点的电气设备。实施“四遥”功能，实现变电站无人值班已成为可能。

4.2　某焦化公司改进技术

（1）供电系统短路电流超标，在某焦化公司干熄焦发电机出口处增加零损耗深度限流装置，减少系统短路电流，满足现有设备短路电流处置能力。

（2）供电系统电压突降，在开闭所进线加装母线残压保持装置，配合快切装置在最短的时间切除短路故障，本开闭所内出现短路故障时减少对供电系统的影响。

（3）在 35 kV 总降站和各 10 kV 开闭所加装配网综合故障管控系统、各开闭所加装小电流选线装置，一旦出现单相接地故障时，及时快速查找回路故障。

（4）某焦化公司 35 kV 总降站过电压保护器老化，易导致阀片烧毁，引起短路，需对过电压保护器进行优化升级。

（5）现有真空断路器分断执行时间较长，电气设备发生故障，不能快速切除，易引发设备积累性损伤，造成大面积停电事故，优化升级为快速分断断路器，能在短时间内切除电气设备故障，减少对电网的影响。

（6）在 35 kV 总降站、甲醇变电所加装配网故障综合保护装置，加装小电流选线装置屏。

5　电网故障改造方案的研究与实施

5.1　优化过电压保护器实施措施

雷电过电压是发生在相对地之间的，而操作过电压、弧光接地过电压等电网内部过电压都是发生在相与相之间的。对中性点不接地系统来说，任何一相都不能构成单独回路，必须通过其他两相构成闭环，那么截流是发生在相间的，因此真空断路器截流导致的操作过电压也是发生在相间的。无论是限制相对地过电压还是限制相间过电压，都要限制到绝缘水平允许的范围以内，以尽可能避免产生局部放电，要有自动脱离功能，选择带有自动脱离和状态显示功能的过电压保护器。

5.2　单相接地故障实施方案

（1）在 35 kV 总降站安装配网综合故障管控装置，正常运行时，配网综合故障管控装置面板显示系统运行状态；当系统发生故障，微机综合控制器立即启动，微机综合控制器进行单相接地、断线运行等故障类型和相别的判断；当系统发生单相接地故障时，则在 5 ms 之内发出合闸指令，控制故障相接地开关合闸，将故障相直接接地，熄灭接地电弧，并将弧光接地过电压限制在线电压的水平，控制故障的发展；同时小电流选线模块 5 ms 启动选线功能；当发生断线故障时，装置发出报警信号并输出开关量接点，以便值班人员快速查找接地故障线路；配网综合故障管控系统主要由分相控制的快速断路器、全绝缘抗饱和电压互感器、高能容能量吸收器、隔离手车、半导体自限流强阻尼抑制器、故障管控系统控制器、柜体等组成，如图 2 所示。

（2）配网综合故障管控装置主要由全绝缘电压互感器 PT、具有消弧消谐选线等功能、可分相控制的快速接地开关、大能容三相组合式过电压保护器 TBP、高压隔离手车、半导体自限流抑制器 SIDR、CT 和

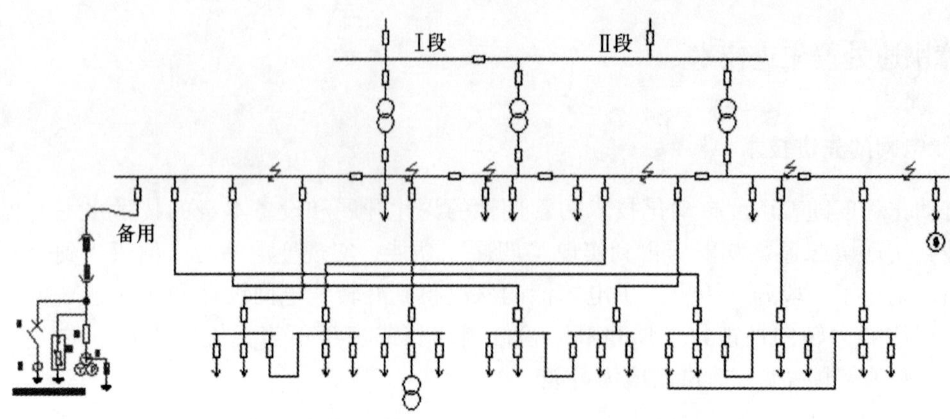

图 2 总降加装配网综合故障管控系统装置图

接地测量电流表等组成，配网综合故障管控装置的工作原理：系统正常运行时，装置面板显示系统运行电压、开口三角电压以及装置运行状态；当开口三角电压 UΔ 由低电平变成高电平时，表明系统发生故障，微机综合控制器 ZK 立即启动中断，进入故障类型判别和线路零序电流的数据采集程序，微机综合控制器根据 PT 二次输出信号 Ua、Ub、Uc，进行单相接地、断线运行等故障类型和相别的判断；当系统发生单相接地故障时，则在 5 ms 之内控制故障相接地开关合闸，将故障相直接接地，熄灭接地电弧，并将弧光接地过电压限制在线电压的水平，控制故障的发展；同时小电流选线模块根据电弧熄灭前后只有故障线路零序电流变化最大，而非故障线路基本不变这一重要特征（即最大增量原理），5 ms 启动选线功能；当发生断线故障时，装置发出报警信号并输出开关量接点，以便用户对有可能因断线运行导致误动作的继电保护进行闭锁，如图 3 所示。

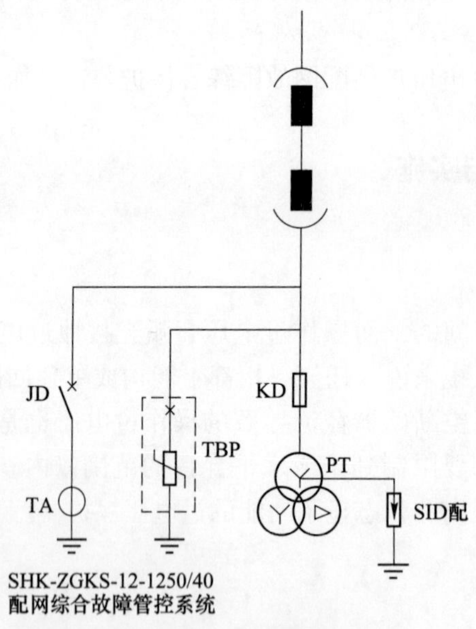

图 3 配网综合故障管控原理图

（3）配网综合故障管控装置的技术参数指标，如表 3 所示。

表 3 配网综合故障管控装置指标

项 目	技 术 指 标
额定电压	10 kV
最高工作电压	12 kV
额定电流	1250 A
额定短路开断电流	40 kA

续表 3

项　目	技 术 指 标
雷电冲击耐压	75 kV
机械合闸时间	≤12 ms
机械分闸时间	≤5 ms
绝缘水平	设备 1 min 工频耐压 42 kV
	100 kA（峰值）

5.3　内网短路引起 10 kV 电压暂降（晃电）实施方案

（1）在开闭所进线加装母线残压保持装置，快速恢复母线电压，系统发生短路后，控制器在 2 ms 左右快速做出判断并发出动作令，快速换流器在 7 ms 之内快速分闸，在 20 ms 之内短路电流第一次过零点将限流阻抗投入，随着短路电流的被限制上一级母线电压立即恢复到额定值的 85%以上，保证非故障区域敏感设备的连续不间断运行。自动恢复正常运行，母线电压快速恢复装置动作后，延时 300 ms 检测到工作电流已恢复到正常水平，说明故障支路被切除，控制器立即控制快速换流器合闸，装置恢复到正常状态，并为下一次动作做好了准备，如果 300 ms 后故障仍在，则发指令给进线断路器，进线开关跳闸，避免一有短路故障就越级跳闸，造成停电范围扩大，给企业带来损失，如图 4 所示。

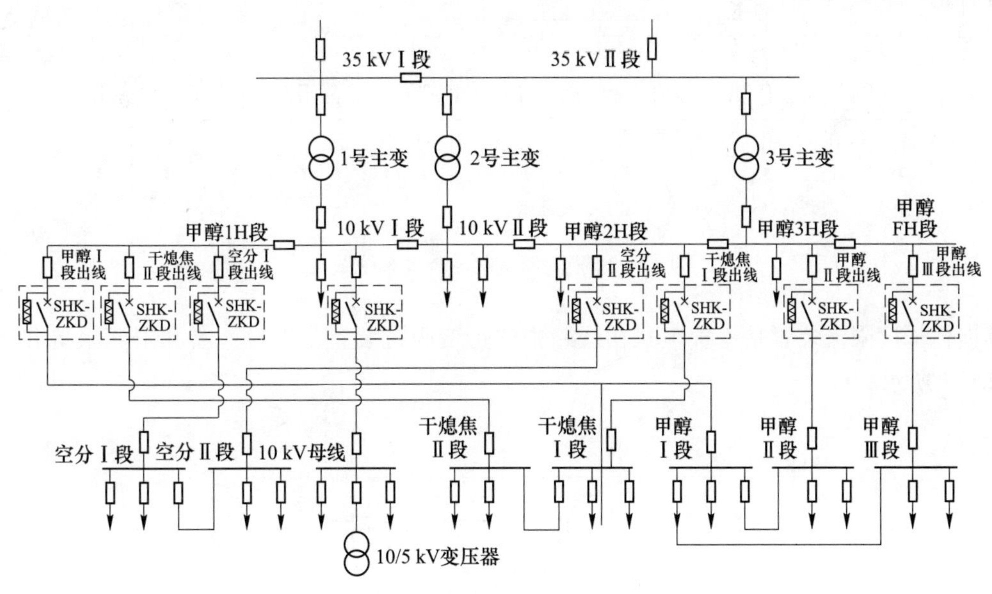

图 4　母线残压保持装置系统一次图

（2）母线残压保持装置主要由快速换流器、限流阻抗、综合控制器和后备开关等组成，正常工作时，后备开关、快速换流器处于合闸状态；当发生短路故障时，母保控制器通过电流互感器测到短路电流，经“短路故障快速判断算法”在 2 ms 内判断出故障，立即发出快速开关分闸指令，20 ms 内将母保阻抗投入线路，补偿本支路因短路而损失的阻抗，将本支路电流从短路电流限制到额定电流以内，从而维持了母线剩余电压在 85%以上，保障母线对其他未发生短路故障的支路连续供电，非故障支路电动机不会低压释放，避免电机衰减输送反馈电流冲击。

（3）若短路故障被切除后，支路的工作电流恢复到正常范围，恢复支路的正常供电；若短路故障点切除失败，控制器延时 200～500 ms 向后备进线开关发出分闸指令，作为后备手段最后切除故障。不会由于一有短路故障造成越级后备开关跳闸，原理图如图 5 所示。

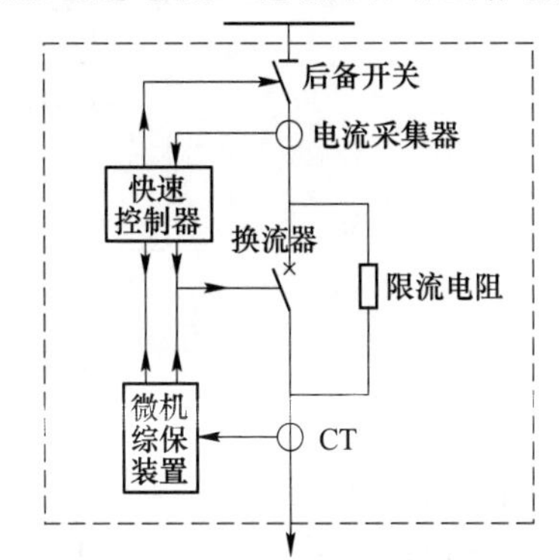

图 5　母线残压保持装置原理图

5.4 短路电流超标实施方案

（1）在发电机的出线侧加装限流装置并对发电机出线侧进行升级改造并在发电机出线小间加装保护装置电压、电流、断路器的分合，确保短路电流不超标，馈线真空断路器可以断开故障，从而减小短路电流对系统的冲击。正常工作时，快速换流器处于常闭状态，将限流电抗器金属性短路，整体表现阻抗为零；当发生短路时，测控保护装置监测到短路电流大于设定值，快速换流器利用快速涡流驱动机构，在 7～15 ms 内将限流电抗器投入回路，限制短路容量，可将短路电流限制到 50%以下。短路故障切除后，可立即恢复，即将电抗器快速短接，实现零损耗运行，如图 6 所示。

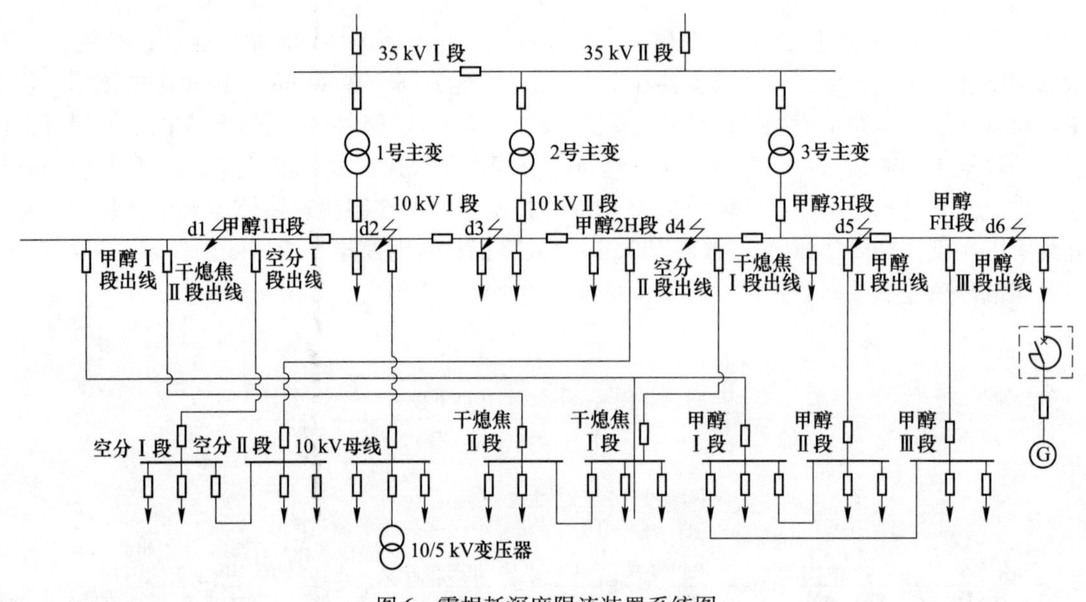

图 6　零损耗深度限流装置系统图

（2）零损耗深度限流装置是一种串联在线路中的可变阻抗装置，由换流器和限流阻抗并联而成，一次原理图如图 7 所示。

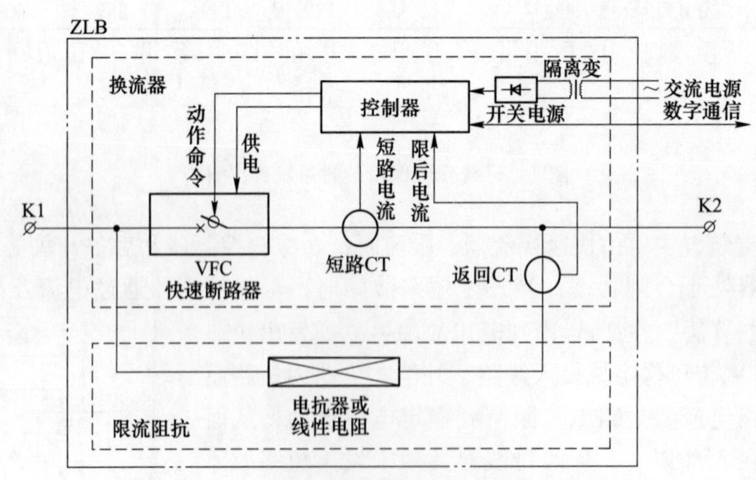

图 7　零损耗深度限流装置一次原理图

（3）正常运行时，呈低阻抗状态，即换流器的 VFC 常合；短路故障时，10～20 ms 内完成从低阻抗状态向高阻抗状态的转变，即换流器的 VFC 快分，投入限流电抗器限制短路电流；短路故障排除后，20 ms 内完成从高阻抗状态向低阻抗状态的返回，即换流器的 VFC 再快合，将限流电抗器退出运行。

6 电网故障改造方案实施效果

某焦化公司原供电系统不稳定性较高，每次电网电压出现波动后，将造成公司生产系统全面中断，大量焦炉煤气对天放散，对周围环境造成一定的影响，通过本文项目技术研究的应用，公司内网设备出现短路或接地故障，系统可快速对故障线路设备切除，防止对公司整体电网造成冲击而全面停车，从而保障公司生产系统安全稳定运行，有效减少了生产系统停电停产的风险，降低焦炉烟囱冒烟、焦炉荒煤气逸散现象，保障了生产系统、环保设备的用电稳定性，减少了政府单位、周边村民及社会面对公司的舆论，社会效益较为显著，因电网故障每次造成经济损失约计 147. 4 万元，平均每年内外电网波动 6 次计算，全年经济效益约 884. 4 万元。

某焦化公司从 2023 年 5 月到 2024 年 5 月之间项目技术运行后，经过工业化运行总结出，通过在总降站加装配网综合故障管控系统装置和各分站开闭所加装小电流选线装置、开闭所进线加装母线残压保持装置、发电机口加装零损耗深度限流装置，有效治理了公司供电系统短路超标、晃电影响面积大、单相弧光接地及选线等问题，期间电网波动次数、晃电次数为零，内部电网接地一次小范围接地设备停车，未造成全公司大面积停电，从而提高了公司供电安全性、可靠性。

7 结语

通过以上方案实施治理，对电网系统带来以下安全保障：

（1）通过单相故障综合管控系统和小电流选线装置来大幅度降低和控制短路故障发生。

（2）当内网短路发生时快速隔离故障线路，抬高母线残压，防止支路故障影响系统母线电压而造成敏感负荷停机或越级跳闸，大大缩小了停电范围。

（3）加装零损耗深度限流装置，大大降低了系统风险，保证系统开关能安全开断。

参考文献

[1] 韩杰祥 . 交直流柔性配电网故障特性及保护原理研究［D］. 武汉：华中科技大学，2022.

[2] 谭丽君，邓键锵 . 基于电网故障诊断方法技术分析［J］. 中国新技术新产品，2021（22）：88-90.

[3] 吴传航 . 基于电气量和开关量的电网故障诊断方法研究［D］. 徐州：中国矿业大学，2023.

[4] 李智轩 . 分布式电源接入电网故障穿越控制及短路电流计算［D］. 昆明：云南民族大学，2023.

[5] 陶军，钟鸣，阿敏夫，等 . 不同故障状态下电网形成变换器的故障穿越控制［J］. 电源学报，2024，22（4）：173-181.

[6] 罗易萍 . 柔性直流电网故障解析计算与清除技术研究［D］. 北京：北京交通大学，2022.

[7] 左涛 . 一起化工厂 10 kV 开关柜过电压保护器热崩溃事故分析［J］. 电气技术，2024，25（2）：68-73.

[8] 陈童，胡赟山 . 过电压保护器击穿引起的 10 kV 母联开关柜事故原因浅析［J］. 电工技术，2023（22）：137-138，150.

[9] 刘鹏，刘海，郭思君 . 中压系统过电压保护器运行问题分析及改进［J］. 冶金动力，2023（3）：8-10，14.

[10] 李庆义，姚辉勇 . 浅析一起空压机高压柜电缆室过电压保护器爆裂原因［J］. 自动化应用，2023，64（1）：48-49.

[11] 张华琳 . 10 千伏配电线路过电压保护器运维管理［J］. 中国电力企业管理，2020（30）：95.

[12] 彭志先 . 自动脱离式过电压保护器原理及应用［J］. 中国井矿盐，2020，51（3）：35-37.

[13] 杨立斌，李瑞远，李春丽 . 过电压保护器绝缘击穿引起短路事故分析［J］. 氯碱工业，2020，56（3）：11-12，21.

[14] 翟青峰，童雪燕，王小奎 . 零损耗深度限流装置在多晶硅行业节能优化中的应用［J］. 自动化应用，2023，64（14）：121-123.

[15] 常海莎，彭鹏，刘利霞 . 高效节能限流装置在供电系统中的设计与应用［J］. 自动化应用，2020（4）：108-111.

[16] 都长兴 . 基于零损耗深度限流装置提升母线抗短路能力的研究［J］. 当代化工研究，2020（3）：35-36.

[17] 范德和，李新海，肖星，等 . 10 kV 零损耗深度限流装置技术研究［J］. 广东电力，2019，32（8）：17-23.

[18] 李新海，孟晨旭，曾令诚，等 . 110 kV GIS 型零损耗深度限流装置设计与实现［J］. 广东电力，2019，32（6）：130-136.

[19] 杨智，王玉秋 . 零损耗深度限流装置在煤化工企业中的应用［J］. 冶金动力，2018（12）：4-7，10.

[20] 龙文辉，曾维旭 . 零损耗深度限流装置在高压供电系统挖潜增效中的应用［J］. 冶金动力，2018（6）：11-14，19.

新型纳米隔热保温材料在焦炉炉体的应用与探索

丁　毅　孟晓东

（江苏龙冶节能科技有限公司，常州　213023）

摘　要：“供给侧结构性改革”加速推动焦化行业朝着绿色低碳的方向发展，公司一直致力于绿色焦化的实现，自2010年起自主研发焦炉炉体隔热保温技术，开发出了集辐射型、阻隔型和反射型于一体的多功能新型材料体系，并进行工程应用研究。结果表明，该材料的应用能够提高能源使用效率，降低吨焦能耗。

关键词：焦化，散热损失，保温材料，节能

1　概述

我国经历了四十年腾飞发展，冶金、焦化等行业也在这一时期迅速发展。但从2015年国家开启“供给侧结构性改革”后，冶金焦化等重工业行业迎来了产业结构升级、行业并购重组新局面[1]，并朝着绿色低碳方向发展。

江苏龙冶节能科技有限公司自成立以来一直致力于绿色焦化的实现，自主研发了焦炉荒煤气上升管余热回收技术、焦炉炉体隔热保温技术，先后多次荣获中国钢铁工业协会、中国金属学会“冶金科学技术一等奖”等各类奖项，填补了市场空白。

本文首先分析了焦炉热损失情况及国内外焦炉保温技术概况，重点介绍公司绝热保温材料的研发与实际工程应用取得的效果。

2　焦炉热损失概况

焦炉是冶金行业中最复杂的炉窑，焦炉的加热过程是单个燃烧室间歇、全炉连续、受多种因素干扰的热工过程[2]。一般地，焦炉炉体热损失约占供入焦炉热量的10%~15%。但因焦炉设计、炉龄、生产工艺、各工序节能技术、热工管理水平等诸多因素影响每座焦炉的热损失情况不尽相同（表1）。

表1　国内外炼焦炉热平衡数据对比[3]

<table>
<tr><th colspan="2" rowspan="2">项　目</th><th colspan="2">中国</th><th colspan="2">苏联</th><th colspan="2">日本</th></tr>
<tr><th>10^3 kJ/t 湿煤</th><th>%</th><th>kJ/kg 湿煤</th><th>%</th><th>10^3 kJ/t 湿煤</th><th>%</th></tr>
<tr><td rowspan="6">收入</td><td>1. 煤气燃烧热</td><td>2645.46</td><td>98.1</td><td>3390.7</td><td>96.82</td><td>2549.18</td><td>76.4</td></tr>
<tr><td>2. 加热煤气带入的显热</td><td>6.45</td><td>0.2</td><td>28.5</td><td>0.81</td><td>12.56</td><td>0.4</td></tr>
<tr><td>3. 空气带入的显热</td><td>19.84</td><td>0.7</td><td>46.2</td><td>1.32</td><td>16.74</td><td>0.5</td></tr>
<tr><td>4. 干煤带入的显热</td><td rowspan="2">26.20</td><td rowspan="2">1.0</td><td>25.8</td><td>0.74</td><td>12.56</td><td>0.4</td></tr>
<tr><td>5. 煤料带入水分的显热</td><td>10.8</td><td>0.31</td><td>4.19</td><td>0.1</td></tr>
<tr><td>6. 反应热</td><td></td><td></td><td></td><td></td><td>694.85</td><td>20.9</td></tr>
<tr><td colspan="2">共　　计</td><td>2697.95</td><td>100</td><td>3502.2</td><td>100</td><td>3290.08</td><td>100</td></tr>
<tr><td rowspan="5">支出</td><td>1. 焦炭显热</td><td>1063.21</td><td>39.4</td><td>1428.7</td><td>40.6</td><td>1134.37</td><td>34.1</td></tr>
<tr><td>2. 干煤气显热</td><td>364.17</td><td>13.4</td><td>573</td><td>16.3</td><td>376.73</td><td>11.3</td></tr>
<tr><td>3. 煤气中水带走的显热和潜热</td><td>413.27</td><td>15.3</td><td>544</td><td>15.46</td><td>343.24</td><td>10.3</td></tr>
<tr><td>4. 干废气带走的显热</td><td rowspan="2">398.49</td><td rowspan="2">14.8</td><td>602</td><td>17.1</td><td>347.43</td><td>10.0</td></tr>
<tr><td>5. 废气中水带走的显热和潜热</td><td>25.6</td><td>0.73</td><td>33.49</td><td>1.0</td></tr>
</table>

续表 1

项目		中国		苏联		日本	
		10^3 kJ/t 湿煤	%	kJ/kg 湿煤	%	10^3 kJ/t 湿煤	%
支出	6. 焦油带走的显热和湿热	96.27	3.6	100.5	2.84	66.97	2.0
	7. 氨带走的显热和湿热			10.9	0.31	16.74	0.5
	8. 苯带走的显热和湿热			26.8	0.76		
	9. 焦炉表面散热	359.98	13.3	20.75	5.96	1004.60	30.3
	共　计	2697.95	100%	3502.2	100%	3290.08	100%

国内对于炉体热损失进行过相关计算研究，由于受外界因素影响，计算结果相差较大。部分焦化厂炉体散热量如表 2、表 3 所示。

表 2　部分焦炉炉体热损失计算[4]

炉型及加热煤气种类		JND6.25 混合煤气		JNX3-70 混合煤气		JN60 混合煤气		JN60 焦炉煤气	
热量收入	1. 加热煤气燃烧量	2729079	92.58%	2751583	92.83%	2435375	93.16%	2576619	93.30%
	2. 加热煤气显热量	34029	1.15 %	29665	1.00%	4001	0.15%	2576619	0.78%
	3. 漏入荒煤气燃烧的燃烧热量	114310	3.88%	101421	3.42%	115618	4.42%	100664	3.64%
	4. 空气带入显热热量	47932	1.63%	44791	1.51%	35766	1.37%	27489	1.00%
	5. 干煤带入显热量	14920	0.51%	24184	0.82%	16052	0.61%	24614	0.89%
	6. 入炉煤中水分带入的显热量	7570	0.26%	12563	0.42%	7331	0.28%	10777	0.39%
	合　计	2947840	100%	2964206	100%	2614143	100%	2761791	100%
热量支出	1. 焦炭带出的热量	1077039	36.56%	1083833	36.56%	1033646	39.54%	1046476	37.89%
	2. 焦油带出的热量	78935	1.95%	57915	1.95%	59337	2.27%	72563	2.63%
	3. 粗苯带出的热量	18999	0.57%	16772	0.57%	12451	0.48%	18637	0.67%
	4. 氨带出的热量	4256	0.13%	3890	0.13%	4032	0.15%	2859	0.10%
	5. 净煤气带出的热量	409194	13.73%	407004	13.73%	356222	13.64%	379500	13.74%
	6. 水汽带出的热量	579801	20.42%	605327	20.42%	504982	19.32%	530785	19.22%
	7. 废气带出的热量	554788	16.23%	481183	16.23%	330118	12.63%	398013	14.41%
	8. 不完全燃烧损失的热量	0	0	0	0	0	0	0	0
	9. 炉体表面总散热量	358725	11.17%	331177	11.17%	329018	12.59%	325491	11.79%
	10. 热量收入和支出差值	−1338970	−0.77%	−22895	−0.77%	−15662	−0.60%	−12533	−0.45%
	合　计	2947840	100%	2964206	100%	2614143	100%	2761791	100%

表 3　炉体散热量[4]　　(%)

炉型及加热煤气种类	JND6.25 混合煤气	JNX3-70 混合煤气	JN60 焦炉煤气	JN60 混合煤气
炉顶散热	34.18	25.20	25.09	25.01
机侧炉门、炉柱、保护板等散热	25.13	28.02	24.47	26.10
焦侧炉门、炉柱、保护板等散热	24.38	25.66	28.60	30.48
机侧蓄热室散热	2.42	4.24	3.22	2.48
焦侧蓄热室散热	2.27	3.93	3.70	2.85
炉间端台散热	0.74	1.60	4.78	4.03
基础顶板散热	4.34	6.59	5.03	3.65
生产操作打开炉门散热	6.54	4.76	5.11	5.40
总　计	100	100	100	100

焦炉的炼焦耗热量是指 1 kg 入炉煤炼成焦炭需要供给焦炉的热量，炼焦耗热量既是焦炉的煤气消耗量的计算依据，也是评定焦炉结构完善性、热工管理水平以及炼焦消耗定额的一项主要指标。焦炉的散热点主要集中在炉顶、炉头和地下室区域。

3　国内外焦炉保温技术现状

3.1　国内现状

传统的焦炉炉体隔热保温材料多为硬质类硅酸铝钙类保温砖或长纤维状的硅酸铝钙类保温棉材料，这两类材料都存在施工难度大、接缝多且易形成热桥现象、老化快等问题。

2005 年以来，国内开始对绝热保温涂料进行大量研究。济钢、鞍钢等炼焦厂采用高辐射覆层技术改造焦炉炉体表面，石横特钢采用利用 CFD 软件对蓄热室内部流动传热过程进行数值模拟。2011 年，涂覆式绝热材料被列为国家科技支撑计划，以焦炉示范应用节能 3%以上作为考核目标。然而，由于焦炉各个部位工况不同，对材料在高温环境中热稳定性能、施工性能等各项指标有较高要求，因此在过去相当长的一段时间内，焦炉炉体保温方案一直处于试验阶段。

3.2　国外现状

目前，发达国家专注于浆体保温材料研制开发，以轻质多功能复合浆体保温材料为主。此类浆体保温材料具有较低的导热系数和良好的使用安全性及耐久性[5]。

4　新型纳米隔热保温材料的研发与应用

4.1　新型纳米隔热保温材料的研发

理想的绝热材料应为多层的复合体系（反射型、辐射型、阻隔型），每一组分的涂层均可以发挥各自不同的作用和功效，涂层的打底层一般为一层封闭层，打底层应有效阻隔空气向基材表面的扩散，起到高温工况下保护基材的作用。中间层需要大量导热率低的封闭气隙，以阻隔热量向炉体外壁的传导，而最外层则为红外辐射层，可以将炉膛内红外辐射热反射回到炉膛里面从而提高能源的有效利用率（图 1）。

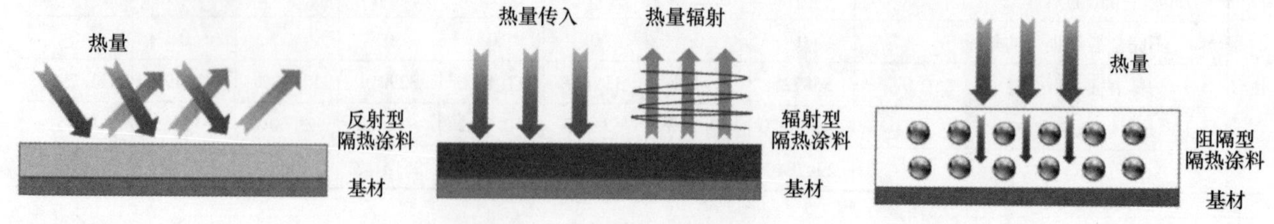

图 1　保温材料的绝热机理

焦炉具有炉体热量散失分散、热品质低、热量不易集中回收利用等特点。一方面，常规保温制品难以满足不同部位施工要求；另一方面，现有的常规耐高温涂料在 1500 ℃以上的工况过程中存在容易脱落、与基材的结合度不高、涂覆难度系数大、基材抗氧化效果不好等问题。

针对上述情况，首先构筑了涂层三维网络骨架结构，解决了无机绝热材料在高温服役过程中的微观封闭气隙塌陷等共性问题。纳米级填料在涂层中呈紧密的立方网状分布，将孔隙率高的填料加入到基体中，涂层中的大量空心纳米材料所形成的数以万计的静态空气组来实现热障阻抗作用。同时，添加了改性石墨基、稀土氧化物等耐温组分，使材料整体高温稳定性提升了 20.7%，在常温下导热系数 $\lambda \leqslant 0.024$ W/(m · K)（图 2）。

对炉体不同部位不同温段量身定制了相应的纳米保温材料，开发出了低导热和高反射于一体的多功能新型材料体系，主要以纳米尺寸的高红外辐射型的复合稀土盐和氧化物为基本填料，氧化铈、氧化钇

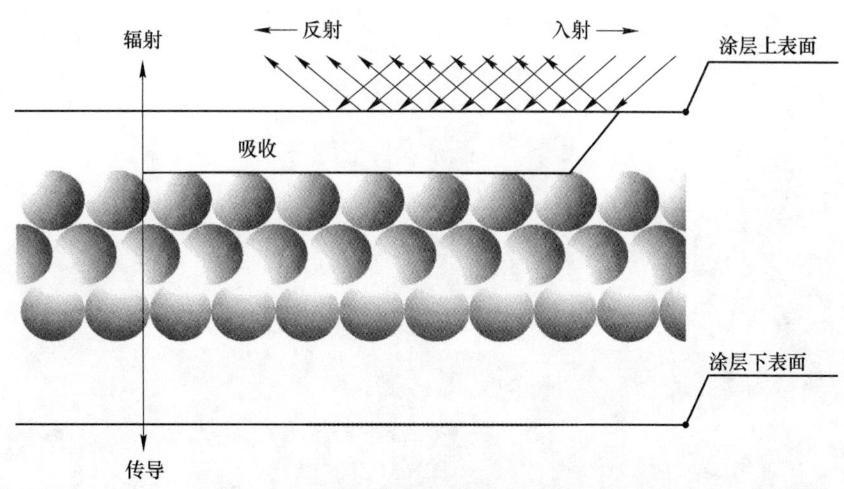

图 2　新型纳米隔热保温材料隔热机理

以及硅酸稀土类的复合稀土盐和氧化物、堇青石类辐射型的涂层材料在吸收热量后，通过分子振动、转动的能量，不断地使晶格、离子键团产生碰撞，将吸收的热量重新发射回炉膛内部。辐射型隔热保温涂层材料具有“主动降温”的功能特点，即在热传递过程中，辐射型保温涂层材料能将热量以辐射热的形式发射掉，因此此类辐射型保温涂层材料对中低温和高温都具有良好的适应性。在此基础上添加一定比例的常温有机黏结剂和高温无机黏结剂，经充分搅拌混合后制备得到辐射型隔热保温涂料。辐射型隔热保温涂料敷到炉体内腔的炉体表面经干燥后，涂料中的有机黏结剂提供室温强度，在经过高温炼焦过后，涂料中的高温无机黏结剂形成固连在一起确保了涂层的高温强度。

最后，针对保温材料与基体的热膨胀系数相差较大以及在高温下涂层与碳基体间的碳热还原反应等问题，我们还开发了一种过渡材料，能够在外部形成一道致密的屏障，起到阻挡氧气进入的作用，从而可以有效地保护基材不被氧化；该材料同时还能够有效地结合金属离子，起阻止或延缓涂层裂纹扩展的作用，可起到提高抗拉、抗弯强度并显著提高其韧性。

4.2　现场验证

项目自 2017 年立项，2018 年 7 月形成基本配方，于 2018 年底进行实验室各项性能测试，2019 年 2 月在现场部分区域中试，形成第一代绝热保温产品，2020 年 5 月首次在山西某焦化厂的炉底部位实施保温施工，并于当年 12 月投产（图 3）。

该技术研发历时 5 年，根据各式焦炉特性，研发了低、中、高不同温段全系列绝热保温材料（低温段：≤200 ℃；中温段：200~1000 ℃；高温段：1000~1700 ℃），并实现了规模化工程应用（表 4）。

表 4　同类材料对比分析

项　目	硅酸铝陶瓷纤维板	普通水性涂料	高辐射型水性涂料	新型纳米隔热保温材料
导热系数	≤0. 15(800 ℃) ≤0. 2(1000 ℃)	≤0. 0012(25 ℃)	该产品为吸热材料， 通过增加吸热达到节能	≤0. 024（25 ℃） ≤0. 2（1400 ℃） ≤0. 26（1700 ℃）
耐受温度	≤1350 ℃	-100~1200 ℃	≥1000 ℃	≥1300 ℃
应用场景	窑炉、建材	建筑、油田、石化	焦炉耐火砖	焦炉炉体保温

4.3　工程案例

截至目前，已有 12 个用户单位 23 座焦炉的炉底、蓄热室、燃烧室、炉顶、地下室顶板、炉头保护板、炉顶拉条沟、废气开闭器等各部位使用了江苏龙冶自主研发的绝热保温材料，施工面积总计约 7. 6×10^4 m^3。

典型案例 1：山西某焦化 1 号焦炉（6. 78 m 捣固焦炉）的炉底、蓄热室、燃烧室、炉顶的现场使用反馈情况分析，产品符合达技术要求，实测情况见表 5、表 6。

图3　现场实验

表5　改造前后单个炭化室、燃烧室的散热量的计算

项目	施工部位		表面温度 /℃	散热面积 /m^2	辐射给热系数 /kJ·$(m^2 \cdot h \cdot ℃)^{-1}$	散失热量 /kJ·h^{-1}	合　计
未做涂料	炭化室顶	上升管底座	275.8	1.155	64.61	48448.2	209109.0
		中间砖面	101.7	16.643	30.30	138196.8	
		水封座底座	210.5	0.799	49.39	22464.0	
	燃烧室顶	拉条沟盖板砖	111.0	7.174	31.66	81177.4	81177.4
已做涂料	炭化室顶	上升管底座	147.3	1.155	37.42	19578.2	145123.6
		中间砖面	91.9	16.643	28.93	118599.3	
		水封座底座	93.0	0.799	29.08	6946.1	
	燃烧室顶	拉条沟盖板砖	97.5	7.174	29.71	67001.2	67001.2

注：上述计算环境温度为 28 ℃、风速为 5.5 m/s、对流给热系数为 104.67 kJ/$(m^2 \cdot h \cdot ℃)$。

表6　焦炉的散热量

部位	个数	未做涂料时散热量/kJ·h^{-1}	已做涂料时散热量/kJ·h^{-1}	减少散量 /kJ·h^{-1}	相当于减少加热煤气量 /m·h^{-1}	占焦炉加热煤气比 /%	全年相当于减少加热煤气 /m^3	折合经济效益 /万元·年$^{-1}$
炭化室顶	70	14637627.5	10158649.8	4478977.6	268.5	1.20	2351705	211.6534
燃烧室顶	71	5763594.0	4757087.4	1006506.6	60.3	0.27	528470	47.5623
合计	141	20401221.5	14915737.3	5485484.2	328.8	1.47	2880175	259.2158

该焦炉的加热煤气流量 22300 m^3/h、加热煤气热值 16684 kJ/m^3、煤气价格 0.9 元/立方米，炉顶改造

后每座焦炉减少散失的热量相当焦炉加热煤气的 1.47%，全年相当于减少加热煤气 2880175 m^3。折合成经济效益可达 259.2158 万元/年（此为 3 mm 保温层所示经济效益，实验证明 4.5 mm 保温层会有更高的经济收益）。

典型案例 2：江苏某钢铁有限公司的 3 座 7 m 顶装焦炉的炉底、蓄热室、燃烧室、炉顶、废气开闭器部位进行保温施工，运行情况见表 7、表 8。

表 7　炉体各部位散热情况对比

部位		表面温度/℃	环境温度/℃	风速/$m \cdot s^{-1}$	辐射给热系数/$kJ \cdot (m^2 \cdot h \cdot ℃)^{-1}$	对流给热系数/$kJ \cdot (m^2 \cdot h \cdot ℃)^{-1}$	散热量/kJ·(kg 湿煤)$^{-1}$
炉顶	涂有	69.12	20.50	7.50	25.03	133.31	83.71
	未涂	72.77	20.50	7.50	25.48	133.31	90.25
保护板	涂有	235.51	20.50	7.50	53.58	133.31	104.96
	未涂	258.10	20.50	7.50	58.84	133.31	119.25
封墙	涂有	72.53	35.83	0.50	27.24	29.75	6.05
	未涂	73.52	35.83	0.50	27.36	29.75	6.23
基础顶板	涂有	49.23	31.5	0.57	23.87	30.81	11.83
	未涂	50.67	31.5	0.57	24.04	30.81	12.83

表 8　炉体涂有隔热材料的部位节能综合评价

部位	散热速率差/$kJ \cdot h^{-1}$	散热量差值/kJ·(kg 湿煤)$^{-1}$	相当节能率/%	相当节约煤气量/$m^3 \cdot h^{-1}$	相当节约煤气量/$m^3 \cdot a^{-1}$
炉顶	971555.26	6.54	0.320	60.7	531926.5
保护板	2122546.07	14.29	0.698	132.7	1162094.0
封墙	26331.57	0.18	0.009	1.6	14416.5
基础顶板	148560.88	1.00	0.049	9.3	81337.1
总计	3268993.78	22.01	1.076	204.3	1789774.1

各位置的总平均温度以及涂有和未涂有的表面温度差值，可以看出均有隔热效果，保护板处隔热效果最为明显，部分保护板下线区域降低温度超过 45 ℃，保护板区域平均温差高达约 22.6 ℃，可有效改善操作环境。

由表 7、表 8 统计结果可知，该焦炉涂有隔热材料的四个区域（炉顶、保护板、封墙、基础顶板）总相当节能超过 1%，总相当节约煤气量为 1789774.1 m^3/a，焦炉煤气按 0.9 元/立方米估算，每座焦炉每年仅煤气量就可节约 161.1 万元（此为 3 mm 保温层所示经济效益，实验证明 4.5 mm 保温层会有更高的经济收益）。

5　结语

据不完全统计，目前我国现有各类焦化企业 700 多家，拥有各类焦炉 2000 多座，以焦炉的年收益和碳排放量可预测，该材料应用前景十分广阔。

参 考 文 献

[1] 赵小英．焦化行业政策演变及山西焦化面临的机遇与挑战［J］．煤化工，2006，52（1）：1-5.
[2] 徐智良．新型焦炉加热系统的数值模拟研究［D］．上海：华东理工大学，2020.
[3]《煤气设计手册》编写组．煤气设计手册［M］．北京：中国建筑工业出版社，1983.
[4] 邢高建，杨冠楠，蔡润珂，等．焦炉热平衡测定对节能减排的意义［J］．燃料与化工，2019，50（1）：7-9，13.
[5] 宋杰光，刘勇华，陈林燕，等．国内外绝热保温材料的研究现状分析及发展趋势［J］．材料导报，2010，24（15）：378-380.

焦炉煤气标准化全密闭取样系统的研发与应用

孙会青[1,2]　王　岩[1,2]　杨承伟[1,2]

（1. 煤炭科学技术研究院有限公司，北京　100013；
2. 国家能源煤炭高效利用与节能减排技术装备重点实验室，北京　100013）

摘　要：针对焦炉煤气取样过程中存在的安全性低、准确性差、操作烦琐等问题，研发了一种新型的焦炉煤气标准化全密闭取样系统。该系统采用先进的密闭技术和控制手段，实现了焦炉煤气的高效、安全、准确取样，有效提高了焦炉煤气分析数据的可靠性和生产过程的稳定性。首先对焦炉煤气取样技术的现状进行表述，分析现有取样方法存在的问题和局限性，并详细阐述全密闭取样系统的设计原理、结构组成、功能特点以及操作流程。通过优化设计，确保取样过程中气体不泄漏、无污染，同时提高取样效率。研发过程采用实验验证和现场应用相结合的方法，表明该系统在取样过程中能够有效避免气体泄漏和污染，取样结果准确可靠，操作简便、易于维护。随着技术的不断进步和应用的不断拓展，全密闭取样系统将在更多领域发挥重要作用。

关键词：焦炉煤气，全密闭取样系统，标准化，采集测定

1　概述

随着现代工业的快速发展，焦炉煤气作为重要的能源和化工原料，在钢铁、化工等领域的应用日益广泛。然而，焦炉煤气的取样过程一直是一个技术难题，传统的取样方法往往存在诸多弊端，如取样不准确、操作烦琐、环境污染严重等[1]。根据中国炼焦行业协会调研和年报数据，很多焦化企业煤气质量数据都远低于理论值，现场调研发现主要是煤气取样不规范、取样位置和取样装置不规范，没有按照相关标准执行[2]。实际操作中，取样口多从煤气管道上直接引到地面或设置在放散管旁路上，测定结果的真实性受煤气在主管道和冗长的取样管道温度差及煤气在管道内运动方式等因素影响（图1）。因此，研发一种标准化、全密闭的焦炉煤气取样系统具有重要的现实意义和应用价值。

管道引地

管道引地

放散管旁路

管道冗长

图1　煤气取样现场图

传统的焦炉煤气取样方法多采用开放式取样，这种方法存在诸多缺点。首先，取样过程中容易受到外界环境的干扰，导致取样结果不准确；同时，开放式取样还容易造成焦炉煤气的泄漏，对环境和人员安全构成威胁[3-8]。其次，取样装置不规范，取样装置的设计、安装和使用不符合相关标准或规范，导致取样过程中出现误差或偏差；取样点的选择不合理，不能准确反映焦炉煤气的整体情况；取样过程中可能存在污染或混合其他气体的情况，影响取样的准确性。再次，测定方法不科学，无法准确测定焦炉煤气各组分的准确含量；测定过程中可能缺乏必要的控制条件，如温度、压力等，导致测定结果不准确。从次，设备校准和维护可能不及时或不规范和设备使用不当或操作不规范也可能导致测定结果出现误差。最后，操作人员可能未遵循相关操作规程或安全规定，导致化验结果不准确或存在安全隐患。

针对上述问题，本文提出了一种焦炉煤气标准化全密闭取样系统（图 2）。该系统采用先进的密闭技术和控制技术，实现了焦炉煤气的标准化全密闭取样。与传统的取样方法相比，该系统具有取样准确、操作简便、安全可靠、环保无污染等优点。本文旨在详细介绍该系统的研发过程、工作原理、主要特点以及在实际应用中的效果。将详细介绍焦炉煤气标准化全密闭取样系统的设计方案、关键技术、实验验证以及应用效果等方面。通过系统的分析和研究，旨在为该领域的研究人员和技术人员提供有价值的参考和借鉴，推动焦炉煤气取样技术的不断进步和发展。同时，本文的研究成果对于提高焦炉煤气的利用效率、保障生产安全、促进环保事业的发展也具有重要的现实意义和应用价值。

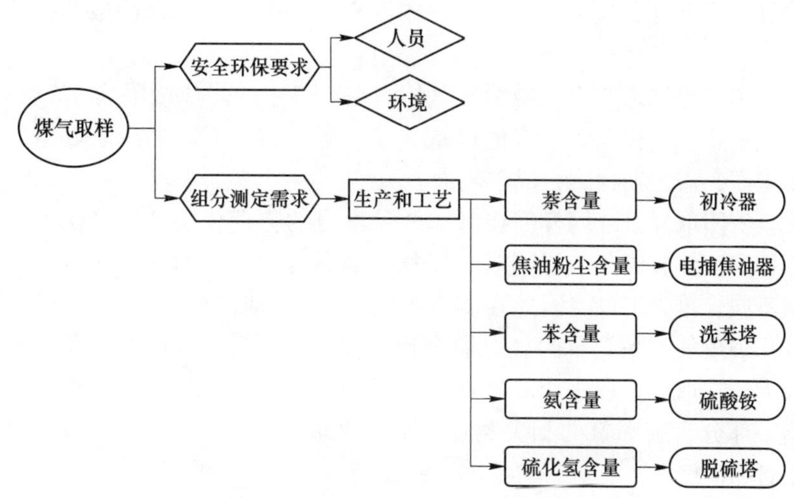

图 2　焦炉煤气标准化全密闭取样系统研发背景

2　研发过程

在研发焦炉煤气标准化全密闭取样系统时，需要深入考虑一系列技术问题，确保系统的稳定性和安全性。这包括但不限于全密闭技术的选择与应用，以确保取样过程中焦炉煤气不发生泄漏和取样后的尾气不外排；流量控制技术的精确性，以保证取样的准确性；防爆设计的合理性，以防止潜在的安全隐患。同时，还需要充分考虑焦炉煤气的物化性质，如成分、热值、爆炸极限和毒性等，这些因素将直接影响取样系统的安全设计和平稳运行。通过综合考虑技术问题和样品物化性质，可以确保研发的焦炉煤气标准化全密闭取样系统既满足技术要求，又适应焦炉煤气的特殊性质，实现高效、安全的取样操作。设计示意如图 3 所示。

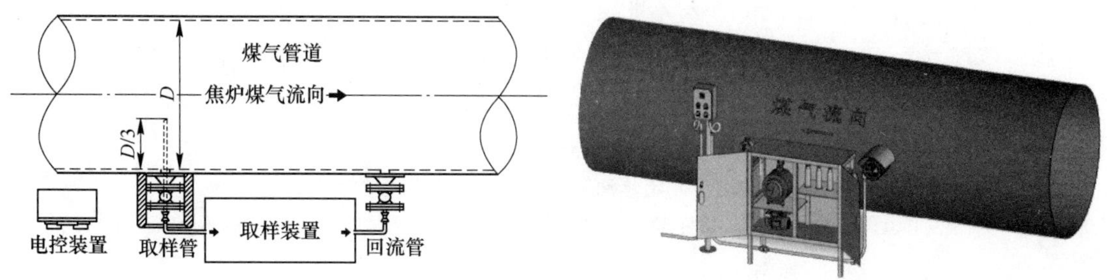

图 3　标准化全密闭焦炉煤气取样系统示意图

焦炉煤气标准化全密闭取样系统的关键技术问题主要涉及以下几个方面。

煤气流量稳定控制：焦炉煤气取样过程中，煤气流量的稳定控制是一个重要技术问题。由于焦炉煤气是混合物，其中包含了氢气、甲烷等多种组分，流量的稳定控制直接关系到取样结果的准确性。现有的在线取样方式往往难以保证煤气流量的稳定，因为采用调节增压泵流量的方式来控制进入取样装置的煤气流量大小，存在较大的难度。

取样位置的准确性：为了确保取样的代表性，取样位置的选择需要符合规定要求。取样位置应选在气流平稳的直管段管道上，与管道弯曲部分和截面形状急剧变化部分的距离应不小于管道直径的 1.5 倍，且取样管的设计和安装，需要确保取样管能够插入煤气主管中心 1/3 半径的断面内，取样口方向对准气流方向。

取样系统的密闭性：取样系统的密闭性对于防止焦炉煤气的泄漏至关重要。煤气泄漏不仅会导致环境污染，还可能对人员安全构成威胁。因此，取样系统中所有装置和容器必须保持严密，正压管段不得有气体泄漏，负压管段不得有空气吸入对气体组分造成干扰，且在取样前后须给一定的过载压力，以测定其是否严密。

取样过程中的干扰因素：取样过程中可能会受到多种干扰因素的影响，如温度、压力、湿度等。这些因素可能会影响取样的准确性和代表性。因此，在取样过程中需要采取适当的措施来消除或减小这些干扰因素的影响[9-10]。

防爆安全性：由于焦炉煤气为有毒、易爆性气体，在空气中的爆炸极限为 4.5%~35.8%，因此取样系统的防爆安全性至关重要。取样装置所在的区域属于防爆区域，需要选用防爆电源和防爆取样泵，且取样泵运行可靠性要求高，需定期检测，成本较大。

焦炉煤气标准化全密闭取样系统同样需要考虑样品本身的物理化学性质，比如煤气在常温常压下是气态物质，相较于固体和液体较难收集；同时，煤气受到温度和压力的影响较大，不同温度和压力所对应的煤气的绝对质量不同，难以定量，因此在测定不同组分时的取样需要设计专门的取样装置对焦炉煤气进行定量的采集；焦炉煤气不是简单的气态混合物，往往还夹带一些诸如煤焦油、萘等物质，这些物质受温度的影响比较大，在取样过程中容易凝结，如果凝结量大，则会堵塞取样管；煤气之中所夹带的煤焦油也可能会吸附一部分含硫和氯的相关物质，如果在取样过程中忽略或者对这些夹带物处理不当，则会导致实验结果不可靠。

在生产现场的取样也需要考虑便捷性，为了结果的可靠性，要保证所有取样点位取样系统的规范安装，以及测定焦炉煤气中不同组分含量时的简便操作。

以下是焦炉煤气标准化全密闭取样系统中测定不同煤气组分时的取样装置。

2.1　测定焦油和灰尘含量的取样装置

测定焦油和灰尘含量的取样装置如图 4 所示。

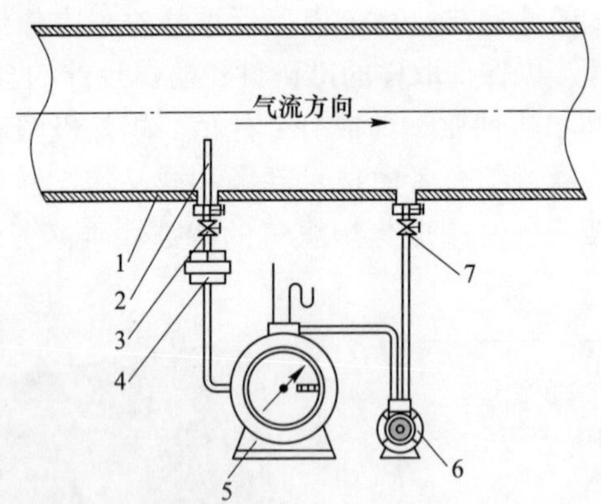

图 4　测定焦油和灰尘含量的取样装置

1—煤气管道；2—取样管；3—取样阀；4—取样器；5—湿式气体流量计；6—取样泵；7—回流阀

2.2　测定苯含量的取样装置

测定苯含量的取样装置主要由注射器（或铝箔复合膜取样袋）、湿式气体流量计、取样泵组成，结构见图 5。

2.3　测定萘含量的取样装置

测定萘含量的取样装置主要由鼓泡式吸收瓶、恒温箱、缓冲瓶、湿式气体流量计、取样泵组成，结构见图 6。

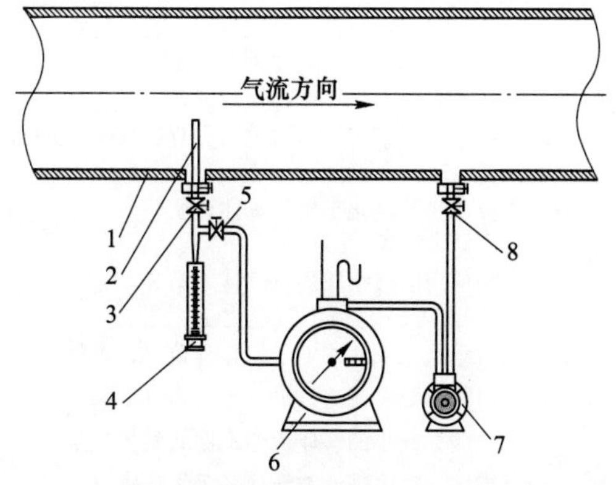

图5　测定苯含量的取样装置

1—煤气管道；2—取样管；3—取样阀；4—注射器（100 mL）；分流阀Ⅱ；5—分流阀；6—湿式气体流量计；7—取样泵；8—回流阀

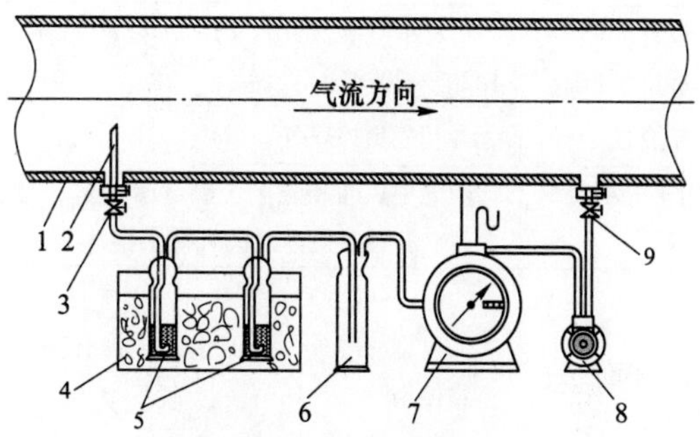

图6　测定萘含量的取样装置

1—煤气管道；2—取样管；3—取样阀；4—恒温箱；5—吸收瓶；6—空瓶；7—湿式气体流量计；8—取样泵；9—回流阀

2.4　测定氨含量的取样装置

测定氨含量的取样装置主要由孔板式吸收瓶、湿式气体流量计、取样泵组成，结构见图7。

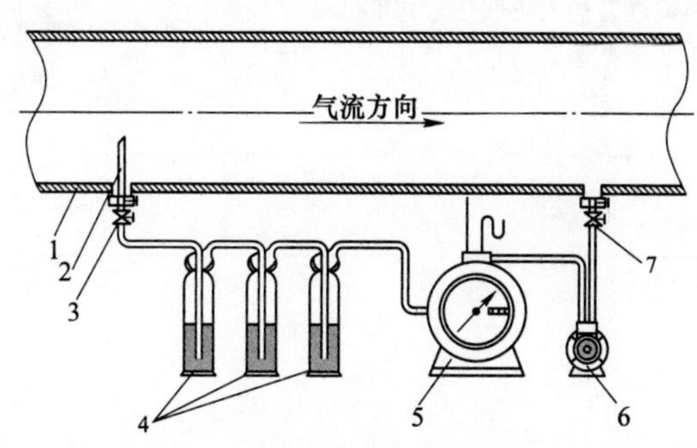

图7　测定氨含量的取样装置

1—煤气管道；2—取样管；3—取样阀；4—吸收瓶；5—湿式气体流量计；6—取样泵；7—回流阀

2.5　硫化氢含量的取样装置

硫化氢含量的取样装置主要由筒形气体洗瓶、缓冲瓶、湿式气体流量计、取样泵组成。硫化氢含量在10 mg/m^{3}以上的取样装置结构见图8，硫化氢含量在1~30 mg/m^{3}的取样装置结构见图9。

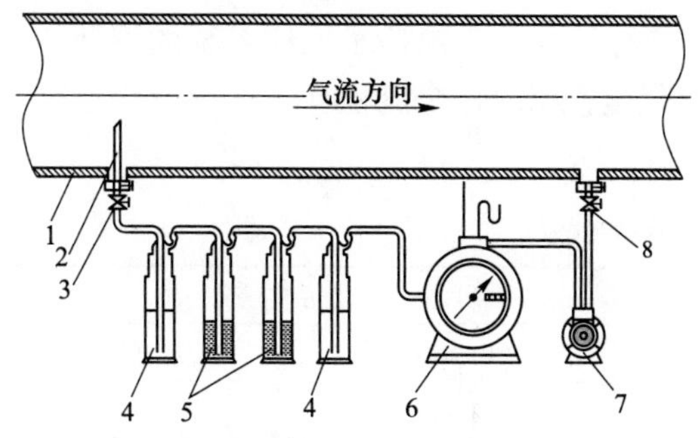

图8　测定硫化氢含量的取样装置Ⅰ

1—煤气管道；2—取样管；3—取样阀；4—空瓶；5—吸收瓶；6—湿式气体流量计；7—取样泵；8—回流阀

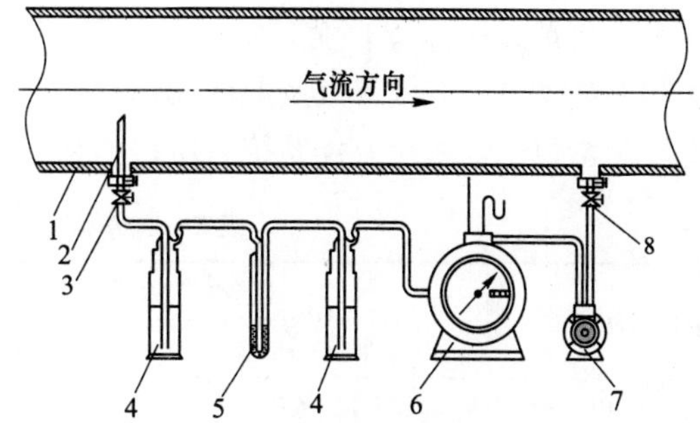

图9　测定硫化氢含量的取样装置Ⅱ

1—煤气管道；2—取样管；3—取样阀；4—空瓶；5—全显色吸收瓶；6—湿式气体流量计；7—取样泵；8—回流阀

表1所示为焦炉煤气全密闭取样系统与市面上现有的取样系统技术对比。

表 1　全密闭焦炉煤气取样装置技术特点

对比项目	全密闭取样装置	市场取样装置
设备设计及取样的标准依据	《人工煤气组分与杂质含量测定方法》（GB/T 12208—2008）	《液化石油气手工取样法》（SH/T 0233—1992）
适用介质	专用于焦炉煤气	主要用于石油化工中的气体介质
适用于分析项目	煤气中焦油和灰尘含量、萘含量、苯含量、硫化氢含量、氨含量测定时的气体采集	主要使用取气钢瓶进行气体采集
流量测定	防腐型的湿式气体流量计，具有防爆恒温，冬季可正常使用	无流量监测或使用电子流量计监测，煤气中组分含量测定时国标要求流速，最小为 0.25 L/min，电子流量计无法监测如此小的气体流速；湿式气体流量计，无防爆恒温措施，在中国北方寒冷冬季无法使用
密闭取样	在煤气管道旁直接取样，取样后剩余煤气直接回流到煤气管道；预留气体取气口，可气囊取气、铝箔气袋取气、取样钢瓶取气、注射器取气、气体检测管直接取气测定含量；若采用取气钢瓶取气，为了满足钢瓶内气体压力便于打入气相色谱，取气时可使用取样泵将钢瓶增压	无法密闭取样，剩余煤气只能放散或取样后的剩余煤气需要铺设管道才能回流到 VOCs 处理系统
煤气管道取气压力	煤气管道内可正压、可负压取气；取样泵电机防爆、泵头防爆，配电箱防爆	负压无法取气；正压管路中取样进出口压差要求大
取样管	按照国标要求将取样管插入煤气主管中心 1/3 半径的断面内；煤气中萘含量测定时取样管中气体温度控制在比煤气管中气体温度高 5~10 ℃	取样管直接连接在煤气管道外壁，或直接从外壁引流到地面造成管道内有积液或成分残留，影响取样测定结果；取样管如有蒸汽伴热，温度过高，影响取样测定结果
萘含量测定	可满足国标中要求的取气时，吸收瓶的吸收液温度不高于 10°C	无法按国标要求完成萘含量测定时的取气操作

3　实际应用及效果

焦炉煤气属于高热值煤气，经冷却吸收后可从中提取煤焦油、氨、粗苯、硫化氢等高附加值化学产品，同时得到净焦炉煤气。焦炉煤气的冷凝和产品回收工艺路径较长，焦炉煤气组成和含量检测数据的准确性直接影响后续气液分离器、脱硫装置、废水处理等系统运行稳定性。但在实际生产过程中，由于取样系统设计、取样系统安装、取样过程及取样后分析等方面操作不规范，很多焦化企业的焦炉煤气质量数据实测值与理论值偏差较大，给生产带来极大困扰。为此，多家企业安装全密闭焦炉煤气取样系统（图 10），并通过现场取样检测样品组分含量。

在国家标准《人工煤气组分与杂质含量测定方法》（GB/T 12208—2008）的基础上，以焦炉煤气全密闭取样技术、焦炉煤气连续自循环返气技术等原创技术为核心，进一步规范了取样系统的设计、制造、使用方法和安装位置、方式，以及取样操作过程，让焦炉煤气全密闭取样全流程有了统一技术规范。表 2 所示为安装焦炉煤气全密闭取样系统后所得的数据。

表 2　焦炉煤气全密闭取样后测定数据

取样时间	全密闭取样系统		原取样装置	
	结果/mg · m^{-3}	取样温度/℃	结果/mg · m^{-3}	取样温度/℃
2024-02-17	121.65	27	未测出	7
2024-02-19	103.63	28	未测出	7
2024-02-23	97.53	25	未测出	0
2024-02-26	84.57	30	未测出	5
2024-02-26	100.21	28	未测出	6

图 10　焦炉煤气标准化全密闭取样系统现场安装图

通过对比可得，根据标准《焦炉煤气组分与杂质含量测定方法》（GB/T 12208—2008），在进行萘含量测定时的取样过程中应满足“取样管中的气样温度必须控制在比总管中的气温高 5～10 ℃”和“将两只吸收瓶置于加冰的冷水浴中，保证在取样时吸收液温度不高于 10 ℃”的要求，在天气气温较低时，规范取气时可以测定出煤气中的萘含量，而在气温较低的空气环境下从取样口直接取样，将检测不出煤气中的萘含量。

4　结论及建议

通过对焦炉煤气标准化全密闭取样系统的研发与应用研究，成功设计并实现了一套高效、准确、安全且环保的取样系统。该系统在设计和制造过程中充分考虑了焦炉煤气的特性和取样需求，采用了先进的密闭技术和自动化控制技术，有效解决了传统取样方法中存在的取样不准确、操作烦琐、环境污染严重等问题。

在实际应用中，该系统表现出了良好的性能。首先，全密闭的设计有效防止了取样过程中焦炉煤气泄漏和取样后的尾气直排，保障了环境和人员的安全。其次，自动化控制技术的应用使得取样过程更加简便快捷，提高了工作效率。同时，该系统还能够准确测量和记录取样过程中的关键数据，为后续的数据分析提供了有力支持。综上所述，焦炉煤气标准化全密闭取样系统的研发与应用研究取得了显著的成果，对于提高焦炉煤气的取样质量和效率、保障生产安全、促进环保事业的发展具有重要意义。

虽然该系统已经表现出良好的性能，但仍有进一步优化的空间。例如，可以考虑引入更先进的温度传感器和测量设备，提高温度控制的精度和准确性。同时，可以进一步优化系统控制，提高自动化水平和稳定性。该系统不仅适用于焦炉煤气的取样，还可以考虑拓展到其他类似气体的取样领域。通过进一步的研究和开发，可以形成一系列标准化的取样系统，满足不同领域的需求。

参 考 文 献

[1] 王一坤，雷小苗，邓磊，等．可燃废气利用技术研究进展（Ⅰ）：高炉煤气、转炉煤气和焦炉煤气［J］．热力发电，2014，43（7）：1-9，14.

[2] Li C，Appari S，Tanaka R，et al. A CFD study on the reacting flow of partially combusting hot coke oven gas in a bench-scale reformer［J］. Fuel，2015，159：590-598.

[3] 肖凤香，王玉龙．焦炉煤气采样方法的改进［J］．燃料与化工，2010，41（1）：52.

[4] 陈浩，任红艳．首钢焦炉煤气系统的优化分析［J］．冶金能源，2012，31（1）：46-48，51.
[5] 夏雷雷，卜志胜，吴瑞琴．一种小孔径焦炉煤气取样管防堵塞装置：201920317932.7［P］．2019-10-11.
[6] 王哲刚．一种工业焦炉煤气取样装置：201420516254.4［P］．2015-02-25.
[7] 李刚，刘晓东，张超，等．一种自动免维护焦炉煤气取样系统：CN201220708032.3［P］．2013-06-26.
[8] 朱莉芳．新型焦炉煤气取样结构：201520648749.7［P］．2016-01-13.
[9] 武彬．气相色谱法快速测定焦炉煤气中的气体组分含量［J］．大众标准化，2018（1）：31-33.
[10] 曹战钊，李凤霞，周淑珍，等．气相色谱法测定焦炉煤气成分的探讨［J］．河南冶金，2006（1）：29-30，35.

煤质智能“采制化”系统介绍

赵　静　关晶晶　柴　杰

（山西阳光焦化集团股份有限公司，河津　043300）

摘　要：本文以进厂煤质的智能“采制化”系统为介绍对象，实现了车辆进厂后，从采样、破碎、缩分、制样、分析实现了全过程的自动化，突出了智能“采制化”的优势，降低了传统采样、制样、分析过程的人为风险，改善了现场的工作环境，结合该系统在山西阳光焦化集团的现场使用实际情况，对该系统分别从采样单元、破碎及缩分单元、自动制样及分析单元进行介绍。

关键词：采样单元，破碎，缩分单元，制样及分析单元

1　概述

近年来随着配煤技术的不断发展，焦化企业的用煤范围也在不断拓宽，煤质质量指标的波动各种各样，为此，快速分析出各种煤质质量指标的重要性不言而喻，不仅能保障炼焦使用中的可靠性，还可防范不良煤质进厂后导致的质量风险。

目前，焦化企业的进厂煤采样普遍采用桥式采样甚至是人工采样，不仅工作强度大、采样时间长、作业环境差，还存在一定的人为因素干扰。为了改善作业环境、杜绝人为风险，就需要引入自动化的技术加以改进。为此，进厂煤全自动“采制化”仪器的投用就显得至关重要。不仅能快速、随机地对进厂煤进行多点位布点采样，而且还可以采取整个煤流的截面，同时对采好的煤样进行主要质量指标的快速检验，为进厂煤的质量管控提供一定的指导依据。

2　企业现状

山西阳光焦化集团股份有限公司从1988年创业至今，经过三十余年的发展，形成生产“精煤、焦炭、焦油、硫铵、粗苯煤气、电力”等煤炭开发、利用和深加工基地。炼焦作为公司基础性作业单元，目前冶金焦炭的产能在500万吨/年，用精煤量达650万吨/年，主要以外购精煤为主，运输方式以汽车进煤为主。随着焦炭产能的扩大，原有的两台汽车桥式采样机已无法满足进厂煤车车采样的要求，若由人工到煤场对个别煤样进行采取的话，存在一定的人为风险和安全风险。

3　智能采制化系统介绍

为解决这一现状，经过多方考察和了解，于2021年引进了两套智能“采制化”系统，该系统包括采样单元、自动制样、打包单元、分析单元，主要由六轴工业机器人、地轨、采样臂、传感器、控制器嵌入式智能控制软件、视频监控、钢结构基础支架、自动制样等组成，可实现智能判断、国标采样、自动制样、快速分析、无人值守。下面对整套系统进行介绍。

3.1　采样单元

采样和制样的工艺设计流程见图1，可描述为：01机器人从车厢采完样后，卸到02破碎机入料漏斗，经03破碎机破碎后进入04缩分机，缩分机出两个样品和一个弃料。一个样品进入05自动打包机，由人工带到化验室做全水分及其他指标的分析；另一个样品自动送往智能制样、分析系统。弃料样则进入06斗提机提升到二层，再经过07刮板机返回弃料仓。

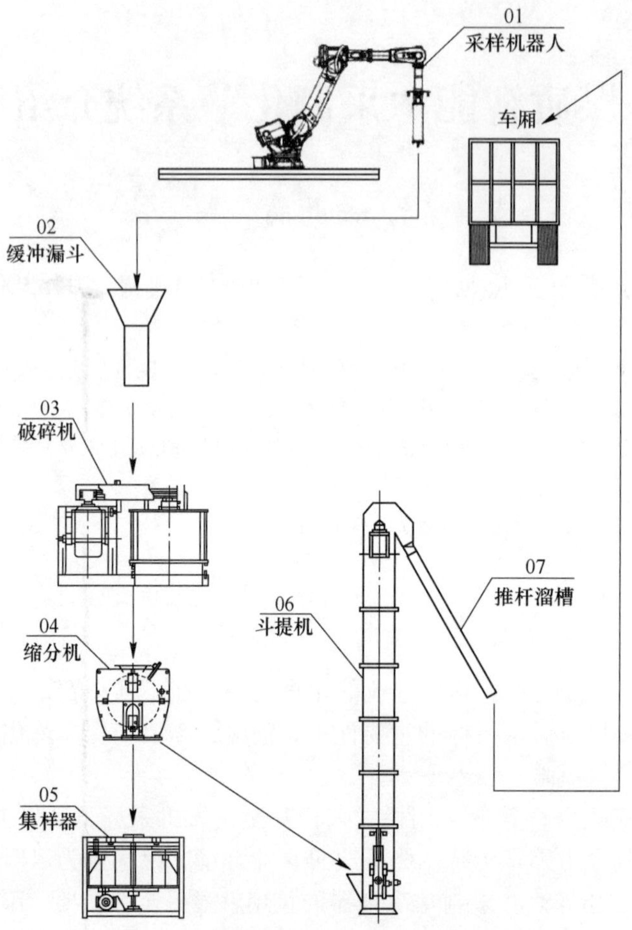

图 1　采样和制样的工艺设计流程

采用的六轴工业机器人如图 2 所示，满足车厢内的任意位置均可采样。系统自动识别车厢位置，用户可自定义采样点数量、采样车厢数量等采样规则。系统具有自动清理采样头功能，防止物料黏附、交叉污染。机器人导轨系统由底座、齿轮齿条、伺服传动电机、电缆拖链、润滑系统、防尘罩、限位开关、增高架等组成。

图 2　钻探式汽车采样机器人

3.1.1　机器人采样功能特点

（1）智能判断、国标采样、自动制样、无人值守。

（2）智能感知：自动识别车厢位置，采样、封装、记录、传输全程无人值守，火车、汽车、溜槽、煤堆等均可使用。

（3）智能软控：所有动作及检测均由软件控制，可按用户不同需求，随时本地或远程升级。

（4）采样方式：深部钻探式国标随机采样，覆盖车厢任意位置，火车小于 10 s/点，汽车小于 40 s/点。

（5）封闭式设计：体积小、质量小、安装方便，无堵、无漏、噪声低，便于构建无尘化车间。

（6）占地少：系统占地面积小于 1/2 传统采制化系统，土建工程费用大幅降低。

3.1.2　机器人采样的技术指标

（1）结构型式：六轴采样机器人；

（2）臂长：>5 m；

（3）取样深度：钻探深度 500~2000 mm；

（4）单点子样质量：8~10 kg 可调；

（5）全水分适应性：不受水分限制；

（6）采制检具有自动、半自动、手动工作模式及急停功能，适应多种情况。

3.2　破碎、缩分和自动制样单元

破碎系统使用的是锤式破碎机，由电机带动转子转动时，借助锤、切割刀的冲击作用破碎物料；缩分单元由漏斗、外壳、切割式转子及电机组成。移动切割槽在电机的带动下做往复旋转，垂直切割下落的物料，获取一份完整的子样，通过样品槽进入接料打包系统，余料经刮板机进行弃料系统（图 3）。

图 3　破碎、缩分制样单元

自动制样单元由 1 台六轴机械臂、1 台物料适配器、4 台微波脱水仪、1 台破碎研磨机组成，具备自动上料、输送、破碎、缩分、干燥、制粉、弃样回收等功能，可制备出 6 mm 全水存查样和 0.5 mm 分析样。单元所用主要设备具体设计如下。

3.2.1　机械臂

机械臂主要起到转运煤样的作用。主体选用 KUKA 机器人公司的 KR 20 型六轴机械臂（图 4），最大运动范围为 1813 mm，最大负载能力为 23.9 kg，位姿重复精度为±0.04 mm。

由于机械臂在其工作时会由于力臂旋转会产生较大的离心力，须将其固定在地面上，所用预埋基础件结构如图 5 所示，其中①为机械臂放置盘，②为支撑螺杆，③为固定钢板，开有 30 个 ϕ18 mm 通孔。

机械臂远端固定有气动抓手，以实现对物料盘的抓取和放置。其工作原理是运用气源作为压力源，抓手连接到压缩空气供应网络，当气压施加到活塞上时，抓手会向内收缩来完成抓取动作，而当气压释放时，抓手会松开来完成放置动作。抓手设有开槽，使物料盘可牢牢被抓紧，避免煤样转运过程中出现物料盘掉落的情况。

3.2.2　物料适配器

物料适配器的作用为自动接料、落料缓冲及样品整平。

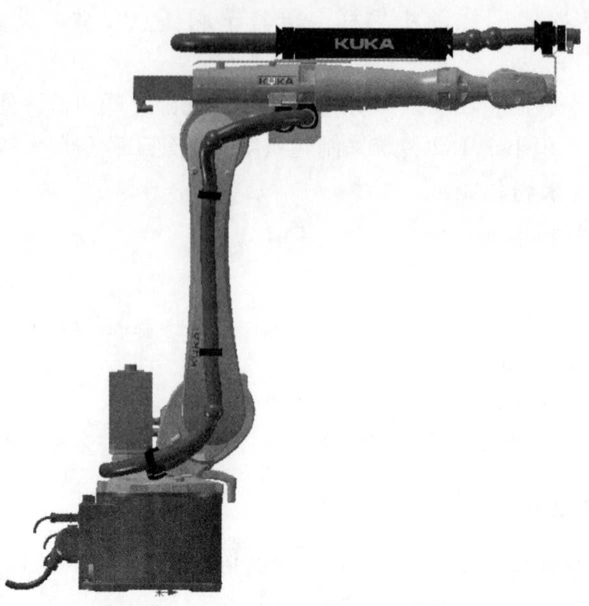

图 4　KR 20 型六轴机械臂

图 5　机械臂预埋基础件设计

3.2.3　微波脱水失重装置

微波脱水失重装置由工业微波炉、各类相关传感器、电控模块等组成，其作用为实现煤样的快速脱水及测定煤样全水分。由机械臂将装有待脱水煤样的物料盘放置于干腔室内的托盘上，利用红外辐射的热效应，进行微波加热脱水。

3.2.4　破碎研磨装置

破碎研磨装置由颚式破碎机、盘式研磨机、出料控制模块及其电气模块组成，由机械臂将装有 6 mm 脱水基煤样的物料盘伸入入料口中进行翻转倒料动作，入料口上端设有除尘接口，可接负压除尘管道，避免倾倒煤样过程中的扬尘污染；物料经振动给料机沿水平方向作周期直线往复振动来实现均匀快速地送料，物料经颚式破碎机对样品进行挤、压、搓、碾等多重破碎，使煤样颗粒由大变小，可控制出料粒度 1~6 mm 可调。该物料进一步经过研磨机研磨至 0.5 mm 后落至出料仓中进行分析，多余的样品经负压抽走送往弃料刮板机中。

3.3　分析单元介绍

3.3.1　煤质快速分析仪

煤质快速分析仪采用山西山大光电科技有限公司研制开发的 NIRS-XRF 煤质速测仪，该仪器具有检测速度快、分析指标多，采用了独特的分子基吸收光谱融合原子荧光光谱的多光谱分析方法，硬件由近红外光谱模块、X 荧光光谱模块、样品配置模块及控制模块组成，能够实现对煤中全元素及工业指标的高稳定分析。其中，激光光谱模块主要分析煤中涉及发热量和挥发分计算的关键有机基团 C—、H—等；增强光谱模块主要用于分析煤中无机成灰元素 Si、Al、Ca、Fe、Mg、Ti 等。这两个模块相辅相成、优势互补，共同实现煤中全组分的高稳定分析，进而通过模型计算出燃煤灰分、发热量、挥发分等工业指标。

3.3.2　煤质快速分析仪技术指标

（1）测量重复性：灰分≤0.3%，挥发分≤0.5%，发热量≤0.10 MJ/kg，硫分≤0.12%，全水分≤0.4%，SiO_2≤4%，Al_2O_3≤4%，CaO≤4.2%，MgO≤4%，Fe_2O_3≤5%。

（2）连续等效检测时长：1.5 分钟/车。

（3）单系统最大检车量：500 车/天。

4　智能分析数据与传统人工数据对比

针对公司所进二十多个矿点，涉及煤种有贫瘦煤、肥煤、气煤、瘦煤、焦煤、1/3 焦煤等进行了数据对比，结果见表 1。

表 1　公司煤结果数据对比表

序号	煤　种		灰分/%	挥发分/%	硫分/%	以人工分析结果为基准智能分析合格率/%
1	贫瘦煤	数据波动范围	9.56~10.38	13.20~14.53	0.49~0.70	80.95
		合格率	85.71	64.29	92.86	
2	肥煤	数据波动范围	9.92~13.37	29.57~34.05	0.61~1.94	80.74
		合格率	73.85	85.82	82.27	
3	气煤	数据波动范围	6.50~9.47	31.24~36.16	0.32~0.79	85.76
		合格率	79.75	84.17	91.45	
4	瘦煤	数据波动范围	9.72~11.30	17.35~18.38	0.37~0.62	80.77
		合格率	63.33	83.33	96.67	
5	焦煤	数据波动范围	9.32~10.19	17.90~18.51	0.48~0.64	82.35
		合格率	81.82	85.71	81.25	
6	1/3 焦煤	数据波动范围	9.52~10.56	31.69~35.21	0.71~1.04	80.43
		合格率	71.43	66.67	95.00	

5　结语

本系统能够保证煤炭样品的真实性、准确性，避免人为因素造成的样品偏差，同时通过智能化建设促进管理提升，生产效率的提升，原有的人工采样、制样、检验每道工序用时较长，当班所采的煤样数据往往需要往后推两个班才能出结果，而智能质检系统极大地提高了采样、制样、化验效率，一些关键数据指标可当日甚至实时出结果，既杜绝了人为因素影响造成的数据偏差，又能极大降低劳动强度，加强对现场工作人员的安全防护，还能极大提高质检环节生产效率。

通过质检流程智能化建设，改变了传统人工操作为主的落后生产模式，转变为高效率、高科技含量的自动化、智能化生产模式，代表了企业生产技术又上了一个台阶，顺应社会发展趋势。机械化、自动化的运用，可以使采制样操作现场脏乱差的环境得到极大改善，顺应政府环保、节能生产要求，提高了企业形象。通过智能化系统的应用，改善了工作环境，降低了劳动强度，体现了现代企业对员工的体恤关怀，提高了企业凝聚力，提升了行业口碑和企业形象。

化工分析与检验常见难题及对策

丁 丽 许任甜

（山西阳光焦化集团股份有限公司焦化厂质量管理部，河津 043300）

摘 要：化工分析与检验在化工企业中是不可缺少的一部分，同时也是化工生产过程中的关键步骤，对化工生产具有十分重要的意义，目前我国很多的化工企业在化工分析与检验过程中存在一些常见的困难与难题，需要采取适当的措施来应对解决难题，从而提高化工分析与检验在实际工作中的准确性，进而为企业的高速发展提供可靠的技术保证，基于此，对化工分析与检验常见难题及应对策略进行了相关探究。

关键词：化工，分析检验，难题应对

1 概述

企业在进行化工生产时，化学分析与检验工作是至关重要的一个环节，同时很多的科研成果也都与化工分析与检验有着密切的关系。然而，在实际的化学分析与检验过程中，不可避免地会遇到一系列难题，这些难题可能会对分析结果的准确性和可靠性产生影响，进而制约相关领域的发展，因此只有企业与检验人员对分析检验工作有正确的认识，才能够使分析与检验工作发挥出更大的作用。所以要对实际过程中存在的不足进行科学的分析，才能最大程度地将其避免，因此将从以下三个方面对化工分析与检验常见的难题与应对策略进行详细探究以供参考。

2 化工分析与检验工作的概述

2.1 化工分析与检验的概念

化工分析与检验是指运用化学、物理等科学方法和技术手段，对化工产品、原材料、中间产物、生产过程以及环境等相关对象进行定性和定量分析，以确定其化学成分、物理性质、结构等特性，并对其质量、纯度、安全性等方面进行检验和评估的过程。化工分析与检验在化工生产领域具有极其重要的意义，是化工企业生产中最关键的步骤，它能够为生产过程的优化控制、产品质量的保障、环境保护措施的制定等提供关键的数据和依据。

2.2 定性分析与定量分析

定性分析与定量分析在性质方面有很大的区别，但是在实际应用中又有密切的联系。定性分析是侧重于确定物质中存在哪些化学成分或特性，它可以鉴定出物质的种类、结构特征、官能团等，根据其存在的定量形成检验汇报，然后根据检验结果再做比较复杂的定量对比。因此在化工检验与分析中，除了定性分析外，还要根据定性分析提供方向和范围，进一步对所含成分进行测量，然后对相对含量进行检验分析。一般在化工检验过程中，检验人员会通过特定的颜色反应来确定某种离子是否存在，然后再使用各种分析仪器和方法来准确测定溶液中某种离子的浓度。因此，化工生产过程中，定性分析与定量分析是检验人员必不可少的分析工具与方法。

3 化工分析与检验常见的难题

3.1 检验人员综合素质参差不齐

在检验分析过程中，除了实验设备与分析方法外，人员的综合素质也会对检验分析结果有较大的影

响。目前，很多化工企业的实验室人员综合素质并不能真正满足生产的需要，有的检验人员具备扎实的专业知识和熟练的操作技能，能准确高效地完成分析检验任务；而有的检验人员对相关理论和方法理解不透彻，操作不规范；同时还会有态度上的差异，部分人员工作认真负责，对数据质量高度重视；而有些人员可能存在敷衍了事的情况，导致数据准确性受影响；在学习能力和进取心方面也会有一定差异，一部分人员积极学习新知识、新技术，不断提升自己；但也有人员满足于现状，缺乏主动提升的动力。

3.2　分析过程中误差过大

在化工分析与检验过程中分析结果的准确性是至关重要的，但在分析过程中会产生一定的误差，误差控制在合理性范围内对结果不会有较大的影响，但如果误差超出合理性范围，就会对结果产生明显的影响，现阶段，仍会有一些化工企业分析室在分析检验过程中存在较大的误差，具体来说，实验使用的仪器设备本身精度不够、未校准或校准不准确、仪器故障或不稳定等；还有使用分析方法选择不当，所选用的分析方法不适合该样品或存在固有缺陷；以及缺乏质量方面的控制，没有有效的质量控制措施，不能及时发现和纠正误差，这些都会导致有明显的误差存在。

3.3　检验环境有待提升

化工分析检验环境会直接影响到分析检验数据的准确程度，实验室环境因素主要包括温度和湿度、洁净度、通风状况等，具体来说，实验室内不稳定的温度可能导致仪器的热胀冷缩，影响设备的精度和稳定性，同时实验室的湿度不当可能使某些试剂潮解、仪器受潮损坏，或影响样品的状态和反应；实验室灰尘等杂质可能污染样品或进入仪器内部影响性能，干扰检测结果；实验室通风不良会使实验室积聚有害气体和挥发物，可能与样品或试剂反应，也可能危害检验人员健康进而间接影响操作准确性。以上环境因素都会造成分析结果不准确，无法为企业生产活动有指导性的依据。

4　化工分析过程中常见问题的解决对策

4.1　提高检验人员的综合素质

企业要想提高化工分析的准确性，首先要从提高检验人员的综合素质入手，加强人员的专业知识培训，包括分析检验理论、方法、仪器操作等；同时开展技能提升培训，如样品处理、数据分析等。其次管理方面应设立严格的考核制度与激励机制，对表现优秀的人员给予奖励和晋升机会，激发积极性以督促人员不断学习和进步。最后要培养人员的责任意识，强化职业道德和责任心培养，确保工作严谨、数据可靠。通过以上各种方法来提高整体化学分析人员的素质质量。

4.2　严格控制化工分析中的误差

在化学分析过程中可以采取各种方法来控制误差存在的错误和操作弊端，客观来说分析过程中存在的误差是不可避免的，但可以在实际过程中通过各种方法来尽可能地减少误差。首先要确保仪器校准与维护，定期对仪器进行精准校准，确保其准确性和稳定性；做好日常维护，及时发现和解决仪器故障隐患。其次要选择合适的分析方法，根据样品特性和分析要求，精心选择科学、准确且经过验证的分析方法；同时也要对样品进行管理，确保样品采集的代表性和准确性，规范样品的储存、预处理等环节。最后要加强质量控制措施，采用空白试验、平行样测定、加标回收、标准物质对比等质量控制手段，及时发现和纠正异常；同时也建立全过程的监控体系，及时收集反馈信息，不断改进和优化分析检验流程。

4.3　加强检验环境的建设

检验环境对化工检验分析的准确性和效率有重要的影响，因此加强检验环境的建设，首先要做好整个化工实验室的清洁工作，清新的环境是保证化工实验有效进行的基础。能够有效提高实验室的环境，从而使化工分析检验工作的进行能够有良好的环境，从而提高实验的准确性和科学性。除此之外，还要制定一些严格的实验制度来强化环境建设，例如进入实验室的操作人员必须要劳保防护用品穿戴齐全、不可在实验室吃喝东西等。

5 结语

综上所述，本研究从对化工分析与检验的概念内容概述入手，对化工分析与检验过程中存在的问题与解决方案进行了相关探究，化学分析与检验过程中的难题是客观存在的，但通过采取有效的应对策略，可以在很大程度上克服这些难题。在未来，随着科学技术的不断进步和分析技术的不断发展，相信这些难题将逐步得到更好的解决，化学分析与检验也将发挥更大的作用，为化工领域的发展提供更加可靠的技术支持，促进化工企业更好更快地发展。

参 考 文 献

[1] 赵冬野. 化工分析过程中的常见问题分析及策略 [J]. 中国新技术新产品，2012（22）：183.

[2] 李淑英. 化工分析过程中常见的问题及解决方式 [J]. 黑龙江科技信息，2013（16）：75.

[3] 张秋香. 化工分析过程中容易出现的问题及解决措施 [J]. 化学工程与装备，2011（6）：187-188.

[4] 张娟. 化工分析与检验常见难题及对策探讨 [J]. 化工设计通讯，2017，43（8）：180.

焦化苯中氮含量的测定方法研究

吕　明　李元元　周庆鑫

（鞍钢化学科技有限公司，鞍山　114001）

摘　要：本文对化学发光法检测焦化苯中痕量氮含量的方法进行了研究，确定了仪器典型操作参数。利用标准样品制作标准曲线，根据样品实际含量及《环境监测　分析方法标准制修订技术导则》（HJ 168—2010）确定了检测上下限，该方法的测量范围为 0.1～100 mg/L，经过了准确度与精密度验证，证明此方法准确可靠、简单快捷，可满足焦化苯中痕量氮含量的分析要求。

关键词：化学发光法，焦化苯，氮含量

1　概述

由于焦化苯类产品是以炼焦副产品粗轻苯为原料，因此有一部分吡啶和苯胺等含氮成分在于产品中，而苯类产品中的氮含量偏高会造成下游企业生产中催化剂失活，影响装置转化率，甚至会造成反应的终止，因此，下游苯的用户对氮含量指标要求非常严格，准确测定苯中氮含量对提高产品质量有很重要的意义。

目前国家标准《焦化苯》（GB/T 2283—2019）[1]没有规定氮含量指标，也没有查到纯苯中氮含量的测定方法相关标准。本文研究了利用化学发光法测定焦化苯中的氮含量，原理是将样品由自动进样器直接进入高温裂解管口处，被氩气载入高温裂解管中，在此与来自臭氧发生器的 O_3 发生反应产生激发态的 NO_2^*，当 NO_2^* 返回到基态时，发出光子，光子被光电倍增管接收并由微电流放大器放大，数据处理系统转换显示出与发光强度成正比的信号，计算和数据处理后调用相应的标准曲线进行定量分析，即可测出未知样本的含氮量。

2　实验部分

2.1　仪器与材料

耶拿 EA5000 硫氮测定仪：包括炉单元、气体干燥单元、检测单元、控制和记录单元、进样单元；微量注射器；氮标准溶液：0.1 mg/L、0.5 mg/L、1 mg/L、5 mg/L、10 mg/L、25 mg/L、50 mg/L、100 mg/L，经过认证的标准物质均可使用；惰性气体：氦气、氩气或仪器制造商推荐的其他气体，纯度不低于99.99%；反应气体：氧气，纯度不低于 99.99%。

2.2　条件选择试验

要想测定准确度高，信号响应好，必须进行合适的操作条件的选择，包括注射器驱动速率、裂解氧气（O_2）流量、进口氧气（O_2）流量、进口氩气（Ar）流量、进样量等，本次选择了较佳的操作参数见表 1。

表 1　典型仪器操作参数

项　目	参数	项　目	参数
注射器驱动速率/μL·s^{-1}	1	进口氧气（O_2）流量/mL·min^{-1}	10
炉温/℃	1050	进口氩气（Ar）流量/mL·min^{-1}	100
裂解氧气（O_2）流量/mL·min^{-1}	300	进样量/μL	20

2.3 标准曲线制作

按照表 1 所示操作参数调整好仪器，仪器稳定后，开始制作标准曲线，标准曲线的制作以标样浓度为横坐标，电信号积分面积为纵坐标，每个标样平行分析 2 次，取平均值。按表 2 所示的硫标液绘制两条标准曲线。标样氮含量与积分面积如表 3 所示。

表 2　氮标准曲线配制

氮含量/mg · L^{-1}	氮标准溶液浓度/mg · L^{-1}
0.1~10	0.1、0.5、1、5、10
10~100	10、25、50、100

表 3　标样浓度与积分关系

氮标准溶液浓度/mg · L^{-1}	积分面积平均值 AU	氮标准溶液浓度/mg · L^{-1}	积分面积平均值 AU
100	43241	5	2117
50	20967	1	447
25	11106	0.5	241
10	43568	0.1	54

通过 Excel 软件制作标准曲线，如图 1、图 2 所示，两条标准曲线的线性关系均很好，曲线相关系数均达到 0.999，回归方程可靠，完全能够满足分析要求。

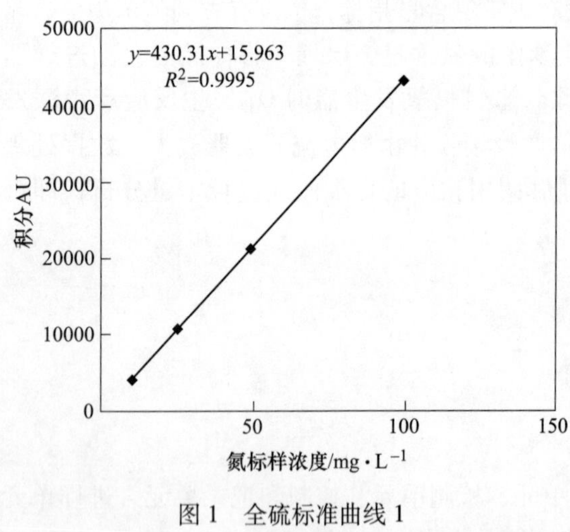

图 1　全硫标准曲线 1

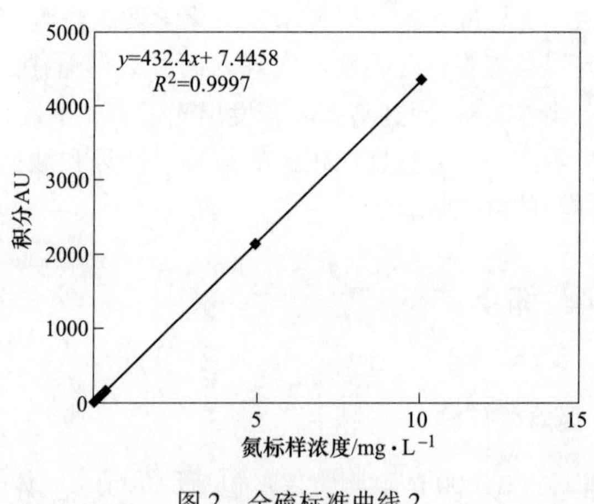

图 2　全硫标准曲线 2

2.4 样品测定

将仪器切换到校准界面，根据试样特征判断氮含量大致范围调出相应的工作曲线，取与待测试样浓度接近的标准溶液进行仪器校准，根据校准结果进行仪器调整，调整后将仪器切换到样品测量界面，用微量注射器取 20 μL 试样分析，平行分析 2 次，根据标准曲线读取结果，即为标准曲线法所测定的氮含量。

3　结果与讨论

3.1 重复性及再现性试验

本实验的精密度选用 5 个水平的氮标样品进行测定，每个样品测定 8 次。该测定是指在《测量方法与结果的准确度（正确度与精密度）　第 1 部分：总则与定义》（GB/T 6379.1—2004）[2] 规定的重复性条件下进行，即由同一实验员、用同一仪器、相同的实验条件、同一校准，在短的时间内进行的测定。本实验的再现性试验同样采用5个水平的硫标样品，由8个不同实验员进行测定。参加试验的样品列于表4，根据《测量方法与结果的准确度（正确度与精密度）　第2部分：确定标准测量方法重复性与再现性的基本方法》（GB/T 6379.2—2004）[3]，对得到的试验数据进行统计分析，标准偏差 $S=\sqrt{\frac{\sum_{i=1}^{n}(x_i-x)^2}{n-1}}$，重复性（$r$）或再现性（$R$）$=2\sqrt{2}S$，试验原始数据及计算得到重复性（$r$）和再现性标准差（$R$）列于表5和表6。

表4　参加精密度试验的水平

样品名称	氮含量/mg·L^{-1}
氮标样1	1
氮标样2	5
氮标样3	10
氮标样4	50
氮标样5	100

表5　精密度试验原始数据

序号＼水平数	氮标样1	氮标样2	氮标样3	氮标样4	氮标样5
第1次	0.964	5.272	10.247	50.684	98.464
第2次	1.043	5.454	10.611	51.375	101.784
第3次	1.034	5.273	10.542	49.115	99.355
第4次	1.027	4.965	9.731	51.782	102.544
第5次	0.975	5.283	9.884	49.485	97.236
第6次	0.968	4.862	10.478	51.274	103.154
第7次	0.974	5.114	10.576	49.364	98.544
第8次	1.011	5.267	10.654	48.782	97.745
平均值	0.964	5.272	10.247	50.684	98.464
标准偏差 S	0.033	0.193	0.354	1.175	2.301
重复性 r	0.09	0.54	0.99	3.29	6.44

表6　再现性试验原始数据

序号＼水平数	氮标样1	氮标样2	氮标样3	氮标样4	氮标样5
实验员1	0.964	5.272	10.247	50.684	98.464
实验员2	0.956	5.785	11.283	51.922	98.576
实验员3	0.988	4.366	8.821	48.116	96.779
实验员4	0.978	5.682	9.102	52.571	97.154
实验员5	0.945	4.756	11.323	53.215	102.421
实验员6	1.063	5.714	9.261	48.329	103.527
实验员7	1.241	4.654	8.883	47.642	96.574
实验员8	1.134	4.541	11.266	48.266	103.623
平均值	1.034	5.096	10.023	50.093	99.640
标准偏差 S	0.105	0.583	1.137	2.266	3.047
再现性 R	0.30	1.63	3.18	6.35	8.53

3.2 测定下限的设定

按照样品分析的全部步骤，对含量为 0.1 mg/L 的氮标样做 8 次平行测定，计算 8 次平行测定的标准偏差 S，根据《环境监测　分析方法标准制修订技术导则》（HJ 168—2010）[4]对数据进行统计分析，检出限 MDL=$t(n-1,\ 0.99)\times S$，在 $n=8$ 时，$t(n-1,\ 0.99)=2.998$，测定下限为 $4S$。检出限原始数据列于表 7。

表 7　检出限原始数据

序　号	氮标样/mg·L^{-1}
第 1 次	0.096
第 2 次	0.097
第 3 次	0.108
第 4 次	0.094
第 5 次	0.109
第 6 次	0.112
第 7 次	0.098
第 8 次	0.093
平均值	0.101
标准偏差 S	0.008

从表 7 中数据可以得出，检出限 MDL=2.998×0.08=0.024，检测下限=4×0.240=0.096。因此本文设定检测下限为 0.1 mg/L。

4　结论

本文研究了利用化学发光法检测焦化苯中的痕量氮含量，分别制作了低含量的标准曲线和高含量的标准曲线，两条标准曲线的线性关系均很好，曲线相关系数均达到 0.999，并做了重复性、再现性试验及确定了检测指标的下限，从以上数据可看出，此方法灵敏度高、重复性好、测量误差小，完全可以满足分析需求。

近年来，随着焦化行业的不断发展，产品质量不断提高，产品指标日益增多，检测分析技术必须不断更新发展。利用化学发光法测定纯苯中氮含量，效率高，准确性好，目前来说可达到国内先进水平，可为现场提供精确的纯苯含氮量测定值，为生产稳定运行和产品销售等提供技术支撑和保障。

参 考 文 献

[1] 中国钢铁工业协会．焦化苯：GB/T 2283—2019 [S]．北京：中国质检出版社，2019.

[2] 中国标准化研究院．测量方法与结果的准确度（正确度与精密度）　第 1 部分：总则与定义：GB/T 6379.1—2004 [S]．北京：中国标准出版社，2004.

[3] 中国标准化研究院．测量方法与结果的准确度（正确度与精密度）　第 2 部分：确定标准测量方法重复性与再现性的基本方法：GB/T 6379.2—2004 [S]．北京：中国标准出版社，2004.

[4] 环境保护部科技标准司．环境监测　分析方法标准制修订技术导则：HJ 168—2010 [S]．北京：中国环境科学出版社，2010.

基于 Deform 的 316L 六角螺栓头部模锻成型研究

李轶明[1,2]　侯现仓[1,2]　祖印杰[1,2]　宋　冬[1,2]　廉　达[1,2]　李泽奇[1,2]

（1. 唐山首钢京唐西山焦化有限责任公司，唐山　063200；
2. 河北省煤焦化技术创新中心，唐山　063200）

摘　要：本文以 316L 不锈钢为成型材料，利用 Deform-3D 有限元仿真软件，在模锻速度为 50 mm/s、模锻温度为 1000 ℃、摩擦系数为 0.2 的变形条件下，对 316L 不锈钢六角螺栓头部的模锻成型过程进行了有限元仿真，并对其模锻成型过程中的等效应力场、等效应变场、温度场、金属流动规律等进行了分析，揭示了其模锻成型机理，为 316L 不锈钢六角螺栓的实际模锻成型提供一定的理论依据。

关键词：316L，六角螺栓头部，成型机理，模锻成型

1　概述

螺栓是焦化厂最常用的零部件之一。螺栓由“头部”“杆部”两部分组成，且“杆部”有螺纹，其通常用于紧固连接两个或两个以上的、带有通孔的零件，在使用时通常需要螺母进行配合。螺栓的种类很多，按螺栓头部的形状可分为外六角螺栓、内六角螺栓、双头螺栓、圆头螺栓、方形头螺栓等。316L 不锈钢具有耐腐蚀、耐高温、抗蠕变性好等特点，被广泛应用于焦化化工厂的机械设备、管道、换热器板片、法兰、阀门、螺栓等方面，对延长设备、零件的寿命，提高设备的稳定性等方面有很大的推动作用[1]。

螺栓头部的成型一般采用模锻成型，根据加工材料的不同，其成型工艺也有一定的不同，常用的工艺有冷模锻、温模锻和热模锻。研究螺栓头部的模锻成型，有助于对其成型机理进行分析和讨论，能够对其成型过程提供一定的理论指导。近年来，国内外也有不少学者对螺栓头部的成型工艺进行了许多研究。付利国等[2]对 TA15 合金的高强度螺栓模锻成型进行了研究，并通过分析锻件的显微组织和力学性能，得到了适合 TA15 合金螺栓模锻成型的工艺参数。汤涛等[3]对 GH4169 合金十二角头螺栓热镦成型过程进行了有限元仿真，并对成型工艺参数进行了优化。Doddamani 等[4]利用 AFDEX 软件模拟双头螺栓闭式模锻成型工艺，对提高零件的使用寿命提供了一定的理论指导。Jin 等[5]利用仿真和实验相结合的方法研究了侧螺栓的滚锻工艺，并利用实验对仿真结果进行了验证。Rajiev 等[6]利用 ANSYS 软件对平头螺栓的成型过程进行了有限元仿真，并分析了摩擦对模具磨损及材料流动规律的影响。Han 等[7]提出了一种有效的方案来消除刚性或弹性区域的塑性变形，该方案成功应用于模拟长螺栓锻造过程。林仕伟等[8]研究了不锈钢/碳钢复合螺栓成型过程，得到了不锈钢壁厚和热镦速度对成型结果的影响规律。赵庆云等[9]通过有限元数值模拟和试验相结合的办法，揭示了钛合金六角头螺栓的头部成形原理和变形特点。但目前，有关 316L 六角螺栓头部模锻成型的研究还相对较少。

因此，本文以焦化厂化工区域常用的 316L 六角螺栓为研究对象，利用 Deform-3D 有限元仿真软件对 316L 六角螺栓头部的模锻成型过程进行了有限元仿真，揭示了 316L 六角螺栓头部在模锻成型中的变形机理，旨在为 316L 六角螺栓头部模锻成型的实际生产提供一定的理论依据。

2　模锻成型方案设计

本文研究的对象是某焦化厂化工区域常用的 316L 不锈钢六角螺栓，其规格尺寸为 M12×50 mm。图 1 为设计的模锻前的坯料尺寸图，直径为 12 mm，长度为 67.24 mm。

设计所选用的材料为 316L 不锈钢（00Cr17Ni14Mo2），其具体成分如表 1 所示。为了使 316L 不锈钢

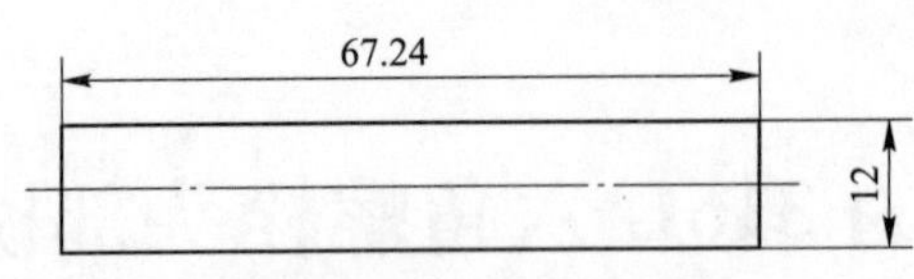

图1　模锻前的坯料尺寸图（单位：mm）

在成型过程中充分发挥其良好的塑性加工性能，保持更稳定的金相组织，成型的方式采用的是模锻成型。

整个成型过程分为三个阶段：第一阶段为坯料与周围环境之间的换热过程；第二阶段为坯料与模具之间的换热过程；第三阶段为坯料的模锻成型过程。其具体的有限元仿真过程在下一节做具体分析。

表1　316L 不锈钢化学成分　　（%）

元素	C	Si	Mn	S	P	Cr	Ni	Mo
含量	≤0.03	≤1.00	≤2.00	≤0.03	≤0.045	16~18	10~14	2~3

3　模锻成型数值模拟设计

3.1　有限元模型的假设

在六角螺栓模锻成型过程中，“头部”是主要变形区域，并且“头部”的变形主要分为两种的形式：一是轴向的压缩；二是径向的延展。同时还要将锻件与周围环境及模具之间的换热过程、模具材料的选择等因素都考虑进来。因此，在六角螺栓的有限元模型设计过程中，做出了如下假设：

（1）定义上、下模具均为刚性体。在六角螺栓的实际成型中，模具的变形非常小，可视为不发生变形，且对于模具的磨损也假设忽略不计。因此，在有限元仿真中也这样设置，与实际保持一致。

（2）定义锻件为塑性体。在六角螺栓模锻成型中，锻件发生的是永久的塑性变形和弹性变形。其中，永久的塑性变形是主要目的，而将弹性变形假设忽略不计。因此，在有限元仿真中也将锻件设置成塑性体。

（3）上模具匀速运动。在实际成型中，模具的运动速度不能保证是一个恒定的值，从物理的角度讲应当是一个加速—匀速—减速的运动过程，但为了方便研究模锻过程，将上模具的运动定义为匀速运动。

（4）均匀性假设。锻件在实际的变形过程中，各部位并不是均匀变形的，但模锻又是对称的成型工艺，且锻件也为对称的塑性体，因此在研究时，将锻件的受力、变形当成是均匀的。

3.2　传热边界条件的设置

在六角螺栓的模锻成型中，传热边界条件对模锻结果有很大影响。因为在模锻过程中，锻件会与周围环境发生热交换、与模具发生热传递，同时还会由于摩擦及变形产生热。因此，在有限元仿真中要将这些因素对模锻结果的影响考虑进来。表2给出了316L六角螺栓模锻成型过程中的相关工艺参数的设置情况。

表2　316L 六角螺栓模锻仿真工艺参数

工 艺 参 数	单 位	数 值
模锻温度	℃	1000
模锻速度	mm/s	50
摩擦因数		0.2
模具温度	℃	300
坯料材料		316L
模具材料		AISI-H-13
环境温度	℃	20

续表 2

工 艺 参 数	单　位	数　值
坯料与环境间的热交换系数	N/(s · mm · ℃)	0. 02
坯料与模具间的热交换系数	N/(s · mm · ℃)	1
坯料与模具间的热传递系数	N/(s · mm · ℃)	11
坯料网格数量		—
坯料网格尺寸比		—
坯料最小网格尺寸		—
泊松比		0. 3

3. 3　遵循的损伤准则

锻件在模锻成型中会产生断裂、损伤等现象，因此在模拟六角螺栓模锻成型时，要添加损伤准则。断裂损伤准则有许多种，本文选用的是 Deform 默认的 Crockroft-Latham(C-L) 损伤准则[10]，该准则形式简单、易于嵌入到有限元软件中，适用于绝大多数的模锻成型数值模拟，其表达式如下：

$$W = \int_0^{\bar{\varepsilon}} \max(\sigma_1,\ 0)\,\mathrm{d}\bar{\varepsilon} \geqslant W_c \tag{1}$$

式中　σ_1——最大主应力；

W_c——断裂应变积分能量 W 的临界值；

$\bar{\varepsilon}$——等效塑性应变。

3. 4　模型的建立

图 2 为焦化厂化工区域常用的一种 316L 不锈钢六角螺栓尺寸示意图，其规格尺寸为 M12×50 mm。

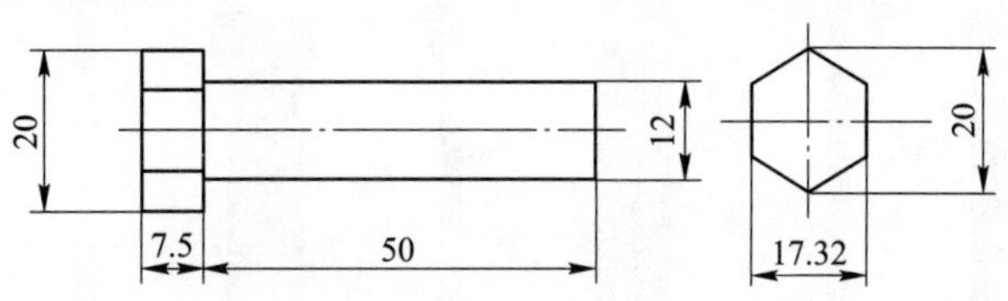

图 2　模锻后的工件图（单位：mm）

模锻过程仿真通过 Deform 6. 1 来完成。首先利用 CREO 绘制出六角螺栓坯料和上、下模具的三维模型，并保存成 Stl. 格式，然后将其导入 Deform 软件的前处理中，建立模锻过程的有限元模型。接着对导入的模具和坯料进行基本参数的设置，并对其位置、运动参数、热交换参数等进行设置，如图 3 所示。最后生成有限元仿真数据库，开始进行模锻过程数值模拟。模拟过程共设置 850 步，其中前 50 步为坯料与周围环境间的热交换过程；50~100 步为坯料与模具及周围环境间的传热、换热过程；100~850 步为坯料模锻成型过程。模锻过程简图如图 4 所示，步长间隔为 250 步。其中，为了更清楚地了解坯料在模锻成型中各部位的变化情况，选取模型的 1/2 进行观察。

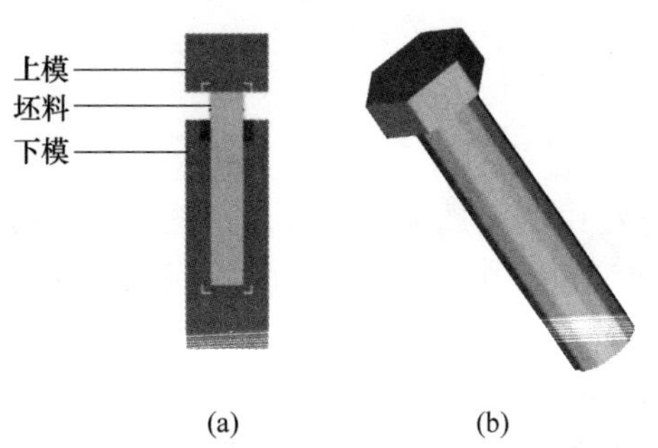

图 3　316L 六角螺栓模锻成型有限元模型(a)和模锻成品图(b)

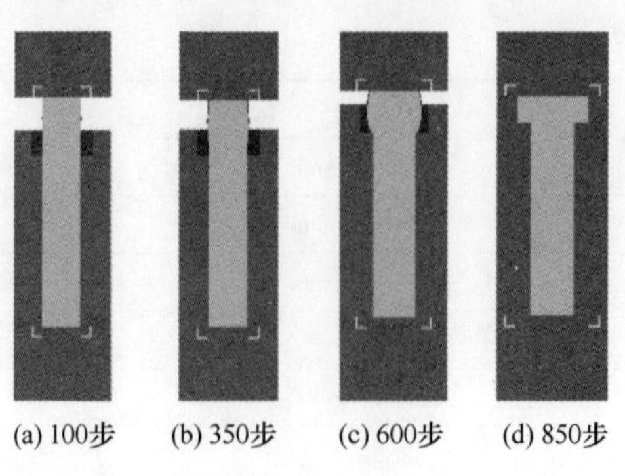

图 4　模锻过程简图

4　结果与讨论

4.1　锻件等效应力场分布图

图 5 为螺栓锻件在模锻成型过程中的等效应力场的分布图。从图中可以看出，螺栓锻件应力主要集中在“头部”，因为“头部”为主要变形区域；模锻开始时，应力主要集中在锻件“头部”与“杆部”连接的地方，随着模锻的进行，分布在锻件上的应力有所增大，且最大应力区域逐渐向“头部”的中心移动。到了模锻后期，螺栓锻件整体的应力逐渐减小到 0，标志着成型结束。其中，图中显示，最大应力为 3390 MPa，这是由于模锻后期可能存在“飞边”，“飞边”处的应力在模具的挤压下，可能会很大，属于正常现象。

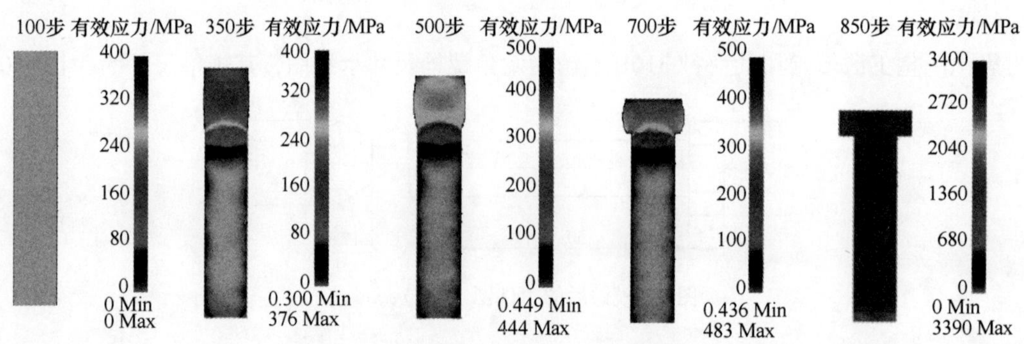

图 5　模锻过程锻件等效应力场分布图

4.2　锻件等效应变场分布图

图 6 为螺栓锻件的等效应变随着时间的变化情况。从图中可看出，锻件的高应变区域主要分布在锻件“头部”的中心位置，由中心向边缘，应变逐渐变小，应变区域整体呈轴对称分布。随着模锻的进行，应变逐渐变大，进入模锻末期，锻件“头部”中心位置成型基本完成，边缘位置还在继续，故中心的应变较低于边缘。最后，锻件“头部”的边缘位置的应变最高为 2. 92，这是由于在上、下模具的作用下，锻件要充满整个模具，而边缘又是最难到达的位置，故收到的力较大，应变也就最大。

4.3　锻件金属流动规律图

图 7 给出了螺栓锻件在成型过程中的金属流动情况。由图可知，锻件“头部”的金属流动速度从上往下由大变小，这是由于锻件在成型过程中，上模具为主动运动，带动锻件向下运动，故锻件“头部”的上部分的运动要超前于下部分，产生的形变也快于下部分，故金属流动速度也最大。从整体来看，锻件“头部”上部分的金属流动主要为轴向运动，下部分的金属流动轴向、径向都有，这说明螺栓锻件“头部”的成型是轴向压缩和径向延伸的混合变形。整个模锻过程中，金属流动的速度呈先增大后减小的趋势变化，进入模锻后期，速度逐步趋于为 0。

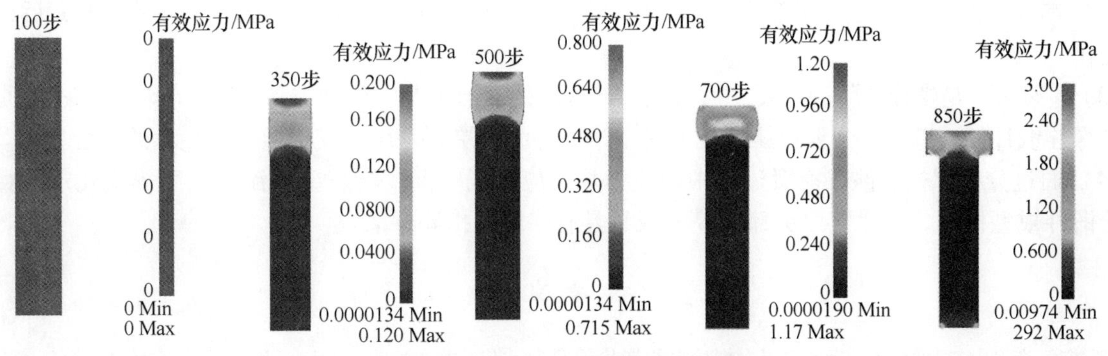

图 6　模锻过程锻件等效应变场分布图

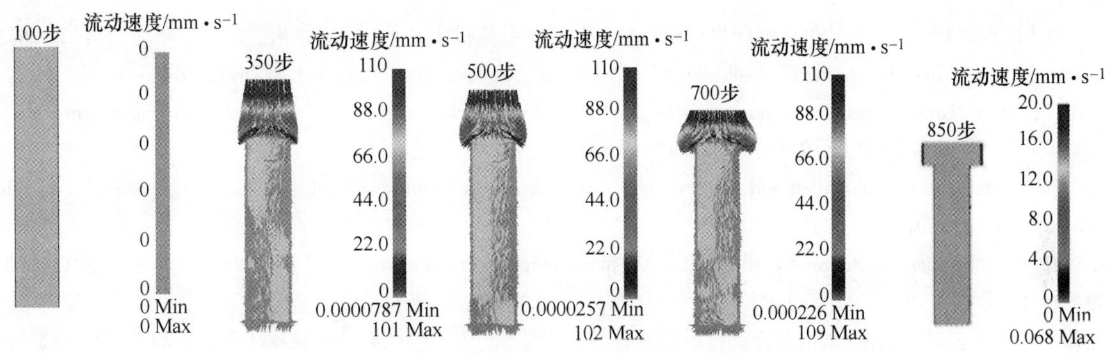

图 7　模锻过程锻件金属流动规律图

4.4　锻件温度场分布图

图 8 记录了螺栓锻件温度场随着模锻进程的变化。其中前 100 步为锻件与模具及周围环境的换热过程。在 100 步时，锻件中心位置的温度较高于表面，这是由于锻件表面与模具接触，发生了热传导。随着变形继续，锻件的温度逐渐升高，最高温度可达 1400 ℃，最高温度主要出现在螺栓锻件“头部”的中心位置，这是由于“头部”是主要的变形区域，锻件发生塑性变形，金属大量流动，金属晶体发生相对移动，摩擦会使金属锻件产生内能，故温度高于其他区域。随着模锻的进程，螺栓锻件的温度先增大后降低，模锻完成时，锻件温度最低，然后进入自然降温阶段。

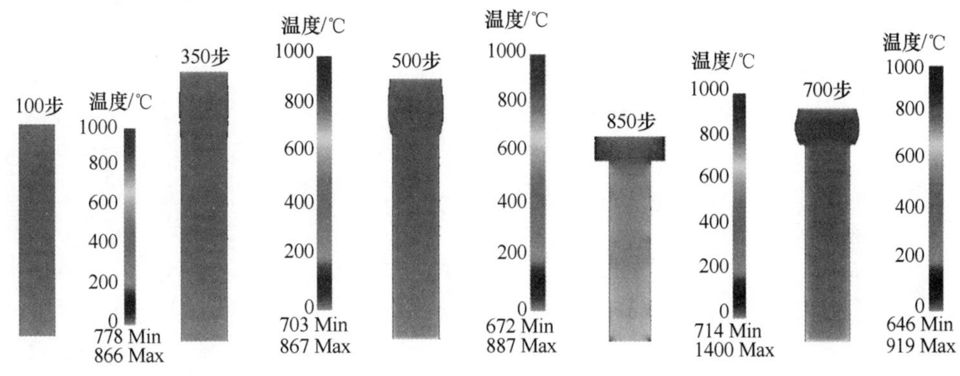

图 8　模锻过程锻件温度场图

5　结论

（1）螺栓锻件的应力场、应变场、温度场、金属流动速度等在模锻过程中均呈对称分布，说明螺栓锻件在模锻成型过程中，同一截面上的所有位置变形都是均匀的。

（2）螺栓头部的应力场、应变场、温度场、金属流动速度均随着模锻成型的进程呈先增大后减小的趋势变化。

（3）“头部”是螺栓锻件的主要变形区域，该区域的变形主要有两种类型：一是轴向压缩；二是径向延伸。螺栓锻件的心部变形主要以压缩变形为主，锻件的表层则是压缩变形及剪切变形的混合变形。

（4）通过分析螺栓锻件在模锻过程中的应力场、应变场、温度场、金属流动速度等变化规律，揭示了螺栓锻件成型机理，对螺栓“头部”模锻成型具有一定的指导意义。

参考文献

[1] 李志广，李健健，边晋荣．发动机应力螺栓电热镦模锻研究［J］．模具工业，2012，38（7）：66-69.

[2] 付利国，朱雨生，赵彦营，等．TA15 合金的高强螺栓模锻成型工艺［J］．中国有色金属学报，2010，20（S1）：717-721.

[3] 汤涛，王熔．GH4169 合金十二角头螺栓热镦成形数值仿真及参数优化［J］．锻压技术，2021，46（12）：20-26.

[4] Doddamani M R，Uday. Simulation of closed die forging for stud bolt and castle nut using AFDEX. 2014.

[5] Jin H T，et al. Experimental verification of the finite element predictions of the side bolt roll forging process［J］．한국소성가공학회학술대회논문집，2016：21-22.

[6] Rajiev R，Sadagopan P．Simulation and Analysis of hot forging dies for Pan Head bolt and insert component.［J］．Materials Today Proceedings，2018，5（2）：7320-7328.

[7] Han S S，et al. Special simulation technique of multi-faced long bolt forging process［J］．한국소성가공학회학술대회논문집，2009：44-47.

[8] 林仕伟．热镦工艺对不锈钢/碳钢复合螺栓成型过程的影响［J］．中国科技期刊数据库工业 A，2019，9：148-149.

[9] 赵庆云，王玉凤，刘风雷，等．钛合金六角头螺栓头部成形技术［J］．稀有金属材料与工程，2012（S2）：232-235.

[10] Crockroft M G，Latham D J. The effect of stress system on the work ability of metals［R］．Scot land：National Engineering Lab，1966.

管状皮带机在阳光焦化的首次使用

周　岩　李良贵　张会朋　毛春雷

（山西安昆新能源有限公司，河津　043300）

摘　要：管状带式输送机是一种新型带式输送机，目前国外已把管状带式输送机广泛用于钢铁、建材、造纸、粮食、制盐和化工等行业。密闭输送物料：由于物料被包围在管状胶带内运行，因此，物料不会散落及飞扬，也不会因刮风、下雨等受外界环境的影响，可减少物料在运输途中的损耗；尤其在输送炉渣、矿石等物料时，可减少物料对环境的影响。输送线可沿空间曲线布置，由于胶带形成管状，当它运行时，每处胶带都是可以绕曲的。对于尼龙帆布胶带，其水平面和垂直面内的小曲率半径可达到管径的300倍；大倾角输送：由于胶带为圆管状而增大了物料与胶带之间的摩擦系数，故线路的 大倾角可达30°，对于流动性差的物料其倾角还可以增大，这一特点对向高处输送物料的场合是很重要的，它可以减少输送长度，节省空间位置，降低设备成本。

关键词：管状带式输送机，环保，运输距离

1　概述

山西阳光焦化集团运送焦炭以往采用的是传统普通带式输送机，在安昆设计之初，为将安昆生产的焦炭运送至本部焦化焦仓里，由于距离较长，约 1500 m，公司经过调研，从四川省自贡运输机械集团股份有限公司引进一条新型管状带式输送机。

2　新型管带机介绍及性能特点

2.1　管状带式输送机介绍

管状带式输送机是一种新型带式输送机（以下简称“管带机”），在装料区和卸料区，胶带打开呈槽形，装料或卸料后，胶带被指压托辊卷成圆形，管状形成后，呈六边形布置的托辊保持其管状。由于胶带在输送线路上呈管形，物料不会撒落，物料也不会因刮风、下雨而受外部环境的影响，这样既避免了因物料的洒落而污染环境，也避免了外部环境对物料的污染，达到无泄漏密闭输送。

该机可在沿空间曲线灵活布置，在复杂地形条件下长距离输送物料，同时与普通带式输送机相比，具有经济、可靠、安全、高效等优点。

该系列产品输送物料密度一般为 0.5~2.5 t/m^3，普通管状输送带，工作环境温度为-25~40 ℃，对具有耐热、防水、防腐、防爆、阻燃等条件要求者，工作环境温度可达-35~200 ℃，本系列产品广泛用于电力、化工、建材、矿山、冶金、码头、煤炭、粮食等行业物料输送系统。

2.2　管带机的性能特点

（1）可广泛应用于各种散状物料的连续输送。

（2）输送带成管状，运输物料无尘、无泄漏、不污染环境、不受自然条件（风、雨等）影响。

（3）输送带成管状，增大了物料与胶带间的摩擦系数，故管带输送机的输送最大倾角可达 45°。

（4）管状输送带可实现空间弯曲布置，一条管状带式输送机可取代一个由多条普通带式输送机组成的输送系统，可减少转运站费用、设备维护及运行费用。

（5）管状带式输送机自带走道和桁架，可不另建栈桥，节省费用。

（6）运输能力相同时，管带机的横截面积小，占用空间小，为普通带式输送机的 1/3 截面，可减少占地和费用。

（7）管状带式输送机的管带具有较大刚性，托辊间距可增大。

（8）管带机所输送物料的最大块度为其管径的 1/3。

3　管状皮带机在阳光焦化集团的首次使用

山西安昆新能源有限公司 369 万吨/年炭化室高度 6.78 m 捣固焦化项目配套焦炭带式输送工程，是指修建一条从山西安昆新能源有限公司焦化厂筛焦楼卸料口接料开始到山西阳光焦化集团股份有限公司焦化一厂焦仓上布料皮带为止的全程焦炭带式输送机系统，该输送机采用管状皮带机，命名为 C117，全长约 1500 m，打破了阳光焦化皮带机长度最长的纪录。

由于运送距离较长，C117 配套有头、尾部双驱动系统，电机通过变频实现同步运输，并配备相应的 PLC 远程控制系统，由中控室进行远程控制。

C117 主要由头部机架及驱动装置、尾部机架及传动装置、头部过渡段压带、展带装置、尾部过渡段压带、展带装置、中部桁架、立柱及附属设备、拉紧装置、皮带（钢丝带）组成，并配备有拉绳开关、堵料开关、跑偏开关、打滑、防撕裂等联锁保护装置，全长约 1500 m，可通过中控室 PLC 控制系统，调节皮带机电机转动频率，来控制皮带机的输送速度，最大可实现每小时 500 t 焦炭的输送量，满足安昆生产需求。

4　新型管状皮带架安装完成后现场图

新型管状皮带架安装完成后现场图见图 1。

图 1　新型管状皮带架安装完成后现场图

5　结语

C117 管状皮带机已于 2021 年 11 月投入使用，运行至今已两年多，运输过程中，将焦炭密闭性运输，大大提高了生产运输效率，相比于传统皮带机，有环保、运输距离长、速度快、维护成本低等优点，由于设计之初只设计了一条管带机，无备用设备，为保证生产，2023 年，公司与管带机厂家经过沟通并设计新建一条 C117 的备用线路，从安昆至本部焦化焦仓的管带机（命名为 C118），目前主体项目已完成，已进入试运行阶段，效果良好。

管状皮带机在焦化企业的应用

刘建标　梁国庆　刘广斌

（山西宏安焦化科技有限公司，介休　032000）

摘　要：管状皮带机技术是近年来的新工艺、新技术，在煤炭、焦化、矿产等多领域广泛应用，为各企业响应国家减污降碳、绿色发展提供了强有力的技术支持。

关键词：焦化，焦炭，管状皮带机，减污降碳

1　概述

山西宏安焦化科技有限公司位于山西省介休市安泰工业区，建于2004年，拥有4座JN60-6A型6 m顶装焦炉，设计焦炭年产量240万吨，是安泰工业园区循环经济产业链的重要环节，荣获国家第五批绿色制造企业、山西省首批创建零碳产业示范区试点单位等荣誉。企业深入贯彻习近平总书记绿水青山就是金山银山的理念，立足企业能源资源整合，坚持把减污降碳，协同增效作为促进企业绿色转型发展的总抓手，紧随企业绿色发展需要，不断更新迭代建设投运环保项目，管状皮带的建设就是其中重要一项。宏安焦化协同一期干熄焦炉产能110万吨/年，二期干熄焦炉产能130万吨/年，于2022—2023年先后设计建设并投用两条管状皮带，开创了由干熄焦旋转密封阀后管状皮带直接接料输送的先河，为高温焦炭运输、降少焦炭转运消耗，降低粉尘污染提供科学的实践性研究价值。

2　管状皮带机的介绍

管状带式输送机的基本结构与普通带式输送机基本相同，主要由头部滚筒、尾部滚筒、改向滚筒、驱动和拉紧装置、托辊组、机架、桁架走台支架和胶带等部分组成。所不同的是胶带在六边形PSK（Pipe Shape Keeping）托辊组内约束形成管状。

由头部过渡段、圆管形成段、尾部过渡段组成，见图1、图2。

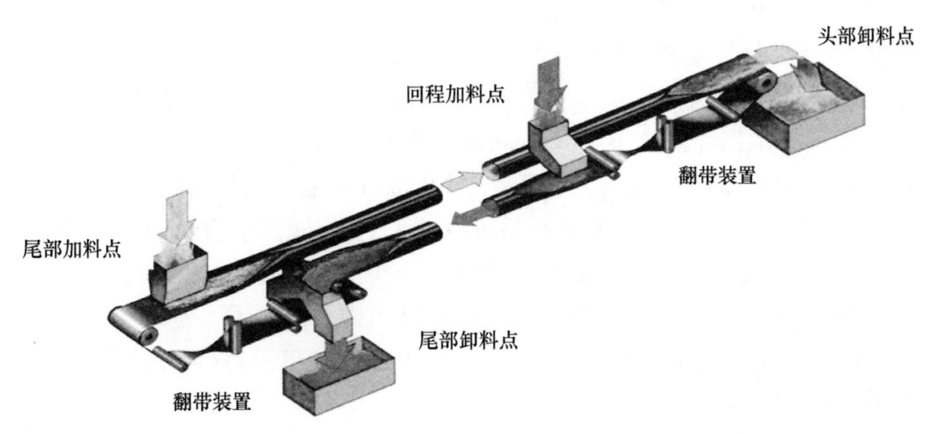

图1　管状皮带示意图

其优点主要如下：

（1）适用性广。可用于各种粒度、堆比重的散状物料的连续输送。特别适用于长距离输送。

（2）密闭输送物料。由于物料被围包在管状胶带内运行，可减少物料在运输途中的损耗，减少物料

图 2　管状皮带运行图

对环境的污染。

（3）输送线可沿空间、地形曲线布置。可以根据地形特点和要求按需要进行空间曲线布置，可取代多条普通带式输送机和转运站组成的输送系统。在节约投资的同时，可减少转运次数，降低物料粉碎率，减少粉尘污染，减低人工成本。

（4）大倾角输送。由于胶带为圆管状包裹输送而增大了物料间和与胶带之间的摩擦系数。故圆管带式输送机的最大倾角可达 45°。有效减小输送长度，节省空间位置，降低建设成本。

（5）分别利用胶带的上、下分支往返封闭输送物料。由于承载（上）分支和回程（下）分支的胶带均是圆管形，所以可用回程（下）分支向反方向输送物料，提高利用率，降低消耗。

（6）智能化联锁控制与安全预警系统的集成运用，提高了设备应对异常情况时的反应速度，在保护人员作业安全和保障设备稳定运营方面均有显著提升。

3　管状皮带机在宏安焦化的运行指标对比

3.1　现有皮带与 1 号管状皮带状况对比

3.1.1　经济效益测算对比

（1）人工减少费用 13.68 万元/年。采用管状皮带，岗位人员可由每班 4 人减少为 3 人，共可减少 3 人，月工资按 3800 元/人，每月可减少人工费用 1.14 万元，每年可减少 13.68 万元。

（2）降低焦炭破损率增加效益 648 万元/年。根据以往的标定：焦炭直接落地（不转运）小于 25 mm 比例为 7%；焦炭经皮带转运到筛焦楼小于 25 mm 比例为 9%；焦炭到筛焦楼共经过 6 个转运站，小于 25 mm 比例增加 2%(9%-7%)，每经过一个转运站，小于 25 mm 粒级比例增加 0.3%。

现有一期干熄焦运焦系统采用管状皮带系统后可减少 4 个落料点，小于 25 mm 比例可减少 1.2%(4×0.3%)，相应成品焦比例可提高 1.2%左右。小于 25 mm 焦炭价格与成品焦相差约 600 元，现干熄焦比例为43%左右，按照年产 230 万吨焦炭，干熄焦产量为 90.66 万吨（除去干熄焦 30 天检修时的产量），成品焦比例如果提高 1.2%，每年可增加成品焦量 1.08 万吨，焦炭效益可提高 648 万元/年。

（3）投资费用增加 562.7 万元。

（4）除尘装置及皮带运行费用减少 179.57 万元/年。

3.1.2　结论

（1）采用管状皮带机投资费用增加 562.7 万元。

（2）采用管状皮带机后焦炭粉率降低增加效益 648 万元/年，减少人工费用 13.68 万元/年，除尘装置及皮带运行费用减少 179.57 万元/年，合计增加效益 841.25 万元/年（表 1）。

表 1　对比分析结果 1

名称	现有干熄焦皮带系统	1 号管状皮带系统	对比分析
皮带条数及落料点个数	1. C 系列：D101—C106/107：共 6 条皮带，7 个落料点； 2. E 系列：D101—C106/107：共 4 条皮带，5 个落料点	D101 + 1 号管状皮带到 C106/107，共 2 个落料点	采用管状皮带走 C 系列皮带减少 5 个落料点，走 E 系列减少 3 个落料点
人员编制	4 人/班	3 人/班	采用管状皮带机可减少工作人员 3 人
<25 mm 粒级比例	9%	7.8%	采用管状皮带机可提高粒级比例 1.2%
除尘装置	已建有 3 套除尘装置，其余每个转运点需建 1 套除尘装置，共需新增 4 套除尘装置	机头、机尾需新建 2 套除尘装置	减少建设费用、运行费用、维护保养费用
投资费用	447.7 万元（需新建除尘器费用）	1010.4 万元（管状皮带投资费用 760 万，新建除尘器费用：250.4 万元）	采用管状皮带投资费用增加 562.7 万元
运行费用	408.62 万元（需新建除尘器运行费用 166.9 万元/年；皮带运行费用 241.72 万元）	215.37 万元（除尘器运行费用 95.5 万元/年；运行费用 119.87 万元/年）	运行费用减少 193.25 万元/年

3.2　2 号干熄焦与 2 号管状皮带状况对比

3.2.1　经济效益对比

（1）人工减少费用 27.36 万元/年。采用管状皮带，岗位人员可由每班 4 人减少为 2 人，共可减少 6 人，月工资按 3800 元/人，每月可减少人工费用 2.28 万元，每年可减少 27.36 万元。

（2）降低焦炭破损率，增加效益 1368 万元/年。根据标定结果：焦炭直接落地（不转运）小于 25 mm 比例为 7%；焦炭经皮带转运到筛焦楼小于 25 mm 比例为 9%；焦炭到筛焦楼共经过 6 个转运站，小于 25 mm 比例增加 2%(9%-7%)，每经过一个转运站，小于 25 mm 粒级比例增加 0.3%。

2 号干熄焦运焦系统从 Z101~C104 或 E103，共 8 个落料点。采用管状皮带系统后落料可减少 6 个落料点，小于 25 mm 比例可减少 1.8%(6×0.3%)，相应成品焦比例可提高 1.8%。小于 25 mm 焦炭价格与成品焦相差约 600 元，现干熄焦比例为 55%左右，按照年产 230 万吨焦炭，干熄焦产量为 126.5 万吨，成品焦比例如果提高 1.8%，每年可增加成品焦量 2.28 万吨，焦炭效益可提高 1368 万元/年。

（3）投资费用增加 1128 万元。

（4）除尘装置及皮带运行费用减少 82.06 万元/年。

3.2.2　结论

（1）采用管状皮带机投资费用增加 1128 万元。

（2）采用管状皮带机后焦炭粉率降低增加效益 1368 万元，减少人工费用 27.36 万元/年，除尘装置及皮带运行费用减少 82.06 万元/年，合计增加效益 1477.42 万元/年（表 2）。

表 2　对比分析结果 2

名称	新建干熄焦皮带系统	2 号管状皮带系统	对比分析
皮带条数及落料点个数	C 系列：Z101—C104：共 6 条皮带，7 个落料点； E 系列：Z101—E103：共 7 条皮带，8 个落料点	Z101、2 号管状皮带到 C104 或 E103，共 2 个落料点	采用管状皮带走 C 系列皮带减少 5 个落料点，走 E 系列减少 6 个落料点
人员编制	4 人/班	2 人/班	采用管状皮带机可减少工作人员 6 人
<25 mm 粒级比例	5.6%	3.8%	采用管状皮带机可提高粒级比例 1.8%
除尘装置	已建有 3 套除尘装置，需新建 4 套除尘装置。	需新建 2 套除尘装置	—

续表 2

名称	新建干熄焦皮带系统	2 号管状皮带系统	对比分析
投资费用	214.4 万元（新建除尘器费用）	1342.4 万元（管状皮带投资费用 1092 万，新建除尘器费用：250.4 万元）	投资费用增加 1128 万元
运行费用	326.11 万元（除尘器运行费用 71 万元/年；皮带运行费用 255.11 万元　）	216.69 万元（除尘器运行费用 95.5 万元/年；运行费用 121.19 万元/年）	运行费用减少 109.42 万元/年

4　管状皮带机设计参数

管状皮带机设计参数见表 3。

表 3　管状皮带机设计参数

序号	设备名称	管径/mm	带速/$m \cdot s^{-1}$	运量/$t \cdot h^{-1}$	展开长度/m	功率/kW	胶带型号
1	1 号管带机	300	3.15	250	430	160	EP300-(6+4+3) B=1100
2	2 号管带机	300	3.15	250	553	160	EP300-(6+4+3) B=1100

5　结语

本文对宏安焦化引进管状皮带机的应用案例进行了分析，从干熄焦直接接入管状皮带优点显著，也存在一些弊端。建议不同企业在管带机选型时应充分考虑管带机输送物料的粒级、温度、弯度、提升高度等因素，采取增大管径余量、增加前置筛分装置、挡料器等安全保护措施，避免大料级物料对管带机的影响，保障管状皮带的安全运行能力。

参 考 文 献

[1] 宋伟刚，于野，占悦晖．圆管带式输送机的发展及其关键技术［J］．工程科技，2005（4）：42-46.
[2] 孟文俊，王鹰，吴志方．管状带式输送机的发展和设计要点［J］．起重运输机械，2001（11）：29-35.
[3] 王鹰，杜群贵，韩刚，等．环保型连续输送设备——圆管状带式输送机［J］．机械工程学报，2003（1）：149-151.
[4] 边永梅，管状带式输送机关键技术的研究［J］．煤矿机电，2016（3）：57-61.
[5] Horak R M. A new technology for pipe or tube conveyors［J］. Bulk Solid Handling，2003，23（3）：174-180.
[6] Lodffier F J. Pipe/tube conveyor-a modern method of bulk matrials transport［J］. Bulk Solid Handling，2000，20（4）：431-435.

螺旋式S新型溜槽的应用

周　岩　李良贵　张会朋　毛春雷

（山西安昆新能源有限公司，河津　043300）

摘　要：本实用新型涉及焦炭转运技术领域，具体为一种焦炭转运站螺旋溜槽结构。为了解决采用传统溜槽结构进行焦炭转运时易产生大量的焦沫和焦粒以及易对下部输送带造成冲击的问题，故提供了一种焦炭转运站螺旋溜槽结构，包括过渡管、溜槽管、过渡管的进料口衔接于上部输送带的出料端，过渡端的进料口处设有导流板，溜槽管的进料口与过渡管的出料口自然密封衔接，溜槽管沿着靠近过渡管的方向弯曲呈弧状，溜槽管的出料口密封衔接有给料勺，给料勺的出料口衔接于下部输送带的进料端。采用本实用新型的焦炭转运站螺旋溜槽结构能有效减缓料流速度，减少焦沫以及焦粒的产生，同时减少了物料对下部输送带的冲击，有效延长了下部输送带的使用寿命。

关键词：螺旋式新型溜槽，无人操作有人值守

1　概述

山西安昆新能源有限公司设计为4×70孔炭化室高6.78 m捣固焦炉，年产369万吨焦炭，于2022年3月全部投产，其中运焦皮带共计20条，焦炭转运过程中，C105下C109溜槽最大落差达7.8 m。

2　螺旋式S新型溜槽改造前状况

焦炭转运站是焦炭生产的一个重要站点，上部输送带通过传统溜槽结构的竖直落体下料方式将焦炭转运至下部输送带，由于上部输送带与下部输送带转运落差较大，易使得焦炭高速下落摔打产生大量焦沫和焦粒，影响焦炭的品质，同时焦炭高速下落也会对下部输送带造成冲击，从而影响下部输送带的使用寿命。

3　螺旋式S新型溜槽改造内容

本实用新型为了解决采用传统溜槽结构进行焦炭转运时易产生大量的焦沫和焦粒以及易对下部输送带造成冲击的问题，故提供了一种焦炭转运站螺旋溜槽结构。

本实用新型是采用如下技术方案实现的：

（1）一种焦炭转运站螺旋溜槽结构，包括过渡管、溜槽管，过渡管斜向下布置且其进料口衔接于上部输送带的出料端，过渡端的进料口处还设有用于将上部输送带输送的焦炭导流至过渡管中的导流板，溜槽管的进料口与过渡管的出料口自然密封衔接，溜槽管沿着靠近过渡管的方向弯曲呈弧状，溜槽管的出料口密封衔接有用于将溜槽管的出料口溜出的料流方向调整成与下部输送带运行方向一致的给料勺，给料勺的出料口衔接于下部输送带的进料端。

（2）工作原理：焦炭经转运站的上部输送带抛出后通过导流板进行减速、改变焦炭的料流轨迹后进入过渡管，过渡管沿着改变后的轨迹进入溜槽管，通过溜槽管降低了焦炭的料流速度和降低料流的冲击，最后再通过给料勺调整角度即调整成与下部输送带运行方向一致后进入下部输送带，从而完成焦炭在上部输送带与下部输送带之间的转运。

（3）导流板倾斜布置且与过渡管呈钝角布置，减少物料在过渡管的堆积。

（4）溜槽管弯曲部分的外壁处还配设有用于支撑溜槽管的支架，提高该结构的稳定性。

（5）本实用新型所产生的有益效果如下：采用本实用新型的焦炭转运站螺旋溜槽结构能有效减缓料

流速度，物料之间的相互摩擦力降低，减少焦沫以及焦粒的产生，同时降低速度后的料流缓慢进入到下部输送带，速度降低后减少了物料对下部输送带的冲击，有效延长了下部输送带的使用寿命。

4　螺旋式S新型溜槽改造实施要求

（1）材质要求：所有溜槽本体以及接料板基板全部采用304不锈钢。溜槽内部全部安装可替换的高耐磨陶瓷衬板。

（2）C105机头溜槽内部安装接料槽，接料槽采用可调式方式，便于调整焦炭流体的流向，缓冲焦炭的冲击。

（3）接料板与下部螺旋溜槽底部落差小于0.8 m。螺旋溜槽水平角度30°~35°。

（4）所有螺旋溜槽制作采用分段制作，中间将制作好的螺旋溜槽分段安装，并在中间转角部位设计安装支撑。

（5）螺旋溜槽全部采用分段制作，法兰盘连接安装。

（6）溜槽末端中心线与皮带中心线垂直平行。

（7）溜槽末端与皮带之间距离不高于0.5 m。

螺旋式S新型溜槽改造完成后的效果图如图1所示。

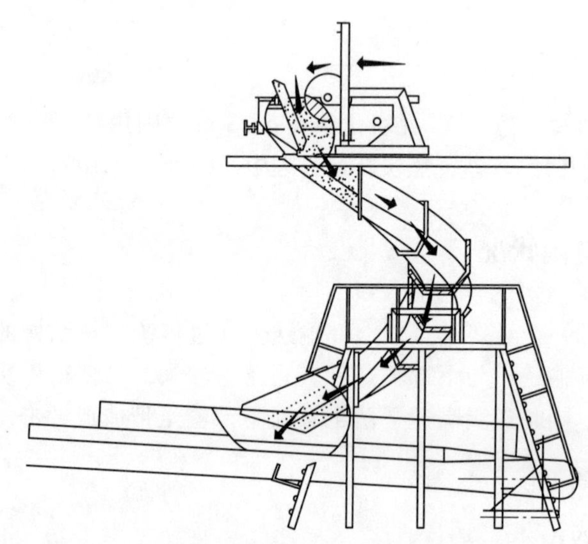

图1　螺旋式S新型溜槽改造完成后效果图

5　溜槽改造完成后焦沫含量前后数据对比

（1）改造前焦沫含量：5.2%；

（2）改造后焦沫含量：4.5%。

6　结语

公司于2023年3月开始寻找溜槽厂家，通过提诉求、研发，最终设计出螺旋式S新型溜槽，7月开始对C105下C109溜槽进行改造，经过近一个月的努力，螺旋式S新型溜槽改造安装完成，至今已运行10个月，目前溜槽运送焦炭顺畅，减少焦炭摔打，在降低焦沫含量的同时，大大提高了下皮带的使用寿命，总结了宝贵的实践经验，达到了预期的效果，后期会逐步对现场转运焦炭过程中落差较高的传统式溜槽进行改造，提高工艺水平。

流化床空气弹簧和钢制弹簧的对比

高安昌　任　杨　吴旭红

（山西安昆新能源有限公司，河津　043300）

摘　要：空气弹簧的发展可以追溯到19世纪中期，随着工业技术的进步和交通运输的需求增加，空气弹簧逐渐得到了广泛应用。最初的应用是在汽车上，随后逐渐扩展到了轨道交通、航空航天以及其他工业机械等领域。空气弹簧的特点在于其非线性、阻尼可调、动态性能好，能够提供弹性支撑、隔振降噪等功能。

关键词：空气弹簧，传统弹簧，隔振性

1　空气弹簧的发展

空气弹簧的早期发展可以追溯到19世纪中期。在这个时期，随着工业技术的进步和交通运输的发展，空气弹簧的应用范围和市场需求开始逐步扩大。最早的空气弹簧概念是将一个充气橡胶球状装置用作汽车悬架系统的一部分，这种装置被称为空气袋。

现代空气弹簧的发展始于20世纪30年代。1934年，费尔斯通企业研发出脉冲阻尼器式空气弹簧，并首先在通用电气客运上试运用取得成功。20世纪50年代中后期，随着产品研发和实验的深入，配有空气悬架的客运逐渐在国外、法国获得大批应用推广。到了20世纪80年代至今，全世界首要的资本主义国家为了降低对道路的损坏和提升舒适度，在交通工具上几乎全部采用了空气弹簧，超重型交通工具的利用率也超过了80%。

2　空气弹簧和传统弹簧的优缺点

空气弹簧和传统弹簧在车辆和其他机械装置中有广泛的应用。它们各自具有一些独特的优势和劣势，下面来详细比较一下空气弹簧和传统弹簧的优缺点。

2.1　空气弹簧的优点

2.1.1　可调节的刚度和承载能力

空气弹簧的一个显著优点是其刚度可以根据需要进行调节。这是因为空气弹簧的刚度 k 会随着载荷 P 的变化而变化。在不同载荷下，空气弹簧的隔振系统固有频率几乎不变，因此隔振效果也几乎不变。

2.1.2　非线性特性

空气弹簧具有非线性特性，这意味着它们可以有效地限制振幅，避开共振，并防止冲击。这种非线性特性曲线可以根据实际需要进行理想设计，使空气弹簧在额定载荷附近具有较低的刚度值。

2.1.3　隔振和降噪能力

空气弹簧的隔振性能非常好，可以吸收高频振动，具有优异的隔音性能。这使得它们在提供舒适的乘坐体验方面非常有效。

2.1.4　质量小

空气弹簧相对于传统钢制弹簧来说，质量更小。它们的主要组成部分是橡胶囊和几乎没有质量的空气，因此比钢弹簧轻得多。

2.2 空气弹簧的缺点

2.2.1 寿命短

空气弹簧的使用寿命相对较短，这是它们的一个明显缺点。尽管空气弹簧在状态良好的时候表现出完美的工况，但一旦出现故障，维修或更换的费用可能会非常昂贵。

2.2.2 维护成本高

空气弹簧的维护成本相对较高，这也是许多人在考虑购买二手豪华车时需要注意的问题。保养空气弹簧的费用相当高，因此在预算上需要留出更换或维修空气弹簧的空间。

2.2.3 成本高

空气弹簧的购买或选装成本相对较高。即使在豪华车型上，空气弹簧也是一个昂贵的选装配置。此外，如果空气弹簧出现故障，维修成本也会高很多。

2.3 传统弹簧的优点

2.3.1 易于制造和维护

传统弹簧在制造和维护方面相对简单，成本较低。它们的安装精度对其使用寿命影响不大，而且检测方法相对统一。

2.3.2 寿命长

传统钢制弹簧通常具有较长的使用寿命，不需要频繁更换。

2.3.3 结构简单

传统弹簧的结构通常比空气弹簧更简单，因此在一些对复杂性有限制的应用中更具优势。

2.4 传统弹簧的缺点

2.4.1 刚度不可调

传统钢制弹簧的刚度通常是固定的，无法根据需要进行调节。这意味着它们可能无法提供与空气弹簧相同的乘坐舒适性和操控极限。

2.4.2 隔振性能有限

相比于空气弹簧，传统钢制弹簧在隔振性能方面有所欠缺。它们对高频振动的传递较为明显，且隔音性能较差。

2.4.3 安装精度要求高

虽然传统弹簧的安装精度对其使用寿命影响不大，但其对初始安装精度的要求仍然相对较高。如果不正确安装，可能会导致漏油和其他严重的后果。

3 水处理装置区流化床问题描述

水处理装置区设计有四台流化床，设计之初采用刚性弹簧作为缓冲装置，且流化床位于二楼，由于生产工艺等问题，流化床内容易积盐，振动床安装之初，因振动较大，距离设备 2.0 m 范围内楼板受影响的最大振动速度为 40.46 mm/s，已超过规范所规定的容许振动速度 5.0 mm/s，对车间楼板基础和楼层其他设备运行有重大安全隐患，经多方检查、分析，集思广益，将振动床的减震块更换为充气式空气气囊，经用一台振动床试验，振动值 2.4 mm/s，数据合格。不仅解决了设备、楼板振动大的问题，而且产出盐产品水分指标合格，符合销售及客户要求，为水处理区创造收益，还解决了现场的盐产品堆放问题。

4 空气弹簧的选用参数

单囊式空气弹簧设计图如图 1 所示。

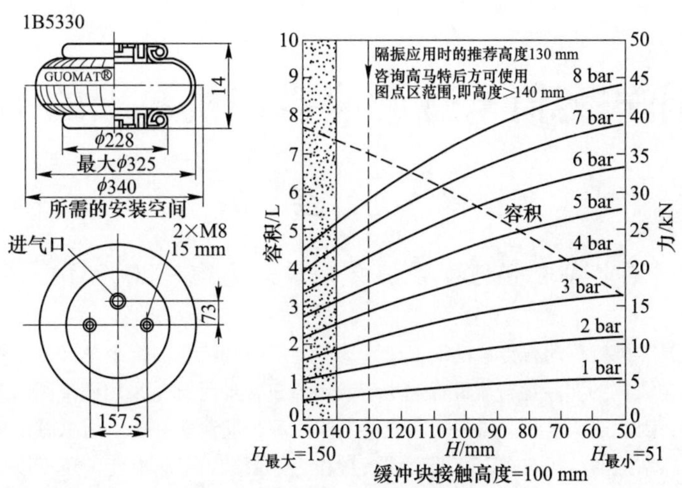

图 1　单囊式空气弹簧设计图

流化床空气弹簧选用设计参数如下：

（1）1 kg=0. 1 MPa=100000 Pa=100000 N/m^3。

（2）气囊截面积 0. 114 mm×0. 114 mm×3. 14 mm=0. 04 mm^3。

（3）当气囊气压为 0. 3 MPa，300000×0. 04=12000 N=12 kN=1. 2 t。

（4）5 kg 时单个可承受质量 2 t，4 个可承受 8 t。

（5）设备选型单个气囊最大承受压力 0. 8 MPa（到时根据运行情况调整压力），可以承受质量 3. 2 t。共采购 4 个。

（6）气囊压力从 0. 3~0. 8 MPa 可以调整，承载的质量根据压力不一进行调整。

参 考 文 献

[1] 王海波．空气弹簧特性及空气悬架客车平顺性研究［D］. 合肥：合肥工业大学，2011.

[2] 黄元昌．空气弹簧成型机［J］. 橡塑机械时代，2013（4）：27.

移动底座式套筒永磁调速器在机泵上的节能应用

周金水　刘　磊　陈　蒂

（宝武炭业科技股份有限公司，上海　200941）

摘　要：对于离心式水泵、风机等动力传输设备，设计选型上压力和流量的富余量（出于最大工况和各种意外损耗的考虑）较大，水泵与风机的实际运行流量都远小于额定流量，通常都是采用调节阀门或风门挡板的方式来控制输出流量、憋压运行，因此造成水泵、风机较高程度上的能源长期浪费；若采用永磁调速器进行调速来适应工况的变化，不仅可以提高系统的运行效率，降低设计余量和工艺余量、节约电能，还可以使电机与负载之间的扭矩传递不存在机械硬连接，减少系统的振动，提高电机系统的稳定性和可靠性，延长电机与负载的整体使用寿命。

关键词：水泵，风机，电机，永磁调速器，节能

1　套筒式永磁调速器的工作原理及特点

1.1　工作原理

免维护型磁轮调速装置由移动底座、导体转子、永磁转子三部分组成。导体转子安装在电机轴上，永磁转子安装在负载轴上，两者无连接，其间由空气隙分开，并随各自安装的旋转轴独立转动；移动底座调节永磁转子与导体转子在轴线方向的相对位置，以改变导体转子与永磁转子之间的啮合面积，实现改变导体转子与永磁转子之间传递转矩的大小，见图 1。当导体转子转动时，导体转子与永磁转子产生相对运动，永磁场在导体转子上产生涡流，同时涡流又产生感应磁场与永磁场相互作用（图 2），从而带动永磁转子沿与导体转子相同的方向转动，结果是将输入轴的转矩传递到输出轴上；输出转矩的大小与啮合面积相关，啮合面积越大，扭矩越大。

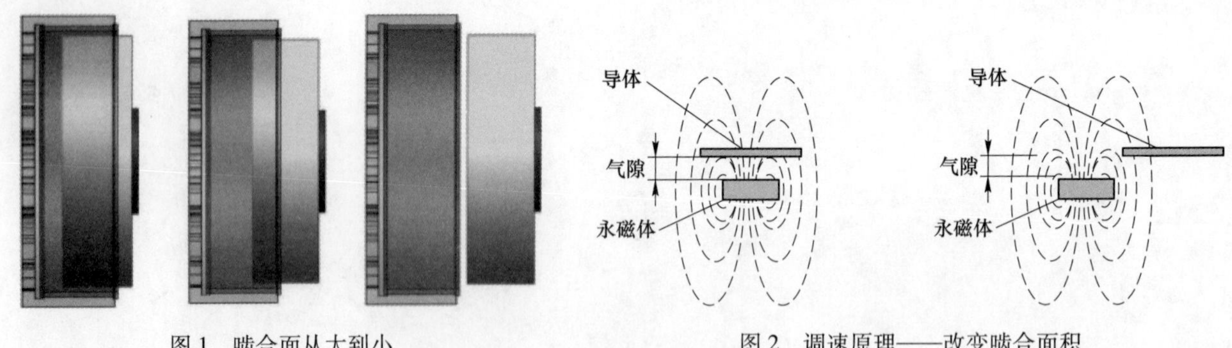

图 1　啮合面从大到小　　图 2　调速原理——改变啮合面积

1.2　系统的组成

套筒式磁轮调速系统由套筒式磁轮调速器、移动底座、电动执行机构、水冷系统、远程控制系统（DCS 或 PLC）、电缆等设备集成。电动执行机构安装移动底座上。

套筒式磁轮调速器安装在电机和负载之间，传递扭矩，通过套筒式磁轮调速器的移动底座实现导体转子与磁轮转子之间的磁场啮合面积改变，从而实现负载转速变化。电动执行器提供动力使得啮合面积随着电动执行机构的指令变化而变化，电动执行机构接受远程控制系统（根据不同的情况，可以是 PLC 控制，也可以是 DCS 控制）的指令，电动执行器根据远程控制系统的指令进行动作，并将结果反馈给远程控制系统。主要采用 PID 控制，PID 的控制信号源为工艺需要的控制对象或参数，对于机泵系统而言可

能是管网压力、流量，或者液位，其他负载类型而言可能是其他参数，通常而言信号为 4~20 mA 的电流信号。

1.3 产品优势说明

相比于传统结构，套筒式磁轮调速装置（图 3）具有以下优点：

（1）取消了调节器组件（包含轴承、密封件、耐磨环等易损件），结构更加简单，可靠性更高。

（2）不占用太多空间，对电机和负载的轴端距没有要求，更适用于现场紧凑、电机尾部没有太多空间的场合。

（3）改造方便，无需延长基础，只需在现有基础上进行改造，改造工期更短。

（4）安装对中方便，无联轴器，只需对导体转子和永磁转子之间的间隙进行对中，允许 1 mm 以内的对中误差。

（5）调速范围 0~97%，范围更宽，调节线性度好，更易于精准控制。

（6）永磁体采用 Halbach 阵列排布，磁体利用率提高 40%，功率密度更高。

（7）导体转子采用复合材料，既避免了螺栓连接，又使铜与钢精密贴合，更利于散热。

（8）转子主要受力结构均采用高性能碳钢材料，强度和刚度好，可靠性更高。

（9）无轴承结构，无需配套相应的测温元件，需要增加的电缆和占用的点数更少。

（10）后期维护方便，无易损件，无需配备备用件。

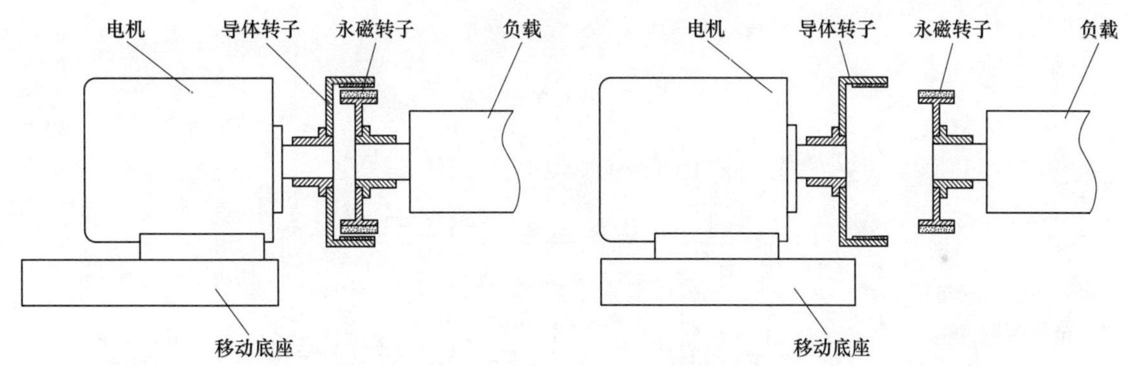

图 3　移动底座式套筒永磁调速装置

1.4 套筒式永磁调速器的特点

针对机泵改造现场，磁轮调速改造具有以下优势：

（1）可靠性高，使用寿命长：磁轮调速装置为机械设备，其相较于电气类设备更为“皮实”。设备设计使用寿命一般为 30 年，无易损件，系统可靠性高，故障点较为电气类设备更少。本体设计使用寿命 30 年，可连续运行 5 年无大修。

（2）操作便利：磁轮调速装置直接安装于电机与负载之间，无需设置单独的房间安装。磁轮调速装置通过调节电动执行机构实现负载调速，调节方式简单。可以实现就地调节，也可以通过 DCS 系统进行远程在线调节。能够在现场有不同工况需求时及时调节。

（3）维护便利：磁轮调速装置日常维护内容基本上仅需要为移动底座添加润滑油。

（4）匹配性好：根据现场实际参数选用合适型号的磁轮调速装置，调速范围宽，能够满足现场正常运行需求。

（5）隔振减振：磁轮调速装置设备传动部分无刚性连接，具有一定的隔振减振效果，延长电机的使用寿命。

（6）软启动：磁轮调速装置具有软启动功能，能够在一定程度上降低设备的启动电流，保护电机设备。

2　套筒式永磁调速器与其他调速方式的比较

2.1　第三代磁轮调速器与一代和二代产品对比

第一代永磁调速器为盘式结构，结构如图 4 所示；第二代永磁调速器为单筒式结构，结构如图 5 所示，采用摆臂滑块调节；第三代产品与第二代产品相比，在调节方式上有了创新性的改进，产品结构如图 6 所示，采用移动底座调节，转子部分与调节部分分开，结构更加简单。

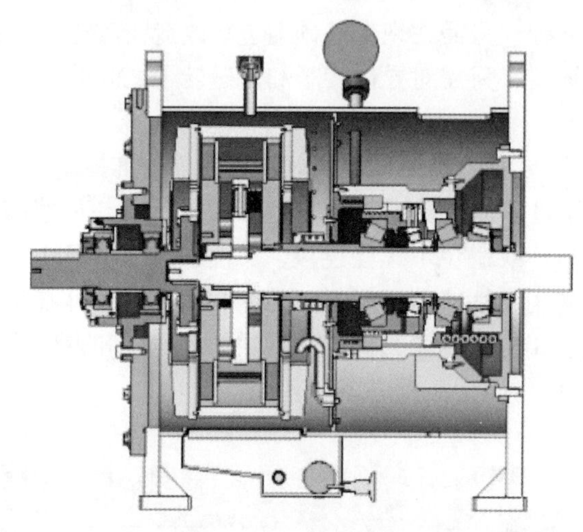

图 4　一代永磁调速器

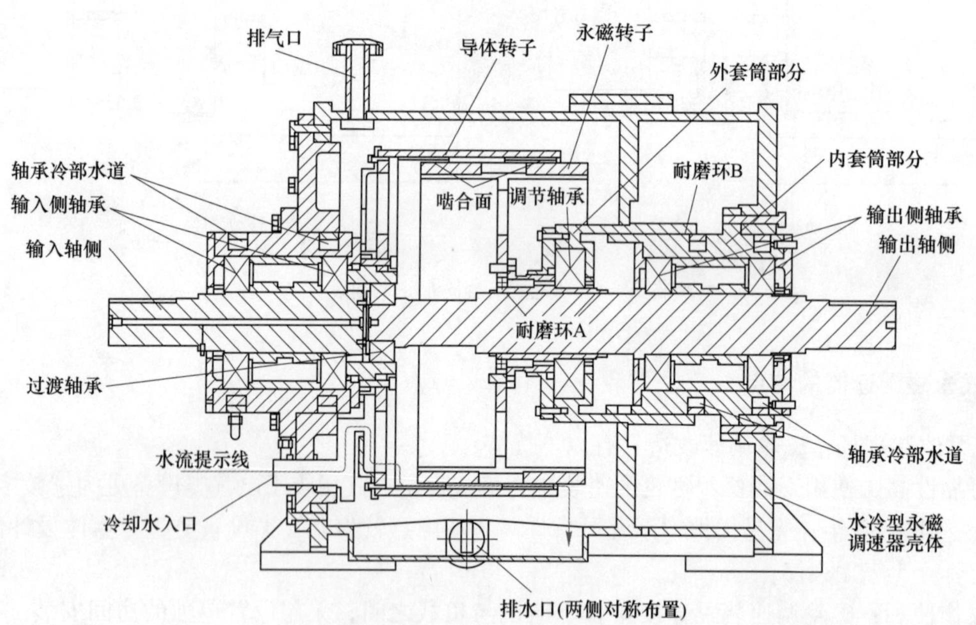

图 5　二代永磁调速器

第三代永磁调速器的主要优点如下：

（1）取消了调节器组件（包含轴承、密封件、耐磨环等易损件），结构更加简单，可靠性更高。

（2）不占用太多空间，对电机和负载的轴端距没有要求，更适用于现场紧凑、电机尾部没有太多空间的场合。

（3）安装对中方便，无联轴器，只需对导体转子和永磁转子之间的间隙进行对中，允许 2 mm 以内的对中误差。

（4）调速范围 0~98%，范围更宽，调节线性度好，更易于精准控制。

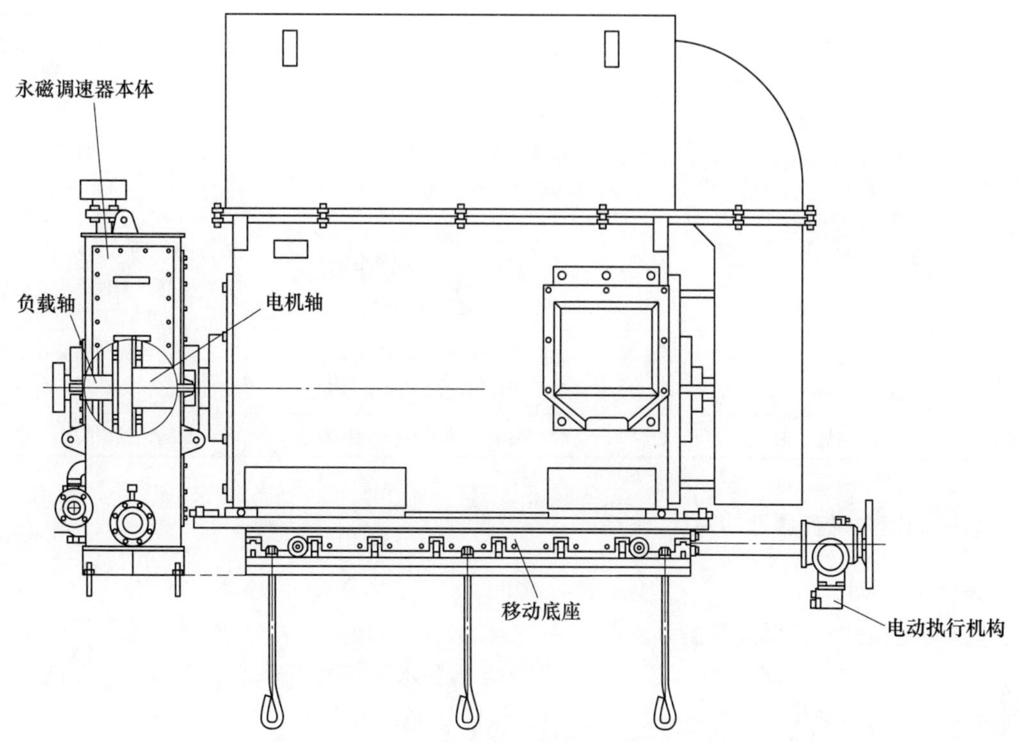

图6　三代永磁调速器

(5) 永磁体采用 Halbach 阵列排布，磁体利用率提高40%，功率密度更高。
(6) 导体转子采用复合材料，既避免了螺栓连接，又使铜与钢精密贴合，更利于散热。
(7) 转子主要受力结构均采用高性能碳钢材料，强度和刚度好，可靠性更高。
(8) 无轴承结构，无需配套相应的测温元件，需要增加的电缆和占用的点数更少。
(9) 后期维护方便，无易损件。

第三代永磁调速产品与一代和二代产品的详细对比详见表1。

表1　产品对比

序号	内容	一代永磁调速	二代永磁调速	三代永磁调速
1	结构	复杂，导体盘和永磁盘成对使用，调节器为齿轮齿条或蜗轮蜗杆结构	复杂，转子为单筒式结构，调节器为摆臂滑块调节	简单，转子为单筒式结构，移动底座调节
2	轴承	6套轴承	6套轴承	无轴承，无油封，无润滑、无易损件、耐腐蚀
3	密封要求	水冷型密封要求高，密封结构复杂	水冷型密封要求高，密封结构复杂	转子与移动底座分开，导体转子上的冷却水不会进入移动底座中，密封要求低
4	占用空间	大，轴端距要求1600~1800 mm，调节距离≤35 mm	大，轴端距要求1600~1800 mm，调节距离≤80 mm	小，轴端距要求≤250 mm，调节距离≤120 mm
5	传动形式	增加2根短轴传动	增加2根短轴传动	不增加短轴，导体转子装在电机轴上，永磁转子装在负载轴上
6	连接方式	与键轴连接，需热装，拆装麻烦	与键轴连接，需热装，拆装麻烦	轴无键，法兰胀套摩擦连接、螺栓紧固、常温拆装
7	安装对中要求	难度大。 (1) 永磁盘与导体盘之间的轴向对中误差要求高，对中精度低、会产生轴向力； (2) 联轴器对中误差≤0.05 mm，精度要求高，安装操作复杂	难度较大。 (1) 永磁轮与导体轮之间的轴向对中误差要求较高（≤1 mm）； (2) 联轴器对中误差≤0.05 mm，精度要求高，安装操作复杂	难度小。 转子对中误差要求低（≤2 mm），要求低，安装便捷

续表 1

序号	内容	一代永磁调速	二代永磁调速	三代永磁调速
8	维护	维护工作量大，成本高，轴承需定期加润滑脂，轴承、油封等易损件需定期更换	维护工作量大，成本高，轴承需定期加润滑脂，轴承、油封等易损件需定期更换	免维护，无易损件
9	调速范围	30%~97%，调节距离短（≤35 mm），结构空间有限，无法使导体转子和永磁转子完全脱开	30%~98%，调节距离短（≤80 mm），结构空间有限，无法使导体转子和永磁转子完全脱开	0~98%，调节距离长（≤120 mm），可完全脱开，实现电机空载启停
10	调节线性度	差，行走距离与转速比是非线性的	差，行走距离与转速比是非线性的，转速可能出现突变的情况	好，行走距离与转速比是线性的，调节精度高
11	磁耦合	轴向磁场、轴向力大、非线性	径向磁场、轴向力小、线性	径向磁场、轴向力小、线性

2.2 套筒式永磁调速与磁盘调速的对比

2.2.1 基本原理对比

磁盘调速器与套筒式永磁调速器的基本原理是一致的，都是通过导体转子与永磁转子产生相对运动，从而在导体转子上产生交变感应磁场，交变感应磁场与交变永磁场相互耦合，从而产生扭矩，将动力从动力侧传到负载侧。均由导体转子、永磁转子、调节机构三部分组成。

磁盘调速器调节导体转子与永磁转子之间的距离也就是调节气隙大小，气隙大，传递的扭矩小，负载转速低，反之亦然，其结构如图 7 所示。而磁轮调速器则是通过调节永磁转子与导体转子之间的磁场啮合面积，实现传递扭矩大变化，啮合面大，则传递的扭矩大，负载转速高，反之亦然，其结构如图 8 所示。

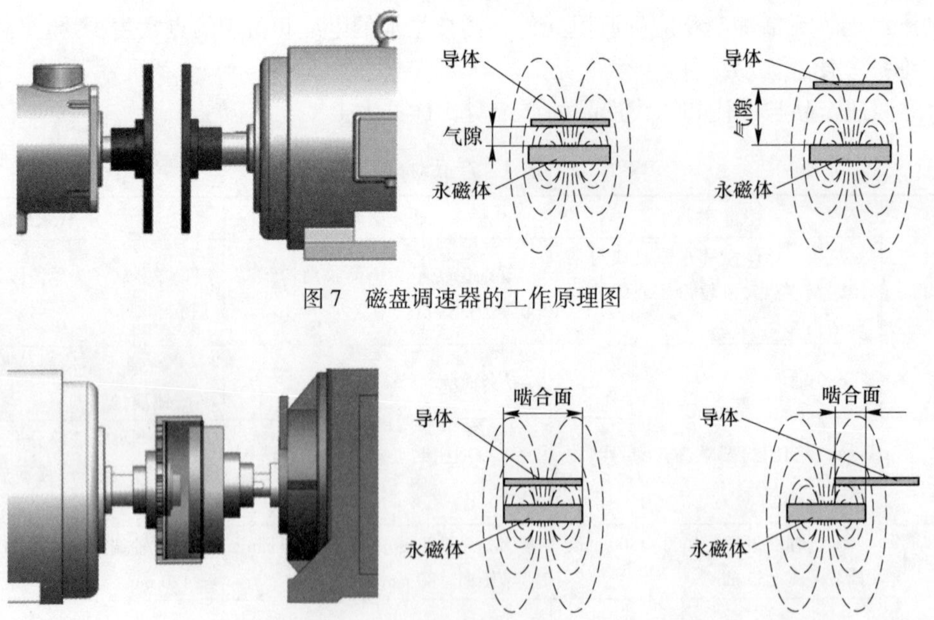

图 7　磁盘调速器的工作原理图

图 8　套筒式永磁调速器的工作原理图

2.2.2 结构复杂性对比

磁盘调速器中永磁体的磁场方向为轴向，因此会产生轴向力。为了不对电机和负载带来额外的轴向力，磁盘调速器中导体转子和永磁转子通常设置有 2 对，采用 ABBA 的结构排列，如图 9 所示。从而平衡轴向力，但同时也使结构变得复杂。

套筒式永磁调速器永磁体的磁场方向为径向，轴向力很小，仅需一组导体转子和永磁转子，导体转子与永磁转子之间径向有 5 mm 的间隙，如图 10 所示，结构非常简单，可靠性高。

图 9　磁盘调速器结构

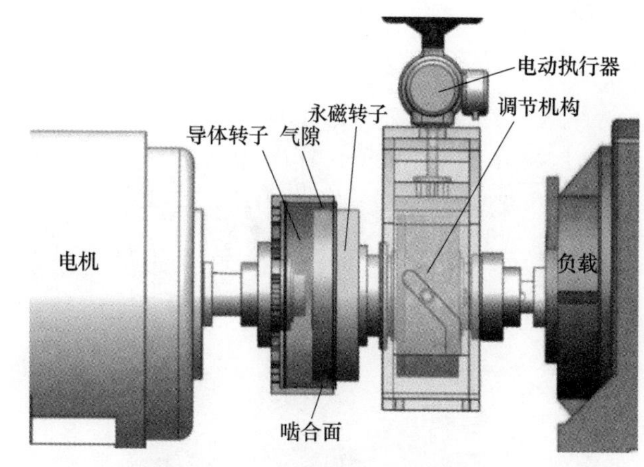

图 10　套筒式永磁调速器结构

2.2.3　轴向力和调节力对比

磁盘调速器磁耦合力方向为轴向，即图 11 中的 F_1 与 F_2；虽然 F_1 和 F_2 方向相反，但由于安装时存在安装误差等原因，F_1 与 F_2 很难做到完全平衡，轴向安装精度越低轴向力 F 越大。轴向力 F 会通过导体转子传递给电机，影响电机的轴承寿命。对于调节机构而言，盘式结构的调节力要同时克服两边的轴向力，为两边轴向力之和，即 F 调 = $|F_1|+|F_2|$，调节力大。

套筒式永磁调速器磁耦合力方向为径向，即图 12 中的 F_1，轴向力 F 很小，因此调节力也小。套筒式永磁调速器的调节力为盘式的 1/15～1/10。

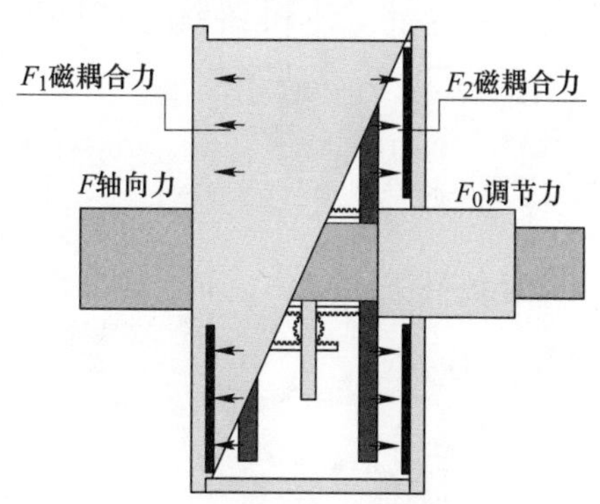

图 11　磁盘调速器受力图

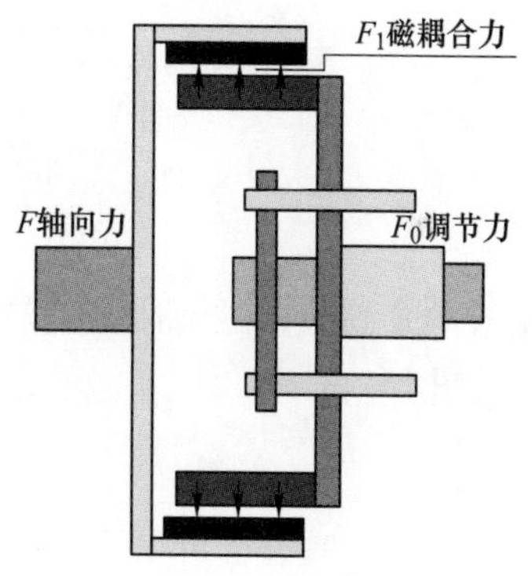

图 12　套筒式永磁调速器受力图

2.2.4　调节方式

（1）磁盘调速器由于调节力大，风冷型产品采用齿轮齿条的方式调节。用于粉尘含量高的场合时，容易因粉尘堆积导致调节不畅，如图 13 所示。风冷型产品调节机构中还装有 4 个角接触轴承，结构很复杂，轴承的维护和更换工作量大，可靠性低。大功率油冷型磁盘调速器则采用蜗轮蜗杆结构，且内含推力轴承，轴承布局复杂，对润滑和冷却的要求较高，需要配备油站进行润滑和冷却，如图 14 所示。部分厂家采用水冷，存在油水分离密封的问题。

（2）套筒式永磁调速器风冷和水冷设备均采用移动底座的方式调节，移动底座安装于电机下方，不占用空间，不易受环境影响，无轴承等易损件，结构简单，维护方便，见图 15。

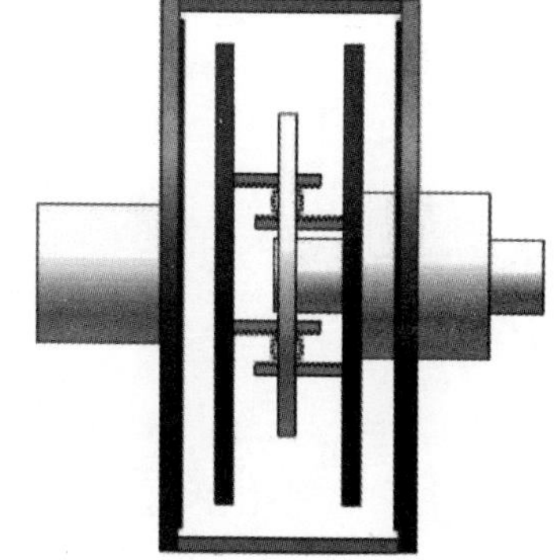

图 13　风冷型磁盘调速器的齿轮齿条结构

2.2.5　调速平滑性比较

（1）磁盘调速器的转速与啮合距离近似呈三次方变化，调整距离为 35 mm 时速度即从最大降到最低，调速平滑度低。

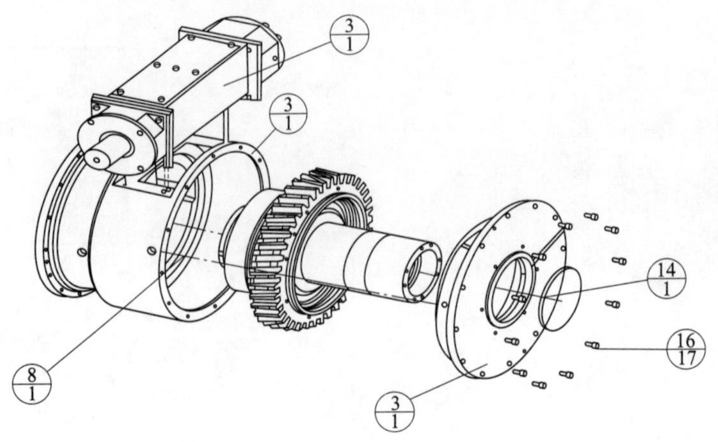

图 14　油冷型磁盘调速器的蜗轮蜗杆结构

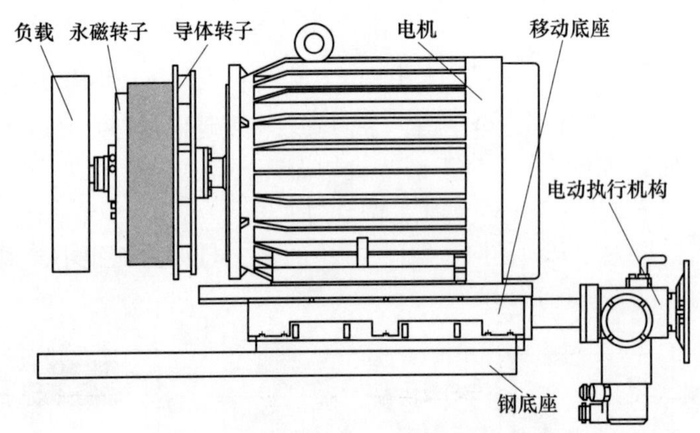

图 15　移动底座式套筒永磁调速器结构

（2）相同型号的套筒式永磁调速器的转速与啮合距离呈线性关系变化，而且调整距离达到 120 mm，调速过程平滑，见图 16。

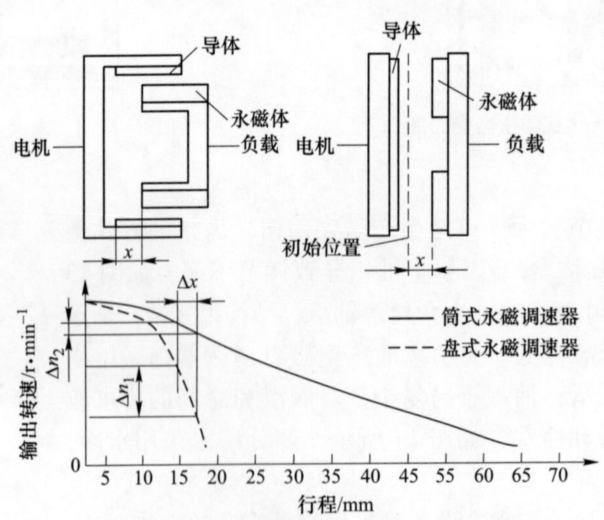

图 16　盘式与筒式调速平滑性及调速精度对比

2.2.6　冷却方式对比

（1）对于风冷型设备，磁盘调速器的发热面在侧面，风冷型结构易形成风道，散热性较好，见图 17。

（2）套筒式永磁调速器的发热面在套筒上，通过径向叶轮旋转时产生的负压，使冷空气源源不断地通过套筒内表面（发热面），带走热量，见图 18。

图 17　风冷型磁盘调速器冷却结构

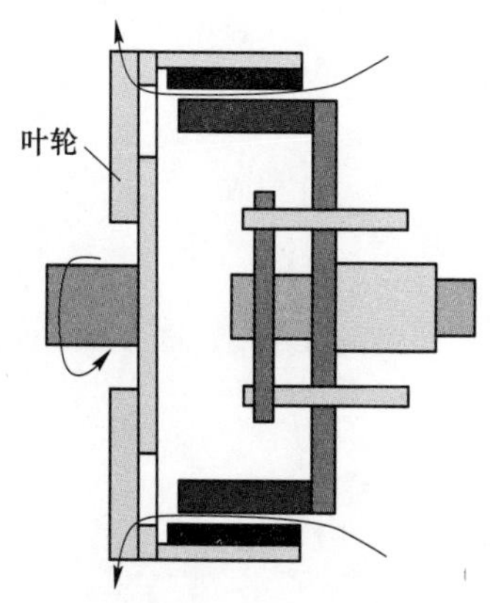

图 18　风冷型套筒式永磁调速器冷却风道

（3）对于大功率设备，磁盘调速器采用油冷或水冷。油冷型配备冷却油站，既对设备进行冷却，又对设备中的蜗轮蜗杆和轴承进行润滑。冷却油站管路复杂，运行过程中易漏油，易污染环境，且存在安全隐患，还需定期更换油箱中的油，维护成本高。若采用水冷方式，由于盘式结构采用的蜗轮蜗杆结构需要用黄油润滑，长时间运行后无法保证密封性，导致蜗轮蜗杆处进水，油脂乳化，影响调节，如图 19 所示。

（4）大功率套筒式永磁调速器采用水冷，通过水槽将冷却水引入导体转子内部，利用导体转子旋转时的离心力使冷却水与导体转子的内圆周面（即发热面）充分接触，随后流出完成冷却，如图 20 所示。整个冷却系统结构简单，可靠性高，运行维护成本低。

图 19　油冷型磁盘调速器

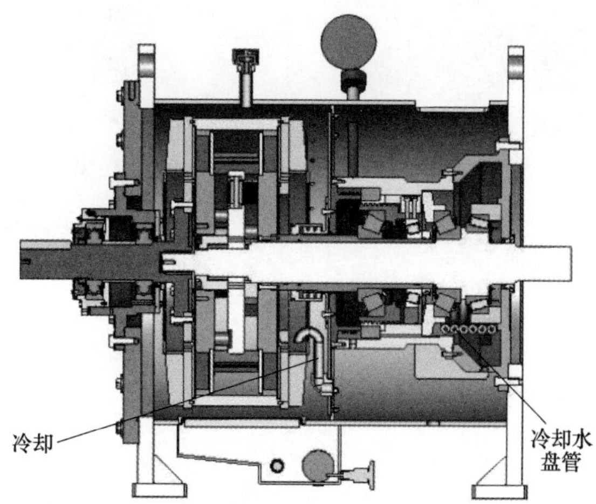

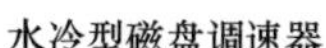

水冷型磁盘调速器

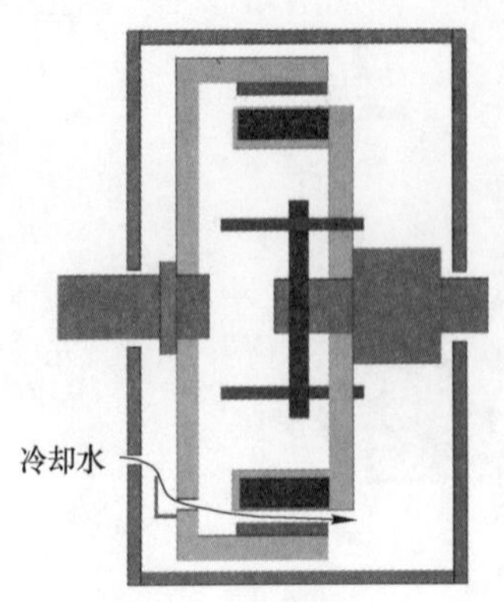

图 20　水冷型套筒式永磁调速器

2.2.7　对中误差允许度对比

（1）磁盘调速器，两边气隙均匀度有要求，一般要求不超过 1 mm，超过 1 mm 则附加轴向力产生的载荷急剧增大、导致设备无法安装，对系统的轴承载荷显著升高，因此磁盘调速器允径向对中精度误差不超过 1 mm，如图 21 所示。

（2）套筒式永磁调速器径向气隙均匀度差，并不产生任何附加载荷，因此径向对中精度误差不超过 2 mm，如图 22 所示。

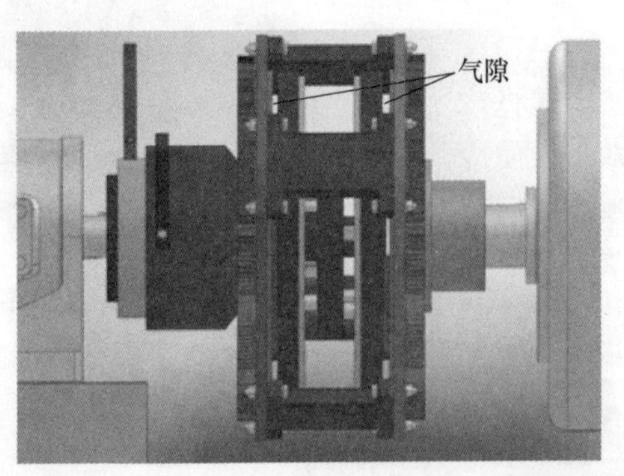

图 21　磁盘调速器

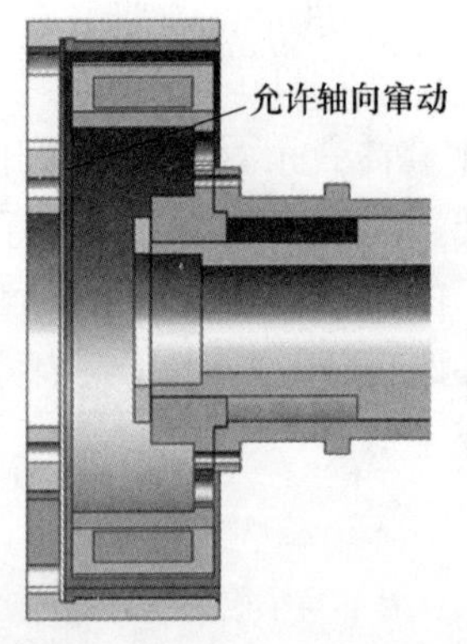

图 22　套筒式永磁调速器

2.2.8　运行噪声对比

对于风冷型设备，磁盘调速器噪声大，在磁盘调速器旁边 1 m 处测量，噪声一般在 110~130 dB，需要加消音设备。而筒式噪声小，在套筒式永磁调速器旁边 1 m 处测量，噪声一般在 80~95 dB，采用普通防护罩即可。

2.3　单套筒式与双套筒式磁轮调速器的对比

2.3.1　结构对比

（1）单套筒式结构简单，单套筒式的导体转子是由一个导体筒组成，采用焊接的方式将导体筒固定到法兰上，如图 23 所示。

（2）双套筒式结构较为复杂，增加了内筒结构，如图 24 所示，同时也增加了安装以及检修的难度，双套筒式的导体转子由两个导体筒组成（内筒和外筒），2 个导体筒通过螺栓安装到法兰上组成一个导体转子。因此，双套筒式的转子刚度和稳定性不如单套筒式，零件的加工制造精度、动平衡、2 个导体筒的同心度差导致导体转子运行时振动大。

（3）单套筒式和双套筒式的永磁体均沿圆周方向布置。单套筒式的永磁体牢牢固定在磁座上，接触面大，磁座厚实，且焊接在法兰上，固定牢靠。

（4）双套筒式结构由于永磁体要同时与内外双筒作用，为了保证磁路，固定永磁体的材料采用的是铝合金，且不能太厚，然而水冷设备在高速旋转过程中会受到水流的持续冲击，铝合金的耐磨性较差，长周期运转容易造成永磁体外露甚至飞出。且安装永磁体的磁座只能通过端面利用螺栓固定在法兰上，在旋转时特别是高转速运行情况下，永磁体的连接强度难以保证稳定。

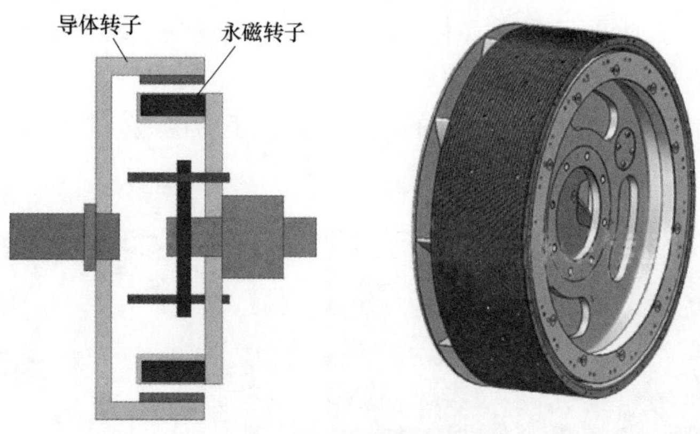

图 23　单套筒式结构

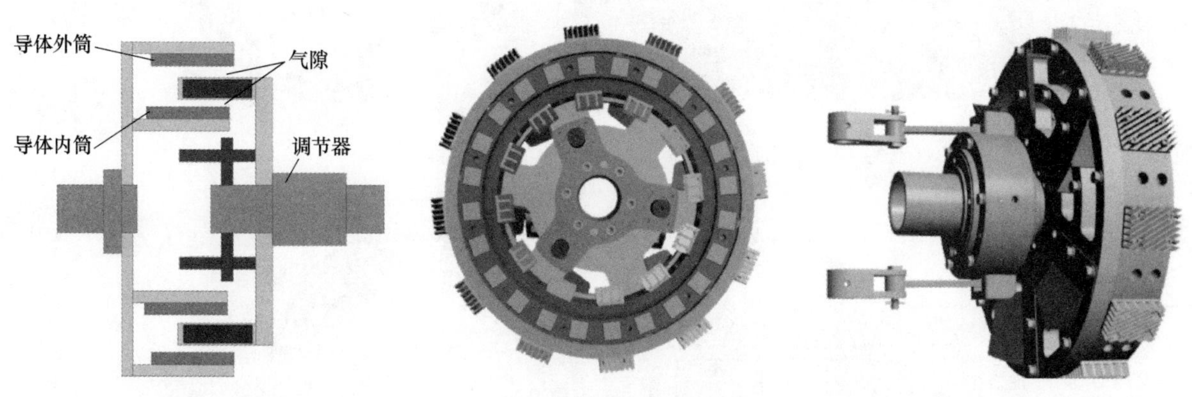

图 24　双套筒式结构

2.3.2　水冷效果对比

由于集肤效应，导体套筒旋转切割永磁套筒磁力线、产生的涡流主要集中在导体套筒内表面，它的内表面就是导体最大发热区域；小功率套筒式永磁调速器采用风冷；大功率套筒式永磁调速器采用水冷。

（1）单套筒式永磁调速器的冷却水进入导体转子后，在离心力的作用下与导体转子的内圆周面（即发热区域）充分接触，将热量带走，如图 25 所示。

（2）双套筒式永磁调速器的冷却水进入导体双层套筒后，在离心力的作用下，先后经过内筒后进入外筒，内筒的外层表面由于旋转离心力而造成冷却水脱离、无法实现良好的对流冷却，从而导致散热效果不好，其过热后易产生汽蚀、变形，需定期更换、维护。且双层套筒内部水路结构复杂，容易积水，如图 26 所示，导致某些现场运行时出现了异响。

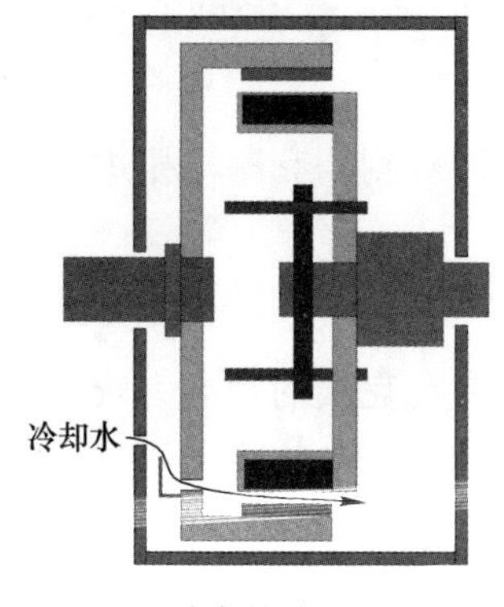

图 25　单套筒式水冷结构

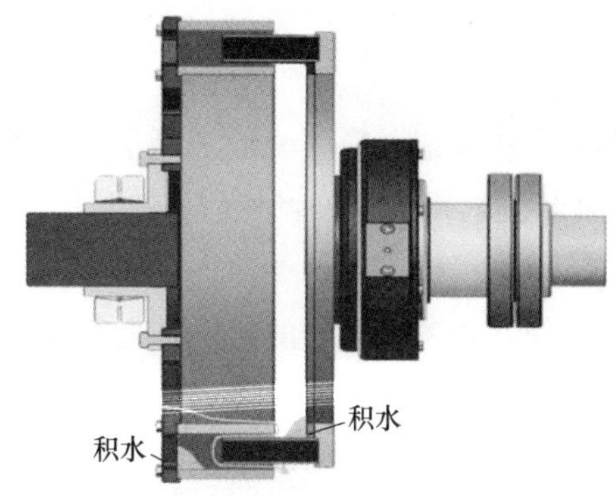

图 26　双套筒式水冷结构

2.3.3　磁场的利用对比

(1) 单套筒式永磁调速器采用Halbach阵列，通过将径向式和平形式永磁体排列结合在一起，显著增强了单边磁场。同等体量下，Halbach阵列磁体组的强侧表面磁场强度约为传统单块磁铁的1.4倍，提高了磁体的利用率，如图27所示。

(2) 双套筒式永磁调速器利用磁体的两面的磁场进行扭矩的传递，但是降低了磁体的固定可靠性和双层导体套筒的散热效率，如图28所示。

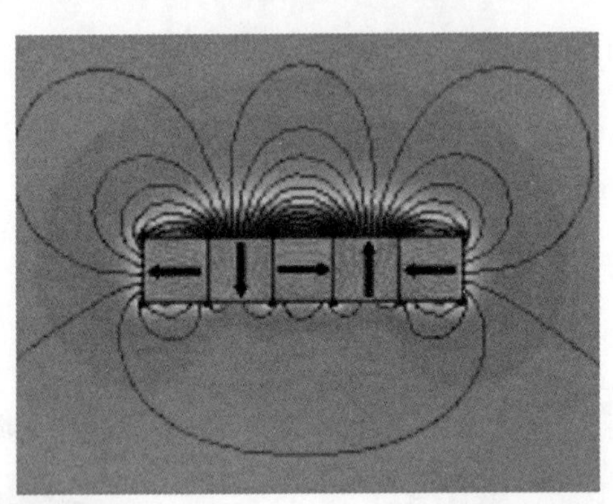
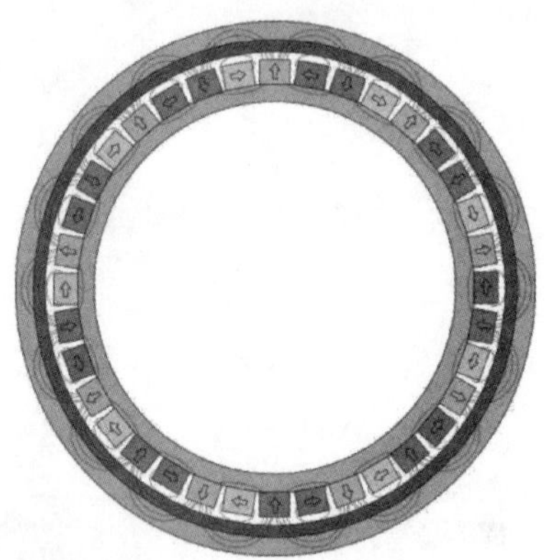

图27　单套筒式磁体排布及磁力线

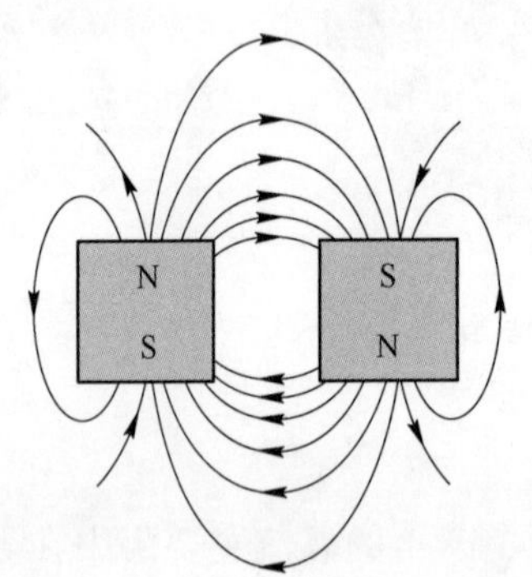

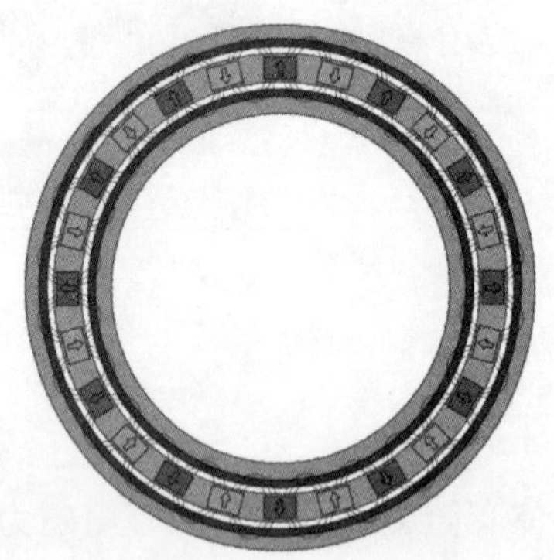

图28　双套筒式磁体排布及磁力线

2.3.4　安装精度对比

单套筒式永磁调速器安装对中简单，允许导体套筒和永磁套筒之间不超过2 mm的对中误差。双套筒式永磁调速器内外筒的同心度要求高、对中要求高，误差不超过1 mm，安装较为复杂，需要同时保证内、外筒与永磁套筒的气隙均匀。

2.3.5　调节精度对比

(1) 单套筒式永磁调速器精度较高，调节机构简单，调节行程长，最大达到120 mm，全行程范围线性。

(2) 双套筒式永磁调速器精度一般，调节机构简单，由于磁体双侧均有输出扭矩，全行程范围非线性，很难达到在小转速区间内精确调整。

2.3.6　调节力对比

(1) 由于单套筒式永磁调速器的磁场方向为径向，调节机构需要克服的轴向力较小，因此调节驱动力较小。

(2) 双套筒式永磁调速器虽然磁场方向也为径向，但需同时克服内外双筒的轴向力，且采用拉杆结构直接推拉，调节驱动力偏大（表2）。

表2　单套筒式与双筒式的对比

对比项	单 筒 式	双 筒 式
耦合结构的复杂性	简单	复杂
安装难度	低	高
调节力大小	小	大（永磁套筒需克服内外双筒的轴向力，所受轴向力大）
调节机构	移动底座调节，简单	螺旋/推拉调节机构，复杂
冷却介质	风冷或水冷	风冷或水冷
调节精度	精度高，调节机构简单，调节行程长，最大达到120 mm，全行程范围线性	精度一般，调节机构简单，由于磁体双侧均有输出扭矩，很难达到小转速区间调整，全行程范围非线性
冷却效果（水冷）	冷却效果最好，需水量小。采用离心式内循环冷却，冷却水与导体铜层充分接触，不会导致导体筒过热、变形	冷却效果差，需水量大。内筒的铜层无法与水有效接触冷却，过热后易产生汽蚀、变形，需定期更换、维护
轴承数量与结构（水冷）	无轴承	6套滚动轴承（应用案例少，实际可能大于6套）
导体套筒刚度	刚度好，导体套筒整体加工成型、整体做动平衡，适合大直径、高转速场合。目前3000 r/min最大功率达到400 kW，且单套筒式稳定应用业绩在同类产品中最多；1500 r/min最大应用功率达到4500 kW，且稳定运行时间最长	螺栓紧固，导体套筒刚度较低
永磁套筒刚度与磁铁牢固性	刚度好，永磁套筒整体加工成型、整体做动平衡，通过采用适合大直径、高转速场合。采用Halbach（海尔贝克）阵列磁体布置，新型永磁套筒相比普通永磁套筒直径更小、质量更小、转动惯量更小	永磁套筒刚度差。永磁套筒内部的永磁体由于需要利用双面磁力，导致永磁体的安装固定难度极大，故小功率高转速（3000 r/min）、大功率水冷双套筒式永磁调速器业绩稀少罕见。

2.4　单套筒式与屏蔽式永磁调速器的对比

2.4.1　结构和安装精度对比

（1）从结构上可以看出，屏蔽式永磁调速器（图29）是在单套筒式永磁调速器的基础上在气隙间塞入用来屏蔽磁场的屏蔽罩，实现变相调整导体套筒和永磁套筒气隙的目的，完成调速。

（2）这种设计的优点主要是轴端距较小，在某些情况下能适应更多安装条件。但在高速运行的转子间加入可调整位置的屏蔽罩，会同时增加设备本身精度要求和安装难度，使设备的对中精度要求大大提高，同时也增加了故障点和安全隐患。而且由于需要给屏蔽罩的移动预留空间，这种永磁调速器的永磁套筒只能安装在负载轴伸最远侧，根据“2点铰支承梁”原理，输出轴外伸越长，则轴和轴承的弯矩就越大、轴承发热越严重、寿命越短。

2.4.2　磁场的利用对比

（1）对于屏蔽式永磁调速器，要在本就狭窄的两个套筒之间的气隙额外增加屏蔽磁场的外套，必然增大原有的气隙。

（2）单套筒式永磁调速器在设计时为了达到最高效率，采用的气隙是磁场利用率最大的方案。如果增大气隙，必然会导致磁体数量、体积、重量增大，让设备变得更加臃肿，同时在功率较大的型号中会导致转差率增加，即负载最高转速降低。

（3）屏蔽罩属于薄壁件，处于气流冲击和碰擦风险中，还会受到磁力的作用，如果要保证磁场屏蔽罩的强度和对磁场的屏蔽效果，则需要增加材料厚度，针对磁场屏蔽罩的设计，在磁场利用率、效率、调速性能以及安全性之间是存在直接矛盾冲突，也会大大降低节能调速改造的传动效率和节能效益。

2.4.3　冷却效果对比

相比于单套筒式永磁调速器，屏蔽式永磁调速器增加的磁屏蔽罩无论是在风冷还是水冷型号上都给导体套筒的散热增加障碍。

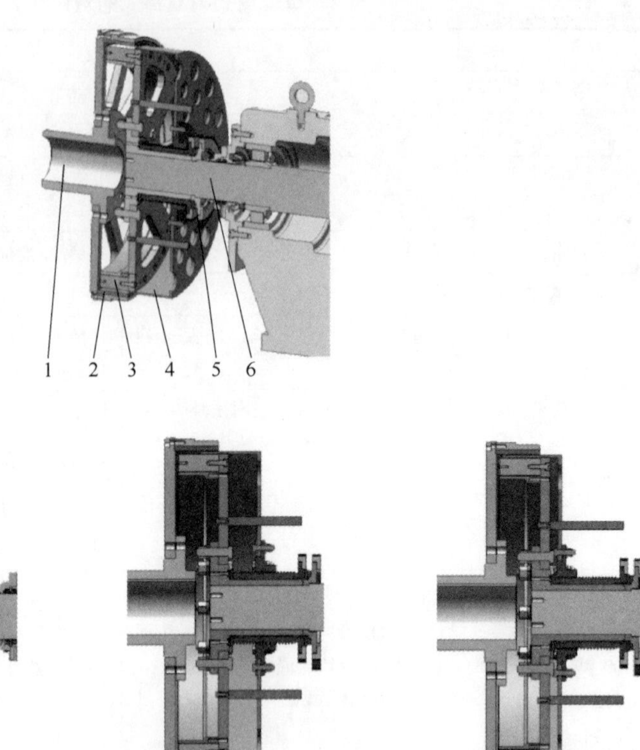

图 29　屏蔽式永磁调速器

1—电机侧联轴器；2—导体转子；3—永磁转子；4—磁屏蔽套筒；5—调节机构；6—负载轴

（1）风冷型：

1）对于风冷设备来说，单套筒式永磁调速器的风道可以直接通过气隙，气流助力损失小，散热效果好，由此产生的噪声也较小。

2）屏蔽式永磁调速器由于磁屏蔽罩的存在，气流助力损失大，散热效果差，在磁屏蔽罩两侧的气流交汇处会互相干扰而成紊流状态（多涡流），同时单侧气隙的减小会导致可能产生的尖啸声，恶化现场工作环境。

（2）水冷型：

1）单套筒式永磁调速器采用的内部散热更可靠，如图 30 所示。

2）屏蔽式永磁调速器需要更精细的流量控制才能实现转子气隙内的直接散热，这是因为如果流量较少，由于屏蔽罩的厚度和增加的气隙宽度，水流只会通过导体转子那一侧，如果水量过多，会对设备的运转产生附加阻力，这在高速旋转且转速变化的工况下基本做不到，如图 31 所示。

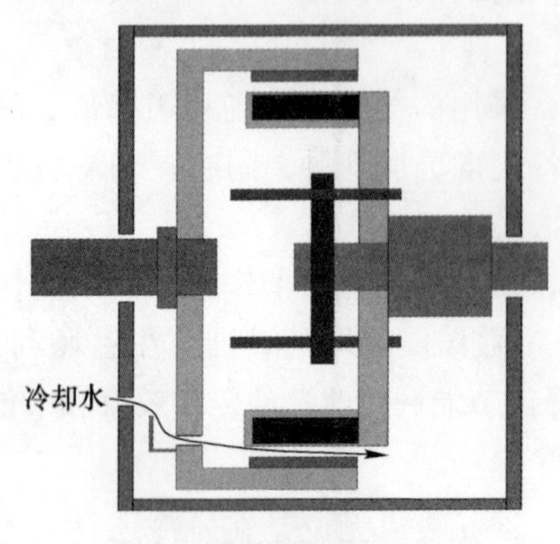

图 30　单套筒式水冷结构

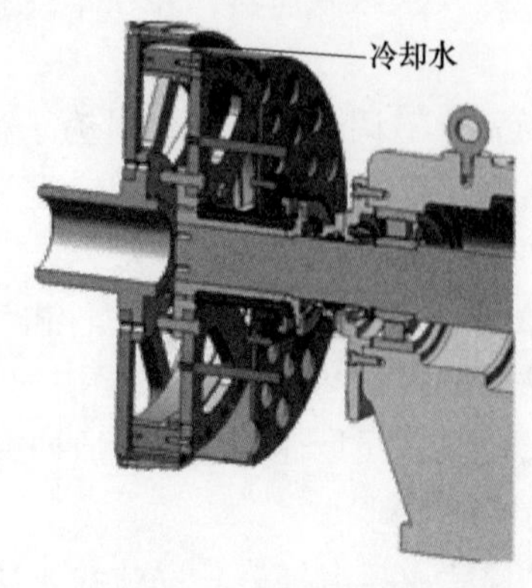

图 31　屏蔽式永磁调速器水冷结构

2.5　套筒式与绕组式永磁调速器的对比

2.5.1　基本原理对比

（1）移动底座式套筒永磁调速器的导体套筒与永磁套筒之间纯粹的径向磁场耦合，既无机械又无电连接。

（2）绕组式永磁调速器（电磁滑差离合器）的结构如图32所示，外壳3与绕组转子铁芯4构成类似永磁异步交流发电机，只要两者之间存在转速差，绕组中便会产生感应电流从而产生扭矩传动，相当于离合器中的“合”；控制单元断开，有很高的低频感应电动势产生（有击穿绕组绝缘的安全隐患）、但无感应电流产生，不传递扭矩，相当于离合器中的“离”。

1）绕组式永磁调速本质是“回馈调速”，系统复杂，如图33所示，需要加装专用的“整流调压逆变回馈”电源控制柜，如图34所示，将低频感应电流转变成与电源频率相同（50 Hz）、电压相同、相序相同、相位相同（“四同”）回馈到电源（电网），通过变频调节绕组转子上的回馈感应电流实现变扭矩变转速。

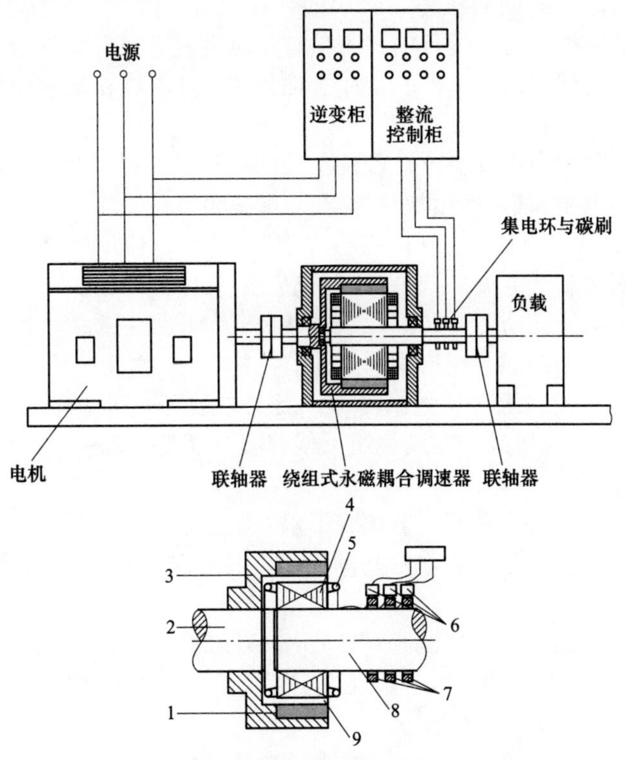

图32　绕组式永磁调速结构

1—永磁体；2—轴一；3—外壳，构成永磁外转子；4—绕组转子铁芯；5—线圈绕组；6—电刷；7—集电环；8—轴二构成了绕组转子；9—永磁转子和绕组转子构成的气隙

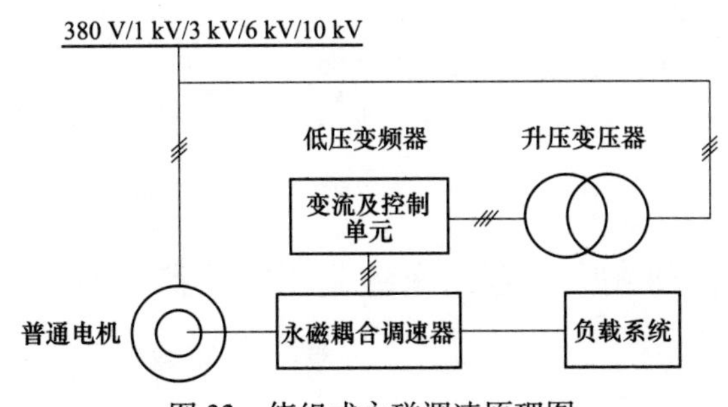

图33　绕组式永磁调速原理图

2）“回馈调速”属于电气“回馈制动”调速（传动效率低），控制单元调节感应电流的大小则可调节传递扭矩的大小，进而调节负载转速的大小，属于“电/磁滑差调速”、不属于永磁调速，除了外套筒用到永磁体外，不具有“纯永磁调速”的任何特征。

2.5.2　绕组式永磁调速器使用时需面对的问题

除了没有“纯永磁调速”方式的简单、可靠等优点外，绕组式永磁调速器还存在以下缺陷。

图 34　绕组式永磁调速控制柜

（1）电刷和集电环缺陷：永磁外套筒与绕组内套筒构成类似永磁异步交流发电机，其输出轴上的电刷与集电环易受其通流的大小、电刷的压力、四周的环境温度、湿度、清洁度、电刷与滑环表面的磨损和本身制造工艺等因素影响，在长时间运行中，若没有及时发现隐患并果断停机处理，产生电刷冒火花、环火乃至因电刷缘由致设备突然性停机的事故是在所难免的，且电刷和集电环部分极易磨损，平均 3000 h 就要更换一次，维护工作量大，目前有刷电机（同步、异步、直流）都已逐步淘汰，可见该部分是影响系统长期稳定运行的安全隐患和火灾危险源；若设备长期运行在易燃、易爆，潮湿，粉尘含量高，高温、低温等场所，也将极大提高电刷和集电环的维护检查与更换频率。

（2）控制柜：绕组式永磁调速器的控制柜核心“逆变回馈”，使用的是以 IGBT 核心部件的逆变回馈高性能变频器，依靠调节回馈制动电流来调节负载的转速。因此，绕组式永磁调速本质属于电力电子调速，对运行环境与条件要求严苛（防尘、防高温、防集露，简称“三防”），变频控制柜很“娇气”、必须放置于大功率空调房（控温、控湿、控粉尘，简称“三控”）。

（3）铜质漆包线绕制的转子绕组必须强制冷却，当工作温度长期持续超过 120 ℃以上，则易导致绝缘层老化击穿事故（隐患），如遇绝缘击穿则绕组下线修复（拆除重绕）；正常在线使用 1 年，就需下线做耐压试验和绝缘修复处理。

（4）维护技术要求高：绕组式永磁调速器集成了永磁调速器、发电机、变频器三种装置的部分结构，这对现场维护、运行工作人员水平提出了非常高的要求，其日常维护工作涉及到了机械、电气、自动控制等多专业方面的问题。

（5）寿命问题：绕组式永磁调速器控制柜核心即变频器的逆变部分，国产变频器的寿命为 5~8 年，而进口变频器的寿命为 7~10 年，因此其电子属性决定了绕组式永磁调速器的寿命远低于套筒式磁轮调速的 25~30 年的寿命。

（6）节电效益：绕组式永磁调速器在原理上将转差损耗的功率经过逆变进行回收，理论节电率似乎高于永磁调速器；但该系统的电阻柜、启动柜、调速柜（变频柜）、回馈柜以及升压变压器等各部件（环节），在能量转化过程中都必然会有损耗，实际综合节电效益无法达到很高的理论计算值；例如，应用于风机的场合，平均节电率也不超过 20% 。

（7）安全可靠性：系统部件多：铜线绕组、节电铜环、碳刷、电缆、端子排、电阻柜、启动柜、调速柜（变频柜）、回馈柜以及升压变压器等各部件（环节）；其中任一部件（环节）发生故障都将造成系统瘫痪。

3　某焦化公司离心水泵用移动底座式套筒永磁调速器改造案例

3.1　现状

某焦化公司排送循环水系统共有三套离心式双吸泵（编号分别为 4P-5401A、4P-5401B、4P-5401C），每套水泵配备有一台 280 kW 电机。4P-5401A 和 4P-5401B 离心式双吸泵与电机采用盘式永磁耦合器连接，4P-5401C 离心式双吸泵与电机采用柱销式联轴器连接；流量控制方式为调节阀门控制，水泵和电机振动较大。

3.2　改造方案和节能效益

3 台水泵同时采用移动底座式套筒永磁调速器改造，改造过程简单便捷，每台设备安装用时不到 2 天时间，水泵联调联控运行一次成功；采用移动底座式套筒永磁调速器调节水泵转速（出口阀门全开）；电机转速由 1480 r/min 下降为 1300 r/min，电机运行电流由改造前的 20 A 下降到 13.8 A，节电率达 31%；单台设备年节约用电：717868.8 kW·h+59136 kW·h=777004.8 kW·h；节约电费：777004.8×0.82=637143.936 元；降碳：777004.8×0.404≈310 tCe（吨标准煤）；CO_2 减排：310 tCe（吨标准煤）×2.496=773.76 tCO_2；节碳（碳指标交易市场）奖励：310 tCe（吨标准煤）×90 元/吨=2.79 万元；不超过 8 个月收回投资，取得了优良的经济效益和社会效益（图 35、图 36）。

图 35　改造前照片

图 36　改造后照片

4　某化工公司离心风机用移动底座式套筒永磁调速器改造案例

4.1　现状

某化工公司 3 号炉二次风机，型号 QALG-2A-16.1D，配套电机型号为 YKKPT450-4W（高压变频三相异步电动机），电机额定功率 315 kW，额定转速 1483 r/min。基于对系统安全考虑，设计上风机的额定流量远远大于实际运行流量（流量富余很大），运行时采用变频器调节电机转速的方式来控制输出流量，变频器是电气调速方式，系统的安全性和可靠性较差，设备维护成本高；用户提出“移动底座式套筒永磁调速器”的改造需求。

4.2　改造方案

采用移动底座式套筒永磁调速器替代高压变频器对离心风机进行改造。永磁调速器由导体套筒、永磁套筒和电动机的移动底座构成；导体套筒安装于电机轴端上、永磁套筒安装于风机轴端上、移动底座安装于电机底部替代原来的钢结构固定底座。通过移动底座带动电机轴向往复移动，调节导体套筒和永磁套筒的耦合面积，调节风机转速；该调速器结构紧凑，占用空间小，改造时无须延长一次基础，施工周期短，安装便捷（图 37、图 38）。

图 37　改造前

图 38　改造后

4.3 性能分析

(1) 磁轮调速器通过气隙传递扭矩，取代了原来的刚性联轴器，使得电机和负载之间没有机械硬连接，这样负载侧的振动就不会传递到电机侧，电机侧的振动也不会传到负载侧。同时也隔断了振动在传递过程中的放大效应，因此可以消除刚性连接的振动耦合放大效应，降低系统的振动。并且具有显著的减振效果。

(2) 永磁套筒和导体套筒径向磁场耦合、无刚性机械连接，柔性传动，空载启停，适应频繁开停机，调速过程无级、连续、平滑。

(3) DCS（或 PLC）根据生产系统的二次风量实际需求向电动执行机构发出指令驱动移动底座和电动机（前进或后退）、调节风机转速及风量、匹配生产需求，执行机构的位置信号和风机的转速信号、二次风的流量信号都实时反馈到 DCS（或 PLC）系统，实现位置、速度、风量的 3 回路线性闭环高精度控制。

(4) 磁轮调速装置直接安装于电机与负载之间，无须设置单独的空调房。

(5) 移动底座式套筒永磁调速器运行可靠、免维护。

4.4 改造综合效果

(1) 节能效果：同等风量下，磁轮调速器调节时运行电流比变频器调节时小 1 A。

(2) 减振效果：由原来的 4.5 mm/s 下降为 2.5 mm/s，振动降低 44.4%。

5 移动底座式套筒永磁调速器应用前景

据估计工业风机、泵类、压缩机和空调制冷机的用电量分别占全国用电量的 10.4%、20.9%、9.4% 和 6%。由于设计上的安全考虑，水泵与风机的实际运行流量都远远小于额定流量，通常都是采用调节阀门或风门挡板的方式来控制输出流量，因此造成水泵、风机一定程度上的能源浪费，系统的安全性和可靠性差，电机的能耗大，较不经济而且设备维护成本较高。

对于离心式水泵或风机，若采用永磁调速器进行调速节能，不仅可以提高系统的运行效率，降低设计余量和工艺余量，还可以使电机与负载之间的扭矩传递不存在机械刚性连接，减少系统的振动，提高电机和负载系统的稳定性和可靠性，延长传动设备整体使用寿命。

磁轮调速技术是近年来国际上开发的一项突破性新技术，是专门针对离心式的风机、水泵类负载调速节能的适用技术。它具有高效节能、高可靠性、无刚性连接传递扭矩、可在恶劣环境下应用、显著减少整体系统振动、维护工作量且延长整体使用寿命等特点。尤其是其不产生高次谐波污染电网且低速下不造成电机发热等优良调速特性，更使其成为离心式风机及水泵类设备节能技术改造的首选。调节范围广、响应速度快、设备构造简单，故障率低，免维护、可靠性高、使用寿命长，可在-10~50 ℃环境温度条件下长期使用。目前移动底座式套筒永磁调速器在华谊化工、北海炼化、巴陵石化、大庆石化、辽阳石化、宝武钢铁、铜陵有色等现场均有应用，且应用效果良好，是成熟可靠的磁轮调速技术。

一种焦油氨水分离的工艺

杨　爽

（中钢设备有限公司，北京　100080）

摘　要：本文介绍了一种焦油氨水分离的改进方案，该改进方案提供一种焦油、氨水及焦油渣三相分离的工艺及焦油氨水分离槽架空布置的方法。其与现有分离工艺相比具有工艺合理、流程简单、操作方便、占地节省、投资降低、节能降耗的优势。

关键词：焦油氨水分离，焦油渣破碎输送泵，超级离心机

煤在炭化室干馏过程中产生的荒煤气汇集到炭化室顶部空间，经上升管、桥管阀体进入集气管。650～700 ℃的荒煤气在桥管内被喷洒的氨水冷却至80～85 ℃，荒煤气中焦油等被冷凝下来。煤气和冷凝下来的焦油等同氨水一起，经吸煤气管进入气液分离器，气液分离器底部分离出来的焦油氨水混合液进入焦油氨水分离单元，在此进行氨水、焦油、焦油渣的分离。

在焦油氨水分离单元，根据粗悬浮液的沉降原理把焦油、氨水与焦油渣分离。分离后的氨水送往焦炉集气管循环喷洒；分离所得的焦油送往焦油车间；分离出的焦油渣送往备煤车间，添加到炼焦煤中。

现有的焦油氨水分离工艺有以下几种：

（1）机械化氨水澄清槽、焦油分离槽分离工艺；

（2）焦油渣分离箱、焦油氨水分离槽分离工艺；

（3）机械化氨水澄清槽、焦油压力脱水器分离工艺；

（4）焦油渣预分离器、焦油氨水分离槽、超级离心机分离工艺。

随着环保压力越来越大，国内对焦化厂的污染物排放有了更加严格的要求；而前三种分离工艺又避免不了有污染物的泄露，而污染物又不能像封闭的槽、罐那样加氮封后接入负压煤气系统，所以第四种焦油氨水分离工艺现在得到更多的应用。

针对第四种焦油氨水分离工艺，做出进一步的改进，具体改进方案的工艺流程见图1，平断面配置见图2～图4。该改进方案由焦油氨水分离槽、循环氨水泵、焦油渣破碎输送泵、超级离心机、焦油槽、焦油泵、焦油渣箱等设备组成。该改进方案提供一种焦油、氨水及焦油渣三相分离的工艺及焦油氨水分离槽架空布置的方法。

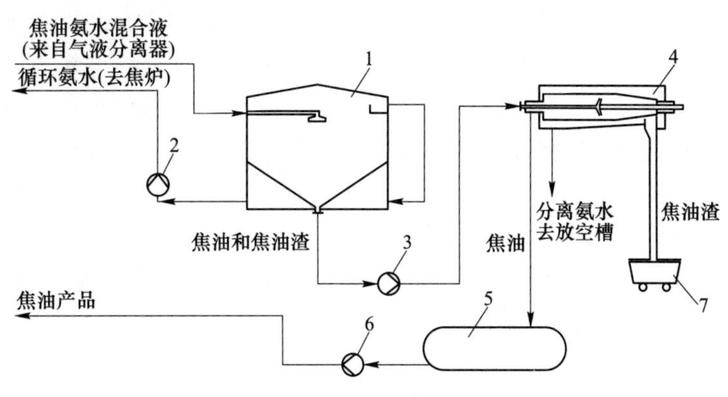

图1　工艺流程图

1—焦油氨水分离槽；2—循环氨水泵；3—焦油渣破碎输送泵；4—超级离心机；5—焦油槽；6—焦油泵；7—焦油渣箱

从气液分离器分出的焦油氨水混合液直接进入焦油氨水分离槽，在此氨水、焦油和焦油渣进行沉淀

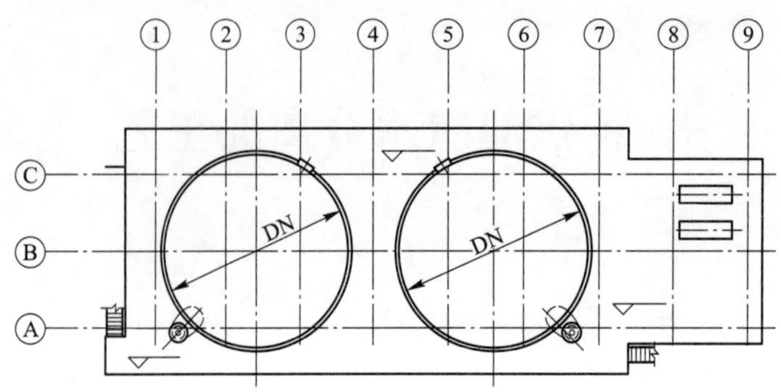

图 2　顶部平面图

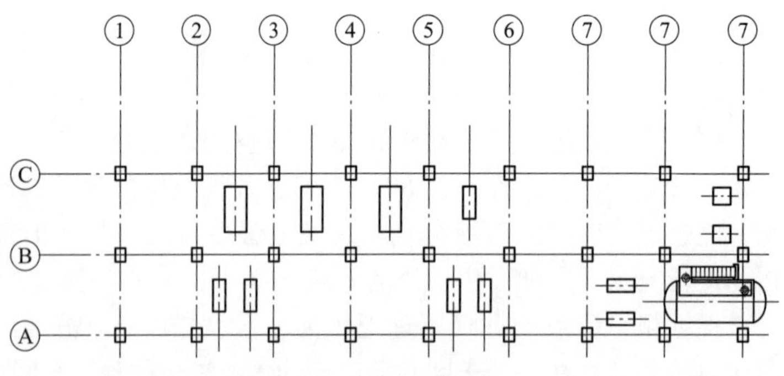

图 3　底部平面图

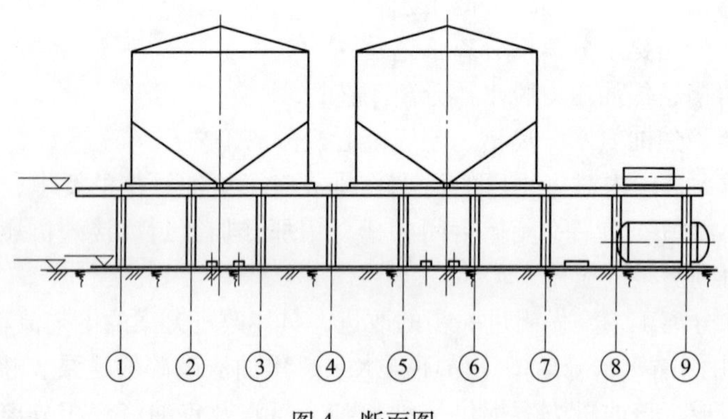

图 4　断面图

分离。在焦油氨水分离槽的下部设有锥形底板，利用温度和密度不同，沉淀于焦油氨水分离槽锥形底板底部的焦油和焦油渣依靠重力自流进入焦油渣破碎输送泵中，经破碎加压后送入超级离心机进行三相分离。从超级离心机中分离出的焦油渣排入密闭的焦油渣箱，定期送往备煤车间；分离出的氨水排入放空槽中，然后返回氨水系统；分离出的成品焦油排入焦油槽中，然后由焦油泵外送。

焦油氨水分离槽上部的氨水流入下部的循环氨水中间槽，可利用循环氨水的热量来保持焦油脱水温度，再由循环氨水泵送至焦炉集气管喷洒冷却煤气。

焦油氨水分离槽通过支柱架空布置，支架下方可布置冷凝泵房、工具室等，节省了占地。

本单元排气采用放散气控制系统，将所有槽、罐的放散气分别集中接入负压煤气管道，以保护大气环境不受污染。

与现有焦油氨水分离工艺相比，本改进方案具有以下优点：

（1）采用立式焦油氨水分离槽分离工艺，由于焦油渣未进行预破碎，有利于循环氨水中悬浮物含量控制。

（2）采用焦油渣破碎输送泵，同时完成焦油渣的破碎和焦油、焦油渣的输送，并可根据需要控制焦油渣的破碎粒度。

（3）采用超级离心机进行三相分离，一步即可得到合格焦油产品。

（4）采用焦油氨水分离槽架空布置的方法，节省了占地面积。

参 考 文 献

［1］于振东，郑文华．现代焦化生产技术手册［M］．北京：冶金工业出版社，2010.